Thieme

Innere Medizin *quick*

Philippe Furger

3., aktualisierte Auflage

288 Abbildungen
340 Tabellen
220 Algorithmen

Georg Thieme Verlag
Stuttgart · New York

Dieses Buch ist meinen Eltern
und
Sophie
gewidmet

Autor

Philippe FURGER

Unter dem Patronat des Universitätsspitals Bern/Schweiz

und Mitarbeiterinnen und Mitarbeiter der medizinischen Fakultäten
der Universitäten:
Basel, Genf, Lausanne, Zürich
sowie
Barcelona, Besançon, Boston, Dijon, Garches, Lyon, Mainz, Montréal,
Padova, Paris, Perth, Québec, Sherbrooke,
St-Etienne, Toulon, Wien

Philippe FURGER, MD, CME
- FMH Innere Medizin
- Mitglied Lehramt des BIHAM (Berner Institut der Hausarztmedizin), Schweiz
- Professeur invité, unité d'enseignement, Université Laval, Québec, Canada
- Continuous medical educator, Harvard University, Boston, USA
- philippe_furger@investimed.ch
- www.investimed.ch

In enger Zusammenarbeit mit:

Thomas Martin SUTER, MD, Prof.
- FMH Innere Medizin und Kardiologie
- Leitender Arzt, Kardiologie Universitätsspital Bern/Schweiz
- Assistant professor of medicine Boston University school of medicine, USA

und:

Zeno STANGA, MD, PD
- FMH Allgemeine Medizin und Innere Medizin
- Leitender Arzt Universitätspoliklinik für Endokrinologie, Diabetologie und Klinische Ernährung Universitätsklinik und Universitätspoliklinik für Allgemeine Innere Medizin Universitätsspital Bern/Schweiz

Dr. med. Philippe Furger
10, Clos du Château
CH-2028 Vaumarcus

Bibliografische Information der Deutschen Nationalbibliothek

Die Deutsche Nationalbibliothek verzeichnet diese Publikation in der Deutschen Nationalbibliografie; detaillierte bibliografische Daten sind im Internet über http://dnb.d-nb.de abrufbar.

2. deutschsprachige Auflage (Deutschland) 2009 unter dem Titel Innere quick

Titel der Originalausgabe für die Länder Schweiz und Liechtenstein:
Guidelines SURF-med

ISBN 978-3-905699-23-4

Wichtiger Hinweis: Wie jede Wissenschaft ist die Medizin ständigen Entwicklungen unterworfen. Forschung und klinische Erfahrung erweitern unsere Erkenntnisse, insbesondere was Behandlung und medikamentöse Therapie anbelangt. Soweit in diesem Werk eine Dosierung oder eine Applikation erwähnt wird, darf der Leser zwar darauf vertrauen, dass Autoren, Herausgeber und Verlag große Sorgfalt darauf verwandt haben, dass diese Angabe **dem Wissensstand bei Fertigstellung des Werkes** entspricht.

Für Angaben über Dosierungsanweisungen und Applikationsformen kann vom Verlag jedoch keine Gewähr übernommen werden. **Jeder Benutzer ist angehalten**, durch sorgfältige Prüfung der Beipackzettel der verwendeten Präparate und gegebenenfalls nach Konsultation eines Spezialisten festzustellen, ob die dort gegebene Empfehlung für Dosierungen oder die Beachtung von Kontraindikationen gegenüber der Angabe in diesem Buch abweicht. Eine solche Prüfung ist besonders wichtig bei selten verwendeten Präparaten oder solchen, die neu auf den Markt gebracht worden sind. **Jede Dosierung oder Applikation erfolgt auf eigene Gefahr des Benutzers.** Autoren und Verlag appellieren an jeden Benutzer, ihm etwa auffallende Ungenauigkeiten dem Verlag mitzuteilen.

Vertriebsausgabe für die deutsche Sprache außerhalb der Länder Schweiz und Liechtenstein

Rüdigerstraße 14
D-70469 Stuttgart
Deutschland
Telefon: +49/(0)7 11/89 31 – 0
Unsere Homepage: http://www.thieme.de

Printed in Germany

Umschlaggestaltung: Thieme Verlagsgruppe
Umschlagfoto: Studio Nordbahnhof, Stuttgart
Satz: Philippe Furger, Éditions D&F GmbH
Druck: AZ Druck und Datentechnik GmbH, Kempten

ISBN 978-3-13-138383-9 1 2 3 4 5 6

Hinweise

- **Innere Medizin *quick*** ist ein umfangreicher Leitfaden der Inneren Medizin und beschreibt auf eine sehr kompakte, praktische und originelle Art, die häufigsten medizinischen Pathologien und die damit verbundenen therapeutischen Massnahmen.
- **Innere Medizin *quick*** ist eine schnelle, praxistaugliche und Evidenz basierte Informationsquelle für jeden Arzt.
- **Wichtiger Hinweis**
  Die Medizin ist, wie jede Wissenschaft, ständigen Entwicklungen unterworfen.
  Alle Informationen, welche in diesem Werk erwähnt sind, wurden mit grosser Sorgfalt nachgeprüft. Bei manchen Richtlinien können aus guten Gründen auch andere Ansichten vertreten werden.
  Jeder Benutzer ist angehalten, durch Überprüfung der Beipackzettel der verwendeten Präparate und gegebenenfalls nach Konsultation eines Spezialisten, festzustellen, ob die vermittelte Empfehlung für Dosierungen, oder die Beachtung von Kontraindikationen und Dosisanpassungen gegenüber der Angabe im **Innere Medizin *quick***, abweicht.
  Jede Dosierung oder Applikation erfolgt auf eigenes Risiko.
  Der Autor appelliert an jeden Benutzer, ihm Ungenauigkeiten und mögliche Fehler, mitzuteilen.
  Er dankt im Voraus dafür:
  philippe_furger@investimed.ch
-
- Das Wort «Patient» bezieht sich auf eine Person des weiblichen und des männlichen Geschlechts.
- Alle Dosierungen betreffen Erwachsene mit normaler Nieren- und Leberfunktion.
- Die Kontraindikation «Hypersensibilität» betrifft i.d.R. jede, in diesem Buch publizierte therapeutische Substanz und ist deshalb nicht immer im Text erwähnt.
- Der **Innere Medizin *quick*** wurden von einem internationalen MitarbeiterInnen-Netz kontrolliert und wird unter dem Patronat des Universitätsspitals Bern herausgegeben.

Internationale Leitlinien: Evidenz- und Empfehlungsniveau

Evidenzniveau		Interpretation für den klinischen Alltag
I	• **Evidenzniveau: sehr hoch** - Eine oder mehrere randomisierte klinische Studien - Ergebnis der kritischen Betrachtung: hervorragend - Ergebnisse: homogen, reproduzierbar positiv, unempfindlich gegenüber äusseren Einflüssen.	• **Immer anwendbar, sicher und auf jeden Fall hilfreich.**
IIa	• **Evidenzniveau: hoch** - Anzahl der Studien: mehrere - Ergebnis der kritischen Betrachtung: gut bis sehr gut - Tendenz der Evidenz/ Expertenmeinung: stärker für Durchführung der Handlung als in Klasse IIb - Anzahl der Langzeitergebnisse: mehr als in Klasse IIb - Ergebnisse: Positive Wirkung in der Mehrzahl der beobachteten Studien.	• **«Standard of care»** - Von vielen Experten als «Therapie der Wahl» eingestuft. - Von der AHA unterstützt in Form von Trainingsveranstaltungen, Lehrmaterial, usw. • Bemerkung: - Je nach Kontextfaktoren* können Massnahmen der Klasse IIa auch der Klasse IIb zugeordnet werden.
IIb	• **Evidenzniveau: mittel bis gut** - Anzahl der Studien: wenige - Ergebnis der kritischen Betrachtung: mässig bis schlecht - Tendenz der Evidenz/ Expertenmeinung: geringere Tendenz zur Nützlichkeit/ Wirksamkeit der Massnahme - Ergebnisse: meistens, aber nicht immer, positiv.	• **Die Massnahmen sind akzeptabel, sicher und sinnvoll** - Innerhalb des «standard of care». - Von vielen Experten als «Therapieoption» oder «alternative Therapie» eingestuft - Bemerkung: siehe unter «IIa»
III	• **Evidenzniveau:** nicht akzeptabel, nicht wirksam und möglicherweise schädlich	• Die Massnahmen sollten, mangels Evidenz, nicht angewendet werden.

Empfehlungsniveau	
A	■ Vorhandensein von sicheren Beweisen, welche die Empfehlung unterstützen (meist Evidenzniveau I)
B	■ Vorhandensein von akzeptablen Beweisen
C	■ Vorhandensein von genügenden Beweisen

* Kontextfaktoren:
- Geringer erwarteter Nutzen
- Hohe Kosten
- Schwierigkeiten in Schulung und Training
- Grosse Schwierigkeiten bei der grossflächigen Einführung
- Ungünstiges Kosten-Nutzen-Verhältnis

SURF-TEAM

Ein spezieller Dank ist folgenden Mitarbeiterinnen und Mitarbeitern gewidmet:
(falls nicht angegeben, sind die Mitarbeiter aus dem Universitätsspital Bern/Schweiz)

Das internationale SURF-TEAM ist im Internet publiziert ☛ **www.investimed.ch**

KARDIOLOGIE

SUTER Thomas Martin, MD, Prof.
(Hauptverantwortlicher, Inselspital Bern)
FMH Innere Medizin und Kardiologie
Swiss Cardiovascular Center
Universitätsspital Bern

Und Beiträge von:
ALLEMANN Yves, MD, Prof.
BATTEGAY Edouard, MD. Prof. (Zürich)
BOUNAMEAUX Henri, MD, Prof. (Genf)
BURRI Haran, MD, PD (Genf)
CORTI Roberto, MD, PD (Zürich)
DELACRETAZ Etienne, MD, Prof. ass (Bern)
EBERLI Franz, MD, Prof. (Zürich)
NOLL Georg, MD, Prof. (Zürich)
WAHL Andreas , MD, PD
WINDECKER Stephan, MD, Prof.
ZIMMERLI Lukas, MD (Zürich)

REANIMATION - TRIAGE

LUGINBÜHL Martin, MD, PD
FMH Anästhesiologie
Bereichsleiter Anästhesie für Chirurgie des Bewegungsapparates, Universitätsspital Bern

MARTY Hans, MD
FMH Innere Medizin
Leiter Notfall Medizin am Notfallzentrum
Universitätsspital Bern

BRÜESCH Martin, MD
FMH Anästhesiologie mit Notarzt SGNOR
Leitender Arzt Anästhesiologie USZ, Zürich

LeBlanc François (Québec), MD, Prof ass
Spécialiste en Médecine interne et Médecine intensive. Hôpital Enfant-Jésus
Quebec, Canada

RUTSCHMANN Olivier, MD, MPH; Genève

SIMON Josette, Infirmière spécialisée, Genève

INITENSIVMEDIZIN

REGLI Bruno, MD
FMH Anästhesiologie und Intensivmedizin
Chefarzt Stv. Klinik für Intensivmedizin
Universitätsspital Bern

Und Beiträge von:
BORER Daniel (USZ, Zürich), MD
BRANDER Lukas, MD, OA
DAUDEL Fritz, MD, OA
GEIER Sacha, MD, OA
HÄNGGI Matthias, MD, OA
MERZ Tobias, MD, OA
STRICKER Kay, MD, OA
ZOBRIST Claudia, MD, OA
MANNDORFF Patricia. MD

INTOXIKATION

PERRIG Martin, MD
FMH Innere Medizin
Stv. Chefarzt Klinik für Innere Medizin
Universitätsspital Bern

KUPFERSCHMIDT Hugo, MD, Prof.
FMH Innere Medizin und Klinische Pharmakologie und Toxikologie
Direktor Schweiz. Toxikologisches Informationszentrum (STIZ) Zürich
Oberarzt Abt. Klinische Pharmakologie und Toxikologie, Dept. Innere Medizin, USZ

Und Beiträge von:
WEILENMAN L. Sacha, MD, Prof. (Mainz/D)

PNEUMOLOGIE

GEISER Thomas, MD, Prof. Ass.
FMH Innere Medizin und Pneumologie
Division of Pulmonary Medicine
Universitätsspital Bern

STUCKI Armin, MD, PD
FMH Innere Medizin, Pneumologie und Intensivmedizin
CA Berner Reha Zentrum Heiligenschwendi
Konsiliararzt Universitätsspital Bern

Und Beiträge von:
CARBONI Giovanni Luca, MD
von GARNIER Christophe, MD
DUMONT Philippe, MD
GUGGER Matthias, MD, Prof.
HAMACHER Jürg, MD, PD
TÜLLER Claudia, MD

HEPATOLOGIE + GASTROENTEROLOGIE

DUFOUR Jean-François, MD, Prof.
FMH Innere Medizin und Gastroenterologie
Leitender Arzt Abteilung Gastroenterologie
Universitätsspital Bern

Und Beiträge von:
GSCHOSSMANN Jürgen, MD, PD (Forchheim/D)
NETZER Peter, MD, PD (Lindenhof)
SEIBOLD Frank, MD, Prof.
SCHIEMANN Uwe, MD, PD
SENDENSKY Alexander, MD

INFEKTIOLOGIE

GARZONI Christian, MD
FMH Innere Medizin und Infektiologie
Oberarzt Infektiologie
Klinik und Poliklinik für Infektiologie
Universitätsspital Bern

Und Beiträge von:
AEBI Christoph, MD, Prof.

BASSETTI Stefano, MD, Prof. (Olten)
EVISON John Marc, MD
FURRER Hansjakob, MD, Prof.
FUX Christoph, MD
HATZ Christoph, MD, Prof. (Basel)
LEIB Stephen, MD, Prof.
MÜHLEMANN Kathrin, MD, Prof.
RAUCH Andri, MD
TÄUBER Martin. MD, Prof.
ZIMMERLI Stefan, MD
ZIMMERLI Werner, MD. Prof. (Liestal)

NEUROLOGIE

STURZENEGGER Matthias. MD, Prof.
FMH Neurologie
Leitender Arzt; Leiter Bettenstation und Notfall der Neurologischen Universitätsklinik Bern

Und Beiträge von:

ARNOLD Marcel, MD, PD
BÜCHELER Adrian, MD
FISCHER Urs, MD
MATHIS Johannes, MD, PD

ENDOKRINO - METABOLISMUS

STANGA Zeno, MD, PD
FMH Allgemeine Medizin und Innere Medizin
Leitender Arzt Klinische Ernährung und Innere Medizin, Universitätsspital Bern

STETTLER Christoph, MD, Prof.
FMH Innere Medizin und Endokrinologie, Oberarzt, Poliklinik für Endokrinologie, Diabetologie & Klinische Ernährung Universitätsspital Bern

Und Beiträge von:

BRÄNDLE Michael, MD, PD (St. Gallen)
LAMI Olivier, MD, PD (Lausanne)
RIESEN Walter, Prof. (St- Gallen)

NEPHROLOGIE

UEHLINGER Dominik, MD, Prof.
FMH für Nephrologie und Innere Medizin
Chefarzt für Extrakorporelle Blutreinigungsverfahren, Universitätsspital Bern

Und Beiträge von:

KALICKI Robert M., MD
Nephrologie, Universitätsspital Bern

KLINISCHE PHARMAKOLOGIE

FATTINGER Karin, MD, Prof.
FMH Innere Medizin und Klinische Pharmakologie & Toxikologie
Oberärztin, Universitätsspital Bern

RHEUMATOLOGIE/SYSTEMKRANKHEITEN

VILLIGER Peter M., MD, Prof.
FMH Innere Medizin und Rheumatologie und Physikalische Medizin und Rehabilitation
Klinikdirektor Rheumatologie & Klinische Immunologie / Allergologie
Universitätsspital Bern

Und Beiträge von:

BOLLER Christoph, MD
HENSCHKOWSKI Jana, MD
PICOZZI Mario, MD (Einsiedeln)
WEBER Ulrich, MD, Prof. (Balgrist, Zürich)

HÄMATOLOGIE

ALBERIO Lorenzo, MD, PD
FMH Innere Medizin und Hämatologie
Leitender Arzt Departement Hämatologie, Onkologie, Infektiologie, Labor-Medizin und Spitalpharmazie (DOLS)
Hämatologisches Zentrallabor (DOLS)
Universitätsspital Bern

SCHMIDT Adrian, MD
FMH Innere Medizin und Hämatologie
Stv. Oberarzt Klinik und Poliklinik für Hämatologie und Hämatologisches Zentrallabor Universitätsspital Bern

ONKOLOGIE

OCHSENBEIN Adrian F., MD, Prof.
FMH Medizinische Onkologie
Leitender Arzt, Universitätsspital Bern

Und Beiträge von:

AEBI Stefan, MD, Prof.
Stv. Chefarzt, Universitätsspital Bern
BAUMANN Christa, MD
Oberärztin, Universitätsspital Bern
BORNER Markus, MD, Prof.
Leitender Arzt, Chefarzt Spitalzentrum Biel
BÜKKI Johannes, MD
Oberarzt, Universitätsspital Bern
FEY Martin, MD. Prof.
Chefarzt/Direktor, Universitätsspital Bern
HELBLING Daniel, MD
Oberarzt, Universitätsspital Bern
PABST Thomas, MD, PD
Leitender Arzt, Universitätsspital Bern
RABAGLIO Manuela, MD
Oberärztin, Universitätsspital Bern
RAUCH Daniel, MD
Oberarzt, Leitender Arzt Regionalspital Thun
SCHOBINGER Stephan, MD
Oberarzt, Universitätsspital Bern

HNO

CAVERSACCIO Marco-D., MD, Prof.
FMH Otorhinolaryngologie, Hals und Gesichtschirurgie. Stv. Chefarzt Universitätsklinik für HNO, Kopf- und Halschirurgie Universitätsspital Bern

Und Beiträge von:

HAGEMANN Matthias, MD
HELBLING Arthur, MD. Prof.
VIBERT Dominique, MD, Prof.

OPHTHALMOLOGIE

FLEISCHHAUER Johannes, MD, PD
FMH Ophthalmologie
Leitender Arzt, Augenklinik
Universitätsspital Bern

GARWEG Justus G., MD, Prof.
FMH Ophthalmologie/Ophthalmochirurgie
Chefarzt und Direktor Berner Augenklinik am Lindenhofspital Swiss Eye Institute - Bern

GYNÄKOLOGIE

MÜLLER Michael D., MD, Prof.
FMH Gynäkologie und Geburtshilfe
Chefarzt Gynäkologie und gynäkologische Onkologie
Universitätsklinik für Frauenheilkunde
Universitätsspital Bern

DERMATOLOGIE

HUNGER Robert E., MD et Phil nat, PD
FMH Dermatologie und Venerologie
Leitender Arzt, Universitätsklinik für Dermatologie, Universitätsspital Bern

GERIATRIE - PSYCHIATRIE

BÜRGE Markus A., MD
FMH Innere Medizin
Leitender Arzt. Geriatrische Universitätsklinik
Spital Netz Bern, Ziegler

LÄDERACH Kurt, MD, PD
FMH Innere Medizin und Kardiologie
Universitätsspital Bern

STUCK Andreas E., MD, Prof.
FMH Innere Medizin und Physikalische Medizin und Rehabilitation
Chefarzt, Geriatrische Abklärungsstation, Klinik für Allgemeine Innere Medizin, Universitätsspital Bern.
Vizedekan Klinik, Medizinische Fakultät, Universität Bern
Chefarzt, Geriatrische Universitätsklinik, Spital Netz Bern

RADIOLOGIE

VOCK Peter, MD, Prof.
FMH Radiologie
Chefarzt, Direktor Institut für Diagnostische, Interventionelle und Pädiatrische Radiologie
Universitätsspital Bern

SCHMERZEN

CURATOLO Michele, MD, Prof.
FMH Anästhesiologie
Direktor und Chefarzt ad interim der Universitätsklinik für Anästhesiologie und Schmerzetherapie, Universitätsspital Bern

Und Beiträge von:
GERBER Andrea. MD

UROLOGIE

THALMANN George, MD, Prof.
FMH Operative Urologie
Chefarzt Urologische Universitätsklinik, Universitätsspital Bern

LABOR

LARGIADÈR Carlo R, PD Dr. phil. nat.
Institut für Klinische Chemie
Universitätspital Bern

Von ECKARDSTEIN Arnold, MD, Prof.
Head of the Institute University Hospital Zurich Institute of Clinical Chemistry
Zürich

INHALTSVERZEICHNIS

T TRIAGE

1 REANIMATION

2 INTENSIVMEDIZIN

3 INTOXIKATIONEN

4 KARDIOLOGIE & ANGIOLOGIE

5 PNEUMOLOGIE

6 GASTROENTEROLOGIE

7 NEUROLOGIE

8 NEPHROLOGIE, METABOLISMUS

9 ENDOKRINOLOGIE

10 INFEKTIOLOGIE

11 HÄMATOLOGIE

12 ONKOLOGIE

13 RHEUMATOLOGIE

14 DERMATOLOGIE

15 HNO

16 RADIOLOGIE

17 SCHMERZEN

18 GERIATRIE - PSYCHIATRIE

19 KLINISCHE PHARMAKOLOGIE

20 BREVIER

21 LABOR DIFFERENTIALDIAGNOSE

Abkürzungen

A

AB — Antibiotika
ABGA — Arterielle Blutgasanalyse
ACE — Angiotensin converting enzyme
ACLS — Advanced cardiac life support
ACS — Akutes Koronarsyndrom
ACT — Activating clotting time
ACTH — Adenocorticotropic Hormon
ADH — Antidiuretisches Hormon
Adm. — Administration, Gabe
Adot — Antidota, Gegengift
AF — Amaurosis fugax
αFP — α-Foetoprotein
Ag — Antigen
AHT — Arterielle Hypertonie
Ak — Antikörper
ALI — Akute Leberzellinsuffizienz
ALL — Akute lymphatische Leukämie
Allg — Allgemeine Information
AMI — Akuter Myokardinfarkt
AML — Akute myeloische Leukämie
Amp — Ampulle
ANCA — Antineutrophile zytoplasmatische Antikörper
ANP — Atrial natriuretic peptide
ANV — Akutes Nierenversagen
ap — Antero-posterior (Röntgenbild)
AP — Angina pectoris, Alkalische Phosphatase, Arteria pulmonalis
APC-R — Aktivierte Protein C-Resistenz
APL Ak — Antiphospholipid Antikörper
APLS — Antiphospholipid Antikörper Syndrom
aPTT — Aktivierte partiale Thromboplastinzeit
ARA — Angiotensin Rezeptor Antagonist (AT1)
ARB — Angiotensin-Rezeptor Blocker (Angiotensin II Rezeptor Typ 1)
ARDS — Acute respiratory distress syndrome
ARI — Acute respiratory illness
AS — Ankylosierende Spondylitis
ASLO — Antistreptolysin-0-Antikörper
ASS — Acetylsalicylsäure
AT — Atriale Tachykardie
ATS — Atherosklerose
AUC — Area under curve
AVNRT — Atrioventricular Nodal Reentry Tachycardia
AVRT — Atrioventricular Reentry Tachycardia
AZI — Akute zirkulatorische Insuffizienz (= «Schock»)
AZV — Atemzugvolumen

B

BAL — Broncho-alveoläre Lavage
BAG — Bundesamt für Gesundheitswesen
BB — Betablocker
β-HBS — β-Hydroxybuttersäure
β-HCG — β-human chorionic gonadotropin
BD — Blutdruck
bds. — beidseits
BDZ — Benzodiazepin
BE — Blutentnahme
Bem — Bemerkung(en)
BK — Blutkultur
BLS — Basic life support
BMI — Body Mass Index
BNP — Brain natriuretic peptide
BPAP — Bilevel (oder Biphasic) Positive Airway Pressure
BPLS — Benigner paroxysmaler Lagerungsschwindel
Brstabl — Brausetablette
BSG — Blutsenkungsgeschwindigkeit
BZ — Blutzucker

C

ca. — Zirka
CA — Carcinom
CA-MRSA — Community-acquired MRSA
CaO2 — Sauerstoffgehalt
CAP — Community-acquired pneumonia
CBG — Corticosteroid binding globulin
CCP — Antikörper gegen cyclisches citrulliniertes Peptid
CDC — Centers for Disease Controls and Prevention
CDT — Carbohydrate-Deficient-Transferrin
CEA — Carcinoembryonic Antigen, CEA, Carotis-Endarteriektomie
cGMP — Zyklisches Guanosin-Monophosphat
CHOP — Cyclophosphamid, Adriamycin, Vincristin, Prednison
CIS — Carcinoma in situ
CK — Kreatininkinase
CLL — Chronisch lymphatische Leukämie
CML — Chronische myeloische Leukämie
CMV — Cytomegalie-Virus
COMT — Catechol-O-Methyltransferase
CNI — Chronische Niereninsuffizienz
COPD — Chronic obstructive pulmonary disease
CPAP — Continuous Pulmonary Airway Pressure
CPK — Kreatin-Phospho-Kinase
CPPD — Calcium Pyrophosphat Dihydrat
CPR — Kardiopulmonale Reanimation
CRF — Corticotropin releasing factor
CRH — Corticotrope releasing hormone
CRMO — Chronisch rekurrierende multifokale Osteomyelitis
CRP — C reaktives Protein
CTEPH — Chronic thromboembolic pulmonary hypertension
CVI — Cerebro-vaskulärer Insult
CVRF — Kardiovaskuläre Risikofaktoren
CYP — Cytochrom (P 450)

D

d — Tag(e)
DD — Differentialdiagnose
DH — Diskushernie
Dg — Diagnose
DI — Diabetes insipidus
DK — Dauerkatheter
DKA — Diabetische Ketoazidose
dL — Deziliter
DMARD — Disease modyfying anti-rheumatic drugs
Dos — Dosierung
DPP-4 — Dipeptidyl-Peptidase-5
Drag — Dragée/s
DRU — Digitale rektale Untersuchung

E

E — Einheiten
EBNA — EPSTEIN-BARR nuclear antigen
EBV — EPSTEIN-BARR-Virus
EIA — Enzyme immunoassay
ENMG — Elektroneuromyographie
ERCP — Endoscopic Retrograde Cholangio-Pancreaticography
ET — Essentielle Thrombozytopenie

F

FEF — Forced expiratory flow
FEV1 — 1-Sekundenkapazität
FFP — Fresh frozen plasma
FGS — Funktionelle gastrointestinale Störungen
FiO2 — Inspirierte Sauerstofffraktion
Fl — Flasche, Flacons
fL — Fentoliter (10^{-15}/L)
FRC — Funktionelle Residualkapazität
FSH — Follikelstimulierendes Hormon
FSME — Frühsommer Meningoenzephalitis
FTA-ABS — Fluorescent treponemal antibody absorbed
FT3 — Freies T3 (Triiodthyronin)
FT4 — Freies T4 (Thyroxin)
FUO — Fever of unknown origin
FVC — Forcierte Vitalkapazität

G

g — Gramm
GABA — Gamma-Aminobutilsäure
GABHS — Gruppe A beta-hämolysierende Streptokokken
ggf. — gegebenenfalls
GH — Groth hormone (Wachstumshormon)
G/L — Giga pro Liter (= 10^9/L)
GN — Glomerulonephritis
GvHD — Ghost versus host reaction

H

h — Stunde(n)/Uhrzeit
HCG — Gonadotropes Chorion Hormon
HCT — Hydrochlorothiazid
HE — Hepatische Enzephalopathie

Abkürzungen

HF — Herzfrequenz
HHL — Hypophysenhinterlappen
HHZ — Hyperosmolarer hyperglykämischer Zustand
5-HIAA — 5-Hydroxyindolacetat acid
HI — Herzinsuffizienz
HIT — Heparin-induzierte Thrombozytopenie
HIV — Human immunodeficiency virus
Hk — Hämatokrit
HLA — Histokompatibiltätsantigene
HMV — Herzminutenvolumen
HPT — Hyperparathyreoidismus
HSV — Herpes simplex Virus
HT — Hypertonie
HVL — Hypophysenvorderlappen
HWI — Harnwegsinfekt
HWS — Halswirbelsäule
HWZ — Halbwertszeit
HZV — Herzzeitvolumen

I/J

I-A — Intra-artikulär
IAP — Instabile Angina pectoris
ICA — Internal carotis arteria
ICF — International Classification of Functioning, Disability and Health
ICD — Implatierbarer kardialer Defibrillator
ICR — Intercostalraum
i.d.R. — In der Regel
IE — Internationale Einheiten
Ig — Immunglobulin
IgF1 — Insulin-like growth factor-I
IGRA Test — Interferon-gamma release assay
Inf — Infusion
Inhal — Inhalation/en
Inj — Injektion
IM — Intramuskulär
INR — International Normalized Ratio
IPF — Idiopathische Lungenfibrose
IPPV — Intermittent positive pressure ventilation
IR — Intrarektal
IPSS — International Prostatsymptomscore
ISA — Intrinsische sympathomimetische Aktivität
ISDN — Isosorbid Dinitrat
ISG — Iliosakralgelenk
ISMN — Isosorbid Mononitrat
ITP — Immunthrombozytopenische Purpura
IV — Intravenös
J — Joules, Jahre

K

Kaps — Kapseln
KG — Körpergewicht
kg — Kilogramm
KHK — Koronare Herzkrankheit
KI — Kontraindikation(en)
Klas — Klassifikation
KM — Kontrastmittel, Knochenmark
kont. — kontinuierlich
Konz. — Konzentrat
KTS — Karpaltunnelsyndrom

L

L — Liter
LA — Lupusantikoagulans
Lab — Labor
LAP — Leucin-Aminopeptidase
LDH — Laktatdehydrogenase
LE — Lungenembolie
Lös — Lösung
LP — Lumbalpunktion
LJ — Lebensjahr
LV — Linker Ventrikel
LVEF — Linksventrikuläre Ejektionsfraktion
LVH — Linksventrikuläre Hypertrophie
LWS — Lendenwirbelsäule

M

M. — Musculus, Muskel, Morbus
MCA — Mucin-like carcinoma associated antigen
MCH — Mean corpuscular hemoglobine
MCP — Metacarpo-phalangeal Gelenk
MCTD — Mixed connective tissue disease (SHARP-Syndrom)
MCV — Mean corpuscular volume
MDS — Myelodysplastisches Syndrom
MDRD — Modification of diet in renal disease
MEN — Multiple endokrine Neoplasie
MET — Metabolic equivalent
MGUS — Monoclonal gammopathy of undetermined significance
MI — Myokardinfarkt
MIBG — Gammagraphie mit Meta-Iod-Benzyl-Guanidin
MIC — Minimum inhibitory concentration
min — Minuten
MM — Multiples Myelom
ML — Messlöffel
MODY — Maturity-onset diabetes of the young
MRSA — Methycillin resistenter Staphylococcus aureus
MS — Multiple Sklerose, Mitralstenose
ms — Millisekunden
MSSA — Methycillin sensibler Staphylococcus aureus

N

N — Normwert(e)
NAC — N-Acetylcystein
NASCET — North American Symptomatic Carotid Endarterectomy Trial
NEP — Neutral Endopeptidase
NI — Niereninsuffizienz
NIB — Nicht invasive Beatmung
NIV — Non invasive ventilation
NMH — Niedermolekular Heparin
NN — Nebenniere
NNR — Nebennierenrinde
NNRTI — Nichtnukleosidische Reverse Transkriptase Inhibitoren
NNT — Number needed to treat
NRTI — Nukleosidische Reverse Transkriptase Inhibitoren
NSAR — Nicht steroidale Antirheumatika
NSCLC — Lungenkarzinom (Nichtkleinzeller)
NSE — Neuron Specific Enolase
NW — Nebenwirkung(en)

O

OAD — Orale Antidiabetika
OAK — Orale Antikoagulation
OGIB — Obere Gastrointestinalblutung
OMF — Osteomyelofibrose
OP — Operation
OPS — Operationssaal

P

PA — Pulmonalarterie
PAH — Pulmonal arterielle Hypertonie
PAN — Panarteriitis nodosa
PaO2 — Arterieller Sauerstoffdruck
PAVK — Periphere arterielle Verschlusskrankheit
PBC — Primär biliäre Zirrhose
PCI — Perkutane koronare Intervention
PCP — Pneumocystis jiroveci Pneumonie
PCR — Polymerized chain reaction
PCV — Pressure controlled ventilation
PCWP — Pulmonary capillary wedge pressure
PDE5 — Phosphodiesterase Typ 5
PEA — Pulslose elektrische Aktivität
PEF — Peak Flow
PEEP — Positive End-Expiratory Pressure
PEG — Perkutane endoskopische Gastrostomie
PH — Pulmonale Hypertonie
PICA — A. cerebelli posterior inferior
PiCCO — Pulscontour Continuous Cardiac Output
PJRT — Permanent Junctional Reciprocing Tachycardie
PMBV — Perkutane mitrale Ballon-Valvulotomie
PNH — Paroxysmale nächtliche Hämoglobinurie
PO — Per os
PRL — Prolaktin
Prog — Prognose
PSA — Prostatic specific antigen
PsA — Psoriasisassoziierte Arthritis
PSC — Primär sklerosierende Cholangitis
PSMF — Protein sparing modified fast
PT — Prothrombinzeit (Quick)
PTHi — Parathormon (intakt)
PVL — Panton Valentin Leucocidin
PvO2 — Venöser Sauerstoffdruck
PY — Pack Years

Abkürzungen

Q

QTc — Korrigiertes QT-Intervall

R

RA — Rheumatoide Arthritis
RCA — Rechte Koronararterie
REGA — Rescue Guard
Resp — Respektive
RF — Rheumatisches Fieber
RFA — Radiofrequenzablation
RG — Rasselgeräusche
RIND — Reversible ischemic neurological deficit
RIVA — Ramus interventricularis anterior
RV — Rechter Ventrikel
RVH — Rechter Vorhof
Rx — Röntgen(bild)
RZA — Riesenzellarteriitis HORTON

S

S — Herzton («sound»)
SaO2 — Arterielle Sauerstoffsättigung
SAPHO — Synovitis, Akne, palmo-plantare Pustulose, Hyperostose, Osteitis
SARS — Schweres akutes respiratorisches Syndrom
SCC — Squamous cell carcinoma
SCLC — Lungenkarzinom (Kleinzeller)
SCM — M. Sternocleidomastoideus
SD — Schilddrüse oder Standarddeviation
sek — Sekunden
SHT — Schädel-Hirn-Trauma
SI — International System of Units
SIADH — Syndrom der inappropriaten ADH-Sekretion
SIRS — Systemic Inflammatory Response Syndrome
SK — Sinusknoten
SLE — Systemischer Lupus erythematodes
SMARD — Symptom modyfying anti-rheumatic drugs
SMX — Sulfamethoxazol
sog. — sogenannt
SpA — Spondyloarthritis (früher: seronegative Spondylarthropathie)
SpO2 — Periphere Sauerstoffsättigung
SPECT — Single Photon Emission Computed Tomography
SS — Schwangerschaft
SSRI — Selektiver Serotonin Rezeptor Inhibitor (Wiederaufnahmehemmer)
SSW — Schwangerschaftswoche
Stad — Stadieneinteilung
SUBL — Sublingual
Subst — Substanz
Supp/o — Suppositorien
Susp — Suspension
SvO2 — Gemischt venöse Sauerstoffsättigung
SvcO2 — Zentralvenöse Sauerstoffsättigung
SVT — Supraventrikuläre Tachykardie
Syn — Synonym

T

t — Zeit
Tabl — Tabletten
TBSA — Total body surface area
Tdp — Torsade de pointes
TEBK — Totale Eisenbindungskapazität
TEE — Transösophageale Echokardiographie
TENS — Transcutaneus electrical nerve stimulation
TG — Triglyzeride
Th — Therapie
TIA — Trans ischemic attack
TIPS — Transjugular intrahepatic portosystemic shunt
TMP — Trimethoprim
TNF — Tumor necrosis factor
TPT — Partielle Thromboplastinzeit
TPHA — Treponema pallidum haemagglutination assay
TPPA — Treponema pallidum particle agglutination assay
TRAK — Thyreoglobulin Antikörper
TSH — Thyroid stimulating hormone
TTE — Transthorakale Echokardiographie
TTP — Thrombotisch thrombozytopenische Purpura
TURB — Transurethrale Blasenresektion
TURP — Transurethrale Prostataresektion
TVT — Tiefe Venenthrombose

U

UACS — Upper Airway Cough Syndrome
UPA — Units pack years
Urs — Ursache(n)
UHS — Urämisch hämolytisches Syndrom

V

V., Vv — Vene, Venen
VAP — Ventilator associated pneumonia
VATS — Video-assisted thoracoscopic surgery
VCSS — Vena-cava-superior-Syndrom
VCV — Volume controlled ventilation
VDRL — Venereal Diseases Research Laboratory
VF — Ventrikuläre Fibrillation
VHFli. — Vorhofflimmern
VLCD — Very low calorie diet
VO2 — Sauerstoffbedarf
Vorg — Vorgehen
vs — versus
VSD — Ventrikelseptumdefekt
VT — Ventrikuläre Tachykardie, Tidal volume (Atemzugvolumen)
VTEK — Venöse thromboembolische Krankheit
vWF — Von Willebrand Faktor

W

WENS — World Federation of Neurological Surgeons
WHO — World Health Organization

Z

ZNS — Zentrales Nervensystem
ZVD — Zentraler Venendruck
ZYP — Zytochrom (P 450)
z.Z. — Zur Zeit

TRIAGE

Schweizerische Triage Skala (STS)[1]

Def:
- Die Triage ist ein Prozess, der von Pflegefachleuten durchgeführt wird, um die Dringlichkeitsstufe bei Patienten, die auf der Notfallstation eintreten, zu bestimmen.
- Die Triage **identifiziert**, **evaluiert** und **stuft** die Konsultationsmotive nach etablierten Kriterien und Parametern **ein** mit dem Ziel, eine **akzeptable Wartefrist** zw. dem Eintreten der Patienten auf der Notfallstation und dem Beginn mit der Pflege, zu definieren.
- Die Gesellschaft der Notfall- und Rettungsmedizin empfiehlt folgende 2 Skalen zur Bestimmung der Dringlichkeitsgrade:[1]
  - Schweiz: **Schweizerische Triage Skala** ..STS
  - U.S.A.: ***Emergency Severity Index*** ......ESI
- **Wie geht die Triage vor sich?**
  1. Bestimmung des vitalen Risikos (siehe Universal-Algorithmus «ABC», S. 3)
  2. Gezielte Evaluierung der aktuellen Symptome des Patienten unter Einbezug der begleitenden Umstände und der Vorgeschichte.
  3. Bestimmung der Vitalparameter nach Tabelle 2 (S. III):

     ☛ **Das pathologischste Resultat der Vitalparameter bestimmt den Dringlichkeitsgrad.**
- **Die Triage identifiziert folgende Elemente:**
  1. Hauptgrund der Konsultation (siehe Tabelle 3, S. IV)
  2. Dringlichkeitsgrad(e) bzw. die akzeptable Wartefrist → Tabelle 1, S. III (von Fall zu Fall via Tabelle 2, S. III)

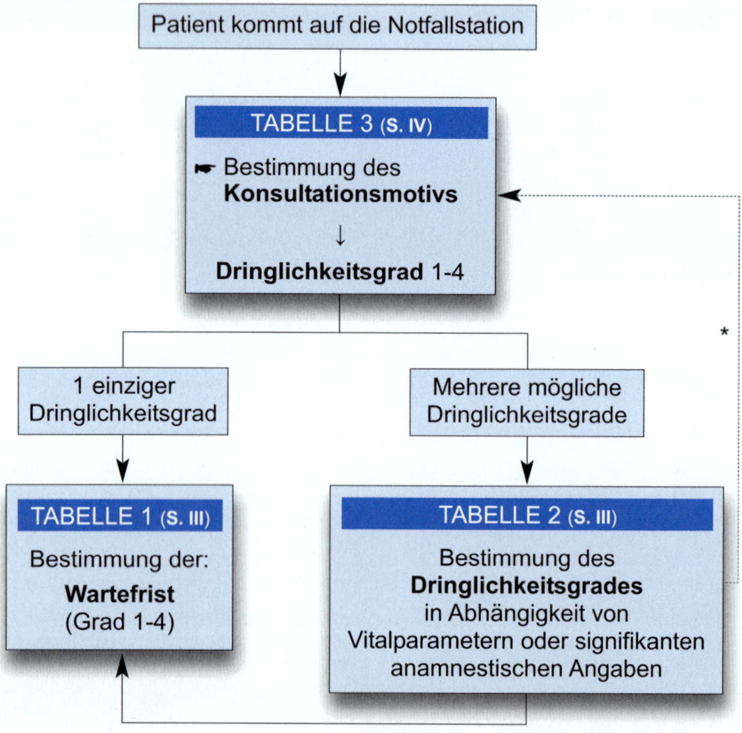

Schema: Vorgehen der Triage.

* Die Vitalparameter können, je nach Beurteilung des klinischen Schweregrads, das «Konsultationsmotiv» beeinflussen.
Bsp: Initiales Konsultationsmotiv «Bauchschmerzen» (→ Dringlichkeitsgrad: «2-3»; siehe S. V); aber der Patient hat eine art. Hypotonie (SBD ≤ 70 mmHg), was den Dringlichkeitsgrad: «1» verlangt; siehe S. IV.

1 Recommandations de la SSMUS pour le triage dans les services d'urgences hospitaliers en Suisse. Bulletin des médecins suisses, 2009 ; 90 :46

TABELLE 1

Schweizerische Triage Skala (STS)		
Dringlichkeitsgrad	**Definition**	**Wartefrist bis zur Pflege**
1	▪ **Akute Notfallsituation:** - mit akuter Lebensgefahr - mit Risiko eines Extremitätverlustes - mit Risiko eines Organverlustes	☛ **SOFORTIGE Behandlung**
2	▪ **Subakute Notfallsituation:** - ohne akute Lebensgefahr - mit Risiko einer akuten Zustandsverschlimmerung	☛ **20 Minuten**
3	▪ **Mittelgradige Notfallsituation:** - die Zeit stellt keinen kritischen Faktor dar - der Zustand des Patienten bei Eintritt wird als stabil beurteilt	☛ **120 Minuten**
4	▪ **Nicht akute Situation:** - der Zustand des Patienten wird als stabil beurteilt - eine notfallmässige Pflege ist nicht notwendig	☛ **Unbestimmt**

Tabelle 1: Definition der Dringlichkeitsgrade gemäss «Schweizerische Triage Skala» (STS).

TABELLE 2

Vitalparameter	Kriterien, die dem **Dringlichkeitsgrad 1** zugeordnet sind → Tabelle 1, **oben**	Kriterien, die dem **Dringlichkeitsgrad 2** zugeordnet sind → Tabelle 1, **oben**	Kriterien, die dem **Dringlichkeitsgrad 3** zugeordnet sind → Tabelle 1, **oben**
▪ **GLASGOW Coma Score**, s. 42	≤ 8	9-13	14-15
▪ **Pupillen**	—	Abnormal	Normal
▪ **Herzfrequenz** [/min]	< 40 oder > 150	40-50 oder 130-150	51-129
▪ **Blutdruck** [mmHg]	**SBD** ≥ 230 oder ≤ 70 oder: **DBD** ≥ 130	**SBD** 181-229 oder 71-90 oder: **DBD** 115-129	**SBD** 91-180 und: **DBD** < 115
▪ **Schockindex**	—	Positiv (HF > SBD)	Negativ (HF < SBD)
▪ **Atemfrequenz** [/min]	> 35 oder ≤ 8	9-12 oder 25-35	13-24
▪ **SpO_2** [%]	< 90	90-93	94-100
▪ **Zentrale Zyanose**§	—	Vorhanden§	Nicht vorhanden
▪ **Peak-flow**, s. VI [% des Sollwertes]	—	≤ 50	> 50
▪ **Körpertemperatur** (zentral) [°C]	< 32	32 - 35 oder > 40	35.1 - 40
▪ **Kapill. Blutzucker** [mg/dL]	—	< 70 oder ≥ 450	70 - 449
▪ **Kapill. Ketonämie*** [mmol/L]	—	≥ 0.6	< 0.6

Tabelle 2: Vitalparameter, welche es erlauben, die Dringlichkeitsgrade der Tabelle 1 zu bestimmen (1 Kriterium der linken Kolonne genügt).

* Die kapilläre Ketonämie erlaubt es den Schweregrad einer diabetischen Dekompensation zu evaluieren (sie wird mit einem ähnlichen Apparat bestimmt, wie der kapilläre Blutzucker → sofortiges Resultat).

§ Zentrale Zyanose ≅ ↓ der SaO_2 (Klin: Zyanose der Akren, der Mundschleimhaut und der Zunge).

TABELLE 3

Kardiovaskulär und respiratorisch	Dringlichkeitsgrad(e)
Herzstillstand, Atemstillstand	1
Thoraxschmerzen	1 — 2
Tachykardie ($\geq$ 100/min) - Rhythmusstörungen	1 — 2 — 3
Bradykardie (< 60/min)	1 — 2
Art. Hypertonie (SBD $\geq$ 140 mmHg und/oder DBD $\geq$ 90 mmHg)	1 — 2 — 3
Art. Hypotonie (SBD < 100 mmHg)	1 — 2
Schmerzen - Ödem einer Extremität	2 — 3
Dyspnoe - Tachypnoe (> 20/min)	1 — 2 — 3
Husten - Auswurf	3 — 4
Hämoptyse	1 — 2

Neurologie - Psychiatrie	Dringlichkeitsgrad(e)
Koma (GCS $\leq$ 8) / Bewusstseinsstörung ohne evidente Ursache	1 — 2
Agitation - Agressivität	1 — 2
Verwirrtheitszustand (neu aufgetreten)	2
Konvulsion (akut bestehend oder kürzlich aufgetreten)	1 — 2
Aphasie/Dysphasie/Amnesie/Paralyse/Parse/Parästhesien/Gleichgewichtsstörung	1* — 2* — 3*
Kopfschmerzen: heftig oder ungewohnt	1 — 2
Kopfschmerzen: leichtgradig oder chronisch	3 — 4
Unwohlsein mit/ohne Bewusstseinsverlust	2 — 3
Suizidgedanken - Angstkrise - Mutismus	1 — 2
Ängstlichkeit - Depression	3 — 4
Abusus/Intoxikation: Medikamente, Drogen, Alkohol	2 — 3
Bitte nach Entzugskur	3 — 4
Halluzinationen	2 — 3

Traumatologie	Dringlichkeitsgrad(e)
Polytrauma	1
Verlust einer Extremität	1
Wirbelsäulentrauma mit neurologischem Defizit	1
Wirbelsäulentrauma ohne neurologisches Defizit	2 — 3
Thoraxtrauma, -kontusion	1 — 2 — 3
Abdominaltrauma	1 — 2
Schädel-Hirn-Trauma mit Bewusstseinsverlust oder Umstandsamnesie	1 — 2
Schädel-Hirn-Trauma ohne Bewusstseinsverlust	2 — 3
Hüfttrauma	1 — 2 — 3
Trauma einer Extremität	2 — 3 — 4
Maxillo-faciales Trauma	1 — 2 — 3
Tiefe Wunde	1 — 2
Oberflächliche Wunde	3 — 4
Verbrennung	1 — 2 — 3
Erfrierung	2 — 3
Bisswunde	2 — 3

Infektiöse Erkrankungen	Dringlichkeitsgrad(e)
Fieber	2 — 3 — 4
Grippales Syndrom	3 — 4
Hautinfekt	2 — 3 — 4
Hypothermie	1 — 2

HNO	Dringlichkeitsgrad(e)
Rotatorischer Schwindel	2 — 3
HNO Erkrankung	3 — 4
Epistaxis	2 — 3

* 1 = Beginn der Symptome < 6 h
2 = Beginn der Symptome > 6 h und weniger als 24 h oder > 24 h mit Verschlimmerung der Symptome
3 = Beginn der Symptome > 24 h ohne Verschlimmerung der Symptome

TABELLE 3

Magen - Darm und gynäkologische Leiden	Dringlichkeitsgrad(e)
Hämatemesis - Meläna	1 — 2
Hämatochezie (Defäkation von rotem Blut und Koagula)	1 — 2 — 3
Nausea - Erbrechen	2 — 3 — 4
Epigastralgien	3 — 4
Bauchschmerzen	2 — 3
Obstipation	3 — 4
Diarrhoe	2 — 3 — 4
Analschmerzen - anale Erkrankung	3 — 4
Pelvisschmerzen / Inguinalschmerzen	2 — 3
Brusterkrankung	3 — 4
Gynäkologische oder geburtshelferische Blutung	1 — 2
Geburt	1 — 2

Urologie - Nephrologie	Dringlichkeitsgrad(e)
Flankenschmerzen (bei Nierenkolik → Antalgie nach Protokoll!)	3 — 4
Makroskopische Hämaturie	2 — 3
Anurie - Harnretention	2 — 3
Problem mit Blasenkatheter - Inkontinenz	3 — 4
Brennen beim Wasserlösen - Pollakisurie	3 — 4
Hoden- oder Peniserkrankungen	2 — 3
Polyurie/-dipsie — Hyper-/Hypoglykämie — Ketoazidotische Dekompens.	2 — 3

Rheumatologie	Dringlichkeitsgrad(e)
Zervikalgie — Dorsalgie — Lumbalgie (alle ohne Defizit)	3 — 4
Arthralgie — Myalgie	2 — 3 — 4

Dermatologie	Dringlichkeitsgrad(e)
Allergische Reaktion	2 — 3
Geschlechtsteilerkrankung	3 — 4
Hauterkrankung - Insektenstich	2 — 3 — 4

Verschiedene Konsultationsmotive	Dringlichkeitsgrad(e)
Augenerkrankung	2 — 3
Dekompressionskrankheit	1 — 2
Inhalation/Einnahme von Toxika — Einnahme/Insertion von Fremdkörpern	1 — 2 — 3
Elektrisierung	1 — 2
Bodypack	2 — 3
Soziale Hospitalisierung / AZ Verschlechterung / Sturz v. älteren Personen	3 — 4
Pflege nach Hospitalisierung	2 — 3
Pathologische biologische Untersuchungsresultate	2 — 3
Zahnprobleme	3 — 4
Transplantation	2 — 3
Ratschlag / Zertifikat / Protokoll von Schlägen	4
Post-Expositionsprophylaxe (PEP)# / Akzidentelle Blutexposition§	3
Sexuelle Aggression	2 — 3
Singultus	3 — 4
Technische Geste, Abklärungsuntersuchung	3 — 4

Tabelle 3: Konsultationsmotive um die adäquate Wartezeit zu bestimmen (siehe auch Schema S. II).

- Für jedes Motiv empfiehlt diese Liste einen oder mehrere Dringlichkeitsgrade.
- **Wenn mehrere Dringlichkeitsgrade für dasselbe Konsultationsmotiv aufgeführt sind**, wird der endgültige Dringlichkeitsgrad entweder mittels der Vitalparameter der Tabelle 2 (S. III) und/oder klinisch bestimmt (d.h. Vorhandensein von signifikanten anamnestischen bzw. klinischen Elementen, wie z.B. Symptombeginn bei Hirnschlag).
- In gewissen Situationen (z.B. «Thoraxschmerzen»), wird das Konsultationsmotiv dem Dringlichkeitsgrad zugeschrieben («1 oder 2» im Fall der Thoraxschmerzen). Auch bei normalen Vitalparametern (d.h. Grad «3») wird der Patient mit dem Dringlichkeitsgrad «2» (→ Wartefrist ≤ 20 min) behandelt.

Die PEP umfasst alle Risikosituationen von Personen, welche der Kontamination des HBV, HCV und HIV ausgesetzt sind und dies nach Kontakt mit Blut und/oder biologischen Flüssigkeiten (inkl. ungeschütztem Geschlechtsverkehr, Kondomruptur)

§ Umfasst alle Blutexpositionen (Stich-, Schnittwunden, Kontakt mit biologischen Flüssigkeiten)

Peak flow (PF) - Exspiratorischer Spitzenfluss

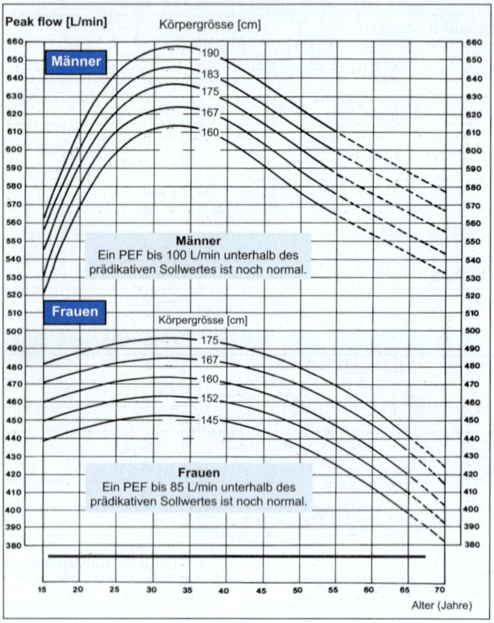

Schema: Normalwerte des Peak flow beim Erwachsenen.

PF	Grösse 1.45 m		Grösse 1.52 m		Grösse 1.60 m		Grösse 1.68 m		Grösse 1.75 m	
Alter	*100 %*	*50 %*	*100 %*	*50 %*	*100 %*	*50 %*	*100 %*	*50 %*	*100 %*	*50 %*
15	438	219	450	225	461	231	471	236	481	241
20	445	223	456	228	467	234	478	239	488	244
25	450	225	461	231	471	236	482	241	493	247
30	452	226	463	232	474	237	485	243	496	248
35	452	226	463	232	473	237	484	242	496	248
40	449	225	460	230	470	235	482	241	493	247
45	444	222	456	228	467	234	478	239	488	244
50	436	218	448	224	458	229	470	235	480	240
55	426	213	437	219	449	225	460	230	471	236
60	415	208	425	23	487	244	448	224	458	229
65	400	200	410	205	422	211	434	217	445	223
70	385	193	396	198	407	204	418	209	428	214

PF	Grösse 1.60 m		Grösse 1.68 m		Grösse 1.75 m		Grösse 1.83 m		Grösse 1.90 m	
Alter	*100 %*	*50 %*	*100 %*	*50 %*	*100 %*	*50 %*	*100 %*	*50 %*	*100 %*	*50 %*
15	518	259	530	265	540	270	552	276	562	281
20	568	284	580	290	290	295	601	301	612	306
25	598	299	610	305	622	311	632	316	643	322
30	612	305	623	312	636	318	645	323	656	328
35	613	307	623	312	635	318	646	323	656	328
40	606	303	617	309	627	314	638	319	649	325
45	592	296	603	302	615	308	626	313	637	319
50	578	289	589	295	601	301	612	306	623	312
55	565	283	577	289	588	294	600	300	611	306
60	555	278	566	283	578	289	589	295	599	300
65	544	272	556	278	568	284	578	289	589	295
70	534	267	546	273	558	279	568	284	579	290

REANIMATION

REA

* **Nach Intubation** (oder alternativer Methode):
- Thoraxkompressionen pausenlos weiterführen (100/min)
- Die Beatmung (8-10 Atemstösse/min) wird, unabhängig von den Thoraxkompressionen, weitergeführt. **WICHTIG: Hyperventilation vermeiden!**
- Rhythmuskontrolle alle 2 min

AED = Automatischer externer Defibrillator
CPR = Kardiopulmonale Reanimation
BLS = Basic-Life-Support

Patient ohne Reaktion

✆ N° 112 oder Notfallalarm
☛ Automatischen externen Defibrillator (AED) bereitstellen

A Airways
- ☛ Inspektion der Mundhöhle
- ☛ Atemwege befreien (Kopf in Extension mit gehobenem Kinn; CAVE: Zervikaltrauma)

B Breathing
- ☛ Atmung beurteilen: *look - listen - feel*

Adäquate Atmung

- ☛ Patient weiter beobachten und ins nächste Spital führen
- ☛ Weitere Abklärungen je nach Situation

Inadäquate Atmung

B Breathing
- ☛ 2 schnelle Atemstösse (1 sek/Atemstoss) Ziel: Hebung des Brustkorbes!

C Circulation
- Karotispulskontrolle und Suche nach Zirkulationszeichen während 10 Sekunden

Zirkulation vorhanden

- ☛ Beatmung (10-12x/min)
- ☛ Pulskontrolle alle 2 min

Zirkulation abwesend

CPR: Kardiopulmonale Reanimation: 30/2

- ☛ **30 Thoraxkompressionen: 100/min**
  - In der Mitte des Sternums, zwischen den Brustwarzen
  - Stark (4-5 cm tief) und schnell komprimieren (100/min)
  - Vollständige Entlastung zwischen zwei Kompressionen
  - Kompressionen so wenig wie möglich unterbrechen
- ☛ **Und 2 schnelle Atemstösse** (bis AED verfügbar)*

= 1 Zyklus (~ 20 sek)

CPR weiterfahren bis:
■ Hilfspersonen an Ort; ■ Reaktiver Patient; ■ Helfer erschöpft

D Defibrillation
Defibrillator verfügbar (AED)
- ☛ Rhythmuskontrolle: **Defibrillation indiziert?**

Defibrillation indiziert

D Defibrillation

<u>Beobachteter Kreislaufstillstand</u>
- ☛ **1x sofort defibrillieren** und CPR sofort wieder aufnehmen. 5 Zyklen zu:
  - 30 Kompressionen/2 Atemstösse

<u>Unbeobachteter Kreislaufstillstand</u>
- ☛ CPR sofort wieder aufnehmen 5 Zyklen zu 30 Kompressione/2 Atemstösse
- ☛ **1x defibrillieren** und weiter CPR

Defibrillation nicht indiziert

- ☛ **CPR** sofort wieder aufnehmen:
  - 5 Zyklen zu 30 Kompr./2 Atemstösse
- ☛ Rhythmusüberprüfung alle 5 Zyklen
- ☛ BLS weiterfahren bis:
  - Hilfspersonen an Ort
  - Reaktiver Patient

Algorithmus BLS [Angepasst nach: Circulation, 2005 ;112 : IV, 1-22]. * siehe S. 2

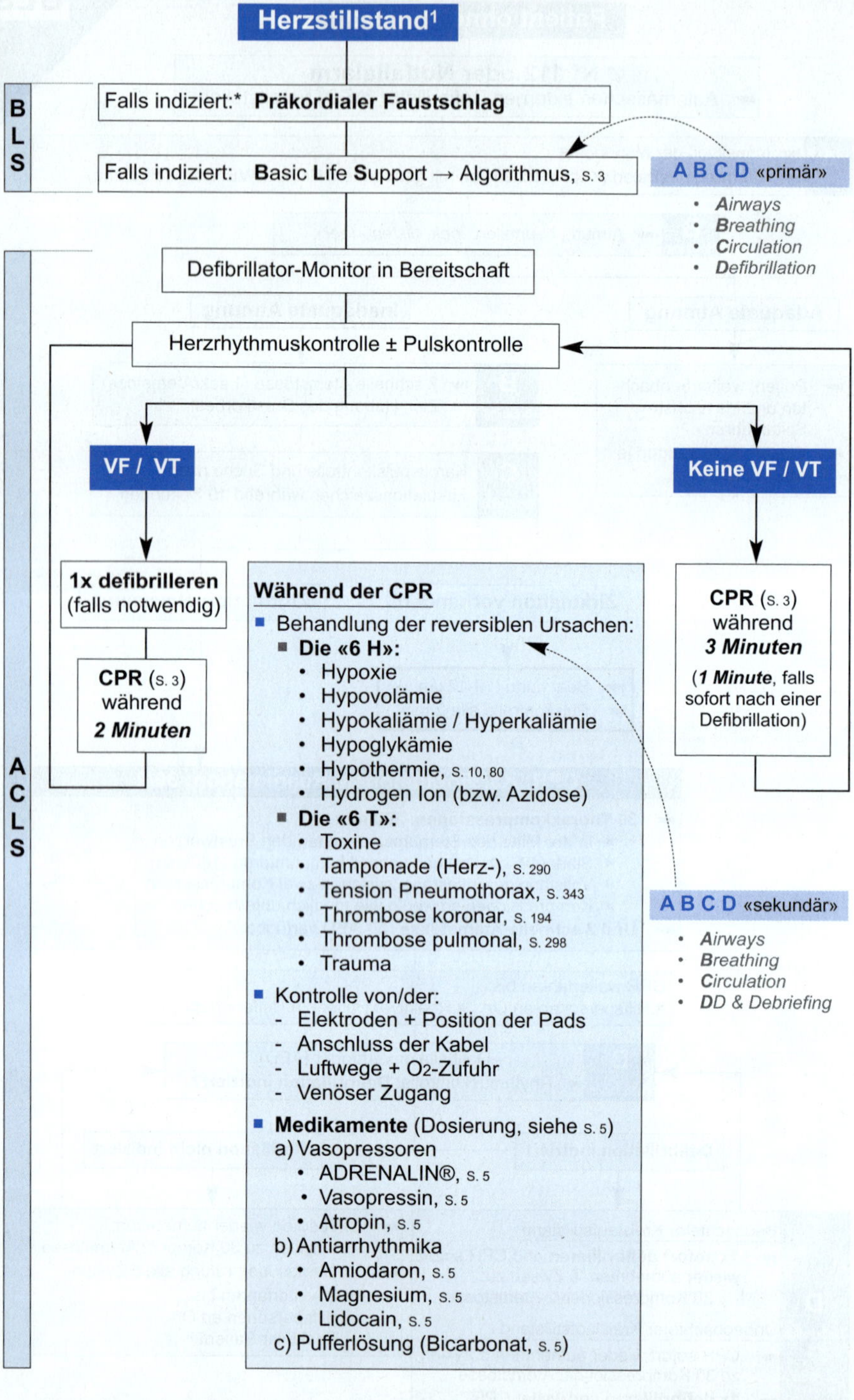

Universalalgorithmus: Herzstillstand. (Abkürzungen, siehe S. 5)

* Faustschlag (ca. 10-30 J) muss innerhalb von 30 Sekunden nach dem Auftreten des Herzstillstandes erfolgen.

1 Angepasst nach: European Resuscitation Council Guidelines for Resuscitation 2005. Adult advanced life support. Resuscitation 2005; 67S1: S39-S86

Medikamentöse Therapie während der CPR

REA

a) Vasopressoren

- **Epinephrin ADRENALIN®**

Ind: • VF, VT, Asystolie, pulslose elektrische Aktivität (PEA), Bradykardie
Dos: • **ADRENALIN®** 1 mg **IV** alle 3 min [nicht klassifizierte Evidenz]
- Falls erfolglos: > 1 mg **IV** [IIb]

- **Vasopressin** (falls erhältlich)

Ind: • VF, VT
Dos: • **Vasopressin** 40 U **IV** (einmalige Dosis) [IIb]

- **Atropin**

Ind: • Asystolie, pulslose elektrische Aktivität (PEA)
Dos: • 1 mg **IV** alle 3 min [IIb]

b) Antiarrhythmika

- **Amiodaron**

Ind: • VF, VT
Allg: • Amiodaron gehört zur Klasse III der Antiarrhythmika
Dos: • Ladedosis:
- 300 mg **IV** flush in 10 mL G5 %; falls notwendig zusätzlich 150 mg **IV** flush
• Erhaltungsdosis:
- 2 g **IV** kont./24 h

- **Magnesium**

Ind: • Torsade de pointes (polymorphe ventrikuläre Tachykardie, s. 126) [IIb]
• Herz-Kreislaufstillstand bei Hypomagnesiämie [IIb]
Dos: • Ladedosis:
- 2 g (8 mmol) **IV** en 1-2 min (in 100 mL G 5 % oder Dextrose 5 %)
• Erhaltungsdosis:
- 5 g (20 mmol) **IV** über 6 h
- dann 5 g/d **IV** über 12 h während 5 d
Ex: • MAGNESIOCARD®
- Amp (10 mL)..3 mmol ≅ 75 mg Mg^{2+}
- Fl (50 mL, 9.8 g Magnesiumaspartat) ....40 mmol ≅ 1000 mg Mg^{2+}

- **Lidocain**

Ind: • VF, VT
Dos: • 1.0 - 1.5 mg/kg **IV** Bolus [nicht klassifizierte Evidenz]

c) Pufferlösung

- **Bicarbonat ($NaHCO_3$ 8.4 %)**

Ind: • Herz-Kreislaufstillstand infolge Hyperkaliämie [I]
• Herz-Kreislaufstillstand im Zusammenhang mit Trizyklika oder Acetylsalicylsäure [IIa]
• Kardiodpulmonale Reanimation > 20 min mit maschineller Beatmung [IIb]
• Retour zur einer Spontanatmung [IIb]
Dos: • 1 mmol/kg **IV**

ACLS = Advanced Cardiac Life Support
AED = Automatischer externer Defibrillator
BLS = Basic-Life-Support
CPR = Kardiopulmonale Reanimation
DD = Differential diagnosis
VF = Ventrikuläre Fibrillation
VT = Ventrikuläre Tachykardie

Einige EKG bei Reanimationssituation

Asystolie

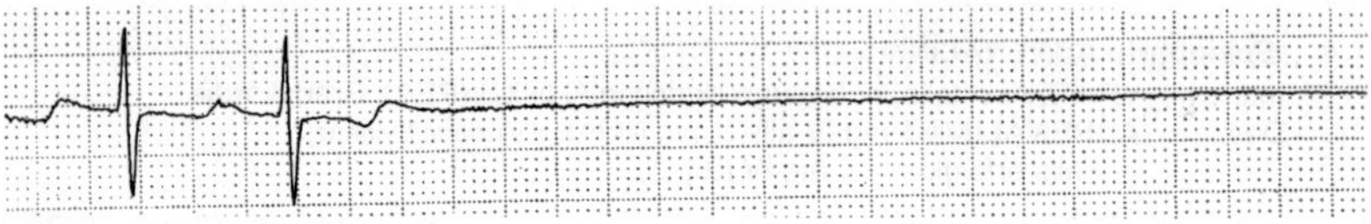

Pulslose elektrische Aktivität (PEA)

- Die PEA umfasst jeden organisierten Rhythmus mit elektrischer Aktivität (am Monitor sichtbar), wobei aber kein Puls palpiert werden kann! Hier einige PEA-Beispiele:

Idioventrikulärer Rhythmus ohne Puls

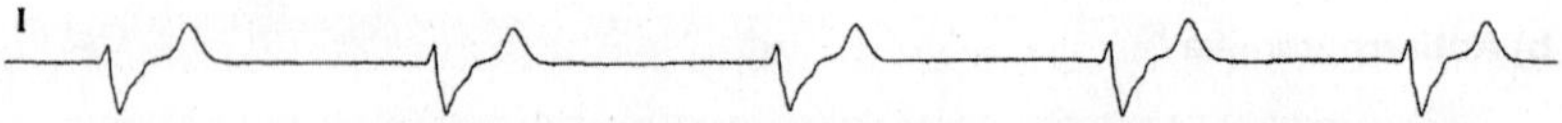

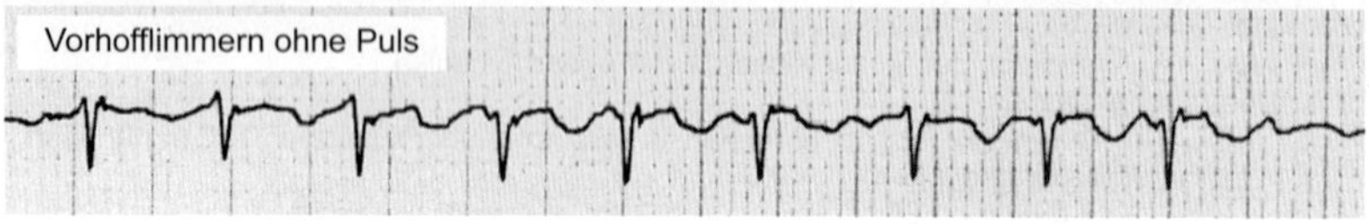

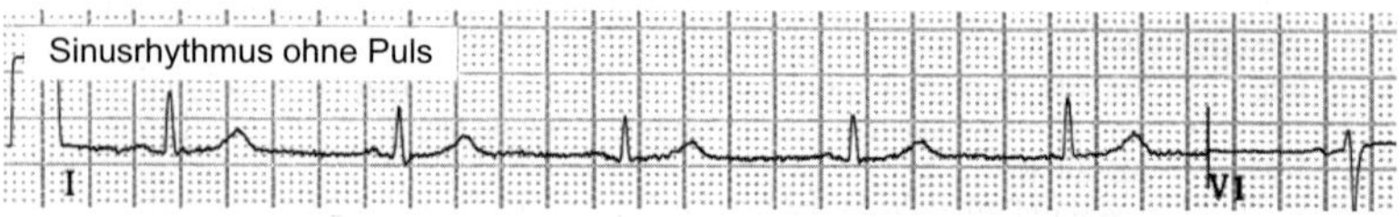

Ventrikuläre Tachykardie (VT)

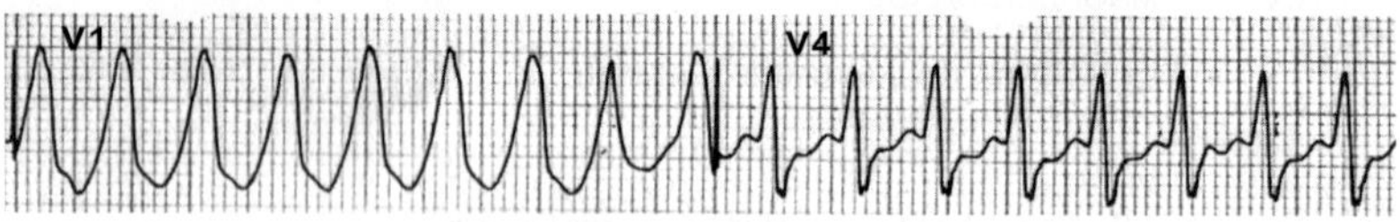

Ventrikuläre Fibrillation (VF)

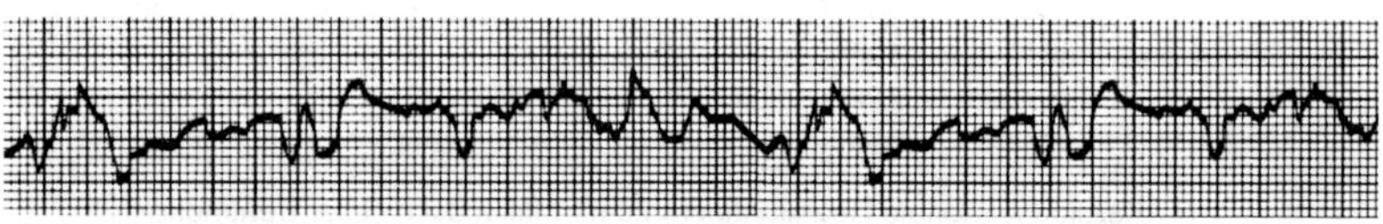

Bradykardie

REA

DEFINITION

- Absolute Bradykardie: Herzfrequenz < 60/min
- Relative Bradykardie: Herzfrequenz tiefer, als sie bezüglich der Klinik zu erwarten wäre.

↓

- ☛ Atemweg offen halten
- ☛ Beatmung wenn notwendig, S. 65
- ☛ EKG-Monitor: Rhythmuskontrolle
- ☛ BD-Messung
- ☛ Oxymetrie anschliessen
- ☛ Venösen Zugang schaffen

Bestehen Befunde oder Symptome einer Hypoperfusion als Folge der Bradykardie, wie:

- Kalte Haut?
- Art. Hypotonie (SBD < 90 mmHg)?
- Organische Minderperfusion:
  - Niereninsuffizienz vom prärenalen Typ?
  - Verwirrtheitszustand?
- Thoraxschmerzen?
- Akute vaskuläre Insuffizienz («Schock»), S. 20?

nein

Gute Perfusion
(= asymptomatisch)

warmer Patient

↓

☛ **Überwachung, Monitoring**

ja

Hypoperfusion
(= symptomatisch)

Kalter Patient!!!

↓

- ☛ **Transkutaner Schrittmacher (Patch) bereitstellen!**
  - Bei AV-Blöcken höheren Grades (2.° Typ 2 oder 3.°):
    → SOFORT Schrittmacher-Patch aufkleben + aktivieren!
- ☛ **Atropin** in Betracht ziehen (als Überbrückungslösung, bis dass der Schrittmacher funktionstüchtig ist):
  - **I. Breite QRS-Komplexe**
    - RISIKO einer Verschlimmerung* der Bradykardie!!
    - Atropin ist i.d.R. erfolglos, da der Block meist infrahissär und daher vagusunabhängig ist
  - **II. Schmale QRS-Komplexe**
    - **Atropin: 0.5 mg-weise IV Bolus (verdünnt**), max. 3 mg**

    Wenn nach 3 mg Atropin keine Besserung eintritt, soll der Schrittmacher aktiviert werden.
- ☛ Bis zur Bereitstellung des Schrittmachers oder bei ineffizientem Schrittmacher:
  - **Adrenalin: 5-10 µg-weise IV Bolus** (bis Perfusor bereit)

↓

- ☛ **Transvenösen Schrittmacher einlegen**
- ☛ **Auslösende Faktoren behandeln: «6T» und «6H»,** S. 8
- ☛ Konsilium bei Intensivist

Algorithmus: Bradykardie [Angepasst nach: AHA, Circulation, 2005 ;112 : IV, 67-77].

* Ausnahme: Vorbestehender Schenkelblock (QRS-Komplexe sind immer breit, unabhängig wo der Block ist).

** **Verdünnung des Adrenalins**: 1 Amp (1 mg) zuerst mit 9 mL NaCl 0.9 % verdünnen, dann 1 mL dieser Verdünnung (= 100 µg/mL) ein 2. Mal mit 9 mL NaCl 0.9 % verdünnen → 10 µg/mL; dann nach Klinik titrieren!

* Wenn der Patient instabil werden sollte → elektrische Kardioversion, siehe BOX 3, S. 9

‡ **Auslösende Faktoren:**

- **Die «6 H»:**
  - Hypoxie
  - Hypovolämie
  - Hypokaliämie / Hyperkaliämie
  - Hypoglykämie
  - Hydrogen Ion (bzw. Azidose)
  - Hypothermie, S. 10, 80
- **Die «6 T»:**
  - Toxine
  - Tamponade (Herz-), S. 290
  - Tension Pneumothorax, S. 343
  - Thrombose koronar, S. 194
  - Thrombose pulmonal, S. 298
  - Trauma

SVT = Supraventrikuläre Tachykardie
VT = Ventrikuläre Tachykardie
Tdp = Torsade de pointes

Tachykardie mit palpablen Pulsen‡

- Falls notwendig: **BLS**-Algorithmus (S. 3): Hilfe rufen ✆ **112 und CPR beginnen,** S. 3
- O_2, venöser Zugang, EKG-Monitor/Defi (Rhythmusanalyse), BD, Oxymetrie
- Suche / Therapie von auslösenden Faktoren (siehe Fussnote S. 8)

Symptome persistieren

→ **stabil**

→ **instabil** infolge Tachykardie (d.h. HF > 150/min)

instabil

Instabil bedeutet (mind. 1 Kriterium):
- Bewusstseinsstörung
- Schock, S. 20
- Thoraxschmerzen
- SBD < 90 mmHg

BOX 3
- **Elektrische Kardioversion synchron** S. 122
  - Bei Bewusstsein mit Sedo-Analgesie, S. 124
  - Bei pulslosem Herzstillstand → S. 4
  - Kardio-Konsilium in Betracht ziehen

stabil

- **EKG** (12 Ableitungen). Wenn nicht vorhanden, ad. Rhythmusstreifen

Schmale QRS-Komplexe* (< 120 ms)

Regelmässig

BOX 1
- **Vagale Manöver** (als Versuch), S. 164
- Falls erfolglos:
  - **Adenosin 6 mg IV** Bolus; falls erfolglos, ad. 12 mg **IV** Bolus. Bei Misserfolg, evtl. noch 1x 12 mg Bolus **IV** wiederholen.

→ **Sinusrhythmus**
- Mögliche Dg:
  - SVT mit Reentry, S. 158
- Bei Rezidiv der Tachykardie:
  - **Adenosin**, S. 139 oder
  - **Diltiazem**, S. 154 oder
  - **Betablocker**, S. 154

→ **Keine Konversion**
- Mögliche Dg:
  - Vorhofflattern
  - Vorhoftachykardie
  - Junktionale Tachykardie
- Rhythmuskontrolle:
  - **Diltiazem** oder
  - **Betablocker**, S. 154
- Kausaltherapie
- Kardio-Konsilium

Unregelmässig

BOX 2
- Mögliche Dg:
  - Vorhofflimmern
  - Vorhofflattern
  - Multifokale Vorhoftachykardie
- Rhythmuskontrolle:
  - Diltiazem oder **Betablocker**, S. 154
  - CAVE: KI der BB (z.B. HI, Asthma)
- Kardio-Konsilium

Breite QRS-Komplexe* (≥ 120 ms)

Regelmässig (monomorph)

Bei VT oder unklarem Rhythmus
- **Amiodaron**
  - 150 mg **IV** in 10 min, bei Bedarf wiederholen. Max./24h: 2.2 g
- **Elektrische Kardioversion** vorbereiten, S. 122:
  - elektiv + synchron

Bei SVT mit bestehendem Schenkelblockbild
- Adenosin → **BOX 1**

Unregelmässig (polymorph)

Bei VHFli. mit Schenkelblock
- ad. **BOX 2**

Bei VHFli. und Präexzitation, S. 160
- Konsultation
- Keine AV-hemmende Substanzen verabreichen, d.h.:
  - Ø Adenosin!
  - Ø Diltiazem!
  - Ø Verapamil!
  - Ø Digoxin!
- Evtl. Amiodaron:
  - 150 mg **IV**/10 min

Bei rezidivierenden polymorphen VT
- Kardio-Konsilium
- Speziell bei Tdp:
  - **Magnesium**, S. 5
  - KEIN Amiodaron!
  - evtl. **Defibrillation**, S. 124

Algorithmus: Tachykardie mit palpablen Pulsen. [Angepasst nach: AHA, Circulation, 2005 ;112 : IV, 67-77]

*, ‡ und Abkürzungen, siehe S. 8

Therapeutische, milde Hypothermie nach Reanimation[1-4]

Allg:
- Neurologische Defizite durch zentrale Ischämie werden nach Reanimation bei Herzstillstand oft beobachtet.
- Viele verschiedene Mechanismen können zur Reduktion der neuronalen Zellschädigung durch therapeutische Hypothermie beitragen:
  - Hemmung der Apoptose (= gezielter, programmierter Zellentod, ohne Entzündungsreaktion des umliegenden Gewebes)
  - Verminderung der exzitatorischen Wirkung, hervorgerufen durch die Ischämie und Reperfusion.
  - Störungen der intrazellulären Kationenkonzentration infolge Ionenpumpendysfunktion
  - Hemmung von inflammatorischen Zytokinen
  - Verminderung der Synthese von freien Radikalen
  - Verminderung des Hirnödems u.a.

Situationen bei denen eine Hypothermie i.d.R. NICHT indiziert ist (ad. Konsilium)

1. Trauma oder schwerwiegende Blutung
2. Terminale Grunderkrankung mit Verzicht auf Intensivpflege
3. Schwangerschaft
4. Gerinnungsstörung (Ausnahme: therapeutisch induziert!)
5. Zeitdauer der wiederhergestellten, anhaltenden, spontanen Zirkulation (definiert als: SBD > 80 mmHg während > 20 min) bis zu Beginn des Kühlungsmanövers > **4 h**

Ind:[3]
- **Koma nach erfolgreicher Reanimation bei ventrikulärem Flimmern (VF)**

Vorg:
- Es gibt keine standardisierten Guidelines bezügl. der Durchführung einer therapeutischen, milden Hypothermie bei Status nach Reanimation.
- Voraussetzungen:

Sedation	Midazolam	Initial 0.2 mg/kg/h **IV**
	Propofol	1 - 4 mg/kg/h (± initialer Bolus 0.5-1 mg/kg)
Analgesie	Fentanyl	Initial 0.004 mg/kg/h **IV**
	Morphin	Morphin 5 mg/h **IV**
Relaxation	Rocuronium	0.5 mg/kg/h **IV** (oder Atracurium, siehe s. 67)

- Ausrüstung:
  - Arterienkatheter, ZVK, EKG-Monitoring
  - Kontinuierliche Temperaturmessung (z.B. Dauerkatheter mit Temperatursonde)

Für die PRAXIS:
- Beginn der Hypothermie: so schnell wie praktikabel. Ziel: innerhalb von 4 h!
- Ziel-Körpertemperatur: 32-34°C (über Blasentemperatursonde)
- Dauer der Hypothermie: 12-24 h (> 24 h erhöht die Infektionsrate!)

- Es gibt verschiedene Möglichkeiten, die Körpertemperatur zu senken, z.B.:
  - **Externe Kühlsysteme:**
    Prähospital:
    - *Coolpacks* in die Achsel, Verzicht auf Wärmeschutz

    Notfallstation:
    - 2000 mL Ringer-Lactat **IV** 4°C (30 mL/kg)
    - Danach (meist auf IPS): externe Kühlsysteme mit Kaltluftdecken und Kältematten.
    - Die endovaskulären Kühlkatheter sind nicht überall verfügbar und betreffend Sicherheit (Thromboserisiko) noch zu wenig Erfahrung.
  - **Interne Kühlung (mit gekühlten Infusionen):**
    - 4°C NaCl 0.9 % (30 mL/kg) **IV** in 30 min → Körpertemperatursenkung um ca. 2°/h.
    - Endovaskuläre Kühlkatheter, deren Ballon mit kalter Flüssigkeit durchströmt wird
- Engmaschige Laborkontrollen (alle 1-4 h):
  - ABGA
  - Kalium (↓)
  - Blutzucker (Hyperglykämie durch verminderte Insulinwirkung und Ausschüttung)
  - Phosphat (↓), Laktat
  - NSE ↑ (neuronenspezifische Enolase) = prognostisch schlechter Faktor (N < 15.2 µg/L)
- **Aufwärmung** (aktiv): 0.25-0.5°C/h[3] bis Erreichen einer Körpertemperatur > 36°C

NW:
- Blutungen
- Infektionen. Sepsis (v.a. bei prolongierter Hypothermie!)
- Elektrolytstörungen:
  - Hypokaliämie, Hyperglykämie, Hypophosphatämie u.a.

1 Holzer M, et al. NEJM 2002 ;346 :549-56. 2 Bernard SA, et al. NEJM 2002 ;346 :557-63 3 ERC Guidelines 2005. Resuscitation 2005 ;67 :157-341. 4 Aberle J et al. Intensivmedizin 2006 ;43 :37-43.

Dyspnoe: Klassifikation und DD

Klas: **I. Akute Dyspnoe**
- Asthmaanfall
- Pneumothorax/Spannungspneumothorax
- Akutes Lungenödem, dekompensierte Herzinsuffizienz
- Lungenembolie
- Anaphylaktische Reaktion
- Fremdkörper (infolge Obstruktion der Glottis/Trachea)
- Epiglottisödem (QUINCKE Ödem), Epiglottitis, Laryngospasmus
- Psychogen

II. Subakute/chronische Dyspnoe
- Pharyngitis, Peritonsillarabszess
- Chronische Herzinsuffizienz
- Pleuraerguss
- COPD
- Pneumonie
- ARDS
- Anämie, Polyzythämie
- Lungentumoren (inkl. maligne Lymphome)
- Betablocker
- Psychogen

DD:
- **Infektiös**
  - Pneumonie, ARDS
  - Laryngotracheitis, Pharyngitis, Epiglottitis, Peritonsillarabszess
  - Enzephalitis (Neuropathie)
  - Poliomyelitis (Neuropathie)
  - Myokarditis, Perikarditis
- **Neoplastisch**
  - Tumoren (primär, sekundär): Lunge, Pleura (z.B. Mesotheliom), Mediastinum (z.B. Lymphom), Hirn, HNO-Bereich
- **Vaskulär**
  - Akutes Koronarsyndrom: NSTEMI, STEMI, instabile Angina pectoris
  - Akute oder chronische Herzinsuffizienz
  - Arrhythmien
  - Anaphylaktische Reaktionen
  - Lungenödem: kardiogen, Höhenkrankheit, neurogen, medikamentös
  - Mitralstenose und/oder Mitralinsuffizienz
  - Tamponade
  - Aortenaneurysma, Aortendissektion
  - Lungenembolie (inkl. Gasembolie, Fettembolie)
  - Rechts-Links Shunt (Bsp: Vorhofseptumdefekt, Lungenembolie)
  - Kardiomyopathie
  - Atelektase (Bsp: Lungenembolie, Pleuraerguss)
- **Metabolisch**
  - Hyperthyreose, Hypothyreose, Struma, Adipositas
- **Systemerkrankungen**
  - Sarkoidose, Systemsklerose, SLE, GUILLAIN-BARRÉ, Myasthenia gravis u.a.
- **Traumatisch**
  - Thoraxtrauma (Rippenfraktur, Hämothorax), Trachealtrauma
  - St. n. Pneumonektomie
- **Medikamentös - toxisch**
  - Betablocker (infolge Bronchospasmus als direkte NW der Betablocker oder als klinische Manifestation bei bestehender Herzinsuffizienz als Folge der inotrop negativen Wirkung der Betablocker; i.d.R. bei NYHA-Stadien III und IV)
  - ACE-Hemmer (unklarer Mechanismus)
  - Intoxikation: CO, Sedativa u.a.
- **Sonstige Ursachen**
  - Perikarderguss, Pleuraerguss (Transsudat, Exsudat)
  - Pneumopathien: COPD, Asthma, Emphysem, interstitielle Lungenfibrose u.a.
  - Pneumothorax
  - Epiglottisödem (QUINCKE Ödem)
  - Hiatushernie
  - Zystische Fibrose
  - Schlafapnoe Syndrom
  - Massiver Aszites
  - Kongenitale Anomalien: ASD, VSD, offenes Foramen BOTALLI, FALLOT
  - Hyperventilation, hysteriforme Störungen, Angstzustände

INTENSIVMEDIZIN

IP

Aortendissektion [I71.0]

Allg:
- **Die Aortendissektion ist ein lebensbedrohlicher Notfall!**
- Mortalität:
  - Initial ....1-2 %/Stunde
  - Unbehandelt nach 48 h..................50 %
  - Unbehandelt nach 2 Wochen ....80 %
  - Unbehandelt nach 3 Monaten........90 %
- Eine Aortendissektion nennt sich akut, wenn sie weniger als 15 Tage symptomatisch ist.
- Normaldurchmesser der Aorta ascendens: 2-4 cm
- Pathogenese
  - Einriss der Gefässintima mit Eintritt von Blut in die Gefässmedia. Es kommt zu einer longitudinalen Aufspaltung der Media und es entstehen 2 Gefässlumina:
    -- «Wahres Lumen» (von der Intima begrenzt)
    -- «Falsches Lumen» (zwischen Media und Adventitia)
- Inzidenz weltweit: 0.5-2.95/100'000 Einwohner/Jahr

Klas:
- Es werden 2 Klassifikationen beschrieben:

STANFORD, 1970 (häufig gebraucht)	
A	Jede Dissektion, die die Aorta ascendens betrifft
B	Dissektion mit Beginn nach Abgang der linken Arterie subclavia

DE BAKEY, 1965	
I	Proximale Aortendissektion, welche über die Aorta ascendens hinausgeht
II	Proximale Aortendissektion, welche sich auf die Aorta ascendens beschränkt
III	Distale Aortendissektion

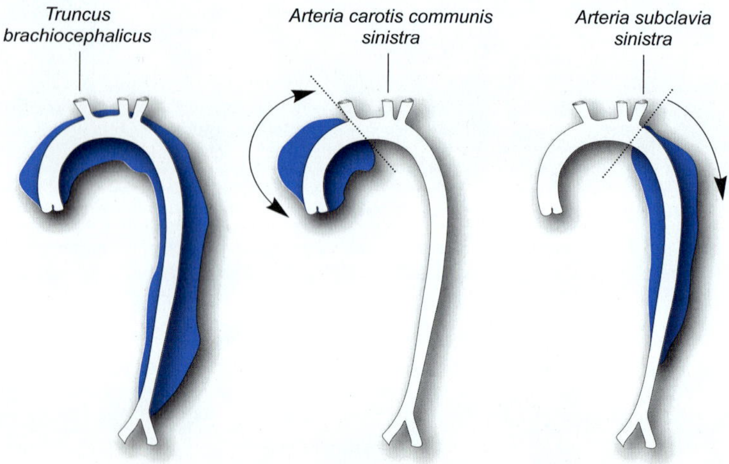

60 %	10-15 %	25-30 %
DE BAKEY I	**DE BAKEY II**	**DE BAKEY III**
STANFORD A proximal		**STANFORD B** distal

«**A**»
wie:
Ascendens oder **A**lles

Urs: • **Risikofaktoren**
- **Art. Hypertonie** (bei 70-80 % der Patienten vorhanden)
- Hohes Alter
- Geschlecht (Männer sind 3x häufiger betroffen als Frauen)
- Hereditäre Bindegewebserkrankungen
  -- MARFAN-Syndrom:
  ▶ Autosomale dominante Erbkrankheit (Chromosom 15), wobei das Bindegewebe betroffen ist: Mitralklappenprolaps, Aortendilatation, Thoraxdeformität, Skoliose, oft spindelförmiger Grosswuchs, Linsenluxation.
  -- Morbus EHLERS DANLOS (*Gum disease*)
  ▶ Zur Zeit werden 6 Typen dieser Erbkrankheit, die das Bindegewebe befallen, unterschieden. Klinik: Gelenkhypermobiliät, verstärkte Hautelastizität und erhöhte Gewebsschwäche. Seltenere Befunde: muskulo-skelettale Schmerzen, arterielle Gefässwandschwächen oder -rupturen, schwacher Muskeltonus, Mitralklappenprolaps.
  -- Annuläre Ektasie der Aorta
- Bicuspide Aortenklappe (kongenital)
- Iatrogen (Katheterismus, Herzchirurgie u.a.)
- Trauma
- St. nach Aortenklappenersatz
- Schwangerschaft (50 % der Frauen mit Dissektion unter 40 Jahren sind schwanger)
- Vaskulitis mit Beteiligung der Aorta

Klin: • **Symptome**

1. **Thoraxschmerzen** (90 % der Fälle)
   - Plötzlicher starker Thoraxschmerz (oft am stärksten zu Beginn der Dissektion)
   - Retrosternaler «Dolchstoss» (mittleres Drittel des Sternums), reissend, schneidend
   - Bei Typ B-Dissektion: interskapulärer Schmerz
   - Der Dissektionsschmerz wandert entlang der Aortendissektion (anterograd oder retrograd, je nach Progression der Dissektion)
   - Bei chronischen Aortendissektionen können die Schmerzen auch fehlen.
2. **Neurologische Symptome** (bis zu ca. 20 % der Fälle)
   - Hirnschlag (infolge Obstruktion der Karotiden) bei Typ-A Dissektion
   - Paraparesen/Plegie bei Einbezug der Rückenmarksarterien (= spinale Ischämie)
     - LERICHE-Syndrom bei Verlegung des wahren Lumens (Verschluss der Aorta im Bereich der Bifurkation in beide Beckenarterien)
     - Ischämische periphere Neuropathie
3. **Synkope** (bis zu ca. 20 % der Fälle)
4. **Dyspnoe, Herzinsuffizienz** (infolge Aorteninsuffizienz, Tamponade)
5. **Perikardtamponade** (soll bei art. Hypotonie vermutet werden!)
6. **Myokardinfarkt** (1-2 % der Fälle, infolge Dissektion in die Koronararterien)
7. **Periphere arterielle Durchblutungsstörungen** (Kompression des wahren Lumens)

• **Befunde**
- Patient peripher kalt (Vasokonstriktion)
- Feuchte Haut
- Tachykardie
- Ausgeprägte art. Hyp<u>er</u>tonie (in 70-90 % der Fälle)

Für die PRAXIS:
- Bei **normotonen oder hypotonen** Patienten an folgende Diagnosen denken:
  - Low output bei schwerer Aorteninsuffizienz
  - Tamponade
  - Dissektion in Koronararterien mit Myokardischämie oder -infarkt (siehe EKG)
- **BD-/Puls-Differenz zwischen beiden Armen** (weder sensitiv noch spezifisch):
  - Vd. auf proximale Aortendissektion (Typ A)
  - Evtl. Pseudohypertonie auf der Seite der nicht betroffenen A. subclavia
- **BD-/Puls-Differenz zwischen den Armen und den Beinen:**
  - Vd. auf distale Dissektion (Typ B)

- Herzauskultation: Suche eines aortalen Diastolikums bei Typ-A Dissektion. Eine Aorteninsuffizienz wird bei 60-70 % der Typ-A Dissektionen beobachtet. Die Intensität des diastolischen Herzgeräusches ist variabel und BD-abhängig!
- Hämatothorax
- Pseudokoarktation (Obstruktion durch Dissektionsmembran)
- Evtl. akute zirkulatorische Insuffizienz, s. 20

Dg: • Der klinische Befund hat eine schlechte diagnostische Sensitivität. Radiologische Bildgebungen sind zwingend, auch bei schwacher klinischer Wahrscheinlichkeit!!

Diagnostische Methode	Sensitivität	Spezifität
1. Wahl: ■ **Angio-CT**	90-100 %	90-100 %
2. Wahl: ■ **Transösophageale Echokardiographie** (TEE)	90-99 %	85-89 %
Weitere Methoden: ■ **Transthorakale Echokardiographie** (TTE) ■ **Intravaskulärer Ultraschall** ■ **MR** ■ **Aortographie**	 60-80 % 94-100 % 98-100 % 80-90 %	 80-96 % 97-100 % 98-100 % 88-95 %

EKG:
- Meistens normal
- Bei vorbestehender art. Hypertonie: evtl. Zeichen von Linksherzhypertrophie, S. 171
- Ischämiezeichen sind selten

DD:
- Akutes Koronarsyndrom
- Akute Perikarditis
- Pleuritis
- Nicht dissezierendes Aortenaneurysma
- Akute Aortenklappeninsuffizienz ohne Dissektion
- Lungenembolie
- Pneumothorax
- Cholezystitis
- Mediastinaltumor
- Muskuloskelettale Schmerzen

Rx: **A. Standard Thoraxröntgenbild: indirekte Zeichen einer Aortendissektion**

1. Verbreiterung des Mediastinums (> 1/3 der gesamten Thoraxbreite)
2. Rechtsverlagerung der Trachea
3. Anomalie der Aortenbogenkontur (kein «Aortenknopf» sichtbar)
4. Schlecht abgegrenztes aortopulmonales Fenster, siehe S. 1132
5. Doppelkontur des Aortenbogens bzw. Einwärtsverlagerung von Wandverkalkungen im Vergleich zu Voruntersuchungen
6. Pleuraerguss links (Hämatothorax)
7. Fehlen einer Durchmesserreduktion zw. der Aorta ascendens und descendens

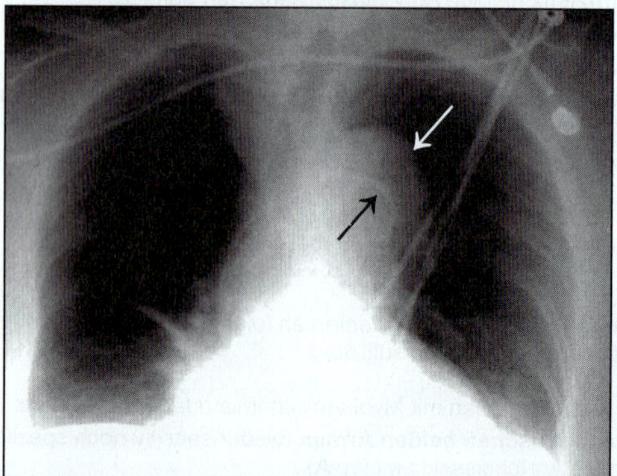

Dissektion der Aorta ascendens (Typ A, nach STANFORD).
Schwarzer Pfeil: Echte Aortawand; man beobachtet eine abgerundete Transparenzminderung (= Aortenkalzifikationen).
Weisser Pfeil: Äussere, dissezierte Aortawand.
Zwischen den beiden Pfeilen befindet sich das falsche Lumen.

B. Thorax CT: Typ-A Aortendissektion (Patient, 65 J)

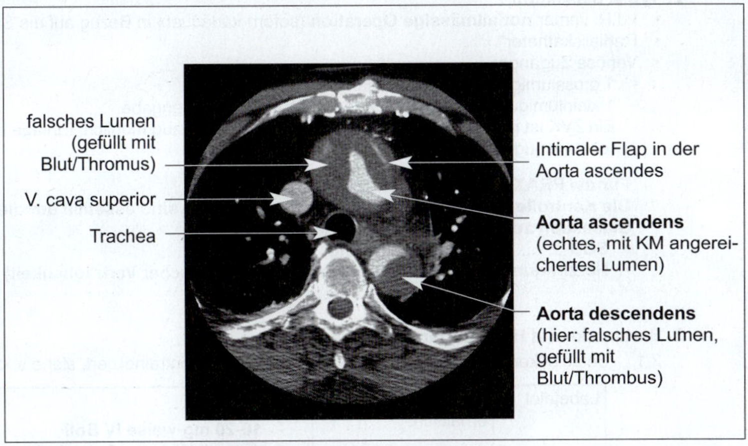

Vorg:

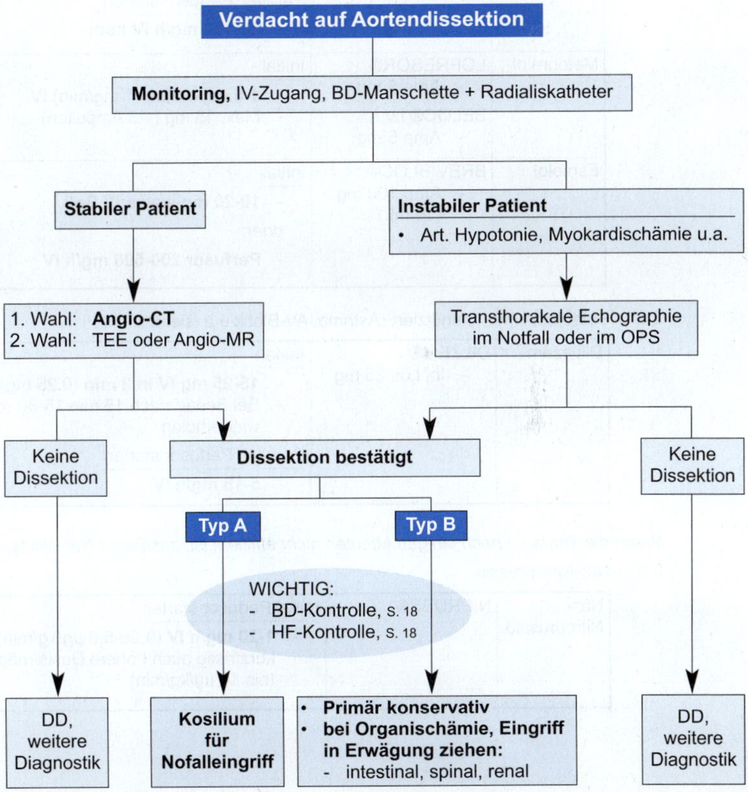

Algorithmus: Verdacht auf Aortendissektion.

TEE Transösophageale Echographie

Th: **1.** Algorithmus, siehe S. 17

2. Typ-A Dissektion

- I.d.R. immer **notfallmässige Operation** (sofern «adäquat» in Bezug auf die Situation)
- Radialiskatheter*
- Venöse Zugänge:
  - 1 grosslumiger peripherer Zugang zur Volumengabe
  - 1 kleinlumiger peripherer Zugang für die Medikamentengabe
  - Ein ZVK ist primär nicht notwendig (falls ohne Zeitverzug möglich, Einlage in die rechte V. jugularis interna)

Für die PRAXIS:
Die Kontrolle des Blutdrucks und der Herzfrequenz sind essetiell um die Dissektion zu vermindern! Zielwerte:
- **SBD ....100-120 mmHg**
- **Herzfrequenz......< 60/min (je nach hämodynamischer Verträglichkeit)**

2. Blutdruck- und Herzfrequenzkontrolle

2.1. Betablocker kann verabreicht werden (wenn nicht kontraindiziert, siehe S. 1246)

Labetalol	In Deutschland nicht erhältlich.	Initial - **10-20 mg-weise IV Boli** - Je nach Wirkung, Bolusdosis anpassen (manchmal bis 80 mg Boli) Parallel, Perfusor starten - **10-100 mg/h IV kont.**
Metoprolol	LOPRESOR® - Amp 5 mg BELOC® i.v. - Amp 5 mg	Initial - **1-5 mg-weise** (1 mg/min) **IV** - Max. 15 mg (= 3 Ampullen)
Esmolol	BREVIBLOC® - Amp 100 mg (10 mL)	Initial - **10-20 mg-weise IV Boli** *oder:* - **Perfusor 200-600 mg/h IV**

2.2. Betablocker kontraindiziert (Asthma, AV-Block u.a. siehe S. 1246)

Diltiazem	DILZEM® - Inj Lös 25 mg	Initial - **15-25 mg IV in 2 min** (0.25 mg/kg) - Bei Bedarf nach 15 min 15-30 mg **IV** wiederholen Parallel, Perfusor starten - **5-15 mg/h IV**

Wenn die Therapie nach einigen Minuten nicht effizient ist, zusätzlich Na^+-Nitroprussid:

2.3. Na^+-Nitroprussid

Na^+-Nitroprussid	NIPRUSS®	Initial Perfusor starten - **1-20 mg/h IV** (0.25-5.0 µg/kg/min), kurzfristig auch höhere Dosis möglich (bis 10 µg/kg/min)

* Radialiskatheter: invasive Blutdruckmessung (falls möglich A. radalis links). Diese darf den Transport in den OP nicht verzögern!

Für die PRAXIS:
- **KEIN Na^+-Nitroprussid in Monotherapie!**
- **Na^+-Nitroprussid erhöht die myokardiale Inotropie, welche die Dissektion verschlimmert!**

3. Typ-B Dissektion
- Bei einer Aortendissektion ohne Komplikation ist die konservative (medikamentöse) Therapie in den meisten Fällen die Therapie der Wahl.
- Bei Komplikationen (Ischämie: intestinal, spinal, renal) soll der Chirurg avisiert werden.
- Endoprothesen:
  - Die Indikation der Endoprothese in der Akutsituation soll mit dem interventionellen Radiologen und dem vaskulären Chirurgen diskutiert werden.

4. Schmerztherapie bei Bedarf
- Morphin: 2.5-5.0 mg-weise **IV** oder **SC**. Bei Bedarf alle 15-30 min wiederholen oder:
- Fentanyl: 25-50 µg-weise **IV** (**SC** oder **IM** auch möglich) unter kontinuierlichem SpO_2-Monitoring (O_2 immer in Griffnähe oder O_2-Gabe 2-3 L/min von Beginn an).

Prog: Die Prognose hängt vom Aortendissektionstyp ab:
- Überlebensrate nach 30 Tagen bei Aortendissektion Typ A:
  - nach chirurgischer Therapie ....80-95 %
  - ohne Therapie..................................10-20 %
- Überlebensrate nach 30 Tagen bei Aortendissektion Typ B:
  - mit konservativer Therapie ....80-90 %
  - ohne Therapie..................................60 %

Schock = Akute zirkulatorische Insuffizienz (AZI)

Def:
- Insuffiziente Gewebeperfusion, welche sich wie folgt manifestiert:
  - Kutane Hypoperfusion (marmorierte, kalte, blasse Haut)
  - Hypovolämie, Vasodilatation und Kardialer Kollaps (Auswurfvolumen ↓)
  - Oligurie < 30 mL/h
  - Verwirrtheitszustand
  - Hyperlaktatämie
- Die AZI stellt ein Ungleichgewicht zwischen Sauerstoffzufuhr und -verbrauch dar.

Klas: Es werden 4 AZI unterschieden (mnemotechnisch «**H - O - K - Das**»):

Hypovolämische AZI, S. 22

Beispiele:
- Flüssigkeitsverlust durch eine akute Blutung
- Nicht hämorrhagischer Flüssigkeitsverlust

Obstruktive AZI, S. 23

Beispiele:
- Massive Lungenembolie, S. 298
- Tamponade, S. 126
- Spannungspneumothorax, S. 343

Kardiogene AZI, S. 24

Beispiele:
- Akuter Myokardinfarkt
- Arrhythmie

Distributive AZI, S. 26

Beispiele:
- **A**naphylaktisch, S. 32
- **S**eptisch, S. 36
- Toxisch-medikamentös
- Endokrin (NNR-Insuffizienz, Myxödem)
- Neurogen (SHT, Hirnblutung u.a.)

Das Gehirn lässt danken...

Für die PRAXIS:

1. **Ziel: Erhaltung der zerebralen Perfusion!**
   - Erreichen der üblichen art. systemischen BD-Werte (**art. Mitteldruck > 60 mmHg)**
2. **Wiederherstellung der Perfusion der übrigen Organe**
   - Adäquater Blutfluss mit genügender Sauerstoff-Transportkapazität:
     A. Klinische Kriterien für eine genügende Sauerstoff-Transportkapazität
       - Klares Bewusstsein
       - Gute periphere Perfusion (warme Peripherie, kein peripherer Vasospasmus)
       - Erhaltene Diurese (≥ 0.5 mL/kg/h)

     B. Laborkriterien für eine genügende Sauerstoff-Transportkapazität
       - Keine metabolische Azidose
       - Keine Hyperlaktatämie (Laktat muss < 2.0 mmol/L sein)
       - $ScvO_2$ > 70 % (oder SvO_2 > 65 %) oder O_2-Extraktionsrate < 35 %
3. **Rasche Bestimmung der AZI Ursache**
   - Echokardiographie
   - Kardiales Monitoring (invasiv oder halb-invasiv):
     - Pulmonalkatheter, transpulmonale Thermodilution, PiCCO (S. 53)
4. **Die AZI ist ein dynamischer Prozess der eine kontinuierliche, zielgerichtete Therapieanpassung erfordert!**

$ScvO_2$ = Zentral venöse O_2-Sättigung (mittels Blutentnahme in einem ZVK)
SvO_2 = Venöse O_2-Sättigung (mittels Blutentnahme in einem Pulmonalis-Katheter/SWAN-GANZ)

Allg: • **Physiologie und Pathophysiologie**

- Das Ziel der Blutversorgung ist es, genügend Sauerstoff in die Gewebe zu transportieren, um deren Bedarf zu decken: O_2-Transportkapazität (DO_2) = O_2-Verbrauch (VO_2).
- Die O_2-Transportkapazität ist abhängig von:
  - Herzminutenvolumen (= Herzfrequenz x Schlagvolumen)
  - Hb-Gehalt des Blutes
  - Arterieller O_2-Sättigung (SaO_2)
- Die O_2-Transportkapazität beträgt in Ruhe ....1000 mL/min
- Die O_2-Aufnahme beträgt ....250 mL/min

Für die PRAXIS:

- Eine niedrige SvO_2 (venöse O_2-Sättigung) weist auf eine zirkulatorische Insuffizienz hin!
- Die Organhypoperfusion stimuliert die Synthese von Laktat → Azidose (→ S. 1412)!
- Die O_2-Extraktionsrate = SaO_2 - SvO_2 beträgt i.d.R. = 25 %.

Vorg: **1. Flüssigkeitsreanimation je nach Vorlast-Abhängigkeit**

Th: • Siehe Kapitel «Hypovolämische AZI», S. 22

2. Ausschluss einer mechanischen Ursache

Th: • Siehe Kapitel «Obstruktive AZI», S. 23

3. Herz-Kreislauf wirksame Medikamente

Allg: • Eingesetzt werden:
- Positiv inotrope Substanzen
- Vasopressoren
- Vasodilatatoren (Konsilium). Vasodilatatoren können z.B. bei schlechter linksventrikulärer Funktion oder akuter Mitralinsuffizienz nützlich sein.

Vorg: • Folgende Vasopresssoren und positiv inotrope Substanzen stehen, je nach hämodynamischer Störung, zur Verfügung:

Substanzen	Handelsname	Dosierung	Eigenschaften
Dopamin	DOPAMIN®	0.5-3 μg/kg/min	• Diurese ↑ • Renale Vasodilatation
		> 3-10 μg/kg/min	• Herzminutenvolumen ↑ • PCWP ↓
		> 10 μg/kg/min	• Art. Blutdruck ↑ • Pulmonal arterieller Druck ↑
Dobutamin	DOBUTAMIN®	2-30 μg/kg/min	• Herzminutenvolumen ↑ • Vor- und Nachlast ↓
Epinephrin	ADRENALIN®	≥ 0.01 μg/kg/min	• Herzminutenvolumen ↑ • Art. Blutdruck ↑ • Bronchodilatation
Norepinephrin (Noradrenalin)	ARTERENOL®	≥ 0.01 μg/kg/min	• Art. Blutdruck ↑ • Herzminutenvolumen ↑
Milrinon, S. 23	COROTROP®	0.375-0.75 μg/kg/min	• Herzminutenvolumen ↑ • Periphere Vasodilatation
Levosimendan, S. 23	SIMDAX® (in Deutschland nicht erhältlich)	Ladedosis: 12 μg/kg/min **IV** in 10 min Erhaltungsdosis: 0.1 μg/kg/min **IV**	• Herzminutenvolumen ↑ • Periphere Vasodilatation

Tabelle: Medikamentöse Therapie bei akuter zirkulatorischer Insuffizienz (siehe auch S. 1214, 1215)

Hypovolämische AZI (akute zirkulatorische Insuffizienz)

Allg: • Die hypovolämische AZI ist die Folge eines absoluten oder relativen vaskulären Flüssigkeitsmangels → Verminderung der Ventrikelfüllung → Verminderung des Auswurfvolumens (mit kompensatorischer Tachykardie) → Schock!

Urs: • Flüssigkeitsverlust durch eine akute Blutung
- Trauma
- Rupturiertes Aortenaneurysma
- Obere/Untere Magen-Darm-Blutung
- Hämatemese

• Nicht hämorrhagischer Flüssigkeitsverlust
- Kutan
  -- Chemischer oder thermischer (Verbrennung) Zwischenfall
- Abdominal
  -- Peritonitis: Pankreatitis, Magen-Darm-Perforation
- Magen-Darm
  -- Erbrechen, Diarrhoe, paralytischer Ileus
- Renal
  -- Diabetes insipidus oder mellitus
  -- NNR-Insuffizienz, s. 636
  -- Diuretika (!!)
  -- Nephritis mit Natriumverlust
  -- Polyurische Phase nach akutem Nierenversagen
- Erhöhte kapilläre Permeabilität
  -- Ischämie
  -- Systemische Entzündungsreaktion
  -- Kreislaufstillstand, s. 3, 4
  -- Anaphylaktische Reaktion (in diesem Fall ist die AZI auch die Folge einer Vasodilatation)

• Ungenügende Flüssigkeitseinnahme

Th: **1. Hämodynamische Stabilität**

1.1. Flüssigkeitsreanimation und Kausaltherapie

Allg: • Die Flüssigkeitsreanimation ist essentiel.
• Wenn möglich soll immer die «**Vorlast-Abhängigkeit**» getestet werden:
- Kontinuierliche Messung des kardialen Schlagvolumens
- Test des passiven Anhebens der Beine (PLR - *passive raising leg*)

Weniger als 50 % der Patienten sprechen auf die Flüssigkeitsgabe an!
• **Ziel: mittlerer art. BD > 60 mmHg** (siehe zerebrale Perfusion s. 573)!
• Das zu perfundierende Volumen hängt v.a. vom Ansprechen auf die Flüssigkeitsgabe ab («**Vorlast-Abhängigkeit**»):
→ Kardiales Schlagvolumen ↑ (kontinuierliche Messung)
→ BD ↑
→ Wiederaufnahme der Diurese
• Kolloide und Kristalloide haben eine vergleichbare Wirksamkeit in der Flüssigkeitsreanimation. Die Kolloide sind kostenintensiver!

Vorg: **1. Kristalloide: NaCl 0.9 % oder Ringer-Lactat** (CAVE: Hyperchlorämie!)
Dos: • Pro 0.5-1.0 L **IV** Bolus, je nach Klinik (initial manchmal 4-6 L)

oder:

2. Kolloide
Dos: • Jeweils 500-1000 mL **IV** in 15-30 min oder nach Klinik.
Bsp: • HEMOHES® 6 %/10 % oder HAES-steril® 6 %/10 %:
→ 6 % (max. 33 mL/kg/d) ....bei 70 kg: 2.3 L/d
→ 10 % (max. 20 mL/kg/d) ....bei 70 kg: 1.4 L/d
• VOLUVEN® (max. 50 mL/kg/d) ....bei 70 kg: 3.5 L/d
• VENOFUNDIN® (max. 50 mL/kg/d) ..bei 70 kg: 3.5 L/d

oder:

3. Gelatinelösung
Bsp: • GELAFUNDIN® (max. 10-15 L/d; KI bei schwerer Niereninsuff.)

Falls erfolglos mit Kristalloiden ± Kolloiden oder sehr niedrigem BD:

1.2. Katecholamine nach Bedarf, siehe s. 21, 25, 1214

2. Adäquates Hämoglobin: Erythrozytenkonzentrate
Allg: • Generelles Ziel-Hb > 70 g/L (siehe auch s. 907)

3. Thrombozytentransfusion
Ind: • Aktive Blutung, Therapie mit Thrombozytenhemmer

4. Frisch gefrorenes Plasma (FFP; das Auftauen eines FFP benötigt ca. 20 min)
Ind: • Gerinnungsstörung (inkl. Patienten unter AVK-Therapie), Blutung

Obstruktive AZI (akute zirkulatorische Insuffizienz)

Allg:
- Die obstruktive AZI kommt durch eine extrakardiale Obstruktion des Blutflusses zustande.
- Bei jeder schweren hämodynamischen Störung muss eine mechanische Ursache ausgeschlossen werden.
- Auch im Verlauf einer mechanischen Beatmung kann es zu einem Spannungspneumothorax mit Füllungsbehinderung der Ventrikel kommen.

Urs:
- Embolien:
  - Massive Lungenembolie, S. 298
  - Luftembolie
  - Tumorembolie
  - Fruchtwasserembolie u.a.
- Spannungspneumothorax, S. 343
- Tamponade, S. 290

Th:
1. **Kausaltherapie**
   - Thoraxdrainage, S. 363
   - Thrombolyse bei massiver Lungenembolie, S. 300
   - Perkutane transluminale Intervention (PTI)
   - Chirurgische Thrombektomie bei Lungenembolie u.a.
2. **Flüssigkeitsreanimation**, siehe S. 22
3. **Katecholamine bei Bedarf,** siehe kardiogene AZI, S. 25, 1214

Milrinon

Allg:
- Milrinon ist ein Phosphodiesterase-Hemmer mit folgenden Eigenschaften:
  - Inotropie ↑↑
  - Periphere Vasodilatation. Systemischer BD: ↑/-/↓
  - Wedge-Druck ↓
  - Myokardialer Sauerstoffverbrauch: ↓/-/↑
  - Kein Einfluss auf die α-, β1-, β2- oder Dopamin-Rezeptoren
  - Herzfrequenz: wenig Einfluss

NW:
- Ventrikuläre und supraventrikuläre Rhythmusstörungen

Dos:
- Erhaltungsdosis je nach Nierenfunktion und NW (Arrhythmien): 0.375-0.75 µg/kg/min **IV**

Levosimendan (in Deutschland nicht erhältlich)

Allg:
- Levosimendan ist ein sogenannter Kalziumsensitizer (Sensibilisierung des kardiospezifischen Troponin C für Kalzium):
  - Inotropie ↑↑ mit erhöhtem HMV
  - Wedge-Druck: ↓
  - Periphere Vasodilatation mit Verminderung des systemischen BD
  - Myokardialer Sauerstoffverbrauch: ↓ oder unverändert
  - Kein Einfluss auf die α-, β1-, β2- oder Dopamin-Rezeptoren
  - Herzfrequenz: ↑
- Wirkungsdauer: 7 Tage (aktive Metaboliten)

Ind:
- Mit Spezialist besprechen:
  - Akute, therapieresistente Herzinsuffizienz

NW:
- Arrhythmie (z.B. VHFli.), Kopfschmerzen u.a.

Dos:
- Ladedosis: 12 µg/kg/min **IV** in 10 min
- Erhaltungsdosis: 0.1 µg/kg/min **IV** über 24 h

Kardiogene akute zirkulatorische Insuffizienz (AZI) [R57.0]

Def: Kardiale Dysfunktion mit Verminderung des systolischen Auswurfvolumens, welches für die Versorgung des metabolischen Bedarfs der verschiedenen Gewebe ungenügend ist.

Theoretische Definition der kardiogenen akuten zirkulatorischen Insuffizienz (AZI)

- SBD < 90 mmHg oder Abfall des SBD ≥ 30 mmHg während ≥ 30 min
- Lungenkapillaren-Verschlussdruck (*Wedge*) > 18 mmHg
  oder bei Rechtsherzversagen: ZVD > *Wedge*
- Herzindex < 2.2 L/min/m^2
- Arterio-venöse Sauerstoffdifferenz > 5.5 mL/dL, S. 1499
- Bewusstseinstrübung, marmorierte Haut, kalter Schweiss, kühle Peripherie

Praktische Diagnose der kardiogenen AZI «am Krankenbett»

- Zeichen einer zirkulatorischen Insuffizienz (marmorierte Haut, Oligurie, Bewusstseinsstörung) nach Korrektur anderer möglichen Ursachen (Hypovolämie, art. Hypotonie, Arrhythmie) mit Evidenz einer kardialen Dysfunktion (EKG, Auskultation, Echokardiographie)
- Klinische Zeichen der Gewebsminderdurchblutung (siehe S. 300) nach Korrektur der:
  - Hypovolämie
  - Azidose und
  - Arrhythmien.

Urs:
- Akuter Myokardinfarkt (häufigste Ursache, Mortalität 70-90 %!), S. 194
- Arrhythmie
- Obstruktive Pathologien, siehe «Obstruktive AZI», S. 23
- Akute Mitralinsuffizienz (Papillarmuskelabriss oder ischämische Dysfunktion)
- Ventrikelseptumruptur
- Myokarditis
- Dilatative Kardiomyopathie

Vorg: 1. **Allgemeinmassnahmen**

1.1. Hämodynamische Kontrolle
- Ziel: Art. Zielmitteldruck > 60 mmHg
- Vorgehen, siehe Punkt 2. S. 25

1.2. Beatmung - Sauerstoffsättigung - Atmungsarbeit
- Ziel der Beatmung
  - Verbesserung des Gasaustausches und der Sauerstoffsättigung
  - Verminderung der Atemarbeit
  - Schützen die Atemwege
  - Bei Linksherzversagen, Reduktion der Nachlast durch Erhöhung des intrathorakalen Druckes mittels PEEP
- Sauerstoffsättigungszielwert: > 94 %
- Verminderung der Atmungsarbeit (Ziel: Reduktion des Sauerstoffverbrauchs)
  - Initial: Nicht invasiv (z.B. NIB, S. 66)
  - Falls nicht invasive Beatmungstechniken insuffizient sind oder bei vorhandenen Intubationskriterien (S. 65) ad. mechanische Beatmung.

1.3. Ursache des AZI suchen: siehe Akronym «**H - O - K - Das**» S. 20
- EKG und Troponin: - Akuter Myokardinfarkt?
- Thoraxröntgenbild: - Akutes Lungenödem?
- Echokardiographie:
  - Bilanzierung der Links- und Rechtsherzfunktion
  - Perikarderguss?
  - Ventrikel-Septum-Defekt?
  - Mitralinsuffizienz, Aortenstenose, Aorteninsuffizienz?

1.4. Bluttransfusion
- Indiziert bei Hb zw. 70-90 g/L

1.5. Wasserhaushaltkontrolle
- Ziel: Euvolämie anstreben
  a) Hypovolämer Patient
  → Kolloide
  → oder: Kristalloide (NaCl 0.9 % oder Ringer-Lactat)
  → oder: Gelatinelösung (z.B. GELAFUNDIN®, S. 1321)
  b) Hypervolämer Patient
  → Diurese fördern mit Diuretika (ex: Furosemid)

1.6. Analgetische Therapie
- z.B. Morphin 5-10 mg **IV** oder **SC**. Vorsicht bei art. Hypotonie!

2. Medikamentöse hämodynamische Unterstützung

Allg:
- Die Wahl der hämodynamisch aktiven Medikamente hängt von verschiedenen Elementen ab:
  - Schweregrad der hämodynamischen Störung
  - Ursache der akuten zirkulatorischen Insuffizienz (AZI)
  - Ansprechen auf die verabreichten Medikamente

> **Für die PRAXIS:**
> Alle Katecholamine erhöhen den myokardialen Sauerstoffverbrauch und sind arrhythmogen. Daher sollen sie nur soweit notwendig eingesetzt werden.

- **Eskalierungsschritte, um den gewünschten art. Mitteldruck zu erreichen:**

1. Schritt
- ▪ **Dobutamin**
  - Dosierung, s. 21, 1214 (2-20 µg/kg/min **IV**)

↓ bei ungenügendem art. Mitteldruck

2. Schritt
- ▪ **Milrinon**, Dosierung s. 21, 23
  - V.a. bei Rechtsherzversagen indiziert

↓ bei ungenügendem art. Mitteldruck

3. Schritt
- ▪ **Adrenalin** (Dosierung, s. 21, 1214)
  - V.a. bei Rechtsherzversagen indiziert

Oder:
- ▪ **Noradrenalin** (Dosierung s. 21, 1214)
  - v.a. bei Rechtsherzversagen oder bei offener Peripherie bzw. HMV ± im Normbereich

Oder alternativ in Kombinationstherapie:
- ▪ **Dobutamin + Dopamin** (Dosierung, s. 21, 1214)

↓ bei ungenügendem art. Mitteldruck

4. Schritt
Evtl. Levosimendan für 24 h IV, (in D nicht erhältlich, s. 21, 23)

- Im dynamischen Verlauf der AZI können die Füllungsdrucke erneut abfallen. In diesem Fall kann die zusätzliche Volumengabe von Vorteil sein.
- Bei stabilisiertem art. Mitteldruck ≥ 60 mmHg kann ein Vasodilatator (Na^+-Nitroprussid oder vorsichtig Captopril PO) zur Erhöhung des Schlagvolumens indiziert sein.

3. Intraaortale perkutane Gegenpulsation [IA]

Ind:
1. Kardiogene AZI mit ungenügendem Ansprechen auf die pharmakologische Therapie (Volumengabe, Katecholamine)
2. Akute Mitralinsuffizienz oder Ventrikelseptumruptur nach akutem Myokardinfarkt
3. Ventrikuläre Arrhythmie mit hämodynamischer Instabilität
4. Post-Infarkt Angina pectoris als Übergangslösung bis zur Angiographie/PCI/AC-Bypass

Vorg:
- Eine intraaortale Gegenpulsation (perkutane Ballonpulsation) kann auf der Notfallstation ohne Durchleuchtung durchgeführt werden. Der Ballon ist verbunden und synchronisiert mit dem EKG des Patienten, bläst sich während der Diastole auf (→ Verbesserung des koronaren Blutflusses und Verminderung der Nachlast) und entleert sich während der Systole.
- Dieses Prozedere verlangt eine parenterale Antikoagulation:
  - Bolus: Heparin 60 IE/kg **IV** Bolus, max. 4'000 IE
  - Erhaltung: Heparin 12 IE/kg/h, max. 1'000 IE/h **IV** kont. (aPTT-Kontrolle)

4. Kausaltherapie

Bsp:
- Koronarangiographie ± Revaskularisierung; Klappenersatz

5. Implantation Kunstherz/Herztransplantation

Allg:
- In folgenden Fällen soll eine Herztransplantation, evtl. nach Überbrückung mittels Kunstherz, diskutiert werden:
  - Therapieresistenter, nicht polymorbider Patient in «akzeptablem» biologischem Alter.

Distributive akute zirkulatorische Insuffizienz - AZI (Vasodilatation)

Bsp:
1. Anaphylaktische AZI, S. 32
2. Septische AZI, S. 37
3. Sonstige distributive AZI
   - Neurogene AZI (Bsp: schweres SHT, Hirnblutung)
   - Endokrine AZI (akute NNR-Insuffizienz), S. 708
   - Toxisch-medikamentöse AZI
   - Myxödem (schwere Hypothyreose)
   - Schwere Leberinsuffizienz, S. 440

Hämodynamische Normwerte

Allg: • Diese «Normwerte» sind als wegweisend anzusehen und stellen keine therapeutischen Zielwerte dar!

N:

Drücke	Normwerte [mmHg]
Rechter Vorhof (Zentralvenendruck, ZVD)	2-8
Rechter Ventrikel	15-30 / 2-8
Arteria pulmonalis	15-30 / 4-12
Mitteldruck der A. pulmonalis	12-16
Linker Vorhof	5-12
Linker Ventrikel	120 / 0-10
Aorta	140 / 3-12
Mitteldruck der Aorta	70-105
Pulmonalkapillärer Druck (Wedge Druck, PCWP)	5-12

Widerstände	Dyn x sek/cm^5 x m^2
Pulmonal	50-150
Pulmonal indexiert	80-240
Peripher	500-1400
Peripher indexiert	1200-2500

Herzindex (*cardiac-index*) .... 2.6-4.2 L/min x m^2

Auswurfvolumen .... 60-90 mL/Kontraktion

1 mmHg = 1.36 cm H_2O

Hämodynamische Werte je nach Ursache der akuten zirkul. Insuff. (AZI)

Akute zirkul. Insuff (AZI)	HI	SVR	PVR	SVO_2	ZVD	RVD	PAD	Wedge
Kardiogene AZI - Myokardinfarkt	⬇	⬆	N	⬇	⬆	⬆	⬆	⬆
Hypovolämische AZI - Blutung	⬇	⬆	N	⬇	⬇	⬇	⬇	⬇
Obstruktive AZI - Massive Lungenembolie	⬇	⬆	⬆	⬇	⬆	⬆	⬆	N / ⬇
Distributive AZI - Anaphylaktische AZI - Septische AZI	⬆	⬇	⬆	N / ⬆	N / ⬇	N / ⬇	N / ⬇	N / ⬇

Tabelle: Hämodynamische Werte je nach Ursache.

AZI — Akute zirkulatorische Insuffizienz (= «Schockzustand»)
PAD — Pulmonal arterieller Druck
RVD — Rechtsventrikulärer Druck
HI — Herzindex (*cardiac index*)
SvO_2 — Venöse Sauerstoffsättigung
Wedge — Lungenkapillärer Druck
SVR — Systemischer vaskulärer Widerstand
PVR — Pulmonaler vaskulärer Widerstand
ZVD — Zentral venöser Druck (rechter Vorhof)

Allergien

Def:
- **Allergie**
  - Hochspezifische, immunübermittelte Hypersensibilitätsreaktion auf bestimmte und i.d.R. harmlose Allergene. Die Klinik wird durch entzündliche Prozesse ausgelöste Symptome geprägt.
- **Kreuzallergien**
  - Falls die kristalline Struktur von verschiedenen Allergenen sehr ähnlich ist, können die IgE auf diese verschiedenen Allergene (z.B. Birke, Apfel) reagieren.
  - Beispiel: Patient, der an einer Penicillinallergie leidet, hat das Risiko (nicht obligat!), auch gegen Cephalosporine allergisch zu sein.

Allg:[1]
- Mechanismen der medikamentösen Hypersensibilitätsreaktion:

  A. Pseudoallergie (nicht immun bedingte, allergieähnliche Hypersensibilitätsreaktion)
  1. Vorhandensein derselben Mediatoren, wie bei der «echten» Allergie:
     - Nichtimmune Aktivierung des Komplementes (Freisetzung von Anaphylatoxinen, C3a, C4a und C5a)
     - Direkte Histaminfreisetzung von Mastzellen und basophilen Leukozyten
     - Störungen des Metabolismus der Arachidonsäure, S. 389
  2. Idiosynkrasie (pharmakotoxische Intoleranz bei genetischer Prädisposition)

  B. Antikörper vermittelte Hypersensibilitätsreaktion (entspricht den ursprünglichen, pathogenetischen Stadien I-III der GELL & COOMBS-Klassifikation, S. 30)

  C. Zellulär vermittelte medikamentöse Hypersensibilitätsreaktion

Klin:
- Die Symptome einer Allergie sind sehr variabel:
  - Milde Reaktion bis akut lebensbedrohlicher Verlauf (anaphylaktische AZI, S. 32)
  - Sporadisch (Virusinfekt), saisonal (z.B. Pollinosis) oder ganzjährig (z.B. Sensibilisierungen gegen Hausstaubmilben)
- Allergien und Hypersensitivität können folgende Organe oder Systeme betreffen:
  - Schleimhäute ....Allergische Rhinitis, Mundschleimhautschwellungen, Konjunktivitis
  - Atemwege ....Asthma bronchiale (z.B. Husten, Dyspnoe, Stridor), Larynxödem
  - Haut....................Atopische Dermatitis (S. 1078), Kontaktekzem, Urtikaria (S. 344), Angioödem (S. 31), Pruritus, Schwitzen, Erythem
  - GI-Trakt ....Nausea, Erbrechen, Diarrhoe, Krämpfe, Blähungen
  - Kardio-vask. ....Art. Hypotonie, Tachykardie, Arrhythmie, Blockbilder, Herzstillstand
  - Nervensystem ....Schwindel, Synkope, Epilepsie

Stadien	Klinik	Therapie
I	• Haut: - Vasodilatation mit Erythem - Schwitzen - Generalisierte Urtikaria - Pruritus	1. Entfernung des kausalen Agens 2. ± H1-Antihistaminika, S. 1236 3. ± Kortikoide, S. 1281 4. Bei Pruritus, siehe S. 1098
II	Unter Stadium I erwähnte Klinik und ≥ 2 der folgenden Elemente: • Haut: Angioödem ± Urtikaria • GI-Symptome: - Nausea, Erbrechen - Diarrhoe - Bauchschmerzen	1. Entfernung des kausalen Agens 2. Symptomatische Therapie, wie unter Stadium I 3. Bei Angioödem, S. 31 4. ± Antiemetika, S. 1234 5. ± Analgetika, S. 1150
III	Unter Stadium I und II erwähnte Klinik und: • Dyspnoe, Asthma • Dysphagie • Dysphonie (rauhe Stimme) • Rhinorrhoe • Bronchorrhoe • Synkope • Epilepsie	1. Entfernung des kausalen Agens 2. Symptomatische Therapie, siehe «leichte bis mittelschwere Anaphylaxiereaktion», S. 34 3. Bei Asthma, siehe S. 320 4. Bei Synkope, siehe S. 234 5. Bei Epilepsie, siehe S. 564
IV	• Arrhythmien • Art. Hypotonie • Kollaps, Koma • Anaphylaktische akute zirkul. Insuff. • Herz-Kreislauf Stillstand	1. BLS, falls notwendig, S. 3 2. Therapie, siehe «schwergradige Anaphylaxiereaktion», S. 33

Tabelle: Klinische Stadien bei Allergie und Therapie.

1 Descotes J et al. Toxycology 2001 ;1578 :43-49.

- **Auslöser von Allergien:**
  - Tierhaarallergene
  - Pollenallergene
  - Hausstaubmilbenallergene
  - Inhalationsallergene
  - Nahrungsmittelallergene
  - Virusinfekte
  - Kontaktallergene (z.B. Latex, Nickel)
- Bei der häufigsten Form des Angioödems handelt es sich um eine allergische Reaktion.

Klas:
- Pathogenetische Klassifikation nach GELL & COOMBS, siehe S. 30
- Klinische Stadien der allergischen Reaktion, siehe S. 28

Urs:
- Medikamente (sehr viele Medikamente können Allergien auslösen)
  - Acetylsalicylsäure
  - Betalaktame, S. 1208
  - Opioide
  - Kolloide, S. 1321
  - Kontrastmittel
  - Muskelrelaxantien und zahlreiche weitere Medikamente
- Latex, S. 31
- Insektenstiche, S. 345
- Lebensmittel (Nüsse, Meeresfrüchte und viele andere)
- Infekte (z.B. *Helicobacter pylori* als Ursache einer Urtikaria)
- Hypothesen:
  - Genetische Faktoren
  - Hygienehypothese (Anstieg allergischer Erkrankungen in westlichen Industrieländern infolge mangelnder Aktivierung des Immunsystems)
  - Äussere Faktoren:
    -- Umweltverschmutzung, Rauchen, Autoabgase, Stress
    -- Veränderte Ernährungsgewohnheiten
  - Impfungen

DD:
- *Flush*-Syndrom
  - Karzinoid
  - Phäochromozytom
  - Medulläres Schilddrüsenkarzinom
- Restaurant-Syndrom
  - Scromboidosis (= China-Restaurant-Syndrom mit Unverträglichkeit von Glutamat)
  - Sulfite (z.B. im Rot- und Weisswein enthalten)
- Endogene Histaminproduktion
  - Systemische Mastozytose
- Septische akute zirkulatorische Insuffizienz
- Akutes Atemversagen oder
  - Status asthmaticus
  - Epiglottitis
  - Lungenembolie
  - Fremdkörper in Atemwegen
  - Herzinsuffizienz
  - Kardiogene akute zirkulatorische Insuffizienz
- Atemwegsschwellung infektiöser Genese
  - Tonsillitis
  - Peritonsillarabszess u.a.
- Medikamentös
  - *Red-man*-Syndrom unter Vancomycin
  - Hereditäres Angioödem, S. 31
- Laktoseintoleranz
- Zöliakie (Glutenintoleranz), S. 492
- Unverträglichkeiten
  - Koffein, Alkohol
  - Schokolade (Phenylethylamine) u.a.
- Transfusion assoziierte Reaktionen
  - Bakterielle Kontamination von Blutprodukten
  - Fehltransfusion
- Nicht organische Ursachen
  - Panik-Attacke
  - Globus hystericus

Th:
1. **Kausaltherapie: Entfernung des kausalen Agens**
2. **Klinikorientierte symptomatische Therapie**, siehe Tabelle, S. 28
3. **Primärprophylaxe**: Vermeiden des Allergenkontaktes
4. **Spezifische Immuntherapie (SIT)**, siehe S. 345

Pathogenetische Allergieklassifikation nach GELL & COOMBS				
	Typ I	**Typ II**	**Typ III**	**Typ IV**
	Sofortreaktion	**Zytotoxisch**	**Infolge Immunkomplex**	**Zellulär vermittelte Spätreaktion**
Zeitspanne bis zur Manifestation	Innert Minuten bis 72 h	2-4 h	6-16 h	> 24 h
Übertragungs-modus	• IgE	• IgG und IgM (binden sich an das Komplement)	• Präzipitine • IgG und IgM (an Komplement gebunden)	• Fixierte IgG
Rolle des Komplementes	• Nicht involviert	• Involviert	• Involviert	• Nicht involviert
Wirkungsmechanismus	• Freisetzung von vasoaktiven Substanzen (Histamin, Prostaglandin, Leukotriene) infolge Degranulierung der Mastzellen und basophilen Leukozyten	• Komplement-abhängige, zelluläre Lyse	• Lokale Wirkung der Immunkomplexe (Ak-Ag), welche das Komplement aktivieren	• Infiltration der immunkompetenten Zellen am Ort des Kontaktes mit dem Antigen
Beispiele	• Allergische Rhinokonjunktivitis, Pollinosis • Konjunktivitis • Urtikaria • Asthma • Atopisches Ekzem • Latex Allergie • Angioödem • Anaphylaxie • Medikamentöse Allergie	• GOODPASTURE • Purpura, inkl. WERLHOF (ITP) • Hämolytische Anämie (autoimmun) • Interstitielle Nephritis • Agranulozytose • Thrombozytose • Hämolytische Transfusionsreaktion • Exogen allergische Alveolitis • BASEDOW • Myasthenia gravis	• Vaskulitis • Serumkrankheit (zB. durch AB ausgelöst, Antisera, Infusion von Blutprodukten) • Glomerulonephritis • Allergische Alveolitis (zB. Farmerlunge) • SLE • PAN	• Kontaktdermitis • Arzneimittel-exantem • Fotoallergien • Hypersensitivitätspneumonitis • Tuberkulin-reaktion • STEVENS-JOHNSON-Syndrom • Sarkoidose

Tabelle: Klassifikation der Allergiereaktionstypen (angepasst nach: Editions Ellipses 1993, S. 50).

Angioödem [T78.3]

Syn: • Ältere Bezeichnung: angioneurotisches Ödem

Allg: • Das Angioödem bezeichnet rasche Schwellung von Haut, Schleimhaut und submukösen Geweben, die Stunden bis Tage andauern.

• Bei der häufigsten Form des Angioödems handelt es sich um eine allergische Reaktion.

• Als «**QUINCKE Ödem**» wird das Angioödem im Larynx (Larynxödem) bezeichnet.

Klas: 1. Ohne C1-Esterase-Inhibitor Mangel

- Immunologisch
  - Anaphylaktisch: durch IgE oder Immunkomplexe vermittelt
  - Vom Typ «Intoleranz», nicht durch IgE vermittelt, z.B. ASPIRIN®-Intoleranz
- Medikamentös
  - ACE-Hemmer
  - Opioide (Histaminfreisetzung) u.a.
- Angioödem bei Urtikaria (Bsp: Kälte, Druck, Vibration, Dermographismus)
- Idiopathisch

2. Mit C1-Esterase-Inhibitor Mangel (selten)

I. Kongenital (autosomal dominant)
- Typ I: Verminderte Synthese des C1-Esterase-Inhibitors
- Typ II: Synthese eines funktionell inaktiven C1-Esterase-Inhibitors (selten)

II. Erworbenes Angioödem
- Typ I: Bei lymphoproliferativen Erkrankungen
- Typ II: Bei Auto-Antikörper gegen den C1-Esterase-Inhibitoren

Alle Patienten mit C1-Esterase Mangel sind Risikopatienten für ein schwergradiges Angioödem.

Klin: • Haut und/oder Schleimhautschwellungen, welche sich an folgenden Stellen manifestieren (oft symmetrisch) und einige Stunden andauern können:
- Gesicht
- Distale Extremitäten
- Genitalien
- Magen-Darm Trakt (DD: Ileus, Appendizitis)
- Schleimhaut der oberen Atemwege oder des Mundes

CAVE: Speziell gefährlich ist das Angioödem des Larynx (= **QUINCKE Ödem**)

Bem: • ACE-Hemmer sind in folgenden Situationen kontraindiziert:
1. Patienten, die ein Angioödem manifestiert haben.
2. Patienten mit bekanntem C1-Esterase-Inhibitor Mangel (ca. 35 % dieser Patienten entwickeln ein Angioödem).

Vorg: 1. Siehe «Therapie einer schwergradigen Anaphylaxie», S. 33
2. Bei C1-Esterase-Inhibitor Mangel: BERINERT® P 2 Amp zu 500 E in 15 min **IV**

Latex Allergie

Allg: • Latex wird aus dem Milchsaft des tropischen Kautschukbaumes *(Hevea brasiliensis)* gewonnen. Der Gummibaumsaft enthält Eiweisse, die als Allergene wirken können.

• Nachdem sich die Allergene mit den auf den Mastzellen sitzenden IgE-Antikörpern verbunden haben, werden Substanzen ins Gewebe und ins Blut freigesetzt, welche die allergische Reaktion auslösen.

• Prävalenz: 1/1'000 Personen in der Schweiz

• Risikogruppen:
- Medizinisches Personal (häufiger Kontakt mit Latex Handschuhen, Infusionsbestecken, Beatmungsbeuteln u.a. Gummiartikeln)
- Patienten mit häufigen Eingriffen, z.B. Kinder mit Myelomeningocele

• Kreuzreaktionen:
- Ananas, Avocados, Bananen, Edelkastanien, Marroni (Vermicelles), Feigen, Kartoffeln, Kiwi, Mangos, Melonen, Papayas, Passionsfrüchte, Pfirsiche, Spinat und Tomaten
- Birkenfeige *(Ficus benjamina)*

• Latexhaltige Artikel:
- Medizinische Gummihandschuhe, Kondome, Luftballone, Haushalthandschuhe, Wunddrainagen, Katheter, Verbände, Badekappen, Dichtungen, Gummibälle, Gummistiefel, Klebebänder, Luftmatratzen, Nuggis, Sauger von Babyflaschen, Radiergummis, Skibrillen, Turnschuhe und Wärmeflaschen.

Klin: • Lippenschwellungen

• Schleimhautreaktionen (Heuschnupfen, Asthma, Schwellungen im Mund-, Rachen- und Kehlkopfbereich, Magen-Darm-Symptome)

• Anaphylaktische Reaktionen: Blutdruckabfall, akute zirkul. Insuffizienz, Herzstillstand

Th: • Siehe S. 32, 33

Anaphylaxie - Anaphylaktische akute zirkulatorische Insuff.[1-3] [T78.2]

Def: ▪ **Anaphylaktische Reaktion**
- Systemreaktion vom Sofortyp (S. 30), welche infolge Freisetzung potenter Mediatoren durch Gewebsmastozyten und basophile Granulozyten stattfindet.
- Diese Reaktion ist IgE vermittelt.

▪ **Anaphylaktoide Reaktion**
- Systemreaktion infolge direkter Freisetzung von Histamin u.a. Mediatoren, die aber nicht IgE vermittelt ist.

Klas: 1. **Schwere anaphylaktische Reaktionen**

Bsp:
1. Asthma, siehe S. 316, 320 ff
2. Anaphylaktische akute zirkulatorische Insuffizienz (AZI)
   - Es handelt sich um eine lebensbedrohliche allergische Reaktion, ausgelöst durch Allergene.
   - Die anaphylaktische AZI ist die stärkste Form der Allergie vom Soforttyp (Typ-I-Allergie) und kann in folgenden Situationen auftreten:
     - Insektengifte
     - Nahrungsmittel
     - Infusionen oder Medikamente
   - Klinik:
     - Art. Hypotonie
     - Hämodynamischer Kollaps
     - Akute zirkulatorische Insuffizienz (AZI)
     - Koma
3. Angioödem, siehe S. 31

Th: • Siehe **BOX 1** S. 33

2. **Leichte bis mittelschwere anaphylaktische Reaktion**

Allg: • Diese Gruppe von anaphylaktischen Reaktionen umfasst:
- Leichte bis mittelschwere Anaphylaxie ohne respiratorische oder kardiovaskuläre Mitbeteiligung
- Leichtes bis mittelschweres Angioödem, S. 31, 344
- Leichte bis mittelschwere Urtikaria

Th: • Siehe **BOX 2** S. 34

Lab: • Bei unklarer Diagnose der «Anaphylaxie» (z.B. Kollaps) können folgende Laborparameter bestimmt werden (je nach Verfügbarkeit):
1. Tryptase im Serum
   - Tryptase ist ein Serumenzym, das von den Mastozyten freigesetzt wird.
   - Die Blutentnahme muss innerhalb von 6 h nach der Reaktion stattfinden!
   - Ein positives Testergebnis ist beweisend für degranulierte Mastozyten. Dies ist praktisch immer mit einer allergischen Reaktion verbunden.
   - Ein negatives Testergebnis schliesst eine Anaphylaxie nicht aus.
2. Histamin im Serum
3. N-Methyl-Histamin im Urin
4. IgE-Antikörper Test im Serum

Th: • Siehe **BOX 1** S. 33

Bem: • Adrenalin kann seine Wirksamkeit unter β-Blockade verlieren. In diesem Fall soll **Glukagon**, oder alternativ **Vasopressin** oder Analoga (**Terlipressin**), falls verfügbar, eingesetzt werden.
• Glukagon hat folgende Eigenschaften: vasoaktiv, positiv inotrop und positiv chronotrop. Dosierung von Glukagon siehe **BOX 1** S. 33

Der Sauerstoff-Prozentsatz, welcher die Sauerstoffmaske abgibt, hängt von der Maske ab; 100 % werden jedoch nie erreicht. Bei der Sauerstoffbrille entspricht 1 L/min ca. 4 % Sauerstoff. Beispiel: 4 L O_2/min, die über die Brille verabreicht werden, liefern zusätzlich 16 % Sauerstoff. Es resultieren somit 21 % (Sauerstoffgehalt der «normalen» Luft) + 16 % (via Brille) = 37 %.

§ IV-appliziertes Prednisolon wirkt erst nach 2-4 h. Es wird prophylaktisch zur Behandlung der möglichen Spätreaktionen der Anaphylaxie verabreicht, welche durch Freisetzung von Leukotrienen hervorgerufen ist.

1 AHA; Circulation 2005 ;112 :143-5. 2 Resuscitation Council. J Accid Emerg Med 1999 ;16 :243-7. 3 Bochner BS, et al. NEJM 1991 ;324 :1785-90.

Therapie einer schwergradigen Anaphylaxiereaktion

BOX 1

1. **Reanimation** (s. 3, 4) **+ Volumengabe. Vermutetes auslösendes Agens stoppen!**
   - Flüssigkeitsreanimation: NaCl 0.9 % oder Ringer-Lakat: **20 mL/kg KG Bolus (1-2 L Bolus)**

   und:

2. **Sauerstoff**
   - Maske#: 40-60 % oder Brille# 8-10 L/min

   und:

3. **Adrenalin** Amp 1 mg (1 mL)
   - NUR unter Rhythmusmonitoring verabreichen (Myokardrisiko bei KHK)

Verabreichung	Dosierung
Inhalation	• 3 mg Adrenalin (3 Amp) mit 5 mL NaCl 0.9 % verdünnt inhalieren
Intravenös Verdünnung: 10 mL-Spritze mit: • 1 mg Adrenalin + 9 mL NaCl 0.9 %	a) **IV-Boli verdünnt:** 10 mL-Spritze mit 1 mg Adrenalin + 9 mL NaCl 0.9 % → 0.1 mg/mL (= 100 µg/mL): → Bolus von 0.1-0.3 mL Adrenalin **IV** (= 0.1-0.3 mg Adrenalin verd.) → Bei Bedarf **alle Minuten 0.1 mg IV** (= 1 mL der Verdünnung) • Maximaldosis: 5-10 mg (0.1 mg/kg) b) Je nach Klinik → Adrenalin-Perfusor mit 0.1-0.4 µg/min **IV** kont.
IM (oder **SC**)	• 0.3-0.5 mg Adrenalin so schnell wie möglich (verdünnt oder nicht)!
Endotracheal (selten notwendig)	• 0.6-1 mg verdünnt (1 mg Adrenalin + 9 mL NaCl 0.9 %): → Endotrachealer Bolus von 10 mL

   und:

4. **H1-Antihistaminikum**
   - Clemastin — Amp 2 mg — 2 mg in 2-3 min **IV**
   - Dimetinden — Amp 4 mg — 4 mg in 30 sek **IV**

   und:

5. **H2-Antihistaminikum**
   - Ranitidin — Amp 50 mg — 50 mg **IV**, dann Infusion 0.125-0.250 mg/kg/h **IV**

   und:

6. **Kortikoid** (Wirkungsbeginn erst nach ca. 2-4 h!)
   - Methylprednisolon§ — Amp 125 mg — 125 mg§ **IV**
   - Hydrocortison — Amp 500 mg — 250 mg **IV**

   und:

7. **Magenschutz** (PPI)
   - Pantoprazol — Amp 40 mg — 40 mg **IV** 1x/d
   - Omeprazol — Amp 40 mg — 40 mg **IV** 1x/d

■ **Bei Bronchospasmus**

Das Atemwegsmanagement kann bei Anaphylaxie sehr schwierig sein.

Eine gute Maskenbeatmung soll einer Ösophagus-Intubation vorgezogen werden...!

- **β2-Agonist** (kurzwirkender): Salbutamol, Terbutalin, siehe s. 320 ff

  oder:
- **Adrenalin** (evtl. 1. Wahl, vor dem β2-Agonisten):
  - **10-20 µg IV-Boli** (= 1-2 mL folgender Verdünnung: 1 mg Adrenalin in 100 mL NaCl)

■ **Bei Misserfolg mit Adrenalin (z.B. bei Patienten unter Betablockade)**

- **Glukagon** — Amp 1 mg — 1-2 mg **IV** oder **IM** alle 5-10 min (siehe, s. 104)
  dann, bei Bedarf 1 mg/h **IV** kont.
  NW von Glukagon: Nausea, Erbrechen, Hyperglykämie u.a.

  oder:
- **Vasopressin** — 40 E **IV** — (falls verfügbar)
- **Terlipressin** — 1-2 mg **IV** — (falls verfügbar)

BOX 1: Therapie der schwergradigen Anaphylaxie.

#, §, siehe s. 32

Anaphylaxie leichten bis mittleren Schweregrades

Allg: • Leichte bis mittelschwere anaphylaktische Reaktionen umfassen:
- Anaphylaxiereaktionen ohne respiratorische oder kardiovaskuläre Mitbeteiligung
- Leichtes bis mittelschweres Angioödem, S. 31, 344
- Leichte bis mittelschwere Urtikaria, S. 344

Therapie einer leichten bis mittelschweren Anaphylaxiereaktion BOX 2

1. H1-Antihistaminikum (je nach Klinik **IV** oder PO)

IV-Gabe

Clemastin	Amp 2 mg	2 mg **IV** in 2-3 min
Dimetinden	Amp 4 mg	4 mg **IV** in 30 sek

Orale Gabe *(bei oraler Mitbeteiligung muss die Therapie aber intravenös verabreicht werden!)*

Acrivastin	Kaps 8 mg	2 Kaps (16 mg, Acrivastin ist am schnellsten wirksam unter den Anti-H1)

3 h später (oder gleichzeitig bei der Gabe von Acrivastin):

Levocetirizin	Tabl 5 mg	1x 5 mg/d, während 3 d
Desloratadin	Tabl 5 mg	1x 5 mg/d, während 3 d
Fexofenadin	Tabl 180 mg	1x 180 mg/d, während 3 d

und:

2. Venöser Zugang
- Auch eine «leichte» anaphylaktische Reaktion kann in eine schwere Form übergehen!

und:

3. Kortikoid (von Fall zu Fall entscheiden)

Ind: • Ein Kortikoid ist nur dann indiziert, wenn zusätzlich eine Spätreaktion befürchtet wird:
- Sofortreaktion, welche ungenügend auf die Initialbehandlung anspricht
- Mittelschwere bis schwere allergische Reaktion
- Alleinstehende Person, weit entfernt vom Spital
- Schlechte Kompliance u.a.

Bsp: • Prednisolon (Tabl 50 mg): 200 mg PO (4 Tabl in einer Einzeldosis sofort einnehmen)

4. Überwachung - Verlauf
- Bei leichter Reaktion: ....Ambulant (ca. 4 h)
- Bei mittelschwerer bis schwerer Reaktion: ....Hospitalisierung (ca. 24 h)

■ **Bei Verschlimmerung**
- Adrenalin Inhalation, siehe S. 33
oder:
0.3-0.5 mg **IM** (oder **SC**), siehe S. 33

BOX 2: Therapie bei leichter bis mittelschwerer Anaphylaxie.

Bem: • **Jede anaphylaktische Reaktion kann rezidivieren** (bis 20 % der Patienten innerhalb von 8 h). Ein biphasischer Verlauf mit einer zweiten Anaphylaxiereaktion kann bis zu 36 h nach dem Erstereignis auftreten!
• Folgende Medikamentengruppen sollen nur nach sorgfältiger Nutzen-Risiko-Analyse verabreicht werden:
- Betablocker (vermindert die Wirksamkeit des Adrenalins)
- ACE-Hemmer (Risiko einer Verschlimmerung des anaphylaktischen Geschehens)

Vorg: ■ Jeder Patient, welcher eine anaphylaktische Reaktion gezeigt hat, sollte auf sich tragen:

1. Adrenalin: FASTJEKT®, **Auto-Injektor 0.3 mg IM**-Gabe

Dos: Grauen Sicherheitsdeckel des Auto-Injektors abnehmen, dann mit dem schwarzen Ende rechtwinklig während 10 Sekunden fest auf den äusseren Oberschenkel drücken, bis dass der Injektionsmechanismus ausgelöst wird (hörbar). Die Injektion ist auch durch die Kleidung hindurch möglich; dann sofortige ärztliche Kontrolle.

2. Orales H1-Antihistaminikum

Bsp: Siehe **BOX 2**, oben

SIRS — Sepsis — Schwere Sepsis — Septischer Schock[1-4] [A41.9]

Allg:
- Das SIRS (*Systemic Inflammatory Response Syndrome*) ist die Folge einer nicht spezifischen, komplexen Antwort des Organismus auf verschiedene Aggressionen, welche zahlreiche Mediatoren impliziert, die oft in Kaskadenform ablaufen:
  - Entzündungsaktive Zytokine: TNF (*tumor necrosing factor*), Interleukin 1, Interleukin 6
  - Entzündungshemmende Zytokine: Interleukin 10, Beta-TGF
- Verschiedene Krankheiten können eine systemische Entzündungsreaktion hervorrufen (Pankreatitis, Verbrennungen, Trauma, chirurg. Eingriffe, Infektionen).
  Das **SIRS** ist also nichts anderes als ein Syndrom, welches diese schweren Erkrankungen begleitet.
- Die **Sepsis** ist eine schwerwiegende Infektion, welche definitionsgemäss nicht nur lokale, sondern auch systemische Entzündungszeichen aufweist.
- Die Intensität dieser Entzündungsreaktion ist individuell verschieden. Die Klinik ist demzufolge variabel und zeigt eine Kontinuität, welche von der **Sepsis** über die **schwere Sepsis** bis zum **septischen Schock** (= septische AZI) führen kann.
- Risiko, eines septischen Schockes in Abhängigkeit des Ursprungs der Infektion:
  - Abdomen (→ 3 %); Pneumonie (→ 2.3 %), Katheter (→ 1 %), Urosepsis (→ 0.4 %)

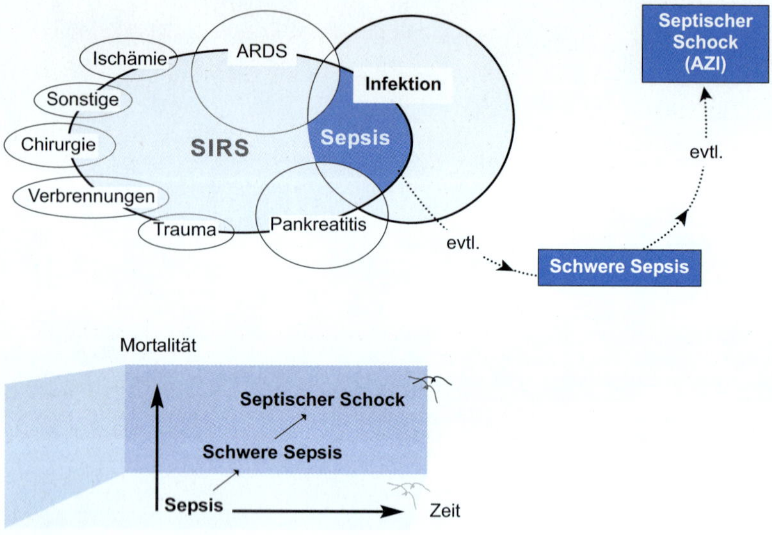

Schema 1: Beziehung und mögliche Entwicklung der Sepsis. AZI = Akute zirkulatorische Insuffizienz

Def:[2,3] Hier einige klinische Definitionen:

Infektion

Def:
- Infektion = Pathologischer Prozess, induziert durch einen pathogenen Mikroorganismus.

SIRS (*Systemic Inflammatory Response Syndrome*)

Def:
- SIRS = Systemische Entzündungsreaktion als Antwort auf verschiedene Aggressionen (infektiös oder nicht infektiös): Verbrennung, Trauma, chirurgischer Eingriff, Ischämie, Pankreatitis, Virose, Parasitose u.a.

Bem:
- Die alte Definition des SIRS*ƒ* wird als ungenau angesehen. Diese soll den möglichen systemischen Entzündungszeichen der Sepsis gegenübergestellt werden. Es gibt aber zur Zeit noch keine evidence-based diagnostische Kriterien des SIRS. Diese Kriterien sollen sich v.a. auf die biologischen Entzündungsparameter abstützen (CRP, IL-6, Procalcitonin u.a.).

ƒ Alte Definition des SIRS (≥ 2 der folgenden Kriterien):[3]

1.	Körpertemperatur	< 36°C oder > 38°C
2.	Herzfrequenz	> 90/min
3.	Atemfrequenz	> 20/min oder $PaCO_2$ < 4.3 kPa (< 32 mmHg) oder Notwendigkeit einer mechanischen Beatmung
4.	Leukozyten	< 4 G/L oder > 12 G/L oder > 10 % nicht segmentierte Leukozyten

1 Dellinger RP, et al. Crit Care Med 2004 ;32 :858-873. 2 Levy MM, et al. Crit Care Med 2003 ;31 :1250-6. 3 Crit Care Med 1992 ;20 :864-74. 4 Annane D, et al. JAMA 2002 ; 288 :862-71.

Sepsis

Def: • Sepsis = Bakteriologisch gesicherte oder stark vermutete Infektion, welche ein SIRS begleitet. Verschiedene pathogene Agentien können eine Sepsis auslösen (Bakterien, Viren, Pilze, Parasiten).

Bem: • Beispiele von systemischen Parametern als Antwort auf eine Infektion:

- **Allgemeine Parameter**
  - Körpertemperatur (zentral) > 38.3°C oder < 36°C
  - Herzfrequenz > 90/min oder > 2 SD oberhalb der Norm, bezogen auf das Alter
  - Tachypnoe (> 20/min)
  - Störung des Neurostatus: Desorientierung, Verwirrung, Enzephalopathie u.a.
  - Signifikante Ödeme oder positive Wasserbilanz (> 20 mL/kg über 24 h)
  - Hyperglykämie >140 mg/dL ohne bekannten Diabetes mellitus
  - Hypoperfusion:
    - Marmorierte Haut
    - Kapillardurchblutung > 2 sek
    - Hyperlaktatämie > 2 mmol/L
- **Entzündungsparameter**
  - Leukozyten:
    - < 4 G/L bzw. > 12 G/L
    - oder > 10 % nicht segmentierte Leukozyten
  - CRP > 2 SD (Standarddeviation) über der Norm
  - Procalcitonin (Serum, s. 1426) > 2 SD über der Norm
- **Hämodynamische Parameter**
  - Art. Hypotonie:
    - SBD < 90 mmHg oder art. Mitteldruck < 70 mmHg
    - oder Abfall des SBD > 40 mmHg
  - Venöse Sauerstoffsättigung SvO_2 > 70 %, siehe auch Tabelle s. 39
  - Herzindex > 3.5 L/min x m^2
- **Parameter organischer Dysfunktion**
  - Art. Hypoxämie: PaO_2/FiO_2
    - in kPa: < 39
    - in mmHg: < 300
  - Akute Oligurie (Diurese in ≥ 2 h: < 0.5 mL/kg/h oder < 45 mL)
  - Erhöhung des Serumkreatinins um > 44 µmol/L
  - Gerinnungsstörung:
    - INR > 1.5
    - aPTT > 60 sek
  - Ileus
  - Thrombozytopenie < 100 G/L
  - Hyperbilirubinämie (gesamt) > 70 µmol/L

Schwere Sepsis (bzw. AZI)

Def: • Schwere Sepsis = Sepsis mit ≥ 1 der folgenden Kriterien:

1. Organische Dysfunktion. Hier einige Beispiele:
   - Lunge: ARDS, s. 60
   - Nieren: Akute Niereninsuffizienz, akute Tubulusnekrose
   - Hämatologisch: Disseminierte intravasale Gerinnungsstörung
2. Elemente die für eine Hypoperfusion sprechen:
   - Marmorierte Haut
   - Laktatazidose
   - Oligurie (Diurese < 0.5 mL/kg/h; ≅ 30-40 mL/h)
   - Neurologische Störungen (Desorientierung, Verwirrtheit, Enzephalopathie)
3. Art. Hypotonie durch die Sepsis induziert (Kriterien der Hypotonie, siehe unter «Sepsis», oben)

Septischer Schock (bzw. AZI)

Def: • Septischer Schock = Sepsis mit zirkulatorischem Kollaps und Fehlen anderer Ursache der art. Hypotonie:

- Art. Hypotonie: SBD < 90 mmHg oder art. Mitteldruck < 60 mmHg
- Oder SBD ↓ um > 40 mmHg, trotz Flüssigkeitsreanimation (500 mL NaCl 0.9 % in 15-30 min)
- Sepsis, welche Vasopressoren benötigt, um einen art. Mitteldruck ≥ 65 mmHg beizubehalten (Bsp: Katecholamine, Vasopressin).

Th: Folgende Therapien betreffen immunkompetente und nicht neutropene Patienten.

1. Grundmassnahmen (nebst der Kausaltherapie und derjenigen der auslösenden Faktoren)

1.1. Identifizierung des Herdes und des Keims (mit adäquater Bildgebung)
- Drainage eines Empyems
- Revisionslaparotomie bei Darmperforation
- Entfernung infizierter Katheter u.a.

1.2. Zielwerte (*«early gold directed therapy»*)
- ZVK (s. 44): ≤ 12 mmHg (< 16.5 cm H_2O)
- Art. Mitteldruck: ≥ 65 mmHg
- Diurese: ≥ 0.5 mL/kg/h
- SvO_2: ≥ 70 %. Die zentralvenöse O_2- Sättigung (V. cava sup.) bzw. gemischt venös (V. pulmonalis) widerspiegelt den O_2-Verbrauch des Körpers und erlaubt es, den arterio-venösen Gradienten des O_2 zu berechnen (Formel, siehe s. 1499).

1.3. Flüssigkeitsgabe - Flüssigkeitsreanimation
Die Kristalloide und die Kolloide zeigen eine vergleichbare Wirksamkeit (die Kristalloide sind aber vorzuziehen)
- Kristalloide: 20 mL/kg NaCl 0.9 % (oder Ringer-Laktat) **IV** in 15-30 min; bei Bedarf wiederholen
- Kolloide: siehe s. 1321

1.4. Vasopressoren bei art. Hypotonie (s. 21, 1214)
- Beim septischen Schock ist die «Alpha-Wirkung» essentiell:
  → Noradrenalin: 0.01 - 1.0 µg/kg/min **IV**
- Bei hohem Noradrenalinbedarf, evtl. + Vasopressin (0.01 - 0.04 E/min **IV** kont.)
- ***CAVE***: Niedrig dosiertes Dopamin («renale Dosis», s. 21, 1214) ist nicht indiziert.

1.5. Inotrope Unterstützung zur Blutflusserhöhung
- Bei schwacher myokardialer Inotropie, trotz regelkonformer Flüssigkeitsreanimation, ist Dobutamin das Katecholamin der Wahl:
  → Dobutamin (Beta-Wirkung, s. 1214): > 10 µg/kg/min **IV**
- Bei gleichzeitig bestehender art. Hypotonie (SBD < 70-90 mmHg) soll zum Dobutamin zusätzlich Noradrenalin verabreicht werden.

1.6. Blutzucker
- BZ-Zielwert: 90-145 mg/dL (kein Konsens)
- Initiale BZ-Kontrollen 1x/h
- Um Hypoglykämien vorzubeugen, soll eine G-5 % Infusion verabreicht werden
- Die G-5 % Infusion wird nicht verabreicht, wenn der Patient spontan eine Hyperglykämie aufweist.
- Nach Stabilisierung: Einleiten einer enteralen Ernährung.

1.7. Bicarbonat
- Die Gabe von Bicarbonat ist bei tissulärer hypoperfusion-induzierter Laktatazidose nicht indiziert, solange der Plasma-pH ≥ 7.15 beträgt.
- Die Wirksamkeit von HCO_3^- bei einem pH < 7.15 ist ungenügend dokumentiert.

2. Frühzeitige, empirische Breitspektrum AB-Therapie

Allg:
- Die empirische, parenterale AB-Therapie sollte bis spätestens 1 h nach der Diagnose einer schweren Sepsis eingeleitet werden und dies, nachdem die verschiedenen Kulturen abgenommen wurden.
- Die adäquate AB-Therapie hat einen positiven Einfluss auf die Überlebensrate!

Ind:
- Hoher Verdacht auf Infektion, wobei folgende Faktoren oder Situationen eine Rolle spielen können:
  - Vorhandensein eines klinisch infektiösen Herdes
  - Komorbidität:
    -- Immunosuppression
    -- Vorausgegangene Kolonisation
    -- Vorausgegangene AB-Therapie
    -- Resistente Mikroorganismen
  - Herkunft des Patienten:
    -- Wohnort
    -- IPS
    -- Anderes Spital u.a.
- Patienten mit Neutropenie

Bem:
- Imperative AB-Anpassung nach 48-72 h und je nach Klinik, Labor und mikrobiologischen Resultaten! Ziel: Einschränkung des AB-Spektrums.

Quelle	AB 1. Wahl (Dosis/24 h)	Alternative Therapie (Dosis/24 h)
Unbekannt (immunkompetenter Patient)	*Nicht lebensbedrohliche Sepsis:* • Ceftriaxon ....1x 2 g **IV** *Bei septischem Schock:* • Ceftriaxon ....1x 2 g **IV** + Gentamicin ......1x 5 mg/kg **IV** *Vd. auf **MRSA**-Infekt (S. 797):* • Ceftriaxon ....1x 2 g **IV** + Gentamicin ......1x 5 mg/kg **IV** + Vancomycin ....2x 1 g **IV** *Bei IV-Drogenabusus* • Amoxi/Clav. ....3x 2.2 g **IV**	*Bei schwerer Penicillinallergie:** • Vancomycin ....2x 1 g **IV** + Ciprofloxacin ..2x 400 mg **IV** *Bei septischem Schock:* • Vancomycin ....2x 1 g **IV** + Ciprofloxacin ..2x 400 mg **IV** + Gentamicin ......1x 5 mg/kg **IV**
Verdacht auf gastrointestinale Quelle (inkl. biliäre Quelle)	*Nicht lebensbedrohliche Sepsis:* • Ceftriaxon ....1x 2 g **IV** + Metronidazol....3x 500 mg **IV** *Bei septischem Schock:* • Ceftriaxon 1x 2 g **IV** + Metronidazol....3x 500 mg **IV** + Gentamicin ......1x 5 mg/kg **IV** *oder:* • Meropenem ....3x 1 g **IV** + Gentamicin ......1x 5 mg/kg **IV**	*Bei schwerer Penicillinallergie:** • Vancomycin ....2x 1 g **IV** + Ciprofloxacin ..2x 400 mg **IV** + Metronidazol....3x 500 mg **IV** *Bei septischem Schock:* • Vancomycin ....2x 1 g **IV** + Ciprofloxacin ..2x 400 mg **IV** + Metronidazol....3x 500 mg **IV** + Gentamicin ......1x 5 mg/kg **IV**
Verdacht auf Urosepsis	*Nicht lebensbedrohliche Sepsis:* • Ceftriaxon ....1x 2 g **IV** *Bei septischem Schock:* • Ceftriaxon ....1x 2 g **IV** + Gentamicin ......1x 5 mg/kg **IV** *Bei Vd. auf Enterokokkensepsis:* • Amoxi/Clav. ....3x 2.2 g **IV** + Gentamicin ......1x 5 mg/kg **IV**	*Nicht lebensbedrohliche Sepsis:* • Ciprofloxacin........2x 400 mg **IV** *Bei septischem Schock:* • Ciprofloxacin........2x 400 mg **IV** + Gentamicin ......1x 5 mg/kg **IV**
Verdacht auf MRSA-Sepsis	• Infektiologisches Konsilium • Ceftriaxon ....1x 2 g **IV** + Gentamicin ......1x 5 mg/kg **IV** + Vancomycin ....2x 1 g **IV**	

Tabelle: Empirische AB-Therapie bei Sepsis (mit Spezialist besprechen).

3. Kortikoide

Allg: • Kortikoide werden bei Sepsis nicht routinemässig verabreicht.

Ind: • In folgender Situation zu erwägen:
- «Katecholamin-abhängiger» Patient, welcher nicht auf die Flüssigkeitsgabe anspricht (d.h. Vorlast unabhängige Patienten, siehe S. 22).

Bem: • Die Suche nach einer evtl. NNR-Dysfunktion (d.h. Kortisolserumspiegel ≤ 250 nmol/L) ist umstritten.

Bsp:[4]
1. Hydrocortison 50 mg **IV** alle 6 h oder 3x 100 mg **IV**
und:
2. Fludrocortison 1x 50 µg/d PO während 7 d.

* Schwere Penicillinallergie: anaphylaktischer Schock, Bronchospasmus, Gesichts- und Larynxödem

4 Annane D, et al. JAMA 2002 ; 288 :862-71 (Reduktion der Mortalität: 10 %, p = 0.02, NNT = 10).

4. **Aktiviertes alfa Drotrecogin**[5] XIGRIS®

Allg: • Es handelt sich um eine rekombinierte Form des spontan aktivierten humanen Proteins C.
• Dieses Protein hat eine antithrombotische und fibrinolytische Wirkung. In vitro wird eine entzündungshemmende Wirkung beobachtet.

Ind: • Mit Spezialist besprechen:
- Europa: Schwere Sepsis mit akuter Organdysfunktion von ≥ 2 Organen
- USA: Schwere Sepsis mit einem APACHE II Score ≥ 25

Dos: • Dauerinfusion: 24 μg/kg **IV** über 96 h

KI: • Zahlreiche KI! Mit Spezialist besprechen.

Bem: • Vorsichtsmassnahmen
- INR > 3.0
- GI-Blutung < 6 Wo
- Thrombolytische Therapie vor < 3 d
- Gabe von Antikoagulantien oder GP IIb/IIIa Inhibitoren < 7 d
- Ischämischer Hirnschlag < 3 Mt.
- Schwere Lebererkrankung

NW: • Blutungen:
- Haut, gastrointestinal, intrathorakal, retroperitoneal, urogenital, intrakraniell

5. **Beatmung**
- Nicht-invasive Beatmung (NIB), siehe S. 66
- Maschinelle Beatmung, S. 64

5 Bernard GR, et al. N Engl J Med 2001; 344 :699-709 (Reduktion der Mortalität: 6.1 %, NNT = 16).

Toxisches Schock-Syndrom (TSS)[6,7]

Allg:
- Häufige Erreger:
  - Streptokokken (typischerweise der Gruppe A)
  - *Staphylocccus aureus*:
    - Klassischerweise «Tampon assoziiertes TSS» (Epidemie in den 1970-er Jahren) infolge zu seltenem Wechsel der Tampons.
    - Bei Verdacht auf Tampon assoziiertes TSS kann der ganze Tampon (oder ein Abstrich davon) kultiviert werden.
    - Zur Zeit sind noch 50 % der Staphylokokken TTS Tampon assoziiert.
- Pathogenese: Superantigene
  - **Superantigene** sind Proteine, welche die Rezeptoren der B-Lymphozyten direkt aktivieren. Sie sind die potentesten Aktivatoren der T-Lymphozyten (1 Superantigen kann ca. 1/10 Lymphozyten aktivieren; ein «gewöhnliches» Antigen nur 1/10'000).
    Superantigene von *Stapylococcus aureus*, aber auch von Streptokokken v.a. der Gruppe A, sind für die Menschen hoch letal.

Klin:• Sehr unterschiedlich, je nach Keim:

■ Staphylococcus aureus TSS

- Symptome
  - Prodrome: Unwohlsein, Myalgie, Schüttelfrost
  - Fieber, Diarrhoe, Verwirrtheit
  - Eintrittsort (nicht immer evident):
    - Oberflächliche Hautinfekte, Impetigo
    - Wundinfekt nach chirurgischem Eingriff!
      CAVE: Die Wunde muss nicht stark infiziert aussehen (lokale Entzündungshemmung der Superantigene); deshalb muss, bei vorhandenen TSS-Kriterien, aggressiv behandelt werden!
    - Urogenitalinfekt
- Befunde
  - Tachykardie, art. Hypotonie
  - Ödeme
  - Niereninsuffizienz
  - Erythem
- Labor
  - Neutrophilie, Thrombozytopenie
  - Gerinnungsstörungen
  - Leberenzymerhöhung
- Bakteriämie
  - Selten (5 %); aber ca. 80 % mit positiven Kulturen von Haut- oder Schleimhautabstrichen
- Desquamation
  - I.d.R. immer: nach 7-14 d
- Mortalität ca. 6 %!

■ Streptokokken TSS

- Symptome
  - Prodrome: Halsschmerzen, Myalgie, Lymphadenopathie
  - Fieber
  - Diarrhoe, Verwirrtheit
  - Plötzlicher intensiver Schmerz
  - Tief gelegener Infekt:
    - Nekrotisierende Fasziitis (in > 80 % der Fälle vorhanden)
    - Septische Arthritis
    - Myositis
    - Multilokale Infektherde
    - Post-partum Infekt
- Befunde
  - Siehe Staphylokokken TSS
- Bakteriämie
  - Häufig vorhanden!
- Labor
  - Serum-CK ↑ bei Fasziitis (s. 1088)
- Desquamation
  - Selten
- **Mortalität: 30-70 %!**

6 McCormick JK et al. Annu Rev Microbiol 2001 ; 55 :77–104. 7 Case definitions for infectious conditions under public health surveillance. Morb Mortal Wkly Rep 1997 ;46 :39.

Dg:[6] Die Diagnose des TSS wird klinisch gestellt.

- **Diagnosekriterien eines Staphylokokken TSS**
  1. Fieber
  2. Art. Hypotonie
  3. Diffuse, makulöse Erythrodermie mit Desquamation nach der Akutphase
  4. Mindestens 3 der folgenden Organbefälle:
     - Leber
     - Blut
     - Nieren
     - Schleimhäute
     - Gastrointestinal
     - Muskeln
     - ZNS
  5. Negative Serologie für:
     - Leptospirose
     - Masern
     - Rocky Mountain Fleckfieber

     und:
     - Negative Blut- oder Liquorkulturen für nicht Staphylokokken aureus Keime
- **Diagnosekriterien eines Streptokokken TSS**
  1. Isolierung von Streptokokken der Gruppe A von/aus:
     - Steriler Stelle bei einem bestätigten Fall
     - Nicht steriler Stelle bei einem möglichen Fall
  2. Art. Hypotonie
  3. Mindestens 2 der folgenden klinischen Parameter:
     - Nierendysfunktion
     - Leberdysfunktion
     - Makulöse Erythrodermie
     - Gerinnungsstörung
     - Weichteilnekrose
     - ARDS

Bem: • Falls ein Staphylokokke die Ursache des TSS ist, soll mikrobiologisch die Superantigenproduktion gesucht werden.

Vorg: • Ausschluss anderer Ursachen:
- Sepsis anderer Ursache (inkl. Meningokokken)
- Leptospirose
- Rickettsiose, S. 786
- Rocky Mountain Fleckfieber

• Fokussuche (*Staphylococcus*)

Th: **1. Hämodynamische Stabilität (art. Mitteldruck > 60 mmHg)**

1.1. Flüssigkeitsreanimation (je nach Vorlast-Abhängigkeit!)
Bsp: • Kristalloide (NaCl, Ringer-Laktat) oder Kolloide, siehe S. 1321
Vorg: • Siehe S. 22

1.2. Katecholamine nach Bedarf, siehe S. 21, 1214

2. Initiale AB-Therapie

2.1. Empirisch (infektiologisches Konsilium):
- Amoxicillin/Clavulansäure ......3-6x 2.2 g/d **IV**

Zusätzlich bei Verdacht auf MRSA:
- Vancomycin ....2x 1 g/d **IV**

2.2. Bei *Staphylocuccus aureus*, siehe S. 797

3. SOFORTIGER chirurgischer Eingriff

Vorg: Abszess: → Drainage
Fasziitis: → Débridieren, siehe S. 1088

4. Evtl. Polyklonale Immunglobuline

Ind: Therapieresistentes TSS (Infektio-Konsilium)
Vorg: Die Wirksamkeit der Immunglobuline ist für Streptokokken bewiesen (nicht aber für *Staphylococcus aureus*).
Bsp: OCTAGAM®: 0.4 g/kg/d **IV** über 2-4 h während 5 d

6 McCormick JK et al. Annu Rev Microbiol 2001 ; 55 :77-104.

Zentralvenenkatheter (ZVK): Praktisches Vorgehen

Allg:
- Nachfolgend sind 3 häufige zentrale Venenpunktionsstellen beschrieben. Damit können von Erfahrenen > 90 % der Zentralvenenkatheter erfolgreich «blind» platziert werden.
- Bei Misserfolg einer solchen «blinden» Punktionsmethode kann die V. jugularis sonographisch dargestellt und punktiert werden.
- Unerfahrene Ärzte sollten, je nach Situation, die Punktion unter sonographischer Kontrolle legen. Das Punktionsrisiko ist am kleinsten bei der V. jugularis interna.
- Langzeit-ZVK-Träger profitieren von einem Zugang über die V. subclavia (geringeres Katheter-Infekt-Risiko).
- Die Lagerung des Patienten ist wichtig. Nach Möglichkeit Kopftiefhaltung bei Punktionen am Oberkörper (verbessert die Venenfüllung und vermindert das Luftembolierisiko).

Vena jugularis interna

Vorg:
- Die Punktion wird aus anatomischen Gründen vorzugsweise ***rechts*** durchgeführt.
  - **A. Posteriorer Zugang** (siehe Schema S. 45)
    - Punktionsstelle: 2 Querfinger oberhalb der Clavicula entlang des Hinterrandes des M. sternocleidomastoideus (SCM).
    - Stichrichtung: Hinterseite der Incisura jugularis des Sternums, ca. 20-45° zur Hautoberfläche.
    - Die V. jugularis interna ist in wenigen cm Tiefe zu erwarten.
  - **B. Anteriorer Zugang**
    - Punktionsstelle: entlang des Vorderrandes des M. SCM auf der Höhe der Membrana cricothyroidea (1-2 cm unterhalb des Adamsapfels). Die A. carotis muss gegen medial verschoben werden.
    - Stichrichtung: homolaterale Brustwarze, ca. 40-50° zur Hautoberfläche.
    - Die V. jugularis interna ist in wenigen cm Tiefe zu erwarten.

NW:
- Risiken des V. jugularis Zuganges:
  - Im Vgl. zum V. subclavia Zugang:
    - mehr anatomische Varianten
    - kleineres Pneumothoraxrisiko
    - höhere Infektionsrate
  - Punktion der A. carotis mit sekundärem Zervikalhämatom oder Infekt
  - Thrombosen (relativ häufig)

Vena subclavia

Bem:
- Die V. subclavia liegt anterior und inferior bezügl. der Arterie subclavia.
- Bei der Subclavia-Punktion soll der Kopf des Patienten auf die Gegenseite der Punktionsstelle gekippt werden.
- Bei beatmeten Patienten soll der Tubus, wenn möglich während der Nadel-Vorwärtsbewegung, dekonnektiert werden (Verletzungsrisiko der Lunge wird geringer).

Vorg:
- Es gibt zahlreiche Methoden für diesen venösen Zugang. Hier eine davon:
  - Punktionsstelle (siehe Schema S. 45) in der Medioclavicularlinie, ca. 1 cm unterhalb des Unterrandes der Clavicula.
  - Stichrichtung: Sternoclaviculargelenk (praktisch in Frontalebene), ca. 20-30° zur Hautebene. Die V. subclavia ist in wenigen cm Tiefe zu erwarten.
- Manchmal ist der Zugang zur V. subclavia aus anatomischen Gründen erschwert (z.B. Schulterhochstand). In diesen Fällen kann durch eine Traktion des Arms der Punktionsseite und/oder durch Anheben der oberen Wirbelsäule (mittels zusammengeroll-tem Tuch), die Punktion erleichtert werden.

NW:
- Risiken des V. subclavia-Zuganges:
  - Pneumothorax (bei Intubierten ist dieser Zugang durch Unerfahrene nicht empfohlen)
  - Punktion der A. subclavia (kann nicht komprimiert werden)
  - Nicht kontrollierbare Blutung im Falle von Gerinnungsstörungen
  - Thrombosen (relativ häufig)
  - Infektion (aber tiefere Infektionsrate im Vgl. zum jugulären Zugang)

Vena femoralis

Allg:
- Manchmal ist es unmöglich, einen ZVK via V. jugularis interna oder V. subclavia zu stecken. Dann kann der Zugang über die V. femoralis erfolgen.
- Das Blutungsrisiko ist geringer, als bei der Subclavia-Punktion.

Vorg:
- Palpation der A. femoralis. Die Punktion findet dann ca. 1 cm median der A. femoralis «blind» statt.
  - Eselsleiter: **IVAN** für **I** [Intern] — **V** [Vene] — **A** [Arterie] — **N** [Nerv]
- Punktionsstelle (siehe Schema S. 45)

NW:
- Infektionsrisiko (höher als beim Jugularis- oder Subclaviazugang)!

Posteriorer Zugang der rechten V. jugularis interna

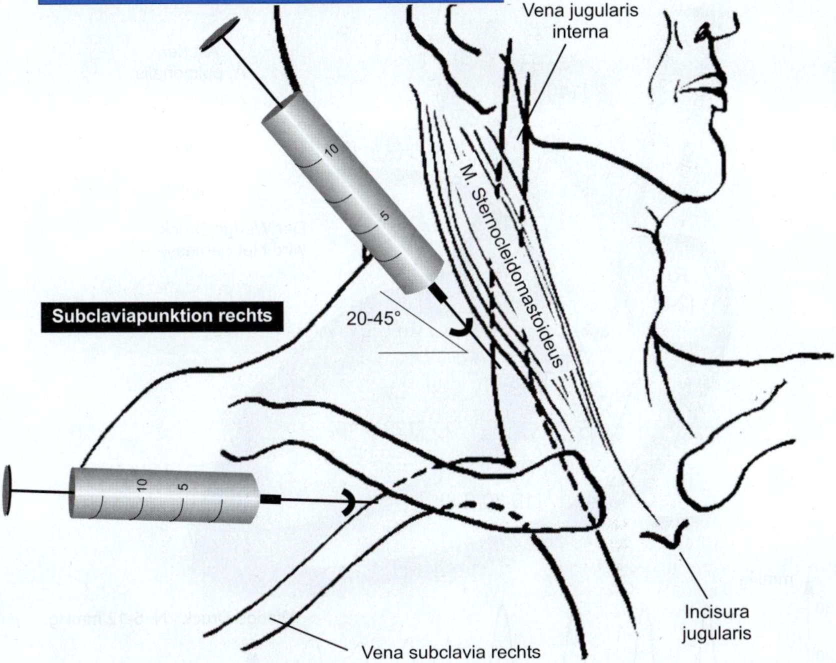

Punktion der linken Vena femoralis

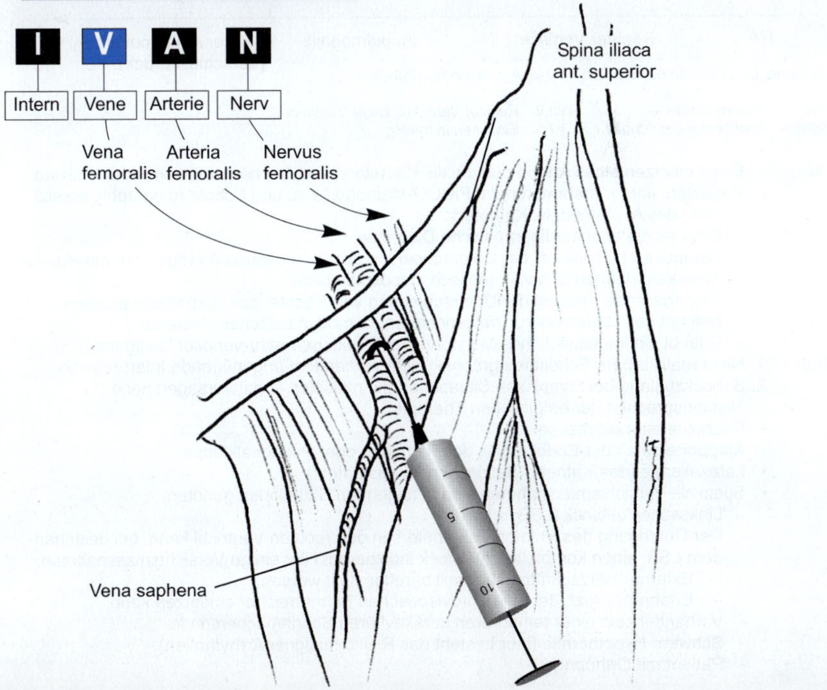

Pulmonal-arterielles Monitoring

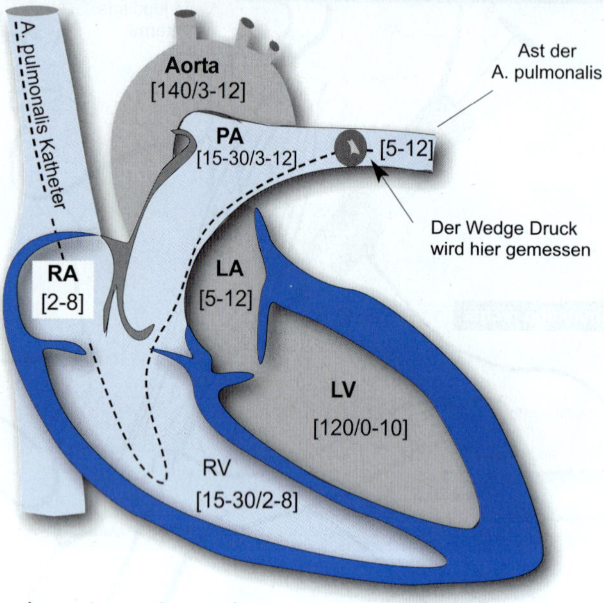

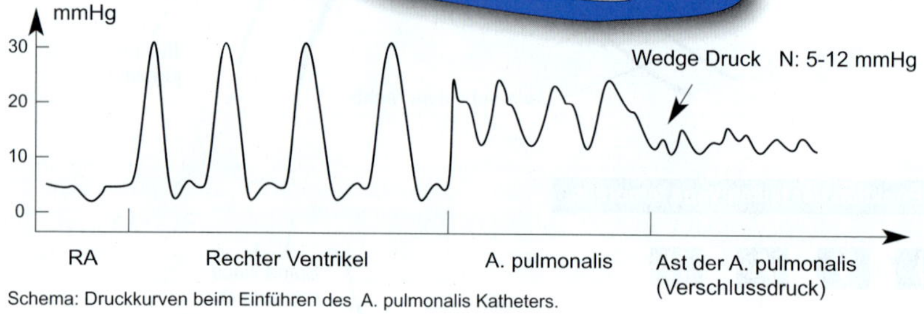

Schema: Druckkurven beim Einführen des A. pulmonalis Katheters.

PA	Pulmonal Arterie	RV/LV	Rechter Ventrikel, linker Ventrikel
RA/LA	Rechtes/Linkes Atrium	[ ]	Einheiten in mmHg

Allg:
- Das Einsetzen eines Arterie pulmonalis Katheters wird, bei hämondynamisch instabilen Patienten, immer mehr durch die PiCCO-Methode (S. 49) und Echokardiographie ersetzt.
- Vorteile des A. pulmonalis Katheters:
  - Erhärtet die echokardiographische Diagnose.
  - Diagnostische Hilfe bei der Unterscheidung des kardiogenen (Wedge > 18 mmHg) vom nicht-kardiogenen Schock (septisch, hypovolämisch).
  - Diagnostische Hilfe bei der Unterscheidung von Rechts- bzw. Linksherzversagen
  - Hilft bei der Steuerung zur zielgerichteten, hämodynamischen Therapie
  - Erlaubt ein kontinuierliches Monitoring; evtl. inkl. gemischt-venöser Sättigung

Ind:
1. Nicht realisierbare Echokardiographie (nicht vorhanden, ungenügende Interpretation)
2. Schockzustand bei komplexen Situationen mit multiplen Organversagen nach Nichtansprechen der empirischen Therapie

KI:
- Rechtsherztumor/-masse
- Klappenersatz oder Endokarditis der Tricuspid- oder Pulmonalklappe
- Latexallergie (das Katheter-Ballönchen ist aus Latex!)
- Spezielle Vorsichtsmassnahmen sind in folgenden Situationen geboten:
  - Linksschenkelblock (LSB, S. 176)
  - Der Durchgang des Pulmonaliskatheters in den rechten Ventrikel kann, bei bestehendem LSB, einen kompletten AV-Block induzieren. Hier einige Vorsichtsmassnahmen:
    - -- Externer Herzschrittmacher soll bereitgestellt werden.
    - -- Erfahrener Arzt, der einen provisorischen Schrittmacher einsetzen kann.
  - Vorhandensein einer temporären intrakavitären Schrittmachersonde
  - Schwere Hypothermie (hier besteht das Risiko maligner Arrhythmien)
  - Patient mit Orthopnoe

Komplikationen des A. pulmonalis Katheters

- Pneumothorax (v.a. bei V. Subclavia-Zugang)
- Hämatom bei Arterienpunktion
- Luftembolie (auch bei Ballonruptur des Katheters)
- Arterio-venöse Fistel
- Arrhythmie beim Eintritt in den rechten Ventrikel (schwerwiegend bei 1-5 % der Patienten)
- Kompletter AV-Block bei Patienten mit vorbestehendem Linksschenkelblock
- Lungeninfarkt (ca. 1 % der Fälle)
- Thromboembolie
- Ruptur von Pulmonalarterien (selten aber sehr schwerwiegend → Hämoptyse!)
- Infekt des Katheters (v.a. wenn der Katheter > 72 h an Ort bleibt)
- Endokardläsionen, Rupturen von Sehnenfäden (Tricuspidalis, A. pulmonalis)
- Allergische Reaktion (das Ballönchen ist aus Latex!)
- Heparin induzierte Thrombozytopenie (HIT, S. 1220), falls Katheter mit Heparin-Coating oder Spüllösung mit Heparin eingesetzt wurde.

Interpretation der verschieden Messungen mit dem Arterie pulmonalis Katheter

1. Druck im rechten Vorhof (RA) — Vorlast

- Der Druck im RA kann mit dem Füllungsdruck des rechten Ventrikels verglichen werden und widerspiegelt somit die Vorlast.
- Der Druck im RA ist in folgenden Situationen erhöht:
  - Hypervolämie
  - Dysfunktion des rechten Ventrikels (konstriktive Perikarditis, Tamponade, Myokardinfarkt)
  - Pathologische Tricuspidalklappe
  - Herztumor (z.B. Myxom)
  - Intrakardialer Thrombus
  - Maschinelle Beatmung (diese induziert einen positiven intrathorakalen Druck)
- Der Druck im RA ist in folgenden Situationen vermindert:
  - Hypovolämie oder infolge Vasoplegie
  - Bei negativem intrathorakalem Druck

2. Pulmonalarterieller Druck (PAD)

- Der mittlere systolische PAD widerspiegelt eines der Elemente der rechtsventrikulären Nachlast. Bei fehlender pulmonalvaskulärer Erkrankung oder ohne Mitralstenose, erlaubt der Messwert des enddiastolischen PAD auf den Druck des linken Ventrikels zu schliessen. Der Gradient zwischen dem diastolischen PAD und dem Wedge überschreitet 5 mmHg nicht.

3. Lungenkapillaren-Verschlussdruck (Wedge)

- Der Wedge misst den Druck hinter dem aufgeblasenen Ballönchen in einem Ast der A. pulmonalis. Dieser Druck ist nicht immer mit demjenigen des linken Vorhofs identisch, aber oft sehr ähnlich. Genau genommen entspricht der Wedge einem Druck zwischen dem Lungenkapillardruck und dem des linken Vorhofs.
- Der Wedge Druck gibt folgende Informationen:
  i) Hinweise für die <u>Vorlast des linken Ventrikels</u>, bzw. der Volämie (in der Annahme, dass der Druck der Vordehnung entspricht). Beispielsweise bei einer diastolischen Funktionsstörung, oder einem erhöhten intrathorakalen Druck, gibt die Echokardiographie klare Hinweise.
  ii) <u>Kapillarer Filtrationsdruck</u> (hydrostatischer Druck in den Lungenkapillaren). Das Risiko eines akuten Lungenödems kann mit dem Wedge Druck evaluiert werden.
- Um den Wedge Druck richtig interpretieren zu können, muss der distale Teil der Sonde in einer tiefliegenden Lungenzone sein. Diese Zone wird **WEST III-Zone** genannt. Hier ist der venöse Kapillardruck grösser, als der Alveolardruck. Somit bleiben die Kapillaren permanent offen und der Wedge Druck widerspiegelt recht gut den enddiastolischen linksventrikulären Druck.
  Die WEST III-Zone kann, je nach PEEP und Atemzugvolumen, beeinflusst werden. Somit kann z.B. eine signifikante PEEP-Erhöhung die WEST-Zonen verlagern (WEST III-Zone wird zu II- oder I-Zone). Die Katheterspitze liegt dann bei aufgeblasenem Ballönchen sozusagen «im Trockenen».

4. Druck im linken Vorhof (LAD) ≠ enddiastolischer Druck im linken Ventrikel (LVEDD)

4.1. LAD > LVEDD
  - Mitralstenose
  - Myxom des linken Vorhofs

4.2. LAD < LVEDD
  - Akute Aorteninsuffizienz

4.3. Mitteldruck im LA > LVEDD
  - Akute Mitralinsuffizienz (eine hohe «v-Welle» wird beobachtet)

4.4. Brüske Erhöhung des LVEDD ohne Einfluss auf den Mitteldruck des LA
  - Hypertrophe Kardiopathie
  - Myokardischämie

5. **Der LVEDD widerspiegelt nicht mehr den maximalen Füllungszustand des LV**
   - Der Druck, der den LV auseinander dehnt, entspricht dem transmuralen LVEDD (= Differenz zwischen dem Druck im LV, approximativ mittels Wedge Druck ermittelt, und dem extramuralen Druck). Dieser juxtakardiale, externe Druck kann abnormal erhöht sein (z.B bei Perikarderkrankungen, starker Erhöhung des intrathorakalen Druckes). Bei Beatmung entspricht der Füllungsdruck des LV am ehesten dem tiefsten Wert des Wedge Druckes am Ende der Exspiration.
   - Der Füllungsdruck des LV erlaubt es nicht, das enddiastolische linksventrikuläre Volumen abzuschätzen. Hier 2 Beispiele:
     a) Bei niedriger ventrikulärer Kompliance (z.B. diastolische Herzinsuffizienz):
        - Ein hoher Füllungsdruck ist nicht unbedingt einer optimalen Vorlast gleichzusetzen.

     b) Bei grosser ventrikulärer Kompliance (z.B. dilatative Kardiopathie):
        - Ein relativ niedriger Füllungsdruck kann trotzdem eine adäquate Vorlast bedeuten.
   - Somit gibt es keine «normale» LVEDD-Werte. Sie sind immer im Zusammenhang mit den verschiedenen klinischen Gegebenheiten zu interpretieren. **Wichtig ist v.a. der Verlauf der Werte, im Zusammenhang mit den therapeutischen Massnahmen (Volumengabe, inotrop wirkenden Substanzen, Vasoaktiva).**

6. **Wedge Druck und Lungenödem**
   - Der Wedge Druck evaluiert die linksventrikuläre Vorlast und das Lungenödemrisiko.
   - Interpretation bezügl. Wedge Druck und Lungenödem:
     - Ein tiefer Wedge Druck (< 6 mmHg) bedeutet nicht unbedingt, dass Volumen gegeben werden muss, v.a. wenn die klinischen und hämodynamischen Parameter normal ausfallen.
     - Ein hoher Wedge Druck (> 12-15 mmHg) schliesst eine Volumengabe nicht aus. Wie schon erwähnt, müssen die Wedge-Werte im klinischen Zusammenhang interpretiert werden (15 mmHg bei Sepsis oder bei Entzündungszustand und 18-20 mmHg in anderen Fällen).

7. **Einfluss des PEEP auf den Wedge Druck**

FÜR DIE PRAXIS:
- Der PEEP erhöht den Wedge Druck um ca. 50 % seines eigenen Wertes, wobei diese Erhöhung stark von der thorako-pulmonalen Kompliance abhängig ist.
- Beispiel:
  - Patient mit PEEP 15 cm H_2O (= 11 mmHg), gemessener Wedge Druck 30 mmHg. → Korrigierter Wedge Druck: 30 mmHg - 5.5 mmHg = 24.5 mmHg.

a) Lungenkompliance
Die Lungenkompliance verhält sich proportional zur Übertragung des PEEP.
Bei hoher Lungenkompliance (Bsp: Emphysem) wird der PEEP vermehrt übertragen, hingegen eine «steife» Lunge mit verminderter Kompliance (Bsp: Fibrose, ARDS) überträgt den PEEP nur schwach.

b) Thoraxkompliance
Die thorakale Kompliance verhält sich umgekehrt proportional zur Übertragung des PEEP.
Eine niedrige thorakale Kompliance (Bsp: morbide Adipositas) überträgt den PEEP vermehrt!

8. **Interpretationseinschränkungen der Werte des A. pulmonalis Katheters**
   - Lungenemphysem
     - Die Druckkurven werden durch die Atmung stark beeinflusst.
     - Bei Spontanatmung ist der intrinsische PEEP nicht messbar.
   - Bei schwerer Tricuspidalinsuffizienz sind die Werte des Herzindex nicht zuverlässig.

PiCCO-Technologie ☛ www.pulsion.com

Allg:
- Die PiCCO-Technologie *(Puls Contour Cardiac Output)* ist eine Überwachungsmethode zum Monitoring von hämodynamischen und volumetrischen Parametern.
- Die PiCCO-Technologie erlaubt folgende Messmodalitäten:
  1. Diskontinuierliche Messungen mittels transpulmonaler Thermodilutionstechnik
  2. Kontinuierliche Messung mittels arterieller Pulskonturanalyse
- Pluspunkte der PiCCO-Methode:
  - Kontinuierliches hämodynamisches und volumetrisches (in mL!) Monitoring
  - Voraussage der Volumenreagibilität beim kontrolliert beatmeten Patienten
  - Quantifizierung des extravasalen Lungenwassers mit Unterscheidung eines hydrostatischen vom permeabilitätsbedingten Lungenödem
  - Geringe Invasivität, geringer Zeitaufwand für Platzierung
  - Kurze Ansprechzeit (12 sek), atemunabhängige Messung
  - Reproduzierbare Ergebnisse
  - PiCCO-Katheterverweildauer 10 Tage
  - PiCCO-Katheter ist latexfrei.

Ind:
- Kontinuierliches kardio-volumetrisches Monitoring, als weniger invasive Alternative zum Pulmonaliskatheter (S. 46)
  - Alle Formen von akuten zirkulatorischen Insuffizienzen, S. 20
  - ARDS
  - Lungenödem
  - Herzinsuffizienz
  - Komplexe Chirurgie
  - Verbrennung

KI:
- Es gibt keine absoluten Kontraindikationen, siehe auch ZVK S. 44

Kpl:
- Komplikationen des ZVK:
  - Luftembolie bei Fehlmanipulation
- Komplikationen des arteriellen Katheters:
  - Blutung, Infektion, Embolie, u.a.

Vorg:
1. **Venöse Seite:** Einlage eines beliebigen, ZVK (V. jugularis interna oder V. subclavia)
2. **Arterielle Seite:** Einlage des PiCCO-Thermodilutionskatheters (27-47°C) in: A. femoralis, axillaris, brachialis oder radialis.
3. **Anschluss des PiCCO-Moduls oder des *stand-alone* Monitors**
4. **<u>Interpretation</u>**
   - Diskontinuierliche Messungen mittels transpulmonaler Thermodilutionstechnik
     ☛ Siehe Tabelle 1, S. 51
   - Kontinuierliche Messungen mittels arterieller Pulskonturanalyse
     ☛ Siehe Tabelle 2, S. 52
5. **<u>Limitationen bezüglich der Interpretation der Werte</u>**
   - **GEDI** (siehe auch Tabelle 1 S. 50)
     - Bei grossen Aortenaneurysmata falsch zu hoch
     - Bei kardialen links-rechts Shunts nicht verwertbar
     - Kann bei grossen Klappeninsuffizienzen überschätzt werden
   - **EVLW** (siehe auch Tabelle 1 S. 50)
     - Falsch niedrig bei grossen pulmonalen Perfusionsausfällen
     - Bei links-rechts Shunts nicht verwertbar
   - **SVV, PVV** (siehe auch Tabelle 2 S. 52)
     - Nur bei voll kontrollierter Beatmung (Tidalvolumen $\geq$ 6 m/L kg KG) und Fehlen von kardialen Arrhythmien verwertbar.
   - Die PiCCO-Technologie erlaubt nicht die Messung der pulmonalarteriellen Drücke und der gemischtvenösen Sauerstoffsättigung (was mit dem Pulmonaliskatheter möglich ist).
   - Bei gleichzeitigem Einsatz einer intraaortalen Ballonpumpe, Impella, EXCOR, INCOR, ECMO oder HLM, sind die Thermodilutionsergebnisse verwertbar, die Pulskonturanalyse hingegen funktioniert nicht.

Diskontinuierliche Messungen mittels transpulmonaler Thermodilutionstechnik

Messparameter	Abk. / Normwert	Bemerkungen - DD
Herzzeitvolumen (indexiert)	**CI** 2.5 -4.0 L/m²	**CI ⬇** **Pumpversagen** bei: - Myokardinfarkt (Rechts- oder Linksherzversagen) - Kardiomyopathie, Arrhythmie - Sepsis (septischer Schock) - Perikardtamponade - Spannungspneumothorax - Lungenembolie - Hypovolämie - Generell: Niedrige Vorlast und/oder hohe Nachlast **CI ⬆** - Hyperdyname Phase der Sepsis - Niedrige Nachlast, hohe Vorlast - Gute Pumpfunktion - Hypervolämie - Leberzirrhose (infolge peripherer Vasodilatation)
Globales enddiastolisches Volumen (indexiert) ⓘ Summe der enddiastolischen Volumina beider Vorhöfe und Ventrikel ⓘ Volumetrische Messung (damit unabhängig vom Füllungsdruck, Kontraktilität und Kompliance des Gefässsystems) ⓘ Atmungsunabhängig ⓘ Bei grossen Aortenaneurysmata falsch zu hoch. ⓘ Bei kardialen links-rechts Shunts nicht verwertbar. ⓘ Kann bei grossen Klappeninsuffizienzen überschätzt werden.	**GEDI** 680 - 800 mL/m²	**GEDI ⬆** **Volumenüberlastung** durch: - Pumpversagen - Zu hohe Volumenzufuhr **GEDI ⬇** **Volumenmangel:** - Verlust nach aussen -- Blutung -- Verbrennung -- Schwitzen - Verlust nach innen -- *Capillary leak* -- 3. Raum; z.B. Peritonitis - Mangelhafte Zufuhr, Verdursten - Behinderung des venösen Rückstroms zum Herzen
Intrathorakales Blutvolumen (indexiert) ⓘ PiCCO errechnet das ITBV aus dem GEDV (ITBV = 1.25 x GEDV) ⓘ Volumetrische Messung	**ITBI** 650 - 1000 mL/m²	**ITBI ⬆** - Siehe hohes GEDI **ITBI ⬇** - Siehe niedriges GEDI - Überblähung der Lunge, Pneumothorax - Hohes extravasales Lungenwasser bei Permeabilitätsstörung
Extravasales Lungenwasser ⓘ Einzig *bedside* verfügbarer Parameter zur Quantifizierung des Lungenwassers ⓘ Deutlich höhere Sensitivität und Spezifität als das Röntgenthorax ⓘ Direkte Korrelation mit Morbidität und Mortalität ⓘ Extravaskulärer Wasseranteil der Lunge ⓘ Bei links-rechts Shunts nicht verwertbar ⓘ Falsch niedrig bei grossen pulmonalen Perfusionsausfällen	**EVLW** 3.0 - 7.0 mL/kg	**EVLW ⬆** - Hydrostatisches Lungenödem - Permeabilitätsbedingtes Lungenödem -- Sepsis, Verbrennung -- Endotoxine -- Intoxikation - Pneumonie **EVLW ⬇** - Bei einer massiven LE kann das EVLW unterschätzt werden, da der Indikator nicht das gesamte Lungengewebe erreichen kann.

Messparameter	Abk. / Normwert	Bemerkungen - DD
Pulmonalvaskulärer Permeabilitätsindex ⓘ Verhältnis zw. EVLW und PBV (pulm. Blutvolumen): PVPI = EVLW ÷ PBV	**PVPI** 1.0 - 3.0	**Normaler PVPI** - Kein Lungenödem (EVLW normal, PBV normal) - Hydrostatisches Lungenödem bei Linksherzinsuffizienz: -- EVLW hoch (Serum in Alveolen) -- PBV hoch (Blutrückstau ins Gefässbett der Lunge) **PVPI ⬆** - Permeabilitätslungenödem (EVLW hoch, PBV niedrig oder durch Volumengabe normalisiert): -- Endotoxine -- Sepsis -- Verbrennung **PVPI ⬇** - Gibt es nicht
Kardialer Funktionsindex ⓘ Ist ein Vorlast abhängiger Herzleistungsindex ⓘ Hinweis auf die kardiale Funktion. Errechnet sich aus dem Verhältnis: HI und Vorlast: -- CFI = HI ÷ GEDI	**CFI** 4.5 - 6.5/min	**CFI ⬇** - Reduzierte Kontraktilität (kontraktilitätssteigernde Therapien überlegen) **CFI ⬆** - Erhöhte Kontraktilität: -- Leistungssport -- Stress -- Hyperdynamik -- Hyperthyreose
Globale Auswurffraktion ⓘ Die GEF beschreibt das Verhältnis des Schalgvolumens aller 4 Herzkammern zum global enddiastolischen Volumen: GEF = 4 x SV/GEDV ⓘ Hinweis auf die kardiale Funktion	**GEF**	**GEF ⬇** - Kardiogene akute zirkul. Insuffizienz - Myokardinfarkt **GEF ⬆** - Hyperdynamik: -- Hyperthyreose -- Schwangerschaft -- Sepsis u.a.

Tabelle 1: Diskontinuierliche Messungen mittels transpulmonaler Thermodilutionstechnik.

Kontinuierliche Messungen mittels arterieller Pulskonturanalyse

Messparameter	Abk./Normwert	Bemerkungen - DD
Pulskonturherzminutenvolumen ⓘ Kont. Messung des HZV wird als Mittelwert der letzten 12 sek angezeigt. ⓘ Kalibrierung des Systems mind. alle 8 h oder bei gravierenden Veränderungen beim Patienten (Blutverlust, Fieber, Veränderung im Katecholaminbedarf) empfohlen.		
Schlagvolumenindex ⓘ Hinweis auf kardiale Pumpfunktion	**SVI** 40 - 60 mL/m²	**SVI ⬆** - Siehe HZV (**CI**), S. 50 **SVI ⬇** - Siehe HZV (**CI**), S. 50
Schlagvolumenvariation ⓘ Nur bei voll kontrollierter Beatmung (Tidalvolumen ≥ 6 m/L kg KG) und Fehlen von Arrhythmien verwertbar ⓘ Die SVV gibt Auskunft ob das HZV nach Volumengabe ansteigen wird. Zur Beurteilung des tatsächlichen Füllzustandes ist das SVV nur begrenzt aussagekräftig. ⓘ Starke Schwankungen unter Beatmung weisen auf eine ungenügende vaskuläre Füllung hin. ⓘ Das SVV ist ein guter Parameter zur effizienten intraoperativen Volumensteuerung	**SVV** ≤ 10 %	**SVV > 10 %** - Hypovolämie: **Für die PRAXIS:** Die Volumengabe ist indiziert. Diese steigert das Schlagvolumen **SVV ⬇** - Euvolämie - Hypervolämie bei gleichzeitig erhöhtem GEDI **Für die PRAXIS:** Die Volumengabe ist <u>nicht</u> indiziert!
Pulsdruckvariation ⓘ Nur bei voll kontrollierter Beatmung (Tidalvolumen ≥ 6 m/L kg KG) und Fehlen von Arrhythmien verwertbar ⓘ Aufzeichnung der Schwankungen des Pulsdruckes/30 sek bezüglich des Mittelwertes ⓘ Volumenreagibilität ähnlich SVV	**PVV** ≤ 10 %	**PVV > 10 %** - Siehe SVV **PVV ⬇** - Siehe SVV
Myokardiale Kontraktilität ⓘ Abschätzung der Kontraktilität des linken Ventrikels über die maximale Anstiegsgeschwindigkeit der Druckkurve ⓘ Für die dPmx wird kein Normbereich angegeben, da es sich um einen vorlastabhängigen Parameter handelt der i.d.R. im Verlauf/Trend beurteilt wird.	**dPmx** mmHg/sek (kein Normwert, siehe «ⓘ» in der 1. Kolonne)	**dPmax ⬆** - Erhöhte Kontraktilität: -- Leistungssport -- Stress, Hyperdynamik -- Hyperthyreose **dPmax ⬇** - Reduzierte Kontraktilität (ad. positiv inotrop Therapie?)
Systemvaskulärer Widerstand (indexiert) ⓘ Hinweis auf die Nachlast im grossen Kreislauf	**SVRI** 1700 - 2400 Dyn x sek/cm⁵ x m²	**SVRI ⬇** - Offenes Gefässbett - Sepsis - Akute zirkul. Insuff.: Endotoxin, neurogen, anaphylaktisch - Überdosierte Vasodilatatoren **SVRI ⬆** - Enges Gefässbett - Volumenmangel - Überdosierte Vasopressoren - Hypothermie

Tabelle 2: Kontinuierliche Messungen mittels arterieller Pulskonturanalyse

PiCCO-Technologie: Schema der Installierung

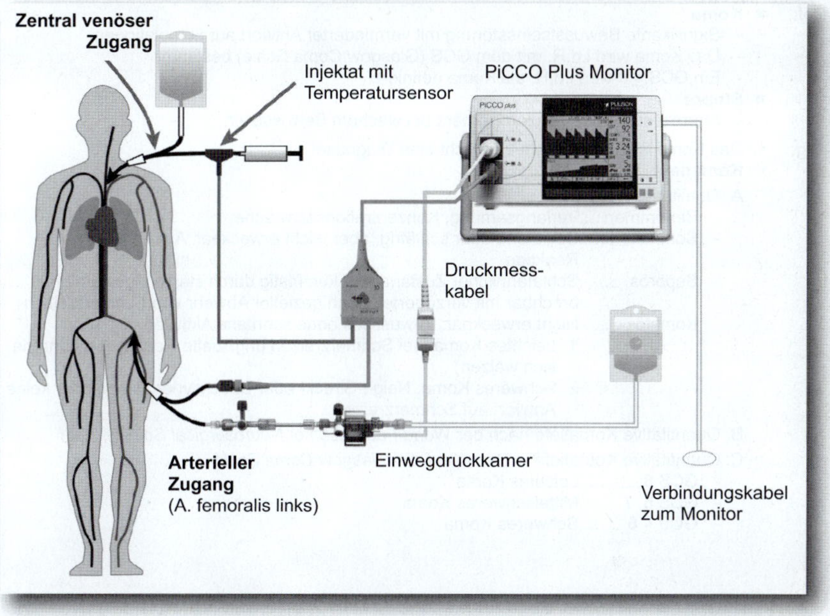

PiCCO-Technologie: Apparatur.

Koma [R40.2]

Def:
- **Koma**
  - Signifikante Bewusstseinsstörung mit verminderter Antwort auf Stimulationen.
  - Das Koma wird i.d.R. mit dem GCS (Glasgow Coma Scale) bestimmt
  - Ein GCS $\leq$ 8 wird i.d.R. als Koma definiert
- **Stupor**
  - Starrezustand des ganzen Körpers bei wachem Bewusstsein

Allg:
- Das Koma ist ein Symptom und nicht eine Diagnose!
- **Komatiefe**

A. Qualitative Komatiefe
- Benommen ....Verlangsamung, Konzentrationsschwäche
- Somnolent......Schlafend oder schläfrig, aber leicht erweckbar. Auf Anruf gezielte Reaktion
- Soporös ....Schlafähnlicher Zustand, nur kurzfristig durch starke Reize unterbrechbar mit verzögerter, noch gezielter Abwehr von Schmerzreizen
- Komatös ....Nicht erweckbar. Bewusstlos ohne spontane Aktivität
  1. Leichtes Koma: bei Schmerzreizen ungezielte Reaktionen (Unruhe, sich wälzen)
  2. Schweres Koma: Neige-Streck- oder Strecksynergismen oder keine Antwort auf Schmerzreize

B. Quantitative Komatiefe nach der *World Federation of Neurosurgical Society,* S. 581

C. Quantitative Komatiefe in Bezug auf die *Glasgow Coma Scale*
- GCS **8** ....Leichtes Koma
- GCS **6, 7** ....Mittelschweres Koma
- GCS **< 6** ....Schweres Koma

GLASGOW COMA SCALE

Koma = GCS $\leq$ 8 Punkte

Augenöffnen

spontan	4
auf Ansprache	3
auf Schmerzreiz	2
fehlt	1

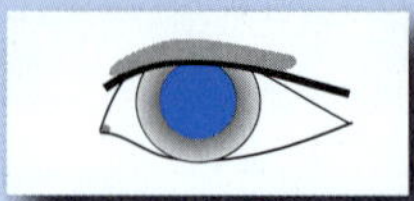

Verbale Reaktion

normal orientiert	5
verwirrt	4
einzelne Worte	3
Laute	2
fehlt	1

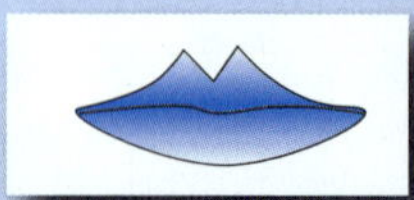

Motorische Reaktion (der besseren Körperhälfte)

folgt Aufforderungen	6
gezielte Abwehr nach Schmerzreiz	5
ungezielte Abwehr nach Schmerzreiz	4
atypische Beugereaktionen (stereotyp)	3
Streckmechanismen	2
fehlt	1

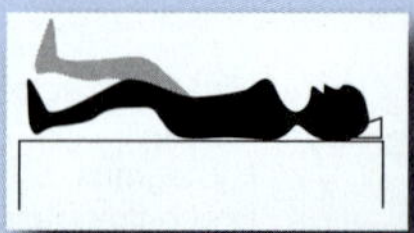

Klin:
- Allgemeinzustand
  - Dehydrierung (Hypovolämie) oder Ödeme
  - Hinweise auf Alkohol- oder Drogenabusus
  - Hinweise auf Trauma (insb. SHT)
  - Fieber oder Hypothermie
- **Atmungstyp**

Pathologischer Atmungstyp	Mögliche Läsionslokalisation
CHEYNE-STOKES	• Hemisphären, Diencephalon • Metabolisch, s. 57
Zentrale Hyperventilation (schnell, oberflächlich, «Maschinenatmung»)	• Mittelhirn • Oberer Hirnstamm
Apnoische Atmung (Pause bei voller Inspiration)	• Unterer Hirnstamm
Cluster-Atmung (unregelmässige Pausen, Schnapp-Atmung)	• Hirnstamm
Ataktische Atmung (unregelmässige Atemzüge von wechselnder Tiefe)	• Formatio reticularis
KUSSMAUL-Atmung, s. 660	• Metabolisch, s. 57

- **Pupillen**
  - Normaldurchmesser: 3-4 mm, Symmetrie und Reaktion prüfen
  - Miosis: Opioide (bei Überdosierung auch Mydriasis möglich!!), Pilocarpin, Clonidin, Hypnotika u.a.
  - Mydriasis: Kokain, Cannabis, Amphetamine u.a. Sympathomimetika, Alkohol, Atropin, Knollenblätterpilztoxin, CO, Opioide in starker Überdosierung
  - Beim hysteriformen Koma ist die Pupille normal gross mit normaler Lichtreaktion.

Pupillenstörung	Mögliche Läsionslokalisation
Fixierte bilaterale Mydriasis (∅ > 7 mm)	• Mittelhirn (zentrale Einklemmung)
Fixierte mittelweite Pupille (∅ 5 mm) bei anhaltender Konvergenzreaktion und positivem **spino-ziliarem Reflex** (ein schmerzhaftes Kneifen der Haut an Schulter oder Nacken löst eine ipsilaterale Pupillenerweiterung aus; kommt bei intakter, sympathischer Efferenz zustande)	• Mittelhirn (Unterbrechung des Reflexbogens)
Bilaterale Mydriasis (∅ > 5 mm) DD: Anticholinergika (s. 1177)	• Meduläre Läsion
Miosis (∅ 1-1.5 mm), **noch leicht reaktive Lichtreaktion**	• Pontine Läsion (Blutung u.a.) • Opioide
Ipsilaterale Mydriasis (∅ > 5 mm)	• Periphere Läsion des parasympathischen Anteils des N. oculomotorius

- **Neurologische Störungen**
  - Meningismus, s. 545
    DD: Meningitis, SAB, intrazerebrale Blutung, infratentorielle Massenläsion
  - Hirnnervenbefall, s. 570
  - Hirndruckzeichen, s. 572
  - Parese/Plegie
  - Nystagmus, s. 1116
  - Drohreflex (rasche Handbewegungen in Richtung der geöffneten Augen, lösen bei leichtem Koma, noch einen physiologischen Lidschlag aus)
  - Fehlender Würg-/Hustenreflex spricht für eine medulläre Schädigung.
- Augenfundus
  - Stauungspapille (DD: Hirndruck, s. 572), hypertensive Retinopathie (s. 665)
  - ***CAVE***: KEINE medikamentöse Pupillenerweiterung anwenden (der Patient muss weiterhin überwachbar sein).

- **Motorik**

Pathologische Motorik	Mögliche Läsionslokalisation
• Schlafstellung, schlucken und gähnen	Oberflächliches Koma
• Unruhig wälzen, nesteln • Beuge-Streck-Haltung, Streckkrämpfe	Hirnstamm
• Unwillkürliche Motorik, Myklonien	Metabolische Ursachen, Anoxie

- **Haut**
  - Blass (DD: Anämie, Zentralisierung)
  - Schwitzen (DD: Hypoglykämie, Myokardinfarkt u.a.)
  - Zyanose, Ikterus
  - Rosiges Kolorit bei CO-Intoxikation, S. 108
  - Exanthem (DD: Meningokokkensepsis)
  - Hyperpigmentierung (DD: Morbus ADDISON, S. 708)
  - Splitterblutungen im Nagelbett (DD: Endokarditis, Vaskulitis)
- **Foetor ex ore**
  - Geruch nach frischen Äpfeln oder Azeton (DD: diabetische Azidose)
  - Uringeruch bei Urämie, S. 634
  - Alkohol
  - Lösungsmittel, Insektizide u.a.
- **Abdomen**
  - Pulsierende Resistenz (DD: Bauchaortenaneurysma)
  - Hinweise für Trauma
  - Aszites (DD: Leberkoma)
- **Kardiovaskulär**
  - Art. Hypotonie (DD: Myokardinfarkt, Sepsis u.a.)
  - Art. Hypertonie (DD: Hirnblutung)
  - Akute zirkulatorische Insuffizienz («Schock»), S. 20
  - Herzklappengeräusche (DD: Endokarditis, Mitralklappenabriss u.a.)
  - Karotisströmungsgeräusch (DD: CVI, Dissektion)

Dg: • Glasgow Coma Scale (S. 54) **≤ 8 Punke**

Urs: **Organische Ursachen des Symptoms «Koma»**

1. **Häufigste Ursachen des Komas**
   - Sedativa (z.B. BDZ, Opioide) + Alkohol
   - Drogenabusus
   - Zerebrovaskuläre Ereignisse (CVI, SAB, SHT)
   - Metabolische Ursachen, siehe unten
   - Trauma
2. **Koma bei normalen Hirnstammreflexen OHNE Lateralisationszeichen**
   - Toxische Substanzen (Medikamente, Drogen, Gas u.a.)
   - Metabolische Enzephalopathie
     - Hyponatriämie
     - Hypernatriämie
     - Hyperkalzämie
     - Hypoglykämie
     - Hyperglykämie (diabetische Ketoazidose)
     - Urämie
     - Hypoxämie
     - Hyperkapnie (bei respiratorischer Ateminsuffizienz)
   - Schwere Leberinsuffizienz
   - Vitamin B1-Mangel
     - BERIBERI-Krankheit, S. 561
     - WERNICKE-Enzephalopathie, S. 561
   - Hypertensive Enzephalopathie
   - Bakterielle Meningitis
   - Virale Enzephalitis (nicht Herpes bedingt)
   - Primäre Epilepsie
   - Fettembolie
   - Hydrocephalus
   - Bilaterales Subduralhämatom
   - Hirnkontusionen oder diffuses Hirnödem

3. **Koma bei normalen Hirnstammreflexen MIT Lateralisationszeichen**
   - Intrakranielle Blutung
     - Extrazerebral: epidural, subdural, Subarachnoidalblutung
     - Intrazerebral
   - Ischämischer Hirnschlag mit perifokalem Ödem
   - Sekundäre Epilepsie (Hirnschlag, Tumor u.a.)
   - Herpes-Enzephalitis (Läsion im Temporallappen)
   - Hirntumor oder -abszess
   - Vaskulitis mit multiplen Infarktzonen
4. **Pathologische Hirnstammreflexe**, S. 570
   - Blutung im Gebiet der Pons
   - Kleinhirnpathologie:
     - Blutung
     - Abszess
     - Tumor
     - Infarktzonen mit Hirnstammkompression
   - Hirnstamm:
     - Tumor
     - Demyelinisierung
     - Enzephalitis
   - Thrombose der A. basilaris
   - Basilarmigräne
   - Schwere Intoxikationen
   - Hirntod, S. 566
5. **System orientierte Ursachen des Komas**
   - **Infektiös**
     - Enzephalitis, Meningitis
     - LYME-Borreliose
     - HIV
     - Zerebrale Malaria (*Plasmodium falciparum*)
     - Hirnabszess
   - **Neoplastisch**
     - Hirntumor (primär oder sekundär)
   - **Vaskulär**
     - Akute zirkulatorische Insuffizienz («Schock»), S. 20
     - Ischämischer Hirnschlag
     - Intrakranielle Blutung
       - Extrazerebral: epidural, subdural, Subarachnoidalblutung
       - Intrazerebral (inkl. hämorrhagischer Hirnschlag)
     - Thrombosen (arteriell oder venös)
       - Akutes Koronarsyndrom
       - Zentralvenenthrombose
     - Hypertensive Enzephalopathie
     - Hypothermie
   - **Endokrinologisch, metabolisch** (keine anatomische Läsionen des Hirnstammes)
     - Metabolische Enzephalopathie
       - Hyponatriämie
       - Hypernatriämie
       - Hypoglykämie: diabetisches Koma (Ketoazidose, hyperosmolare Hyperglykämie)
       - Hypokaliämie
       - Hyperkalzämie
       - Hypomagnesiämie
       - Hypophosphatämie
     - Metabolische Alkalose
     - Urämisches Syndrom
     - Hepatische Enzephalopathie
     - Respiratorische Alkalose
     - Laktatazidose
     - Hypothyreose (myxödematöses Koma)
     - Hyperthyreose (thyreotoxische Krise)
     - NNR-Insuffizienz
     - Hypophyseninsuffizienz
     - Hypovitaminose B1
       - WERNICKE Enzephalopathie, S. 561
       - BERIBERI-Krankheit, S. 561

- **Traumatisch**
  - Commotio cerebri (d.h. ohne sichtbare Läsion)
  - Contusio cerebri (d.h. mit sichtbarer Läsion)
- **Medikamentös, Intoxikation**
  - Opioide, Hypnotika, Neuroleptika u.a. Sedativa
  - Alkohol (zu evozieren bei Alkoholserumspiegeln > 43 mmol/L bzw. > 2 ‰ bzw. > 200 mg/dL)
  - Heroin und andere Drogen oder Toxika
- **Sonstige Ursachen des Komas**
  - Primäre Epilepsie, s. 562
  - Konnektivitis
  - Hyperkapnie infolge Karbonarkose (schwergradige COPD)
  - Hypoxie, Anoxie
  - Anämie

Nicht organische Ursachen des Symptoms «Koma»

1. Psychogenes Koma
   - Panik-Attacke
   - Katatonie
   - Hysterie

Vorg:
1. Siehe Algorithmus, s. 59
2. Bildgebung: Schädel-CT oder -MR
3. Liquorpunktion je nach Klinik, s. 574
4. EKG (DD: akutes Koronarsyndrom, maligne Arrhythmie)
5. EEG (ad. Neuro-Konsilium) mit Fragestellung nach:
   - Komatiefe
   - Status epilepticus, s. 565
   - Abgrenzung organisches versus psychogenes Koma

Lab:
- Blut
  - ABGA, Laktat
  - Blutbild
  - INR, aPTT
  - Na^+, K^+, Ca^{2+}, Cl^-
  - Harnstoff, Kreatinin
  - Protein
  - Ammoniak
  - TSH
  - ALAT, ASAT
  - Je nach Klinik:
    - Vitamin B1
    - Carboxyhämoglobin (bei Vd. auf CO-Intoxikation, s. 108) u.a.
- Urin-*Screening*
  - Kokain
  - Cannabis (Tetrahydrocannabinol)
  - Opioide
  - Benzodiazepine
  - Barbiturate
  - Amphetamine
  - Trizyklische Antidepressiva
  - Tetrazykline

Koma

- **ABCD** (falls notwendig): siehe BLS S. 3
- Bei Trauma: Immobilisierung der Wirbelsäule

↓

- **IV-Zugang** und **Blutentnahme**, siehe «Lab:», S. 58

↓

Ti-Glu Na-Flu

Therapeutisch-diagnostisches Vorgehen (je nach Fall):

1. **Thiamin (Vitamin B1): 100 mg IV**
   dann:
2. **Glukose-50 %: 15 g IV** (= 3 Amp G-50 % zu 10 mL)
   Falls erfolglos und Verdacht auf Opioid-Intoxikation:
3. **Naloxon 0.4 mg IV**. Vorsicht: Entzugssyndrom
   Falls erfolglos und Verdacht auf BDZ-Intoxikation:
4. **Flumazenil 0.2 mg IV**. Vorsicht: Epilepsie, siehe S. 103

Cocktail-Wirkung

- → Patient erwacht rasch (2-4 min) → Überwachung, Therapie
- → Epilepsie → Therapie, S. 564
- → Patient bleibt komatös
  - **ABGA: paO2 < 8 kPa** (< 60 mmHg) / **paCO2 > 8 kPa** (> 60 mmHg) → Intubation evozieren
  - → **Kerntemperatur: > 41°C** ......siehe «Hyperthermie», S. 76 / **< 32°C** ......siehe «Hypothermie», S. 80
  - Meningismus → Abklärungen
    - Schädel-CT oder -MR dann LP, S. 574
    - → DD:
      - **SAB**, S. 581
      - **Meningoenzephalitis**
  - → Stecknadelpupillen (Myosis!)
    - Ja → D:D
      - **Pontine Blutung**
      - **Kleinhirnpathologie**
      - **Cholinesterase-hemmer Intoxikation**
      - ↓ Abklärungen und Konsilium
    - Nein — **DD**, S. 56 → Abklärungen und Konsilium
      - Schädel-CT oder -MR
      - Evtl. LP, S. 574

Algorithmus: Vorgehen bei Koma.[1]

1 Angepasst nach: Gyr N et al. In Internistische Notfälle. Thieme 2003: p. 436.

ARDS «Acute Respiratory Distress Syndrome»[1] [J80]

Def:[1] Diagnosekriterien eines ARDS (alle 3 Kriterien müssen erfüllt sein):

1. **Ratio: $PaO_2/FiO_2 \leq 200$ mmHg** bzw. $\leq$ 26 kPa, unabhängig eines evtl. PEEP
   Bsp. in [kPa]: PaO_2 10 kPa, FiO_2 1.0 → Ratio = 10 kPa
   Bsp. in [mmHg]: PaO_2 80 mmHg, FiO_2 1.0 → Ratio = 80 mmHg
   FiO_2 = inspirierte Sauerstoff Fraktion
2. **Thoraxröntgen**: bilaterale Lungeninfiltrate
3. **Pulmonalkapillarer Druck** (*Wedge*) $\leq$ 18 cm H_2O oder:
   - Keine klinischen oder radiologischen Hinweise auf eine Erhöhung des linken Vorhofdruckes. Allenfalls Ausschluss eines kardialen Lungenödems mittels TEE.

Rx:

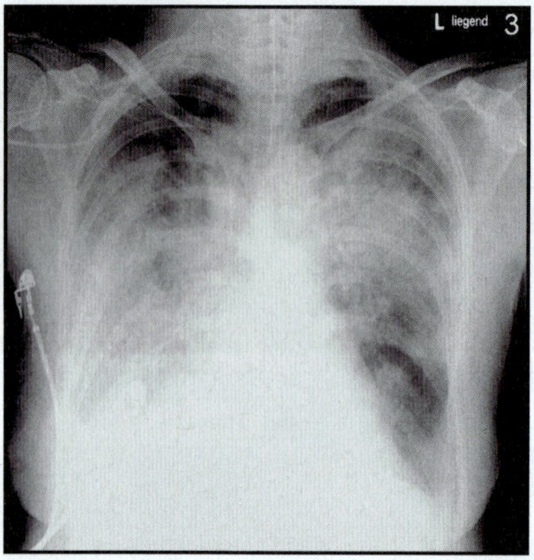

Rx: 59-jährige Patientin mit ARDS bei bilateraler fulminanter Pneumokokkenpneumonie.

Allg:
- Beim ARDS sind ausgeprägte **intrapulmonale rechts-links Shunts** der Grund der ausgeprägten **Hypoxämie**, und dies trotz hoher FiO_2.
- ***Wet lung***:
  Die Zunahme des extrazellulären Lungenwassers vermindert die pulmonale Kompliance.
  - Normalwert ....< 7 mL/kg
  - ARDS-Patienten ....≥ 15 mL/kg
- Der Atemwegsdruck ist bei normalem Atemzugvolumen erhöht.
- Das ARDS wird auch als pulmonale Manifestation eines Multiorgan-Dysfunktions-Syndroms (MODS) aufgefasst!
- Die morphologische 3-Teilung der ARDS-Lunge (die Zonen ergeben sich durch die Lagerung des Patienten):
  1. **Zone D** (= *diseased*):
     - I.d.R. hydrostatisch unten gelegene atelektatische Bezirke
  2. **Zone R** (= *recruitable*):
     - I.d.R. mittlerer Bereich des Lungenparenchyms, der potentiell für den pulmonalen Gasaustausch rekrutierbares Lungengewebe darstellt.
  3. **Zone H** (= *healthy*):
     - I.d.R. apikal gelegenes, «gesundes» Lungengewebe mit normaler Kompliance und normalem Ventilations-/Perfusionsverhältnis. Diese Zone H ist beim ARDS um ca. 20-30 % reduziert. Dr. GATTINONI taufte dies Lungenmorphologie «*baby lung*».

[1] Angepasst nach: Bernard GR, et al. Am J Respir Crit Care Med 1994;149 :818-24.

Urs: • **Infektiös** (> 30 % der Fälle)
- Sepsis, S. 36
- Septischer Schock, S. 37
- Pneumonie
- Pankreatitis, S. 476
- Peritonitis u.a.

• **Vaskulär**
- Fettembolie
- Fruchtwasserembolie u.a.

• **Traumatisch**
- Polytrauma
- Chirurgische Eingriffe
- Lungentransplantation
- Verbrennungen, S. 72
- Ertrinken

• **Toxisch**
- Kokain
- Heroin
- Andere Intoxikationen
- Inhalation toxischer Gase oder von Rauch
- Anorganische Phosphate

• **Medikamentös**
- Salicylsäure
- Trizyklische Antidepressiva
- Bleomycin u.a.

• **Sonstige**
- Massivtransfusionen (> 15 EC-Konzentrate), TRALI, (S. 907)
- Bronchoaspiration
  -- Magensaft
  -- Galle
  -- Salz-/Süsswasser bei Ertrinken
- Pankreatitis
- Plasmapheresen, S. 1425
- Extrakorporale Zirkulation
- Höhenödem
- Hypoxisches Lungenödem
- Eklampsie
- Akute zirkulatorische Insuffizienz («Schock»), S. 20
- Ketoazidose, S. 674 ff

Th: **1. Ziel der ARDS-Therapie**
- Es gelten folgende 2 Prinzipien:
  - *«Open the lung and keep the lung open»*
  - *«Lung protective ventilation»*
- Das Ziel der ARDS-Therapie ist es, die dorsobasalen atelektatischen Lungenregionen (entsprechend der «D-Zone, S. 60) durch geeignete Beatmungsformen und PEEP-Anwendung zu rekrutieren (S. 63).
- Gleichzeitig dürfen die ventral gelegenen Zonen (d.h. mehr oder weniger gesunde Lungenbezirke, bzw. die «H-Zone», S. 60) nicht weiter geschädigt werden.

2. Kausaltherapie
- Antibiose u.a.

3. Beatmung
- Wenn die Oxygenisierung insuffizient wird, soll frühzeitig mit einer invasiven Beatmung begonnen werden.

Insufflations-Druckkurven

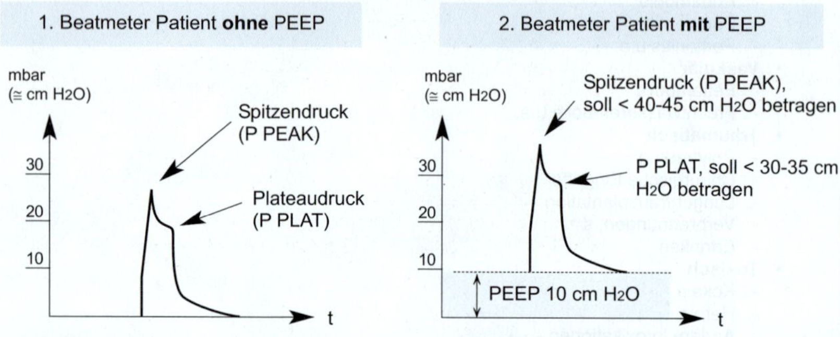

Messmanöver des intrinsischen PEEP (Auto-PEEP)

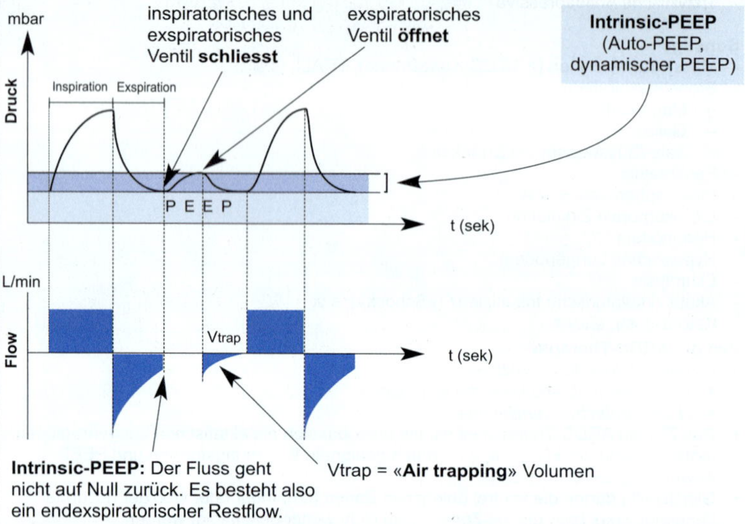

Parameter	Therapeutische Empfehlungen - ARDS[2]
• **Ventilations-modus**	• I.d.R. wird ein assistiert-kontrollierter Beatmungsmodus angewendet. • Plateaudruck (P PLAT) < 30-35 cm H_2O
• **Atemzugvolumen** (AZV)	• **6-8 mL/kg** (*Lung protective ventilation*)[3] bei Einhaltung des Plateaudruckes (P PLAT): ≤ 30-35 cm H_2O
• **Atemfrequenz** • **Dynamische Hyperinflation** (Intrinsic-PEEP oder Auto-PEEP)	• Bei tiefem AZV kann eine Atemfrequenz bis 20-25/min notwendig sein. • Eine **dynamische Hyperinflation** (= **Intrinsic-PEEP oder Auto-PEEP**) kommt bei unvollständiger Ausatmung zustande. Diese soll vermieden werden. • Wann besteht ein Intrinsic-PEEP? ☛ Ein Intrinsic-PEEP besteht, wenn die Flow-Kurve nach der beendeten Exspiration nicht auf die Nulllinie zurückgeht.
• **H_2O-Bilanz**	• Restriktive Hydratation → negative Bilanz erzielen!

2 Gattinoni L, et al. N Engl J Med 2001 ;345 :568-73. 3 Amato MBP et al. NEJM 1998 ;338 :347-54

Parameter	**Therapeutische Empfehlungen - ARDS** (Fortsetzung)
• **Insp. Sauerstoff-fraktion** (FiO_2) und: • **Lagerung des intubierten Patienten**	• Möglichst geringe inspiratorische O_2-Konzentration (**FiO_2 < 0.6**), um weitere iatrogene Lungenschäden zu vermeiden. • Der vorhandene hohe Shunt-Effekt beim ARDS bewirkt, dass eine FiO_2-Erhöhung die SaO_2 wenig verbessert. • **Zielwert der art. Sauerstoffsättigung (SaO_2): ≥ 90 %** • ***Recruitment*** (= Methoden zur Wiedereröffnung von Atelektasen). Das *Recruitment* ist ein inspiratorisches Phänomen. **1. PEEP** • Durch das Ausatmen gegen einen erhöhten Druck, verbleibt ein Teil des Atemzugvolumens in den Lungen und führt zur Erhöhung der FRC. Bei ausreichendem PEEP gelingt es, v.a. wiedereröffnete Atelektasen offen zu halten («***Best-PEEP***», siehe S. 66) • Der PEEP kann verhindern, dass sich neue Atelektasen bilden. • <u>Praktisches Vorgehen</u>: - Zu Beginn: 5 cm H_2O, dann je nach Klinik, Erhöhung pro 2 cm H_2O bis ca. 15 cm H_2O, wobei der transpulmonale Druck respektiert werden muss (< 30-35 cm H_2O)! • Ziel: arterielle Sauerstoffsättigung ≥ **90 %** und eine **FiO_2 ≤ 0.6** **2. Rekrutierungsmanöver** (mittels verlängerter inspiratorischer Pause von 30 Sek) **3. *Inversed ratio ventilation*** • Durch die Verlängerung der Inspirationszeit (I:E > 1:1) wird neben einer Verlängerung der Gasaustauschzeit auch ein Intrinsic-PEEP aufgebaut, der über die Erhöhung der FRC, Atelektasen wieder eröffnen kann. **4. Bauchlagerung (Bauchlage-Beatmung)** • Ansprechrate (= ↑ PaO_2/FiO_2 > 20 mmHg): ca. 60 % bei 6 h-Lageänderung. • Keinen Einfluss auf die Mortalität. • Bei refraktärer Hypoxämie zeigt die Seitenlagerung manchmal eine Verbesserung der Oxygenierung. **5. NO** • NO hat keinen Einfluss auf die Mortalität! • Verbessert die Ratio «PaO_2/FiO_2» • Bei den «Responder» ist die NO-Wirkung oft nur transient.
• **Permissive Hyperkapnie**	• Die permissive Hyperkapnie kommt durch die protektive Beatmung zustande, ist aber nicht ein therapeutisches Ziel. • Der max. «tolerierbare» $PaCO_2$-Druck ist nicht bekannt. • Infolge der niedrigen Atemzugvolumina und der daraus erfolgenden Hypoventilation kommt es zu einem Anstieg des $PaCO_2$ auf durchschnittlich 8.2 kPa (62 mmHg). Diese iatrogene Hyperkapnie wird als permissive Hyperkapnie bezeichnet. • Normalerweise versucht man den **pH > 7.2** zu halten (allenfalls mit Bicarbonat oder THAM-Lösung puffern) und einen $PaCO_2$-Anstieg > 12 kPa (> 90 mmHg) zu verhindern, da eine massive Hyperkapnie folgende Auswirkungen hat: - Zentrale Sympathikusstimulation (HZV ↑, Arrhythmien) - Zunahme der pulmonalen Vasokonstriktion mit Zunahme des pulmonalarteriellen Drucks → schlechtere Oxygenisierung - Respiratorische Azidose - Intrazerebraler Druck ↑, (Klinik siehe S. 572) - Abfall des system. Widerstands und Zunahme des kardialen Outputs • Kontraindikationen zur permissiven Hyperkapnie: - Intrakranielle Erkrankungen (Tumor, Blutung u.a) - Pulmonale Hypertonie, Epilepsie
• **Kortikoide**	• <u>Die Indikation der Kortikoide bleibt bestritten (Dosierung, timing)</u> 1. Akutphase (1. Woche): • Kortikoide sind nicht indiziert, ausser bei *Pneumocystis jirovecii* Pneumonie. 2. Chronische fibroproliferative Phase (> 10 d): • Kortikoide können in folgenden Situationen eingesetzt werden: - keine Verbesserung (radiologisch, ABGA) - keine Hinweise auf eine Infektion (Blutparameter, Trachealaspirationskulturen, broncho-alveoläre Lavage)

Maschinelle Beatmung[1-3]

Allg:
- Eine inspiratorische Sauerstofffraktion (FiO_2) > 0.6 wird als pneumotoxisch angesehen, im Speziellen, weil Resorptionsatelektasen gebildet werden, welche eine alveoläre Derekrutierung induzieren. Es werden prinzipiell 2 Beatmungsformen unterscheiden: **1. Volumenkontrollierte und 2. Druckkontrollierte Beatmung.**
- Thorakopulmonale Kompliance: Nicht intubiert vs. intubiert 100 vs. 20-50 mL/cm H_2O
- Widerstand des Atemsystems: nicht intubiert vs. intubiert < 3 cm vs. 5-10 cm H_2O/L/sek
- Die beatmungsassoziierte Pneumonierate (VAP) liegt bei 7.8 % (12.5 Pneumonien/1'000 Beatmungstage). Bei Langzeitbeatmung (> 10 d) liegt die Pneumonierate bei 75 %.
- Ein Barotraumarisiko oder eine Läsion der Alveolen wird bei einem transpulmonalen Druckgradienten (P tp) von > 30-35 mbar beobachtet!

  P tp = P alveolär – P intrapleural

  Der intrapleurale Druck ≠ mittlerer Ösophagusdruck (wird nicht routinemässig gemessen).
- <u>Beispiel</u>: P alveolär 35 mbar; P intrapleural 5 mbar → P tp 30 mbar

Klas:

1. Volumenkontrollierte Beatmung = VCV *(Volume Controlled Ventilation)*

- Fixes Volumen
- Druck von Atemzug zu Atemzug variabel, entsprechend der aktuellen Kompliance und des aktuellen Widerstandes.
- Der **Plateaudruck** (P PLAT) widerspiegelt approximativ den intraalveolären Druck, d.h. den Druck, der zur Überwindung der Kompliance nötig ist (AZV/K).
- Der **Spitzendruck** (P PEAK) widerspiegelt grösstenteils den Widerstand des Tubus und der Luftwege.

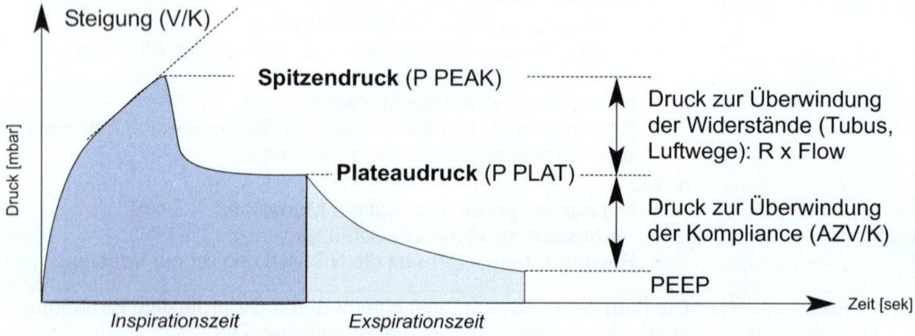

Schema: Druck-Zeit-Diagramm bei **volumenkontrollierter Beatmung** (VCV).
V = Volumen; R = Widerstand; AZV = Atemzugvolumen (*tidal volume*); K = Kompliance

2. Druckkontrollierte Beatmung = PCV *(Pressure Controlled Ventilation)*

- Fixer Inspirationsdruck (P insp)
- Das Beatmungsvolumen variiert von Atemzug zu Atemzug.
- Der **Inspirationsdruck** widerspiegelt ungefähr den intraalveolären Druck.

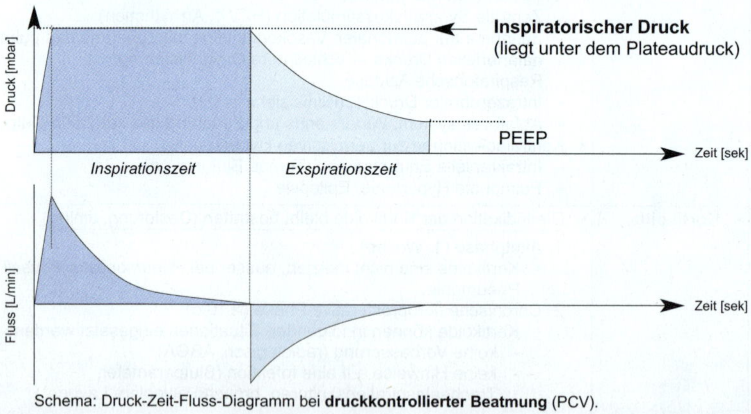

Schema: Druck-Zeit-Fluss-Diagramm bei **druckkontrollierter Beatmung** (PCV).

1 Angepasst nach: Schuster DP. Am J Med 1990 ;88 :268-78. 2 Yang KL, et al. N Engl J Med 1991 ;324 :1445-50. 3 Carey CF, et al. (eds.). Lippincott Williams & Wilkins 1998, p: 184.

Intubationskriterien

Allg:
- Der Übergang von der Spontanatmung («Negativdruck-Atmung») zur maschinellen Beatmung («Positivdruck-Beatmung») bringt folgende Änderungen mit sich:
  - **Vorlastsenkung** (durch Verminderung des Venenrückflusses)
  - **Nachlastsenkung** (durch Verminderung der Wandspannung des LV)
- Bevor eine Intubation eingeleitet wird, soll bei geeigneten Patienten eine **nicht invasive Beatmung** (NIB, s. 66) in Betracht gezogen werden.
- Verschiedene Faktoren beeinflussen die Entscheidung, einen Patienten zu intubieren:
  - Ungenügendes Ansprechen auf eine weniger invasive Therapie (z.B. NIB, s. 66)
  - Bei Erschöpfung der Atemmuskulatur → früh intubieren
  - Früh intubieren bei rasch progredienter Ateminsuffizienz
  - Hohe Komorbidität mit schlechter vitaler Prognose → Evtl. nicht intubieren
- Folgende Parameter beeinflussen den Einsatz der maschinellen Beatmung:[1]

Parameter	Werte, die für eine Intubation sprechen
• Atemfrequenz	> 35/min
• Maximal negativ inspiratorischer Druck	≤ - 25 cm H_2O
• Vitalkapazität	< 10-15 mL/kg
• PaO_2 mit einer FiO_2 > 0.6	PaO_2 < 8 kPa oder < 60 mmHg
• $PaCO_2$ mit einem pH < 7.30	$PaCO_2$ > 6.6 kPa oder > 50 mmHg
• Hustenreflex/Schutzreflexe	fehlend
• Atemstillstand, Atempausen mit Bewusstseinsverlust bzw. Schnappatmung	vorhanden

Medikamente, die die endotracheale Intubation und die Beatmung vereinfachen

Medikamente	Bolus IV	Erhaltungsdosis IV	W'beginn	W'dauer (1 Dose)
Succinylcholin	1.0 - 1.5 mg/kg	—	30-60 sek	2-10 min
Midazolam	1.0 - 4.0 mg	1-10 mg/h oder titrieren	1-5 min	30-60 min¶
Morphin	2.0 - 5.0 mg	1-10 mg/h oder titrieren	15-20 min	4-5 h¶
Fentanyl	0.5 - 1.0 µg/kg	1-2 µg/kg/h oder titrieren	30-60 sek	30-60 min¶
Propofol	1.5 - 2.5 mg/kg	50-100 µg/kg/min	15-60 sek	3-10 min¶

Initiale Ersteinstellung des Ventilators für eine mechanische Beatmung

Parameter	Initiale Ventilatoreinstellung
Atemzugvolumen (AZV)	• **6 mL/kg KG** des *Predicted body weight* (PBW).[4] • Formel zur Berechnung des PBW: - Männer = 50 + (0.91 x Körperlänge in cm - 152.4) - Frauen = 45.5 + (0.91 x Körperlänge in cm - 152.4) • Beispiel: - Mann mit 70 kg, 170 cm. PBW = 50 + (0.91 x 17.6) = 66 kg - Dieser Patient soll ca. 400 mL AZV erhalten.
Atemfrequenz	• **10-30/min.** Zielwert des PO_2: 4.6-6.0 kPa (35-45 mmHg)
FiO_2	• **1.0**, dann je nach Resultat der ABGA oder SpO_2 (nach 5-20 min)
PEEP	• Siehe Indikationen s. 66
Verhältnis: Inspiration/Exspiration	• **ca. 1: 2** • Ein erhöhtes I:E-Verhältnis hat einen Intrinsic-PEEP zur Folge, was negative Auswirkungen auf die Herzfunktion haben kann.

¶ Die Wirkungsdauer ist verlängert bei wiederholter Gabe (Akkumulationsrisiko).

1 Angepasst nach: Schuster DP. Am J Med 1990 ;88 :268-78. 4 ARDS Network. N Engl J Med 2000 ;342 :11301-8 (Vgl. von AZV 6 mL/kg vs. 12 mL/kg: Reduktion der Mortalität: 25 %; NNT = 4)

Positive End-Expiratory Pressure (PEEP)

Allg:
- Der PEEP hat das Ziel, durch Erhöhung der FRC, **den Alveolarkollaps zu verhindern**.
- Grundregel: Bei jeder maschinellen Beatmung soll mit einem minimalen PEEP (5 cm H_2O) beatmet werden, es sei denn, ein PEEP ist kontraindiziert.
- Konzept des «***Best-PEEP***»:

  Der «***Best-PEEP***» ist derjenige PEEP, bei dem die besten kardiopulmonalen Funktionen erreicht werden:
  - Maximaler Sauerstoff-Transport (Herzzeitvolumen x CaO_2)
  - Kleinstmögliche Totraumfraktion
  - Grösstmögliche totale statische Kompliance

Ind:
- Persistierende Hypoxämie durch Rechts-Links-Shunt, z.B. infolge:
  - Akutem Lungenödem
  - Schwerer Pneumonie
  - Atelektase, ARDS u.a.

KI:
- Kontraindikationen für hohe PEEP-Werte:
  - Nicht drainierter Pneumothorax
  - Schwere intrakranielle Hypertonie
  - Akute Leberinsuffizienz

Vorg:
- Zu Beginn: PEEP 5 cm H_2O, dann je nach Klink um jeweils 2 cm H_2O erhöhen (Suche des «***Best-PEEP***»)
- «Übliche» PEEP Werte: 5-15 cm H_2O (20 cm H_2O eher selten)

Nicht invasive Beatmung (NIB oder NIV)

Allg:
- Es gibt 3 Arten, wie eine NIB installiert werden kann:
  - Faziale NIB (Nasen-Mund-Maske)
  - Nasale NIB (Nasen-Maske)
  - Beatmung über die Ganzgesichtsmaske (Helm)
- Die NIB vemindert die Inzidenz der beatmungsassoziierten Pneumonien (VAP)
- Voraussetzungen für eine NIB
  - Keine Kontraindikationen
  - «Trainiertes» Personal
  - Patient ohne Bewusstseinsstörung und mit erhaltenem Schluckakt
  - Gute Patientenkollaboration

Ind:
1. Exazerbierte COPD (siehe genaue Kriterien, S. 337) [Evidenz I]
2. Entwöhnung vom Respirator bei COPD [Evidenz I]
3. Kardiales Lungenödem [Evidenz I]
4. Akute respiratorische Insuffizienz bei Immunschwäche [Evidenz I]
5. Asthma [Evidenz II]
6. Postoperative akute respiratorische Insuffizienz [Evidenz II]
7. Vermeidung der Reintubation [Evidenz II]
8. *Do not intubate-patients* [Evidenz II]

Vorg:
- Der meist verwandte Beatmungsmodus ist die ***Pressure Support Ventilation*** (PSV).
- **«Übliche» Einstellungen der NIB**
  - Die Maske soll dicht ans Gesicht angepasst werden (vermeiden grosser Luftlecks)
  - Inspiratorischer Druck:
    -- Anfänglich tief (5-10 cm H_2O)
    -- Dann, nach Komfort und Toleranz des Patienten anpassen (bis ca. 25 cm H_2O)
  - PEEP 5 cm H_2O, evtl. steigern
  - Hoher Spitzenfluss
  - Adäquat lange Exspirationszeit
  - Applikationsdauer: Stunden-Tage (Toleranz sehr individuell; z.B. 15-120 min alle 2-4 h)
  - Erfolgskriterien:
    -- Senkung der Atem- und Herzfrequenz (entscheidend!)
    -- Erhöhung der alveolären Ventilation, Reduktion des $PaCO_2$
    -- Verbesserung der Sauerstoffsättigung (SaO_2)
    -- Subjektive Besserung

KI:
- Bewusstseinsstörungen
- Herzkreislaufstillstand, S. 3, 4
- Hämodynamische Instabilität
- Akutes Koronarsyndrom, S. 194
- Schwere Kooperationsprobleme
- Erhöhte Gefahr der Regurgitation und Aspiration
- SHT
- Akute, lebensbedrohliche Hypoxie
- Hindernisse in den oberen Atemwegen (Tumor, Verletzungen)

Schnellintubation bei Schädel-Hirn-Trauma (SHT)

Vorg:
1. Stabilisierung des Nackens *(Manual in line axial stabilisation = MIAS)*
2. Präoxygenieren mit 100 % Sauerstoff
3. Schnellinduktion (ohne Präkurarisation):
   - Etomidat 0.3 mg/kg **IV** Bsp: Patient mit 70 kg → 20 mg (= 1 Amp)
   - + Succinylcholin 1.5 mg/kg **IV** Bsp: Patient mit 70 kg → 100 mg (= 1 Amp)
4. SELLICK-Manöver (= Druck auf den Krikoidknorpel → Verschluss des Ösophaguslumens). Das SELLICK-Manöver dient zur Broncho-Aspirationsprophylaxe.
5. Orotracheale Intubation (der Nacken bleibt stabilisiert unter Beibehaltung des SELLICK-Manövers)
6. Gebräuchliche Kontrollen der Lage und Befestigung des Tubus, dann kann das SELLICK-Manöver beendet werden.
7. Anbringen einer semirigiden Halsminerva. Danach lösen der manuellen Stabilisierung.
8. Die Allgemeinanästhesie kann aufrechterhalten werden mit:
   - Midazolam (bolusweise 0.05-0.1 mg/kg **IV**) + Fentanyl (bolusweise 0.5-1.0 µg/kg **IV**) oder:
   - Propofol + Fentanyl (***CAVE***: BD-Abfall durch Propofol mit dem Risiko einer Verschlimmerung des sekundären Hirnschadens)

Bem: Pro Minute Apnoe wird eine $PaCO_2$- Erhöhung von ca. 4 mmHg (0.5 kPa) beobachet.

Verbesserung der Hypoxämie beim maschinell beatmeten Patienten - wie?

Allg:
- Bei unveränderter FiO_2 ist der ausschlaggebende Oxygenationsparameter der **Mitteldruck der Luftwege**. Dieser kann durch das Einsetzen eines PEEP und durch das Erhöhen des Verhältnisses Inspiration/Exspiration angehoben werden (Verbleib eines Restatemzugvolumens in der Lunge = Intrinsic-PEEP). Durch Anhebung des Mitteldruckes folgt eine Erhöhung der FRC, die einen Alveolarkollaps verhindern kann.
- Der Grund der Hypoxämie soll imperativ gesucht werden (!!) mittels:
  - Klinische Untersuchung
  - Röntgenthorax, Thorax-CT
  - Evaluieren eventueller hämodynamischer Störungen, Echokardiographie, PiCCO-Technologie (S. 49)
  - Suchen von technischen Schwierigkeiten u.a.

Vorg:
1. **Rekrutierung atelektatischer Lungenbezirke** (CAVE: Belastung der Herzfunktion)
   - Mittels *Recruitment* («Rekrutierungs-Manöver»), S. 63
2. **PEEP erhöhen**, siehe S. 66
3. **FiO_2 ↑**
   - Bei einer Shuntfraktion > 30 % ist eine Erhöhung des FiO_2 ineffektiv und birgt nur die Gefahr der Sauerstofftoxizität!
4. **Bauchlage-Beatmung**
   - Diese Technik hat keinen Einfluss auf die Mortalität.

Curare	Kardiovaskuläre Wirkung**	Histamin-Freisetzung	Dosierung **IV** zur Intubation	Wirkungs-beginn	Wirkungsdauer (bei 1x-Gabe)
Depolarisierend					
Succinylcholin*	Ja	Ja	1 mg/kg	30-60 sek	2-10 min
Nicht-depolarisierend					
Atracurium	Ja	Ja	0.5 mg/kg	2-4 min	20-45 min
Cisatracurium	Nein	Nein	0.2 mg/kg	2-3 min	40-60 min
Doxacurium	Ja	Ja	0.5 mg/kg	6 min	80 min
Mivacurium	Nein	Ja	0.2 mg/kg	1-2 min	10-15 min
Pancuronium	Ja	Ja	0.1 mg/kg	2-4 min	60-120 min
Rocuronium	Nein§	Nein	0.6 mg/kg	1 min	30-40 min
Vecuronium	Nein	Nein	0.1 mg/kg	2-4 min	30-45 min

* Succinylcholin (= Scoline = Suxamethonium): Der Wirkungsmechanismus geht über die Kompetition mit der Pseudo-Cholinesterase.

** Kardiovaskuläre Wirkung: art. Hypotonie, art. Hypertonie, Bradykardie, Tachykardie, Arrhythmie

§ Rocuronium: Diskordanz zw. den europäischen und den nordamerikanischen Studien (Prävalenz der Hypotonie 2 % vs. 0.1 %)

Wie sollen hohe Ventilationsdrücke interpretiert werden?

DD: A. Erhöhung des Peak-Druckes **und** Plateaudruckes bei volumenkontrollierter Beatmung (VCV, s. 64) oder Abfall des Atemzugvolumens bei gleichem inspiratorischem Druckniveau unter druckkontrollierter Beatmung (PCV, s. 64)

Dies widerspiegelt typischerweise eine Verminderung der Kompliance des Atemsystems:

- Lungenödem
- ARDS
- Dynamische Hyperinflation/Auto-PEEP/Intrinsic-PEEP
- Einseitige Intubation
- Pneumothorax
- Intraabdominale Druckerhöhung
- Pneumonie
- Atelektase
- Zu hohes Atemzugvolumen (AZV)
- Selektive Intubation

B. Isolierte Erhöhung des Peak-Druckes **ohne** Erhöhung des Plateaudruckes

Dies widerspiegelt typischerweise eine Erhöhung des Atemsystemwiderstandes:

- Bronchospasmus
- Obstruktion des endotrachealen Tubus
- Schleimpfropfen
- Zu hoher inspiratorischer Fluss

Entwöhnung vom Respirator — *Weaning*

Allg: • Die Entwöhnung vom Respirator bezeichnet den Übergang von maschineller Beatmung (= Positivdruckbeatmung) zurück zur vollständigen Spontanatmung.

A. Voraussetzungen für die Entwöhnung

1. **Hämodynamische Stabilität**
   - Die Entwöhnung führt zu einer Reduktion des intrathorakalen Druckes und damit zu:
     - Zunahme der Vorlast (durch Erhöhung des venösen Rückflusses)
     - Zunahme der Nachlast (durch Verminderung des pleuralen Druckes)

Für die PRAXIS:
- Die Nachlast entspricht dem transmuralen Druck des Myokards. Dieser Druck vermindert sich bei einer positiven Beatmung infolge Verminderung des Oberflächendruckes des linken Ventrikels.
- Die Zunahme der Vor- und der Nachlast können eine transitorische Myokardischämie und eine linksventrikuläre Dilatation auslösen!
- Der Anstieg des Sauerstoffbedarfes (VO_2) infolge Mehrverbrauches durch die Atemmuskulatur kann nur durch eine Erhöhung des HZV gewährleistet werden.

2. **Respiratorische Stabilität**
   - Möglichst kein Intrinsic-PEEP (erhöhte Atemarbeit zu Beginn der Inspiration)
   - Kompliance so gut wie möglich
   - $SaO_2 > 90$ %
   - Adäquater Atemantrieb
3. **Metabolisches Gleichgewicht**
   - Normaler VO_2 (Sauerstoffbedarf)
   - Kein Fieber
   - Keine Sepsis
   - Elektrolyte im Normbereich: Phosphat, Ca^{2+}, Mg^{2+}
4. **Stabile psychische Verfassung** (keine Angst oder Agitation)
5. **Keine Schmerzen**
6. **Technische Voraussetzungen**
   - Adäquater Innendurchmesser des Tubus bzw. adäquate Trachealkanüle
   - Sensible Triggerschwelle

B. Kriterien zur Erkennung des Extubationszeitpunktes

1. Spontanatmungsversuch (SBT = *spontaneous breathing trial*) mittels T- Tubus oder CPAP® erfolgreich [Evidenz A]
2. *Rapid shallow breathing index* f/Vt < 100/min (der Quotient aus Atemfrequenz und Atemzugvolumen wird häufig als prognostischer Index verwendet)

Extubationskriterien

Allg: 1. Die Entwöhnungskriterien (s. 68) müssen erfüllt sein.
2. Der Patient muss wach sein.
3. Der Patient muss fähig sein, einfache Befehle auszuführen, z.B.:
   - «Schliessen Sie die Augen»
   - «Heben Sie den Arm»
4. Der Schluckreflex muss intakt sein (z.B. Gabe von Wasser mit Hilfe einer Spritze).
5. Effizienter Husten (den Patienten auffordern zu husten)

Parameter	Werte, die für eine Extubation sprechen
• Bewusstseinszustand	wach, kooperativ
• Atemfrequenz	< 30/min
• PaO_2 mit einer FiO_2 < 0.5	PaO_2 > 8 kPa (> 60 mmHg)
• PEEP	≤ 5 cm H_2O
• $PaCO_2$ und pH	$PaCO_2$ < 8 kPa (< 60 mmHg) und pH > 7.35
• Spontanes Atemzugvolumen (AZV)	> 5 mL/kg
• Vitalparameter nach 1-2 h ohne assistierte Beatmung	stabil

Der Tubus wird nach Präoxygenation (FiO_2 = 1.0) am Ende einer Inspiration entfernt.

Status asthmaticus: Empfehlung zur NIB oder mechanischen Beatmung

Vorg: **I. Nicht-invasive Beatmung** (NIB, s. 66)

Allg:
- Positive Ergebnisse in Einzelfallberichten und kleinen kontrollierten Studien
- Vorteile der NIB:
  - Weniger Sedation
  - Keine Relaxation
  - Weniger nosokomiale Pneumonie, Otitis, Sinusitis

KI:
- Siehe s. 66

II. Intubation und konventionelle Beatmung

Allg:
- Heutige Beatmungsstrategie:
  - **Permissive Hyperkapnie** (Synonym: **kontrollierte Hypoventilation**)
  - Risikoverminderung des Barotraumas

Ind: 1. Apnoe
2. $PaCO_2$ ansteigend mit respiratorischer Azidose
3. Klinische Erschöpfung

Vorg:
- **Technik - Initiale Einstellungen**

Parameter	Initiale Ventilatoreinstellung
Atemfrequenz	• **6-10/min** • Dann, je nach Klinik und an ABGA anpassen.
Atemzugvolumen	• **ca. 6 mL/kg** • Dann, je nach Klinik und an ABGA anpassen. • Mässige Hyperkapnie tolerieren.
PEEP	• **5-10 cm** H_2O
Inspiratorischer Fluss	• > 100 L/min; Maximal
Inspiration/Exspiration	• ½ bis ¼ oder noch kleiner

- **Ziele**
  1. Plateaudruck < 30-32 cm H_2O unter Toleranz einer mässigen Hyperkapnie
  2. Ausreichende Sauerstoffsättigung
  3. Atemarbeit reduzieren

Bem:
- Die permissive Hyperkapnie kann zur respiratorischen Azidose führen. Bei pH < 7.2 kann Na^+-Bicarbonat indiziert sein (z.B. 100 mmol **IV** über 24 h).
- Die vollständige alveoläre Ventilation ist nicht das primäre Ziel.

Höhenkrankheiten[1-3]

Allg:
- In ≥ 2500 m herrscht eine Hypoxie, die einen Abfall des art. Sauerstoffpartialdruckes (PaO_2 < 90 %) zur Folge hat. Bei Unfähigkeit, sich dieser Hypoxie schnell genug anpassen zu können, besteht die Gefahr, folgende 3 Krankheitsbilder zu entwickeln:
  1. Akute Bergkrankheit ....*Acute mountain sickness* — AMS
  2. Hirnödem ....*High altitude cerebral edema* — HACE
  3. Lungenödem ....*High altitude pulmonary edema* — HAPE
- Risikofaktoren, eine Höhenkrankheit zu entwickeln
  - Zu schneller Aufstieg
  - Erreichte Höhe zu hoch
  - Üblicher Wohnort < 900 m ü.M.
  - Vorgeschichte einer akuten Bergkrankheit

Vorg:
- Nicht medikamentöse Prävention für die 3 Formen der Höhenkrankheiten
  1. Langsamer Aufstieg (die Schlafhöhe soll nicht um mehr als 400 m/d übersteigen werden)
  2. Zwischenhalt und Akklimatisation für 24 h nach 1000 Höhenmeter Aufstieg
  3. Gute Hydrierung
  4. Kohlenhydratreiche Ernährung (Respirationsquotient ↑, Verbesserung der Atmung)
  5. Vermeiden von: Alkohol, Hypnotika, Sedativa, maximaler körperlicher Anstrengung

Akute Bergkrankheit Acute mountain sickness — AMS

Allg:
- Die AMS resultiert aus einer benignen, schlechten Adaptation des Körpers auf einen schnellen art. Sauerstoffabfall.
- Inzidenz: ca. 15 % in 3000 m und ca. 50 % in 4500 m

Urs:
- Zerebrale Auto-Zirkulationsstörung → Hirnödem

Klin:
- Kopfschmerzen
- Müdigkeit, Anorexie
- Nausea, Erbrechen
- Schwindel, Schlafstörungen

Dg:[3]
- Auftreten von **Kopfschmerzen** innert 3-12 h (selten > 12 h) nach Aufstieg auf über 2500 m und ≥ 1 der folgenden Kriterien (*Lake Louise Score*):
  1. Gastrointestinale Symptome: Anorexie, Nausea oder Erbrechen
  2. Schlaflosigkeit
  3. Schwindel
  4. Müdigkeit, Schwächegefühl

Vorg:
- Typischerweise verschwinden diese Symptome spontan nach 24-48 h ohne Behandlung.

Hirnödem High altitude cerebral edema — HACE

Allg:
- Das HACE ist pathophysiologisch das Endstadium der AMS.

Urs:
- Zerebrale Auto-Zirkulationsstörung → Hirnödem

Klin:
- Ataxie und/oder Bewusstseinsstörungen bei Patienten, welche i.d.R. klinische Zeichen einer AMS aufweisen. Das HACE kann aber auch ohne AMS auftreten!
- Manchmal: Halluzinationen, Koma

Dg:
- Auftreten einer Veränderung des Bewusstseinszustandes und/oder Auftreten einer Ataxie 36-72 h nach Hypoxieexposition.

Lungenödem High altitude pulmonary edema — HAPE

Allg:
- Es handelt sich um eine nicht-kardiogene Form eines Lungenödems. Dieses kann nach 36-72 h Hypoxieexposition, v.a. bei dazu veranlagten Menschen, eintreten.
- Inzidenz: 10 % der Normalbevölkerung. Rezidivrisiko nach der 1. Episode: > 60 %.

Urs:
- Risikofaktoren/-situationen
  - Individuelle Empfindlichkeit (genetisch?)
  - Zu schneller Aufstieg in zu grosse Höhen
  - Vorbestehende art. pulmonale Hypertonie
  - Intensive körperliche Aktivität
  - Viraler und/oder pulmonaler Infekt
  - Atresie der A. pulmonalis
  - Trisomie 21
- Multifaktorielle Pathophysiologie:
  a) Endotheldysfunktion und/oder erhöhter Sympathikotonus → verstärkte pulmonale Vasokonstriktion → Kapillarruptur *(shear stress)* → persistierendes Ödem
  b) Verminderter transepithelialer respiratorischer Natrium-Transport → Verminderung der alveolären Flüssigkeits-Clearance → persistierendes Ödem

 1 Hackett PH, et al. NEJM 2001 ;345 :107-14. 2 Sartori C, et al. NEJM 2002 ;346 :1631-6. 3 Sutton JR, et al. Lake Louise Consensus, Queen City Printers 1992.

Klin:
- Im Gegensatz zu den Patienten mit AMS, entwickeln HAPE-Patienten 36-72 h nach dem Aufstieg, zusätzlich folgende Klinik:
  - Fieber, Zyanose
  - Tachykardie
  - Tachypnoe, Dyspnoe, Thorakodynie
  - Trockenhusten ± Hämoptoe
- Lungenauskultation (nur in ca. 50 % der Fälle!): feinblasige Rasselgeräusche

Dg:
- Ruhedyspnoe, Zyanose
- Schwergradige Asthenie
- Lungenauskultation: feine Rasselgeräusche

Rx:
- Thorax: interstitielles und alveoläres Syndrom (oft eindrucksvoller als die Auskultation)

EKG:
- P-pulmonale (Amplitude der P-Wellen > 3 mm in DII, DIII oder aVF)

Medikamentöse Prävention bei Höhenkrankheiten

Akute Bergkrankheit - AMS	Hirnödem - HACE	Lungenödem - HAPE[4]
• Acetazolamid:* - 250 mg PO alle 8-12 h am 1. bis am 5. Tag und/oder: • Kopfschmerzen-Prophylaxe: - ASS 500 mg PO alle 4 h - Paracetamol 500 mg alle 4-6 h PO	• Dexamethason: - 2-4 mg PO alle 6 h von Tag 0 bis Tag 3, dann über 5 Tage ausschleichen	• Nifedipin retard 2x 20-30 mg PO am Tag -3 bis am Tag 0, dann 20-30 mg alle 8 h während 5-7 Tagen oder: • Dexamethason 2x 8 mg/d PO (während des Aufstieges und der Aufenthaltsdauer) oder: • Tadalafil 2x 10 mg/d PO (während des Aufstieges und der Aufenthaltsdauer) oder: • Salmeterol (Aerosol, 25 µg/Push): 125 µg alle 12 h am Tag -1 (d.h. 1 Tag vor dem Aufstieg, während 5-7 Tage)

Therapie der Höhenkrankheiten

Akute Bergkrankheit - AMS	Hirnödem - HACE	Lungenödem - HAPE
• Ruhe am Ort • Abstieg in Abschnitten von 500-1000 Höhenmetern **Wenn Abstieg unmöglich:** • Sauerstoff (1-4 L/min mit Brille oder Maske) oder tragbare Überdruckkammer • Acetazolamid:* - 250 mg PO alle 8 h bis zum Verschwinden der Symptome. und/oder: • Dexamethason: - 4 mg (PO, **IV** oder **IM**) alle 6 h während 3 Tagen, dann ausschleichen über 5 Tage	• Abstieg! • Sauerstoff (2-6 L/min), evtl. tragbare Überdruckkammer • Dexamethason 8 mg alle 6 h (PO, **IV** oder **IM**)	• Abstieg! • Sauerstoff (4-6 L/min), evtl. tragbare Überdruckkammer • Nifedipin retard 20-30 mg PO alle 8 h **Bei neurologischen Hirnödem-Befunden (HACE):** • Dexamethason: - 8 mg alle 6 h PO, **IV** oder **IM** **Für die PRAXIS:** Diuretika (z.B. Furosemid) sind beim HAPE NICHT indiziert (kein Benefit; wirken aber blutdrucksenkend und erhöhen die Gefahr der prärenalen Niereninsuffizienz)!

Tabelle: Prävention und Therapie der Höhenkrankheiten.

AMS *Acute mountain sickness* Akute Bergkrankheit
HACE *High altitude cerebral edema* Hirnödem
HAPE *High altitude pulmonary edema* Lungenödem

* Acetazolamid (Carboanhydrase-Hemmer) induziert eine metabolische Azidose, welche sekundär das Atem-minutenvolumen erhöht.

4 Maggiorini M, et al. Ann Intern Med 2006 3 ;145:497-506.

Verbrennungen [T29.0]

Allg:
- Der Patient mit Verbrennungen ist als **polytraumatisiert** und **immunsupprimiert** zu betrachten.
- Es werden 3 Verbrennungstypen unterschieden:
  - Thermisch
  - Elektrisch
  - Chemisch
- **9-er-Regel nach WALLACE zur Erfassung der verbrannten Körperoberfläche (TBSA)**

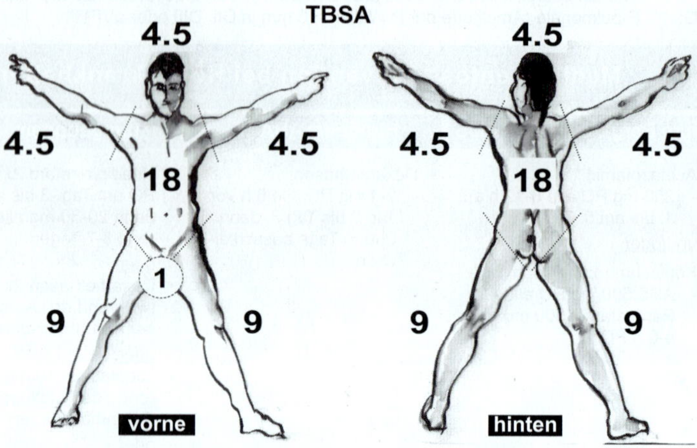

Schema: Berechnung der verbrannten totalen Körperoberfläche (TBSA) nach der «9-er Regel».

- **Verbrannte Körperoberfläche - TBSA *(Total Body Surface Area)***
  Wenn die verbrannte Fläche $\geq$ 20 % der totalen Körperoberfläche (= TBSA) beträgt, werden folgende 2 Phänomene beobachtet:
  1. Auftreten eines massiven Ödems in der verbrannten Zone und im umliegenden Gewebe.
  2. Systemische Reaktionen:
     - Hypovolämie
     - Hämodynamische Veränderungen
     - Elektrolytstörungen
- **Prognose nach dem RYAN-Score**
  Die Prognose hängt von 3 Faktoren ab und wird mit dem RYAN-Score ausgedrückt:
  1. TBSA > 40 %
  2. Alter > 60 Jahre
  3. Inhalation (dafürsprechende Elemente, siehe unter «Vorg:» S. 74)

RYAN-Score	
Anzahl Faktoren	**Geschätzte Mortalität [%]**
0	0.3
1	3.0
2	33
3	87

Tabelle 1: RYAN-Score.

- **<u>Verbrennungsgrad</u>**

  Der Schweregrad einer Verbrennung hängt von verschiedenen Faktoren ab:
  1. TBSA (*Total Body Surface Area*)
     - Prozentanteil der verbrannten TBSA wird mit der «9-er Regel» berechnet.
  2. Anteil der tiefen Verbrennung (d.h. 2.° tief und 3.°, siehe Tabelle 2)
  3. Lokalisation der Verbrennung bzw. Verbrennungen von Risikozonen, wie:
     - Gesicht
     - Augen
     - Hände
     - Füsse
     - Perineum
  4. Vorhandensein von betroffenen funktionellen Körperzonen

Verbrennungsgrad	Anatomisches Korrelat und Klinik	Verlauf - Therapie
Ersten Grades	**EPIDERMIS** • Die oberflächliche Epidermisschicht ist befallen. - Erythem, oft Pruritus - Ödem - **Schmerzhaft** • Beispiel: Sonnenbrand • <u>Vitropression</u>: Die darunter liegende Haut wird weisslich.	• Spontanheilung <u>ohne</u> Narbenbildung • Hautneubildung nach Desquamation der obersten Hautschicht • Heilungsdauer: 3-8 d • <u>Therapie</u> - ± Lokale Therapie von Hautläsionen, S. 75
Zweiten Grades	**EPIDERMIS-DERMIS**	
2.° Oberflächlich	• Die Basalmembran bleibt noch intakt. Die dermo-epidermische Grenze ist nicht überschritten. - **Sehr schmerzhaft** - Die Basalmembran erscheint rosafarbig. - Nässende oder trockene Läsionen • Die Haare sind traktionsresistent • <u>Vitropression</u>: Die darunter liegende Haut wird weisslich.	• Spontane Epidermisierung <u>ohne</u> Narbenbildung • Heilungsdauer: 8-21 d • <u>Therapie</u> - Lokale Therapie von Hautläsionen, S. 75
2.° Tief	• Die Basalmembran ist überschritten. - Weisslich-feuchter Wundgrund - Blasenbildung - **Schmerzhaft oder Hypoästhesie** • Die Haare sind ± traktionsresistent (können ausfallen). • <u>Vitropression</u>: Die darunter liegende Haut verändert sich nicht wesentlich.	• Hypertrophe **Narbenbildung** ± Kelloid (eine spontane Epidermisierung ist nicht mehr möglich) • Heilungsdauer: 3-5 Wo • <u>Therapie</u> - Chirurgische Therapie
Dritten Grades	**ALLE HAUTSCHICHTEN** • Die Epidermis ist vollständig betroffen. • Umliegende Gewebe können ebenfalls mit betroffen sein. - **Nicht schmerzhaft** - Trockene Läsionen • Die Haare fallen bei Traktion aus. • <u>Vitropression</u>: Die darunter liegende Haut verändert sich nicht.	• Hypertrophe **Narbenbildung** ± Kelloid • I.d.R. keine Spontanheilung mehr möglich (ausser bei kleinen Hautdefekten) • Therapie - Chirurgische Therapie

Tabelle 2: Die 3 Verbrennungsgrade.

Hosp: • Situationen, die eine Verlegung in ein spezialisiertes Zentrum verlangen:
1. Verbrannte Körperoberfläche:
   - TBSA ≥ 25 % vom Typ 2.°
   - oder: TBSA ≥ 10 % vom Typ 3.°
2. Tiefe Verbrennung einer «Risikozone»:
   - Gesicht, Augen
   - Hände, Füsse
   - Perineum
3. Verbrennung bei Trauma
4. Elektrische Hochspannungsverbrennung
5. Verbrennung bei Inhalation
   - Elemente, die für eine Inhalation sprechen:
     - Verbrennungen des Gesichts und des Halses
     - Unfall in geschlossenen Räumen
     - Explosion
     - Komatöser Patient

Vorg: **A. Spitalhygiene**

Vorg: • Isolierung
• Chirurgische Asepsis:
  - Sterile Handschuhe für jeden Kontakt
  - Mütze + Maske

B. Verbrennung bei Inhalation

Vorg: • Überwachen der Stimme (rauhe Stimme, Stridor)
• Bestimmung der Carboxy-Hb-Konzentration (COHb, s. 108) in der ersten ABGA

C. Intubationskriterien

Ind: A. Absolute Intubationskriterien:
- Verbrennung im HNO-Bereich
- Hoher Vd. auf Inhalationssyndrom (siehe Pt. 5 unter «Hosp:» oben) oder akute Ateminsuffizienz
- Bewusstloser Patient

B. Relative Intubationskriterien:
- Schwergradige Verbrennung mit TBSA ≥ 50 %
- Komplizierte Verbrennung bei:
  - Trauma
  - Hämodynamischer Instabilität

D. Hydratation

Allg: • Flüssigkeitsersatz der Wahl sind Kristalloide:
  - NaCl 0.9 % (isotonisch)
    oder:
  - Ringer-Lactat
• Keine Glukose perfundieren!

> **Für die PRAXIS:**
> **Eine Flüssigkeits-Überreanimation soll verhindert werden**, denn dadurch erhöht sich das Risiko eines Kompartiment-Syndroms und verschlimmert die Verbrennung durch Ödembildung. Die initiale Flüssigkeitsgabe, entsprechend der PARKLAND-Formel, soll in der prähospitalitären Phase nicht überschritten werden!

Vorg: • Je nach TBSA (s. 72) wird folgende Hydratation vorgeschlagen:
  - TBSA < 15 % → Eine Hyperhydratation ist nicht notwendig.
  - TBSA ≥ 15 % → Der Flüssigkeitsbedarf der ersten 24 h wird mit der **PARKLAND-Formel** berechnet:

Flüssigkeitsbedarf [mL/24 h] = 4 mL x KG [kg] x % TBSA (s. 72)

Erklärung der PARKLAND-Formel:
- 50 % der infundierten Flüssigkeitsmenge sollen während der ersten 8 h verabreicht werden, die restlichen 50 % während der folgenden 16 h.
- <u>Beispiel</u>: Patient 70 kg, TBSA 20 %
  24 h-Flüssigkeitsbedarf = 4 mL x 70 kg x 20 % = 5.6 L
  ☛ Initial: 2.8 L NaCl 0.9 % über 8 h **IV** perfundieren, dann 2.8 L über 16 h.

• Flüssigkeitsmenge erhöhen bei:
  - Diurese < 1 mL/kg/h
  - Schwere, persistierende Blutkonzentration mit Hk ≥ 0.50
  - Hypernatriämie

E. Venöse Zugänge

Vorg:
- 1 oder 2 periphere Venenzugänge (18G) im gesunden Gewebe einlegen. Die verbrannten Zonen sollen vermieden werden!
- Jeder venöse Zugang = Infektionsrisiko!
- Zentralvenenkatheter erst NACH der Dusche im Verbrennungs-Zentrum legen, wenn zugewartet werden kann!

F. Magensonde

Ind:
- Alle Patienten mit einer TBSA > 20 %
- Verbrennung des Gesichts
- Intubierte Patienten

G. Blasenkatheter

Ind:
- Alle Patienten mit einer TBSA > 30 %
- Intubierte Patienten

H. Frühzeitige enterale Ernährung

Vorg:
- Die Ernährung soll spätestens 12 h nach dem Unfall verabreicht werden.
- Die enterale Ernährung soll vorsichtig eingesetzt werden bei:
  - Schwerer elektrischer Verbrennung
  - Schwerem Abdominaltrauma mit Läsion des Magen-Darm Traktes

I. Tetanus

Vorg:
- Tetanus Auffrischimpfung, siehe S. 802

K. Analgesie

Bsp:
- Morphin in Perfusor 2-8 mg/h **IV**
  oder:
- Ketamin
  - 10-20 mg-weise **IV** Bolus bis zum gewünschten Effekt
  - Anschliessend evtl. Perfusor 10-150 mg/h **IV** (bei Bedarf auch höher)

L. Sedation

Bsp:
- Midazolam in Perfusor 2-5 mg/h **IV**

M. Lokaltherapie von Hautläsionen

Bsp:

a) Hyaluronsäure + Sulfadiazin (in Deutschland nicht erhältlich)
- IALUGEN Plus® Creme oder Kompressen
  → *V.a. bei kleinem Oberflächenbefall einsetzen*
  - Hyaluronsäure hat eine entzündungshemmende Wirkung und beschleunigt die Bildung von Granulationsgewebe, was die Vernarbung und die Epithelisierung von Verletzungen begünstigt.
  - Sulfadiazin ist antibakteriell wirksam (GRAM-pos und -neg; inkl. *P. aeruginosa* und *Enterobacter pyogenes*) sowie antimykotisch.

b) Öl in Wasser Emulsion (in Deutschland nicht erhältlich)
- BIAFINE®
  - Verhinderung des Austrocknens der Wunde.
  - Einfluss auf die frühen Phasen der Epithelisierung, Begünstigung der Fibroblastenproliferation und der Bildung von Granulationsgewebe.

c) Sulfadiazin (siehe Kommentar unter IALUGEN Plus®, oben)
- FLAMMAZINE® Creme
  → *V.a. bei grossem Oberflächenbefall einsetzen*

d) Evtl. sterile silikonisierte Binden
- MEPITEL®

e) Evtl. Fettgaze

N. Kortikoide - Prophylaktische AB-Therapie?

Allg:
- Kortikoide sind bei Verbrennungen nicht indiziert.
- Keine AB-Prophylaxe (Resistenzbildung)!

Maligne Hyperthermie (MH)[1,2] [T88.3]

Allg:
- Die maligne Hyperthermie (MH) ist eine seltene, akute, lebensbedrohliche, autosomal dominant vererbte Muskelerkrankung.
- Die MH wird durch halogenierte, volatile Anästhetika (ausser N_2O) und depolarisierende Muskelrelaxantien (Succinylcholin, s. 67) getriggert.
  Einige Beispiele:
  - Succinylcholin
  - Cyclopropan
  - Decamethonium
  - Desfluran, Enfluran
  - Halothan, Isofluran, Sevofluran, u.a.
- Inzidenz während Allgemeinanästhesien (d.h. im Gebrauch von Triggersubstanzen):
  - Kinder/Adoleszenten......1/15'000
  - Erwachsene ....1/50'000 bis 1/150'000
- Pathophysiologie
  - Unkontrollierte Kalzium Freisetzung durch den RYANODIN-Rezeptoren (MG-Gen auf Chromosom 19 lokalisiert), was verschiedene biochemische Energie produzierende Stoffwechselwege aktiviert und sich wie folgt manifestieren kann:
    — Multiorganversagen
    — Rhabdomyolyse
    — Hyperkaliämie
    — Hyperthermie
    — Schwere Azidose

Klin:
- **Tachykardie**
- **Skelettmuskelrigidität**
  - Typischerweise Masseterspasmus nach Succinylcholingabe
- **Hyperthermie**
  - Meist ein sehr spätes Zeichen!
  - Die Körpertemperatur kann 1-2°C pro 5 min ansteigen!
  - Nach einer Hyperthermie-Krise sind Rezidive während 24-36 h möglich.

Dg:
- Die Diagnose der MH wird klinisch gestellt.
- Standardisiertes *Screening* für MH
  Ind:
  - Status nach MH-Episode (= sog. «Indexpatienten»)
  - Familienangehörige von Indexpatienten

  Vorg:
  - Koffein-Halothan-Kontrakturtest mit 2 g quergestreifter Muskulatur (Sensitivität > 97-99 %, Spezifität 80-95 %)

DD:
- Thyreotoxische Krise, s. 742
- Malignes Neuroleptika-Syndrom, s. 78
- Phäochromozytom
- Iatrogene Überwärmung
- Sepsis
- Drogenintoxikation (z.B. Kokain, Exstasy)
- Hypoxische Enzephalopathie

Lab:
- Hyperkapnie (sensitivstes und frühestes Zeichen, jedoch unspezifisch)
- Azidose (gemischt metabolisch und respiratorisch)
- Hyperkaliämie
- Bei Rhabdomyolyse:
  - CK-Anstieg
  - Myoglobinurie
- Fibrinogen ↓ (Risiko einer DIC, s. 920)

Vorg:
1. **Stopp aller möglichen Triggersubstanzen**
2. **Analgosedation mit Nicht-Triggersubstanzen weiterführen**
   Bsp:
   - Benzodiazepine
   - Propofol
   - Fentanyl
   - Nicht-depolarisierende Muskelrelaxantien, s. 67
3. **Hyperventilation**
   Vorg:
   - FiO_2 100 % und Atemminutenvolumen erhöhen um eine Normokapnie zu erreichen
   - Verdampfer entfernen
   - Hoher Frischgasfluss
   - Atemsysteme und Absorberkalk wechseln

1 Denborough M. Lancet 1998 ;3 ;352:1131-6. 2 Ali SZ, et al. Res Clin Anaesthesiol 2003;17 :519-33.

4. Dantrolen

Gal: • DANTROLEN® Durchstechfl 20 mg

Allg: • Dantrolen, als Kalziumantagonist, ist die einzige spezifische Therapie der MH.
- • Wirkungsbeginn nach 2-3 min
- • HWZ: 10-12 h

Dos: • 20 mg Dantrolen in 60 mL sterilem Wasser auflösen (kräftig schütteln, da schwer löslich!)

a) Initiale Dosis: 2.5 mg/kg KG **IV**.
- Je nach Klinik, alle 5-10 min mit 2 mg/kg wiederholen
- Maximaldosis 10 mg/kg KG (= ca. 20-40 Durschstechfl)

b) Rezidivprophylaxe (in allen Fällen):
- 1 mg/kg alle 4-8 h während 24-48 h (bis 25 % Rezidive innerhalb 24-36 h!)

NW: • Schwindel
- • Negativ inotrop, Arrhythmie (in Komb. mit anderen Ca-Antagonisten: AV-Block)

5. Kühlen des Patienten

Vorg: • Eiskalte Infusionen infundieren
- • Eispakete in Leiste, Axilla legen
- • Nasogastrische Lavage mit Eiswasser
- • Stopp Kühlung bei Körpertemperatur von 38.5°C

6. Bei Arrhytmien

Vorg: • KEINE Kalziumblocker einsetzen (erhöht das Arrhythmierisiko!)

Th: • Mögliche Antiarrhythmika: Procainamid, Lidocain
- • Je nach Klinik: elektrische Kardioversion oder Defibrillation, S. 122

7. Verlaufskontrollen

Vorg: • IPS-Überwachung für mind. 36 h
- Kontinuierliche mechanische Beatmung
- Monitoring: PiCCO-Technologie (S. 49) oder Pulmonaliskatheter (S. 46)
- Meldung an eine entsprechende Monitoring-Gruppe:
  - -- In Europa ......www.wmhg.org
  - -- In Amerika......www.mhaus.org

• Engmaschige Laborkontrollen:
- ABGA
- Elektrolyte, CK, INR/Quick, aPTT
- Myoglobin im Blut und im Urin
- Nierenfunktion. CAVE: bei Rhabdomyolyse besteht das Risiko einer akuten Niereninsuffizienz infolge nephrotoxischer Wirkung des Myoglobins.

«Sichere» Medikamente im Falle einer malignen Hyperthermie

Narkotika
- Alle nicht-depolarisierenden Muskelrelaxantien (S. 67)
  - Atracurium, Cisatracurium, Mivacurium, Pancuronium, Rocuronium, Vecuronium
- Lachgas
- Intravenöse Anästhetika
  - Propofol
  - Benzodiazepine
  - Barbiturate
  - Thiopental
  - Ketamin
  - Etomidat
- Vasopressoren
  - Adrenalin, Noradrenalin, Dobutamin u.a.
- Lokalanästhetika
  - Bupivacain
  - Lidocain
- Opioide
  - Morphin, Fentanyl, Remifentanil, Alfentanil, Codein, Pethidin, Sufentanil, Tramadol u.a.

Andere Medikamente
- Betablocker
- Droperidol (DHBP)
- Naloxon
- Nitrate
- NSAR
- Paracetamol

Malignes Neuroleptika-Syndrom (MNS)[1] [G21.0]

Allg:
- Das MNS ist eine idiosynkratische, lebensbedrohliche Komplikation nach Therapie mit antipsychotischen Medikamenten, wie:
  - Haloperidol
  - Phenothiazin
  - Lithium
- Die meisten MNS-Episoden sind selbstlimitierend, sobald verursachende Medikamente gestoppt sind. Die mittlere Erholungszeit nach Medikamentenstopp beträgt 7-10 Tage.
- Inzidenz: 0.01-0.02 % Neuerkrankte pro Jahr

Urs:
- Unklar (thalamische Dopamin-Blockierung?)

Klin:
1. Autonome Dysfunktion
   - Hämodynamische Instabilität
     -- Tachykardie
     -- Massive BD-Schwankungen (SBD zw. 180 und 40 mmHg)
   - Dyspnoe
   - Inkontinenz
2. Extrapyramidale Dysfunktion
   - Katatonie
   - Generalisierte schwere Muskelrigidität
   - Pseudo-Parkinsonismus
3. Hyperthermie
4. Aufmerksamkeitsstörung, Bewusstseinsstörung

Dg:
- MNS ist meist eine Ausschlussdiagnose. Sie ist schwierig von anderen extrapyramidalen NW-Profilen der Antipsychotika zu unterscheiden.
- Ausschluss anderer möglicher Diagnosen, siehe «DD:»

Ein MNS besteht wahrscheinlich bei Vorhandensein von:
- 3 Hauptkriterien oder
- 2 Hauptkriterien + 2 Nebenkriterien

Hauptkriterien
- Fieber
- Rigor
- Labor: CK-Anstieg

Nebenkriterien
- Tachykardie
- Pathologische arterielle Blutdruckwerte
- Bewusstseinstrübung
- Massive Diaphorese
- Leukozytose

DD:
- Infektiöse Erkrankungen
  - Meningitis, Enzephalitis, Sepsis, Hirnabszess u.a.
- Neurologische oder psychische Erkrankungen
  - Agitiertes Delir
  - Nicht-konvulsiver Status epilepticus u.a.
- Medikamentöse oder toxische Einwirkungen
  - Zentral anticholinerges Syndrom, S. 1177
  - Maligne Hyperthermie
  - Serotonin-Syndrom, S. 1223
  - Substanzen-Abusus, Entzugssyndrom u.a.
- Endokrinopathien
  - Thyreotoxische Krise, Phäochromozytom u.a.
- Umwelteinwirkungen: Hitzschlag u.a.

Lab:
- Leukozytose
- CK ↑

Th:
1. Neuroleptika stoppen
2. Symptomatische Therapie
2.1. Rehydratation. In der Akutphase meist grosszügig (Kristalloide, S. 1321)
2.2. Dopaminerge Medikamente
- Bromocriptin: PRAVIDEL® Tabl 2.5, 5, 10 mg
  - PO: 2-3x 2.5 mg/d PO; Maximaldosis 40 mg/24 h
- Amantadin: PK-MERZ® Tabl 100 mg; Inf. Lös (200 mg/500 mL)
  - PO: 1-2x (max. 3x) 100 mg/d PO
  - **IV**: 1-2 (max. 3x) 200 mg **IV** über 3 h

  Cave: EKG-Verlaufmonitoring zur QT-Intervall Überwachung

2.3. Dantrolen: Initial 2.5 mg/kg **IV** Bolus; dann Erhaltungsdosis 1 mg/kg/24h **IV** für 6 h

1 Strawn JR, et al. Am J Psychiatry 2007 ;164 :870-6.

Elektrounfall [T75.4]

Allg:
- Elektrischer Strom wird zur Gefahr ab einer Intensität von > 80 mA.
- Der menschliche Körper hat einen Widerstand von ca. 1000 Ohm (Ω), kann bei nasser Haut aber deutlich tiefer sein.

For: **Strom [Ampere] = Spannung [Volt] / Widerstand [Ω]**

Bsp: Patient hat Kontakt mit einer Spannungsquelle von 230 Volt:
→ 230 Volt/1000 Ω = 0.23 A (**230 mA**)

Klin:
- Die Klinik kann sich, je nach Energiequelle, sehr unterschiedlich präsentieren.
- **Hochvoltunfälle (> 1'000 V)**
  - Schwere Verbrennungen
  - Die tiefen Gewebeschäden sind von aussen nicht immer sichtbar!
  - Befall des Nervensystems. Akute zirkulatorische Insuffizienz
  - Hohe Mortalität (bis zu 30 %)
- **Blitzunfälle**
  - Verursachen häufiger stumpfe Traumata

Für die PRAXIS:
- Bei Herz-Kreislaufstillstand muss die Reanimationszeit verlängert werden (Späterfolge).
- Das Vorhandensein einer Mydriasis muss NICHT eine irreversible zerebrale Läsion bedeuten!
- Das Risiko von Komplikationen bei Niedervoltunfällen ist bei normalem Eintritts-EKG gering.
- Ein Elektroinfall darf NIE unterschätzt werden, denn tiefe Gewebeschäden sind von aussen nicht immer sichtbar!

Stromintensität	Klinik - Bemerkungen
1 mA	Empfindungsschwelle (beinahe nicht spürbar)
3-5 mA	«Loslass-Strom» für ein Kind
6-9 mA	«Loslass-Strom» für einen Erwachsenen
16 mA	Maximaler Strom, bei welchem eine Person noch loslassen kann
16-20 mA	Skelettmuskel Tetanie
20-50 mA	Atemmuskellähmung, Atemstillstand
50-100 mA	Risiko für ventrikuläres Flimmern (VF)
> 2 Amp	Asystolie
10-30 Amp	Entspricht den gewöhnlichen Haussicherungen
240 Amp	Maximaler Hausstrom in den USA

Lab:
- Blut:
  - Rhabdomyolyse: CK (↑), K^+ (↑), Ca^{2+} (↓), Phosphat (↑), Troponin (↑)
  - Metabolische Azidose (gibt den Schweregrad der Läsion an): ABGA, Laktat
- Urin:
  - Myoglobinurie (Rhabdomyolyse)

Kpl:
- Arrhythmien, akute zirkulatorische Insuffizienz
- Akutes Nierenversagen (Gefahr bei CK-Werten über 20'000 E/L!)
- Logensyndrom

Th:
1. **Rettung**

   1.1. **Niedervoltunfälle**
   - Patienten NICHT berühren, bis dass der Strom unterbrochen ist!!
   - Wenn der Unterbrecher nicht zu finden ist, sind folgende Massnahmen notwendig:
     - Isolierung des Bodens mittels trockenem Gegenstand
     - Verschiebung des Opfers aus der Gefahrenzone mit isolierenden Handschuhen und mit Hilfe eines trockenen Hilfsmittels (z.B. Stangen) aber NICHT mit Metallgegenständen (kein Regenschirm oder Metallstab!)
     - Falls notwendig: **Reanimation nach A-B-C-D**, siehe **BLS** S. 3, 4

   1.2. **Hochvoltunfälle**
   - Annähern max. auf 10 m, um Spannungsüberschläge zu vermeiden.
   - Abschaltung der Stromquelle und Prüfung der Spannungsfreiheit durch Fachperson

2. **Symptomatische Therapie entsprechend der Klinik**

   2.1. Intensive Hydratation (Vorbeugen einer akuten Niereninsuffizienz)
   - Kristalloide (S. 1321): Ringer-Lactat, NaCl 0.9 %

   2.2. Kontrolle/Therapie einer eventuellen Dyselektrolytämie

   2.3. Rhythmusmonitoring je nach Schweregrad

3. **Tetanus (Auffrischimpfung)**, siehe S. 802

Hypothermie[1-3]

Def: **Hypothermie = Kerntemperatur (Rektum, Blase, Ösophagus) ≤ 35.0°C**

Kerntemperatur	Schweregrad	Klinik
32.2 - 35.0°C	**Leichte Hypothermie**	• Patient bei Bewusstsein • Tachypnoe • Tachykardie • Bronchospasmus, Bronchorrhoe • **Schüttelfrost vorhanden!**
28.0 - 32.1°C	**Mittelschwere Hypothermie**	• Somnolenz • Bradypnoe, Bradykardie • Arrhythmie • **Schüttelfrost oft fehlend!**
< 28.0°C	**Schwere Hypothermie**	• Art. Hypotonie • Koma, Apnoe, Scheintod • Areaktive Mydriasis • **Schüttelfrost fehlend!**

Tabelle: Hypothermie und Klinik.

Klin:
1. Wirkung auf das ZNS
   - Bei Kerntemperaturen < 32°C sind die mentalen Prozesse verlangsamt und die Fähigkeit, einen Schüttelfrost zu entwickeln verschwindet. Die Sehnenreflexe sind vermindert.
   - Bei Kerntemperaturen < 28°C wird oft ein komatöser Zustand beobachtet.
   - Während der Erwärmungsmanöver bei schweren Hypothermien kann eine pontine Myelinolyse aufreten!
2. Kardiovaskuläre Störungen
   - Verminderung des kardialen Schlagvolumens und der Herzfrequenz
   - EKG-Veränderungen, siehe unten
   - Kerntemperaturen und Arrhythmierisiko:
     - < 32°C ......Erhöhtes Risiko von malignen Arrhythmien
     - < 30°C ......Erhöhtes Risiko von ventrikulärem Flimmern
3. Respiratorische Störungen
   - Progrediente Verminderung der Atemzugvolumina
4. Renale Störungen (manchmal zu beobachten)
   - Hypothermie induzierte Diurese
   - Tubuläre Urinkonzentrationsdefekte

EKG:
- Initiale Bradykardie mit T-Welleninversionen und QT-Verlängerung

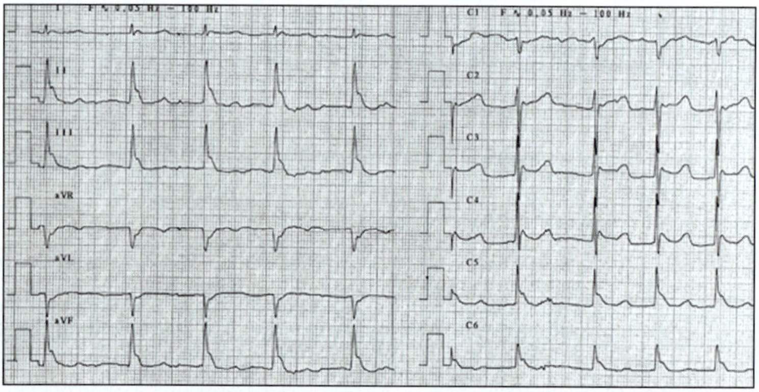

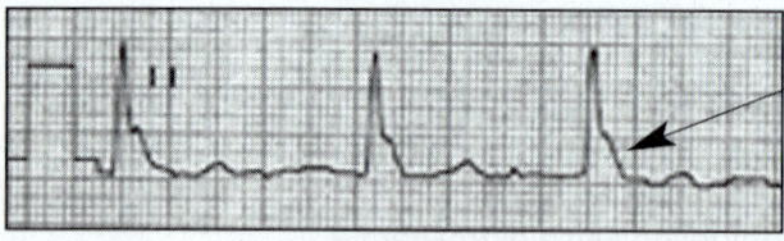

J-Welle (nach OSBORN, oder *camel-hump sign*): Dieses Zeichen ist v.a. in den Abl. DII und V6 sichtbar (dieses EKG ist von einer 75-jährigen Patientin mit einer Kerntemperatur von 27°C)

1 Danzel F. N Engl J Med 1994 ;331 :1756-60. 2 Lazar HL. N Engl J Med 1997 ;337 :1545-7 3 Goodenberger D. In: The Washington Manual. Lippincott Williams & Wilkings 1998 ; p. 498-501.

Lab: Blut: • Grundbilanz:
- Blutbild, INR, aPTT
- Na^+, K^+, Ca^{2+}, Mg^{2+}, Phosphat
- Blutzucker
- Kreatinin, Harnstoff, ALAT, ASAT, p-Amylase, CK
- ABGA

• Spezifische Untersuchungen:
- Fibrinogen ↓ (Risiko einer DIC, S. 920)
- *Activating clotting time (ACT)* = im Vollblut zu bestimmender Gerinnungstest, der bei Hypothermie verlängert ist.
- Suche nach Toxinen

Urin: • Myoglobin
• Suche nach Toxinen

Th: ■ **Hämodynamisch stabile Patienten**

Vorg: • Passive Erwärmung
- Das Zimmer und das Bett wärmen
- Aluminiumdecke installieren
- Überwachung

☛ Erwärmungsgeschwindigkeit ca. **0.5-1°C/h**

Bem: • Bei eingeschränkter Kreislaufreserve, siehe CAVE unten «Für die PRAXIS»!

■ **Hämodynamisch instabile Patienten**

Vorg: • Aktive Erwärmung.
- Die aktive Erwärmung kann eine paradoxe Azidose, eine Hyperkaliämie, sowie eine Verminderung der Kerntemperatur hervorrufen (das kalte, periphere Blut wird zentralisiert)!

☛ Erwärmungsgeschwindigkeit ca. **1-3°C/h**

• Sauerstoff erwärmen (40-45°C)
• Periphere Infusion: NaCl 0.9 % (40°C) 1000 mL/h Perfusion

Bem: • Bei eingeschränkter Kreislaufreserve, siehe CAVE unten «Für die PRAXIS»!

■ **Kardiovaskulärer Kollaps**

Vorg: • Therapie gleich wie die aktive Erwärmung (siehe Punkt 2.)
• Zusätzlich: Peritoneale und/oder Blasen- und/oder Magen-Lavage mit:
- Kristalloiden (NaCl 0.9 % oder Ringer-Lactat): 10-15 mL/kg/h (40-42°C)

■ **Asystolie**

Vorg: • REANIMATION + extrakorporelle Zirkulation
• Die extrakorporelle Zirkulation kann auf 2 verschiedene Arten appliziert werden:
a) Peripher (femoro - femoral)
b) Chirurgisch (Aorta - rechter Vorhof)

■ **Maschinelle Beatmung**, S. 64

Allg: • Bei eingeschränkter Kreislaufreserve kann das Kältezittern den O_2-Verbrauch mehrfach steigern, was eine erhebliche Belastung des Kreislaufsystems darstellt. Manchmal ist eine Beatmung mit Muskelrelaxierung notwendig, S. 67.
• Einstellungen: tiefe Atemfrequenz mit einem Minutenvolumen, welches pro Grad Celcius unter 37.0°C um 10 % zu reduzieren ist.

Für die PRAXIS:

• Bei fehlendem peripherem Puls und vorhandenem «organisiertem» EKG-Rhythmus soll KEINE kardiopulmonale REANIMATION (CPR, S. 3) durchgeführt werden, denn das Fehlen des Pulses kann durch eine massive Vasokonstriktion erklärbar sein. Die CPR kann hier ein ventrikuläres Flimmern auslösen!
• Ist eine REANIMATION notwendig, soll diese «verbissen» durchgeführt werden - sie kann einige Stunden dauern (Späterfolge sind möglich).
• Grundsatz

Niemand ist tot, so lange er nicht WARM und TOT ist!
Ausnahme: Serumkalium $\geq$ 12 mmol/L: hier ist das Überleben = 0 %!

Prog: • Prognostisch schlechte Faktoren sind:
- Hyperkaliämie > 10 mmol/L (Therapie S. 1386 ff)
- Verlängerte ACT (je nach Messmethode, ca. > 400-500 sek)
- Plasma-pH < 6.5

Bem: • Das Einlegen eines A. pulmonalis-Katheters wird nicht empfohlen (Arrhythmierisiko)! Alternative: PiCCO-Technologie, S. 49

Rhabdomyolyse [M62.8]

Allg:
- Die Rhabdomyolyse ist durch eine Muskelnekrose charakterisiert, welche intrazelluläre Substanzen in die Blutbahn freisetzt.

Urs:
- Trauma (inkl. *Crush-Syndrom*)
- Bei verlängerter Immobilisierung (z.B. Patienten, welche nach einem Hirnschlag längere Zeit liegen bleibt)
- Nach chirurgischen Eingriffen
- Starke körperliche Aktivität (CK-Erhöhung bis 130'000 E/L, d.h. bis 1000x den Normwert)
- Schwerer Asthmaanfall
- **Muskel-Kompartiment-Syndrom** (traumatisch, ischämisch)
  Das Kompartiment-Syndrom in den Muskellogen wird auch «Logensyndrom» genannt:
  - Es handelt sich um die Schädigung von Muskulatur und Nerven, hervorgerufen durch Gewebsminderperfusion infolge Drucksteigerung im Gewebe.
  - Lokalisation: Unterschenkel (Tibialis-anterior-Syndrom), seltener am Unterarm (evtl. mit der Folge einer VOLKMANN-Lähmung).
- Generalisierte Epilepsie
- Elektroschock
- Maligne Hyperthermie, S. 76
- Malignes Neuroleptika-Syndrom, S. 78
- Infektiös
  - Virose (Influenza, Coxsackie, EBV, CMV, HIV u.a.)
  - Malaria u.a.
- Toxisches Schock-Syndrom, S. 42
- Elektrolytstörungen
  - Hypo-/Hypernatriämie
  - Hypokaliämie
  - Hypophosphatämie
  - Hypokalzämie
- Hypothyreose, Hyperthyreose (selten)
- Entzündliche Myopathien
  - Dermatomyositis
  - Polymyositis
- Medikamentös/toxisch
  - Statine, Fibrate
  - Indinavir, Zidovudin
  - Chinolone: Ofloxacin, Levofloxacin u.a.
  - Propofol-Infusions-Syndrom
  - Perazin
  - Colchicin
  - Alkoholabusus
  - Kokain, Heroin, Amphetamine u.a

Klin:

I. Milde Rhabdomyolyse
- Asymptomatisch
- Myalgie
- Pigmenturie (Myoglobinurie): der Urin hat einen «Cola-Aspekt» ab einer Myoglobinuriekonzentration > 250 µg/mL

II. Mittel- und schwergradige Rhabdomyolyse
- Muskelschwäche
- Schwere Elektrolytstörungen:
  -- Hyperkaliämie
  -- Hyperphosphatämie
  -- Hypokalzämie
- Akute Niereninsuffizienz, S. 620

Lab:
- Blut
  - CK ↑, K^+ ↑
  - Ca^{2+} ↓, Phosphat ↑, ASAT ↑
  - Hyperurikämie (Freisetzung von Purinen durch die lysierten Mastozyten)
- Urin
  - Myoglobinurie (Myoglobin ist schon während der ersten 12 h nephrotoxisch)

Kpl:
- Niereninsuffizienz (frühzeitige nephrotoxische Wirkung des Myoglobins)
- Elektrolytstörungen
  - Hyperkaliämie (infolge Myolyse)
  - Hyperphosphatämie (infolge Myolyse)
  - Hypokalzämie (infolge Kalziumablagerung im betroffenen Muskel, Verminderung der ossären Aktivität des PTH).
- Muskelödem (infolge Flüssigkeitsverschiebungen)

Th: **1. Kausaltherapie**

Für die PRAXIS:
Aktive Suche eines Kompartiment-Syndroms, welches ein chirurgischer Notfall ist und eine sofortige Fasziotomie erfordert!

2. Behandlung der Elektrolytstörungen
- K^+ ↑, Ca^{2+} ↓, Phosphat ↑

3. Hydratation
- Ziel: Nierenfunktion erhalten!
  - NaCl 0.9 % ca. 2.5 mL/kg/h (= 3-6 L/24 h, je nach kardiovaskulärem Zustand!)
  - Ziel der Diurese: ≥ 100 mL/h

4. Bicarbonat
- Alkaliner Urin (Urin-pH > 6.5) fördert die Myoglobinausscheidung und vemindert somit deren nephrotoxische Wirkung.
- Dosierung des $NaHCO_3$
  - Initial 1 mmol $NaHCO_3$/kg KG über 20 min **IV**, dann je nach Urin-pH (Ziel > 6.5)

Dekompressions-Krankheit (DCS) [T70.3]

Syn: • Caisson-Krankheit

Allg: • Schwere Tauchunfälle sind bei Sporttauchern selten (Europa: 1/10'000 Tauchgänge).
• Bei autonomen Tauchgängen im Taucheranzug steigt der Druck der eingeatmeten Luft mit zunehmender Tauchtiefe (1 Atmosphäre/10 m).
• Der Sauerstoff wird metabolisiert, aber die inerten Gase, wie z.B. der Stickstoff, akkumulieren sich je nach Tauchdauer in den Geweben (man spricht von der «Saturation»).
• Das Nichteinhalten der Auftauch- bzw. Dekompressionszeiten erlaubt es den akkumulierten Gasen in den Geweben nicht, zu den Alveolen transportiert zu werden (man spricht von «Desaturation»). Daraus resultiert eine Gasbildung in Form von Bläschen (ähnlich dem Ausperlen von CO_2 in einer Flasche Mineralwasser, welche vor dem Öffnen noch geschüttelt wird....).
• Todesursachen:[1]
  - Ertrinken (ca. 40 %)
  - Lungenbarotrauma (ca. 15 %)
  - DCS II (ca. 15 %)
  - Kardiale Ursache (ca. 10 %)
  - Traumata (ca. 10 %)

Klas: • Man unterscheidet 2 Typen von Dekompressions-Krankheiten (DCS):
1. DCS Typ I: Leitsymptom «Osteo-arthro-muskuläre Schmerzen»
2. DCS Typ II: Leitsymptom «Neurologische Symptomatik»

Klin: **I. <u>DCS Typ I</u>** (benigne Form)

Allg: • Die Symptome treten nach dem Auftauchen und bis 8-24 h später auf.
• Die muskuloskelettalen Schmerzen entstehen meist infolge lokaler Raumforderungen durch Stickstoffblasen, die eine Mediatorenausschüttung mit entzündlicher Reizsymptomatik verursachen.

Klin: • Pruritus
• Ameisenlaufen («**Taucherflöhe**»)
• Violette Pappeln («**Moutons**»)
• Osteo-arthro-muskulärer Befall («***Bends***»):
  - Arthralgien: Schulter > Hüfte > Knie > Ellbogen
  - Sehnenschmerzen
  - Dysbarische Osteonekrose (= aseptische Nekrose). Bei vorhandenen «***Bends***» muss eine bildgebende MR-Abklärung zwischen 15 und 60 Tagen nach dem Vorfall stattfinden.
• Extreme Müdigkeit, Abgeschlagenheit

Th: 1. Intensive Überwachung während 12-24 h
2. Normobare O_2-Therapie (FiO_2 100 %) bei «**Moutons**», nicht aber bei «**Taucherflöhen**»
3. Hyperbare O_2-Therapie in der Überdruckkammer («Wassertiefe 18 m»):
   Ind: • Konsilium:
     - Osteo-arthro-muskulärer Befall
     - Evtl. bei Vorhandensein von «**Moutons**»
   Vorg: • Siehe s. 85

II. <u>DCS Typ II</u> (maligne Form)

Allg: • Die Symptome treten während des Auftauchens und bis 2 h danach auf.
• Der DCS Typ II zeigt zusätzlich zu den möglichen Symptomen einer DCS Typ I noch einen Befall des:
  - zentralen und/oder peripheren Nervensystems
  - des kardiopulmonalen Systems.

Klin: • Labyrinthärer Befall («***Staggers***»): Schwindelgefühl, Nausea, Erbrechen u.a.
• ZNS-Befall
  - Hemiplegie, Tetraplegie, Befall der Hirnnerven (s. 570)
  - Myoklonien, Konvulsion, Koma
  - Dezerebration (tonische Streckkrämpfe der Beine, oft gleichzeitig mit Streck- oder Beugekrämpfen der Arme und Opisthotonus)
  - Dekortikation (Beugesynergismen der Arme)
• Medulla-Befall
  - Parästhesien
  - Harnretention
  - Sensorische Ataxie
  - Paresen, Querschnittsyndrome u.a.
• Akute pulmonale Hypertonie, kardiovaskuläre Kollapsgefahr (infolge arteriell-pulmonaler Obstruktion durch Gasbildung); hier spricht man von «***Chokes***».
• Wenn die Menge der Gasbullae die Filterkapazität der Lungen überschreitet, können zerebrale Gasembolien Ausdruck eines rechts-links *Shunts* sein.

1 South Pacific Unterwater Med Soc 1989 ;19 :94-104

Th: **1. Allgemeine Massnahmen**
- Stopp aller körperlichen Aktivitäten. Körperlage: links lateraler Dekubitus
- Bei Atemnot: TRENDELENBURG Lage
- Der Patient soll gegen die Kälte geschützt werden (abtrocknen, bedecken).
- Hydrierung je nach Klinik (Euvolämie):
  - Oral (1000 mL Wasser in 30-45 min trinken lassen)
  - Parenteral (Kristalloide oder Kolloide, S. 1321): 500-1000 mL/1 h **IV**
  - Keine Glukose perfundieren (***CAVE***: Hirnödem)
- Nicht empfohlen: Kortikoide, Acetylsalicylsäure

2. Normobare O_2-Therapie
- Beim Warten auf die Rekompression in der Druckkammer wird O_2 mit hoher O_2-Konzentration (FiO_2 100 %) über eine Maske verabreicht.
- Das Zeitintervall soll so kurz wie möglich gehalten werden (1-3 h), um die mechanische Wirkung der Bullae zu reduzieren.

3. Rettung organisieren
- Es gibt keine prinzipielle Präferenz für ein bestimmtes Transportmittel:
  - Schnell und schonend!
  - Falls Helikoptertransport: so tief wie möglich fliegen.

4. Druckkammer

Allg:
- Die hyperbare Sauerstofftherapie ist die einzige kausale Therapie beim DCS.
- Wo befinden sich die Druckkammern?
  - Schweiz: ....REGA ☏ **1414**
  - Deutschland: ....DAN Hotline ☏ **0431/54090**

Vorg:
- Empfohlene Erstmassnahmen der aufnehmenden Klinik vor geplanter Rekompressionsbehandlung in einer Druckkammer:
  1. Neurostatus
  2. Ausschluss eines Pneumothorax:
     - Thoraxröntgen (2 Ebenen) oder Thorax-CT
  3. Falls Pneumothorax: Legen einer Drainage, S. 342
  4. Blasenkatheter bei Blasenentleerungsstörungen
  5. Kontinuierliche *Cuff*-Messung bei intubierten Patienten

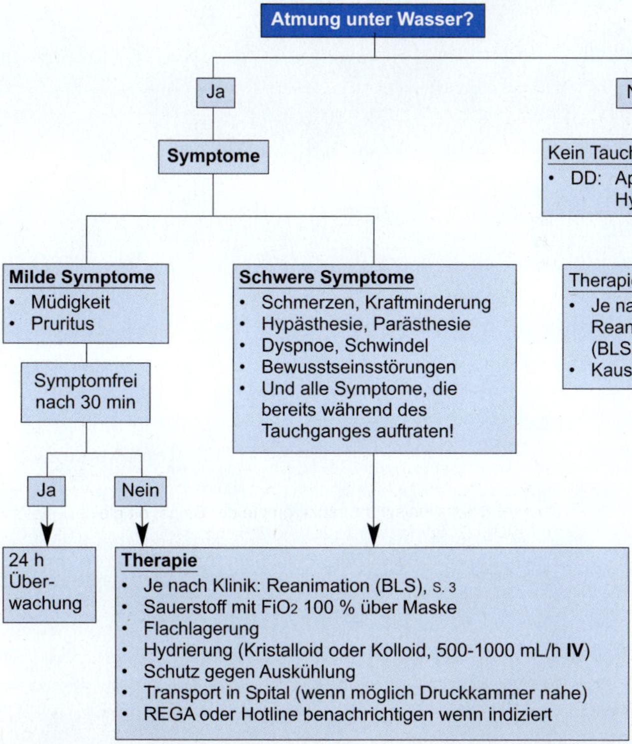

Algorithmus bei Tauchunfällen.[2]

2 Angepasst nach: Schröder S, et al. In: Der Anästhesist. Springer Medizin Verlaf 2004.

INTOXIKATIONEN

Notruf 112

Berlin

- Giftnotruf Berlin
  Beratungsstelle für Vergiftungserscheinungen und Embryonaltoxikologie
  Spandauer Damm 130, D-14050 Berlin
  Tel.: +49 (0)30 / 19240
- Universitätsklinikum Rudolf Virchow
  Abt. Innere Medizin mit Schwerpunkt Nephrologie und Intensivmedizin
  Augustenburger Platz 1, D-13353 Berlin
  Tel.: +49 (0)30 / 450- 53555 und -53565

Bonn

- Informationszentrale gegen Vergiftungen
  Rheinische Friedrich-Wilhelms-Universität, Zentrum für Kinderheilkunde
  Adenauerallee 119, D-53113 Bonn
  Tel.: +49 (0)228 / 287- 3211 und -3333

Erfurt

- Gemeinsames Giftinformationszentrum der Länder Mecklenburg-Vorpommern, Sachsen, Sachsen-Anhalt und Thüringen
  Nordhäuser Strasse 74, D-99089 Erfurt
  Tel.: +49 (0)361 / 73073- 0

Freiburg

- Universitätskinderklinik, Informationszentrale für Vergiftungen
  Mathildenstrasse 1, D-79106 Freiburg
  Tel.: +49 (0)761 / 19240 (Notfall)

Göttingen

- Giftinformationszentrum-Nord
  Georg-August-Universität,
  Robert-Koch-Strasse 40, D-37075 Göttingen
  Tel.: +49 (0)551 / 38- 3180

Homburg/Saar

- Informations- und Beratungszentrum für Vergiftungsfälle an den Universitätskliniken, Klinik für Kinder- und Jugendmedizin
  D-66421 Homburg/Saar
  Tel.: +49 (0)6841 / 19240 und 16- 8315

Kassel

- Untersuchungs- und Beratungsstelle für Vergiftungen
  Karthäuserstrasse 3, D-34117 Kassel
  Tel.: +49 (0)561 / 9188- 320

Leipzig

- Universitätsklinikum, Toxikologischer Auskunftsdienst
  Härtelstrasse 16-18, D-04107 Leipzig
  Tel.: +49 (0)341 / 97 24 666

Mainz

- Beratungsstelle bei Vergiftungen
  Johannes-Gutenberg-Universität, II.
  Langenbeckstrasse 1, D-55131 Mainz
  Tel.: +49 (0)6131 / 19240 und 232467
  Fax: +49 (0)6131 / 176605

Mönchengladbach

- Toxikologische Untersuchungsstelle
  Wallstrasse 10, D-41061 Mönchengladbach
  Tel.: +49 (0)2161 / 8194- 0

München

- Giftnotruf und Mobiles Gegengift-Depot, Toxikologische Abteilung der II.
  Ismaninger Strasse 22, D-81675 München
  Tel.: +49 (0)89 / 19240

Nürnberg

- Toxikologische Intensivstation, II. Medizinische Klinik, Städtisches Krankenhaus Nürnberg
  Nord. Flurstrasse 17, D-90419 Nürnberg
  Tel.: +49 (0)911 / 398- 2451

Oberhausen

- Mobiles Gegengift-Depot der Berufsfeuerwehr
  Brücktorstrasse 30, D-46047 Oberhausen
  Tel.: +49 (0)208 / 8585- 1 und 19222

Schwandorf

- Mobiles Gegengift-Depot der Freiwilligen Feuerwehr
  Eltmannsdorfer Strasse 30a, D-92421 Schwandorf
  Tel.: +49 (0)9431 / 4440

Wien

- Vergiftungsinformationszentrale, Allgemeines Krankenhaus Wien
  Währinger Gürtel 18-20, A-1090 Wien
  Tel.: +43 (0)1 / 406- 4343

Indikationen der Antidota

Intoxikation/Indikation	Antidot
Acetaminophen (Paracetamol), S. 114	N-Acetylcystein (NAC)
Amanita phalloides, S. 117	Silibinin, S. 117
Amiodaron	Colestyramin
Amphetamin, Amphetamin- magnesiumartige Substanzen	Phentolamin
Anticholinerges Syndrom (zentral), S. 1177	Physostigminsalicylat
Anticholinerge Symptome (peripher), S. 1177	Neostigmin
Antidepressiva (trizyklische), S. 96	Natriumhydrogenkarbonat, Magnesium
Arsen	N-Acetylcystein, S. 114
Benzodiazepine (inkl. Zolpidem, Zopiclon), S. 102	Flumazenil, S. 102
Betablocker, S. 104	Glukagon
Blei	Calcium-dinatrium-EDTA ($CaNa_2$-EDTA), DMSA (Dimercaptosuccinic acid, Kaps 100 mg)
Carbamate	Atropin, S. 188
Chloroform	N-Acetylcystein
Coumarine (orale Antikoagulantien)	Vitamine K (Phytomenadion)
Digitalis, S. 105	Atropin, Colestyramin, Digitalis-Antikörper
Eisen, S. 106	Deferoxamin
Ethylenglykol, S. 93	Fomepizol, Ethanol 96 %, Kalzium
Extrapyramidale Symptome (bei Neuroleptika, Antihistaminika, Antiemetika)	Biperiden
Fluoride, Flusssäure	Kalziumgluconat
Flusssäure (äusserlich)	Kalziumgluconat-Hydrogel
Hydrazin, Monomethylhydrazin	Pyridoxin (Vitamin B6)
Hyperthermie (maligne), S. 76	Dantrolen
Isoniazid	Pyridoxin (Vitamin B6)
Iod	Natriumthiosulfat
Kalziumantagonisten, S. 107	Kalzium, Glukagon, Insulin/Glukose
Kokain, S. 110	Magnesium, Phentolamin
Lithium	Polystyrolsulfonat, (Natrium-, Kalzium-)
Methämoglobinämie (> 30 %), S. 118	Methylenblau
Methanol	Fomepizol, Ethanol 96 %
Nikotin	Atropin
Opioide, S. 112	Naloxon
Oxalsäure	Kalzium
Paracetamol (Acetaminophen), S. 114	N-Acetylcystein (NAC)
Phalloides-Syndrom, S. 117	Silibinin

Intoxikation/Indikation	Antidot
Phosphorsäure-Ester	Atropin, Obidoxim
Quecksilber	DMPS
Radionuklide	Calcium-dinatrium-EDTA ($CaNa_2$-EDTA), DMSA, DMPS
Schäumende Produkte	Simeticon
Schwermetalle	Calcium-dinatrium-EDTA ($CaNa_2$-EDTA), DMSA DMPS
Sulfonylharnstoffe, S. 1226	Octreotid, S. 415, 1166
Tetrachlorkohlenstoff	N-Acetylcystein
Thallium	Eisen-III-Hexacyanoferrat (Berlinerblau)
Torsade de pointes, S. 126	Magnesium
Zyanide, S. 118	Amylnitrit, 4-DMAP, Hydroxocobalamin, Natriumthiosulfat, S. 118

DMSA = Dimercaptosuccinic acid, Kaps 100 mg
DMPS = Dimercaptopropansulfonat, Kaps 100 mg

Intoxikationen: Allgemeine Informationen

1. Allgemeinmassnahmen: «A — B — C»

A Prüfen und befreien der Atemwege:
- **Aspiration, Orophargyngealkanüle, endotracheale Intubation**

B Oxygenierung: SaO_2 > 90 %

C Venöser Zugang
- **Bei art. Hypotonie: NaCl 0.9 % bolusweise IV verabreichen**
- **Monitoring: EKG, BD, Puls, Atemfunktion**

2. Primäre Dekontamination (Ziel: Unterbrechung der Giftresorption)

2.1. Aktivkohle (einmalige Gabe; siehe auch sekundäre Dekontamination, s. 91)

Allg:
- Die Verabreichung von Aktivkohle als Suspension (keine Kohle-Tabletten!) ist die beste Massnahme zur Verhinderung der gastrointestinalen Giftresorption.

Ind:
- Schwere Intoxikation innerhalb der ersten 2 h (Ausnahme: ASS, später, s. 94).

KI:
- Noxen, die nicht an Aktivkohle adsorbieren:
  - Alkohole: Ethanol, Methanol, Ethylenglykol u.a.
  - Metalle (Lithium, Eisen u.a.)
  - Organische Lösungsmittel
  - Starke anorganische Säuren und Laugen

Vorg: Durchführung
1. Schluck- und Würgereflexe MÜSSEN vorhanden sein (CAVE: Aspiration!), andernfalls muss der Patient für die Verabreichung intubiert werden.
2. Die Aktivkohle als wässrige Suspension trinken lassen (keine Kohle-Tabletten) oder besser per Magensonde.
3. Dosierung: 50-100 g Aktivkohle (1 g/kg KG)
4. Die zusätzliche Verabreichung eines Laxativums ist nicht notwendig.

NW:
- Aspiration, Obstipation, Verklumpungsgefahr

2.2. Magenspülung (wird, wegen den Kontraindikationen, kaum mehr durchgeführt)

Allg:
- Bei bewusstseinsgetrübten Patienten MUSS vorgängig intubiert werden!
- Keine Magenspülung bei Patienten, die sich dagegen wehren!
- In der Praxis ist der intoxizierte Patient selten in der Lage, eine adäquate Zustimmung geben zu können. Der Arzt kann in dieser Situation nach seinem Gutdünken entscheiden, ob eine Magenspülung indiziert ist.

Ind:
- **Innerhalb einer Stunde** nach Einnahme einer grossen Menge einer potenziell gefährlichen Noxe (Ausnahme: ASS, auch nach mehreren Stunden, s. 94).

KI:
- Lange Latenzzeit (Ausnahme: ASS) nach Noxeneinnahme
- Gastrointestinale Blutungen
- Vergiftung mit Ätzstoffen, flüchtigen Kohlenwasserstoffen oder krampfauslösenden Giften
- Epilepsie
- Kreislaufinstabilität, Arrhythmie
- Bewusstseinsstörungen

Kpl:
- Broncho-Aspiration, Laryngospasmus
- Hypoxie, Hyperkapnie
- Perforation
- Hyponatriämie infolge Wasserintoxikation
- Hypothermie, s. 80

Vorg: Durchführung
- Absaugvorrichtung, evtl. Intubation bereitstellen (Aspirationsprophylaxe)
- Patient in linker Seitenlage, Kopftieflagerung
- Markierung der richtigen Länge des Magenschlauches (Durchmesser 36-40 F für Erwachsene, 24-28 F für Kinder)
- Gleitmittel, orales Einführen (ohne Gewalt!), Positionskontrolle durch Luftinsufflation (im Epigastrium auskultieren: .... glu....glu...glu)
- Spülflüssigkeit (**38°C**): Wasser oder NaCl 0.9 %; bei kalter Flüssigkeit besteht das Risiko einer Hypothermie! Bei Kindern ausschliesslich NaCl 0.9 % benutzen. Spülung bilanzieren (Wasserintoxikationsrisiko)
- Ein- und Ausleiten von **200-300 mL** Aliquots (Kinder 10 mL/kg KG). Die erste Portion ist für analytische Zwecke zu asservieren.
- Beendigung: wenn die Spülflüssigkeit klar zurückkommt.
- Im Anschluss an die Magenspülung soll immer Aktivkohle (durch den Magenschlauch, vor dessen Zurückziehen) verabreicht werden, ausser bei Noxen, welche durch Aktivkohle nicht adsorbiert werden, siehe oben.
- Eine endoskopische Tablettenentfernung ist bei Einnahme von grossen Tabletten oder bei Verdacht auf Bezoar (Verklumpung) indiziert.

2.3. Gastroskopische Tablettenentfernung

Allg: • Die Gastroskopie kann als Alternative zur Magenspülung, z.B. bei Einnahme von Retard Präparaten (innerhalb von 1 bis 2 h nach Einnahme), erfolgen.

2.4. Orthograde Darmspülung

Allg: • Dieses Verfahren ist eine aufwändige, aber wirksame Primärdekontamination.

Ind: • Orale Ingestion einer potenziell gefährlichen Menge oder Art von Noxen, die:
- nicht an Aktivkohle adsorbieren (Eisen, Lithium u.a.)
- oder nur langsam freigesetzt werden (Retardpräparate).

• Orale Ingestion von Retardpräparaten oder Intoxikation mit massiven Mengen
• Evtl. auch Spätfälle (Noxen befinden sich schon im Dünndarm)

KI: • Verminderte Darmpassage (Ileus, Subileus)
• GI-Blutung, Darm- oder Magenperforation, Peritonitis
• Hämodynamische Instabilität

NW: • Nausea, Erbrechen, Bauchkrämpfe, Aspiration

Vorg: Durchführung
• Spülung (mit z.B. ENDOFALK®) vorzugsweise per Magensonde (siehe «Magenspülung», S. 90) verabreichen.
• Während der Prozedur Magengeräusche auskultieren.
• Dosis: 1-2 L/h (bei Kindern < 5 Jahre: 50-250 mL/kg KG/h)
• Beendigung: bei klarem rektalem Efflux (dauert ca. 4 h)
• ± Aktivkohle: eine Gabe VOR und eine Gabe NACH dem Prozedere.

3. Sekundäre Dekontamination (Ziel: Beschleunigung der Elimination der Giftstoffe)

3.1. Aktivkohle

Allg: • Beschleunigung der Elimination durch Unterbrechung des entero-enteralen und entero-hepatischen Kreislaufes (*Trapping* der Noxe im Darmlumen). Die Dauer der sekundären Dekontamination mit Aktivkohle hängt von der HWZ der Noxe ab.

Ind: • Gut dokumentierte Evidenz bei folgenden Intoxikationen:
- Carbamazepin, Theophyllin, Phenobarbital, Chinin und Dapson.

• Kontroverse Evidenz bei folgenden Intoxikationen:
- Acetylsalicylsäure, Amitriptylin, Dextropropoxyfen, Digoxin, Digitoxin, Disopyramid, Nadolol, Phenylbutazon, Phenytoin, Piroxicam, Sotalol

• Unwirksam bei folgenden Intoxikationen:
- Chlorpropamid, Doxepin, Imipramin, Meprobamat, Methotrexat, Valproinsäure, Tobramycin, Vancomycin und Noxen, die nicht an Aktivkohle adsorbieren (siehe «Primäre Dekontamination», S. 90).

• Allenfalls: Schwere Intoxikationen von oben nicht erwähnten Substanzen.

Vorg: • Siehe unter «Primäre Dekontamination», S. 90
• Wiederholte Verabreichung, solange relevante Giftstoffe im Körper sind.

Dos: • 1 g/kg KG dann 0.25-0.5 g/kg KG alle 1-4 h je nach Verträglichkeit‡

3.2. Alkalische Diurese (Bicarbonat + Kalium)

Allg: • Schwache Säuren sind im alkalischen Urinmilieu ionisiert und können nicht ins renale Interstitium zurückdiffundieren → Vervielfachung der renalen Ausscheidung. Die Flüssigkeitsüberladung (forcierte Diurese) wird nicht mehr praktiziert.

Ind: • Schwere Vergiftungen mit Salicylaten oder Phenobarbital
• Rhabdomyolyse

KI: • Hypervolämie (z.B. Lungenödem)

Vorg: ■ **Bicarbonat,** siehe auch S. 94, 96

Allg: • <u>pH Zielwerte:</u> ■ Urin: 7.5-8.0; ■ Blut: < 7.55

Dos: • Bicarbonat ($NaHCO_3$ 8.4 %: 100 mmol in 1000 mL G 5 % zu 250 mL/h **IV**), dann wird die **IV**-Infusion dem Urin-pH angepasst (Ziel: 7.5-8.0).

Dann zusätzlich:

■ **Kalium**

Allg: • Das Risiko einer Hypokaliämie ist gross! Kalium soll selbst bei normalen Serumkaliumwerten **IV** verabreicht werden (wegen erhöhten renalen Kaliumverlusten und intrazellulärem Shift, entsteht ein massiver Kaliummangel).

Dos: • **20 mmol K^+ in 1 Liter NaCl 0.9 % IV über 3-6 h** (über ZVK oder peripher).
• **<u>NIEMALS KALIUM IV-Bolus verabreichen</u>** → IMMER unter EKG-Monitoring!!
• Laborkontrolle der anderen Elektrolyte alle ca. 2 h.

■ **Hydratation**

Allg: • Ziel: Euvolämie.
• VORSICHT bei älteren Personen und bei bestehender Herz-, Nieren-, u/o Leberinsuffizienz!

‡ Die AACT/EAPCCT Position statements[1] empfehlen eine Dosis von minimal 12 g/h, am besten kontinuierlich. Da dies aber selten durchführbar ist, wird unter Anpassung der Einzeldosis ein entsprechendes Dosisintervall gewählt.

1 American Academy of Clinical Toxicology (AACT), European Association of Poisons Centers and Clinical Toxicologists (EAPCCT). J Toxicol Clin Toxicol 1999 ;37 :731-51.

3.3. Hämodialyse / Hämoperfusion

Allg: • Gut dialysierbar sind gut wasserlösliche Noxen mit niedrigem Molekulargewicht, kleinem Verteilungsvolumen und geringer Plasmaeiweissbindung. Bei hoher Plasmaeiweissbindung ist die Hämoperfusion zu erwägen (selten durchgeführt).

Ind: • Schwere Vergiftungen mit Lithium, toxischen Alkoholen (Methanol, Ethanol, Ethylenglykol).
• Limitierte Wirkung bei Phenobarbital, Theophyllin, Acetylsalicylsäure

Bem: • Zur Therapie des toxischen Permeabilitätslungenödems (nicht-kardiogener Ursache!) ist die Hämodialyse unwirksam!

Intoxikationen einiger spezifischer Substanzen und Antidota

Allg: Folgende Substanzen werden speziell behandelt:

Alkohol bzw. Ethanol-Intoxikation [T51.8]

Allg:
- Die vollständige Absorption von Alkoholen (v.a. im Dünndarm) dauert 30-60 min.
- Konversionen: 1 ‰ Alkohol (Ethanol) = 22 mmol/L = 100 mg/dL = 1 g/L
- Molekulargewicht von Alkohol (Ethanol): 1 mmol Ethanol = 46.07 mg
- 1 Bier (3.3 dL) ≅ 10-13 g Alkohol (Ethanol) = 90 kcal
- Geschätzter Alkoholspiegel:
  - Der höchste Alkoholspiegel wird 30 min bis 3 h nach Einnahme des letzten Getränkes erreicht.
  - Nach Genuss von: 1 Glas Wein (1.25 dL), 0.5 dL Alkohol 40 % oder 3 dL Bier, steigt der Alkoholspiegel um 0.15-0.25 g/L (15-25 mg/dL bzw. 0.13 ‰) an.
- Schätzung des Alkoholkatabolismus: ~ 3 mmol/h (0.13 g/L/h oder 0.13 ‰/h)

Klin: Der klinische Schweregrad ist dosisabhängig. Hier einige Beispiele:

Klinik	Alkoholserumspiegel [mmol/L; ‰, mg/dL]		
Ataxie	> 22 mmol/L	> 1 ‰	> 100 mg/dL
Verwirrtheitszustand	> 44 mmol/L	> 2 ‰	> 200 mg/dL
Atemdepression, Atemstillstand	> 88 mmol/L	> 4 ‰	> 400 mg/dL

Lab:
- Grundbilanz, speziell auf den Blutzucker achten (Hypoglykämie?)
- ABGA (metabolische Azidose?)
- Alkoholserumspiegel
- Plasmaosmolalität
- Osmotische Lücke (OL) [mmol/L] = Osmolalität (gemessen) - Osmolalität (berechnet)§
  - Die OL ist vergrössert, wenn Substanzen vorhanden sind, welche die plasmatische Osmolalität erhöhen, wie z.B. Mannitol, Methanol, Ethylenglykol, Ethanol.

Th: Grundmassnahmen: «A — B — C»

A Prüfen und befreien der Atemwege:
- **Aspiration, Oropharyngealkanüle, endotracheale Intubation**

B Oxygenierung: SaO_2 > 90 %

C Venöser Zugang + Vitalparameter. Bei art. Hypotonie: NaCl 0.9 % IV Bolus

Spezifischere Massnahmen und Antidot

1. Indikation einer maschinellen Beatmung in Erwägung ziehen (z.B. bei Bewusstseinsstörungen)
2. Hämodialyse (bei absolut vitalen Situationen erwägen)
3. Vitamin B1 (Thiamin)
   - 100-250 mg **IV**, IMMER vor jeglicher anderer Infusion (siehe Erklärung, S. 561)!
4. Intensive Hydratation: 40-60 mL/kg/24 h **IV**
   - Vorsicht bei folgenden Patienten:
     - Ältere Patienten
     - Vorhandensein von Herz-, Nieren oder Leberinsuffizienz
5. Laborkontrollen
   - Na^+, K^+
   - Blutzucker (Hypoglykämie?)
   - Phosphat
     - Einer allfälligen Hypophosphatämie muss vorgebeugt werden (S. 1406). Es besteht das Risiko eines *Refeeding*-Syndroms, S. 1409.
6. Verlaufskontrollen
   - Überwachung des Patienten bis der Alkoholserumspiegel unter 22 mmol/L (< 1 ‰) fällt. Erst dann kann der Patient entlassen werden. Das soziale Umfeld muss mit einbezogen werden.
   - Sich versichern, dass der Patient von einem nüchternen Erwachsenen begleitet wird.

Bem: Eine **Magenspülung** und die Aktivkohle sind bei alleiniger Alkohol-Intoxikation NICHT indiziert, denn die intestinale Absorption von Alkohol geschieht sehr schnell.

Für die PRAXIS:
- Das Risiko eines Delirium tremens ist nach 2-4 Tagen Abstinenz am grössten (S. 1180).
- Nicht vergessen: Gabe von Vitamin B1 und erst dann grosszügig hydrieren.

§ Osmolalität = 2 x Na^+ [mmol/L] + (Blutzucker [mg/dL] x 0.055) + Harnstoff [mmol/L] oder vereinfacht: 2x (Na^+ + K^+)

Acetylsalicylsäure-Intoxikation (z.B. ASPIRIN®) [T39.0]

Allg: • HWZ im Rahmen einer Überdosierung: 18-36 h! Konversion: 1 mg/L = 6.25 µmol/L

Klin: • Milde Symptome:
- Nausea, Erbrechen
- Tinnitus
• Kopfschmerzen
• Hypakusis
• Fieber
• Hyperthermie (schlechte Prognose beim Erwachsenen)
• Hyperpnoe
• Atemdepression
• Nicht kardiogenes Lungenödem
• Epilepsie
• Koma
• Klassifizierung des Schweregrades bei Intoxikation mit Acetylsalicylsäure

- Mittelschwer	150-300 mg/kg KG	(~ 15 g) eingenommene ASS
- Schwer	300-500 mg/kg KG	(~ 30 g) eingenommene ASS
- Gravierend	> 500 mg/kg KG	(**> 35 g**) eingenommene ASS

Lab: • Blutstatus
• Na^+, K^+, Harnstoff, Kreatinin
• Blutzucker
• aPTT, INR
• ABGA
• Serumspiegel der Salicylsäure:
- Eine Serumspiegelbestimmung 6 h nach Einnahme genügt, denn die ASS-Resorption im Dünndarm kann verzögert sein. Eine Verminderung des ASS-Serumspiegels muss nicht unbedingt «klinische Verbesserung» heissen, kann aber Ausdruck einer Vergrösserung des Verteilungsvolumens sein, welche durch die progressive Azidämie zu Stande kommt und deshalb eine Verschlechterung des Zustandes bedeutet!
- Der ASS-Serumspiegel hat diagnostischen Wert. Er soll aber weder zur Beurteilung des Schweregrades, noch zur Therapieeinleitung der ASS-Intoxikation dienen!

Th: Grundmassnahmen: «A — B — C»

A **Prüfen und befreien der Atemwege:**
– **Aspiration, Oropharyngealkanüle, endotracheale Intubation**

B **Oxygenierung: SaO_2 > 90 %**

C **Venöser Zugang + Vitalparameter. Bei art. Hypotonie: NaCl 0.9 % IV Bolus**

Spezifischere Massnahmen und Antidot

1. Magenspülung oder endoskopische Tablettenentfernung
   Ind: • Siehe S. 90
   • Bei Intoxikationen mit grossen Mengen von ASS kann die Magenentleerung wegen **Pylorusspasmus** verzögert sein. Eine Magenspülung kann deshalb auch noch später als 1 h nach Aufnahme wirksam sein.
   Bem: • Bei schwerer Intoxikation kann zusätzlich zur Magenspülung eine endoskopische Tablettenentfernung durchgeführt werden.
2. Aktivkohle, siehe S. 90
3. Wasserhaushalt:
   Allg: • Ziel: Euvolämie anstreben.
   • Eine Diurese von 1-2 mL/kg/h ist akzeptabel.
4. Bicarbonat: «Azidose & Alkalische Diurese»
   Ind: ▪ Bicarbonat zur Korrektur der metabolischen Azidose
   Ind: • pH < 7.2
   und/oder:
   • Bicarbonat < 15 mmol/L
   ▪ Bicarbonat zur alkalischen Diurese (Ziel pH: 7.5-8.0)
   Allg: • Der alkalische Urin beschleunigt die renale Ausscheidung von ASS (wirksamste Methode, um die renale Salicylatausscheidung zu fördern).
   Ind: • Klinisch signifikante Salicylatintoxikation
   • Salicylat Serumspiegel > 2.5 mmol/L
   • Urin-pH < 7.0 (Ziel pH: 7.5-8.0)
   Vorg: • Siehe S. 91, 1311
5. Alkalinisierung des Urins
   Ind: • Die Alkaninisierung des Urins ist nur erforderlich, wenn die Korrektur der Azidose notwendig ist (siehe Pt. 4.).
   Vorg: • Siehe S. 91

6. Normokaliämie anstreben
7. Hämodialyse

Ind: a) Akute Intoxikation
- Serumspiegel der Salicylsäure > 7.5 mmol/L; aber je nach Klinik kann eine Hämodialyse auch bei tieferen Werten begonnen werden!
- Klinische Verschlechterung trotz optimaler alkalischer Diurese
- Niereninsuffizienz
- Schwere, therapierefraktäre Azidose
- Akutes Lungenödem, S. 232
- ARDS, S. 60
- Koma, S. 54

b) Chronische Intoxikation
- Verwirrtheitszustand
- Metabolische Azidose

Bem: • Das Nomogramm von DONE wird nicht diskutiert. Es gibt fälschlicherweise eine lineare Kinetik des Salicylats an und die Interpretation ist in zahlreichen Situationen beschränkt:
- Galenische Retard- oder magensaftresistente Formen *(enterocoated)* von ASS
- Metabolische Azidose (der Serumspiegel der Salicylate ändern mit dem pH!)
- Einnahme von Methylsalicylat
- Niereninsuffizienz u.a.

Trizyklische Antidepressiva-Intoxikation - Antidot: Bicarbonat [T43.0]

Allg: • Die Absorption der trizyklischen Antidepressiva ist infolge anticholinerger Wirkung verlangsamt (4-8 h).

Klin: • Leichtgradige Toxizität
- Benommenheit
- Konfusion
- Mydriasis
- Harnverhalt
- Tachykardie

• Schwere Toxizität
- Maligne Arrhythmie (Risiko bei QRS > 100 ms)
- Konvulsionen (Risiko bei QRS > 100 ms)
- Agitation
- Koma

• **Antidot = Bicarbonat**

EKG: • R-Amplitude > 3 mm in aVR (Sensitivität 81 %[1]). Dies ist der beste prognostische Parameter, um das arrhythmische und konvulsive Risiko abzuschätzen.

• QRS-Komplexe > 100 ms
- Erhöhte Krampfgefahr
- Erhöhte Gefahr von malignen Arrhythmien

• QT-Verlängerung (Risiko von Torsade de pointes)

Th: <u>Grundmassnahmen: «A — B — C»</u>

A Prüfen und befreien der Atemwege:
– **Aspiration, Oropharyngealkanüle, endotracheale Intubation**

B Oxygenierung: SaO_2 > 90 %

C Venöser Zugang + Vitalparameter. Bei art. Hypotonie: NaCl 0.9 % IV Bolus

<u>Spezifischere Massnahmen und Antidot</u>

1. Maschinelle Beatmung erwägen, siehe auch S. 64
2. Magenspülung oder gastroskopische Tablettenentfernung (S. 91) + Aktivkohle (S. 90)
3. Orthograde Darmspülung bei Einnahme von hohen Dosen Retardpräparate (z.B. SAROTEN®Retard), siehe S. 91
4. **Antidot: Bicarbonat und weitere Therapieoptionen je nach Klinik**

4.1. Art. Hypotonie

Vorg : a) Schnelle Volumengabe: 500-1000 mL NaCl 0.9 % **IV** (oder Ringer-Laktat)
b) Bicarbonat (falls refraktär nach Volumengabe). Dosierung, siehe Pt. 4.2.
c) Noradrenalin, falls therapierefraktär nach a) und b), S. 21, 1214

4.2. Ventrikuläre Arrhythmien und/oder QRS > 100 ms

Vorg: • <u>Bicarbonat</u> (= Antidot):

Dos: • 1 mmol/kg KG **IV** in Kurzinfusion über 5 min.
Bei Bedarf wiederholen bis:
- eine klinische Verbesserung
- oder ein pH (Blut) von 7.45-7.55 erreicht ist.

Bem: • Bicarbonat erhöht die Plasmaeiweissbindung und reduziert den Anteil wirksamer Trizyklika.
• ADRENALIN®, falls notwendig, muss um 50 % dosisreduziert werden, denn die Wirksamkeit von ADRENALIN® ist bei Trizyklika-Intoxikationen erhöht.
• Bicarbonat darf nur bei Patienten mit adäquater Atmung angewendet werden (Gefahr einer massiven Alkalose).
• NW von Bicarbonat:
- Hypokaliämie (durch intrazellulären Shift)
- Massive Alkalose bei intubierten, hyperventilierten Patienten
- Extrazelluläre Hypervolämie (da im Bicarbonat Natrium enthalten ist: $Na\text{-}HCO_3$)
• Antiarrhythmika der Klasse IA sollen vermieden werden (z.B. Procainamid)

4.3. Polymorphe ventrikuläre Tachykardie

Vorg: • Magnesiumsulfat 0.5-1.5 g **IV** in Kurzinfusion (einmalige Gabe)
• Siehe auch S. 126

4.4. Bradyarrhythmien, AV-Block

Vorg: • Siehe Algorithmus «Bradykardie» S. 7

4.5. Koma / Apnoe

Vorg: • Intubation + maschinelle Beatmung

[1] Liebelt EL, et al. Ann Emerg Med 1995 ;26 :195-201.

- Hyperventilation NUR wenn kein Bicarbonat verabreicht wird (beide zusammen induzieren eine massive Alkalose).
  - Ziel-pH (Blut): 7.45-7.55

4.6. Periphere anticholinerge Symptome (z.B. Ileus)

Vorg: • Pyridostigmin 1-2 mg langsam **IV** unter kontinuierlicher Rhythmuskontrolle

Bem: • Physostigmin soll wegen möglicher Verstärkung der kardiotoxischen NW der Trizyklika NICHT verabreicht werden.

4.7. Konvulsionen

Vorg: • 1. Wahl: Benzodiazepin (Clonazepam, Diazepam, S. 562)
2. Wahl: Phenobarbital S. 565
• Azidose korrigieren (u.a. Laktat bestimmen)

Bem: • Phenytoin soll vermieden werden.

4.8. Elektrolytenkontrolle

Allg: • Speziell: vorbeugen einer Hypokaliämie, S. 1383 ff

Bem: • Die **endoskopische Dekontamination** hat keinen gesicherten Stellenwert. Sie liegt zur Zeit im Ermessen des behandelnden Arztes. Bei Einnahme von hohen Dosen Retardpräparaten (z.B. Amitriptylin SAROTEN® Retard) ist sie sinnvoll.

Für die PRAXIS:
Flumazenil ANEXATE® **ist bei Mischintoxikationen (Trizyklika + BDZ) kontraindiziert, denn falls es sich um eine Mischintoxikation mit BDZ handelt, wäre die epileptoprotektive Eigenschaft des Benzodiazepins aufgehoben!**

Th: Grundmassnahmen: «A — B — C»

A **Prüfen und befreien der Atemwege:**
– **Aspiration, Oropharyngealkanüle, endotracheale Intubation**

B **Oxygenierung: SaO_2 > 90 %**

C **Venöser Zugang + Vitalparameter. Bei art. Hypotonie: NaCl 0.9 % IV Bolus**

A. Orale Antikoagulantien mit Vitamin K-Antagonisten (VKA): Koumarine

A.1. Akute Überdosierung mit VKA bei nicht antikoagulierten Patienten

Allg:
- Bei nicht antikoagulierten Patienten führt eine einmalige Überdosis eines VKA kaum zu einer klinisch relevanten Gerinnungsstörung oder Blutung. Chronische Überdosierungen hingegen sind potenziell gefährlich!

Bsp:
- Acenocoumarol, Phenprocoumon, Warfarin, Fluindion

Th: **I. VKA Überdosierung ohne Blutung**
- Regelmässige Kontrollen der INR (Dauer je nach Kinetik des eingenommenen Präparates).
- Nur bei sehr hohen Dosen ist Vitamin K 10 mg (PO oder parenteral) indiziert.
- Es gibt keinen Grund, Vitamin K **intravenös** zu geben, es sei denn die INR sei bei Beginn schon erhöht (Gefahr des Hämatoms an der Injektionsstelle).

II. VKA Überdosierung mit Blutung

1. Frisch gefrorenes Plasma (FFP)
   Allg: • Eine Packung FFP (ca. 250 mL) benötigt 20 min, bis sie aufgewärmt ist und erhöht den Quick-Wert um ca. 10 %.
   Dos: • 1-2 Packungen FFP **IV** (10-15 mL/kg KG)
2. Antidot (es stehen 2 Antidota zur Verfügung)

VKA Antidota	Indikation - Dosierung - Bermerkungen
Vitamin K KONAKION® MM Amp 10 mg/1mL	Ind: • Blutungsrisiko oder Risiko einer Blutung infolge Mangel an Vitamin K-abhängigen Gerinnungsfaktoren Dos: • Siehe Tabelle 1 s. 99 NW: • Bei parenteraler Vitamin K-Gabe: - Zyanose, Bronchospasmus, art. Hypotonie Bem: • Die Wirkung von Vitamin K tritt erst nach 8-12 h ein! • Dosierungen > 10 mg sind wirksam, aber es besteht das Risiko einer späteren Resistenz gegenüber den VKA! • **Vitamin K** soll in folgenden Situationen **intravenös** verabreicht weden: - Schwere Intoxikationen (z.B. mit Rattengift, Brodifacoum, Difenacoum, Chlorophacinon) - Bei schweren Blutungen • Therapieende: stabiler INR (mit gewolltem Wert) während 48 h. ***CAVE***: Rebound Effekt bei Phenprocoumon! • Vitamin K ist bei Leberinsuffizienz nicht wirksam (da Ausfall der hepatischen Synthese der Gerinnungsfaktoren).
PROTHROMPLEX® TOTAL S-TIM 4	Allg: • PROTHROMPLEX® NF enthält Vitamin K-abhängige Gerinnungsfaktoren (II, VII, IX, X). Ind: • Intrakranielle Blutung • Volumen-Problematik, die die Zufuhr von FFP verunmöglicht Dos: • Hämato-Konsilium. Approximativ: → Delta Quick x KG [Kg] x 0.6 (= ca. 600-1200 IE **IV**) NW: • BD-Abfall, Thrombosen

A.2. Rattengifte (Coumarine, «Superwarfarine»)

Allg:
- Nach Einnahme von Rattengiften wird gleich gehandelt, wie nach Überdosierung mit oralen Vitamin K-Antagonisten.
- Die Therapie richtet sich nach der eingenommenen Dosis, welche oft nicht ausreicht um einen klinisch relevanten INR-Anstieg zu verursachen.

Th:
- Siehe Punkt A.1., S. 98
- Kontrollen der INR sind entsprechend der HWZ der Substanzen über sehr lange Zeit nötig:
  - Acenocoumarol ....10 h ....SINTROM® (in der CH)
  - Fluindione ....30 h ....PREVISCAN® (in Frankr.)
  - Warfarine.........................40 h ....COUMADIN®
  - Phenprocoumon ....160 h ....MARCOUMAR®

A.3. Chronische Überdosierung mit VKA bei antikoagulierten Patienten

Allg:

Für die PRAXIS:
- Chronische Überdosierungen einer Vitamin K-Antagonisten sind gefährlicher als eine akute Überdosierung beim nicht antikoagulierten Patienten.
- Eine Packung FFP (ca. 250 mL) erhöht den Quick um ca. 10 %.

Th:

INR-Werte und Klinik	Praktisches Vorgehen
▪ INR «supra-therapeutisch», aber: INR < 5 ohne klinische Blutung	• Dosierung der VKA reduzieren *und:* • Laborkontrollen
▪ INR **> 5 aber < 7** ohne klinische Blutung	• Nächste VKA-Dosis nicht geben *und:* • Vitamin K: 1-2 mg PO
▪ INR ≥ 7 ohne signifikante klinische Blutung	• Nächste VKA-Dosis nicht geben *und:* • Vitamin K: 2-5 mg PO (evtl. **SC** oder **IV** je nach Klinik) • Engmaschige Laborkontrollen - Wenn die INR nach 24 h hoch bleibt, kann Vitamin K (2-5 mg **IV** oder **SC**) wiederholt werden.
▪ INR ≥ **7 mit** klinisch signifikanter Blutung	• Nächste VKA-Dosis nicht geben *und:* • Vitamin K: 10 mg **IV** (max: 1 mg/min) *und:* • Frisch gefrorenes Plasma: - 1-2 Packungen **IV** (10-15 mL/Kg) *und:* • PROTHROMPLEX® NF, S. 98

Tabelle 1: Praktisches Vorgehen bei Überdosierung von Vitamin K-Antagonisten.

VKA = Vitamin K-Antagonisten (z.B. Acenocoumarol, Phenprocoumon, Warfarin)

B. Parenterale Antikoagulantien: Heparin, NMH und thrombolytische Substanzen

B.1. Heparin

Adot: Protamin

Gal:
- PROTAMIN® Valeant 1'000 (Amp 5 mL) neutralisiert 1'000 IE Heparin.
- PROTAMIN® Valeant 5'000 (Amp 5 mL) neutralisiert 5'000 IE Heparin.

Allg:
- Die Neutralisierung geschieht in 1-2 min.
- Die Wirkung von Protamin ist bei NMH vermindert.
- Die Wirkung der Antikoagulantien vom Coumarintyp wird durch Protamin nicht aufgehoben.

Ind:
- Schwere Blutung infolge Überdosierung von Heparin.

NW:
- Bei zentralvenöser Gabe: Risiko einer pulmonalen Hypertonie

Dos:
- Generell 50 % der zuletzt verabreichten Heparindosis
- Bei unbekannter Heparinkonzentration wird empfohlen, anfänglich nicht mehr als 1 mL Protamin 1'000 langsam **IV** zu verabreichen.
- Protamin ist nur so lange zu verabreichen, bis die Thrombinzeit wieder normalisiert ist.

Bsp:
- Patient hat irrtümlicherweise 50'000 IE Heparin **IV** erhalten.
  → 50 % x 50'000 IE = 25'000 IE.
  Der Patient erhält also 5 Amp PROTAMIN® Valeant 5'000 **IV** (jede Ampulle über 2-5 min). Protamin kann auch **IM** verabreicht werden.

B.2. Niedermolekulare Heparine (NMH)

Bsp:
- Dalteparin, Enoxaparin, Nadroparin, Tinzaparin

Allg:
- Es gibt kein spezifisches Antidot gegen die NMH.
- Protamin vermindert die Aktivität des Gerinnungsfaktors Xa um 60 % und kann deshalb verwendet werden.

B.3. Faktor Xa-Hemmer

Bsp:
- Fondaparinux, Danaparoid

Allg:
- Es gibt kein spezifisches Antidot gegen die Faktor Xa-Hemmer.
- Protamin vermindert die Aktivität des Gerinnungsfaktors Xa um 60 % und kann deshalb verwendet werden.

B.4. Thrombolytische Substanzen, S. 1306

Bsp:
- Alteplase, Reteplase, Tenecteplase

Allg:
- Es gibt kein spezifisches Antidot gegen die thrombolytischen Substanzen!

Th:
1. Kristalloide
   - NaCl 0.9 % oder Ringer-Lactat, S. 1321
2. Erythrozytenkonzentrate, siehe Kapitel «Bluttransfusionen», S. 907
3. Bei persistierender Blutung:
   - Frisch gefrorenes Plasma: 1-2 Pakete (10-15 mL/kg **IV**)
4. Bei persistierender Blutung oder bei einer Blutungszeit > 9 min:
   - Thrombozytenkonzentrate-Gabe **IV**
5. Tranexamsäure CYKLOKAPRON®
   - PO: 3x 500-1500 mg
   - **IV** (in der CH nicht erhältlich): 10 mg/kg **IV** alle 6-8 h

Benzodiazepine (BDZ) - Antidot: Flumazenil ANEXATE® [T42.4]

Allg:
- Wirkungsmechanismus der BDZ: Agonist der zentralen GABA-A Rezeptoren
- Die BDZ stellen die häufigste Ursache von Arzneimittelvergiftungen dar!
- Die Letalität der BDZ-Intoxikation ist gering (< 1 %):
- Zu lebensgefährlichen Atemdepressionen kommt es praktisch nur bei:
  - Kombinationsvergiftungen mit anderen Sedativa/Hypnotika (z.B. Alkohol, Opioide)
  - Zu rascher **IV**-Gabe des BDZ
- Die akute Toxizität der atypischen BDZ (Zolpidem, Zopiclon) ist geringer, als diejenige der typischen BDZ. Beide Intoxikationstypen werden aber gleich behandelt.

Klin:

1. Benzodiazepine

a) Zentralnervensystem
- Somnolenz, Sedation
- Ataxie
- Koma
- Sehstörungen
- Muskelhypotonie
- Verwirrtheit

b) Atemdepression (bei BDZ-Monointoxikation selten)
- Hypoventilation mit Hypoxämie
- Respiratorische Azidose
- Atemstillstand (bei zu rascher **IV**-Gabe des BDZ oder bei Mischintoxikationen)

2. Atypische BDZ: Zolpidem, Zopiclon

a) Zolpidem
- Schwindel, Erbrechen
- Bauchschmerzen
- Halluzinationen
- Faszikulationen, Tremor, Myoklonien
- Schluckstörungen
- Diplopie
- Somnolenz bis Koma
- Atemdepression

b) Zopiclon
- Erbrechen
- Amnesie
- Agitation
- Arrhythmien: Bradykardie, Tachykardie
- Art. Hypotonie
- Somnolenz bis Koma

Th:

Grundmassnahmen: «A — B — C»

A Prüfen und befreien der Atemwege:
- **Aspiration, Oropharyngealkanüle, endotracheale Intubation**

B Oxygenierung: SaO_2 > 90 %

C Venöser Zugang + Vitalparameter. Bei art. Hypotonie: NaCl 0.9 % IV Bolus

Spezifischere Massnahmen und Antidot

1. Aktivkohle, siehe S. 90. Magenspülung i.d.R. nicht indiziert.
2. Symptomatische Therapie

   Allg:
   - Aufrechterhaltung der Atmungsfunktion (SaO_2 > 90 %)
   - Hämodynamische Kontrolle: art. Zielmitteldruck > 60 mmHg, siehe S. 573

Für die PRAXIS:
- Falls es sich um eine Mischintoxikation, z.B. mit trizyklischen Antidepressiva handelt, würde die antikonvulsive Wirkung der BDZ aufgehoben und das Risiko eines Krampfanfalles ansteigen!!
- Es ist möglich, dass Flumazenil die, durch das BDZ verursachte Atemdepression, nicht vollständig behebt.
- Allenfalls auftretende Konvulsionen werden trotz der BDZ-Intoxikation wie üblich mit BDZ behandelt, siehe S. 562
- Die Wirkungsdauer von Flumazenil ist dosisabhängig. Eine erneute Sedation im Verlauf ist demzufolge möglich.

3. Antidot: Flumazenil ANEXATE® Amp 0.5 mg (5 mL)

Allg:
- Wirkmechanismus: Kompetitive Blockierung der GABA-A Rezeptoren
- Wirkungsbeginn: 30-60 sek
- Eliminations-HWZ: 50-60 min
- ☆ Schwangerschaft: Anwendung möglich (Klasse B)

Ind:
- Diagnose/Therapie von typischen und atypischen BDZ-Intoxikationen
- Allgemeinanästhesie induziert/aufrechterhalten durch ein BDZ

Dos: **I. Erwachsene**
- Initialdosis:
  - 0.2-0.3 mg in 30 sek **IV**
    - -- Klinische Wirkung während 30-60 sek abwarten.
    - -- Bei Bedarf, 0.1 mg **IV** alle Minuten wiederholen bis der Patient erwacht.
    - -- Wenn erfolglos nach 5 mg (= 10 Amp) Flumazenil, muss die Diagnose der BDZ-Intoxikation in Frage gestellt werden.
- Erhaltungsdosis/Dauerinfusion:
  - 0.1-0.4 mg/h **IV** (= 0.5-1x die Dosis/h, welche das Erwachen ermöglichte)
- Therapieende:
  - Rezidivfreiheit während 4 h nach der letzten Flumazenil Dosis.

II. Kinder
- Initialdosis:
  - 10 µg/kg KG **IV** in 30 sek.
    - -- Wirkung während 30-60 sek abwarten
    - -- Bei Bedarf 1x wiederholen

KI:
- Kokain-Intoxikation
- SHT
- Epileptiker, unter chronischer BDZ-Behandlung
- Unklare Mischintoxikation

Für die PRAXIS:
Wenn der Patient noch nach 5 mg (= 10 Amp) Flumazenil komatös ist, muss eine andere Intoxikation als ein BDZ in Betracht gezogen bzw. eine andere Ursache des Komas gesucht werden.

Betablocker - Antidot: Glukagon GLUCAGEN Novo Nordisc® [T44.7]

Klin: • Die Einnahme von Betablockern kann folgende Symptome oder Befunde verursachen:
- Schwindelgefühl, Epilepsie
- Arrhythmien:
  -- Bradykardie
  -- AV-Block
  -- Verschlimmerung einer akuten Herzinsuffizienz
- Bronchospasmus
- Nausea, Diarrhoe
- Obstipation, Bauchschmerzen
- Mundtrockenheit (Xerostomie)
- Periphere Vasokonstriktion:
  -- Kalte Extremitäten
  -- RAYNAUD-Phänomen
- Dyskrasie (selten):
  -- Agranulozytose
  -- Leukopenie
  -- Thrombozytopenie
- Selten:
  -- Hypoglykämie (infolge Hemmung der Glukogenolyse und der Glukagonsekretion)
  -- Hyperglykämie (infolge Verminderung der Insulinsekretion und Verminderung der Insulinrezeptorensensibilität)

Für die PRAXIS:
- Betablocker können Kompensationsmechanismen bei Hypoglykämie maskieren:
  - Tachykardie, Herzfrequenzvariation
  - BD-Schwankungen
  - Stresszustand
  - Tremor, Palpitationen
- Betablocker haben aber keinen Einfluss auf das Schwitzen!

Th: Grundmassnahmen: «A — B — C»

A Prüfen und befreien der Atemwege:
– Aspiration, Oropharyngealkanüle, endotracheale Intubation

B Oxygenierung: SaO_2 > 90 %

C Venöser Zugang + Vitalparameter. Bei art. Hypotonie: NaCl 0.9 % IV Bolus

Spezifischere Massnahmen und Antidot

1. Magenspülung. Indikation siehe S. 90
2. Aktivkohle. Indikation siehe S. 90
3. **Antidot: Glukagon** GLUCAGEN Novo Nordisc® (Amp 1 mg, **IV**-Gabe)
   Ind: • Hämodynamische Instabilität (Bradykardie, art. Hypotonie, Arrhythmie), welche durch die Betablocker-Intoxikation erklärt wird.
   Dos: **I. Erwachsene**
   - 2-5 mg **IV** in 1 min. Falls erfolglos: 5-10 mg **IV** über 1 min wiederholen.
   - Bei Bedarf: Dauerinfusion 2-10 mg/h **IV**

   II. Kinder
   - 0.05-0.15 mg/kg **IV** in 1 min
   - Bei Bedarf: Dauerinfusion 0.05-0.1 mg/kg/h **IV**

   NW: • Nausea, Erbrechen
   • Hyperglykämie (Glukagon ist auch bei schwerer Hypoglykämie indiziert).
4. Kalzium (± Magnesium)
   Dos: • 7-14 mmol langsam **IV**
   - 1. Beispiel: Kalziumglubionat 10 % (10 mL/2.25 mmol Ca):
     → 5 Amp (= 11.25 mmol Ca) über 5-10 min **IV**.
   - 2. Beispiel: Kalziumchlorid 10 % (nur über Zentralvene!): 1 Amp 10 mL (6.8 mmol Ca):
     → 2 Amp (= 13.6 mmol Ca) über 5-10 min **IV** (Zentralvene!)

   KI: • Verdacht auf Digoxinintoxikation
5. Insulin/Glukose-Therapie (HIET)
   Vorg: • HIET (*hyperinsulinemia - euglycemia - therapy*), siehe S. 107
6. Weitere symptomatische Therapien
   Bsp: ▪ Bei persistierender art. Hypotonie:
   → Katecholamine (Dopamin oder Norepinephrin, S. 21, 1214)
   → Intraaortale Gegenpulsation, S. 25
   → Vasopressin, S. 38
   ▪ Bei Bradykardie → Herzschrittmacher, S. 304

- Phosphodiesterasehemmer (CAVE: art. Hypotonie)
  → Amrinon: 0.75 mg/kg **IV**, dann Dauerinfusion 5-10 μg/kg/min **IV** oder
  → Milrinon: 50 μg/kg/10 min, dann Dauerinfusion 0.375-0.75 μg/kg/min **IV**
- Bei Bronchospasmus:
  → Beta 2-Agonist, S. 324
  → Evtl. Theophyllin **IV**, S. 326
- Extrakorporelle Zirkulation

Digoxin - Antidot: Digi-FAB® [T46.0]

INTOX

Allg:
- Eine orale Einnahme von > 2-3 mg Digoxin ist potenziell letal!
- Toxischer Plasmaspiegel des Digoxins: **> 2 ng/mL (> 2.6 nmol/L)**
- Es besteht keine gute Korrelation zwischen den Digoxin-Serumspiegeln und dem Schweregrad des Krankheitsverlaufs bei Intoxikation.
- Umrechnungsfaktor von Digoxin [ng/mL] in [nmol/L] = 1.28

Klin:
- Frühzeitig und konstant:
  - Nausea, Erbrechen, Appetitlosigkeit
  - Diarrhoe
  - Agitation
  - Schlaflosigkeit
  - Kopfschmerzen
  - Arrhythmie: Bradykardie, Tachykardie
  - Sehstörungen in Form von Dyschromatopsien (gelb-grün)
- Bei schweren Intoxikationen, oft Klinik einer Hypokaliämie, siehe S. 1383

Lab:
- Hämatologie
- Chemie; speziell folgende Elektrolyten beachten:
  - Na^+, K^+, Ca^{2+}, Mg^{2+}
- Digoxinserumspiegel

> **Für die PRAXIS:**
> **Die Hypokaliämie erhöht die Digoxin-Toxizität!**

Th: Grundmassnahmen: «A — B — C»

A **Prüfen und befreien der Atemwege:**
– **Aspiration, Oropharyngealkanüle, endotracheale Intubation**

B **Oxygenierung: SaO_2 > 90 %**

C **Venöser Zugang + Vitalparameter. Bei art. Hypotonie: NaCl 0.9 % IV Bolus**

Spezifischere Massnahmen und Antidot

1. Magenspülung bei Einnahme von potenziell gefährlichen Mengen < 1 h
   Vorg:
   - Siehe S. 90
   - Die Magenspülung soll mit Atropin 1 mg **IV** prämediziert werden.

   KI:
   - Arrhythmie
2. Aktivkohle (1 g/kg KG), siehe S. 90
3. Elektrolytkontrolle
   Allg:
   - Verhindern v.a. von: Hypokaliämie, Hypomagnesiämie, Hyperkalzämie
   - Bei Patienten mit Hypokaliämie oder tief-normalem Serumkalium soll Kalium intravenös verabreicht werden, S. 1383 ff
4. **Antidot: Fab-Antikörper-Fragmente** (Digi-FAB® Amp 40 mg)
   Allg:
   - 1 Ampulle Fab 40 mg (Digi-FAB®) neutralisiert 0.5 mg Digoxin.
   - Nach Verabreichung der Fab ist die Messung der Digoxinplasmaspiegel nicht mehr sinnvoll, denn sie umfasst das freie Digoxin und das an das Fab gebundene Digoxin.
     - Durch die Bindung des Digoxins an die Fab-Fragmente kommt es zu einer starken (Massen-) Verschiebung ins extrazelluläre Kompartiment. Diese Verschiebung ist mit einer sofortigen klinischen Verbesserung verbunden.
     - Die Digoxinplasmaspiegel steigen, aufgrund des, an das Fab gebundene Digoxins, stark an, ohne dass es zu einer klinischen Verschlechterung kommt
   - Die Anwendung der Fab-Antikörper erfolgt i.d.R. in folgenden Situationen:
     - Digoxineinnahme > 10 mg
     - Digoxinserumspiegel > 13 nmol/L (oder > 6.5 nmol/L 6-8 h post Intoxikation)

   Ind:
   - Ventrikuläre Tachykardie; Kammerflimmern
   - Bradyarrhythmie ≤ 40/min, erfolglos nach Atropin (1 mg-Boli **IV**, max. 3 mg)
   - Akute zirkulatorische Insuffizienz kardiogener Genese, S. 24
   - Hyperkaliämie (> 5.5 mmol/L)
   - Digoxinspiegel > 6.5 nmol/L 6-8 h nach der Intoxikation
   - Mesenterialinfarkt u.a.

Dos: **1. Eingenommene Dosis bekannt**

Vorg: **Pro «mg»** eingenommenem Digoxin werden **64 mg Fab IV** verabreicht. Oder anders ausgedrückt:

- Anzahl Ampullen Digi-FAB® = eingenommenes Digoxin [mg] x 1.6

Bsp: Intoxikation mit 12.5 mg (= 50 Tabl zu 0.25 mg) verlangen 768 mg Fab (= ca. 20 Amp Digi-FAB® zu 40 mg) **IV** über 15-30 min**

2. Eingenommene Dosis unbekannt

Vorg: I. Leichtere Intoxikation

- 400-500 mg Digi-FAB® (12 Amp zu 40 mg Fab) über 15-30 min.
  - Wiederholen bis die Arrhythmien sistieren.

II. Schwere Intoxikation (> 10 mg, Hyperkaliämie, maligne Arrhythmien)

- 800-1000 mg Digi-FAB® (20-24 Amp zu 40 mg Fab) über 15-30 min **IV****.
  - Wiederholen bis die Arrhythmien sistieren.

3. Bekannter Digoxinspiegel

Vorg: **Fab [mg] = Digoxinspiegel** [nmol/L] **x 0.35 x Körpergewicht** [kg]

Bsp: Patient 70 kg, gemessener Digoxinspiegel 7.2 nmol/L.
→ 7.2 nmol/L x 0.35 x 70 kg = 176.4 mg Fab.
Es sollen 4-6 Amp Digi-FAB® (zu 40 mg Fab) über 15-30 min **IV**** verabreicht werden.

** Aus pharmakokinetischen Gründen neigt man heute zu folgenden Dosierungsschema:
- Die Hälfte der Dosis über 15-30 min **IV** und den Rest entweder über 12 h **IV** oder erst dann, wenn eine klinische Verschlechterung oder erneute Toxizität eintritt.

Eisen - Antidot: Deferoxamin DESFERAL®

Th: Grundmassnahmen: «A — B — C»

A Prüfen und befreien der Atemwege:
- **Aspiration, Oropharyngealkanüle, endotracheale Intubation**

B Oxygenierung: SaO_2 > 90 %

C Venöser Zugang + Vitalparameter. Bei art. Hypotonie: NaCl 0.9 % IV Bolus

Spezifischere Massnahmen und Antidot

1. Evtl. Magenspülung (wird i.d.R. nicht durchgeführt), s. 90
   - KEINE Aktivkohle, denn Eisen bindet nicht an Kohle!
2. **Antidot: Deferoxamin** DESFERAL® Amp 500 mg

   Allg: Das Deferoxamin geht eine Komplexbildung mit dem 3-wertigen Eisen ein.

   Ind: 1. Vorhandensein von > 2 der folgenden Symptome:
   a) Bauchschmerzen
   b) Wiederholtes Erbrechen
   c) Diarrhoe
   d) Lethargie

   2. Eisenserumspiegel > 90 µmol/L
   3. Eisenserumspiegel > 63 µmol/L und kardiovaskuläre (Hypotonie, Tachykardie) oder intestinale Symptome

Klin:
- ½-2 h nach Eisenaufnahme (orale Dosen > 2 g können schwere Intoxikationen auslösen):
  - Massive hämorrhagische Gastroenteritis, Erbrechen, Bauchschmerzen
  - In schweren Fällen (nach ca. 24-48 h): Krampfanfälle, Lähmungen, toxische Hepatitis, Niereninsuffizienz, metabolische Azidose, art. Hypotonie, Kreislaufkollaps

Dos:
- **IV-Gabe**

  Dos:
  - Je nach Blutdruck: 15 mg/kg/h **IV** angestreben
  - Schwergradige Intoxikation: bis zu 50 mg/kg/h **IV**, wenn BD stabil
  - Maximale Tagesdosis: 80 mg/kg **IV** (d.h. ca. 6-8 g/24 h)
- **IM-Gabe**

  Dos:
  - Selten indiziert:
    - 90 mg/kg **IM**, dann 45 mg/kg **IM** alle 8 h
    - Maximaldosis **IM**: 6 g/24 h (Erwachsene: 2 g pro Dosis; Kinder: 1 g pro Dosis)

Bem:
- Die Eisenfixationskapazität ist bei einer Eisenintoxikation verfälscht. Ihre Bestimmung wird deshalb hinfällig.
- ☆ Schwangerschaft:
  - Deferoxamin kann in der SS angewendet werden, denn es weist ein vorteilhaftes Risiko-Nutzen Verhältnis auf.

Kalziumantagonisten - Antidot: Kalzium[1] [Y54.7]

Klin:
- Die Klinik variiert je nach eingenommem Kalziumantagonisten.
- Kardiovaskuläre Symptomatologie:
  - Beginn: 1-5 h nach Einnahme des Kalziumantagonisten
  - Dauer: bis > 24 h; Retardpräp. können bis zu 7 d nach Einnahme arrhythmogen wirken!
- Effekt aller Kalziumantagonisten: ......Hypotonie, Lethargie, Verwirrtheitszustand, Koma
- Effekt von Verapamil und Diltiazem: ..Bradykardie, AV-Blöcke
- Effekt v.a. von Verapamil: ....Akutes Lungenödem, Hypokalzämie, Epilepsie

Lab: Grundbilanz. Speziell beachten: Ca^{2+}, Mg^{2+}, Blutzucker

Th: Grundmassnahmen: «A — B — C»

A Prüfen und befreien der Atemwege:
– Aspiration, Oropharyngealkanüle, endotracheale Intubation

B Oxygenierung: SaO_2 > 90 %

C Venöser Zugang + Vitalparameter. Bei art. Hypotonie: NaCl 0.9 % IV Bolus

Spezifischere Massnahmen und Antidot

1. Magenspülung (selten angewendet), Aktivkohle, siehe S. 90
2. Orthograde Darmspülung bei Einnahme von hohen Dosen Retardpräparaten, siehe S. 91
3. Atemfunktion aufrechterhalten
   Allg: • Ziel: SaO_2 > 90 %; falls notwendig, ad. maschinelle Beatmung (siehe, S. 64)
4. **Antidot: Kalziumgluconat**
   Gal: • Lösung 10 %: Amp 10mL/1g (= 950 mg Kalziumgluconat + 50mg Kalziumsucrat)
   Allg: • Kalzium ist zunehmend umstritten, weil es bei der leichten Vergiftung oft nicht nötig, und bei schweren Vergiftungen i.d.R. wenig wirksam ist und allenfalls weitere, wirksamere Therapien verzögert.
   • Bei Nifedipin-Intoxikation ist Kalziumglukonat wenig wirksam.
   Ind: • Hypotonie oder Überleitungsstörungen infolge Kalziumantagonist-Intoxikation
   Dos: • NUR unter Rhythmuskontrolle:
   - 1 g (= 10 mL, Lösung 10 %) in 3 min **IV**, bei Bedarf nach 5 min wiederholen.
   - Maximaldosis 3-4 g
   KI: • KEINE Kalziumchlorid-Gabe bei gleichzeitiger Digitalis-Intoxikation!! Hier besteht ein malignes Arrhythmierisiko, inkl. Asystolie!
   NW: • Brennendes Gefühl an der Punktionsstelle (bei Bolusinjektion).
   • Myokard Dysfunktion bei signifikanter Hyperkalzämie oder bei zu schneller Injektion.
5. Art. Hypotonie - Massnahmen bei SBD < 90 mmHg
   Vorg: a) NaCl 0.9 % **IV** Bolus ± Vasopressoren: Dopamin, Noradrenalin (S. 21, 1214)
   b) Glukagon (Amp 1 mg)
   - 1 mg **IV** Bolus dann Perfusor 1 mg/h **IV**
     oder:
   - 1 mg **SC** oder **IM**, dann Perfusor 1 mg/h **IV**

   c) HIET (Hyperinsulinämie/Euglykämie Therapie)[1]
   - Kurzwirksames Insulin + Glukose
     (Ziel: Normoglykämie; Insulin ist positiv inotrop).
     I. Ladedosis
        - Glukose: 50 mL G-50 % (= total 25 g Glukose) **IV**-Bolus
          gefolgt von:
        - Insulin (schnellwirkend): 1 IE/kg KG **IV** über 5 min
     II. Erhaltungsdosis (direkt anschliessend)
        - Insulin (schnellwirkend): 0.5-2.0 IE kg KG/h **IV**; Ziel SBD > 100 mmHg
        - Glukose: G-5%- oder G-10%-Lösung (ca. 20-30 g Glukose/h **IV**; = ca. 500 mL G-5%/h) zur Erhaltung der Euglykämie
          (ad memorandum: 1 L G-5% = 50 g Glukose)
   - Laborkontrollen (BZ, Kalium): zu Beginn alle 30 min bis der Patient stabil ist, dann alle 1-2 h.
   - Evtl. parenterale Kaliumsubstitution (Zielwert: 3.8-4.0 mmol/L)
6. Bradykardie, AV-Block
   Vorg: a) Glukagon (Amp 1 mg): Dosierung, siehe S. 104
   b) Insulin/Glukose-Infusion (kann auch vor dem Glukagon verabreicht werden)
   - Bei schweren Symptomen, früh verabreichen!
   - Hochdosiert, mit Ziel einer Normoglykämie

   c) Atropin (selten wirksam!): bis 2 mg **IV** Bolus
   d) Transkutaner oder endovenöser Herzschrittmacher
   e) Falls kein Erfolg der oben erwähnten Therapie (a-c) → intraaortale Gegenpulsation (S. 25)

1 Greene SL et al. Intensive Care Med 2007 ; 33 :2019-24.

Kohlenmonoxid-Intoxikation (CO) [T58]

Allg:
- CO bindet ca. 300x stärker an Hämoglobin als Sauerstoff (→ COHb)!
- Häufige Vergiftungsquellen:
  - Rauch (bis zu 10 Vol-%)
  - Autoabgase (mit Katalysator < 1 Vol-%, ohne Katalysator 5-20 Vol-%)
  - Invollständige Verbrennung
  - Defekte Öfen
  - Brände u.a.
- Zielorgane der CO-Intoxikation:
  - Nervensystem
  - Herz
  - Atemsystem
- Es herrscht eine schlechte Korrelation zwischen der Karboxyhämoglobin Konzentration (COHb) und dem Schweregrad der CO-Intoxikation, es sei denn, die Konzentrationsbestimmung hätte unmittelbar nach der Exposition stattgefunden, was praktisch nie der Fall ist, denn der Patient wird von der Intoxikationsquelle entfernt und erhält oft frühzeitig die Sauerstofftherapie.
- HWZ des COHb:
  - Bei atmosphärischem Sauerstoffdruck (21 %): ....3-5 h
  - Bei 100 %-iger Sauerstoffgabe:................................0.5-1 h
  - Bei hyperbarer Sauerstofftherapie:......................20-30 min

Klin:
- Allgemeine Symptome oder Befunde
  - Rosiges Hautkolorit
  - Nausea, Erbrechen
- Neurologische Erkrankungen
  - Kopfschmerzen
  - Muskelkrämpfe, Muskelschwäche
  - Irritabilität, Verwirrtheitszustand, Krampfanfall
  - Hirnschlag, Koma
- Kardiale Erkrankungen
  - Arrhythmien, Myokardischämie (inkl. akutes Koronarsyndrom)
  - Atem-Kreislaufstillstand
- Dyspnoe (infolge Lungenödem)
- Klinik in Abängigkeit der COHb-Konzentration:

COHb [%]	Klinik (aber schlechte klinische Korrelation)
< 10	Oft asymptomatisch, ± Rosiges Hautkolorit
30-50	Verwirrtheitszustand
70-80	Koma, Atem-Kreislaufstillstand

Vorg:
- Labor
  - Grundanalysen (spziell: Troponin, ± β-HCG)
    - -- ABGA
    - -- COHb Konzentration (im ABGA-Röhrchen)
    - -- Laktat (im ABGA-Röhrchen)
- EKG, Thoraxröntgen

Th: Grundmassnahmen: «A — B — C»

A **Prüfen und befreien der Atemwege:**
– **Aspiration, Oropharyngealkanüle, endotracheale Intubation**

B **Oxygenierung: SaO_2 > 90 %**

C **Venöser Zugang + Vitalparameter. Bei art. Hypotonie: NaCl 0.9 % IV Bolus**

Spezifischere Massnahmen und Antidot

1. Sauerstoff SOFORT → Sauerstoff!

Allg:
- Ziel: rasche Verminderung des COHb!
- Die Diagnose einer CO-Intoxikation wird bei COHb > 10 % gestellt.
- Das Labor darf in keinem Fall die empirische Sauerstofftherapie verzögern!
- Die Sauerstoffbrille liefert NICHT genügend Sauerstoff!

Vorg: **A. Normobare Sauerstofftherapie** (sofort, bis Laborresultate eintreffen)

Ind:
- Milde/mittelschwere CO-Intoxikation

Vorg:
- SOFORT: **Sauerstoffmaske** mit FiO_2 **100 %** bis dass:
  - der Patient asymptomatisch ist (max. 6 h O_2-Therapie); dann Entlassung ohne weitere COHb Kontrollen oder:
  - COHb < 20 % und asymptomatisch
- Je nach Klinik soll eine maschinelle Beatmung evaluiert werden.

B. Hyperbare Sauerstofftherapie (HBO)

Allg:
- Ziel der hyperbaren Sauerstofftherapie:
  - Verhütung der neuropsychologischen Spätschäden (nicht die akute Toxizität).
  - Verkürzung der COHb-HWZ von 3-5 h auf 20-30 min.
- Die COHb-Konzentration ist weder für die Einschätzung des Schweregrades der Intoxikation, noch für die Prognosestellung zuverlässig.

Ind:
- Es gibt keinen Konsens bezüglich Indikationskriterien der HBO (Konsilium mit Spezialist der hyperbaren Medizin):
  - Schwergradige CO-Intoxikation (Beginn der HBO < 6 h nach Exposition)
  - Elemente, welche eine HBO indizieren können (keine Evidenz):
    - COHb > 25 % (je nach Institution bei > 40 %)
    - Neurologische Symptome:
      - Bewusstseinsstörung
      - Verwirrtheitszustand
      - Krampfanfälle
      - Koma
    - Kardiale Symptome:
      - Synkope
      - Akutes Koronarsyndrom
    - Schwere, refraktäre metabolische Azidose
    - Lungenödem
    - **Schwangerschaft**:
      - Jede symptomatische Schwangere nach CO-Exposition (auch bei leichtgradigen Symptomen)
      - Es gibt keinen Grenzwert der COHb-Konzentration, der eine HBO erfordert.

Vorg:
- Die Anwendung der hyperbaren Sauerstofftherapie muss unmittelbar im Anschluss an die CO-Exposition stattfinden, um das CO zu verdrängen bzw. deren HWZ zu verkürzen.
- Therapieende der HBO (Konsilium), z. B.:
  - 3 HBO-Zyklen, dann stopp
    oder:
  - COHb-Konzentration < 15 %
  - Bei Schwangerschaft, ad. Konsilium!
- Engmaschiger Neurostatus (***CAVE***: Hirnödem)

Kpl:
- Die Komplikationen einer CO-Intoxikation können noch Wochen und Monate nach der Exposition eintreten:
  - Toxisches Lungenödem
  - Neurologische Spätkomplikationen
    - Parkinson ähnliches Syndrom
    - Lähmungen
    - Verhaltensveränderungen
    - Gedächtnisstörungen
    - Psychovegetative Störungen: Kopfschmerzen, Schwindel u.a.

INTOX

Kokain-Intoxikation - Antidot: Phentolamin [T40.5]

Allg:
- Kokain ist ein Alkaloid aus den Blättern der Pflanze *Erythroxylon coca*.
- Eigenschaften:
  - Sympathomimetisch (Hemmung der präsynaptischen Wiederaufnahme von Noradrenalin, Dopamin und Serotonin)
  - Blockiert die Natriumkanäle
  - Hat eine prokoagulierende und thrombogene Wirkung
- Es werden 2 Formen von Kokain unterschieden:
  - **Kokain Hydrochlorid**: Pulver, wasserlösliches Granulat
  - **Freie Base (= *Crack*)**. Der Name kommt daher, dass beim Erhitzen des Produktes auf 98°C ein knisterndes Geräusch entsteht.
- Mögliche Absorptionswege: **IV**, PO, transmukös (nasal, SUBL, vaginal, rektal)
- Das **Myokardinfarkt-Risiko** ist während der ersten 60 min nach Kokaineinnahme um einen Faktor 24 erhöht, aber die CK-Werte, im Gegensatz zu den Troponinen, haben als Herzmarker eine schlechte Spezifität (50 % der Kokain-Konsumenten zeigen eine CK Erhöhung ohne AMI, wahrscheinlich als Ausdruck einer Rhabdomyolyse).
  Die Rolle der Troponinbestimmung bleibt noch zu definieren.
- Die Letaldosis von Kokain ist von vielen Faktoren abhängig:
  - Einnahme anderer Noxen
  - Begleiterkrankungen
  - Einnahmeweg u.a.
- Es besteht ein hohes psychisches, nicht aber physisches Abhängigkeitspotenzial.
- Entwöhnungssymptome:
  - Irritabilität
  - Dysphorie
  - Psychiatrische Störungen (z.B. paranoide Ideen, Depression)
  - Dystonie
- Positives Urinscreening von Kokain (bzw. von Metaboliten):
  - ▪ im Blut: während 24 h
  - ▪ im Urin: während 24-48 h
-

Einnahmeweg	Wirkungsbeginn	Wirkungsmaximum	Wirkungsdauer
- Durch Inhalation	3-5 sek	1-3 min	5-15 min
- Intravenös	10-60 sek	3-6 min	20-60 min
- Transmukös	1-5 min	15-20 min	60-90 min

Klin:
- Kardiovaskulär
  - Ischämie: Arrhythmie, akutes Koronarsyndrom
  - Art. Hypertonie
  - Art. Hypotonie
- Neurologisch
  - Euphorie
  - Delir
  - Mydriasis
  - Agitation
- Hyperthermie, s. 76
- Rhabdomyolyse, s. 82
- Bronchospasmus

Kpl:
- Kardiopulmonale Komplikationen
  - Arrhythmien
  - Akutes Lungenödem
  - Akuter Myokardinfarkt infolge:
    - -- Erhöhtem Sauerstoffverbrauch bei begrenztem Sauerstoffangebot (infolge erhöhter Herzfrequenz, erhöhtem BD, erhöhter Myokardkontraktilität)
    - -- Koronarer Vasokonstriktion (infolge adrenerger Stimulation, NO-Produktion ↘)
    - -- Frühzeitiger Atherosklerose
    - -- Erhöhter Thrombozytenaggregation (Thrombose in situ)
    - -- Linksventrikulärer Hypertrophie
- Neurologische Komplikationen
  - Konvulsion
  - Hyperthermie u.a.
- Rhabdomyolyse und akute Niereninsuffizienz
- Disseminierte intravasale Gerinnung (selten)
- Blutungen durch Gefässrupturen
- Pneumomediastinum

Th: Grundmassnahmen: «A — B — C»

A Prüfen und befreien der Atemwege:
- **Aspiration, Oropharyngealkanüle, endotracheale Intubation**

B Oxygenierung: SaO_2 > 90 %

C Venöser Zugang + Vitalparameter. Bei art. Hypotonie: NaCl 0.9 % IV Bolus

Spezifischere Massnahmen und Antidot

A. Myokardischämie oder AMI[1]

Th: I. Therapie erster Wahl
1. Sauerstoff
2. Acetylsalicylsäure (beruht auf theoretischen Grundlagen)
3. Nitroglycerin
4. Benzodiazepin:
   - Diazepam (2-5 mg **IV** in 2 min), bei Bedarf wiederholen oder:
   - Lorazepam, S. 564

II. Therapie bei persistierenden AP-Schmerzen oder bei AMI
- Perkutane koronare Intervention (PCI) oder Thrombolyse* S. 194 ff
- Verapamil (vermindert den Koronarspasmus)
  - Dosierung siehe «VHFli.» S. 155
- **Antidot: Phentolamin**** (in Deutschland nicht erhältlich)
  - 1 mg-weise **IV** unter BD-Kontrolle oder **IM**
    -- ***CAVE***: BD-Abfall!
  - Maximaldosis richtet sich nach der Wirkung (ca. 20 mg)

Bem: • Eine Beobachtungszeit von 9-12 h ist bei Patienten mit niedrigem bis intermediärem Risiko akzeptabel. Diese Patienten manifestieren weder Ischämiezeichen noch kardiovaskuläre Komplikationen.‡[2]

B. Agitation

Th: • Diazepam 2-5 mg in 2 min **IV**, bei Bedarf wiederholen (max. 20 mg/d)

C. Art. Hypertonie, Tachykardie

Th: I. Art. Hypertonie/Tachykardie ohne AP-Schmerzen und ohne AMI
- Benzodiazepin:
  - Diazepam (2-5 mg **IV** in 2 min), bei Bedarf wiederholen oder:
  - Lorazepam, S. 564
- Kalziumantagonist (Verapamil oder Diltiazem), S. 155
- Betablocker sollen NICHT angewendet werden, denn die nicht gehemmte Alpha-Stimulierung hat eine potente koronare und periphere Vasokonstriktion zur Folge, was zu einem BD-Anstieg und erhöhtem Ischämierisiko führt! Der einzige Betablocker, der wegen seiner kurzen HWZ mit Vorsicht angewendet werden kann, ist Esmolol (siehe S. 155).

II. Art. Hypertonie/Tachykardie mit AP-Schmerzen
- Therapie der AP-Schmerzen (siehe oben)
- Betablocker sollen NICHT angewendet werden (erhöhtes Risiko für Koronarspasmen)

III. Konvulsion, siehe S. 562

Bem: • Naloxon ist wirkungslos!

Für die PRAXIS:
Betablocker sollen weder bei art. Hypertonie, noch bei Tachykardie therapeutisch angewendet werden (erhöhtes Risiko der koronaren Vasokonstriktion)

* Der Benefit der Thrombolyse bei AMI im Rahmen eines Kokainabusus ist nicht bewiesen!

** Phentolamin:
- Ist in Deutschland nicht verfügbar, sonst unter dem Namen REGITIN® (Amp 100 mg/1 mL)
- Es handelt sich um einen α 1-Blocker, der die koronare Vasokonstriktion vermindert.

‡ Definition der Patienten mit niedrigem bis mittelschwerem Risiko:
1. Initiales EKG ohne Ischämie- oder Infarktzeichen
2. Keine persistierende ST-Hebungen oder ST-Senkungen ≥ 1 mm während ≥ 1 min
3. Negative Myokardmarker (Troponin oder CK-MB)
4. Keine rezidivierende Thoraxschmerzen
5. Hämodynamische Stabilität

1 Angepasst nach: Lange RA, et al. N Engl J Med 2001 ;345 :351-8. 2 Weber JE, et al. N Engl J Med 2003 ;348 :510-7.

Opioid-Intoxikation - Antidot: Naloxon NALOXON® [T40.0]

Bsp: • Opium (inkl. Morphin, Codein, Tramadol), Heroin, Methadon, Fentanyl, Sufentanyl u.a.

Klin:
- Nausea, Erbrechen
- Benommenheit
- Miosis (bei Überdosierung von Opioiden kann, v.a. bei Hypoxie und Azidose, eine Mydriase beobachtet werden)
- Hypothermie
- Art. Hypotonie
- Bradykardie
- Atemdepression bis Atemstillstand

Kpl:
- Akutes Lungenödem (= Permeabilitätsödem nicht kardiogener Ursache), v.a. bei Heroinintoxikation
- Niereninsuffizienz:
  - Infolge Rhabdomyolyse nach verlängerter Immobilisation
  - Methadon hat eine direkte myotoxische Wirkung.

Th: Grundmassnahmen: «A — B — C»

A **Prüfen und befreien der Atemwege:**
– **Aspiration, Oropharyngealkanüle, endotracheale Intubation**

B **Oxygenierung: SaO_2 > 90 %**

C **Venöser Zugang + Vitalparameter. Bei art. Hypotonie: NaCl 0.9 % IV Bolus**

Spezifischere Massnahmen und Antidot

1. Evtl. Magenspülung (wird i.d.R. nicht mehr durchgeführt), Aktivkohle, siehe s. 90
2. **Antidot: Naloxon** NALOXON® Amp 0.4 mg (1 mL)

Ind:
- Opioid-Intoxikation
- Clonidin-Intoxikation

Dos: **A. Koma mit Apnoe**

Initial **IM**:
- 0.4 mg Naloxon **IM** (= 1 Amp)

Dann **IV** titrieren:
- 0.2 mg-weise **IV**-Bolus alle Minuten bis eine Atemfrequenz von > 8/min erreicht wird.

Dann, je nach Klinik → Dauerinfusion (in NaCl 0.9 % oder G-5 %):
- 0.4 mg/h **IV**

Hinweis für die Dauerinfusion von Naloxon:
- Pro Stunde sollen ⅔ der initialen Dosis, mit welcher man den gewünschten Effekt erzielt hat, infundieren
  und:
- 15 min nach Beginn dieser Infusion soll die Hälfte der Initialdosis in einem **IV**-Bolus verabreicht werden.
- Naloxon kann alternativ auch **SC** verabreicht werden.

B. Koma mit Atemfrequenz < 8/min aber ohne Apnoe

Initial **IM**:
- 0.4 mg Naloxon **IM** (= 1 Amp)

Dann **IV** titrieren:
- 0.1 mg-weise **IV**-Bolus alle Minuten bis eine Atemfrequenz von > 8/min erreicht wird.

Dann, je nach Klinik → Dauerinfusion (in NaCl 0.9 % oder G-5 %):
- 0.4 mg/h **IV**

Für die PRAXIS:
Wenn nach 10 mg Naloxon (25 Amp zu 0.4 mg) keine klinische Wirkung erreicht wird, muss die Diagnose neu evaluiert werden:
- **Mischintoxikation**
- **Andere Diagnose**

NW:
- Opioidentzug
- Nicht kardiogenes Permeabilitätslungenödem
- Konvulsion

3. **Rhabdomyolyse** (muss gesucht und, wenn vorhanden behandelt werden, s. 82)

Paracetamol-Intoxikation[1] - Antidot: N-Acetylcystein (NAC) [T39.9]

Allg:
- Paracetamol wird als Substanzname auch Acetaminophen genannt (z.B. USA, Kanada).
- Der Wirkmechanismus von Paracetamol ist nicht vollständig geklärt:
  - **Analgetische Wirkung** (zentral stärker als peripher):
    → Hemmung der Prostaglandinsynthese
  - **Antipyretische Wirkung** (zentral):
    → Hemmung des thalamischen Thermoregulations-zentrums
  - **Keine klinisch signifikante entzündungshemmende Wirkung**
- Die Absorption von Paracetamol geschieht sehr rasch (1-2 h)
- HWZ: 1-3 h

Klin:
- Die Frühphase (24 h) der Intoxikation ist asymptomatisch!
- Der Verlauf wird durch die Leberzellnekrose geprägt:
  - Rechte Oberbauchschmerzen
  - Ikterus
  - Gerinnungsstörungen
  - Niereninsuffizienz
  - Koma

Akute Intoxikation	Paracetamol Menge	Schweregrad	Bemerkungen
< 175 mg/kg KG	ca. **< 10 g**	leicht	Bei Risikopatienten* kann die Einnahme einer kleinen Menge eine Leberzell-Lyse induzieren!
175-250 mg/kg KG	ca. **10-15 g**	mittelschwer	Mittelschwere Leberzellnekrose
> 250 mg/kg KG	ca. **> 15 g**	schwer	Schwere Leberzellnekrose

Nomogramm von RUMACK-MATTHEW[1]: Akute Paracetamol-Intoxikation

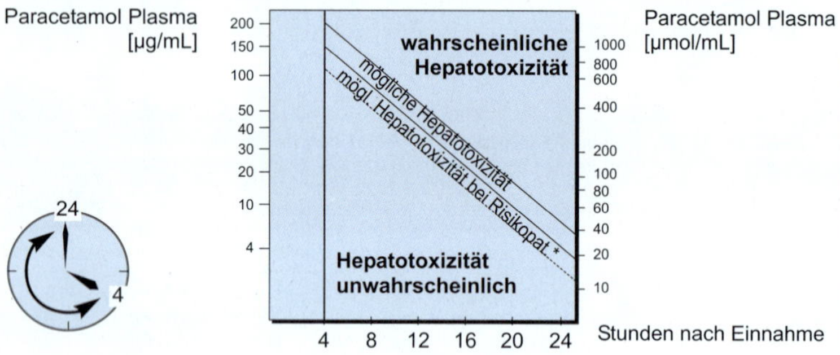

Dieses Nomogramm ist nur in folgenden Situationen anzuwenden:
1. Wenn der Einnahmezeitpunkt bekannt ist und dieser ausschliesslich zwischen ≥ 4 h und < 24 h stattgefunden hat (wobei die labortechnische Möglichkeit bestehen muss, die Paracetamol-Serumspiegel notfallmässig bestimmen zu können).
2. Bei einmaliger Einnahme von Paracetamol
3. Fehlen von Risikofaktoren*

Bem:
- Wenn nach > 24 h immer noch Paracetamolkonzentrationen nachweisbar sind, beweist dies eine hohe Anfangskonzentration (oder eine pathologisch lange HWZ). Leider verhindert das Antidot (NAC) eine allfällige Hepatotoxizität nicht mehr (Therapiebeginn zu spät).
- In Fällen, wo der Serumspiegel von Paracetamol erst ≥ 24 h nach Intoxikation eintrifft (aber innerhalb der ersten 24 h nach Einnahme abgenommen wurde), würde man mit der NAC beginnen und diese dann absetzen, wenn der Spiegel im untoxischen Bereich liegt.

* **Risikopatienten/Risikofaktoren bezgl. Hepatotoxizität bei Paracetamol-Intoxikation:**

a) Mangel an Glutathion-Reserven:
  - Alkoholiker (v.a. wenn seit kurzem abstinent), schlecht ernährte Patienten

b) Erhöhte Konzentrationen des hepatotoxischen Metaboliten:
  - Chronischer Alkoholismus
  - Medikamente mit enzymatischer Induktion (Barbiturate, Carbamazepin, Phenytoin, Isoniazid u.a. Enzyminduktoren)

1 Angepasst nach: Rumack BH, et al. Pediatrics 1975 ;55 :871.

Kpl: • **Leberzellnekrose**
- Die Leberzellnekrose kommt durch die Akkumulation eines hepatotoxischen Metaboliten des Paracetamols zu Stande (N-Acetyl-p-Benzoquinoninim).
- Eine akute Intoxikation mit > 140 mg/kg KG Paracetamol kann nur für eine Leberzellschädigung verantwortlich sein, welche erst ab dem 3.-6. Tag nach der Paracetamoleinnahme besteht, aber nicht früher.
- Das Nomogramm von RUMACK-MATTHEW gibt über das Risiko der Leberschädigung Auskunft und hat seine Gültigkeit ausschliesslich bei Serumspiegeln, die zwischen ≥ 4 h und < 24 h nach Einnahme abgenommen wurden!

Lab: • Grundlabor, insb. ALAT, ASAT, INR
• Paracetamol Serumspiegel:
- 4 h nach Einnahme oder bei Spitaleintritt sowie 4 h später
- Bei Absorption von Retardformen, evtl. weiteren Serumspiegel 4 h später bestimmen.

Th: Grundmassnahmen: «A — B — C»

A Prüfen und befreien der Atemwege:
– Aspiration, Oropharyngealkanüle, endotracheale Intubation

B Oxygenierung: SaO_2 > 90 %

C Venöser Zugang + Vitalparameter. Bei art. Hypotonie: NaCl 0.9 % IV Bolus

Spezifischere Massnahmen und Antidot
1. Magenspülung (wird i.d.R. nicht mehr durchgeführt)
2. Aktivkohle, s. 90
3. **Antidot: N-Acetylcystein** (NAC)

Allg: • Galenische Formen des NAC, siehe MED-Index s. 1515 ff
• Das NAC gibt SH-Radikale ab, welche zur Detoxifikation des hepatotoxischen Metaboliten (N-Acetyl-p-Benzoquinonimim) unerlässlich sind.

Ind: **I. Der Serumspiegel von Paracetamol steht nicht zur Verfügung**
• NAC ist ab folgenden eingenommenen Paracetamoldosen indiziert:
- > 150 mg/kg oder > 7.5 g beträgt

II. Der Serumspiegel von Paracetamol steht zur Verfügung
a) Serumspiegel disponibel innerhalb von < 10 h post Einnahme: Therapie gemäss Nomogramm, s. 100.
b) Serumspiegel disponibel > 10 h aber < 24 h post Einnahme: SOFORT behandeln. Sobald der Paracetamol-Serumspiegel bekannt ist, kann die NAC-Gabe gestoppt oder weitergefahren werden (siehe Nomogramm, s. 100).
c) Serumspiegel disponibel ≥ 24 h post Einnahme: das Nomogramm ist nutzlos. NAC ist indiziert, wenn Paracetamol im Serum vorgefunden werden kann und/oder bei vorhandenen Laboranomalien (ASAT ↑, ALAT ↑ oder INR ↑).

Dos: Drei Mögliche Behandlungsschemata stehen zur Verfügung:

1. Intravenös (nach PRESCOTT; die **IV**-Gabe ist der PO-Gabe nicht überlegen)

Dos: • Gesamtdosis von **300 mg/kg** mittels Dauerinfusion über total **20 h:**
- Initialbolus: 150 mg/kg (in 200 mL G-5 % über 15 min)
  gefolgt von: 50 mg/kg (in 500 mL G-5 % über 4 h)
  gefolgt von: 100 mg/kg (in 1000 mL G-5% über 16h)

NW: • Anaphylaktoide Reaktion (*Flush*, Urtikaria, Angioödem/Bronchospas.)

Vorg: Bei *Flush*
→ Keine Therapie nötig; NAC-Infusion weiter verabreichen.
Bei Urtikaria
→ Anti-H1 (z.B. Clemastin TAVEGIL® 2 mg **IV**) und weiterfahren mit der NAC-Infusion
Bei Angioödem, Bronchospasmus
→ Vorübergehendes Sistieren der NAC-Infusion
+ Anti-H1, s. 1236 Bsp: Clemastin 2 mg **IV**
± Bronchodilatator Bsp: Salbutamol

Bem: Die NAC-Infusion kann verlangsamt weiter infundiert werden, sobald die NW verschwunden sind.

2. Intravenös (nach SMILKSTEIN, die **IV**-Gabe ist der PO-Gabe nicht überlegen)

Dos: • Gesamtdosis von **980 mg/kg** mittels Dauerinfusion über total **48 h:**
- Initialbolus: 140 mg/kg (in 200 mL G-5 % über 15 min)
  gefolgt von: 70 mg/kg alle 4 h (in 100 mL G-5 % über 15 min), 12x wiederholen

3. Peroral (nach RUMACK)

Dos: • Gesamtdosis von **1330 mg/kg** (oral, in Fruchsaft) total **68 h:**
- Initialbolus: 140 mg/kg§
  gefolgt von: 70 mg/kg§ alle 4 h, 17x wiederholen

NW: • Nausea, Erbrechen. Die Substanz riecht nach faulen Eiern.

4. Notfallmässige Lebertransplantation

Ind: Bei schwerer Hepatotoxizität in Betracht ziehen → notfallmässiges Konsilium!

§ Bei vorhergehender Gabe von Aktivkohle soll die NAC-Gabe um 30 % erhöht werden.

Pilzintoxikationen [T62.0]

Allg:
- Bei Pilzintoxikationen ist die Zeit zwischen der Pilzeinnahme und dem Auftreten von Symptomen diagnostisch und prognostisch wichtig. Diese Zeit wird **Latenzzeit** genannt.
  1. Pilzvergiftungen mit Latenzzeit < 4 h
  - I.d.R. gutartiger Verlauf (letaler Verlauf aber nicht ausgeschlossen, v.a. bei Mischpilzvergiftungen)
  - Leichte bis mittelschwere Gastroenteritis
  - Eine Hospitalisierung ist nur bei Exsikkose indiziert.

  2. Pilzvergiftungen mit Latenzzeit > 4 h
  - Es handelt sich generell um eine potenziell letale Pilzvergiftung!

DD:
- Andere Ursachen nekrotisierender Lebererkrankungen (virale Ursache, Paracetamol u.a.)

Klin:

Pilzart	Klinik, Bemerkungen
Phalloides-Syndrom • z.B. Amanita phalloides: **Knollenblätterpilz,** siehe s. 117	• Letale Dosis: 0.1 mg/kg Körpergewicht (= ca. 50 g Frischpilz) • Es werden 4 Phasen unterschieden: - **Phase I** (5-24 h nach Pilzeinnahme): = <u>asymptomatische initiale Phase</u> - **Phase II**: = <u>Gastroenteritis</u>: wässrige Diarrhoe, Nausea, Erbrechen, Bauchkoliken, Exsikkose, Blutdruckabfall - **Phase III**: = <u>Symptomarme Phase</u>, ansteigende Leberenzyme - **Phase IV** (24-48 h nach Pilzeinnahme): = <u>Hepatorenale Phase</u>: Leberzellnekrosen (nach 2-4 Tagen), Coma hepaticum, Niereninsuffizienz. • Mortalität 10-20 % (Kinder < 10 J bis zu 50 %)
Coprinus-Syndrom • z.B. Coprinus atramentarius: **Faltentintling**	• 24 h nach dem Pilzgericht: ANTABUS®-Reaktion nach Alkoholeinnahme: - Gesichtsrötung - Kopfschmerzen - Erbrechen - Art. Hypotonie
Psilocybin-Syndrom • z.B. Psilocybe semilanceata: **Spitzkegeliger Kahlkopf**	• «Psychotrip» nach 15-120 min • Art. Hypotonie • Kopfschmerzen • Benommenheit
Pilzindigestion • Zahlreiche Pilzarten	• Milde Gastroenteritis (Latenzzeit: Minuten bis 24 h) • I.d.R. sehr guter Verlauf
Muscarin-Syndrom a) **Fliegenpilz-Syndrom** (Amanita muscaria)	**a) Fliegenpilz-Syndrom (Amanita muscaria)** • Halluzinationen, Delir • ZNS-Depression • Epilepsie (Latenzzeit < 4 h) • Mortalität 10-20 %
b) Beispiele: • Inocybe patouillardi: **Risspilz-Syndrom** • Clitocybe dealbata: **Feld-Trichterling-Syndrom**	**b) Risspilz-** und **Feld-Trichterling-Syndrom** • Gastroenteritis • Miosis • Bradykardie • Mortalität: ▪ Risspilz: ~ 8 % ▪ Feld-Trichterling: 1-5 %
Orellanus-Syndrom • z.B. Cortinarius orellanus: **Orangefuchsiger Schleierling**	• Gastroenteritis (Latenzzeit 4-12 h) • Typischerweise auftreten einer Niereninsuffizienz nach 2-17 d
Gyromitrin-Syndrom • z.B. Gyromitra esculenta: **Frühjahrslorchel**	• Gastroenteritis (Latenzzeit 6-24 h) • Leberzellnekrose • Anurie • Bei schwerer ZNS-Toxizität mit Krampfanfällen ist Pyridoxin (Vitamin B6) das **Antidot** der Wahl.

Vorg: • **Notfalluntersuchung**
- Bestimmung der restlichen Pilze und Rüstabfälle durch einen Pilzkontrolleur.
- Toxikologie:
  -- Sporenidentifikation aus Speiseresten, Erbrochenem, Magenspülflüssigkeit, Stuhl
  -- Urinnachweis von spezifischen Toxinen (Amatoxine); mit Tox-Zentrum Kontakt aufnehmen (Tel. 145), um zu erfahren, welche Laboratorien den Nachweis durchführen.

• **Knollenblätterpilz (Amanita phalloides)**

Allg:
- Wächst während der Monate Juni-Oktober auf lockerem Boden im Bereich von Misch- und Laubwäldern.
- Die relevanten Toxine sind sog. Amatoxine (vorwiegend Amanitin), die im Magen-Darm-Trakt schnell resorbiert werden und schon nach 2-3 h Spitzenwerte im Blut zeigen. Die Toxine gelangen dann in die Leber und hemmen dort die RNA-Polymerase B. Über die Hälfte der Amatoxine werden renal ausgeschieden.

Klin:
- Siehe Tabelle S. 116

Lab:
- Nachweis von α-Amanitin im Urin
- Regelmässige Blutkontrollen:
  - ASAT, ALAT
  - Bilirubin
  - INR, aPTT, evtl. Antithrombin III (tiefe Werte sind Frühzeichen der Leberinsuffizienz)
  - Kreatinin, Na^+, K^+, Ca^{2+}

Th:
1. Primäre Dekontamination, S. 90
   Vorg:
   - Magenspülung (S. 90) innerhalb 1 h nach der Pilzmahlzeit und/oder:
   - Aktivkohle, S. 90
2. **Antidot: Silibinin** LEGALON® SIL
   Ind:
   - Silibinin ist die Therapie der Wahl bei Verdacht auf Knollenblätterpilz-Intoxikation. Es hemmt die Penetration von Amatoxin in die Leberzellen.

   Dos:
   - 20 mg/kg KG **IV**, verteilt auf 4 Infusionen, jeweils über 2 h und dies während 3-5 d
3. Sekundäre Dekontamination, S. 91
   Vorg:
   - Wiederholte Verabreichung von Aktivkohle
     oder:
     Duodenalsonde zum kontinuierlichen Absaugen der Gallenflüssigkeit (Entzug der Amatoxine aus dem enterohepatischen Kreislauf)
4. Hydrierung
   Allg:
   - Ziel: Euvolämie
   - Eine forcierte Diurese nicht indiziert. Die Hydrierung soll lediglich genügend bis grosszügig sein. Eine beschleunigte Ausscheidung kann mit Schwemmen nicht verbessert werden kann.
5. Elektrolytstörungen korrigieren
6. Bei Antithrombin III-Abfall:
   Th:
   - Antithrombin III ATENATIV®
     Dos:
     - 50 IE **IV** (= 1 mL)/min (max. Infustionsgeschw. 100 IE/min)
     - Der Antithrombin III Serumspiegel steigt um 1-2 % pro IE **IV**-verabreichtem Antithrombin III pro kg KG an.

     und:
   - Frisch gefrorenes Plasma (1-2 Packungen **IV**)
7. Bei schwerer Leberschädigung
   Th:
   - Lebertransplantation in Betracht ziehen (notfallmässiges Konsilium)

Zyanid-Intoxikation / Intoxikation mit Na^+-Nitroprussid [T65.0]

Allg:
- Zyanide sind Verbindungen die das Zyanid-Ion (CN^-) freisetzen.
- Zyanide haben einen Bittermandelgeruch, der aber von 20-40 % der Bevölkerung nicht wahrgenommen wird.
- Aufnahmemöglichkeiten von Zyanid: oral, via Gasinhalation, kutane Resorption:
  - Die Zyanide können, nach oraler Einnahme, im Mageninhalt nachgewiesen werden.
- CN^- bindet stark an die Cytochrome der mitochondralen Atmungskette → Hemmung der Zellatmung → metabolische Laktatazidose und starke Verminderung der peripheren Sauerstoffausschöpfung.
- Pathogenese: Zyanid hat eine hohe Affinität zu oxidiertem Hämeisen (Fe^{3+}) und bindet reversibel an einen Kofaktor der Cytochrom-c-Oxydase der mitochondrialen Atmungskette. Die resultierende Deaktivierung des Enzyms führt zur Unterbrechung der Atmungskette und damit zum Versiegen der zellulären Energiegewinnung.
  Durch **Methämoglobinbildung** (Hb Fe^{3+}) entstehen weitere Bindungsstellen für das Zyanid-Ion und damit zu einer Dissoziation von der Cytochrom-c-Oxydase.
- Bekannte Quellen der Zyanidvergiftung
  - Blausäure (HCN)
  - Kalium- und Natriumzyanid (Zyankali, KCN, NaCN)
  - Chlorzyan (ClCN), Bromzyan (BrCN)
  - Überdosierung oder mehrtägige kontinuierliche Gabe oder Exposition von/mit:
    - Na^+-Nitroprussid (NIPRUSS®)
    - Rauchgase (stickstoffhaltiges Brandgut)
    - Nitrile (organische Zyanidverbindungen, z.B. Acetonitril)
    - Zyanogene Glykoside pflanzlicher Herkunft (z.B. Bittermandeln, Pfirsich- und Aprikosenkerne; ca. 30 aufgebissene Aprikosenkerne können eine symptomatische Vergiftung auslösen).

Lab:
- ABGA
- Serumlaktat (die Laktatazidose korreliert mit Schweregrad der Vergiftung)
- Zyanidkonzentration im Serum

Klin:
- Beginn der Symptome:
  - Innerhalb von Minuten: nach Einnahme von Blausäure oder Zyanidsalzen (Zyankali, KCN u.a.)
  - Verzögert, nach Einnahme von Verbindungen, die das Zyanid-Ion langsam abspalten (Nitrite, zyanogene Glykoside, komplexe Zyanidsalze)
- Milde Zyanidvergiftung:
  - Kopfschmerzen
  - Schwindel
  - Dyspnoe, Palpitationen
  - Erbrechen, Kratzen im Hals
- Schwerer Verlauf (zusätzlich zu den Symptomen der milden Vergiftung):
  - Rosiges Kolorit trotz schlechtem, klinischen Zustand
  - Schwere metabolische Azidose
  - Lungenödem
  - Krampfanfälle
  - Koma, Atem- und Kreislaufstillsand

Th:
1. Antidot: 3 Angriffspunkte bei CN-Intoxikationen

A Bindung von CN^- an Methämoglobin mittels Methämoglobinbildner (Ziel-MetHb 30 %):
→ Amylnitrit
→ Natriumnitrit
→ 4-Dimethylaminophenol (4-DMAP)

CAVE: Kontraindiziert bei kombinierter Vergiftung mit CO (Rauchgase)!

B Förderung des CN-Abbaus durch Bildung von Thiocyanat:
→ Natriumthiosulfat

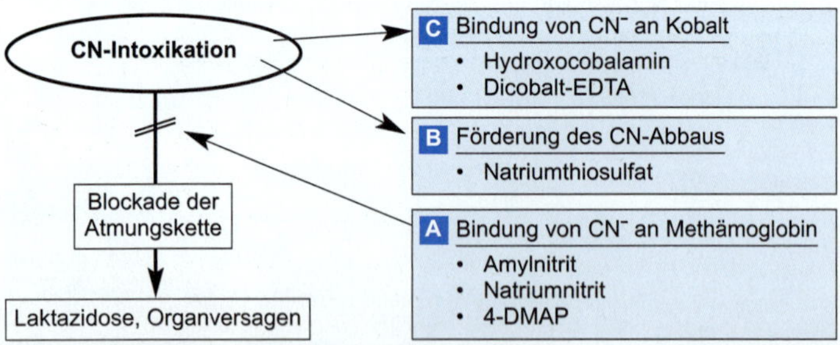

Schema: Angriffspunkte der Therapieoptionen bei CN-Intoxikation.

C Bindung von CN^- an Kobalt:
→ Hydroxocobalamin
→ Dicobalt-EDTA

Für die PRAXIS:
Bei kombinierter Vergiftung mit CO (Rauchgase) dürfen keine Methämoglobinbildner (siehe Schema s. 118) **gegeben werden!**

2. **Notfallmassnahmen**
   - BLS (s. 3), falls notwendig
   - 100 % Sauerstoff (bei protrahiertem Verlauf, hyperbare Sauerstofftherapie erwägen)
   - Azidosekorrektur mit Bicarbonat (falls indiziert): 1-2 mmol/L/kg KG **IV**
   - Bei schweren Vergiftungen: ad. Amylnitrit (0.3 mL auf ein Tuch unter die Nase halten, siehe unten Punkt 4.1.)
3. **Primäre Dekontamination,** siehe s. 90
4. **Antidota** (so schnell als möglich verabreichen): Angriffsorte der Antidoda, siehe s. 118

4.1. Amylnitrit für die Notfallsituation (inkl. am Unfallort)
Dos: • 1 Amp (0.3 mL) Amylnitrit auf ein Tuch tropfen und dem Opfer unter die Nase halten. Alle 2 min während 30 sek einatmen lassen (wenn keine Spontanatmung vorhanden, Amylnitrit in den Atembeutel geben).

Gleichzeitige Verabreichung von Natriumthiosulfat und Hydroxocobalamin in separaten Infusionen:

4.2. Natriumthiosulfat
Dos: • 12.5 g (50 mL 25 %-ige oder 125 mL 10%-ige Lösung) **IV** über 10-20 min

Und:

4.3. Hydroxocobalamin (CYANOKIT® Amp 2.5 g Trockensubstanz)
Dos: • Initial 5 g in 200 mL NaCl 0.9 % über 30 min **IV** (Infusion vor dem Licht schützen). Diese Dosis kann wiederholt werden.

Falls kein Hydroxocobalamin vorhanden ist und bei vitaler Indikation bei gesicherter Zyanidvergiftung:

4.4. Dicobalt-EDTA (Amp 300 mg/20 mL)
Dos: • 300-600 mg **IV** Bolus

Bei ungenügender Wirkung oder schweren Vergiftungen (Koma):

4.5. 4-Dimethylaminophenol (4-DMAP)
Dos: • 5 mL 5 %-ige Lösung **IV** (oder **IM**)
NW: • Gewebsnekrosen!

Alternative, falls kein 4-DMAP vorhanden:

4.6. Natriumnitrit (Amp 300 mg)
Dos: • 300 mg langsam **IV**
Allg: • Ziel: Methämoglobinämie 30 %

Intoxikation durch Na^+-Nitroprussid (NIPRUSS®)

Th:
1. BLS (s. 3) falls notwendig und Stopp Na^+-Nitroprussid
2. Sauerstoff 100 %
3. Antidota, siehe Punkt 4. oben

Bem: **Prophylaxe der Nitroprussid induzierten Zyanidvergiftung**
1. Dauermischinfusion von:
   - Natriumthiosulfat + Na^+-Nitroprussid (1 g Natriumthiosulfat/100 mg Na^+-Nitroprussid)

   Alternative (aber teurer):
2. Hydroxocobalamin (25 mg/h **IV** bis 10 h nach Ende der Therapie mit Na^+-Nitroprussid).

KARDIOLOGIE – ANGIOLOGIE

Elektrische Kardioversion — Defibrillation

Def:
- **Elektrische KV** = Elektrischer Schock der bei einer Arrhythmie ohne Kreislaufstillstand abgegeben wird um in einen Sinusrhythmus zu konvertieren, S. 124
- **Defibrillation** = Elektrischer Schock der bei Kreislaufstillstand (ventrikulärer Fibrillation oder ventrikullärer Tachykadie ohne Puls) angewendet wird um einen Sinusrhythmus zu erreichen.

Ind:
- Siehe Tabelle 1, S. 124

KI:
- Relative KI:
  - VT bei Digoxin-Intoxikation. Bei <u>therapeutischem</u> Digoxin-Serumspiegel kann eine el. Kardioversion durchgeführt werden, da keine arrhythmogene Wirkung besteht!
  - Azidose. Schwere Elektrolytstörungen: $K^+ \downarrow$, $Na^+ \downarrow$, $Ca^{2+} \downarrow$, $Mg^{2+} \downarrow$
  - Inadäquate Antikoagulation bei Konversion von Vorhofflimmern oder -flattern, S. 157

Allg:
- Neuere Defibrillatoren geben (im Gegensatz zu den alten, monophasischen) einen **biphasischen** Strom ab und benötigen dadurch weniger Strom zur Konversion.
  - Sie sind effizienter und myokardschonender.
  - Manche beinhalten einen halbautomatischen oder automatischen Analyse-Modus, welcher eine Rhythmusanalyse und die Stromabgabe automatisiert.
- Die implantierbaren Defibrillatoren (ICD) entladen mit einer mittleren Energie von 30-35 J.
- **Prinzip der Defibrillation**
  - Durchfluss eines elektrischen Stromes durch das Herz, was eine «Resynchronisation» der Depolarisation zur Folge hat. Der mittlere Stromfluss bestimmt die Wirksamkeit und der maximale Stromstoss den Myokardschaden.
- **Asynchroner Defibrillations-Modus**
  - Impulsabgabe unabhängig von allfällig unterliegendem kardialem Rhythmus → Gefahr der Verursachung einer hämodynamisch ungünstigen Arrhythmie (VT, Torsade), wenn der Impuls in die vulnerable Phase des unterliegenden Rhythmus fällt.

> **Für die PRAXIS:**
> Der Modus «asynchron» wird NUR bei Kreislaufstillstand eingesetzt, d.h. bei:
> - pulsloser VT oder ventrikulärer Fibrillation!

- **Synchroner Defibrillations-Modus**
  - Impulsabgabe synchronisiert mit unterliegendem kardialem Rhythmus.

> **Für die PRAXIS:**
> Der Modus «synchron» wird «standardmässig» in ALLEN SITUATIONEN gewählt, ausser bei Kreislaufstillstand (d.h. bei pulslosers VT oder VF).
> Im Synchronmodus findet die Impulsabgabe nur dann statt, wenn der Defibrillator eine elektrische Aktivität des Herzens detektiert (i.d.R. bei der R-Zacke oder T-Welle). Bei fehlendem Signal (z.B. bei VF oder pulsloser VT) wird kein Schock abgegeben!

- **2 Modelle von Defibrillatoren** (beide Modelle können mono- oder biphasisch sein)

  I. Halbautomatischer Defibrillator (Entladungsenergie ist vorbestimmt und vorgegeben)
  Der halbautomatische Defibrillator ist ausschliesslich in Notfallsituationen (Herz-Kreislaufstillstand) einzusetzen. Der halbautomatische Defibrillator stellt die rhythmische Diagnose, die Indikation zur Defibrillation, wählt die Energie für den Schock und schlägt den Elektroschock vor. Die Energieabgabe ist vorgegeben.
  1. Elektroden aufkleben und den Apparat einschalten.
  2. Den Patienten nicht berühren: der Apparat analysiert den Rhythmus automatisch
  3. Patientennahe Personen warnen (sie sollen sich vom Patienten entfernen). Kontrolle der Paletten und Schock auf Rat des Defibrillators.

  II. Manueller Defibrillator
  1. Apparat einstellen und Energieniveau auswählen, siehe Tabelle 1, S. 124
  2. Paddels anbringen und Rhythmus analysieren: Ist eine Defibrillation indiziert?
  3. Umgebende Leute warnen («Achtung Schock»). Kontrolle der Paletten und Abgabe des Schockes. Wirksamkeit beurteilen: Rhythmusanalyse (durch Arzt oder Defibrillator); dann, je nach Situation, wird der Schock wiederholt.

- **Anzahl Joules zur Defibrillation**

  I. Monophasisch, siehe Tabelle 2, S. 124

  II. Biphasisch: Die Anzahl Joules variiert von Modell zu Modell.
  - Beispiele bei Herz-Kreislaufstillstand:
    - ▸ *Philipps* : 150 J; ▸ *Zoll* : 120-150-200 J, ▸ *Physiocontrol*: 200-200 bis 300-360 J
- **Defibrillatorpaletten**
  - Defibrillatorpaletten Eigenschaften:
    - -- Monitoring
    - -- Abgabe des Schocks (Paletten fest auf die Thoraxwand drücken und defibrillieren)
    - -- WICHTIG: Das Kontaktgel darf nicht vergessen werden (Verbrennung)!
  - Defibrillatorelektroden Eigenschaften (die Elektroden sind am Patienten angeklebt):
    - -- Monitoring, Schockabgabe, dann Elektro-Stimulation (Kontaktgel ist angebracht)

Vorg: **Kardioversion: Praktisches Vorgehen**

- Einverständniserklärung des Patienten vorhanden?
- Patient nüchtern > 4 (6?) h
- Venöser Zugang und Kontrolle folgender Elemente:
  - Na^+, K^+ (sollte > 4.0 mmol/L sein), Ca^{2+}, Mg^{2+}, TSH. Wenn klinisch indiziert: pH
  - Digoxinspiegel bei niereninsuffizienten Patienten unter Digoxin
  - Antikoagulation bei Vorhofflimmern, siehe Richtlinien S. 157
- Synchronisation: die Amplitude des EKG wird so gewählt, dass nur gerade die QRS-Komplexe, nicht aber die T- oder P-Wellen, detektiert werden.
- **Spezialfälle: Kardioversion bei Schrittmacher-/ICD-Patienten**

  a) Schrittmacher-Patienten
  - Bei implantiertem Schrittmacher ist die Direktstrom-Konversion möglich, aber:
  - Die Elektroden müssen anterior und dorsal angelegt werden (d.h. der implantierte Schrittmacher darf nicht im Defibrillationsfeld sein).
  - Bei Synchronisierung muss geprüft werden, dass der Defi auf die R-Welle und nicht auf den PM-Spike synchronisiert (evtl. muss die EKG-Ableitung geändert werden).
  - Nach der EKV muss der Defi geprüft werden

  b) Patienten mit mplantiertem ICD
  - Nur interne (über den ICD) Elektrokonversion (wird durch Spezialist durchgeführt).
- **Erfolglose Konversion**
  - Verdoppelung der Energie und Positionskontrolle der Paddels
  - Bei langer Asystolie oder ventrikulärer Extrasystolie keine weitere Konversion
- **Erfolgreiche Konversion**
  - Überwachung 2-4 h nach der Konversion
  - Antikoagulation nach Vorhofflimmern/-flattern, siehe S. 157
- **Position der Paddels: frontal rechts und dorsal links**

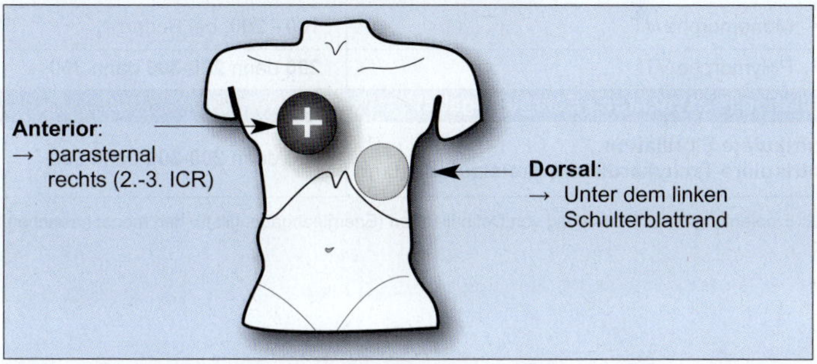

Figur: Aufsetzen der Paddels zur Kardioversion (z.B. VHFli. → SR).

Defibrillation: Praktisches Vorgehen

- **Position der Paddels: frontal rechts und lateral links**

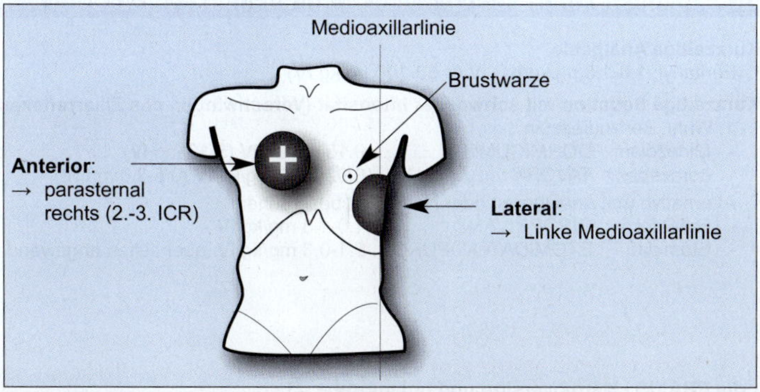

Figur: Aufsetzen der Paddels zur Defibrillation (z.B. bei Reanimation).

Indikationen zur el. Kardioversion	Kardioversions-Modus
Notfall: elektrische Kardioversion	
Hämodynamisch instabile Arrhythmie: • Instabile ventrikuläre Tachykardie ohne Kreislaufstillstand • Supraventrikuläre Tachykardien, S. 137	☛ **Synchrone Kardioversion** ± Sedo-Analgesie¶ je nach Situation
Elektive elektrische Kardioversion	
• Vorhofflimmern • Vorhofflattern • Supraventrikuläre Tachykardien, S. 137 • Stabile ventrikuläre Tachykardie	☛ **Synchrone Kardioversion** mit Sedo-Analgesie¶

Tabelle 1: Indikationen und Modus der Kardioversion.

Arrhythmieformen	Notwendige Energie [J, monophasisch]
Synchrone Kardioversion	
▪ **Vorhofflattern**	**50-100,** bei Bedarf ↑
▪ **Schmalkomplextachykardie** (QRS < 120 ms)	**100 - 200,** bei Bedarf ↑
▪ **Vorhofflimmern** (falls Dauer ≤ 48 h; wenn die Dauer des VHFli. > 48 h beträgt, siehe S. 157)	**100 - 200,** bei Bedarf ↑
▪ **Instabile ventrikuläre Tachykardie aber ohne Kreislaufstillstand**	
• Monomorphe VT	**100 - 200,** bei Bedarf ↑
• Polymorphe VT§	**200** dann **200-300** dann **360**
Defibrillation (= asynchrone Energieabgabe)	
▪ **Ventrikuläre Fibrillation** ▪ **Ventrikuläre Tachykardie mit Kreislaufstillstand**	**200** dann **200-300** dann **360**

Tabelle 2: Empfehlungen zur Einstellung von Defibrillatoren (Energieabgabe, gilt für den monophasischen Strom).

¶ Sedo-Analgesie (muss durch einen erfahrenen Arzt verabreicht werden!)

A. Kurzzeitige Analgesie
- Fentanyl: 1.0-1.5 µg/kg KG **IV** (= 50-100 µg/kg **IV**)

B. Kurzzeitige Sedation mit schwacher Intensität (Verschwinden des Ziliarreflexes!)
- 1. Wahl: Benzodiazepin
  - Midazolam DORMICUM® ....0.15 mg/kg **IV** (5-10 mg **IV**)
  - Lorazepam TAVOR® ....0.02-0.04 mg/kg **IV** (0.5-3.0 mg **IV**)
- Alternative (mit Anästhesist oder Notfallarzt besprechen!)
  - Propofol DISOPRIVAN® ....1.0-1.5 mg/kg **IV**
  - Etomidat ETOMIDAT®-LIPURO ....0.1-0.3 mg/kg **IV**, aber selten angewendet!

§ **Für die PRAXIS - Kardioversion und polymorphe VT:**
Eine Kardioversion im asynchronen Modus kann notwendig werden, da es möglich ist, dass der Defibrillator im synchronen Modus keine «klare Amplitude» erkennen kann, welche ihn entlädt.

Polymorphe ventrikuläre Tachykardien: Torsade de pointes[1] [I49.0]

Def:
- Die **Torsade de pointes** (Tdp) ist eine **polymorphe ventrikuläre Tachykardie** (PVT) mit einer Ventrikelfrequenz **> 180/min**.
- Die Familie der «**Polymorphen ventrikulären Tachykardien**» stellt eine heterogene Arrhythmiegruppe dar und umfasst verschiedene Arrhythmien, welche oft durch akute Triggerelemente (oder Erkrankungen) ausgelöst werden, wie z.B.:
  - Ischämie (häufig!)
  - Elektrolytanomalien, pH-Änderungen, Hypoxämie
  - LQTS, s. 217
  - BRUGADA-Syndrom, s. 214
  - Torsade de pointes mit kurzer Kuplierung
  - Ventrikuläre katecholaminerge Tachykardien u.a.

EKG:
- Typische Morphologie der Tdp:
  - Kontinuierlich ändernde Polarität der Amplitude der QRS Komplexe (≥ 2 Zyklen) um eine imaginäre Basallinie herum. Dies entspricht einer Rotation um die Frontalebene.
  - Sinusoidale Variation der QRS-Amplituden → alternierende Spindel
  - Oft Verlängerung des QTc-Intervalls (> 460 ms)
- Ventrikelfrequenz variabel (oft 200-300/min)

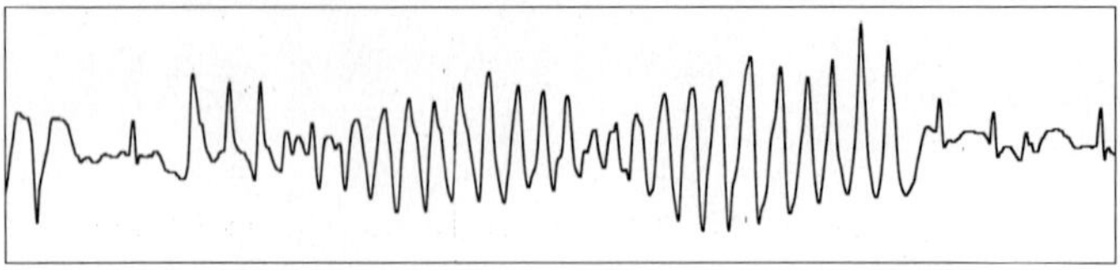

EKG: Tdp mit 2 Zyklen mit alternierender QRS-Polarität (um eine imaginäre Basallinie herum).

Klas: **1. Tdp mit/bei langem QT Syndrom** (LQTS, s. 127)

Urs:
- Sekundäres langes QT (*acquired long QT syndrome*), siehe s. 128
- Kongenitales langes QT, siehe s. 127
- Bradykardie-assoziiert
- Höhergradige AV-Blöcke
- Hypothyreose
- Hypothermie

2. Polymorphe ventrikuläre Tachykardien (PVT)

Bsp:
- PVT mit normalem QT; PVT mit verlängertem QT

Klin:
- Typisch für eine Tdp ist ein anfallartiges Auftreten.
- Verlauf der Tdp:
  - Häufig kurz dauernd und spontan konvertierend
  - Möglichkeit, in eine ventrikuläre Fibrillation zu degenerieren!
- Schwindel (rezidivierend)
- Präsynkope oder Synkope nach:
  - Emotionalem Stress: Angst, Agitation
  - Physikalischem Stress: Kälte, Lärm, körperlicher Aktivität

Th: **1. Kausaltherapie**

Vorg:
- Stopp aller Medikamente, die die Repolarisation verlängern.
- **Korrektur allfälliger Elektrolytstörungen**
  - Serumkalium auf hochnormale Werte heben (Serumkalium ≥ 4.5 mmol/L).

2. Kurzdauernde Tdp bei hämodynamisch stabilen Patienten

Allg:
- Eine spezifische Therapie ist nicht notwendig (i.d.R. selbstlimitierend).

Vorg:
1. Rhythmusüberwachung über 24 h, dann nach Verlauf (Kardio-Konsilium)
2. Magnesium Ladungsdosis, siehe unter Punkt 3.3.

3. Hämodynamisch instabile Tdp, rezidivierend oder nach Reanimation

Vorg:
1. Kardioversion, s. 3, 122-124
2. Rhythmusüberwachung
3. Magnesium (bei Niereninsuffizienz, Dosis reduzieren)
   - Ladedosis ....2 g **IV** Bolus (= 8 mmol Mg^{2+})
     15 min später ......2 g **IV** wiederholen,
   - Dann ....Perfusor 5-30 g **IV**/24 h (= 20-120 mmol Mg^{2+}/24 h).

4. Bradykardie-assoziierte Tdp

Vorg:
1. Provisorischer Schrittmacher (Herzfrequenz 90-120/min), siehe s. 304
2. Vorübergehend Isoprenalin bis Schrittmacher

   Dos:
   - Isoprenalin-Perfusor 2-20 µg/min **IV**
   - Je nach Klinik erhöhen. Der klinische Effekt ist dosisabhängig.
   - Wenn die Herzfrequenz von 90-120/min erreicht wird, ist es möglich, dass die Sequenzen «lang-kurz», welche die Tdp auslösen, eliminiert werden können.

1 Angepasst nach: C. Brunckhorst et al. Praxis 2001; 90: 1073–1086.

Kongenitales langes QT-Syndrom (LQTS)

Allg:
- Es werden 8 Typen des kongenitalen langen QT-Syndroms beschrieben (Typ 1 bis 8).
- Die Übertragung ist entweder autosomal dominant (z.B. ROMANO-WARD, ohne Taubheit), oder autosomal rezessiv (z.B. JERVELL-LANGE-NIELSON mit kongenitaler Taubheit; selten, < 1 %). Die verschiedenen involvierten Gene im langen QT-Syndrom induzieren eine Dysfunktion der Kalium- bzw. Natriumkanäle.

EKG:

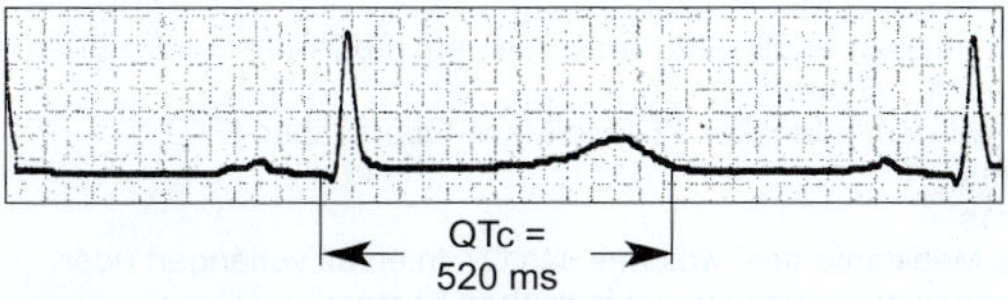

EKG: 28-jährige Patientin nach Synkope.

BAZETT-Formel:

$$QTc = \frac{\text{QT gemessen [sek]}}{\sqrt{\text{RR-Intervall [sek]}}}$$

Dg: Diagnostische Kriterien des kongenitalen QT-long Syndroms[1] — Punkte

- **EKG Modifikationen***
  - QT korrigiert (nach BAZETT Formel)
    - ≥ 480 ms 3
    - 460 - 470 ms 2
    - 450 ms (bei Männern) 1
  - Torsade de pointes# 2
  - Alternierende T-Wellen 1
  - Bifide T-Wellen in 3 Ableitungen 1
  - Ruhebradykardie (im Vgl. zum Alter, d.h. unter der 2. Perzentile) 0.5
- **Klinische Anamnese**
  - Synkope#
    - mit Stress 2
    - ohne Stress 1
  - Kongenitale Taubheit 0.5
- **Familienanamnese¶**
  - A. Familienmitglied mit einem langen QT& 1
  - B. Sekundenherztod ohne Erklärung (enges Familienmitglied < 30 Jahre) 0.5

Interpretation:
- ≤ 1 Punkt → schwache Wahrscheinlichkeit eines LQTS
- 2-3 Punkte → intermediäre Wahrscheinlichkeit eines LQTS
- ≥ 4 Punkte → hohe Wahrscheinlichkeit eines LQTS

Kpl:
- Herzklopfen, Präsynkope, Synkope
- Torsade de pointes
- Ventrikuläre Fibrillation, Asystolie, Sekundenherztod

Th:
1. **Kardio-Konsilium**
2. **Verhaltenstherapie**
   - Tätigkeiten, welche ein kardiovaskuläres Ereignis auslösen könnten, sollen gemieden werden: Leistungssport, Tauchen u.a.
3. **Medikamentöse Therapie: empirischer Einsatz von Betablockern**
   - Betablocker basieren auf der Hypothese, dass die Sympathikusaktivität eine entscheidende Rolle spielt beim Auftreten der Tdp.

   Für die PRAXIS:
   In ca. 75 % der Fälle können die Betablocker eine Arrhythmie verhindern, aber die meisten Patienten benötigen einen ICD!

   - ***Welcher Betablocker soll verschrieben werden?***
     - Erstwahl: Nicht-kardioselektiver BB ohne ISA (Propranolol, am besten dokumentiert) in höchst möglicher, tolerierbarer Dosierung
     - Alternativ: Kardioselektiver β1 Blocker ohne ISA (z.B. Metoprolol, Nadolol)
4. **ICD** (v.a. bei Hochrisikopatienten)
   - Der ICD verhindert wohl die Tdp, aber nicht den Sekundenherztod!
5. **Andere therapeutische Möglichkeiten**
   - Herzschrittmacher (DDD)
   - Sympathikusdenervation (*left cardiac sympathetic denervation*)

* Fehlen von Medikamenten oder Krankheiten, welche das EKG beeinflussen können.
# Nur eines der 2 Kriterien (Tdp, Synkope) kann gezählt werden (d.h. gegenseitige Ausschliessung).
¶ Das Familienmitglied kann nicht unter «A» und «B» gezählt werden.
& Ein sicheres langes QT Syndrom ergibt ≥ 4 Punkte und entspricht einer hohen LQTS-Wahrscheinlichkeit.

1 Angepasst nach: Schwartz PJ, et al. Circulation 1993 ;88 :782-4.

Sekundäres oder medikamentös assoziiertes langes QT Syndrom[1]

WEB: • www.qtsyndrome.ch (Schweiz); www.qtdrugs.org (USA)

Allg: • Zahlreiche Medikamente haben einen Einfluss auf die kardiale Repolarisationsphase. Daraus resultiert ein verlängertes QT-Intervall.
- Ein verlängertes QT-Intervall kann mit polymorphen ventrikulären Tachykardien (PVT) verbunden sein (s. 126).

Klin: • Siehe s. 126

Dg: • Folgende 3 Kriterien müssen erfüllt sein, um von einem medikamentinduziertem langem QT-Intervall sprechen zu können:
1. Korrigiertes QT auf dem normalen 12-Ableitungs-Oberflächen-EKG:
   Mann: > 450 ms
   Frau: > 470 ms
2. Einnahme eines Medikamentes, welches das QT-Intervall verlängert oder Vorhandensein eines auslösenden, extrinsischen Faktors
3. Vorgängiges EKG mit normalem QT-Intervall oder korrigiertes QT-Intervall nach Absetzen des vermuteten Medikamentes, welches das QT-Intervall verlängert.

N: Normalwerte des QT-Intervalles

I. Männer: normal < 430 ms; borderline: 430-450 ms; **langes QT: > 450 ms**
II. Frauen: normal < 450 ms; borderline: 450-470 ms; **langes QT: > 470 ms**

Allg: Risikofaktoren eines langen QT-Intervalls
- Weibliches Geschlecht (Frauen haben ein 2-3x erhöhtes Risiko, ein medikamentös induziertes langes QT zu entwickeln)
- Bradykardie < 50/min oder Pausen
- Elektrolytstörungen
  - Hypokaliämie!
  - Hypokalzämie
  - Schwere Hypomagnesiämie
- Chronischer Alkoholabusus
- Ernährungsproblem: Anorexia nervosa, proteinreiche Diät
- Paroxysmales Vorhofflimmern
- Herzinsuffizienz
- Akutes neurologisches Ereignis: Hirnschlag u.a.
- Phäochromozytom
- Hypothyreose
- Hypothermie
- Nach Kontrastmittelgabe
- Autonome Neuropathie
- Genetische Belastung bezügl. langem QT-Intervall
- Speziell bei medikamentös induziertem langen QT-Intervall:
  - Einnahme von ≥ 2 Medikamenten, die das QT-Intervall verlängern
  - Der Nierenfunktion nicht angepasste Medikamentendosis
  - Medikamentöse Wechselwirkungen, welche die Serumspiegel der involvierten Medikamente, die das QT-Intervall verlängern, beeinflussen

Bsp: Medikamente, die potentiell das QT-Intervall verlängern können:

Alfuzosin	Dronedaron	Levomepromazin	Roxithromycin
Amantadin	Droperidol	Lithium	Salbutamol
Amiodaron	Ephedrin	Mefloquin	Salmeterol
Amitriptylin	Epinephrin	Methadon	Sertindol
Azithromycin	Erythromycin	Methylphenidat	Sertralin
Chinidin	Felbamat	Midodrin	Sibutramin
Chloralhydrat	Flecainid	Moxifloxacin	Sotalol
Chloroquin	Fluconazol	Norepinephrin	Tacrolimus
Chlorpromazin	Fluoxetin	Nortriptylin	Tamoxifen
Ciprofloxacin	Flupentixol	Octreotid	Terbutalin
Citalopram	Foscarnet	Ofloxacin	Thioridazin
Clarithromycin	Galantamin	Olanzapin	Tizanidin
Clomipramin	Granisetron	Ondansetron	Tolterodin
Clozapin	Haloperidol	Paroxetin	TMP-SMX
Co-Trimoxazol	Ibutilid	Pentamidin	Trimipramin
Disopyramid	Imipramin	Phentermin	Vardenafil
Dobutamin	Indapamid	Phenylephrin	Venlafaxin
Dolasetron	Isradipin	Phenylpropanolamin	Voriconazol u.a.
Domperidon	Itraconazol	Pseudoephedrin	
Dopamin	Ketoconazol	Quetiapin	
Doxepin	Levofloxacin	Risperidon	

1 Delacretaz E. Forum Med Suisse 2007 ;7 :814-9.

Einfluss der Antiarrhythmika auf das EKG

Antiarrhythmika		Klasse§	EKG			Akzessorische Bündel	Indikation/ Dosierung
			PR	QRS	QT		
Procainamid†	nicht in D	IA	↑	↑	↑	Verlangsamung	†
Lidocain	XYLOCITIN®-cor	IB	—	—	—	—	S. 5, 1322
Propafenon	RYTMONORM®	IC	↑	↑	—	Verlangsamung	S. 154
Flecainid	TAMBOCOR®	IC	↑	↑	—	Verlangsamung	S. 154
Propranolol	DOCITON®	II	↑	—	—	—*	S. 1334
Amiodaron	CORDAREX®	III	↑	↓	↑↑	Verlangsamung	S. 154
Dronedaron*¢	MULTAQ®	I-IV	↑	↓	↑↑	Verlangsamung	S. 155
Sotalol	SOTALEX®	III	↑	↑	↑	Verlangsamung	††
Verapamil	ISOPTIN®	IV	↑↑	—	—	—*	S. 155
Adenosin			↑	—	—	—*	S. 139
Digoxin	LANICOR®		↑	—	↓	Beschleunigung	S. 155

* **Für die PRAXIS:**
Adenosin, Verapamil und Propranolol (wie auch die anderen Betablocker) haben keinen Einfluss auf die akzessorischen Bündel. Aber wenn diese existieren (z.B. beim Präexzitationssyndrom WPW), können diese Medikamente maligne Arrhythmien auslösen (VT, VF), indem sie die AV-Überleitung verlangsamen oder blockieren, was den akzessorischen Bündeln erlaubt, die Ventrikel frühzeitig direkt zu depolarisieren (= Präexzitationsphänomen).

† Procainamid (in Deutschland nicht erhältlich; PRONESTYL® FI 1000 mg/10 mL)

Allg: • Procainamid gehört zur Klasse Ia der Antiarrhythmika an.

Dos: • Initialdosis:

a) 100 mg/2-5 min **IV**; bei Bedarf 100 mg/2-5 min bis:
- die Maximaldosis von 1000 mg oder 18 mg/kg erreicht ist
- oder: die Arrhythmie behandelt ist
- oder: die Dauer der QRS-Komplexe > 50 % des Ursprungswertes beträgt
- oder: eine art. Hypotonie auftritt

oder:

b) 15-18 mg/kg über 25-30 min **IV**

• Erhaltungsdosis
- **IV**: 2-6 mg/min **IV** kont. (~ 4 g/24 h)
  Maximale Infusionsgeschwindigkeit: 25-50 mg/min
- **IM**: 0.5-1 g **IM** alle 3 h

†† Sotalol

Allg: • Sotalol gehört zur Klasse III der Antiarrhythmika.

Dos: • 20 mg über 5 min **IV**. Bei Bedarf nach 20 min 20 mg **IV** über 20 min wiederholen
Maximaldosis: 1.5 mg/kg

§ Klassifizierung nach VAUGHAM-WILLIAMS.

¢ In Deutschland nicht erhältlich

Arrhythmogene Kardiomyopathie des rechten Ventrikels (ARVC)

Syn:
- *Arrhythmogenic right ventricular cardiomyopathy (ARVC)*

Allg:
- Die ARVC ist charakterisiert durch eine lipomatöse Infiltration des Myokards des rechten Ventrikels. Es werden hereditäre Fälle beschrieben, bei welchen Kalziumionenkanal Anomalien assoziiert sind.
- Die ARVC prädisponiert zu ventrikulären Tachykardien (vom rechten Ventrikel her kommend).
- Verlauf:
  - Progredienter Verlust der rechtsventrikulären Funktion mit Herzinsuffizienz
  - Arrhythmie
  - Sekundenherztod

EKG:
- Im Sinusrhythmus kann das EKG «normal» sein oder negative T-Wellen in V1-V3 zeigen.
- Während einer Tachykardie imponiert ein LSB-Bild.

Vorg:
- Echokardiographie ± Herz-MR:
  - Schädigung des rechten Ventrikels
  - Dilatation und Fetteinlagerungen
- Eine Myokardbiopsie ist zur Diagnosestellung nicht notwendig.

Th:
- Kardio-Konsilium:
  - ICD bei Hochrisikopatienten
  - Medikamentöse Therapie (limitierte Wirksamkeit):
    - -- Flecainid
    - -- Sotalol
    - -- Amiodaron
    - -- Betablocker

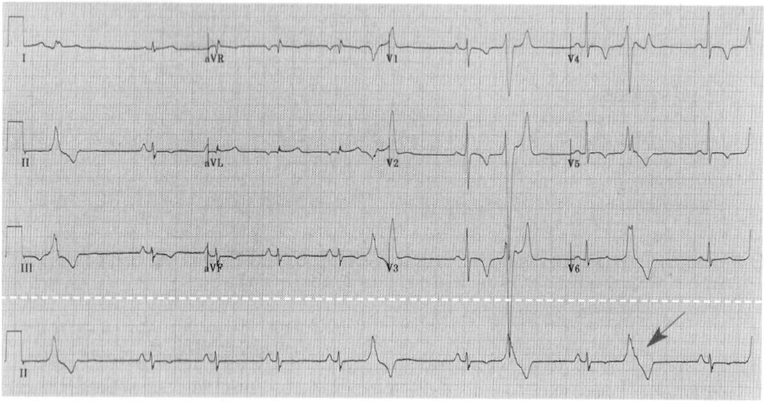

EKG 1: ARVC: negative T Wellen in den rechts präkardialen Ableitungen; Mikrovoltage in den peripheren Ableitungen; VES (Pfeil) mit vermutlichem Ursprung vom rechten Ventrikel (Dank an Dr. H. BURRI /Genève).

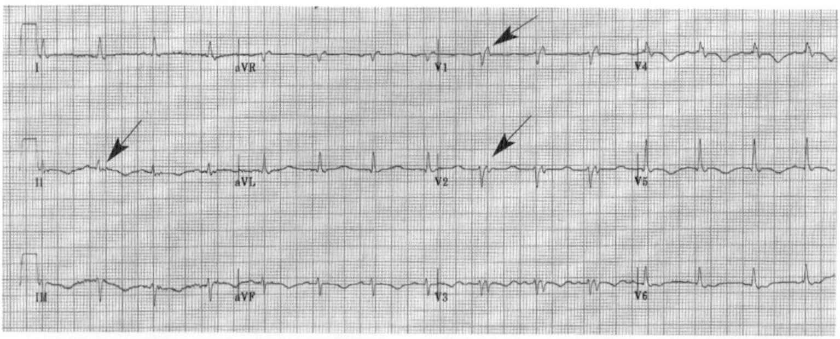

EKG 2: ARVC mit «Epsilon-Wellen» (siehe Pfeile; d.h. Notch am Ende der QRS; bei ~ 30 % der ARVC zu beobachten; diese Wellen widerspiegeln die intraventrikuläre Reizleitungsverlangsamung).

Breitkomplextachykardie: Ventrikuläre Tachyarrhythmie[1-3]

Def: • **QRS-Komplex ≥ 120 ms**

Allg: • **Ventrikelfrequenz > 150/min**
- Bei Tachykardie mit breiten QRS-Komplexen kann, je nach Ursache, Herzfrequenz, Alter und vorbestehender Herzkrankheit, eine hämodynamische Instabilität bestehen:
  - Die hämodynamische Stabilität ist für die Differentialdiagnose einer supraventrikulären oder ventrikulären Tachykardie nicht hilfreich.
- Eine Breitkomplextachykardie, die praktisch die gleiche QRS-Morphologie wie das Ruhe-EKG im Sinusrhythmus aufweist, kann einen supraventrikulären Ursprung haben.

Urs: • Ventrikuläre Tachykardie (ca. 80 % aller Breitkomplextachykardien)
- Supraventrikuläre Tachykardien mit:
  - Schenkelblock-Aberration (15-30 %)
  - Präexzitation bei akzessorischer Leitungsbahn (1-5 %)
- Strukturelle Herzkrankheit (die linksventrikuläre Funktion ist prognostisch essentiell).
- Komplette AV-Dissoziation (bei 20-50 % der ventrikulären Tachykardien)

DD: • Siehe DD der Breitkomplextachykardien, S. 132, 133

Klas:

A. Ventrikuläre Tachykardie (VT)

Allg: • Die Morphologie der VT ist entweder monomorph oder polymorph (= Tdp).

Klas: **1. VT ohne strukturelle Herzkrankheit** (= «benigne» VT)

1.1. Rechtsventrikuläre Ausflusstrakt Tachykardie (RVAT)

Allg: • Mechanismus: Tachykardie getriggert durch spezifische Zellen im RVAT.

EKG: • Linksschenkelblockbild mit starker, inferiorer Achse

Klin: • Palpitationen bei körperlicher Belastung

Th: • Akutphase: Adenosin
- Subakute/chronische Phase: Verapamil oder Betablocker
- Kurative Therapieoption: Radiofrequenzablation

DD: • Arrhythmogene Rechtsherzkardiomyopathie!

1.2. Faszikuläre Tachykardie

Allg: • Mechanismus: unklar; die Aktivierung stammt aus der pars posterior des linken Schenkels des HIS-Bündels.

EKG: • Rechtsschenkelblockbild

Th: • Akutphase: Verapamil erlaubt eine Kardiokonversion.
- Subakute/chronische Phase: Verapamil PO
- Kurative Therapieoption: Radiofrequenzablation

Bem: • Die faszikuläre Tachykardie ist nicht Adenosin-sensitiv!

2. VT mit struktureller Herzkrankheit

Allg: • Die hämodynamische Stabilität hängt ab von:
  - LV Funktion
  - Ventrikelfrequenz
- Mechanismus: Reentry um die Myokardläsion herum
- Diese Form von VT kann in eine VF übergehen was zum Sekundenherztod führen kann.

Klin: • Palpitation, Unwohlsein
- Thoraxschmerzen, Dyspnoe
- Präsynkope, Synkope
- Koma, Sekundenherztod

Urs: • Häufig: KHK, dilatative oder hypertrophe Kardiomyopathie

Th: • Akutsituation: je nach Klinik → Reanimation, S. 3, 4
- Kausaltherapie (Herzinsuffizienz, kardiovaskuläre Risikofaktoren u.a.)
- Subakute/chronische Phase: Betablocker (Langzeittherapie)
  - BB vermindern die Häufigkeit der Arrhythmien und jene des Sekundenherztodes.
- Weitere Therapieoptionen:
  - ICD
  - Radiofrequenzablation ist nur bei langsamen und hämodynamisch gut tolerierten VT möglich.

Bem: • Folgende Antiarrhythmika sind KONTRAINDIZIERT (Mortalität ↑!!):
  - Flecainid, Propafenon, Sotalol
- Amiodaron:
  - Kein Einfluss auf die Prognose
  - Kann die Häufigkeit der VT bei stark symptomatischen Patienten vermindern.

B. Ventrikuläre Fibrillation, S. 4, 6

1 Tanner H et al. Kardiovaskuläre Medizin 2006 ;9 :324-6. 2 Akhtar M, et al. Ann Intern Med 1988 ;109 :905-12. 3 Ramrakha P et al. Oxford Handbook of Cardiology, 2006, S. 370 und 390.

DD: Regelmässige Breitkomplex Tachykardie (QRS ≥ 120 ms)[1,2]

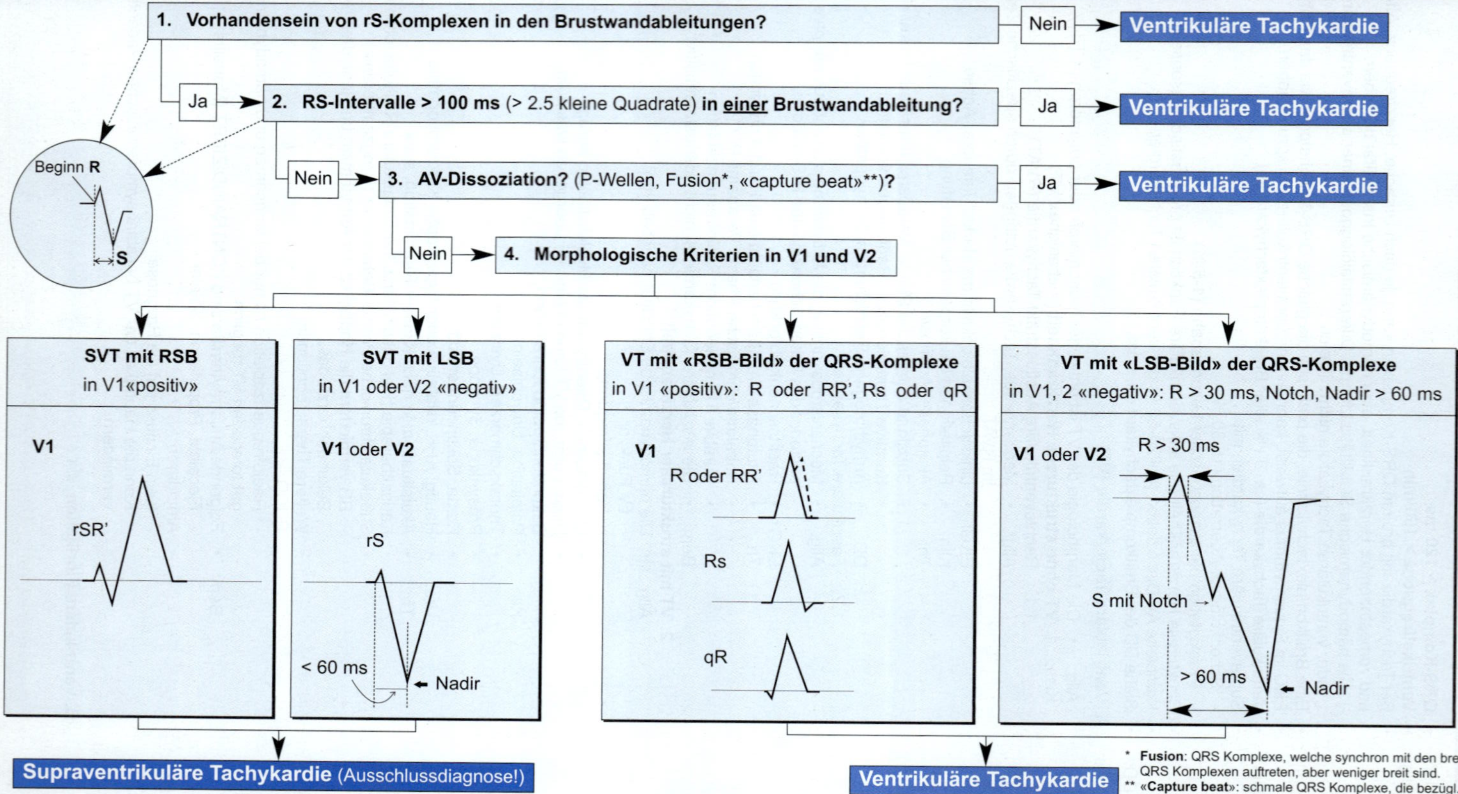

* **Fusion**: QRS Komplexe, welche synchron mit den breiten QRS Komplexen auftreten, aber weniger breit sind.
** **«Capture beat»**: schmale QRS Komplexe, die bezügl. der breiten QRS Komplexe der Tachykardie verfrüht einfallen.

1 Angepasst nach: Brugada P, et al. Circulation 1991 ;83 :1649-59. 2 Wellens HJJ, et al. Saunders 1992.

SVT mit RSB

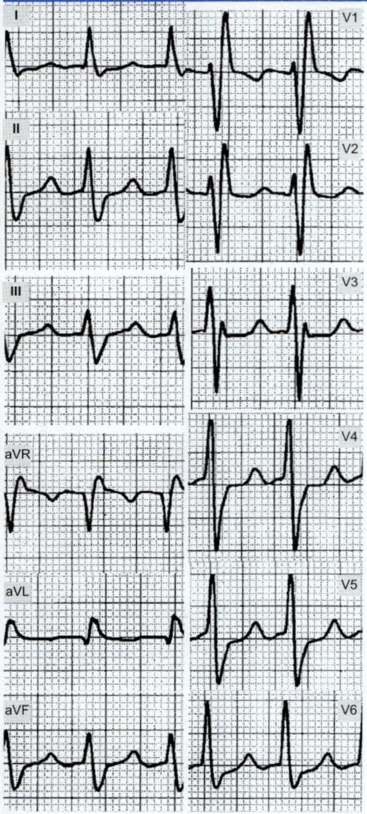

SVT mit LSB

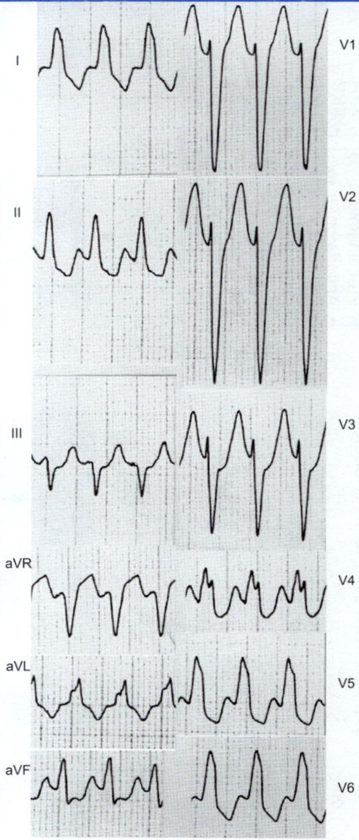

VT mit «RSB-Bild» der QRS-Komplexe

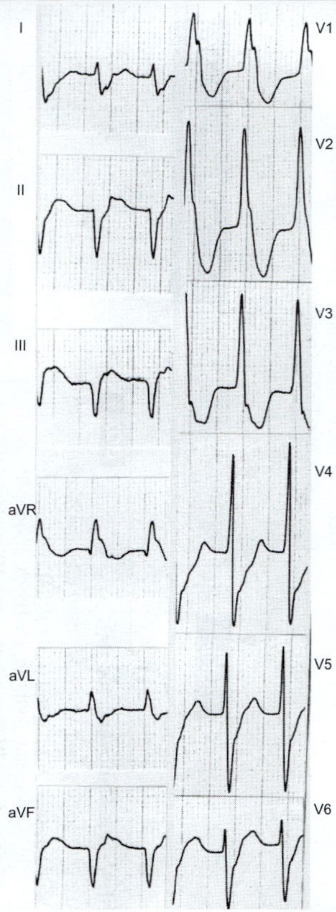

VT mit «LSB-Bild» der QRS-Komplexe

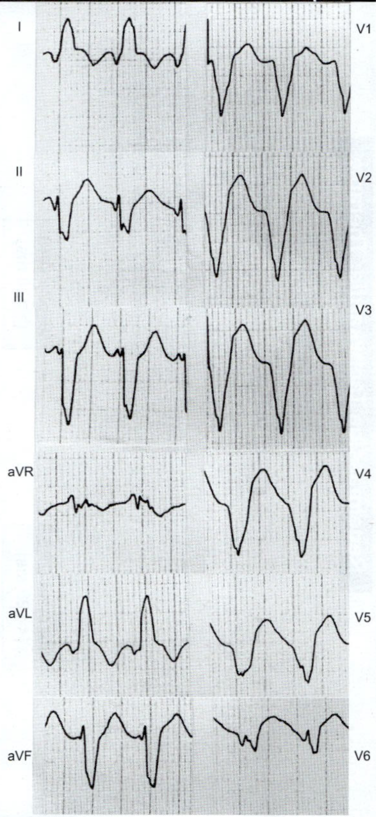

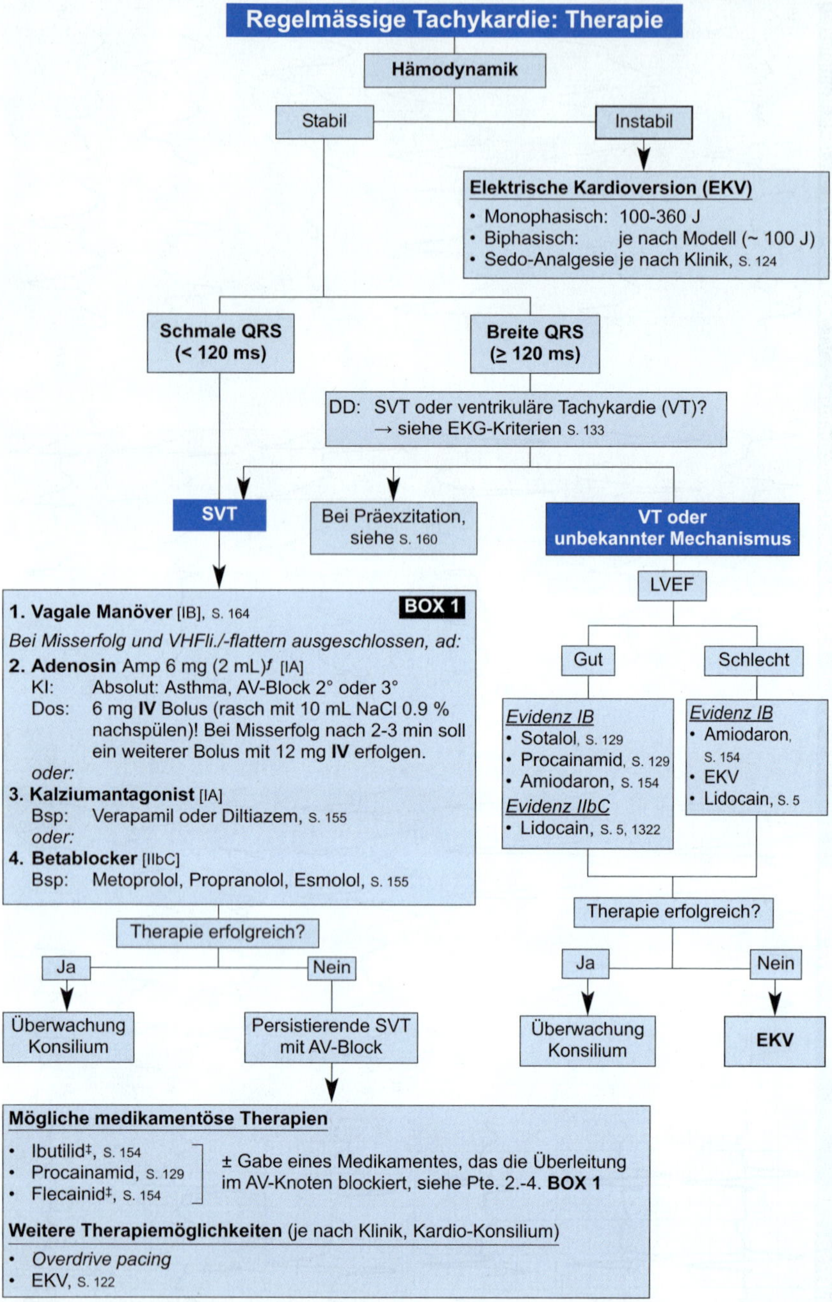

Algorithmus: Regelmässige Tachykardie.[1]

SVT = Supraventrikuläre Tachykardie; VT Ventrikuläre Tachykardie
EKV = Elektrische Kardioversion, S. 122

ƒ Adenosin kann bei Patienten mit einem Präexzitationssyndrom und schwergradiger KHK ein Vorhofflimmern mit schneller Ventrikelüberleitung auslösen und somit arrhythmogen wirken!

‡ Ibutilid und Flecainid sind effizient (v.a. bei Vorhofflattern), aber KI bei LVEF < 30 % (malignes Arrhythmierisiko)!

1 Angepasst nach: Blomström-Lundquist C. et al. ACC/AHA/ESC Guidelines 2003. Eur Heart J 2003 ; Oktober: 1-62.

Typ der Tachyarrhythmie	Therapie - Prävention
Sinustachykardie	▪ **Kausaltherapie** ▪ **Betablocker** ▪ **Prävention der Tachykardie**: nicht notwendig
Schmalkomplextachykardie, z.B.: - Vorhofflimmern - Vorhofflattern - Andere SVT, S. 137	▪ **Frequenzkontrolle** (oft schwierig!) - Kalziumantagonist (Verapamil, Diltiazem) - Betablocker - Amiodaron - Digoxin (in Kombinationstherapie) ▪ **Konversion in Sinusrhythmus** - Synchrone, elektrische Kardioversion, S. 122 - Radiofrequenzablation - Amiodaron - Ibutilid* - Sotalol - Evtl. Procainamid, Propafenon*, Flecainid* ▪ **Prävention der Tachykardie** - Radiofrequenzablation - Amiodaron - Sotalol - evtl. Procainamid, Propafenon*, Flecainid*
Junktionale Tachykardie, z.B.: - AVNRT, S. 158	▪ **Vagale Manöver**, S. 164 ▪ **Medikamentöse Therapie** - Adenosin, S. 134, 139 - Betablocker - Verapamil - Digoxin - Flecainid* - Synchrone, elektrische Kardioversion, S. 122
Tachykardien mit akzessorischem Bündel, z.B.: - AVRT, S. 159	▪ **Tachykardie betreffend den AV-Knoten** - Adenosin, S. 139 - Betablocker ▪ **Tachykardie betreffend das akzessorische Bündel** - Amiodaron - Sotalol - Flecainid* ▪ **Ausschliesslich Beendigung der Tachykardie** - Synchrone, elektrische Kardioversion, S. 122
Ventrikuläre Tachykardien	▪ **Beendigung und Prävention** - Synchrone, elektrische Kardioversion, S. 12 - Amiodaron - Lidocain - Procainamid - Flecainid* - Propafenon* - Betablocker - Magnesium, S. 126

Tabelle: Therapie bei Tachyarrhythmien.[2]

* Kontraindikationen von Propafenon, Flecainid und Ibutilid: signifikante Kardiopathien (KHK; LVEF < 30 % u.a.)

2 Angepasst nach: Ramrakha P et. al. Oxford Handbook of Cardiology, Oxford 2006, S. 376.

Schmalkomplextachykardien (< 120 ms) und -arrhythmien[1] [I47.1]

Allg: • Die Ausdücke «Schmalkomplextachykardie» bzw. «Supraventrikuläre Tachykardie» (SVT) werden als Synonyme gebraucht, wobei sich die Schmalkomplextachykardie auf die Morphologie des EKG und die SVT auf den anatomischen Ursprung bezieht.

DD: **I. Regelmässige supraventrikuläre Tachykardien**

- Supra-junktionale Tachykardien
  - Sinustachykardie, S. 140
  - Sinusknoten Reentry Tachykardie (selten), S. 140
  - Atriale Tachykardien (AT)
    - Fokale atriale Tachykardie, S. 141
    - Vorhofflattern (= Makro-Reentry AT) mit regelmässiger Überleitung, S. 142
- Junktionale Tachykardien
  - AVRT (AV-Reentry Tachykardie) mit akzessorischem Bündel (z.B. WPW), S. 159, 160
  - AVNRT (AV-Knoten Reentry Tachykardie), S. 158
  - Automatische junktionale Tachykardien (selten)

II. Unregelmässige supraventrikuläre Tachykardien

- Vorhofflimmern, S. 146
- Atriale Tachykardien (AT), S. 141
  - Vorhofflattern mit unregelmässiger Überleitung, S. 142
  - Multifokale atriale Tachykardie, S. 141

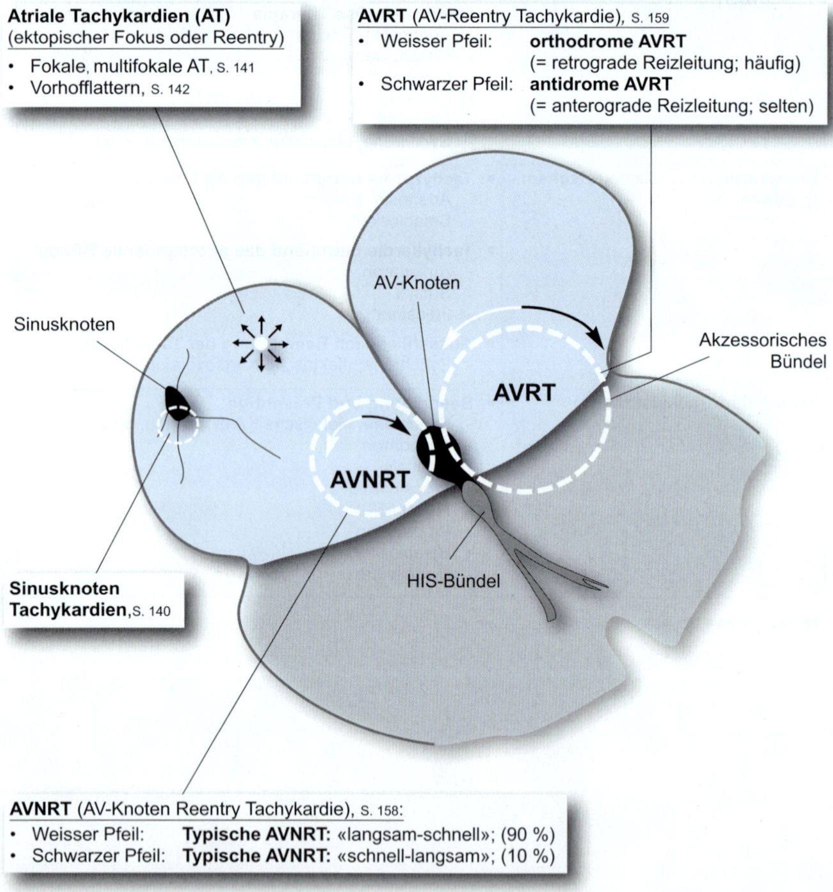

Schema: Supraventrikuläre Tachykardien.

[1] Angepasst nach: Ramrakha P et. al. Oxford Handbook of Cardiology, Oxford 2006, S. 378

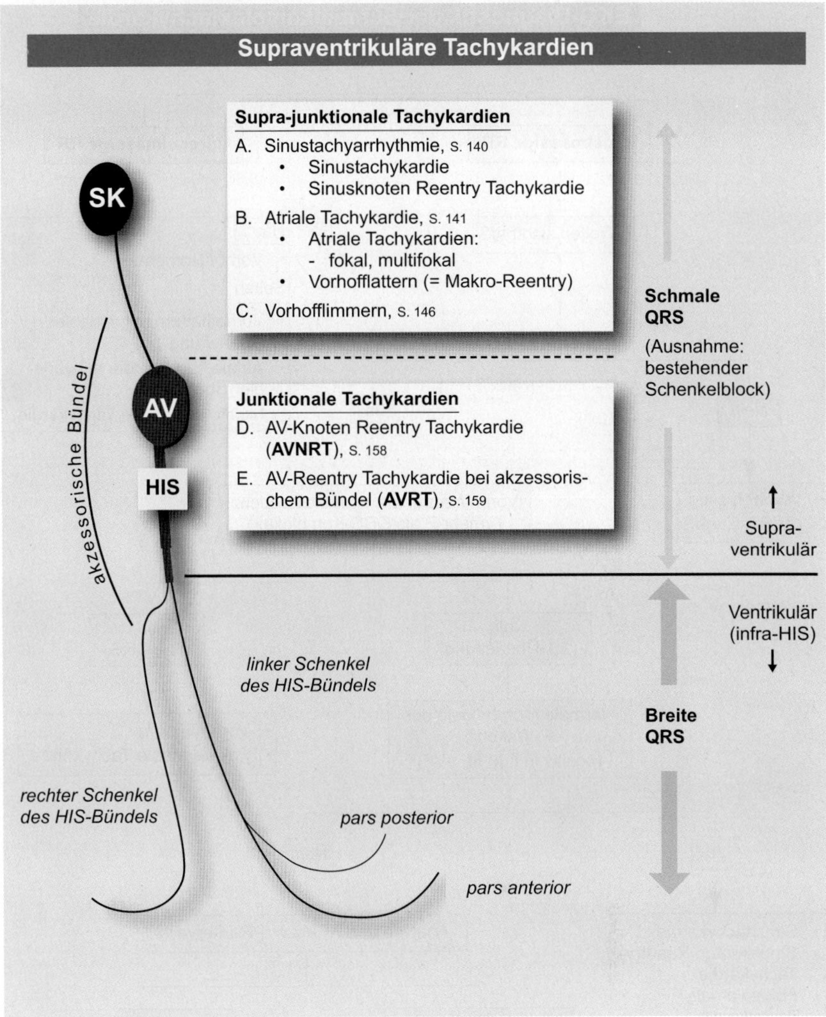

Schema: Klassifikation der SVT.

SK = Sinusknoten
AV = AV-Knoten
AVNRT = AV-Knoten Reentry Tachykardie *(AV node re-entry tachycardia)*
AVRT = AV-Reentry Tachykardie *(AV re-entry tachycardia)*

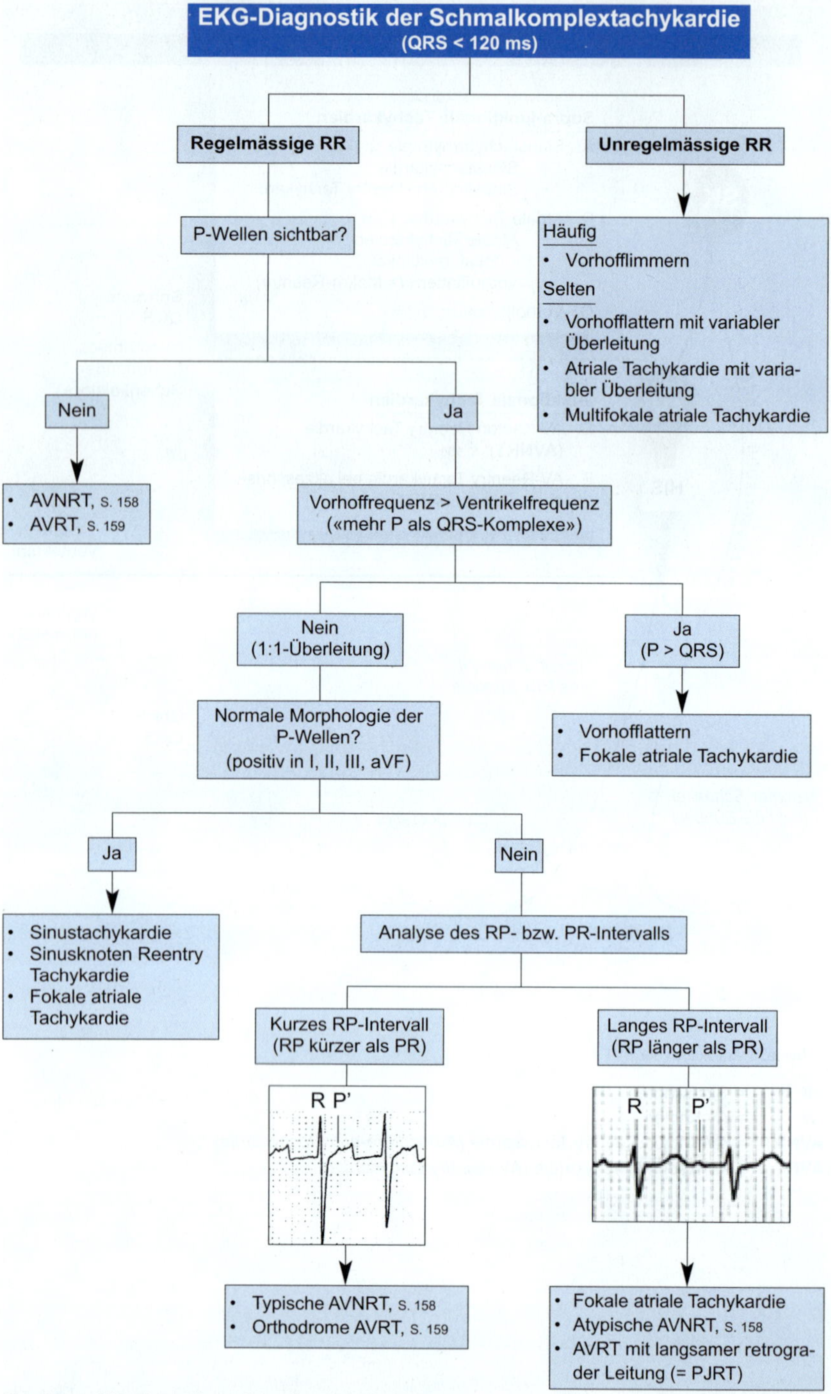

Algorithmus: EKG-Diagnostik von Schmalkomplextachykardien.[1]

AVRT = AV re-entry tachycardia, AVNRT = AV node re-entry tachycardia; P' und P'', siehe Definition S. 139
RR = Abstand von einer R-Zacke zur folgenden; PJRT = Permanent Junctional Reciprocating Tachycardia

1 Angepasst nach: Ramrakha P et. al. Oxford Handbook of Cardiology, Oxford 2006, S. 373

Wirkung des Adenosins auf Schmalkomplextachykardien (< 120 ms)

Adenosin ADENOSIN LIFE MEDICAL®
5 mg **IV** Bolus

WICHTIG!
- Nach Injektion der 5 mg Adenosin muss der Infusionsschlauch mit 10 mL NaCl 0.9 % so rasch wie möglich durchgespült werden!
- HWZ: ca. 10 sek
- Bei Nichtkonversion nach 2-3 min sollen 10 mg **IV** Bolus verabreicht werden.
- **Absolute Kontraindikationen:**
  - **Asthma**
  - **AV-Block 2° oder 3°**
  - **VHFli. mit akzessorischem Bündel**

Unmittelbare Wirkung des Adenosins und Interpretation

Unveränderte Herzfrequenz	Graduelle Verlangsamung der Herzfrequenz, dann erneute Akzeleration	Brüske Beendigung der Tachykardie	Persistierende atriale Tachykardie mit transitorischem, hochgradigem AV-Block
Interpretation/ mögliche Diagnosen	**Interpretation/ mögliche Diagnosen**	**Interpretation/ mögliche Diagnosen**	**Interpretation/ mögliche Diagnosen**
• Adenosin ist unterdosiert oder zu langsam appliziert. • Eine VT muss ausgeschlossen werden (zB.: septale oder faszikuläre VT mit wenig verbreiterten QRS)	• Sinustachykardie • Fokale atriale Tachykardie • Nicht paroxysmale Tachykardie	• AVNRT, S. 158 • AVRT, S. 159 • Atriale Tachykardie ohne Reentry • Sinusknoten Reentry Tachykardie	• Vorhofflattern • Vorhofflimmern • Atriale Tachykardie

Schema: Wirkung von Adenosin bei Schmalkomplextachykardien.[1]

AVRT = AV re-entry tachycardia
AVNRT = AV node re-entry tachycardia
VT = Ventrikuläre Tachykardie

Bem:
- Wenn eine Tachykardie bei genügend hoher Dosis (mit Erreichen eines AV-Blockes) **durch Adenosin nicht beendet wird**, ist die Tachykardie **unabhängig vom AV-Knoten**, z.B.:
  - Vorhofflattern
  - Vorhofflimmern
- Wenn **Adenosin eine Tachykardie beendet**, kann diese vom **AV-Knoten abhängig** sein.
- Es gibt aber gewisse atriale Tachykardien ohne Reentry und auch ventrikuläre Tachykardien (z.B. infundibuläre VT des rechten Ventrikels), welche durch Adenosin beendigt werden können.

Definition der P-Wellen (nicht standardisierte Nomenklatur)

P = P-Welle, die vom Sinusknoten (SK) her kommt
P' = Retrograde P-Welle
P" = P-Welle mit abnormaler Morphologie und Achse, ektop, nicht vom SK her kommend

1 Angepasst nach: ACC/AHA/ESC Guidelines 2003. Eur Heart J 2003 ; Oktober: 1-62.

A. Sinustachyarrhythmie

A.1. Sinustachykardie [R00.0]

Def: • **Sinusfrequenz > 100/min**

Allg: • Eine Sinustachykardie (ST) beginnt und endet typischerweise kontinuierlich.

> **Für die PRAXIS:**
> Bei einer Sinustachykardie muss imperativ nach einer möglichen Ursache gesucht werden.

DD: • Paroxysmale Tachykardie (v.a. wenn keine Ursache für eine ST zu finden ist)

EKG: • Sinusrhythmus > 100/min
- P-Wellen positiv in inferioren Ableitungen (II, III, aVF)

Urs:
- Körperliche Aktivität
- Emotional
- Schwangerschaft
- Stimulantien
  - Koffein, Nikotin, Alkohol(entzug)
  - Drogen (Kokain, Amphetamin, Canabis, Ecstasy)
  - Sympathomimetika (β-Agonisten, Brochodilatatoren, Katecholamine)
- Verminderte Sauerstofftransportkapazität:
  - Blutung/Hypovolämie
  - Anämie
  - Lungenembolie
  - Herzinsuffizienz
  - Hypoxie
- Erhöhter Sympathikotonus
  - Schmerz
  - Blutung
  - Fieber
  - Akutes Koronarsyndrom
- Hyperthyreose u.a.

Th:
1. **Kausaltherapie**
2. **Symptomatische Therapie: Betablocker**
   - Emotional bedingte Sinustachykardie: ad. nicht-selektiver BB (z.B. Propranolol)

> **Für die PRAXIS:**
> - Beim akuten Koronarsyndrom beträgt die Zielherzfrequenz **60-80/min** (→ optimale Koronarperfusion).
> - Betablocker sollen bei folgenden Patienten nur mit VORSICHT verabreicht werden (Risiko einer Verschlimmerung der Symptome!):
>   - Dekompensierte Herzinsuffizienz
>   - Akut vaskuläre Insuffizienz kardialer Genese

A.2. Sinusknoten Reentry Tachykardie

Allg:
- Diese Arrhythmie ist selten die Ursache einer Schmalkomplextachykardie. Sie ist die Folge eines Reentry-Phänomens beim Sinusknoten.
- Oft kurz dauernd (< 30 sek)
- P-Wellen gleichen den Sinus-P-Wellen oder können sogar mit ihnen identisch sein, was die Diagnose erschwert.
- Wird oft durch eine Vorhofextrasystole ausgelöst und beendet.

Th:
1. **Kardio-Konsilium**
2. **Medikamentöse Therapie**
   2.1. Akutphase
   - Adenosin **IV**, siehe s. 139

   2.2. Chronische Phase und Rezidivprophylaxe
   - Betablocker, s. 155, 1246
   oder:
   - Kalziumantagonist: Verapamil oder Diltiazem, s. 155
3. **Radiofrequenzablation (RFA)**

B. Atriale Tachykardien (AT) [I48]

B.1. Fokale und multifokale atriale Tachykardie

Allg:
- Der Ursprung dieser Arrhythmie liegt im linken oder rechten Vorhof, aber ausserhalb des Sinusknotens (SK). Dieser fokale Fokus feuert schneller als der SK!
- Atriale Frequenz: **100-250/min**
- Eine persistierende atriale Tachykardie (Dauer > 30 sek) ist i.d.R. Ausdruck einer Herzerkrankung und kommt normalerweise beim gesunden Herz nicht vor. Hingegen können nicht persistierende atriale Tachykardien (< 30 sek) auch bei herzgesunden Personen auftreten.
- Die AT leiten i.d.R. immer anterograd (kein Reentry). Ausnahme: bestehende akzessorische Bahnen.

Klas: 1. **Fokale AT**

Allg: • Prognostisch meist günstig.

EKG:

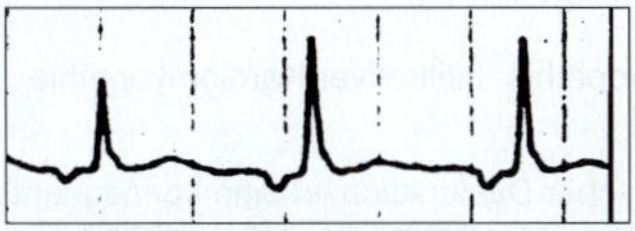

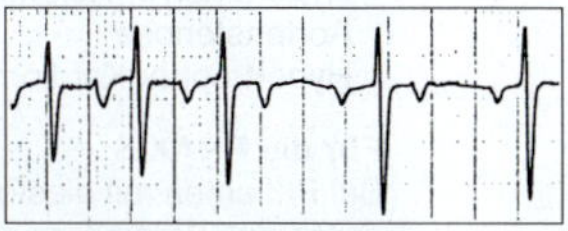

EKG (DII): Fokale AT (1:1-Überleitung) EKG (V1): Fokale AT (2:1-Überleitung)

---

2. **Multifokale AT**

Dg: • Tachykardie mit ≥ 3 morphologisch verschiedenen P-Wellen in derselben Ableitung, wobei ein Sinusrhythmus mit häufigen, multifokalen Vorhofextrasystolen ausgeschlossen werden muss (falls die HF < 100/min beträgt wird von einem «*wandering pacemaker*» gesprochen).

Prog: • Ungünstig wegen unterliegender kardialer Erkrankung

EKG:

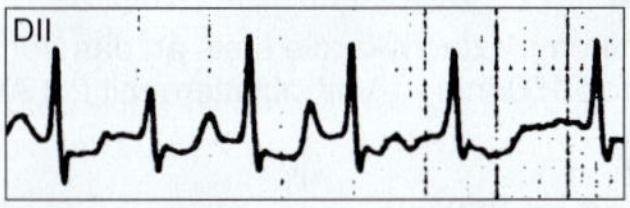

Urs:
- Jede kardiopulmonale Erkrankung die zur Dilatation der Atria führt:
  - KHK
  - Hypertensive Herzkrankheit, Kardiomyopathie
  - Pulmonal arterielle Hypertonie (z.B. bei COPD; hier v.a. multifokale AT)
  - Digoxin-Intoxikation

Klin:
- Asymptomatisch
- Symptomatisch: Palpitationen mit Schwindel oder Dyspnoe

EKG:
- Siehe entsprechende EKG-Beispiele oben
- Atriale Frequenz: 100-250/min
- Anhand der P-Wellen-Morphologie und -Achse kann der fokale Fokus lokalisiert werden.
- Zwischen 2 P-Wellen ist eine isoelektrische Linie sichtbar.

Th:

1. **Therapieindikationen: ad Kardio-Konsilium**
   - Symptomatische Patienten
   - Persistierende Tachykardie; denn hier besteht die Gefahr der tachykardie-assoziierten Kardiomyopathie (Kardiomyotachykardie)!
2. **Therapie bei Tachykardie Anfall (= Anfalls-Coupierung)**
   - Hämodynamisch instabiler Patient:
     → Elektrische Kardioversion (unwirksam bei multifokaler atrialer Tachykardie)
   - Hämodynamisch stabiler Patient:
     → Adenosin **IV** (unwirksam bei atrialer Tachykardie mit Reentry), siehe auch S. 139
3. **Erhalt des Sinusrhythmus (Rezidivprophylaxe)**
   - Fokale oder oligofokale AT (nur falls < 3 Foci!): RFA → kurative Therapie.
   - Multifokale, evtl. fokale AT (Kardio-Konsilium):
     - 1. Wahl: Antiarrhythmika Klasse III → Amiodaron
     - 2. Wahl: Antiarrhythmika Klasse IC (nur falls <u>keine</u> strukturelle Herzerkrankung!) → Flecainid oder Propafenon
4. **Symptomatische Therapie (Ziel: Frequenzkontrolle)**
   - Betablocker (sofern toleriert bei multifokaler AT mit pulmonal art. Hypertonie) oder:
   - Kalziumantagonist: Verapamil, Diltiazem

B.2. Vorhofflattern (= Makro-Reentry atriale Tachykardie)

Allg:
- Relativ häufige Arrhythmie ohne isoelektrische Linie zwischen den typischen Flatterwellen (bezieht sich auf die peripheren Abl.). Die Vorhoffrequenz ist oft > 240/min.
- Pathophysiologie: Makro-Reentry im Vorhof.
- Die AV-Überleitung kann regelmässig oder variabel sein.
  I. Vorhofflattern mit regelmässiger AV-Überleitung, z.B.:
  - Atrialer Zyklus von 300/min mit AV 2:1-Überleitung → Ventrikelfrequenz 150/min
  - Atrialer Zyklus von 150/min mit AV 2:1-Überleitung → Ventrikelfrequenz 75/min

  II. Vorhofflattern mit unregelmässiger AV-Überleitung (→ unregelmässige ventrikuläre Frequenz; dieser Block ist selten).

Klin:
- Palpitationen, Leistungsintoleranz, Schwindel
- Anstrengungsdyspnoe
- Thoraxschmerzen

Kpl:
1. Verminderung des Herzminutenvolumens (v.a. bei diastolischer LV Dysfunktion) bei:
   - Hypertensiver Herzkrankheit
   - Aortenstenose
   - Hypertropher Kardiomyopathie, infiltrativer Kardiomyopathie

> **Für die PRAXIS:**
> Bei Patienten mit diastolischer Dysfunktion ist eine konsequente Frequenzkontrolle, sowie das Verhindern eines Vorhoffimmerns, sehr wichtig.

2. Thromboembolische Komplikationen, v.a. bei:
   - Rheumatischer Herzerkrankung (Mitralstenose)
   - Verminderter LVEF
3. Kardiomyotachykardie

EKG:
- Vorhoffrequenz > 200/min
- Keine isoelektrische Linie in den peripheren Ableitungen zwischen einzelnen Flatterwellen (im Gegensatz zu den anderen atrialen Tachykardien).

> **Für die PRAXIS:**
> Bei regelmässiger Schmalkomplextachykardie stets an das Vorhofflattern denken:
> - bei Ventrikelfrequenz von 150/min → Vorhofflattern mit 2:1 AV-Überleitung.

Klas: 1. <u>**Typisches Vorhofflattern**</u>

Allg:
- Vorhoffrequenz: oft ca. 300/min
- Vorsicht beim Anwenden einer medikamentösen AV Blockade!

Klas:
1.1. Im Gegenuhrzeigersinn (häufig, siehe EKG unten)
1.2. Im Uhrzeigersinn (selten, EKG siehe S. 143)

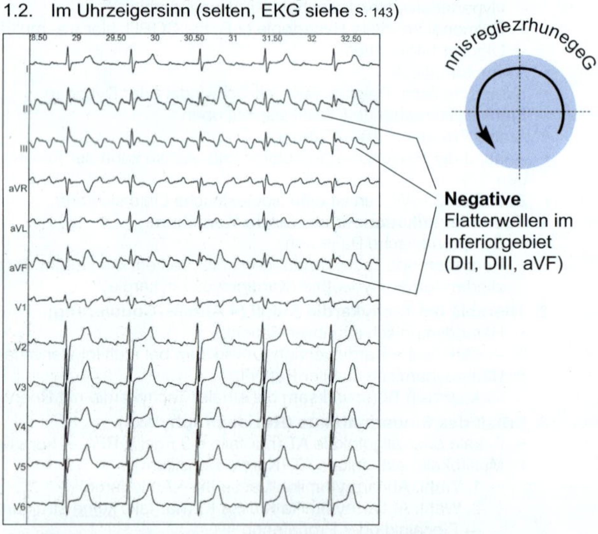

1.1. Typisches Vorhofflattern im Gegenuhrzeigersinn (häufig)

- 1:4 AV-Überleitung mit Vorhoffrequenz 280/min und QRS-Frequenz 70/min
- Typische Flatterwellen («Sägezahn-Wellen»):
  - Negativ in DII, III und aVF (hier ist keine isoelektrische Linie sichtbar).
  - Positiv in V1 (eine isoelektrische Linie kann hier vorhanden sein).

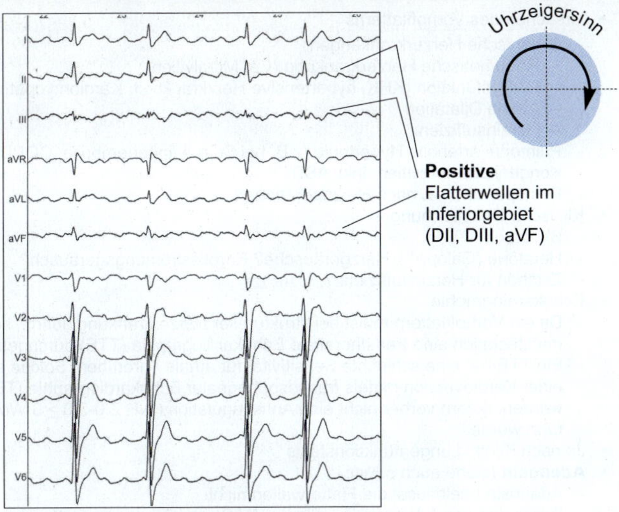

1.2. Typisches Vorhofflattern im Uhrzeigersinn

- Seltener als das typische Vorhofflattern im Gegenuhrzeigersinn
- Variable AV-Überleitung mit:
  - Vorhoffrequenz 230/min
  - Variabler QRS-Frequenz
- Typische Flatterwellen («Sägezahn-Wellen»):
  - Positiv in DII, III und aVF (hier ist keine isoelektrische Linie sichtbar).
  - Negativ in V1. Eine isoelektrische Linie kann vorhanden sein.

2. Atypisches Vorhofflattern

Allg: • Vorhoffrequenz: 350-450/min

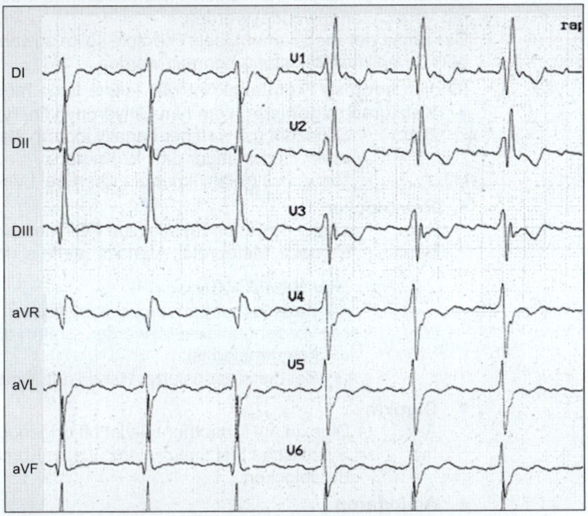

Atypisches Vorhofflattern, perimitral nach Mitralklappenersatz

- 1:4 AV-Überleitung mit:
  - Vorhoffrequenz 300/min
  - QRS-Frequenz 75/min
- Keine typische Flatterwellen
- Eine isoelektrische Linie kann in V1 vorhanden sein.
- In diesem EKG zusätzlich kompletter RSB

Urs: • Ursachen des Vorhofflatterns
- Organische Herzerkrankungen:
  -- Rheumatische Herzerkrankung (v.a. Mitralvitien)
  -- LV-Dysfunktion (KHK, hypertensive Herzkrankheit, Kardiomyopathien)
  -- Atriale Dilatation
  -- Herzinsuffizienz
- Pulmonal arterielle Hypertonie (z.B. bei St. n. Lungenembolie, COPD)
- Kongenitale Herzvitien, inkl. ASD
- Postoperativ, v.a. nach Herzoperationen

Vorg: • Klinische Untersuchung
- Blutdruck
- Herztöne (Galopp?), Herzgeräusche? Karotisströmungsgeräusch?
- Zeichen für Herzinsuffizienz?, S. 215, 228

• Echokardiographie:
- Da ein Vorhofflattern meist bei struktureller Herzerkrankung auftritt, sollte bei Erstmanifestation eine transthorakale Echokardiographie (TTE) durchgeführt werden.
- Ein TTE hat eine schlechte Sensitivität für atriale Thromben. Solche sollen vor einer Kardioversion mittels transösophagealer Echokardiographie (TEE) gesucht werden, sofern vorher nicht eine Antikoagulation (INR 2.0-3.0 $\geq$ 3 Wo!) durchgeführt wurde.

• Je nach Klinik: Lungenfunktionstests
• **Adenosin** (siehe auch S. 139):
- Adenosin beeinflusst die Flatterwellen nicht.
- Durch den von Adenosin induzierten AV-Block können die Flatterwellen aber demaskiert werden (v.a. bei Tachykardie mit 2:1 AV-Block).

Th: **A. Frequenzkontrolle**

Allg:
• Im Gegensatz zum Vorhofflimmern ist die medikamentöse Frequenzkontrolle beim Vorhofflattern oft schwieriger zu erreichen. Höhere Dosen und/oder Kombinationen von AV-blockierenden Medikamenten werden benötigt.
• Bei Typ 1 Vorhofflattern liegt die Vorhoffrequenz typischerweise bei 300/min. Eine 2:1 AV-Blockade führt zu einer LV Frequenz von 150/min, eine 3:1 Blockierung zu einer solchen von 100/min und eine 4:1 Blockierung zu einer solchen von 75/min.
• Speziell höhergradige AV-Blockierungen (3:1 und 4:1) können auf AV-Knotenerkrankungen hinweisen. AV-blockierende Medikamente sollten nur mit Vorsicht angewendet werden.
• Der Effekt der medikamentösen Therapie sollte sowohl in Ruhe, als auch bei körperlicher Belastung beurteilt werden.

Th: • **Medikamentöse Frequenzkontrolle** (siehe auch Tabelle S. 155)

▪ **Kalziumantagonisten** vom non-Dihydropyridin-Typ
Bsp:
• Diltiazem (ist weniger negativ inotrop als Verapamil, hemmt aber auch weniger den AV-Knoten)
• Verapamil (relativ kontraindiziert bei LV- oder RV-Dysfunktion)

▪ **Betablocker**
Allg: • Limitierte Daten für alleinige PO-Therapie bei Vorhofflattern
Bsp: • Esmolol, Metoprolol, Atenolol, siehe S. 155

Für die PRAXIS:
• Betablocker können bei systolischer Dysfunktion mit Vorsicht eingesetzt werden, sofern die Herzinsuffizienz kompensiert ist!
• Bei dekompensierter Herzinsuff. sind BB nicht indiziert.

▪ **Digoxin**
Allg: • Digoxin als Monotherapie ist oft ungenügend wirksam.
Ind: • Systolische Herzinsuffizienz, v.a. in Kombination mit einem Betablocker

▪ **Amiodaron**
Allg: • Wirkung: Reduktion der Leitfähigkeit des AV-Knotens

Für die PRAXIS:
• Amiodaron ist zur Verlangsamung des Vorhofflatterns nicht geeignet (verzögerter Wirkungsbeginn, NW).
• Amiodaron ist nicht effizient zur Kardioversion eines Vorhofflatterns.[1]

[1] Blomström-Lundqvist C, et al. ACC/AHA/ESC Guidelines (http://www.escardio.org/guidelines-surveys/esc-guidelines/GuidelinesDocuments/guidelines-SVA-FT.pdf), p. 36

Medikament	Initiale Dosis	Erhaltungsdosis	W'beginn
Diltiazem	• 25 mg **IV** (0.25 mg/kg) über 2 min	• 5-15 mg/h **IV**	Minuten
Verapamil	• 5-1 mg **IV** (0.075-0.15 mg/kg) über 2 min	-	Minuten
Esmolol	• 0.5 mg/kg **IV** über 1 min	• 0.06-0.2 mg/kg/min **IV**	Minuten
Metoprolol	• 2.5-5 mg **IV** über 2 min; max. 3x (= 15 mg)	-	Minuten
Digoxin	• 0.25 mg **IV**, bei Bedarf 2x/h. Max. 1.5 mg/24 h	• 0.125-0.25 mg/d PO	Stunden
Amiodaron	• 150 mg **IV** über 10 min	• 0.5 - 1 mg/min **IV**	Stunden

B. Rhythmuskontrolle: Rückführung in den Sinusrhythmus (= Konversion)

Th: **1. Spontankonversion und medikamentöse Konversion**

1.1. Spontankonversion

Allg: • Vorhofflattern konvertiert oft spontan in einen Sinusrhythmus, v.a. wenn die Ursache der Arrhythmie behoben ist (z.B. LE, Perikarditis, post-operativ, Hyperthyreose u.a.).

1.2. Medikamentöse Konversion (bzw. Ventrikelfrequenzkontrolle)

Allg:
- Die medikamentöse Kardioversion eines Vorhofflatterns ist schwierig! Folgende Medikamente sind nicht wirksam: Amiodaron, Propafenon, Flecainid.
- Ibutilid (in Deutschland nicht erhältlich; nur **IV**-Gabe) zeigt eine Konversionsrate von ca.. 60 %, aber:
  - ist kontraindiziert bei struktureller Kardiopathie (LVEF < 30 %)
  - ein Rhythmusmonitoring ist während mehrerer Stunden nach **IV**-Gabe von Ibutilid zwingend
  - NW: Torsade de pointes!

2. Elektrische Kardiokonversion

2.1. Synchronisierte elektrische Kardiokonversion

Ind:
- Hämodynamisch instabile Patienten
- Hämodynamisch stabile Patienten:
  - Rückführung in einen Sinusrhythmus sollte bei Patienten mit erstmaligem Vorhofflattern, nach Abklärung und Therapie allfälliger Ursachen und adäquater Antikoagulation (≥ 3 Wo), versucht werden.

3. Radiofrequenzablation (siehe Punkt C.)

4. Overdrive atrial pacing

- Gute Option nach Herz-OP. Wenig wirksam beim atypischen Vorhofflattern.

C. Rezidivprophylaxe: Erhalt des Sinusrhythmus nach Konversion

Allg: • Ohne kurative Therapie kommt es bei ca. 50 % der Patienten zum Rezidiv des Vorhofflatterns innerhalb 1 Jahres!

Th:
- Therapie der Wahl (kurativ): **Radiofrequenzablation** des Reentry beim cavotricuspidalen Isthmus → kurative Erfolgsrate > 95 % (Rezidivrate ca. 5 %). Das atypische Vorhofflattern est schwieriger zu ablatieren und die Erfolgsrate ist variabel (je nach bestehender Kardiopathie und Erfahrung des Operateurs).
- Flecainid, Propafenon und Amiodaron haben keine Verminderung des Rezidivrisikos des Vorhofflatterns aufweisen können.
- ***CAVE***: Flecainid und Propafenon können zu einer paradoxen Beschleunigung des ventrikulären Rhythmus führen, wenn die Vorhoffrequenz vermindert wird und der AV-Knoten 1:1 die Vorhoferregung auf den Ventrikel überträgt. Diese Medikamente sollten darum immer mit AV-Knoten verlangsamenden Medikamenten (Betablocker oder Kalziumantagonisten) verwendet werden.
- Siehe auch Algorithmus der Rezidivprophylaxe bei VHFli. s. 150, 153.

D. Thromboembolie Prophylaxe

Allg: • Viele Patienten mit Vorhofflattern haben ebenfalls Episoden von Vorhofflimmern und somit ein deutlich erhöhtes Risiko einer thromboembolischen Komplikation.

> **Für die PRAXS:**
> Das **permanente Vorhofflattern** ist selten. Es weist aber, wie das VHFli., ein erhöhtes thromboembolisches Risiko auf und verlangt deshalb dieselben Richtlinien bezüglich Antikoagulation (inkl. Kardioversion), s. 157.

Vorg: • Siehe «Vorhofflimmern», s. 146 ff

C. Vorhofflimmern[1-3] [I48]

Def:
- Atriale Rhythmusstörung ohne wirksame, mechanische Vorhofaktivität.
- Vollständig desorganisierte Vorhofaktivität
- Ventrikelfrequenz: unregelmässig, oft tachykard

Allg:
- Das VHFli. ist die häufigste, anhaltende Arrhythmie:
  - < 1 % bei Patienten < 50 Jahre
  - 10 % > 80 Jahre
- Das Fehlen der koordinierten Vorhofaktivität vermindert das atriale Auswurfvolumen bis zu 15-30 %. Die Verminderung der links atrialen Kontraktilität führt dort zu einem Stagnieren des Blutflusses, was das Risiko der atrialen Thrombenbildung erhöht!
- Mechanismen:
  - Depolarisation von Pulmonalvenenfoci (in ca. 95 % der Fälle)
  - Mikro-Reentry. Dazu notwendig sind:
    - Erhöhter Vorhof Automatismus
    - Erhöhte Erregbarkeit des Vorhofgewebes
    - Verminderte effektive Refraktärperiode
- **Das VHFli. ist die häufigste Ursache des embolischen Schlaganfalls.**
- Das VHFli. erhöht das **CVI-Risiko um das 5-fache** (im Vgl. zur Kontrollbevölkerung).
- Das CVI-Risiko bei nicht antikoagulierten Patienten mit permanentem oder intermittierendem VHFli. beträgt > **2-15 %/Jahr**, je nach Schweregrad der thromboembolischen Risikofaktoren (siehe $CHADS_2$ Score, S. 157).
- Rezidive 1 Jahr nach elektrischer oder medikamentöser Konversion sind sehr hoch:
  - ohne Antiarrhythmika: ca. 75 %
  - mit Antiarrhythmika: ca. 50 %
- Das VHFli. erhöht das Risiko folgender Parameter:
  - Mortalität
  - Morbidität
    - Herzinsuffizienz (15-50 % der Patienten mit VHFli. sind herzinsuffizient!)
    - Schlaganfall

Klas:

Typ des VHFli.	Definition
1. Paroxysmal	• Selbstlimitierend (< 7 Tage)
2. Persistierend	• Anhaltend während > 7 Tage • Kardioversion (medikamentös oder elektrisch) in SR möglich
3. Permanent	• Der SR kann durch die Kardioversion nicht erreicht werden (oder die Kardioversion wird nicht versucht, weil die Dauer des VHFli. als zu lange angesehen wird).
4. Idiopathisches VHFli. (= *Lone atrial fibrillation*)	• Das idiopathische VHFli. ist eine Ausschlussdiagnose, d.h. **<u>OHNE</u>**: - Strukturelle Herzerkrankung - Art. Hypertonie - Diabetes mellitus und: • Alter < 60 Jahre

Urs:
- **Akute Ursachen**
  - Akutes Koronarsyndrom
  - Akute Myokarditis, Perikarditis
  - Sick-sinus Syndrom, S. 238
  - Status nach Herzchirurgie
  - Lungenembolie
  - COPD-Exazerbation
  - Hyperthyreose
  - Alkohol *(holiday heart)*
  - Drogen u.a.
- **Chronische Ursachen**

  Mit struktureller Herzerkrankung:
  - Hypertensive Kardiopathie (häufigste Ursache!)
  - KHK
  - Herzinsuffizienz (alle Ursachen)
  - Valvulopathie (v.a. mitral)
  - Kardiomyopathie

  Ohne strukturelle Herzerkrankung:
  - *Lone atrial fibrillation/idiopathisch* (= VHFli. ohne art. Hypertonie, ohne strukturelle Herzkrankheit, bei Patient < 60 Jahre und mit normaler Echokardiographie)
  - Ca. 10 % aller VHFli. sind idiopathisch, wovon 15-30 % in Verbindung mit Alkoholkonsum auftreten.

1 ACC/AHA/ESC Guidelines. Eur Heart J 2006 ;114 :700-752. 2 AFFIRM Investigators. N Engl J Med 2002 ;347 :1825-33. 3 Tschopp St. et al. Forum Med Suisse 2007 ;7 :476-81.

Klin:
- Die Symptome sind abhängig von:
  - Ventrikelfrequenz, -morphologie und -funktion
  - Grunderkrankung
  - Dauer des VHFli.
- Asymptomatisch (bei bis zu 30 % der Patienten handelt es sich um eine Zufallsdiagnose)
- Symptomatisch
  - Leistungsintoleranz
  - Herzklopfen
  - Schwindelgefühl
  - Präsynkope, Synkope
  - Thoraxschmerzen
  - Dyspnoe

EKG:
- Desorganisierte Vorhoffaktivität
- Die P-Wellen sind ersetzt durch rasche Grundlinienoszillationen, variabel in Morphologie, Amplitude und Regelmässigkeit.
- Die Ventrikelfrequenz ist unregelmässig unregelmässig (DD: andere SVT, wo i.d.R. eine regelmässige Ventrikeltätigkeit beobachtet wird).
- **Normokardes VHFli.**

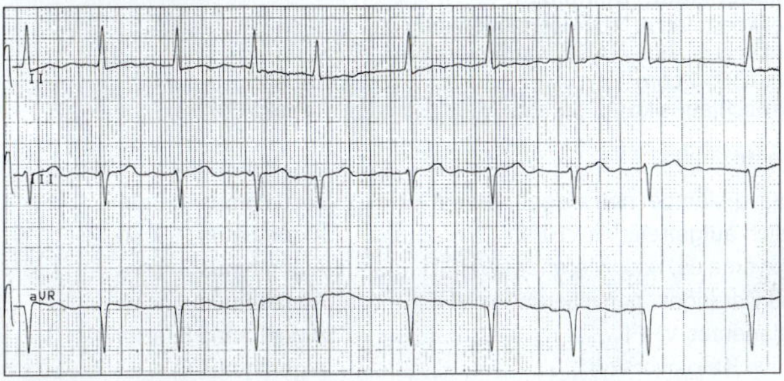

- **Tachykardes VHFli.**

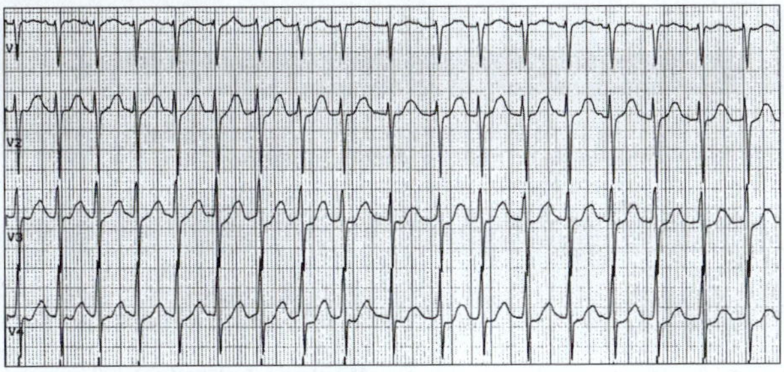

Vorg:
- Grunduntersuchungen
  - Anamnese + klinische Untersuchung
  - EKG
  - Transthorakale Echokardiographie (wenn klinisch indiziert) mit folgenden Fragen:
    - Vorhofgrösse (Dilatation?)
    - LV Hypertrophie?
    - LV Funktion?
    - Klappenvitien?
    - Pulmonale Hypertonie?
    - Perikard (Erguss?)
  - Thoraxröntgen
  - Labor:
    - Grundlabor
    - TSH
    - Je nach Klinik: D-Dimere, ABGA u.a.
- Spezielle Abklärungen (wenn klinisch indiziert)
  - Ergometrie
  - 24 h-EKG (HOLTER)
  - Transösophageale Echokardiographie (TEE)

- <u>Das initiale Vorgehen beim VHFli. hängt von zahlreichen Faktoren ab:</u>
  - Typ des VHFli. (paroxysmal, persistierend, permanent)
  - Symptome
  - Alter
  - Misserfolg mit Antiarrhythmika
  - BD
  - Anamnese für kongestive Herzinsuffizienz
  - Begleiterkrankungen
  - Patientenwunsch u.a.

Th:

- **Therapeutische Algorithmen bei Vorhofflimmern**

I. Rhythmuskontrolle (→ Kardioversion in SR), S. 154
  - Dauer des VHFli. $\leq$ 7 Tage ....Tabelle 1, S. 154
  - Dauer des VHFli. > 7 Tage ....Tabelle 2, S. 155

II. Herzfrequenzkontrolle ....Tabelle 3, S. 155

III. Thromboembolie Prophylaxe
  - Risikostratifikation ....Tabelle 4, S. 156

IV. Antikoagulation: Richtlinien
  - Antikoagulation VOR Kardioversion ....S. 157
  - Antikoagulation NACH Kardioversion ....S. 157
  - CHADS$_2$ Score ....Tabelle 5, S. 157
  - Hirnschlagrisiko ....Tabelle 6, S. 157

- **Therapiestrategien**

1. Kardioversion bei neu aufgetretenem VHFli. ....Algorithmus 1, unten
2. Kürzlich aufgetretenes VHFli. ....Algorithmus 2, S. 149
3. Paroxysmales, rezidivierendes VHFli. ....Algorithmus 3, S. 149
4. Rezidivierendes, persistierendes VHFli. ....Algorithmus 4, S. 150
5. Permanentes VHFli. ....Algorithmus 5, S. 151
6. Elektive Kardioversion ....Algorithmus 6, S. 152
7. Medikamentöse Rezidivprophylaxe ....Algorithmus 7, S. 153

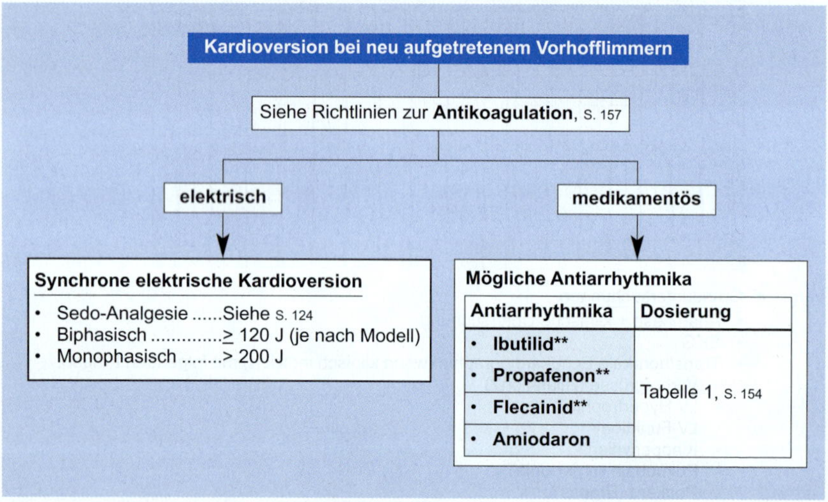

Algorithmus 1: Kardioversion bei neu aufgetretenem VHFli.[1]

** ***CAVE***: Propafenon, Flecainid und Ibutilid sind bei strukturellen Herzkrankheiten kontraindiziert (Risiko maligner Arrhythmien)!

1 Angepasst nach: Lüscher Th.F et al. CARDIX 2008, S. 134.

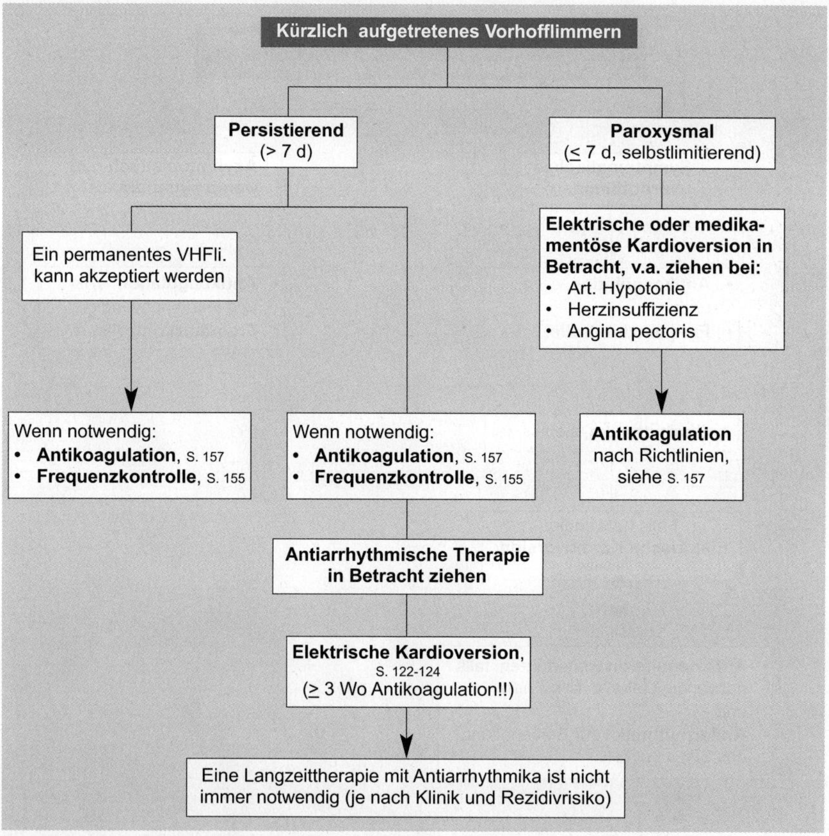

Algorithmus 2: Vorgehen bei kürzlich aufgetretenem VHFli.[3]

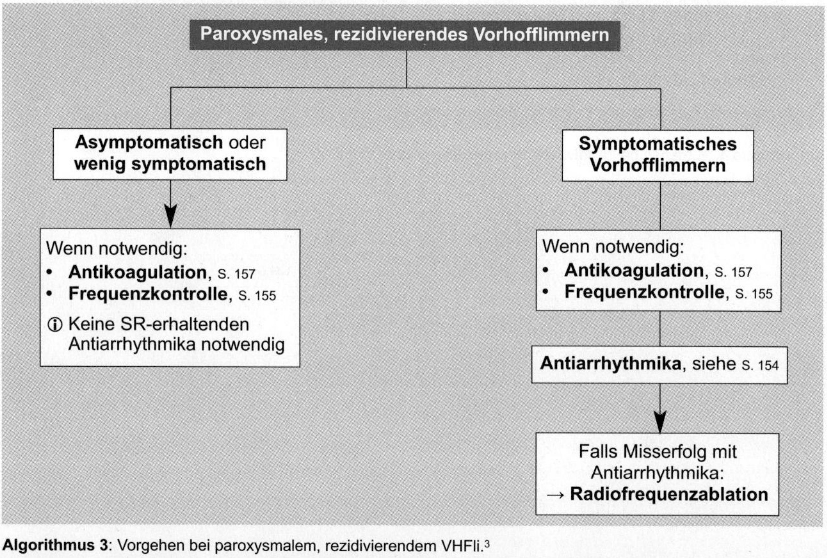

Algorithmus 3: Vorgehen bei paroxysmalem, rezidivierendem VHFli.[3]

3 Angepasst nach : ACC/AHA Pocket Guideline Based on the ACC/AHA/ESC. Guidelines for the Management of Patients With Atrial Fibrillation. July 2007.

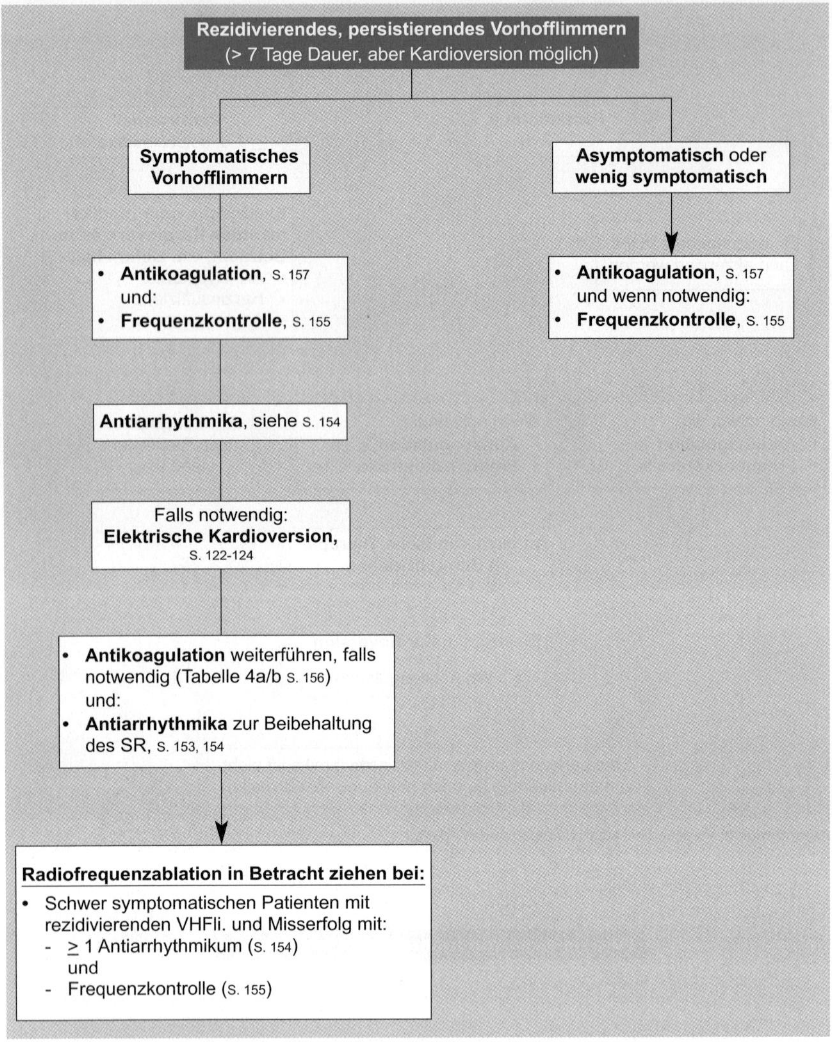

Algorithmus 4: Vorgehen bei rezidivierendem, persistierendem VHFli.[3]

3 Angepasst nach : ACC/AHA Pocket Guideline Based on the ACC/AHA/ESC. Guidelines for the Management of Patients With Atrial Fibrillation. July 2007.

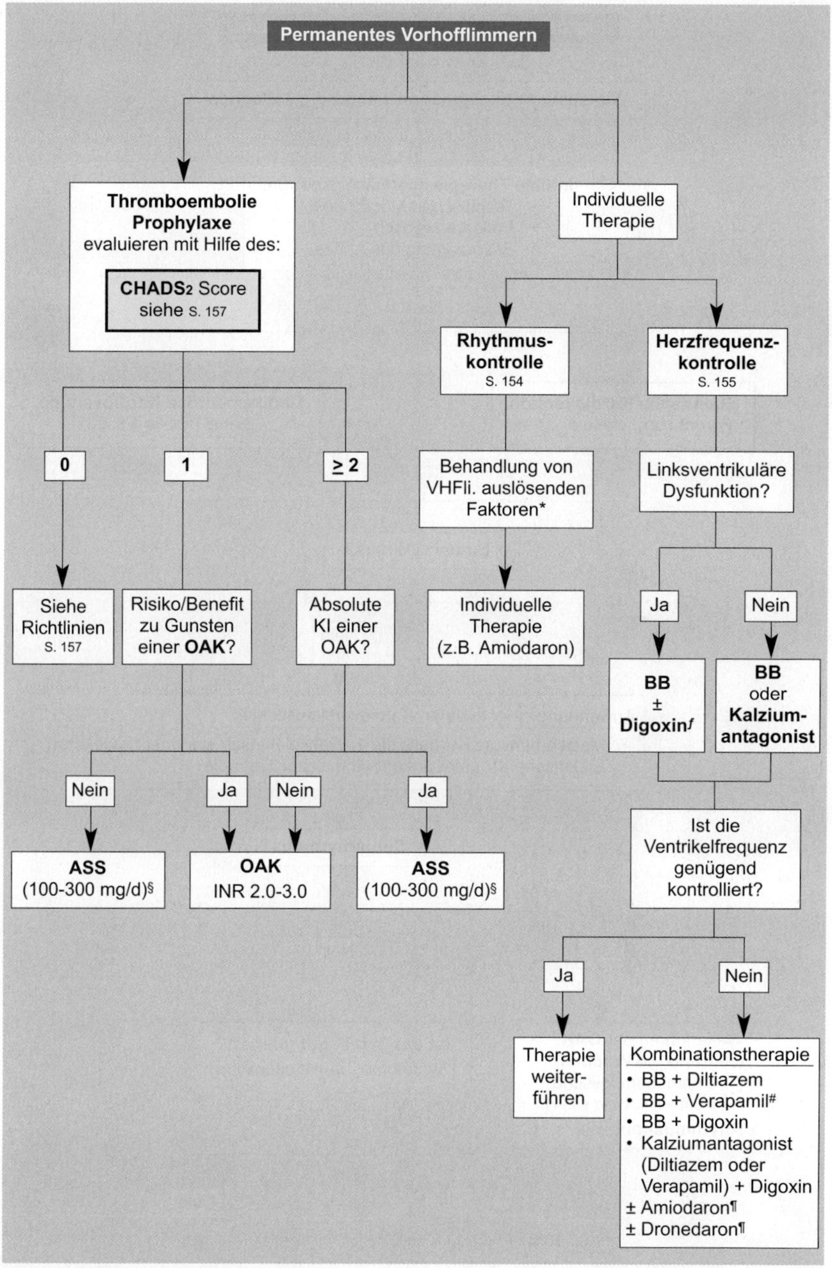

Algorithmus 5: Permanentes Vorhofflimmern.[1,2]

OAK Orale Antikoagulation

\# Vorsicht: Kombinationstherapie BB + Verapamil. Risiko einer Bradykardie und eines AV-Blockes!

¶ Die Gabe von Amiodaron oder Dronedaron soll mit einem Kardiologen besprochen werden.

§ Bei ASS-Intoleranz oder -Kontraindikation wird Clopidogrel (75 mg/d PO) empfohlen.

f Digoxin ist in Monotherapie möglich, erlaubt aber selten eine gute Kontrolle der Ventrikelfrequenz.

* Akuter Stress (Infekt, chirurgisch, metabolisch), Hyperthyreose, vagale Stimulation (z.B. post-prandial), Alkoholismus, akute Hypoxämie, cholinerge Medikamente, Phäochromozytom u.a.

1 Angepasst nach: Fuster V et al. ACC/AHA/ESC 2006. Circulation 2006; 114; 700-52. und 2 Fumeaux Th et al. Schweiz Med Forum 2004 ; Suppl 17 :S63

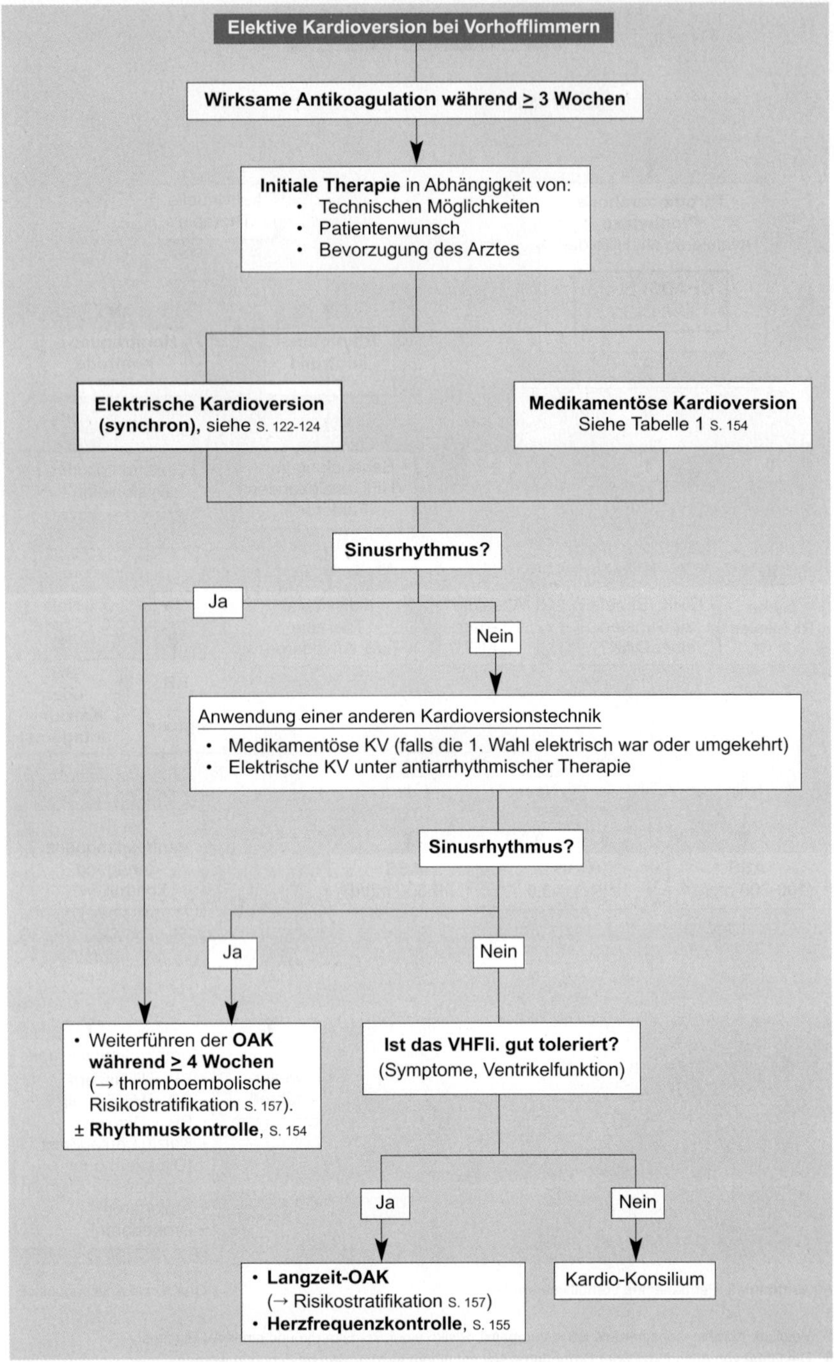

Algorithmus 6: Elektive Kardioversion bei Vorhofflimmern.[1,2]

KV Kardioversion; OAK Orale Antikoagulation

1 Angepasst nach: Fumeaux Th et al. Schweiz Med Forum 2004 ; Suppl 17 :S63. 2 Fuster V et al. ACC/AHA/ESC Guidelines. Eur Heart J 2001 ;22 :1852-923.

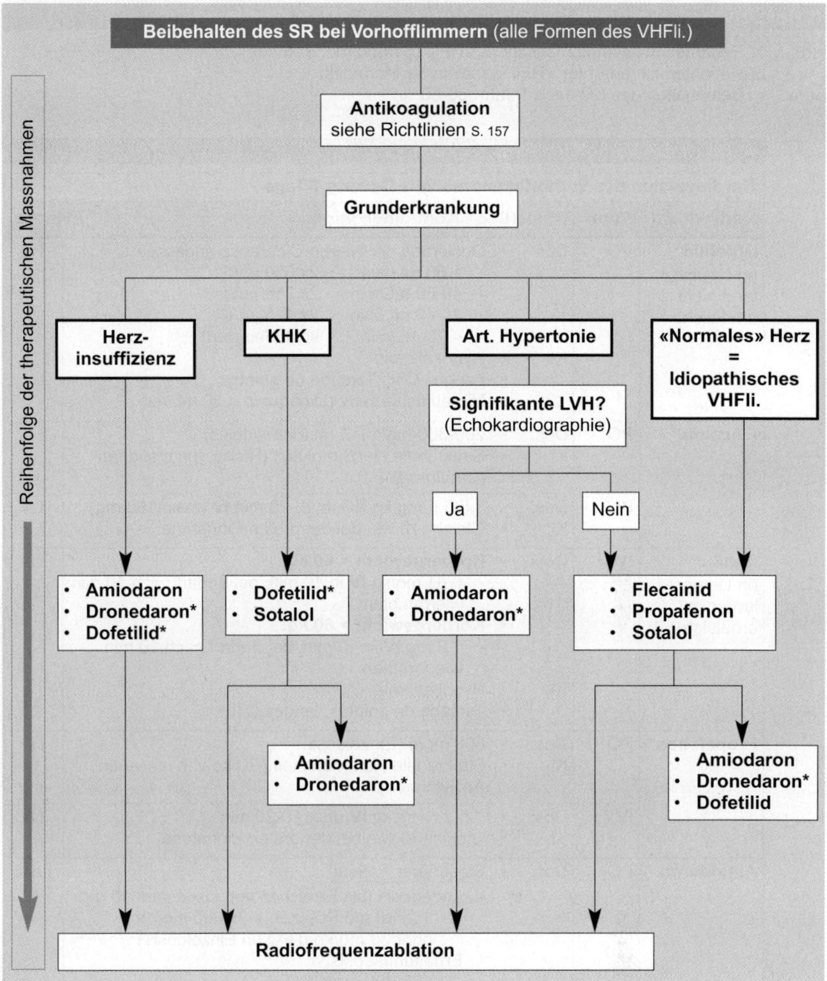

Algorithmus 7: Medikamentöse Rezidivprophylaxe zur Beibehaltung des SR bei Vorhofflimmern.[3]

LVH Linksventrikuläre Hypertrophie
KHK Koronare Herzkrankheit

* In Deutschland nicht erhältlich

Dosierungen der Antiarrhythmika, siehe Tabellen 1 und 2, S. 154, 155

3 Angepasst nach : ACC/AHA Pocket Guideline Based on the ACC/AHA/ESC. Guidelines for the Management of Patients With Atrial Fibrillation. July 2007.

I. Herzrhythmuskontrolle: Rückführung in den SR (= Kardioversion)

Ind: 1. Patienten mit symptomatischem VHFli. (Symptome, Befunde)
2. Patienten mit erhöhter VHFli.-assoziierter Morbidität

Bem: • Beibehalten des SR nach 1 Jahr: 30-50 %

☛ Dauer des Vorhofflimmerns ≤ 7 Tage

Kardioversion des Vorhofflimmerns falls Dauer ≤ 7 Tage			
Medikament	**Adm.**	**Dosierung - Kontraindikationen**	**Evidenz**
Dofetilid (in Deutschland nicht erhältlich)	PO	Dos: • Dosierung der Nieren-Clearance anpassen: - > 60 mL/min: 2x 500 µg/d - 40-60 mL/min: 2x 250 µg/d - 20-40 mL/min: 2x 125 µg/d - < 20 mL/min: kontraindiziert! KI: • Hypokaliämie • Langes QTc, Torsade de pointes • Niereninsuffizienz (Clearance < 20 mL/min)	I A
Flecainid**	PO	Dos: • 200-300 mg/d PO (in Einmaldosis) KI: • Strukturelle Herzkrankheit (Risiko von malignen Arrhythmien)	I A
	IV	Dos: • 1.5-3.0 mg/kg KG in 10-20 min **IV** (max. 150 mg) KI: • Gleiche KI wie bei der oralen Einnahme	I A
Ibutilid** (in Deutschland nicht erhältlich)	**IV**	Dos: • **Körpergewicht < 60 kg:** - 0.01 mg/kg **IV** in 10 min, bei Bedarf nach 10 min wiederholen • **Körpergewicht ≥ 60 kg:** - 1.0 mg **IV** in 10 min, bei Bedarf nach 10 min wiederholen KI: • Hypokaliämie • Torsade de pointes, langes QTc	I A
Propafenon**	PO	Dos: • 600 mg/d (Einzeldosis) KI: • Strukturelle Herzkrankheit (Risiko von malignen Arrhythmien)	I A
	IV	Dos: • 1.5-2.0 mg/kg **IV** über 10-20 min KI: • Gleiche KI wie bei der oralen Einnahme	I A
Amiodaron	PO	Dos: • <u>Stationärer Patient</u> - Ladedosis (bis Erreichen von insgesamt 10 g): -- 1.2-1.8 g/d PO (z.B. 2-3x 600 mg/d) oder 30 mg/kg/d PO (in Einzeldosis) - Erhaltungsdosis: -- 100-400 mg/d PO • <u>Ambulanter Patient</u> - 600-800 mg/d PO (in 2-3 Einzeldosen) bis die Ladedosis von 10 g erreicht ist, dann 100-400 mg/d (Erhaltungsdosis) **<u>In der PRAXIS oft angewendet:</u>** Ladedosis: 600 mg/d PO während 1 Mt. oder 1 g/d während 1 Woche. Dann Erhaltungsdosis: 100-400 mg/d	IIa A
	IV	Dos: • 5-7 mg/kg **IV** über 30-60 min, dann: Perfusor mit 1.2-1.8 g/24 h **IV** (oder oral in 2-3 Einzeldosen/d bis die Ladedosis von 10 g erreicht ist); dann 100-400 mg/d PO	IIa A

Tabelle 1: Dosierungen der Antiarrhythmika zur Kardioversion bei Vorhofflimmern ≤ 7 Tage Dauer.[3]

** ***CAVE***: Propafenon, Flecainid und Ibutilid sind bei strukturellen Herzkrankheiten kontraindiziert (Risiko maligner Arrhythmien)!

3 Angepasst nach : ACC/AHA Pocket Guideline Based on the ACC/AHA/ESC. Guidelines for the Management of Patients With Atrial Fibrillation. July 2007.

☛ Dauer des Vorhofflimmerns > 7 Tage

Kardioversion des Vorhofflimmerns falls Dauer > 7 Tage			
Medikament	**Adm.**	**Dosierung**	**Evidenz**
Dofetilid	PO	• Siehe Tabelle 1, S. 154 (in Deutschland nicht erhältlich)	I A
Amiodaron	**IV**, PO	• Siehe Tabelle 1, S. 154	IIa A
Ibutilid	**IV**	• Siehe Tabelle 1, S. 154 (in Deutschland nicht erhältlich)	IIa A

Tabelle 2: Antiarrhythmika zur Kardioversion bei Vorhofflimmern > 7 Tage Dauer.[3]

II. Herzfrequenzkontrolle und Vorhofflimmern

Allg: • Ziel: Ventrikelfrequenz in Ruhe 70-80/min

Ind: • Asymptomatische und symptomatische Patienten
- Patienten, bei welchen das Beibehalten eines Sinusrhythmus wenig wahrscheinlich ist oder bei denen kein Vorteil zu erwarten ist.

Vorg: • Therapie der ersten Wahl (*first line*): [B]
  - **Betablocker** (β1-kardioselektiv), siehe Tabelle 3, unten
  - **Diltiazem*** oder **Verapamil***. ***CAVE***: AV-Block in Kombinationstherapie mit BB!
  - **Digoxin*** (**IV** oder PO) ist alternativ bei systolischer Herzinsuff. und VHFli. indiziert.
- 2. Wahl: Kombinationstherapie der *First-line*-Medikamente (***CAVE***: Bradykardie!)
- 3. Wahl: Amiodaron oder Dronedaron (in Deutschland nicht erhältlich)
- 4. Wahl: Amiodaron oder Dronedaron + *First-line*-Medikament
- 5. Wahl: Radiofrequenzablation des AV-Knotens + Schrittmacher-Implantation

Bsp:[3]

Frequenzkontrolle	Adm.	Dosierung - Bemerkungen
Betablocker (selektive β1-BB, siehe auch S. 1246)		
Esmolol*	PO	Dos: • 0.5 mg/kg **IV** in 1 min, je nach Klinik wiederholen, dann 5-15 mg/h **IV** kont. (0.05-0.2 mg/kg/min) Bem: • Esmolol hat eine kurze HWZ von ca. 9 min
Metoprolol*	**IV**	Dos: • 2.5-5 mg **IV** in 1-2 min, bei Bedarf alle 15 min wiederholen (max. 3x → Totaldosis: 15 mg **IV**)
	PO	Dos: • 25-200 mg/d PO
Atenolol*	PO	Dos: • 50-100 mg/d PO
Kalziumantagonist		
Diltiazem*	**IV**	Dos: • 25 mg **IV** (0.25 mg/kg) in 2 min, bei Bedarf nach 15 min wiederholen: 0.35 mg/kg; dann Perfusor 5-15 mg/h **IV**
	PO	Dos: • 120-360 mg/d PO
Verapamil*	**IV**	Dos: • 5-10 mg **IV** in 2-3 min (0.075-0.15 mg/kg), je nach Klinik kann der Bolus nach 30 min wiederholt werden, dann Perfusor 3.0-7.0 mg/h **IV**
	PO	Dos: • 120-480 mg/d PO
Digoxin*	**IV** oder: PO	Dos: • **IV**: 0.25 mg **IV** (langsam oder Kurzinfusion über z.B. 15 min) bei Bedarf 2-stündlich (je nach Ventrikelfrequenz). Maximaldosis 1.5 mg/24 h oder: • PO: 0.25 mg PO alle 2 h (max. 1.5 mg/d)
	PO	Dos: • Erhaltungsdosis: 0.125-0.25 mg/d PO
Amiodaron	**IV**	Dos: • Siehe Tabelle 1, S. 154
	PO	Dos: • Siehe Tabelle 1, S. 154
Dronedaron	PO	Dos: • 2x 400 mg/d PO (in Deutschland nicht erhältlich)

Tabelle 3: Herzfrequenzkontrolle zur Aufrechterhaltung des Sinusrhythmus.[3]

* Voraussetzung: KEIN akzessorisches Bündel vorhanden!

3 Angepasst nach : ACC/AHA Pocket Guideline Based on the ACC/AHA/ESC. Guidelines for the Management of Patients With Atrial Fibrillation. July 2007.

III. Thromboembolie Prophylaxe[1]

Allg: • Je nach antithrombotischer Therapie kann das Risiko eines thromboembolischen Ereignisses reduziert werden (gerundete Werte):[2]

Prävention	Therapie	Number needed to treat
Primärprävention	Orale Antikoagulation mit VKA	37
	Acetylsalicylsäure	67
Sekundärprävention	Orale Antikoagulation mit VKA	12
	Acetylsalicylsäure	40

Bem: • Risiko einer intrazerebralen Blutung unter:
- Acetylsalicylsäure: 0.2 %/Jahr
- Oraler Antikoagulation: 0.3 %/Jahr

Vorg:

Risikostratifikation der Thromboembolie und VHFli.	Richtlinien zur Antikoagulation
• 1 Hochrisikofaktor (siehe Tabelle 4b, unten) oder: • ≥ 2 moderate Risikofaktoren	• OAK mit INR 2.0-3.0 (bei mechanischer Klappe INR > 2.5)
• 1 moderater Risikofaktor (siehe Tabelle 4b, unten)	• ASS (100-300 mg/d) oder: • OAK (INR 2.0-3.0)
• Kein Risikofaktor	• ASS (100-300 mg/d)
• Antikoagulation kontraindiziert	• ASS (100-300 mg/d)

Tabelle 4a: Risikostratifikation bezüglich thromboembolischem Risiko bei VHFli.[3]

Definition der Risikofaktoren	Kriterien
▪ **Moderater Risikofaktor**	• Alter ≥ 75 Jahre • Herzinsuffizienz • LVEF ≤ 35 % • Art. Hypertonie • Diabetes mellitus
▪ **Hochrisikofaktor**	• St. nach thromboembolischem Geschehen - CVI - TIA - Embolie • Mitralstenose

Tabelle 4b: Definition der Risikofaktoren.[3]

Bem: • Schwache Risikofaktoren sind:
- Alter 65-74 Jahre
- Weibliches Geschlecht
- KHK
- Hyperthyreose

1 ACC/AHA/ESC 2006 Guidelines. Circulation 2006 ;114 :700-52. 2 Gage BF et al. JAMA 2001 ;285 : 2864-70. 3 ACC/AHA Pocket Guideline Based on the ACC/AHA/ESC. July 2007.

IV. Richtlinien zur Antikoagulation bei Vorhofflimmern[2,3]

Antikoagulation VOR einer Kardioversion (elektrisch oder medikamentös)

Vorg: ■ **Dauer des Vorhofflimmerns ≤ 48 h**

- Der Beginn des Auftretens eines VHFli. ist nicht immer einfach zu bestimmen. Im Zweifelsfall wird eine Dauer von > 48 h angenommen. Die Antikoagulationsstrategie einer elektrischen oder medikamentösen Kardioversion ist dieselbe.

Für die PRAXIS:

- Das $CHADS_2$ Score kann zur Entscheidung «Antikoagulation JA oder NEIN» vor der Kardioversion hilfreich sein.
- Die Antikoagulation (nicht fraktioniertes Heparin, NMH oder Fondaparinux) wird i.d.R. vor der Kardioversion begonnen. Nach der Kardioversion wird sie aber nicht immer weitergefahren (Konsilium).
- Bei hämodynamischer Instabilität (z.B. akutes Koronarsyndrom, Lungenödem, Schock) darf die notfallmässige Kardioversion keinesfalls durch die Antikoagulation verzögert werden!

■ **Dauer des Vorhofflimmerns > 48 h**

- Eine Antikoagulation **während ≥ 3 Wochen** ist vor der Kardioversion (elektrisch oder medikamentös) zwingend, mittels:
  - Vitamin K-Antagonist (Acenocoumarol, Phenprocoumon, Warfarin).
    → Ziel-INR 2.0-3.0 (mechanische Klappe > 2.5)
  - Wenn eine OAK nicht eingeführt werden kann (Intoleranz, SS), wird Heparin, ein NMH oder ein Faktor Xa-Inhib. (Fondaparinux) in therapeutischer Dosis eingesetzt.

Antikoagulation NACH einer Kardioversion (elektrisch oder medikamentös)

Vorg: ■ **Dauer des Vorhofflimmerns ≤ 48 h**

- Das $CHADS_2$ Score kann zur Entscheidung hilfreich sein, ob die Antikoagulation nach der Kardioversion indiziert ist. Das Rezidivrisiko des VHFli. wird ebenfalls berücksichtigt.
  - Dauer der Antikoagulation ≥ 1 Monat (von Fall zu Fall entscheiden)
  - Ziel-INR: 2.0-3.0 (bei mechanischer Klappe > 2.5)
- Dauer der Antikoagulation **≥ 1 Monat** (von Fall zu Fall entscheiden)

■ **Dauer des Vorhofflimmerns > 48 h** → siehe Tabellen 4a und 4b, S. 156

Thromboembolisches Risiko nach $CHADS_2$ Score[2]

Allg: • Das thromboembolische Risiko wurde durch das **$CHADS_2$** Score evaluiert.
- $CHADS_2$ = **C**ongestive heart failure, **H**ypertension, **A**ge, **D**iabetes, **S**troke.
- Das «2» im Score entspricht «2 Punkten», welche dem «Stroke» zugeordnet werden.
- Dieses Score gibt Auskunft über das CVI-Risiko für 100 Patienten/Jahr.

$CHADS_2$ Score - Thromboembolische Risikostratifikation	
Herzinsuffizienz	1 Punkt
Art. Hypertonie	1 Punkt
Alter > 75 Jahre	1 Punkt
Diabetes mellitus	1 Punkt
CVI/TIA	2 Punkte
$CHADS_2$ Score	Total Punkte

☛ http://www.mdcalc.com/chads2

Tabelle 5: $CHADS_2$ Score.[2]

Hirnschlagrisiko pro 100 Personenjahre[2]	
$CHADS_2$ Score	**Keine Antikoagulation**
0	1.9
1	2.8
2	4.0
3	5.9
4	8.5
5	12.5
6	18.2

Tabelle 6: Hirnschlagrisiko bei VHFli.[2]

2 Gage BF et al. CHADS 2 Score. JAMA 2001 ;285 : 2864-70. 3 Angepasst nach : ACC/AHA Pocket Guideline Based on the ACC/AHA/ESC. Guidelines for the Management of Patients With Atrial Fibrillation. July 2007.

D. AV-Knoten Reentry Tachykardie (AVNRT)

Syn: • BOUVERET Tachykardie; *Atrioventricular nodal re-entry tachycardia*

Allg: • Bei der AVNRT sind der AV-Knoten und das perinodale Gewebe beteiligt.
- Eine AVNRT existiert nur dann, wenn 2 anatomisch verschiedene Überleitungssysteme vorhanden sind: **1. Schnelle Leitung (SL) und 2. Langsame Leitung (LL)**.
- Bei der AVNRT existiert **kein akzessorisches Bündel** (im Gegensatz zur AVRT, S. 159)!
- Der Beginn und das Ende der AVNRT sind **paroxysmal**.
- Frauen > Männer
- Der Ventrikel gehört zum Reentry-Zyklus (im Gegensatz zur AVRT, S. 159).

Klin: • Palpitationen (auch im Hals spürbar), Schwindelgefühl, Lipothymie, Polyurie

Klas: **I. Typische AVNRT («langsam-schnell»)**; 90 % der AVNRT
- Die Erregung geht vom Atrium über eine langsame Leitung (LL) in den AV-Knoten und steigt von dort über die schnelle Leitung (SL) wieder in das Atrium hoch.
- Die Ventrikel werden über das HIS-Bündel erregt. Der Ventrikel selbst ist nicht Teil des Reentry. Es resultiert ein kurzes RP'-Intervall.

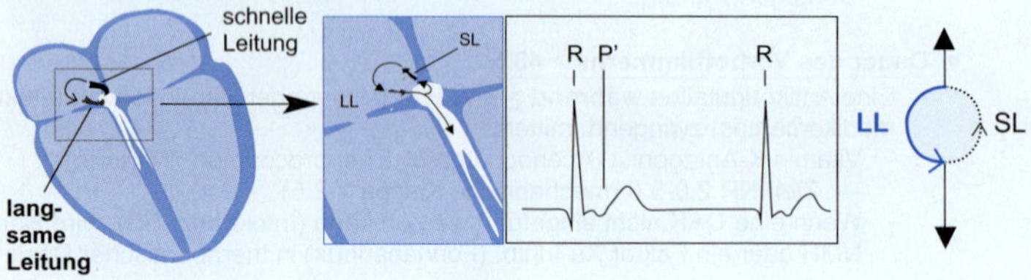

Schema 1: Typische AVNRT («langsam-schnell»); RP' < P'R.

II. Atypische AVNRT («schnell-langsam»)
- Seltenere Form (< 10 % der AVNRT)
- Die Erregung geschieht in umgekehrter Richtung als bei der typischen Form.

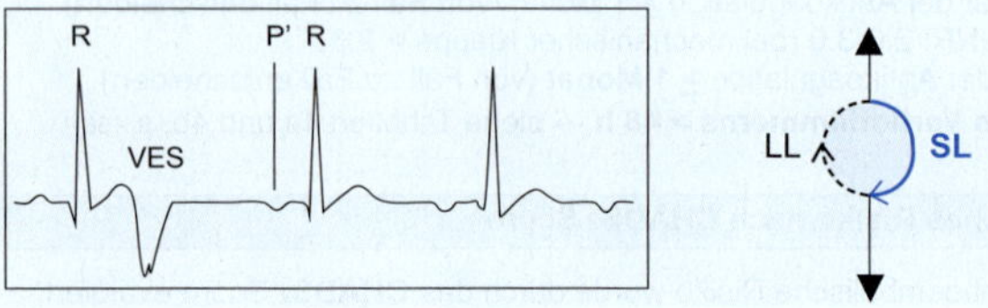

Schema 2: Atypische AVNRT («schnell-langsam»); RP' > P'R.

EKG: • Ventrikelfrequenz 140-250/min
- P-Wellen:
  - Sind immer retrograd (werden daher «P'» genannt)
  - Manchmal unsichtbar (in den QRS-Komplexen «versteckt»)
  - Manchmal sichtbar am Ende der QRS-Komplexe (siehe Schema 1)
  - In den Inferiorableitungen (DII, DIII, aVF), wenn sichtbar, sind die P' immer negativ
- Morphologie der P'-Wellen:
  - Im Inferiorgebiet (DII, DIII, aVF):....Pseudo R-Zacken (in V1)
  - In V1: ....Pseudo S-Zacken
- RP'-Intervall:
  - Typische AVNRT: RP' < P'R
  - Atypische AVNRT: RP' > P'R

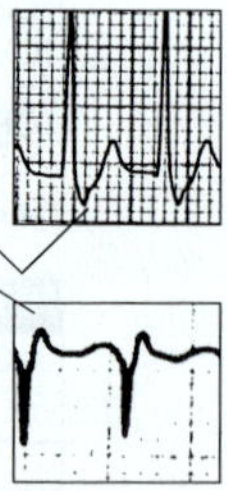

Prog: • Die Prognose ist i.d.R. gut und verlangt nicht immer eine Therapie.

Th: ▪ **Akutphase**
1. Vagale Manöver → S. 164
2. Evtl. Adenosin **IV** → S. 139

▪ **Anfallsprophylaxe**
1. Radiofrequenzablation (kurativ)
2. Medikamentöse Therapie
   - 1. Wahl: Kalziumantagonist (Verapamil oder Diltiazem) oder Betablocker
   - 2. Wahl: Flecainid*, Propafenon*

▪ ***Pill in the pocket***
- In seltenen Fällen indiziert [IB] → ad. Kardio-Konsilium

* Relative KI von Propafenon und Flecainid: KHK, LVEF < 30 %, andere signifikante Kardiopathien

E. AV-Reentry Tachykardie bei akzessorischem Bündel (AVRT)

Syn: • AVRT = *Atrioventricular re-entry tachycardia*

Allg: • Die AVRT ist induziert durch ein **akzessorisches Bündel** (siehe auch unter «Bem:», S. 160) das i.d.R. fähig ist, in beiden Richtungen zu leiten, d.h.: anterograd und retrograd.

• Die akzessorischen Bündel, die ausschliesslich anterograd leiten, sind selten. Hingegen sind akzessorische Bündel, die ausschliesslich retrograd leiten, häufig (es handelt sich hier um ein «verstecktes» akzessorisches Bündel bei AVRT mit ausschliesslich orthodromer Reizleitung); siehe auch Schema S. 136. Somit gibt es folgende 2 Nomenklaturen:
  - **Orthodrome** versus **antidrome AVRT** (→ Schema S. 136)
  - **Retrograde** versus **anterograde Reizleitung des akzessorischen Bündels** (→ S. 136)

• Unter den Patienten mit einem **WPW Syndrom** (S. 160) ist die AVRT die häufigst beobachtete Arrhythmieform (ca. 95 % der Reentry Tachykardien). Unter diesen wiederum werden am meisten die orthodromen AVRT (d.h. <u>ohne</u> Präexzitation; QRS < 120 ms) beobachtet.

• Das akzessorische Bündel leitet i.d.R. schneller, als die normale Überleitungsbahn.

Klas: **1. Orthodrome AVRT** (häufig)
  - Die Erregung der Ventrikel geht vom Vorhof durch den AV-Knoten, durchschreitet dann das Myokard mittels retrograder Reizleitung des akzessorischen Bündels (siehe Schema 3). Der Ventrikel ist integrierter Bestandteil dieses Reentry Mechanismus.

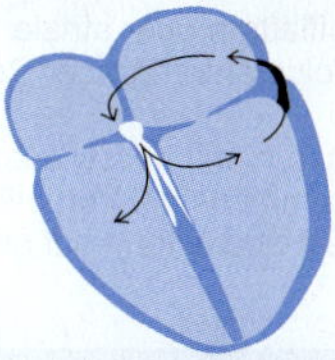

Schema 3: Orthodrome AVRT. Die Pfeile zeigen das Reentry «AV-Knoten - Ventrikel».

Für die PRAXIS:
- Die orthodrome AVRT ist eine häufige Arrhythmieform!
- Die Ventrikel werden bei der orthodromen AVRT nie präexzitiert!
- QRS-Komplexe sind IMMER schmal (Ausnahme: gleichzeitiger Schenkelblock)

2. Antidrome AVRT, siehe «manifestes WPW-Syndrom», S. 160
  - Erregung in umgekehrter Richtung im Vergleich zur orthodromen AVRT.

Für die PRAXIS:
- Die Ventrikel werden bei der antidromen AVRT immer präexzitiert!
- QRS-Komplexe sind IMMER breit!

EKG: **1. Orthodrome AVRT**
- Schmale QRS-Komplexe (oder Breitkomplexe bei gleichzeitigem Schenkelblock). Keine Delta-Wellen (die Ventrikel werden NIE präexzitiert)
- P'-Wellen
  - Die P'-Wellen sind immer retrograd; das RP'-Intervall ist immer kurz.
  - Sie sind entweder sichtbar (in der ST-Strecke oder in der T-Welle) oder unsichtbar.
- Ventrikelfrequenz: ***150-250/min***

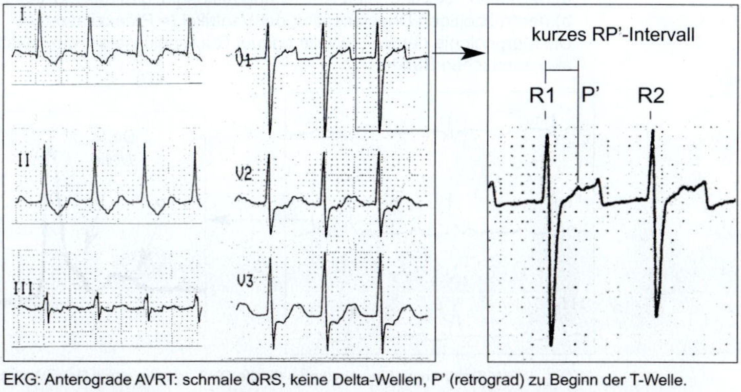

EKG: Anterograde AVRT: schmale QRS, keine Delta-Wellen, P' (retrograd) zu Beginn der T-Welle.

2. Retrograde AVRT, siehe manifestes WPW-Syndrom, S. 160

Th: I. Anterograde AVRT, siehe Algorithmus «Schmalkomplextachykardie», S. 134 + Kardio-Kons!
II. Retrograde AVRT, siehe Algorithmus «Präexzitationssyndrom», S. 162 + Kardio-Kons!

Präexzitationssyndrome [I45.6]

Allg:
- Die Präexzitationssyndrome umfassen kongenitale Anomalien der AV-Überleitung im Zusammenhang mit schnell leitenden akzessorischen Reizleitungsbahnen, welche es den supraventikulären Erregungen erlauben, den Ventrikel frühzeitig zu aktivieren, indem die normale Reizleitungsbahn umgangen wird.
- Die häufigste Form eines Präexzitationssyndroms ist das **WOLFF-PARKINSON-WHITE-Syndrom (WPW)**. Das Präexzitationssyndrom kann in jedem Alter manifest werden.
- Beim WPW entspricht das akzessorische Bündel den Reizleitungsbahnen, die vom Atrium in den Ventrikel überleiten (= KENT-Bündel).
- Die Präexzitation des Ventrikels widerspiegelt sich im Oberflächen-EKG mit Delta-Welle und breiten QRS-Komplexen.
- Prävalenz einer Präexzitation:
  - 1.5-3/1'000 Personen (leicht erhöht bei Verwandten 1.°). Das WPW-Syndrom ist deutlich seltener, aber klinisch wichtiger.

Bem:
- **Akzessorische Bündel**
  - Ein akzessorisches Bündel kann eine bidirektionelle Reizleitung aufweisen (anterograd und retrograd) und kann in folgenden Arrhythmien involviert sein:
    - -- Reentry Tachykardien (orthodrom oder antidrom)
    - -- Tachykardien ohne Reentry (Vorhofflimmern, Vorhofflattern oder atriale Tachykardien mit schneller ventrikulärer Antwort infolge anterograder Reizleitung durch akzessorische Bündel).
  - Ein akzessorisches Bündel kann auch «versteckt» sein, d.h. mit ausschliesslich retrograder Reizleitung (ohne Delta Welle). In diesem Fall kommt es bei Vorhofflimmern, -flattern oder atrialer Tachykardie nicht zu einer schnellen Überleitung auf die Ventrikel.

WOLFF-PARKINSON-WHITE-Syndrom (WPW) [I45.6]

Allg:
- Das WPW-Syndrom mit manifester SVT kann folgende Arrhythmieformen zeigen:
  - WPW in Form einer AVRT (s. 159) ....80 % der Fälle
  - WPW in Form von Vorhofflimmern oder -flattern ....20 % der Fälle

  Beide dieser Formen können beim gleichen Patienten auftreten.
- **WPW und Sekundenherztod**
  - Tritt bei ca. 0.2 % der Patienten innerhalb von 3-10 Jahren auf. Dies geschieht v.a. beim Übergang in ein VHFli.
  - Die Ventrikelfrequenz kann dadurch stark ansteigen und in eine VF übergehen!

Bsp:
- **WPW bei orthodromer AVRT** (häufig; Ventrikel sind nicht präexzitiert)
  - EKG: • Schmale QRS (Ausnahme: gleichzeitiger Schenkelblock). Keine Delta-Wellen.
  - Bem: • Das Oberflächen-EKG kann von einer AVNRT nicht unterschieden werden.
- **WPW bei antidromer AVRT** (selten, die Ventrikel sind max. präexzitiert)
  - Allg: • Die Ventrikel werden durch das akzessorische Bündel präexzitiert.
  - EKG: • Kurzes PR-Intervall (≤ 120 ms)
    - Breite QRS-Komplexe (≥ 120 ms) wegen der Delta-Welle
    - Delta-Welle (Dauer 30-50 ms), aber nicht immer sichtbar
  - Bem: • Die Delta-Welle ist keine P-Welle, aber sie entspricht:
      a) der Fusion der normalen Reizleitung mit derjenigen des akzess. Bündels
      b) der frühzeitigen Depolarisation der Ventrikel (= Präexzitation)
    - Die Morphologie der Delta-Welle erlaubt Rückschlüsse auf die Lokalisierung des akzessorischen Bündels.

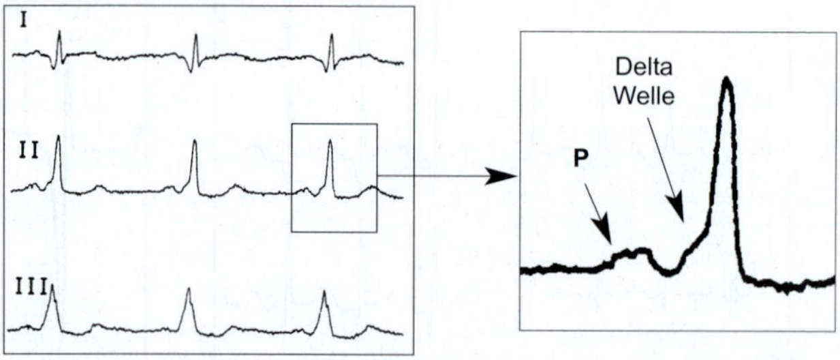

EKG: WPW-Syndrom im Sinusrhythmus (breite QRS-komplexe und Delta Welle).

- **WPW mit Vorhofflimmern**

Allg: • Diese Konstellation ist gefährlich: Risiko von VT, VF und Sekundenherztod!

EKG:

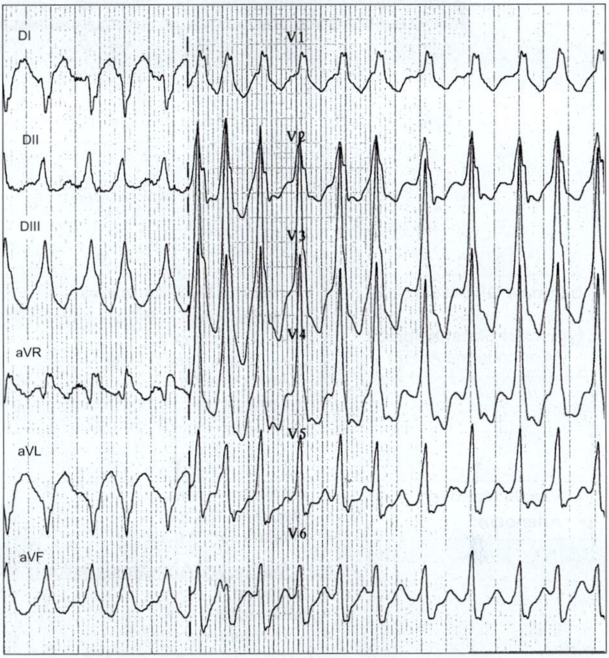

EKG: Tachykardes VHFli. bei einer Patientin mit WPW-Syndrom (DD: ventrikuläre Fibrillation).

Für die PRAXIS:
Hinweis bei Patienten mit Tachykardie, die durch ein akzessorisches Bündel anterograd leitet (d.h.: breite QRS-Komplexe mit präexzitierten Ventrikeln)

- Wenn bei diesen Patienten Medikamente verabreicht werden, welche den AV-Knoten verlangsamen oder blockieren (ohne die akzessorischen Bündel zu beeinflussen), besteht das Risiko eines Vorhofflimmerns, welches sehr schnell auf die Ventrikel übergeleitet werden kann. Dies kann maligne Arrhythmien auslösen (VT, VF, Sekundenherztod).

  Deswegen dürfen folgende Substanzen **NICHT VERABREICHT WERDEN**:
  - Adenosi
  - Betablocker
  - Verapamil
  - Diltiazem

- Antiarrhythmika, die die akzessorischen Bündel verlangsamen, sind vorzuziehen:
  - **Amiodaron**, S. 162
  - **Ibutilid** (in D nicht erhältlich; QT ↑ mit Risiko einer Torsade de pointes), S. 154
  - **Flecainid** (ABER kontraindiziert bei LVEF < 30 %), S. 154
  - **Procainamid** (in Deutschland nicht erhältlich), S. 129

- Die **vagalen Manöver** sind in dieser Situation auch **nicht indiziert**, denn sie beeinflussen die akzessorischen Bündel nicht, verlangsamen/blockieren aber den AV-Knoten. Dies verstärkt die Reizleitung der akzessorischen Bündel!

Th: **1. Akute Tachykardie bei WPW-Syndrom**

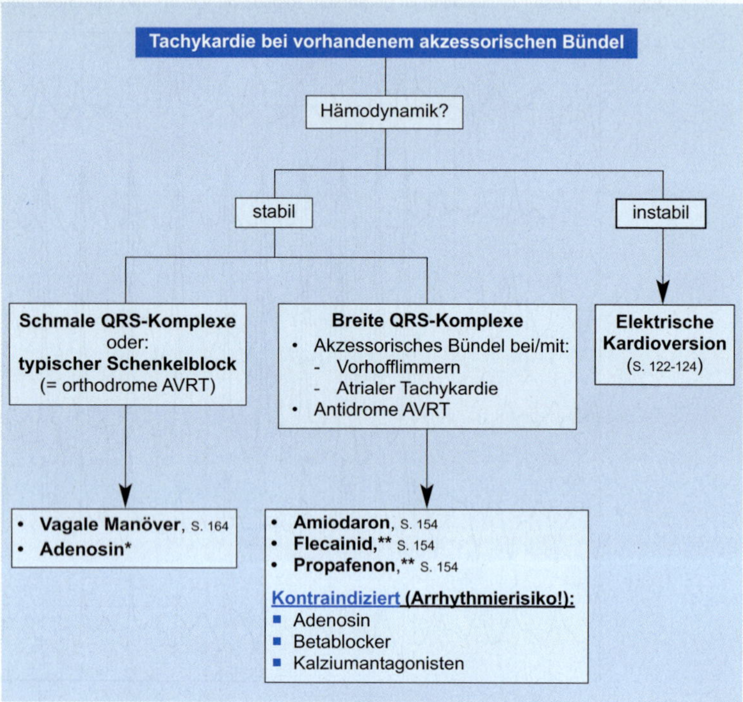

Algorithmus: Präexzitationssyndrom bei akuter Tachykardie.[1]

2. Langzeittherapie bei Tachykardien mit akzessorischem Bündel

- **Symptomatisches aber gut toleriertes Präexzitationssyndrom**
  - Radiofrequenzablation
  - Flecainid**
  - Propafenon**
  - Amiodaron, Sotalol, Betablocker
- **Präexzitationssyndrom mit tachykardem oder schlecht toleriertem VHFli.**
  - Radiofrequenzablation [IB]
- **Schlecht tolerierte Reentry AV-Tachykardie (AVRT)**
  - Radiofrequenzablation
  - Flecainid**
  - Propafenon**
  - Amiodaron
  - Sotalol
- **Asymptomatisches Präexzitationssyndrom**
  - Ad. Kardio-Konsilium: Radiofrequenzablation diskutieren

Bem: • Jeder Patient mit einem ventrikulären Präexzitationssyndrom benötigt ein Kardio-Konsilium!

* CAVE: Adenosin muss mit Vorsicht eingesetzt werden, denn es kann das Auftreten eines Vorhofflimmerns begünstigen und als mögliche Konsequenz, eine schnelle Überleitung auf die Ventrikel über anterograd leitende akzessorische Bündel haben!

** Kontraindikation von Propafenon, Flecainid und Ibutilid:
- KHK
- LVEF < 30 %
- Andere signifikante Kardiopathien

AVRT = AV-Reentry Tachykardie (*AV re-entry tachycardia*)

1 Angepasst nach : Blomström-Lundquist C., Scheinmann MM, et al. ACC/AHA/ESC Guidelines 2003. Eur Heart J 2003 ; october: 1-62.

Vagale Manöver

Allg:
- Die vagalen Manöver stimulieren den Parasympathikus, welcher Acethylcholin freisetzt. Der Sinusknoten (SK) und der AV-Knoten reagieren stark auf Acethylcholin, welches den SK verlangsamt und den AV-Knoten hemmt oder blockiert.

Ind:
- Grundsätzlich können alle Tachykardien, welche den AV-Knoten als Substrat beinhalten, mit vagalen Manövern gebremst werden:
  - AVNRT (S. 158), AVRT (S. 159), unklare Schmalkomplextachykardien

Für die PRAXIS:
- Bei Unterbrechung einer Tachykardie mit vagalen Manövern oder medikamentös (Verapamil, Adenosin) werden oft mehr oder weniger lang dauernde Pausen, mehrere VES, SVES, VHFli. oder nicht anhaltende ventrikuläre Tachykardien (< 30 sek) beobachtet → **ein kontinuierliches EKG-Monitoring ist zwingend**!
- Vagale Manöver dürfen bei Breitkomplextachykardien und bekanntem WPW-Syndrom nicht durchgeführt werden.
- Es darf kein Druck auf den **Globus oculi** ausgeübt werden, da diese Art von Vagusstimulation wenig erfolgreich ist und zudem eine Netzhautablösung induzieren kann!
- Patienten, die auf die Vagusstimulation reagieren, sprechen gut auf AV-Knoten hemmende Medikamente an, wie z.B. Verapamil, Diltiazem, Betablocker.

Bsp:

1. VALSALVA

Vorg: ***Wie soll ein VALSALVA-Manöver durchgeführt werden?***
- Tiefe Inspiration, dann kräftige Betätigung der Exspirationsmuskeln und Bauchmuskulatur (pressen, z.B. wie beim Stuhlen, allenfalls kann zur Kontrolle die Hand auf das Abdomen des Patienten gelegt werden) während ca. 10 sek bei geschlossener Glottis.
- Dieses Manöver entspricht der intensivsten Vagusstimulation. Es soll v.a. bei älteren Patienten bevorzugt werden.

2. Karotisdruckversuch

Allg: **Für die PRAXIS:**
- NIE massieren bei Karotisstenose oder bei Karotisströmungsgeräusch!
- NIE beide Seiten gleichzeitig massieren.
- Die Massage soll auf der Seite beginnen, welche die nicht-dominante Hirnhälfte versorgt (**beim Rechtshänder rechts beginnen**).
- Der Karotisdruckversuch muss unter Rhythmusmonitoring stattfinden!
- Dauer der Kompression: **5-10 Sekunden**

Ind:[1]
- Patient über 40 Jahre mit unklarer Synkope (aber erst nach Durchführung der Grunduntersuchungen: Anamnese, Status, orthostatischer Test, EKG) [IB]

Vorg:
1. Der Patient soll darüber aufgeklärt werden, dass der Versuch maximal **5-10 Sekunden** dauert (soll nicht schmerzhaft sein, weil sonst der Sympathikotonus erhöht wird).
2. Immer mit leichtem Kompressionsdruck beginnen (hypersensitiver Karotissinus!)
   - Der Druck auf die Karotis (oder Karotismassage) kann mit dem Daumen oder 2 Fingern, wie auf dem Schema illustriert, durchgeführt werden.
3. Danach soll die Karotis während ca. 5-10 Sekunden fest gegen die zervikalen Querfortsätze gedrückt werden.

Interpretation:[1]
- Der Karotisdruckversuch ist «positiv», wenn eine Synkope eintritt bei einer Asystolie von > 3 sek und/oder einem Abfall des SBD von > 50 mmHg.

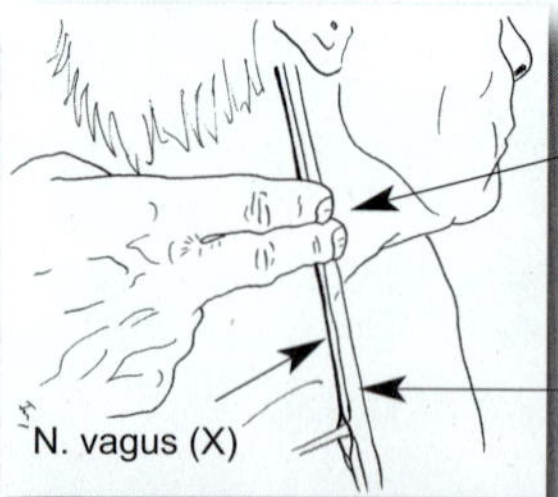

Schema: Karotisdruckversuch.

1 Moya A, Sutton R, Ammirati F, et al. ESC Guidelines. Eur Heart J 2009 ;30 ;2631-71.

3. TRENDELENBURG Position

Vorg: • Die TRENDELENBURG Position (Patient liegt auf dem Rücken, die Beine hochgelagert) induziert eine Vagusstimulation durch Füllung des rechten Vorhofs.

4. Oro-pharyngealer Reflex

Vorg: • Der oro-pharyngeale Reflex kann durch das Erbrech- oder Husten-Manöver getestet werden:

I. Erbrechen

→ Der Erbrechstimulus kann mit einem Zungenspatel (Berührung der Rachenhinterwand und der Zungenbasis hinten beidseits) erzwungen werden.

II. Husten

→ Der Patient wird aufgefordert zu husten.

5. Eintauchen des Kopfes oder der Vorderarme in kaltes Wasser

Bem: • Verschiedene vagale Manöver können simultan durchgeführt werden. Sie wirken synergistisch; z.B. Beine hoch lagern (TRENDELENBURG) + VALSALVA.

Wirkung der vagalen Manöver auf die verschiedenen Arrhythmieformen	
▪ **Sinustachykardie**	• Transitorische Verlangsamung der Herzfrequenz • Oder keine Wirkung
▪ **Atriale Tachykardie:*** - Vorhofflattern - Fokale, multifokale AT	• Transitorische Verlangsamung der QRS-Frequenz (bei vorhandenem Block wird dieser verstärkt), selten Übergang in ein VHFli. • Oder keine Wirkung
▪ **Vorhofflimmern***	• Transitorische Verlangsamung der Herzfrequenz • Oder keine Wirkung
▪ **AVNRT**, S. 158	• Anhalten der Tachykardie • Oder keine Wirkung
▪ **AVRT**, S. 159	• Anhalten der Tachykardie • Oder keine Wirkung
▪ **Präexzitationssyndrome**	• **Nicht indiziert!** • Die vagalen Manöver haben keinen Einfluss auf die akzessorischen Bündel, hingegen hemmen sie die Reizleitung im AV-Knoten. Dies kann zu einer verstärkten Reizleitung der Vorhöfe zu den Ventrikeln hervorrufen und somit maligne Arrhythmien verursachen (VT, VF).
Ventrikuläre Tachykardie	• Keine Wirkung (vagale Manöver sind nicht indiziert)

Tabelle: Vagale Manöver und Wirkung auf verschiedene Arrhythmieformen.

AVNRT AV node re-entry tachycardia
AVRT AV re-entry tachycardia
AT Atriale Tachykardie
VF Ventrikuläres Fibrillation

* Auch wenn das vagale Manöver nicht therapeutisch ist, kann es infolge Frequenzverlangsamung eine diagnostische Hilfe bieten (bessere Analyse der «P»-Wellen möglich; Flatter-Wellen können evtl. sichtbar werden).

- **Bei Tachykardien mit breiten QRS-Komplexen**, die aber supraventrikulären Ursprungs sind (d.h. mit vorbestehendem Schenkelblock), kann durch vagale Manöver eine Frequenzverlangsamung erfolgen.
- **Bei ventrikulären Tachykardien** können die P-Wellen von den QRS-Komplexen dissoziiert werden. Das vagale Manöver beeinflusst aber die ventrikuläre Tachykardie nie.

Elektrokardiogramm (EKG) - Herzstromkurve

Allg:
- Das EKG ist der Ausdruck der elektrischen Potentialdifferenz, resultierend aus dem negativen Zellinnern und dem Interstitium (Ruhemembranpotential = 50-100 mV), die bei der Erregungsausbreitung (Depolarisation) und der Erregungsrückbildung (Repolarisation) des Myokards gebildet wird.
- Alle Messungen (PR, QRS, QT u.a.) werden in allen Ableitungen miteinander verglichen; der höchste Messwert ist jeweils entscheidend!
- **QRS-Herzachse**:
  - Wird in der Frontalebene bestimmt
  - Grundsätzlich gilt: die elektrische Herzachse zeigt annäherungsweise in Richtung der Ableitung, in der die R-Zacke am grössten ist.
  - Es gibt verschiedene Methoden, die QRS-Achse zu bestimmen. Eine einfache aber relativ schlecht reproduzierbare Methode ± 30°) ist folgende: In den peripheren Ableitungen (I-III und aVL, avR, aVF) wird diejenige bestimmt, bei welcher die R- und S-Zacke ungefähr identischer Amplitude sind; die QRS-Achse liegt im rechten Winkel dazu, und zwar in Richtung der Extremität, wo die grösste positive Amplitude registriert wird.
  - Normwerte (magere Personen im Vgl. zu Adipösen haben eher eine vertikalere Achse):
    - Personen ≤ 40 Jahren: 0° - 105°
    - Personen > 40 Jahren: -30° - 90°

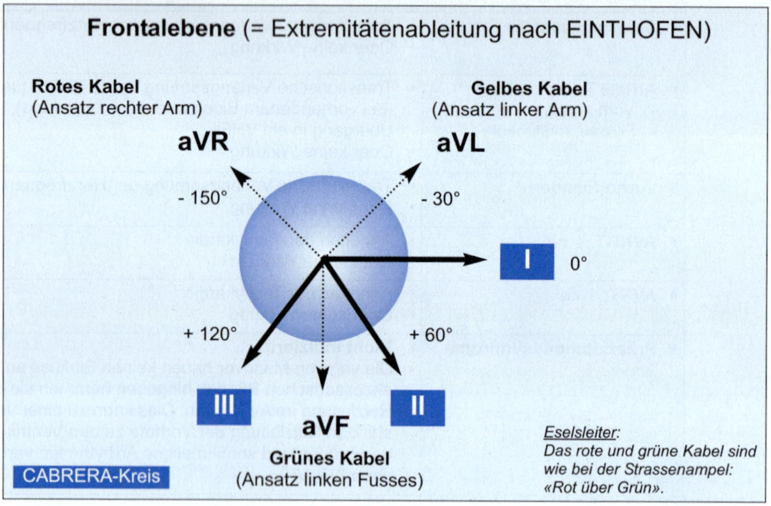

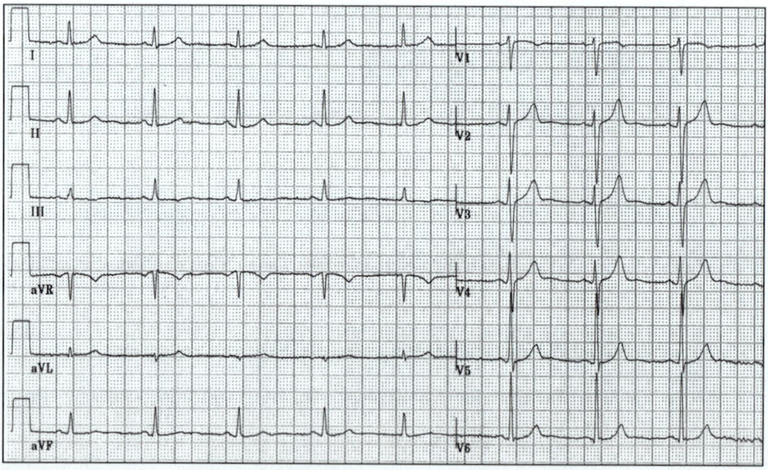

Normales EKG mit QRS-Achse ca. + 60°.

Horizontalebene (= Brustwandableitungen nach WILSON)

Um die erste Elektrode richtig zu setzen, muss der **1. ICR rechts** palpiert werden. Er befindet sich unterhalb der Klavikula.

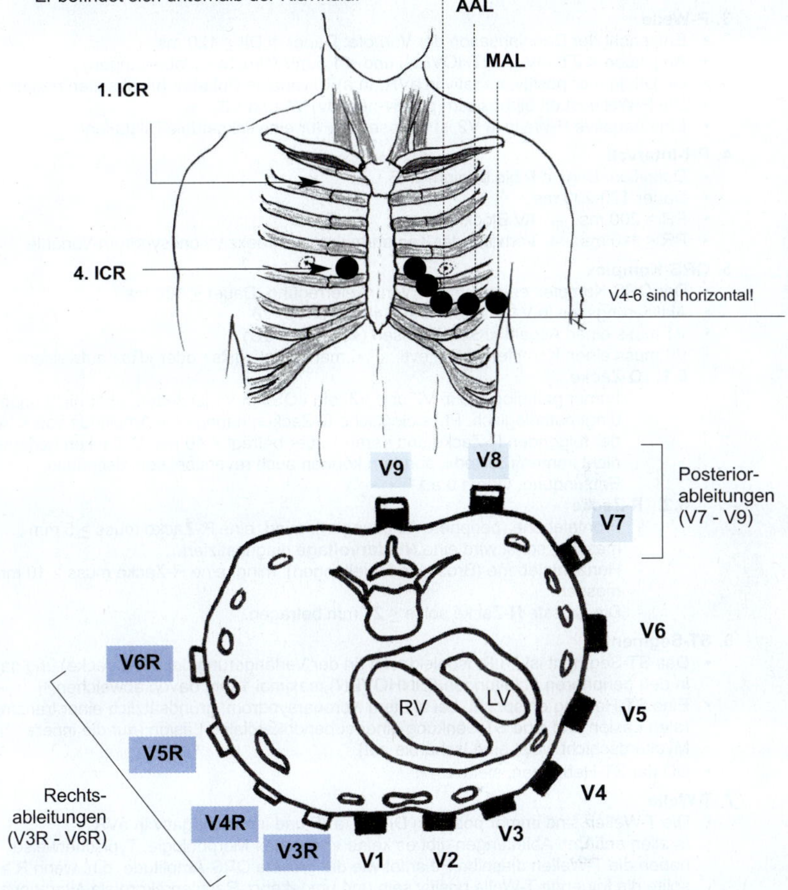

Abl.	Platzierung der Elektroden	Anatomisch-klinisches Korrelat
V1	4. ICR rechts	Rechtsherzgebiet, Septum
V2	4. ICR links	Vorderwand, Septum
V3	Zwischen V2 und V4	Vorderwand, Septum
V4	5. ICR in der linken MCL	Vorderwand, speziell Herzspitze
V5	Horizontal zu V4 im Schnittpt. mit der AAL re.	Anterolateralwand
V6	Horizontal zu V4 im Schnittpt. mit der MAL re.	Lateralwand
V7	Horizontal zu V4 im Schnittpt. mit der PAL	Lateralwand-Hinterwand (Posteriorinfarkt)
V8	Horizontal zu V4 zwischen V7 und V9	Hinterwand (Posteriorinfarkt)
V9	Horizontal zu V4 auf vertebralen Dornfortsatz	Hinterwand (Posteriorinfarkt)
VR3	Zwischen V1 und V4R	Rechter Ventrikel (RV)
VR4	5. ICR in der rechten MCL	RV (dient zur Dg des Rechtsherzinfarktes!)
VR5	Horizontal zu V4 im Schnittpt. mit der AAL links	Rechtsherz
VR6	Horizontal zu V4 im Schnittpt. mit der MAL links	Rechtsherz

MCL = Medioclavikularlinie; AAL = Anteriore Axillarlinie; MAL = Mittlere Axillarlinie; PAL = Posteriore Axillarlinie; IRC = Interkostalraum

Analyse des EKG

1. **Besteht ein Sinusrhythmus (SR)?**
   - Beim SR muss vor jedem QRS-Komplex eine morphologisch gleiche P-Welle sein.
2. **Achse**, siehe s. 166
3. **P-Welle**
   - Entspricht der Depolarisation der Vorhöfe. Dauer in DII ≤ 120 ms
   - Amplitude ≤ 2.5 mV (EINTHOVEN) und < 1.5 mV (Brustwandableitungen)
   - DI, DII: immer positiv; negativ in aVR. In aVL: variable Polarität (nicht selten negativ).
   - Die P-Welle ist oft biphasisch (positiv-negativ) V1 und V2.
   - Eine negative P-Welle in V2 ist sehr sensitiv für eine linksatriale Dilatation!
4. **PR-Intervall**
   - Definition: Beginn P bis Beginn QRS
   - Dauer 120-200 ms
   - PR > 200 ms → AV-Block 1°
   - PR ≤ 110 ms → Vorhof- oder Knotenrhythmus, Präexzitationssyndrom-Variante
5. **QRS-Komplex**
   - Der QRS-Komplex entspricht der Ventrikelerregung. Dauer ≤ 100 ms
   - Aktivierungszeit in V1 ≤ 30 ms und ≤ 40 ms in V5, V6
   - V1 muss einen Aspekt «rS» aufweisen (selten ein QS)
   - V6 muss einen Komplex «qR», evtl. «R», manchmal «qRs» oder «Rs» aufweisen.

   5.1. Q-Zacke
   - Immer pathologisch in V2 und V3; ein «QS» in V1 ist selten, aber nicht unbedingt pathologisch. Physiologische Q-Zacken haben eine Amplitude von < ¼ der folgenden R-Zacke und deren Dauer beträgt < 40 ms. Q-Zacken bedeuten nicht immer «Zelltod», sondern können auch reversibel sein (Ischämie, Entzündung, Ödem u.a.).[1]

   5.2. R-Zacke
   - Frontalebene (periphere Ableitungen): mind. eine R-Zacke muss ≥ 5 mm messen, sonst wird eine **Niedervoltage** diagnostiziert.
   - Horizontalebene (Brustwandableitungen): mind. eine R-Zacke muss ≥ 10 mm messen.
   - Die grösste R-Zacke sollte ≤ 27 mm betragen.
6. **ST-Segment**
   - Das ST-Segment ist i.d.R. isoelektrisch (in der Verlängerung der PR-Strecke) und darf in den peripheren Ableitungen (EINHOVEN) maximal 1 mm davon abweichen.[2]
   - Eine ST-Hebung entspricht, bei akutem Koronarsyndrom, grundsätzlich einer transmuralen Läsion und eine ST-Senkung einer subendokardialen Läsion (nur die innere Myokardschicht weist eine Ischämie auf)
   - DD der ST-Hebungen, siehe s. 171
7. **T-Welle**
   - Die T-Wellen sind immer positiv in DI, DII, aVF und immer negativ in aVR.
   - In allen anderen Ableitungen gibt es keine «normale» Morphologie. Typischerweise haben die T-Wellen dieselbe Polarität wie die grösste QRS-Amplitude, d.h. wenn R > S, sollte die folgende T-Welle positiv sein und umgekehrt. Rechtspräkordiale Alterationen der T-Welle werden bei der arrhythmogenen rechtsventrikulären Dysplasie beobachtet.
8. **QT-Intervall** (in V2 und V3 messen)
   - Norm: korrigiertes QT (QTc) ≤ **460 ms**
   - Das QT-Intervall widerspiegelt die Dauer der mechanischen Ventrikelsystole.
   - Das QT-Intervall soll immer manuell gemessen werden (Beginn QRS bis Ende T-Welle)
   - Das vom EKG-Apparat berechnete QTc soll mit der BAZETT-Formel kontrolliert werden
   - Kurzes QT-Intervall: < 320 ms
   - Die QT-Intervalle sind frequenzabhängig:

HF/min	QT [ms]
45 - 55	390 - 460
56 - 62	360 - 430
63 - 71	340 - 420
72 - 83	320 - 400
84 -115	300 - 370

   - [3] $\mathbf{QTc = QT_{gemessen} / \sqrt{R\text{-}R'_{vorhergehend}}}$
   - [4] **QTc [ms] = QT [ms] + 1.75 x (Ventrikelfrequenz/min - 60)**

     Bsp: QT gemessen: 460 ms, Ventrikelfrequenz: 100/min
     → QTc = 460 ms + 1.75 x (100 - 60) = 460 + 70 = 530 ms (= echtes langes QT-Intervall)

 1 Sztajzel J, et al. Heart 2000 ;83 :708-10. 2 Kossman CE. Circulation 1953 ;8 :929. 3 Bazett HC. Heart 1920 ;7 :353-70. 4 Hodges M, et al. J Am Coll Cardiol 1983 ;1 :694.

9. U-Welle

- Die Bedeutung der U-Welle ist unklar:
  - Nachpotential des Myokards?
  - Repolarisation der Purkinje-Fasern?
  - Repolarisation der der M-Zellen?
- Meist hat die U-Welle dieselbe Polarität wie die T-Welle.
- Ab einer Amplitude > 1.5 mm wird die U-Welle häufig als pathologisch interpretiert:
  - LVH, Mitralklappenprolaps
  - Bradykardie
  - Elektrolytstörungen
    - -- Hypokaliämie
    - -- Hypomagnesiämie
    - -- Hyperkalzämie
  - ZNS Läsionen
  - Hyperthyreose
  - Kongenitales LQTS
  - Medikamentös
    - -- Procainamid
    - -- Amiodaron
    - -- Digoxin u.a.

Bem: • **Tako-Tsubo Kardiomyopathie** *(apical ballooning syndrome)*

- **Tako-Tsubo** = japanischer Ausdruck für Oktopusfalle (dient dem Tintenfischfang).
- Die Klinik, das Labor (Herzmarker), sowie das EKG (ST-Streckenveränderungen können beim Tako-Tsubo Syndrom dem ACS identisch sein.
- Betrifft oft Frauen im mittleren Alter mit anamnestischer Stresssituation.
- Beim Tako-Tsubo Syndrom beobachtet man eine passagere (i.d.R. 1-2 Wo) apikale Akinesie des linken Ventrikels.
- Die Ursache ist unklar: Stress mit übermässiger Katecholaminausschüttung und konsekutiver Vasokonstriktion? Unterschiedlicher Besatz der Adrenorezeptoren des Herzens?
- Die Koronararterien sind in den meisten Fällen normal und im Provokationstest sind keine Gefässspasmen nachweisbar.

Normales EKG

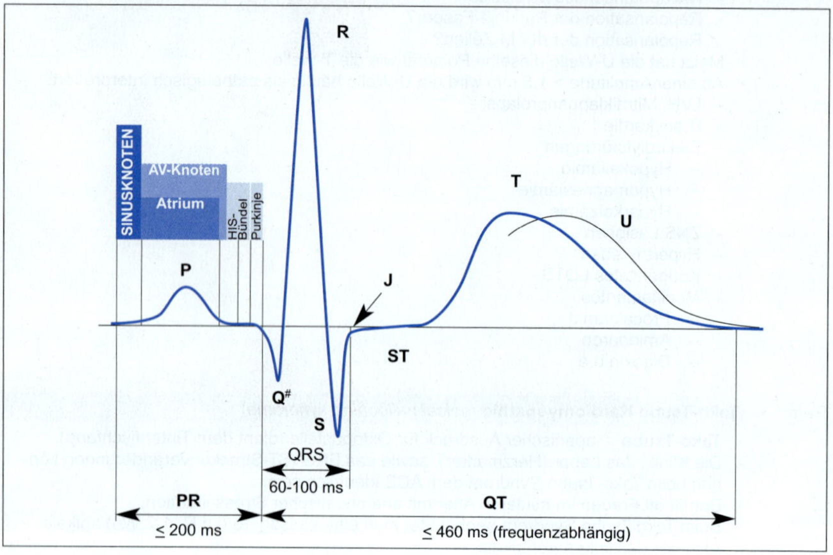

Q-Dauer: < 4 ms.

Q-Amplitude (EINTHOVEN): < 4 mm tief (in DIII < 5 mm) bzw. < 25 % der entsprechenden R-Amplitude.

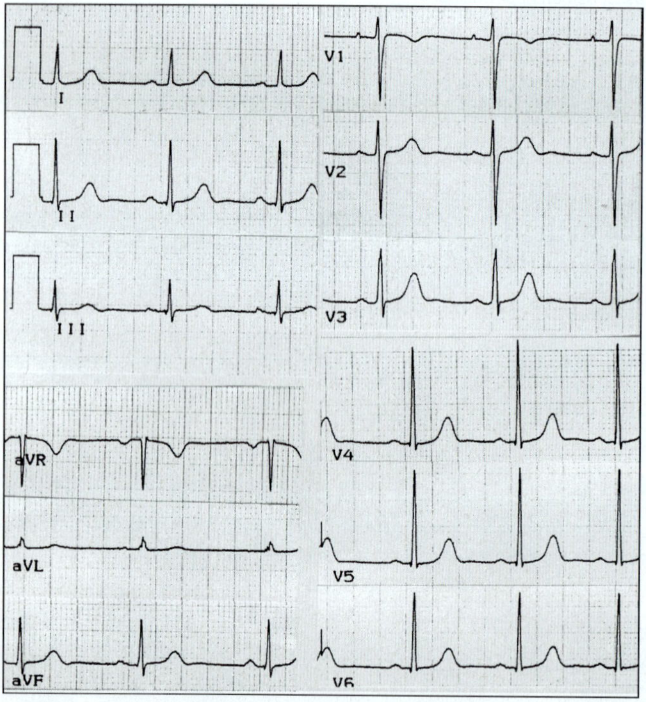

Normales EKG (Eichung: 10 mm = 1 mV)

Häufige EKG-Anomalien

Def:
- Wenn die Q-, R-Zacke oder S-Welle < 5 mm messen, werden diese «klein-» q, r, s benannt.
- Wenn die Q-, R-Zacke oder S-Welle ≥ 5 mm messen, werden diese «gross-» Q, R, S benannt.

Bsp:

▪ **Linksventrikuläre Hypertrophie** (LVH)

Allg:
- Die Voltage-Kriterien (folgend) sind bei jungen Personen, im Vgl. zu älteren, weniger spezifisch; die Echokardiographie ist wesentlich spezifischer.

EKG:
1. Voltage-Kriterien
   a) Frontalebene (EINTHOVEN)
   - R in aVL ....> 10 mm
   - R in DI ....≥ 15 mm

   b) Horizontalebene (WILSON)
   - R in V5, V6 ....> 25 mm
   - SOKOLOW-LYON-Index (Sensitivität 20 %, Spezifität > 95 %):
     → S in V1 + R in V5 oder V6 > 35 mm
   - CORNELL-Index:
     → R in aVL + S in V3 beim Mann: > 2.8 mm; bei der Frau: > 2.0 mm
2. Andere Kriterien
   - Langsamer oberer Umschlagspunkt in V5, V6 ≥ 50 ms
   - ST-T Segment Senkung in V5, V6
   - Dilatation des linken Vorhofs

Bem:
- Eine QRS-Achse mit Linkstyp ist kein Kriterium einer LVH.

▪ **Rechtsventrikuläre Hypertrophie**

EKG:
- R dominant (≥ 7 mm) in V1 bei fehlender S-Welle bei einer elektrischen Achse von > 90° in der Frontalebene > 90°.

Bem:
- Ein dominantes R in V1 wird in folgenden Situationen beobachtet:
  - Posteriorinfarkt, S. 174
  - WPW-Syndrom
  - 2-3 % der Normalbevölkerung

▪ **Hypertrophie des linken Vorhofs**

EKG:
- Dauer der P-Welle > 0.12 sek oder bifide P-Welle in DI, DII, aVL und aVF und/oder
- Betrifft die Ableitung V1: Vorhandensein einer P-Welle, bei welcher die negative oder terminale Komponente grösser ist als 1 mm (d.h. ein kleines Quadrätchen).

Bem:
- Bei supraventrikulären Tachykardien sind diese Kriterien ungültig.

▪ **Hypertrophie des rechten Vorhofs**

EKG:
- P-Wellenamplitude: in DII, DIII oder aVF ≥ 2.5 mm; in V1, V2 ≥ 1.5 mm

Bem:
- Bei supraventrikulären Tachykardien ist dieses Kriterium ungültig.

▪ **ST-Hebungen**, siehe S. 171

DD:
- Akuter Myokardinfarkt, S. 173
- PRINZMETAL-Angina, S. 192
- *Early repolarisation syndrome* (ERS; Syndrom der frühzeitigen Repolarisation)

  EKG:
  - Der «J»-Punkt (siehe S. 170) ist um 1-4 mm angehoben (v.a. in V2-V5)
  - *Notch* im abfallenden Schenkel der R-Zacke
  - Konkave, gegen oben geöffnete ST-Strecke («Hängematte»)
  - Symmetrische, grosse T-Wellen

  Bem:
  - Patienten mit einer sog. «idiopathischen ventrikulären Fibrillation» weisen eine signifikant hohe Anzahl von ERS auf.[1]
- Myokarditis
- Akute Peri-Myokarditis (ST-Hebungen sind dellenförmig konkav, S. 286)
- Persistierendes Vorderwandaneurysma (meist mit Q-Zacke vor der ST-Hebung, welche den chronischen Myokardinfarkt vermuten lässt)
- Linksventrikuläre Hypertrophie
- Hypertrophe Kardiomyopathie: Q-Zacke häufig in DI, aVL, V4-V6
- St. nach elektrischer Kardioversion
- Linksschenkelblock
- Hyperkaliämie, S. 1386
- Aortendissektion
- Lungenembolie: Q-Welle in DIII und aVF (Pattern: SI-QIII)
- Hypothermie, S. 80
- Tako-Tsubo Kardiomyopathie, S. 169
- Infiltrative Kardiopathien: Amyloidose, Systemsklerose u.a.

1 Haïssaguerre M, et al. N Engl J Med 2008 ;358 :2016-23.

■ Myokardinfarkt und EKG-Veränderungen

Allg: • Die sichere Diagnose eines Myokardinfarkts kann elektrokardiographisch nur dann gestellt werden, wenn der komplette Ablauf stattgefunden hat:
1. Initiale ST-Hebungen, gefolgt von neu gebildeten Q-Zacken, dann
2. T-Welleninversion und Normalisierung der ST-Strecke, welche wieder isoelektrisch wird.
3. Das Vorhandensein von ST-Hebungen bezeugt, dass der Infarkt nicht älter als einige Tage ist (DD: alter Infarkt mit Vorderwandaneurysma). Falls die ST-Strecke isoelektrisch ist, die T-Wellen jedoch negativ sind, ist der Infarkt wahrscheinlich einige Wochen alt.

EKG: • Q-Zacken ≥ 40 ms in irgendeiner Ableitung, mit Ausnahme von: aVR und DIII und, falls die elektrische Frontalachse ≥ + 75° beträgt, auch in aVL
oder:
• Q-Zacken, deren Tiefe ≥ ¼ der folgenden R-Amplitude aufweist, dies in irgendeiner Ableitung ausser in aVR und DIII, sowie in aVL, falls die elektrische Frontalachse ≥ + 75° beträgt.
oder:
• R-Amputation in einem Gebiet, welches von einer Koronararterie versorgt wird (falls dies bewiesen ist).

Bsp: • Siehe S. 173

Akuter anterolateraler Myokardinfarkt [I21.9]

EKG: Interpretation des untenstehenden EKG:

- Regelmässiger Sinusrhythmus, 90/min
- QRS Achse 80-90°
- P Amplitude < 0.25 mV (= normal)
- PR 200 ms (N: ≤ 200 ms)
- Q In V1-3, DI, aVL; die Q-Wellen widerspiegeln hier die Myokardnekrose
- R Zögernder R-Anstieg im Anteriorgebiet (R ist «amputiert» bis in V4)
- ST Hebung in V (1) 2-5, DI, DIII, aVL und aVF; weist auf eine transmurale Läsion hin
- T Spitze T-Welle, welche auf eine Akutischämie hinweist

Lokalisation des Infarktes	Entsprechende Ableitungen im EKG
Septaler AMI	V1-3 (evtl. V4)
Anteriorer AMI	V2-4
Anterolateraler AMI	V4-6

Bsp:

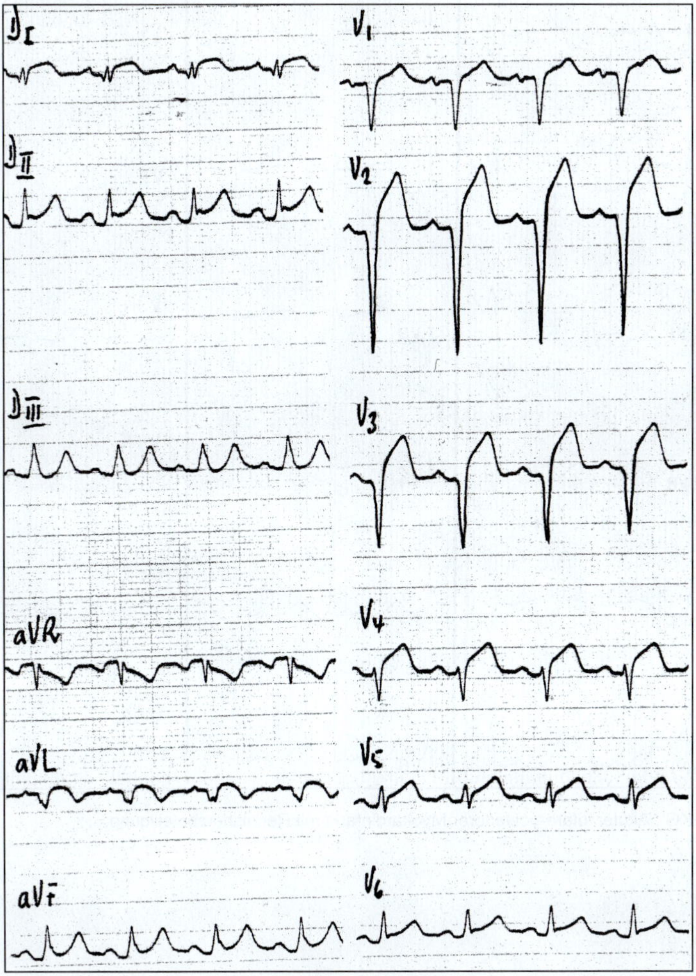

EKG: Akuter ausgedehnter anterolateraler Myokardinfarkt.

Akuter infero-posteriorer Myokardinfarkt mit Rechtsherzbeteiligung

EKG: Interpretation des folgenden EKG:

- Regelmässiger Sinusrhythmus, 80/min
- QRS Achse 80-90°
- P Amplitude < 0.25 mV, normal
- PR 180 ms (N: ≤ 200 ms)
- Q Sichtbar in DII, DIII und aVF
- ST
  - Hebung im inferioren (DII, DIII, aVF) und rechten (V4R*) Stromgebiet; dies weist auf einen akuten STEMI hin (transmurale Ischämie).
  - Senkung in V1-V5, entsprechend dem Spiegelbild der inferioren Ischämie (≠ NSTEMI der Vorderwand).

Bsp:

Ableitungen nach EINTHOVEN	**Brustwandableitungen V1-6**	Posteriorableitungen (V7,8) Rechtsableitung (V4R)

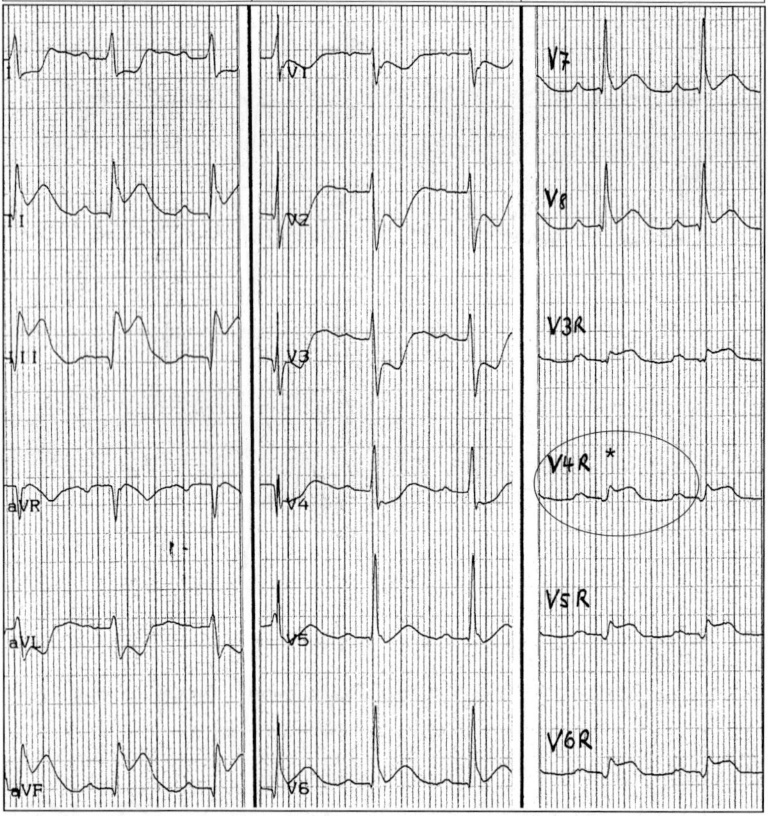

EKG : Akuter infero-posteriorer Myokardinfarkt mit Rechtsherzbeteiligung.

* Eine ST-Hebung **von > 1 mm in V4R** ist bei Vd. auf Rechtsherzinfarkt hilfreich (Sensitivität 70 %, Spezifität 100 %).[1]

[1] Kinch JW, et al. N Engl J Med 1994;330:1211-7.

Rechtsschenkelblock (RSB) [I45.1]

Allg:
- Das Vorhandensein eines RSB ist nicht immer pathologisch (im Gegensatz zum LSB).
- Seine kongenitale Form gibt es auch ohne organische Herzläsion.
- Bei vorhandenem RSB-Aspekt in V1-V3 muss an ein BRUGADA-Syndrom gedacht werden, s. 214

> **Für die PRAXIS:**
> - Der RSB modifiziert die initiale Phase des QRS nicht. Eine evtl. Myokardnekrose kann deshalb diagnostiziert werden (was bei einem LSB nicht der Fall ist).
> - Q-Zacken haben dieselbe Aussagekraft bezüglich Myokardnekrose, wie wenn kein RSB vorhanden wäre.

Urs:
- KHK
- Lungenembolie, s. 298
- Art. Hypertonie, s. 248
- Kardiomyopathie, s. 280
- Karditis
- Rheumatisches Fieber, s. 789 u.a.

Def: **A. Kompletter RSB**

- QRS ≥ 120 ms (in ≥ 1 Ableitung)
- M-förmig deformierter QRS-Komplex in V1-V2 (mit R)
- Achse der QRS-Komplexe:
  - 1. Vektor (initialer Teil): kanne jede beliebiege Achse zeigen
  - 2. Vektor (terminaler Teil): Rechtslage (wenn > + 90° oder überdrehte Rechtslage soll an ein LAHB gedacht werden, siehe s. 178)
- r und R' in V1, wobei R' grösser ist als die vorhergehende R-Zacke: rsR' oder rSR' oder (seltener) rR'.
- Verspätung des R-Maximums (= oberer Umschlagspunkt) **> 30 ms in V1**. D.h. Intervall zwischen Beginn des QRS und der zweiten Spitze des «M» (R')
- Breite und tiefe S-Zacke in DI, avL, V5 und V6
- Nebenkriterien (können zur Diagnose nützlich sein):
  - V1 und V2 (seltener in V3): Die Polarität der T-Wellen ist derjenigen der QRS-Komplexe (Richtung des Hauptausschlages) entgegengesetzt, was negative T-Wellen in diesen Ableitungen zur Folge hat.
  - V1 und V2 (seltener in V3): die T-Wellen können biphasisch sein (negativ, dann positiv).

Bsp:

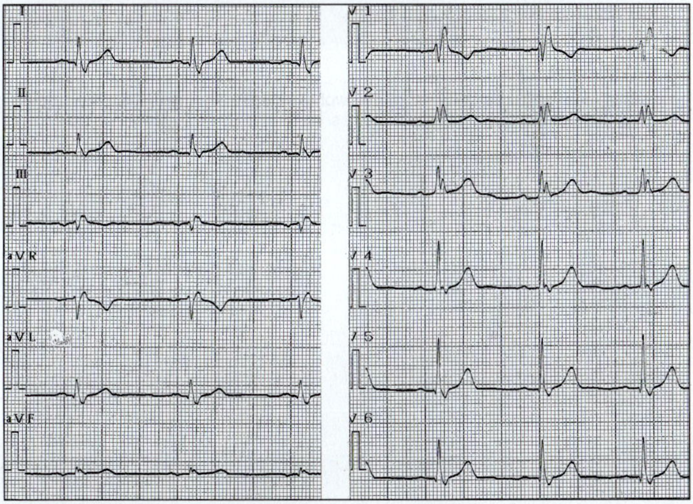

EKG : Kompletter Rechtsschenkelblock.

B. Inkompletter RSB

- QRS < 120 ms (100-110 ms) in ≥ 1 Ableitung
- M-förmig deformierter Ventrikelkomplex in V1-V2.
- rSr'-Form in V1 ohne Krankheitswert - rsR', rSR', RSR', RSr' pathologisch
- S-Zacke in DI

Linksschenkelblock (LSB) [I44.7]

Allg: • Ein LSB weist praktisch immer auf eine Kardiopathie hin (im Gegensatz zum RSB).

Urs: • KHK
- Art. Hypertonie
- Aortenstenose
- Karditis u.a.

Def: **A. Kompletter LSB**

- QRS ≥ 120 ms (in ≥ 1 Ableitung)
- M-förmiger, breiter QRS-Komplex in DI, aVL, V5, V6 («abgebrochener Zuckerhut»).
- Verspätung des R-Maximums (oberer Umschlagspunkt) **> 55 ms in V5 und V6**‡
- Tiefes breites S in V1-V3 (selten bis V4)
- Der verplumpten R-Zacke in DI, aVL geht kein Q voraus.
  - DD: LAHB (oft kleines Q vorhanden)
- Verschiebung der ST-Strecke entgegengesetzt der Hauptrichtung der QRS-Komplexe
- Die Polarität der T-Welle ist derjenigen der QRS-Komplexe entgegengerichtet

Bsp:

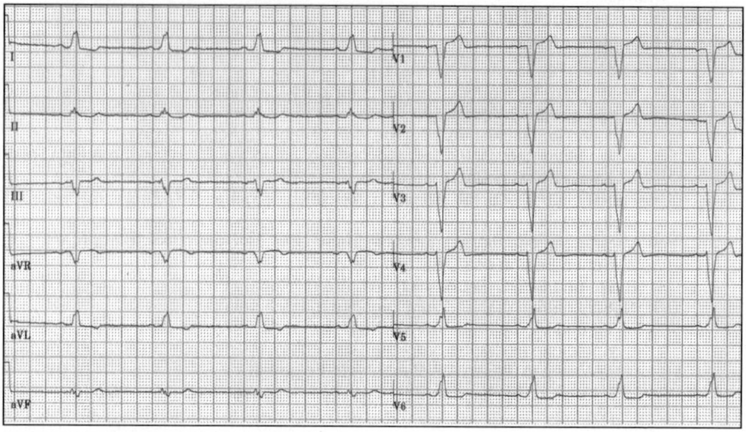

EKG : Kompletter Linksschenkelblock.

B. Inkompletter LSB

- Bild eines LSB mit QRS < 120 ms, wobei eine linksventrikuläre Hypertrophie ausgeschlossen werden muss (LVH siehe S. 171).

‡ Bei massiver Dilatation des LV oder bei linksüberdrehtem Lagetyp kann der obere Umschlagspunkt in V5 und V6 fehlen; hingegen kann er in den Ableitungen V7 und V8 gefunden werden.

- **Linksschenkelblock und akuter Myokardinfarkt**

Für die PRAXIS:
- Der LSB modifiziert die QRS-Komplexe so stark, dass eine Myokardnekrose nicht mehr identifiziert werden kann!
- Q-Zacken im Inferiorgebiet (DII, DIII, aVF) und in V1-4, erlauben weder eine Myokardnekrose zu diagnostizieren noch auszuschliessen.
- Hingegen sind Q-Zacken in DI, V5 oder V6 Zeichen einer Myokardnekrose.

- **EKG-Kriterien bei LSB und Myokardinfarkt**[1]

Kriterium	Beschrieb der SGARBOSSA-Kriterien	Score
1.	• ST-Strecke um ≥ 1 mm ↑ und konkordant mit den QRS	5
2.	• ST-Strecke um ≥ 1 mm ↓ in V1, V2 oder V3	3
3.	• ST-Strecke um ≥ 5 mm ↑ und diskordant mit den QRS	2

SGARBOSSA-Score	Infarktwahrscheinlichkeit
2	50 %
5 (Kriterium 1)	88 %
5 (Kriterien 2+3)	100 %
7	93 %
10	100 %

Bsp:

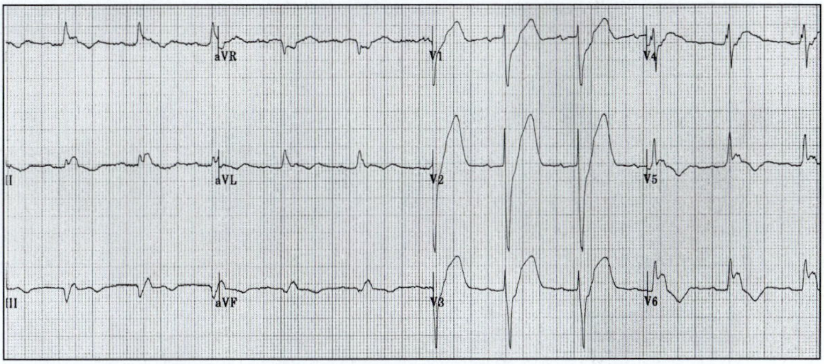

EKG : Akuter Anteriorinfarkt bei komplettem Linksschenkelblock.

1 Scarbossa EB, et al. N Engl J Med 1996 ;334 :481-7.

Linksanteriorer Hemiblock (LAHB) [I44.6]

Def:
- Folgende EKG-Kriterien weisen auf einen LAHB hin (wobei eine LVH ausgeschlossen sein muss, s. 171)
  - Überdrehter Linkstyp in der Frontalebene (s. 166): - 30° bis - 90°#
  - rS in DII, III, aVF (S ist in DIII grösser als in DII)
  - Oft kleines Q in I,aVL (DD LSB: kein Q)
  - Tiefes S in V3-V6
  - RS-USP nach V6 verschoben
  - Evtl. ST-Senkungen in V5, V6
  - QRS-Komplex ≤ 10 ms (QRS kann breiter, sein wenn gleichzeitig ein RSB assoziiert ist)
  - **WARNER-Zeichen**[1]: Die Endphase der QRS-Komplexe in aVR und aVL ist positiv (d.h. positive R-Zacke). Die Spitze der R-Zacke tritt in aVR später auf als in aVL.
  - Das Intervall vom Beginn QRS bis zur R-Zacke ist in aVL um 50 %, grösser verglichen mit V5.
  - Die Transitionszone (d.h. Ableitung, in welcher die Amplitude der R-Zacke grösser wird als diejenige der S-Zacke) verschiebt sich oft nach links (z.B. in V5 oder V6). Man beobachtet also eine Rotation im Uhrzeigersinn (wobei das Herz von unten angesehen wird).

Urs:
- Fibröse Degeneration des Reizleitungssystems (häufigste Ursache des LAHB; harmlos)
- Akuter Myokardinfarkt
- Kardiomyopathie
- Art. Hypertonie
- Myokarditis
- Post-traumatisch u.a.

Bem:
- Der LAHB ist oft mit einem RSB assoziiert.

Bsp:

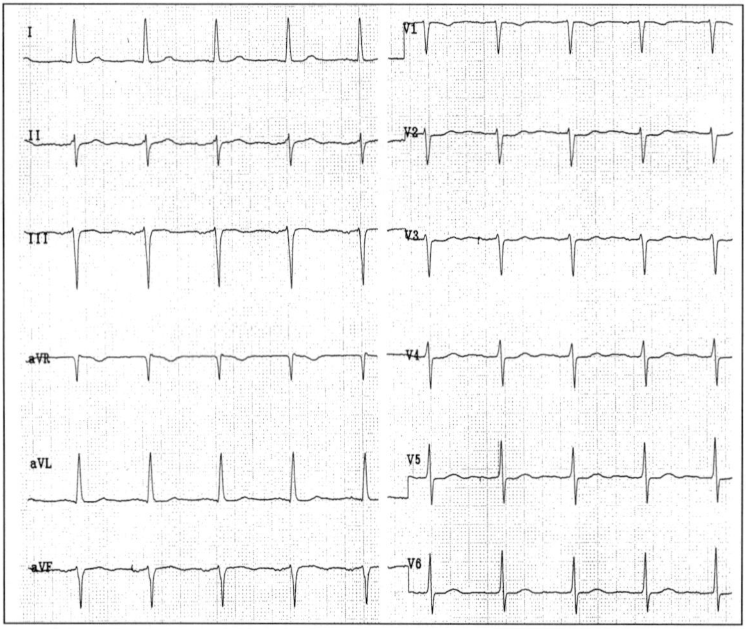

EKG: Linksanteriorer Hemiblock.

Je nach Autor ist die untere Grenze der Linkslage willkürlich bei - 45° angesetzt (Rosenbaum B, 1970).

1 Warner RA. Cardiol Clin 1987 ;5 :381-92.

Linksposteriorer Hemiblock (LPHB) [I44.6]

Allg:
- Der LPHB ist sehr selten und typischerweise mit einem RSB assoziiert.
- Der LPHB ist ein Block mit schlechter Prognose!

Def:
- Lagetyp: Rechtstyp oder überdrehter Rechtstyp (QRS-Achse zwischen + 90° und + 180°).
  - DD: Rechtsherzbelastung (massive LE, fortgeschrittene COPD u.a.)
- SI-Q III: tiefe S-Zacke in DI und Q-Zacke in DIII (aber auch Q in DII und aVF)
- Normale QRS-Zeit (≤ 100 ms). QRS kann breiter sein bei gleichzeitigem RSB.
- Kein lateraler Myokardinfarkt (DI, aVL)
- Ausschluss von:
  - Rechtsventrikulärer Hypertrophie, S. 171
  - Hyperinflation (Emphysem)
  - Steillage

Bsp:

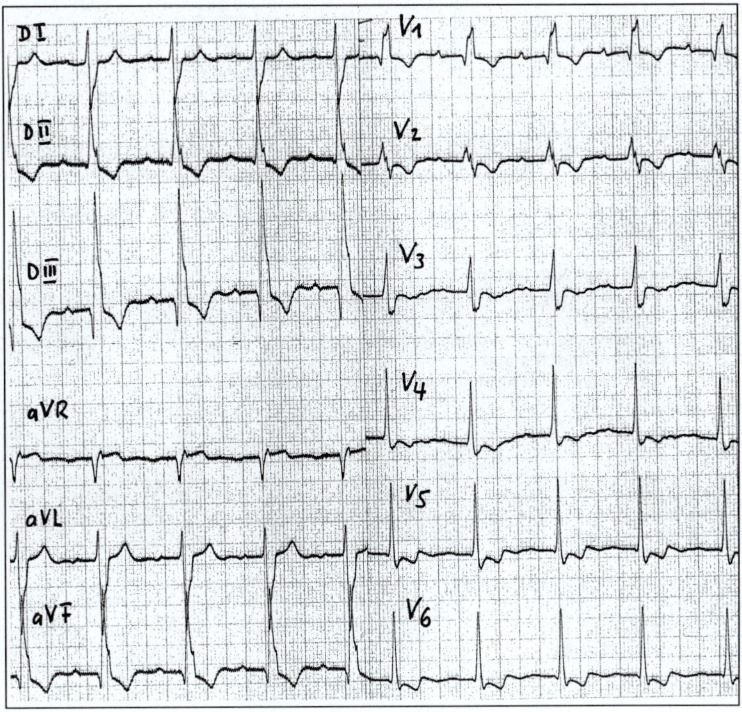

EKG: Linksposteriorer Hemiblock mit RSB und AV-Block 1°.

Akzelerierter idioventrikulärer Ventrikelersatzrhythmus [I49.8]

Syn: • *Accelerated idioventricular tachycardia, nonparoxysmal ventricular tachycardia*

Allg: • Dieser Ventrikelrhythmus stellt eine passagere, asymptomatische Arrhythmie dar, die i.d.R. keine Therapie benötigt (welche, abgesehen davon, auch selten wirksam ist). Diese Arrhythmie wird am meisten beim Myokardinfarkt beobachtet und wird als Zeichen einer Reperfusion interpretiert.

EKG:
- Regelmässiger Rhythmus
- Ventrikelfrequenz: 60-100/min (kann sich bis 130/min beschleunigen)
- Breit QRS-Komplexe ($\geq$ 120 ms), die P-Wellen sind typischerweise dissoziiert.

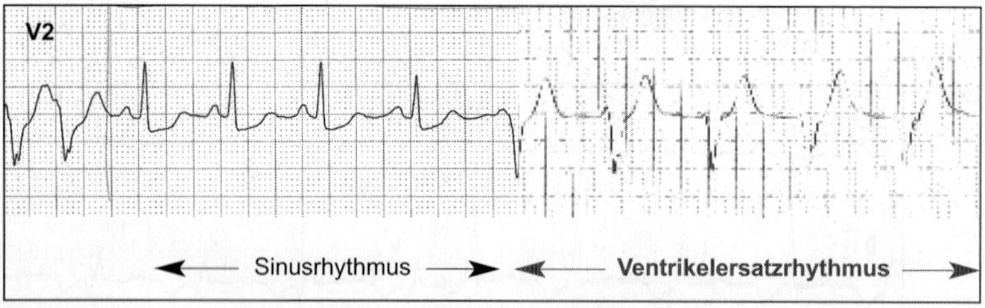

EKG: Akzelerierter idioventrikulärer Ventrikelersatzrhythmus (hier während einer Thrombolyse bei AMI).

Th: **1. Hämodynamisch instabil**
- Atropin 1-3 mg Bolus **IV** (um dem Sinusknoten die Kontrolle der QRS-Komplexe zu erlauben)
- Herzschrittmacher (Vorhofstimulation)

2. Hämodynamisch stabil
- Eine Therapie ist nicht notwendig (i.d.R. selbstlimitierend)

AV-Blöcke [I44.3]

Allg: • Bei AV-Blöcken ist die Lokalisations-Diagnostik essentiell. Je tiefer der Block im Reizleitungssystem liegt, desto gefährlicher ist er (Risiko eines kompletten AV-Blockes)!

Klas
- ■ **AV-Block 1°**, S. 182
- ■■ **AV-Block 2°**, S. 182
  - Typ I: WENCKEBACH (auch «MOBITZ 1» genannt), S. 182
  - Typ II: MOBITZ 2, S. 182, 183
  - Typ: «2:1», S. 182, 184
  - Typ: «höheren Grades», S. 185
- ■■■ **AV-Block 3°**

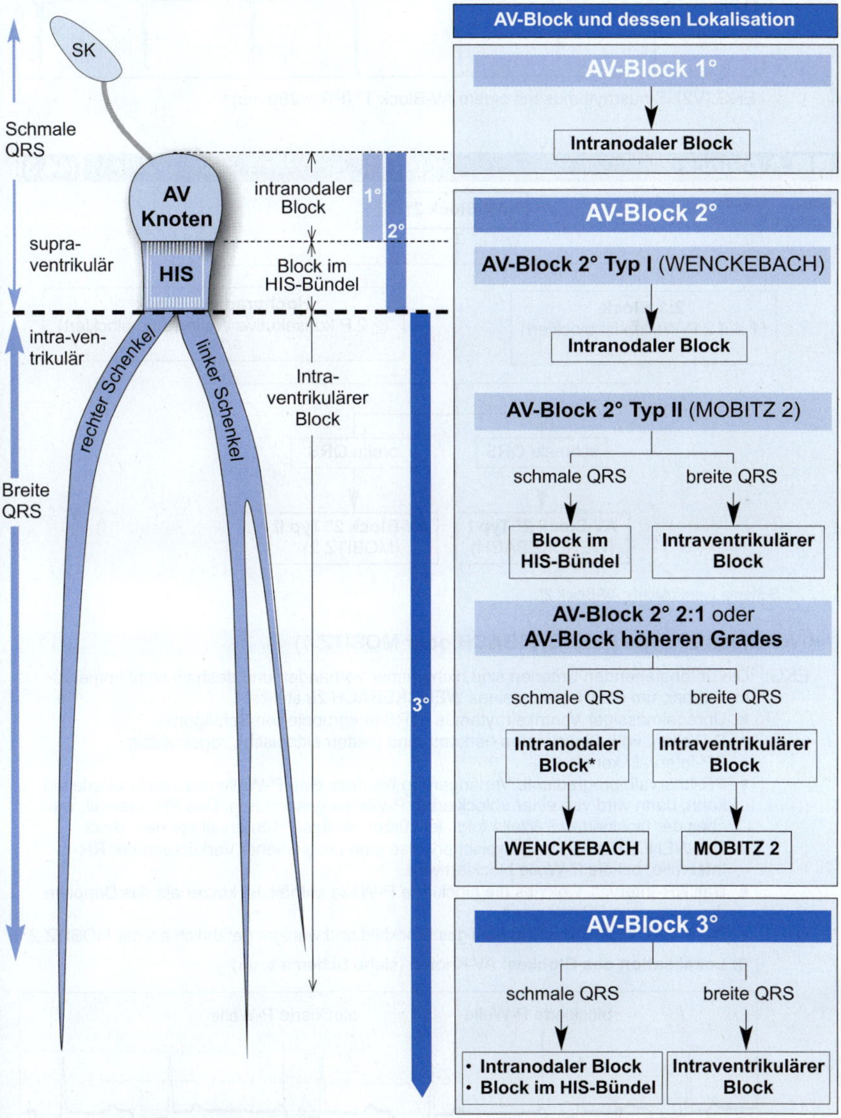

Schema: AV-Blöcke und deren Lokalisation.

In diesem Schema sind die intraventrikulären Reizleitungsstörungen nicht berücksichtigt (RSB oder LSB).

SK = Sinusknoten (fälschlicherweise kleiner als der AV-Knoten. Normalgrössen: SK 15 x 5 mm; AV-K 6 x 3 x 2 mm)

* Beim AV-Block 2:1 oder höheren Grades mit schmalen QRS, liegt der Block i.d.R. im AV-Knoten (selten im HIS-B.).

■ AV-Block 1° [I44.3]

EKG:
- Regelmässiger Rhythmus
- Der Ausdruck «Block» ist falsch, denn es handelt sich nicht um einen Block, sondern um eine Verlangsamung der Reizleitung im AV-Knoten.
- Jede P-Welle ist von einem QRS-Komplex gefolgt und alle PR-Intervalle sind konstant.
- **PR > 200 ms** (bis 600 ms möglich). Die P-Wellen können sich sogar in den vorhergegangenen T-Welle «verstecken».

ⓘ **Lokalisation der Verlangsamung der Reizleitung**: AV-Knoten

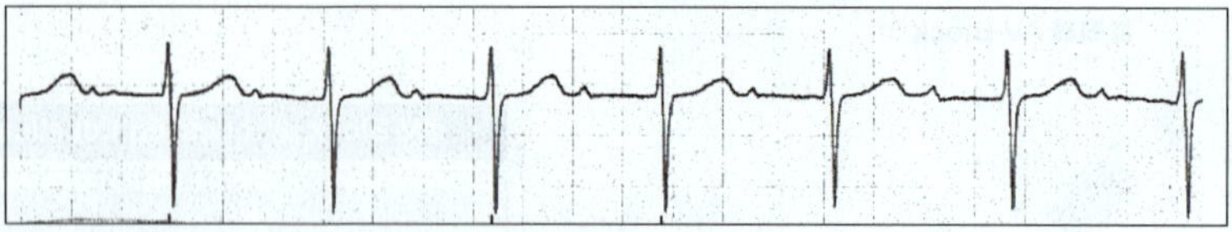

EKG (V2): Sinusrhythmus mit einem AV-Block 1° (PR = 280 ms)

■■ AV-Block 2° [I44.3]

Klas:

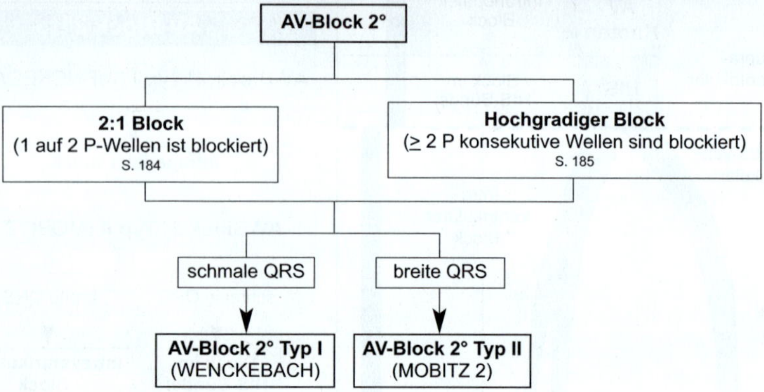

Schema (vereinfacht): AV-Block 2°.

■■ AV-Block 2° Typ I (WENCKEBACH oder MOBITZ 1)

EKG: Die untenstehenden Kriterien sind nicht immer vorhanden und deshalb nicht immer brauchbar, um die Diagnose eines WENCKEBACH zu stellen:

- Unregelmässiger Ventrikelrhythmus (QRS in «gruppierten Schlägen»)
- P-Wellen: vom Sinusknoten herkommend (selten ektopisch), regelmässig
- PP-Intervall: konstant
- PR-Intervall: progrediente Verlängerung bis dass eine P-Welle nicht mehr überleiten kann, dann wird von einer «blockierten P-Welle» gesprochen. Das PR-Intervall, welches der blockierten P-Welle folgt, ist kürzer als das PR-Intervall vor dem Block.
- Der WENCKEBACH zeigt typischerweise eine progrediente Verkürzung der RR-Intervalle, bis die P-Welle blockiert wird.
- Das RR-Intervall, welches die blockierte P-Welle enthält, ist kürzer als das Doppelte des kürzesten PP-Intervalls.
- Der WENCKEBACH ist ein häufiges Blockbild und weniger gefährlich als der MOBITZ 2.

ⓘ **Lokalisation des Blockes**: AV-Knoten (siehe Schema S. 181)

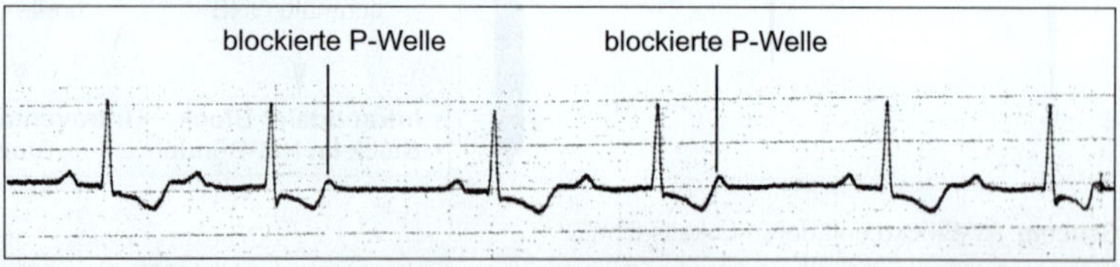

EKG (DI) : AV-Block 2° Typ I (WENCKEBACH); jede 3. P-Welle ist blockiert.

AV-Block 2° Typ II (MOBITZ 2)

Allg:
- Der AV-Block vom Typ MOBITZ 2 ist gefährlicher als der WENCKEBACH, denn der Block ist distaler im Reizleitungssystem gelege und kann daher leichter in einen AV-Block 3° übergehen!

EKG:
- Unregelmässiger Ventrikelrhythmus, manchmal bradykard
- Regelmässige P-Wellen (vom Sinusknoten herkommend oder ektopisch)
- Konstante PP-Intervalle
- Normales oder verlängertes PR-Intervall, aber IMMER konstant
- Vorhandensein einer P-Welle, welche nicht von einem QRS-Komplex gefolgt ist
- Das RR-Intervall, welches die P-Welle, enthält entspricht 2x dem basalen RR-Intervall
- Der MOBITZ 2 ist seltener als der WENCKEBACH, ist aber gefährlicher!
- Der MOBITZ 2 tritt oft mit einem Schenkelblock auf!

ⓘ **Lokalisation des Blockes** (siehe Schema S. 181):

a) Schmale QRS-Komplexe
- Dieser Block ist sehr selten.
- Der Block liegt im HIS-Bündel

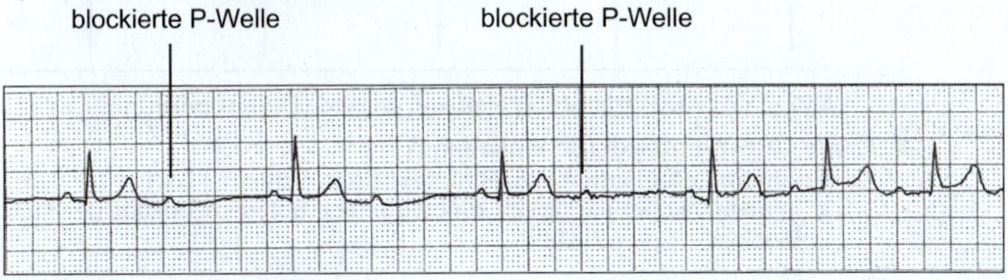

EKG (DI): AV-Block 2° Typ II (MOBITZ 2) mit einem 2:1-Block. PR normal, schmale QRS, jede 2. P-Welle ist blockiert.

b) Breite QRS-Komplexe (d.h. mit Schenkelblock)
- Dieser Block ist häufiger (> ⅔ der MOBITZ 2 AV-Blöcke).
- Der Block liegt intraventrikulär (siehe S. 181).

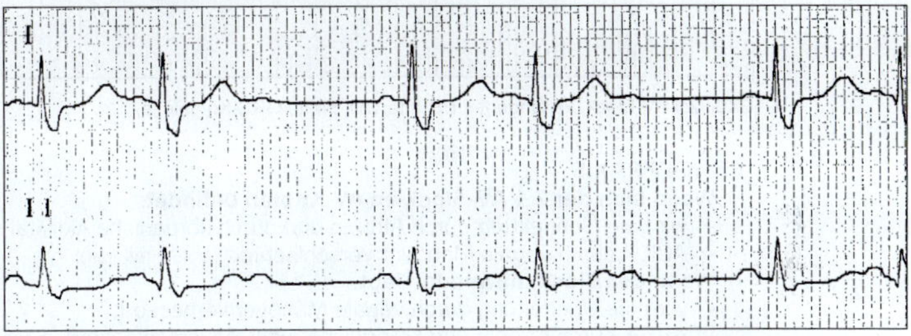

EKG (DI): MOBITZ 2 mit 3:2 Block (3 P-Wellen und 2 QRS-Komplexe) mit Bild eines RSB (d.h. der linke Schenkel ist blockiert).

AV-Block 2° vom Typ 2:1

ⓘ **Lokalisation des Blockes** (siehe Schema s. 181):
Der 2:1 AV-Block ist ein AV-Block 2° (Typ WENCKEBACH oder Typ MÖBITZ 2) dessen Ursprung nicht mit Sicherheit bestimmt werden kann, weil jede zweite P-Welle blockiert ist. Eine prolongierte EKG-Aufzeichnung (z.B. 24 h-EKG, Telemetrie) erlaubt es manchmal, zwischen diesen 2 Blöcken zu unterscheiden (Auftreten einer WENCKEBACH-Periode). Trotzdem kann die **Wahrscheinlichkeit der Lokalisation** des Blockes, abhängig von der Breite der QRS-Komplexe, wie folgt angegeben werden:

a) Schmale QRS-Komplexe

ⓘ **Lokalisation des Blockes** (siehe Schema s. 181):
- Im AV-Knoten (häufig)
  oder:
- Im HIS Bündel (selten)

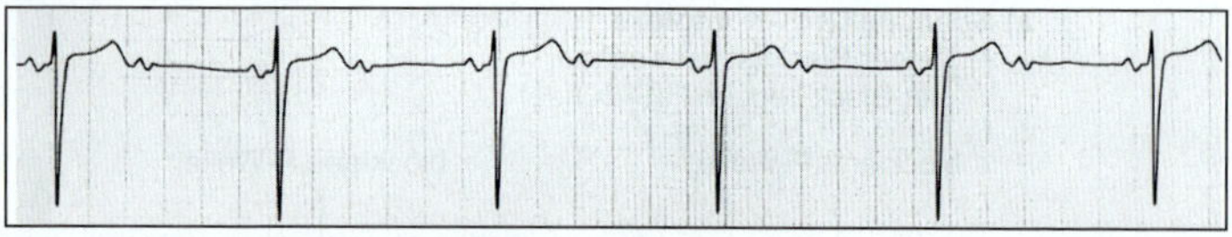

EKG: 2:1 AV-Block, normales PR-Intervall, schmale QRS-Komplexe.

II. Breite QRS-Komplexe (Schenkelblock)

ⓘ **Mögliche Lokalisation des Blockes** (siehe Schema s. 181):
- Intraventrikulär (häufig) im kontralateralen Schenkel bezügl. des sichtbaren Blockes auf dem EKG.
  oder:
- Im AV-Knoten oder im HIS-Bündel, wobei eine intraventrikuläre Reizleitungsstörung vorhanden sein muss (assoziierter Schenkelblock)

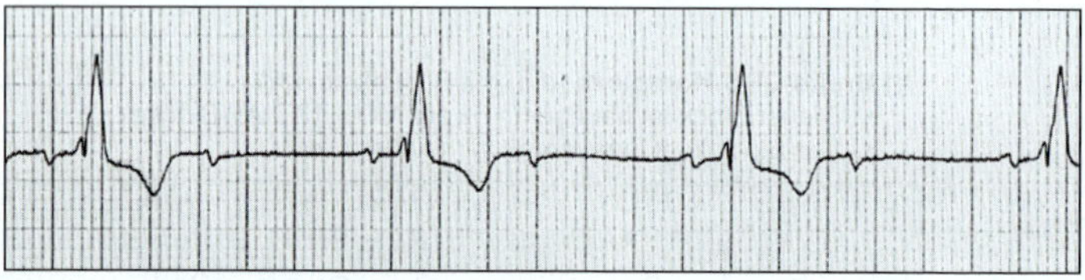

EKG: 2:1 AV-Block, verlängertes PR-Intervall, breite QRS-Komplexe.

Für die PRAXIS:
- **Wenn sich der 2:1 AV-Block im AV-Knoten befindet**:
  - wird die Überleitung durch Atropin und durch körperliche Aktivität verbessert,
  - ABER durch vagale Manöver verschlechtert (s. 164, 188, 189).
- **Wenn der Block infranodal liegt**,
  - wird die Überleitung durch vagale Manöver verbessert,
  - ABER durch Atropin und körperliche Aktivität verschlechtert, s. 188, 189!

AV-Block höheren Grades

Def: Vorhandensein von ≥ 2 aufeinanderfolgenden blockierten P-Wellen. Im Falle zweier konsekutiv blockierter Vorhofimpulse liegt ein 3:1 Block vor (Verhältnis P-Wellen zu QRS-Komplex = 3:1). Folgende Blöcke (fix oder variabel) sind möglich: 3:1, 4:1 etc.

Rem: Hier besteht das Risiko, einen AV-Block 3° zu entwickeln!

ⓘ **Lokalisation des Blockes** (siehe Schema S. 181):

a) Schmale QRS-Komplexe

→ Der Block liegt i.d.R. intranodal oder im HIS-Bündel.

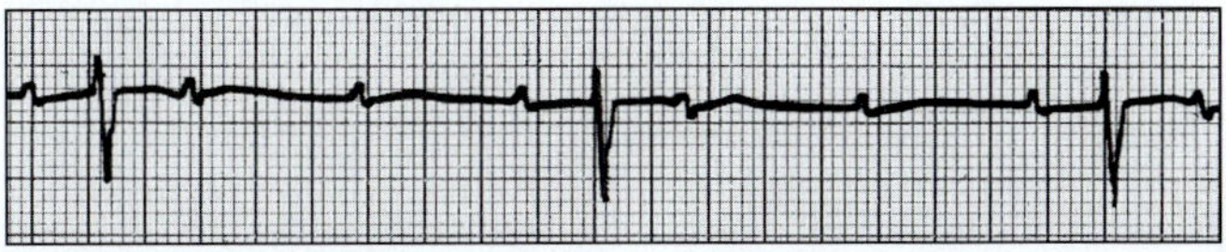

EKG (DI): AV-Block höheren Grades mit schmalen QRS-Komplexen. Hier 3:1-Block (d.h. 3 P-Wellen und 1 QRS-Komplex).

b) Breite QRS-Komplexe

→ Der Block liegt intraventrikulär (siehe Schema S. 181).

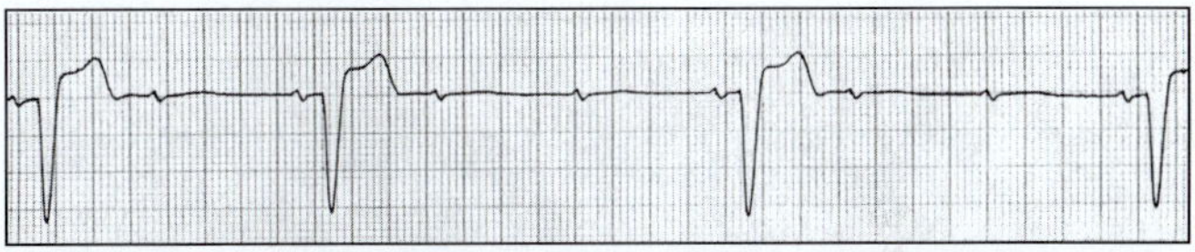

EKG (DI):AV-Block höheren Grades mit breiten QRS-Komplexen. Hier ebenfalls 3:1-Block (d.h. 3 P-Wellen und 1 QRS-Komplex).

AV-Block 3° [I44.3]

Allg: **a) Schmale QRS-Komplexe**
- Es handelt sich um einen **supraventrikulären Rhythmus**
- HF ca. **40-60/min**

  ⓘ **Mögliche Lokalisationen des Blockes** (siehe Schema S. 181):
  - Im AV-Knoten
  - Im HIS-Bündel (selten)

b) Breite QRS-Komplexe
- Es handelt sich um einen **ventrikulären Rhythmus**
- HF ca. **20-40/min**

  ⓘ **Lokalisation des Blockes** (siehe Schema S. 181):
  - Intraventrikulär

EKG:
- Rhythmus: regelmässig und langsam
- Elektrische Dissoziation zwischen den Vorhöfen und den Ventrikeln
- Regelmässige P-Wellen, welche nicht übergeleitet werden.
- Die Anzahl P-Wellen ist grösser als die Anzahl QRS-Komplexe.
- Konstante PP- und RR-Intervalle
- Das PR-Intervall ist variabel
- Je höher die Ventrikelfrequenz, desto höher liegt der Ursprung des Ersatzrhythmus.

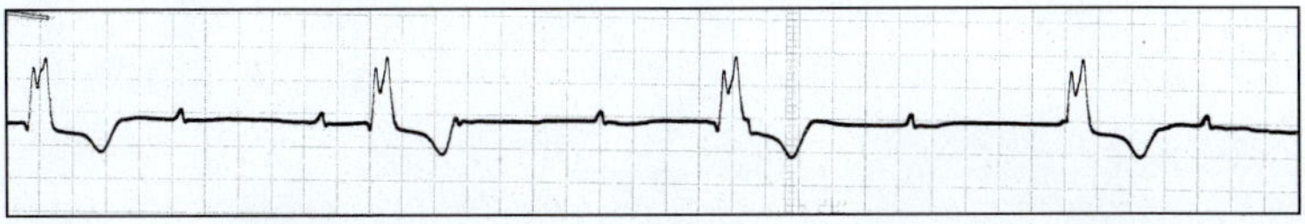

EKG (V1): AV-Block 3°. Vorhofrhythmus 70/min, Ventrikelfrequenz 30/min; Bild eines RSB (→ der linke Schenkel ist blockiert)

Blockierte P-Wellen — Das 3-Stufen-Schema[1]

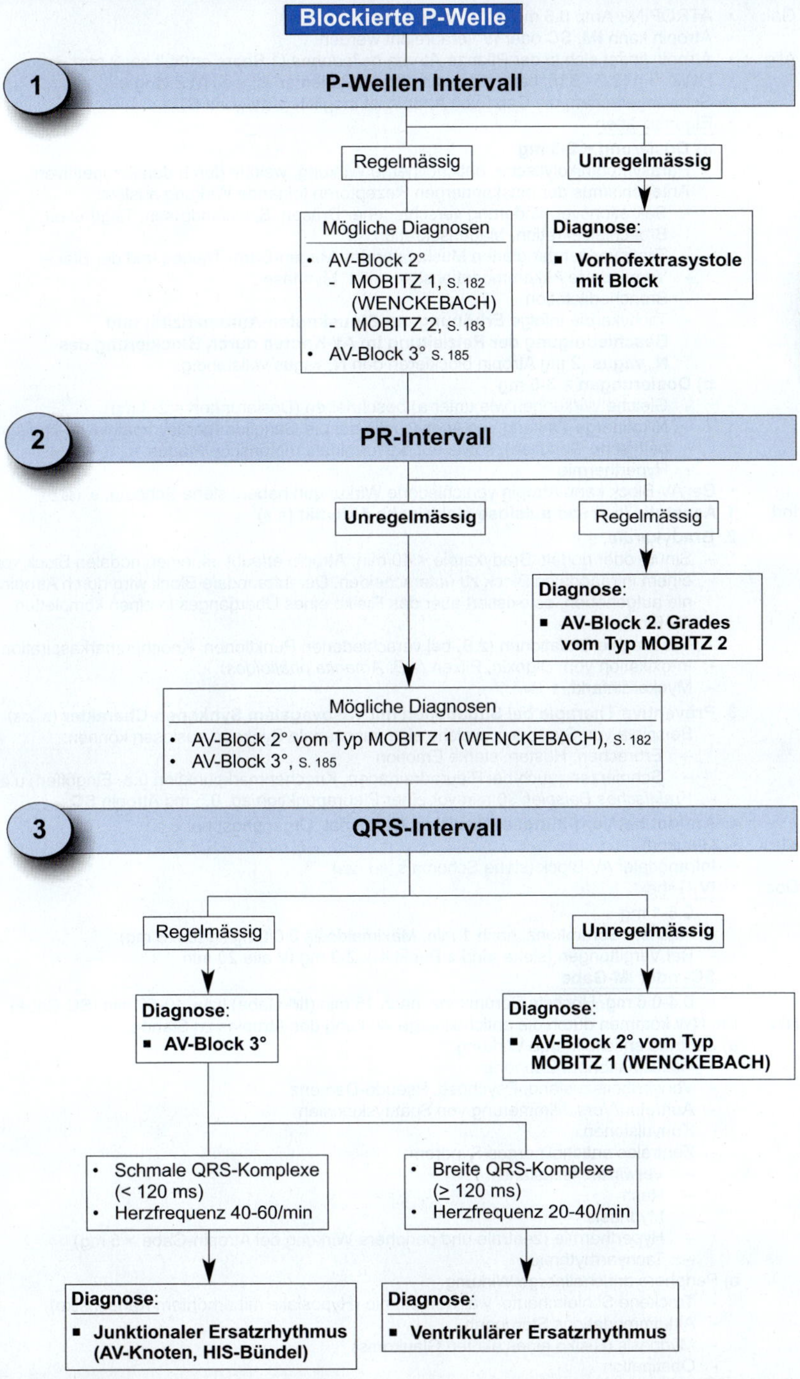

Algorithmus: Blockierte P-Wellen.[1]

1 Angepasst nach : Beaumont JL. Les arythmies cardiaques. Gaëtan morin éditeur 2006: p. 193.

Atropin

Gal:
- ATROPIN® Amp 0.5 mg/mL, 1 mg/mL
- Atropin kann **IM, SC** oder **IV** verabreicht werden.

Allg:
- Atropin findet sich in der Pflanze *Atropa belladonna* (1 Beere enthält ca. 2 mg).
- HWZ: 3 h (2.2 - 5 h); beim Kind und älteren Patienten ist die HWZ länger.
- ☆ Schwangerschaft: die Gabe von Atropin ist möglich (Kategorie B).
- Eigenschaften
  a) Dosierung < 2-3 mg
  Parasympathikolytische, anticholinerge Wirkung, welche durch den kompetitiven Antagonismus der muskarinergen Rezeptoren folgende Wirkung auslöst:
  - Sekretionsverminderung verschiedener Drüsen: Speicheldrüsen, Talgdrüsen, Bronchialsekretion, Magensekretion
  - Tonusverlust der glatten Muskulatur des Magen-Darm Traktes und der Blase
  - Verminderte Akkommodationskapazität, Mydriase
  - Bronchodilatation
  - Tachykardie infolge **Erhöhung der Sinusknoten-Automatizität und Beschleunigung der Reizleitung im AV-Knoten durch Blockierung des N. vagus**. 2 mg Atropin blockieren den N. vagus vollständig.

  b) Dosierungen > 3-5 mg
  - Gleiche Wirkungen wie unter a) beschrieben (Dosierungen < 2-3 mg)
  - Nikotinerge Wirkung von Acetylcholin auf die Ganglien (parasympathische und sympathische Ganglien), sowie auf die terminale motorische Plaque.
  - Hyperthermie
- Bei AV-Block kann Atropin verschiedene Wirkungen haben, siehe Schema, S. 189

Ind:
1. **Asystolie** (S. 4) und **pulslose elektrische Aktivität** (S. 6)
2. **Bradykardie**, S. 8
   - Sinus- oder nodale Bradykardie < 40/min: Atropin erlaubt es, einen nodalen Block von einem infranodalen Block zu unterscheiden. Der infranodale Block wird durch Atropin nie aufgehoben, es existiert aber das Risiko eines Überganges in einen kompletten AV-Block.
   - Vasovagale Situationen (z.B. bei verschiedenen Punktionen, Knochenmarkaspiration)
   - Intoxikation von: Digoxin, Pilzen *(z.B. Amanita phalloïdes)*
   - Myokardinfarkt, S. 194
3. **Präventive Therapie bei Situationen mit vasovagalem Synkopen-Charakter** (S. 236)
   - Beispiele von Synkopen, welche eine vasovagale Synkope auslösen können:
     -- Erbrechen, Husten, starke Emotion
     -- Schmerzen (auch bei Pleuradrainagen, Knochenmarkpunktion u.a. Eingriffen) u.a.
   - *Praktisches Beispiel*: 30 min vor einer Pleurapunktion ad. 0.5 mg Atropin **SC**
4. **Antidot bei Vergiftungen:** Pestizide, Carbamat, Organphosphor u.a.

KI:
- Glaukom
- Infranodaler AV-Block (siehe Schema S. 181, 189)

Dos:
- **IV**-Gabe
  - 0.5-1 mg
  - Höchste Serumkonz. nach 1 min, Maximaldosis 0.04 mg/kg (ca. 3 mg)
  - Bei Vergiftungen (siehe «Ind:» Punkt 4.): 2-3 mg **IV** alle 20 min
- **SC- oder IM-Gabe**
  - 0.4-0.6 mg. Höchste Serumkonz. nach 15 min (**IM**-Gabe) bzw. 40-50 min (**SC**-Gabe)

NW: Die NW kommen durch die anticholinerge Wirkung des Atropins zu Stande:

a) Zentrale anticholinerge Wirkung
- Halluzinationen, Euphorie
- Verwirrtheitszustand, Psychose, Pseudo-Demenz
- Auftreten/Verschlimmerung von Spätdyskinesien
- Konvulsionen
- Zentrales anticholinerges Syndrom:
  -- Verwirrtheitszustand
  -- Rash
  -- Mydriasis
  -- Hyperthermie (zentrale und periphere Wirkung bei Atropin-Gabe > 5 mg)
  -- Tachyarrhythmie

b) Periphere anticholinerge Wirkung
- Trockene Schleimhäute, v.a. Xerostomie (Hyposialie mit erhöhtem Kariesrisiko)
- Akkommodations Störungen
- Mydriasis (Risiko eines akuten Glaukoms)
- Obstipation
- Harnretention
- Hyperthermie (zentrale und periphere Wirkung)

Für die PRAXIS:

- Atropin, niedrig dosiert (< 0.5 mg) oder bei langsamer **IV**-Gabe, kann eine paradoxale Bradykardie induzieren! Wenn eine tachykardisierende Wirkung das Ziel ist, muss Atropin in raschem Bolus verabreicht werden!
- **Je nach Lokalisation des AV-Blockes, kann Atropin von Nutzen, aber auch deletär sein!**
  1. Situation (siehe Schema unten links): **Der AV-Block liegt im AV-Knoten**
     - Interventionen, welche die Reizleitung im AV-Knoten fördern (z.B. Atropin, körperliche Aktivität, Katecholamine) haben eine vorteilhafte Wirkung, denn sie erhöhen die Anzahl Impulsionen, welche den AV-Knoten durchwandern.
     - Interventionen, welche den AV-Knoten hemmen (z.B. vagale Manöver, Adenosin, Verapamil, Diltiazem, Betablocker) haben eine deletäre Wirkung (!!!), denn die verstärkte AV-Blockierung kann zu einem kompletten AV-Block führen!

  2. Situation (siehe Schema unten rechts): **Der AV-Block liegt infranodal**
     - Interventionen, welche die Reizleitung im AV-Knoten fördern (z.B. Atropin, körperliche Aktivität, Katecholamine) haben eine deletäre Wirkung(!!!), denn sie erhöhen die Anzahl Impulsionen, welche durch den AV-Knoten gehen; somit wird der infranodale Block verschlimmert (durch «Überlastung»).
     - Interventionen, welche den AV-Knoten hemmen (z.B. vagale Manöver, Adenosin, Verapamil, Diltiazem, Betablocker) haben paradoxerweise eine vorteilhafte Wirkung, denn sie vermindern die Anzahl Impulsionen, welche den AV-Knoten durchwandern, was zu einer Verbesserung des infranodalen Blockes führt (durch «Entlastung»)!

1. Situation: Block im AV-Knoten

Die Anwendung der «**AV-stimulierenden Gruppe**» ist bem intranodalen Block indiziert:

- **Atropin**, S. 188
- **Katecholamine**

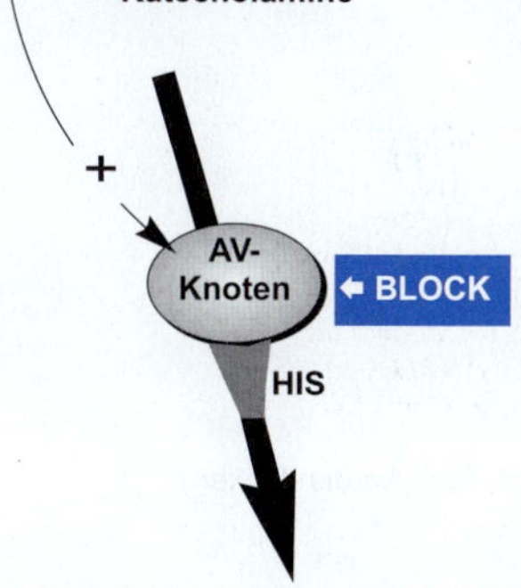

2. Situation: Infranodaler Block

Die Anwendung der «**AV-hemmenden Gruppe**» ist beim infranodalen Block indiziert

- **Vagale Manöver**, S. 164
- **Adenosin**, S. 139
- **Verapamil**, S. 155
- **Diltiazem**, S. 155
- **Betablocker**, S. 155

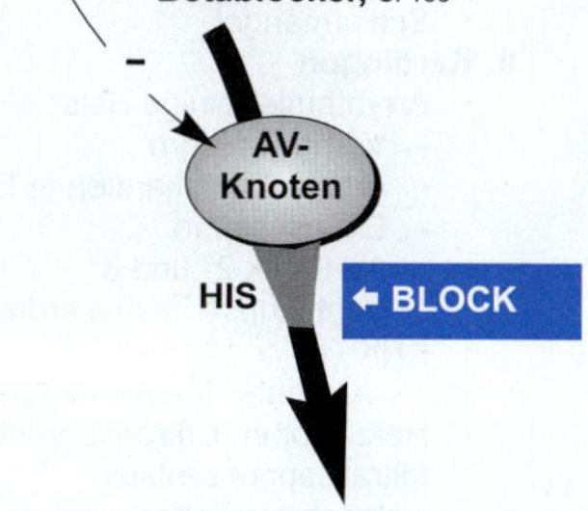

Nicht-invasive Interventionen zur Lokalisation des AV-Blockes

Wirkung / Intervention	Einfluss auf die Reizleitung: *im AV-Knoten*	Einfluss auf die Reizleitung: *infranodal*	Wirkung bzügl. Lok. des Blocks: *im AV-Knoten*	Wirkung bzügl. Lok. des Blocks: *infranodal*
AV-stimulierende Gruppe				
• Atropin • Katecholamine	Verbesserung	**Verschlechterung**	Vorteilhaft	**Deletär!!**
AV-hemmende Gruppe				
• Vagale Manöver • Adenosin • Verapamil • Diltiazem • Betablocker	Verschlechterung	Verbesserung	**Deletär!!**	Vorteilhaft

Tabelle: Nicht invasive Lokalisationsdiagnostik eines AV-Blockes - Wirkung auf die AV-Überleitung.[1]

1 Angepasst nach : Wellens H, Canover MB. The ECG in emergency decision making 1992, Saunders.

Palpitationen [I45.6]

Urs: Faktoren, welche Palpitationen induzieren können:

I. Nicht kardiogen

- Fieber, Infektion
- Metabolische Erkrankungen
  - Hypokaliämie
  - Hyperkaliämie
  - Hypokalzämie
  - Hypoglykämie
  - Hyperglykämie
  - Phäochromozytom
  - Hyperthyreose, thyreotoxische Krise
- Medikamentös
  - Entzug oder Absetzen von Betablockern
  - Antiarrhythmika
  - Antibiotika
  - Antihistaminika
  - Antidepressiva
  - Neuroleptika
  - Appetitzügler
- Toxika
  - Nikotin
  - Alkohol
  - Koffein
  - Kokain
- Anämie
- Hypovolämie
- Psychogen, Angstzustand
- Prämenstruelle oder menstruelle Phase
- Stress
- Körperliche Aktivität
- Schlafmangel

II. Kardiogen

- Arryhthmie (einige Beispiele)
  - Vorhofflimmern
  - Atriale Tachykardien (z.B. Vorhofflattern)
  - Extrasystolen
  - AV-Block 2° und 3°
  - Ventrikuläre Tachykardie
- KHK
  - Bekannter Myokardinfarkt (an ventrikuläre Tachykardie denken)
- Herzklappen Erkrankungen
- Mitralklappenprolaps
- Herzschrittmacher
- Herzinsuffizienz
- Kardiomyopathie
- Kardiotachymyokardie
- Kongenitale Kardiopathien
- Langes QT
- BRUGADA-Syndrom
- Endokarditis
- Perikarditis, Myokarditis
  - Borreliose
  - Tuberkulose
  - Urämische Perikarditis
  - SLE (infolge perikardialer Mitbeteiligung)
- Sarkoidose
- Amyloidose
- Myxom

Puls

Def:
- Rhythmische Dilatation, welche bei einer Arterie oder Vene palpiert werden kann. Diese Dilatation widerspiegelt die Erhöhung des BD, welche durch jede Herzkontraktion zu Stande kommt.

Allg:
- Approximative SBD-Werte welche erforderlich sind, um die art. Pulse palpieren zu können:
  - A. carotis........SBD > 70 mmHg
  - A. radialis ......SBD > 80 mmHg
- **Wenn der Puls der A. radialis palpiert werden kann, ist das ein indirektes Zeichen dafür, dass der zerebrale Blutfluss gewährleistet ist, es sei denn, es läge eine signifikante bilaterale Karotisstenose vor.**
- Beispiel der Pulspalpation bei bestehender ventrikulärer Tachykardie (VT):
  - VT ohne Puls: Der Patient ist areaktiv. Die Reanimations-Algorithmen (ACLS, S. 3, 4) beziehen sich auf Patienten bei kardiovaskulärem Herzstillstand und keiner dieser Patienten hat einen palpablen Puls!
  - VT mit Puls: Der Patient ist bei Bewusstsein (denn der SBD ist i.d.R > 70 mmHg, d.h. genügend hoch, um die zerebrale Vaskularisierung zu gewährleisten).

Klas:

Pulsus celer-altus

Allg: Der Puls ist «springend» und hat eine hohe initiale Geschwindigkeit

DD: Hyperdynamische Situationen:

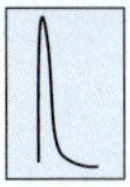

- Aorteninsuffizienz
- Hyperthyreose
- Anämie
- Status febrilis
- Offenes Foramen BOTALLI (Ductus BOTALLI) = Persistenz der normalen foetalen Struktur zw. der A. pulmonlis links und der Aorta desc.

Pulsus tardus-parvus

Allg: Verspäteter, schwacher Puls mit niedriger Geschwindigkeit

DD:

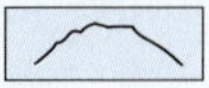

- Valvuläre Aortenstenose
- Subvalvuläre Aortenstenose

Pulsus paradoxus

Def: **Abfall des SBD > 10 mmHg am Ende des Inspiriums**

Allg: Es handelt sich in Wirklichkeit nicht um eine Pulsform, sondern um eine **hämodynamische Instabilität während des Atmungszyklus!**

Vorg:
1. Der Patient liegt und atmet «normal» (KEINE grossen Atemvolumen ausführen).
2. Die BD-Manschette wird am Oberarm angebracht und aufgeblasen, dann langsam entleert, bis der Untersuchende intermittierende Strömungsgeräusche über der A. brachialis auskultiert (= exspiratorischer systolischer BD-Wert).
3. Die Manschette wird weiter entleert, bis diese Geräusche kontinuierlich werden (= inspiratorischer systolischer BD-Wert).
4. Die Differenz zwischen diesen beiden Werten entspricht dem Pulsus paradoxus. Dieser muss im Normalfall < 10 mmHg betragen.

DD:
- Perikarderguss oder -tamponade (Sensitivität des Pulsus paradoxus 70-80 %)[1]
  - Perikarditis, S. 286
  - Aortendissektion, nach Myokardinfarkt (Myokardruptur!)
  - Neoplasie (z.B. Lymphom)
  - Konnektivitis (z.B. SLE)
  - Urämisches Syndrom, S. 634
  - Medikamentös
  - Iatrogen
- Spannungspneumothorax, S. 343
- Fortgeschrittene Pneumopathie
- Lungenembolie, S. 298
- Konstriktive Perikarditis

Für die PRAXIS:
- **Falsch positiver Pulsus paradoxus**
  - Schwergradiges COPD
- **Falsch negativer Pulsus paradoxus**
  - Hypertrophe obstruktive Kardiomyopathie
  - Linksventrikuläre Hypertrophie (starke Verminderung der Ventrikelkompliance)
  - Aorteninsuffizienz
  - Aortenstenose

1 Gubermann BA, et al. Circulation 1982;64:633-40.

Thoraxschmerzen

DD:
- **Infektiös**
  - Perikarditis, S. 286
  - Myokarditis
  - Pneumonie, Tracheobronchitis
  - Mediastinitis, Ösophagitis
  - Cholezystitis, S. 482
  - Thorakaler Herpes zoster mit postherpetischer Neuralgie
  - Epidemische Pleurodynie* (BORNHOLM-Syndrom)
- **Neoplastisch**
  - Primäre oder sekundäre Tumoren mit Schmerzen infolge Pleurareizung
    - Bronchuskarzinom
    - Mesotheliom
    - Lymphoide Hämopathie
    - Melanom
- **Vaskulär**
  - Akutes Koronarsyndrom (inkl. PRINZMETAL Angina§)
  - Aortendissektion
  - Aortenaneurysma
  - Lungenembolie
- **Traumatisch**
  - Frakturen (Rippen, Sternum, Klavikula)
  - Distension der interkostalen Muskulatur
  - Muskelkontusion
  - Post-Thorakotomie Syndrom
- **Sonstige Ursachen**
  - Nicht infektiöse Pleurodynie* (interkostale Schmerzen)
  - Insertionstendinitis
  - Thorakale oder zervikale Diskushernie
  - Parietalschmerzen, Skelettschmerzen
  - Kostale Chondritis (TIETZE-Syndrom¶)
  - Pneumothorax
  - Mediastinalemphysem
  - Ösophagus Erkrankungen
    - Gastro-ösophagealer Reflux (GÖR)
    - Ösophagusspasmen (Nussknacker-Ösophagus)
    - Dyspepsie (Pyrosis) ohne Ösophagitis
    - Spontane Ösophagusruptur (BOERHAAVE-Syndrom)
    - Peptisches gastrisches oder duodenales Ulkus
    - MALLORY-WEISS Syndrom
  - Verschiedene Lebererkrankungen
  - Neuralgien
  - Sterno-klavikuläre Hyperostose
  - Sichelzellanämie
  - Funktionelle Schmerzen, Angstzustände, Panik
  - Hyperventilations Syndrom

* **Pleurodynie**

Klas: 1. Pleurodynie: interkostale, nicht infektiöse rheumatische Schmerzen.
2. Epidemische Pleurodynie: ein viraler Infekt (v.a. Coxsackievirus) ruft interkostale (und nicht pulmonale) Schmerzen hervor. Die epidemische Pleurodynie wird auch als BORNHOLM-Syndrom bezeichnet.

§ **PRINZMETAL Angina** (vasospastische Angina)

Allg:
- Angina pectoris vasospastischer Genese, welche sich v.a. in Ruhe manifestiert. Risiko maligner Arrhythmien.
- Die Koronarangiographie kann normale Koronararterien zeigen.

EKG:
- ST-Hebungen

Lab:
- Die Herzmarker sind negativ.

Th:
- Symptomatische Therapie: Nitrate oder Kalziumantagonisten (nur Kalziumantagonisten mit Retardwirkung anwenden!)

¶ **TIETZE-Syndrom**

Allg:
- Benigne, schmerzhafte, nicht suppurative Schwellung der Sterno-kostal-Gelenke oder Sterno-klavikular-Gelenke. Typischerweise ist beim TIETZE-Syndrom nur ein einziges Gelenk betroffen (am häufigsten das 2. und 3. Sternoklavikulargelenk).

Stabile Angina pectoris (AP) [I20.9]

Def:
- Retrosternalschmerzen (und/oder von angrenzenden Regionen), welche durch eine Myokardischämie hervorgerufen sind, ohne zeitlichen Entwicklungscharakter (Frequenz, Dauer der Krisen) und ohne Verstärkung der Intensität der Symptome.
- Die stabile AP gehört NICHT zum akuten Koronarsyndrom (s. 194).

Klas:

Klassifikation der Angina pectoris nach der CCS [*Canadian Cardiovascular Society*]:

Klasse I	Keine Angina pectoris (AP) bei normalen körperlichen Tätigkeiten (spazieren, Treppen steigen). AP bei mittelschweren oder lang andauernden Tätigkeiten.
Klasse II	Leichte Limitierung bei normalen körperlichen Tätigkeiten, wie spazieren, schnelles Treppen steigen, Berg aufwärts marschieren, Treppen steigen nach einer Mahlzeit oder bei Kälte oder während eines emotionalen Stresses oder während der Morgenstunden; weiter als 2 Häuserblöcke entlang marschieren, gefolgt vom Hochsteigen von mehr als einem Stockwerk (unter normalen Bedingungen).
Klasse III	Schwere Limitierung bei normalen körperlichen Tätigkeiten: 1-2 Häuserblöcke entlang marschieren, gefolgt von Treppen steigen von mehr als einem Stockwerk (unter normalen Bedingungen).
Klasse IV	AP bei allen körperlichen Aktivitäten. Ruhe-AP ist möglich.

Klin: **I. Asymptomatisch**

Für die PRAXIS:
Bei bis zu 40 % der Patienten ist die AP stumm. V.a. bei Diabetikern daran denken!!

II. Typische AP-Symptome

- Thorakale Empfindungen mit variabler Dauer, aber **< 20 min**:
  - Retrosternales Druckgefühl, konstriktiv, balkenförmig
  - Der Patient kann diese Schmerzempfindung mit dem Faustschluss einer Hand auf dem Sternum illustrieren; dieses Zeichen nennt sich LEVINE-Zeichen.

Für die PRAXIS:
Die instabile AP ist mit einer Dauer von > 20 min definiert.

- Mögliche Ausstrahlungen der Schmerzen (manchmal in Form von «kribbeln»):
  - Thoraxbasis oder Oberbauch
  - Schulter und Arm (häufiger links) und Handgelenk (wie ein Uhrband)
  - Rücken
  - Hals
  - Unterkiefer, Zähne
- AP-äquivalente Symptome (d.h. ohne «typische» Thoraxbeschwerden)
  - Dyspnoe
  - Leistungsintoleranz
  - Orthopnoe
  - Schmerzen im Epigastrium (v.a. bei Inferiorischämie)
  - Nausea
  - Claudicatio intermittens des Unterkiefers
- Bradykardie (bei Inferiorischämie)
- Auslösende Faktoren:
  - Körperliche Belastung
  - Essen
  - Emotionen
  - Kälte u.a.
- Symptom-vermindernde Faktoren:
  - Ruhe
  - Nitratderivate (z.B. Nitroglycerin, Trinitrin)

III. Atypische AP-Symptome

- Messerstichartige Schmerzen
- Atem-, positions- oder bewegungsabhängige Schmerzen
- Durch Palpation auslösbare Schmerzen
- Sehr kurze (einige Sekunden) oder sehr lange Dauer (mehrere Stunden, chronisch)
- Punktförmige Schmerzen unter der Brust
- Beginn nach einer körperlichen Belastung
- Symptom-vermindernde Faktoren:
  - Wegfall eines anxiogenen Faktors
  - Essen
  - Ablenkungsmanöver u.a.

Akutes Koronarsyndrom (ACS)[1-4] [I20.0]

Allg:
- Das ACS umfasst akute, ischämische Erkrankungen, welche i.d.R. als Folge einer Ruptur einer Koronararterien-Plaque entstehen.
- Das ACS wird in 3 Krankheitsbilder unterteilt, welche sich bezüglich **EKG** und **Herzmarker** unterscheiden. Die Symptome sind bei allen ACS-Entitäten gleich.
- Die Unterscheidung dieser Krankheitsbilder ist sehr wichtig, denn die Therapie wird entsprechend beeinflusst:

Für die PRAXIS:
- Das akute Koronarsyndrom umfasst folgende 3 Krankheitsbilder, welche sich bezüglich EKG und Herzmarkern unterscheiden:
  1. **Instabile Angina pectoris (AP)**
  2. **NSTEMI (Nicht ST-Hebungsmyokardinfarkt)**
  3. **STEMI (ST-Hebungsmyokardinfarkt)**
- 50 % der Patienten mit akutem MI sterben bevor sie im Spital eintreffen!

Def:

1. Instabile Angina pectoris

- **Neuauftreten einer AP** (oder damit zu vereinbarende Symptome)
  - oder Ruhe-AP
  - oder AP, die sich um mind. 1 CCS-Klasse verschlimmert (≥ CCS III, s. 193)

  Dauer der Symptome **> 20 min**

  und:
- **Negative Herzmarker** (auch im Verlauf): Troponin, CK, CK-MB
- **EKG**:
  - Normales EKG
  - ± Negative T-Wellen
  - ± ST-Senkung > 0.5 mm
  - ± Passagere ST-Hebungen (< 20 min Dauer)

2. NSTEMI (Nicht ST-Hebungsmyokardinfarkt)

- **Symptome, welche eine Myokardischämie vermuten lassen, mit typischen, ischämischen EKG Veränderungen:**
  - ST-Senkung > 0.5 mm
  - Negative T-Wellen
  - Passagere ST-Hebung (Dauer < 20 min)

  und:
- **Positive Herzmarker:** Troponin, CK, CK-MB

3. STEMI (ST-Hebungsmyokardinfarkt)

- **Neuauftreten einer AP** (oder damit zu vereinbarende Symptome)
  - oder Ruhe-AP

  Dauer > 20 min

  und:
- **Positive Herzmarker**
  - Positives Troponin (I oder T)

    oder:
  - CK > 2x den Normwert, mit CK-MB Fraktion ≥ 6 %

  und:
- **EKG-Modifikation mit Neuauftreten von** (1 Kriterium genügt):
  - Q Zacken (≥ ⅓ der R Zacke oder Dauer > 40 ms)
  - R Zacken > S in der Ableitung V1 (spricht für einen Posteriorinfarkt, s. 174)
  - Linksschenkelblock (diagnostische Kriterien des LSB, siehe s. 176)
  - Bildgebung, die mit einem Infarkt vereinbar ist (Echokardiographie, Szintigraphie, Herz-MR, Ventrikulographie)

* **Immer DD erstellen bei akuter Plaque-Ruptur mit Thrombusbildung und positivem Troponin:**
- Perimyokarditis
- Hypertensive Entgleisung
- Art. Hypotonie (→ Verminderung der Koronarperfusion)
- Aortendissektion mit Einbezug von Koronararterien
- Herzinsuffizienz (→ Verminderung der Koronarperfusion)
- Lungenembolie, Koronarembolie
- Koronarspasmus (PRINZMETAL Angina, Kokain-induziert u.a. Genese)
- Traumatische Herzläsion

1 ACC/AHA. Circulation 2004;110 :e1-e212. 2 Braunwald E, et al. Circulation 2002;106:1893-900. 3 Silber S. et al. Europ Heart J 2005;26:804-7. 4 Bertrand ME, et al. Eur Heart J 2002;23:1809-40.

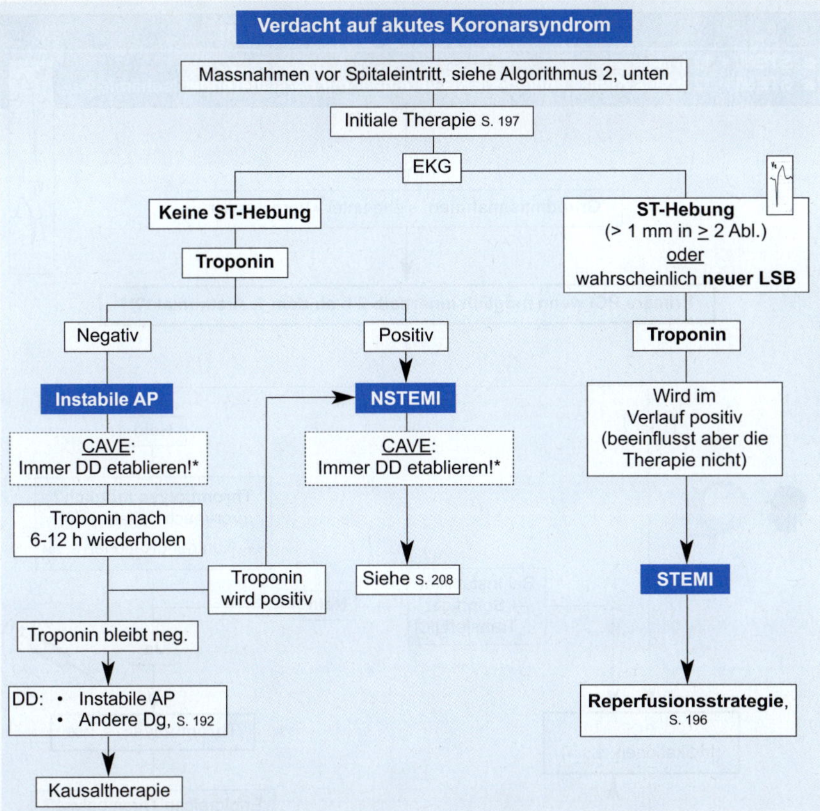

Algorithmus 1: Initiale Beurteilung und Diagnose des akuten Koronarsyndroms (ACS).

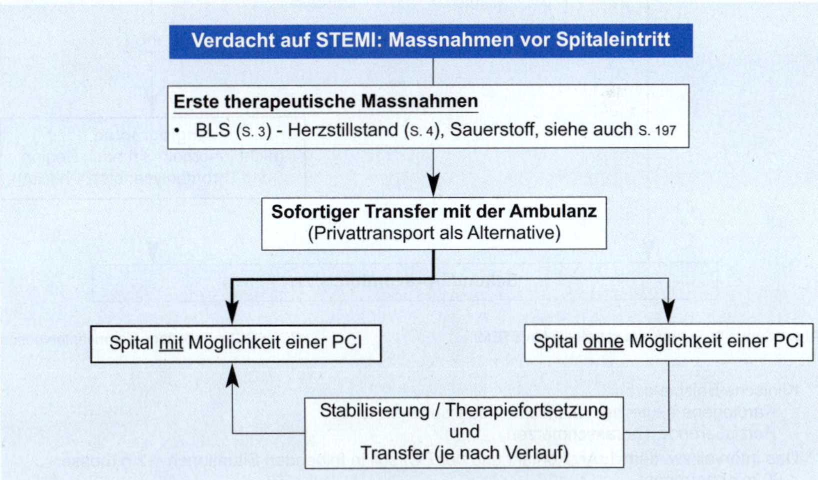

Algorithmus 2: Massnahmen bei Vd. auf STEMI ausserhalb des Spitals (fetter Pfeil = bevorzugter Pfad).[1]

STEMI = ST-Hebungsmyokardinfarkt; NSTEMI = Nicht-ST-Hebungsmyokardinfarkt
PCI = Perkutane Koronarintervention, LSB = Linksschenkelblock

* siehe S. 194

1 Angepasst nach: ESC Tast Force. Eur Heart J 2008; 29 : 2909-45.

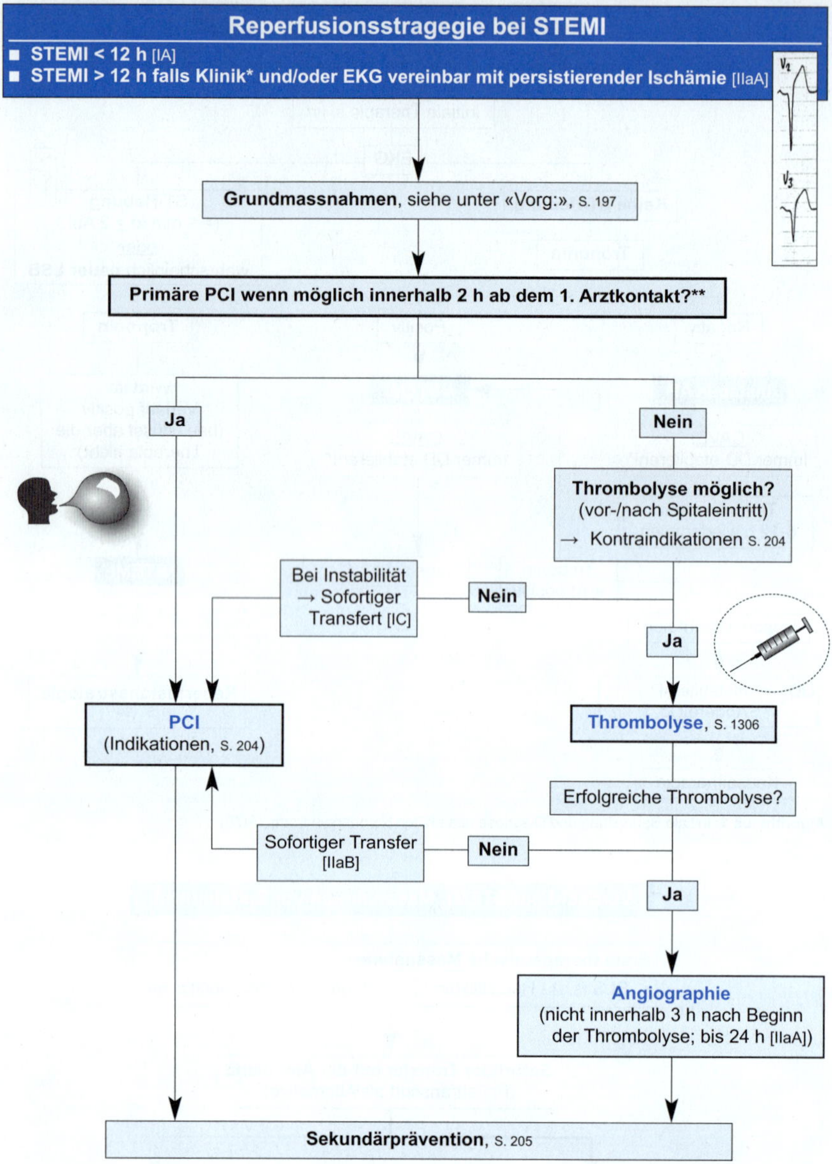

Algorithmus 3: Reperfusionsstrategie bei STEMI.[1]

PCI = PCI = Perkutane Koronarintervention

* Klinische Beispiele:
- Kardiogene akute zirkulatorische Insuffizienz (S. 24)
- Persistierende Thoraxschmerzen

** Das Intervall zw. dem 1. Arztkontakt und der PCI soll in folgenden Situationen < 2 h (besser < 90 min) betragen:
- Der Patient konsultiert sehr schnell (z.B. < 2 h nach Symptombeginn)
- Ausgedehnter Infarkt (mit potentiell grossem, noch zu rettendem Myokard)
- Niedrige Blutungsgefahr

Bei einer Kreatinin-Clearance < 20 mL/min (für Fondaparinux) oder < 30 mL/min (für die anderen NMH), ist Heparin das Antikoagulantium der Wahl.

1 Angepasst nach: ESC Tast Force. Eur Heart J 2008; 29 : 2909-45.

Lab: • Notwendige Laboranalysen bei STEMI (ABER die Reperfusionsstrategie darf nicht durch das Warten auf die Laborwerte verzögert werden!):
- Herzmarker: Troponin (T oder I), CK, CK-MB
- BB, Thrombozyten, INR, aPTT
- Na^+, K^+, Mg^{2+}, Ca^{2+}, Harnstoff, Kreatinin, BZ, Lipide (Cholesterin, HDL, LDL und TG)

Vorg: 1. **Grundmassnahmen bei STEMI** (betrifft hospitalisierte Patienten)
- 2 venöse Zugänge: NaCl 0.9 % oder Ringer-Laktat
- EKG Monitoring (Arrhythmien, ST-Deviation) während 24 h bei allen STEMI-Patienten (bei Auftreten von Arrhythmien, bis > 72 h)
- Sauerstoff über Nasensonde (2-6 L/min) oder Maske (40-60 %). Ziel SpO_2 > 90 %.
- Intraarterielle BD-Kontrolle falls schwere art. Hypotonie (SBD < 80 mmHg) und therapieresistente, kardiogene AZI (S. 24) sowie bei Patienten unter Vasopressoren.

2. **Reperfusionsstrategie** (siehe Algorithmus 3 S. 196)

A. PCI (perkutane Koronarintervention)

I. Empfehlungen bezügl. primärer PCI - Indikation
- Die PCI ist die Therapie der Wahl beim STEMI. Sie soll so schnell wie möglich nach Symptombeginn durchgeführt werden. [IA]
- Die Zeit zw. dem 1. Arztkontakt und der PCI sollte < 2 h** betragen. [IB]
- STEMI mit akuter zirkulatorischer Insuffizienz (AZI, S. 20) oder bei kontraindizierter Thrombolyse (unabhängig von der Symptomdauer). [IB]

II. Antithrombozytäre Begleittherapie
- **Acetylsalicylsäure** ASPIRIN® [IB]
  a) Patient mit PCI ....150-325 mg PO (od. 250-500 mg **IV**)
  b) Patient mit Thrombolyse ....150-325 mg PO (od. 250 mg **IV**)
  c) Patient ohne Reperfusionstherapie ....150-325 mg PO
- **Clopidogrel** [IC]
  a) Patient mit PCI ....Ladungsdosis 600 mg PO
  b) Patient mit Thrombolyse ....≤ 75 J: Ladungsdosis 300 mg PO; > 75 J: 75 mg PO
  c) Patient ohne Reperfusionstherapie ....300 mg PO (Ladungsdosis)

III. Antithrombotische Begleittherapie (während der Durchführung der PCI)
- **Heparin**, **Bivalirudin** ANGIOX® (Dosierungen, ad. Konsilium)

B. Thrombolyse

I. Indikationen
- Unmöglich, eine PCI im empfohlenen Zeitintervall durchzuführen (siehe Punkt A. und Algorithmus 3 S. 196) und keine KI zur Thrombolyse (S. 204). [IA]
- Die Thrombolyse kann vor der Hospitalisierung eingeleitet werden. [IIaA]

II. Antithrombozytäre Begleittherapie
- **Acetylsalicylsäure** (nur falls keine bereits bestehende ASS-Therapie) [IB]
  - 150-325 mg PO (oder 250 mg **IV**)
- **Clopidogrel**
  - Patient ≤ 75 J: Ladungsdosis 300 mg PO [IB]; Patient > 75 J: 75 mg PO [IIaB]

III. Antithrombotische Begleittherapie nach Alteplase, Reteplase, Tenecteplase
- 1. Wahl: **Enoxaparin** (Dauer der Therapie: max. 8 Tage)
  a) ≤ 75 J: 30 mg **IV** Bolus (auch bei Clearance < 30 mL/min); 15 min später 1 mg/kg **SC** dann 1 mg/kg **SC** alle 12 h (alle 24 h falls Clearance < 30 mL/min)
  b) ≥ 75 J: keinen Bolus **IV**. Mit 0.75 mg/kg (max. 75 mg) alle 12 h beginnen. Bei Clearance < 30 mL/min 1 mg/kg **SC** alle 24 h.
- Alternative Therapie: **Heparin IV**
  - 60 IE/Kg **IV** Bolus (max. 4'000 IE), dann 12 IE/kg/h **IV** (max. 1'000 IE/h) während 24-48 h: Ziel-aPTT (Kontrolle: 3-6-12-24 h): 1.5-2x N ≅ 50-70 sek
  - Dann siehe «Antithrombotische Richtlinien», S. 202

C. STEMI ohne Reperfusionstherapie

I. Antithrombozytäre Begleittherapie
- **Acetylsalicylsäure** [IA]: ....150-325 mg PO
- **Clopidogrel** [IB]: ....300 mg PO (Ladungsdosis)

II. Antithrombotische Begleittherapie
- 1. Wahl [IB] (Bedingung: Serumkreatinin < 265 μmol/L):
  - **Fondaparinux:** 2.5 mg **IV**; dann, 24 h später 2.5 mg 1x/d **SC** bis zur Spitalentlassung (max. 8 d).
- Alternativ: Enoxaparain oder Heparin (Dosierung, idem post-Thrombolyse [IB]):
  - **Enoxaparin**#, Dosierung siehe Punkt B., oben
  - **Heparin**# (**IV** Bolus dann Perfusor), Dosierung siehe Punkt B., oben

**, # siehe S. 196

3. Medikamentöse Therapie des akuten STEMI[1]

Medikamentöse Therapie bei STEMI in der Akutphase	Evidenz Klasse	Evidenz Niveau
Gute Evidenz		
• Acetylsalicylsäure 75-100 mg/d PO	I	A
• Clopidogrel 75 mg/d PO	I	A
• Oraler Betablocker (**IV**-Gabe: Evidenz IIbA)	I	A
• Oraler ACE-Hemmer (ab dem 1. Tag) - Bei allen Patienten (ausser KI) - Bei Hochrisikopatienten	 IIa I	 A A
• **Antalgie**** - Morphin: 4-8 mg **IV**; bei Bedarf 2 mg alle 5-15 min wiederholen Bei hämodyn. Instabilität oder Morphin-Intoleranz/-Allergie: - Fentanyl: 25-50 µg **IV** alle 5-15 min, dann nach Bedarf titrieren	 I -	 C -
Evidenz IIb und schwächer		
• Nitratderivat (keinen Benefit)*	IIb	A
• COX-2 Hemmer (Mortalität ↑)§	III	C
• Kalziumantagonist (keinen Benefit)	III	B
• Magnesium (keinen Benefit; ISIS-4)	III	B
• Lidocain (keinen Benefit)	III	B

Tabelle 1: Medikamentöse Therapie bei STEMI in der Akutphase.

4. Intraaortale perkutane Gegenpulsation

Allg: • Siehe allgemeine Informationen S. 25

Ind: • Siehe S. 25

5. ACS und Arrhythmien, siehe Tabelle 5, S. 206

6. Provisorischer, transvenöser Herzschrittmacher[2]

Ind:
- Asystolie
- Symptomatische Bradykardie bei sinusaler Dysfunktion
- Bilateraler bzw. alternierender Schenkelblock (= Wechsel zw. RSB und LSB) oder bifaszikulärer Schenkelblock
- AV-Block 2° Typ WENCKEBACH, welcher nicht auf Atropin anspricht
- AV-Block 3° oder AV-Block 2° Typ II (MOBITZ 2)
- Neu auftretender LSB mit einem AV-Block 1°
- Bekannter RSB mit AV-Block 1° und neuem LAHB oder LPHB

* Nitrate und STEMI
- Mehrere Studien (GISSI-3 [Lancet 1994;343:1115-22]; ISIS-4 [Lancet 1995;345:669-85]) haben gezeigt, dass Nitrate beim akuten STEMI keinen Benefit aufweisen; sie werden deswegen nicht routinemässig empfohlen.
- Die transdermalen Pflaster sind während der Akutphase nicht indiziert (Wirkungsbeginn nach 60 min).
- Akzeptable Indikationen der Nitrate beim akuten STEMI:
  - Persistierende Ischämie-Symptome
  - Persistierende Ischämie-Symptome und art. Hypertonie oder Lungenödem
- KI:
  - SBD < 90 mmHg oder BD-Abfall ≥ 30 mmHg bezügl. des Basalwertes
  - Bradykardie (< 50/min) oder Tachykardie (> 100/min)
  - Vd. auf einen Rechtsherzinfarkt (da Risiko einer schweren art. Hypotonie). Diese Patienten sind «vorlastabhängig» (Nitrate senken die Vorlast).
  - Patienten, die mit einem Phosphodiesteraseinhibitoren (z.B. Sildenafil) behandelt werden, dürfen während 24 h (48 h beim Tadalafil) keine Nitrate erhalten. [IIIB]
- Beispiele von Nitroglycerin u.a. Nitratderivaten (ISDN, ISMN, Trinitrin)
  - SUBL oder Mundspray: 0.4 mg alle 5 min (total 3 Dosen). Wirkungsbeginn: 2-5 min; W'dauer: 10-30 min
  - **IV** (bei persistierenden Symptomen): Perfusor 2-10 mg/h **IV** (je nach Symptomen und Toleranz). Dauer der Therapie: 24-48 h (> 48 h Tachyphylaxierisiko)

§ COX-2 Hemmer (z.B. Celecoxib) zeigen eine erhöhte Mortalität, Reinfarktrate und Herzruptur bei akutem STEMI [Circulation 2006;113:2906-13; Circulation 2007;115:326-32].

** Eigenschaften der Opioide: Analgesie, Anxiolyse, Verminderung der Vorlast (venöse Dilatation), Verminderung des Sauerstoffverbrauchs, Bradykardie (schwach).

1 Angepasst nach: ESC Tast Force. Eur Heart J 2008; 29 : 2909-45. 2 Angepasst nach: ACC/AHA Pocket Guidelines. July 2004, p. 38-41.

7. **Definitiver Herzschrittmacher beim ACS**

Ind: • Absolute Indikationen:
- Persistierender AV-Block 2° mit bilateralem Schenkelblock oder biphaszikulärem Block oder bei AV-Block 3°
- Infranodaler AV-Block 2° oder 3° mit Schenkelblock (bei unklarer Situation ist eine elektrophysiologische Abklärung indiziert)
- Persistierender und symptomatischer AV-Block 2° oder 3°
- Bifaszikulärer Block: alternierender RSB und LSB oder RSB + LAHB oder RSB + LPHB

8. **Medikamentöse Langzeittherapie nach STEMI**

Medikamentöse Langzeittherapie post STEMI	**Evidenz**	
	Klasse	**Niveau**
■ Begleittherapie: Plättchenantiaggregation bzw. Antikoagulation		
• Acetylsalicylsäure 75-100 mg/d PO (ausser Intoleranz)	I	A
• Clopidogrel 75 mg/d PO während 12 Monaten: - Bei allen Patienten - Bei allen Patienten mit ASS-Intoleranz	 IIa I	 C B
• OAK (INR Zielwert je nach Klinik): - Patient der eine AK erfordert (z.B. Vorhofflimmern, Thrombus im linken Ventrikel, mechanische Klappen)	I	A
• OAK (INR 2.0-3.0) - Patient mit ASS- und Clopidogrel-Intoleranz	IIa	B
• Kombinationstherapie: - **OAK** (INR 2.0-3.0) **+ ASS** (75-100 mg/d) bei Patienten mit hohem thrombo-embolischem Risiko	IIa	B
Schwache Evidenz • Kombinationstherapie: - **OAK + ASS + Clopidogrel** (z.B. nach STENT-Einlage bei Patienten mit Indikation für eine AK), siehe S. 202, 203 - **OAK + ASS oder Clopidogrel** (z.B. nach STENT-Einlage bei Patienten mit Indikation für eine AK aber mit erhöhtem Blutungsrisiko)	IIb	C
■ Betablocker#		
• Alle STEMI-Patienten (ausser KI)#	I	A
■ ACE-Hemmer$ oder Sartan		
• **ACE$** Alle Patienten post STEMI (ausser C-I, S. 219)	IIa	A
• **Sartan†** Alle Patienten post STEMI (ausser C-I, S. 221) mit ACE-Hemmer Intoleranz	IIa	C
■ Statine (siehe auch «Risikostratifikation, S. 690)		
• Alle Patienten (ausser KI): - Ziel-LDL: ....< 100 mg/mL - Ziel-LDL bei Hochrisikopatienten: ....< 80 mg/mL	 I IIa	 A A
■ Grippeschutzimpfung		
• Alle Patienten	I	B

Tablelle 2: Medikamentöse Langzeittherapie nach STEMI.
OAK = Orale Antikoagulation; AK = Antikoagulation; ASS = Acetylsalicylsäure

Betablocker (Beispiele siehe S. 220)
- KI:
  - Herzfrequenz < 60/min; SBD < 100 mmHg
  - Aktives Asthma oder reaktive Atemwegserkrankung
  - PR > 240 ms, alle AV-Blöcke 2° und 3° (ausser SM implantiert)
  - Mittelschwere bis schwere linksventrikuläre Dysfunktion
  - Befunde peripherer Hypoperfusion, akute zirkulatorische Insuffizienz (S. 20)
  - Präexzitationssyndrom mit breiten QRS (z.B. WPW)
  - Schwere periphere arterielle Verschlusskrankheit
- Ziel Herzfrequenz: ± 60/min und gut toleriert
- Bei COPD-Patienten sollen nur niedrig dosierte β1-selektive BB verabreicht werden (Metoprolol, Esmolol)

$ Bedingungen bevor ein ACE-Hemmer verschrieben wird: SBD > 100 mmHg und keine KI (S. 219)!

† Beispiele von Sartanen:
- Valsartan 2x 160 mg/d PO
- Candesartan 1x 32 mg/d PO

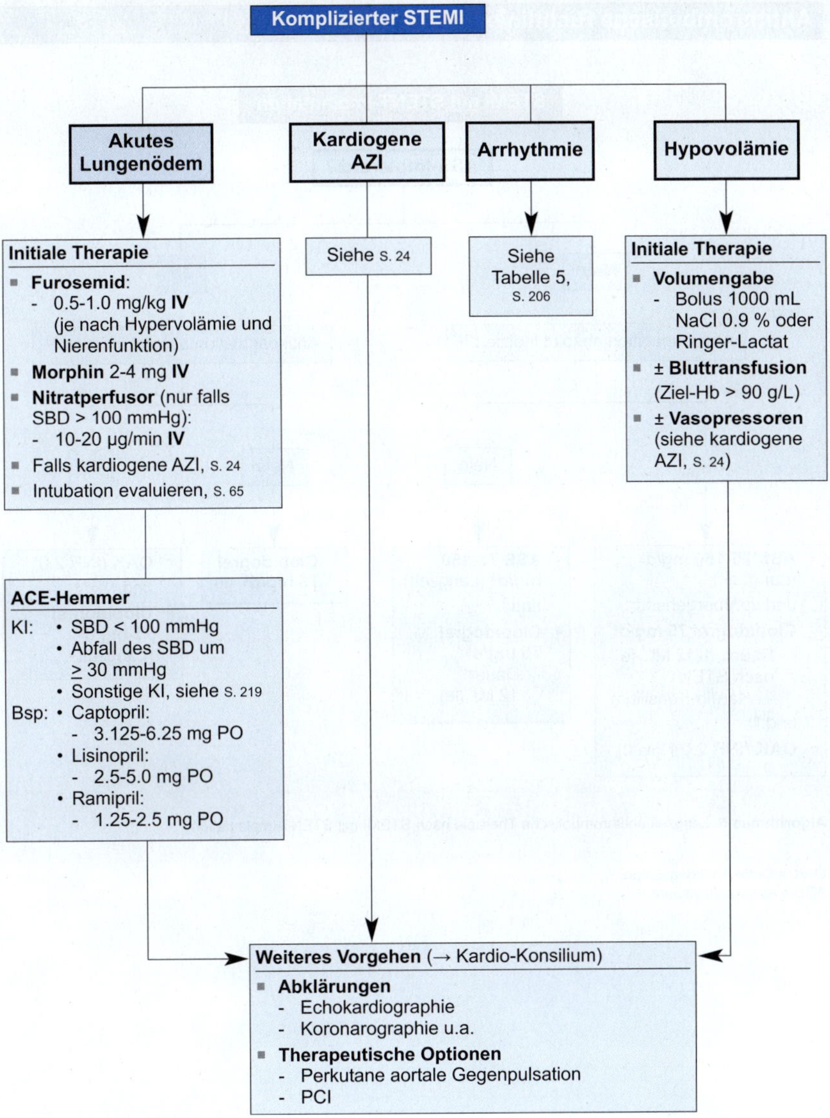

Algorithmus 4: Komplizierter STEMI.[5]

AZI = Akute zirkulatorische Insuffizienz («Schock»)
PCI = Perkutane Koronarintervention
SBD = Systolischer Blutdruck

5 Angepasst nach: ACC/AHA Pocket Guidelines. July 2004, p. 29.

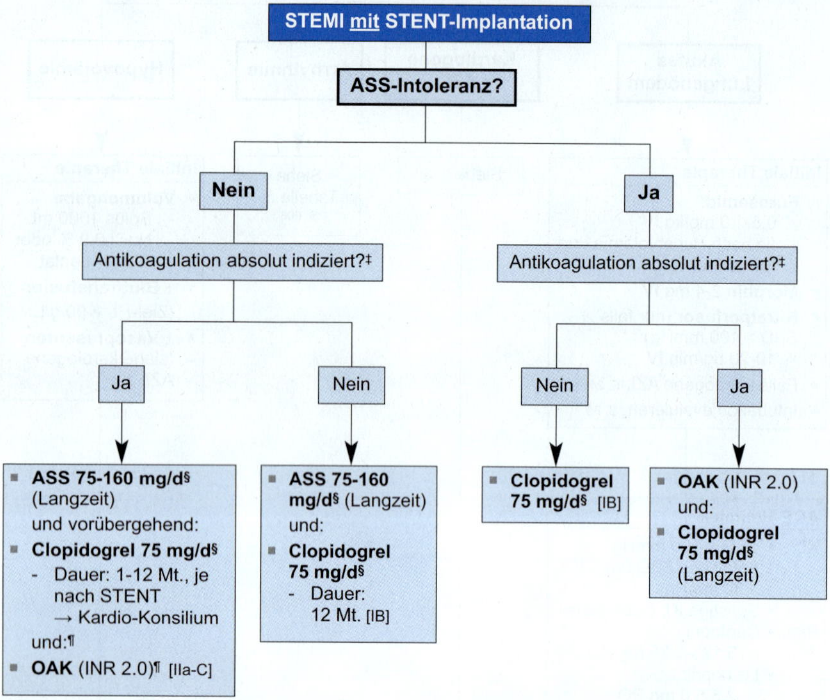

Algorithmus 5: Langzeit antithrombotische Therapie nach STEMI mit STENT-Implantation.[5]

OAK = Orale Antikoagulation
ASS = Acetylsalicylsäure

¶ Die Dreierkombinationstherapie «ASS + Clopidogrel + OAK» soll ausschliesslich bei absoluter Indikation einer OAK verabreicht werden, z.B.:
- Vorhofflimmern (gemäss CHADS2 Score, S. 157)
- Mechanische Herzklappen

Der Ziel-INR liegt bei ca. 2.0 (= niedrigst wirksamer INR).
Diese Therapie soll so kurz wie notwendig dauern. [IIaC]

§ Ladungsdosis (einmalig im Rahmen der Notfallmedikation):
- ASS:..................250-500 mg **IV** oder 150-325 mg PO
- Clopidogrel: ......600 mg (PO)

‡ Absolute Indikationen einer OAK, z.B.:
- Vorhofflimmern (gemäss CHADS2 Score, S. 157)
- Mechanische Herzklappen u.a.

5 Angepasst nach: ACC/AHA Pocket Guidelines. July 2004, p. 29.

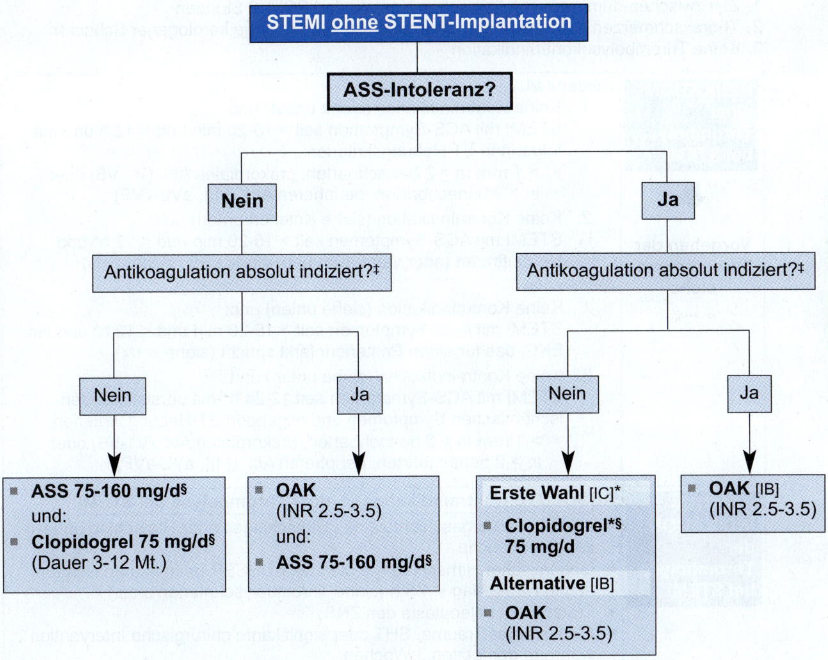

Algorithmus 6: Langzeit antithrombotische Therapie nach STEMI ohne STENT-Implantation.[5]

OAK = Orale Antikoagulation
ASS = Acetylsalicylsäure

* Clopidogrel ist aus folgenden Gründen als Erstwahltherapie zu betrachten:
- Erhöhte Blutungsgefahr unter OAK
- Schlechtere Kompliance unter OAK

§ Ladungsdosis (einmalig im Rahmen der Notfallmedikation):
- ASS:..................250-500 mg **IV** oder 150-325 mg PO
- Clopidogrel: ......600 mg (PO)

‡ Absolute Indikationen einer OAK, z.B.:
- Vorhofflimmern (gemäss $CHADS_2$ Score, s. 157)
- Mechanische Herzklappen u.a.

5 Angepasst nach: ACC/AHA Pocket Guidelines. July 2004, p. 29.

Thrombolyse und STEMI (Myokardinfarkt mit ST-Hebungen)[1,2]

Allg: Bei folgenden 3 Kriterien soll eine Thrombolyse bei STEMI in Betracht gezogen werden:
1. Zeit zwischen dem erste medizinischen Kontakt und PCI > 2 Stunden
2. Thoraxschmerzen < 3 h und hämodynamisch stabil (d.h. ohne kardiogener Schock!)
3. Keine Thrombolysekontraindikation

INDIKATION einer Thrombolyse bei STEMI ⬇ **Vorgehen der Thrombolyse, siehe** S. 1306	*Evidenz IA* 1. Keine Kontraindikation (siehe unten) und: STEMI mit ACS-Symptomen seit > 15-20 min und < 12 h und mit folgenden ST-Hebungskriterien: ▪ **> 1 mm** in ≥ 2 benachbarten, präkordialen Abl. (V1-V6) oder in ≥ 2 benachbarten, peripheren Abl. (I-III, aVL-aVF) 2. Keine Kontraindikation (siehe Kriterien unten) und: STEMI mit ACS-Symptomen seit > 15-20 min und < 12 h* und Neuauftreten (oder vermutlich neu) eines LSB (siehe S. 176) *Evidenz IIa* 1. Keine Kontraindikation (siehe unten) und: STEMI mit ACS-Symptomen seit > 15-20 min und < 12 h* und ein EKG, das für einen Posteriorinfarkt spricht (siehe S. 174). 2. Keine Kontraindikation (siehe unten) und: STEMI mit ACS-Symptomen seit 12-24 h* mit persistierenden ischämischen Symptomen und folgenden ST-Hebungskriterien: ▪ **> 1 mm** in ≥ 2 benachbarten, präkordialen Abl. (V1-V6) oder in ≥ 2 benachbarten, peripheren Abl. (I-III, aVL-aVF)
KONTRA-INDIKATION der Thrombolyse bei STEMI	**ABSOLUTE Kontraindikationen einer Thrombolyse bei STEMI** ▪ Anamnese/Vorgeschichte eines Hirnschlages oder Hirnschlag unbekannter Ursache ▪ Ischämischer Hirnschlag < 6 Monate, AUSSER beim akuten ischämischen Hirnschlag < 4.5 h (siehe Thrombolysekriterien S. 526) ▪ Trauma oder Neoplasie des ZNS ▪ Signifikantes Trauma, SHT oder signifikante chirurgische Intervention während der letzten 3 Wochen ▪ Gastrointestinale Blutung während der letzten 4 Wochen ▪ Aortendissektion, S. 14 ▪ Bekannte hämorrhagische Diathese*f* (die Menstruation ist KEINE Kontraindikation) ▪ Punktion von nicht komprimierbaren Gefässen **RELATIVE Kontraindikationen einer Thrombolyse bei STEMI** ▪ Hirnschlag während der letzen 6 Monate ▪ Orale Antikoagulation (das Blutungsrisiko ist linear zum INR) ▪ Schwangerschaft oder bis 1 Woche post-partal ▪ Refraktäre art. Hypertonie: SBD > 180 mmHg u/o DBD > 110 mmHg ▪ Fortgeschrittene Leberinsuffizienz ▪ Infektiöse Endokarditis ▪ Aktives peptisches Ulkus ▪ Refraktäre Reanimation

Tabelle 3: Indikationen/Kontraindikationen einer Thrombolyse bei STEMI (die KI gelten auch für die Lungenembolie).

* **Für die PRAXIS:**
Bei STEMI ist die PCI prinzipiell der Thrombolyse vorzuziehen, insb. wenn die Zeit zwischen dem ersten medizinischen Kontakt und der PCI > 2 Stunden beträgt.
Da der Nutzen der Thrombolyse mit der Dauer der Thoraxschmerzen abnimmt, sollte die Thrombolyse idealerweise innerhalb von 3 h erfolgen, um ein Maximum des Myokards zu retten.

f Hämorrhagische Diathese (Diathese = Prädisposition zur Spontanblutung)
Klas: 1. Thrombozytopenie oder Thrombozytopathie
2. Koagulopathie (z.B. Hämophilie)
3. Hämorrhagische, vaskuläre Diathese: Purpura simplex (nach «Mini-Trauma», oft genetisch bedingt); senile Purpura (oft nach Mikro-Trauma); Morbus OSLER-WEBER (hämorrhagische Teleangiektasie)

1 Angepasst nach: AHA. Circulation 2005;112 :89-110. 2 ESC Tast Force. Eur Heart J 2008; 29 : 2909-4

Sekundärprävention bei STEMI[5]	
▪ **Rauchen**	▪ Bei Rauchern Raucherentwöhnungsprogramme vorschlagen ▪ Medikamentöse Unterstützung (A + B): A. Anxiolyse • Buspiron BUSP® (orale Gabe) B. Nikotinsubstitutionstherapie • Empfehlung: orale Therapie + Pflaster§ bevorzugen ▪ Antidepressive Therapie [IIaC] • Vareniclin CHAMPIX® (orale Gabe)
▪ **Blutdruckkontrolle**	▪ Ziel: **BD < 130/80 mmHg** [IA] - Antihypertensive Therapie der Wahl (falls indiziert): ▪ Betablocker ▪ ACE-Hemmer ▪ Sartan
▪ **Lipide**	▪ Siehe «Risikostratifikation», S. 690
▪ **Körperliche Aktivität** ▪ **Kardiale Rehabilitation**	▪ Körperliche Aktivität täglich 30-60 min (oder mind. 3-4x/Wo): [IB] - Gehen, Nordic walking - Schwimmen - Aerobe Aktivitäten mit mittelmässiger Intensität ▪ Kardiale Rehabilitation, v.a. bei STEMI-Patienten mit multiplen Risikofaktoren [IB]
▪ **Körpergewichts-kontrolle** ▪ **Metabolisches Syndrom**	▪ Ziel BMI: 18.5-24.5 ▪ Eine Diät ist in folgender Situation indiziert: [IB] - BMI ≥ 30 und bei Bauchumfang > 102 cm (♂) bzw. > 88 cm (♀) ▪ Diätempfehlung: - Wenig Salz- und gesättigte Fetteinnahme - Regelmässiger Früchte-, Gemüse- und Fischkonsum - Eine geringe Alkoholeinname soll nicht «verboten» werden. ▪ Ein metabolisches Syndrom (S. 684) muss gesucht und behandelt werden.
▪ **Diabetes mellitus**	▪ Lifestile + Risikofaktorenkontrolle (Adipositas, art. HT, Lipide) [IB] ▪ Ziel-HbA1c < 6.5 % [IB]
▪ **Antithrombotische Therapie**	▪ Antithrombotische Richtlinien: - STEMI mit STENT, siehe Algorithmus 5, S. 202 - STEMI ohne STENT, siehe Algorithmus 6, S. 203
▪ **ACE-Hemmer/Sartane**	▪ Indikationen siehe Tabelle 2 S. 199
▪ **Betablocker**	▪ Indikationen eines Betablockers, siehe Tabelle 2 S. 199
▪ **Herzinsuffizienz und Dysfunktion des LV**	▪ **Betablocker:** bei allen post-STEMI Patienten (ohne KI), [IA] ▪ **ACE-Hemmer:** bei allen post-STEMI Patienten (ohne KI), [IA] ▪ **Sartan** (Valsartan): bei allen Patienten (ohne KI) mit ACE-Hemmer Intoleranz [IB] ▪ **Aldosteron Antagonist** (Eplerenon, Spironolacton) falls: [IB] - LVEF ≤ 40 %: und: Zeichen einer Herzinsuffizienz und: Serumkreatinin < 220 µmol/L (♂) oder < 177 µmol/L (♀) und: Serumkalium < 5 mmol/L ▪ **Kardiale Synchronisationstherapie, bei:** - LVEF ≤ 35 % und QRS ≥ 120 ms bei NYHA III-IV trotz optimaler medikamentöser Therapie nach Ausschluss eines «stunning-heart** [IA]
▪ **Prävention des Sekundentodes**	▪ **ICD (implantierbarer kardialer Defibrillator) falls:** - LVEF ≤ 30-40 % und NYHA II oder III mind. 40 d post-STEMI [IA] - LVEF ≤ 30-35 % und NYHA I oder mind. 40 d post-STEMI [IIaB]

Tabelle 3: Sekundärprävention und STEMI.

§ Beispiele nikotinerger Substitution:
- «Patch»: NICORETTE® Pflaster; NICOTINELL® Pflaster
- «PO»: NICOTINELL® (Kaugummi, Lutschtabletten); NICORETTE® (Kaudepot, Inhaler, Microtab)

** «Stunning» = potentiell viables Myokard, das die nekrotisierte Zone angrenzt, welches aber seine kontraktile Kapazität vorübergehend verloren hat (auch nach Reperfusion). Dieses Myokard spricht weniger gut auf die medikamentöse Therapie an.

1 Angepasst nach: ESC Tast Force. Eur Heart J 2008; 29 : 2909-45. und 2. ACC/AHA Pocket Guidelines. July 2004, p. 38-41.

Therapie der Arrhythmien bei akutem Koronarsyndrom (ACS)

Hämodynamisch instabil	
▪ **Kreislaufstillstand bei:** • **VF** • **VT ohne Puls**	Th: • Defibrillation (asynchroner Modus), S. 122-124 [IC]
▪ **VT** (ohne Herzstillstand): • **monomorph, anhaltend* und ohne Ansprechen auf den elektrischen Schock**	Th: • **Amiodaron** 150 mg **IV** Bolus über 10 min gefolgt von einem asynchronen Elektroschock [IIaB] - Amiodaron wiederholen: 150 mg **IV** über 10-30 min (max. 6-8x/24 h) - Erhaltung: 1 mg/min während 6 h, dann 0.5 mg/min • oder: **Lidocain** [IIaC] - 0.5-0.75 mg/kg **IV** über 2 min • oder: **Sotalol**§ [IIaC] - 20-120 mg **IV** über 10 min (0.1-1.5 mg/kg); evtl. nach 6 h wiederholen (max. 640 mg/24 h)
Hämodynamisch stabil ▪ **VT: rezidivierend, symptomatisch und nicht anhaltend***	Th: • Amiodaron **IV** [IIaC]; Dosierung siehe oben • oder: Sotalol§ **IV** [IIaC]; Dosierung siehe oben • oder: Betablocker§ **IV** [IIaC]; Dosierung siehe unten
▪ **Polymorphe VT** a) Normales basales QT-Intervall b) Verlängertes basales QT-Intervall	Th: a) Normales basales QT-Intervall [IC] → Amiodaron **IV**; Dosierung siehe oben → oder: Betablocker§ **IV**: • **Esmolol** ....500 µg/kg über 1 min **IV** gefolgt von 50 µg/kg/min über 4 min Erhaltungsdosis: 60-200 µg/kg/min • **Metoprolol** ....2.5-5.0 mg **IV**/2-5 min; max. 15 mg • **Atenolol** ....5-10 mg (max. Geschw. 1 mg/min) • **Propranolol** ..0.15 mg/kg **IV** → oder: Lidocain **IV**; Dosierung siehe oben → oder: Sotalol§ **IV**; Dosierung siehe oben b) Verlängertes basales QT-Intervall [IC] → Elektrolytenkontrolle (K^+, Mg^{2+}, Ca^{2+}) → Weitere Therapieoptionen: [IC] • **Magnesium**, siehe S. 5 • oder: ***Overdrive pacing*** • oder: **Isoproterenol** - Initialdosis: 0.05-0.1 µg/kg/min, dann titrieren (bis 2 µg/kg/min). Die Dosis soll der Herzfrequenz und dem Rhythmus angepasst werden. • oder: **Lidocain**; Dosierung siehe oben → Eine Notfallangiographie soll durchgeführt werden [IC]
▪ **Vorhofflimmern**	Th: **I. Kontrolle der Herzfrequenz** a) Medikamentöse Therapie, siehe S. 155 b) Synchrone Elektrokonversion, bei: - Hämodynamischer Instabilität - Refraktärer Ischämie (durch das VHFli. ausgelöst) - Unmöglich, die gewünschte HF zu erreichen **II. Antikoagulation** in therapeutischer Dosis [IC] a) Heparin oder NMH
▪ **Sinusbradykardie bei arterieller Hypotonie**	Th: • **Atropin IV**: [IC] - Bolus von mindestens 0.5 mg **IV flush** (Totaldosis: 2.0 mg; oder 0.04 mg/kg) • Bei Atropin-Resistenz → temporärer Herzschrittmacher [IC]
▪ **AV-Block 2.° Typ II** ▪ **AV-Block 3.° mit Bradykardie und:** - **art. Hypotonie** oder - **Herzinsuffizienz**	Th: • **Atropin IV** (CAVE bei breiten QRS, siehe S. 189) [IC] - Bolus von mindestens 0.5 mg **IV flush** (Totaldosis: 2.0 mg; oder 0.04 mg/kg) • Bei Atropin-Resistenz → temporärer Herzschrittmacher [IC]

Tabelle 5: Arrhythmien beim akuten Koronarsyndrom.[1]

* «anhaltend» bedeutet eine Dauer von > 30 Sekunden
§ Sotalol und Betablocker sind bei niedriger LVEF nicht indiziert.
VT = Ventrikuläre Tachykardie, VF = Ventrikuläre Fibrillation; HF = Herzfrequenz

1 Angepasst nach: ESC Tast Force. Eur Heart J 2008; 29 : 2909-45.

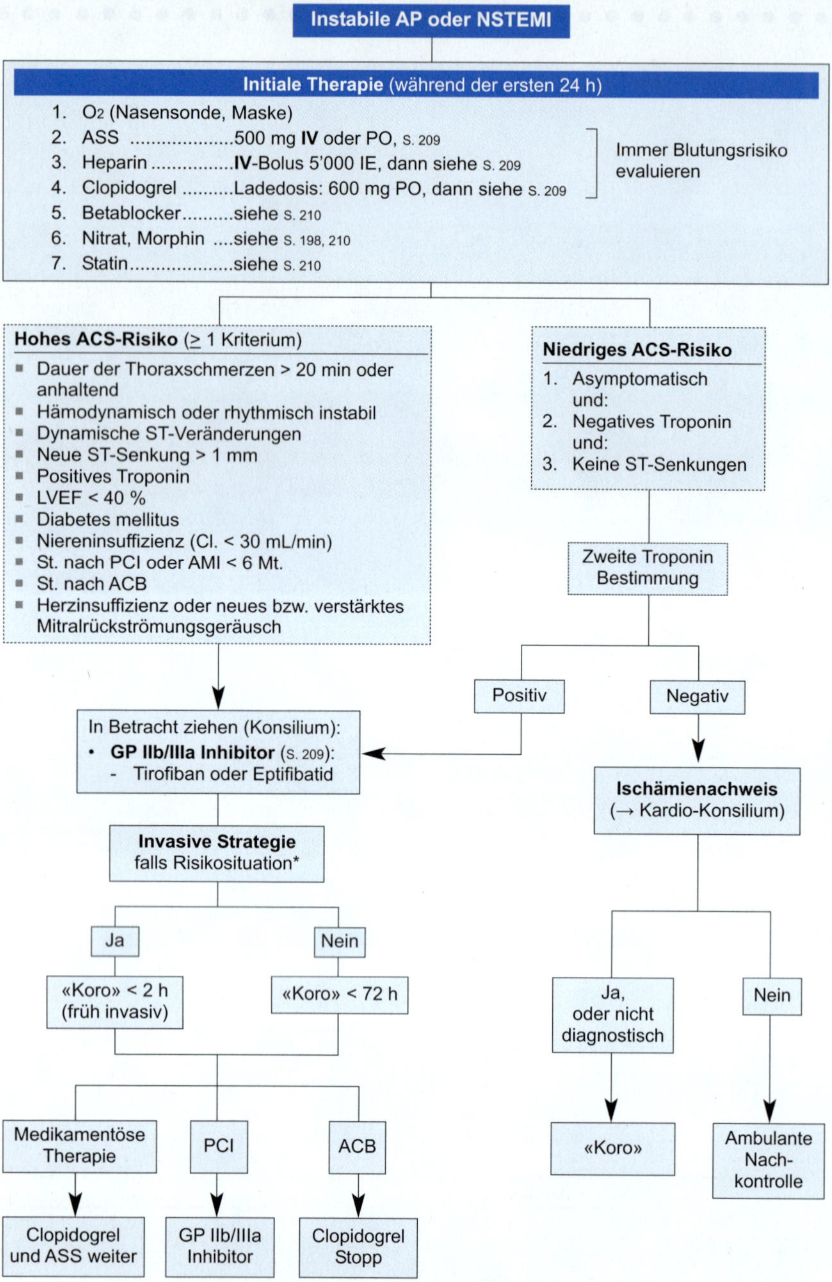

Algorithmus 7: Vorgehen bei instabiler AP oder NSTEMI (Nicht-ST-Hebungsmyokardinfarkt).[6, 7]

ACS = Akutes Koronarsyndrom; LVEF = Linksventrikuläre Auswurffraktion; «Koro» = Koronarangiographie
PCI = Perkutane koronare Intervention, ACB = Aorto-koronarer Bypass, AMI = Akuter Myokardinfarkt

* **Risikosituationen** (1 Kriterium genügt):
- Therapierefraktäre Schmerzen ohne EKG-Veränderungen
- Rezivierende AP-Schmerzen mit starken ST-Senkungen (> 2 mm) oder ausgeprägten T-Negativierungen
- Hämodynamische Instabilität: kardiogene AZI (S. 24), maligne Arrhythmien (VT, VF)

6 Angepasst nach: ACC/AHA Pocket Guidelines. October 2007, p. 24-27; 34-46. 7 Bassand J-P, et al. (ESC Guidelines). European Heart J 2007 ;28 :1598-1660.

Medikamentöse Therapie bei NSTEMI[6, 7]

Thrombozytenaggregationshemmer	
▪ **Acetylsalicylsäure** (siehe auch Algorithmen S. 202, 203)	**Akutphase (24 h)** Ind: • Alle NSTEMI, welche noch nicht mit ASS behandelt sind. [IA] Dos: • Sofort: ASS 250-500 mg **IV** oder 150-325 mg PO • Bei ASS Intoleranz: Clopidogrel 1x 600 mg PO (Ladedosis) **Subakute und chronische Phase** Dos: • 75-160 mg/d PO
und	
▪ **Clopidogrel** (siehe auch Algorithmen S. 202, 203)	**Akutphase (24 h)** Ind: • Alle NSTEMI Dos: • 1x 600 mg PO (Ladedosis), siehe auch S. 1312 **Subakute und chronische Phase** Dos: • Erhaltungstherapie: je nach Verlauf (Kardio-Konsilium), z.B.: a) Falls PCI mit nicht beschichtetem STENT (= BMS, bare-metal STENT): 75 mg/d PO während 1 (besser 12) Mt. [IB] b) Falls PCI mit beschichtetem STENT (Sirolimus oder Paclitaxel): 75 mg/d PO während ≥ 1 Jahr (bei Patienten ohne hohem Blutungsrisiko)
und	
Antikoagulantien: Heparin / Niedermolekulares Heparin (NMH) / Faktor Xa-Hemmer	
Initial (bei allen Patienten): 5'000 IE Heparin IV-Bolus, dann: 1. Wahl (ausser bei Niereninsuffizienz oder bei vorgesehener Revaskularisation): - Faktor Xa-Hemmer (Fondaparinux) od. NMH (Enoxaparin) od. Thrombinhemmer (Bivalirudin) 2. Wahl Heparin **IV**-Perfusor	
▪ **Faktor Xa-Hemmer:** - **Fondaparinux** ARIXTRA®	**Akutphase (24 h)** Dos: • 1x 2.5 mg/d **SC**. Aber bei Clearance < 20 mL/min → **Heparin**! **Subakute und chronische Phase** Allg: • Während mind. 48 h verabreichen. Dann, siehe «Antithrombotische Richtlinien» (Algorithmen 5/6, S. 202/203)
oder	
▪ **NMH**: - **Enoxaparin** CLEXANE®	**Akutphase (24 h)** Dos: • 2x 1 mg/kg/d **SC**. Aber bei Clearance < 30 mL/min → **Heparin**! NW: • Blutungsgefahr bei Clearance < 30 mL/min! **Subakute und chronische Phase** Allg: • Während mind. 48 h verabreichen, dann, siehe S. 202, 203
oder	
▪ **Heparin** (**IV**-Perfusor) Erste Wahl bei: - Niereninsuffizienz - Vorgesehener Revaskularisation	**Akutphase (24 h)** Dos: • Nach initialem Bolus 5'000 E **IV**, ad. **IV**-Perfusor 12-15 IE/kg/h (max. 1'000 IE/h **IV**) • aPTT-Kontrolle nach 6 h mit Ziel: 1.5-2 N (d.h. ca. 50-70 sek) Bem: • Bei Heparin-induzierter Thrombopenie (HIT): - Lepirudin: Ladedosis 0.1 mg/kg **IV** Bolus, dann **IV**-Perfusor 0.15 mg/kg/h **IV** [IIA] **Subakute und chronische Phase** Allg: • Während mind. 48 h verabreichen, dann, siehe S. 202, 203
evtl.	
Glykoprotein IIb/IIIa Inhibitor (GP IIb/IIIa)	
▪ **Tirofiban** AGGRASTAT®	Ind: • Siehe Algorithmus 7, S. 208 Dos: • Ladedosis: 0.4 μg/kg/min **IV** während 30 min • Erhaltungsdosis während 18-24 h: a) Clearance ≥ 30 mL/min: ......0.1 μg/kg/min **IV** b) Clearance < 30 mL/min: ......0.05 μg/kg/min **IV**
▪ **Eptifibatid** INTEGRILIN®	Ind: • Siehe Algorithmus 7, S. 208 Dos: • Ladedosis: 180 μg/kg **IV** während 30 min • Erhaltungsdosis während 18-24 h: a) Clearance ≥ 30 mL/min ......2.0 μg/kg **IV** b) Clearance < 30 mL/min ......1.0 μg/kg **IV**

6 Angepasst nach: ACC/AHA Pocket Guidelines. October 2007, p. 24-27; 34-46. 7 Bassand J-P, et al. (ESC Guidelines). European Heart J 2007 ;28 :1598-1660.

(Fortsetzung) Medikamentöse Therapie bei NSTEMI		
Betablocker		
▪ **Metoprolol u.a.**	Ind: Dos:	• Alle NSTEMI (als Langzeittherapie); inkl. bei mittelschwerer bis schwerer Herzinsuffizienz; hier langsam titrieren! [IB] • Per os: Metoprolol 4x 50 mg/d; Atenolol 2x 50 mg/d • Parenteral - <u>Metoprolol</u>: 2.5-5 mg über 1-5 min **IV**, nach 5-10 min wiederholen (Initialdosis = 15 mg). Wenn diese 15 mg **IV** gut toleriert sind, soll 15 min nach der letzten **IV**-Gabe 25-50 mg PO alle 6 h während 48 h verabreicht werden; dann 2x 100 mg/d. Bei COPD. - <u>Esmolol</u>: *Initial*: 0.5 mg/kg **IV** in 2-5 min (der Bolus ist nicht obligat; bei COPD nicht indiziert!). *Erhaltungsdosis*: 0.1 mg/kg/min **IV** (bei leichtem COPD: 0.025 mg/kg/min), dann titrieren: alle 10-15 min um 0.05 mg/kg/min erhöhen. Maximaldosis: 0.3 mg/kg/min **IV**
RAAS-Hemmer		
▪ **ACE-Hemmer**	Ind:	• NSTEMI mit (1 Kriterium genügt): [IA] - LVEF < 40 %; Diabetes mellitus; Art. Hypertonie
▪ **Sartan**	Ind:	• NSTEMI und (alle Kriterien erfordert): [IA] - ACE-Hemmer Intoleranz - LVEF < 40 % - Radiologische oder klinische Herzinsuffizienz
▪ **Aldosteron Antagonist** - Eplerenon - Spironolacton	Ind:	• NSTEMI und (alle Kriterien erfordert): [IA] - Clearance > 30 mL/min - Serumkalium ≤ 5 mmol/L - Bereits unter ACE-Hemmer - LVEF ≤ 40 % - Und symptomatische Herzinsuffizienz oder DM
Nitrat		
▪ **Nitroglycerin**	Allg: Ind:	• Nitrate werden ausschliesslich als symptomatische Therapie eingesetzt (kein Einfluss auf die Mortalität). • Siehe unter «STEMI», S. 198 [IC]
Kalziumantagonist		
▪ **Langwirksame Kalziumantagonisten einsetzen**	Ind:	• NSTEMI mit residuellen Ischämiesymptomen, wenn Betablocker nicht erfolgreich sind [IB] • NSTEMI bei BB-Intoleranz oder -Kontraindikation [IC]
Orale Antikoagulation		
▪ **Phenprocoumon** u.a.	Ind:	• Ad. Kardio-Konsilium • Siehe auch «Antithrombotische Richtlinien», S. 202, 203
Lipidsenker		
▪ **Statin, Fibrat, Niacin**	Allg: Ind: Vorg: Bem:	• Lipidstatus (Cholesterin, HDL, LDL, TG) innerhalb der ersten 24 h nach der Hospitalisierung bestimmen. [IC] • Alle NSTEMI, unabhängig von der LDL-Konzentration [IA] - Zielwert: LDL < 100 mg/dL • Falls Triglyzeride > 495 mg/dL: - Ad. Fibrate oder Niacin (Pankreatitisrisiko ↓), S. 1284 - Alkoholeinnahme stoppen • Siehe auch «Risikostratifikation», S. 690
Sonstige therapeutische Massnahmen bei NSTEMI		
▪ **Grippeschutzimpfung**	Ind:	• 1x/Jahr, S. 884 [IB]
▪ **Art. HT, DM, *Lifestyle***	Vorg:	• Siehe STEMI, S. 205
▪ **Hormontherapie**	Allg:	• Hormone mit Östrogen ± Progesteron sollen bei post-menopausalen Frauen nicht initiiert werden. [IA] • Post-menopausale Frauen unter Östrogen ± Progesteron sollten diese Therapie absetzen (erhöhtes kardiovaskuläres und Brustkrebsrisiko unter Östrogen ± Progesteron). Mit Patientinnen besprechen und Risiko/Benefit abwägen.

Tabelle 6: Therapie bei NSTEMI.

Kardiale Abklärung für nicht-kardiale Operationen[1]

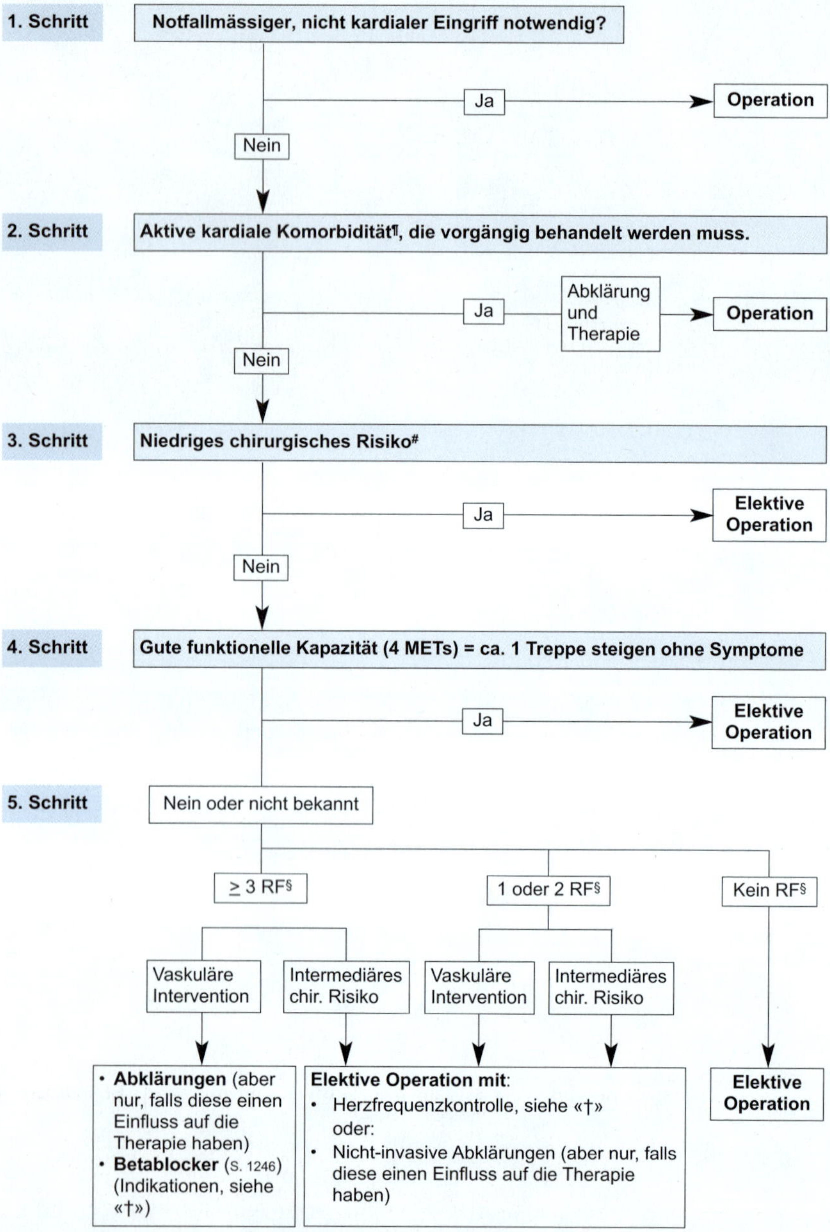

Algorithmus: Kardiale Abklärungen für nicht-kardiale Operationen.[1]

¶, §, #, †, siehe S. 213

MET Metabolic equivalent
RF Risikofaktor

1 Angepasst nach: Fleisher et al. J Am Coll Cardiol 2007;50:1707-32.

¶ Kardiale Komorbidität:

- Instabiles Koronarsyndrom (z.B. instabile AP, AMI)
- Dekompensierte Herzinsuffizienz (NYHA IV, Verschlechterung einer bestehenden HI, neu aufgetretene HI)
- Schwerer Herzklappenfehler, z.B.:
  - Aortenstenose mit mittlerem Gradient > 40 mmHg, Aortenklappenoberfläche < 1 cm^2 oder symptomatische Aortenstenose
  - Symptomatische Mitralstenose (progrediente Anstrengungsdyspnoe, Anstrengungs-Präsynkope oder Herzinsuffizienz)

Risikostratifikation bei nicht kardialen Eingriffen

(Die % beziehen sich auf die kombinierte Inzidenz von Herztod und nicht-fatalem Myokardinfarkt)

- **Niederrisiko (< 1 %):**
  - Endoskopische Eingriffe
  - Oberflächliche Eingriffe
  - Kataraktoperation
  - Operation der Brust
  - Ambulante Eingriffe
- **Intermediäres Risiko (1-5 %)**
  - Intraperitoneale oder intrathorakale Operation
  - Karotisendarteriektomie
  - Kopf- und Nackenoperationen
  - Orthopädische Operationen
  - Prostataoperationen
- **Hochrisiko bzw. «Vaskuläre Eingriffe» (> 5 %)**
  - Aortale oder andere grosse Gefässoperationen
  - Periphere Gefässoperationen

§ Risikofaktoren

- KHK
- Kompensierte Herzinsuffizienz oder Vorgeschichte einer Herzinsuffizienz
- Diabetes mellitus
- Niereninsuffizienz
- Zerebrovaskuläre Krankheiten

† Perioperative Betablocker

- Für die PRAXIS: Langzeitwirkende BB sind zu bevorzugen und es sollte damit, wenn möglich mehrere Tage bis Wochen VOR dem Eingriff, begonnen werden.

Eingriff	Keine Risikofaktoren*	≥ 1 Risikofaktor*	KHK oder hohes kardiales Risiko	Patienten bereits unter BB
Vaskulär (Hochrisiko)	• **BB kann indiziert sein** [IIbB]	• **BB ist sinnvol** [IIaB]	• Patienten mit koronarer Ischämie beim präoperativen Testing: → **BB indiziert** [IB] • Patienten ohne koronare Ischämie beim beim präoperativen Testing, oder ohne Testing: → **BB indiziert** [IB]	• **BB indiziert** [IB]
Intermediäres Risiko	• Kein BB	• **BB kann evtl. indiziert sein** [IIbC]	• **BB ist sinnvol** [IIaB]	• **BB indiziert** [IC]
Niederrisiko	• Kein BB	• Kein BB	• Kein BB	• **BB indiziert** [IC]

Tabelle: Indikation der Betablocker vor nicht-kardialen Operationen.

* Risikofaktoren, siehe oben «§»

BRUGADA-Syndrom[1,2]

Syn: • *Right bundle branch bloc, persistant ST segment elevation and sudden cardiac death.*

Allg: • Dieses autosomal dominante Erbleiden verursacht maligne Ventrikelarrhyhtmien (polymorphe VT, VF), welche zu Synkopen oder Sekundenherztod führen können.
- Je nach geographischer Region nimmt man an, dass bis 50 % der Sekundenherztode bei Patienten mit strukturell normalem Herz (normale Echokardiographie) die Folge eines BRUGADA-Syndroms sind.
- Männer > Frauen
- Häufigkeit: 0.05 - 0.6 %

Urs: • Eine genetische Mutation (SCN5A, auf dem Chromosom 3) induziert den Funktionsverlust der Natrium-Kanäle. Mehrere solcher Mutationen sind bekannt.

Klin: I. Asymptomatische Form

II. Symptomatische Formen: Die Symptome treten v.a. während der Ruhephase und während der Nacht auf. Die Bradykardie scheint ein auslösendes Element zu sein.
- Synkope (scheinbar idiopathischer Natur!)
- Durch Reanimation verhinderter Sekundenherztod (*aborted sudden death*)

EKG: a) Das EKG kann einen normalen Aspekt haben (v.a. bei körperlicher Aktivität).

b) Pathologisches EKG • **Rechtsschenkelblockbild**
• **ST-Hebungen in V1-V3**

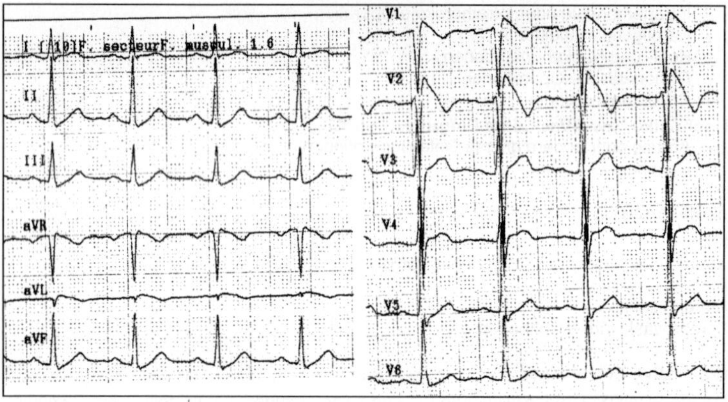

EKG: BRUGADA-Syndrom. RSB-Bild mit ST-Hebungen in V1-V3.

Vorg:[2] ▪ **Symptomatische Patienten** (Unwohlsein, Synkope mit den oben genannten EKG-Pattern)
- Akutphase:
  - Evtl. Reanimation und sofortiger, begleiteter Transport in ein spezialisiertes Zentrum
- Chronische Phase: Kardio-Konsilium
  - Einzige effiziente Therapie: Implantation eines internen Defibrillators (ICD)
  - Epidemiologische Abklärung (EKG ± Demaskierungstest‡ bei Familienmitgliedern)

▪ **Asymptomatische Patienten** (3 Situationen werden beschrieben)

a) Zufallsbefund eines «BRUGADA-Pattern» bei einem Routine-EKG (z.B. vor Operation):
→ Eine elektrophysiologische Abklärung ist indiziert (nicht als absoluter Notfall*).

b) Vorfinden eines «BRUGADA-Pattern» bei der Familienabklärung (mit Sekundenherztod):
→ Eine elektrophysiologische Abklärung ist indiziert. Bei induzierbarer anhaltender ventrikulärer Tachykardie ist die Indikation für einen internen Defibrillator gegeben.

c) Auftreten eines «BRUGADA-Pattern» unter antiarrhythmischer Therapie:
→ Zur Zeit sind keine Abklärungen gerechtfertigt. In einer Studie2 zeigte diese Patientengruppe keine arrhythmische Störungen (follow-up über 27 ± 29 Monate).[2]

Prog: • Jährliche Mortalität: ca. 10 % (nicht behandelter Patienten).
- Die Patienten, welche über einen internen Defibrillator verfügen, haben dieselbe Mortalität wie die Normalbevölkerung.

* Das Risiko eines spontanen Sekundenherztodes infolge Arrhythmie bei Patienten mit einem «BRUGADA-Pattern» liegt bei 14 % (follow-up über 27 ± 29 Monate).[2]

‡ Der Demaskierungstest dient dazu, ein verstecktes oder intermittierendes BRUGADA-Syndrom zu entdecken:
- Procainamid (10 mg/kg IV über 10 min) oder
- Ajmalin (1 mg/kg IV über 5 min) oder
- Flecainid (2 mg/kg IV über 10 min)

1 Brugada P, et al. Am J Coll Cardiol 1992 ;20 :1391-96. 2 Brugada J, et al. Circulation 2002 ;105 :73-8.

Herzinsuffizienz (HI) [I50.9]

Def: ▪ **Chronische Herzinsuffizienz**

- Fortschreitendes Syndrom (Monate bis Jahre), verursacht durch folgende myokardiale Dysfunktionen:
  1. **Systolische Dysfunktion**
     - Verminderte Pumpfunktion des Ventrikels (LVEF < 50 %)
     - Die Prognose der systolischen Dysfunktion verschlechtert sich, wenn sich der linke Ventrikel noch zusätzlich dilatiert (linksventrikulärer diastolischer Ø > 60 mm)

  und/oder:

  2. **Diastolische Dysfunktion**
     - Verminderte Relaxation des Ventrikels.
     - Der normalgrosse oder kleine Ventrikel ist steif, kann schlecht gefüllt werden, hat aber meist eine erhaltene systolische Pumpfunktion.

▪ **Akute Herzinsuffizienz**

- Innerhalb Minuten bis Tagen auftretendes Syndrom, verursacht durch eine systolische oder diastolische Dysfunktion.

Klas: **A. Chronische Herzinsuffizienz**

- Klassifikation: NYHA, ACC/AHA, KILLIP, S. 216
- Algorithmus bei Verdacht auf Herzinsuffizienz, S. 217

B. Chronische systolische Herzinsuffizienz, S. 218
C. Chronische diastolische Herzinsuffizienz, S. 224
D. Akute Manifestation einer Herzinsuffiizienz, S. 226

- Systolische - diastolische HI, S. 227
- Rechtsherzinsuffizenz - Linksherzinsuffizenz, S. 227
- Therapie der akut dekompensierten Herzinsuffizienz und Evidenzempfehlungen, S. 231

E. Akutes Lungenödem, S. 232

A. Chronische Herzinsuffizienz

Allg: • Epidemiologische Daten:
- Prävalenz der Herzinsuffizienz (westliche Länder 1-2 %); Schweiz: 100'000 Einwohner
- Inzidenz in der Schweiz: ......20'000 neue Fälle/Jahr
- Mortalität bei akuter HI: ....> 50 %/12 Monate (ohne Therapie der Grundkrankheit)

• Wichtigster Faktor für das Fortschreiten der Herzinsuffizienz:
- Neurohumorale Aktivierung (sympathisches System, RAAS)

Für die PRAXIS:
Es ist essentiell, die Ursache des Syndroms «Herzinsuffizienz» zu suchen.
Hier die häufigsten Ursachen in den westlichen Ländern:
- **Koronare Herzkrankheit** (KHK) ....führt oft zur systolischen Dysfunktion
- **Art. Hypertonie** ....führt oft zur diastolischen Dysfunktion

Dg:[1] **Diagnostische Kriterien der Herzinsuffizienz** (FRAMINGHAM Kriterien)

Eine Herzinsuffizienz kann diagnostiziert werden, wenn:
≥ 1 Hauptkriterium und ≥ 2 Nebenkriterien bestehen:

Hauptkriterien
- Paroxysmale nächtliche Dyspnoe
- Halsvenenstauung oder invasiv gemessener ZVD (rechter Vorhof > 16 cm H_2O)
- Positiver hepatojugulärer Reflux
- Lungenauskultation: feine Rasselgeräusche
- Kardiomegalie (radiologisch)
- Akutes Lungenödem
- Herzauskultation: 3. Herzton (S3, S. 264)

Nebenkriterien
- Bilaterale Beinödeme
- Nächtlicher Husten
- Dyspnoe bei mässiger körperlicher Anstrengung
- Hepatomegalie
- Pleuraerguss
- Verminderung (⅓ ↓) der spirometrisch gemessenen Vitalkapazität im Vgl. zur Norm
- Herzfrequenz ≥ 120/min

Hauptkriterium oder Nebenkriterium
- Gewichtsverlust ≥ 4.5 kg in 5 Tagen als Folge der Herzinsuffizienztherapie

1 Ho KK, et al. Circulation 1993 ;88 :107-15.

Klas: Es werden verschiedene Klassifikationen der Herzinsuffizienz beschrieben.

Subjektive Klassifikation der chronischen Herzinsuffizienz nach NYHA	
Klasse I	Keine Beschwerden (Müdigkeit, Dyspnoe, Palpitationen) bei körperlicher Belastung, aber Krankheit vorhanden.
Klasse II	Leichte Einschränkung Beschwerden nur bei starker körperlicher Belastung
Klasse III	Starke Einschränkung Symptome bei leichter körperlicher Tätigkeit (sich ankleiden) Keine Ruhebeschwerden
Klasse IV	Beschwerden in Ruhe

ACC/AHA: Neue Klassifikation der Herzinsuffizienz (Zusatz zu NYHA)	
Grad A	Patienten mit hohem Risiko, eine HI zu entwickeln (z.B. art. Hypertonie, KHK, Diabetes, Alkoholabusus, Kokainabusus u.a.). Keine strukturellen oder funktionellen Myokard-, Perikard- oder Klappenabnormitäten Keine Symptome
Grad B	Patienten mit struktureller Herzkrankheit, welche aber keine Symptome oder Befunde einer HI aufweisen (z.B. linksventrikuläre Hypertrophie oder Dilatation, Status nach Myokardinfarkt u.a.).
Grad C	Patienten mit aktuellen oder vorgängigen HI-Symptomen, welche einer strukturellen Herzkrankheit zuzuordnen sind.
Grad D	Patienten mit fortgeschrittener struktureller Herzkrankheit und schweren HI-Symptomen, trotz max. medikamentöser Therapie (inkl. Spezialisteneingriffen).

Klassifikation der Herzinsuffizienz bei Post-Infarkt Patienten, nach KILLIP	
KILLIP I	Keine Herzinsuffizienz
KILLIP II	Herzauskultation: - 3. Herzton (S3), S. 264 - und/oder: Lungenstau bis zur Hälfte der Lunge
KILLIP III	Akutes Lungenödem, S. 232
KILLIP IV	Kardiogener Schock, S. 24

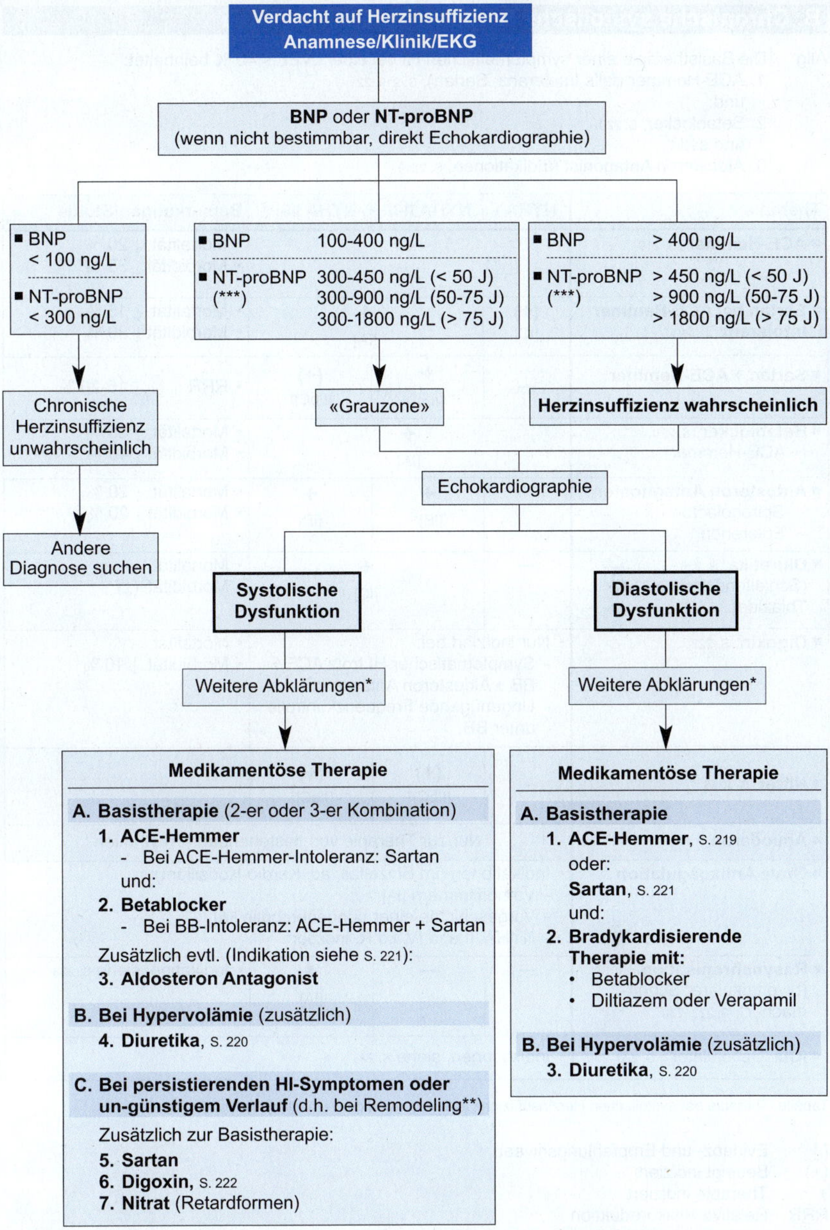

Algorithmus: Vorgehen bei Vd. auf eine Herzinsuffizienz.[1,2]

AHT Art. Hypertonie

* Ursache und Risikofaktoren der Herzinsuffizienz suchen (siehe S. 226). Evtl. weitere Abklärungen einleiten (Koronarographie u.a.).

** **Remodeling**: Nach einer Myokardschädigung kommt es, mit dem Ziel der Aufrechterhaltung des Schlagvolumens, kompensatorisch zu einem unerwünschten ventrikulären Umbau (zunehmende Myokardhypertrophie und anschliessend zunehmender Dilatation des linken Ventrikels).

*** Bei Niereninsuffizienz (Clearance < 60 mL/min) liegen die Referenzwerte des NT-proBNP höher.

1 Angepasst durch Suter TM/Bern: Hess OM et al. J Kardiol 2002 ;9:167-8. 2 Remme WJ, et al. Eur Heart J 2001 ;22 :1527-60.

B. Chronische systolische Herzinsuffizienz: Therapie

Allg: Die Basistherapie einer symptomatischen HI bei einer LVEF < 40 % beinhaltet:

1. ACE-Hemmer (falls Intoleranz: Sartan), s. 219, 221
   und:
2. Betablocker, s. 220
   und evtl.:
3. Aldosteron Antagonist (Indikationen, s. 221)

<table>
<tr><th>Therapie</th><th>NYHA I</th><th>NYHA II-III</th><th>NYHA III-IV</th><th>Bemerkungen/Studie</th></tr>
<tr><td>■ ACE-Hemmer, s. 219</td><td colspan="3">+
[IA]</td><td>• Mortalität ↓ 20 %
• Morbidität ↓ 35 %</td></tr>
<tr><td>■ Sartan bei ACE-Hemmer Intoleranz, s. 221</td><td>(+)
[IC]</td><td colspan="2">+
[IA]</td><td>• Mortalität ↓ 15 %
• Morbidität ↓ 30 %</td></tr>
<tr><td>■ Sartan + ACE-Hemmer</td><td>—</td><td>+
[IIaA]</td><td>(+)
[IIbC]†</td><td>• RRR ↓ 15-20 %</td></tr>
<tr><td>■ Betablocker, s. 220
(+ ACE-Hemmer)</td><td colspan="3">+
[IA]</td><td>• Mortalität ↓ 35 %
• Morbidität ↓ 40 %</td></tr>
<tr><td>■ Aldosteron Antagnosten:
- Spironolacton
- Eplerenon</td><td>—</td><td>+
[IB]*</td><td>+
[IB]</td><td>• Mortalität ↓ 20 %
• Morbidität ↓ 20 %</td></tr>
<tr><td>■ Diuretika, s. 220
(Schleifendiuretika, Thiazide)</td><td>—</td><td colspan="2">+
[IC]</td><td>• Mortalität —
• Morbidität (↓)</td></tr>
<tr><td>■ Digoxin, s. 222</td><td colspan="3">• Nur indiziert bei:
- Symptomatischer HI trotz ACE + BB ± Aldosteron Antagonist
- Ungenügende Frequenzkontrolle unter BB.</td><td>• Mortalität -/↑
• Morbidität ↓ 10 %</td></tr>
<tr><td>■ Nitrat, s. 1296</td><td>—</td><td>(+)
[IIbC]†</td><td>(+)
[IIaC]†</td><td></td></tr>
<tr><td>■ Amiodaron</td><td colspan="4">Nur zur Therapie von bestehenden Arrhythmien</td></tr>
<tr><td>■ Orale Antikoagulation</td><td colspan="4">• Indikationen (im Einzelfall, ad. Kardio-Konsilium):
- Vorhofflimmern [IA]
- Vorgeschichte einer Lungenembolie [IA]
- NYHA III und IV, i.d.R. indiziert</td></tr>
<tr><td>■ Resynchronisation
(biventrikulärer Schritt-macher), s. 223, 230</td><td>—</td><td>—</td><td>+
[IA]</td><td>• Indikation, siehe s. 223</td></tr>
<tr><td>■ ICD (Defibrillator), s. 223, 230</td><td colspan="4">• Indikationen, siehe s. 223</td></tr>
</table>

Tabelle: Therapie der systolischen Herzinsuffizienz in Bezug auf die NYHA-Klassifikation.[1]

[ ] Evidenz- und Empfehlungsniveau
(+) Bedingt indiziert
+ Therapie indiziert
RRR Relative Risikoreduktion

* Eplerenon wurde nach akutem Herzinfarkt validiert und nicht spezifisch bei Herzinsuffizienz.
† Die Klassen- und Evidenniveaus [IIbC und IIaC] sind schwache Evidenzen.

1 Angepasst nach : Brunner-La Roca HP, et al. Forum Med Suisse 2007 ;7(Suppl. 39) :1S-24S.

ACE-Hemmer

Ind: • Patienten mit einer LVEF < 40 %, symptomatisch oder nicht! [A]

KI:
- Hypersensibilität (inkl. Angioödem, s. 31)
- Bilaterale Nierenarterienstenose
- Anurie (< 100 mL/24 h)
- Serumkalium > 6 mmol/L
- Serumkreatinin > 300 µmol/L (Clearance < 30-40 mL/min)
- Mangel an C1-Esterase Inhibitor
- **VORSICHT** in folgenden Situationen:
  - Ältere Patienten
  - Bekannte Niereninsuffizienz
  - Art. Hypotonie

Allg: • Die Symptome werden erst nach einigen Monaten Therapie günstig beeinflusst.

Bsp:

ACE-Hemmer	Initialdosis/d PO	Zieldosis/d PO
• Captopril	3x 6.25 mg	3x 50 mg
• Enalapril	2x 2.5 mg	2x 10-20 mg
• Lisinopril	1x 2.5-5 mg	1x 20-40 mg
• Perindopril	1x 2 mg	1x 8 mg
• Ramipril	1-2x 1.25 mg	2x 5 mg
• Trandolapril	1x 0.5-1 mg	1x 4 mg

Vorg:
- Initialdosis: 25 % der Zieldosis, dann alle 2 Wo Dosis verdoppeln (ausser bei NW) bis zur Erreichung der Zieldosis oder der maximal tolerierten Dosis.
- Vorgehen bei Niereninsuffizienz oder Hyperkaliämie, siehe unter NW.
- Bei ACE-Hemmer Intoleranz, siehe Algorithmus s. 217

NW:
1. Art. Hypotonie
   - Es gibt keinen unteren BD-Grenzwert, der eine Therapiemodifikation verlangen würde.
   - SBD-Werte < 90 mmHg können, wenn asymptomatisch, akzeptabel sein!
   - Symptomatische Hypotonie

     Vorg: Flüssigkeitsstatus bestimmen: «Ist der Patient hypervoläm?»

     a) Nicht hypervoläme Patienten
        - Dosis der Diuretika reduzieren.
          Überdiuretisierte Patienten aktivieren das RAA-System, um den BD zu halten. Deshalb kommt es bei diesen Patienten zu einem signifikanten Blutdruckabfall, wenn ein ACE-Hemmer verabreicht wird.
        - Dosis der ACE-Hemmer reduzieren.

     b) Hypervoläme Patienten
        - Intensivierung der Herzinsuffizienz-Therapie (ad. Kardio-Konsilium)
2. Niereninsuffizienz (es handelt sich um eine funktionelle, nicht um eine organische NI)

   a) Serumkreatinin
   - *Wie sollen die Diuretika verabreicht werden?*

     → Wenn möglich Dosisreduktion! Überdiuretisierte Patienten erhöhen das Serumkreatinin, was zu einer prärenalen Niereninsuffizienz führen kann!
   - *Wie sollen die ACE-Hemmer verabreicht werden?*

     → Dosisreduktion, wenn:
       - Kreatininanstieg > 50 % im Vgl. zum Ausgangswert <u>oder</u>
       - Kreatinin > 270 µmol/L (Clearance < 40-50 mL/min).
       - Laborkontrolle alle 1-2 d
   - ACE-Hemmer stoppen, wenn:
       - Kreatininanstieg > 100 % im Vgl. zum Ausgangswert <u>oder</u>
       - Kreatinin > 300 µmol/L (Clearance < 30-40 mL/min)
       - Laborkontrolle 1x/d

   b) Hyperkaliämie
   - ≤ 5.0 mmol/L: ACE-Hemmer weiterfahren, regelmässige Kaliumkontrollen!
   - 5.1-6.0 mmol/L: Dosisreduktion oder Stopp der kaliumsparenden Diuretika. Dosisreduktion des ACE-Hemmers und evtl. Diuretikums (wenn ZVD < 7 cm H_2O)! Laborkontrolle alle 1-2 Tage.
   - > 6.0 mmol/L: ACE-Hemmer stoppen!
3. Husten (bei ca. 15 % der Patienten unter ACE-Hemmer)
   - Auftreten in den ersten Mt. nach Therapiebeginn. Verbesserung 1-2 Wo nach Sistieren des ACE-Hemmers. Ein Sartan kann anstelle eingesetzt werden.

Für die PRAXIS:
Bei Husten muss eine latente Linksherzinsuffizienz ausgeschlossen werden. Manchmal hilft dazu die empirische Gabe eines Diuretikums, bzw. die Erhöhung einer vorbestehenden Diuretikatherapie.

Betablocker (BB)

Ind: 1. Symptomatische Patienten: [A]
- NYHA II, III: mit einer LVEF < 40 %
- NYHA IV: mit einer LVEF < 40 %, sofern keine Hypervolämie besteht.

2. Asymptomatische Patienten:
- St. nach Myokardinfarkt (in Kombination mit einem ACE-Hemmer)
- Bei Patienten ohne Myokardinfarkt, mit einer LVEF < 40 %, sind die BB wahrscheinlich von Nutzen (zur Zeit keine Evidenz vorhanden).

Allg: • Verbesserung der Symptome erst nach mehreren Monaten Therapie.

KI: • Siehe S. 1246

Bsp:

Betablocker	Initialdosis/d PO	Zieldosis/d PO
• Bisoprolol#	1x 1.25 mg	1x 10 mg
• Carvedilol‡	1-2x 3.25 mg	2x 25 mg
• Metoprolol succinat#	1x 25 mg	1x 200 mg
• Nebivolol#	1x 1.25 mg	1x 10 mg

Vorg:
- Startdosis: 10 % der Zieldosis, dann alle 2 Wochen (oder langsamer)
- Ältere Patienten reagieren oft sensitiv auf die bradykarde Wirkung der BB; die Zieldosis kann somit nicht immer erreicht werden → Ziel-Herzfrequenz unter BB:
  - **60-70/min in Ruhe** und **90-100/min nach einer Anstrengung** (z.B. Treppen steigen)
- Patienten müssen vor Beginn der BB-Therapie hämodynamisch stabil sein (z.B. ca. 1 Mt. nach einer Herzdekompensation).
- Der Patient muss informiert sein, dass BB die Symptome vorübergehend verschlimmern können. Wenn dies eintritt, muss der Arzt informiert werden!

NW:
- Siehe auch S. 1247
- Art. Hypotonie → Reduktion der Diuretikadosis und allenfalls des ACE-Hemmers.
- Hypervolämie → Diuretikatherapie erhöhen ± Dosisreduktion der BB.

Diuretika

Ind: 1. Patienten mit symptomatischer HI und Volumenüberlastung. [A]
2. Diuretika sollten immer in Kombination mit ACE-Hemmern verabreicht werden. [C]
3. Kaliumsparende Diuretika (Aldosteron Antagonisten): [C]
   - Symptomatische systolische HI mit persistierender Hypokaliämie trotz ACE-Hemmer.

Allg:
- Unter den Diuretika sind die Schleifendiuretika die 1. Wahl (am wirksamsten)!
- Die Schleifendiuretika zeigen signifikante Unterschiede bezügl. oraler Bioverfügbarkeit:
  - Furosemid: 10-100 %
  - Torasemid: 80-100 %
- Thiazide sind bei HI weniger effizient und können auch mit Schleifendiuretika kombiniert werden (Synergismus). Wenn sie nicht in einem Kombinationspräparat verabreicht werden, soll das Thiazid 30 min vor dem Schleifendiuretikum eingenommen werden.

Bsp:

Diuretika	Adm.	Initialdosis/d	Zieldosis/d	HWZ§
Schleifendiuretika				
Bumetanid	PO	1x 0.1-1 mg	5-10 mg/d (in 1-2x/d; max. 4 mg/d)	1.3 h
Furosemid	PO	1x 20-40 mg 1x/d	250-500 mg/d (je nach Galenik 1-2x/d)	2.7 h
	IV	40-80 (- 250) mg*	bis 1g /24 h*	
Torasemid	PO	1x 2.5-10 mg	50-100 mg 1x/d	6 h
	IV, IM	10-20 mg	20 mg alle 30 min	

Nebivolol, Bisoprolol und Metoprolol sind ß1-kardioselektive BB (ohne intrinsische sympathomimetische Aktivität).

‡ Carvedilol ist a) ein nicht kardioselektiver Betablocker und b) ein Alpha-Blocker; ohne ISA.

§ Es handelt sich um die HWZ bei Herzinsuffizienzpatienten.

* Bei Nieren- oder Herzinsuffizienz muss Furosemid manchmal in sehr hohen Dosen parenteral verabreicht werden.
Dos: a) Bei kongestiver Herzinsuffizienz ......bis 4-8 g/24 IV
b) Bei Niereninsuffizienz ....bis 3 g/24 h IV
Bem: Maximale Infusionsgeschwindigkeit von Furosemid: 6 mg/min (wegen der Ototoxizität); d.h. z.B. 250 mg IV über ca. 30 min.

Vorg:
- Die Dosis wird titriert bis ein diuretischer Effekt erzielt wird. Wenn die Diurese ausgelöst wurde, aber ungenügend ist, soll das Dosisintervall reduziert und nicht die Dosis erhöht werden. Kurzwirksame Diuretika (Furosemid, Bumetanid, Piretanid) sollen 2-3x/d verabreicht werden, wodurch das mit der Nahrung zugeführte Na^+ eliminiert werden kann!
- Die Salzrestriktion (2-6 g Na^+/d) spielt eine entscheidende Rolle!
- Gewichtskontrolle (melden, wenn das Körpergewicht um 2 kg innert ≤ 3 Tagen variiert).

NW:
- Hypokaliämie
- Metabolische Alkalose
- Hyperglykämie, Dyslipidämie
- Hyperurikämie (Vorsicht: Risiko eines Gichtanfalles!)

Aldosteron Antagonist

Ind:
1. Herzinsuffizienz (NYHA III-IV) mit LVEF < 40 % (speziell post MI) in Kombination mit einem ACE-Hemmer, einem Betablocker und, bei Hypervolämie, einem Diuretikum.
2. Schwere HI (NYHA IIIb-IV) unabhängig von der Ursache

Bsp:

Aldosteron Antagonist	Initialdosis/d	Zieldosis/d
• Spironolacton	1x 12.5 - 25 mg	1x 50 mg (NW: Gynäkomastie)
• Eplerenon	1x 25 mg	1x 50 mg (keine Gynäkomastie)

Vorg:
- Voraussetzungen: Serumkalium ≤ 5 mmol/L und Serumkreatinin ≤ 220 µmol/L.
- Verbesserung der Symptome nach mehreren Monaten Therapie.
- Dosisverdoppelung alle 2 Wochen bis dass die Zieldosis erreicht ist.
- Laborkontrolle (Kalium, Kreatinin) nach: 1, 4, 8, 12 Wo, dann alle 6 Mt.

NW:
- Gynäkomastie (bis 10 % der Fälle, gilt nur für Spironolacton, nicht für Eplerenon)
- Verschlimmerung der Niereninsuffizienz und des Serumkaliums:
  a) Serumkreatinin
  - > 220 µmol/L → Dosisreduktion des Aldosteron Antagonisten und Laborkontrolle nach 1 Woche
  - > 350 µmol/L → Stopp Aldosteron Antagonist

  b) Serumkalium
  - 5.0 - 5.5 mmol/L → Dosisreduktion um 50 %
  - > 5.5 mmol/L → Stopp Aldosteron Antagonist

Sartan (Angiotensin-Rezeptor Blocker vom Typ AT1)

Ind:
1. Systolische Dysfunktion (LVEF < 40 %) bei ACE-Hemmer Intoleranz. [A]
2. Systolische Dysfunktion (LVEF < 40 %) bei Patienten unter ACE-Hemmern mit BB-Unverträglichkeit. [B]
3. Als Dreierkombination bei ungünstigem Verlauf der HI (*Remodeling*, siehe Fussnote S. 217)

KI:
- Hereditäres Angioödem (oder Angioödem unter früherer Therapie mit ACE-Hemmer)
- Schwere Leberinsuffizienz
- Bilaterale Nierenarterienstenose (oder unilateral bei Einzelniere)
- Schwangerschaft/Stillzeit

NW:
- Abgesehen vom Husten, zeigen die Sartane die gleichen NW wie die ACE-Hemmer, S. 1458

Vorg:
- Startdosis: 25 % der Zieldosis, dann alle 2 Wo Dosis verdoppeln (ausser bei NW).
- Dosisanpassung wie bei den ACE-Hemmern, siehe S. 219

Bsp:

Sartan	Initialdosis/d PO	Zieldosis/d PO
• Candesartan	1x 4 mg	1x 16-32 mg
• Losartan	1-2x 25 mg	2-3x 50 mg
• Valsartan	2x 20-40 mg	2x 160 mg
• Olmesartan	1x 80 mg	2x 160 mg

Bem:
- Indikationen von Telmisartan:
  - Art. HT
  - Zur Reduktion des kardiovaskulären und Hirnschlagrisikos bei Patienten mit erhöhtem CV Risiko und/oder bei DM Typ II
- Indikationen von Irbesartan:
  - Art. HT bei Nephropathie und DM Typ II mit erhöhtem Serumkreatinin oder Mikroalbuminurie oder klinischer Albuminurie.

Digoxin

Ind: 1. Systolische HI bei normo- oder tachykardem Vorhofflimmern.
2. Systolische HI mit LVEF < 35 %, welche unter folgender Therapie noch symptomatisch bleibt: ACE-Hemmer + BB + Aldosteron Antagonist + Diuretika

Bem: • Digoxin vermindert wohl die Anzahl Hospitalisierungen mit Einweisungsgrund «Herzinsuffizienz», hat aber keinen günstigen Einfluss auf die Mortalität (betrifft insb. Frauen).[2]

Dos: • 0.125-0.25 mg 1x/d PO
• Ziel: Serumdigoxinspiegel < 1 ng/mL!

Kalziumantagonisten

Allg: • Generell sind Kalziumantagonisten bei systolischer Herzinsuffizienz nicht indiziert.
• Benzothiazepine (z.B. Diltiazem) und Phenylalkylamine (z.B. Verapamil) werden bei der systolischen Herzinsuffizienz NICHT empfohlen und sind **kontraindiziert** in Kombination mit Betablockern. [C]
• Die neue Generation (z.B. Amlodipin, Felodipin) zeigt im Rahmen einer Primärbehandlung der meisten chronischen Herzinsuffizienzen keinen Benefit; kann aber «*safe*» als adjuvante Therapie bei Angina pectoris und/oder art. Hypertonie angewendet werden.[3]

Orale Antikoagulation und Herzinsuffizienz

Ind: 1. Herzinsuffizienz bei bestehendem Vorhofflimmern, S. 157 [C]
- Das Vorhofflattern wird i.d.R. gleich behandelt bezügl. OAK wie ein Vorhofflimmern, S. 157
2. Anamnese von systemischen Thrombo- oder Lungenembolien
3. Nachgewiesene freibewegliche Thromben im linken Ventrikel (Vitamin K-Antagonisten i.d.R. für 6 Mt.)
4. Linksventrikuläres Aneurysma

Bem: • Keinen Konsens bezügl. LVEF (z.B. während 6 Mt. bei LVEF < 30 %; ad. Kardio-Konsilium)

Antiarrhythmika

Ind: 1. Herzinsuffizienz mit dokumentierten Arrhythmien, wie:
- Vorhofflimmern (selten beim Vorhofflattern)
- Anhaltende VT (> 30 sek) oder nicht anhaltende VT (≤ 30 sek)

Bem: • Es gibt keine routinemässige Indikation zur antiarrhythmischen Therapie bei systolischer Herzinsuffizienz. [C]

Allg: • **Amiodaron**
- Eine routinemässige Anwendung von Amiodaron ist nicht indiziert. [B]
- Amiodaron ist in folgenden Situationen das bevorzugte Antiarrhythmikum:
  -- Supraventrikuläre Arrhythmien, die nicht mit BB und Digoxin kontrolliert werden können
  -- Maligne Arrhythmien, sofern der Patient kein Kandidat für einen internen Defibrillator ist

• **Dronedaron**
• **Betablocker**
- Betablocker vermindern den Sekundenherztod bei Herzinsuffizienz. [A]

 2 Rathore SS. NEJM 2002 ; 347 :1403-11. 3 De Vries RJ, et al. Am Heart J 2000 ;139 : 185-94.

Implantation eines kardialen Resynchronisations-Systems (CRT)

Ind:
- Ad. Kardio-Konsilium:
- Grundsätzlich ist ein CRT System in folgender Situation indiziert:
  - Schwere systolische Dysfunktion (NYHA III und IV) trotz optimaler medikamentöser Therapie mit ACE-Hemmer + BB + Aldosteron Antagonist + Diuretika und:
  - QRS > 120 ms

ICD: Automatischer, interner Defibrillator

Def:
- Der ICD ist ein subkutan implantierter Apparat, der kontinuierlich die elektrische Herzaktivität registriert. Sobald eine ventrikuläre Tachykardie diagnostiziert wird, wird ein elektrischer Schock automatisch abgegeben.
- Der ICD registriert den Herzrhythmus mit Hilfe der Elektroden, was die Analyse der Arrhythmien im Nachhinein erlaubt.

Ind:
- Herzstillstand bei VT oder VF, ohne reversible Ursache
- Anhaltende VT (> 30 sek) bei bestehender struktureller Kardiopathie
- Synkope unklarer Ursache bei positiver elektrophysiologischer Abklärung (VT oder VF)
- Ischämische Kardiomyopathie mit LVEF < 30 % unter optimaler medikamentöser Therapie (nicht in der Akutphase, d.h. > 1 Mt. nach einem Myokardinfarkt)
- Herzinsuffizienz NYHA I-III mit systolischer Dysfunktion und LVEF < 35 % unter optimaler medikamentöser Therapie (ischämische und nicht-ischämische Kardiomyopathie)
- BRUGADA Syndrom mit Synkope oder Vorhofflimmern
- Hypertrophe Kardiomyopathie mit $\geq$ 2 folgender Risikofaktoren:
  - Synkope
  - Vorhofflimmern
  - Ventrikuläre Tachykardie (anhaltend oder nicht)
  - Ventrikuläre Fibrillation
  - Schwergradige Septumhypertrophie (ca. > 25 mm)
  - Keine Anpassung des Blutdruckes bei Anstrenung

C. Chronische diastolische Herzinsuffizienz: Therapie

Dg:[8]
- Verschiedene Diagnosekriterien werden beschrieben:

> 1. Symptome oder Zeichen einer Herzinsuffizienz
> *und:*
> 2. Normale oder leicht reduzierte LVEF (≥ 45 %)
> *und:*
> 3. Evidenz einer diastolischen Dysfunktion oder einer verminderten Ventrikelrelaxation
>
> oder:
> 1. Symptome und Zeichen einer Herzinsuffizienz
> *und:*
> 2. Normale LVEF (> 50 %)

- Folgende Parameter/Untersuchungen stehen diagnostisch zur Verfügung:
  - Echokardiographie, Herz-MR, Herzkatheter, BNP bzw. NT-proBNP

Allg:
- Die diastolische HI betrifft selten junge Patienten.
- Risikofaktoren:
  - Art. Hypertonie
  - Weibliches Geschlecht
- Obwohl die Mortalität, infolge diastolischer HI niedriger liegt als bei der systolischen HI, ist die Anzahl der Rehospitalisiserungen bei der diastolischen HI hoch.

> **Für die PRAXIS:**
> Bei Herzinsuffizienz mit radiologisch normal grossem oder sogar kleinem Herz soll immer an eine diastolische Herzinsuffizienz gedacht werden.

Urs:
- Hypertensive Kardiopathie mit LVH
  - 90 % der Patienten mit einer LVH weisen eine verminderte Myokardrelaxation auf!
- Valvuläre Kardiopathie (z.B. Aortenstenose)
- Kardiomyopathie

Vorg:

I. Therapieziele bei diastolischer Dysfunktion

1. Herzfrequenz Reduktion (Ziel: Verlängerung der ventrikulären Füllungszeit)
2. Verminderung der Ventrikelrigidität (d.h. Verminderung der LHV)
3. Beibehalten der Vorhoffunktion. Ohne Herzinsuffizienz ist die Vorhofkontraktion für ca. 20 % des Auswurfvolumens verantwortlich; bei diastolischer Dysfunktion bis 50 %!

II. Mögliche Medikamente, welche bei diastolischer HI eingesetzt werden können

■ **Sartan**

Allg:
- Mortalität ↓: ca. 10 % (nicht signifikant)
- Morbidität ↓: 15 % (nicht signifikant)
- Verminderung der Ventrikelhypertrophie

Bsp:
- Candesartan (initial 1x 4 mg/d; Zieldosis 1x 16-32 mg/d)

■ **Betablocker (BB)**

Allg:
- Es gibt zur Zeit keine Daten bezüglich Mortalität/Morbidität.
- Durch die bradykardisierende Wirkung der Betablocker wird das diastolische Zeitintervall verlängert, was einen Benefit bei der diastolischen HI hat.
- BB vermindern den pulmonal venösen Druck.
- Verbesserung der Myokardrelaxation, aber ohne Einfluss auf die Myokardrigidität
- In folgenden Situationen soll ein BB diskutiert werden:
  - Herzfrequenzkontrolle (Ziel-HF: 60-70/min in Ruhe, 90-100/min bei Anstrengung)
  - Chronisches Vorhofflimmern, S. 155

■ **Kalziumantagonisten**

Allg:
- Die Kalziumantagonisten der «alten Generation» (Nifedipin, Verapamil, Diltiazem) verbessern die Myokardrelaxation, aber sie vermindern auch die systolische Funktion.
- Verapamil und Diltiazem sind bradykardisierend und zeigen denselben Benefit wie die Betablocker.

■ **Diuretika**

Allg:
- Diuretika sind rein symptomatisch wirksam (bei Hypervolämie) und haben keinen Einfluss auf die Mortalität.

> **Für die PRAXIS:**
> Diuretika müssen bei diastolischer HI einschleichend dosiert werden, denn eine abrupte Verminderung der Vorlast vermindert das HMV und den art. BD. Daraus resultiert eine prärenale Niereninsuffizienz!

8 European study group on diastolic heart failure. Eur Heart J 1998 ;19 :990-1003.

- **Nitrate**

  Allg:
  - Nitrate vermindern das zentrale Blutvolumen und den diastolischen Druck im linken Ventrikel.
  - Nitrate sollen initial niedrig dosiert werden (Risiko von art. Hypotonie).
- **Aldosteron Antagonist** (Spironolacton, Eplerenon)

  Allg:
  - Die Aldosteron Antagonisten zeigen bei systolischer Dysfunktion eine Verminderung der Mortalität. Bei diastolischer HI aber gibt es zur Zeit keine klare Daten.

Th: **1. Allgemeine Informationen**

- Die therapeutischen Empfehlungen der diastolischen HI sind weitgehend spekulativ:
  - Sartane haben folgenden Einfluss bei der diastolischen HI:
    - -- Mortalität ↓ (ca. 10 %, nicht signifikant)
    - -- Morbidität ↓ (15 %, nicht signifikant)
  - Betablocker: keine Daten

2. Medikamentöse Therapie, siehe Algorithmus S. 217

- **Basistherapie** (in allen Fällen): **ACE-Hemmer** oder **Sartan**
- **Begleittherapie** je nach Klinik
  - Bei Hypervolämie (z.B. Ödeme, Lungenstau), zusätzlich:
    - **Diuretika**
  - Bei persistierenden HI-Symptomen oder art. Hypertonie, zusätzlich:
    - **Betablocker**
    - oder **Kalziumantagonist**
    - oder **Nitrat** (nur Retardform anwenden)
- **Bei Arrhythmie**
  - Amiodaron ist wahrscheinlich das wirksamste Antiarrhythmikum, sowohl zur Konversion in einen Sinusrhythmus, als auch zum Beibehalten desselben (Rezidivprophylaxe).

D. Akute Manifestationen einer Herzinsuffizienz [I50.9]

Allg: **Für die PRAXIS:**
Die Herzinsuffizienz ist ein Syndrom, dessen URSACHE gesucht werden muss!

Klas: **I. Akute Herzinsuffizienz ohne kardiale Vorgeschichte**

Klin:
- **Akute Lungenstauung** und/oder **Lungenödem** S. 232
- **Kardiogener Schock**, S. 24

Urs:
- Akute Myokardischämie
  - Systolische und/oder diastolische Dysfunktion
  - Akute Mitralinsuffizienz, S. 266
  - Ventrikelseptumdefekt
  - Ventrikelruptur (Tamponade)
- Hypertensiver Notfall, S. 244
- Massive Lungenembolie (→ akute Rechtsherzinsuffizienz)
- Akute Myokarditis
- Akute valvuläre Krankheit
  - Endokarditis
  - Klappensegelperforation
  - Mitralsegelabriss
  - Papillarmuskelruptur und -dysfunktion
  - Trauma
  - Thrombosierung von künstlicher Herzklappen
- Endokrinopathien
  - Thyreotoxikose, S. 742
  - Phäochromozytom, S. 638
  - BERIBERI-Krankheit, S. 561
- Toxisch/medikamentös
  - Kokain
  - Heroin
  - Zytostatika (Cyclophosphamid, Anthracyclin)

II. Dekompensation einer chronischen Herzinsuffizienz

Urs:
- Nicht-Kompliance (häufig)
  - Medikamentös (z.B. Diuretika)
  - Übermässige Salzeinnahme (Suppe, Käse, Fertigmenus)
- Ungenügende/inädequate Herzinsuffizienztherapie
- Medikamentös/toxisch
  - NSAR inkl. COX-2 Hemmer:
    → Renale Vasokonstriktion
    → H_2O- und Na^+-Retention
  - Kortikoide (→ mineralokortikoide Na^+-Retention)
  - Kalziumantagonisten (Verapamil, Diltiazem, Nifedipin), v.a. bei Risikosituationen (z.B. Cor pulmonale, schwerer systolischer Dysfunktion)
  - Orale Antidiabetika vom «Glitazon-Typ» (Pioglitazon, Rosiglitazon)
- Ungenügend behandelte art. Hypertonie
- Arrhythmie
- Schwere Bradykardie
- Myokardischämie
  - Akutes Koronarsyndrom
  - Ischämische Mitralinsuffizienz
- Kardiomyopathie (inkl. peri-/postpartal), S. 280
- Zusätzliche Erkrankung
  - Systemischer Infekt, v.a. pulmonal (bakteriell, viral u.a.)
  - Hypothyreose
  - Hyperthyreose
  - Schwere Niereninsuffizienz u.a.

Klin: **I. Allgemeine Symptome bei Herzinsuffizienz**

- Müdigkeit und Schwäche (infolge vermindertem HMV)
- Dyspnoe, paroxysmale nächtliche Dyspnoe, Orthopnoe
- Rechte Oberbauchschmerzen (Leberstauung)

II. Symptome und Befunde je nach Herzinsuffizienztyp

1. Systolische und diastolische Herzinsuffizienz

Parameter	Systolische HI	Diastolische HI
Hauptproblem	Pumpfunktion ⬇	Relaxation ⬇
Vorgeschichte von:		
Myokardinfarkt	++	(+)
Art. Hypertonie	(+)	++
Klinik		
Herzauskultation	3. Herzton, s. 264	4. Herzton, s. 264
Lateralisierter Herzspitzenstoss	+	Nein
Thoraxröntgen		
Kardiomegalie	++	(+)
Lungenstauung	++	+
EKG		
Q-Zacke (nach AMI)	++	(+)
LV Hypertrophie, s. 171	(+)	++

2. Linksherzinsuffizienz

Anstrengungsdyspnoe, dann Ruhedyspnoe	1 Treppe steigen wird schwierig
Tachypnoe (d.h. > 20/min)	Wenig spezifisches Zeichen
Orthopnoe	Sensitiv, aber mässig spezifisch
Paroxysmale nächtliche Dyspnoe	Spezifisch, aber wenig sensitiv
Husten (v.a. nachts)	Evtl. mit rötlichem Auswurf (Blut) Beim Prälungenödem wird der Auswurf weisslich, manchmal schaumig.
Lungenödem akut	Feine Rasselgeräusche
chronisch	Bei > 50 % <u>keine</u> Rasselgeräusche!
Herzauskultation (an der Herzspitze)	3. Herzton (S3), Atemzyklus unabhängig
Jugularvenenstauung	Bei chronischer Linksherzinsuffizienz (bei 80 % der Fälle), siehe s. 227

3. Rechtsherzinsuffizienz

Appetitlosigkeit	Infolge Stauungsgastritis
Rechte Oberbauchschmerzen	Infolge Leberstauung
Hypervolämie	Periphere Ödeme (in den hydrostatisch tiefgelegenen Regionen), Aszites, Anasarka
HARZER-Zeichen	Palpation des Herzspitzenstosses bei vergrössertem rechten Ventrikel im Epigastrium/links parasternal
Hepatojugulärer Reflux (HJR)	Praktische Durchführung • Mit der flachen Hand wird ein progredienter Druck auf den rechten Oberbauch (Epigastrium) während ca. 20 sek ausgeübt. Die Lage des Patienten ist dabei so, dass die Halsvenen sichtbar sind (auch abhängig vom Hydratationzustand). • Bei einem positiven HJR werden die Jugularisvenen dilatiert und stärker sichtbar, was auf einen erhöhten Rechtsherzdruck schliessen lässt.
Spontane Jugularisvenenstauung	Bestimmung des ZVD am Krankenbett, siehe s. 228

4. Klinisches Profil beim Patienten mit Herzinsuffizienz

Für die PRAXIS:
Zur adäquaten Therapie der Herzinsuffizienz ist es ESSENTIELL, das Patientenprofil zu beurteilen. Folgende 2 Fragen müssen dazu beantwortet werden:

1. Perfusionszustand?

Minderperfusionszeichen (d.h. vermindertes HMV) sind:
- Kalte Extremitäten
- Tachykardie (> 100/min)
- Art. Hypotonie (SBD < 90 mmHg)
- Tiefer Pulsdruck oder alternierender peripherer Puls (stark/schwach). Bei Fehlen einer Arrhythmie spricht dieses Zeichen für eine schwere Herzinsuffizienz!
- Organische Minderperfusionszeichen sind:
  - Schläfrigkeit
  - Verwirrtheitszustand
  - Niereninsuffizienz vom prärenalen Typ

2. Volämie?

Klinik der Hypervolämie (= kongestive Herzinsuffizienz, erhöhter ZVD):
- Ödeme
- Orthopnoe
- Inspiratorische Rasselgeräusche, Lungenödem
- Schmerzhafte Hepatomegalie (Leberstauung)

5. Bestimmung des zentralen Venendruckes (ZVD) am Krankenbett

Allg:[1]
- Die klinische Bestimmung des ZVD verlangt eine subtile Beobachtung der **Doppelpulsation der rechten V. jugularis interna**. Das Manubrium sterni dient als «Nullpunkt» zur Schätzung des ZVD. Es liegt ca. 5 cm oberhalb des rechten Vorhofs.

Vorg:
- Der Patient wird so platziert, dass der Venenpuls sichtbar wird (zw. der Pars sternalis und clavicularis des M. SCM).
- Bestimmung des Punctum maximum (Tmax) der Doppel-Pulsation der rechten V. jugularis interna (siehe Schema der Pulskurve unten). Dann soll die Distanz «x» zwischen Tmax und dem Manubrium sterni gemessen werden.
- **ZVD** (in cm H_2O) = x + 5 cm.

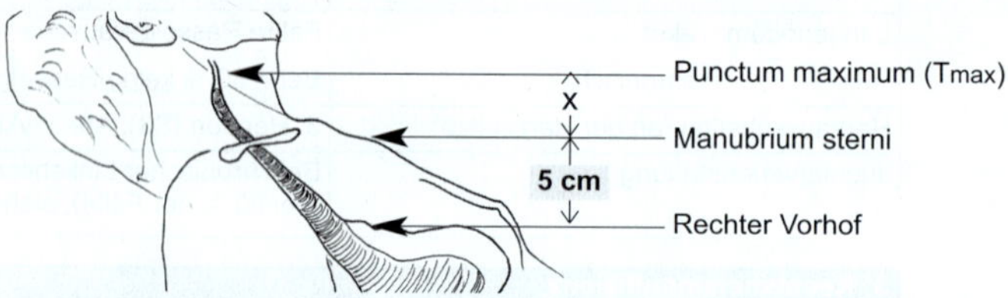

Jugularis Pulskurve: Doppelpulsation «a-v»

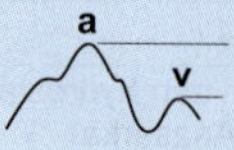

Erste sichtbare Pulsation = a-Welle ≅ Vorhofkontraktion
Zweite sichtbare Pulsation = v-Welle ≅ Ventrikelkontraktion

Beispiel:
Die Distanz zw. Tmax der V. Jugularis-Pulskurve und dem Manubrium sterni beträgt 4 cm. ZVD = 4 cm + 5 cm = 9 cm H_2O. (Ziel-ZVD: 7-8 cm H_2O).

1 cm H_2O = 0.73 mmHg
1 mmHg = 1.36 cm H_2O

1 Stevenson LW. Eur Heart J 1999;1:251-5.

Therapie der akut dekompensierten Herzinsuffizienz[2] [I50.9]

Empfehlungsniveau der verschiedenen Therapiemodalitäten, siehe Tabelle, S. 231

1. **Instabiler Patient**
   - Kausaltherapie (falls bekannt) und hämodynamische Stabilisierung
     - Kardiogener Schock, S. 24
     - Akuter Myokardinfarkt, S. 194
     - Hypertensiver Notfall, S. 244
     - Arrhythmie (siehe Arrhythmie bei STEMI), S. 206
     - Lungenembolie, S. 298
     - Andere Ursachen, siehe S. 226
2. **Nicht akut gefährdeter Patient**

2.1. Sauerstoff; je nach Klinik: nicht-invasive Beatmung (S. 66) oder Intubation (S. 65) evaluieren.
2.2. Kausaltherapie der Herzinsuffizienz
2.3. Perfusionszustand und Volämie evaluieren

Patientenprofil	Therapie - Bemerkungen
▪ **Warm und trocken**	Klin: • Der Patient ist kompensiert. Vorg: • Beibehalten der Therapie
▪ **Warm und nass**	Allg: • Oft dekompensierte diastolische Herzinsuffizienz. Th: • Initial: Diuretika
▪ **Kalt und trocken**	Allg: • Oft dekompensierte systolische Herzinsuffizienz (aber ohne manifeste Hypervolämie). Th: • Initial: Positiv inotrope Substanzen einsetzen. - Dobutamin, Milrinon oder Levosimendan (S. 23)
▪ **Kalt und nass**	Allg: • Oft dekompensierte systolische Herzinsuffizienz (mit Hypervolämie). Th: • **Symptomatische Therapie** (Prä-, Lungenödem): - Initial: Diuretika Den Patienten aber nicht austrocknen, sondern eher leicht «feucht» halten. (→ Ziel ZVD 8-12 cm H_2O) - ACE-Hemmer (bei Intoleranz Sartan) (→ zur Vasodilatation und «Erwärmung») - Dann: **Diuretika optimieren** mit dem Ziel-ZVD von 7-8 cm H_2O.

3. **Therapeutische oder diagnostische Massnahmen**

3.1. Verminderung des peripheren Widerstandes: ACE-Hemmer oder Nitrat (z.B. Nitroprussid)
3.2. Symptomatische Therapie (Verminderung der Vorlast): Nitrat, Diuretika ± Morphin
3.3. Thromboembolie Prophylaxe:
- NMH (siehe Hirnschlag S. 523) oder Heparin 2x 5'000 IE/d **SC**

3.4. Punktion bei Pleuraerguss oder Aszites (falls signifikant oder bei Nichtansprechen auf die Therapie)
3.5. Eine Echokardiographie, ein A. pulmonalis-Katheter (S. 46) oder die PiCCO-Technologie (S. 49) soll in folgenden Situationen diskutiert werden:
- Klinisch schwierig feststellbare Volämie (Hypo- oder Hypervolämie?)
- Komorbiditäten (Pneumopathie, Niereninsuffizienz, Adipositas u.a.)
- Schwere Hypoperfusion, welche positiv inotrope Pressoren benötigen.

4. **Allgemeine Massnahmen in der subakuten und chronischen Phase**

4.1. Volämie: Wasser- und Natriumhaushalt
- Natriumrestriktion: < 2-6 g Na^+ pro Tag (2 g = 88 mmol)
- Bei Hyponatriämie < 130 mmol/L: Flüssigkeitsrestriktion (10-15 mL/kg Flüssigkeit/d)
- Ziel: Euvolämie anstreben (ZVD 7-8 cm H_2O)
- Gewichtskontrolle (melden, wenn das Körpergewicht um 2 kg innert ≤ 3 d variiert).

4.2. Dosisverminderung/Stopp von ungünstigen Medikamenten
- NSAR, COX-2 Hemmer (Natriumretention)
- Kortikoide (Natriumretention)
- Glitazone (S. 1230; Wasserretention)
- Trizyklische Antidepressiva (Überleitungsstörungen)
- Negativ inotrope Medikamente: Verapamil, Diltiazem. Patienten unter BB sollen mit diesen aber weiterfahren.
- Lithium (Arrhythmie, Bradykardie, Sinusknotendysfunktion, T-Wellen Anomalien)

1 Stevenson LW. Eur Heart J 1999;1:251-5. 2 Groupe de travail «Insuffisance cardiaque» de la Société Suisse de Cardiologie. Med Forum Suisse 2007 ;7 (Suppl 39) :3S-24S.

4.3. Herzinsuffizienz und PDE 5-Hemmer (Sildenafil, Tadalafil, Vardenafil)
- Diese Substanzgruppe ist in jedem Fall (auch ohne Herzinsuffizienz) in Kombinationstherapie mit Nitraten kontraindiziert.
- In Monotherapie können die PDE 5-Hemmer bei NYHA < III verabreicht werden.

4.4. Herzinsuffizienz und Transport im Flugzeug
- Kurzstreckenflüge (≤ 3 h) sind i.d.R. kein Problem bei Herzinsuffizienz (die Kabine ist auf ca. 1800 m pressorisiert).
- Langstreckenflüge (> 3 h) sollen nur kompensierten Herzinsuffizienzpatienten erlaubt werden (die Kabine ist auf ca. 2400 m pressorisiert).

4.5. Kardio-Rehabilitation (von Fall zu Fall entscheiden)
- Bei kompensierter kardialer Lage ist eine regelmässige körperliche Aktivität empfohlen (z.B. velofahren, marschieren).
- Krafttraining ist nicht kontraindiziert, muss aber von einem Spezialisten kontrolliert werden.

5. Kardiale *Devices*

5.1. Kardiale Resynchronisation *(Cardiac ResynchronizationTherapy - CRT)*
- Kardio-Konsilium
- Indikation, siehe S. 223

5.2. Implantation eines Defibrillators (ICD)
- Kardio-Konsilium
- Indikation, siehe S. 223

Empfehlungs- und Evidenzniveaus bei der Therapie der akuten Herzinsuffizienz

Therapiemodalitäten	Empfehlungs-niveau	Evidenz-niveau
■ Allgemeinmassnahmen		
Sauerstoff. Ziel-Wert: SpO_2 = 95-98 %	I	C
Anxiolyse und Analgesie bei Schmerzen	IIa	C
Nicht invasive Beatmung (z.B. NIB s. 66) bei akutem Lungenödem	IIa	A
■ Medikamentöse Therapie		
Morphin (IV-Gabe)	IIb	B
Heparin	JNK	JNK
Vasodilatatoren		
• Nitrate	I	B
• Na^+-Nitroprussid	I	C
• Kalziumantagonist (Amlodipin, Felodipin)	III	A
• ACE-Hemmer, oral, niedrig dosiert und nach initialer Stabilisierung	I	A
Diuretika bei Hypervolämie	I	B
Betablocker		
• In der Akutphase bei schwerer Herzinsuffizienz*	IIb	C
• Nach AMI und nach stabilisierter Herzinsuffizienz	IIa	B
• Nach Dekompensation und Stabilisierung einer Herzinsuffizienz bei chronischer Herzinsuffizienz	I	A
Positiv inotrope Substanzen		
• Bei peripherer Hypoperfusion trotz optimaler Therapie der Vasodilatatoren und Diuretika	IIa	C
• Dopamin bei art. Hypotonie	IIb	C
• Dobutamin bei peripherer Hypoperfusion	IIa	C
• Milrinon bei peripherer Hypoperfusion ohne art. Hypotonie	IIb	C
• Levosimendan (in Deutschland nicht erhältlich)	IIa	B
• Adrenalin bei kardiogenem Schock	JNK	
• Noradrenalin bei kardiogenem Schock mit Vasodilatation	JNK	
• Digoxin	JNK	
■ Invasive Therapie		
■ Notfall-Angioplastie (± AC-Bypass) bei ACS mit akuter ST-Hebung	I	A
■ Angioplastie bei akutem Myokardinfarkt mit kardiogenem Schock	I	B
■ Klappenersatz bei Endokarditis mit Klappenzerstörung	JNK	
■ Chirurgie oder Thrombolyse bei Thrombose von Kunstklappen	JNK	
■ Intraaortale Ballon-Gegenpulsation bei kardiogenem Schock bei AMI	JNK	

Tabelle: Empfehlungs- und Evidenzniveaus bei akuter Herzinsuffizienz.[2]

JNK = Je nach Klinik
AMI = Akuter Myokardinfarkt

* Wenn die akute HI die Folge einer Ischämie und/oder einer Arrhythmie ist, sollen BB vorsichtig eingesetzt werden.

2 Angepasst nach: Groupe de travail «Insuffisance cardiaque» de la Société Suisse de Cardiologie. Med Forum Suisse 2007 ;7 (Suppl 39) :19S.

E. Akutes Lungenödem [J81]

Vorg: • Das akute Lungenödem muss SOFORT behandelt und dessen Ursache gescucht werden!

Urs: • Linksventrikuläre Dysfunktion
- KHK
- Myokardinfarkt
- Hypertensiver Notfall
- Myokarditis u.a.
• Arrhythmien
• Valvulopathien (Mitralstenose, Aortenstenose)
• Lungenembolie
• Perikarderguss
• Schwere Niereninsuffizienz
• Bergkrankheit (→ Permeabilitätslungenödem)
• ARDS
• Anaphylaktisch
• Allergisch
• Toxisch/medikamentös (→ Permeabilitätslungenödem): Heroin, Gas u.a.
• Iatrogen: nach Pleurapunktion (NIE mehr als 1.5 L auf 1x punktieren!) u.a.

Klin: • Tachypnoe
• Husten
• Dyspnoe, dann Schaumbildung in den Luftwegen und im Mund
• Feuchte, zyanotische Haut
• Angstzustand
Asphyxie

Lab: • Troponin
• BNP bzw. NT-proBNP
• Na^+, K^+, ASAT, Kreatinin
• D-Dimer, Blutzucker
• Laktat, ABGA

Vorg: • Von Fall zu Fall: EKG (Ausschluss eines AMI, Arrhythmien u.a.),
• Echokardiographie u.a. Abklärungen

Th: **1. Instabiler Patient**

1.1. Beatmung
• Sauerstoff (SpO_2 > 90 %)
• Evaluieren:
- Nicht-invasive Beatmung (NIB), siehe s. 66
- Maschinelle Beatmung (Intubationskriterien, siehe s. 65)

1.2. Hämodynamik (Ziel: art. Mitteldruck > 60 mmHg)
• Siehe kardiogene AZI (kardiogener «Schock»), s. 24

1.3. Kausaltherapie

2. Stabiler Patient

2.1. Allgemeine Massnahmen
• Sauerstoff (SpO_2 > 90 %)
• Sitzende Position mit tiefhängenden Beinen (→ Senkung der Vorlast)
• EKG und Monitoring der Vitalparameter

2.2. Symptomatische Therapie (Senkung der Vorlast)
▪ Diuretika

Vorg: • Ziel: Euvolämie (ZVD 7-8 cm H_2O)
• Anzustrebende Diurese: ca. **80 mL/h** (ca. 2 L/24 h)
• Verlaufskontrolle: Körpergewicht 1x/d
• Der Patient soll aber NICHT AUSGETROCKNET werden, denn die forcierte Diurese hat seine Tücken.....:
a) Prärenale Niereninsuffizienz: → Laborkontrollen: Kreatinin, Harnstoff ± Extraktionsfraktion von Natrium, s. 1505
b) Elektrolytstörungen: Hypokaliämie, Hypomagnesiämie u.a.

Bsp: • Furosemid 20-40 mg **IV**; falls ungenügend wirksam:
→ Erhöhung der Dosis: max. 80 mg **IV** mehrmals täglich. Bei zusätzlicher Niereninsuffizienz können 100-200 mg **IV** gegeben werden oder evtl. **IV**-Perfusor bis ca. 1 g/24 h. Maximale Infusionsgeschw. von Furosemid wegen Ototoxizität: 6 mg/min.
→ Zugabe eines 2. Schleifendiuretikums (Synergismus):
- Torasemid (**IM**, **IV**). Maximaldosis: 20 mg alle 20-30 min
- Metolazon*: 5-10 mg PO, ca. 30 min vor der Furosemid Gabe

* Metolazon hat sowohl Thiazid- als auch Schleifendiuretika-Eigenschaften.

- Nitrate (Isosorbiddinitrat, Nitroglycerin oder Nitroprussid¶)

<table>
<tr><td>Glyceroltrinitat (Nitroglycerin)
• NITRONAL®A, PERLINGANIT®</td><td rowspan="2">• Initialdosis: IV-Perfusor 2 mg/h
• Erhaltungsdosis (je nach Klink und Toleranz): IV-Perfusor bis 10 mg/h</td></tr>
<tr><td>Isosorbiddinitrat
• ISOKET®</td></tr>
<tr><td>Nitroprussid
• NIPRUSS®</td><td>• IV-Perfusor 0.25-10 µg/kg/min
• BD engmaschig kontrollieren!</td></tr>
</table>

- Bei erhöhtem peripherem Widerstand (> 1200-1400 Dyn x sek/cm^5 x m^2), kann eine Therapie mit Nitroprussid indiziert sein (Zielwert des Widerstandes 800-1200 Dyn x sek/cm^5 x m^2).

- Morphin
  Allg: • Morphin senkt die Vorlast und wirkt anxiolytisch.
  Dos: • 2-5 mg **IV** oder 5-10 mg **SC** oder **IM**

Rx: • Lungenödem bei akuter Herzinsuffizienz

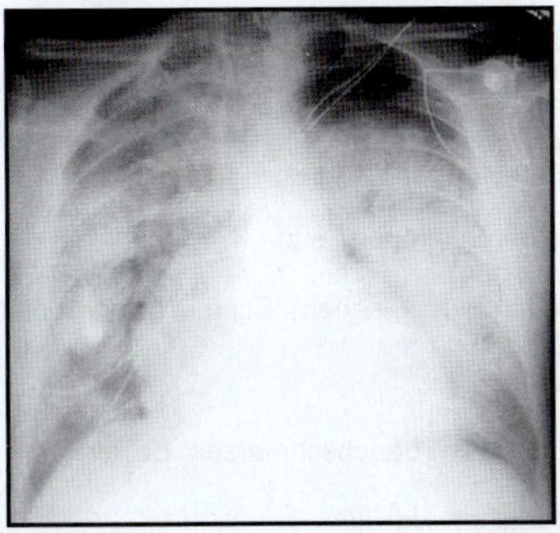

Rx 1: Akutes Lungenödem bei AMI (Spitaleintritt).

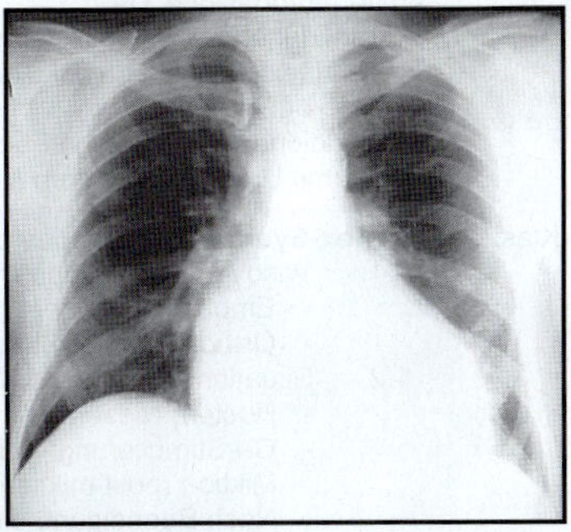

Rx 2: Gleiche Patientin wie Rx1 bei Spitalaustritt.

• Radiologische Stadieneinteilung der Herzinsuffizienz, siehe S. 1136

¶ Die Nitrate vermindern die Vorlast (infolge venöser Vasodilatation). Nitroprussid, als einziges Nitratderivat, vermindert zusätzlich auch noch die Nachlast (infolge arterieller Vasodilatation).

Synkope[1-4] [R55]

Def:
- Plötzlicher und vorübergehender, spontan reversibler Bewusstseins- und Tonusverlust infolge zerebraler Minderperfusion, mit oder ohne Sturzereignis.

Allg:
- Die Synkope kommt grundsätzlich in folgenden 2 Situationen vor:
  a) Abfall des Schlagvolumens und/oder
  b) Schwacher peripherer vaskulärer Widerstand
- Klinisch ist es essentiell, folgende Synkopen zu identifizieren und zu behandeln:
  - **Kardiovaskuläre Synkope** (da potentiell schlechte Prognose)
  - **Rezidivierende Synkope** (da erhöhte Morbidität)
- Die Mortalität im Rahmen von kardiovaskulären Synkopen beträgt 10-30 %/Jahr (versus 2-8 % bei Reflex-Synkopen oder vollständig abgeklärter idiopathischer Synkope, vergleichbar mit einer nicht synkopalen Population).

DD:
a) Partieller oder vollständiger Bewusstseinsverlust ohne globale zerebrale Hypoperfusion:
  - Konvulsion
  - Metabolische Störungen: Hypoglykämie, Hyponatriämie, Hypokalzämie, Hypoxie, Hyperventilation mit Hypokapnie
  - Intoxikation
  - Vertebrobasiläre TIA

b) Erkrankungen mit Bewusstseinsstörung:
  - Kataplexie (brüsker muskulärer Tonusverlust; oft als Folge einer Emotion)
  - Drop attack; Sturz
  - Funktionell: psychogene Pseudo-Synkope
  - TIA mit Ursprung aus dem A. Karotis Gebiet

Klas:[1]

1. **Reflex-Synkope** («neurogen übermittelte» Synkopen), S. 235
   - 1.1. Vasovagale Synkope (neurokardiogen), S. 235
     - Emotioneller Stress: Angst (auch Blut zu sehen), Schmerz, medizinischer Akt,...
     - Orthostatischer Stress
   - 1.2. Situationsgebundene Synkope, S. 235
     - Husten, Niesen
     - G-I Stimulierung: Schlucken, Stuhlen, Bauchschmerzen, Erbrechen
     - Miktion (post-miktionell)
     - Nach Beendigung einer körperlichen Aktivität
     - Post-prandial (oder während der Mahlzeit)
     - VALSALVA (z.B. Gewichtheben, Blasinstrument spielen), Lachsalve u.a.
   - 1.3. Hypersensibilität des Karotis-Sinus, S. 236
   - 1.4. Atypische Formen (mit unsicherem oder scheinbar fehlendem Auslöser)
2. **Synkope infolge orthostatischer Hypotonie**, S. 237
   - 2.1. Störung des autonomen Nervensystems
     - Primäre Störung, S. 237
     - Sekundäre Störung, S. 237
   - 2.2. Medikamentös oder toxisch induzierte Synkope
     - Vasodilatantien, Diuretika, Alkohol u.a.
   - 2.3. Hypovolämie
     - Blutung
     - Diarrhoe, Erbrechen, NNR-Insuffizienz u.a.
3. **Kardiovaskuläre Synkope,** S. 237
   - 3.1. **Arrhythmie als Ursache der Synkope,** S. 237
     a) Bradykardie
       - Dysfunktion des Sinusknotens, S. 237
       - AV-Reizleitungsstörungen
       - Dysfunktion eines implantierten Herz-Stimulatoren/-Defibrillatoren
       - Medikamentös
     b) Tachykardie
       - Supraventrikulär, ventrikulär (idiopathisch, sekundär)
       - Medikamentös
   - 3.2. **Strukturelle Pathologien,** S. 239
     a) Kardiogen
       - Akutes Koronarsyndrom, obstruktive Valvulopathie, hypertrophe Kardiomyopathie, Herztumor (z.B. Myxom)
       - Sonstige: kongenitale Anomalien der Koronararterien, Dysfunktion von künstlichen Herzklappen
     b) Nicht kardiogen
       - Perikarderkrankung, Perikardtamponade
       - Lungenembolie; akute Aortendissektion; pulmonale Hypertonie
4. **Zerebrovaskuläre Synkope** (z.B. *Subclavian-steal-syndrome*, S. 240)
5. **Ungeklärte Ursache der Synkope** (ca. ⅓ aller Synkopen)

1 Angepasst nach: Moya A, et al. ESC Guidelines. Eur Heart J 2009 ;30 ;2631-71. 2 Brignole M, et al. Eur Heart J. 2004 ;25 :2054-72. 3 Bringole M et al. Eur Heart J 2001; 22, 1256–1306. 4 Sarasin FP, et al. Int J Cardiol 2008; 127 :103-11.

1. Reflex-Synkopen («neurogen übermittelte» Synkopen)

Eine Reflex-Synkope muss bei Vorhandensein folgender Klinik evoziert werden:

- Keine strukturelle Kardiopathie (EKG und Status normal!)
- Chronische rezidivierende Synkopen in der Vorgeschichte
- Typische Prodrome (phobische Veranlagung des Patienten):
  - sehr unangenehme visuelle, auditive, olfaktive Ereignisse
- Starke Schmerzen
- Langes Stehen (Soldat beim Warten auf die Queen...)
- Im Zusammenhang mit einer Menschenmenge, hohen Temperaturen
- Nausea- und/oder erbrechen-assoziiert
- Bei Kopfdrehen oder bei Druck auf den Karotissinus (z.B. Tumormasse, beim Rasieren, tragen eines engen Hemdkragens)
- Nach einer körperlichen Anstrengung

Für die PRAXIS
Bei einer Synkope, die während einer körperlichen Aktivität auftritt, muss eine kardiovaskuläre Synkope vermutet werden!

1.1. Vasovagale Synkope (neurokardiogen)

Klas:
- Eine vasovagale Synkope tritt «klassischerweise» in einem gut definierten Zusammenhang auf, welcher mit verschiedenen Prodromen vorkommt, die für einen vasovagalen Reflex typisch sind. Einige Beispiele:
  - Langes Stehen (prolongierte Orthostase)
  - Ungewohnte Hitze
  - Angst, emotionale Instabilität, starke Schmerzen
  - Nach Betrachtung von gewaltsamen oder beängstigenden Bildern
  - Sehr unangenehme visuelle, auditive oder olfaktive Stimulation
  - Medizinischer Akt (z.B. Blutentnahme, Kleineingriffe, Punktionen)

Allg:
- **Mechanismus**: Personen, die Tendenz zu vasovagalen orthostatischen Synkopen zeigen, haben:
  - eine zu grosse venöse splanchnische Blutvolumensequestrierung → Verminderung des effizienten Blutvolumens
  - eine erhöhte endogene Adenosin Serumkonzentration → chronische Vasodilatation.
- Deshalb ist das Ziel der Therapie eine Hydratation und Induktion einer Vasokonstriktion.

Th:
- ■ Akute Therapie
  - TRENDELENBURG-Position
  - Infusion von 250-500 mL NaCl 0.9 % **IV** Bolus
  - Bei unmittelbarem Rezidiv: Atropin Bolus 0.5-1 mg **SC** oder **IV**
- ■ Chronische Therapie
  - Den Patienten beruhigen und ihn über die gutartige Ursache der Synkope (Reflex) aufklären. Definitive Spontanheilung 20-30 %.
  - Isometrische Manöver (*Hand-grip*) wenn die Prodrome auftreten
  - Refraktäre Patienten:
    - Hydratation, Salzzufuhr (2-4x 2 g/d PO während der Mahlzeit)
    - Vasokonstriktor (α-Sympathomimetikum): Midodrin, siehe S. 237

Für die PRAXIS
Die Implantation eines Herzschrittmachers hat sich bei der typischen vasovagalen Synkope als ineffizient erwiesen, auch wenn sie von einer Sinusknotenpause oder einem paroxysmalen AV-Block begleitet ist.

1.2. Situationsgebundene Synkope

Bsp:
- Akute Blutung
- Husten, Niesen, Lachsalve
- VALSALVA (Gewichtheben, Blasinstrument spielen)
- Gastro-intestinale Stimulierung
  - Schlucken
  - Stuhlen (während und unmittelbar nach dem Stuhlgang)
  - Bauchschmerzen, Nausea, Erbrechen
- Miktion (vor, während oder unmittelbar nach der Miktion)

Allg:
- **Mechanismus**: Paradoxe Aktivierung der Druckrezeptoren der Atem-, Verdauungs- und Harnwege → paradoxe Aktivierung von zentral hemmenden Afferenzen → Hemmung der sympathischen Efferenzen und Aktivierung der parasympathischen Efferenzen → Bradykardie, Vasodilatation → Hypotonie → SYNKOPE.

Th: ■ Akute Therapie
- TRENDELENBURG-Position
- Infusion von 250-500 mL NaCl 0.9 % **IV** Bolus
- Bei unmittelbarem Rezidiv:
  - Atropin Bolus 0.5-1 mg **IV** oder **SC**
  - Wiederholen von 250-500 mL NaCl 0.9 % **IV** Bolus

■ Chronische Therapie
- Präventive Manöver:
  - Miktion in sitzender Position
  - Präventive Therapie der Hustenanfälle
  - Meiden von eiskalten sowie kohlensäurehaltigen Getränken
- Ein Herzschrittmacher kann bei rezidivierenden Synkopen mit bewiesenen Bradykardien, welche auf die präventiven Therapien nicht ansprechen, in Betracht gezogen werden.

Für die PRAXIS
Bei Risikopatienten (Krebspatienten, Alkoholikern u.a.) soll eine Tumorsuche stattfinden. Es handelt sich um Tumoren des Magen-Darm-Traktes und der Atemwege, welche zervikale vagale Fibern infiltrieren (Hirnnerven IX und X).

1.3. Hypersensibilität des Karotis-Sinus

Klas: I. Kardioinhibitorische Form (häufig)

Dg:
- Sinusknotenstillstand > 3 sek während eines Karotisdruckversuchs

Prog:
- Vergleichbar mit der Normalbevölkerung (Mortalität 2-8 % im 1. Jahr)

Th:
■ Akute Therapie
- Bei Asystolie-Rezidiv: Atropin Bolus 0.5 mg **IV** oder **SC**
- Extrembewegungen des Kopfes sollen vermieden werden.

■ Chronische Therapie
- Schrittmacherimplantation

II. Vasodepressive Form (selten)

Allg:
- SBD-Abfall von > 50 mmHg ohne wesentliche Bradykardie

Dg:
- Karotisdruckversuch: zuerst im Liegen, dann nach dem Aufstehen (dieses Manöver erhöht die Sensitivität des Tests).

Prog:
- Die Prognose ist meist schlechter, als die kardioinhibitorische Form, da diese Patienten oft komorbid sind (Herzinsuffizienz, art. Hypertonie, Hirnschlag, Sekundentod).

Th:
- Eine gleichzeitige, vasodilatierende Therapie soll sistiert werden.
- Stützstrümpfe tragen (Kompression ≥ 30 mmHg)
- In Betracht zu ziehen:
  - Vasokonstriktor (Midodrin, S. 237)
  - Mineralokortikoid (Fludrocortison, S. 237)

III. Gemischte Formen

1.4. Atypische Formen (mit unsicherem oder scheinbar fehlendem Auslöser)

Bsp 1: • **Neuralgie des N. glossopharyngeus (IX)**

Allg:
- Häufigkeit: > 1/100'000/Jahr
- 60 % der Patienten sind 50 Jahre alt oder älter.

Urs:
- Unklar: Mikrovaskuläre Kompression, Störungen des trigemino-vaskulären Systems, ZNS-Störungen (epileptiforme Anfälle)

Klin:
- Sehr intensive Schmerzattacken des Rachens in der Tonsillar-Region und der Zungenbasis. Manchmal wird eine Ausstrahlung in das Ohr, den Kiefer und die Zähne beschrieben.
- Die Symptome sind in > 80 % der Fälle unilateral.
- Verschiedene Aktivitäten können diese Neuralgie auslösen: Schluckakt, Gähnen, Sprechen, Husten, Einnahme von kalten Getränken oder Speisen
- Der Neurostatus ist normal.

Th:
- Medikamentöse Therapie → «Neurogene Schmerzen» S. 1165
- Therapieresistente Formen: → chirurgische Dekompression

Für die PRAXIS
Ein Tumor in der HNO-Region, welcher die zervikalen vagalen Fibern infiltriert, muss gesucht werden (Hirnnerven IX und X).

Bsp 2: • **Toxische Neuropathie** (z.B. Ciclosporin)

2. Synkope infolge orthostatischer Hypotonie

Eine orthostatische Synkope ist bei Vorhandensein folgender Elemente zu vermuten:

- Schneller Positionswechsel vom Liegen ins Stehen
- Einnahme bzw. Dosiserhöhungen von BD-senkenden Medikamenten, welche mit dem Auftreten der Synkope übereinstimmen
- Beibehalten der stehenden Position, v.a. bei hohen Tagestemperaturen
- Bekannte autonome Neuropathie oder Morbus PARKINSON
- Nach einer körperlichen Anstrengung

2.1. Störungen des autonomen Systems

Bsp: a) Primäre Syndrome
- Isolierte autonome Störungen
- Multisystematrophie
- Morbus PARKINSON mit dysautonomen Störungen
- LEWI-Körper-Demenz

b) Sekundäre Syndrome
- Diabetische Neuropathie
- Amyloid-Neuropathie
- Urämie
- Erkrankung des Rückenmarks

Allg: • **Mechanismus**: Ungenügende venöse und arterielle Reflexvasokonstriktion infolge Blutvolumensequestrierung im Splanchnicus-Gebiet (bei der Verdauung). Dieser Mechanismus tritt oft bei älteren, polymedizierten Patienten, mit einem gewissen Grad von autonomer Degeneration, auf.

Th:
- Rehydrierung
- Zwischenmahlzeiten einschalten
- Vermeiden von Alkohol
- Vermeiden von sedierenden Medikamenten und Vasodilatatoren
- Therapieresistente Patienten:
  - Fludrocortison 2x 0.05-0.2 mg
  - Midodrin 2.5-15 mg PO in 2x/d, max: 30 mg/d
  - Pyridostigmin Indikation und Dosierung → Konsilium
- Bei schwergradiger orthostatischer Hypotonie
  - Octreotid 50 μg **SC** 30 min vor jeder Mahlzeit

2.2. Medikamentös oder toxisch induzierte Synkope

Urs:
- Vasodilatatoren, Diuretika, Antihypertensiva (inkl. Betablocker-Augentropfen), α-Blocker, Antiarrhythmika
- Antidepressiva
- Alkohol, Canabis u.a.

Vorg:
- EKG, Ergometrie
- Orthostaseversuch oder Tilt-Test (S. 243) mit Karotisdruckversuch, S. 164
- Therapie einer evtl. Abhängigkeitskrankheit

2.3. Hypovolämie

Bsp: • Blutung, Diarrhoe, Erbrechen, NNR-Insuffizienz u.a.

3. Kardiovaskuläre Synkope

Eine kardiale Synkope soll bei Vorhandensein folgender Elemente vermutet werden:

- Mittelschwere bis schwere strukturelle Kardiopathie (LVEF < 40 %, Herzinsuffizienz, Vorgeschichte eines Myokardinfarktes)
- Beim Ausüben körperlicher Aktivität oder im Liegen
- Pathologisches EKG, S. 243
- Plötzliches Auftreten von Palpitationen, welche eine Synkope auslösen
- Familienanamnese von Sekundentod

3.1. Arrhythmie als Ursache der Synkope

Klas: a) **Bradykardie**
- Dysfunktion des Sinusknotens

  Bsp: • Syndrom des kranken Sinusknotens (Syn: Tachy-Bradykardie-Syndrom, Sick-sinus Syndrom [SSS])

  Allg: • Das SSS umfasst:
  - Sinusknotenpausen > 3 sek (Sinusstillstand oder Sinoatrialer Block)

- Persistierende Sinusbradykardie mit HF < 40/min
- Sinusbradykardie, wechselnd mit intermittierenden Tachykardien
- Häufige Ursache von Synkopen bei älteren Personen
- Ein Karotisdruckversuch (S. 164) kann ein SSS demaskieren.

Prog:
- Vergleichbar mit Kontrollbevölkerung (Mortalität: 2-8 % im 1. Jahr)

Th:
- Akute Therapie
  - Atropin 0.5 mg - 1 mg Bolus **SC** oder **IV**, auch bei Patienten mit Glaukom oder Prostatismus.
  - In Betracht ziehen (zur Überbrückung der Schrittmacherimplantation): Phylline (z.B. Theophyllin 2x 250-500 mg/d PO, max. 2x 750 mg/d)
- Chronische Therapie → Schrittmacherimplantation

- AV-Reizleitungsstörungen

Allg:
- Häufige Ursache einer Synkope bei älteren Personen.
- Ein AV-Block 2° vom Typ «nicht hochgradiger Block» (z.B. WENCKEBACH, AV-Block 2:1) per se löst nie eine Synkope aus, kann aber Vorläufer für Blockbilder höheren Grades sein!

Th:
- Isoprenalin (S. 126, 1214) beschleunigt die AV-Überleitung und die Frequenz des junktionalen oder ventrikulären Ersatzrhythmus.

Für die PRAXIS:
Atropin ist bei AV-Blöcken infolge degenerativen Veränderungen der Reizleitung NICHT indiziert, da es die Sinusfrequenz erhöht, ohne aber die AV-Überleitung zu erleichtern → der Schweregrad des AV-Blockes kann somit verstärkt werden, z.B.:
- Entwickeln eines 2/1-, 3/1-, 4/1-Blockes!
- Übergehen in eine Asystolie

- Dysfunktion eines implantierten Gerätes im Herz

Allg:
- Die Synkope tritt typischerweise bei Anstrengungen auf, welche die Oberarm- und Brustmuskulatur beanspruchen → der Schrittmacher wird wegen Überschätzung der Muskelpotenziale gehemmt → SYNKOPE.

Dg:
- EKG bei Anstrengung (Zug auf beide Hände oder Arme = *handgrip*) → transitorisches Verschwinden der ventrikulären Stimulation, welche gleichzeitig beim Auftreten von Myopotenzialen der Hand oder des Vorderarmes vorkommen (tritt v.a. auf, wenn die Programmierung der ventrikulären Detektion unipolar eingestellt ist).

Th:
- Neuprogrammieren des Implantats
- Elektrodenwechsel bei Ruptur

- Medikamentös

b) Tachykardie

- Supraventrikulär

Allg:
- Eine SVT ist selten Ursache einer Synkope, kann aber mit einem vasovagalen Reflex verbunden sein, welcher die Synkope auslöst.

Urs:
- Siehe Kapitel SVT, S. 136

- Ventrikulär (inkl. Torsade de pointes)

Klas:
- Idiopathisch
- Sekundär
  - Strukturelle Kardiopathie, KHK
  - Art. HT (oft mit paroxysmalem Vorhofflimmern assoz.)
  - Hyperthyreose
  - Erbkrankheiten: langes QT, kurzes QT, Kanalkrankheiten (z.B. BRUGADA), polymorphe ventrikuläre Tachykardie, polymorphe katecholaminerge ventrikuläre Tachykardie (Kanalmutationen: Raynodin, Calsequestrin)

Bem:
- Eine Breitkomplextachykardie ist eine ventrikuläre Tachykardie bis zum Beweis des Gegenteils!

- Medikamentös

3.2. Strukturelle Pathologien

Klas: **a) Kardiogen**

- Akutes Koronarsyndrom, S. 194

Allg:
- Synkopen treten häufiger beim Inferiorinfarkt auf.
- Beim Vorderwandinfarkt sind die Synkopen meist mit polymorphen ventrikulären Tachykardien assoziiert, welche einen transitorischen Kreislaufkollaps induzieren.
- **Mechanismus**: Vagusaktivierung und paradoxe Sympathikushemmung → intermittierende Bradykardie und Vasodilatation → SYNKOPE.

Th:
- Bei inferiorem Myokardinfarkt:
  - Atropin 0.5-1 mg Bolus **IV**, evtl. Herzschrittmacher
  - Notfallmässige Revaskularisation → Algorithmus S. 196

- Obstruktive Valvulopathie

Vorg:
- Chirurgischer Aortenklappenersatz (bei Hochrisikopatienten besteht die Möglichkeit eines perkutanen Eingriffs).

- Hypertrophe Kardiomyopathie

Allg:
- Sowohl eine intraventrikuläre Obstruktion, als auch eine Arrhythmie (tachykardes VHFli., maligne Arrhythmie) kann eine Synkope auslösen.

Vorg:
- Kardio-Konsilium

- Herztumor (z.B. Myxom)

Allg:
- Das Myxom ist ein intrakardialer, i.d.R. benigner Tumor, häufig im linken Atrium lokalisiert (3x häufiger als im rechten Atrium). Intraventrikuläre Myxome sind unüblich.
- Ca. 40 % aller intrakardialen Tumoren sind Myxome. Histologie: Mukopolysacharid-Matrix. Dieser Tumor ist rheologisch gesehen thrombogen.

Klin:
- Herzgeräusch: Intermittierendes und positionsabhängiges Systolikum und/oder Diastolikum.

Th:
- Chirurgie

- Kongenitale Anomalien der Koronararterien

Allg:
- Seltene Erkrankung, aber mit schlechter Prognose!
- Daran denken bei jungen Patienten mit Retrosternalschmerzen.

- Dysfunktion von künstlichen Herzklappen

b) Nicht kardiogen

- Lungenembolie

Allg:
- Weniger als 10 % der Patienten mit LE manifestieren eine Synkope.

Th:
- Siehe, S. 299

- Akute Aortendissektion, S. 14

Allg:
- Seltene Ursache einer Synkope (i.d.R. Typ A-Dissektion)

Th:
- Siehe Algorithmus S. 17

- Pulmonale Hypertonie

Bsp:
- Anstrengungssynkope oder Synkope in Ruhe bei Patienten mit kongenitaler Kardiopathie und pulmonaler Hypertonie.
- Idiopathische Lungenfibrose

Th:
- Kardio-Konsilium
- Körperliche Aktivität reduzieren → Rezidivrisiko ↓.

- Perikarderkrankung/Perikardtamponade

Allg:
- Seltene Synkopenursache. Klinik/Therapie, siehe S. 290

EKG:
- Suche nach elektrischer QRS-Alternanz (evtl. auch P- und/oder T-Wellen)

Th:
- Perikarddrainage (S. 290) oder sofortiger chirurgischer Eingriff.

4. Zerebrovaskuläre Synkope

Eine Synkope zerebrovaskulärer Ursache muss bei Vorhandensein folgender Elemente vermutet werden:

- Vorkommen bei Bewegungen der Arme
- Vorhandensein einer Druckdifferenz ≥ 20 mmHg des SBD zwischen den beiden Armen.

Ein vaskuläres «*Steal*-Phänomen» bedeutet, dass ein einziges Gefäss die Blutzufuhr beider Hemisphären, sowie diejenige eines Arms, gewährleisten muss.

4.1. *Subclavian-steal-syndrome*

Allg:
- Pathogenese:
  - Beim Subclavian-steal-syndrome besteht eine Inversion des Blutflusses in der Arterie vertebralis, als Folge einer hochgradigen (oder kompletten) Stenose der ipsilateralen, proximalen A. subclavia.

Klin:
- Unterschied des SBD zwischen beiden Armen > 20 mmHg
- Pulsabschwächung des betroffenen Arms
- Strömungsgeräusch der betroffenen A. subclavia (es soll in der Fossa supra-clavicularis auskultiert werden).
- Das *subclavian-steal-syndrome* wird oft bei körperlicher Anstrengung des ipsilateralen Arms beobachtet.
- Bei schwergradiger Stenose oder bei vollständigem Verschluss der A. subclavia (¶ oder §), kann eine Inversion des Blutflusses in der ipsilateralen A. vertebralis (¶ oder §) beobachtet werden. Dieses Phänomen kann zu einer zerebralen Minderperfusion und somit zu einer Synkope führen.

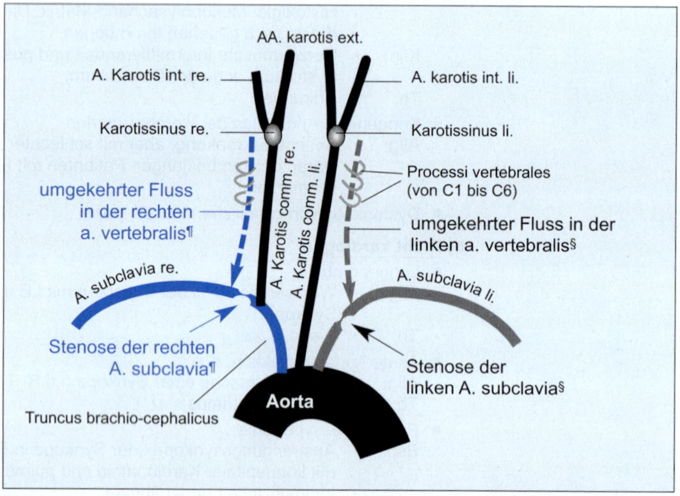

Schema: *Subclavian-steal-syndrome*.

¶ Eine schwergradige Stenose (bzw. vollständiger Verschluss) der rechten A. subclavia, kann eine Inversion des Blutflusses in der ipsilateralen A. vertebralis hervorrufen. Dieses Phänomen kann zu einer zerebralen Minderperfusion und somit zu einer Synkope führen.

§ Idem «¶», aber auf der Gegenseite.

5. Ungeklärte Ursache der Synkope

Allg:
- Ca. ⅓ aller Synkopen sind ungeklärter Ursache (keine strukturelle Kardiopathie und mit normalem EKG).

Vorg:
- Siehe Algorithmus S. 241

Unklare Synkope

Grunduntersuchungen bei ALLEN Patienten mit Synkope

- Präzise Anamnese + Risikostratifikation (erheben der KV Risikofaktoren)
- Status (speziell: KV System, Neurostatus, Suche nach vaskulären Geräuschen)
- EKG (siehe EKG Kriterien, welche auf eine rhythmische Synkope hinweisen S. 243)
- BD liegend (rechts und links); siehe auch Kapitel «Aortendissektion», S. 14
- Orthostaseversuch, S. 284

Kardiovaskuläre Synkope möglich?

Ja – *Kardio Konsilium*

- **Karotisdruckversuch**, S. 164
- **Echokardiographie**
  - Ind:
    - Bekannte Kardiopathie
    - Evidenz/Verdacht auf eine strukturelle Kardiopathie
    - Kardiovaskuläre Synkope
  - Dg:
    - Die Echokardiographie per se erlaubt die Ursache der Synkope in folgenden Fällen zu finden: [IB]
      - Schwergradige Aortenstenose
      - Obstruktiver Tumor oder obstruktive Thrombi
      - Perikardtamponade
      - Aortendissektion
      - Kongenitale Anomalie der Koronararterien
- **Ergometrie**
- **Rhythmisches Monitoring**
  - Ind:
    - Vd. auf eine rhythmische Synkope
  - Allg:
    - Möglichkeiten den Rhythmus aufzuzeichnen:
      - HOLTER (24 h-ECG, evtl. 48 h oder über 7 Tage)*
      - Externe EKG-Aufzeichnung von Loops
      - SC-Implantation eines internen Aufzeichnungsgerätes *(loop recorder)***
- **Elektrophysiologische Studie**

Nein

→ **Diagnose unklar** → Konsultation bei Synkope-Spezialist

→ **Normale Grunduntersuchunen** (keine Kardiopathie und normales EKG)
- Einmalige und nicht schwergradige Synkope → Keine weiteren Abklärungen notwendig
- • Multiple Synkopen • Schwergradige Synkopen – *Kardio Konsilium* →
  - **Tilt-Test**, S. 243
  - **Karotisdruckversuch** (falls nicht bereits durchgeführt), S. 164
  - **Psychiatrische Evaluation**

→ **Diagnose gestellt** (20-50 % der Fälle) → Therapie

Algorithmus: Unklare Synkope.[1,2]

* Die diagnostische Aussagekraft des HOLTER ist sehr schwach (1-2 % bei einer nicht selektionierten Population und ca. 15 % der Patienten geben Symptome an, welche nicht mit einer Arhythmie übereinstimmen).

** Es handelt sich um einen implantierbaren EKG-Monitor (parasternal links, subkutan; Bsp: REVEAL®). Max. Dauer des EKG-Speichers: 42 min. Die Aktivierung ist entweder automatisch oder wird durch den Patienten, welcher ein telemetrisch gesteuertes Kästchen auf sich trägt, ausgelöst. Ein solches System (REVEAL®) ist 36 Mt. funktionell.

1 Angepasst nach: Bringole M, et al. European Heart Journal 2001 ;22 :1262. 2 Sarasin FP, Pruvot E, et al. Int J Cardiol 2008; 127 :103-11.

Hosp: • Indikationen für eine Notfall-Hospitalisierung
- Vorhandensein einer schwergradigen strukturellen Kardiopathie (Herzinsuffizienz, LVEF < 40 %, Status post Myokardinfarkt)
- Unklare Synkope bei KHK und/oder bekannter oder vermuteter Vaskulopathie
- Unklare Synkope mit pathologischem EKG, siehe Tabelle, S. 243
- Synkope während (nicht nach!) einer Anstrengung oder bei Stress:
  -- Schwimmen, Rennen, abruptes Aufwachen u.a.
- Synkope mit schwerem Trauma oder Synkope mit Risiko eines schweren Traumas
- Vorhandensein einer Arrhythmie (SVT oder VT, anhaltend oder nicht anhaltend)
- Synkope bei akutem Koronarsyndrom oder bei Lungenembolie
- Familienanamnese mit Sekundentod (inkl. Vd. auf BRUGADA-Syndrom)
- Synkope infolge Bradykardie in Kombination mit einem Trauma mit Indikation einer Schrittmacherimplantation.
- Schwergradige Begleiterkrankung: schwere Anämie, Dyselektrolytämie

Klin: ▪ **Prodrome**
- Nausea, Erbrechen, saures Magensaftaufstossen
- Schwitzen, Ängstlichkeit
- Parästhesien, Sehstörungen, Kopfschmerzen, Schwindel

Für die PRAXIS:
- Prodrome werden häufig bei vasovagalen oder psychogenen Synkopen beobachtet.
- Je zahlreicher die Prodrome sind, desto weniger wahrscheinlich ist die Ursache der Synkope kardialer Genese.
- Bei fehlenden Prodromen (z.B. beim ADAMS-STOKES oder bei Synkopen mit plötzlichem Umkippen) tritt die Synkope in ca. 50 % der Fälle als Folge einer Rhythmusstörung auf:
  - Paroxysmaler AV-Block
  - Sick-sinus Syndrom und kardio-inhibitorische Hypersensibilität des Karotissinus
  - Ventrikuläre Tachykardie oder paroxysmale SVT
- Eine perisynkopale Amnesie kann fälschlicherweise den Eindruck einer Synkope mit plötzlichem Umkippen erwecken!

▪ **Elemente, welche für eine Synkope sprechen können**
- Klonische Bewegungen (< 15 sek), die nach dem Bewusstseinsverlust beginnen
- Fehlen einer tonischen Phase, bevor die klonische Phase beginnt
- Keine Aura (d.h. keine Aphasie, Sehstörung, Sensibilitätsstörung, motorische Störung)
- Kurzzeitiger Bewusstseinsverlust (durch Zeugen übermittelt)
- Schnelle Erholung ohne Verwirrtheitszustand (ausser bei assoziiertem SHT)

Lab: • Metabolische Störungen:
- Blutzucker (↓?), Na^+ (↓?), Ca^{2+} (↓?), K^+ (↑?)
• Bei pathol. EKG oder Anamnese für ein ACS oder eine Konvulsion: Troponin, CK, CK-MB
• ABGA (je nach Klinik indiziert): Hypoxie? Hypokapnie bei Hyperventilation?

Vorg: 1. Diagnostische und prognostische Massnahmen
- Anamnese + Status + EKG + Orthostaseversuch
- Wenn die Synkope unklar bleibt, hängt das weitere Vorgehen ab von:
  - Vorhandensein oder klinischem Vd. auf Risikofaktoren einer KHK
  - Häufigkeit und Schweregrad der synkopalen Ereignisse. Siehe Algorithmus S. 241

2. EEG
- Eine epileptische Krise ist eine seltene Ursache eines passageren Bewusstseinsverlustes (< 1 %). Hier einige klinische Elemente, welche für eine Epilepsie sprechen und demzufolge die Durchführung eines EEG rechtfertigen:
  - Tonische Phase, gefolgt von anhaltenden klonischen Bewegungen (> 15 sek), welche mit dem Beginn des Bewusstseinsverlustes übereinstimmen.
  - Sich wiederholende, automatisierte Bewegungen (Mastikation)
  - Lateraler Zungenbiss
  - Gesichtszyanose
  - Aura vor dem Ereignis (Aphasie, Sehstörung, Sensibilitätsstörung, motorische Störung)
  - Anhaltender (> 5 min) Verwirrtheitszustand nach dem Aufwachen
  - Muskelschmerzen nach dem Aufwachen
  - Dysproportionierte CK-Erhöhung im Vgl. zur Ausdehnung der festgestellten Läsionen (z.B. Hämatom)

3. Zerebrale Bildgebung (CT, MR)

Eine Bildgebung des Schädels ist in folgenden Situationen indiziert (Frage nach: Blutung, Tumor, Malformation u.a.):
- Pathologischer Neurostatus und/oder
- Pathologisches EEG (bei fehlenden EEG-Anomalien oder pathologischen klinischen Befunden liegt die diagnostische Hilfe eines Schädel-CT oder -MR nur bei < 5 %).

EKG, welche eine rhythmische Ursache der Synkope vermuten lassen[1]

- Bifaszikulärer Block: kompletter LSB oder RSB (QRS ≥ 120 ms) mit LAHB oder LPHB
- Alternierender LSB und RSB oder trifaszikulärer Block
- QRS ≥ 120 ms
- AV-Block:
  - 2° Typ I (WENCKEBACH)
  - 2° Typ II (MOBITZ 2)
  - 3°
- Sinusbradykardie < 40/min
- Sino-atrialer Block (siehe auch «Bemerkung» unten)
- Sinusknotenpause > 3 sek (siehe auch «Bemerkung» unten)
- Ventrikuläre Tachykardie:
  - nicht anhaltend (< 30 sek)
  - anhaltend (≥ 30 sek)
- QRS-Komplexe mit Präexzitation (z.B. WPW)
- Anhaltende supraventrikuläre Tachykardie (> 180/min) mit art. Hypotonie (SBD < 90 mmHg)
- Schrittmacherdysfunktion mit Pausen
- Frühzeitige Repolarisation bei Synkope mit plötzlichem Umkippen
- RSB mit ST-Hebung in V1-V3 (BRUGADA-Syndrom, S. 214)
- Negative T-Wellen in den rechtsseitigen Brustwandableitungen, Epsilon-Wellen und tardive ventrikuläre Spätpotentiale, die eine arrhythmogene Kardiomyopathie des rechten Ventrikels vermuten lassen
- In V1-V3: signifikante ST Verschiebungen (↑/↓) und T-Wellenveränderungen
- Q-Zacken, welche für einen Myokardinfarkt sprechen
- Bemerkung:
  Patienten unter chronotrop negativer Medikation, oder bei gut trainierten Sportlern, deuten folgende Arrhythmien nicht unbedingt auf eine rhythmisch bedingte Synkope hin:
  - Asymptomatische Sinusbradykardie < 50/min
  - Sino-atrialer Block
  - Sinusknotenpause (≥ 3 sek)

Tabelle: EKG-Anomalien, welche für eine rhythmische Synkope sprechen.

VT Ventrikuläre Tachykardie (= mehr als 3 konsekutive ventrikuläre Komplexe)
SVT Supraventrikuläre Tachykardie

Kipptischversuch (Tilt-Test)

Allg:
- Es handelt sich um ein Mass der Aktivität des autonomen Systems bei rapidem Abfall des venösen Rückflusses, als Reaktion einer Vertikalisierung des Körpers. Ein pathologischer Tilt-Test spricht für eine vaso-vagale Synkope.

Vorg:
- Der Patient liegt auf dem Kipptisch (5 min ohne venösen Zugang und 20 min mit venösem Zugang). Danach wird der Patient von 0° auf 60-70° vertikalisiert.
- Interpretation:
  a) Normaler Test:
  Reflextachykardie (mässig) mit Vasokonstriktion und Beibehalten des art. Blutdruckes.
  b) Pathologischer Test:
  Symptomatische Reflexbradykardie mit BD-Abfall (SBD < 80 mmHg), welcher das synkopale Ereignis reproduziert.

1 Angepasst nach: Moya A, Sutton R, Ammirati F, et al. ESC Guidelines. Eur Heart J 2009 ;30 ;2631-71.

Hypertensiver Notfall — Hypertensive Gefahrensituation [I10]

Hypertensiver Notfall

Absoluter Notfall

Hypertensiver Notfall
Hypertensive Emergency

Definition - Beispiele **BOX 1**

- **AHT <u>MIT</u> Endorganschaden:**
  - Aortendissektion
  - Hypertensive Enzephalopathie, S. 247
  - Maligne Hypertonie (d.h. mit Papillenödem)
  - Akutes Koronarsyndrom
  - Akute Herzinsuffizienz, akutes Lungenödem
  - Hirnschlag, S. 514 ff
  - Hirnblutung (S. 512), Subarachnoidalblutung (S. 581)
  - AHT + starke Kopfschmerzen, AHT + Sehstörungen
  - Akute Niereninsuffizienz
  - Akute Glomerulonephritis
  - Schwere AHT nach Nierentransplantation
  - Phäochromozytom Krise, S. 638
  - Post AC-Bypass
  - Präeklampsie/Eklampsie, S. 1478, 1480
  - Schwere Epistaxis

Relativer Notfall

Hypertensive Gefahrensituation
Hypertensive Urgency

Definition

- **AHT <u>OHNE</u> Endorganschaden,** S. 251

Beispiele / Therapie S. 247

Vorgehen - Therapeutische Ziele

I. <u>Eine sofortige BD-Senkung ist zwingend!!</u>

- **Aortendissektion**, S. 14

Vorg: • Ziel: SBD < 120 mmHg (innerhalb von 20 min)
Th: • 1. Wahl: Betablocker (oder α/β-Blocker). Falls ungenügend, zusätzlich Nitroprussid

Erstwahltherapie: Betablocker oder Alpha-Betablocker		
Esmolol BREVIBLOC®	Initial	• Bolus 0.25-0.5 mg/kg in 1 min **IV** (Patient 70 kg: 15-35 mg in 1 min **IV**)
	Erhaltung	• 0.05 mg/kg/min **IV** über 4 min, dann S. 1317
Metoprolol LOPRESOR®	Initial	• 5 mg in 1-5 min **IV**. Bei Bedarf nach 5-10 min wiederholen. Maximaldosis 15 mg (d.h. 3 Amp)
	Erhaltung	• Perfusor 1-4 mg/h **IV** oder: • 5 mg Boli **IV**. Bei Bedarf alle 6 h wiederholen.
Labetalol (in D nicht erhältlich)	Initial	• 20-80 mg alle 10-20 min **IV** Max. kumulative Dosis 300 mg
	Erhaltung	• Perfusor 1-2 mg/min **IV**. Maximaldosis 2.4 g/d
Zusätzlich **Nitrat** (falls initiale Therapie ungenügend wirksam)		
Nitroprussid	Titrieren:	• NIPRUSS®: Perfusor 0.5-10 µg/kg/min **IV**
Nitroglycerin	Titrieren:	• PERLINGANIT®: Perfusor 1.2-10 mg/h **IV**

II. <u>BD-Senkung soll innerhalb von 1-6 Stunden stattfinden</u>

- Beispiele von AHT mit Endorganschaden, siehe oben **BOX 1**

Vorg: • Ziel-BD in der 1. Stunde: ....**Arterieller Mitteldruck um 20-25%** senken
• Ziel-BD innert 2-6 h:................**160/100 mmHg**
• **<u>Ausnahmen</u>**
1. Ischämischer Hirnschlag: Empfehlungen, siehe S. 523
2. Hirnblutung: BD senken bei SBD > 170 mmHg und/oder DBD > 100 mmHg!
Th: • Nitroprussid und/oder Labetalol (Dosis siehe Tabelle oben). Eklampsie siehe S. 1480

Algorithmus: Hypertensiver Notfall und hypertensive Gefahrensituation.

Hypertensiver Notfall — *Hypertensive emergency*[1,2]

Def:
- Kein Konsens
- **Ein hypertensiver Notfall setzt einen Endorganschaden voraus.**
- In der Literatur findet man verschiedene Definitionen (aber nicht *evidence-based*):
  - DBD > 120-130 mmHg
  - Hypertone Krise mit Endorganschaden, unabhängig vom DBD.

Allg:
- Auslösende/Verschlimmernde Faktoren müssen gesucht und behandelt werden:
  - Schmerzen
  - Überfüllte Harnblase
  - Hypoxämie
  - Ängstlichkeit, Panik u.a.
- Eine schnelle Senkung des art. Mitteldruckes von 40-50 % kann Endorganschäden auslösen, v.a. bei chronischen Hypertonikern!

Urs:
- Hypertensive Krise bei bestehender primärer Hypertonie
- Schlechte medikamentöse Kompliance (häufig!!)
- Vaskuläre oder parenchymatöse Nephropathie
- Toxi-medikamentös
  - NSAR (inkl. Anti COX-2)
  - Sympathomimetika (z.B. Nasentropfen)
  - Antidepressiva (trizyklische, IMAO)
  - Kokain, LSD, Amphetamine u.a.
- Präeklampsie, Eklampsie, siehe S. 1480
- Phäochromozytom, S. 638
- Hyperkortisolismus, S. 716
- Hyperaldosteronismus
- Konnektivitis
- Polycythaemia vera
- Autonome Hyperaktivität (z.B. GUILLAIN-BARRÉ-Syndrom)

Klin:
- Symptome
  - Zentrales Nervensystem
    - Starke Kopfschmerzen, Nausea, Erbrechen
    - Transitorische, fokale neurologische Symptome: Sehstörungen, Parästhesien, Parese, Aphasie, Epilepsie, Hirnschlag u.a.
    - Bewusstseinsstörung
  - Kardiovaskulär
    - Dyspnoe, Herzklopfen
    - Thoraxschmerzen
  - Sonstige
    - Assoziation von: blasser Haut, Schwitzen und Tachykardie (Phäochromozytom?)
    - Ausgeprägte Epistaxis
- Klinische Untersuchung
  - BD an beiden Armen (sitzend oder liegend und, falls möglich, stehend). Wenn die Differenz SBD/DBD zwischen den beiden Armen > 20/10 mmHg beträgt, muss an eine Aortendissektion gedacht werden, S. 14
  - Kardio-pulmonale und vaskuläre Auskultation:
    - A. carotis, Aorta abdominalis, Aa. femorales
  - Palpation der peripheren Pulse
  - Neurostatus
  - Augenfundus mit Frage nach:
    - Weichen Exsudaten, Blutungen
    - Papillenödem (das Papillenödem definiert die Diagnose einer malignen AHT)

Vorg:
- BD-Messung an beiden Armen (der höhere Wert ist massgebend).
- Bei Arrhythmie können die automatischen BD-Messgeräte falsche BD-Werte angeben.
- Blut Analysen:
  - Blutbild + Blutabstrich (Frage nach Hämolyse)
  - Chemie: Na^+, K^+, Harnstoff, Kreatinin, LDH, TSH
- Urin
  - Urinstix
  - Evtl. Urinspot (10 mL Urin, nicht zentrifugiert): Na^+, K^+, S. 1442
- 12-Ableitungs-EKG
- Thoraxröntgenbild
- Schädel-CT bei pathologischem Neurostatus
- Bei Vd. auf Phäochromozytom, siehe S. 638
- Bei Vd. auf Hyperkortisolismus, siehe S. 716, 717
- Bei Vd. Aortendissektion: ad. Angio-CT, S. 14

1 Angepasst nach: Lebel M, et al. Société québecoise de l'hypertension artérielle. Guide thérapeutique 2002. 2 Ram CVS. Cardiol Clin 1995 ;13 :579-91.

Th: • Je nach Grundleiden, kann die antihypertensive Therapie wie folgt angepasst werden:

Klinische Situation	Antihypertensiva der Wahl bei hypertensiver Notfallsituation
▪ **Aortendissektion**, S. 14	Therapie der Wahl • Betablocker oder Alpha-Betablocker: - Esmolol, Metoprolol, Labetalol, S. 244 Bei ungenügender Wirkung zusätzlich • Nitrat (Nitroprussid oder Nitroglycerin), S. 244
▪ **Akutes Lungenödem, Herzinsuffizienz**	Therapie der Wahl • Nitrat + Furosemid
▪ **Akutes Koronarsyndrom**	Therapie der Wahl • Labetalol + Nitrat, S. 244 Alternativ • Esmolol + Nitrat, S. 244
▪ **Hypertensive Enzephalopathie**, S. 247	Therapie der Wahl • Labetalol und/oder: • Nitrat, S. 244
▪ **Akuter ischämischer Hirnschlag**	Therapieempfehlungen, siehe Kapitel «Neurologie», S. 523 • Labetalol und/oder Nitroprussid
▪ **Hirnblutung** ▪ **SAB**, S. 581	Therapie der Wahl (falls SBD > 170 u/o DBD > 100 mmHg) • Labetalol Alternativ • Nitrat, S. 244
▪ **Akute Niereninsuffizienz**	Therapie der Wahl • Furosemid und/oder Labetalol
▪ **Phäochromozytom**	Siehe S. 638
▪ **Prä-, Eklampsie**	Siehe S. 1478, 1480

Tabelle: Antihypertensive Therapie bei hypertensiver Notfallsituation je nach Komorbidität.

Antihypertensiva	Wirkungsbeginn	Wirkungsdauer
Esmolol	1-2 min	10-20 min
Labetalol	5-10 min	3-6 h
Metoprolol	10-20 min	4 h
Nitroglycerin	2-5 min	3-5 min
Nitroprussid	sofort	2-5 min
Dihydralazin	5-20 min	2-6 h

Tabelle: Wirkungsbeginn und Wirkungsdauer verschiedener Antihypertensiva.

Hypertensive Gefahrensituation — Hypertensive urgency

Def: • Es gibt keine klar etablierte BD-Limiten, welche eine hypertensive Gefahrensituation definieren. In der Literatur finden sich folgende BD-Werte:
- **BD ≥ 180/110-120 mmHg ohne Endorganschaden.**

Allg: • Risikopatienten oder -situationen:
- Vorgeschichte einer Herzinsuffizienz
- Ischämische Kardiopathie
- Niereninsuffizienz
- Hirnschlag, TIA

Klin: I. Asymptomatisch (AHT als «Zufallsbefund»)
II. Symptomatisch
- Epistaxis (nicht massiv)
- Leichte Kopfschmerzen
- Psychomotorische Agitation
- Arrhythmien

Vorg: 1. Keine Panik! Der Patient soll sich ausruhen.
2. BD-Messung nach 30 min wiederholen.
   - Immer an beiden Armen; der höhere BD ist massgebend.
3. Wenn der BD erhöht bleibt, soll eine orale antihypertensive Therapie eingeleitet werden.

> **Für die PRAXIS:**
> **Der BD soll innerhalb der folgenden 24-48 Stunden langsam gesenkt werden.**

4. **Kriterien zur Spitalentlassung:**
   - Gut tolerierte antihypertensive Therapie
   - Zufriedenstellende Wirksamkeit der antihypertensiven Therapie 4-6 h nach deren Gabe.
5. Verlaufskontrollen (nach 2-3 Tagen obligat!)

Th:

Beispiele	Dosierung (PO)	Wirkungsbeginn	W'Dauer
Kalziumantagonisten			
Felodipin	5-10 mg/d	2 h	24 h
Nifedipin*	1x 30-60 mg/d (Retardform!)	30 min - 4 h	10-16 h
ACE-Hemmer			
Captopril	3x 12.5-25 mg/d	15 min (Peak: 1 h)	4-6 h
Enalapril	1x 10-20 mg/d	2-4 h	12-24 h
Lisinopril	1x 10-20 mg/d	Peak: 7 h	8-12 h
Betablocker			
Metoprolol	1x 25-100 mg/d (Retardform)	Über 20 h kont. Wirkstofffreigabe	
Alpha-Betablocker			
Labetalol**	4x 100-300 mg/d	30 min - 2 h	6-12 h

Hypertensive Enzephalopathie

Allg: • Die Diagnose der hypertensiven Enzephalopathie im Rahmen einer hypertensiven Notfallsituation wird durch ein promptes Ansprechen auf die antihypertensive Therapie bestätigt.

Klin: • Eine hypertensive Enzephalopathie manifestiert sich i.d.R. bei DBD > 140-150 mmHg:
- Kopfschmerzen
- Nausea, Erbrechen
- Transitorische fokale neurologische Symptome:
  -- Sehstörungen
  -- Parästhesien, Paresen
  -- Aphasie
  -- Epilepsie, Hirnschlag u.a.
- Bewusstseinsstörungen
- Augenfundus
  -- Retinaläsionen (weiche Exsudate, Blutungen)
  -- Papillenödem

* Kurzwirkendes Nifedipin (SUBL, IV) ist kontraindiziert: erhöhtes Hirnschlags- und AMI-Risiko![5]
** Labetalol ist in Deutschland nicht erhältlich.

5 O'Mailia JJ, et al. Ann Intern Med 1987 ;107 :185-6.

Primäre arterielle Hypertonie (AHT)1-5 ☛ www.swisshypertension.ch [I10]

Def:

Art. Blutdruck	**SBD** [mmHg]	**DBD** [mmHg]
Optimal	< 120	< 80
Normal	120-129	80-84
Hoch Normal	130-139	85-89
Art. Hypertonie	**≥ 140**	**≥ 90**
1. Grades (leicht)	140-159	90-99
2. Grades (mässig)	160-179	100-109
3. Grades (schwer)	≥ 180	≥ 110
Isoliert systolische Hypertonie	**≥ 140**	**< 90**
1. Grades (leicht)	140-159	< 90
2. Grades (mässig)	160-179	< 90
3. Grades (schwer)	≥ 180	< 90

Refraktäre art. Hypertonie	• Art. Hypertonie, wobei BD-Werte < 140/90 mmHg i.d.R. nicht erreicht werden, trotz ≥ 3 maximal dosierten Antihypertensiva (inkl. 1 Diuretikum).
Maligne art. Hypertonie	• Papillenödem (Augenfundus) • Der DBD ist oft ≥ 130 mmHg.
AHT in der PRAXIS	• AHT = SBD ≥ 140 und/oder DBD ≥ 90 mmHg
Ambulante BD-Messung (24 h)	• Tag und Nacht: ≥ 130/80 mmHg • Tag (beim Erwachen): ≥ 135/85 mmHg • Nacht (im Schlaf): ≥ 120/70 mmHg

Allg:

Blutdruck Zielwerte

Generell .... < 140/90 mmHg

Sekundärprophylaxe, Nephropathie oder Diabetes mellitus .... < 130/80 mmHg

A. Arterielle Hypertonie — Allgemeine Informationen

Allg:
- 85-90 % der art. Hypertonie sind primär (essentiell, idiopathisch), 10-15 % sind sekundär.
- Das kardiovaskuläre Risiko beginnt ab BD-Werten > 115/75 mmHg anzusteigen und verdoppelt sich jedesmal bei Erhöhungen von 20/10 mmHg!

▪ **Wie soll der art. BD gemessen werden?**
- Das Messgerät muss geprüft und validiert sein (www.dableducational.org)
- Keine Koffeineinnahme während der Stunde vor der BD-Messung
- Nicht rauchen während der 30 min vor der BD-Messung
- Bei der 1. Konsultation (Patient während mind. 5 min in Ruhelage) wird der BD an beiden Armen gemessen, dies in liegender (oder sitzender) Position und stehend.
- Bei der 1. Konsultation (der Patient soll während mind. 5 min in Ruhelage sein) werden mindestens 2 BD-Messungen im Intervall von 1-2 min durchgeführt. Wenn die 2. Messung von der ersten abweicht, werden weitere Messungen vorgenommen.
- Bei orthostatischen Symptomen (z.B. Diabetiker, > 65 Jahre, unter antihypertensiver Therapie) soll der BD auch stehend gemessen werden (mehrere Messungen).
- Die Herzfrequenz (sitzend) soll nach der 2. BD-Messung abgenommen werden.

▪ **Technik**
- Unabhängig von der Lage des Patienten soll der BD auf Herzhöhe bestimmt werden.
- Die Manschettengrösse soll dem Armumfang angepasst sein.

Armumfang	Manschettenbreite
18 - 26 cm	9 x 18 cm (Standard bei Kindern)
27 - 33 cm	12 x 23 cm (Standard bei Erwachsenen)
34 - 41 cm	15 x 33 cm («grosse» Manschette)
> 41 cm	18 x 36 cm

Für die PRAXIS:
Eine zu kleine oder zu locker angebrachte Manschette ergibt falsch hohe BD-Werte!

1 www.swisshypertension.ch 2 Mancia G, et al. ESH and ESC. J Hypertens 2007 ;25 :1105-87. 3 August P. NEJM 2003 ;348 :610-17. 4 Chobanian AV, et al. JAMA 2003 ;289 :2560-72. 5 O'Brien E. J of Hypertension 2005 ; 23 :697-701.

- Die Manschette schnell aufblasen, um einen Druck von 20 mmHg oberhalb des radialen SBD zu erreichen (was durch das Verschwinden des Radialispulses kontrolliert werden kann).
- Langsam den Druck der Manschette reduzieren (2-3 mmHg pro Sekunde).
  Der Wert des SBD entspricht demjenigen Moment, bei dem ein klares, sich wiederholendes Geräusch auftritt (= Phase I der KOROTKOFF-Töne).
  Der Wert des DBD wird beim Verschwinden der repetitiven Geräusche festgelegt (= Phase V der KOROTKOFF-Töne).
  Bei Patienten, bei welchen die Geräusche nicht verschwinden, sollte derjenige DBD-Wert notiert werden, welcher der Geräuschintensitätsverminderung entspricht (Phase IV der KOROTKOFF-Töne).

■ **Automatische BD-Messung**

Für die PRAXIS:
Definition der AHT mit der Selbstmessungsmessmethode: ≥ 135/85 mmHg.

- Der Apparat soll validiert sein und dessen BD-Werte mit denjenigen des Manometers des Hausarztes verglichen werden.
- Es gibt 2 verschiedene automatische BD-Geräte:
  - Brachiale Messgeräte (vorzuziehen)
  - Am Handgelenk messende BD-Messgeräte
- Der BD soll in sitzender Position (nach 5 min Ruhe), am nicht-dominanten Arm, der entspannt auf einem Tisch aufliegt, gemessen werden.
- Es sollen BD-Messungen am Morgen und am Abend (vor den Mahlzeiten) durchgeführt werden und dies mit je 2 konsekutiven Messungen (mit einigen Minuten Intervall).
  Diese Kontrollen sollen während 3-5 Tagen hintereinander stattfinden.
  Die Resultate (inkl. Herzfrequenz) sollen notiert werden.
- Die automatische BD-Messung ist bei ängstlichen Patienten oder schlechter Kompliance, nicht indiziert, denn hier besteht ein hohes Automedikationsrisiko.
- Vorteile der automatischen BD-Messung zu Hause:
  - Vereinfachung zur Entscheidung für den Beginn einer antihypertensiven Therapie
  - Verbesserung der therapeutischen Observanz des Patienten.

■ **Indikationen zur ambulanten BD-Messung/24 h**

- Grosse Unterschiede zwischen den verschiedenen gemessenen BD-Werten:
  - Hausarzt- bzw. Klinikmessungen (mehrere Male) und den Hausmessungen («Weisskittel-Hypertonie»!)
- Patienten mit niedrigem kardiovaskulärem Risiko (siehe Stratifikation Tabelle 1 S. 250), bei welchem ein hoher BD oder labiler BD gemessen wird.
- Suche nach einer signifikanten art. Hypotonie im Rahmen einer autonomen Dysfunktion (z.B. bei älteren Patienten, Diabetikern, bei M. PARKINSON)
- Suche nach einer Tag-Nacht-Schwankung des BD.
- Verdacht auf eine refraktäre art. Hypertonie, S. 248

Für die PRAXIS:
Ein **ungenügendes *nächtliches dipping*** ist ein Anhaltspunkt für eine mögliche sekundäre art. Hypertonie!
Normalerweise vermindert sich der BD um ca. 10-15 % während der Nacht.

B. Anamnese bei Patienten mit arterieller Hypertonie

Vorg: ■ Anamnestische Grundelemente bei Hypertonikern

1. Dauer und Schweregrad der art. Hypertonie (1. bis 3. Grades, S. 250)
   - Antihypertensive Therapie und deren Wirksamkeit
2. Alter des Patienten bei Erstdiagnose der art. Hypertonie
   - < 20-30 Jahre oder > 50-60 Jahre kann für eine sekundäre Form der Hypertonie sprechen, S. 258
3. Familienanamnese (1. Grades)
   - Art. Hypertonie
   - KHK < 55 Jahre (Männer); < 65 Jahre (Frauen)
   - Nephropathie (z.B. Polyzysten-Nieren)
4. Bestimmung des kardiovaskulären Risikos
   - Siehe «Kardiovaskuläre Risikostratifikation», S. 250
5. Suche nach:
   - Subklinischem Organschaden, S. 251
   - Etablierten Hypertonie-assoziierten Erkrankungen, siehe S. 251
6. Suche nach einer sekundären art. Hypertonie, S. 258

Kardiovaskuläre Risikostratifikation[1,2]

Blutdruck / Andere CVRF oder Komorbidität	Arterieller Blutdruck [mmHg] SBD 120-129 oder DBD 80-84	SBD 130-139 oder DBD 85-89	SBD 140-159 oder DBD 90-99	SBD 160-179 oder DBD 100-109	SBD ≥ 180 oder DBD ≥ 110
	Normaler BD	**Hoch Normal BD**	**AHT Grad 1**	**AHT Grad 2**	**AHT Grad 3**
▪ Kein anderer CVRF, S. 51	• Keine Therapie der AHT	• Keine Therapie der AHT	• Lifestyle während mehrerer Monate <u>dann</u>: • MEDIC	• Lifestyle während mehrerer Monate <u>dann</u>: • MEDIC	• Lifestyle und: • MEDIC
	Normales R	Normales R	***N-Risiko***	***M-Risiko***	***H-Risiko***
▪ 1-2 CVRF, S. 251	• Lifestyle	• Lifestyle	• Lifestyle während mehrerer Monate <u>dann</u>: • MEDIC	• Lifestyle während mehrerer Monate <u>dann</u>: • MEDIC	• Sofortige MEDIC und: • Lifestyle
	N-Risiko	***N-Risiko***	***M-Risiko***	***M-Risiko***	***SH-Risiko***
▪ ≥ 3 CVRF oder: ▪ Metabolisches Syndrom oder: ▪ Diabetes oder: ▪ SKO, S. 251	• Lifestyle	• Lifestyle ±* • MEDIC	• Lifestyle und • MEDIC	• Lifestyle und • MEDIC	• Sofortige MEDIC und: • Lifestyle
	M-Risiko	***H-Risiko***	***H-Risiko***	***H-Risiko***	***SH-Risiko***
▪ Etablierte Hypertonie assoziierte Erkrankungen, S. 251 oder: ▪ Nephropathie	• Sofortige MEDIC und: • Lifestyle	• Sofortige MEDIC und: • Lifestyle	• Sofortige MEDIC und: • Lifestyle	• Sofortige MEDIC und: • Lifestyle	• Sofortige MEDIC und: • Lifestyle
	SH-Risiko	***SH-Risiko***	***SH-Risiko***	***SH-Risiko***	***SH-Risiko***

Tabelle 1: Kardiovaskuläre Risikostratifikation.[1]

SKO	Subklinischer Organschaden, S. 251	***N-Risiko***	Niedriges Risiko
MEDIC	Medikamentöse Therapie, S. 253	***M-Risiko***	Mittelmässiges Risiko
CVRF	Kardiovaskuläre Risikofaktoren, S. 251	***H-Risiko***	Hohes Risiko
Lifestyle	Lebenshygiene + Diät, S. 691	***SH-Risiko***	Sehr hohes Risiko
AHT	Arterielle Hypertonie	Normales R	Risiko der Normalbevölkerung

I. Absolutes Risiko einer kardiovaskulären Erkrankung innert 10 Jahren (FRAMINGHAM[3], S. 694)

- ***N-Risiko*** (niedriges Risiko) ....< 15 %
- ***M-Risiko*** (mittelmässiges Risiko)......15-20 %
- ***H-Risiko*** (hohes Risiko)...................20-30 %
- ***SH-Risiko*** (sehr hohes Risiko) ....> 30 %

II. Geschätztes absolutes kardiovaskuläres Risiko einer **fatalen** KHK (SCΦRE-Score[4], S. 692)

- ***N-Risiko*** (niedriges Risiko) ....< 3 %
- ***M-Risiko*** (mittelmässiges Risiko).........3-4 %
- ***H-Risiko*** (hohes Risiko)........................5-9 %
- ***SH-Risiko*** (sehr hohes Risiko) ....≥ 10 %

* Bei Diabetikern ist die zusätzliche medikamentöse Therapie (MEDIC) immer indiziert.

1 Angepasst nach: ESH/ESC Task Force. Eur Heart J 2007 ;25 :1751-62. 2 www.swisshypertension.ch 3 Lauer M. N Engl J Med 2002 ;346 :1468-74. 4 Eur Heart J 2003 ;24 :1601-10 (SCORE-score).

Kardiovaskuläre Risikofaktoren (CVRF)[1]

Allg: Diese Risikofaktoren betreffen die Tabelle 1 (S. 250):

- Schweregrad der art. Hypertonie (siehe Definition S. 248): BD ≥ 140/90 mmHg
- Alter: Männer > 55 Jahre
  Frauen > 65 Jahre
- Rauchen
- Dyslipidämie (1 Laborwert genügt)
  - Cholesterin (gesamt) ..> 190 mg/dL (5.0 mmol/L)
  - LDL-C.........................> 115 mg/dL (3.0 mmol/L)
  - HDL-C
    -- Männer ....< 40 mg/dL (1.0 mmol/L)
    -- Frauen ....< 46 mg/dL (1.2 mmol/L)
  - Triglyzeride ....> 150 mg/dL (1.7 mmol/L)
- Nüchternblutzucker ....102-125 mg/dL (5.6-6.9 mmol/L)
- Pathologischer Glukosetoleranztest, S. 662
- Abdominale Adipositas - Bauchumfang (stehend, ca. auf Höhe des Bauchnabels):
  - Männer > 102 cm
  - Frauen > 88 cm
- Vorgeschichte von kardiovaskulären Ereignissen (Männer < 55 J, Frauen < 65 J):
  - Akutes Koronarsyndrom
  - Kongestive Herzinsuffizienz
  - Hirnschlag, TIA

Diabetes mellitus

Def:
- Nüchternblutzucker ....≥ 126 g/L (≥ 7.0 mmol/L); mehrmals gemessen
  oder:
- Postprandialer Blutzucker ....> 198 mg/dL (> 11.0 mmol/L)

Subklinischer Organschaden (SKO)

Allg:
- **Herz**
  - Linksventrikuläre Hypertrophie:
    - EKG:
      -- SOKOLOW (S. 171); CORNELL (S. 171)
      oder:
    - Linksventrikulärer Massenindex (echokardiographisch gemessen):
      -- Männer ....≥ 125 g/m²
      -- Frauen ....≥ 110 g/m²
- **Grosse Gefässe**
  - Sonographische Evidenz von:
    - Verdickten vaskulären Strukturen (A. carotis: intima-media ≥ 0.9 mm) oder atherosklerotische Plaques
    - Karotis-femorale Pulswellengeschwindigkeit > 12 m/sek
    - Ankle/Brachial Bluddruck-Index (ABI) < 0.9 (N: 0.9 - 1.3)
- **Nieren**
  - Mittelschwerer Serumkreatininanstieg:
    - Männer ....115-133 µmol/L (1.3-1.5 mg/dL)
    - Frauen.....................107-124 µmol/L (1.2-1.4 mg/dL)
  - Verminderte glomeruläre Filtrationsrate:
    - Geschätzt nach COCKROFT GAULT (S. 1441): < 60 mL/min
      oder:
    - Nach der MDRD-Formel (S. 1441): < 60 mL/min/1.73 m²
  - Mikroalbuminurie (30-300 mg/24 h)
    oder:
    Pathologisches Albumin/Kreatinin-Verhältnis:
    - Männer ....≥ 22 mg/g oder ≥ 2.5 mg/mmol
    - Frauen.....................≥ 31 mg/g oder ≥ 3.5 mg/mmol

Etablierte, hypertonie-assoziierte Erkrankungen oder Nephropathie

Bsp:
- **Zerebrovaskuläre Erkrankung**
  - Hirnschlag (ischämisch oder hämorrhagisch)
  - TIA
- **Kardiopathie**
  - Myokardinfarkt
  - Angina pectoris
  - Koronare Revaskularisation
  - Herzinsuffizienz

1 ESH/ESC Task Force. Eur Heart J 2007 ;25 :1751-62.

- **Nephropathie**
  - Diabetische Nephropathie
  - Niereninsuffizienz bei folgendem Serumkreatinin:
    - Männer.............> 133 µmol/L
    - Frauen ....> 124 µmol/L
  - Proteinurie (> 300 mg/24 h)
- **Periphere Arteriopathie**, S. 302
- **Fortgeschrittene Retinopathie: Stadium 3 und 4**
  - Stadieneinteilung der hypertensiven Retinopathie:
    - Stadium 1.........Verengung der Retinaarterien
    - Stadium 2.........GUNN-Phänomen (Kalibersprung der Retinaarterien)
    - **Stadium 3** ....Multiple Blutungen, weiche Exsudate «*cotton wool*»
    - **Stadium 4** ....Papillenödem

C. Klinische Untersuchung

Vorg:
- **Vollständige, internistische klinische Untersuchung**
  - Elemente, die für eine sekundäre Form der art. Hypertonie sprechen, siehe S. 258
- **Suche nach einem subklinischen Organschaden**
  - Herzinsuffizienz Zeichen
    - Lokalisation und Art des Herzspitzenstosses (ein hebender Spitzenstoss ist charakteristisch für eine Linkshypertrophie)
    - Arrhythmie
    - Galopp (S3 und/oder S4, S. 264)
    - Hypervolämie (z.B. Beinödeme)
    - Pulmonale Rasselgeräusche
  - Periphere Arterien
    - Periphere Pulse (abgeschwächt, fehlend, asymmetrisch, Geräusche)
    - Kalte Extremitäten (= schlechte Perfusion, siehe auch S. 228)
    - Ischämische Hautläsionen
  - Neurologische Anomalien
    - Karotisgeräusch
    - Sensorisches oder motorisches Defizit
  - Nieren
    - Beinödeme (nephrotisches Syndrom?)
    - Lumbalen Kontakt (bimanuelle Palpation der Nierenlogen: Zystennieren?)
  - Augen (Augenfundus)
    - Hypertensive Retinopathie

D. Paraklinische Abklärungen beim Hypertoniker

Vorg:
- **Grundabklärungen bei allen Hypertonikern**
  - Blut
    - Nüchternblutzucker
    - Lipidstatus: Cholesterin (gesamt), HDL-C, LDL-C, Triglyzeride (nüchtern)
    - Harnstoff, Kreatinin
    - K^+
      - Bei einem Serumkalium < 3.5 mmol/L ohne Diuretikatherapie (oder < 3 mmol/L unter Diuretika) soll an einen Hyperaldosteronismus gedacht werden.
    - Harnsäure
    - TSH
    - Hb, Hkt
  - Urin
    - Stix und Sediment, S. 1440
    - Mikroalbuminurie
    - Schätzung der Clearance, S. 1441
  - EKG
- **Weitere empfohlene Abklärungen** (je nach Klinik)
  - Echokardiographie
  - Karotis-Doppler (± Doppler der A. femoralis)
  - Ankle/Brachial BD-Index (ABI), S. 251
  - Quantitative Proteinurie, wenn der Urinstix für «Proteine» positiv ausfällt
  - Augenfundus bei schwergradiger art. Hypertonie
- **Spezifische Abklärungen** (ad. Konsilium)
  - Spezifische funktionelle Tests (z.B. Echo-Doppler der Nierenarterien)
  - Abklärung bezügl. sekundärer art. Hypertonie, siehe S. 258

E. Nicht medikamentöse Therapie der arteriellen Hypertonie

Vorg: **Lifestyle - Lebenshygiene verbessern**

- **Nikotinabstinenz**
- **Ideales Körpergewicht anstreben**
  - Ziel-BMI 18.5-24.9
- **Nahrung** (natriumarm, fettarm, reich an Früchten, Gemüse und Fischen)
  - Natrium
    - Max. 150 mmol/d, d.h. < 3.6 g Na^+ oder < 9 g NaCl (Tafelsalz)
    - Die Natriumeinnahme kann durch die Bestimmung des Natriums im 24 h-Urin «kontrolliert» werden (150 mmol Na^+ im 24-h-Urin ≅ 9 g NaCl-Einnahme).
  - Fette 25-35 %
    - Fettarme Kost (< 7 % der gesamten Kalorienanzahl)
    - Cholesterin (< 200 mg/d)
  - Proteine 15-20 %
  - Kohlenhydrate 50-65 %
  - Reich an Fibern (10-25 g/d)
- **Mässiger Alkoholkonsum**
  - Männer: max. 2 Standard-Drinks/d
  - Frauen und Personen mit niedrigem Körpergewicht: max. 1 Standard-Drink/d

> **Für die PRAXIS:**
> 1 Standard-Drink entspricht 10-12 g Alkohol. Beispiel eines Standard-Drinks:
> - 3 dL Bier
> - 1 dL Wein
> - 20 mL Spirituosen (40 Volumen-% Alkohol)

- **Aerobe körperliche Aktivität erhöhen** (mind. **3x 30 min pro Woche**)
  - Beispiele von «guten» körperlichen Aktivitäten:
    - Gehen, Laufen, Radfahren, Schwimmen, Langlaufen
  - Isometrische Aktivitäten vermeiden (z.B. Gewichtheben)

F. Medikamentöse Therapie der art. Hypertonie

Allg: • Vor dem medikamentösen Therapiebeginn sollen folgende 3 Fragen beantwortet werden:

1. **Ist die Diagnose «art. Hypertonie» richtig?**
   - Falsche Messungen? Inadäquate Bedingungen?
   - «Weisskittel-Hypertonie»? siehe s. 259
   - Pseudo-Hypertonie? siehe s. 259
2. **Bestehen Anhaltspunkte für eine sekundäre Hypertonie?** siehe s. 259
3. **Wie hoch ist das globale kardiovaskuläre Risiko des Patienten?**
   - Subklinischer Organschaden, s. 251
   - Etablierte Hypertonie-assoziierte Krankheiten (s. 251)?

Bem: • Betablocker in Monotherapie sollten bei älteren Patienten und bei Patienten mit metabolischem Syndrom vermieden werden, ausser es bestehe eine spezielle Indikation (z.B. nach Myokardinfarkt, 255).

• Zentrale α-2 Agonisten (Clonidin, Methyldopa): NIE in Monotherapie einsetzen!

Vorg: • Eine antihypertensive Therapie ist indiziert, wenn nach **3-6 Mt. Lifestyle-Verbesserung** der BD immer noch > 140/90 mmHg beträgt.

Patientenbeschrieb	AHT < 160/100 mmHg	AHT ≥ 160/100 mmHg
Patient ohne folgende Elemente: • Ohne Komorbidität, s. 250 • Ohne Organschaden, s. 251 • Ohne Indikation für ein spezifisches Antihypertensivum	**Monotherapie** (sequentiell und niedrig dosiert) →	**Zweierkombination** (niedrig dosiert)
Patient mit (mind. 1 Kriterium): • Komorbidität, s. 250 • Organschaden, s. 251 • Indikation für ein spezifisches Antihypertensivum	↓ **Monotherapie** (Dosis anpassen) oder: **Zweierkombination** (niedrig dosiert) →	↓ **Zweierkombination** (maximal ausdosiert) ↓ **Dreierkombination** (niedrig dosiert)

Schema: Beispiel einer initialen antihypertensiven Therapie.

- **Wie sollen die verschiedenen Klassen der Antihypertensiva assoziiert werden?**
  - Global werden 2 Antihypertensiva-Gruppen mit verschiedenem Angriffsort unterschieden. Die Kombination dieser 2 Gruppen hat eine synerge Wirkung.
    - **I. Hemmung von neuro-humoralen Systemen**
      - RAA-System und sympathisches Nervensystem
        Erste Wahl
        - ACE-Hemmer, Sartan, S. 1258
        - Betablocker, S. 1246
        - Renin-Hemmer, S. 1261

        Zweite Wahl (selten angewendet)
        - Zentrale α-2 Agonisten (S. 1245): Clonidin, Methyldopa
    - **II. Wirkung auf die Homöostase**
      - Wasser-Natrium und Kalzium Haushalt und periphere Vasodilatation
        Erste Wahl
        - Diuretikum (S. 1249): HCT, Indapamid, Chlortalidon
        - Kalziumantagonist, S. 1262

        Zweite Wahl (i.d.R. bei Therapieresistenz)
        - Alphablocker (S. 1245): Doxazosin
        - Direkte Vasodilatatoren (S. 1245): Minoxidil, Diazoxid
  - Bei älteren Patienten sind Diuretika und Kalziumantagonisten sehr wirksam!

- **Welche Antihypertensiva bei welchen Hypertonikern?**
  - Antihypertensiva 1. Wahl: ACE-Hemmer, Sartane, Kalziumantagonisten
  - Antihypertensiva 2. Wahl: Betablocker, Diuretika
  - Antihypertensiva 3. Wahl: Zentrale α-2 Agonisten, Alphablocker, direkte Vasodilatatoren

AHT und Klinik	Bevorzugte Antihypertensiva
▪ KHK	• Betablocker, S. 1246 • ACE-Hemmer, S. 1258 • Kalziumantagonist, S. 1262
▪ Herzinsuffizienz	• ACE-Hemmer, Sartan, S. 1258, 1260 • Betablocker, S. 1246 • Diuretikum, S. 1249 • Aldosteron-Antagonist
▪ Asthma ▪ COPD mit asthmoider Komponente	• ACE-Hemmer, Sartan, S. 1258, 1260 • Kalziumantagonist, S. 1262 • Diuretikum, S. 1249 • I.d.R. **KEINEN** Betablocker*
▪ Dyslipidämie	• Sartan, ACE-Hemmer, S. 1260, 1258 • Kalziumantagonist, S. 1262
▪ Proteinurie, Mikroalbuminurie ▪ Diabetische Nephropathie	• Sartan • ACE-Hemmer, S. 1258
▪ Diabetes mellitus ▪ Glukoseintoleranz	• Sartan, ACE-Hemmer, S. 1260, 1258 • Kalziumantagonist, S. 1262
▪ Tremor ▪ Migräne	• Lipophile Betablocker (z.B. Propranolol)
▪ Hyperkinetische Zirkulation - Hyperthyreose, Schwangerschaft	• Betablocker, S. 1246
▪ Schwangerschaft	• α-Methyldopa • Betablocker • Kalziumantagonist (Dihydropyridin, S. 1262)

Tabelle: Bevorzugte Antihypertensiva in Bezug auf Begleiterkrankungen bzw. -situationen.

* **Betablocker** (BB)
- BB können in folgenden Situationen als initiale antihypertensive Therapie eingesetzt werden:
  - Junge Patienten, welche kein Risiko für ein metabolisches Syndrom aufweisen und die keine Komorbidität aufweisen, welche einen BB kontraindizieren.
- Zu bevorzugen:
  - Hoch selektive BB (z.B. Nebivolol, Metoprolol, Atenolol)
  - Alpha-beta Blocker (z.B. Carvedilol)
- Bei stabilen Asthmatikern oder COPD-Patienten mit asthmatischer Komponente können hoch selektive BB (Nebivolol, Metoprolol, Atenolol) unter adäquater Kontrolle verabreicht werden.

- **Was tun, um die Wirksamkeit der Antihypertensiva zu erhöhen?**
  1. Kontrolle und Verbesserung der therapeutischen Observanz. Der Patient soll gut bezügl. Organschaden (S. 251) aufgeklärt werden!
  2. Kombinationstherapie mit mehreren Antihypertensiva, siehe Schema S. 253
     - Das Einführen eines Antihypertensivums in Monotherapie vermindert den SBD um 7-13 mmHg und den DBD um 4-8 mmHg. Eine Zweierkombination kann den BD zusätzlich um dieselben Werte senken.
     - Die Assoziation verschiedener Antihypertensiva (inkl. ein Diuretikum!) in submaximalen Dosierungen ist, im Vergleich zu einer hoch dosierten Monotherapie, ebenso wirksam. Hingegen sind die NW unter Monotherapie stärker ausgeprägt.
     - Wenn eine art. Hypertonie mit 3 Antihypertensiva (inkl. 1 Diuretikum) nicht kontrolliert werden kann, entspricht das definitionsgemäss einer refraktären Hypertonie, was eine Abklärung einer sekundären Hypertonie erfordert.
  3. Dosiserhöhung
  4. Klassenwechsel des Antihypertensivums (bei Ineffizienz oder starken NW)
  5. Lifestyle verbessern: Gewichtsabnahme, salzarm Essen u.a.

- **Welche Antihypertensiva sollen vermieden werden?**

Nicht einzusetzende Antihypertensiva	Absolute Kontraindikationen	Mögliche Kontraindikationen
Thiazid Diuretika	• Gicht	• Metabolisches Syndrom • Glukoseintoleranz • Schwangerschaft
Betablocker	• Asthma • AV-Block 2.° oder 3.°	• Periphere Arteriopathie • Metabolisches Syndrom • Glukoseintoleranz • Körperlich aktive Personen • COPD
Kalziumantagonisten		
Dihydropyridin (S. 1262): • Amlodipin • Felodipin • Nifedipin u.a.	—	• Tachyarrhythmie
• Diltiazem • Verapamil	• AV-Block 2.° oder 3.° • Akute, normokarde Herzinsuffizienz	—
ACE-Hemmer	• Bilaterale Nierenarterienstenose • Hyperkaliämie • Angioödem • Schwangerschaft	—
Sartan	• Bilaterale Nierenarterienstenose • Hyperkaliämie • Schwangerschaft	—
Aldosteron Antagonisten (Eplerenon, Spironolacton)	• Niereninsuffizienz • Hyperkaliämie	—

Tabelle: Vermeidbare Antihypertensiva bezügl. Kontraindikationen.[1]

G. Arterielle Hypertonie und akuter Hirnschlag

Allg:
- Ein BD-Anstieg wird bei einem Hirnschlag oft beobachtet. Es handelt sich um eine physiologische BD-Anpassung, um den zerebralen Blutfluss zu gewährleisten!
- Ein plötzlicher BD-Abfall kann das neurologische Defizit verschlimmern.

Vorg:
- Siehe Kapitel
  - Hirnschlag, S. 523
  - Hypertensiver Notfall, S. 244

1 ESH/ESC Task Force. Eur Heart J 2007 ;25 :1751-62.

H. Arterielle Hypertonie und Diabetes mellitus

Allg:
- Jährliche Verlaufskontrollen!
- Nicht vergessen:
  - Vaskulärer Status (Palpation, Auskultation, ± Echo-Doppler)
  - BD-Messung, S. 248
  - Orthostaseversuch, S. 284
  - Augenfundus: 1x/Jahr (diabetische bzw. hypertensive Retinopathie)
- Eine gut geführte antihypertensive Therapie vermindert die Mortalität und die Morbidität bei den Diabetikern!
- Blutzucker-, bzw. HbA1c-Zielwerte:[1]
  - BZ < < 110 mg/dL (< 6.0 mmol/L)
  - HbA1c < 6.5 %

Lab:
- Siehe «Grundabklärungen bei allen Hypertonikern» S. 248
- Mikroalbuminurie (1x/Jahr). Sie kann auf 2 Arten bestimmt werden:
  - Urin während der Nacht oder über 24 h: Mikroalbuminurie, falls **30-300 mg/24 h**
  - Verhältnis: Albumin/Kreatinin des 1. Morgenurins. Wenn dieses Verhältnis > 3 µg/µmol ist, soll eine Proteinurie/24 h durchgeführt werden.
- **Ziel-BD bei Diabetikern:**
  a) Falls Proteinurie ≤ 1 g/24 h: **SBD < 130 mmHg und DBD < 80 mmHg**
  b) Falls Proteinurie > 1 g/24 h: **SBD < 125 mmHg und DBD < 75 mmHg**

Th:
- Antihypertensiva der Wahl beim Diabetiker:
  a) Sobald eine Mikroalbuminurie besteht, ist die Nephroprotektion beim Diabetiker gut dokumentiert, selbst bei Fehlen einer art. Hypertonie:
    - Diabetes Typ 1 → **ACE-Hemmer (evtl. Sartan)**
    - Diabetes Typ 2 → **Sartan** oder **ACE-Hemmer**
  b) Das Vorhandensein einer **Mikroalbuminurie** (beim Typ 1 und 2) indiziert eine Therapie mit einem ACE-Hemmer oder einem Sartan und dies unabhängig von den BD-Werten.
- Die Lebenshygiene ist essentiell!

I. Arterielle Hypertonie und Niereninsuffizienz

Allg:
- Eine optimale Nephroprotektion erfordert:
  - Strikte BD-Kontrollen (Zielwerte je nach Schweregrad und Proteinurie, siehe «H»)
  - Verminderung der Proteinurie (d.h. so «normal» wie möglich)
- Die primäre art. Hypertonie induziert im Frühstadium eine renale Vasokonstriktion, welche durch ACE-Hemmer oder Kalziumantagonisten vermindert werden kann.
- Das Fortschreiten der Niereninsuffizienz führt zur strukturellen Nephrosklerose. Um diesen Prozess zu verlangsamen oder gar zu verhindern, spielen die Blocker des RAA-Systems (ACE-Hemmer, Sartan) eine primordiale Rolle. Diese RAA-System-Blockade ist mindestens ebenso wichtig, wie das Erreichen eines sehr tiefen Blutdrucks.

Th:
1. **Sartan** oder **ACE-Hemmer**
2. Wenn der Ziel-BD nicht erreicht wird, soll zusätzlich ein **Diuretikum** und/oder ein **Kalziumantagonist** verabreicht werden.

K. Arterielle Hypertonie und Plättchenantiaggregation

Ind:
I. Sekundärprävention (mit Vorgeschichte einer kardio-vaskulären/zerebralen Krankheit)
- Alle Hypertoniker (ausser Plättchenaggregator kontraindiziert)

II. Primärprävention
- Alle Hypertoniker > 50 Jahre mit:
  a) Hohem kardiovaskulärem Risiko (siehe Tabelle S. 250)
  oder:
  b) Mindestens mittelgradiger Erhöhung des Serumkreatininwertes:
    - Männer > 133 µmol/L
    - Frauen > 124 µmol/L

Th:
- Acetylsalicylsäure 75-325 mg 1x/d PO
- Bei ASS-Intoleranz, ad. Clopidogrel 75 mg 1x/d PO

Bem:
- Der BD muss vor Einführung von ASS oder Clopidogrel kontrolliert sein (Blutungsrisiko).

1 ESH/ESC Task Force. Eur Heart J 2007 ;25 :1751-62.

L. Lipidkontrolle beim Hypertoniker

Allg: ■ **Sekundärprävention mit einem Lipidsenker** (Statin oder evtl. eine andere Familie)

Ind: • Ein Statin ist unabhängig von den Lipidwerten und ist in folgenden Situationen indiziert (kein Konsens bezüglich des Alters des Patienten):
- KHK
- Periphere Arteriopathie
- Status nach ischämischem Hirnschlag
- Diabetes mellitus Typ 2

■ **Primärprävention mit einem Lipidsenker (Statin)**

Ind: 1. Hohes kardiovaskuläres Risiko (siehe Risikostratifikationstabelle, s. 250), v.a. bei LDL-C > 100 mg/dL (> 2.5 mmol/L).
2. Alle Typ 2 Diabetiker. Die Diabetiker sind per se Hochrisiko-Patienten und sollen deswegen von Anfang an die «Sekundärprävention» erhalten!

■ **Zielwerte der Statintherapie**

Primärprävention
- Patienten mit hohem zusätzlichem Risiko (siehe Risikostratifikation, s. 250)
  - Cholesterin (gesamt): < 160 mg/dL (< 4.5 mmol/L)
  - LDL-C < 100 mg/dL (< 2.5 mmol/L)

Sekundärprävention
- Cholesterin (gesamt): < 160 mg/dL (< 4.5 mmol/L)
- LDL-C < 160 mg/dL (< 2.5 mmol/L), besser < 80 mg/dL (< 2.0 mmol/L) bei hohem CV-Risiko

Bem: • In folgenden Situationen ist ein Konsilium in Betracht zu ziehen:
1. Nichterreichen der Lipid-Zielwerte (→ ad. Kombinationstherapien):
   - Statin + Ezetimib
   - Fibrat (in Mono- oder Kombinationstherapie)
2. Persistierend tiefes HDL-C:
   - Männer < 40 mg/dL (< 1.0 mmol/L
   - Frauen < 50 mg/dL (< 1.2 mmol/L)
3. Hypertriglyzeridämie (> 150 mg/dL bzw. > 1.7 mmol/L)

M. Verlaufskontrollen beim Hypertoniker

Allg: • Die Frequenz der Verlaufskontrollen hängt v.a. vom Schweregrad der Hypertonie und dem kardiovaskulären Risiko des Patienten ab.
• Die antihypertensive Therapie ist i.d.R. eine Langzeittherapie (lebenslang). Wobei Dosisreduktionen nicht ausgeschlossen sind, wenn die Lebenshygiene (s. 691) erfolgreich ist.

Vorg: 1. Patienten mit niedrigem kardiovaskulärem Risiko (s. 250) und/oder mit einer durch Monotherapie gut kontrollierten Hypertonie: **Verlaufskontrollen alle 6 Monate**.
2. Ein Kardio-Konsilium ist indiziert, wenn die therapeutischen Ziel-Werte nach 6 Monaten nicht erreicht werden.

Sekundäre arterielle Hypertonie [I15.9]

Allg: • 10-15 % der art. Hypertonien (AHT) sind sekundärer Ursache.

■ **Folgende Elemente verlangen eine aktive Suche nach einer sekundären Hypertonie**

- Erstdiagnose bei Patienten < 20-30 Jahre
- Persönliche oder Familienanamnese
  - Frühzeitige KHK (< 55 Jahre bei Männern, < 65 Jahre bei Frauen)
  - Polyzystische Nierenerkrankung
  - Harnwegsinfekte
  - Hämaturie
  - Analgetika-Abusus
  - Einnahme von Medikamenten oder Toxika (siehe S. 261), Drogenabusus
- Endorganschaden bei Diagnosestellung
  - Hypertrophie des LV, S. 171
  - Retinopathie Grad III oder IV, S. 252
  - Kreatininanstieg bzw. reduzierte Kreatinin-Clearance
  - Pathologisches Urinsediment (Hämaturie, Proteinurie)
- BD-Anstieg bei sonst gut eingestellten Hypertonikern
- Persistierende art. Hypertonie trotz Therapie mit 3 Antihypertensiva in adäquater Dosierung (wobei 1 Diuretikum dabei sein muss)
- Schwergradige art. Hypertonie (= Grad 3, S. 252) oder hypertensiver Notfall, S. 244

■ **Klinische Untersuchung / Labor**... *das Auge des Klinikers ist sehr wertvoll..*

1. **Allgemeine «Blickdiagnosen»**
   - Dysmorphe Zeichen (⅓ der Akromegaliepatienten manifestieren eine AHT)
   - Adipositas
     - Gesichts- und stammbetont → Hyperkortisolismus? S. 716
     - Schlafapnoe-Syndrom?
     - Metabolisches Syndrom, S. 684
   - «Café-au-lait» Hautflecken
     → Neurofibromatose Von RECKLINGHAUSEN
     Die art. Hypertonie kommt oft im Rahmen, eines der Neurofibromatose assoziierten Phäochromozytoms zu Stande.
   - Nervöser, tachykarder, schwitzender Patient:
     → Hyperthyreose?
   - Schwitzen + Herzklopfen + Kopfschmerzen:
     → Phäochromozytom?, S. 638
   - Muskelschwäche und tetanische Krise
     → Hyperaldosteronismus? S. 720
   - Grosse Akren (Akromegalie?)
   - Faziale Erythrozyanose: Plethora, rotblaues Gesicht (Polyzythämie?)
2. **Palpation**
   - Schilddrüse → Struma? (Hyper- oder Hypothyreose)
3. **BD-Messung** (Technik, siehe S. 248)
   - Labiler BD + Herzklopfen, schwitzen, zittern → Phäochromozytom, S. 638
   - Bei BD-Asymmetrie beider Arme (SBD/DBD) > 20/10 mmHg an folgende Erkrankungen denken:
     → *Subclavian-steal-syndrome*, S. 241
     → Arterielle Stenosen (z.B. Aortenisthmusstenose: hier soll ein Unterschied des BD zwischen den Armen und den Beinen gesucht werden)
4. **Gefässauskultation: Suche nach Strömungsgeräuschen!**
   - Geräusch über der A. thoracica bei einer hyperpulsatilen Aorta:
     → Aortenisthmusstenose?
   - Systolo-diastolisches Geräusch über der Aorta abdominalis:
     → Nierenarterienstenose?
   - Verminderung/Verspätung des A. femoralis Pulses oder verminderter BD der unteren Extremitäten:
     → Aortenisthmusstenose, andere Aorta-Erkrankungen?
5. **Atherosklerose**
   - Klinische und/oder radiologische Atherosklerose: Herz, Niere, Gehirn, peripher
6. **Hypokaliämie ohne Diuretikatherapie** → Hyperaldosteronismus?

Vorg: • Grundabklärungen bei allen Hypertonikern, siehe S. 248
• Gezielte Zusatzuntersuchungen je nach Klinik

DD: **1. «Falsche» arterielle Hypertonie**

Bsp:
- **Nicht adaptiertes Messmaterial oder schlechte Messtechnik**, siehe S. 248
- **Pseudo-Hypertonie**
  - Folge einer arteriellen Media-Kalzifikation, die fälschlicherweise einen höheren BD-Wert angibt (= OSLER-Zeichen). Aber der intra-arteriell gemessene BD ist normal!
  - Eine antihypertensive Therapie ist nicht notwendig.
- **Weisskittel-Hypertonie** *(whitecoat hypertension)*
  - D.h. erhöhte BD-Werte beim Arzt, aber Normalwerte bei ambulanten und Selbstmessungen.
  - In bis zu 15 % der Bevölkerung vorhanden.
  - Die Prävalenz von hypertensiven Endorganschäden und metabolischer Störungen ist bei Patienten mit Weisskittel-Hypertonie höher als bei normotensiven Personen.
  - Beim Nachweis von Endorganschäden sollte auch eine Weisskittel-Hypertonie behandelt werden.
  - 24 h-Blutdruckmessung und Suche nach Endorganschäden in regelmässigen Abständen durchführen (z.B. jährlich).

2. Hyperaldosteronismus (ca. 10 % der AHT, wovon < 1 % I-ärer Hyperaldosteronismus)

Allg:
- **Der Hyperaldosteronismus** umfasst folgende 3 Entitäten:
  1. Primärer Hyperaldosteronismus (CONN-Syndrom), S. 720
  2. Hyperadosteronismus bei Aldosteron unabhängigem Mineralokortikoid-Überschuss (= Patienten mit erhöhten Aldosteron-Serumwerten, welche die Diagnosekriterien des primären Hyperaldosteronismus aber nicht erfüllen).
  3. Sekundärer Hyperadosteronismus, S. 721
- Das Interesse, einen Hyperaldosteronismus zu diagnostizieren liegt in der Möglichkeit, eine spezifische BD-senkende Therapie einzuleiten (Aldosteron-Antagonist: Spironolacton, Eplerenon). Diese Therapie (oft Monotherapie) erlaubt in den meisten Fällen eine gute BD-Kontrolle der Hypertonie!
- Das Fehlen einer Hypokaliäme schliesst einen Hyperaldosteronismus nicht aus.

Lab:
- Blut: Ca^{2+} (↑), iPTH (↑). 24 h-Urin: Ca^{2+} (↓), Phosphat (↑)

Klin:
- Art. Hypertonie
- Polyurie. Muskelschwäche (durch die Hypokaliämie hervorgerufen)
- Assoziierte Erkrankungen: Magen-Darm Ulkus, Nierensteinleiden

Dg:
- Bedingungen zur Blutentnahme:
  - Nüchtern, während 30 min in liegender Position verweilen.
  - Folgende Plasmawerte werden bestimmt:
    - -- Aldosteron
    - -- Aktives Plasmarenin

    Es wird dann folgender **ARR-Quotient** berechnet:
    ARR (*Aldosteron-Renin-Ratio*): Aldosteron/aktives Plasmarenin
    <u>Interpretation des ARR (laborabhängig):</u>
    Eine hohe ARR lässt einen primären Hyperaldosteronismus vermuten (vorher müssen interferierende Medikamente abgesetzt werden).

3. Renoparenchymatöse Nephropathie (5 % der AHT)

Klas: a) Bilateral
- Diabetische Nephropathie
- Chronische Glomerulonephritis
- Chron. tubulo-interstitielle Nephropathie (z.B. bilaterale Pyelonephritis)
- Polyzystische Nierenerkrankung
- Konnektivitis

b) Unilateral
- Hydronephrose bei Ureter-Ablaufstörung infolge Steinleidens
- Nierentuberkulose
- Tumor am pyelo-ureteralen Übergang oder pyelo-ureterale Refluxkrankheit
- Nierenatrophie (die Hypertonie kommt durch eine chron. Pyelonephritis bei HWI und vesiko-ureteralem Reflux zu Stande)
- Kongenitale Nephropathie

Bem:
- Bei unilateraler Atrophie oder Hypotrophie der Niere soll auch an eine Nierenarterienstenose gedacht werden.

Vorg:
- Blut: Blutzucker, Kreatinin, Kreatinin-Clearance (S. 1441), ANA, S. 1350, 1353
- Urin
  - Urinanalyse (Status, Sediment), S. 1440
  - Proteinprofil im Spoturin (qualitative und quantitative Proteinbestimmung); ggf. im 24 h-Urin
- Weiterführende Untersuchungen
  - Nieren-Sonographie. Je nach Klinik (Kardio-Konsilium): Nierenbiopsie

4. Renovaskuläre Nephropathie — Nierenarterienstenose (2-3 % der AHT)

Bsp: • Eine Nierenarterienstenose ist hämodynamisch signifikant, wenn sie > 50 % beträgt. Sie muss in folgenden Situationen gesucht werden:
- Plötzlicher Beginn oder Verschlimmerung einer Hypertonie bei Patienten > 55 Jahre oder < 30 Jahre (junge Frauen → fibromuskuläre Dysplasie)
- Vorhandensein eines abdominalen Geräusches (Auskultation: einige cm oberhalb des Bauchnabels, ca. eine Handbreite lateral der Medianlinie)
- Refraktäre Hypertonie mit ≥ 3 Antihypertensiva (inkl. 1 Diuretikum)
- Bei Einführen eines ACE-Hemmers oder Sartan, Auftreten einer Erhöhung des Serumkreatinins um > 30 % im Vgl. zum Ursprungswert.
- Diffuse Atheromatose v.a. bei Rauchern oder Patienten mit Dyslipidämie
- Rezidivierendes Lungenödem oder Herzinsuffizienz bei Patienten mit mässig bis starker Hypertonie

• «Zu gute Antwort» bei Beginn einer Therapie mit ACE-Hemmer.

Vorg: • Mögliche Untersuchungsmethoden zur Diagnose einer Nierenarterienstenose:
- Nierenarterien-Doppler (manchmal sehr schwierig!). Ein «normales» Ergebnis schliesst eine Nierenarterienstenose nicht aus!
  Es gibt akzessorische Arterien (= Polarterien), welche direkt aus der Aorta stammen und die den Nierenober- bzw. -unterpol vaskularisieren. Das Vorhandensein einer solchen Polarterie kann per se eine Hypertonie induzieren! Das Angio-CT oder Angio-MR kann diese akzessorischen Arterien darstellen.
- Nieren-Szintigraphie (isotopisches Nephrogramm) vor/nach Captopril-Gabe
- Angio-MR oder Arteriographie
- Messung von Renin in den Nierenvenen (durch katheterisieren)

Th: 1. Interventionelle Therapie
- Angioplastie ± STENT oder chirurgische Revaskularisation

2. Medikamentöse Therapie
- Siehe Kapitel «F. Medikamentöse Therapie der AHT» (s. 253).
- VORSICHT beim Einführen eines ACE-Hemmers oder Sartan, denn es besteht das Risiko einer akuten Niereninsuffizienz!

Bem: • Die interventionelle Therapie hat oft einen besseren Einfluss auf die Nierenfunktion, als auf die BD-Werte.

5. Hyperkortisolismus (< 1 % aller AHT)

Klin: • Symptome: Libidoverminderung, Amenorrhoe, Polyurie, Knochenschmerzen (infolge Osteoporose), proximale Muskelschwäche, Bauchschmerzen, Nierenkolik, Kopfschmerzen
• Befunde: Stammbetonte Adipositas, Gesichtsrötung, dünne Haut («Zigarrettenpapier»), Ekchymosen, *striae rubrae* (Breite > 1 cm), Akne, fettige Haut, Furunkulose, Hautulzera, Hirsutismus, Maleolarödeme, art. Hypertonie, Diabetes, Wirbelkörperzusammenfall, thrombo-embolische Ereignisse

Dg: • **Dexamethason-Hemmtest**:
1. Einnahme von 1 mg Dexamethason PO am Abend zw. 23.00 und 24.00 h
2. BE: Plasmakortisol (nüchtern) am nächsten Morgen zw. 8.00 und 9.00 h

Interpretation des Plasmakortisols
- < 50 nmol/L ...... CUSHING-Syndrom ausgeschlossen (denn die NNR kann gehemmt werden)
- 60-140 nmol/L .. «Grauzone». Ein CUSHING ist praktisch ausgeschlossen, verlangt aber, bei hohem Verdacht, ein Konsilium.
- > 250 nmol/L .... CUSHING-Syndrom möglich

6. Dysthyreose: Hyperthyreose oder Hypothyreose (< 1 % aller AHT)

Bem: • Oft beobachtet man eine isoliert systolische Hypertonie (≥ 140/< 90 mmHg).
Lab: • Blut: TSH, FT4

7. Phäochromozytom (< 1 % aller AHT)

Allg: • Klinik, Diagnose und Vorgehen, s. 638

8. Medikamentös oder durch andere Substanzen verursachte art. Hypertonie

Urs: • Nasentropfen mit sympathomimetischer Aktivität (z.B. Adrenalin)
• NSAR (inkl. ASS, COX-2-Hemmer) infolge Wasser-Natrium Retention und durch verstärkte ADH-Wirkung
• Orale Kontrazeptiva (Oestro-Progestativa)
• Hoch dosierte Kortikoide (= Pseudo-CUSHING)
• Lakritze, inkl. gewisse Kautabake (Pseudohyperaldosteronismus?)
• Erythropoetin, Ciclosporin, Tacrolimus
• Alkohol
• Amphetamine, Kokain, andere Drogen

9. **Schwangerschaft-Hypertonie**

Allg: • Siehe S. 1480 und «Hypertensiver Notfall», S. 244

10. **Aortenisthmusstenose**

Klin: • Geräusch über der Aorta thoracica
- Hyperpulsatilität der Aorta thoracica
- Asymmetrie der BD-Werte zwischen beiden Armen (SBD/DBD) > 20/10 mmHg
- Rx Thorax: Suche nach den typischen kostalen Usuren

Dg: • Thorax-CT oder -MR
- Echokardiographie

11. **Akromegalie**

Allg: • Vergrösserung der Körperendglieder bzw. der Akren (Hände, Füsse, Unterkiefer, Kinn, Nase und Augenbrauenwülste, Geschlechtsteile).
- Es handelt sich um eine Überproduktion des Wachstumshormons **Somatotropin** (STH).
- Inzidenz: 3-4/1'000'000 Einwohner
- Kann im Rahmen eines MEN 1 vorkommen, S. 711

Urs: • I.d.R. benigner (ca. 95 %) Somatotropin-produzierender Tumor des Hypophysenvorderlappens. Maligne Tumoren sind selten.

Klin: A. Eintritt der Erkrankung vor dem Epiphysenfugenschluss (vor der Pubertät)
- Gigantismus (hypophysären Riesenwuchs), wobei die normalen Körperproportionen mehr oder weniger erhalten bleiben.

B. Eintritt der Erkrankung nach dem Epiphysenfugenschluss (nach der Pubertät)
- Verstärktes Wachstum der knöchernen Akren, Weichteilen und inneren Organen (Viszeromegalie, Struma, Zunge, dicke Haut, starker Haarwuchs)
- Unmöglichkeit, den Kiefer zu schliessen
- Unharmonische Körperproportionen.
- Art. Hypertonie (ca. ⅓ der Patienten)
- Kopfschmerzen, Acroparästhesien, proximale Myopathie
- Knochenschmerzen
- Hyperphosphatämie (IgF1 erhöht die renale Phosphatresorption?)

Kpl: • Karpaltunnelsyndrom (bei ca. 20 % der Fälle)
- Schlafapnoe-Syndrom (häufig)
- Gesichtsfeldausfalloder andere Hirnnervenausfälle
- Kardiomyopathie

Dg: • Schädel-MR

Lab: • Im Blut: *Screening* Test IgF-1 *(Insulin-like growth factor-I)*

Th: • Endokrino-Konsilium
- Chirurgische Tumorentfernung = Therapie der Wahl
- Medikamentöse Therapie
  - Somatostatinanaloga: Octreotid, Lanreotid
  - ± Dopaminagonist (z.B. Cabergolin)
- ± Radiotherapie (evtl. bei voluminösen Tumoren)

Herzauskultation

Allg:
- Die Herzauskultation hilft zur Diagnosestellung, erlaubt es aber *per se* nicht, eine endgültige Diagnose zu stellen. Dazu ist eine Echokardiographie unerlässlich.
- Die Töne und Geräusche werden nach folgenden Parametern beschrieben:
  1. Lokalisation der Töne und Geräusche
  2. Intensität der Töne und Geräusche (1/6 - 6/6, S. 264)
  3. Maximum der Töne und Geräusche
  4. Charakter der Töne und Geräusche

Für die PRAXIS:
«Eine gezielte Herzauskultation trägt Früchte...», so soll z.B. bei Vd. auf eine Herzinsuffizienz, der protodiastolische Galopp (S3) und/oder der präsystolische Galopp (S4) gesucht werden!

Manöver, welche die Herzauskultation beeinflussen	
Inspiration	• Der rechte Vorhof füllt sich stärker. • Dies führt zu einer Verstärkung der Töne des rechten Herzes (Tricuspidal- bzw. Pulmonalisklappe).
Exspiration	• Die Intensität der Geräusche des linken Herzes nimmt zu (Mitral- bzw. Aortenklappe).
VALSALVA	• Die Herztöne werden abgeschwächt. AUSSER bei folgenden Erkrankungen, wo die Geräusche verstärkt hörbar sind: - Obstruktive Kardiomyopathie - Mitralklappenprolaps
Stehend	• Siehe VALSALVA, oben
Körperliche Aktivität	• Die normalen Herzklappengeräusche sind vermindert hörbar.

Manöver, welche die Intensität der systolischen Geräusche beeinflussen	OKM	AS	MI	BARLOW
VALSALVA	↑	↓	↓	↑ (oder ↓)
Stehende Position	↑	↑ oder Ø	↓	↑
«*Handgrip*»* oder «in die Knie gehen»*ƒ*	↓	↓ oder Ø	↑	↓
Liegend, mit angehobenen Beinen	↓	↑ oder Ø	Ø	↓
Körperliche Aktivität	↑	↑ oder Ø	↓	↑

Ø keine Veränderungen der Intensität des Geräusches
↑ verstärktes Geräusch
↓ vermindertes Geräusch

BARLOW = Mitralklappenprolaps
OKM = Obstruktive Kardiomyopathie
AS = Aortenstenose
MI = Mitralinsuffizienz

* Der *Handgrip* kann den peripheren Widerstand erhöhen.
ƒ «In die Knie gehen» hat folgende Auswirkungen:
- Erhöhung des venösen Rückflusses während einiger Herzkontraktionen
- Erhöhung des peripheren Widerstandes

A. Herztöne

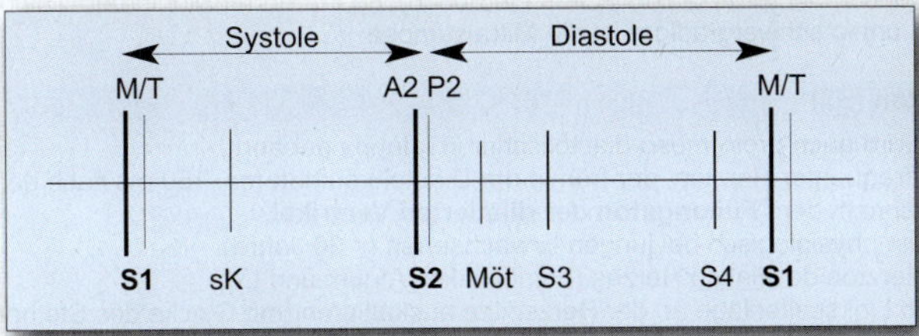

M	Mitralklappenschluss
T	Tricuspidalklappenschluss
P	Pulmonalklappenschluss
A2	Aortenklappenschluss
sK	Systolischer Klick
Möt	Mitralöffnungston
S1-4	Herztöne (S für *sounds*)

- S1 und S4 sollen an der Herzspitze auskultiert werden.
- S3 soll an der Herzspitze und parasternal links auskultiert werden
- S2 soll an der Herzbasis (ca. Sternummitte) auskultiert werden

Erster Herzton (S1)

Allg:
- S1 entspricht dem Mitral- und Tricuspidalklappenschluss (+ Zug auf die Sehnenfäden).

DD:
- Gespalten:
  - RSB (endinspiratorisch verstärkt), S. 175
  - Tricuspidalstenose
- Paradoxe Spaltung (die Mitralklappe schliesst nach der Tricuspidalklappe):
  - LSB, S. 176
  - Mitralstenose, S. 273
- Verstärkter S1:
  - Mitralstenose («Paukenton»), S. 273
- Verminderter S1:
  - Schwergradige Aorteninsuffizienz, S. 277
  - Rheumatische Mitralinsuffizienz

Zweiter Herzton (S2) entspricht dem Aorten- und Pulmonalklappenschluss

DD:
- Gespalten:
  - Normalbefund
  - RSB (endinspiratorisch verstärkt), S. 175
  - Mittelschwere bis schwere Mitralinsuffizienz
  - Pulmonalstenose
  - Ventrikelseptumdefekt (VSD)
- Fixe Spaltung:
  - Vorhofseptumdefekt (ASD)
- Paradoxe Spaltung (die Aortenklappe schliesst nach der Pulmonalisklappe):
  - LSB, S. 176
  - Aortenstenose
  - Manchmal offener Ductus arteriosus BOTALLI (= Kurzschluss zwischen dem Truncus pulmonalis und dem Aortenbogen)
- Verstärkter S2 (über ERB und der Pulmonalklappe):
  - Mitralstenose, S. 273
  - Pulmonale Hypertonie
- Verminderter S2:
  - Schwergradige Aortenstenose, S. 274

Systolischer Klick (sK)

DD:
- Protosystolisch:
  - Kongenitale Aortenstenose
  - Leicht- bis mittelgradige Aorteninsuffizienz, S. 276
- Mesosystolisch:
  - Mitralklappenprolaps, S. 267

Mitralöffnungston (Möt)

DD: • Mitralstenose (protodiastolisches Geräusch). Je früher der Möt in der Diastole auftritt, umso schwergradiger ist die Mitralstenose.

Dritter Herzton (S3)

Allg: • S3 wird auch proto-meso-diastolischer «Galopp» genannt.
• Tieffrequenter Herzton, der früh in der Diastole aufttritt (ca. 150 ms nach dem S2).
• Entspricht dem **Füllungston der dilatierten Ventrikel.**
• S3 ist physiologisch bei jungen Erwachsenen (< 30 Jahre).

Klas: I. 3. Herzton des linken Herzes (betrifft linkes Atrium und LV):
- In Linksseitenlage an der Herzspitze auskultieren (mit Glocke des Stethoskops)
- Ist pathologisch im Alter > 40 Jahre, einhergehend mit erhöhtem LV enddiastolischem Druck, verminderter systolischer Funktion und dilatiertem LV.

II. 3. Herzton des rechten Herzes (betrifft rechtes Atrium und RV):
- In Rückenlage parasternal links auskultieren. Ein verstärkter S3 am Ende der Inspiration wird bei erhöhtem Druck der A. pulmonalis beobachtet (z.B. bei Lungenembolie oder beim Cor pulmonale)!

Für die PRAXIS:
• Bei **systolischer Herzinsuffizienz** → S3 an Herzspitze suchen!
• Bei Vd. auf **Lungenembolie** → S3 parasternal links in Endinspiration suchen

Vierter Herzton (S4)

Allg: • S4 wird auch präsystolischer Galopp genannt.
• S4 setzt unmittelbar vor dem 1. Herzton ein und entspricht der **Vorhofkontraktion**.

Klin: • S4 ist Zeichen einer **diastolischen Herzinsuffizienz**, S. 224

B. Herzgeräusche

B.1. Klassifikation

Systolisches Herzgeräusch

- Holosystolisch (pansystolisch)
- Mittelsystolisch (systolisches Auswurfgeräusch)
- Frühsystolisch
- Mittel- bis spätsystolisch

Diastolisches Herzgeräusch

- Frühes hoch-frequentes diastolisches Herzgeräusch
- Mitteldiastolisch
- Präsystolisch

Kontinuierliches Herzgeräusch

B.1. Lautstärke der Herzgeräusche

Grad		Beschreib
1	1/6	Sehr leise, kaum erkennbar. Evtl. nicht in jeder Körperhaltung hörbar.
2	2/6	Leises, aber unmittelbar beim Auflegen des Stethoskops hörbares Geräusch
3	3/6	Mässig lautes Geräusch
4	4/6	Sehr lautes Geräusch, mit tastbarem Schwirren
5	5/6	Sehr laut, mit tastbarem Schwirren. Auch hörbar, wenn das Stethoskop nur teilweise auf die Brustwand aufgelegt ist.
6	6/6	Sehr laut, auch hörbar, wenn das Stethoskop etwas von der Brustwand abgehoben ist (Distanzgeräusch).

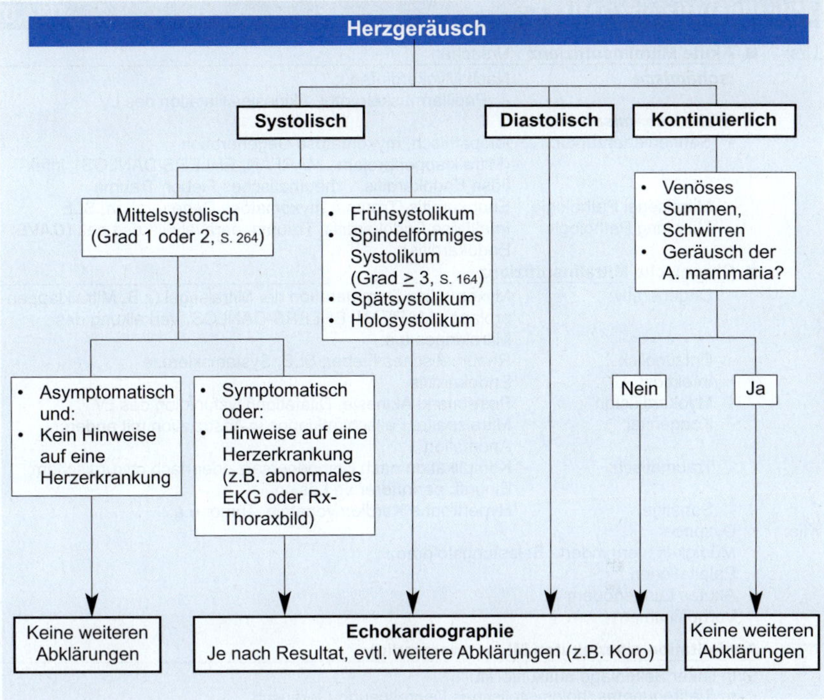

Algorithmus: Vorgehen beim Entdecken eines Herzgeräusches.[1]

Indikation einer Echokardiographie[1]

1. Asymptomatische Patienten mit:

- Diastolikum
- Systolo-diastolischem Herzgeräusch
- Holosystolischem Herzgeräusch
- Spätsystolischem Herzgeräusch
- Herzgeräusch mit Auswurf-Klick
- In den Hals oder Nacken ausstrahlendem Herzgeräusch
- Spindelförmigem systolischem Herzgeräusch mit Grad 3-6/6

2. Herzgeräusch mit Symptomen oder Befunden von (1 Kriterium genügt):

- Herzinsuffizienz
- Myokardischämie/-infarkt
- Synkope
- Thromboembolie
- Infektiöse Endokarditis
- Anderen klinischen Hinweisen auf eine strukturelle Herzerkrankung

Vorteil der Herz-MR im Vergleich zur Echokardiographie

- Beurteilung der LV Muskdelstruktur und guter Hinweis auf die systoloische Myokardfunktion
- Hinweise auf die Myokardviabilität
- Keine Strahlenbelastung, keine nephrotoxischen Kontrastmittel
- Gute Reproduzierbarkeit

1 Angepasst nach: Bonow RO, et al. ACC/AHA 2006 Guidelines. Circulation 2006 ;114 :e84-231

Mitralinsuffizienz (MI) [I34.0]

Urs: ■ **Akute Mitralinsuffizienz** Ursachen

Ischämisch	Nach Myokardinfarkt: - Papillarmuskelruptur, Akinesie/Dilatation des LV
Nicht-ischämisch	
- Sehnenfadenruptur:	Idiopathisch, myxomatöse Degeneration (Mitralklappenprolaps, MARFAN, EHLERS-DANLOS), infektiöse Endokarditis, rheumatisches Fieber, Trauma
- Mitralsegel Pathologie:	Endokarditis, Trauma, myxomatöse Degeneration, SLE
- Mitralring Pathologie:	Infektiöse Endokarditis, Trauma, paravalvuläres Leak (***CAVE***: Endokarditis)

■ **Chronische Mitralinsuffizienz**

- Degenerativ:	Myxomatöse Degeneration der Mitralsegel (z.B. Mitralklappenprolaps), MARFAN, EHLERS-DANLOS, Verkalkung des Mitralringes u.a.
- Entzündlich:	Rheumatisches Fieber, SLE, Systemsklerose
- Infektiös:	Endokarditis
- Myokardläsion	Post-Infarkt Akinesie, Dilatation/Dysfunktion des LV
- Kongenital:	Mitralspalte, Fallschirmklappe in Assoziation mit anderen Anomalien
- Traumatisch:	Komplikation nach Klappenersatz oder nach chirurgischem Eingriff, perforierende Läsion
- Sonstige:	Hypertrophe Kardiomyopathie, Tumor u.a.

Klin:
- Dyspnoe
- Müdigkeit, verminderte Belastungstoleranz
- Palpitationen
- Akutes Lungenödem
- Vorhofflimmern

Auskultation einer akuten MI (schwergradig)

ⓘ In linker Seitenlage auskultieren:
- Tieffrequentes, holosystolisches Decrescendo-Geräusch
  - Die Geräuschintensität ist proportional zur zugrunde liegenden ventrikulären Funktion
  - Bei art. Hypotonie oder Schock kann das Geräusch sehr schwach oder fehlend sein
- S2 gespalten (die Aortenklappe schliesst früher)
- P2 ↑
- S3 nicht vorhanden
- S4 oft vorhanden (der S4 weist auf eine diastolische Dysfunktion hin!)

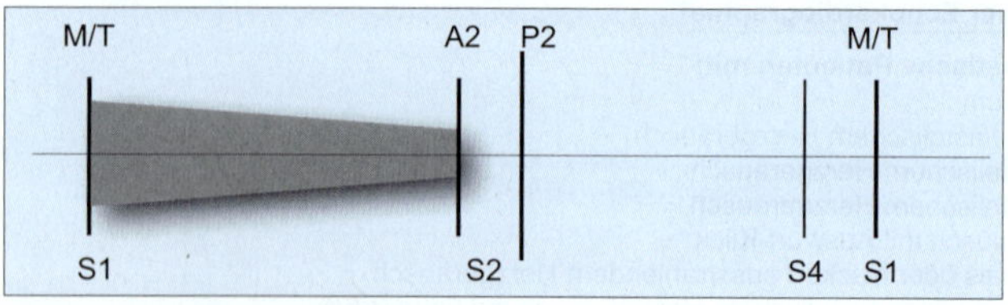

Schema: Auskultation bei akuter schwerer MI (A2 = Aortenklappe, P2 = Pulmonalisklappe, M = Mitralklappe, T = Tricuspidalklappe)

Auskultation einer chronischen leichtgradigen MI

ⓘ In linker Seitenlage auskultieren:
- S1 und S2 normal auskultierbar
- Hochfrequentes Holosystolikum
  - Punctum maximum an der Herzspitze
  - Besser hörbar am Ende einer Ausatmung
  - Die Intensität des Systolikums korreliert nicht immer mit dem Schweregrad der MI.

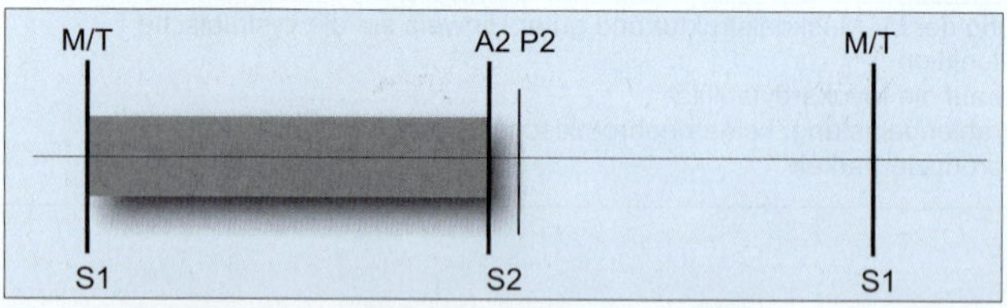

Schema: Auskultation bei chron. leichter MI (A2 = Aortenklappe, P2 = Pulmonalisklappe, M = Mitralklappe, T = Tricuspidalklappe)

Auskultation einer chronischen schwergradigen MI

ⓘ In linker Seitenlage auskultieren:

- S1 ↓ oder normal
- S2 manchmal gespalten (bei schwergradiger Rückströmung in den linken Vorhof schliesst die Aortenklappe vorzeitig)
- S3 (3. Herzton = Galopp): sein Vorhandensein bedeutet eine Dilatation des LV
- Das Holosystolikum kann sehr intensiv sein (3-4/6) oder sogar palpabel.
- Manchmal Vorkommen eines «roulement diastolique» (Ausdruck der Turbulenzen, die durch einen erhöhten transvalvulären Mitralfluss zu Stande kommen).
- Die Ausstrahlung des Geräusches hängt von der Ursache der Rückströmung ab:
  - gegen die Achselhöhle: bei Klappenringdilatation und bei Prolaps des anterioren Segels
  - gegen die Herzbasis: bei Prolaps des posterioren Segels, ohne Ausstrahlung in die Karotiden (DD: Geräusch bei Aortenstenose)

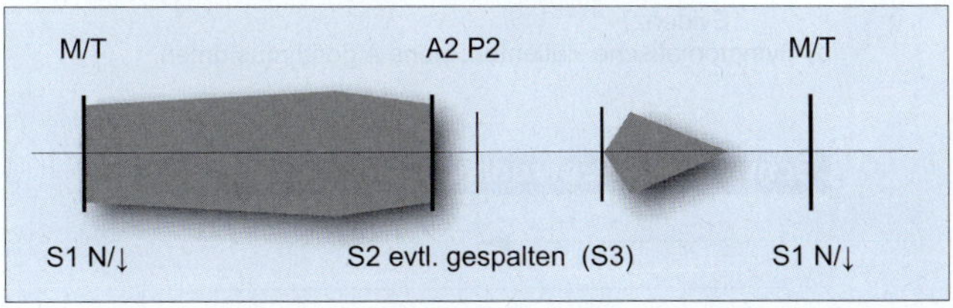

Schema: Auskultation einer chron. schweren MI (A2 = Aortenklappe, P2 = Pulmonalisklappe, M = Mitralklappe, T = Tricuspidalklappe)

Mitralklappenprolaps (Morbus BARLOW)

Allg:
- Der Mitralklappenprolaps tritt in den meisten Fällen im Rahmen einer myxomatösen Proliferation der Mitralklappe auf. Es handelt sich um den Prototyp einer subvalvulären Mitralinsuffizienz.
- Häufigkeit 2-3 % der Bevölkerung
- Frauen > Männer (2/1)

Urs:
- Primär (häufigste Ursache)
- Sekundär
  - Erkrankung des Bindegewebes (z.B. MARFAN-Syndrom)
  - Brustkorbmalformationen (z.B. *Pectus excavatum*)
  - Hyperthyreose
  - Hypertrophe Kardiomyopathie
  - Dehydratation
  - Anorexie u.a.

Bem:
- Bei fehlenden kardiovaskulären Ereignissen (Hirnschlag, TIA, Vorhofflimmern, Myokardinfarkt) ist eine Antiaggregation oder eine Antikoagulation nicht notwendig.

Auskultation eines Mitralklappenprolaps

ⓘ In linker Seitenlage und an der Herzspitze auskultieren:

- Meso-telesystolischer Klick und meso-telesystolisches Geräusch
  - Bei vermindertem venösem Rückfluss (z.B. im Stehen oder bei einem VALSALVA) ist der Klick bzw. das Geräusch frühzeitiger in der Systole hörbar. Bei erhöhtem venösem Rückfluss (z.B. beim in die Knie gehen) tritt der Klick bzw. das Geräusch später in der Systole auf.
- Ein Mitralklappenprolaps soll nicht mit einer Aorteninsuffizienz verwechselt werden (hier würde der systolische Klick fälschlicherweise als S2 interpretiert werden).

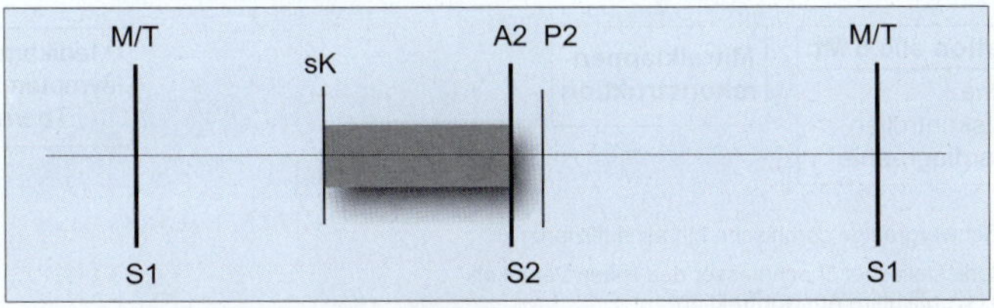

Schema: Auskultation eines Mitralklappenprolaps (sK = systolischer Klick, A2 = Aortenklappe, P2 = Pulmonalisklappe, M = Mitralklappe, T = Tricuspidalklappe)

Th:[1] **1. Symptomatische Therapie**

1.1. Akute Mitralinsuffizienz

Allg: • Ziel: Verminderung des Rückflusses durch Reduktion der Nachlast

Vorg: a) Medikamentöse Therapie
- Nitroprussid
  ± Dobutamin (falls art. Hypotonie, S. 21, 1214)
- Je nach Hämodynamik: Intraaortale Gegenpulsion, S. 25

b) Chirurgische Therapie
- Mitralklappenersatz oder -rekonstruktion (Anuloplastik)

1.2. Chronische Mitralinsuffizienz

Vorg: a) Asymptomatische Patienten (kein Konsens):
- Patienten mit art. Hypertonie:
  - ACE-Hemmer (oder Sartan)
- Patienten ohne art. Hypertonie:
  - ACE-Hemmer kann hier «intuitiv» verabreicht werden (aber keine Evidenz)

b) Symptomatische Patienten: siehe Algorithmus unten.

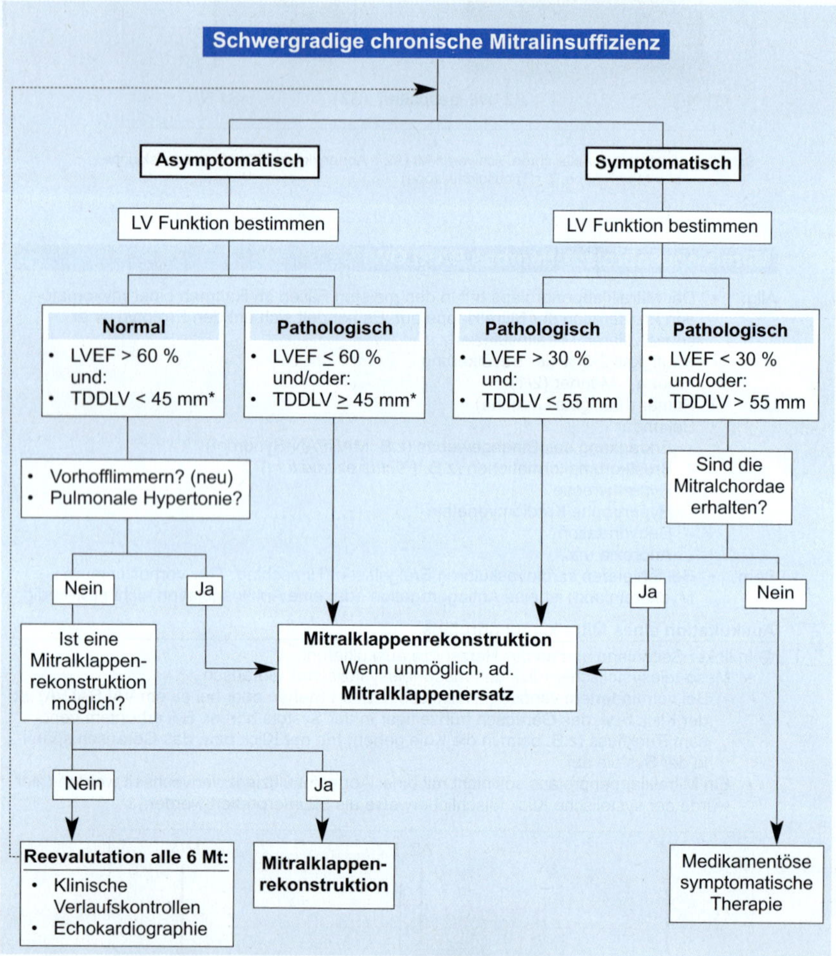

Algorithmus: Schwergradige chronische Mitralinsuffizienz.[1,2]

TDDLV = Telediastolischer Durchmesser des linken Ventrikels
LVEF = Linksventikuläre Auswurffraktion
* TDDLV < 40 mm (ACC/AHA-Guidelines[1])
TDDLV < 45 mm (ESC-Guidelines[2])

1 Angepasst nach: Bonow RO, et al. ACC/AHA 2006 Guidelines. Circulation 2006 ;114 :e84-231 und 2 Vahanian A, et al. European Society of Cardiology Guidelines. Eur Heart J 2007 ;28 :230-68.

Mitralstenose (MS) [I05.0]

Allg:
- Die Mitralstenose (MS) ist nahezu ausschliesslich rheumatisch bedingt. Anamnestisch sollen daher eine Angina tonsillaris und ein rheumatisches Fieber (s. 789) gesucht werden.
  - Die Latenzzeit zw. dem rheumatischen Fieber und der MS dauert 20-40 Jahre.
- Frauen > Männer
- Die MS führt zur Erhöhung des linken Vorhofdruckes und dadurch zur pulmonal-venösen Hypertonie. Die Füllung des (praktisch immer normalen) LV nimmt ab, was zu einer Verminderung des HMV führt, was die entsprechende Symptome erklärt (siehe unten).
- Die MS hat eine elektrische Instabilität zur Folge (Dilatation des linken Vorhofs).

Urs:
- Rheumatisches Fieber (weitaus am häufigsten)
- Selten:
  - Kongenital (zusammen mit ASD: LUTEMBACHER-Syndrom)
  - LÖFFLER Endokarditis (metastasierendes Karzinoid)
  - Myxom
  - SLE
  - Rheumathoide Arthritis u.a.

Klin:
- Die Symptome treten typischerweise bei einer Klappenöffnungsfläche < 2.5 cm^2 auf und sind u.a. abhängig von der Herzfrequenz (bei Tachykardie wird die Ventrikelfüllungsperiode, die während der Diastole stattfindet, verkürzt, was die Symptome der MS erklärt):
  - Anstrengungsdyspnoe
  - Orthopnoe
  - Paroxysmale nächtliche Dyspnoe
  - Hämoptyse
  - Heiserkeit (Parese des N. recurens durch den dilatierten linken Vorhof)
  - Systemische Embolien
  - Vorhofflimmern
  - Atypische Thoraxschmerzen

EKG:
- Überlastungszeichen des linken Vorhofs (biphasische P-Wellen in II, V2)
- Vorhofflimmern

Dg:
1. Klinisch
   - Facies mitralis (rote, zyanotische Wangen)
   - Auskultation, siehe Schema
2. Echokardiographie (= Abklärung der Wahl)
   - Identifikation der Patienten, bei denen eine Ballon-Valvulotomie durchgeführt werden könnte

Rx:
- Rx Thorax:
  - Vergrösserung des Trachealwinkels > 80° (dilatierter linker Vorhof)
  - Kleiner Aortenbogen

Kpl:
- Thromboembolische Geschehen (hohes Risiko!)

Auskultation einer Mitralstenose

ⓘ In linker Seitenlage auskultieren, allenfalls nach einer leichten körperlichen Aktivität (z.B. 10x sich hinsetzen und aufstehen):
- Verstärkter S1 («Paukenton»)
- S2 normal
  - Ein verstärkter S2 (präziser gesagt: ein verstärkter P2) weist auf eine pulmonale Hypertonie hin.
- Mitralöffnungston (Möt)
  - Ein kurzes S2-Möt-Intervall spricht für eine schwere Mitralstenose!
- Präsystolisches «roulement», welches durch die Vorhofkontraktion zu Stande kommt.
- Niederfrequentes Decrescendo-Diastolikum, («*roulement diastolique*») mit Punctum maximum über der Herzspitze.

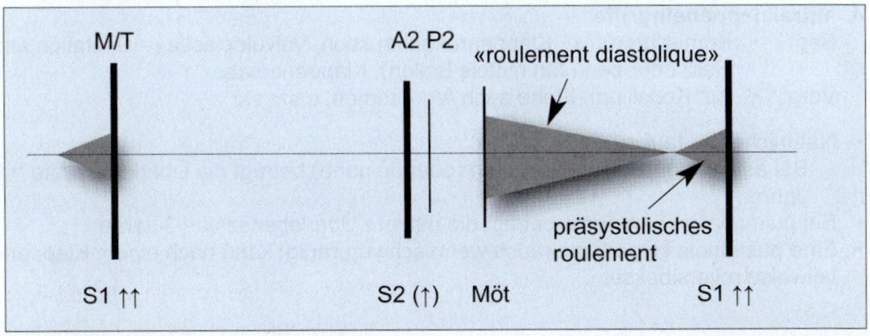

Schema: Auskultation einer Mitralstenose (A2 = Aortenklappe, P2 = Pulmonalklappe, Möt = Mitralöffnungston)

Klas:[1]

Schweregrad der Mitralstenose	Mitralklappen-öffnungsfläche (MKO)	Transmitraler Gradient	Pulmonalarterieller Druck
Normale Mitralklappe	4-6 cm^2	< 5 mmHg	< 30 mmHg
Leichtgradige MS	> 1.5 cm^2	< 5 mmHg	< 30 mmHg
Mässige MS	1.0-1.5 cm^2	5-10 mmHg	30-50 mmHg
Schwere MS	< 1 cm^2	> 10 mmHg	> 50 mmHg

Tabelle 1: Schweregrad der Mitralstenose.

Th: **1. Medikamentös**

1.1. Leichtgradige MS bei asymptomatischen Patienten im Sinusrhythmus

Vorg:
- Keine Therapie notwendig
- **Rheumatisches Fieber**, siehe auch S. 789

a) Primärprophylaxe
- Benzathin-Penicillin MG TARDOCILLIN®: 1.2 Mio **IM** (1x-Dosis)
- Bei Penicillinallergie: Azithromycin 500 mg PO (1. Tag); ab 2. Tag 250 mg/d für 4 Tage (Gesamtdosis: 1.5 g/5 Tagen)

b) Sekundärprophylaxe (bei Streptokokkeninfekt innerhalb von 5 Jahren).
- Benzathin-Penicillin: 1.2 Mio **IM** alle 3†-4 Wo, Dauer siehe unten
- Oder Penicillin V: 2x 250 mg/d PO, Dauer siehe unten
- Oder Erythromycin: 2x 250 mg/d PO, Dauer siehe unten

→ Dauer der AB-Therapie:
- Rheumatisches Fieber ohne Karditis: 5 Jahre AB-Therapie
- Rheumatisches Fieber mit Karditis: ≥ 10 Jahre (Konsilium)

1.2. MS bei leicht symptomatischen Patienten im Sinusrhythmus

Allg:
- Folgende Medikamentengruppen können eingesetzt werden:
  - Chronotrop negative Medikamente: Betablocker, Kalziumantagonisten; v.a. wenn die Symptome bei Tachykardie auftreten.
  - Intermittierend Diuretika, bei Lungenstauung
- Digoxin ist bei MS im Sinusrhythmus nicht indiziert, ausser bei gleichzeitig bestehender LV- oder RV-Dysfunktion.

2. Orale Antikoagulation

Ind:
- MS und Vorhofflimmern (alle Formen des VHFli.) [IB]
- MS mit Vorgeschichte eines thromboembolischen Geschehens (auch bei Sinusrhythmus) [IB]
- MS mit links atrialem Thrombus [IB]

3. Perkutane mitrale Ballon-Valvulotomie (PMBV)

Ind:
- Symptomatische MS (NYHA II-IV), mit mittelschwerer oder schwerer MS (siehe Tabelle 1) und günstiger Klappenmorphologie für eine PMBV und:
  - Ohne Thrombus im linken Atrium
  - Ohne mittelschwere bis schwere Mitralinsuffizienz [IA]

  oder:
- Asymptomatische MS mit mittelschwerer oder schwerer MS und günstiger Klappenmorphologie für eine PMBV und:
  - Pulmonaler Hypertonie mit folgenden systolischen Drücken der A. pulmonalis (SDAP):
    - -- SDAP in Ruhe ....> 50 mmHg
    - -- oder SDAP bei Anstrengung ......> 60 mmHg

  Und:
  - Ohne Thrombus im linken Atrium
  - Ohne mittelschwere bis schwere Mitralinsuffizienz [IC]

4. Mitralklappeneingriffe

Bsp:
- Komissurotomie, Klappenrekonstruktion, Valvuloplastie (= Dilatation am offenen Herz oder perkutan mittels Ballon), Klappenersatz

Vorg:
- Ad. Konsilium. Siehe auch Algorithmen, S. 271, 272

Prog:
- Natürlicher Verlauf:
  - Bei asymptomatischen Patienten (oder beinahe) beträgt die Überlebensrate > 80 %/10 Jahre.
- Bei pulmonaler Hypertonie beträgt die mittlere Überlebenszeit < 3 Jahre.
- Eine pulmonale Hypertonie (auch wenn schwergradig) kann nach einem Klappenersatz teilweise reversibel sein.

† 3-wöchige AB-Therapieintervalle gelten nur für Risikopatienten (d.h. bei residueller Karditis, ökonomisch defavorisierten Personen)

1 Angepasst nach: Bonow RO, et al. ACC/AHA 2006 Guidelines. Circulation 2006 ;114 :e84-23.

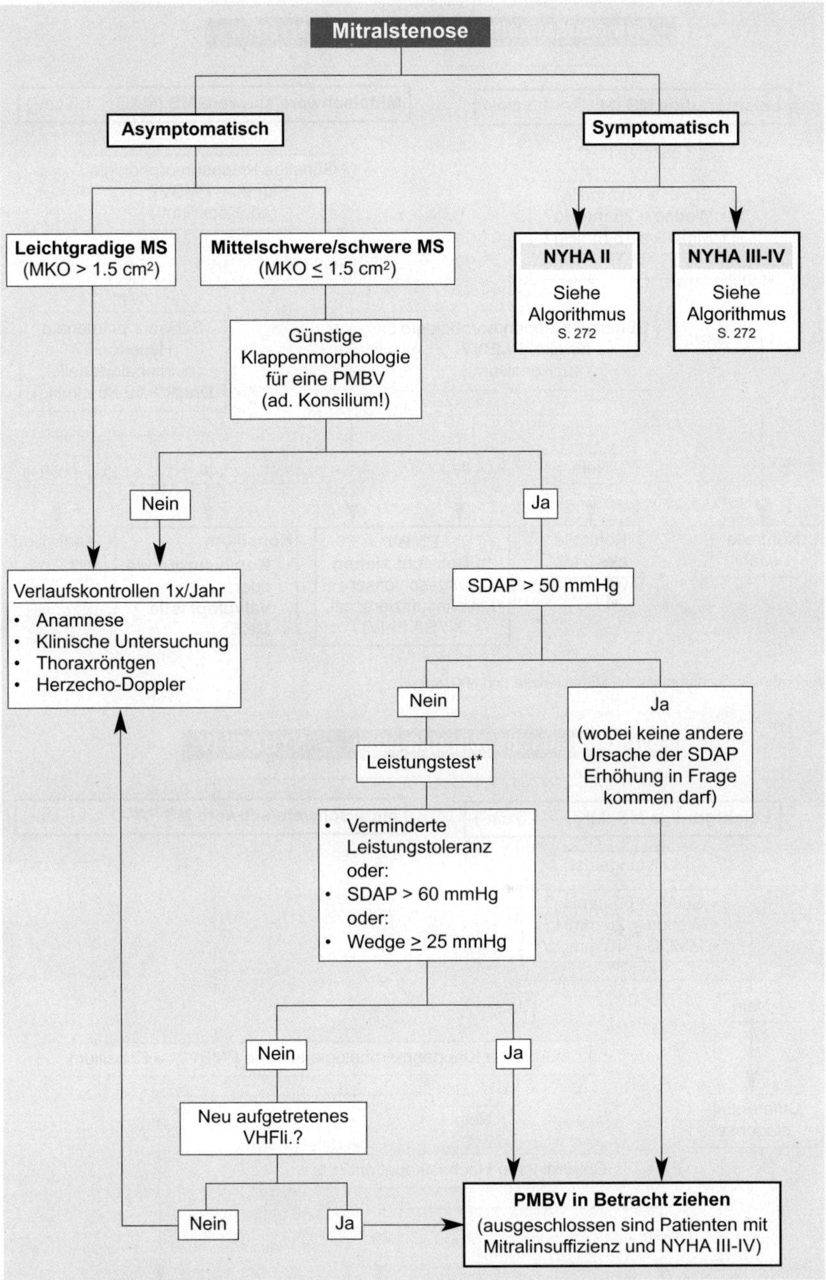

Algorithmus: Mitralstenose.[1,2]

MKO = Mitralklappenöffnungsfläche
PMBV = Perkutane mitrale Ballon-Valvulotomie
SDAP = Systolischer Druck in der Arterie pulmonalis

* Leistungstest (Kardio-Konsilium): Echo ± Stressecho, Herzszintigraphie, Koronarographie u.a.

1 Angepasst nach: Bonow RO, et al. ACC/AHA 2006 Guidelines. Circulation 2006 ;114 :e84-231 und 2 Vahanian A, et al. European Society of Cardiology Guidelines. Eur Heart J 2007 ;28 :230-68.

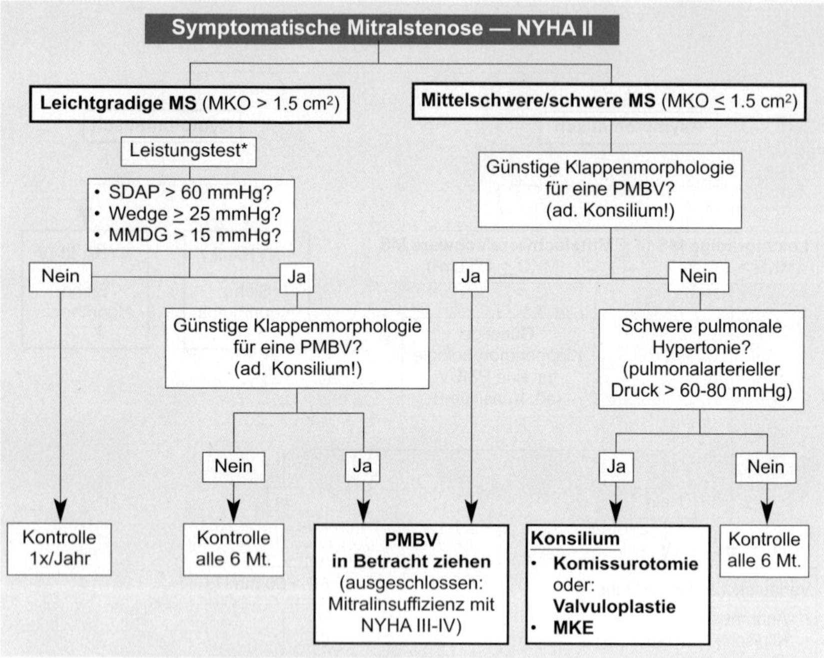

Algorithmus: Symptomatische Mitralstenose und **NYHA II**.[1,2]

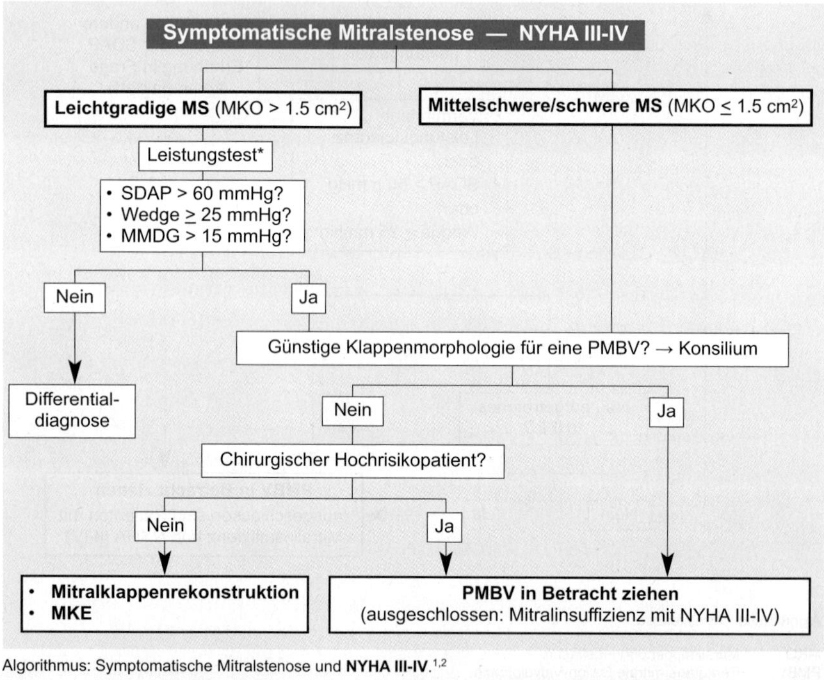

Algorithmus: Symptomatische Mitralstenose und **NYHA III-IV**.[1,2]

MKO = Mitralklappenöffnungsfläche
SDAP = Systolischer Druck in der Arterie pulmonalis
MKE = Mitralklappenersatz
PMBV = Perkutane mitrale Ballon-Valvulotomie
MMDG = Mittlerer Mitralklappendruckgradient

* Leistungstest (Kardio-Konsilium): Echo ± Stressecho, Herzszintigraphie, Koronarographie u.a.

1 Angepasst nach: Bonow RO, et al. ACC/AHA 2006 Guidelines. Circulation 2006 ;114 :e84-231 und 2 Vahanian A, et al. European Society of Cardiology Guidelines. Eur Heart J 2007 ;28 :230-68.

Aortenstenose (AS) [I35.0]

Allg:
- Häufigste valvuläre Herzkrankheit in der westlichen Hemisphäre.
- Die AS ist Ursache einer Druckerhöhung im LV → LV-Hypertrophie → diastolische Dysfunktion. Diese diastolische Dysfunktion bleibt auch nach Korrektur der AS über Monate bestehen.
- Die Geschwindigkeit der Klappenstenosierung kann bis 0.12 cm^2/Jahr betragen (mit grossen individuellen Unterschieden).
- Je nach Ursache der AS tritt die Symptomatik in folgenden Lebensabschnitten auf:
  - Kongenitale AS ....2.-4. Dekade
  - Bicuspidie ....4.-5. Dekade
  - Degenerative AS ....ab der 6. Dekade

DD:
- Hypertrophe obstruktive Kardiomyopathie (HOCM)
- Hypertensive Kardiopathie mit subvalvulärer/midkavitärer Obstruktion

Klas:[1]

Schweregrad der Aortenstenose	Aortenklappen-öffnungsfläche	Mittlerer transvalvulärer aortaler Gradient	Jet-Geschwindigkeit
Normal	3.0-4.0 cm^2	< 5 mmHg	≤ 1.5 m/sek
Leichtgradige AS	> 1.5 cm^2	< 25 mmHg	< 3 m/sek
Mittelgradige AS	1.0-1.5 cm^2	25-40 mmHg	3-4 m/sek
Schwergradige AS	< 1.0 cm^2	> 40 mmHg	> 4 m/sek

Klin:
I. Asymptomatisch
  - Die AS ist oft lang asymptomatisch, selbst bei fortgeschrittener AS!

II. Symptomatisch
  - Schnellere Ermüdbarkeit, Abgeschlagenheit, Belastungsintoleranz
  - Anstrengungsdyspnoe
  - Belastungsinduzierter Schwindel
  - Angina pectoris
  - Belastungsinduzierte Synkope
  - Linksherzinsuffizienz
  - Maligne Arrhythmien, plötzlicher Herztod

Für die PRAXIS:
Bei Angina pectoris, Dyspnoe und Synkope immer an eine Aortenstenose denken!

Urs:
- Kongenital
  - Bicuspidie (Häufgkeit: 1-2 % der Bevölkerung; Manifestation typischerweise in der 4./5. Lebensdekade, aber auch früher)
  - Unicuspidie, Tricuspidie
- Erworben
  - Degenerierte, verkalkte Klappe (= «senile» AS)
  - Rheumatisches Fieber (Manifestation früher, als bei der degenerativen AS), S. 789
  - Entzündliche Veränderungen
  - Selten: postaktinisch, Morbus PAGET, SLE u.a.

EKG:
- Zeichen einer linksventrikulären Hypertrophie, S. 171
- Überlastungszeichen des linken Vorhofs (biphasische P-Wellen in II, V2)
- Unspezifische ST-T-Veränderungen («Schädigungszeichen», «strain»)

Dg:
1. Klinisch:
   - Palpierbarer Pulsus parvus et tardus (A. carotis); i.d.R. ab mittelgradiger AS
   - Auskultation: siehe S. 274
   - Bei leichter AS ist der BD unverändert. Eine art. Hypertonie schliesst eine AS nicht aus!
   - Bei guter LVEF kann, ab Druckgradienten > 60 mmHg, ein systolisches Schwirren im 1.-4. Interkostalraum, rechts oder links parasternal, im Jugulum und/oder über den Karotiden, palpiert werden.
2. Echokardiographisch:
   - Untersuchung der Wahl zur Graduierung der AS und LV-Funktion.
   - Dobutamin-Echokardiographie bei Patienten mit mässiger AS und LV systolischen Dysfunktion zur bessere Graduierung

Prog:
- Bei asymptomatischen Personen ist die Prognose i.d.R. sehr gut (vergleichbar mit altersentsprechender Normalpopulation). Niedriges Risiko für plötzlichen Herztod.
- Prognose kann anhand der Symptomatik abgeschätzt werden:
  - Angina pectoris ....5-Jahresmortalität ......50 %
  - Synkope ....3-Jahresmortalität ......50 %
  - Herzinsuffizienz........2-Jahresmortalität ......50 %

1 Bonow RO, et al. ACC/AHA 2006 Guidelines. Circulation 2006 ;114 :e84-231.

Auskultation einer leichtgradigen Aortenstenose

- S1 und S2 normal
- Protosystolischer Klick (über der Aortenklappe, wenn diese noch mobil ist; z.B. bei Bicuspidie)
- Systolisches Crescendo-Geräusch
  - Punctum maximum an der Herzbasis (rechts parasternal)
  - Ausstrahlung in:
    - A. Karotis
    - Herzspitze: Hier spricht man vom GALLAVARDIN Phänomen (= Weiterleitung der hochfrequenten Geräusche, wobei die Geräuschtonalität von derjenigen an der Herzbasis abweicht)
- Dieses Geräusch soll NICHT mit demjenigen einer Mitralinsuffizienz verwechselt werden!

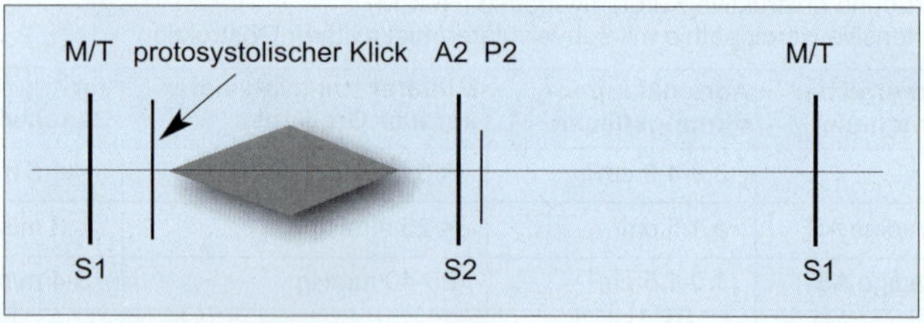

Schema: Auskultation bei leichter Aortenstenose (A2 = Aortenklappe, P2 = Pulmonalisklappe, M = Mitralklappe, T = Tricuspidalklappe)

Auskultation einer schweren Aortenstenose

- S1: normal oder schwach hörbar
- Fehlen eines protosystolischen Klicks
- S2 variabel:
  - A2 ↓/nicht auskultierbar, bei rigider oder verkalkter Aortenklappe; S2 nicht gespalten
  - A2 kann, bei LV-Dysfunktion, gleichzeitig oder sogar nach dem P2 auftreten (verspäteter LV Auswurf); B2 ist somit paradoxal gespalten.
- Vorhandensein eines S4 (weist auf eine diastolische Dysfunktion hin)
- Hochfrequentes, telesystolisches Geräusch mit Ausstrahlung in die Karotiden (= GALLAVARDIN Phänomen)
- Je ausgeprägter die Stenose, umso später wird das systolische Geräuschmaximum hörbar sein. Bei Herzinsuffizienz mit schwachem HMV, kann das Systolikum verschwinden.

Für die PRAXIS:
Man kann das Geräusch der AS wie folgt imitieren:
Die Membran eines Stethoskops wird in die eigene Handinnenfläche gelegt.
Dann wird der Handrücken dieser Hand mit einem Fingernagel der anderen Hand gekratzt. Das dadurch entstehende Geräusch gleicht demjeniger der Aortenstenose.

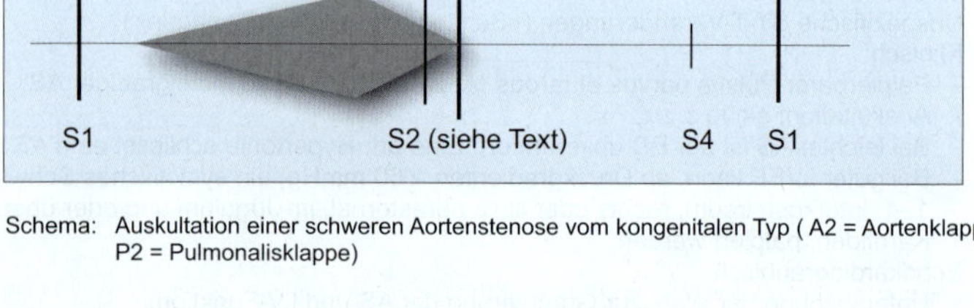

Schema: Auskultation einer schweren Aortenstenose vom kongenitalen Typ (A2 = Aortenklappe, P2 = Pulmonalisklappe)

Th: **1. Medikamentös**

1.1. Kompensierte AS mit normaler systolischer LV Funktion
- Betablocker reduzieren die diastolische Dysfunktion und verbessern die myokardiale Oxigenation
- Vasodilatoren (ACE-Hemmer, Sartan und Nitrate) sind relativ kontraindiziert, weil dadurch der AS-Gradient erhöht und die Koronarperfusion vermindert werden kann.
- Statine zur Verminderung der Progression in Betracht ziehen.

1.2. Dekompensierte AS (mit diastolischer oder systolischer LV-Dysfunktion)
- Diuretika
- Bei systolischer Dysfunktion: Digoxin

2. Aortenklappenersatz (Kardio-Konsilium), siehe Algorithmus

2.1. Operativ, ad. Kardio-Konsilium

2.2. Perkutaner Aortenklappenersatz (bei chirurgischen Hochrisikopatienten zu erwägen)

4. Ballon-Valvulotomie
- Meist nur noch bei Kindern mit kongenitaler AS durchgeführt.
- Bei Erwachsenen ungünstige Resultate und kaum mehr durchgeführt.

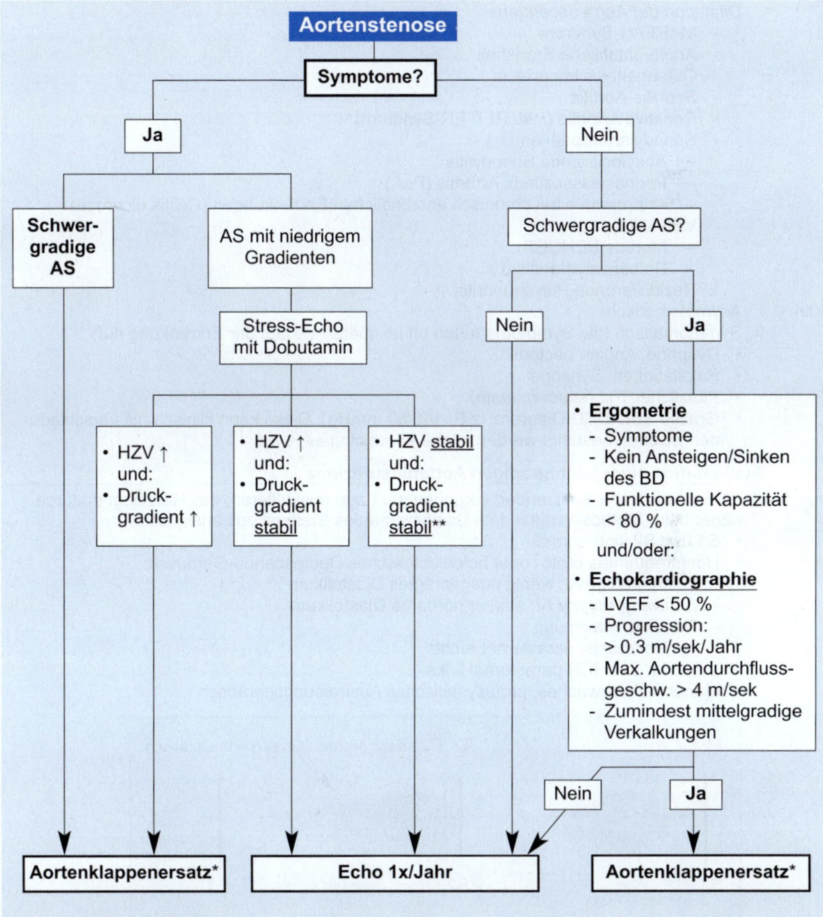

Algorithmus: Aortenstenose.[1-3]

* Mit präoperativer Koronarographie

** In dieser Situation sind die Myokardkontraktionsreserven ausgeschöpft → Operationsrisiko zu hoch.

LVEF = Linksventrikuläre Auswurffraktion; HZV = Herzzeitvolumen

1 Angepasst nach: 1 Christen Ch, et al. Forum Med Suisse 2006 ;6:647-65. 2 Bonow RO, et al. ACC/AHA 2006 Guidelines. Circulation 2006 ;114 :e84-231. 3 Vahanian A, et al. ESC Guidelines. Eur Heart J 2007 ;28 :230-6.

Aorteninsuffizienz (AI) [I35.1]

Allg: • Die AI kann die Konsequenz einer Läsion der Klappe oder des Aortenstammes sein.

Urs: ■ **Akute Aorteninsuffizienz**

- Infektiöse Endokarditis
- Dissektion der Aorta thoracica ascendens (Typ A Dissektion), S. 14
- Trauma

■ **Chronische Aorteninsuffizienz**

Valvuläre Erkrankung

- Degenerativ: senil, art. Hypertonie, myxomatös
- Kongenital: Bicuspidie
- Endokarditis
- Entzündlich
  - -- Rheumatisches Fieber, SLE, rheumatoide Arthritis, ankylosierende Spondylarthritis, Morbus CROHN, TAKAYASU, Morbus WHIPPLE
- Post-traumatisch
- Bei membranösem oder subvalvulärem Ventrikelseptumdefekt (VSD)
- Post Myektomie

Dilatation der Aorta ascendens

- MARFAN-Syndrom
- Anulo-ektatische Krankheit
- Osteogenesis imperfecta
- Syphilis-Aortitis
- Reaktive Arthritis (inkl. REITER-Syndrom)
- Spondylarthropathien
  - -- Ankylosierende Spondylitis
  - -- Psoriasisassoziierte Arthritis (PsA)
  - -- Arthropathie bei chronisch entzündlichen Erkrankungen (Colitis ulcerosa)
- Vaskulitis
  - -- Morbus BEHÇET
  - -- Riesenzellarteriitis u.a.
- Rezidivierende Polychondritis

Klin: I. Asymptomatisch

II. Symptomatisch (die Symptome treten oft im späten Verlauf der Erkrankung auf)

- Dyspnoe, Angina pectoris
- Palpitationen, Synkope
- Plötzlicher Tod *(sudden death)*
- Grosse SBD-DBD-Differenz (z.B. 180/50 mmHg). Diese kann klinisch mit verschiedenen Zeichen bestätigt werden, siehe «Semiologie», S. 852

Auskultation einer leichtgradigen Aorteninsuffizienz

ⓘ Im Exspirium und in sitzender, vorgebeugter Lage auskultieren; das Herz liegt dadurch näher beim Stethoskop (mit dem Diaphragma des Stethoskops auskultieren):

- S1 und S2 sind normal
- Hochfrequentes proto- oder holodiastolisches Decrescendo-Geräusch:
  - Leichtgradige AI: wenig ausgeprägtes Diastolikum
  - Schwergradigere AI: stärker hörbares Diastolikum
  - Punctum maximum:
    - -- Herzbasis, parasternal rechts
    - -- Im 3.-4. ICR parasternal links
- Manchmal schwaches, protosystolisches Austreibungsgeräusch

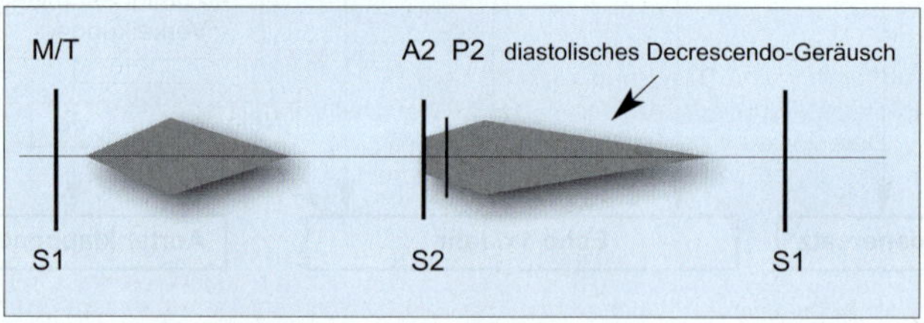

Schema: Auskultation einer leichtgradigen Aorteninsuffizienz (A2 = Aortenklappe, P2 = Pulmonalisklappe)

Auskultation einer schwergradigen Aorteninsuffizienz

ⓘ Im Exspirium und in sitzender, vorgebeugter Lage auskultieren; das Herz liegt dadurch näher beim Stethoskop (es soll das Diaphragma des Stethoskops benutzt werden):

- S1 und S2 sind oft vermindert
- Ein Galopp (d.h. ein S3 und/oder ein S4) kann auskultiert werden:
  - S3: weist auf eine systolische Herzinsuffizienz hin
  - S4: weist auf eine diastolische Herzinsuffizienz hin
- Hochfrequentes, holodiastolisches Geräusch, mit Punctum maximum an der Herzbasis (Sternummitte, parasternal rechts) oder im 3.-4. Interkostalraum links.
- Ein präsystolisches «roulement» von AUSTIN-FLINT kann gehört werden (= relative Mitralstenose infolge Zerdrückung des vorderen Mitralsegels durch den aortalen Rückströmungsfluss.
- **Bei akuter AI**: kurzzeitiges Decrescendo-Diastolikum, was durch eine schnelle Druckausgleichung zwischen der Aorta und dem linken Ventrikel zu Stande kommt.

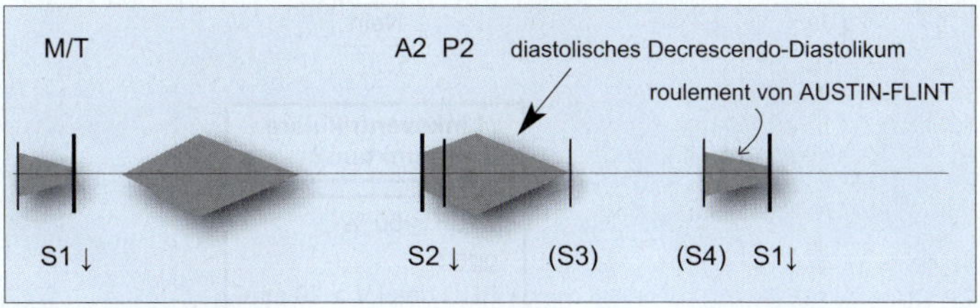

Schema: Auskultation einer akuten Aorteninsuffizienz (A2 = Aortenklappe, P2 = Pulmonalisklappe, M = Mitralklappe, T = Tricuspidalklappe)

Th:[1] **1. Asymptomatischer Patient**

1.1. Leichtgradige chronische AI
- Keine Therapie notwendig
- Klinische Verlaufskontrollen und Echo-Doppler alle 1-2 Jahre
- Vasodilatator§: i.d.R. nicht indiziert (ausser bei art. Hypertonie)
- Keine körperliche Aktivitätseinschränkung (isometrische Übungen vermeiden)

1.2. Schwergradige AI mit LV Dilatation aber normaler LVEF
- Vasodilatator§ kann als Langzeittherapie in Betracht gezogen werden. [IIbB]
- Betablocker vermeiden (→ Verlängerung der Diastole → erhöhtes Rückflussvolumen)

2. Symptomatischer Patient

2.1. Operabler Patient
- Chirurgische Therapie ist IMMER indiziert, unabhängig von der LVEF!
- Vasodilatatoren können kurzfristig bis zum Operationstag verabreicht werden; aber KEINE Langzeittherapie!

2.2. Inoperabler Patient
- Medikamentöse Therapie (+ Salzrestriktion)
  - Vasodilatator§ [IB]
  - Digoxin
  - Diuretika
- Nicht indiziert sind:
  - Betablocker
  - Intraaortale perkutane Gegenpulsation, S. 25

3. Aortenklappenersatz

Allg:
- Ad. Kardio-Konsilium
- Siehe Algorithmus, S. 278

4. Aortendilatation mit Durchmesser > 50 mm

Th:
- Aortenklappenersatz (unabhängig vom Schweregrad der AI)
- Betablocker
  - Können den Verlauf der Dilatation verlangsamen.
  - Beim MARFAN-Syndrom sind BB systematisch indiziert.

Prog: • Überlebensrate bei symptomatischen Patienten: > 10 %/Jahr

§ Vasodilatierende Therapie = Nifedipin (Retardformen), ACE-Hemmer. Die Wirkung der Vasodilatatoren ist nicht bekannt bei normalem art. Blutdruck und normal grossem LV.

1 Angepasst nach: Enriquez-Sarano M. et al. N Engl J Med 2004; 351: 1539-46 und Bonow RO, et al. Circulation 1998 ;98 :1949-84.

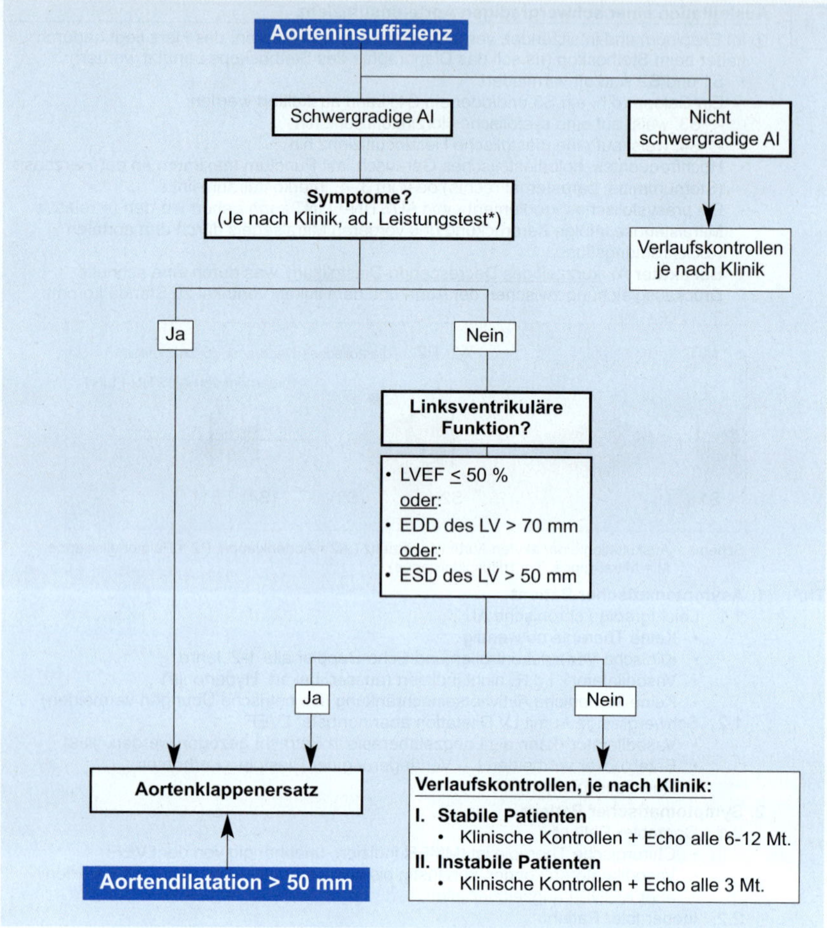

Algorithmus: Aorteninsuffizienz und Aortendilatation.[1,2]

EDD	=	Enddiastolischer Durchmesser
ESD	=	Endsystolischer Durchmesser
LVEF	=	Linksventrikuläre Auswurffraktion

* Leistungstest (Kardio-Konsilium): Echo (± Stress-), Herzszintigraphie, Koronarographie

1 Angepasst nach: Bonow RO, et al. ACC/AHA 2006 Guidelines. Circulation 2006 ;114 :e84-231 und 2 Vahanian A, et al. European Society of Cardiology Guidelines. Eur Heart J 2007 ;28 :230-68.

Kardiomyopathien[1,2]

Def: • Myokarderkrankungen, welche mit einer systolischen und diastolischen Dysfunktion einhergehen.

Allg: • Alle Myokarderkrankungen, die durch eine bekannte Ursache (systemische oder pulmonale Hypertonie, KHK, Klappenerkrankung, kongenitale Herzerkrankung) entstanden sind, werden NICHT als Kardiomyopathien bezeichnet, ausser das Ausmass des Myokardschadens kann nicht durch den Schweregrad der entsprechenden Grundkrankheit erklärt werden.

Prog: • Prognose der Kardiomyopathien: Überlebensrate nach 5 Jahren /10 Jahren:[2]

Peripartale Kardiomyopathie	[90 %/90 %]
Idiopathische Kardiomyopathie	[75 %/60 %]
Kardiomyopathie bei ischämischer Kardiopathie	[70 %/40 %]
Kardiomyopathie bei Sarkoidose	[60 %/60 %]
Kardiomyopathie unter Doxyrubicin	[40 %/40 %]
Kardiomyopathie bei HIV-Patienten	[25 %/15 %]
Kardiomyopathie bei Hämochromatose, Amyloidose	[20-25 % nach 5 J]

Klas:
1. Dilatative Kardiomyopathie (DCM)
2. Hypertrophische Kardiomyopathie (HCM)
3. Restriktive Kardiomyopathie (RCM)
4. Arrhythmogene Kardiomyopathie des rechten Ventikels

1. Dilatative Kardiomyopathie (DCM)

Allg: • Charakteristika
- Dilatation der Herzkammern
- Verminderung der Pumpleistung: systolische (+ diastolische) Dysfunktion
- Histologie des Myokards: unspezifische Veränderungen

Urs:
- Idiopathisch
- Hereditär
- Ischämische Kardiopathie (z.B. Post-MI)
- Valvulopathie
- Art. Hypertonie
- Alkohol
- Medikamentös/toxisch
  - Adriamycin, Doxyrubicin
  - Trizyklische Antidepressiva
  - Katecholamine
  - Phenothiazin
  - Zidovudin
  - Kokain, Amphetamin
- Infektiös
  - Viral: *Influenza, Varicella, EBV, CMV, Coxsackie*, Hepatitis Viren
  - Bakteriell: *Mycobacterium*, *Streptococcus β-haemolyticus* u.a.
  - Pilze: *Cryptococcus*, *Coccidiomycose* u.a.
- Neuromuskuläre Erkrankungen (z.B. progrediente DUCHENNE-Dystrophie)
- Post-aktinisch

Klin: • Herzinsuffizienz (v.a. systolische HI, S. 218)

Dg:
- Untersuchung der Wahl: Echokardiographie, ggf. Herz-MR
- Eine Myokardbiopsie wird nicht routinemässig durchgeführt, denn sie beeinflusst kaum die Therapie.

EKG: • Oft unspezifische Veränderungen

Th:
1. Kausaltherapie (inkl. PCI oder Revaskularisation)
2. Therapie der systolischen Herzinsuffizienz, S. 218
3. Orale Antikoagulation bei Vorhandensein eines der folgenden Elemente:
   a) Vorgeschichte von thromboembolischen Ereignissen (TIA, CVI, LE, TVT, MI)
   b) Vorhofflimmern
   c) Evidenz eines intrakavitären Thrombus
4. Empfohlene Impfungen: Pneumokokken, Grippeschutzimpfung
5. Je nach Klinik zu diskutieren:
   - Interner Defibrillator (ICD, S. 223)
   - Herztransplantation

Kpl:
- Arrhythmien
- Thromboembolische Ereignisse
- Plötzlicher Herztod

1 Angepasst nach: Richardson R, et al. Circulation 1996 ;93 :841-2. 2 Felker GM et al. N Engl J Med 2000 ;342 :1077-84.

2. Hypertrophische Kardiomyopathie (HCM)

Allg:
- Charakteristika
  - Hypertrophie des LV und/oder des RV, typischerweise asymmetrisch, wobei das Septum interventriculare oft mitbetroffen ist.
  - Das Volumen und die Kontraktilität des LV sind normal oder vermindert.
  - Die kongenitalen Formen sind die häufigsten Formen der HCM.

Urs:
- Kongenital (autosomal dominante Mutation des Gens, welches für das Myosin kodiert ist)
- Erworben (seltener): art. Hypertonie, Aortenstenose

Klin:
- Dyspnoe
- Angina pectoris
- Synkope
- Arrhythmie
- Plötzlicher Herztod
- Wenn die HCM einen obstruktiven Charakter hat, kann das VALSALVA-Manöver oder die aufrechte Körperlage die Herzgeräusche verstärken, S. 262.

Dg:
- Familienanamnese
- Echokardiographie, evtl. Herz-MR

EKG:
- Zeichen einer LV Hypertrophie, S. 171
- Zeichen eines Pseudo-Myokardinfarkts:
  - Tiefe Q- oder S-Zacken
  - Negative T-Wellen in V4-V6 (= Septumhypertrophie)
- LAHB (manchmal), S. 178
- Langes QT

Th:
1. **Asymptomatische Patienten**
   - Es gibt keine Evidenz, dass eine Therapie einen Benefit bringen würde.
   - Vermeiden von intensiven körperlichen Aktivitäten.
2. **Symptomatische Patienten**
   - Betablocker oder Kalziumantagonist (NICHT in Kombinationstherapie)
     - Propranolol 160-420 mg/d
     - Verapamil oder Diltiazem initial niedrig dosiert
   - Diuretika
     - Bei Hypervolämie mit Vorsicht anzuwenden, weil diese Patienten Vorlast abhängig sind!
   - Nitrate
     - Nitrate sollen vermieden werden, denn sie erhöhen den Auswurfgradienten des LV, was ein vermindertes Schlagvolumen zur Folge hat.
   - Digoxin
     - Digoxin stellt wegen seiner positiven inotropen Wirkung eine relative Kontraindikation dar (Verstärkung des Obstruktionsgrades der HCM).
3. **Orale Antikoagulation (OAK)**
   - Eine OAK ist bei allen Formen des Vorhofflimmerns indiziert, S. 157
4. **Therapie der ventrikulären Arrhythmien**
   - Interner Defibrillator (ICD, S. 223)
   - Herzschrittmacher mit Dualsonde (als symptomatische Therapie)
5. **Perkutane Septumablation** (Risiko eines kompletten AV-Blockes ca. 6 %)[3]
6. **Chirurgische Therapie**
   - Myotomie oder septale Myektomie
   - Klappenersatz
   - Herztransplantation

Kpl:
- Arrhythmien
- Plötzlicher Herztod

Prog:
- Mortalitätsrate bei nicht behandelten Patienten: 2.5 %/Jahr

3. Restriktive Kardiomyopathie (RCM)

Allg:
- Charakteristika
  - Rigides Herz: die enddiastolischen Ventrikelfüllungsvolumen sind vermindert
  - Normale (oder beinahe normale) systolische Funktion

Klin:
- Die Symptome (wenn vorhanden) sind v.a. die Folge einer diastolischen Herzinsuffizienz (S. 224).
- Bei Patienten mit Herzinsuffizienzzeichen (z.B. Dyspnoe, Angina pectoris) ohne Kardiomegalie, muss an eine RCM mit diastolischer Herzinsuff. gedacht werden.

Urs:
- Infiltrative Erkrankungen:

3 Nielsen CD, et al. Clin Cardiol 2003 ;26 :275-9.

- Systemsklerose
- Amyloidose
- Hämochromatose
- Endomyokardfibrose
- Hypereosinophile Kardiopathie (fibroplastische LÖFFLER-Endokarditis)
- Fibroelastose
- Postaktinisch
- Idiopathisch
- Familiäre Fälle

Dg:
- Unter den Kardiomyopathien ist die RCM die schwierigst diagnostizierbare Form.
- Echokardiographie: Myokardverdickung mit normaler (oder beinahe normaler) systolischer Funktion.
- Herz-MR
- Herzkatheteruntersuchung:
  - Erhöhte Füllungsdrucke des RV und des LV
  - Die Druckkurve zeigt einen initialen Abfall, gefolgt von einem Plateau («*dip-plateau*» Phänomen), was die myokardiale Relaxationsstörung widerspiegelt.
- Eine Endomyokardbiopsie kann manchmal indiziert sein.

EKG:
- Normal oder Überleitungsstörungen, Niedervoltage

Th:
1. Kausaltherapie
2. Therapie der diastolischen Herzinsuffizienz (schwierig!!), S. 224
   - Diuretika bei Überwässerungszeichen
   - Digoxin soll bei Patienten mit Hämochromatose nicht eingesetzt werden, denn diese Patienten sind anfälliger auf die Toxizität von Digoxin.
3. Herztransplantation (je nach Klinik)

4. Arrhythmogene Kardiomyopathie des rechten Ventrikels

Syn:
- Arrhythmogene Dysplasie des RV, Rechtsdysplasie

Allg:
- Charakteristika
  - Progrediente Umwandlung des rechtsventrikulären Myokards in ein fibrös-fettiges Degenerationsgewebe. Initial lokalisiert, anschliessend wird der ganze RV davon betroffen und manchmal auch noch Teile des LV.

Urs:
- Hereditär
  - Autosomale Form mit inkompletter Penetranz
  - Rezessive Form
- Idiopathisch

Klin:
- Die Symptome beginnen oft ab dem 30. Lebensjahr
  - Arrhythmien
  - Synkope
  - Plötzlicher Herztod (typischerweise während einer körperlichen Aktivität!)
  - Herzinsuffizienz (eher selten)

EKG:
- Normal oder Vorhandensein von ε-Wellen (am Ende der QRS-Komplexe in V1-V3). Diese entsprechen einem Spätpotential.
- Negative T-Wellen (manchmal)

Dg:
- Familienanamnese
- Nicht invasive Abklärungen
  - EKG
  - Elektrische Spätpotentiale
  - 24 h-EKG, Echokardiographie
  - Angio-Szintigraphie
  - Herz-MR (Frage nach Fettdepot)
- Invasive Abklärungen
  - Elektrophysiologische Abklärungen
  - Ventrikulographie des RV

Kpl:
- Arrhythmie
- Plötzlicher Herztod

Th:
1. Kardio-Konsilium! Körperliche Aktivität vermeiden (keinen Sport betreiben)
2. Therapie und Prophylaxe von Arrhythmien:
   - Betablocker
   - Interner Defibrillator (ICD)
3. Herztransplantation erwägen, bei unbehandelbarer Rechtsherzinsuffizienz

Prog:
- 10-jahres Mortalität bei nicht behandelten Patienten: 30 %

Spezifische Kardiomyopathien

Allg: • Der Ausdruck «Spezifische Kardiomyopathie» umfasst diejenigen Herzerkrankungen, welche im Zusammenhang mit spezifisch definierten Myokard- oder Systemerkrankungen vorkommen. ABER der Myokardschaden darf nicht allein durch die entsprechende Grunderkrankung erklärt werden können. Somit ist z.B. eine ischämische Kardiomyopathie im Zusammenhang mit einer KHK anzutreffen, aber der Myokardschaden kann nicht ausschliesslich mit der KHK erklärt werden.

Bsp:
- **Ischämische Kardiomyopathie**
  - Manifestiert sich in Form einer dilatativen Kardiomyopathie (DCM) mit verminderter Myokardkontraktilität, welche durch die KHK nicht erklärt werden kann.
- **Valvuläre Kardiomyopathie**
  - Ventrikuläre Dysfunktion, welche durch die Klappenerkrankung allein nicht erklärt werden kann.
- **Hypertensive Kardiomyopathie**
  - Ventrikelhypertrophie mit dem Bild einer DCM oder einer RCM.
- **Entzündliche Kardiomyopathie**
  - Manifestiert sich unter anderem in Form einer dilatativen Kardiomyopathie (DCM), welche mit einer kardialen Dysfunktion einhergeht: idiopathisch, autoimmun, infektiös.
- **Metabolische Kardiomyopathie**
  - Diabetes mellitus
  - Thyreotoxikose, Hypothyreose
  - NNR-Insuffizienz
  - Phäochromozytom
  - Akromegalie
  - Hämochromatose
  - NIEMAN-PICK-Krankheit
  - Störungen des Kaliumhaushaltes
  - Anämie
  - BERIBERI-Krankheit, S. 561
  - Amyloidose (primär, sekundär)
- **Kardiomyopathie und Systemerkrankungen**
  - Konnektivitis (SLE, Systemsklerose, Dermatomyositis, Polymyositis)
  - Vaskulitis (PAN u.a.)
  - Rheumatoide Arthritis
  - Sarkoidose
  - Maligne Hämopathien (Leukämien u.a.)
- **Kardiomyopathie und Muskeldystrophien**
  - DUCHENE
  - BECKER
- **Kardiomyopathie und neuromuskuläre Erkrankungen**
  - FRIEDREICH Ataxie, S. 596
- **Medikamentös-toxische Kardiomyopathie**
  - Alkohol
  - Anthracyclin
  - Katecholamine
  - Krebstherapien
    - Anti-HER 2
      - Trastuzumab, Lapatinib
    - Anti-Angiogenetiga
      - Pegaptanib, Sunitinib, Sorafenid
- **Peripartale Kardiomyopathie**

Orthostatische Hypotonie [I95.9]

Allg:
- Die orthostatische Hypotonie ist ein häufiges Symptom, welches die Autonomie und die Lebensqualität beeinträchtigen kann.
- Die orthostatische Hypotonie ist ein prädikativer Mortalitätsfaktor.
- Normale Messwerte wenn ein liegender Proband aufsteht:

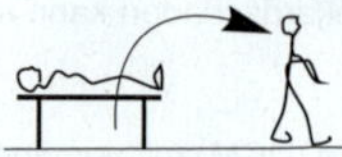

→ **SBD-Abfall von 5-10 mmHg**
→ **DBD unverändert oder leichtes Ansteigen**
→ **Anstieg der Herzfrequenz um 15-20 Schläge/min**

Klin:
- Kollapsgefühl
- Instabilität oder Gefühl eines Bewusstseinsverlustes
- Synkope (selten)
- Sturz!

Diese Symptome sind in folgenden Situationen ausgeprägt:
- Am Morgen nach dem Aufstehen
- Postprandial
- Am Ende einer körperlichen Aktivität
- Nach einem warmen Bad

Dg: **Orthostaseversuch: 3 Minuten-Test** (= abgekürzte Form des SCHELLONG-Tests):
1. Der Patient bleibt während einiger Minuten liegen. Der BD wird 2-3x gemessen.
2. Der Patient steht auf und bleibt stehen:
   → BD- und Pulsmessungen nach 1 min, 2 min und 3 min.

Interpretation [IC][1]

Eine orthostatische Hypotonie wird diagnostiziert bei symptomatischem Auftreten von:
- **Abfall des SBD ≥ 20 mmHg**
  oder:
- **Abfall des DBD ≥ 10 mmHg während der 3 min nach dem Aufstehen**

Klas:
1. **Orthostatische Hypotonie beim Kind oder beim jungen Erwachsenen**
   - Allg: • Es handelt sich um ein Syndrom mit einem Mangel an Dopamin β-Hydroxylase (Enzym, welches Dopamin in Noradrenalin metabolisiert) → Dopamin wirkt anstelle von Noradrenalin als Neurotransmitter auf den sympathischen Fasern.
   - Klin: • Dies ist eine schwere, seit dem Kindesalter bestehende, Hypotonieform mit Nykturie und Gelenklaxität, ohne andere neurologische Ausfälle.
   - Th: • L-Dopa Präparate (siehe Parkinson) werden erfolgreich angewendet.
2. **Orthostatischer Hypotonieanfall nach körperlicher Aktivität, nach einem Sonnenstich oder nach emotionellen Stimuli**
   - Allg: • Es handelt sich um eine Mastozytose (Histaminfreisetzung infolge Mastzellendegranulation).
   - Klin:
     - Rötung der Haut, Pruritus
     - Parästhesien, Kopfschmerzen
     - Schwindelgefühl
     - Herzklopfen
     - Synkope
     - Dyspnoe
     - Diarrhoe
   - Th: • H1- und H2-Antihistaminika ± Acetylsalicylsäure
3. **Orthostatische Hypotonie nach Virose oder nach Gewichtsverlust**
   - Syn: • Idiopathisches, posturales Tachykardiesyndrom (*POTS postural orthostatic tachycardia syndrome*)
   - Klin: • Progredientes Kollapsgefühl beim Aufstehen (sogar nach > 3 min) mit Tachykardie.
4. **Orthostatische Hypotonie bei bekannter Grunderkrankung**
   - Urs:
     - Einnahme von Antihypertensiva
     - Neurolopathien mit medullärer Läsion: Tabes dorsalis, Syringomyelie u.a.
     - Periphere Neuropathien:
       - Diabetes mellitus
       - GUILLAIN-BARRÉ-Syndrom
       - Porphyrie
       - Amyloidose
     - Herzinsuffizienz
     - Metabolische Störungen
   - Th: • Kausaltherapie

1 Moya A, Sutton R, Ammirati F, et al. ESC Guidelines. Eur Heart J 2009 ;30 ;2631-71.

5. Orthostatische Hypotonie, die scheinbar nicht erklärbar ist

Vorg:
- Ausschluss einer Erkrankung, welche die orthostatische Hypotonie erklären kann (siehe Pt. 4, S. 284).
- Neuropathien mit neurologischer Dysautonomie sollen besonders in Betracht gezogen werden:

5.1. Parkinsonismus
- Meist handelt es sich um mittelschwere Formen der orthostatischen Hypotonie. Das extrapyramidale Syndrom spricht auf L-Dopa an.

5.2. Primäre Dysautonomie *(pure autonomic failure)* oder **idiopathische, orthostatische Hypotonie**
- Es handelt sich um eine neuronale Degeneration des intermediolateralen thorakolumbalen Trakts, ohne weiteren Befall des Nervensystems. Klinisch manifestiert sich dieses Syndrom ab dem 30. Lebensjahr mit einer progredienten, orthostatischen Hypotonie (ohne andere Dysautonomien).
- Die primäre Dysautonomie ist eine Ausschlussdiagnose!

5.3. Multisystematrophien
- Symptome und Befunde (simultan oder nicht)
  - Urogenitale Dysautonomie
  - Orthostatische Hypotonie
  - Neurologische Symptome:
    - Parkinsonismus
    - Zerebelläre Zeichen
    - Pyramidenzeichen
- Sie können sich gleichzeitig in verschiedenen Ausmassen manifestieren. Es gibt auch Mischformen.

Vorwiegend auftretende Klinik	Diagnostische Terminologie
■ Parkinsonismus	**Striato-nigrale Degeneration**
■ Kleinhirnzeichen, S. 598	**Olivo-Ponto-Zerebelläre Atrophie**
■ Orthostatische Hypotonie	**SHY-DRAGER-Syndrom,** S. 607

Lab:
- Grundlabor, Blutbild (Suche nach einer Anämie)
- Vitamin B12 u.a. Parameter, je nach Klinik

Th:

1. Allgemeine Massnahmen
- BD-senkende Mittel reduzieren oder stoppen
- Hochstellen des Bettkopfteils des während der Schlafzeit
- Venenkompressionsstrümpfe verschreiben (Kompressionsstärke $\geq$ «2») und v.a. dafür sorgen, dass der Patient diese trägt....
- Salzzufuhr um ca. 3.5 g Na^+/d (= 150 mmol) erhöhen:
  - Bouillons
  - NaCl Kaps 500 mg (1-4 Kaps/d; wobei 500 mg NaCl = 200 mg Na^+ = 17 mmol Na^+)

2. Medikamentöse Therapie: Vasokonstriktor ± Mineralokortikoid

Medikament	Beispiel	Galenik	Dosierung
Vasokonstriktor (α-Sympathomimetika)			
Etilefrin	EFFORTIL®	Depottabl	1x 25-50 mg/d
		Trpf	3x 5-10 mg/d (= 10-20 Trpf)
Etilefrin + DHE	EFFORTIL® Plus	Trpf	3x 5 Hübe/d
Midodrin	GUTRON®	Tabl	2.5-15 mg/d in 2x/d, max. 30 mg/d
		Trpf	2.5-15 mg/d in 2x/d, max. 30 mg/d (1 mL = 10 mg = 30 Trpf)
Mineralokortikoid → Erhöhung der renalen Natrium- und der Wasserresorption			
Fludrocortison	ASTONIN® H	Tabl	2x 0.05-0.2 mg/d. Wirkungseintritt nach einigen Tagen. Die Natrium- und H_2O-Retention kann, bei Herz- und/oder Niereninsuffizienten Patienten, eine Hypervolämie mit Risiko eines Lungenödems verursachen.

DHE = Dihydroergotamin

Akute Perikarditis [I30.9]

Allg: • Es handelt sich um eine Entzündung des Perikards mit oder ohne Begleit-Perikarderguss.

Urs:
- Idiopathisch*
- Infektiös
  - Viral:*
    - -- Coxsackie
    - -- Echovirus
    - -- Influenza
    - -- Adenovirus
    - -- Parvovirus B19
    - -- EBV, CMV, HSV
    - -- HBV, HCV, HIV
  - Bakterien:
    - -- Tuberkulose (häufigste Ursache südlich der Saharawüste)
    - -- Staphylcoccus aureus, Pneumococcus, Legionella, Borrelia
  - Parasiten:
    - -- Toxoplasmose, Echinococcus, Entamoeba histolytica u.a.
- Neoplasien
  - Tumoren im Kontakt mit dem Perikard (Bronchuskarzinom, Thymom)
  - Leukämie, Lymphom
  - Metastasen (Lunge, Mamma, Melanom)
  - Primärtumoren des Perikards sind sehr selten!
- **Nach akutem Myokardinfarkt**
  - Frühform: beginnt einige Tage nach dem akuten Myokardinfarkt (AMI)
  - Spätform (DRESSLER-Syndrom): 2-8 Wo. nach AMI (Urs: unbekannt, autoimmun?)
- Metabolisch (urämisches Syndrom, Hypothyreose)
- Medikamentös (z.B. Mesalazin ASACOL®, PENTASA®, SALOFALK®)
- Systemerkrankungen: SLE, rheumatoide Arthritis u.a.
- Trauma
- Status nach Perikardiotomie
- Postaktinisch
- Morbus CROHN
- Colitis ulcerosa u.a.

Klin:
I. Asymptomatisch
II. Symptomatisch
- **Thoraxschmerzen**
  - Akut, sehr intensiv und typischerweise vorübergehend
  - Lageabhängig
    - Verstärkt in liegender Lage
    - Abgeschwächt in vorgeneigter Lage («Foetalstellung»)
  - Atemabhängig (da häufig eine Begleitpleuritis vorhanden ist); aber bei Apnoe verschwindet das Perikardreiben nicht (im Gegensatz zum Pleurareiben).
- **Perikardreiben** (in linker Seitenlage und endexspiratorisch auskultieren und das Stethoskop «perikard-nah» fest auf die Thoraxwand drücken!)
  - Häufig transitorisch und klingt ab sobald ein Perikarderguss vorhanden ist.
  - Das Reiben hat 3 Komponenten: systolisch, proto- und telediastolisch.
- ± Arrhythmie (z.B. supraventrikukäre Tachykardie)
- ± Fieber

DD: Siehe Thoraxschmerzen, S. 192

Klinischer Parameter	Perikarditis	Myokardischämie
Lokalisation der Schmerzen	• Präkardial	• Retrosternal
Schmerztyp	• Akut, stechend, konstant • Lageabhängig: - Verstärkt in liegender Position • Oft atemabhängig	• Drückend, evtl. brennend • Lageunabhängig • Atemunabhängig
EKG (ST-Strecke, T-Welle)	• HOLZMANN-Zyklus (S. 287) 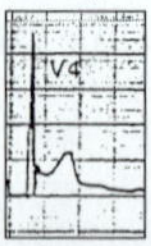	• Fokale ST-Hebung • Gegensinnige T-Wellen 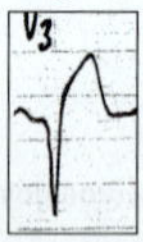

* 85 % der akuten Perikarditiden sind idiopathischer oder viraler Genese.

EKG: • Die EKG Befunde sind häufig, aber manchmal erst im späteren Verlauf zu beobachten:

- Repolarisationsstörungen in allen Ableitungen sichtbar. Der HOLZMANN-Zyklus beschreibt einen zeitlichen Ablauf in 4 Stadien:
  1. Diffuse ST-Hebungen (konkav und abgerundet);
     ST-Senkungen in aVR und in V1;
     Ansteigen des PR-Intervalls in aVR und PR-Abfall in allen anderen Ableitungen
  2. Normalisierung der ST-Strecken und Abflachung der T-Wellen
  3. T-Wellen Inversion
  4. Normalisierung des EKG

  Das Stadium 1 ist bei 80 % der Patienten zu beobachten und der vollständige HOLZMANN-Zyklus (4 Stadien) bei 60 %.
- Bei vorhandenem Perikarderguss können folgende EKG Veränderungen beobachtet werden:
  - <u>Mikrovoltage</u>:
    -- R < 5 mm in allen 6 peripheren Ableitungen (DI-III, aVR, aVL und aVF) oder:
    -- R < 10 mm in allen 6 präkordialen Ableitungen (V1 bis V6)
  - Eine elektrische «QRS-Alternans» (= Wechsel in der Achse, Amplitude und Morphologie der QRS-Komplexe).

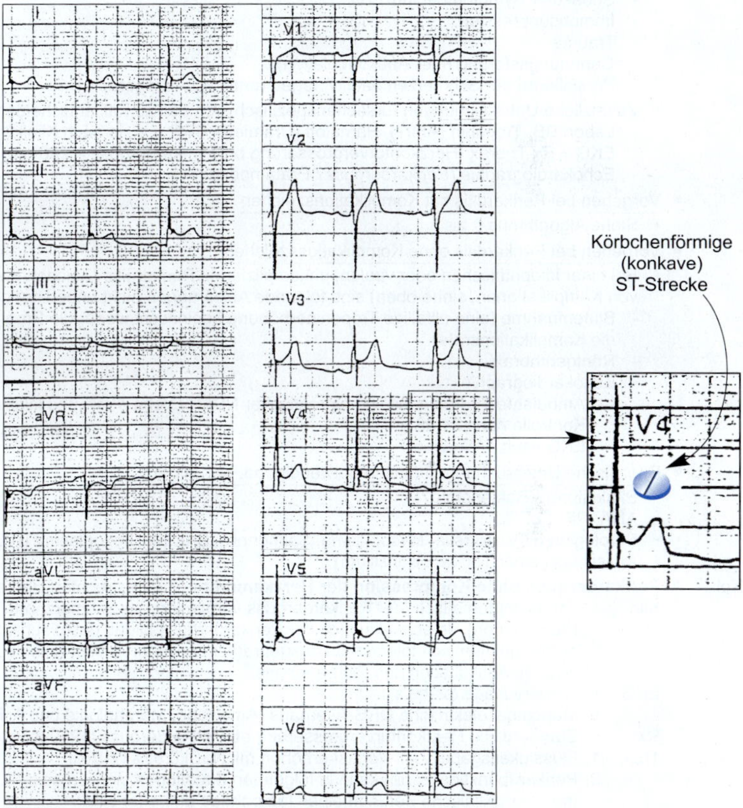

EKG: Akute Perikarditis.

Vorg:[1] ■ Grundmassnahmen

- Detaillierte Anamnese (ursachenspezifisch), insb.:
  - Kürzlicher Myokardinfarkt, Radiotherapie, Medikamente u.a.
- **Suche nach Zeichen einer Perikarditis Komplikation** (siehe unter «Kpl:» unten)
  - Zeichen einer Tamponade und/oder einer Myokarddysfunktion:
    - Tachypnoe (> 20/min)
    - Tachykardie (> 100/min)
    - SBD < 100 mmHg
    - Jugularis-Venenstau
    - Hepatojugulärer Reflux
    - Nicht ertragen der rechten Seitenlage
    - Pulsus paradoxus (s. 191; die Sensitivität für eine Tamponade liegt bei 80 %)
    - Dritter Herzton (S3, s. 264)
    - Feinblasige Rasselgeräusche
    - Präschock, Schock
    - Arrhythmie
- Suche nach Kriterien mit schlechter Prognose:
  - Fieber
  - Subakuter Symptombeginn
  - Immunsuppression
  - Trauma
  - Gerinnungsstörung (inkl. Antikoagulation)
  - Persistieren der Schmerzen nach 7 Tagen (unter NSAR Therapie)
- Zusätzliche Untersuchungen (ursachenspezifisch, von Fall zu Fall entscheiden):
  - Labor: BB, Troponin (AMI?), Harnstoff (Urämie?), CRP u.a., je nach Klinik
  - EKG + Rx Thorax (Herzkonturvergrösserung bei Perikarderguss > 250 mL)
  - Echokardiographie (Perikarderguss? Prätamponade?)

■ Vorgehen bei Perikarditis mit Komplikationszeichen

- Siehe Algorithmus s. 289

■ Vorgehen bei Perikarditis ohne Komplikationszeichen

- Bei einer idiopathischen oder viralen, unkomplizierten Perikarditis (Zeichen/Befunde von Komplikationen, siehe oben) sind folgende Abklärungen nicht unbedingt notwendig:
  - Blutentnahme (eine allfällige Troponinerhöhung beeinflusst weder die Prognose noch die Komplikationsrate)
  - Röntgenthorax
  - Echokardiographie
    → Ambulante Therapie mit symptomatischer NSAR (siehe s. 289) und klinische Kontrolle nach 24-48 h.
    → EKG nach 4 Wochen

■ Spezifische Untersuchungen (selten notwendig, ad. Konsilium)

- Blutkulturen (Bakteriämie?)
- ANA, RF (SLE?)
- Serologien (HIV, Borrelia, Mycoplasma, Salmonella, Brucella, Toxoplasma u.a.)
- Ausschluss einer Tbc (ad. Konsilium)

Kpl: **A. Perikarderguss ohne Kompression der Herzkammern** (v.a. des rechten Herzens)

Klin: • Oft asymptomatisch (der Perikarderguss vermindert das schmerzhafte Pleurareiben). Je schneller sich der Perikarderguss bildet, desto schlechter wird er hämodynamisch toleriert! Je ausgeprägter der Pleurerguss, umso schwächer wird die Auskultation des Pleurareibens.

EKG: • Niedervoltage (siehe s. 287)
• Manchmal elektrische QRS-Alternans (Amplitude, Morphologie und Achse)

Rx: • Standard Rx: Herzkonturvergrösserung ab Perikarderguss > 250 mL sichtbar

Th: 1. Flüssigkeitsgabe. Ziel: Vorlast erhöhen mit NaCl 0.9 % **IV**-Boli!!
2. Perikardpunktion (s. 290) kann in folgenden Situationen indiziert sein:
Ind: • Klinische Befunde einer Tamponade und/oder einer Myokarddysfunktion.
• Diagnostische Perikardpunktion (z.B. Frage nach Neoplasie)

B. Tamponade, siehe s. 290

C. Chronische rezidivierende oder chronische konstriktive Perikarditis

[1] Angepasst nach : Imazio M et al. Int J Cardiol. 2007 ;12; 118(3) :286-94.

Komplizierte Perikarditis (Zeichen → S. 288)

Hospitalisierung und transthorakale Echokardiographie

Keine Tamponade	**Tamponade**
• **Acetylsalicylsäure** (2-4 g/d) oder: • **NSAR**§ während 7-10 Tagen	• **Perikardpunktion** (S. 290) oder **chirurgische Drainage** • + **ASS** (2-4 g/d) oder NSAR

Algorithmus: Vd. auf akute, komplizierte Perikarditis.

Th: **1. Kausaltherapie + Ruhe!**

2. Symptomatische Therapie

a) Leichte bis mittelschwere Perikarditis

- NSAR (PO) ± Colchicin

- Acetylsalicylsäure	2-4x 1000 mg/d
- Ibuprofen	3-4x 400-800 mg/d
- Indometacin	4x 25-50 mg/d
- Naproxen	550 mg dann 3-4x 275 mg (max. 1370 mg/d)
± Colchicin	0.5-1 mg/d während 3 Mt. (vermindert das Rezidivrisiko)

- Prednison
  - Allg: • Kortikoide erhöhen das Rezidivrisiko der Perikarditis.
  - Ind: • KI/Unverträglichkeit von NSAR und Colchicin
  - Dos: • 0.5-1 mg/kg während 1 Mt. (auch wenn die Schmerzen schnell auf die Therapie ansprechen, soll diese nicht vor einem Mt. sistiert werden); dann graduelle Dosisreduktion mit Therapiestopp nach 6-8 Wo.

b) Schwere Perikarditis, resistente oder therapierefraktäre Perikarditis

- Diagnose neu beurteilen und Kardio-Konsilium

c) Tamponade, siehe S. 290

3. Prophylaktische Rezidivtherapie

- Colchicin 0.5-1 mg/d PO während 6 Mt. in Begleittherapie mit NSAR

§ Im Falle einer Postinfarkt-Perikarditis ist Acetylsalicylsäure die Therapie der Wahl.

Tamponade[2] [I31.3]

Def: • Klinischer Befund, welcher die Folge einer Kompression der Herzkammern darstellt, die durch einen grossen Perikarderguss zustande kommt.

Allg: • **Tamponade = absoluter medizinischer Notfall!**

• Pathophysiologie: Das Vorhandensein von Flüssigkeit im wenig extensiblen Perikardsack komprimiert den rechten Vorhof und die intraperikardialen Anteile der Cava Venen. Der venöse Rückfluss wird somit vermindert, was eine Verminderung des Auswurfvolumens zur Folge hat (denn der linke Ventrikel wird ungenügend gefüllt).

• Bei rascher Bildung eines Perikardergusses kann eine akute Adiastolie beobachtet werden. Wenn sich aber der Perikarderguss langsam entwickelt, können auch grössere Mengen (bis 1 L) klinisch «gut» ertragen werden.
ABER VORSICHT: **Der hämodynamische Kollaps kann innerhalb von wenigen Sekunden/Minuten stattfinden!!**

Klin: • Tachykardie (> 100/min)
• Tachypnoe (> 20/min), Dyspnoe
• Gestaute Jugularvenen (= hoher ZVD)
• Pulsus paradoxus (s. 191); dieser kann in folgenden Situationen fehlen:
  - Schwere art. Hypotonie (SBD < 70-80 mmHg)
  - Schwergradige Lungenembolie
  - Schwergradige COPD u.a.
• Hämodynamische Instabilität: Art. Hypotonie, Arrhythmien, Schock

EKG: • Niedervoltage (s. 287), QRS-Alternans

Rx: • Die Herzkontur vergrössert sich ab einem Perikarderguss > 250 mL (Standard Rx)

Urs: • Infektiöse Perikarditis
• Trauma (Hämoperikard)
• Nach thorakalen chirurgischen Eingriffen
• Aortendissektion
• Nach Myokardinfarkt (Myokardruptur!)
• Neoplasie (z.B. malignes Lymphom)
• Autoimmunerkrankungen (z.B. SLE)
• Postaktinisch
• Urämie (z.B. bei akuter Niereninsuffizienz)
• Medikamentös
• Iatrogen (z.B. nach Herzkatheteruntersuchung u.a.)

Dg: 1. Klinik, EKG (siehe unter «Kpl.», s. 286 ff)
2. Transthorakale Echokardiographie mit Frage nach:
  - Kompression des rechten Vorhofs ± des rechten Ventrikels
  - Variation des transmitralen Flusses
  - Paradoxe Bewegungen des Septum interventriculare

Th: **ABSOLUTE NOTFALLTHERAPIE**

1. Flüssigkeitsgabe. Erstes Ziel: Erhöhung der Vorlast!!

Vorg: • Bolus von NaCl 0.9 % IV-Boli (z.B. 2-3 L mit Druckmanschette!)
• Alle Vorlast senkenden Medikamente sind KI (Diuretika, Nitrate, Morphin u.a.)

2. Sofortige Perikardpunktion/Drainage!

Vorg: a) Patient in Rückenlage, halbsitzend (60° zur Unterlage).
b) Strengste Kreislaufüberwachung, Kabel für das EKG ist an der Punktionsnadel befestigt (Krokodilklemmen).
c) **Punktionsstelle** (Lokalanästhesie):
  - Zwischen Xyphoid und linkem Rippenbogen.
d) **Stichrichtung**:
  - Die Perikardpunktionsnadel soll unter konstanter Aspiration unmittelbar retrosternal in Richtung des linken Schultergelenks vorgeschoben werden (± unter echokardiographische Kontrolle) bis die Perikardflüssigkeit aspiriert werden kann.

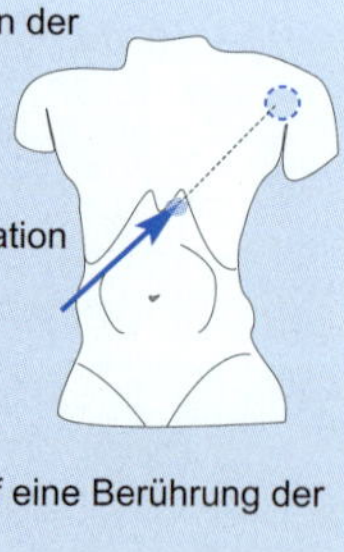

e) Einlage des Drains (SELDINGER-Technik)

Bem: • Auftreten von PR- und ST-Strecken Hebungen weisen auf eine Berührung der Nadel mit dem Myokard hin (Verletzungsstrom)!

3. Kausaltherapie

Subakute Notfallsituation

1. Kausaltherapie
2. Chirurgische **Perikardotomie ± Perikardoskopie**, dann Perikardbiopsie gefolgt von einer Perikarddrainage (Dauer der Drainage: oft 3-5 Tage)

2 Spodick DH. N Engl J Med 2003 ;349 :684-90.

Oberflächliche Venenthrombosen (Thrombophlebitis)[1]

Allg:
- Nomenklatur:
  - Oberflächliche Venenthrombose = Thrombophlebitis
  - Tiefe Venenthrombose = Phlebothrombose
- Thrombophlebitiden sind häufig (ca. 5 % der Männer und 10-15 % der Frauen).
- Das Risiko, dass eine oberfl. Venenthrombose mit einer TVT assoziiert ist, liegt zw. 6-44%
- Risikofaktoren einer Thrombophlebitis
  - Bestehende Varikose
  - Adipositas
  - Alter > 60 Jahre
  - Status nach tiefer oder oberflächlicher Venenthrombose
  - Nikotinabusus
  - Bettlägrigkeit
  - Venenkanülen
  - Infekt (z.B. CMV)

Klas:
- Es werden verschiedene Formen der oberflächlichen Venenthrombosen beschrieben:
  - Varikophlebitis (d.h. bei vorbestehender Varikosis)
  - Phlebitis saltans oder migrans
    - Hier ist die Vene nicht varikös verändert, zeitlich gestaffelt, an verschiedenen Lokalisationen auftretend (oft bei Morbus BÜRGER und anderen Systemerkrankungen auftretend, siehe «Urs:» weiter im Text)
    - Erhöhtes Neoplasierisiko!
  - Septische Thrombophlebitis
    - Tritt oft am Ort der Infusionskanüle auf.
    - LEMIERRE-Syndrom (= suppurative septische Thrombophlebitis der Vena jugularis interna oder externa bei oropharyngealen oder odontogenen Infekten, oft infolge *Fusobacterium necrophorum*)
  - Nach paravenöser Injektion (Zytostatika, Eisenpräparate, Clarithromycin u.a.)
  - MONDOR-Phlebitis
    - Es handelt sich um eine Thrombophlebitis der Vena epigastrica superficialis oder der Vena thoraco-epigastrica.
    - In Einzelfällen in Assoziation mit folgenden Erkrankungen beschrieben:
      -- Mammakarzinom, Thrombophilie, Hepatitis C

Klin:
- Schwellung, Verhärtung der betroffenen Region
- Schmerzhaftes, oberflächliches Venensegment, mit geröteter, erwärmter Zone

Urs:
- VIRCHOWSCHE Trias:
  - Stase, Endothelläsion, Gerinnungsstörung
- Thrombophilie
- Paraneoplastisches Syndrom
- Generalisierte Infekte (z.B. CMV)
- Systemerkrankungen
  - Morbus BÜRGER
  - Sarkoidose, SLE, WEGENER Granulomatose
  - Polymyalgia rheumatica, Riesenzellarteriitis
  - Morbus BEHÇET

Dg:
- Klinik + Duplexsonographie (erlaubt gleichzeitig, eine Begleit-TVT auszuschliessen)

DD:
- Erysipel, Zellulitis
- TVT
- Erythema migrans bei Borreliose
- SWEET-Syndrom:
  - Bei Hämopathien (z.B. MDS, AML) können erythematöse Hautveränderungen beobachtet werden, welche als SWEET-Syndrom bezeichnet werden.

Th:
1. **Mobilisation**
   - Der Paitent soll von Beginn an mobilisiert werden.
2. **Lokale Applikation von heparinhaltigen Salben** (EXHIRUD® u.a.)
   - Solche Präparate zeigen keinen signifikanten Benefit.
3. **Kompressionsverbände**
   - Sollen von Beginn an angelegt werden (sofern toleriert).
4. **Antikoagulation**
   a) Proximaler Thrombus (oberhalb des proximalen Drittels des Oberschenkels):
   → OAK während 6-12 Wo (INR 2.0-3.0) + Kompressionsstrümpfe
   b) Distaler Thrombus (mittleres und unteres Drittel des Oberschenkels):
   → NSAR + Kompressionsstrümpfe

Vorg:
- Falls ungünstiger Verlauf (ca. 10 %):
  - Duplexsonographie zum Ausschluss einer TVT
  - ± Biopsie bei Vd. auf eine Systemerkrankung

Prog:
- Günstiger Verlauf bei ca. 90 %.

1 Angepasst nach: Jeanneret Ch, et al. Schweiz Med forum 2006 ;6 :109-5.

Tiefe Venenthrombose (TVT)[1-3] [I80.2]

Allg:
- Inzidenz in der Schweiz: 1/1'000. Mortalität (infolge Komplikationen) ca. 2 %.
- Wenn die Diagnose einer TVT vermutet wird, kann diese in nur 20 % der Fälle bestätigt werden (Schweiz: 35'000 verdächtige TVT, wovon nur 7'000 bestätigt).
- Typische Lokalisationen:
  - Untere Extremitäten (häufig)
  - Obere Extremitäten (selten), aber das Lungenembolierisiko ist gleich hoch, wie dasjenige der TVT der Beine.
- 70-90 % der Lungenembolien sind die Folge einer TVT der unteren Extremitäten.

> **Für die PRAXIS:**
> Das Krankheitsbild der «TVT» ist von seiner immediaten Komplikation, nämlich der LE, nicht zu trennen und wird im Rahmen der **venösen thromboembolischen Krankheit** (VTEK) als eine Entität zusammengefasst (Algorithmus, siehe S. 294)

Klin:
- ■ <u>Risikofaktoren der venösen thromboembolischen Krankheit (VTEK)</u>
  - Vorgeschichte einer VTEK
  - Positive Familienanamnese bezügl. VTEK
  - Chronische venöse Insuffizienz
  - Varizen
  - Trauma oder chirurgischer Eingriff (v.a. orthopädisch) < 1 Monat
  - Kürzliche Immobilisation:
    - Bettlägrigkeit
    - Parese (inkl. bei CVI-Patienten)
    - Tragen eines Gipses oder einer Schiene
    - Reisen (mit langen Immobilisationsperioden)
  - Neoplasie
  - COPD
  - Herzinsuffizienz
  - Schwangerschaft oder Post-partum
  - Thrombophilie
    - Kongenital
      - -- Aktivierte Protein-C-Resistenz (z.B. Faktor V-Leiden)
      - -- Antithrombin III-Mangel
      - -- Mangel an Protein S
      - -- Mangel an Protein C u.a.
    - Erworben
      - -- Hyperhomozysteinämie
      - -- Anti-Phospholipid Antikörper Syndrom
      - -- Nephrotisches Syndrom u.a.
  - Medikamentös
    - Hormontherapie (orale Ovulationshemmer erhöhen das VTEK-Risiko ca. 3-6x)
    - Chemotherapie u.a.
  - Adipositas (= schwacher Risikofaktor, nur bei schwangeren Frauen dokumentiert)
- ■ <u>Symptome und Befunde</u>

  Die Klinik erlaubt es nicht, weder eine TVT zu bestätigen noch auszuschliessen (schwache Sensitivität und Spezifität der Symptome und Befunde). Die Kombination der Klinik mit der Anamnese erlauben eine gute Risikostratifikation, welche im WELLS-Score zusammengefasst ist, S. 293.

  I. Asymptomatisch

  II. Symptomatisch
  - Schmerzen der betroffenen Extremität
  - Ödem der betroffenen Extremität mit vermindertem hin-und-her wippen/schwingen
  - Palpationsschmerzen in der Region der tiefen Venen. Dilatierte Oberflächenvenen.
  - Klinisch, weniger spezifische Befunde einer TVT:
    - HOMANN-Zeichen: Wadenschmerz bei Dorsalextension des Fusses
    - PAYR-Zeichen: Schmerzen bei Druck auf die Mitte der Fusssohle
    - MEYER-Zeichen: Schmerzen bei bimanueller Kompression der Wade
    - Lokale Hauterwärmung

> **Für die PRAXIS:**
> **Die Erstmanifestation einer TVT kann eine Lungenembolie sein!**

1 Angepasst nach: Righini M, et al. J Thromb Haemost 2008 ;6 :1059-71. 2 Bates SM, et al. N Engl J Med 2004 ;351 :268-77. 3 Bounameaux H, et al. Med Hyg 2000;58;161-9.

Dg:[4] Die Diagnose basiert auf: Anamnese + Klinik + Labor- und weiteren Untersuchungen. Das WELLS-Score erlaubt es, die klinische Wahrscheinlichkeit einer TVT zu bestimmen.

WELLS-Score: Klinische Wahrscheinlichkeit einer TVT	**Score**
1. Aktive Neoplasie (in Therapie oder diagnostiziert seit < 6 Mt. oder bei Palliativtherapie)	**1**
2. Paralyse, Parese, Immobilisation (Gips, Schiene u.a.) der verdächtigen Extremität	**1**
3. Kürzliche Bettlägerigkeit > 3 Tage oder schwerwiegender chirurgischer Eingriff vor < 4 Wochen	**1**
4. Schmerzen entlang der tiefen Venenbahn	**1**
5. Geschwollene Extremität	**1**
6. Einseitig geschwollene Wade **> 3 cm** im Vgl. zur Gegenseite (10 cm distal der Tuberositas tibiae gemessen)	**1**
7. Ödem mit Dellenbildung (Fingerdruck)	**1**
8. Vorhandensein von nicht-varikösen oberflächlichen Kollateralvenen	**1**
9. Existieren einer Alternativdiagnose, welche mindestens so wahrscheinlich ist wie die TVT	**- 2**

Score	Wahrscheinlichkeit einer TVT
< 1	**schwach** ....5-10 %
1-2	**intermediär** ....30 %
≥ 3	**hoch** ....70-80 %

Tabelle: WELLS-Score (klinische Warhscheinlichkeit einer TVT).[4]

Vorg: • Algorithmus der VTEK, siehe S. 294

Kpl:
- **Lungenembolie** (bei ca. 50 % der Patienten mit TVT, meist asymptomatisch)
- **Phlegmasia caerulea dolens**
  - Allg:
    - Fulminante TVT mit akutem, massivem Verschluss des Venennetzes einer Extremität mit konsekutiver arterieller Kompression als Folge einer prallharten Ödembildung.
    - Risikosituationen:
      - Chirurgische Eingriffe
      - Infektionen, Lebererkrankungen
  - Klin:
    - Heftiger Schmerz der betroffenen Extremität, prallhartes Ödem, dunkle Zyanose
  - Kpl:
    - Schock, Sepsis, Gangrän
  - Th:
    - Kein Konsens:
      - Konservative Therapie: Nicht-fraktioniertes Heparin, intravenöse Thrombolyse
      - Chirurgische Therapie: Thrombektomie, Fasziotomie, Amputation
- **Postthrombotisches Syndrom (PTS)**
  - Allg:
    - Schmerzhafte Extremität nach abgelaufener TVT infolge dauerhaften Schadens am tiefen Venensystem. Das PTS wird im Rahmen einer «milden Symptomatik» bei bis zu 50 % der Patienten beobachtet!
    - Risikofaktoren:
      - Grosse Ausdehnung der TVT
      - Langes Stehen, ♀, Adipositas u.a.
    - Die Inzidenz des PTS ist sehr variabel (je nach Kompliance des Tragens der Kompressionsstrümpfe).
  - Klin:
    - Schmerzen, Krämpfe, Pruritus
    - Parästhesie, Ödem (im Verlauf verhärtend)
    - Varizen, Hautpigmentation
    - Ulcus cruris (bei ca. 5 % der Patienten)
    - Erhöhtes Risiko für TVT-Rezidive. Je nach Situation (z.B. Flüge ≥ 8 h sollen mit einer sekundären Thrombose-Prophylaxe therapiert werden).
  - Th:
    - Kompressionsstrümpfe (Kompressionsstärke 2); Extremität hoch lagern
    - Körperliche Aktivität: Fahrradfahren, Gehen u.a.
    - Diuretika sind nicht indiziert
    - In schweren, therapieresistenten Fällen, ad. angiologisches Konsilium

4 Wells PHS, et al. Lancet 1997;350:1796.

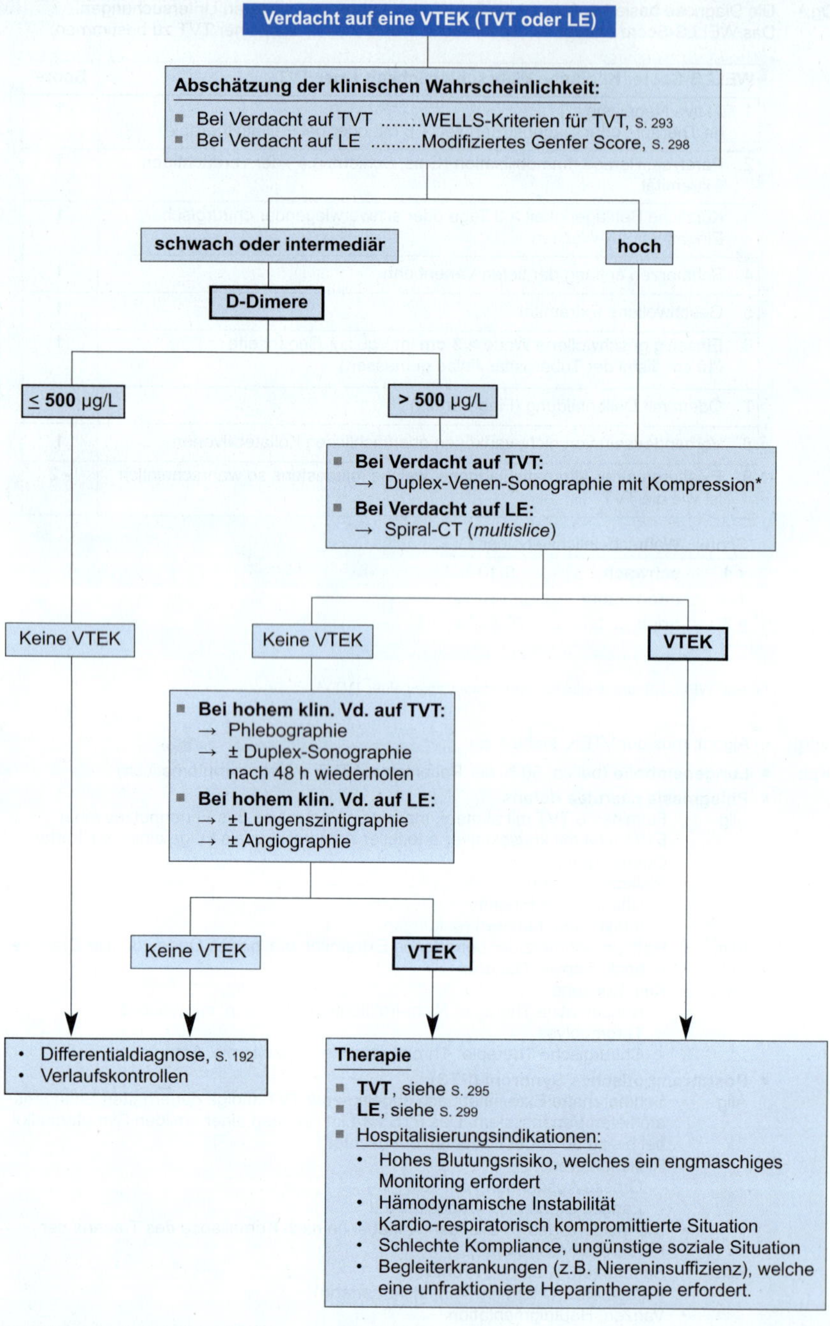

Algorithmus: Verdacht auf eine VTEK.[5]

VTEK = Venöse thromboembolische Krankheit (= TVT oder LE)

* Die unvollständige Kompressibilität der (thrombosierten) Vene ist das einzige diagnostische Kriterium einer TVT.

5 Angepasst nach: Righini M, et al. J Thromb Haemost 2008 ;6 :1059-71.

Therapie der Tiefen Venenthrombose[6,7]

1. Initiale Laborbestimmungen
- Blutbild, INR, aPTT, Kreatinin. Je nach Klinik (z.B. Thrombophilie Abklärung, siehe S. 930)

2. Ist eine Thrombolyse indiziert?

Ind: 1. Massive proximale TVP der unteren Extremität
2. Ilio-femorale TVT, welche das Überleben der unteren Extremität bedroht: schwergradige TVT mit sympt. Schwellung od. Ischämie (z.B.: Phlegmasia coerulea dol., S. 293)

KI: • Idem AMI, S. 204

Vorg: • Alteplase 100mg/2 h **IV** (andere Antikoagulantien stoppen während der Thrombolyse)

3. Initiale parenterale Antikoagulation

a) Niedermolekular Heparin oder Faktor Xa-Hemmer

	Beispiel	Dosierung/d	Maximaldosis/d
NMH			
• Dalteparin	FRAGMIN®	1x 200 IE/kg	1x 18'000 IE oder 2x 10'000 IE
• Enoxaparin	CLEXANE®	1x 1.5 mg/kg	1x 200 mg
• Nadroparin	FRAXIPARIN®	2x 86 IE/kg	17'000 IE/d
Faktor Xa-Hemmer			
• Fondaparinux	ARIXTRA® (Bedingung: Clearance > 20 mL/min): • < 50 kg → 1x 5 mg; 50-100 kg → 1x 7.5 mg; > 100 kg → 1x 10 mg		

Tabelle: Dosierung der NMH bei TVT.

II. Alternativtherapie: Nicht-fraktioniertes Heparin IV *«full dose»* [A]
- 5'000 IE (80 IE/kg) Bolus **IV**, dann 400-600 IE/kg/24 h **IV** (18 IE/kg/h ≅ 1'000 IE/h)
- aPTT-Kontrollen zu Beginn, dann alle 6 h. Ziel: 1.5-2x N (≅ 60-70 sek).

aPTT nach 6 h	Heparin Anpassung	aPTT-Kontrollen
< 35 sek (< 1.2x Kontrolle)	• Erneuter Bolus von 80 IE/kg und Heparin Infusion um 4 IE/kg/h erhöhen	• 6 h später
35-45 sek (1.2-1.5x Kontrolle)	• Erneuter Bolus von 40 IE/kg und Heparin Infusion um 2 IE/kg/h erhöhen	• 6 h später
46-70 sek (1.5-2.3x Kontrolle)	• Keine Änderung der Heparininfusion	• Alle 6 h/24 h, dann 1x/d
71-90 sek (2.3-3.0x Kontrolle)	• Heparin Infusion um 2 IE/kg/h senken	• 6 h später
> 90 sek (> 3.0x Kontrolle)	• Stopp Heparin während 60 min und Heparin Infusion um 3 IE/kg/h senken	• 6 h später

Tabelle: Praktisches Vorgehen bei einer Heparintherapie.

3. Orale Antikoagulation (OAK) mit Vitamin K-Antagonisten (VKA)
- Therapiebeginn am gleichen Tag wie die 1. NMH-Gabe ohne Aufsättigungsdosis .[A]
- NMH oder Heparin stoppen, wenn 2 konsekutive INR-Werte innert 24 h ≥ 2.0 betragen.
- **Ziel-INR: 2.5** (Intervall 2.0-3.0) [A]
  - Option:[8] INR 1.5-2.0, falls diese Therapieoption vom Patienten gewünscht wird. [A]

VKA	Beispiel - HWZ	Dosis - INR-Kontrolle
• Phenprocoumon	MARCOUMAR© Tabl 3 mg (HWZ 160 h)	▪ Tag 1/2/3 ....6/6/6/ mg oder Tag 1/2/3:..9/6/3 mg - INR Kontrolle am 3. Tag
• Warfarin	COUMADIN© Tabl 5 mg (HWZ: 40 h)	▪ 5 mg/d während 3 d - INR Kontrolle am 3. Tag

Tabelle: Beispiel einer oralen Antikoagulation mit Vitamin K-Antagonisten (VKA).

Für die PRAXIS:
Wenn von einem Vitamin K-Antagonist (VKA) auf einen anderen gewechselt wird (werden muss), können folgende äquivalente VKA-Dosierungen gewählt werden:
- Warfarin → Phenprocoumon ......**0.41** (umgekehrt: 2.36)
- Acenocoumarol → Phenprocoumon ......**0.84** (umgekehrt: 1.15)
- Acenocoumarol → Warfarin....................**1.85** (umgekehrt: 0.53)

6 Angepasst nach: Bates SM, et al. N Engl J Med 2004 ;351 :268-77. 7 8th ACCP Consensus Conference. Chest 2008; 133:1-968S. 9 Chest 2008 ;133 (Suppl 6):454. 8 Nortaldis G et al. Rev Med Suisse 2010;6:292-7

- **Dauer der oralen Antikoagulation**[6]

Charakteristika der TVT-Patienten	Dauer der OAK
▪ Transitorischer, wichtiger** auslösender Faktor	3 Monate
▪ Weniger wichtiger** auslösender Faktor und keine Thrombophilie	6 Monate
▪ Idiopathische TVT, keine oder Niedrigrisiko-Thrombophilie**	≥ 6 Monate¶
▪ Idiopathische TVT und Hochrisiko-Thrombophilie**	Langzeit
▪ ≥ 2 idiopathische TVT	Langzeit
▪ Krebs oder andere zu Grunde liegende Faktoren**	Langzeit
▪ Symptomatische, isolierte distale TVT (unterhalb des Knies)	≥ 6-12 Wo*f*

Tabelle: Dauer der OAK bei TVT.

4. **Patient mit Vorgeschichte einer Heparin-induzierten Thrombozytopenie** (HIT, S. 1220)

I. Gute Nierenfunktion (oder kein Lepirudin erhältlich)

Allg: • Hirudinderivat der Wahl: Lepirudin REFLUDAN®

Dos: I. Ohne Niereninsuffizienz: 0.4 mg/kg **IV** Bolus, dann Perfusor 0.15 mg/kg/h **IV**.
- Das aPTT wird 4 h später gemessen, was eine Dosisanpassung erlaubt.
- Ziel aPTT: 1.5-3x N; dann wird das aPTT 1x/d kontrolliert.

II. Bei Niereninsuffizienz (und kein Danaparoid vorhanden): Lepirudin 0.2 mg/kg **IV** Bolus. Die Erhaltungsdosis ist von der Clearance abhängig:
- 45-60 mL/min: 0.075 mg/kg/h **IV**
- 30-44 mL/min: 0.045 mg/kg/h **IV**
- 15-29 mL/min: 0.0225 mg/kg/h **IV**

II. Eingeschränkte Nierenfunktion und/oder bei Schwangerschaft

Allg: • Hirudinderivat der Wahl: Danaparoid ORGARAN®
• Mit Spezialist besprechen: evtl. Faktor Xa-Hemmer (z.B. Fondaparinux)

Dos: I. Auftreten des Ereignisses innerhalb von 5 Tagen:
- 2500 E **IV** Bolus (bei KG < 55 kg: 1250 E, bei KG > 90 kg: 3750 E), gefolgt von Perfusor 400 E/h **IV** für 4 h, dann 300 E/h **IV** für 4 h, dann 150-200 E/h **IV** für 5-7 d.
- Monitoring der anti-Xa Aktivität (Ziel: 0.5-0.8 IE 5-10 min nach der Bolusgabe; siehe Substanz spezifische Referenzkurven).
- Nach der Akutphase (einige Tage), wechseln auf **SC**-Gabe (2-3x 750 E/d).

II. Auftreten des Ereignisses nach 5 Tagen:
- KG ≤ 90 kg: 1250 E **IV** Bolus. Erhaltung: 2-3x 750 E/d **SC**
- KG > 90 kg: 1250 E **IV** Bolus. Erhaltung: 3x 750 E/d oder 2-3x 1250 E/d **SC**

5. **Immobilisation** [B]

Allg: • Eine strikte Immobilisation ist nicht indiziert. Bei schweren Symptomen (schmerzhafte Extremität, Ödem) soll Ruhe und Hochlagerung der entsprechenden unteren Extremität verschrieben werden.

**

▪ **Wichtige auslösende Faktoren**	• Chirurgischer Eingriff oder Trauma • Schwergradige Komorbidität • Immobilisiertes Bein: Gips, Schiene, Hirnschlag
▪ **Weniger wichtige auslösende Faktoren**	• Östrogene (orale Kontrazeption, Östrogen-Hormontherapie)
▪ **Niedrigrisiko-Thrombophilie**	• Heterozygote Formen: - Faktor-V-Leiden - Prothrombin Genmutation
▪ **Hochrisiko-Thrombophilie**	• Vorhandensein von (1 Kriterium genügt): - Anti-Phospholipid Antikörpern - Mangel an Protein C oder Protein S • Homozygote Formen: - Faktor-V-Leiden, Prothrombin Genmutation • Heterozygote Formen: - Faktor-V-Leiden + Prothrombin Genmutation

¶ Die Antikoagulation kann verlängert werden, wenn der Patient es wünscht oder ein geringes Blutungsrisiko besteht.

f Wenn eine Antikoagulation nicht möglich ist, sollen regelmässig Kontroll-Echo-Doppler während 10-14 Tagen durchgeführt werden (Extension des Thrombus?)

 6 Angepasst nach: Bates SM, et al. N Engl J Med 2004 ;351 :268-77.

6. Elastische Beinkompression [B]

Allg:
- Ab dem 2. Tag soll die Beinkompression morgens, jeweils vor dem Aufstehen, angewendet werden. Zuerst mit elastischen Binden bis die Ödeme abgeklungen sind, dann mit Venenkompressionsstrümpfen (Klasse «2») bis unter die Knieregion.
- Dauer mind. 1 Jahr (an Klinik und Symptome angepasst)

7. Einlegen eines Filters in die Vena cava inferior

Ind:
- Aktiver thrombotischer Prozess und absolute KI einer Antikoagulation.
- Dokumentiertes Lungenembolierezidiv bei therapeutischer Antikoagulation.

Bem:
- Die Antikoagulation (ausser KI, siehe S. 1216) soll trotz Vena cava Filter weitergeführt werden.

8. Suche nach einer Neoplasie

Allg:
- Eine Neoplasie wird in ca. 14 % aller VTEK vorgefunden (d.h. es handelt sich hier un eine sekundäre VTEK)!
- Eine Neoplasie kann per se einen hyperkoagulablen Zustand darstellen. Deswegen sind eine detaillierte Anamnese und eine riguröse klinische Untersuchung essentiell! Sie geben Hinweise auf die Indikation einer evtl. Suche nach einer Neoplasie.

Ind:
- Bilaterale TVT
- Verdacht auf eine Neoplasie, basierend auf:
  - «**B-Symptomatik**»:
    - Gewichtsverlust > 10 %/6 Monate
    - Unerklärliches Fieber
    - Nachtschweiss («der Patient schwimmt in seinem Schweiss»)
  - Klinische Untersuchung
    - Lymphadenopathie
    - Palpation einer Raumforderung:
      - Abdomen (Organomegalie, Tumor)
      - Mammae
      - Digitale Rektaluntersuchung u.a.
    - Hautläsionen (z.B. Melanom) u.a.
  - Labo:
    - Blutbild
    - ALAT, ASAT, γGT, alkalische Phosphatase
    - PSA bei allen Männern ab dem 50. LJ (> 45 J bei Risikogruppen)
  - Raumforderung im Röntgenthoraxbild

Bem:
- Folgende Untersuchungen sind <u>nicht</u> routinemässig indiziert:
  - Abdomensonographie
  - Thorako-abdominales CT
  - Mammographie (diese wird nach üblichem *Screening*-Programm durchgeführt)

9. Thrombophilie Abklärung bei VTEK

Ind:
- Die Suche nach einer Thrombophilie ist in folgenden Situationen indiziert:
  - Bilaterale Beinvenenthrombosen
  - Thromboserezidiv unter gut geführter Antikoagulation
  - Idiopathische VTEK bei Patienten < 50 Jahre
  - Rezidivierende VTEK
  - Ungewöhnliche Venenthrombose (mesenterial, zerebral, renal, Becken u.a.)
  - Assoziation einer arteriellen mit einer venösen Thrombose
  - Foetaler Tod (mit oder ohne Thrombosen)
  - Familienanamnese einer VTEK bei Verwandten 1. Grades

Vorg:
- Zu bestimmende Parameter und Vorgehen, siehe S. 931

10. VTEK und Flugreisen

Allg: **A. Flugreisedauer < 5 h**
- Keine Thromboseprophylaxe notwendig.
- Allgemeine Empfehlungen:
  - Genügend viel Wasser trinken
  - Beine und Sprunggelenke regelmässig bewegen
  - Hypnotika vermeiden

B. Flugreisedauer ≥ 5 h
- Allgemeine Empfehlungen, gleich wie bei Flugreisedauer < 5 h
- Prophylaxe mit NMH bzw. Faktor Xa-Hemmer bei Risikopersonen:
  - Vorgeschichte einer VTEK
  - Neoplasie
  - Vorhandensein von mehreren Risikofaktoren gleichzeitig, siehe S. 292

Lungenembolie (LE) [I26.9]

Allg:
- Die LE ist der 3. häufigste kardiovaskuläre Mortalitätsgrund in Nordamerika und widerspiegelt 5-15 % der Spital-Mortalität.
- Globale Mortalität der LE: 15 %
- Das Risiko einer venösen Embolisation eines frischen Embolus ist während der 1. Woche am höchsten, da er noch nicht an der Gefässwand mit Granulationsgewebe fixiert ist.

Für die PRAXIS:
50 % der Patienten mit einer TVT manifestieren eine LE (meist asymptomatisch).

Vorg:
- Siehe Algorithmus der **VTEK** (venöse thromboembolische Krankheit), S. 294
- Klinische Wahrscheinlichkeit einer LE (nach dem modifizierten Genfer Score):

Modifiziertes Genfer Score — Klinische Wahrscheinlichkeit einer LE	
■ Alter > 65 Jahre	**1**
■ Vorgeschichte einer TVT oder LE	**3**
■ Kürzlicher chirurgischer Eingriff oder Fraktur (< 4 Wochen)	**2**
■ Aktive Neoplasie	**2**
■ Spontanschmerz in einer Wade	**3**
■ Schmerzhafte Wade bei Palpation und Beinödem	**4**
■ Hämoptoe (blutiger Auswurf)	**2**
■ Herzfrequenz 75-94/min	**3**
≥ 95/min	**5**

Score	Wahrscheinlichkeit einer LE
0-3	**schwach**......................8 %
4-10	**intermediär** ....29 %
≥ 11	**hoch** ....74 %

Tabelle: Klinische Wahrscheinlichkeit einer Lungenembolie mittels modifiziertem Genfer Score.[1]

Klin:
- ■ Risikofaktoren der VTEK, S. 292
- ■ Symptome
  - Asymptomatisch (ca. 50 % der Patienten mit einer proximalen TVT!!)
  - Dyspnoe
  - Thoraxschmerzen, Palpitationen
  - Wadenschmerzen
  - Hämoptoe
  - Kürzlich aufgetretener Trockenhusten
  - Synkope u.a.
- ■ Klinische Untersuchung
  - Kann normal ausfallen (v.a. bei wenig ausgedehnter LE)
  - Tachypnoe (> 20/min)
  - Tachykardie (> 100/min)
  - Art. Hypotonie (= Schweregradzeichen!!)
  - Lokale Befunde einer TVT, siehe S. 292

DD:
- Siehe DD: «Thoraxschmerzen», S. 192

Lab:
- D-Dimere > 500 µg/L (sensitiv aber wenig spezifisch)
- Pathologische alveolo-arterielle Sauerstoff-Differenz, S. 1498
- ABGA (falls notwendig): $PaCO_2$ ↓, PaO_2 N/↓

EKG:
- Tachykardie (> 100/min)
- SI und QIII
- Zeichen einer Rechtsherzbelastung:
  - Rechtslagetyp (betrifft die QRS-Komplexe)
  - Transitorischer RSB (komplett oder nicht), S. 175
  - P-Wellen > 3-5 mm im Inferiorgebiet (DII, D III und aVF)

Rx:
- Folgende radiologischen Bilder können bei einer LE beobachtet werden:
  - Atelektase, Pleuraerguss, Zwerchfellhochstand
  - WESTERMARK-Zeichen (fokale Gefässarmut durch Vasokonstriktion in Flussrichtung des Thrombus; in ca. 5 % der Fälle zu beobachten)
  - HAMPTON-Kegel (kegelförmige pleurale Konsolidierung, wobei sich die Basis gegen die Pleura abstützt). Dieses Bild ist mit einem Lungeninfarkt vereinbar.

1 Le Gal R, et. Ann Intern Med 2006 ;144 :165-71.

Therapie der Lungenembolie

Vorg: **1. Allgemeinmassnahmen**

- Sauerstoff (SaO_2 > 90 %)
- Initiale Laborbestimmungen, siehe TVT, S. 295

2. Therapiestrategie festlegen in Abhängigkeit der Hämodynamik!

Allg:
- Ziel: **art. Mitteldruck ≥ 50-60 mmHg**, S. 573
- Katecholamin der Wahl bei signifikanter art. Hypotonie:
  - **Noradrenalin-**Perfusor 0.02-0.15 µg/kg/min **IV**
    - Dopamin erhöht die Inzidenz koronarer Ereignisse im Verlauf einer LE und ist deshalb nicht indiziert.

Bem:
- Während der Erstmassnahmen und je nach Klinik, sollen folgende Überlegungen gemacht werden:
  - Erstellen einer DD (siehe auch S. 192)
  - Bei Bedarf: Echokardiographie mit Frage nach Rechtsherzbelastung, Perikardanomalien oder sonstigen pathologischen Befunden

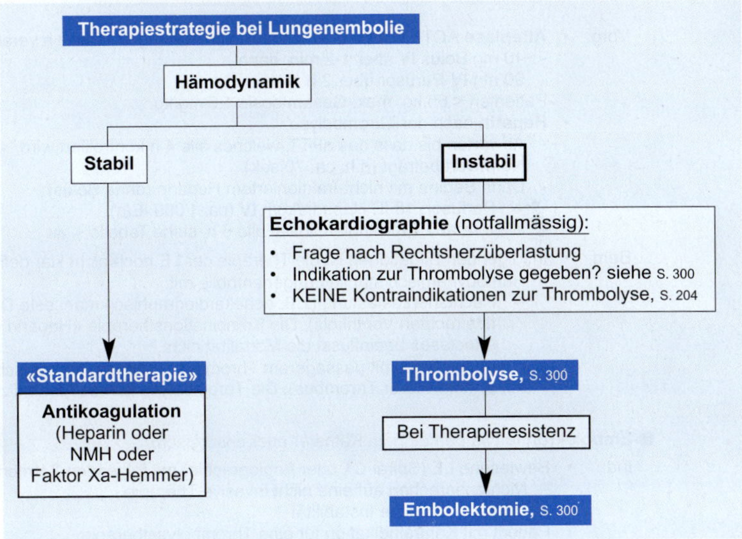

Algorithmus: Therapiestrategie bei Lungenembolie.

■ «Standardtherapie»: Parenterale Antikoagulation [A]

Vorg: **I. Nichtmassive LE**

- Antikoagulation
  - a) NMH
    - Beispiele/Dosierung, siehe unter TVT S. 295
    - Bei Clearance < 30 mL/min akkumulieren die NMH und weisen eine erhöhte Blutungsgefahr auf! Hier ist das nicht-fraktionierte Heparin die Therapie der Wahl!
  - b) Faktor Xa-Hemmer (z.B. Fondaparinux), siehe unter TVT S. 295
- Sauerstoff (SpO_2 > 90 %)
- Volumengabe je nach Hämodynamik: Eher «zu viel» als «zu wenig»! Bei der LE besteht eine Vorlastabhängigkeit!

II. Mittelschwere/schwere LE (oder bei NMH-/Faktor Xa-Hemmer Kontraind.)

- Antikoagulation
  - a) Nicht-fraktioniertes Heparin **IV**. Dosierung gleich wie bei TVT, S. 295 und:
  - b) Frühzeitige orale Antikoagulation (AOK) [A]
    - Therapiebeginn am gleichen Tag wie die 1. NMH- oder Heparin-Gabe, aber ohne Aufsättigungsdosen (siehe S. 295) [A]
    - Heparin stoppen, wenn 2 konsekutive INR-Werte innert 24 h ≥ 2.0 betragen.
- Ziel-INR 2.5 (Intervall 2.0-3.0); auch bei Thrombophilie gültig.[2]
- Dauer der OAK (Patienten ohne Blutungsrisiko): ≥ 6-12 Mt.

2 Crowther MA, et al. NEJM 2003 ;349 :1133-8.

■ Thrombolyse (peripher)[3,4]

Ind: • **Massive Lungenembolie, welche alle folgende 3 Kriterien erfüllt**:

1. Hämodynamische Instabilität:
   - Art. Hypotonie (SBD < 100 mmHg), oder:
   - Periphere Hypoperfusion* oder:
   - Oligurie (< 400 mL/24 h)
2. KEINE Kontraindikationen für eine Thrombolyse (es gelten dieselben Kriterien wie für die Thrombolyse des AMI S. 204)
3. Hohe Wahrscheinlichkeit, dass es sich um eine LE handelt:
   - Spiral-CT oder Angiographie oder:
   - Nur gerade auf die hohe klinische Wahrscheinlichkeit (S. 298) mit passendem echokardiographischem Befund basiert.

Vorg: • **Alteplase** ACTILYSE®: Gesamtdosis von 100 mg **IV** über 2 h verabreichen:
- 10 mg Bolus **IV** über 1-2 min, dann
- 90 mg **IV**-Perusor über 2 h

Patienten < 65 kg: max. Gesamtdosis 1.5 mg/kg.

• **Heparin** nach der Thrombolyse:
- Abwarten bis dass das aPTT, welches alle 4 h kontrolliert wird, < 2x den Normwert beträgt (d.h. ca. 70 sek)
- Dann Beginn mit nicht-fraktioniertem Heparin (ohne Bolus):
  -- Perfusor: 18 IE Heparin/kg/h **IV** (ca. 1'000 IE/h)
- Weitere aPTT Kontrollen, initial alle 6 h, siehe Tabelle S. 295

Bem: • In folgenden Situationen ist die Therapie der LE noch nicht klar definiert:
- ▪ Hämodynamisch stabile Lungenembolie mit:
  -- Rechtsherzbelastung (z.B. echokardiographisch manifeste Dilatation des rechten Ventrikels). Die Kombinationstherapie «Heparin + Alteplase» beeinflusst die Mortalität nicht.[5]
- ▪ Lungenembolie mit passagerem Thrombus (echokardiographisch sichtbarer, endokavitärer Thrombus). Die Thrombolyse könnte hier indiziert sein.

■ Embolektomie (via perkutanem Katheter oder chirurgisch)

Ind: • Bewiesene LE (Spiral-CT oder Angiographie) mit folgenden 2 Kriterien:
- Nichtansprechen auf eine nicht invasive Therapie
- Hämodynamische Instabilität

• Patient mit Kontraindikation für eine Thrombolysetherapie

Bem: • Die Embolektomie soll frühzeitig durchgeführt werden um das Risiko des posttrhrombotischen Syndroms zu verringern. [2B C]

• Bei chron. art. pulmonaler Hypertonie (angiographisch bestätigt) soll eine chirurgische Thromboendarteriektomie erwogen werden.

■ Sonstige therapeutische Vorgehen

Bsp:
- Immobilisation (gleich wie bei der TVT), S. 297
- Kompressionsstrümpfe, S. 297
- Vena cava Filter, S. 297
- Vorgehen bei Heparin induzierter Thrombozytopenie (HIT), S. 1220

* Zeichen einer Hypoperfusion bzw. Hypovolämie (weder sensitiv noch spezifisch):
- Verminderung des Füllungsdruckes der V. jugularis (siehe S. 228) oder bei vorhandenem ZVK: ZVD < 8 cm H2O
- Verminderung der Hautelastizität
- Zeichen der Hautfalte (es soll die über dem Sternum oder der Hüfte aufliegende Haut zusammengepresst werden). Im Alter ist dieses Zeichen aber oft fälschlicherweise positiv. Das Fehlen dieses Zeichens schliesst aber einen hypovolämen Zustand nicht aus.
- Marmorierte Haut (oft über dem Kniegelenk und an den Oberschenkeln)
- Verlangsamte Kapillarfüllung (> 2 sek)
- Hauttrockenheit (z.B. Achselhöhle)
- Trockene Schleimhäute (Mundschleimhaut, Lippen)
- Tiefer Blutdruck; orthostatische Hypotonie, Tachykardie

 3 Bounameaux H, et al. Med Hyg 2000;58;161-9. 4 Chest 2001 ;119 (Suppl. 1) :1S-336S. 5 Konstantinides K et al, NEJM 2002 ;347 :1143-50.

Kardiomegalie

Def: Kardio-Thorakaler Index (x/y) > 0.5

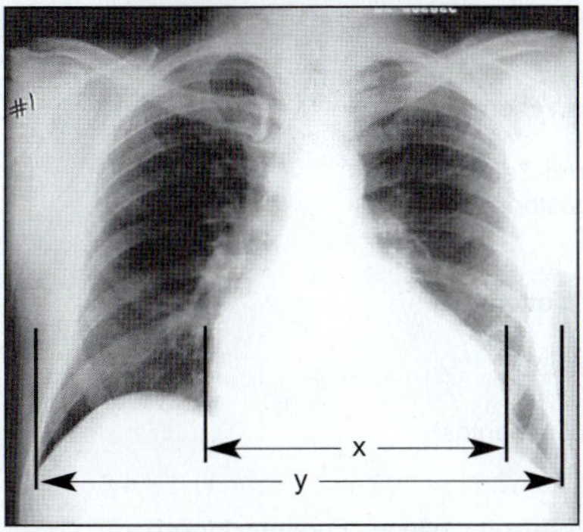

DD: ■ **Myokardiale Ursache**

- Dilatation des linken Ventrikels
  - Kongestive Herzinsuffizienz
  - Chronische art. Hypertonie (zu Beginn beobachtet man eine konzentrische Hypertrophie des Myokards <u>ohne</u> Kardiomegalie)
  - Status nach Myokardinfarkt
  - Valvulopathien
    - Mitralinsuffizienz
    - Aorteninsuffizienz, schwere Aortenstenose
  - Dilatative Kardiomyopathie
  - Hypothyreose
  - Hyperdynamische Zustände *(High output failure)*
    - Anämie
    - Hyperthyreose
    - Schwangerschaft
    - Morbus PAGET
    - Polyzythämie
    - BERIBERI-Krankheit, S. 561
  - Kongenitale Kardiopathien
    - Rechts-links Shunt
    - FALLOT Tetralogie
- Dilatation des rechten Ventrikels
  - Status nach multiplen Lungenembolien (Cor pulmonale*)
  - Rechtsherzinfarkt
  - Pulmonalklappenstenose
- Myxom

■ **Perikardiale Ursache**

- Perikarderguss
  - Perikarditis
  - Nach perikardialem Eingriff
  - Nach Herzkatheter Untersuchung
  - Nach kardio-thorakalem Trauma
  - Konnektivitis (z.B. SLE)
  - Vaskulitis (z.B. PAN)
  - Primärtumor oder Metastasen (z.B. maligne Hämopathie)
  - Aortendissektion
  - Tamponade
- Perikardzyste

■ **Sonstige Ursachen**

- Trichterbrust
- Thoraxbild liegend oder am Ende einer Ausatmung
- Lipom

* **Cor pulmonale**, siehe S. 329

- Das Cor pulmonale entspricht einer hypoxie-induzierten Rechtsherzinsuffizienz.
- Die Hypoxie kommt durch die Erhöhung der pulmonal-vaskulären Widerstände zu Stande, die eine pulmonale Hypoventilation induzieren.

Periphere Arteriopathie (PAVK) und akute Ischämie

Klin:
1. Brutaler, sehr intensiver Schmerz der betroffenen Extremität, welcher auf ein Morphin-Derivat nicht anspricht.
2. Verschwinden der Pulse
3. Blasse Haut des betroffenen Hautareals (manchmal marmoriert)
4. «Abgeflachte Venen» (= nicht gefüllte Venen)
5. Kalte Haut mit thermischem Gradient
6. Neurologische Ausfälle (= Schweregrad-Zeichen!):
   - Parästhesien, Hypoästhesie → Anästhesie
   - Parese → Paraplegie

Urs:
- Kardiale Embolie
  - Arrhythmie: Vorhofflimmern, Vorhofflattern u.a.
  - Myokardinfarkt
  - Aneurysma des LV; Dyskinesie des LV
  - Mitralklappenprolaps (BARLOW), s. 267
  - Kardioversion (elektrisch oder medikamentös)
  - Myxom
  - Endokarditis
  - Paradoxe Embolie (obligate Voraussetzung: offenes Foramen ovale!)
- Arterielle Embolie
  - Atheromatöse Plaques
  - Embolus eines wandständigen Thrombus bei bestehendem Aneurysma:
    -- Aorta, A. iliaca/femoralis/poplitea
  - *Thoracic outlet syndrom**
- Thrombose bei pathologischer Arterie
  - Atherom
  - Vaskulitis, post-aktinische Arteritis
  - Thrombose bei Bypass-Arterie
  - Aorto-iliakale Dissektion
  - Adventitial Zyste
- Thrombose bei gesunder Arterie
  - Vaskuläres Trauma (Unfall oder iatrogen)
  - Thrombophilie
  - Hyperviskositäts-Syndrom
  - Schwere Herzinsuffizienz *(low-output failure)*

Dg:
- Es handelt sich um eine **klinische Diagnose**, welche immer durch eine Bildgebung bestätigt werden soll (Sonographie, CT, MR, Angiographie), AUSSER die entsprechende Untersuchung würde die Zeitspanne bis zur Notfall-Revaskularisation zu stark verlängern.

Vorg:

Für die PRAXIS:
Ischämie mit intensiven akuten Schmerzen + Parese: Maximale Zeitspanne bis zur Revaskularisation < 6 h!!

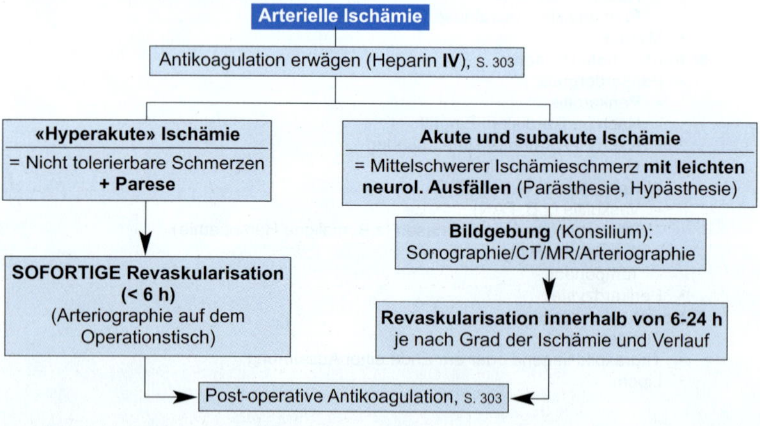

Algorithmus: Arterielle Ischämie.

* Thoracic outlet syndrome = Kompression des neuro-vaskulären Bündels der oberen Extremität beim Durchgang der Scalenusmuskulatur. Ursachen: Ossäre Anomalie (Halsrippe, Mega Processus vertebralis transversus C7); tendino-muskuläre Anomalie (z.B. ausgedehntes, fibröses Band, ausgehend von der Spitze des Processus vertebralis transversus C7 zur 1. Rippe).

Th: **1. Präoperative Phase** (betrifft die «Nicht hyperakute Ischämie», siehe Algorithmus, S. 302)

Vorg: • Heparin-Perfusor: 150-300 IE/kg/24 h **IV**; 2-4 h vor der Operation stoppen. Ziel der Heparintherapie: Nicht-Fortschreiten der Thrombusextension.

2. Operative Phase

Vorg: • Die Revaskularisation kann auf 2 verschiedene Arten gewährleistet werden:
I. Interventionell: Thrombolyse oder Thrombo-Aspiration
II. Chirurgisch: Embolektomie, Thrombektomie, Bypass

3. Post-operative Phase

Vorg: A. Heparin-Perfusor: 150 IE/kg/24 h **IV**
oder:
NMH (bei Clearance < 30 mL/min kumuliert sich das NMH, was das Blutungsrisiko erhöht!)
B. Rezidivprophylaxe erwägen (ad. Konsilium): OAK für 3-6 Mt.

Chronische arterielle Insuffizienz

Klas: **Chronische arterielle Ischämie (nach LERICHE und FONTAINE)**

I Asymptomatisch
II Claudicatio intermittens (siehe Kapitel unten an dieser Seite)
  IIa Gehstrecke > 200 Meter
  IIb Gehstrecke < 200 Meter
III Ischämieschmerz in Ruhe
IV Trophische Störungen (Ulkus, Nekrose)

Vorg: 1. Risikofaktoren behandeln: Rauchen, art. Hypertonie, Diabetes mellitus, Dyslipidämie
2. Konservative Therapie
- Fundamental (!!): Gehtherapie ± Rehabilitation
- Medikamentös: ASS 100 mg/d (wenn ASS kontraindiziert: Clopidogrel 75 mg/d) ± Vasodilatator (z.B. DUSODRIL®, NAFTILONG®)

3. Chirurgische Revaskularisationstherapie

Ind: • Ungenügende Wirksamkeit der konservativen Therapie

Vorg: A. Interventionelle Revaskularisation
• Angioplastie ± STENT, dann Clopidogrel 75 mg/d PO für 1-3 Mt., dann ASS 100 mg/d für ≥ 6 Mt. (ad. Angio-Konsilium) oder:

B. Chirurgische Revaskularisation: Endarterektomie, Angioplastie, Bypass

B.1. Arterie mit hohem Fluss (grosse Gefässe mit guten peripheren Gefässen)
- Post-operativ: Heparin oder NMH
- Dann: ASS 100 mg/d oder Clopidogrel 75 mg/d für ≥ 3 Mt. Eine OAK wird nicht routinemässig empfohlen, soll aber individuell bei allen Patienten in Betracht gezogen werden (± ASS in einigen Fälllen).

B.2. Arterie mit niedrigem Fluss (periphere Gefässe mit schlechten peripheren Gefässen)
- Heparin-Perfusor **IV** während der post-operativen Phase
- Dann, orale Antikoagulation für mind. 3 Mt. (manchmal lebenslang)

Vaskuläre claudicatio intermittens

Klin: • Generell befindet sich die arterielle Läsion «1 Etage oberhalb» des schmerzhaften Segmentes. Beispiel: Obstruktion der A. femoralis superficialis → der Ischämieschmerz manifestiert sich auf der Höhe der Wade.
• Krampfartige Schmerzen, welche nach einer bestimmten Gehstrecke auftreten und innerhalb von einer Minute nach dem Laufstopp verschwinden.

Klas: • Siehe Klassifizierung von LERICHE und FONTAINE (oben)

DD: 1. Venöser Verschluss (ad. Doppler-Sonographie)
2. Myopathie
3. Medulläre oder neurogene claudicatio intermittens

Allg: • Die Läsion ist mechanischer und nicht vaskulärer Natur. Lokalisation der Läsion: Rückenmark oder Spinalkanal. Es handelt sich um eine Nervenkompression in gewissen Positionen (beim Sitzen oder immobilem Stehen).

Urs: • Enger Spinalkanal (angeboren oder erworben durch degenerative Stenose)

Klin: • Parästhesien, Dysästhesien und Schmerzen im Zusammenhang mit der Körperhaltung und/oder einer körperl. Anstrengung oder Paresen, welche nach einer kurzen Ruhepause regredient verlaufen.
• Verschlimmerung der Symptome beim bergabwärts Gehen (nicht bergaufwärts)
• Verminderung der Schmerzen beim Positionswechsel; dieser erlaubt eine Befreiung der komprimierten Nerven, wie z.B.:
- Aufrechte, immobile Haltung → einige Schritte gehen
- Schmerzhafter Gang → auf einem Möbel aufstützen und nach vorne beugen
- Liegende Position → sich auf den Bauch drehen

Herzschrittmacher (SM)

Allg:
- Der erste Herzschrittmacher wurde im Jahr 1958 implantiert
- Die Batterie des SM hat eine Überlebenszeit von mind. 10 Jahren (modellabhängig).

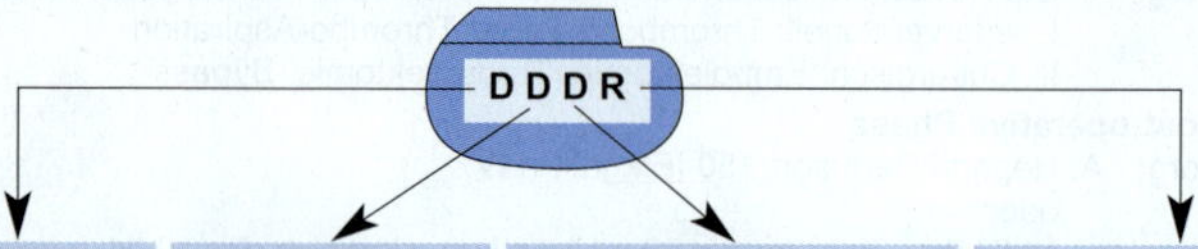

Position 1 *chamber paced*	**Position 2** *chamber sensed*	**Position 3** *responds to sensed event*	**Position 4** *progammability features*
A Atrium	**A** Atrium	**T** Trigger	**R** Rate responsive
B Ventrikel	**B** Ventrikel	**I** Inhibits pacing	**P** Programmable
D Dual (A + V)	**D** Dual (A + V)	**D** Dual (T + I)	**M** Multiprogrammable
O None	**O** None	**O** None	**C** Communicating (telemetry)

Beispiel eines implantierbaren Herzschrittmachers.

Externe, transkutane Schrittmacherstimulation

Ind:
- Reanimationsbedingungen bei Herzstillstand oder therapieresistenter, symptomatischer Bradykardie zur Überbrückung, bis eine intrakardiale SM-Sonde gelegt werden kann.

Vorg:
- **Negative Elektrode**
  → Anterior: Links parasternal zw. Schwertfortsatz und Mamille
- **Positive Elektrode**:
  → Posterior: Unter dem linken Schulterblatt (zw. linker Skapula und Wirbelsäule)
- **Einstellungen**
  → Frequenz ca. 60/min
  → *Output*: 40-100 mA (so hoch, dass die SM-Impulse QRS-Komplexe auslösen können)

Temporäre, transvenöse, intrakardiale Schrittmacherstimulation

Ind:
1. Lebensbedrohliche Bradykardie
2. Überbrückung bis zur permanenten SM-Versorgung
   - Bei Myokardinfarkt:
     - Anteriorinfarkt: symptom. AV-Block 2° oder AV-Block 3°
     - Infero-posterior Infarkt: AV-Block 2° oder 3°
     - Inkompletter trifaszikulärer Block oder RSB + LPHB
     - Symptomatische Bradyarrhythmie
   - Bei Patienten ohne Myokardinfarkt:
     - Symptomatische Bradykardie

Vorgehen zur Einlage eines temporären transvenösen Schrittmachers

Ind:
- Defibrillator bereitstellen und kontrollieren.
- Sterile Vorbereitung:
  - Transvenösen SM kontrollieren
  - Prüfen, ob das Ballönchen am SM-Sondenende dicht ist (mit Luft aufblasen und in einen mit NaCl 0.9 % gefüllten Behälter eintauchen).
- Zentralvenösen Zugang vorbereiten (V. jugularis interna, V. subclavia, evtl. V. femoralis), S. 44
- Ohne das Ballönchen aufzublasen soll der Katheter intravenös eingeführt und ca. 10 cm vorgeschoben werden (dadurch befindet sich die Katheterspitze sicher intravaskulär). Danach wird das Ballönchen mittels spezieller, dazu gelieferter Spritze, mit Luft aufgeblasen.
- SM-Gerät einstellen:
  - **Frequenz................70-80/min**
  - ***Output*....................6 mA**
  - **Sensitivität ....2.5 mV**
- Danach wird der Katheter ca. 30-40 cm («blind» oder unter radiologischer Durchleuchtung) in Richtung rechtem Vorhof/Ventrikel vorgeschoben. Das EKG auf dem Monitor wird dauernd geprüft. Sobald breite, schrittmacherstimulierte QRS-Komplexe auftreten (mit Bild eines LSB, da die Reizung vom rechten Ventrikel ausgeht), soll das Ballönchen entleert werden. Jetzt *Output* und «Sens» bestimmen.

Output

a. Die Frequenz des SM muss höher eingestellt werden, als die Ventrikelfrequenz des Patienten.
b. Der *Output* soll von 6 mA gedrosselt werden, bis das EKG patienteigene Komplexe zeigt → Output-Grenze. Diese soll bei < 1 mA liegen, wobei 0.5 mA ein guter Wert ist (> 1 mA ist das Anzeichen einer schlechten Lage der Sonde, was eine Neupositionierung bedingt).
c. Der Output soll ca. 3x dem Grenzwert entsprechen (Knopf um ca. 90° im Uhrzeigersinn drehen als Sicherheitsintervall).

Sensitivität — «Sens»

a. Die Frequenz des SM muss tiefer eingestellt werden, als die Ventrikelfrequenz des Patienten. Der Output bleibt unverändert.
b. Der Knopf «Sensitivität» soll vorerst im Uhrzeigersinn von 2.5 mV (zu Beginn so eingestellt) auf 1 mV (= maximale Empfindlichkeit bzw. maximaler «Sens») gedreht werden. Dann wird der Drehknopf stufenweise nach rechts (im Gegenuhrzeigersinn) gedreht, bis dass die SM-Sonde die Höchstamplitude der Reizleitung (R-Zacke) nicht mehr erfasst. In diesem Moment feuert der SM einen Impuls ab (ein kleines Lämpchen leuchtet dabei auf). Die Sensitivitätsgrenze ist somit erreicht. Um eine gewisse Sicherheit zu gewährleisten, wird der Knopf um ca. 90° nach rechts (im Uhrzeigersinn) gedreht (z.B. von 8 mV nach 3 mV)

Bem:
- Wenn der SM trotz maximaler Empfindlichkeit (Knopf der Sensitivität bei 1 mV liegend) dauernd stimuliert, ist er schlecht platziert. Zur Behebung gibt es 3 Möglichkeiten:
  1. Den SM stoppen und nur bei Bradykardie einschalten.
  2. Den Patienten «schrittmacherabhängig» machen, indem die SM-Frequenz höher eingestellt wird, als die Ventrikelfrequenz des Patienten.
  3. SM neu einlegen
- Am Schluss ad. Röntgenthorax:
  - Lagekontrolle des SM
  - Ausschluss eines Pneumothorax!

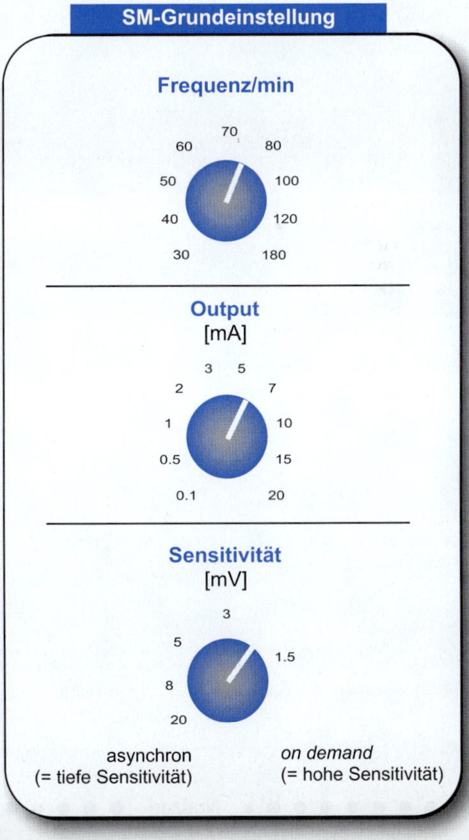

PNEUMOLOGIE

PNEUMO

Semiologie der Atemnot und Ateminsuffizienz

Def:
- **Akute Atemnot**
  Atemnot, welche den pulmonalen Gasaustausch gefährdet.
  Die Atemnot soll nicht mit einem ARDS verwechselt werden.
  I. Echte Atemnot (d.h. <u>mit</u> Ateminsuffizienz)
  II. Scheinbare Atemnot (d.h. <u>ohne</u> Ateminsuffizienz)
    - Schwergradige metabolische Azidose (KUSSMAUL-Atmung):
      - Niereninsuffizienz
      - Diabetische Ketoazidose
      - Intoxikationen
    - Hyperventilationssyndrom
- **Ateminsuffizienz**
  Unmöglichkeit, normale Blutgaswerte beizubehalten ohne Kompensationsmechanismen einzusetzen. Die Ateminsuffizienz wird in 3 Stadien eingeteilt:

Stadium		Arterielle Blutgase - Bemerkungen
I	Potentielle Ateminsuffizienz	• In Ruhe: normale ABGA • Bei Anstrengung: O_2 ↓
II	Partielle Ateminsuffizienz	• In Ruhe (1 Blutgaswert ist pathologisch, daher «partiell»): - SaO_2 Normal - CO_2 ↓ (infolge reflektorischer Hyperventilation)
III	Globale Ateminsuffizienz	• In Ruhe (2 Blutgaswerte sind pathologisch): - O_2 ↓ (↓↓) - CO_2 ↑ (= alveoläre Hypoventilation)

Für die PRAXIS:
Die Hyperkapnie beschreibt den Schweregrad der Ateminsuffizienz, ABER die Hypoxämie tötet!

Urs:
1. Störung der respiratorischen Steuerung
   - ZNS-Läsion
     - Medikamentös: Opioide, Hypnotika
     - Hirnstammläsion: Trauma, CVI, Tumor, Enzephalitis, Abszess u.a.
   - Medulläre Läsion
     - Trauma, Abszess, Poliomyelitis
     - Amyotrophe Lateralsklerose
   - Periphere Nervenläsion
     - Diphterie, GUILLAIN-BARRÉ
   - Läsion der neuromuskulären Plaque
     - Myasthenie, Tetanus, Tollwut, Botulismus
     - Kurare
   - Befall der Atemmuskulatur
     - Progressive Muskeldystrophie
2. Obstruktion der oberen Luftwege
   - Fremdkörper
   - Larynxödem/Spasmen
   - Laryngitis, Epiglottitis
   - Tumor: Larynx, Trachea
3. Obstruktion der unteren Luftwege
   - COPD
   - Asthma, Emphysem
4. Läsion des Lungenparenchyms
   - Pneumonie
   - Atelektase
   - Akutes Lungenödem
   - ARDS
   - Lungenembolie
5. Gemischte Ursachen (Läsion des Brustkorbes und der Pleura)
   - Rippenfrakturen, Rippenserienfrakturen
   - Postoperativer Status
   - Pneumothorax
   - Pleuraerguss
   - Kyphose
   - Schock

Semiologie der Atemnot

I. Allgemeine Befunde

- Tachypnoe (> 20/min)
- Art. Hypertonie

II. Befunde der Hypoxämie (PaO_2 < 8.0 kPa, bzw. < 60 mmHg)

- Zentrale Zyanose
- Agitation, Angstzustand
- Dyspnoe, der Patient schnappt nach Luft....
- Tachykardie (> 100/min)
- Arrhythmie
- Interkostale, subkostale und juguläre Einziehungen
- Paradoxe Bauchatmung (der Bauch flacht während der Inspiration ab)

Die Gabe von Sauerstoff ist essentiell und verbessert die Klinik

III. Zeichen bei Hyperkapnie ($PaCO_2$ > 6.0 kPa; bzw. > 45 mmHg)

- Bewusstseinsstörungen, Somnolenz
- Asterixis (*flapping tremor*)
- Konjunktivale Hyperämie
- Kopfschmerzen (vasodilatierende Wirkung des CO_2)
- Hypersalivation
- Bronchiale Verstopfung
- Profuses Schwitzen
- Verstärkter Tränenfluss

Die Gabe von Sauerstoff verschlimmert die Klinik. Risiko einer CO_2-Narkose!!

Interpretation der Lungenfunktionsprüfung - Spirometrie

Allg:

Abkürzungen	Spirometrische Parameter	Normwerte
VC	Vitalkapazität	4-5 L
FRC	Funktionelle Residualkapazität	
RV	Residualvolumen	1-1.5 L
TLC	Totale Lungenkapazität	5-6 L
FEV1	1-Sekundenkapazität	
FVC	Forcierte Vitalkapazität	4-5 L
FEV1/VC (bzw. FEV1/FVC)§	TIFFENEAU	75-80 %§
FEF$_{25\text{-}75}$	max. exspiratorischer Fluss zw. 25 und 75 % der FVC	25-75 % der FVC

Normale Spirometrie

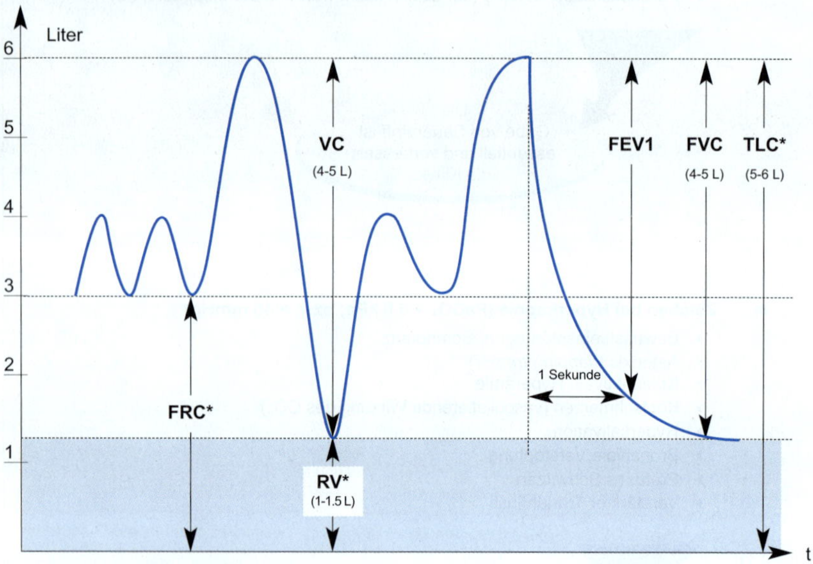

Schema 1: Spirometrie beim gesunden Probanden.

* **I. Mit Spirometrie messbare Parameter**
- FEV1 1-Sekundenkapazität
- FVC Forcierte Vitalkapazität
- VC Vitalkapazität

II. Mit Spirometrie nicht messbare Parameter (diese Volumen können mit einem Plethysmographen oder einem Verdünnungssystem gemessen werden)
- FRC Funktionelle Residualkapazität
- TLC Totale Lungenkapazität
- RV Residualvolumen

§ **TIFFENEAU**:
- Für die Ratio FEV1/VC benützt man oft die FVC an Stelle der VC, denn diese Werte sind häufig identisch.
- Der absolute Normwert beträgt 75-80 %. Wenn aber z.B. im Rahmen eines COPD ein Wert < 90 % angegeben wird, handelt es sich um den prozentualen Anteil des Sollwertes und nicht um den absoluten Wert.

Lungenvolumina

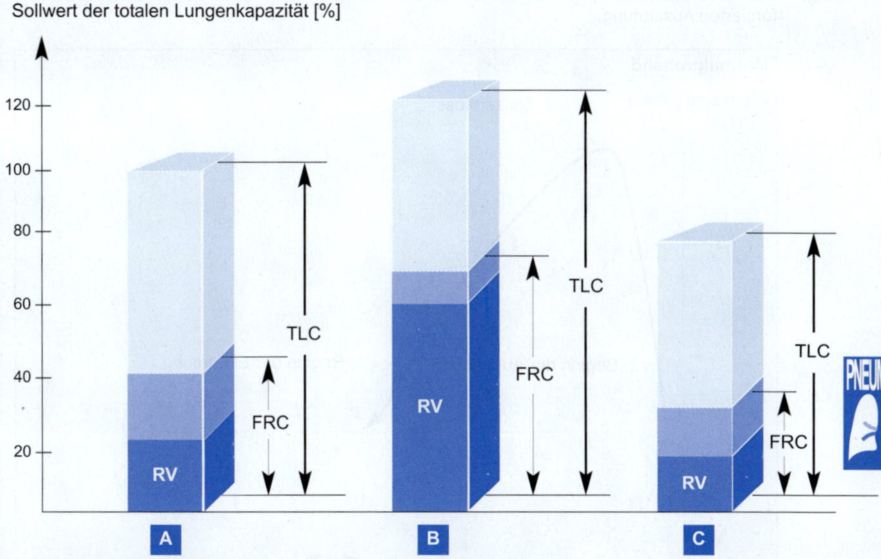

Schema 2: Lungenvolumina.

RV Residualvolumen
TLC Totale Lungenkapazität
FEF Maximale exspiratorische Atemflüsse

A **Normalproband**

B **Patient mit obstruktivem Syndrom**

Def: • TIFFENEAU < 90 % des Sollwertes (nicht Absolutwert!)

Bsp: • COPD (TIFFENEAU < 70 %)

C **Patient mit restriktivem Syndrom**

Def: • TLC < 80 % des Sollwertes, wobei die TLC mit der Spirometrie nicht gemessen werden kann. Der Verdacht auf ein restriktives Syndrom kann bei folgenden spirometrischen Werten trotzdem geäussert werden:
- FEV1 < 80 %
  und:
- TIFFENEAU > 90 % des Sollwertes

Bsp: • Lungenfibrose

RV Residualvolumen
VC Vitalkapazität
TLC Totale Lungenkapazität
FEV1 1-Sekundenkapazität
FEF Maximale exspiratorische Atemflüsse

Flussvolumenkurven bei forciertem Ausatmen

Allg: Die Flussvolumenkurven sind das Resultat einer Integration der Spirometrie während einer forcierten Ausatmung.

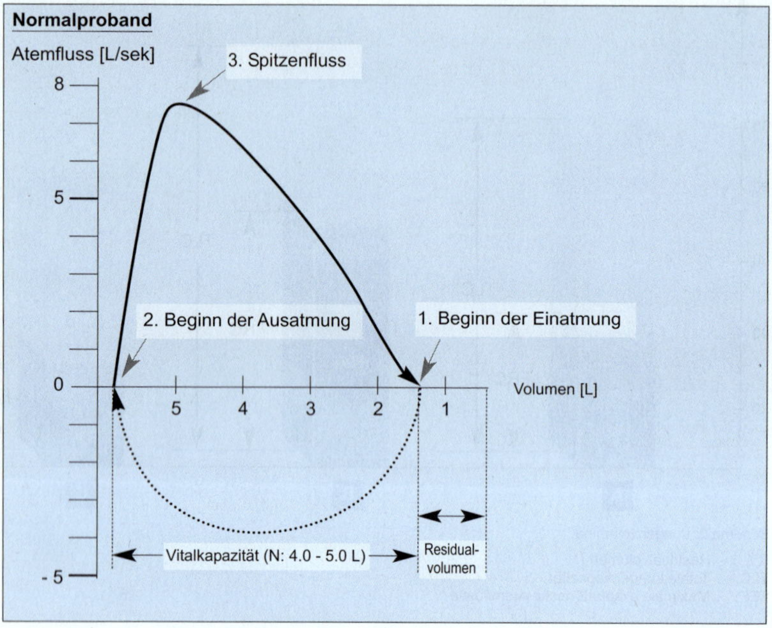

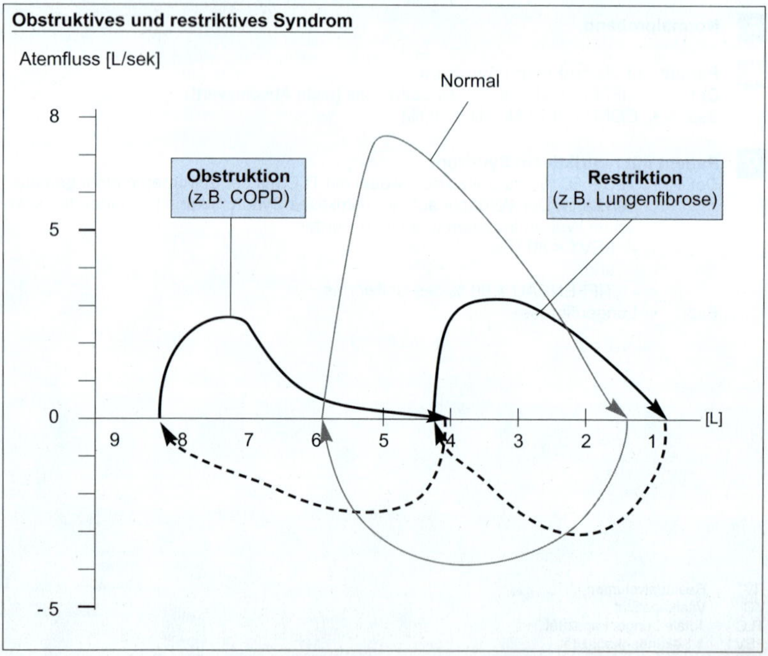

Interpretation der Lungenfunktionsprüfung

A. Statische Lungenvolumina

1. Restriktive Ventilationsstörungen

1.1. Totale Lungenkapazität (TLC)

Def: • TLC < 5. Percentile (alters- und grössenabhängig)

Bsp: • Frau (1.65 m) mit TLC < 80 % → Restriktive Ventilationsstörung
• Mann (1.75 m) mit TLC < 83 % → Restriktive Ventilationsstörung

Klas:

	Sollwert %	Schweregrad der restriktiven Ventilationsstörung
FEV1	> 70 %	Leichtgradig
	60-69 %	Mittelgradig
	50-59 %	Mittel- bis schwergradig
	35-49 %	Schwergradig
	< 35 %	Schwerstgradig

1.2. Statisches Airtrapping

Def: • RV/TLC > 95. Percentile (altersabhängig), bzw. > 130 % des Sollwertes.

1.3. Überblähung

Def: • FRC > 95. Percentile, bzw. > 130 % des Sollwertes.

1.4. Gemischt restriktiv-obstruktive Ventilationsstörung

Def: • TLC und FEV1/VC < 5. Percentile

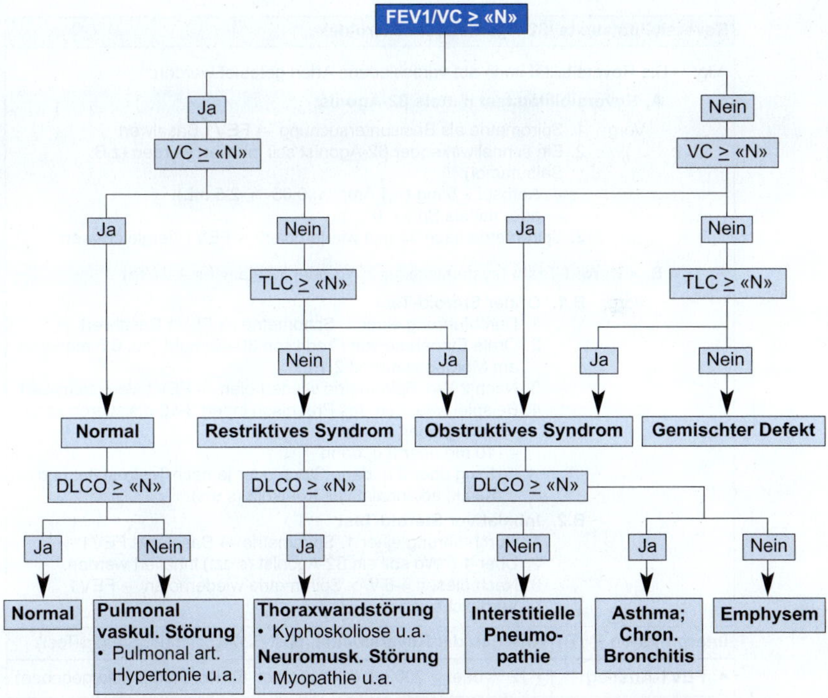

Algorithmus: Klinische Anwendung zur Interpretation der Lungenfunktionstests.[1]

RV	Residualvolumen	DLCO	CO-Diffusionskapazität
VC	Vitalkapazität	«N»	Nahe beim Normwert
TLC	Totale Lungenkapazität	FEV1	1-Sekundenkapazität
FEF	Maximale exspiratorische Atemflüsse		

1 Angepasst nach: ATS/ERS Kritrien: R. Pellegrino, Viegi G, Brusasco V, et al. Eur Respir J 2005; 26: 948-68.

B. Dynamische Lungenvolumina

Allg:
- Der Schweregrad einer Obstruktion der oberen Luftwege wird anhand der Flussvolumenkurven bestimmt und nicht mittels des FEV1.
- Wenn z.B. ein COPD-Patient gleichzeitig an einer Lungenfibrose leidet, würde die FEV1 relativ «falsch hoch» sein und so den Schweregrad der COPD unterschätzen.

Klas:

	Sollwert %	Schweregrad der obstruktiven Ventilationsstötrung
FEV1	> 70 %	Leichtgradig
	60-69 %	Mittelgradig
	50-59 %	Mittel- bis schwergradig
	35-49 %	Schwergradig
	< 35 %	Schwerstgradig
FEF_{25-75}	↓	Obstruktion der kleinen Atemwege

GOLD Klassifikation	COPD-Klassifikation[1] im Bezug auf die Lungenfunktionsprüfung
GOLD I	• FEV1/FVC < 70 % und FEV1 ≥ 80 % post-Bronchodilatation
GOLD II	• FEV1/FVC < 70 % und FEV1= 50-79 % post-Bronchodilatation
GOLD III	• FEV1/FVC < 70 % und FEV1 = 30-49 % post-Bronchodilatation
GOLD IV	• FEV1/FVC < 70 % und FEV1 < 30 % post-Bronchodilatation oder: • FEV1 < 50 % und PaO_2 < 8 kPa (< 60 mmHg)

Reversibilitätstests (β2-Agonist oder Steroide)

Allg: Die Reversibilität kann auf verschiedene Arten getestet werden:

A. Reversibilitätstest mittels β2-Agonist

Vorg:
1. Spirometrie als Basisuntersuchung → FEV1 Basalwert
2. Ein schnellwirkender β2-Agonist soll inhaliert werden (z.B. Salbutamol):
   - Aerosol 2.5 mg (= 1 Amp zu 0.05 %, 2.5 mL)
   - oder mittels Spray: 0.2 mg
3. Spirometrie nach 15 min wiederholen → FEV1 Vergleichswert

B. «Steroid-Test» (systemisch für 2 Wo oder inhalativ für 4-6 Wo)

Vorg: **B.1. Oraler Steroid-Test**
1. Durchführung einer 1. Spirometrie → FEV1 Basalwert
2. Orale Einnahme von Prednison 30-40 mg/d (od. 0.5 mg/kg/d) am Morgen während 2 Wo.
3. Nach 2 Wo: Spirometrie wiederholen → FEV1 Vergleichswert
4. Beispiel, wie man das Prednison innert 3-10 d sistieren kann:
   - 20 mg über 3 d, dann
   - 10 mg über 3 d, dann
   - 5 mg über 3 d, dann Stopp oder je nach Testresultat und Klinik, ad. inhalatives Kortikoid (s. 325).

B.2. Inhalativer Steroid-Test
1. Durchführung einer 1. Spirometrie → Basalwert FEV1
2. Über 4-6 Wo soll ein β2-Agonist (s. 325) inhaliert werden.
3. Nach diesen 4-6 Wo: Spirometrie wiederholen → FEV1 Vergleichswert

Interpretation (A, B)	**Kriterien der Reversibilität** (post β2-Agonist od. Steroid-Test)
▪ **FEV1-Anstieg**	≥ 12 % oder ≥ 200 mL (→ Indikation für Kortikotherapie gegeben)
und/oder:	
▪ **FVC-Anstieg**	≥ 12 % oder ≥ 200 mL (→ Indikation für Kortikotherapie gegeben)

TLC Totale Lungenkapazität; FEF Maximale exspiratorische Atemflüsse; FVC Forcierte Vitalkapazität; FEV1 1-Sekundenkapazität; FEV1/FVC TIFFENEAU

1 GOLD - Executive summary, Update: www.goldcopd.com/GuidelinesResources.asp?l1=2&l2=0

C. Diffusionskapazität (DLCO)

Def: • DLCO ist ein Mass des CO-Transfers, was die Evaluation der Gasaustauschfähigkeit der Lunge erlaubt.

Vorg: • Der Patient atmet ein Gasgemisch mit Helium und 0.3 % CO ein.
- Aus der He-Verdünnung kann das Alveolarvolumen, bzw. die totale Lungenkapazität (TLC) bestimmt werden.
- Bei der «single breath»-Methode inhaliert der Patient ein Messgas mit definiertem CO-Gehalt und hält 10 sek den Atem an.
- Ein Teil des inspirierten CO diffundiert und bindet sichirreversibel an Hb in den EC.
- Vom Abfall des CO in der Ausatemluft kann auf die CO-Aufnahme rückgeschlossen werden.

N: • DLCO < 5. Percentile (alters- und grössenabhängig), oder rund 75-125 % des Sollwertes

Ind: • Beurteilung/Verlauf bei diffusen interstitiellen Lungenparenchymerkrankungen:
- Fibrose
- Sarkoidose
- Systemerkrankungen mit Lungenbefall
- Toxisch/medikamentös bedingt
- Obstruktive Lungenerkrankungen und Emphysem
- Pulmonale Hypertonie u.a. kardiovaskuläre Erkrankungen

Allg: • Erniedrigte DLCO bei:
- Sarkoidose
- Idiopathischer Lungenfibrose
- Pulmonaler Hypertonie

• Erhöhte DLCO bei:
- Alveolärer Hemorrhagie
- Asthma
- Links-rechts Shunt

Bsp: • Frau
- 1.50 m, 70 J: → 69 % des Sollwertes
- 1.80 m, 30 J: → 82 % des Sollwertes

• Mann
- 1.60 m, 70 J: → 67 % des Sollwertes
- 1.90 m, 30 J: → 82 % des Sollwertes

Klas:

DLCO bezügl. Sollwert	Schweregrad der Diffusionskapazitätsverminderung
61-75 %	Leichtgradig
40-60 %	Mittelgradig
< 40 %	Schwergradig

D. Arterielle Blutgasanalyse (ABGA)

Klas:

PaO_2	Schweregrad der Hypoxämie
7.3-10 kPa (60-70 mmHg)	Leichtgradig
< 7.3 kPa (< 60 mmHg)	Schwergradig

PNEUMO

Asthma[1,2] ☛ www.ginasthma.com [J45.9]

Def:
- **Asthma**
  - Entzündung der Luftwege, hervorgerufen durch einer Hyperreaktivität im Zusammenhang mit verschiedenen Stimuli. Diese Hyperreaktivität führt zu einer Obstruktion der Atemwege.
- **Schwerer Asthmaanfall**, siehe S. 318

Allg:
- Prävalenz (Erwachsene): ca. 5 %.
- Jährliche Mortalitätsrate: ca. 250'000
- 5-10 % der Asthmatiker leiden an einem schwergradigen Asthma.
- Weder der *Peak flow* (PEF; bzw. exspiratorischer Spitzenfluss), noch die Lungenauskultation erlauben es, ein «benignes» Asthma von einem «malignen», potentiell letalem Asthma zu unterscheiden!

> **Für die PRAXIS:**
> Jeder «ungewöhnliche» Asthmaanfall muss als potentiell gefährlich angesehen werden, welcher sich plötzlich zu einer lebensbedrohlichen Situation entwickeln kann!

- Das periodische **Erheben der Asthmakontrolle ist essentiell** (Tabelle 2 S. 323) und ist nützlicher als das Bestimmen des Schweregrades des Asthmas (Tabelle 1 S. 323)!
- Risikofaktoren zur Entwicklung von Asthma
  - Genetische Faktoren (Atopie, hyperreaktive Luftwege)
  - Adipositas
  - Männliches Geschlecht
  - Allergene: Motten, Tierallergene (Hunde, Katzen, Mäuse), Schimmelpilze, Hefepilze, Schabe, Pollen u.a.
  - Infektionen (v.a. viral; z.B. RSV, Parainfluenza virus)
  - Tabak rauchen (inkl. Passivrauchen): Kinder von rauchenden Müttern haben ein 4-faches Risiko, im 1. LJ eine bronchospastische Lungenerkrankung zu manifestieren *(wheezing illnesses)*.
  - Luftverschmutzung
  - Niedriges soziales/ökonomisches Niveau

Dg:[2]

1. Anamnestisch
   - Leidet der Patient an bronchospastischen Krisen (± rezidivierend)?
   - Hat der Patient einen störenden Husten nachtsüber?
   - Manifestiert der Patient eine pfeifende Atmung nach körperlicher Anstrengung? Typischerweise beginnt das Asthma innerhalb von 5-10 min nach Beendigung der Anstrengung (manchmal während der Aktivität).
   - Beschreibt der Patient eine pfeifende Atmung, ein thorakales Engegefühl oder einen Husten nach Kontakt mit Stauballergenen oder Schmutzstoffen?
   - Haben Erkältungen die Tendenz, sich «in die Lunge auszudehnen» oder benötigt deren Heilungsprozess i.d.R. mehr als 10 Tage?
   - Sprechen die Symptome rasch auf inhalative β2-Agonistenan
   - Chronische Bronchitis und/oder Asthma in der Vorgeschichte
   - Dyspnoe nach Einnahme von NSAR (inkl. ASS)
2. Spirometrisch (= diagn. «Gold Standard»; die Spirometrie kann aber normal sein), S. 310
   - FEV1 ↓, FVC ↓
   - FEV1/FVC (= TIFFENEAU) ↓
     FEV1 ↑ ≥ 12 % und > 200 mL, bezogen auf den Ursprungswert nach Inhalation mit einem β2-Agonisten (z.B. Salbutamol).
3. Peak flow (PEF), S. 317
   - Die Variabilität des PEF kann zur Bestätigung der Diagnose des Asthmas hilfreich sein. Die Spirometrie ist aber die diagnostische Methode der Wahl!
   - Eine Erhöhung des PEF um 60 L/min (oder ≥ 20 %) nach Anwendung eines kurzwirksamen β2-Agonisten bezügl. dem präbronchodilatorischen PEF spricht für Asthma.
4. Klinische Untersuchung (sehr variabel)
   - CAVE: Die Klinik kann ausserhalb einer Krise vollständig unauffällig sein!
   - Häufigster klinischer Befund: *Wheezing* (pfeifen) bei der Lungenauskultation (bei gewissen Patienten nur bei forcierter Exspiration hörbar).

> **Für die PRAXIS:**
> Bei schwerem Asthmaanfall kann, infolge massiv vermindertem Luftfluss, das *wheezing* fehlen. In diesen Fällen manifestieren sich aber andere klinische Elemente, wie:
> - Zyanose, Benommenheit
> - Schwierigkeit zu sprechen
> - Tachykardie
> - Einsatz der akzessorischen respiratorischen Muskeln
> - Thorakale Hyperinflation, interkostale Einziehungen

1 Bateman ED et al. Eur Respir J 2008; 31: 143-78. 2 O'Byrne P et al. GINA. http://www.ginasthma.com/Guidelineitem.asp??l1=2&l2=1&intId=60

DD:
- Hyperventilationsyndrom und Panikattacke
- Obstruktion der oberen Luftwege (inhalierte Fremdkörper, Tumorkompression)
- Dysfunktion der Stimmbänder
- Nicht-obstruktive Lungenerkrankungen (z.B. diffuse parenchymale Lungenerkrankungen)
- COPD u.a. obstruktive Lungenerkrankungen

Für die PRAXIS:
Bei älteren Patienten kann es sehr schwierig sein, ein Asthma von einem COPD zu unterscheiden. Ein «Therapieversuch» mit Bronchodilatatoren und/oder inhalativen Kortikoiden kann differentialdiagnostisch sehr hilfreich sein!

- Linksventrikuläre Herzinsuffizienz, Prälungenödem!

Für die PRAXIS:
Bei älteren Patienten kann es sehr schwierig sein, ein Asthma von einer kardialen Dyspnoe bei Linksherzversagen zu unterscheiden, denn die Symptome überlappen sich oft:
- *Wheezing*, Dyspnoe und Husten können auch bei Linksherzversagen auftreten.
- Verstärkte Symptome bei körperlicher Aktivität und nachtsüber können für Asthma aber auch für ein Linksherzversagen sprechen.
- Die Bestimmung des BNP bzw. NT-proBNP hat in dieser Situation einen besonderen diagnostischen Stellenwert (kann aber auch bei Cor pulmonale erhöht sein), s. 1422

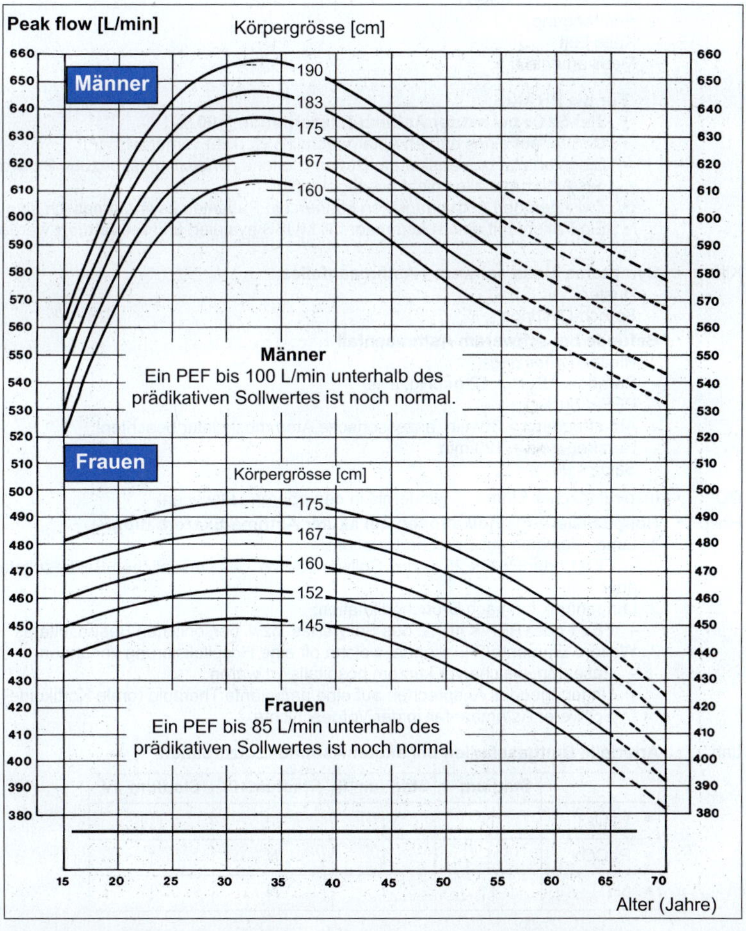

Schema: Normalwerte des Peak flow - PEF (exsp.Spitzenfluss) beim Erwachsenen.

1. Akute Asthma-Exazerbation[1,2]

Def: • **Schwerer Asthmaanfall**
- PEF < 60 %, S. 317
- Sprech-Dyspnoe
- Atemfrequenz > 30/min
- Herzfrequenz > 120/min
- SaO_2 < 90 %

Allg: • Eine asthmatische Exazerbation kann durch Allergene bei sensibilisierten Patienten oder bei zahlreichen, unspezifischen Stimuli ausgelöst werden:
- Infekt (oft viral)
- Rauch
- Putzmittel
- Allergene (z.B. Latex)
- Anstrengung
- Kalte Luft
- Medikamente u.a.

Für die PRAXIS:
- **Ziel-SaO_2 bei akuter Asthma-Exazerbation ≥ 90 %**
- Der Verlauf eines akuten Asthmaanfalles ist nicht vorhersehbar!!!
- Die Intensität des auskultatorischen Pfeifens *(wheezing)* ist bezügl. Schweregrad des Asthmaanfalles nicht aussagekräftig!
- Zwischen den Asthmaanfällen können die Patienten asymptomatisch sein!
- Ein Patient mit einem Asthmaanfall MUSS evaluiert und **reevaluiert** werden!!!!

Klin: • **Symptome eines schweren Asthmaanfalles**
- Husten
- Sprech-Dyspnoe

• **Befunde bei schwerem Asthmaanfall**
- Pfeifen (*wheezing*)
- Paradoxer Puls > 12 mmHg, S. 191
- PEF < 60 %
- Atemfrequenz > 30/min, akzessorische Atemmuskulatur beachten!
- Herzfrequenz > 120/min
- SaO_2 < 90 %

DD: • Inspiratorischer Stridor (= Hindernis in den oberen Luftwegen)

Hosp: • **Hospitalisierungsindikationen bei akuter Asthma-Exazerbation:**[2]
1. Lungenfunktion vor Bronchodilatation:
   - FEV1 oder PEF < 25 % des Sollwertes bzw. des persönlichen Bestresultates oder:
2. Lungenfunktion nach Bronchodilatation:
   - FEV1 oder PEF < 40 % des Sollwertes bzw. persönlichen Bestresultates
3. Weitere Elemente/Situationen, welche oft eine Hospitalisierung verlangen:
   - Patienten, welche vor kurzem hospitalisiert waren
   - Ungenügendes Ansprechen auf eine ambulante Therapie (orale Kortikoide)
   - Schwerer Asthmaanfall in der Vorgeschichte

Lab: • **Arterielle Blutgasstadien bei akuter Asthma-Exazerbation**

	Stadium I	Stadium II	Stadium III	Stadium IV
▪ PaO_2	N	↓	↓↓	↓↓↓
▪ $PaCO_2$	↓	↓	N	↑
▪ pH	↑↑	↑	N	↓

 1 Bateman ED et al. Eur Respir J 2008; 31: 143-78. 2 O'Byrne P et al. GINA. http://www.ginasthma.com/Guidelineitem.asp??l1=2&l2=1&intId=60

Akute Asthma-Exazerbation[1]

- Initiales Vorgehen: Anamnese + klinische Untersuchung (siehe Allgemeinmassnahmen, S. 320)
- Initiale Therapie
  1. O_2: Ziel: Sauerstoffsättigung ≥ 90 %
  2. Schnellwirkender β2-Agonist, je nach Klinik alle 20 min oder kontinuierlich
  3. Systemische Kortikoide (PO oder **IV**) bei:
     - Nicht unmittelbarem Ansprechen auf den β2-Agonist
     - Kürzlicher oraler Kortikotherapie
     - Schwergradigem Asthma

1 Stunde später: Reevaluation!

- Klinische Untersuchung + PEF, O_2-Sättigung u.a. Tests, falls notwendig

Mittelschwerer Asthmaanfall (S. 323)

Th:
1. Sauerstoff
2. Inhalation alle 60 min von:
   - β2-Agonist (schnell wirksam)
   + Anticholinergika, S. 321
3. Orale Kortikoide, S. 322

Schwerer Asthmaanfall (S. 318)

Th:
1. Sauerstoff
2. Inhalation ± kontinuierlich von:
   - β2-Agonist (schnell wirksam)
   + Anticholinergika, S. 321
3. Systemische Kortikoide, S. 322
4. Mg-Sulfat: 1x 2 g **IV** in 20 min

1-2 Stunde später: Reevaluation!

Guter Verlauf, d.h.:
- Anhaltende gute Wirkung der Therapie 60 min nach letzter Therapie
- Klinik: «No distress»:
  - PEF > 70 %
  - O_2-Sättigung > 90 %

Ungenügende Antwort, d.h.:
- Milde bis mittelgradige Klinik (siehe Tabelle 1, S. 323)
  - PEF < 60 %
  - Keine Verbesserung der O_2-Sättigung

Th: IPS-Pflege/Monitoring:
- Sauerstoff
- β2-Agonist (schnell wirksam) und/oder Anticholinergika, S. 321
- System. Kortikoide, S. 322
- Mg-Sulfat: 2 g **IV**/20 min
- Vitalparameter + PEF

Schlechter Verlauf, d.h.:
- Beinahe fataler Asthmaanfall
- Schwergradige Klinik:
  - Verwirrtheitszustand
  - PEF < 30 %
  - PCO_2 > 6 kPa (> 45 mmHg)
  - PO_2 < 8 kPa (< 60 mmHg)

Th: IPS-Pflege/Monitoring:
- Sauerstoff
- β2-Agonist (schnell wirksam) + Anticholinergika, S. 321
- Kortikoide **IV**, S. 322
- Mg-Sulfat 2 g **IV**/20 min
- In Betracht ziehen:
  - β2-Agonist **IV**
  - Theophyllin **IV**
  - Intubation

Engmaschige Reevaluationen!

Guter Verlauf → Entlassungskriterien nach Hause

Schlechter Verlauf → Pneumo-Konsilium → Schlechter Verlauf, d.h.

Entlassungskriterien nach Hause
- PEF > 60 %
- Patient fährt weiter mit β2-Agonist.
  In Betracht ziehen «β2-Agonist + inhalatives Kortikoid», S. 325
- Die meisten Patienten sind unter systemischer Kortikotherapie
- Patient ist informiert über:
  - Korrekte Medikamenteneinnahme
  - Engmaschige ärztliche Verlaufskontrollen
  - Selbstkontrolle «*action plan*»

Algorithmus: Vorgehen bei akuter Asthma-Exazerbation.[1]

[1] Angepasst nach: Bateman ED et al. Eur Respir J 2008; 31: 162.

Vorg: **1. Initiale Allgemeinmassnahmen bei Asthma Exazerbation**

- Der Patient muss beruhigt, sowie verständnis- und taktvoll behandelt werden!
- Sitzende Position (nicht zum Abliegen auffordern)!
- Anamnese und kurze, klinische Untersuchung/Vitalparameter:
  - Herzfrequenz
  - Atemfrequenz
  - Lungenauskultation
  - PEF
  - SpO_2
  - ABGA (bei Patienten *in extremis*, darf aber die O_2-Gabe nicht verzögern!)
- Sauerstoffgabe über:
  - Nasenkanüle ....4-10 L/min [C]
  - Maske....................FIO_2 > 40-60 % [C]
  - O_2-Vernebelung ....6 L/min [A]
- Keine Sedativa verabreichen!
- Das Fehlen von O_2 darf nicht zur Verzögerung von β2-Agonisten-Gabe führen!
- Röntgenthorax zum Ausschluss eines Pneumothorax

Therapie bei «Distress» und lebensgefährlichem Asthmaanfall

1. **Sauerstoff: Ziel-SaO_2 ≥ 90 %!**
   - Anästhesist für eine evtl. Intubation avisieren.
2. **Kurzwirksamer β2-Agonist**
   - Salbutamol oder Terbutalin, siehe Tabelle S. 321
3. **Theophyllin: BRONCHOPARRAT®**
   - **IV: Perfusor mit 0.2 - 0.25 mL/kg KG über 20-30 min IV**

   Für die PRAXIS:
   Wenn eine Vorbehandlung mit Theophyllin bekannt bzw. nicht auszuschliessen ist, soll niedriger dosiert werden:
   - **0.1 - 0.13 mL/kg KG über 20-30 min**

   Im Notfall kann **BRONCHOPARRAT®-Lösung** mit Wasser verdünnt getrunken werden (gleine Dosierung wie **IV**).

4. **Korikosteroid**
   - **Prednisolon SOLUDECORTIN H®: 250 mg IV Bolus;** nach 12 h, 100 mg wiederholen (falls therapeutisches Ansprechen); dann Dosisreduktion und auf orale Gabe umstellen.
5. Monitoring, EKG, Pulsimetrie
6. Peripher venöser Zugang (NaCl 0.9 %)

Tabelle: Akuttherapie bei Distress und lebensgefährlichem Asthmaanfall.

2. Schwerer akuter Asthmaanfall ohne unmittelbarem Sterberisiko

2.1. Initiale Allgemeinmassnahmen + Sauerstoff, siehe S. 320

2.2. Bronchodilatation: β2-Agonist ± Anticholinergikum

- Kurzwirksamer, hochdosierter β2-Agonist [A]

Allg:
- β2-Agonisten haben eine bronchodilatierende, aber keine entzündungshemmende Wirkung.
- Wirkungsbeginn nach 1-3 min. Wirkungsdauer 4-8 h

Ind:
1. Mittelschwerer Bronchospasmus
2. Akuter Asthmaanfall

NW:
- Tremor (> 5 %)
- Supraventrikuläre Tachykardie
- Hypokaliämie (das Kalium erfährt einen intrazellulären Shift)
- Mundtrockenheit, Kopfschmerzen

Bsp:

β2-Agonist	Dosierung
Salbutamol SULTANOL®	• Inhalation (Inhalation mit «Vorschaltkammer» + O_2): - Initial: 2.5-5 mg in 3 mL NaCl 0.9 %, je nach Klinik alle 20-60 min, wenn nötig, kontinuierlich - Dann evtl. 3x/h, dann 4-8x/d Oder alternativ mit Spacer-Anwendung: 4 Push *Bei ungenügender Wirkung:* • Parenterale Gabe (selten indiziert) - **SC, IM** 0.5 mg alle 4-6 h bei Bedarf - **IV**‡ 0.25-0.5 mg/5 min (4 µg/kg) verdünnt, max. 2 mg/24 h; oder Perfusor 3-20 µg/min **IV**
Terbutalin BRICANYL®	• Inhalation (Turbuhaler; 500 µg/Hub) - Initial: 1-3 Hübe alle 6 h (max. 12 Hübe/24 h)

- Anticholinergika [A]

Allg:
- Anticholinergika sind weniger wirksam als die β2-Agonisten, weisen aber in Kombinationstherapie folgende Vorteile auf:
  - Bessere Bronchodilatation als β2-Agonist allein [B]
  - Raschere lungenfunktionelle Erholung [B]
- Wirkungsbeginn nach 15-30 min; Wirkungsmaximum: 60-120 min
- Wirkungsdauer 4-8 h

Bsp:
- Ipratropiumbromid (oder kombiniert mit einem β2-Agonist)

Anticholinergikum ± β2-Agon.	Dosierung
Anticholinergikum • Ipratropiumbromid (ATROVENT®)	• Inhalationslösung 0.025 % - Initial: 0.5 mg (= 40 Trpf) 1x/h; dann 2-8x/d • Inhalation mit Einzeldosis (0.25 mg/2 mL) - Initial: 0.5 mg (= 2 Einzeldosen) 1x/h; dann 2-8x/d
Anticholinergikum + + β2-Agon. • Ipratropiumbromid + Fenoterol (BERODUAL®)	• Inhalation oder Aerosol - Initial: 2-4 Hübe; wenn nach 5 min keine Besserung ad. 4 Hübe; dann 2-8x/d je nach Klinik
• Ipratropiumbromid + Salbutamol (IPRAMOL TEVA®)	• Einzeldosis für Inhalation - Initial: 1 Einzeldosis; dann 3-4x 1 Dosis/d je nach Klinik

‡ Die inhalatorischen β2-Agonisten sind ungefähr gleich wirksam wie deren IV-Gabe. Deshalb wird die IV-Gabe selten angewendet.

2.3. Kortikoide

Für die PRAXIS:
- Orale oder parenterale Kortikoide sind vergleichbar wirksam (aber weniger invasiv und kostensparender)
- Kortikoide sollen bei jedem Asthmaanfall eingesetzt werden, ausser bei einer milden Exazerbation. [A]
- Kortikoide haben keine Sofortwirkung (Wirkungsbeginn nach ca. 1 h). Deswegen sind die O_2-Therapie + Bronchodilatatoren (inkl. ADRENALIN®) in der Akutphase die Erstlinientherapie!

- Prednison
  - Allg:
    - Wirkungsbeginn nach 1-4 h
    - Wirkungsmaximum nach ca. 6 h
    - Kortikoide sind stark entzündungshemmend und steigern die Empfindlichkeit der β-Rezeptoren.
    - Prednison reduziert folgende Parameter: [A]
      - Mortalität
      - Rezidive
      - Anzahl Hospitalisierungen
      - Gebrauch von β2-Agonisten
  - Dos:
    - Schwere Krise: 1 mg/kg PO alle 8 h, während 1-2 d
    - Erhaltungsdosis: 40-50 mg PO, während 5-10 d
    - Eine Dosisreduktion ist vor dem Absetzen der Therapie nicht notwendig.
- Methylprednisolon (parenterale Gabe)
  - Allg:
    - Wirkungsbeginn nach 1-4 h
    - Wirkungsdauer: ca. 8 h
  - Dos:
    - Bolus 2 mg/kg **IV**, dann 0.5-2 mg/kg alle 6-8 h während 1-2 d

Stratifikation des Schweregrades des Asthmas (ausserhalb der akuten Krise)

Schweregrad des nicht akuten Asthmas	**Asthma-Symptome tagsüber**	**Symptome während der Nacht**	**FEV1** oder **PEF bezgl. Sollwert**	**FEV1** oder **PEF Variabilität**
Stadium 1 ▪ Intermittierend	• < 1x Woche • Milde Exazerbationen • Der PEF ist normal zwischen den Krisen.	≤ 2 Nächte/Monat	≥ 80 %	< 20 %
Stadium 2 ▪ Leicht persistierend	• > 1x Wo, aber < 1x/d • Der Asthmaanfall kann die Aktivitäten und den Schlaf beeinflussen.	> 2 Nächte/Monat	≥ 80 %	< 20-30 %
Stadium 3 ▪ Mittelschwer persistierend	• Jeden Tag • Der Asthmaanfall kann die Aktivitäten und den Schlaf beeinflussen. • Tägl. Bedarf von Inhalationen mit kurzwirkendem β2-Agonisten	> 1 Nacht/Woche	60-80 %	> 30 %
Stadium 4 ▪ Schwer persistierend	• Andauernde Symptome • Häufige Exazerbationen • Die körperliche Aktivität ist beeinträchtigt.	Häufige Asthmasymptome	≤ 60 %	> 30 %

Tabelle 1: Schweregrade des Asthmas bei Exazerbation (aber nicht beim akuten Anfall).[1]

Asthmakontrolle

Charakteristika / **Niveau der Asthmakontrolle**	Symptome tagsüber	Einschränkung der Aktivitäten	Nächtliche Symptome, Erwachen	Notwendigkeit der Bedarfsmedikation/ *«Rescue treatment»*	Lungenfunktion - PEF oder - FEV1	Exazerbation
Kontrolliertes Asthma (betrifft alle genannten Parameter)	• Keine (≤ 2x/Wo)	Keine	Keine	Keine (≤ 2x/Wo)	Normal	Keine
Teilweise kontrolliertes Asthma (Vorhandensein von 1 Parameter während irgendeiner Woche)	• > 2x/Wo	Irgendeine Aktivität	Irgendwelche Symptome	> 2x/Woche	> 80 % des Sollwertes oder des persönlichen Bestwertes (falls bekannt) an irgendeinem Tag	≥ 1x/Jahr
Nicht kontrolliertes Asthma	≥ 3 Zeichen von zum Teil kontrolliertem Asthma in einer beliebigen Woche					1x in einer beliebigen Woche

Tabelle 2: Asthmakontrolle (nicht validiertes Schema).[2]

PEF Peak flow (exspiratorischer Spitzenfluss)
FEV1 1-Sekundenkapazität

1 Pocket Guide for Asthma Management, update 2004; www.ginasthma.com 2 Angepasst nach: O'Byrne P et al. GINA. http://www.ginasthma.com/Guidelineitem.asp??l1=2&l2=1&intId=60

Th:

Therapie des Asthmas ausserhalb einer akuten Krise

	Tägliche Medikation	Andere therapeutische Optionen
Stadium 1* ■ Intermittierend	• Keine Therapie notwendig	—
Stadium 2* ■ Leicht persistierend	• Inhalative Kortikoide (niedrig dosiert)	• Theophillin (langwirksam), S. 326 oder: • LTRA, S. 325
Stadium 3* ■ Mittelgradig persistierend	• Inhalative Kortikoide (niedrig bis mittelhoch dosiert) und: • Inhalation mit LABA, S. 235	• Inhalation mit mittelhoch dosierten Kortikoiden + Theophillin (langwirksam) oder Inhal. mit mittelhoch dosierten Kortikoiden + Inhal. LABA oder Inhal. mit hoch dosierten Kortikoiden oder Inhal. mit mittelhoch dosierten Kortikoiden + LTRA
Stadium 4* ■ Schwergradig persistierend	• Inhalative Kortikoide (hoch dosiert) und: • Inhalation mit LABA, S. 325 ± • Orale LTRA, S. 325 ± • Inhalation mit KUBA, S. 325 ± • Theophillin (langwirksam, oral), S. 326 ± • Orale Kortikoide, S. 326	—

Tabelle 3: Therapie des Asthmas in Abhängigkeit des Schweregrades.[1]

* Definition der Stadieneinteilung, siehe Tabelle 1, S. 323

LABA Langwirksame β2-Agonisten, S. 325
KUBA Kurzwirksame β2-Agonisten, S. 321
LTRA Leukotrienrezeptor Antagonisten, S. 325

Für die PRAXIS:
Beim Asthmatiker ist eine Monotherapie mit inhalierten, langsamwirksamen β2-Agonisten (LABA) ist nicht nur inadäquat, sondern auch potentiell gefährlich!

1 Pocket Guide for Asthma Management, update 2004; www.ginasthma.com

A. Langwirksame β2-Agonisten (LABA)

Allg:
- Immer in Bitherapie einsetzen (+ inhalatives Kortikoid), da sonst der Schweregrad der zugrunde liegenden Entzündung unterschätzt werden könnte!
- **Eine Monotherapie mit inhalierten LABA ist nicht nur inadäquat sondern auch potentiell gefährlich!**
- Die LABA sind beim akuten Asthmaanfall NICHT indiziert!
- Salmeterol hat keine Sofortwirkung und deshalb auch weniger initiale NW als Formoterol, welches eine Sofort- und Langzeitwirkung zeigt.

Ind:
1. Chronisches Asthma
2. Anstrengungsasthma

Bsp:

β2-Agonist	Dosierung
Formoterol FORADIL®, OXIS®	
Aerosol 6-12 µg/Inhal. - Schnellwirkung - Wirkungsdauer 12 h	2x 12-24 µg/d
Salmeterol SEREVENT®	
Aerosol 25 µg/Stoss - Wirkung nach 15-20 min - Wirkungsdauer 12 h	2x 25-50 µg/d
- Diskus (50 µg/1 Einheitsdosis)	2x 50 µg/d
Kombinationspräparate (β2-Agonist/Kortikoid), siehe «C», unten	

B. Leukotrienrezeptor Antagonist (LTRA)

Allg:
- Wirkungsmechanismus: Bronchodilatation, Entzündungshemmung

Ind:
1. In Monotherapie (v.a. bei allergischer Rhinitis, bei ASS-Hypersensitivität):
   - Leichtgradiges Asthma
   - Anstrengungsasthma
2. In Bitherapie (+ inhalatives Kortikoid):
   - Mittelschweres Asthma

KI:
- Akuter Asthmaanfall!
- Leberinsuffizienz

Bsp:

LTRA	Dosierung
Montelukast SINGULAIR®	10 mg/d PO (unabhängig von den Mahlzeiten)

C. Inhalative Kortikoide (Spray, Turbuhaler, Diskus u.a.)

Allg:
- Die topischen Kortikoide sind beim akuten Asthmaanfall NICHT indiziert!

> **Für die PRAXIS:**
> Wegen des Risikos der Mundmykose muss der Mund nach jeder Applikation mit Wasser gespült werden!

Ind:
- Entzündungshemmende Basisthérapie (siehe Tabelle 3, S. 324)

NW:
- Mundmykose. Systemische NW sind selten!

Bsp:

Inhalatives Kortikoid - Beispiel	Dosierung
Fluticason FLUTIDE®	
Aerosol (0.125, 0.25 mg)	2x 0.1-1.0 mg/d
Disk/Diskus (0.1, 0.25, 0.5 mg)	2x 0.1-1.0 mg/d
Budesonid PULMICORT®	
Turbuhaler (0.1, 0.2, 0.4 mg)	max. 1.6 mg/d in 4x-Gabe
Kombinationspräparate (β2-Agonist/Kortikoid)	
Fluticason + Salmeterol VIANI®	1 Dosis 2x/d (Galenik, siehe MED-Index, S. 1515 ff)
Budesonid + Formoterol SYMBICORT®	1 Dosis 2x/d (Galenik, siehe MED-Index, S. 1515 ff)

D. Methylxanthine (Theophyllin)

Allg:
- Eigenschaften der Methylxanthine:
  - Bronchodilatation, Entzündungshemmung (beim COPD-Patienten ist die bronchodilatierende Wirkung kontrovers!)
  - Positiv inotrop (Atemmuskulatur, Herzmuskel)
  - Pulmonale Vasodilatation

Ind:
- Therapieresistentes Asthma (LABA + LTRA + Kortikoide)

NW:
- Abhängigkeit!
- Tachykardie, Nausea
- Krampfanfälle

Bsp:
- Parenterales Theophyllin
  - Ladungsdosis: 5 mg/kg **IV** in 30 min (gilt für Patienten, die nicht mit Theophyllin vorbehandelt sind), dann Perfusor 0.4 mg/kg/h **IV**
  - Der Plasmaspiegel von Theophyllin soll 6 h nach der Ladungsdosis bestimmt werden.
    -- Zielwert: 55-110 µmol/L oder 10-20 mg/L
    -- Toxischer Spiegel: > 110 µmol/L oder > 20 mg/L
- Orales Theophillin (Retardformen): 200-900 mg/d (in 1-2 Einnahmen/d)

E. Systemische Kortikoide (PO oder **IV)**

Bsp:
- Parenterale Kortikoide:
  - Methylprednisolon: 4x 40-125 mg/d **IV**. Dann, je nach Verlauf, auf inhalative Kortikoide umstellen.
- Orale Kortikoide:
  - Prednison: 4x 30-40 mg PO (4x 0.5-1 mg/kg). Dann, je nach Verlauf, auf inhalative Kortikoide umstellen.

F. Anti-IgE monoklonale Antikörper[2] (Pneumo-Konsilium)

Allg:
- Diese Antikörper fixieren sich auf die zirkulierenden IgE im Serum und reduzieren somit die allergische Reaktion (vom Soforttyp und der verspäteten Reaktion).
- Bioverfügbarkeit: 62 %
- HWZ: 26 Tage

Ind:
- Zusatztherapie bei schwerem, therapieresistentem (inhalative Kortikoide + LABA) allergischem Asthma (positive CAP/RAST Hauttests) mit:
  - Erhöhtem Gesamt IgE (Serum)
  - Multiplen Exazerbationen
  - FEV1 < 80 %

Bem:
- Diese Medikamentengruppe ist bei akutem Asthma nicht indiziert!

Bsp:
- Omalizumab XOLAIR® (**SC**-Gabe)

Dos:
- Je nach IgE-Serumspiegel, alle 2-4 Wo **SC**

NW:
- Anaphylaxie (< 0.1 %)

2 Taramarcaz Ph et al. Forum Med Suisse 2008 ;8 :191-5.

Chronisch obstruktive Lungenerkrankung - COPD[1,2] [J44.9]

Def:[2] • Die COPD (*Chronic Obstructive Pulmonary Disease):*
- ist eine chronische, behandelbare Lungenerkrankung mit systemischer Auswirkung
- kommt bei durch Nikotin prädisponierten Personen, oder bei Inhalierung von toxischen organischen oder anorganischen Substanzen zustande.
- führt zu einer progredienten, irreversiblen Verminderung des FEV1.

Allg: • Die COPD entsteht aus der Kombination folgender 2 pathologischen Prozesse:

1. **Chronische Bronchitis** (infolge *small airway disease*)
   - Täglicher Auswurf an den meisten Tagen pro Woche während mind. 3 Monaten/Jahr über mind. 2 aufeinander folgenden Jahren.
2. **Emphysem** (infolge irreversibler Lungengewebsdestruktion)
   - Irreversible Erweiterung der Luftwege distal der terminalen Bronchiolen, verbunden mit einer Destruktion der Alveolarwände ohne nachweisbare Lungenfibrose.
   - Ein COPD-Patient kann gleichzeitig ein Emphysem und ein Asthma aufweisen.
   - Der Unterschied zwischen einer chronischen Bronchitis und einem Emphysem bleibt unklar.
   - Das Emphysem ist ein pathomorphologischer, nicht primär klinischer Begriff.

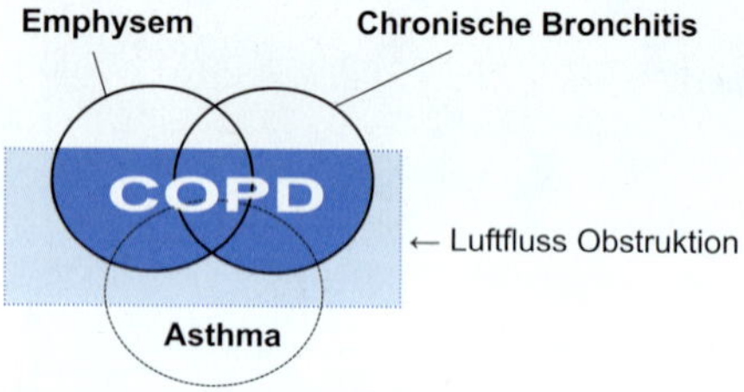

Schema: COPD. [Angepasst nach: GOLD. Workshop report Update 2005 und 2006]

- Pathogenese
  - Chronische Entzündung der Luftwege, des Lungenparenchyms. Die lokale Entzündung führt schliesslich zur Zerstörung der Alveolen und zu einem *Remodeling* der terminalen Bronchiolen. Verschieden ursächliche Faktoren werden evoziert:
    -- Bakterien
    -- Viren
    -- Genetische Polymorphismen
  - Folgende Mediatoren können den Entzündungsmechanismus des Lungenparenchyms zerstören oder erhalten: Leukotrien B4, Interleukin-8, TNF, u.a.
  - Ungleichgewicht von Proteinase/Antiproteinase (z.B. α1-Proteinaseninhibitor Mangel).
  - Die lokale Entzündung kann sich systemisch ausbreiten und folgende Auswirkungen haben:
    -- Schädigung der peripheren Muskulatur
    -- Osteoporose
    -- Metabolisches Syndrom
- Risikofaktoren
  - Genetische Faktoren (positive Familienamnese für COPD)
  - Zigarettenrauchen (aktiv, passiv) in Abhängigkeit der Anzahl Zigaretten/d
  - Früher Beginn der Krankheit

Klin: ▪ Symptome der COPD (betrifft schwergradige COPD)
- Anstrengungsdyspnoe
- Husten und chronischer Auswurf über Jahre infolge übermässiger Schleimproduktion

▪ Klinische Untersuchung (individuell ausgeprägt oder vorhanden)
- Fassthorax
- Hypersonore Thoraxperkussion
- Vermindertes alveoläres Atemgeräusch; Maximalform «*silent chest*» wie bei Asthma
- Manchmal grobblasige Rasselgeräusche und/oder Giemen/ Pfeifen
- Zeichen eines Cor pulmonale (d.h. Rechtsherzinsuffizienz, s. 227)
- Zeichen einer Polyglobulie (Kopfschmerzen, Sehstörungen, Vertigo, Tinnitus, Blutungstendenz, Erythrozyanose, systolische HT, Thrombosen, Hyperviskositätssyndrom)
- Adipositas (***Blue Bloater***) oder Kachexie (***Pink puffer***)
- Zentrale Zyanose (= Schweregradzeichen!)

1 GOLD - Global Strategy for Diagnosis, Management, and Prevention of COPD. http://www.goldcopd.com/Guidelineitem.asp?l1=2&l2=1&intId=989. 2 McCory DC, et al. Chest 2001 ;119 :1190-1209.

Dg: **I. Anamnese**

1. Husten, Auswurf oder Dyspnoe
   und/oder:
2. Positive Anamnese bezügl. Risikofaktoren:
   - Aktiver/passiver Nikotinkonsum u.a. Umweltexpositionen (z.B. Landwirt)

> **Für die PRAXIS:**
> - **70-80 % der COPD-Patienten sind Raucher** (Anteil Passivraucher noch unklar).
> - **20-25 % der Raucher entwickeln eine COPD.**

   - Genetische Faktoren (gut dokumentiert bei α1-Proteinaseninhibitor Mangel, S. 457)
   - Asthma
   - Bronchiale Hyperreaktivität
   - Exposition mit chemischen Agentien (z.B. Kadmium)

II. Spirometrie

- Die Diagnose des COPD wird spirometrisch bestätigt, siehe Tabelle 1 unten

DD:

- Asthma
  - Beginnt i.d.R. bei jungen Patienten
  - Sehr variable Symptome von einem Tag auf den anderen; oft nachts oder früh morgens
  - Manchmal: Rhinitis-, Allergie- oder Ekzemanamnese
- Kongestive Herzinsuffizienz
- Bronchiektasen, S. 380
- Tuberkulose, S. 834
- Obliterierende Bronchiolitis
  - Beginnt oft bei jungen Patienten, Nichtrauchern
  - Manchmal mit rheumatoider Arthritis oder Anamnese bezügl. Gasexposition
  - CT in Exspiration: hypodense Zonen
- Diffuse Panbronchiolitis
  - Typischer Patient: männlich, Nichtraucher, mit chronischer Sinusitis
  - Im CT sichtbar: Hyperinflation, noduläre zentrolobuläre Hypodensitäten

Klas:

GOLD Klassifikation	COPD-Klassifikation in Bezug auf die Lungenfunktionsprüfung
Milde COPD **GOLD I**	• FEV1/FVC < 70 % und FEV1 ≥ 80 % post-Bronchodilatation
Mittelschwere COPD **GOLD II**	• FEV1/FVC < 70 % und FEV1= 50-79 % post-Bronchodilatation
Schwere COPD **GOLD III**	• FEV1/FVC < 70 % und FEV1 = 30-49 % post-Bronchodilatation
Sehr schwere COPD **GOLD IV**	• FEV1/FVC < 70 % und FEV1 < 30 % post-Bronchodilatation oder: • FEV1 < 50 % und PaO_2 < 8 kPa (< 60 mmHg)

Tabelle 1: COPD-Klassifikation nach GOLD.[1]

Kpl:

- Ateminsuffizienz, S. 308
- Pulmonale Hypertonie, S. 364
- **Cor pulmonale**
  - Das Cor pulmonale manifestiert sich klinisch als Rechtsherzinsuffizienz infolge erhöhten pulmonal vaskulären Widerständen, welche durch die Hypoxämie und die Zerstörung des vaskulären Lungenparenchyms zustande kommt.

> Alveoläre Hypoxie oder Azidämie bei/mit anatomischer Lungenerkrankung
> - Emphysem, Lungenembolie, interstitielle Pneumopathie
>   oder:
> - Blutviskosität ↑, Polyzythämie, Sichelzellanämie, Makroglobulinämie
>
> ↓
>
> Pulmonale Vasokonstriktion → Pulmonale arterielle Widerstände ↑
>
> ↓
>
> Rechtsherzinsuffizienz
>
> ↓
>
> **Cor pulmonale**

Schema: Pathogenese des Cor pulmonale.

1 GOLD - Global Strategy for Diagnosis, Management, and Prevention of COPD. http://www.goldcopd.com/Guidelineitem.asp?l1=2&l2=1&intId=989.

Rx: • Thoraxröntgen (in 50 % der Fälle normal; i.d.R. erst bei etabliertem Emphysem sichtbar):
- Vergrösserung des antero-posterioren Thoraxdurchmessers
- Erhöhte Radiotransparenz, insb. Rarifizierung der peripheren Gefässzeichnung (letzte 1-2 cm zur Pleura visceralis)
- Tiefstehende Zwerchfelle
  -- Zwerchfellkuppe befindet sich in der rechten Medioclavicularlinie auf Höhe oder unterhalb anteriorem Ende der 7. Rippe (Spezifität > 95 %, Sensitivität ca. 30 %)
- Abflachung und manchmal Eversion der Zwerchfellkuppen
- Im Seitenbild:
  -- Vergrösserter Retrosternalraum (Distanz Manubrium sterni - Aorta > 3 cm)
  -- Zwerchfellkuppe befindet sich unterhalb des Manubrium sterni
- Manchmal sichtbare Emphysemblasen (Ø > 1 cm)
- Verbreiterte Pulmonalarterien

Vorg:[3] **1. Basisuntersuchungen**
- Röntgenthorax in 2 Ebenen
- Spirometrie (+ Flussvolumenkurve bei forciertem Ausatmen), Peak Flow
- Messungen des BMI und des Bauchumfangs (→ metabolisches Syndrom)
- Hämoglobin (DD: Polyglobulie, Anämie)
- Bakterielle Kulturen; bei persistierender bronchialer Suppuration trotz AB-Therapie
- EKG

2. Spezifische Abklärungen
- **Arterielle Blutgasanalyse (ABGA)**
- **Inhalativer Steroid-Test**, S. 314
  Ind: • Verdacht auf bronchiale Hyperaktivität
  • Nicht signifikanter Bronchodilatation nach dem Reversibilitäts-Test, S. 314
- **DLCO** (*diffusing capacity of the lung for CO*) und **Plethysmographische Messung der Lungenvolumina**
- **6-Minuten-Gehtest**
  Allg: • Der 6-Minuten-Gehtest evaluiert die körperliche Anstrengungstoleranz (d.h. Desaturierung bei körperlicher Anstrengung), gibt Auskunft über die funktionelle Kapazität, die Prognose (siehe «Vorg:» BODE-Score) und kann die Therapiewahl beeinflussen.
  Ind: • COPD, idiopathische Lungenfibrose, pulmonal art. HT, zystische Fibrose
  Vorg: • *Anweisungen*:
  - Der Patient läuft so «schnell wie möglich» über 6 min auf ebener Erde (Rundkurs)
  - Pausen und Tempowechsel während dieser Zeit sind erlaubt.
  - Ausruhen bis Erreichen der basalen Herzfrequenz (nach 10-20 min)
  • *4 Messungen werden durchgeführt*:
  - Zurückgelegte Distanz
  - SaO_2
  - Herzfrequenz
  - Dyspnoe§§
  • *Integration des 6-Minuten-Gehtests bei COPD-Pat. in das BODE-Score*[*4]:
  - Ein BODE-Score von 7-10 → Mortalität 80 % innerhalb von ca. 4 Jahren
  • Ein klin. signifikanter Distanzverlauf (zw. 2 Gehtests): Δ 54-80 Meter!
- **Bei SAS-Anamnese und/oder Vd. auf pulmonal art. HT** (ad Konsil)
  - Nächtliche Oxymetrie
  - Polysomnographie
  - Echo-Duplex ± Herzszintigraphie, 24 h-EKG
  - Rechtsherzkatheter
- **Thorax CT**, falls die Bildgebung die Therapie beeinflussen könnte (z.B. Bullae, Tumor)
- **Suche nach einem α1-Proteinaseinhibitormangel** (≥ 1 Kriterium):
  1. Diffusem Emphysem bei jungen Patienten
  2. Positiver Familienanamnese für ein Emphysem
  3. Hepatopathie unklarer Ursache

BODE-Score[4]	0 Punkte	1 Punkt	2 Punkte	3 Punkte
■ BMI [kg/m²]	> 21	≤ 21		
■ FEV1 [%]	≥ 65 %	50-64	36-49	≤ 35 %
■ Dyspnoe (M.M.R.C.)§§	0-1	2	3	4
■ Distanz in 6 min	≥ 350 m	250 - 349 m	150 - 249 m	≤ 149 m

** **BODE-Score**: «**B**» - «BMI»; «**O**» - Obstruktion; «**D**» - Dyspnoe; «**E**» - Evaluation (zurückgelegte Distanz in 6 min)
§§ M.M.R.C.- Stadien (Modified Medical Research Council; Mahler D, et al. Chest 1988; 93: 580-6)
Stadium 1: Dyspnoe bei starker körperlicher Belastung (bezügl. dem biologischen und physiologischen Alter)
Stadium 2: Dyspnoe bei 1 Etage Treppensteigen oder einer Steigung bei normalem Schritttempo
Stadium 3: Dyspnoe beim Gehen mit einer Altersgleichen Person in horizontalem Gelände
Stadium 4: Dyspnoe bei Mindestbelastungen von täglichen Aktivitäten

3 Adapté selon: Pauwels RA, et al. Am J Respir Crit Care 2001 ;163 :1256-76. 4 Celli BR, et al. N Engl J Med 2004 ; 350:1005-12.

Th: **1. Allgemeinmassnahmen bei ALLEN COPD-Patienten**

1.1. Stopp Rauchen = einziges Mittel um die Entwicklung der Krankheit zu verlangsamen!

Für die PRAXIS:
- Den Patienten beim Rauchstopp ärztlich und ggf. medikamentös unterstützen:
  - z.B. Nikotinsubstitution (Pflaster + bei Rauchlust zusätzlich Nikotin-Kaugummi)
  - ± Bupropion ZYBAN® (Antidepressivum):
    - -- Beginn der Therapie 1-2 Wo vor Rauchstopp
    - -- 150 mg/d PO während 6 d, dann 2x 150 mg/d (Dosierungsintervall $\geq$ 8 h)
    - -- Max. Einzeldosis 150 mg, max Tagesdosis 300 mg
  - oder Vareniclin CHAMPIX® (Nikotinagonist-Antagonist):
    - -- Beginn der Therapie 1-2 Wo vor Rauchstopp
    - -- Tage 1-3: 1x 0.5 mg/d PO
    - -- Tage 4-7: 2x 0.5 mg/d PO
    - -- Tag 8 bis Ende der Therapie: 2x 1 mg/d PO

1.2. Grippeschutzimpfung, S. 884

1.3. Pneumokokkenimpfung evaluieren (insb. bei schwerer COPD), S. 886

1.4. Pulmonale Rehabilitation evaluieren, S. 394
- Verbessert: Anstrengungskapazität, Lebensqualität, *Survival*
- Reduziert: Dyspnoe, Hospitalisierungsanzahl und -tage, Angst und Depression

PNEUMO

2. Akute COPD-Exazerbation, siehe S. 336

3. Medikamentöse Therapie bei stabiler COPD

Schweregrad	Diagnose	Therapeutisches Vorgehen
GOLD I **Milde COPD**	• Spirometrie: - FEV1/FVC < 70 %* und FEV1 $\geq$ 80 %* • Mit oder ohne chronische Symptome (Husten¶, Auswurf)	• Bei Bedarf kurzwirkender Bronchodilatator, S. 332
GOLD II **Mittelschwere COPD**	• Spirometrie: - FEV1/FVC < 70 %* und FEV1 = 50-79 %* • Mit oder ohne chronische Symptome (Husten¶, Auswurf, Dyspnoe†)	• Einer oder mehrere Bronchodilatatoren (bei Bedarf), S. 332 • Rehabilitation
GOLD III **Schwere COPD**	• Spirometrie: - FEV1/FVC < 70 %* und FEV1 = 30-49 %* • Mit oder ohne chronische Symptome (Husten¶, Auswurf, Dyspnoe†)	• Einer oder mehrere Bronchodilatatoren • Rehabilitation • Inhalative Kortikoide bei rezidivierenden Exazerbationen (z.B. $\geq$ 4x/Jahr)
GOLD IV **Sehr schwere COPD**	• Spirometrie: - FEV1/FVC < 70 %* und FEV1 < 30 %* oder: - FEV1 < 50 %* mit/bei: 1. Respiratorischer Insuffizienz‡ oder 2. Zeichen einer Rechtsherzinsuffizienz, siehe S. 227	• Einer oder mehrere Bronchodilatatoren • Rehabilitation • Inhalative Kortikoide bei rezidivierenden Exazerbation (z.B. $\geq$ 4x/Jahr). • Dauer O_2-Therapie, S. 333 • Chirurgischen Eingriff diskutieren, S. 334

Tabelle 2: Therapie der COPD in Abhängigkeit des Schweregrades.

¶ Husten: intermittierend oder jeden Tag, oft tagsüber, selten isoliert nachtsüber.

* Es handelt sich um den Prozentanteil des Sollwertes.

† Dyspnoe: Progredient, persistierend, verstärkt während einer Anstrengung oder bei Infekt der Atemwege.

‡ Ateminsuffizienz: PaO_2 < 8.0 kPa (< 60 mmHg) ± $PaCO_2$ > 6.7 kPa (> 50 mmHg)

3.1. Allgemeine Informationen

Allg:
- Zur Zeit gibt es keine medikamentöse Therapie, die die Verminderung des FEV1 verlangsamen. Inhalative Kortikoide oder Bronchodilatatoren verlangsamen diese Verminderung nicht und vermindern auch die Mortalität nicht.
- Ziel der Pharmakotherapie:
  - Verbesserung der COPD-assoziierten Symptome
  - Verminderung der Komplikationen
- Die Risikofaktoren sollen eliminiert werden: Nikotinabusus (aktiv, passiv!), Aussetzung noziver Substanzen u.a.

3.2. Bronchodilatation (in Monotherapie oder in Kombinationstherapie)

Ind:
- Patient mit symptomatischer COPD [A]

Allg:
- Es gibt 2 Klassen von inhalativen Bronchodilatatoren:
  - β2-Agonisten
  - Anticholinergika (weniger NW als β2-Agonisten)

  Die Wahl des Bronchodilatators hängt vom individuellen Ansprechen bezügl. Symptomen und NW ab.
- Instruktion und Training der Inhalationstechnik sind essentiell. Die regelmässige Kontrolle ist notwendig.
- Kurzwirksame Bronchodilatatoren (β2-Agonisten, Anticholinergika):
  - Sind bei COPD-Exazerbation zu bevorzugen
- Langwirksame Bronchodilatatoren:
  - Haben im Vgl. zu den kurzwirksamen Bronchodilatatoren bei stabilen symptomatischen Patienten einen Benefit (aber keine Monotherapie bei asthmatischer Komponente, siehe S. 324, 325)
- Vernebler und Hand-Inhalatoren zeigen dieselbe Wirksamkeit.
- Für mit Treibgas betriebene Inhalatoren können Vorschaltkammern eingesetzt werden.
- Methylxanthine (Theophyllin, S. 326) sind i.d.R. nicht indiziert, können aber in gewissen Situationen trotzdem probatorisch eingesetzt werden: [B]
  - Schwierigkeit/Unmöglichkeit, die Bronchodilatatoren zu inhalieren
  - Ungenügendes Ansprechen auf die Standardtherapie.

Bsp:

Bronchodilatatoren/ Anticholinergika	Inhalation [µg]¥	Lösung für Vernebler [mg/mL]	Orale Gabe [mg]
β2-Agonist			
Kurzwirksam			
Fenoterol	100-200	1	—
Salbutamol	100-200	5	Sirup 2 mg/5 mL
Terbutalin	500	—	Sirup 0.3 mg/mL
Langwirksam			
Formoterol	6-12	—	—
Salmeterol	25-50	—	—
Anticholinergika			
Kurzwirksam			
Ipratropium	20-40	0.25-0.5	—
Langwirksam			
Tiotropium*	18	—	—
Kombination: kurzwirksamer β2 Agonist + Anticholinergikum			
Fenoterol/Ipratropium	500/250	1.25/0.5	—
Salbutamol/Ipratropium	75/15	0.75/4.5	—

Tabelle 3: Bronchodilatatoren/Anticholinergika.[1]

¥ Dosierungen der Bronchodilatatoren:
- β2-Agonisten (schnellwirksam) 3-4x/d; β2-Agonisten (langwirksam): 1-2x/d
- Anticholinergika (ausser Tiotropium, welches 1x/d eingesetzt wird): 3-4x/d

* Tiotropium (versus Plazebo) zeigte in einer Studie eine Verbesserung der Lungenfunktion, der Lebensqualität und eine Verminderung der Anzahl Exazerbationen, aber die FEV1 verbesserte sich nicht. Die Mortalität unter Tiotropium (bei GOLD II-IV) war nicht signifikant vermindert (NNT: 62; p = 0.09; NEJM 2008; 359:1543-54).

1 GOLD - Global Strategy for Diagnosis, Management, and Prevention of COPD. http://www.goldcopd.com/Guidelineitem.asp?l1=2&l2=1&intId=989.

3.3. Inhalierte (topische) Kortikoide

Allg:
- Inhalierte Kortikoide haben folgende Eigenschaften:
  - Verminderung der Anzahl Exazerbationen
  - Verbesserung der Lebensqualität
  - Keinen (!) Einfluss auf:
    - -- Verlauf der FEV1 (was ein wichtiger prognostischer Faktor wäre!)
    - -- Mortalität
- Die Dauer der inhalativen Kortikotherapie ist nicht standardisiert.
- Eine orale Kortisontherapie ist aus folgenden Gründen nicht empfohlen: [A]
  - Schlechtes Risiko/Benefit-Verhältnis
  - Kortison-induzierte Myopathie mit der Gefahr einer respiratorischen Insuffizienz
- Bei stabilen COPD-Patienten sind orale Kortikoide nur in folgenden Situationen kurzfristig indiziert: [A]
  1. Zur Durchführung des Steroid-Testes, siehe S. 314
  2. Bei Verdacht auf eine asthmatische Komponente

Ind:
- Langzeitwirkende inhalative Kortikoide sind in folgender Situation indiziert:
  - COPD im Stadium GOLD III (S. 329) mit multiplen Exazerbationen (≥ 4x/Jahr) trotz optimaler AB-Therapie. [B]

Bsp:
- Äquivalente Tagesdosen verschiedener Kortikoide (geschätzte Werte):

Kortikoid	Niedrige Dosis [µg]	Mittlere Dosis [µg]	Hohe Dosis [µg]
Beclomethason	200-500	> 500-1000	> 1000-2000
Budesonid	200-400	> 400-800	> 800-1600
Flunisolid	500-1000	> 1000-2000	> 2000
Fluticason	100-250	> 250-500	> 500-1000
Mometason	200-400	> 400-800 (> 3 Mt.)	> 800-1200
Triamcinolon	400-1000	> 1000-2000	> 2000

3.4. Sauerstoffheimtherapie[5-7]

Allg:
- Die langfristige Sauerstoffheimtherapie (**> 15 h/24 h** [A]) verlängert das Überleben.[6]
- Die Indikationsstellung und Verschreibung einer solchen Therapie muss durch einen Pneumologen erfolgen. Obligatorische Verlaufskontrollen und Beurteilung der Indikation muss jährlich geschehen (Kostengutsprache alle 12 Mt. erneuern).
- Die Ermittlung der erforderlichen O_2-Dosis kann mit der transkutanen Oxymetrie oder mittels einer ABGA durchgeführt werden.

Zielwerte der Sauerstofftherapie:
- PaO_2 ≥ 8.0 kPa (≥ 60 mmHg)
  oder:
- Periphere Sauerstoffsättigung: SpO_2 > 90 %

Ind:[5,7]
1. Klinisch stabile Patienten mit chron. Hypoxämie als Folge einer chronischen Lungenkrankheit mit: PaO_2 < 7.3 kPa (< 55 mmHg)
2. Patienten mit sekundärer Polyglobulie mit/ohne Befunde eines chronischen Cor pulmonale mit: PaO_2 < 8.0 kPa (< 60 mmHg)
3. Patienten mit langdauernden Hypoxämien in folgenden Situationen:
   - Vorwiegend belastungsinduziert: PaO_2 < 7.3 kPa (< 55 mmHg) mit dem Nachweis einer verbesserten Leistungstoleranz unter O_2-Therapie.
   - Zentrales SAS mit repetitiven Desaturationen als Alternative zur NIB.

Vorg:
- Obligate Voruntersuchungen als Standortbestimmung:
  - Lungenfunktionsprüfung: VC, FEV1, siehe Spirometrie S. 310
    - ABGA in Ruhe bei Zimmerluft und unter Sauerstoff (Richtwert: PaO_2 > 8.0 kPa bzw. > 60 mmHg)
    - Patienten mit Hyperkapnie ($PaCO_2$ > 6.0 kPa bzw. > 45 mmHg) ist eine weitere ABGA unter Sauerstofftherapie zu empfehlen, um eine bedrohliche Hyperkapnie mit Atemdepression zu erkennen.
  - Bei mobiler O_2-Therapie sind folgende Untersuchungen erforderlich:
    - ABGA oder perkutane Oxymetrie unter angemessener körperlicher Belastung bei Zimmerluft und unter Sauerstoff.
  - Bei vorwiegend nächtlichen Hypoxämien:
    - Polysomnographie oder respiratorische Polygraphie zum Ausschluss eines obstruktiven SAS.

5 Anderhub HP et al. Forum 2007 ;7 :87-90. 6 Siafakas NM, et al. Eur Respir J 1995 ;8 :1398-1420. 7 GOLD - Global Strategy for Diagnosis, Management, and Prevention of COPD.

3.5. Präventive AB-Therapie bei COPD

Allg:
- Es gibt zur Zeit keine Daten, welche einen Benefit der AB-Therapie auf den Verlauf des FEV1 bei COPD-Exazerbation zeigen.
  Patienten mit schwerer COPD weisen weniger Komplikationen auf gegenüber Placebo.
- Die diagnostischen Methoden bei ausserhalb des Spitals erworbenen exazerbierten Pneumopathien erlauben es nicht, zwischen einer Infektion und einer Kolonisation zu unterscheiden. Über 50 % der COPD-Patienten ausserhalb einer Exazerbation weisen eine Kolonisation auf.

Ind:
- Siehe «Akute respiratorische Exazerbation» S. 336

3.6. Prophylaktische AB-Therapie

Allg :
- Eine prophylaktische AB-Therapie ist i.d.R. nicht indiziert.

3.7. Chirurgische Therapie

Bsp:
- **Bullektomie**
  Allg:
  - Bei gut selektionierten Patienten kann diese Intervention sowohl die Dyspnoe, als auch die Lungenfunktionswerte verbessern.
- **Lungenvolumenreduktion**
  Allg:
  - Soll bei schweren Emphysematikern mit respiratorischer Insuffizienz (S. 308) diskutiert werden, sofern eine optimale medikamentöse Therapie inkl. Rehabilitation keine Stabilisierung bringt und eine Lungentransplantation nicht möglich bzw. indiziert ist. [C]
- **Lungentransplantation**
  Allg:
  - Bei gut selektionierten Patienten kann die Lungentransplantation die Lebensqualität und die funktionelle Kapazität verbessern.

  Ind:[7]
  - FEV1 < 35 % des Sollwertes
  - PaO_2 < 7.3-8.0 kPa (< 55-60 mmHg)
  - $PaCO_2$ > 6.7 kPa (> 50 mmHg)
  - Pulmonale Hypertonie, S. 364

3.8. Nicht invasive Beatmung (NIB oder NIV), siehe Kapitel «IP», S. 54

Allg:
- Alle Patienten mit chronischer Hyperkapnie ($PaCO_2$ > 7.3 kPa; bzw. > 55 mmHg) kann eine NIB zu Hause diskutiert werden (der Benefit ist aber kontrovers: geringe Überlebensverlängerung, mögliche Verminderung der Lebensqualität).

3.9. Verschiedene Therapien

Bsp:
- **Impfungen**
  Ind:
  - Grippeschutzimpfung [A] S. 884
  - Pneumokokken Impfung [C] S. 886
- **Aderlass**
  Ind:
  - Polyzythämie (Hk > 0.55-0.60). Die Polyzythämie erhöht die Blutviskosität und hat somit einen schlechten Einfluss auf die pulmonale Blutzirkulation. Ein Aderlass > 500 mL verlangt eine Volumensubstitution (ca. ⅔ des entnommenen Volumens):
    - Kristalloide (NaCl 0.9 %, Ringer-Laktat)
    - Kolloide (z.B. PHYSIOGEL®, HAES-steril®, VOLUVEN®)
- **Mukolytikum** (Ambroxol, Karbozystein u.a.)
  Allg:
  - Wurde evaluiert bei Patienten mit stark viskösem Auswurf: nicht empfohlen da sehr geringer Benefit!
- **Antioxidant** (N-Acetylcystein)
  Allg:
  - N-Acetylcystein (NAC) hat bei COPD-Patienten eine Verminderung der Exazerbationsfrequenz gezeigt.
  - Die routinemässige NAC-Einnahme kann aber zur Zeit nicht empfohlen werden.
- **Antitussiva**
  Allg:
  - Das Einsetzen von Antitussiva bei COPD ist kontraindiziert, denn der Husten spielt eine pneumoprotektive Rolle!
- **Stimulantien des Atemsystems**
  Bsp:
  - Doxapram (**IV**-Gabe) ist bei stabilen COPD-Patienten nicht indiziert.
  - Almitrin Bismesylat wird beim stabilen COPD-Patienten nicht routinemässig verschrieben.
- **Substitution mit α1-Antitrypsin** (α1-Proteinaseinhibitor), S. 457
  Allg:
  - Diese Therapieoption ist sehr kostenintensiv.

  Ind:
  - Junge Patienten mit etabliertem Mangel an α1-Proteinase-inhibitor (α1-Proteinaseinhibitor), bei welchen die COPD die Folge dieses Proteinmangels ist, soll die Substitutionstherapie

7 Maurer JR, et al. Transplantation 1998 ;66 :951-6 8 GOLD - Global Strategy for Diagnosis, Management, and Prevention of COPD.

erwogen werden.[8]

- **Weitere mögliche Behandlungsmodalitäten** (ungenügende Evidenz)

Bsp:
- **Antikoagulation**
  - Bestehende Rechtsherzinsuffizienzzeichen oder Bettlägrigkeit können eine präventive Antikoagulation (NMH, Heparin, Faktor Xa-Hemmer, orale Antikoagulantien u.a.) indizieren.
- Nedocromil
- Leukotriene
- Phytotherapie
- Akupunktur
- Homöopathie

3.10. Verlaufskontrollen

Vorg:
- **Spirometrie**

  Ind:
  - Bei signifikanter Verschlimmerung der Pneumopathie
  - Auftreten von Komplikationen:
    - Art. pulmonale Hypertonie
    - Cor pulmonale
- **Arterielle Blutgasanalyse (ABGA)**

  Ind:
  - FEV1 < 40 % des Sollwertes
  - SpO_2 < 92 %
  - Respiratorische Insuffizienz, S. 308
  - Rechtsherzinsuffizienz, S. 227
- **Rehabilitationsprogramm**, S. 394

  Allg:
  - Die pulmonale Rehabilitation verbessert die Lebensqualität des COPD-Patienten [A]

  Ind:
  - COPD-Patienten mit Dyspnoe und Belastungsintoleranz.

PNEUMO

Akute Exazerbation einer COPD [J44.1]

Def: • Übermässige respiratorische Symptome, welche i.d.R. eine medizinische Intervention erfordern.

Für die PRAXIS:
Es ist sinnvoll von einer COPD-Exazerbation zu sprechen, wenn 1 bis 3 der **ANTHONISEN-Kriterien**[1] erfüllt sind:

1. **Zunehmende Dyspnoe**
2. **Purulenter Auswurf oder Veränderung der Expektoration** (z.B. Farbwechsel)
3. **Vermehrtes Auswurfvolumen**

- Weitere Definitionskriterien/Nebenkriterien
  - Obere Luftwegserkrankung in den letzten 5 Tagen
  - Unklares Fieber (ein erhöhtes CRP ist z.B. eher atypisch für eine COPD-Exazerbation)
  - Verstärkter Husten
  - Beschleunigte Atemfrequenz (20 % über dem Normalwert), *wheezing*

Klas: **I. Milde COPD-Exazerbation**
- Vermehrung der respiratorischen Symptome, die mit Dosissteigerung der Medikation kontrolliert werden kann.

II. Mässige COPD-Exazerbation
- Die Therapie erfodert zusätzlich systemische Kortikoide und/oder Antibiotika.

III. Schwere COPD-Exazerbation
- Hospitalisierung oder notfallmässiges Konsilium erforderlich

Allg: **Für die PRAXIS:**
- Eine schwere respiratorische Exazerbation kann bei folgenden Werten vermutet werden:
  - **PEF < 100 L/min**, S. 317
  - **FEV1 < 30 % des Sollwerts oder < ca. 800 mL**
  - **Respiratorische Azidose**: $PaCO_2$ > 6 kPa (> 45 mmHg) und pH < 7.35
- Bevor eine akute COPD-Exazerbation als solche diagnostiziert ist, MUSS vorgängig eine sorgfältige DD gemacht werden, um z.B. nicht eine akute Herzinsuffizienz zu verpassen!

Urs:
- Bronchitis
- Herzinsuffizienz
- Lungenembolie
- Toxische Substanzen: Rauch, Luftverschmutzung u.a.
- Schlechte Kompliance

Klin:
- Fieber, Müdigkeit
- Insomnie
- Verwirrtheitszustand
- Pfeifen, Giemen
- Druckgefühl im Thorax
- Husten und starker Auswurf (wobei die Farbe und die Konsistenz ändern)

DD:
- Pneumonie
- Kongestive Herzinsuffizienz
- Akutes Koronarsyndrom
- Prälungenödem, Lungenödem!
- Arrhythmien
- Pneumothorax, S. 340
- Lungenembolie, S. 298

Hosp:[7]
- Hospitalisierungs-Kriterien bei akuter COPD-Exazerbation
  - Signifikante Verschlimmerung der Symptome (z.B. plötzliche Ruhedyspnoe, paradoxale Bauchatmung)
  - Schwergradige COPD
  - Neuauftreten von:
    -- Zyanose, marmorierter Haut
    -- Peripheren Ödemen u.a. Rechtsherzinsuffizienzzeichen, S. 227
    -- Arrhythmien, Tachykardie
    -- Bewusstseinsstörungen, Asterixis
  - Nichtansprechen auf eine adäquat durchgeführte ambulante Therapie
  - Hochrisiko Komorbidität (Pneumonie, Arrhythmie, Tachykardie, kongestive Herzinsuffizienz, Diabetes mellitus, Niereninsuffizienz, Leberinsuffizienz
  - Unklare Diagnose
  - Unmöglichkeit, essen oder schlafen zu können (wegen der COPD-Exazerbation)
  - Fortgeschrittenes Alter
  - Psychosoziale Gründe u.a.

 1 McCory DC, et al. Chest 2001 ;119 :1190-1209. 7 Angepasst nach: GOLD - Global Strategy for Diagnosis, Management, and Prevention of COPD.

- <u>Hospitalisiserungsindikationen in einer IPS</u>
  - Schwergradige Dyspnoe ohne promptes Ansprechen auf die Initialtherapie
  - Neurologische Störungen:
    - -- Agitation, Verwirrtheitszustand, Bewusstseinsstörungen, Lethargie, Koma
  - Persistierende oder verschlimmernde Säure-Base-Haushaltstörungen:
    - -- Hypoxämie: PaO_2 < 5.3 kPa (< 40 mmHg)
    - -- und/oder Hyperkapnie: $PaCO_2$ > 8 kPa (> 60 mmHg)
    - -- und/oder respiratorische Azidose mit pH < 7.25 trotz adäquater O_2-Gabe und NIB
  - Notwendigkeit einer maschinellen Beatmung
  - Hämodynamische Instabilität, Indikation für Pressoren

Th:[7] **1. Sauerstoff!**

Allg: • Wenn die $PaCO_2$ sich unter Sauerstofftherapie erhöht, besteht das Risiko einer CO_2-Narkose → NIB oder Intubation.

2. Bronchodilatator (β2-Agonist ± Anticholinergikum) ± Theophyllin

Ind: • Kurzwirksame β2-Agonisten sind die bevorzugten Bronchodilatatoren bei einer COPD-Exazerbation.
• Bei ungenügendem klinischem Ansprechen soll zusätzlich ein Anticholinergikum verabreicht werden (aber die Evidenz der Kombinationstherapie ist kontrovers).

Bsp: 1. Kurzwirksamer β2-Agonist, s. 321
2. Anticholinergikum, siehe s. 321
3. Theophyllin. Die Indikation von Theophyllin bleibt bei der COPD-Exazerbation umstritten. Eigenschaften und Dosierung, siehe s. 326

3. Kortikoide

Allg: • Eine orale oder parenterale Kortikotherapie vermindert die Symptome und verkürzt die Hospitalisierungsdauer. [A]

> **Für die PRAXIS:**
> Die langfristige orale Kortikoidtherapie erhöht die Mortalität bei COPD-Patienten!

Dos: • Die exakte Dosis ist nicht bekannt.
• Empfehlung: 30-40 mg Perdnisolon/d PO während 7-10 d, dann Stopp (ausschleichen ist nicht notwendig). Eine Therapiedauer > 10 d ist nicht wirksamer, weist aber vermehrt NW auf!
• Alternativ zu Prednisolon (bei nicht-azidämischen COPD-Exazerbationen):
  - Inhalatives Budesonid (hat weniger Komplikationen als Prednisolon; wie z.B. Hyperglykämien); aber randomisierte Studien fehlen.

4. Nicht-invasive Beatmung (NIB, siehe auch s. 66)

Allg: • Die NIB vermindert:
  - Um 60 % die Anzahl Intubationen beim hyperkapnischen respiratorischen Versagen.
  - Um 60 % die intrahospitale Mortalität und verkürzt die Hospitalisierungsdauer
• Die NIB gelingt bei > 80 % der Patienten und sollte, falls indiziert, so früh wie möglich begonnen werden.
• Die NIB wurde bei Patienten mit exazerbierter COPD als Präventiv-Massnahme zur maschinellen Beatmung validiert.
• Das Applizieren einer NIB verlangt ein kompetentes Personal und die Kollaboration des Patienten.

Ind: • COPD-Patient mit ≥ 2 der folgenden Kriterien:
1. Dyspnoe unter Einbezug der akzessorischen Atemmuskulatur und paradoxaler Bauchatmung
2. ABGA: pH ≤ 7.35 und/oder $PaCO_2$ > 6.0 kPa (> 45 mmHg)
3. Atemfrequenz > 25/min

Vorg: • Übliches Vorgehen bei der NIB, siehe, s. 66

KI: • Bewusstseinsstörungen; unkooperativer Patient
• Herz-, Atemstillstand
• Hämodynamische Instabilität: Art. Hypotonie, Arrhythmie, ACS
• Schwere Kooperationsprobleme
• Erhöhte Gefahr der Aspiration oder Regurgitation
• Visköse oder grossvolumige Sekretionen
• Kürzlicher chirugischer Gesichts- oder ösophagealer Eingriff
• Kürzliches SHT oder kraniofaziales Trauma
• Akute, lebensbedrohliche Hypoxie
• Hindernisse in den oberen Atemwegen (Tumor, Verletzungen, nasopharyngeale Anomalien)
• Verbrennungen
• Extreme Adipositas

---

[7] GOLD - Global Strategy for Diagnosis, Management, and Prevention of COPD.

5. Maschinelle Beatmung

Ind:
- Nicht tolerierte, kontraindizierte oder erfolglose NIB, S. 66
- Schwere Dyspnoe mit Einbezug der akzessorischen Atemmuskulatur
- Paradoxale Bauchatembewegungen
- Atemfrequenz > 35/min
- pH < 7.25 und $PaCO_2$ > 8.0 kPa (> 60 mmHg)
- Lebensbedrohliche Hypoxämie:
  - PaO_2 < 5.3 kPa (< 40 mmHg)
    oder:
  - $PaO_2/FiO_2 \leq$ 26 kPa ($\leq$ 200 mmHg)
- Atemstillstand
- Bewusstseinstrübung, Somnolenz, Koma
- Kardiovaskuläre Komplikationen:
  - Art. Hypotonie
  - Arrhythmie
  - Akute zirkulatorische Insuffizienz («Schok»)
- Sepsis
- Herzinsuffizienz
- Lungenembolie
- Barotrauma
- Massiver Pleuraerguss u.a.

6. Antibiotika-Therapie

Allg:
- Randomisierte Studien haben nur einen geringen Benefit der AB-Therapie bei COPD-Exazerbation gezeigt.
- Viele COPD-Exazerbationen sind viraler Genese, z.B.:
  - *Rhinovirus*
  - *Influenzavirus, Parainfluenzavirus*
  - *Coronavirus*
  - *Adenovirus*
  - *Respiratory Syncytial Virus* u.a.
- Oft isolierte bakterielle Erreger bei COPD-Exazerbation:
  - *Haemophilus influenzae*
  - *Streptococcus pneumoniae*
  - *Moraxella catarrhalis*
- Atypische Keime wie *Mycoplasma pneumoniae* und *Chlamydia pneumoniae* wurden bei Patienten mit COPD-Exazerbation ebenfalls isoliert, aber die Prävalenz dieser Keime ist infolge diagnostischer Limitierung nicht bekannt.

Vorg:
- Siehe Tabelle 1, S. 339
- AB-Therapiedauer: 3-7 Tage [D]

7. Sonstige Therapien bei COPD-Exazerbation

7.1.
- Kontrolle des Wasserhaushaltes und der Elektrolyten
  - Ziel: Euvolämie

7.2.
- Thromboembolie Prophylaxe (NMH oder evtl. Faktor Xa-Hemmer) bei:
  - Bettlägrigen Patienten
  - Patienten mit Polyzythämie
  - Dehydrierten Patienten

7.3.
- Begleiterkrankungen behandeln, wie z.B.:
  - Arrhythmien
  - Herzinsuffizienz
  - Hämodynamische Instabilität u.a.

** S. pneumoniae: Makrolide, TMP/SMX und Doxycyclin haben nur eine Sensibilität von ca. 80 %!

§§ Atypische Keime: Legionella, Mycoplasma pneumoniae, Chlamydia pneumoniae

°° Es handelt sich um «respiratorische» Chinolone:
- Moxifloxacin, Levofloxacin und Gatifloxacin sind dem Ciprofloxacin überlegen bei der Therapie der Pneumokokken.

§ Kardinalsymptome:
- 1. Zunehmende Dyspnoe
- 2. Purulenter Auswurf
- 3. Auswurfvolumen ↑

‡ Penicillin und Amoxicillin sind in folgenden Situationen NICHT indiziert:
- Hohe Prävalenz von Betalaktamase produzierenden *H. influenzae* und *M. catarrhalis*
- Penicillinresistente Pneumokokken

¶ Risikofaktoren für P. aeruginosa (wenig Evidenz):
- Fortgeschrittene COPD (GOLD III und IV)
- FEV1 ca. 1 L bzw. FEV1/FVC ca. 35 %
- Bestätigte P. aeruginosa in Sputum (ca. ⅓ dieser Patienten sind Träger!)
- Hosp. oder AB-Therapie während der letzten 3 Mt.

Stratifikation bei COPD-Exazerbation: Bakterielle Ursachen und deren Therapie				
GOLD Stadien (Tab. 1, S. 329)	**Schweregrad der Exazerbation**	**Ursächliche Keime**	**1. Wahl AB-Therapie**	**2. Wahl AB-Therapie**
GOLD I und: ≥ 2 Kardinal-symptome§	**Milde COPD**	- *H. influenzae* - *Streptococcus pneumoniae*** - *Moraxella catarrhalis* - Manchmal atypische Keime§§	▪ Penicillin‡ ▪ Amoxicillin‡ ▪ Amoxi-Clav. ▪ C2G oder C3G ▪ TMP/SMX ▪ Doxycyclin	▪ Makrolide (siehe untenstehende Tabelle) ▪ Chinolon°°
GOLD II - IV	**Mittelschwere bis sehr schwere COPD** *P. aeruginosa* <u>wenig</u> wahrscheinlich¶	Idem GOLD I (oben) **und** Enterobakterien, wie z.B.: - *Klebsiella pneumoniae* - *E. coli* - *Proteus* - *Enterobacter*...	▪ Amoxi-Clav. ▪ C2G oder C3G	▪ Chinolon°°
	P. aeruginosa wahrscheinlich¶	Zusätzlich andere Enterobakterien: - *Pseudomonas aeruginosa*	▪ Chinolon°°	▪ Piperacillin/Tazobactam ▪ Imipenem/Cilast. ▪ Meropenem ▪ Cefepim

Tabelle 1: AB-Therapie bei COPD-Exazerbation.[8]

Antibiotische Dosierungsempfehlungen (Beispiele):

AB-Therapie	**PO** pro Tag	**IV** oder **IM** pro Tag
Penicillin		
Amoxicillin	3x 750 mg	—
Amoxicillin/Clavulansäure	2-3x 1 g	4x 1.2 g **IV** oder 2x 2.2 g **IV**
Piperacillin/Tazobactam	—	3-4x 2.25 g - 4.5 g **IV**
Meropenem	—	3x 1-2 g **IV**
Chinolon°°		
Ciprofloxacin	2x 500-750 mg	2x 400 mg **IV**°°
Levofloxacin	1x 500 mg	1x 500 mg **IV**
Moxifloxacin	1x 400 mg	—
C2G		
Cefuroxim	2x 250-500 mg	3x 750 mg-1.5 g **IV** oder **IM**
C3G		
Cefpodoxim	2x 100-200 mg	—
Ceftriaxon	—	1x 2 g **IV** oder **IM**
C4G		
Cefepim	—	2x 2 g **IV** oder **IM**
Makrolide		
Azithromycin	500 mg/d (3 d)	—
Clarithromycin	2x 250-500 mg	2x 500 mg **IV**
Roxithromycin	2x 150-300 mg	—
Doxycyclin	2x 100 mg	2x 100 mg **IV**
TMP/SMX (Co-Trimoxazol)	2x 1 Tabl FORTE	2x 2 Amp **IV** (zu 80/400)

Tabelle 2: Beispiele/Dosierungen einiger AB bei COPD-Exazerbation.

**, §§, °°, §, ‡, ¶, cf. S. 338

8 Angepasst nach: Cavassini T et al. Rev Suisse Méd 2005 ; 3: 939-42.

Pneumothorax[1-3] [J93.9]

Def: • Freie Luftansammlung im Pleuraraum

Allg: • Bei Verdacht auf einen Pneumothorax muss ein **Spannungspneumothorax** ausgeschlossen werden, denn dieser ist ein **medizinischer Notfall**, siehe S. 343

Für die PRAXIS:
Grundsätzlich gilt: Eine apikale Pleuraablösung ≥ 3 cm verlangt eine Thoraxpleuradrainage.

Klas: • Es gibt verschiedene Arten, die Pneumothorax einzuordnen:

Pneumothorax	Diagnosekriterien, Bemerkungen
▪ **Kleiner Mantelpneumothorax**	• Apikale Pleuraablösung < 3 cm im ap-Röntgenbild
▪ **Grosser Pneumothorax**	• Apikale Pleuraablösung ≥ **3 cm → Drainage!**
▪ **Primärer Pneumothorax (Spontanpneumothorax, idiopathischer Pneumothorax)**	• Pneumothorax ohne bestehende Pneumopathie (infolge Ruptur einer subpleuralen Emphysemblase)
▪ **Sekundärer Pneumothorax (symptomatischer Pneumothorax)**	• Pneumothorax bei Pneumopathie: - COPD, Asthma - Lungenfibrose, bullöses Lungenemphysem • Bei sekundärem Pneumothorax, insb. bei COPD-Patienten, muss die Drainage schnell eingeleitet werden (Risiko einer raschen Dekompensation)!
▪ **Iatrogener Pneumothorax**	• Pneumothorax, der durch ein medizinisches Manöver zustande kommt: - Einlegen eines ZVK oder Schrittmachers - Pleurapunktion, Pleurabiopsie - Transbronchiale Lungenbiopsie

Tabelle: Klassifikation des Pneumothorax.

Klin: • Symptome (korrelieren nicht mit dem Schweregrad des Pneumothorax)
- Akute und atemabhängige Thoraxschmerzen
- Dyspnoe
- Trockener Husten
- Hämoptoe (selten)

• Klinische Untersuchung
- Perkussion: verstärkter Tympanismus
- Verminderte thorakale Beweglichkeit der betroffenen Seite beim Atmen
- Lungenauskultation mit vermindertem Atemgeräusch
- Evtl. Tachypnoe

Rx: • Standardröntgenthoraxbild (2 Ebenen); ein endexspiratorisches Thoraxröntgenbild wird nicht routinemässig empfohlen:
- Die Linie, welche von der Pleura gebildet wird, muss sorgfältig verfolgt werden; ein Pneumothorax wird sonst sehr leicht verpasst!
- Folgende Zeichen müssen gesucht werden:
  -- Subkostale hypertransparente Zone
  -- Tracheaverschiebung zur gesunden Seite (= Schweregradzeichen)

Vorg: • Siehe Algorithmus, S. 341
- Konservative Therapie bei kleinem Pneumothorax (apikale Pleuraablösung < 3 cm):
  -- Hospitalisierung
  -- Gabe von 2-4 L O_2/min nasal
  -- Kontroll-Thoraxröntgenbild nach 24 h. Falls Zunahme des Pneumothorax → Thoraxdrainage.

• **Operationsindikationen bei Pneumothorax (ad. thoraxchirurgisches Konsilium)**
- Persistierendes Luftleck > 3 Tage
- Rezidivpneumothorax
- Sekundärpneumothorax (in gewissen Fällen)
- Gewisse Risikoberufe (Pilot, Taucher u.a.)

• **Operationen für Spontanpneumothorax** (Rezidivrisiko post-OP 3 %):
- 1. Wahl: Talkpleurodese (*slurry* oder thorakoskopisch) oder thorakoskopische Pleurabrasio
- 2. Wahl: Thorakoskopische Pleurektomie

 1 Henry M, et al. Thorax 2003 ;58 (Suppl. II) :ii39-ii52. 2 Noppen M, et al. Am Respir Crit Care Med 2002 ;165 :1202-3. 3 Kuester JR, et al. Interact Cardiovasc Thorac Surg 2006 ;5 :139-44.

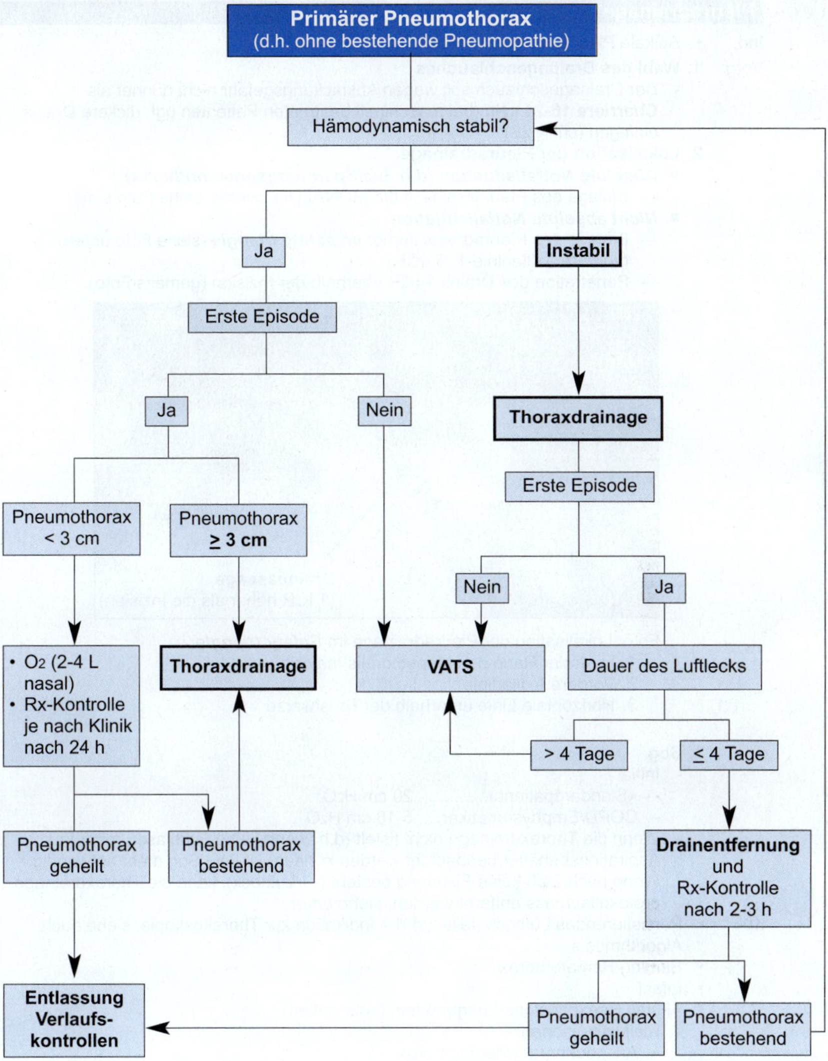

Algorithmus: Vorgehen beim primären Pneumothorax.

VATS = Video-assisted thoracoscopic surgery

Für die PRAXIS:
- Nach einem Pneumothorax: Flugverbot für 6 Wochen
- Bei Tauchern soll vor dem nächsten Tauchgang ein CT-Thorax durchgeführt werden mit Frage nach Bullae, welche weitere Tauchgänge kontraindizieren würden.

Pleuradrainage Anlegen

Ind: • Apikale Pleuraablösung ≥ 3 cm

Vorg: **1. Wahl des Drainageschlauches**

- Der Drainageschlauch soll wegen Abknickungsgefahr nicht dünner als **Charrière 16-24** sein (bei maschinell beatmeten Patienten ggf. dickere Drains einlegen (ch. ≥ 28).

2. Lokalisation der Pleuradrainage

- ***Absolute Notfallsituation (d.h. bei Spannungspneumothorax)***
  → Einlage des Pleuradrains in die MONALDI-Position, siehe Foto S. 343
- ***Nicht absolute Notfallsituation***
  → Einlage des Pleuradrains immer im ***safety triangle*** (siehe Foto unten): (vordere Axillarlinie 4.-5. ICR)
  → Penetration des Drains 1 ICR oberhalb der Inzision (gemäss Foto):

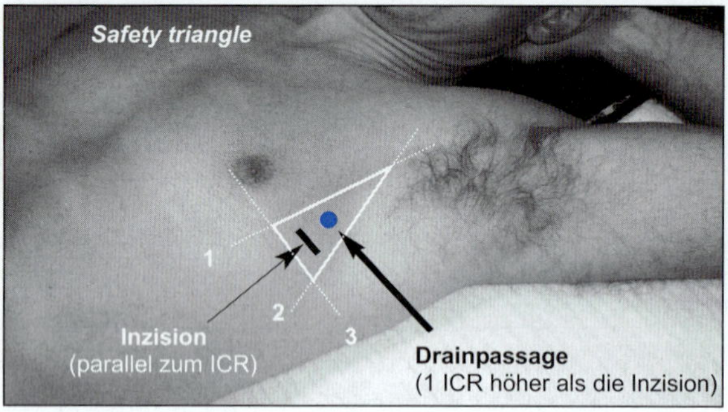

Foto: Lokalisation der Pleuradrainage im ***Safety triangle***:
1. Lateraler Rand des M. pectoralis major
2. Vordere Axillarlinie
3. Horizontale Linie unterhalb der Brustwarze

3. Sog

- Initial:
  - «Standardpatient»: ....20 cm H_2O
  - COPD/Emphysematiker: ....5-10 cm H_2O
- Wenn die Thoraxdrainage nicht fistelt (d.h. wenn keine Luftblasen mehr im Aspirationsbehälter beobachtet werden können) ist kein Sog mehr notwendig.
- Wenn nach 24 h keine Fistelung besteht (→ Luftleck), kann die Thoraxdrainage protokollgemäss entfernt werden, siehe unten.

Kpl:
- Persistierendes Luftleck (falls ≥ 4 d = Indikation zur Thorakoskopie, siehe auch Algorithmus S. 341)
- Blutung/Hämatothorax
- Infekt
- Akutes Reexpansions-Lungenödem (sehr selten)
  - Risikosituationen:
    -- Ausgedehnter Pneumothorax
    -- Subakuter Pneumothorax
  - Mechanismus: die neu ventilierten Alveolen werden sehr schnell perfundiert und ebenso rasch mit Flüssigkeit aufgefüllt.

Pleuradrain Entfernung

Vorg:
- Grundprinzip bei der Entfernung eines Pleuradrains:
  - Im Moment, wo der Pleuradrain zurückgezogen wird, sollte der intrapleurale Druck positiv sein, um ein Eintreten von Luft zu verhindern, d.h.:
    - **Patient in Spontanatmung**
      - Der Drain soll bei einer nicht forcierten Exspiration oder während eines VALSALVA-Manövers entfernt werden.
    - **Maschinell beatmeter Patient**
      - Der Drain soll zu Beginn einer Exspiration entfernt werden.
- Thoraxröntgenkontrolle 2-3 h nach Entfernung der letzten Drainage!

Spannungspneumothorax[1] [J93.0]

Allg: **Für die PRAXIS:**
- **Der Spannungspneumothorax ist ein VITALER NOTFALL.**
- **Die Diagnose wird KLINISCH und nicht radiologisch gestellt!!**
- **Bei Verdacht auf Spannungspneumothorax → notfallmässige Thoraxdrainage!!!**
  - NICHT auf das Thoraxröntgenbild vor Einlage des Thoraxdrains warten (Mortalität ↑)!
  - NICHT auf das Resultat der ABGA warten!!

Klin:
- Symptome
  - Dyspnoe, Tachypnoe, Thoraxschmerzen
- Klinische Untersuchung
  - Patient im Präschock- oder Schockzustand
  - Art. Hypotonie (durch verminderte Füllung des linken Ventrikels infolge positivem Überdruck des Pleuralraumes → Verminderung des HMV → art. Hypotonie)
  - Gestaute Halsvenen
  - Pulsus paradoxus, s. 191
  - Tachykardie
  - Auf der betroffenen Seite:
    - -- Verminderte Atemgeräusche
    - -- Perkutorisch verstärkter Klopfschall (verstärkter Tympanismus)

Dg: • Die Diagnose des Spannnungsthorax wird klinisch und nicht radiologisch gestellt!

Lab: • ABGA: PaO_2 ↓ (Hypoxämie)

Vorg: **Praktisches Vorgehen bei Verdacht auf Spannungspneumothorax**

1. SOFORTIGES Vorbereiten einer 20 mL-Spritze mit grauem Venflon (= dickes Kaliber). Die Spritze soll zur Hälfte mit NaCl 0.9 % gefüllt sein.
2. **Lokalisation der Einstichstelle** (MONALDI-Position, gilt aber NUR für Notfallpunktion!):
   → 2. ICR in der Medioklavikulärlinie (NICHT parasternal stechen, da sich dort die A. thoracica interna befindet!!)

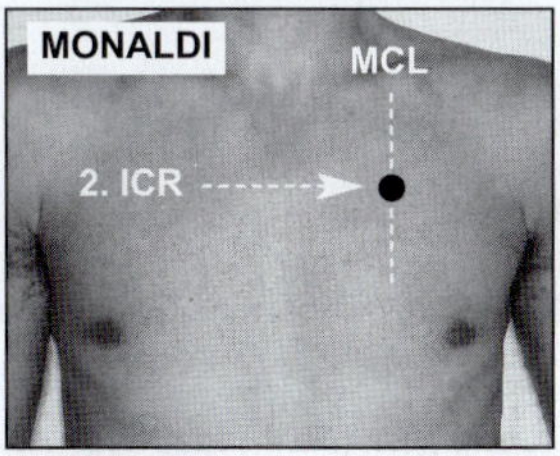

Foto: MONALDI-Position (nur im Notfall!):
- MCL = Medioclavicularlinie
- 2. IRC = zweiter Intercostalraum (der 1. ICR befindet sich direkt unter der 1. Rippe)

3. Vorstossen der Spritze durch die Thoraxwand unter kontinuierlicher Aspiration.
4. **Wenn plötzlich Luft leicht aspiriert werden kann (welche sich als Blasen in der Spritze manifestiert)** ist ein Pneumothorax wahrscheinlich.
   → Der Venflon wird im Pleuralraum belassen und die Spritze wird abgeschraubt! Der Venflon bleibt somit offen im Pleuraraum stehen, was der beim Spannungspneumothorax vorhandenen Überdruckluft die Möglichkeit gibt, auszutreten!
5. Im Anschluss, sofort Einlage einer Thoraxdrainage:
   → Grösse des Drains: ....Charrière 16 bis 24 (bei intubierten Patienten, sind dickere Drains zu bevorzugen bis ≥ 28)
   → Lokalisation des Drains: ....Vordere Axillarlinie 4., 5. ICR, siehe Foto s. 342
   → Grosszügige Lokalanästhesie, dann 2 cm lange Hautinzision (parallel zum IRC und direkt oberhalb zur Rippe), stumpfe Tunnellierung der Brustweichteile und Eröffnung der Pleura
   → Digitale Aufweitung der Pleurainzision und Austastung des Pleuraspaltes
   → Einführen des Drains zwischen den geöffneten Branchen einer Kornzange widerstandslos in die Pleurahöhle platzieren (nach apikal anterior gerichtet; im Gegensatz bei Pleuraerguss, wo der Drain nach basal posterior gerichtet wied) und mit der Sogeinrichtung verbinden.
   → Befestigung des Drains mit einer Haltenaht und zusätzlich, vorsorglichen Tabaksbeutelnaht zum Wundverschluss, wenn der Drain entfernt wird.
   → **Sog:**
   - «Standardpatient»: ....20 cm H_2O
   - COPD/Emphysematiker: ....5-10 cm H_2O
6. Kontroll-Röntgenthoraxbild nach der Thoraxdrain-Einlage

1 Light RW. Intensive Care Med 1994 ;20 :468-9.

Urtikaria und Angioödem[1,2] [L50.8]

Allg:
- Die Urtikaria ist häufig (Prävalenz ca. 20 % der Bevölkerung) und tritt oft mit einem Angioödem auf (S. 31).
- Es werden verschiedene pathophysiologische Mechanismen beschrieben:
  - IgE vermittelte Hypersensibilität mit Freisetzung von Histamin (= Hauptmediator)
  - Durch das Komplement vermittelt
  - Direkt durch Histamin Freisetzung ausgelöst (ohne IgE Mitbeteiligung)
  - Reaktion infolge Modifikation des Metabolismus der Arachidonsäure
  - Idiopathisch
- Bei einer akuten Urtikaria soll die detaillierte Anamnese so schnell wie möglich nach dem Ereignis stattfinden. In einem späteren Zeitpunkt erinnern sich die Patienten nicht mehr genau an die gestellten Detailfragen bezügl. Medikamenten- oder Nahrungsmitteleinnahmen während der letzten 24 h.

Klin:
- Ödem und umschriebene Rötung der Haut; oft pruriginös
- Die Rötung verbleicht bei Vitropression.
- Ein Dermographismus kann an einer Kratzstelle für die urtikarielle Läsion verantwortlich sein.
- Dauer der Läsion/en (typischerweise migrierend): 30 min - 2 h

Urs:
I. **Primäre Urtikaria** (idiopathisch, auch «kryptogen» genannt)
II. **Sekundäre Urtikaria**
- Infektiös: virale Infekte, Otitis, Pneumonie, HWI u.a.
- Durch eine physikalische Stimulierung hervorgerufen
  - Körperliche Aktivität, Kälte, Sonne, Vibrationen, Druck, Fieber u.a.
- Medikamentös
  - NSAR, Antibiotika, Diuretika, Isoniazid, Antiepileptika
- Nahrungsinduziert
  - Bei echter Allergie:
    -- Nüsse, Sellerie, Fische, Eier u.a.
  - Bei Histamin-Liberatoren:
    -- Alkohol, geräuchter Fisch, Charcuterie, Schokolade, Erdbeeren u.a.
- Neoplasie
- Konnektivitis, Vaskulitis
- Morbus HASHIMOTO
- Mastozytose u.a

Bem:
- Ein Konsilium beim Allergologen ist in folgenden Situationen indiziert:
  - Unklare Ursache der Urtikaria
  - Angioödem u.a. schwergradige urtikarielle Reaktionen

Klas: A. Akute Urtikaria

Allg:
- Dauer der Läsion < 6 Wo, oft < 3 Tage (ausser bei einer medikamentös induzierten Urtikaria)

Th:
- Symptomatische Therapie
  a) Milde Urtikaria: Anti-H1 der 2. Generation (nicht sedativ), S. 1236
  b) Mittel- bis schwergradige Urtikaria (inkl. anaphylaktischer Schock), S. 32, 33

B. Chronische Urtikaria

Allg:
- Dauer der Läsion > 6 Wo

Urs:
- Idiopathisch (häufig)
- Hypothesen:
  - Rund ⅓ der Patienten haben IgG Auto-Antikörper, welche gegen die IgE-Rezeptoren oder die IgE selbst gerichtet sind. Zur Zeit ist es noch nicht bekannt, wie diese Antikörper produziert werden und ob sie einen Einfluss auf den Verlauf der Urtikaria haben, oder ob sie den Therapieerfolg beeinflussen können.

Vorg:

Für die PRAXIS:
Die detaillierte Anamnese und eine sorgfältige klinische Untersuchung ist essentiell. Immer nach einer Neoplasie suchen.
Verlaufskontrolle (Anamnese + Status) nach 1 Monat wiederholen!

- Blutuntersuchungen (wenig ergiebig bei fehlenden klinischen Elementen)
  - Blutbild, BSG, CRP, ANA
  - TSH, FT4, antimikrosomale Ak (HASHIMOTO?)
  - Komplement C4: Dieses soll nur beim isolierten Angioödem (S. 31) bestimmt werden. Wenn der Wert tief oder tief normal ist, wird empfohlen, den C1-Esterase Inhibitoren zu bestimmen. Patienten mit einem C1-Esterase Inhibitor Mangel (kongenital oder erworben), manifestieren keine Urtikaria.

1 Kaplan AP. N Engl J Med 2002 ;346 :175-9. 2 Angepasst nach : Negro-Alvarez JM, et al. Allergol Immunopathol (Madr) 2001 ;29 :129-32.

- Ein Nahrungsmittel-Testing ist bei positiver Anamnese sinnvoll.
- Hautbiopsie bei fixen Hautläsionen (während ≥ 36 h persistierend) und bei Patienten mit anderen Symptomen wie:
  - Fieber
  - Arthralgien
  - Petechien, Purpura
  - Erhöhten Entzündungsparameter (BSG ↑↑, CRP ↑↑, Leukozytose)

Th: **1. Kausaltherapie**

2. Symptomatische Therapie

I. Initiale Therapie

a) Anti-H1 (s. 1236) der neuen Generation

II. Bei ungenügender therapeutischer Wirksamkeit:

b) Einsetzen von zwei Anti-H1 der neuen Generation (s. 1236) mit unterschiedlichen Metabolismen:

Bsp: Am Morgen: Desloratadin 5 mg oder Fexofenadin 180 mg
Am Abend: Levocetirizin 5 mg

Bem: Die Anti-H1 der alten Generation haben mehr NW und sind indiziert, wenn eine sedative Wirkung gesucht wird (deren Gewebsakkumulation kann eine Somnolenz auch tagsüber erklären, auch wenn das Medikament am Vorabend eingenommen worden ist).

III. Bei ungenügender therapeutischer Wirksamkeit:

c) Ein Antileukotrien kann zusätzlich verabreicht werden (aber z.Z. noch wenig Evidenz):

Bsp: Zafirlukast 2x 20 mg/d PO
Montelukast 1x 10 mg/d PO

Bem: Die Anti-H2 werden nicht empfohlen, da unwirksam und kostenintensiv!

Bem: • Der chronische Dermographismus sollte ebenfalls mit einem Anti-H1 der neuen Generation behandelt werden, s. 1236

Insektenstich (Bienen - Wespen - Hummeln)

Allg:
- Ausser den **Bienen, Wespen** und **Hummeln** sind keine anderen Insekten bekannt, welche eine anaphylaktische Reaktion hervorrufen.
- Die anaphylaktischen Reaktionen nach einem Insektenstich sind praktisch immer mittels IgE Antikörpern vermittelt.
- Prävalenz ca. 3 % der Bevölkerung
- Mindestens 0.8 % aller Kinder zeigen schwere systemische Reaktionen nach Insektenstichen.
- Die toxische Wirkung des Giftes ist selten, ausser bei multiplen Stichen.
- Die Klinik eines Rezidivs ist oft gleich wie diejenige nach dem ersten Stich.

Für die PRAXIS:
Die gefährlichste Zeitspanne nach einem Insektenstich ist die erste Stunde.

Th: **1. Lokale Therapie**

Vorg:
- Bei einem Bienenstich soll der Stachel tangential mit dem Fingernagel entfernt werden und dies, ohne den «Giftsack» zu berühren (um eine zusätzliche Penetration des Giftes zu verhindern).
- Kälteapplikation (aber NIE direktes Auflegen von Eis auf die Haut!)
- Betroffene Extremität hochlagern (dies erleichtert die Drainage)
- KEINE Creme oder Lotion applizieren (können die Reaktion verschlimmern)!

2. Systemische, medikamentöse Therapie

Ind:
- Mittelschwere bis schwere anaphylaktische Reaktionen, s. 33
- Anaphylaktischer Schock, s. 32
- Angioödem, s. 31

3. Spezifische Immuntherapie (SIT; auch «Desensibilisierung» genannt)[3]

Allg:
- Generell kann ab dem 5. Lebensjahr eine SIT durchgeführt werden. Sie dauert ca. 3-5 Jahre.
- Die Insektengiftallergie gehört zu den allergischen Krankheitsbildern, die mit der SIT sehr effizient zu behandeln sind (besser als die allergische Pollinose). Die Erfolgsquote bezüglich Hautreaktion liegt nahezu bei 100 %.
- Rezidivrate nach Ende der Therapie: ca. 5 % (Kinder); ca. 15 % (Erwachsene)

Ind:
- Schwere allergische Reaktion nach Insektenstichen (siehe schwergradige Anaphylaxie, s. 33), welche auf eine medikamentöse Therapie nicht oder schlecht anspricht. Ad. Konsilium

3 Golden DBK et al. Engl J Med 2004 ;351 :668-74.

Rhinosinusitis [Akut: J01.9; chronische J32.9]

Def: ■ **Akute Rhinosinusitis**
- Dauer der Symptome < 4 Wochen (je nach Literatur 6-8 Wochen) oder:
- Mindestens 3 Episoden/Jahr mit akuten Symptomen während max. 10 Tagen.

■ **Chronische Rhinosinusitis**
- Dauer der Symptome > 12 Wochen oder ≥ 4 Episoden/Jahr (≥ 10 Tage)

Allg:
- Die Mehrheit der Rhinosinusitiden ist viraler Genese mit unkompliziertem Verlauf.
- 70-90 % der Patienten zeigen einen guten Spontanverlauf nach 3 Wochen.
- Nur 0.2-2 % der viralen Rhinosinusitiden zeigen eine bakterielle Superinfektion.

Urs:
1. Infektiös
   - Viral (häufig)
     -- *Rhinovirus*
     -- *Parainfluenza*
     -- *Influenza*
     -- *Coronavirus, RSV* u.a.
   - Bakteriell
     a) Ausserhalb des Spitals erworben
     -- *Streptococcus pneumoniae*
     -- *Haemophilus influenzae*
     -- *Moraxella catharralis*
     -- Anaerobier (selten)
     b) Nosokomial
     -- *Staphylococcus aureus*
     -- *Streptococcus pneumoniae*
     -- *Pseudomonas*
   - Pilze
     -- *Aspergillus Spezien* u.a.
2. Allergisch
3. Berufliche Exposition
4. Medikamentös/toxisch
   - ASS Intoleranz
   - Nasale Vasokonstriktoren
   - Intranasasaler Kokaingebrauch
5. Endokrinophathisch
   - Hypothyreose
   - Schwangerschaft
   - Diabetes mellitus
6. Sonstige
   - NARES *(Nonallergic rhinitis with eosinophilia syndrome)*
     - Es handelt sich um einen häufigen Typ von Sinusitis (ca. 15 %)
     - Altersgipfel 40 Jahre, mit ähnlichen Symptomen wie bei der perennialen allergischen Rhinosinusitis.
     - Die Nasensekretionen enthalten > 25 % esinophile Leukozyten.
     - Unter den Patienten mit einer NARES beobachtet man eine hohe Prävalenz für Asthma (50 %)!
     - NARES ist oft eine Vorstufe der Acetylsalicylsäure-Intoleranz (S. 1274) bzw. des WIDAL-Syndroms (S. 389).
   - Atrophische Rhinitis (v.a. bei älteren Patienten)
   - Gastro-ösophagealer Reflux
   - Irritierende Lösungsmittel, Nahrungsmittel, Emotionen u.a.
7. Idiopathisch (= vasomotorische Rhinitis; *hyperreflectory rhinitis*)
   - Pathogenese (hypothetisch): Dysfunktion des autonomen Nervensystems

Klin:
- Es gibt keine pathognomonische Klinik der Rhinosinusitis. **Die Klinik erlaubt es nicht, eine bakterielle von einer viralen Rhinosinusitis zu unterscheiden**.
  a) Typische Elemente einer bakteriellen Rhinosinusitis (siehe auch Algorithmus, S. 348):
  1. Gebrauch von Analgetika/Schleimhaut abschwellenden Mitteln während > 7 d und
  2. Schmerzen in der Region des Sinus maxillaris oder Gesichtsschmerzen und
  3. Purulente Sekretionen an der Rachenhinterwand *(post-nasal drip syndrome)*

  b) Andere Rhinosinusitis assoziierte Symptome (viral oder bakteriell):
  - Sekretionen an der Rachenhinterwand
  - Kopfschmerzen, Schmerzen einer Gesichtshälfte
  - Schmerzen der Sinus beim Vorbeugen des Oberkörpers

Kpl:
- Otitis media (Infektausbreitung über die EUSTACHISCHE Röhre)
- Orbitale/frontale Komplikationen:
  - Frontale oder maxillare Osteitis
  - Periorbitales oder orbitales Phlegmon (purulente, diffuse Infiltration)
  - Sub-periostaler Abszess (gut begrenzte Eitertasche)
  - Orbitaler Abszess
  - Periorbitales oder orbitales Erysipel
- Intrakranielle Komplikationen:
  - Thrombose des Sinus cavernosus, Meningitis, zerebraler Abszess
- ***Vorsicht:*** Bei Kindern kann eine akute Ethmoiditis mit Ödem und/oder palpebraler Rötung als Frühmanifestation auftreten!

Dg:
- Die Klinik ist wenig zuverlässig (schwache Sensitivität/Spezifität der Symptome).
- Die Illumination bzw. Sonographie der Sinus sind wenig sinnvolle Untersuchungen.
- **Diagnostischer *Gold-standard:***
  - Aspirations-Punktion der Sinusflüssigkeit: $\geq 10^5$ Keime/mL
    Indikationen für ein CT und eine Aspiration der Sinusflüssigkeit:
    1 Komplizierte Rhinosinusitis
    2. Therapieresistente Rhinosinusitis
    3. Immunkomprimierter Patient
- Die radiologische Untersuchung (unten) kann die Diagnose erhärten.

DD:
- Migräne
- Spannungskopfschmerzen
- Allergische Rhinitis

Lab:
- Die Entzündungsparameter können erhöht sein: BSG, CRP, Leukozyten

Rx:
- Ein Standard Röntgenbild der Sinus wird zur Diagnosestellung der Rhinosinusitis nicht routinemässig empfohlen.

> **Für die PRAXIS:**
> Bei Fehlen der 3 folgenden Befunde kann eine Rhinosinusitis zu 90 % ausgeschlossen werden:
> 1. Komplette Verschattung bzw. Schleier des Sinus
> 2. Wasser-Luft Spiegel: wird nur bei 40 % der Patienten mit bewiesener bakterieller Rhinosinusitis beobachtet (Spezifität 90 %).
> 3. Verdickung der Sinusschleimhaut ($\geq$ 5 mm)

- In Betracht zu ziehen (z.B. bei schlechtem Verlauf, atypischer Klinik):
  - CT (Bildgebung der Wahl) oder MR (während der SS, bei Kindern)

Th: **1. Symptomatische Therapie (bei Bedarf)**

1.1. Nasale Vasokonstriktoren
- NASIVIN® — Oxymetazolin
- OTRIVIN® Schnupfen — Xylometazolin
- OLYNTH® — Xylometazolin

1.2. Analgetika
- Paracetamol, S. 1328
- NSAR, S. 1266

1.3. Anti-H1, S. 1236

1.4. Inhalationen
- Bepanthen® Lösung — Dexpanthenol (z.B. 2 Suppenlöffel in 1 L Wasser)
- Wick Vaprub® — Levomenthol

1.5. Nasenspülungen
- RHINOMER® — Isotonisches Meerwasser (= NaCl 0.9 %)
- Abtei Meersalz® — Isotonisches Meerwasser (= NaCl 0.9 %)

2. Orale, empirische AB-Therapie (falls Symptome > 7-10 d andauern)

Allg:
- In den meisten Fällen heilt eine akute Rhinosinusitis spontan ab (ohne AB). [A]
- Wenn trotzdem ein AB eingesetzt werden muss, soll es ein Schmalspektrum-AB sein, welches folgende Keime abdeckt:
  - *Streptococcus pneumoniae*
  - *Haemophilus influenzae.*
- Bei **Fieber + Gesichtserythem muss immer** an einen *Staphylococcus aureus* Infekt gedacht werden (DD: Erysipel/Zellulitis!!)

Vorg:
- AB-Therapie, siehe Algorithmus, S. 348
- Bei Verdacht auf Erysipel/Zellulitis, siehe S. 1082

Patienten mit hohem Verdacht auf eine bakterielle Rhinosinusitis

Vorhandensein aller der 3 folgenden Kriterien

1. Gebrauch von Analgetika/Schleimhaut abschwellenden Mitteln während > 7 Tagen‡
2. Schmerzen in der Region des Sinus maxillaris oder Gesichtsschmerzen
3. Purulente Sekretionen an der Rachenhinterwand (UACS)

CAVE: bei Verdacht auf **MSSA** oder **MRSA** (v.a. bei vorhandenem Gesichtserythem) → S. 797

↓

- Einnahme von AB während der letzten 4 Wochen und/oder:
- Hohe RSB** Prävalenz (d.h. > 30 %)

nein →

I.d.R. 10 Tage orale AB-Therapie **BOX 1**	
Amoxicillin	3x 1 g (= *high dose*)
Amoxi/Clav	2x 1g/d
Cefuroxim (-axetil)	2x 250 mg/d
Cefprozil	2x 250-500 mg/d
Cefpodoxim	2x 200 mg/d

ja →

I.d.R. 10 Tage* orale AB-Therapie	
Betalaktam	
Amoxi/Clav	2x 1g/d
Respiratorisches Chinolon	
Levofloxacin*	1x 500 mg/d
Moxifloxacin*	1x 400 mg/d
Bei Betalaktam-Allergie	
Clarithromycin	2x 500 mg/d
Azithromycin	1. Tag: 1x 500 mg, dann 250 mg/d für 4 d
TMP/SMX*	2x 1 Tabl («Forte»)
Doxycyclin	2x 100 mg/d
Levofloxacin	1x 500 mg/d
Moxifloxacin	1x 400 mg/d

↓

Verlauf nach 3 Tagen AB-Therapie

gut → AB-Therapie beenden (total 10 Tage)

ungenügend →

1. Konsilium
- CT der Sinus in Betracht ziehen
- ± Diagnostische Aspirations-Punktion der Sinusflüssigkeit

2. AB-Therapie ändern, je nach Schweregrad der Rhinosinusitis:
- Leichte bis mittelschwere Rhinosinusitis
  - AB-Wechsel, siehe **BOX 1**
- Schwergradige Rhinosinusitis
  - Levofloxacin 1x 500 mg/d PO
  - Moxifloxacin 1x 400 mg/d PO

Algorithmus: Akute Rhinosinusitis.[1]

UACS Upper airway cough syndrome
Amoxi/Clav Amoxicillin/Clavulansäure; TMP/SMX Trimethoprim/Sulfamethoxazol

‡ Nur bei schweren Fällen (Fieber, starken Schmerzen) soll die Antibiose vorher begonnen werden.

** RSB = Resistenz des Streptococcus pneumoniae gegenüber den Betalaktamasen. Der Term «hohe Prävalenz» ist nicht definiert, kann aber > 30 % entsprechen. In der Schweiz wird z.Z eine RSB von 10-15 % und eine um 40-50 % verminderte Sensitivität beobachtet. Im Falle einer verminderten Sensibilität kann eine Dosierungserhöhung des Betalaktams den Keim trotzdem bekämpfen.

* Dauer der AB-Therapie:
- I.d.R. 5 Tage für Azithromycin
- TMP/SMX: 3 versus 10 Tage AB-Therapie zeigen eine vergleichbare Wirksamkeit.

1 Gilbert DN, et al. The Sandford Guide to antimicrobial therapy; 2008; p. 45.

PNEUMO

Physikalische Lungenuntersuchung — Lungenauskultation

Allg:
- Die Lungenauskultation allein hat eine beschränkte diagnostische Aussagekraft.
- Zusammen mit Anamnese, Status mit physikalischer Untersuchung des Thorax und Thorax-Röntgenbild kann die Lungenauskultation differentialdiagnostisch hilfreich sein.
- Mit der Lungenauskultation müssen immer auch Inspektion, Palpation und Perkussion des Thorax erfolgen.
- Normale Thoraxbewegungen, Palpation, Perkussion und Auskultation sind symmetrisch!
- **Inspektion - Semiologie**
  - Beschreibung der Thoraxform (normal, Fassthorax, Trichterbrust, Kyphoskoliose)
  - Zeichen der zentralen oder peripheren Zyanose
  - Trommelschlägelfinger, Uhrglasnägel
  - Atemtyp:
    - Atemfrequenz
    - Atemtiefe (grossvolumig-kleinvolumig)
    - CHEYNE-STOKES-Atmung, S. 388
    - KUSSMAUL-Atmung
    - Biot-Atmung (periodischen Atmung mit plötzlichen Pausen; weist auf eine schwerwiegende Störung des Atemzentrums hin)
  - Paradoxe Atmung (!):
    - Hier kommt es bei der Inspiration paradoxerweise zu einer Einziehung der unteren Thoraxapertur, gegenläufig zur Expansion des oberen Brustkorbes).
    - Paradoxe Atmung ist ineffizient und ein Zeichen einer fortgeschrittenen Erkrankung des Atemapparates.
    - DD: schwere COPD mit abgeflachtem oder invertiertem Zwerchfell
- **Palpation**
  - Dolenzen
  - Pleurareiben, S. 352
  - Stimmfremitus (tieffrequente Sprechvibrationen, palpable Vibration der Thoraxwand, wenn der Patient mit tiefer Stimme die Zahl «99» spricht):
    - Ist weder sensitiv noch spezifisch
    - Verstärkter Stimmfremitus
      - Pneumonie
      - Atelektase
    - Abgeschwächter Stimmfremitus
      - Über einem Pleuraerguss
      - Pneumothorax
- **Perkussion des Thorax**
  - Lungengrenzen
  - Atemexkursionen
  - Schallqualität (normal; hypersonorer Klopfschall; Dämpfung)
- **Auskultation von Atemgeräuschen (AG)**
  1. Normale Atemgeräusche
     - Bei gesunden Lungen hört man über den Lungenflügeln ein normales Atemgeräusch, welches von der Trachea (zentral) in die Lungenperipherie fortgeleitet wird. Das normale AG entsteht also nicht in den Alveolen.

     > **Für die PRAXIS:**
     > Über der **Trachea** hat das normale AG physiologischerweise einen raueren Charakter. Dieses AG wird «zentrales Atemgeräusch» bzw. **Bronchialatmen** genannt und wird über dem oberen Sternum und interskapulär am HWS-BWS Übergang auskultiert.

  2. Abnormale Atemgeräusche
     - Abgeschwächtes AG; Bronchialatmen.

     > **Für die PRAXIS:**
     > Wenn man das normalerweise über der Trachea zentral auskultierbare Bronchialatmen über der Lungenperipherie auskultiert, liegt ein abnormales Atemgeräusch vor.

  3. Weitere abnorme auskultierbare Geräusche
     - Stridor: während der Inspiration (DD, siehe S. 352)
     - Bronchophonie: Schallwahrnehmung, wenn der Patient mit Flüsterstimme «66» spricht.

- **Pulmonale Nebengeräusche**
  1. Kontinuierliche Nebengeräusche (= musikalische Nebengeräusche)
  2. Pfeifen/Giemen = *Wheezing* (hochfrequent)
  3. Brummen (tieffrequent)
  4. Diskontinuierliche Nebengeräusche (= nicht-musikalische Nebengeräusche)
     - Zentrale = grobblasige = grobe Rasselgeräusche
     - Periphere = feinblasige = feine Rasselgeräusche
  5. Pleurale Nebengeräusche
     - Pleurareiben:
       - Lokalisiertes, meistens während Inspiration und Exspiration hörbares Reibegeräusch
       - Oft lageabhängiges Geräusch (knistern, knirschen, knarren oder wie RG)
       - Auskultatorisch manchmal wie «im Schnee marschieren» oder wie «mit einem Geigenbogen auf den Saiten hin-und-her fahren

Nomenklatur der Atemgeräusche und Nebengeräusche			
	Deutsch	**Französisch**	**Englisch**
Normale Atemgeräusche	Normales Atemgeräusch	Murmure alvéolaire	Normal lung sound
Abnormale Atemgeräusche	Abgeschwächtes Atemgeräusch	Murmure diminué	Attenuated or damped breath sounds
	Bronchialatmen	Souffle tubaire	Bronchial breath sounds
Nebengeräusche	Pfeifen/Giemen	Sibilances	Wheezes, Wheezing
	Brummen	Rhonchi	Ronchi
	Grobe RG	Râles bronchiques grossiers	Coarse crackles
	Feine RG	Râles fins crépitants	Fine crackles

Auskultationsbefunde für die PRAXIS

■ **Abgeschwächtes Atemgeräusch**

Allg: • Durch grössere Distanz von der Entstehung der Atemgeräusche zum Stethoskop (Überblähung), oder durch Flüssigkeit, wird die Schallleitung aus den zentralen Atemwegen in die Peripherie abgeschwächt.

Bsp: • Lungenemphysem
• Pleuraerguss

■ **Bronchialatmen**

Allg: • In kosolidiertem, kompaktem Lungengewebe wird das Atemgeräusch der zentralen Atemwege besser in die Peripherie weitergeleitet.

Bsp: • Pneumonie
• Atelektase

■ **Pfeifen/Giemen (*wheezing*)**

Allg: • Durch Kaliberschwankungen/Einengungen der grossen und kleinen Bronchien geraten die Atemwege bei der Atmung in Schwingung.

Bsp: • Luftwegsobstruktion
• Asthma
• COPD

> **Für die PRAXIS:**
> Bei einem massiven Asthmaanfall ist kein Giemen auskultierbar, weil der Luftstrom zu schwach ist, um die Bronchialwände in Schwingung zu versetzen. Es besteht ein scheinbar paradoxes Fehlen des Giemens trotz schwerster Obstruktion!

■ **Brummen**

Allg: • Gleiche Entstehung wie Pfeifen/Giemen, aber durch Zunahme der Dicke und Abnahme der Elastizität der Bronchialwände, wird die Vibrationseigenschaft und damit die Frequenz verändert.

Bsp: • Chronische entzündliche Luftwegsobstruktion (z.B. COPD mit starker bronchitischer Komponente).

■ **Grobe Rasselgeräusche** (RG)

Allg: • Grobe RG kommen durch Sekretansammlungen in den grossen Luftwegen/Trachea zustande. Beim Atmen werden die Flüssigkeitsmembranen zerplatzen und erzeugen dabei grobe RG. Die groben RG verändern sich beim Husten!

Bsp: • Bronchitis
• Massives Lungenödem

■ **Feine Rasselgeräusche**

Allg: • Instabilität der periphersten Luftwege/Lufträume durch Flüssigkeit/Sekret mit veränderter Oberflächenspannung.
• Kleine Luftwege kollabieren während der Exspiration und werden bei Inspiration schlagartig wieder geöffnet und erzeugen feine, inspiratorische RG. Sie verändern sich nicht beim Husten.

Bsp: • Pneumonie
• Lungenödem
• Schlecht dehnbares Lungenparenchym:
  - Lungenfibrose
  - Interstitielle Pneumopathien

■ **Stridor**

Allg: • Entsteht bei mechanischem Strömungshindernis in der Trachea oder den Stimmlippen während der Inspiration.
• Plateaubildung der in- oder exspiratorischen Flussvolumenkurve beachten!

Bsp: • Tracheastriktur
• Tracheatumor
• Stimmlippenlähmung

■ **Pleurareiben**

Allg: • Entsteht bei entzündlicher Aufrauhung durch diskontinuierliches Gleiten der Pleurablätter bei der Atmung, mit Reizung der Nervenendigungen in der parietalen Pleura, solange kein Erguss vorhanden ist.
• Verursacht atemabhängige Thoraxschmerzen.

Bsp: • Zu Beginn der Entstehung eines parapneumonischen Ergusses
• Periphere Lungenembolie
• Pleurale Tumoren/Metastasen

■ **Bronchophonie**

Allg: • Normale Schallleitung der hochfrequenten Sprechgeräusche ist wegen Lungenparenchym-Konsolidation oder Pleuraerguss verstärkt oder fehlend
• Ist weder sensitiv noch spezifisch.

Bsp: • Kann über Pneumonie verstärkt und über Pleuraerguss fehlend sein.

Ambulant erworbene Pneumonie (CAP)[1,2] [J18.1]

Syn: • *Community-acquired pneumonia* (CAP)
WEB: • Guidelines der Schweizerischen Gesellschaft für Infektiologie:

> ☛ **http://www.sginf.ch/ssi-home/guidelines/cap-guidelines/index.htm**

Def:[1]

■ **Unterer Luftwegsinfekt**	• Akute Erkrankung (< 21 d) mit Hauptsymptom «Husten» und ≥ 1 folgender Symptome: ▪ Produktiver Auswurf ▪ Dyspnoe ▪ Giemen und Brummen *(wheezing)* ▪ Thoraxschmerzen und: • Keine Alternativdiagnose (z.B. Asthma, Sinusitis)
■ **Akute Bronchitis**	• Akute Erkrankung bei einem Patienten OHNE chronische Lungenerkrankung und: • Symptome eines unteren Luftwegsinfektes: ▪ Husten (produktiv - nicht produktiv) ▪ Dyspnoe ▪ Giemen und Brummen *(wheezing)* ▪ Thoraxschmerzen und: • Keine Anhaltspunkte für eine Pneumonie (siehe S. 355) und: • Keine Alternativdiagnose (z.B. Asthma, Rhinosinusitis)
■ **Influenza**	• Akute Erkrankung, i.d.R. mit Fieber und ≥ 1 folgender Symptome: ▪ Kopfschmerzen ▪ Husten ▪ Myalgie ▪ Hals-, Schluckschmerzen (Pharyngitis) und: • Keine Anhaltspunkte für eine Pneumonie (siehe S. 355) und: • Keine Alternativdiagnose (z.B. Asthma, Sinusitis)
■ **Ambulant erworbene Pneumonie (CAP)**	• Akuter Husten und ≥ 1 der folgenden Symptome: ▪ Neuauftreten eines fokalen Thoraxbefundes ▪ Fieber > 4 Tage ▪ Dyspnoe ▪ Tachypnoe (> 20/min) und: • Keine Alternativdiagnose • Definitive Diagnose: Vorfinden eines neuaufgetretenen radiologischen Lungeninfiltrates
■ **Akute COPD-Exazerbation**	• Zunahme von: ▪ Dyspnoe, ▪ Husten ▪ und/oder Auswurf, welche genügend signifikant ist, dass eine Therapieänderung beim COPD-Patienten vorgenommen wird.

Tabelle: Diagnosekriterien von Luftwegserkrankungen.

1 Woodhead M, et al. Eur Resp J 2005 ;26 :1138-80. 2 Schweizerische Gesellschaft für Infektiologie: www.sginf.ch/ssi-home/guidelines/cap-guidelines/index.htm

Allg: • Eine Pneumonie wird klinisch und radiologisch diagnostiziert, wobei die Klinik nur eine beschränkte diagnostische Aussagekraft hat. Deswegen wird empfohlen, bei klinischem Verdacht auf Pneumonie, ein Thoraxröntgenbild anzufertigen.

- Bakterien sind am häufigsten die Ursache einer CAP.
- In ca. 50 % der Fälle kann kein Keim identifiziert werden.
- «Traditionsgemäss» werden die CAP in 2 Gruppen unterteilt:
  - **Typische Keime der CAP**
    - *Streptococcus pneumoniae*
    - *Haemophilus influenzae*
    - *Staphylococcus aureus*
    - Streptokokken der Gruppe A
    - *Moraxella catarrhalis*
    - Anaerobier
    - GRAM-negative aerobe Bakterien
  - **Atypische Keime der CAP**
    - *Legionella spp*
    - *Mycoplasma pneumoniae*
    - *Chlamydia pneumoniae*
    - *Coxiella burneti*

Urs: • Häufigste Keime bei CAP (betrifft immunokompetente Patienten):[3]

- ***Streptococcus pneumoniae*** (häufigster Keim) ....30 %
- *Chlamydia pneumoniae* ....10 %
- *Mycoplasma pneumoniae* ....10 %
- *Haemophilus influenzae* ....8 %
- *Legionella* ....6 %
- GRAM-negative Stäbchen ....3 %
- Nicht identifizierte Erreger ....20-45 %
- Viral ....0-18 %
  -- Influenza Virus (bis 18 %; häufigstes Virus bei CAP)
  -- Respiratory syncytial Virus (RSV)
  -- Parainfluenza Virus
  -- Seltener: Adenovirus und Metapneumovirus

Für die PRAXIS:
Weder die Anamnese, noch die klinische Untersuchung, noch das Routine-Labor, noch der radiologische Befund erlauben es, eine «typische» von einer «atypischen» Pneumonie sicher zu unterscheiden.

Dg: • **Eine Pneumonie wird bei folgender Klinik vermutet:**[1]

- Akuter Husten
  und:
- Vorhandensein von > 1 der folgenden Symptome:
  1. Neuauftreten eines fokalen Thoraxbefundes
  2. Fieber > 4 Tage
  3. Dyspnoe
  4. Tachypnoe (> 20/min)

- Ein Thoraxröntgenbild wird empfohlen (2 Ebenen).

Vorg: ■ **Ambulante Abklärungen** [B]

- Blutentnahme: Blutbild, Na^+, Blutzucker, Kreatinin

■ **Abklärungen bei hospitalisierten Patienten** [B]

- Blutentnahme: Blutbild, Na^+, Blutzucker, Kreatinin
- Blutkulturen
- Bei nicht behandelten oder immunsupprimierten Patienten:
  - GRAM-Färbung
    und:
  - Kultur des Auswurfs
- Bei Verdacht auf Legionella und bei allen schweren Pneumonien
  - Legionellen Antigen im Urin
- Die Suche nach dem Pneumokokken Antigen im Urin ist bei CAP nicht indiziert.[1]

1 Woodhead M, et al. Eur Resp J 2005 ;26 :1138-80. 3 Brown PD, et al. Lancet 1998 ;352 :1295-302.

PNEUMO

■ **Hospitalisierungsindikation**

- Die Entscheidung, einen Patienten zu hospitalisieren, ist eine **klinische Entscheidung**, welche mit einem «*Risk-Assessment-Score*» validiert werden kann.
- 2 Scores haben sich besonders bewährt (aber NUR bei Immunkompetenten gültig!):
  - **FINE Score**, unten
  - **CURB-65 Index**, S. 357
- Das FINE Score und der CURB-65 Index geben Auskunft über den Schweregrad der Pneumonie und die damit verbundene Mortalität.

FINE Score[4]

Die Ziffern zwischen den Klammern entsprechen der Bewertungsskala nach dem FINE-Score (bei Score 1-90 Punkte → Mortalitätsrate < 0.9 %):

Parameter des FINE Score	Punkte
Alter	
Frau	Alter in Jahren - 10
Mann	Alter in Jahren
Altersheimbewohner	Alter in Jahren + 10
Befunde	
SBD < 90 mmHg	+ 20
Herzfrequenz ≥ 125/min	+ 10
Atemfrequenz ≥ 30/min	+ 20
Temperatur ≥ 40° C oder < 35° C	+ 15
Neue Verwirrtheit (zeitliche oder örtliche Desorientierung, Stupor oder Koma)	+ 20
Komorbiditäten	
Onkologische Erkrankung	+ 30
Chronische Lebererkrankung	+ 20
Zerebrovaskuläre Erkrankung	+ 10
Kongestive Herzinsuffizienz	+ 10
Nephropathie	+ 10
Röntgenthorax	
Pleuraerguss	+ 10
Labor	
pH < 7.35	+ 30
PaO_2 < 8 kPa (< 60 mmHg) oder O_2-Sättigung < 90 %	+ 10
Hk < 0.30	+ 10
Natriämie < 130 mmol/L	+ 20
Blutzucker ≥ 14 mmol/L	+ 10
Harnstoff > 10.7 mmol/L oder Serumkreatinin > 120 µmol/L	+ 20
SUMME ergibt den PSI *(Pneumonia Severity Index)*	**TOTAL (= PSI)**

PSI	PSI-Klasse	Mortalität	Vorgehen
< 70	**II**	0.6 %	Ambulante Therapie
70-90	**III**	0.9 %	Stationäre Therapie in Betracht ziehen
91-130	**IV**	9.3 %	Stationäre Therapie
> 130	**V**	27 %	

Tabelle: Vorgehen bzw. Hospitalisierungsindikation in Bezug auf den PSI (*Pneumonia Severity Index*).

4 Fine JM, et al. N Eng J Med 1997 ;336 :243-50.

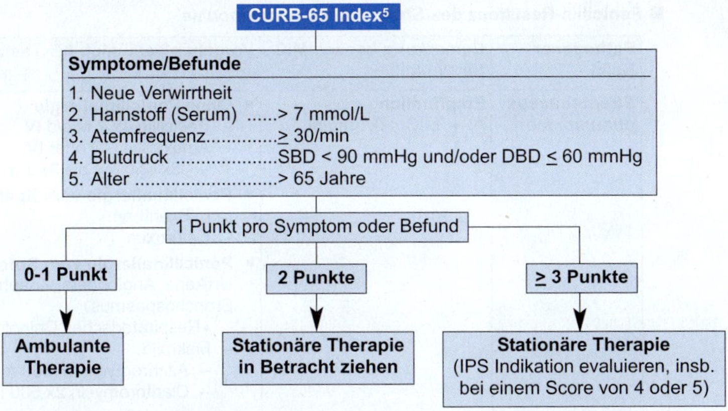

Score	Zusätzliche Faktoren	Ambulant/Stationär[6]	Mortalität
0-1	• Keine Komorbidität†	• Ambulant	1.5 %
2	• SaO_2 < 92 %; PaO_2 < 8 kPa (60 mmHg) • Bilaterale/multilobäre Infiltrate	• Je nach Klinik: ambulant / stationär	9.2 %
≥ 3	• Unabhängig	• Stationär/IPS	22 %
Die Hospitalisierung ist bei CURB-65 Index ≥ 2 Punkte i.d.R. indiziert!			

Th: **Empirische antibiotische Therapie bei ambulant erworbener Pneumonie (CAP)**

- **In folgenden Situationen muss Clarithromycin zusätzlich verabreicht werden:**
  - ALLE Patienten mit schwerer Pneumonie
  - IPS- bzw. intubationsbedürftige Patienten (wegen CAP)
  - Verdacht auf atypische Pneumonie
  - Verdacht auf Legionellen-Pneumonie

Schweregrad der Pneumonie	Erst-Wahl Therapie	Dosierung/d	Alternative Therapie
Mild (ambulante Therapie)	• Amoxi./Clavulansäure oder: • Doxycyclin**	3x 625 mg PO 2x 100 mg PO	• Makrolid* • «Respiratorisches Chinolon»¶
Mittelschwer (i.d.R. stationäre Therapie)	• Amoxi./Clavulansäure ± Clarithromycin	3x 1.2 g **IV** 2x 500 mg PO od. **IV**	• «Respiratorisches Chinolon»¶
	• Ceftriaxon ± Clarithromycin	1x 2 g **IV** 2x 500 mg PO od. **IV**	
Schwergradig (→ IPS)	• Ceftriaxon ± Clarithromycin	1x 2 g **IV** 2x 500 mg PO od. **IV**	• Levofloxacin 2x 500 mg **IV**
Schwergradig und Risiko für *P. aeruginosa,* S. 388	• Piperazillin/Tazobactam + Ciprofloxacin	3x 4.5 g **IV** 2x 750 mg PO od. 2x 400 mg **IV**	• Carbapenem **IV**‡ + Ciprofloxacin 2x 750 mg PO oder 2x 400 mg **IV**
	• Cefepim + Ciprofloxacin	3x 2 g **IV** 2x 750 mg PO od. 2x 400 mg **IV**	

Tabelle: Antibiotikatherapie bei ambulant erworbener Pneumonie.[7]

* **Makrolide**
- Clarithromycin 2x 500 mg/d PO ....oder ▪ Azithromycin1x 500 mg/d PO

¶ **«Respiratorische Chinolone»**
- Levofloxacin 1(-2)x 500 mg/d POoder **IV** ......oder ▪ Moxifloxacin 1x 400 mg/d PO

‡ **Carbapenem**
- Meropenem 3x 1 g/d **IV**...............................oder ▪ Imipenem/Cilastatin 4x 500 mg (Imipenem)/d **IV**

** Doxycyclin deckt auch «atypische» Keime (*Mycoplasma pneumoniae, Chlamydia spp*) ab.
† Komorbidität: Herzinsuffizienz, Diabetes mellitus, COPD, Immunsuppression

5 Lim WS et al. Thorax 2001 ;56 :296-301. 6 Ewig S. et al. Thorax 2004 ;59 :421-7. 7 Schweizerische Gesellschaft für Infektiologie (angepasst nach: Eur Resp J 2005 ;26 :1138-80).

■ Penicillin-Resistenz des *Streptococcus pneumoniae*

Pathogener Keim	Bemerkung bezügl. MIC für Penicillin	Vorgehen bezüglich AB-Therapie
Streptococcus pneumoniae	**Empfindlich** → MIC < 0.1 mg/dL	▪ **Ohne Penicillinallergie** - Penicillin 4x 2 Mio/d **IV** - Amoxicillin PO oder **IV**: -- 3x 650 mg bis 3x 1 g ▪ **Penicillinallergie vom Spättyp** (d.h. Exanthem) - Cefuroxim ▪ **Penicillinallergie vom Soforttyp** (d.h. Urtikaria, Angioödem, Anaphylaxie, Bronchospasmus) - «Respiratorisches Chinolon»¶ - Makrolid: -- Azithromycin 1x 500 mg/d PO -- Clarithromycin 2x 500 mg/d PO
	Intermediär empfindlich → 0.1 < MIC ≤ 1 mg/dL	• Amoxicillin *high-dose*: - PO oder **IV**: ≥ 3x 1 g PO oder **IV** • Penicillin hochdosiert: - 4x 3 Mio/d **IV** • Ceftriaxon 1x 2 g/d **IV** • «Respiratorisches Chinolon»¶
	Hoch resistent → MIC ≥ 2 mg/dL	• Ceftriaxon 1x 2 g/d **IV** (Sensitivität überprüfen!!) • «Respiratorisches Chinolon»¶ • Vancomycin

Tabelle: Resistenz des Streptococcus pneumoniae und Vorgehen.

MIC = *Minimum inhibitory concentration*

¶ «Respiratorische Chinolone»
- Levofloxacin 1(-2)x 500 mg/d PO oder **IV**
- Moxifloxacin 1x 400 mg/d PO

■ Dauer der Antibiotikatherapie

- Generell 3-5 Tage nach Abklingen des Fiebers

■ Umstellen von IV → PO-Therapie

- Generell nach 48-72 h **IV**-Therapie, sofern folgende Bedingungen erfüllt sind [A]:
  - Zufriedenstellender klinischer Verlauf
  - T° < 38°C
  - Atemfrequenz ≤ 24/min
  - Orale Einnahme des AB möglich
  - Normale Verdauungsfunktion

■ Verlaufskontrollen bei komplikationslosem Verlauf

- Eine Laborkontrolle ist bei gutem Verlauf nicht indiziert. [B]
- Der radiologische Verlauf ist i.d.R. langsamer als derjenige der klinischen Manifestationen. Bei folgenden Patienten ist ein Röntgenthorax nach 6-12 Wo indiziert (aber nicht routinemässig): [C]
  - > 40 Jahre
  - Rauchern
  - 2 Pneumonien an gleicher Lokalisation innerhalb von 12 Mt.

Pleuraerguss[1-5] [J90]

Allg: Normalwerte der Pleuraflüssigkeit.

Pleuraflüssigkeit	Normalwerte
Zellen	• **< 1000/µL** • < 10 % Neutrophile Leukozyten • 2-30 % Lymphozyten • < 10 % Eosinophile Leukozyten (Luft und Blut im Pleuralspalt erhöhen die Anzahl von eosinophilen Leukotyten!) • 30-75 % Makrophagen • 30-70 % Mesothelialzellen
Protein	• 10-20 g/L (wovon 50-70 % Albumin)
LDH	• < 50 % der Serumamylase
Glukose	• Ungefähr gleicher Wert wie im Serum
Amylase	• Ungefähr gleicher Wert wie im Serum

Tabelle: Normalwerte der Pleuraflüssigkeit.

Exsudat

Def:[4] **LIGHT-Kriterien (1 Kriterium genügt):**
1. Proteine (Pleuraflüssigkeit)/Proteine (Serum) ..**> 0.5**
2. LDH (Pleuraflüssigkeit)/LDH (Serum) ....**> 0.6**
3. LDH (Pleuraflüssigkeit) ....**> ⅔ der oberen LDH-Serumnormgrenze**

Allg:
- Die LIGHT-Kriterien haben eine Sensitivität von > 90 % und eine Spezifität von ca. 80 %.
- Andere Parameter, welche für ein Exsudat sprechen:
  - pH 7.30-7.46 (***CAVE*** falls < 7.3; Neoplasie?)
  - Cholesterin (Pleuraflüssigkeit) > 60 mg/dL (> 200 mg/dL: Pseudochylothorax, s. 363)
  - Albumingradient* ≤ 12 g/L
- Falls die klinische Diagnose für ein Transsudat spricht (z.B. bei Herzinsuffizienz), die LIGHT-Kriterien aber ein Exsudat diagnostizieren, kann der Albumingradient* diagnostisch hilfreich sein.

DD:
- Neoplasie (40-50 % der Exsudate)
- Parapneumonische Ergüsse, s. 363
- Lungenembolie (bei ca. 30 % der Patienten mit LE)
- Pankreatitis
- Systemerkrankungen: SLE, rheumatische Arthritis, PAN, WEGENER-Granulomatose u.a.
- Idiopatisch (bis zu 20 %)

Transsudat

Def:
- Pleuraerguss, welcher keines der LIGHT-Kriterien erfüllt (siehe oben).

Allg:
- pH: 7.45-7.55

DD:
- Herzinsuffizienz (80-90 % der Transsudate sind Herzinsuffizienz bedingt)
- Leberzirrhose (Transsudat auch bei wenig Aszites möglich)
- Lungenembolie (ca. 10 % der Fälle)
- Atelektase (kommt durch den Abfall des intrapleuralen Druckes zustande)
- Hypalbuminämie (typischerweise bei Serumalbuminwerten < 25 g/L)
- Nephrotisches Syndrom (infolge Hypalbuminämie)
- Nach AC-Bypass
- Zentraler Venenkatheter mit intrapleuralem Leck
- Konstriktive Perikarditis
- Myxödem
- Vena cava superior Syndrom
- Idiopatisch

* **Albumingradient** = Serumalbumin - Albumin der Pleuraflüssigkeit (Sensitivität des Gradienten: 87 %, Spezifität: 92 %).

1 Light RW. Eur Respir J 1997 ;10 :476-81 2 Romero S, et al. Chest 1993 ;104 :399-404. 3 Light RW. N Engl J Med 2002 ;346 :1971-7. 4 Light RW, et al. Ann Int Med 1972 ;77 :507-513. 5 Thomsen TW et al. N Engl J Med 2007;355 :e16.

Einfache Pleurapunktion (Pleuradrainage, siehe S. 363)

Ind:
1. Signifikanter Pleuraerguss (> 10 mm Dicke bei der sonographischen Untersuchung oder im lateralen Dekubitus-Röntgenthoraxbild) bei unbekannter Ursache.
2. Herzinsuffizienz
   - Alle unilateralen Pleuraergüsse
   - Persistierende bilaterale Pleuraergüsse ohne Erfolg nach 3 Tagen Diuretikatherapie

Vorg:
- Sich versichern, dass der Patient keine Gerinnungsstörungen aufweist (z.B. orale Antikoagulation, voll dosierte NMH, Hepatopathie mit Blutungsneigung, Thrombopenie)
- Es handelt sich um einen sterilen Eingriff (Hände waschen, sterile Handschuhe, Maske)
- Der Patient soll auf dem Bettrand sitzen und in leicht vorgebeugter Haltung die Arme auf einem vorbereiteten Tisch bequem abstützen.
- Den Patienten genau über den Vorgang und den Grund der Punktion aufklären.
- Einstichstelle bestimmen (Ausmass des Ergusses mit Thoraxröntgen ± US bestimmen):
  - Das Niveau des Ergusses kann auf verschiedene Arten klinisch bestimmt werden:
    - Auskultatorische Stille
    - Verminderter Klopfschall bei der Thoraxperkussion
    - Verminderter Stimmfremitus
  - Die Einstichstelle wird, entlang der **mittleren Dorsallinie** (5-10 cm lateral der Wirbelsäule) jeweils ca. **1-2 Interkostalräume** unterhalb des bestimmten oberen Niveaus des Pleuraergusses **am Oberrand der entsprechenden Rippe** wo man punktieren will, markiert. Eine Punktion am Rippenunterrand soll unterlassen werden, denn da befinden sich die begleitenden Gefässe und Nerven.
- Punktatvolumen
  - Es soll **niemals > 1500 mL Pleuraflüssigkeit auf 1 Mal punktiert werden**[5], denn es besteht das Risiko eines akuten Lungenödems durch schnelle Erhöhung der Ventilation/Vaskularisation der vorher kollabierten Alveolen!
- Einstichstelle mit Xylocain 1 % oder 2 % anästhesieren (G25 für die Epidermis). Dann, Nadelwechsel (lange gelbe G20-Nadel aufsetzen) und langsam durch den Zwischenrippenraum vorstossen.
- Beim eigentlichen anästhesieren der ausgewählten Zone, soll während des Vorstossens der Spritze immer aspiriert werden um sicher zu sein, dass das Anästhetikum nicht intravaskulär verabreicht wird. In der Pleuranähe angelangt (ca. 1-2 cm von der Hautoberfläche) sollen grosszügig 1.0-2.0 mL Anästhetikum gespritzt werden (die Pleura parietalis ist stark inerviert). Sobald die Pleuraflüssigkeit aspiriert werden kann, soll die Spritze mit Nadel herausgezogen werden.
- Einführen der Punktionsnadel (z.B. Ven-flon G16) mit einer 10 oder 20 mL-Spritze und Entnahme der gewollten Pleuraflüssigkeit (z.B. mit 3-Weg-Ventil). Maximal: 1500 mL!!
- **Kontrollröntgenthorax** nach der Pleurapunktion ist in folgenden Situationen indiziert:
  - Aspiration von Luft während der Pleurapunktion
  - Auftreten von: Husten, Dyspnoe oder Thoraxschmerzen während der Punktion
  - Verminderung des Stimmfremitus (siehe auch Lungenauskultation, S. 350)
  - Hypoxämie

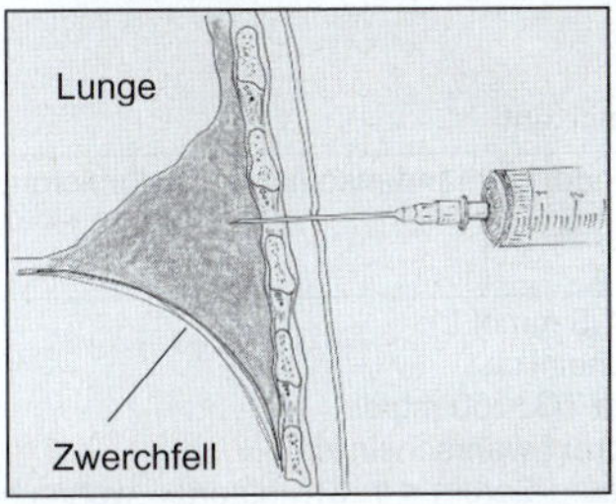

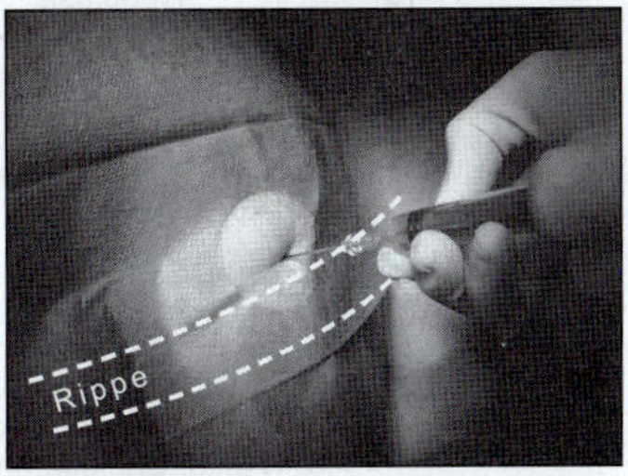

Pleurapunktion: Die Einstichstelle befindet sich jeweils am **Rippen-Oberrand**.

Kpl:
- Pneumothorax
- Pleuraschmerzen oder Schmerzen an der Einstichstelle
- Hämatothorax
- Lokale Hautinfektion
- Intraabdominale Organschädigung (kann durch US-Markierung vermieden werden)
- Luftembolie
- Post-Expansions Lungenödem (dieses Risiko ist bei Punktionsvolumen < 1500 mL gering)

5 Trachiotis GD et al. Ann Thorac Surg 1997 ;63 :1206-7.

Analyse der Pleuraflüssigkeit	Diagnose, Differentialdiagnose, Bemerkungen[1, 2]
Protein und Albumin	• Erlauben es, ein Exsudat von einem Transsudat zu unterscheiden (siehe LIGHT-Kriterien, S. 360)
LDH (im Erguss und im Serum)	• Erlaubt es, ein Exsudat von einem Transsudat zu unterscheiden (siehe LIGHT-Kriterien, S. 360) • Hohe LDH-Werte bei starker entzündlicher Pleuraaktivität
Glukose	Falls < 60 mg/dL (< 3.3 mmol/L): - Parapneumonischer Erguss - Tuberkulose - Neoplasie - Hämatothorax - Rheumatische Erkrankungen: SLE u.a.
Zellzahl (in Hämatologieröhrchen)	
Neutrophile Leukozyten	Falls stark erhöht (> 50 % der Leukozyten): - Akute Pleuraerkrankung - Pneumonie - Lungenembolie - Neoplasie - SLE
Monozyten	• Chronische Erkrankung • Neoplasie • Tuberkulose • Lungenembolie • Virale Pneumonie
Lymphozyten	• Neoplasie • Tuberkulose
Eosinophile Leukozyten	Falls > 10 %: - Vorhandensein von Luft oder Blut im Pleuraspalt - Asbestose - Medikamentöse Pleuritis: Dantrolen, Bromocriptin, Nitrofurantoin
pH**	Falls **< 7.1**: - Parapneumonischer Erguss - Neoplasie
Hämatokrit (im Erguss und im Serum)	Falls **> 50 %**: - Hämatothorax Falls **1-20 %:** - Neoplasie - Lungenembolie - Trauma Falls < **1 %**: nicht signifikant
Triglyzeride (nur bei weissl.-trübem Erguss oder Verdacht auf Chylothorax)	Falls **> 1.21 mmol/L** oder Vorhandensein von Chylomicronen: • Chylothorax§
Cholesterin	Falls **> 60 mg/dL** (> 1.5 mmol/L): - Exsudat wahrscheinlich Falls > 250 mg/dL und TG < 50 mg/dL: - Pseudochylothorax# wahrscheinlich Ratio: Cholesterin Pleura/Serum **< 1**: Chylothorax§ wahrscheinlich
Adenosin Deaminase (ADA)‡	Falls **> 40 E/mL:** - Tuberkulose - Empyem - Rheumatoide Pleuritis
Amylase	• Pankreaserkrankung (Pankreasamylase) • Ösophagusruptur (Speichelamylase)
Mikrobiologie: Kultur	• Kultur für Aerobier, ± Anaerobier und Pilze¶
Zytologie	• Neoplasie†
Abstrich	• Bei Patienten mit einem Exsudat unbekannter Genese

§, #, ‡, ¶, †, ** siehe S. 363

1 Angepasst nach: Light RW. Eur Respir J 1997 ;10 :476-81 2 Hamm H, Light RW. Eur Respir J 1997 ;10 :1150-6.

Drainage eines Pleuraergusses (MONALDI-Drain)[2]

Ind: 1. Empyem
- Def: ■ ≥ 1 der folgenden Kriterien:
  - Purulente Flüssigkeit, dickflüssig, trüb, meist hohe Leukozytenzahlen, d.h. > 15'000/mm^3
  - Positive bakteriologische Kulturen
  - Keime sichtbar im Direktpräparat (Abstrich mit GRAM-Färbung)

2. Komplizierter parapneumonischer Pleuraerguss
- Def: ■ ≥ 1 der folgenden Kriterien:
  - pH < 7.10
  - Glukose < 90 mg/dL (< 2.2 mmol/L)
  - LDH > 1000 IE/L
  - Leukozyten > 20'000/mm^3
  - Zellen (Zytologie) > 50'000/mm^3

3. Symptomatischer Pleuraerguss anderer Ursache, S. 360
4. Hämatothorax (denn ein nicht drainierter Hämatothorax geht zwangsläufig in einen Fibrothorax über).

Fibrinolyse eines Pleuraergusses

Ind: 1. Ungenügende Drainage des Pleuraergusses (< 50 mL)
2. Radiologisch sichtbare Pleura-Scheidewände
3. Komplizierter Pleuraerguss, der seit über 1 Woche besteht

Bsp:

Fibrinolytika	Praktisches Vorgehen der Fibrinolyse
Urokinase	• 100 000 E/100 mL NaCl 0.9 % via Pleuradrain, über 4 h abklemmen, dann Klemme lösen. • Je nach Verlauf → chirurgische Dekortikation
Streptokinase	• 250 000 E/100 mL NaCl 0.9 % via Pleuradrain, über 4 h abklemmen. • Dies soll ca. 4x in 24-stündlichem Intervall wiederholt werden. • Je nach Verlauf → chirurgische Dekortikation

§ **Chylothorax**
- Allg: • Beim Chylothorax befindet sich Lymphe im Pleuraraum.
- Urs: • Beschädigung des Ductus thoracicus
- Dg: • Diagnosekriterien (alle 3 Kriterien müssen erfüllt sein):
  1. Pleura-Triglyzeride > 110mg/dL (> 1.25 mmol/L)
  2. Triglyzerid-Ratio Pleura/Serum > 1
  3. Cholesterin-Ratio Pleura/Serum < 1

Pseudochylothorax
- Allg: • Erhöhung des Pleuracholesterins bei Fehlen von Chylomicoronen und Triglyzeriden.
  - Wird v.a. bei fibrosierender Pleuritis beobachtet.
  - > 50 % der Pseudochylothorax sind tuberkulöser Ursache.

‡ Die **ADA** wird in der Schweiz praktisch nie bestimmt. In Ländern mit hoher Tuberkuloseinzidenz wird ADA routinemässig bestimmt.

† Nie mehr als 1500 mL Pleuralflüssigkeit auf 1x punktieren.
Für die Zytologie soll so viel Flüssigkeit wie möglich untersucht werden (≤ 1500 mL!); zusätzlich sollen 300-1000 IE Heparin in den Behälter gegeben werden (↓ Zellverklumpung).
Im Rahmen eines metastatischen Adenokarzinoms ist die Zytologie in > 70 % der Fälle positiv.

¶ Bei einer tuberkulösen Pleuritis sind die Kulturen der Pleuraflüssigkeit nur in ca. 40 % der Fälle positiv! Die Diagnose einer Tuberkulose muss aber bei Vorhandensein einer Lymphozytose in der Pleuraflüssigkeit ausgeschlossen werden: ADA, γ-Interferon oder PCR für Mycobacterien-RNA!

** Voraussetzungen der pH-Messung: Anaerobe Entnahme in heparinisierter Spritze; Analyse innert < 1 h durchführen (wenn unmöglich, soll die Probe auf Eis aufbewahrt werden).
- DD: • pH falsch hoch: Die Probe ist nicht luftdicht (CO_2 geht verloren)
  - pH falsch tief: Probe mit zu viel Heparin; Beimischung von Lokalanästhetika

2 Hamm H, Light RW. Eur Respir J 1997 ;10 :1150-6.

Pulmonale Hypertonie[1-3] [J27.0]

N: Normwerte

- Hämodynamische Normwerte des Lungenkreislaufs in Ruhe:
  - Mittlerer pulmonal-arterieller Druck (PAPm)..........7-19 mmHg
  - Pulmonal-vaskulärer Widerstand (PVR) ....24-128 Dyn x sek/cm[5]

Def: **Pulmonale Hypertonie (PH)**

- PAPm in Ruhe > 25 mmHg; bei Anstrengung > 30 mmHg
- **Funktionelle Klassifikation der PH nach WHO**

I	PH-Patienten ohne Einschränkung der körperlichen Aktivität. Keine Dyspnoe, Erschöpfung,Thoraxschmerzen oder Präsynkope bei normaler körperlicher Aktivität
II	PH-Patienten mit leichter Einschränkung der körperlichen Aktivität; asymptomatisch in Ruhe. Gewöhnliche Anstrengung löst folgende Symptome aus: Dyspnoe, übermässige Erschöpfung, Thoraxschmerzen oder Präsynkope.
III	PH-Patienten mit starker Einschränkung der körperlichen Aktivität. Keine Symptome in Ruhe aber leichte körperliche Anstrengung verursacht verstärkte Dyspnoe, Erschöpfung, Thoraxschmerzen oder Präsynkope.
IV	Jede körperliche Anstrengung verstärkt die Symptome. Evtl. Rechtsherzinsuffizienzzeichen. Ruhedyspnoe und/oder Erschöpfung in Ruhe sind möglich.

Allg:
- Je nach Altergruppe werden unterschiedliche Hauptursachen beobachtet:
  - Patienten < 40 J: Hauptursache: pulmonal-arterielle Hypertonie
  - Patienten > 50 J: Hauptursache: chronisch-thromboembolische PH
- Die Pulmonal-arterielle Hypertonie ist bei Frauen ca. 2-4x häufiger als bei Männern.
- **Risikofaktoren**

  Sichere Risikofaktoren
  - Weibliches Geschlecht
  - Genetische Mutation des *Bone morphogenetic protein receptor II* (BMPR2)
  - Anorexigene Medikamente: Aminorex, Fenfluramin, Dexfenfluramin
  - Toxisches Rapsöl
  - HIV-Infektion
  - Portale Hypertonie
  - Konnektivitiden: Systemsklerose, SLE, MCTD, Dermatomyositis, Polymyositis
  - Kongenitaler Links-Rechts Shunt
  - Hämoglobinopathien: Sichelzellanämie, ß-Thalassämie u.a.

  Wahrscheinliche Risikofaktoren
  - Amphetamine; Met-Amphetamine
  - Zytostatika (Bleomycin, Carmustin, Cyclophosphamid u.a.), L-Tryptophan, Kokain

Klin: **I. Symptome**

a) Frühsymptome
  - Müdigkeit
  - Leistungsintoleranz
  - Anstrengungsdyspnoe

b) Spätsymptome
  - Thoraxschmerzen (40-50 % infolge relativer Ischämie des hypertrophen rechten Ventrikels)
  - Synkope (5-10 %, kardialer Genese)
  - Appetitlosigkeit (Ödem der Magenschleimhaut bei Rechtsherzinsuffizienz)
  - Gewichtszunahme (Wassereinlagerung)
  - ORTNER-Syndrom (Heiserkeit als Folge der Kompression des linken N. laryngeus recurrens durch die erweiterte Pulmonalarterie; extrem selten)

II. Klinische Untersuchung

- Herzauskultation
  - Akzentuierter S2 (evtl. Spaltung des S2)
  - Möglich: S4-Galopp
- Zeichen der Rechtsherzinsuffizienz
  - Gestaute Jugularvenen; positiver hepatojugulärer Reflux, periphere Ödeme
  - Hepatomegalie
- Hinweise für Konnektivitis
  - Gelenkschwellungen
  - Hautveränderungen
  - RAYNAUD-Phänomen
  - Tabaksbeutelmund
- Zyanose (peripher und zentral)

1 Simmoneau G, et al. J Am Coll Card 2004 ;43 :5S-12S. 2 Rubin LJ, et al. N Engl J Med 2002 ;346 :896-903. 3 Rich S, (ed). Executive summary from the world symposium. Geneva: World Health Organization, 1998.

Klas: Klinische Klassifikation der Pulmonalen Hypertonien

1. Pulmonal-arterielle Hypertonie (PAH)
- 1.1. Idiopathisch
- 1.2. Familiär
- 1.3. Assoziiert mit:
  - 1.3.1 Bindegewebserkrankungen
  - 1.3.2. Kongenitalen Shunts
  - 1.3.3. Portaler Hypertonie (porto-pulmonale Hypertonie)
  - 1.3.4. HIV Infektion
  - 1.3.5. Medikamenten und Toxinen
  - 1.3.6. Anderen Erkrankungen:
    - Schilddrüsenerkrankungen
    - Hämoglobinopathien
    - Splenektomie u.a.
- 1.4. Assoziiert mit venös-kapillärer Beteiligung
  - 1.4.1. Pulmonale veno-okklusive Erkrankung
  - 1.4.2. Pulmonal kapilläre Hämangiomatose
- 1.5. Persistierende PH des Neugeborenen

2. Pulmonale Hypertonie mit Linksherzerkrankungen
- 2.1. Atriale oder ventrikuläre Erkrankung
- 2.2. Klappenerkrankungen

3. Pulmonale Hypertonie assoziiert mit Lungenerkrankungen/Hypoxämie
- 3.1. COPD
- 3.2. Interstitielle Lungenkrankheiten
- 3.3. Schlaf-assoziierte Atemstörungen
- 3.4. Alveoläre Hypoventilation
- 3.5. Höhenassoziiert
- 3.6. Entwicklungsbedingte Veränderungen

4. Pulmonale Hypertonie assoziiert mit chronisch thromboembolischen Erkrankungen (CTEPH; chronic thromboembolic pulmonary hypertension)
- 4.1. Thromboembolische Verlegung der proximalen Pulmonalarterien
- 4.2. Thromboembolische Verlegung der distalen Pulmonalarterien
- 4.3. Nicht-thrombotische Lungenembolien (Tumor, Parasiten, Fremdkörper)

5. Verschiedene Erkrankungen
- Sarkoidose
- Histiozytose
- Lymphangioleiomyomatose
- Kompression der Pulmonalgefässe (Adenopathie, Tumor, fibrosierende Mediastinitis)

Prog:
- Die Prognose ist allgemein schlecht.
- Mittlere Überlebenszeit nach Diagnosestellung: 3 Jahre. Seit Einführung der Therapie mit Vasodilatatoren hat sich die Überlebensrate verbessert.
- Prognostische Faktoren:
  - Ursache (negativ: Systemsklerose-assoziierte PAH)
  - Schweregrad der PH und der rechtsventrikulären Dysfunktion, funktionelle Klasse (NYHA I-IV)
  - Hämodynamische Parameter
  - Response im Vasoreaktivitätstest u.a.

Vorg:
- Abklärungen bei Verdacht auf PH (Diagnosesicherung, mögliche Ursache)

Untersuchung	Fragestellung - Bemerkungen
Ergänzende Anamnese	• Appetitzügler • Kokain • Amphetamine • Chemotherapeutika • Familiäres Auftreten von Bindegewebserkrankungen • Lebererkrankungen • HIV-Infektion • Thrombosen/Lungenembolien
EKG	• P pulmonale (siehe Lungenembolie, S. 298) • Partieller oder kompletter Rechtsschenkelblock, S. 175 • Steil- oder Rechtstyp • Das EKG kann aber auch normal sein!

Tabelle 1 (erster Teil): Pulmonale Hypertonie.

Fortsetzung der Tabelle von Seite 365

Untersuchung	Fragestellung - Bemerkungen
Thoraxröntgenbild	• Rechtsbetonte Kardiomegalie • Verbreiterte Pulmonalarterien • Hinweise auf obstruktive oder restriktive Pneumopathie als Ursache der PH • Das Thoraxröntgenbild kann aber auch normal sein!
Echokardiographie	• Morphologie und Funktion des rechten Ventrikels • Messung des systolischen pulmonal-arteriellen Drucks • Linksherzerkrankungen • Intrakardiale Shunts als Ursache der PH
Lungenfunktionsprüfung	• Obstruktive oder restriktive Ventilationsstörung als Ursache der PH • Einschränkung der Diffusionskapazität
ABGA	• Hypoxämie • Indikation für Heimsauerstofftherapie: - PaO_2 < 8 kPa (< 60 mmHg) • Alveoläre Hypoventilation als Ursache der PH, bei: - $PaCO_2$ > 6 kPa (> 45 mmHg)
Rechtsherzkatheter	• ***Goldstandard*** zur Diagnose einer PH • Die Rechtsherzkatheteruntersuchung erlaubt: - den Schweregrad der PH zu bestimmen - eine linkskardiale Komponente als Ursache der PH auszuschliessen - die Durchführung des Vasoreaktivitätstests mit Prostacyclin, Adenosin oder NO
V/P-Szintigraphie	• Chronische Thromboembolie als Ursache der PH
Thorax-CT mit Kontrastmittel und HRCT	• Zentrale, segmentale oder subsegmentale Lungenembolien als Ursache der PH • Lungenemphysem • Lungenfibrose als Ursache für die PH
Labor	• Rheumafaktor • Autoantikörper - ANA (können bei idiopathischer oder familiärer PAH positiv sein, ohne dass eine Konnektivitis vorliegt) - Scl 70, RNP, Anti-Zentromer • HIV-Serologie • Leberenzyme (ASAT, ALAT, γGT) • Schilddrüsenfunktion (TSH)
Abdomensonographie	• Portale Hypertonie als Ursache der PH
Respiratorische Polygraphie	• Schlaf-assoziierte Atemstörung, wie obstruktives oder zentrales Schlafapnoesyndrom • Nächtlicher Sauerstoffbedarf - Ziel: Sättigung nachts > 90 %
6 Minuten Gehtest, S. 330	• Ausmass der Leistungslimitierung • Sauerstoffbedarf bei Belastung - Ziel: Sauerstoffsättigung bei Belastung > 90 %

Tabelle 1: Pulmonale Hypertension.

* Definition der funktionellen Klassen nach WHO, siehe S. 364

¶ Hoch dosierte Diuretika zeigen vermehrte NW (Hypovolämie, Elektrolytstörungen) ohne klinischen Benefit.

f Bosentan: Kontrolle der Leberenzyme (ASAT, ALAT) 1x/Monat. Die Einnahme geschieht mahlzeitenunabhängig.

‡ Epoprostenol = Prostacyclin

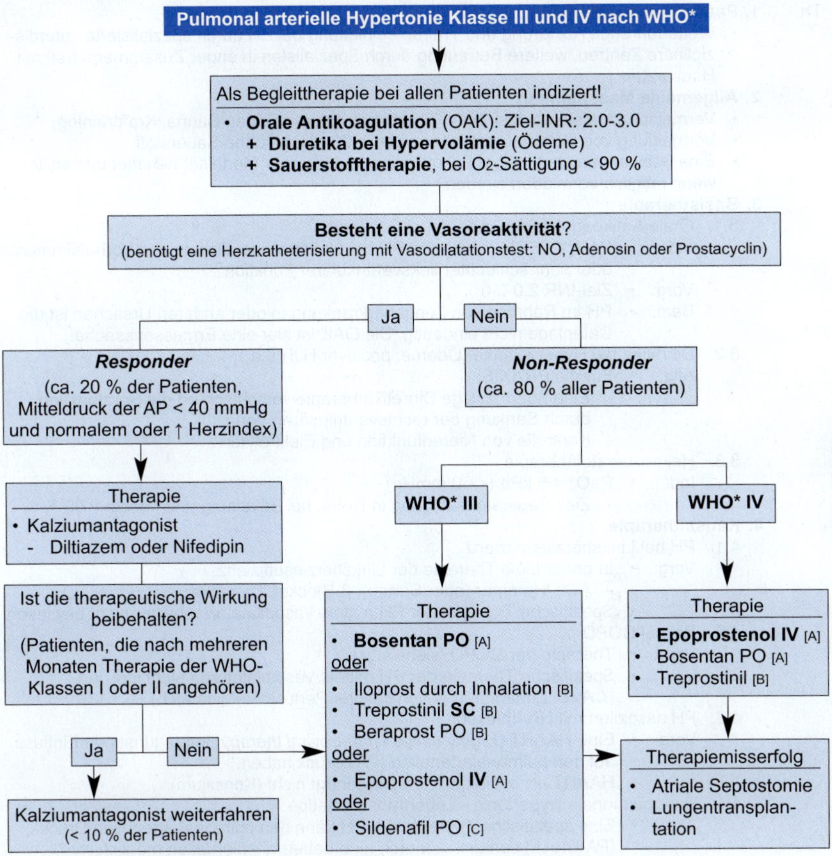

Algorithmus: PAHT der WHO-Klassen III und IV.[5]

Th: Die PAHT ist eine Erkrankung, welche frühzeitig ein Spezialisten-Konsilium erfordert. Die Verlaufskontrollen können vom Spezialisten und Hausarzt weitergeführt werden.

Allgemeine Therapie bei PAHT

1. **Kausaltherapie** (bei sekundärer PAHT)
2. **Alle Patienten (ausser KI): OAK** mit Ziel-INR: 2.0-3.0. Die OAK reduziert die Mortalität!
3. **Diuretika** moderiert dosiert (nur bei Hypervolämie)[¶]
4. **Sauerstoff**. Ziel: SaO_2 90-92 %. Sauerstoff ist bei Flugreisen indiziert.
5. Höhenaufenthalte sind zu vermeiden.

Medikamente	Beispiele	Adm.	Dosierung
Endothelinrezeptor Antagonist			
- Bosentan	TRACLEER®	PO	2x 62.5 mg/d über 1 Mt, dann 2x 125 mg[f]
Kalziumantagonisten			
- Diltiazem	DILZEM® RR	PO	540-900 mg/d
- Nifedipin	ADALAT® CR	PO	120-240 mg/d (Retardform!)
Prostacyclin			
- Epoprostenol[‡] (in D nicht erhältlich)	FLOLAN®	**IV**- od. **SC**-Inf.	2-4 ng/kg/min, dann alle 15 min oder mehr um 0.2 ng/kg/min ↑, bis dosislimitierende NW auftreten
Prostacyclin Analoga			
- Iloprost	ILOMEDIN®	Inhalation	6x 2.5-5 µg/d
- Treprostinil	REMODULIN®	**IV**- od. **SC**-Inf.	Initial: 1.25 ng/kg/min
- Beraprost		PO	4x 20-120 µg/d
Phosphodiesterase Inhibitor, Typ 5			
- Sildenafil	REVATIO®	PO	3x 20-80 mg/d

*, ¶, *f*, ‡, siehe S. 366

5 Angepasst nach: Hoeper MM, et al. Am J Respir Crit Care Med 2002 ;165 :1209-16.

Th: **1. Patientenmanagement**

- Weiterführende Abklärung und Therapieeinleitung bei PH durch spezialisierte, interdisziplinäre Zentren, weitere Betreuung durch Spezialisten in enger Zusammenarbeit mit Hausärzten.

2. Allgemeine Massnahmen

- Vermeidung kreislaufbelastender Situationen (heisse Bäder, Sauna, Krafttraining)
- Vermeidung von Höhenaufenthalten über 2000 m.ü.M. ohne Sauerstoff
- Eine Schwangerschaft ist bei PH mit hoher mütterlicher Mortalität behaftet und sollte wenn möglich vermieden werden.

3. Basistherapie

3.1. Orale Antikoagulation (OAK)

Ind: • PAH, CTEPH (s. 361) und PH bei Linksherzinsuffizienz und Vorhofflimmern oder sehr schlechter linksventrikulärer Funktion

Vorg: • Ziel-INR 2.0-3.0

Bem: • PH im Rahmen von Lungenerkrankungen oder anderen Ursachen ist die Datenlage nicht eindeutig. Die OAK ist hier eine Ermessenssache.

3.2. Diuretika bei Hypervolämie (Ödeme, positiver HJR u.a.)

Allg: • Für die PRAXIS:
- Eine übermässige Diuretikatherapie verschlechtert die Herzfunktion durch Senkung der rechtsventrikulären Vorlast!!
- Kontrolle von Nierenfunktion und Elektrolyten

3.3. Heimsauerstofftherapie

Ind: • PaO_2 < 8 kPa (< 60 mmHg)
- Ziel: Sauerstoffsättigung in Ruhe, bei Belastung und nachts > 90 %

4. Kausaltherapie

4.1. PH bei Linksherzinsuffizienz

Vorg: • In erster Linie Therapie der Linksherzinsuffizienz:
- ACE-Hemmer (oder Sartan), ß-Blocker, Diuretika

• Spezifische Therapie der PH mittels Vasodilatatoren bisher nicht bewiesen

4.2. PH bei COPD

Vorg: • Therapie der COPD, siehe s. 331

• Spezifische Therapie der PH mittels Vasodilatatoren nicht indiziert (***CAVE***: Zunahme des Ventilations-Perfusions-Mismatch)

4.3. PH assoziiert mit HIV-Infektion

Vorg: • Eine HAART (*Highly active antiretroviral therapy*) kann günstigen Einfluss auf den pulmonalarteriellen (PA) Druck haben.

• HAART als alleinige Therapie genügt nicht (Konsilium).

4.4. Portopulmonale Hypertonie - Lebertransplantation

Allg: • Eine spezifische Therapie der PH kann den pulmonal-arteriellen Druck (PA-Druck) senken, wodurch eine Lebertransplantation möglich wird.

• Die Lebertransplantation senkt in den meisten Fällen den PA-Druck auf Normalwerte.

• PA-Druck und Möglichkeit einer Lebertransplantation:
- PA-Druck > 35 mmHg ......hohes postoperatives Risiko
- PA-Druck > 45 mmHg ......Lebertransplantation kontraindiziert

5. Spezifische Therapie

5.1. Kalziumantagonisten

Ind: • Idiopathische PAH (IPAH) mit positivem Vasoreaktivitätstest (*Responder*, etwa 10-20 % der IPAH-Patienten)

Vorg: • Hohe Dosierungen sind notwendig, welche aber oft schlecht toleriert werden (art. Hypotonie, Ödeme)

Bsp: • ADALAT® CR Tabl 60 mg PO

5.2. Prostacyclin-und Prostacyclinanaloga

Allg: • Prostacyclin hat folgende Wirkungen:
- Vasodilatation
- Antiproliferative Wirkung
- Thrombozytenaggregationshemmung

Vorg: • Anwendungsmöglichkeiten: Inhalation, **IV** oder **SC**

Ind: • Patienten mit PAH und CTEPH mit NYHA-Klasse III und IV

Bsp: • ILOMEDIN® Inhalation (es wird dieselbe Lösung wie für IV-Gebe benutzt)

5.3. Endothelinrezeptor-Antagonisten

Allg: • Endothelin ist vasokonstriktiv und proliferativ, spielt bei verschiedenen Formen der PH eine grosse Rolle.

Ind: • Patienten mit PAH und CTEPH *(chronic thromboembolic pulmonary hypertension)** mit NYHA-Klasse III und IV

Bsp: • TRACLEER® Tabl 62.5 mg oder 125 mg PO
- Monatliche Kontrolle von ASAT und ALAT
- Gute Antikonzeption notwendig!

5.4. Phosphodiesterase-5-Inhibitoren

Allg: • Eigenschaften: Verlängern die Wirkung von endogenem NO, einem potenten Vasodilatatoren.

Ind: • Patienten mit PAH und CTEPH* mit NYHA-Klassen III und IV

Bsp: • REVATIO® Tabl 20 mg

5.5. Kombinationstherapien

Allg: • Kombinationstherapien sind sinnvoll, da die spezifischen Medikamente verschiedene Wirkmechanismen haben.
• Verbessern wahrscheinlich die Überlebensrate

6. Chirurgische Therapien

6.1. Pulmonale Thrombendarterektomie

Ind: • CTEPH *(chronic thromboembolic pulmonary hypertension)* mit Thromben in proximalen, lobären oder proximalen Anteilen der segmentalen Pulmonalarterien

6.2. Lungentransplantation

Ind: • Schwere PAH und persistierende Dyspnoe NYHA III oder IV trotz maximaler Therapie
• Alterslimite 60-65 Jahre

6.3. Atrioseptostomie zur Entlastung des rechten Ventrikels

Allg: • Es handelt sich um eine palliative Therapie, welche nur bei selektionierten Patienten indiziert ist (Durchführung in spezialisierten Zentren).
• Verstärkt den Rechts-Links-Shunt und somit die Hypoxämie

* Endothelinrezeptor-Antagonisten und Phosphodiesterasehemmer bei CTEPH noch nicht offiziell zugelassen; gute Studien zeigen aber deren Wirksamkeit.

Interstitielle Pneumopathien[1] [J84.9]

Klas: **Diffuse parenchymale Lungenerkrankung (DPLD)**

- **A. DPLD bekannter Ursache**, siehe S. 371
- **B. Idiopathische interstitielle Pneumonie (IIP)**
  - ▪ **Idiopathische Lungenfibrose (IPF)**, S. 374
  - ▪ Andere Formen der idiopathischen interstitiellen Pneumonie
    - Desquamative interstitielle Pneumonie (DIP)
    - Akute interstitielle Pneumonie (AIP)
    - Nicht spezifische interstitielle Pneumonie (NSIP)
    - Respiratorische Bronchiolitis mit interstitieller Lungenerkrankung (RB-ILD)
    - Cryptogene organisierende Pneumonie (COP)
    - Lymphozytäre interstitielle Pneumonie (LIP)
- **C. Granulomatöse DPLD**
  - Sarkoidose
  - WEGENER-Granulomatose
- **D. Andere DPLD-Formen**
  - Lymphangioleiomyomatose (LAM)
  - LANGERHANSSCHE Histiozytose X, siehe Fussnote S. 371
  - Vererbte interstitielle Pneumopathien
    - Tuberöse Sklerose (von BOURNEVILLE)
    - GAUCHER-Krankheit
  - Eosinophile Pneumonie
    - Akute eosinophile Pneumonie
    - Chronische Pneumonie mit Eosinophilie (= CARRINGTON Krankheit)
    - LÖFFLER-Krankheit
  - Sonstige interstitielle Pneumopathien
    - Rheumatoide Arthritis
    - GODDPASTURE-Syndrom
    - Amyloidose
    - Alveoläre Proteinose u.a.

1 American Thoracic Society/European Respiratory Society. Am J Respir Crit Care Med 2002 ;165 ;277-304.

Urs: **A. Diffuse parenchymale Lungenerkrankungen (DPLD) bekannter Ursache**

1. Inhalierte Noxen aus der Umgebung (häufig berufsbezogen)
   - Anorganische inhalierte Agentien
     - Pneumokoniosen
       -- Silikose (SiO_2 Depot)*
       -- Silikatose: Asbestose**
       Mikalungen (Glimmer)
       Beryllose (Porzellan, elektronische Teile z.B. von Computern)
       Talk (z.B. bei Gummiarbeitern)
       Zement
       Schwerspat
       Zinnoxide
       Hartmetalle, Aluminium
   - Organische inhalierte Agentien
     - Hypersensitivitäts-Pneumonie = Exogen allergisch Alveolitis (z.B. Farmerlunge, Vogelzüchterlunge, Luftbefeuchterlunge u.a.)
2. Medikamentös
   - Amiodaron, Bleomycin, Methotrexat u.a. → www.pneumotox.com
3. Infektionen
   - Viren: *Influenza, CMV, HIV* u.a.
   - Mycobacterien
   - Mycoplasma, Chlamydia
   - *Pneumocystiis jirovecii* u.a.
4. Ionisierende Strahlen
5. Neoplasien
   - Lymphangitis carcinomatosa
   - Lymphom
   - Alveolarzellkarzinom
6. Toxische Agentien (Paraquat als hochgiftiges Herbizid)
7. Autoimmunitätsstörungen in Verbindung mit Konnektivitiden
   - Systemsklerose
   - SLE
   - Autoimmune Myositis
   - SJÖGREN-Syndrom
   - MCTD
8. In Verbindung mit Vaskulitiden
   - Mikroskopische Panarteritis
   - CHURG-STRAUSS-Syndrom
   - Morbus BEHÇET

* Silikose: Das Thoraxröntgenbild zeigt ein retikulo-noduläres Syndrom der mittleren/oberen Lungenfelder, ohne «Pleuraplaques».

** Asbestose: Das Thoraxröntgenbild zeigt ein retikulo-noduläres Syndrom der unteren Lungenfelder, mit «Pleuraplaques».

- LANGERHANSSCHE Histiozytose X

Syn: • Granulomatose mit Langerhans Zellen, Histiozytosis X

Allg: • Seltene Erkrankung, welche verschiedene, sich zum Teil überlappende Erkrankungen vereinigt (gemeinsamer Punkt: histiozytäre Proliferation):
1. Eosinophiles Granulom der Knochen
2. Hand-Schüller-Christian Krankheit (chronische, Multisystemerkrankung): Diabetes insipidus, Exophthalmie, Knochenläsionen
3. Letterer-Siwe Krankheit (aggressive Multisystemerkrankung mit schlechter Prognose)
   - Inzidenz (beim Kind): 1/200'000/Jahr
   - Prävalenz: 1/50'000
   - Männer > Frauen (2/1)

Klin: • Das klinische Spektrum ist sehr breit, ausgehend von einem isolierten Knochenbefall bis zur schweren Multisystemerkrankung.

- **Klinische Form beim Erwachsenen: pulmonale Histiozytose**

Allg: • Der typische Patient ist jung (20-40 J) und Raucher.
• Zufallsröntgenbefund bei 25 % der Patienten: retikulo-noduläres Infiltrat mit mehr oder weniger «zystischem» Aspekt, bilateral, symmetrisch, wobei die kosto-diaphragmatischen Sinus frei sind.

Klin: • Isoliert respiratoriche Symptome; spontaner Pneumothorax (10 %)

Rx: • Lungen CT (Noduli und Zysten sichtbar)

Dg: 1. Broncho-alveoläre Lavage (BAL); das Antigen CD1a soll gesucht werden
2. Bei nicht konklusiver BAL: Lungenbiopsie

Th: • Stopp Nikotinkonsum und Konsilium

Dg: 1. Histologie (Lungenbiopsie): BIRBECK-Granula (oder X-bodies), welche elektromikroskopisch gefunden werden können.
2. Die pathologischen Zellen können mit dem Antigen CD1a markiert werden (= Immunmarker der Langerhans Zellen).

Sarkoidose[1] [D86.9]

Allg:
- Es handelt sich um eine granulomatöse Multisystemerkrankung.
- Altersgipfel: 20-40 Jahre
- Die Sarkoidose tritt selten bei Kindern < 15 Jahre und im Alter > 65-70 Jahre auf.
- Pathogenese (Hypothese):
  - Genetische Prädisposition (z.B. Assoziation mit BTNL2, HLA-DRB1, HLA-DQB1, u.a.) bei Leuten welche wahrscheinlich mit spezifischen Trigger-Agentien einer Immunantwort (z.B. Baumpollen, Viren, Mykobakterien, anorganische Substanzen) in Kontakt gekommen sind.

Urs:
- Unklar (Immunantwort mit Ausschüttung von Interleukin-2, Interferon-γ und TNF-α?)

Klas:
1. Akute Sarkoidose, auch **LÖFGREN-Syndrom** genannt
   - Arthritis
   - Erythema nodosum
   - Bilaterale hiläre Lymphadenopathie
2. Langsam progrediente Sarkoidose mit spontaner Remission (bis zu ⅔ der Patienten)
3. Chronische Sarkoidose (ohne oder ungenügende spontane Remission

Klin: Symptome und klinische Befunde
- Nicht spezifische Allgemeinsymptome
  - Fieber, Gewichtsverlust, Müdigkeit
- Pulmonale Symptome (> 90 %)
  - Dyspnoe (initial Anstrengungsdyspnoe)
  - Trockener Husten
  - Thoraxschmerzen
- Extrathorakale lymphoide Sarkoidose
  - Lymphadenopathien der oberflächlichen Lymphknotenstationen (30 %)
  - ± Splenomegalie
- Leberbefall
  - Granulomatöse Infiltration (50-80 %)
  - Hepatomegalie (ca. 20 %)
- Kardialer Befall (symptomatisch in ca. 5 % der Fälle)
  - Kardiomyopathie, S. 280
  - Arrhythmien, Leitungsblöcke
- Hautbefall (25 %)
  - Erythema nodosum, S. 1096
  - Subkutane Noduli (= DARIER-ROUSSY Noduli)
  - *Lupus pernio* (bläuliche, chronische Hautnoduli, welche an folgenden Stellen beobachtet werden: Gesicht, Hals, manchmal an den Extremitäten, Gesäss)
- Augenbefall (10-80 %, kann jeden anatomischen Teil des Auges befallen)
  - Uveitis granulomatosa = häufigste Manifestation (anterior > posterior). Bei einer posterioren Uveitis muss nach einer Neurosarkoidose gesucht werden!
- Befall des Nervensystems (5-10 %)
  - Diabetes insipidus, S. 398
  - Fazialisparese, S. 586
- Proximaler Muskelbefall (Schulter, Hüfte)
- Gelenkbefall (20-40 %)
- Hämatologische Störungen
  - Anämie, Lymphopenie (10-40 %)
- Weitere klinische Manifestationen
  - Knochenzysten
  - Unilaterale oder bilaterale Parotitis
  - Hyperkalzämie (10 %)
  - Hyperkalziurie (30-40 %)
  - Nephrolithiase
  - Tubulo-interstitielle Nephritis

Prog:
- Die Sarkoidose hat i.d.R. eine gute Prognose.
- 10-15 % der Patienten leiden an einer chronischen Sarkoidose.

Rx:

Stadium	Beschreibung
0	Normales Röntgenthoraxübersichtsbild
I	Hiläre Adenopathie (oft bilateral und symmetrisch)
II	Hiläre Adenopathie + interstitieller Lungenbefall (retikulo-noduläres Syndrom)
III	Interstitielle Pneumopathie ohne hiläre Adenopathie
IV	Lungenfibrose, oft apikal betont

1 Innuzzi MC et al. N Engl J Med 2007 ; 357 :2153-65.

Rx: Lungen-CT bei pulmonaler Sarkoidose (Stadium II)

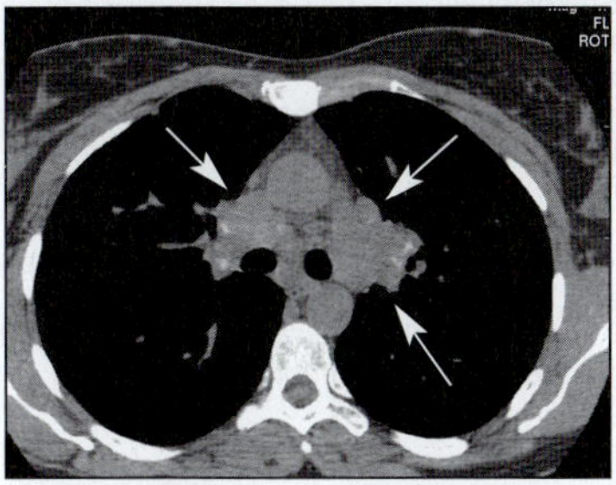

Lungen CT 1 (mediastinales Fenster): Multiple mediastinale Massen vereinbar mit hilären Lymphadenopathien.

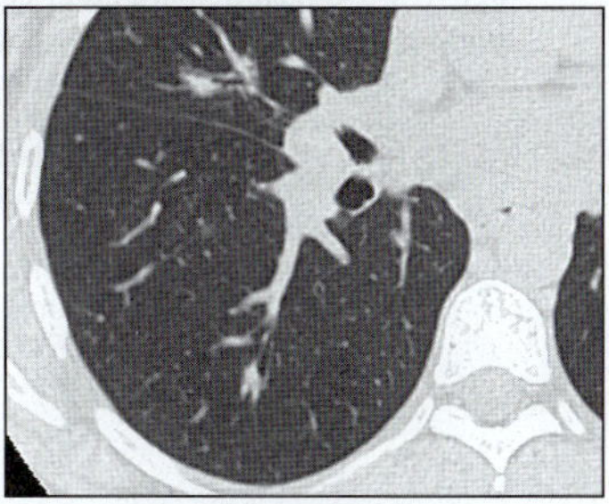

Lungen CT 2 (pulmonales Fenster): Bilaterales, retikulo-noduläres Infiltrat.

Vorg: A. Histologische Diagnosesicherung (nicht nekrotisierende, epitheloide Granulome) und Ausschluss anderer lokaler Ursachen einer sarkoidähnlichen Granulomatosereaktion.
→ Bronchoskopie mit BAL und transbronchialen Biopsien (≥ 5 Biopsien):
- Alveoläre Lymphozytose mit CD4/CD8-Verhältnis > 3.5
- Verminderte CD103-Titer

Die diagnostische Sensitivität einer Sarkoidose, bei vereinbarem radiologischem Befund und ≥ 5 transbronchialen Biopsien, liegt bei 90 %.

B. Empfehlungen zur Bilanzierung der Sarkoidose bei Erstdiagnose
- Anamnese und klinische Untersuchung:
  - Speziell gut befunden: Lunge, Haut, Augen, Leber, Herz
  - Neurostatus (Hirnnervenuntersuchung bei Vd. auf Neurosarkoidose; hier evtl. MR)
- Röntgenthorax ± Dünnschicht Thorax-CT (evtl. mit exspiratorischen Schnittebenen)
- Lungenfunktionstests
  - Normales oder restriktives und/oder obstruktives Syndrom, S. 310
  - Verminderung der DLCO, S. 315
  - Nicht spezifische bronchiale Hyperreaktivität (bei 20 % der Patienten)
- Blutanalysen
  - Komplettes Blutbild (Lymphopenie?)
  - Leberenzyme (ALAT, ASAT, alkalische Phosphatase, γ-GT)
  - Kalzämie (Hypokalzämie?)
  - Kreatinin
  - Proteinelektrophorese (polyklonale Hypergammaglobulinämie?)
- Urinanalysen
  - Kalziurie über 24 h (Suche einer Hyperkalziurie, auch bei fehlender Hyperkalzämie)
  - Proteinurie über 24 h
  - Harnsediment (Suche einer sterilen Leukozyturie)
- EKG (± Echokardiographie bei Sportlern), evtl. HOLTER-EKG
- Ophthalmo-Konsilium (Frage nach einer granulomatösen Uveitis)
- Evtl. Tuberkulose Abklärung (Pneumo-Konsilium)

C. Indikationsstellung für eine Therapie und die Verlaufskontrollen (siehe Punkt 5. S. 374)

Th: **1. Für Raucher: Stopp Nikotin**, ansonsten der Verlauf schwerwiegender ist!

2. Medikamentöse Therapie (Pneumo-Konsilium)

Allg:
- Therapie beim LÖFGREN-Syndrom (S. 372):
  - NSAR
  - Kortikoide ± andere Immunsuppressiva
- Therapiedauer: oft mind. 1 Jahr (hohes Rezidivrisiko bei frühem Absetzen).

Ind:
- Kardialer, neurologischer oder okulärer Befall ohne Ansprechen auf die topische Therapie
- Hyperkalzämie
- Niereninsuffizienz
- Schwerwiegender Hautbefall
- Progredienter Verlauf oder pulmonale Sarkoidose im Stadium II und III (mit pulmonalen Symptomen und Lungenfunktionseinbussen) oder Stadium IV

Bsp: a) Prednison 20-40 mg/d während 1-3 Mt., dann reduzieren auf 5-15 mg/d.
+ Andere Immunsuppressiva (z.B. Azathioprin) als steroidsparendes Medikament ggf. notwendig.

b) Alternativ (v.a. bei Hyperkalzämie und Hautbeteiligung):
- Hydroxychloroquin
- Evtl. TNFα-Hemmer bei gewissen therapieresistenten Fällen

4. **Lungentransplantation** (Pneumo-Konsilium)
   Ind: • Schwere, therapieresistente Sarkoidose
5. **Verlaufskontrollen** (Pneumo-Konsilium)
   Vorg: a) Während der 2 ersten Jahre (mindestens):
   - Klinische, funktionelle ± radiologische Verlaufskontrollen:
     - alle 3 Monate (Stadien II-IV)
     - alle 6 Monate (Stadium I)

   b) Nach 2 Jahren
   - Stabiles Stadium I: Kontrolle 1x/Jahr während einiger Jahre, dann Stopp
   - Stadien II-IV: Kontrollen alle 6-12 Monate (langfristig)
   - Alle behandelten Patienten: klinische, funktionelle ± radiologische Kontrollen während ≥ 3 Jahren nach Beendigung der Therapie (Rezidivrisiko)

Idiopathische Lungenfibrose (IPF)[1] [J84.1]

Syn: • Kryptogen fibrosierende Alveolitis

Allg: • Spezifische Form der chronisch fibrosierenden interstitiellen Pneumonie, die auf die Lunge beschränkt ist.
- Histologie: **UIP**-Muster *(usual interstitial pneumonia);* ein UIP Muster ist jedoch nicht zwingend eine IPF!
- Männer > Frauen
- Altersgipfel: 60-70 Jahre

Urs: • Unbekannt

Klin: • Symptome
  - Anstrengungsdyspnoe
  - Langsam progredienter, trockener Husten
- Klinische Untersuchung
  - Feine bibasale Rasselgeräusche, vom «Velkro-Typ» (inspiratorisch - exspiratorisch)
  - Uhrglasnägel und Trommelschlägelfinger (in 25-50 % der Fälle)
  - Im Endstadium: Cor pulmonale, s. 329
- **Funktionelle respiratorische Exploration**
  - Restriktives Syndrom mit (TLC < 80 % des Sollwertes)
  - ↓ DLCO (als Ausdruck der Diffusionsstörungen)
  - Anstrengungshypoxämie, später auch Ruhehypoxämie

Lab: • Nicht spezifisch
- ANA und/oder RF (in 10-20 % der Fälle ↑)

Rx: • Röntgenthorax
  - Bilaterale, basal betonte, symmetrische retikulonoduläre Transparenzminderung
- Lungen-CT (Dünnschicht)
  - Symmetrisches, bilaterales, retikuläres Infiltrat, subpleural beginnend
  - Honigwabenmuster («*honeycomb pattern*») ist häufig in den fortgeschrittenen Stadien zu beobachten
  - Traktionsbronchiektasen
  - Wenig bis fehlende Milchglastrübungen

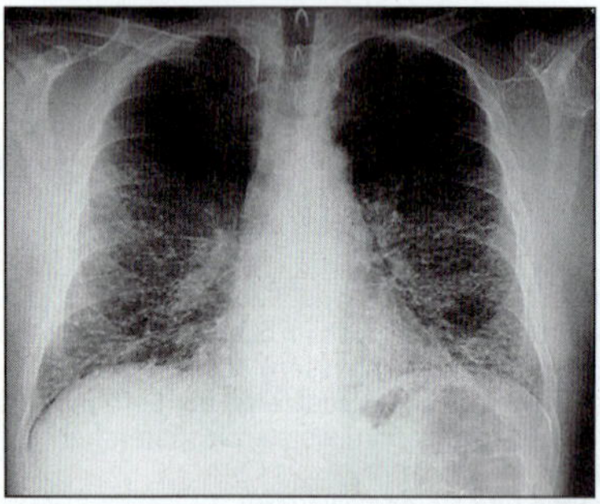

Thoraxröntgen: Bild einer Lungenfibrose.

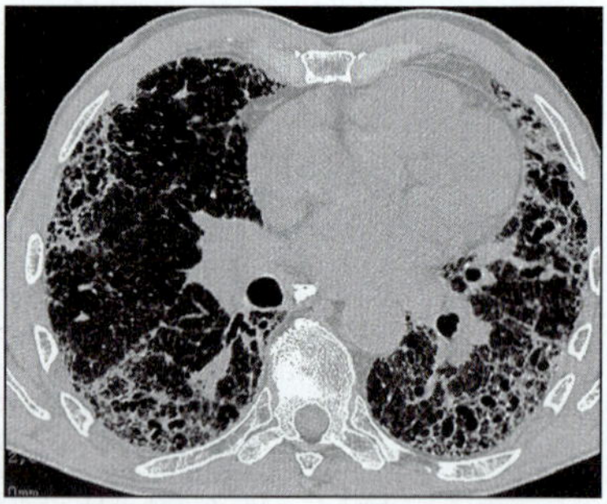

Thorax-CT (parenchymales Fenster): Lungenfibrose

1 American Thoracic Society/European Respiratory Society. Am J Respir Crit Care Med 2002 ;165; 277-304

Dg:[1] 1. Passende Klinik, radiologische Befunde, sowie typische Histologie (UIP) welche durch eine chirurgische Lungenbiopsie gewonnen wurde
und:
2. Ausschluss anderer Ursachen einer UIP (Medikamente, Umgebung, Konnektivitis u.a.)

Die Diagnose einer IPF kann auch ohne chirurgische Lungenbiopsie gestellt werden, falls alle 4 Hauptkriterien und ≥ 3 Nebenkriterien erfüllt sind.

Hauptkriterien
1. Ausschluss anderer Ursachen einer interstitiellen Lungenerkrankung (Medikamente, Umgebung, Konnektivitis u.a.)
2. Restriktion und Anomalien des Gasaustausches (↓ DLCO, Belastungshypoxämie)
3. Bibasale, subpleurale retikuläre Veränderungen mit wenig bis fehlender Milchglastrübung auf dem Dünnschicht Lungen-CT, siehe S. 1142
4. Die Resultate der transbronchialen Biopsien und der BAL erlauben es nicht, eine andere Diagnose zu stellen (z.B. Sarkoidose, exogen allergische Alveolitis).

Nebenkriterien
1. Alter > 50 Jahre
2. Langsam progrediente, nicht erklärbare Dyspnoe
3. Symptomdauer > 3 Monate
4. Bibasale feinblasige «Velco»-Rasselgeräusche

Vorg:

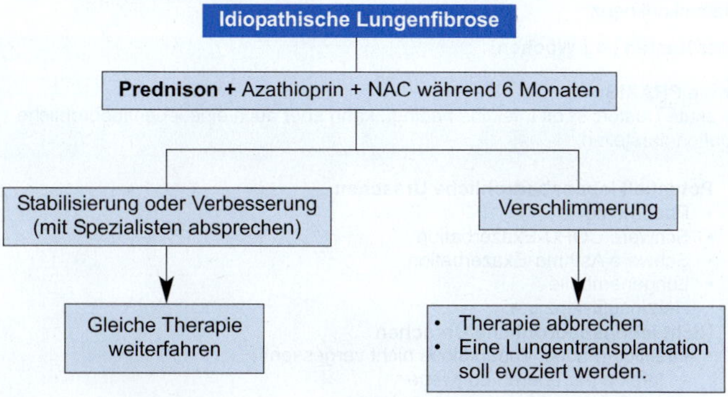

Algorithmus: Allgemeines Vorgehen bei idiopathischer Lungenfibrose.

NAC = N-Acetylcystein

Th: **1. Allgemein**
- Bis heute gibt es keine Therapie der IPF, welche signifikant die Mortalität reduziert.
- Protonenpumpeninhibitoren bei Refluxsymptomatik (die Refluxsymptomatik ist allenfalls ein ursächlicher Ko-Faktor).

2. Dauersauerstofftherapie (Pneumo-Konsilium)
- Indiziert bei:
  - SpO_2 < 7.3 kPa (< 55 mmHg) oder < 8 kPa (< 60 mmHg) und Cor pulmonale

3. Kortikoide — Immunsuppressoren (Pneumo-Konsilium)
- 10-15 % der Patienten sind unter folgender Kombinationstherapie stabilisiert oder leicht verbessert:
  - Kortikoide (z.B. Prednison 10-15 mg/d PO)
  - Evtl. bei Exazerbationen: Immunsuppressoren (Azathioprin oder Cyclophosphamid)

4. N-Acetylcystein (NAC)
- NAC hoch dosiert (3x 600 mg/d PO), zusätzlich zu Kortikoiden und der Immunsuppressorentherapie mit Azathioprin, kann die funktionelle Prognose evtl. leicht verbessern.

5. Lungentransplantation (in den meisten Fällen einseitig)
- Die Lungentransplantation ist die einzige therapeutische Option, welche signifikant die Mortalität der IPF reduziert.
- Eine Lungentransplantation wird in folgenden Situationen diskutiert:
  - Alter < 65 Jahre
  - Keine schwerwiegende Komorbiditäten
  - Schlechter klinischer und funktioneller Verlauf trotz optimaler medikamentöser Therapie

1 American Thoracic Society/European Respiratory Society. Am J Respir Crit Care Med 2002 ;165; 277-304

Husten[1-3] [R05]

Def: • Reflektorische (± unterdrückt) maximale Exspiration bei geschlossener Stimmritze.

Allg: • Husten, als vizeraler Reflex, ist ein **Symptom und <u>nicht</u> eine Diagnose**.
• Der Kortex kontrolliert den Husten, indem die unwillkürlichen vagalen Afferenzen entweder gehemmt werden (→ kein Husten), oder als willkürlichen Husten manifestieren lassen. Da psychologische Faktoren beim Husten eine Rolle spielen, müssen diese als Ursache oder Wirkung in Betracht gezogen werden.

Für die PRAXIS:
Die häufigsten Ursachen des Hustens bei Nichtrauchern mit normalem Thoraxröntgenbild und die keinen ACE-Hemmer einnehmen, sind:
- **Asthma**
- **Gastro-ösphagealer Reflux (GÖR)**
- **Hustensyndrom der oberen Luftwege** (*Upper airway cough syndrome, UACS*)

Kpl: • Häufige Komplikationen des chronischen Hustens:
- Unspezifisches Unwohlsein, Irritabilität
- Erschöpfungszustand
- Schlafstörungen
- Myalgie
- Thoraxschmerzen
- Harninkontinenz

Urs: **1. Akuter Husten (< 3 Wochen)**

Für die PRAXIS:
Der akute Husten ist oft infektiös bedingt, kann aber auch eine lebensbedrohliche Situation darstellen.

1.1. Potentiell lebensbedrohliche Ursachen
- Pneumonie
- Schwere COPD-Exazerbation
- Schwere Asthma-Exazerbation
- Lungenembolie
- Herzinsuffizienz u.a.

1.2. Nicht lebensbedrohliche Ursachen
- Infektiös (häufig; Tuberkulose nicht vergessen!!)
  - Infekte der oberen Luftwege
    - -- Grippe und andere virale Infekte
    - -- Allergische Rhinitis
    - -- Akute bakterielle Sinusitis
  - Infekte der unteren Luftwege
    - -- Akute Bronchitis (viral > bakteriell)
    - -- Infektion mit *Bordetella pertussis* (Keuchhusten) u.a.
- Exazerbation einer vorbestehenden Lungenerkrankung
  - COPD
  - Asthma
  - Bronchiektasen
  - Hustensyndrom der oberen Luftwege (UACS)
- Umweltbedingt
- Berufliche Exposition

2. Subakuter Husten (3-8 Wochen)

2.1. Post-infektiös
- Pneumonie (Tuberkulose nicht vergessen!)
- Infektion mit *Bordetella pertussis* (Keuchhusten)
- Bronchitis
- Subakute bakterielle Sinusitis
- Neuauftreten oder Exazerbation einer vorbestehenden Lungenerkrankung
  - Hustensyndrom der oberen Luftwege (UACS)
  - Asthma
  - Gastro-ösophagealer Reflux (GÖR)
  - Bronchitis
    - -- Akute Exazerbation einer chronischen Bronchitis
    - -- Nicht asthmatische eosinophile Bronchitis

2.2. Nicht post-infektiös
- Siehe Ursachen unter «Chronischer Husten»

1 Irwin RS, Baumann MH, Bolser DC, et al. Chest 2006 ;129 (Suppl 1): 1S-23S. 2 Kastelik JA, et al. Eur Respir J 2005 ;25 :235-43. 3 Morice AH and Committee members Eur Respir J 2004 ;24 :481-92.

3. Chronischer Husten (> 8 Wochen), siehe Algorithmus 378

- Rauchen!
- Gastro-ösophagealer Reflux (GÖR)
- ACE-Hemmer (wesentlich seltener auch unter Sartanen)
  - Husten tritt bei ca. 10 % der Patienten unter ACE-Hemmer auf.
  - Der Husten unter ACE-Hemmer tritt während der ersten Monate der Therapie auf und verschwindet 1-2 Wo nach Absetzen dieser Therapie.
- Pneumopathie
  - Asthma
  - COPD
  - Bronchuskarzinom oder andere Lungentumoren
  - Bronchiektasen
  - Interstitielle Pneumopathien
  - Eosinophile Bronchitis
- Hustensyndrom der oberen Luftwege (*Upper Airway Cough Syndrome*, UACS)
  - Pathogenese:
    - -- *Post-nasal drip* (Sekretionsfluss entlang dem Nasopharynx)
    - -- Direkte Irritation der oberen Atemwege
    - -- Entzündung der Hustenrezeptoren
  - DD: Rhinitis/Rhinosinusitis, S. 346
- Pleurareizung
  - Intra- oder extraparenchymatöser Tumor (z.B. Mesotheliom, Lymphom)
  - Mediastinaltumor
  - Periphere Lungenembolie
  - Pneumonie
- Herzinsuffizienz
- Bronchiale Aspiration
- Ösophago-tracheale Fistel
- WEGENER-Granulomatose
- Sarkoidose
- Fremdkörper
- Retrosternale Struma
- Ausschlussdiagnosen (10-15 % der chronischen Husten)
  - Psychogen
  - Unerklärbarer Husten

Vorg:

1. Detaillierte Anamnese (v.a. bezgl. potentiellen Ursachen)
   - Dauer, Fieber, Dyspnoe, Auswurf
   - Abhängig von der Körperlage, postprandial verstärkt, bei körperlicher Anstrengung, B-Symptome
   - Inhalative Noxen (Rauchen, Allergenexposition, Inhalationstrauma u.a.)
   - Medikamentenanamnese (ACE-Hemmer, Betablocker)
2. Klinische Untersuchung
   - Inspektion: Zeichen einer Rechtsherzinsuffizienz, Trommelschlägelfinger, Hautemphysem, Einsatz der Atemhilfsmuskulatur, Thoraxform (Fassthorax?), symmetrische Atembeweglichkeit, HNO-Befunde
   - Palpation: Thorakale Dämpfung, hypersonorer Klopfschall, Lymphadenopathien, schmerzhafte Sinus
   - Lungenauskultation (S. 350): Rasselgeräusche, Stridor u.a.
3. Thoraxröntgenbild (2 Ebenen)
4. Labor: BSG, CRP, Blutbild; weitere Analysen je nach Situation
5. Evaluation des chronischen Hustens, siehe Algorithmus 378

Th:

1. Kausaltherapie

- Folgende Krankheitsbilder werden weiter im Text erläutert:
  - Hustensyndrom der oberen Luftwege (UACS), siehe **BOX 1** S. 379
  - Asthma, siehe **BOX 2** S. 379
  - GÖR, siehe **BOX 3** S. 379

Für die PRAXIS:

- Die Kontrolle der therapeutischen Kompliance ist essentiell (den Patienten ausführlich aufklären).
- Da der Husten multifaktoriell sein kann, sollen bei partiellem Therapieerfolg die entsprechenden Medikamente oder therapeutischen Massnahmen in Kombinationstherapie beibehalten werden.

2. Symptomatische Therapie (Antitussiva und/oder Expektorantien, S. 1300)

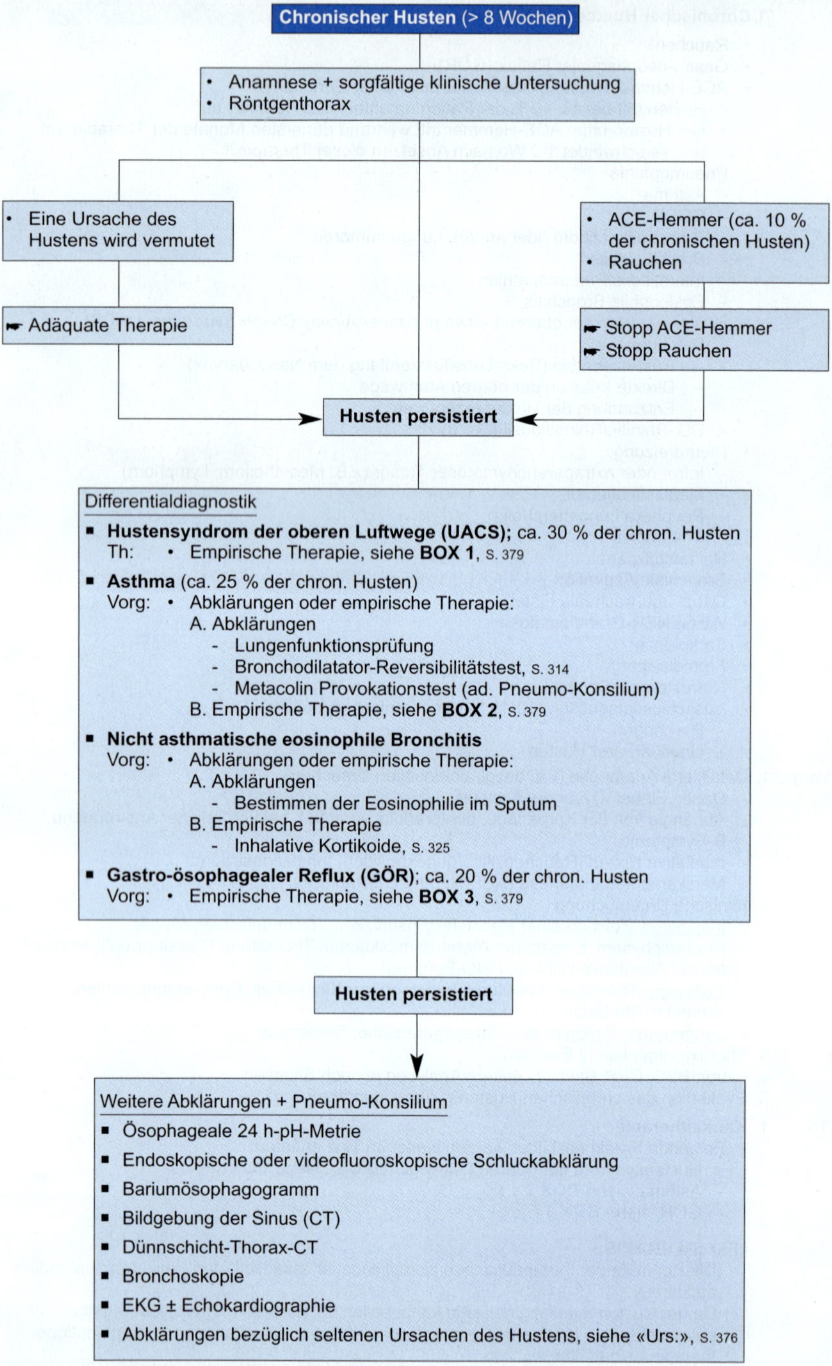

Algorithmus: Chronischer Husten

UACS = Upper airway cough syndrome

1 Angepasst nach: Irwin RS, et al. Chest 2006 ;129 (Suppl 1): 1S-23S.

BOX 1

- **Hustensyndrom der oberen Luftwege (*Upper Airway Cough Syndrome,* UACS)**

Allg:
- Das UACS umfasst alle Formen der Rhinosinusitis.
- Ein UACS ist wahrscheinlich wenn a) und b) erfüllt sind:
  a) Zahlreiche Versuche von Halsreinigung *(throat clearing)*
  - oder Patienten mit post-nasalen Sekretionen
  - oder Patienten, die sich sehr oft die Nase reinigen
  - oder Patienten mit verstopfter Nase oder solche die oft niesen

  und:

  b) Der Naso-Oro-Pharynx weist mukopurulente Sekrete auf oder zeigt eine entzündete Schleimhaut.

Vorg:
- Bei Fehlen von a) und b) soll ein Sinus-CT durchgeführt werden mit folgenden Fragestellungen:
  - Vorhandensein eines Wasser-Luft Niveaus
  - Transparenzminderung («Verschattung») eines oder mehrerer Sinus
  - Verdickte Sinusschleimhaut (≥ 5 mm)

Th:
- Bei wahrscheinlicher Rhinosinusitis soll folgende Therapie eingeleitet werden:
  1. Nasale Kortikoide während 2 Wo, z.B.:
     - Budesonid - Mometason
     - Fluticason - Triamcinolon

     und/oder:
  2. Orales H1 Antihistaminikum, S. 1236
  3. Nasaler Vasokonstriktor (± als adjuvante Therapie, aber nur für einige Tage)

Für die PRAXIS:
Die Gefahr einer medikamentösen Rhinitis besteht schon nach wenigen Tagen Applikation eines nasalen Vasokonstriktors!!

BOX 2

- **Asthma**

Allg:
- Hohe Wahrscheinlichkeit falls:
  a) Reversible Obstruktion des Atemflusses **und**
  b) Anamnese von Pfeifen (*wheezing*) oder episodischer Dyspnoe

Vorg:
- Bei Fehlen von a) und b) soll wie folgt weiter abgeklärt werden:
  I. *Peak flow*: 2x/d (jedesmal 3 Versuche, wobei das beste Resultat notiert wird; dies soll über 2 Wo gemessen werden). Interpretation, siehe S. 317
  und/oder:
  II. Metacholin Provokationstest (mittels Inhalation, siehe mit Pneumologen)

Th:
- Empirische Therapie während 2 Mt. (bei fehlendem Therapieerfolg nach diesen 2 Mt. müssen weitere Abklärungen eingeleitet werden)
  - Inhalatives Kortikoid (S. 325) + β2-Agonist (S. 321)
- Oder: Antileukotrien (S. 325) ± inhalatives Kortikoid

BOX 3

- **Gastro-ösophageale Pathologie**

Allg:
- Hohe Wahrscheinlichkeit falls:
  a) Anamnese von epigastrischem Brennen, Dysphagie oder Aufstossen
  und/oder:
  b) Zusammenhang zwischen dem Husten und der Körperhaltung oder Husten beim Essen.

Vorg:
- Bei Fehlen von a) und b) können folgende Abklärungen durchgeführt werden:
  1. Ambulante 24 h-pH-Metrie (ein GÖR ist definiert als Abfall des pH < 4.0 während > 4 % bezüglich der gesamten Messzeit)
     und:
  2. Manometrie (Analyse der Ösophagusmobilität): der Patient führt 10x einen Schluckakt aus, wobei die Übertragung der Ösophaguskontraktionen gemessen wird. Sie ist pathologisch, wenn ≥ 30 % der Kontraktionen nicht weitergeleitet worden sind.
  3. Obere Endoskopie

Th:
- Wenn die Diagnose eines GÖR wahrscheinlich ist, wird eine empirische sekretionshemmende Therapie empfohlen:
  1. PPI (siehe symptomatischer GÖR, S. 404) hochdosiert während ≥ 2-3 Mt.
  2. Antireflux Massnahmen
     - Nahrungshygiene: 3 fettarme und proteinreiche Mahlzeiten pro Tag
     - Vermeiden von: Alkohol, Koffein, Schokolade, Pfefferminz
     - Nicht essen und trinken während der 2-3 h vor dem Schlafengehen
     - Hochstellen des Bett-Kopfendes um ca. 30°

Bem:
- Der Husten bei GÖR kommt wahrscheinlich durch den broncho-ösophagealen Reflex zustande. Aber 75 % der Patienten mit GÖR sind asymptomatisch!

Bronchiektasen [J47]

Def: • Irreversible Dilatation der Bronchien mit voluminösen Auswürfen, welche zur bronchialen Obstruktion führen können.

Allg: • Die Bronchiektasen werden in ca. 50 % der Fälle bilateral und generalisiert beobachtet.

Urs: I. Kongenital
- Zystische Fibrose
- α1-Proteinaseinhibitormangel, S. 457
- KARTAGENER-Syndrom§
- Mangel an Immunglobulinen *(z.B. Common variable immunodeficiency syndrome)*

II. Erworben
- Post-infektiös (Keuchhusten, Röteln u.a.)
- Allergische bronchopulmonale Aspergillose (ABPA), S. 382
- Tuberkulose
- Post-stenotische Entzündungen bei Fremdkörperaspiration
- Lungentumoren
- Lungenfibrose (sekundäre Bronchiektasen infolge Parenchyminvolution → Traktionsbronchiektasen)
- Idiopathisch (⅔ der Fälle)

Klin:
- Husten mit Auswurf
  - Sehr voluminöser Auswurf, oft stark viskös (v.a. morgens und nach Positionswechsel)
  - Manchmal Hämoptyse
- Ateminsuffizienz (im fortgeschrittenen Stadium)
  - Anstrengungsdyspnoe
  - Uhrglasnägel, Trommelschlägelfinger
  - Zentrale Zyanose
- Lungenauskultation
  - Grossblasige Rasselgeräusche (entsprechend dem bronchialen Schleim)
  - Obstruktion: Giemen, pfeifen

Dg:
- Anamnese und Klinik
- Röntgenthorax
  - Ein normales Thoraxbild schliesst die Diganose der Bronchiektase nicht aus!
  - Verdickung der Bronchialwände (können als «*tram lines*» imponieren)
  - Bei peribronchialer Fibrose wird ein interstitielles Syndrom beobachtet
- Weitere Abklärungen (Pneumo-Konsilium):
  - Dünnschicht Lungen-CT
  - Bronchoskopie
  - Angiographie mit Embolisation bei schwerwiegenden Hämoptysen
  - Schweisstest (bei Verdacht auf zystische Fibrose), evtl. genetische Abklärungen
  - Ziliare Kinetik (Bronchialschleimhautbiopsie)
  - Immuno-allergologische Abklärungen u.a.

Rx:
- Hier ein Beispiel eines Dünnschicht Lungen-CT

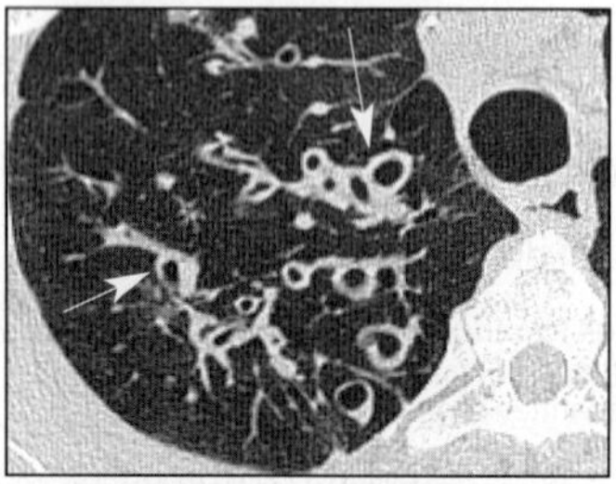

CT: Bronchiektasen. Die Bronchialwände sind stark verdickt.

§ **KARTAGENER-Syndrom**

Allg:
- Autosomal rezessive Erbkrankheit

Klin:
- Situs inversus
- Bronchiektasen
- Nasenpolypen
- Manchmal Brustkorbdeformitäten
- Kongenitale Kardiopathie
- Hormonstörungen im Rahmen einer pluriglandulären Insuffizienz
- Beim Mann: Motilitätsstörungen der Spermatozoiden, meist Infertilität
- Häufige, rezidivierende Infekte

Bem:
- Der Term: «Syndrom der immobilen Zilien» wird oft angewendet um das KARTAGENER-Syndrom zu beschreiben, v.a. bei fehlendem Situs inversus (= inkomplettes KARTAGENER-Syndrom).

Kpl:
- Obstruktive Bronchitis
- Rezidivierende broncho-pulmonale Infekte (manchmal auch durch Pilze hervorgerufen!)
- Lungenabszesse und gestreute Abszesse ausserhalb der Lunge
- Hämoptyse (manchmal lebensbedrohend)
- Cor pulmonale (S. 329): Das Cor pulmonale entsteht durch die Persistenz des pulmonalen Druckes, was eine Rechtsherzinsuffizienz zur Folge hat.

Th:

1. **Kausaltherapie** + Pneumo-Konsilium und Verlaufskontrollen
   - Die Lungenfunktionsprüfung kann als adäquate Verlaufskontrolle eingesetzt werden.
2. **Symptomatische Therapie**
   - Bronchialtoilette jeden Morgen
   - Physiotherapie (Flutter, autogene Drainage u.a.)
   - Mykolytika bei Bedarf
   - Gezielte (!!) Antibiose bei Superinfekt
3. **Prophylaktische Therapie**
   - Grippeschutzimpfung
   - Pneumokokkenimpfung
4. **Chirurgische Therapie** (Konsilium)
   - Ein chirurgischer Eingriff soll bei symptomatischen, isolierten Bronchiektasen diskutiert werden. Idealerweise sollte die Erkrankung nur einen Lungenlappen betreffen.

ABPA: Allergische bronchopulmonale Aspergillose[1-3] [B44.8]

Allg:
- Die ABPA ist eine pulmonale Hypersensibilitätsreaktion, welche bei Asthmatikern oder Patienten mit zystischer Fibrose als Folge einer Kolonisation der Bronchien durch inhalierten Aspergillus auftritt.
- Wiederholte Episoden von Bronchialobstruktion, Entzündung und Schleimretention führen zu Bronchiektasen, Fibrose und Lungenfunktionseinbusse bis Ateminsuffizienz.
- Es gibt ca. 200 Arten von Aspergillus. Folgende sind beim Menschen pathogen: *A. fumigatus* (80 %), *A. flavus* (15 %), *A. nidulans*, *A. niger*, *A terreus* (< 5 %).
- Atopiker haben ein höheres Risiko, in Umgebungssituationen mit hoher Aspergillus-Inzidenz, davon kolonisiert zu werden. Dazu gehören z.B.:
  - Arbeiten in Kellern oder in klimatisierten Räumen
  - Handhabung von planzlichen Nahrungsmitteln oder schimmliger Komposterde.
- Ein gesunder Proband hingegen ist im Vgl. zum ABPA-Patienten fähig, die Aspergillen Sporen zu eliminieren, ohne kolonisiert zu werden.
- 5-10 % der kortisonabhängigen Asthmatikern leiden an einer ABPA.[1]
- Die Frühdiagnose einer ABPA ist prognostisch essentiell, um den Verlauf einer irreversiblen Lungenfibrose zu verhindern. Leider wird die Diagnose aber oft erst nach langjähriger Krankheit gestellt (10-30 Jahre).

Dg: Die Diagnose einer ABPA kann als «sicher» bezeichnet werden, wenn alle 7 Kriterien, vorhanden sind (kein Konsens):

1. Asthma
2. Pulmonale Infiltrate (in der Vorgeschichte, transitorisch oder fix)
3. Hypereosinophilie (Plasma) > 500/mm³
4. Totale IgE > 1000 ng/mL (oder > 1000 IE/mL)
5. Positiver Hauttest gegenüber *Aspergillus fumigatus* in der Direktablesung
6. Erhöhte spezifische IgE und Typ IgG bezüglich *Aspergillus fumigatus*
7. Proximale Bronchiektasen (diagnostiziert mit Dünnschicht Lungen-CT)

Klin:
- Dyspnoe (gleicht derjenigen eines Atopikers mit Asthma)
- Bronchorrhoe
- Fieber

Klas:[3]
- Die ABPA wird in 5 Stadien eingeteilt.

I	Akuter Schub: bronchospastische Exazerbation mit verstärkter Bronchorrhoe, Fieber, Auftreten oder Verschlimmerung von pulmonalen Infiltraten und Verschlimmerung der biologischen Parameter
II	Klinische, radiologische und biologische (totale IgE, Eosinophilie im Plasma) Remission
III	Rezidivierende Exazerbation der Symptome mit Verschlechterung der biologischen Tests
IV	Kortison abhängiges Asthma
V	Endstadium: Lungenfibrose, bullöse oder kavernöse Läsionen

Rx:
- Röntgenthorax und Thorax-CT können folgende Aspekte zeigen:
  - Unspezifische Lungeninfiltrate, Bronchiektasen, Lungenfibrose, Bullae, Kavernen u.a.

DD:
- Aspergillen-Bronchitis
- Aspergillärer Superinfekt einer COPD
- Aspergilläres Asthma
- Bronchozentrische Granulomatose
- Nekrotisierende Granulomatose
- Invasive Aspergillose, semi-invasive Aspergillose

Vorg:
1. Durchführung von Hauttests *(Prick-tests)*
2. Bei positiven Hauttests sollen die totalen IgE und die anti-*Aspergillus fumigatus* Antikörper (spezifische IgE und IgG) bestimmt werden.
   → Wenn der Patient nicht unter Kortisontherapie steht, ist die ABPA bei einem totalen IgE-Serumtiter < 1000 ng/mL oder negativen anti-*Aspergillus* Antikörper unwahrscheinlich.

Bem:
- Diagnostische Abklärungen einer invasiven Aspergillose:
  - Biopsie, BAL (50 % falsch negative Resultate; die Bedeutung einer positiven Kultur ist nicht klar).
  - Der Auswurf hat einen guten positiven prädikativen Wert.
  - Weitere Tests (z.B. Suche nach Antigenen, wie Glaktomannane) sowie Suche nach mRNA (NASBA) und DNA (mittels PCR Methode) sind noch nicht standardisiert.

1 UpToDate ABPA 2008 2 Stevens DA, et al. N Engl J Med 2000 ;342 :765-62. 3 Patterson R. Ann Intern Med 1982 ;96 :286-91.

Th: **1. Medikamentöse Therapie** (Pneumo-Konsilium)

Allg:
- Ziel der Therapie:
  - Kontrolle der akuten Entzündungsphasen, um den Verlauf einer Lungenfibrose zu verlangsamen oder zu vermeiden.

Bsp:
- **Prednison** 0.5-1 mg/kg/d PO während 14 d, dann progredientes Ausschleichen über 3-6 Mt.
- Je nach Schweregrad der Erkrankung soll eine Langzeitbehandlung ins Auge gefasst werden (Pneumo-Konsilium).
- Die inhalativen Kortikoide erlauben eine gewisse Kontrolle der Symptome, aber weisen keine präventive Wirkung aus!

Bem:
- Verlauf:
  - Während der Kortikotherapie sollen die totalen IgE Serumtiter 1-2x/Monat kontrolliert werden.
  - Die gleichzeitige Gabe von Itraconazol (z.B. 2x 200 mg/d PO für 16 Wo)[2] kann bei Patienten, welche gehäuft eine orale Kortisontherapie oder hohe Kortisondosen benötigen, diskutiert werden.
    CAVE unter Itraconazol:
    -- Potentielle Lebertoxizität → regelmässige Kontrolle der Leberenzyme!
    -- Ist negativ inotrop → Vorsicht bei Herzinsuffizienz!

Kpl:
- Folgen/Komplikationen des unbehandelten OSAHS
  - ▪ Neurokognitive Defizite
    - Exzessive Tagesschläfrigkeit
    - Verkehrsunfälle
    - Störung der kognitiven Funktionen
    - Verminderte Lebensqualität
  - ▪ Kardio-zerebrovaskuläre Folgen/Spätschäden
    - Art. Hypertonie (oder Verschlechterung der Hypertonie)
    - Pulmonal-arterielle Hypertonie
    - Aktivierung des Sympathikus
    - Systemische Entzündung:
      -- Vermehrung inflammatorischer Mediatoren
      -- Oxidativer Stress
    - Hyperkoagulabilität
    - Endotheliale Dysfunktion
    - Metabolisches Syndrom
    - Abnahme der LVEF bei Herzinsuffizienz
  - ▪ Mortalität
    - Myokardinfarkt
    - Schlaganfall

2 Stevens DA, et al. N Engl J Med 2000 ;342 :765-62.

Schlafapnoe Syndrom [G47.3]

Def:

Apnoen	Fehlen des Luftflusses während > 10 sek
Hypopnoen	≥ ca. 50 % Reduktion des Luftflusses während > 10 sek
RERA's *(Respiratory Effort Related Arousal)*	Sequenzen von Atemzügen von > 10 sek: • Zunehmender Atemeffort (Kraftaufwand) • Oder zunehmende Abflachung der nasalen Fluss-Zeit-Kurve («flattening») • Gefolgt von einer Weckreaktion (das Atemzugvolumen wird dabei aufrechterhalten, dazu ist aber eine grössere Atemanstrengung nötig).
AHI *(Apnoe/Hyponpnoe Index)*	Apnoen + Hypopnoen pro Stunde Schlaf
RDI *(Respiratory Disturbance Index)*	Apnoen + Hypopnoen + RERA's pro Stunde Schlaf
O_2-Entsättigungen	Häufige Folgen von Apnoen und Hyponoen (nicht von RERA's)
ODI (O_2-Desaturations-Index)	Anzahl 3-4 %-O_2-Entsättigungen pro Stunde Schlaf

Tabelle: Diagnosekriterien des OSAHS.

Dg:
- Das OSAHS umfasst klinische Symptome und nachgewiesene obstruktive schlafassoziierte Atemstörungen: **Kriterium 1 oder 2, und 3** (wobei die Symptome nicht durch andere Ursachen erklärt werden können)
  1. Exzessive Tagesschläfrigkeit (Tendenz zum Einnicken)
     oder:
  2. Mindestens 2 der folgenden Symptome:
     a) Erstickungsgefühl, nach Luft ringen im Schlaf
     b) Wiederholtes Erwachen aus dem Schlaf
     c) Nicht erholsamer Schlaf
     d) Tages-Müdigkeit
     e) Konzentrationsstörung
     und in jedem Fall:
  3. RDI > 5/h (gemessen während Polysomnographie, oder berechnet pro Ableitungsstunde während respiratorischer Polygraphie).
     Bei asymptomatischen OSAHS muss der RDI > 15/h sein

Allg:
- Prävalenz des OSAHS: ca. 4 % der Männer, ca. 2 % der Frauen
- Verkehrs-Unfallsrisiko: um Faktor 2-10 erhöht
- 50 % der OSAHS-Patienten leiden an einer art. Hypertonie; Patienten mit OSAHS haben ein 3x erhöhtes Risiko innerhalb von 4 Jahren eine art. Hypertonie zu entwickeln.
- Zahlreiche OSAHS-Patienten sind adipös, aber auch viele normalgewichtige Patienten leiden an OSAHS.

Klas:
1. **Obstruktives Schlafapnoe/Hypopnoe Syndrom (OSAHS)**, S. 385
2. **Zentrales Schlafapnoe Syndrom**, S. 386
3. **Komplexe Schlafapnoesyndrome**, S. 386

DD:
- Schlafinsuffizienz, Schlafmanko, Schichtarbeit
- Depression
- Alkohol, Schlafmittel, Drogen, Medikamente
- Andere Atemstörungen im Schlaf
  - Zentrale Schlafapnoe
  - CHEYNE-STOKES-Atmung, S. 388
  - Hypoventilations-Syndrom ($PaCO_2$ ↑)
- Narkolepsie-Kataplexie Syndrom, Fussnote S. 387*
- Insuffizienz des Vigilanzsystems
  - Idiopathische Hypersomnie
  - Nach Schlaganfall
- *Restless Legs Syndrom* (macht aber überwiegend Insomnie), S. 612
- Hypothyreose
- Akromegalie
- Seltene Ursachen: Langschläfer, «Eule» und «Lerche», Chronobiologie
- Psychiatrische Erkrankung u.a.

Lab:
- ABGA (nicht routinemässig): bei Hypoventilation $PaCO_2$ ↑; bei ZSA oft $PaCO_2$ ↓
- TSH (bei Verdacht auf Hypothyreose oder bei postmenopausalen Frauen)
- Tox*screen* bei unklaren Situationen

1. Obstruktives Schlafapnoe/Hypopnoe Syndrom (OSAHS)

Allg:
- Es handelt sich um einen Verschluss der oberen Atemwege mit erhaltenem, während der Apnoe zunehmendem Atemeffort (kein Atemfluss an Nase und Mund, zunehmende Atembewegungen von Thorax und Abdomen).
- Das OSAHS ist die häufigste Form der Schlafapnoe.
- Obstruktive Apnoen treten auf bei Patienten mit anatomisch engen oberen Luftwegen, mit starken Dilatatoren, welche die oberen Luftwege im Wachzustand, nicht aber im Schlaf offenzuhalten vermögen. Als Folge davon kommt es im Schlaf zum repetitiven Verschluss der oberen Luftwege mit intermittierenden O_2-Entsättigungen. Apnoen werden meistens von Weckreaktionen (*Arousals*) beendet, die mit Blutdruck- und Pulsspitzen und erhöhtem Sympathikotonus einhergehen.
- Risikofaktoren für OSAHS:
  - Adipositas, grosser Halsumfang, art. Hypertonie, männliches Geschlecht, Alter, Herzinsuffizienz, Schlaganfall

Klin:
- Kardinalsymptome
  - Exzessive Tagesschläfrigkeit
  - Schnarchen, beobachtete Atempausen
  - Nächtliches Erstickungsgefühl, nach Luft ringen
- Weitere typische Symptome
  - Wiederholtes Erwachen aus dem Schlaf
  - Nicht erholsamer Schlaf, Tages-Müdigkeit, Konzentrationsstörungen
- Nicht-spezifische Symptome
  - Nachts: Nykturie, Geifern/Sabbern, Bruxismus, Schwitzen, trockener Mund am Morgen
  - Tags: Ungeschicklichkeit, Unaufmerksamkeit, schlechtes Gedächtnis, Reizbarkeit, Depression, Impotenz, morgendliches Kopfweh
- Klinische Untersuchung
  - Halsumfang (***CAVE*** > 40 cm)
  - Suche nach art. Hypertonie
  - Nasale, pharyngeale, kraniofaziale Anomalien:
    - -- Abstand Zunge - Rachenhinterwand
    - -- Makroglossie, Uvula- und/oder Tonsillenanomalien
    - -- Harter und weicher Gaumen (Höhe, intermolare Distanz)
    - -- *Overjet*, Retro- Mikrognathie, Zahnengstellung, Bruxismus, Zahnspangen?
    - -- Nasenfunktion, -anatomie

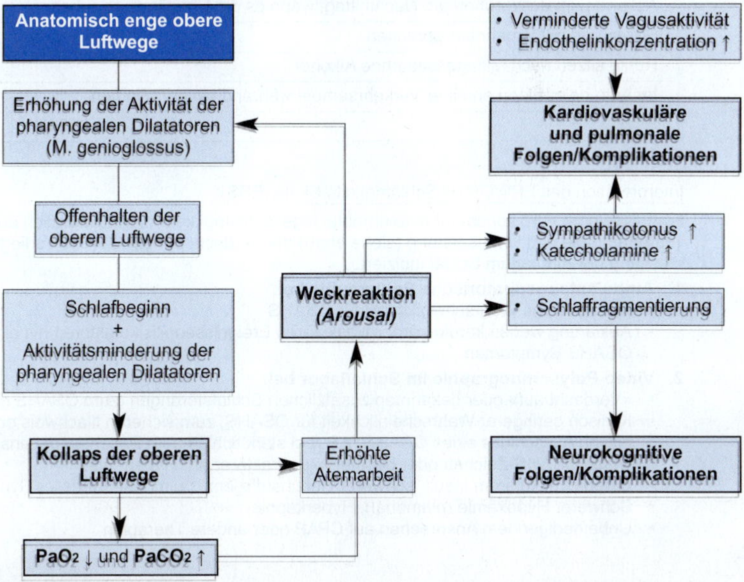

Abbildung: Pathophysiologie des OSAHS.[1]

[1] Angepasst nach: Malhotra A et al. Lancet 2002 ;360 :237.

PNEUMO

2. Zentrales Schlafapnoe Syndrom (ZSA)

Allg:
- Vorübergehendes Sistieren des zentralen Atemantriebs (kein Atemfluss an Nase und Mund, keine Atembewegungen von Thorax und Abdomen)
- Die Prävalenz des ZSA ist etwa 10x geringer als die des OSAHS.
- Ungefähr ⅓ der Patienten mit linksventrikulärer Dysfunktion (LVEF < 40 %) haben eine Sonderform des ZSA mit CHEYNE-STOKES-Atmung.
- ZSA und CHEYNE-STOKES-Atmung treten auch bei schweren Gehirnerkrankungen auf.

3. Komplexe Schlafapnoesyndrome

Allg:
- Obstruktive Apnoen, zentrale Apnoen, gemischt zentral-obstruktive Apnoen, CHEYNE-STOKES-Atmung treten spontan oder unter CPAP auf.
- Sie machen ca. 10 % der SAS aus und erfordern spezielle Behandlungsstrategien.

Vorg: Bei Verdacht auf ein OSAHS kann die Tagesschläfrigkeit mit der «EPWORTH Schläfrigkeits-Skala» *(Epworth Sleepiness Scale)* grob abgeschätzt werden:

EPWORTH Schläfrigkeits Skala (ESS)

Wie leicht fällt es Ihnen, in folgenden Situationen einzuschlafen?
Gemeint ist nicht nur das Gefühl, müde zu sein, sondern auch wirklich einzuschlafen. Die Frage bezieht sich auf das übliche Leben der vergangenen Wochen. Auch wenn Sie einige der beschriebenen Tätigkeiten in letzter Zeit nicht ausgeführt haben, versuchen Sie sich vorzustellen, welche Wirkung diese auf Sie gehabt hätten. Wählen sie aus der folgenden Skala die für die entsprechende Frage am besten zutreffende Zahl:

0 = würde nie einschlafen
1 = würde kaum einschlafen
2 = würde möglicherweise einschlafen
3 = würde mit grosser Wahrscheinlichkeit einschlafen

	Punkte			
Situation	0	1	2	3
Sitzen und Lesen				
Fernsehen				
Sitzen an einem öffentlichen Ort, z.B. Theater, Sitzung, Vortrag				
Als Mitfahrer im Auto während einer Stunde ohne Halt				
Abliegen um auszuruhen am Nachmittag, wenn es die Umstände erlauben				
Sitzen und mit jemandem Sprechen				
Ruhig sitzen nach Mittagessen ohne Alkohol				
Im Auto beim Stopp an einer Verkehrsampel während einiger Minuten				
Total (0-24)				

Interpretation des EPWORTH Schläfrigkeits-Skala (ESS):

Ein ESS Score > 10 spricht für eine erhöhte Tagesschläfrigkeit. Wenn zusätzlich aufgrund von Anamnese und Untersuchung (siehe oben) der Verdacht auf ein OSAHS vorliegt, ist die Messung der Atmung im Schlaf indiziert.

1. **Ambulante respiratorische Polygraphie bei:**
   - Klinisch hohe Wahrscheinlichkeit für OSAHS
   - Abklärung wegen kardio-zerebrovaskulären Ereignissen/Risikofaktoren mit eindeutigen OSAHS Symptomen
2. **Video-Polysomnographie im Schlaflabor bei:**
   - «Verdacht auf» oder bekannten zusätzlichen Schlafstörungen (zum OSAHS hinzu)
   - Klinisch geringerer Wahrscheinlichkeit für OSAHS, zum sicheren Nachweis oder definitiven Ausschluss eines OSAHS, z.B. bei stark schläfrigem Patienten mit ansonsten wenig OSAHS-Zeichen oder bei therapierefraktärer art. Hypertonie.
   - Zerebrovaskulärem Insult, schwerer Herzinsuffizienz, pulmonal-arterieller Hypertonie
   - Schwerer Hypoxämie (pulmonal), Hyperkapnie
   - Unbefriedigendem Ansprechen auf CPAP oder andere Therapien

Th: **1. Allgemeine Massnahmen**
- Aufklärung (z.B. Unfallrisiko)
- Schlafhygiene
  - Regelmässiger und genug Schlaf, Seitenlage
- Gewichtsreduktion
  - Bariatrische Chirurgie erwägen
- Nichtrauchen, keine sedierenden Medikamente, vermeiden von Alkohol
- Nasale Obstruktionen beheben (medikamentös/chirurgisch)
- Kausaltherapie der Komorbiditäten

2. Spezifische OSAHS-Therapie

I. Therapie der Wahl (normalisiert die Atmung im Schlaf)
  - **nCPAP** *(nasal continuous positive airway pressure)*

II. Therapie der zweiten Wahl (nur partielle Verbesserung der Atmung im Schlaf)
  - *Oral appliances* (nach vorne Schieben des Unterkiefers)
  - Chirurgie
    1. Chirurgische «*Oral appliances*»
    2. Uvulo-Palato-Pharyngo-Plastik (UPPP)
    3. Laser-assistierte-Uvuloplastik (LAUP)
    4. Selten Kieferchirurgie bei maxillo-fazialen Anomalien

Bem: • **Therapieversuch mit nCPAP**

Ind: 1. Alle symptomatischen OSAHS-Patienten
2. Von Fall zu Fall: asymptomatische Patienten mit schwerem OSAHS und mind. 1 der folgenden Kriterien:
- Schwere art. Hypertonie
- Myokardinfarkt
- Schlaganfall

Allg:
- Die CPAP-Kompliance beträgt bei symptomatischen Patienten etwa 75 %.
- Wirkung der nCPAP-Therapie:
  - ▶ Normalisierung der Atmung im Schlaf durch Offenhalten der oberen Luftwege
  - ▶ Normalisierung des Schlafprofils
  - ▶ Elimination der Hypoxämie und Weckreaktion (*Arousals*) und damit die repetitiven Bludruck- und Sympathikotonusspitzen.
  - ▶ Verminderung der Vorlast und der Nachlast des Herzens.
  - ▶ Normalisierung oder Reduktion der neurokognitiven Defizite, v.a. der:
    - Tagesschläfrigkeit
    - Kardio-zerebrovaskulären Folgen
    - und der OSAHS-bedingten Mortalität.

Für die PRAXIS:
Bei unbehandeltem OSAHS muss die Fahreignung sorgfältig individuell mit dem Patienten besprochen werden. Bei Berufschauffeuren mit OSAHS ist die Fahreignung, bis zum Nachweis einer genügenden Vigilanz unter Therapie, nicht gegeben.

* **Narkolepsie**

Allg: Hauptsymptome:
- Exzessive Tagesschläfrigkeit (obligat vorhanden), oft mit plötzlichen, unwiderstehlichen Schlafattacken tagsüber
- Kataplexie (plötzlicher Tonusverlust infolge starker Emotionen, meistens im Gesicht, bis hin zum Einknicken in den Knien, selten mit Sturz, ohne Bewusstseinsverlust), nur in ⅔ bis ¾ der Fälle vorhanden, wenn vorhanden praktisch pathognomonisch
- Auditive oder visuelle Halluzinationen beim Einschlafen oder Aufwachen (maximal bei ½ bis ⅔ der Patienten)
- Schlafparalyse (½ bis ⅔ der Patienten)
- Tritt oft mit semiautomatischen Handlungen, Schlafstörungen, Parasomnien auf.
- Ca. 100x seltener als OSAHS!

CHEYNE-STOKES-Atmung (CSA)

Def: • Periodische Atmung mit Zyklen von crescendo-decrescendo Atmung, gefolgt von zentralen Apnoen.

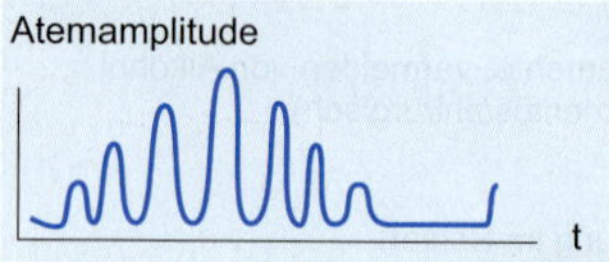

Allg: • Die CHEYNE-STOKES-Atmung im Schlaf wird oft bei Patienten mit fortgeschrittener Herzinsuffizienz oder schweren zerebralen Erkrankungen (Schlaganfall) beobachtet.
• Sie ist ein prognostisch ungünstiges Zeichen, v.a. wenn sie auch am Tag auftritt.
• Studien zeigen eine signifikante Reduktion der CHEYNE-STOKES-Atmung mit zentralen Apnoen bei Erhöhung des $PaCO_2$ (durch O_2, CO_2, Überdruckbeatmung, Vergrösserung des ventilatorischen Totraums, Azetazolamid, Hypnotika).
• Pathogenese:
  - Als Folge des Lungenödems kommt es durch Stimulation der pulmonalen Dehnungsrezeptoren (J-Rezeptoren) zu einer leichten Hyperventilation mit Hypokapnie, und zu einer erhöhten, verstärkten Chemosensitivität (= hohes *controller gain*: führt zu überschiessender Reaktion gegenüber transienter Hypokapnie, macht Atmung instabil).
  - Zusammen mit der verlängerten Zirkulationszeit bei Herzinsuffizienz kommt es wegen Phasenverschiebungen im respiratorischen *Feedback* System zur periodischen Atmung (zyklische CHEYNE-STOKES-Atmung mit zentralen Apnoen).

Th: • **Kausaltherapie** (bei Herzinsuffizienz)
• Zusätzlich individuell:
  - Adaptive Servoventilation ASV (wenn Atmung damit nicht normalisiert werden kann, sollte die ASV abgesetzt werden)
  - Acetazolamid
  - Sedativa

Morbus WIDAL (SAMTER-Syndrom)[1]

Allg:
- Der Morbus WIDAL (1922) ist eng verkoppelt mit den Stoffwechselstörungen der Arachidonsäure (siehe Schema). Daraus resultiert eine erhöhte **Freisetzung von Leukotrienen**, welche pro-inflammatorische und bronchokonstriktive Eigenschaften haben.
- **Beim gesunden Probanden** herrscht ein Gleichgewicht zwischen den «Cyclooxygenasen» und den «Lipoxygenasen», und selbst unter NSAR Therapie wird die Erhöhung des Leukotrienenspiegels gut toleriert.
- Bei Patienten mit Morbus WIDAL ist die **Konzentration der Cysleukotrien-Synthetase erhöht**, was die Freisetzung von Cysleukotrienen (CysLT) steigert und dies wiederum zu einer Bronchokonstriktion und einer Entzündung der Atemschleimhäute führt.
- Die Ursache dieses erhöhten Synthetaseserumspiegels ist unklar (genetisch, Alter, andere Faktoren?)

Klin:
- Die Symptome werden oft im Alter zwischen 30-40 Jahren manifest (Frauen > Männer):
  - Zu Beginn: Rhinitis/Rhino-sinusitis, dann ASS-Intoleranz; dann nasale Polypose
- **WIDAL-Triade:**
  1. **Asthma**
     Allg:
     - 5-6 % der Asthmatiker (und 20-40 % der Patienten mit schwerem Asthma) leiden unter dem Morbus WIDAL. Oft wird eine Eosinophilie beobachtet.
  2. **Acetylsalicylsäure-Intoleranz**, S. 1274
     Allg:
     - Reaktionsbeginn: innerhalb 24 h nach ASS-Einnahme
     - Reaktionsdauer: sehr variabel
     - Typischerweise beobachtet man eine Kreuzreaktion mit den anderen NSAR. Somit sollen auch alle anderen NSAR vermieden werden!
     - Paracetamol ist sehr wenig durch die Enzyme COX-1 und COX-2 betroffen. Anaphylaktoide Reaktionen (z.T. schwerwiegend) kommen aber selten vor.
  3. **Bilaterale Nasenpolypen**
     Klin:
     - Nasenverstopfung, Hyposmie oder Anosmie (Geschmacksverlust), rezidivierende Sinusitiden

     Vorg:
     - Keine Einnahme von ASS und allen anderen NSAR

Th:
1. **Symptomatische Therapie**
   Allg:
   - Eine symptomatische Langzeittherapie ist i.d.R. immer notwendig.

   Vorg:
   - Basistherapie = topisches **Kortikoid**
   - Die Kombinationstherapie mit **Antileukotrienen** sollte probativ eingesetzt werden, v.a. bei Patienten mit progredientem Verlauf der Krankheit:
     - Zafirlukast 2x 20 mg/d PO
     - Montelukast 1x 10 mg/d PO

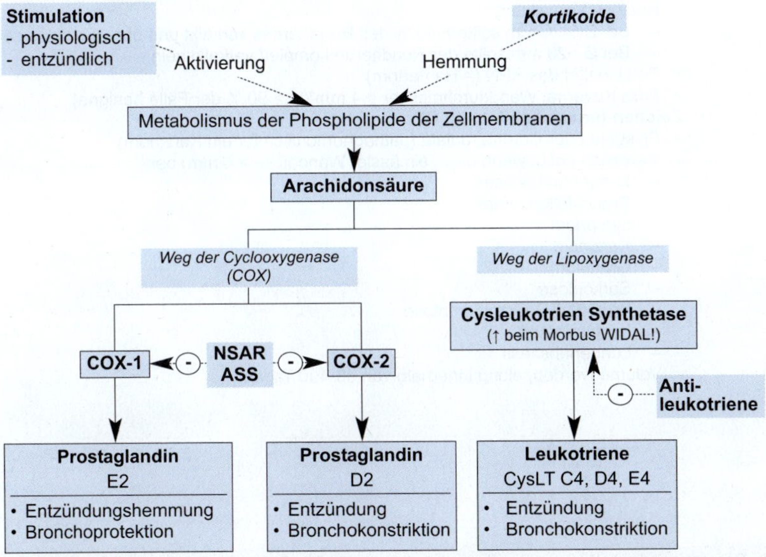

Schema: Metabolismus der membranösen Phospholipide.

[1] Angepasst nach : Leimgruber A. Rev Med Suisse 2005 ;1 :15-8.

Pulmonaler Rundherd[1,2]

Def: ▪ **Einzelner Lungenrundherd** (*solitary pulmonary nodule, SPN*):
- Einzelne radiologische Läsionen, von Lungenparenchym umgeben, ohne assoziierte Lungenpathologie (z.B. mediastinale/hiläre Lymphknoten, Erguss)
- Einzelner Lungenrundherd: 2-30 mm, glatt begrenzt (bei Ø > 30 mm wird von einer «Lungenmasse» gesprochen)

Allg: • Inzidenz des SPN: 1/500 Röntgenthoraxbilder

> **Für die PRAXIS:**
> - Der einzelne Lungenrundherd soll bis zum Beweis des Gegenteils, als maligne angesehen werden!
> - Jede Risikostratifizierung (S. 392) gibt «nur» eine Wahrscheinlichkeit an und ist keine absolute Diagnose.
> - 40 % der Karzinome haben einen Durchmesser < 2 cm!
> - Wenn ein isolierter Lungenrundherd während > 2 Jahren unverändert bleibt, sind keine weiteren Abklärungen notwendig.

Urs:
- Maligne SPN (50 %)
  - Primäres Lungenkarzinom
  - Karzinoid
  - Lungenmetastase
- «Benigne SNP» (50 %)
  - Infekt (Tuberkulose, Aspergillom, Histoplasmose)
  - Granulome
    - Sarkoidose
    - WEGENER-Granulomatose
    - Rheumatoide Arthritis
  - Benigne Tumoren (z.B. Hamartom)
- Sonstige
  - Arterio-venöse Malformationen, Aneurysmata
  - Sequester*
  - Lungeninfarkt

Klin:
- Initial: i.d.R. asymptomatisch
- In fortgeschrittenen Stadien bzw. bei maligner Ursache:
  - B-Symptome: Fieber, Nachtschweiss und/oder Gewichtsverlust (> 10 %/6 Mt.)
  - Pulmonale Symptome: Husten, Hämoptyse, Dyspnoe u.a.
  - Fieber bei Infekt u.a.

Rx:
- **Zeichen für «Benignität» im CT**
  - Glatte Begrenzung (***CAVE***: ca. 20 % der Karzinome sind auch glatt begrenzt!)
  - Benigne Verkalkung:
    - Bei Ø 5-20 mm sollte > 50 % des Rundherdes verkalkt und ohne Spikulae sein.
    - Bei Ø >20 mm sollte der Rundherde komplett verkalkt sein.
  - Fettdensität des SPN (= Hamartom)
  - Falls Kaverne: Wanddurchmesser < 4 mm (in > 90 % der Fälle benigne)
- **Zeichen für «Malignität» im CT**
  - Spikulae oder Corona radiata (pathognomonisch für ein Karzinom)
  - Kavernen (insb. wenn unregelmässig; Wanddicke > 4 mm) bei:
    - Lungenmetastasen
    - Bronchialkarzinom
    - Lymphom
    - Karzinoid
    - Granulom
    - Sarkoidose
    - WEGENER-Granulomatose
    - Lungeninfarkt
    - Lungenabszess
  - Volumenverdoppelung innerhalb von 30-400 Tagen

* Sequester sind unbelüftete Lungenabschnitte mit eigenständiger Blutversorgung. Pulmonale Sequester entwikkeln sich aus überzähligen Lungenknospen in der Embryogenese. Primär besteht keine Verbindung zum Bronchialsystem. Lokalisation: am häufigsten im linken Lungenunterlappen.

1 Angepasst nach: Chhajed PN, et al. Chest 2005 ;128 :3558-64. 2 Ost DO, et al. N Engl J Med 2003 ;348 :2535-42.

Vorg:

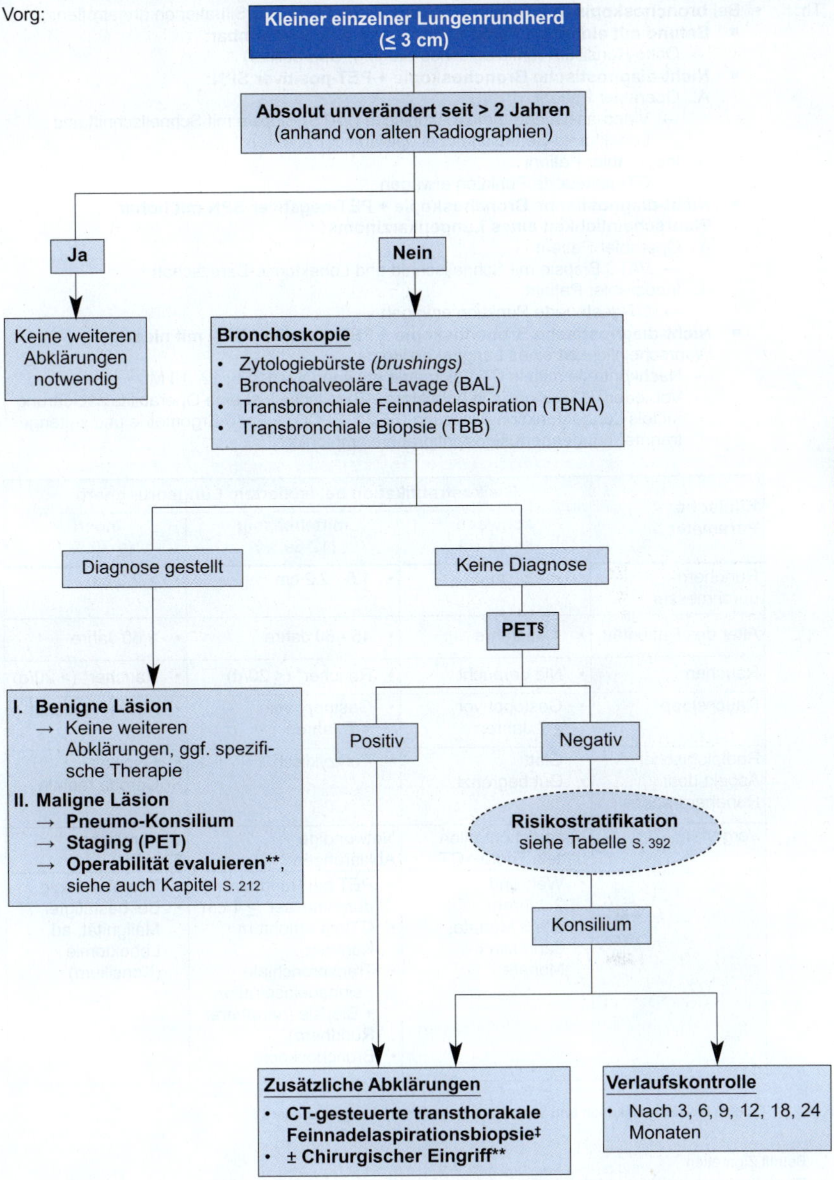

Algorithmus: Vorgehen bei kleinem einzelnem Lungenrundherd.[1,2]

§ PET oder, falls disponibel FDG-PET/CT (= Fluorodeoxyglucose positron emission tomography and coregistered computed tomography; Sensitivität 95 %, Spezifität ca. 80 %).

** Das operative Risiko ist in folgenden Situationen erhöht:
- FEV1..................< 0.8 L
- VO2-max. ....< 10-15 mL/kg/min

‡ Risiken der CT-gesteuerten Feinnadelpunktion: Pneumothorax: 13-25 %; 10% Hämoptoe/Blutung)

1 Angepasst nach: Chhajed PN, et al. Chest 2005 ;128 :3558-64. 2 Ost DO, et al. N Engl J Med 2003 ;348 :2535-42.

Th: • Bei **bronchoskopisch positivem Befund** werden folgende Situationen angetroffen:

- **Befund mit einem primären Bronchuskarzinom vereinbar:**
  → Onko-Konsilium (onkologisches *Staging*, Operabilität)
- **Nicht-diagnostische Bronchoskopie + PET-positiver SPN:**
  A. Operabler Patient
  → Video-assistierte thorakoskopische (VATS) Biopsie mit Schnellschnitt und Lobektomie-Bereitschaft bei operablem Patienten
  B. Inoperabler Patient
  → CT-gesteuerte Punktion erwägen
- **Nicht-diagnostische Bronchoskopie + PET-negativer SPN mit hoher Wahrscheinlichkeit eines Lungenkarzinoms:**
  A. Operabler Patient
  → VATS Biopsie mit Schnellschnitt und Lobektomie-Bereitschaft
  B. Inoperabler Patient
  → CT-gesteuerte Punktion erwägen
- **Nicht-diagnostische Bronchoskopie + PET-negativer SPN mit niedriger** Wahrscheinlichkeit eines Lungenkarzinoms:
  → Nachkontrolle mittels CT-Volumetrie erwägen nach 3, 6, 12, 18 Mt.
  → Vor jeder VATS Biopsie in Lobektomie-Bereitschaft ist eine Operabilitätsabklärung mittels Lungenfunktionsmessung (FEV1, DLCO) ± Spiro-Ergometrie und seitengetrennter Lungenperfusionszintigraphie empfohlen.

Klinische Parameter	**Risikostratifikation bei isoliertem Lungenrundherd**		
	schwach (< 12 %)	**mittelmässig** (12-69 %)†	**hoch** (≥ 70 %)†
Rundherd-durchmesser	• < 1.5 cm	• 1.5 - 2.2 cm	• ≥ 2.3 cm
Alter des Patienten	• < 45 Jahre	• 45 - 60 Jahre	• > 60 Jahre
Rauchen	• Nie geraucht	• Raucher* (≤ 20/d)	• Raucher* (> 20/d)
Rauchstopp	• Gestoppt vor ≥ 7 Jahren	• Gestoppt vor < 7 Jahren	• Aktiver Raucher
Radiologischer Aspekt des Rundherdrandes	• Glatt • Gut begrenzt	• Polyzyklisch	• Spiculae • Corona radiata
Vorgehen	Verlaufskontrollen mittels Thorax-CT • Während 2 Jahren: alle 3 Monate, dann alle 6 Monate	Notwendige Abklärungen • PET bei Rundherd-durchmesser ≥ 1 cm • CT mit erhöhtem Kontrast • Transbronchiale Feinnadelaspiration + Biopsie (peripherer Rundherd) • Bronchoskopie	Chirurgischer Eingriff • Thorakoskopie • Bei bestätigter Malignität, ad. Lobektomie (Konsilium)

Tabelle: Risikostratifikation und Vorgehen bei isoliertem Lungenrundherd.[1]

* Betrifft Zigaretten

† Diese Zahlen sind nicht «evidence-based» und deswegen mit Vorsicht zu interpretieren.

PET = Positron emission tomography

1 Angepasst nach: Chhajed PN, et al. Chest 2005 ;128 :3558-64.

Pulmonale Rehabilitation[1-3]

Def:
- Die pulmonale Rehabilitation ist eine *evidence-based*, multidisziplinäre Therapie für Patienten mit chronischer, symptomatischer Lungenerkrankung die die tägliche Aktivität beeinträchtigt.

Allg:
- Die Bedeutung der pulmonalen Rehabilitation nimmt aus folgenden Gründen zu:
  - Steigende Prävalenz der COPD und Asthma bronchiale (Nikotinabusus, zunehmende Allergene und Luftschadstoffe, älter werdende Bevölkerung)
  - Hohe IV-Berentungen und chronische Invalidität der COPD- bzw. Asthma-Patienten
- Ziele der pulmonalen Rehabilitation:
  - Symptomlinderung, Verbesserung des funktionellen Status und Kostensenkung
- Dieses Kapitel bezieht sich auf **COPD-Patienten**, denn > 95 % der Literatur beziehen sich auf die Rehabilitation von COPD-Patienten.
- Die pulmonale Rehabilitation ist bei symptomatischen COPD-Patienten ab Stadium GOLD II indiziert (S. 329).
- **Pulmonale Rehabilitation und Evidenz**
  - Verbesserung der Perzeption der Atemnot [IA]
  - Verbesserung der Lebensqualität [IA]
  - Verbesserung der Leistungsfähigkeit
  - Reduktion der Akut-Hospitalisationstage sowie erneuten Hospitalisierungen [2B]
  - Psychosoziale Verbesserungen (Depression und Angst)
- **Pulmonale Rehabilitation und Mortalität**
  - Verbesserung des BODE-Index, was das Überleben positiv beeinflusst.[3]
  - Der BODE-Index ist ein Summenwert aus Leistung (6 MWT), Dyspnoe (MMRC), BMI und FEV1.

BODE-Index Score	1-Jahresmortalität	2-Jahresmortalität	52 Monatsmortalität
0-2	2 %	6 %	19 %
3-4	2 %	8 %	32 %
5-6	2 %	14 %	40 %
7-10	5 %	31 %	80 %

- **Zuständigkeit für die Indikationsstellung**
  - Die Indikation und Zielsetzung der pulmonalen Rehabilitation wird von Grundversorger, Pneumologe, Konsiliararzt oder einem Spital formuliert. Das Einweisungsschreiben soll folgenden Minimalinhalt enthalten:
    - -- Diagnosen im Klartext oder ICD-10-Nomenklatur (siehe S. 395)
    - -- Schweregradparameter (i.d.R.FEV1 in %-Soll)/Funktionsdefizit/ Kontextfaktoren)
    - -- Rehabilitationsziel in Worten
    - -- Voraussichtliche Rehabilitationsdauer
    - -- Bei stationärer Rehabilitation: Gründe für den Ausschluss einer ambulanten Rehabilitation
  - Die Zuweisung zur ambulanten bzw. stationären Rehabilitation geschieht weitgehend individuell (Fehlen von *evidence-based* Indikationskriterien bzw. Ausschlusskriterien).
  - Basierend auf den im Zuweisungsschreiben enthaltenen Angaben triagiert die behandelnde Rehabilitationsinstitution die Patienten.
- **Voraussetzungen zur Rehabilitation**
  - Der Fall ist differentialdiagnostisch abgeschlossen, hat eine klare Therapieplanung und eine Aussage über die Prognose ist möglich.
  - Die Therapien (Pharmakotherapie u.a.) sind eingeleitet, aber im Sinne des Funktionsstatus (ICF) nicht ausreichend
  - Der Patient zeigt ein «Rehabilitationspotenzial»
  - Speziell für ambulante Rehabilitation:
    - -- Medizinische Eignung (fehlender oder risikoarmer Überwachungsbedarf)
    - -- Ausreichende geistige, psychische und körperliche Konstitution
    - -- Ausreichende Orientierung, Handlungs- und Lernfähigkeit sowie Selbständigkeit im Bereich der Selbstversorgung und des aktiven Fortbewegens
    - -- Ausreichende Mobilität und Transportfähigkeit
    - -- Übungsstabilität und Gruppenfähigkeit
    - -- Motivation und Kompliance bzw. Bereitschaft zur aktiven Mitarbeit
    - -- Sichergestellte häusliche Versorgung und tragfähiges soziales Umfeld
    - -- Sichergestellte sonstige medizinische Versorgung
    - -- Erreichbarkeit der Reha-Einrichtung in zumutbarer Fahrzeit (Umkreis von ≤ 30 km bzw. einfache Fahrzeit von ≤ 45 min).

1 ATS/ERS Statement on Pulmonary Rehabilitation Am J Respir Crit Care Med 2006 ;173:1390-1413 2 www.gold.com 3 Cote C.G., Celli B.R. Pulmonary rehabilitation and the BODE index in COPD. Eur Respir J 2005 ;26 :630-6.

- **Lungenerkrankungen, die von einer pulmonalen Reahabilitation profitieren können**
  - Chronische Krankheiten der unteren Atemwege (COPD)
    - Bronchitis (chronisch) J40-J42
    - Emphysem J43
    - Sonstige chronisch obstruktive Lungenkrankheit J44
    - Asthma bronchiale J45-46
    - Bronchiektasen J47
  - Lungenkrankheiten durch exogene Substanzen
    - Pneumokoniosen J60-J65
    - Krankheiten der Atemwege durch organischen Staub J66-67
    - Krankheiten der Atemwege durch Einatmen von chemischen Substanzen, Gasen, Rauch und Dämpfen J68
    - Krankheiten der Atemwege durch sonstige exogene Substanzen J70
  - Interstitielle Lungenkrankheiten J80-84
  - Sonstige Krankheiten des Atmungssystems
    - Chronische respiratorische Insuffizienz J96.1
  - Vor thoraxchirurgischen Eingriffen, insb. vor Lungenvolumenreduktionsoperationen
    - Die Rehabilitation unterstützt die Indikationsstellung!
    - Der optimale Kandidat erreicht nur eine geringe Verbesserung seiner messbaren Leistungsfähigkeit!
- **Behandlungskette mittels dem *WHO «Drei-Phasen-Modell»***
  I. Phase 1: Akutbehandlung
    -- Stationäre Akutbehandlung
    -- Ambulante Akutversorgung durch die frei praktizierenden Ärzte.
  II. Phase 2: Rehabilitation
    -- Erfolgt i.d.R. unmittelbar nach Abschluss der Akutbehandlung als stationäre oder als ambulante Rehabilitation.
  III. Phase 3: Nachsorge
    -- Erfolgt am Wohnort durch den Hausarzt und/oder den Spezialarzt sowie Physio- und AtemtherapeutInnen in Verbindung mit ambulanten Selbsthilfegruppen.
- **Stationäre pulmonale Rehabilitation** (meist 2-3 Wochen)
  Ind:
  - Schwere Lungenerkrankung (v.a. COPD) im Akutstadium und Abklärungsbedarf und/oder mit interventionsbedürftigen Zusatzerkrankungen und stationärem Pflege- und Betreuungsbedarf
  - Asthma bronchiale, Lungenemphysem, Zustand nach Lungenoperationen mit Bedarf an speziellen, Wohnortnähe nicht verhandenen trainings-/ physiotherapeutischen und psychologischen Massnahmen
  - Chronische Lungenkrankheiten, die trotz internistischer Therapie symptomatisch bleiben oder bei denen eine spezielle physikalische Therapie, eine intensive Schulung, Trainingstherapie (zur Erhaltung der Leistungsfähigkeit), Atemgymnastik, Klärung der Dauer-Sauerstoffbedürftigkeit usw. erforderlich ist.
  - Psychosomatisch verstärkte Atemstörung mit Bedarf an Milieuwechsel
  - Fehlende (angemessene) ambulante Rehabilitationsmöglichkeit in Wohnortnähe (d.h.: mit einem Zeitaufwand von > 30 min einfachen Weg mit dem öffentlichen Verkehrsmittel von der Wohnung zum ambulanten Rehabilitationsangebot)
  - Erwiesene Ineffektivität ambulanter Rehabilitationsmassnahmen
  - Chronifizierungs-/Invalidisierungstendenz (lange Arbeitsunfähigkeit, drohende IV-Berentung).
- **Ambulante Rehabilitation**
  Allg:
  - Voraussetzungen, siehe S. 394
  - Durchführung:
    - 2-3 Therapieeinheiten von 20-30 min/Wo
    - Dauer der ambulanten Rehabilitation: mind. 6, max. 12 Wo

Ind:
- Vorliegen einer Rehabilitationsbedürftigkeit
  - Bei Enschränkung der Atmung infolge chronischer Erkrankung oder Verletzung der Atmungsorgane
  - Bei Bestehen/Androhung von Funktions- und Aktivitäts-/Partizipationsstörungen
  - Bei Ängstlichkeit bei der Durchführung von Aktivitäten
  - Atemlosigkeit im Zusammenhang mit Aktivitäten
  - Limitierungen bei Basis- oder instrumentellen Aktivitäten des täglichen Lebens
  - Arbeiten inner- und/oder ausserhaus, sozialen Aktivitäten, Freizeitaktivitäten
  - Verlust an Unabhängigkeit
- Vorliegen einer Rehabilitationsfähigkeit
- Medizinische Stabilität zum Zeitpunkt des Rehabilitationsbeginns
- Motivation zu aktiver Mitarbeit an den einzelnen Rehabilitationsmassnahmen
- Kooperationsbereitschaft und mentale Leistungsfähigkeit (Patientenschulung)

- Ausreichende körperliche und psychische Belastbarkeit
- Keine sonstigen, den Rehabilitationsverlauf gefährdenden Einschränkungen
- Vorliegen eines Rehabilitationspotenzials
- Zu berücksichtigen: Kontextfaktoren gemäss der ICF (*International Classification of Functioning, Disability and Health*)

Vorg:
1. Medizinische Grunduntersuchung (komplette Anamnese + Status)
2. Körperliches Training
   - Intervalltraining bei limitierender Dyspnoe, Ausdauertraining
   - Beste Evidenz bezüglich Training der unteren Extremitäten
   - Geringere Evidenz bezüglich Training oberer Extremitäten und Atemhilfsmuskulatur
   - Elektrostimulation bei geringer Muskelmasse und sehr schwerer COPD

- Körpergewicht - Ernährung
  - Ernährungssupplemente, evtl. Testosteron PO oder **IV** (Konsilium)
- Atemphysiotherapie
  - Atemmuskeltraining/-schulung
  - Verbesserung der Hustentechniken
  - Sekretmobilisation
- Psychosozialer Support
  - Gesprächstherapie
  - Angst- und Stressbewältigungstraining
  - Entspannungstechniken
  - Selbstsicherheitstraining
- Patientenschulung und Selbstmanagement
  - Optimale Inhalationstherapie
  - Verständnis der Erkrankung und ihrer Folgen (Selbstkompetenz)
  - Anleitung zur Selbsthilfe im Notfall (Selbstmanagement)
- Sozialmedizinische Beratung und Sozialberatung
  - Aufklärung über schädliche Wohn- und Arbeitsplatzbedingungen
  - Abklärung der beruflichen Auswirkungen der Krankheit
  - Sozialberatung (in finanziellen, versicherungstechnischen, wohnbezogenen u.ä. Fragen)
- Raucherentwöhnung
- Evaluation Sauerstofftherapie
- Evaluation und Therapie atemassoziierter Schlafstörungen
- Outcomes Evaluation (ICF-basiert)
- Einleitung der nötigen Nachsorge und Langzeitbetreuung

GASTROENTEROLOGIE

GASTRO

Semiologie des Abdomens

- **Knoten von Schwester MARY JOSEPH**
  — Umbilikale Metastase, welche sich bei verschiedenen Neoplasien manifestieren kann (90 % sind Adenokarzinome):
  DD:
  - Magenkarzinom (25 %)
  - Ovarialkarzinom (12 %)
  - Kolonkarzinom (10 %)
  - Pankreaskarzinom (7 %)
  - Uteruskarzinom
  - Malignes Lymphom
  - Nierenzellkarzinom
  - Idiopathisch (30 %)

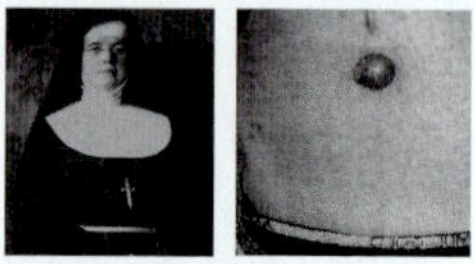

Soeur Marie Joseph Dempsey (1856-1939)

Krankenschwester der Mayo-Klinik in Rochester/Minnesota. Sie war zuständig für die Präparation der Abdomen vor einem chirurgischen Eingriff.

- **COURVOISIER-Gallenblase oder -Zeichen**
  — Palpierbare schmerzlose Gallenblase
  ☛
  - Untersuchungsmethode, siehe MURPHY-Zeichen.
  - Wenn im rechten Oberbauch eine schmerzlose Tumormasse palpiert werden kann und diese als dilatierte Gallenblase interpretiert wird, wird der Ausdruck «COURVOISIER-Gallenblase» oder auch «COURVOISIER-Zeichen» benutzt.

  DD:
  - Gallenblasenkarzinom
  - Pankreaskopfkarzinom

- **MURPHY-Zeichen**
  — Wie soll das MURPHY-Zeichen gesucht werden?
  Vorg:
  - Der Untersucher palpiert die Region unter dem rechten Rippenbogen, wobei der Patient simultan tief einatmet.
  - Das Inspirationsmanöver erzeugt eine kaudale Bewegung des Diaphragmas, was die Gallenblase gegen die Hände des Untersuchers schiebt und somit, bei pathologischer Veränderung der Gallenblase, starke Bauchschmerzen auslösen kann.

  DD:
  - Cholezystitis bei Cholelithiasis

- **CULLEN-Zeichen**
  — Periumbilikale Blauverfärbung bei intraperitonealer Blutung
  DD:
  - Hämorrhagischer Aszites
  - Iatrogene, intraperitoneale Blutung, post-operativ
  - Akute Pankreatitis (das Pankreas ist im retroperitonealen Raum lokalisiert, kann aber zu intraperitonealen Blutungen führen)

- **GREY-TURNER-Zeichen**
  — Blauverfärbung der Flanken bei retroperitonealer Blutung.
  Das GREY-TURNER-Zeichen kann auch mit dem CULLEN-Zeichen kombiniert vorkommen.

- **ROVSING-Zeichen**
  — Bauchschmerzen im rechten Unterbauch, welche durch die Palpation der linken Fossa iliaca ausgelöst werden. Der Druck, welcher auf den deszendierenden Kolon ausgeübt wird, verschiebt die intraluminale Kolonluft übers Kolon transversum zum Kolon ascendens und dilatiert somit die rechtsgelegenen Kolonschlaufen, welche den rechten Unterbauchschmerz auslösen.
  DD:
  - Akute Appendizitis

- **Abdominaler Loslassschmerz**
  — Starke Bauchschmerzen treten auf, wenn der Untersucher während der tiefen Bauchdeckenpalpation seine Hände brüsk von der Bauchdecke zurückzieht, was ein Hinweis auf eine Peritonealreizung ist.
  DD:
  - Perionitis

Semiologie des Abdolmens (Fortsetzung)

- **RIEDEL Leberlappen**
  - Vergrösserter rechter Leberlappen (kann bis über den Beckenkamm ins kleine Becken hineinragen). Es handelt sich um eine Normvariante. Es sind keine Abklärungen notwendig.
- **Auskultation des Abdomens** (alle 4 Quadranten auskultieren):
  - Darmgeräusche
    - Normalerweise treten die Darmgeräusche alle 5-10 Sekunden auf.
    - Bei verminderten oder fehlenden Darmgeräuschen muss, bei passender Klinik, ein Ileus ausgeschlossen werden.
  - Darmgeräuschton
    - Metallische Darmgeräusche sprechen für einen Ileus.
  - Darmgeräuschintensität
    - Hochgestellte, metallische Darmgeräusche sprechen für eine intestinale Subokklusion (Stadium vor dem Ileus).
  - Abdominale Gefässgeräusche
    - Bei mageren Personen können aortale Turbulenzen auskultiert werden, ohne dass eine klinische Signifikanz zu suchen ist.
- **Caput medusae**, siehe Leberzirrhose, S. 418
- **Meteorismus**
  - Erhöhung des Gasvolumens im G-I-Trakt, Magen-Darm Blähung.

    DD:
    - Akut:
      - Paralytischer oder mechanischer Ileus
    - Chronisch
      - Aerophagie
      - Verminderte Darmmotilität (z.B. funktionelle Darmkrankheiten)
      - Erhöhte Gasbildung im Darmlumen (Nahrungsmittel, Abführmittel, Malabsorptionssyndrom, exokrine Pankreasinsuffizienz.
      - Verminderte Gasabsorption im Darm (Rechtsherzinsuffizienz, portale Hypertension u.a.)
- **VIRCHOW Lymphadenopathie (links supraklavikulär gelegen)**

  DD:
  - Magen-CA

GASTRO

Bauchschmerzen [R10.4]

Allg:
- Bei jungen Patienten ist die entzündliche/infektiöse Genese am häufigsten.
- Bei Patienten > 60 Jahre werden vermehrt okklusive Erkrankungen diagnostiziert.

Urs:
- **Infektiös**
  - Akute Appendizitis
  - Akute Cholezystitis
  - Akute Pankreatitis
  - Divertikulitis
  - Subphrenischer Abszess
  - Urogenitale Infekte
    - Harnwegsinfekt
    - Akute Pyelonephritis
    - Prostatitis
    - Adnexitis
  - Magen-Darm Infekte
    - Bakteriell
    - Viral
    - Parasitär
    - Mykotisch
  - Mononukleose (Hepatosplenomegalie mit dem Risiko einer Milzruptur)
  - Peritonitis (inkl. Tuberkulose)
  - Spontane bakterielle Peritonitis
  - Herpes zoster mit Neuropathie der betroffenen Dermatome
  - Akute Perikarditis
- **Neoplastisch**
  - G-I Tumoren (inkl. ZOLLINGER-ELLISON Syndrom)
  - Gynäkologische Tumoren
  - Peritonealkarzinose
- **Vaskulär**
  - Akutes Koronarsyndrom
  - Rechtsherzinsuffizienz (Leberstauung)
  - Aortendissektion
  - Lungenembolie
  - Endokarditis mit septischen Embolien (z.B. Milzinfarkt)
  - Mesenterialinfarkt (oft arteriell: A. mesenterica superior)
  - Niereninfarkt, Milzinfarkt
  - Mesenterialthrombose
- **Endokrinologisch, metabolisch**
  - Diabetes mellitus (infolge veminderter Darmmotilität)
  - Diabetische Ketoazidose (= diabetische Pseudoperitonitis)
  - Akute NNR-Insuffizienz (ADDISON Krise)
  - Urämisches Syndrom
  - Akute intermittierende Porphyrie
  - Hämochromatose
- **Systemische, immunologische oder rheumatologische Krankheiten**
  - Morbus CROHN
  - Colitis ulcerosa
  - SLE
  - Panarteriitis nodosa der Mesenterialgefässe
  - Systemsklerose (infolge veminderter Darmmotilität)
  - SCHÖNLEIN-HENOCH-Purpura
- **Traumatisch**
  - Darmperforation oder Darmblutung
  - Gallenblasenperforation
  - Traumatische Milzruptur, Leberruptur
- **Intoxikation**
  - Blei
  - Arsen
  - Pilze
  - Quecksilber
  - Alkohol
- **Medikamentös**
  - Opioide
  - Anticholinergika
  - Metformin
  - Metronidazol
  - Immergrün u.a.

- **Sonstige Ursachen**
  - Magen- oder Duodenalulzera
  - Gastro-ösophagealer Reflux (GÖR)
  - Verschluss eines Hohlorganes
    - Mechanisch
      - Hernie
      - Bride
      - Verklebungen
      - Volvulus
      - Invagination
      - Tumor
      - Gallenstein, Fremdkörper
      - MECKEL Divertikel
    - Paralytisch (umfasst: Reflexileus, funktionelle Krankheiten u.a.)
      - Nervenläsion (infolge eines Tumors oder paraneoplastischer Genese)
      - Nach einem chirurgischen Eingriff (Reflexileus)
      - Medikamentös (siehe vorgängig)
      - Diabetes mellitus
      - Systemsklerose
  - Diskushernie
  - Retentionsblase
  - Erythema nodosum
  - Nierenkolik
  - Pneumatosis cystoides intestinalis‡
  - Hodentorsion
  - Ovulation
  - Extrauterin-Schwangerschaft
  - Ovarialzystenruptur, Ovarialtorsion
  - Fremdkörper (Vagina, Rektum)
  - Chronische Pankreatitis
  - Sichelzellanämie

‡ **Pneumatosis cystoides intestinalis (PCI)**

Allg:
- Vorhandensein von gasgefüllten Zysten, welche sich in den Wänden des Dünn- und Dickdarms befinden.
- Die Pathogenizität der PCI bleibt bestritten.
- Die PCI betrifft sowohl Kinder als auch Erwachsene (vorwiegend 3.-5. Lebensdekade).
- Die Pathogenese ist unklar. Hypothesen: mechanisch, bakteriell (Clostridien?), biochemisch (verstärkte Wasserstoffgasbildung beim Glukoseabbau).
- Verlauf: Spontanheilung in ca. 50 % der Fälle. Je nach Ursache kann die PCI eine lebensbedrohliche Situation darstellen.

Urs:
- Idiopathisch (15 %)
- Sekundär (85 %)
  - Darmischämie, -infarkt, -perforation, Ileus, nekrotisierende Enterokolitis
  - Ulkuskrankheit, CROHN, Colitis ulcerosa
  - Clostridien Kolitis, Morbus WHIPPLE, HIV-Kolitis
  - COPD, Asthma, maschinelle Beatmung
  - Post-Gastroskopie, Post-Koloskopie
  - Diabetes mellitus, Systemsklerose
  - Kortikoide, Chemotherapie, lymphoproliferative Erkrankungen, Amyloidose u.a.

Klin:
I. Asymptomatisch (häufig)
II. Symptomatisch: Bauchschmerzen, Meteorismus, Diarrhoe

Dg:
- Radiologisch (Rx, CT)

Th:
- Kausaltherapie + Konsilium
- Evtl. AB-Therapie: Metronidazol 3x 500 mg/d PO
- Sauerstofftherapie (allenfalls hyperbare Sauerstofftherapie)

Hiatushernien [K44.9]

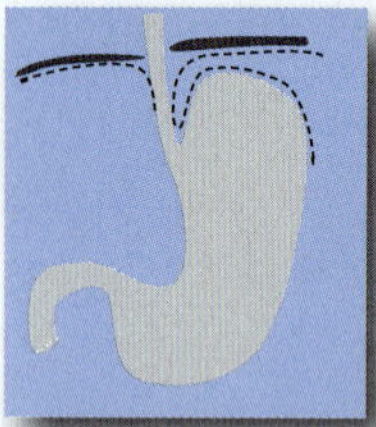

Normalbefund

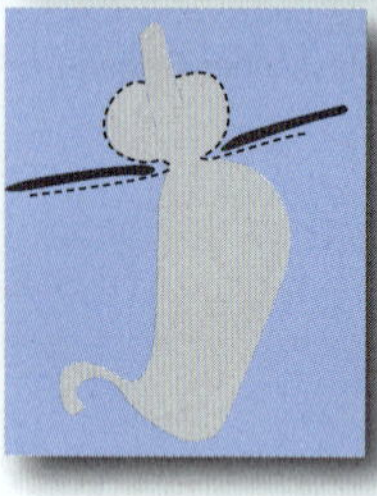

Axiale Gleithernie [K40.9]

Allg:
- Ca. 95 % aller Hiatushernien sind axiale Gleithernien.
- Die Kardia und der Magenfornix verlagern sich durch den Zwerchfellhiatus in den Thoraxraum. Das Peritoneum wird dabei mitverschoben.
- Häufigkeit: zunehmend im Alter (> 50 Jahre bis zu 50 %).

Klin:
- Asymptomatisch (90 %)
- Symptomatisch:
  - Gastro-ösophagealer Reflux (je grösser die Hernie, desto häufiger der GÖR)

Th:
1. Symptomatische Therapie des GÖR (falls vorhanden), S. 404
2. Chirurgischer Eingriff
   - Dieser kann bei einem GÖR in Zusammenhang mit einer sehr voluminösen Gleithernie indiziert sein (Gastro-Konsilium).

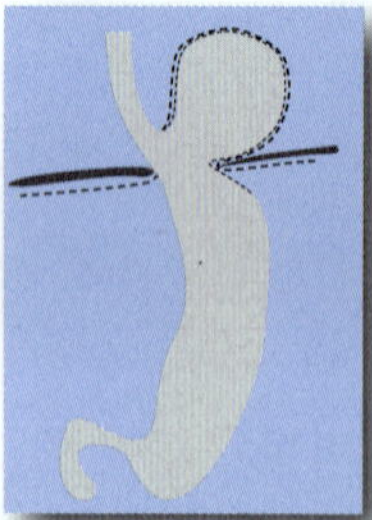

Paraösophageale Hernie [K44.9]

Allg:
- Bis ca. 5 % aller Hiatushernien sind paraösophageale Hernien.
- Es liegt ein Defekt der phreno-ösophagealen Membran vor.
- Die Lage der Kardia ist normal.
- Die Funktion des unteren Ösophagus-Sphinkters ist normal.
- Ein Teil des Magens verschiebt sich entlang dem Ösophagus in den Thoraxraum, unter Mitnahme des peritonealen Bruchsacks.
- Normalverlauf: progrediente Erweiterung des Bruchsackes!

Klin:
- Asymptomatisch
- Symptomatisch
  - Intermittierendes Aufstossen
  - Thorakales Druckgefühl (v.a. nach den Mahlzeiten)
  - Dysphagie
  - Akutes Abdomen bei Inkarzeration oder Volvulus

Kpl:
- Dysphagie
- Volvulus
- Inkarzeration
- Erosionen
- Gastritis oder Ulzera, welche eine chronische Blutungsanämie induzieren kann!

Th:
- **In jedem Fall: Operative Sanierung** (auch wenn asymptomatisch, denn das Komplikationsrisiko ist hoch).

Divertikel

Def:
- **Echte Divertikel**: Umschriebene Ausstülpungen der gesamten Wand des Verdauungstraktes
- **Pseudodivertikel**: Umschriebene Schleimhautausstülpungen der gastrointestinalen Wand

Bsp:
- **Ileumdivertikel und MECKEL Divertikel**
  - Das MECKEL Divertikel liegt im Ileum und ist eine kongenitale Anomalie.
  - Komplikationen des MECKEL Divertikels: Ileus, Perforation, Peritonitis
- **Kolondivertikel**
  - Das Kolondivertikel ist die häufigste Lokalisation der Divertikel
  - Komplikation: Divertikulitis
- **Ösophagusdivertikel**

Klas: 1. ZENKER Divertikel (pharyngo-ösophageales Pulsionsdivertikel)

Allg:
- Häufigkeit: ca. 70 % aller Ösophagusdivertikel.
- ZENKER Divertikel ist ein **Pseudodivertikel** (d.h. isolierte Schleimhautausstülpung).
- Lokalisation: dorsale Seite des Hypopharynx (obere Ösophagusenge), wobei der Divertikelhals innerhalb des KILLIAN Dreiecks liegt.
- Männer (v.a. im Alter) > Frauen

Urs:
- Kongenital
- Erworben (Schwäche der crico-pharyngealen Muskulatur)

Klin:
- Kleine Divertikel sind i.d.R. asymptomatisch.
- Typisch ist ein gurgelndes Geräusch, das beim Trinken auftritt.
- Grössere Divertikel können symptomatisch werden: Dysphagie, Regurgitation, Husten, Foetor ex ore u.a.

Dg:
- Rx (Kontrastmittelschluck) oder endoskopische Diagnosestellung

Th:
- Wenn notwendig: Divertikelresektion (endoskopisch oder chirurgisch)

2. Bifurkationsdivertikel (epibronchiales Traktionsdivertikel)

Allg:
- Häufigkeit: ca. 20 % aller Ösophagusdivertikel
- Es handelt sich um ein **echtes Divertikel.**
- Lokalisation: auf Höhe der Trachealbifurkation

Klin:
- I.d.R. asymptomatisch

3. Epiphrenales Pulsionsdivertikel

Allg:
- Häufigkeit: ca. 10 % aller Ösophagusdivertikel
- Das epiphrenale Pulsionsdivertikel ist ein **echtes Divertikel.**
- Lokalisation: unmittelbar oberhalb des Diaphragmas
- Das epiphrenale Pulsionsdivertikel tritt manchmal zusammen mit einer Hiatushernie (S. 402) oder einer Achalasie (S. 402) auf.

Klin:
- In den meisten Fällen asymptomatisch (radiologischer Zufallsbefund)

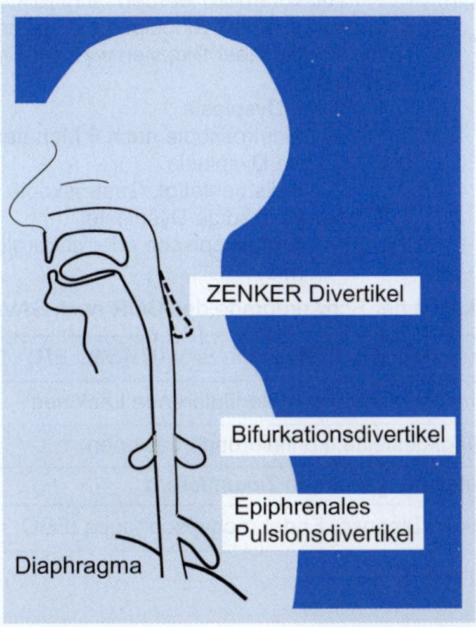

Schema: Lokalisation der verschiedenen Ösophagusdivertikel

Gastroösophagealer Reflux, peptische Ösophagitis, Pyrosis[1] [K21.9]

Def:

Gastroösophagealer Reflux (GÖR)	Aufsteigen der Magenflüssigkeit in den Ösophagus
Oesophagitis	Ösophaguserkrankung (endoskopisch diagnostiziert). Bei ca. 90 % der Patienten ist ein GÖR vorhanden.
Pyrosis	Epigastrisches und/oder retrosternales Brennen, am häufigsten infolge GÖR.

Gastroösophagealer Reflux (GÖR)

Allg:
- Ca. 40 % der Bevölkerung leiden mindestens 1x/Monat an einer GÖR-Symptomatik
- Sehr oft haben GÖR-Patienten gleichzeitig eine Hiatushernie. Umgekehrt haben aber nur ca. 60 % der Patienten mit Hiatushernie einen GÖR.

Urs:
- In den meisten Fällen handelt es sich um eine Insuffizienz und/oder eine pathologische transitorische Relaxation des unteren Ösophagealsphinktermuskels.
- Kofaktoren: Adipositas, Nikotinabusus, Alkoholeinnahme, fettreiche Speisen, Spätmahlzeiten, enge Kleidung u.a.

Klin:
- Leitsymptome
  - Regurgitation
  - Saures Aufstossen
  - Epigastralgien
  - Retrosternale Thoraxschmerzen *(heart burn)*

Risikofaktoren, welche ein hohes ösogastrisches Krebsrisiko anzeigen
- Alter > 50 Jahre
- Alkoholabusus und Nikotinkonsum
- Dysphagie, Odynophagie
- Gewichtsverlust, Anämie
- Persistierende/rezidivierende Symptome unter PPI

→ Gastroskopie immer indiziert!

Kpl:
- Ein GÖR kann verschiedene Ösophagusläsionen induzieren (siehe auch Klassifikation des GÖR nach SAVARY-MILLER, unten):
  - Fleckförmige oder streifenförmige Läsionen
  - Ulkus, peptische Stenose
  - Zylindrische Metaplasie (hier ist das normale Epithelium verdrängt worden). Es werden 3 Metaplasie-Formen unterschieden:
    1. Metaplasie im Fundus
    2. Metaplasie in der Cardia
    3. **Spezialisierte intestinale Metaplasie** (SIM) = Endobrachyösophagus (EBO)

       Allg:
       - Der EBO ist eine **Präkanzerose!**
       - Das Adenokarzinomrisiko beim EBO beträgt ca. 1 %/Jahr und ist proportional zur Oberfäche.

       Vorg:
       - Verlaufskontrollen werden beim EBO mittels regelmässigen Endoskopien mit Biopsien (4 Biopsien/cm) durchgeführt. Je nach Histologie dieser Biopsien wird die Frequenz der Verlaufskontrollen bestimmt:
         i. Keine Dysplasie
            → Gastroskopie nach 6 Monaten, dann alle 3 Jahre
         ii. Leichte Dysplasie
            → Falls bestätigt, Gastroskopie nach 6 Monaten, dann 1x/J
         iii. Schwergradige Dysplasie
            → Endoskopische oder chirurgische Therapie (Ösophagektomie)

Klas:
- Klassifikation der Schweregrade des GÖR nach SAVARY-MILLER

Schweregrad des GÖR (nach SAVARY-MILLER)	
I	Umschriebene, nicht konfluierende Läsionen
II	Längsgestellte, konfluierende Läsionen
III	Befall der gesamten Zirkumferenz
IV	Ulkus, Stenose, Endobrachyösophagus (EBO; = BARRETT-Ösophagus)

1 Spechler SI. N Engl J Med 2002 ; 346 :836-42.

Vorg:

Klinik	Diagnose und Therapie
Typischer, symptomatischer GÖR, bei Patienten ohne RF (siehe S. 404)	Allg: • Eine Gastroskopie ist nicht zwingend. Th: • PPI in «Einfachdosis» während 4 Wo Bsp: • Siehe **BOX 1**, unten
Nicht komplizierte Ösophagitis (nicht konfluierende Erosionen bei der Gastroskopie)	Th: • PPI in «Einfachdosis» während 8 Wo , siehe **BOX 1**, unten
Schwergradige oder therapierefraktäre Ösophagitis (konfluierende Erosionen, Ulkus, Stenose)	Th: • PPI in «Doppeldosis» während 8 Wo, siehe **BOX 1**, unten • Eine Kontroll-Gastroskopie ist am Ende der Therapie indiziert. • Bei fehlendem Ansprechen auf die Therapie: - Gastro-Konsilium - Dosis gegebenenfalls erhöhen
GÖR mit Therapieversagen unter PPI und gastroskopisch negativ	Vorg: • Eine pH-Metrie/24 h ist indiziert: a) Pathologische pH-Metrie: - PPI in «Doppeldosis» b) Normale pH-Metrie: - Gastro-Konsilium - Diagnose neu beurteilen!

Th: **Allgemein akzeptierte Indikationen zur laparoskopischen GÖR Operation**

Ind:
1. Grosse und voluminöse Hiatushernie [III]
2. Symptomatischer Volumenreflux [IIa]
3. Respiratorische Komplikationen mit schlechtem Ansprechen auf PPI [IIa]
4. PPI-Unverträglichkeit, schlechte Kompliance oder Patientenwunsch [IV]

Fragliche Indikationen zur GÖR Operation

Allg:
1. Junger Patient [IIb]
2. Dosiseskalation bei Langzeittherapie [III]
3. Pathologischer Gallereflux [III]
4. Karzinomprophylaxe [II]

Bem: **Langzeitbehandlung**

Ind:
1. Schnelles, typisches GÖR-Rezidiv oder nicht komplizierte Ösophagitis → PPI «Einfachdosis» bei Bedarf, siehe **BOX 1**
2. Nach schwerer oder komplizierter Ösophagitis: → Nach der Abheilung, ad. kontinuierliche PPI «Einfachdosis», siehe **BOX 1**

Bsp: • Orale Dosierungen von Protonenpumpeninhibitoren (PPI):

BOX 1

PPI	«Einfachdosis»	«Doppeldosis»
• Esomeprazol	1x 20 mg/d	2x 20 mg/d
• Lansoprazol	1x 30 mg/d	2x 30 mg/d
• Omeprazol	1x 20 mg/d	2x 20 mg/d
• Pantoprazol	1x 40 mg/d	2x 40 mg/d
• Rabeprazol	1x 20 mg/d	2x 20 mg/d

GASTRO

Peptisches Ulkus (gastrisch oder duodenal) [K27.9]

Def:
- Chronische Läsion der Mukosa, Submukosa oder tiefer gelegenen Strukturen des Teils des GI-Traktes, der dem sauren Magensaft ausgesetzt ist.
- Die Läsionen sind meistens solitär.

Urs:
- *Helicobacter pylori* (Hp) siehe S. 440
- Genetische Faktoren. So sind z.B. Duodenalulzera häufiger bei Patienten mit der Blutgruppe «0» zu beobachten.
- Hp-negative Ulzera:
  - NSAR
    - -- Das Ulkusrisiko unter NSAR ist ca. um den Faktor 4 erhöht!
    - -- Die Kombinationstherapie «Kortikoide + NSAR» erhöht das Ulkusrisiko ca. um einen Faktor 15. Kortikoide in Monotherapie erhöhen i.d.R. das Ulkusrisiko nicht.
  - Akuter Stress (= Stressulkus):
    - -- Polytrauma, SHT, Verbrennungen
    - -- Grosse chirurgische Eingriffe
    - -- Aufenthalt auf einer IPS

Klin: I. Asymptomatisch (v.a. bei älteren Patienten)

II. Symptomatisch
- Epigastralgien, typischerweise verstärkt in der Nüchternphase
- Die Einnahme von Nahrung oder Flüssigkeiten vermindert die Schmerzen oft und innerhalb von Minuten.
- Nausea (selten)

Für die PRAXIS:
- Bei Epigastralgien mit Erbrechen immer an einen Ileus denken!
- Bei Ausstrahlung der Schmerzen in den Rücken, ***CAVE***:
  - Ulkusperforation
  - Aortendissektion

DD:
- Bei chronisch rezidivierendem oder therapieresistent gewordenem Ulkus muss folgende Differentialdiagnose gestellt werden:
  - Neoplasie (v.a. Adenokarzinom)
  - «Versteckte» (oder nicht eingestandene) Einnahme von NSAR (inkl. Salicylatderivate)
  - Morbus CROHN
  - Sarkoidose
  - Eosinophile Gastritis
  - Syphilis
  - Gastrointestinale Tuberkulose u.a.

Vorg:
- Gastroskopie + Suche nach Hp (mit Biopsien für die Histologie und den Ureasetest S. 410)
- **Falsch negative Resultate** der Ureasetests (d.h. der Hp ist vorhanden, wird aber fälschlicherweise nicht erkannt) werden bei niedriger Hp-Konzentration beobachtet. Diese kann in folgenden Situationen auftreten:
  - Kürzliche GI-Blutungen
  - Therapie mit PPI
  - Therapie mit H2-Antihistaminika
  - Therapie mit Antibiotika (Hp-aktive AB)
  - Therapie mit Bismuth enthaltenden Produkten

Th:

1. Hp-positives peptisches Ulkus

Th: • Eradikationstherapie, siehe S. 411

2. Hp-negatives peptisches Ulkus

Vorg:
- Nach Ausschluss eines falsch negativen Resultates (Patient unter AB- oder PPI- oder H2-Antihistaminika) sollen folgende diagnostischen Abklärungen evoziert werden:
  - Serologie
  - Urease Atemtest ^{13}C oder ^{14}C
  - Gastroskopie wiederholen
- Sicherer Ausschluss einer NSAR-Einnahme (eine Serumbestimmung ist in gewissen Fällen indiziert).
- DD/Ausschluss anderer Pathologien, z.B.:
  - ZOLLINGER-ELLISON Syndrom, S. 408

Th:
- Dauer der PPI-Therapie: 6-8 Wo:
  - Esomeprazol 1x 20-40 mg/d
  - Lansoprazol 1x 30-60 mg/d
  - Omeprazol 1x 20-40 mg/d
  - Pantoprazol 1x 40-80 mg/d
  - Rabeprazol 1x 20-40 mg/d

3. NSAR assoziierte Magenschleimhautläsionen, siehe auch Kapitel «Pharma», S. 1266

Allg:
- Wirkmechanismen der NSAR, siehe S. 1266
- Alle COX-1 Hemmer hemmen die Cyclooxygenase und damit die Prostaglandinsynthese. Prostaglandine schützen den Magen vor der Magensäure. Die Wirkung der COX-Hemmer kann nicht durch Änderung der oralen Einnahmeform verhindert werden. Geringere gastrointestinale NW sind für intravenöse Acetylsalicylsäure beschrieben.
- Bei voraussichtlich längerdauerndem (> 7 d) Therapiebedarf, können, je nach Patient, die traditionellen NSAR durch Coxibe (z.B. Celecoxib) ersetzt werden.
- Risikoverteilung für das Auftreten von GI-Blutungen oder Ulzera unter Therapie mit NSAR:
  - Naproxen > Piroxicam > Indometacin > Diclofenac/ASS > Meloxicam > Ibuprofen
- Die geringste Risikoerhöhung zeigte sich für Ibuprofen in üblichen Dosen (< 1200 mg/d).

- <u>**Risikopatienten/-faktoren für GI-Blutungen oder Ulzera unter NSAR**</u>
  - Alter > 65 Jahre (2-3.5x)
  - Status nach Magen-/Duodenalulkus oder entzündlicher Magen-Darm-Erkrankung (2-4x $\uparrow$)
  - Gerinnungs- und Thrombozytenfuktionsstörungen (Risikoerhöhung nicht bekannt)
  - Schwere kardiale, hepatische oder renale Begleiterkrankungen (2x $\uparrow$)
  - Hohe oder langandauernde Dosierungen NSAR (individuell)
  - Gleichzeitige Therapie mit:
    - Verschiedenen NSAR (2.5-4x $\uparrow$)
    - ASS; dosisunabhängig (2.5-4x $\uparrow$)
    - Kortikoiden (2x $\uparrow$)
    - Antikoagulantien; z.B. Acenocoumarol, Phenprocoumon (4x $\uparrow$)
  - Alkoholismus, hoher peroraler Nikotinkonsum
  - Positiver *Helicobacter pylori*

Vorg: **1. Prophylaktische Einnahme eines Protonenpumpeninhibitors (PPI)**

Für die PRAXIS:
- PPI wirken nur im oberen GI-Trakt! Die NSAR-NW im terminalen Dünndarm oder Kolon werden <u>nicht</u> abgeschwächt.
- Der *Helicobacter pylori*, sofern bekannt, sollte bei längerer oder chronischer NSAR-Therapie eradiziert werden.

Ind: Situationen, bei denen ein PPI frühzeitig indiziert ist (Pat. unter NSAR):
- Status nach Magen-/Duodenalulkus
- Status nach oberer GI-Blutung
- Antikoagulierter Patient
- Vorhandensein von > 1 Risikofaktor (siehe oben)
- PPI indiziert bei NSAR-Therapiedauer > 7 d oder hochdosierten NSAR (d.h. 2x Standarddosis):
  - Schwere kardiale, hepatische oder renale Begleiterkrankungen
  - Hohe oder langandauernde Dosierungen NSAR
  - Gleichzeitige Therapie mit:
    - Verschiedenen NSAR (inkl. ASS)
    - Kortikoiden
    - Antikoagulantien
  - Alkoholismus, hoher peroraler Nikotinkonsum

2. *Helicobacter pylori* suchen und eradizieren

Vorg: • Siehe S. 410

4. **Verlaufskontrollen**
   4.1. **Magenulkus**
   - Eine Kontrollgastroskopie (mit Biopsien) ist nach 4-8 Wo zum Ausschluss einer Magenneoplasie indiziert.

   4.2. **Duodenalulkus**
   - Eine Kontrollgastroskopie ist beim Duodenalulkus i.d.R. nicht notwendig, soll aber bei komplizierten Ulzera diskutiert werden (ad. Gastro-Konsilium).
   - Im Gegensatz zum Magenulkus existiert beim Duodenalulkus i.d.R. kein erhöhtes Karzinomrisiko.

Kpl: • Obere GI-Blutung, siehe S. 412

ZOLLINGER-ELLISON Syndrom (ZES) = Gastrinom [E16.4]

Allg:
- Es handelt sich in den meisten Fällen um einen **malignen Tumor** (60-90 %), welcher eine **Hypersekretion von Gastrin** hervorruft.
- Lokalisation des Tumors:
  - Pankreas (nicht Betazellen)
  - Duodenum
- Das ZES tritt in 75 % der Fälle isoliert auf. Bei ca. 25 % wird das ZES im Rahmen eines MEN 1 beobachtet (siehe Klassifikation der MEN, S. 711).

Für die PRAXIS:
An ein ZES soll gedacht werden, wenn ein GÖR oder ein Magen- oder Duodenalulkus nicht auf eine adäquate PPI-Therapie anspricht.

Klin:
- Epigastrisches Brennen
- Retrosternalschmerzen
- Bauchschmerzen
- Diarrhoe (bei 50 % der Patienten)

Th:
1. **Chirurgische Sanierung** (= kurative Therapie)
   Allg: • Die chirurgische Therapie hat das Ziel, kurativ zu sein (vollständige Tumorektomie).
   Ind:[1] • Alle ZES-Patienten (ohne Metastasen und nicht mit einem MEN 1 assoziiert).
2. **Symptomatische Therapie**
   Allg: • Die Dosierung des PPI soll so titriert werden, dass eine Magensekretion von < 10 meq/h vor Einnahme der nächsten PPI Dosis erreicht wird.
   • Die Klinik allein ist unzuverlässig, um die Dosierung des PPI zu titrieren!
   Vorg: • Sekretionshemmung mittels PPI:
   - Omeprazol 1x 60 mg/d PO
   - Lansoprazol 1x 45 mg/d PO
   - Rabeprazol 1x 60 mg/d PO

1 Norton JA, et al. N Engl J Med 1999 ;341 :635-44.

Helicobacter pylori[1-4] [A28.8]

Allg:
- Der Helicobacter pylori (Hp) ist ein GRAM-negativer, mikroaerophiler Bazillus, der in der normalen Magenschleimhaut NICHT vorkommt.

> **Für die PRAXIS:**
> - Der Hp ist der Hauptverursacher der gastroduodenalen Ulzera:
>   - positiv in 50-80 % der Magenulzera
>   - positiv in > 90 % der Duodenalulzera
> - Der Hp kann eine chronische Gastritis mit folgenden Komplikationen verursachen:
>   - **Adenokarzinom** (Erhöhung dessen Risikos!)
>   - Gastrointestinale Ulzera (genetische und exogene Faktoren spielen ebenfalls eine Rolle)

- Die Übertragung des Hp von einem Menschen auf den anderen ist mittels Magensaft möglich.
- Der Hp produziert u.a. ein Enzym (= Urease), welches den oral verabreichten ^{13}C Harnstoff in Ammoniak + CO_2 umwandelt. Die Ausatmung von CO_2 wird diagnostisch im Rahmen des nicht invasiven **Urease-Atemtests** eingesetzt. Dieser Test kann in gewissen Situationen falsch negativ ausfallen, siehe S. 406.
  - Diagnostisch wird deshalb empfohlen, die Sekretionshemmung während 2-4 Wo vor dem Urease Atemtest zu suspendieren.
- Bevor eine Langzeittherapie mit NSAR begonnen wird, ist es sinnvoll, die Existenz eines Hp auszuschliessen.

Klin:
- Asymptomatisch
- Symptomatisch, bei Ulkusbildung, siehe S. 406

Dg:
- Der Hp soll in folgenden Situationen routinemässig mittels <u>invasivem</u> Ureasetest gesucht werden:
  1. Alle Patienten mit Verdacht auf ein gastrointestinales Ulkus mit einem Ulkus in der Vorgeschichte
  2. Alle Patienten mit Dyspepsie, welche derjenigen eines Ulkus ähnlich ist.[2]
- <u>Diagnostische Methoden zum Ausschluss des Hp (Sensitivität aller Methoden: 90-95 %)</u>

  A. Nicht invasive Tests
  - A.1. Urease Atemtest (^{13}C oder ^{14}C)
    - Nicht invasiv und schnelles Resultat
    - Falsch negativer Ureasetest bei gewissen Patienten, siehe S. 406
    - Hilfreich zur Kontrolle nach einer Eradikationstherapie (siehe unten)
  - A.2. Antikörper im Serum (positiv nach ca. 3 Wo)
    - Die IgM sind nicht sehr sensitiv und die IgG bleiben während mehrerer Jahre positiv (auch nach erfolgreicher Hp-Eradikation).
  - A.3. Antigen im Stuhl (wird in der Klinik sehr selten durchgeführt)

  B. Invasive Tests: Gastroskopie mit Biopsien
  - B.1. Histologie der Magenschleimhaut und Darstellung des GRAM-negativen Hp Bazillus
  - B.2. Ureasetest (Resultat innerhalb von ca. 2 h erhältlich)
    - Evtl. falsch negatives Testresultat bei gewissen Patienten, siehe S. 406
  - B.3. Kultur (Resultat innerhalb von 5-15 d)
    - Wird in der Klinik selten praktiziert. Kann in folgenden Situation durchgeführt werden:
      - studienmässig zur antibiotischen Resistenzprüfung
      - Patienten, die auf die initiale Eradikationstherapie nicht ansprechen

Th:
- Therapeutisches Vorgehen bei der Eradikation des Hp (Schemata A-D, S. 411):
  - I. Absolute Indikationen
    - Magen- und Duodenalulzera (aktiv oder in der Vorgeschichte)
    - MALT-Lymphom (*mucosa associated lymphoid tissue*)
    - Magenkrebs
  - II. Unklare Indikation
    - Funktionelle Dyspepsie

1 Gut 1997 ;41 :8-13. 2 Hunt RH, et al. Can J Gastroenterol 1999 ;13 :213-7. 3 Harris A, et al. BMJ 2001 ;323 :1047-50. 4 Uemura N, et al. N Engl J Med 2001 ;345 :784-9.

A. Eradikationschema des Helicobacter pylori		
Medikamentengruppe	Beispiele	Dosierung (über 7 Tage)
Sekretionshemmer (PPI)	Esomeprazol	2x 20 mg/d
oder:	Lansoprazol	2x 30 mg/d
oder:	Omeprazol	2x 20 mg/d
oder:	Pantoprazol	2x 40 mg/d
oder:	Rabeprazol	2x 20 mg/d
und:		
Zwei Antibiotika	Clarithromycin Amoxicillin	2x 250 mg/d 2x 1 g/d
oder:	Clarithromycin Tinidazol	2x 250 mg/d 2x 500 mg/d
oder:	Clarithromycin Metronidazol	2x 250 mg/d 2x 500 mg/d

B. Eradikationschema bei Amoxicillin-Allergie oder -Resistenz		
Medikamentengruppe	Beispiele	Dosierung (über 7 Tage)
Sekretionshemmer (PPI)	siehe Tabelle oben	2x tägliche Gabe (siehe Tabelle oben)
und:		
Ein Antibiotikum	Tinidazol	2x 500 mg/d
oder:	Metronidazol	2x 250 mg/d
oder:	Doxycyclin	2x 100 mg/d
oder:	Levofloxacin	2x 500 mg/d

C. Eradikationschema bei Clarithromycin-Allergie oder -Resistenz		
Medikamentengruppe	Beispiele	Dosierung (über 7 Tage)
Sekretionshemmer (PPI)	siehe Tabelle oben	Siehe Tabelle ganz oben (Pt. A)
und:		
Ein Antibiotikum	Levofloxacin	2x 500 mg/d
oder:	Metronidazol	2x 250 mg/d

D. Eradikationschema bei 2-maligem Misserfolg: 2-Phasentherapie (2x 5 Tage)		
Medikamentengruppe	Beispiele	Dosierung (über 2x 5 Tage)
1. Phase (5 Tage)		
Sekretionshemmer	siehe Tabelle oben	Siehe Tabelle ganz oben (Pt. A)
und:		
Ein Antibiotikum	Amoxicillin	2x 1 g/d
oder:	Metronidazol	2x 250 mg/d
2. Phase (5 Tage)		
Sekretionshemmer	Siehe Tabelle Pt. A	Siehe Tabelle ganz oben (Pt. A)
	Clarithromycin + Tinidazol + Metronidazol	2x 250 mg/d 2x 500 mg/d 4x 250 mg/d; während 4 Wo

GASTRO

Obere Gastrointestinalblutung [K92.2]

Allg:
- Der Ursprung einer oberen GI-Blutung liegt oberhalb des TREITZ-Bandes.
- Die oberer GI-Blutung ist die Ursache von 80 % der GI-Blutungen.
- Mortalität der oberen GI-Blutung: 10 %
- In ca. 90 % der Fälle wird die Ursache einer oberen GI-Blutung gefunden.

Urs:
- Gastro-duodenal Ulkus (ca. 50 %)
- Ösophagitis (GÖR, infektiös, post-aktinisch)
- Gastritis (Bsp: NSAR)
- Hiatushernie
- Ösophagusvarizen (S. 414), portale Hypertension (S. 421)
- Hämobilie
- Angiodysplasie, Angiome
- MALLORY-WEISS Syndrom, S. 413
- DIEULAFOY Läsion, S. 417
- Aorto-intestinale Fistel
- Magentumor u.a.

Klin:
- Hämatemesis (60-70 % der Fälle)
- Meläna (= Teerstuhl; in 25 % der Fälle)
- Hämatochezie (= rote Darmblutung; in < 5 % der Fälle)
- Schwindelgefühl bei Orthostase (bei Blutverlust > 25 %)
- Akute zirkulatorische Insuffizienz, S. 20
- Kollaps

Vorg:
- 2 venöse Zugänge, Sauerstofftherapie, Sauerstoffsättigungskontrolle (Ziel: > 90 %)
- EKG, Rhythmuskontrolle, Monitoring der Vitalparameter. BD-Messungen alle 5 min
- Blut
  - Blutbild, INR, aPTT, Blutgruppe (+ Testblut)
  - K^+, Na^+, Kreatinin, Harnstoff, Blutzucker
  - ALAT, ASAT
  - Andere Laborparameter je nach Klinik
- Bei instabilen Patienten 6 EC-Konzentrate anfordern + 2 FFP.
  Bei stabilen Patienten können die Werte des Hb/Hk abgewartet werden.

Th:

1. Flüssigkeitsreanimation [B]

1.1. Instabile Patienten

- Volumensubstitution
  Allg: - Ziel: **art. Mitteldruck > 60 mmHg**, siehe auch S. 573
  Vorg: - Flüssigkeitsreanimation, siehe «Hypovolämische AZI», S. 22
- EC-Konzentrate und Hb-Zielwerte
  Ind: - Hypoxämie-intolerante Patienten (KHK, COPD u.a.) ....**> 90 g/L**
  - Hypoxämie-tolerante Patienten (ohne Begleiterkrankung)......**> 70 g/L**
- Thrombozytentransfusion
  Ind: - Thrombozytopenie < 50 G/L
- 2 Frisch gefrorene Plasma (FFP)
  Ind: - aPTT > 60 sek und/oder INR > 1.6 (Quick < 75 %)
  - Massentransfusionen, wobei das transfundierte EC-Konzentrat-Volumen grösser sein muss, als das körpereigene Blutvolumen.
  Bsp: - Ein Transfusionsvolumen > 5 L bei einem Patienten mit 70 kg verlangt die **IV**-Gabe von 2 FFP.

1.2. Stabile Patienten

- Kristalloide 1500 mL **IV** (NaCl 0.9 % oder Ringer Lactat)
- ± EC-Konzentrate (Hb-Zielwerte, siehe oben «1.1. Instabile Patienten»)

2. Therapeutische Gastroskopie

2.1. Akute Notfallsituation

- Sofortige Gastroskopie (falls hämodynamisch möglich) wenn:
  Ind:
  1. Massive Hämatemesis (> 300 mL rotes Frischblut) [B]
  2. Vd. auf Varizenblutung [B]
  3. Instabiler Patient, welcher, um einen SBD > 100 mmHg und/oder eine Herzfrequenz < 120/min zu erreichen, folgende Therapie benötigt: [B]
     -- über 1500 mL **IV Bolus** Kristalloide (NaCl 0.9 %, RL) oder Kolloide oder:
     -- Gabe von Vasopressoren

2.2. Subakute Notfallsituationen bei stabilen Patienten (Blutung sistiert, keine hämodynamische Instabilität, stabiler klinischer Zustand und stabile Laborwerte)

- Gastroskopie innerhalb von 6-12 h

3. **Chirurgischer Eingriff** (Notfallsituation und nur nach Misserfolg der endoskopischen Th)
   Ind: 1. Massive, anhaltende Hämatemesis
   2. Blutungsrezidiv nach erfolgter nicht-chirurgischer Therapie
   3. Ungenügende Anzahl EC-Konzentrate zur Verfügung stehend (inkl. O-negativ)
   4. Nicht zur Verfügung stehende/unmöglich durchzuführende obere Endoskopie
4. **Bei Vd. auf Varizenblutung**, siehe s. 414
5. **Sekretionshemmung** (PPI)
   Bsp: • Pantoprazol 80 mg **IV**, dann 8 mg/h. Dann PO: 1x 40 mg/d während 8 Wo.
   • Omeprazol 40-80 mg **IV** in 3-5 min, dann 3x 40 mg/d **IV**. Dann 20-40 mg/d PO während 8 Wo.
6. **Magensonde** (N° 18)
   Allg: • Eine Magensonde wird oft installiert, ist aber nicht obligatorisch.
   • Sie ist bei vorhandenen Ösophagusvarizen nicht kontraindiziert.
7. **Antibiotika**
   Allg: • Insbesondere bei Aszitespatienten wird die Inzidenz von Infekten, sowie die Mortalität, mit einer systemischen AB-Therapie (siehe SBP, s. 430), reduziert!
   Ind: 1. Peritonitis-Prophylaxe
   2. Endokarditisprophylaxe (s. 858) bei Risikopatienten, nach Varizensklerosetherapie

MALLORY-WEISS Syndrom

Allg: • Es handelt sich um eine **Schleimhautläsion beim Übergang vom Ösophagus zum Magen**.
• Risikofaktoren: Hiatushernie (bei 40-100 %), Alkoholismus (bei 40-80 %)

Klin: • Akute, arterielle (in der Submucosa gelegene) Magen-Darm-Blutung
• Epigastrische Schmerzen ± Ausstrahlung in den Rücken
• Oft im Zusammenhang mit rezidivierendem Erbrechen

Dg: • Die Diagnose wird endoskopisch gestellt.
• Das Risiko einer Ösophagusruptur während der Endoskopie beträgt < 0.2 %.

Th: 1. **Endoskopische Therapie mit Hämostase (= Therapie der Wahl)**
   • Die Hämostase kann mittels Unterspritzung von Adrenalin, Ethanol oder anderen sklerosierenden Substanzen erreicht werden.
   • Gegebenenfalls: **Einsatz von Hämoclips zum Verschluss der Läsion**
2. **Sekretionshemmung**
   • PPI (siehe «Oberere GI-Blutung», Punkt 5.) oder H2-Antihistaminika, s. 1237

Dumping-Syndrom

Allg: • *Dump* = plumpsen
• Es handelt sich um eine post-chirurgische Komplikation (Vagotomie, Gastrektomie).
• Mechanismus des Dumping-Syndroms:
  - Während einer Mahlzeit erfolgt die Füllung des Duodenums pathologischerweise zu schnell, wodurch dessen Inhalt hyperosmolar wird → Ansammlung des Plasmavolumens im Duodenum → Hypovolämie, Tachykardie, Nausea, Schwindel und:
    ☛ Initiale **Hyperglykämie (= frühzeitiges Dumping-Syndrom)**: 5-30 min nach der Mahlzeit, gefolgt von einer Insulinfreisetzung, welche 1-3 h nach der Mahlzeit eine **Hypoglykämie** induziert **(= spätes Dumping-Syndrom).**

Klin: I. **Frühzeitiges Dumping Syndrom** (Hyperglykämie 5-30 min nach der Mahlzeit)
   → Schnelles Sättigungsgefühl, Nausea, Bauchkrämpfe, explosive Diarrhoe, Schwitzen
II. **Spätes Dumping Syndrom** (Hypoglykämie 1-3 h nach der Mahlzeit)
   → Schwindelgefühl, *Flush,* Palpitationen

Dg: • Gastroskopie
• Barium Transit
• Isotopische Messung der gastrischen Entleerung
• Postprandiale BZ-Messungen zur Diagnose einer symptomatischen Hypoglykämie (< 50 mg/dL; bzw < 2.8 mmol/L)

Th: 1. **Diätetische Massnahmen**
   - Fraktionierte Kleinmahlzeiten; ca. 30 min nach der Mahlzeit etwas trinken
   - Reich an Fibern und Proteinen. Erhöhte Zufuhr von komplexen Kohlenhydraten
2. **Medikamentöse Therapie** (beim «Späten Dumping-Syndrom»)
   - Acarbose 200 mg/d PO
   - Octreotid 50-100 µg **SC** 30 min vor der Mahlzeit
3. **Chirurgischer Eingriff** (Gastro-Konsilium)

Ösophagusvarizen[3] [Blutung I85.0]

Allg:
- Rund 90 % der Zirrhotiker entwickeln während des Krankheitsverlaufes Ösophagusvarizen
- Ca. 30 % der Zirrhotiker erleiden eine Blutung infolge Ösophagusvarizenruptur.
- Das Rezidivblutungsrisiko von Ösophagusvarizen ist am höchsten wenige Tage bis Wochen nach der Erstblutung (ohne therapeutischen Eingriff): 70-80 %.
- Mortalität:
  - Bei Erstblutung ....ca. 30 %
  - Stadium CHILD B/C, 2-Jahresmortalität:.................40-60 %.

Th:[3]

PRIMÄRPROPHYLAXE: Ösophagusvarizen mit hohem Blutungsrisiko bei Zirrhotikern¶	
Stadium	**Primärprophylaxe**
CHILD C¶	1. Lebertransplantation erwägen 2. Medikamentöse Therapie (Betablocker ± Nitrat, siehe unten) ± endoskopische Ligatur
CHILD A oder B¶	**I. Patienten mit Betablocker Verträglichkeit** Allg: • Betablocker in Monotherapie ± Isosorbid-5-Mononitrat (ISMN, z,.B. CORANGIN®)‡ • Nicht selektive Betablocker reduzieren den portal-venösen Druck. • Ziel: Herzfrequenz 55/min oder HF-Senkung um 25 % (einschleichend dosieren) • Propranolol und Nadolol senken das Erstvarizenblutungsrisiko signifikant (bis 40 %). Die Mortalität hingegen ist nicht signifikant vermindert! • ISMN ist in Monotherapie nicht indiziert! Allg: • Betablocker (orale Therapie) - Propranolol: Dosis stufenweise erhöhen, bis die max. erträgliche Dosis erreicht ist (max: 320 mg/d) - Nadolol 30 mg/d, max. 90-120 mg/d • Nitrat (Isosorbidmononitrat) - ISMN CORANGIN® 40-100 mg/d **II. Patienten mit Betablocker Unverträglichkeit** Allg: • Varizenligatur (hat weniger Komplikationen als die Sklerotherapie)
SEKUNDÄRPROPHYLAXE von Ösophagusvarizen (nach erfolgter Erstblutung)	
	I. Therapie der Wahl Allg: • Varizenligatur (in «Monotherapie» oder kombiniert mit Betablocker ± ISMN) • Die Kombination «Betablocker ± ISMN» ist wirksamer als die Varizenligatur allein. • Propranolol bzw. Nadolol senken das 1-2-Jahresrisiko einer Rezidiv-Varizenblutung um ca. 40 %. Studien zeigen sogar eine signifikante Mortalitätssenkung. **II.** Etablierte Alternativtherapien (Gastro-Konsilium) Bsp: • TIPS (*Transjugular intrahepatic portosystemic shunt*) oder Shunt Operationen • Lebertransplantation

Tabelle: Primär- und Sekundärprophylaxe bei Ösophagusvarizen bei Zirrhotikern.

¶ Die Primärprophylaxe betrifft Zirrhotiker mit hohem Blutungsrisiko bei endoskopisch nachgewiesenen, grossen Varizen (Stadium II-IV). Bei Zirrhotikern wird ein endoskopisches Screening von Ösophagusvarizen empfohlen (aber widersprüchliches Kosten/Benefit-Verhältnis). Die Klinik, sowie eine Thrombozytopenie, kann Risikopatienten mit grossen Ösophagusvarizen identifizieren und somit eine gezielte Screening-Gastroskopie rechtfertigen.

‡ Betablocker reduzieren das Varizen-Blutungsrisiko um 15-18 %, die Kombinationstherapie (BB + ISMN) zusätzlich um 8.5-10 %.

3 Angepasst nach: Sharara AI, et al. N Engl J Med 2001 ;345 :669-81 .

Akute Varizenblutung

Th: **1. Flüssigkeitsreanimation und Homöostase**

Allg: • Ziel: art. Mitteldruck ≥ 60 mmHg!

• Eine art. Hyp**er**tonie muss verhindert werden!

Vorg: • Flüssigkeitsreanimation, siehe S. 412

2. Antiemetika

Allg: • Verhindern/Prophylaxe oder Therapie von allfälligen Brechreizen, denn das Erbrechen erhöht massiv den Druck in den Varizen!

Bsp: • Metoclopramid: 10 mg **IV** (max. 40 mg/d), siehe auch «Therapie der Nausea», S. 1168

3. Endoskopische Therapie (notfallmässig)

Vorg: • Gummibandligatur oder Sklerosierung

4. Vasokonstriktor

Allg: • Folgende Vasokonstriktoren werden angewendet (alle haben eine vergleichbare Wirksamkeit):

a) Octreotid

b) Somatostatin

- Kurze HWZ (~ 3 min)
- Vermindert die Splanchnikusdurchblutung, ohne jedoch einen massiven systemischen BD-Abfall hervorzurufen
- Transitorische Hypoglykämien (durch Glukagonsynthesehemmung). Blutzuckerkontrollen sind alle 3-4 h indiziert.

c) Terlipressin§

Bsp: •

Vasokonstriktoren	Dosierung (**IV**)
- Octreotid	50 µg **IV** Bolus, dann 25-50 µg/h **IV** über 2-5 d
- Somatostatin	50 µg **IV** Bolus, dann 25-50 µg/h **IV** über 3 d
- Terlipressin§	2 mg **IV** alle 4 h (1. Tag), dann 1 mg **IV** alle 4 h

5. Therapierefraktäre Varizenblutung

Allg: • Therapieresistenz bedeutet nicht Ansprechen auf die Ligatur oder Sklerosierung + Gabe von Vasoaktiva.

Vorg: 1. Gastro-Konsilium:
- Notfallmässige TIPS (v.a. bei Zirrhotikern mit CHILD A oder B)

2. Temporäre, initiale, mechanische Kompression mit einer Ballontamponade:
- ▪ LINTON-Nachlass-Sonde:
  - 1 «Birne» (Volumen 350 mL)
  - Zug mit 1000 g installieren
- ▪ SENGSTAKEN-BLAKEMORE-Sonde:
  - Diese Sonde hat 2 Ballone:
    -- im Magen (Volumen 300 mL)
    -- im Oesophagus (Volumen 150 mL)
  - Zug mit 250 g installieren

3. Lebertransplantation

Für die PRAXIS:
Das blinde Einlegen einer Ballontamponade vor der Endoskopie ist NICHT indiziert, kann aber die Komplikationsrate erhöhen!

§ Terlipressin ist stärker vasokonstringierend als Octreotid (erhöhtes Myokard- oder Mesenterialinfarkt Risiko).

Untere Gastrointestinalblutung [K72.0]

Def: ▪ **Meläna (Teerstuhl)**: analer Abgang von schwarzem, übel riechendem Stuhl (verdautes Blut)
▪ **Rektorrhagie**: analer Abgang von rotem Blut. Blutungsquelle: Anus, Rektum, Kolon

Allg: • Ca. 10 % der unteren GI-Blutungen haben ihren Ursprung im oberen GI-Trakt
• Ca. 80 % der oberen GI-Blutungen kommen spontan zum Stehen.

Urs: • Divertikel (30-40 %):
- Akute, schmerzlose Blutung
• Vaskuläre Anomalien des GI-Traktes:
- Vaskuläre Tumoren:
-- Hämangiome (benigne)
-- Angiosarkome, KAPOSI-Sarkom
- KLIPPEL-TRENAUNAY-WEBER-Syndrom
- EHLERS-DANLOS-Syndrom, S. 15
- DIEULAFOY-Läsionen, S. 417
- Limitierte Systemsklerose, S. 1044
- Angiodysplasie
-- Kongenital (bei Geburt vorhanden oder Bildung im Verlauf von kongenitalen Krankheiten)
-- Erworben (wesentlich häufiger, als die kongenitale Angiodysplasie). Es handelt sich um Gefässstrukturen, welche eine Distorsion aufweisen und die häufiger bei älteren Personen beobachtet werden. Die Ursache dieser Pathologie ist unklar.
- Post-aktinische Gefässektasien
• Benigne Tumoren (Polypen, Adenome)
• Maligne Tumoren (oft okulte Blutungen!)
• Anorektale Blutungen (Hämorrhoiden, Fisteln)
• MECKEL-Divertikel, S. 403
• Morbus CROHN
• Colitis ulcerosa
• Ischämische Kolitis (typischer Patient: oft höheren Alters, polyvaskulär mit Schmerzen im linken Unterbauch)
• Pseudomembranöse Kolitis, S. 830
• Infektiöse Kolitis:
- *Campylobacter, Salmonella, Shigella, E. coli, Clostridium difficile*

Vorg: A. Grundbilanz
- Anamnese + klinische Untersuchung!
- Labor, siehe obere GI-Blutung, S. 421
- Röntgen: Abdomenleeraufnahme liegend

B. Spezifische Untersuchungen (je nach Klinik)
- Koloskopie (kurz oder lang)
- Gastroskopie (~ 10 % der unteren Gastrointestinalblutungen «kommen von oben»)
- Video Kapselendoskopie (1x-Gebrauch, kann ambulant durchgeführt werden)
  Vorg: • Praktische Durchfürung: Orale Einnahme einer 26 x 11 mm grossen Kapsel, die Batterien, einen Sender, Lichtquelle, sowie eine Kamera enthält und die über ca. 6 h Bilder mit einer Frequenz von 2 Bildern/sek sendet.
  Ind: • Unklare Blutungen aus dem Magen-Darmkanal (Tumoren des Dünndarms, Angiodysplasien, Polypen), Morbus CROHN, familiäre Polyposis Syndrome (familiäre adenomatöse Polyposis, PEUTZ-JEGHERS-Syndrom u.a.)
  KI: • Verdacht auf Darmstenosen
- Push-Enteroskopie (PE): partielle endoskopische Untersuchung des Dünndarms
- Doppelballonenteroskopie (PPE: Push-and-Pull-Enteroskopie): komplette endoskopische Untersuchung des Dünndarms. Das Enteroskop wird durch einen Doppel-Ballon-Katheter, mittels abwechselndem Aufblasen, vorgeschoben und zurückgezogen.
- EC-markierte Szintigraphie (sichtbar bei Blutungsgeschwindigkeiten $\geq$ 0.5 mL/min)
- Angiographie (sichtbar bei Blutungsgeschwindigkeiten $\geq$ 1 mL/min)
- Exploratorische Laparotomie
- Bei Vd. auf MECKEL-Divertikel: Abdomen-CT (mit Technetium markiert)

Th: **1. Kausaltherapie**
Bsp: • Bei Divertikulitis, siehe S. 483
• Bei Angiodysplasie (je nach Klinik):
- Endoskopische Therapie
- Oder Hemikolektomie

2. Symptomatische Therapie
Bsp: • Flüssigkeitsreanimation, S. 21, 412
• EC-Konzentrate u.a. S. 907

DIEULAFOY Läsion (1898, französischer Chirurg)

Allg:
- Die DIEULAFOY Läsion beschreibt einen Typ von Magenblutung, der typischerweise an der *Curvatura minor* und innerhalb von 6 cm des gastro-ösophagealen Übergangs lokalisiert ist.
- Die Blutung stammt aus submukösen Arteriolen, die sich pathologisch geschlängelt und breitkalibrig darstellen.
- Die Magenschleimhaut zeigt an dieser Stelle einen **Oberflächendefekt von mehr als 2-5 mm**, was die darunter liegende Arteriole zur **Spontanruptur** bringen kann. Diese Ruptur kann eine massive obere Gastrointestinalblutung hervorrufen.

Urs:
- Unbekannt
- Keine Hinweise auf entzündliches oder immunologisches Geschehen.

Klin:
- Hämatemesis ± Meläna (eine isolierte Meläna ist auch möglich).
- Hämodynamische Instabilität:
  - Art. Hypotonie
  - Tachykardie
  - Akute zirkulatorische Insuffizienz, S. 20
- Typischerweise:
  - Keine Bauchschmerzen
  - Keine Dyspepsie
  - Keine Appetitlosigkeit

Th:
- Endoskopisch:
  - Elektrokoagulation
  - Sklerotherapie, ADRENALIN® unterspritzen
  - *Haemoclipping* u.a.

Leberzirrhose [K74.6]

Def: • Irreversible, diffuse **Zerstörung der Leber**, die durch eine fortschreitende fibröse Narbenbildung gekennzeichnet ist. Es handelt sich um eine histologische Diagnose.

Allg: • Inzidenz (Europa, USA): 1/4'000 Einwohner/Jahr; Männer > Frauen (2 : 1)
• Der klinische Schweregrad einer Leberzirrhose kann mittels des CHILD-PUGH Score bestimmt werden, S. 443
• Die Leberzirrhose ist eine **Präkanzerose** (erhöhtes Leberzellkarzinom Risiko)!
• Terminologie:
- Mikronoduläre Leberzirrhose: Regeneratknötchen Ø ≤ 3 mm
- Makronoduläre Leberzirrhose: Regeneratknoten Ø 3 mm - 3 cm
- Gemischtknotige Leberzirrhose: Regeneratknoten aller Grössen

Klin: **1. Symptome**
• Müdigkeit, Leistungsverminderung
• Oberbauchbeschwerden (Druck, Völlegefühl), Nausea
• Evtl. Prurigo, Gewichtsabnahme, Dyspnoe durch Zwerchfellhochstand

2. Befunde

2.1. Nicht spezifische (!) Befunde
• Palmar- und Plantarerythem
• Mundwinkelrhagaden
• «Lacklippen», «Lackzunge»
• Telangiektasien (*Spider naevi*)
• *Clubbing* (S. 1077), Uhrglasnägel und Trommelschlägelfinger
• Weissnägel (Verlust der Finger-Lunula, sog. TERRY-Fingernägel)
• Asterixis (*flapping tremor*), S. 420
• Abdominale Kollateralvenen, *Caput medusae* der Umbilikalvenen
• CRUVEILHIER-von-BAUMGARTEN Geräusch (abnormale Umbilikalvenen Permeabilität mit auskultatorischem kontinuierlichem Geräusch)
• Haarverlust, Bauchglatze
• Gynäkomastie (hormonell bedingt, oder bei Spironolactontherapie)
• Hodenatrophie (Testosteron ↓, Östrogen ↑)
• Hepatomegalie (Leberhöhe > 14 cm; in der Medioklavikularlinie)
• Splenomegalie (eine palpierbare Milz ist i.d.R. vergrössert; in rechter Seitenlage und in Endinspirationsstellung palpieren)
• Aszites (untere klinische Nachweisgrenze: 1-1.5 L), S. 424
• Ödeme, im Extremfall: Anasarka
• Ikterus ± Kratzspuren infolge Pruritus, S. 1098

2.2. *Relativ spezifische Befunde*

a) Bei alkohol-induzierter Leberzirrhose typisch:
- DUPUYTREN Kontraktur (palmare Aponeurosenfibrose, welche eine Kontraktur des 4. und 5. Fingers induziert, teilweise bis zum Faustschluss!)
- Interossäre Muskelatrophie (Hände, Füsse)
- Parotishypertrophie

b) Bei Hämochromatose induzierter Leberzirrhose typisch:
- Arthropathie
- Hyperpigmentation

c) Bei primär biliärer Leberzirrhose (PBC, S. 444) typisch:
- Sehnenxanthome:
Subkutane, indolente, weich-elastische Schwellungen in der Grösse einer Nuss oder Tomate, welche an folgenden Stellen vorkommt: Extremitäten, Stamm.
- Xanthelasmen:
Gelbliche Knötchen in der Haut der Oberlider oder Unterlider, Achillessehne, Ellbogen und seltener am Stamm. Meist entstehen sie im nasennahen Winkel der Augenlider. Sie sind harmlos und bedürfen keiner Therapie.

d) Beim Morbus WILSON (S. 597) typisch:
- KAYSER-FLEISCHER Hornhautring, S. 418
- Parkinsonismus

Urs: I. Häufige Ursachen
• Alkohol induziert (Europa, USA: 50-75 % aller Leberzirrhosen)
• Virale Hepatitis (ca. 30 % aller Leberzirrhosen): B, C, ± D
- Bis 20 % aller Hepatitis C-Patienten entwickeln eine Leberzirrhose!
- 2-5 % aller Hepatitis B-Patienten entwickeln eine Leberzirrhose!
• NASH, S. 437

II. Seltenere Ursachen (ca. 10 % aller Leberzirrhosen)
• Medikamentös induziert:
- Paracetamol,
- Acetylsalicylsäure
- Sulfonamide (TMP/SMX u.a.)
- Sonstige Medikamente: Dantrolen, Isoniazid, Methyldopa u.a.

- Toxische Stoffe: Tetrachlorkohlenstoff, Arsen u.a.
- Kardiale Leberzirrhose (infolge Leberstauung)
- BUDD-CHIARI Syndrom
- Antikörper-assoziierte Erkrankungen
  - Primär biliäre Zirrhose (PBC)
  - Primär sklerosierende Cholangitis (PSC)
  - Autoimmunhepatitis (AIH)
- Stoffwechselkrankheiten
  - Hämochromatose
  - Zystische Fibrose
  - Morbus WILSON
  - α1-Proteinaseinhibitormangel
- Parasitäre Leberzirrhose
  - Bilharziose (= Schistosomiasis); Fasciola hepatica (Leberegel)

Klas: • Siehe CHILD-PUGH Score (S. 443). Es gibt Auskunft über den Schweregrad einer chronischen Leberinsuffizienz.

Dg: **A. Diagnose der Leberzirrhose**

A.1. Anamnese und Klinik, S. 418

A.2. Labor

- Normale Laborwerte schliessen eine Leberzirrhose nicht aus. Jedoch werden typische paraklinische Veränderungen, je nach betroffener Leberstruktur, beobachtet.

Paramter	Laborwerte
Zytolyse Parameter	• ALAT (↑), ASAT (↑)
Syntheseverlust	• Albumin (↓) • Gerinnungsfaktoren (↓) • INR (↑), aPTT (↑) - Der INR korrigiert sich nicht nach Gabe von Vitamin K
Cholestase Parameter	• γGT (↑) • Alkalische Phosphatase (↑) • 5-Nukleosidase (↑) • LDH (↑) • LAP (Leucin-Amino-Peptidase, ↑) • Bilirubin (↑). Die Erhöhung des Bilirubins zeigt eine fortgeschrittene Leberinsuffizienz an, es steigt aber auch bei Cholestase an.
Malignitäts-parameter	• α-Foetoprotein (bei Leberzellkarzinom ↑)

A.3. Radiologische Abklärungen

a) Abdomensonographie (+ Doppler) mit Frage nach:
- Lebergrösse (Atrophie?)
- Leberoberfläche (unregelmässig, wellig?)
- Zeichen einer portalen Hypertension, siehe S. 421
- Leberparenchym: Knoten (Adenom?, Karzinom?)

b) Sonstige Abklärungsmöglichkeiten: CT, MR (oder Angio-MR)

A.4. Leberbiopsie
- I.d.R. nicht notwendig zur Diagnosestellung einer Leberzirrhose
- Bei unklarer Diagnose, ist eine Leberbiopsie unumgänglich.

B. Diagnose der portalen Hypertension, S. 421

B.1. Anamnese, Klinik, S. 421

B.2. Radiologische Abklärungen: Abdomensonographie (+ Doppler)

B.3. Gastroskopie
- Kein Konsens besteht bezügl. eines endoskopischen Screenings (siehe Text unter «Ösophagusvarizen» S. 414)
- Bei klinischem Hinweis auf eine portale Hypertension oder bei Oberbauchbeschwerden, welche auf ein ulzeröses oder neoplastisches Geschehen hinweisen könnten, wird eine endoskopische Abklärung empfohlen.

C. Diagnose der hepatischen Enzephalopathie

C.1. Anamnese, Klinik (4 Stadien), S. 440

C.2. Labor
- Es gibt keine pathognomonische Labordiagnostik.
- Der Ammoniakspiegel wird oft bestimmt (aber schlechte klinische Korrelation!)
- Evtl. respiratorische Alkalose mit sekundärer Hypokaliämie

Th: **1. Kausaltherapie**
- Alkoholische Leberzirrhose
- Hepatitis B und C

2. Allgemeinmassnahmen
- Hepatotoxische Substanzen sistieren
- Stopp Alkoholkonsum
- Diät. Eine spezielle Diät wird bei fortgeschrittener Leberzirrhose empfohlen:
  - Bei hepatischer Enzephalopathie, siehe S. 440
  - Bei Aszites (natriumarme Kost), S. 426
  - Bei Hyponatriämie (Wasserrestriktion)
  - Bei Alkoholismus: Substitution von Folsäure, Vitamin B1 (Thiamin)
  - Bei primär biliärer Zirrhose: Vitaminsubstitution (A, D, E, K), S. 444

2. Prophylaktische Therapie der portalen Hypertension, S. 414

3. Kompensierte Leberzirrhose
- Verlaufskontrollen (Anamnese, Klinik und Labor) inkl. Früherkennung eines primären Leberzellkarzinoms:
  - α-Foetoprotein
  - Abdomensonographie alle 6 Mt.
- Prophylaktische Therapie der Ösophagusvarizen
  - Betablocker ± ISMN ± endoskopische Ligatur, siehe S. 414

4. Dekompensierte Leberzirrhose: Kausaltherapie

Kpl: **I. Häufige Komplikationen**
1. Portale Hypertension mit:
   - Aszites → Therapie siehe S. 424
   - Ösophagusvarizen ± Blutung → Therapie siehe S. 414
   - Obere GI-Varizen ± Blutung → Therapie siehe S. 414
   - Rektale Varizen ± Blutung
   - Hepatische Enzephalopathie → Therapie siehe S. 440
2. Ikterus

II. Weniger häufige Komplikationen
1. Spontan bakterielle Peritonitis → Therapie siehe S. 432
2. Hepatorenales Syndrom → Therapie siehe S. 429
3. Primäres Leberzellkarzinom
4. Makrozytäre Anämie (Mangel an: Vitamin B12, Folsäure)
5. Thrombozytopenie (Hypersplenismus, seltener bei intravasaler Gerinnungsstörung)
6. Leukopenie (Hypersplenismus)
7. Glukoseintoleranz
8. Gonadeninsuffizienz
   - Frau: Amenorrhoe, oft mit Sterilität
   - Mann: Impotenz

* Asterixis (flapping tremor)

Def: Intermittierende Schwäche der antigravitären Muskulatur. Diese Schwäche kann an den Handgelenken, an den metakarpo-phalangeal Gelenken und an den Hüften, selten bei der Zunge beobachtet werden.

Klin: Wie kann man klinisch eine Asterixis diagnostizieren?

<u>Handgelenk</u>: Der Patient wird aufgefordert, die Arme zu strecken und die Hände mit gepreizten Fingern in Dorsalflexion zu halten. Bei einer Asterixis knickt die Hand langsam ab (= Schwäche der antigravitären Muskeln) und plötzlich schnellt der Handrücken reflexartig nach oben (Dorsalflexion).

<u>Hüfte</u>: Der Patient liegt auf dem Rücken mit angewinkelten Knien (ca. 45°). Die Knie entfernen sich spontan von der Mittellinie (= Schwäche der antigravitären Muskeln) und schnellen dann brüsk wieder zusammen.

Portale Hypertension [K76.6]

Def: • **Pfortaderdruck > 13 mmHg** [N: 7-13 mmHg].
- Dieser Druck wird invasiv gemessen, weshalb sich das klinische Interesse der Diagnosestellung auf kontrollierte Studien beschränkt.

Allg: • Die portale Hypertension ist eine häufige Komplikation der Leberzirrhose.
- Die Leber wird zu 2/3 durch das Pfortaderblut und zu 1/3 aus dem Blut der Arterie hepatica vaskularisiert. Blutversorgung der Leber: ca. 1.5 L/min
- Bei erhöhtem transhepatischem Druck (= Pfortaderdruck - Vena cava inferior-Druck; N: 5 mmHg) kommt es zur Bildung von Ösophagusvarizen:
  - Ösophagusvarizen: bei transhepatischem Druck von ca. > 10 mmHg
  - Ösophagusvarizenblutung: bei transhepatischem Druck von ca. > 12 mmHg

Urs: **A. Prähepatischer Block**
- Milzvenen- oder Pfortaderthrombose
  - Thrombophilie, S. 930
  - Polycythaemie, S. 910
  - Septische Thrombose
  - Akute Pankreatitis, S. 476
  - Pfortaderkompression: Tumor, Lymphadenopathie, Pankreaszyste u.a.
  - Östrogene (z.B. orale Kontrazeptiva)
- Idiopathische portale Hypertension

B. Intrahepatischer Block (häufigste Form der portalen Hypertension)
- Leberzirrhose (ca. 75 % aller portalen Hypertensionen), S. 419
- Lebermetastasen
- Fokal noduläre Hyperplasie, noduläre Regeneratknotenhyperplasie
- Hepatische veno-oklusive Krankheit
  - Medikamentös: Zytostatika, Immunsuppressiva
  - Ionisierende Strahlen
- Arterio-venöse Fisteln
- Myeloproliferatives Syndrom, S. 918
- Sarkoidose
- Zystische Fibrose
- Bilharziose (= Schistosomiasis; häufigste Form der portalen Hypertension in den Tropen)

C. Posthepatischer Block
- Rechtsherzinsuffizienz, S. 227
- Konstriktive Perikarditis
- BUDD-CHIARI-Syndrom, S. 422

Klin: • Aszites, S. 424
- Ösphagusvarizen ± Blutung, S. 414
- Portal hypertensive Gastropathie (obere gastrointestinale Varizen ± Blutung)
- Rektale Varizen ± Blutung
- Hepatische Enzephalopathie, S. 440
- Hyperspleniismus
  - Thrombozytopenie
  - Leukopenie
- Pfortaderthrombose, S. 423

Dg: 1. Anamnese, Klinik
2. Abdomensonographie (+ Doppler)
   - Vergrösserung des Durchmessers der Pfortader
   - Flussumkehr des portalen Venenflusses
   - Porto-systemische Kollateralen (z.B. Permeabilität der Para-Umbilikalvene)
   - Splenomegalie mit spontanem spleno-renalem Shunt
   - Milzvenenthrombose
   - Perigastrische Varizen (im Lig. gastro-lienale)
   - Aszites (untere Nachweisgrenze ca. 50 mL)
3. Invasive Druckmessung (für Studienzwecke verwendet)

Th: **1. Kausaltherapie**
2. Prophylaktische Therapie der portalen Hypertension, siehe Ösophagusvarizen, S. 414
   a) Medikamentös (Betablocker ± ISMN), S. 414
   b) Evtl. endoskopische Ligatur

BUDD-CHIARI-Syndrom [I82.0]

Allg:
- Es handelt sich um eine seltene Lebererkrankung, bei der es zu einem kompletten oder inkompletten Verschluss der Lebervenen kommt. Der venöse Rückfluss von der Leber zum Herz ist somit vermindert oder blockiert.
- Die Erkrankung hat ihren Namen von ihren Erstbeschreibern George BUDD (1808-1882) und Hans von CHIARI (1851-1916) erhalten.
- Altersgipfel: 3. bis 4. Lebensjahrzehnt
- Frauen > Männer.
- Der Ausdruck «BUDD-CHIARI» wird oft gebraucht zum Beschrieb von Thrombosen der
  - hepatischen Venen
  - und/oder intra- oder supra-hepatischen Anteile der Vena cava inferior.
- Das **venooklusive Syndrom** ist eine Sonderform des BUDD-CHIARI-Syndroms und betrifft die kleinen Aufzweigungen der Lebervenen.
  - Histologie: dilatierte Sinusoide
  - Ursachen: Pyrrolizidinalkaloide, lokale Radiotherapie, Chemotherapie, Einnahme von pflanzlichen Alkaloiden (*bush tea disease*), Urethan, Thioguanin, Azathioprin u.a.

Urs:
- Myeloproliferatives Syndrom (40-50 % der BUDD-CHIARI)
- Gerinnungsstörungen
  - Thrombophilie
  - Thrombozytose
- Paroxysmale nächtliche Hämoglobinurie (ca. 10 %)
- Orale Kontrazeptiva (ca. 20 % der BUDD-CHIARI)
- Infektionen (selten): Amöbenabszess, Echinokokkose, pulmonale Tbc u.a.
- Morbus BEHÇET (selten)
- Tumoren (selten): hepatozelluläres Karzinom, Melanom, Nierentumor u.a.
- Schwangerschaft und v.a. Postpartum
- Idiopathisch (5-30 %)
- Postoperativ, post-traumatisch

Klas:
- Grundsätzlich werden 3 Formen unterschieden:
  1. Fulminante Form (10 %)
  2. Akute oder subakute Form (30 %)
  3. Chronische Form (60 %)
- Symptome und Befunde
  - I. Asymptomatisch
  - II. Symptomatisch
    - Aszites (beinahe alle Patienten)
    - Bauchschmerzen, Druckgefühl oder Schmerz im rechten Oberbauch
    - Hepato-Splenomegalie
    - Ikterus
    - Ödeme der unteren Extremitäten
    - Portale Hypertension, siehe S. 421
    - Hepatische Enzephalopathie
    - Magen-Darm Blutung

Vorg:
- Blut
  - Blutstatus, CRP, Protein, Albumin, Cholesterin, Homozystein
  - ASAT, ALAT (oft ASAT > ALAT), γGT, alkalische Phosphatase, Bilirubin
  - Koagulationsparameter (inkl. INR, aPTT), Fibrinogen
  - Protein C, Protein S, Faktor V Leiden, Antithrombin III
  - Antikardiolipin Ak, Lupus Antikoagulans, Thrombin G20210A-Mutation
- Knochenmarksbiospie

Dg:
- Duplexsonographie des Abdomens; Leber-MR oder Abdomen-CT
- Diagnostik der Grunderkrankung (z. B. Knochenmarkspunktion)

Th:
1. Kausaltherapie + Gastro-Konsilium
- 1.1. Antikoagulation: Ziel-INR 2.5-3.0
- 1.2. Bei Aszites: vermeiden von nephrotoxischen Medikamenten

2. Symtomatisches BUDD-CHIARI-Syndrom
- 2.1. Akute Form
  - Heparin **IV** am Perfusor (Ziel-aPTT 1.5-2x N)
  - Lokale Thrombolyse (Streptokinase oder Urokinase). ***CAVE***: KI, 204!
- 2.2. Therapieresistentes BUDD-CHIARI-Syndrom (akute und chronische Formen)
  - Endovaskuläre oder chirurgische Therapien: Gastro-Konsilium:
    - -- Porto-cavale Shuntoperation (bei Thrombose der suprahepatischen Venen)
    - -- Ballonangioplastie (bei Thrombose der Vena cava inferior)
    - -- Endovaskuläre Derivationschirurgie
    - -- Lebertransplantation

Pfortaderthrombose [I81]

Urs:
- Häufige Ursachen
  - Intraabdominale Infekte
    - Appendizitis
    - Divertikulitis
    - Cholangitis
    - Peritonitis
  - Chronische Pankreatitis
  - Trauma
  - Myeloproliferative Syndrome
  - Tumorale Invasion oder extrinsische Kompression der Pfortadervene:
    - Leberzellkarzinom
    - Pankreaskarzinom
    - Idiopathisch (50 %)
  - Leberzirrhose mit portaler Hypertension, S. 421
- Seltenere Ursachen
  - Leukämien
  - Thrombophilie, S. 930
  - Endoskopische Sklerotherapie
  - Retroperitonealfibrose
  - Schwangerschaft
  - Orale Kontrazeptiva
  - Splenektomie
  - Spleno-renale Anastomose
  - BUDD-CHIARI-Syndrom, S. 422
  - Septische Thrombose der Pfortader bei septischem Herd (z.B. Appendizitis, Divertikulitis)

Klin: I. Asymptomatisch
II. Symptomatisch
- Fieber
- Bauchschmerzen:
  - Mesenterialischämie
  - Mesenterialinfarkt (selten bei Appendizitis oder Divertikulitis)
  - Ileus
- Meteorismus
- Rektorrhagie (ist der Beweis eines Mesenterialinfarktes!)
- Aszites

Bem: • Eine Spontanregression der Thrombose ist selten!

Dg: • Duplexsonographie der Vena porta

Lab.
- Leukozytose, CRP ↑
- Laboranomalien je nach Ursache der Pfortaderthrombose:
  - Leberenzymerhöhung
  - Pathologische Thombophilieabklärung (S. 930 ff) u.a.

Vorg:
- Suche einer Grunderkrankung (siehe «Urs:»)
- Gastroskopie mit Frage nach Ösophagusvarizen

Kpl:
- Obere GI-Blutung infolge Ösophagusvarizenruptur
- Rektorrhagie bei Mesenterialinfarkt

Th: **1. Kausaltherapie**

2. Akute Thrombose
- Therapeutische Antikoagulation mit Heparin oder NMH

3. «Alte» Thrombose (die Abdomensonographie bestätigt ein Kavernom)
- Ursache eruieren und spezifisch behandeln:
  - Thrombophilie?
  - Ösophagusvarizen?

Aszites[1-4]

Def: • Pathologische Akkumulation von Flüssigkeit im Peritonealraum.

Dg: • Diagnostik der Wahl= Abdomensonographie.
• Die klinische Sensitivität eines Aszites zu diagnostizieren ist schwierig und unterhalb 1-1.5 Liter nicht möglich.

Allg: • **Pathogenese des Aszites bei portaler Hypertonie**

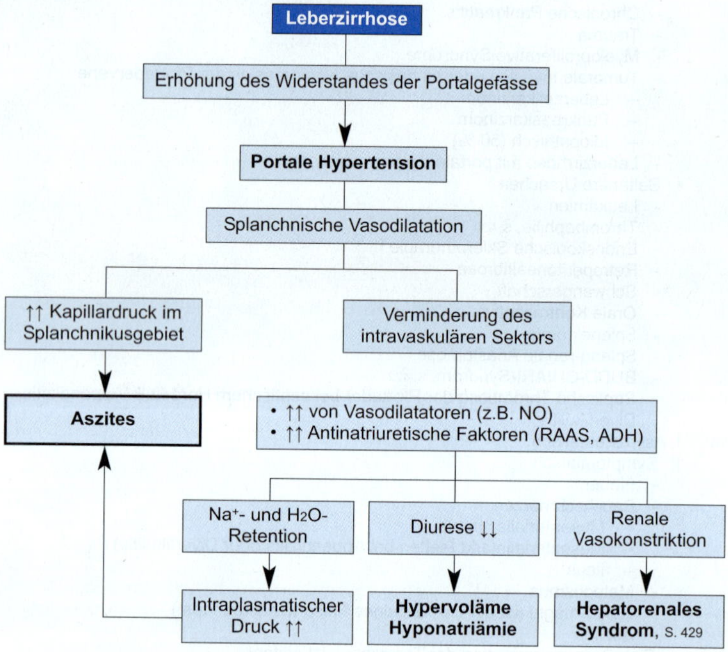

Abbildung: Pathogenese des Aszites bei portaler Hypertonie.[4]

Klin: • Asymptomatisch (häufig)
• Symptomatisch
  - Diffuse Bauchschmerzen bei globulösem Abdomen
  - Dyspnoe und eingeschränkte Leistungsfähigkeit

Kpl: • Spontan bakterielle Peritonitis (Prävalenz bei neu aufgetretenem Aszites: 10-30 %)
• Hypervoläme Hyponatriämie
• Hepatorenales Syndrom
• Leberinsuffizienz

Urs: • Leberzirrhose (80-85 % der Fälle)
  - Alkohol
  - Viral (z.B. Hepatitis B, C, D)
  - Toxisch/medikamentös
  - Autoimmunhepatitis
  - NASH
  - Primär biliäre Zirrhose
• Malignom (10 % der Fälle)
  - Pankreaskarzinom
  - Leberzellkarzinom (primär und sekundär)
  - Ovarialkarzinom
  - Peritonealkarzinose
  - Peritonealmesotheliom
  - MEIGS-Syndrom: i.d.R. benigner Ovarialtumor (Ovarialfibrom), bilateral in 10 % der Fälle mit Aszites und Pleuraerguss. Eine maligne Entartung (Fibrosarkom) ist selten.
• Herzinsuffizienz (< 5 % der Fälle)
• Tuberkulose (< 1 %)
• Nephrogen (< 1 %)
• Pankreatogen (< 1 %)
• Fulminante Leberinsuffizienz (< 1 %)

 1 Gines P, et al. Semin Liver Dis 1997; 17:175-89. 2 Gines P, et al. N Engl J Med 2004 ;350:1646-54. 3 Bataller R. Drugs 1997;54 :571-80. 4 Scholze D, et al. Schweiz Med Forum 2006 ;6 :237-42

Vorg:

> **Für die PRAXIS:**
> **JEDER Aszites soll aus diagnostischen Gründen punktiert werden.**
> **Einzige Kontraindikation:** klinisch eindeutige DIC, S. 920
> Die Komplikationsrate einer diagnostischen Parazentese ist sehr gering (< 0.5 %).

Aszitesanalyse	Bemerkungen
Leukozyten	• Eine hohe Anzahl neutrophiler Leukozyten weisen auf eine primäre oder sekundäre Peritonitis hin: • **Spontan bakterielle Peritonitis** = **≥ 250/mm³** neutrophile Leukozyten (≥ 0.25 G/L) im Aszitespunktat (unabhängig von den mikrobiologischen Resultaten), S. 431
Erythrozyten	• **Hämorrhagischer Aszites** = **> 10'000 EC/mm³** (> 10 G/L) • Ein Tumor muss ausgeschlossen werden!
Protein	• Die Proteinkonzentration erlaubt es, das Risiko einer spontan bakteriellen Peritonitis (SBP, S. 430) einzuschätzen. - Ein **hohes SBP-Risiko** wird bei niedrigen Proteinkonzentrationen im Aszites beobachtet, d.h. **< 10 g/L**! - Im Gegensatz zum Pleuraerguss, ist die Proteinkonzentration wenig sensitiv, um zwischen einem Transsudat bzw. einem Exsudat zu unterscheiden (Sensitivität: 50 %).
Albumin	• Der **Serumaszitesalbumingradient** (SAAG)* hat eine gute diagnostische Aussagekraft, um zwischen einer portalen Hypertonie und einer neoplastischen, entzündlichen Genese des Aszites zu unterscheiden. - Bei einer Albuminkonzentration **> 150 µmol/L** (**≥ 11 g/L**) kann es sich, nach Ausschluss einer kardialen Genese, nur noch um einen portal-hypertensiven Aszites handeln (Spezifität > 95 %).
Kultur	• Die Aszitesflüssigkeit soll für die Kultur in die Blutkulturflaschen gegeben werden (dadurch wird die Sensitivität auf ca. 60 % gesteigert)
GRAM-Färbung	• Eine GRAM-Färbung hat eine relativ schwache diagnostische Aussagekraft.
Suche nach Tbc	• Die Auramin-Färbung wird bei Tbc-Verdacht durchgeführt.
Zytologie, Zytospin	• Diese Analyse benötigt mindestens 150 mL Aszites. • Die Sensitivität, um eine Neoplasie zu diagnostizieren, ist sehr unterschiedlich und hängt vom Tumortyp und -stadium ab.
Sonstige Analysen	• Folgende Parameter sollen klinikbezogen durchgeführt werden: • «Malignitäts-Marker»: - **LDH** - **Laktat** - **Cholesterin** • Verdacht auf Pankreatitis: **p-Amylase** • Elemente, welche für eine sekundäre Peritonitis sprechen: - **Glukose** < 50 mg/dL (< 2.8 mmol/L) - **LDH** > 5000 IE - **Protein** > 3 g/L - Polymikrobielle Kultur

Tabelle: Aszitesanalyse.

SBP = Spontan bakterielle Peritonitis

* SAAG = Albumin [Plasma] - Albumin [Aszites]

Th: **1. Restriktion der Wasserzufuhr**

Ind: • Aszites-Patienten mit Hyponatriämie < 130 mmol/L

Vorg: • Gesamtzufuhr (enteral oder parenteral): 10-15 mL/kg/d

Bem: • Bei Patienten mit einem Serumnatrium ≥ 130 mmol/L gibt es keine Evidenz, welche eine Wasserrestriktion verlangen würde.

2. Natriumarme Kost [A]

Vorg: • Natriumzufuhr: ca. 2 g Na^+/d (= 88 mmol/d). INFO: 1 L NaCl 0.9 % = 3.5 g Na^+!!

3. Diuretika

Allg: • Bitherapie der Wahl: Spironolacton + Torasemid
• Das Ziel der Diuretikatherapie ist ein **kontrollierter Gewichtsverlust**:
I. Patient ohne periphere Ödeme: Gewichtsverlust max. 500 g pro Tag!
II. Patient mit peripheren Ödemen: Gewichtsverlust max. 1000 g pro Tag!

Für die PRAXIS:
Wenn ein Aszites-Patient zu schnell entwässert wird besteht das Risiko einer prärenalen Niereninsuffizienz! Deswegen muss die Nierenfunktion alle 24-48 h geprüft werden: Serumkreatinin, Serumharnstoff!

Bsp: • Spironolacton 100 mg PO (1 - 0 - 0) + Torasemid 10 mg PO (1 - 0 - 0).
- Bei ungenügendem Ansprechen (d.h. fehlendem Gewichtsverlust) sollen die Diuretika erhöht werden:
- Spironolacton: alle 3-5 d um 100 mg/d erhöhen (Maximaldosis: 400 mg/d)
+ Torasemid: alle 3-5 d um 10 mg/d erhöhen (Maximaldosis: 100 mg/d).

Bem: • Unter Spironolacton entwickeln bis zu 50 % der Männer eine Gynäkomastie. Vorgehen bei Gynäkomastie, siehe S. 427
• Nach Verschwinden der Aszitessymptome zeigt eine Dauertherapie mit Spironolacton (100-200 mg/d) bessere Resultate als mit Plazebo. Dazu kommt, dass Spironolacton als Dauertherapie «realisierbarer» ist, als die salzarme Diät.

4. Parazentese

Ind: 1. Ungenügendes Ansprechen auf die medikamentöse und nicht-medikamentöse Therapie
und/oder:
2. Spannungsaszites, der wie folgt definiert ist (≥ 1 Kriterium): [A]
a) Dyspnoe
b) Abdominalschmerzen
c) Erschwerte Mobilisation

Vorg:

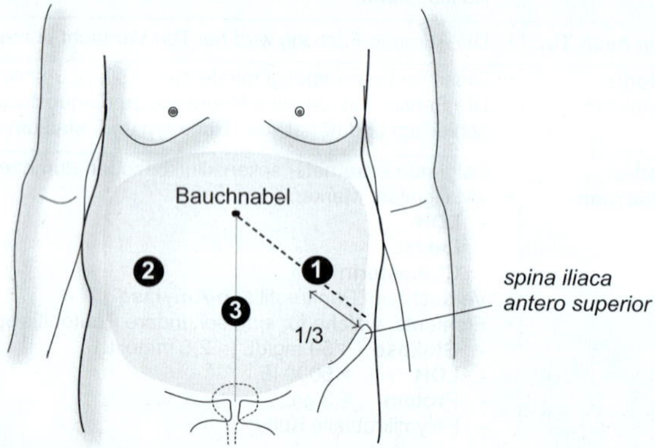

Schema: Aszitespunktion

Es gibt verschiedene Punktionsstellen. Um den idealsten Punktionsort festzulegen, empfiehlt sich eine abdomensonographische Markierung. Bei Punktion im rechten Unterbauch ist zu beachten, dass der Kolon ascendens auf dem hinteren Peritoneum fixiert ist und daher verletzbarer ist, als der untere Teil des nicht fixierten Kolon descendens.
Die Punktion wird mit einer 20G-Nadel (gelbe Farbe) durchgeführt.
Punkionsstellen:

❶ **Linker Unterbauch** (1/3 der Strecke zwischen der Spina iliaca antero superior und dem Bauchnabel)
❷ Rechter Unterbauch (spiegelbildlich zur linken Unterbauchpunktion)
❸ In der Mitte zwischen der Symphyse und dem Bauchnabel

5. **Volumensubstitution nach der Parazentese**

Allg:
- Die effizienteste Volumensubstitution wird durch humanes **Albumin** erreicht.
- Die Volumensubstitution ist bei Punktatvolumen < 4 L nicht notwendig. [C]

Ind:
- Parazentesen mit **Volumina > 4-5 Liter** [A]

Bsp:
- Aszitespunktat von 5 L → 8 g Albumin pro punktiertem Liter Aszites:
  → Gabe von 5x 8 g (= 40 g) Albumin über 2-3 h **IV**.

6. **Kontakt mit einem Transplantationszentrum aufnehmen + Gastro-Konsilium**

Allg:
- Das Auftreten eines Aszites im «Normalverlauf» bei Patienten mit Leberzirrhose ist prognostisch schlecht (2-Jahresüberleben von ca. 75 %)!

Bem: **Für die PRAXIS:**
Vorgehen bei Gynäkomastie unter Spironolacton:
1. Stopp Spironolacton und ersetzen durch:
   - Eplerenon, S. 1225, 1385
   - Amilorid (schnell wirkendes Diuretikum, aber ohne anti-Aldosteronwirkung)
2. Anti-Östrogene
3. Radiotherapie
4. Chirurgischer Eingriff (bei Therapieresistenz und Patientenwunsch)

Karzinomatöser Aszites

Vorg: 1. **Parazentese**
- Die Parazentese ist die Therapie der Wahl [B]
- Die häufig wiederholten Parazentesen können zu peritonealen Kammerbildungen führen, welche weitere Parazentesen erschweren.
- Die Volumensubstitution, z.B. mit Albumin, ist wahrscheinlich nicht indiziert.

2. **Diuretika**
- Diuretika sind in den meisten Fällen <u>nicht</u> wirksam, können aber eingesetzt werden, wenn der Aszites durch massive Lebermetastasen zustande kommt, welche eine portale Hypertension erzeugen. [B]

3. **Peritoneo-venöser Shunt**
- Kann, je nach Klinik und Patientenwunsch, als Palliativtherapie vorgeschlagen werden
- Operationsmortalität 5-20 %
- Hohes Aszites Rezidivrisiko (80 %, i.d.R. als Folge einer Shunt-Obstruktion)
- Der peritoneo-venöse Shunt ist wiederholten Parazentesen nicht überlegen.

Refraktäraszites [R18]

Allg:
- 1-Jahresmortalität: 60 %!
- Bevor die Diagnose eines refraktären Aszites gestellt werden kann, müssen folgende Situationen oder Ursachen ausgeschlossen werden:
  a) Schlechte medikamentöse Kompliance
  b) Gleichzeitige Einnahme von NSAR
  c) Superinfekt

Def:[5]

1. Intensive Diuretikatherapie während ≥ 1 Woche
   und:
2. Nichtansprechen (definiert als Gewichtsverlust < 200 g/d) auf folgende Therapie:
   - Intensive Diuretikatherapie während der 4 letzten Tage
   - Renale Natriumausscheidung < 50 mmol/d
   und:
3. Natriumrestriktion (50 mmol Na^+/d)
   und:
4. Intensive Diuretikatherapie, die sich wie folgt zusammensetzt:
   - Spironolacton 400 mg/d + Schleifendiuretikum (z.B. Torasemid 100 mg/d oder Furosemid 160 mg/d)
5. Frühzeitiges, mittelschweres bis schweres Aszitesrezidiv innerhalb von 4 Wochen nach Mobilisationsbeginn
   und:
6. Diuretika induzierte Komplikationen
   a) Hepatische Enzephalopathie (ohne andere ursächliche Faktoren)
   b) Niereninsuffizienz (d.h. Erhöhung des Serumkreatinins um > 100 %, um einen Wert von > 176 µmol/L zu erreichen bei Patienten, die auf die Diuretikatherapie ansprechen)
   c) Hyponatriämie (Verminderung der Natriämie um > 10 mmol/L, um einen Wert von < 125 mmol/L zu erreichen)
   d) Hypo- oder Hyperkaliämie (Kaliämie < 3 mmol/L oder > 6 mmol/L, trotz optimaler Therapie, um eine Normokaliämie zu erreichen)

Th:
- Die Wahl der Therapiestrategie ist multidisziplinär und hängt von verschiedenen Faktoren ab:
  - Klinik
  - Patientenwunsch
  - Erfahrung des Chirurgen u.a.

1. Lebertransplantation

Ind:
- Alter < 65 Jahre
- Abstinenz > 6 Monate bei Alkoholikern
- Keine aktive Drogenabhängigkeit und keine schwerwiegende extrahepatische oder infektiöse Begleiterkrankung

2. TIPS (*Transjugular Intrahepatic Portosystemic Shunt*)

Ind:
- Refraktäraszites
- Rezidivierender Aszites
- Rezidivierende Varizenblutung, die auf die endoskopische Therapie nicht anspricht.

Vorg:
- Durch einen zentralvenösen Zugang (Vena jugularis interna) wird eine Endoprothese so platziert, dass ein Shunt zwischen der Vena porta und einer Vena suprahepatica entsteht. Funktionell entspricht der TIPS einem portocavalen Shunt, welcher bei vielen Patienten zu einem Abfall des Druckgradienten zwischen der Vena porta und den Lebervenen von 50 %, oder sogar zu einer Normalisierung (≤ 12 mmHg) führt.

Kpl:
- Obstruktion des TIPS (10-30 % bei beschichteten TIPS)
- Hepatische Enzephalopathie (40-50 %)

Bem:
- Bezüglich Mortalität und TIPS ist die Datenlage noch unklar. Verschiedene Studien lassen vermuten, dass die Mortalität nach einer TIPS-Einlage erhöht ist, falls das Serumbilirubin > 50 µmol/L oder ein CHILD-PUGH Stadium C vorliegt. In dieser Situation sollte die Indikation eines TIPS zurückhaltend gestellt werden.

5 Angepasst nach: Arroyo V, et al. Hepatology 1996 ;23 :164-76.

Hepatorenales Syndrom (HRS)[1,2] [K76.7]

Allg:
- Hauptproblem: es handelt sich um einen hyperdynamischen Zustand mit einer funktionellen Niereninsuffizienz
- Die Hämodynamik zeigt folgende Eigenschaften:
  - Massive Vasodilatation im Splanchnikusgebiet
  - Renale und wahrscheinlich auch systemische Vasokonstriktion

  → Niereninsuffizienz

Dg:[2] Beim Fehlen pathognomonischer Tests hat der *International Ascites Club* folgende Diagnosekriterien des HRS vorgeschlagen, welche das Vorhandensein aller 4 Hauptkriterien verlangen. Die Nebenkriterien sind dabei fakultativ.

Hauptkriterien

1. Verminderte glomeruläre Filtration, angezeigt durch:
   - Serumkreatinin > 130 µmol/L (> 1.5 mg/dL)
     oder:
   - 24 Stunden-Kreatinin-Clearance < 40 mL/min
2. Kein Schockzustand, keine zu Grunde liegende bakterielle Infektion, Ausschluss von nephrotoxischen Medikamenten, kein Flüssigkeitsverlust.
3. Keine anhaltende Verbesserung der Nierenfunktion (definiert als Serumkreatinin Verminderung ≤ 130 µmol/L oder Verbesserung der Clearance ≥ 40 mL/min) nach Absetzen der Diuretika und erfolgter Volumenexpansion mit 1.5 L eines Plasmaexpanders (z.B. 1.5 L NaCl 0.9 % **IV**).
4. Proteinurie < 500 mg/24 h und sonographischer Ausschluss einer obstruktiven Uropathie oder einer parenchymatösen Nephropathie.

Nebenkriterien (fakultativ)

Urin:	Volumen	<	500 mL/d
	Natrium	<	10 mmol/L
	Osmolalität	>	Plasma Osmolalität
	Erythrozyten	<	50 pro Gesichtsfeld (400x)
Serum:	Natrium	<	130 mmol/L

Diagnosekriterien des hepatorenalen Syndroms.[2]

Klas:
- **HRS Typ I**
  - Schnelle Verschlechterung der Nierenfunktion innerhalb von weniger als 2 Wo, definiert als:
    a) Serumkreatininanstieg > 220 µmol/L durch Verdoppelung des initialen Kreatininwertes
    oder:
    b) 24 h Kreatinin-Clearance < 20 mL/min, infolge eines Abfalls um 50 % des Ursprungswertes
- **HRS Typ II**
  - Mittelschwerer, regelmässiger Abfall der glomerulären Filtrationsrate
  - Das HRS Typ II ist durch einen diuretikaresistenten Aszites charakterisiert.

Th:
1. **Gastro-Konsilium**
2. **Lebertransplantation** = Therapie der Wahl
3. **Vasoaktive Substanzen** (Dopamin, Terlipressin, Octreotid, Midodrin)
   - Folgende Behandlungen können als Übergangslösungen zur Lebertransplantation eingesetzt werden:
     - Dopaminperfusor 2-4 µg/kg/min **IV** (aber verschiedene Studien erlauben es nicht, diesen Benefit zu bestätigen)
     - Systemische Vasokonstriktoren (Terlipressin, Octreotid oder Midodrin)

Studie	Vasokonstriktor	Dosierung
Uriz[3]	Terlipressin	Terlipressin: 0.5-2 mg/4 h **IV**
	+ Albumin	Albumin: 1 mg/kg **IV** (1. Tag), dann 20-40 mg/d **IV** (Stopp, falls ZVD > 18 cm H_2O)
Angeli[4]	Midodrin	3x 7.5 mg/d PO, dann ↑ um einen Anstieg des art. Mitteldrucks von ≥ 15 mmHg zu erreichen. Maximaldosis: 3x 12.5 mg PO
	+ Octreotid	3x 0.1 mg/d **SC**, dann je nach art. Mitteldruck bis 3x 0.2 mg/d erhöhen
	+ Albumin 20 %	20 g (100mL)/d **IV**, bei ZVD < 16 cm H_2O: 40 g (200mL/d)

4. **TIPS** (*Transjugular intrahepatic portosystemic shunt*), S. 428
   - Der TIPS kann bei HRS Typ I und II mit Erfolg eingesetzt werden. Die positive Wirkung auf die Nierenfunktion tritt aber erst nach ca. 1 Monat ein.

Prog:
- Die Prognose des HRS ist schlecht, v.a. des Typs I.

1 Bataller R, et al. Kidney Int 1998 ; 53 (Suppl. 66) : S47-S53. 2 Arroyo A, et al. Hepatology 1996 ;23 :164-73. 3 Uriz J, et al. J Hepatol 2000 ;33 :43-8. 4 Angeli P, et al. Hepatology 1999 ;29 :1690-7.

Spontan bakterielle Peritonitis (SBP)[1] [K65.8]

Allg:
- SBP = Primäre Peritonitis mit infiziertem Aszites ohne auffindbare septische Quelle.
- Die SBP wird am häufigsten bei Zirrhotikern beobachtet.
- Häufig isolierte Erreger:
  - E. coli (40 %)
  - *Streptococcus sp.* (35 %)
  - *Klebsiella* (15 %)
- Die Diagnose einer SBP schliesst das Vorhandensein einer sekundären Peritonitis aus, welche sich wie folgt manifestieren kann:
  - Darmperforation: Ulkus, Tumor, Infekt (DD: perforierte Appendizitis)
  - Abszess u.a.

Klin:
- Bauchschmerzen (> 80 %)
- Fieber (70 %)
- Hepatische Enzephalopathie (50-60 %), S. 440

Prog:
- Die Rezidivrate einer SBP ohne prophylaktische Therapie liegt bei ca. 70 % im 1. Jahr.[2]
- Die Überlebensrate 1 Jahr nach einer SBP beträgt nur 40-60 %!

Dg:

■ **Spontan bakterielle Peritonitis**

Dg: 1. **Anzahl neutrophiler Leukozyten¶ im Aszites > 250/mm³** (> 0.25x10⁹/L oder > 0.25 G/L)

- *mit/ohne:*

1.1. Vorhandensein von ≥ 1 der folgenden Kriterien bei Patienten ohne vorgängige AB-Therapie [B]:
- Lokale Befunde einer Peritonitis:
  - Bauchschmerzen
  - Abwehrspannung (Défense)
  - Loslassschmerz
- Infektiöse Zeichen:
  - Fieber
  - Leukozytose
  - Septischer Schock
- Hepatische Enzephalopathie (S. 440) ohne erkennbare Ursache
- Schnelle Nierenfunktionsverschlechterung ohne bekannte Ursache

- *mit/ohne:*

1.2. Positive Asziteskultur# (immer gleichzeitig Blutkulturen durchführen) [A]

und:

2. **Fehlen einer intraabdominalen Infektquelle** (z.B. Abszess, Perforation)

■ **Bakterieller Aszites** [B]

Dg:
1. Positive Asziteskultur# (gleichzeitig sollen auch Blutkulturen durchgeführt werden)
2. Anzahl neutrophile Leukozyten¶ im Aszites ≤ 250/mm³ (≤ 0.25 G/L)
3. Fehlen von lokalen oder systemischen infektiösen Zeichen§

Vorg:
- Wenn die Diagnose «Bakterieller Aszites» gestellt ist, soll die Parazentese 24-48 h später wiederholt werden; siehe auch Algorithmus S. 431.

■ **Sekundäre Peritonitis**

Allg:
- Die Klinik soll beim Einsetzen der Antibiose mit einbezogen werden.

Dg:
1. Nichtansprechen auf die AB-Therapie
2. Vorhandensein von ≥ 2 Keimen (v.a. wenn Pilze oder Anaerobier isoliert werden können)
3. Vorhandensein von ≥ 2 der folgenden Kriterien (betrifft die Aszitesflüssigkeit):
   a) Glukose < 50 mg/dL (< 2.8 mmol/L)
   b) Protein > 10 g/L
   c) LDH Aszites > LDH Plasma

Vorg:
- Wenn die Diagnose «Sekundäre Peritonitis» gestellt wird, soll die AB-Therapie begonnen und weitere ursächliche Abklärungen eingeleitet werden.
- Das Antibiotika muss die **anaeroben Keime**, sowie die **Enterokokken** abdecken.

¶ Bei Patienten mit hämorrhagischem Aszites (d.h. > 10'000 EC/mm³) soll 1 neutrophiler Leukozyt pro 250 EC abgezogen werden.

Die Asziteskultur benötigt mindestens 10 mL Flüssigkeit und 2 Kulturfläschchen (wobei eine für anaerobe und die andere für aerobe Keime). Die Aszitesкulturen werden in den Blutkulturflaschen durchgeführt. Dadurch wird eine Sensitivität von ca. 60 % erreicht; d.h. es bestehen auch dann noch 40 % falsch negative Kulturresultate.

§ Bei vorhandenen klinischen Infektzeichen und positiven Asziteskulturen soll eine AB-Therapie, auch bei niedrigen neutrophilen Leukozytenzahlen (≤ 250/mm³), begonnen werden.

1 Rimola A. et al. (International Ascites Club). J Hepatol 2000 ;32 :142-53. 2 Titó L, et al. Hepatology 1988 ;8 :27-31.

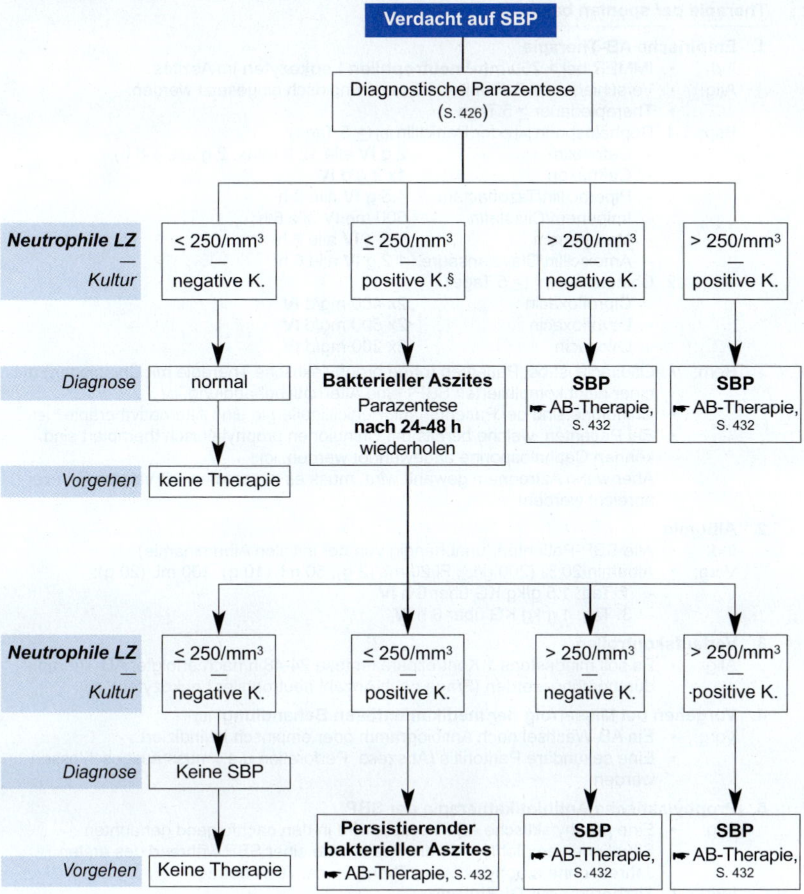

Algorithmus: Spontan bakterielle Peritonitis.

K = Kultur

§ Bei vorhandenen klinischen Infektzeichen und positiven Asziteskulturen soll eine AB-Therapie, auch bei niedrigen neutrophilen Leukozytenzahlen (≤ 250/mm³), begonnen werden.

Th: **Therapie der spontan bakteriellen Peritonitis**[1]

1. Empirische AB-Therapie

Ind: • IMMER bei **> 250/mm³ neutrophilen Leukozyten** im Aszites

Allg: • Verschiedene AB-Familien können empirisch eingesetzt werden.
• Therapiedauer ≥ 5 Tage

Bsp: 1. Cephalosporin [A] oder Penicillin [B] (≥ 5 Tage)

- Cefotaxim	2 g **IV** alle 12 h (max. 2 g alle 4-8 h)
- Ceftriaxon	1x 2 g/d **IV**
- Piperacillin/Tazobactam	4.5 g **IV** alle 8 h
- Imipenem/Cilastatin	500 mg **IV** alle 6 h
- Meropenem	1-2 g **IV** alle 8 h
- Amoxicillin/Clavulansäure	1.2 g **IV** alle 6 h

2. Chinolone [B, C] (≥ 5 Tage)

- Ciprofloxacin	2x 400 mg/d **IV**
- Levofloxacin	2x 500 mg/d **IV**
- Ofloxacin	2x 200 mg/d **IV**

Bem: • Ofloxacin ist bei Patienten (ohne prophylaktische Therapie mit Chinolonen) mit einer nicht komplizierten SBP‡ eine Alternativbehandlung. [A]
• Chinolone sind bei Patienten mit Penicillinallergie eine Alternativtherapie.¥ [B]
• Bei Patienten, welche bereits mit Chinolonen prophylaktisch therapiert sind, können Cephalosporine angewendet werden. [C]
Aber wenn Aztreonam gewählt wird, muss es zusammen mit Vancomycin verabreicht werden!

2. Albumin

Ind: • Alle SBP-Patienten (unabhängig von der initialen Albuminämie)

Vorg: • Albumin 20 % (200 g/L): Fl 20 mL (2 g), 50 mL (10 g), 100 mL (20 g):
- 1. Tag: 1.5 g/kg KG über 6 h **IV**
- 3. Tag: 1 g/kg KG über 6 h **IV**

3. Verlaufskontrollen

Allg: • Es soll mindestens 1 Kontrollparazentese 24-48 h nach erfolgter AB-Therapie durchgeführt werden (Frage nach Anzahl neutrophiler Leukozyten). [B]

4. Vorgehen bei Misserfolg der medikamentösen Behandlung§ [B]

Vorg: • Ein AB-Wechsel nach Antibiogramm oder empirisch ist indiziert.
• Eine sekundäre Peritonitis (Abszess, Perforation u.a.) muss ausgeschlossen werden.

5. Prophylaktische Antibiotikatherapie der SBP[1]

Allg: • Eine prophylaktische AB-Therapie wird in den nachfolgend genannten Situationen empfohlen, da die Rezidivrate einer SBP während des ersten Jahres, ohne prophylaktische Therapie, ca. 70 % beträgt.[2]

Ind: **I. Zirrhotiker mit GI-Blutung**

A. Erste Wahl [A]

• Norfloxacin	2x 400 mg/d PO für ≥ 5-7 d

B. Alternative AB [B]

• Ciprofloxacin	2x 250 mg/d PO für ≥ 5-7 d
• Ofloxacin	2x 200 mg/d PO für ≥ 5-7 d

II. Zirrhotiker mit Aszites, aber ohne GI-Blutung

A. Patienten mit Vorgeschichte einer SBP
• Norfloxacin 1x 400 mg/d PO als Langzeittherapie [A]
• Eine Lebertransplantation soll diskutiert werden [B]

B. Patienten ohne Vorgeschichte einer SBP
• Aszitesproteinkonzentration > 10 g/L: Prophylaxe nicht notwendig [B]
• Aszitesproteinkonzentration < 10 g/L: Kein Konsens [C]

§ Der Misserfolg einer medikamentösen Behandlung ist wie folgt definiert: [B]
• Klinische Verschlechterung während der ersten Stunden der Behandlung oder:
• Ungenügender Abfall der neutrophilen Leukozyten (< 25 %) in der 2. Parazentese im Vgl. zur ersten Punktion

‡ Fehlen von:
• Schockzustand
• Ileus
• GI-Blutung
• Hepatischer Enzephalopathie
• Niereninsuffizienz (Serumkreatinin > 265 µmol/L)

¥ Für SBP-Patienten mit Penicillinallergie, welche unter prophylaktischer AB-Therapie mit Chinolonen stehen, gibt es keinen Konsens. Folgende Bitherapie kann in diesem Fall durchgeführt werden:
• Aztreonam + Vancomycin (oder Teicoplanin). Aztreonam als Monobactam-AB hat ein niedriges Kreuzreaktions-Risiko (ca. 1 %).

1 Rimola A. et al. (International Ascites Club). J Hepatol 2000 ;32 :142-53. 2 Tító L, et al. Hepatology 1988 ;8 :27-31.

Fettleber — Lebersteatose [K76.0]

Def: • Diffuse Einlagerung von Fetten (Triglyzeriden) in ≥ 50 % der Hepatozyten.

Allg: • Inzidenz: ca. 20 % der Bevölkerung in den westlichen Industrienationen, wovon ca. die Hälfte dem regelmässigen Alkoholkonsum zuzuschreiben sind.
- 70-80 % der adipösen Leute weisen eine Fettleber auf.
- Folgende 2 Typen von Fettlebern werden unterschieden:

A. Reine Fettleber (Steatosis hepatis); d.h. ohne entzündliche Veränderungen
B. Fettleberhepatitis (Steatohepatitis); d.h. mit entzündlichen Veränderungen

Klin: • **Symptome**
A. Reine Fettleber
  - Asymptomatisch (evtl. leichter rechter Oberbauchdruck)
B. Fettleberhepatitis
  - Unspezifische Oberbauchschmerzen (bei ca. 50 % der Patienten)
- **Klinische Untersuchung**
  - Hepatomegalie (> 14 cm in der Medioklavikularlinie), prallelastisch bis derb mit stumpfem Rand, i.d.R. indolent

Urs: • Ernährungsbedingt
  - Adipositas (in den meisten Fällen durch übermässige und unausgewogene Ernährung, zusammen mit einer Bewegungsarmut)
  - Malnutrition und Eiweissmangelsyndrom (Marasmus)
- Alkohol
- Diabetes mellitus
- Hyperlipidämie
- Schwangerschaft (v.a. 3. Trimenon)
- Pubertät (selten): im Anschluss an einen Infekt oder beim REYE-Syndrom (S. 440)
- Morbus WILSON (Frühstadium), S. 597
- NASH (nicht-alkoholische Steatohepatitis), S. 437
- Glukogenspeicherkrankheiten
- Pilzgifte
- Medikamentös
  - Kortikosteroide
  - Tetrazykline (z.B. Doxycyclin)
  - Östrogene
  - Tamoxifen

Lab: • Bei reiner Fettleber:
  - γGT ↑
  - Leicht erhöhte Leberenzyme (ALAT, ASAT)
- Bei Fettleberhepatitis:
  - ALAT oft ↑ (siehe auch NASH S. 437)

Dg: • Anamnese + Labor
- Abdomensonographie
  - Hepatomegalie mit abgerundetem Leberunterrand
  - Diffus, homogene Hyperechogenizität («helle Leber»)
  - Evtl. inhomogenes Echomuster (aber eher atypisch)
- Leberbiopsie (nicht zwingend zur Diagnose): typische Histologie einer Steatose

Th: 1. **Kausaltherapie** (eine isolierte Lebersteatose per se benötigt aber keine Therapie)
2. **Behandlung allfälliger Risikofaktoren**
  - Diabetes mellitus
  - Hyperlipidämie
  - Art. Hypertonie

Alkoholische Hepatopathie[1, 2] [K70.9]

Allg:
- ca. 30-50 % aller Lebererkrankungen sind durch Alkohol hervorgerufen.
- Es werden 3 Stadien der alkoholischen Hepatopathien unterschieden:
  - A. **Reine Fettleber** (*Steatosis hepatis*); d.h. ohne entzündliche Veränderungen
  - B. **Fettleberhepatitis** (*Steatohepatitis*); d.h. mit entzündlichen Veränderungen
    - B.1. Alkoholische Steatohepatitis (ASH)
    - B.2. Nicht-alkoholische Steatohepatitis (NASH)
  - C. **Leberzirrhose** (mikronodulär)
- Die alkoholtoxische Grenze für die Leber ist individuell sehr verschieden. Folgende Werte können trotzdem approximativ als hepatotoxisch angenommen werden:
  - **Männer: > 40 g Alkohol/d** (9 dL Bier/d; 3.5 dL Wein/d)
  - **Frauen: > 20 g Alkohol/d** (1/2 L Bier/d; 1/4 L Wein/d)

  Bei chronischem Alkoholkonsum über diese Menge entwickeln ca. ⅓ eine Fettleberhepatitis; das Leberzirrhoserisiko steigt um einen Faktor von ca. 6 an.

Klin: **A. Fettleber**
- Oft asymptomatisch. Hepatomegalie

B. Fettleberhepatitis
- Asymptomatisch (ca. 90 % im Anfangsstadium)
- Symptomatisch
  - Müdigkeit, Nausea, Gewichtsverlust, leicht erhöhte Körpertemperatur (37.5-38.0°C)
  - Unspezifische Oberbauchschmerzen evtl. Ikterus
- Status (weder spezifisch noch pathognomonisch)
  - Hepatomegalie (90 %) mit druckdolenter Leberregion
  - Splenomegalie (30 %)
  - ± Zeichen einer Leberinsuffizienz
- Histologie (betrifft die ASH und die NASH)
  - Fettansammlung, gequollene (*ballooning*) und evtl. nekrotische Hepatozyten
  - MALLORY-Körperchen, s. 437
  - Entzündlich infiltrierte Portalfelder, evtl. progrediente Fibrose

C. Leberzirrhose
- Symptome und Befunde, siehe s. 418

Kpl:
- Leberinsuffizienz: akut oder chronisch; selten fulminante Hepatitis
- Portale Hypertension mit Folgeerkrankungen, s. 421
- Metabolische Störungen, siehe Tabelle 1
- ZIEVE-Syndrom (Ikterus + hämolytische Anämie + Hyperlipidämie)

Dg:
- Anamnese (Vd. auf Alkoholabusus) + Klinik (oben) + Labor (unten)
- Leberbiopsie (nicht zwingend zur Diagnosestellung)

Lab:

Laborbefunde	Interpretation, Pathophysiologie, Bemerkungen
ASAT ↑, ALAT ↑	• Hepatozelluläre Zerstörung • Maximalwerte der Transaminasen 10x N
Bilirubin ↑	• Leberzellinsuffizienz, siehe MADDREY-Score, s. 436
Alkal. Phosphatase ↑	• Enzym der Cholestase
γGT ↑	• Enzym der Cholestase • Kann z.B. durch Alkohol induziert werden
INR ↑	• Leberzellinsuffizienz • Synthese der Gerinnungsfaktoren ↓
Hypalbuminämie	• Multifaktoriell: Synthesestörung (Leberzellinsuffizienz) u.a.
Leukozytose	• Widerspiegelt in der Peripherie, was sich in der Leber abspielt. • Die Leukozytose hat einen prognostischen Wert.
Thrombozytopenie	• Toxischer Effekt des Alkohols (meist vorübergehend) und/oder portale Hypertension (Hypersplenismus)
Hyperglykämie	• Insulinintoleranz
Hypertriglyzeridämie	• Zirkulierende Fettsäuren ↑ • Schlechtes Einfügen in die Lipoproteine
Ammoniak ↑	• Schlechte Korrelation mit der Klinik der hepatischen Enzephalopathie (es handelt sich um eine klinische Diagnose, s. 440)

Tabelle 1: Allgemeine Laborbefunde bei Steatohepatitis

 1 Angepasst nach: Spahr L, et al. Med Hyg 2000 ;8 :262-6. 2 Ramond MJ, et al. N Engl J Med 1992 ;326 :507-12.

DD:

Laborbefunde	Tendenz bei ASH	Tendenz bei NASH
ASAT/ALAT	oft > 1	oft < 1
Bilirubin	↑ (↑↑)	N
Alkalische Phosphatase	N / ↑	N
Albuminämie	N / ↑	N
γGT	↑	↑
INR	↑	N
MCV	↑	N

Tabelle 2: Tendenz der Laborbefunde bei ASH bzw. NASH (betrifft v.a. die Frühphase der Krankheit)

Bem:
- Einziger «sinnvoller Marker» der Alkoholkrankheit ist das CDT *(Carbohydrate-Deficient-Transferrin)*.
- Weitere «Marker» (γ-GT, MCV, ASAT/ALAT > 1) sollen nicht als *Screening* für die Alkoholkrankheit eingesetzt werden (weder sensitiv noch spezifisch)!

  Faustregel: Ratio ASAT/ALAT, siehe auch Kapitel «Labor», S. 1347

  ASAT/ALAT < 1 → Virale Hepatitis

  ASAT/ALAT > 2 → Chronische alkoholische Hepatopathie (in > 90 % der Fälle)

Th:

1. Diät + Vitamine (Kontakt mit ErnährungsberaterIn)

Vorg:
- Patient <u>ohne</u> hepatische Enzephalopathie (HE): hyperkalorisch ohne Proteineinschränkung
- Patient <u>mit</u> HE: Proteine 1 g/kg/d + Lactulose (Ziel: ≥ 2 weiche Faeces/d)
- Vitaminsubstitution (B1 + Folsäure)
  a) Vitamin B1 (Thiamin) 100 mg **IV**
  b) Folsäure 5 mg/d PO

2. Natriumarme Kost

Ind: • Alle Patienten **mit Aszites!**

Vorg: • Salzarme Diät bedeutet < 2 g Na^+/d (< 88 mmol/d)

3. Wasserrestriktion

Ind: • Aszites-Patienten mit Hyponatriäme < 130 mmol/L

Vorg: • 10-15 mL/kg/d

4. Kortikoide[2]

Allg:
- Vor Beginn einer Kortikotherapie müssen folgende Situationen ausgeschlossen werden:
  1. Infekt
     - HWI, Pneumonie
     - Hepatitis
     - Infizierter Aszites (SBP oder sekundäre Peritonitis)
     - SIRS, Sepsis, Bakteriämie u.a.
  2. Endoskopischer Ausschluss eines gastroduodenales Ulkus

Ind : • Alkoholische Hepatitis mit einem MADDREY-Score von > 32 (S. 436)

Bsp:
- Prednisolon 40 mg PO am Morgen während 28 d, dann Stopp (*tappering* nicht notwendig)
- Oder: Methylprednisolon 32 mg PO am Morgen während 28 d, dann Stopp (*tappering* nicht notwendig)

5. Klinik orientierte Therapie

Klinik	Therapie, Bemerkungen
Hyponatriämie, S. 1369 ff	• Wasserrestriktion (10-15 mL/kg/d) falls: - Hyponatriämie < 130 mmol/L + Aszites (wird am häufigsten beim Zirrhotiker beobachtet)
Aszites	• Siehe S. 424
Gerinnungsstörungen	• Vitamin K Substitution: 10 mg **SC** oder **IV**. Die Wirksamkeit von Vitamin K ist aber beschränkt.
Alkoholentzugsprophylaxe	• Oxazepam (PO) oder Lorazepam (PO, **IV**), S. 1181
Hepatische Enzephalopathie, S. 440	• Diät (Protein 1 g/kg/d) + Lactulose
Spontan bakterielle Peritonitis	• Siehe S. 430

CdT (Carbohydrat deficient Transferrin) ist bei Alkoholkonsum erhöht (Norm: Männer < 20 E/L, Frauen < 26 E/L)

2 Ramond NJ, et al. N Engl J Med 1992 ;326 :507-12.

Bem:
- **Pentoxifyllin**, ein TNF-Synthesehemmer (TRENTAL® 3x 400 mg/d PO) hat eine Reduktion der Mortalität bei Patienten mit alkoholischer Hepatitis gezeigt (24.5 % versus 46.1 %)[3].
- Weitere Studien sind notwendig, um evidenz-basierte Empfehlungen machen zu können.

Leberbiopsie bei Patienten mit chronischem Alkoholabusus

Ind:
1. Diagnose einer Alkoholleber bei Koexistenz anderer Lebererkrankungsursachen
2. Unklare Diagnose bei negativer Anamnese für Alkoholabusus
3. Situationen, bei welchen die Histologie die Therapie beeinflussen könnte.
4. Vd. auf eine behandelbare alkoholische Hepatitis (MADDREY-Score > 32)

Vorg:
- Die **transparietale Leberbiopsie** verlangt:
  - INR < 1.5-1.6, Thrombozyten > 80 G/L
- Die **transjuguläre Biopsie** ist in folgenden Fällen der transparietalen Biopsie vorzuziehen:
  - Gerinnungsstörungen: INR $\geq$ 2, Thrombozyten < 80 G/L
  - Vorhandensein von Aszites
  - Einnahme von Thrombozytenaggregationshemmern (z.B. ASS, Clopidogrel) 7-10 Tage vor der Biopsie.

MADDREY-Score[4]

Allg:
- Das MADDREY-Score erlaubt es:
  1. Den Schweregrad der alkoholischen Hepatitis zu bestimmen und
  2. Im Falle einer alkoholischen Hepatitis, die Indikation einer Kortikoidtherapie zu stellen.
     - Ein Score > 32 ist mit einer Mortalität von 50 %/2 Mt. verbunden; eine Kortikoidtherapie wird empfohlen (siehe s. 435).
     - Eine Quick von < 45 % (unabhängig vom Bilirubinwert) ergibt ein Score von > 32.
     - Ein INR > 2.3 (unabhängig vom Serumbilirubin) gibt immer ein Score > 32.

For: **[4.6 x (PT Patient [sek] – PT Kontrolle [sek])] + (Bilirubin [µmol/L] x 0.058)**

Bsp:
- Patient mit alkoholischer Hepatitis hat folgende Werte:
  - PT 2.1 (Quick = ca. 50 %)
  - Serumbilirubin 65 µmol/L

  → MADDREY-Score = 4.6 x (18.5 sek - 12.3 sek) + (65 µmol/L x 0.058) = 32.29. Eine Kortikoidtherapie ist bei einem Score > 32 indiziert, s. 435

PT (sek)	Quick (%)	INR
12.3 (Kontrolle)	**100**	**1**
12.5	97	
13	89	1.2
13.5	84	
14	79	1.4
14.5	74	
15	69	1.7
15.5	66	
16	62	
16.5	59	1.9
17	57	
17.5	53	
18	51	2.1
18.5	49	
19	48	
19.5	45.5	
20	45	2.3

Tabelle: Konversion des PT (Sekunden in INR). Es handelt sich um approximative Werte.

PT = Prothrombin Zeit

3 Akriviadis E, et al. Gastr oenterology 2000 ;119 :1637-48. 4 Maddrey WC, et al. Gastroenterol 1978 ;75 :193-9.

NASH: Nicht-alkoholische Steatohepatitis

Allg:
- Prävalenz: ca. 3 % der Bevölkerung
- Es handelt sich um eine Fettleber ± Entzündungszeichen (siehe Histologie unter «Dg:»).
- Die NASH zeigt die **hepatischen Manifestationen des metabolischen Syndroms** (s. 684)
- Risikofaktoren/Trigger:
  - Fortgeschrittenes Alter
  - Adipositas
  - Diabetes mellitus Typ 2
  - Hyperlipidämie
  - Medikamente
    - Östrogene, Tamoxifen
    - Kortikoide
    - Amiodaron u.a.
- Die NASH tritt meist im 5. oder 6. Lebensjahrzehnt auf. Viele NASH-Fälle werden infolge Symptomarmut nie diagnostiziert.

> **Für die PRAXIS:**
> Verlauf der NASH: i.d.R. gutartiger Verlauf, ABER:
> - 5-40 %: Leberfibrose innerhalb von 5-10 Jahren ab Diagnosestellung
> - Erhöhtes Risiko einer Leberzirrhose!
> - Erhöhtes Leberzellkarzinomrisiko!

Urs:
- Multifaktoriell:
  - Insulinresistenz
  - Oxydativer Stress
  - Mangel an ATP (Adenosin-Triphosphat)
  - Mitochondriendysfunktion u.a.

Klin:
- Asymptomatisch (häufig, viele Fälle werden nicht diagnostiziert)
- Symptomatisch
  - Müdigkeit
  - Unspezifische Oberbauchschmerzen u.a.
- Klinik
  - Evtl. metabolisches Syndrom, s. 684
  - Evtl. Hepatomegalie

Dg:
1. Anamnese + Klinik + Labor
   - Negative Alkoholabususanamnese!
   - ALAT ↑ aber oft < 100 E/L

   > **Für die PRAXIS:**
   > Die ASAT sind i.d.R. signifikant niedriger als die ALAT, was speziell hilfreich sein kann bei der Differenzierung zur alkoholischen Steatohepatitis, wo die ASAT > ALAT (s. 1347)

2. Histologie (für die Diagnose zwingend!)
   - Die Diagnose muss in jedem Fall histologisch durch eine Leberbiopsie bestätigt werden! Sie zeigt einen ähnlichen Befund wie bei der alkoholischen Steatohepatitis:
     - Fettansammlung, gequollene (*ballooning*) ± nekrotische Hepatozyten
     - MALLORY-Körperchen*
     - Entzündlich infiltrierte Portalfelder, evtl. progrediente Fibrose
3. Abdomensonographie
   - Kann den Befund einer Fettleber zeigen (für die Diagnose aber nicht zwingend).

Th:
1. **Behandlung der Risikofaktoren**
   - Adipositas: langsamer (!) Gewichtsverlust
   - Alkoholkonsum einschränken, bei übermässigem Konsum. Der Krankheitsverlauf kann dadurch verlangsamt werden.
   - Optimale Diabetes Einstellung
2. **Medikamentöse Therapie** (Gastro-Konsilium)
   - Metformin, Rosiglitazon
   - Ursodeoxycholsäure, Vitamin E u.a.
3. **Lebertransplantation** (bei terminaler Leberinsuffizienz mit Spezialist diskutieren)

* MALLORY-Körperchen

Allg:
- Intrazelluläre, hyaline Substanzen, welche durch die Zerstörung des Kollagens zustande kommen.

DD:
- Alkoholische Steatohepatitis
- Medikamentöse Hepatitis (z.B. Amiodaron)
- Primär biliäre Zirrhose
- Morbus WILSON
- Leberzellkarzinom
- Chronische Cholestase

Alkohol

Allg:
- Die häufigst gebrauchten Alkohole sind: Ethanol, Methanol,Ethylenglykol, Isopropyl Alkohol
- Ethanol: 1 g = 1.26 mL = 7 kcal = 29.4 kJ = 22 mOsmol
- 1 ‰ Ethanol = 22 mmol/L = 1 g/L = 100 mg/dL
- Hepatischer Metabolismus: Ethanol → Acetaldehyd → Acetat
- **1 «*Standard drink*»**: 1 Glas Wein (1.25 dL), 3-4 dL Bier = 10-12 Gramm Alkohol.
- **1 Flasche Wein** (7.5 dL) = 75 g Ethanol (530 kcal)
- **1 Bier** (3.3 dL) = 10-13 g Ethanol (90 kcal).
- Alkoholtoxische Grenze für die Leber (Mann > 40 g/d; Frau > 20 g/d)

- Schätzung des Alkohol-Serumspiegels
  - Die höchste Plasmakonzentration ist 30 min bis 3 h nach dem letzten Drink erreicht.
  - Nach dem Genuss von 1 Glas Wein, 0.5 dL starkem Alkohol oder 3 dL Bier steigt die Alkoholkonzentration im Blut um ca. 0.15-0.25 g/L (15-25 mg/dL, = 0.13 ‰) an.

- Schätzung des Alkoholabbaus
  - ca. 3 mmol/h (0.13 g/L oder 0.13 ‰)

For :
- Theoretischer Alkohol-Serumspiegel, siehe Kapitel «Formeln», S. 438

Klin:
- Klinik in Bezug auf den Alkohol-Serumspiegel:
  - < 0.8 ‰ (< 0.8 g/L): → Euphorie, Exzitabilität
  - > 3-5 ‰ (3-5 g/L): → Stupor, Koma, Paralyse, Atempausen, Tod

Metabolische Effekte des Alkohols	Pathophysiologie, Bemerkungen
Ketoazidose	• Infolge ↑ β-Hydroxybuttersäure und bei Nüchternheit
Hyponatriämie, Hyponatriurie	• ADH Sekretion ↑ • Renale Natriumretention
Hypokaliämie	• Hyponatriämie ⬇ Aktivierung des RAAS ⬇ **Sekundärer Hyperaldosteronismus**, S. 472 • Urinspot: $Na^+(U) / K^+(U) < 1$!
Hypoglykämie	• Der oxydierte Alkohol setzt NADH frei, welches die Glukoneogenese blockiert.
Delirium tremens, S. 1181	• Entzugssyndrom infolge katecholaminerger Hyperaktivität. • Dieses Syndrom kann aber auch durch andere Substanzen ausgelöst werden. • Auftreten der Symptome **nach 3-5 Tagen Abstinenz**, S. 1181 • Mortalität ca. 15 %!
Enzephalopathie (WERNICKE)	• Mangel an Thiamin (Vitamin B1), S. 561
Epilepsie	• Mechanismus: glutaminerge Überaktivierung • Ursachen: **1. Bei «zuviel» Alkohol (Intoxikation): → Konvulsive Betrunkenheit** **2. Bei kurzfristiger Alkoholkarenz (12-24 h!) → Entzugskrise**
Akute Myopathie	• Toxische Muskelnekrose • Schmerzhafte Lähmungen der Beine

Tabelle: Alkohol und Metabolismus

Akute Leberinsuffizienz (ALI)[1,2] [K72.0]

Def:
- **Akute Leberinsuffizienz** (ALI)
  - Schwere ALI: Gerinnungsfaktor V* ≤ 50 % (dieser Faktor ist Vitamin K-unabhängig).
- **Fulminante Hepatitis**
  - Gerinnungsfaktor V* ≤ 50 %
    und:
  - Auftreten einer hepatischen Enzephalopathie innert 2 Wo. nach Beginn eines Ikterus

Dg:
- Bei Fehlen einer chronischen Lebererkrankung beruht die Diagnose der ALI auf ≥ 1 der folgenden anamnestischen Situationen:
  1. Akute virale Hepatitis
  2. Einnahme von Medikamenten
     - Halothan
     - NSAR
     - Methyldopa
     - Isoniazid
  3. Intoxikationen
     - Paracetamol, S. 114
     - Tetrachlorkohlenstoff
     - Amanita phalloides (S. 116 ff) u.a.
  4. Akute Schwangerschaftssteatose
  5. REYE-Syndrom*f*
  6. Morbus WILSON, S. 597

Klin:[2]

Hepatische Enzephalopathie		Reflexe	EEG
I	Milde Verwirrtheit, Desorientierung	• Normal • Keine Asterixis, S. 420	Normal
II	Mittelmässige Verwirrtheit, Schläfrigkeit	• Lebhaft • Asterixis vorhanden, S. 420	Pathologisch
III	Starke Verwirrtheit, Dysarthrie, Erregbarkeit	• Sehr lebhaft, Kloni • Asterixis vorhanden, S. 420	Pathologisch
IV	Koma: vorerst auf Stimuli reagierend, dann reaktionslos	• Abwesend • Keine Asterixis, S. 420	Pathologisch

Lab: <u>Blut</u>
- Blutbild
- INR (bei INR > 1.7 soll der Gerinnungsfaktor V bestimmt werden)
- aPTT
- Harnstoff, Kreatinin
- Na^+, K^+, Cl^-, Ca^{2+}, Phosphat, Protein
- Blutzucker
- ASAT, ALAT, Bilirubin
- Serologien (Hepatitis A, B, C, bei Schwangeren Hepatitis E)
- ABGA
- *Screening* nach Toxika und Medikamenten (Paracetamol)
- Blutkultur (Infekte sind selten von Fieber/Leukozytose begleitet; deshalb sollen die Blutkulturen systematisch wiederholt werden)

<u>Urin</u>
- Na^+, K^+, Osmolalität
- Urinsediment
- Urinkultur

<u>Aszites</u>
- Parazentese mit Aszitesanalyse, S. 426, 427

* Die Bestimmung des Gerinnungsfaktors V benötigt ca. 6 h. In der Klinik wird dieser Faktor selten bestimmt.

f REYE-Syndrom (1963)
Allg: Es handelt sich um eine pädiatrische Erkrankung. Das REYE Syndrom ist eine schwerwiegende Systemerkrankung mit Leberinsuffizienz (massive Steatose und Leberzellnekrose), welche eine hepatische Enzephalopathie mit Hirndruck erzeugt.
Urs: Unbekannt. Tritt oft einige Tage nach einem Infekt der oberen Luftwege und Einnahme von Salicylsäure auf.
Klin: Fieber, Hautexanthem, Hirndruckzeichen (Nausea, Erbrechen, Bewussteinsstörungen, Konvulsionen, Koma). Prognose: hohe Mortalitätsrate 25-50 %!
Th: Symptomatisch

1 Caraceni P, et al. Lancet 1995 ;345 :163-9. 2 Trey C, et al. N Engl J Med 1966 ;274 :473-81.

Hosp: • ALI mit INR > 1.7 und Gerinnungsfaktor V (Vitamin K-unabhängig) < 70 %
• Hepatische Enzephalopathie (siehe Klinik S. 440)

Vorg: **1. Allgemeinmassnahmen**

Allg: • Pflege in der Intensivstation
• Bei Koma, siehe S. 54 ff
• Zentralvenöser Zugang (praktisches Vorgehen, S. 44)

2. Hämodynamik

Allg: • Ziel: Euvolämie und adäquater art. Mitteldruck, siehe S. 573
• Eine ungenügende Flüssigkeitsgabe verstärkt die funktionelle Niereninsuffizienz und eine Überwässerung kann das Hirnödem verschlimmern!

Vorg: • Infusionen (Flüssigkeit, je nach Natriämie):
a) Bei Natriämie > 140 mmol/L → NaCl 0.9 %
b) Bei Natriämie ≤ 140 mmol/L → Hypertone Natriuminfusion
• Evtl. Gabe von Albumin 20 %: 100-300 mL/24 h **IV**

3. Diurese

Allg: • Die Diurese soll stündlich evaluiert werden
• Blasenkatheter nur in zwingenden Situationen anlegen (Infekt- und Blutungsrisiko).

4. Elektrolyte

Bsp: • Natriämie ....Hauptziel: Beibehalten einer Natriämie > 140 mmol/L
• Kalium ....Kontrolle/Verhindern einer Hypokaliämie!
• Phosphat ....Kontrolle/Verhindern einer Hypophosphatämie!

5. Blutzucker

Allg: • Bei der akuten Leberinsuffizienz besteht das Risiko einer Hypoglykämie (v.a. wegen der verminderten Glukogenolyse).
• Ziel: Normoglykämie

Vorg: • IV-Boli von: G-10 % oder G-20 %.

6. Hepatische Enzephalopathie (siehe 4 Stadien «Klin:» S. 440)

Allg: • Die Laktulose vermindert die Absorption der von Proteinen freigesetzten Nitrate, welche zur hepatischen Enzephalopathie ursächlich beitragen.

Th: • Laktulose (PO/per Magensonde): EUGALAC® Sirup (10 g/15 mL):
- 3x 30-50 mL/d
• Die Dosis soll angepasst werden, um täglich 2-4 weiche Stuhlgänge zu erreichen.

7. AB-Therapie bei Infektion

Allg: • Bezüglich Einsetzen von Antibiotika bei ALI gibt es keinen Konsens.
• Die meisten Patienten mit fulminanter Hepatitis leiden sehr oft an Infekten mit/bei:
- GRAM negativen Keimen (90 % der Fälle)
- GRAM positiven Keimen
- Viralen oder Pilzinfekten (30 %)
• Infekte sind bei ALI selten von Fieber/Leukozytose begleitet; deshalb sollen die Blutkulturen systematisch wiederholt werden.

Bsp: • Beispiele einiger AB-Therapien bei der **spontanen bakteriellen Peritonitis**:
- Cefotaxim 3x 1 g **IV**/d
- Ceftriaxon 1x 2 g **IV**/d
- Ciprofloxacin 2x 400 mg **IV**/d

8. Stressulkusprophylaxe

Allg: • Die Stressulkusprophylaxe wird nicht routinemässig eingesetzt.

Ind: • Gerinnungsstörungen
• Intubierte Patienten

Vorg: • PPI (S. 1237) oder H2-Antihistaminika (S. 1237)

9. Gerinnungsstörung, aktive Blutung

Allg: • Gerinnungsstörungen und Blutungen sind häufige Komplikationen der ALI.

Vorg: 1. Frisch gefrorenes Plasma (FFP) ist bei folgenden Patienten indiziert:
- Patienten mit aktiver Blutung
- Patienten, welche chirurgisch angegangen werden.
- *CAVE*: Bei disseminierter intravasaler Gerinnung (DIC, S. 920) kann das FFP sogar einen ungünstigen Einfluss haben und ist deshalb nicht indiziert!

2. Erythrozytenkonzentrate
- Indikationen siehe obere GI-Blutung, S. 412

Bem: • Bei Gabe von FFP muss beachtet werden, dass darin u.a. der Gerinnungsfaktor V enthalten ist und somit die Evaluierung einer Lebertransplantation schwieriger wird.

10. Notfallmässige Lebertransplantation[4,5]

Ind: I. Koma und Gerinnungsfaktor V < 30 % (< 20 % bei Patienten < 30 Jahre).
- Wenn die Einnahme eines Medikamentes die Beurteilung des Komas beeinflussen würde sollten die entsprechenden Antidota eingesetzt werden:
  - z.B. Naloxon bei Opioideinnahme (s.112)
  - oder Flumazenil (s.102) bei BDZ-Einnahme

und:

II. Fehlen folgender Kontraindikationen:
- Absolute KI:
  - Hirnläsion
  - Sepsis, s. 36
  - Extrahepatische Neoplasie
- Relative KI:
  - Pfortaderthrombose, s. 423
  - Fortgeschrittenes Alter

Kpl: **I. Hepatorenales Syndrom**, s. 429

II. Hirnödem - Hirndruck, s. 572

Allg:
- Das Hirnödem hat prognostischen Wert und ist die häufigste Todesursache!
- Hirndruck verschlimmernde Faktoren:
  - Hyponatriämie
  - Art. Hypo- und Hypertonie
  - Hypoxämie, Hyperkapnie
  - Hyperglykämie

> **Für die PRAXIS:**
> Bei akuter Leberinsuffizienz ist es essentiell, die **Natriämie > 140 mmol/L beizubehalten!**

Klin:
- Ein kontinuierlicher intrakranieller Druck > 30 mmHg zeigt folgende Klinik:
  - Nausea, Erbrechen, Kopfschmerzen
  - Paroxysmale art. SBD-Spitzen
  - Bradykardie
  - Anisokorie, pathologische Pupillenreflexe
  - Papillenödem
  - Erhöhung des Muskeltonus
  - Myoklonien
  - Konvulsionen, Koma

Vorg: **1. Allgemeine Massnahmen**

1.1. Neutrale und ruhige Position des Kopfes und Vermeiden von Husten!

1.2. Kontrolle der verschlimmernden Faktoren
- Natriämie > 140 mmol/L!
- Normotonie
- Normoglykämie

1.3. Intrakranielle Druckmessung
- Der intrakranielle Druck wird i.d.R. nicht gemessen, da das Einlegen eines Messkaptors mit infektiösen und hämorrhagischen Risiken verbunden ist.
- Zielwert des intrakraniellen Druckes: < 25 mmHg

1.4. Kortikoide
- Es gibt keine Evidenz, dass Kortikoide bei Hirnödem, infolge Leberinsuffizienz, effizient sind (weder prophylaktisch noch kurativ).

2. Fortgeschrittene Stadien (III und IV): ad. Gastro-Konsilium!

2.1. Hyperventilation mittels maschineller Beatmung
- $PaCO_2$ Zielwert: 30-35 mmHg (4.0-4.5 kPa)

2.2. Mannitol
- Indiziert bei Osmolalität $_{Plasma}$ < 310 mmol/kg H_2O und bei erhaltener Nierenfunktion: 0.5-1.0 mg/kg **IV**

2.3. Lebertransplantation
- In Betracht zu ziehen bei therapieresistenter ALI.
- Wenn ein Transplantat zur Verfügung steht, soll mit der Hypothermie begonnen werden.

4 Bismuth H, et al. Ann Int Med 1987 ;107 :337-41. 5 Starzl TE, et al. N Engl J Med 1989 ;321 :1014-22, et 321: 1092-9.

Chronische Leberinsuffizienz [K72.1]

Allg: • Klinik und Ursachen, siehe unter «Leberzirrhose» (S. 418). Bei den Ursachen können verschiedene granulomatöse Erkrankungen eine Hepatitis hervorrufen und somit eine chronische Leberinsuffizienz induzieren, wie z.B.
- Mycobakterien, Syphilis, Pilze, Rickettsien
- Hepatitis-Sarkoidose u.a.

Klas: • Siehe CHILD-PUGH-Score, unten

CHILD-PUGH-Score[1]

Allg: • Dieses *Score* erlaubt es, Patienten zu klassifizieren, welche bei vorbestehender **chronischer Lebererkrankung** eine Leberinsuffizienz entwickeln.
• Das CHILD-PUGH-*Score* entspricht der Summe der Punkte folgender 5 Parameter:

Parameter	Laborwerte		Punkte
Albumin [Plasma]	> 520 µmol/L 420-520 µmol/L < 20 µmol/L	> 35 g/L 28-35 g/L < 28 g/L	**1** **2** **3**
INR	< 1.7 1.7-2.3 > 2.3	Quick: > 70 % Quick: 40-70 % Quick: < 40 %	**1** **2** **3**
Bilirubin [Plasma]	< 35 µmol/L 35-50 µmol/L > 50 µmol/L	< 2 mg/dL 2-3 mg/dL > 3 mg/dL	**1** **2** **3**
Enzephalopathie (4 Stadien, S. 440)	Fehlend I-II III-IV (Koma)		**1** **2** **3**
Aszites	Fehlend kontrollierbar unkontrollierbar		**1** **2** **3**

Leberinsuffizienz	Summe der Punkte	**CHILD-PUGH-*Score***
• leichtgradig	5 oder 6	**A**
• mittelgradig	7-9	**B**
• schwergradig	10-15	**C**

MELD-Score: *Model of End Stage Liver Disease*[2]

Allg: • Das MELD-Score hat folgende Eigenschaften:
- Abschätzen des Mortalitätsrisikos bei Patienten mit Leberzirrhose im Endstadium
- Abschätzen des Dringlichkeitgrades einer Lebertransplantation
- Dient seit Januar 2007 als Grundlage der Zuteilung von postmortal entnommenen Spenderlebern bei EUROTRANSPLANT

• Maximaler Wert 40 (= sehr fortgeschrittene Leberinsuffizienz)
• Frequenz der Laborkontrollen in Bezug auf das MELD-Score:
- MELD-Score ≥ 25 ....Labokontrollen alle 7 Tage
- MELD-Score 24-19 ....Labokontrollen alle 30 Tage
- MELD-Score 18-11 ....Labokontrollen alle 90 Tage
- MELD-Score ≤ 10 ....Labokontrollen alle 12 Monate

Vorg: • Das MELD-Score benötigt folgende Serumparameter:
- **Kreatinin**
- **INR**
- **Bilirubin**

• MELD Score:
= 10 {0.957 Ln(Serumkreatinin) + 0.378 Ln(Bilirubin gesamt) + 1.12 Ln(INR) + 0.643}

Berechnung des MELD-Scores:
☛ **https://sasl.ch/11calculators-MELD.php**

1 Angepasst nach: Pugh RNH, et al. Brit J Surg 1973 ;60 :647. 2 Wiesner RH, et al. Liver Transpl. 2001 ;7 :567-80.

Primär biliäre Zirrhose (PBC)[1] [K74.3]

Allg:
- Die PBC ist eine chronisch, progrediente, nicht-eitrige Cholangitis unbekannter Ursache. Sie beginnt in den kleinen Gallengängen, die entzündlich zerstört werden, was zur Cholestase und im Spätstadium zur Leberzirrhose führt.
- Prävalenz: 5-20/100'000 Einwohner
- Inzidenz: 1-2/100'000 Einwohner/Jahr
- 90 % aller Patienten sind **Frauen.**
- Mittleres Erkrankungsalter 50 Jahre
- Eine familiäre Komponente wird beschrieben (Assoziation mit HLA-DR 8, -DR3, -DR4); 1-6 % der Verwandten 1. Grades sind von einer PBC betroffen.
- Gehäuft vorgefundene Begleiterkrankungen:
  - Konnektivitis
    - -- SJÖGREN-Syndrom (75 %)
    - -- Systemsklerose (15 %)
    - -- CREST-Syndrom (5 %)
  - Autoimmunhepatitis
  - Thyreopathien (15 %; z.B. Morbus HASHIMOTO)
  - Renal tubuläre Azidose (50 %)
  - Gallensteine (30 %)
  - Arthritis (20 %)

Urs:
- Unbekannt
- Hypothesen: post-infektiös (viral?), autoimmun, genetisch, hormonell

Klin:
- Asymptomatisch (ca. 25 % bei der Erstdiagnose)
- Symptomatisch
  - **Müdigkeit** (65 % bei der Erstdiagnose), Abgeschlagenheit, Leistungsknick
  - **Pruritus** (50 % bei der Erstdiagnose) infolge Cholestase
  - Die PBC kann auch während einer Schwangerschaft auftreten (oft im 3. Trimenon)
  - Diarrhoe + Steatorrhoe (als Folge der Maldigestion bei Gallensäuremangel)
  - Evtl. Oberbauchschmerzen (Hepatomegalie)
  - Evtl. Knochenschmerzen infolge Malabsorption:
    - -- Osteopenie (30 % bei der Erstdiagnose); Osteoporose (10 % bei der Erstdiagnose)
  - Arthralgien
  - Symptome eines Sicca-Syndroms (s. 1050)
- Klinische Untersuchung
  - **Ikterus**
  - Hyperpigmentation, Kratzspuren (Pruritus)
  - Evtl. Auftreten von Fettablagerungen (10 % bei der Erstdiagnose):
    - ► Xanthelasmen:
      - -- Gelb-graue, warzenartige, subkutan gelegene Fettablagerungen
      - -- Lokalisationen: Augenbereich, Ellbogen, Achillessehne, aber auch am Rumpf
    - ► Xanthome:
      - -- Walnuss- bis tomatengrosse, schmerzlose, weiche bis prallelastische Schwellungen
      - -- Lokalisationen: Extremitäten, aber auch am Rumpf
  - Hepatomegalie (25 % bei der Erstdiagnose)
  - Splenomegalie (15 % bei der Erstdiagnose)

Dg:
- Serologie: Antimitochondriale Antikörper (AMA), siehe Abschnitt «Lab:»
- Leberbiopsie. Ob die Biopsie bei allen Patienten indiziert ist, bleibt unklar. Sie dient zur Diagnosebestätigung und zum Ausschluss anderer Hepatopathien und wird v.a. bei Patienten mit negativen AMA empfohlen.
- Folgende 4 histologischen Stadien werden beschrieben (Stadiendauer variabel):
  - **I** Entzündliche Infiltration der Portalfelder mit Zerstörung des Gallengangsepithels
  - **II** Die entzündliche Infiltration greift von den Portalfeldern auf das Parenchym über, Gallengangsproliferation, beginnende Fibrose
  - **III** Ausgeprägte Fibrose ohne Regeneratknoten. Mottenfrass-Nekrosen (*piece-meal necosis*), Untergang kleiner Gallengänge, Zeichen der Cholestase
  - **IV** Leberzirrhose (oft mikronodulär). Makroskopisch dunkelgrüne Leber

DD:
- Extrahepatischer Gallengangsverschluss
- Primär sklerosierende Cholangitis (PSC)
- Medikamentös induzierte cholestatische Hepatitis
- *Overlap-Syndrome* mit Autoimmunhepatitis
- Hepatische Sarkoidose

1 Angepasst nach: Talwalker JA, et al. Lancet 2003 ;362 :53-61.

Lab:
- **Alkalische Phosphatase** ↑ (2-10x den Normwert)
- γ-GT ↑
- Bilirubin (initial oft normal, bei fortschreitender Zirrhose erhöhte Werte, aber selten > 340 µmol/L), S. 1369
- ASAT (↑), ALAT (↑), LDH ↑
- Hyperlipidämie (85 % bei der Erstdiagnose): Cholesterin ↑, Triglyzeride ↑
- Im Spätstadium: Albumin ↓, Gerinnungsstörungen (INR ↑, aPTT ↑)
- Serologie:
  1. **Antimitochondriale Antikörper (AMA):**
     -- Es werden 4 Untertypen der AMA beschrieben: Anti-M2, -M4, -M8, -M9
     -- Der Anti-M2 ist spezifisch für die PBC.
        → Anti-M2: 90-95 % positiv (Titer > 1:40).
        Die Titerhöhe korreliert aber nicht mit dem Schweregrad der PBC.
     -- Die AMA sind hoch sensitiv (98 %, d.h. nur 2 % falsch negative AMA).
  2. Antinukleäre Antikörper (ANA) in 35 % positiv
  3. *Smooth muscle antibody* (SMA) in 65 % positiv

Bem:
- **Eine AMA-negative PBC** wird auch **Autoimmuncholangitis** genannt.

Kpl:
- Leberzirrhose
- Portale Hypertonie
- Malabsorptionssyndrom
  - Osteopenie, Osteoporose
  - Zöliakie
- Leberzellkarzinom (bei ca. 3 % der Patienten im Endstadium)

Th:

1. **Allgemeinmassnahmen**
   - Mässige Alkoholeinnahme
   - Stopp hepatotoxische Medikamente
2. **Präventive Massnahmen** (Gastro-Konsilium)
   2.1. Osteoporoseprävention (infolge Malabsorption)
   - Vitamin D3, siehe S. 727
   - Intermittierend Calcitonin oder Bisphosphonat, S. 728, 729
   - Östrogensubstitution (v.a. nach der Menopause), S. 728

   2.2. Substitution der fettlöslichen Vitamine
   - A: 25'000 - 50'000 IE PO 2-3x/Wo
   - D: 25'000 - 50'000 IE PO 2-3x/Wo (es werden sehr hohe Dosen benötigt)
   - E: 400 IE/d PO
   - K: 5-10 mg/d PO (ist nur sinnvoll, solange die Synthese der Vitamin K-abhängigen Gerinnungsfaktoren noch intakt ist)

   2.3. Portale Hypertension, S. 421
   - Betablocker (Propranolol, Atenolol) ± ISMN ± endoskopische Ligatur
3. **Symptomatische Therapie** (Gastro-Konsilium)
   3.1. Ursodeoxycholsäure (UDCS)
   Bsp:
   - URSOFALK®

   Dos:
   - 10-15 mg/kg PO in 1x am Abend (oder in 3 Einnahmen/d)

   Allg:
   - UDCS soll sofort nach Diagnosestellung eingeleitet werden (lebenslang oder bis Lebertransplantation).
   - Folgender Benefit wird unter dieser Therapie beobachtet:
     - ↓ Mortalität infolge Leberleiden
     - ↓ Ösophagusvarizen
     - ↓ Leberzirrhoserisiko

   3.2. Pruritus, S. 1098
   Th:
   - Ursodeoxycholsäure (siehe 3.1.)
   - Colestyramin QUANTALAN® (4 g vor dem Essen und 4 g 3 h nach dem Essen; d.h. bis 16 g/d, allenfalls einschleichend therapieren)
   - Colestipol (bei Cholestyramin-Unverträglichkeit) 15-30 g/d PO
   - Bei therapierefraktärem Pruritis (Konsilium):
     - Naltrexon 25-50 mg/d PO
     - Rifampicin 150-600 mg/d PO
     - Ondansetron 1-3x 4-8 mg/d PO
     - H2-Antihistaminika, S. 1237
     - Extrakorporelle Dialyse mit Albumin
     - Nasobiliäre Sonde einlegen
4. **Lebertransplantation**
   - Die Resulate nach einer Lebertransplantation sind i.d.R. sehr gut. Rezidive sind selten.
   - Die Antikörper (AMA) können nach der Lebertransplantation verschwinden oder wieder auftreten mit oder ohne klinischem Rezidiv.

Prog:
- Unbehandelt: ca. 12 Jahre (sehr variabel!)
- Nach Lebertransplantation: Überlebensrate nach 1 Jahr 92 %, nach 5 Jahren ca. 85 %

Primär sklerosierende Cholangitis (PSC) [K83.0]

Allg:
- Idiopathische, entzündliche und fibrotische Cholestase mit möglicher Obliteration der intra- und extrahepatischen Gallenwege.
- **Männer** > Frauen (3:1)
- Erkrankungsgipfel: 30.-50. Lebensjahr
- Inzidenz: 1-5/100'000 Einwohner/Jahr
- Die PSC ist in ca. 80 % der Fälle, bei gleichzeitiger entzündlicher Darmerkrankung, anzutreffen. Davon sind ca.:
  - 90 % mit **Colitis ulcerosa** (ca. 5 % der Colitis ulcerosa Patienten leiden an einer PSC)
  - 10 % mit Morbus CROHN
- Eine PSC wird bei Patienten vermutet, welche an entzündlichen Darmerkrankungen leiden und erhöhte alkalische Phosphatasewerte aufweisen.
- Eine chronische Autoimmunhepatitis (S. 448) kann in eine PSC übergehen.

Urs.
- Unbekannt, wobei ein autoimmunes Geschehen pathophysiologisch eine Rolle spielt.

Klin:
- Asymptomatisch (im Frühstadium)
- Symptomatisch
  - Müdigkeit
  - Pruritus (infolge Cholestase)
  - Ikterus
  - Gewichtsverlust
  - Bei Schub von: Colitis ulcerosa oder Morbus CROHN, siehe Klinik S. 506, 508

Dg:
- Anamnese + Labor (siehe unten)
- Endoskopisch (ERCP)
- Alternativen zur ERCP:
  - MR-Cholangiographie
  - Perkutane transhepatische Cholangiographie
- Leberbiopsie (wird i.d.R. bei jedem Patienten zur Bestätigungsdiagnose bzw. Ausschluss anderer Erkrankungen durchgeführt). Folgende 4 histol. Stadien werden beschrieben:
  - **I** Entzündung, Bindegewebevermehrung um die kleinen Gallengänge herum
  - **II** Entzündliche Infiltration greift von den Gallengängen auf das Parenchym über, weitere Fibrosierung
  - **III** Ausgeprägte Fibrose
  - **IV** Biliäre Leberzirrhose

Lab:
- **Alkalische Phosphatase ↑,** S. 1344
- γ-GT ↑,
- ASAT (↑), ALAT (↑), LDH ↑, Leukozyten ↑, BSG ↑
- Bilirubin (↑)
- **ANCA in 50-70 % der Fälle** ↑ (p-ANCA, evtl. x-ANCA, S. 1054)
- Die antimitochondrialen Antikörper sind negativ (im Gegensatz zur PBC)
- Im Spätstadium:
  - Thrombozyten ↓ (Splenomegalie)
  - Albumin ↓
  - Gerinnungsstörungen (INR ↑, aPTT ↑)

DD:
- Primär biliäre Zirrhose (PBC)
- Bakterielle oder parasitäre Cholangitis
- ***Overlap Syndrome***, welche eine AIH einschliessen, können v.a. bei jungen Patienten, die zuerst an einer AIH leiden, in eine PSC übergehen

	Primär sklerosierende Cholangitis (PSC)	**Primär biliäre Zirrhose (PBC)**
▸ Gallenwegbefall	• Gallengangveränderungen innerhalb und ausserhalb der Leber	• Gallengangveränderungen ausschliesslich in der Leber
▸ Antikörper	• Negative Antimitochondriale Antikörper (AMA)	• Positive AMA (> 90 % der Fälle)
▸ Mit entzündlichen Darmerkrankungen verbunden	• In den meisten Fällen mit einer entzündlichen Darmerkrankung assoziiert	• Von verschiedenen Autoimmunerkrankungen begleitet, siehe S. 444
▸ Geschlecht	• Männer > Frauen (ca. 3 : 1)	• Frauen > Männer (ca. 9 : 1)

Tabelle: Unterschiede zwischen einer PSC und einer PBC

Kpl:
- Bakterielle Superinfektion
- Biliäre Zirrhose
- Cholangiokarzinom (tritt oft in Frühstadien auf!)

Th: **1. Symptomatische Therapie** (Gastro-Konsilium)
- Die symptomatische Therapie hat keinen Einfluss auf die allenfalls bestehende entzündliche Darmerkrankung und umgekehrt.
  - Ursodeoxycholsäure (siehe «Primär biliäre Zirrhose» 3.1. S. 445)
  - Pruritus (siehe «Primär biliäre Zirrhose» 3.2. S. 445)
  - Bei Schub einer Colitis ulcerosa, siehe S. 508
  - Bei Schub eines Morbus CROHN, siehe S. 506

2. Therapie bei Komplikationen
- Dilatation der Hauptstämme der stenosierten Gallenwege ± STENT-Einlage (mittels endoskopischer retrograder Cholangioskopie)
- Gezielte AB-Therapie bei Infekt

3. Lebertransplantation

Prog: Die 5-Jahresüberlebensrate beträgt ca. 70 %. Nach Lebertransplantation 80 % nach 3 J.

Autoimmunhepatitis (AIH) [K75.4]

Allg:
- Es handelt sich um eine meist chronische, progrediente, autoimmune Lebererkrankung.
- Die Leberzirrhose ist das Endstadium der AIH, welche bei mindestens 40 % der Patienten mit AIH eintritt. Familiäre Häufung (HLA-B8, HLA-DR3, HLA-DR4)
- Prävalenz: 15-20/100'000 Einwohner. Inzidenz: 2/1'000'000 Einwohner/Jahr.
- Frauen > Männer (3-4:1)
- Bei ca. 50 % der Patienten beginnt die Erkrankung vor dem 30. Lebensjahr, aber alle Altersgruppen sind betroffen.

Urs:
- Unbekannt. Hypothesen:
  - Autoimmun
  - Post-infektiös (viral?)
  - Genetisch
  - Hormonell

Klin:
I. Asymptomatisch (kann über Jahre dauern)
II. Symptomatisch
   a) Akute Hepatitis (bei ca. 40 % der Patienten); evtl. fulminante Hepatitis
   b) Chronisch mit Schüben:
      - Extra-hepatisch (häufig)
        -- Müdigkeit, Fieber
        -- Sekundäre Amenorrhoe
        -- Arthralgie
        -- Zeichen einer Hyperthyreose, S. 736
        -- Diarrhoe
      - Hepatisch (seltener)
        -- Ikterus
        -- Aszites
        -- Varizenblutung, Leberinsuffizienz

- **Klinischer Befund**
  - Ikterus
  - Hepatomegalie
  - Bei chronischer Leberzirrhose, siehe Klinik S. 418

Dg:[1]

Parameter	Definitive Diagnose	Wahrscheinliche Diagnose
▸ Ausschluss genetischer Krankheiten	• Normaler α-1 Antitrypsin Phenotyp • Normale Serumspiegel von: - Eisen* - Coeruloplasmin* - Ferritin*	• Partieller α-1 Antitrypsinmangel • Unspezifische, abnormale Serumspiegel von: Kupfer, Eisen, Coeruloplasmin und/oder Ferritin
▸ Keine aktive virale Erkrankung	• Keine Hinweise auf bestehenden Infekt mit den Viren der Hepatitis A, B und C	• Keine Hinweise auf bestehenden Infekt mit den Viren der Hepatitis A, B und C
▸ Keine toxische oder alkoholinduzierte Leberschäden	• Tägl. Alkoholkonsum < 25 g** und: • Keine Einnahme hepatotoxischer Medikamente	• Tägl. Alkoholkonsum < 25 g** und: • Keine Einnahme hepatotoxischer Medikamente
▸ Labor	• Im Vordergrund steht die Erhöhung der ASAT, ALAT • γ-Globulin oder IgG $\geq$ 1.5x N	• Im Vordergrund steht die Erhöhung der ASAT, ALAT • Hyper-γ-Globulinämie
▸ Autoantikörper	• ANA, SMA oder: • Anti-LMK $\geq$ 1/80	• ANA, SMA oder: Anti-LMK $\geq$ 1/40 • Oder andere Antikörper: ANCA, SLA/LP, Actin, *Liver cytosol-type 1, Asialoglycoprotein receptor*
▸ Histologie	• Hepatitis in der «Interface-Zone» • Keine biliäre Läsionen, Granuloma oder Befunde, welche auf eine andere Leberkrankheit hinweisen	• Hepatitis in der «Interface-Zone» • Keine biliäre Läsionen, Granuloma oder Befunde welche auf eine andere Leberkrankheit hinweisen

* Zu berücksichtigen: bei Zytolyse infolge AIH können diese Serumspiegel pathologisch sein.

** Wobei eine Alkoholeinnahme von > 25 g eine AIH nicht ausschliessen.

1 Czaja AJ, et al. Hepatology 2002 ;36 :479-97.

Lab: • **Antikörper:**
- Es werden 3 Untergruppen von Antikörpern unterschieden (Titer > 1/100):
  ▶ Typ 1: ANA + SMA[#] (Antinukleäre Antikörper + *Smooth-muscle antibody*)
  ▶ Typ 2: LKM-1 (*Liver-Kidney microsomal antibody*)
  ▶ Typ 3: SLA/LP (*Soluble Liver Antigen/Liver pancreas antibody*)
- ASAT ↑
- ALAT ↑
- IgG ↑
- Im Spätstadium
  - Albumin ↓
  - Gerinnungsstörungen: INR ↑, aPTT ↑

Für die PRAXIS:
- Die **Aktivität der AIH** ist relativ gut mit folgenden Laborparametern korreliert:
  - ALAT
  - ASAT
  - Gesamt-IgG-Serumwerten
- Hingegen besteht keine zuverlässige Korrelation mit dem Vorhandensein der Antikörper und deren Titern.

Th: **1. Medikamentöse, symptomatische Therapie: Gastro-Konsilium!**

Ind: • Absolute Indikationen:
1. ASAT ≥ 10x N
2. ASAT ≥ 5x N und γ-Globulin ≥ 2x N
3. Leberhistologie: brückenbildende oder multiazinäre Nekrose

Bsp: • Kortikoide (in Monotherapie) oder kombiniert mit Azathioprin:
- Prednison 40-60 mg/d PO, nach ca. 6 Mt. graduelle Dosisreduktion mit dem Ziel einer möglichst niedrigen Erhaltungsdosis (z.B. jeden Monat um 5-10 mg/d reduzieren). Die Erhaltungsdosis soll über 2 Jahre beibehalten werden, bevor ein Auslassversuch, unter Kontrolle eines Spezialisten, vorgenommen werden kann.
- Azathioprin (1-1.5 mg/kg/d PO oder 50-100 mg/d).
  -- Azathioprin wirkt nach etwa 2-3 Mt.
  -- Azathioprin ist auch bei Kortikoid-Unverträglichkeit, sowie bei Unmöglichkeit, Kortikoid-Dosierungen < 10 mg/d zu erreichen, indiziert!
  -- Azathioprin ermöglicht die Kortikoiddosis zu senken/Kortison zu stoppen

2. Lebertransplantation

Allg: • Eine Lebertransplantation ist bei Leberzirrhose zu diskutieren.
• Nach einer Lebertransplantation werden keine autoimmune Rezidive beobachtet.

Prog: • Ohne Therapie: 5-Jahresmortalität 40-50 %, 10-Jahresmortalität 70 %
• Nach Lebertransplantation: 5-Jahresüberlebensrate > 80 %

Diese beiden Antikörper (ANA und SMA) sind i.d.R beide positiv.

Ikterus[1] [R17]

Allg:
- Bei Patienten > 70 Jahre liegt die häufigste Ursache des Ikterus (75 % der Fälle) post-hepatisch. Der post-hepatische Ikterus wird auch cholestatischer Ikterus genannt und kommt durch eine Gallenwegobstruktion zu Stande. Die häufigsten Ursachen sind obstruktive Gallensteine oder gallenwegobstruierende Tumoren (z.B. Pankreastumor).
- Die Abdomensonographie ermöglicht die Diagnosestellung des Ikterus in 80 % der Fälle.
- **Bilirubin** ist ein Degradationsprodukt des Häm. An Albumin gebunden, wird das Bilirubin in die Leber transportiert, wo es mit der Glukuronyl-Transferase in die wasserlösliche Form metabolisiert wird. Das Bilirubin wird jetzt als «konjugiertes» bzw. «indirektes» Bilirubin bezeichnet, welches renal ausgeschieden werden kann. Siehe auch Kap. «Labor», S. 1369

Urs:
- Ursachen des Ikterus — Häufigkeit
  - Pankreatisches oder biliäres Karzinom ....20 %
  - Gallensteine....13 %
  - Alkoholismus ....12.9 %
  - Lebermetastasen ....6.7 %
  - Chronische Lebererkrankung ....5.3 %
  - Herzinsuffizienz ....4.8 %
  - Primäre sklerosierende Cholangitis ....4.7 %
  - Akute virale Hepatitis ....3.7 %
  - Medikamentöse Hepatitis ....3.7 %

Klin:
- Der Ikterus wird klinisch sichtbar ab einer Bilirubinkonzentration **> 35-50 µmol/L** (> 2.0-3.0 mg/dL).
- Pruritus (durch Gallensalze verursacht)
- Bradykardie (Bilirubin hat eine ähnliche Wirkung wie Digoxin)
- Diarrhoe (die Galle im Stuhl hat eine laxative Wirkung)*
- **Aussehen des Urins:**
  - Normal oder etwas dunkler → DD: Hämolytischer Ikterus (Urobilinogen ↑)
  - Sehr dunkel → DD: Choestatischer, post-hepatischer Ikterus (konjugiertes Bilirubin ↑)

DD:
- Siehe S. 452, 453

Lab:

Ikterigene Erkrankungen		Bilirubinkonzentrationen	
Nicht-konjugierte Hyperbilirubinämie			
• Morbus GILBERT		< 80 µmol/L	(< 4.6 mg/dL)
• Hämolyse		30-80 µmol/L	(1.7 - 4.6 mg/dL)
• Medikamentös		30-100 µmol/L	(1.7 - 5.8 mg/dL)
• Neugeborenenikterus		< 280 µmol/L	(< 16 mg/dL)
• CRIGLER-NAJJAR	Typ 1	300-850 µmol/L	(17.4 - 50 mg/dL)
• CRIGLER-NAJJAR	Typ 2	< 350 µmol/L	(< 20.3 mg/dL)
Konjugierte Hyperbilirubinämie			
• DUBIN-JOHNSON Syndrom		< 80 µmol/L	(< 4.6 mg/dL)
• ROTOR Syndrom		< 80 µmol/L	(< 4.6 mg/dL)
• Erworbene Hepatopathien		bis 1000 µmol/L	(bis 580 mg/dL)

Tabelle 1: Zu erwartende Bilirubinwerte je nach Krankheitsbild.

Bilirubin konj./nicht-konjug.	Differentialdiagnose
< 5 %	Hämolyse, Morbus GILBERT
< 20 %	Bilirubin erythrozytären Ursprungs
20-40 %	Bilirubin hepatischen Ursprungs
40-60 %	Bilirubin hepatischen und post-hepatischen Ursprungs
> 50-60 %	Bilirubin post-hepatischen Ursprungs (Gallenstein, Pankreastumor, Gallenwegtumor)

Tabelle 2: Ratio «konjugiertes Bilirubin/nicht-konjugiertes Bilirubin» bei Hyperbilirubinämie.

* Bakterielle Enzyme: Ein Übermass an intestinalen Bakterien hat zur Folge, dass das Bilirubin, welches durch deren Enzyme dekonjugiert wird, im Jejunum nicht mehr absorbiert wird und deswegen nicht mehr am entero-hepatischen Zyklus teilnehmen kann. Daraus resultiert:
1. Zuviel Galle im Stuhl. Die Galle hat eine laxative Wirkung → Diarrhoe
2. Verlust von Gallensalzen im Stuhl → Maldigestionssyndrom

1 Angepasst nach: Reisman Y, et al. Hepato-Gastroenterology 1996 ; 43 :1190-5.

Ikterustyp / Klinische Parameter	Hämolytischer Ikterus	Post-hepatischer Ikterus: Vollständige Gallenweg-oklusion	Post-hepatischer Ikterus: Unvollständige Gallenweg-oklusion	Hepatischer Ikterus
Plasma				
• Nicht-konjugiertes Bilirubin (indirekt)	↑↑↑	N/↑	N/↑	↑
• Konjugiertes Bilirubin (direkt)	N/↑	↑↑↑	↑↑	↑
Urin				
• Urinfarbe	Normal**	dunkel¥	N/dunkel¥	N/dunkel
• Konjugiertes Bilirubin (wasserlöslich)	N/↑	↑↑↑	↑↑	↑
• Urobilinogen	↑↑↑	↓¥	N/↑	↑
Stuhl				
• Stuhlfarbe	dunkel**	hell¥	hell¥	hell
• Bilirubin	↑↑↑	↓↓↓	↓	↓
• Urobilinogen	↑↑↑	↓↓↓	↓	↓

Tabelle 3: Ikterus und paraklinische Abklärungen.

** **Hämolytischer Ikterus**

Allg: • Erhöhtes nicht-konjugiertes (indirektes bzw. hydrophobes) Bilirubin

Klin: • **Urin:** **Normale Farbe.** Das nicht-konjugierte Bilirubin ist hydrophob und kann aus diesem Grund nicht renal ausgeschieden werden → der Urin hat daher eine normale, nicht dunkle Farbe. Urobilinogen ist farblos.

• **Stuhl:** **Der Stuhl ist dunkel**, als Folge erhöhter Konzentrationen von Urobilin und Stercobilin im Stuhl (resultierend aus einer verstärkten Bilirubindegradation).

¥ **Post-hepatischer Ikterus** (d.h. Obstruktion der Gallenwege)

Allg: • Erhöhtes konjugiertes (direktes bzw. hydrophiles) Bilirubin

I. Vollständige Gallenwegobstruktion

- **Urin**: **Dunkler Urin**. Erhöhung des konjugierten Bilirubins im Urin → dunkler Urin. Im Urin befindet sich kein Urobilinogen, denn der enterohepatische Zyklus ist unterbrochen.
- **Stuhl:** **Heller Stuhl**. Bilirubin reicht nicht bis ins intestinale Lumen → Verminderung von Urobilin und Stercobilin im Stuhl → heller Stuhl.

II. Unvollständige Gallenwegobstruktion

- Die Stuhl- und Urinfarbe hängen vom Obstruktionsgrad der Gallenwege ab, welcher die Bilirubinpassage ins Darmlumen zulässt. Je vollständiger die Gallenwegobstruktion, umso weniger Bilirubin gelangt ins Darmlumen und umso weniger Urobilinogen wird gebildet; der Stuhl wird somit heller.

Für die PRAXIS:
Je ausgeprägter die Gallenwegobstruktion, desto dunkler wird der Urin und desto heller der Stuhl.

Cholestase Typ	ASAT, ALAT	LDH	Alkal. Phosph.	INR	Vitamin K-Gabe
Hepatische Cholestase					
Akut hepatozellulär					
Akute virale Hepatitis, toxisch	> 8x	≤ 4x	< 3x	N oder ↓	Keine Wirkung
Chronisch hepatozellulär					
Chron. replizierende Hepatitis	< 8x	< 2x§	< 3x	↓	Keine Wirkung
Nicht alkoholische Zirrhose	< 8x	< 2x§	< 3x	↓	Keine Wirkung
Zirrhose (inkl. alkoholisch)	< 8x (ASAT) < 3x (ALAT)	≤ 4x	< 3x	↓	Keine Wirkung
Intrahepatische Cholestase¶	< 8x	< 2x	< 3x	N oder ↓	Wirkung (INR Verbesserung)
Post-hepatische Cholestase					
Komplette Obstruktion					
Tumor (Pankreaskopf)	< 8x	≤ 4x‡	> 3x	N oder ↓	Wirkung (INR Verbesserung)
Inkomplette Obstruktion					
Choledocholithiasis	↑ oder < 8x	< 2x	↑ oder < 3x	N oder ↓	Wirkung (INR Verbesserung)

Tabelle 4: Cholestase und Laborwerte.

Vorg:
- Klinisches Vorgehen bei Neuauftreten eines Ikterus:
  - Gezielte Anamnese (inkl. B-Symptomatik gezielt nachfragen!)
  - Medikamentöse Anamnese detailliert durchführen
  - Sorgfältigen Status durchführen (speziell: Adenopathien suchen, Abdomen palpieren!)
- Blut
  - Blutbild
  - INR, aPTT
  - Bilirubin (gesamtes und konjugiertes Bilirubin)
  - ASAT, ALAT
  - γ-GT, alkalische Phosphatase (AP)
  - Blutzucker
  - Protein (± Elektrophorese)
  - Serologien (Hepatitis A, B, C)
- Urin
  - Status/Sediment
  - Farbe des Urins, siehe Tabelle 3, S. 451
- Stuhl
  - *Quick-look*: dunkler/heller/normaler Stuhl? Siehe auch Tabelle 3, S. 451
- Abdomensonographie (= entscheidende diagnostische Untersuchung)
  - Je nach Resultat der Abdomensonographie, ad. Abdomen-CT, Cholangio-MR u.a.

§ Höhere LDH-Werte können bei Hämolyse beobachtet werden.
¶ Intrahepatische Cholestase: Die Werte variieren je nach Cholestasetyp.
‡ Höhere LDH-Werte können bei disseminierten Metastasen beobachtet werden.

2 Zimmermann HJ, et al. Hosp Practice 1987 ;22 :99-103.

Ikterus und anatomische Differentialdiagnostik

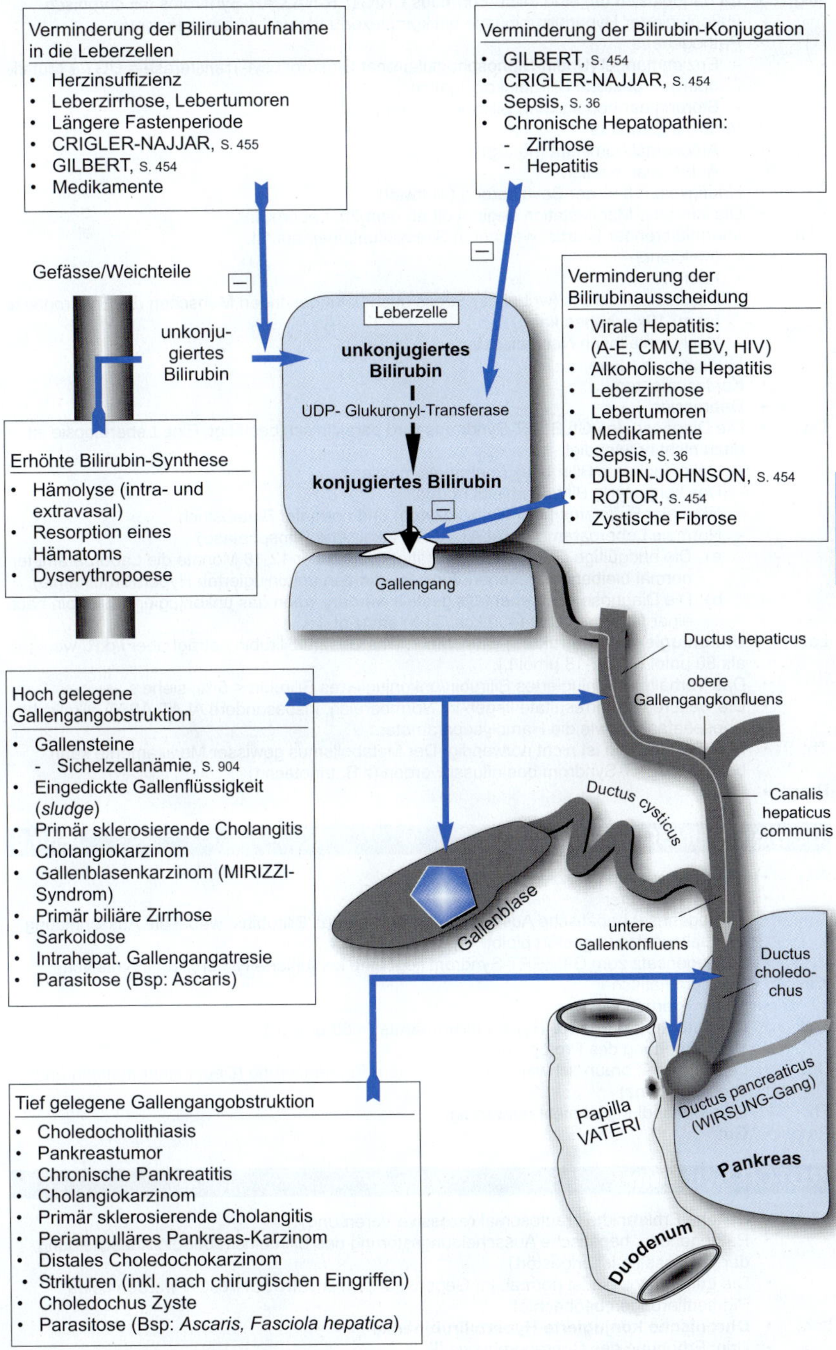

GILBERT (-MEULENGRACHT) -Syndrom [E80.4]

Allg:
- Es handelt sich um eine milde Form des CRIGLER-NAJJAR-Syndroms mit chronisch unkonjugierter Hyperbilirubinämie bei komplexer und nur teilweise bekannter Pathogenese:
  - Enzymmangel (Uridin-Diphosphoglukuronat Glukuronosyl-Transferase = UGT ± Mutationen) → gestörte Bilirubinkonjugation
  - Störung der hepatischen Bilirubinaufnahme
- Vererbungsmodus
  - Autosomal dominant (häufig)
  - Autosomal rezessiv
- Häufigkeit: 3-8 % der Bevölkerung (weltweit)
- Die klinische Manifestation beginnt oft ab dem 20. Lebensjahr.

Klin:
- Intermittierender Ikterus, welcher in Stresssituationen auftritt:
  - Infektionen
  - Fasten
  - Psychischer Stress (wobei der Stress auch beim gesunden Menschen die Erythropoese bis zu 10x erhöhen kann)
  - Nach schlaflosen Nachtdiensten...
- Müdigkeit, Nausea
- Kopfschmerzen
- Depression

Dg:
- Die Diagnose des GILBERT-Syndroms wird paraklinisch bestätigt. Eine Leberbiopsie ist dazu nicht notwendig!
  - Unkonjugiertes Bilirubin ↑ (mehrmals messen)
  - Das konjugierte Bilirubin bleibt normal!
  - Normaler Blutstatus (inkl. Retikulozyten) und normaler Blutabstrich
  - Normale Leberparameter (ALAT, ASAT, alkalische Phosphatase)
    a) Die endgültige Diagnose ist bestätigt, wenn über 12-18 Monate die Laborparameter normal bleiben (abgesehen von der erhöhten unkonjugierten Hyperbilirubinämie).
    b) Die Diagnose kann ebenfalls gestellt werden, wenn das unkonjugierte Bilirubin nach einer fettarmen Diät (400 kcal/24 h) ansteigt.

Lab:
- **Unkonjugiertes (indirektes) Bilirubin** ↑. Das Gesamtbilirubin beträgt aber i.d.R. weniger als 80 µmol/L [N: 2-18 µmol/L].
- Das Verhältnis: konjugiertes Bilirubin/unkonjugiertes Bilirubin < 5 %, siehe S. 450
- Die weiteren Laborresultate liegen im Normbereich, insbesondere ALAT, ASAT, alkalische Phosphatase, sowie die Hämolyseparameter.

Th:
- Eine Behandlung ist nicht notwendig. Der Metabolismus gewisser Medikamente kann beim GILBERT-Syndrom beeinflusst werden (z.B. Irinotecan)

Prog:
- Gut

DUBIN-JOHNSON-Syndrom [E80.6]

Allg:
- Seltene, autosomal rezessive Erbkrankheit
- Frauen > Männer
- Pathogenese: hepatische Ausscheidungsstörung des Bilirubins, wobei die Ausscheidung der Gallensalze ungestört bleibt.
- Im Gegensatz zum GILBERT-Syndrom liegt eine konjugierte Hyperbilirubinämie vor.

Klin:
- Asymptomatisch
- Milder Ikterus

Lab:
- **Chronisch konjugierte Hyperbilirubinämie** (< 80 µmol/L)
- Urin: Erhöhung des Protoporphyrins I

Dg:
- Leberbiopsie: braun-schwarze, zentro-azinäre Pigmentierung (Depot einer melanin-ähnlichen Substanz)

Th:
- Eine Behandlung ist nicht notwendig.

Prog:
- Gut

ROTOR-Syndrom

Allg:
- Seltene Erbkrankheit (autosomal rezessive Vererbung)
- Pathogenese: hepatische Ausscheidungsstörung des Bilirubins (aber die Ausscheidung der Gallensalze ist ungestört).
- Die Leberhistologie ist normal. Im Gegensatz zum DUBIN-JOHNSON werden keine Pigmentierungen beobachtet.

Lab:
- **Chronische konjugierte Hyperbilirubinämie**
- Urin: Erhöhung des Coproporphyrins III

Th:
- Eine Behandlung ist nicht notwendig.

Prog:
- Gut

CRIGLER-NAJJAR-Syndrom [E80.5]

Allg: • Der komplette oder inkomplette Enzymmangel von UGT (Uridin-Diphosphoglukuronat-Glukuronosyl-Transferase) hat eine massive unkonjugierte Hyperbilirubinämie zur Folge.

Klas: • **Typ I**

Allg: Komplettes Fehlen der UGT (1A1). Ab Geburt schwerwiegende unkonjugierte Hyperbilirubinämie (340-850 µmol/L), welche unbehandelt fatal endet. Die Vererbung ist autosomal dominant.

Th: Phototherapie, Plasmapherese. Die einzige kurative Therapie ist die Lebertransplantation.

• **Typ II**

Allg: Inkompletter Mangel an UGT (1A1). Autosomal dominante Vererbung. Der Typ II zeigt oft eine Hyperbilirubinämie < 340 µmol/L und hat eine bessere Prognose als der Typ I.
Klinisch manifestiert sich der Ikterus im Verlauf des ersten Lebensjahres.

GAUCHER Krankheit [E75.2]

Allg: • Seltene, autosomal rezessive Erbkrankheit mit Mutation des Gens, welches für die Glukozerebrosidase kodiert (Chromosom 1).
• Die häufigste Mutation (GAUCHER Typ I) beinhaltet eine Aktivitätsminderung dieses Enzyms (welches aber in normaler Konzentration in den Liposomen vorzufinden ist).

Klas: • **Typ I** (häufigster Typ)

Allg. • Die initialen Symptome und deren Schweregrade sind sehr variabel.

Klin: • Hepatosplenomegalie
• Thrombozytopenie, Anämie
• Knochenstörungen (Osteonekrose, Knocheninfarkt)
• Kein neurologisches Defizit

• **Typ II**

Klin: • Infantile Form mit akuten neurologischen Störungen:
- Pyramidal- und Extrapyramidal-Symptomatik
- Epilepsie, u.a.

Prog: • Fatal in weniger als 1 Jahr

• **Typ III**

Klin: • Juvenile Form mit initial intestinaler Störung (siehe Typ I), dann ab der Pubertät neurologische Störungen.

NIEMAN-PICK Krankheit [E75.2]

Allg: • Seltene, autosomal rezessive Erbkrankheit mit Mangel an Sphingomyelinase. Dieses Enzym ist für den Lipidstoffwechsel notwendig. Sphyngomyelin reichert sich somit in verschiedenen Geweben an:
- Leber, Milz, Lunge, Knochenmark, Nervensystem (bei einigen Patienten)
• Eine pränatale Diagnose ist möglich (indiziert bei Trägerinnen oder bei positiver Anamnese für NIEMAN-PICK).

Klas: • **Typ A** (vollständiges Fehlen der Sphingomyelinase)

Klin: • Während der ersten Lebensmonate:
- Diarrhoe, Erbrechen
- Psychomotorische Retardierung und Hypotonie
- Hautdekoloration
- Hepatosplenomegalie

Prog: • Oft frühzeitiger Tod (< 3 Jahre) infolge infektiöser Komplikation.

• **Typ B** (residuelle Aktivität der Sphingomyelinase)

Allg. • Die Krankheit beginnt oft vor dem 15. Lebensjahr.

Klin: • Magen-Darm Beschwerden
• Hepatosplenomegalie
• Dyspnoe
• Wenig oder keine neurologischen Ausfälle
• Normale Intelligenz

• **Varianten C und D** (Anhäufung von Cholesterin in den Neuronen)

Klin: • Diskrete Hepatosplenomegalie
• Neurologische Störungen
- Sehstörung
- Ataxie
- Dysphagie u.a.

Glykogenspeicherkrankheit Typ 1 [E74.0]

Syn:
- Von-GIERKE-Krankheit, Glukose-6-Phosphatase-Mangel, Glykogenose Typ 1
- Hepatonephromegalia glycogenica

Def:
- Autosomal-rezessive Stoffwechselerkrankung, die aufgrund einer mangelnden Glukose-6-Phosphatase-Aktivität mit einer Glykogenspeicherung in der Leber und den Nieren einhergeht.

Allg:
- Die Glykogenspeicherkrankheit (Glykogenose) ist eine angeborene Enzymkrankheit.
- Inzidenz 1:20'000-1:25'000 (= seltene Stoffwechselkrankheit)
- Glykogen kann nicht oder nur ungenügend in Glukose umgewandelt werden, was zu einer Ablagerung von Glykogen in folgenden Organen führt:
  - Leber
  - Herz
  - Skelettmuskulatur
  - ZNS
- Während in der Leber Glykogen zur Aufrechterhaltung eines konstanten Blutzuckerspiegels benötigt wird, dient Glykogen in der Muskulatur dem dortigen Energiestoffwechsel. Dabei erfolgt der Abbau in Glukose in mehreren Schritten, die von verschiedenen Enzymen abhängen. Je nachdem, welches Enzym funktionsuntüchtig ist, unterscheidet man folgende, zum Teil klinisch sehr unterschiedliche Krankheitsbilder (siehe Tabelle der verschiedenen Glykogenspeicherkrankheiten, unten).

Urs:
- Autosomal-rezessiv erblicher Mangel an Glukose-6-Phosphatase.
- Pathogenese:
  - Aufgrund der mangelnden Enzymaktivität der Glukose-6-Phosphatase (Typ 1a), eines Defekts im Transportsystem für Glukose-6-Phosphat ins endoplasmatische Retikulum (1b) oder im Glukose-6-Phosphatase-Enzymkomplex (1c), kommt es zu einem mangelnden Abbau des Glykogens mit Speicherung in der Leber und den Nieren.

Bem:
- Die Diagnose ist möglich durch eine Bestimmung der Glukose-6-Phosphatase-Aktivität in:
  - Leberbiopsaten und Leukozyten bei Typ 1b

  und durch:
  - Nachweis einer Ablagerung von Glykogen im Leberparenchym.

Klin:
- Hepatomegalie, geblähtes Abdomen
- Minderwuchs
- Blutungsneigung
- Xanthome an den Streckseiten der Extremitäten
- Hypoglykämien
- Erhöhtes Risiko für Leberadenome oder -karzinome
- Hämaturie
- Niereninsuffizienz
- Pulmonale Hypertonie
- Störung der neutrophilen Granulozyten mit rezidivierenden Infekten
- Chronische Pankreatitis

Lab:
- Erhöhung von (betrifft Serumwerte):
  - Laktat, Pyruvat
  - Triglyzeriden, Cholesterin
  - Harnsäure
- Hypoglykämien
- Fehlender Blutzuckeranstieg im Glukagontest
- Urin: Aminoazidurie, Proteinurie, Hämaturie

Klas:
- Klassifikation der Glykogenspeicherkranheiten

Typ	Enzymdefekt	Krankheit
I	Glukose-6-Phosphatase	Von-GIERKE-Krankheit
II	Lysosomale α-1,4-1,6-Glukosidase	Morbus POMPE
III	Amylo-1,6-Glukosidase	Morbus CORI (FORBES)
IV	Amylo-1,4-1,6-Transglukosidase	Morbus ANDERSEN
V	Phosphorylase des Muskels	Morbus McArdle
VI	Phosphorylase der Leber	Morbus HERS
VII	Phosphofruktokinase	Morbus TAURI
VIII	Phosphorylase der Leber	
IX	(a–c) Phosphorylase der Leber	
X	cAMP-aktivierte Phosphorylase	
O	Glykogensynthetase	

α1-Proteinaseinhibitor Mangel (= α1-Antitrypsin Mangel) [E88.0]

Allg:
- Häufige, autosomal rezessive Erbkrankheit (Chromosom 14), charakterisiert durch einen Mangel an α1-Proteinaseinhibitoren (auch α1-Antitrypsin genannt).
- Der α1-Proteinaseinhibitor wird in der Leber synthetisiert. Er umfasst 85 % der α1-Globuline im Serum (siehe Proteinelektrophorese S. 1342).
- Der α1-Proteinaseinhibitor hemmt mehrere Enzyme, darunter die Elastase, welche die Fähigkeit hat, eine zelluläre Lyse einzuleiten. Dieses Phänomen tritt z.B. während einer Infektion auf. Wenn nun diese Elastase gehemmt wird, wird das umliegende Gewebe geschützt. Hingegen bei Mangel dieses schützenden Enzyms (α1-Proteinaseinhibitor), kann der lytische Prozess in gewissen Situationen stattfinden, wie z.B. bei Staub- oder Rauchexposition oder auch im Verlauf eines Infektes. Diese Lyse kann sich ausdehnen und je nach betroffenem Organ, signifikante Schäden hervorrufen. In der Lunge z.B. kommt es zu einem ausgedehnten Lungenemphysem, welches v.a. basal lokalisiert ist.
- Normaler Serumspiegel des α1-Proteinaseinhibitors (α1-Antitrypsin): 150-350 mg/dL. Symptome manifestieren sich i.d.R. bei Konzentrationen < 90-100 mg/dL.
- Profil eines typischen Patienten mit einem α1-Proteinaseinhibitormangel:
  - Mann, 30-40 Jahre alt
  - Mager, normalgross
  - Raucher oder Ex-Raucher
  - Belastungsdyspnoe
- Begleiterkrankungen:
  - Rheumatoide Arthritis
  - Vaskulitis
  - Glomerulonephritis
  - Uveitis
  - Thyreoiditis

Klas:

1. **Homozygote Form**

   Allg:
   - Phänotyp PIZZ oder PISS
   - Serumspiegel des α1-Proteinaseinhibitors (α1-Antitrypsin): < 50 mg/dL
   - Häufigkeit: 1:1'600-2'000 Geburten

   Klin:
   - <u>Beim Kind</u>
     - Cholestatische Hepatitis
       Schwere, neonatale cholestatische Hepatitis, welche sich 4-60 d nach der Geburt manifestiert und während 1-8 Mt. persistiert. Ein spontaner Rückgang ist häufig.
       Folgende Klinik wird beobachtet:
       - Prolongierter Neugeborenenikterus
       - Pruritus
       - Erhöhung der Transaminasen
       - Hepatomegalie
       - Leberzirrhose (15-30 % bei Patienten unter 20 Jahren)
   - <u>Beim Erwachsenen</u>
     - Lungenemphysem, welches sich während der Kindheit entwickelt.
     - Leberzirrhose (15-30 % < 20 Jahre; Männer > Frauen)
     - Erhöhtes Leberzellkarzinomrisiko (entspricht demjenigen einer viralen oder alkoholischen Hepatitis)

2. **Heterozygote Form**

   Allg:
   - Phänotyp PIMZ oder PIMS
   - Serumspiegel des α1-Proteinaseinhibitors (α1-Antitrypsin): 50-250 mg/dL
   - Der Enzymmangel kann den Verlauf anderer Lebererkrankungen verschlimmern (z.B. Hepatitis B oder C).
   - Das Risiko, eine Leberzirrhose zu entwickeln, ist unbekannt.

   Klin:
   - Die heterozygote Form ist eine abgeschwächte Form der homozygoten.

Dg:
- Bestimmung der Serumkonzentration des α1-Proteinaseinhibitors (z.B. mittels Isoelektrophorese).
- Zusätzlich wird die Variante (PIZZ, PISS, PIMZ, PIMS) bestimmt.

Th:

1. **Gute «Lebensbedingungen» schaffen**
   - Aktiven und passiven Nikotinkonsum stoppen. Nikotin ist der hauptsächlichste Faktor, welcher zum Lungenemphysem führt!
   - Leben in einer guten Luftqualität (Grossstadt vermeiden)
2. Weitere Therapiemöglichkeiten (mit Spezialisten diskutieren)
   - Enzymsubtitution (ca. 60 mg/kg α1-Proteinaseinhibitor **IV** 1x/Wo)
   - Langzeitsauerstofftherapie (> 15 h/24 h)
   - Lebertransplantation bei Leberzirrhose im Endstadium
   - In der Zukunft: genetische Therapie?

Hepatitis

Allg:
- Akute Hepatitis = Dauer < 6 Monate
- Chronische Hepatitis = Dauer ≥ 6 Monate

Urs:
- Viral
  - Akute Hepatitis: A, B, C (selten), D, E
  - Akuter Schub einer chronischen Hepatitis (B, C)
  - Herpes simplex 1 und 2, Varicella-Zoster, CMV, EBV u.a.
  - *Coxsackie*
  - Gelbfieber Virus, Dengue Virus
  - HIV u.a.
- Bakteriell
  - *Brucella*
  - *Leptospiren* u.a.
- Parasitär
  - *Plasmodium* (Malaria)
  - *Amöben* (z.B. *Amoeba histolytica*)
  - *Echinococcus*
  - *Schistosoma* (Bilharziose) u.a.
- Alkoholische Hepatitis
- NASH
- Medikamentös
  - Allopurinol
  - Sulfonamide
  - Indometacin
  - Isoniazid
  - Metothrexat
  - Halothan
  - Paracetamol (bei Intoxikation)
  - Gabapentin und viele andere Medikamente... > 1000!
- Toxische Hepatitis
  - Knollenblätterpilz
  - Nahrungsmittel mit Mykotoxin (Aflatoxin)
  - Tetrachlorkolenstoff u.a.
- Autoimmunhepatitis
- Primär biliäre Zirrhose
- Granulomatöse Hepatitis
  - Syphilis
  - Tuberkulose
  - Pilze
  - Rickettsien
  - Sarkoidose
  - Medikamentös
  - Idiopathisch
- Ischämische Hepatitis
- Metabolische Erbkrankheiten
  - WILSON
  - Hämochromatose, u.a.

Virale Hepatitis	A	B	C	D	E
Genom	• RNA	• DNA	• DNA	• RNA	• RNA
Übertragung	• Fäkal–oral	• Blut[‡] (Mutter-Kind[§]) • Sexuelle Übertragung	• Blut[‡] (Mutter - Kind[¶]) • Selten: sexuelle Übertragung	• Blut[‡] (Mutter-Kind[§]) • Sexuelle Übertragung	• Fäkal–oral
Screening	• Anti-HAV Ak (IgM)	• HBs Ag • Anti-HBc Ak	• Anti-HCV Ak	• Anti-HDV[¥] Ak	• Anti-HEV Ak
Inkubationszeit	• 2 - 6 Wo	• 1 - 6 Mt.	• 2 Wo - 6 Mt.	• 3 Wo - 3 Mt.	• 3 - 6 Wo
Akute symptomatische Hepatitis	• Ja	• Ja	• Selten	• Ja	• Ja
Chronische Hepatitis	• Nein	• 5-10 %	• 80 %	• 10 %, aber > 85 % der Fälle bei Superinfekt	• Nein
Antivirale Therapie	• Nein	• Ja	• Ja	• Beschränkte Wirksamkeit	• Nein
Immunprophylaxe					
• passiv	• Nein	• Ja	• Nein	• Ja	• Nein
• aktiv	• Ja	• Ja	• Nein	• Ja	• In Erforschung
Risiko von:					
• Zirrhose	• Kein Risiko	• 2 - 5 %	• 20 %	• 20 %	
• Hepato-Karzinom	• Kein Risiko	• ca. 2 %	• 4-6 %	• 4-6 %	

Tabelle: Virale Hepatitiden.

¥ Es kann ebenfalls das Antigen (HDV RNA) bestimmt werden (i.d.R. für Forschung). In der Klinik werden die Anti-HDV Antikörper bestimmt.

‡ Die «Blutübertragung» betrifft die perkutane Übertragung des Virus:
- Austausch von Nadeln
- Unfallmässige Stichwunde mit einer kontaminierten Nadel
- Piercing
- Tätowierung
- Akupunktur u.a.

§ Hepatitis B und D:
- Die Übertragung Mutter–Kind beträgt 90 %, wenn die Mutter zirkulierende Hepatitis B DNA besitzt. Das Kind ist durch die Hepaitis B-Impfung geschützt; zusätzlich können Anti-HBs Immunglobuline verabreicht werden.

¶ Hepatitis C:
- Die Übertragung Mutter–Kind beträgt 5 %, wenn die Mutter zirkulierende Hepatitis B DNA besitzt.

Hepatitis A[1] [B15.9]

Allg:
- Das Hepatitis A Virus ist ein RNA-Virus, welches selbst nicht zytotoxisch ist, hingegen ist die Entzündungsreaktion für die hepatozelluläre Destruktion verantwortlich.
- **Übertragung**
  - Hauptsächlicher Übertragungsmodus: oraler Kontakt mit kontaminierten Faeces, infizierten Toilettenklinken oder Toilettentüchern.
  - Kontaminierte Nahrung oder Wasser (inkl. baden in kontaminierten Gewässern)
  - Sexuelle und parenterale Übertragungen sind selten, können aber trotz kurzer Virämiedauer auftreten.
- **Inkubation: 2-6 Wochen**
- Maximale Krankheitsdauer: ca. **6 Monate**
- Die höchste Infektiosität besteht <u>2 Wochen vor dem Symptombeginn</u> und vermindert sich nach Auftreten des Ikterus. Das Virus hingegen wird noch während 2-3 Wo im Stuhl ausgeschieden.
- Die Hepatitis A wird am häufigsten während eines Aufenthaltes in einem Entwicklungsland kontraktiert (mangelnde Hygiene).
- Wie kann sich die Hepatitis A präsentieren?
  - *Endemisch*
    - Wird in Ländern mit mangelnder Hygiene beobachtet (Asien, Zentralamerika, Afrika). Die meisten Hepatitis A-Fälle sind dort wenig bis asymptomatisch und befallen v.a. die Kinder.
      Hingegen ist eine Hepatitis A beim Erwachsenen bei 50-70 % der Fälle symptomatisch.
    - Häufigkeit (positive Anti-HAV Antikörper):
      -- Mittelmeerraum ca. 80 %; Nordeuropa < 10 %
  - *Epidemisch*
    - Die letzte Hepatitis A Epidemie fand im Jahr 1987 in Shanghaï statt (ca. 300'000 Patienten). Kleinere Epidemien können in speziellen Situationen vorkommen, wie z.B. Kasernen, Schulen, Heimen.
  - *Sporadisch*
    - Die Ansteckung der Hepatitis A geschieht v.a. bei Reisenden in Endemiegebieten. Der Ikterus tritt ca. 1-3 Monate nach der Ansteckung auf.
    - Risikopersonen: Medizinalpersonal, unterirdisch arbeitende Leute

Prog:
- Die Prognose ist gut. Eine lebenslängliche Immunität ist die Regel.

Dg:
- Anamnese + Klinik + Labor (inkl. Serologie):
  - Positive Anti-HAV Ak IgM (während 3-6 Mt.) ....= Akute Hepatitis A
  - Positive Anti-HAV Ak IgG (bleiben lebenslänglich positiv)......= «Alte» Hepatitis A oder Status nach Impfung
- Eine Leberbiopsie ist bei Hepatitis A zur Diagnosestellung nicht notwendig.

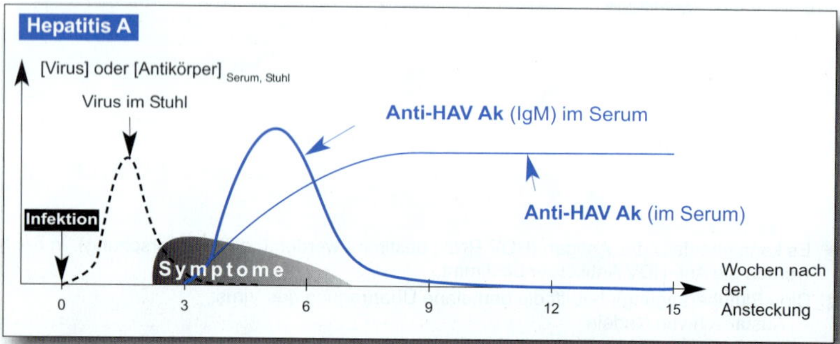

Klin:
I. Asymptomatisch (50-80 %)
II. Symptomatisch
   a) Grippales Syndrom (Dauer ca. 1 Woche): Müdigkeit, subfebrile Temperaturen
   b) Manchmal können systemische Symptome/Befunde auftreten (Dauer 4-8 Wochen)
      - Nausea, Diarrhoe
      - Arthralgien, Myalgien
      - Hautexanthem
      - Bauchschmerzen (Hepatomegalie)
      - Ikterus (bei 30 %)
      - Pruritus
      - Lymphadenopathie
      - Splenomegalie

1 Koff RS. Lancet 1998 ;351 :1643-9.

Verlauf der Hepatitis A

- Spontanheilung in beinahe 100 % der Fälle!
- Ein fulminanter Verlauf ist sehr selten (0.1 %), ausser bei folgenden Patienten:
  - Träger einer Hepatitis B (hier beträgt das Risiko einer fulminanten Hepatitis A bis 10 %)
  - Träger einer chronischen Hepatitis C
- Eine lebenslängliche Immunität nach abgelaufener Hepatitis A ist die Regel.
- Es gibt keine Träger der Hepatitis A.
- Die Hepatitis A entwickelt:
  - KEINE chronische Hepatitis A
  - KEINE Leberzirrhose
  - KEIN Leberzellkarzinom

Lab:
- Serologie (= wichtigster diagnostischer Parameter): positive IgM Anti-HAV Ak
- Leberzytolyse Parameter
  - ALAT ↑↑↑ (500-3'000 E/L, kann bis zu 10'000 E/L ansteigen)
  - ASAT ↑↑, mit ALAT/ASAT > 1 (im Gegensatz zur alkoholischen Steatohepatitis, wo die Ratio ALAT/ASAT < 1 ist)
- Cholestasemarker, siehe Ikterus, S. 1345, 451
  - γ-GT ↑, S. 1376
  - Alkalische Phosphatase ↑
  - Bilirubin ↑ (Bilirubin ist v.a. ein Parameter der Leberinsuffizienz, steigt aber auch bei Cholestase an)
- Hepatische Synthesestörungen (bei schwerwiegendem oder fulminantem Verlauf)
  - Blutgerinnungsstörungen (Gerinnungsfaktoren ↓, v.a. des Faktors V) mit dem Risiko, eine DIC zu entwickeln, S. 920
  - Hypalbuminämie
- Nicht spezifische Parameter
  - Lymphozytose
  - BSG ↑, S. 1367
  - CRP ↑, S. 1372

Hosp:
- Siehe Hospitalisierungsindikationen der Hepatitis B (sind identisch), S. 466

Th:

1. **Allgemeinmassnahmen**
   - Es gibt keine Kausaltherapie!
   - Adäquate Hydratation (Ziel: Euvolämie)
   - Ernährung: Es ist keine spezifische Diät einzuhalten.
   - Keine Einnahme von Alkohol
   - Keine Einnahme von potentiell hepatotoxischen Medikamenten
   - Kortikoide sind nicht indiziert.
   - Meldepflicht bei Krankheitsverdacht, Erkrankung, Tod bei akuter Virushepatitis, Tabelle der meldepflichtigen Krankheiten, siehe Tabelle S. 822
2. **Verhalten des Pflegepersonals**
   - **Desinfektion der Hände VOR und NACH dem Patientenkontakt!!!**
   - **Schutzkittel** oder **Einmalschürze** muss bei möglichem Kontakt mit Stuhl getragen werden; nach Verschmutzung wechseln (mindestens 1x/d).
   - **1x-Handschuhe** sind indiziert bei Konakt mit:
     - Ausscheidungen, Sekreten, Körperflüssigkeiten
     - Kontaminierten Körperarealen und Gegenständen (z.B. verschmutzte Bettwäsche)
   - **Mundschutz/Schutzbrille**: nicht notwendig
   - **Isolierung** (Überdruck nicht notwendig) ist bei folgenden Patienten obligatorisch:
     - Kleinkindern
     - Erwachsenen mit nicht kontrollierbarer Diarrhoe
   - **Abfälle**
     - Verletzungssichere Entsorgung von scharfen und spitzen Gegenständen (Kanülen etc.) in stichfesten, bruchsicheren Entsorgungsbehältern. Mit Stuhl kontaminierte Einmalartikel müssen als infektiöser Abfall betrachtet werden. Mit Flüssigkeit gefüllte Behälter (Blut, Sekrete), die nicht entleert werden dürfen, müssen in Sonderbehälter abgelegt und der Verbrennung zugeführt werden.
   - **Geschirr**: keine besondere Massnahmen notwendig
   - **Ausscheidungen**: keine besondere Massnahmen notwendig
   - **Urinflaschen**: ad. thermische Desinfeketion bei 85°/20 Sekunden
   - **Kontaktpersonen**:
     - Angehörige des Patienten müssen beim Betreten des Zimmers einen Schutzkittel tragen, der vor dem Verlassen des Zimmers zur infektiösen Wäsche abgeworfen wird. Anschließend ist eine hygienische Händedesinfktion erforderlich.
     - Pflegepersonal: siehe Punkt 2, oben
   - **Verhalten der Patienten zu Hause**:
     - Der Hepatitis A Patient wäscht sich die Hände nach Benutzung der Toilette
     - Der Hepatitis A Patient bereitet keine Nahrungsmittel vor.

3. Impfungen

3.1. Aktive Immunisation (z.B. HAVRIX®, S. 473)
- Indikationen, siehe S. 473
- Bei allen Patienten mit chronischer Lebererkrankung (z.B. Zirrhotiker) ist die kombinierte Impfung «Hepatitis A+B» indiziert (z.B. TWINRIX®, S. 473).

3.1. Passive Immunisation (nicht spezifische Immunglobuline)
- Seit der Einführung der aktiven Immunisation, werden die nicht spezifischen Immunglobuline praktisch nicht mehr eingesetzt (relativer Schutz während 3 Mt.):
  - Immunglobulin ca. 10 mL **IM** (0.2 mL/kg).

Hepatitis B[1, 2] — www.sevhep.ch / www.aasld.org [akut: B16.9; chronisch B18.1]

Def:

Hepatitis B Status	Definitionskriterien	
Replikative Hepatitis B	Virämie	Positiv (= zirkulierende virale DNA)
Chronische Hepatitis B	HBs Antigen	Positiv während > 6 Monaten
Inaktiver HBs Antigen-Träger (alle Kriterien)	HBs Antigen	Positiv während > 6 Monaten
	HBe Antigen	Negativ
	Anti-HBe Antikörper	Positiv
	DNA-Virusload	< 2000 IE/mL
	ALAT und ASAT	Persistierend normale Werte
	Leberbiopsie (nicht zwingend)	Keine Hinweise auf eine signifikante Hepatitis
Abgeheilte, früher durchgemachte Hepatitis B (alle Kriterien notwendig)	Anamnese	Akut oder chronisch durchgemachte Hepatitis B
	Anti-HBc Antikörper	Positiv
	Anti-HBs Antikörper	Positiv oder negativ
	DNA-Virusload	< 2'000 IE/mL
	ASAT und ALAT	Normal

Allg:
- Das Hepatitis B Virus ist ein DNA Virus, welches aber selbst keine Lyse der Leberzellen verursacht. Die Zerstörung der Leberzellen wird durch eine immune Reaktion ausgelöst.
- Schematische Struktur des Hepatitis B Genoms:

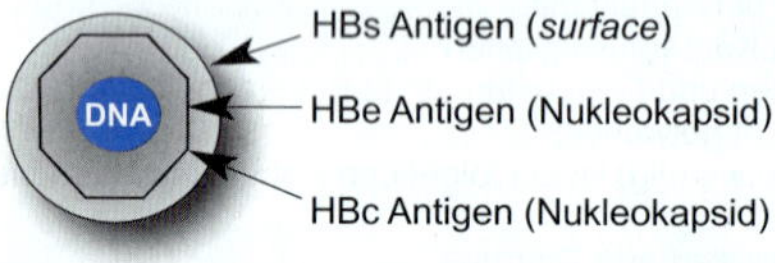

- **Ansteckungsgefahr durch das Hepatitis B Virus**
  - Das Ansteckungsrisiko ist 50-100x höher, als dasjenige des HIV Virus!
  - Das Hepatitis B Virus ist sehr resistent und kann bis zu einer Woche ausserhalb des menschlichen Körpers überleben!
    - Ansteckung sicher bei: positivem, zirkulierendem Viren-DNA
    - Ansteckung möglich bei: positivem HBs Antigen
    - Ansteckungsgefahr gering bei: negativem Viren-DNA (Sensitivität 100 %; die Virämie kann im Verlauf der Erkrankung ändern)
- **Übertragung** (Blut, Blutderivate, Speichel, Urin, Spermien, Vaginalflüssigkeit)
  - Sexueller Kontakt (ca. 50 % aller Übertragungen)
  - Parenteral
    - Kontaminierte Blutprodukte
    - Kontakt mit infizierten Instrumenten oder Nadelspitzen
    - Kontakt mit infizierten Wunden
    - Tätowierungen, *Piercings*
  - Perinatal
  - Bei Benutzung von kontaminierten Zahnbürsten oder Rasierklingen besteht ein gewisses Risiko zur Übertragung der Hepatitis B.

 1 Lok AS, et. al. Hepatology 2001 ; 34 :1225-41. 2 Lok AS, et. al. Hepatology 2004 ; 39 :857-61.

- **Inkubationszeit der Hepatitis B: 1-6 Monate**
- Einige epidemiologische Daten (Schweiz):
  - Häufigkeiten
    - -- Chronische Hepatitis B Träger: 20'000 Einwohner (ca. 0.3 % der Bevölkerung)
    - -- Blutspender (1. Konsultation): 115/100'000. Multiple Blutspender: 1.7/100'000
    - -- Schwangere Schweizer-Frauen: 3.3 %, Ausländerinnen 13.5 % (mit Anti-HBc Ak)
  - Inzidenz (1996-99): 200-250 Fälle/Jahr
  - Mortalität: 40-80 Fälle/Jahr
- Die Hepatitis B ist eine **Präkanzerose** (Leberzellkarzinomrisiko), siehe Tabelle S. 459
- Wie kann sich die Hepatitis B präsentieren?
  - ▪ Endemisch (Zentralafrika, China u.a.)
  - ▪ Sporadisch
    - Risikogruppen:
      - **IV**-Drogenabusus
      - Personen mit Tätowierungen
      - Sexuelles Risikoverhalten
      - Homosexuelle
      - Personen, die Blutderivate erhalten (Dialysepatienten, multitransfundierte Personen)
      - Medizinalpersonal
      - Personen mit engem Kontakt zu Antigen HBs posititiven Trägern
      - Neugeborene von Müttern, die ein positives HBs Antigen haben
- Die Hepatitis B kann zusammen mit anderen Erkrankungen auftreten:
  - Vaskulitiden (z.B. PAN)
  - Gewisse Formen von Glomerulonephritiden

Dg: 1. Anamnese (bis 6 Monate zurück befragen!) + Klinik
Eine Leberbiopsie ist nicht notwendig, um die Diagnose einer Hepatitis B zu stellen.
2. Serologie

Screening	• **HBs Antigen** und: • **Anti-HBc Antikörper** (IgM und IgG)
Serologie	• Interpretation (siehe auch Tabelle S. 462)
Antigene	
HBs Antigen	• Das HBs Antigen ist bei akuter und chron. Hepatitis B positiv.
HBe Antigen	• Gibt über die virale Replikation Auskunft und ist somit ein Aktivitätsparameter der Hepatitis B! • In den meisten Fällen unterliegt das Hepatits B Virus einer Mutation, was fälschlicherweise zu einem negativen HBe Antigen führt (d.h. falsch negatives Serologieresultat) und dies trotz einer starken viralen Replikation! • Glücklicherweise werden aber die Anti-HBe Antikörper synthetisiert und auch serologisch erfasst (→ positive Anti HBe Ak). • In dieser Situation wird die Bestimmung des DNA-Virusload essentiell, denn eine Hepatitis B mit niedriger Replikationsaktivität verlangt i.d.R. keine antivirale Therapie. Wenn hingegen die virale Replikation hoch ist, wird eine antivirale Therapie empfohlen, siehe auch Algorithmus S.465
Antikörper	
Anti-HBs Ak	• Immunitätsmarker nach abgelaufener Hepatitis B • Nach Hepatitis B Impfung
Anti-HBc Ak	
• IgM	• Vereinbar mit einer kürzlich erlittenen Hepatitis B (< 6 Mt), schliesst aber eine chronische Hepatitis B nicht aus.
• IgG	• Sind bei einer früher abgelaufenen oder geheilten Hepatitis B positiv (durch das eigene Immunsystem), oder persistierend. Wenn die Hepatitis B chronisch wird, werden sowohl das HBs Antigen, wie auch die Anti-HBV Antikörper vorgefunden.
Anti-HBe Ak	• Patienten ohne Virusmutation (selten): schwache Virusreplikation • Patienten mit Virusmutation (Mehrheit): nicht aussagekräftig
DNA HBV (= Virusload)	• Vorhandene DNA weisen auf eine aktive virale Replikation hin. • Der Virusload dient zur Messung der Therapiewirksamkeit.

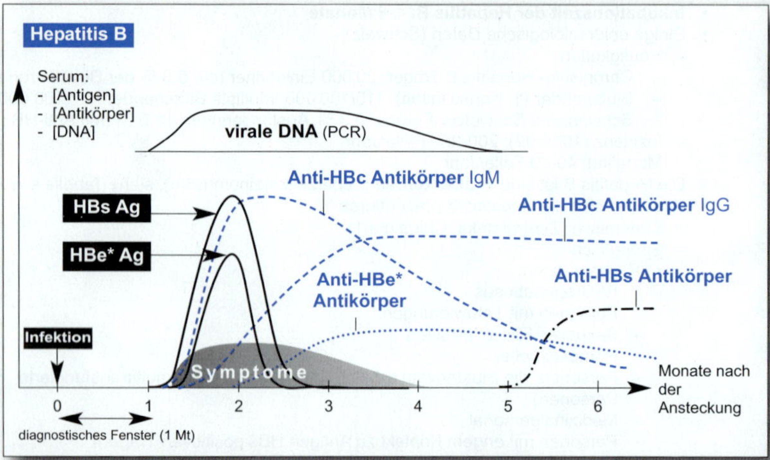

Schema: Hepatitis B Serologie.

Für Leser dieses Buches, die ebensoviel Mühe haben, sich diese Serologiekurven einzuprägen wie der Herausgeber selbst, können sich vielleicht an den Anfangsbuchstaben der Antigene bzw. Antikörper festhalten: **se** – **ces**

2 Antigene 3 Antikörper

Parameter / Diagnose	ALAT	HBs Ag	Anti-HBs Ak	HBe Ag	Anti-HBe Ak	Anti-HBc Ak	Virale DNA
Akute Hepatitis	↑↑↑	+	-	(+)	(-)	IgM	(↑↑↑)
Chron. Hepatitis mit Mutation	↑	+	-	-*	+*	IgG	↑ – ↑↑↑
Chron. Hepatitis ohne Mutation	↑	++	-	++	-	IgM/IgG	↑ – ↑↑↑
Inaktiver Träger	N	+	-	(-)	(+)	IgG	(↑)
Nach Hepatitis B	N	-	+	(-)	(+)	IgG	(-)

Tabelle: Interpretation der verschiedenen Stadien der Hepatitis B.

Klin:
- Asymptomatisch/subklinisch (ca. 2/3 der Fälle)
  - Die Hepatitis ist im Rahmen einer perinatalen Infektion praktisch immer asymptomatisch, aber der Verlauf ist oft chronisch.
- Symptomatisch (Dauer: 1-3 Monate)
  - Nausea
  - Erbrechen
  - Subfebrile Temperaturen
  - Anorexie
  - Obere Bauchschmerzen in der Leberregion
  - Epigastralgien
  - Ikterus
  - Myalgien
  - Arthralgien
  - Urtikaria

* siehe Text unter «HBe Antigen» unter «Dg:» S. 463

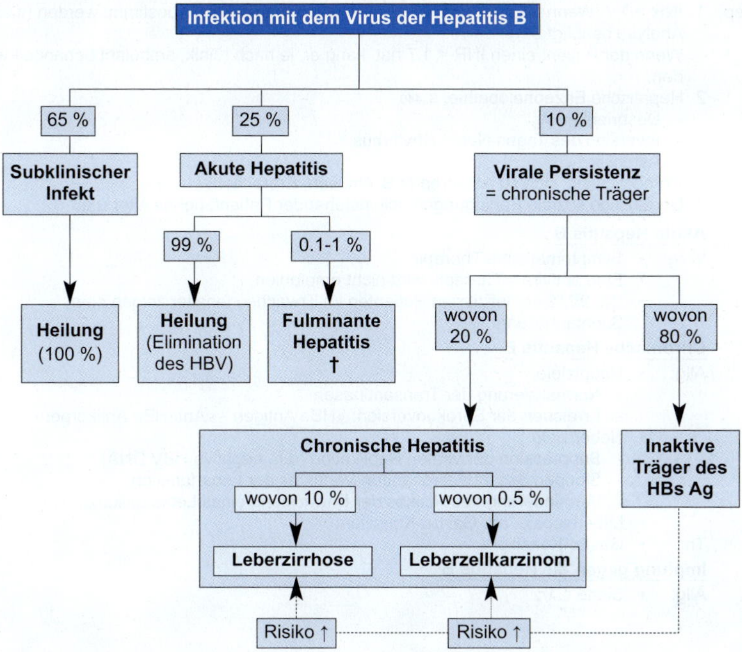

Schema: Verlauf der Hepatitis B.

Beispiel bei 10'000 Hepatitis B-Patienten (approximative Zahlen)

- 8000 Spontanheilungen
- 100 fulminante Hepatitiden
- 1000-2000 Virusträger, wovon:
  - 800 gesunde Träger
  - 200 mit chronischer Hepatitis, wovon:
    -- 20 Leberzirrhose
    -- 1 Leberzellkarzinom

Lab:
- Serologisches *Screening*: **HBs Antigen** und **Anti-HBc Antikörper** (IgM und IgG). Wenn dieses Screening pathologisch ist, wird die Serologie vervollständigt.
  - **Geimpfte Personen** weisen nur positive Anti-HBs Antikörper auf, wobei diese ab einer Konzentration **> 100 IE/L** als wirksam angesehen werden (in anderen Ländern schon > 10 IE/L). Diese Antikörperserumkonzentration wird i.d.R. ca. 1 Monat nach beendeter Impfung bestimmt.
- Labormarker der hepatischen Zytolyse:
  - ALAT ↑↑↑
  - ASAT ↑↑, wobei die Ratio ALAT/ASAT > 1 beträgt
- Labormarker der Cholestase (bei Ikterus zu beobachten)
  - γ-GT ↑
  - Alkalische Phosphatase ↑
  - Bilirubin ↑
- Labormarker der hepatischen Synthesestörung (ist prognostisch schlecht):
  - INR ↑ mit dem Risiko, eine DIC zu entwickeln
  - aPTT ↑
  - Hypalbuminämie
- Nicht spezifische Entzündungsparameter:
  - Lymphozytose, Anämie
  - BSG ↑, CRP ↑
- α-Foetoprotein
  - Dient als Malignitätsparameter des Leberzellkarzinoms und soll bei folgenden Risikopatienten alle 6 Monate bestimmt werden:
    -- > 45 Jahre
    -- Histologisch bewiesene Leberzirrhose
    -- Positive Familienanamnese für ein Leberzellkarzinom
- Abdomensonographie alle 6 Monate

Hosp: 1. INR > 1.7. Wenn dies der Fall ist, soll der Gerinnungsfaktor V bestimmt werden (diese Analyse benötigt 6 h).
Wenn der Patient einen INR < 1.7 hat, kann er, je nach Klinik, ambulant behandelt werden.
2. Hepatische Enzephalopathie, S. 440
   - Desorientierung
   - Inversion des Tages-Nacht-Rhythmus
   - Asterixis
3. Unmöglichkeit, sich zu ernähren (z.B. Nausea, Erbrechen)
4. Ungünstige soziale Bedingungen: alleinstehender Patient, hohes Alter u.a.

Th: **Akute Hepatitis B**

Vorg:
- Symptomatische Therapie
- Eine antivirale Therapie wird nicht empfohlen.
- Ca. 95 % der infizierten Patienten im Erwachsenenalter zeigen eine Spontanheilung.

Chronische Hepatitis B

Allg:
- Hauptziele:
  - Normalisierung der Transaminasen
  - Erreichen der Serokonversion: «HBe Antigen → Anti-HBe Antikörper»
- Nebenziele:
  - Suppression der viralen Replikation (d.h. negative HBV DNA)
  - Stoppen des fortschreitenden Verlustes der Leberfunktion
  - Verminderung des Risikos der Entwicklung eines Leberzellkarzinoms
- Leberbiopsie: ad. Gastro-Konsilium

Th:
- Gastro-Konsilium

Impfung gegen die Hepatitis B

Allg:
- Siehe S. 473

Bem: Monitoring und Therapiedauer einer chronischen Hepatitis B.

Status der Hepatitis B	Monitoring und Therapiedauer
▶ **Positives HBe Antigen bei kompensierter Hepatopathie**	**Monitoring** (alle 6 Monate*) • HBV DNA (mittels PCR) • ALAT **Therapiedauer** Die Therapie wird gestoppt wenn folgende Resultate 2x im Intervall von 6 Monaten erzielt werden: • Negatives HBe Antigen • Positive Anti-HBe Antikörper • Negative HBV DNA (mittels PCR)
▶ **Negatives HBe Antigen bei kompensierter Hepatopathie**	**Monitoring** (alle 6 Monate*) • HBV DNA (mittels PCR) • ALAT **Therapiedauer** Eine Langzeittherapie ist notwendig und wird weitergeführt, bis folgende Resultate erreicht werden: • Negatives HBV DNA (mittels PCR) • Negatives HBs Antigen
▶ **Lebezirrhose (kompensiert oder nicht)**	**Monitoring** (alle 3 Monate) • HBV DNA (mittels PCR) • ALAT • Nierenfunktion: Serumkreatinin **Therapiedauer** Eine Langzeittherapie ist notwendig und wird weitergeführt, bis folgende Resultate erreicht werden: • Negatives HBV DNA (mittels PCR) • Negatives HBs Antigen

Tabelle: Monitoring und Therapiedauer bei chronischer Hepatitis B.

Postexpositionsprophylaxe der Hepatits B (PEP)

Allg:
- Bei Hepatitis B geimpften Personen wird i.d.R. die Konzentration Anti-HBs Antikörper ca. 1 Monat nach abgeschlossener Impfung bestimmt.
- Bei einer Konzentration ≥ **100 IE/L** geht man davon aus, dass die Immunität lebenslänglich anhält!
- Wenn der Titer der Anti-HBs Antikörper nicht bestimmt wurde, soll dieser innerhalb von 48 h nach Kontakt mit dem Virus der Hepatitis B bestimmt werden. Je nach Resultat kommen folgende therapeutischen Richtlinien zum Tragen:

Anti-HBs Ak-Titer	Therapeutisches Vorgehen im Rahmen einer PEP
Titer ≥ 100 IE/L	PEP nicht notwendig
Titer < 100 IE/L	**1. Hepatitis B Auffrischimpfung notwendig** • ENGERIX®-B 20: 1 Amp **IM**, S. 473 **2. Spezifische humane Immunglobuline** 500 IE, wenn die ansteckende Person HBs Antigen positiv oder unbekannt ist und die PEP innerhalb von ≤ 72 h nach Viruskontakt stattfinden kann: • HEPATECT®CP 500 IE (10 mL) **IV** oder • HEPATITIS B-Immunglobulin® 500 IE (5 mL) **IM**
Antikörpertiter nicht erhältlich	Gleiches Vorgehen wie beim Titer < 100 IE/L: • Auffrischimpfung ± spezifische Immunglobuline (s. oben)

Bem:
- **SPEZIALFALL: Prophylaxe bei HBV Trägern, welche eine immunsuppressive oder zytotoxische Therapie erhalten**

  Th:
  - Lamivudin (EPIVIR® oder ZEFFIX®)
    - 100 mg/d PO zu Beginn der zeitlich begrenzten Chemo- oder immunsupprimierenden Therapie.
    - Dauer der Lamivudintherapie: 6 Monate nach Ende dieser Therapie.

* Bei Patienten unter Lamivudin wird empfohlen, die Kontrollen etwas engmaschiger durchzuführen, um frühzeitig eintreffende Resistenzen zu erfassen.

Hepatitis C[1,2] [akut: B17.1; chronisch B18.2]

Allg:
- Das Hepatitis C Virus (bekannt seit 1988) ist ein RNA-Virus, das der Grupper der Flaviviren angegliedert ist. Zu den Flaviviren gehören auch z.B. die Dengue und die Frühsommer-Meningo-Enzephalitis (FSME, s. 763).
- Es werden 6 Genotypen und > 90 Untertypen unterschieden, aber es gibt keine klare Assoziation zwischen dem Genotyp und dem natürlichen Krankheitsverlauf.

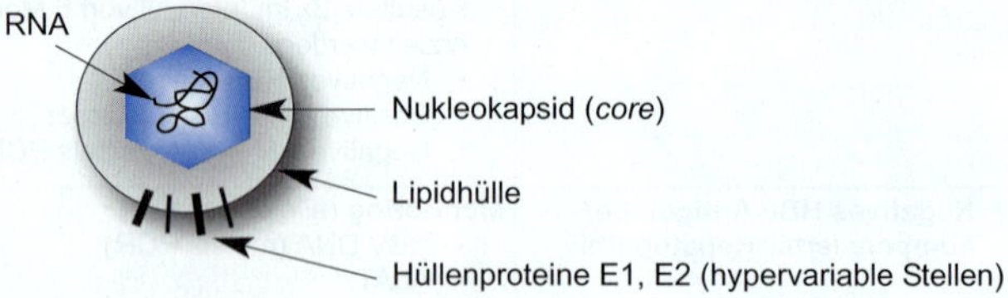

- Häufigkeit in der Schweiz: 0.5-1% (35'000-70'000). In den Entwicklungsländern erreicht die Häufigkeit bis zu 10 % der Bevölkerung!
- 7-10 % der HIV positiven Patienten sind auch Hepatitis C positiv.
- Das Hepatitis C Virus ist sehr resistent und bleibt noch nach 7 Tagen in getrocknetem Blut ansteckend.
- **Übertragung** (siehe auch Tabelle s. 459)
  - Parenteral (entpricht ca. 50 % aller Übertragunsmodi): kontaminierte Nadeln, Blutderivate oder Instrumente; Kontakt mit infizierten Wunden, Tätowierungen, *Piercings*, Akupunktur u.a.
  - Sexueller Kontakt
  - Perinatal. Das vertikale Übertragungsrisiko («Mutter – Kind») beträgt 5 %, wenn die Mutter Trägerin von zirkulierenden HCV DNA ist.
  - Sporadische Infekte (10-40 %, unbekannte Infektionsarten)
- **Inkubation: 2 Wochen - 6 Monate**

Klin:
- Asymptomatisch (70 %)
- Symptomatisch (30 %). Die Klinik ist derjenigen der Hepatitis A ähnlich.
  a) Hepatische Form
  b) Extrahepatische Formen und Komplikationen
    - Kryoglobulinämie
    - Glomerulonephritis
    - Autoimmune Thyreose (HASHIMOTO)
    - SJÖGREN-Syndrom
    - Porphyria cutanea tarda, s. 751
- **Verlauf der Hepatitis C**

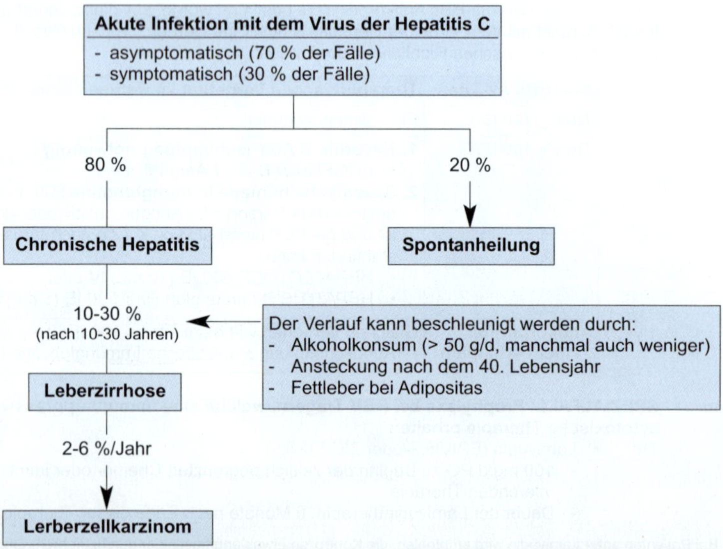

1 Angepasst anch: Strader DB, et al. Hepatology 2004 ;39 :1147-70. 2 Jaeckel E, et al. N Engl J Med 2001 ;345 :1452-7.

Vorg:[2]

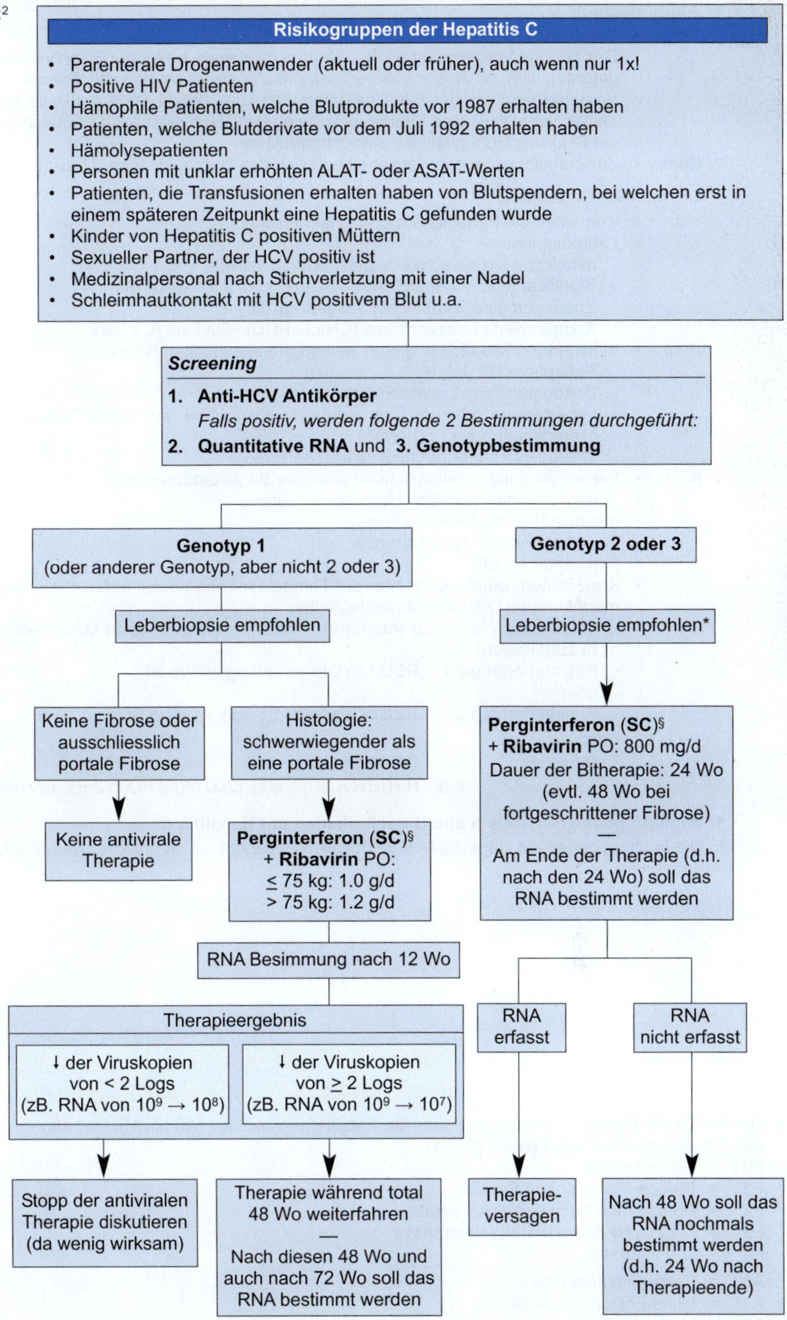

Algorithmus: Chronische Hepatitis C.

* Für einige Autoren ist die Leberbiopsie optionell.

§ Beispiele der Therapien, siehe S. 470

2 Angepasst nach: Keeffe EB et al. Clin Gastroenterol 2004 ;2 :87-106.

Th: ■ **Akute Hepatitis C**

Vorg:
- Gastro-Konsilium
- Das heutige Vorgehen ist es, 3-4 Monate zu warten, bevor die Entscheidung getroffen wird, ob eine antivirale Therapie eingeleitet werden soll. Dieses Vorgehen wird von der Tatsache unterstützt, dass bei ca. 20 % der Patienten mit akuter Hepatitis C eine Spontanheilung eintritt! Nach diesen 3-4 Monaten wird die RNA des HCV qualitativ erneut kontrolliert.

Bem:
- Zur Zeit gibt es keinen Konsens bezüglich des Gebrauchs von Ribavirin.

■ **Chronische Hepatitis C**

Ind:
- Kontaminierte Patienten im Erwachsenenalter
- Leberbiopsie
  - mittelschwere bis schwere Entzündungsaktivität
  - Signifikante Fibrose (METAVIR-Score‡ ≥ 2), auch wenn die Entzündungsaktivität wenig ausgeprägt ist
  - Kompensierte Leberzirrhose (CHILD-PUGH Stadium A, s. 443)

Bem:
- In folgenden Situationen gibt es keinen therapeutischen Konsens:
  - Patienten < 18 Jahre
  - Dekompensierte Leberzirrhose
  - Leberbiopsie: fehlende Entzündungsreaktion ohne signifikante Fibrose
  - Niereninsuffizienz (± Dialyse)
  - Therapieversager der antiviralen Therapie

KI:
- Schwerwiegende und nicht kontrollierbare Begleiterkrankung
- Transplantierte Patienten (Herz, Niere, Lunge)
- Instabile psychische Krankheiten
- Nicht behandelte Hyperthyreose
- Schwangerschaft
- Krankheiten, welche sich unter der Therapie mit Ribavirin/Interferon verschlimmern könnten (z.B. Autoimmunhepatitis).

Th:
1. Bitherapie der Wahl: PEG-Interferon + Ribavirin. Ribavirin ist in Monotherapie nicht zugelassen!

• Peginterferon α-2a		PEGASYS®	180 μg 1x/Wo **SC**
oder:			
Peginterferon α-2b		PEGINTRON®	1.5 μg/kg 1x/Wo **SC**
und:			
• Ribavirin		COPEGUS®	
	oder	REBETOL®	800-1200 mg/d PO in 2 Einnahmen/d

■ **Impfung gegen Hepatitis A und B bei Patienten mit Hepatitis C**

- Die Impfung gegen die Hepatitis A+B ist bei allen Patienten mit chronischer Hepatitis C empfohlen.

‡ Das **METAVIR-Score** beschreibt einerseits die Entzündungsaktivität (A0 bis A3) und andererseits den Schweregrad der Fibrose (F0 bis F4).

F0 = Keine Fibrose
F1 = Portale Fibrose ohne Septen
F2 = Portale Fibrose mit wenigen Septen
F3 = Zahlreiche Septa ohne Leberzirrhose
F4 = Leberzirrhose

A0 = Keine Entzündungsaktivität
A1 = Milde Entzündungsaktivität
A2 = Moderate Entzündungsaktivität
A3 = Ausgeprägte Entzündungsaktivität

Beispiele:
- Stadium A0F0 = Fehlende Entzündungsaktivität ohne Leberfibrose
- Stadium A3F4 = Ausgeprägte Entzündungsaktivität mit Leberzirrhose

Hepatitis D [B17.8]

Allg:
- Das Virus der Hepatitis D ist ein RNA-Virus, welches, um zu proliferieren, die Hülle des Hepatitis B Virus benötigt. Somit kann eine Hepatitis D ohne vorhergegangene Hepatitis B nicht existieren!
- **Übertragung**, siehe Hepatitis B, s. 459
- **Inkubationszeit: 3 Wochen bis 3 Monate**

Klin:
- Die Hepatitis D ist in den meisten Fälle pauci- oder asymptomatisch.
- Verlauf:
  - Der Übergang in eine chronische Form der Hepatitis D kommt bei 10 % der Patienten vor, kann aber bei einem Superinfekt massiv erhöht sein (bis > 85 %).
- Eine fulminante Entwicklung ist sehr selten.

Dg:
- Anamnese + Klinik + Labor, siehe Hepatitis B
- Serologie:
  - Anti-HDV Antikörper (wird in der Praxis angewendet)
  - Das HDV Antigen, oder die Suche nach viraler RNA, wird v.a. im Rahmen von Studien analysiert; eine frühzeitige Diagnose kann mit diesen Analysen erfolgen.

Th:
- Gastro-Konsilium
- Die Indikation für eine antivirale Therapie (Peginterferon) ist zur Zeit unklar.
- Ein Monitoring des Virusload mittels viraler RNA wird empfohlen.

Hepatitis E [B17.2]

Allg:
- Das Virus der Hepatitis E ist ein RNA-Virus (*Calicivirus*).
- Dieses Virus wird v.a. in den Tropen und den Subtropen vorgefunden (selten in den industrialisierten Ländern, wo es v.a. Personen betrifft, die in Risikoländern herumreisen).
- **Übertragung**: fäkal-oral (vergleichbar mit der Hepatitis A)
- **Inkubationszeit: 3-6 Wochen**
- Der Verlauf einer Hepatitis E gleicht derjenigen der Hepatitis A.
- Eine fulminante Form der Hepatitis E existiert.
- Die Mortalität während der Schwangerschaft ist hoch (15-25 %)!

Prog:
- Gut
- Heilung in ca. 98 % der Fälle
- Bei Schwangeren ist die Prognose wesentlich schlechter: Heilungsrate nur ca. 80 %.

Dg:
- Anamnese + Klinik + Labor, siehe Hepatitis A
- Labor:
  - Anti-HEV Antikörper IgM (werden in der Praxis bestimmt)
  - HEV Antigen im Serum oder im Stuhl (werden v.a. für Studien bestimmt und erlauben eine frühzeitige Diagnose)

Th:
- Gastro-Konsilium
- Hygienemassnahmen, siehe Hepatitis A
- Eine aktive Impfung wird zur Zeit in klinischen Studien erfasst.

Hepatitis Impfungen

Hepatitis	Impfschema, Bemerkungen
Hepatitis A Inaktiviertes Virus	Gal: • > 18 Jahre: HAVRIX® 1440 • 1 - 18 Jahre: HAVRIX® 720 Ind: 1. Reisen in endemische Regionen: Afrika, Asien, Mittelmeerländer, Mittleren Osten, Zentral- und Südamerika, u.a. 2. Personen mit engem Kontakt zu Hepatitis A Patienten 3. Chronische Lebererkrankungen oder Risikopatienten für eine Leberkrankheit: - Leberzirrhose - Chronische alkoholische Hepatopathie - Chronische Hepatitis B, chronische Hepatitis C Vorg: • **Impfschema** - Eine einzige Injektion **IM** (1 Amp), wenn möglich 1 Woche vor der Exposition, ist genügend für die Erstimmunisierung. - Um die Dauer des Schutzes um ca. 20 Jahre zu verlängern, soll eine Auffrischimpfung 6-12 Monate später verabreicht werden. Bem: • Eine passive Immunisierung (Immunglobuline: 0.02 mL/kg **IM**), welche innerhalb von 10 d nach Kontakt mit dem Hepatitis A Virus stattfindet, verhindert die Krankheit in ca. 80 % der Fälle. • Eine **prophylaktische Immunisierung** kann manchmal indiziert sein, z.B. bei > 2 Aufenthalte/10 Jahren oder > 6 Monate in einem Risikogebiet. Bevor diese Immunisierung stattfindet ist es sinnvoll, ein serologisches Hepatitis A *Screening* durchzuführen.
Hepatitis B Hochgereinigtes HBs Antigen	Gal: • > 18 Jahre: ENGERIX®-B 20 • 1 - 18 Jahre: ENGERIX®-B 10 Allg: • Die Impfung gegen die Hepatits B schützt auch vor der Hepatitis D, da diese ausschliesslich in Verbindung mit der Hepatitis B auftritt. Ind: • Alle Personen Vorg: • **Impfschema** - Die Dosis für die Impfung und die Auffrischimpfung ist dieselbe (1 Amp **IM**). - Folgende 3 Impfschemata können angewendet werden. **1. Normales Impfschema** - Tag 0 - 1 Monat - 6 Monate - Keine Auffrischimpfung **2. Schnelles Impfschema** - Tag 0 - 1 Monat - 2 Monate - Auffrischimpfung nach 12 Monaten **3. Ultrarapides Impfschema** - Tag 0 - Tag 7 - Tag 21 - Auffrischimpfung nach 12 Monaten Bem: • Eine Kontrolle des Anti-HBs Ak Titers kann ca. 1 Mt. nach Beendigung der Impfung durchgeführt werden.
Hepatitis A + B	Gal: • TWINRIX® 720/20 Ind: • Siehe Hepatitis A und Hepatitis B Vorg: • **Impfschemata** 1. Bis zum 16. LJ (2 Dosen-Schema): - Tag 0 und 6-12 Monate 2. Erwachsene ab dem 16. LJ (3 Dosen-Schema): - Tag 0, 1 Monat und 6 Monate

Pankreas

Allg: Das Pankreas wiegt ca. 100 g und hat 2 verschiedene Funktionen:

1. Exokrine Funktion (Verdauungsfunktion)

Allg:
- Bildung von ca. 1.5-3 L alkalischem Pankreassekret mit folgenden Verdauungsenzymen:
  - In aktiver Form sezernierte Enzyme: Amylase (v.a. Kohlenhydratabbau), Lipase (v.a. Fettabbau), Nukleasen. Diese Enzyme sind nicht in der Lage eigenes Gewebe zu lysieren.
  - In inaktiver Form sezernierte Enzyme (Eiweissabbau): Trypsin, Chymotrypsin, Elastase, Carboxypeptidase. Diese Enzyme werden im Duodenum von lokal synthetisierten Enterokinasen aktiviert.
  - Proteaseninhibitoren (z.B. α1-Proteinaseinhibitor, S. 457)

Klin:
- **Exokrine Pankreasinsuffizienz** [K87.1]
  - Manifestiert sich klinisch erst, wenn ein Ausfall von ca. 90 % der exokrinen Funktion besteht.
  - Ursachen:
    -- Chronische Pankreatitis
    -- St. post gastro-pankreatischer Operation
    -- Pankreastumor
  - Klinik und Therapie, siehe chronische Pankreasinsuffizienz, S. 474

2. Endokrine Funktion (Blutzuckerregulierung)

Allg:
- Für die endokrine Funktion des Pankreas ist nur ein kleiner Teil des Pankreasgewebes verantwortlich, nämlich die LANGERHANSSCHE Inseln (= ca. 5 % der Pankreaszellen; ca. 1.5 Mio Inseln), bestehend aus verschiedenen Zellgruppen:
  - β-Zellen → Insulin (Nobelpreis 1921)
  - α-Zellen → Glukagon
  - δ-Zellen → Somatostatin
  - γ-Zellen → Polypeptid mit unklarer Funktion

Chronische Pankreatitis [K86.1]

Klas:
1. Chronische Pankreatitis mit fokaler Nekrose
2. Chronische Pankreatitis mit segmentaler und diffuser Nekrose
3. Kalzifizierende chronische Pankreatitis

Urs:
- Alkoholinduziert (ca. 80 % der Fälle)
- Nicht alkohol-induziert
  - Idiopathisch (ca. 10 % der Fälle)
  - Medikamentös (siehe unter «Akute Pankreatitis», S. 476)
  - Hereditär (autosomal dominant)
  - Konnektivitis: SLE, SJÖGREN-Syndrom u.a.
  - Obstruktion des Ductus pancreaticus
    -- Trauma
    -- Pseudozyste
    -- Tumor
    -- Pancreas divisum u.a.
  - Zystische Fibrose
  - Hyperkalzämie
  - Hyperlipidämie
  - Hyperparathyreoidismus, S. 479

Klin:
I. Asymptomatisch (am häufigsten)
II. Symptomatisch
- Rezidivierende, gürtelförmige Oberbauchschmerzen, welche über Stunden/Tage andauern können.
- Evtl. spät-post-prandiale Oberbauchschmerzen
- Nausea/Erbrechen nach fetthaltigen Speisen (Nahrungsintoleranz)
- Manchmal rezidivierender Ikterus
- **Exokrine Dysfunktion** (bei Verlust von ca. 90 % der exokrinen Pankreasfunktion)
  - Maldigestion
  - Steatorrhoe, S. 490
  - Diarrhoe, S. 486, 500
  - Meteorismus
  - Gewichtsabnahme
- **Endokrine Dysfunktion**
  - Diabetes mellitus (infolge Insulinmangel)

Lab: • Die Laborwerte können normal ausfallen oder diskrete Erhöhungen folgender Werte zeigen:
- Leukozyten, CRP
- Amylase (bzw. p-Amylase), Lipase
- LDH, ALAT, ASAT

Dg:
1. Pankreatitis-Schub, siehe «Akute Pankreatitis» S. 476
2. Endokrine Pankreasinsuffizienz
   Dg: • Siehe Diabetes mellitus, S. 662
3. Exokrine Pankreasinsuffizienz
   Allg:
   - Es gibt keine leicht durchführbare, sensitive, diagnostische Tests zur Diagnose einer exokrinen Pankreasinsuffizienz.
   - Mögliche Abklärungsmethoden (selten durchgeführt):
     - Direkter Test der Pankreasfunktion:
       - Sekretin-Pankreozymin Test (aufwändig!)
     - Indirekte Pankreasfunktionstests
       - Nicht geeignet für die Frühdiagnose der Pankreasinsuffizienz, da vielmals falsch negativ.
     - Fluorescein-Dilaurat Test
       - Bestimmung von oral gegebenem Fluorescein-Dilaurat im Urin
     - Bestimmung von Chymotrypsin im Stuhl
       - Hier müssen die Pankreasenzyme 5 d vor dem Test abgesetzt werden.
     - Bestimmung von Elastase 1 im Stuhl
       - Benötigt kein Absetzten der oralen Enzyme.
4. Radiologische bzw. endoskopische Diagnostik
   Bsp:
   - Sonographie, Endosonographie
   - CT
   - ERCP oder MR-Cholangiopankreatikographie (MRCP)

Th:
1. Kausaltherapie
2. Symptomatische Therapie, Gastro-Konsilium

2.1. Pankreatitis Schub, siehe «Akute Pankreatitis», S. 476
2.2. Endokrine Pankreasinsuffizienz, siehe Diabetes mellitus, S. 662
2.3. Exokrine Pankreasinsuffizienz
a) Ernährung
- Fettarme (ca. 50 g Fett/d), kohlenhydratreiche Ernährung
- Fraktionierte, kleine Mahlzeiten (5-7x/d)
- Keine Alkoholeinnahme
- Bei Fettstühlen: Erhöhung der Enzymsubstitution, siehe unter 2.3.b)

b) Substitution von Enzymen (Einnahme 20-30 min vor dem Essen)
- Leichtgradige bis mittelschwere exokrine Pankreasinsuffizienz
  - KREON® 10'000 Kaps* Initial: 1 Kaps 3-4x/d
  - PANZYTRAT® Kaps 25'000* Initial: 1-2 Kaps 3x/d
- Schwergradige exokrine Pankreasinsuffizienz
  - KREON® Forte Kaps 25'000* Initial: 1 Kaps 3-6x/d, dann graduell ↑, max. 12'000 E Lipase/kg/d
  - PANZYTRAT® Kaps 25'000* Initial: 3-4 Kaps 3x/d, dann graduell ↑ max. 12'000 E Lipase/kg/d

Die Enzymsubstitution per se kann folgende NW zeigen:
- Diarrhoe, Nausea
- Bei zystischer Fibrose existiert das Risiko einer fibrosierenden Kolopathie!

c) ± Parenterale Substitution von fettlöslichen Vitaminen (A, D, E, K)

2.4. Schmerztherapie bei chronischer Pankreatitis
- Die Enzymsubstitution kann eine schmerzlindernde Wirkung haben.
- Therapie von evtl. Abflussstörungen des Pankreasgangsystems (Lithiasis, Strikturen u.a.)
- Medikamentöse Therapie, siehe akute Pankreatitis, S. 476

2.5. Pankreasgangsteine (Gastro-Konsilium): endoskopische Papillektomie + extrakorporelle Stosswellentherapie
2.6. Pankreasgangstenose (Gastro-Konsilium): endoskopische Dilatation (± STENT)
2.7. Chirurgische Eingriffe
- Drainage
- Pankreasteilresektion

2.8. Therapie der Komplikationen

* KREON® und PANZYTRAT® enthalten beide Amylasen, Lipasen und Proteasen. Die Zahl «10'000» bzw. «25'000» betrifft den Gehalt an Einheiten Lipasen.

Akute Pankreatitis[1-3] [K85]

Def: • **Akute schwere Pankreatitis = Akute Enzündung mit/ohne** Organdysfunktion.[2]

Allg: • Die akute Pankreatitis ist **ein medizinischer Notfall** und oft hervorgerufen durch eine schwere Komplikation einer **Cholelithiasis** und/oder des **Alkoholismus**.

Urs:
1. Gallensteine ....(40 %)
2. Alkoholinduziert ....(40 %)
3. Idiopathisch ....(10 %)
4. Sonstige Ursachen ....(10 %)
   - Medikamente: Azathioprin
     Cimetidin
     Furosemid, Torasemid
     Metronidazol
     Östrogene
     Pentamidin
     Ranitidin
     Salicylate
     Sulfonamide (z.B. TMP/SMX)
     Tetracyclin (z.B. Doxycyclin)
     Valproat
   - Infekte Hepatitis (A, B, C)
     Coxsackievirus
     Echovirus
     Adenovirus
     Herpesviren: CMV, EBV, Varicella u.a.
     HIV
     Mycoplasma
     Mycobacterium
     Campylobacter
     Legionella u.a.
   - Trauma
   - Nach chirurgischen Eingriffen
   - Hypertriglyzeridämie (bei TG-Werten > 1'000 mg/dL; bzw. > 12 mmol/L)
   - Hyperkalzämie
   - Ischämie
   - Konnektivitiden (SLE, PAN)
   - Morbus CROHN
   - Pankreaskarzinom u.a.

Klin: Symptome
- Sehr starke, akute, gürtelförmige Schmerzen im Epigastrium, welche schnell und kontinuierlich zunehmen. Sie können auch in den Rücken ausstrahlen.
  - Klinische Schweregrade:
    1. Leichte Pankreatitis ....mittelstarke Bauchschmerzen
    2. Mittelschwere/schwere Pankreatitis ..starke Bauchschmerzen
    3. Schwere Pankreatitis ....sehr starke Bauchschmerzen ± Sepsis, Kollaps
- Das Vorbeugen des Oberkörpers kann teilweise die Schmerzintensität vermindern.
- Geblähtes Abdomen
- Verminderung der intestinalen Peristaltik und Fehlen von Darmgasen (diese Symptome werden bei Reflexileus und Peritonitis beobachtet)
- Fieber
- Nausea, Erbrechen

Klinische Untersuchung
- Verminderung der Bauchatmung
- Das Epigastrium kann «in einem Block» palpiert werden («teigig»)
- Peritoneale Zeichen (Peritonismus): epigastrische Abwehrspannung und Loslassschmerz
- CULLEN Zeichen (selten), s. 398
- GREY-TURNER Zeichen (selten), s. 398
- Pleuraerguss (links)

1 Steinberg W, et al. N Engl J Med 1994 ;330 :1198-1210. 2 Nathens AV, et al. Crit Care Med 2004 ;32 :2524-36. 3 Nathens AV, et al. Crit Care Med 2004 ;32 :2524-36.

Klas:

Klinik	Nicht biliäre Pankreatitis	Biliäre Pankreatitis	Punkte
Bei Spitaleintritt			
Alter	> 55 Jahre	> 70 Jahre	
Leukozyten	> 16 G/L	> 18 G/L	
Blutzucker	> 200 mg/dL (11.1 mmol/L)	> 220 mg/dL	
ASAT (GOT)	> 250 IE/L	> 250 IE/L	
LDH	> 350 IE/L	> 400 IE/L	
Nach 48 Stunden			
Hämatokrit	↓ > 10 Punkte oder %	↓ > 10 Punkte oder %	
Harnstoff (Blut)	↑ > 1.8 mmol/L	↑ > 0.7 mmol/L	
Kalzium (Blut)	< 2 mmol/L	< 2 mmol/L	
Bicarbonat (Blut)	↓ > 4 mEq/L	↓ > 5 mEq/L	
PaO_2	< 8 kPa (< 60 mmHg)	< 8 kPa (< 60 mmHg)	
Flüssigkeitssequester	> 6 Liter (geschätzt)	> 4 Liter (geschätzt)	
RANSON-*Score* (pro erfülltem klinischem Parameter wird ein Punkt gezählt)			**TOTAL**

RANSON-Score[4]	Mortalität
< 3	< 5 %
3-7	15-40 %
> 7	100 %

GASTRO

Das RANSON-*Score:*
- gibt Auskunft über den Schweregrad (Schätzung der Mortalität) einer akuten Pankreatitis
- betrifft ausschliesslich die ersten 48 Stunden nach Spitaleintritt

Dg: Die Diagnose stützt sich ab auf die Klinik, das Labor und die radiologischen Abklärungen:
- Leukozytose, CRP ↑
- Amylase (oder p-Amylase):
  - Für die PRAXIS: Erhöhung der Amylase nach 3-6 h (bei 75 % der Patienten mit Pankreatitis) bis 40x den Normwert.
  - Der Maximalwert ist nach 20-30 h erreicht. Normalisierung nach 2-3 d.
  - Die HWZ der Amylase beträgt 8-12 h.
  - Folgende Pankreatitiden können «falsch normale» Amylasewerte zeigen:
    - -- Pankreatitis im Spätstadium, Pankreatitis ethylischer Genese
  - Es gibt keine Korrelation zwischen dem Serumspiegel und dem Schweregrad der Pankreatitis.
- Lipase:
  - Erhöhung nach 3-6 h. Der Maximalwert ist nach 24 h erreicht.
  - Normalisierung nach 4-14 d
- LDH ↑
- ALAT (↑), ASAT (↑):
  - Wenn die ALAT ≥ 3x die N beträgt, ist die Ursache der Pankreatitis biliär, selbst wenn die Abdomensonographie «normal» ausfällt (Sensitivität 50 %, Spezifität 95 %).[5]

Rx:
1. Abdomensonographie (= praxisgemässe Erstuntersuchung)
   - Suche nach Gallen- und/oder Choledochussteinen
2. Abdomen-CT (mit Kontrastmittelgabe) = Bildgebung der Wahl
   - Je nach Verlauf soll das Abdomen-CT nach 48-72 h wiederholt werden mit dem Ziel, folgende Komplikationen auszuschliessen:
     - -- Ödem des Pankreas
     - -- Pankreas Nekrosen
     - -- Abszessbildung
     - -- Gallensteine u.a.

DD:
- Medizinische Notfälle
  - Akutes Koronarsyndrom (EKG? Herzmarker?)
  - Lungenembolie
  - Aortendissektion
  - Magen- oder Duodenalulkus
- Chirurgische Notfälle
  - Ulkusperforation (Vorgeschichte? Radiologisch nachgewiesenes Pneumoperitoneum?)
  - Mesenterialinfarkt (bekannte Arteriosklerose? Arrhythmie? Radiologisch bestätigter diffuser Ileus?)
  - Cholezystolithiasis (***CAVE***: kann eine nekrotisierende Pankreatitis verursachen!)

4 Ranson JHC et al. Ann Surg 1985 ;201 :656-65. 5 Ros E, et al. Gastroenterology 1991 ;101 :1701-9.

Kpl: **A. Lokale Komplikationen**

1. Nekrotisierende Pankreatitis ± Infektion, Abszess
2. Pseudozyste ± Infektion/Blutung/Ruptur
   → Bei Zystendurchmesser ≤ 6 cm, ist eine konservative Therapie akzeptabel.
   → Bei Zystendurchmesser > 6 cm und symptomatisch, soll eine endoskopische, perkutane oder chirurgische Therapie eingeleitet werden (Gastro-Konsilium).
3. Aszites
4. Massive Blutung
5. Intestinale Ischämie, Mesenterialinfarkt
6. Thrombose der Milzvene (± Ösophagusvarizen), andere Thrombosen
7. Gallenwegsobstruktion ± cholestatischer Ikterus

B. Systemische Komplikationen

1. Lunge — Atelektasen, Mediastinitis, Pleuraerguss, ARDS, Pneumonie
2. Herz — Art. Hypotonie, AZI (s. 24), Perikarditis, Perikarderguss ± Tamponade, Kardiomyopathie
3. Gastro — Magenulkus, erosive Gastritis, Pfortaderthrombose
4. Hämato — DIC, Anämie, Thrombozytopenie
5. Nephro — Akute Niereninsuffizienz, Nierengefässthrombose
6. Metabolisch — Hyperglykämie/Diabetes, Hypokalzämie, Hypertriglyzeridämie, metabolische Enzephalopathie
7. ZNS — Fettembolie, Blindheit (BURTSCHNER Retinopathie), Psychose
8. Sonstige — Fettnekrosen: subkutan (erythromatöse Noduli), Knochennekrosen

Hosp: • Eine Hospitalisierung in der IPS wird bei einem RANSON-Score (s. 477) ≥ 3 empfohlen.

Th: **1. Flüssigkeitsgabe — Flüssigkeitsreanimation**

Allg:
- Die Flüssigkeitsgabe kann bei Patienten, die einen grossen 3. Raum entwickeln, sehr gross sein!
- Flüssigkeitsgabe «titrieren» zur Aufrechterhaltung von:
  - Blutdruck, Diurese, Herzfrequenz
- Bei folgenden Patienten muss die Flüssigkeitsgabe mit Vorsicht verabreicht werden (Risiko eines akuten Lungenödems):
  - Fortgeschrittenes Alter, Herzinsuffizienz, Niereninsuffizienz

Bsp:
- Kristalloide (NaCl 0.9 %, Ringer Lactat):
  - Bis 3 L über 1-2 h, dann Perfusor 250-500 mL/h **IV**
- Oder Kolloide, siehe s. 1321

2. Analgesie der Bauchschmerzen: Medikamentös ± Periduralanästhesie

2.1. Medikamentöse Therapie

Analgetika	Beispiel	Galenik	Adm.	Dosierung
Butylscopolamin	BUSCOPAN®	Amp 20 mg	**SC, IM, IV**	Siehe s. 482, 1151
Pethidin	PETHIDIN®	Amp 100 mg	**SC, IM, IV**	Siehe s. 1163
Buprenorphin	TEMGESIC®	Amp 0.3 mg	**IM, IV, SC**	0.3-0.6 mg/6-8 h
		Tabl 0.2 mg	SUBL	0.2 mg/8 h
Fentanyl*	FENTANYL®	Amp 100, 250, 500 µg	**IV**	25-50 µg/4 h
Metamizol	NOVALGIN®	Amp 1 g, 2.5 g	**IM**	0.5 - 1 g/6 h
			IV	0.5 -1 g (max. 0.5 g/min). Evtl. Perfusor/24 h. Max. 5 g/24 h
		Suppo 1 g	IR	1 g/6-8 h
Octreotid#	SANDOSTATIN®	Siehe s. 415, 1166	**SC**	2-3x 50-100 µg/d

2.2. Periduralanästhesie: ad. Spezialisten-Konsilium

3. Laborkontrollen

Allg:
- Initial mind. 1-2x/d durchgeführt (dann, Kontrolle je nach Klinik):
  - K^+ (↓), Mg^{2+} (↓), Ca^{2+} (↓)
  - Blutzucker (↑) u.a.

* Unter den Opioiden ist es von Vorteil, Pethidin oder Fentanyl einzusetzen, denn der Spasmus des Sphinkters ODDI ist weniger ausgeprägt, als unter Morphin. Vorsicht mit Pethidin bei Patienten mit Niereninsuffizienz (Akkumulierung).

\# Octreotid kann als Antiemetika oder als Analgetika eingesetzt werden, sofern die «Standardtherapie» einen ungenügenden Erfolg zeigt. Der Injektionsort soll mindestens alle 3 d gewechselt werden. Octreotid vermindert unter anderem die gastrointestinale Sekretion.

4. Ernährung

Allg:
- Der Patient bleibt nüchtern bis zum Verschwinden der Bauchschmerzen. Die Nüchternheit vemindert die gastrointestinale Sekretion.
- Eine **enterale Ernährung** wird nach den Allgemeinmassnahmen (Flüssigkeitsreanimation, Schmerztherapie), rückläufiger Symptomatik und weitgehender Normalisierung der Laborparameter, begonnen. Eine jejunale Zufuhr wird empfohlen.
- Eine **parenterale Ernährung** (angereichert mit Glutamin = nicht essentielle Aminosäure: 0.3 g/kg/d) soll nur dann begonnen werden, wenn der Versuch mit einer enteralen Ernährung nach 5-7 d fehlgeschlagen ist. Die Nüchternphase überschreitet somit 7 d nicht. [D]
- Strikte BZ-Kontrollen sind obligat (Zielwert des BZ: 80-110 mg/dL)![6] [A]

5. Prophylaktische AB-Therapie (Kein Konsens)

Ind:
- Eine AB-Therapie ist i.d.R. nicht indiziert[7]. Sie kann aber bei schwerer akuter Pankreatitis in Betracht gezogen werden.
- Die AB-Therapie kann gestoppt werden, wenn die mikrobiologischen Kulturen negativ ausfallen, welche vor Beginn der Antibiose abgenommen wurden.

Bsp: a) Milde bis mittelgradige Pankreatitis
- Cephalosporin (z.B. Ceftriaxon 1x 2 g **IV**/d)
  oder:
- Chinolon (z.B. Levofloxacin 1x 500 mg **IV**/d)

Bei Vd. auf Anaerobierinfektion zusätzlich:
- Metronidazol 3x 500 mg **IV**

b) Schwergradige Pankreatitis
- Meropenem 3x 1-2 g/d **IV**

Bei Vd. auf Anaerobierinfektion zusätzlich:
- Metronidazol 3x 500 mg **IV**

6. Thromboembolische Prophylaxe (Kein Konsens)

Allg:
- Die thromboembolische Prophylaxe wird empfohlen. Sie wird nach Bestimmung der verschiedenen Laborwerte (aPTT, INR, Thrombozyten) begonnen.

Bsp:
- Heparin 2-3x 5'000 IE **SC**
  oder:
  Dauerinfusion 10'000-15'000 IE/24 h **IV** (Ziel-aPTT: 30-40 sek)

Bem:
- Ein NMH (oder ein Faktor Xa-Hemmer) kann bei gutem Verlauf und guter Nierenfunktion in Betracht gezogen werden.
  CAVE: NMH akkumulieren bei Clearance < 30 mL/min.

7. Sonstiges Vorgehen bei akuter Pankreatitis

7.1. Magensonde

Ind:
- Intestinale Obstruktion (Subileus, Ileus)
- Nausea, Erbrechen

7.2. Magenschutz

Vorg:
- PPI, siehe S. 405, 1273

7.3. Feinnadelpunktion oder -aspiration (CT gesteuert)

Ind:
- Klinischer Infekt + radiologische Evidenz einer Nekrose [C]
  a) Bei steriler Nekrose:
  - Kein Débridement und keine Drainage notwendig

  b) Bei infizierter Nekrose und/oder bei radiologisch bestätigtem Abszess (Vorhandensein von Luft) oder positivem Resultat der Feinnadelaspiration:
  - Chirurgisches Débridement (laparoskopisch oder bei «offener Operation») [C]
  - Bei gutem Verlauf wird empfohlen, mit dem Débridement während 2-3 Wo zuzuwarten. Dies erlaubt eine bessere Abgrenzung des nekrotischen Gewebes. [C]

7.4. ERCP innerhalb von 72 h nach Beginn der Symptome ± biliäre Papillotomie

Ind:
- Verdächtige oder bestätigte akute Pankreatitis mit Verschlussikterus (hervorgerufen durch einen Stein oder eine andere biliäre und/oder pankreatische Obstruktion).
  Wenn die ERCP nicht stattfinden kann, soll eine andere Methode der biliären Drainage angewendet werden. [D]
- Anikterische, schwere, akute Pankreatitis bei verdächtigen oder bestätigten Gallensteinen. [B]

7.5. Schwere Sepsis

Vorg:
- Diagnose und Therapie, siehe Kapitel «Sepsis», S. 36

6 Van den Berghe G, et al. N Engl J Med 2001 ;345 :1359-67. 7 Nathens AV, et al. Crit Care Med 2004 ;32 :2524-36.

Gallensteinleiden — Cholelithiasis [K80.8]

Allg:
- Häufigkeit: 10-15 % der Normalbevölkerung. Frauen > Männer (3/1)
- Die Erstmanifestation tritt oft nach dem 40. Lebensjahr auf.
- Die normale Galle enthält ausser Wasser (80 %) **Gallensalze**, **Phospholipide** und **Cholesterin** (Ratio: 70/25/5). Die Galle wird «lithiogen», wenn die Cholesterinfraktion zu Lasten der Gallensalze ansteigt (siehe auch unter «Medikamentöse Therapie» 3.1.).
- Verschiedene Gallenstein Zusammensetzungen:
  - 80 % der Fälle: Cholesterin- und gemischte Steine (aber > 50-70 % Cholesteringehalt)
  - 20 % der Fälle: Bilirubin (Herkunft: chronische Hämolyse, Leberzirrhose, idiopathisch)
- Die «**6 F**» beschreiben die typische Gallenstein-Patientin (siehe aber auch «Urs:»):
  - **F**at (Adipositas)
  - **F**emale (weiblich)
  - **F**ertile (in «fruchtbarem» Alter)
  - **F**amily («Mutter»)
  - **F**air (helle Hautfarbe)
  - **F**orty (> 40 Jahre)

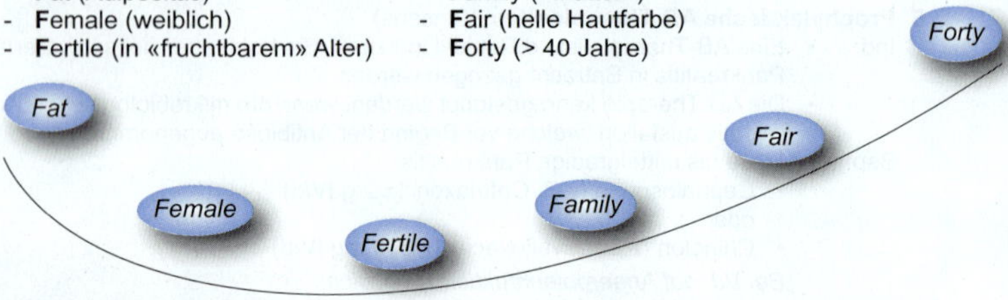

Urs: **Risikofaktoren**
- Genetische Faktoren
- Weibliches Geschlecht (ca. 3x häufiger als beim Mann)
- Alter > 40 Jahre
- Adipositas
- Diabetes mellitus Family, et Fair
- Hyperlipidämie
- Ernährung (cholesterinreich, Abmagerungskur, parenterale Therapie)
- Schwangerschaft (das Risiko ist mit der Parität erhöht)
- Chronische Hämolyse
- Leberzirrhose
- Choledochusanomalien, Strikturen, Infektion
- Medikamentös
  - Oestrogene
  - Ceftriaxon
  - Colestyramin
  - Clofibrat
  - Octreotid u.a.

Klin:
I. Asymptomatisch (75 % der Fälle)
II. Symptomatisch (25 % der Fälle)
- Unspezifische GI-Beschwerden
  - Nausea, Völlegefühl, Blähungen, manchmal werden fettige Mahlzeiten, kalte Getränke oder Kaffee nicht vertragen.
- Gallensteinkoliken (Dauer: 30 min bis ca. 3 h)
  - Rechte Oberbauchschmerzen, manchmal in den Rücken und/oder in die rechte Schulter ausstrahlend, Nausea, Erbrechen u.a.
  - Diese Koliken sind durch die Steinpassage im Zystikusgang und/oder in der Ampulla VATERI hervorgerufen.
- Klinische Untersuchung
  - Das MURPHY-Zeichen muss gesucht werden, s. 398.

Dg:
- Die Diagnose wird wie folgt gestellt:
  - Anamnese
  - Klinische Untersuchung
  - Bildgebung

Rx:
- Steine, die kein Kalzium enthalten, sind in der Abdomenleeraufnahme nicht sichtbar.
  - Untersuchungsmethode der Wahl: Sonographie. Von Fall zu Fall entscheiden: CT, MR
  - Andere Untersuchungsmethoden (Gastro-Konsilium):
    -- Cholangio-CT, oder -MR
    -- ERCP oder MR-Cholangiopankreatikographie (MRCP)
    -- Intraoperative Cholangiographie

Lab:
- Bei Cholezystitis:
  - CRP ↑
  - Leukozytose

Kpl:
- Rezidivierende Gallensteinkolik (häufig!!)
- Cholezystitis, s. 482

Th: **1. Asymptomatische Cholelithiasis**

> **Für die PRAXIS:**
> Eine asymptomatische Cholelithiasis benötigt i.d.R **keine** Therapie.
> <u>AUSNAHME</u>: Bei chronischer Cholezystitis mit Wandverkalkungen soll eine Cholezystektomie vorgenommen werden, denn hier besteht das Risiko eines **Gallenblasenkarzinoms (*calculo-cancer*)!!**

2. Symptomatische Cholelithiasis

2.1. Ohne Entzündungszeichen (Labor und sonographisch)
- Symptomatische Therapie (Analgetika, fettarme Diät, Ruhe)

2.2. Mit Entzündungszeichen (Labor und/oder sonographisch)
- Siehe Cholezystitis, S. 482

3. Vorgehen bei vorhandenen Gallensteinen

3.1. Medikamentöse Therapie

Allg:
- Die medikamentöse Therapie mit Ursodeoxycholsäure ist sehr begrenzt. Diese Substanz ist eine natürliche Gallensäure und kommt in kleinen Mengen in der Galle vor. Proportional zur verabreichten Dosis wird die steinbildende Galle an Cholesterin untersättigt, was ihr die Möglichkeit gibt, den Cholesterinüberschuss in Form von Kristallen und Cholesterinsteinen aufzulösen.

Ind:
- Nicht komplizierte Cholesterin Mikrokristalle und Cholesterinsteine mit einem Durchmesser < 10 mm (keine Kalzium- und keine Bilirubinsteine)
- Vor- und Nachbehandlung von Gallensteinzertrümmerung

KI:
- Kalzium enthaltende Steine (strahlendicht!) oder Bilirubinsteine
- Wenn eine Cholezystektomie vorgesehen ist (inkl. Cholezystitis, Cholangitis, Gallenwegsobstruktion, Pankreatitis u.a. komplizierte Steinleiden)
- Niereninsuffizienz, Leberinsuffizienz
- Schwangerschaft

Bsp:
- Ursodeoxycholsäure DE-URSIL®, URSOCHOL®, URSOFALK®:
  - 6-8 mg (je nach Literatur bis 15 mg)/kg/d PO in 2-4 tägl. Einnahmen

Prog:
- 5-Jahresrezidiv: 30-50 %

Bem:
- Ein Metabolit der Ursodeoxycholsäure ist hepatotoxisch → Kontrolle der Leberenzyme (γ-GT, AP, ASAT, ALAT) 1x/Mt während 3 Mt, dann 1x/6 Mt.

3.2. Lithotripsie

Ind:
- Nicht komplizierter, nicht kalziumhaltiger Gallenstein
- Steindurchmesser < 20-30 mm

KI:
- Schwangerschaft

Prog:
- 5-Jahresrezidiv: 30-50 %

3.3. Chirurgische Cholezystektomie → Gastro/Chir-Konsultation

4. Rezidivprophylaxe

4.1. Idealgewicht ansteuern
4.2. Cholesterinarme Diät
4.3. Östrogene vermeiden

Akute Cholezystitis [K81.9]

Allg:
- Eine Cholezystitis ohne Lithiasis (= akalkulöse Cholezystitis) oder ohne *Sludge* ist selten!!
- Häufig verantwortliche Keime:
  - Enterobakterien (ca. 70 %: E. coli)
  - Enterokokken (ca. 15 %)
  - Sonstige: *Bacteroides fragilis, Clostridium, Klebsiella* u.a.
- Dysplasie- und Neoplasierisiko bei der chronischen Cholezystitis (= ***calculo-cancer***). Das Krebsrisiko ist bei kalzifizierender Gallenblasenwand erhöht!!

Urs:
- Cholelithiasis (> 95 % der Fälle)
- Cholezystitis ohne Gallenstein (selten)
  - Post-traumatisch, nach chirurgischem Eingriff, Verbrennung
  - Sepsis
  - Sehr kranke Patienten (v.a. nach parenteraler Ernährung)

Klin:
- **CHARCOT-Trias:**
  1. Rechte Oberbauchschmerzen. Im Status das **MURPHY-Zeichen** suchen, s. 398!
  2. Fieber
  3. Ikterus

Dg:
- Anamnese + Klinik + Labor
- Sonographie (zeigt Zeichen der Lithiasis und der Cholezystitis):
  - ■ Schmerzen beim Durchlauf der Sonographiesonde (= Hauptkriterium)
  - ■ Gallenblasenwand Verdickung > 4 mm (= Hauptkriterium)
  - ■ Vergrösserung des Gallenblasendurchmessers > 4 cm
  - ■ 3-Schichten-Phänomen der Gallenblasenwand
  - ■ Freie Flüssigkeit um die Gallenblase herum

Lab:
- Erhöhte Infektparameter: CRP ↑, Leukozytose

Kpl:
1. Gallenblasenempyem, gangränöse Cholezystitis
2. Subhepatischer Abszess durch gedeckte Gallenblasenperforation
3. Gallensteinperforation in folgenden anatomischen Strukturen:
   - Duodenum (→ Aerobilie§ suchen) mit Risiko einer Obstruktion des terminalen Ileums
   - Rechte Kolonflexur (→ Aerobilie§ suchen)
   - Peritoneum
4. Sepsis
5. MIRIZZI-Syndrom (selten): Kompression und Stenose des Ductus hepatocholedochus durch einen Zystikusstein bei Cholelithiasis; oft indolenter Ikterus (DD: Pankreaskopf-CA).
6. Maligne Entartung einer chronischen Cholezystitis (*calculo-cancer*). Diese Erkrankung hat eine schlechte Prognose < 5 %/3 Jahre!
7. Pankreatitis

Th:

1. Allgemeinmassnahmen
- Nahrungskarenz
- Hämodynamik mit Ziel einer Euvolämie!

2. Symptomatische Therapie

2.1. Spasmolyse
- Butylscopolamin BUSCOPAN® Amp 20 mg **SC, IM, IV** max. 100 mg/d

2.2. Analgesie
- Metamizol, s. 478
- Buprenorphin, s. 478
- Pethidin, s. 1163

3. AB-Therapie (± Gallendrainage, je nach Situation)

3.1. Mittelschwere Cholezystitis
- Piperacillin/Tazobactam ....TAZOBAC® 4.5 g **IV** alle 8 h oder 3.375 g **IV** alle 6 h

3.2. Schwergradige Cholezystitis
- Imipenem/Cilastatin............ZIENAM® 0.5 g **IV** alle 6 h
  oder:
- Meropenem ....MERONEM® 1-2 g **IV** alle 8 h

3.3. Bei extrahepatischer Cholestase:
- Gallengangsdrainage + AB-Therapie

3.4. Bei Choledocholithiasis:
- Endoskopische Papillotomie + Steinextraktion
  + AB-Therapie
  ± passagere nasobiliäre Sonde

4. Inoperable Patienten (Konsilium)
- Bei Ikterus kann eine palliative bilio-digestive Shunt-Operation geplant werden.

§ Aerobilie = Luft im Gallenwegssystem (sichtbar mittels Abdomenleeraufnahme, Sonographie, CT, MR)

Divertikulose - Divertikuläre Krankheit [K57.3]

Def:
- **Divertikulose**
  - Oft multiple Herniationen der Mukosa und der Submukosa, welche sich durch die tunica muscularis des Kolons stülpen. Häufigste Lokalisation: Sigmoid.
  - Die Divertikulose ist asymptomatisch!
- **Divertikuläre Krankheit**
  - Die divertikuläre Krankheit ist eine symptomatische Divertikulose.

Allg:
- Häufigkeit (Männer und Frauen sind in gleichem Masse betroffen):
  - 5 % der 40-jährigen
  - 30 % der 60-jährigen
  - 65 % der 85-jährigen

Kpl:
1. **Divertikulitis**
2. **Hämorrhagische Divertikulitis**

   Klin:
   - Starke Rektorrhagie (Frischblutabgang ab ano) «aus heiterem Himmel» oder Hämatochesie (Kogulaabgang ab ano). Dieser Blutabgang setzt abrupt, aber indolent ein (es handelt sich um eine arterielle Blutung).
   - In 75-80 % der Fälle endet die Blutung spontan.

   Vorg:
   - Je nach Schweregrad der Blutung können folgende diagnostischen und therapeutischen Massnahmen eingesetzt werden:
     → Koloskopie (mit Vorbereitung)§ ± notfallmässige Hämostase
     → Selektive Angiographie ± Embolisation oder Angio-CT (zur Lokalisierung der Blutung) und chirurgischer Eingriff.

Divertikulitis

Allg:
- Die Divertikulitis stellt die Entzündung eines Divertikels dar. Oft ist nur ein einziges Divertikel, welches im Sigmoid lokalisiert ist, betroffen. Nach der 1. Episode einer Divertikulitis sind Rezidive häufig: ca. 30 % innerhalb von 3-5 Jahren!

Klin:
- Nicht spezifische Symptome
  - Bauchkrämpfe
  - Blähungen, Flatulenzen
  - Passage Störungen
- Symptome bei bestehender Obstruktion
  (variable Symptomatik, je nach Schweregrad der Entzündung und evtol Komplikationen):
  - Intensive Bauchschmerzen im linken Unterbauch*
  - Transitstörungen, Nausea, Erbrechen
  - Fieber (nicht zwingend)
- Befunde
  - Subfebrile oder febrile Temperaturen (manchmal afebril)
  - Palpatorischer Schmerz des linken Unterbauches*
  - Palpable Masse im linken Unterbauch*
  - Der Rektaluntersuch löst einen Schmerz im linken Unterbauch aus*
- Die Divertikulose kann bei älteren Patienten subklinisch verlaufen.

Lab:
- Leukozytose mit Neutrophilie, CRP ↑

Dg:
- Die Diagnose der Divertikulitis wird klinisch gestellt und durch ein Abdomen-CT bestätigt. Einige radiologische Befunde bei Divertikulitis:
  - Perikolische Infiltration des Fettgewebes (bei 98 % der Patienten)
  - Verdickung der Kolonwand (bei 70 % der Patienten)
  - Abszessbildung
  - Luftextravasation (Pneumoperitoneum nach intestinaler Perforation), pneumatisierte Blase nach kolo-vesikaler Fistulierung
  - Elemente, welche für eine Darmstenose sprechen (Lumeneinengung, Kalibersprung).

  In der Akutphase darf weder eine Sigmoidoskopie, noch ein Einlauf durchgeführt werden, da das Risiko einer Darmperforation besteht!

Kpl:
- Abszess, s. 485
- Paralytischer oder mechanischer Ileus
- Fistelbildung, kolo-vesikale Fistel (mit pneumatisierter Blase) → chirurgische Therapie
- Offene Perforation mit sterkoraler Peritonitis → chirurgische Therapie
- Akute Obstruktion als Folge der Entzündung
- Sepsis

§ Beispiel: ENDOFALK®-Lösung (4 Liter PO oder per Magensonde; Einnahme-Geschwindigkeit: 1 L/h). Die Koloskopie wird 2 h nach Einnahme der 4 Liter der ENDOFALK®-Lösung durchgeführt.

* Wenn sich die Divertikulitis aber im rechten Kolon befindet, Ist der Schmerz im rechten Unterbauch lokalisiert.

DD:
- Intestinale Erkrankungen:
  - Entzündlich
    - -- Colitis ulcerosa
    - -- Morbus CROHN
  - Infektiös
    - -- Salmonellose
    - -- *Clostridium difficile*
    - -- Links liegende Appendizitis u.a.
  - Neoplastisch
  - Vaskulär
    - -- Abdominale Ischämie
    - -- Mesenterialinfarkt
- Extra-intestinale Erkrankungen
  - Gynäkologisch
    - -- Extra-uterine Schwangerschaft
    - -- Ovarialzysten (Torsion?)
  - Urologische Erkrankungen
  - Pankreatische Erkrankungen

Vorg: **I. Ambulante Therapie**

Allg:
- In allen Fällen soll der Patient innerhalb von 24-48 h erneut beurteilt werden.

Ind:
- Unkomplizierte und leichte bis mittelschwere Divertikulitis
- Kollaborierender Patient der fähig ist, sich oral zu hydrieren
- Fehlen einer Hospitalisierungsindikation

II. Hospitalisierung

Ind:
- Patient der unfähig ist, sich adäquat zu hydrieren
- Hohes Fieber
- Verdacht auf eine komplizierte Divertikulitis, siehe «Kpl:» , S. 483
- Nichtansprechen auf die ambulante AB-Therapie innerhalb von 48-72 h:
  - Persistenz der Symptome (Bauchschmerzen, Fieber)
  - Keine Verbesserung der Entzündungsparameter (Leukozytose, CRP)
- Schwierige soziale Situation, schlechte Kompliance

Bem:
- Bei Verdacht auf eine Fistel, können nach der Akutphase folgende Untersuchungen durchgeführt werden:
  - Koloskopie
  - Kontrastmittel-Einlauf
  - MR

Th: **1. Allgemeine Massnahmen**

Allg:
- Bei nicht spezifischen Symptomen ohne Darmobstruktion, entspricht die Therapie derjenigen einer gleichzeitig bestehenden funktionellen Darmerkrankung (d.h. symptomatische Therapie).
- Eine schwere oder komplizierte Divertikulitis benötigt von Anfang an eine multidisziplinäre Therapie (Internist, Gastroenterologe, Infektiologe, Radiologe, Chirurg).

2. Antibiose für 7-10 Tage

Allg:
- Die AB-Therapie soll die häufigst involvierten Keime abdecken:
  - GRAM-neg. Aerobier (v.a. *E. coli*)
  - Anaerobier (z.B. *Bacteroides fragilis*)
- Blutkulturen sind nur bei schwerer oder komplizierter Divertikulitis indiziert (siehe «Vorg:»).
- Stuhlkulturen sind bei Divertikulitis nicht indiziert.

Vorg:
- ■ Leichte bis mittelschwere Divertikulitis
  - Ciprofloxacin* 2x 500 mg/d PO + Metronidazol** 3x 500 mg/d PO
- ■ Schwergradige oder komplizierte Divertikulitis
  - Ciprofloxacin* 2x 400 mg/d **IV** (in 30-60 min mit NaCl 0.9 %, Ringer, G-5 %) oder:
  - Ceftriaxon 2 g/d **IV** + Metronidazol** 500 mg **IV** alle 6 h oder:
  - Piperacillin/Tazobactam 4.5 g **IV** alle 8 h (Dosis bei Niereninsuff. anpassen)
- ■ Patient mit Sepsis oder Peritonitis
  - Imipenem/Cilastatin 500 mg - 1g **IV** alle 6h (Dosis bei Niereninsuff. anpassen) oder:
  - Meropenem 1-2 g **IV** alle 8 h (Dosis bei Niereninsuff. anpassen)

*, **, siehe S. 485

3. Chirurgische Therapie

3.1. Chirurgische Notfalltherapie bei:
- Darmperforation (d.h. klinisch: Peritonitis)
- Mechanischem Ileus

3.2. Elektive chirurgische Therapie
- Nach der 3. Episode einer nicht komplizierten Divertikulitis
- Nach der 1. Episode einer komplizierten Divertikulitis (Fistel, Abszess)
- Nach der 1. Episode einer Divertikulitis bei immunkomprimierten Patienten

4. Abszess

Vorg: a) Kleiner Abszess: Ø < 5 cm
- **Akutphase**
  - Eine AB-Therapie (siehe Punkt 2.) genügt i.d.R., um einen kleinen Abszess zu behandeln. Aber je nach Lokalisation und Klinik kann eine Drainage auch für Abszesse < 5 cm indiziert sein.
- **Subakute Phase**
  - Eine Resektion soll diskutiert werden (mit primärer Anastomose in einer 2. Sitzung).

b) Abszess Ø > 5 cm. Es können 2 Therapieempfehlungen gemacht werden:
1. AB-Therapie (siehe Punkt 2.) + Drainage unter CT-Kontrolle wenn möglich, dann Resektion mit primärer Anastomose in einer 2. Sitzung oder:
2. AB-Therapie (siehe Punkt 2.) + Chirurgie (von Anfang an)

5. Obstruktion

5.1. Akute Obstruktion (durch entzündliche Stenosierung) → Chirurgische Therapie

5.2. Chronische Obstruktion (durch fibrotische Reaktion) → Chirurgische Therapie

6. Symptomatische Therapie: Analgesie/Spasmolyse

Vorg :
- Vorsicht: Die symptomatische Therapie (Paracetamol, NSAR) kann den Schweregrad und die evtl. Komplikation einer Divertikulitis maskieren!
- Wenn man sich für eine ambulante Therapie entscheidet, wird eine Schmerzbehandlung nicht empfohlen.

Für die PRAXIS:
Der Patient muss 24-48 h nach Beginn der Therapie erneut evaluiert werden! Je nach Klinik wird eine orale oder eine parenterale Therapie unumgänglich.

Bsp:
- Paracetamol PERFALGAN® 1 g in 15 min **IV** alle 6-8 h; max. 4 g/d
- Butylscopolamin, S. 478
- Metamizol, S. 478
- Pethidin, S. 1163

7. Ernährung

7.1. Akutphase (ca. 1 Monat)
- Fiberarme Kost, d.h. kein Gemüse (keine Bohnen, Böhnchen, Linsen), keine Früchte, keine Nahrungsmittel mit Vollkorn (z.B. Flocken)
- Aber eine fiberarme Kost ausserhalb der Akutphase erhöht das Risiko einer intestinalen Obstruktion.

7.2. Nach der Akutphase
- Eine fiberreiche Kost scheint das Rezidivrisiko zu vermindern (möglicher Mechanismus: die fiberreiche Kost behandelt die Obstipation, welche häufig mit der Divertikulose verbunden ist).

8. Verlaufskontrolle

Vorg:
- 2-6 Wo nach Abheilung der Erstepisode einer Divertikulitis wird eine Koloskopie «à froid» stark empfohlen, um eine zu Grunde liegende Neoplasie zu suchen.

* Ciprofloxacin
- Die Dosierung soll bei Niereninsuffizienz reduziert werden (Clearance 30-60 mL/min: max. 1 g Ciprofloxacin/d).
- NW: Photosensibilitätsreaktionen, Konvulsionen (Vorsicht bei Patienten mit bekannter Epilepsie)

** Metronidazol
- Der Patient soll über den «ANTABUS®-Effekt» bei Alkoholeinnahme aufgeklärt werden (d.h. *Flush*, Erbrechen, Tachykardie). Deshalb darf der Patient während der Therapie keinen Alkohol konsumieren.
- NW: Kopfschmerzen (häufig), Geschmacksstörungen, periphere Neuropathie

Akute Diarrhoe [K52.9]

Def:[1] Diarrhoe (> 3 «Faeces»/d) während < 4 Wochen, andere Autoren definieren < 1 Woche

Urs: Ursachen in Abhängigkeit von klinischen Parametern

- **Inkubation < 6 h**
  - Alimentäre Toxine
    - Staphylococcus aureus (Inkubationszeit: 30 min - 6 h)
    - Bacillus cereus
    - Clostridium perfringens
- **Inkubation > 6 h**
  - Bakterien (Toxine)
    - Salmonella (Inkubationszeit: 6 h - 3 d)
    - Shigella (Inkubationszeit: 1-7 d)
    - Campylobacter jejuni (Inkubationszeit: 2 - 11 d)
    - Yersinia enterocolitica (Inkubationszeit: 5 - 7 d)
  - Parasiten
    - Giardia lamblia (Lambliasis)‡
    - Amöben (Entamoeba histolytica)¶
  - Viren
    - Norovirus (Inkubationszeit: 10-50 h)
    - Rotavirus (Inkubationszeit: 1-4 d)
    - Parvovirus (Inkubationszeit: 1-4 d)
- **Mit vorhergehender AB-Einnahme** (typischerweise nach 1-9 d AB-Therapie)
  - Clostridium difficile
- **Touristendiarrhoe** (Beginn während der 1. Reisewoche in tropischer Region; Dauer: 4-7 d)
  - Enterotoxinbildende E. coli (häufigster Keim: 70 % der Fälle)
  - Shigella, Salmonella
  - Campylobacter jejuni
  - Parasiten: Giardia lamblia‡ (Lambliasis), Amöben (Entamoeba histolytica)¶ u.a.
- **AIDS**
  - HIV
  - Cryptosporidium
  - Mycobacterium Avium-Komplex
  - CMV, Herpes simplex Virus
- **Sonstige Ursachen**
  - Urämie
  - Hyperthyreose
  - Medikamente: Laxantien, Antibiotika, Digoxin, Diuretika, Colchizin, Biguanide u.a.
  - Toxika: Alkohol, Intoxikationen (Pilze, Schwermetalle u.a.)

Anamnese und Klinik	Mögliche ursächliche Keime
Blut im Stuhl	Salmonella, Shigella, Campylobacter, E.coli, Clostridium difficile, Entamoeba histolytica
Reisen (anamnestisch: Afrika, Mexiko, Asien, ...)	E.coli, andere Bakterien, Parasiten
St. nach AB-Therapie oder Chemotherapie	Clostridium difficile
Nosokomial (im Spital erworben)	Clostridium difficile. Diarrhoe als medikamentöse NW ist häufig!
Rektale Schmerzen, Tenesmen	Campylobacter, Salmonella, Shigella, Herpes, Chlamydia, Entamoeba histolytica, Neisseria gonorrhoeae
Institutionen (Tagesklinik für psychisch Kranke)	Giardia lamblia, Clostridium difficile, Salmonella, Shigella, Rotavirus
Homosexuelle	Herpes, Chlamydia, Syphilis, Shigella, Entamoeba histolytica, Giardia lamblia, Neisseria gonorrhoeae, Cryptosporidium

Tabelle: Verschiedene Parameter bei Diarrhoe und mögliche ursächliche Keime.[2]

‡ Therapie der Lambliasis: Metronidazol 3x 250 mg/d PO während 5-7 d oder Albendazol 1x 400 mg/d PO über 5 d.

¶ Therapie der Entamoeba histolytica:
a) Asymptomatische intestinale Kolonisierung (90 % der Fälle): Paromomycin 3x 500-750 mg/d (d.h. 25-35 mg/kg/d) während 7 d.
b) Symptomatischer Patient (Leberabszess, Amöbenkolitis): Metronidazol 3x 750 mg/d PO während 7-10 d. Dann die Therapie weiterfahren mit Paromomycin: 3x 750 mg/d PO (d.h. 25-35 mg/kg/d) während 7 d.

1 Powell DW. In : Yamada T, et al. (eds.). Textbook of Gastroenterology. Philadelphia JB Lippincott, 1995 :813-31. 2 Angepasst nach: Aranda-Michel J, et al. Am J Med 1999 ;106 :670-6.

Vorg: • Klinisch ist es wichtig, folgende 2 Typen der akuten Diarrhoe zu unterscheiden:
1. **Nicht entzündliche Diarrhoe**, welche in den meisten Fällen keine AB-Therapie verlangt.
2. **Entzündliche Diarrhoe**, bei welcher eine AB-Therapie meist empfohlen wird.

Akute Diarrhoe

nicht entzündlich

Klinik, Labor

Allgemein
- Kein Fieber
- Keine starken Abdominalschmerzen

Stuhl
- Wässrige Diarrhoe
- Können grosse Volumen aufweisen (> 1 Liter)
- **Kein Blut, keine Leukozyten**

Ursächliche Keime
- E. coli
- Vibrio cholerae
- Staphylococcus
- Clostridium perfringens
- Norovirus
- Rotavirus
- Cryptosporidium
- Giardia lamblia

Therapie
1. **Hydratation**
2. **Symptomatische Therapie**:
   a) Opioid: Loperamid*
   b) Versuch mit einer probiotischen Therapie, z.B.:
   - PERENTEROL® (Hefepilz, Laktose): 1. Tag: 2 Beutel oder: 2 Kapseln (1-0-1), ab 2. Tag: 1 Beutel oder 1 Kaps/d bis keine Symptome mehr.
3. **Laktosefreie Diät**

entzündlich

Klinik, Labor

Allgemein
- Fieber
- Starke Abdominalschmerzen

Stuhl
- Häufige, kleinvolumige Diarrhoe
- Tenesmen
- **Schleimhaut- und/oder Blutabgang**
- Vorhandensein von **Leukozyten**

Ursächliche Keime/Diagnosen
- Salmonella
- Shigella
- Campylobacter
- E.coli
- Clostridium difficile
- Nicht infektiöse Diagnosen:
  - Colitis ulcerosa
  - Morbus CROHN
  - Ischämische Kolitis
  - Divertikulitis

Therapie
1. **Hydratation** (keine Opioide einsetzen)*
2. **AB-Therapie wird meist empfohlen**
   a) Keim bekannt: Therapie nach AB-Gramm
   b) Keim unbekannt: Chinolon
   - Ciprofloxacin (3-5 d):
     PO 2x 500 mg/d
     IV 2x 200-400 mg/d

   oder
   - Ofloxacin (3-5 d):
     PO 2x 200-400 mg/d
     IV 2x 200-400 mg/d

   Alternative
   - TMP/SMX (für 5 d):
     PO 2x 1 Tabl (160/800 mg)/d
     IV 2x 2 Amp (80/400 mg)/d

Algorithmus: Akute Diarrhoe.[2]

* Opioide
Allg: • Wirkungsmechanismus: Verminderung der intestinalen Peristaltik durch Antagonisierung der zentralen μ-Rezeptoren (wie Morphin).
Bsp: • Loperamid: Initialdosis 4 mg, dann jeweils weitere 2 mg je nach Stuhl-Konsistenz. Maximaldosis: 16 mg/d

Bem: • Diarrhoen in **speziellen Situationen** sind individuell zu behandeln:
1. Nosokomial (im Spital erworben): an Clostridium difficile denken
2. Bei reisenden Patienten: an *E.coli* oder Parasiteninfektion denken
3. Bei Immunsuppression: an HIV, CMV, Herpès simplex, Mycobacterium avium complex denken

2 Angepasst nach: Aranda-Michel J, et al. Am J Med 1999 ;106 :670-6.

Malassimilation: Malabsorption [K30] / Maldigestion [K90.9][1,2]

Def: • Multiätiologisches Syndrom mit den Leitsymptomen:
- **Chronische Diarrhoe** und **Gewichtsverlust!**

Allg: • Der Term «Malassimilation» beinhaltet die Maldigestion und die Malabsorption.
• Anzahl Defäkationen: normalerweise 1-3x/d; aber 1x flüssiger Stuhl/d kann Diarrhoe sein.
• Stuhlmenge:
- Normalproband (nicht Vegetarier): 100-200 g/d. Vegetarier: 300 g/d
- Bei Stuhlgewicht > 300 g/d soll an eine Malassimilation gedacht werden.

Klas:

A. Maldigestion [K30]

Allg: • Das Problem liegt bei der Verdauung und betrifft **den Magen, das Pankreas und die Gallensalze**.

Urs: • Status nach Magenresektion
• Exokrine Pankreasinsuffizienz, S. 474
• Gallemangel:
- Infolge Shunt:
-- Chirurgischer By-pass, Dünndarmresektion (Kurzdarmsyndrom)
-- Ileitis (unwirksames Ileum)
-- Enterokolische Fistel (z.B. bei Morbus CROHN)
- Infolge bakterieller Kolonisation oder bakterieller Überwucherung, siehe «Chronische Diarrhoe», S. 500
-- Blindsacksyndrom
-- Klaffen der Ileozökalklappe (z.B. bei M. CROHN, Colitis ulcerosa)
-- Intestinale Parese: Amyloidose, Diabetes mellitus, Systemsklerose
- Cholestase
- Primär biliäre Zirrhose, S. 445

Klin: • Die Symptome sind mit denjenigen der Malabsorption vergleichbar. Der Unterschied ist, dass die klinischen Manifestationen, welche durch den Verlust der wasserlöslichen Vitamine entstehen (z.B. Vitamin B12), NICHT auftreten. Somit tritt bei der Maldigestion, im Gegensatz zur Malabsorption, KEINE perniziöse Anämie nicht auf.

Lab: • **Blut**
- Verminderte Spiegel der fettlöslichen Vitamine: A, D, K
- Ca^{2+}: Kalzium wird verseift (d.h. es verbindete sich mit Fetten), was den Kalziumverlust über den Stuhl bei Maldigestion erklärt.
- Erhöhte cholestatische Enzyme: γ-GT, alkalische Phosphatase, Bilirubin
• **Stuhl** und **Urin**, siehe «Malabsorption»

Vorg: 1. Screening: Steatorrhoe, S. 490 → Pathologisch (definitionsgemäss)
2. D-Xylose Test, S. 490 → Normal (beurteilt: Duodenum, Jejunum)
3. SCHILLING Test, S. 491 → Normal (beurteilt das Ileum)
4. Andere Abklärungen je nach Klinik. Ad Konsultation

Th: • Kausaltherapie, siehe auch Kapitel «Chronische Diarrhoe», S. 500

B. Malabsorption [K90.9]

Allg: • Die Pathologie bei Malabsorption liegt im **Dünndarm**.

Urs: • Kurzer Dünndarm
- Chirurgischer By-pass, Dünndarmresektion, Blindsacksyndrom
• Befall des Dünndarms
- Zöliakie, S. 492
- Laktoseintoleranz, S. 494
- Morbus CROHN, S. 506
- Aktinische Enteritis
- Chronische Infektionen (inkl. Parasitosen)
- Morbus WHIPPLE, S. 497
- Amyloidose
- Lymphome
• Vaskuläre Insuffizienz
- Mesenterialischämie («intestinale Angina»)
- Schwere Rechtsherzinsuffizienz
• Hormonal aktive Tumoren
- ZOLLINGER-ELLISON-Syndrom (= Gastrinom), S. 408
- Karzinoid, S. 722
- VIPom (VERNER-MORRISON-Syndrom)
• Lymphdrainage Störungen oder gemischte Malabsorptionsstörungen
- Idiopathisch
- Sekundär
-- Lymphom
-- Morbus WHIPPLE
-- Exsudative Enteropathie, S. 498

 1 Rodes TJ, et al. (eds.). Medicina Interna. Masson, S.A, 1997, p : 539-61. 2 Farrell RJ, et al. N Engl J Med 2001 , 346 :180-8.

Lab: **I. Blut**

- Vitamine A, D, K und B12
- Hb, Hk ↓:
  - -- Bei Eisenmangel: hypochrome, mikrozytäre Anämie
  - -- Bei Vitamin B12- und/oder Folsäuremangel: makrozytäre Anämie
- CRP ↑ , Thrombozytose (bei entzündlichen Erkrankungen vorhanden)
- INR. Ein erhöhter INR-Wert weist auf eine schwere Malabsorption hin.
- Eisen und Ferritin im Serum ↓
- Kalzium ↓ (zusätzlich soll das Albumin oder Protein bestimmt werden, um die korrigierte Kalzämie berechnen zu können, siehe S. 1390)
- Protein, Albumin ↓. Ödeme treten bei Hypalbuminämien < 23.5 g/L auf.
- PTH im Plasma (ist bei II-ärem Hyperparathyreoidismus erhöht)
- Blutzucker ± HBA1c (Diabetes mellitus?)

II. Urin

- Kalziurie/24 h (ist bei II-ärem Hyperparathyreoidismus erniedrigt)
- Hyperoxalaturie (Oxalat* und Kalzium werden im Darm kompetitiv absorbiert)

III. Stuhl

- Steatorrhoe (= initialer *Screening* Test), S. 490
- Weitere Analysen, siehe Kapitel «Chronische Diarrhoe», S. 500

Vorg:

1. *Screening*: Steatorrhoe, S. 490 → Pathologisch (definitionsgemäss)
2. D-Xylose Test, S. 490 → Pathologisch, falls Befall des Duodenums oder des Jejunums
3. SCHILLING Test, S. 491 → Pathologisch, falls Befall des Ileums

Klin:

1. **Chronische Diarrhoe** (> 200 g Faeces/24 h während > 3-4 Wo)
2. **Gewichtsverlust, Kachexie**
3. **Klinische Manifestationen als Folge der Absorptionsstörung**
   - Proteine:
     - Öedeme (bei Hypalbuminämie < 23.5 g/L)
   - Kohlenhydrate:
     - Flatulenzen, Ballonierung, vergärter Stuhl
   - Lipiophile Vitamine (A, D, E, K)
     - A: Vermindertes Nachtsehen, trockene Haut, verminderter Tränenfluss
     - D: II-ärer Hyperparathyreoidismus, Knochenschmerzen, Frakturen (Osteomalazie)
     - K: Blutungstendenz (INR ↑, reversibel durch Vitamin K-Gabe)
   - Wasserlösliche Vitamine (z.B. Vitamin B). Dieser Vitaminmangel ist nur bei Malabsorption, nicht aber bei Maldigestion zu beobachten.
     - Perniziöse Anämie (= BIERMER Anämie, S. 898)
     - Periphere Neuropathie
   - Kalium: siehe Kapitel «Hypokaliämie», S. 1383
   - Kalzium: siehe Kapitel «Hypokalzämie», S.1390
   - Eisen: Mikrozytäre Anämie
4. **Weitere klinische Manifestationen**
   - Nierensteine (Oxalat*)
   - Amenorrhoe
   - Symptome einer allenfalls zu Grunde liegenden Erkrankung (z.B. CROHN)

Th:

1. Nichteinnahme von schlecht verträglichen Nahrungsmitteln oder Substanzen
   - Fette, Oxalate*, Gluten, Laktose
2. Karenzen suchen und substituieren (siehe «Lab.»)
   - Eisen, Ca^{2+}, Vitamine (A, D, K)
3. Verlaufskontrollen
   - Blut
     - Ca^{2+}, Phosphat, Albumin, INR
     - Vitamine (B12, A, D)
   - Zu evaluieren: Mineralometrie

Vorg:

- **Wann soll ein Verdacht auf Malassimilation abgeklärt werden?**
  - Bei Verdacht auf eine zu Grunde liegende Erkrankung
  - Anamnestische Veränderung des Transits und/oder der Stuhl-Konsistenz
  - Erhöhte tägliche Stuhlfrequenz oder > 3 Stuhlgänge/Tag
  - Stuhlmenge > 300 g/24 h
- **Was ist der erste Schritt zur Abklärung eines Malassimilationsyndroms?**
  - **Steatorrhoe Test** (= *Screening*, welches per Definition pathologisch ausfallen muss)

* Nahrungsmittel, welche Oxalat enthalten:

- Gemüse: Randen, Artischocken, Petersilie, Spinat, Chicorée («Brüsseler»), Peperoni, Karotten, Sellerie, Rhabarber, grüne Böhnchen, Krautstiel (Mangold)
- Früchte: Rosine, Weinbeere, Sultanine, Erdbeere, Himbeere, Orange, Brombeere, Feige
- Getränke: Tee, Schokolade, Kakao, Kola

Steatorrhoe Test

Def: • **Steatorrhoe = mehr als 7 Gramm Fett im 24 h-Stuhl**

Allg: • Der Steatorrhoe Test ist der Screening-Test bei Verdacht auf ein Malassimilationssyndrom.

• Die qualitative Bestimmung der Fette ist ungenau und erlaubt es nicht, die Diagnose eines Malassimilationssyndroms zu stellen.

Bem: • Das Rothen Labor in Basel (☛ www.labor-rothen.ch) führt die Stuhlanalyse durch:

Steatorrhoe Test

Praktisches Vorgehen:

1. Diät während 5 Tagen: 60-80 g Butter/Tag zusätzlich zu den normalen Mahlzeiten.
2. Stuhlsammlung während der 3 letzten Tage. Dann wird die Fettmenge im Stuhl quantitativ gemessen.

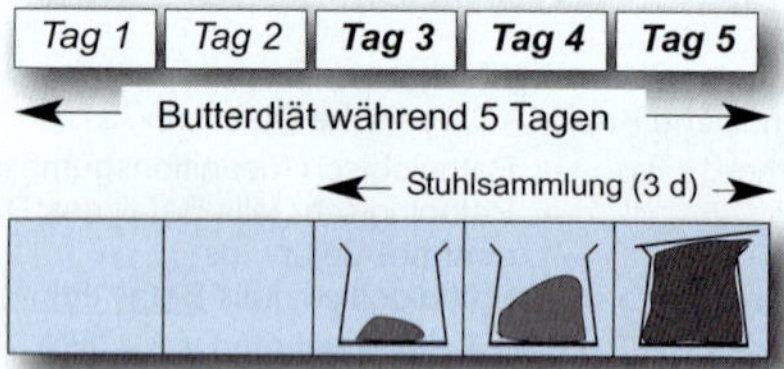

Interpretation:

☛ Normalantwort: < 200 g Stuhl/24 h mit < 6 g Fett/24 h

☛ **Steatorrhoe = mehr als 7 Gramm Fett im 24 h-Stuhl**

D-Xylose Test

Allg: • Die D-Xylose ist ein Zucker (Pentose), der im menschlichen Körper nicht vorkommt. Nach oraler Aufnahme von D-Xylose, wird sie aktiv im proximalen Dünndarm absorbiert und ist somit ein guter Marker für die **duodenale und jejunale Schleimhautintegrität**.

D-Xylose Test

Praktisches Vorgehen (bei Erwachsenen):

1. Vorbereiten von **25 g D-Xylose in 200 mL Wasser auflösen** (mit Labor absprechen)

Wenn der D-Xylose Test nicht nur im Urin, sondern auch noch im Blut gemessen wird, sollen beide Tests gleichzeitig durchgeführt werden.

I. Urintest

1. Der Patient ist seit 12 h nüchtern (erlaubt sind: Wasser, Schwarztee ohne Zucker, Kaffee ohne Zucker!)
2. Zu Beginn des Tests leert der Patient seine Blase vollständig und schluckt dann die vorbereitete Lösung mit 25 g D-Xylose.
3. Der Urin wird dann während 5 h in einem speziellen Behälter gesammelt.
4. Der Behälter wird nach diesen 5 h sofort dem Labor übergeben.

Interpretation:

☛ Normalantwort: Der Urin muss > 5 g D-Xylose enthalten (1 g = 6.6 mmol; 1 mmol = 0.15 g) oder > 20 % der eingenommenen Menge.

II. Bluttest

1. Der Patient ist seit 12 h nüchtern (erlaubt sind: Wasser, Schwarztee ohne Zucker, Kaffee ohne Zucker!)
2. Der Patient schluckt die 25 g D-Xylose-Lösung!
3. Nach 1 (und evtl. 2 Stunden): Bestimmung der D-Xylose Plasmakonzentration
4. Die Blutproben werden sofort ins Labor gebracht.

Interpretation:

☛ Normalantwort: Der D-Xylose Serumspiegel muss zw. 2.0 - 5.0 mmol/L (1 mmol = 0.15 g) liegen.

SCHILLING Test

Ind: • Verminderter Vitamin B-Serumspiegel.

Vorg: • Es gibt verschiedene Protokolle des SCHILLING Tests (Beispiel):

SCHILLING Test

Praktisches Vorgehen:

I. Orale Einnahme von 1 mg radioaktivem Vitamin B12 (0.5 µCi Co^{57}) **und** gleichzeitig intramuskuläre Gabe von 1 g Cobalamin (= nicht radioaktives Vitamin B12). Diese **IM**-Gabe erlaubt es, die zellulären Vitamin B12-Rezeptoren zu sättigen.

II. Bestimmung der renalen Ausscheidung von Vitamin B12 im 24 Stunden-Urin

Interpretation:

☛ Eine Malabsorption wird diagnostiziert, wenn < 8 % der Vitamin B12-Menge im Urin vorhanden sind (bzw. < 0.08 mg)

☛ Normalantwort: im 24 h-Urin werden 10-40 % der verabreichten radioaktiven Vitamin B12-Menge vorgefunden..

Vorg: • Wenn ein Patient einen schwerwiegenden Vitamin B12-Mangel hat, soll der SCHILLING Test erst 7 d nach intramuskulärer Vitamin B12-Gabe (100 mg/d **IM**) durchgeführt werden, denn eine schwere B12-Hypovitaminose kann per se Schleimhautläsionen verursachen!

• Bei Achlorhydrie fällt der SCHILLING Test normal aus. Das Vitamin B12 kann aber trotzdem niedrig sein. Der Grund dafür ist, dass zur Freisetzung von Vitamin B12 (das aus den Nahrungsmittelproteinen stammt) ein saures Milieu notwendig ist, was bei Achlorhydrie nicht mehr der Fall ist.

Zöliakie — Glutensensitive Enteropathie (www.zoeliakie.ch)[1] [K90.0]

Syn: • Zöliakie, nichttropische (oder einheimische) Sprue, glutensensitive Enteropathie

Allg: • Die Zöliakie entspricht einer **Nahrungsmittelintoleranz,** welche durch gewisse Getreideproteine, im Volksmund als «**Gluten**» bezeichnet, entsteht. Das Problem ist, dass diese Getreideproteine eine **toxische, atrophische Wirkung** auf die Dünndarm-schleimhaut haben, welche zu den verschiedenen Symptomen führen kann, siehe «Klin:».

- Die Zöliakie kann ein Malabsorptionssyndrom auslösen.
- Gluten ist in folgenden Getreidearten vorhanden:
  - Weizen (Zöliakie infolge Gliadin)
  - Roggen (Zöliakie infolge Gliadin)
  - Hafer (Zöliakie infolge Avenin)
  - Gerste (Zöliakie infolge Hordein)
  - Dinkel
- Mais hingegen kann problemlos eingenommen werden.
- Zeitliche Entwicklung und Häufigkeit in Europa:
  - 1980: 1/1'000-1'500
  - 1990: 1/300
  - 2000: 1/190 (bekannt/unbekannt = 1/7); bei Verwandten 1°: 1/20; Verwandte 2°: 1/40
  - Weltweit sind ca. 1 % der Bevölkerung von der Zöliakie betroffen.
- Frauen > Männer (2-3/1)
- Altersgipfel des Krankheitsausbruches:
  - Im Kindesalter
  - 20-40 Jahre
  - Nach 65 Jahren eher selten

Urs: • Genetische Veranlagung:

  - Eine Zöliakie kann sich nur bei positiven HLA-DQ-2 oder HLA-DQ-8 Allelen entwickeln.
  - HLA-DQ-2 wird bei 90-95 % der Patienten vorgefunden; aber HLA-DQ-2 wird auch bei 30-40 % der Normalbevölkerung vorgefunden.
  - Die Wahrscheinlichkeit, dass eineiige Zwillinge dieses Allel aufweisen ist < 50 %.[2]
- Infektiöse Faktoren (viral, bakteriell?)
- Zu früher Beginn mit glutenhaltigen Nahrungsmitteln im Neugeborenenalter?

Klin: A. Zöliakie im Kindesalter

- Diarrhoe
- Wachstumsstörungen
- Evidentes Ernährungsmangelsyndrom, Gewichtsabnahme

B. Zöliakie beim Erwachsenen (= weniger ausgeprägte Form im Vgl. zur Zöliakie beim Kind)

- Oft pauci- oder asymptomatisch mit unbekannten Mangelzuständen
- Typische Manifestation:
  1. **Chronische Diarrhoe ± Bauchschmerzen/Unwohlsein**
  2. **Steatorrhoe**
  3. **Gewichtsverlust**
- Weniger typische klinische Manifestationen:
  -- Diffuse Bauchschmerzen
  -- Meteorismus, Nausea, Erbrechen
  -- Appetitlosigkeit
  -- Trockene spröde Haut
  -- Müdigkeit und Blässe (bei Anämie)
  -- Obstipation (wird aber nicht durch die Zöliakie verursacht)
  -- Dermatitis herpetiformis (DUHRING'S Krankheit): stark pruriginöse Hautpapeln und Hautvesikel an den Ellbogen, Knien, Rücken und an Druckpunkten.

Bem: • Mit der Zöliakie assoziierte Pathologien

- Diabetes mellitus
- Primär biliäre Zirrhose
- Sklerosierende Cholangitis
- Autoimmune HASHIMOTO-Thyreoiditis
- Morbus ADDISON (= primäre NNR-Insuffizienz)
- Myasthenia gravis
- Polymyositis
- Arthritis

Lab: • Serologie, siehe Diagnosekriterien, s. 493

- Evtl. Hinweise auf eine Malabsorption:
  - Eisenmangelanämie
  - Folsäure Mangel
  - Hypovitaminosen: A, D, E, K, B12 u.a.
  - Hypokalzämie

1 Green PHR et al N Engl J Med 2007 ;357 ;1731-43. 2 Greco L et al. Gut 2002;50:624-8

Kpl:
- Malabsorptionssyndrom (v.a. mikrozytäre Anämie bei Eisenmangel)
- Ulzerierende Jejunitis
- Refraktäre Zöliakie
- Eine **maligne Entartung** wird selten beobachtet:
  - Lymphom (T-Zell Lymphom), Dünndarmadenokarzinom

Dg: Die Diagnose beruht auf folgenden 3 Kriterien (alle 3 müssen erfüllt sein):

1. Serologie (Sensitivität/Spezifität vergleichbar: 85-98 %/95-100 %)
   - **Anti-Endomyosin Antikörper**

   oder:
   - **Anti-Transglutaminase Antikörper** (diese Ak sind per se das Antigen zur Entwicklung der Anti-Endomyosin Antikörper)[3]
2. Histologie der Duodenalschleimhaut (Klassifikation nach MARSH)
   MARSH 1 Lymphozytäre Enteritis
   MARSH 2 Lymphozytäre Enteritis + Kryptenhyperplasie
   MARSH 3 Villöse Atrophie: 3a (mild); 3b (subtotal); 3c (total)
3. Verschwinden der Symptome bei vollständigem Verzicht auf glutenhaltige Nahrungsmittel

Th: **1. Verzicht auf glutenhaltige Nahrungsmittel**

Allg: • Der Therapieerfolg macht sich innert Tagen bis einigen Wochen bemerkbar.

Vorg:

«Verbotene» Nahrungsmittel
- Weizen, Roggen, Hafer, Gerste, Dinkel
- Griess
- «Spätzli»
- Teigwaren (ausser glutenfrei)
- Saucen, welche mit Mehl gemacht sind
- Senf der Marke «SAVORA®»
- Ovomaltine®
- Einige Instantkaffees

Erlaubte Nahrungsmittel
- Getreide:
  - Reis (weiss, braun, basmati, jasmin, wild), indischer Reis
  - Mais/Polenta
  - Hirse, Mohrenhirse, Zwerghirse
  - Buchweizen
- Pflanzensamen:
  - Sonnenblume, Flachs, Kürbis
- Kartoffeln
- Gemüse:
  - Erbsen, Linsen
  - Rote Bohnen, weisse Bohnen, Soyabohnen, Soja, Erdnüsse
- Wurzeln:
  - Pfeilwurz, Wasserbrotwurzel, Tapioka (Maniok, Cassava, Yucca)
- Nüsse:
  - Haselnüsse
  - Cashewnüsse
  - Mandeln
- Saucen, die mit Maismehl («Maizena») angemacht sind
- Senf der Marke «THOMY®»
- Schokolade der Marke «SUCHARD®» u.a.

2. Refraktäre Zöliakie (ad Gastro-Konsilium)

2.1. Differentialdiagnose neu evaluieren - Weitere Abklärungen sind indiziert:
- Ausschluss einer bakteriellen Überwucherung, S. 501
- Ausschluss einer exokrinen Pankreasinsuffizienz, S. 474
- Bestimmung des intraepithelialen lymphozytären Phänotypes (Typ 1, Typ 2) in der Duodenalbiopsie
- Gastroskopie, Koloskopie, Dünndarm-CT
- Endoskopische Videokapsel

2.2. Therapeutische Optionen (ad Konsilium)
- Prednison (z.B. 20-30 mg/d PO während 1 Mt., dann über 2-3 Mt. ausschleichen)
- Immunsuppressoren (z.B. Azathioprin)

3. Verlaufskontrollen
- Alle 6 Monate: Obere Endoskopie + Histologie + Serologie
- Substitution der bestehenden Karenzen
- Laborkontrollen (1x/Jahr): Anti-Transglutaminase Antikörper
- Knochendensitometrie 1x alle 5 Jahre

3 Dietrich W, et al. Nat Med 1997 ;3 :797-801

Laktoseintoleranz [E73.8]

Allg:
- Es handelt sich um einen primären oder sekundären Mangel an Laktase.
- Die Laktase spaltet die Laktose in Galaktose und Glukose.
- Die Laktose (Milchzucker) ist ein Zweifachzucker (Galaktose + Glukose), der im Dünndarm mit Hilfe der Laktase gespalten und anschliessend in das Blut aufgenommen wird. Ist keine oder zu wenig Laktase vorhanden, gelangt die Laktose unverdaut in den Dickdarm. Die nicht absorbierte Laktose induziert eine osmotische Diarrhoe und fördert die intestinale Gasbildung.
- Die «nicht-infantilen» Formen (siehe «Klas:») können in jedem Alter auftreten.
- Häufigkeit der Laktoseintoleranz beim Erwachsenen:
  - Westeuropa ....7-20 %
  - Afrikaner ....65-75 %
  - Amerikanische Indianer und Fernost................80-95 %

Klas: **A. Primärer Laktasemangel** (die Darmschleimhaut ist histologisch bland!)
- A.1. Kongenitale Form (ab Geburt symptomatisch)
- A.2. Tardive Form (symptomatisch im Erwachsenenalter = häufigste Form)

B. Sekundärer Laktasemangel (die Darmschleimhaut ist pathologisch!)
- Zöliakie, S. 492
- Infektiöse Enteritis
- Giardiasis (Lambliasis), S. 497
- Morbus WHIPPLE, S. 497
- Morbus CROHN, S. 506

Klin:
- Diarrhoe
- Meteorismus, Flatulenzen (können als einziges Symptom auftreten)
- Schmerzen ± Bauchkoliken, Bauchkrämpfe

Kpl:
- Malabsorptionssyndrom, S. 488

Dg:

Für die PRAXIS:
Der einfachste Diagnosetest ist es, den Patienten während 1 Woche mit vollkommen laktosefreier Diät zu beobachten. Die Symptome verschwinden graduell.

NICHT erlaubte Produkte
- Kuhmilch
- Kondensmilch und Kaffeeweisser
- Quark, Streichkäse
- Kartoffelpüree (weil milchenthaltend)
- Glace (Eis)
- RIVELLA® und andere milchsäurehaltige Getränke

VORSICHT: können Spuren von Laktose enthalten
- Abgepackte Wurstwaren
- Fertigtütensuppen, Fertigsossen, Salatdressing
- Backwaren, Paniermehl
- Pfannkuchen, Omelette
- Nuss-Nougat-Creme
- Torten und Kuchen
- Kroketten (sofern diese aus einem Milch enthaltenden Teig sind)
- Ketchup, Senf, Mayonnaise
- Streugewürze, Bouillon, Margarine
- Schokolade, Biscuits
- Süssstofftabletten
- Laktosehaltige Medikamente/Drageeumhüllung: PERENTEROL®, EUGALAC®

Erlaubte Produkte
- Laktosefreie Milch (Sojamilch, Ziegenmilch)
- Halbhartkäse und Hartkäse, Mozzarella
- Butter
- Yoghurt (ist in kleinen Mengen i.d.R. gut verräglich; Bifidus enthaltender Yoghurt)
- Eier
- Kartoffeln
- Früchte (bzw. Saft), Gemüse (bzw. Saft)
- Marmelade, Honig
- Kaffee, Öl
- Reis, Nudeln
- Zucker (ausser Milchzucker), Süssstoff in flüssiger Form
- Salz
- Hülsenfrüchte, Nüsse, Mandeln, Samen, Getreide
- Fleisch, Geflügel
- Fisch
- Alkohol

2. In der Theorie: Tests zur Diagnosestellung der Laktoseintoleranz:

H_2-Atemtest – Wasserstoff Exhalationstest

Allg:
- Der H_2-Atemtest ist der Gold-Standard in Bezug auf die Diagnose der Laktoseintoleranz und hat eine Sensitivität von ca. 100 %.
- Der Gärvorgang, der sich im Kolon befindenden, nicht vollständig absorbierten Kohlenhydrate, erhöht die Wasserstoffkonzentration in der ausgeatmeten Luft.
- Der H_2-Atemtest sollte möglichst nicht innerhalb von 4 Wo nach einer Antibiotikatherapie oder einer Koloskopie, bzw. anderen Untersuchungen mit einer Darmlavage, durchgeführt werden.
- Bei ca. 10 % der Bevölkerung produziert die Darmflora keinen Wasserstoff. Bei diesen Patienten sind die Ergebnisse von H_2-Atemtests nicht aussagekräftig!

Vorg:
1. Mindestens 12 h vorher nichts essen (trinken von Wasser erlaubt), morgens keine Medikamente, nicht rauchen, kein Kaugummi, kein Haftmittel für Zahnprothesen verwenden. Ggf. ausspülen des Mundes mit klarem Wasser
2. Bestimmung des Ausgangswertes der H_2-Konzentration (Atemtest)
3. Rasche orale Gabe von 50 g Laktose (max. 1 g/kg) verdünnt in 100 mL lauwarmem Wasser.
4. Alle 10 Minuten werden Atemproben zur Bestimmung der H_2-Konzentration in der Ausatemluft mit einem kleinen Apparat (Buchgrösse) genommen. Gesamtdauer der Untersuchung: 3-4 h. Protokollführung der Symptome.

   Interpretation des H_2-Atemtests:
   - Eine Wasserstoffkonzentration der ausgeatmeten Luft $\geq$ 20 ppm ist mit einem Malabsorptionssyndrom mangels Laktase vereinbar (Sensitivität 65-95 %, Spezifität 80 %).
   - Falsch negative Resultate: Dünndarmflora, die nicht fähig ist, Wasserstoff zu produzieren (ca. 10 % der Bevölkerung); vorhergegangene AB-Therapie; nach Darmlavage (Abführen).

Laktosetoleranztest mittels Blutentnahme

Ind:
- Verdacht auf Laktosemalabsorption bzw. Laktasemangel
- Ablärung bei funktionellen Darmerkrankungen

Vorg:
1. Der nüchterne Proband wird aufgefordert, 50 g Laktose/m^2 Körperoberfläche (oder «Standarddosierung»: 52 g) in 250 mL Wasser (oder «Standarddosierung»: 400 mL) schnell zu trinken.
2. Blutzuckerbestimmungen zu Beginn und nach 15, 30, 60, 90 und 120 min. Der Proband soll die ersten 30 Minuten liegen bleiben.

   Interpretation
   - Normalantwort: Erhöhung des Blutzuckers um 20-25 mg/dL (1.1-1.4 mmol/L) während der ersten 2 h nach Einnahme der Laktose.
   - Diagnostisch wird von einem Laktasemangel gesprochen, wenn die Erhöhung des Blutzuckers während des Tests 1.4 mmol/L nicht überschreitet.
   - Bei Beschwerden in Form von Blähungen, Bauchkrämpfen oder Durchfällen im Verlauf von 8 h nach Testbeginn, liegt mit hoher Wahrscheinlichkeit eine Laktosemalabsorption vor.

3. Laktoseaktivität in Duodenalbiopsien
- Ähnlich wie der Schnelltest des *Helicobacter pylori*, wird bei Laktoseintoleranz ein Stück der Duodenalschleimhaut biopsiert. Die duodenale Laktase katalysiert die Spaltung der Laktose, was mittels Farbumschlag visualisiert wird. Ein fehlender Farbumschlag weist auf einen schweren Laktasemangel hin.

4. Genetischer Test
- Der genetische Test beruht auf der Assotiation zwischen primärer Laktoseintoleranz und 2 singulären Nukleotid-Polymorphismen im Bereich des Laktasegens.
- Es werden verschiedene Genotypen beschrieben: CC (homozygot), CT oder TT
- Die kongenitalen Formen (tardive und nicht tardive Formen) sind autosomal rezessive Erbkrankheiten mit variablem Penetrationsgrad, was die unterschiedliche Klinik erklärt.
- Die homozygote Form ist i.d.R symptomatisch.

Th:
1. Vermeiden von laktosehaltigen Produkten (siehe unter «Dg:»)
2. Medikamentöse Therapie (Enzymsubstitution; ist aber nur marginal wirksam)
   - Tilactase TILACTAMED® 1-3 Tabl/Mahlzeit (max. Einzeldosis 6 Tabl; max. 12 Tabl/24 h)

DD:
- Siehe Kapitel «Chronische Diarrhoe», S. 500
- ***CAVE***: auch die Milchproteinallergie kann eine Laktoseintoleranz vortäuschen!

Morbus WHIPPLE (intestinale Lipodystrophie) [K90.8]

Allg:
- Seltene Krankheit des Dünndarms, welche durch den Keim *Tropheryma whippelii* zustande kommt. Männer > Frauen. Altersgipfel: 40-60 Jahre
- Der Morbus WHIPPLE kann prinzipiell alle Organe befallen!

Klin:
- Hauptsymptome
  - **Arthralgien** (können 10-30 Jahre vor den intestinalen Symptomen auftreten)
  - **Diarrhoe, Malabsorption** (bei 90 % der Patienten)
  - **Gewichtsverlust, Kachexie**
  - **Bauchschmerzen**
- Weitere Symptome
  - Fieber, periphere Lymphadenopathien
  - Aszites
  - Karditis: Endokarditis, Peri-Myokarditis
  - Befall des ZNS (selten)
  - Hepatitis (selten)

Dg: A. Duodenalbiopsien (durch obere Endoskopie)
- Eine ***PAS-Färbung*** *(Periodic-Acid-Schiff)* soll immer veranlasst werden: beobachten von GRAM-positiven *Tropheryma whippelii* in den epithelialen Makrophagen.
- + PCR der Duodenalbiopsien mit der Suche nach DNA des *Tropheryma whippelii*

B. Serologie

C. Stuhluntersuchung: PCR der *Tropheryma whippelii*-DNA

Th: **1. Antibiotherapie**
- Ceftriaxon 2 g/d **IV** während 10-14 d
  gefolgt von:
- TMP/SMX 2x 1 Tabl Forte (160 mg/800 mg)/d PO während 1-2 Jahren

2. Bei Bedarf: symptomatische Therapie
- Analgetika, Antidiarrhoika

Prog:
- Ohne Therapie: schlechter Langzeitverlauf
- Mit AB-Therapie: i.d.R. 100 %-ige Heilungsrate
- Rezidive: 20-30 % der Fälle

Giardiasis (Lambliasis) [A07.1]

Allg:
- Die Giardiasis ist eine Parasitose, welche durch die *Giardia lamblia* übertragen wird.
- Es handelt sich um eine relativ häufige Parasitose (in den USA, aber auch in der Schweiz)
- Inkubation: 1-3 Wochen
- Es gibt gesunde Träger.
- Risikosituationen:
  - Reisen (vor allem, aber nicht nur!)
  - Kollektive Epidemien
  - Niedriges Hygieneniveau
  - Immunsuppression

Klin: **A. Akute Giardiasis**
- Akute Diarrhoe während 1-2 Wo
- Bauchschmerzen
- Nausea
- Flatulenzen, Meteorismus
- Verlauf: i.d.R. Spontanheilung innerhalb eines Monates

B. Chronische Giardiasis
- Chronische, afebrile Diarrhoe
- Malabsorptionssyndrom
- Ausgeprägte Entzündungsparameter

Dg:
1. Vorfinden des Parasiten *Giardia lamblia* im Stuhl (evtl. mehrmals suchen)
2. Bei negativer Stuhlanalyse und persistierendem Verdacht auf Giardiase, sollen Duodenalbiopsien durchgeführt werden: der Parasit wird an der Epitheliumoberfläche vorgefunden; ein diskretes entzündliches Infiltrat wird beobachtet.

Th: **1. AB-Therapie**
- Metronidazol 3x 250-500 mg/d PO während 5 d
  oder:
- Tinidazol 1x 2 g PO (1 Einzeldosis)

2. Bei Bedarf: symptomatische Therapie
- Spasmolytika, s. 1151
- Analgetika, s. 1150
- Antidiarrhoika, s. 504

Exsudative Enteropathie — *Protein-loosing enteropathy* [K90.4.1]

Allg :
- Es handelt sich um eine seltene Erkrankung, welche mit einem exzessiven Proteinverlust im Stuhl einhergeht.
- Physiologische Proteinausscheidung im Stuhl: 10-20% der eingenommenen Proteinmenge
- Die exsudative Enteropathie wird symptomatisch, wenn die Leber den übermässigen Proteinverlust nicht mehr kompensieren kann.

Klin:
- Diarrhoe
- Steatorrhoe, Gewichtsverlust
- Bauchschmerzen
- Malabsorptionssyndrom
- Ödeme (bei Hypoproteinämie < 23.5 g/L)
- Bei bestehenden Lymphangiektasen: Pleuraerguss, Aszites

Klas: **A. Schleimhauterkrankungen ohne Erosionen oder Ulzerationen**
- Morbus MENETRIER
- Allergische Gastritis
- Akute virale Gastroenteritis
- Bakterielle Kolonisation
- Morbus WHIPP
- Eosinophile Gastroenteritis
- SLE
- Intestinale Parasiten
- Zöliakie
- Tropische Sprue (Ursache unbekannt: infektiös?)
- Mikroskopische Kolitis
- Diarrhoe nach Masern

B. Schleimhauterosionen oder -ulzerationen
- Erosive Gastritis
- Benigne Magenulzera
- Abstossungsreaktion
- Idiopathische Jejuno-Ileitis
- Morbus CROHN, Colitis ulcerosa
- Malignome: Ösphagus, Magen, Kolon, Lymphom
- Karzinoid
- Makroglobulinämie WALDENSTRÖM

C. Lymphatische Obstruktion
- Lymphom
- Kongenitale intestinale Lymphangiektasie
- Herzinsuffizienz
- Morbus WHIPPLE
- Morbus CROHN
- Mesenterialtuberkulose
- Mesenteriale Sarkoidose
- Lympho-enterische Fistel
- Status nach chir. Eingriff
- Status nach Radiotherapie

Dg:
1. Anamnese + Klinik + Labor
2. **Clearance des α 1-Antitrypsins***

Lab:
- <u>Blutanalysen</u>
  - Hypalbuminämie/Hypoproteinämie (wobei andere Ursachen ausgeschlossen werden müssen: Proteinurie, Malnutrition, Hepatopathie)
  - Immunglobuline ↓ (IgM, IgG, IgA). Die IgE sind aber nicht vermindert.
  - Transferrin (↓)
  - Fibrinogen (↓)
  - Gerinnungsfaktoren (↓)
  - Coeruloplasmin (↓)
  - Lymphopenie
  - α1-Antitrypsin*
  - Bei einem Malabsorptionssyndrom sollen weitere Abklärungen stattfinden.

* α 1-Antirypsin Clearance

Allg:
- Das α 1-Antitrypsin ist ein Plasmaprotein, welches weder durch die Verdauungsenzyme noch die intestinale Flora verändert wird. Die Clearance nimmt mit zunehmendem Shift der Proteine vom Plasma in das intestinale Lumen zu.
- Blut im Stuhl gibt falsch positive Resultate bzügl. der α 1-Antirypsin Clearance

Vorg:
1. Stuhlsammlung während 3 Tagen
2. Messung der Konzentration von α 1-Antitrypsin im Plasma und im Stuhl
3. Errechnung der Clearance

   <u>Interpretation</u>:
   - Patienten ohne Diarrhoe: Clearance > 24 mL/min
   - Patienten mit Diarrhoe: Clearance > 56 mL/min

- <u>Stuhlanalysen</u>
  - Steatorrhoe (= *Screening* Test), S. 490
  - α1-Antitrypsin (siehe Fussnote*, S. 498)
  - Weitere Analyse, siehe Kapitel «Chronische Diarrhoe», S. 500

Vorg:
- Lokalisation des Proteinverlustes
  - Gastroskopie und Kolo-Ileoskopie mit multiplen Schleimhautbiopsien
  - Enteroklyse
  - Szintigraphie mit markiertem Albumin (Tc-99m)

  Bei negativen Abklärungen sollen folgende Untersuchungen klinikorientiert durchgeführt werden:
  - Abdomen-CT (Suche nach sekundären Lymphangiektasen)
  - Echokardiographie (Suche nach einer konstriktiven Perikarditis) ± Herzkatheter
  - Exploratorische Enteroskopie/Laparotomie zum Ausschluss von sekundären Lymphangiektasen
  - Lymphangiographie der unteren Extremitäten (v.a. bei Kindern mit primären Lymphangiektasen)

Th:
1. **Kausaltherapie**
2. **Lymphangiektasen**

   2.1. Konservative Therapie
   - Diät: Proteinreich, fettarm, reich an Mittelketten-Triglyzeriden (MCT)
   - Bei Bedarf: Intravenöse Gabe von Albumin

   2.2. Chirurgische Therapie
   - Ad. Gastro-Konsilium. Bei segmentalem Dünndarmbefall kann eine Resektion vorgenommen werden.

Chronische Diarrhoe (CD) [K52.9]

Def: Faecesverlust > 200 g/24 h während > 3-4 Wochen (kein Konsens)

Allg: Folgende Elemente sprechen für ein **organisches Leiden** als Ursache der Diarrhoe:

- **Nächtliche Diarrhoe**
- **Permanente Diarrhoe**
- **Gewichtsverlust**

Urs : **I. Nicht organische Diarrhoe** (häufig)

- Funktionelle Darmerkrankungen, s. 502
  - Häufigste Ursache der chronischen Diarrhoe in der ambulanten Medizin!
  - Klinik: Stuhlinkontinenz oder Obstipation (bei Fäkalom) mit «falscher Diarrhoe»

II. Organische Ursachen der chronischen Diarrhoe

- Entzündliche Darmerkrankungen
  - Morbus CROHN
  - Colitis ulcerosa
- Infektiöse Diarrhoe (v.a. bei immunkompromierten Patienten, z.B. HIV)
  - Viral (z.B. CMV sowie viele andere Viren)
  - Parasitär
    -- Amöben *(Amoeba histolytica)*
    -- *Giardia lamblia*
    -- *Cryptosporidium, Isospora belli, Strongiloides stercoralis*
  - Bakteriell
    -- Morbus WHIPPLE *(Tropheryma whippelii)*
    -- *Yersinia, Clostridium* u.a.
- Intestinale Neoplasie
  - Kolonkarzinom
  - Lymphom
  - Karzinoid
- Biliäre Diarrhoe
  - Exokrine Pankreasinsuffizienz
  - Gallensalzmangel
    -- Primär biliäre Zirrhose
    -- Gallensalzverlust
    -- Bakterielle Überwucherung

      ⓘ Eine bakterielle Überwucherung im Darm dekonjugiert das sich im Lumen befindende Bilirubin. Somit kann es nicht mehr rückresorbiert werden, um am enterohepatischen Zyklus teilzunehmen. Dies hat folgende 2 Auswirkungen:
      1. Die hohe Bilirubinkonzentration im Stuhl hat eine laxative Wirkung; die Galle selbst ist laxativ.
      2. Der Verlust von Galle im Stuhl resultiert in einem Gallemangel.
  - Intestinale Parese
    -- Diabetes mellitus
    -- Amyloidose
    -- Systemsklerose
  - Chirurgischer By-pass, Dünndarmresektion, Blindschlingensyndrom
  - Enterokolische Fistel (z.B. Morbus CROHN)
  - Ileitis (das Ileum ist entscheidend bei der Resorption der Gallensalze)
- Endokrinologische, metabolische und sonstige Ursachen der Diarrhoe
  - Zöliakie
  - Laktoseintoleranz, Milchproteinallergie
  - Hyperthyreose
  - Sekundärer Hyperparathyreoidismus
  - NN-Insuffizienz
  - Zystische Fibrose
  - Konnektivitis, Vaskulitis
  - Exsudative Enteropathie
- Mikroskopische Kolitis

III. Iatrogene Ursachen der chronischen Diarrhoe

- Medikamentös
  - Laxantien!!! (häufig)
  - Metformin
  - Schilddrüsenhormone, Digoxin u.a.
- Nach ausgedehnter Darmresektion
- Diarrhoe infolge Überladung (beim adipösen Patienten)
- Alkohol, zuckerhaltige Getränke (z.B. Apfelsaft)

IV. Diarrhoe factitia (MÜNCHHAUSEN-Syndrom)

- Es handelt sich um eine häufige Entität (15 % der hospitalisierten Fälle für die Abklärung einer chronischen Diarrhoe)
- 90 % sind Frauen
- Oft sind Ernährungsprobleme assoziiert (Anorexie, Bulimie)
- Klinik/Labor
  - Anzahl Stuhlgänge 2-20/24 h; Stuhlvolumen 300-3000 mL/24 h
  - > 50 % nächtliche Diarrhoen
  - Bauchkoliken (häufig)
  - Hypokaliämie, Hypomagnesiämie und Asthenie. Manchmal werden bei Patienten mit magnesiumreichen Laxantienabusus, Hypermagnesämien beobachtet.
  - Koloskopie: Melanosis coli (bei Anthrachinon oder Senna-Abusus)

Vorg: ■ **Erster Schritt**

- Anamnese + sorgfältiger Status
- Ausschluss eines Malassimilationssyndroms, siehe S. 488
- Stuhl:
  - Steatorrhoe Tesr (Malassimilation?), S. 490
  - Leukozyten
  - Okultes Blut (Sensitivität/Spezifität für ein Malignom: 50 %/10 %)
  - Clostridium (Toxin A und B)
  - Suche nach Parasiten: Giardia lamblia, u.a.
  - Alkalinisierung, bei Verdacht auf Laxantienabusus
  - Bemerkung: Koprokulturen sind nicht sinnvoll
- Blut:
  - Blutbild
  - CRP, siehe Kapitel «Malassimilation», S. 488
  - Protein (siehe «Exsudative Enteropathie», S. 498)
  - Je nach Fall sollen verschiedene Laborparameter bestimmt werden:
    - -- TSH, FT4
    - -- PTH, Vitamin D
    - -- Screening von Laxantien
    - -- HIV Serologie
    - -- Screening einer Zöliakie:
      - --- Anti-Transglutaminase oder Anti-Endomyosin Antikörper
- Urin:
  - Kalziurie/24 h (bei II-ärem Hyperparathyreoidismus ↓)
- Rx:
  - Bei Bauchschmerzen: Abdomenleeraufnahme

■ **Zweiter Schritt** (falls erfolglos nach dem ersten Schritt)

- Gastro-Konsilium
- Endoskopische Abklärung (Koloskopie und Gastroskopie mit Biopsien)
- Radiologische Abklärung (von Fall zu Fall entscheiden):
  - Abdomen-CT
  - Adbomen-MR
  - Enteroklyse (MR oder konventionell)

Th: **1. Kausaltherapie**

2. Allgemeine Massnahmen

- Vermeiden von:
  - Milchhaltigen Produkten
  - Nahrungsmitteln, welche der Grund zur chronischen Diarrhoe sein könnten
  - Potentiell ursächliche Medikamente (z.B. Metformin)

3. Wann ist eine stationäre Therapie notwendig?

- Ausschluss eines Laxantienabusus
- Bei Hypoglykämie: ad. Fastentest, S. 680
- Schlechter Allgemeinzustand
- Soziale Problemsituation u.a.

4. Symptomatische Therapie (falls notwendig)

4.1. Spasmolytika, siehe S. 1151
4.2. Analgetika: Paracetamol 500 mg alle 4-6 h oder 1 g 3-4x/d; max. 4 g/d
4.3. Antidiarrhoika: Loperamid, Dosierung siehe S. 504
4.4. Biliäre Diarrhoe

- Die Therapie der biliären Diarrhoe ist ursacheorientiert:
  - Bakterielle Überwucherung → AB-Therapie (Metronidazol 2x 500 mg/d während 3 d und dies 1x pro Monat)
  - Chologene Diarrhoe → Colestyramin QUANTALAN® ohne Zucker: 3x 1 Sachet/d
  - Mangel an Gallensalz → Ursodeoxycholsäure URSOFALK®: 10 mg/kg in 2-3 Einnahmen/d
  - Maldigestion → Fettlösl. Vitamine supplementieren (A, D, K) und Kalzium

Funktionelle gastrointestinale Störungen (FGS) [K58.9]

Def: • Die FGS sind multifaktorielle Darmstörungen ohne bewiesene organische Ursache.

Allg: • Häufigkeit: 15-20 % (Westeuropa)
- Frauen > Männer (2:1)
- Altersgipfel zwischen 30-50 Jahren

Urs: • Unbekannt
- Pathogenetische Elemente:
  - Genetische Prädisposition
  - Motilitätsstörungen
  - Viszerale Hypersensitivität
  - Immunologische Schleimhautphänomene
  - Gestörte Hirn-Darm-Interaktion
  - Frühkindliche psychosoziale Faktoren

Klas: • Die ROM III-Klassifikation widerspiegelt die Einteilung der funktionellen gastrointestinalen Störungen (nach Drossmann[1]).

ROM III-Klassifikation

Über die letzten 6 Monate treten die Symptome während ≥ 3 Monaten auf (aber nicht unbedingt konsekutiv):

A. Funktionelle ösophageale Störungen
- A1. Funktionelles Sodbrennen
- A2. Funktionelle Thoraxschmerzen, mutmasslich ösophagealen Ursprungs
- A3. Funktionelle Dysphagie
- A4. Globusgefühl

B. Funktionelle gastroduodenale Störungen
- B1. Funktionelle Dyspepsie
  - B1a. *Postprandial distress syndrome*, s. 502
  - B1b. Epigastrisches Schmerzsyndrom, s. 502
- B2. Funktionelles Luftaufstossen
  - B2a. Aerophagie
  - B2b. Unspezifisches exzessives Luftaufstossen
- B3. Nausea und Erbrechen
  - B3a. Chronische idiopathische Übelkeit
  - B3b. Funktionelles Erbrechen
  - B3c. Syndrom des zyklischen Erbrechens, s. 502
- B4. Ruminationssyndrom des Erwachsenen

C. Funktionelle intestinale Störungen
- C1. Reizdarmsyndrom, s. 502
- C2. Funktionelle Blähungen
- C3. Funktionelle Obstipation
- C4. Funktionelle Diarrhoe
- C5. Unspezifische funktionelle intestinale Störungen

D. Funktionelle abdominale Schmerzsyndrome

E. Funktionelle Gallenblasen- und Oddi-Sphinkter Störungen
- E1. Funktionelle Gallenblasenbeschwerden
- E2. Biliäre Sphinkter-ODDI Dysfunktion
- E3. Pankreatische Sphinkter-ODDI Dysfunktion

F. Funktionelle anorektale Störungen
- F1. Funktionelle Stuhlinkontinenz
- F2. Funktionelle anorektale Schmerzen
  - F2a. Chronische Proktalgie
    - Levator-ani Syndrom
    - Unspezifische funktionelle anorektale Schmerzen
  - F2b. Proctalgia fugax
- F3. Funktionelle Defäkationsstörungen
  - F3a. Dyssynerge Defäkation
  - F3b. Inadäquate defäkatorische Propulsion

Tabelle: ROM-III Klassifikation der FGS.[1]

1 Drossmann DA. Gastroenterology 2006 ;130 :1377-90.

- **Funktionelle Dyspepsie**

  Def: • Mindestens 1 der folgenden Symptome während mindestens 3 Mt. und vor mindestens 6 Monaten erstmals aufgetreten:
  - Unangenehmes postprandiales Völlegefühl
  - Beschleunigtes Sättigungsgefühl
  - Epigastralgien
  - Epigastrisches Brennen
  - Keine Hinweise auf eine organische Erkrankung, die die Symptomatik erklären könnte.

- **Epigastrisches Schmerzsyndrom**

  Def: • Schmerzen und Brennen während ≥ 3 Monaten und vor mindestens 6 Monaten erstmals aufgetreten:
  - Intermittierend
  - Im Epigastrium; mindestens mittelschwer und ≥ 1x/Woche auftretend
    Und nicht:
    -- generalisiert oder in anderen Bauch- oder Thoraxregionen auftretend
    -- durch Stuhl- oder Windabgang sich bessernd
    -- die Kriterien der Gallenblasen- oder Sphinkter-ODDI-Dysfunktion erfüllend

- ***Postprandial distress syndrome***

  Def: • Mindestens während 3 Monaten, Beginn vor mindestens 6 Monaten:
  - Störendes postprandiales Völlegefühl nach normalen Mahlzeiten, mehrmals pro Woche
    und/oder:
  - Beschleunigtes Sättigungsgefühl, zu vorzeitiger Beendigung der Mahlzeit führend, mehrmals pro Woche auftretend

- **Syndrom des zyklischen Erbrechens**

  Def: • Mindestens während 3 Monaten, Beginn vor mindestens 6 Monaten:
  - Stereotype Episoden von Erbrechen mit akutem Beginn und von weniger als einer Woche Dauer
  - Mindestens 3 diskrete Episoden im Vorjahr
    Fehlen von Übelkeit und Erbrechen zwischen den Episoden
  - Die Diagnose stützendes Kriterium: Migräne in der persönlichen oder Familienanamnese

- **Chronische idiopathische Übelkeit**

  Def: • Mindestens während 3 Monaten, Beginn vor mindestens 6 Monaten:
  - Störende Übelkeit mehrmals pro Woche
  - Üblicherweise nicht mit Erbrechen einhergehend
  - Normale Gastroskopie
  - Keine organische Erkrankung, welche die Nausea erklären würde

- **Reizdarmsyndrom (RDS) - Colon irritabile**

  Def: • Abdominale Schmerzen oder Unwohlsein an mindestens 3 Tagen/Monat während der vorangegangenen 3 Monate, Beginn vor ≥ 6 Monaten mit ≥ 2 der folgenden Zeichen:
  - Besserung durch Defäkation
  - Beginn mit Änderung der Stuhlfrequenz
  - Beginn mit Änderung von Stuhlkonsistenz und -aussehen

Klin: • **Symptome**
- Die Klinik umfasst verschiedene Symptome, welche die Diagnosestellung einer funktionellen Darmerkrankung erlauben (siehe **ROM III-Kriterien**).
- Zusätzlich sind auch oft extraintestinale Symptome assoziiert:
  -- Asthenie
  -- Kopfschmerzen
  -- Dysurie
  -- Lumbalgien
  -- Anxio-depressiver Zustand
  -- Dysmenorrhoe
  -- Medikamentöse Intoleranz, Nahrungsmittelintoleranz

Alarmsituationen, welche ein organisches Leiden verstecken können
- **Alter > 45 Jahre**
- **Gewichtsverlust**
- **Rektorrhagie**
- **Anämie**

- **Klinische Untersuchung**
  - Der klinische Status ist i.d.R. normal und nicht konklusiv.

Vorg:
- Die Abklärungen bei FGS werden von Fall zu Fall durchgeführt. Das Ziel ist es, eine organische Ursache auszuschliessen!
  1. **Allgemeine Abklärungen**
     - Blutentnahme: Blutstatus, CRP, ALAT
     - Anti-Transglutaminase oder Anti-Endomyosin Antikörper (Zöliakie- *Screening*, S. 492)
     - H_2-Atemtest (Ausschluss einer Laktoseintoleranz, S. 494)
     - Suche nach Parasiten im Stuhl
     - Koloskopie bei Patienten > 45 Jahre (Ausschluss eines Kolonkarzinoms)
  2. Klinikorientierte Abklärungen der verschiedenen FGS:
     - Obstipation:
       - TTcM*
       - Anorektale Manometrie
       - Defäkographie
       - Bariumeinlauf
     - Diarrhoe:
       - TSH, FT4
       - Stuhluntersuchung (okultes Blut, Leukozyten, evtl. Stuhlkultur, *Clostridium* + Toxine A und B, Parasitensuche)
       - Koloskopie (mikroskopische Kolitis?)
       - Gastroskopie (Lambliasis?)

DD:
- Chronische entzündliche Darmerkrankungen
  - Morbus CROHN
  - Colitis ulcerosa
- Viszeral arterielle Insuffizienz
- Neoplasie
- Primäre oder sekundäre Hypolaktasie
- Zöliakie
- Psychiatrische Erkrankungen

Th:
A. Nicht pharmakologische Therapie
- WICHTIG:
  Der Patient muss über die verschiedenen Symptome der FGS orientiert werden. Eine psychologische Empathie ist essentiell. Der Patient muss wissen, dass es sich NICHT um einen Krebs handelt!
- Alle potentiell ursächlichen Nahrungsmittel sollen vermieden werden.
- Folgende Therapien können vorgeschlagen werden:
  - Hypnotherapie
  - Psychotherapie
  - Relaxation
  - Fusssohlenreflexmassage u.a.

B. Medikamentöse Therapie
1. Antidiarrhoika bei Bedarf
   - Loperamid:
     - 4 mg PO, dann jeweils 2 mg nach erfolgtem Stuhlgang
     - Maximaldosis 16 mg/d
2. Spasmolytika und Analgetika
   - Spasmolytika, S. 1151
   - Antidepressiva (niedrig dosiert, siehe S. 1222)
3. Laxativa (bei Bedarf)
   3.1. Quellmittel
   - Das Stuhlvolumen wird durch die Einnahme von Quellmittel erhöht und die Peristaltik angereizt.
   - Beispiele einiger Quellmittel:
     - Psyllium: 2 Kaffeelöffel abends PO

   3.2. Osmotika (Zucker, Makrogol)
   - Das Stuhlvolumen wird durch die Einnahme von Osmotika erhöht und der Stuhl weniger hart.
   - Beispiele:
     - Macrogol: DULCOCAX®, LAXOFALK® u.a.

* TTcM = Transitdauer im Kolon, welche mit einem Marker gemessen wird.

Morbus CROHN[1,2] [K50.9]

Syn:
- Ileitis terminalis (beschrieben im Jahr 1932)
- Regionale Enteritis
- Granulomatöse Enterokolitis

Allg:
- Es handelt sich um einen chronischen, entzündlichen Prozess mit transmuralem, segmentalem Befall *(skip lesions)* der intestinalen Schleimhautwand.
- Ein isolierter Befall des terminalen Ileums wird in ca. 30 % der Fälle beobachtet.
- Prävalenz: 0.5-1 % der Bevölkerung

Urs:
- Unbekannt
- Hypothese: immunbiologisches Geschehen, z.T. genetisch bedingte Überreaktion des Immunsystems gegenüber der eigenen Darmflora

Klin:
- Diffuse oder lokalisierte Bauchschmerzen im rechten Unterbauch (je nach Lokalisierung des Entzündungsprozesses). Bauchkoliken können gelegentlich auftreten.
- **Diarrhoe** (oft ohne Blutbeimischung)
- Subfebrile oder febrile Körpertemperaturen

Kpl:

I. Intestinale Komplikationen
- Fistelbildung: offen an der Haut, entero-kolisch, ileo-vesikal
- Darmoklusion oder -perforation
- Fissuren und/oder ano-rektale Abszesse

II. Extraintestinale Komplikationen
- Arthritis, ankylosierende Spondylarthritis
- Harnsteine, Zystitis, Hydronephrose infolge ureteraler Kompression
- Hepatitis
- Gallensteine, primär sklerosierende Cholangitis
- Malabsorptionssyndrom, s. 488
- Augenbefall: Episkleritis, Iritis, Uveitis, Keratitis
- Erythema nodosum, Pyoderma gangraenosom, Aphten, Glossitis
- Rektumkarzinom
- Sekundäre Amyloidose (vom Typ AA, s. 1072)

Dg: *CROHN'S disease activity index (CDAI)*: Krankheitsaktivität des Morbus CROHN[2]

Klinische Parameter	Vorgängige 7 d	Summe	K	Subtotal
1. Anzahl wässrige od. weiche Stuhlgänge	□ □ □ □ □ □ □	___	x 2	= ___
2. Bauchschmerzen (fehlend bis stark: 0 - 3)	□ □ □ □ □ □ □	___	x 5	= ___
3. Allgemeinzustand (gut bis schlecht: 0-4)	□ □ □ □ □ □ □	__	x 7	= ___
4. Unter den 6 folgenden Komplikationskategorien hat der Patient:		_	x 20	= ___
4.1. Arthritis oder Arthralgien				
4.2. Uveitis oder Iritis				
4.3. Erythema nodosum, Pyoderma gangrenosum, Mundaphtose				
4.4. Analfissuren, Analfisteln oder perirektale Abszesse				
4.5. Andere Fisteln (z.B. enterovesikal)				
4.6. Fieber ≥ 37.8°C während der letzten 7 Tage				
5. Antidiarrhoische Therapie: nein = 0, ja = 1		_	x 30	= ___
6. Masse im Abdomen: keine Masse = 0, fraglich = 2, sicher = 5		_	x 10	= ___
7. Hämatokrit [%]: • Männer: 47 - $Hk_{gemessen}$ • Frauen: 42 - $Hk_{gemessen}$		__	x 6	= ___
8. %-Anteil, welcher vom gewohnten Gewicht abweicht (gegen ↑ oder ↓)		__	x 1	= ___
CROHN'S DISEASE ACTIVITY INDEX (CDAI)			TOTAL	= ___

Interpretation:

< 150 Punkte : Remission

150-450 Punkte : Milde bis mittelschwere Aktivität

> 450 Punkte : Schwergradige Aktivität

K = Multiplikationsfaktor

Tabelle: CROHN'S DISEASE ACTIVITY INDEX (CDAI).

1 Podolsky DK. N Engl J Med 2002 ;347 :417-29. 2 Best WR, et al. Gastroenterology 1976 ;70 :439-4.

Vorg: **A. Akuter, nicht komplizierter CROHN-Schub**

Th: Mehrere Medikamente können kombiniert eingesetzt werden:

1. **Kortikoide** (in Monotherapie, je nach Klinik PO oder **IV**) **+ Vitamin D + Ca^{2+}** ± Bisphosphonat

Bsp:
- Prednison 20-60 mg/ PO (0.5-1 mg/kg/d)
- Methylprednisolon 20-60 mg/d **IV** (0.5-1 mg/kg/d)
- Budesonid‡ 9 mg/d PO über 8 Wo; Erhalttherapie 6 mg/d
- Vitamin D + Kalzium siehe S. 727 ff
- Bisphosphonat siehe S. 728 ff

2. **Immuntherapie**

Bsp:
- **Infliximab** REMICADE®

Ind:
- Schwergradiger Morbus CROHN
- Kortikoidrefraktäre Fälle (d.h. ungenügende Antwort unter Prednison 5 mg/kg **IV**)

3. **5-ASA = Mesalazin** (in Monotherapie)

Allg:
- 5-ASA (5-Aminosalicylsäure) hat wahrscheinlich eine topische, entzündungshemmende Wirkung.
- Die systemische Absorption von 5-ASA beträgt 20-40 %, was ein geringes Risiko einer tubulo-interstitiellen Nephritis mit sich bringt.

Bsp :
- ASACOL®, CLAVERSAL®, MESAVANT®, PENTASA®, SALOFALK®

Dos:
- Leichtgradige Formen: 2-4 g/d PO

4. **Sulfasalazin** (in Monotherapie)

Allg:
- Sulfasalazin wird selten angewendet. Es hat eine antimikrobielle Wirkung und ist bei Dünndarmbefall des Morbus CROHN nicht wirksam.

Ind:
1. CROHN mit rheumatologischen Manifestationen
2. CROHN mit spezifischem Kolonbefall (bei extrakolischem Befall ist Sulfasalazin wirkungslos)

Bsp :
- AZULFIDINE®

Dos:
- Leichtgradige Formen: 500-1000 mg 3-4x/d PO (oder IR)

B. Remissionstherapie

Allg:
- Der Term «Remission» bezieht sich mehr auf die Klinik, als auf den koloskopischen Befund.
- Es gibt keine guten Daten für eine Dauertherapie mit 5-ASA bei M. CROHN, die auf Azathioprin oder 6-Mercaptopurin nicht ansprechen oder NW haben.

Ind:
- Indikation zur remissionserhaltenden Therapie:
  - > 2 Schübe/Jahr oder aggressiver Krankheitsverlauf

Bsp:
- MTX 15 mg/Wo **SC** oder:
- Infliximab REMICADE®

C. Refraktärer Morbus CROHN: > 2 Schübe/Jahr oder aggressiver Verlauf (Konsilium)

C.1. Immunsuppressiva
- Azathioprin IMUREK®
  - 2.5 mg/kg/d PO in 1x- oder 2x-Einnahme/d; eine **IV**-Galenik ist vorhanden oder:
- 6-Mercaptopurin PURI-NETHOL®
  - 1.5 mg/kg/d PO (in 1x-Einnahme/d)

C.2. Methotrexat
- Methotrexat ist bei Azathioprin und 6-Mercaptopurin Intoleranz indiziert
  - 15 mg/Wo **SC**

C.3. Immuntherapie
- Infliximab REMICADE® (= Antikörper der den TNFα hemmt)

‡ Budesonid ist nur indiziert bei Befall des rechten Kolons und des terminalen Ileums.

GASTRO

Colitis ulcerosa (CU)[1,2] [K51.9]

Allg:
- Bei der Colitis ulcerosa handelt es sich um eine nicht transmurale Entzündung des Kolons, wahrscheinlich immunologischer Genese.
- Häufigkeit: 0.5-1 % der Bevölkerung
- Lokalisation und Ausdehnung der Colitis ulcerosa:
  - Die Colitis ulcerosa befällt **ausschliesslich das Kolon (+ Rektum)**
  - Der Dünndarm wird von der Colitis ulcerosa nie betroffen!
  - Pankolitis bei ca. 65 % der Fälle
  - Isolierte Proktitis bei ca. 15 % der Fälle
- Bei Colitis ulcerosa werden nie Fissuren oder Fisteln vorgefunden.
- Verlauf:
  - Der Schweregrad der Krankheit bestimmt die Notwendigkeit der histologischen Nachkontrollen.
  - Empfehlung: Koloskopie alle 1-2 Jahre nach 10-jähriger Krankheit

Kpl:
- Toxischer Megakolon
- Kolonadenokarzinom
- Ca. 5 % der Patienten mit einer Colitis ulcerosa leiden an einer primär sklerosierenden Cholangitis, S. 446

Klin:[2]

Klinische Parameter	Milde CU	Schwere CU	Fulminante CU
Anzahl Stuhlgänge/d	< 4	> 6	> 10
Blut im Stuhl	Intermittierend	Häufig	Immer
Axilläre Temperatur	N	T > 37.5° C	T > 37.5° C
Herzfrequenz	N	> 90/min	> 90/min
Hämoglobin	N	< 75 % des Normwertes	Transfusionen erfordert
BSG	≤ 30 mm/h	> 30 mm/h	> 30 mm/h
Radiologischer Aspekt des Kolons	N	Freie Luft in der Bauchdecke, Darmwandödem	Kolondilatation
Klinik	Keine Schmerzen	Bauchschmerzen	Peritonismus

Tabelle 1: Klinik und Labor der Colitis ulcerosa (CU).

Schweregrad der CU	Distale CU (Rektitis)	Ausgedehnte CU
• **Milde CU**	• 5-ASA..........PO oder IR und/oder:** • Kortikoid......IR	• 5-ASA ......PO
• **Mittelschwere CU**	• 5-ASA..........PO oder IR ± Kortikoid ..IR	• 5-ASA ......PO ± Kortikoid ..PO
• **Schwergradige CU**	• Kortikoid......PO, **IV** oder IR ± Kortikoid ..IR	• Kortikoid ..PO oder **IV** • Nicht-Responder: Konsilium
• **Fulminante CU**	—	• Kortikoid **IV** • Nicht-Responder: - Infliximab - Ciclosporin - Tacrolimus
• **5-ASA/Steroid-Refraktäre CU**	• 1. Wahl: ....Azathioprin* oder 6-Mercaptopurin* • 2. Wahl: ....Infliximab	• 1. Wahl: ....Azathioprin* oder 6-Mercaptopurin* • 2. Wahl: ....Infliximab
• **Remissions-erhaltende Therapie**	• 1. Wahl: ....5-ASA • 2. Wahl: ....Azathioprin* oder 6-Mercaptopurin* • 3. Wahl: ....Infliximab	• 1. Wahl: ....5-ASA • 2. Wahl: ....Azathioprin* oder 6-Mercaptopurin* • 3. Wahl: ....Infliximab

Tabelle 2: Therapie der Colitis ulcerosa (CU). IR = intrarektal

* Azathioprin und sein Metabolit 6-Mercaptopurin sind zytotoxisch wirksam und verlangen deswegen engmaschige klinische und labormässige Verlaufskontrollen!

** Bei rein rektalem Befall ist eine IR-Therapie zu bevorzugen. Generell liegt ein additiver Effekt einer PO und IR-Therapie vor, so dass die Kombination empfehlenswert ist.

1 Podolsky DK. N Engl J Med 2002 ;347 :417-29. 2 Angepasst nach: Truelove SC, et al. BMJ 1955 ;2 :1041-8.

Bem:
- Die 5-ASA sind im Rahmen einer Erhaltungstherapie bei Patienten in Remission wirksam.
- Verschiedene Substanzen können bei Patienten mit schwergradiger, kortikoidrefraktärer CU eingesetzt werden (ad Konsilium):
  - Infliximab REMICADE®
  - Ciclosporin SANDIMMUN®
  - Tacrolimus PROGRAF®
  - 6-Mercaptopurin PURI-NETHOL®
- Bei Kortikotherapie soll folgende Begleittherapie nicht vergessen werden:
  - Substitution von Vitamin D + Kalzium, siehe s. 727
  - Zusätzlich Bisphosphonat falls:
    1. Die Dauer der Kortikotherapie 3 Monate überschreitet
    2. Und eine Knochendichtemessung die Bisphosphonattherapie erfordert

Bsp:

Entzündungshemmer bei CU	**Beispiel mit Galenik**	**Dosierung** (Akutphase)	**Erhaltungsdosis/d**
5-ASA			
Orale 5-ASA			
Mesalazin	CLAVERSAL® • Filmtabl 250, 500 mg	1.5-3 g in 3x/d	1.5 g in 3x/d
	ASACOL® • Filmtabl 400, 800 mg	2.4-4.8 g in 3x/d	
	MEZAVANT® • Tabl 1200 mg	2.4 - 4.8 g 1x/d	2..4 g 1x/d
	PENTASA® • Depot-Tabl 500 mg • Depot-Granulat 1, 2 g	2-4 g in 3x/d	1.5-3 g in 2-3x/d
	SALOFALK® • Filmtabl 250, 500 mg	2-4 g in 3x/d	1.5-3 g in 2-3x/d
Olsalazin	DIPENTUM®	500 mg/d PO[f]	2-3 g (max 1g/Einnahme)
Rektale 5-ASA			
Mesalazin	ASACOL® • Supp 500 mg	1.5-3 g/d	3x 500 mg
	ASACOL® Klysmen • Klysmen/Rektalsusp 2 g/50 mL, 4 g/100 mL • Klysmen/ Rektal-schaum 2, 4 g	1 Klysma zu 4 g/d abends	1 Klysma zu 2 g/d abends
	ASAZINE® • Supp 500 mg	1-3 g/d	3x 500 mg
	SALOFALK® • Supp 250, 500 mg	1-3 g/d	4x 250 mg oder 3x 500 mg
	SALOFALK® Klysmen • Klysmen/Rektalsusp 2 g/30 g, 4 g/60 g	1 Klysma zu 4 g/d abends	1 Klysma zu 2 g/d abends
Kortikoide			
Orale Kortikoide			
Prednison	PREDNISON®	0.5-1 mg/kg/d PO	
Methylprednisolon	MEDROL®	12-160 mg/d PO	
Intravenös			
	SOLU-MEDROL®	32 - 64 mg **IV**	

f Olsalazin:
- Die initiale Dosis liegt bei 500 mg (soll während der Mahlzeiten mit viel Flüssigkeit eingenommen werden), dann wird die Dosis um 250-500 mg/d gesteigert um 2 g/d zu erreichen.

NEUROLOGIE

NEURO

Hirnblutung[1] [I61.9]

Allg: **Für die PRAXIS:**
Eine Hirnblutung ist klinisch von einem Infarkt nicht unterscheidbar!
Bei einem **BD > 170/100 mmHg** soll eine antihypertensive Therapie eingeleitet werden.

- Risikofaktoren:
  - Art. Hypertonie
  - Amyloid-Angiopathie
  - Gefässmissbildungen

Klin:
- Hirnblutungen (sowohl intrazerebral als auch extrazerebral) lassen sich klinisch nicht von einem Infarkt unterscheiden, siehe S. 516
- In den ersten Stunden kann sich die Blutung vergrössern.

Klas: **I. Intrakranielle intrazerebrale Blutung**
- Sakkuläres Aneurysma
- Hypertensive Massenblutung
- Gerinnungsstörung (inkl. medikamentöse Antikoagulation, Thrombolyse)
- Arteriovenöse Malformation oder kavernöse Angiome
- Amyloid-Angiopathie
- Sekundäre Blutung
  - Einblutung in einen ischämischen Hirnschlag
  - Subarachnoidalblutung mit intraparenchymatöser Ausdehnung
- Kokain
- Idiopathisch

II. Intrakranielle extrazerebrale Blutung
- Subarachnoidalblutung (mit teilweiser intrazerebraler parenchymatöser Ausdehnung infolge einer Blutgefässruptur)
- Epiduralhämatom
- Subduralhämatom

Dg:
- Schädel-CT oder -MR

Urs:
- Art. Hypertonie
- Aneurysma
- Vaskuläre Malformation
  - Arteriovenöse Malformation
  - Kavernöses Angiom
  - Kapilläre Teleangiektasie
  - Venöses Angiom
- Abnorm fragile Gefässe
  - Amyloid-Angiopathie
  - Vaskulitis (Arteriitiden)
- Blutgerinnung
  - Antithrombotika (Vitamin K-Antagonisten, Heparin, Thrombininhibitoren, Inhibitoren des Faktors Xa, Thrombozytenaggregationshemmer)
  - Fibrinolytika
  - Thrombozytopenie
  - Hämophilie
  - Leukämie
- Zerebrale Venen- und Sinusthrombosen
- Infektiöse Endokarditis, septische Embolien (mykotisches Aneurysma)
- Schädel-Hirn-Trauma
  - Primäre Kontusionsblutungen, Scherläsionen
  - Abriss von Blutgefässen
  - Sekundäre Blutungen (DURET; ponto-mesenzephalische Blutung bei akuter intrakranieller Blutung Hirndruck)
- Blutung in vorbestehende Läsionen
  - Tumoren, Metastasen
  - Granulome
- Hämorrhagischer Infarkt, Blutung in ischämischen Infarkt
- Verschiedene seltene Ursachen
  - Migräne
  - Hypertensive Notfallsituation, S. 244
  - Nach Karotisendarterektomie
  - Bei körperlicher Anstrengung
  - Bei akuten Schmerzen
  - Bei akuter Kältexposition
  - Bei Fettembolien
- Medikamentös: Vasopressoren

1 Berner Stroke Unit Stroke Team, 2007 ; 1-35. http://neurologie.insel.ch/fileadmin/neurologie/neurologie_users/Pdf/StrokeRichtlinien-18-1-07.pdf

Th: **1. Transfer in ein Zentrumspital**

2. Allgemeine Massnahmen

- Alle Antikoagulantien absetzen
- Bei Blutungen unter:
  - -- Vitamin K-Antagonisten ....siehe S. 98
  - -- Heparin ....siehe S. 100
  - -- NMH oder Faktor Xa-Hemmer ......siehe S. 100
- Bei Hämophilie: Substitution des entsprechenden Gerinnungsfaktors, S. 926 ff
- Bei Thrombopenie oder Thrombozytenfunktionsstörung: Plättchenkonzentrat
- Bei thrombotisch-thrombozytopenischer Purpura:
  - -- FFP und Kortison
  - -- In Betracht ziehen: andere Immunsuppressiva, Plasmapherese

3. Art. Blutdruck - Hämodynamik

- Bei **BD > 170/100 mmHg** ist eine antihypertensive Therapie indiziert, siehe S. 244, 523.
- Intubation/Beatmung, je nach Klinik, siehe S. 64

4. Spezialisierte Therapie

- Kausaltherapie: Beseitigung der Blutungsquelle (Operation oder endovaskuläre Therapie)
- Behandlung des erhöhten intrakraniellen Druckes (ICP)
- Ventrikeldrainage bei intraventrikulärer Einblutung und Liquoraufstau
- Rekombinierter Faktor VIIa (rFVIIa, NovoSeven®)
  - Ad. Konsilium:
    - Die Studie FAST (rFVIIa 20 oder 80 µg/kg **IV** < 4 h nach Ereignis) hat eine Verminderung der Ausdehnung der spontanen akuten Hirnblutung von 50 % gezeigt (bei der hohen Dosis von 80 µg/kg) aber ohne Verbesserung bei Patienten mit schwerwiegendem Defizit und ohne Einfluss auf die Mortalität nach 3 Mt.[2]
    - Die Risikoanalyse, ein thromboembolisches Ereignis zu entwickeln (Hirnschlag, STEMI, NSTEMI, erhöhtes Troponin ohne Zeichen für ein STEMI/NSTEMI im EKG) konnte in der Gruppe «rFVIIa 80 µg/kg **IV**» gezeigt werden (v.a. kardiale Ereignisse).[3]
    - Die Metaanalyse zeigt:
      - -- Keine signifikante Verminderung der Mortalität der nach 3 Mt. (bei Patienten mit schwerwiegendem Defizit)
      - -- Steigende Tendenz für thromboembolische Ereignisse.
- Bisher keine klaren Richtlinien, welche Hämatome neurochirurgisch evakuiert werden sollen. Wenn Blutung grösser als Tischtennisball (28 mL) Evakuation der Blutung individuell diskutieren, insbesondere bei lobären oder Kleinhirnblutungen.

5. Rehabilitation

2 Myaer SA et al. N Engl J Med 2008 ;358 :2127-37. 3 Diringer MN et al. Stroke 2010; 41: 48-53.

Hirnschlag[1-4] [ischämisch I63.9]

Syn: • Schlaganfall, zerebrovaskulärer Insult (CVI), Iktus, Apoplexie, «Streifung», *stroke*

Def: ▪ **Ischämischer Hirnschlag**, S. 520 ff

• Ischämisch induziertes neurologisches fokales Defizit, das meist plötzlich auftritt und über > 24 h anhält. Keine Hinweise auf Hypoglykämie oder Epilepsie.

▪ **Hirnblutung**

• Akutes neurologisches fokales Defizit infolge einer Blutung.

Allg: • Epidemiologische Daten bzgl. Schlaganfälle [Lancet 2008; 371: 1612-23]:

- In der Schweiz ist der Hirnschlag die häufigste Ursache einer Behinderung im Erwachsenenalter.
- Weltweit ist der Hirnschlag nach der ischämischen KHK der zweithäufigste Mortalitätsgrund (9 %) und betrifft ca. 12 % bei > 65-jährigen.
- Inzidenz (Schweiz): ca. 16'000 Fälle/Jahr
- Rund 30 % aller Hirnschlagpatienten erleiden eine schwerwiegende Invalidität.

• 85-90 % der Schlaganfälle sind ischämisch (10-15 % sind hämorrhagisch).

• **Risikofaktoren für zerebrale ischämische Infarkte**

A. Beeinflussbare Risikofaktoren

- Art. Hypertonie
- Zigarettenrauchen
- Alkoholüberkonsum
- Schlechte Ernährung
- Adipositas - Stammfettsucht
- Schlafapnoesyndrom
- Diabetes mellitus
- Hyperinsulinämie
- Dyslipidämie:
  - Hyperlipidämie
  - Hypertriglyzeridämie
  - HDL ↓
  - LDL ↑
- Orale Antikonzeptiva mit hohem Östrogengehalt
- Körperliche Inaktivität
- Erhöhtes Fibrinogen

B. Nicht beeinflussbare Risikofaktoren

- Positive Familienanamnese mit frühzeitiger (< 55 Jahre) Arteriosklerose
- Kardio- oder zerebrovaskuläre Komorbidität
- PAVK
- Männliches Geschlecht
- Alter

Urs: **A. Ischämische Hirninfarkte** (85-90 % der Schlaganfälle)

- Arteriosklerose grosser extra- und intrakranieller Hirngefässe inkl. Aortenbogen
  - Thrombose
  - Arterio-arterielle Embolien
  - Hämodynamische Insuffizienz
- Arteriosklerose der Aorta
- Erkrankung kleiner Hirngefässe, lakunäre Infarkte (Lakunen)
  - Risikofaktoren: Diabetes mellitus, art. Hypertonie, Dyslipidämie u.a.
- Kardiogene Embolien
  - Wandthrombus
    - Myokardinfarkt
    - Kardiomyopathie
  - Herzklappenvitien
    - Rheumatisches Herzvitium
    - Bakterielle und nichtbakterielle Endokarditis
    - Mitralklappenprolaps
    - Klappenprothese
  - Arrhythmie
    - Vorhofflimmern
    - *Sick-Sinus-Syndrome*
  - Vorhofmyxom
  - Paradoxe Embolie bei:
    - Offenem Foramen ovale ± Aneurysma des interaaurikulären Septums
    - Vorhofseptumdefekt

1 Berner Stroke Unit Stroke Team, 2007 ; 1-35. 2 P. Ringleb, et al. ESO-Guidelines. Cerebrovasc Dis 2008 ;25 :457-507. 3 Castilla Guerra L et al. Eur J Int Med 2008 ;19 :8-14. 4 AHA. Circulation 2005;112: 111-120.

- Hämatologische Erkrankungen
  - Thrombophilie (inkl. Antiphospholipid-Antikörper Syndrom)
  - Hämoglobinopathie:
    - Sichelzellanämie, Thalassämie u.a.
  - Hyperviskositätssyndrom
    - Polyglobulie, Thrombozytose, Leukozytose
    - Makroglobulinämie WALDENSTRÖM, multiples Myelom
  - Polycythaemia vera
  - Myeloproliferative Syndrome
  - Paroxysmale nächtliche Hämoglobinurie
- Vaskulitis u.a. Systemerkrankungen mit ZNS-Beteiligung
  - Infektiöse Vaskulitis
    - HIV
    - Tuberkulose
    - Borreliose, Neurosyphilis
    - Pilze
    - Herpes-Viren: EBV, CMV, Herpes zoster
    - Hepatitis B
    - Rickettsien
  - Primäre ZNS-Vaskulitis
  - Granulomatöse Angiitis des ZNS
  - Systemische nekrotisierende Vaskulitis mit ZNS-Beteiligung
  - PAN, S. 1068
  - Mikroskopische Polyangiitis, S. 1065
  - CHURG-STRAUSS-Vaskulitis
  - Riesenzellarteriitis
  - WEGENER-Granulomatose, S. 1066
  - Rheumatoide Arthritis
  - Polymyalgia rheumatica
- Konnektivitiden mit ZNS-Beteiligung
  - SLE
  - Systemsklerose
  - Morbus BEHÇET
  - MCTD u.a.
- Medikamente, Drogen
  - Kokain, *Crack*, Amphetamin, LSD, Heroin
  - Sympathomimetika
  - Ergotamine
  - Sumatriptan
  - Intravenöse Immunglobuline
- Nichtarteriosklerotische Gefässerkrankungen
  - Dissektionen: traumatisch, spontan
  - Fibromuskuläre Dysplasie
  - Traumatisch bedingte Thrombose oder Abriss von Hirngefässen
  - Vasospasmus nach Subarachnoidalblutung
  - Amyloid-Angiopathie
- Zerebrale Venen- und Sinusthrombose
- Sonstige Ursachen
  - Homozysteinurie
  - Morbus FABRY (Stoffwechselerbkrankheit aus der Gruppe der Sphingolipidosen)
  - MELAS *(mitochondrial encephalomyopathy, lactic acidosis and stroke like episodes)*
  - Fett- und Luftembolien
  - Pseudovaskulitisches Syndrom mit Cholesterinembolien
  - Migräne
  - Post Angiographie
  - Neurofibromatose
  - Lungenerkrankungen
    - AV-Malformationen
    - Morbus OSLER
    - Lungenvenenthrombosen
  - Distale Embolien aus Riesenaneurysmen
  - Tumorembolien

B. Intrakranielle Blutungen (10-15 % der Schlaganfälle), S. 512

1. **Intrazerebral**
2. **Extrazerebral**

Klin: Es gibt zahlreiche klinische Bilder des Hirnschlages. Hier einige typische Manifestationen:

Klinik	DD, Beispiele, Bemerkungen
▪ **Kombinierte Hemiparese mit konjugierter Blickwendung auf die Gegenseite**	Bsp 1: • Hirnschlag der A. cerebri media rechts → Hemisyndrom links mit konjugierter Blickwendung nach rechts. **Für die PRAXIS:** Der Patient schaut sich die Bescherung (Hemisphärenläsion) an! Bsp 2: • Rechter pontiner Hirnschlag (Befall der A. basilaris) → Fazialisparese rechts (Ischämie des in der Pons liegenden Kerns oder Faszikels des N. facialis) und brachio-krurales Hemisyndrom mit konjugierter Blickwendung nach links (*wrong way eye deviation*). Dieses Krankheitsbild kommt nur bei akuten Läsionen in der Pons oder im Mesencephalon vor.
▪ **Aphasie**	Allg: • Siehe Kapitel «Aphasie», S. 584
▪ **Akute Diplopie** (internukleäre Ophthalmoplegie, nukleäre Parese von III, IV, VI)	Allg: • Lokalisation der Läsion: - Pons - Mesencephalon
▪ **Nystagmus, Drehschwindel**	Allg: • Lokalisation der Läsion: - Hirnstamm - Kleinhirn DD: • Labyrinthläsion
▪ **Hemiparese mit Hirnnervenbefall, HORNER-Syndrom**	DD: • Hirnstammläsion • Karotisdissektion, S. 558
▪ **Homonyme Hemianopsie nach rechts**	Allg: • Befall der linken A. cerebri posterior Klin: • Siehe Text unter «Bemerkungen» der Amaurosis fugax, S. 533

Spezialfall: Hämodynamisch bedingte Infarkte - Wasserscheideninfarkt

Allg:
- Ischämische Hirninfarkte kommen i.d.R. durch Embolien zustande. Selten sind hämodynamische Ursachen der Grund zur Ischämie (z.B. Verschluss bzw. hochgradige Stenose grosser Hirnarterien). Man spricht dann vom Wasserscheideninfarkt.
- Die Klinik (z.B. proximalbetonte Paresen) verschlechtert sich bei Verminderung des zerebralen Blutflusses (BD-Abfall, Kopfhochlagerung, im Sitzen oder Stehen).
- **Protokoll** (Bildgebung vorausgesetzt)

  Patienten mit hämodynamisch bedingten Infarkten im Karotisstromgebiet :
  - ▪ **Einschlusskriterien:**
    - < 75 Jahre
    - Keine symptomatische KHK (NYHA < II)
  - ▪ **Therapie:**
    - Flachlagerung
    - Medikamentöses Anheben des art. Mitteldruckes (Erhöhung ≥ 10 mmHg)
    - Therapiedauer ≥ 24 h
    - Monitoring der Blutflussgeschwindigkeiten (transkranielle Dopplersonographie)
    - Kontroll-MR mit Perfusion und Diffusion nach 2 Tagen.

NIH Stroke Scale (NIHSS, modifiziert)[1-3]

Name	Vorname
Anzahl Tage nach Hirnschlag:	Datum des NIHSS:

1a. Bewusstseinsgrad

0 = Wach, genau antwortend
1 = Somnolent (durch geringe Stimulation weckbar)
2 = Soporös (benötigt wiederholte Stimulationen um aufmerksam zu werden oder ist lethargisch und reagiert auf starke oder schmerzhafte Stimulationen mit gezielten Bewegungen)
3 = Koma (antwortet nicht oder nur mit motorischen Reflexen oder automatischen Antworten)

___/ 3

1b. Bewusstseinsgrad-Fragen

Fragen nach dem aktuellen Monat und dem Alter des Patienten (keine Hilfestellung, nur erste Antwort zählt)

0 = Beide Antworten richtig
1 = Eine Antwort richtig oder Patient kann nicht sprechen wegen Dysarthrie oder Intubation
2 = Keine Antwort richtig oder aphasischer Patient oder stuporöser Patient

___/ 2

1c. Bewusstseinsgrad-Befehle

Augen öffnen und schliessen lassen, dann öffnen und schliessen der nicht betroffenen Hand (falls Hand nicht gebraucht werden kann soll ein anderer Befehl ausgeführt werden; falls Patient Befehl nicht versteht Pantomime benutzen)

0 = Beide Befehle richtig ausgeführt
1 = Einen Befehl richtig ausgeführt
2 = Keinen Befehl richtig ausgeführt

___/ 2

2. Augenbewegungen

Nur horizontale Bewegungen testen. Nur willkürlicher oder reflektorischer, aber kein kalorischer Test

0 = Keine Blicklähmung
1 = Partielle Blickparese (abnormal bei beiden Augen, aber Besserung bei occulocephalem Manöver oder abnormal bei einem Auge)
2 = Starke Abweichung oder komplette Blickparese beider Augen

___/ 2

3. Gesichtsfeld

Alle Quadranten testen

0 = Normal oder monookkulare Blindheit ohne Gesichtsfelddefizit des anderen Auges
1 = Quadrantenanopsie
2 = Komplette Hemianopsie
3 = Blindheit (auch kortikale Blindheit)

___/ 3

4. Motorik des Gesichts (Fazialisparese)

Patient soll lachen, danach die Augen schliessen (bei Patienten, welche die Befehle nicht verstehen, Pantomime benutzen oder auf die Symmetrie der Grimasse bei Schmerzreizen achten)

0 = Normale, symmetrische Bewegung
1 = Geringe Parese (glatte Nasolabialfalte, Asymmetrie beim Lachen)
2 = Komplette oder fast komplette Parese der unteren Gesichtshälfte
3 = Komplette Parese im unteren und oberen Gesichtsbereich

___/3

1 Angepasst nach: Berner Storke Unit, Jan 2007. p. 23. 2 Brott Th, et al. Stroke 1989 ;20 :864-70; 3 Lyden P et al. Stroke 1994 ;25 : 2220-6.

5. Motorik des rechten Arms

Rechten Arm für 10 sek bei 90° im Sitzen oder 45° im Liegen halten.

0 = Kein Absinken in 10 sek
1 = Absinken nach weniger als 10 sek aber ohne die Unterlage zu berühren
2 = Patient kann den Arm halten, aber nicht vollständig extendieren oder Arm sinkt nieder und berührt die Unterlage.
3 = Keine Anstrengung gegen die Schwerkraft möglich
4 = Keine Bewegung möglich (Plegie)

___ / 4

6. Motorik des linken Arms

Linken Arm für 10 sek bei 90° im Sitzen oder 45° im Liegen halten.

0 = Kein Absinken in 10 sek
1 = Absinken nach weniger als 10 sek, aber ohne die Unterlage zu berühren
2 = Partielle Ueberwindung der Schwerkraft (Patient kann den Arm halten aber nicht vollständig extendieren oder der Arm sinkt nieder und berührt die Unterlage)
3 = Keine Ueberwindung der Schwerkraft möglich
4 = Keine Bewegung möglich (Plegie)

___ / 4

7. Motorik des rechten Beins

Rechtes Bein für 5 sek bei 30° im Liegen halten.

0 = Kein Absinken in 5 sek
1 = Absinken nach weniger als 5 sek, aber ohne die Unterlage zu berühren
2 = Partielle Ueberwindung der Schwerkraft (Patient kann das Bein halten aber nicht vollständig extendieren oder das Bein sinkt nieder und berührt die Unterlage)
3 = Keine Ueberwindung der Schwerkraft möglich
4 = Keine Bewegung möglich (Plegie)

___ / 4

8. Motorik des linken Beins

Linkes Bein für 5 sek bei 30° im Liegen halten.

0 = Kein Absinken in 5 sek
1 = Absinken nach weniger als 5 sek, aber ohne die Unterlage zu berühren
2 = Partielle Ueberwindung der Schwerkraft (Patient kann das Bein halten aber nicht vollständig extendieren oder das Bein sinkt nieder und berührt die Unterlage)
3 = Keine Ueberwindung der Schwerkraft möglich
4 = Keine Bewegung möglich (Plegie)

___ / 4

9. Ataxie

Beidseits Finger-Nasen- und Ferse-Schienbeinversuch bei geöffneten Augen testen. Nicht testen bei unvollständiger Wachheit, Verständnisproblemen oder Plegie.

0 = Keine Ataxie oder Plegie
1 = Vorhanden in einer Extremität
2 = Vorhanden in 2 oder mehr Extremitäten

___ / 2

10. Sensibilität

Prüfung unter Verwendung eines spitzigen Holzstäbchens. Falls Patient aphasisch oder soporös, Verwendung von schmerzhaften Stimuli. Prüfung an Gesicht, Stamm, Armen und Beinen.

0 = Normal
1 = Partieller Verlust (Patient bemerkt Berührung an der betroffenen Seite weniger als auf der gesunden Seite oder Patient bemerkt eine Berührung, aber nicht die Spitze auf der betroffenen Seite oder Patient reagiert auf schmerzhaften Stimulus)
2 = Schwerer oder völliger Verlust (Patient bemerkt die Berührung nicht)

___ / 2

11. Sprache

0 = Normal
1 = Milde bis mässige Aphasie (Paraphasien, Wortverwechslungen), Kommunikation möglich
2 = Schwere Aphasie, Kommunikation weitgehend unmöglich
3 = Stumm, globale Aphasie

___ / 3

12. Dysarthrie

0 = Normale Artikulation
1 = Milde bis mässige Dysarthrie (einzelne Wörter verwaschen)
2 = Nahezu unverständlich oder schlecht

___ / 2

13. Neglect (Aufmerksamkeits-/Wahrnehmungsstörung)

0 = Kein Neglect (alle Patienten die beidseits etwas wahrzunehmen scheinen)
1 = Neglect in einer Modalität (zB. visuell oder taktil) oder Hemineglect
2 = Kompletter Neglect oder Hemineglect in mehr als einer Modalität (nimmt die eigene Hand nicht wahr oder orientiert sich nur zu einer Seite)

___/2

TOTAL **Punkte**

NEURO

Time is brain!!!

Verdacht auf Hirnschlag

Ausserhalb des Spitals oder im Notfallraum

- EKG-Monitor und Reanimationsbereitschaft (BLS, s. 3). Flachlagerung.
- **Sauerstoff-Gabe** bei $SaO_2 < 92$ % (Maske 40-60 % oder Brille 4-6 L/min). Ziel-$SaO_2 > 92$ %
- Blutzucker Kontrolle und behandeln falls notwendig, s. 522
- 2 venöse Zugänge schaffen (offenhalten mit NaCl 0.9 %). EKG (12 Abl.) + initiales Labor s. 522
- Rasche und präzise Anamnese + Status: **FAST-Test** (s. 521) und NIHSS (s. 517)
- Den Zeitpunkt bestimmen, an dem der Patient das letzte Mal «normal» war.
  Zeitfenster bezügl. Thrombolyse:
  - **IV**-Thrombolyse-Grenze: 4.5 h
  - **IA**-Thrombolyse-Grenze: 6 h (Basilaristhrombosen werden auch nach > 6 h lysiert)
- Vor der Thrombolyse <u>keine</u> Gabe von Acetylsalicylsäure!

Notfallmässige Verlegung in ein Zentrumspital (falls Thrombolyse am Ort nicht möglich ist)

- **KEINE Bildgebung (CT, MR) vor dem Transfer in ein Zentrumspital (= Zeitverlust!!)**
- Neurostatus wiederholen (inkl. NIHSS Score s. 517)
- Zeitpunkt des Symptombeginns bestätigen
- Hirnschlag-Team orientieren
- Erneut «Risiko-Benefit» mit dem Patienten und dessen Familie besprechen.

Neuroradiologische Bildgebung → Neuro-Konsilium (Schädel-MR/CT)

Keine Blutung

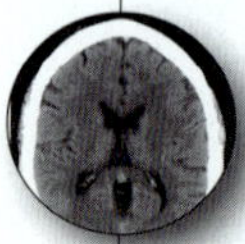

Ischämischer Hirnschlag

1. Thrombolyse evaluieren (Kriterien s. 526)
2. Neurostatus wiederholen (v.a. auf eine schnelle und deutliche Verbesserung achten, welche eine Thrombolyse kontraindizieren würde, s. 526)

Thrombolyse indiziert?
Siehe Lysekriterien s. 526

Ja

- Erneut «Risiko-Benefit» mit dem Patienten und dessen Familie besprechen.
- Falls akzeptabel:
  Thrombolyse anstreben, s. 527

Nein → (siehe unten)

Hirnblutung

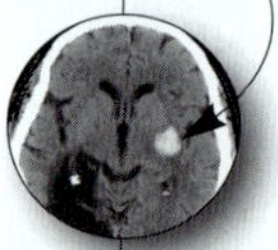

Intrazerebrale Blutung

- Konsilium (Neurologe, Neurochirurg)

- Allgemeine therapeutische Massnahmen, s. 522
- BD-Kontrolle und ggf. Therapie, s. 523
- Neurostatus Kontrolle:
  - Bei Verschlechterung, je nach Fall, notfallmässiges Schädel-CT diskutieren
- Blutzucker Kontrolle + Therapie, s. 522
- Begleiterkrankungen/Risikofaktoren suchen und behandeln
- Sekundärprävention, s. 530

Algorithmus: Verdacht auf Hirnschlag.[1,2]

BLS Basic-Life-Support, s. 3

1 AHA. Circulation 2005;112: 111-120. 2 Berner Stroke Unit Stroke Team, 2007 ; 1-35. 2

Tabelle 1

FAST-Test (Face-Arm-Speech-Test)[2]

Bei Vorhandensein von ≥ 1 von 3 pathologischen Antworten der Testresultate beträgt die Wahrscheinlichkeit eines Hirnschlags 72 %.

1. Gesichtsasymmetrie beim Ausführen von: «Zähne zeigen» und/oder «Lachen»

Interpretation:

→ Normale Antwort:	Symmetrische Gesichtsbewegungen
→ Pathologische Antwort:	Eine Gesichtshälfte bewegt sich nicht gleich wie die andere

2. Armvorhalteversuch während 10 Sekunden (mit geschlossenen Augen)

Interpretation:

→ Normale Antwort:	Beide Arme bewegen sich im gleichen Ausmass oder bleiben bewegungslos gestreckt. Weitere Beobachtungen (wie z.B. eine Pronationsbewegung der betroffenen Seite) kann hilfreich sein.
→ Pathologische Antwort:	Ein Arm sinkt im Vergleich zum anderen deutlich ab.

3. Abnormale Sprache

Der Patient wiederholt den Satz: «Morgenstund hat Gold im Mund»

Interpretation:

→ Normale Antwort:	Normale Aussprache ohne Artikulationsstörungen
→ Pathologische Antwort:	Undeutliches Sprechen, Gestammel, Gebrauch von falschen Wörtern oder Unfähigkeit zu sprechen

Rx: Beispiel einer Patientin mit akutem ischämischen Hirnschlag:

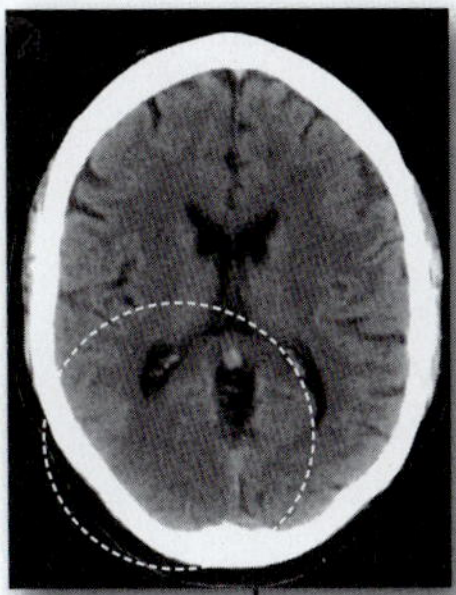

Schädel-CT 6 h nach Beginn des ischämischen Hirnschlags:
- Temporo-okzipitale Hypodensität rechts
- Diskreter Masseneffekt auf das rechte Hinterhorn

1 Jahr später rezidiviert dieselbe Patientin...

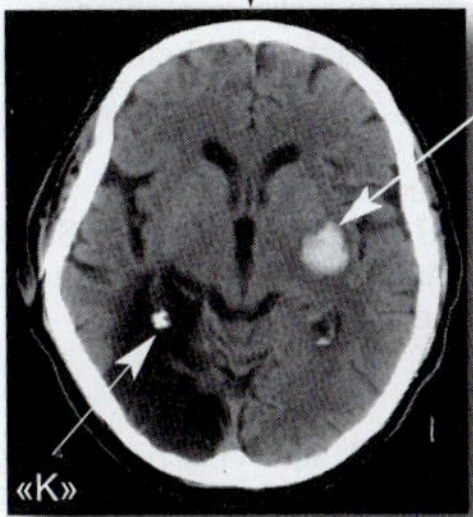

Hyperintensität, vereinbar mit akutem, hämorrhagischem Hirnschlag.

Gleiche Patientin mit Hirnschlagrezidiv 1 Jahr später:
- Hyperdensität (nucleus lenticularis links) vereinbar mit **akutem hämorrhagischem Hirnschlag** links.
- Okzipitale hypodense Zone rechts (= Narbe des Hirnschlags)
- «K» = Kalzifikation des plexus choroideus (ohne klinische Signifikanz)

2 Kothari RU et al. Ann Emerg Med 1999 ;33 :373-8.

Vorg: **Vorgehen nach klinischer Diagnosestellung eines Hirnschlages**[1,2]

1. Siehe Algorithmus, s. 520

Wichtigste initiale Frage:
- **«Ist eine Thrombolysetherapie indiziert?»: Kriterien siehe** s. 526
- Wenn keine Lyse durchgeführt wird und eine Blutung bzw. ein Masseneffekt ausgeschlossen ist, wird die Antiaggregation so schnell wie möglich verabreicht.

2. **Initiale Blutanalysen** (Zusatzuntersuchungen in der subakuten Phase, siehe s. 525):
   - Blutbild, Thrombozyten
   - CRP, Na^+, K^+, Ca^{2+}
   - Blutzucker, HbA1c
   - Harnstoff, Kreatinin
   - CK, Troponin
   - TSH
   - Cholesterin, HDL, LDL, Triglyzeride
   - Gerinnnugsstatus (INR, Quick, aPTT, Fibrinogen, Thrombinzeit)
   - ASAT, γGT, LDH u.a. Analysen, je nach Fall
3. **Überwachungsprotokoll**
   - Nach Thrombolyse, s. 528
   - Ohne Thrombolyse, s. 529
4. **Allgemeine Massnahmen** (Kontrollen i.d.R. während 72 h)
   - Sauerstoff, falls $SpO_2 < 95$ %
   - Hydratation (Ziel: Euvolämie)
     - 1. Wahl i.d.R. **NaCl 0.9 %** 500-1000 mL/24 h während der ersten 24 h (offenhalten des venösen Zugangs)
       - NaCl 0.9 % ist leicht hyperton (308 mOmol/L H_2O) und Ringer-Laktat leicht hypoton (280 mOmol/L H_2O). In gewissen Situationen (z.B. Niereninsuffizienz) kann auch Ringer-Laktat verabreicht werden.
       - Weder Glukose noch Dextrose infundieren (→ Verschlimmerung das Hirnödems)
   - **Oberkörperlage**
     - 0° bis +30° während der ersten 24 h
     - Bei intrakranieller Hypertonie: +30°
   - **EKG**
     - Akuter Myokardinfarkt?
     - Arrhythmien (z.B. Vorhofflimmern)?
   - **BZ-Werte**
     - Falls > 145-180 mg/dL → Insulintherapie (**SC** oder **IV**)
     - Falls < 50 mg/dL → Glukose 10-20 % **IV** (10-15 g)
   - **Anämie**
     - Bluttransfusionen sind bei Hb < 90-100 g/L indiziert.
   - **Fieber** (IMMER Ursache eruieren und frühzeitig behandeln!)
     - Bei > 37.5° C soll behandelt werden (1. Wahl: Paracetamol bis 4x 1 g PO oder **IV**)
     - Die therapeutische Hypothermie (siehe post-Reanimation, s. 10) zeigt in kleinen Pilotstudien gute Resultate beim akuten ischämischen Hirnschlag. Zur Zeit gibt es noch keine *evidence-based-Guidelines*.
   - **Antibiotika-Prophylaxe**: bei immunkompetenten Patienten <u>nicht</u> empfohlen.
   - **Dauerkatheter** (wenn Patient unruhig oder bei hoher Wahrscheinlichkeit einer Lyse)
5. **Antithrombotische Therapie**

5.1. Patienten nach Thrombolysetherapie
- Während der ersten 24 h keine Antithrombotika verabreichen.
  <u>Ausnahme</u>: nach intraarterieller Thrombolyse ASS 500 mg **IV**, dann ASS 100 mg/d
- Nach 24 h und bei Fehlen einer signifikanten Blutung soll eine Antiaggregation (selten eine Antikoagulation mit Heparin) begonnen werden.

5.2. Patienten ohne Thrombolysetherapie (s. 523)

<u>Ischämischer Hirnschlag</u>

Vorg:
- Die Plättchenaggregationshemmung wird i.d.R. sofort nach der «negativen» Bildgebung (d.h. keine Hirnblutung im Schädel-CT) verabreicht, AUSSER die Bildgebung zeige einen Masseneffekt, welcher in den folgenden Tagen zur Kraniotomie führen könnte (das Blutungsrisiko der Kraniotomie unter ASS ist erhöht). In diesem Fall soll 2-4 Tage gewartet werden, bevor mit ASS begonnen wird.

Th:
- Akuttherapie: ASS 250-500 mg PO oder **IV**
- Erhaltungsdosis: ASS 100 mg/d PO (falls KI: Clopidogrel 75 mg/d)

 1 Berner Stroke Unit Stroke Team, 2007 ; 1-35. 2 P. Ringleb, et al. ESO-Guidelines. Cerebrovasc Dis 2008 ;25 :457-507.

Frühzeitige Antikoagulation in der Akutphase des ischämischen Hirnschlags

Allg:
- In der Akutphase ist die Antikoagulation relativ kontraindiziert, denn es besteht das Risiko einer Einblutung in das ischämische Hirnschlag-Gebiet. Das individuelle Blutungsrisiko wird in Abhängigkeit der Grösse des Infarktes abgeschätzt. Das Einblutungsrisiko in das ischämische Gebiet wächst mit dem Ausmass des betroffenen Gebietes des Hirnschlags.
- Bei unklarem Risiko/Benefit-Risiko einer OAK muss mit einem vaskulär gebildeten Neurologen besprochen werden.

Ind:
1. Absolute Indikation einer Antikoagulation (schon in der Akutphase)
   - Sinusvenenthrombose
   - Hirnschlag bei Patienten mit künstlichen Herzklappen
2. Relative Indikationen während der Akutphase (hier: **IV**-Heparin-Perfusor ohne Bolus; aber diese Indikationen sind nicht *evidence-based!*)
   - Vorhofflimmern
   - Intrakavitärer Thrombus
   - Nach Herzinfarkt, schwere Herzinsuffizienz (LVEF < 30-35 %)
   - Valvulopathien (z.B. Mitralstenose)
   - Thrombophilie (erhöhte und andauernde Titer von Antiphospholipid Ak)
   - Dissektion des extrakraniellen Anteils einer Halsarterie (OAK 6-12 Mt.)

Bei Hirnblutung

Vorg:
- Ad. Neuro-Konsilium

6. Thromboembolie Prophylaxe (betrifft «Nicht-thrombolysierte Patienten»!)

Ind:
- Ischämischer CVI (die Prophylaxe soll in den ersten 24 h verabreicht werden)
- Intrazerebrale Blutung (die Prophylaxe soll nach 24-48 h begonnen werden, ausser bei Verschlechterung der Klinik, ad. Neuro-Konsilium).
- Subarachnoidalblutung (kein Konsens; ad. Neuro-Konsilium):
  - Initial: halbe Dosis des NMH bis am 3. Tag, dann Standardprophylaxe.

Vorg:
- NMH (**SC**-Gabe) oder Heparin (**SC**-Gabe)
  - Dalteparin FRAGMIN® 1x 2500-5000 IE/d **SC**
  - Enoxaparin CLEXANE® 1x 40 mg/d **SC**
  - Nadroparin FRAXIPARIN® (gewichtsadaptierte Dosis)

  oder:
  - Heparin 2x 5'000 IE/d **SC** (1. Wahl bei Niereninsuffizienz)
- Bei Antikoagulation-KI können folgende Massnahmen angewendet werden:
  - Kompressionsstrümpfe (Klasse II)

  oder:
  - Intermittierende pneumatische Kompression
- Bei Heparin-induzierter Thrombozytopenie (HIT), ad. Konsilium:
  - Direkte Thrombinhemmer (z.B. Lepirudin)
  - Faktor Xa-Hemmer (Danaparoid, Fondaparinux)

7. Art. Hypertonie und Hirnschlag (betrifft «Nicht-thrombolysierte Patienten»!)

Allg:
- Die Behandlung des BD in der Akutphase des Hirnschlags ist kontrovers.
- Patienten mit sehr hohem oder sehr niedrigem BD in den ersten 24 h, weisen den schlechsten neurologischen Verlauf auf.
- Ein niedriger BD ist in der Akutphase ungewöhnlich, und kann Folge eines ausgedehnten Hirninfarktes, einer Herzinsuffizienz, Hypoglykämie oder Sepsis sein!

Vorg:
- **Art. Hypertonie und ischämischer Hirnschlag**
  - Eine abrupte BD-Senkung soll vermieden werden.
  - In der Akutphase soll der BD ab folgenden Werten vorsichtig gesenkt werden:
    - SBD **> 220 mmHg und/oder DBD > 120 mmg**

      Aus verschiedenen internistischen Gründen muss der BD bereits bei niedrigeren Werten gesenkt werden, wie z.B. bei:
      - Schwergradige Herzinsuffizienz
      - Aortendissektion
      - Maligne Hypertonie
      - Hypertensive Enzephalopathie
      - Akute Niereninsuffizienz

      Siehe «Hypertensiver Notfall», S. 244

Empfehlungen zur antihypertensiven Therapie bei ischämischem CVI:
- Vorsichtige antihypertensive Therapie bei **BD > 220/120 mmHg**
- Antihypertensive Therapie bei Thrombolyse, S. 528
- Antihypertensive Therapie bei hypertensiver Notfallsituation, siehe S. 244

- **Art. Hypertonie und intrazerebrale Blutung**

Empfehlungen zur Indikation einer antihypertensiven Therapie:
- **Bei BD > 170/100 mmHg (vorsichtig senken!)**
- Beispiele von Antihypertensiva, gleich wie bei Thrombolyse, S. 528

- **Arterielle Hypotonie**
  - Die art. Hypotonie infolge Hypovolämie, oder in Verbindung mit einer neurologischen Verschlechterung, soll mit Volumenexpandern behandelt weden, z.B.:
    -- HAES-steril® 6 %/10 % (max. 20 mL/33 mL/kg/24 h)
    -- HEMOHES® 6 %/10 % (max. 20 mL/33 mL/kg/24 h)
    -- VENOFUNDIN®, VOLUVEN® (max. 50 mL/kg/24 h)
- **Zerebraler Perfusionsdruck**
  - Bei intrakranieller Hypertonie (s. 572) soll ein zerebraler Perfusionsdruck von ca. 70 mmHg beibehalten werden.

8. Abklärungen in der Akutphase (siehe auch Algorithmus s. 520)

8.1. Zerebrale Bildgebung

Bem:
- Während der ersten Stunden nach einem ischämischen Hirnschlag zeigt das Schädel-CT oft einen Normalbefund. Eine perifokale Hypodensität (Hirnödem) erscheint meist erst nach 1-3 Tagen.
- Das CT und das MR (in T2 Sequenzen) können eine Hirnblutung zuverlässig von einer frischen Ischämie unterscheiden. Eine nicht-invasive Angiographie (CT oder MR) der Halsgefässe sollte, wenn immer möglich, durchgeführt werden.
- Bei Vd. auf einen ischämischen Hirnschlag soll zusätzlich eine Perfusionsbildgebung angefügt werden:
  - PWI (*perfusion weighted imaging*) zusätzlich zur MR Untersuchung
  - Perfusions-CT zusätzlich zur CT Untersuchung

Für die PRAXIS:
- Bei *wake-up stroke* → MRI mit DWI/PWI und Angio-MRI
- Bei *minor-stroke* → MRI (denn das CT ist i.d.R. normal)
- Insult der hinteren Zirkulation → MRI (wenn immer möglich)

8.2. Lumbalpunktion

Ind:
- Febriler Patient mit Meningismus, s. 544
- Verdacht auf Subarachnoidalblutung (s. 581) bei normalem CT-Befund

Vorg:
- Siehe s. 574

8.3. Karotis/Vertebralis Duplex-Sonographie u/o Angio-CT u/o Angio-MR

Allg:
- Eine Abklärung der intra- und extrakraniellen Arterien ist i.d.R. bei allen Patienten mit ischämischem Hirnschlag indiziert.

Ind:
- Notfallmässig (und falls kein MR mit MR-Angio verfügbar) bei potentiell antikoagulierbaren Patienten mit:
  - Verdacht auf Karotis- oder Vertebralisdissektion, s. 558
  - Trauma der Halsregion

8.4. Transthorakale Echokardiographie (± transösophageal)

Ind:
- Antikoagulierbarer Patient mit Vd. auf eine nicht bekannte kardiale Emboliequelle (z.B. neuaufgetretenes Vorhofflimmern).

9. Überwachung und Kontrolle von Hirnschlagpatienten, siehe s. 528

10. Mobilisation
- Im Liegen ist die Hirndurchblutung am effizientesten, was eine schrittweise Mobilisation der Hirnschlag-Patienten sinnvoll macht.
- Ideale Oberkörperlage:
  - 0° bis +30° während der ersten 24 h
  - Bei intrakranieller Hypertonie: +30°
- Die Mobilisation soll immer individuell angepasst und mit Kompressionsstrümpfen oder eingebundenen Beinen durchgeführt werden.
- Bei jeder neuen Stufe muss BD und Puls kontrolliert werden.
- Bei TIA kann die Mobilisation nach Ausschluss einer hämodynamisch relevanten Stenose der extra- und intrakraniellen Gefässe sofort beginnen.

Mob.St.	Tage nach Insult/Datum		Mobilisation (hausintern anpassen)
1			• Strikte Bettruhe. Flachlagerung
2			• Strikte Bettruhe. Kopfteil 30° hochgestellt
3			• Strikte Bettruhe. Kopfteil 45° hochgestellt
4			• Strikte Bettruhe. Kopfteil 60° hochgestellt
5			• Am Bettrand sitzen (Begleitung durch Pflege)
6			• Im Lehnstuhl sitzen (Begleitung durch Pflege)
7			• Herumgehen im Zimmer (mit Pflegepersonal)
8			• Freies Herumgehen

Tabelle: Mobilisationschema (Mob.St.) nach Hirnschlag (nach Berner Stroke Unit).

11. Ätiologische Abklärungen in der subakuten Phase

- Schädel MR, neurovaskulärer Ultraschall oder MR-Angiographie der supraaortalen und zerebralen Gefässe, evtl. CT-Angiographie
- Zerebrale Angiographie (wird abgesehen von der intraarteriellen Thrombolyse selten durchgeführt)
- Transthorakale oder besser transösophageale Echokardiographie
- EKG, ± 24 h-EKG, ± R-Test
- Thoraxröntgen
  - BSG
  - VDRL
  - ± Osmolalität
- Urin (Status + Sediment)

Falls Diagnose noch unklar:

- Serumelektrophorese
- ANA, RF
- Hb-Elektrophorese
- Thrombophilie Abklärung, S. 930

12. Frührehabilitation

- Das Ziel der Frührehabilitation ist die Prophylaxe von Komplikationen wie:
  - Schmerzen, Ödembildung
  - Dekubitus, Kontrakturen
  - Schulter-Hand-Syndrom
  - Venenthrombosen
  - Pneumonien u.a.
- Vorgehen
  - Sobald der Zustand der Hirnschlagpatienten stabil ist, können sie der Frührehabilitation zugeführt werden. Folgende Therapiemodalitäten werden berücksichtigt:
    -- Tonusregulierende Lagerung, funktionelles Durchbewegen
    -- Atemtherapie. Transfer üben, multisensorische Stimulation
    -- Kontinenztraining und Ausscheidungsregulierung
    -- Beratung von Aphasiepatienten, Logopädie, Ergotherapie u.a.

NEURO

Thrombolyse des akuten ischämischen Hirninfarktes[1-3]

Ind: **Einschlusskriterien**

- Akuter ischämischer Hirninfarkt mit Symptomendauer von:
  - **Weniger als 4.5 h bis Beginn der <u>intravenösen</u> Thrombolyse**
    oder:
  - **Weniger als 6 h bis Beginn der <u>intraarteriellen</u> Thrombolyse (Ausnahme: Basilaristhrombose → Thrombolyse bis 12 h nach Symptombeginn möglich)**
    <u>und</u>:
  - **NIHSS Score ≥ 4** (s. 517) oder **Aphasie** oder **Hemianopsie**
- Bei ausgedehntem Perfusions-Diffusions-Mismatch im MR bei M1-Verschluss der a. cerebri media oder bei Basilaristhrombose kann eine mechanische Rekanalisation bis 8 h nach Beginn der Symptomatik durchgeführt werden (falls NIHSS > 11, s. 517).

KI: **Ausschlusskriterien - für intravenöse und intraarterielle Thrombolysen**

A. Kontraindikationen, basierend auf CT- oder MR-Befunden

- ABSOLUT:* Intrakranielle Blutung (subdural, subarachnoidal, ventrikulär, intrazerebral)
- RELATIV: Intrakranielle Neoplasie, arteriovenöse Malformation oder Aneurysma

B. Kontraindikationen, basierend auf die Klinik

- RELATIV: Symptomenbeginn nicht definierbar (z.B. Auftreten im Schlaf). Hier wird die Indikation zur Lyse mit DWI/PWI-MR individuell gestellt.
- RELATIV: Vorbestehendes schweres neurologisches Defizit
- ABSOLUT:* Schädel-Hirn-Trauma vor weniger als 3 Mt. mit bleibenden Ausfällen
- ABSOLUT:* Hirnblutung vor weniger als 3 Monaten mit bleibenden Defiziten
- RELATIV: Postiktale Lähmung bzw. epileptischer Anfall§ mit Auftreten der Symptome oder bekannte aktive Epilepsie → MR
- RELATIV: Prellmarken am Schädel, die auf ein Schädel-Hirn-Trauma mit Auftreten des Insultes schliessen lassen → MR
- RELATIV: Rasch regrediente neurologische Symptome (nur gering oder nicht mehr vorhanden) → MR
- RELATIV: Koma oder Sopor (Ausnahme: Basilaristhrombose → MR: falls grosser *Mismatch*, kann eine Lyse trotzdem gerechtfertigt sein!)
- ABSOLUT:* Medikamentös nicht senkbare und kontrollierbare art. Hypertonie:
  - **SBD > 185 mmHg und/oder DBD > 110 mmHg**
- ABSOLUT:* Anamnestisch schwere art. Hypertonie (z.B. medikamentös nicht einstellbar; erheblicher Endorganschaden, s. 251)
- ABSOLUT:* Hämorrhagische Diathese oder Koagulopathie
- RELATIV: Begleiterkrankungen:
  - Schwere Komorbidität (inkl. schweres, vorbestehendes neurologisches Defizit u.a. prognostische schlechte Erkrankungen)
  - Aortenaneurysma
  - Ösophagusvarizen, portale Hypertonie
  - Schwere Hepatopathie
  - Kolitis
  - Metastasierendes Karzinom oder Lymphom

C. Kontraindikationen, basierend auf Laborresultaten

- ABSOLUT:* Thrombozytopenie < 100 G/L
- RELATIV: INR > 1.7 (mechanische Rekanalisation ist ggf. trotzdem möglich)
- RELATIV: Hypoglykämie (< 50 mg/dL) oder Hyperglykämie (> 400 mg/dL)
- RELATIV: Hyponatriämie (< 120 mmol/L) oder Hypernatriämie (> 150 mmol/L)

* Alle «ABSOLUTEN» Kontraindikationen sind potentiell «RELATIVE» Thrombolysekontraindikationen; mit Spezialisten von Fall zu Fall besprechen.

§ Klinisch kann eine andauernde Paralyse, welche durch eine Epilepsie hervorgerufen wird (TODD'sche Lähmung) NICHT von einer CVI-induzierten Lähmung unterschieden werden. Insofern kann eine Thrombolyse nur dann durchgeführt werden, wenn die Ischämie mit einer Perfusionsbildgebung (Perfusions-CT oder -MR) bestätigt ist. Die Thrombolyse soll unter «BDZ-Schutz» durchgeführt werden (z.B. Clonazepam Perfusor 2 mg/24 h IV).

1 Berner Stroke Unit Stroke Team, 2007 ; 1-35. 2 Michel P, et al. Schweiz Med Forum 2006 ;6 :225-8. 3 Hacke W, et al. ECASS. N Engl J Med 2008 ;359 :1317-29.

Ausschlusskriterien <u>ausschliesslich</u> für intravenöse Thrombolysen

- Chirurgischer Eingriff oder Biopsie eines parenchymatösen Organs vor < 30 d
- Arterienpunktion an einer nichtkomprimierbaren Stelle vor < 7 d
- Infektiöse Endokarditis oder vermutlicher septischer Embolus
- GI-Blutung vor < 30 d
- Schwangerschaft oder Geburt vor < 30 d

Ausschlusskriterien <u>ausschliesslich</u> für intraarterielle Thrombolysen

- RELATIV: Alter > 75-80 Jahre

Information des Patienten und der Angehörigen

- Bei thrombolysierten Patienten ist die Chance einer vollständigen Erholung deutlich grösser als ohne Thrombolyse.
- Die Mortalität ist mit oder ohne Thrombolyse ähnlich.
- Die Thrombolyse erhöht die Wahrscheinlichkeit einer Hirnblutung oder einer Blutung.

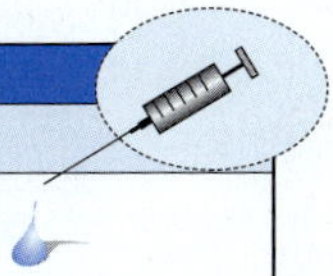

Durchführen einer Thrombolyse	
Intravenöse Thrombolyse (i.d.R. auf der IPS)	
■ **Alteplase** ACTILYSE®	• Gesamtdosis: 0.9 mg/kg/KG (maximal 90 mg): - wovon 10 % Bolus **IV** - und 90 % in einer Infusion über 1 h <u>Beispiel</u> für einen Patienten mit 70 kg → Gesamtdosis: 63 mg - 6.3 mg **IV bolus** - dann 56.7 mg über 1 h **IV** • **Während 12-24 h keine Antithrombotika verabreichen.**
Intraarterielle Thrombolyse (wird in den spezialisierten Zentren durchgeführt)	

Überwachung und Kontrolle von Hirnschlagpatienten[1]

Allg:
- Die intravenöse Thrombolyse findet i.d.R. auf der IPS statt; die intraarterielle Thrombolyse im Angiographieraum.
- Bei Gefahr eines raumfordernden Hirnödems: rasch Neurochirurgen beiziehen

Vorg:
- Die Überwachung bei Hirnschlagpatienten soll wie folgt differenziert werden:
  1. Überwachng nach erfolgter Thrombolyse
  - Alle Patienten werden während der ersten 24 h immer auf der IPS überwacht. Nach 24 h und je nach Klinik, kann eine Verlegung in eine *Intermediate Care* stattfinden.

  2. Überwachung ohne erfolgte Thrombolyse, S. 529

---

1. Überwachung nach erfolgter Thrombolyse auf der IPS (i.d.R. während 24 h)

Vorg: **A. Blutdruck**

A.1. BD-Messungen (i.d.R. invasiv)
- 1. Tag: alle 15 min während 2 h, dann alle 30 min bis zu 6 h, dann alle 60 min bis zu 24 h
- Ab 2. Tag: 3x/d BD-Kontrolle

A.2. Blutdruckgrenzen und Therapie
- Falls 1x-iger Messwert **SBD > 185 mmHg** u/o **DBD > 110 mmHg**:
  → Kontrolle nach 5 min; falls keine Spontansenkung eintritt:

> Ziel-BD:
> - SBD ≤ 180 mmHg
> - DBD ≤ 100-110 mmHg
>
> **wobei die maximale BD-Senkung** in der ersten Stunde 25 % bezüglich des Basalwertes <u>nicht</u> überschreiten darf!

- **Nitroprussid** NIPRUSS®
  - Perfusor gemäss Schema (initial 0.5 µg/kg/min **IV**)
- **ACE-Hemmer**, z.B. Enalapril XANEF®
  - 0.625-1.25 mg in 1-5 min langsam **IV** (evtl. alle 6 h wiederh.)
- **Hydralazin** NEPRESOL®
  - 6.25 mg Bolus-weise **IV** (max. alle 15 min); max. 50 mg/24 h

In Deutschland nicht erhältlich:
- **Labetalol** 5 mg Bolus **IV**
  Bei ungenügender Wirkung von Labetalol, jeweils alle 10 min, **IV**-Boli wiederholen und bei Bedarf, mit jeweils doppelter Dosis weiterfahren, bis dass der Zielwert erreicht ist:
  - Erneut Bolus → **5 mg**;
    bei Bedarf 10 min später → **10 mg** Bolus,
    bei Bedarf 10 min später → 20 mg Bolus,
    bei Bedarf 10 min später → 40 mg Bolus.
    Falls resistent → Konsilium!

A.3. Bei hämodynamischer Insuffizienz (Wasserscheideninfarkt) und progredientem neurologischem Defizit wird dei Blutdruckanhebung gemäss separatem Protokoll durchgeführt, S. 516

B. Klinische Kontrollen

B.1. Pupillen und Bewussstein
- Grundüberwachung alle 30 min für 2 h, dann alle 60 min für 4 h, dann alle 120 min für 18 h, dann 3x/d.

B.2. Respiration und O_2-Sättigung
- Falls O_2-Sättigung < 92 % → O_2 per Nasensonde
- Bei > 15-20/h Apnoephasen (Atempausen > 10 sek) → CPAP

B.3. Körpertemperatur
- Bei > 37.5°C → Antipyretika (1. Wahl: Paracetamol) + Kausaltherapie!

B.4. Neurostatus und NIHSS (Häufigkeit der Klinik anpassen)
- Sobald Patient in der IPS installiert ist.
- Vor Übertritt auf Abteilung (i.d.R. nach 24 h)

C. Neuroradiologische Kontrollen
- Schädel-CT oder -MR am ersten Tag nach der Thrombolyse
- Bei neurologischer Verschlechterung muss eine CT-Kontrolle notfallmässig durchgeführt werden!
- 3 Monate nach der Thrombolyse:
  - Klinische und bei Bedarf sonographische Verlaufskontrollen beim Spezialisten (vaskulär zertifizierter Neurologe u.a.)

1 Angepasst nach: Berner Stroke Unit, Jan 2007. p. 23.

D. Laborkontrollen (12-24 h nach der Thrombolyse)
- Blutbild, Thrombozyten, INR (und Quick)
- CRP
- Blutzucker
- Na^+, K^+, Kreatinin
- Andere Parameter, je nach Situation

2. Überwachung nach ischämischem Hirnschlag <u>ohne</u> Thrombolysetherapie

Allg:
- WICHTIG:
  - Eine **engmaschige Überwachung ist essentiell**, da der akute Hirnschlag eine instabile Situation darstellt.
  - Der Neurostatus muss regelmässig wiederholt werden, um eine allfällige Verschlechterung rasch zu erkennen!
  - Der Patient soll auf eine Station verlegt werden, wo eine entsprechende Überwachung gewährleistet ist.

Vorg: **A. Blutdruck- und Pulskontrollen** (i.d.R. nicht-invasive BD-Messung)
- Erste 24 h nach Beginn des Hirnschlags
  - Alle 15-30 min während der ersten 2 h nach Spitaleintritt
  - Alle 30-60 min bis zu 6 h nach Spitaleintritt
  - Dann alle 2 h
- Ab 2. Tag, bei hämodynamisch stabilen Patienten: 3x/d
- In speziellen Situationen
  - Wasserscheideninfarkt, S. 516
  - Nach Thrombolyse, S. 528
  - Patienten mit signifikanten Begleiterkrankungen
- Blutdruckgrenzen siehe, S. 523

B. Klinische Kontrollen
- Pupillen und Bewusstsein
  - Alle 30 min während der ersten 2 h
  - Dann alle 60 min während 4 h
  - Dann alle 2 h während 18 h
  - Dann 3x/d
- Neurostatus und NIHSS, S. 517
  - Bei Spitaleintritt und anschliessend nach 24 h (bei neurologischer Verschlechterung häufiger)

C. Sonstige Kontrollen
- Temperatur
  - 3x/d, falls > 37.5° C: Antipyretika (Paracetamol) und kausale Abklärung
- O_2-Sättigung
  - SpO_2 < 92% → O_2 per Nasensonde

D. Laborkontrollen
- Je nach Verlauf und Begleiterkrankungen

E. Neuroradiologische Kontrollen
- Bei rascher neurologischer Verschlechterung CT anstreben:
  - Blutung ins Infarktgebiet?
  - Ausdehnung des Infarktes?
- Befunde mit einem Spezialisten besprechen

F. Ätiologische Abklärungen, siehe Punkt 11., S. 525
- Je nach Verlauf und Begleiterkrankungen

G. Mobilisation, siehe Punkt 10., S. 524

H. Frührehabilitation, siehe Punkt 12., S. 525
- Frühzeitige Schluckabklärung durchführen, da die Gefahr einer Aspirationspneumonie besteht

Sekundärprävention nach Hirnschlag[1,2]

Allg: • Die medikamentöse oder chirurgische Prävention hängt von der Ursache des Hirnschlages und der globalen Situation des Patienten ab:
- Anamnese (asymptomatisch, St. nach TIA oder Hirnschlag, bekannte Arteriopathie)
- Allgemeinzustand und Komorbiditäten des Patienten (v.a. kardiovaskulärer Natur)
- Radiologischer Aspekt der Läsion (neurovaskuläre Sonographie, CT, MR, PET, SPECT)

Vorg: **I. Nicht medikamentöse Sekundärprävention**

- Es gelten dieselben Empfehungen wie unter «Primärprävention», S. 532

II. Medikamentöse Sekundärprävention

Antiaggregation nach Hirnschlag

Monotherapie

- Acetylsalicylsäure 100 mg/d (gleichwertig: 50-300 mg/d; aber > 150 mg/d mehr NW) oder (falls indiziert):
- Clopidogrel 75 mg/d indiziert bei:
  - ASS-Intoleranz
  - ASS-Unwirksamkeit
  - Hohem vaskulärem Risikoprofil (z.B. > 1 Risikofaktor)

  Alternativ zu Clopidogrel, bei hohem Risikoprofil:
- AGGRENOX® (= ASS 25 mg + Dipyridamol 200 mg) 2x 1 Tabl/d PO (häufige NW von AGGRENOX® Kopfschmerzen!)

Kombinationstherapie

- Die Kombination «ASS + Clopidogrel» wird nicht empfohlen (Ausnahmen: z.B. bei instabiler AP, NSTEMI oder kürzlicher STENT-Einlage ad. Konsilium!) [IA]

Für die PRAXIS:
Clopidogrel in «Monotherapie», verglichen mit der Kombinationstherapie «ASS + Clopidogrel» ist das Risiko von: Hirninfarkt, Herzinfarkt, vaskulärem Tod oder Rehospitalisierung nicht vermindert. Hingegen sind lebensbedrohliche oder schwerwiegende Blutungen unter dieser Kombinationstherapie häufiger!

Orale Antikoagulation (OAK) nach Hirnschlag

Allg:
- Die OAK ist der ASS nur in bestimmten Situationen überlegen (z.B. Hirnschlag bei Vorhofflimmern, Vertebralis-/ Karotisdissektionen, Sinusvenenthrombosen).
- Ziel-INR 2.0-3.0; bei Klappenfehlern: INR 3.0-4.0
- Die Kombination «OAK + Antiaggregation» ist zur Sekundärprävention nach Hirnschlag nicht indiziert (auch nicht bei vorhandenem Karotis- und/oder Vertebralis-STENT). Bei Patienten mit koronarem STENT kann eine solche Kombinationstherapie indiziert sein, siehe S. 202, 203
- Bei Kontraindikation für eine OAK, soll anstelle AGGRENOX® gegeben werden.

Ind:
- Kardiogene Embolie (i.d.R. lebenslange OAK)
- Vorhofflimmern
- Karotis- oder Vertebralisdissektion (OAK für 3-6 Mt.)
- Sinusvenenthrombose und Thrombosen anderer Kopfvenen (OAK für 6-12 Mt.)
- Rezidivierende TIA trotz Plättchenaggregationshemmung (OAK i.d.R. für 6 Mt.)

Bem:
- Bei signifikanten Komorbiditäten (schlechter Kompliance, unkontrollierbarer Epilepsie, GI-Blutung u.a.) wird eine OAK nicht empfohlen. [IIIC]
- Fortgeschrittenes Alter alleine ist keine Kontraindikation für eine OAK. [IA]
- Sturzneigung und Antikoagulationsrisiko bei VHFli., siehe S. 1184

Statine nach Hirnschlag (ohne KHK)

Ind:
- TIA oder ischämischer Hirnschlag, sofern deren Ursache ein direktes oder indirektes atheroembolisches Ereignis vermuten lässt.

Vorg:
- Die LDL-Zielwerte richten sich nach folgender Risikostratifikation:[1,2]
  - **Hochrisiko** (CV-Risiko/10 J > 20 %, PROCAM-Score siehe S. 689)
    - Statin indiziert bei LDL-C ≥ 100 mg/dL; Statin freigestellt bei < 100 mg/dL
      → Ziel-LDL < 100 mg/dL
  - **Intermediärrisiko** (CV-Risiko/10 J: 10-20 %, PROCAM-Score siehe S. 689)
    - Statin indiziert bei LDL-C ≥ 130 mg/dL; Statin freigestellt bei < 130 mg/dL
      → Ziel-LDL < 130 mg/dL
  - **Niederrisiko** (CV-Risiko/10 J < 10 %, PROCAM-Score siehe S. 689)
    - Statin indiziert bei LDL-C ≥ 190 mg/dL; Statin freigestellt bei 160-190 mg/dL
      → Ziel-LDL < 160 mg/dL

1 Berner Stroke Unit Stroke Team, 2007 ; 1-35. 2 P. Ringleb, et al. ESO-Guidelines. Cerebrovasc Dis 2008 ;25 :457-507.

Bemerkung: Die amerikanischen Guidelines[2] unterteilen die Intermediärrisiko-Patienten in ein «Moderately high risk» und ein «Moderately risk»:

- ***Moderately high risk*** (≥ 2 RF und CV-Risiko/10 J 10-20 %, siehe S. 689)
  - Statin indiziert bei LDL-C ≥ 130 mg/dL; Statin freigestellt bei 100-130 mg/dL
    → Ziel-LDL < 100 mg/dL
- ***Moderately risk*** (≥ 2 RF und CV-Risiko/10 Jahre < 10 %, siehe S. 689)
  - Statin indiziert bei LDL-C ≥ 160 mg/dL; Statin freigestellt bei 130-160 mg/dL
    → Ziel-LDL < 130 mg/dL

Bsp:
- Atorvastatin 40-80 mg (tageszeitunabhängig)
- Pravastatin 20-40 mg abends
- Simvastatin 20-40 mg abends

Antihypertensiva

Allg:
- 1. Wahl-Therapien bei art. Hypertonie:
  → ACE-Hemmer + Diuretikum
  → Sartan + Diuretikum
  → Kalziumantagonisten

Diabetes mellitus

Vorg:
- Bei Patienten mit einem nicht-insulinpflichtigen Typ-2-Diabetes wird eine Behandlung mit **Pioglitazon** nach einem Hirnschlag empfohlen.[4] [IIIB]

Schlafapnoe-Syndrom (SAS)

Vorg:
- Es ist empfohlen, eine Schlafapnoe mit einer CPAP®-Beatmung zu behandeln.

Offenes Foramen ovale (PFO)

Vorg:
- Das Vorgehen ist kontrovers (wenig Evidenz):
  → Plättchenaggregationshemmung (Langzeit)
  → Ein perkutaner Verschluss soll bei Hochrisiko-Patienten diskutiert werden (d.h. bei PFO Grad III und Vorhofseptumaneurysma, rezidivierenden Hirnschlag/TIA).

2 P. Ringleb, et al. ESO-Guidelines. Cerebrovasc Dis 2008 ;25 :457-507. 4 Wilcox R, et al. PROspective. Stroke 2007 ;38 :865-73.

Primärprävention und Hirnschlag - Empfehlungen[1-3]

Vorg: **I. Nicht medikamentöse Primärprävention**

- **Stopp Zigarettenrauchen**
- **Therapie von Übergewicht - Bewegungsmangel**
  - Das regelmässige Ausüben einer körperlichen Aktivität während 2-5 h/Wo hat folgende positive Wirkung auf den Hirnschlag:
    - Schweregrad des Hirnschlags
    - Globaler *Outcome*
- ***Lifestyle***, siehe auch S. 682, 691
- **Ernährung**
  - Salzarme Diät
  - Hoher Anteil ungesättigter Fettsäuren (vermeiden von Trans-Fetten, S. 682)
  - Viel Obst, Gemüse, und Ballaststoffe
  - Antioxidierende Vitamine werden <u>nicht</u> empfohlen [IA]
- **Übermässige Alkoholeinnahme reduzieren**
  - Übermässiger Alkoholgenuss (> 60 g/d) hat folgende Auswirkungen:
    - Erhöhung des Hirnschlagrisikos (1.7x ↑)
    - Erhöhung des Hirnblutungsrisikos (2x ↑)
  - Geringer Alkoholgenuss (< 12 g/d) reduziert das Hirnschlagrisiko (0.83 ↓)
  - Mässiger Alkoholgenuss (12-24 g/d) reduziert das Hirninfarktrisiko (0.72 ↓)
  - Das Trinken von Rotwein ist, im Vergleich zu anderen Alkoholika, mit dem niedrigsten Risiko verbunden.
- **Art. Blutdruck**
  - *Lifestyle*, S. 682
  - Ziel-BD 120/80 mmHg
  - Antihypertensive Therapie bei Patienten mit BD 120-139/80-90 mmHg und ≥ 1 der folgenden Kriterien: [IA]
    - Herzinsuffizienz
    - Myokardinfarkt
    - Diabetes mellitus
    - Chronische Niereninsuffizienz
- **Blutzuckerkontrolle**
  - Es gibt keine Evidenz, dass eine verbesserte BZ-Kontrolle das Hirnschlagrisiko reduziert.
- **Lipide** (Cholesterin, HDL, LDL, Triglyzeride)
  - Ziel-LDL < 100 mg/dL (< 2.6 mmol/L)
- **Regelmässige körperliche Aktivität**

II. Medikamentöse Primärprävention

1. Acetylsalicylsäure (100 mg/d PO)

Ind:
- Frauen > 45 Jahre ohne erhöhtes Risiko einer intrazerebralen Blutung und mit guter GI-Verträglichkeit empfohlen; allerdings ist der Effekt sehr klein [IA]
- Vorhofflimmern, siehe auch S. 151, 157

Bem:
- Bei Männern kann ASS zur Primärprävention des <u>Herzinfarktes</u> in Erwägung gezogen werden. Das Hirninfarktrisiko wird dadurch aber nicht verringert. [IA]

2. Statine und Primärprävention

Allg:
- Siehe Richtlinien der LDL-Zielwerte S. 690

Ind:
- Statin ist <u>indiziert</u> bei:
  - Patienten mit KHK (ohne Hirnschlag)
  - Diabetikern mit > 1 Risikofaktor ohne KHK und ohne Hirnschlag[3]

Für die PRAXIS:
Statine, als Primärprävention, sind bei Patienten <u>ohne</u> KHK und <u>ohne</u> Hirnschlag <u>nicht indiziert</u>!

1 Berner Stroke Unit Stroke Team, 2007 ; 1-35. 2 P. Ringleb, et al. ESO-Guidelines. Cerebrovasc Dis 2008 ;25 :457-507. 3 CARDS. Lancet 2004 ;364 :685-96.

Amaurosis fugax (AF) - TIA - *Minor stroke*[1, 2] [G45.3]

Def:
- **Amaurosis fugax**
  - Mononukleäre, schmerzlose, transitorische, Visuseinbusse bis zur totalen Blindheit infolge passagerer Retinaischämie.
  - Dauer: oft wenige Minuten, **längstens 24 h**.
- **TIA - Transitorisch ischämische Attacke**
  - Fokales ischämisches neurologisches Defizit, das innert ≤ 24 h (meist innert 30 min) vollständig regredient ist.
  - Je länger eine TIA dauert, desto wahrscheinlicher finden sich im MR schon Hinweise auf strukturelle Veränderungen.
- ***Minor stroke***
  - Zur Zeit gibt es keinen Konsens. Evtl. NIHSS < 4 (siehe NIHSS S. 517)
  - Die Symptome sind stabil oder regressiv.

Urs:
- Siehe Ursachen des Hirnschlags, S. 514

DD:
- Fokaler epileptischer Anfall mit postiktaler Parese
- Hypoglykämie
- Migräne
- Venöser Insult
- Hirnblutung oder -tumor (Kompression des N. opticus)
- Multiple Sklerose
- Transiente globale Amnesie, S. 536

Klin:
- TIA, AF und *Minor stroke* können Vorboten eines grösseren, behindernden Hirninfarktes mit bleibenden Symptomen sein.
- 15 % der Patienten mit TIA oder *Minor stroke* entwickeln im Laufe der folgenden 90 Tage einen grösseren Hirninfarkt, die Hälfte davon innert 1 Woche.[1]
- Dauert eine TIA > 1 h, findet sich pathologisch-anatomisch in > 50 % der Fälle ein kleiner Hirninfarkt.

> **Für die PRAXIS:**
> **Eine TIA ist ein Notfall** und muss notfallmässig, stationär abgeklärt werden.
> Das Hirnschlagrisiko nimmt in den ersten 24 h linear zu!

Vorg:
- Die initialen Blutuntersuchungen der AF, TIA und des *Minor stroke* sind gleich wie beim Hirnschlag, siehe S. 522.
- Klinische Beurteilung durch Neurologen
- Abkärungen in jedem Fall:
  - MR** (oder CT**) des Schädels inkl. MR-Angiographie (oder CT-Angiographie) ± Neurovaskulärer Duplex-Ultraschall*
  - EKG + 24 h-EKG
  - Transösophageale Echokardiographie (TEE)

Th:
1. **Antithrombotische Therapie** (betrifft: TIA, AF und *Minor stroke*)
   - Acetylsalicylsäure (ABER est <u>nach</u> Schädel-MR/ oder -CT)
     - TIA und AF: 100-300 mg/d PO (bei Unverträglichkeit, ad. Clopidogrel 75 mg/d PO)

     oder:
   - Antikoagulation, nur falls inidiziert (z.B. bei Vorhofflimmern, ad. Konsilium)
2. **Primärprävention**, S. 532
3. **Sekundärprävention**, S. 530

* Je nach Situation macht es Sinn, einen Duplex-US durchzuführen, denn im Angio-MR ist die Morphologie der Plaques oft nicht gut darstellbar im Vgl. zum Duplex-US. Im Angio-CT sind die Plaques besser sichtbar als im im Angio-MR, aber auch hier wird meistens ebenfalls durch einen Duplex-US ergänzt (ad. Konsilium).

** Bei TIA und Minor stroke ist das CT oft nicht genügend aussagekräftig um einen kleinen Posteriorinsult auszuschliessen (z.B. bei Migräne mit Aura).

1 Coull A, et al. BMJ 2004; 328: 326-8. 2 Fischer U, et al. Stroke 2010 ; 41 (published online Feb 25).

Karotisstenose: A. carotis interna - ICA-Stenose[1-3] [I67.2]

Allg:
- Die **Karotisendarteriektomie** (CEA) reduziert das Hirnschlag-Rezidiv und die Mortalität bei Patienten mit hochgradiger (70-99 %) ipsilateraler Karotisstenose.
- Patienten mit mässiggradiger Karotisstenose (50-69 %) können ebenfalls profitieren.
- Die CEA ist nachteilig bei geringer Karotisstenose (< 50 %).

Für die PRAXIS:
- Die chirurgische Therapie bei symptomatischen Stenosen ist nur wirksam, wenn diese Therapie in den **ersten 14 Tagen** durchgeführt wird. Dadurch kann kann die Rezidivrate innerhalb von 90 Tagen um 80 % gesenkt werden.[1]
- Bei einem grossen Hemisphäreninfarkt muss der Zeitpunkt der Operation interdisziplinär anhand der Grösse des Infarktes festgelegt werden.
- Das **Hirnschlag-Rezidivrisiko nach einer TIA oder einem *Minor stroke*** (s. 533) **beträgt 10 % in der 1 Woche.**

- **Risikostratifikation bezüglich Hirnschlag-Risiko** (siehe auch Algorithmus s. 535)
  - **Hohes Hirnschlag-Risiko**
    - Schwerwiegende Stenose (Neuro-Konsilium)
    - Alter > 75-80 Jahre
    - Männliches Geschlecht
    - Vorheriger Hirnschlag vor < 3 Mt.
    - Halbseitensymptomatik
    - Keine mikrovaskuläre Läsionen**
    - Instabile Kardiopathie
  - **Niedriges Hirnschlag-Risiko**
    - Milde bis mittelschwere Karotisstenose (Neuro-Konsilium)
    - Alter < 75-80 Jahre
    - Weibliches Geschlecht
    - Vorheriger Hirnschlag vor > 3 Mt.
    - Isolierte visuelle Symptome
    - Mikrovaskuläre Ischämie**
    - Stabile Kardiopathie

Vorg:
- Siehe Algorithmus, s. 535

Bsp:

Symptomatische ICA-Stenosen

- **Hochgradige (70-99 % Stenose) symptomatische ICA-Stenose**

  Vorg:
  - Operation empfohlen
  - Eine Operation sollte nur in Zentren durchgeführt werden, die eine periprozedurale Komplikationsrate < 6 % aufweisen.
  - Eine Operation wird empfohlen, wenn keine schwerwiegenden Kontraindikationen bestehen.
- **Mittelgradige (50-69 % Stenose) symptomatische Stenose**

  Vorg:
  - Männer profitieren möglicherweise von einer Operation.
  - Frauen profitieren nicht von einer Operation.
  - Es sollte eine Risikostratifikation stattfinden

Asymptomatische ICA-Stenosen

- **Hochgradige (60-99 % Stenose) asymptomatische Stenose**

  Vorg:
  - Eine Operation kann einen Benefit aufweisen:
    - Abwägen des Risiko/Nutzen-Verhältnisses je nach Komorbiditäten
    - Risikostratifikation beachten
  - Eine Operation sollte nur in Zentren durchgeführt werden, die eine periprozedurale Komplikationsrate < 3 % aufweisen.
- **Mittelgradige (50-60 % Stenose) asymptomatische Stenose**

  Vorg:
  - Keine Operationsindikation
  - Regelmässige sonographische Nachkontrollen bei einem neurovaskulär zertifizierten Neurologen oder Angiologen

ICA-Stenosen ≤ 50 %

Vorg:
- Keine Operationsindikation
- Regelmässige sonographische Nachkontrollen bei einem neurovaskulär zertifizierten Neurologen oder Angiologen

** Mikrovaskuläre Läsionen sind neuroradiologisch imponierende, nicht kortikal gelegene Lakunen (Volumen bis zu 15 mm^3), welche als Ischämiezonen interpretiert werden. Diese Lakunen kommen i.d.R. durch eine Okklusion kleiner Hirnarterien zustande (selten embolischer Natur).

1 Rothwell PM, et al. EXPRESS study. Lancet 2007 ;370 :1432-42. 2 Berner Stroke Unit Stroke Team, 2007 ; 1-35. 3 P. Ringleb, et al. ESO-Guidelines. Cerebrovasc Dis 2008 ;25 :457-507.

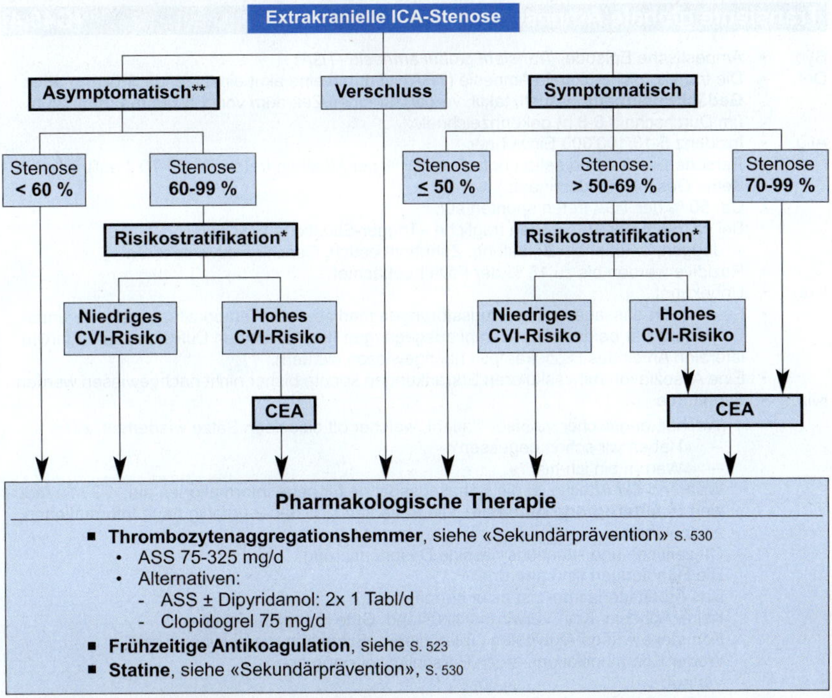

Algorithmus: Vorgehen bei extrakranieller ICA-Stenose (interne A. carotis).

Der Stenosegrad wird nach dem NASCET (The North American Symptomatic Carotid Endarterectomy Trial) angegeben. CEA = Karotis-Endarteriektomie

Klinik und Stenosegrad	NNT zur Vermeidung von 1 Hirnschlag/Jahr mittels operativem Karotiseingriff
Asymptomatische ICA-Stenose**	
60-99 %	**85**
Symptomatische ICA-Stenose	
70-99 %	**27**
50-69 %	**75**
> 50 %	**45**
Bei Männern	**45**
Bei Frauen	**180**
Bei > 75 Jährigen	**25**
Bei < 65 Jährigen	**90**
< 2 Wo nach dem Ereignis	**25**
> 12 Wo nach dem Ereignis	**625**
≤ 50 %	**Kein Operationsvorteil**

Tabelle: NNT je nach Schweregrad der ICA-Stenose. [4,5]

Bem: • Es gibt keine Evidenz bezgl. «NNT-Cutoff». Ein NNT von ca. 40 ist eine allgemein akzeptierte Grösse bezgl. Kosten/Benefit-Ratio.

* Siehe Risikostratifikation, S. 534

** Je nach Risikostratifikation (insb. bei Hochrisikosituationen) soll eine CEA in Betracht gezogen werden. Ad. Neuro-Konsilium

4 Modifiziert nach: Rothwell PM, et al. Lancet 2004;363:915-924. 5 Hankey GJ, et al. Lancet 1999;354:1457-1463

Transiente globale Amnesie (TGA)[1] [G45.4]

Syn: • Amnestische Episode, *Transient global amnesia (TGA)*

Def: • Die transitorische globale Amnesie (TGA) ist durch eine akut einsetzende **Störung aller Gedächtnisinhalte** (visuell, taktil, verbal) für einen Zeitraum von **1 h bis maximal 24 h** (im Durchschnitt 6-8 h) gekennzeichnet.

Allg: • Inzidenz 5-10/100'000 Einwohner
- Personen < 40 J sind selten betroffen (75 % der Attacken treten zw. 50-70 J auf).
- Keine Geschlechtsdominanz
- Ca. 50 % der TGA treten spontan auf.
- Bei ca. 50 % der TGA gehen fragliche «Trigger-Situationen» voraus:
  - Joggen, emotionale Belastung, Zahnarztbesuch, Geschlechtsverkehr u.a.
- Rezidive werden bis zu 18 % der Fälle beobachtet.

Urs: • Unbekannt
- Es wird von passageren Funktionsstörungen mediobasaler Temporallappenanteile unter Einschluss der beiden Hippocampi ausgegangen (im MR können Diffusionsstörungen im lateralen Anteil des Hippokampus nachgewiesen werden).
- Eine Assoziation mit vaskulären Erkrankungen konnte bisher nicht nachgewiesen werden.

Klin: • Symptome
  - Wacher, ängstlicher, ratloser Patient, welcher oft dieselben Sätze wiederholt, z.B.:
    -- «Haben wir schon gegessen?»
    -- «Warum bin ich hier?»
  - Während der Attacke ist die Behaltensspanne für neue Informationen auf ½-3 min reduziert (= **anterograde Amnesie**). Die Patienten sind daher unfähig neue Informationen zu speichern.
  - Oft zeitliche und situationsmässige Desorientierung
  - Die Handlungen sind geordnet.
  - Das Arbeitsgedächtnis ist nicht betroffen.
  - Keine Aphasie. Kein Verwirrtheitszustand. Gute Kontaktfähigkeit.
  - Komplexe Alltags-Aktivitäten (Telefonieren, Schreiben u.a.) bleiben intakt.
  - Weder Kommunikations- noch Persönlichkeitsstörungen
  - Verlauf:
    -- Das Speichervermögen (anterograd) erholt sich zuerst.
    -- Dann Verbesserung der retrograden Amnesie (innerhalb einiger Stunden oder Tage)
    -- Nach Abklingen der TGA bleibt eine **mnestische Lücke** von mehreren Stunden nach Beginn der Symptomatik zurück, eine retrograde Amnesie von ½-8 h kann persistieren.
- Neurologische Untersuchung
  - Normaler Neurostatus!

Dg:[2,3] • Die Diagnose der TGA ist im Akutstadium und auch danach, eine Aussschlussdiagnose:
1. Folgende Elemente sind typisch für eine TAG:
   - Akut beginnende und ausgeprägte Neugedächtnisstörung
   - Symptomdauer mindestens 1 h. Rückbildung innerhalb von 24 h
   - Fehlen fokal-neurologischer Symptome und zusätzlicher kognitiver Defizite
   - Bewusstseinsstörung, Desorientierung zur Person
   - Kein vorangehendes Trauma und keine Epilepsie
   - Unauffälliges Schädel-MR in der Akutphase
2. Folgende Elemente sprechen gegen eine TGA:
   - Somnolenz, Verwirrtheit
   - Starke Kopfschmerzen
   - Erbrechen
   - Inkomplette Rückbildung nach > 24 h

DD: • Amnesie im Rahmen eines (komplex partiellen) epileptischen Anfalles
  Klin: • Dauer < 1 h
  - > 2 Attacken/6 Mt.
  - Typischerweises Auftreten nach dem Aufwachen
  - Komplexe Alltags-Aktivitäten bleiben ebenfalls erhalten (wie bei der TGA), aber die Patienten sind nicht ängstlich und stellen keine sich wiederholenden Fragen.
  - EEG: klassische komplex-partielle Anfälle
- Blutung/Ischämie im Bereich von Hippocampus und Thalamus (hier: oft Somnolenz, weitere kognitive und fokal-neurologische Defizite)
- Commotio cerebri (hier: Trauma, Prellmarken, vorausgehende Bewusstlosigkeit)
- Herpesenzephalitis im Initialstadium (hier: Fieber, subakutes Einsetzen, Aphasie, weitere fokal-neurologische Defizite)
- Psychogene Amnesie (hier: jüngere Personen, meist nur retrograde Amnesie)
- Intoxikationen
- Amnesie nach zerebraler Angiographie

1 Angepasst nach: Klötzsch C et al. http://dgn.org/fileadmin/leitl05/07TransienteglobaleAmnesie.pdf 2 Caplan, L. In: Handbook of Clinical Neurology, Elsevier, 1985 ; p. 205-218. 3 Hodges, JR, et al. Brain 1990 ;113 : 639-57.

Vorg:[1] • **Sind diagnostische Abklärungen notwendig?**

- Keinen Konsensus. Ad. Neuro-Konsilium.
- Es gibt Kliniker, welche systematisch eine vollständige ätiologische Abklärung durchführen. Andere leiten Abklärungen nur bei vorhandenen Risikofaktoren/-situationen ein:*
  - Neuroradiologische Bildgebung
    - -- Schädel-MR (inkl. Angio-MR); bei MR-Kontraindikation, ad. CT (inkl. Angio-CT)
  - Kardiale Abklärungen:
    - -- 24 h-EKG
    - -- Transösophageale Echokardiographie (TEE) u.a.

• **Stationäre oder ambulante Überwachung/Verlaufsbeobachtung?**

1. Stationäre Therapie falls:
   - Diagnose nicht eindeutig bzw. differenzialdiagnostische Erwägungen (z.B. transient epileptische Amnesie welche eine 24 h Überwachung verlangt), die eine neuroradiologische Bildgebung und/oder ein EEG verlangen. [A]
   - Fehlende Überwachungsmöglichkeiten zu Hause
2. Ambulante Therapie falls:
   - Diagnose eindeutig und der Patient unter Aufsicht einer Bezugsperson bleibt. [C]

EEG: • Unauffällige oder nur unspezifisch verändertes EEG, gelegentlich finden sich Theta- und Deltawellen in den temporalen Ableitungen.

- Das EEG erlaubt es, einen komplex partiellen epileptischen Anfall zu diagnostizieren.

Th: **1. Kausaltherapie**

2. Je nach Abklärungsresultaten und kardiovaskulären Risikofaktoren in Betracht ziehen: ASS 75-325 mg/d PO während ca. 6 Mt.

* Risikofaktoren oder -situationen, die in jedem Fall eine ätiologische Abklärung (1 Kriterium genügt) verlangen:

- Pathologischer Neurostatus
- Eine andere Diagnose ist möglich
- Positive Familienanamnese für ein kardio-zerebrales Ereignis
- Vaskuläre Risikofaktoren
- Orale Kontrazeptiva + Rauchen
- Koagulopathie (inkl. Thrombophilie)
- Antikoagulierter Patient
- Trauma, Prellwunden u.a.

1 Angepasst nach: Klötzsch C et al. http://dgn.org/fileadmin/leit05/07TransienteglobaleAmnesie.pdf

Akute Dystonie (Dyskinesie) [G24.9]

Def: • **Dystonie** = prolongierte Muskelkontraktionen
- Tonische Dystonie ....Muskelkontraktionen, die die Glieder und/oder den Rumpf in eine abnorme Haltung zwingt
- Phasische Dystonie......Repetitive Muskelkontraktionen, die zu dystonen Bewegungen führt

Allg: • Akute Dyskinesien sind meistens ein **iatrogenes Problem**!
• Zugrunde liegt eine Frühreaktion auf verschiedene Medikamente, im Speziellen nach **Neuroleptika-Einnahme**:
- Neuroleptika (z.B. Haloperidol)
- Antiemetika (z.B. Metoclopramid)
- Antidepressiva (z.B. SSRI)
- Amphetaminderivate (Kokain u.a.)
- Kalziumantagonisten

Klin: • Spontane unwillkürliche Bewegungen:
- Dyskinesien/Dystonien
- Dystorsionen
• Typisch betroffene Körperteile (können generalisiert oder fokal auftreten, manchmal auch halbseitig):
- Gesicht
- Zunge und Pharynx
- Augen («Augenverdrehen»)
- Stamm (Opisthotonus)
- Extremitäten
- Hals (Tortikollis ähnlich)
• In der Regel handelt es sich um langsame («tonische») Kontraktionen. Es werden aber auch myoklonische Dystonien beschrieben.
• Manchmal treten Prodrome auf:
- Druck an den Augen
- Augenbrennen
- Pelziges Gefühl an Lippen und Wangen
- Klossige Zunge und Sprache
- Zahn- und Kieferschmerzen
- Muskelschmerzen und -steifigkeit

DD: • Epilepsie
• Morbus WILSON, S. 597
• Speziell bei halbseitigen Bewegungen:
- Subthalamischer Hirnschlag oder Blutung
- Epilepsie (rhythmische Bewegungen)
• Funktionelle Störungen (Hysterie)

Th: **1. Zentrales Anticholinergikum (= Therapie der Wahl)**

Th: • Biperiden AKINETON® Amp 5 mg
- 2.5-5 mg **IM** oder langsam **IV**; bei Bedarf nach 30 min wiederholen; Maximaldosis 10-20 mg/d (2-4 Amp/d)

Wenn die Therapie wirkungslos ist, ist es sinnlos, diese zu wiederholen. Bei Rezidiv dieser Symptome in den folgenden Tagen kann Biperiden oral während 4-7 Tagen verabreicht werden:
- Tabl 2 mg oder Retardtabl 4 mg: 1-4 mg/d PO

KI: • Engwinkelglaukom (unbehandelt)
• Megakolon
• Ileus
• Myasthenia gravis

NW: **1. <u>Zentrale anticholinerge NW</u>**
- Halluzinationen
- Verwirrtheitszustand
- Psychose
- Euphorie
- Konvulsionen
- Spätdyskinesien (Auftreten und/oder Verstärkung)
- Hyperthermie
- Pseudodemenz

2. **Periphere anticholinerge NW**
- Trockene Schleimhäute, insbesondere Mundtrockenheit (Hyposialie mit vermehrter Kariesbildung!)
- Akkommodationsstörungen
- Mydriasis (***CAVE***: akutes Engwinkelglaukom)
- Obstipation
- Harnverhalt
- Hyperthermie (zentrale und periphere NW)

2. Akute Akathisie

Klin: • Hyperkinesie mit Unmöglichkeit, ruhig zu bleiben

Th: • Benzodiazepin oder Betablocker
- Diazepam 2-5 mg **IM** alle 3-4 h je nach Klinik
- Propranolol 30-60 mg/d PO

Tardive Dystonie (Dyskinesie) - Spätsyndrom

Allg:
- Unter dem allgemeinen Begriff «**Spätsyndrom**» werden unwillkürliche Bewegungen beschrieben, welche unter folgender Medikation auftreten können:
  - Typische **Neuroleptika** (z.B. Haloperidol)
  - **Antikonvulsiva**
  - **Antihistaminika**
  - **Antiemetika** (z.B. Metoclopramid)
- Tardive Dystonien treten fokal, segmental (Blepharospasmen mit oromandibularer Dystonie im Sinne eines MEIGE-Syndroms*), multifokal oder generalisiert auf.
- Typische, initiale Lokalisationen: Kopf und Hals

Klin: a) Milde Formen:
- Frühzeichen: «Unruhe» der Zunge (fibrilliert oder vibriert bei geöffnetem Mund; unmöglich, die Zunge > 30 sek herausgestreckt zu halten)
- Alternierende Streck- und Beugebewegungen an den Händen
- Überstreckung der Zehen u.a. Dyskinesien

b) Im Verlauf:
- Ständiges Belecken der Lippen bis zu «chamäleonartigem» Herausschnellen der Zunge, das den Betroffenen i.d.R. unbewusst bleibt.

c) Fortgeschrittenes Stadium:
- Bucco-linguo-mastikatorisches Syndrom (wird von einigen Experten als partielle oder fokale Form der Dystonie beurteilt): Kau- und Schmatzbewegungen mit Zungenwälzen
- Arme und Beine: manchmal Übergang in athetotische oder choreatiforme Schleuderbewegungen
- Rumpfbereich: schaukelnde Bewegungen des Oberkörpers und rotatorische Bewegungen der Hüfte
- I.d.R. Nichtwahrnehmung oder Bagatellisierung der evidenten Symptomatik.
- Selten: Befall des Ösophagus oder Zwerchfells

- Manchmal kann eine **Akathisie** (= Hyperkinesie mit Unmöglichkeit, ruhig zu bleiben) vorhanden sein. Die Akathisie kann auch die einzige Manifestation sein.

DD:
- HUNTNGTON Krankheit
- SYDENHAM Chorea, Chorea gravidarum, senile Chorea
- WILSON Krankheit, S. 597
- Neuroakanthozytosen
- L-DOPA-induzierte Bewegungsstörungen
- Medikamentös: Anticholinergika, Antihistaminika, Methylphenidat, Phenytoin, Amphetamin
- Enzephalitis
- Schwermetallintoxikationen
- MEIGE-Syndrom*
- Hypoparathyreoidismus, Hyperthyreose
- Hypernatriämie, Dehydratation
- SLE
- Ticstörung

Th:
- Die Spätdyskinesien sind schwierig zu therapieren!
- Stopp oder Dosisreduktion inkriminierter Medikamente
- Folgende Behandlungen können probatorisch eingesetzt werden:
  - Atypische Neuroleptika: Clozapin, S. 1293
  - Benzodiazepin: Clonazepam, S. 1238
  - Dopamin «Entleerer»: Tetrabenazin (in Frankreich erhältlich)

* MEIGE-Syndrom: Blepharospasmus (Lidkrampf als Dauerkontraktion des M. orbicularis oculi) im Zusammenhang mit einer Dystonie der Kaumuskulatur (oromandibuläre Dystonie) und ausgeprägtem Grimassieren.

Kopfschmerzen [R51]

Allg:
- Kopfschmerzen sind ein häufiges Konsultationsmotiv (ca. 4 % aller Konsultationen beim Allgemeinpraktiker). Die Ursachen von Kopfschmerzen sind sehr zahlreich (ca. 300), was die Komplexität dieses Symptoms erklärt.
- In der Notfallsituation ist es oft nicht möglich, die:
  - **Sekundären Kopfschmerzen** = Kopfschmerzen mit strukturellem Organbefall, welche eine sofortige Abklärung ± Therapie erfordern,

  von den:
  - **Primären Kopfschmerzen** = Kopfschmerzen funktioneller, nicht struktureller Genese, welche keine notfallmässigen Abklärungen verlangen zu unterscheiden (Ausnahme: *thunderclap headache*; hier notfallmässig Schädel-CT dann LP).

Kopfschmerzen

I. Primär (nicht strukturell)

Einige Beispiele

A. Migräne
B. Spannungskopfschmerzen
C. Cluster-Kopfschmerzen u.a. trigemino-autonome Kopfschmerzen
   - Cluster-Kopfschmerzen
   - Wahrscheinliche trigemino-vaskuläre Kopfschmerzen

D. Andere primäre Kopfschmerzen
   - Kopfschmerzen bei:
     - Husten
     - Anstrengungskopfschmerzen
     - Orgasmuskopfschmerzen
   - Explosive Kopfschmerzen (*thunderclap headache*)

Allgemeines Vorgehen

- Symptomatische Therapie

  Für die PRAXIS:
  Abklärungen bei primären Kopfschmerzen sind i.d.R. nicht notfallmässig durchzuführen
  AUSNAHME:
  Explosiver Kopfschmerz (*thunderclap headache*, s. 557). Hier ist ein **notfallmässiges Schädel-CT gefolgt von einer LP indiziert!**

II. Sekundär (strukturell)

Einige Beispiele

1. Kopfschmerzen nach SHT und/oder zervikalem Trauma
2. Kopfschmerzen bei intrakraniellen oder zervikalen Gefässerkrankungen
   - Blutung oder Dissektion
3. Kopfschmerzen bei nicht vaskulären intrakraniellen Läsionen
   - Tumor, Hydrocephalus
4. Kopfschmerzen in Verbindung mit Substanzen oder deren Entzug
   - Nitroglycerin
5. Kopfschmerzen bei Infektion
   - Meningitis
6. Kopfschmerzen bei Homöostasestörungen
   - Hypoglykämie
7. Kopfschmerzen oder Gesichtsschmerzen bei Erkrankungen von fazio-kraniellen Strukturen
   - Sinusitis
8. Kopfschmerzen bei psychiatrischer Erkrankung
9. Neuralgie des Kopfes
   - Trigeminusneuralgie

Allgemeines Vorgehen

Für die PRAXIS:
Sekundäre Kopfschmerzen müssen notfallmässig abgeklärt werden!
AUSNAHME:
Trigeminusneuralgie (hier können die Abklärungen in einem späteren Zeitpunkt durchgeführt werden)

Algorithmus: Kopfschmerzen

Klas:[1] **I. Primäre Kopfschmerzen**

A. Migräne
- A.1. Migräne ohne Aura, S. 547
- A.2. Migräne mit Aura, S. 547
- A.3. Periodische Migräne-Syndrome der Kindheit (z.B. zyklisches Erbrechen, paroxysmaler Schwindel)
- A.4. Retinale Migräne
- A.5. Migräne Komplikationen (z.B. chronische Migräne, Migräneinfarkt)
- A.6. Wahrscheinliche Migräne

B. Spannungskopfschmerzen, S. 552
- Episodisch selten / episodisch häufig / chronisch / wahrscheinlich

C. Cluster-Kopfschmerz und andere trigemino-autonome Kopfschmerzen
- C.1. Cluster-Kopfschmerzen, S. 554
- C.2. Paroxysmaler Halbseitenkopfschmerz
- C.3. SUNCT: Neuralgiforme, kurzdauernde Kopfschmerzen mit konjunktivaler Injektion und Epiphora (Überproduktion von Tränenflüssigkeit)
- C.4. Wahrscheinliche trigemino-autonome Kopfschmerzen

D. Andere primäre Kopfschmerzen
- D.1. Messerstichartige Kopfschmerzen
- D.2. Kopfschmerzen bei Husten
- D.3. Anstrengungskopfschmerzen
- D.4. Orgasmuskopfschmerzen
- D.5. Hypnische Kopfschmerzen (nur nachts)
- D.6. Explosive Kopfschmerzen (thunderclap headache)
- D.7. Hemicrania continua
- D.8. Persistierende, tägliche, kürzlich aufgetretene Kopfschmerzen

II. Sekundäre Kopfschmerzen

1. Kopfschmerzen nach SHT oder zervikalem Trauma
   - Post-traumatische Kopfschmerzen: akut / chronisch
   - Kopfschmerzen nach Schleudertrauma: akut / chronisch
   - Kopfschmerz bei traumatischer intrakranieller Blutung (Epi-/Subduralhämatom)
   - Kopfschmerz nach Kraniotomie (akut / chronisch)
2. Kopfschmerzen bei intrakranieller oder zervikaler Gefässerkrankung
   - Kopfschmerzen bei Hirnschlag
   - Kopfschmerzen bei spontaner intrazerebraler oder Subarachnoidalblutung
   - Kopfschmerzen bei intrakranieller Gefässmissbildung
   - Kopfschmerzen bei zerebraler Vaskulitis (z.B. Riesenzellarteriitis)
   - Kopfschmerzen bei Gefässdissektionen
   - Kopfschmerzen bei Sinusvenenthrombose
   - weitere
3. Kopfschmerzen bei intrakraniellen Affektionen ohne Gefässerkrankung
   - Kopfschmerzen bei erhöhtem Liquordruck (z.B. gutartige intrakranieller Hypertonie, Hydrocephalus)
   - Kopfschmerzen bei Liquorunterdruck (z.B. nach einer Lumbalpunktion)
   - Kopfschmerzen bei nicht-infektiöser Entzündung (z.B. Neurosarkoidose)
   - Kopfschmerzen bei intrakranieller Neoplasie
   - Kopfschmerzen nach einer Epilepsie
   - weitere
4. Kopfschmerzen in Verbindung mit Substanzen oder deren Entzug
   - Kopfschmerzen bei Exposition/Abusus von z.B. CO (Kohlenmonoxyd), Alkohol, Kokain, Histamin, Nitroglycerin
   - Kopfschmerzen bei Analgetikaabusus (Ergotamin, Triptane, Opiate u.a.)
   - Kopfschmerzen bei Entzug (z.B. Koffein, Opioide, Oestrogene)
5. Kopfschmerzen bei Infektionen
   - Kopfschmerzen bei intrakraniellem Infekt (Meningitis, Enzephalitis)
   - Kopfschmerzen bei systemischem Infekt (z.B. Pneumonie)
   - Kopfschmerzen bei HIV / AIDS
   - Postinfektiöse Kopfschmerzen
6. Kopfschmerzen bei Homeostasestörung
   - Hypoxie, Hyperkapnie, Dialyse, art. Hypertonie, Hypothyreose, Fasten u.a.
7. Kopf- oder Gesichtsschmerzen bei Läsionen des Schädels, Sinus, der Augen, Ohren, Nase, Zähne, dem Mund oder anderen fazio-kraniellen Strukturen
   - Kopfschmerzen bei Nacken- oder HWS-Erkrankungen
   - Kopfschmerzen bei Augenerkrankungen (z.B. Glaukom)
   - Kopfschmerzen bei HNO Erkrankungen (Otitis, Sinusitis)
   - Kopfschmerzen bei Mund-, Kiefer- oder Zahnerkrankungen

1 Angepasst nach: Headache Classification Committee of the International Headache Society. Cephalalgia 2004 ; Suppl 1 : S1-S160. (ICHD II, R1), www.i-h-s.org

8. Kopfschmerzen bei psychiatrischer Erkrankung
   - Kopfschmerzen bei einer Somatisationsproblematik
   - Kopfschmerzen bei Psychose
9. Kranielle Neuralgie als zentrale Ursache des Gesichtsschmerzes
   - Trigeminusneuralgie
   - Neuralgie des N. occipitalis major (ARNOLD)
   - Andere Gesichtsneuralgien
   - Okuläre diabetische Neuropathien
   - Zoster- und postherpetische Neuralgie
   - Ophthalmoplegische Migräne
10. Andere Kopfschmerzen, kranielle Neuralgien, Gesichtsschmerzen
   - Nicht klassierbare Kopfschmerzen, nicht spezifische Kopfschmerzen

Klin:

Anamnese der Kopfschmerzen	DD (nicht vollständig, siehe auch S. 543)
▪ Akuter Beginn	• Subarachnoidalblutung • Meningitis
▪ Ungewohnte Kopfschmerzen	• Alle sekundären Kopfschmerzen
▪ Bestehender Infekt, Fieber	• Meningitis • Enzepahlitis • Pneumonie • Sinusitis u.a.
▪ Müdigkeit/Somnolenz, Verwirrtheit	• Zerebrale Raumfoderung - Tumor - Blutung - Abszess
▪ Kopfschmerzen bei körperl. Aktivität	• Erhöhter intrakranieller Druck
▪ Ausstrahlung, z.B.: → in den Hals → zwischen die Schulterblätter	• Meningeale Reizung: - Subarachnoidalblutung - Meningitis - HWS -Affektion
Neurologische Befunde	**DD** (nicht vollständig)
▪ Nackenstarre	• Meningitis • SAB
▪ Neurologische Störungen: → Anisokorie → Lateralisation → Paralyse	• Meningitis • Enzephalitis • Subarachnoidalblutung • Raumfordernder Prozess (Tumor) • Migräne (CAVE: ein Migränesymptom dauert immer < 60 Minuten!!)
▪ Bewusstseinstrübung	• Meningitis • Enzephalitis • Subarachnoidalblutung
▪ Papillenödem	• Hirndruck: Tumor, Blutung

Th: **1. Kausaltherapie** bei strukturellen (symptomatischen) Kopfschmerzen
2. Symptomatische Therapie
- Paracetamol, NSAR
- Siehe auch Migräne, S. 551

DD: **Differentialdiagnostik der Kopfschmerzen**

- **Infektiös**
  - Sinusitis
  - Mastoiditis
  - Enzephalitis
  - Meningitis (bakteriell, viral, parasitär, mykotisch)
  - Herpes zoster
  - Hirnabszess
  - Dentaler Infekt
- **Neoplastisch**
  - Hirntumor (v.a. in der hinteren Grube lokalisiert) ± Hirndruck
  - Hirnmetastasen
  - Multiples Myelom
- **Vaskulär**
  - Karotisdissektion, S. 228
  - Vertebralisdissektion, S. 558
  - Zentralvenenthrombose, S. 559
  - Hirndruck
    - Hirnblutung: subarachnoidal, intrazerebral, subdural
    - Hirnödem (ischämisch, hämorrhagisch)
    - Status nach Hirnschlag (ischämisch, hämorrhagisch)
- **Endokrinologisch, metabolisch**
  - Hypertensive Enzephalopathie (infolge Hirndruck)
  - Hypoglykämie
  - Hyponatriämie
  - Urämisches Syndrom
- **Intoxikation**
  - Alkohol, Nikotin, Koffein
  - Blei, Quecksilber
  - Lösungsmittel, Insektizide u.a.
- **Medikamentös**
  - Ergotamin
  - Nitrate
  - Nifedipin, Dihydralazin
  - Orale Kontrazeptiva (Östrogene)
  - Methysergid
  - Paracetamol
  - Phenacetin (infolge Hirndruck)
  - Tetrazykline (infolge Hirndruck)
  - Vitamin A (infolge Hirndruck)
- **Sonstige Ursachen**
  - Riesenzellarteriitis, S. 1262
  - Schädel-Hirn Trauma
  - Primäre Kopfschmerzen, S. 541
  - Hirndruck
    - Hydrocephalus
    - Zerebrale Malformationen
    - Idiopathischer Hirndruck‡
  - Morbus PAGET, S. 729
  - Intrakranielle Hypotonie§
  - Glaukom
  - Krankheiten der HWS und des Halses
    - Degenerative HWS-Veränderungen
    - Zervikale Diskushernie
    - Zervikale Dystonie (Torticollis spasmodicus): unwillkürliche Bewegungen der Halsmuskeln

‡ Idiopathischer Hirndruck (oder «zerebraler Pseudotumor»)

Allg: • Betrifft häufiger junge, adipöse Frauen

Klin: • Bifronto-temporale Kopfschmerzen, zu Beginn vorwiegend am Morgen
• Augenfundus: oft ist ein Papillenödem zu beobachten.
• Liquordruck: erhöht

Rx: • Die zerebrale Bildgebung ist normal (CT, MR, SPECT u.a.)

§ Intrakranielle Hypotonie

Allg: • Die Kopfschmerzen erscheinen typischerweise nach ca. 15 min in stehender Position und verschwinden ca. 30 min nach erneutem Hinliegen.

Urs: • Liquoraustritt (nach einer LP, nach einer Lumbalanästhesie, nach einem SHT)
• Verminderte Liquorproduktion u.a

Trigeminusneuralgie[1, 2] [G50.0]

Allg: • Die Trigeminusneuralgie ist die häufigste Gesichtsneuralgie und befällt eine der 3 Äste des N. trigeminus (siehe Dermatome S. 569), wobei der 1. Ast am wenigsten betroffen ist.
• Jährliche Inzidenz: 3-13/100'000 Bewohner. Frauen > Männer (3/2)

Klas: I. Primäre Trigeminusneuralgie (tritt i.d.R. erst ab dem 40. Lebensjahr auf)

> **Für die PRAXIS:**
> In folgenden Situationen soll an eine symptomatische (sekundäre) Trigeminusneuralgie gedacht werden:
> - Patienten < 40 Jahre
> - Befall des 3. Astes
> - Persistenz eines dumpfen Schmerzes zwischen 2 Attacken
> - Dysästhesien, Hypoakusie

II. Symptomatische (sekundäre) Trigeminusneuralgie (= ca. 10 % der Trigeminusneuralgien)
- Multiple Sklerose
- Neoplasie (okzipitaler Tumor)
- Aneurysma, AV-Malformationen u.a.

Klin: • Einseitige, blitzartige, einschiessende, unerträgliche Schmerzattacken (in 5 % beidseitig) während **einiger Sekunden bis max. 2 min.**
• Auslösung der Schmerzen durch Berührung der «Triggerzonen»:
  - Kauen, Sprechen, Zähne putzen, Rasieren, Wind («Durchzug»), kaltes Wasser u.a.
• Periodik: zu Beginn oft schubweise über Wochen bis Monate, mit Remissionen
• Manchmal: ipsilaterale Gesichtsrötung, Augentränen, Gewichtsverlust (wegen Schmerzen)
• Klinischer Befund:
  a) Primäre Trigeminusneuralgie: bland
  b) Symptomatische Trigeminusneuralgie: je nach Ursache

Dg: • Anamnese + Klinik. Ausschlussdiagnose mittels MR. Liquor: ad. Neuro-Konsilium

DD: • Cluster Kopfschmerzen (v.a. bei Männern zw. 20-40 Jahren), S. 554
• Postherpetisch, Glaukom, dentale Schmerzen, Sinusitis, arterielle oder venöse Thrombosen, atypischer Gesichtsschmerz u.a.

Th: **1. Medikamentös**
• Carbamazepin: 200 mg abends, steigern um 100-200 mg alle 5 d; max. 800-1600 mg/d
• Lamotrigin: 25 mg/d, steigern um 25 mg alle 3 d bis max. 400 mg/d
• Baclofen: 3x 5 mg/d, steigern um 5 mg alle 3 d bis 60 mg/d (max. 80 mg; 3-6x/d)
• Pregabalin: 2x 75 mg (oder 3x 50 mg)/d, nach 3-7 d ↑: 300 mg/d (max. 600 mg/d)

2. Chirurgisch (bei therapieresistenten Fällen oder Medikamentenintoleranz)

Meningismus [R29.1]

Def: ▪ **Meningismus** = **Nackensteifigkeit** durch muskelreflektorische Muskelspannung bei Reizung der Meningen oder Tumoren der hinteren Schädelgrube. Es resultiert eine Schonhaltung zur Entlastung der gedehnten Nervenwurzeln und Hirnhäute.

Klin: • Klinische Manöver bei Verdacht auf meningeale Reizung, siehe Illustrationen S. 545.
• Symptome, die zu einem meningealen Reizsyndrom gehören:
  - Nausea, Erbrechen, Photo- und Phonophobie

DD: • Meningitis
  - Bakteriell, Tuberkulose, atypische Keime
  - Parasiten (Protozoen, Cystizerken, Echinokokkus)
  - Viral (Adeno, Coxsackie, ECHO, Influenza, Mumps, Masern, FSME, EBV, CMV, HIV, Herpes u.a.)
  - Pilze (Kryptokkose, Candidiasis, Histoplasma u.a.)
• Subarachnoidalblutung, S. 581
• Parenchymblutung mit Ventrikeleinbruch
• Meningeosis carcinomatosa
• Insolation
• Pneumokokken-Pneumonie
• Liquorunterdrucksyndrom *(low pressure headache)*
• HWS-Pathologie:
  - Diskushernie, Arthrose, Wirbelkörperfraktur, -listhesis, Tumor, Schleudertrauma ohne Fraktur, HWS-Syndrom (schmerzhafte Verspannung der HWS-Muskulatur)
• Migräne
• Raumforderungen der hinteren Schädelgrube
• Angina tonsillaris
• Morbus PARKINSON
• Psychogene Nackensteifigkeit

1 Pató U, et al. Forum Med Suisse 2008 ;8 :336-40. 2 Bennetto L, et al. BMJ 2007 ;334 :201-5.

Vorg: Klinische Manöver bei Verdacht auf meningeale Reizung:

▶ Nackenstarre (= Meningismus)

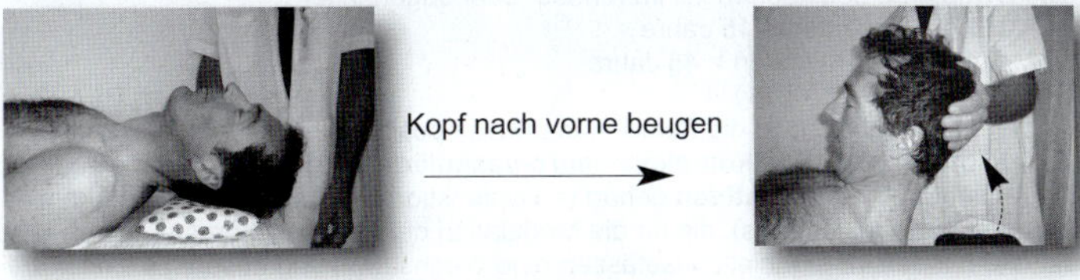

Vorg: • Der Kopf des Patienten wird nach vorne gebeugt. Der entgegenwirkende muskuläre Widerstand wird geprüft.

Norm: • Das Kinn lässt sich bis auf das Sternum senken.

Path: • Meningismus = bereits geringgradiger, reproduzierbarer muskulärer Widerstand.

▶ BRUDZINSKI-Nackenzeichen

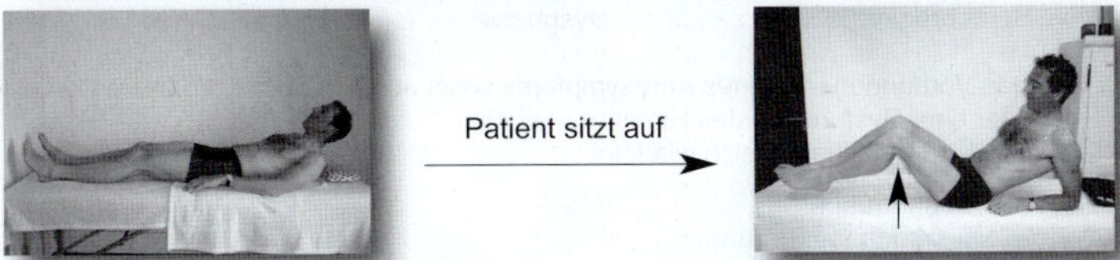

Vorg: • Der liegende Patient wird aufgefordert, aufzusitzen.

Path: • Das Zeichen ist positiv (pathologisch), wenn eine automatische Beugung der Beine im Hüft- und Kniegelenk eintritt (siehe Pfeil). Zur Gegenprobe versucht man die Beine des sitzenden Patienten durch Druck auf die Knie zu strecken.

▶ KERNIG-Zeichen

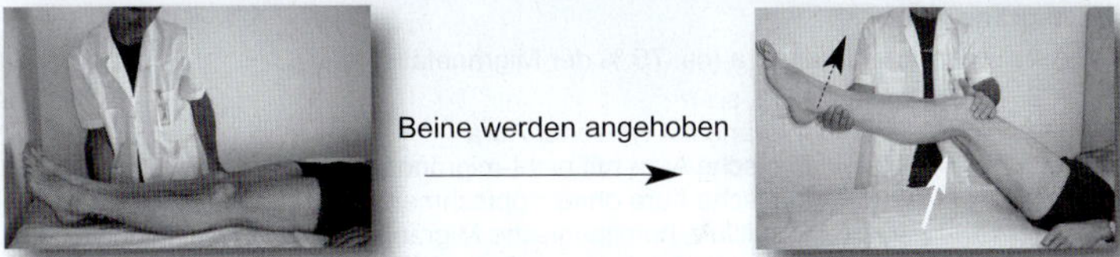

Vorg: • Die gestreckten Beine des liegenden Patienten werden angehoben.

Path: • Das Zeichen ist positiv (pathologisch) wenn eine automatische Beugung im Kniegelenk eintritt (weisser Pfeil).

▶ LASÈGUE-Zeichen

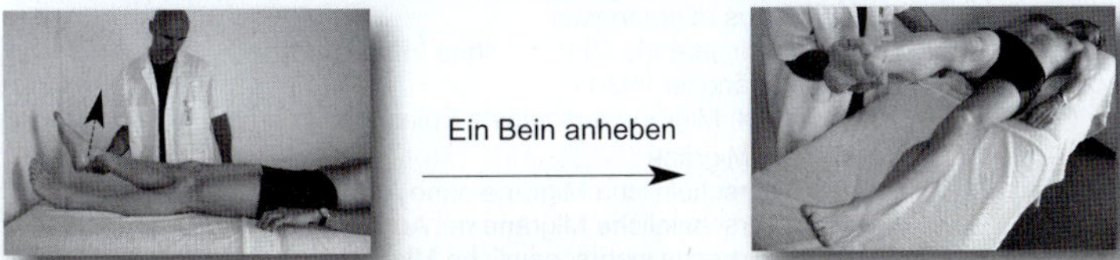

Vorg: • Der Patient liegt auf dem Rücken. Eines der gestreckten Beine wird passiv im Hüftgelenk um bis zu 70° gebeugt. Das LASÈGUE-Zeichen ist durch gleichzeitige Innenrotation des Beins oder durch Extension des Fussrückens (= BRAGARD Zeichen) intensivierbar.

Path: • Das Zeichen ist positiv (d.h. pathologisch), wenn das Anheben des Beins einen Schmerz im Kreuz, Gesäss oder Bein auslösen (kein Konsens bezgl. der Anzahl Grade; i.d.R. ab > 30°). Der Schmerz führt oft zu einem reflektorischen Bewegungswiderstand (manchmal Anheben des Beckens zur Gegenseite).

Bem: • Bei Schmerzangabe im Rücken wird von einem Pseudo-LASÈGUE gesprochen.

DD: • Diskushernie (radikulärer Schmerz infolge Dehnung des N. ischiadicus)
- Meningeale Reizung (DD: Meningitis)
- Subarachnoidalblutung

A. Migräne[1] [G43.9

Allg:
- Häufigkeit der Migräne: 10-15 %
- Die Symptome beginnen meist im Kindes- oder Jugendalter:
  - 40 % der Patienten < 15 Jahre
  - Ca. 10 % der Patienten > 45 Jahre
- Frauen > Männer (2-3 : 1)
- In den meisten Fällen ist die Familienanamnese positiv.
- Es handelt sich um eine **komplexe neuro-vaskuläre Erkrankung**, welche zur Gruppe der sogenannten **Chanelopathien** gehört (= Dysfunktion der Ionenkanäle in den aminergen Kernen des Hirnstammes), die für die Modulation der sensorischen Afferenzen zuständig ist und mit den intrakraniellen Gefässen eine Wechselwirkung ausübt.
  - → **Vasodilatation der Hirnarterien**
  - → Charakteristische Schmerzen mit reziproker neuronaler Aktivierung
- Messungen mit Bildgebungen (PET, SPECT) haben eine regionale **Verminderung des zerebralen Blutflusses bei Migräne mit Aura** aufzeigen können. Dieses Phänomen dauert mehrere Minuten und zeigt folgende anatomo-klinischen Korrelate:
  - Okzipitale Sehregion ....Flimmernde Skotome, Hemianopsie
  - Somato-sensorische Region ......Parästhesien der Hand, des Arms, dann des Gesichts
  - Sprachregion ....Dysphasie
- Aura
  - Das Vorhandensein eines Aurasymptoms weist auf eine fokale, kortikale Dysfunktion oder eine Dysfunktion des Hirnstammes hin.
  - Die Aura manifestiert sich wie folgt:
    - Sehstörungen....................99 %
    - Sensorische Störungen ....30 %
    - Aphasie ....18 %
    - Motorische Störungen ....6 %
- **Die Migräne ohne Aura** ist der häufigste Migränetyp (ca. 75 %). Im Vergleich zur Migräne mit Aura, zeigt die Migräne ohne Aura oft folgende Elemente:
  - eine erhöhte Frequenz der Anfälle
  - eine invalidisierendere Intensität der Migräne
  - eine enge Beziehung mit dem menstruellen Zyklus

Klas:[1] **A. Migräne**

A.1. Migräne ohne Aura (ca. 75 % der Migränefälle), S. 547

A.2. Migräne mit Aura, S. 547
- 2.1. Migräne mit typischer Aura
- 2.2. Typische Aura mit nicht-migränösen Kopfschmerzen
- 2.3. Typische Aura ohne Kopfschmerzen
- 2.4. Familiäre, hemiplegische Migräne
- 2.5. Sporadische, hemiplegische Migräne
- 2.6. Migräne basilaris

A.3. Prämonitorisches periodisches Migräne-Syndrom der Kindheit

A.4. Retinale Migräne, S. 550

A.5. Migräne Komplikationen, S. 550
- 5.1. Chronische Migräne
- 5.2. Status migraenosus
- 5.3. Persistierende Migräne ohne Infarzierung
- 5.4. Migränoser Infarkt
- 5.5. Durch Migräne ausgelöste Epilepsie

A.6. Wahrscheinliche Migräne
- 6.1. Wahrscheinliche Migräne ohne Aura
- 6.2. Wahrscheinliche Migräne mit Aura
- 6.3. Chronische wahrscheinliche Migräne

1 Angepasst nach: Headache Classification Committee of the International Headache Society. Cephalalgia 2004 ; Suppl 1 : S1-S160.

Vorg: **Für die PRAXIS:**

- **Indikationen zur notfallmässigen Neuro-Bildgebung bei Migräne:**
  1. Meningismus, S. 544
  2. Papillenödem (Augenfundus IMMER durchführen)
  3. Lateralisationszeichen während > 60 Minuten
  4. Fokales neurologisches Defizit
- **Notfallmässige Bildgebung bei Migräne ist in Betracht zu ziehen** [C]
  1. Patienten, welche die strikten Diagnosekriterien der Migräne nicht erfüllen
  2. Patienten, welche die strikten Diagnosekriterien der anderen primären Kopfschmerzen nicht erfüllen
  3. Patienten mit atypischen Kopfschmerzen
  4. Patienten mit erhöhten Risikofaktoren (z.B. Immunschwäche)
- **Situationen, in denen eine notfallmässige Bildgebung nicht indiziert ist**
  1. Migränepatienten mit normalem Neurostatus [B]
  2. Patienten, deren nicht-traumatische Kopfschmerzen mit den bekannten Kopfschmerzen bezüglich Intensität, Dauer und Begleitsymptomen identisch sind, können an den Hausarzt oder den Neurologen zur ambulanten Kontrolle weitergeleitet werden, vorausgesetzt, die **Vitalparameter, durchgeführten Laborresultate sowie der Neurostatus fallen absolut normal aus.** [Evidenz: Expertenmeinung][2]

Def:[1]

A.1. Migräne ohne Aura (75 % der Migränefälle)

A. Mindestens 5 Attacken, welche die Kriterien unter B-D erfüllen.

B. Kopfschmerz-Attacke über eine Dauer von **4-72 h**, nicht oder ungenügend behandelt

C. Kopfschmerzen mit mindestens 2 der folgenden 4 Eigenschaften:
1. Einseitig
2. Pulsatil
3. Mittelschwere oder schwere Schmerzen (Beeinträchtigung der täglichen Aktivitäten)
4. Verstärkt durch alltägliche körperliche Aktivitäten (z.B. Treppen steigen)

D. Während der Attacke, Vorhandensein von mindestens 1 der folgenden Kriterien:
1. Nausea und/oder Erbrechen
2. Photophobie und Phonophobie

E. Keine alternative Diagnose

A.2. Migräne mit Aura‡

A. Mindestens 2 Attacken, welche die Kriterien unter B-D erfüllen.

B. Visuelle, sensorische oder dysphasische Symptome, aber keine Parese

C. Vorhandensein von mindestens einem der folgenden Symptome:
1. **Positives homonymes visuelles Symptom**:
   - Linien oder flimmernde Phosphene (Eindruck einer Lichtquelle)

   u./o. **Negative homonyme visuelle Symptome**:
   - Skotome, Amaurosis, Hemianopsie

   u./o. **Positive, unilaterale sensorische Symptome**:
   - Parästhesien, Kribbeln

   u./o. **Negative, unilaterale sensorische Symptome**:
   - Anästhesie, Eindruck von Gefühllosigkeit (Betäubung, Einschlafen)
2. Mindestens ein Aura-Symptom, das graduell in ≥ 5 Minuten erscheint und/oder mehrere Aura-Symptome, die nacheinander in ≥ 5 Minuten auftreten.
3. Jedes Symptom dauert 5-60 Minuten.

D. Kopfschmerzen, die die Kriterien der Migräne ohne Aura erfüllen, beginnen während der Aura, oder innerhalb von 60 Minuten nach der Aura.

E. Keine alternative Diagnose

‡ Alte Terminologie der Migräne mit Aura:
- Klassisch
- Ophthalmisch
- «Accompagnée»
- Hemiparästhestisch, hemiplegisch
- Aphasisch
- Kompliziert

1 Angepasst nach: Headache Classification Committee of the International Headache Society. Cephalalgia 2004 ; Suppl 1 : S1-S160. 2 Cortelli P, et al. Headache 2004 ; 44 :587-95.

Def:[1] Folge von: A.2. Migräne mit Aura

A.2.1. Migräne mit typischer Aura

A. Mindestens 2 Attacken, welche die Kriterien unter B-D erfüllen.

B. Mindestens 1 der folgenden 3 Aura-Kriterien, aber ohne Muskelschwäche:
   1. Vollständig reversible visuelle Symptome, welche positive Symptome (z.B. flimmerdes Licht, Lichtspots oder Linien) und/oder negative Symptome einschliessen (z.B. Visusabfall, -verlust)
   2. Vollständig reversible sensorische Symptome, welche positive Symptome (z.B. Parästhesien) und/oder negative Symptome einschliessen (z.B. Gefühllosigkeit)
   3. Vollständig reversible dysphasische Störungen

C. Vorhandensein von mindestens 2 der folgenden 3 Symptome:
   1. Homonyme visuelle Symptome und/oder unilaterale sensitive Symptome
   2. Mindestens ein Aura-Symptom, das graduell in $\geq$ 5 Minuten erscheint und/oder mehrere Aura-Symptome, die nacheinander in $\geq$ 5 Minuten auftreten.
   3. Jedes Symptom dauert mindestens $\geq$ 5 Minuten aber $\leq$ 60 Minuten.

D. Kopfschmerzen, die die Kriterien B-D der Migräne ohne Aura erfüllen (S. 547) und die entweder während der Aura, oder innerhalb von 60 Minuten nach Beginn der Aura einsetzen.

E. Keine alternative Diagnose

A.2.2. Typische Aura mit nicht-migränösen Kopfschmerzen

A. Mindestens 2 Attacken, welche die Kriterien unter B-D erfüllen.

B. Mindestens 1 der folgenden 3 Aura-Kriterien, aber ohne Muskelschwäche:
   1. Vollständig reversible visuelle Symptome, welche positive Symptome (z.B. flimmerdes Licht, Lichtspots oder Linien) und/oder negative Symptome einschliessen (z.B. Visusabfall, -verlust)
   2. Vollständig reversible sensorische Symptome, welche positive Symptome (z.B. Parästhesien) und/oder negative Symptome einschliessen (z.B. Gefühllosigkeit)
   3. Vollständig reversible dysphasische Störungen

C. Vorhandensein von mindestens 2 der folgenden 3 Symptome:
   1. Homonyme visuelle Symptome und/oder unilaterale sensitive Symptome
   2. Mindestens ein Aura-Symptom, das graduell in $\geq$ 5 Minuten erscheint und/oder mehrere Aura-Symptome, die nacheinander in $\geq$ 5 Minuten auftreten.
   3. Jedes Symptom dauert mindestens $\geq$ 5 Minuten aber $\leq$ 60 Minuten.

D. Kopfschmerzen, die die Kriterien B-D der Migräne ohne Aura <u>nicht</u> erfüllen (S. 547) und die entweder während der Aura oder innerhalb von 60 Minuten nach Beginn der Aura einsetzen.

E. Keine alternative Diagnose

A.2.3. Typische Aura ohne Kopfschmerzen

A. Mindestens 2 Attacken, welche die Kriterien unter B-D erfüllen.

B. Mindestens 1 der folgenden 2 Aura-Kriterien, mit oder ohne dysphasische Störungen, aber ohne Muskelschwäche:
   1. Vollständig reversible visuelle Symptome, welche positive Symptome (z.B. flimmerdes Licht, Lichtspots oder Linien) und/oder negative Symptome einschliessen (z.B. Visusabfall, -verlust)
   2. Vollständig reversible sensorische Symptome, welche positive Symptome (z.B. Parästhesien) und/oder negative Symptome einschliessen (z.B. Gefühllosigkeit)

C. Vorhandensein von mindestens 2 der folgenden 3 Symptome:
   1. Homonyme visuelle Symptome und/oder unilaterale sensitive Symptome
   2. Mindestens ein Aura-Symptom, das graduell in $\geq$ 5 Minuten erscheint und/oder mehrere Aura-Symptome, die nacheinander in $\geq$ 5 Minuten auftreten.
   3. Jedes Symptom dauert mindestens $\geq$ 5 Minuten aber $\leq$ 60 Minuten.

D. Keine Kopfschmerzen (weder während, noch nach Aura-Beginn)

E. Keine alternative Diagnose

1 Angepasst nach: Headache Classification Committee of the International Headache Society. Cephalalgia 2004 ; Suppl 1 : S1-S160.

A.2.4. Familiäre, hemiplegische Migräne

A. Mindestens 2 Attacken, welche die Kriterien unter B und C erfüllen.

B. Vorhandensein einer Aura mit vollständig reversibler Muskelschwäche und mindestenst 1 der folgenden 3 Symptome:
   1. Vollständig reversible visuelle Symptome, welche positive Symptome (z.B. flimmerdes Licht, Lichtspots oder Linien) und/oder negative Symptome einschliessen (z.B. Visusabfall, -verlust)
   2. Vollständig reversible sensorische Symptome, welche positive Symptome (z.B. Parästhesien) und/oder negative Symptome einschliessen (z.B. Gefühllosigkeit)
   3. Vollständig reversible dysphasische Störungen

C. Vorhandensein von mindestens 2 der folgenden 3 Symptome:
   1. Mindestens ein Aura-Symptom, das graduell in $\geq$ 5 Minuten erscheint und/oder mehrere Aura-Symptome, die nacheinander in $\geq$ 5 Minuten auftreten.
   2. Jedes Symptom dauert mindestens $\geq$ 5 Minuten aber $<$ 24 Stunden.
   3. Kopfschmerzen, die die Kriterien B-D der Migräne ohne Aura erfüllen (S. 547) und die entweder während der Aura oder innerhalb von 60 Minuten nach Beginn der Aura einsetzen.

D. Mindestens ein Familienmitglied (1. oder 2. Grades) erfüllt die Kriterien A-E.

E. Keine alternative Diagnose

A.2.5. Sporadische, hemiplegische Migräne

A. Mindestens 2 Attacken, welche die Kriterien unter B und C erfüllen.

B. Vorhandensein einer Aura mit vollständig reversibler Muskelschwäche und mindestenst 1 der folgenden 3 Symptome:
   1. Vollständig reversible visuelle Symptome, welche positive Symptome (z.B. flimmerdes Licht, Lichtspots oder Linien) und/oder negative Symptome einschliessen (z.B. Visusabfall, -verlust)
   2. Vollständig reversible sensorische Symptome, welche positive Symptome (z.B. Parästhesien) und/oder negative Symptome einschliessen (z.B. Gefühllosigkeit)
   3. Vollständig reversible dysphasische Störungen

C. Vorhandensein von mindestens 2 der folgenden 3 Symptome:
   2. Mindestens ein Aura-Symptom, das graduell in $\geq$ 5 Minuten erscheint und/oder mehrere Aura-Symptome, die nacheinander in $\geq$ 5 Minuten auftreten.
   2. Jedes Symptom dauert mindestens $\geq$ 5 Minuten aber $<$ 24 Stunden.
   3. Kopfschmerzen, die die Kriterien B-D der Migräne ohne Aura erfüllen (S. 547) und die entweder während der Aura, oder innerhalb von 60 Minuten nach Beginn der Aura einsetzen.

D. Kein Familienmitglied (1. oder 2. Grades) erfüllt die Kriterien A-E.

E. Keine alternative Diagnose

A.2.6. Migräne basilaris

A. Mindestens 2 Attacken, welche die Kriterien unter B-C erfüllen.

B. Vorhandensein von mindestens 2 der folgenden Aura-Symptome, vollständig reversibel und ohne Muskelschwäche:
   - Dysarthrie
   - Schwindel
   - Tinnitus
   - Hypoakusie
   - Diplopie
   - Sehstörungen beider Augen mit Störungen der temporalen und nasalen Gesichtsfelder beider Seiten
   - Ataxie
   - Bewusstseinsstörung
   - Gleichzeitig auftretende, bilaterale Parästhesien

C. Mindestens 1 der folgenden 2 Symptome:
   1. Mindestens ein Aura-Symptom, das graduell in $\geq$ 5 Minuten erscheint und/oder mehrere Aura-Symptome, die nacheinander in $\geq$ 5 Minuten auftreten.
   2. Jedes Symptom dauert mindestens $\geq$ 5 Minuten aber $\leq$ 60 Minuten

D. Kopfschmerzen, die die Kriterien B-D der Migräne ohne Aura nicht erfüllen (S. 547) und die entweder während der Aura, oder innerhalb von 60 Minuten nach Beginn der Aura einsetzen.

E. Keine alternative Diagnose

Def:[1]

A.4. Retinale Migräne

A. Mindestens 2 Attacken, welche die Kriterien unter B und C erfüllen

B. Vorhandensein von vollständig reversiblen positiven und/oder negativen monokulären Symptomen (z.B. Augenflimmern, Skotome, Erblindung), die wie folgt bestätigt werden (1 Kriterium genügt):
- Klinische Untersuchung während einer Attacke
- Vorliegen einer Zeichnung des Patienten (der diesbezüglich vorher instruiert wurde), die eine Attacke einen monokulären Gesichtsfeldausfall beweist.

C. Kopfschmerzen, die die Kriterien B-D der Migräne ohne Aura nicht erfüllen (S. 547) und die entweder während der visuellen Aura-Symptome, oder innerhalb von 60 Minuten nach Beginn der visuellen Aura-Symptome, einsetzen.

D. Normale ophthalmologische Untersuchung zwischen den Attacken

E. Keine alternative Diagnose

A.5. Migräne Komplikationen

A.5.1. Chronische Migräne

A. Kopfschmerzen, welche die Kriterien C und D der Migräne ohne Aura (S. 547) während ≥ 15 Tagen pro Monat erfüllen und dies über eine Periode von > 3 Monaten.

B. Keine alternative Diagnose

A.5.2. Status migraenosus

A. Betrifft Patienten mit Migräne ohne Aura (S. 547): Die jetzige Attacke ist mit den früheren Attacken vergleichbar mit dem Unterschied, dass die aktuelle länger andauert.

B. Kopfschmerzen, welche beide folgenden Symptome erfüllen:
1. Dauer der Attacke **> 72 Stunden**
2. Schwergradige Intensität

C. Keine alternative Diagnose

Hosp: Indiziert bei Verdacht auf sekundäre Kopfschmerzen (siehe S. 540)

Th:
1. Hydratation (***CAVE***: die Patienten können stark dehydriert sein infolge rezidivierendem Erbrechen)
2. Antiemetika + NSAR/Analgetika ± serotoninerger Agonist, siehe S. 551
3. Evtl. Kortikoide (Neuro-Konsilium)
4. Bei Verdacht auf sekundäre Kopfschmerzen:
   - Schädel CT/ oder -MR
   - LP
   - Karotisdoppler

A.5.3. Persistierende Migräne ohne Infarzierung

A. Betrifft Patienten mit Migräne mit Aura (S. 547): Die jetzige Attacke ist mit den früheren Attacken vergleichbar, ausser dass ein oder mehrere Aura-Symptome > 1 Woche andauern.

B. Keine alternative Diagnose

A.5.4. Migränöser Infarkt

A. Betrifft Patienten mit Migräne mit Aura (S. 547): Die jetzige Attacke ist mit den früheren Attacken vergleichbar, ausser dass ein oder mehrere Aura-Symptome > 60 Minuten andauern.

B. Die Bildgebung bestätigt ein Hirninfarkt in einer relevanten Zone

C. Keine alternative Diagnose

A.5.5. Durch Migräne ausgelöste Epilepsie

A. Migräne, welche die Kriterien einer Migräne mit Aura erfüllt (S. 547)

B. Eine Epilepsie (welche die diagnostischen Kriterien eines Epilepsietyps erfüllen) tritt entweder während der Aura-Symptomatik oder innerhalb von 60 Minuten nach Beginn der Aura auf

1 Angepasst nach: Headache Classification Committee of the International Headache Society. Cephalalgia 2004 ; Suppl 1 : S1-S160.

Therapie der Migräne-Attacke[3]

Allg: Medikamente, welche bei Migräne-Attacken eingesetzt werden, sollen nicht zur Langzeittherapie verwendet werden. Opioide sollen vermieden werden.

Th: Verschiedene Medikamentengruppen können angewendet werden: evtl. 1. ± 2. ± 3.

1. **Schmerztherapie**: NSAR und/oder andere Analgetika

Analgetika	mögl. Gaben				Initiale Dosierung
	PO	IR	**IV**	**IM**	
Periphere Wirkung					
Acetylsalicylsäure	✓	✓	✓		PO und IR: 325-1000 mg. **IV**: 0.5 g - 1 g alle 4-6 h
Mefenaminsäure	✓				PO: 500 mg (max. 2 g/d)
Diclofenac	✓			✓	PO: 50 mg. **IM**: 75 mg/d (max. pdt. 2 d)
Ibuprofen	✓				PO: 400 mg (max. 2.4 g/d)
Indometacin	✓	✓			PO und IR: 50 mg (max. 200 mg/d)
Ketorolac	✓		✓	✓	PO: 10 mg alle 4-6 h. **IM, IV**: 10-30 mg alle 4-6 h
Zentale und leicht periphere Wirkung					
Paracetamol	✓	✓	✓		PO und IR: 0.5-1 g alle 4-6 h. **IV**: 1 g alle 4-6 h

2. **Prokinetische Substanzen** (optionell). Diese Medikamentengruppe wird zur Behandlung der Gastroparese eingesetzt, welche die Migräne-Attacke oft begleitet.

Prokinetika	mögl. Gaben		Initiale Dosierung
	PO	IV	
Domperidon	✓		PO: 10 mg (1-2 Tabl 3-4x/d)
Metoclopramid	✓	✓	PO et **IV**: 10 mg (3-4x/d)

Bei ungenügender analgetischer bzw. prokinetischer Wirkung zusätzliche Gabe von:

3. **5-HT1 Serotonin-Agonisten**

Allg:
- Wirkungsmechanismus: multifaktoriell (beim Tier: Vasokonstriktion der Karotis)

KI:
- Nicht kontrollierte art. Hypertonie
- Bestätigte KHK, akutes Koronarsyndrom
- PAVK
- Vorgeschichte von: Hirnschlag/TIA
- Hemiplegische Migräne, Migräne basilaris
- Gleichzeitige Einnahme von Ergotaminderivaten (→ starker Vasospasmus)

5-HT1 Agonist	HWZ	W'beginn	Dosierung	
Eletriptan RELPAX®	5 h	• 30 min	PO:	40 mg PO während der Krise Maximaldosis/24 h: 160 mg Maximale Einzeldosis: 80 mg!
Naratriptan NARAMIG®	5-6 h	• 1 h	PO:	2.5 mg PO während der Krise Maximaldosis/24 h: 5 mg Maximale Einzeldosis: 2.5 mg
Sumatriptan IMIGRAN®	2 h	• **SC**, intranasal: 15 min • PO: 30 min	**SC**	6 mg, bei Bedarf frühestens 1 h später wiederholen! Maximaldosis/24 h: 12 mg
			PO	25-50 mg, bei Bedarf im Verlaufe des Tages wiederholen. Maximaldosis/24 h: 200 mg
			Spray	20 mg in 1 Nasenloch (Kopf gerade halten), bei Bedarf frühestens nach 2 h wiederholen! Maximaldosis/24 h: 40 mg
			IR	25 mg
Zolmitriptan ASCOTOP®	3 h	• 1 min	PO	1 Tabl zu 2.5 mg während der Krise Maximaldosis/24 h: 10 mg Maximale Einzeldosis: 2.5 mg
Rizatriptan MAXALT®	2 h	• 30 min	PO	10 mg während der Krise (5 mg bei Patienten unter Propranolol), bei Bedarf frühestens nach 2 h wiederholen! Maximale Einzeldosis: 10 mg Maximaldosis/24 h: 3x 10 mg

3 Goadsby PJ, et al. N Engl J Med 2002 ;346 :257-70.

Prophylaktische Therapie der Migräne

Allg: Mehrere Medikamentenfamilien können eingesetzt werden. Therapiedauer > 3-6 Mt.

Bsp:

Medikament	Dosierung (PO)
■ Betablocker§	
• Atenolol	50-100 mg/d
• Nadolol	50-100 mg/d
• Metoprolol	30-200 mg/d
• Propranolol	40-320 mg/d
■ Trizyklische Antidepressiva§	
• Amitriptylin	Initial: 10-25 mg am Abend, bei Bedarf erhöhen (10-25 mg/Wo) Max. Dosis: 150 mg/d
■ Serotonin-Antagonisten§	
• Pizotifen	Initial: 2x 0.5 mg/d. Bei Bedarf erhöhen. Max. Dosis: 3 mg/d
■ Kalziumantagonisten‡	
• Flunarizin	5-10 mg/d (ist bei Depression kontraindiziert)
• Verapamil	160-320 mg/d
■ Sonstige (Neuro-Konsilium)	
• Valproat§	Initial: 2x 125 mg, dann 2x 250 mg, max. 1500 mg/d in 3x/d (wirksam nach 3 Wo Therapiedauer)
• Gabapentin¶	900-2400 mg/d (Tag 1: 1x 300 mg; Tag 2: 2x 300 mg, ab Tag 3: 3x 300 mg; dann je nach Bedarf erhöhen
• Topiramat¶	Initial: 25 mg/d, dann um 25 mg/Wo erhöhen. Übliche Dosierungen: 50-200 mg/d in 2 Einnahmen/d (NW: Somnolenz!)

B. Spannungskopfschmerzen[1] [G44.2]

Allg:
- Die Genese der Spannungskopfschmerzen ist unklar.
- Auslösende Faktoren: Stress, Schlafmangel, psychische Spannungen u.a.

Klas:[1] **B. Spannungskopfschmerzen**

B.1. Episodische, seltene Spannungskopfschmerzen
B.2. Episodische, häufige Spannungskopfschmerzen
B.3. Chronische Spannungskopfschmerzen
B.4. Wahrscheinliche Spannungskopfschmerzen

Def:[1]

B.1. Episodische, seltene Spannungskopfschmerzen

A. Mindestens **10 Kopfschmerz-Attacken,** welche im Durchschnitt < 1 Tag/Monat (< 12 Tage pro Jahr) andauern und welche die Kriterien B-D erfüllen.

B. Dauer der Kopfschmerzen: **30 Minuten bis 7 Tage**

C. Schmerzen mit mindestens 2 der folgenden Kriterien:
1. Bilaterale Lokalisation
2. Konstriktiv, drückend, nicht pulsatil
3. Milde bis mittelschwere Intensität
4. Keine Verschlimmerung bei körperlicher Aktivität (marschieren, Treppen steigen)

D. Vorhandensein der folgenden 2 Kriterien:
1. Keine Nausea, kein Erbrechen (Anorexie möglich)
2. Keine Assoziation von Photophobie und Phonophobie (das eine oder das andere Symptom kann isoliert vorkommen, aber nicht beide zusammen)

E. Keine alternative Diagnose

§ Gute therapeutische Evidenz
‡ Schwache therapeutische Evidenz
¶ Weitere Studien sind notwendig.

1 Angepasst nach: Headache Classification Committee of the International Headache Society. Cephalalgia 2004 ; Suppl 1 : S1-S160.

B.2. Episodische, häufige Spannungskopfschmerzen

A. Mindestens **10 Kopfschmerz-Attacken,** welche, im Durchschnitt ≥ 1 Tag aber < 15 Tage pro Monat auftreten, im Intervall von mindestens 3 Monaten (≥ 12 und < 180 Tage/Jahr) und welche die Kriterien B-D erfüllen.
B. Dauer der Kopfschmerzen: **30 Minuten bis 7 Tage**
C. Schmerzen mit ≥ 2 der folgenden Kriterien:
   1. Bilaterale Lokalisation
   2. Konstriktiv, drückend, nicht pulsatil
   3. Milde bis mittelschwere Intensität
   4. Keine Verschlimmerung bei körperlicher Aktivität (marschieren, Treppen steigen)
D. Vorhandensein der folgenden 2 Kriterien:
   1. Keine Nausea, kein Erbrechen (Anorexie möglich)
   2. Keine Assoziation von Photophobie und Phonophobie (das eine oder das andere Symptom kann isoliert vorkommen, aber nicht beide zusammen)
E. Keine alternative Diagnose

B.3. Chronische Spannungskopfschmerzen

A. Mindestens **10 Kopfschmerz-Attacken** welche im Durchschnitt ≥ 15 Tage/Monat auftreten im Intervall von mindestens 3 Monate (≥ 180 Tage/Jahr) und welche die Kriterien B-D erfüllen
B. Dauer der Kopfschmerzen: **Stunden oder kontinuierliche Kopfschmerzen**
C. Schmerzen mit ≥ 2 der folgenden Kriterien:
   1. Bilaterale Lokalisation
   2. Konstriktiv, drückend, nicht pulsatil
   3. Milde bis mittelschwere Intensität
   4. Keine Verschlimmerung bei körperlicher Aktivität (marschieren, Treppen steigen)
D. Vorhandensein der folgenden 2 Kriterien:
   1. Keine Assoziation von Photophobie/Phonophobie oder milder Nausea (das eine oder das andere Symptom kann isoliert vorkommen, aber nicht beide zusammen)
   2. Keine mittelschwere oder schwere Nausea, kein Erbrechen (Anorexie möglich)
E. Keine alternative Diagnose

Th: **Therapie der Kopfschmerzen vom Typ «Spannungskopfschmerzen»**

I. Spannungskopfschmerz-Attacke
- NSAR und/oder andere Analgetika (siehe Migräne-Attacke, S. 551)

II. Episodische Spannungskopfschmerzen (häufig): Eine Therapie ist selten notwendig.

III. Chronische Spannungskopfschmerzen (seltener als die episodische Form)
Eine Basistherapie ist oft notwendig (Dauer ≥ 3-6 Monate)

a) Nicht-medikamentöse Therapie
- Relaxation
- Akupunktur
- Körperhaltungsgymnastik u.a.

b) Medikamentöse Therapie: Antidepressiva
- Amitriptylin: 10-25 mg PO am Abend, dann jede Woche um 10-25 mg erhöhen; Maximaldosis 150 mg/d
- Mianserin: 15-30 mg am Abend (einschleichend beginnen; max. 60-90 mg/d)

C. Cluster- und andere trigemino-autonome Kopfschmerzen

Allg:
- Es handelt sich um eine Gruppe von Gesichtsschmerzen, welche durch die **Aktivierung des N. trigeminus und des Parasympathikus** entstehen.
  Dies erklärt folgende klinischen Eigenschaften:
  - Kurzzeitiger Charakter der Schmerzen (einige Minuten bis 3 Stunden)
  - Rezidivierend: 1-2 Attacken täglich während einiger Monate
  - Sehr intensive Schmerzen, mit supra-/peri-/retro-orbitärer Lokalisation
  - Assoziierte Symptome (betreffen die Region des Auges):
    -- Konjunktivale Injektion
    -- Tränenfluss
    -- HORNER-Syndrom
- **Der Patient ist agitiert und ungeduldig** (im Gegensatz zum migränösen Patienten, der die Ruhe und die Dunkelheit bevorzugt).

Klas:[1]
C.1. Cluster-Kopfschmerzen, HORTON-Kopfschmerzen
C.2. Paroxysmaler Halbseitenkopfschmerz
C.3. Neuralgiforme, kurze Kopfschmerzen mit Chemosis (konjunktivale, ödematisierte Injektion) und Epiphora (Überproduktion von Tränenflüssigkeit)
C.4. Wahrscheinliche trigemino-vaskuläre Kopfschmerzen

Def:[1]

C.1. Cluster-Kopfschmerzen

A. Mindestens 5 Attacken, welche die Kriterien unter B-D erfüllen.
B. Orbitale, supraorbitale und/oder temporale, einseitige, starke bis sehr starke Schmerzen, welche unbehandelt **15 Minuten bis 3 h** andauern.
C. Die Kopfschmerzen sind mit mindestens 1 der folgenden Kriterien assoziiert:
1. Ipsilateral: Konjuktivale Injektion (Chemosis) und/oder Tränenfluss (Epiphora)
2. Ipsilateral: Nasenverstopfung und/oder Rhinorrhoe
3. Ipsilateral: Palpebralödem
4. Ipsilateral: Schweissausbruch auf der Stirne und im Gesicht
5. Ipsilateral: Miosis und/oder palpebrale Ptose
6. Ungeduld oder Agitation

D. Häufigkeit der Attacken: alle 2 Tage, bis 8x pro Tag
E. Keine alternative Diagnose

Klin:
- Siehe Diagnosekriterien
- Männer > Frauen (5:1), selten < 20 Jahre
- Sehr intensive, orbito-frontale, unilaterale Schmerzen, oft. als «brennend» beschrieben, typischerweise während der Nacht.
- Es können mehrere Attacken täglich auftreten.
- Selten: Nausea, Erbrechen, Sehstörungen
- Alkohol kann eine Cluster-Attacke auslösen

Th: **I. Therapie einer Cluster-Attacke**
1. «Maximale» Sauerstoff-Gabe: Maske mit 10-12 L/min während 15 min
2. 5-HT1 Serotonin-Agonist (**SC**-Gabe)
   KI: • Siehe S. 551
   Bsp: • Sumatriptan IMIGRAN® 6 mg **SC**, bei Bedarf, aber frühestens 1 h später, können 6 mg wiederholt werden! Maximaldosis/24 h: 12 mg

II. Orale Langzeitbehandlung (prophylaktisch)
Verschiedene Medikamentengruppen können verwendet werden:
a) Kalziumantagonisten (= Therapie der Wahl)
   Bsp: • Verapamil 240-480 mg/d (bis 1200 mg/d) während einiger Monate.
b) Kortikoide (aber kontraindiziert bei chronischem Cluster!)
   Bsp: • Prednison 40-60 mg/d während 7 Tagen, dann ausschleichen über einige Tage.
c) Lithium
   Ind: • Akute, therapieresistente Cluster-Kopfschmerzen
   KI: • Chronische Cluster-Kopfschmerzen
   Dos: • 600-900 mg/d PO (je nach Serumspiegel)
   Bem: • Nicht vergessen: Kontrolle des Lithiumserumspiegels mit entsprechender Dosisanpassung (Zielwert: 0.6-1.2 mmol/L).

1 Angepasst nach: Headache Classification Committee of the International Headache Society. Cephalalgia 2004 ; Suppl 1 : S1-S160.

Def:

C.2. Paroxismaler Halbseitenkopfschmerz

A. Mindestens 20 Attacken, welche die Kriterien unter B-D erfüllen.

B. Starke orbitale, supraorbitale oder temporale, einseitige Schmerzen, welche **2-30 Minuten** andauern.

C. Die Kopfschmerzen sind mit ≥ 1 der folgenden Kriterien assoziiert:
1. Ipsilateral: Konjuktivale Injektion (Chemosis) und/oder Tränenfluss (Epiphora)
2. Ipsilateral: Nasenverstopfung und/oder Rhinorrhoe
3. Ipsilateral: Palpebralödem
4. Ipsilateral: Schweissausbruch auf der Stirne und im Gesicht
5. Ipsilateral: Miosis und/oder palpebrale Ptose

D. Häufigkeit der Attacken: in mehr als der Hälfte der Zeit beträgt die Anzahl der Attacken > 5x/Tag, wobei Frequenzen unterhalb 5x/Tag vorkommen können.

E. Therapeutische Dosen von Indometacin können den schmerzhaften Attacken vollständig vorbeugen

F. Keine alternative Diagnose

C.3. Neuralgiforme, kurzzeitige Kopfschmerzen mit konjunktivaler Injektion und Epiphora

Synonym: Short lasting unilateral neuralgiform headache attacks with conjonctival injection and tearing (SUNCT)

A. Mindestens 20 Attacken, welche die Kriterien unter B-D erfüllen.

B. Orbitale, supraorbitale oder temporale, einseitige, messerstichartige oder pulsatile Schmerzen, welche **5 Sekunden bis 4 Minuten** andauern.

C. Die Schmerzen sind mit folgenden Befunden assoziiert:
- Ipsilaterale konjuktivale Injektion (Chemosis)
- Tränenfluss (Epiphora)

D. Häufigkeit der Attacken: 3-200x/Tag

E. Keine alternative Diagnose

C.4. Wahrscheinliche trigemino-vaskuläre Kopfschmerzen

A. Die Attacken erfüllen alle spezifischen Kriterien der Untertypen der trigemino-vaskulären Kopfschmerzen, ausser einem Kriterium.

B. Keine alternative Diagnose

NEURO

D. Andere primäre Kopfschmerzen

Klas:[1] D.1. Messerstichartige Kopfschmerzen
D.2. Kopfschmerzen bei Husten
D.3. Anstrengungskopfschmerzen
D.4. Orgasmuskopfschmerzen
D.5. Hypnische Kopfschmerzen *(Alarm-clock headache)*
D.6. Explosive Kopfschmerzen *(Thunderclap headache)*
D.7. Kontinuierlicher Halbseitenkopfschmerz
D.8. Persistierende, tägliche, kürzlich aufgetretene Kopfschmerzen

Def:[1]

D.1. Messerstichartige Kopfschmerzen

A. Messerstichartige Kopfschmerzen (einmalige Episode oder in Serie), welche die Kriterien B-D erfüllen.
B. Kopfschmerzen, die ausschliesslich oder hauptsächlich das Gebiet des ersten Trigeminusastes (V1, S. 569) betrifft: Orbita-, Temporal-, Parietalregion
C. Messerstichartige Kopfschmerzen welche einige Sekunden dauern und deren Rezidiv unregelmässig ist (ein bis mehrere Male pro Tag)
D. Keine Begleitsymptome
E. Keine alternative Diagnose

D.2. Kopfschmerzen bei Husten

A. Kopfschmerzen, die die Kriterien B und C erfüllen.
B. Plötzlicher Beginn und einer Dauer von **1 Sekunde bis 30 Minuten**
C. Kommt ausschliesslich in folgendem Zusammenhang vor: Husten, forciertes Lachen und/oder bei VALSALVA-Manöver (S. 164).
D. Keine alternative Diagnose

D.3. Anstrengungskopfschmerzen

A. Pulsatile Kopfschmerzen, die die Kriterien B und C erfüllen.
B. Dauer der Kopfschmerzen: **5 Minuten - 48 Stunden**
C. Tritt ausschliesslich während oder nach einer körperlichen Aktivität auf.
D. Keine alternative Diagnose (z.B. SAB, arterielle Dissektion)

D.4. Orgasmuskopfschmerzen

A. Dumpfer Schmerz des Kopfes und der Halsregion, welcher während der Muskelkontraktion des Halses und/oder des Kiefers auftritt und welcher das Kriterium B erfüllt.
B. Tritt während einer sexuellen Aktivität auf und verstärkt sich während der Exzitationsphase.
C. Keine alternative Diagnose

D.5. Hypnische Kopfschmerzen *(Alarm-clock headache)*

A. Dumpfer Kopfschmerz, welcher die Kriterien B-D erfüllt
B. Tritt ausschliesslich während des Schlafes auf und weckt dadurch den Patienten.
C. Vorhandensein von $\geq$ 2 der folgenden 3 Kriterien:
   1. Häufigkeit > 15x/Monat
   2. Dauer $\geq$ 15 Minuten nach dem Erwachen
   3. Die Erstmanifestation tritt nach dem 50 Lebensjahr auf
D. Keine autonomen Symptome und keine Begleitsymptome wie Photophobie, Phonophobie oder Nausea (das eine oder das andere Symptom kann isoliert vorkommen, aber nicht beide zusammen)
E. Keine alternative Diagnose

1 Angepasst nach: Headache Classification Committee of the International Headache Society. Cephalalgia 2004 ; Suppl 1 : S1-S160.

D.6. Explosive Kopfschmerzen (CCT) - *Thunderclap headache*

A. Kopfschmerzen, die die Kriterien B und C erfüllen.

B. Vorhandensein der folgenden 2 Kriterien:
1. Brüsker Beginn mit Erreichen des Höhepunktes (schmerzintensivster Moment) innerhalb von weniger als einer Minute
2. Dauer: **1 Stunde - 10 Tage**

C. Keine regelmässige Rückfallrate während der folgenden Wochen und Monate (kann schon während der ersten Woche wieder auftreten)

D. Kopfschmerzen, die symptomatischen Kopfschmerzen nicht zugeordnet werden können, d.h. eine Neuro-Bildgebung (CT/MR) zu dessen Ausschluss und eine LP sind obligat durchzuführen.

DD:
- Idiopathische messerstichartige Kopfschmerzen
- Subarachnoidalblutung
- Zentrale Sinusvenenthrombose
- Karotisdissektion
- Hypophysen-Apoplexie
- Spontane intrakranielle Hypotension bei Liquorleck
- Hypertensive Notfallsituation
- Spontantes, sich hinter dem Clivus befindendes Hämatom
- Nicht geplatztes intrakranielles Aneurysma

Vorg
- Notfallmässige Bildgebung, dann diagnostische LP.

NEURO

Karotisdissektion[1] [I65.2]

Allg:
- Bei Patienten < 45 Jahre mit CVI ist die Karotisdissektion eine häufige Ursache (20 %).
- Der zervikale Anteil der **A. carotis interna** ist hauptsächlich daran beteiligt.

Urs:
- Traumatisch (15 %), inkl. zervikale Manipulationen
- Spontane Dissektion (85 %)
  - Arterienwand Erkrankung (EHLERS-DANLOS, fibro-muskuläre Dysplasie, Mangel an α-1 Proteinase Inhibitor)
  - Nicht systematisierte Anomalie der Arterienwand

Klin:
- Halbseitige, ipsilaterale Schmerzen: orbital, zervikal, Kopfregion
- Evtl. HORNER-Syndrom, S. 560
- Klinik eines Hirnschlags oder einer TIA des betroffenen Gebietes
- Parese der letzten Paare der Hirnnerven:
  - VI (→ Diplopie)
  - VII, IX, X, XI, XII, siehe S. 570
- Art. Hypertonie
- Manchmal pulsatile Ohrgeräusche

Dg:
- Rx der Wahl: zervikales und zerebrales **Angio-MR** mit axialen Schnitten des Halses:
  → Wandverdickung
  → Wandblutung, welche als Halbmond-Zeichen imponiert

Th:
1. **Allgemein**
   Bem:
   - Es gibt keinen therapeutischen Konsens (Fehlen randomisierter Studien).
   - Bei intrakranieller Ausdehung der Dissektion sind Antithrombotika kontraindiziert (Risiko einer Subarachnoidalblutung).
2. **Antikoagulation/Aggregationshemmung** → Neuo-Konsilium
   Allg:
   - Ziel: Verhindern thromboembolischer Komplikationen
   - Risiko der Antikoagulation/Aggregationshemmung:
     a) Hämorrhagische Transformation einer ischämischen Hirnzone
     b) Verschlimmerung der Dissektion durch Vergrösserung des Hämatoms!

   > **Für die PRAXIS:**
   > Bei ausgedehntem Hirnschlag ist das Risiko einer hämorrhagischen Transformation unter Antikoagulationstherapie grösser als deren Benefit. In diesem Fall wird empfohlen, **5-10 Tage abzuwarten,** bevor eine Antikoagulation begonnen wird. Wenn eine Antikoagulation während der Akutphase in Betracht gezogen wird, muss vorher ein Neuro-Konsilium stattfinden!

   Vorg: a) Antikoagulation während der Akutphase (falls indiziert)
   - Heparin **IV** (*full-dose*, ohne Bolus S. 295) mit **strikter aPTT Kontrolle**
   - Übergang in eine orale Antikoagulation (Ziel-INR 2.0-3.0) während 3-6 Mt., dann Kontroll-Angio-MR + Neuro-Konsilium.

   Oder (je nach neurologischem Zentrum):
   b) Plättchenaggregationshemmer (ASS): 50-325 mg/d
3. **Invasive Therapie:** endovaskuläre Therapie (STENT) oder chirurgischer Eingriff
   Allg:
   - Die invasive Therapie ist selten indiziert; ad. Neuro-Konsilium.

Prog:
- Ohne Therapie, oft spontan guter Verlauf. In > 50 % der Fälle, ad *resolutio ad integrum*.
- Selten treten kontralaterale Dissektionen auf.

Vertebralisdissektion [I65.0]

Allg:
- Prädisponierende Faktoren/Situationen:
  - Adipöse Frauen zwischen 20-40 Jahren
  - Trauma der HWS, zervikale Manipulationen (Chiropraktiker, Osteopath)
  - Fibromuskuläre Dysplasie
- Typische Lokalisationen:
  - Eingang beim Foramen transversum des Wirbelkörpers C6 (C5)
  - Durchtritt durch die Dura mater
  - Beim Ausgang des Foramen transversalis auf Höhe des Atlas

Klin:
- Ipsilaterale Zervikalgien mit Ausstrahlung in den Arm und ins Okziput
- **Vertebrobasiläre Defizite**:
  - Dysarthrie
  - Dysphagie
  - Ataxie
  - Paresen der Extremitäten
- Ischämische Symptome (v.a. vom Typ WALLENBERG, S. 560)
- Läsion einer zervikalen Nervenwurzel (C4) C5 C6 (C7)
- Manchmal ausschliesslich motorisches Defizit

Dg:
- Angio-MR, Angiographie. Evtl. Doppler-Sonographie

Th:
- Siehe Karotisdissektion

1 Angepasst nach : Schievink WI. N Engl J Med 2001 ;344 :898-906.

Zentralvenenthrombose[1] [I63.6]

Allg: • Die Zentralvenenthrombose befällt, seit Gebrauch der oralen Kontrazeption, oft junge Frauen.

• Typische Lokalisationen der Zentralvenenthrombose:
  - Häufig: Sinus longitudinalis superior und Sinus lateralis
  - Weniger häufig: Sinus rectus, Sinus cavernosus, Kortikalvenen

• Prädisponierende Faktoren:
  - Rauchen
  - Östrogene
  - Adipositas
  - Thrombophilie, Polyglobulie
  - Lokale Infektionen
  - Vaskulitis
  - Trauma, chirurgische Eingriffe im kleinen Becken
  - Syphilis u.a.

Klas: **A. Septisch** (ca. 5 % der Zentralvenenthrombose)
  - Otitis, Sinusitis, Mastoiditis, Meningitis, Enzephalitis
  - Furunkel im Gesicht
  - Pneumonie
  - Sepsis

B. Aseptisch
  - Schwere Kardiopathie
  - Kachexie
  - Dehydrierter Zustand (z.B. starke Diarrhoe)
  - Vaskulitis: PAN, Riesenzellarteriitis u.a.
  - Thrombophilie

C. Idiopathisch (20-30 %)

Klin: Symptome und Befunde

• Die Symptome sind typischerweise «subakut» und fluktuierend (Tage/Monate), selten «akut» (DD: Subarachnoidalblutung, s. 581)
  - Kopfschmerzen ± Nausea/Erbrechen
  - Fokal neurologisches Defizit (DD: Hirnschlag/TIA): senso-motorisches Defizit, Aphasie
  - Epileptische Krise (bis 40 % der Fälle!)
  - Schwindel
  - Bewusstseinsstörung
  - Psychose, Verwirrtheitszustand

• Meningismus, s. 544
• Augenfundus: Papillenödem, Papillenstase

Dg: • Schädel-CT oder -MR mit venösen Sequenzen
• D-Dimere sind oft positiv.

Th: **1. Therapeutische IV-Antikoagulation «*full-dose*»** (Neuro-Konsilium), s. 295
  - Die Antikoagulation ist indiziert, auch wenn die Bildgebung eine parenchymatöse Hirnblutung zeigt, welche mit der Zentralvenenthrombose assoziiert ist!
  - Im Verlauf auf Vitamin K-Antagonisten (VKA) umstellen.

2. Kausaltherapie

Drop attack — *Atonic seizure*

Allg: • Die *drop attack* ist ein Symptom und keine Diagnose!
• 5-10 % der Patienten mit Morbus MÉNIÈRE manifestieren eine *drop attack*.
• Das Hirnschlag-Risiko ist bei Patienten mit *drop attack* nicht signifikant höher, verglichen mit der Normalbevölkerung (ca. 0.5 %/Jahr).

Klin: • Plötzlicher Sturz in Folge einer transitorischen Para- oder Tetraparese von kurzer Dauer (der Patient erholt sich innerhalb von Sekunden oder Minuten).
• **KEIN Bewusstseinsverlust** (im Gegensatz zur Synkope)!
• Schwindelgefühl
• Nausea

Urs: • Idiopathisch (60-70 % der Fälle)
• Hypothesen:
  - Transitorische zerebrale Hypoperfusion?
  - Akuter muskulärer Tonusverlust als Folge einer Störung afferenter Gelenkrezeptoren?

Vorg: • Die Indikation für eine vaskuläre Abklärung (gleich wie beim Hirnschlag, s. 522) soll je nach Situation evaluiert werden.

Th: • Kausaltherapie. Es gibt keinen therapeutischen Konsens.

1 Stamm J. N Engl J Med 2005 ;352:1791-8.

Locked-in Syndrom [R40.2]

Allg: • Es handelt sich um eine Ponsläsion oder eine hochgelegene Medulläläsion (Kerne des N. abducens), was zum Unterbruch der kortikospinalen und -nuklearen Bahnen führt.
Urs: • Basilarthrombose
• Hirnblutung , Hirntumor, Schädel-Hirn-Trauma u.a.
Klin: • Der Patient ist wach, tetraplegisch, stumm und akinetisch.
• Einzige intakte Motorik: **vertikale Augenbewegungen, Augenzwinkern** (die Bahnen des N. oculomotorius bleiben intakt)
DD: • Folgende Erkrankungen müssen ausgeschlossen werden:
- Polyradikuloneuritis (GUILLAIN-BARRÉ, MILLER-FISHER), S. 592
- Polyneuritis, Polyomyelitis
Th: • Symptomatische Therapie (Rehabilitation: Physiotherapie, Orthophonie, Ergotherapie)
Prog: • Die Prognose ist sehr schlecht!

HORNER-Syndrom (CLAUDE-BERNARD-HORNER) [G90.2]

Allg: • Das HORNER-Syndrom kommt durch den Befall der sympathischen Fibern zustande. Diese umfassen folgende Strukturen: thalamische Fibern, Hirnstamm, Rückenmark, zervikale sympathische Ganglienkette, ventrale Nervenwurzeln (C8-D2), Plexus sympathicus, der die internen und externen Karotisarterien umschlingt und sich bis in die Iris fortsetzt.
Urs: • Zentraler Befall: WALLENBERG-Syndrom, Multiple Sklerose, Hirnschlag, Syringobulbie
• Präganglionärer Befall: Läsion der inferioren u. medianen sympathischen Zervikalganglien
• Postganglionärer Befall: PANCOAST§, Mediastinumtumor, Läsion der superioren Zervikalganglien, Karotis- oder Aortenaneurysma, Trigeminusläsion (intrakranieller Anteil)
Klin: • Typische klinische Trias:
1. Miosis
2. Palpebrale Ptose (M. tarsalis superior)
3. Enophthalmie (M. orbitalis)
• Manchmal: ipsilaterale Gesichtshypohydrose, konjunktivale Injektion, Tränenfluss
Th: • Kausaltherapie

WALLENBERG-Syndrom (Adolf WALLENBERG 1862-1949)

Syn: • **PICA-Syndrom** (A. cerebelli posterior inferior), laterales Medullasyndrom
Allg: • Es handelt sich um einen latero-bulbären Infarkt infolge Okklusion der PICA (A. cerebelli posterior inferior), bzw. Äste derselben.
• Folgende Hirnnerven können initial betroffen sein: Glossopharyngeus IX, Vagus X
Urs: • Atherosklerose, ulzerierte ATS-Plaques (Diabetes, art. Hypertonie, andere Risikofaktoren)
• Thromboembolisches Geschehen
• Arterielle Dissektion (Trauma, Manipulation der HWS, Vaskulitis)
Dg: • Klinik + radiologische Bildgebung zur Bestätigung (MR).
Klin: • Akuter Drehschwindel, Hypoakusis
• Dysphagie, rauhe Stimme (ipsilaterale Stimmbandparese)
• Nausea, Erbrechen, Kopfschmerzen, Dysphonie, Singultus
• Neurologische Befunde:
  - **Ipsilateral**
    • Stimmbandparese (rauhe Stimme)
    • HORNER-Syndrom
    • Dysarthrie (Parese des Gaumensegels und des posterioren Pharynx infolge Hirnnervenbefall des IX. und X. Hirnnerves)
    • Dissoziierte Sensibilitätsstörung* der Gesichtshälfte
    • Verminderter Kornealreflex, vertikaler Nystagmus
    • Hemiataxie und muskuläre Hypotonie
    • Dysmetrie
  - **Kontralateral**
    • Dissoziierte Sensibilitätsstörung* der Körperhälte unterhalb des Gesichts (aber die Gesichtshälfte ist nicht betroffen)
Th: **1. Neuro-Konsulium**
2. Symptomatische Therapie (z.B. Antikoagulation bei thromboembolischen Ereignissen)

* **Dissoziierte Sensibilitätsstörung** («dissotiation thermo-algésique»)
Klin: Empfindungsstörungen bezügl. Temperatur und Schmerz bei intaktem Berührungs- und Lagesinn. In der ipsilateralen Gesichtshälfte wird diese Dissoziation durch den Befall des N. trigeminus erklärt. Der Befall der kontralateralen Körperhälfte wird durch den Befall des spinothalamischen Traktus erklärt.

§ PANCOAST-Syndrom (1924)
Allg: Apikaler Lungentumor, typischerweise «Nicht-Kleinzeller».
Klin: Symptome auf die Seite des Lungenbefalls: Schulterschmerzen, HORNER-Syndrom, Rippenbefall, Handmuskelatrophie, Schmerzen im Dermatomgebiet C8, D1 und D2

WERNICKE-Enzephalopathie (GAYET-WERNICKE)[1-3] [E51.12]

Syn: • Polio- (oder Pseudo-) Enzephalitis haemorrhagica superior

Allg: • **Die WERNICKE-Enzephalopathie ist ein medizinischer NOTFALL**!
- Es handelt sich um eine Enzephalopathie infolge eines **Vitamin B1-Mangels** (Thiamin).
- Physiologische Reserve von Vitamin B1: ca. 2 Mt.
- Täglicher Vitamin B1-Bedarf: 0.5 mg
- Häufigkeit (Autopsien): 0.8-2.2 % (bis 12.5 % bei Alkoholikern)

Urs: • Vitamin B1-Mangel:
  - Chronischer Alkoholabusus (Alkohol beeinflusst den aktiven Vitamin B-Transport)
  - Leberinsuffizienz (verminderte Umwandlung von Vitamin B1 in seine aktive Form)
  - Malabsorption, Kachexie, inadäquate Ernährung (Anorexia nervosa u.a.)
  - Urämie, Schwangerschaft (infolge Erbrechen)

Klin: Trias

1. **Okulomotorische Störungen** (verschiedene mögliche klinische Manifestationen):
   - Periphere Paresen der Augenmuskeln (Diplopie u.a.)
   - Zentrale Ophthalmoplegie, Blickrichtungsnystagmus. Störung des Pupillensphinkters
2. **Ataxie**
3. **Somnolenz, Koma**

Assoziierte Symptome

- Vegetative Dysregulation:
  - Art. Hypotonie; Hypothermie
  - Zerebrale Störungen im Sinne eines epileptiformen Ereignisses (ohne dass es sich um einen veritablen Epilepsie-Anfall handelt)!
- **KORSAKOW-Syndrom** (Begleitpsychose bei WERNICKE, beschrieben im Jahr 1887)
  - Gedächtnisstörungen, Verlust des abstrakten Denkens
  - Neigung zur Konfabulation, Verwirrtheitszustand

Dg: • Klinik und Labor. Bestätigungsbildgebung (Schädel-MR):
  - Symmetrische, zum Teil hämorrhagische Läsionen im Bereich des Thalamus und Hypothalamus periventrikulär, der Corpora mammillaria und des Kleinhirnwurms.

Th: 1. **Akutsituation**
- Vitamin B1: 100-250 mg/d **IV**
- Zusätzlich Multivitaminkomplex (z.B. BECOZYM forte® 2 Amp/d **IV**)

> **Für die PRAXIS**
> Vitamin B1 MUSS IMMER VOR der Gabe von GLUKOSE verabreicht werden, denn die Glukose benötigt das noch in geringen Mengen vorhandene endogene Vitamin B1 als Ko-Faktor für seinen eigenen zellulären Metabolismus und kann dadurch, bei Risikopatienten, eine akute Vitamin-B-Depletion induzieren, was sich in Form einer WERNICKE-Enzephalopathie oder BERIBERI-Krankheit manifestieren kann!

- Eine transitorische (!) Besserung der Symptomatik kann schon 1-6 h nach Gabe von Vitamin B1 beobachtet werden.
- Eine orale, hochdosierte Vitaminsubstitution soll je nach Klinik weitergeführt werden, z.B. 1000 mg/d PO während 5 Tagen, dann nach Bedarf.

2. **Elektrolytstörungen korrigieren**
- Hyponatriämie (langsam korrigieren; Risiko einer pontinen Myelose!), siehe S. 1398
- Hypomagnesiämie, S. 1404

3. **Delirium tremens Prophylaxe**
- Bei chronischem Alkoholismus sind Präventivmassnahmen indiziert, siehe S. 1181

BERIBERI-Krankheit [E51.1]

Allg: • BERIBERI bedeutet auf singhalesisch (Sri Lanka) «*grosse Schwäche*».
- Es handelt sich um eine Vitamin B1-Avitaminose.

Urs: • Malabsorption
- Malnutrition (z.B. ausschliessliche Ernährung mit geschältem Reis in Asien)
- Chronischer Alkoholabusus

Klin: • Es werden verschiedene Formen unterschieden:
1. Trockene Form
   - Parästhesien, Reflexstörungen, Muskelschwäche, Polyneuropathie
   - Gelegentlich ZNS-Symptome (WERNICKE-Enzephalopathie, siehe S. 561)
2. Feuchte Form
   - Herzinsuffizienz mit Ödemen; Pleura- und Perikardergüsse; Kehlkopf- und Hirnödem
3. Akute, perniziöse Form
   - Akute Herzinsuffizienz und Lungenödem durch Herzerweiterung

Th: • Vitamin B-Substitutionstherapie (siehe WERNICKE-Enzephalopathie, S. 561)

1 Angepasst nch : Heye N, et al. Intensive Care Med 1994 ;20 :282-6. 2 Kril JJ. Metab Brain Dis 1996 ; 11 :9-17. 3 Reuler JB, et al. N Engl J Med 1985 ;312 :1035-9.

Epilepsie - Konvulsionen - Status epilepticus[1-3] [G40.9; SE: G41.2]

Allg: **■ Epilepsie**

Def:
- Rezidivierende epileptische Konvulsionen (spontan auftretende, unwillkürliche, spastische und sehr heftige Muskelkontraktionen), welche durch eine neuronale Hypersynchronisation des zerebralen Cortex zustande kommen.

Allg:
- Die **Epilepsie ist ein Symptom** und nicht eine Diagnose!
- Prävalenz der Epilepsie: 0.5-1.0 % (Prävalenz der Konvulsionen 2-5 %).

Klas:
I. Ätiologische Klassifikation
  a) Sekundäre Epilepsie (d.h. mit Hirnerkrankung; < 50 % der Epilepsien)
  b) Idiopathische Epilepsie (ohne organische Hirnerkrankung, genetisch bedingt)
II. Klinische Klassifikation, siehe S. 563

Urs:
- Intrakranieller Infekt (viral, bakteriell, Pilze, Parasiten u.a. Keime)
  - Meningitis
  - Enzephalitis: Herpes , HIV u.a.
  - Toxoplasmose, Malaria falciparum, HIV-Enzephalopathie
  - Hirnabszess
- Zerebrale Ischämie: Hirnschlag, nach perinataler Anoxie
- Hirnblutung, SAB
- Hirntumor
- Kongenitale Hirnanomalien
- SHT (2-20 % der Epilepsien)
- Degenerative Hirnleiden (10-15 % der ALZHEIMER-Patienten leiden an Epilepsie)
- Kongenitale metabolische Leiden (inkl. die Porphyria cutanea tarda)

Klin:
- Siehe S. 563

DD:
- Synkope
- Migräne
- CVI, TIA, transient globale Amnesie
- Drop attack
- Hyperthyreose
- Psychogen, Schlafstörungen

Th:
- Ziel der Therapie: Erreichen der normalen neuronalen Funktion.

■ Konvulsionen

Def:
- Epileptiforme Bewegungen verursacht durch einen **auslösenden Faktor**:
  - Metabolische Störungen
    - Hypoglykämie, Hyperglykämie
    - Hyponatriämie (< 120 mmol/L)
    - Hypokalzämie (ionisierte Kalzämie < 0.65 mmol/L)
    - Hypomagnesiämie (< 0.8 mmol/L)
    - Hypophosphatämie (< 0.32 mmol/L)
    - Hepatische Enzephalopathie
    - Urämie (bei 10 % der Patienten mit chronischer Niereninsuffizienz) u.a.
  - Zerebrale Anoxie: nach Herzstillstand, CO-Intoxication
  - Medikamentös - Intoxikation/Entzug
    - Intoxikation/Entzug
      -- Alkohol, Amphetamine, Kokain, BDZ
      -- Propranolol, Verapamil
    - Psychotrope Medikamente - Narkotika - Anästhetika
      -- Antidepressiva: Tri- oder tetrazyklische Antidepressiva; SSRI
      -- Phenothiazin, Haloperidol, Clozapin, Lithium, Bupropion
      -- Ketamine, Enfluran, Bupivacain (in toxischer Dosis), Lidocain
    - Antimikrobielle Therapeutika/Chemotherapie
      -- Betalaktame (hohe Dosen), Imipenem, Isoniazid, Antimalaria Medikamente, Ciclosporin, Methotrexat, Chlorambucil
    - Sonstige: Baclofen, Chlorpromazin, Diphenhydramin, Theophyllin

Allg:
- Diese Patienten werden NICHT als «Epileptiker» bezeichnet, denn man geht davon aus, dass die Konvulsion ohne auslösenden Faktor nicht zustande gekommen wäre.

Klin:
- Siehe S. 563

Th:
- Ziel der Therapie: Verhindern der auslösenden Faktoren.

■ Status epilepticus, siehe S. 565 [G41.2]

Def:
- **Konvulsive Aktivität während 5-10 Minuten** oder mehrere Krisen ohne vollständige Erholung dazwischen.
- **Refraktärer Status epilepticus** = Nichtansprechen auf die initiale Therapie des Status epilepticus (S. 565)

1 Commission on Classification and Terminology of the International League Against Epilepsy. Epilepsia 1989 ;30 :389-99. 2 Angepasst nach: Browne TR, et al. N Engl J Med 2001 ;344 :1145-51. 3 Angepasst nach: UpToDate 2009

Allg:
- Der **Status epilepticus (SE) ist ein medizinischer NOTFALL!**
- Der neuronale Zelltod kommt nach 30-60 min anhaltender Konvulsion zustande.
- Mortalität: ca. 20 % (insb. durch den metabolischen Stress ausgelöst)
  - Rhabdomyolyse
  - Laktatazidose
  - Aspirationspneumonie
  - Neurogenes Lungenödem, ARDS
- Bei einer Enzephalitis wird eine besonders hohe Inzidenz des refraktären SE beobachtet (22 %) versus 4 % nicht refraktärem SE.
- **Risikofaktoren**
  - Ungenügende medikamentöse Kompliance der Antiepileptika
  - Entzug: Alkohol, Barbiturate, BDZ (v.a. Alprazolam TAFIL®)
  - Hirnerkrankungen (siehe «Urs:» der Epilepsie s. 562)
  - Metabolische Störungen (siehe «Urs:» der Epilepsie s. 562)

Th:
- Ziel: Unterbrechen der konvulsiven Aktivität, siehe Algorithmus s. 565

Klin:
- Typische Klinik der Konvulsion
  - Tonische Phase, gefolgt von anhaltenden klonischen Bewegungen (> 15 sek), welche mit dem Beginn des Bewusstseinsverlustes übereinstimmen.
  - Automatische, repetitive Bewegungen (Mastikation)
  - Lateraler Zungenbiss (Spezifität ca. 90 %, schwache Sensitivität ca. 40 %)
  - Faziale Zyanose (*blue face*, Spezifität > 90 %, schwache Sensitivität ca. 30 %)
  - Aura vor dem Ereignis (Definition der Aura, siehe s. 546)
  - Es ist äusserst WICHTIG, den Bewusstseinszustand zu evaluieren:
    - -- Postiktale Phase (prolongierter Verwirrtheitszustand nach dem Erwachen, Spezifität und Sensitivität je ca. 80 %). Muskelschmerzen nach dem Erwachen.
    - -- Stupor? Myoklonien? Asymetrische neurologische Störungen?
  - CK dysproportioniert ↑ (im Status wenig auffallende Elemente, wie z.B. Hämatom)

Klas:[4] **I. Fokal epileptische Krise**

A. Einfache partielle Epilepsie (fokale Epilepsie)
- Je nach Lokalisation der elektrischen Entladung manifestieren sich motorische, sensorische, autonome oder psychische Symptome und Befunde.
- Das Bewusstsein ist klar!

B. Komplexe partielle Epilepsie (Temporallappen oder psychomotorisch)
- Die Epilepsie kann sich ohne Prodromi oder mit motorischen, sensorischen, autonomen oder psychischen Vorzeichen und Symptomen manifestieren.
- Das Bewusstsein ist beeinträchtigt.
- Evtl. Automatismen (stereotype Bewegungen, Vokalisation) an die sich der Patient später nicht mehr erinnert.
- Die Epilepsie ist oft gefolgt von einer Verwirrtheitsphase (postiktale Phase).

C. Sekundär generalisiert partielle Epilepsie (= «Grand-mal»)
- Die Epilepsie kann mit motorischen, sensiblen, autonomen oder psychischen Symptomen und Befunden auftreten und entwickelt sich aus einer einfachen oder komplexen partiellen Epilepsie.
- Bewusstseinsverlust mit Erhöhung des Muskeltonus: rhythmische, später klonische Bewegungen, welche langsam verschwinden. Der Patient ist nach dem Epilepsieanfall komatös. Langsame Erholung (postiktale Phase), ± Zungenbiss, ± Inkontinenz.

D. Primär generalisiert

II. Primär generalisierte epileptische Krise

A. Tonisch-klonische Form (= «Grand-mal»)
- Bewusstseinsverlust. Prodromi (myoklonische Bewegungen) sind fakultativ vorhanden. Diese Epilepsieform zeigt klinische Ähnlichkeiten mit der sekundär generalisierten partiellen Epilepsie.

B. Absenzen (= «Petit mal»)
- Brüsker Beginn der Epilepsie mit kurzer Phase von Nicht-Ansprechbarkeit (ca. 10 sek). Schnelle Erholung. Erhöhter oder verminderter Muskeltonus, Automatismen oder leichte klonische Bewegungen können vorhanden sein. Die Epilepsie kann durch Hyperventilation ausgelöst werden. Erstes Auftreten oft zw. dem 3. und 20. Lj.

C. Andere Epilepsietypen
- Atonisch (= dem nicht konvulsiven Status epilepticus äquivalent)
- Myoklonisch
- Klonisch

4 Angepasst nach: Browne TR, et al. N Engl J Med 2001 ;344 :1145-51.

Dg: • Anamnese + Klinik + EEG ± SPECT (in 2. Intention: Schädel MR)

Lab: • Blutanalysen:
- Blutbild
- Thrombozyten, aPTT, INR
- Na^+, K^+, Blutzucker, Harnstoff, Kreatinin
- ASAT, ALAT, evtl. Ammoniak (akute Leberinsuffizienz)
- Laktat, Blutgasanalyse
- Alkoholspiegel

• Urin:
- Tox-*Screening* (individuell entscheiden)

• Liquor:
- Indiziert bei Fieber oder bei Vd. auf Neoplasie

Rx:[3] • Bei Erstereignis ist ein bildgebendes Verfahren (Schädel-MR ist dem -CT vorzuziehen) in folgenden Situationen indiziert (1 Kriterium genügt):
- Neues Auftreten eines fokalen neurologischen Defizits
- Persistierender beeinträchtigter Mentalstatus (mit oder ohne Intoxikation)
- Fieber
- Kürzliches Trauma
- Persistierende Kopfschmerzen
- Neoplasie (anamnestisch)
- Antikoagulation oder Gerinnungsstörungen

EEG: • Bei einem epileptischen Anfall soll ein EEG in den ersten 24 h durchgeführt werden.
• Ca. 25 % der Patienten mit einer primär generalisierten tonisch-klonischen Epilepsie («Grand mal») haben ein normales EEG und ca. 50 % zeigen spezifische EEG-Abnormitäten.

Th: **1. Symptomatische Therapie des epileptischen Anfalls**

1.1. Benzodiazepin

BDZ	Beispiel	Dosierung
Clonazepam	RIVOTRIL® Amp 1 mg (1 mL)	• 1-2 mg **IV** (0.01 - 0.03 mg/kg KG; 2 mg/min) • Je nach Klinik. - Perfusor mit ca. 0.5 mg/h **IV**
Lorazepam	TAVOR® Amp 4 mg (1 mL)	• 4-8 mg **IV** (0.05 - 0.1 mg/kg KG; 2 mg/min) • Bei Bedarf nach 15 min wiederholen.
Diazepam	VALIUM® Amp 10 mg (2 mL)	• 10-20 mg **IV** (0.15 - 0.25 mg/kg KG; 5 mg/min) • Bei Bedarf wiederholen bis die Krise sistiert (max. 20 mg).

1.2. Vitamin B1

Ind: • Epilepsie und Verdacht auf Alkoholismus

Vorg: • 100-300 mg langsam **IV**

1.3. Hydratation (i.d.R. NaCl 0.9 %, Osmolalität: 308 mmol/L H_2O)

Allg: • Hypotone Lösungen (z.B. Ringer-Lactat; Osmolalität: 279 mmol/L H_2O) sollen vermieden werden, da sie potentiell ein Hirnödem verschlimmern würden.
• Glukose soll NUR in folgenden 2 Situationen verabreicht werden:
  ▪ Dokumentierte Hypoglykämie
  ▪ Unmöglich in kurzer Frist über einen Blutzuckerwert zu verfügen.

Vorg: • Ziel: Euvolämie

2. Langzeittherapie der Epilepsie

Allg: • Die Indikationen zu einer antiepileptischen Langzeittherapie werden von einem Neurologen gestellt und wird i.d.R. in folgenden Fällen empfohlen:
1. Nach > 2 Epilepsie-Episoden
2. Vorhandensein von ≥ 1 folgender Risikofaktoren:
   a) Evidenz einer strukturellen zerebralen Läsion
   b) Spezifische EEG-Anomalien (Konsilium)
   c) Epilepsie vom partiellen Typ

Vorg: • Neuro-Konsilium

3 Angepasst nach: Markland OM. In: Biller JB (ed.). Practical Neurology 1997; p. 431.

Zeit

Status epilepticus

Grundmassnahmen

- Neurostatus + O_2, kapillärer Blutzucker; ggf. maschinelle Beatmung (siehe S. 64)
- 2 venöse Zugänge + periphere Oxymetrie (SpO_2) + EKG-Monitoring + Vitalparameter
- Labo: - Blutzucker, Na^+, K^+, Ca^{2+}, Mg^{2+}, Phosphat, Blutbild, ABGA, Kreatinin, Harnstoff
  - Tox-Screening; Serumspiegel von allfälligen Antiepileptika
- **Thiamin 100 mg IV** (indiziert bei schlecht ernährten Patienten, inkl. chron. Alkoholabusus)
- Bei bewiesener Hypoglykämie (oder falls unmöglich diese zu bestimmen):
  → **Glukose 5 g IV** (1 Amp G 50 %)

gleichzeitig mit der medikamentösen Therapie beginnen

Hospitalisierung

***First-line* Therapie: BDZ + Phenobarbital**

- Therape der Wahl

BDZ	Handelsnamen	Galenik	Dosierung	Patient 70 kg
Lorazepam	TAVOR®	Amp 4 mg/1 mL	0.05-0.1 mg/kg **IV**	3.5 - 7.0 mg
Clonazepam	RIVOTRIL®	Amp 1 mg/1 mL	0.01-0.03 mg/kg **IV**	0.7 - 2 mg
Diazepam	VALIUM®	Amp 10 mg/2 mL	0.15-0.25 mg/kg **IV**	10 - 17.5 mg
Midazolam	DORMICUM®	Amp 5 mg/1 mL	0.05-0.3 mg/kg **IV** ou **IM**	3.5 - 20 mg

1 min warten; dann soll ein 2. BDZ-Bolus verabreicht werden (gleiche Dosis).

Bei persistierender Krise können folgende Medikamente zusätzlich verabreicht werden:

Phenytoin	PHENHYDAN®	Amp 750 mg/50 mL	10-20 mg/kg **IV** (< 50 mg/min)**
oder:			
Valproinsäure§	MERGENL®	Amp 400 mg/4 mL	Bolus: 15-20 mg/kg **IV** in 5-10 min Erhaltung: 1-2 mg/h **IV** kont. oder: 3-4x 15-20 mg/kg **IV** in einer Infusion/30 min (1500 - 8000 mg/24 h)

30 min

Persistierende Epilepsie

Refraktärer Status epilepticus

- Intubation und maschinelle Beatmung + Arterienkanüle
- Kontinuierliches EEG

***Second-line* Therapie (Anästhesie): Midazolam, Propofol, Phenobarbital, Thiopental**
(es gibt keinen Konsens bezügl. der Auswahl dieser Medikamente)

Midazolam	DORMICUM®	Amp 5 mg/1 mL Amp 15 mg/3 mL	Bolus: 0.2 mg/kg **IV** oder **IM** Erhaltung: 0.05-0.5 mg/kg/h **IV** kont.
Propofol	DISOPRIVAN®	Verdünnung: - 10 mg/mL	Bolus: 1-2 mg/kg **IV** Erhaltung: 2-6 (10) mg/kg/h **IV** kont.
Phenobarbital (Apotheker kontaktieren)			Bolus: 5-20 mg/kg **IV** (< 25 mg/min) Erhaltung: 0.5-1.0 mg/kg/h **IV** kont.
Thiopental	TRAPANAL®		Bolus: 100-250 mg **IV** in 20 min Erhaltung: 3-5 mg/kg/h **IV**

60 min

48 h

Während ≥ 48 h:
- EEG-Monitoring + Überwachung + Anpassung der Medikamentendosen
- Abklärungen

Algorithmus: Therapie bei Status epilepticus.[5,6]

** Falls die Krise persistiert, kann mit Phenytoin 17 mg/kg/24 h IV kont. (≅ 2 Amp/24 h) weitergefahren werden.
§ NW von Valproinsäure: Thrombozytopenie, Somnolenz, Hyperammoniämie (→ Enzephalopathierisiko!)

5 Angepasst nach: Leppert D et al. Schweiz Ärztezeitung 2005 ;868 :39 (Erratum bezügl. Dosierung der Medikamente: 2007; 88 :39) und 6 UpToDate 2009.

Hirntod[1-3]

Allg:
- Es gibt verschiedene Protokolle zur Diagnose des Hirntodes. Sie unterscheiden sich v.a. in der Anwendung der Bestätigungstests (EEG, Angiographie oder zerebrale Szintigraphie, Doppler der Hirngefässe, siehe Punkt 7, S. 568).
- Im Rahmen des Hirntodes ist das Auftreten eines Diabetes insipidus häufig (ADH-Mangel).

Kriterien zur Organspende

- Personen jeden Alters*
- Herzrhythmus und Blutkreislauf intakt
- Bei Personen mit Herz-Kreislaufstillstand können Gewebe, sowie die Hornhäute transplantiert werden
- Erfüllen der medizinisch-legalen Kriterien (siehe unter «Dg:», folgend)
- Einverständnis der Familie

Dg: **Medizinisch-legale Kriterien des Hirntodes (Punkte 1-6)**

1. Irreversibler Hirnschaden
- Ursache des Komas, bekannt und genügend, um den irreversiblen Verlust der Hirnfunktion zu erklären (d.h. Ausschluss eines Wiedererlangens der Hirnfunktion):
  - 2 klinische Untersuchungen, welche von 2 Ärzten durchgeführt werden, die von dem Transplantations- und dem Entnahme-Team unabhängig sind.
  - Klinische Untersuchungen, die zu 2 verschiedenen Zeiten durchgeführt werden (dieses Kriterium variiert je nach Spital und Region).
- Die Dauer der Beobachtungszeit hängt von der klinischen Begutachtung ab.

2. Fehlen folgender klinischer Situationen, welche einen Hirntod vortäuschen können:
- Art. Hypotonie (SBD < 90 mmHg)
- ZNS-Depressoren: Sedativa, Barbiturate, Atropin
- Muskelrelaxantien: Curare
- Alkohol
  - der Serumalkoholspiegel muss < 45 mmol/L (< 2 g/L oder < 2 ‰) sein
  - der Serumalkoholspiegel fällt pro Stunde um ca. 3 mmol/h (ca. 0.13 ‰/h)
- Hypothermie: zentrale Körpertemperatur < 35°C (Canada, USA < 32.2°C)

3. Fehlen von zerebraler Aktivität (GCS = 3 Punkte, S. 54)

4. Fehlen der Aktivität des Hirnstammes

Parameter (ALLE Parameter müssen erfüllt sein)		Arzt 1	Arzt 2
A. GCS = 3, S. 54		☐	☐
B. Fixe, bilaterale Mydriase	≥ 4 mm	☐	☐
C. Hirnstammreflexe (klinisches Testing, siehe auch S. 570):			
• Pupillenreflex	- rechts ... fehlend	☐	☐
	- links ... fehlend	☐	☐
• Kornealreflex	- rechts ... fehlend	☐	☐
	- links ... fehlend	☐	☐
• Okulozephaler Reflex	- rechts ... fehlend	☐	☐
Nicht testen bei HWS-Trauma!	- links ... fehlend	☐	☐
• Vestibulo-okulärer Reflex	- rechts ... fehlend	☐	☐
(= vestibulo-kalorischer R.)	- links ... fehlend	☐	☐
• Oro-pharyngeale Reflexe, S. 571			
I. Brechreiz, schlucken	fehlend	☐	☐
II. Husten	fehlend	☐	☐
• Fehlender Schmerzreflex, S. 571		☐	☐
• Fehlender Atemreflex: Apnoetest (T0, 10 min), S. 567, 571			

Grundbedingungen, bevor ein Apnoetest (S. 567) **eingeleitet wird**	Arzt 1	Arzt 2
• SBD ≥ 90 mmHg mit oder ohne Vasopressoren	☐	☐
• Körpertemperatur > 35°C	☐	☐

Indikation zum abbrechen des Apnoetests (bei COPD-Patienten, ad. Expertenmeinung)		
• Maligne Arrhythmien (Kammertachykardie, -flimmern)	☐	☐
• Art. Hypotonie (SBD < 90 mmHg)	☐	☐
• Schwere Hypoxie: art. Sauerstoffsättigung < 90 %	☐	☐

* Fehlen von Kriterien bei frühgeborenen Kindern < 38 SS-Wochen.

1 Medizinisch-Ethische Richtlinien der SAMW, 2005 ; S. 1-22. 2 Wijdicks EFM. N Engl J Med 2001 ;344 :1215-21. 3 Guidelines for the diagnosis of brain death. Can J Neurol Sci 1999 ;26 :64-66.

Apnoetest[1]

- Die Durchführung eines Apnoetests setzt eine normale neuromuskuläre Funktion voraus. Bei Gebrauch von Myorelaxantien muss eine erhaltene neuromuskuläre Funktion durch Elektrostimulation belegt sein.
- Um das Vorhandensein von Atembewegungen zu prüfen, wird die Verbindung vom Patienten zum Respirator unterbrochen. Während dieser Phase erfolgt die Oxygenation durch Diffusion.

Praktische Durchführung des Apnoetest

1. ABGA als Ausgangswert des $PaCO_2$ und des pH-Wertes
2. Beatmung während 10 Minuten mit einer FiO_2 von 1.0 (100 %)
3. Unterbrechung der Verbindung vom Patienten zum Respirator.
   Die Sauerstoffversorgung wird durch eine Sonde im Trachealtubus mit kontinuierlichem O_2-Fluss von 2-4 L/min gewährleistet.
   Um einen Barotraumatismus zu verhindern, darf die Sonde nicht zu tief liegen.
4. Beobachten des Fehlens von Atembewegungen
5. ABGA zum Nachweis von:
   - $PaCO_2$ > 60 mmHg (> 8 kPa)
     und:
   - pH-Wert < 7.30
6. Wiederanschluss des Patienten an den Respirator mit den vorgängigen Beatmungsparametern.

Bei Patienten mit relevanten Oxygenationsstörungen kann der Apnoetest zwecks Abkürzung der Apnoedauer, wie folgt modifiziert werden

1. ABGA als Ausgangswert des $PaCO_2$ und des pH-Wertes
2. Beatmung während 10 Minuten mit einer FiO_2 von 1.0 (100 %)
3. Verminderung des Atemminuten-Volumens um 30-50 %/Minute, bis dass der Partialdruck $PaCO_2$ > 60 mmHg (> 8 kPa) übersteigt.
4. ABGA zum Nachweis von:
   - $PaCO_2$ > 60 mmHg (> 8 kPa)
     und:
   - pH-Wert < 7.30
5. Unterbruch der Verbindung vom Patienten zum Respirator für 3 Minuten
6. Die Sauerstoffversorgung wird durch eine Sonde im Trachealtubus mit kontinuierlichem O_2-Fluss von 3-6 L/min gewährleistet.
   Um einen Barotraumatismus zu verhindern, darf die Sonde nicht zu tief liegen.
7. Beobachten des Fehlens von Atembewegungen
8. Wiederanschluss des Patienten an den Respirator mit den vorgängigen Beatmungsparametern.

1 Medizinisch-Ethische Richtlinien der SAMW, 2005 ; S. 13.

7. **Zusatzuntersuchungen (Bestätigungstests)**

Allg: Bevor Zusatzuntersuchungen eingeleitet werden, soll ein Neurostatus und der Apnoetest durchgeführt werden.

Ind:
1. Unvollständiger Neurostatus
2. Der Apnoetest kann nicht vollständig durchgeführt werden.
3. Vorhandensein von unklaren Faktoren (z.B. Sedativa)
4. Klinischer Zweifel bezügl. der Diagnose des Hirntodes
5. Kinder < 1-jährig

Vorg:

A. EEG: Eine fehlende elektrische Aktivität bestätigt den irreversiblen Verlust der kortikalen Funktionen.
- Das EEG ist kein obligates Abklärungsverfahren, kann aber in folgenden Situationen hilfreich sein:
  - Medikamentenintoxikation
  - Hypothermie
  - Schock
- ABER ein isoelektrisches EEG schliesst eine funktionelle Erholung nicht aus!
- Bei der Diagnose «Hirntod», welche sich auf den irreversiblen Untergang der Hirnstammfunktion bezieht (und nicht des Kortex!), ist eine residuelle EEG-Aktivität noch möglich!

B. Angiographie oder Hirnszintigraphie, transkranieller Doppler (die Doppler-Untersuchung ist bei 10 % der Patienten technisch nicht durchführbar!):
- Das Fehlen einer intrakraniellen Zirkulation (*flot*) bestätigt den Hirntod.

8. **Weitere Bemerkungen und Dauer der Beobachtungszeit**

Allg:
- Empfohlene Beobachtungszeiten (siehe hausinterne Guidelines):
  - 6 Stunden: Bei bewiesener anatomischer Läsion die zum Hirntod führt (Subarachnoidalblutung, SHT u.a.), ohne Hinweise auf eine Intoxikation oder Hypothermie, keine Dyselektrolytämie, die den Zustand des Patienten erklären könnten. Kein klinischer Verdacht auf eine Infektion des Nervensystems (insbesondere Polyradikulitis cranialis). Keine Medikamente mit Einfluss auf das ZNS, die das Koma erklären könnte.
  - 48 Stunden: Bei nicht anatomischer Läsion die zum Hirntod führt (Ertrinken, Intoxikation u.a.)
- Die Ursache des Hirnschadens ist Anoxie bedingt. Es sollen 2 klinische Untersuchungen innert 24 h durchgeführt werden, aber nicht während der ersten 30 min nach einer Reanimation.

Vorg: Grundabklärungen

Lab:
- Blut:
  - Na^+, K^+, Ca^{2+}, Harnstoff, Kreatinin, Blutzucker
  - ALAT, ASAT, alkalische Phosphatase, γ-GT, Bilirubin
  - Grosses Blutbild, INR, aPTT, ABGA
- Urin
  - Tox-*Screening*

EKG:
- Standard 12-Ableitungs-EKG

Rx:
- Schädel-CT oder -MR
- Rx Thorax
- Bei Trauma: Rx oder MR der HWS

Dermatome[1]

Def: Innervationsbezirk der einzelnen Rückenmarkswurzeln auf der Haut. Jedes Dermatom wird von 2-3 benachbarten Rückenmarksegmenten innerviert.

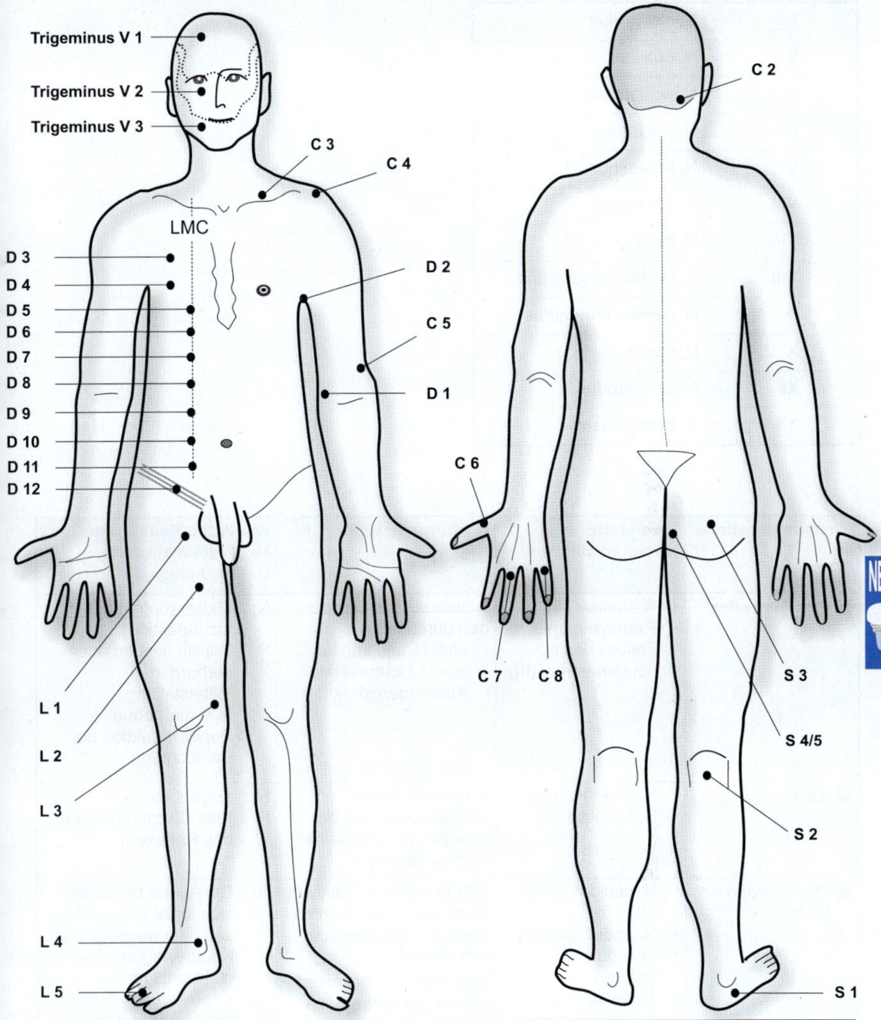

Dermatome

V 1-3 Äste des N. Trigeminus

C2 Protuberantia occipitalis oder 3 cm hinter dem Ohr
C3 Fossa supraclavcularis
C4 über dem Acromio-clavicularem Gelenk
C5 Laterale, radiale Seite der Fossa antecubitalis, proximal des Ellenbogens
C6 Dorsalseite der proximalen Phalanx des Daumens
C7 Dorsalseite der proximalen Phalanx von Digital III
C8 Dorsalseite der proximalen Phalanx von Digital V

D1 Medianseite, cubital der Fossa antecubitalis, prox. des epicond. humeralis
D2 Apex der Achsel
D3 Auf der linea axillaris anterior im 3. ICR
D4 Auf der linea axillaris anterior im 4. ICR
D5 Auf der LMC im 5. ICR (zw. der Brustwarze und dem P. xyphoides)
D6 Auf der LMC auf Höhe des Processus xyphoides
D7 Auf der LMC, bei 1/4 der Distanz zw. dem P. xyphoides und Bauchnabel
D8 Auf der LMC bei 1/2 Distanz zw. dem P. xyphoides und Bauchnabel
D9 Auf der LMC bei 3/4 der Distanz zw. dem P. xyphoides und Bauchnabel
D10 Auf der LMC auf Höhe des Bauchnabels
D11 Bei halber Distanz zw. dem Bauchnabel und dem Lig. inguinale
D12 In der Mitte des Lig. inguinale

L1 Zw. den sensiblen Punkten D12 und L2
L2 Vorderer Anteil des Oberschenkels, in der Mitte zw. dem Lig. inginale und dem condylus femoralis internus
L3 Condylus femoralis internus oberhalb des Knies
L4 Auf Höhe des maleolus internus
L5 Auf Höhe des Fussrückens, oberhalb der articulatio metatarsalis des 3. Metatars

S1 Lateralseite des Absatzes
S2 Mitte der Kniekehle
S3 Über der tuberositas isciatica
S/4/5 Analregion (< 1 cm, lateral des muko-kutanen Überganges)

ICR = Intercostalraum
LMC = Linea medioclavicularis

1 Angepasst nach: International standards for neurological and functional classification, 1996. (www.sci-queri.research.med.va.gov/Registry.htm)

Hirnstammreflexe[3]

Hirnnervenpaar	Name
I	N. olfactorius
II	N. opticus
III	N. oculomotorius
IV	N. trochlearis
V	N. trigeminus
VI	N. abducens
VII	N. facialis
VIII	N. vestibulocochlearis
IX	N. glossopharyngeus
X	N. vagus
XI	N. accessorius
XII	N. hypoglossus

Hirnstammreflexe	Involvierte Nervenstrukturen	Prüfungstechnik	Klinische Reaktionen N Normalantwort P Pathologisch
■ **Pupillenreflex***	• N. opticus (II) • Parasympathische Fasern des N. oculomotorius (III)	3 Untersuchungen werden durchgeführt: - direkte und konsensuelle Lichtreaktion - Konvergenzreaktion	N: Miosis (betrifft die Lichtreaktion) P: Pupille dilatiert oder verharrt in Mittelstellung (4-6 mm) ohne Pupillenreaktion bei Beleuchtung
■ **Kornealreflex***	• N. trigeminus (V 1) • N. facialis (VII)	Mit einem sterilen Wattebausch wird der laterale obere Rand der Kornea berührt.	N: Augenblinzeln P: Kein Blinzeln (Fehlen des Reflexes)
■ **Okulozephaler Reflex**	• N. oculomotorius (III) • N. abducens (VI) • Vestibuläre Bahnen • Zervikale Propriozeption	***CAVE***: Vor dem Manöver muss immer ein Trauma der HWS ausgeschlossen werden! Den Kopf des Patienten schnell zur einen Seite, danach zur anderen Seite drehen.	N: Die Augen bewegen sich initial entgegengesetzt der ausgeführten Kopfbewegung; bei gleichzeitiger Kopfneigung kommt es zur Lidhebung (= Puppen-kopf-Phänomen) P: Fehlen des Reflexes
■ **Vestibulo-okulärer Reflex**	• N. vestibulocochlearis (VIII)	Der äussere Gehörgang wird mit 50 mL kaltem Wasser (0-5°) gespült.	N: Nystagmus oder langsame Augendeviation P: Fehlen des Reflexes

* Prognostisch schlechte Elemente sind:
a) Abwesenheit des Pupillen- und/oder Kornealreflexes
b) Sich nicht verbessernder GCS!

3 Angepasst nach: Favre J. Manual of Neurosurgery. New York, Churchill Livingstone 1996 ; chapter 118 :573-81.

Fortsetzung der Hirnnervenprüfung

Hirnstammreflexe	Involvierte Nervenstrukturen	Prüfungstechnik	Klinische Reaktionen N Normalantwort P Pathologisch
■ **Oro-pharyngeale Reflexe**			
1. Brechreiz, schlucken	• N. glossopharyngeus (XII) • N. vagus (X); N. hypoglossus (XII) • Sensorik im Mund: V und VII	Mit einem Spatel werden Rachenhinterwand und Zungengrund beidseits stimuliert.	N: Brechreiz (Kontraktion des Pharynx, Zungenretraktion); Schluckreflex P: Fehlen des Reflexes
2. Husten	• N. glossopharyngeus (XII) • N. vagus (X) • N. hypoglossus (XII)	Endotracheale Aspiration (während einer physiotherapeutischen Atemtherapie)	N: Das Absaugen löst einen Hustenreflex aus P: Fehlen des Reflexes
■ **Reaktion bei zentralem tiefem Schmerzreiz**	• N. trigeminus (V)	Es wird ein schmerzhafter Druck hinter dem Unterkiefer (unter dem Ohr) ausgeübt.	N: Ausweichbewegungen (Schmerz +++) P: Keine Bewegungen. Man kann Spontanbewegungen beobachten (LAZARIUS-Zeichen). Diese müssen von den anderen Bewegungen differenziert werden.
■ **Apnoetest**, S. 567	• Atemzentrum	Durchführung, S. 567	N: Spontanatmung P: Keine Spontanatmung

Tabelle: Klinische Hirnnervenprüfung.

NEURO

Hirndruck — Hirnödem [G93.6, G93.6]

Klin:
- Trias: **Kopfschmerzen — Nausea/Erbrechen — Bewusstseinstrübung**
- Der Neurostatus ist oft normal, kann aber folgende Elemente aufweisen:
  - Verminderung des Wachheitszustandes, Verwirrtheitszustand
  - Fokale neurologische Defizite: Anisokorie, pathologische Pupillenreflexe u.a.
  - Art. Hypertonie
  - Bradykardie (= Spätzeichen)
  - Papillenödem (Augenhintergrund ohne Mydriatikum durchführen)

> **Für die PRAXIS:**
> **NIE eine LP durchführen bei Verdacht auf Hirndruck** (Einklemmungsgefahr!!)

Urs:
- Trauma (SHT mit oder ohne Hirnblutung)
- Tumorleiden (infolge: Expansion, Ödembildung, intratumoraler Blutung)
- Infektiös:
  - Enzephalitis
  - Meningitis
  - Abszess
- Vaskulär
  - Hirnschlag (ischämisch oder hämorrhagisch)
  - Maligne art. Hypertonie (der Augenfundus zeigt hier ein Papillenödem!)
  - Hirnblutung (intra- und extraparenchymatös)
- Idiopathischer Hirndruck, s. 543
- Hydrocephalus, s. 615 u.a.

Th: **I. Allgemeinmassnahmen**

1. Sofortige Kausaltherapie. Die kontrollierte Hypothermie bleibt bestritten!
2. Kopf in Neutrallage bringen.
3. Husten verhindern
   Bem: • Patient sedieren (Paralyse), v.a. vor dem Absaugen der Atemwege!
4. Volämie
   Allg:
   - Ziel = Euvolämie
   - Sowohl die Hypo- als auch die Hypervolämie meiden! Denn die Hypovolämie vermindert den CPP (s. 573) und die Hypervolämie verschlimmert das Hirnödem!
   - Hydratation: Iso- oder hypertone Infusionen verabreichen (z.B. NaCl 0.9 %)
     - KEINE Glukose infundieren (Verschlimmerung des Hirnödems!), AUSSER bei dokumentierter Hypoglykämie (hier: Glukose-Boli verabreichen)
   - Der zerebrale Perfusionsdruck (CPP) soll eine adäquate zerebrale Autoregulation erlauben (s. 573). Hier einige approximative Druckwerte (kein Konsens):
     → Art. Mitteldruck (beibehalten) ....80-90 mmHg
     → Zerebraler Perfusionsdruck (CPP) ....ca. 70 mmHg
     → Intrakranieller Druck (ICP) ....< 20-25 mmHg
     → Zentraler Venendruck (ZVD) ....8-10 cm H_2O
5. Katecholamine
   Ind: • Persistierende art. Hypotonie trotz adäquater Volumengabe.
6. Osmolalität (Blut)
   Allg: • Zielwert: ca. 300-310 mmol/kg H_2O
   Vorg:
   - NaCl 3 % 50-100 mL **IV** in 30 min. Ziel-Natriämie ca. 145 mmol/L
   - Mannitol, siehe Punkt II. A. «Schwerkranker Patient», s. 573
7. Hypokapnie
   Allg:
   - Zielwert der $PaCO_2$: 30-35 mmHg (4.0-4.5 kPa)
   - Die Hypokapnie induziert eine Vasokonstriktion und vermindert dadurch den zerebralen Plasmafluss, was innert 1-2 min sehr effizient zu einem Abfall des intrakraniellen Druckes (ICP) führt. Währenddessen kann die Kausaltherapie eingeleitet werden!
   Ind: • Schwerkranke Patienten (siehe unter II.A., s. 573) mit Einklemmungsgefahr.
8. Kortikoide
   Ind:
   1. Intrakranielle Hypertonie bei Tumorleiden (primär oder Metastasen)
   2. Von Fall zu Fall entscheiden: Subarachnoidalblutung (akzeptable Evidenz)
   KI:
   - SHT, Hirnparenchymblutung, ischämischer Hirnschlag
   - Hepatische Enzephalopathie s. 440
   Bsp: • Dexamethason 4-10 mg **IV** alle 6 h während 24-72 h oder 2-3x 4-8 mg PO
9. Sonstige Therapiemöglichkeiten je nach Klinik
   Bsp:
   - Mannitol (siehe II.A., s. 573)
   - Antibiotika
   - Chirurgie

II. Therapie je nach klinischem Schweregrad

A. Schwerkranker Patient

Klin: • Koma, Anisokorie, unregelmässige Atmung, CHEYNE-STOKES Atmung

Vorg:
- Siehe «Allgemeinmassnahmen», siehe S. 572
- Befreien der Atemwege
- Kontrollierte Hyperventilation (endotracheale Beatmung):
  - Zielwert $PaCO_2$ 30-35 mmHg bzw. 4.0-4.5 kPa
- Adäquate, tiefe Sedation:
  - Propofol, Barbiturate; ***CAVE***: art. Hypotonie!
- Mannitol 0.25-1.0 g/kg **IV** Bolus (in < 15 min)
- Furosemid 10-20 mg **IV** alle 6-12 h

B. Somnolenter, nicht komatöser Patient

Vorg:
- Intensive Überwachung
- Bei Verschlimmerung: kontrollierte Hyperventilation mittels endotrachealer Beatmung (Zielwert $PaCO_2$ 30-35 mmHg bzw. 4.0-4.5 kPa)
- Kausaltherapie

C. Nicht somnolenter Patient

Vorg:
- Kausaltherapie
- «Allgemeinmassnahmen», siehe S. 572

Zerebraler Perfusionsdruck (CPP)

For: **Zerebraler Perfusionsdruck (CPP) = art. Mitteldruck - Intrakranieller Druck (ICP)**

N: • Intrakranieller Druck (ICP): N **10-15 mmHg**

Allg:
- **Messung des ICP** (mit Hilfe einer Liquordrainage-Kolonne):
  - *Gold standard*: via intraventrikulärem Katheter (in einem der beiden Seitenventrikel)
  - Intraparenchymatöse optische Fiber (CAMINO) auf Niveau der Frontallappen
- Zielwerte des ICP (z.B. bei Hirndruck) **< 20-25 mmHg**
- Bei Patienten mit üblicherweise normalem systemischem BD variiert der zerebrale Perfusionsdruck bei Schwankungen zwischen 50 und 150 mmHg, praktisch nicht, vorausgesetzt, die zerebrale Autoregulation ist intakt (d.h. ohne Hirnödem).
  Die genaue Druckmessung des CPP (art. Mitteldruck - ICP) benötigt ein spezialisiertes IPS-Team.

Für die PRAXIS

Wenn kein ICP zur Verfügung steht, kann der zerebrale Perfusionsdruck mit dem art. Mitteldruck approximativ geschätzt werden.
Beim Zielwert des CPP (bzw. art. Zielmitteldruckdes) muss unterschieden werden ob der Patient über eine intakte zerebraler Autoregulation verfügt oder nicht. Diese Autoregulation ist z.B. beim Hirnödem oder bei Hirnschlag nicht mehr gewährleistet!
Somit können folgende **Zielwerte des art. Mitteldruckes** empfohlen werden:
- Patient (üblicherweise normoton) **ohne** Hirnödem ....> **60 mmHg**
- Patient (üblicherweise normoton) **mit** Hirnödem ....**80-90 mmHg**

Bei bekannten hypertonen Patienten liegen die art. Ziel-Mitteldruckwerte höher.

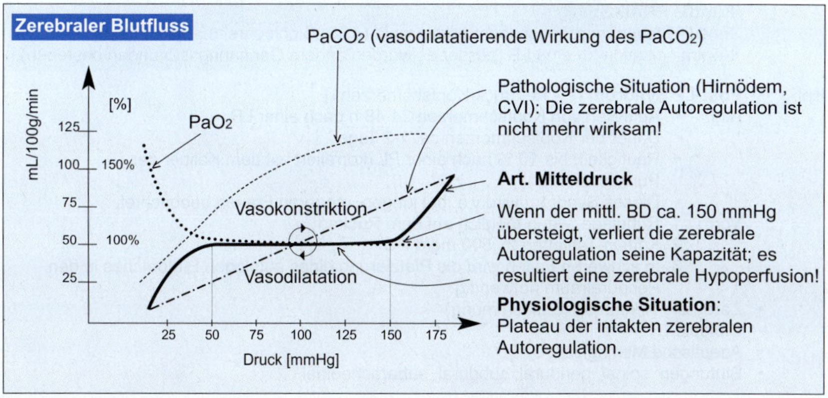

Schema: Autoregulation des zerebralen Plasmaflusses in Abhängigkeit des PaCO2, PaO2 und des art. Mitteldruckes.[2]

ICP = Intrakranieller Druck. CPP = Zerebraler Perfusionsdruck = art. Mitteldruck - ICP

2 Angepasst nach: Drummond JC, et al. Anesthesia. Churchill Livingstone 1990, S : 625.

Lumbalpunktion (LP)

Allg: **Für die PRAXIS:**
- Vor jeder LP **muss ein Augenfundus gemacht werden,** um die Zeichen eines evtl. Hirndruckes zu suchen, welcher die LP kontraindizieren würde. Hirndruckzeichen sind:
  - Papillenödem, Papillenstase, venöse Pulsationen!

  AUSNAHME: Idiopathischer Hirndruck; hier kann die LP trotzdem ausgeführt werden.
- **Das Erfolg einer LP hängt stark von der Position des Patienten ab - *Take your time!***

Ind: 1. Diagnostische Indikationen:
   a) Verdacht auf Meningitis, S. 754
   b) Verdacht auf Subarachnoidalblutung, S. 581
   c) Verdacht einer neuro-inflammatorischen Erkrankung, wie z.B.:
   - Multiple Sklerose
   - Vaskulitis
   - Neuro-Sarkoidose
   - Neuro-Boreliose
   - Neuro-Syphilis

2. Therapeutische Indikationen:
   a) Intrathekale Verabreichung von Medikamenten (Anästhetika, Zytostatika)
   b) Therapie (oder Versuch) einer Hydrocephalie mit normalem Liquordruck

KI: **1. Verdacht auf Hirndruck** S. 572 (hier besteht ein Einklemmrisiko!)
2. Verdacht auf Meningitis
Bei Vorhandensein eines einzigen der folgenden Kriterien muss ein Schädel-CT vor der LP veranlasst werden:[1]*
- Alter ≥ 60 Jahre
- Immunschwäche (HIV, AIDS, immunsuppressiva, Status nach Transplantation u.a.)
- Vorgeschichte einer ZNS-Erkrankung (Läsion mit Masseneffekt, CVI, fokale Infektion)
- Epilepsie 1 Woche vor der vorgesehenen LP
- Pathologischer Neurostatus:
  - Bewusstseinsstörung (Koma?)
  - Unfähigkeit, korrekte Antworten auf 2 gestellte Fragen zu geben
  - Unfähigkeit, Befehle korrekt auszuführen
  - Ophthalmoplegie
  - Abnormale Gesichtsfelder (Hemianopsie?)
  - Fazialisparese (partiell oder komplett)
  - Lateralisierung: motorische Schwäche eines Arms und/oder Beins
  - Aphasie
  - Dysarthrie
  - Aphonie («Verlieren der Stimme»)

3. Gerinnungsstörungen
- Thrombozytopenie < 50 G/L
- und/oder: INR ≥ 2.0
- und/oder: Blutungszeit > 7 min (N: 4-7 min). Die Blutungszeit ist bei Patienten unter Plättchenaggregationshemmern nützlich.

Für die PRAIXS:
Eine Plättchenaggregationshemmertherapie (ASS, Clopidogrel u.a.) sind <u>keine</u> Kontraindikation für eine LP (ausser es würden andere Gerinnungsstörungen bestehen).

Kpl: • **Post-LP Syndrom** (= «Tiefdruck-Kopfschmerzen»)
Allg:
- Auftreten von Kopfschmerzen 24-48 h nach einer LP
- Dauer der Kopfschmerzen ca. 1-2 Tage
- Häufigkeit: bis 10 % nach einer PL (korreliert mit dem Kaliber der Punktionsnadel)
- Dieses Syndrom wird v.a. bei jungen, mageren Frauen beobachtet.

Vorg:
1. Ruhelage, wenn möglich auf dem Rücken
2. Koffein-Tabletten 2x 500 mg/d PO
3. In schweren Fällen wird die Platzierung eines autologen Blutpatches in den Periduralraum notwendig.

- Zerebrale Herniation (Einklemmung)
- Diplopie
- Aseptische Meningitis
- Blutungen: spinal, peridural, subdural, subarachnoidal

* Bei Fehlen von all diesen Elementen wird ein negativer prädikativer Wert von 97 % erreicht; 3 % der Patienten weisen trotz dieser Kriterien ein pathologisches Schädel-CT auf.

 1 Hasbun R, et al. N Engl J Med 2001 ;345 :1727-33.

Vorg: **Praktisches Vorgehen einer Lumbalpunktion**

1. Der Patient soll über das Vorgehen bei der LP aufgeklärt werden (Grund dafür, Verlauf)
2. Position des Patienten (SEHR wichtig.... man soll und muss sich dafür Zeit nehmen!!):
   a) Liegend (ist vorzuziehen, denn sie erlaubt es, den Liquordruck zuverlässig zu messen). Der Patient liegt in lateralem Dekubitus, Oberkörper leicht um 10° angehoben
   b) Sitzend
3. Bestimmung der Einstichstelle:
   - Palpieren des Beckenoberrandes. Der vertikal darunter liegende Intervertebralraum entspricht den Wirbelkörpern L3-L4 (siehe Zeichung).
   - Mögliche Einstichstellen: Intervertebralräume **L3-L4** und **L4-L5**.
4. Desinfektion. Der Arzt trägt Maske und sterile Handschuhe.
5. Die Lokalanästhesie ist optionell, wird aber oft angewendet (z.B. Lidocain 1 %, 2-5 mL).
6. Die LP-Nadel mit Führungsdraht (20 G oder 22 G) wird nun vorgeschoben, wobei die Nadelspitze leicht gegen kranial gerichtet sein soll. In ca. 4-5 cm Tiefe stösst die Nadelspitze auf einen gewissen Widerstand, welcher durch das Lig. flavum erzeugt wird. Danach soll die Nadel noch etwa 3-5 mm weiter vorgestossen werden. Man zieht dann den Führungsdraht zurück um zu prüfen, ob der Liquor ausfliesst. Bei Misserfolg wird der Führungsdraht wieder eingesetzt und das weitere Vorgehen neu definiert (Nadel weiter Vorstossen, andere Abwinkelung der Nadelspitze oder OA/Anästhesist informieren).
7. Dauer der liegenden Erholungsphase nach einer LP: 0-12 h (kein Konsens).

Mögliche Einstichstellen für die Lumbalpunktion:
Oritentierungspunkt = oberer Beckenkamm. In vertikaler Linie befindet sich der Wirbelkörperzwischenraum L3/4.
Zur LP geeignet sind die Wirbelkörperzwischenräume **L3/4 und L4/5**.

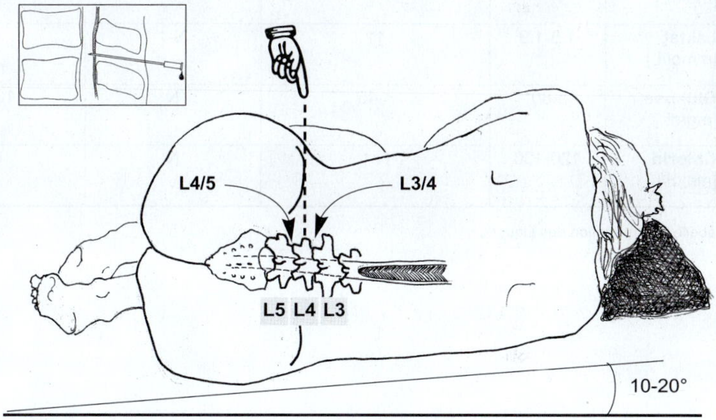

Schema: Liegende Position zur Durchführung einer Lumbalpunktion.

Substraktive Lumbalpunktion

Ind: • Therapeutischer Akt bei normotensiver Hydrocephalie
Allg: • Informations bezügl. substraktiver LP, siehe Kapitel «Normaldruck-Hydrocephalus», S. 614

Liquor: Analyse und Interpretation

Allg:
- Der Liquor ist eine wasserklare Flüssigkeit, welche von den Plexus choroidei gebildet wird und im Liquorsystem zirkuliert (um das Gehirn und das Rückenmark herum).
- Täglich werden in allen 4 Ventrikeln 500-700 mL Liquor gebildet.
- Das Liquorsystem enthält aber nur ca. 150 mL (wovon 20-30 mL intraventrikulär). Die Mehrheit wird in die Blutbahn rückresorbiert.
- Die GRAM-Färbung ist bei Vd. auf Meningitis immer indiziert (Sensitivität für eine bakterielle Meningitis 60-90 %).
- Normalwert des Liquors (siehe auch Tabelle):
  - pH: 7.31-7.43
  - LDH: 20 E/L
  - ADA: 0.4-1.0 E/L (falls > 9 → Meningitis tuberculosa)

	Normaler Liquor	Bakterielle Meningitis	Virale Meningitis	Tuberkulöse Meningitis
Aspekt	wasserklar	gelblich trüb	klar - gelblich	klar, selten gelb
Druck [cm H_2O]	6 - 22	↑↑	N-↑	↑
Leukozyten [x 10^6/L] oder [/µL]	0-5 Lympho-Monozyten	↑↑↑ Granulozyten 25-10'000	Zu Beginn Granulozyten, dann Lympho-Monozyten >> 100	Lympho-Monozyten 25-1000
Protein [mg/dL]	15-45	↑↑: 50-1500	↑, (< 200)	45-500
Laktat [mmol/L]	1.5-1.9	↑↑	N-↑	↑
Glukose [mg/dL]	45-80**	< 45	N	10-45
Chlorid [mmol/L]	120-130	N-↑	N	↓↓

Tabelle: Interpretation des Liquors.

** Der Wert der Glukose im Liquor muss > 60 % im Vergleich zum Blutzuckerwert betragen.

Lumboischialgie — Diskushernie[1] [M54.4]

Allg: • Bei 20-30 % der asymptomatischen Personen (ohne Lumbalgien) findet man radiologische Hinweise (CT, MR, Myelographie), welche für eine Diskushernie (DH) sprechen.

Urs:
- Muskulo-ligamentäre Läsionen
- Degenerative Wirbelsäulen- und Diskusläsionen
- Diskopathien
- Funktionelle Störungen (d.h. neurologischer und radiologischer Normalbefund)
- Enger Spinalkanal
- Spondylitis, Spondylodiscitis
- Cauda-equina-Syndrom
- Neoplasie
  - Knochenmetastasen
  - Multiples Myelom
  - Retroperitonealtumor

Vorg: **1. Allgemeine, essentielle Überlegungen** (müssen in der Notfallsituation geklärt werden)

1.1. Besteht eine Nervenkompression bzw. ein radikuläres Syndrom?

Um diese Frage zu beantworten, müssen folgende 4 klinischen Befunde/Syndrome aktiv gesucht werden!!

1. Besteht eine Nervenkompression?
- Hyporeflexie
- Sensorisches Defizit, siehe Dermatome, S. 569
- Motorisches Defizit (Parese?)

Komprim. Nervenw.¶ / Klinik	Radikuläres Syndrom		
	L4 (~ 5 %)¶	L5 (~ 45 %)¶	S1 (~ 50 %)¶
■ Verminderter Reflex	PSR	Tibialis post. Reflex	ASR
■ Parese	Quadriceps	Tibialis posterior	Gastrocnemius
■ Sensibilitätsstörung	Schema, S. 569	Tibialis posterior, Extensor hallucis	Schema, S. 569
■ Lokalisation der Schmerzen	Lumbokruralgien	Schema, S. 569	Lumboischialgie

Tabelle: Radikuläre Syndrome als Folge einer paramedianen Diskushernie.¶

2. Bestehen Nerven-Irritationszeichen?
- Ausstrahlende Schmerzen, die sich bei folgenden Manövern verstärken:
  - Beim Vorneigen des Oberkörpers (Flexion der LWS)
  - Beim LASÈGUE-Manöver, S. 454
  - Beim umgekehrten LASÈGUE (sehr spezifisch, aber häufig falsch negativ)
  - Bei VALSALVA-Manövern (z.B. pressen beim Stuhlgang, niesen, husten)

3. Besteht ein Lumbovertebral-Syndrom?
- Steifigkeit der Lumbalregion
- Kontraktur der Paravertebralmuskulatur
- Finger-Boden-Abstand > 20 cm
- Pathologisches SCHOBER-Zeichen, siehe S. 1010

4. Besteht ein Cauda-equina-Syndrom? [G83.4]
- Das Cauda-equina-Syndrom = Indikation für eine **notfallmässige Operation!**
- Die Läsion liegt unter dem Niveau L2.
- Reithosenanästhesie
- Genitale Sphinkter-Störungen (= Frühzeichen):
  - Harndrang und Dysurie
  - Überlaufmiktion
  - Hartnäckige Obstipation oder anale Inkontinenz
- Schlaffe Muskelparese/-paraplegie, mit Befall von mehreren Nervenwurzel.
- Fehlen folgender Reflexe (bilateral):
  - ASR, PSR
  - Analreflex
  - Bulbo-kavernöser Reflex* oder Clitorido-anal Reflex
- Nicht auslösbarer Plantaris-pedis Reflex (BABINSKI)!

¶, *, S. 579

1 Angepasst nach: Deyo RA, et al. JAMA 1992 ;268 :760-5.

DD: Beim Cauda-equina-Syndrom muss an folgende DD gedacht werden:

- <u>Brutal akuter Beginn</u>
  - Lumbale DH
  - Lumbale Knochenmetastasen
  - Extraduralhämatom
  - Medulläres Trauma
  - Bauchaortenaneurysma
- <u>Schneller Beginn</u>
  - Epidurale oder Knochenmetastasen
  - Karzinomatöse Meningitis
  - Infektiöse Epiduritis
  - Intraduraler Tumor (z.B. Neurinom)
- <u>Progredienter Beginn</u>:
  - Kongenitaler enger Spinalkanal
  - Hämangiom
  - AV-Missbildung

1.2. Handelt es sich um eine sekundäre Lumboischialgie?

DD:

- Neoplasie
  Allg: Bei folgenden Angaben soll eine Neoplasie evoziert werden:
  - Bekannte Neoplasie
  - Unerklärbarer Gewichtsverlust
  - Dauer der Lumbalgien > 1 Monat
  - Konservative Therapie wenig effizient, keine Besserung in liegender Position
  - Alter > 50 Jahre
- Infektion
  Allg: Es handelt sich v.a. um eine hämatogene Streuung mit Primärherd in den Harnwegen (Katheter), auf der Haut (z.B. IV-Drogenkonsum) u.a.
  Klin: Fieber, stark druckdolente Wirbelsäule[‡]
  Lab: CRP ↑, Leukozyten ↑
- Ankylosierende Spondylitis, S. 1010

2. Praktisches Vorgehen bei akuter Lumboischialgie[4]

Lab:

- Grunduntersuchungen:
  - Blutbild, PT, aPTT, Thrombozyten
  - Kreatinin, Harnstoff
  - BSG, CRP
  - Kalzium, Phosphat, Protein
- Spezifischere Abklärungen (je nach Anamnese und Klinik):
  - Alkalische Phosphatase
  - Elektrophorese der Serumproteine
  - Serologien:
    -- Rheumafaktor
    -- Neurotrope Viren: Herpesviren (VZV, EBV, CMV), HIV, Borrelien
- Liquoranalyse, S. 567

Rx:

- Rx der LWS PA/seitlich, zur Suche einer Knochenerkrankung
- Bei Operationsindikation (siehe S. 580)
  - MR der LWS (= Bildgebung der Wahl) oder CT der LWS

¶ Diese Tabelle bezieht sich auf die weitaus häufigsten DH, nämlich die **paramedianen DH**.
- Sie komprimieren die Nervenwurzeln, die sich ein Niveau tiefer befinden.
- Beispiel: Eine paramediane DH L4-L5 löst ein radikuläres Syndrom L5 aus.

Die **foraminalen und extraforaminalen DH** sind wesentlich seltener, als die paramedianen DH:
- Sie komprimieren die Nervenwurzeln, welche sich auf demselben Niveau befinden.
- Beispiel: Eine foraminale oder extraforaminale DH von L4-L5 komprimiert die Nervenwurzel L4. Am häufigsten werden diese zwischen L4-L5 bzw. L3-L4 beobachtet.

* Bulbo-cavernöser und Clitorido-analer Reflex (Kompression der Nervenwurzel S3):
- Ein fester Druck auf die Glans Penis oder die Clitoris löst eine Kontraktion des M. bulbo-cavernosus bzw. des M. sphincter analis aus (dieser kann beim Perineum palpiert werden).

‡ Schmerzhafte Perkussion der Wirbelsäule. Bei einer bakteriellen Infektion wird eine Sensitivität von 86 % und eine Spezifität von 60 % beschrieben.[3]

3 McCombe PF, et al. Spine 1998 ;14 :908-18. 4 Malmivaara A, et al. N Engl J Med 1995 ;332 :351-5.

Th: **A. Neurochirurgischer Notfalleingriff**

Ind:
- **Cauda-equina-Syndrom**, S. 578
- **Progredientes motorisches Defizit**
- **Kompressive Neoplasie** (I-är, II-är): ± notfallmässige Rx-Therapie

B. Elektive, neurochirurgische Operation

Ind:
- Persistierende, nicht tolerierbare Schmerzen trotz konservativer Therapie

C. Konservative Therapie

1. Bettruhe
- Je nach Schweregrad wird strikte Bettruhe während einiger Tage empfohlen.
- Danach progrediente Mobilisation unter physiotherapeutischer Kontrolle

2. Analgetika + Myorelaxantien bei Muskelhartspann
- Je nach Klinik werden folgende Analgetika eingesetzt:
  - Paracetamol ± NSAR ± Opioide.

Analgetika/Myorelaxantien	Adm.	Initiale Dosierung
I. Analgetika		
Zentrale Wirkung		
Morphin	**SC, IM, IV**	2-5 mg alle 3-6 h
Vorwiegend zentrale Wirkung (schwach peripher)		
Paracetamol	PO	3x 1 g/d, max. 4 g/d
	IV	3x 1 g/d **IV**, max. 4 g/d
Periphere Wirkung		
Oral		
Mefenaminsäure	PO	2-3x 500 mg/d
Diclofenac	PO	2-3x 50 mg/d
Piroxicam	PO	1x 20-40 mg/d
Piroxicam	**IM**	20-40 mg/d **IM**
Ketorolac	PO	10 mg alle 4-6 h
Parenteral		
Diclofenac	**IM**	75 mg/d **IM** (max: 150 mg/d für 2 d, dann PO)
Ketorolac	**IM**	10-30 mg **IM** alle 4-6 h
II. Myorelaxantien, S. 1151		
Oral		
Diazepam	PO	3x 5-10 mg/d
Tizanidin	PO	2x 2 mg/d; max. 36 mg/d
Parenteral		
Diazepam	**IM**	2-20 mg**IM**
	IV	2-5 mg **IV**

3. Thromboembolie Prophylaxe (bei Bedarf, ad. NMH, siehe S. 523, 530, 156)

4. Langzeittherapie
- Rückenturnen mit aktiver Stärkung der Bauch- und Rückenmuskulatur

Für die PRAXIS:
- Bei Nichtansprechen der konservativen Therapie nach 10 Tagen muss die Diagnose neu evaluiert werden und zusätzliche Abklärungen durchgeführt werden (S. 579)
- Konservative Therapien (medikamentös, Physiotherapie) dürfen nicht «blind» weitergeführt werden!
- Verlaufskontrollen sind innerhalb von 10 Tagen in jedem Fall notwendig.

Subarachnoidalblutung (SAB) [I60.9]]

Allg:
- Es handelt sich um ein seltenes Krankheitsbild (ca. 5-10/100'000 Menschen/Jahr).
- Typischerweise sind Patienten < 60 Jahre davon betroffen.
- Hohe Mortalität: 30-40 %
- Risikofaktoren:
  - Art. Hypertonie
  - Rauchen
  - Schwangerschaft
  - Orale Kontrazeption

> **Für die PRAXIS:**
> Die Assoziation von **Synkope + Kopfschmerzen** ist eine SAB, bis zum Beweis des Gegenteils!

Urs:
- Post-traumatisch (= häufigste Ursache, welche aber in diesem Buch nicht behandelt wird)
- Nicht-traumatisch
  - Ruptur eines Hirnaneurysmas (> 80 %), meist im Circulus WILLIS
  - AV-Missbildung
- Vaskulitis (die Vaskulitis geht aber typischerweise mit einer intraparenchymatösen Hirnblutung einher)
- Tumor induzierte Hirnblutung (ein Hirntumor löst aber i.d.R. eine intraparenchymatöse Hirnblutung aus)

Klin: **I. Kopfschmerzen** (Hauptsymptom!)
- «Sentinell-Kopfschmerzen» - ***Warning leak***
  Bei ca. 50 % der Patienten mit einer SAB beobachtet man Vorwarnungs-Symptome (oft retrospektiv als solche identifiziert): stärkste Kopfschmerzen oder transitorische neurologische Störungen, welche sich ca. 3 Wochen vor dem Hauptblutungsereignis manifestieren. Diese Kopfschmerzen sind i.d.R. weniger intensiv, als diejenigen des Hauptereignisses. Deshalb wird die SAB in diesem Stadium meist nicht diagnostiziert. Diese «Sentinell-Kopfschmerzen» werden als transitorische «Mini-Rupturen» eines Hirnaneurysmas interpretiert, was zu einer kleinen Blutung führt.
- **Plötzliche, massivste explosive Kopfschmerzen**. Aber leichte oder mittelschwere Kopfschmerzen schliessen eine SAB nicht aus, v.a. wenn sie während einiger Stunden persistieren. Der maximale Schweregrad dieser Kopfschmerzen ist innerhalb von einigen Sekunden bis ca. 2 Minuten erreicht.

II. Weitere Symptome oder Befunde (von Patient zu Patient verschieden)
- Bewusstseinsstörung, Nausea, Erbrechen, Schwindel
- Schmerzen in der Zervikalregion oder im Rücken
- **Meningismus** (kann aber fehlen!), S. 544
- Kopfschmerzen, Photophobie und Phonophobie
- Epilepsie, fokale neurologische Defizite
- Koma

Kpl:
- Blutungsrezidiv (50 % innerhalb der ersten 6 Monate)
- Vasospasmus (40-60 %, wobei 20-30 % symptomatisch sind)

Klas: Es werden 2 Klassifikationen beschrieben:
1. HUNT & HESS Scale (stützt sich auf Symptome und Befunde)
2. WFNS Scale - *World Federation of Neurological Surgeons* (stützt sich auf GCS und Neurostatus).

Grad	HUNT & HESS Scale	WFNS Scale
0	• Nicht rupturiertes Aneurysma	• Nicht rupturiertes Aneurysma
I	• Leichte Kopfschmerzen	• GCS 15
II	• Mittelschwere/schwere Kopfschmerzen • Nackenstarre • Hirnnervenparese	• GCS 13 oder 14 ohne fokales neurologisches Defizit
III	• Lethargie • Konfusion • Leichtes fokales Defizit	• GCS 13 oder 14 mit fokalem neurologischem Defizit
IV	• Stupor • Mittelschwere/schwere Hemiparese (Beginn der Dezerebration)	• GCS 7-12 ± fokales neurologisches Defizit
V	• Tiefes Koma • Dezerebration • Moribunder Patient	• GCS 3-6

Klassifikationen der SAB.

DD:
- Kopfschmerzen verschiedenster Ursache
- Migräne
- Enzephalitis
- Meningitis
- Ischämischer oder hämorrhagischer Hirnschlag, TIA
- Maligne art. Hypertonie
- Riesenzellarteriitis
- Primäre Kopfschmerzen im Zusammenhang mit dem Koitus
- Hypophysen Apoplexie

Dg:

1. **Schädel-CT** (ohne KM-Gabe)

   Allg:
   - Ca. die Hälfte der Patienten mit «Sentinell-Kopfschmerzen» zeigen ein normales Schädel-CT, aber ALLE haben eine pathologische LP!
   - Das CT erlaubt die Diagnosestellung bei 90-95 % der SAB innerhalb der ersten 12 h nach Beginn der Blutung.
   - Die falsch negativen CT-Befunde werden bei kleineren Blutungen oder bei kalottennahen Blutungen beobachtet.
   - Die CT-Sensitivität nimmt im Verlauf der ersten Tage nach Blutungsbeginn ab:
     - am 3. Tag ....80 % (d.h. 20 % falsch negative CT-Befunde)
     - nach 7 Tagen ......< 50 % (d.h. ≥ 50 % falsch negative CT-Befunde)

2. **Lumbalpunktion** (LP)

   Ind:
   - Alle Patienten mit Verdacht auf eine SAB mit negativem CT-Befund.

   Dg:
   - Roter Liquor (Erythrozyten)
   - ABER der Liquor kann auch einen «normalen» Aspekt haben, bei:
     - niedriger Erythrozytenanzahl
     - wenn die LP < 12 h nach Beginn der Blutung durchgeführt wird (Zeitintervall der Erythrozyten-Diffusion).

   DD:
   - Traumatische LP
   - **Roter Liquor: SAB oder traumatische LP?**

   Die **Xantochromie** beschreibt eine gelbliche Verfärbung des Überstandes nach Zentrifugation des Liquors, welche durch die Degradation der Erythrozyten zustande kommt.
   Das Vorhandensein einer Xantochromie bestätigt somit eine Blutung.
   Es ist aber zu beachten, dass die Xantochromie > 12 h benötigt, um in ALLEN Fällen vorhanden zu sein.
   Die Sensitivität der Xantochromie hängt somit von der Zeitspanne zwischen Beginn der Blutung und der Abnahme des Liquors ab. Je länger diese Zeitspanne dauert, desto sensitiver wird die Aussagekraft der Xantochromie:
   - **Zeitspanne «Subarachnoidalblutung — LP»:**
     < 6 h ....Sensitivität der Xantochromie: < 25 % (> 75 % falsch negativ)
     < 12 h ....Sensitivität der Xantochromie: < 60 % (> 40 % falsch negativ)
     > 12 h ....Sensitivität der Xantochromie: ~ 100 % (0 % falsch negativ)

   Bestimmungsmethoden der Xanthochromie

   1. *Visuelle Methode*
      Das Vorhandensein einer Xantochromie des Liquors nach Zentrifugation bestätigt die SAB. Ihr Fehlen mittels visueller Methode, wenn die LP < 12 h nach Blutungsbeginn durchgeführt wurde, vermindert sich signifikant (ohne eine SAB ausschliessen zu können).
   2. *Vergleich der Anzahl Erythrozyten*
      Es wird die Anzahl der Erythrozyten im ersten und im letzten (im 3. oder besser noch im 4.) Reagenzglas ermittelt. Somit können folgende Situationen beobachtet und interpretiert:
      a) Konstante Erythrozytenzahl in allen Reagenzgläsern oder schwacher EC-Abfall in der letzten Probe):
         → **Eine SAB ist möglich.**
      b) Verschwinden der Erythrozyten im letzten Reagenzglas:
         → **Es handelt sich um eine traumatische LP.**
      c) Signifikante Verminderung der Erythrozyten Anzahl im letzten Reagenzglas:
         → **Eine traumatische LP ist möglich**, v.a. wenn die Anzahl der Erythrozyten gegen «0» geht. Es gibt aber SAB mit niedrigen Erythrozytenzahlen im Liquor (< 100x 10^6).

   Für die PRAXIS
   Im Zweifelsfall soll die LP durch einen anderen Intervertebralraum durchgeführt oder eine andere diagnostische Methode eingesetzt werden:
   - Intraarterielle Angiographie
     oder:
   - Angio-CT, Angio-MR

Th: **1. Allgemeine Massnahmen** (die traumatischen SAB werden hier nicht behandelt)

- Aufnahme auf der IPS + neurochirurgisches Konsilium:
  - Notfallmässige chirurgische oder endovaskuläre Therapie
- Hämodynamisches Monitoring
- EKG-Monitoring (Myokardischämie oder sekundäre Arrhythmien)
- Neurologische Überwachung
- Kontrolle der Elektrolyten, v.a. der Natriämie
- Ruhe mit minimaler Stimulation
- Der Patient soll nüchtern bleiben; Kontrolle/Therapie der Nausea, S. 1168

2. Hämodynamische Kontrolle

- WICHTIG: Es soll eine adäquate zerebrale Perfusion beibehalten werden, siehe S. 573
- Volämie: Eine leichte Hypervolämie ist anzustreben (Ziel: Vasospasmus ↓).
- Eine art. Hypotonie muss in jedem Fall verhindert werden (eine leichte bis mittelschwere Hypertonie kann toleriert werden).

3. Prävention des Vasospasmus

- Es soll eine leichte Hypervolämie angestrebt werden (ZVD hoch normal, S. 26, 228).
- Nimodipin NIMOTOP® 60 mg PO alle 4 h während 21 d
- Eine schwere Hypokapnie soll verhindert werden.
- Bei refraktärem Vasospasmus:
  - Anstreben einer intrakraniellen Hypertonie (mit Pressoren)
  - Durchführen einer Angiographie mit folgendem Ziel:
    - -- Mechanische, endovaskuläre Therapie (Dilatation)
    - -- Oder: chemische Therapie (durch Injektion von zerebralen Vasodilatatoren)

4. Stuporöse oder komatöse Patienten

- Schnell-Intubation (S. 67)
- ***CAVE***: Beibehalten der zerebralen Perfusion und des intrazerebralen Druckes, S. 573
- Eine Hyperventilation soll nur bei Zeichen zerebraler Einklemmung stattfinden:
  - Ziel-$PaCO_2$: 30-35 mmHg (4.0-4.5 kPa), S. 572

5. Abklärungen

- Angiographie um den Ort der Blutung zu lokalisieren und um das evtl. *Klipping* des Aneurysmas zu planen (oder, wenn möglich, Embolisation einer AV-Missbildung) und dies, um eine fatale Blutung zu verhindern.
- Das *Timing* des chirurgischen Eingriffes ist klinikabhängig:
  - Patienten in «gutem Zustand» (WFNS I-II):
    - -- Sofortiger chirurgischer Eingriff (< 12-24 h)
  - Patienten in «schlechtem Zustand» (WFNS IV-V, S. 581):
    - -- Das Vorgehen ist von den folgenden Elementen abhängig: Krampfanfall, intrazerebrale Blutung, Hydrocephalie, Hirnödem

NEURO

- **Diagnostische «Regeln»**

  ✯ Bei einem Patienten mit starkem, ungewöhnlichem oder akutem Kopfschmerz soll IMMER an eine SAB gedacht werden!!!

  ✯ Bei Verdacht auf eine SAB mit normalem Schädel-CT muss die LP immer durchgeführt werden!

  ✯ Bei **rotem Liquor** mit Erythrozyten handelt es sich bis zum Beweis des Gegenteils, um eine SAB. Ein roter Liquor kann nicht immer mit einer traumatischen LP erklärt werden! Es sollen in diesem Fall mindestens 2 Reagenzgläser mit Liquor abgenommen werden, um die Anzahl Erythrozyten darin miteinander vergleichen zu können (siehe S. 582) Eine geringe Anzahl Erythrozyten kann und darf nicht als benigne interpretiert werden!

- **Therapeutische «Regeln»**

  ✯ Ein Abfall des art. Mitteldruckes (und somit des zerebralen Perfusionsdruckes) DARF NICHT AKZEPTIERT werden, v.a. auch nicht während der Intubation des Patienten!

  ✯ Ein Anstieg des intrazerebralen Druckes oder des art. Mitteldruckes in Folge **Husten, Erbrechen** oder während etwelchen Manövern (z.B. Laryngoskopie) DARF NICHT AKZEPTIERT werden.

Aphasie[1,2] [R47.0]

Def:

Aphasie	Sprachstörungen, infolge erworbener organischer Hirnläsionen
Agramatismus	Telegrammstil ohne Flexionen und Funktionswörter
Amnestische Aphasie	Hauptsächlich Wortfindungsstörungen mit semantischen Paraphasien, wenigen phonematischen Paraphasien. Sprache flüssig, gutes Sprachverständnis. Gute Prognose. Betroffenes Gebiet: unterschiedlich, v.a. posteriore Areale (temporal und parietal)
Anarthrie	Schwerste Form der Sprechapraxie, Unfähigkeit zu sprechen
Aphemie	Sprechapraxie durch kortikale Läsion
Dysarthrie	Artikulationsstörung bei intakter Sprache
Dysphonie	Phonationsstörung (= Lautbildungsstörung)
Dysprosodie	Störung der Sprachmelodie
Echolalie	Wiederholung von Sätzen oder Satzteilen des Gesprächspartners
Jargonaphasie	Sprache mit normalem Sprachfluss, normaler Sprachmelodie und Intonation, aber mit Paraphasien und Neologismen (bei schwerer WERNICKE Aphasie).
Logoklonie	Vielmalige Wiederholung von Wörtern oder Silben
Mutismus	Versiegen sprachlicher Äusserungen trotz Wachheit
Neologismus	Neubildung von Wörtern (Pseudowörtern)
Paragrammatismus	Bildung grammatikalisch fehlerhafter Sätze
Paraphasie	- Phonematische Paraphasie: noch erkennbares, lautlich fehlerhaftes Wort (z.B. «Saft» wird «Satf») - Semantische Paraphasie: verwenden eines falschen, aber existenten und inhaltlich meist verwandten Wortes (z.B. «Dirigent» wird «Chef»)
Prosodie	Sprachmelodie, Betonung (linguistisch, emotional)
Schizophasie	Desintegrierte, kaum verständliche Sprache (z.B. bei Psychosen)
Stereotypien	Wiederholen von Floskeln
Sprechapraxie	Störung der Artikulation und Melodie bei zerebraler Läsion, bei weitgehend intakter Sprache
Wortfindungsstörungen	Häufigstes aphasisches Symptom, Umgehung durch Ersatzwörter, Umschreibungsstrategien, Gestik
Vorbeireden	Formale Denkstörung bei Psychosen

Allg:
- Läsionen, die einer Aphasie zu Grunde liegen, sind i.d.R. in der **linken Hemisphäre** lokalisiert (bei 99 % der Rechtshänder und bei ca. 60 % der Linkshänder), vorausgesetzt, die Sprachzonen sind betroffen.

Urs:
- Hirnschlag (> 80 % der Aphasien; i.d.R. ischämisch und sich im Gebiet der A. cerebri media befindend)
- SHT (ca. 10 % der Fälle), St. nach Hirnoperationen
- Hirntumor (ca. 5 % der Fälle)
- Entzündliche Prozesse: Enzephalitis, Abszess
- Degenerative Prozesse (z.B.Morbus ALZHEIMER)

Dg:
- Es handelt sich um eine klinische Diagnose (siehe auch Klassifikation S. 585):
  - Verständnis und Nachsprechfähigkeit
  - Wiederholungsfähigkeit
  - Artikulationsstörungen
  - Paraphasien, Neologismen, Stereotypien, Jargon

Prog:
- Die Prognose hängt von der Ursache der Aphasie ab. Bei stabilen, nicht fortschreitenden Läsionen, erholt sich die Aphasie während des 1. Jahres, kann sich aber auch nach dieser Zeit weiterhin verbessern.

Vorg:
- Patienten mit Aphasie sollten in spezialisierten Zentren evaluiert werden.
- Die Logopädie soll so schnell wie möglich eingesetzt werden.

 1 Angepasst nach : Damasio AR. N Engl J Med 1992 ;326 :531-8. 2 Geschwind N. N Engl J Med 1971 ;284 :654-6.

Aphasie-Typ	Sprach-produktion	Ver-ständnis	Nach-sprechen	Andere klinische Zeichen	Typische Läsions-lokalisation
BROCA	**Nicht flüssig**, stockend, Paragrammatismus mit vielen Lautverwechslungen bei recht gutem Sprachverständnis	Leicht gestört	Gestört	Rechte Hemiparese, facio-brachial betont	Links frontal
WERNICKE	**Flüssig** und oft mit starkem Rededrang, ohne ausreichend wahrzunehmen, dass sie nicht verstanden werden. Vorhandene Paraphasien, Neologismen, Jargon, Paragrammatismus	Stark gestört	Gestört	Rechte Hemiparese, krural betont	Links temporo-parietal
Leitungs-aphasie	**Flüssig**, aber schlechte Leistung im Nachsprechen. Wortfindungsstörungen	Nicht gestört	Stark gestört	Oft fehlend, evtl. Kraftminderung des re. Arms oder Befall der rechten Gesichtshälfte	Linker Gyrus supramarginalis und/oder Insula, Fasciculus arcuatus
Globale Aphasie	**Nicht flüssig.** Schwerste Form der Aphasie: alle Modalitäten sind sehr betroffen (spontan sprechen, nachsprechen, verstehen, lesen, schreiben).	Gestört	Gestört	Rechte Hemiplegie	Ausgedehnte Insulte im Gebiet der A. cerebri media.
Transkortikal					
- motorisch	**Nicht flüssig**, +/- explosiv, Sprechbeginn erschwert, Wortfindungsstörungen	Wenig gestört	Normal	—	Dorsal oder rostral des BROCA-Areals, kann aber auch das BROCA-Areal selbst betreffen
- sensorisch	**Relativ flüssig**	Gestört	Normal	—	Um das WERNICKE-Areal herum
- gemischt	**Nicht flüssig**	Gestört	Normal	—	Multiple Läsionen
Atypisch					
- Basalganglien	Dysarthrie, **oft flüssig**	Gestört	Intakt oder gestört	Rechte Hemiparese	Kopf des Nucleus caudatus, Capsula interne (crus ant.)
- Thalamus	**Flüssig** , evtl. Logorrhoe	Gestört	Intakt oder gestört	Akutphase: Aufmerksamkeits - und Gedächtnisstörungen	Antero-laterale Zone des Thalamus

Klassifikation der Aphasie nach WERNICKE-LICHTHEIM-GESCHWIND.

Fazialisparese[1-3] [G51.8]

Allg: Anatomie

Die peripheren Motoneurone des frontalen Astes des N. facialis werden zentral doppelt innerviert (d.h. bilateral: ipsilateral und gekreuzt von kontralateral).
Die Klinik ist leider nicht immer sehr zuverlässig, um die verschiedenen Arten der Gesichtslähmung (Fazialisparesen, FP) zu unterscheiden. ABER es ist essentiell, die Lokalisation der FP zu bestimmen, denn sowohl deren Ursachen, als auch Therapien, sind sehr verschieden.

1. Periphere Gesichtslähmung (Fazialisparese im engeren Sinn)
- 1.1. Idiopathisch
- 1.2. Sekundär

2. Zentrale Gesichtslähmung (Fazialisparese)
- 2.1. Nukleäre und faszikuläre FP, s. 588
- 2.2 . Kortiko-pontine FP, s. 588

Für die PRAXIS:
Bei jeder FP muss ein gleichzeitiger Befall des N. trigeminus (V) ausgeschlossen werden. Dies ist z.B. der Fall, wenn die Hornhaut unterempfindlich ist («Kornea-Hypästhesie», abgeschwächter Cornealreflex).
Denn bei gleichzeitigem Befall des V. und VII. Hirnnervs muss man an eine ponto-zerebelläre Pathologie denken. DD: Neurinom N. vestibulo-cochlearis (VIII)!
Mnemotechnisch kann folgende Rechnung helfen: «5 + 7 = 8»!

Prog:
- Die Prognose der peripheren FP kann mittels einer Elektroneuromyographie (EMG) abgeschätzt werden. Diese Untersuchung wird i.d.R. nur bei kompletter FP durchgeführt.
- Je nach Ursache der FP kann auch eine chirurgische Dekompression nach > 1 Monat durchgeführt werden.

Klas:

1. Periphere Gesichtslähmung (Fazialisparese im engeren Sinn)

Klin:
- Die akute Form installiert sich innerhalb von 1-2 Tagen. Sie betrifft die ipsilaterale Gesichtshälfte **uniform und homogen** (Ausnahmefälle sind sehr selten).
- Uniforme Parese der Stirn, Augen-, Mund und Platysmaregion
- KEINE «automatiko-volontäre Dissoziation», siehe Fussnote s. 588
- Schmerzen über dem Mastoid (bei ca. 50 %)
- Ipsilaterale Geschmacksstörung (süss/sauer/salzig/bitter) der vorderen ⅔ der Zunge (50 % der Fälle)
- Verminderte Tränenflüssigkeit- (und Speichel-) produktion

Klas: **1.1. Idiopathische periphere Fazialisparese** (ca. 80 % der Fälle!)

Syn:
- Primäre FP, kryptogene FP
- FP «a frigore»
- BELL'sche Parese, siehe Fussnote s. 588

Urs:
- Hypothesen:
  - Neurotrope Viren
    - Herpes simplex 1 (40-70 % der Fälle)
    - Varizella-Zoster Virus (VZV, siehe Fussnote s. 588)
    - HIV
    - Borrelien (10-20 % der Fälle)
  - Syphilis
  - Autoimmun

Th:
- Siehe s. 587

Prog:
- 40-80 % der Patienten haben eine *Restitutio ad integrum*
- Faktoren, welche die Prognose negativ beeinflussen:
  - Alter > 80 Jahre (54 % Heilung)
  - Alter < 50 Jahre (83 % Heilung)
  - Später Heilungsbeginn (> 3 Wochen)
  - VZV als kausales Virus, siehe Fussnote s. 588
  - Nicht Einsetzen einer frühzeitigen Kortikoidtherapie
  - Komplette Fazialisparese

1.2. Sekundäre periphere Fazialisparese

Urs:
- Infektiös (Meningitis): viral, bakteriell u.a.
- Post- und parainfektiös: Otitis, virales Syndrom
- Multiple Sklerose, s. 616
- Trauma
- Tumor (angulus ponto-cerebellosus, Parotisloge)
- Meningitis carcinomatosa

1 Robb G, et al. Eur Neurol 1999 ; 41 :3-6 . 2 Adour KK, et al. Ann Otol Rhinol Laryngol 1996 ;105 :371-8. 3 Ramsey MJ, et al. Laryngoscope 2000 ;110 :335-41.

Klin:
- Trockenes Auge: Gefühl von «Sand im Auge»
- Unilaterale Hyperakusie (der M. stapedius ist nicht mehr funktionell)
- Unilaterale Dysgeusie (verminderte Geschmacksempfindungen der vorderen 2/3 der Zunge)
- BELL'sche Parese, S. 588
- Positives Wimpern-Zeichen, S. 588
- **Klinik, bei der eine sekundäre FP vermutet werden kann:**
  - Zögernder Beginn, progredienter Verlauf
  - Keine Besserung nach 3 Monaten
  - Befall anderer Hirnnerven
  - Hörstörungen
  - Gleichgewichtsstörungen
  - Fieber
  - Meningismus (d.h. Nackenstarre), Photo- und/oder Phonophobie
  - Starke Schmerzen (z.B. bei Borreliose und VZV beobachtet)

Vorg: **Ausschluss einer sekundären Form der Fazialisparese**:
- Infektiöse Ursache
  - → Blut: CRP, Leukozyten
  - → Serologien: HSV, VZV, CMV, HIV, Borrelia, VDRL, TPHA
  - → Liquor: Routine (Zellzahl, Eiweiss, Glukose), PCR für HSV, VZV
- Diabetes mellitus
- Hirntumor (Anamnese: Hypoakusie, Schwindel, Nystagmus)
  - → Schädel-MR
- Polyradikuloneuritis (GUILLAIN-BARRÉ-Syndrom, MILLER-FISHER-Syndrom)
  - → LP (Proteinelektrophorese), anti-Gangliosid-IgG Antikörper (S. 592)

Th: **Therapie der peripheren Fazialisparese**
- Kein therapeutischer Konsens. Zur Diskussion steht:
  - Kortikoide ± Virostatika. Je früher diese Therapie begonnen wird, umso effizienter ist sie.
- Selbst bei FP infektiöser Natur (HSV, VZV, Borrelia) sind Kortikoide nicht schädlich (vielleicht sogar von Nutzen).

Für die PRAXIS:
Kortikoide sind bei jeder idiopathischen Fazialisparese empfohlen und dies so früh als möglich!

1. **Kortikoide**
   - Prednison 2x 30 mg/d PO (oder 1 mg/kg in 2 Einnahmen/d) während 5 d; nach 10 d stoppen
2. **Fakultativ: Virostatische Therapie**
   - Valaciclovir 3 (-4)x 1 g/d PO während 10 d
     oder:
   - Famciclovir 3x 250 mg/d PO während 10 d
3. **Bei Augenmitbeteiligung** (rotes Auge: Risiko einer Keratitis!) → Konsultation
   - Bei Augenlidläsion soll zusätzlich eine virostatische topische Therapie verschrieben werden: Aciclovir Augensalbe (5 Appl./d)
   - Augenschutz bei unvollständigem Lidschluss zur Prophylaxe:
     - *Tagsüber*: das Auge soll ca. 1x/h mit Augentropfen befeuchtet werden (da verminderter Lidschlag und verminderte Tränenflüssigkeitsproduktion: CELLUVISC®, REFRESH®).
     - *Nachtsüber*: Es soll darauf geachtet werden, dass die Augenlider nachtsüber geschlossen und die Kornea befeuchtet bleiben (z.B. mit «Steri-Strip» das Auge auf der paretischen Seite verschliessen). Bei Lagophthalmie, ad. LACRIGEL® Augengel.

Bem:
- Die Nahrungsmittel haben Tendenz, auf der Seite der Parese zu stagnieren. Deswegen muss dem erhöhten Kariesrisiko mit den entsprechenden mundhygienischen Vorbeugemassnahmen begegnet werden!
- Bei bestehender Dysarthrie kann der Patient, durch hochhalten des betroffenen Mundwinkels mit dem Zeigfinger, dieser entgegenzuwirken.

2. Zentrale Gesichtslähmung (Fazialisparese)

Klas: Je nach Lokalisation der Läsion können folgende Formen unterschieden werden:

2.1. Nukleäre und faszikuläre Fazialisparesen

- Die Läsion liegt im Hirnstamm und gleicht derjenigen der peripheren FP.
- I.d.R. kein Geschmacksverlust
- Manchmal kann der N. abducens (VI) des ipsilateralen Auges paretisch sein. Der Fazialiskern liegt nahe beim Abduzenskern. Der periphere Teil des N. facialis (Fasciculus genannt) bildet im Hirnstamm eine Schlaufe um den Abduzenskern herum.

2.2. Kortiko-pontine Fazialisparese (= supranukleäre Fazialisparese)

- Der Stirnast des N. facialis ist wesentlich weniger (oder gar nicht) betroffen als der Mundast.
- Eine «Automatiko-volontäre Dissoziation»§ wird typischerweise beobachtet.
- Dysarthrie (infolge Läsion der zentralen Fasern zum Pharynx und Zungengrund)
- Schluckstörungen
- Brachial betontes, homolaterales Hemisyndrom (→ Pronation und Abfall beim Armvorhalteversuch)

Urs:
- Hirnschlag (Hirn- oder Hirnstamminfarkt)
- Hirntumor, Hirnabszess
- Multiple Sklerose

Klin:
- Beim forcierten Augenöffnen erscheinen die Stirnrunzeln auf beiden Seiten gleich ausgeprägt.
- Das Auge ist normal mit Tränenflüssigkeit befeuchtet (d.h. das ipsilaterale Auge ist NICHT trocken).
- Der Hörsinn bleibt intakt (keine unilaterale Hyperakusie).
- Der Geschmackssinn bleibt intakt (keine einseitige Ageusie).
- Negatives BELL-Zeichen*
- Das Wimpern-Zeichen** kann vorhanden sein.

Vorg:
- Schädel-MR mit Frage nach einer kortikalen oder Hirnstammläsion

Th:
- Kausaltherapie. Neuro-Konsilium

* **BELL-Zeichen**

Allg: Beim Augenschluss erfolgt ipsilateral ein unvollständiger Lidschluss. Es persistiert also eine Augenöffnung mit sichtbarem Bulbus der betroffenen Seite. Daher kann man die physiologische reflektorische Aufwärtsrotation des Augenbulbus bei intendiertem Lidschluss beobachten.

** **Wimpern-Zeichen *(Signe des cils)***

Allg: Bei intensivem Augenschluss sind die Zilien normalerweise nicht mehr sichtbar. Bei vorhandenem Wimpern-Zeichen bleiben die Wimpern sichtbar, als Ausdruck einer leichtgradigen Parese.

§ **Automatiko-volontäre Dissoziation**

Allg: Die automatiko-volontäre Dissoziation kommt nur bei **zentraler Läsion** des N. facialis vor. Sie beschreibt die Dissoziation des sichtbaren Paresegrades zwischen den gut ausgeführten, automatischen Bewegungen (z.B. lachen mit symmetrischem Gesicht) und den schlecht ausgeführten, willkürlichen Bewegungen (z.B. Zähne zeigen mit asymmetrischem Mundwinkelverziehen). Oder auch umgekehrt. Dieses Phänomen wird durch die verschiedenen «Ansteuerungswege» (zentral und peripher) erklärt.

‡ Das Varizella-Zoster Virus (VZV) kann sich auch als Herpes Zoster oticus manifestieren. In diesem Fall werden die typischen Varizella-Bläschen im Gebiet der Ohrmuschel und/oder des Trommelfells beobachtet. Bei gleichzeitiger peripherer Fazialisparese spricht man dann von einem RAMSEY-HUNT-Syndrom.

¶ Das Ausmass der Heilung nach 3 Wochen ist recht aussagekräftig bezüglich des weiteren Heilungsverlaufes.

Periphere Neuropathien [G61.1]

Klas: Die peripheren Neuropathien umfassen folgende Erkrankungen:

I. Mononeuropathien (→ Befall eines oder mehrerer Nervenstämme) [G58.9]

I.a. Mononeuropathie (→ Befall eines einzigen Nervenstammes)

Urs:
- Trauma oder zeitlich lang andauernder Druck auf einen Nerv
- Diabetes mellitus, der an folgenden Erkrankungen mitbeteiligt sein kann:
  - Periphere Fazialisparese
  - Okulomotoriusparese
  - Diabetische Kruralgie u.a.
- Autoimmunerkrankung

I.b. Multiple Mononeuropathie (→ Befall von mehreren Nervenstämmen)

Urs:
- Diabetes mellitus
- Konnektivitis, S. 1036
- Vaskulitis, S. 1054
- Viral
  - HIV
  - CMV, Herpes
  - Hepatitis C
- Sarkoidose
- Amyloidose
- Paraneoplasie u.a.

II. Polyneuropathien (→ bilateraler und symmetrischer Befall)

Allg:
- Eine detaillierte Anamnese und ein genauer Status sind unumgänglich!
- Es handelt sich um einen bilateralen, symmetrischen Nervenbefall, oft distal betont, aber manchmal auch proximal und diffus (Polyradikuloneuritis).
- Der Verlauf ist individuell sehr variabel.
- Verschiedene Nervenfasern können betroffen sein: motorisch, sensorisch, myelinisiert oder nicht myelinisiert.

Klin:
- Verminderte monosynaptische Reflexe (z.B. ASR)
- Aufsteigendes motorisches und/oder sensorisches Defizit der unteren Extremitäten; seltener beobachtet bei den oberen Extremitäten (siehe Dermatome, S. 569)
- Ataxie

Urs:
- **Infektiös**
  - HIV
  - Borreliose (LYME)
  - Lepra u.a.
- **Entzündlicher oder immunologischer Ursache**
  - Primär
  - Akute oder chronische Polyradikuloneuritis bei:
    - -- GUILLAIN-BARRÉ-Syndrom
    - -- MILLER-FISHER-Syndrom
  - Vaskulitis, S. 1054
  - Sekundäre Neuropathie bei:
    - -- Gammopathie
    - -- Monoklonaler lymphozytärer Proliferation
- **Endokrinologischer oder metabolischer Ursache**
  - Diabetes mellitus
  - Chronischer Alkoholismus
  - Hypovitaminosen B12, B1, B6
    - -- BERIBERI Krankheit, S. 561
  - Niereninsuffizienz
  - Leberzinsuffizienz
  - Schilddrüseninsuffizienz
- **Medikamentös/toxisch**
  - Zytostatika
  - Virostatika
  - Disulfiram u.a.
- **Sonstige**
  - Neurolymphomatose
  - CHARCOT-MARIE-TOOTH Krankheit, siehe Fussnote ‡ S. 591
  - Amyloidose

Lab:
- Blut:
  - Blutbild
  - ALAT, ASAT
  - Kreatinin, Harnstoff
  - Blutzucker
  - CRP
  - Vitamine B12, B1, B6
- Serologien:
  - VDRL
  - VIH
  - Borrelia u.a.
- Proteinelektrophorese im Serum
- Elektroneuromyographie (ENMG)*
- Nervenbiopsie (je nach Resultat des ENMG*)
- Lumbalpunktion, indiziert v.a. bei:
  - Proximalem Befall des peripheren Nervensystems
  - Leptomeningealer Infiltration

Vorg: Folgende Elemente beeinflussen das therapeutische Vorgehen:

A. Schnelles Fortschreiten der Neuropathie (Stunden/Tage)

Bsp:
- GUILLAIN-BARRÉ-Syndrom, S. 592
- Neuromuskuläre Vaskulitis

Vorg:
- Konsultation. Eine Hospitalisierung ist i.d.R. indiziert.

B. Bekannte Ursache einer schmerzhaften Polyneuropathie

Allg:
- Ca. 30 % der symmetrischen, distalen diabetischen Polyneuropathien sind schmerzhaft!
- Kombinationstherapien von verschiedenen antalgisch wirkenden Substanzen haben eine synergische Wirkung (siehe auch S. 1165):
  - Antidepressiva
  - Antiepileptika
  - Kortikoide u.a.

Th:
- Siehe «Therapie der neurogenen Schmerzen», S. 1165

C. Unbekannte Ursache der Polyneuropathie

Vorg:
- Eine funktionelle Nerven-Muskel Analyse (Elektroneuromyographie*) ist indiziert .

Th:
- Kausaltherapie
- Neuro-Konsilium

NEURO

‡ CHARCOT-MARIE-TOOTH Krankheit

Allg:
- Häufigste Form der familiären Neuropathien
- Häufigkeit: 1/2'500. Alle Vererbungsmodi sind möglich.
- Es handelt sich um eine Demyelinisierung der peripheren Nerven.

Klin:
- Die Krankheit manifestiert sich zwischen dem 15. und 30. Lebensjahr.
- Motorische Defizite
  - Muskelatrophie mit Schwäche der Bein- und Fussmuskulatur
  - Fussdeformationen (evtl. Hohlfuss), Hammerzehen (einige Patienten)
  - Stolpern und stürzen infolge Muskelschwäche
  - Muskelschwäche und -atrophien der kleinen Handmuskeln
  - Selten:
    - Proximale Muskelatrophien
    - Pupillenanomalien
    - Essentieller Tremor
- Sensorische Defizite
  - Tiefensensibilitätsstörung (verminderter Vibrationssinn)
  - Oberflächensensibilitätsstörungen
  - Fehlen der monosynaptischen Reflexe (Eigenreflexe)
- Die Entwicklung zeigt eine langsame Progression.

Th:
- Es gibt keine spezifische Therapie.
- Konsilium:
  - Medikamentös/Vitamine: Vitamin B1, B6, Kortison, Progesteron
  - Physiotherapie, Schuhe nach Mass

* ENMG (Elektroneuromyographie)

Allg:
- Ein ENMG gibt verschiedene Auskünfte, z.B.:
  - Charakter «axonal» oder «myelinisch»
  - Unterscheidung zwischen Befall von dicken oder dünnen Fasern, bzw. Erkennen des Befalls von eher motorischen oder sensorischen Fasern.
- Das ENMG vereinfacht somit die Diagnosestellung und orientiert auch über therapeutische Möglichkeiten.

GUILLAIN-BARRÉ-Syndrom (GBS)[1-3] [G61.0]

Allg:
- Häufigste akute Neuropathie, welche unabhängig vom Alter auftreten kann.
- Prävalenz (Häufigkeit) in Europa: ca. 1/100'000 Einwohner
- Inzidenz (USA): 2000-3000 Neuerkrankungen/Jahr

Klas:
1. Akut entzündliche demyelinisierende Polyradikuloneuropathie
2. Akut motorische und sensorische axonale Neuropathie
3. Akut motorische axonale Neuropathie

Urs:
- Unbekannt
- Beschrieben sind einige klinisch assoziierte Situationen:
  - Post-infektiöses GUILLAIN-BARRÉ-Syndrom:
    Campylobacter jejuni ......4-66 %
    EPSTEIN-BARR Virus........2-10 %
    Zytomegalievirus ....5-15 %
    Mykoplasma Pneumonie......1-5 %
  - St. nach chirurgischen Eingriffen
  - St. nach Impfungen

Klin:
- Die Klinik ist je nach Typ des GBS verschieden (siehe Klassifikation oben):
  - Progredient (bei 90 % der Patienten innerhalb von 4 Wo) aufsteigende, **symmetrische Paresen** (Beine stärker betroffen als Arme) mit nächtlichen Rückenschmerzen.
  - Schlaffe Paresen mit Areflexie (v.a. distale untere Extremitäten betreffend)
  - Sensorische Symptome (z.B. Parästhesien) werden häufig beschrieben, aber objektivierbare Defizite sind ungewöhnlich!
  - Hirnnerven können mitbeteiligt sein (v.a. Fazialisparese), siehe auch MILLER-FISHER-Syndrom

Kpl:
- Atemstillstand (Parese der Atemmuskulatur)!
- Schluckstörungen mit dem Risiko von Aspirationspneumonien
- Dysregulation des autonomen Nervensystems:
  - Sympathikotonus ↓ .... Art. Hypotension
  - Sympathikotonus ↑ .... Art. Hypertonie, Arrhythmien, Tachykardie
  - Parasympathikotonus ↓ .... Sphinkterstörungen, intestinale Atonie
  - Parasympathikotonus ↑ .... Bradykardie
- Thromboembolische Geschehen:
  - Beinvenenthrombosen
  - Lungenembolie

Lab:
- Blut
  - Lymphozytose
  - CRP ↑
- Serologie
  - **Antigangliosid Antikörper GM1** (positiv in 14-50 % im akuten Stadium)
- Liquor
  - **Zyto-albuminäre Dissoziation**
    -- Tritt i.d.R. erst nach der 1. Wocheein
    -- Bedeutet: Eiweisserhöhung (bis > 30 mg/mL) mit normaler Zellzahl. Die Zellzahl kann aber auch leicht erhöht sein (< 50/µL).

Th:
1. Bei Gehstörungen: Plasmapheresen oder Immunglobuline

Allg:
- Sowohl Plasmapheresen, als auch die intravenöse Gabe von Immunglobulinen zeigen eine vergleichbare Wirksamkeit.
- Die Kombination beider Therapien ist nicht wirksamer:[2]

Bsp:
I. Plasmapheresen
  - Bei jeder Plasmapherese werden ca. 4 Liter Plasma entfernt und z.B. durch ALBUMIN® ersetzt.

II. Humane Immunglobuline (z.B. KIOVIG®, OCTAGAM®)
  - Totaldosis von 2 g/kg KG **IV**
  - Beispiel: 0.4 g/kg KG **IV** während 5 Tagen

2. Kortikoide

Allg:
- Kortikoide sind i.d.R. nicht indiziert, ausser zur Therapie der Rückenschmerzen

Prog:
- Spontane Rückbildung (6 Mt.) in 80 % der Fälle
- 3 % der Patienten erleiden ein Rezidiv.
- Chronische Verlaufsformen sind selten.

1 Kieseier BC, et al. Muscle Nerve 2004 ;30 .131-56. 2 Hughes RA, et al. Neurology 2003;61:736-40. 3 Van der Meche F, et al. N Engl J Med 1992 ;326 :1123-9.

MILLER-FISHER-Syndrom[1]

Allg:
- Das MILLER-FISHER-Syndrom ist eine Variante des GUILLAIN-BARRÉ-Syndroms (GBS).
- Es handelt sich um eine akute, axonale, entzündliche Polyradikuloneuropathie mit vorwiegend sensorischem Befall und zusätzlichem Befall der Hirnnerven (meist bilaterale Augennervenparesen und evtl. bilaterale Fazialisparesen).
- Der Übergang in ein GBS kann beobachtet werden.
- Das MILLER-FISHER-Syndrom kommt gehäuft bei Jugendlichen vor.
- Die Erkrankung entwickelt sich typischerweise innerhalb von 4 Wo, danach folgt eine Plateauphase, gefolgt von der Heilungsphase.
- Wie beim GBS, kommt das MILLER-FISHER-Syndrom nach infektiösen Zuständen vor, insbesondere nach *Campylobacter jejuni* Gastroenteritiden.

Urs:
- Unbekannt

Klin: Trias:

1. **Ataxie**
2. **Areflexie**
3. **Ophthalmoplegie**

- Eine Fazialisparese (oft bilateral) kann ebenfalls beoachtet werden. Eine Pupillenbeteiligung ist selten.

Lab:
- Blut
  - Lymphozytose
  - CRP ↑
- Serologie (> 90 % in der akuten Phase positiv)
  - **Antigangliosid Antikörper GQ1b**
  - **Anti GT1a Antikörper**
- Liquor
  - **Zyto-albuminäre Dissoziation** (S. 592)
  - Manchmal sind oligoklonalen Banden im Liquor vorhanden.

Prog:
- Die Prognose ist in der Regel gut.
- Spätfolgen können bei 20 % der Patienten nach einem Jahr beobachtet werden.

Th:
- Siehe GUILLAIN-BARRÉ-Syndrom, S. 592
  - Immunglobuline oder Plasmapheresen
  - ± Kortikoide

1 Kieseier BC, et al. Muscle Nerve 2004 ;30 .131-56.

Pyramidenbahn-Syndrom (Kortiko-spinale Bahnen)

Allg: Anatomisch handelt es sich um eine **Läsion kortiko-spinaler Bahnen**.

Urs: Alle Pyramidenbahnerkrankungen kommen ursächlich in Frage:
- Infektiös (alle neurotropen Infektionen)
- Hirnschlag, Hirnblutung, Hirntumoren
- Hirnmalformationen, Trauma u.a.

Bsp: **Zerebrovaskulärer Insult**. Folgende Chronologie kann beobachtet werden:

Akute Phase nach einer Pyramidenbahnläsion

Allg: • Während der Akutphase verschwinden die monosynaptischen Reflexe (MSR) als Ausdruck des spinalen Schocks.

Klin: • Motorisches, **schlaffes Hemisyndrom** während einiger Tage

Subakute Phase nach einer Pyramidenbahnläsion

Klin:
- Motorische **Spastizität**
- Während der spastischen Phase kann der Neurostatus, im Speziellen die Reflexe, wie folgt beobachtet werden:
  - **Fremdreflexe** (S. 606)
    - Die Fremdreflexe sind unterhalb der Läsion quasi nicht mehr auslösbar.
  - **Monosynaptische Reflexe** (MSR, S. 606)
    - Es werden 3 Phasen unterschieden:
      I. Akutphase (Spinalschock; einige Tage): Erlöschen der MSR
      II. Zwischenphase (Wochen/Monate): Wiedererscheinen der MSR
      III. Spätphase: Verstärkung der MSR (Hyperreflexie)
  - **Muskelklonus** (rhythmische Muskelkontraktionen, ausgelöst durch Dehnung)
  - **BABINSKI-Zeichen**
    - ☛ Vorgehen: Die Planta pedis wird mit einem Wattestäbchen entlang der Aussenseite der Ferse bis zur Linie, welche von den Zehenbasen gebildet wird, gereizt (diese Stimulierung darf nicht schmerzhaft sein).
      - → *Das Vorhandensein des Zeichens spricht für eine Pyramidenbahnläsion. Das vollständige BABINSKI-Zeichen manifestiert sich wie folgt:*
        1. Extension der Grosszehe
        2. Spreizung der anderen Zehen
        3. Dorsalflexion im Sprunggelenk
        4. Flexion des Knies und der Hüfte
    - Folgende Manöver erlauben es, ein BABINSKI-Zeichen auszulösen:
      - GORDON-Zeichen: die Wade wird fest zusammengedrückt.
      - OPPENHEIM-Zeichen: die Tibia wird auf der Vorderkante nach distal gestrichen.
  - **Greifreflex**
    - ☛ Vorgehen: Die palmare Handseite des Patienten wird mit dem Zeigefinger des Untersuchers bestrichen, worauf der Patient mit seinem Daumen und Zeigefinger den Finger des Untersuchers festhält.
      - → *Bei einer Pyramidenbahnläsion ist der (erwachsene) Patient unfähig, den Finger des Untersuchers loszulassen. Der Greifreflex ist auch bei diffuser degenerativer oder Frontalläsion zu beobachten.*
  - **Fingerbeugereflexe: KNIPS-Reflex** (auch **HOFFMANN** genannt)
    - ☛ Vorgehen: Die ruhende Hand des Patienten ist in Pronationsstellung. Der Untersucher beugt das distale Phalanx des Mittelfingers des Patienten und lässt dieses dann schnellend los, was eine Dehnung der Flexorenmuskulatur zur Folge hat (gleicher Reflexerfolg wie beim einfacher auszulösenden **TRÖMNER-Reflex**, S. 606).
      - → *Diese Beugefingerreflexe können normalerweise beidseits fehlen. Einseitige Auslösbarkeit bedeutet i.d.R. Reflexsteigerung auf dieser Seite. Eine kräftige Beugezuckung aller Finger (inkl. Daumen) ist auch dann wahrscheinlich pathologisch, wenn sie bilateral auftritt.*
      - → *Bei einer Pyramidenbahnläsion ist ein einseitig positiver Fingerbeugerreflex zu beobachten.*
  - **MAYER-Reflex**
    - ☛ Vorgehen: Die Hand des Patienten befindet sich in lockerer Supinationsstellung. Der Ringfinger des Patienten wird brüsk im metakarpo-phalangealen Gelenk gebeugt.
      - → *Adduktion und Flexion des Daumens. Das Fehlen dieses Reflexes spricht für eine Pyramidenbahnläsion.*

Extrapyramidal-Syndrom [G25.9]

Allg:
- Das extrapyramidale System umfasst das **motorische System**, wobei die Pyramidenbahnen ausgeschlossen sind. Folgende Strukturen sind also dem extrapyramidalen System zugeschrieben: **Basalganglien, Kleinhirn.**
- Praktisch kann man sagen, dass die striatopallidonigralen Strukturen zum extrapyramidalen System gehören (d.h. Putamen, Nucleus caudatus, Pallidum, Substantia nigra).

Bsp:

1. Chorea, Athetose, Ballismus

Def:
- **Die Chorea** (vom griechischen Wort «tanzen») manifestiert sich in Form von unwillkürlichen, blitzartigen, unregelmässigen und unvorhergesehenen Bewegungen, oft von proximal nach distal ausbreitend.
- **Die Athetose** weist langsamere Bewegungen auf, verglichen mit der Chorea, und betrifft v.a. die Extremitäten, welche nicht fähig sind, eine Position beizubehalten.
- **Ballistische Bewegungen** sind brüske, proximale Hyperkinesien mit schleudernden Bewegungen, typischerweise unilateral (= Hemiballismus).

Urs: Die Ursachen der Choreo-Athetosen sind zahlreich:
- Hereditär (z.B. HUNTINGTON Chorea)
- Befall von folgenden Strukturen:
  - Zentrale graue Kerne
  - Thalamus
  - Kontralaterale subthalamische Kerne (Hemiballismus)
- Entzündlich (z.B. SYDENHAM Chorea)
- Medikamentös
  - Levodopa
  - Antiepileptika
  - Kontrazeptiva
  - Amphetamine
- Infektiös oder durch Prione verursacht
  - HIV
  - CREUTZFELDT-JAKOB (spongiöse Enzephalopathie der grauen Substanz, hervorgerufen durch sog. Prione, welche spezielle Proteine darstellen)
- Endokrino-metabolisch
  - Dysthyreose
  - Schwangerschaftschorea
  - Hyperglykämie oder Hypoglykämie
  - Perinatal (z.B. Kernikterus)

Th: Die Chorea sowie der Ballismus sprechen i.d.R. auf folgende Therapie an:

1. Neuroleptika		
- Haloperidol	HALDOL®	0.5-1 mg PO 3x/d
- Clozapin	LEPONEX®	12.5-25 mg PO 3x/d
2. Tetrabenazin	NITOMAN®	75-200 mg/d PO
3. Benzodiazepin		
- Clonazepam	RIVOTRIL®	0.5-2 mg 3x/d PO

2. Dyskinesien (akut: S. 538; tardive Dystonie S. 539)

3. Dystonie

Def: Es handelt sich um eine unwillkürliche «Ko-Kontraktion» von Agonisten und Antagonisten, die generalisiert, segmentär oder fokal auftreten kann (z.B. Schriftstellerkrampf).

Urs:

Ursachen	Beispiele
• Idiopathisch	Zervikale Dystonie
• Hereditär	Generalisierte Dystonie von Typ DYT1
• Degenerativ	Progressive supranukleäre Parese
• Infektiös	Enzephalitis
• Medikamentös	Neuroleptika, Antihistaminika, Antiemetika

Th: Die fokalen Dystonien werden oft mit Injektionen des Toxins des anaeroben Bakteriums *Clostridium botulinum* erfolgreich therapiert.
Folgende Medikamente können eingesetzt werden:
- Benzodiazepine, Anticholinergika
- Gewisse Neuroleptika (ad. Neuro-Konsilium)
- Niedrig dosiertes Levodopa kann zu Beginn der Erkrankung probatorisch eingesetzt werden (sprechen bei dopasensibler Dystonie an).

4. Parkinsonismus, S. 601

FRIEDREICH Ataxie - Morbus FRIEDREICH [G11.1]

Allg:
- Rezessive autosomale degenerative Erbkrankheit (Mutation des Chromosoms 9q13).
- Es handelt sich um die **häufigste Form der hereditären Ataxien**.
- Inzidenz: 1/50'000 Geburten in Mitteleuropa
- Beginn der Krankheit oft vor dem 25. Lebensjahr; alle 4 Extremitäten sind betroffen.
- Betroffene Systeme und Organe:
  - **Nervensystem**
  - **Herz**
  - **Pankreas**

Klin:
- Neurologischer Befall (ZNS, Rückenmark, periphere Nerven)
  - Progrediente Ataxie («Pinguin-Gang») mit Spastizität (mittlere Zeitspanne bis zur Rollstuhlabhängigkeit: 10-25 Jahre)
  - Verlust der Oberflächen- und Tiefensensibilität
  - Fehlen der Reflexe der unteren Extremitäten
  - Auslösbare Pyramidenzeichen (z.B. BABINSKI, TRÖMNER s. 606)
  - Zerebelläre Dysarthrie (wie in betrunkenem Zustand sprechen)
  - Dysphagie
  - Befall des autonomen Nervensystems: Blasen- und Darmentleerungsstörungen
  - Optikusatrophie (5-15 % der Patienten weisen Sehstörungen auf)
  - Präsenile Demenz, generalisierte Wesensveränderungen
- Kardialer Befall
  - Kardiomyopathie (oft hypertrophe Form)
  - EKG: ST-Strecken Anomalien bei ca. 80 % der Patienten, rechte QRS-Achse, kurzes PR-Intervall (ca. 25 %), inferolaterale Q-Zacken (ca. 15 %)
  - Arrhythmie
- Pankreatischer Befall
  - Diabetes mellitus (bei ca. 1/3 der Patienten)
- Orthopädische Leiden
  - Hohlfuss («FRIEDREICH-Fuss»)
  - Skoliose

Lab:
- Die Laborparameter dienen zum Ausschluss anderer Neuro- oder Myopathien:
  - CK, CK-MB, Aldolase
  - Vitamin E Serumspiegel
  - Alpha 1 Foetoprotein

Dg:
- Familienanamnese, Klinik und Bestätigung durch genetische Untersuchungen
- Ausschluss anderer Neuro- und Myopathien
- Elektroneuromyogramm: axonale Neuropathie
- Nervenbiopsie:
  - Myelinverlust entlang der sensorischen Nervenfasern
  - Sekundäre axonale Degeneration der Nervenfasern
- MR: typischerweise Rückenmarks- und manchmal Kleinhirnathrophie

Th:
1. Symptomatische Therapie:
   - Physiotherapie
   - Psychologische Unterstützung
2. Medikamentöse Therapie
   - Bei symptomatischer, nicht dilatativer Kardiomyopathie, kann ein Benzochinonderivat als Antioxidans oral verabreicht werden:
     -- Idebenon (in Deutschland nicht erhältlich) 5 mg/kg PO (während der Mahlzeit) aufgeteilt in 3 Dosen/d. Nach 6 Monaten soll die Therapie neu evaluiert werden.
   - Orale Vitamin E Gabe (50-100 E/d; nicht bewiesene klinische Evidenz)

Prog:
- Die Mehrzahl der Patienten sterben im Alter zwischen 30 und 40 Jahren (Patienten mit späterem Krankheitsbeginn haben eine längere Überlebenszeit).
- Obwohl die Krankheit progredient verläuft, kann sie über Jahre hinweg stabil sein.
- Häufigste Mortalitätsursachen:
  - Arrhythmien
  - Broncho-Aspiration

WILSON Krankheit (= hepatolentikuläre Degeneration)

Allg:
- Seltene, autosomal rezessive Erbkrankheit mit Störung des Kupferhaushaltes.
- Prävalenz 1/50'000-300'000. 1/180 für heterozygote Träger.
- Inzidenz 1:100'000/Jahr
- Die Erkrankung manifestiert sich oft im Alter von 15-25 Jahren.
- Kupferablagerungen in der Leber, der Hornhaut, den Nieren und im Hirn

Urs:
- Mutation im Gen ATP7B (Chromosom 13; > 250 Mutationen bekannt). Daraus resultiert eine Transportstörung des Kupfers aus der Leber in die Galle. Kupfer wird dadurch im Organismus eingelagert und entfaltet so seine toxische Wirkung.

Klin:
- Hepatische Klinik
  - Hepatitis mit unterschiedlichem Schweregrad (chronische Hepatitis bis zur fulminanten Hepatitis)
  - Leberzirrhose
- Neuro-psychiatrische Klinik (infolge Kupferablagerung in den Basalganglien)
  - Parkinsonismus, Rigor, Tremor
  - Pyramidensyndrom
  - Kleinhirnsyndrom, s. 598
  - Dysarthrie (verwaschen, undeutlich)
  - Abnormale Bewegungen
  - Psychiatrische Beschwerden (z.B. Depression, Psychose, Gefühlsschwankungen)
- Hornhaut
  - KAYSER-FLEISCHER Hornhaut-Ring (braun-gold-grün Verfärbung des Hornhautrandes; oft bei Patienten mit neuro-psychiatrischen Beschwerden)
- Sonstige Manifestationen
  - Hämolytische Anämie mit negativem COOMBS Test
  - Niereninsuffizienz (selten)
  - Kardiomyopathie (selten)
  - Osteoporose
  - Hypoparathyreoidismus

> **Für die PRAXIS:**
> Bei Patienten mit unklarer Leberenzymerhöhung und unklaren neurologischen Symptomen soll an eine WILSON Krankheit gedacht werden.

Dg:
- Klinik (insb. KAYSER-FLEISCHER Hornhautring; kann aber bei cholestatischen Krankheiten falsch positiv sein)
- Labor:
  - Blut: Coeruloplasmin ↓**, Gesamtkupfer ↓, freies Kupfer ↑ (> 25 µg/dL; N: < 15 µg/dL)
  - Urin: Freies Kupfer im 24 h-Urin ↑ > 1.6 µmol/24 h (N: 0.45-0.6 µmol/24 h)
- Penicillamintest (nach Gabe von Penicillamin steigt die Konzentration von Kupfer im Urin auf > 25 µmol/L an)
- Leberbiopsie (Indikation von Fall zu Fall stellen): diffuse Fett- und Kupfereinlagerung in den Hepatozyten. Der Kupfergehalt in 1 g Trockenleber beträgt > 250 µg.
- MR vereinbar mit erhöhtem hepatischem Kupfergehalt; pathologischer Aspekt der Basalganglien
- Mutationsanalyse (nicht routinemässig); evtl. für Angehörige indiziert.

Th:
1. **Konsilium. Kupferarme Kost** (keine: Schalentiere, Nüsse, Schockolade, Pilze, Innereien)
2. **Medikamentöse Therapie (lebenslang!)**
   - 2.1. Erhöhung der renalen Kupferausscheidung (kupferbindende Präparate)
     - D-Penicillamin MEALCAPTASE® (1. Wahl, v.a. bei hepatischen Manifestationen*)
     - Trientine CUPRIDE® (bei D-Penicillamin Unverträglichkeit oder bei neurologischen Manifestationen* evtl. als 1. Wahl; NW: Gastritis, selten aplastische Anämie)
   - 2.2. Verminderung der intestinalen Kupferabsorption
     - Zink (-sulfat oder -azetat).
       Zink soll zusammen mit D-Penicillamin oder Trientine eingesetzt werden.
3. **Lebertransplantation** (therapieresistente Formen, fulminante Hepatitis u.a. Situationen)

Prog.
- I.d.R. gute Prognose (falls frühzeitig erkannt und lebenslang therapiert).

* Bei neurologischen Manifestationen kann D-Penicillamin bei ca. 50 % der Fälle eine verstärkte neurologische Klinik auslösen (nicht immer reversibel). NW von D-Penicillamin sind: Fieber, Rash, aplastische Anämie, Leukopenie, Thrombozytopenie, nephrotisches Syndrom.

** Bei vorhandenem KAYSER-FLEISHER Hornhautring hat eine Coerulo-Plasmakonzentration < 20 mg/dL eine diagnostische Aussagekraft. Der prädikative positive Wert ist aber sehr niedrig (ca. 6 %!).

DD bei niedrigen Coerulo-Plasmakonzentrationswerten: Heterozygote Träger, Hepatitis, medikamentös oder alkoholinduzierte Lerberkrankung, Malabsorption.

Bei Patienten mit unspezifischer Klinik ist eine Coerulo-Plasmakonzentration < 5 mg/dL diagnostisch.

1 Uptodate 2008

Kleinhirnsyndrom

Def: • Das zerebellöse Syndrom betrifft folgende Strukturen:
1. Kleinhirn
2. Afferente und efferente Bahnen, welche durch die *Pedunculi cerebelli* gehen.
3. Kortiko-ponto-zerebellöse Bahnen

Allg: • Das Kleinhirn hat grundsätzlich 2 Funktionen:
1. Medianer Kleinhirnvermis → **Kontrolle der Haltung**
2. Kleinhirnhemisphären → **Kontrolle der willkürlichen Bewegungen**

Klin: • Kleinhirnläsionen und Läsionen der Bahnen unterhalb der WERNEKINK Kommissur lösen ein homolaterales Kleinhirnsyndrom aus. Läsionen oberhalb dieser Kommissur bewirken ein kontralaterales Kleinhirnsyndrom.

Für die PRAXIS: Klinische Trias beim Kleinhirnsyndrom
- **Ataxie**
- **Muskelhypotonie**
- **Intentionstremor**

Urs: **A. Akutes Kleinhirnsyndrom**

Für die PRAXIS:
Bei jedem akuten Kleinhirnsyndrom muss notfallmässig ein Schädel-MR (wenn nicht möglich, ein Schädel-CT) durchgeführt werden, um eine Kleinhirnblutung oder einen Hydrocephalus auszuschliessen.
Wenn das CT «normal» ausfällt, ist ein Hirnschlag im vertebro-basilären Gebiet möglich.

- Infektiöse Enzephalitis
  - Meningitis (Tuberkulose, *Listeria*) ± Kleinhirnabszess oder Hirnstammabszess
  - Virale Zerebellitis
    - Herpes Zoster
    - EBV
    - CMV u.a.
- Hirnschlag im vertebro-basilären Gebiet (ischämisch, hämorrhagisch)
- WERNICKE Enzephalopathie, S. 561
- Hirntumor der hinteren Grube (langsam progredient)
- Schub einer multiplen Sklerose, S. 616
- Intoxikation:
  - Alkohol
  - Medikamentös:
    - Barbiturate
    - Carbamazepin
    - Phenytoin u.a.
  - Lösungsmittel

B. Subakutes und chronisches Kleinhirnsyndrom
- Hirntumor der hinteren Grube (langsam progredient)
  - Hirnstammgliom
  - Akustikusneurinom
  - Kleinhirnmetastasen
  - Meningeome
- Paraneoplastische Kleinhirnläsion (Bronchuskarzinom, gynäkologischer Tumor)
- Metabolische Ursachen
  - Hyperthyreose
  - WILSON Krankheit, S. 597
  - Folsäuremangel
- Toxische Vermisatrophie (Alkohol, Phenytoin)
- Multiple Sklerose, S. 616
- Vaskulitis
- Zerviko-okzipitiale Malformationen (z.B. ARNOLD-CHIARI, S. 600)
- Hereditäre Kleinhirnatrophie
  - Olivo-ponto zerebellöse Atrophie
  - FRIEDREICH Ataxie, S. 569
  - Spino-zerebelläre Degeneration (als Prototyp: PIERRE-MAIRE Erkrankung)

1. Statisches Kleinhirnsyndrom - Klinik

ROMBERG
- Vorgehen: Der Patient bleibt mit geschlossenen Augen und zusammengestellten Beinen stehen. Der Untersucher beobachtet die Stabilität in dieser Position.
- Beim statischen Kleinhirnsyndrom werden folgende Elemente beobachtet:
  - Falltendenz nach allen Seiten
  - Um das Gleichgewicht beibehalten zu können, muss der Patient seine vorderen Tibialmuskeln permament anspannen → «Tanz der Sehnen».

Gangbild
- Das pathologische Gangbild wird durch den Augenschluss nicht verschlimmert:
  - Breitbeinig
  - Pseudo-betrunkener Gang
  - Schwankungen in allen Richtungen

2. Kinetisches Kleinhirnsyndrom - Klinik

Dysmetrie
- Hypermetrie (zu grosse Bewegungen)
- Hypometrie (zu kleine Bewegungen), welche mit folgenden Untersuchungsmethoden objektiviert werden kann:
  - Finger-Nasen-Versuch
  - Knie-Hacken-Versuch

Asynergie
- Störung der zweckmässigen Koordination der Muskeltätigkeit:
  - Koordinationsstörung verschiedener Muskelgruppen
  - Fehlen des Abhebens des Fersens beim Hinkauern

Dyschronometrie
- Verspätung beim Beginn einer Bewegung. Dies kann z.B. gut beobachtet werden, wenn man den Patienten auffordert, beide Zeigefinger an die Nasenspitze zu führen.

Dys-/Adiadochokinese
- Schwierigkeit, schnelle, rhythmische Bewegungen alternierend durchzuführen. Der «Marionetten-Versuch» erlaubt es, eine solche Störung zu diagnostizieren.

Kleinhirndysarthrie
- Stockende, sakkadierte, explosive Stimme. Schlecht artikuliert, wie jemand in betrunkenem Zustand. Die Lautstärke der Stimme ändert sich dauernd.

Okuläre Dysmetrie
- Dysmetrische, nystagmusähnliche Augenbewegungen

Kleinhirntremor
- Ungeschickte Handschrift: grosse, ungleiche Buchstaben mit unregelmässigen Abständen. Man kann den Patienten auffordern, eine Leiter zu zeichnen; die Sprossen werden sehr unterschiedliche Abstände zeigen.

3. **Hypotonie** (als Folge der verzögert antagonisierenden Muskulatur)

- Übermässige Amplitude der Bewegungen
- Pathologisches STEWARD-HOLMES Manöver (= Rebound-Phänomen): Überschiessende Flexion des gegen Widerstand gebeugten Armes, sobald der Widerstand sistiert.

  ***CAVE*: Bei diesem Manöver soll man aufpassen, dass sich der Patient nicht die eigene Hand an den Kopf schlägt.**
- Verminderung/Fehlen der Haltereflexe (z.B. der Patient hält die Hände bei geschlossenen Augen in Extensionsstellung, was eine Abweichung oder ein Schwingen des Armes auslöst).

Für die PRAXIS:
- Bei Ataxien, die sich durch den Augenschluss verstärken, müssen folgende Pathologien evoziert werden:
  - Tiefensensibilitätsstörung
    - Neuropathie
    - Vtamin B12-Mangel (Perniciosa)
    - Hinterstrangsyndrom
  - Befall des Labyrinths (z.B. akute Labyrinthitis)
- Bei Kleinhirnataxien wird durch den Augenschluss nicht beeinflusst!

DD:
- Infektiös
  - Enzephalitis
    - Viral: Masern, Röteln, Varizellen u.a. Herpes-Viren, HIV (bei multifokaler progredienter Leuko-Enzephalopathie)
    - Bakteriell: LYME-Borreliose u.a.
    - Parasitär (Bsp: Toxoplasmose, Tabes dorsalis bei tertiärer Syphilis)
    - Mykotisch
  - Kleinhirnabszess
- Neoplastisch
  - Hirntumor (primär oder sekundär)
  - Paraneoplastisches Syndrom
  - Akustikusneurinom
- Vaskulär
  - Zerebellärer Hirnschlag oder zerebelläre TIA (ischämisch oder hämorrhagisch)
  - Subduralhämatom
- Endokrinologisch, metabolisch
  - Funikuläre Myelose (Vitamin B12 Mangel)
  - Hypothyreose
  - Vitamin B12 Hypovitaminose (ein isolierter Folsäure-Mangel hat <u>keine</u> Ataxie zur Folge)
  - WERNICKE Enzephalopathie
- Systemisch, immunologisch oder rheumatologische Ataxie
  - Multiple Sklerose
  - Morbus PAGET
- Traumatische Ataxie
  - SHT
- Intoxikation
  - Alkohol
  - Morphin
  - Zytostatika
  - Quecksilber
  - Lösungsmittel
  - CO u.a.
- Medikamentös
  - Lithium
  - Barbiturate
  - Diphenylhydantoin u.a.
- Sonstige Ursachen
  - Diskushernie
  - MILLER-FISHER-Syndrom
  - FRIEDREICH Ataxie
  - Kongenitale Erkrankungen:
    - DANDY-WALKER§
    - ARNOLD-CHIARI¶
  - Arteriosklerose

§ DANDY-WALKER
- Zystische Erweiterung des 4. Ventrikels mit Hydrozephalus und Erweiterung der hinteren Grube.
- Der Hydrocephalus kommt durch die Obstruktion der Foramina LUSCHKA und MAGENDIE zustande.

¶ ARNOLD-CHIARI
- Krankheitsgruppe mit kongenitalen Malformationen, welche das Kleinhirn, den Hirnstamm und das zervikale Rückenmark betreffen. Die häufigere Form (Typ II) zeigt eine Einengung des Rückenmarks und des Kleinhirns im zervikalen Spinalkanal.

Parkinsonismus [G21.9]

Def: Parkinsonismus = **Akinesie/Bradykinese** und ≥ 1 folgender 3 Hauptsymptome:

1. **Tremor**
2. **Rigor (Starrheit)**
3. **Haltungsstörungen**

Klas: A. Morbus PARKINSON (primäre Erkrankung)
B. Sekundäre Parkinsonismussyndrome, s. 605

Morbus PARKINSON (MP)[1-3] [G20]

Def: • Idiopathische, neurodegenerative Erkrankung, welche sich durch einen langsam progredienten, dopaminsensitiven Verlauf charakterisiert. Der Morbus PARKINSON wurde im Jahr 1817 von James PARKINSON beschrieben.

Allg: • Häufigkeit: 15-20/100'000/Jahr. Prävalenz: 100-200/100'000 Einwohner

Dg:
1. **Vorhandensein eines Parkinsonismus** (siehe Definition oben). Die Akinesie (bzw. Haltungsinstabilität) ist i.d.R. kein Frühsymptom.
2. **Progrediente, einseitige, <u>asymmetrische</u> Symptomatologie**
3. Mehrere Abklärungen sind zur Diagnose eines M. PARKINSON notwendig:
   - Klinik
   - Bildgebung:
     - morphologisch (v.a. notwendig, um sekundäre Formen auszuschliessen)
     - funktionell (wird nicht routinemässig durchgeführt)
   - Therapieerfolg unter chronischer Dopamintherapie, wobei genügend hoch dosiert werden muss. Somit hat diese «empirische» Therapie einen diagnostischen Stellenwert.

Andere Symptome, welche beim M. PARKINSON oft beobachtet werden:
- Hypersalivation
- Hyposmie (verminderte Geruchsempfindung)
- Neuropsychologische Störungen vom Typ fronto-subkortikal (oft fortgeschrittene Fälle)
- Obstipation, Harnretention
- Seborrhoe
- Depression

<u>Elemente, welche **nicht** für einen Morbus PARKINSON sprechen:</u>
- Symmetrischer Beginn
- Akuter Beginn oder brüske Verschlimmerung der Klinik (aber nicht erklärbar durch die Modifikation der Therapie)
- Schnelle Progression
- Fehlende oder ungenügende therapeutische Antwort unter Levodopa
- Keine Dyskinesien und keine klinischen Flukturierungen nach mehrjähriger Dopamintherapie
- Betont axialer Rigor
- Halte- oder Aktionstremor (z.B. Finger-Nase-Versuch)
- Frühzeitiger dementieller Verlauf
- Frühzeitige Sturzepisoden
- Okulomotoriusstörungen (v.a. bei Paresen beim Blick nach unten)
- Pseudobulbäre Störungen, Pyramidenzeichen, s. 594
- Orthostatische Hypotonie (v.a. zu Beginn der Erkrankung)
- Miktionsstörungen, frühzeitig auftretende Impotenz
- Sensibilitätsstörungen
- Phänomen der «fremden Hand»: der Patient hat den Eindruck, seine eigene Hand gehöre ihm nicht. Dies ist ein typisches Symptom der kortiko-basalen Degeneration, welche beim «Parkinsonismus-Plus» beobachtet werden kann, siehe s. 606
- Kleinhirnsyndrom, s. 598

Klin:
- Typisches Bild eines PARKINSON-Patienten:
  - Patient in der 6. Lebensdekade, der progredient, zuerst halbseitig und armbetont, motorische Symptome entwickelt: Tremor, Rigor und Akinesie.
  - Die Gegenseite kann im Verlauf auch mitbetroffen werden.
- Bei Patienten < 40 Jahre, soll der autosomal dominante oder rezessive M. PARKINSON evoziert werden.

1 Burkhard PR, et al. Rev Med Suisse 2005 ; 1: 1214-9. 2 Archives de Suisses de Neurologie et de Psychiatrie 2004 ; 155 : 74-8. 3 Lang AE. NEJM 1998; 339: 1044-53 und 1998 ;339: 1130-43.

Urs: • Idiopathisch
• Hereditär (autosomal dominant oder rezessiv) bei ca. 10 % der Patienten
• Umweltfaktoren

Th: • Die Wirkung der im folgenden Text besprochenen Antiparkinsonmedikamente ist rein symptomatisch. Keines davon erlaubt es, den Verlauf des M. PARKINSON zu verlangsamen.

Was ist das Ziel der Antiparkinsonmittel?

- Das primäre Ziel ist es, die funktionelle Beeinträchtigung zu verbessern, was dem Patienten erlaubt, seine täglichen Aktivitäten so gut wie möglich durchführen zu können.
- Das Vermindern oder Verschwinden der Parkinson-Befunde ist «zweitrangig».

Wann soll eine Antiparkinsontherapie begonnen werden?

- **Eine Antiparkinsontherapie soll begonnen werden, wenn eine funktionelle oder subjektive Beeinträchtigung auftritt.**

Patientengruppe	Therapie der Wahl, Bemerkungen
• Patienten < 65 Jahre ohne signifikante kognitive Störungen	Dopamin-Agonist, siehe ❶
• Patienten > 65 Jahre, bei denen die Dopamin-Agonisten kontraindiziert sind. • Patienten mit signifikantem kognitivem Befall • Patienten in Notfallsituation	Levodopa, siehe ❷
• Patienten mit therapeutischer Resistenz bezüglich gut geführter Levodopatherapie	Die Diagnose eines Morbus PARKINSON soll in Frage gestellt werden: • Sekundärer Parkinsonismus? • «Parkinsonismus-Plus» Erkrankung, siehe S. 606

❶ **Dopamin-Agonist**

Ind: Patienten < 65 Jahre ohne signifikante kognitive Störungen.
Speziell für Cabergolid: «Second-line» Therapie bei Patienten, welche therapeutische Alternative benötigen (Nicht-Ergotamin-Präparate).

Bsp:

Dopamin-Agonist	Beispiel	Dosierung
Cabergolin	DOSTINEX®	Initial: 0.5-1 mg/d, dann langsam erhöhen bis 2-6 mg/d in 1 oder 2 Einnahmen/d
Pergolid	PARKOTIL®	Initial: 0.1-0.25 mg/d, dann langsam erhöhen bis 1-3 mg/d in 3 Einnahmen/d
Ropinirol	REQUIP®	Initial: 0.25 mg/d, dann langsam erhöhen bis 4-24 mg/d in 3 Einnahmen/d
Pramipexol	SIFROL®	Initial: 0.125 mg/d, dann langsam erhöhen bis 1.5-5 mg/d in 3 Einnahmen/d
Bromocriptin	PRAVIDEL®	Initial: 2.5 mg/d, dann langsam erhöhen bis 10-50 mg/d
Dihydroergocriptin	CRIPAR®	Initial: 10 mg/d, dann langsam erhöhen bis 60-120 mg/d

KI: • Speziell für Ergotderivate (Pergolid, Cabergolin, Bromocriptin)
  - Pulmonale, perikardiale und/oder retroperitoneale Fibrose
  - Herzklappenerkranung

NW: • Nausea, Erbrechen
• Rhinitis
• Psychose, Halluzinationen
• Ödeme der unteren Extremitäten
• Somnolenz
• Pleuro-pulmonale Fibrose (Ergotderivate)
• Perikardiale Fibrose (Ergotderivate)
• Retroperitonealfibrose (Ergotderivate)
• Die Ergotderivate (z.B Cabergolin, Pergolid) wurden selten mit kardialen Valvulopathien assoziiert.

Bem: • Um der Nausea unter Dopamin-Agonisten vorzubeugen, kann Domperidon als peripherer Dopamin-Antagonist verabreicht werden: 10-20 mg 30-60 min vor der Einnahme des Dopamin-Agonisten.
• Bei ungenügender Wirksamkeit kann Levodopa zusätzlich verabreicht werden.

❷ Levodopa + Inhibitor der Dopa-Decarboxylase (Benserazid oder Carbidopa)

Allg: Levodopa ist zur Zeit das effizienteste Antiparkinsonmedikament.

Ind:
1. In Monotherapie bei:
   - Ältere PARKINSON-Patienten mit signifikanten kognitiven Störungen
   - Jüngeren PARKINSON-Patienten, bei welchen die Dopamin-Agonisten kontraindiziert sind.
   - PARKINSON-Patienten, die eine notfallmässige Therapie benötigen
2. In Kombinationstherapie mit einem Dopamin-Agonisten

Bsp:

Levodopa (+ Benserazid)*	Galenik	Dosierung
Schnellwirkung		
MADOPAR®	Kaps 50/12.5 mg, 100/25 mg	• Initial: 2x 50/12.5 mg/d. • Dann graduelle Dosissteigerung. Eine Tagesdosis von 200-1000 mg Levodopa soll angestrebt werden.
MADOPAR®LIQ	50/12.5 mg, 100/25 mg (wasserlösl. Tabl)	
MADOPAR®	Tabl 100/25 mg, 200/50 mg	
Schnell- und Retardwirkung (kann auch als Initialtherapie eingesetzt werden)		
MADOPAR® DR	Tabl 200/50 mg	• Initial: 100/25 mg/d. • Dann graduelle Dosissteigerung. Eine Tagesdosis von 200-1000 mg Levodopa soll angestrebt werden.

Levodopa (+ Carbidopa)*	Galenik	Dosierung
Schnellwirkung		
NACOM®	Tabl 100/25 mg, 250/25 mg	• Initial: 2x 50/12.5 mg/d. • Dann graduelle Dosissteigerung. Eine Tagesdosis von 200-1000 mg Levodopa soll angestrebt werden.
Retardwirkung (kann auch als Initialtherapie eingesetzt werden)		
NACOM® RETARD	Tabl 100/25 mg, 200/50 mg	• Initial: 2x 50/12.5 mg/d. • Dann graduelle Dosissteigerung. Eine Tagesdosis von 200-1000 mg Levodopa soll angestrebt werden.

Bem:
- Grundsätzlich sollen 600 mg/d Levodopa in Monotherapie nicht überschritten werden. Bei höheren Dosierungen soll eine Kombinationstherapie mit einem Dopamin-Agonisten (S. 602) installiert werden.
- Domperidon MOTILIUM®, 30-60 min vor Levodopa-Gabe kann in gewissen Fällen nützlich sein, um die von Levodopa induzierte Nausea prophylaktisch zu behandeln (v.a. zu Beginn der Levodopa-Therapie).

NW:
- Nausea
- Orthostatische Hypotonie
- Unwillkürliche Bewegungen. Dyskinesien treten bei der Mehrheit der Patienten mit Levodopa-Langzeittherapie auf.
- Psychose (weniger ausgeprägt, als mit den Dopamin-Agonisten)
- Arrhythmien
- Anämie
- Miktionsstörungen

KI:
- Engwinkelglaukom
- Schwergradige Kardiopathie
- Melanom

* Benserazid und Carbidopa sind Decarboxylase-Inhibitoren.

❸ COMT-Inhibitoren (Catechol-O-Methyltransferase)

Allg: • Die COMT-Inhibitoren verlängern die HWZ von Levodopa, indem sie den Abbau von Levodopa in 3-O-Methyldopa hemmen.

Ind: 1. In Monotherapie: NICHT indiziert!
2. In Kombinationstherapie mit Levodopa: bei PARKINSON-Patienten mit fluktuierenden motorischen Symptomen

Bem: • Wenn ein COMT-Inhibitor mit Levodopa kombiniert verabreicht wird, kann die Dosis von Levodopa i.d.R. um 10-30 % reduziert werden.

Bsp:

COMT-Inhibitor	Beispiel	Galenik (Tabl)	Dosierung (PO)
Entacapon	COMTESS®	200 mg	200 mg, gleichzeitig mit Levodopa. Max: 1600mg/d
Tolcapon	TASMAR®	100 mg	1-2 Tabl 3x/d
Kombinationspräparat: - Levodopa/Carbidopa/ Entacapon	STALEVO®	- 50/12.5/200 mg - 100/25/200 mg - 150/37.5/200 mg	Je nach Bedarf; max. 10 Tabl/d (d.h. 2000 mg Entacapon/d)

Bem: • Laborkontrollen sind wegen der hepatoxischen Wirkung der COMT-Inhibitoren zwingend:
- Alle 2 Wochen während des 1. Jahres,
- dann, ab dem 12. bis zum 18. Monat: 1x/Monat
- dann alle 2 Monate.

NW:
- Diarrhoe (ca. 10 %)
- Dyskinesien (→ die Dosierung von Levodopa soll reduziert werden)
- Diaphorese
- Art. Hypotonie
- Halluzinationen
- Fulminante Hepatitis (sehr selten bei Patienten unter Tolcapon TASMAR®)
- Entacapon: Braun-rote Harnverfärbung, welche durch das Molekül per se entsteht und nicht als Folge einer Lebererkrankung.

❹ Weitere Therapiemöglichkeiten

I. Amantadin

Ind: • Die Antiparkinsonwirkung ist gering und ist v.a. antidyskinetisch wirksam.

Bsp: • PK-MERZ® Tabl 100 mg
- Initial: 200-300 mg/d; dann 300-600 mg/d in 3 Einnahmen/d

• AMIXX® Kaps 100 mg
- Initial: 200-300 mg/d, dann 300-600 mg/d in 3 Einnahmen/d

II. Anticholinergika

Allg: • Vorsichtig anzuwenden bei älteren Patienten (Verwirrtheitssrisiko!)

Ind: • Patienten, bei denen das Zittern überwiegt

Bsp: • Biperiden AKINETON® Tabl 2 mg, Retardtabl 4 mg
- Initial: 1 mg/d, dann 8-12 mg/d

• Procyclidin OSENERVAN® Tabl 5 mg
- Initial: 3x 2.5 mg/d PO. Dosiserhöhung, je nach Klinik, alle 2-3 d um 2.5-5 mg. Die übliche Tagesdosierung liegt bei 30 mg/d, kann aber bis zu 60 mg/d aufdosiert werden.

III. Apomorphin

Ind: • Apomorphin wird beim M. PARKINSON nur selten eingesetzt, z.B. bei:
- Sehr fortgeschrittener M. PARKINSON mit schmerzhafter Dystonie oder schwergradigen Fluktuationen
- Unmögliche erale Einnahme

Bsp: • Apomorphin APOMORPHINIUM chloratum® Amp 2 mg, 5 mg, 10 mg

Dos: • 0.1-0.15 mg/kg **SC**, **IV** oder **IM**. Max. Dosis: 10 mg (**SC** oder **IM**)
• Apomorphin kann mit einer kontinuierlichen **SC**-Pumpe oder durch wiederholte **SC**-Gaben verabreicht werden.

IV. Selegilin

Allg: • Selegilin hat eine beschränkte Wirkung auf die Parkinsonsymptomatik.

Dos: • MOVERGAN® Tabl 5 mg 10 mg/d PO

❺ Chirurgie

Ind: • Bei therapieresistenten PARKINSON-Patienten mit invalidisierenden motorischen Fluktuationen.

KI: • Demenz
• Hohes Alter
• Inoperable Patienten

Vorg: 1. **Tiefe, zerebrale Stimulation des subthalamischen Kerns**.
Die präoperativen Abklärungen, die eigentliche Intervention sowie die Verlaufskontrollen werden multidisziplinär durchgeführt (Neurochirurg, Neurolog, Psychiater, Neuropsycholog).
2. Selten durchgeführt: Destruktive Eingriffe oder Tomien

Wie sollen gleichzeitig auftretende Erkrankungen oder Symptome beim PARKINSON-Patienten behandelt werden?	
Schmerzen	• Spasmolytika (S. 1151): - Tizanidin - Baclofen - NSAR und Optimierung der Antiparkinsontherapie
Nausea	• Domperidon: 10-20 mg 30-60 min vor der Einnahme der Antiparkinsonmittel
Depression	• Antidepressiva: - Trizyklika - SSRI (in seltenen Fällen kann das PARKINSON-Syndrom verschlimmert werden)
Psychose	• Clozapin LEPONEX® 6.25-25 mg/d PO. **CAVE:** NW, siehe S. 1294 • Quetiapin SEROQUEL® 12.5-50 mg/d PO
Art. Hypotonie	• Siehe S. 524

Sekundäre PARKINSON-Syndrome

Urs: • Medikamentös
- Neuroleptika
- Antiemetika
- Kalziumantagonisten, Reserpin

• Toxika
- CO
- Methanol
- Zyankali
- Mangan
- Quecksilber
- Synthetische Drogen (z.B. MPTP*)

• Infektiös
- Prion Protein**
- AIDS
- Syphilis u.a.

• Hydrocephalus
• Multiple Trauma (z.B. beim Boxer)
• Vaskulär
- Leukoenzephalopathie
- Status lacunaris u.a.

• Hirntumor
• Endokrine Ursachen
- Hypothyreose
- Hyperparathyreodie

• Hereditär

Klin: • Typischerweise symmetrischer Befall des Parkinsonismus

Bem: • Die sekundären Formen des Parkinsonismus sprechen schlecht oder gar nicht auf die übliche Antiparkinsontherapie an (Levodopa).

* MPTP (N-Methyl-4-Phenyl-1,2,3,6-Tetrahydropyridin): sehr gefährliche Droge für das ZNS, welche die motorischen Bewegungszentren betrifft und permanente Symptome des Morbus PARKINSON auslöst. Klinisch werden zu Beginn der MPTP-Konsumation typischerweise arthritisähnliche Symptome (z.B. Steifigkeit) beobachtet. Später treten Tremor, Konvulsionen, Sprachstörungen und schliesslich eine Parese ein.

** Das Prion Protein ist ein bekannter Marker der spongiformen Enzephalopathie der Kühe. Es handelt sich um ein übertragbares Protein, welches sich replizieren kann und die umliegenden Moleküle infiziert. Dieser Mechanismus gleicht demjenigen der Viren, wobei die Prione nicht aus Nukleinsäuren bestehen (entdeckt durch PRUSINER).

Parkinsonismus «Plus »

Bps:
- **Multisystematrophien**
  - SHY-DRAGER-Syndrom, S. 607
  - Olivo-ponto-zerebellöse Atrophie
  - Striatonigrale Degeneration
- **Progrediente supranukleäre Parese** (STEEL-RICHARDSON-OLSZEWSKI Erkrankung)
  - Allg:
    - Progrediente supranukleäre Parese mit Blickparese.
    - Dieses Krankheitsbild wird v.a. bei Männern im Alter von 50-70 Jahren beobachtet.
  - Klin:
    - PARKINSON-Syndrom vom Typ «akinetisch» mit:
      - Verminderten Augenbewegungen (zu Beginn vertikale Limitation, dann auch horizontal)
      - Befall des Pyramidensystems
      - Demenz
- **Kortikobasale Degeneration**
- **Diffuse LEWY-Körperchen Erkrankung** (spezielle Form der Demenz)

Vorg:
- Neuro-Konsilum
- Schlechtes (oder gar nicht) Ansprechen auf Levodopa

Reflexe

Klas:

Reflexe	Entsprechende Nerven	Segmente
Monosynaptische Reflexe (Eigenreflexe)[A]		
• Masseter	N. trigeminus	Hinrnerv V
• Biceps	N. musculocutaneus	C5-C6
• Brachioradialis[B]	N. radialis	C5-C6
• Triceps	N. radialis	C6-C8
• TRÖMNER[C]	N. medianus	C7-C8 (D1)
• Patellarsehne	N. femoralis	L2-L4
• Tibialis posterior[D]	N. tibialis	L5
• Achillessehne	N. tibialis	S1-S2
Fremdreflexe (Oberflächenreflexe)		
• Pupillen	II (N. opticus), dann III (N. oculomotorius)	
• Kornea	V (N. trigeminus), dann VII (N. facialis)	
• Bauchhautreflex oberer	D5-D8	
mittlerer	D9-D11	
unterer	D11-D12	
• Kremaster[E]	N. genitofemoralis	L1-L2
• Anal (oberflächlich)	N. pudendus	S3-S5
• Plantaris pedis (BABINSKI, S. 594)	—	Pyramidenbahn
Archaische Reflexe[F]		
• Palmo-mental Reflex[G]		
• Greifreflex *(grasping)*[H]		
• Saugreflex		

Bem: **Synkinesien**

Def:
- Bewegungen von Muskelgruppen, welche durch pathologische efferente oder sekundäre Bahnen kontrahieren. Synkinesien treten sowohl bei willkürlichen, als auch bei Reflexbewegungen auf.

Bsp:
1. Zentrale Läsion (Hirnschlag): Der hemiplegische Patient wird aufgefordert, die paretische Seite seines Körpers zu bewegen → es werden nun Bewegungen der nicht-paretischen Körperhälfte beobachtet.
2. Periphere Fazialisparese (= Syndrom der aberrierenden Reinervation):
   - Beim Augenschluss bewegt sich der ipsilaterale (paretische) Mundwinkel mit.
   - Wenn der Patient lacht, schliessen sich die Augen.

A-H, siehe S. 607

A Synonyme: Propriorezeptive Reflexe, osteo-tendinöse Reflexe

B <u>Brachioradialis Reflex</u>

Vorg: • Mit dem Reflexhammer wird auf die radiale Beugeseite des Handgelenks (distale Radiusextremität) geschlagen.
☛ Normalantwort: Der Vorderarm führt eine Flexion aus.

C <u>TRÖMNER Reflex</u>

Vorg: • Die Hand des Patienten wird in Pronationsstellung gehalten. Dann wird durch einen schnellen Schlag von der Palmarseite her der Mittelfinger gegen oben geschlagen. Der Mittelfinger erfährt somit eine rasche Extensionsbewegung.
☛ Das symmetrische Fehlen oder das symmetrische Vorhandensein dieses Reflexes ist nicht pathologisch. Aber die Asymmetrie erlaubt es, folgende 2 klinischen Situationen zu evozieren:
a) Pyramidenbahnläsion auf der Seite, wo der Reflex lebhafter ist.
b) Periphere Nervenläsion (C7-C8) auf der Seite, wo der Reflex vemindert ist.

D <u>Tibialis posterior Reflex</u>

Vorg: • Mit dem Reflexhammer wird auf die Sehne des M. tibialis posterior geschlagen (entweder proximal oder distal des malleolus internus):
☛ Normalantwort: Inversion des Fusses.

E <u>Kremasterreflex</u>

Vorg: • Die Innenseite des Oberschenkels wird in Richtung Knie bestrichen.
☛ Normalantwort: Aufsteigen des ipsilateralen Hodens.

F <u>Archaische Reflexe (Palmo-mental, Greifreflex, Saugreflex)</u>

Allg: • Ihr Vorhandensein zeugt von einer diffusen ZNS-Läsion.

Urs: • Frontale Hirnatrophie
• Demenz
• Alkoholismus
• Post-infektiös (z.B. Meningitis)
• Polyvaskuläre Erkrankungen
• Myatrophe Lateralsklerose, S. 610
• Idiopathisch

G <u>Palmo-mental Reflex</u>

Vorg : • Starkes Bestreichen oder Kratzen des Hypothenars
☛ Homolaterale Kontraktion der Muskulatur der Kinnregion

H <u>Greifreflex</u>

Vorg: • Bestreichen der Handinnenfläche des Patienten.
☛ Der Patient schliesst die Hand.

SHY-DRAGER-Syndrom [G90.3]

Allg: • Das SHY-DRAGER-Syndrom gehört zu den Multisystem-Atrophien (MSA), welche folgende 3 Krankheitsbilder umfassen:
- Olivopontozerebelläre Atrophie
- SHY-DRAGER-Syndrom
- Striatonigrale Degeneration

• Die MSA ist eine seltene neurodegenerative Erkrankung mit zytoplasmatischen Einschlüssen mit Alpha-Synuclein in gewissen Hirnregionen (ähnlich wie bei der LEWY-Körper-Demenz, dem Morbus PARKINSON und der HALERVORDEN-SPATZ-Krankheit). Mittlere Krankheitsdauer 9 Jahre.
• Mittleres Erkrankungsalter: 30-50 Jahre mit schnellem, progredientem Verlauf.

Klin: • Krankheitsbeginn oft mit akinetisch-rigiden Parkinsonismus oder mit autonomen Störungen (Erektions- und Blasenstörungen).
• Manchmal Kleinhirnataxie u.a. Kleinhirnzeichen, S. 598
• Pyramidenbahn-Zeichen, S. 594

Th: • Neuro-Konsilium
• Typischerweise spricht die PARKINSON-Symptomatik schlecht auf Levadopa an.

Tremor[1-3] [R25.1]

Def: ▪ **Tremor**: unwillkürliche rhythmische Bewegungen eines Körperteils, in Abhängigkeit von der Muskelaktivität.
Der Tremor soll aber nicht mit folgenden Entitäten verwechselt werden:
- **Dystonien**: Unwillkürlich anhaltende Muskelkontraktion
- **Myoklonien**: Unwillkürliche, plötzliche, kurzdauernde, teilweise repetitive Kontraktionen einzelner, auch symmetrischer Muskelgruppen

Klas: **1. PARKINSON Tremor** [Tremorfrequenz 4-6 Hz]

Klin:
- Asymmetrischer Ruhetremor, oft bildlich als ***Geldrollenzählen*** bezeichnet
- Dieser Tremor vermindert sich oder verschwindet bei beginnender, insb. bei willkürlich beginnender körperlicher Bewegung.
- Alkoholeinnahme vermindert nur selten den PARKINSON Tremor.

Bsp:
- Prototyp: Morbus PARKINSON

Th:
- Siehe Morbus PARKINSON, S. 601

2. Essentieller Tremor [Tremorfrequenz 4-10 Hz]

Allg:
- Sehr häufige Tremorform (Prävalenz: 1-6 %; Inzidenz: 20/100'000/Jahr)
- Autosomal dominanter Vererbungsmodus in ca. 50 % der Fällle
- Dieser Tremor kann in jedem Alter auftreten.
- Es werden 2 Altersgipfel beobachtet: um 20 Jahre und gegen 60 Jahre

Klin:
- Betonter Haltungs- und Aktionstremor
- Ist oft wenig störend während Jahren (aber in gewissen Fällen invalidisierend)
- Die Einnahme von Alkohol kann den essentiellen Tremor vorübergehend vermindern (während ca. 1 h).

Dg:
- ***Hauptdiagnosekriterien***
  1. Bilateraler Haltungs- und Aktionstremor, der v.a die Hände und die Vorderarme betrifft
  2. Kein Ruhetremor
  3. Keine anderen neurologischen Störungen (ausgenommen eines Zahnradphänomens) und keine anderen Haltungsanomalien. Der Tremor kann manchmal nur gerade den Kopf betreffen.
- ***Nebenkriterien (erhärten die Diagnose)***
  a. Langsamer Verlauf über > 3 Jahre
  b. Positive Familienanamnese
  c. Verminderung der Tremorintensität nach Alkhoholeinnahme

Th:
- Eine Therapie ist nur dann indiziert, wenn der Tremor sehr störend ist oder einen signifikante funktionelle Wirkung hat.
  1. Medikamentöse Therapie

     Evidenzniveau A

• Propranolol	DOCITON®	30-320 mg/d PO (Retardformen oder nicht Retardformen)
• Primidon	MYSOLINE®	Tabl 250 mg: 62.5 mg - 500 mg/d (langsam einschleichen; in D nicht erhältlich)

     Evidenzniveau B

• Gabapentin	NEURONTIN®	1800-2400 mg/d PO; Dosis langsam steigern, siehe Kapitel «Schmerzen» S. 1165
• Clozapin	LEPONEX®	12.5-50 mg/d PO
• Topiramat	TOPAMAX®	Initial: 25 mg, dann graduell Dosis steigern: pro Woche um 25 mg; max. 400 mg/d PO
• Sotalol	SOTALEX®	80-160 mg/d PO
• Atenolo	TENORMIN®	50-100 mg/d PO
• Alprazolam	TAFIL®	1-3x 0.25-0.5 mg/d PO

     Evidenzniveau C

• Clonazepam	RIVOTRIL®	0.5-6.0 mg/d PO

  2. Chirurgische Stimulation im Thalamusgebiet, ad. Konsilium

3. Übertriebener physiologischer Tremor

Allg:
- Haltetremor mit einer Tremorfrequenz von 6-12 Hz
- Verschlimmernde Faktoren:
  - Stress, Anstrengung, Emotionen, Kaffee, Tee
  - Müdigkeit, Alkoholentzug, Entwöhnungskuren von Drogen
  - Hyperthyreose
  - Fieber
  - Medikamente (Antidepressiva, Neuroleptika, Kortikoide, Amphetamine u.a.)
  - Toxika (Alkohol u.a.)
  - Glutamat

1 Habib-ur-Rehman. Arch Intern Med 2000 ;160 :2438-44. 2 Sullivan KL et al. Neurologist. 2004;10 :250-8. 3 Practice Parameter. Neurology 2005 ;64 :2008-20.

Th: 1. Kausaltherapie
2. Falls unerlässlich, ad. medikamentöse Therapie: z.B. Propranolol

4. Kleinhirntremor [Tremorfrequenz 2-4 Hz]

Allg:
- Der Kleinhirntremor stört jede Bewegung und kann ein massives funktionelles Handicap darstellen!
- Intensiviert sich oft am Ende der ausgeführten Bewegungen.
- Manchmal kann auch der ganze Körper mit einer niedrigen Frequenz schwanken.

Klin:
- Vorwiegend oder ausschliesslich **Intentionstremor**
- Oft unilateral
- Tremorfrequenz < 5 Hz
- Kein Ruhetremor

Urs:
- Hirnschlag
- Multiple Sklerose
- Trauma
- Verschiedene Ataxieformen

Th:
1. Die Therapie des Kleinhirntumors ist schwierig. Folgende Substanzen konnten eine gewisse Wirksamkeit zeigen (offene Studien, case report):
   - Clonazepam
   - Propranolol
   - Carbamazepin
2. Chirurgische Stimulation im Thalamusgebiet, ad. Konsilium

5. Toxischer und medikamentöser Tremor [Tremorfrequenz 3-10 Hz]

Allg:
- Eine präzise Anamnese ist essentiell, um den auslösenden Faktor des Tremors zu eruieren.

Urs:
- Einige Substanzen und metabolische Störungen, welche einen Tremor auslösen können (nicht vollständig!):
  - Koffein
  - Salbutamol
  - Trizyklische Antidepressiva
  - Valproinsäure
  - Kortikoide
  - Alkoholentzug (***CAVE:*** Delirium tremens, 1181)
  - Hyperthyreose
  - Hypoglykämie
  - Schwermetallintoxikation: Bismuth, Quecksilber, Methylbromid, Lithium u.a.

Klin:
- Je nach Tremorursache können folgende Tremortypen beobachtet werden:
  - Übertriebener physiologischer Tremor
  - PARKINSON Tremor
  - Aktionstremor

6. Neuropathischer Tremor [Tremorfrequenz 4-10 Hz]

Allg:
- Es handelt sich oft um einen Aktions- oder Haltungstremor, welcher bei gewissen Erkrankungen des peripheren Nervensystems auftritt. Speziell zu erwähnen:
  - GUILLAIN-BARRÉ-Syndrom

Th:
- Propranolol und Primidon sind manchmal erfolgreich.

7. Psychogener Tremor [Tremorfrequenz 4-8 Hz]

Klin:
- Brüsker Beginn des Tremors
- Die Tremorachse und -frequenz variieren je nach kontrolateraler Aktivität.
- Die Tremoramplitude wird durch Ablenkungsmanöver vermindert.
- Anamnese einer Somatisation
- Der Tremor kann manchmal den ganzen Körper betreffen.

Vorg:
- Das therapeutische Vorgehen soll multidisziplinär angegangen werden (Neurologe und Psychiater, Hausarzt).

Bem:
- Die Prognose ist beschränkt gut.

Amyotrophe Lateralsklerose (ALS) [G12.2]

Syn: • *LOU GEHRIG's disease* (Baseball-Spieler aus New York), myatrophe Lateralsklerose

Allg: • Es handelt sich um eine **degenerative Nervenerkrankung** folgender Motoneurone:

1. Befall des oberen Motoneurons (OMN):
- Frontale Motoneurone in der BRODMAN Area
- Capsula interna
- Pyramidenbahn
- Lateraler kortikospinaler Trakt des Rückenmarks

2. Befall des unteren Motoneurons (UMN):
- Hirnstamm + Rückenmark

- Makroskopisch kann eine sklerotische Verhärtung des dorso-lateralen Traktes des Rückenmarks palpiert werden.
- Häufigkeit (weltweit): 3/100'000
- Frauen und Männer sind gleich häufig betroffen. Altersgipfel 50-70 Jahre, aber junge Patienten (v.a. Männer) können schon ab dem 20. Lebensjahr an einer ALS leiden.
- Verlauf der ALS
  - Konstante, lineäre Progression der Symptome (über Monate bis Jahre)
  - Nicht oder nur selten betroffen sind:
    -- Augenmuskeln
    -- Harnblase- und Analsphinkter
    -- Sensibilitätsstörungen (allenfalls gering und i.d.R. als Spätmanifestation)

Urs: I. Primär (90 %)
II. Familiäre ALS (betrifft das Chromosom 9q21-q22)

Klin: A. Physiopathologie und Klinik

1. Degeneration des oberen Motoneurons
   - Muskelschwäche, Muskelatrophie
   - Spastizität
   - Hyperreflexie. Die Eigenreflexe sind trotz Befall der unteren Motoneurone vorhanden und manchmal paradoxal lebhaft.
2. Degeneration des unteren Motoneurons
   - Muskelschwäche, Muskelatrophie
   - Faszikulationen (kurze Muskelzuckungen)
   - Eigenreflexe vorhanden, manchmal paradoxalerweise sehr lebhaft

B. Klinik im engeren Sinn

Typischer Patient:
Unilaterale, später bilaterale Armschwäche, dann ipsilaterale Beinschwäche, dann Einbezug des anderen Beins, dann Bulbär-ALS (siehe weiter im Text).

■ **80 % der Fälle mit ALS**
- Asymptomatische Muskelschwäche, betrifft oft die oberen Extremitäten (Arm, Hand)
- Die Beine sind seltener betroffen (z.B. Fussheberschwäche)
- «Unklare», rezidivierende Stürze

■ **20 % der Fälle mit ALS**
- Bulbär-ALS (ungünstige Prognose):
  - Dysarthrie (verwaschene, langsame Sprache)
  - Dysphagie (ein Glas Wasser kann nur noch in mehreren, kleinen Portionen getrunken werden; bei trachealer Flüssigkeitspassage tritt Husten auf, später kann selbst der eigene Speichel nicht mehr geschluckt werden)

■ **< 1 % der Fälle mit ALS**
- Respiratorische Muskelschwäche:
  - Dyspnoe, oft nächtliches Erwachen mit konsekutiver Tagessomnolenz

■ **Pseudobulbär-Effekt Syndrom**
- Dieses Syndrom kann als Früh- oder Spätmanifestation auftreten:
  - Es handelt sich um inappropriiertes Verhalten (z.B. lachen, wenn es nichts zu lachen gibt; schreien oder weinen in nicht adäquaten Situationen)

■ **Weitere Symptome der ALS**
- Kognitive Störungen (= Störung der geistigen Leistungsfähigkeit; bei 15-50 % der ALS-Patienten):
  - Kurzzeitgedächtnisstörungen
  - Aufmerksamkeitsstörung, Verminderung des Konzentrationsvermögens
  - Denkstörungen u.a.
- Autonome Störungen:
  - Obstipation
  - Übermässiges Schwitzen
  - Blutdruckschwankungen

Dg: Es werden folgende Sicherheitsgrade in der Diagnose unterschieden:

- Klinisch definitive ALS
  - Alleinige, klinische Evidenz bei Befall der OMN und der UMN an 3 Körperregionen.
- Klinisch wahrscheinliche ALS
  - Alleinige, klinische Evidenz bei Befall der OMN und der UMN an ≥ 2 Körperregionen mit Befall der OMN rostral (d.h. oberhalb) der Schädigung der UMN.
- Klinisch wahrscheinliche, laborunterstützte ALS (hier nicht erläutert)
- Klinisch mögliche ALS und klinisch vermutete ALS (beide Formen sind hier nicht erläutert)
- Für eine ALS sprechen folgende Elemente (El-Escorial-Dg-Kriterien, Brooks RB et al.)

  A. Vorhandensein von:

  A.1. Beweise eines Untergangs (Degeneration) von Zellen des 2. motorischen Neurons (d.h. des UMN) durch neurologische, neurophysiologische oder neuropathologische Untersuchung.

  A.2. Beweise eines Untergangs (Degeneration) von Zellen des 1. motorischen Neurons (d.h. des OMN) durch klinische Untersuchung
  und:

  A.3. Ausbreitung der Symptome innerhalb einer Körperregion oder Ausbreitung auf andere Regionen

  gemeinsam mit:

  B. Fehlen von:

  B.1. Neurophysiologischen und pathologischen Hinweisen auf eine andere Erkrankung, die die Symptome der Schädigung des 1. oder 2. motorischen Neurons erklären können
  und:

  B.2. Bildgebenden Hinweisen auf das Vorliegen einer anderen Erkrankung, die die klinischen und neurophysiologischen Zeichen erklären können.

Vorg:
- Ausführliche Anamnese und kompletten Status erheben
- Radiologische Bildgebung veranlassen
  - Röntgen-Standardbilder: Thorax, HWS
  - MR (Gehirn und Wirbelsäule)
- Weitere Zusatzuntersuchungen (ad. Neuro-Konsilium)
  - Nadelelektromyographie (EMG)
  - Elektroneurographie (NLG)
- Transkranielle Magnetstimulation
- Muskelbiopsie

Lab: A. Blutanalysen (zum Ausschluss anderer Erkrankungen)
  - Blutbild, BSG, CRP (u.a. Routine-Parameter)
  - CK
  - TSH, FT4
  - PTHi
  - Immunelektrophorese
  - Vitamin B12, Vitamin D
  - Anti-Gangliosid-Antikörper
    - -- GQ1b- und Anti-GT1a-Antikörper (beim MILLER-FISHER-Syndrom)
    - -- GM1 Antikörper (beim GUILLAIN-BARRÉ-Syndrom)

B. Liquoranalyse (zum Ausschluss anderer Erkrankungen)
  - Neurotrope Viren: HIV, VZV, HSV, CMV, EBV, Lues, Borrelien

DD:
- Diskushernie
- Enger Spinalkanal
- Multiple Sklerose
- Hirnschlag
- Morbus PARKINSON
- Osteoporose, Arthrose
- Schulter-Hand Syndrom
- Dysthyreose
- Laryngitis

Th:
1. **Es gibt zur Zeit noch keine Kausaltherapie.**
2. **Medikamentöse Therapie**
   - Glutamat-Antagonist: Riluzol RILUTEK® 100 mg PO alle 12 h (verlangsamt den Verlauf der ALS)
   - Antibiose, z.B. bei Aspirationspneumonie
3. **Symptomatische Therapie** (bei Bedarf):
   - Physiotherapie, Logopädie, Ergotherapie, Thermotherapie, Elektrotherapie, TENS
   - Künstliche Ernährung (inkl. Gastrostomie)
   - Antibiose
   - Maschinelle Beatmung

Prog:
- 10-Jahresüberleben: ca. 10 % (häufigste Todesursache: Atemlähmung)

Restless legs Syndrom (RLS)

Allg:
- Das RLS ist ein häufiges organisches Krankheitsbild, welches 5-10 % der weissen Bevölkerung befällt.
- Frauen > Männer
- Das RLS wird gehäuft bei schwangeren Frauen nach der 20. SSW beobachtet.

Klin:
- Die Symptome des RLS treten v.a. nächtlich (typischerweise 15 min nach dem ins Bett gehen) und während Ruhephasen auf. Sie beruhigen sich während den körperlichen Aktivitäten (marschieren, Bewegungen mit den Beinen):
  - Imperativer Bewegungsdrang, welcher auch nachtsüber persistieren kann (bei 70-80 % der RLS-Patienten).
  - «Unangenehme Gefühle» hauptsächlich der Beine, seltener der Arme.
  - Dysästhesien und tiefer Schmerz in den Beinen, manchmal mit brennendem Charakter
  - Unwillkürliche Bewegungen der Beine, seltener der Arme.
  - Schlafstörungen in > 90 % der Fälle
- Eine reaktive Begleitdepression ist häufig (ca. 60 % der RLS-Patienten).

Dg:[1] Die Punkte 1-4 sind obligatorisch. Die Punkte 5-7 unterstützen die Diagnose und die Punkte 8-10 sind optionell bei der Diagnosestellung eines RLS.

Obligate Kriteren	
1	Imperativer Drang, die Extremitäten bewegen zu müssen, oft mit Parästhesien oder Dysästhesien assoziiert
2	Motorischer Bewegungsdrang in Ruhe (sitzend, liegend)
3	Vollständige oder partielle Erleichterung der Symptome bei Bewegungen
4	Verschlimmerung der Symptome gegen Abend und während der Nacht
Optionelle Kriteren	
5	Positive Familienanamnese (hier besteht ein autosomal dominanter Vererbungsmodus)
6	Dopaminerge Medikamente haben eine verbessernde Wirkung (L-Dopa u.a. dopaminhaltige Präparate)
7	a) Periodische Bewegungen der Extremitäten während des Schlafes b) Unwillkürliche Bewegungen im Wachheitszustand und in Ruhe
8	Tendenz einer Verschlimmerung der Symptome mit zunehmendem Alter
9	Schlafstörungen
10	Normaler Neurostatus, wenn es sich um ein idiopathisches RLS handelt.

Urs:
- Unbekannt
- Hypothese: autosomal dominante Erbrankheit mit Dopamindefizit im Hirnstamm und im Knochenmark.

Klas:
1. **Primäres RLS** (idiopathisch, ohne auslösende Erkrankung)
2. **Sekundäres RLS** (symptomatisch)
   - Polyneuropathie
   - Eisenmangelanämie
   - Diabetes mellitus
   - Morbus PARKINSON
   - Chronische Niereninsuffizienz (urämisches Syndrom)
   - Hyperthyreose
   - Hypothyreose
   - Schwangerschaft

DD:
- Nächtliche Muskelkrämpfe
- Polyneuropathie (kann eine RLS-auslösende Erkrankung oder eine DD sein)
- Medikamentöse Akathisie (Neuroleptika, Antiepileptika, Betablocker u.a.)
- Fibromyalgie
- Neurogene Claudicatio intermittens (enger Spinalkanal)
- Vaskuläre Claudicatio

Lab:
- Blutbild, Na^+, K^+, Ca^{2+}, Mg^{2+}
- Eisen, Ferritin
- Blutzucker, evtl. HbA1c
- Vitamin B12, Folsäure, TSH, FT4
- Je nach Situation β-HCG

1 Walters AS. Mov Disord 1995 ;10 :634-42.

Vorg: I. Suche einer assoziierten Krankheit (siehe «Klas:») und Ausschluss einer anderen DD

II. Spezifische Untersuchungen (Neuro-Konsilium):

a) Eine Neurographie ist in folgenden Situationen indiziert (1 Kriterium genügt):
- Negative Familienanamnese mit klinischen Zeichen einer Polyneuropathie
- Auftreten der Symptome nach dem 40. Altersjahr
- Therapieresistentes RLS

b) Eine Polysomnographie ist in folgenden Situationen indiziert:
- Verdacht auf Schlafapnoe-Syndrom (S. 384)
- Therapieresistente RLS-Patienten

Th: **1. Kausaltherapie**

2. Eisensubstitution bei Serumferritinwerten < 50 µg/L, S. 1374, 901

3. Symptomatische Therapie

I. Leicht- oder mittelgradiges RLS

Levodopa	Initialdosis	Dosis ↑/Tag	Intervall	Effiziente Dosis/d
Levodopa + Benserazid	62.5 mg	62.5 mg	1 Tag	250 mg am Abend
Levodopa + Carbidopa	62.5 mg	62.5 mg	1 Tag	250 mg am Abend

Für die PRAXIS:
Levodopa kann die RLS-Symptome verschlimmern (= paradoxe Wirkung)
Es ist deshalb wichtig, die Patienten über die möglichen NW zu informieren (siehe weitere NW von Levodopa, S. 603)!

II. Permanentes, mittelgradiges bis schwergradiges RLS

Dopamin-Agonist	Initialdosis	Dosis ↑/Tag	Intervall	Effiziente Dosis/d
Cabergolin	0.5 mg	0.5 mg	alle 7-14 Tage	2.0-4.0 mg
Pergolid	0.05 mg	0.05 mg	alle 7 Tage	0.2-1.0 mg
Pramipexol	0.125 mg	0.125 mg	alle 4-7 Tage	0.5-1.5 mg
Ropinirol	0.25 mg	0.25 mg	alle 7 Tage	2.0-4.0 mg

Für die PRAXIS:
Die Patienten müssen über die NW der Dopamin-Agonisten aufgeklärt werden, S. 602

Therapie der 2. Wahl (diese Medikamente können kombiniert verabreicht werden)

1. Clonazepam 0.5 - 2.0 mg (Vorsicht bei älteren Leuten oder beim Schlafapnoe-Syndrom)
2. Gabapentin (in 1-3 Einnahmen/d): 1. Tag 300 mg/d, 2. Tag 600 mg/d, 3. Tag 900 mg/d
3. Opioide
   - Codein ....50 mg/d
   - Dihydrocodein 30-120 mg/d
   - Tilidin ....25-200 mg/d
   - Tramadol ....50-150 mg/d
4. Bei Nausea
   - Domperidon ....10 mg/d

Normaldruck-Hydrocephalus[1,2] [G91.9]

Syn: • *Normal pressure hydrocephalus (NPH)*
Def: • Erweiterte Ventrikelräume mit normalem Liquordruck (gemessen während der LP)
Klas: I. Primärer Normaldruck-Hydrocephalus
- Ist häufiger als die sekundäre Form und betrifft v.a. ältere Leute
- Die Pathogenese ist unklar.

II. Sekundärer Normaldruck-Hydrocephalus bei/nach:
- Subarachnoidalblutung (hier: Resorptionsstörung des Liquors)
- Meningitis (hier: Resorptionsstörung des Liquors)

Klin:

Für die PRAXIS:
Typische Trias bei Normaldruck-Hydrocephalus
1. **Gangstörungen**
   - Kleine Schritte
   - Breitbeiniger Gang
   - Apraxie, «magnetischer» Gang *(magnetic gait)*
   - Parkinsonismus
2. **Harninkontinenz**
3. **Neuropsychologische Störungen**
   - Psychomotorische Verlangsamung
   - Demenz
   - Dysexekutives Syndrom (Funktionsdefizite nach erworbenen Hirnschädigungen, Störungen beim Planen und Problemlösen, allgemein desorganisiertes Verhalten)
   - Müdigkeit

Rx: • Schädel-MR
- Erweiterung aller 4 Ventrikelräume, welche sich nicht durch eine kortikale Hirnatrophie erklären lässt.
- Zeichen von transependymaler Resorption
- Keine Hinweise auf Liquorabflussstörung!

Th:
1. **Neuro-Konsilium**
2. **Substraktive Lumbalpunktion von 30-50 mL Liquor**
   - Je ausgedehnter der Verlust der weissen Substanz und des Kortex sind (insb. des Temporallappens), desto weniger ausgeprägt wird der therapeutische Effekt der substraktiven LP sein.
   - Praktisches Vorgehen der LP, siehe S. 574

Für die PRAXIS:
- Die Liquorflüssigkeit darf nicht mit der Spritze aspiriert werden (wegen der Gefahr der Nervenaspiration).
- Der Patient wird unmittelbar nach der substraktiven LP aufgefordert, aufzustehen, was bei einer diagnostischen LP NICHT geschieht (dort bleibt der Patient i.d.R. während ca. 6 h liegen). Die Gründe für das unmittelbare Aufstehen nach der LP sind:
  - Die unmittelbare klinische Wirkung des Liquorverlustes kann dadurch beurteilt werden. Dazu muss ein *Testing/Score* VOR der LP gemacht werden. Wenn möglich soll das BERG-Score angewendet werden (mit Physiotherapeut besprechen).
  - Durch das Aufstehen steigt der hydrostatische Druck an → weitere 30-40 mL Liquor können durch die Punktionsstelle in das subkutane Gewebe durchtreten.
- Je nach Resultat kann die LP nach Wochen/Monaten wiederholt werden. Eine Shunt-Operation soll dann mit dem Spezialisten diskutiert werden.

3. **Shunt**

Allg: • Rund 60 % der Patienten weisen nach einer Shunteinlage eine klinische Verbesserung auf.
Klas: • Ventrikulo-peritonealer Shunt (häufig angewendet)
- Komplikationen: Subduralhämatom, intrakranieller Infekt, Krampfanfälle, Hirnblutung beim Platzieren des Katheters (3-6 %), Verstopfung des Shunts, Aszites, Peritonitis, abdominale Perforationen, Volvus

• Ventrikulo-atrialer Shunt (selten durchgeführt)

1 Uptodate 2008. 2 Hebb AO, et al. Neurosurgery 2001; 49: 1166-86.

Hydrocephalus[1,2] [G91.9]

Allg:
- Beim Hydrocephalus enthalten die 4 Ventrikelräume zuviel Liquor, was das Ventrikelsystem infolge erhöhtem Druck dilatiert (DD: Hirnatrophie; hier ist die Dilatation der Ventrikelräume die Folge einer Hirnatrophie).
- Der Liquor wird in den Plexus choroidei der Ventrikel produziert (ca. 500 mL/24 h). Nach Durchfluss der Ventrikel gelangt der Liquor in den äusseren Liquorraum und verteilt sich im gesamten Gehirn und Rückenmark. Dann wird er durch die Arachnoidalzotten im Bereich der Spinalnervenaustritte wieder in das Blut aufgenommen.
- Pathogenese
  - Verminderte Liquorresorption
  - Überschuss an Liquor

Urs:

I. Kongenital
- ZNS-Malformationen (z.B. DANDY-WALKER*, ARNOLD-CHIARI**)
- Intrauterine Infekte (Röteln, CMV, Toxoplasmose, Syphilis)
- Trauma
- Liquorabflussstörungen infolge Hirntumoren (selten)
- Myelomeningocele
- Stenose des SYLVIUS-Aquäduktes (zw. dem 3. und 4. Ventrikel)
- Trisomien 13, 18, 9 und 9p
- Triploidie

II. Erworben
- Infektion des ZNS
  - Bakterielle Meningitis
  - Virale Meningitis (z.B. Mumps)
  - Hirntumor
  - Medulloblastom der hinteren Schädelgrube
  - Astrozytom
  - Ependymom
- Subarachnoidalblutung infolge:
  - Rupturiertem Hirnarterienaneurysma
  - AV-Malformationen
  - Trauma
  - Koagulopathie

Klin:
- Bradykardie
- Systemische art. Hypertonie
- Störung der Atemfrequenz
- Der Kopfumfang kann sich graduell vergrössern und die Stirne kann sich vorwölben
- Bei Kindern kann die anteriore Fontanelle stark gespannt sein.
- Skalpvenen können sichtbar werden.
- Diplopie, Okulomotoriusparese (infolge Kompression der Hirnnerven III bzw. VI)
- Augenfundus: kann ein Papillenödem aufweisen
- Spastizität der Extremitäten (v.a. beinbetont)
- Wachstumsstörungen
- Frühe Pubertät

Th:
- Kausaltherapie + Neuro-Konsilium

* DANDY-WALKER
- Zystische Erweiterung des 4. Ventrikels mit Hydrozephalus und Erweiterung der hinteren Grube.
- Der Hydrocephalus kommt durch die Obstruktion der Foramina LUSCHKA und MAGENDIE zustande.

** ARNOLD-CHIARI
- Krankheitsgruppe mit kongenitalen Malformationen, welche das Kleinhirn, den Hirnstamm und das zervikale Rückenmark betreffen. Die häufigere Form (Typ II) zeigt eine Einengung des Rückenmarks und des Kleinhirns im zervikalen Spinalkanal.

1 Uptodate 2008. 2 Hebb AO, et al. Neurosurgery 2001; 49: 1166-86.

Multiple Sklerose (MS) [G35]

Def: • Chronische demyelinisierende Erkrankung des ZNS mit meist schubförmig auftretenden neurologischen Defiziten und sehr variablem Verlauf.

Die MS zeigt sich wie ein Chamäleon....

Allg:
- Alter der Erstmanifestation: 20-30 Jahre (bei Frauen ca. 5 Jahre früher als bei Männern)
- Frauen > Männer (ca. 3:1)
- Es besteht ein Nord-Süd-Gefälle der Inzidenz.
- Inzidenz (Schweiz): 4-6 neue Fälle/Jahr /100'000 Einwohner; Prävalenz: 100/100'000

Urs:
- Unbekannt
- Hypothesen:
  - Post-viral
  - Hereditär (in Zwillingsstudien 5-10x erhöhtes Risiko bei monozygoten im Vergleich zu dizygoten Zwillingen), autoimmun (Anti Myelin-Komponenten Antikörper)

Klin: Häufigste Erstsymptome
- Sensibilitätsstörungen (ca. 30 %)
- Visusabfall (ca. 15 %)
- Diplopie infolge Abducensparese (ca. 5 %)
- Motorische Störung (ca. 10 %)

Weitere Symptome
- Retrobulbärneuritis: «Der Patient sieht nichts und der Arzt auch nicht»
- Meist unilaterale Orbitaschmerzen, v.a. bei Augenbewegungen
- Farbsinnstörung
- Visuszerfall

Klinische Untersuchung
- Zentralskotom in der Gesichtsfeldprüfung. Nach 4-6 Wochen kann eine temporale Abblassung der Papille beobachtet werden.
- Internukleäre Ophthalmoplegie
  - Ausfall des Fasciculus longitudinalis medialis zwischen dem III. und IV. Hirnnerven-Kern: Auf der Seite der Läsion beeinträchtigte und verzögerte Adduktion des Auges mit horizontalem Nystagmus des abduzierenden Auges.
- LHERMITTE-Zeichen (= positives Nackenbeugezeichen): Bei passiver oder aktiver HWS-Inklination kommt es zu elektrisierenden Schmerzen, einschiessend in den Rumpf oder in die Extremitäten.
- Zerebelläre Störungen
  - Koordinationsstörungen, Ataxie, Intentionstremor, Nystagmus
- Motorische Defizite
  - Paraparese (typischerweise mit spastisch-ataktischem Gang)
  - Paresen der oberen Extremitäten oder Tetraparese
  - Spastizität und Hyperreflexie
  - Positive Pyramidenbahnzeichen (BABINSKI, TRÖMNER, s. 594)
- Epilepsie (bei 2-3 %)
- Störungen des autonomen Nervensystems
  - Imperativer Harndrang, Harninkontinenz, erektile Dysfunktion, Obstipation, seltener Stuhlinkontinenz
- Sensorische Störungen
  - Kribbeln, Nadelstiche, Taubheitsgefühl, Engegefühl, Kältegefühl
- Trigeminusneuralgie
- Schwindel
- Tonische Hirnstammanfälle
  - Anfallsweise tonische Verkrampfung der Muskulatur unilateral mit Hyperextension des Beines und Flexion des Armes (WERNICKE-MANN-Stellung), oft schmerzhaft
- Psychische/psychoorganische Störungen
  - Depression, Euphorie
  - Kognitive Störungen: Kurzzeitgedächtnis, Aufmerksamkeit
  - Demenz (bei 5 % der langjährigen MS-Patienten)
- UHTHOFF-Phänomen (Verschlimmerung der Symptome bei Hitze und steigender Körpertemperatur)

Verlaufsformen

Bei den meisten Patienten bilden sich die Symptome eines Schubes innerhalb der ersten 6-8 Wochen zurück. Wenn neu aufgetretene Beschwerden über 6 Monate persistieren, sinkt die Rückbildungswahrscheinlichkeit.

Eine hohe Anzahl von Schüben innerhalb der ersten beiden Krankheitsjahre ist oft mit einer rascheren Progredienz verbunden.

1. Schubförmig remittierend (initial bei ca. 90 % der Patienten)
   - Einzelne Krankheitsschübe, die sich mehr oder weniger vollständig zurückbilden.
   - Bei ca. 80 % der Patienten geht die Krankheit in eine sekundär progrediente Verlaufsform über.
2. Primär stetige oder schubförmige Progredienz: bei ca. 10 % (schlechtere Prognose)
3. Ein einziger Schub im Leben (ca. 15 % der Patienten)

Dg:

Klinische Manifestationen	Klinischer Befund	Zur MS-Diagnose benötigte Zusatzuntersuchungen
■ **≥ 2 klinische Läsionen**	• ≥ 2 neurologische Defizite	• Keine. Der klinische Befund reicht zur Diagnosestellung aus.
■ **≥ 2 klinisch nachweisbare Läsionen**	• 1 neurologischer Ausfall	• Örtlich verteilte Läsionen im MR <u>oder</u>: • Liquoranalyse positiv (siehe unten) und ≥ 2 MS-typische Läsionen im MR <u>oder</u>: • Weiterer klinischer Schub
■ **Ein Schub**	• ≥ 2 neurologische Defizite	• Zeitlich versetzt auftretende Läsionen im MR <u>oder</u>: • Zweiter klinischer Schub
■ **Ein Schub mit nur einem Symptom**	• 1 neurologischer Ausfall	• Läsionen örtlich verteilt im MR oder: • ≥ 2 mit MS kompatible MR-Läsionen und positiver Befund im Liquor sowie: • Zeitliche Verteilung (im MR oder durch einen zweiten Schub)
■ **Von Anfang an chronisch-progredienter Verlauf mit Verdacht auf MS**	• Langsame neurologische Verschlechterung, vereinbar mit MS	• Ein Jahr Krankheitsprogression <u>und</u>: • 2 der folgenden Kriterien: 1. Hirn-MR positiv (9 T2-Läsionen oder ≥ 4 T2-Läsionen mit positiven VEP) 2. Rückenmarks-MR positiv (≥ 2 herdförmige T2-Läsionen) 3. Liquoranalyse positiv (siehe unten)

Diagnosekriterien der MS (McDonald Kriterien)[1].

Lab: A. <u>Serologien</u>

I. Im Blut
- HIV, VZV, HSV, CMV, EBV, Syphilis, Borreliose (alles sind neurotrope Erreger)
- ANA, ANCA (Vaskulitis?)
- Anti-MOG-Antikörper (Myelin-Oligodendrozyten-Glykoprotein, d.h. Ak gegen Bestandteile des zentralen Myelins)
- Anti-MBP-Antikörper (basisches Myelinprotein)

II. Im Liquor (neurotrope Erreger)
- HIV, VZV, HSV, CMV, EBV, Syphilis, Borreliose

B. <u>Liquoranalyse (Lumbalpunktion, siehe S. 576)</u>
- Erhöhung der Liquor-IgG Konzentration
- Erhöhung des IgG-Quotienten Liquor/Serum (bei 90 % der MS-Patienten)
- Isoelektrische Fokussierung: Oligoklonale Banden bei 90 % der Patienten
  CAVE: ca. 8 % falsch positive Resultate!
- Albumin-Quotient Liquor/Serum (kann bei Hirnschrankenstörung erhöht sein)
- Zellzahl: in 2/3 der Fälle normal

C. <u>Evozierte Potentiale (EP)</u>
- Visuelle EP, somatosensorische EP, Hirnstamm EP
- Leitungsverlangsamung infolge Demyelinisierung/Entzündung (bei 85 % der Patienten)

1 Polman CH, et al. Ann Neurol 2005; 58: 840-6.

Rx: • MR des ZNS:
- Kontrastmittelanreichernde (= aktive) Läsionen
- T2- hyperintense Läsionen
- Infratentorielle und periventrikuläre Läsionen (= Prädilektionsstellen)

Th: **1. Akuter Schub**

Allg: • Kortikoide verkürzen signifikant die Dauer und die Schwere des Schubes.
• I.d.R werden die Kortikoide parenteral verabreicht, aber es gibt auch gute Evidenz für eine perorale Kortikoid-Therapie im akuten Schub.

Bsp: • Methylprednisolon über 5 Tage **IV** (von Fall zu Fall 3-7 d):
→ 500-1000 mg/d **IV**, dann, je nach Situation, PO weiterfahren 100 mg/d in absteigender Dosierung über ca. 2 Wochen.

NW: • NW der hochdosierten Kortikotherapie:
- Hyperglykämie (→ BZ-Tagesprofil erstellen)
- Peptische Ulzera (↑ gleichzeitig PPI verabreichen)
- Demaskierung von Infekten
- Mentale Veränderungen («Steroidpsychose»)

2. Basistherapie

2.1. Interferon Beta als immunmodulatorische Therapie

Ind: • Schubförmig remittierende MS

Allg: • Eine Dauertherapie mit Interferon Beta ist nötig.
• Die jährliche Schubrate wird gesenkt auf ca. 70%.
• Die Progression wird verlangsamt, aber nicht aufgehalten.
• Der therapeutische Nutzen der immunmodulatorischen Therapie kann klinisch frühestens nach ca. 6 Monaten abgeschätzt werden.

Bem: • Interferon Beta ist nicht wirksam bei sekundär progredienter MS.

Bsp: • IFN-Beta 1β BETAFERON®......Dos: 0.25 mg **SC** jeden 2. Tag
• IFN-Beta 1α REBIF® ....Dos: 44 ug **SC** 3x/Woche
• IFN-Beta 1α AVONEX® ....Dos: 30 ug **IM** 1x/Woche

NW: • Grippale Symptome (v.a. zu Beginn der Therapie): Muskelschmerzen, Fieber, Kopfschmerzen, Nausea, Asthenie, Schüttelfrost
• Nekrosen/Entzündungen an der Einstichstelle
• Depression mit erhöhter Suizidgefahr
• Leberfunktionsstörungen
• Blutbildveränderungen (Zytopenien)
• Polyneuropathie u.a.
• Bildung von neutralisierenden Antikörpern (bei ca. 30 % der Patienten)

2.2. Glatirameracetat

Ind: • Schubförmig remittierende MS

Bsp: • COPAXONE® ....Dos: 20 mg/d **SC**

KI: • Schwangerschaft

NW • Lokale Reaktionen an der Einstichstelle
• Transitorische systemische Reaktionen: Thoraxschmerzen, Flush, Dyspnoe, Palpitationen, Angst u.a.

2.3. Natalizumab TYSABRI® (20 mg/mL; gentechnologisch aus Mauszellen hergestellt)

Ind: 1. Patienten mit hoher Krankheitsaktivität trotz Behandlung mit einem Interferon beta
2. Patienten mit rasch fortschreitender schubförmig remittierend verlaufender Multipler Sklerose

Dos: • 300 mg über 1 h **IV**; 1x alle 4 Wo

NW: • Häufig (> 1/100):
- Harnwegsinfektionen, Nasopharyngitis, Urtikaria, Kopfschmerzen, Schwindel, Erbrechen, Nausea, Arthralgie, Rigor, Fieber

3. Supportive Massnahmen

Bsp: • Spasmolytika (z.B. Baclofen, siehe auch S. 1151)
• Psychologische Begleitung
• Physiotherapie u.a.

NEPHROLOGIE & METABOLISMUS

NEPHRO

Akutes Nierenversagen (ANV) [N17.9]

Def: • «RIFLE-Kriterien»:[1]

Klasse	Kriterien der GFR	Diurese-Kriterien
Risiko	• Serumkreatinin 1.5x ↑	• < 0.5 mL/kg/h über 6 h
Beschädigung (***I**njury*)	• Serumkreatinin 2x ↑	• < 0.5 mL/kg/h über 12 h
Dekompensation (***F**ailure*)	• Serumkreatinin 3x ↑ oder: • Serumkreatinin ≥ 350 µmol/L mit einer akuten (< 7 d) Kreatininerhöhung ≥ 45 µmol/L	• < 0.3 mL/kg/h über 24 h oder: • Anurie während 12 h
Verlust (***L**oss*)	Vollständiger funktioneller Verlust der Nierenfunktion während > 4 Wo (= akute persistierende Niereninsuffizienz)	
Terminale Niereninsuff. (***E**nd stage kidney disease*)	Terminale Niereninsuffizienz > 3 Monate	

Definition des ANV nach «RIFLE».[1] GFR = Glomeruläre Filtrationsrate

Klas: **ANV vom prärenalen Typ - 30-50 %**

Allg: • Rascher und reversibler Serumkreatininanstieg infolge renaler Hypoperfusion. Fehlen von Parenchymläsionen.

Für die PRAXIS:
Wenn ein ANV vom prärenalen Typ längere Zeit andauert, kann es in eine akute Tubulusnekrose übergehen (ATN)!

• **Risikofaktoren**:
  - Nach chirugischem Eingriff
  - Hohes Alter
  - Leberinsuffizienz, Herzinsuffizienz
  - Medikamente: NSAR, ACE-Hemmer, Sartane, Diuretika

Urs:
1. Vermindertes zirkulierendes Flüssigkeitsvolumen
   a) Verlust im Extrazellulärraum
      - Diarrhoe
      - Erbrechen
      - Blutung
      - Erhöhte Diurese
   b) Verschiebung in den 3. Raum
      - Pankreatitis
      - Verbrennung
      - Schweres nephrotisches Syndrom (Definition, siehe S. 652)
      - Leberzirrhose
      - Darmverschluss u.a.
2. Verminderung des Herzminutenvolumens
   • Herzinsuffizienz
   • Akuter Myokardinfarkt
   • Kardiomyopathie
   • Valvulopathie
   • Cor pulmonale
   • Perikardtamponade
3. Periphere Vasodilatation
   • Medikamentös
     - Antihypertensiva (ACE-Hemmer, Sartane, Kalziumantagonisten, α-Blocker, direkte Vasodilatatoren)
     - INFO: ACE-Hemmer und Sartane verursachen, bei erhaltener Nierenperfusion, *per se* keine Niereninsuffizienz.
   • Sepsis
   • NNR-Insuffizienz
   • Hepatorenales Syndrom
4. Renale Vasokonstriktion oder Gefässverschluss
   • Sepsis
   • Medikamentös: NSAR, Ciclosporin, Katecholamine
   • Hepatorenales Syndrom (hier zusätzlich periphere Vasodilatation)
5. Verschluss grosser Gefässe (Arterien, Venen)

1 Hoste EA, et. al. Crit Care 2006 ;10 :R73.

ANV vom intrarenalen Typ (parenchymatös) - 10-15 %

Allg: Dieser Typ des ANV kommt infolge einer Nierenparenchymläsion zu Stande.

Urs:
1. Tubulusnekrose (85 % der intrarenalen ANV)
   - Ischämisch (50 %)
     - Hypotonie
     - Schwere renale Hypoperfusion
     - Akute zirkulatorische Insuffizienz («Schock»)
   - Toxisch/medikamentös (10 %)
     - Rötgenkontrastmittel
     - Aminoglykoside (das akute Niereninsuffizienz-Risiko ist dosisabhängig und manifestiert sich 7-10 Tage nach Therapiebeginn)
     - Amphothericin B
     - Cisplatin
   - Pigmente
     - Hämoglobinurie (Hämolyse)
     - Myoglobinurie (Rhabdomyolyse)
2. Interstitielle Nephritis (10 % der intrarenalen ANV)
   - Infektiös
     - Akute Pyelonephritis
     - Hanta-Virus Nephritis
     - Tuberkulose u.a.
   - Medikamentös
     - Penicilline
     - Sulfamide
     - Rifampicin
     - Allopurinol
     - Vancomycin
   - Leukämie
   - Lymphome
   - Sarkoidose
3. Befall der Glomeruli / Glomerulonephritis (GN)
   - Akute oder rasch progrediente GN
   - Systemerkrankungen
     - Konnektivitis
     - PAN
     - Pauci-immune GN (z.B. WEGENER Granulomatose)
     - GOODPASTURE GN
   - Hämolytisch-urämisches Syndrom
   - Thrombotisch thrombozytopenische Purpura
   - Disseminierte intravasale Gerinnungsstörung (DIC)
   - Cholesterin-Emboli
   - Maligne art. Hypertonie (d.h. mit Papillenödem im Augenfundus)

ANV vom postrenalen Typ (= obstruktives ANV) - 20-40 %

Allg:
- Je länger die Obstruktion dauert, desto schlechter erholt sich die Nierenfunktion.
- Risikosituationen:
  - Hohes Alter
  - Einzelniere
  - Intra-abdominale Neoplasie u.a.

Urs: Die Obstruktion kann an verschiedenen Stellen auftreten:
1. Intratubuläre Obstruktion
   - Kristallablagerung
     - Harnsäure
     - Oxalsäure
     - Acyclovir
     - Indinavir
     - Sulfamide u.a.
   - Proteinablagerung
     - Leichtketten
     - Myoglobin
     - Hämoglobin
2. Extrarenale Obstruktion
   - Ureter: Blutkoagula, Lithiasis, Retroperitonealfibrose
   - Blase: Blutkoagula, Prostatahypertrophie, Tumor, neurogene Ursachen
   - Urethra: Stenose, post-operativ

Lab:

Blutparameter	Laborwerte	Klinik bei akutem Nierenversagen, Bemerkungen
Harnstoff und Kreatinin	↑/N/↓	• Gastrointestinalbeschwerden • Urämischer Foetor • Enzephalopathie • Lethargie • Somnolenz • Kognitive Fähigkeiten ↓ • Anämie (bei Clearance < 30 mL/min) • Verminderte Überlebenszeit der Erythrozyten • Thrombozytendysfunktion • Erhöhte Infektgefahr • Perikarditis • Bei Anurie (< 100 mL/24 h) steigt das Kreatinin um 40-150 µmol/L/d an • Bei Serumkreatininanstieg > 150 µmol/L/24 h müssen andere Ursachen vermutet werden, als diejenige des renal nicht ausgeschiedenen Kreatinins. DD: Rhabdomyolyse.
Na^+	↑	• Initialer Verlust der renalen Konzentrationsfähigkeit, dann H_2O Retention
K^+	↑	• Müdigkeit • Parästhesien • Bradykardie, Arrhythmie • EKG-Modifikationen, S. 1386
Ca^{2+}	↓	• Kann arrhythmisch wirken (bei gleichzeitig bestehender Hyperkaliämie)
Phosphat	↑	• Phosphat ist selten erhöht in der Akutphase. • Falls > 2.5 mmol/L, DD: Rhabdomyolyse.
Anionenlücke	↑	• Metabolische Azidose - Anionenlücke: $Na^+ - (Cl^- + HCO_3^-) > 16$ mmol/L

Urinanalyse** (ANV oder Oligurie)	Prärenales akutes Nierenversagen	Intrarenales akutes Nierenversagen
▪ Sediment	• Normales Sediment oder: • Wenige hyaline Zylinder	• Zylinder: - pigmentiert - granuliert - hyalin - erythrozytär - leukozytär
▪ Dichte [N: 1.005-1.035]	1.025-1.035	1.010-1.020
▪ Osmolalität [N: 50-1200 mmol/kg H2O]	> 500	< 350 (Isosthenurie)
▪ Kreatininratio: Urin/Plasma	> 40	< 20
▪ Natrium (Urin)	< 20 mmol/L	> 40 mmol/L
▪ Natriumextraktionsfraktion§	< 1 %	> 1 %
▪ Harnstoffextraktionsfraktion#	< 35 %	> 50 %

** Diese Werte sind bei gleichzeitiger Diuretikaeinnahme nur bedingt interpretierbar!

§ Sehr guter prädikativer Wert: 99 %; siehe Formel der Natriumextraktionsfraktion, S. 1505

Funktioniert auch bei prärenaler Niereninsuffizienz bei gleichzeitiger Diuretikaeinnahme.
Die Formel der Harnstoffextraktionsrate ist analog derjenigen der Natriumextraktionsfraktion:
Harnstoffextraktionsrate = [Harnstoff (Urin) x Kreatinin (Plasma) / Harnstoff (Plasma) x Kreatinin (Urin)] x 100

Vorg: **Initiale Massnahmen beim ANV**

- Vitalparameter
- Flüssigkeitstatus bestimmen: ist der Patient «voll» oder «leer»?
  - Periphere Ödeme? Lungenödem
  - Hypovolämie; falls bestehend → ad. Volumengabe, siehe unter Punkt 1.2.
  - Klinische messung des ZVD, siehe S. 228
- Ausschluss einer postrenalen Ursache des ANV
  - Palpatorisch den Blasenoberrand bestimmen: überfüllte Harnblase?
  - Abdomensonographie mit Frage nach Nierenmorphologie und Vorhandenem gestauten Nierenbecken
- Blasenkatheter legen bei:
  - Sonographischer Bestätigung einer Harnretention (= gestaute/s Nierenbecken)
  - Patient mit Bewusstseinstrübung
- Sistieren von ursächlichen oder toxischen Medikamenten (wenn möglich):
  - NSAR
  - Aminoglykoside
  - ACE-Hemmer, Sartane u.a.
- Urinsediment, S. 622

Th: **Therapie der akuten Niereninsuffizienz**

1. Volämie, Hämodynamik

1.1. Ziele

- Herstellen/Beibehalten einer Euvolämie, die von folgenden Parametern abhängt:
  - Zentralem Venendruck, S. 228
  - Körpergewicht
  - Herzfrequenz
  - Klinik (hämodynamische Toleranz)
- Eine Hypervolämie soll verhindert werden.

1.2. Erste Situation: «Der Patient ist leer» (= Flüssigkeitsmangel)

Klin:
- Zeichen einer Hypovolämie (weder sensitiv noch spezifisch, kann aber einen Flüssigkeitsmangel vermuten lassen):
  - Zentraler Venendruck oder andere Hypvolämieparameter:
    - -- Verminderung des Füllungsdruckes der V. jugularis, siehe S. 228
    - -- ZVD < 8 cm H_2O (falls vorhandener ZVK)
  - Zeichen der Hautfalte (es soll die über dem Sternum oder der Hüfte aufliegende Haut zusammengepresst werden). Im Alter ist dieses Zeichen aber oft fälschlicherweise positiv. Das Fehlen dieses Zeichens schliesst aber einen hypovolämen Zustand nicht aus.
  - Marmorierte Haut (oft über dem Kniegelenk und an den Oberschenkeln)
  - Verlangsamte Kapillarfüllung (> 2 sek)
  - Hauttrockenheit (z.B. Achselhöhle)
  - Trockene Schleimhäute (Mundschleimhaut, Lippen)
- Tiefer systemischer Blutdruck
  - Das Vorhandensein einer orthostatischen Hypotonie kann eine starke Aussagekraft für einen hypovolämen Zustand haben, sofern keine anderen Ursachen im Vordergrund stehen.
- Tachykardie
- Abnahme des Körpergewichtes (ohne sonstige Erklärung)

Vorg: 1. Hydratation

a) Kristalloid (S. 1481)

Allg:
- Ziel: Euvolämie. Folgende Parameter sprechen für eine Euvolämie:
  - Idealgewicht
  - Art. Mitteldruck > 60 mmHg
  - Weitere Parameter (z.B. Vorlastabhängigkeit oder nicht)

Vorg:
- NaCl 0.9 % 500-1000 mL über 1-2 h **IV**

Alternatif (ABER Risiko einer Verschlimmerung der Niereninsuffizienz):

b) Kolloid (S. 1481)

Vorg:
- 500 mL **IV**, dann je nach Klinik
- Bei Verbesserung der Nierenfunktion soll die Hydratation so weitergeführt werden, um die Flüssigkeitsbedürfnisse zu decken.

Bsp:
- 30-35 mL/kg/d + messbare Verluste (Diurese, Erbrechen).

Bei erfolgloser obiger Massnahmen und bei ausgeschlossener Harnwegsobstruktion kann eine renale Ursache des ANV angenommen werden. In diesem Fall sind Diuretika indiziert, um die Volämie zu kontrollieren. ABER die Diuretika behandeln die Niereninsuffizienz im engeren Sinne NICHT!

1.3. Zweite Situation: «Der Patient ist voll» (= Flüssigkeitsüberschuss, Lungenödem)

Vorg: a) Diuretika

Allg:
- Generell wird die kontinuierliche **IV**-Gabe der **IV**-Boli vorgezogen (von Fall zu Fall aber individuell anpassen).

Bsp:
- Furosemid: 500-1000 mg **IV** kont./24 h
  oder:
  Boli: 0.25-1.0 mg/kg **IV** alle 4-6 h je nach Bedarf.
- Maximale Infusions-Geschwindigkeit: **4-6 mg/min** (Risiko einer transitorischen Ototoxizität bei > 6 mg/min)

Bem:
- **Dopamin** hat bei ANV keinen Benefit (weder zur Verbesse-rung, noch zur Prävention der Nierenfunktionsverschlechte-rung) und wird daher nicht routinemässig empfohlen!

Bei Misserfolg der genannten therapeutischen Massnahmen:

b) Nierenersatztherapie (Hämofiltration oder Hämodialyse) in Betracht ziehen.

c) Nitroglycerin

2. Nephrotoxische Substanzen vermeiden

Bsp:
- NSAR
- Aminoglykoside
- ACE-Hemmer, Sartane
- Kontrastprodukte

3. Elektrolytstörungen behandeln

Bsp:
- Folgende Elektrolytstörungen sollen v.a. verhindert werden:
  - **Hyperkaliämie**, S. 1386
  - Hyponatriämie, S. 1396
  - Hypernatriämie, S. 1394
  - Schwere Hyperphosphatämie, S. 1408

4. Therapie einer metabolischen Azidose

Allg:
- Die Therapie der Azidose bei hämodynamisch stabilen Patienten ist von Institution zu Institution verschieden.
- Eine leichte Azidose soll nicht korrigiert werden, denn die Bicarbonat-Gabe würde das extrazelluläre Volumen (Bicarbonat enthält Natrium: $NaHCO_3$) vergrössern!

Ind:
- Bicarbonat (z.B. 8.4 %: 50 mmol in 5 min **IV**) ist bei folgenden Werten indiziert:[1]
  - pH < 7.2
    und/oder:
  - Bicarbonat (Plasma) < 15 mmol/L
- Zielwerte der ABGA:
  - pH > 7.2
    und:
  - Bicarbonat > 15 mmol/L

5. Ernährung bei ANV

Bsp:
- Natrium
  - 80-100 mmol/d (ca. 2 g Na^+ oder 5-6 g NaCl)
  - oder je nach Natriumausscheidung im Urin
- Kalium:
  - ≤ 1.0-1.2 mmol/kg KG/d (entspricht < 40 mg K^+/kg KG; da 1 mmol K^+ = 39 mg)
  - oder je nach Kaliumausscheidung im Urin
- Kalorien:
  - 30-35 kcal/kg KG/d
- Protein
  - Die Proteingabe wird durch den Proteinverbrauch des Patienten beeinflusst. Dieser beträgt i.d.R. 1.0-1.2 g/kg KG/d.
  - Eine Proteinrestriktion (um Symptome zu verhindern, welche durch den Proteinmetabolismus zu Stande kämen) wird nicht routinemässig vorgenommen!
  - Das ANV stellt einen <u>hypermetabolen</u> Zustand dar!

6. Dialyse (Nephro-Konsilium)

1 Brady HR, et al. Lancet 1995 ;346 :1533-40.

Indikationen für eine notfallmässige Hämodialyse

Allg:
- Es gibt keine Serumgrenzwerte (Harnstoff, Kreatinin), welche die Indikation einer renalen Ersatztherapie (Hämofiltration oder Dialyse) bestimmen.
- Je nach Klinik kann eine solche für Kreatininwerte > 500 µmol/L und Harnstoffwerte > 35 mmol/L eingeführt werden (dieses Vorgehen kann, je nach konsultiertem Nephrologen, variieren).

Ind:
- Indikationen für eine notfallmässige Hämodialyse: **MIAUHH......**

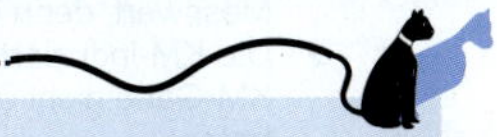

M Metabolisch
- Schwere und therapierefraktäre Alkalämie (pH > 7.6)
- Schwere Azidämie
  - Bicarbonat < 10 mmol/L
  - pH < 7.2
  - Hämodynamische Instabilität

I Intoxikation
- Salicylate
- Methanol
- Ethylenglycol (auch in verschiedenen Lösungsmitteln von Medikamenten vorhanden z.B. in Diazepam-Lösung)
- Theophyllin
- Lithium u.a.

A Anurie (< 100 mL/24 h)

U Urämie
- Perikarditis (das transitorische Perikardreiben muss gesucht werden!)
- ZNS-Symptome (urämische Enzephalopathie, S. 634)

H Hyperkaliämie, therapieresistent (Therapie siehe S. 1386 ff)

H Hypervolämie (therapieresistent)
- Akutes Lungenödem
- Anasarka

Bem:
- In folgenden Situationen erlaubt die Hämodialyse eine schnellere Korrektur, als die Hämofiltration:
  - Intoxikationen
  - Hyperkaliämie
  - Refraktäre Azidose

Kontrastmittel-induzierte Nephropathie[1-3] [N17.9]

Def: • Kontrastmittel-induzierte Nephropathie = Anstieg des Serumkreatinins nach KM-Gabe um > 44 µmol/L (entsprechen ca. 25 % des Ausgangswertes).

Allg: • Pathogenese: unklar (toxische Schädigung der Tubuli und/oder ischämische Schädigung)
- Die relevante KM-induzierte Nephropathie ist selten. Das Serumkreatinin ist kein guter Messwert, denn bevor es ansteigt, sind schon über 50 % der Nephrone beschädigt.
- Die KM-induzierte Nephropathie ist unwahrscheinlich, wenn das Serumkreatinin 24 h nach KM-Gabe nicht über 44 µmol/L ansteigt, kann aber während 48-72 h nach KM-Gabe auftreten.
- Die höchsten Serumkreatininwerte werden nach 3-5 Tagen gemessen und normalisieren sich nach ca. 10 Tagen. Der Verlauf ist meist benigne.
- Risikofaktoren, welche eine KM-induzierte Nephropathie auslösen können:[3]
  - Alter ≥ 75 Jahre ....4 Punkte
  - Diabetes mellitus ....3 Punkte
  - Herzinsuffizienz (NYHA III/IV) ....5 Punkte
  - Art. Hypotonie ....5 Punkte
  - Intraaortale Gegenpulsation ....5 Punkte
  - Anämie ....3 Punkte
  - Injiziertes KM-Volumen (pro 100 mL) ....1 Punkt/100 mL
  - Serumkreatinin ≥ 130 µmol/L ....4 Punkte
    oder:
    GFR > 40 und < 60 mL/min/1.73 m^2 ......2 Punkte
    GFR > 20 und < 40 mL/min/1.73 m^2 ......4 Punkte
    GFR < 40 mL/min/1.73 m^2 ....6 Punkte

Interpretation	KM-ind. Nephropathierisiko	Dialyserisiko
≤ 5 Punkte	7.5 %	0.04 %
6-10 Punkte	14 %	0.1 %
11-16 Punkte	26.1 %	1.0 %
> 16 Punkte	57.3 %	12.6 %

- Weitere Risikofaktoren
  - Art. Hypertonie
  - Dehydratation
  - Nephropathie, Proteinurie
  - Leberzirrhose
  - Gleichzeitige Gabe von potentiell nephrotoxischen Medikamenten: NSAR, ACE-Hemmer, Sartane, Aminoglykoside, Diuretika, Ciclosporin

Für die PRAXIS (Europäische Gesellschaft der urogenitalen Radiologie):

Serumkreatinin	Maximales KM-Volumen
- Normal	400 mL
- 130-300 µmol/L	150 mL
- > 300 µmol/L	60-100 mL

Vorg: **1. Prophylaktische Massnahmen**

Allg:
- Risikofaktoren abschätzen (siehe oben) !
- Patienten, welche mit nachstehenden Medikamenten behandelt werden, sollen diese erst nach der KM-Gabe einnehmen: Diuretika, ACE-Hemmer, Sartan
- Pausieren von Metformin mind. 48 h vor KM-Gabe. Wiedereinsetzen, wenn keine KM-induzierte Nephropathie nachgewiesen werden konnte.

Vorg:
- Nieder-osmolare KM verwenden und dies in minimaler Dosierung.
- **Hydrierung** (kein Konsens ob nur oral, oder oral mit einzelnen **IV**-Boli)
  - 12 h vor der KM-Gabe: 1-1.5 L NaCl 0.9 %/24 h (d.h.1 mL/kg/h über 24 h)
  - Der Stellenwert einer prophylaktischen N-Acetylcystein Gabe ist unklar.
  - Na-Bicarbonat ist möglicherweise dem NaCl überlegen.
- Serumkreatinin nach 24-48 h bestimmen + Flüssigkeitsbilanzierung.

2. Nierenersatztherapie: Hämofiltration oder Hämodialyse

Allg:
- Die Studien bezügl. Nierenersatztherapie sind z.T. widersprüchlich; ad. Nephro-Konsilium.
- Die Nierenersatztherapie soll sofort nach der KM-Gabe einsetzen.

Ind:
- Kreatinin-Clearance < 25 mL/min.

Bem:
- Bei vorbestehender, aber erst nach KM-Gabe erkannter Niereninsuffizienz, soll eine Hydratation mit NaCl 0.9 % 500-1000 mL **IV** stattfinden (Geschwindigkeit je nach Herzkreislaufzustand des Patienten).

1 Barrett BJ, et al. N Engl J Med 2006 ;354:379-84 2 Guitterez NV, et al. J Interv Cardiol 2002 ;15 :349-54. 3 Aubry P, et al. Ann CardiolAngeiol 2007 ; 56 : 2-9.

Chronische Niereninsuffizienz (CNI) [N18.9]

Def: **Chronische Nierenerkrankung**

1. Nierenbefall ($\geq$ 3 Monate) definiert als funktionelle oder strukturelle Anomalie der Niere, mit oder ohne Verminderung der glomerulären Filtrationsrate, mit/bei:
   - histologischer Anomalie, Vorhandensein von Markern, die eine strukturelle Läsion vermuten lassen (pathologisches Urinsediment)

   oder:
   - radiologischer Anomalie

   oder:
2. Glomeruläre Filtrationsrate (GFR, s. 1440): **< 60 mL/min/1.73 m²** während $\geq$ 3 Monaten, mit oder ohne Nierenbefall.

Semiologie der chronischen Niereninsuffizienz

SEMIO

- **Haut**
  - Hellgelbe, strohgelbe Hautverfärbung
  - Hyperpigmentation
  - Pruritus
  - Purpura
  - Urämischer Reif am Thorax, an der Stirn (= kristallisierter Harnstoff aus dem Schweiss auf der Haut)
- **Mundhöhle**
  - Urämischer Foetor (hervorgerufen durch den Harnstoffgeruch)
  - Stomatitis
  - Trockene Zunge
- **Urämische Symptome**, siehe s. 634
- **Klinik infolge Elektrolystörungen**
  - Hypokalzämie, s. 1390
  - Hyperkaliämie, s. 1386
  - Hyperphosphatämie, s. 1408
- **Klinik im Zusammenhang mit einem II- oder III-Hyperparathyreoidismus**
  - Obstipation (infolge Hyperkalzämie)
  - Ulzera (Magen, Duodenum)
  - Pankreatitis
  - Nephrolithiasis
  - Nephrokalzinose
  - Knochenfrakturen
  - Polyurie (ADH-refraktär)
  - Polydipsie
  - Cholelithiasis (2x häufiger als bei der Normalbevölkerung)
  - Risiko einer hyperkalzämischen Krise
  - Schwere renale Anämie durch zusätzliche EPO-Resistenz

Allg:
- Wie kann die Nierenfunktion am besten beurteilt werden?
  - **Kreatininämie**: wenig sensitiver Marker, denn dessen Wert wird erst pathologisch, wenn die GFR um $\geq$ 50 % vermindert ist!
  - Bei einer schweren Niereninsuffizienz überschätzt die Kreatinin-Clearance die GFR, denn die Kreatininurie wird durch die verstärkte tubuläre Kreatinin-Sekretion erhöht.
  - Die GFR wird oft benutzt, um die Nierenfunktion zu bestimmen.
  - Die GFR kann mit folgenden 3 Parametern approximativ bestimmt werden:
    1. Berechnete Kreatinin-Clearance (im 24 h-Urin), s. 1441
    2. Geschätzte Kreatinin-Clearance (nach COCKROFT & GAULT-Formel, s. 1441)
    3. MDRD *(modification of diet in renal disease)*

       Der MDRD wird anhand folgender Parameter bestimmt:
       - Serumkreatinin
       - Alter
       - Rasse und Geschlecht

       und kann über folgende WEB-Adresse berechnet werden ☛ http://mdrd.com

Klin:
- Siehe Semiologie, oben

Kpl:
- Renale Osteodystrophie, s. 629
- Renale Anämie, s. 631
- Sekundäre art. Hypertonie, s. 258

Urs: **I. Erworbene Nephropathien** (85 %)

- Primäre oder sekundäre Glomerulonephritis
- Chronische, tubulo-interstitielle Nephropathien
  - Chronische Pyelonephritis
  - Toxisch oder medikamentös (z.B. Phenacetin)
- Vaskulopathien
  - Hypertensive Nephro-Angiosklerose
  - Ischämische Nephropathie (Nierenarterienstenose, PAN)
  - Cholesterin Embolus (= renale athero-embolische Erkrankung)
  - Diabetes-assozierte Nephropathie
- Multiples Myelom
- Amyloidose
- Idiopathische Nephropathie

II. Kongenitale Nephropathien (15 %)

- Malformationen der Niere und/oder der harnableitenden Wege
- Familiäre Nephropathien
  - Polyzystische Nephropathie
  - ALPORT-Syndrom
  - Metabolische Erkrankungen

Klas:

Stadien der CNI	**GFR** [mL/min/1.73 m^2]	**Nierenbefall** (Definition, siehe «Def:», S. 620)
1	> 90	Nierenbefall mit normaler oder erhöhter GFR
2	60-89	Nierenbefall mit leicht verminderter GFR
3	30-59	Nierenbefall mit mittelmässig verminderter GFR
4	15-29	Nierenbefall mit stark verminderter GFR
5	< 15 oder Dialyse	Niereninsuffizienz

Stadieneinteilung der chronischen Niereninsuffizienz. GFR = Glomeruläre Filtrationsrate

Th: **1. Kausaltherapie**

2. Diät bei chronischer Niereninsuffizienz

- Siehe Abschnitt A.2. (S. 629) und Abschnitt C.2. (S. 633)

3. Vorgehen bei Komplikationen der chronischen Niereninsuffizienz

A. Renale Osteodystrophie, S. 629
B. Renale Anämie, S. 631
C. Sekundäre art. Hypertonie, S. 258

Vorgehen bei den 3 Hauptkomplikationen der chron. Niereninsuffizienz

A. **Renale Osteodystrophie**
B. **Renale Anämie**
C. **Sekundäre art. Hypertonie**

A. Osteodystrophie bei chronischer Niereninsuffizienz (CNI)

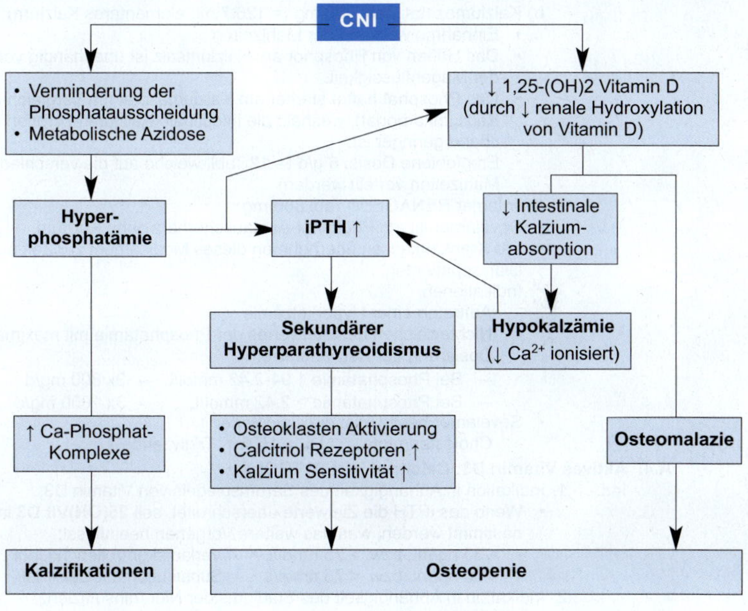

Schema 1: Pathophysiologie der renalen Osteodystrophie bei chronischer Niereninsuffizienz (CNI).

A. Vorgehen bei renaler Osteodystrophie

A.1. Zielwerte des Kalzium-Phosphat Haushaltes

Stadium der CNI	**Phosphatämie** [mmol/L]	**Kalzämie** korrigiert [mmol/L]	**CaxP-Produkt** [$mmol^2/L^2$]	**iPTH** [pg/mL; pmol/L]
Stadium 3	0.87 - 1.49*ƒ*	im Normbereich		30-75; 3.85-7.7
Stadium 4	0.87 - 1.49*ƒ*	im Normbereich		70-110; 7.7-12.1
Stadium 5	1.13 - 1.78*ƒ*	2.10 - 2.37	< 4.4	150-300; 16.5-33.3

Tabelle 2: Zielwerte des Kalzium-Phosphat Haushaltes je nach Stadium der CNI.
ƒ Unter Vitamin D-Therapie ist eine Phosphatämie bis 1.60 mmol/L noch akzeptabel.

A.2. Phosphatarme Diät

Allg: • Vermeiden von phosphatreichen Produkten, wie:
- Milchprodukte
- Eier
- Fische
- Innereien
- Nüsse u.a.

Vorg: • Maximale orale Phosphateinnahme: 600-900 mg/d

A.3. Phosphatbinder

Allg: • Wirkungsmechanismus: Die Phosphatbinder binden den Phosphor an sich und vemindern somit dessen intestinale Absorption. Die Hyperphosphatämie wird dadurch vermindert und das Kalzium-Phosphat-Produkt kann therapeutisch reguliert werden (siehe Tabelle 2, S. 629).

Bsp: 1. Kalziumsalz

a) Kalziumkarbonat: Tabl 500 mg (= 200 mg elementares Kalzium):
- Einnahme zu Beginn der Mahlzeit
- Das Haften von Phosphor am Kalziumsalz ist abhängig vom pH der Magenflüssigkeit.
- die intestinale Kalziumresorption liegt bei 20-30 %.
- Maximal empfohlene Dosis: 3.75 g/d (= 7 ½ Tabl, welche auf die verschiedenen Mahlzeiten verteilt werden)

b) Kalziumazetat: Tabl 500 mg (= 126.7 mg elementares Kalzium)
- Einnahme während der Mahlzeiten
- Das Haften von Phosphor am Kalziumsalz ist unabhängig vom pH der Magenflüssigkeit.
- Das Phosphat haftet stärker am Kalziumazetat (im Vergleich zum Kalziumkarbonat), weshalb die intestinale Kalziumresorption entsprechend geringer ist.
- Empfohlene Dosis: 6 g/d (= 12 Tabl, welche auf die verschiedenen Mahlzeiten verteilt werden)

2. Sevelamer RENAGEL® Tabl 800 mg
- Sevelamer ist ein Phosphat-Austauscherharz ohne Kalzium.
- Die Krankenkassen übernehmen dieses Medikament zur Zeit nur bei Dialysepatienten.
- Indikationen:
  - Auftreten einer Hyperkalzämie
  - Nichterreichen des Zielwertes der Phosphatämie mit maximaler Dosierung der Kalziumsalze:
    -- Bei Phosphatämie 1.94-2.42 mmol/L → 3x 800 mg/d
    -- Bei Phosphatämie > 2.42 mmol/L → 3x 1600 mg/d
- Sevelamer beeinflusst die Lipidwerte:
  - Cholesterin total ↓, LDL ↓, HDL ↑, Triglyzeride ↓

A.4. Aktives Vitamin D3: Calcitriol ROCALTROL®

Ind: 1. Indikation in Abhängigkeit des Serumspiegels von Vitamin D3:
- Wenn das iPTH die Zielwerte überschreitet, soll **25(OH)Vit D3** im Blut bestimmt werden, was das weitere Vorgehen beeinflusst:
  - > 30 ng/mL bzw. > 75 nmol/L → Verlaufskontrollen 1x/Jahr
  - < 30 ng/mL bzw. < 75 nmol/L → Substitution mit Calcitriol

2. Indikation in Abhängigkeit des Stadiums der Niereninsuffizienz:
- Calcitriol ist bei folgender Konstellation indiziert (alle 3 Kriterien):
  - iPTH ....> 300 pg/mL
  - Kalzämie ....< 2.37 mmol/L
  - Phosphatämie ......< 1.49 mmol/L

Bsp: • Calcitriol ROCALTROL®: 0.25-0.5 µg/d PO

Vorg: • Verlaufskontrollen und Dosisanpassungen:
- ■ Kontrolle der Kalzium- und Phosphatserumspiegel mind. 1x/Monat während 3 Monaten, dann 1x alle 3 Monate:
  - Bei Kalzämie > 2.37 mmol/L:
    → Calcitriol sistieren. Nach Normalisierung der Kalzämie soll das Calcitriol in halber Dosis wieder aufgenommen werden.
  - Bei Phosphatämie > 1.49 mmol/L:
    → Calcitriol sistieren
    → Dosissteigerung des Phosphatbinders. Calcitriol wird wieder eingesetzt, sobald die Phosphatämie < 1.49 mmol/L liegt.
- ■ Kontrolle des iPTH alle 3 Monate:
  - Wenn das iPTH unter dem Zielwert liegt:
    → Calcitriol sistieren und erst wieder mit halber Dosis einsetzen, wenn das iPTH den Zielwert übersteigt.

A.5. Therapie mittels Kalzimimetikum (Cinalcet MIMPARA®)

Allg: • Cinacalcet senkt den PTH-Spiegel, indem es die Empfindlichkeit des kalziumsensitiven Rezeptors auf extrazelluläres Kalzium erhöht. Die Verminderung des PTH-Spiegels senkt das Serumkalzium.

Ind: • Dialysepatienten mit sekundärem Hyperparathyreoidismus bei terminaler Niereninsuffizienz (wenn die Standardtherapie erfolglos oder kontraindiziert ist, z.B. bei Hyperkalzämie).

B. Anämie bei chronischer Niereninsuffizienz (CNI)[1,2]

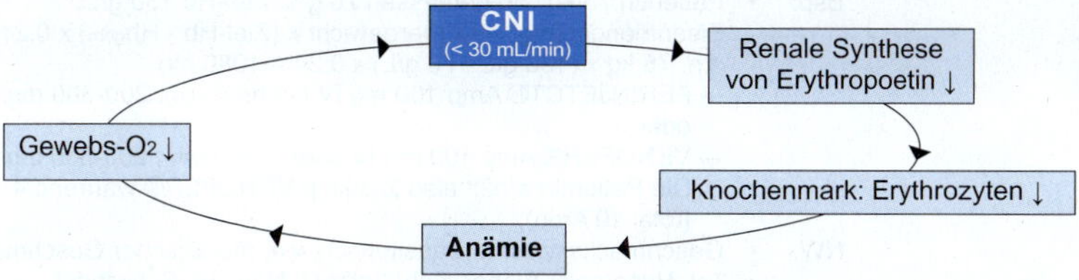

Schema 2: Pathophysiologie der Anämie bei chronischer Niereninsuffizienz (Clearance < 30 mL/min).

B. Vorgehen bei Anämie infolge chronischer Niereninsuffizienz

B.1. Allgemeinmassnahmen

- Ausschluss anderer ursächlicher Krankheiten, s. 897
- Blutanalyse:
  - Komplettes Blutbild (wenn möglich mit Angabe des prozentualen Anteils der hypochromen Erythrozyten)
  - Retikulozyten, siehe Algorithmus s. 897
  - Eisenstatus: Serumeisen, Ferritin, Transferrin, Eisenbindungskapazität
  - CRP
  - Vitamin B12
  - Folsäure
  - Von Fall zu Fall entscheiden: Aluminium im Serum

> **Für die PRAXIS:**
> Wenn diese Grundabklärungen die Ursache der Anämie nicht offenbaren, die Kreatinin-Clearance aber **< 30 mL/min beträgt** (< 45 mL/min bei Diabetikern), ist eine renale Anämie in Betracht zu ziehen.
> Die Bestimmung der Erythropoetin- (EPO) Serumkonzentration ist selten notwendig, um die Diagnose einer renalen Anämie zu stellen (ein normales EPO kann bei Anämie relativ zu tief sein).

B.2. Zielwerte bei CNI: Hämoglobin 110-120 g/L; Hk 0.33-0.36 [KDOQI-Guidelines]

- Dieser Zielwert gilt für die EPO-Therapie, ist aber keine Transfusionsindikation (Expertenmeinung).

B.3. Eisensubstitution

- Je nach Klinik und Eisenmangel (Eisendefitzi, s. 1501) wird eine Eisensubstitution (PO oder **IV**) unumgänglich:
  — **Orale Eisensubstitution**, (Beispiel siehe s. 901)
  Folgende Laborwerte sind indikativ für eine orale Eisensubstitution (eine intravenöse Gabe ist hier nicht notwendig):

Parameter	Normwerte	Werte, die eine orale Fe-Substitution verlangen	Zielwerte
Serumferritin	18-300 µg/L	> 100 µg/L	200-500 µg/L
Transferrinsättigung	> 16-20 %	> 20 %	30-50 %
Hypochrome EC	< 10 %	< 10 %	< 2.5 %

Tabelle 1: Indikationen zur oralen Eisensubstitution und Zielwerte.

EC = Erythrozyten

1 Working Party for European Management of Anaemia in patients with chronic renal failure. Nephrol Dial Transplant 1999 ;14 (Suppl. 5) :1-50. 2 Ruedin P. Med Hyg 2001 ;59 :495-9.

— **Parenterale Eisensubstitution**

Ind:
- Orale Eisenunverträglichkeit
- Nichterreichen der minimalen Eisen-Zielwerte (Tabelle 1, S. 631)

Bsp:
- Patientin 75 kg, Hb gemessen 70 g/L, Ziel-Hb 130 g/L
  Eisenmangel [mg] = Körpergewicht x (Ziel-Hb - Hb_{gem}) x 0.24
  d.h. 75 kg x (130 g/L - 70 g/L) x 0.24 = 1080 mg
  → FERINJETCT® Amp 100 mg **IV** (siehe S. 900); 200-300 mg/Wo.
  oder:
  → VENOFER® Amp 100 mg **IV** über 15-60 min; 200-300 mg/Wo.
  Die Patientin erhält also 2-3 Amp VENOFER® während 4-5 Wo (total 10 Amp).

NW:
- Geschmacksstörung (transitorisch, v.a. metallischer Geschmack)
- Art. Hypotonie, Fieber, Schüttelfrost, Nausea, Schwindel, Parästhesien, Pruritus
- Milde anaphylaktoide Reaktionen (Urtikaria, Exanthem, Bronchospasmus, Angioödem, Kollaps)
- Irritationen an der Injektionsstelle (Phlebitis, Brennen)

Vorg: Verlaufskontrollen

1. Eisenstatus soll zu Beginn einer Eisensubstitutionstherapie oder einer EPO-Therapie bestimmt werden:
   - Serumferritin
   - Transferrinsättigung oder Hypochromie der Erythrozyten
2. Bei Patienten mit CNI (ohne EPO-Therapie) und normalem Eisenstatus soll der Eisenstatus alle 3-6 Mt. wiederholt werden. Bei Patienten unter EPO wird eine 3 monatliche Verlaufskontrolle des Eisenstatus empfohlen.
3. Nach einer **IV**-Substitutionstherapie mit Eisen soll ein Eisenstatus 2 Wo nach der letzten Eisen-Verabreichung bestimmt werden.
4. Wenn die Transferrinsättigung > 50 % und/oder das Serumferritin > 800 µg/L ist, soll die Eisensubstitution während 3 Mt. sistiert werden.

B.4. Rekombiniertes humanes Erythropoetin (EPO)

Allg:
- Die Gabe von EPO verlangt ein hämatologisches Konsil!
  - Die Wirksamkeit des EPO hängt v.a. vom Eisenstatus ab.
  - Üblicherweise wird zusätzlich zur EPO-Therapie eine Eisensubstitution durchgeführt.
  - Die subkutane EPO-Gabe ist der **IV**-Gabe vorzuziehen (Kostenfrage).

Ind:
- Symptomatische Anämie oder Hb < 110 g/L oder Hk < 0.33

NW:
- Art. Hypertonie
- Grippeähnliche Symptome
- Konvulsionen

Bsp:
- Folgende Produkte sind zur Zeit in der CH erhältlich:
  - EPO β..................NEOECORMON® (**SC** oder **IV**)
  - EPO α..................ERYPO® (**IV** oder **SC**)
  - Darbepoetin α......ARANESP® (**SC** oder **IV**)

Bem:
- Die Dosierung wird alle 2-4 Wo angepasst.
- Empfohlene Hb-Korrekturgeschwindigkeit: 25-30 g/L/Mt.
- Wenn das Hb den Zielwert überschreitet, oder wenn die Korrekturgeschwindigkeit zu hoch ist, soll die Dosis oder das Verabreichungsintervall angepasst werden.

C. Sekundäre Art. Hypertonie bei chronischer Niereninsuffizienz

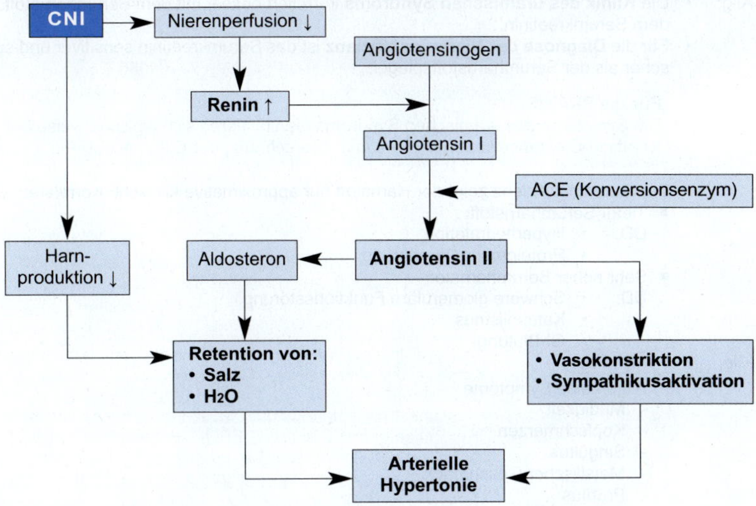

Schema 3: Pathophysiologie der art. Hypertonie bei chronischer Niereninsuffizienz (CNI).

C. Vorgehen bei art. Hypertonie bei chronischer Niereninsuffizienz

C.1. Allgemeine Informationen

Allg:
- Die art. Hypertonie ist ein entscheidender Risikofaktor des Fortschreitens der Niereninsuffizienz, was die therapeutische Aggressivität erklärt.

Th:
- Therapie der Wahl: ACE-Hemmer oder Sartan
- BD-Zielwerte unter antihypertensiver Therapie:
  - Falls Proteinurie **< 1g/d**: SBD ≤ 130 mmHg und DBD ≤ 85 mmHg
  - Falls Proteinurie **> 1g/d**: SBD < 125 mmHg und DBD < 75 mmHg

Lab:
- Empfohlene Laborkontrollen:
  - Kaliämie (***CAVE***: Hyperkaliämie!)
  - Serumkreatinin (***CAVE***: Verschlimmerung der Niereninsuffizienz)

C.2. Empfohlene Diät bei chronischer Niereninsuffizienz

Allg:
1. Proteine
   - Prädialyse: **0.7-0.8 g Protein/kg/d** des idealen Körpergewichtes*
   - Hämodialyse: **1.0-1.2 g Protein/kg/d** des idealen Körpergewichtes*
2. Phosphat
   - Phosphatarme Nahrungsmittel sind indiziert, siehe, S. 629

* Formel des Idealgewichtes: (22.5 x Körpergrösse [m]^2)
Bsp: Mann 1.80 m, 100 kg, in Prädialyse
Idealgewicht = 22.5 x $(1.8)^2$ = 72.9 kg. Proteineinnahme: 0.7 x 72.9 kg = 50 g Proteine/Tag

Urämisches Syndrom [R39.2]

Allg:
- Die **Klinik des urämischen Syndroms** korreliert besser mit dem Serumharnstoff, als mit dem Serumkreatinin.
- Für die **Diagnose der Niereninsuffizienz** ist das Serumkreatinin sensitiver und spezifischer als der Serumharnstoffspiegel.

> **Für die PRAXIS:**
> Die Symptome des urämischen Syndroms manifestieren sich typischerweise bei Kreatinin-Clearancewerten < 10 mL/min (Berechnung der Clearance, siehe s. 1441).

- Bei Niereninsuffizienz zeigt der Harnstoff nur approximative klinische Korrelate:
  - Tiefer Serumharnstoff:
    DD:
    - Hyperhydratation
    - Proteinmangelernährung
  - Sehr hoher Serumharnstoff
    DD:
    - Schwere glomeruläre Funktionsstörung
    - Katabolismus
    - GI-Blutung

Klin:
- **Symptome**
  - Allgemeine Symptome
    - Müdigkeit
    - Kopfschmerzen
    - Singultus
    - Metallischer Geschmack
    - Pruritus
  - Gastrointestinale Symptome
    - Nausea, Erbrechen
    - Bauchschmerzen
    - Diarrhoe
    - Gastroenterokolitis
  - Neurologische/rheumatologische Symptome
    - Somnolenz
    - Bewusstseinsstörung
    - Sehstörung
    - Amaurosis
    - Schwindel
    - Muskelkrämpfe und -schwäche
    - Myalgien
    - Arthralgie
    - Gicht
  - Kardiopulmonale Symptome
    - Thoraxschmerzen (Perikarditis)
    - Atemabhängige Pleuritis-Schmerzen
    - Dyspnoe (akutes Lungenödem)
    - Hämoptyse
  - Sonstige Symptome
    - Epistaxis
    - Schleimhautblutungen
- **Befunde**
  - Allgemeine Befunde
    - Strohgelbe Hautfärbung (Urochrom)
    - Urämischer Foetor (Azeton)
    - Stomatitis
    - Trockene Zunge
    - Hyperpigmentation
    - Kratzspuren (Pruritus)
    - Purpura
  - Neurologische Befunde
    - **Urämische Enzephalopathie** (= Zeichen des Urämieschweregrades):
      -- Somnolenz, Bradypsyche, Verwirrtheitszustand
      -- Motorische Unruhe
      -- Myoklonien
      -- Tremor, Asterixis
      -- Konvulsionen
      -- Gesteigerte monosynaptische Reflexe
      -- Koma

- Rheumatologische Befunde
  - Akuter Gichtanfall
  - Arthritis
- Gastrointestinale Befunde
  - Läsion der Magenschleimhaut (Erosionen, Gastritis, Ulzera)
  - Parotiditis
  - Aszites
  - Pankreatitis
- Kardiopulmonale Befunde
  - Art. Hypertonie
  - Perikardreiben (Perikarditis)
  - Pleurareiben (Pleuritis)
  - Feine Rasselgeräusche (Lungenödem)

Sonstige Befunde
  - Hämorrhagische Diathese (Epistaxis, Schleimhautblutungen u.a.)
  - Renale Osteodystrophie
  - Depression

DD: • Harnstofferhöhung, siehe S. 1379

Lab:
- Metabolische Azidose, S. 1360
- Anämie (hyporegenerativ, normochrom, normozytär)
- Lymphopenie, S. 1416
- Thrombozytopenie, S. 1430
- Sekundärer Hyperparathyreoidismus (iPTH ↑, hypo- oder normokalzämisch)
- Hypalbuminämie, S. 1341

Akute Nebennierenrindeninsuffizienz[1,2] [E27.4]

Allg: **Für die PRAXIS:**

- Die akute NNR-Insuffizienz ist ein MEDIZINISCHER NOTFALL!!
- Eine Langzeittherapie mit Kortikoiden darf NIE abrupt abgebrochen werden → Risiko einer NNR-Insuffizienz!
- Die Hyperpigmentation ist ein Frühzeichen der chronischen, primären NNR-Insuffizienz.
- Jeder Patient mit bekannter NNR-Insuffizienz (primär, sekundär), oder welcher eine Kortikoid-Langzeittherapie einnimmt, MUSS eine **Alarmsignal-Karte** *(Medical alert)* auf sich tragen, denn z.B bei Stress kann eine akute NNR-Insuffizienz ausgelöst werden!

Urs: **A. Nebennieren Kortex Insuffizienz (= primäre NNR-Insuffizienz)**

Lab: Plasma: **ACTH** ↑, Kortisol ↓, Renin ↑, Aldosteron ↓

Urs:
1. Autoimmune Adrenalitis (70-80 %)
   - Morbus ADDISON, manchmal mit anderen Erkrankungen vorkommend:
     - Diabetes mellitus
     - Hypothyreose
2. Nebenniereninfekte
   - Bei AIDS-Patienten
     - CMV (disseminiert), Mycobakterien, Pilze
     - Nebennieren-Lymphom
     - Ketoconazol (durch Verminderung der Kortisol-Synthese)
   - Tuberkulose (10-20 %): bei 50 % der Patienten mit Tbc beobachtet man Kalzifikationen in der Nebenniere (auf Abdomenleeraufnahme sichtbar)
   - Histoplasmose
3. NNR-Blutung (Abdomen-CT: Suche nach Hyperdensitäten der Nebennieren)
   - Nach chirurgischem Eingriff
   - Gerinnungsstörungen
   - Sepsis (**CAVE**: Meningokokken-Meningitis mit Risiko eines WATERHOUSE-FRIDERICHSEN-Syndroms)

B. Hypothalamus-Hypophysen Insuffizienz (= sekundäre NNR-Insuffizienz)

Lab: Plasma: **ACTH** ↓, Kortisol ↓, Aldosteron oft normal

Urs:
1. Kortikoid-Langzeittherapie
2. Hypophyseninsuffizienz
3. Hypothalamusinsuffizienz

Klin:
- Symptome
  - Schwäche, Müdigkeit
  - Anorexie
  - Nausea, Erbrechen
  - Bauchschmerzen
  - Hypoglykämie Symptome (Tachykardie, Diaphorese, Hunger u.a.)
  - Myalgie, Arthralgie
  - Hyperpigmentation der Hautfalten (bei primärem Hypokortisolismus)
  - Salzhunger
  - Kopfschmerzen
  - Amenorrhoe u.a.
- Befunde
  - Art. Hypotonie
  - Tachykardie
  - Dehydratation und Oligurie (< 400 mL/24 h) mit Gefahr einer Niereninsuffizienz
  - Fieber
  - Pseudoperitonismus
  - Schock, Koma

Dg: **SYNACTHEN®-Test (= Tetracosactid-Test)**
1. Bestimmung des Plasmakortisols
2. Gabe (**IM** oder **IV**) von 250 µg Tetracosactid
3. Plasmakortisol nach 30 min und/oder nach 60 min bestimmen

Lab:
- Hyponatriämie und Hyperkaliämie ($Na^+/K^+ > 30$)
- Plasmakortisol ↓
- Hypoglykämie
- Eosinophilie

1 Cooper MS, et al. N Engl J Med 2003 ;348 :727-34. 2 Werbel SS, et al. Endocrinol Metab Clin North Am 1993 ;22 :303-28.

Vorg: Siehe auch folgenden Algorithmus

1. Im Plasma bestimmen: Kortisol und ACTH, dann **sofort** mit der Therapie beginnen!

2. Sofortige Kortison-Substitution!

A. Akute NNR-Insuffizienz beim Patienten mit bekannter NNR-Insuffizienz

1. Hydrokortison Amp 100 mg (2 mL)
   - 50-100 mg **IV** (oder **IM**) alle 6 h, dann Dosis reduzieren, täglich um 50 %, bis die tägliche Normaldosis erreicht ist.

   Wenn die tägliche Dosis von Hydrokortison < 100 mg ist, wird eine mineralokortikoide Substitution notwendig.
2. Fludrokortison ASTONIN® Tabl 100 µg (= 0.1 mg)
   - 30-150 µg (= 0.05-0.1 mg/d) PO

B. Verdacht auf NNR-Insuffizienz, aber ohne etablierte Diagnose

- Dexamethason
  - 10 mg **IV** in einer Einzeldosis (Dexamethason, verglichen mit Hydrokortison, beeinflusst den SYNACTHEN®-Test nicht).
  - Dann: SYNACTHEN®-Test (siehe unter «Dg:», S. 636). Bis zum Erhalt des Testresultates wird Hydrokortison verabreicht (50-100 mg/d **IV** oder **IM**).

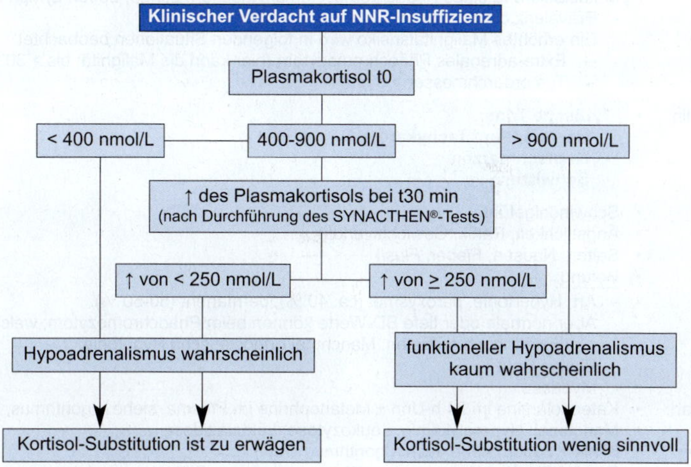

Algorithmus: Abklärung der adreno-kortikoiden Funktion bei Vd. auf eine NNR-Insuffizienz.[1]

3. Flüssigkeitszufuhr

Allg: • Die Flüssigkeitszufuhr beträgt oft 3-6 Liter am 1. Tag (NaCl 0.9 % und Kolloide), muss aber der kardiovaskulären Situation angepasst werden.

Bsp: • NaCl 0.9 % (Kompensation des renalen Salzverlustes) ± G-5 %
• oder Kolloide (S. 1321):
  a) Hydroxyethylstärke: 500 mL **IV** Bolus, je nach Klinik
  - HAES-steril® 6 % Max. 33 mL/kg/d; oder 10 %: Max. 20 mL/kg/d
  - VENOFUNDIN® Max. 50 mL/kg/d
  - HEMOHES® 6 % Max. 33 mL/kg/d; oder 10 %: Max. 20 mL/kg/d
  - VOLUVEN® Max. 50 mL/kg/d

  b) Albumin 20 g/30 min **IV** (Maximaldosis: 80 g/d)

4. Erhaltungsdosis der Kortikoide

Vorg: • Hydrokortison (15-40 mg/d) oder Prednison (5 mg am Morgen und 2.5 mg am Abend, dann je nach Klinik)
• ± Fludrokortison (0.05-0.1 mg/d, niedrige Initialdosis, dann je nach Klinik 0.05-0.3 mg/d)

NW: • Unter Mineralokortikoidtherapie: Ödeme, Hypernatriämie!

Für die PRAXIS:

- In gewissen Situationen muss die Dosis von Hydrokortison 2-3x erhöht werden:
  - Stress
  - Fieber
  - Chirurgische Eingriffe u.a.
- Die Mehrheit der Patienten mit primärer NNR-Insuffizienz (v.a. bei Asthenie und art. Hypotonie) braucht eine Substitution mit Mineralokortikoiden.

1 Angepasst nach: Cooper MS, et al. N Engl J Med 2003 ;348 :727-34.

Phäochromozytom[1,2] [D35.0]

Allg:
- Phäochromozytome sind seltene, neuroendokrine Tumoren (benigne oder maligne), ausgehend von chromaffinen Zellen.
- Lokalisation der Phäochromozytome:
  - 80-85 % ....NN-Mark (meist unilateral)
  - 15-20 % ....Zellen von extra-adrenalen Paraganglien (auch Paragangliome genannt), meist intraabdominal gelegen
- 25 % sind familiär bedingt:
  - MEN Typ 2 (medulläres Schilddrüsenkarzinom, Phäochromozytom, primärer Hyperaldosteronismus)
  - Neurofibromatose Typ 1 (mit dem Morbus VON RECKLINGHAUSEN assoziiert)
  - VON HIPPEL-LINDAU-Syndrom:
    -- Autosomal dominante Multisystemerkrankung: abnormale Blutgefässbildung mit Hämangioblastomen des ZNS, Hämangiome der Retina, Zystenbildung (Pankreas, Leber), Nebenhodenzystadenome, Nierentumoren
  - Paragangliomatose-Syndrom (SDHB-Gen, SDHD-Gen)
- Altersgipfel: 30-50 Jahre
- Metastasierung eines Phäochromozytoms (Knochen, Lunge, Leber, Lymphknoten u.a.):
  - Prävalenz ca. 5 %
  - Ein erhöhtes Malignitätsrisiko wird in folgenden Situationen beobachtet:
    -- Extra-adrenales Phäochromozytom (hier kann die Malignität bis > 30 % ansteigen)
    -- Tumordurchmesser > 5 cm!

Klin:
- **Typische Trias:**
  - Herzklopfen / Tachykardie
  - Kopfschmerzen
  - Schwitzen
- Schwindelgefühl
- Ängstlichkeit, Panik, Gewichtsverlust
- Selten: Nausea, Fieber, *Flush*
- Befund:
  - Art. Hypertonie: paroxysmal (ca. 40 %); permanent (50-60 %). Aber normale oder tiefe BD-Werte können beim Phäochromozytom, welches Dopamin produziert, auch auftreten. Manchmal orthostatische Hypotonie.
  - Blasse Haut
  - Mydriase

Lab:
- Katecholamine im 24 h-Urin ± Metanephrine im Plasma, siehe Algorithmus, S. 639
- Manchmal: Hyperglykämie, Leukozytose, Laktatazidose

Dg:
- Klinik + Labor (siehe auch Algorithmus S. 639)
- Erst NACH der biochemischen Diagnose soll eine Bildgebung erfolgen.

DD:
- Endokrin
  - Hyperthyreose
  - Medulläres Schilddrüsenkarzinom
  - Karzinoid
  - Hypoglykämie
  - Menopausales Syndrom
- Kardial
  - Herzinsuffizienz, Arrhythmien
  - Akutes Koronarsyndrom
- Neurologisch
  - Migräne, Schlaganfall, Epilepsie, Meningeom
- Medikamentös/toxisch
  - MAO-Hemmer, Sympathomimetika
  - Clonidin-Entzug, Drogenkonsum (z.B. Kokain) u.a.
- Sonstige
  - Porphyrie, Panik u.a.

Bem:
- **Inzidentalome**
  - Inzidentalome sind zufallsmässig gefundene NN-Raumforderungen (Knoten). Bei abdominaler Bildgebung werden 1-3 % Inzidentalome bei der Normalbevölkerung gefunden.
  - 5 % der Inzidentalome sind Phäochromozytome.
  - Abklärung der Dignität (maligne/benigne) der Inzidentalome:
    a) Inzidentalome mit Durchmesser < 4 cm sind selten maligne (bei Ø > 4 cm steigt das Malignitätsrisiko deutlich an). Spezielle Untersuchungstechniken im CT oder im MR geben hilfreiche Hinweise auf Dignität (Fettgehalt der Raumforderung).
    b) Endokrine Aktivität: CUSHING-Syndrom, Hyperaldosteronismus, Phäochromozytom, selten vermehrte Produktion von Geschlechtshormonen

1 Lenders JWM et al. Lancet 2005 ;366 :665-75. 2 Sulz MC, et al. Schweiz Forum 2005 ;5 :1234-7.

Vorg:

Klinischer Verdacht auf ein Phäochromozytom

↓

24 h-Urin (in Spezialbehälter)
- Adrenalin
- Noradrenalin
- Metanephrin
- Normetanephrin
- Kreatinin
- Nicht obligat: Dopamin, Vanillinmandelsäure

Plasma (nicht obligat)
- Freie Metanephrine:
  - Metanephrin
  - Normetanephrin

↓

Werte der Katecholamine

→ Normalwerte oder < 2x erhöht
→ Typisches Phäochromozytom ausgeschlossen
→ **Symptomatische Therapie.** Verlaufskontrolle nach 3-6 Monaten

→ Signifikant erhöht (d.h. ≥ 2x den oberen Normwert)
→ **Lokalisationsdiagnostik**
- Abdomen-CT oder -MR
- MIBG-Szintigraphie§

→ lokalisiert → **Chirurgie**

→ nicht lokalisiert → **Clonidin-Hemmtest**
Bestimmung der freien Metanephrine im Plasma vor und nach Gabe von 0.3 mg Clonidin PO:
- Plasmanormetanephrin
- Plasmametanephrin

→ Abfall der Plasmakonzentrationen von:
- Normetanephrin und
- Metanephrin

→ > 50 % → **Phäochromozytom unwahrscheinlich**
→ ≤ 50 % → **Endokrino-Konsilium**

Phäochromozytom und Labordiagnostik[5,6]

	Sensitivität	Spezifität
Urin		
Katecholamine	85 %	90 %
Metanephrine (total)	98 %	98 %
Vanillinmandelsäure	65 %	95 %
Plasma		
Freie Metanephrine	99 %	85-90 %
Katecholamine	85 %	80 %

Algorithmus: Phäochromozytom.[3-5]

§ MIBG = Gammagraphie (Szintigraphie) mit Meta-Iod-Benzyl-Guanidin: Sensitivität 80-90 %, Spezifität ca. 100 %

3 Angepasst nach: Sulz MC, et al. Schweiz Forum 2005 ;5 :1234-7. 4 Williams RH. Williams et al. Textbook of Endocrinology 2003; p. 558. 5 Lenders JWM et al. Lancet 2005 ;366 :669. 6 Uptodate 2008

Bem: **Medikamente und Situationen, welche die Plasmakonzentrationen der Katecholamine erhöhen können**

- Alphablocker
- Alphabeta-Blocker: Labetalol, Carvedilol
- Betablocker
- Aminophyllin, Theophyllin
- Nitrate: Nitroglycerin, Nitroprussid u.a
- Adrenalin
- Ampicillin
- Chlorpromazin
- Chinin
- Vasodilatatoren:
  - Nitrate
  - Kalziumantagonisten (bei kurzzeitiger Anwendung)
- Trizyklische Antidepressiva (Bsp: Amitriptylin)
- Nikotin, Koffein
- Körperliche und psychische Belastung:
  - Stress
  - Chirurgischer Eingriff
  - CVI
- Entzug von:
  - Alkohol
  - Clonidin
- Exogene Gabe von:
  - Nasentropfen
  - Bronchodilatatoren
  - Appetithemmern
  - Hustentropfen

Medikamente, welche die Plasmakonzentrationen der Katecholamine vermindern können

- Alpha 2-Agonisten (Clonidin, Methyldopa, Monoxidin, Rilmenidin)
- Kalziumantagonisten (bei langzeitiger Anwendung)
- ACE-Hemmer
- Reserpin
- Bromocriptin

Th: **1. Chirurgische Entfernung des Tumors** (= Therapie der Wahl!)

2. Medikamentöse Therapie: ad. Konsilium

Ind: 1. Präoperatives Management bei operablen Patienten

Allg:
- Ziel der präoperativen Therapie: Verhindern von intra- und perioperativen Komplikationen, wie z.B.:
  - Hypertensive Notfallsituation
  - Maligne Arrhythmien
  - Akutes Lungenödem
  - Akutes Koronarsyndrom
- Mit einer optimalen präoperativen Therapie kann eine perioperative Mortalität von < 3 % erreicht werden!

2. Inoperable Patienten

Bsp: A. Therapie der Wahl: Alphablocker
- Phentolamin (alpha 1- und alpha 2-Blocker)
- Phenoxybenzamin (= Dibenzyran)
- Prazosin
- Urapidil (peripherer alpha 1-Antagonist mit zentraler Sympatholyse)

siehe, S. 641

B. Alternative Therapie
- Alpha-Betablocker (z.B. Labetalol) oder Kalziumantagonist (z.B. Nifedipin) in Monotherapie oder in Kombination mit einem Alphablocker.

Phäochromozytom-Krise

Allg: • Die Symptomatik einer Phäochromozytom-Krise ist durch einen **hyperadrenergen Status** geprägt. Deswegen darf die BD-Senkung initial **NIE mit einem Betablocker begonnen werden.** Dieser würde die Alpha-Rezeptoren aktivieren und die Klinik verschlimmern!

Klin: • Siehe S. 638
• Das Vorhandensein folgender Elemente <u>vermindern</u> die Wahrscheinlichkeit einer Phäochromozytom-Krise:
- Gesichtsröte
- Gewichtszunahme (anamnestisch)
• Bei «nicht-paroxysmalen Krisen» wird die Diagnosestellung schwierig!

Th: **1. Symptomatische Therapie bei hypertensiver Notfallsituation,** siehe auch S. 244

Für die PRAXIS:
Zuerst Vasodilatation erzwingen mit folgenden Hypotensiva (gleichwertig):
• Nitrat: ....Nitroprussid
• Alphablocker: ....Phentolamin, Urapidil
• Kalziumantagonist: ....Nicardipin

Ein Betablocker (bzw. Alpha-Betablocker#) kann nach 2-3 Tagen eingesetzt werden.

Der Volumenstatus wird erst nach der Vasodilatation berücksichtigt!

Therapie bei hypertensiver Notfallsituation (gleichwertig; auch in Kombination)			
Alphablocker			
Phentolamin**	REGITIN®	Dos: Allg:	• Evtl. 1 mg **IV** als «Testdosis», dann je nach Bedarf, Boli von 5 mg **IV** wiederholen oder: • **IV**-Perfusor (500 mL G-5 % + 100 mg Phentolamin; titrieren. • Max. Wirkung 2-3 min nach der **IV**-Gabe • Wirkungsdauer: 10-15 min
Urapidil*	EBRANTIL®	Dos:	• Bolus 6.25 mg in 1-2 min **IV**, nach 20 min wiederholen. • Erhaltungsdosis: Perfusor 0.5 mg/min **IV** (übliche Dosierung ca. 9 mg/h **IV**)
Nitrat			
Nitroprussid¶	NIPRUSS®	Dos:	• **IV**-Perfusor 0.25-10 µg/kg/min

Tabelle: Antihypertensive Notfalltherapie bei hypertensiver Krise.

2. Therapie der metabolischen Anomalien (speziell: Hypokaliämie)
3. Korrektur der Hypovolämie
4. Chirurgisches Vorgehen (Konsilium)
• Es handelt sich um einen chirurgischen Eingriff mit hohem Risiko.
• Eine anti-adrenerge Therapie über einige Wochen vor der chirurgischen Entfernung des Tumors ist empfohlen:
- Prazosin (max. 20 mg/d PO)
- Labetalol (in Deutschland nicht erhältlich)

** Phentolamin: Nicht selektiver Alphablocker (α1- und α2-Blocker)
* Urapidil hat 2 Wirkungsorte, die zur Vasodilatation führen:
a) Zentral: Durch Verminderung des Sympathikotonus infolge Aktivierung der Alpha-2 Rezeptoren
b) Peripher: Durch eine Hemmung der post-synaptischen Alpha-1 Rezeptoren, was zu einer verminderten vasokonstringierenden Wirkung der Katecholamine führt.

Labetalol, als Alpha-Betablocker, kann die Symptome verschlimmern, weil die β-Rezeptoren stärker blockiert sind als die α-Rezeptoren und sich somit der periphere Widerstand erhöhen kann!

¶ Nitroprussid
Allg: Nitroprussid unterscheidet sich von den anderen Nitraten dadurch, dass es v.a. eine arterielle Vasodilatation hervorruft (die anderen Nitrate induzieren lediglich eine venöse Vasodilatation).
NW: Die NW sind die Folge eines Metaboliten des Nitroprussids, nämlich des Thiocyanats:
- Schwindelgefühl
- Kopfschmerzen, Paralyse, Koma
- Schlafstörungen, Nervosität, Diarrhoe
Bem: Bei einer Langzeittherapie, speziell bei Niereninsuffizienz, ist es notwendig, die Serumspiegel des Thiocyanats zu bestimmen (oberer Grenzwert des Serumspiegels: 10 mg/100 mL).
Adot: Hydroxocobalamin CYANOKIT®

Nierenkolik [N23]

Klin:
- Bauchschmerzen:
  - Akute, starke Schmerzen
  - Messerstichartig
  - Dauer: variabel (einige Sekunden bis Minuten; einige Tage, intermittierend)
  - Einseitig
  - Im kosto-vertebralen Winkel, auf der gleichen Seite ausstrahlend gegen den Oberbauch, die Hüfte und die Genitalorgane
- Der Patient ist oft unruhig und sucht eine schmerzfreie Position (welche er nicht findet).
- Assoziierte Symptome:
  - Nausea
  - Erbrechen
  - Schwitzen

Urs:

I. Abdominale Ursachen
- Urologisch
  - Urolithiasis
  - Obstruktive Blutkoagula (*clots*)
  - Papillennekrose, akute Pyelonephritis
  - Niereninfarkt
- Gastrointestinal
  - Cholezystitis
  - Pankreatitis
  - Intestinale Okklusion
  - Divertikulitis
  - Appendizitis u.a.
- Gynäkologisch
  - Ovarialzystenruptur
  - Tubo-ovariale Torsion
  - Ektope Schwangerschaft
  - Salpingitis
- Vaskulär
  - Rupturiertes Bauchaortenaneurysma

II. Extra-abdominale Ursachen
- Inferiorer Myokardinfarkt
- Pneumonie (Unterlappen)
- Lungenembolie (Unterlappen)

Steinart	Häufigkeit	Ursache	Farbe	Grösse	Rx-Abdomen
Kalziumoxalat 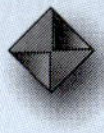	**70-90 %**	• Idiopathische Hyperkalziurie • Hyperparathyreoidismus • Hyperurikosurie • Hyperoxalurie • Sarkoidose	Schwarz, grau, weiss	< 1 cm	Röntgendicht, klar begrenzt
Kalziumphosphat		• Tubuläre renale Azidose			Röntgendicht
Urat (Harnsäure) 	**5-10 %**	• Urin-pH ≤ 5.0 • Hyperurikosurie	Weiss, orange	Oft gross	Radiolucent (unsichtbar!!)
Struvit (Mg-Ammonium-Phosphat) 	**5-10 %**	• HWI mit ureasebildenden Bakterien: *Proteus, Klebsiella, Pseudomonas* u.a. Es handelt sich aber **NIE** um *E. coli!*	Weiss	Oft gross	Röntgendicht
Cystin 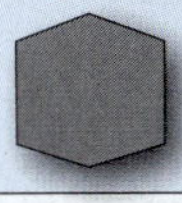	**> 1%**	• Cystinurie (= hereditäre Anomalie des Aminosäurentransportes)	Gelb-orange	Oft gross	Röntgendicht

Tabelle 1: Urolithiasis.

Urolithiasis[1,2] [N20.0]

Allg:
- Männer > Frauen (2-3/1)
- Rezidive sind häufig (ca. 50 % der Fälle in 10 Jahren).
- Altersgipfel bei der ersten Krise: 20-30 Jahre

Klin:
- Symptome
  - a) Asymptomatisch (Lithiasis als radiologischer Zufallsbefund)
  - b) Symptomatisch
    - «Klassische» Nierenkolik, siehe S. 642
    - Die Ausstrahlung der Schmerzen hängt von der Lokalisation des Steines ab.
    - Vage oder akute Bauchschmerzen
    - Blasenreizung: Pollakisurie, Harndrang u.a.
    - Makroskopische Hämaturie
- Befund
  - Schmerzen bei der Perkussion und bei der bimanuellen Palpation der Nierenloge
  - Verminderung der Magen-Darm Geräusche (Zeichen für paralytischen Ileus)
  - Bei Status febrilis ist es zwingend, einen urogenitalen Infekt zu suchen!

‡ Das Abdomen-CT erlaubt es, eine Obstruktion des Harnwegsystems zu lokalisieren, sowie folgende Regionen einzusehen: Nierenparenchym (→ Pyelonephritis, → Abszess), Retroperitoneum (→ Retroperitonealfibrose), Abdomen (→ organische Obstruktion anderer Ursache: Tumor)

¶ 2-3 % der obstruktiven Lithiasis zeigen keine Dilatation des Nierenbeckens!

† NW von Ketorolac:
- Somnolenz
- Kopfschmerzen
- Nausea, Magen-Darm-Ulkus
- Akute Niereninsuffizienz
- Blutungen, Thrombozytopenie

Die IV-Gabe von Ketorolac ist nur dann indiziert, wenn die IM-Gabe unmöglich ist (z.B. bei Gerinnungsstörungen, antikoagulierte Patienten).

¥ Butylscopolamin BUSCOPAN® wirkt spasmolytisch (nicht analgetisch); Metamizol (NOVALGIN®, MINALGIN®) ist analgetisch + spasmolytisch!

1 Consensus Conference. JAMA 1988 ;260 :977-81. 2 Coe FL, et al. N Engl J Med 1992 ;327 :1141-52.

Hosp: 1. Obstruktiver Stein mit Status febrilis → notfallmässiges Uro-Kons (→ Einlegen einer perkutanen Nephrostomie). Die Obstruktion allein ist weder eine Hospitalisierungsindikation noch eine Indikation für eine notfallmässige perkutane Nephrostomie.
2. Vd. auf eine mittelschwere/schwere Pyelonephritis oder auf eine Urosepsis
3. Lithiasis mit einem Durchmesser ≥ 6 mm (mit diesem Ø ist ein Spontanabgang unüblich)
4. Therapieresistente Schmerzen (Analgesie, siehe unten)
5. Niereninsuffizienz (akut und chronisch)
6. Soziale Gründe, Mangel an Kompliance, Begleiterkrankungen u.a.

Vorg: ■ **Akute Episode**

- Blut: Blutbild, Na^+, K^+, Kreatinin, CRP
- Urin: Status und Sediment, Kultur. Der Urin muss für die Steinanalyse gefiltert werden.
- Rx: 1. CT ohne Kontrastmittel (= Untersuchungsmethode der Wahl). Die radiolucenten Steine (Uratsteine) werden dadurch sichtbar.‡
  2. Alternative (Schwangerschaft oder CT nicht verfügbar):
     - Sonographie¶
     - Abdomenleeraufnahme: Rundliche Transparenzminderungen sollen entlang der lumbalen Querfortsätze gesucht werden. **Nicht vergessen**, dass die Uratsteine auf der Standardaufnahme nicht sichtbar sind, siehe Tab. S. 643
  3. Wenn CT und Sonographie unmöglich sind → intravenöse Urographie.

■ **Bestimmung der Ursache der Lithiasis 5-6 Wochen nach der Akutphase**

- Blut: Ca^{2+}, Phosphat, PTH nur bei Hyperkalzämie oder bei Hypophosphatämie
- Urin: 24 h-Urin: Ca^{2+}, Harnsäure, Citrat, Oxalat, Na^+, Kreatinin

Kpl:
- Infektion der harnableitenden Wege, Abszess, Urosepsis
- Niereninsuffizienz bei anhaltendem Infekt und/oder Obstruktion

Th:[1,2] **1. Allgemeine Massnahmen**

- Alle hospitalisierten Patienten erfordern ein Uro-Konsilium zur Evaluierung einer **spezialisierten Therapie**: Sonde, Lithotripsie, urologischer Eingriff.
- Der Steindurchmesser und die Lokalisierung (je distaler gelegen, desto grösser ist die spontane Eliminationsrate) bestimmen das therapeutische Vorgehen. Bei Ø < 10 mm → Therapieversuch mit α-Blocker und/oder Kalziumantagonist (siehe Punkt 2, unten); max. Therapiedauer 4 Wochen.
- Eine Hyperhydratation wird nicht empfohlen!
- Bei allen Patienten soll der Urin filtriert werden, denn die Steinanalyse beeinflusst die Therapie, insb. die Präventivmassnahmen S. 655.

2. Analgesie

- Eine parenterale Schmerztherapie ist oft notwendig (Schmerzen +++, Nausea)

Analgetika	Adm.	Dosierung
NSAR		
- Ketorolac†	**IM**, **IV**†	30 mg **IM** oder **IV**† alle 6-8 h, Maximaldosis: 90 mg/d. Ketorolac darf nicht länger als 2 Tage verabreicht werden.
- Indometacin	IR	100 mg, nach 8 h wiederholen; max.: 200 mg/d
Andere Analgetika		
- Paracetamol	**IV**	1 g **IV** alle 4 h. Maximaldosis: 4 g/d
	IR	0.5 -1.0 g alle 6 h. Maximaldosis: 4 g/d
- Butylscopolamin¥	SC, **IM, IV**	10-20 mg alle 4-8 h. Maximaldosis: 100 mg/d
- Metamizol¥	IR, **IM, IV**	0.5-1 g alle 6-8 h. Maximaldosis **IV**: 500 mg/min
Opioid		
- Morphin	SC, **IV, IM**	5 mg alle 4 h
- Fentanyl, S. 1161, 1166	PO	200 µg; max. 3x 1600 µg/24 h
	SC, IV, IM	25-50 µg (Kontrolle der SpO2; Intubationsbereitsch.)
Alphablocker		
- Tamsulosin	PO	0.4 mg 1x/d PO (Retardtabl)
Kalziumantagonist		
- Nifedipin	PO	30 mg 1x/d PO (Retardtabl «CR»)

3. Konservative Therapie

Allg:
- Die meisten Steine < 6 mm werden innert Stunden/Tagen nach der Krise spontan ausgeschieden.

Vorg:
- Der Patient wird nach Hause entlassen. Er filtriert weiterhin seinen Harn.
- Bei Bedarf: Paracetamol, NSAR, Opioide, α-Blocker und/oder Kalziumantagonist
- Wenn der Stein nach 2 Wochen nicht spontan abgeht, soll die Bildgebung wiederholt und der Patient einem Spezialisten zugewiesen werden.

4. Notfallmässige perkutane Nephrostomie (ad. Uro-Konsilium)

Ind:
- Obstruktive Lithiasis mit Status febrilis!

‡, ¶, †, ¥, siehe S. 643

1 Consensus Conference. JAMA 1988 ;260 :977-81. 2 Coe FL, et al. N Engl J Med 1992 ;327 :1141-52.

5. Präventivmassnahmen bei allen Lithiasispatienten

A. Hydratation (Harnverdünnung)

Ziel: Erreichen einer Diurese > 2 L/24 h. Die Art des Getränks hat keinen grossen Einfluss.

B. Spezifische Therapie

Die spezifische Therapie hängt von der Steinzusammensetzung und von den Anomalien ab, welche bei den Abklärungen auftreten.

B.1. Kalziumoxalat- und/oder Kalziumphosphat-Steine

Th: I. Nicht-pharmakologische Therapie

a) Diät[1] (betrifft Patienten mit Hyperkalziurie*):
- Normale Kalziumzufuhr§ (~ 30 mmol/d)
- Tierfettarm (~ 50 g/d)
- Salzarm (< 100 mmol Na^+/d), denn Na^+ erhöht die Kalziurie.

b) Vitamin C-Zufuhr vermeiden (> 1 g/d), denn die Oxalsäure ist ein Metabolit von Vitamin C.

II. Pharmakologische Therapie

a) Thiazide (aber erst NACH erfolgten Abklärungen verabreichen). Thiazide vermindern die Kalziurie:
- Chlortalidon 25-50 mg/d PO
- Hydrochlorothiazid 25-50 mg/d PO

b) Bei Hyperurikosurie:
- Allopurinol 300 mg/d (in 1-3x/d) PO. Die Harnsäure dient oft als «Nest» für die Bildung von Kalziumsteinen.

c) Bei Hypocitraturie:
- Kaliumcitrat (KALINOR® Brausetabl zu 40 mmol):
  - 2x 40 mmol/d. Citrat bindet sich an Kalzium → Harnkonzentration von Kalziumoxalat ↓

d) Bei Hyperoxalaturie:
- Kalzium 500-1000 mg während des Essens, um die Absorption von Oxalat zu vermindern.

e) Bei Hyperparathyreose, ad. Nephro-Konsilium

B.2. Harnsäure-Stein

Allg: • Der Harnsäure-Stein bildet sich in permanent saurem, kleinvolumigem Urin und/oder bei stark erhöhter Urikosurie (> 650 µmol/L; > 11 mg/kg/d)

Vorg: • Purinarme Diät ist indiziert
- **Urin alkalinisieren**: Ziel-pH: 6.5-7.0

a) Therapie während der Akutphase: Na-Bicarbonat
- NEPHROTRANS® Kaps 500 mg: 3x 1-2 Kaps/d PO. Diese Therapie kann lebenslang fortgesetzt werden.

b) Bei Rezidiv: Kombinationstherapie Allopurinol + NEPHROTRANS®

B.3. Struvit-Stein

Allg: • Bildet sich bei Vorhandensein von ureaseproduzierenden Bakterien, wie: *Proteus, Klebsiella, Pseudomonas* u.a.

Th: • Stein entfernen + AB-Therapie

B.4. Cystin-Stein

Allg: • Hereditäre Anomalie des Aminosäurentransportes
- Cystin bleibt bis 1-2 mmol/L im Urin löslich. Bei Lithiasispatienten steigt diese Konzentration bis 15 mmol/L an.

Th: • Urin alkalinisieren (Ziel-pH des Urins: 7.0-8.0) mit:
- NEPHROTRANS® Kaps 500 mg: 3x 1-2 Kaps/d PO
- Chelatbildner (→ Nephro-Kons: Captopril oder D-Penicillamin)
- Diurese > 3 L/24 h anstreben, um eine tiefe Cystinurie beizubehalten.

B.5. Nicht analysierter Stein

Vorg: • Die Therapie hängt von der gefundenen Anomalie im 24 h-Urin ab, wobei die Punkte B.1.-B.4. angewendet werden.

* Über 90 % der Patienten mit Kalzium-Oxalatsteinen weisen eine idiopathische Hyperkalziurie auf!

§ Die Kalziumzufuhr soll nicht eingeschränkt werden (würde die Oxalatabsorption erhöhen).

1 Borghi L, et al. N Engl J Med 2001 ;346 :77-84.

Hämaturie - Urinfarbe [R31]

Def: • **Mikroskopische Hämaturie‡: > 2 EC/Feld** (400x Vergrösserung, normales Gesichtsfeld)

Allg: • Ein *Screening* einer Hämaturie wird bei Patienten ohne urogenitale Symptome nicht empfohlen.[1]

• Eine mikroskopische Hämaturie ist bei jungen Patienten praktisch immer benigne:
- Harnwegsinfekt
- Nephrolithiasis
- Traumatische Hämaturie
- Transitorische, idiopathische Hämaturie
- Endometriose

• Eine **Hämaturie bei körperlicher Aktivität** wird in folgenden Situationen abgeklärt:
- Alter ≥ 45 Jahre
- Dauer > 72 h
- Rezidivierende Episoden
- Makroskopische Hämaturie

• Eine isolierte Hämaturie (auch wenn transitorisch!) bei Patienten > 40 Jahre, verlangt immer eine urologische Abklärung (12-15 % Malignome), siehe Algorithmus S. 648, 649

> **Für die PRAXIS:**
> Eine therapeutische Antikoagulation verursacht keine Hämaturie!!

DD: **Urinfarbe**

■ **Roter, rosafarbener oder dunkelbrauner Urin**
- Hämaturie
- Myoglobinurie
- Hämoglobinurie
- Porphyrin (nach einigen Stunden stehendem Urin, siehe S. 751)
- Nephritisches Syndrom
- Sichelzellanämie während einer Krise
- Medikamentös induzierte Urinfärbung (Pseudohämaturie):
  -- Chinidin
  -- Doxorubicin
  -- Levodopa
  -- Metronidazol
  -- Methyldopa
  -- Phenacetin
  -- Phenytoin
  -- Rifampicin
- Saurer Urin:
  -- Brombeeren
  -- Rote Beete (Randen)
- Alkalischer Urin
  -- Laxantien mit Anthrachinon, Rhabarber
- Vorhandensein von Harnstoff und Gallensalzen

■ **Gelborange farbiger Urin**
- Alkalischer Urin (z.B. Sulfasalazine)
- Urobilin, Bilirubin
- Hohe Urindichte (z.B. bei Dehydratation)
- Aminopyrin
- Warfarin
- Vitamin B2 (z.B. in BECOZYM Forte®)

■ **Blaugrün farbiger Urin**
- Bakteriurie, Pyurie (z.B. Pseudomonas Infektion)
- Triamteren
- Indigoider (Indigokarmin) Farbstoff
- Magnesiumsalicylat
- Biliverdin (infolge Oxydation des Bilirubins)

■ **Milchiger Urin**
- Lipurie
- Chylurie

■ **Farbloser Urin**
- Bei hohem spezifischem Gewicht: Diabetes mellitus mit Glukosurie
- Bei niedrigem spezifischem Gewicht: Diabetes insipidus, kurzfristige Wasseraufnahme
- Diuretika
- Alkoholeinnahme
- Hyperkalzämie

1 Woolhandler F, et al. JAMA 1989 ;262 :1214-9.

Klas: Aus diagnostischen und therapeutischen Gründen ist es von grosser Wichtigkeit, eine **extraglomeruläre (häufig)** von einer **glomerulären Hämaturie (selten)** zu unterscheiden!

Hämaturie	**Bemerkungen**
Extraglomerulär (> 80 %)	Lab: • Urin: - Keine Erythrozytenzylinder - Isomorphe Erythrozyten - Keine Proteinurie Vorg: • Radiologische und urologische Abklärung (siehe unten)
Glomerulär (< 20 %)	Lab: • Urin: - Erythrozytenzylinder - Dysmorphe Erythrozyten - Proteinurie > 500 mg/24 h - Die Urinfarbe kann bräunlich sein. Vorg: • Nephro-Konsilium: - Nierenbiopsieindikation evaluieren, Therapie

Dg:[2] Kriterien für eine isolierte, asymptomatische Hämaturie

Fehlen von:

- Bekannten, schweren urologischen Erkrankungen, welche die Gründe für die Hämaturie sein könnten.
- Klinischen, urologischen Zeichen:
  - Dysurie
  - Harndrang
  - Fieber
  - Suprapubische Schmerzen oder Flankenschmerz
  - Zeichen für eine systemische Vaskulitis
  - Verdächtige urologische Befunde
  - Periurethrale Entzündung
- Harnretentionssymptomen, ausser jene einer stabilen Prostatahypertrophie (z.B. Harnstrahlabschwächung, träufelnder Urin u.a.)
- Proteinurie > 500 mg/24 h
- Leukozyturie > 20/Feld (400x)
- Serumkreatinin ≥ 180 µmol/L
- Erythrozytenzylindern im Urin
- Mikrohämaturie, welche in den letzten 2 Jahren aufgetreten ist
- Bestehendem oder frisch eingelegtem (< 1 Woche) Blasenkatheter oder kürzlicher urologischer Manipulation (< 1 Woche)
- Gynäkologischen Blutungen (peri- oder post-menopausal, kürzliche Kürettage oder Dilatation)
- Makroskopischer Hämaturie
- Blutgerinnseln («*Clots*») oder Hämatospermie

Vorg:
1. **Ausschluss einer glomerulären Ursache** (siehe «Klas:»)
2. **Suche nach Urogenitaltumor**. Folgende Abklärungen können durchgeführt werden (kein
   - Konsens vorhanden bezüglich ihrer Reihenfolge):
     - Intravenöse Urographie (IVU)
     - Sonographie (der diagnostische Wert der Sonographie liegt tiefer als derjenige der IVU)
     - CT oder MR
     - Urinzytologie (alle 6 Monate)
     - Zystoskopie (Suche nach Blasentumor!)

   Indikation für diese erwähnten Abklärungen:

   1. Alter > 50 Jahre
   2. Besondere Risikofaktoren:
      - Phenacetinabusus
      - Starker Nikotinabusus
      - Kontakt mit gewissen Farblösungen
      - Langzeitbehandlung mit Cyclophosphamid
      - Makroskopische Hämaturie (persistierend oder intermittierend)

Bem: • Bei asymptomatischer, scheinbar «idiopathischer» Hämaturie, beobachtet man in ca. 50 % der Fälle folgende Pathologien:
- Glomerulonephritis
- Hyperkalzämie (Mikrokristallurie)
- AV-Fisteln u.a.

2 Angepasst nach: Mohr DN, et al. JAMA 1986 ;256 :224-9.

Mikroskopische Hämaturie [R31]

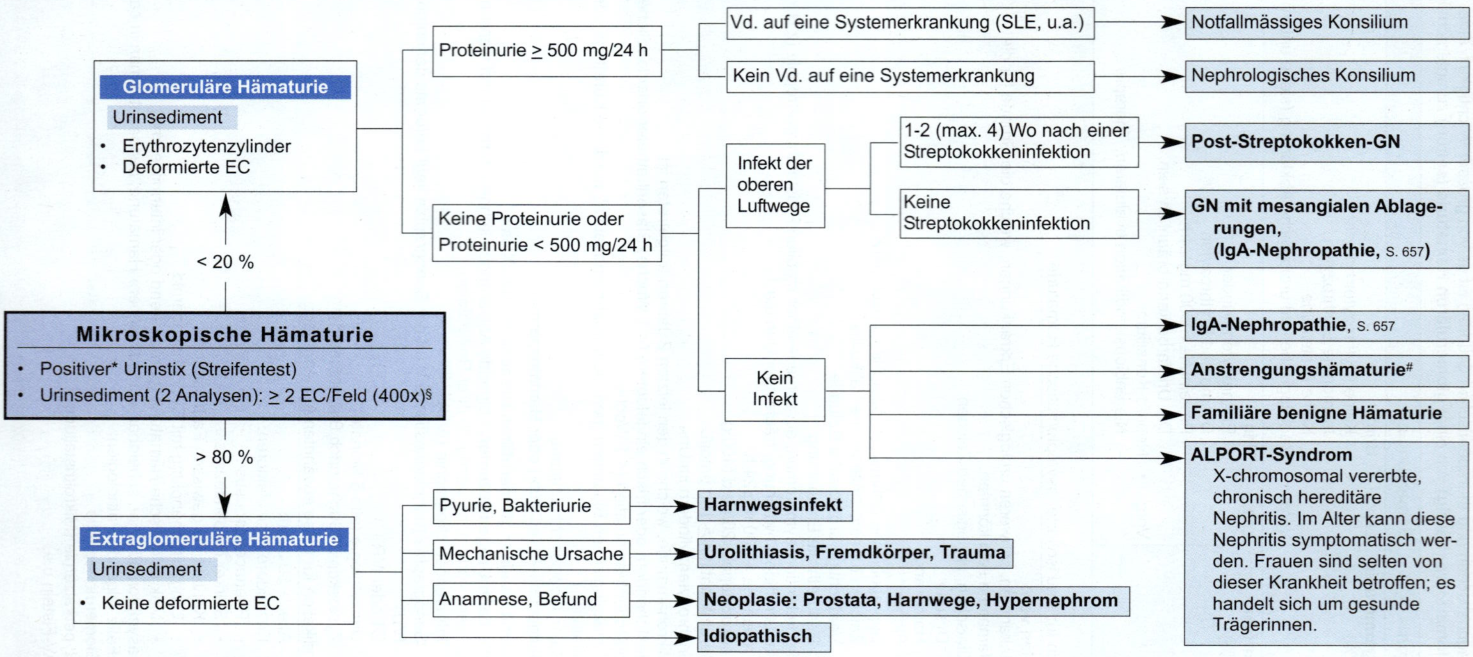

Diagnostischer Algorithmus: Mikroskopischer Hämaturie.

* Positiver Urinstix: Vaginalblutung, Myoglobinurie, Bakteriurie (die durch die Bakterien produzierte Katalase erzeugt dieselbe Reaktion, wie die Peroxidase des Hämoglobins, welche für die positive Reaktion verantwortlich ist).

§ Die Definition der mikroskopischen Hämaturie ist nicht standardisiert. In der Literatur werden zwischen1-5 EC/Feld (400x) angegeben.

Eine Anstrengungshämaturie muss in folgenden Situationen abgeklärt werden: • Alter ≥ 45 Jahre, • Dauer > 72 h, • rezidivierende Episoden, • makroskopische Hämaturie.

Hämaturie - Abklärung [R31]

Allg: • Der Urinstix (Streifentest, siehe auch S. 1438) ist:
- sehr sensitiv (er wird schon positiv bei 2 Erythrozyten)
- unspezifisch (oft falsch positive Resultate!)

Vorg: • Algorithmus zur Abklärung einer isolierten Hämaturie (Definition, siehe S. 646):

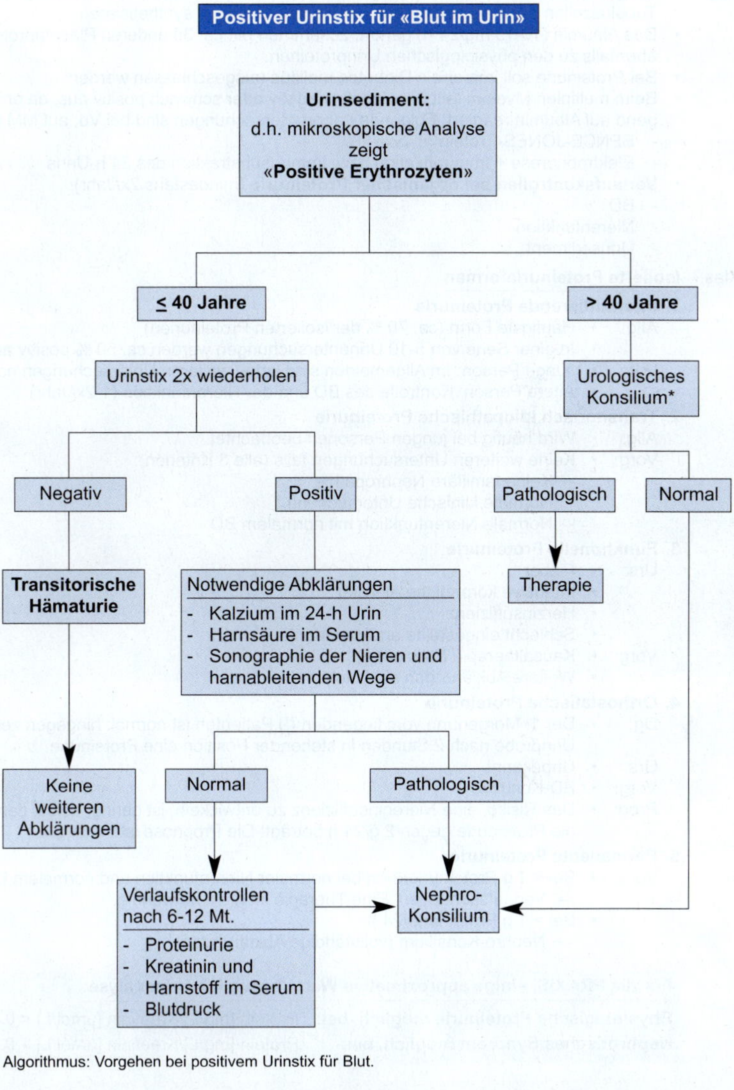

Algorithmus: Vorgehen bei positivem Urinstix für Blut.

* In ca. 80 % der Fälle liegt ursächlich eine urologische Pathologie zu Grunde.

NEPHRO

Proteinurie[1-3] [R80]

Def:[3]

Physiologische Proteinurie	**< 150 mg Protein/24 h-Urin**
Mikroalbuminurie	**30-299 mg Albumin/24 h-Urin**
Makroalbuminurie	**≥ 300 mg Albumin/24 h-Urin**

Allg:
- Hauptanteil der Proteine sind die TAMM-HORSFALL-Proteine (= Uromodulin), welche die Tubuluszellen der Pars ascendens der HENLE-Schlaufe synthetisieren.
- Das Albumin (10-15 mg/24 h) gehört, zusammen mit ca. 30 anderen Plasmaproteinen, ebenfalls zu den physiologischen Urinproteinen.
- Bei Proteinurie soll immer ein Diabetes mellitus ausgeschlossen werden.
- Beim multiplen Myelom fällt der Urinstix negativ oder schwach positiv aus, da er vorwiegend auf Albumin reagiert. Folgende Laboruntersuchungen sind bei Vd. auf MM indiziert:
  - BENCE-JONES-Protein (s. 1366)
  - Elektrophorese + Immunfixation bzw. Immunsubstraktion des 24 h-Urins
- **Verlaufskontrollen bei organischer Proteinurie** (mindestens 2x/Jahr):
  - BD
  - Nierenfunktion
  - Urinsediment

Klas:[2] **Isolierte Proteinurieformen**

1. Intermittierende Proteinurie

Allg:
- Häufigste Form (ca. 70 % der isolierten Proteinurien)
- In einer Serie von 5-10 Urinuntersuchungen werden ca. 50 % positiv ausfallen.

Vorg:
- Junge Person: Im Allgemeinen sind keine weiteren Untersuchungen notwendig.
- Ältere Person: Kontrolle des BD und der Nierenfunktion (1-2x/Jahr).

2. Transitorisch idiopathische Proteinurie

Allg:
- Wird häufig bei jungen Personen beobachtet.

Vorg:
- Keine weiteren Untersuchungen falls (alle 3 Kriterien):
  - Keine familiäre Nephropathie
  - Normale klinische Untersuchung
  - Normale Nierenfunktion mit normalem BD

3. Funktionelle Proteinurie

Urs:
- Fieber
- Intensive körperliche Aktivität
- Herzinsuffizienz
- Schlecht eingestellte art. Hypertonie

Vorg:
- Kausaltherapie (falls nötig)
- Weitere Abklärungen sind nicht notwendig.

4. Orthostatische Proteinurie

Dg:
- Der 1. Morgenurin vom liegenden (!) Patienten ist normal; hingegen zeigt die Urinprobe nach 2 Stunden in stehender Position eine Proteinurie.

Urs:
- Unbekannt

Vorg:
- BD-Kontrolle

Prog:
- Das Risiko, eine Niereninsuffizienz zu entwickeln, ist gering, selbst dann, wenn die Proteinurie gegen 2 g/24 h beträgt! Die Prognose ist meist gut.

5. Permanente Proteinurie

Vorg:
- Bei < 1 g Proteinurie/24 h bei normaler Nierenfunktion und normalem BD:*
  → Verlaufskontrollen. Eine Therapie ist nicht notwendig.
- Bei > 1 g Proteinurie/24 h:
  → Nephro-Konsilium (vollständige Abklärungen)

Für die PRAXIS, einige approximative Werte bezüglich Urinanalyse:

Physiologische Proteinurie möglich, bei:	Protein [mg/L]/Kreatinin [μmol/L] **< 0.02**
Nephrotisches Syndrom möglich, bei:	Protein [mg/L]/Kreatinin [μmol/L] **> 0.35**

* Vollständig isolierte Proteinurie verlangt das Erfüllen folgender 2 Kriterien:
1. Gute Nierenfunktion
2. Fehlen von:
   - Mikrohämaturie
   - Art. Hypertonie
   - Diabetes mellitus
   - Familiärer Nephropathie
   - Zeichen einer Systemerkrankung

1 De Torrenté A. Schweiz Med Wschr 1989 ;119 :851-3. 2 Abuelo JG. Ann Intern Med 1983 ;98 :186-91. 3 Standards of Medical Care in Diabetes - 2007. Diabetes Care 2007 ;30 Suppl 1 : S4-41.

Proteinurie - Abklärung [R31]

Allg: • Allgemeine Informationen bezüglich Urinstix, siehe Kapitel «Labor», S. 1438

Vorg: • Algorithmus bei Vorfinden eines positiven Urinstix für Proteinurie:

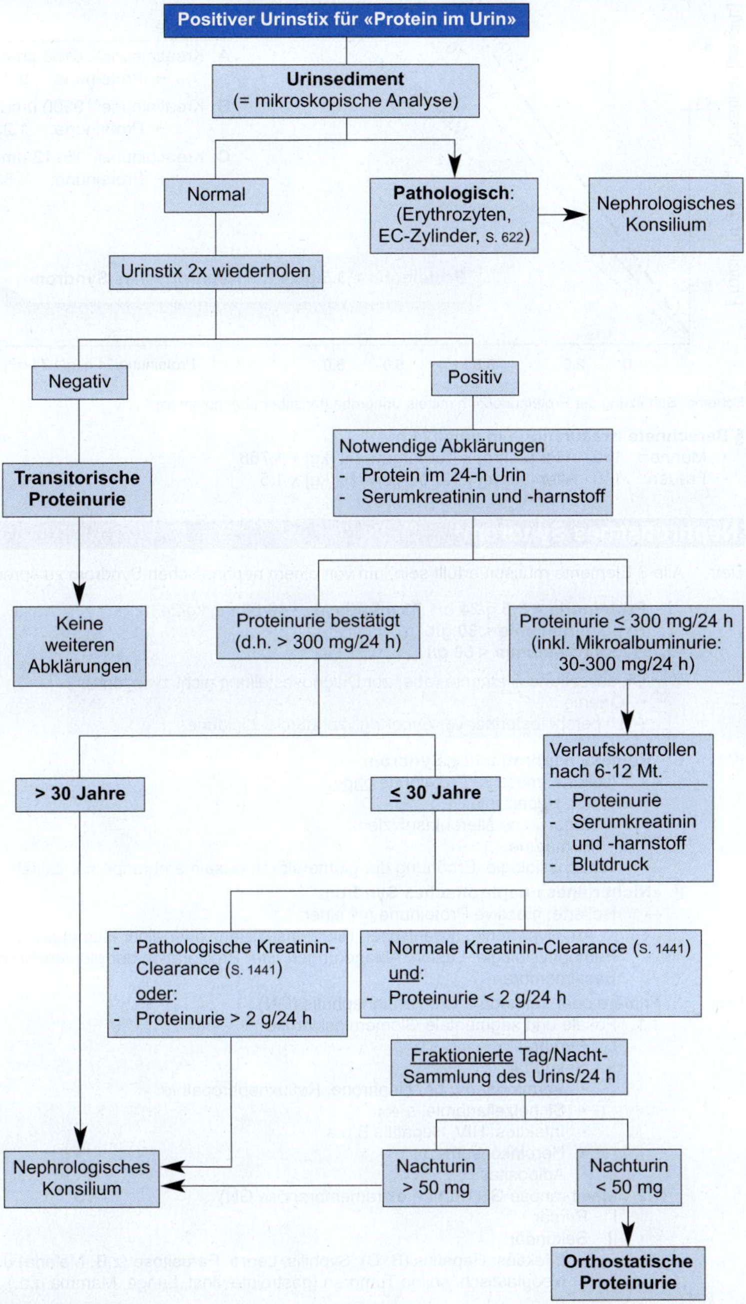

Algorithmus: Vorgehen bei positivem Urinstix für Proteine.

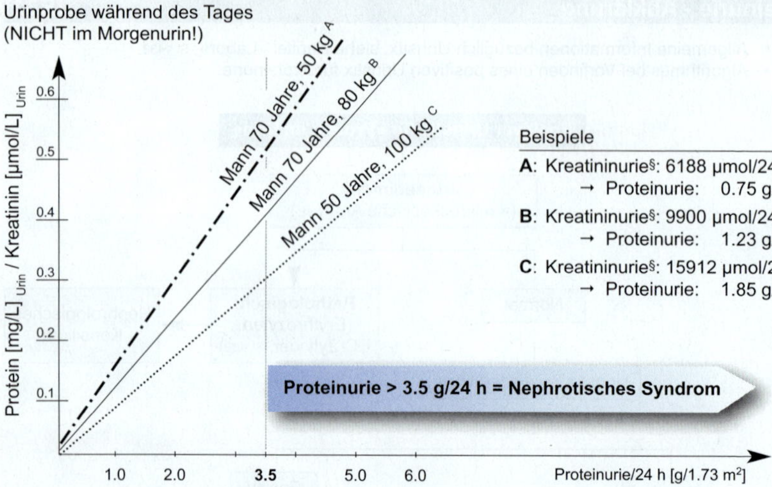

Schema: Schätzung der Proteinurie/24 h mittels Urinprobe (tagsüber abgenommen).[3]

§ Berechnete Kreatininurie in µmol/24 h:
- Männer: 140 - Alter [Jahre] x Körpergewicht [kg] x 1.768
- Frauen: 140 - Alter [Jahre] x Körpergewicht [kg] x 1.5

Nephrotisches Syndrom[4] [N04.9]

Def: Alle 3 Elemente müssen erfüllt sein, um von einem nephrotischen Syndrom zu sprechen:

1. **Proteinurie > 3.5 g/24 h/1.73 m²** (Kinder > 40-50 mg/kg/24 h)
2. **Hypalbuminämie < 30 g/L**
3. **Hypoproteinämie < 60 g/L**

Oft assoziierte Elemente (aber zur Diagnosestellung nicht zwingend):
- Ödeme
- Hypercholesterinämie, Hypertriglyzeridämie, Lipidurie

Klas: **I. «Reines» nephrotisches Syndrom**
→ Isolierte, massive Proteinurie ohne:
- Art. Hypertonie
- Organische Niereninsuffizienz
- Hämaturie

→ Patophysiologie: Erhöhung der glomerulären Basalmembranpermeabilität

II. «Nicht reines» nephrotisches Syndrom
→ Isolierte, massive Proteinurie mit einer:
- Art. Hypertonie, organischen Niereninsuffizienz oder einer Hämaturie

→ Pathophysiologie: Läsion, Ablagerungen oder Proliferation der glomerulären Basalmembran

Urs: 1. Primäre oder sekundäre Glomerulonephritis (GN)
1.1. Fokale und segmentale Glomerulosklerose
I. Primär
II. Sekundär
- Verminderung der Nephrone: Refluxnephropathie
- Sichelzellanämie, S. 904
- Infektiös: HIV, Hepatitis B u.a.
- Heroinkonsum
- Adipositas

1.2. Membranöse GN (früher: extramembranöse GN)
I. Primär
II. Sekundär
- Infektiös: Hepatitis (B, C), Syphilis, Lepra, Parasitose (z.B. Malaria) u.a.
- Neoplastisch: solide Tumoren (gastrointestinal, Lunge, Mamma u.a.)

3 Angepasst nach : Ginsberg J, et al. N Engl J Med 1983 ;309 :1543-6. 4 Cameron JS, et al. (eds.). New York, Dekker, 1988.

- Systemerkrankungen
  - SLE
  - SJÖGREN-Syndrom
  - Rheumatoide Polyarthritis
  - Autoimmunthyreoiditis
  - Sarkoidose u.a.
- Medikamentös/toxisch:
  - NSAR (Diclofenac u.a.), Penicillamin, Goldsalze, Kontrastmittel, Captopril (selten, bei hohen Dosierungen) u.a.

1.3. Membranoproliferative GN, siehe S. 655

1.4. *Minimal-change* GN

I. Primär (bei jungen Patienten)

II. Sekundär
- Atopie
- Neoplasie (z.B. HODGKIN)
- Medikamentös (z.B. NSAR)

1.5. GN bei/mit mesangialen IgA-Ablagerungen (= IgA-Nephropathie, S. 656)

1.6. Akute, post-infektiöse GN (diese GN löst i.d.R. ein nephritisches und nur selten ein nephrotisches Syndrom aus S. 652)

2. Sekundäre Glomerulopathien (sogenannte degenerative Glomerulopathien)
   - **Diabetische Nephropathie** (häufigste Ursache in Nordamerika)
   - Primäre oder sekundäre Amyloidose
   - Multiples Myelom
   - Lupus-Nephropathie (gewisse Formen)
3. Sonstige Glomerulopathien
   - Nierenvenenthrombose

Klin:
- Ödeme (infolge Salz- und Wasserretention, erhöhter Kapillarpermeabilität und Hypalbuminämie)
- Art. Hypertonie (Neuauftreten oder Verschlimmerung einer vorbestehenden Hypertonie; im Verlauf eines grippalen Infektes kann dies ein Alarmzeichen darstellen!)
- Suche nach assoziierten Begleiterkrankungen und deren Symptome und Befunde:
  - Sehstörungen (diabetische Retinopathie, hypertensive Retinopathie)
  - Hämoptyse
  - Makroskopische Hämaturie. Die makroskopische Hämaturie ist selten; aber falls vorhanden, ist der Urin dunkelbraun wie ein *Kola*-Getränk und nicht etwa rot, wie bei einer Erkrankung der harnableitenden Wege.

Vorg:
- Blut:
  - Blutstatus, CRP, BSR, Harnstoff, Kreatinin, Protein, Albumin, Na^+, K^+, Blutzucker
  - Von Fall zu Fall entscheiden:
    - -- C3, C4, CH50
    - -- Anti-MBG Antikörper, ANCA, ANA, Anti-DNA Antikörper
    - -- Hepatitis Serologien: B, C
    - -- Elektrophorese der Serumproteine und der Urinproteine
    - -- Kryoglobuline
- 24-h Urin: Protein, Albumin, Kreatinin (→ Kreatinin-Clearance)
- Nierensonographie
- Nierenbiopsie (ist zur Diagnosestellung notwendig). Voraussetzungen: genügend grosse Nieren (> 9 cm) und noch vorhandener Kortex mit einer Parenchymdicke ≥ 10 mm.

Th: **1. Diät**
- Natrium ....3-5 g NaCl/d (= 130-220 mmol NaCl oder 50-85 mmol Na^+)
- Flüssigkeit ....Bei Natriämie ≥ 130 mmol/L: keine Flüssigkeitsrestriktion
- Proteine ....Bei schwerer Niereninsuffizienz soll die tägliche Proteineinnahme auf ca. 0.8 g/kg beschränkt werden, denn je höher die Proteinaufnahme, desto höher die Albuminurie!

2. Klinikorientierte, unspezifische, medikamentöse Therapie

a) Schleifendiuretikum (S. 1250); bei Nichtansprechen, zusätzlich Albumin **IV**

b) ACE-Hemmer oder Sartan (auch bei fehlender art. Hypertonie; siehe Kontraindikationen dieser Medikamentenklassen S. 1258):
→ Verminderung des Druckes der glomerulären Filtration
→ Verminderung der Proteinurie

c) Lipidsenker (z.B. Statin, S. 1285)

d) Therapie eines evtl. Diabetes mellitus

e) Antikoagulation
- Indiziert bei Thrombosen der Nierenvenen
- Eine prophylaktische Antikoagulation oder Plättchenaggregationshemmung soll v.a. bei der membranösen GN mit Albuminämie < 20 g/L in Betracht gezogen werden.

3. Spezifische Therapie (Nephro-Konsilium)
- Kortikoide, Immunsuppressoren, Plasmapheresen, Dialyse, Transplantation

Nephritisches Syndrom [N00]

Def: • Entzündlicher Befall der Glomeruli mit:

1. **Hämaturie** (mikroskopisch oder makroskopisch)
2. **Proteinurie < 3 g/24 h** (v.a. Albuminurie)

• Weitere Zeichen, die beim nephritischen Syndrom auftreten können:
- Art. Hypertonie
- Lungenödem
- Hirnödem
- Generaliserte Ödeme
- Niereninsuffizienz

Klin: • Die sogenannte **VOLHARD-Trias** kann beobachtet werden:
1. Hämaturie
2. Art. Hypertonie
   - Manchmal maligne (kann eine hypertensive Enzephalopathie auslösen)! Der Schweregrad der art. Hypertonie gibt keine Auskunft über den Nierenbefall.
   - Papillenödem einer exsudativen Retinopathie (bestätigt eine maligne Hypertonie)
3. Ödeme infolge Salz- und Wasserretention:
   - Gut sichtbar an den Augenlidern
   - An den unteren Extremitäten
   - Akutes Lungenödem
   - Hirnödem

• Oligurie infolge Niereninsuffizienz (inkonstant und mit variablem Schweregrad)
• Jedes nephritische Syndrom, welches nach 48 h nicht regredient verläuft, ist bis zum Beweis des Gegenteils, als schnell progrediente Glomerulonephritis zu betrachten!

Lab: • Urin
- Dunkelbrauner Urin (bouillon-, kolagetränkfarbig)
- Mikro- oder Makrohämaturie (Blut im Urinstix +++)
- Erythrozytenzylinder (weisen auf eine glomeruläre Ursache der Hämaturie hin)
- Proteinurie (Proteine im Urinstix: + bis +++)

Urs: Die Ursache des nephritischen Syndroms ist eine **Glomerulonephritis** (GN).

Hier einige Beispiele von Glomerulonephritiden:

1. Akute, post-infektiöse GN (Streptokokken)

Klin: A. Akute, heilbare Form (häufigste Form)
- Die Klinik entspricht derjenigen der akuten, Post-Streptokokken GN, aber andere Keime können involviert sein.
- Art. Hypertonie
- Oligo-Anurie, Niereninsuffizienz
- ± Nephrotisches Syndrom (s. 652; verschwindet innerhalb von 2 Wo)
- C3 (Komplement-Fraktion): initial vermindert; normalisiert sich innerhalb von 8 Wo. Das C3 eignet sich gut zur Verlaufskontrolle.
- Die Nierenbiopsie ist nicht notwendig (zeigt eine endo-kapilläre Proliferation).
- Sehr gute Prognose
- Therapie:
  1. Symptomatische Therapie
     - Natriumarme Kost, um die Wasserretention zu verhindern
     - ± Diuretika
     - Therapie der art. Hypertonie, s. 248 ff
  2. Antiinfektiöse Therapie
     - Wenn eine infektiöse Ursache bestätigt werden kann, wird sie gezielt behandelt (z.B. Sanierung eines Zahninfektes).
     - Eine AB-Therapie von 10 d genügt, um eine akute Post-Streptokokken GN zu behandeln (ad. orales Penicillin).

B. Akute, chronisch verlaufende Form
- Je nach Verlauf, ist eine Nierenbiopsie notwendig
- Therapie: ad. Nephro-Konsilium

C. Akut beginnende Form mit rasch progredienter Niereninsuffizienz
- Die Nierenbiopsie ist früh indiziert
- Schlechte Prognose mit terminaler Niereninsuffizienz
- Therapie: ad. Nephro-Konsilium

2. GN mit mesangialen IgA-Ablagerungen

Syn: • IgA-Nephropathie, Morbus BERGER, s. 656

3. Membranoproliferative GN

Klas: Primäre und sekundäre Formen (für beide Formen gibt es den Typ 1 und 2)

I. Typ 1 (C3 ↓; ausser bei Kryoglobulinämie: C4 ↓)

- Infektiös
  - Hepatitis B, C
  - Subakute bakterielle Endokarditis
  - Abszess
  - Sigmoiditis
  - Sinusitis u.a.
- Neoplastisch
  - Maligne Hämopathie
  - Melanom
  - Nierentumor u.a.
- Systemerkrankungen
  - SLE
  - SJÖGREN-Syndrom,
  - Rheumatoide Polyarthritis
- Kryoglobulinämie (oft mit Hepatitis C assoziiert)

II. Typ 2 (C3 ↓, C4 normal)

- Partielle Lipodystrophie u.a.

4. Rasch progrediente GN¶

I. Pauci-immun (ANCA assoziiert)

- WEGENER-Granulomatose
- Mikroskopische Periarteriitis nodosa

II. Mit glomerulären Immunkomplexablagerungen

- Linear, entlang den Basalmembranen (z.B. GOODPASTURE-Syndrom)
- Granulöse, intraglomeruläre Immunglobulinablagerungen:
  - IgA-Nephropathie
  - Lupus Nephropathie
  - Membranoproliferative GN
  - Membranöse GN

5. Membranöse GN (früher: epimembranöse GN)

Vorg:
- Kausalabklärungen des nephritischen Syndroms:
  - Suche einer Infektion: HNO, Haut (Kathetereinstichstellen), Klappen u.a.
  - Suche nach Zeichen einer Systemerkrankung:
    - -- Purpura SCHÖNLEIN-HENOCH (v.a. bei Kindern)
    - -- SLE
    - -- PAN
  - Suche einer Neoplasie:
    - -- Gastrointestinal, gynäkologisch, Schilddrüse, Haut, Lymphom u.a.
- Komplement C3 ↓ bei:
  - Membranoproliferativen GN
  - Post-infektiöser GN
  - Ausnahme: Kryoglobulinämie; hier ist das C4 vermindert!

Th:
- Ad. Nephro-Konsilium

Bem:
- Das «Nicht reine» nephrotische Syndrom (d.h. mit art. Hypertonie, Hämaturie und akuter Niereninsuffizienz) kann ein akutes nephritisches Syndrom vortäuschen.
- **Für die PRAXIS:**
  Wie kann ein nephritisches von einem nephrotischen Syndrom unterschieden werden?

Parameter	Nephritisches Syndrom	Nephrotisches Syndrom
Ursache	Diffuse Entzündung der Glomeruli	• Erhöhte Permeabilität der glomerulären Basalmembran
Arterielle Hypertonie	Oft schwergradig, manchmal mit epileptischer Krise	• «Reine» Form (s. 652): keine art. Hypertonie. • «Nicht reine» Form: eine art. Hypertonie kann vorhanden sein.
Proteinurie	< 3 g/24 h	• > 3.5 g/24 h

¶ Verschiedene andere Glomerulopathien können, wie die membranoproliferativen GN oder seltener die IgA-GN, einen rasch progredienten Verlauf zeigen.

NEPHRO

IgA-Nephropathie — Morbus BERGER[1,2] [N07]

Allg:
- Es handelt sich um die häufigste Form der chron. Glomerulonephritis (20-30 % in Amerika)
- Altersgipfel: 20-40 Jahre
- Männer > Frauen. Völkergruppen: Asiaten > Weisshäutige > Dunkelhäutige

Urs:
- Immune Genese mit IgA-Ablagerungen im mesangialen Teil der Glomeruli.

Klas:
- **IgA-Glomerulopathie** (unvollständige Liste)

  Idiopathisch
  - **IgA-Nephropathie**
  - SCHÖNLEIN-HENOCH Purpura

  Sekundär
  - Immunologische oder infektiöse Pathologien
    - Ankylosierender Spondylitis
    - Rheumatoide Arthritis
    - Uveitis
    - REITER-Syndrom
    - HIV, Hepatitis B
    - Dermatitis herpetiformis‡
  - Gastrointestinale Pathologien
    - Zöliakie
    - Leberzirrhose verschiedener Ursache: Alkohol, biliär
    - Morbus CROHN, Colitis ulcerosa
  - Psoriasis
  - Sehr selten: Sarkoidose, Hämosiderose

Klin:
- Sehr variabel:
  - Benigner Nierenbefall
  - Proteinurie
  - Asymptomatische mikroskopische Hämaturie, makroskopische Hämaturie («teefarbiger Urin»), einhergehend mit einem infektiösen Ereignis der oberen Luftwege.
  - Progrediente Niereninsuffizienz
- Kein Hautrash, keine Arthralgien, keine Bauchschmerzen

Dg:
- Nierenbiopsie + immunhistologische Aklärung. Die Indikation der Nierenbiopsie wird durch den Spezialisten gestellt (kein Konsens). Zur Zeit gibt es keine zuverlässige prognostische Parameter.

Lab:
- Pathologisches Urinsediment (siehe S. 622, 1440)
- Proteinurie (selten > 3.5 g/24 h)
- Die Kreatinin-Clearance kann vermindert sein.
- Erhöhung des IgA- Serumspiegels (in 50 % der Fälle)

Vorg:

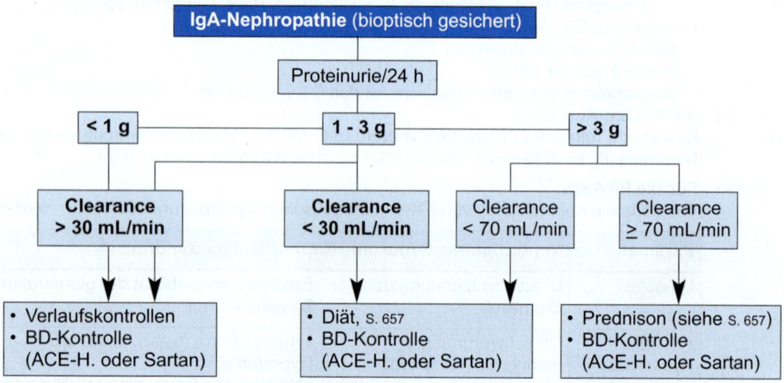

Algorithmus: Vorgehen bei bioptisch bewiesener IgA-Nephropathie.[2]

‡ Dermatitis herpetiformis (DUHRING Dermatitis)

Allg: Seltene bullöse, autoimmune Dermatose, die eine spezielle Form der Zöliakie darstellt.

Klin: Typischer Hautausschlag, der aus zahlreichen, sehr pruriginösen Vesikeln besteht. Die Lokalisation der Vesikel ist am häufigsten an der Aussenseite der Extremitäten zu beobachten.

Dg: Hautbiopsie: Die Histologie zeigt IgA-Ablagerungen unter der Basalmembran. Antikörpersuche der Zöliakie, siehe S. 492

Th: Glutenfreie Diät. Dapson 50-100 mg/d.

1 Donadio JV, et al. N Engl J Med 2002 ;347 :738-49. 2 Nolin L, et al. Kidney International 1999 ;55 (Suppl 70) :S56-S62.

Th: **A. Patienten mit minimen Urinanomalien und ohne art. Hypertonie**
- Nephro-Konsilium
- Ca. 20 % der Patienten zeigen eine spontane Regression.
- Wenn sich die Proteinurie verstärkt, wird eine Therapie unumgänglich.

B. Patienten mit mittelschweren bis schweren Urinanomalien mit/ohne art. Hypertonie

B.1. Medikamentöse Therapie (Nephro-Konsilium)

a) ACE-Hemmer + Sartan:[3]

Allg: • Ziel: Verminderung der Proteinurie und Verlangsamung des Verlaufes der Niereninsuffizienz

Bsp: • Enalapril 10 mg/d + Losartan 50 mg/d

b) Kortikoide

Ind: • Nephro-Konsilium. Kortikoide werden v.a. bei Patienten mit:
- Proteinurie von 1.0-3.5 g/24 h
- und Kreatininämie < 133 µmol/L eingesetzt.

Bsp: • Prednison 0.5-1 mg/kg alle 48 h für 2 Mt., dann Dosis vermindern.
- Dauer der Kortikoidtherapie: 4-6 Mt.

c) Immunosuppressiva

Ind: • Rasch progrediente IgA-Glomerulopathie (= seltene Form)

B.2. Nahrungssupplement
- Fischöl kann den Verlauf der Krankheit verlangsamen.
- Fischöl (ungestättigte Omega-3 Fettsäuren) kann als Ölsupplement in Kapselform eingenommen werden.

B.3. Chirurgische Therapie
- Tonsillektomie bei Patienten mit rezidivierender Tonsillitis.
- Nierentransplantation von Fall zu Fall in Betracht ziehen (Nephro-Konsilium).
- Rezidive treten in 30-60 % der Fälle auf, sind aber selten der Grund einer Abstossungsreaktion.

GOODPASTURE-Syndrom [M31.0]

Syn: • Anti-GBM antibody disease *(antiglomerular basement membrane antibody)*

Allg: • Das GOODPASTURE-Syndrom gehört zu den Immunkomplex-Vaskulitiden.
- Es handelt sich um eine idiopathische Autoimmunerkrankung.
- Hauptorganbefall: Nieren und Lungen
  - Ca. 25 % der Patienten leiden unter einem isolierten Nierenbefall.
  - Nur ca. 2 % der Patienten leiden an einer isolierten Lungenerkrankung.

Klin:

Zielorgan	Klinik	Anatomisches Korrelat
Nieren	Hämaturie	• Akut: rasch progrediente GN mit extrakapillärer Halbmondbildung • Immunhistologie: lineare IgG-Ablagerung
Lunge	Hämoptyse	• Intraalveolarblutung, septale Fibrose

Lab: • CRP ↑
- **Anti-Basalmembran Antikörper** (ABM-Ak)
  - Die ABM-Ak sind bei 60-80 % der Patienten positiv; Spezifität 100 %
- p-ANCA sind bei ca. ⅓ der Patienten positiv.
  - Generell haben die ANCA-positiven Formen eine bessere Ansprechrate auf die immunsuppressive Therapie.
  - Hohe ANCA (MPO) sind bei pulmonalen Formen häufiger zu beobachten.
  - Prognostischer Faktor: bei hohem initialem Serumkreatinin (> 600 µmol/L) ist die renale Prognose sehr schlecht.

Vorg: **1. Plasmapheresen + Cyclophosphamid + Kortikoide**

a) Plasmapheresen 1x/d während 2 Wo, S. 1425

b) Cyclophosphamid 2.5 mg/kg/d PO oder 600 mg/m² **IV** während 1 Monat

c) Kortikoide Zu Beginn: Methylprednisolon 1x 1 g/d **IV** während 3 d, dann Prednison 1 mg/kg/d PO

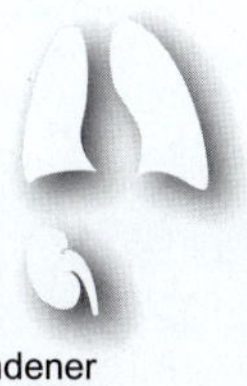

2. Klinische und Laborverlaufskontrollen
- CRP
- ABM-Ak Titer

Prog: • Bei später Diagnosestellung, d.h. 2 > Wo nach Symptombeginn oder bei vorhandener ANCA-positiver mikroskopischer Polyangiitis (S. 1065), ist die Prognose der Nierenfunktion schlecht!

3 Russo D. et al. Am J Kidney Dis 2001 ;38 :18-253.

Notizen

Notizen

ENDOKRINOLOGIE

ENDO-
KRINO

Hyperglykämie [R73.9]

Allg: • Definition des Diabetes mellitus, siehe S. 662

Urs: • Siehe Kapitel «Labor», S. 1381

Klin: **I. Klinik bei Ketoazidose bzw. beim hyperosmolaren hyperglykämen Zustand**

- Polyurie (tritt bei Blutzucker > 80 mg/dL auf):
  - → Durst, starke Polydipsie (DD: Hyperkalzämie!)
  - → Dehydratation!
  - → Trockene Haut
  - → Verminderter Turgor
  - → Tachykardie
  - → Art. Hypotonie mit erhaltender Diurese (DD: Schock; hier ist aber die Diurese per Definition vermindert!)
- Polyphagie
- Allgemeiner Schwächezustand
- Gewichtsverlust
- Nausea, Erbrechen
- Bewusstseinsstörungen
- Koma (i.d.R nur bei hyperosmolarem Zustand und nicht bei Ketoazidose)

II. Klinik, die ausschliesslich bei Ketoazidose beobachtet wird

- Diabetische Pseudoperitonitis (starke Bauchschmerzen)
- KUSSMAUL-Atmung

  Allg: • Dieser Atemtyp wird typischerweise bei metabolischen Azidosen beobachtet.

  Klin: • Die Atmung ist sehr tief, verlangsamt und stark hörbar:
  - Tiefes und langsames Einatmen. Der Thorax dehnt sich maximal aus.
  - Endinspiratorische Pause während einiger Sekunden
  - Die Ausatmung ist langsam, verlängert und manchmal sakkadiert.
  - Die Atemfrequenz ist normal oder beschleunigt.
- Hämatemese infolge hämorrhagischer Gastritis (bis 25 % der Fälle)

Bem: • **Problem in der PRAXIS:**

? Wie soll eine morgendliche Hyperglykämie bei Patienten unter Insulintherapie interpretiert werden? Zu viel oder zu wenig Insulin... *That's the big question?*

DD: **1. Zu viel Insulin - SOMOGYI-Effekt**

Allg: • Die nächtliche Hypoglykämie, welche durch eine zu hohe Insulindosis zustande kommt, erhöht die Freisetzung von Hormonen, welche die Hypoglykämie verhindern möchten.
Diese Gegenregulatorhormone sind z.B. Glukagon, Katecholamine, Kortisol, Wachstumshormon (GH).
Dadurch entsteht eine morgendliche Hyperglykämie.
• Man nennt diesen Effekt: **SOMOGYI-Effekt**. Es handelt sich im Grunde genommen um eine posthypoglykämische Insulinresistenz.

Lab: • Im Morgenurin können Ketonkörper gefunden werden (nicht obligat).

Dg: 1. Nächtliche Auto-Kontrollen (24 h - 3 h - 6 h).
Diese Methode ist aber wenig sensitiv (gewisse Patienten werden fälschlicherweise nicht erfasst).
2. Abklärung der Wahl bei Verdacht auf einen SOMOGYI-Effekt: Kontinuierliches Blutzucker-Monitoringsystem während 72 h (CGMS: *continous-glucose-monitoring-system*).
Diese Abklärung wird in spezialisierten Zentren durchgeführt.

Vorg: • Langsame Dosisreduktion des Insulins (engmaschige BZ-Kontrolle)

2. Zu wenig Insulin - DAWN-Phänomen

Allg: • Nachtsüber werden hohe oder hochnormale Blutzuckerwerte gemessen, welche in den Morgenstunden weiter ansteigen. Diese Situation kommt durch einen erhöhten Insulinbedarf zustande (bzw. erhöhte Insulinresistenz während dieser Stunden), der durch eine erhöhte Sekretion der Gegenregulator-Hormone eintritt (z.B. Kortisol, GH).
• Man nennt dieses Phänomen: **DAWN-Phänomen.**

Lab: • Im Morgenurin werden keine Ketonkörper gefunden!

Vorg: • Nach Ausschluss eines SOMOGYI-Effektes soll die nächtliche Insulindosis später verabreicht werden (z.B. langsamwirkendes Insulin gegen 23 h).

Th:
1. Diabetische Ketoazidose, siehe S. 674, 676
2. Hyperglykämischer hyperosmolarer Zustand, S. 674, 677
3. Diabetes mellitus, siehe S. 662 ff
4. Orale Antidiabetika, siehe S. 1225
5. Insulintherapie, siehe S. 672 ff

Kapillärer Blutzucker

Allg:
- Der kapilläre Blutzucker (BZ) dient u.a. zur Selbstkontrolle des DM und zur Anpassung der antidiabetischen Therapie.
- Der kapilläre BZ erlaubt es NICHT, die Diagnose eines Diabetes zu stellen (der Plasma-BZ ist zwingend).
- Zielwert des präprandialen käpillaren BZ: 90-130 mg/dL (5.0-7.2 mmol/L).[1]

Vorg: **Blutzucker Tagesprofil**

A. Blutzucker Tagesprofil bei Diabetikern unter Insulintherapie

Allg:
- Bei Diabetikern unter Insulintherapie ist es sinnvoll v.a. Nüchternblutzuckerwerte zu prüfen (d.h. nüchtern seit 8 h). Dies erlaubt die Wirkung der Dosis der letzten Insulin-Gabe zu evaluieren.
- Die BZ-Werte vor den Mahlzeiten erlauben folgende Interpretationen:
  - Wirkung der letzten Insulindosis bezügl. der letzten Mahlzeit
  - Anpassung der Insulindosis für die folgende Mahlzeit

Bsp:
- Beispiel für eine BZ-Tagesprofil:
  - **7 h** (nüchtern)
  - **11 h** (vor der Mahlzeit)
  - **17 h** (vor der Mahlzeit)
  - **22 h**

  und von Zeit zu Zeit postprandiale BZ-Kontrollen.

B. Blutzucker Tagesprofil bei Diabetikern unter oralen Antidiabetika (ohne Insulin)

Allg:
- Bei Diabetikern unter oralen Antidiabetika (OAD) ist es sinnvoll, den BZ nüchtern und postprandial (2 h nach der Mahlzeit) zu bestimmen.
  - Diese Werte erlauben es, die Wirksamkeit der OAD zu evaluieren. Es wird also die verbleibende Insulinproduktion des Pankreas geprüft.
  - Eine pankreatische Sekretionssteigerung von Insulin wird durch folgende oralen Antidiabetikagruppen erreicht:
    --- Sulfonylharnstoffe, S. 1226
    -- Glinide, S. 1231
    -- DPP- Hemmer, S. 1233
  - Die α-Glukosidasehemmer (S. 1229) vermindern v.a. die post-prandialen BZ-Schwankungen.
- Die BZ-Selbstkontrollen sollen bei Therapieänderungen intensiviert werden.

Bsp:
- Beispiel für ein BZ-Tagesprofil:
  - **7 h** (nüchtern)
  - **10 h** (postprandial)
  - **14 h** (postprandial)
  - **20 h** (postprandial)

ENDO-KRINO

1 Standards of Medical Care in Diabetes - 2007. Diabetes Care 2007 ;30 Suppl 1 : S4-41..

Diabetes mellitus[1-3] [E14.9]

Dg:[1] • Der Diabetes mellitus (DM) kann auf 3 verschiedene Arten diagnostiziert und muss durch eine 2. Blutanalyse, welche an einem anderen Tag durchgeführt wird, bestätigt werden.

3 diagnostische Methoden	Blutzucker [mg/dL]	Interpretation
Nüchternblutzucker im Plasma Allg: • Nüchternperiode bzw. Null-Kalorieneinnahme mindestens 8 h.	**< 100**	**Normalwert**
	100- 125	**Erhöhter Nüchternblutzucker** **= *IFG*:** *Impaired fasting glucose*
	> 125	**Diabetes mellitus**
Postprandialer Blutzucker Test: • Orale Einnahme von 75 g Zucker, 2 h später Blutzucker bestimmen.	< 140	Normale Glukosetoleranz
	140 - 199	**Glukoseintoleranz** **= *IGT*:** *Impaired glucose tolerance*
	≥ 200	**Diabetes mellitus**
Tageszeit unabhängiger Blutzucker bei symptomatischen Patienten Klin: • Polyurie • Polydipsie • Unerklärter Gewichtsverlust	**≥ 200**	**Diabetes mellitus**

Tabelle: Diagnose des Diabetes mellitus, IFG und IGT.

Allg: • Häufigkeit diagnostizierter Diabetes mellitus:
- Schweiz ......ca. 5 % der Bevölkerung
- USA ....ca. 8 % der Bevölkerung Typ 2 DM und < 0.5 % Typ 1 DM

• Häufigkeit der diabetischen Retinopathie: ca. 25-35 % der Diabetiker (abhängig von der Schwere, Dauer und Therapie des Diabetes)

• Häufigste Todesursache bei Diabetikern ist ein kardiovaskuläres Ereignis (75 % der Fälle)

Für die PRAXIS:
Die effizienteste (und kostengünstigte) Therapie zur Verminderung der Mortalität des Diabetikers ist: STOP SMOKING. [Yudkin JS. BMJ 1993 ; 306 :1313]

Klas:

Diabetes Typ 1

Syn: • Insulinabhängiger Diabetes, Juveniler onset Diabetes

Allg: • Prävalenz: < 0.5 % der Bevölkerung
• Pathophysiologischer Prozess:
  - Zerstörung der β-Zellen des Pankreas → i.d.R. vollständiger Insulinmangel.
• 20-30 % der Typ 1 DM haben nach 15 Jahren Erkrankung eine Mikroalbuminurie.
• Art. Hypertonie vorhanden bei:
  - 30 % der 20 jährigen
  - 70 % der 40 jährigen

Klas: • Immunologisch (bei 85-90 % der Patienten sind ≥ 1 immunologischer Marker positiv):
  - Anti-Inselzellen Antikörper
  - Anti-Glutaminat-Decarboxylase Antikörper
  - Anti-Tyrosin-Phosphatase Antikörper
• Idiopathisch

Th: • Insulintherapie, siehe S. 672

1 Standards of Medical Care in Diabetes - 2007. Diabetes Care 2007 ;30 Suppl 1 : S4-41. 2 American Diabetes Association. Diabetes Care 2003 ;26 (Suppl.1) :S33-S49. 3 Adler AI. Kidney Int 2003 ;63 :225.

Diabetes Typ 2

Syn: • Insulinunabhängiger Diabetes, Adult-onset Diabetes

Allg: • Prävalenz:
- Schweiz ......ca. 5 % der Bevölkerung
- USA ....ca. 8 % der Bevölkerung

• Über die letzten 30 Jahre hat sich die Anzahl der DM Typ 2 verdoppelt!

• Pathophysiologischer Prozess beim DM Typ 2:

1 Progredienter Defekt der Insulinsekretion aufgrund einer Insulinresistenz
→ Verminderte Glukoseaufnahme in den Muskel- und Fettzellen, was eine Erhöhung des Blutzuckerspiegels mit sich bringt.
→ Verminderte Hemmung der hepatischen Glukoneogenese (Glukosenspaltung mit Freisetzung von Glukose), was erhöhte Nüchternglukosewerte ergibt.

2. Betazelldysfunktion
→ Unfähigkeit, bei prandialem Glukoseschub, schnell und adäquat Insulin auszuschütten. Die Blutzuckererhöhung führt über die Glukosetoxizität zu einer kontinuierlichen Verschlechterung der Betazellfunktion. Im Verlauf der Zeit sterben die Betazellen ab, was zu einem relativen, dann absoluten Insulinmangel führt.

• 10 Jahre nach Diagnosestellung werden folgende Komplikationen beobachtet:[2]
- 25 % Mikroalbuminurie (30-299 mg/24 h-Urin)
- 5 % Makroalbuminurie (≥ 300 mg/24 h-Urin)
- 0.8 % Serumkreatininanstieg > 175 µmol/L

Th: • Orale Antidiabetika ± Insulin, siehe Algorithmus S. 670

Klas: • **Bespiele anderer spezifischer Diabetesformen** (nicht vollständige Liste)

A. Genetischer Defekt der β-Zellen
- MODY (*Maturity onset diabetes of young*): Insulinsekretion ↓

B. Genetische Störung der Insulinwirkung
- Insulinresistenz vom Typ A
- Lipodystrophischer (oder lipatrophischer) Diabetes mellitus‡

C. Exokrine Pankreasinsuffizienz
- Pankreatitis, Pankreasneoplasie
- Pankreatektomie
- Zystische Fibrose

D. Endokrinopathie
- Hyperkortisolismus
- Phäochromozytom
- Hyperthyreose
- Akromegalie, S. 216
- Somatostatinom, Aldosteronom u.a.

E. Medikamentös oder chemisch
- Betablocker, Thiazide, Kortikoide, Schilddrüsenhormone, Phenytoin, Pentamidin u.a.

F. Infektiös
- Kongenitale Röteln, CMV u.a.

G. Immunvermittelte Formen des Diabetes
- *Stiff-man*-Syndrom
- Anti-Insulinrezeptor Antikörper u.a.

H. Genetische Syndrome, die mit einem Diabetes assoziiert sein können
- DOWN, KLINEFELTER, TURNER
- FRIEDREICH Ataxie, S. 596
- Myotonische Dystrophie
- Porphyrie

I. Schwangerschaftsdiabetes, S. 664

‡ Lipodystrophischer (oder lipatrophischer) Diabetes mellitus (LAWRENCE-SEIP-Syndrom)

Allg: • Es handelt sich um die Assoziation von:
- Acantosis nigricans
- Generalisierendes Fehlen des subkutanen Fettgewebes
- Muskelhypertrophie
- Hyperlipidämie
- Diabetes mellitus
- Hepato-splenomegalie mit Leberzirrhose

Klas: • Kongenitale und erworbene Formen

2 American Diabetes Association. Diabetes Care 2003 ;26 (suppl.1) :S33-S49.

Schwangerschaftsdiabetes (SSD)

Allg: • Das *Screening* eines SSD sollte bei allen Schwangeren zwischen der 24. und 28. SSW durchgeführt werden. Ausgenommen von dieser Empfehlung sind diejenigen Frauen, die ein niedriges SSD-Risiko aufweisen (alle Kriterien müssen erfüllt sein):
- Alter < 25 Jahre
- Normaler BMI, S. 681
- Negative Diabetes-Familienanamnese (Verwandte 1.°)
- Keine Glukoseintoleranz in der Vorgeschichte
- Keine geburtshilflichen Komplikationen
- Nicht-Angehörigkeit zu folgenden Völkergruppen:
  -- Lateinamerikanisch, afro-amerikanisch, orientalisch, Amerika-Indianer

Dg: • Es gibt verschiedene Testprotokolle.
• Grundbedingungen für beide folgenden Protokolle sind:
- Der Test wird am Morgen durchgeführt.
- Die Patientin soll seit 8-14 h nüchtern sein.

Vorg: ■ **Protokoll A**
- Orale Einnahme von 75 g Glukose, dann BZ-Bestimmung nach 1 und 2 h.
- Interpretation (SSD, falls ≥ 2 Kriterien):
  ▶ Nüchternblutzucker............> 95 mg/dL
  ▶ nach 1 h ....> 180 mg/dL
  ▶ nach 2 h ....> 155 mg/dL

■ **Protokoll B**
- Orale Einnahme von 50 g Zucker. 1 h später wird der Blutzucker bestimmt.
  Wenn der Blutzucker > 130 mg/dL ist, soll der Test mit 75-100 g oraler Glukose wiederholt werden. 1 h später wird erneut der Blutzucker gemessen.
- Interpretation:
  ▶ SSD bei Blutzucker..........> 130 mg/dL
- Bemerkung: Der erste Teil dieses Tests erlaubt die Diagnosestellung des SSD in > 90 % der Fälle.

Vorg:[1] • **Indikationen eines Diabetes-*Screening* bei asymtomatischen Personen**

Das *Screening* wird i.d.R. mittels pathologischem Nüchtern-BZ bestimmt (S. 662), wobei auch der Glukosetoleranztest dazu validiert ist (S. 662).
- ■ **Alter ≥ 45 Jahre**: das *Screening* wird bei BMI ≥ 25 stark empfohlen. Bei negativem *Screening* soll dieses nach 3 Jahren wiederholt werden.
- ■ **Alter < 45 Jahre und einem BMI ≥ 25**, sowie ≥ 1 der folgenden Risikofaktoren:
  - Verwandte 1.° mit Diabetes mellitus
  - Keine regelmässige körperliche Aktivität
  - Vorgeschichte eines SSD oder Neugeborenengewicht > 4 kg
  - Art. Hypertonie (≥ 140/90 mmHg)
  - HDL-Cholesterin ≤ 36 mg/dL und/oder Hypertriglyzeridämie > 150 mg/dL
  - Glukoseintoleranz oder pathologischer Nüchternblutzucker in der Vorgeschichte
  - Vorgeschichte einer Vaskulopathie
  - Polyzystisches Ovarialsyndrom, S. 685
  - Angehörigkeit zu einer der folgender Völkergruppen:
    -- Lateinamerikanisch, afro-amerikanisch, orientalisch, Amerika-Indianer

• **Indikationen zum KHK-*Screening* beim Diabetiker**

1. Personen > 55 Jahre mit ≥ 1 der folgenden Risikofaktoren:
   - Dyslipidämie
   - Art. Hypertonie
   - Aktivraucher
   - Positive Familienanamnese (Verwandte 1.°): Männer < 55 Jahre; Frauen < 65 Jahre
   - Mikro- (30-299 mg/24 h-Urin) oder Makroalbuminurie (≥ 300 mg/24 h-Urin)
   - Abdominale Adipositas (Bauchumfang beim Mann > 94 cm, Frau > 80 cm)
   - Keine regelmässige körperliche Aktivität
2. Status nach Myokardinfarkt oder bei Patienten, die für einen signifikanten kardiovaskulären Eingriff geplant sind
3. Bei asymptomatischen Patienten soll das Risiko eines kardiovaskulären Ereignisses über 10-Jahre bestimmt werden (und therapieren, wenn indiziert), siehe S. 689
4. Belastungs-EKG bei:
   - Typischen oder atypischen AP-Schmerzen
   - Pathologischem Ruhe-EKG
5. Herz-Stresstest (Stressecho, Szintigraphie, MR) bei:
   - PAVK oder Karotisstenose in der Vorgeschichte
   - Mangel an körperlicher Aktivität, > 35 J und Wunsch, intensiven Sport zu beginnen

1 Angepasst nach: Standards of Medical Care in Diabetes - 2008. Diabetes Care 2008 ;31 Suppl 1 : S12.-54.

Kpl: **1. Mikroangiopathie**

1.1. Diabetische Nephropathie

Klas:

Stadium der Nephropathie	
I	Hyperfiltration und Nephromegalie
II	Latentes Stadium: Verdickung der kapillären Basalmembrane der Glomeruli, Bildung von mesangialen Knötchen (KIMMELSTIEL-WILSON Glomerulosklerose)
III	Mikroalbuminurie und Verminderung der glomerulären Funktion
IV	Proteinurie (≥ 300 mg/24 h)
V	Terminale Niereninsuffizienz, Anurie

1.2. Diabetische Retinopathie (bei 60-80 % nach 10 Jahren Diabetes)

Klas:

Stadium der Retinopathie		Kontrollintervall
I	Keine Retinopathie	ca. alle 12 Monate
II	Milde, nicht proliferative Retinopathie	ca. alle 6 Monate
III	Mässige, nicht proliferative Retinopathie	ca. alle 6 Monate
IV	Schwere, nicht proliferative Retinopathie	ca. alle 3 Monate
V	Proliferative Retinopathie mit/ohne diabetische Makulopathie	ca. alle 2-3 Monate

1.3. Diabetische Neuropathie

Klas: A. Sensorisch

- Polyneuropathie (häufigste Form)
  - Bilateraler, symmetrischer Befall der Beine (Arme später betroffen)
  - Aszendierender Verlauf
  - Frühzeitiger Befall der Tiefensensibilität und des Vibrationssinnes, dann epikritische und thermo-algesische Störungen
  - Verlust der monosynaptischen Reflexe in den betroffenen Gebieten (z.B. ASR, PSR)
- Mononeuropathie (z.B. Karpaltunnelsyndrom, S. 1032)

B. Motorisch (Lagerungs- und Koordinationsstörungen)

C. Autonom

- Ruhetachykardie
- Fehlende Herzfrequenzvariation während des Atemzyklus und während der Orthostase
- Orthostatische Hypotonie
- Diarrhoe (oft nächtlich)
- Gastroparese
  - Asymptomatisch
  - Symptomatisch: Erbrechen, verspätete Hypoglykämiekorrektur u.a.
- Blasenatonie, Harnretentionsblase (> 150 mL)
- Impotenz (oft multifaktoriell: vaskuläre Faktoren, psychologisch)
- Verlust der Schweisssekretion (→ trockene Haut, Fissuren und Risiko eines diabetischen Fusses)

2. Makroangiopathie, ATS = 1. Mortalitätsgrund beim DM Typ 2!

2.1. Koronare Herzkrankheit

- Das KHK-Risiko ist bei DM um das 1.8-fache* erhöht!
- Die typischen AP-Schmerzen können bei DM fehlen («stumme AP»), oder sich im Rahmen von AP-äquivalenten Symptomen manifestieren.

> **Für die PRAXIS:**
> Bei einem Diabetiker, dem es «nicht wohl» ist, soll, nebst einer Hypoglykämie, immer eine stumme AP vermutet werden.
> Unspezifische AP-äquivalente Symptome können sein:
> - Dyspnoe
> - Starke Müdigkeit
> - Schweregefühl/Parästhesien der oberen Extremitäten (ein- oder beidseitig)

2.2. Hirnschlag

- Der Hirnschlag ist bei DM um das 2.4-fache* erhöht!

2.3. PAVK, S. 302

- Die PAVK ist bei DM um das 4.5-fache* erhöht!

* Prävalenzfaktor der entsprechenden Pathologie im Vergleich zur nicht-diabetischen Bevölkerung.

3. Komplikationen gemischter Ursache

3.1. Diabetischer Fuss

Allg:
- Der diabetisches Fuss ist eine komplexe Erkrankung und soll multidisziplinär betreut werden (endokrinolgisch, orthopädisch, angiologisch, infektiologisch).
- Der diabetische Fuss ist eine Komplikation, die mit der Prävention massiv reduziert werden kann. Ein individualisiertes Programm ist dazu notwendig.
- Die Prävalenz des Fussulkus unter den Diabetikern beträgt 2-10 %.
- Häufig assoziierte Keime:
  - GRAM-positive Kokken (bei hoher Prävalenz muss auch an die MRSA gedacht werden)
  - Mischinfekte mit GRAM-positiven + GRAM-negativen Kokken
  - Anaerobe Keime
- Die Beurteilung und Therapie der vaskulären Situation (inkl. Revaskularisation) ist essentiell und vermindert die Anzahl Amputationen!

> **Für die PRAXIS:**
> Bei vorhandenem Fussulkus beim Diabetiker MUSS eine Osteomyelitis IMMER aktiv gesucht werden! Suggestiv für eine Osteomyelitis sind:
> - Knopfsonden-Test (*probe to bone*)
> - Ulkustiefe > 3 mm
> - BSG > 40 mm/h ohne andere Gründe

Klin:
- Folgende 2 Systeme müssen klinisch gut untersucht werden:
  1. Arterielle Versorgung:
     - Anamnese einer Claudicatio (S. 303), Ruheschmerz?
     - Arterielle Pulse prüfen (+ Doppler) + BD-Messung der unteren Extremitäten
  2. Neurologische Störungen:
     - Vibrationssinn ↓
     - Oberflächen- und Tiefensensibilität ↓
     - Eigenreflexe ↓ (v.a. der unteren Extremitäten: ASR, PSR u.a.)
     - Temperatursensibilitätsstörung

Urs:
- Multifaktoriell/Risikofaktoren:
  - PAVK (= Hochrisikofaktor!!)
  - Periphere Neuropathie
  - Autonome Neuropathie
  - Vorhandensein einer diabetischen Retinopathie, S. 665
  - Vorhandensein einer diabetischen Nephropathie
  - Lange Diabetesdauer, hohe Blutzuckerwerte
  - Verminderte Muskelkraft (eingeschränkte Stabilisierung des Fusses)
  - Diabetisches Ulkus in der Vorgeschichte

Klas:
I. Neuropatisch-infizierter Fuss (ca. ⅔ der diabetischen Füsse)
→ Der diabetische Fuss kommt infolge Schädigung der peripheren Nerven aufgrund jahrelanger Mangelversorgung zustande.
II. Ischämisch-gangränoser Fuss (ca. ⅓ der diabetischen Füsse)
→ Der diabetische Fuss kommt durch die PAVK zustande.

Vorg:

Wundbehandlung bei Diabetikern	Therapeutisches Vorgehen
• DM ohne: - Diabetische Neuropathie - PAVK	• Druckentlastung • Behandlung der Wunde wie bei Nicht-Diabetikern
• DM mit diabetischer Neuropathie	• Druckentlastung • Oberflächliche Wunde <u>ohne</u> Infekt: - Falls keine Abheilung nach 4 Wo, ad. Endokrino-Konsilium • Oberflächliche Wunde <u>mit</u> Infekt: - Labor + AB (siehe Tabelle S. 667)
• DM mit PAVK	• Druckentlastung • Konsilium: Revaskularisation?

Th: **Diabetischer Fuss ohne Osteomyelitis**

Diabetischer Fuss	Erreger	AB-Therapie (Dosierung/d)
■ **Milde Klinik (Bein nicht gefährdet)**		
• Ulkus oberflächlich • Milde Begleitentzündung • Tiefe Strukturen sind intakt • Keine Ischämie • Gut kontrollierter DM	• *Staphylococcus aureus* • *Strepetococcus*	Ambulante, orale Therapie: • Clindamycin 3x 300-600 mg PO • Amoxicillin/Clavulansäure 3x 625 mg PO
■ **Schwere Klinik (Bein gefährdet)**		
• Ulkus tief • Starke Begleitentzündung • Tiefe Strukturen sind befallen • Ischämie vorhanden • Schlecht kontrollierter DM	• Polymikrobiell • GRAM-positive Kokken • Anaerobier • GRAM-positive Stäbchen	Stationäre Therapie: (Chir-, Ortho-Konsilium!) • Amoxicillin/Clavulansäure: 3-4x 2.2 g **IV** • Ciprofloxacin: - 2x 400 mg **IV** oder: 2x 500-750 mg PO und: - Clindamycin 3x 300-600 mg **IV** • Piperacillin/Tazobactam: - 4.5 g **IV** alle 8 h • Imipenem/Cilastatin: - 0.5 g **IV** alle 6 h • Meropenem 1 g **IV** alle 8 h

Tabelle: Klinik und Therapie des diabetischen Fusses mit Ulkus (ohne Osteomyelitis).

3.2. Diabetische Hautveränderungen

Bsp:
- Erysipel/Zellulitis, S. 1082
- Candidosis
- Lipodystrophie an den Insulin-Injektionsstellen

3.3. Erhöhtes infektiöses Risiko

Allg:
- Bei Diabetes mellitus ist generell das Infektionsrisiko erhöht (bakteriell, viral, Pilzinfekt, atypische Keime, Parasitosen).

ENDO-KRINO

Diabetes mellitus: Praktisches Vorgehen [R73.9]

Vorg: **1. Notfallsituation**

1.1. Diabetische Ketoazidose, S. 674, 676

1.2. Hyperosmolarer hyperglykämischer Zustand, S. 674, 677

2. Allgemeinmassnahmen bei Diabetes mellitus (betrifft nicht die Entgleisung)

2.1. *Lifstyle*, siehe S. 682, 690

2.2. Blutzuckerkontrolle - HBA1c - Mikrovaskuläres Risiko in Bezug auf das HbA1c

Für die PRAXIS:
Das Ziel-HbA1c beträgt < 6.5 % [B]

HbA1c	Mittlere BZ-Werte (über 2-3 Mt.)
6 %	135 mg/dL
7 %	170 mg/dL
8 %	210 mg/dL
9 %	245 mg/dL
10 %	280 mg/dL
11 %	320 mg/dL
12 %	350 mg/dL

Parameter	Niedriges Risiko	Makrovaskuläres Risiko	Mikrovaskuläres Risiko
HbA1c	< 6.5 %	≥ 6.5 %	> 7.5 %
Nüchtern BZ	90-126 mg/dL	> 145 mg/dL	> 145 mg/dL
Postprandialer BZ	< 145 mg/dL		> 180 mg/dL

2.3. Arterielle Hypertonie
- Ziel-BD-Werte, siehe S. 256

2.4. Lipidkontrolle
- Zielwerte siehe Richtlinien S. 690

3. Mikroalbuminurie und Makroalbuminurie
- Die Mikroalbuminurie beim Typ 1 DM ist das erste Zeichen einer Nephropathie. Beim Typ 2 DM ist sie ein Marker für eine Nierenschädigung.
- Wenn der Urinstix zum *Screening* eingesetzt wird, muss er für «Mikroalbuminurie» ausgestattet sein.
- Wenn der Spoturin verwendet wird, muss dieser mittels *Immunoassay* durchgeführt werden.

3.1. Definition im 24 h-Urin:
- Mikroalbuminurie ....30-299 mg/24 h-Urin
- Makroalbuminurie............≥ 300 mg/24 h-Urin

3.2. Definition im Spoturin
(Albumin und Kreatinin müssen innerhalb von 3-6 Mt. 3x bestimmt werden; ≥ 2 der 3 Urinspots müssen folgende Werte aufweisen):
- Mikroalbuminurie ....30-299 Albumin [µg]/Kreatinin [mg]
- Makroalbuminurie............≥ 300 Albumin [µg]/Kreatinin [mg]

4. Medikamentöse Therapie

4.1. Orale Antidiabetika (OAD, siehe auch S. 1225)
- Voraussetzung für eine Therapie mit oralen Antidiabetika (OAD) ist, dass die Betazellen des Pankreas noch genug eigenes Insulin produzieren.
- Initiales Vorgehen mit OAD, siehe Algorithmus, S. 670

4.2. Rimonabant (Cannabinoid-1-Rezeptor-Antagonist, siehe S. 683)
- Wird primär zur Körpergewichtsreduktion eingesetzt. Indikationen, siehe S. 683

4.3. Insulin
- Initiales Management der Insulintherapie, siehe Algorithmus, S. 673
- Insulin kann in Monotherapie oder kombiniert mit OAD verabreicht werden.
- Aus Kostengründen werden prophylaktische OAD bei Glukoseintoleranz oder pathologischem Nüchternblutzucker nicht routinemässig eingesetzt.

5. Diabetes und Acetylsalicylsäure 75-162mg/d PO*

5.1. Primärprävention mit ASS[1, 2]

Ind:
- **Typ 2 DM** > 40 Jahre** mit ≥ 1 Risikofaktor: [A]
  - Raucher
  - Art. Hypertonie
  - Adipositas
  - Proteinurie (≥ 300 mg/24 h-Urin)
  - Hyperlipidämie
  - Positive Familienanamnese für KHK (Verwandte 1.°):
    - -- Männer < 55 Jahre
    - -- Frauen < 65 Jahre
- **Typ 1 DM** > 40 Jahre** mit ≥ 1 Risikofaktor: [A]
  - Raucher
  - Art. Hypertonie
  - Proteinurie (≥ 300 mg/24 h-Urin)
  - Hyperlipidämie
  - Positive Familienanamnese für KHK (Verwandte 1.°):
    - -- Männer < 55 Jahre
    - -- Frauen < 65 Jahre

5.2. Sekundärprävention mit ASS

Allg:
- Sekundärprävention (d.h. bei DM mit bewiesener Atherosklerose):
  - St. post Myokardinfarkt oder nach AC-Bypass
  - St. nach Hirnschlag oder TIA
  - PAVK, Claudicatio

Ind:
- ASS ist immer indiziert! [A]
- Spezialfall bei Hirnschlag und Diabetes, siehe s. 669

6. Diabetes mellitus und Hirnschlag, siehe s. 530

7. Diabetes mellitus und KHK-*Screening*, siehe s. 251, 664, 1275

8. Diabetes mellitus und empfohlene Impfungen

8.1. Grippeschutzimpfung, s. 885

8.2. Pneumokokken Impfung, s. 887

8.3. Kontrolle von: Diphtherie und Tetanus, s. 803

9. Verlaufskontrollen bei Diabetes mellitus, siehe Tabelle s. 671

* ASS ist im Alter < 21 Jahren nicht indiziert (Gefahr des REYE-Syndroms).

** Primärprävention bei Diabetikern > 30 Jahre zu erwägen, insb. bei signifikanten Risikofaktoren. [E]

1 Angepasst nach: Nathan DM et al. Diabetes Care 2008 ; 31 :173-175 und 2 Standards of Medical Care in Diabetes - 2008. Diabetes Care 2008 ;31 Suppl 1 : S12.-54.

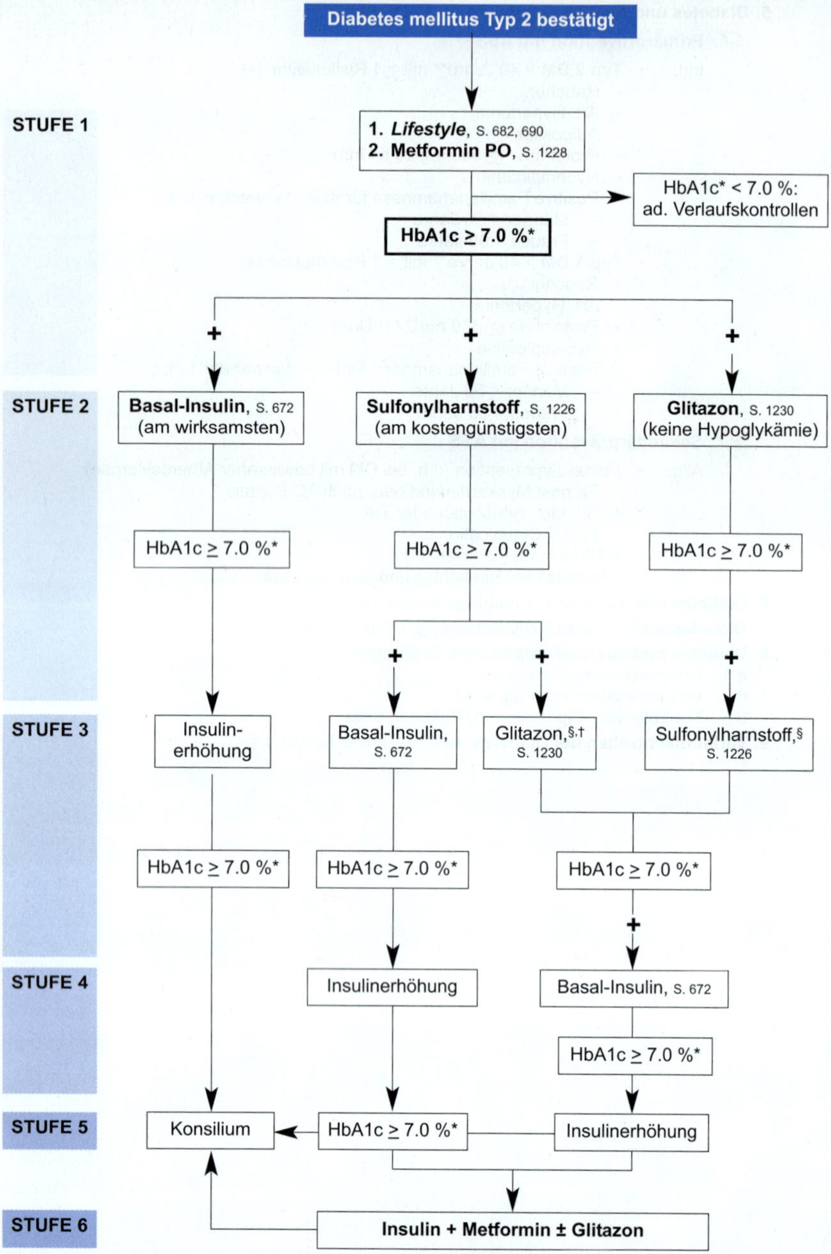

Algorithmus: Therapie bei bestätigtem Diabetes mellitus Typ 2.[1,2]

* Das HbA1c wird alle 3 Monate bestimmt bis es unter 7.0 % fällt; dann alle 6 Monate. Wenn ein HbA1c < 7 % erreicht wird, soll mit derselben Therapie weitergefahren werden (siehe Monitoring, Tabelle S. 671).

§ Glitazon: Es können 3 OAD eingesetzt werden, aber erfahrungsgemäss ist in dieser Situation eine Insulintherapie wirksamer (und kostengünstiger).

† Assoziiert mit erhöhter Wasserretention, chronischer Herzinsuffizienz und Frakturen. Rosiglitazon (wahrscheinlich nicht Pioglitazon), kann mit einem erhöhten Myokardrisiko einhergehen!

1 Angepasst nach: Nathan DM et al. Diabetes Care 2008 ; 31 :173-175 und 2 Standards of Medical Care in Diabetes - 2008. Diabetes Care 2008 ;31 Suppl 1 : S12.-54.

Verlaufskontrollen bei Diabetes mellitus

Intervention	Frequenz	Bemerkungen
▪ **Anamnese und klinische Untersuchung**		
Stopp Rauchen	Jede Arztvisite	• Betrifft nur Raucher
Blutdruck	Jede Arztvisite	• BD-Zielwerte: - Ohne Nephropathie: < 130/80 mmHg - Mit Nephropathie: < 120/75 mmHg
Fussinspektion	1x/Jahr (ggf. häufiger)	• Bei PAVK oder peripherer Neuropathie wird der Fuss bei jeder Arztvisite inspiziert.
Dilatierter Augenfundus	1x/Jahr (bei gewissen Patienten ggf. weniger häufig)	• **Typ 1 DM:** - 3-5 Jahre nach Diagnosestellung, dann jährlich (oder ggf. weniger oft) • **Typ 2 DM:** - Bei Diagnosestellung ⓘ Bei signifikanter Retinopathie werden die Kontrollen > 1x/J durchgeführt
▪ **Blutuntersuchungen**		
Lipidstatus (nüchtern)	1x/Jahr	• Bei stabilem Profil, ggf. alle 2 Jahre
HbA1c	Alle 3-6 Monate	• Ziel-HbA1c: < 6.5 %
Serumkreatinin	Zu Beginn der Diagnose, falls indiziert	
▪ **Urin**		
Mikroalbuminurie	1x/Jahr	• **Typ 1 DM:** - 3-5 Jahre nach Diagnosestellung, dann jährlich ⓘ Bei persistierender Albuminurie sollen die Proteinurie und Kreatininurie im 24 h-Urin bestimmt werden.
▪ **Sonstiges Monitoring**		
EKG	1x/Jahr ab dem 40. LJ	• Soll bei zusätzlichem RF früher bestimmt werden: - Dyslipidämie - Raucher - Art. Hypertonie - Positive Familienanamnese für DM (Verwandte 1.°: Männer < 55 Jahre; Frauen < 65 Jahre) - Mikro- oder Makroalbuminurie
Grippeschutzimpfung	1x/Jahr	• Siehe auch S. 885
Pneumokokkenimpfung	siehe S. 886	• Indikationen bezügl. Auffrischimpfung, siehe S. 886

Tabelle: Verlaufskontrollen bei Diabetes mellitus.[3]

3 Angepasst nach: Uptodate 2008: Monitoring in patients with diabetes mellitus.

Insulintherapie

Allg:
- Es gibt kein universelles Schema der Insulintherapie, da der Insulinbedarf individuell sehr unterschiedlich ist.
- Jedes Insulintherapieschema ist grundsätzlich korrekt, wenn es durchführbar ist und die BZ-Zielwerte erreicht werden (Beispiel siehe S. 673)
- Die tägliche Produktion von endogenem Insulin beträgt ca. **0.4 - 0.5 E/kg** (ca. 25-40 E/d).
- Die heutige Tendenz ist es, die Insulintherapie frühzeitig und intensiv einzusetzen!

Parameter	Zielwerte
Nüchternblutzucker	< 126 mg/dL
Postprandial (2 h nach einer Mahlzeit)	< 145 mg/dL
HbA1c	5.0 - 6.5 %
Patient in der Intensivstation (> 5 d)	BZ 80-110 mg/dL[3]

Ind: **Wann soll mit einer Insulintherapie begonnen werden?**
- Wenn ein Patient unter OAD folgende Laborwerte aufweist, soll eine Insulintherapie evoziert werden (manchmal auch nur transitorisch notwendig):
  - Nüchternblutzucker oft ....**> 145 mg/dL**
  - HbA1c..................................**> 7.0 % Hb**
- Die Entscheidung, ob eine Insulintherapie begonnen werden soll, hängt von verschiedenen Faktoren ab. Hier einige Faktoren, die eine Insulintherapie befürworten:
  - Patient ist damit einverstanden und zeigt eine gute Kompliance
  - Genügend intellektuelle Fähigkeiten
  - Kontraindikation der OAD: Schwangerschaft, schwere Nieren- oder Herzinsuffizienz
  - Schmerzhafte Polyneuropathie (Insulin kann hier von Vorteil sein)
  - Akute Erkrankung mit diabetischer Dekompensation
  - Hautläsion (Dekubitus, Ulkus, diabetischer Fuss)
  - Nach einem chirurgischen Eingriff
  - Akutes Koronarsyndrom (engmaschige BZ-Überwachung über ≥ 3 Mt.)
  - Hoch dosierte Kortikotherapie

Für die PRAXIS:
Mindestens 10 % der sogenannten «Typ 2 Diabetiker» sind in Realität «Typ 1-Diabetiker» die eine Insulintherapie benötigen.
Somit wird bei einem Diabetiker, welcher schlecht oder nur anfänglich auf die OAD anspricht, die Hypothese eines Typ 1-Diabetes postuliert und dies unabhängig vom Alter.

Bsp:

Insulin		W'beginn	W'maximum	W'dauer [h]
Analoge Insuline				
Sehr schnelle und kurzzeitige Wirkung				
Aspart	NovoRapid®	5-15 min	30-90 min	3-5 h
Lispro	HUMALOG®	5-15 min	30-90 min	3-5 h
Prolongierte Wirkung				
Glargin	LANTUS®	2-4 h	kein	20-24 h
Detemir	LEVEMIR®	60 min	3-4 (-14) h	16-24 h
Intermediär-Insulin (schnelle und prolongierte Wirkung)				
NOVOMIX® 30		10-20 min		12-16 h
HUMALOG® Mix 25		10-20 min		12-16 h
HUMALOG® Mix 50		10-20 min		12-16 h
Humaninsuline				
Sehr schnelle und kurzzeitige Wirkung				
ACTRAPID® HM		20-40 min	2-3 h	6-8 h
HUMINSULIN® Normal		30-45 min	2-3 h	6-8 h
INSUMAN® Rapid		30-45 min	2-3 h	6-8 h
Intermediär-Insulin (schnelle und prolongierte Wirkung)				
INSUMAN® Comb 25		30-60 min		12-16 h
HUMINSULIN® Profil III		30 min		12-16 h
ACTRAPHANE® 30		30 min		12-16 h
Prolongierte Wirkung (**NPH** = Insulin mit Neutralem Protein HAGEDORN)				
HUMINSULIN® Basal (NPH)		30-60 min	3-6 h	12-16 h
INSUMAN® Basal (NPH)		30-90 min	3-6 h	12-16 h
PROTRAPHANE® (NPH)		30-90 min	3-6 h	12-16 h

Tabelle: Wirkungsprofil einiger Insulinpräparate.

3 Van den Berghe G, et al. N Engl J Med 2001;345:1359-67: (BZ-Zielwert: 80-110 mg/dL).

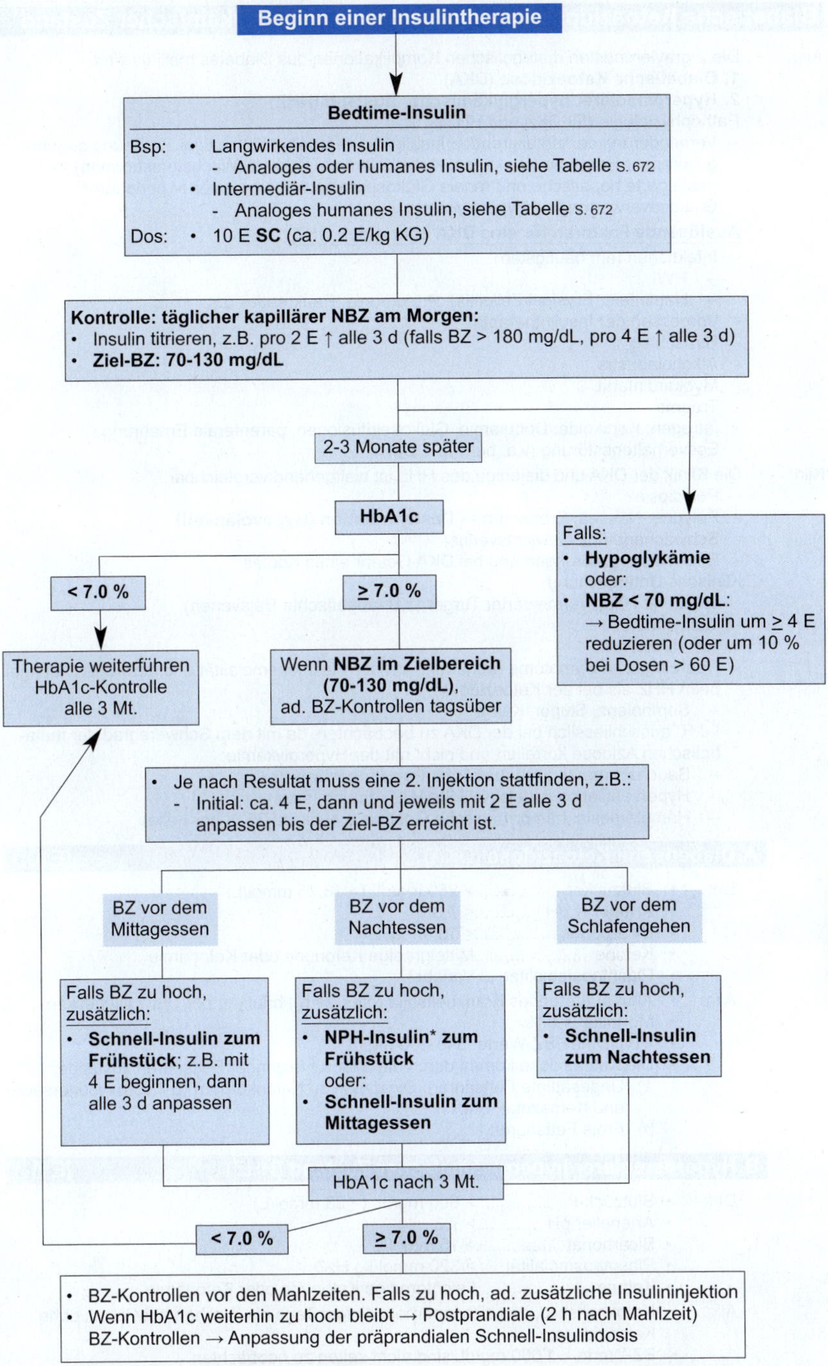

Algorithmus: Beispiel einer initialen Insulintherapie .[2]

NBZ = Nüchternblutzucker

* NPH-Insulin (Insulin mit Neutralem Protein HAGEDORN, siehe Tabelle S. 672): Während der Phase der Insulineinstellung sind Mix-Präparate nicht empfohlen. Diese können im Verlauf sowohl am Morgen wie am Abend in den adäquaten schnell-intermediär-Fraktionen verabreicht werden.

2 Angepasst nach: Nathan D et al. Diabetes Care 2006 ;29 :1963-72

Diabetische Ketoazidose - Hyperosmolarer hyperglykämischer Zustand[1,2]

Allg:
- Die 2 gravierendsten metabolischen Komplikationen des Diabetes mellitus sind:
  1. **Diabetische Ketoazidose** (DKA)
  2. **Hyperosmolarer hyperglykämischer Zustand** (HHZ)
- Pathophysiologie (für DKA und HHZ):
  - Verminderung der zirkulierenden Insulin-Aktivität mit gleichzeitiger Erhöhung gegenregulierender Hormone (Glukagon, Katecholamine, Kortisol, Wachstumshormon) → gesteigerte hepatische und renale Glukoseproduktion mit gestörter peripherer Glukoseverwertung → Hyperglykämie.
- **Auslösende Faktoren für eine DKA oder einen HHZ**
  - Infektionen (am häufigsten):
    -- HWI
    -- Hautinfekt (Erysipel/Zellulitis), Pneumonie, Pankreatitis u.a.
  - Vergessen der Insulintherapie!!
  - Hirnschlag
  - Alkoholabusus
  - Myokardinfarkt
  - Trauma
  - Iatrogen: Kortikoide, Dobutamin, Glukoseinfusionen, parenterale Ernährung
  - Essverhaltensstörung (v.a. bei Typ 1 DM)

Klin:
- Die Klinik der DKA und diejenige des HHZ ist weitgehend vergleichbar:
  - Polydipsie
  - Polyurie, Nausea, Erbrechen → **Deshydratation (Hypovolämie)!!**
  - Schwächegefühl, Gewichtsverlust
  - Bewusstseinsstörungen und bei DKA Gefahr eines Komas
- Klinische Untersuchung
  - Trockene Haut, verminderter Turgor (z.B. abgeflachte Halsvenen)
  - Tachykardie
  - Art. Hypotonie
  - Neurologische Symptome (abhängig von der Plasmaosmolalität und deswegen häufiger beim HHZ als bei der Ketoazidose):
    -- Somnolenz, Stupor, Koma
  - I.d.R. ausschliesslich bei der DKA zu beobachten, da mit dem Schweregrad der metabolischen Azidose korreliert und nicht mit der Hyperglykämie:
    -- Bauchschmerzen «**diabetische Pseudoperitonitis**»
    -- Hyperventilation mittels KUSSMAUL-Atmung, s. 660
    -- Hämatemesis (hämorrhagische Gastritis, bei bis zu 25 % der Fälle)

A. Diabetische Ketoazidose (DKA) [E10.1]

Def:
- Blutzucker.................> 250 mg/dL (> 13.75 mmol/L)
- Arterieller pH ....< 7.3
- Bicarbonat ....< 15 mmol/L
- Ketone ....Mittelgradige Ketonurie oder Ketonämie
- Plasmaosmolalität ....Variabel

Allg:
- Akut auftretendes Krankheitsbild (oft < 24 h), häufiger bei Typ 1 Diabetikern
- Mortalität < 5 %
- «Typische» BZ-Werte: 540-800 mg/dL
- Die Ketoazidose kommt durch die Bildung folgender Fettsäuren zustande:
  a) Ungesättigte Fettsäuren: Oxydation zu Ketonkörpern (β-Hydroxybuttersäure und Ketoazetat) und
  b) Freie Fettsäuren

B. Hyperosmolarer hyperglykämischer Zustand (HHZ) [E11.1]

Def:
- Blutzucker.................> 600 mg/dL (> 33 mmol/L)
- Arterieller pH ....> 7.3
- Bicarbonat ....> 15 mmol/L
- Plasmaosmolalität ....> 320 mmol/kg H_2O
- Ketone ....Leichtgradige Ketonurie oder Ketonämie

Allg:
- Krankheitsbild, das sich innerhalb einiger Tage bis Wochen entwickelt, ohne Ketoazidose.
- BZ-Werte > 1'000 mg/dL sind nicht selten zu beobachten.
- Mortalität: ca. 15 %!
- Beim HHZ ist die Insulinkonzentration, welche die Glukoseverwertung der insulin-sensitiven Gewebe ermöglicht, zu niedrig. Sie ist aber noch genügend hoch um eine Lipolyse verhindern zu können. Das Bestimmen des residuellen C-Peptides ist nicht indiziert.

1 American Diabetes Association. Diabetes Care 2001 ;19 :82-90 2 American Diabetes Association. Diabetes Care 2003 ;26 (Suppl. 1) :S109-S117.

Differentialdiagostische Parameter: DKA versus HHZ

Parameter (Blut, Urin, Neurostatus)	Diabetische Ketoazidose (DKA)			HHZ
	mild	mittel	schwer	
Blutzucker [mg/dL]	> 250	> 250	> 250	> 600
pH (arteriell)	7.25 - 7.30	7.0 - 7.24	< 7.0	> 7.30
Bicarbonat (Plasma) [mmol/L]	15-18	10 - < 15	< 10	> 15
Ketonkörper (Urin)	+	+	+	+ bis +++**
Ketonkörper (Plasma)	+	+	+	wenig
Osmolalität (Plasma)‡	variabel	variabel	variabel	> 320
Anionenlücke§ [mEq/L]	> 10	> 12	> 12	< 12
Bewusstseinszustand	wach	wach/müde	Stupor/Koma	Stupor/Koma
Totales Körperwasserdefizit¶ [mL/kg*]	100	100	100	100 - 200
Natriumverlust¶ [mmol/kg*]	7 - 10	7 - 10	7 - 10	5 - 13
Kaliumverlust¶ [mmol/kg*]	3 - 5	3 - 5	3 - 5	4 - 6

Tabelle: Diabetische Ketoazidose (DKA) und hyperosmolarer hyperglykämischer Zustand (HHZ).

Lab:
- Leukozytose
- p-amylase (oder Lipase) erhöht bei ~ 20 % der Patienten, ohne Zeichen einer Pankreatitis
- Hyponatriämie (osmotischer Wasserfluss von intra- nach extrazellulär)
- Hyperkaliämie (Kalium-Shift: intrazellulär → extrazellulär infolge Insulinmangel und Azidämie).

Für die PRAXIS:
Patienten mit Normo- oder Hypokaliämie haben ein massives Kaliumdefizit, welches unter Therapie des Leidens (Rehydratation und Insulintherapie) verstärkt wird. Dies kann maligne Arrhythmien induzieren!
➡ **Kaliumsubstitution schon bei Serumkalium zw. 3.3-5.4 mmol/L** (siehe S. 1384)**!**

Vorg:
- Blut
  - Blutzucker, HbA1c
  - Harnstoff, Kreatinin
  - Na^+, K^+
  - ABGA und Laktat
  - Chlorid (Chlorid ist zur Berechnung der Anionenlücke notwendig)§
  - Osmolalität
  - Amylase
  - Blutstatus
  - Blutkulturen (bei Verdacht auf eine Infektion)
- Urin
  - Status (inkl. Ketonkörper), Sediment
  - Urinkultur (falls Vd. auf eine Infektion)
- EKG (Zeichen eines Herzinfarktes oder einer Myokardischämie?)

Für die PRAXIS:
Diabetiker machen nicht selten **stumme Myokardischämien/-infarkte**... daran denken!!

- Röntgenthorax (Infiltrat?)

DD:
- Metabolische Azidosen, siehe S. 1362

‡ Osmolalität = 2 x Na^+ [mmol/L] + (Blutzucker [mg/dL] x 0.055) + Harnstoff [mmol/L]
¶ Approximative Werte
§ Anionenlücke = $Na^+ - (Cl^- + HCO_3^-)$. N: 12 ± 4 mmol/L
* Angaben pro kg Körpergewicht
** Ketonkörper «+++» v.a. bei konzentriertem Urin

Diabetische Ketoazidose (DKA): Therapeutisches Vorgehen[1] [E10.1]

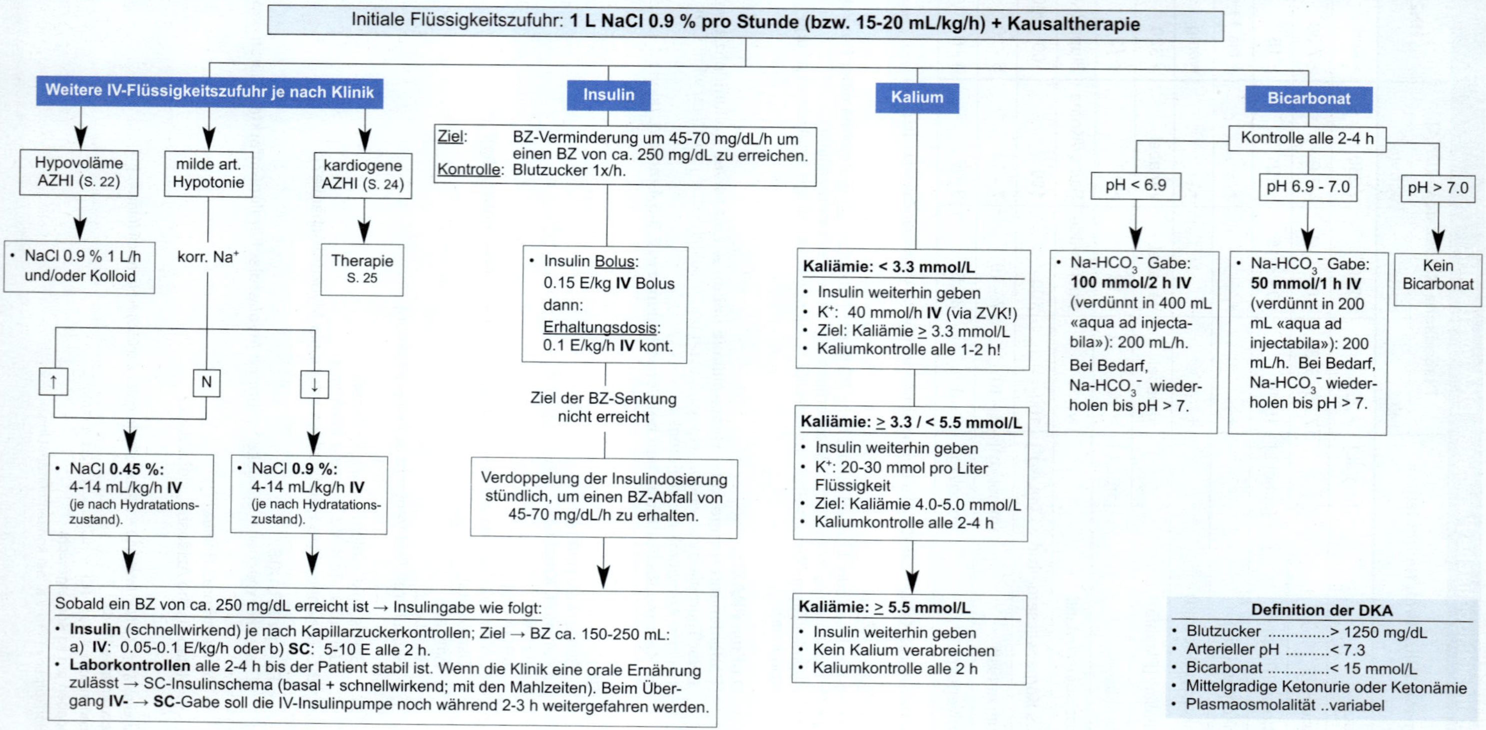

AZI = Akute zirkulatorische Insuffizienz («Schock»)

1 American Diabetes Association. Diabetes Care 2003 ;26 (Suppl. 1) :S109-S117.

Hyperosmolarer hyperglykämischer Zustand (HHZ): Therapeutisches Vorgehen[1] [E11.1]

Initiale Flüssigkeitszufuhr: **1 L NaCl 0.9 % pro Stunde (bzw. 15-20 mL/kg/h) + Kausaltherapie**

Weitere IV-Flüssigkeitszufuhr je nach Klinik

- Hypovoläme AZHI (S. 22) → • NaCl 0.9 % 1 L/h und/oder Kolloid
- milde art. Hypotonie → korr. Na^+ → ↑ / N / ↓
  - ↑ oder N → • NaCl **0.45 %:** 4-14 mL/kg/h **IV** (je nach Hydratations-zustand)
  - ↓ → • NaCl **0.9 %:** 4-14 mL/kg/h **IV** (je nach Hydratations-zustand)
- kardiogene AZHI (S. 24) → Therapie S. 25

Insulin

<u>Ziel</u>: BZ-Verminderung um ≥ 50 mg/dL in der ersten Stunde. Primärer BZ-Zielwert ca. 300 mg/dL.
<u>Kontrolle</u>: Blutzucker 1x/h

- <u>Insulin-Bolus</u>: 0.15 E/kg **IV** Bolus
  dann:
- <u>Erhaltungsdosis</u>: 0.1 E/kg/h **IV** kont.

Ziel der BZ-Senkung nicht erreicht → Verdoppelung der Insulindosierung stündlich, um einen BZ-Abfall von 50-70 mg/mdL/L/h zu erhalten.

Kalium

Kaliämie: < 3.3 mmol/L
- Insulin weiterhin geben
- K^+: 40 mmol/h **IV** (via ZVK!)
- Ziel: Kaliämie ≥ 3.3 mmol/L
- Kaliumkontrolle alle 1-2 h!

Kaliämie: ≥ 3.3 / < 5.5 mmol/L
- Insulin weiterhin geben
- K^+: 20-30 mmol pro Liter Flüssigkeit
- Ziel: Kaliämie 4.0-5.0 mmol/L
- Kaliumkontrolle alle 2-4 h

Kaliämie: ≥ 5.5 mmol/L
- Insulin weiterhin geben
- Kein Kalium verabreichen
- Kaliumkontrolle alle 2 h

Sobald der primäre BZ-Zielwert von ca. **300 mg/dL** erreicht ist → Insulingabe wie folgt:
- **Insulin** (schnellwirkend; i.d.R. ca. 0.05-0.1 E/kg/h) je nach Kapillarzuckerkontrollen mit folgenden Zielen:
  - Ziel BZ: 250-300 mg/dL und
  - Plasmaosmolalität < 315 mmol/kg und wacher Patient.
- **Laborkontrollen** alle 2-4 h, bis dass der Patient stabil ist.
- Wenn die Klinik eine orale Ernährung zulässt, kann das Insulin mit einem **SC**-Insulinschema verabreicht werden.

Definition des HHZ
- Blutzucker ....> 600 mg/dL
- Arterieller ....pH > 7.3
- Bicarbonat ....> 15 mmol/L
- Plasmaosmolalität* > 320 mmol/kg H_2O
- Leichtgradige Ketonurie oder Ketonämie

* **Osmolalität** [mmol/kg] = 2 x Na^+ [mmol/L] + (BZ [mg/dL] x 0.055) + Harnstoff [mmol/L]

AZI = Akute zirkulatorische Insuffizienz («Schock»)

1 American Diabetes Association. Diabetes Care 2003 ;26 (Suppl. 1) :S109-S117.

ENDO-KRINO

Hypoglykämie[1] [E16.2]

Def: • Blutzucker < 50 mg/dL (< 2.7 mmol/L)

Allg: • Die Hypoglykämiesymptome sind sehr variabel. Sie treten i.d.R. bei BZ < 70 mg/dL auf. ABER Werte ≤ 80 mg/dL können bei gewissen Personen, v.a. bei Diabetikern, schon symptomatisch sein.

> **Für die PRAXIS:**
> Die häufigsten Ursachen der Hypoglykämie sind orale Antidiabetika und/oder Insulin.

- **Betablocker** maskieren die Symptome der Hypoglykämie wie Zittern, Palpitationen (nicht aber das Schwitzen!), sind aber selten Ursache von Hyper- bzw. Hypoglykämien:
  I. Hypoglykämie
    - Mechanismen:
      -- Hemmung der Glykogenolyse
      -- Hemmung der Glukagonsekretion
    - Auslösungsfaktoren/-situationen:
      -- Körperliche Anstrengung
      -- Hämodialyse
  II. Hyperglykämie
    - Mechanismen:
      -- Verminderung der Insulinsekretion
      -- Verminderung der Insulinrezeptorsensitivität
    - Auslösungsfaktor/-situation:
      -- Hoch dosierte Betablocker

Klin: a) Symptome als Folge der Störung des autonomen Nervensystems
- Schwitzen, Wärmegefühl, Tremor
- Ängstlichkeit
- Nausea
- Tachykardie

b) Neuroglykopenische Symptome (infolge ungenügender zerebraler Glukosezufuhr)
- Konzentrationsstörung (gestörte serielle «100-7-Rechnung»)
- Konfusion, Amnesie
- Dysphagie
- Persönlichkeitsstörungen, Verhaltensstörung (daran denken...*)
- Kopfschmerzen
- Konvulsion
- Koma

c) Sonstige Symptome
- Hunger
- Sehstörung (unscharfes Bild)
- Schwächegefühl
- Somnolenz

Klas: **A. Hypoglykämie bei scheinbar «gesunden» Patienten**
- Iatrogen (!): Gabe von Insulin, Einnahme von oralen Antidiabetika
- Medikamentös/toxisch:
  - Alkohol (Verminderung der hepatischen Glukoneogenese)
  - ACE-Hemmer
  - Betablocker
  - Bromocriptin
  - Clofibrat
  - Disopyramid
  - Haloperidol
  - Indometacin, Naproxen
  - MAO-Inhibitor (Moclobemid)
  - Lithium
  - Mebendazol
  - Pyridoxin
  - Doxycyclin
  - Theophillin
- Intoxikation mit: Salicylaten, Paracetamol
- Starke körperliche Belastung
- Diabetische Ketoazidose
- Insulinom
- Zu schnelle Magenentleerung (*Dumping-Syndrom*)

* Beispiel (wahre Geschichte): Ein Diabetiker wird hypoglykäm nach einer ungewollt hohen Insulindosis. Nach einigen Minuten holt er sein Gewehr aus dem Kasten (Patient ist Jäger) und richtet den Lauf auf seine Frau - er drückt ab. Glücklicherweise litt der Patient unter einer proliferativen Retinopathie, welche seiner Frau wahrscheinlich das Leben gerettet hat....denn der Schuss ging daneben.

B. Hypoglykämie bei scheinbar «kranken» Patienten

- Niereninsuffizienz
- NNR-Insuffizienz
- Malnutrition
- Diffuse, schwere Leberinsuffizienz
  - Zirrhose
  - Hepatitis
  - Lebermetastasen
- Infektiöser Zustand
- Medikamentös/toxisch:
  - Pentamidin (kurzzeitige Freisetzung von Insulin)
  - TMP/SMX bei Niereninsuffizienz
  - Chininsulfat
  - Chinidin
  - Topische Salicylate bei Niereninsuffizienz
- Glukoseintoleranz
- Fruktoseintoleranz
- Glukagon Mangel
- Kongestive Herzinsuffizienz
- Anorexia nervosa
- Nahrungskarenz
- Post-prandial
- Hypoglykämie bei Anti-Insulin Antikörper
- Paraneoplastisches Syndrom
- Hypothyreose
- Magenkarzinom
- Status nach Gastrektomie
- Status nach Gastro-Enterostomie
- Glykogenose
- Hypophyseninsuffizienz

C. Hypoglykämie bei hospitalisierten Patienten

- Hospitalisierung bei prädisponierten Krankheiten, siehe Punkte A und B
- Komplette, parenterale Ernährung mit Insulintherapie
- Schock
- Sepsis
- Pankreatitis
- Laktatazidose

Th: **1. Kausaltherapie**

Urs:
- Verdacht auf Insulinom:
  → Insulinhypoglykämietest, S. 704
  → Fastentest, S. 680
- Bei Vd. auf NNR-Insuffizienz
  → SYNACTHEN®-Test S. 703

2. Symptomatische Therapie

Klin: a) Milde Hypoglykämie
→ Orale Zuckergabe (Traubenzucker, Würfelzucker, gesüsster Sirup u.a.)

b) Schwere Hypoglykämie mit neurologischen Störungen:
→ Vitamin B1 (intravenös), dann Glukose, siehe Algorithmus S. 59
→ Bei fehlendem venösem Zugang: Glukagon 1 mg **IM** oder **SC**

Fastentest[1]

Allg:
- Der Fastentest dient zur Diagnostik des Insulinoms.
- Typisch für ein Insulinom sind:
  - Nicht begründet tiefe BZ-Werte (< 40 mg/dL; < 2.2 mmol/L)
  - Mit Hypoglykämiesymptomen (S. 678), welche sich nach Gabe von Zucker verbessern.
- Diese Hypoglykämiesymptome treten in ca. 80 % der Fälle nach einer Nüchternperiode von 12 h auf.
- Testprinzip
  - Physiologischerweise kommt es beim Fasten zu einem Abfall der Insulin- und Blutzuckerwerte (und auch des Insulin/Blutzucker-Quotienten).
  - Bei Patienten mit Insulinom und autonomer Insulinproduktion bleiben die Insulinspiegel hoch, währenddem die Blutzuckerspiegel stark abfallen und symptomatisch werden.

Vorg: **A. Einfache Variante - i.d.R. ambulant**

1. Der Patient bleibt nach dem Mittagessen (ab 13.00) nüchtern.
2. Am nächsten Morgen 08.00: Nüchternblutzucker
   - Bei BZ > 70 mg/dL → Abbruch des Fastentests. Ein Insulinom ist unwahrscheinlich
   - Bei BZ ≤ 70 mg/dL → Weiterführung des Fastentests
3. BZ-Bestimmung in folgenden Abständen:
   - Bei BZ ≥ 60 mg/dL → BZ alle 6 h
   - Bei BZ < 60 mg/dL → BZ alle 2 h
   - Bei BZ < 50 mg/dL → BZ stündlich
4. Abbruchkriterium (es gibt keine Standardkriterien):
   - Abbruch bei **BZ < 40 mg/dL** und neuroglykopenische Symptome (z.B. Konzentrationsstörung im Rahmen der gestörten seriellen «100-7-Rechnung», siehe S. 678). Folgende Blutanalysen werden dann durchgeführt:
     → **C-Peptid**
     → **Insulin**
   - Auch wenn der Proband trotz eines Blutzuckerwertes > 40 mg/dL symptomatisch sein würde, soll der Fastentest weitergeführt werden, bis dass das Abbruchkriterium (BZ < 40 mg/dL mit neuroglykopenischen Symptomen, siehe Punkt 4., oben) erreicht ist.
5. Testbeendigung mit der intravenösen Gabe von 1 Amp G-40 % (10 mL = 4 g Glukose). Der Patient kann dann wieder essen und normal trinken.

Interpretation

I. Normalantwort
   - Insulin [pmol/L]/Blutzucker [mg/dL] Quotient .... < 1.6
   - Insulinspiegel .... < 22 pmol/L
   - C-Peptid-Spiegel .... < 200 pmol/L

II. Insulinom möglich/wahrscheinlich bei Vorhandensein folgender Elemente:

Parameter (alle Parameter notwendig)	**Mit Insulinom vereinbar**
Neuroglykopenische und vegetative Symptome	Siehe S. 678
Blutzucker	< 45 mg/dL
Insulinämie (durch IRMA gemessen)	> 36 pmol/L (> 6 µU/mL)
C-Peptid	> 20 pmol/L
Insulin [pmol/L]/ Blutzucker [mg/dL] Quotient	**> 1.65**

B. Fastentest mit 3 Tagen Hospitalisierung

1. Der Patient wird hospitalisiert und bleibt nüchtern (kohlenhydratfreie Flüssigkeiten gestattet; ca. 2-3 L/d)
2. Blutanalysen
   - Blutzuckerintervalle, Abbruchkriterium und diagnostische Blutanalysen, siehe «Einfache Variante des Fastentests», Punkte 3-5, oben.

1 Angepasst nach: Christ-Crain M et al. Schweiz Med Forum 2004 ;4 :1113-9.

Adipositas [E66.9]

Allg: Prävalenz (Männer & Frauen): 15-30 %, siehe Prävalenz des metabolischen Syndroms S. 684

For: $$\text{BMI} = \frac{\text{Körpergewicht [kg]}}{\text{Körpergrösse [m]}^2}$$

Bsp: Person mit 80 kg, 1.70 m. BMI = 80 ÷ $(1.70)^2$ = 27.7. Diese Person ist übergewichtig.

Klas:

BMI	Klinische Diagnose	
< 18.5	Mager	
18.5- 24.9	**Normalgewicht**	
25 - 29.9	Übergewicht	
30 - 34.9	Mittelmässige Adipositas	(Klasse I)
35 - 39.9	Schwergradige Adipositas	(Klasse II)
≥ 40	Morbide Adipositas	(Klasse III); evtl. bariatrische Chirurgie evaluieren

DD:
- Zu hohe Kalorienzufuhr!!
- Hypothyreose
- Medikamentös: langfristige Kortikoidtherapie, Neuroleptika, Antiepileptika, Insulin u.a.
- Insulinom
- Nebennierenadenom, Nebennierenkarzinom
- Hyperkortisolismus (= CUSHING-Syndrom)
- Metabolisches Syndrom
- Bewegungsmangel
- Polyzystisches Ovarialsyndrom (STEIN-LEVENTHAL-Syndrom)
- Lipomatose:
  - Symmetrisch; betrifft die untere Körperhälfte (Typ ROTH-PAILLARD)
  - Zervikale, axilläre, inguinale und abdominale Adipositas (Typ LAUNOIS-BENSAUDE)

Vorg:
1. Gründliche Anamnese (auch differentialdiagnostisch ausgerichtet)
2. Klinische Untersuchung eines adipösen Patienten
   - Komorbidität evaluieren
     - Bauchumfang messen. Ein erhöhter Bauchumfang ist das Hauptkriterium des metabolischen Syndroms:
       - Frauen ≥ 80 cm (sehr hohes Risiko bei > 88 cm)
       - Männer ≥ 94 cm (sehr hohes Risiko bei > 102 cm)
   - Eine endokrine Ursache muss ausgeschlossen werden
     - Thyroidea palpieren (Struma?)
     - Suche nach Hyperkortisolismuszeichen, S. 716
     - Hoden palpieren (Hypogonadismus?)
     - Ausschluss eines polyzystischen Ovarialsyndroms, S. 685
   - Suche nach Komplikationen der Adipositas
     - Haut: Mykosen, Infektion in den Hautfalten
     - Art. Hypertonie
3. Grunduntersuchungen und spezifische Abklärungen bei adipösen Patienten
   a) Grunduntersuchungen
   - Blutbild, K^+, Cl^-, Ferritin, Vitamin B12 → Ernährungsstörungen?
   - Nüchternblutzucker → Diabetes mellitus?
   - Lipide (Cholesterin, HDL, LDL, TG) → Dyslipidämie, metabolisches Syndrom?
   - Harnsäure → Gicht, metabolisches Syndrom?
   - γGT, ALAT, ASAT → Fettleber?

   b) Spezifische Abklärungen
   - TSH (Hypothyreose?)
   - HbA1c, Insulinämie (Hyperinsulinismus, Diabetes mellitus?)
   - Leptin im Plasma gemessen*, CRP, Fibrinogen
   - Dexamethason-Hemmtest (Hyperkortisolismus? S. 718)
   - Oxymetrie, Polysomnographie (Schlafapnoe Syndrom? S. 384)
   - Indirekte Kalorimetrie
   - Bioimpedanzanalyse
   - Testing des autonomen Nervensystems

* Leptin ist ein Protein mit 146 Aminosäuren, welches von den Adipozyten sezerniert wird. Es vermindert den Appetit (Hypothalamus gesteuert). Ein adipöser Patient hat eine erhöhte Leptinämie, aber dieses Leptin ist aus verschiedenen Gründen nicht wirksam (Hypothalamusrezeptorendefekt, transthekale Transportstörungen des Leptins, Leptinmutationen).

Bem: • Das Sistieren des Nikotinabusus induziert eine Gewichtszunahmen von ca. 5 % (3-5 kg) aus folgenden Gründen:
- Verlust der thermogenen Wirkung des Nikotins
- Assoziierte Ernährungsstörungen («Kompensationsmechanismen»)

Th: **1. Allgemeine Massnahmen**

- Hauptbedingungen für eine erfolgreiche Therapie der Adipositas:
  - Fixieren von realisierbaren Zielen
  - Regelmässige Kontrollen, psychische Unterstützung
  - Valorisierung im Rahmen von motivierenden Konsultationen
  - Übermittlung der Wichtigkeit der Primärprävention und des *Lifestyle*

2. Analyse und Therapie des Ernährungsverhaltens

- Zugang zur kognitiven Verhaltensweise
  - Erkennen der «Auslöser», die zur inadäquaten Nahrungsaufnahme beitragen:
    - Nahrungsmittel sehen
    - Nahrungsmittel bereitstellen
    - Aperitif
    - Stress
    - Einsamkeit
    - Müdigkeit, Depressive Verstimmung
- Eigene Strategien entwickeln, um der «Essverführung» aus dem Weg zu gehen:
  - Die Küche verlassen
  - Aus dem Haus gehen und sich bewegen
  - Relaxation, Sophrologie
  - Sport treiben
  - Wasser trinken
  - Telefonieren, Internet
  - Sich ausruhen, schlafen

3. *Lifestyle* - Nahrungshygiene und körperliche Aktivität

Allg:

- Ernährung (3 Mahlzeiten pro Tag):
  - Fette 25-35 %. Die sogenannten «Trans-Fette» sollen v.a. vermieden werden, denn sie stellen ein erhöhtes kardiovaskuläres Risiko dar. Diese Trans-Fette sind wohl ungesättigte Fettsäuren, die aber das LDL-Cholesterin erhöhen und somit ein erhöhtes Atheroskleroserisiko mit sich tragen!
    Trans-Fette sind in folgenden Produkten vorhanden:
    - Blätterteig, Soft-Ice
    - Pflanzlichem Frittieröl
    - Suppeneinlagen
    - Bratensaucen in hohen Prozentanteilen u.a.
  - Proteine 15-20 %
  - Kohlenhydrate 50-65 %
- Mittelmässige Reduktion der Kalorienzufuhr:
  - 500-600 kcal/d
- Zwischenmahlzeiten sollen vermieden werden
- Begrenzte Alkoholeinnahme
- Körperliche, aerobe, kardio-vaskuläre Aktivität: 30-60 min 3-7x/Wo. Dies erlaubt eine Stabilisierung des Körpergewichtes, sowie das Beibehalten der Muskelmasse.
- Der eigentliche Gewichtsverlust durch körperliche Aktivität ist beschränkt.
- Bei der prognostisch schlechten viszeralen Adipositas ist die körperliche Aktivität essentiell.

Bsp: **Beispiele einiger körpergewichtsreduzierenden Ernährungsarten**

A. Ausgewogene hypokalorische Diät

- 1000-1800 kcal/d. Es soll v.a. die Fettaufnahme vermindert werden.

B. Proteinreiche und kohlenhydratarme Diät

- Fleisch, Geflügel, Fisch (ca. 5 g Protein/kg des Idealgewichtes)
- Kohlenhydrate: < 40 g/d
- Keine Früchte
- Keine stärkehaltige Nahrungsmittel (Brot, Kartoffeln, Teigwaren u.a.)

Für die PRAXIS:
Diese Diät setzt Ketonkörper frei, welche im Urin vorgefunden werden können. Eine Verlängerung des QT-Intervalls mit Sekundenherztod ist unter dieser Diät beschrieben!
Eine solche Diät ist in folgenden Situationen kontraindiziert:

- Kürzlich abgelaufener Myokardinfarkt
- Leberinsuffizienz, Niereninsuffizienz
- Endokrinopathie
- Bestehendes langes QT-Intervall

C. Mittelmeer-Diät

- Reich an Gemüse, Früchten und Getreide (z.B. Brot)
- Wenig Fleisch
- Fisch 2-3x/Woche
- Fette: Olivenöl, Rapsmargarine

4. Medikamentöse Therapie der Adipositas

4.1. <u>Irreversibler intestinaler Lipasehemmer</u>

Bsp: • Orlistat XENICAL®

Dos: • 120 mg mit jeder Mahlzeit (keine Mahlzeit = kein Orlistat)

Allg: • Wirkungsmechanismus: Verminderung der intestinalen Fettabsorption (bis zu 30 %) infolge Hemmung der gastrischen und pankreatischen Lipasen. Daraus folgt:
- LDL-C $\downarrow$ von 5-10 % nach 1 Jahr
- HbA1c $\downarrow$ von 0.5 % nach 1 Jahr
- Gewichtsverlustunterschied bezüglich Plazebo:
  -- 4.2 kg nach 1 Jahr und 3.6 kg nach 2 Jahren

Ind: • BMI $\geq$ 30
• BMI $\geq$ 28 mit kardio-vaskulären Risikofaktoren (Typ 2-DM, Hyperlipidämie und art. Hypertonie)

NW: • Fettstühle (bei ⅓ der Patienten), Flatulenzen (bei 10 % der Patienten)

4.2. <u>Selektiver Hemmer der Serotonin Wiederaufnahme (SSRI),</u> s. 1222

Bsp: • Fluoxetin FLUCTIN®

Dos: • 3x 20 mg/d PO

NW: • Somnolenz, Kopfschmerzen, Nervosität, Tremor, Verwirrtheitszustand, Nausea, Xerostomie, Gewichtsverlust, BD-Schwankungen ($\downarrow$/$\uparrow$) bei prädisponierten Patienten, Libidostörungen, CYP-Wechselwirkung, s. 1452 ff

5. Chirurgische Therapie der Adipositas (bariatrische Chirurgie)

Ind: • BMI $\geq$ 40 und therapierefraktäre Adipositas (Nahrungshygiene, medikamentöse Therapie)

Vorg: • Die adipösen Patienten können in 2 Gruppen unterteilt werden:

a) BMI $\geq$ 50: Operation vom Typ «Bypass» (Malabsorptions-Chirurgie).
CAVE: Malabsorptionssyndrom

b) BMI < 50: Magen-*Banding*

Metabolisches Syndrom[1,2] [E88.9]

Syn: • REAVEN Syndrom, Syndrom X**

Allg: • Häufigkeit in den USA:
- Altersgruppe 20-30 Jahre ....7 %
- Altersgruppe > 60 Jahre ....43 %

• Die Mehrheit der Patienten mit Insulinresistenz leiden an einer viszeralen Adipositas (auch zentrale oder androide Adipositas genannt).

• Folgende Elemente erhöhen das Risiko der kardiovaskulären Komplikationen:
- Glukoseintoleranz (infolge Insulinresistenz), S. 662
- Hyperinsulinämie mit Verminderung der Insulinsensitivität und Insulinrezeptorendichte (= *down regulation*) → Adipositas (v.a. bauchbetont)
- Dyslipoproteinämie (TG ↑, HDL ↓)
- Hyperurikämie (Gicht)
- Art. Hypertonie
- Diabetes mellitus Typ 2

• Einfluss des metabolischen Syndroms auf folgender Erkrankungen/Parameter:
- Hirnschlag ....**2 x ↑**
- KHK.......................................**3 x ↑**
- Globale Mortalität ....**4 x ↑**
- Kardiovaskuläre Mortalität......**5 x ↑**

Def:[2]

1. Abdominale Adipositas mit folgenden Bauchumfängen (oder BMI > 30)*
(die Messung erfolgt beim stehenden Patienten, auf der Höhe des Bauchnabels):
- **Männer ≥ 94 cm** (in den USA: > 102 cm)
- **Frauen ≥ 80 cm** (in den USA: > 88 cm)

Und ≥ 2 der folgenden 4 Kriterien:

- Triglyzeride ≥ 150 mgdL (≥ 1.7 mmol/L) oder unter Lipidsenker
- HDL-Cholesterin
  - Männer < 40 mg/dL (< 1.0 mmol/L) oder unter Lipidsenker
  - Frauen < 50 mg/dL (< 1.3 mmol/L) oder unter Lipidsenker
- SBD ≥ 130 mmHg und/oder DBD ≥ 85 mmHg oder antihypertensive Therapie
- Nüchternblutzucker ≥ 100 mg/dL (≥ 5.6 mmol/L) oder bekannter Diabetes mellitus Typ 2

Tabelle: Diagnose des metabolischen Syndroms.

• Weitere Elemente, welche beim metabolischen Syndrom beobachtet werden:
- Gicht
- Mikroalbuminurie
- Proinflammatorischer Zustand (CRP ↑, Fibrinogen ↑)
- Hyperkoagulabler Zustand
  -- Fibrinogen ↑
  -- Plasminogen Aktivator-Inhibitor-1 ↑
  -- Endotheliale Dysfunktion

Th:

1. Kausaltherapie

2. Behandlung des Übergewichtes
- Stopp Rauchen
- *Lifestyle*, S. 682
- Verminderung der Alkoholkonsumation
- Verminderung des Stresses

3. Therapie der kardiovaskulären Risikofaktoren
- Diabetes mellitus
- Art. Hypertonie
- Dyslipidämie (Ziel: Reduktion der LDL-Spiegel), S. 690

4. Prophylaktische Therapien
- Grippeschutzimpfung, S. 885
- Acetylsalicylsäure zur Primärprävention, S. 669, 1275

* Bei BMI > 30 ist eine Bauchumfangmessung nicht mehr notwendig, denn in praktisch allen Fällen besteht eine abdominale Adipositas.

** Nicht mit dem «Syndrom X» in der Kardiologie verwechseln, welches durch folgende 3 Kriterien definiert ist:
1. AP-Schmerzen oder «*AP-like Dysconfort*»
2. ST-Strecken Senkung beim Belastungstest
3. Koronarangiographisch bestätigte normale oder nicht obstruierte Koronararterien.

1 Angepasst nach: NCEP. National Publication No.- 02-5215, september 2002. 2 International Diabetes Federation 2006: 1-24. → www.idf.org/webdata/docs/IDF_Meta_def_final.pdf

Polyzystisches Ovarialsyndrom[1] [E28.2]

Syn: • STEIN-LEVENTHAL-Syndrom (1935)

Allg: • Es handelt sich um die häufigste hormonale Anomalie (Androgenüberschuss) bei Frauen im gebärfähigen Alter (5-10 %).
- • Faktoren, welche bei der Genese des polyzystischen Ovarialsyndroms einen Einfluss haben können:
  - Genetische Veranlagung
  - Insulinresistenz. Die daraus resultierende Hyperinsulinämie scheint die Synthese der männlichen Hormone, welche bei diesem Syndrom schon im Überfluss vorhanden sind, zu steigern, was die Störung der Ovarialfunktion verstärkt.
- • Die Synthese der ovariellen androgenen Hormone wird wie folgt gesteigert:
  - Erhöhte Freisetzung des luteostimulierenden Hormons (LH)
  - Verminderte thalamische Sekretion des follikelstimulierenden Hormons (FSH)

Klin: • Siehe unter «Dg:»
- • Infertilität
- • Eine Patientin mit polyzystischem Ovarialsyndrom weist oft folgende Krankheitsbilder auf:
  - Adipositas (30-75 % der Patientinnen); aber bei bis ca. 40 % der Patientinnen wird ein BMI von < 25 festgestellt.
  - Glukoseintoleranz (bei 30-40 % der Patientinnen)
  - Diabetes mellitus Typ 2 (bei 10 % der Patientinnen > 40 Jahre)
  - Art. Hypertonie
  - Dyslipidämie
  - Metabolisches Syndrom
  - Schlafapnoe-Syndrom
  - Endometriale Hyperplasie, Endometriumkarzinom

Dg: Vorhandensein von $\geq$ 2 der folgenden Kriterien:
1. Oligo- oder Anovulation (→ Oligo- oder Amenorrhoe)
2. Hyperandrogenämie (z.B. Erhöhung des gesamten und freien Testosterons) oder:
   Klinische Manifestationen eines Hyperandrogenismus:
   - Hirsutismus
   - Akne
   - Alopezie
3. Polyzystische Ovarien (ultrasonographisch bestätigt)

DD: • Hyperprolaktinämie
- • CUSHING-Syndrom
- • Tumoren, die Androgene synthetisieren
- • Akromegalie

Th: **1. Allgemeinmassnahmen**
- • Reduktion des Körpergewichtes. Die Normalisierung des Körpergewichtes kann die Ovarialfunktion restituieren.

2. Hormontherapie (ad. Endokrino-Konsilium)

2.1. Akne, Hirsutismus, Alopezie:
- • Orale Ovulationshemmer
- • Anti-Androgene
  - Cyproteronazetat ANDROCUR®
  - Spironolacton (anti-androgene Wirkung mit 100-200 mg/d und synergetischem Effekt mit oralen Ovulationshemmern)
- • Kortikoide
- • 5α-Reduktase-Hemmer (z.B. Finasterid)
- • Hemmer der Ornithin-Decarboxylase (z.B. Eflornithin)

2.2. Oligo- oder Amenorrhoe
- • Orale Ovulationshemmer
- • Kortikoide
- • Anti-Östrogene (Ovulationsinduktion)

2.3. Insulinresistenz — Metabolisches Syndrom
- • Medikamente, die die Insulinämie vermindern:
  - Biguanide (Metformin; ***CAVE***: Metformin ist teratogen!)
  - Glitazon (Pioglitazon, Rosiglitazon)

3. Laparoskopische Punktion (Konsilium)

4. Chirurgische Therapie (selten notwendig)

1 Ehrmann. N Engl J Med 2005 ; 352 :1223-36.

Klas: **I. Primäre Hyperlipoproteinämien (PHL)**

- **Familiäre heterozygote Hypercholesterinämie**

Allg:
- Ursache: Mutation des LDL-Rezeptors
- Häufigkeit in den USA: 1/500
- LDL-Cholesterin ca. 2x N (190-350 mg/dL; 4.8-8.8 mmol/L)

Klin:
- Typische tendinöse Xanthome (Lipideinlagerungen)
- Frühzeitige KHK
  - Frauen 30-40 Jahre
  - Männer 40-50 Jahre

Th:
- *Lifestyle*, S. 682
- Statin = Lipidsenker der Wahl
  ± Ionenaustauscherharz, S. 1287
  ± Nikotinsäure

- **Familiäre homozygote Hypercholesterinämie**

Allg:
- Ursache: Mutation von 2 LDL-Rezeptoren
- Häufigkeit in den USA: 1/1'000'000
- LDL-Cholesterin ca. 4x N (400-1'000 mg/dL; 10.0-25.0 mmol/L)

Klin:
- Typische Xanthome an folgenden Stellen:
  - Sehnen
  - Haut
  - Tuberositäten
- Schwere, diffuse und ausgedehnte Atherosklerose*, die folgende Organe betrifft:
  - Herz, Hirn, periphere Blutgefässe
- Aortenklappenvitium

Th:
- LDL-Pherese
  - Die LDL-Pherese wird nicht routinemässig durchgeführt.
  - Zusätzlich können Statine verabreicht werden (vermindern das Rebond-Phänomen nach einer LDL-Pherese)
- Statine (± wirksam)

Bem:
- Nicht oder wenig wirksam sind:
  - Nikotinsäure (wenig wirksam)
  - Diät (unwirksam)
  - Ionenaustauscherharze (unwirksam)

- **Familiäres Defizit von Apolipoprotein B-100**

Allg:
- Ursache: Mutation des Apo B-100
- Häufigkeit in den USA: 1/700-1000
- LDL-Cholesterin 1.5-2x N

Klin:
- Typische tendinöse Xanthome (Lipideinlagerungen)
- Frühzeitige KHK
  - Männer 40-65 Jahre
  - Frauen (das KHK-Risiko ist nicht belegt)

Th:
- *Lifestyle*, S. 682
- Alle Lipidsenker sind wirksam (± in Kombinationstherapie).

- **Polygene Hypercholesterinämie**

Allg:
- Ursache: multipler genetischer Polymorphismus (oft mit einem Nahrungsüberschuss assoziiert)
- Häufigkeit in den USA: 1/10-20 (je nach Altersgruppe)
- LDL-Cholesterin > 190 mg/dL (> 4.7 mmol/L)
- Die Häufigkeit der KHK ist, im Vergleich zur Normalbevölkerung, um einen Faktor 3-4x erhöht.

Th:
- *Lifestyle*, S. 682
- Bei LDL >190 mg/dL (> 4.7 mmol/L) soll eine lipidsenkende Therapie evoziert werden.
- Alle Lipidsenker sind wirksam (allenfalls in Kombinationstherapie).

* **Atherosklerose**: Physiologischer Prozess, der einer Intima-Verdickung der Blutgefässe entspricht. Die Statine verlangsamen diesen Prozess.
Arteriosklerose: Pathologischer Prozess, der eine Media-Verdickung der Blutgefässe induziert. Die Statine sind bei diesem Gefässwandumbau nicht wirksam!

II. Sekundäre Hyperlipidämien

Assoziierte Erkrankungen	Cholesterin	VLDL	LDL	HDL	TG
Diabetes mellitus (schlecht eingestellt)		↑	N oder ↑	↓	
Hypothyreose	N oder ↑		↑		
Nephrotisches Syndrom	↑	↑	↑		(↑)
Chronische Nephropathie - Chronische Urämie - Hämodialyse - Post-Transplantation	↑			(↓)	↑
Obstruktive Lebererkrankung	↑				
Chronischer Alkoholismus		↑↑			
Medikamentös - Kortikoide - Anabolika - Progesteron - Proteasenhemmer (HIV-Medikam.)			(↑)	(↓)	

Lab:

Cholesterin	mmol/L	mg/dL	Klassifikation
LDL	< 2.5	< 100	Optimal
	2.5 - 3.2	100 - 129	Grenzwertig optimal
	3.3 - 3.9	130 - 159	Oberer Grenzwert
	4.0 - 4.7	160 - 189	Erhöht
HDL	< 1.0	< 40	Erniedrigt
	≥ 1.5	≥ 60	Erhöht
Nicht-HDL Cholesterin (gesamt Cholesterin - HDL) = LDL + VLDL			

<u>Konversionen</u>:
[mg/dL] in [mmol/L]: x 0.025
[mmol/L] in [g/L]: x 0.4

Vorg: Die Therapie der Dyslipidämie stützt sich auf die globale **Risikostratifikation** bezüglich kardiovaskulärer Ereignisse.
Hier einige Guidelines zur Stratifizierung der Patienten:

I. Primärprävention der Atherosklerose (asymptomatische Patienten)

Vorg: Zur Verfügung stehende Studien:
1. ESC-Guidelines basierend auf das SCORE-Score, S. 692
2. IAS-Guidelines basierend auf das PROCAM-Score, S. 689
3. AHA-Guidelines basierend auf das FRAMINGHAM-Score, S. 694

Bem: *Wer die Wahl hat, hat die Qual.... Bis dass ein einheitlicher Konsens besteht, hat der behandelnde Arzt das Glück, sein klinisches Auge und die Logik etwas ausleben zu lassen!*

II. Sekundärprävention der Atherosklerose (symptomatische Patienten)

Allg: Die Sekundärprävention betrifft diejenigen Patienten, die bereits eine manifeste Atherosklerose aufweisen, wie z.B.:
- KHK
- PAVK, S. 302
- Symptomatische Karotiserkrankung: Hirnschlag, TIA
- Bauchaortenaneurysma

Vorg:
1. *Lifestyle*, S. 682
2. LDL Zielwert: **< 100 mg/dL (besser < 70 mg/dL)**
3. Andere Behandlungen in Erwägung ziehen:
   - Acetysalicylsäure (75-325 mg/d PO)
   - Betablocker
   - ACE-Hemmer oder Sartane
4. Behandlung der Begleiterkrankungen (Diabetes, art. Hypertonie)

I. Primärprävention der Atherosklerose[2,4,8]

Leider gibt es verschiedene Guidelines der Primärprävention der Atherosklerose. Dies erschwert deren Therapie. Hier einige Guidelines, die zur Zeit am häufigsten angewendet werden:

Bevölkerungsgruppe	**Name der Studie**	**Benutztes Score**
Männer und Frauen	**ESC**: Third Joint Task Force of European[2]	SCORE-Score
Aussschliesslich Männer	**IAS**: International Atherosclerosis Society[4]	PROCAM-Score
Aussschliesslich Frauen	**AHA-Guidelines** (bei nicht Diabetikern)[8]	FRAMINGHAM-Score

Parameter	ESC-Guidelines[2]	IAS-Guidelines[4]
Verwendetes Score	**SCORE-Score**, S. 692	**PROCAM-Score**, S. 689
Grunddaten	Retrospektive Kohortenstudie (Männer und Frauen) in 12 europäischen Regionen	1 prospektive Kohortenstudie über 10 Jahre (ausschliesslich Männer)
Kriterium zur Definition des Hochrisikopatienten	Kardiovaskuläres Mortalitätsrisiko/10 Jahre	Risiko des akuten Koronarereignisses/10 Jahre
Anzahl Risikofaktoren	5 Risikofaktoren: - Alter - Geschlecht - Rauchen - Blutdruck - Cholesterin (total)	8 Risikofaktoren: - Alter - Rauchen - Blutdruck - HDL - LDL - Triglyzeride - Diabetes mellitus - Familienanamnese
Altersgruppen	40-65 J (Männer und Frauen)	35-65 J (ausschliesslich Männer)
Risikostratifikation	< 5 % ≥ 5 %	**< 10 % Niedriges kardiovaskuläres Risiko** **10-20 % Intermediäres kardiovaskuläres Risiko** **> 20 % Hohes kardiovaskuläres Risiko**
Diagnostische Sensitivität	39.7 %*	35.7 %
Diagnostische Spezifität	88.4 %*	94.5 %
Negativer prädikativer Wert	95.3*	95.3 %
Positiver prädikativer Wert	19.8*	32.0 %
Diagnostische Effizienz	85.1*	90.5 %

Tabelle: Vergleich der ESC-Guidelines[2] mit den IAS-Guidelines.[4]

* Diese Werte betreffen die Länder mit niedrigem kardiovaskulärem Risiko (Schweiz, Belgien, Frankreich, Spanien, Griechenland, Luxemburg, Portugal)

 2 Eur Heart J 2003 ;24 :1601-10 (SCORE-score). 4 International Atherosclerosis Society (IAS); 04/2003. 8 Mosca L et al. Circulation 2004 ;109 :672-93.

IAS-Guidelines: PROCAM-Score[3]

- Das PROCAM-Score gibt Auskunft über das akute **Koronarereignisrisiko/10 Jahre**, d.h. **Myokardinfarkt** oder **Tod als Folge eines koronaren Ereignisses innerhalb von 10 Jahren.**
- Das PROCAM-Score stützt sich auf Kohortenstudien mit 5389 **Männern** zw. 35-65 Jahren. Zur Zeit existieren noch keine Daten für das weibliche Geschlecht. Es ist trotzdem akzeptabel, bei postmenopausalen Frauen zwischen 45-65 Jahren, das PROCAM-Score der Männer zu berechnen und dieses dann durch 4 zu teilen.
- Für die Schweizer Bevölkerung (als niedrige Risikobevölkerung eingestuft) wird empfohlen, das PROCAM-Score mit dem Faktor **0.7** zu multiplizieren.

Alter [Jahre]	Punkte
35-39	0
40-44	6
45-49	11
50-54	16
55-59	21
60-65	26

LDL mmol/L	mg/dL	Punkte
< 2.59	< 100	0
2.59 - 3.36	100 - 129	5
3.37 - 4.13	130 - 159	10
4.14 - 4.91	160 - 189	14
> 4.91	> 189	20

Rauchen (12 letzten Monate)	Punkte
ja	8
nein	0

HDL mmol/L	mg/dL	Punkte
< 0.91	< 35	11
0.91 - 1.16	35 - 44	8
1.17 - 1.41	45 - 54	5
> 1.41	> 54	0

Diabetes	Punkte
ja	6
nein	0

Triglyzeride mmol/L	mg/dL	Punkte
< 1.15	< 100	0
1.15 - 1.72	100 - 149	2
1.73 - 2.3	150 - 199	3
> 2.3	> 199	4

Systolischer BD	Punkte
< 120 mmHg	0
120-129	2
130-139	3
140-159	5
≥ 160	8

Familienanamnese eines Myokardinfarktes (Alter < 60 Jahre, Verwandter 1°)	Punkte
ja	4
nein	0

Interpretation des PROCAM-Score

< 10 % = Schwaches akutes Koronarereignisrisiko innerhalb von 10 Jahren
10-20 % = Intermediäres akutes Koronarereignisrisiko innerhalb von 10 Jahren
> 20 % = Hohes akutes Koronarereignisrisiko innerhalb von 10 Jahren

Punkte	Score %	Punkte	Score %	Punkte	Score %
< 20	**< 1.0**	34	3.5	48	12.8
21	1.1	35	4.0	49	13.2
22	1.2	36	4.2	**50**	**15.5**
23	1.3	37	4.8	51	16.8
24	1.4	38	5.1	52	17.5
25	1.6	39	5.7	53	19.6
26	1.7	**40**	**6.1**	54	21.7
27	1.8	41	7.0	55	22.2
28	1.9	42	7.4	56	23.8
29	2.3	43	8.0	57	25.1
30	**2.4**	44	8.8	58	28.0
31	2.8	45	10.2	59	29.4
32	2.9	46	10.5	**60**	**≥ 30**
33	3.3	47	10.7		

3 Angepasst nach: Assmann G et al. Circulation 2002 ;105 :310-15 (PROCAM-Score).

Lipidmanagement nach IAS-Guidelines (nach PROCAM-Score)[4-8]

Hochrisikopatienten mit kardiovaskulärem Risiko > 20 %/10 Jahre, S. 689

➡ **Ziel-LDL < 100 mg/dL (< 2.6 mmol/L), besser: < 70 mg/dL**[7, 8]

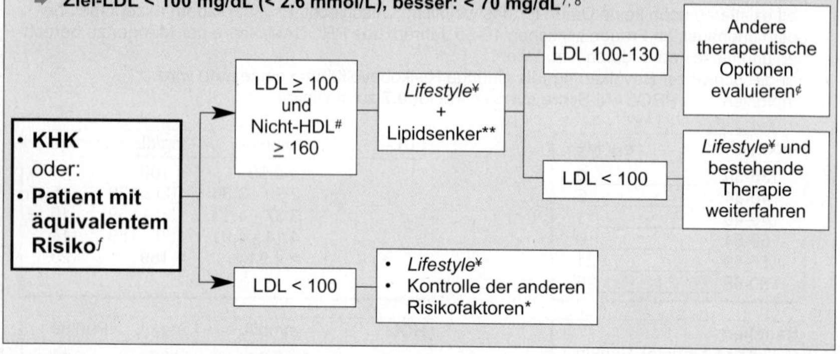

Patienten mit intermediärem kardiovaskulärem Risiko: 10-20 %/10 Jahre, S. 689

➡ **Ziel-LDL < 130 mg/dL (< 3.4 mmol/L), besser: 100-130 mg/dL**[7,8]

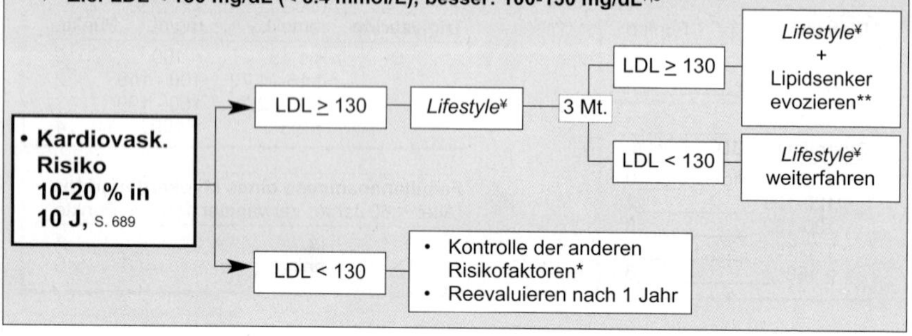

Patienten mit niedrigem kardiovaskulärem Risiko: < 10 %/10 Jahre, S. 689

➡ **Ziel-LDL < 160 mg/dL (< 4.1 mmol/L)**

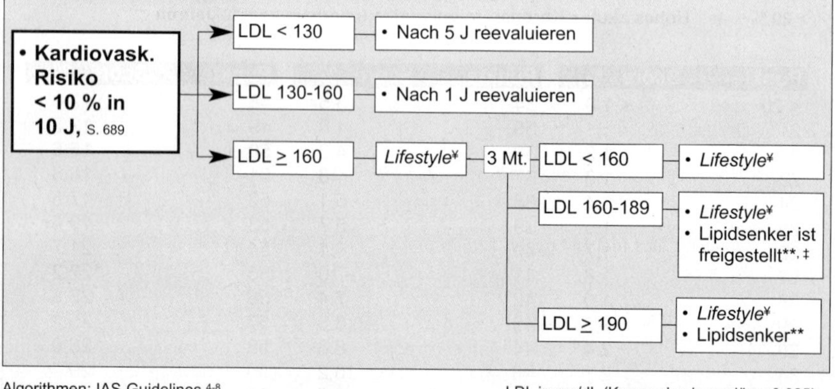

Algorithmen: IAS-Guidelines.[4-8]

LDL in mg/dL (Konversion in mml/L: x 0.025)

\# Nicht-HDL Cholesterin (= gesamt Cholesterin - HDL) = LDL + VLDL

f,**, ¥, *, ¢, ‡, siehe S. 691

4 Internat Atherosci Society (IAS); 04/2003. 5 NCEP, 2002. 6 Scott M. NCEP Report. Circulation 2004 ;11 :227-39. 7 Castilla Guerra L et al. Euro J Int Med 2008 ;19 :8-14. 8 Ross AM et al. Curr Atherosci Rep 2005 ;7 :11-6.

ƒ Hochrisikosituationen (KHK-äquivalent)

1. Weitere klinische Formen von Atherosklerose:
   - Periphere Arteriopathie (PAVK)
   - Bauchaortenaneurysma
   - Symptomatische Karotisstenose
2. Diabetes mellitus, S. 662
3. Kardiovaskuläres Risiko innerhalb von 10 Jahren > 20 % (nach PROCAM-Score, S. 689)

¥ *Lifestyle*, siehe auch S. 682

1. Ernährung:
   - Fette: 25-35 %. Die Einnahme von gesättigten Fettsäuren soll reduziert werden (< 7 % der gesamten Kalorien), Cholesterin (< 200 mg/d)
   - Zucker 50-65 %
   - Protein 15-20 %
   - Reich an Fibern (10-25 g/Tag)
2. Reduktion des Körpergewichtes (mindestens 5-10 %)
3. Körperliche, aerobe, kardio-vaskuläre Aktivität: 30-60 min 3-7x/Woche

¢ **Andere Therapien** (von Fall zu Fall entscheiden)

1. Intensivierung des *Lifestyles*
2. Zugabe von Medikamenten, welche die Triglyzeride senken und/oder das HDL-Cholesterin erhöhen (Bsp: Nikotinsäure, Fibrate)
3. Intensivere Kontrolle der Risikofaktoren

** Lipidsenker (Beispiele)

1. Statin
   - Atorvastatin, Fluvastatin, Pravastatin, Rosuvastatin, Simvastatin
2. Fibrat
   - Bezafibrat, Ciprofibrat, Fenofibrat, Gemfibrozil
3. Ionenaustauscherharz
   - Colestyramin
   - Colestipol
4. Nikotinsäure
   - Niacin
5. Spezifischer Cholesterin-Resorptionshemmer
   - Ezetimibe

* Risikofaktoren (RF)

1. Nikotin
2. Art. Hypertonie
   - SBD ≥ 140 mmHg und/oder DBD ≥ 90 mmHg
     oder:
   - Patient unter antihypertensiver Therapie
3. HDL < 40 mg/dL (< 1 mmol/L)
4. Positive Familienanamnese bezgl. vorzeitiger KHK, d.h.:
   - Männlicher Verwandter 1° < 55 Jahre
   - Weibliche Verwandte 1° < 65 Jahre
5. Alter
   - Männer ≥ 45 Jahre
   - Frauen ≥ 55 Jahre

Bemerkung

In dieser Liste der Risikofaktoren sind nicht enthalten:

- LDL-Cholesterin (weil schon im PROCAM-Score enthalten)
- Diabetes mellitus (der DM gehört bereits zu den Hochrisikofaktoren wie die KHK).

‡ Faktoren, welche das Einsetzen eines Lipidsenkers beeinflussen können

(betrifft LDL-Werte zwischen 160-190 mg/dL; 4.0-4.8 mmol/L)

a) Vorhandensein eines Hauptrisikofaktors (positive Familienanamnese)
   und/oder

b) Infraklinischer Risikofaktor, zusätzlich zu vorbestehendem Risikofaktor

ENDO-KRINO

SC⊕RE: Fatales kardiovaskuläres Risiko innnerhalb von 10 Jahren[2]

(betrifft Niederrisikoländer: Belgien, Frankreich, Griechenland, Luxemburg, Spanien, Schweiz, Portugal)

SC⊕RE[2]

Frauen – *Nichtraucherinnen* / *Raucherinnen*; **Männer** – *Nichtraucher* / *Raucher*

Cholesterin [mmol/L]*: 4, 5, 6, 7, 8 (1.6, 2.0, 2.4, 2.8, 3.2)

40 Jahre

SBD [mmHg]	Frauen Nichtraucherinnen 4 (1.6)	5 (2.0)	6 (2.4)	7 (2.8)	8 (3.2)	Frauen Raucherinnen 4 (1.6)	5 (2.0)	6 (2.4)	7 (2.8)	8 (3.2)	Männer Nichtraucher 4 (1.6)	5 (2.0)	6 (2.4)	7 (2.8)	8 (3.2)	Männer Raucher 4 (1.6)	5 (2.0)	6 (2.4)	7 (2.8)	8 (3.2)
180	0	0	0	0	0	0	0	0	0	0	0	1	1	1	1	1	1	1	2	2
160	0	0	0	0	0	0	0	0	0	0	0	0	0	1	1	1	1	1	1	1
140	0	0	0	0	0	0	0	0	0	0	0	0	0	0	0	0	1	1	1	1
120	0	0	0	0	0	0	0	0	0	0	0	0	0	0	0	0	0	0	1	1

50 Jahre

SBD [mmHg]	Frauen Nichtraucherinnen 4	5	6	7	8	Frauen Raucherinnen 4	5	6	7	8	Männer Nichtraucher 4	5	6	7	8	Männer Raucher 4	5	6	7	8
180	1	1	1	1	1	1	1	2	2	2	2	2	3	3	4	4	4	4	6	7
160	0	0	1	1	1	1	1	1	1	1	1	1	2	2	2	2	3	3	4	5
140	0	0	0	0	0	1	1	1	1	1	1	1	1	1	2	2	2	2	3	3
120	0	0	0	0	0	0	0	0	1	1	1	1	1	1	1	1	1	2	2	2

55 Jahre

SBD [mmHg]	Frauen Nichtraucherinnen 4	5	6	7	8	Frauen Raucherinnen 4	5	6	7	8	Männer Nichtraucher 4	5	6	7	8	Männer Raucher 4	5	6	7	8
180	1	1	2	2	2	3	3	3	4	4	3	4	4	5	6	6	7	8	10	12
160	1	1	1	1	1	2	2	2	3	3	2	2	3	3	4	4	5	6	7	8
140	1	1	1	1	1	1	1	1	2	2	1	2	2	2	3	3	3	4	5	6
120	0	0	1	1	1	1	1	1	1	1	1	1	1	2	2	2	2	3	3	4

60 Jahre

SBD [mmHg]	Frauen Nichtraucherinnen 4	5	6	7	8	Frauen Raucherinnen 4	5	6	7	8	Männer Nichtraucher 4	5	6	7	8	Männer Raucher 4	5	6	7	8
180	3	3	3	4	4	5	5	6	7	8	5	6	7	8	9	10	11	13	15	18
160	2	2	2	2	3	3	4	4	5	5	3	4	5	5	6	7	8	9	11	13
140	1	1	1	2	2	2	2	3	3	4	2	3	3	4	4	5	5	6	7	9
120	1	1	1	1	1	1	2	2	2	3	2	2	2	3	3	3	4	4	5	6

65 Jahre

SBD [mmHg]	Frauen Nichtraucherinnen 4	5	6	7	8	Frauen Raucherinnen 4	5	6	7	8	Männer Nichtraucher 4	5	6	7	8	Männer Raucher 4	5	6	7	8
180	4	5	6	6	7	9	9	11	12	14	8	9	10	12	14	15	17	20	23	26
160	3	3	4	4	5	6	6	7	8	10	5	6	7	8	10	10	12	14	16	19
140	2	2	2	3	3	4	4	5	6	7	4	4	5	6	7	7	8	9	11	13
120	1	1	2	2	2	3	3	3	4	4	2	3	3	4	5	5	5	6	8	9

Interpretation

Feldschattierung	Risiko
weiß	< 1 %
sehr hellgrau	1 %
hellgrau	2 %
mittelgrau	3-4 %
dunkelgrau	5-9 %
sehr dunkel	10-14 %
schwarz	≥ 15 %

Risiko eines tödlichen kardiovaskulären Ereignisses innerhalb von 10 Jahren

SCORE = *Systematic Coronary Risk Evaluation*

* Konversion des Cholesterins von mmol/L in mg/dL oder in g/L (x 40 oder x 0.4):
- 4 mmol/L = 160 mg/dL = 1.6 g/L
- 5 mmol/L = 200 mg/dL = 2.0 g/L
- 6 mmol/L = 240 mg/dL = 2.4 g/L
- 7 mmol/L = 280 mg/dL = 2.8 g/L
- 8 mmol/L = 320 mg/dL = 3.2 g/L

2 Angepasst nach: De Backer G, et al. Eur Heart J 2003 ;24 :1601-10. (SCORE-score)

ESC-Guidelines: SCORE-Score[2]

- Das SCORE-Score erlaubt es, das **fatale** kardiovaskuläre Risiko innerhalb von 10 Jahren zu bestimmen.
- Das SCORE-Score basiert auf Kohortenstudien in 12 europäischen Regionen und schliesst sowohl Männer als auch Frauen ein (das PROCAM-Score schliesst nur Männer ein).
- Der «cut-off» des Therapiebeginns ist bei ≥ 5 %-iger kardiovaskulärer Mortalität festgelegt. Im Vergleich zum Morbiditäts-/Mortalitätsrisiko des PROCAM-Score entsprechen diese ≥ 5 % der Gruppe mit hohem kardiovaskulärem Risiko/10 Jahre (d.h. PROCAM-Score > 20 %).

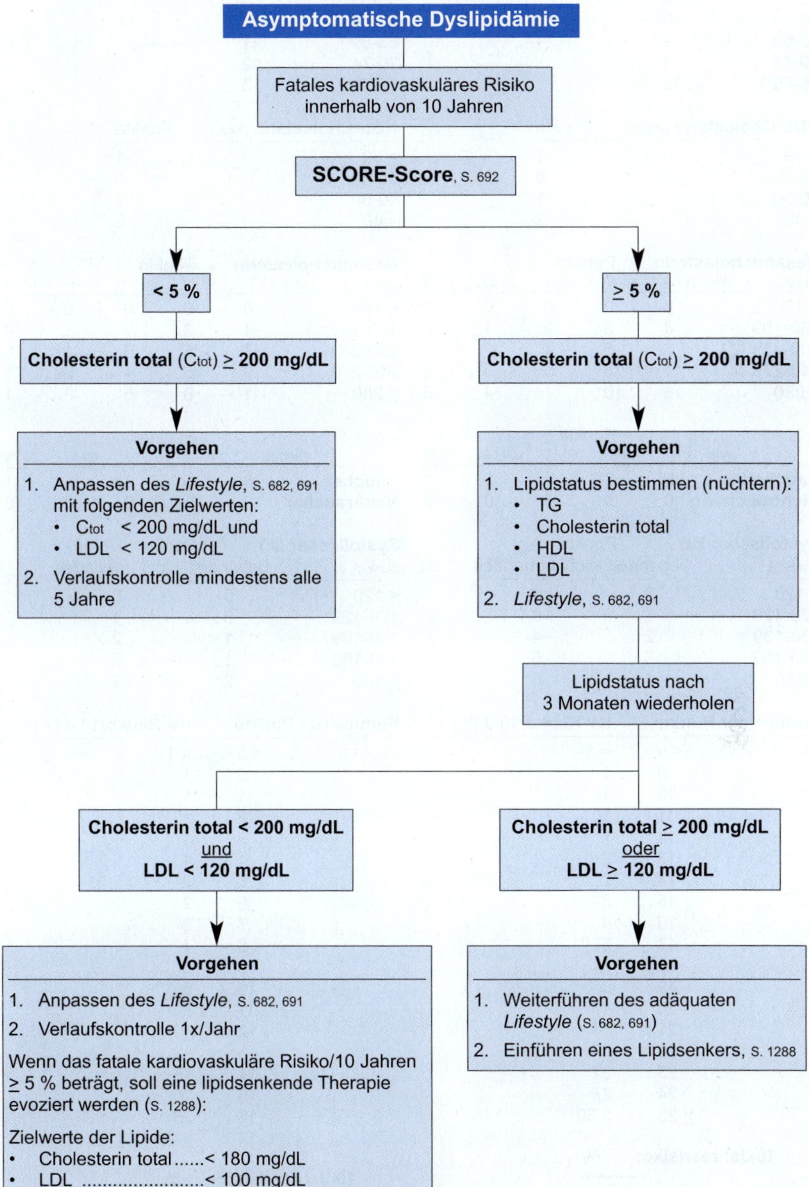

Algorithmus: Dyslipidämie und Primärprävention der Atherosklerose (bezügl. dem SCORE-Score).

[2] Angepasst nach: De Backer G, et al. Eur Heart J 2003 ;24 :1601-10. (SCORE-score)

Kardiovaskuläres Risiko innerhalb von 10 J (Nicht-Diabetiker)[7]

FRAMINGHAM-SCORE

Frauen

Alter [Jahre]	Punkte
20-34	- 7
35-39	-3
40-44	0
45-49	3
50-54	6
55-59	8
60-64	10
65-69	12
70-74	14
75-79	16

HDL-Cholesterin [mg/dL]	Punkte
≥ 60	-1
50-59	0
40-50	1
< 40	2

Gesamtcholesterin [mg/dL]	Punkte Alter: 20-39	40-49	50-59	60-69	70-79
< 160	0	0	0	0	0
160-199	4	3	2	1	0
200-239	8	6	4	2	1
240-279	11	8	5	3	2
≥ 280	13	10	7	4	2

	Punkte Alter: 20-39	40-49	50-59	60-69	70-79
Raucherin	9	7	4	2	1
Nichtraucherin	0	0	0	0	0

Systolischer BD [mmHg]	Punkte behandelt	nicht behandelt
< 120	0	0
120-129	1	3
130-139	2	4
140-159	3	5
≥ 160	4	6

Summe der Punkte	**KV Risiko/10 J** [%]
< 9	< 1
9	1
10	1
11	1
12	1
13	2
14	2
15	3
16	4
17	5
18	6
19	8
20	11
21	14
22	17
23	22
24	27
≥ 25	≥ 30

10-Jahresrisiko: ____ %

Männer

Alter [Jahre]	Punkte
20-34	- 9
35-39	-4
40-44	0
45-49	3
50-54	6
55-59	8
60-64	10
65-69	11
70-74	12
75-79	13

HDL-Cholesterin [mg/dL]	Punkte
≥ 60	-1
50-59	0
40-50	1
< 40	2

Gesamtcholesterin [mg/dL]	Punkte Alter: 20-39	40-49	50-59	60-69	70-79
< 160	0	0	0	0	0
160-199	4	3	2	1	0
200-239	7	5	3	1	0
240-279	9	6	4	2	1
≥ 280	11	8	5	3	1

	Punkte Alter: 20-39	40-49	50-59	60-69	70-79
Raucher	8	5	3	1	1
Nichtraucher	0	0	0	0	0

Systolischer BD [mmHg]	Punkte behandelt	nicht behandelt
< 120	0	0
120-129	0	1
130-139	1	2
140-159	1	2
≥ 160	2	3

Summe der Punkte	**KV Risiko/10 J** [%]
< 0	< 1
0	1
1	1
2	1
3	1
4	1
5	2
6	2
7	3
8	4
9	5
10	6
11	8
12	10
13	12
14	16
15	20
16	25
17	≥ 30

10-Jahresrisiko: ____ %

7 Angepasst nach: Lauer M. N Engl J Med 2002 ;346 :1468-74 (dieses SCORE ist nur für Menschen mit heller Hautfarbe validiert).

AHA-Guidelines für Frauen (mit FRAMINGHAM-Score)[8]

- Das FRAMINGHAM-Score evaluiert das **gravierende kardiovaskuläre Risiko/10 Jahren.**
- Das FRAMINGHAM-Score betrifft **nicht diabetische** Personen.
- Das FRAMINGHAM-Score basiert auf einer prospektiven Kohortenstudie (5345 Einwohner von Framingham, welche über 12 Jahre bezüglich des kombinierten Endpoints untersucht wurden):
  - Tod infolge KHK
  - Myokardinfarkt
  - Angina pectoris oder «Koronarinsuffizienz»

FRAMINGHAM	Klinische Beispiele	Empfehlungen — Therapie
Score **> 20 %** Frauen mit **hohem** **Risiko**	• Etablierte KHK • Zerebrovaskulärer Befall (Karotisstenose > 50 %, symptomatisch oder nicht)* • PAVK • Bauchaortenaneurysma • Diabetes mellitus • Chronische Niereninsuffizienz	**Empfehlungsklasse I** • Stopp Rauchen, *Lifestyle* • Ziel-BD < 120/80 mmHg [IB] • Lipide [IB] - Optimaler LDL-Spiegel: < 100 mg/dL - Optimaler HDL-Spiegel: > 50 mg/dL - Optimale TG-Spiegel: < 150 mg/dL Ein Lipidsenker ist immer indiziert: - Falls LDL ≥ 100 mg/dL → Statin [IA] - Falls LDL < 100 mg/dL → Statin [IB] - Falls HDL tief od. nicht-HDL (C_{tot} - HDL) erhöht → Fibrat oder Nikotinsäure [IB] • Acetylsalicylsäure (ASS) / Clopidogrel [IA] - ASS: 75-160 mg/d - Clopidogrel falls ASS KI: 75 mg/d • Betablocker, immer indiziert (ausser KI): [IA] - Post-Myokardinfarkt - Chronisches Ischämiesyndrom • ACE (Sartan bei ACE KI): immer indiziert [IA] • Blutzuckerkontrollen bei Diabetikern - HbA1c Zielwert: < 6.5 % [IB]
Score **10-20 %** Frauen mit **mittlerem** **Risiko**	• Subklinische kardiovaskuläre Erkrankung (z.B. Aortenkalzifikation)‡ • Metabolisches Syndrom • Multiple Risikofaktoren (das FRAMINGHAM-Score definiert die Risikogruppe, s. 694) • Bei einem speziell ausgeprägten Risikofaktor*f* • Pos. Familienanamnese (1°) für atherosklerotische kardiovaskuläre Erkrankung: - Männer < 55 Jahre - Frauen < 65 Jahre	**Empfehlungsklasse I** • Stopp Rauchen, *Lifestyle* • Ziel-BD < 120/80 mmHg [IB] • Lipide: Lipidsenker [IB] - Falls LDL ≥ 130 mg/dL: → Statin [IA] - Falls HDL tief und nicht-HDL (= C_{tot} - HDL) erhöht (nachdem der Zielwert der LDL erreicht ist): → Fibrat oder Nikotinsäure [IB] **Empfehlungsklasse IIa** • Acetylsalicylsäure - 75-160 mg/d, bei gut kontrolliertem art. BD und schwachem G-I NW-Risiko [IIaB]
Score **< 10 %** Frauen mit **niedrigem** **Risiko**	• Kann folgende Frauen mit einschliessen: - 0-1 Risikofaktor - Multiple Risikofaktoren - Metabolisches Syndrom	**Empfehlungsklasse I** • Stopp Rauchen, *Lifestyle* • Ziel-BD < 120/80 mmHg [IB] **Empfehlungsklasse II und III** • Lipide: Lipidsenker [IIaB] a) 0-1 Risikofaktor: bei LDL ≥ 190 mg/dL b) > 1 Risikofaktor: bei LDL > 160 mg/dL • Acetylsalicylsäure: nicht routinemäsig [IIIB]

Tabelle: AHA-Guidelines bei Frauen, basierend auf dem FRAMINGHAM-Score.

* Wenn sich das betroffene Gefäss oberhalb der Karotisloge befindet, muss der entsprechende zerebrovaskuläre Befall nicht der Hochrisikogruppe angehören.

‡ Einige Patientinnen werden ein kardiovaskuläres 10-Jahresrisiko > 20 % aufweisen und gehören dementsprechend der Hochrisikogruppe an.

f Die Mehrheit der Frauen mit einem einzigen kardiovaskulären Risikofaktor haben ein 10-Jahresrisiko < 10 %. Wenn aber dieser Risikofaktor sehr ausgeprägt ist, werden diese Frauen trotzdem als Frauen mit mittlerem Risiko eingestuft.

8 Mosca L et al. Circulation 2004 ;109 :672-93.

Enterale Ernährung durch Sonde und nutritive, orale Supplementierung

Allg:
- Eine ausgewogene Ernährung enthält:
  - 25-35 % Pflanzliche Fette
  - 50-65 % Kohlenhydrate
  - 15-20 % Proteine
- Die **Fibern** fördern den intestinalen Transit und vermindern das Diarrhoerisiko.
- Bevor eine künstliche Ernährung per Magensonde eingeleitet wird, muss man sich vergewissern, dass sich die distale Extremität der Sonde **10-15 cm unterhalb der Kardia befindet** (Abdomenleeraufnahme).
- Verschiedene Verabreichungsmodalitäten:
  1. Kontinuierlich über 18-20 h: mit 250-500 mL/d beginnen (d.h. ca. 25 % des eigentlichen Kalorienbedarfs), dann täglich um ca. 25 % steigern.
  2. Ernährung die nachtsüber läuft (v.a. indiziert, wenn eine orale Supplementierung erwünscht ist)
  3. Diskontinuierlich (selten angewendet): 3-4x/d, 250-500 mL/10-120 min

Bsp:
- **Enterale Ernährung per Magensonde**

  Ind:
  - Massive Dysphagie, unfähig zu kauen
  - IPS-Patienten, Beatmung, grosse chirurgische Eingriffe
  - Aspirationsprophylaxe (z.B. Postintoxikationen)
  - Erhöhter Nahrungsbedarf (Sepsis, Verbrennung, Chemotherapie u.a.)
  - Malabsorption bei Bedarf (zystische Fibrose, M. CROHN, Kurzdarm)
  - Essverweigerung, Inappetenz (z.B. Anorexia nervosa, chron. Niereninsuffizienz)

  KI:
  - Schädelbasisfraktur → Risiko, dass die Sonde einen Irrweg nimmt!
  - Somnolenz → Aspirationsrisiko
  - Persistierendes Erbrechen → Aspirationsrisiko
  - Kompletter mechanischer Ileus → Darmschlingendistension, Darmruptur
  - Akute schwere Pankreatitis. In diesem Fall kann eine Jejunalsonde gesetzt werden (8 cm oberhalb des TREITZ-Bandes) → Verschlimmerung der Pankreatitis

- **Perkutane endoskopische Gastrostomie (PEG) und chirurgische Gastrostomie**

  Allg:
  - Das Einlegen einer PEG wird in Lokalanästhesie durchgeführt. Eine chirurgische Gastrostomie (deren Schnittlänge grösser ist als der Durchmesser der PEG) wird in Allgemeinanästhesie durchgeführt.

  Ind:
  1. Digestive Ernährung während > 6 Wochen
  2. Ösophagusläsionen (z.B. Ösophagusvarizen im Stadium IV)
  3. Unmöglichkeit eine Magensonde zu setzen, wegen nasaler, pharyngealer oder ösophagealer Obstruktion

  KI:
  - Aspirationsrisiko
  - Vorgeschichte eines öso-gastro-intestinalen chirurgischen Eingriffes
  - Verlangsamte Magenentleerung
  - Mechanischer oder kompletter funktioneller Ileus
  - Hohe GI-Fistel
  - Aszites
  - Neoplasie oder eine andere Erkrankung der Magenwand
  - Gerinnungsstörungen

  Kpl:
  - Die Komplikationen der PEG sind selten:
    - Fistel-, Hernienbildung
    - Hautinfekt, Peritonitis
    - Blutung
    - Pylorusobstruktion (Migration der Sonde)

- **Jejunostomie**

  Allg:
  - Die Jejunostomie wird i.d.R. am Ende eines chirurgischen Baucheingriffes durchgeführt, und zwar bei Patienten, die während > 1 Woche ihren Darm nicht benützen dürfen.

  Ind:
  - Ösophagus- oder Magenoperation
  - Nicht funktioneller oder resezierter Magen
  - Hohes Aspirationsrisiko

  KI:
  - Morbus CROHN

  Kpl:
  - Die Komplikationen der Jejunostomie sind selten:
    - Persistierendes intestinales Leck oder Fisteln
    - Migration der Sonde
    - Intraluminaler Dekubitus

Bem:
- In gewissen Fällen, kann eine digestive Ernährung auch wie folgt verabreicht werden:
  - via eine Sonde, deren distales Ende jejunal liegt
  - via eine Sonde, die durch die PEG führt und jejunal platziert ist.

Kilokalorien

Allg: **1 kcal = 4.2 kJ; 1 kJ = 0.24 kcal**

Element	kcal/g	kJ
Alkohol	7	29.4
Kohlenhydrate	4.1	17.2
Lipide	9	37.8
Proteine	4.1	17.2

Basaler Energieverbrauch/24 h			
	kJ/kg	kcal/kg	Beispiel
Mann	125 kJ/kg	30 kcal/kg	Mann, 70 kg: 2100 kcal/d
Frau	100 kJ/kg	25 kcal/kg	Frau, 60 kg: 1500 kcal/d
Kind	200 kJ/kg	50 kcal/kg	Kind, 30 kg: 1500 kcal/d

Berechnung der Kalorieneinnahme

Aktuelles Körpergewicht [kg]	Anzahl kcal, um das aktuelle Körpergewicht zu halten [kg]¶	Kalorieneinnahme, um 500 g/Woche zu verlieren#
100	3300	2800
90	3000	2500
80	2700	2200
70	**2325**	**1825**
60	1950	1450
50	1665	1165

¶ Körpergewicht x 33.3 = Kalorieneinnahme/d, um das aktuelle KG beizubehalten
# Um 500 g/Woche zu verlieren, muss die Kalorienzufuhr um ca. 500 kcal/d reduziert werden.

Prokukt	kcal	kJ
Fleisch		
Speck	700	2940
Wurstwaren	300-400	1260-1680
Schwein	200-300	840-1260
Lamm	200-300	840-1260
Rind	150-250	630-1050
Leber	125	525
Kalb	120	500
Geflügel	120	500
Fische		
Thon (im Öl)	300	1260
Lachs (Filet)	100	420
Hecht	90	374
Barsch (Egli)	90	374
Dorsch (Kabeljau)	80	336
Fette		
Rapsöl	890	3710
Olivenöl	930	3900
Sonnenblumenöl	930	3900
Butter	770	3230
Margarine	770	3230
Mayonnaise (80 %)	760	3190
Milchprodukte		
Käse (60 %)	300-400	1260-1680
Eigelb	370	1550
Käse (15 %)	230	966
Vollmilch	65	270
Eiweiss (Eiklar)	55	230
Gemüse		
Karotten	35	147
Blumenkohl	30	126
Broccoli	30	126
Eierfrucht (Aubergine)	25	105
Spinat	25	105
Lauch	40	168

Prokukt	kcal	kJ
Früchte		
Trockendatteln	300	1260
Avocado	240	1000
Oliven	125	525
Bananen	90	378
Trauben	75	315
Kirschen	60	252
Aprikosen	60	252
Orangen	50	210
Erdbeeren	40	168
Rhabarber	20	84
Getreide - Zucker		
Schokolade	560	2350
Gipfel (Hörnchen)	450	1890
Zucker	400	1680
Cornflakes	390	1640
Reis	370	1555
Teigwaren	360	1510
Pizza	270	1135
Brot (schwarz, weiss)	250	1050
Eis (Eiscreme)	200	840
Wasser-Eis	140	590
Getränke		
Branntwein 38°	200	840
Wein (rot, weiss)	70	295
Orangensaft	50	210
Apfelsaft	50	210
Bier	50	210
Cola (1L/110g Zucker)	45	190
Sonstige		
Weisse Böhnchen	180	756
Pommes frites	115	483
Mais	90	378
Kartoffeln	85	357
Tomaten	20	84

ENDO-KRINO

Zentraler Diabetes insipidus [E23.2]

Allg: • Beim zentralen Diabetes insipidus (DI) existiert ein passageres oder permanentes ADH-Defizit. Dies führt zum Verlust der Fähigkeit, den Urin zu konzentrieren, was einen freien Wasserverlust zur Folge hat.

Klin: • **Polyurie** > 30 mL/kg/24 h (bis 16-24 L/d)
- Nykturie (ein DI ohne Nykturie ist atypisch)
- Polydipsie

Urs: • SHT (häufige Ursache)
• Neurochirugische Interventionen, v.a. falls transsphenoidal durchgeführt (häufige Ursache)
• Primäre und sekundäre Tumoren (häufige Ursache)
- Meningeom
- Hamartom
- Gliom
- Hirnmetastasen: Bronchuskarzinom, Mammakarzinom, maligne Hämopathien

• Idiopathisch (30-50 % der Fälle)
• Infektiös: Meningitis, Enzephalitis, Syphilis, Tuberkulose, Cryptococcose u.a.
• Vaskulär
- Ischämische Enzephalopathie
- Hirnblutung (intraventrikulär, SAB)
- Hirnarterienaneurysma

• Post supraventrikuläre Tachykardie (passagere Polyurie nach deren Konversion)
• WOLFRAM-Syndrom (autosomal rezessive Erbkrankheit mit zentralem Diabetes insipidus, Diabetes mellitus, Atrophie des N. opticus, Taubheit)
• Granulomatose: Sarkoidose, Histiozytose X, WEGENER-Granulomatose

Lab: • Blut:
- Na^+ ↑
- Osmolalität ↑ (eine Osmol. < 270 mmol/kg ist mit einer primären Polydipsie vereinbar)
- **ADH** ↓ (ADH wird aber nicht routinemässig bestimmt)

• Urin:
- Osmolalität < 290 mmol/kg H_2O (niedriger als die Plasmaosmolalität), Dichte < 1.010

Dg: • Durstversuch, s. 700

Th: **1. Kausaltherapie**

2. Volumensubstitution

Allg: • Die Volumensubstitution ist sehr WICHTIG (vermindert das Hirnödemrisiko).
• Die Hypernatriämie soll nicht schneller als um **0.5 mmol/L/h** gesenkt werden (Hirnödemrisiko).

Vorg: a) Bei Hypovolämie (Hypernatriäme):
- Volumengabe mit NaCl 0.9 % **IV**

b) Bei Euvolämie:
- Die Hälfte des freien Wasserdefizites* wird während der ersten 24 h oral oder **IV** (NaCl 0.9 %) ersetzt; die 2. Hälfte wird über 48 h verabreicht.

3. Hormonale Substitution (Desmopressin)

Ind: • Akuter Diabetes insipidus mit Polyurie > 6-8 L/24 h

Th:

Desmopressin	Dosierung/d	W'dauer	Biodisp.
IV oder **IM**	1-2x 1-4 µg	5-20 h	± 100 %
SC	1-2x 1-4 µg	5-20 h	90 %
Intranasal			3-5 %
Nasenspray [10 µg/Push]	1-2x 10-40 µg (1-4 Push/d)		
Nasentropfen [0.1 mg/mL]	1-2x 0.1-0.4 mL (10-40 µg)		
PO	Initial: 3x 0.1 mg, dann ↑ bis 0.2-1.2 mg	8 h	< 1 %
SUBL	Initial: 3x 60 µg dann ↑ ; 3x 60-120 µg (- 720 µg/d). Die SUBL-Tabl soll vor dem Schlucken 10 sek unter der Zunge gehalten werden.		

Bem: • Eigenschaften und NW von Desmopressin:
- Desmopressin hat eine 12x stärkere antidiuretische Wirkung als ADH, ist ab wesentlich weniger vasokonstringierend.
- NW: Hyponatriämie (vom iatrogenen «SIADH-Typ»), Müdigkeit, Nausea, Bauchkrämpfe, Kopfschmerzen, Abfall des art. Blutdruckes, *Flush*

* Das freie Wasserdefizit (Formel, siehe s. 1512) wird bei Hypernatriämie unterschätzt.

Peripherer Diabetes insipidus [E23.2]

Syn: • Nephrogener Diabetes insipidus

Allg: • Der periphere Diabetes insipidus (DI) ist durch eine **normale ADH-Sekretion** mit variablem Verlust der renalen ADH-Sensitivität charakterisiert. **Die Nieren verlieren somit die Fähigkeit, Wasser zu retinieren** → der Urin wird weniger konzentriert.

• Mit dem Alter kann die Fähigkeit, den Urin zu konzentrieren, bis zu 350-600 mmol/kg H_2O absinken (N: 500-1400 mmol/kg H_2O).

• Der periphere DI in seiner «**milden Form**» ist relativ häufig und wird v.a. in folgenden Situationen beobachtet:
- Ältere Patienten
- Patienten in schlechtem Allgemeinzustand
- Niereninsuffizienz

Diese «milde Form» weist wohl eine verminderte Urinkonzentration auf, welche aber nicht mit einem massiven renalen Wasserverlust einhergeht, um symptomatisch zu werden.

Urs: • Eine echte Polyurie infolge ADH-Resistenz wird in folgenden Situationen beobachtet:
- Kongenitaler peripherer DI (X-Chromosom) bei Mutationen des AVPR2-Gens, welches für den ADH Rezeptoren V2 kodiert
- Autosomal rezessiver und dominanter peripherer DI, infolge Mutationen des Aquaporin-2 Gens
- Bei chronischer Lithiumeinnahme (Polyurie bis in ca. 20 % der Fälle)
- Hyperkalzämie (i.d.R. falls > 2.75 mmol/L)
- Hypokaliämie (i.d.R. falls < 3.0 mmol/L)
- Medikamentös
  - -- Chronische Lithiumeinnahme (Polyurie bis in ca. 20 % der Fälle)
  - -- Cidofovir, Foscarnet
  - -- Vasopressin V2 Rezeptor Antagonisten
  - -- Amphotericin B
  - -- Ifosfamid
  - -- Ofloxacin
  - -- Orlistat
- Schwangerschaft
- BARTTER-Syndrom, s. 712

Klin: • Polyurie (> 3-4 L/24 h)
• Nykturie (≥ 2 Miktionen/Nacht)
• Polydipsie

Lab: • Blut:
- Na^+ ↑, Osmolalität ↑
- **ADH ↑ oder N** (ADH wird aber nicht routinemässig bestimmt)

• Urin:
- Osmolalität ↑ (aber niedriger als die Plasmaosmolalität)

Dg: • Durstversuch, s. 700

Th: **1. Kausaltherapie**

Allg: • Anamnestisch muss eine chronische Lithium-Einnahme ausgeschlossen werden.

2. Korrektur der Dyselektrolytämie

Bsp: • Hyperkalzämie
• Hypokaliämie

3. Thiaziddiuretika

Allg: • Thiazide vermindern paradoxerweise die Polyurie, indem sie die Resorption in den proximalen Tubuli vermindern.

Bsp: • Hydrochlorothiazid 50-100 mg/d PO

5. Desmopressin

Bem: • Bei einem partiellen peripheren Diabetes insipidus soll probatorisch Desmopressin eingesetzt werden.

Bsp: • Desmopressin, siehe s. 698

6. NSAR

Allg: • Die NSAR erhöhen die ADH-Sensitivität und vermindern die Polyurie.

Bsp: • Indometacin 50-100 mg/d PO in 2-3 Einnahmen

Durstversuch

Allg:
- Der Durstversuch erlaubt folgende Elemente zu klären:
  - DD: zentraler versus peripherer Diabetes insipidus
  - DD: psychische Polydipsie versus Diabetes insipidus
  - Diagnosestellung eines Diabetes insipidus
- Der Durstversuch muss von einem geübten medizinischen Team durchgeführt werden (inkl. Laborreferenzwerte)!
- Testprinzip: Bei langem Dursten kommt es physiologischerweise (und deshalb auch bei psychischer Polydipsie) zum Anstieg der Urinosmolalität und gradueller Abnahme des Urinvolumens.

Vorg: **A. Allgemeinmassnahmen**
- Strikte Alkohol- und Nikotinabstinenz während der 24 h vor dem Durstversuch.
- Je nach Ausmass der täglichen Diurese, soll der Durstversuch mit einer vorhergehenden Wasserrestriktion durchgeführt werden:
  - Diurese > 4-6 L/24 h: Der Patient kann bis zum Testbeginn trinken
  - Diurese ≤ 4 L/24 h: Wasserrestriktion ab Mitternacht vor Testbeginn

B. Paraklinische Konstanten

Parameter	zu Beginn des Testes	Alle Stunden	Nach dem Dursten	Nach Desmopressin[#]	
				+ 30 min	+ 60 min
Körpergewicht	X	X			
Urinosmolalität	X	X		X	X
Plasmaosmolalität	X		X		
Na^+ (Blut)	X				
ADH (Blut)			X[f]		

C. Phase der Wasserrestriktion
- Bei einer Diurese von ≤ 4 L/24 h beginnt die Wasserrestriktion schon ab Mitternacht vor Testbeginn. Bei Diurese > 4 L/24 h kann der Patient bis zum Testbeginn trinken.
- Die mittlere Dauer der Wasserrestriktion liegt bei 3-5 h ab den ersten Labormessungen.
- Kriterien einer adäquaten Dehydratation, die den Testabbruch erlauben (≥ 1 Kriterium):
  1. Körpergewichtsverlust > 3.0 -5.0 %
  2. Geringer Unterschied von aufeinanderfolgenden Urinosmolalitäten:
     - < 30 mmol/kg H_2O innerhalb von 2-3 Stunden
  3. Plasmaosmolalität > 295 mmol/kg H_2O und Hypernatriämie > 145 mmol/L

D. Gabe von Desmopressin
- Desmopressin: 4 µg **IV** oder 10 µg intranasal
- Die Urinosmolalität wird nach 30 und 60 Minuten gemessen.

Durst-versuch	Nach Dehydratation				Nach Desmopressin
	Urin			Blut	
Parameter / Diagnose	Dichte* [spez. Gew.]	Osmo-lalität*	Urin-volumen	Osmolalität (Plasma)*	Delta Urinosmolalität [%]
Normal	> 1.015	700-1400	↓	N: 290-295	0 (wenig ↑, < 5 %)
Zentraler DI					
• komplett	< 1.010	50-200	Diurese ↑↑↑: der Patient trocknet aus	↑↑ 310-320	↑↑↑ Verdoppelung (> 100 %)¶
• inkomplett	1.010-1.015	250-500	Diurese ↑↑: der Patient trocknet aus	↑ 295-305	↑↑ (9-67 %)¶
Peripherer DI	< 1.010	100-200	Diurese ↑↑: der Patient trocknet aus	↑↑ 310-320	0 (wenig ↑, < 5 %)
Polydipsie	> 1.015	700-1200	↓	N: 290-295	0 (wenig ↑, < 5 %)

Tabelle: Interpretation des Durstversuches.

#, *f*, *, ¶, siehe S. 701

Desmopressin 4 µg **IV** oder 10 µg intranasal

f ADH wird nur bestimmt, wenn die Urinosmolalität < 800 mmol/kg H2O beträgt. Wenn dieser Wert überschritten wird, ist ist ein Diabetes insipidus ausgeschlossen.

* Normalwerte:

- Urindichte: 1.003-1.030
- Osmolalität im Urin: 500-1200 mmol/kg H2O
- Osmolalität im Plasma: 290-295 mmol/kg H2O

¶ Die Urinosmolalität hilft zur Diagnosestellung eines partiellen versus kompletten zentralen Diabetes insipidus.

Hypothalamus-Hypophyse-Nebennieren Regelkreis

Allg:
- Tägliche Kortisolsynthese:
  - **10-15 mg/Tag** (ca. 5 mg/m^2)
  - 15.5 mmol/m^2/24 h

Für die PRAXIS:
- Folgende Kortikoiddosierungen sind «supraphysiologisch» und hemmen somit die CRF-Synthese, was zu einer NNR-Atrophie führt:
  - $\geq$ 30 mg Hydrokortison
  - $\geq$ 7.5 mg Prednison
- Eine NNR-Insuffizienz kann sich schon innerhalb von 3 Wochen Kortikoidtherapie entwickeln.
- Bis sich eine atrophierte NNR erholt, kann es bis zu 1 Jahr dauern.

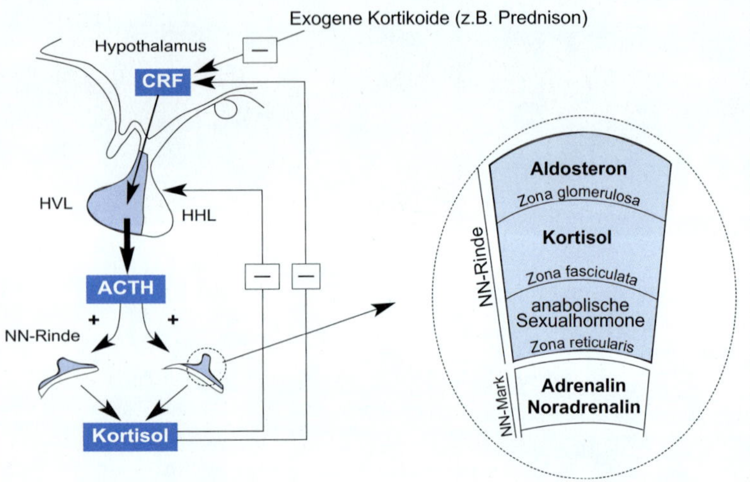

CRF = Corticotropin releasing factor
ACTH = Adrenocorticotropic hormon
HHL = Hypophysenhinterlappen
HVL = Hypophysenvorderlappen

Schema: Hypothalamus-Hypophyse-NNR Regelkreis:
- CRF (*corticotropin releasing factor*) wird vom Hypothalamus ausgeschüttet und stimuliert die ACTH-Produktion im Hypophysenvorderlappen (HVL) → Erhöhung der Kortisolausschüttung.
- ACTH hat eine trophische Wirkung auf die NN.
- Kortisol hemmt die hypothalamische Synthese des CRF über einen negativen *feedback* auf die Hypophyse und den Hypothalamus.
- Exogene Kortikoide hemmen auch den CRF.

- Die ACTH-Sekretion beschreibt folgenden schematischen Tages-Nacht-Rhythmus:

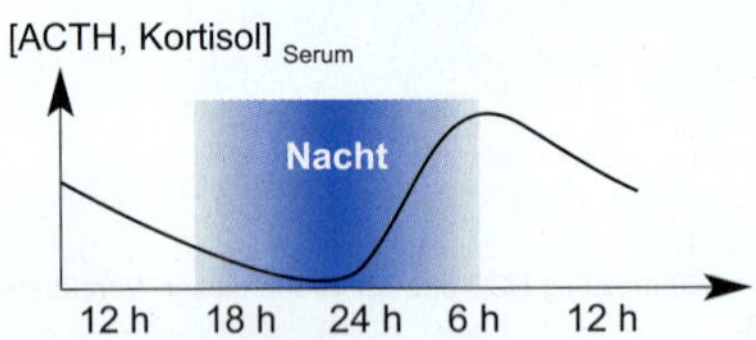

Schema: ACTH-Sekretion/24 h

Hypothalamus-Hypophysen-Nebennieren: Diagnostik[1-3]

Allg:
- Bevor die im folgenden Text genannten Tests durchgeführt werden, sollen die allenfalls verabreichten Kortikoide mindestens 12-24 h vorher abgesetzt werden (je nach HWZ).
- Die Mehrheit der Patienten, welche mit 5 mg Prednison/d therapiert werden, weisen einen intakten Hypothalamus-Hypophysen-NNR Regelkreis auf.

Bem:
- DD der Kortisolwerte, siehe Kapitel «Labor», s. 1410

Vorg: **Diagnostik bei Verdacht auf Nebenniereninsuffizienz**

I. *Screening*-Test

I A. Nüchtern Kortisol-Serumspiegel

II. Dynamische Tests

II.A. SYNACTHEN®-Test

oder:

II.B. CRF-Stimulationstest (auch Kortikrelin-Test oder Kortikotropin/CRF-Test genannt). Wenn dieser Test pathologisch oder nicht konklusiv ausfällt, werden weitere dynamische Tests (II.C oder II.D.) durchgeführt.

II.C. Insulinhypoglykämietest, s. 704

II.D. Metyrapontest, s. 705

Screening bei Verdacht auf eine NNR-Insuffizienz

I. *Screening*: Kortisol-Serumspiegel am Morgen

Allg:
- Dieser *Screening*-Test hat keine diagnostische Aussagekraft.
- Kortisol zeigt einen zirkadianen Rhythmus, siehe Schema s. 702.

Test:
- Der Kortisol-Serumspiegel (nüchtern) wird vor 10 h morgens bestimmt.

Interpretation des Kortisol-Serumspiegels

- > 550 nmol/L ....Eine NNR-Insuffizienz ist praktisch ausgeschlossen. Dynamische Tests werden nicht empfohlen.
- < 85 nmol/L ......Eine NNR-Insuffizienz ist mit Sicherheit vorhanden.
- 85-550 nmol/L ..Nicht konklusiv. Dynamische Tests sind indiziert.

Dynamische Tests zur Diagnosestellung einer NNR-Insuffizienz

II.A. SYNACTHEN®-Test (Tetracosactid, Amp 250 µg/1 mL) IV oder IM

Allg:
- Tetracosactid ist eine synthetische Substanz, welche 24 der 39 Aminosäuren des ACTH enthält.
- Testprinzip: ACTH stimuliert in der gesunden NNR die Synthese von Mineralo- und Glukokortikosteroiden.
- Es gibt keinen Konsens bezgl. der Dosierung des Tetracosactid:
  - a) «High-dose ACTH Stimulation»:
    - 250 µg **IM** oder **IV**
  - b) «Low-dose ACTH Stimulation»:
    - 1 µg/1.73 m^2 Körperoberfläche **IV** (mit NaCl 0.9 % verdünnen)

    Der «Low dose test» wird von einigen Autoren empfohlen, da eine sekundäre NNR-Insuffizienz durch einen zu starken ACTH-Stimulus überdeckt und verpasst wird.[3]
- Der SYNACTHEN®-Test kann bei neu aufgetretener NNR-Insuffizienz falsch normal ausfallen!

Test:
1. Der Patient soll entspannt sein. Vor 10 h morgens wird der nüchterne Serum-Kortisolspiegel bestimmt.
2. **«High-dose»:** 250 µg SYNACTHEN® **IV** oder **IM**
   → Serum-Kortisol nach 30 und 60 min bestimmen
   «Low-dose»: 1 µg/1.73 m^2 SYNACTHEN® **IV**
   → Serum-Kortisol nach 30 min bestimmen

Interpretation des SYNACTHEN®-Tests (kein Konsens)

- «High-dose» (Serum-Kortisol nach 30 und 60 min)
  - > 550 nmol/L ......Normalantwort (= keine NNR-Insuffizienz)
- «Low-dose» (nach genau 30 min)
  - > 500 nmol/L ......Normalantwort (= keine NNR-Insuffizienz)

CRF = Corticotropin releasing factor
ACTH = Adrenocorticotropic hormon

1 Angepasst nach: UpToDate 2008 und 2 Vollenweider P, et al. Med Hyg 2001 ;59 :366-73. 3 Dickstein G. J Endocrinol Invest 2003 ;26 :20-30

II.B. CRF-Stimulationstest (Corticorelin-Test CORTIREL® oder Corticotropin/CRF-Test)

Test:
1. Nüchtern seit Mitternacht vor dem Test.
   Bestimmung der Serumspiegel von Kortisol und ACTH vor 10 h morgens.
2. Gabe von Corticorelin (oder Corticotropin) CORTIREL® 1 µg/kg **IV**, max. 100 µg. Bei 20 % der Patienten wird ein *flush* und/oder eine Tachykardie unter Corticorelin beobachtet.
3. Messung von ACTH und Kortisol im Serum: 0, 15, 30, 60, 90 und 120 min

   Interpretation

   Die Hypothalamo-Hypophysäre NNR-Achse ist intakt, falls:
   - Erhöhung des basalen ACTH von > 35 % bezüglich des Basalwertes (während der ersten 60 min des Tests)
   - Kortisol Serumspiegel nach CRF-Gabe > 550 nmol/L

II.C. Insulinhypoglykämietest[4,5]

Allg:
- Es handelt sich um einen Referenztest zur Erfassung der primären und sekundären NNR-Insuffizienz. Er erlaubt es, die ganze Hypothalamo-Hypophysäre NNR-Achse zu beurteilen.
- Testprinzip: Die induzierte Hypoglykämie wirkt als Stressfaktor und stimuliert den CRF, was ACTH ausschüttet und schliesslich die NNR stimuliert Kortisol zu synthetisieren, siehe auch Schema S. 702.
- Vor dem Test muss ein EKG durchgeführt werden (die KHK ist eine KI!)

Ind:
- Evaluation der ACTH Reserven der Hypophyse
- Evaluation der Reserven des Wachstumshormons (GH)
- Patienten mit pathologischem SYNACTHEN®-Test

KI:
- KHK
- Epilepsie
- Bekannte NNR-Insuffizienz

Test:§
1. Nüchtern seit Mitternacht vor dem Test.
2. Ein venöser Zugang muss gesichert sein.
   Prophylaktisch werden Glukose und ein Kortikoid vorbereitet:
   - Glukose-10 % und Glukose-40 %
   - Hydrokortison (Amp 100 mg)
3. Blutentnahme zum Zeitpunkt 0:
   - Kortisol
   - ACTH
   - Wachstumshormon (GH)
   - Blutzucker
4. **Insulin** (schnellwirkend, z.B. NovoRapid®, HUMALOG®, ACTRAPID®)
   - Je nach Insulinresistenz: **0.05 - 0.15 E/kg IV Bolus**. Je nach Blutzuckerwert nach 30 min, kann der Bolus wiederholt werden.
   - Ziele:
     a) Abfall des Blutzuckers auf Werte < 36 mg/dL (< 2 mmol/L) und:
     b) Vorhandensein von neuroglykopenischen Symptomen, wie:
        - Konzentrationsstörungen (Substraktions-Test: 100 -7, -7. -7....).
        - Vegetative Symptome: schwitzen, zittern, Hungergefühl

        Typischerweise treten diese Symptome 15-45 min nach Insulingabe auf.
5. Blutentnahmen zu folgenden Zeitpunkten: 20, 30, 45, 60, 90 min
   - Kortisol
   - ACTH
   - Wachstumshormon (GH)
   - Blutzucker

   Interpretation

   Normalantwort:
   - Nach Insulingabe muss der Blutzucker unter 40 mg/dL (2.2 mmol/L) fallen.
   - Der Kortisol-Serumspiegel muss Werte von > 550 nmol/L erreichen.
   - Das GH muss um > 5 µg/L (oder > 5 ng/mL) ansteigen oder einen Absolutwert von > 10 µg/L aufweisen.

§ Das C-Peptid kann ebenfalls alle 30 min während 2 h bestimmt werden (wird selten gemacht). Die Interpretation dieser Werte hängt vom Alter, Geschlecht und BMI ab. Der fehlende Abfall des C-Peptides bestätigt eine autonome Insulinsekretion.

4 Trainer PJ, Besser M. The Bart's endocrine protocols. Churchill Livingstone, 1995. 5 Christ-Crain M et al. Schweiz Med Forum 2004 ;4 :1113-9.

II.D. **Metyrapon-Test** (METOPIRON® Kaps 250 mg)

Allg: • Testprinzip: Metyrapon hemmt die 11β-Hydroxylase (terminale Phase der Kortisolsynthese) und vermindert damit den Kortisol Serumspiegel, was die ACTH-Wirkung und die Sekretion von 11-Desoxykortisol stimuliert.

Test: 1. Um Mitternacht (00.00 h): Einnahme von Metyrapon 30 mg/kg PO mit einer leichten Mahlzeit

Bsp: Mann 70 kg. METOPIRON® Kaps 250 mg: 8 Kaps in einer einmaligen Einnahme mit Milch oder Yoghurt.

2. Um 08.00 h des nächsten Morgens:
Bestimmung des Serumspiegels von Kortisol und 11-Desoxykortisol

Für die PRAXIS:
Dieser Test wird ausschliesslich bei hospitalisierten Patienten durchgeführt, denn es besteht die Gefahr, eine akute NNR-Insuffizienz auszulösen!

Interpretation

- Normalantwort ......11-Desoxykortisol > 200 nmol/L bestätigt die intakte Hypothalamo-Hypophysäre NNR-Achse (unabhängig vom Serumspiegel des Kortisols)
- NNR-Insuffizienz ..11-Desoxykortisol < 200 nmol/L und Kortisol < 140 nmol/L
- Nicht konklusiv ......11-Desoxykortisol < 200 nmol/L und Kortisol > 140 nmol/L

Nebenniereninsuffizienz [E27.4]

Allg: **Für die PRAXS:**
Der brüske Abbruch einer Kortikotherapie kann eine akute NN-Insuffizienz auslösen!

Klas: **A. Nebennieren Kortex (= primäre NNR-Insuffizienz)**

Lab: • Plasma: **ACTH** ↑, Kortisol ↓, Renin ↑, Aldosteron ↓

Etio: 1. Autoimmune Adrenalitis (70-80 %)
- Morbus ADDISON
  Der M. ADDISON tritt manchmal zusammen mit anderen Erkrankungen auf:
  - Diabetes mellitus
  - Hypothyreose

2. Infekte der Nebennieren
- Beim AIDS-Patienten
  - CMV (disseminiert)
  - Mykobakterien
  - Pilze
  - NN-Lymphom
  - Ketoconazol (vemindert die Synthese von Kortisol)
- Tuberkulose (10-20 %): bei 50 % der Tbc-Patienten beobachtet man NN-Kalzifikationen (diese sollen in der Abdomenleeraufnahme gesucht werden)
- Histoplasmose

3. NN-Blutung (Abdomen-CT → Hyperdensität der Nebenniere)
- Nach chirurgischem Eingriff
- Koagulopathie
- Sepsis (*Meningococcus*; WATERHOUSE-FRIDERICHSEN-Syndrom)

B. Hypothalamus-Hypophyse (sekundäre NN-Insuffizienz)

Lab: • Plasma: **ACTH ↓,** Kortisol ↓, Aldosteron oft normal

Urs: 1. Kortikoide (Langzeittherapie). Eine Langzeittherapie soll NIE SOFORT gestoppt werden!
2. Hypophyseninsuffizienz
3. Hypothalamusinsuffizienz

Klin:

Klinik (betrifft chronische Form der NN-Insuffizienz)	**NN-Insuffizienz**	
	Primär	**Sekundär**
Müdigkeit, Schwäche, Anorexie, Gewichtsverlust	Ja	Ja
Orthostatische Hypotonie	Ja	Ja
Hautpigmentation [a] (an Narben und Schleimhäuten)	Ja [a]	—
Hyperkaliämie und Wasserverlust [b]	Ja [b]	—
Labor (Serum)		
• Natrium	↓ [c]	N (↓)
• Kalium	↑	N
• Kreatinin, Harnstoff	↑ [d]	N (↑)
• **ACTH**	↑ [e]	N (↓)
• Aldosteron	↓	N (↓)
• Kortisol	↓	↓

a Als Folge der hohen ACTH-Spiegel
b Als Folge der niedrigen Aldosteron Serumspiegel
c Hyponatriämie, nur bei dekompensierter primärer NN-Insuffizienz
d Im Rahmen einer prärenalen Niereninsuffizienz bei Hypovolämie
e ACTH: sehr variable Erhöhung

Bem: • Die Hyperpigmentation ist das früheste Zeichen der primären, chronischen NN-Insuffizienz.

Vorg: • Vorgehen bei Verdacht auf eine NN-Insuffizienz, siehe Schema, S. 707

Dg: • Siehe SYNACTHEN®-Test, S. 703

Th: **I. Akute NN-Insuffizienz**, siehe S. 708

Vorg:

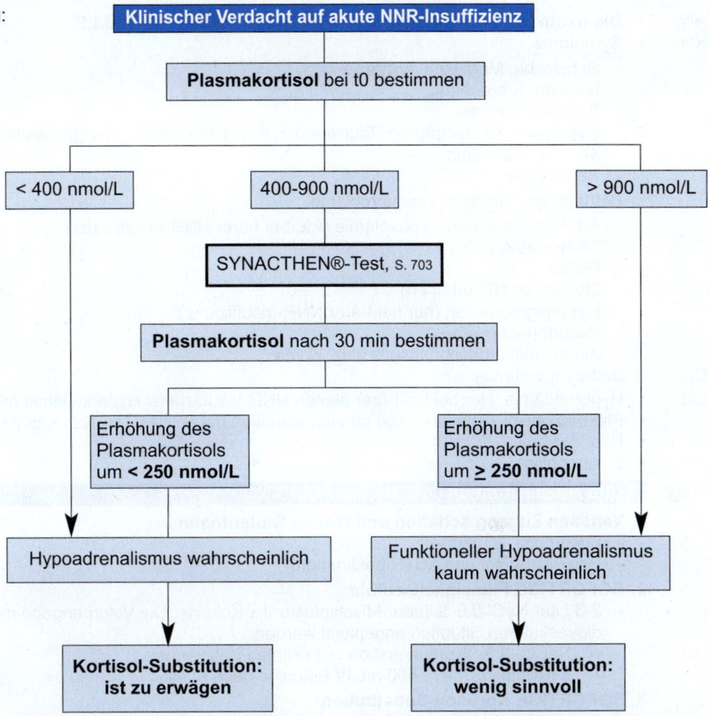

Algorithmus: Abklärung der adreno-kortikoiden Funktion bei Vd. auf eine akute NNR-Insuffizienz.[2]

II. Chronische NN-Insuffizienz

II.a. Glukokortikoid Substitution

Ind: • Jeder Patient mit NN-Insuffizienz benötigt eine Glukokortikoid-Substitution.

Bsp: • Hydrokortison
- 50 mg/d PO bei Diagnosestellung, dann graduelle Dosisreduktion. Erhaltungsdosis 15-30 mg/d

oder:
• Prednison
- 5 mg am Morgen und 2.5 mg am Abend, dann je nach Klinik

II.b. Mineralokortikoid Substitution

Ind: • Die Mehrheit der Patienten mit primärer NN-Insuffizienz (v.a. bei Asthenie und art. Hypotonie) benötigt eine Mineralokortikoid-Substitution.

Bsp: • Fludrokortison: 0.05-0.1 mg/d, niedrige Initialdosis, dann 0.05-0.3 mg/d

NW: • Ödeme, Hyponatriämie (***CAVE***: hypervoläme Patienten mit Herzinsuffizienz)

2 Angepasst nach: Cooper MS et al. N Engl J Med 2003 ;348: 727-34.

Akute Nebennierenrindeninsuffizienz[1,2] [E27.4]

Allg: • **Die akute NNR-Insuffizienz ist ein MEDIZINISCHER NOTFALL!!**

Klin: • Symptome
- Schwäche, Müdigkeit, Anorexie
- Nausea, Erbrechen
- Bauchschmerzen
- Hypoglykämie Symptome (Tachykardie, schwitzen, zittern, Hungergefühl u.a.)
- Myalgie, Arthralgie
- Salzhunger

• Befunde und klinische Hauptprobleme
- Art. Hypotonie und Hypovolämie (v.a. bei I-ärer NNR-Insuffizienz)
- Tachykardie
- Fieber
- Oligurie (< 400 mL/24 h)
- Hyperpigmentation (nur bei I-ärer NNR-Insuffizienz)
- Pseudoperitonismus
- Akute zirkulatorische Insuffizienz, Koma

Dg: • Siehe Algorithmus S. 707

Lab: • Hyponatriämie. Nur bei bei I-ärer akuten NNR-Insuffizienz: Hyperkaliämie mit $Na^+/K^+ > 30$
• Plasmakortisol ↓ (basal: < 100 nmol/L; stimuliert mit SYNACTHEN®: < 500 nmol/L)
• Hypoglykämie
• Eosinophilie

Vorg: **Akute Notfallsituation** (inkl. Morbus ADDISON)

1. **Venösen Zugang schaffen und rasche Blutentnahme:**
   - Elektrolyte, Blutzucker
   - Plasmakortisol und ACTH bestimmen!
2. **SOFORTIGE Flüssigkeitszufuhr**
   - 2-3 Liter NaCl 0.9 % (oder Mischinfusion) ± Kolloide. Die Volumengabe muss der kardiovaskulären Situation angepasst werden:
     -- NaCl 0.9 % (Kompensation des renalen Salzverlustes)
     -- ± Kolloide (S. 1321): 500 mL **IV** Bolus, je nach Klinik
3. **SOFORTIGE Kortison-Substitution**
   ■ **Akute NNR-Insuffizienz beim Patienten mit bekannter NNR-Insuffizienz**
   • Hydrokortison (Amp 100 mg)
     - 50-100 mg **IV** (oder **IM**) alle 6 h, dann Dosis täglich um 50 % reduzieren, bis die tägliche Erhaltungsdosis erreicht ist.

   ■ **Verdacht auf NNR-Insuffizienz, aber ohne etablierte Diagnose**
   • Dexamethason ASTONIN® Inject (Amp 4 mg)
     - 4 mg **IV** in einer Einzeldosis (Dexamethason, verglichen mit Hydrokortison, beeinflusst den SYNACTHEN®-Test nicht).
     - Dann (bis zum Erhalt des Testresultates): Hydrokortison 50-100 mg alle 6 h **IV**

Subakute Situation

1. **Flüssigkeitszufuhr**: während 24-48 h **IV** weiterfahren, Ziel: Euvolämie.
2. **Ursache suchen und behandeln** (z.B. Infekt)
3. **Bei unbekannter Diagnose der NN-Insuffizienz:** SYNACTHEN®-**Test**, S. 703
4. **Kortikoide**
   4.1. Glukokortikoid-Substitution
   • Dosisreduktion über 2-3 Tage, je nach Verlauf
   • Erhaltungsdosis (klinikangepasst):
     - Hydrokortison HYDROCORTONE® 15-20mg/d (z.B. 10-5-5 oder 15-5-0 mg) oder:
     - Prednison 5 mg am Morgen

   4.2. Mineralokortikoid-Substitution (sobald die NaCl-Infusion gestoppt ist)
   • Fludrokortison FLORINEF® Tabl 0.1 mg
     - Initial 1x 0.05-0.1 mg PO, dann je nach Verlauf 0.05-0.3 mg/d

Bem: • Jeder Patient mit bekannter NNR-Insuffizienz (primär, sekundär) oder der eine Kortikoid-Langzeittherapie einnimmt, MUSS eine **Alarmsignal-Karte** *(Medical alert)* auf sich tragen.
• Die meisten Patienten mit I-ärer NNR-Insuffizienz (v.a. bei Asthenie, Hypotonie) brauchen eine Substitution mit Mineralokortikoiden (keine Substitution bei zentraler NNR-Insuff).

Für die PRAXIS:
• NW unter Mineralokortikoidtherapie: Ödeme, Hypernatriämie!
• In folgenden Situationen muss die Dosierung von Hydrokortison 2-3x erhöht werden: Stress, Fieber, chirurgische Eingriffe u.a.

1 Angepasst nach: Uptodate 2008. 2 Cooper MS, et al. N Engl J Med 2003 ;348 :727-34.

Kortikoid-Osteoporose: Prävention und Therapie[1] [E85.9]

Allg: • Sobald eine Kortikotherapie für **> 3 Monate** vorgesehen ist, soll eine präventive Osteoporosetherapie verschrieben werden!

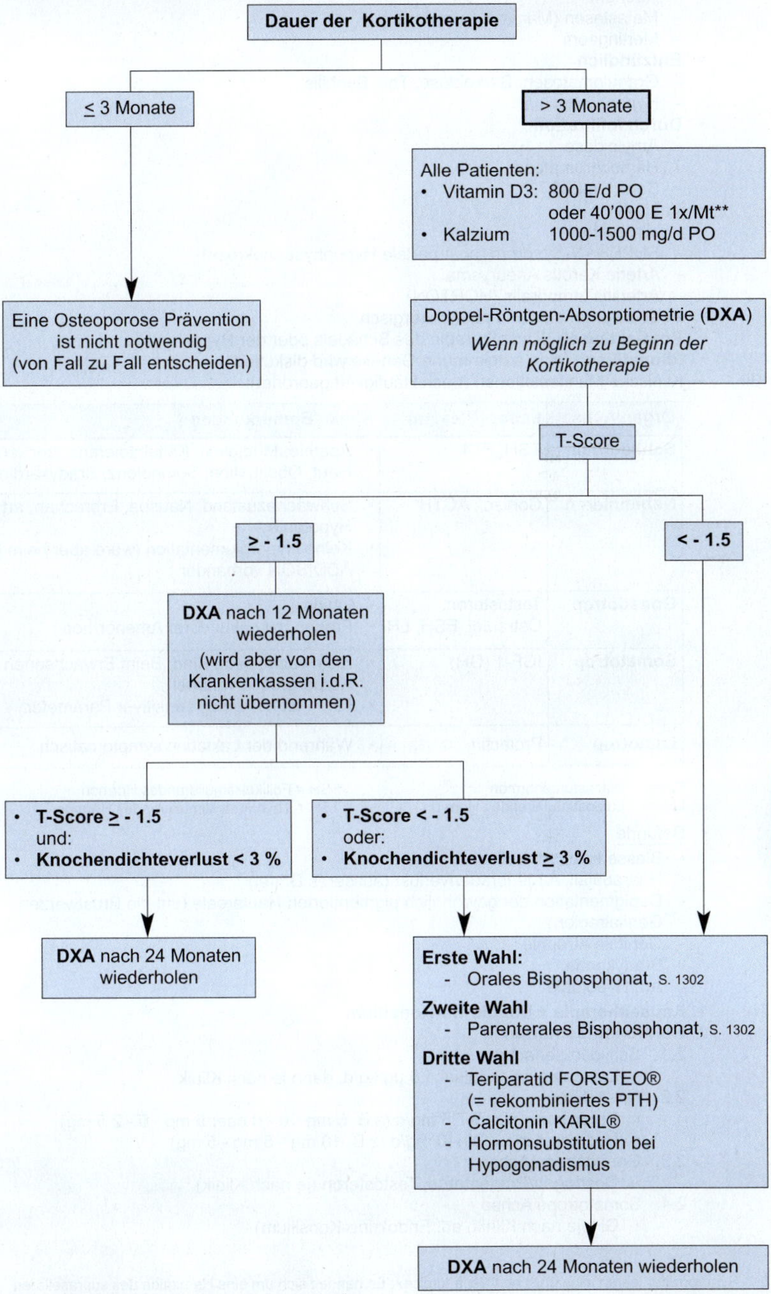

Schema: Prävention der Kortikoid-Osteoporose.[1]

DXA = Doppel-Röntgen-Absorptiometrie

** Die HWZ von Vitamin D3 (> 20 d) erlaubt die 1x monatl. Einnahme von 40'000 E (= 10 mL VITAMIN D3 Streuli©).

1 Angepasst nach: Société Suisse de Rhumatologie 2005

Hypophyseninsuffizienz - Hypopituitarismus [E23.0]

Urs:
- **Hormonmangel** (kongenital oder erworben)
- **Neoplastisch**
  - Adenom
  - Metastasen (Mamma, Lunge u.a.)
  - Meningeom
- **Entzündlich**
  - Granulomatosen: Sarkoidose, Tbc, Syphilis
  - Hypophysitis u.a.
- **Durch Infiltration**
  - Amyloidose
  - Hämochromatose
  - Sella turcica§
- **Vaskulär**
  - Hirnschlag
  - SHEEHAN-Syndrom (post-partale Hypophysennekrose)
  - Arterie Karotis Aneurysma
  - Arteriitis temporalis (HORTON)
- **Post-traumatisch** und post-chirurgisch
- **Post-aktinisch** (Radiotherapie des Schädels oder der Hypophyse)
- **Idiopathisch** (eine autoimmune Genese wird diskutiert)

Klin:
- Klinische Manifestationen (nach Häufigkeit geordnet):

Organ/Achse	Labor (Plasma)	Klinik, Bemerkungen
Schilddrüse	TSH, FT4	• Apathie, Müdigkeit, Kälteintoleranz, trockene Haut, Obstipation, Somnolenz, Bradykardie
Nebennieren	Cortisol, ACTH†	• Schwächezustand, Nausea, Erbrechen, art. Hypotonie. • Keine Hyperpigmentation (wäre aber beim M. ADDISON vorhanden)
Gonadotrop	Testosteron, Östradiol, FSH, LH	• Libido ↓ • Frauen mit sekundärer Amenorrhoe
Somatotrop	IGF-1 (GH)	• Kleinwuchs beim Kind. Beim Erwachsenen ist die Körpergrösse variabel. • IGF-1 ist ein wenig sensitiver Parameter.
Lactotrop	Prolactin	• Während der Laktation symptomatisch

GH = Wachstumshormon
LH = Luteostimulierendes Hormon
FSH = Follikelstimulierendes Hormon
TSH = Thyroidea stimulierendes Hormon

- Befunde
  - Blasse Haut, oft trocken
  - Haarausfall, Augenbrauenverlust (äusseres Drittel)
  - Depigmentation der gewöhnlich pigmentierten Hautareale (um die Brustwarzen, Genitalregion)
  - Genitale Atrophie
  - Bradykardie
  - Art. Hypotonie

Th:
1. **Kausaltherapie + Endokrino-Konsilium**
2. **Hormonstubstitution**
   - 2.1. Schilddrüsenachse
     - Levothyroxin Initial 1.6 µg/kg/d, dann je nach Klinik
   - 2.2. NN-Achse
     - Prednison 5-7.5 mg/d (z.B. 5 mg - 0 - 0 oder 5 mg - 0 - 2.5 mg)
     - Hydrocortison 20-40 mg/d (z.B. 10 mg - 5 mg - 5 mg)
   - 2.3. Gonadotrope Achse
     - Oestrogen/Progesteron, Testosteron (je nach Klinik)
   - 2.4. Somatotrope Achse
     - GH (je nach Klinik, ad. Endokrino-Konsilium)

§ «Syndrom der leeren idiopathischen Sella turcica»: Es handelt sich um eine Herniation des suprasellären Subarachnoidalraumes durch das Diaphragma sellae. Dadurch wird die Hypophyse weggedrückt. Das MR zeigt eine mit Liquor gefüllte Sella turcica. Der Liquordruck und die Hypophysenfunktion sind oft normal. Der «typische Patient» zeigt sich wie folgt: weiblich, adipös mit Kopfschmerzen und art. Hypertonie

† Das ACTH-Defizit (adenokortikotropes Hormon) ist der wichtigste Parameter bezüglich klinischem Schweregrad!

Steroidentzug-Syndrom [Y42.0]

Urs:
- Unbekannt
- Hypothesen: zentrale Wirkung der Kortikoide

Klin:
- Dauer der Symptome ca. 3 Tage:
  - Lethargie
  - Anorexie
  - Depression
  - Nausea
  - Myalgien
  - Arthralgien

Dg:
- Anamnese vereinbar mit einem Steroidentzug-Syndrom
- Ausschluss einer Reaktivierung der zugrunde liegenden Erkrankung
- Bestätigung der Integrität der hypothalamischen-hypophysären-NN-Achse (dynamische Tests, siehe S. 703)

Th:
- Erneut die Steroiddosen erhöhen und dann eine langsame Entwöhnung beginnen.

Multiple endokrine Neoplasie: MEN [D44.8]

Allg: Die Gruppe der MEN umfasst verschiedene, autosomal vererbte Endokrinopathien.

Klas:

MEN Formen	**Inzidenz**	Chromosom	**Klinik**
MEN 1		11q13	
Parathyroidea	90-100 %		• Hyperparathyreoidismus
Pankreas (endokrin)	90-100 %		• Gastrinom (ZOLLINGER-ELLISON, S. 408) • Glukagonom • Insulinom • VIPom • Somatostatinom • Ppom (pankreatisches Polypeptid) u.a.
Hypophyse	20-60 %		• Prolaktinom (Amenorrhoe, Galaktorrhoe) • Akromegalie, S. 261
Karzinoid	$\leq$ 5 %		• Karzinoid
MEN 2A		10q11	
Schilddrüse			• Medulläres Schilddrüsenkarzinom
Nebenniere			• Phäochromozytom, S. 638
Parathyroidea	10-50 %		• Hyperparathyreoidismus
MEN 2B			
Schilddrüse			• Medulläres Schilddrüsenkarzinom (maligner als das beim MEN 2A)
Nebenniere			• Phäochromozytom, S. 638
Schleimhaut-Neurinome	100 %		• Lokalisationen: - Zunge, Lippen - Augenlid - GI-Trakt
Gemischte MEN-Typen			

BARTTER-Syndrom [E26.8]

Allg: • Autosomal rezessive Erbkrankheit, welche Mutationen von verschiedenen Genen hervorruft, die für die Natriumreabsorption verantwortlich sind. Es resultieren NaCl-Reabsorptionsstörungen in der HENLE-Schlaufe (*Furosemid-like*).

Lab:
- Im Urin:
  - Ca^{2+} ↑ (im Gegensatz zum GITELMAN-Syndrom)
  - K^{+} ↑
  - Cl^{-} ↑ (oft > 40 mmol/L)
  - Mg^{2+} normal oder ↑
- Im Blut:
  - K^{+} ↓
  - Alkalose
  - Renin ↑
  - Aldosteron ↑

Klin:
- Siehe Hypokaliämie, S. 1383
- Keine Ödeme
- BD normal oder vermindert (trotz Hyperreninämie)
- Oft retardierter Mentalstatus
- Kleinwuchs

Th:
- Ad. Konsilium

GITELMAN-Syndrom [E26.8]

Allg: • Autosomal rezessive Erbkrankheit, welche durch die Mutation von Genen, die für den Thiazid-sensiblen Na/Cl Co-Transporter kodieren [NCCT], der sich im distalen Tubulus befindet, SLC12A3. Die Diagnose wird oft nach dem 6. Lebensjahr gestellt.

Lab:
- Im Urin
  - Na^{+} ↑
  - K^{+} ↑
  - Cl^{-} ↑
  - Ca^{2+} ↓↓
- Im Blut
  - K^{+} ↓
  - Alkalose
  - Mg^{2+} ↓↓
  - Renin ↑
  - Aldosteron ↑ (aber weniger erhöht als beim BARTTER-Syndrom)

Klin:
I. Pauci- oder asymptomatisch (häufig; die Diagnose wird im Erwachsenenalter gestellt)
II. Symptomatisch
  - Art. Hypotonie
  - Müdigkeit, Muskelkrämpfe
  - Kurze Schwäche- und Tetanieanfälle
  - Bauchschmerzen
  - Nausea, Erbrechen
  - Fieber
  - Wenig ausgeprägte Hypovolämie
  - Chondrokalzinose (nicht selten)

Th:
- Ad. Konsilium

ENDO-
KRINO

ENDO-
KRINO

Hyperkortisolismus = CUSHING-Syndrom[1,2] [E24.9]

Allg:
- Beim CUSHING-Syndrom handelt es sich um einen chronischen Kortikoid-Überschuss.
- Häufigkeit: 10/1'000'000 Personen
- Frauen > Männer; 70-80 % sind Frauen.
- Die Mortalität liegt 4x höher als bei der Normalbevölkerung.

Klas:
1. **Exogenes CUSHING-Syndrom** (= häufigste Ursache des Hyperkortisolismus)
   Urs:
   - Langzeittherapie mit Kortikoiden
   - Doping
2. **Endogenes CUSHING-Syndrom** (selten)
   Klas: A. ACTH-abhängige Formen (85 %). Hier: **erhöhte ACTH-Sekretion!**
   - A.1. Morbus CUSHING (= zentrales CUSHING-Syndrom)
     - Hypophysäres Mikroadenom (ca. 80 % der ACTH-abhängigen Formen)
   - A.2. Ektopische Synthese von ACTH
     - Paraneoplastisches Syndrom (Lungen, Pankreas)

   B. ACTH-unabhängige Formen (15 %). Hier: **erhöhte Kortisol-Sekretion**
   - B.1. NN-Adenom/-Karzinom
   - B.2. Mikronoduläre NN-Hyperplasie (selten)
3. **Pseudo-CUSHING**
   Allg:
   - Der Ausduck «Pseudo-CUSHING» beschreibt einen Kortisol-Überschuss, der ein CUSHING-Syndrom vortäuscht, wobei aber kein organisches Korrelat gefunden werden kann.

   Bsp:
   - Chronischer Alkoholabusus oder Alkoholentzug
   - Depression, chronische Ängstlichkeit, manischer Zustand
   - Medikamente, die den Metabolismus von Dexamethason aktivieren:
     - Phenytoin
     - Carbamazepin
     - Phenobarbital
     - Primidon
     - Rifampicin u.a.
   - Durch Induktion des CYP P450, s. 1452 ff

Klin:
- **Symptome**
  - Asymptomatisch (z.B. NN-Inzidentalom, s. 638)
  - Symptomatisch
    - Verminderung der Libido
    - Amenorrhoe bei der Frau
    - Polyurie
    - Knochenschmerzen (infolge Osteoporose)
    - Schlechte Narbenheilung
    - Proximale Muskelschwäche
    - Bauchschmerzen
    - Nierenkolik
    - Kopfschmerzen
    - Depression
- **Klinische Befunde und assoziierte Erkrankungen**
  - Stammfettsucht
    - «Stiernacken» (Fettanlagerung am hinteren Nackenteil)
    - Teigige Massen in den Fossae supraclaviculares
  - Gesichtspletora (Rötung)
  - Dünne Haut («Pergamenthaut»)
  - Ekchymosen
  - Striae rubrae (> 1 cm breit). DD: schnellwachsende Jugendliche
  - Akne, fettige Haut
  - Furunkulose
  - Hautulzera
  - Hirsutismus
  - Knöchelödeme
  - Osteoporose
  - Art. Hypertonie (bei 80 % der Patienten)
  - Diabetes mellitus (bei 30 % der Patienten)
  - Urolithiase
  - Wirbelkörpereinbrüche (Osteoporose)
  - Thromboembolische Ereignisse
  - Infekte (bakteriell, Pilze u.a)

1 Simon S, Meier CA. Med Hyg 2001 ;59 :358-62. 2 Arnaldi G et al. J Clin Endocrinol Metab 2003 ;88 :5593-602.

Lab:
- Hypokaliämie (evtl. Alkalose)
- Hyperglykämie
- Eosinopenie
- Lymphopenie
- Leukozytose
- Thrombozytose
- Erythrozytose
- Bestimmung des **Kortisols**:
  - Freies Kortisol im 24 h-Urin
  - Speichel Kortisol (total) um 23.00 oder 24.00 h
  - Plasmakortisol (total) um Mitternacht
- **ACTH**
  - Bei bestätigtem endogenem CUSHING-Syndrom (siehe «Dg:») erlaubt der Serumspiegel des ACTH, zwischen der «ACTH-abhängigen» bzw. «ACTH-unabhängigen» Form des CUSHING-Syndroms zu unterscheiden.
  - Die Bestimmung des ACTH ist nicht einfach, denn ACTH wird sehr rasch durch die vorhandenen Proteasen degradiert. Das Labor soll kontaktiert werden!

    Interpretation
    - **Erhöhtes ACTH** (> 4.0 pmol/L; > 20 pg/mL)
      DD: • Endogenes, ACTH-abhängiges CUSHING-Syndrom
    - **Vermindertes ACTH** (< 2.0 pmol/L; < 10 pg/mL) um 09.00 h **und erhöhtes Kortisol**
      DD: • Endogenes, ACTH-unabhängiges CUSHING-Syndrom
    - **ACTH zwischen 2.0 und 4.0 pmol/L** (10-20 pg/mL)
      Vorg: • CRH Stimulations-Test mit Messungen des ACTH (ad. Endokrino-Kons.)

Dg:
- Nebst der Klinik gibt es verschiedene Tests, von denen es keinem mit Sicherheit gelingt, Patienten mit einem CUSHING-Syndrom von der Normalbevölkerung und speziell von adipösen Patienten zu unterscheiden.

First-line-Screening

1. Freies Kortisol im 24 h-Urin (= *Screening* und hat diagnostische Aussagekraft!)
2. Speichel-Kortisol (total) um 23.00 h, S. 718

Second-line-Screening

3. *Low-dose* Dexamethason-Hemmtest** (Dexamethason 1 mg PO), S. 718
4. Serum-Kortisol (total) um Mitternacht (erfordert eine Hospitalisierung)

1. Freies Kortisol im 24 h-Urin <u>(ohne Gabe von Dexamethason)</u>

Allg:
- <u>Testprinzip</u>: Wegen starker Schwankungen des Kortisolspiegels, in Abhängigkeit von der Tageszeit, ist eine Kortisolmessung/24 h zuverlässiger, als die Erfassung von Einzelwerten.
- Dient als nicht-invasiver *Screening*-Test und ist auch zur Diagnistik des CUSHING-Syndroms validiert (Sensitivität 95-100 %, Spezifität 98 %).
- Die Messung der Kortisolurie bezieht sich nur auf das freie Kortisol, welches unabhängig ist von den Faktoren, die das Corticosteroid-binding globulin (CBG) beeinflussen.
- Bei negativem Testresultat und hohem Verdacht auf ein CUSHING-Syndrom, soll der Test maximal 3x wiederholt werden, um einen intermittierenden Hyperkortisolismus nicht zu verpassen.
- Bei schwerer Niereninsuffizienz (Clearance < 30 mL/min) ist die renale Kortisolausscheidung vermindert, was zu falsch negativen Testergebnissen führen kann.

Testdurchführung:

1. Der Patient erhält einen Urin-Behälter nach Hause (kein Zusatz nötig).
2. Urinsammlung von morgens 08.00 h (der 1. Morgenurin wird verworfen) bis am Folgetag 08.00 h (der 1. Morgenurin wird noch gesammelt!)
3. Messung des freien Kortisols und des Kreatinins* (beide im 24 h-Urin)

<u>Interpretation der freien Kortisolurie</u>
- > 700 nmol/L#: ....Bestätigter Hyperkortisolismus (bei passender Klinik und bei fehlendem Pseudo-CUSHING, S. 716
- 220-700 nmol/24 h ....Die Diagnose eines Hyperkortisolismus ist unsicher.
- Siehe DD einer Hyperkortisolurie, S. 1410

\# Konversion in traditionelle Einheiten:
- Blut: nmol/L → µg/dL: Faktor 0.0362
- Urin: nmol/24 h → µg/24 h: Faktor 0.362

* Um sicher zu sein, dass die Urinsammlung vollständig vonstatten ging, ist es unerlässlich, die Kreatininurie gleichzeitig zu messen.

** Der lange Dexamethason-Hemmtest wird wegen schwacher Sensitivität selten angewendet (30-40 % falsch neg).

ENDO-KRINO

2. **Speichel-Kortisol (total) um 23.00**

Allg:[2]
- Testprinzip: Das totale Speichel-Kortisol zeigt eine gute Korrelation mit dem freien Plasma-Kortisol, was beim CUSHING-Syndrom konstant über den ganzen Tag erhöht ist (Aufhebung der zirkadianen Tages-Rhythmik).
- Der Spiegel des Speichel-Kortisols ist unabhängig vom Speichelfluss und bleibt bei Zimmertemperatur während ca. 1 Woche stabil.
- Sensitivität und Spezifität > 95 %

> **Speichel-Kortisol Messung:**
> 1. Der Patient erhält eine tamponähnliche Salivette, die er um 23.00 h während zwei Minuten im Mund behält und diese anschliessend in einem Plastikbehälter im Kühlschrank bis zum nächsten Morgen aufbewahrt. Zu diesem Test werden keine speichelfördernde Substanzen angewendet (Kaugummi u.a.).
> 2. Die Messung des Speichel-Kortisols wird am folgenden Tag durchgeführt (kann auch noch nach einigen Tagen bestimmt werden, muss aber im Kühlschrank aufbewahrt sein).
>
> Interpretation des Speichel-Kortisols
> - < 3.6 nmol/L ....Ein Hyperkortisolismus ist mit grosser Wahrscheinlichkeit ausgeschlossen.

3. ***Low-dose* Dexamethason-Hemmtest**

KI:
- Schwangerschaft, Laktation

Allg:
- Der *low-dose* Dexamethason-Hemmtest ist «nur» ein *Screening*-Test und hat keine diagnostische Aussagekraft!
- Testprinzip: Bei intaktem Regelkreis (Hypothalamus-Hypophyse-NNR) hemmt die Gabe von Dexamethason die CRH- und ACTH-Sekretion, sodass die endogene Kortisolsynthese vermindert wird. Der Überschuss an ACTH-Synthese oder der Glukokortikoidsynthese wird aber durch die niedrige Dexamethason-Dosis nicht vollständig gehemmt.
- Sensitivität ca. 98 % (= 2 % falsch negative Resultate); DD, siehe S. 1410
- Spezifität 70-90 % (= 10-30 % falsch positive Resultate); DD, siehe S. 1410

> ***Low-dose* Dexamethason-Hemmtest:**
> 1. Orale Einnahme von 1 mg Dexamethason am Abend zw. 23.00 und 24.00 h
> 2. Blutentnahme am Folgetag um 08.00 h (nüchtern): Kortisol (total) im Serum
>
> Interpretation des totalen Serum-Kortisolspiegels
> - < 50 nmol/L# ....Hyperkortisolismus ausgeschlossen, denn die NNR wird physiologischerweise vollständig gehemmt.
> - 60-140 nmol/L# ....«Grauzone»; ein Hyperkortisolismus ist praktisch ausgeschlossen. Bei starkem klinischem Verdacht soll ein Konsilium veranlasst werden.
> - > 250 nmol/L# ......Vereinbar mit einem Hyperkortisolismus.

Bei positivem Dexamethason-Hemmtest ist ein Bestätigungstest zwingend (d.h. ad. 24-h Kortisol im Urin); dies wegen der hohen Rate falsch positiver Resultate (10-30 %), v.a. bei deprimierten Patienten.

4. **Serum-Kortisol um Mitternacht** (erfordert eine Hospitalisierung)

Allg:
- Testprinzip: Gewisse Patienten mit einem Hyperkortisolismus weisen hochnormale oder nur wenig erhöhte morgendliche Serum-Kortisolwerte auf. Hingegen sind ihre Mitternachtskonzentrationen zu hoch.

> **Testdurchführung:**
> 1. Der Patient muss hospitaliert werden.
> 2. Blutentnahme um Mitternacht:
>   - Messung des totalen Serum-Kortisols (Patient bleibt dazu liegen)
>
> Interpretation des totalen Serum-Kortisols um Mitternacht
> - < 140 nmol/L# ....Normwert
> - > 207 nmol/L# ......Hyperkortisolismus sehr wahrscheinlich (spezifisch)

Konversion in traditionelle Einheiten:
- Blut: nmol/L → µg/dL: Faktor 0.0362
- Urin: nmol/24 h → µg/24 h: Faktor 0.362

2 Christ-Crain M et al. Schweiz Med Forum 2003 4 ;:1113-9.

■ **Lokalisationsdiagnostik**

Allg:
- Die bildgebenden Verfahren sind für eine initiale Untersuchung, wegen der Häufigkeit der Inzidentalome (Hypophyse 10-40 %, NN 1-3 %), nicht angezeigt.
- Hohe ACTH-Spiegel weisen auf ein Hypophysenadenom bzw. paraneoplastisches Syndrom hin. Tiefe Werte werden bei NN-Adenom oder -Karzinom beobachtet. In beiden Situationen ist eine Bildgebung indiziert.

Vorg:

Klinischer Verdacht auf Hyperkortisolismus

↓

- Erhöhung des freien Kortisols im 24 h-Urin, siehe Punkt 1, S. 717
- Erhöhtes Speichel-Kortisol um 23.00 h, siehe Punkt 2, S. 718
- *Low-dose* Dexamethason-Hemmtest, siehe Punkt 3, S. 718

Falls notwendig:
- Serum-Kortisol um Mitternacht, siehe Punkt 4. S. 718

↓

Hyperkortisolismus bestätigt

↓

	Lokalisation der Pathologie		
	NNR	**Hypophyse**	**Ektopisch**
ACTH	Niedrig	Normal/erhöht	Normal/stark ↑↑
Dexametason-CRH	Keine Antwort	Antwort	selten Antwort
Dexamethason 8 mg¶	Keine Hemmung	Hemmung	selten Hemmung
CT/MR der Nebennieren	Masse/n	Normal/ Hyperplasie	Normal/ Hyperplasie
MR der Hypophyse	Normal	Tumor (60 %)	normal
BIPPS†	Nicht applizierbar	Gradient	kein Gradient

Algorithmus (vereinfacht): Verdacht bei Hyperkortisolismus.[3]

5. Dexamethason-CRH-Test

Allg:
- Testprinzip: Dieser Test dient zur Unterscheidung eines autonom-hypophysären versus stressbedingtem Hyperkortisolismus. Dabei wird die Eigenschaft von autonomen ACTH-produzierenden Hypophysentumoren ausgenützt, indem sich diese weniger durch Dexamethason hemmen, sondern vermehrt durch CRH stimulieren lassen.

Dexamethason-CRH-Test:

1. Tag 1 und 2: Dexamethason 0.5 mg PO um 12.00, 18.00, 24.00 und 06.00 h
2. Tag 3 (ab Mitternacht nüchtern):
   - t 0 um 08.00: Blutentnahme (Serumröhrchen 7.5 mL, EDTA) auf Eis legen, dann Messung von Kortisol und ACTH
   - t 30 min: CRH 1 µg/kg **IV** über 1 min
   - t 45 min: Blutentnahme (Serum 7.5 mL mit EDTA 7.5 mL) auf Eis legen, dann Messung von Kortisol und ACTH

Interpretation des Dexamethason-CRH-Tests

- ■ Kortisol > 38 nmol/L ....Vereinbar mit einem ACTH-abhängigen Hyperkortisolismus.
- ■ ACTH > 15 ng/L ....Vereinbar mit einem CUSHING-Syndrom

¶ High-dose Dexamethason-Hemmtest (8 mg): Hohe Glukokortikoiddosen hemmen die ACTH-Sekretion teilweise bei 80-90 % der kortikotrophen Adenome. Tumoren mit ektoper ACTH-Synthese sind hingegen resistent bezüglich negativem feed-back.

† BIPPS = Bilateral inferior petrosal sinus sampling (seltene Komplikationen: TVT, Lungenembolie, vaskuläre Störung im Bereich des Hirnstammes)

3 Angepasst nach: Amaldi G et al. J Clin Endocrinol Metab 2003 ;88 :5593-602.

Hyperaldosteronismus [E26.9]

Klas: 1. Primärer Hyperaldosteronismus (CONN-Syndrom)
2. Hyperaldosteronismus bei Aldosteron-unabhängigem Mineralokortikoid-Überschuss
   - Es handelt sich um Patienten mit erhöhten Aldosteron-Serumwerten, welche aber nicht die Diagnosekriterien des primären Hyperaldosteronismus erfüllen.
3. Sekundärer Hyperaldosteronismus, S. 721

Primärer Hyperaldosteronismus = CONN-Syndrom[1] [E26.0]

Urs:
- NN-Adenom (ca. 80 %)
- NN-Hyperplasie (ca. 20 %)

Klin:
- Art. Hypertonie
- Polyurie
- Muskelschwäche (infolge Hypokaliämie)

Lab:

Blutparameter	Resultat	Spezifität der Tests
K^+	↓	60 %
Renin	↓	90 %
Aldosteron	↑	90 %

← Eine Spezifität von 60 % bedeutet: 40 % falsch positive Resultate.

Dg: **1. 24-Stunden Aldosteronurie[2]**
- Testprinzip: Wegen starker Tagesschwankungen ist eine integrale Aldosteronmessung besser geeignet, als die Erfassung von Einzelwerten.
- Eine salzarme Diät < 100-200 mmol Na^+/d führt zu einer funktionellen hohen Aldosteron-Synthese.

Testdurchführung:
1. Der Patient erhält einen Urin-Behälter nach Hause (kein Zusatz nötig)
2. Urinsammlung von morgens 08.00 h (der 1. Morgenurin wird verworfen) bis am Folgetag 08.00 h (der 1. Morgenurin wird noch gesammelt!)
3. Im 24 h-Urin bestimmen: Aldosteron und Kreatinin

Interpretation

Eine Aldosteronurie < 33 nmol/d schliesst einen Hyperaldosteronismus ± aus.

2. Aldosteron-Renin-Ratio (ARR) vor und nach Captopril[2]
- Die ARR wird bei Verdacht auf Hyperaldosteronismus bestimmt, insb. bei Patienten mit art. Hypertonie und einem Serumkalium < 4.0 mmol/L.
- Testprinzip: Die autonome Aldosteronproduktion hemmt physiologischerweise die Reninsynthese. Eine erhöhte ARR ist eines der ersten Zeichen für einen Hyperaldosteronismus.
- Die Gabe eines ACE-Hemmers (z.B. Captopril) erhöht die Spezifität des Tests.
- Einfluss verschiedener Medikamente auf die ARR:
  a) Erhöhung der ARR
  - Betablocker (BB sollen 2 Wochen vor dem Test abgesetzt werden)
  - NSAR (weniger starke ARR-Erhöhung als unter Betablocker)
  - Methyldopa (weniger starke ARR-Erhöhung als unter Betablocker)
  - Diuretika (ausser die Aldosteron-Antagonisten!)

  a) Verminderung der ARR
  - Aldactone (4 Wo vor dem Test absetzen)
  - ACE-Hemmer, Sartane, gewisse Kalziumantagonisten (siehe Fussnote* S. 721)

Testdurchführung:
1. Absetzen folgender Begleitmedikationen:
   - Aldactone (4 Wochen vor dem Test)
   - Betablocker (2 Wochen vor dem Test)
   - NSAR, Methyldopa (2 Wochen vor dem Test)
   - Diuretika (mind. 1 Woche vor dem Test)
2. Der Patient ist nüchtern in sitzender oder liegender Position.
3. Blutentnahme t 0 (Serum 5.5 mL mit EDTA 2.7 mL):
   - Renin (siehe Fussnote S. 721 ‡) und Aldosteron
4. Orale Einnahme von Captopril 25 mg
5. Nach 2 h Blutentnahme: Renin‡ und Aldosteron (Serum 5.5 mL mit EDTA 2.7 mL)

Interpretation
- ARR < 40 pmol/L/mE/L ....Hyperaldosteronismus praktisch ausgeschlossen
- ARR > 80 pmol/L/mE/L ....Hyperaldosteronismus wahrscheinlich

1 Kaplan NM. (ed). In : Kaplan NM (ed). Baltimore : Williams&Wilkins, 1994 ;389-408. 2 Christ-Crain M et al. Schweiz Med Forum 2003 4 :;1113-9.

Th: **1. Kausaltherapie**
2. Endokrino-Konsilium
3. Medikamentöse Therapie
- Aldosteron Antagonist (Spironolacton, Eplerenon)

Sekundärer Hyperaldosteronismus [E26.1]

Allg: Der sekundäre Hyperaldosteronismus wird durch folgende 2 Situationen aufrecht erhalten:

1. Verminderung des intravasalen Volumens, Erhöhung des extravasalen Volumens

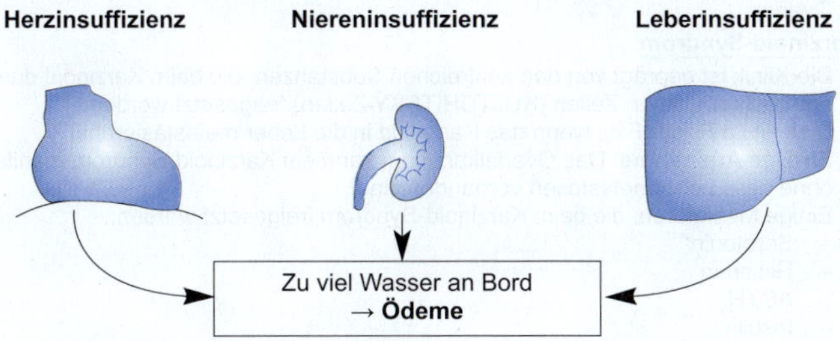

2. Hyperaktivität des RAA-Systems (RAAS), S. 1257
- Renovaskuläre Hypertonie (Stenose einer Nierenarterie, Nephrosklerose)
- Renin sezernierender Tumor (z.B. Niere, Lunge)
- BARTTER-Syndrom, S. 712
- Orale Ovulationshemmer
- Pseudohyperaldosteronismus
  - Hervorgerufen durch einen Lakritzenabusus (Süssholz).
  - Mechanismus: Glycyrrhetinic-Säure (= aktive Säure des Süssholzes) hemmt die renale 11-β-Hydroxysteroid-Dehydrogenase 2 → das klinisch aktive Kortisol wird nicht mehr zu Kortison (inaktiv) umgewandelt → Kortisol ↑ (übt mineralokortikoide Wirkung aus) → art. Hypertonie, Hypokaliämie. Aldosteron und Renin sind niedrig, weil das Renin-Angiotensin-Aldosteron System (RAAS) nicht mehr stimuliert wird.

Klin:
- Hypervolämie (periphere Ödeme, Aszites, Pleuraerguss, Anasarka). Die weitere Klinik ist abhängig von den betroffenen insuffizienten Organen.

Lab:

Parameter	Bei sekundärem Hyperaldosteronismus
▪ **Blut**	
K^+	↓
Renin	↑
Aldosteron	↑
▪ **24 h-Urin**	
K^+	↑
Na^+	↓
Aldosteron	↑ (> 14 µg/24 h)

Dg:
- Die Diagnose stützt sich auf die Klinik und die Laborresultate.

Th:
- **Kausaltherapie + Endokrino-Konsilium**

‡ Renin: Es kann entweder die Reninämie oder die periphere Reninaktivität gemessen werden. Die Blutentnahme muss sofort zentrifugiert und gefroren werden (mit dem Laborpersonal absprechen).

* Wenn die antihypertensive Therapie nicht abgesetzt werden kann, können folgende Hypotensiva vorübergehend eingesetzt werden: Amlodipin, Doxazosin (Alpha 1-Blocker), Minoxidil (direkter Vasodilatator)

Karzinoid[1,2] [E34.0]

Allg:
- Es handelt sich um einen malignen Tumor mit langsamem Wachstum.
- Häufigkeit: 1-2/100'000 Personen
- Einige typische Lokalisationen des Karzinoids:
  - Appendix (35 %)
  - Ileum (20 %)
  - Magen (10 %)
  - Rektum (10 %)
  - Bronchien (10 %)
  - Kolon (5 %)
  - Duodenum (5 %)
  - Ovarien

Klin:
- **Karzinoid-Syndrom**
  - Die Klinik ist geprägt von den zahlreichen Substanzen, die beim Karzinoid durch die enterochromaffinen Zellen (KULTCHITSKY-Zellen) freigesetzt werden.
  - Dies ist i.d.R. der Fall, wenn das Karzinoid in die Leber metastasiert hat. **Einzige Ausnahme**: Das Ovarialkarzinom kann ein Karzinoid-Syndrom manifestieren, ohne dass Lebermetastasen vorhanden sind!
  - Einige Mediatoren, die beim Karzinoid-Syndrom freigesetzt werden:
    - -- Serotonin*
    - -- Histamin
    - -- ACTH
    - -- Insulin
    - -- Noradrenalin u.a.

Für die PRAXIS:
Bei folgenden Symptomen und Befunden soll an ein Karzinoid gedacht werden:
- *Flush* (kann durch Alkoholeinnahme oder Stress ausgelöst werden)
- Diarrhoe
- Art. Hypotonie (manchmal aber auch art. Hyp<u>er</u>tonie)
- Zeichen einer Rechtsherzinsuffizienz
- Bronchospasmus mit *wheezing* (infolge Histaminfreisetzung)

Dg:
1. Urin
   - 5-HIAA im 24 h-Urin¶ (N: < 9 mg/24 h): Werte > 25 mg/24 h sind Karzinoid verdächtig.
2. Blut (Tumormarker)
   - Chromogranin A > 30 E/mL (Sensitivität und Spezifität > 90 %)
3. Szintigraphie
   - Octreotid mit Indium-111 markiert (erfasst die Somatostatin-Rezeptoren)
     - Sensitivität 70-90 % (d.h. 10-30 % falsch negative Testresultate!)
     - Die Karzinoide haben oft eine hohe Affinität bezügl. den Somatostatin-Rezeptoren.
   - MIBG (Meta-Iodo-Benzyl-Guanidin)
     - Diese Untersuchung ist v.a. bei Patienten, dessen Tumor keine Somatostatin-Rezeptoren aufweisen.
     - Die MIBG-Szintigraphie wird sowohl diagnostisch, als auch therapeutisch eingesetzt.

Th:
1. **Therapie einer Karzinoid-Krise**
   - Octreotid 50-100 µg **IV** Bolus (max. 3x 500 µg/d), dann 50 µg/h **IV** während 24-48 h
2. **Allgemeine Massnahmen**
   - Folgende auslösenden Faktoren sollen vermieden werden:
     - Alkohol
     - Körperliche Anstrengung
     - Stark gewürzte Nahrungsmittel u.a.
3. **Symtomatische Therapie** (ad. Endokrino-Konsilium)
   - Octreotid Depot: SANDOSTATIN® LAR 10-30 mg **IM** alle 4 Wochen

* Serotonin (= 5-Hydroxytryptamin)
- Serotonin ist ein organisches Amin, wie z.B. Dopamin.
- Metabolismus des Serotonins: Tryptophan → 5-Hydroxytryptophan → 5-Hydroxytryptamin (= Serotonin) → Hydroxy-Indolessigsäure (= 5-HIAA)

¶ Die 5-HIAA-Konzentrationen können durch verschiedene Substanzen beeinflusst werden:
a) Falsch positiv bei/nach Einnahme von Früchten (Bananen, Avocados, Nüssen u.a.)
b) Falsch negativ nach Einnahme von: Levodopa, Acetylsalicylsäure u.a.

1 Caplin ME, et al. Lancet 1998 ;352 :799-805. 2 Kulke MH, et al. N Engl J Med 1999 ;340 :858-68.

4. Chirurgische Therapie

- Eine chirurgische Therapie soll, bei fehlenden Metastasen in Betracht gezogen werden.
- Vor der chirurgischen Sanierung eines Karzinoids ist eine vorgängige medikamentöse Therapie essentiell, um die Symptome des Karzinoid-Syndroms zu kontrollieren, denn **die Operation kann *per se* eine Karzinoid-Krise auslösen**!

5. Palliative Radiotherapie

- Bei Patienten mit einer positiven MIBG-Szinitigraphie kann eine Behandlung mit markiertem Iod (MIBG mit I^{125} oder I^{131}) eine Verminderung der renalen 5-HIAA-Ausscheidung bewirken.
- Die Radiotherapie mit markiertem Octreotid (90Y) fixiert sich auf die Somatostatin-Rezeptoren des Karzinoids, was eine tumornahe Ausstrahlung erlaubt.
- Indikationen:
  - Hirnmetastasen
  - Knochenmetastasen

Prog: • 5-Jahresüberleben:
- Lokalisiertes Karzinoid ....80 %
- Karzinoid mit regionalem Lymphknotenbefall..........50 %
- Metastatisches Karzinoid ....20 %

ENDO-KRINO

Osteoporose [M81.9]

Def:
- Systemische Krankheit mit reduzierter Knochenmasse und **Störung der Mikroarchitektur** (d.h. der Knochenmatrix!), die mit einer erhöhten Anfälligkeit für Frakturen einhergeht.
- **Densitometrische Definition** (gemessen mit Doppel-Röntgen-Absorptiometrie):

t-Score [SD]	**Interpretation - Diagnose**
≥ - 1	Normalwert
≥ - 2.5	**Osteoporose**
< -1 und > -2.5	**Osteopenie**

Allg:
- 20-25 % der Frauen > 50 Jahre haben ≥ 1 WK-Fraktur.
- Die Osteoporose befällt weltweit 200 Millionen Frauen:
  - ⅓ zwischen 60-70 Jahren
  - ⅔ ≥ 80 Jahre
- **Risikofaktoren der Osteoporose**
  - Östrogenmangel-Syndrom
    - Sekundäre Amenorrhoe
    - Frühzeitige Menopause
    - Anorexia nervosa
  - Mangel an körperlicher Aktivität
  - Positive Familienanamnese für Osteoporose
  - Niedriges Körpergewicht (BMI < 18)
  - Medikamente
    - Systemische Kortikoide
    - Antiepileptika
    - Hochdosierte Schilddrüsenhormone
    - Heparin-Langzeittherapie
    - GnRH-Analoga u.a.
  - Hypogonadismus beim Mann
  - Ungenügende Kalziumeinnahme (< 400 mg/d)
  - Knochenstoffwechsel beeinflussende Krankheiten:
    - Morbus CROHN, Colitis ulcerosa
    - Hyperthyreose
    - Malabsorption
    - Chronische Niereninsuffizienz
    - Rheumatoide Arthritis
    - Hyperparathyreoidismus
  - Nikotinabusus, übermässiger Alkoholkonsum

Klas: **I. Primäre Osteoporose** (95 %)
- Senile Osteoporose*
- Postmenopausale Osteoporose*
- Idiopathische, juvenile Osteoporose

II. Sekundäre Osteoporose
- Endokrine Ursachen:
  - Hyperkortisolismus
    -- Exogen: Kortikoide* (ca. 2 % der Osteoporosen, bereits bei < 5 mg/d möglich)
    -- Endogen
  - Hyperthyreose
  - Hyperparathyreoidismus*
- Gastrointestinale Ursachen:
  - Malnutrition, ungenügende Kalziumeinnahme (< 400 mg/d)
  - Malabsorption (inkl. Laktoseintoleranz)
  - Primäre biliäre Zirrhose
- Multiples Myelom
- Knochenmetastasen
- Rheumatologische und Systemerkrankungen:
  - Rheumatoide Arthritis*
  - EHLERS-DANLOS-Syndrom
  - MARFAN-Syndrom
  - Homozystinurie
- Sonstige Ursachen:
  - Immobilisation*
  - Alkoholabusus*
  - Chronische Niereninsuffizienz

SD = Standarddeviation

* Häufige Ursachen der Osteoporose

Kpl:
- Knochenschmerzen mit/ohne Wirbelsäulenverkrümmung (Skoliose, Kyphose)
- **Wirbelkörpersinterung/-fraktur**: kann durch «banalen» Sturz zustande kommen oder auch beim Aufstehen, Husten, Niesen. Klinik bei Wirbelkörpersinterung/-fraktur:
  - Lokale Schmerzen (bei Perkussion, Erschütterung oder Bewegung)
  - Wirbelsäulensteiffigkeit
  - Körpergrössenverlust > 2 cm

Lab:
- Grunddiagnostik (Serum, nüchtern)
  - Blutbild, BSG
  - Kalzium (korrigiert in Abhängigkeit des Serumalbumins oder -proteins)
  - Phosphat
  - Albumin oder Protein
  - ASAT
  - Alkalische Phosphatase
  - Kreatinin
- Spezifische Diagnostik
  - Serum:
    - iPTH (nur falls das korrigierte Serumkalzium erhöht oder vemindert ist)
    - 25(OH)-Vitamin D (Suche nach einer Osteomalazie, S. 723)
    - TSH, FT4
    - Proteinelektrophorese/-fixation (Suche nach einem multiplen Myelom)
    - Osteokalzin‡ (gibt Auskunft über die osteoblastische Aktivität)
    - Beim Mann: Testosteron, LH (Hypogonadismus)
  - Urin (im 2. Morgenurin bestimmen):
    - Pyridinolin‡ oder Telopeptid‡ (sind Knochenresorptionsmarker)

Vorg:

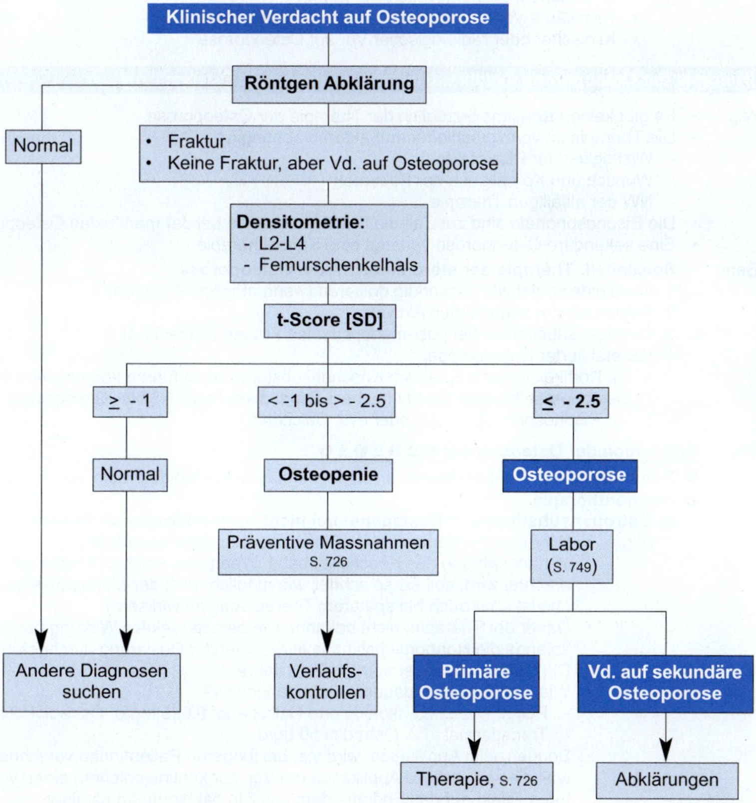

Algorithmus: Verdacht auf Osteoporose.

‡ Parameter, die selten in der Klinik bestimmt werden.
SD = Standarddeviation

Dg: **Knochendensitometrie**

Allg: Es gibt 3 Methoden, um die Knochendichte zu messen:

1. **Referenzmethode: Doppel-Röntgen-Absorptiometrie (DXA)**
   - Vorteil: geringe Strahlenexposition
   - Nachteil: fehlende Abgrenzbarkeit zw. kortikalem und trabekulärem Knochen
   - Kann allenfalls nach 18-24 Mt. wiederholt werden
2. **Quantitative Computertomographie (QCT)**
   - Erlaubt gezielte Aufnahmen durchzuführen
   - Teuer
   - Hohe Strahlenexposition
3. **Quantitative Ultraschalluntersuchung (QUS)**
   - Gute Korrelation mit der Knochendichte
   - Hat noch keine diagostische Aussagekraft (nicht standardisiert).

Indikationen für eine Messung der Knochendichte

Ind:
- Manifeste Osteoporose mit Fraktur
- Patienten unter Langzeit-Kortikoidtherapie
- Evaluation der Wirksamkeit der Osteoporosebehandlung
- Chronische intestinale Erkrankungen
  - Malabsorptionssyndrom
  - Morbus CROHN, u.a.
- Hypogonadismus beim Mann
- Primärer Hyperparathyreoidismus bei unklarer Operationsindikation
- Mangel an Oestrogenen:
  - Frühzeitige Menopause (< 45 Jahre)
  - Sekundäre Amenorrhoe (> 6-12 Mt.)
- Familiäres Vorkommen von osteoporotischen Frakturen
- Klinischer oder radiologischer Vd. auf Osteoporose

Therapie der Osteoporose (betrifft v.a. die post-menopausale Osteoporose)

Allg:
- Es gibt keinen Konsens bezüglich der Therapie der Osteoporose.
- Die Therapie ist von verschiedenen Faktoren abhängig:
  - Wichtigkeit der Risikofaktoren
  - Wunsch und Kompliance der Patienten
  - NW der allfälligen Therapie
- Die Bisphosphonate sind zur Zeit die Erstlinientherapie bei der manifesten Osteoporose.
- Eine sekundäre Osteoporose verlangt eine Kausaltherapie.

Bem:
- **Spezialfall: Therapie der steroidinduzierten Osteoporose**
  1. Kortikoide so tief wie notwendig dosieren (wenn möglich absetzen)
  2. Förderung der körperlichen Aktivität
  3. Östrogensubstitution bei post-menopausalen Frauen (siehe Text)
  4. Bei etablierter Osteoporose:
     - Da Kortikoide rasch zu einem Knochensubstanzverlust führen können, wird die Osteoporosetherapie bereits bei bei t-Score zwischen - 1.5 bis - 2 eingesetzt: → Bisphosphonat (s. 1302) oder evtl. Calcitonin

Th: **Prävention der Osteoporose: ❶ ± ❷ ± ❸ ± ❹**

❶ **Behandlung der Risikofaktoren** s. 724, bei etablierter Kortikoidtherapie, neu evaluieren.

❷ **Hormontherapie**

a) **Östrogensubstitution + Gestagene¢ bei nicht hysterektomierten Frauen**

Allg:
- Wirkungsmechanismus: Hemmung der Knochenresorption und Verlangsamung des Knochenabbaus. Wenn eine solche Therapie als sinnvoll erachtet wird, soll sie so schnell wie möglich nach der Menopause beginnen (sie ist aber auch bei späterem Therapiebeginn wirksam).
- Dauer der Therapie: nicht bekannt. Die osteoprotektive Wirkung besteht, solange die Hormonsubstitution in genügender Dosierung durchgeführt wird. Die Dauer soll länger sein als 7-10 Jahre.
- Wie hoch ist die «adäquate Östrogendosis»?
  - PO: ....konjugierte Östrogene: 0.625 mg/d; Östradiol: 2 mg/d
  - Transdermal:........Östradiol 50 μg/d
- Sequenzielle Applikation: wird v.a. bei jüngeren Patientinnen verschrieben, weil die sequentielle Applikation (im Vgl. zur kontinuierlichen) einen vorteilhafteren Effekt auf das Endometrium hat. Sie hat hingegen häufiger Monatsblutungen zur Folge.
- Die kontinuierliche Applikation wird eher bei älteren Frauen angewendet.

¢ siehe S. 727

KI: • Östrogentherapie-KI:
- Familiäres Vorkommen von Mamma- und Endometriumkarzinom
- Leberinsuffizienz
- Thromboembolische Geschehen u.a.

Vorg: I. **Hysterektomierte Frauen**
- Eine Östrogensubstitution (ohne Gestagene[¢]) ist sinnvoll:
  a) Sequenzielle Applikation (eher bei jüngeren Frauen indiziert)
  b) Kontinuierliche Applikation (eher bei älteren Frauen indiziert)

II. **Nicht hysterektomierte Frauen**
- Eine kombinierte Östrogen/Gestagen-Substitution[¢] ist sinnvoll:
  -- Sequenzielle Applikation (eher bei jüngeren Frauen)
  -- Kontinuierliche Applikation (eher bei älteren Frauen)

b) Selektiver Östrogenrezeptor Modulator (SERM)

Allg:
- Wirkungsmechanismus am Knochen: Östrogenrezeptoragonist, wird auch als **SERM** *(Selective estrogen receptor modulator)* bezeichnet.
- Das Endometriumkrebsrisiko wird durch SERM nicht erhöht, da kein uteriner Agonismus vorhanden ist.
- Nach 6 Mt. Therapie kann ein positiver Effekt auf die Knochendichte festgestellt werden.
- Raloxifen reduziert die Inzidenz der Wirbelkörperfrakturen, **NICHT aber diejenige des Femurs**!

Ind:
- Prävention und Behandlung der Osteoporose postmenopausaler Frauen (t-Score[#] < -1 SD lumbal oder am Vorderarm, NICHT aber des Femurhalses, da Raloxifen keinen Einfluss hat auf dessen Frakturrisiko).

Bem:
- Im Zeitalter der Kostenexplosion soll die Indikation von Fall zu Fall strikt erwogen werden!

KI:
- Anamnestisch thromboembolische Geschehen[¶]
- Leberinsuffizienz
- Niereninsuffizienz

NW:
- Wadenkrämpfe (ca. 5 %)
- Verminderung der Thrombozyten um 6-10 %
- Hautausschlag u.a.

Bsp:
- Raloxifen 60 mg/d PO unabhängig von der Tageszeit

❸ Kalzium und Vitamin D3

Vorg: I. <u>Patienten ohne schwere Niereninsuffizienz</u> (Clearance > 30-40 mL/min)
a) Kalzium PO:
- 1000-1500 mg/d, galenische Formen, siehe MED-Index, S. 1515 ff

b) Vitamin D3 (Cholecalciferol):
- 800 IE/d oder 2000 IE 3x/Wo

II. <u>Patienten mit schwerer Niereninsuffizienz</u> (Clearance < 30 mL/min, S. 1414)
Bei schwerer Niereninsuffizienz findet die renale Hydroxylierung von Vitamin D3 in das metabolisch aktive $1,25(OH)_2$ Vitamin D nicht mehr statt. Es ist daher sinnvoll, die Vitamin D3-Therapie durch seine aktive Form zu ersetzen:
- Calcitriol 0.25 µg/d

Bei der Kalziumsubstitution (500-1000 mg/d) mit Calcitriol besteht das Risiko einer Hyperkalzämie!

❹ Bisphosphonat

Vorg: • Siehe etablierte Osteoporose S. 728

Bsp: • Siehe Kapitel «Klinische Pharmakologie», S. 1302

\# Das t-Score entspricht der, mit der Standardmethode gemessenen Knochendichte (DXA).

¶ Raloxifen kann nach Beseitigung des zum Anhalten zwingenden Grundes wieder eingesetzt werden.

¢ Die Gestagene schützen das Endometrium, die Östrogene hingegen erhöhen dessen Krebsrisiko.

Therapie der etablierten Osteoporose (betrifft v.a. die post-menopausale Osteoporose)

Allg: **Für die PRAXIS:**
Es soll NICHT die Knochendichte, sondern die Patientin (oder der Patient) behandelt werden!

I. Allgemeine Massnahmen und Basistherapie

a) Behandlung der Risikofaktoren, siehe S. 724
b) Kalzium (1000-1500 mg/d) und Vitamin D Versorgung, siehe, S. 727

II. Spezifische Therapie (grundsätzlich als «Monotherapie» verabreichen)

II.a Östrogensubstitution

Allg: • Die Östrogensubstitution soll so kurz wie möglich dauern (max. 5 Jahre).
Vorg: • Siehe unter «Prävention», S. 726

II.b Bisphosphonat

Allg:
- Wirkungsmechanismus: Knochenresorptionshemmer via irreversible, lebenslange Fixierung des Bisphosphonates auf den Knochen.
- Nach 1-3 Mt. kann der Knochen-turnover (Resorption/Bildung) reduziert werden. Dieser persistiert über 3 Jahre (bei Fortführung der Therapie).
- Therapiedauer: unklar. Wahrscheinlich kann die Therapie nach 2-3 Jahren sistiert werden.

Ind:
- Osteoporose der post-menopausalen Frau, v.a. > 75 Jahre
- Männer mit Osteoporose
- Bei Östrogenkontraindikationen:
  - Positive Familienanamnese bezüglich Mamma- und/oder Endometriumkarzinom
  - Leberinsuffizienz
  - Thromboembolische Geschehen u.a.

KI:
- Niereninsuffizienz (Clearance < 30 mL/min)
- Klinisch manifeste Osteomalazie
- Akute gastro-intestinale Entzündung
- Hypokalzämie

Bsp: • Beispiele und NW, siehe S. 1302

II.c Selektiver Östrogenrezeptor Modulator (SERM)

Allg:
- Der Abfall des Östrogenspiegels in der Menopause erhöht die Knochenresorption, den Knochenabbau, sowie das Frakturrisiko. Der Knochenverlust verläuft in den ersten 10 Jahren nach der Menopause besonders schnell, wenn die kompensatorische Steigerung der Knochenbildung nicht ausreicht, um die resorptiven Verluste auszugleichen.
- Wirkungsmechanismus: Die SERM sind Knochenstoffwechsel-Agonisten und haben eine agonistische oder antagonistische Wirkung auf östrogenempfindliches Gewebe. Sie haben keine Wirkung auf Uterus- und Brustgewebe.

Ind:
- Therapie und Prävention der Osteoporose der post-menopausalen Frauen mit einem t-Score < -1 SD (gemessen mit DXA-Methode an der Wirbelsäule und am distalen Vorderarm).

KI:
- Schwangerschaft
- Thromboembolische Ereignisse (aktuell oder in der Vorgeschichte
- Leberinsuffizienz. Niereninsuffizienz (Clearance < 30 mL/min)
- Endometriumkarzinom (inkl. Verdacht auf)

Bsp:
- Raloxifen EVISTA® 60 mg/d PO, tages- und mahlzeitunabhängig.
  - Dauer der Therapie (kein Konsens): 5 Jahre, dann neu evaluieren. Falls die Therapie weiterhin verabreicht wird, ad. halbe Dosis (um die Erhöhung des Mammakarzinomrisikos zu vermindern).

NW:
- Obstipation, Diarrhoe, Wadenkrämpfe, Thromboembolische Ereignisse (TVT, LE, Retinavenenthrombose u.a.)

Bem:
- Raloxifen vermindert nur die Häufigkeit der Wirbelkörperfrakturen (nicht aber diejenige der Femurkopffraktur)

II.d Calcitonin

Allg: • Wirkungsmechanismus: Hemmung des Parathormons und der Osteoklastenaktivität. Wahrscheinlich Stimulation der Osteoblastenaktivität.

Bsp: • Calcitonin Nasenspray (200 IE/Hub): 200 IE/d (Nasenloch tägl. alternieren)

Ind:
- Osteoporose der post-menopausalen Frau
- Hyperkalzämie
- Algoneurodystrophie (Morbus SUDECK)
- Morbus PAGET (Osteodystrophia deformans)
  - Allg: • Der M. PAGET betrifft v.a. Patienten > 50 Jahre.
  - Urs: • Ursache unbekannt. Hypothesen: hereditär, viral
  - Klin: • Asymptomatisch oder manchmal heftige rheumatoide Schmerzen, erhöhtes Frakturrisiko. Der Verlauf ist i.d.R. langsam progredient.
  - Kpl: • Knochenfraktur. Sarkomatöse Degeneration (< 1 %)
  - Rx: • Kortikalisverdickung und Verkrümmung v.a. der langen Knochen.
  - Lab: • Unspezifische und zur Aktivitäts- und Verlaufsbeurteilung geeignete Parameter:
    - Alkalische Phosphatase im Blut ↑ (manchmal bis 10x N)
    - Renale Hydroxyprolin-Ausscheidung ↑

    Andere Laborparameter:
    - Kalzämie und Phosphatämie (i.d.R. normale Werte)
    - Kalziurie (normal oder leicht erhöht)
    - Osteocalcin (inkonstant erhöht)
  - Th: 1. Symptomatische Therapie: NSAR
    2. Therapie die den M. PAGET verlangsamt
    - Calcitonin, Bisphosphonat (Risedronat, Zoledronat)

II.e Teriparatid = rh**PTH**(1-34) FORSTEO® Amp 750 µg/3 mL

Ind:
- Manifeste Osteoporose bei postmenopausalen Frauen mit hohem Frakturrisiko und ungenügendem Ansprechen auf ein Bisphosphonat.
- Männer mit primärer oder hypogonadaler Osteoporose mit hohem Frakturrisiko und ungenügendem Ansprechen auf ein Bisphosphonat.

Dos: • 20 µg **SC** 1x/d in den Oberschenkel oder Abdomen während 18 Mt.

KI:
- Vorbestehende Hyperkalzämie
- Schwere Niereninsuffizienz (Clearance < 30 mL/min)
- Schwangerschaft, Laktation
- Vorausgegangene Radiotherapie des Skelettes
- Unklar erhöhte Serumwerte der alkalischen Phosphatase
- Maligne Knochentumoren und/oder Knochenmetastasen

NW: • Nausea, Kopfschmerzen, Unwohlsein, Muskelkrämpfe (bis 6 % der Patientinnen stoppen die Therapie aus diesem Grund)

Bem: • Das Teriparatid ist kostenintensiv (ca. Fr. 700.00/Mt.; Stand 2007/08).

II.f Strontium-Ranelat PROTELOS® Granulat 2 g

Allg:
- Wirkungsmechanismus: Verstärkung der Knochenbildung, Verminderung der Knochenresorption (infolge Verminderung der Osteoklastendifferenzierung und ihrer Knochenresorptionsaktivität).
- Eine signifikante Zunahme der Knochendichte der Wirbelsäule (+ 14.4 %) bzw. des Femurhalses (+ 8.3 %) konnte gezeigt werden. Die Häufigkeit der Wirbelkörperfrakturen konnten signifikant vermindert werden.[1]

Ind: 1. Therapie der post-menopausalen Osteoporose

Dos: • Strontium 1x 2 g/d PO am Abend (Granulat in Wasser auflösen)

KI: • Niereninsuffizienz (Clearance < 30 mL/min)

NW:
- Nausea, Diarrhoe, Dermatitis, Ekzem
- Keine medikamentöse Wechselwirkung mit den CYP 450

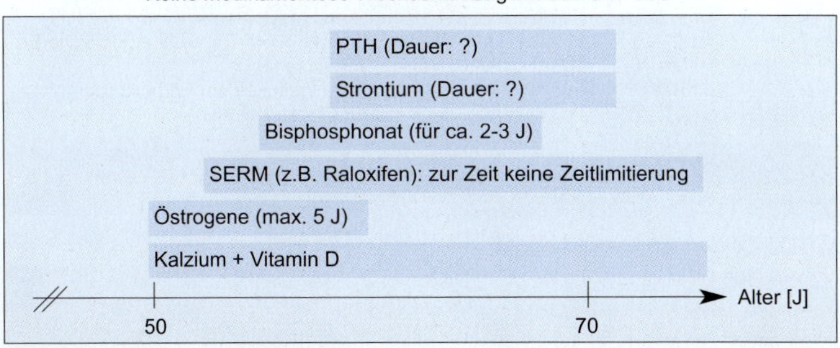

Schema: Medikamentöse Therapie der Osteoporose.

1 Meunier PJ et al. N Engl J Med 2004;350 :459-68.

Akute Wirbelkörpersinterung/-fraktur bei Osteoporose: Therapiemodalitäten

Allg:
- Nach der ersten WK-Fraktur steigt das Risiko der 2. WK-Fraktur um den Faktor 5 an.
- 20 % der Frauen nach einer WK-Fraktur rezidivieren innerhalb der nächsten 12 Mt.[2]

> **Für die PRAXIS:**
> Bei Befall der hinteren Wirbelkörperwand besteht eine unmittelbare Gefahr einer Rückenmarkskompression.
> In diesem Fall MUSS notfallmässig ein chirurgisches Konsil organisiert werden.

Vorg: 1. **Konservative Therapie**
- Allg: • Ad. Konsilium
- Ind: • Eine nicht ausgedehnte/komplizierte WK-Fraktur, ohne neurologische Ausfälle und mit intakter hinterer Wirbelkörperwand, kann i.d.R. konservativ behandelt werden.
- Bsp: • Bettruhe + Analgetika (siehe Kapitel «Schmerz», S. 1150)
  - Progressive Mobilisation
  - Tragen eines Korsetts (tagsüber): kann bei einer WK-Fraktur, die sich kaudal von ca. D10 befindet, indiziert sein (ad. Ortho-Konsilium)

2. **Chirurgische Therapie**
- Allg: • Ad. Konsilium
- Ind: • Komplizierte Fraktur, neurologische Ausfälle oder Befall der hinteren WK-Wand.
- Bsp: • Vertebroplastik, offene Wirbelkörperfixation

Index zur Beurteilung des Femurschenkelhalsfraktur-Risikos bei Osteoporose

Parameter	Score	Femurfrakturrisiko/5 Jahre
Alter (1 Punkt pro 5 Jahre ab dem 65. LJ)	0 bis 5	Score – Frakturrisiko/5 Jahre
Fraktur bei Patientinnen > 50 Jahre	0 oder 1	1 ....0.5 %
Fraktur mütterlicherseits nach dem 50. LJ	0 oder 1	2 ....1-2 %
Körpergewicht > 57 kg	0 oder 1	3 ....2 %
Nikotinabusus	0 oder 1	4 ....3.0-4.0 %
Notwendigkeit, die Arme als Hilfe einzusetzen, um aus einem Sessel aufstehen zu können	0 oder 2	5-9 ....8.0-9.0 %
T-Score (am Femur gemessen)	0 bis 4	

Tabelle: 5-Jahresrisiko einer Femurschenkelhalsfraktur bei bestehender Osteoporose.[3]

2 Lindsay R et al. JAMA 2001 ; 285 :320-3. 3 Angepasst und vereinfacht nach: Black DM et al. Osteoporose Int 2001; 12: 519-28.

Osteomalazie [M83.9]

Allg:
- Es handelt sich um eine **generalisierte Osteopathie,** die durch eine **Störung der Mineralisation der Knochenmatrix** zustande kommt. Daraus erfolgt eine Akkumulierung von nicht mineralisiertem, brüchigem Knochengewebe.
- Vitamin D ist zur Knochenmineralisation notwendig. Die häufigsten Ursachen der Osteomalazie sind mit Vitamin D Mangelzuständen verbunden (siehe «Urs:»).
- Woher stammt das Vitamin D im menschlichen Körper?
  - Aus der Nahrung: im Durchschnitt 100-200 IE/d, aber der Bedarf beträgt 400-800 IE/d
  - Aus der epidermalen Vitamin D-Synthese, unter Mitwirkung der UV-B-Strahlen.

DD:

Parameter	Osteoporose	Osteomalazie
Ursache	Verminderung der Knochenmasse: • Primär (95 %) • Sekundär (s. 733): Kortikoide, Hyperparathyreoidismus, Malassimilation, chron. Niereninsuffizienz u.a.	Störung der Knochenmineralisation: • Vitamin D Mangel • Anomalie des Vitamin D Metabolismus • Toxisch/medikamentös (Fluor, Aluminium, Tetrazykline u.a.)
Knochenmatrix	Rarefiziert	Rarefiziert
Mineralisation	Normal	Pathologisch
Labor	Normal	Pathologisch, s. 734

Urs:
I. Osteomalazie, die mit einer Vitamin D Metabolismusanomalie zusammenhängen
- Vitamin D Mangel
- Anomalien des Vitamin D Metabolismus

II. Seltene Formen, die nicht mit einer Vitamin D Metabolismusanomalie zusammen hängen
- Hypophosphatämie
- Hypophosphatasie
- Toxisch: Aluminium, Etidronat, Fluor, Strontium, Tetrazyklin

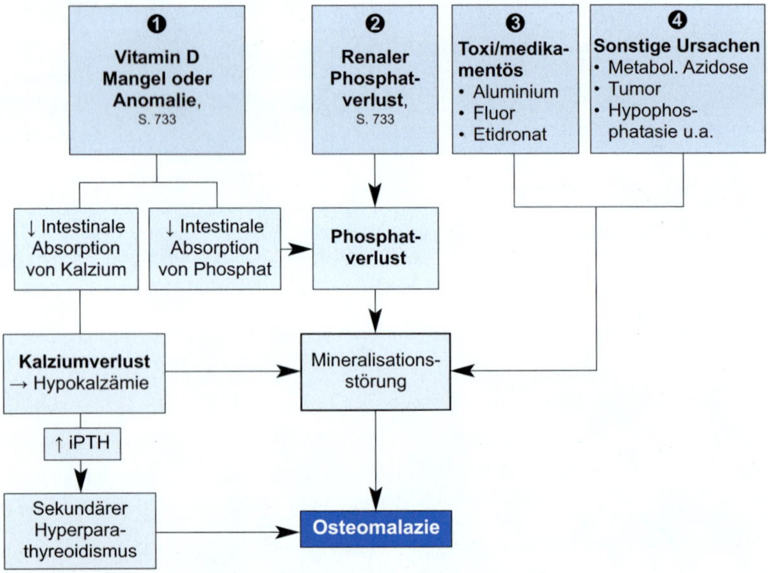

Algorithmus: Pathogenese der Osteomalazie.

Klin:
- Oft asymptomatisch
- Diffuse Schmerzen, oft mechanischen Charakters, mit variabler Lokalisation (Wirbelsäule, Rippen, Schulterblätter, Hüften ± Irradiation, die sich als Kruralgien manifestieren)
- Oft mit folgenden Symptomen verbunden: proximale Myalgie mit Muskelschwäche (Schwierigkeit, die Treppen hochzusteigen oder aus sitzender Position aufzustehen)
- Knochenfrakturen

Klas: ❶ **<u>Osteomalazie bei Vitamin D Mangel oder Anomalie des Vitamin D Metabolismus</u>**

1.1. Ungenügende Vitamin D Zufuhr oder ungenügende Sonnenexposition
- Fettarme Diät ohne fette Fische und ohne Milchprodukte
- Ungenügende Sonnenexposition (UVB Strahlen)

1.2. Malassimilationssyndrom

1.3. Anomalien des Vitamin D Metabolismus
- Anomalie der hepatischen 25-Hydroxylation
  - **Schwere Leberzirrhose**
  - Antikonvulsiva (Barbituriate, Hydantoine): Vitamin D wird in der Leber in inaktive Metaboliten metabolisiert.
- Störung der 1 α-Hydroxylation von Vitamin D
  - **Chronische Niereninsuffizienz** (bei Dialysepatienten oder nicht)
  - Vitaminabhängiger Typ I Rachitis (= PRADER Rachitis)
  - Vitaminabhängiger Typ II Rachitis (Vitamin D Resistenz infolge Rezeptor Anomalie)

1.4. Nephrotisches Syndrom (renaler Verlust von Vitamin D tragenden Proteinen)

1.5. Ungenügende Kalziumaufnahme (sehr selten)

❷ **<u>Osteomalazie infolge renalem Phosphatverlust</u>** (tubuläre Phosphat Reabsorption ↓)

2.1. Vitaminresistente familiäre hypophosphatämische Osteomalazie (renale Dysfunktion bei tubulärer Reabsorptionsstörung von Phosphat, PO_4^-)

2.2. FANCONI-Syndrom, s. 903

❸ **<u>Toxisch/medikamentöse Osteomalazie (Hemmung der Knochenmineralisation)</u>**

3.1. Aluminium, inkl. Alumin Gel (z.B. in den Antazida vorhanden!)

3.2. Etidronat (Langzeittherapie und/oder hochdosiert >10 mg/kg/d)

3.3. Fluor (> 75 mg/d)

3.4. Osteomalazie infolge Vichy® Mineralwassereinnahme bei bestehender chronischer Niereninsuffizienz (Vichy® enthält viel Fluor)

3.5. Strontium

3.6. Tetrazycline (z.B. Doxycyclin)

❹ **<u>Sonstige Formen der Osteomalazie</u>**

4.1. Metabolische Azidose: kongenital, erworben (Uretero-Sigmoidostomie)

4.2. Tumorale Osteomalazie (z.B. Angiom, Angiofibrom) mit Auslösung einer Hyperphosphaturie, Hemmung der renalen $1,25(OH)_2D_3$-Hydroxylation

4.3. Hypophosphatasie (Verminderung der alkalischen Phosphatase)

Dg:
- Die Diagnose stützt sich i.d.R auf die Anamnese, die Klinik und die Laborwerte (s. 734). Eine Knochenbiopsie (= Referenzdiagnostik) ist in den meisten Fällen nicht notwendig.
- Bestimmung der Serumkonzentration von Vitamin D3:
  - < 15 nmol/L ....= Vitamin D3 Mangelzustand
  - 50-150 nmol/L ....= Optimaler Plasmaspiegel
- In gewissen Situationen kann der Plasmaspiegel des 1,25(OH)-D3 bestimmt werden:
  - Verdacht auf eine Anomalie der 1α-Hydroxylation
  - Verdacht auf einen Mangel an Vitamin D Rezeptoren

Rx:
- Hypertransparente Knochenstruktur, unklare kortikale Abgrenzung, wie ein Bild in «schlechter Qualität».
- Fissuren oder Pseudofrakturen
- Bei fortgeschrittener Osteomalazie können die sog. LOOSER-MILKMAN-Striae beobachtet werden: schmale, radio-transparente Zonen mit diskreter randständiger Knochenverdichtung, die senkrecht zur Kortikalis verlaufen und sich am Femurhals, um das Foramen obturatum herum, am äusseren Schulterblattrand und an den Rippen sichtbar machen.
- Knochendichte: Das t-Score liegt oft wesentlich unter - 2.5 SD (siehe Algorithmus s. 725).

Th: **1. Kausaltherapie**

2. Ursachen orientierte Substitutionstherapie

2.1. Osteomalazie infolge Kalziummangel

Vorg: Orale Supplementierung von Kalzium (1 g/d)
+ Vit D3 2000-4000 IE/d während einiger Wochen;
Erhaltungsdosis 600-1000 IE/d

Bem: Die Schmerzen und Muskelschwäche verschwinden innerhalb einiger Wochen.

2.2. Osteomalazie infolge Hydroxylationsstörung

Allg: Bei Hydroxylationsstörung (z.B. bei chron. Niereninsuffizienz oder Leberinsuffizienz) wird das inaktive Vitamin D durch das aktive Calcitriol [1,25(OH)D3] ersetzt:
- Calcitriol 0.25 µg/d, dann alle 2-4 Wochen der Kalzämie anpassen!

Bem: NW von Calcitriol: Hyperkalzämie, Hyperphosphatämie!

2.3. Osteomalazie infolge Phosphatverlust
Vorg: Supplementierung von elementärem Phosphor 3-4 g/d in 4 Einzeldosen/d
2.4. Medikamentöse Osteomalazie
Vorg: Das inkriminierte Medikament soll gestoppt werden, siehe S. 733
2.5. Tumorale Osteomalazie
Vorg: Kausaltherapie, soweit möglich (Tumorexzision)

Lab: • Typische Konstellation der Osteoporose bei Vitamin D Mangel:

- **Blut**
  -- Alkalische Phosphatase ↑
  -- Kalzium < 2.2 mmol/L (N: 2.2-2.5 mmol/L)
  -- Phosphat < 1.0 mmol/L (N: 0.8-1.6 mmol/L)
  -- 25-(OH) Cholecalciferol ↓ (widerspiegelt die Vitamin-Reserven) < 10 ng/mL
  -- iPTH ↑ (= sekundäre Hyperparathyreoidismus infolge Hypokalzämie)
- **Urin**
  -- Kalziurie ↓↓ (< 2 mmol/24 h; was auf einen sekundären Hyperparathyreoidismus hinweist)
  -- Phosphat ↑
  -- Hydroxyprolin ↑ (was auf einen sekundären Hyperparathyreoidismus hinweist)

Ursache der Osteomalazie	Ca^{2+}	PO_4^-	25-D3	1,25-D3	Sonstige
■ **Vitamin D Störung**					
Vitamin D Mangel	↓	↓	↓	N/↓	
Leberinsuffizienz	↓	↓	↓	↓	
Niereninsuffizienz	↓	↑	N	↓	iPTH ↑, AP ↑
Rachitis Typ I	↓	↓	N	↓	
Rachitis Typ II	↓	↓	N	↑	
■ **Renaler Phosphatverlust**					
Vitaminresistente Form	N/↓	↓	N	N	
■ **Toxi-medikamentös**					
Fluor	N	N	N	N	
Etidronat	N	N/↑	N	N	
■ **Sonstige Ursachen**					
Hypophosphatasie	N	N	N	N	AP ↓
Azidose	N	N	N	N	
Tumor	N/↓	↓	N	↓	iPTH ↑, AP ↑

Tabelle: Osteomalazie und Laborwerte.

N = Normalwerte
AP = alkalische Phosphatase
iPTH = intaktes Parathormon

Schilddrüse

Allg:
- Die Schilddrüse (SD) liegt unterhalb dem Schilddrüsenknorpel.
- Die SD ist ein stark vaskularisiertes Organ (80-100 mL/min).
- Täglicher Iodbedarf: 150-300 µg/d
- 1 kg iodiertes Salz enthält 20 mg Iod
- Die gesunde Schilddrüse ist von fettähnlicher Konsistenz und kann palpatorisch nicht abgegrenzt werden.
- Schilddrüsenpalpation:
  - Der Untersucher stellt sich hinter den Patienten um von dorsal her palpieren zu können.
  - Mit beiden Händen werden jeweils Dig II und III an den Oberrand der beiden Schlüsselbeine gelegt (siehe Foto).
  - Der Patient wird aufgefordert, seinen Speichel (oder einen Schluck Wasser) hinunter zu schlucken. Dadurch verschiebt sich die Trachea mit der darauf liegenden Schilddrüse, welche, wenn sie vergrössert ist oder Knoten aufweist, palpiert werden kann.

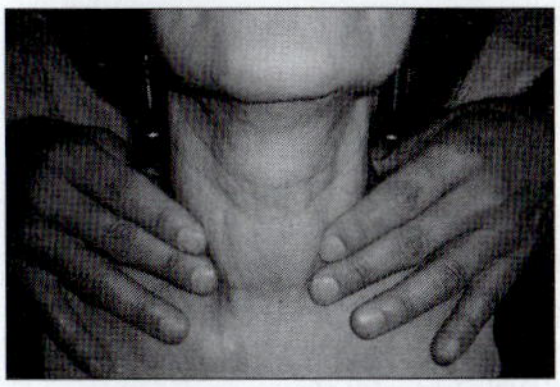

Foto (diffuse Struma)

Lab:
- Der früher angewendete TRH-Test ist dank der guten Sensitivität des Serum-TSH nicht mehr notwendig.
- **Serum-TSH** ↓ = i.d.R. **Hyperthyreose** (Ausnahme: sekundäre Hyperthyreose, S. 737)
  Serum-TSH ↑ = i.d.R. **Hypothyreose** (Ausnahme: sekundäre Hyperthyreose, S. 737)
- Bei einer Hypothyreose genügt es, nebst dem TSH Serumspiegel, nur das FT4 zu bestimmen. Bei einer Hyperthyreose hingegen muss nebst dem FT4 auch das FT3 bestimmt werden, um eine isolierte T3-Hyperthyreose nicht zu verpassen.
  Die Autoantikörper werden separat behandelt (siehe entsprechende Unterkapitel).
- Die Schilddrüse besteht aus 2 Zelltypen:

  I. Follikelzellen
  Die Follikelzellen synthetisieren folgende Hormone:

  I.a. Thyroxin T4 (ca. 90 % der Schilddrüsensekretion; d.h. ca. 10x mehr als T3)
  - Das T4 ist als «Prohormon» oder «Reservehormon» wesentlich weniger aktiv als das T3.
  - T4 wird zu T3 metabolisiert (v.a. in der Leber und in den Nieren).
  - Lange HWZ: 190 h

  I.b. Triiodothyronin T3
  - Das freie T3 (FT3) ist ein aktives Hormon. Wenn es aber an Proteine gebunden ist (z.B. *thyroxine-binding-globuline* oder an Albumin) ist es inaktiv.
  - HWZ 19 h

  II. Parafollikuläre Zellen (C-Zellen), welche folgendes Hormon synthetisieren:

  II.a. Calcitonin
  - Das Calcitonin ist ein Peptidhormon mit 32 Aminosäuren.
  - Bei Hyperkalzämie wird die Calcitonin-Freisetzung ins Blut stark erhöht. Umgekehrt ist bei einer Hypokalzämie < 2.0 mmol/L (N: 2.2-2.5) kein Calcitonin mehr nachweisbar.
  - Hemmt die Osteoklastenaktivität, was den Knochenabbau vermindert.
  - Vermindert die renale Kalzium- und Phosphatreabsorption, was zur Senkung der Kalzämie und der Phosphatämie führt.
  - Fördert den Kalziumtransfer vom Plasma in die Knochen.

ENDO-KRINO

Bem:
- Das *Screening* der Schilddrüsenfunktion ist nicht standardisiert:
  - Bei hospitalisierten Patienten → TSH und FT4
  - Bei ambulanten Patienten mit geringem Verdacht auf Dysthyreose → TSH
  - Bei ambulanten Patienten mit grösserem Verdacht auf Dysthyreose oder bei Risikopatienten (z.B. Frauen > 40 Jahre, positive SD-Anamnese, palpable Struma) → TSH und FT4.

Klas:

Strumaeinteilung (nach WHO)	
Struma Grad I	Tastbare Struma
Ia	Nicht sichtbar bei der Reklination des Kopfes
Ib	Sichtbar bei der Reklination des Kopfes
Struma Grad II	Bei normaler Kopfhaltung, sichtbare Struma
Struma Grad III	Sehr grosse, bereits auf Entfernung sichtbare Struma

Semiologie der Hyperthyreose

- Gewichtsverlust bei normalem Appetit oder bei Heisshunger
- Schwitzen, warme und feuchte Haut, Wärmeintoleranz
- Palmarerythem
- Spyder naevi, S. 1067
- Arrhythmien
  - Sinustachykardie
  - Extrasystolen
  - Vorhofflimmern u.a. Arrhythmien
- Verschlimmerung einer KHK (z.B. eine AP wird instabil)
- Verschlimmerung einer Herzinsuffizienz
- Arterielle Hypertonie (v.a. systolische HT)
- Angstzustände
- Nervosität (v.a. bei jungen Patienten)
- Agitation
- Tremor: Zeitungstest (es wird ein Zeitungspapier auf die Handrücken des Patienten gelegt; die Zeitung bewegt sich im Normalfall nicht)
- Hyperthyreote Myopathie
  - Der Patient kann nicht mehr vom Stuhl aufstehen
  - Muskelatrophie, v.a. der Oberschenkelmuskulatur
- Diarrhoe
- Gynäkomastie
- Oligo-Amenorrhoe
- **Hyperthyreose im Alter**
  - Gewichtsverlust, Schwäche (DD: Tumorkachexie)
  - Depression
  - Hyperdynamische Herzinsuffizienz *(high cardiac output failure)*
  - Arrhythmie (allenfalls als einzige Manifestation der Hyperthyreose)
    - Tachykardie
    - Vorhofflimmern
    - Ventrikuläre Extrasystolie u.a.
- **Morbus BASEDOW** (GRAVES-Disease)
  - Hyperdynamisches Syndrom
    - Tachykardie
    - Gewichtsverlust
    - Wärmeintoleranz
    - Nervosität
    - Angst
  - Struma bei 70-90 % der Patienten (oft diffus, manchmal nodulär)
  - Prätibiales Myxödem
  - Endokrine Orbitopathie (bei < 25 % der Patienten), siehe S. 740

Für die PRAXIS:
Patienten mit einer Hyperthyreose dürfen KEINE iodhaltigen Produkte verabreicht werden. Es besteht das Risiko einer **thyreotoxischen Krise**, siehe S. 742

Urs:

Hyperthyreose	Pathogenese, Bemerkungen	Häufigkeit
Primär: TSH ↓		
Autoimmunkrankheit	**Morbus BASEDOW**, S. 740	65-75 %
	HASHIMOTO Thyreoiditis (Initialphase), S. 747	1 %
Entzündlich	Subakute DE QUERVAIN Thyreoiditis, S. 748	< 1 %
Autonom	Autonomes Adenom	10-20 %
	Karzinom (sehr selten)	
Iodüberschuss, iatrogen	Amiodaron Überdosierung der SD-Hormone Kontrastmittel Desinfektionsmittel Algen u.a.	5-10 %
Sekundär: TSH ↑		
	Hypophysenadenom	< 1 %
	SD-Hormon-Resistenzsyndrom (selten)	

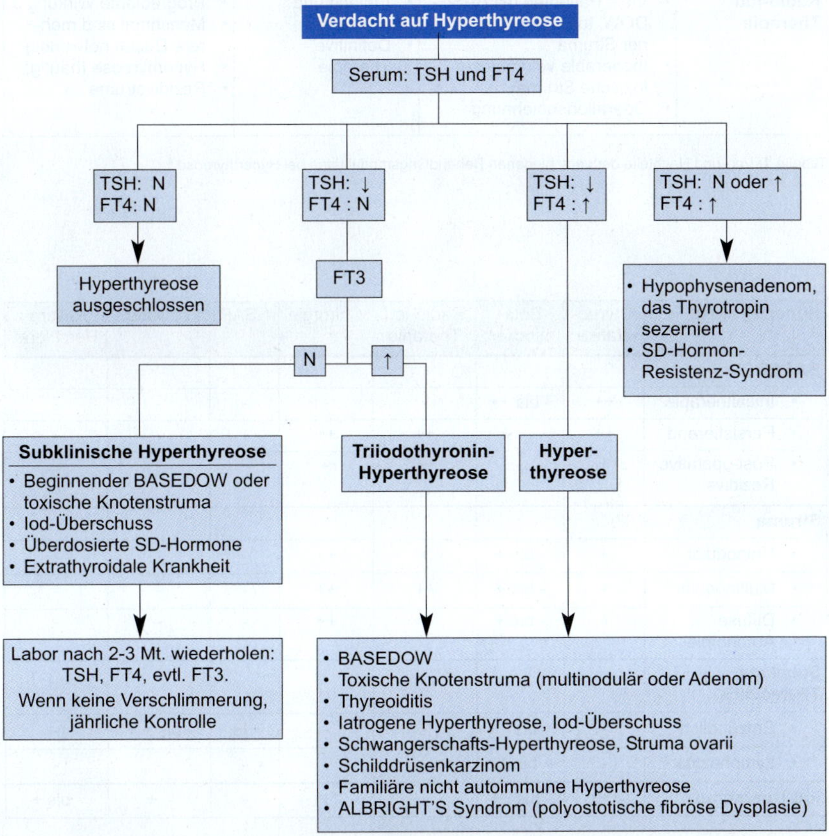

Algorithmus: Verdacht auf Hyperthyreose.[3]

TSH = Thyroid stimulating hormone
FT4 = Freies Thyroxin
FT3 = Freies Triiodothyronin

3 Weetman AP. N Engl J Med 2001 ;235 :1236-48.

Therapiemodus	Therapieempfehlung	Vorteile	Nachteile
Thyreostatika	• Therapie der Wahl der BASEDOW Hyperthyreose • Langzeittherapie bei jungen Patienten mit kleiner Struma oder Ablehnung anderer Therapien	• Beruhigend für den Patienten	• Regelmässige Konsultationen und Hormonbestimmungen. • NW (v.a. während des 1. Jahres) • Remissionsquote mittelmässig (BASEDOW)
Chirurgie	• Voluminöse toxische Struma • Schlecht kontrollierbare Hyperthyreose oder Thyreostatikaallergie • Persistierende Hyperthyreose • Ablehnung anderer Therapien • Verdacht auf SD-Karzinom	• Schneller und definitiver Effekt auf die Hyperthyreose und/oder auf die Symptome (Struma)	• Hosp. mit Allgemein-Anästhesie • Operationsrisiken: Hypoparathyroidismus, N. recurrens Lähmung • Postop. Hypothyreose • Vorgängige Euthyreose durch Thyreostatika erforderlich
Radio-Iod Therapie	• Viele Patienten mit BASEDOW, toxischer sowie kleiner Struma • Inoperable voluminöse toxische Struma • Operationsablehnung	• Einfach und wirksam • Definitive Therapie	• Progrediente Wirkung • Manchmal sind mehrere Dosen notwendig • Hypothyreose (häufig) • Rezidivstruma

Tabelle 1: Vor- und Nachteile der verschiedenen Behandlungsmodalitäten bei Hyperthyreose.[4]

Hyperthyreose	Thyreostatika	Betablocker	Radio-Iod Therapie	Chirurgie	NSAR	Prednison	Kalium-Perchlorat
BASEDOW							
• Initialtherapie	++	- bis ++	-	-	-	-	-
• Persistierend	++	-	++	++	-	-	-
• Post-operative Rezidive	+	-	++	-	-	-	-
Struma							
• Uninodulär	+	- bis +	+	++	-	-	-
• Multinodulär	+	- bis +	++	++	-	-	-
• Diffuse Autonomie	+	- bis +	++	++	-	-	-
Subakute Thyreoiditis							
• Entzündlich	-	+ bis ++	-	-	+++	- bis + +	-
• Lymphozytär	-	+ bis ++	-	-	-	-	-
Iod-Überschuss	+++	- bis ++	-	(+)	-	- +	- bis +

Tabelle 2: Therapiemöglichkeiten bei Hyperthyreose.[4]

- = nicht indiziert; + bis +++ = Indikationsgrad bzw. Wirkungsgrad der betreffenden Therapioption.

4 Angepasst nach: Portmann L. Med Hyg 2001 ;59 :350-6.

Th: ▪ **Thyreostatika**

- **Carbimazol** CAR® Tabl 5, 10 mg

  Ind: • Siehe Tabelle 2, S. 739
  - Propylthiouracil wird in folgenden Fällen vorgezogen:
    a) Carbimazol Intoleranz
    b) Schwangerschaft oder Laktation

  Dos: • Initial:
  - 10-30 mg (bis 45-60 mg)/d in 2-3 Einnahmen/d während 3 Wo. Dann Kontrolle (TSH, FT4). Je nach Klinik und Laborwerten soll die Dosierung um 5-10 mg alle 2-3 Wochen reduziert werden.

  • Erhaltungsdosis:
  - 5-15 mg während 3-12 Monaten (je nach Verlauf)

  Lab: • Nach 3 Wochen Therapie, ad. Kontrolle (TSH, FT4). Die klinische Antwort ist individuell sehr verschieden (2 Wo bis Monate).
  • Das FT4 normalisiert sich vor dem TSH.

  NW: • Pruritus, Urtikaria
  • Agranulozytose (< 1 %; diese kann sich als Pharyngitis und/oder Arthralgie manifestieren)

- **Propylthiouracil** PROPYCIL® Tabl 50 mg

  Ind: • Siehe Tabelle 2, S. 739
  - Propylthiouracil wird in folgenden Fällen vorgezogen:
    a) Carbimazol Intoleranz
    b) Schwangerschaft oder Laktation

  Dos: • Initial: 3-4x 100 mg/d, Dosierungen bis 600-900 mg/d können notwendig sein.
  • Erhaltungsdosis: 50-150 mg/d in einer 1-maligen Einnahme

  NW: • Siehe Carbimazol

▪ **Behandlung von Tachykardien infolge Hyperthyreose**

- **Betablocker**

  Allg: • Der Betablocker (BB) ist eine adjuvante, symptomatische Therapie, welche die Basistherapie der Hyperthyreose NICHT ersetzt (siehe Tabelle 2, S. 739).

  Bsp: • Propranolol 40-160 mg/d PO
  • Atenolol 50-200 mg/d PO
  • Lopresor 100-200 mg/d PO

  Bei BB-Intoleranz oder Persistenz der Tachykardie kann ein bradykardisierender Kalziumantagonist verabreicht werden.

- **Kalziumantagonist: Verapamil**

  Allg. • Verapamil ist negativ inotrop; d.h. eine gute linksventrikuläre Auswurffraktion ist zwingend!

  Bsp: • Verapamil 80-240 mg/d PO

Morbus BASEDOW - *Graves Disease* [5] [E05.0]

Allg: • Die BASEDOW-Hyperthyreose ist eine Autoimmunkrankheit mit familiärer Häufung (HLA-B8 und HLA-DR3) einhergehend mit einer erhöhten Synthese der Schilddrüsenhormone.

Klin: • Symptome: Hyperdynamisches Syndrom
- Sinustachykardie, Extrasystolen, Vorhofflimmern. Bei älteren Patienten kann die Arrhythmie die einzige BASEDOW-Manifestation sein!
- Gewichtsverlust bei gutem oder starkem Appetit!
- Wärmeintoleranz, warme und feuchte Haut
- Schwitzen
- Psychomotorische Unruhe und Nervosität
- Feinschlägiger Tremor der Hände
- Schlaflosigkeit
- Angst
- Gesteigerte Stuhlfrequenz, Diarrhoe
- Muskelschwäche (insbesondere der Oberschenkelmuskulatur)
- Adynamie
- Manchmal Knochenschmerzen (infolge Osteoporose bei negativer Kalziumbilanz)

• Befunde
- Struma bei 70-90 % der Patienten (oft diffus, kann aber auch nodulär auftreten)
- Bei starker Vaskularisierung kann ein Schwirren über der SD auskultiert werden.
- Lebersteatose
- Pleuraerguss, Perikarderguss
- Prätibiales Myxödem (bei 1-3 %).
  -- Es handelt sich um eine derbe, dunkel verfärbte, nicht wegdrückbare, teils nässende schmerzfreie Schwellung an der Tibia.
  -- Oft ist dieses Ödem mit einer ausgeprägten endokrinen Orbitopathie vergesellschaftet.
- MERSEBURGER Trias (bei ca. 50 % der BASEDOW-Patienten):
  -- Struma + Exophthalmus + Tachykardie

• **Endokrine Orbitopathie**
- Tritt bei 25-50 % der BASEDOW-Patienten ein.
- Frühzeichen: Ödem des lateralen Augenbrauenrandes, Tränen der Augen, Photophobie, Fremdkörpergefühl
- Exophthalmus mit folgenden klinischen Zeichen:

▪ **STELLWAG-Zeichen**	Seltener Lidschlag
▪ **DALRYMPLE-Zeichen**	Sichtbare Sklera oberhalb der Hornhaut beim Blick geradeaus
▪ **GRAEFE-Zeichen**	Beim Blick nach unten bleibt das Oberlid zurück oder senkt sich verspätet. DALRYMPLE: Dieses Zeichen kommt durch den Überschuss an Schilddrüsenhormon zustande, unabhängig von dessen Ursache.
▪ **MOEBIUS-Zeichen**	Konvergenzschwäche
▪ **Spätzeichen**	Sehstörungen (Diplopie und selten Sehverlust), retrobulbäres Druckgefühl

Rx: • Sonographie (in jedem Fall durchzuführen):
- Diffus verminderte Echogenität der SD (in ca. 80 % der Fälle)
- Die SD ist hypervaskularisiert (beim Doppler sichtbar).

• Die Szintigraphie ist in folgender Situation indiziert:
- Sonographisch bestätigte noduläre Struma und negative Anti-TSH-Rezeptor Antikörper

Lab: • TSH ↓↓
• FT4 ↑
• Bei 10-15 % der Patienten (infolge negativer Kalziumbilanz mit/bei Osteoporose):
- Hyperkalzämie, Hyperkaliämie und erhöhte alkalische Phosphatase
• Pathologische Glukosetoleranz
• Autoantikörper

Autoantikörper	Prävalenz bei BASEDOW-Patienten
Anti-TSH-Rezeptor Ak (TRAK)	70-100 % (positiv bei 1-2 % der Gesunden)
Anti-Thyreoperoxidase Ak (Anti-TPO*)	50-85 % (positiv bei 10-15 % der Gesunden)
Anti-Thyreoglobulin Ak	12-30 % (positiv bei 3 % der Gesunden)

* Die Anti-Thyreoperoxidase Ak (Anti-TPO Ak) werden auch Anti-Mikrosomale Ak genannt.

5 Weetman AP. N Engl J Med 2001 ;235 :1236-48.

Th: **1. Endokrino-Konsilium**

- Therapie der Wahl:
  - Thyreostatika, S. 739
  - Je nach Klinik ± Betablocker, S. 739
- Bei Therapieversagen:
  - Ablatives Verfahren (Operation oder Radioiod-Therapie), siehe auch Tabelle 2 S. 738

2. Endokrine Orbitopathie (keine prädikative Kriterien)

a) Leicht- bis mittelschwere Orbitopathie
- Ziel: euthyreotischer Zustand
- Stopp Nikotin
- Kopfende erhöhen zum Schlafen
- Künstliche Augentropfen
- Allenfalls Diuretika

b) Schwergradige Orbitopathie (= Verschlimmerung der Diplopie, Keratitis, Opticus-Neuropathie)
- Prednison 40-80 mg/d PO (während 3 Mt., dann ausschleichen und stoppen) oder durch intravenöse Boli während 6 Wo.
- Radiotherapie (10x 2 Gy/Seite); diese Therapie ist jedoch umstritten.
- Chirurgische Dekompression (recht grosser Eingriff, kann aber sehr effizient sein)

Prog: • Untherapiert persistiert die Hyperthyreose.

Thyreotoxische Krise — Thyreotoxikose [E05.0]

Urs:
- Spontane idiopathische Thyreotoxikose
- Nach Verabreichung folgender iodhaltiger Substanzen:
  - Kontrastmittel
  - Medikamente (z.B. Amiodaron)
  - Aufenthalt am Meer (iodhaltige Bäder)
- Nach Absetzen einer thyreostatischen Therapie
- Nach Thyroidektomie (wenn sie nicht während der euthyreoten Phase durchgeführt wird)

Klin:
- Verwirrtheitszustand, Agitation, Hyperthermie, Tremor
- Durst, Polyurie, starkes Schwitzen, Diarrhoe
- Tachykardie, Palpitationen, systolische art. Hypertonie mit tiefem DBD
- Hämodynamische Instabilität, Koma

Klas:

Stadium	Klinik
Stadium I	• Tachykardie > 150/min oder tachykardes Vorhofflimmern • Fieber, Schwitzen und Dehydratation • Psychomotorische Agitation, Delir, Tremor, Angst u.a.
Stadium II	• Bewusstseinsstörung, Somnolenz, Desorientierung
Stadium III	• Koma

Th:

1. Hemmung der Hormonsynthese
- Blutentnahme: TSH, FT4; weitere Blutparameter, falls indiziert.
  Dann muss SOFORT die Hormonsynthesehemmung eingeleitet werden, ohne auf die Resultate der Hormonspiegel zu warten!
  - PO:
    -- Propylthiouracil 200 mg PO alle 4 h oder 300 mg PO alle 6 h
    oder:
    -- Carbimazol 30 mg PO alle 6 h
  - **IV**:
    -- Die intravenöse Form von Methimazol (160-200 mg **IV**) wird nur sehr selten verabreicht (ist in Deutschland erhältlich, nicht in der Schweiz).
- Verlaufskontrollen:
  - Das FT4 wird initial alle 3-4 Tage bestimmt. Die Dosierungen von Propylthiouracil bzw. Carbimazol werden reduziert, wenn die Spiegel des freien T4 dem Normwert nahe sind.

2. Iodid
- Ziel: Hemmung der schnellen Hormonsekretion der Schilddrüse
- Iodid wird ca. 2 h NACH der 1. Dosis des Propylthiouracils bzw. des Carbimazols verabreicht!
  IV Natriumiodid (1 g **IV** alle 8 h) oder
  PO Kaliumiodid (übersättigt mit Kalium): KALIUMIODID® Tabl 65 mg: 1-2 Tabl/d

3. Kortikoide
- Ziel: Verminderung der peripheren Konversion von T4 in T3.
- Hydrokortison 50-100 mg **IV** alle 6 h (AUSSER bei Vd. auf NNR-Insuffizienz: Vorgehen, siehe s. 707)

4. Symptomatische Therapie

4.1. Hydratation!!! Es soll eine Euvolämie erzielt und das Fieber gesenkt werden.

4.2. Tachykardie oder Angina pectoris
- Betablocker (je nach Klinik PO oder **IV**):

IV Propranolol	0.15 mg/kg **IV** in 10 min, bei Bedarf, ad. 2-5 mg **IV** alle 6 h
Metoprolol	5 mg **IV** in 2-5 min, in 15 min-Intervallen max. 2x wiederholen
PO Propranolol	40 mg PO alle 6 h oder
Metoprolol	100-200 mg/d PO (max. 400 mg/d)

- Bei Betablocker-KI oder Unverträglichkeit (je nach Klinik PO oder **IV**):

IV	Diltiazem	15-20 mg **IV** in 2 min
PO	Diltiazem	60 mg (= nicht-Retardform)

4.3. Hyperkalzämie
- Therapie, siehe s. 1392

4.4. Bei Hyperglykämie
- Therapie, ad. Insulin, siehe Kapitel «Diabetes», s. 672

4.5. Hyperthermie, s. 76

4.6. Agitation
- Diazepam 5-10 mg PO alle 6-8 h oder 2-10 mg **IV** alle 3-4 h

4.7. Verdacht auf eine NNR-Insuffizienz
- Diagnostisches Vorgehen und Therapie, siehe s. 707

Notizen

Hypothyreose [E03.9]

Allg:
- Die Hypothyreose ist oft asymptomatisch und wird deswegen erst spät diagnostiziert.
- Die Grösse der Schilddrüse gibt KEINE Auskunft über deren Funktion!

Semiologie der Hypothyreose

- Müdigkeit, Somnolenz
- Psychomotorische Verlangsamung
- Asthenie
- Muskelschwäche
  - Der Patient kommt im Rollstuhl
  - Schwierigkeiten vom Sitzen aufzustehen
  - Im Auto, den Arm am Steuerrad gestreckt zu halten
- Schlechte Kältetoleranz (frösteln)
- Hypothermie
- Gewichtszunahme (unter anderem wegen der Ödeme)
- Gesichtsödem (v.a. periokulär)
- Myxödem (ödematöse Infiltration der Haut und der Schleimhaut)
  - Aufgedunsenes Gesicht
  - Ödem ohne Dellenbildung (im Gegensatz zu den Ödemen, welche durch Wassereinlage zustande kommen)
- Haut
  - Schuppige, kalte und «alt aussehende» Haut
  - Bleich-gelbliche Haut
  - Ödemneigung
- Haare
  - Haarverlust
  - Lateraler Augenbrauenausfall
  - Trocken, schüttern, struppig
- Makroglossie
- Hypoakusie
- Depression
- Struma
- Hypercholesterinämie
- Bradykardie
- Obstipation
- Verlangsamung der Relaxationsphase der monosynaptischen Reflexe (Bizeps, Achillessehnenreflex u.a.)
- Art. Hypotonie
- Art. Hypertonie (typischerweise diastolische Hypertonie; im Gegensatz zur Hyperthyreose, bei welcher eine systolische Hypertonie beobachtet wird)
- Herzinsuffizienz
- Hypoventilation (Risiko einer CO_2-Narkose)
- Karpaltunnelsyndrom
- Libidoverlust
- Rauhe, tiefe, oft männliche Stimme.
  - Am Telefon ✆ : «Guten Tag **Herr**...».....

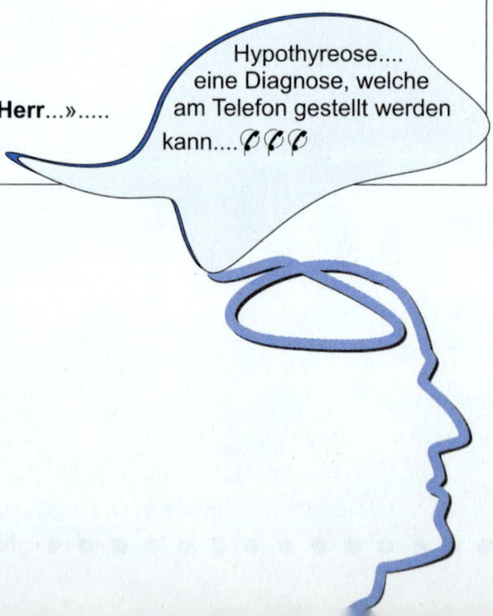

Klas:

Hypothyreose	Häufigkeit[‡]	FT4	TSH
Primär (thyreogen)	**ca. 98 %**		
Autoimmun (HASHIMOTO)	40 %		
Idiopathisch	40 %		
Medikamentös[f]	2 %	↓	↑
Post-Schilddrüsenoperation	8 %		
Kongenital	10 %		
Sekundär			
HVL-Insuffizienz[§]	**2 %**	↓	↓/N
Tertiär (hypothalamisch)	**< 1 %**	↓	↓

Klin: • Siehe Semiologie, S. 744

Lab:
- TSH ↑, FT4 ↓
- Im Initialstadium einer Hypothyreose sind die Serumspiegel von T3 und T4 normal
- Hypercholesterinämie
- CPK ↑ (infolge Myopathie)

EKG:
- Bradykardie
- Niedervoltage (R < 5 mm in allen peripheren Ableitungen: DI-DIII, aVR, aVL und aVF)
- T-Wellen-Abflachung oder -Negativierung

Th.
1. **Kausaltherapie**
2. **Hormonsubstitution mit Levothyroxin**

Allg:
- HWZ: 6-7 Tage
- Maximale Wirkung nach 1-3 Wochen

Dos:
- Eine einschleichende Dosierung ist mit Levothyroxin NICHT notwendig. Es kann direkt mit 50-75 µg/d PO begonnen werden.
  - Übliche Initialdosis:
    - Patienten > 60 Jahre ....50-75 µg/d PO
    - Junge Patienten................75-100 µg/d PO

    Je nach Klinik und Laborwerten soll das Levothyroxin alle 3-4 Wochen angepasst werden, um einen TSH-Serumspiegel von 0.3-2.0 mE/L zu erreichen.
  - Erhaltungsdosis:
    - Patienten > 60 Jahre ....1.0 µg/kg/d
    - Junge Patienten................1.5 µg/kg/d

Bem:
- Die Dosierung muss bei folgenden Patienten graduell gesteigert werden:
  - Schwere, langandauernde Hypothyreose
  - Alte Patienten
  - Kardiopathie als Begleiterkrankung
- Die Substitutionstherapie mit der Kombination von T4/T3 ist umstritten wegen stärkeren NW und schlechterer Überwachungsmöglichkeit.

f Beispiele: Amiodaron, Lithium, synthetische Schilddrüsenhormon-Hemmer

‡ Approximative Häufigkeiten. Die Zahlen sind aufgerundet, was eine Summe > 100 % erklärt.

§ Die Hypothyreose ist selten und wird oft bei plurihormonaler Hypophyseninsuffizienz beobachtet.

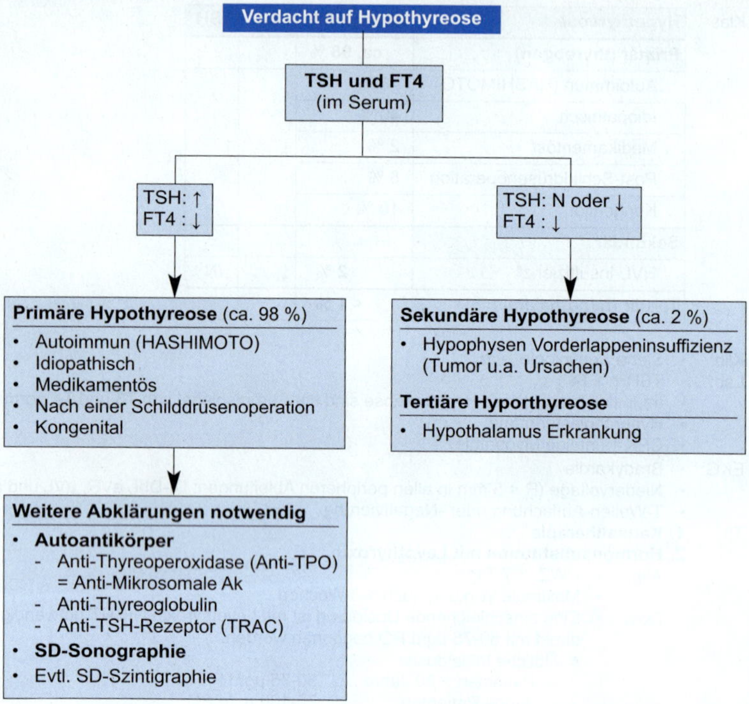

Algorithmus: Vorgehen bei Verdacht auf eine Hypothyreose.

Hashimoto Thyreoiditis[1] [E06.3]

Allg:
- Es handelt sich um eine autoimmune, chronisch lymphozytäre Thyreoiditis. Diese initial asymptomatische Entzündung dauert jahrelang und zerstört das gesunde Schilddrüsenparenchym infolge Lymphozyteninfiltration. Im Endstadium besteht eine **Hypothyreose mit diffuser Struma** (schliesslich kann eine Atrophie eintreten).
- Familiäre Häufung
- Frauen > Männer (4-10/1)
- Altersgipfel: 30-60 Jahre
- Es besteht eine genetische Verbindung zwischen der HASHIMOTO Thyreoiditis (HLA-DR3, -DR5, B8) und dem Morbus BASEDOW (HLA-DR3, B8).
- Die HASHIMOTO Thyreoiditis kann auch mit dem Morbus ADDISON oder anderen Endokrinopathien auftreten.

Klin:

I. Asymptomatisch oder oligosymptomatisch (± einfache Struma)

II. Symptomatisch (3 Phasen; aber nicht zwingend):
1. Im Initialstadium können transitorische (i.d.R. < 6 Wo) Hyperthyreose-Zeichen auftreten (ausgelöst durch die Freisetzung der verbleibenden SD-Hormone)
2. Dann Übergang in Euthyreose
3. Im Verlauf: Entwicklung einer Hypothyreose (ca. 5 %/Jahr) infolge Zerstörung des SD-Parenchyms.

- Die Schilddrüse ist im Endstadium meist klein (Atrophie), schmerzlos von gummiartiger Konsistenz

Dg:
- Anamnese + Klinik + Labor
- Bildgebung (Indikation von Fall zu Fall stellen)
  - SD-Sonographie (falls klinisch SD-Knoten vermutet werden; Indikation zu dieser Untersuchung grosszügig stellen):
    → Global deutlich verminderte Echogenität der SD, gelegentlich fleckförmige Echoverminderungen
  - SD-Szintigraphie (bei unklaren Strukturalterationen; sonst selten indiziert)
    → Verminderung der Radionuklidaufnahme

Lab:
- TSH, FT4 und T3: N/↓/↑, je nach Aktivität der Drüse
- **Autoantikörper**

Autoantikörper	Prävalenz bei HASHIMOTO-Patienten
Anti-Thyreoperoxidase Ak (Anti-TPO*)	80-99 % (positiv bei 10-15 % der Gesunden)
Anti-TSH-Rezeptor Ak (TRAK)	6-60 % (positiv bei 1-2 % der Gesunden)
Anti-Thyreoglobulin Ak	40-60 % (positiv bei 3 % der Gesunden)

Th:

1. Symptomatische Therapie + Endokrino-Konsilium

1.1. Initiale Phase: passagere Hyperthyreose
- I.d.R. keine Therapie notwendig
- Eine Tachykardie kann mit Betablockern behandelt werden.

> **Für die PRAXIS:**
> Die Thyreostatika (z.B. Carbimazol) sind zur Therapie der hyperthyreoten Symptome nicht wirksam, denn sie hemmen die SD-Hormonsynthese und nicht die Hormonfreisetzung aus der entzündeten SD, die in der hyperthyreoten Phase der HASHIMOTO Thyreoiditis ausschlaggebend sind.

1.2. Spätphase: permanente Hypothyreose
- Eine Substitutionstherapie ist die Regel:
  - Levothyroxin ca. 0.1 mg/d PO (ggf. mit 0.05 mg/d beginnen; v.a. bei sehr langem/chronischem Verlauf und insb. bei Vorliegen einer KHK).

2. Kortikoide: NICHT indiziert
- Obwohl Kortikoide den Antikörpertiter im Serum senken, haben sie keinen Einfluss auf den Verlauf. Hingegen sind die NW der Kortikoide sehr gut bekannt!

3. Klinische und Laborverlaufskontrollen
- Das TSH soll erst 4-6 Wo nach Therapiebeginn bestimmt werden, denn die HWZ von Thyroxin dauert ca. 1 Wo und der *steady state* ist nach ca. 5x HWZ erreicht.
- Im Verlauf soll das TSH im Abstand von 4-8 Wo kontrolliert werden (je nach Klinik und Therapiemodifikation).

Bem:
- Bei klinischen Hinweisen auf einen Morbus ADDISON oder BASEDOW, soll die entsprechende Diagnostik betrieben werden.

* Die Anti-Thyreoperoxidase Ak (Anti-TPO Ak) werden auch Anti-Mikrosomale Ak genannt.

1 Bürgi U. Forum Med Suisse 2008 ;8 :312-5.

Subakute Thyreoiditis = DE QUERVAIN-Thyreoiditis[1] [E06.1]

Allg: • Die DE QUERVAIN-Thyreoiditis betrifft vorzugsweise Frauen zwischen 30 und 50 Jahren.

Urs: • Unbekannt
• Oft wird diese Krankheit im Anschluss an einen viralen Infekt der oberen Atemwege beobachtet. Eine genetische Disposition ist möglich (gehäuftes Vorkommen des HLA-B35).

Klas: I. **Typische subakute Thyreoiditis**

Klin: • Schmerzen in der vorderen Halsregion (bei ca. 70 % der Patienten), manchmal mit Ausstrahlung in den Unterkiefer und in Richtung der Ohren (kann auch einseitig beginnen)
• Die Schilddrüse ist oft druckschmerzhaft und induriert bei der Palpation manchmal mit diffuser oder nodulärer Schwellung (diffuse Struma).
• Typischer Verlauf: zu Beginn Hyperthyreose, dann Hypothyreose (mehrere Monate, dann, i.d.R. Spontanheilung); ca. 5 % bleiben definitiv hypothyreot.
• Hyperthyreote Phase:
  - Fieber (nicht selten)
  - Abgeschlagenheit und Krankheitsgefühl, Müdigkeit
  - Gewichtsverlust, Nervosität, Palpitationen, Wärmeintoleranz

Lab: • BSG stark erhöht ↑↑↑
• CRP ↑
• Leukozytenzahl i.d.R. nicht erhöht
• Initialphase (bei klinischer Hyperthyreose):
  - TSH ↓
  - FT4 ↑
  - T3 kann erhöht sein

Im Verlauf kann eine passagere Hypothyreose auftreten (siehe Schema unten).

II. **Stumme subakute Thyreoiditis**

Klin: • Wenig symptomatisch, speziell bei post-partaler DE QUERVAIN-Thyreoiditis

Lab: • Oft normal

Dg: • Anamnese + Klinik + Labor
• Bildgebung:
  - SD-Sonographie (falls klinisch SD-Knoten vermutet werden; Indikation zu dieser Untersuchung grosszügig stellen)
    → Hypoechogene und heterogene Zonen
  - SD-Szintigraphie (sehr selten indiziert):
    → Die Schilddrüse kann nicht visualisiert werden (verminderter *uptake*), was sie vom Morbus BASEDOW unterscheidet.
• Histologie (zur Dg aber nicht notwendig!): granulomatöse Thyreoiditis mit Riesenzellen

Th: 1. **Symptomatische Therapie: Analgesie + Entzündungshemmung**

Allg: • Die Thyreostatika sind nicht wirksam (diese hemmen die SD-Hormonsynthese und nicht die Hormonfreisetzung)!

Bsp: • NSAR
• Kortikoide sind bei schwergradiger Thyreoiditis indiziert:
  - Prednison 30-50 mg/d PO (oder 1 mg/kg/d) während 3 Tagen, dann Dosierungreduktion (alle 5 Tage 5 mg-weise reduzieren, bis zu 5-10 mg/d). Dann soll die Dosierung klinikorientiert weitergefahren oder gestoppt werden.

2. Bei Tachykardie: ad. Betablocker
3. Bei anhaltender Hypothyreose: ad. Substitutionstherapie (Levothyroxin, siehe S. 745)

Prog: • Spontanheilung ohne Therapie in > 80 % der Fälle. Eine subklinische oder manifeste Hypothyreose kann persistieren (ca. 5 %).
• Rezidive sind v.a. während des ersten Jahres möglich.

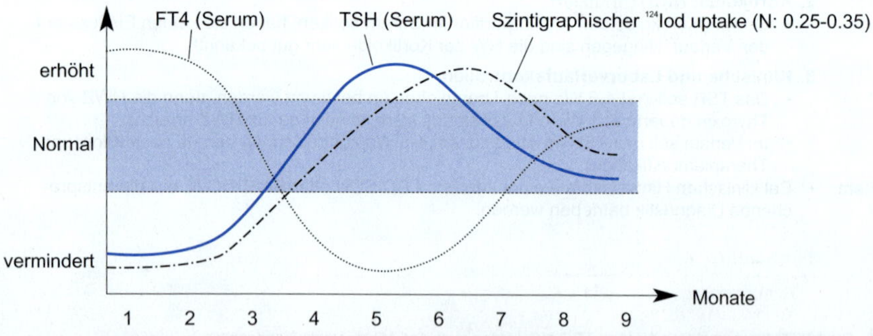

Schema: Verlauf der typischen subakuten Hyperthyreose (DE QUERVAIN-Thyreoiditis).

1 Bürgi U. Forum Med Suisse 2008 ;8 :312-5.

Hyperparathyreoidismus (HPT) [E21.0]

Allg :
- Der primäre Hyperparathyreoidismus ist die 3. häufigste endokrinologische Erkrankung nach dem Diabetes mellitus und den Dysthyreosen.
- Altersgipfel: 50-60 Jahre. Frauen > Männer
- Eigenschaften des Parathormons (PTH):
  - Peptid, bestehend aus 84 Aminosäuren
  - Wird in den Ribosomen der Nebenschilddrüse gebildet.
  - Die Serumkonzentration ist abhängig von der Kalzämie:
    - -- Bei Hypokalzämie steigt die PTH-Konzentration.
    - -- Bei Hyperkalzämie sinkt die PTH-Konzentration.
  - Einfluss auf den Knochen:
    - -- Aktivierung der Osteoklasten → Knochenabbau und Freisetzung von Kalzium und Phosphat
  - Einfluss auf den Darm:
    - -- Indirekte Steigerung der Kalziumaufnahme (denn das PTH fördert die Vitamin D Bildung in den Nieren)
  - Einfluss auf die Niere:
    - -- Verstärkung der tubulären Kalziumresorption
    - -- Hemmung der tubulären Phosphatresorption (daraus resultiert eine Hypophosphatämie, was die Kalziumfreisetzung aus den Knochen fördert, bzw. verhindert, damit Kalzium-Phosphat im Gewebe ausfällt)

Klas:
- ■ **Primärer Hyperparathyreoidismus**
  - Adenom (ca. 85 % der Fälle, selten multiple Adenome)
  - Nebenschilddrüsenhyperplasie (ca. 15 % der Fälle)
  - Nebenschilddrüsen Karzinom (< 1 % der Fälle)
- ■ **Sekundärer Hyperparathyreoidismus** (oft sind alle 4 Drüsen betroffen)
  - Chronische Niereninsuffizienz
  - Malassimilationssyndrom (Maldigestion oder Malabsorption)
- ■ **Tertiärer Hyperparathyreoidismus**
  - Chronische Niereninsuffizienz (Hyperplasie der Nebenschilddrüse infolge kontinuierlicher Stimulation)

Klin:
I. Asymptomatisch (> 50 % der Patienten)
II. Symptomatisch
  - Appetitverlust
  - Obstipation
  - Ulzera (Magen, Duodenum)
  - Pankreatitis
  - Nephrolithiasis, Nephrokalzinose
  - Erhöhtes Knochenfrakturrisiko, evtl. Knochentumor welcher von Osteoklasten gebildet wird
  - Polyurie
  - Polydipsie (ADH-refraktär)
  - Cholelithiasis (2x häufiger als bei der Normalbevölkerung)

Dg:
- Klinik + Labor, siehe dort
- Bildgebung:
  - Sonographie
  - MR
  - Szintigraphie mit Technetium (MIBI-Scan ± SPECT)

Kpl:
- **Hyperkalzäme Krise** (< 5 % der Fälle)
  - Polyurie
  - Polydipsie
  - Akute Niereninsuffizienz
  - Nausea, Erbrechen
  - Adynamie
  - Psychotische Störungen
  - Somnolenz, Koma

Lab:

HPT	Kalzämie	Phosphatämie	Kalziurie	Phosphaturie	iPTH Serum
Primärer HPT	↑	↓	↑ (bei 60 %)	↑	↑
Sekundärer HPT	↓/N	↑	↓/↑	↓	↑
Tertiärer HPT	↑	↑	↓/↑	↓	↑
Osteoporose	N	N	N/↑	N	N

Tabelle: Laborwerte bei Hyperparathyreoidismus (Osteoporose zusätzlich ad. memorandum)

ENDO-KRINO

Th: ■ **Primärer Hyperparathyreoidismus**

I. Symptomatischer Patient
- Therapie der Wahl: chirurgische Sanierung der Nebenschilddrüsen (ad. Konsilium)

II. Asymptomatischer Patient
- Konservative Therapie, bei mittelschwerer Hyperkalzämie (< 2.75 mmol/L), bzw. mehr als 0.25 mmol/L unterhalb des oberen Grenzwertes:
  - Der Patient muss genügend trinken (die Hyperkalzämie wird somit «verdünnt»)
  - Vermeiden von: Thiaziden, Digoxin, kalziumreichen Nahrungsmitteln
  - Bei post-menopausalen Frauen soll die Osteoporose-Prophylaxe mit Östrogen/Gestagen durchgeführt werden, aber auf die Kalziumsubstitution soll verzichtet werden!
  - Verlaufskontrolle alle 3 Monate
- Chirurgische Therapie, ad. Konsilium
  - Kalzämie > 2.75 mmol/L bzw. mehr als 0.25 mmol/L oberhalb des oberen Grenzwertes
  - Kalziurie > 2x den oberen Grenzwert
  - Verminderung der Nierenfunktion (die Kreatinin-Clearance soll regelmässig kontrolliert werden, siehe S. 1441)
  - Verminderung der Knochendichte (gemessen mit DXA, siehe S. 726)

■ **Sekundärer Hyperparathyreoidismus**
- Korrektur einer allenfalls bestehenden Vitamin D-Hypovitaminose (Osteomalazie)
- Kausaltherapie (chronische Niereninsuffizienz, Malassimilation u.a.)
- Medikamentöse Therapie je nach Klinik
  - Substitution mit einem aktiven Vitamin D Metaboliten (z.B. Calcitriol) + Kalzium
  - Phosphat-Austauscherharz

■ **Tertiärer Hyperparathyreoidismus**
- Der tertiäre HPT resultiert immer aus einem dekompensierten sekundären HPT.
- Medikamentöse Therapie
  - Cinacalcet (kalzimimetische Substanz, welche den Serumspiegel des iPTH senkt)
- Operationsindikationen (ad. Konsilium)
  - Therapieresistente und persistierende Hyperkalzämie
  - Therapieresistente Hyperphosphatämie
  - Starke Knochenschmerzen
  - Therapieresistenter Pruritus u.a.

■ **Hyperkalzäme Krise**
- Symptomatische Therapie bei akuter Hyperkalzämie, S. 1393

Porphyrie

Allg:
- Porphyrien wiederspigeln eine heterogene Krankheitsgruppe, die oft hereditär übertragen wird.
- Bei den Porphyrien handelt es sich um die Folge einer enzymatischen Störung der Biosynthese des Häm.
- Die häufigste Form der Porphyrie ist die **Porphyria cutanea tarda**.

Klin:
- Die Klinik betrifft v.a. folgende Organe und Lokalisationen:
  - Haut (Photosensibilität)
  - Nervensystem (neurologische und psychiatrische Störungen)
  - Abdomen (Bauchschmerzen)

Porphyria cutanea tarda [E80.1]

Allg:
- Häufigste Form der Porphyrien. Enzymmangel, siehe Tabelle S. 752
- Die Porphyria cutanea tarda ist 3x häufiger beim Mann
- Bei > 90 % der Patienten besteht ein chronischer Alkoholabusus.

Klin:
- Photosensibilität mit kutanen Bullae!
- Dunkler Urin
- Keine Bauchschmerzen!

Dg:
- Tabelle 1 S. 752

Lab:
- Tabelle 1 S. 752

Th:
1. Es gibt keine spezifische Therapie
2. Expositionsprophylaxe:
   - Stopp Alkohol
   - Stopp Östrogene

Porphyria hepatica acuta intermittens (hepatische Form) [E80.2]

Allg:
- Zweithäufigste Form der Porphyrie. Enzymmangel, siehe Tabelle S. 752
- Autosomal dominante Übertragung (Chromosom 11)
- 4x häufiger bei der Frau. Altersgipfel: 20-40 Jahre
- Es handelt sich um die schwerwiegendste Porphyrieform!
- Gewisse Medikamente oder Faktoren können diese Porphyrieform auslösen:
  - Östrogene
  - Sulfonamide (z.B. TMP/SMX)
  - Barbiturate
  - Antiepileptika
  - Alkohol

Klin:
- Bauchschmerzen (90 % der Fälle)
- Psychiatrische, hysterieforme Störungen
- Neurologische Störungen (Dysästhesie, Fazialisparese u.a.)
- Art. Hypertonie (40 % der Fälle)
- Tachykardie
- Urin: während eines akuten Schubs zeigt der stehengebliebene Urin eine Dunkelfärbung

Dg:
- Tabelle 1 S. 752

Lab:
- Tabelle 1 S. 752

Th:
1. **Expositionsprophylaxe** (auslösende Faktoren vermeiden, v.a. Alkohol)
2. **Häm-Arginat-Infusionskonzentrat:** NORMOSANG®

   Allg: Bei der akuten hepatischen Porphyrie bewirkt die verminderte Hämbiosynthese einen Hämmangel und folglich auch einen Mangel an einigen Hämproteinen. Die Gabe von Häm-Arginat hemmt die erhöhte Aktivität der Delta-Aminolävulinsäure-Synthase, vermindert die Bildung von Porphyrinen und toxischen Zwischenstufen und behebt, zumindest teilweise, den Hämmangel.

   Vorg: 250 mg/10 mL NORMOSANG® über 30 min **IV** (max. Tagesdosis 250 mg). Wegen der hohen Phlebitisgefahr soll das Medikament über eine grosse Armvene (oder einen ZVK) verabreicht werden.
   Nach Ende der Infusion muss die Vene mit 100 mL NaCl 0.9 % gespült werden.

   Dos: Die Dosierung richtet sich nach dem Körpergewicht:
   - 40 kg 120 mg Häm → 4.8 mL Konzentrat (= 104.8 mL in 100 mL NaCl 0.9 %)
   - 45 kg 135 mg Häm → 5.4 mL Konzentrat (= 105.4 mL in 100 mL NaCl 0.9 %)
   - 50 kg 150 mg Häm → 6.0 mL Konzentrat (= 106.0 mL in 100 mL NaCl 0.9 %)
   - 55 kg 165 mg Häm → 6.6 mL Konzentrat (= 106.6 mL in 100 mL NaCl 0.9 %)
   - 60 kg 180 mg Häm → 7.2 mL Konzentrat (= 107.2 mL in 100 mL NaCl 0.9 %)
   - 65 kg 195 mg Häm → 7.8 mL Konzentrat (= 107.8 mL in 100 mL NaCl 0.9 %)
   - 70 kg 210 mg Häm → 8.4 mL Konzentrat (= 108.4 mL in 100 mL NaCl 0.9 %)
   - 75 kg 225 mg Häm → 9.0 mL Konzentrat (= 109.0 mL in 100 mL NaCl 0.9 %)
   - 80 kg 240 mg Häm → 9.6 mL Konzentrat (= 109.6 mL in 100 mL NaCl 0.9 %)

3. Abgeben einer Liste mit den erlaubten Medikamenten:

Medikamente welche bei Porphyrie verabreicht werden können	
• Analgetika:	ASS, Ibuprofen, Morphin und Derivate
• Antibiotika:	Penicilline, Cephalosporine
• Kardiovaskulär:	Atenolol, Propranolol, Thiazide, Atropin
• Antidepressivum:	Nortriptylin
• Sonstige:	Glukokortikoide, Oxazepam, Insulin, Heparin

Porphyrie	Fehlendes Enzym	Neuropsych. Störung	Haut-befall	Leber-befall	Biochemie	
					Urin	Stuhl
Porphyria cutanea tarda	Uroporphyrinogen - Dekarboxylase	Nein	Ja	Ja	URO ↑↑ COPRO ↑	ISO ↑↑ COPRO ↑
Porphyria acuta intermittens	Porphobilinogen-Deaminase§	Ja	Nein	Nein	ALA ↑ PBG ↑	—
Protoporphyria erythrohepatica	Ferrochelatase	Ja	Ja	Ja	—	PROTO ↑

Tabelle 1: Verschiedene Porphyriformen mit entsprechendem Enzymmangel.

ALA ....Delta-Aminolevulinsäure
COPRO ....Coproporphyrin
ISO ....Isocoproporphyrin
PGB..........Porphobilinogen
PROTO ....Protoporphyrin
URO ....Uroporphyrin

§ Porphobilinogen-Deaminase wird auch Uroporphyrinogen-Synthetase genannt.

INFEKTIOLOGIE

Bakterielle Meningitis[1, 2] [G03.9]

Syn: • Eitrige Meningitis (im Gegensatz zur viralen Meningitis)

Def: • Bakterielle Infektion mit Entzündung der Hirnhäute bzw. der Rückemarkhäute.

Allg: • Häufige Erreger der bakteriellen Meningitis:

A. Beim Erwachsenen

- ***Streptococcus pneumoniae*** **(Pneumokokken)**
  - Bekapselte GRAM-positive Diplokokken
  - Schwere Verlaufsformen mit hoher Mortalität (bis zu 30 %)!!
  - Hohe Inzidenz von Spätschäden:
    - Hörverlust
    - Lähmungen
    - Lern- und Verhaltensstörungen
- ***Neisseria meningitidis*** **(Meningokokken)**
  - GRAM-negative Diplokokken. 5-10 % der Bevölkerung sind asymptomatische Träger (nasopharyngeale Sekretionen).
  - Inkubation: 3-4 (2-10) Tage
  - Es gibt zahlreiche Untergruppen der *N. meningitidis*, zum Beispiel:
    - Serogruppen B und C verursachen ca. 90 % der Fälle in der Schweiz
    - Serogruppe Y oder W135 (in der Schweiz ca. 10 %)
  - Übertragung:
    1. Direkten Kontakt mit respiratorischen Sekreten (z.B. Küssen)
    2. Indirekten Kontakt (z.B. Benutzung des gleichen Trinkglases oder Essgeschirrs)
    3. Tröpfcheninfektion (Ø ≥ 5 µm) im Umkreis von 1-2 m. Die Bakterien schweben nicht in der Luft (wie das z.B. bei der Tuberkulose der Fall ist).
  - Klinik:
    - ca. 50 % der Fälle: im Rahmen einer eitrigen Meningitis auftretend
    - ca. 25 % der Fälle: mit Sepsis
    - ca. 25 % der Fälle: Mischformen (eitrige Meningitis + Sepsis)
    - Hautveränderungen bei > 50 % der Patienten:
      -- Makulopapulöses Exanthem (frühes Stadium)
      -- Petechiales Exanthem bis zur fulminanten Purpura mit Hautnekrosen
- ***Listeria monocytogenes***
  - GRAM-positives Stäbchen
  - Verursacht eine Meningoenzephalitis
  - Risikopersonen: Neugeborene, Schwangere, ältere Leute, Immunsuppression

B. Im Kindesalter

- Pneumokokken
- Meningokokken

C. Im Neugeborenenalter

- Streptokokken der Gruppe B (z.B. *Streptococcus agalactiae*)
- *Escherichia coli*

Klin: • **Klassische Leitsymptome**

1. **Kopfschmerzen**
2. **Fieber** (Sensitivität 85 %)
3. **Meningismus**, s. 544
   - Nackenstarre (Sensitivität 70 %)
   - ± Photophobie
   - ± Phonophobie
4. **Bewusstseinsstörung** (Sensitivität 70 %)

Eine Meningitis ist unwahrscheinlich, wenn/bei:[3]
- KEIN Kopfschmerz
- KEIN Fieber
- KEINE Bewusstseinsstörungen
- KEINE Nackensteifigkeit
- Schmerzfreien Kopfbewegungen in alle Richtungen

• Weitere Symptome und Befunde
- Nausea
- Erbrechen
- Epilepsie
- Befall von Hirnnerven (bei 10 % der Patienten)

1 Bachmann G, Binz H. et al. Bulletin 2001; 46, 883-901: www.bag.adm.ch/infekt/publ/bulletin/meningo_bu46_01.pdf. 2 Hasbun R, et al. N Engl J Med 2001 ;345 :1727-33. 3 Attia J, et al. JAMA 1999 ;282 :175-81.

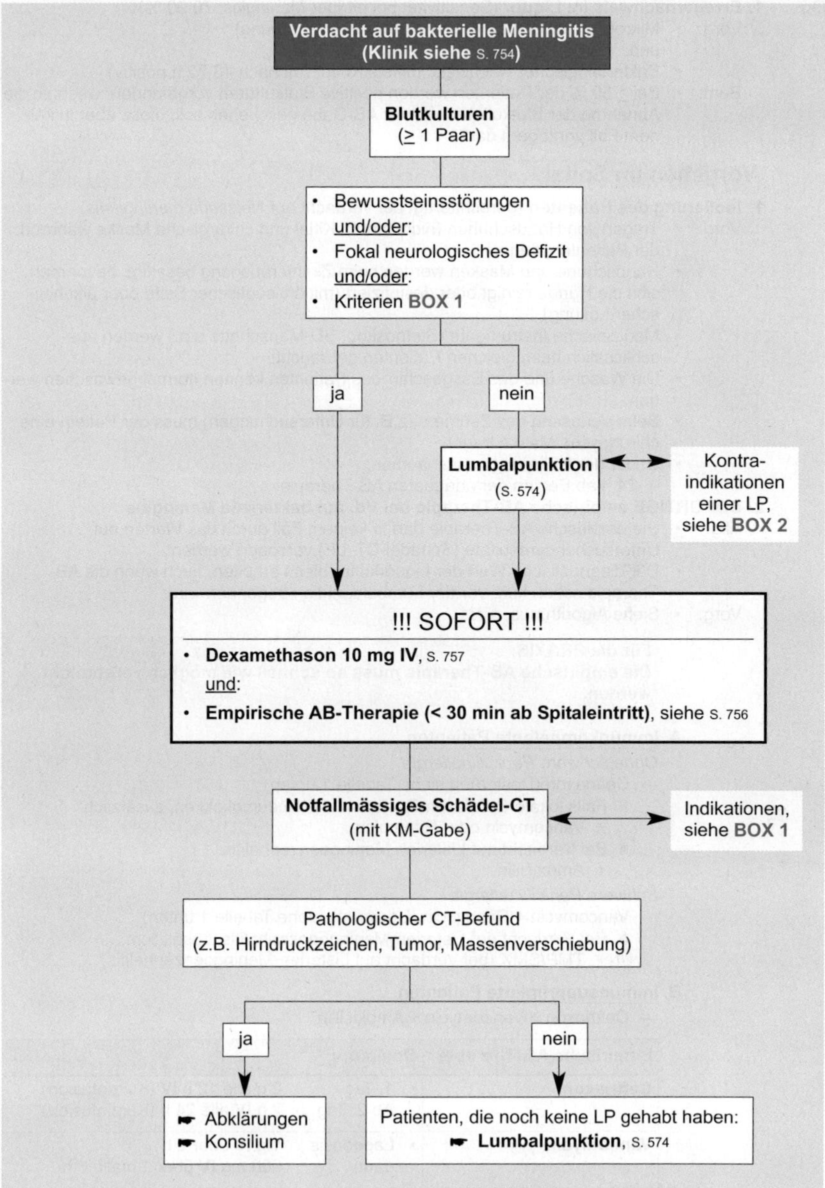

Algorithmus: Vorgehen bei Verdacht auf bakterielle Meningitis.

BOX 1

Schädel-CT vor der LP indiziert bei:

- Fokal neurologisches Defitzit
- GCS < 9 oder Verminderung um > 2 Punkte
- Papillenödem (Augenfundus)
- Anamnestische Hirnerkrankung
- Krampfanfälle während der letzten 7 Tage

BOX 2

Kontraindikationen der LP:

- Bekannte intrakranielle Massenläsion mit erhöhtem Hirndruck
- Unkorrigierte Gerinnungsstörung
- Septischer Schock, S. 37
- Akutes Rückenmarktrauma
- Hautinfekt im Bereich der Punktionsstelle

Dg: 1. **Erregernachweis im Liquor** (Sensitivität bei eitriger Meningitis: 70-90 %)

Vorg:
- Mikroskopischer Nachweis (mittels GRAM-Färbung) und:
- Bakteriologischer Nachweis: mittels Kultur (oft nach 48-72 h positiv)

Bem:
- Bei ≥ 50 % der Patienten werden positive Blutkulturen vorgefunden, weshalb die Abnahme der Blutkulturen vor der AB-Gabe geschehen soll, diese aber in keinem Fall verzögern darf!!

Vorgehen im Spital

1. **Isolierung des Patienten** (gerechtfertigt bei Verdacht auf *Neisseria meningitidis*)

Vorg:
- Tragen von Handschuhen (nicht steril), Kittel und chirurgische Maske während der Patientenpflege.
- Handschuhe und Masken werden beim Zimmerausgang beseitigt, bevor man sich die Hände reinigt oder desinfiziert (mit antiseptischer Seife oder alkoholischer Lösung).
- Medizinische Instrumente (Stethoskop, BD-Manschette u.a.) werden ausschliesslich beim gleichen Patienten gebraucht!
- Die Wäsche und das Essgeschirr des Patienten können normal gewaschen werden.
- Beim Verlassen des Zimmers (z.B. für Untersuchungen) muss der Patient eine chirurgische Maske tragen.
- Dauer der Isolierungsmassnahmen:
  - 24 h ab Beginn der adäquaten AB-Therapie

2. **SOFORTIGE empirische AB-Therapie bei Vd. auf bakterielle Meningitis**

Allg:
- Die empirische AB-Therapie darf in keinem Fall durch das Warten auf Untersuchungsresultate (Schädel-CT, LP) verzögert werden!
- Der diagnostische Wert der Liquorkultur bleibt erhalten, auch wenn die AB-Therapie schon kurz vor der Lumbalpunktion begonnen wird.

Vorg:
- Siehe Algorithmus, S. 755

Für die PRAXIS:
Die empirische AB-Therapie muss so schnell wie möglich verabreicht werden.

A. **Immunkompetente Patienten**

Ohne schwere Penicillinallergie

→ Ceftriaxon (Dosierung siehe Tabelle 1 unten)
- Falls lokale Ceftriaxon-Resistenz der Pneumokokken, zusätzlich:
  + Vancomycin oder Rifampicin
- Bei Verdacht auf Listerien Meningoenzephalitis:
  + Amoxicillin

Schwere Penicillinallergie

→ Vancomycin + Rifampicin (Dosierung siehe Tabelle 1 unten)
- Bei Verdacht auf Listerien-Meningoenzephalitis, zusätzlich:
  + TMP/SMX (bei Verdacht auf Listerien-Meningoenzephalitis)

B. **Immunsupprimierte Patienten**

→ Ceftriaxon + Vancomycin + Amoxicillin

Empirische AB-Therapie	Dosierung
Ceftriaxon	• 1. Tag 2 g alle 12 h **IV** (Kurzinfusion) Ab 2. Tag 2 g **IV** alle 24 h (Kurzinfusion)
Vancomycin	• Ladedosis 1 g **IV** über 2 h dann 500 mg **IV** über 1 h alle 6 h
Amoxicillin	• 2 g **IV** (Kurzinfusion) alle 4 h
Rifampicin	• 600 mg **IV** (Kurzinfusion) alle 24 h
TMP/SMX	• 5 mg/kg (TMP) + 25 mg/kg (SMX) **IV** alle 8 h

Tabelle 1: Empirische AB-Therapie bei Verdacht auf bakterielle Menigitis.

C. Pathogen spezifische AB-Therapiedauer

- *Neisseria meningitidis* → 7-10 d
- *Haemophilus influenzae* → 7-10 d
- Pneumokokken → 10-14 d
- *Streptococcus agalactiae* → 14-21 d
- *Listeria monocytogenes* → 14-21 d
- Aerobe GRAM-negative Bakterien → 14-21 d

3. Lumbalpunktion

KI: • Siehe **BOX 2**, S. 755

Vorg: • Praktisches Vorgehen der LP und Liquoranalyse, siehe S. 574

4. Blutkulturen

Allg: • Es soll mindestens 1 Paar Blutkulturen durchgeführt werden.

5. Empirische Kortikoidtherapie

Allg: • Die Gabe von Dexamethason vor oder zusammen mit der ersten Gabe der Antibiotika, reduziert die Mortalität und Morbidität.

• Eine Studie[3] hat eine Mortalitätssenkung von 8 % bei Erwachsenen mit bakterieller Meningitis gezeigt, insbesondere bei Pneumokokkenmeningitis:

- Number needed to treat = 13 (ein NNT < 40 kann als akzeptabel angeschaut werden, aber kein Konsens diesbezüglich).

Ind: • Bakterielle Meningitis, v.a. wenn klinisch schwergradig. d.h. bei:

- Bewusstseinstrübung
- Epilepsie
- Koma u.a.

Dos: • Dexamethason 0.15 mg/kg KG **IV** (= ca. 10 mg) alle 6 h für 4 d, vor oder mit der AB-Gabe.

Für die PRAXIS:

- Eine klinisch leichtgradige Meningitis erfordert nicht immer eine Kortikoidtherapie, v.a. wenn es sich nicht um eine Pneumokokken-Meningitis handelt.
- **Der aggressive Verlauf einer Pneumokokken-Meningitis erfordert aber in JEDEM FALL eine Kortikoidtherapie!**

6. Allgemeine Bemerkungen

Bem: • Die Desinfektion der Umgebung des Domizils des Patienten ist nicht notwendig.

• Eine invasive Meningokokken-Infektion (Sepsis, Meningitis) unterliegt der Meldepflicht innerhalb von 24 h (siehe Tabelle S. 822).

3 De Gans, et al. N Engl J Med 2002 ;347 :1549-56.

Chemoprophylaxe gegen N. meningitidis Infektionen

Allg:
- Durch Eradizieren der *N. meningitidis*-Stämme aus dem Nasopharynx, soll die Chemoprophylaxe die Träger dieser Keime vor einer invasiven Erkrankung schützen und die Übertragung dieser Stämme verringern.
- Die Chemoprophylaxe sollte **innert 48 h nach Diagnosestellung**, **spätestens nach 10 Tagen** nach der Diagnose beim primären Fall verabreicht werden.
- Ein Rachenabstrich vor Therapiebeginn ist nicht notwendig.
- Ciprofloxacin (500 mg in einer Einzeldosis PO) hat eine Wirksamkeit von 96 % gezeigt um die Anzahl nasohpharyngealer *N. meningitidis*-Träger zu eliminieren.

Ind:
1. **Enge Kontakpersonen** von wahrscheinlichen und sicheren Fällen, die durch Meningokokken der Serogruppe C oder einer unbekannten Serogruppe verursacht wurden (gleiche Definition für die engen Kontaktpersonen wie bei der Chemoprophylaxe).
2. **Angehörige ersten Grades die unter 20 Jahr alt sind,** auch wenn diese keinen engen Kontakt mit dem «Fall» hatten. (Erklärung: Gewisse familäre Proteindefizite, welche klinisch stumm bleiben, können die Anfälligkeit auf invasive Meningokokkenerkrankungen erhöhen; was hier die Indikation der Chemoprophyxe begründet).
3. **Kinder und Personal von Kinderkrippen, sowie Schüler und Lehrer von Schulklassen** beim Auftreten von:
   - 2 wahrscheinlichen oder sicheren Meningokokken der Serogruppe C oder einer unbekannten Serogruppe bedingt ist.

Vorg:

Patienten	Chemoprophylaxe	Adm.	Dosierung
Erwachsene	Ciprofloxacin	PO	500 mg 1x-Dosis
	oder: Rifampicin¥	PO	600 mg alle 12 h während 2 Tagen
	oder: Ceftriaxon	**IV, IM**‡	250 mg 1x-Dosis (**IV** in Kurzinfusion)
Kinder ≤ 14 J	Rifampicin¥	PO	10 mg/kg alle 12 h während 2 Tagen
	oder: Ceftriaxon	**IV, IM**‡	Kinder < 50 kg: - 125 mg 1x-Dosis (**IV** in Kurzinfusion) Kinder > 50 kg: - 250 mg in 1x-Dosis
	Wenn keine andere Möglichkeit: Ciprofloxacin	PO	10 mg/kg in 1x-Dosis
Säuglinge < 1 Monat	Rifampicin¥	PO	5 mg/kg alle 12 h während 2 Tagen
	oder: Ceftriaxon	**IV, IM**‡	125 mg 1x-Dosis (**IV** in Kurzinfusion)
SS und Stillzeit	Ceftriaxon	**IV, IM**‡	250 mg 1x-Dosis (**IV** in Kurzinfusion)

Tabelle: Chemoprophylaxe gegen Infektionen mit N. meningitidis.[1]

Def:

Sicherer Fall

Wachstum von *N. meningitidis* in der Kultur aus Material, das normalerweise steril ist.

Wahrscheinlicher Fall

1. Mit infektiöser Meningitis vereinbarte Klinik und indirekter Nachweis von *N. meningitidis* (GRAM-Färbung, PCR oder Immunagglutination)
2. Polynukleäre Meningitis mit Purpura
3. WATERHOUSE-FRIDRICHSEN-Syndrom

Verdachtsfall

1. Klinischer Verdacht auf infektiöse Meningitis ohne direkten oder indirekten Hinweis auf den Keim.
   und:
2. Keine Hinweise auf einen Infekt, der durch Pneumokokken (HNO- oder Atemwegserkrankung) oder einen anderen Keim verursacht sein könnte.

¥ Informationen bezüglich Rifampicin:
  a) Bei Schwangerschaft vermeiden
  b) Vermindert die Wirksamkeit der oralen Kontrazeptiva
  c) Kann Kontaktlinsen irreversibel verfärben.

‡ Für die IM-Gabe von Ceftriaxon soll die spezielle Lösung angewendet werden (mit Lidocain).

1 Bachmann G, Binz H. et al. Bulletin 2001; 46, 883-901: www.bag.admin.ch/infekt/publ/bulletin/meningo_bu46_01.pdf.

Impfung gegen Meningokokken[4,5]

Allg:
- Die Schutzwirkung tritt ca. 2 Wochen nach der Impfung ein.
- Andere Impfungen können gleichzeitig verabreicht werden, sollen aber an einer anderen anatomischen Stelle durchgeführt werden.
- Die Impfung kann auch während der Schwangerschaft durchgeführt werden.
- Es werden 2 verschiedene Impfstofftypen unterschieden:

  1. **Nicht-konjugierter Polysaccharidimpfstoff** (**SC**-Gabe)
     - Allg:
       - Zusammensetzung: bivalenter (A,C) oder quadrivalenter (A,C,W,Y) Impfstoff bestehend aus kapsulären Polysacchariden
       - Antigene, welche eine Lymphozyten-B abhängige Immunantwort induzieren.
       - Im Gegensatz zu den konjugierten Impfstoffen (später im Text), induzieren die nicht-konjugierten Polysaccharidimpfstoffe kein immunologisches Gedächtnis und wiederholte Impfungen können sogar eine verminderte Immunantwort bewirken!
       - Das Wirksamkeitsspektrum der Impfstoffe gegen die Serogruppen A und C beträgt ≥ 85 %.
       - Impfschutzdauer: 3-5 Jahre. Beim Erwachsenen können Antikörper noch nach 10 Jahren nachgewiesen werden.
     - Bsp:
       - MENCEVAX® ACWY (quadrivalent; enthält die Serogruppen A,C,W,Y)
     - Ind:
       - Siehe s. 760
     - Dos:
       - 0.5 mL (1 Dosis) **SC** (IM und intravasale Gabe vermeiden!)
     - NW:
       - Lokalreaktionen während ca. 2 Tagen (50 %)
       - Fieber (5 %)

  2. **Konjugierter Polysaccharidimpfstoff** (**IM**-Gabe)
     - Allg:
       - Zusammensetzung: Kapselantigene der Serogroupe C konjugiert mit einem Protein (nicht toxische Mutanten der Diphtherie- oder Tetanustoxine). Dieser Impfstoff induziert eine T-Lymphozyten abhängige Immunantwort mit Langezeitgedächtnis.
     - Ind:
       - Siehe s. 760
     - Bsp:
       - MENJUGATE®
       - MENINGITEC®
       - NEISVAC-C®
     - Dos:
       - 0.5 mL (1 Dosis) **IM** (tief)
     - NW:
       - Lokalreaktionen (< 30 %)

Bem:
- 30-50 % der isolierten *N. meningitidis*-Stämme der Serogruppe C an, welche potentiell vom konjugierten Impfstoff abgedeckt werden (MENJUGATE®, MENINGITEC®, NEIS-VAC-C®).
- Um den Abdeckungsgrad gegen veschiedene Serogruppen zu erhöhen, wird für Risikogruppen eine Kombination von konjugiertem und nicht-konjugiertem Impfstoff empfoheln, siehe «Impfschema», s. 760

Ind:

Risikogruppen

Medizinisches Risiko
- Defekte der Terminalfaktoren des Komplementsystems
- Defekte bei der Komplementaktivierung des alternativen Weges
- Gerinnungsstörungen mit homozygotem Protein C- oder S-Defizit
- Mangel an Mannose-bindendem Lektin
- Funktionelle oder anatomische Asplenie, s. 888
- Fehlende Immunantwort auf Polysaccharide

Andere Risiken
- Angestellte in Mikrobiologielaboratorien
- Personen mit engem Kontakt mit einem Patienten mit invasiver Meningokokkeninfektion
- Soldaten im Militärdienst
- Reisen in ein Endemiegebiet (> 1 Monat) oder in ein Epidemiegebiet

Tabelle: Risikogruppen einer invasiven Meningokokkeninfektion.

[4] Bundesamt für Gesundheit: Ordner «Infektionskrankheiten-Diagnose und Bekämpfung» Suppl XVIII, Stand 2005. [5] BAG Bulletin 2001; 46; 12. Nov. 2001

Impfschema gegen Meningokokkeninfektionen

Vorg: **I. Personen mit medizinischem Risiko (z.B. Asplenie)**, siehe Tabelle S. 759

	Zeitpunkt	Inhalt	Beispiele
1. Dosis	Beginn T0	MCV-C	Konjugierter monovalenter Impfstoff C (**IM**-Gabe): • MENJUGATE® • MENINGITEC®
2. Dosis	Mindestens 6 Wochen später	MPV-ACWY	Quadrivalenter Polysaccharidimpfstoff A,C,W135,Y (**SC**-Gabe): • MENCEVAX® ACWY
3. Dosis	Nach 5 Jahren		

- Sind weitere Impfdosen indiziert?
  - Über die Notwendigkeit und Wirksamkeit weiterer Impfdosen fehlen die Daten.
  - Weitere Nachimpfungen (im Intervall von 5 Jahren) sollten nur bei stark erhöhtem Infektionsrisiko (z.B. durch intensive Reisetätigkeit in Endemiegebieten) verabreicht werden.
  - Das Infektionsrisiko von Meningokokkeninfektionen ist im Vergleich zu Pneumokokkeninfektionen relativ gering.
  - Nach wiederholten Impfungen mit nicht-konjugiertem Impfstoff, können niedrigere Antikörpertiter gemessen werden.

II. Alle anderen Indikationen

- Siehe entsprechende Empfehlungen Robert Koch Instituts (www.rki.de)

Virale Meningitis - Meningoenzephalitis [A87.9]

Allg:
- Die virale Meningitis wird auch nicht-eitrige Meningitis genannt.
- Erreger der viralen Meningitis/Menigoenzephalitis:

  I. RNA-Viren
  - Enteroviren: Coxsackie, ECHO
  - FSME, S. 762
  - HIV, S. 862
  - Influenza, S. 354, 884
  - Mumps, Masern
  - Tollwut

  II. DNA-Viren
  - Adenoviren (> 30 Serotypen)
  - Herpesviren: HSV (Typ 1 und 2), VZV, CMV

Klin:
- Grippales Bild:
  - Fieber
  - Kopfschmerzen
- Meningismus, S. 544
- Meningoenzephalitis
- Enzephalitis (FSME, Rabies, HSV):
  - Bewusstseinsstörungen
  - Fokale neurologische Defizite
  - Epilepsie
- Klinik je nach Erreger:
  - Mumps ....Parotitis, Orchitis, Pankreatitis
  - EBV................Mononukleose
  - ECHO ....Enanthem (grauweisse Makulae auf der Wangenschleimhaut), makulo-papulöses Exanthem (v.a. am Kopf und Hals)
  - Coxsackie ......Makulo-papulöses Exanthem (v.a. am Kopf und Hals)
- Verlauf: i.d.R. Spontanheilung

Lab:
- Liquor (S. 576):
  - Lymphzytäre Pleozytose, initial evtl. > 50 % Granulozyten; ab dem 3. Tag i.d.R. lymphozytär
  - Geringe Erhöhung des Gesamtproteins
  - Glukose normal, Liquor-Serum Glukosequotient > 0.5
  - Laktat normal

Dg:
- Klinik + Liquoruntersuchung, S. 576

Th:
1. **Symptomatische Therapie**
   - Analgetika, Antipyretika
   - Flüssigkeitszufuhr (Ziel: Euvolämie)
   - Anfallsprophylaxe bei Patienten mit bekannter Epilepsie
   - Kortikoide sind nicht indiziert.
2. **Spezifische Therapie** (falls vorhanden)
   - Vorhanden, z.B. bei folgenden Enzephalitiden: HSV, VZV, CMV, HIV

FSME: Frühsommer-Meningoenzephalitis [A84.1]

WEB: • www.bag.admin.ch

Allg:
- In Westeuropa wird das FSME-Virus durch infizierte Zecken (*Ixodes ricinus*) übertragen.
- Die symptomatische FSME ist seltener als die symptomatische Borreliose, die durch dieselbe Zecke übertragen wird.
- Die FSME-infizierten Zecken kommen in Endemiegebieten vor (im Gegensatz zu den Borrelien-infizierten Zecken, die ubiquitär in der CH vorkommen).
- Der Zeckenstich ist indolent (die Zecke scheidet beim Stich ein Lokalanästhetikum aus) und die Zeckennymphen werden wegen ihrer geringen Grösse und der relatif kurzen Dauer der Blutmahlzeit (2-3 Tage) oft nicht bemerkt. Desshalb erinnern sich viele Leute nicht mehr an den Stich.
- Häufigkeitsgipfel der FSME: Frühjahr und Herbst
- FSME-Virusreservoir: Zecken, Nagetiere und Vögel
- Zecken kommen bis auf ca. 1500 m ü. M vor.
- Inkubationszeit: 7-14 (2-28) Tage
- Das Infektionsrisiko nach einem Zeckenstich in einem Endemiegebiet ist gering.
  - In einem FSME-Endemiegebiet ist nur ca. 1 % aller Zecken mit dem FSME-Virus infziert.
  - Bei Infektion mit dem europäischen Subtyp des FSME-Virus beobachtet man:
    - -- 70-90 %....Asymptomatische Infektion und Serokonversion
    - -- 10-30 %....Grippale Symptome («1. Phase», siehe unter «Klin:»)
    - -- 1-3 %........Meningoenzephalitische Symptome (= «2. Phase», siehe unter «Klin:»)
    - -- 0.01 %......Letaler Verlauf (v.a. bei Patienten > 60 Jahren)
- Schwere Krankheitsverläufe werden eher ab dem 50. Lebensjahr beobachtet (Kinder zeigen selten schwere Krankheitsverläufe).
- Die FSME ist für Laboratorien meldepflichtig (innerhalb einer 1 Woche).
- Jede Erkrankung nach einem Zeckenstich kann eine potentielle Mischinfektion darstellen, die schwerer verlaufen kann als eine Monoinfektion mit dem FSME-Virus alleine.
- Unterschiede zwischen der FSME und der Borreliose:

Parameter	FSME	Borrelien - LYME-Disease
Keimtyp	• FSME-Virus	• Bakterium *Borrelia burgdorferi*
Inzidenz der infizierten Zecken	• Endemiegebiet: 0.5-3.0 % • Die FSME-infizierten Zecken befinden sich nur in Endemiegebieten, z.B.: - Region Schaffhausen, Thurgau, Zofingen - Buchs/Stans - Thun/Spiez - Zwischen den «3 Seen» Neuenburg - Biel - Murten - Sargans/Landquart	• 5-55 % der Zecken • Die Borrelien-infizierten Zecken befinden sich in allen Wäldern unterhalb ca. 1500 m ü. M (keine Endemigebiete).
Übertragung der Krankheit	• Innerhalb der ersten Stunden Zecken-Mensch-Kontakt	• Innerhalb der ersten 12-24 Stunden Zecken-Mensch-Kontakt
Anzahl Fälle/Jahr (CH)	• 2006: ca. 260 Fälle • 2007: ca. 120 Fälle (starke Jahres-Schwankungen)	• 3000/Jahr • 4-6 % der CH-Bevölkerung sind serologisch positiv.
Organbefall	• Nur das Nervensystem wird befallen	• Mehrere Organe können betroffen sein.
Immunität	• Lebenslängliche Immunität	• Es gibt keine Immunität
Therapie	• Symptomatisch	• Antibiotika + symptomatisch
Impfung	• Aktivimpfung möglich	• Keine Impfung

Tabelle: Gegenüberstellung der FSME - Borreliose.

Klin:
- **<u>Erste Phase (Dauer: 1-8 Tage)</u>**
  - Asymptomatisch (häufig)
  - Fieber, Müdigkeit
  - Kopfschmerzen
  - Husten
  - Nausea, Erbrechen
  - Bauchschmerzen
  - Arthralgien, Myalgien
  - Leukopenie, Thrombozytopenie

  Ein einphasiger Verlauf ist häufig.
  Nach asymptomatischem Intervall von ca. 1 Woche kann die 2. Phase eintreten.
- **<u>Zweite Phase</u>**
  - Fieber
  - Meningitische Symptome und Befunde:
    - -- Kopfschmerzen
    - -- Nausea, Erbrechen
    - -- Meningismus, S. 544
  - Enzephalitische Symptome und Befunde:
    - -- Bewusstseinsstörung (Konzentrationsmangel, Desorientierung, Somnolenz, Sopor, Koma)
    - -- Pyramidaler Befall: Hirnnervenlähmung, Hemiplegie, siehe auch S. 694
    - -- Extrapyramidaler Befall: Tremor, Hyperkinesie, siehe auch S. 595
    - -- Schwindel
    - -- Epilepsie
    - -- Psychotische Syndrome
  - Myelitische Symptome und Befunde (selten):
    - -- Schlaffe Parese, v.a. der oberen Extremitäten
    - -- Atemmuskellähmung
  - Radikulitische Symptome und Befunde (selten):
    - -- Sensibilitätsstörungen
    - -- Abgeschwächte Reflexe
    - -- Paresen (oft erst nach Fieberabfall)

DD:
- Andere Enzephalitiden (z.B. durch HSV)

Lab:
- Liquor, siehe «Virale Meningitis», S. <u>761</u>, 576

Dg:
- Klinik + Labor
- Spezifische Serologie:
  - Im Serum: spezifische FSME-IgM und -IgG (ELISA)
    - -- Können im Frühstadium negativ sein; eine Kontrolle nach 10-14 d wird empfohlen
    - -- Die IgG können bis zu 10 Monate nach der Infektion oder bei geimpften Personen nachweisbar sein.
  - Im Liquor: spezifische FSME-IgM und -IgG (ELISA)

Th:
1. **Symptomatische Therapie**, siehe S. 761
2. **Empirische antivirale bzw. antibiotische Therapie bis zur Sicherung der Diagnose**
   - 2.1. Empirisch gegen Herpesviren
     - Acyclovir 3x 10 mg/kg **IV** alle 8 h
   - 2.2. Empirisch gegen bakterielle Erreger
     - Siehe Kapitel «Bakterielle Meningitis» (inkl. Listerienmeningitis), S. 757
   - 2.3. Von Fall zu Fall entscheiden (je nach Vorgeschichte und Risikogruppe)
     - Tuberkulose, S. 834
     - Borreliose, S. 836
3. **Prophylaxe**
   - 3.1. Allgemein vorbeugende Massnahmen (aber geringe Effektivität)
     - In Endemiegebieten
       - Deckende Kleidung
       - Zeckenwirksame Repellentien
       - Regelmässige Kontrolle des Körpers
     - Bei Entdeckung einer Zecke auf der Haut:
       - Sofortiges Entfernen der Zecke (am geeignetsten mit Pinzette an der Hautoberfläche fassen und <u>gerade</u> herausziehen OHNE Anwendung von Ölen oder sonstigen Chemikalien)
   - 3.2. **Aktive Impfung**, siehe S. 764

Impfung gegen die FSME

Allg: • Es handelt sich um eine aktive Immunisierung mit einem inaktivierten Virus.

Ind: 1. Erwachsene und Kinder ≥ 6 Jahren:
- die in Endemiegebieten wohnen oder sich zeitweise dort aufhalten
- oder die öfter über Zeckenstiche berichten

2. Beruflich exponierte Personen: Landwirte, Förster u.a.

Vorg: **A. Standard-Impfschema** (insgesamt 3 Impfungen + Auffrischimpfung)
1. ENCEPUR® N
   — t0, 1-3 und 9-12 Monate
   — Auffrischimpfung alle 10 Jahre
2. FSME-Immun® CC
   — t0, 1-3 und 5-12 Monate
   — Auffrischimpfungen alle 10 Jahre

B. Schnelles Impfschema (insgesamt 3 Impfungen + Auffrischimpfung)
1. ENCEPUR® N
   — t0, 7 und 21 Tage
   — Auffrischimpfungen nach 12-18 Monate, dann alle 10 Jahre
2. FSME-Immun® CC
   — t0, 14 Tage und 5-12 Monate
   — Auffrischimpfungen alle 10 Jahre

Prog:
- Die FSME hat eine niedrige Mortalitätsrate (ca. 0.6 %).
- Ungünstige Faktoren bezügl. postenzephalitischen Residuen:
  - Alter > 50 Jahren
  - Patienten mit Bewusstseinsstörungen
  - Pathologisches MR
  - Pleozytose im Liquor mit > 300 Leukozyten/µL (N < 5/µL)
- Nach durchgemachter FSME besteht eine lebenslange Immunität.

Notizen

Febrile Neutropenie[1]

Def: ■ **Neutropenie** = Anzahl neutrophiler Leukozyten ≤ 0.5 G/L **mit zentraler Temperatur** (oral, rektal, Ohr) **≥ 38.3°C** oder **≥ 38.0°C während ≥ 1 Stunde**

Allg: • Keime, die oft bei febriler Neutropenie vorkommen:
- Staphylokokken:
  - Koagulase positiv (z.B. *Staphylococcus aureus*)
  - Koagulase negativ (z.B. *Staphylococcus epidermidis*)
- *Streptococcus spp, Enterococcus spp, E.coli, Klebsiella, Pseudomonas aeruginosa* u.a.

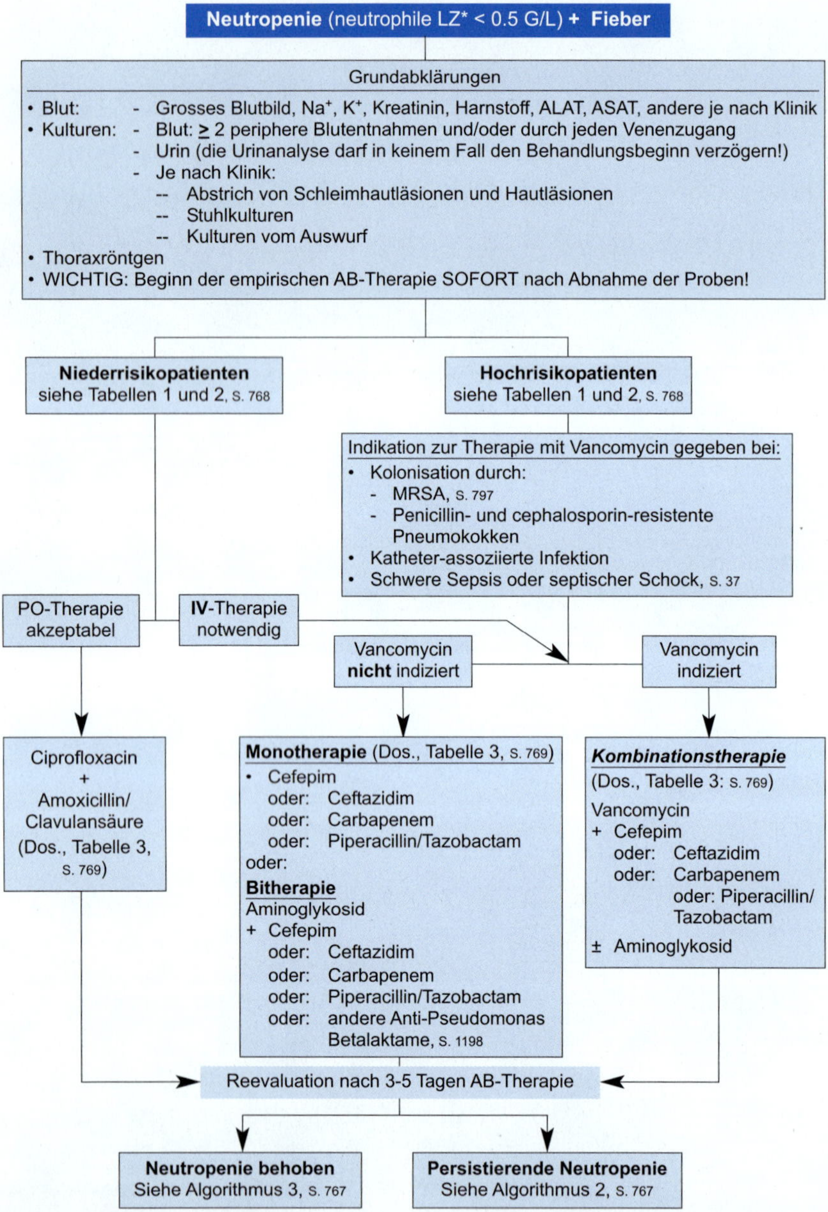

Algorithmus 1: Febrile Neutropenie.[1]

* siehe S. 768

[1] Angepasst nach: Hughes WT, et al. Clin Infect Dis 2002 ;34 :730-51.

Algorithmus 2

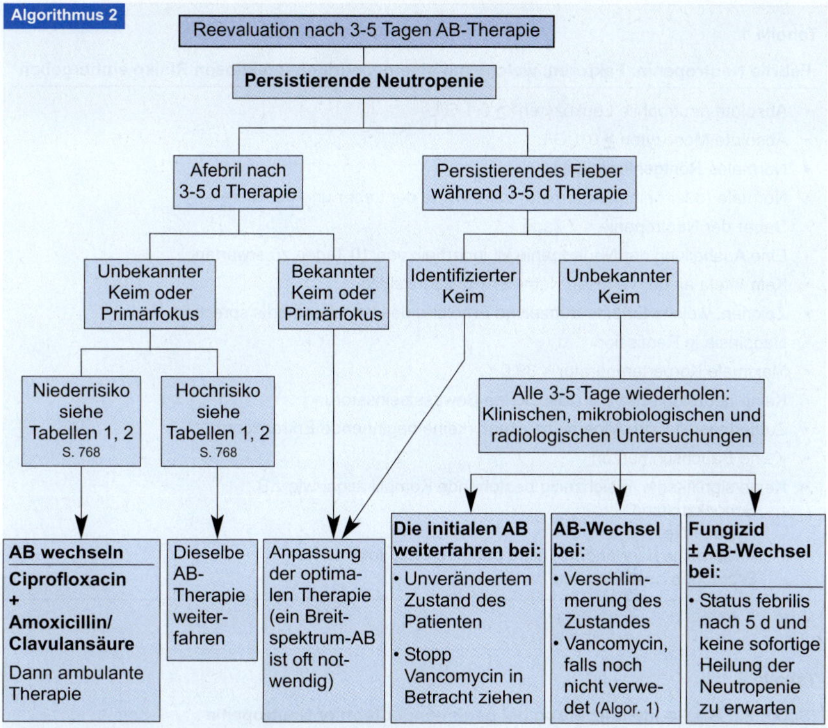

Algorithmus 2: Therapie bei persistierender febriler Neutropenie.[1]

Algorithmus 3

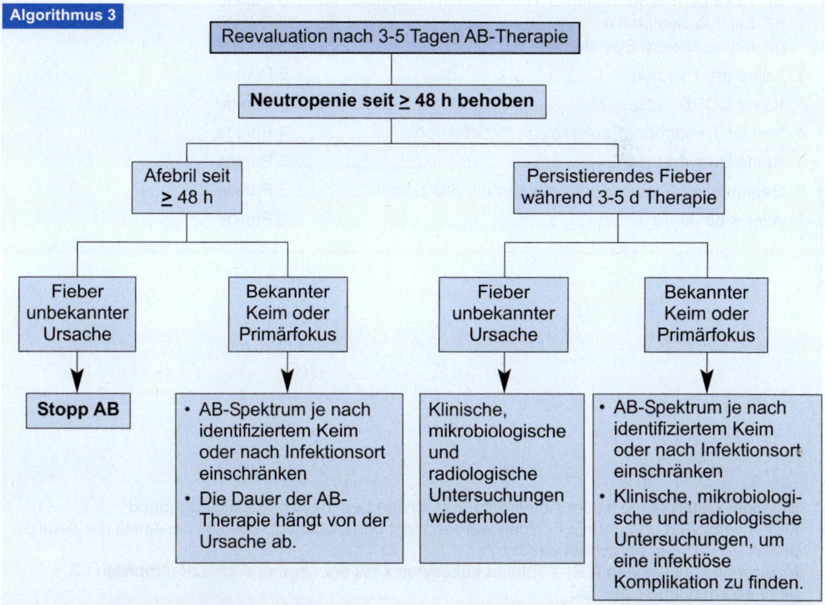

Algorithmus 3: Therapiefortsetzung bei febriler Neutropenie bei behobener Neutropenie.[1]

1 Angepasst nach: Hughes WT, et al. Clin Infect Dis 2002 ;34 :730-51.

Tabelle 1

Febrile Neutropenie: Faktoren, welche mit einem niedrigen infektiösen Risiko einhergehen

- Absolute neutrophile Leukozyten* ≥ 0.1 G/L
- Absolute Monozyten ≥ 0.1 G/L
- Normales Röntgenthoraxbild
- Normale (oder beinahe normale) Laborwerte der Leber und der Niere
- Dauer der Neutropenie < 7 Tage
- Eine Ausheilung der Neutropenie ist innerhalb von 10 Tagen zu erwarten.
- Kein Infekt an der venösen Katheter-Punktionsstelle
- Zeichen, welche für eine frühzeitige Erholung des Knochenmarks sprechen.
- Neoplasie in Remission
- Maximale Körpertemperatur < 39.0°C
- Keine neurologischen Ausfälle, keine Bewusstseinsstörung
- Zufriedenstellender Allgemeinzustand (keine beginnende Erkrankung)
- Keine Bauchschmerzen
- Keine signifikante, gleichzeitig bestehende Komplikation, wie z.B.:
  - Schockzustand
  - Hypoxämie
  - Pneumonie oder andere, nicht oberflächliche Infektionen
  - Erbrechen oder Diarrhoe

Tabelle 2

Score zur Risiko-Identifizierung bei beginnender febriler Neutropenie

≥ 21 Punkte = niedriges Risiko bezügl. Komplikationen und Mortalität

1. Schweregrad der Erkrankung (ein einziges Kriterium soll gewählt werden)
   a) Asymptomatisch .... 5 Punkte
   b) Leichte Symptome .... 5 Punkte
   c) Mittelschwere Symptome .... 3 Punkte
2. Keine art. Hypotonie .... 5 Punkte
3. Keine COPD .... 4 Punkte
4. Solider Tumor oder Fehlen einer Pilzinfektion .... 4 Punkte
5. Keine Dehydratation .... 3 Punkte
6. Beginn eines Status febrilis ausserhalb des Spitals .... 3 Punkte
7. Alter < 60 Jahre .... 2 Punkte

* Bei einer Neutropenie ist der Anteil der neutrophilen Leukozyten ausschlaggebend; Metamyelozyten und unreife Formen werden nicht berücksichtigt. Wie soll der Anteil der neutrophilen Leukozyten berechnet werden?
Neutrophile Leukozyten (LZ) = Totale Leukozyten x (% der segmentierten neutrophilen LZ + nicht-segmentierte LZ) ÷100.
Bsp: Totale Leukozyten 3.8 G/L, segmentierte neutrophile LZ 30 %, nicht-segmentierte LZ 5 %.
→ 3.8 G/L x (30 + 5) ÷ 100 = 1.33 G/L

Tabelle 3

Antibiotika in der Behandlung des neutropenen Fiebers

Parenterale Basistherapie		
Cefepim	MAXIPIME®	3x 2 g/d **IV**
Ceftazidim	FORTUM®	3x 2 g/d **IV**
Piperacillin/Tazobactam	TAZOBAC®	3-4x 4.5 g/d **IV**
Meropenem	MERONEM®	3x 1-2 g/d **IV**
Imipenem/Cilastatin	ZIENAM®	4x 500 mg/d **IV**
Erweiterte Therapie GRAM-positive Erreger		
Vancomycin	VANCOMYCIN®	2x 1 g/d **IV**
Aminoglykoside (v.a. bei Sepsis; Enterokokken)		
Tobrabramycin	TOBRAMYCIN®	1x 5-6 mg/kg/d **IV**
Gentamicin	GENTAMYCIN®	1x 5-6 mg/kg/d **IV**
Amikacin	AMIKIN®	1x 15 mg/kg/d **IV** (in D nicht erhältlich)
Orale Therapie (bei niedrigem Risiko)		
Amoxicillin/Clavulansäure	AUGMENTAN®	2x 875 mg/d
Ciprofloxacin	CIPROBAY®	2x 750 mg/d
Anaerobier (C. difficile; Kolitis)		
Metronidazol	FLAGYL®	3-4x 500 mg/d **IV** oder PO

Tabelle 4

Empirische antifungale Therapie bei neutropenem Fieber[2]

1. Wahl (ausser kontraindiziert**)		
Amphotericin B	ABELCET®	1 mg/kg/d **IV**
Alternativen		
Amphotericin B liposomal	AMBISOME®	3 mg/kg/d **IV**
Caspofungin	CANCIDAS®	70 mg/d **IV**, ab 2. Dosis 50 mg/d **IV**
Voriconazol	VFEND®	1. Tag: 2x 6 mg/kg **IV**, dann 2x4 mg/kg/d

** Kontraindikationen für Amphotericin B desoxycholat (HWZ ca. 30 h; renale Elimination):
- Niereninsuffizienz (Clearance < 50 mL/min bzw. Serumkreatinin ca. > 150 µmol/L)
- Schwere Leberinsuffizienz
- Bekannte frühere Unverträglichkeit
- Relative KI: Gleichzeitige Einnahme von anderen nephrotoxischen Medikamenten (Aminoglykoside, Cyclosporin u.a.); hier ist die Nephrotoxizität von Amphotericin B erhöht.

2 Flückiger U, et al. Swiss Med Wkly 2006;136:447-63.

Fieber unbekannter Ursache «FUO» [R50.9]

Def:
- **Bei immunkompetenten Patienten (gilt nicht nach Rückkehr aus den Tropen):**
  - Körpertemperatur (zentral: rektal, oral oder im Ohr) > 38.3°C zu mehreren Zeitpunkten (nicht zwingendermassen kontinuierlich) > 3 Wochen, wobei während 1 Woche eine intensive Abklärung stattgefunden hat (ambulant oder stationär).
- **Nosokomiales FUO**
  - Fieber > 3 Tage > 48 h nach Spitaleintritt

DD: Die DD ist stark von epidemiologischen Gegebenheiten (z.B. Alter, geographische Lage, Hobbies, Tierkontakten, Arbeit, Reisen u.a.) abhängig!
Die **ausführliche Anamnese ist deswegen SEHR wichtig**!!

- **Infektiös (20-30 % der FUO)**

  A. Klinische Krankheitsbilder
  - Abszesse
    - Leber
    - Pankreas
    - Ovarien/Eileiter
    - Subphrenisch
    - Perityphilitisch
    - Divertikel
    - Perinephritisch
    - Dental
    - Hirn u.a.
  - Endokarditis
  - Sinusitis
  - Cholangitis
  - Cholezystitis
  - Empyem
  - Ableitende Harnwege
  - Chronische bakterielle Prostatitis
  - Osteomyelitis (Mandibula, Wirbelsäule)

  B. Mikroorganismen
  - Bakteriell
    - Tuberkulose (*M. tuberculosis* = häufigst isolierter Keim bei FUO)
    - Brucellose
    - Rickettsiose (z.B. Q-Fieber)
    - Listeriose u.a.
    - Bartonella (Katzenkratzkrankheit)
    - Spirochäten (Syphilis, LYME-Borreliose)
  - Viral
    - EBV, CMV, HIV u.a.
  - Parasiten
    - Toxoplasmose
    - Malaria
    - Leishmaniose
  - Pilze

- **Neoplastisch (15-25 % der FUO)**
  - Lymphome, akute Leukämie
  - Multiples Myelom
  - Hypernephrom
  - Karzinome

- **Immunologisch oder rheumatologisch (10-20 % der FUO)**
  - Polymyalgia rheumatica (häufigste Systemerkrankungen im Alter > 65 J)
  - Rheumatoide Arthritis
  - Morbus CROHN, Colitis ulcerosa
  - Sarkoidose
  - Konnektivitis: SLE, Systemsklerose, MCTD u.a.
  - Vaskulitis: PAN, WEGENER Granulomatose, Riesenzellarteriitis u.a.
  - Morbus STILL (häufigste Systemerkrankungen bei jungen Personen)

- **Thrombotische Geschehen**
  - Venenthrombose
  - Lungenembolie u.a.

- **Zentrales Fieber**
  (Alle ZNS-Pathologien können unspezifisch, i.d.R. hohes Fieber verursachen)
  - Schlaganfall
  - Hirnblutung
  - SHT
- **Sonstige Ursachen (bis 50 % der FUO)**
  - Facticia (Thermometer in warme Teetasse, Eigeninjektion von pyrogenen Substanzen u.a. Manöver, die eine falsch erhöhte Körpertemperatur vortäuschen)
  - Ausgeprägter Tag-Nacht-Rhythmus der Körpertemperatur (Intervall ohne Fieber)
  - Periodisches Fieber
    - Mittelmeerfieber (autosomal-rezessive Erbkrankheit)
    - Hyper-IgD-Syndrom (Erbkrankheit; kann mit Diarrhoe/Erbrechen einhergehen)

Für die PRAXIS:
Eine empirische AB-Therapie ohne Verdachtsdiagnose ist NICHT indiziert!! Verlauf ohne Diagnose, nach stationären Untersuchungen:
- 50 % spontan symptomfrei innerhalb weniger Wochen
- 20 % Diagnosestellung im Folgejahr (oft < 2 Monate nach Spitalentlassung)
- 5-Jahresmortalität bei FUO ohne Diagnose: < 4 %

Vorg: **1. Klinische Abklärungen bei FUO (betrifft immunkompetente Patienten)**

1.1. Wiederholte und sehr sorgfältige Anamnese und klinische Untersuchung
- Komplette Systemanamnese
- Sexualanamnese
- Reiseanamnese
- Tierkontakt
- Medikamente
- Detaillierte klinische Untersuchung

1.2. Labor
- Blut
  - Blutbild, CRP, BSG
  - Kreatinin
  - ASAT, ALAT, γ-GT, alkalische Phosphatase
  - TSH
  - Protein-Elektrophorese
  - Kryoglobulinämie
- Serologien im Blut
  - HIV (mit p24-Antigen)
  - CMV, EBV
  - Hepatitis A, B (HBs-Ag und Anti-HBc-Antikörper) und C
  - Coxiella burnetii
  - Brucella
  - Toxoplasma
  - Anti-Streptolysine
- Autoantikörper: Rheumafaktor, ANA, ANCA
- Urin: Status, Sediment
- Stuhl: Suche nach Blut

1.3. Kulturen
- Rücksprache mit dem mikrobiologischen Labor, um allenfalls das Kulturmilieu und/oder die Inkubationszeit zu definieren.
- Blutkulturen (BK): ca. 6 BK innerhalb von 3 Tagen (am 1. Tag 3 BK mit minimalem Zeitintervall von 1 h; die BK sollen auch ohne Fieber, d.h. «à froid» abgenommen werden).
- Urinkultur (inkl. Tbc!)
- Falls vorhanden: Auswurf (inkl. Tbc)
- Ausflüsse

1.4. Bildgebung
- Thoraxröntgen
- Thorako-abdominales CT mit Frage nach:
  - Lungenembolie
  - Abszess
  - Tumor
  - Myelom
- Evtl. Knochenszintigraphie oder MR mit Frage nach:
  - Osteomyelitis
  - Tumor

1.5. Suche nach einer Tuberkulose, siehe S. 834

> **Für die PRAXIS:**
> Ein negativer Tuberkulintest oder ein negativer Quantiferon®- oder TB.Spot®-Test schliesst eine aktive Tuberkulose nicht aus!

2. Spezifische Abklärungen (je nach Klinik)

2.1. Echokardiographie (± TEE) mit Frage nach:
- Endokarditis

2.2. Leberbiopsie mit Suche nach:
- Tuberkulose
- Sarkoidose
- Autoimmunhepatitis
- Vaskulitis

2.3. Knochenmarkaspiration/Biopsie mit Frage nach:
- Granulomatose (Tuberkulose, Sarkoidose)
- Neoplasie (z.B. multiples Myelom)
- Hämophagozytose
- Leishmaniose

2.4. Evtl. Schädel-MR mit Frage nach:
- Abszess
- Multiplem Myelom
- Raumforderung

2.5. PET-Scan (Rolle noch umstritten)

Medikamentöses Fieber

Allg: • Beinahe alle Medikamente können einen Status febrilis auslösen!

Bsp:
- NSAR:
  - Acetylsalicylsäure, Ibuprofen u.a.
- Antibiotika
  - Penicilline
  - Sulfonamide
  - Vancomycin
  - Isoniazid
  - Amphotericin B u.a.
- Kardiovaskuläre Medikamente
  - Procainamid
  - Chinidin
  - α-Methyldopa
- Antipsychotika
  - Diphenylhydantoin
  - Carbamazepin
  - Chlorpromazin
  - Haloperidol
  - Thioridazin
- Sonstige
  - Folsäure
  - Allopurinol
  - Cimetidin
  - Clofibrat
  - Metoclopramid
  - Propylthiouracil
  - Interferon
  - Zytokine

Symptomatische Therapie des Fiebers

Allg:
- Der symptomatischen, antipyretischen Therapie geht immer eine sorgfältige DD voraus.
- Eine Temperatur > 42.6 °C ist meist tödlich (Denaturierung der Proteine mit der Folge eines multiplen Organversagens).
- Die Körpertemperatur ist um 04.00 Uhr ca. 0.5°C tiefer als um 17.00 Uhr.

DD:
- Siehe S. 774
- Malignes Neuroleptika-Syndrom, S. 78
- Maligne Hyperthermie, S. 76

Th:
1. **Physikalische Massnahmen**
   - Raumluft abkühlen
   - Kalte Elemente (*Cold-pack*, eingepacktes Eis u.a.) auf den Körper legen (Inguinaregion)
2. **Medikamentöse, antipyretische Therapie**
   - Therapie der Wahl: Paracetamol

Antipyretikum	Dosierung	Bemerkungen
Paracetamol	**IV** oder PO: • 500-1000 mg alle 4-6 h • Maximaldosis 4000 mg/24 h	• BD-Abfall bei **IV**-Gabe • Siehe auch Kapitel «Paracetamol», S. 1328
NSAR		
• ASS, S. 1272	**IV** oder PO: • 500-1000 mg alle 4-6 h • Maximaldosis 4000 mg/24 h	• NW, KI, siehe S. 1272
• Ibuprofen	• 3-4x 400 mg • Maximaldosis 2400 mg/24 h	• Wird v.a. bei Tumorfieber erfolgreich eingesetzt
• Naproxen	• Maximaldosis 1250 mg/24 h (in 2 Einnahmen/d)	
Metamizol	PO: • 500-1000 mg alle 6-8 h • Maximaldosis 4000 mg/24 h **IV** oder **IM**: • 500-1000 mg (**IV**: max. 500 mg/min) alle 6-8 h • Maximaldosis 5000 mg/24 h	• NW: - Leukopenie - Agranulozytose - Schwitzen - BD-Abfall bei **IV**-Gabe

Fieber

Def: ▪ **Fieber**
- Zentrale Körpertemperatur (rektal, oral, im Ohr gemessen) ..**≥ 38.3°C**
  oder: ....**≥ 38.0°C, ≥ 1 h**
- Periphere Körpertemperatur (in der Axilla gemessen)...........**> 37.7° C**

▪ **Situationen mit fälschlicherweise <u>tiefer</u> Körpertemperatur**
- Antipyretika
- Sepsis bei chronischer Niereninsuffzizenz
- Nach Kälteexposition
- Hypothyreose, ältere Personen u.a.

Allg:
- Pathogenese: Fieber entsteht durch eine Verstellung des Sollwertes der Körpertemperatur im hypothalamischen Thermoregulationszentrum.
- Die meisten Inkfekte haben keine spezifische Fieberverläufe.
- Die Fieberkurven haben eine limiterte Aussagekraft bei nosokomialem Fieber (wegen üblichem Gebrauch von Antipyretika).
- Vorteile des Fiebers:
  - Verminderung des Wachstums der Bakterien
  - Wirkung auf die thermosensiblen Bakterien (z.B. Spirochäten)
  - Stimulierung der immunologischen Antwort
- Nachteile des Fiebers:
  - Stimulierung der Blutzirkulation (Herzfrequenzerhöhung pro Grad °C 5-9/min)
  - Erhöhter Sauerstoffverbrauch (ca. 7 %)
  - Der Metabolismus wird katabol
  - Flüssigkeitsverlust (ca. 500 mL/m^2 pro Grad °C)
- **Puls/Temperatur-Verhältnis**
  - Eine ***relative Tachykardie*** wird in folgenden Situationen beobachtet:
    -- Nichtinfektiöse Konditionen
    -- Infektionen, die durch Toxine verursacht sind (z.B. Gangrän)
  - Eine ***relative Bradykardie*** wird in folgenden Situationen beobachtet:
    -- Legionellose, S. 820
    -- Medikamentöses Fieber, S. 772
    -- Typhus abdominalis, Parathyphus
- **Fieberverläufe**
  - Virale Infekte haben einen langsamen Fieberverlauf (oft > 1 Woche)
  - Bakterielle Infekte, sofern adäquat behandelt, zeigen oft einen abrupten Temperaturabfall

Für die PRAXIS:
Die Malaria kann aber auch ohne fieberfreie Intervalle auftreten!!

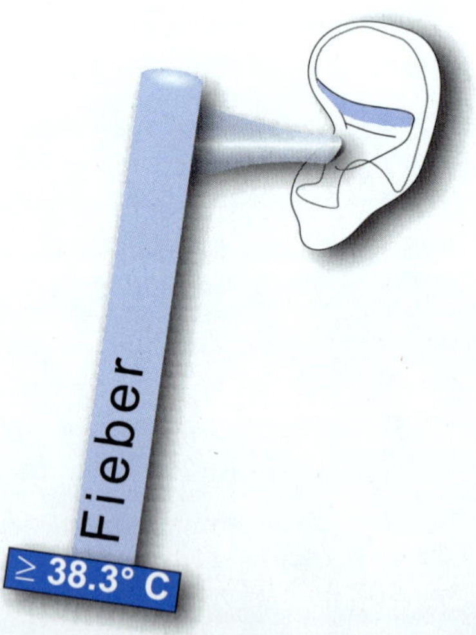

Bei immunsupprimierten Patienten

- Die vollständige DD sprengt den Rahmen dieses Buches (da SEHR breit).

Für die PRAXIS:
Bei immunsupprimierten Patienten kann eine lebensbedroliche Krankheit mit nur milden Symtomen einhergehen.
Die «Verdachtschwelle» muss deshalb sehr tief gehalten werden!
Je nach Typ der Immunosuppression, kommen andere opprtunistische Keime in Frage, aber jede DD soll mindestens folgende Keime oder Krankheiten einbeziehen:

- Pilzinfektionen: Candida, Aspergillus
- Sepsis (mit wenigen Symptomen!)
- Listeriose
- Tuberkulose
- CMV (Reaktivierung)
- *Pneumocystis jiroveci* Pneumonie *(früher: Pneumocystis carinii)*

Fieber nach einer Reise in die Tropen

Beginn des Fiebers < 1 Woche nach möglicher erster Exposition mit dem Erreger

- Grippe
- *E. coli* (Diarrhoe)
- Amöbendysenterie
- Salmonellose
- Shigellose
- Arbovirose: Dengue-Virus, Gelbfieber, Hantavirus u.a.
- Meningitis
- LYME-Borreliose
- Malaria
- Rickettsiose
- Leptospirose

Beginn des Fiebers 1-3 Wochen nach möglicher erster Exposition mit Erreger

- Malaria
- Masern
- Lambliasis (Giardia)
- Hepatitis A, (E)
- Typhus Fieber
- Amöbenhepatitis
- Toxoplasmose
- Anguillose (*Strongyloides stercoralis*)
- Rickettsiose
- Hämorrhagisches Fieber
- Leptospirose
- Trypanosomiasis

Beginn des Fiebers > 3 Wochen nach möglicher erster Exposition mit dem Erreger

- Malaria
- Schistosomiasis
- Amöbenhepatitis
- Hepatitis B, C
- HIV
- Sekundäre Syphilis
- Filariose
- Leishmaniase
- Trypanosomiasis
- Tollwut (Rabies-Virus)
- Tuberkulose
- Brucellose

Fieber bei Rückkehr von einem tropischen Aufenthalt[1] [R50.9]

Def: Fieber, Unwohlsein, Kopfschmerzen oder Wärme-/Kältegefühl bei Rückkehr von einem tropischen oder subtropischen Aufenthalt.

Vorg:

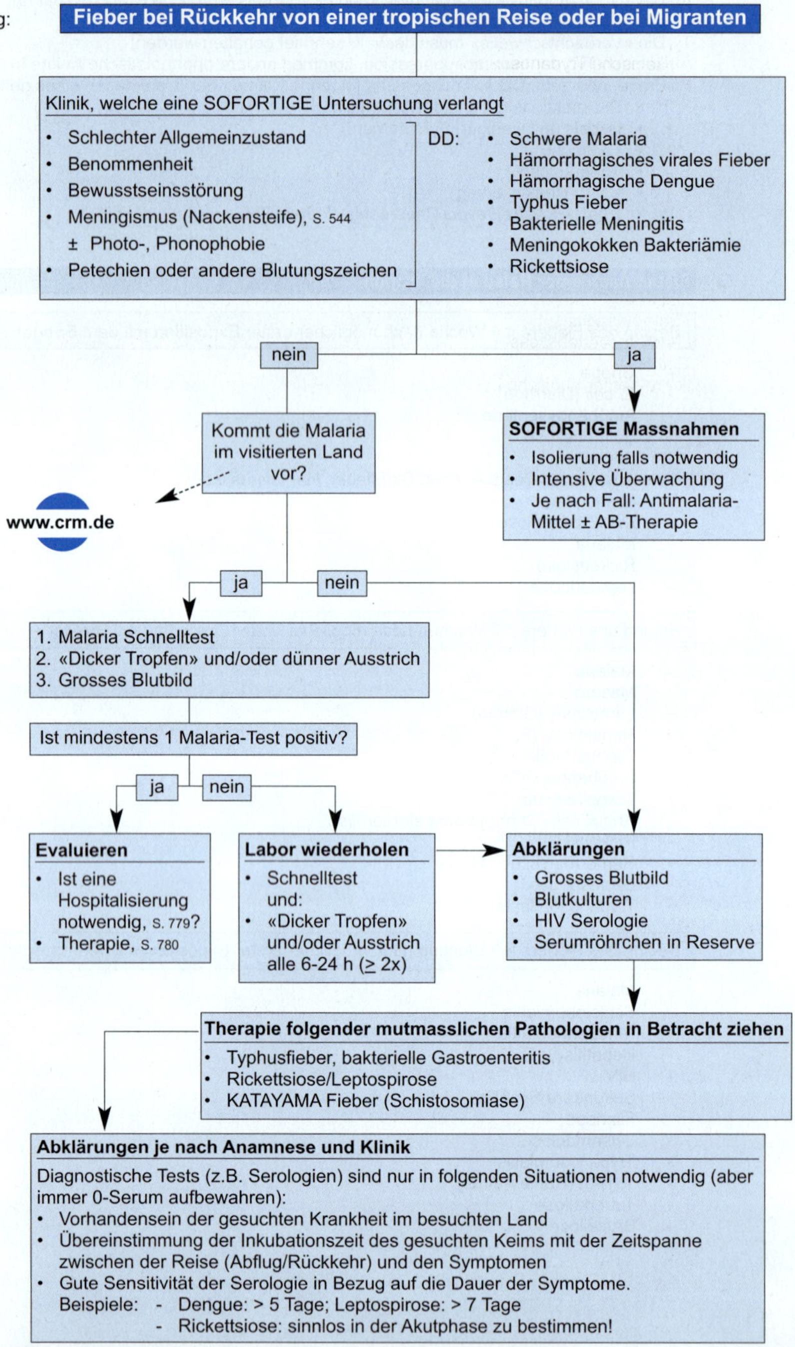

Algorithmus: Fieber bei Rückkehr von einer Reise oder Fieber bei Migranten.

1 Angepasst von und nach: D'Acremont V et al. J Travel Med 2003 ;10 Suppl. 2 :S25-S52.

Symptome und Ursachen von Fieber bei Rückkehr von einer Tropenreise

Klin:
- **Neurologische, neuropsychische und/oder meningeale Befunde**
  - Malaria
  - Arbovirose (z.B. Dengue, Gelbfieber, Japan-Enzephalitis, Hantavirus)
  - Meningitis
  - Typhus
  - Afrikanische Trypanosomose (durch Tse-Tse-Fliege übertragen)
  - HIV
  - Rabies
- **Diarrhoe mit/bei**
  - Malaria
  - Salmonellose
  - Shigellose
  - Campylobacter
  - Rotavirus
  - Trichinose
- **Ikterus**
  - Malaria
  - Virale Hepatitis
  - Leberamöbenabszess
  - Gelbfieber
  - Iktero-hämorrhagische Leptospirose
- **Lymphadenopathie**
  - HIV
  - Lymphatische Filariose (*Wuchereria bancrofti, Filaroidea*)
  - Viszerale Leishmaniose
  - Afrikanische Trypanosomose (durch Tse-Tse-Fliege übertragen)
  - Pest
- **Splenomegalie**
  - Malaria
  - Borreliose (LYME)
  - Typhus
  - Viszerale Leishmaniose
- **Hepatomegalie**
  - Virale Hepatitis
  - Leberamöbenabszess
- **Hauteffloreszenzen**
  - Arbovirose (Hauteruption)
  - Rickettsiose (Hauteruption/en, Dekubitus)
  - Afrikanische Trypanosomose (Inokulationschagom, Pruritus, Ödeme)
  - Lymphatische Filariose im Invasionsstadium (Lymphangitis)
  - Bilharziose (Pruritus, Urtikaria)
  - Trichinose (Gesichtsödem)
- **Blutungen**
  - Arbovirose (z.B. Dengue, Gelbfieber, Japan-Enzephalitis, Hantavirus)
  - Afrikanisches hämorrhagisches Fieber
  - Iktero-hämorrhagische Leptospirose
  - Fulminante Hepatitis

Malaria[1-3] [B54]

Allg:
- Es handelt sich um die häufigste Parasitose (Hämatozoenerkrankung).
- Prävalenz (weltweit): > 500 Millionen Patienten/Jahr
- Übertragungsarten:
  - Insektenstich der weiblichen Anopheles-Mücke
  - Kongenital
  - Selten: Bluttransfusion, Organtransplantation, benutzen von kontaminierten Spritzen
- Über 80 % der Malariafälle treten innerhalb von 2 Monaten nach Rückkehr aus einem Endemiegebiet auf. Allerdings gibt es Inkubationszeiten von > 12 Monaten (v.a. bei Personen, welche eine regelmässige Prophylaxe eingenommen hatten).
- 5-7 % der Patienten leiden an multiparasitären Erkrankungen.
- Die Pathogenese wird u.a. durch die Gewebehypoxie erklärt, die wie folgt zustande kommt:
  - Gefässobstruktion als Folge der Erythrozytenagglutination
  - Adhäsion von Parasiten beladenen Erythrozyten an den endothelialen Wänden
  - Mikrohämorrhagien und Produktion von Zytokinen

Klin:
- Siehe auch Tabelle 2 unten
- Schüttelfrost - Fieber (auch anamnestisch innerhalb der letzten Tage!)
  - Bis zu 25 % der Malariapatienten sind bei Spitaleintritt afebril.
- Schweissausbrüche
- Kopfschmerzen, Myalgien
- Bewusstseinsstörungen (psychiatrische Zustandsbilder, Krampfanfälle, Koma)
- Thrombozytopenie
- Splenomegalie

Schweregradkriterien der Malaria (= Austauschtransfusionskriterien, s. 782)
Klinik • Art. Hypotonie (SBD < 80 mmHg); septischer Schock • ZNS-Beteiligung: - Wesensveränderung, Bewusstseinsstörung, Somnolenz, Koma, Krämpfe • Ikterus • Wiederholtes Erbrechen • Lungenödem (tritt meist im späteren Verlauf auf) • Manifeste Blutung • Fieber > 40°C • Extreme Schwäche **Labor** • Parasitämie > 5 % • Disseminierte intravasale Gerinnung, s. 920 • Hämoglobinurie (intravasale Hämolyse) • Serumkreatinin > 260 µmol/L • Blutzucker < 100 mg/dL (< 2.8 mmol/L) • Hb < 100 g/L • Bilirubin > 50 mmol/L • Blut pH < 7.2

Tabelle 1: Schweregradkriterien der Malaria.

Plasmodium	Inkubationszeit	Periodizität	Klinik
Plasmodium falciparum	• Variabel: 6-14 d, kann aber bis > 12 Monate andauern (v.a. bei partiell immunen Personen oder nach Einnahme einer Malariaprophylaxe)	• I.d.R. fehlend. Falls vorhanden, alle 48 h • ***Malaria tertiana***	• Paroxysmales Fieber während 8-12 h oder kontinuierliches Fieber • Nausea, Erbrechen • Schwitzen • **Kopfschmerzen** • **Potentiell letale Form!** • Mortalität **bis zu 30 %!**
Plasmodium malariae	• 45 Tage	• Alle 72 h • ***Malaria quartana***	• Alle 72 h ***«Malaria quartana»***
Plasmodium vivax und **Plasmodium ovale**	• 50 % der Patienten sind innerhalb von < 2 Mt. symptomatisch, manchmal erst nach mehreren Jahren.	• Alle 48 h • ***Malaria tertiana***	• Schüttelfrost • Zittern (15-60 min) • Die schwergradigen Formen haben eine niedrige Mortalitätsrate.

Tabelle 2: Die 4 Plasmodium Typen.

1 Markwalder K. Schweiz Med Forum 2004 ;4 :819-23. 2 Swenson JE, et al. Arch Intern Med 1995 ;155 :861-8. 3 D'Acremont V et al. BMJ 2002 ;324 :875-77.

Verdacht auf Malaria

Blutuntersuchungen

- Blutausstrich + dicker Tropfen‡ (mind 3x Ausstriche im Abstand von mind. 6 h): Parasitämie [%]
- Hb (↓), Hk (↓)
- Thrombozyten (↓)
- Kreatinin (↑), Harnstoff (↑)
- Blutzucker (↓)
- ALAT und ASAT (↑), Bilirubin (↑)
- Laktat (↑)
- ABGA (Azidämie, Azidose)

CAVE:
«Diagnostische Verschleierung» durch vorgängige Einnahme von AB oder Antimalariamedikamenten

***Screening* des Plasmodium Antigens** (Schnelltest)

- Diese qualitativen Tests ersetzen den Blutausstrich NICHT und geben keine Auskunft über den %-Anteil der Parasitämie!
- Falsch positive und falsch negative Resultate sind möglich (wie auch bei der mikroskopischen Untersuchung).

Plasmodium falciparum?

nein → Therapie von *Plasmodium non falciparum*, i.d.R., ad. **Chloroquin**, S. 783

ja →

Hospitalisierungskriterien[3]

1. Schlechter Allgemeinzustand
2. Rezidivierendes Erbrechen
3. Neurologische oder psychiatrische Erkrankungen
4. Komplikationen:
   - respiratorisch, hämorrhagisch§, bakteriell
5. Ikterus
6. Parasitämie > 2 %
7. Thrombozyten < 20 G/L
8. Hämoglobin < 80 g/L
9. Serumkreatinin > 250 µmol/L
10. Blutzucker < 700 mg/dL (< 3.9 mmol/L)
11. Makroskopische Hämaturie
12. Schwangerschaft
13. Immunsuppression
14. Fragliche medikamentöse Kompliance
15. Misserfolg mit einer vorhergegangenen Therapie
16. Soziale Gründe: Patient allein zu Hause u.a.
17. Alter > 60 Jahre
18. ARDS

≥1 Kriterium → Hospitalisierung → Intravenöse Therapie, S. 781 → **Verlaufskontrollen** siehe S. 782

Kein Kriterium vorhanden → Die Therapie der unkomplizierten Malaria kann i.d.R. ambulant (oral) durchgeführt werden, S. 780

Algorithmus: Verdacht auf Malaria.

‡ «Dicker Tropfen»: stellt ein Anreicherungsverfahren dar. Die Abgrenzung der verschiedenen Plasmodien ist aber einfacher mit dem normalen Blutausstrich. Ein 1-maliger negativer Befund schliesst eine Malaria nie aus!

§ Beispiele: Mund- oder Nasenschleimhaut, Netzhautblutung, GI-Blutung, Petechien

3 D'Acremont V et al. BMJ 2002 ;324 :875-77.

Vorg: **1. Notfallmässige Blutentnahme**

1.1. Basislabor + 2 EDTA-Röhrchen
- Erstes EDTA-Röhrchen (an das hämatologische Labor)
  - → Mikroskopischer Plasmodiennachweis
  - → Bestimmung der Parasitendichte (= % befallener Erythrozyten)
  - → Pl. falciparum-Antigennachweis
- Zweites EDTA-Röhrchen (an das klinische Mikrobiologielabor)
  - → Artdiagnose

Für die PRAXIS:
Ein negativer Ausstrich schliesst Malaria nicht aus!
Mindestens 3 Ausstriche alle 4-6 h, sowie bei Schüttelfrost und Fieberanstieg.
Eine zerebrale Malaria mit negativem peripherem Ausstrich ist in sehr seltenen Fällen möglich!

1.2. Bei schweren Fällen
- ABGA: pH + Laktat (siehe Hospitalisierungskriterien S. 779)
- Kleiner Gerinnungsstatus: INR, aPTT, Fibrinogen (DIC?, S. 920)
- Lumbalpunktion (S. 574) bei pathologischem Neurostatus

1.3. Malaria-Serologie
- Die Serologie ist für die akute Diagnostik nicht aussagekräftig.
- Die Antikörper sind ca. 1 Woche nach Symptombeginn nachweisbar und können über Jahre hinweg persistieren.

2. Spezifische Therapie, je nach Malariaform und Klinik, siehe nachfolgenden Text.

Th: 1. Therapie folgender Malariaformen:
- ■ **Nachgewiesene Falciparum-Malaria**
- ■ **Malaria mit unbekanntem Erreger (Artdiagnose nicht möglich)**
- ■ **Starker Malaria-Verdacht**

1.1. Nicht komplizierte Malariaformen

Allg:
- Im Zweifelsfalle ist stets von einer Chloroquinresistenz auszugehen (ausser: amerikanische Gebiete nördlich des Panamakanales, Nordafrika).
- Bei Durchbruchsmalaria unter Chemoprophylaxe (Mefloquin oder MALARONE®) soll eine andere Substanz als die Prophylaxe eingesetzt werden.

Vorg: A. Symptomatische Therapie
- Antipyretika, S. 773
- Antiemetika (S. 1234), falls notwendig

B. Medikamentöse Therapie

B.1. Therapie der Wahl
- RIAMET® (1 Tabl: Artemether 20 mg + Lumefantrin 120 mg)

  Dos:
  - Total 24 Tabl auf 3 d verteilt mit Nahrung einnehmen:
    - Tag 1: 1x 4 Tabl sofort und 1x 4 Tabl nach 8 h
    - Tag 2: 2x 4 Tabl in 12 stündigem Abstand
    - Tag 3: 2x 4 Tabl in 12 stündigem Abstand
  - Die Dosierungen gelten für ein KG von 60-90 kg und sind bei schwereren Personen anzupassen.

  NW:
  - Kopfschmerzen
  - Bauchschmerzen, Inappetenz
  - Nausea, Erbrechen
  - Diarrhoe, Schwindel, Schlafstörungen
  - EKG: QT-Verlängerung, Risiko von Torsade de pointes!

  KI:
  - Niereninsuffizienz
  - Schwere Leberinsuffizienz

B.2. Therapie 2. Wahl
- Mefloquin LARIAM® (Tabl 250 mg)

  Allg:
  - Mit Nahrung einnehmen
  - Nicht anwenden bei Durchbruchsmalaria unter Mefloquinprophylaxe.

  Dos:
  - Patient $\leq$ 60 kg:
    - Initialdosis: 1 Tabl, dann 15 min warten, dann 2 Tabl
    - Nach 8 h: 2 Tabl (= **total 5 Tabl**)
  - Patient > 60 kg:
    - Initialdosis: ....1 Tabl, 15 min später 2 Tabl
    - Nach 8 h: ....2 Tabl
    - Nach weiteren 8 h: ....1 Tabl (= **total 6 Tabl**)
  - Max. Tagesdosis: 25 mg/kg

NW:
- Bauchschmerzen, Nausea, Erbrechen, Schwindel
- Konvulsionen
- Neuropsychologische Störungen: Halluzinationen, paranoide Reaktionen, Angstzustände u.a.
- Arrhythmien (v.a. zusammen mit Halofantrin): Bradykardie, AV-Block, Extrasystolen
- Hautausschlag, Haarverlust, toxische Epidermolyse
- Alpträume, Halluzinationen
- Leukopenie, Thrombozytopenie

KI:
- Epilepsie
- Vorgeschichte von psychischen Störungen
- Arrhythmie

B.3. Therapie 3. Wahl

- MALARONE® (1 Tabl: Atovaquon 250 mg + Proguanil 100 mg)

Allg:
- Nicht anwenden bei Durchbruchsmalaria unter MALARONE®-Prophylaxe.

Dos:
- Total 12 Tabl auf 3 d verteilt, mit Nahrung einnehmen:
  - Tag 1: 4 Tabl Einmaldosis
  - Tag 2: 4 Tabl Einmaldosis
  - Tag 3: 4 Tabl Einmaldosis

NW:
- Bauchschmerzen, Nausea, Erbrechen, Diarrhoe
- Aphtosis
- Kopfschmerzen
- Husten

B.4. Bei KI oder Unverträglichkeit der genannten Medikamente (B.1.-3.)

- Chinin (1 Tabl 250 mg Chinin-Sulfat)

Allg:
- Mit Nahrung einnehmen

Dos:
- Chinin-Sulfat ......500 mg PO alle 8 h für 7 d
  + Doxycyclin......1x 200 mg/d PO für 7 d
  oder:
  + Clindamycin ...300 mg alle 8 h für 7 d
- Umstellen auf **IV** Chinin bei Verschlechterung oder wiederholtem Erbrechen (ohne Ladedosis, siehe «Komplizierte Form»).

NW:
- Bei Chininüberempfindlichkeit (Cinchonismus):
  - Tinnitus, Sehstörungen, Kopfschmerzen, Übelkeit, Erbrechen, Arrhythmien, Konvulsionen

Bem:
- Regelmässige EKG-Kontrollen (QTc bestimmen)

1.2. Komplizierte Malariaformen

Allg:
- Komplizierte Malariaformen verlangen eine Bitherapie: A. Chinindihydrochlorid + B. Doxycyclin oder Clindamycin

Th: A. Chinindihydrochlorid initial **IV**, dann peroral mit Chinin-Sulfat weiterfahren

Gal:
- 1 Ampulle (5 mL) Chinindihydrochlorid enthält:
  - 1220 mg Chinindihydrochlorid
  - bzw. 1000 mg Chinin-Base (d.h. 200 mg Chinin-Base/mL)

Dos:
- Chinindihydrochlorid:
  - Ladedosis ....7 mg/kg über 30 min **IV**/100 mL G-5 %
  - direkt nach Ladedosis....10 mg/kg über 4 h **IV**/250 mL G-5 %
  - dann für 48 h.................Alle 8 h: 10 mg/kg über 4 h **IV**/250 mL G-5 %
  - anschliessend ....3x 600 mg/d **IV**, abwechselnd 4 h Chinin-Infusion, 4 h kein Chinin über mind. 48 h

Sobald wie möglich, Übergang in PO-Therapie mit Chinin-Sulfat:

- Chinin-Sulfat ....500 mg PO alle 8 h für 7 d

Und zusätzlich:

B. Doxycyclin oder Clindamycin

Dos:
- Doxycyclin ....2x 100 mg/d **IV** für 7 d
  oder:
- Clindamycin.......................300 mg **IV** alle 8 h für 7 d

Sobald wie möglich Übergang in PO-Therapie:

- Doxycyclin ....1x 200 mg/d PO für 7 d
  oder:
- Clindamycin.......................3x 300 mg/d PO für 7 d

Praktisches Beispiel - Komplizierte Malaria bei Patient mit 70 kg:

Initialtherapie

1. Chinindihydrochlorid
   - Ladedosis ....490 mg über 30 min **IV** (in 100 mL G-5 %)
   - direkt danach ....700 mg **IV** über 4 h in 100 mL G-5 %
   - dann während 48 h ..700 mg **IV** über 4 h in 100 mL G-5 %
2. Zusätzlich: Doxycyclin oder Clindamycin
   - Doxycyclin...............1x 200 mg/d **IV** für 7 d
     oder:
   - Clindamycin ....300 mg **IV** alle 8 h für 7 d

Nach Stabilisierung: Übergang auf perorale Therapie

1. Chinin-Sulfat ....500 mg PO alle 8 h für 7 d
2. + Doxycyclin ....1x 200 mg PO/d für 7 d

C. Austauschtransfusionsindikationen

Allg: • Infektio-Konsilium!

Ind: 1. Komplizierte Malaria, siehe «Schweregradkriterien», S. 778
2. Parasitämie > 5 % mit Komplikationen; bei Parasitämie > 30 % soll ein maschineller Austausch evoziert werden (Erythrozytapherese oder Vollblutapherese)
3. Disseminierte intravasale Gerinnung

Bem: • **Kortikoide sind** bei Malaria nicht indiziert!

Vorg: • **Verlaufskontrollen bei komplizierten Malariaformen**

1. Flüssigkeitsbilanz
   • Ziel: Euvolämie
2. Blutabstriche
   • Alle 12-24 h, dann 1x/d bis dass der mikroskopische Befund negativ ausfällt.
   • Ein Anstieg der Parasitämie ist häufig in den ersten 24 h, was aber keinen Therapiewechsel verlangt (ist nicht Resistenz verdächtig!)
3. Blutzuckerkontrollen wegen Hypoglykämiegefahr (initial 2-4x/h)
   • Bei Patienten unter Quinidin **IV**-Therapie
   • Bei vorhandenen Schweregradkriterien, siehe Tabelle 1, S. 778
4. Kontrolle der Parasitämie
   • Bei Parasitämie ≤ 5 %: 1-2x/d
   • Bei Parasitämie > 5 %: 6x/h
5. Kontrolle der Thrombozytenzahl
   • Initial 2x/d
6. Kontrolle des Röntgenthorax
   • Risiko eines ARDS (tritt typischerweise am 3.-4. Tag auf)

1.3. Verdacht auf Mefloquin resistente Pl. falciparum-Stämme

Th: • Diese Malariaformen verlangen eine Bitherapie:

1. RIAMET® oder MALARONE® oder Chinin, siehe S. 781
   und:
2. Doxycyclin 1x 200 mg/d für 7 d

1.4. Malaria während der Schwangerschaft

Allg: • Während der Schwangerschaft ist das Risiko einer fatal verlaufenden Malaria besonders hoch!

Vorg: • Engmaschige BZ-Kontrollen (***CAVE***: Hypoglykämie!)
• Frühzeitiges Konsilium mit Gynäkologie/Geburtshilfe

Th: A. Therapie der Wahl:
- Chinin ist die bevorzugte Therapie (**IV** oder PO, siehe S. 781)

B. Mefloquin ist in der Schwangerschaft erlaubt.

2. Therapie weiterer Malariaformen:

- **Gesicherte Pl. vivax, Pl. ovale, Pl. malariae (d.h. non-falciparum Malaria)**
- **Malaria falciparum aus folgenden Gebieten: Zentralamerika, nördlich des Panamakanals und Nordafrika**

Allg:
- Infekte mit Pl. vivax, ovale und malariae sind oft mild verlaufende Malariaformen. Sie können jedoch auch mit kompliziertem Verlauf auftreten (für Touristen aber praktisch nie tödlich).
- Diese Malariaformen können in der Regel ambulant behandelt werden.

Th: A. Kein Verdacht auf Resistenz
- Chloroquin (Patient mit ca. 80 kg KG)
  - Bsp:
    - RESOCHIN® Tabl 250 mg (= 155 mg Chloroquin-Base)
    - QUENSYL® Tabl 200 mg (= 155 mg Chloroquin-Base)
  - Dos:
    - Initialdosis ....5 Tabl (= 775 mg Base)
      und nach 6 h ....2.5 Tabl (= 387.5 mg Base)
    - Tag 2 ....2.5 Tabl (= 387.5 mg Base)
    - Tag 3 ....2.5 Tabl (= 387.5 mg Base)
  - NW:
    - Nausea, Stomatitis

B. Verdacht auf P. vivax-Resistenz (Indonesien, Papua-Neuguinea, Brasilien)
- Mefloquin, RIAMET® oder MALARONE® (siehe S. 780)

C. Bei Therapieversagen
- Mefloquin, RIAMET® oder MALARONE® (siehe S. 780)

D. Zusätzlich bei Pl. vivax- oder P. ovale-Infektion
- Ad. Elimination der Hypnozoiten (nach Ausschluss eines G-6-PD-Mangels (NW: Hämolysegefahr, Nausea, Erbrechen)
  - Primaquin 1x 30 mg/d PO (= 2 Tabl) für 14 d
- Diese Medikation soll nach Vorliegen des unauffälligen G-6-PD-Wertes unverzüglich begonnen werden, um den synergistischen Effekt mit dem Chloroquin zu nutzen.
- Falls zur Primärtherapie MALARONE® eingesetzt wurde, ist die Gabe von:
  - Chloroquin Base 100 mg/d über 10 d zusammen mit
  - Primaquin 30 mg/d zu erwägen.

  Das Primaquin wird dann noch weitere 4 d weitergeführt (10 d Chloroquin, 14 d Primaquin).

Primärprophylaxe der Malaria

Allg:
- Es gibt noch keine Impfung gegen die Malaria.
- Idealerweise sollte jeglichen Mückenstichen aus dem Wege gegangen werden. Es sind nur die weiblichen Anopheles, welche zwischen Sonnenuntergang und Sonnenaufgang die Malaria übertragen.
- Während dieser kritischen Stunden sollen lange Hosen und langarmige Hemden getragen werden. Die Knöchel sind v.a. exponiert! Die Kleider sollen mit einem Insektizid imprägniert werden.
- Spezielle Hautprodukte können die Insekten fernhalten, z.B.:
  - ANTIBRUMM Spray®, ZEDAN SP®, PARAKITO®, PARAZEET®, EFFITAN®.
- Schützende Tür- und Fensternetze halten die Insekten ebenfalls fern. Das Moskitonetz soll mit einem Insektizid imprägniert werden (Permethrin, Deltamethrin). Antiinsektenspray oder Insektizid-Spiralen sind zusätzlich hilfreich.

Vorg: **<u>Empfehlungen zur Prophylaxe gegen die Malaria</u>**

1. Die erste Dosis des Medikamentes muss vor **der Reise eingenommen werden**.
2. Die Prophylaxe muss während des ganzen Aufenthalts eingenommen werden (nach den Mahlzeiten).
3. **Die Antimalariamittel müssen nach dem Verlassen des Malariagebietes während einer gewissen Zeit weiterhin eingenommen werden:**
   - Patienten unter MALARONE®: **1 Woche**
   - Patienten unter allen anderen Antimalariamitteln: **4 Wochen.**

   Dies vermindert das Risiko der Vermehrung der Parasiten im Blut.

Chemosuppression der Malaria (Primärprophylaxe)	
Zone	**Therapie de Wahl**
Keine Chloroquin Resistenz	• Mefloquin
Chloroquin Resistenz	• Mefloquin oder: • MALARONE® (Atovaquon/Proguanil) oder: • Doxycyclin
Chloroquin und Mefloquin	• Doxycyclin

Tabelle 2: Chemosuppression der Malaria.

www.crm.de

Bsp:
- **Mefloquin** LARIAM® Tabl 250 mg; *Einnahmemodus: 1x/Woche*

  Dos:
  - Die Dosierung ist vom Körpergewicht abhängig:
    - 5-10 kg ....1/8 Tabl/Wo
    - 10-20 kg ....1/4 Tabl/Wo
    - 20-30 kg ....1/2 Tabl/Wo
    - 30-45 kg ....3/4 Tabl/Wo
    - > 45 kg ....1 Tabl/Wo
  - Die 1. Einnahme erfolgt 1 Wo vor der Reise, dann während des ganzen Aufenthaltes und während 4 Wo nach Verlassen des Malaria Risikogebietes.

  NW: • Siehe S. 781

  KI: • Siehe S. 781

  Bem: • Vorsicht im 1. Trimenon der SS (ist aber nicht kontraindiziert). Die gleichzeitige Einnahme von gewissen Medikamenten ist nicht kontraindiziert, wie z.B. Betablocker, Kalziumantagonisten, Antihistaminika, Trizyklika.

- **Doxycyclin** Tabl 100 mg; *Einnahmemodus: 1x/Tag*

  Dos:
  - 100 mg/d PO
  - Die 1. Einnahme erfolgt 1 Wo vor der Reise, dann während des ganzen Aufenthaltes und während 4 Wo nach Verlassen des Malaria Risikogebietes.

  KI: • Schwangerschaft

- **Atovaquon + Proguanil** MALARONE®

  Dos:
  - Patient > 40 kg: 4 Tabl/d (*single-dosis*) während 3 sich folgenden Tagen.
  - Die 1. Einnahme erfolgt 1 Wo vor der Reise, dann während des ganzen Aufenthaltes und während 1 Wo nach Verlassen des Malaria Risikogebietes.

  KI: • Schwere Niereninsuffizienz (Clearance < 30 mL/min)

  NW: • Siehe S. 781

INFEKT

Rickettsien - Rickettsiose [A79.9]

Allg:
- Rickettsien sind eine Gruppe von GRAM-negativen, aeroben, obligat intrazellulären Bakterien, die im Darmepithel von Arthropoden leben (z.B. in Zecken, Flöhen, Läusen).
- Sind ubiquitär; die verschiedenen Spezies sind aber nicht in allen Ländern vorhanden.
- Übertragung: Zeckenstich, Milbenbiss, mittels Kot der Läuse oder Flöhe
- Inkubation (je nach Typ): 4-20 Tage

Klin:
- Siehe Tabelle unten. Allen gemeinsam: Fieber, Myalgien, Arthralgien, Kopfschmerzen

Klas: **A. Rickettsiose der Gruppe der Boutonneuse-Fieber**

Bakterium	Lokalisation	Vektor	Reservoir	Erkrankung	Hautbefunde
R. conorii	Europa, Afrika, Indien	Zecke	Nager, Hund	Mittelmeerfieber	Dekubitus und Exanthem
R. africae	Afrika	Zecke	Nagetiere	Afrikanisches Zeckenfieber	Dekubitus und Exanthem
R. rickettsi	Amerika	Zecke	Nagetiere, Hund	Felsengebirgsfleck-fieber	Dekubitus und Exanthem
R. akari	Amerika, Asien, Afrika	Motte	Nagetiere	Rickettsienpocken oder vesikuläres Fieber	Dekubitus und Exanthem
R. australis	Australien	Zecke	Nagetiere	Queensland Zecken-fieber	Exanthem
R. sibirica	Europa, Asien	Zecke	Nagetiere	Sibirisches Zeckenfieber	Exanthem
R. japonica	Japan	Zecke	Nagetiere	Orientales Fleckfieber	Dekubitus und Exanthem

B. Gruppe «Typhus»

Bakterium	Lokalisation	Erkrankung, Klinik, Bemerkungen
R. prowazekii	Weltweit	**Klassisches epidemisches Exanthemfieber** • Vektor: Laus • Reservoir: Mensch
R. typhi	Weltweit	**Endemischer Typhus** (*typhus murin*) • Übertragung: durch kontaminierten Kot der Vektoren (Nager, Floh, Laus) • Klinik Kopfschmerzen, Fieber, Myalgie, multisystemische Dysfunktion (Meningoenzephalitis, interstitielle Pneumonie, Hepatitis u.a.)

C. Sonstige Rickettsiosen

Bakterium	Lokalisation	Erkrankung, Klinik
R. burnetii = *Coxiella burnetii*	Weltweit, v.a. im Gebirge	**Q-Fieber** (= *Query fever*) • Reservoir: Rinder, Ziegen, Schafe, Katzen, Hunde • Übertragung: - Transplazentar, Urin, Milch und Kot der Vektoren. - Der Mensch steckt sich v.a. durch Inhalation an (die Mensch-zu-Mensch-Übertragung ist wahrscheinl. selten). • Hochrisikogruppen: - Personen mit Viehkontakt, Laborangestellte • Klinik 60 % der Patienten sind asymptomatisch. 40 % der Patienten sind symptomatisch: - Hohes Fieber, starke Kopfschmerzen, Myalgien - Viszerale Erkrankungen: atypische Pneumopathie, granulomatöse Hepatitis. - Selten (aber gravierend): Perikarditis, Meningoenzephalitis, Myokarditis, Endokarditis

Dg:
1. Vorhandensein von Antikörpern (infolge indirekter Immunfluoreszenz dargestellt) in verschiedenen Flüssigkeiten: Serum, Urin, Liquor, Ergüssen, Ausflüssen.
   Die Immunfluoreszenz der Hautbiopsie bestätigt die Diagnose vor der Serokonversion, erlaubt es aber nicht, die Spezies zu diagnostizieren.
2. Direktnachweis der Rickettsia in der Biopsie der Hautläsion (wird i.d.R. nicht durchgeführt)

Th:
1. **AB-Therapie:** Doxycyclin 2x 100 mg/d PO während 7 d (KI bei SS; ad. Konsilium!)
2. **Symptomatische Therapie:** Analgesie, Fiebersenkung u.a.

Brucella - Brucellose[1-3] [A23.9]

Allg:
- Die Brucellose ist eine Zoonose, die durch direkten oder indirekten Tierkontakt auf den Menschen übertragen werden kann
- Brucellen sind GRAM-negative, fakultativ intrazelluläre Bakterien.
- Übertragung:
  - Einnahme von kontaminierten, nicht pasteurisierten Milchprodukten (häufigster Modus):
    - -- Milch, Weichkäse (importierte Käse!), Butter, Speiseeis
  - Einnahme von kontaminierten Innereien
  - Direktkontakt durch verletzte Haut oder Schleimhäute mit infizierten Tieren oder ihren Ausscheidungen
  - Inhalation von infektiösen Aerosolen
- Es gibt mehrere Brucella-Subspezies mit unterschiedlichen tierischen Wirten:
  - *Brucella abortus* (Kühe)
  - *Brucella melitensis* (Ziegen und Schafe)
  - *Brucella suis* (geringe Virulenz für Menschen; Reservoir: Schwein)
  - *Brucella canis* (geringe Virulenz für Menschen; Reservoir: Hund)

Klin:
- Symptome
  - Unspezifisch
  - Können langsam oder akut, meist 2-4 Wo nach Exposition einsetzen:
    - -- Fieber, Nachtschweiss
    - -- Unwohlsein
    - -- Inappetenz
    - -- Kopf- und Rückenschmerzen
    - -- Depressionen (häufig)
    - -- Manchmal übelriechender Schweiss
- Befunde
  - Hepatomegalie, Splenomegalie
  - Lymphadenopathie

Kpl:
- Diarrhoe oder Obstipation
- Hepatitis (Transaminasen normal oder leicht erhöht; keine Leberzirrhose nach Abheilung)
- Sakroiliits, Spondylitis ± paraspinale Abszesse
- Neurologische Störungen (selten):
  - Meningitis, Enzephalitis
  - Myelitis
  - Radikuloneuritis
  - Epiduralabszess
- Endokarditis (selten)
  - Haupttodesursache der Brucellose
  - Ein notfallmässiger Klappenersatz + AB-Therapie ist die Therapie der Wahl

Lab:
- Anämie
- Leukopenie
- Lymphozytose

Dg:
1. Sichere Diagnose
   - Isolierung des Keims im Blut, Knochenmark oder in einem befallenen Gewebe
   - WICHTIG: Labor vorwarnen wegen Ansteckungsgefahr!
2. Serologie
   - Die Diagnose einer Brucellose kann bei passender Klinik vermutet werden, wenn der Serumtiter der Antikörper > 1/160-320 beträgt.
   - Die Serokonversion und der Verlauf der Serologie können für die Diagnose einer Brucellose hilfreich sein.

Th:
1. **Kombinierte AB-Therapie**

   Allg:
   - Eine kombinierte AB-Therapie ist wegen hoher Rezidivrate unter Monotherapie zwingend.

   Th:
   1. **Kombinationstherapie der Wahl**
      - Doxycyclin ....2x 100 mg/d PO für 6 Wo
      - \+ Aminoglykosid:
        Gentamicin ....1x 5 mg/kg/d **IV** für 7 d
        oder:
        Streptomycin........1 g/d **IM** für 2-3 Wo
   2. **Alternative Kombinationstherapie**
      - Doxycyclin ....2x 100 mg/d PO für 6 Wo
      - \+ Rifampicin...........600-900 mg/d für 6 Wo

      oder:
      - TMP/SMX ....2x 1 Tabl FORTE (160 mg/800 mg)/d für 6 Wo
      - \+ Gentamicin ....1x 5 mg/kg/d **IV** für 14 d
2. **Symptomatische Therapie**

1 Angepasst nach: Pappas G et al. N Engl J Med 2005 ;352 :2325-36. 2 Roushan Clin Inf Dis 2006 ;42 :1075. 3 Falagas Antimicrob Agents Chemother 2006 ;50 :22.

Akute Tonsillopharyngitis[1] [J03.0]

Allg:
- Die Pharyngitiden sind mehrheitlich viraler Genese. Siehe «DD» unten.
- Unter den bakteriellen Pharyngitiden nehmen die **ß-hämolysierende Streptokokken der Gruppe A** (GABHS) eine spezielle Stelle ein, denn er trägt gewisse Komplikationsrisiken in sich wenn er nicht antibiotisch therapiert wird, (siehe unter «Kpl:»).
  Das rheumatische Fieber (RF) ist dank der AB-Therapie sehr selten geworden.
- Ein *Screening* des asymptomatischen Umfeldes (mittels Antigenschnelltest) ist nicht notwendig, und auch wenn diese Probanden einen positiven Antigenschnelltest zeigen würden, wäre eine Therapie nicht indiziert (Ausnahme: rezidivierende Infektionen im Stil «Ping-pong» innerhalb einer Familie).

Klin:
- <u>Klinik, welche eher bei einer bakteriellen Pharyngitis (GABHS) beobachtet wird</u>
  - Schneller Verlauf der Symptome (v.a. im Winter und Frühling)
    -- Halsschmerzen, Odynophagie, Fieber
    -- Pharyngitis mit Exsudaten (weissliche Ablagerungen an der Rachenhinterwand)
    -- Schmerzhafte zervikale Lymphadenopathien
- <u>Klinik, welche eher bei einer viralen Pharyngitis beobachtet wird</u>
  - Konjunktivitis, Husten, Rhinorrhoe

Dg:
1. **«Gold standard»: Kultur des Rachenabstriches (Resultat innerhalb von 24-48 h)**
   - Die korrekte Durchführung des Rachenabstriches ist sehr wichtig: Die Oberfläche beider Tonsillen und der Rachenhinterwand muss grosszügig abgestrichen werden!
2. **Antigenschnelltest** (Spezifität ≥ 95 %; Sensitivität 70-90 %).
   - Da die GABHS-Pharyngitis beim Erwachsenen (nicht beim Kind!) selten und das Risiko, ein rheumatisches Fieber zu entwickeln, sehr gering ist, kann sich die Diagnose allein auf den Antigenschnelltest abstützen, und dies ohne Bestätigung durch eine Kultur. [AII]

- In Einzelfällen kann die Kultur trotzdem erforderlich sein, z.B. bei hohem klinischem Verdacht auf eine GABHS-Pharyngitis mit negativem Antigenschnelltest.

DD:
- Virale Pharyngitiden: Rhino-, Adeno-, Corona-, Influenza-, Parainfluenza-, EBV, CMV, HIV
- Bakterielle Pharyngitiden: Streptokokken der Gruppe C oder G, Gonokokken, *Corynebacterium diphteriae* u.a.
- *Mycoplasma pneumoniae*-Pharyngitis, *Chlamydia pneumoniae*- oder -*psittaci*-Pharyngitis

Kpl:
- Peritonsillärabszess, zevikale Lymphadenitis, Sinusitis, Otitis
- Toxisches Schock-Syndrom (TSS), S. 43
- Akute Glomerulonephritis
- Rheumatisches Fieber (Häufigkeit beim Erwachsenen sehr niedrig: 0.5 - 30/100'000)

Vorg:

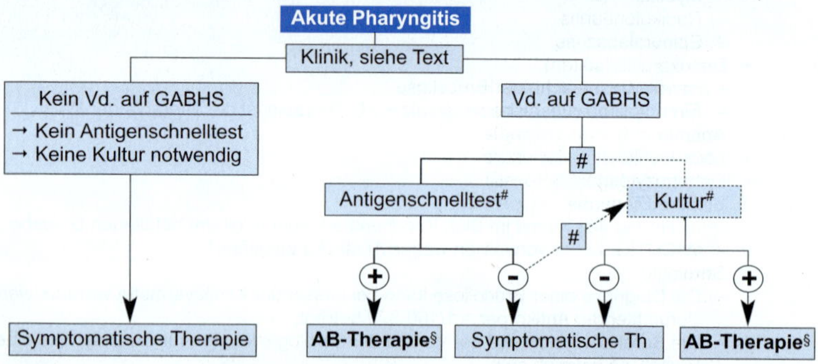

Algorithmus: Akute, nicht komplizierte Pharyngitis beim Erwachsenen.[1]

Th:

Antibiotika [AII]	Beispiele	Adm.	Dosierung/d	Therapiedauer
Betalaktame (= Therapie der Wahl)				
Penicillin V	PENICILLIN V AL®	PO	3-4 x 1-1.5 Mio IE	10 d
Amoxicillin	AMOXY-CT®	PO	3-4x 250 mg oder 2x 500 mg	10 d
Bei milder Betalaktam-Allergie				
Cefuroxim (axetil)	ZINNAT®	PO	2x 250 mg	6-10 d
Cefuroxim	ZINACEF®	**IV**	750 mg - 1.5 g alle 8 h	6-10 d
Bei Betalaktam-Kontraindikation				
Clarithromycin	KLACID®	PO, **IV**	<u>PO</u>: 2x 250 mg; **<u>IV</u>**: 2x 500 mg	10 d
Clindamycin	SOBELIN®	PO	3x 300 mg	10 d

\# Siehe Text unter «Dg:» (in der Seitenmitte)

§ Bei hohem klinischem Verdacht auf eine bakterielle GABHS-Pharyngitis mit negativem Antigenschnelltest, kann eine AB-Therapie trotzdem frühzeitig begonnen werden, sofern sie als sinnvoll erachtet wird (z.B. bei schwerer akuter Klinik, epidemiologischen Gegebenheiten). Die Antibiotikatherapie kann dann 24-48 h später, je nach Resultat der Kultur des Rachenabstriches, weitergeführt werden oder nicht.

1 Bisno AL, et al. Clin Infect Dis 2002 ;25 :113-25.

Rheumatisches Fieber (RF)[1,2] [I00]

Allg:
- Synonym: **Post-Streptokokkensyndrom**
- Es handelt sich um die Spätfolge einer bakteriellen GABHS-Tonsillopharyngitis, s. 788
- Das RF wird nicht direkt durch die Infektion selbst verursacht, ist aber die Folge einer Autoimmunreaktion, die unter anderem durch die GABHS-Pharyngitis zu Stande kommt (genetische Faktoren sollen ebenfalls eine Rolle spielen).
- Das RF selbst zeigt eine Spontanheilung, aber die Spätfolgen auf den Herzklappen (in den meisten Fällen handelt es sich um eine Mitralinsuffizienz) können chronisch progredient verlaufen.
- Altersgipfel 4-10 Jahre (selten < 3 bzw. > 30 Jahre)

Klin:
- 2-4 Wochen nach einer antibiotisch unbehandelten GABHS-Tonsillopharyngitis (s. 788):
  - Akutes Fieber
  - Akute wandernde Gelenkschmerzen (es sind v.a. die grossen Gelenke betroffen)
  - Thoraxschmerzen (Perikarditis)
  - Herzinsuffizienz infolge: Myokarditis, Endokarditis, Valvulopathie
  - Kutaner *Rash*
  - Neurologische Erkrankungen (z.B. SYDENHAM-Chorea)

Dg:
1. Vorgängiger Streptokokkeninfekt:
   a) Positive Streptokokken-Kultur (Rachenabstrich) bzw. positiver Antigenschnelltest oder:
   b) Serologie: erhöhte oder ansteigende Antistreptolysin-O Ak-Titer (ASLO)
2. **JONES-Kriterien** (2 Hauptkriterien oder 1 Haupt- und 2 Nebenkriterien):
   Hauptkriterien
   1) Karditis (Pankarditis, oft mit Klappengeräusch)
   2) Polyarthritis
   3) Chorea (SYDENHAM); evtl. längere Latenz (bis Monate)
   4) Erythema marginatum (blasses Zentrum)
   5) Subkutane ASCHOFF-Rheumaknoten von (Ellbogen, Knie, Fussgelenk u.a.)

   Nebenkriterien
   1) Arthralgie
   2) Fieber > 39°C
   3) BSG ↑ und/oder CRP ↑
   4) EKG: Verlängerung des PR-Intervalls

Lab:
- BSG ↑, CRP ↑
- Serologie: ASLO, anti-DNAse B
- Bakteriennachweis mittels Kultur

Th:
1. **Antibiotikatherapie**, siehe akute Tonsillopharyngitis, s. 788
2. **Symptomatische Therapie**
   Bsp: • Acetylsalicylsäure 2-3 g/d PO oder anderes NSAR oder Paracetamol
3. **Kortikoide** (Infektio-Konsilium)
   Ind: • Rheumatische Karditis
   Bsp: • Prednison 1 mg/kg/d PO
4. **Primärprophylaxe,** siehe «Kapitel Mitralstenose», s. 270
5. **Sekundärprophylaxe** (d.h. nach durchgemachtem rheumatischem Fieber)
   Ind:
   I. Personen, welche während der letzten 5 Jahre eine Streptokokkeninfektion erlitten haben.
   II. Personen mit hohem Rezidivrisiko einer GABHS-Tonsillopharyngitis, wie z.B.:
      - Kinder
      - Eltern von erkrankten Kindern
      - Lehrkräfte in Schulen mit Kleinkindern
      - Militärpersonen
      - Medizinisches Personal

   Bsp: • Siehe s. 270
   Bem:
   - Dauer der AB-Therapie, siehe s. 270
   - Rezidive bei nicht geschützten Personen > 35 Jahre sind sehr selten.
   - Infektio/Kardio-Konsilium

1 Bisno AL, et al. Clin Infect Dis 2002 ;25 :113-25. 2 Djani AS, et al. Circulation 1993 ;87 :302-7.

Epiglottitis [J05.1]

Allg:
- Schwerwiegende bakterielle Infektion der Epiglottis.
- Risikofaktoren:
  - Diabetes mellitus
  - Schlechte Dentalhygiene
  - Immunsuppression u.a.
- Die Epiglottitis ist bei Kindern selten geworden (Impfung gegen *H. influenzae Typ b*).
- 25-50 % der Patienten weisen eine Bakteriämie auf.
- 25 % der Patienten zeigen Lungeninfiltrate.

Urs:
- Häufig implizierte Keime:
  - *Haemophilus influenzae Typ b*
  - β hämolytische Streptokokken der Gruppe A

Klin:
- Schneller Verlauf:
  - Hohes Fieber (> 39°C)
  - Odynophagie
  - Sialorrhoe
  - Klossige Sprache
  - Inspiratorischer Stridor
  - Manchmal Fremdkörpergefühl
  - Larynxschiebeschmerz

> **Für die PRAXIS:**
> **Bei folgender Trias immer an eine Epiglottitis denken:**
> - **H**ohes Fieber
> - **O**dynophagie
> - **I**spiratorischer Stridor

Dg:
- **Es handelt sich um eine SCHNELLE klinische Diagnose!!**

WICHTIG:
Die Racheninspektion darf
NIE mit Zungenspatel durchgeführt werden
→ **Asphyxierisiko**!!!

DD:
- Bei Erwachsenen:
  - Virale Pharyngitis
  - Angioödem, S. 31
  - Fremdkörper
  - Psychogen
  - Funktionell
- Bei Kinder:
  - Laryngotracheitis (akuter infektiöser Krupp)
    - Allg: • Betrifft v.a. Kinder von 1-3 Jahren.
    - Urs: • Viral (Parainfluenza, Influenza, RSV u.a.)
    - Klin:
      - Status febrilis
      - Inspiratorischer Stridor
      - Bellender Husten
      - Dyspnoe
    - Th:
      1. Luft befeuchten
      2. Kortikoide:
         - Prednisolon: 1-2 mg/kg KG PO (Einzeldosis) oder:
         - Budesonid (z.B.: PULMICORT®): 2000 μg Inhalation mit Kompressionsvernebler
      3. Bei Therapieresistenz:
         - Hospitalisierung für ADRENALIN®-Inhalation

Kpl:
- Asphyxie während der Racheninspektion mit einem Zungenspatel (was bei Verdacht auf Epiglottitis strengstens **verboten** ist!)
- Pharynxödem, welches eine oro-pharyngeale Intubation verunmöglicht → **Notfall-Cricotomie!**
- Herzstillstand während der Intubation → **Notfall-Cricotomie!**
- Lungenödem nach der Intubation

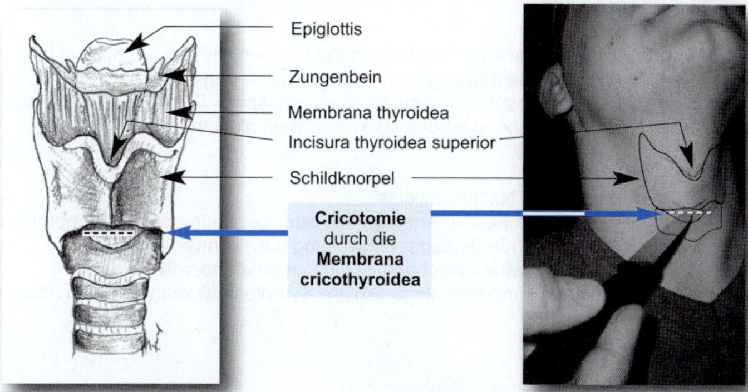

Illustrationen: Larynxanatomie und Notfall-Cricotomie.

Vorg: 1. **Allgemeinmassnahmen bei Verdacht auf Epiglottitis**

1.1. Kontinuierliche Überwachung mit Monitoring
- Risiko eines Atemstillstandes infolge mechanischer Obstruktion!

1.2. Peripher venösen Zugang sichern

1.3. ADRENALIN® Aerosol bei Bedarf:
- Aerosol: 3 mg ADRENALIN® (= 3 Amp) ± 1-2 mL NaCl 0.9 %.

2. Hospitalisierung und sofortiges HNO-Konsilium!

Allg:
- **Racheninspektion OHNE Zungenspatel.** Der Zungenspatel kann eine Asphyxie infolge Laryngospasmus und Epiglottis-Schwellung induzieren!
- Folgende Untersuchungen dürfen das weitere Vorgehen NICHT wesentlich verzögern:
  - Röntgenseitenbild des Halses (Interpretation der Weichteile)
  - Kulturen (Blut und Sputum)

Vorg: I. Patient mit Dyspnoe
- Tracheale Intubation im OPS

II. Patient ohne Dyspnoe
- Kein Konsens
- Eine prophylaktische Intubation ist nicht in allen Fällen notwendig.

3. AB-Therapie

Allg:
- 1. Wahl: Cephalosporin oder Amoxicillin/Clavulansäure
  - Cefuroxim ....ZINACEF® ....750 mg - 1.5 g **IV** (**IM**) alle 8 h
  - Ceftriaxon ....ROCEPHIN®........2 g **IV** alle 24 h
  - Amoxicillin/Clavulansäure....AUGMENTAN®....1.2-2.2 g **IV** alle 6-8 h
- Bei starker Penicillinallergie
  - Levofloxacin ....TAVANIC®............1x 500 mg/d **IV**

4. Kortikoide

Allg:
- Keine Evidenz!
- Keine Wirksamkeit bewiesen! Je nach hausinternen Guidelines werden Kortikoide trotzdem eingesetzt (z.B. URBASON® 1 mg/kg **IV**).

Osteomyelitis (OM) [vertebralis M46.2]

Allg:
- Es handelt sich um eine Infektion, welche den Knochen, das Knochenmark und das Periost betrifft.
- Eine OM kann wie folgt zustande kommen:
  - Hämatogen
  - Trauma, Chirurgie
  - *Per continuitatem*
- Die **Spondylodiszitis** ist eine Sonderform der OM, welche ihren Ursprung im Intervertebralraum sowie den angrenzenden Wirbelkörperplatten hat.

Klin:
- Knochenschmerzen (spontan und bei Perkussion); später Rötung und Schwellung.
- Der Patient (oft Kinder) belastet das betroffene Bein nicht mehr!
- Unspezifische Müdigkeit
- Fieber
- Unwohlsein, manchmal Nachtschweiss
- Eine OM kann, bei bestehender Arteriopathie oder bei Neuropathie, asymptomatisch sein (!) und die lokalen Befunde (Rötung, Schwellung u.a.) können fehlen.
- In der Spätphase kann eine Lymphangitis mit Lymphadenopathie auftreten.
- Eine Spondylodiszitis kann sich als radikuläre Symptomatik manifestieren (Dermatome)

Lab:
- Entzündugsparameter:
  - CRP ↑
  - BSG ↑
  - Leukozytose mit Linksverschiebung, S. 1417
- Kulturen
  - Biopsie/Punktion: Knochen, Bandscheibe, Abszess
  - Blutkulturen

Für die PRAXIS:
Der Abstrich einer Fistel ist bei chronischer Osteomyelitis nicht aussagekräftig!

Dg:
- Knochen- und/oder Bandscheibenkultur

Rx:
- MR (Bildgebung der Wahl) oder CT
- PET Scan
- Knochenszintigraphie (Suche nach multiplen Herden)

Bsp:
- MR bei einem Kind mit akuter Osteomyelitis

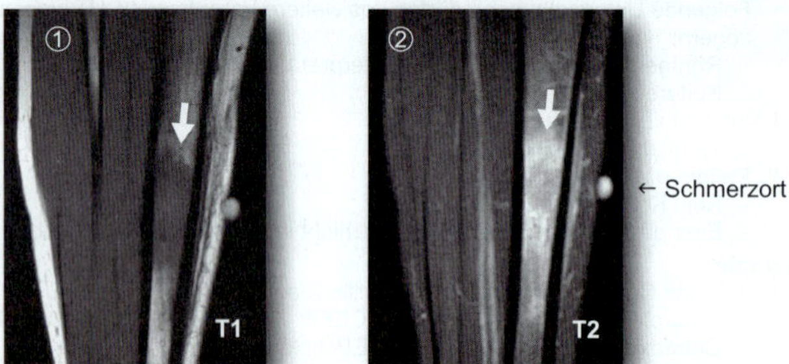

①, ② Hyposignal in T1 und Hypersignal in T2 = **Ödem der Spongiosa**.

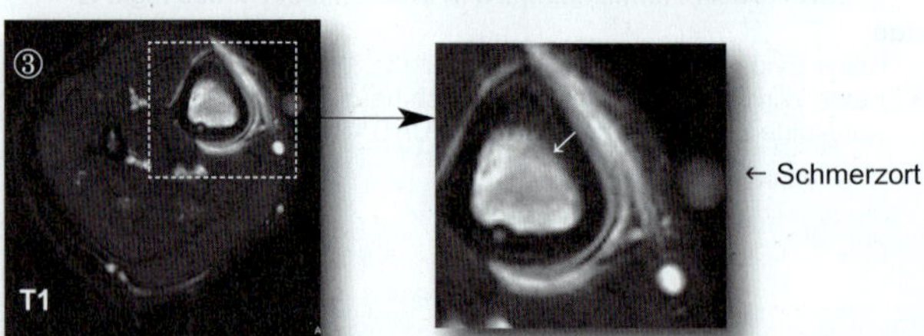

③ Nach Gadolinium-Gabe entsteht in der Region des Periostes ein Hypersignal in der T1 Sequenz. Dies entspricht der **Periostreaktion.**

Akute Osteomyelitis

Allg:
- Die akute Osteomyelitis ist ein **medizinisch-chirugischer Notfall!**
- Lokalisationen: lange Röhrenknochen, Wirbelkörper

Urs:
- Häufige Keime:
  - *Staphylococcus aureus*
  - GRAM-negative Stäbchen

Kpl:
- Periduraler Abszess bei Spondylodiszitis
- Sepsis!

Vorg:
- Die Abnahme von Kulturmaterial soll IMMER angestrebt werden, da Knocheninfekte schwierig zu behandeln sind und eine lange Therapie benötigen (siehe oben)!
- Nach der Diagnostik werden folgende Massnahmen getroffen:
  - Beginn einer empirische AB-Therapie und Umstellung auf gezielte Therapie gemäss Kulturresultat für insgesamt 6 (-8) Wo
  - ± Chirurgischer Eingriff (Débridement, Sequester Exzision)
  - Thromboembolieprophylaxe (NMH) + Ruhe

Th:
- In der Akutphase wird, falls der klinische Zustand stabil ist, die **empirische AB-Therapie NACH erfolgter Abnahme der Kulturen begonnen**:

  a) Therapie der Wahl
  - Amoxicillin/Clavulansäure ......3-4x 2.2 g **IV**/ 24h

  b) Bei hohem Verdacht auf MRSA
  - Vancomycin ....1 g **IV** alle 12 h

  Therapie nach Erhalten der Mikrobiologieresultate anpassen!

Chronische Osteomyelitis

Allg:
- I.d.R ist die chronische OM mit Sequestern assoziiert (= nekrotisches Knochenfragment).
- Die Entnahmen von Biopsien für die Mikrobiologie ist essentiell, da chronische Knocheninfekte schwierig zu behandeln sind und eine lange Therapie benötigen!

Vorg:
1. Débridement
2. AB-Therapie (dem AB-Gramm anpassen). Dauer der AB-Therapie 3 Monate!
3. Spezialfälle:

Chronische Osteomyelitis bei Arteriopathie oder Neuropathie (Mal perforans)

Allg:
- Risikofaktoren:
  - Diabetes mellitus mit Neuropathie
  - Neurologisches Defizit
  - Atherosklerose, PAVK
- Diabetischer Fuss beim Diabetiker ohne Osteomyelitis, siehe, S. 667

Dg:
- Radiologische Bildgebung. Konventionelle Röntgenbilder sind bei bestehender Osteolyse ausreichend, sonst ad. MR.
- Knochenbiopsie (→ Histologie und Kulturen)

Vorg:
- Fussulzera sind oft oberflächlich polymikrobiell besiedelt → der Oberflächenabstrich ist deswegen nicht zuverlässig.
- Die diagnostische Aussagekraft der Proben für die mikrobiolische Diagnostik verhällt sich wie folgt: Biopsie > Curettage > Aspirat > Abstrich.
- Patienten, welche schon oft AB-Therapien erhalten haben entwickeln häufiger multiresistente und GRAM negative Keime.

Th:
- **Chronische Osteomyelitis bei diabetischem Fuss**
  1. Therapie der Risikofaktoren
  2. Revaskularisation immer angstreben!!
  3. Débridement; falls notwendig. ad. Amputation (ad. Infektio-Chirurgie-Konsilium!)
  4. Mögliche empirische orale AB-Therapie (Dauer 3 Monate)
     - Amoxicillin/Clavulansäure ....3x 625 mg/d PO
     - Clindamycin 3x 300-600 mg + Ciprofloxacin 2x 500-750 mg/d PO

     Nach erhalten den mikrobiologischen Resultaten soll die Therapie angepasst werden.

Chronische Osteomyelitis assoziiert mit prothetisches Material

Allg:
- Diese OM sind komplexe Fälle und eine multidisziplinäre Behandlung ist immer notwendig (Orthopäde, Infektiologe).
- Die Antibiotika-Gabe darf NIE der vor dem chirurgischen Probegewinn (für Histologie + Kultur) eingeleitet werden. Es müssen mindestens 3x Biopsien durchgeführt werden.

MSSA - Methicillin sensibler Staphylococcus aureus

Allg:
- MSSA sind Methicillin (Oxacillin)-sensible S. areus (GRAM-positive Kokken).
- Ca. 15-30 % der Bevölkerung sind gesunde MSSA-Träger (Nasen, Rachen, Inguina).
- Unter den MSSA gibt es Penicillin-sensible und -resistente Stämme.
- *Staphylococcus aureus* (S. aureus) sind sogenannte **koagulase-positive** Staphylokokken, die, z.B. im Gegensatz zum *Staphylococcus epidermidis* (= koagulase-negative Staphylokokken), virulenter sind.
- Die MSSA können sowohl im Spital (= nosokomial), als auch ausserhalb des Spitals erworben werden.
- Die MSSA verursachen 10-15 % der nosokomialen Infektionen.

Klin:
1. **Staphylokokken Endokarditis/Sepsis**, s. 855
2. **S. aureus Sepsis**

Allg:
- Eine positive Blutkultur mit S. aureus ist i.d.R. eine «wahre positive» Blutkultur (d.h. praktisch NIE als Kontamination zu beurteilen)!
- Primär- und Sekundärherde der S. aureus Bakteriämie müssen aktiv gesucht werden.

Klin:
- Klinische Zusammenhänge bei S. aureus Bakteriämie:
  - **Endokarditis**
    - Bei neuaufgetretenem oder verändertem Klappeninsuffizienzgeräusch muss eine Endokarditis ausgeschlossen werden: TTE ± TEE immer indiziert, auch wenn eine andere Infektion schon diagnostiziert ist.
    - Nach abgenommenen Blutkulturen ad. empirische AB-Therapie, s. 795
  - **Septische Thrombose**
    - Daran denken bei:
      - Katheterassoziiertem Infekt
      - **IV**-Drogenabusus
      - Persistierender Bakteriämie (> 24 h) ohne klarem Primärfokus
  - **Osteomyelitis, Spondylodiszitis**
    - Daran denken bei:
      - Bewegungs- und belastungsabhängigen Knochenschmerzen (aber auch bei Ruheschmerz)
      - Subfebrilen Temperaturen und Rückenschmerzen
  - **Arthritis** (ad. Gelenkpunktion, s. 986)
  - **Pneumonie**
    - Oft nosokomial (bis 25 % aller nosokomialen Pneumonien; v.a. bei intubierten Patienten)
    - Tritt typischerweise nach einem Influenzavirus-Infekt auf.
    - Gelegentlich schwere, nekrotisierende Pneumonien, die durch toxinproduzierende S. aureus-Stämme verursacht werden. Diese sog. PVL-Toxine (Panton-Valentine-Leucocidin) werden häufiger von den «Community-acquired MRSA» (s. 797) gebildet, können aber auch von den MSSA produziert werden.
  - **Katheter-assoziierter Infekt**, siehe s. 816

Vorg:
- Vor Beginn der empirischen AB-Therapie, die rasche eingeleitet werden muss, sollen folgende Abklärungen/Untersuchungen gemacht werden:
  a) Abnahme von mind. 2 Blutkulturen (BK), wovon:
    - Mind. 1 BK «frisch gestochen»
    - 1 BK aus jedem intravasal liegenden Katheter (aus dem Port-a-Cath® sollen 2 BK abgenommen werden, ad. Infektio-Konsilium).
  b) Bei Hautinfekt/Hautwunde: Abstrich + Kultur
  c) Bei Katheter in situ: immer Katheter wechseln + Kultur der Katheterspitze
  d) Bei Port-a-Cath®: ad. Infektio-Konsilium
  e) Bei Pneumonie: Bronchialsekretanalyse, evtl. broncho-alveoläre Lavage
    - Die initiale AB-Therapie wird bei Ausschluss einer Endokarditis (s. 852) und eines septischen Schockes (s. 37) ohne Aminoglykoside eingeleitet.
    - Dauer der AB-Therapie (**IV**):
      - Ohne Sekundärfokus: 2 Wo
      - Mit Sekundärfokus: > 2 Wo (je nach Diagnose, ad. Infektio-Konsilium)
    - Eine Kontroll-Blutkultur ist 24-48 h nach Beginn der AB-Therapie empfohlen (zum Beweis, dass der Patient nicht mehr bakteriämisch ist)

Th: **Zu vermeidende therapeutische Fehler bei Stphylokokkeninfekt:**
- Nie Chinolone in Monotherapie einsetzen (schnelle Resistenzentwicklung).
- Nie Rifampicin in Monotherapie einsetzen (schnelle Resistenzentwicklung).
- Rifampicin nur im Kombinationstherapie benutzen, wenn das zweite Antibioikum ebenfalls wirksam ist (bestätigt mittels Antibiogramm!)
- Nie Amoxicillin/Clavulansäure für eine ZNS-Infektion einsetzen (Clavulansäure penetriert ungenügend durch die Meningen).

Allg:
- Die empirische Therapie wird der lokalen Resistenzsituation angepasst:
  - Amoxicillin/Clavulansäure oder Flucloxacillin
  - Hoher Verdacht auch MRSA: Vancomycin in Betracht ziehen.
- Aminoglykoside werden initial nur in folgenden Situationen zusätzlich eingesetzt:
  - Septischer Schock
  - Verdacht auf Endokarditis

Klin: **1. Penicillin-sensible MSSA**

Allg:
- Bevor ein S. aureus als Penicillin-sensibel (Penicillin, Amoxicillin) betrachtet werden kann, muss man sicher sein, dass er keine induzierbare Penicillinase produziert (Rücksprache mit mikrobiol. Labor).
- Nur 5-15 % aller S. aureus sind Penicillin-sensibel!

Dos:
- Folgendes Therapiestrategie kann erst nach Erhalten des AB-grammes angewendet werden! Therapiedauer, je nach Indikation (ad. Konsilium).

Unkomplizierte Infekte	
Amoxicillin	3x 750 g/d PO für 5-10 d
Clindamycin (AB-gramm prüfen)	3x 300-600 mg/d PO für 5-10 d
TMP/SMX (AB-gramm prüfen)	2x 1 Tabl FORTE/d PO für 5-10 d
Cefuroxim	2x 250 mg/d PO für 5-10 d
Mittelschwere Haut-/Weichteil-Infekte	
Penicillin	4x 4 Mio IE/d **IV** 3-14 d; je nach Verlauf, ad. orale Therapie (siehe «Unkomplizierte Infekte», oben)
Schwer- bis schwerstgradige Infekte (z.B. Osteomyelitis, Bakteriämie, Meningitis)	
Penicillin	6x 4 Mio IE/d **IV**
Amoxicillin	6x 2 g/d **IV**

2. Betalaktamase produzierende MSSA

Vorg:

Unkomplizierte Infekte	
Amoxicillin/Clavulansäure	3x 625 mg -1 g/d PO für 5-10 d
Clindamycin (AB-gramm geprüft)	3x 300-600 mg/d PO für 5-10 d
TMP/SMX (AB-gramm geprüft)	2x 1 Tabl FORTE/d PO für 5-10 d
Cefuroxim	2x 250 mg/d PO für 5-10 d
Mittelschwere Infekte	
Amoxicillin/Clavulansäure	3x 2.2 g/d **IV** 3-14 d (Umstellung auf PO je nach Ansprechen)
Flucloxacillin	4x 2 g/d **IV** für 3-14 d (Umstellung auf PO je nach Ansprechen auf Amoxicillin/Clavulansäure)
Schwer- bis schwerstgradige Infekte (Osteomyelitis, Bakteriämie, Meningitis u.a.)	
Amoxicillin/Clavulansäure	4-6x 2.2 g **IV**
Flucloxacillin	4-6x 2 g/d **IV** Flucloxacillin ist dem Amoxi./Clav. bei schweren, dokumentierten, reinen S. aureus Infekten vorzuziehen (aber nur falls Mischinfekt ausgeschlossen!)
Verdacht auf MRSA-Infekt (Kriterien, siehe S. 797)	Vancomycin 2x 1 g/d **IV** (ad. Infektio-Konsilium)
Endokarditis	Siehe S. 854

3. **Alternativen bei Penicillinallergie**

I. Penicillinallergie vom Spättyp (Exanthem, medikamentöses Fieber)

- Unkomplizierter Infekt (je nach AB-gramm)
  - Cefuroxim 2x 250 mg/d PO für 5-10 d
  - TMP/SMX 2x 1 Tabl FORTE/d PO für 5-10 d
  - Clindamycin 3x 300-600 mg/d PO für 5-10 d
- Komplizierter Infekt (ad. Infektio-Konsilium)
  - Cefazolin 4x 2 g/d **IV**
  - Cefuroxim 3-4x 1.5 g/d **IV** (total: 4.5-6.0 g/d)

II. Mögliche Penicillinallergie vom Soforttyp (Urtikaria, Angioödem, Bronchospasmus, Anaphylaxie):

- Unkomplizierter Infekt (je nach AB-gramm)
  - TMP/SMX 2x 1 Tabl FORTE/d PO für 5-10 d
  - Clindamycin 3x 300-600 mg/d PO für 5-10 d
- Komplizierter Infekt: ad.empirische AB-Therapie
  - Vancomycin 2x 1 g **IV**/d

  und anschliessend Infektio-Konsilium!

Beispiel: Kontaktisolation multiresistente Bakterien (MRSA) für Hausarztpraxis	
Krankengeschichte	Eventuell kennzeichnen.
Handschuhe	■ Bei jedem physischen Patientenkontakt
Händedesinfektion	■ Vor und nach jedem Patientenkontakt ■ Händedesinfektion **nach** Handschuhe ausziehen
Überschürzen	■ Bei engem Körperkontakt: Bei Hilfeleistungen wie z. B. An- und Ausziehen ■ Gebrauchte Überschürzen nach Untersuchung in die Wäsche geben
Chirurgische Maske	■ Nur Personal: bei Manipulationen an Tracheostoma.
Warteraum	■ Wie die anderen Patienten, jedoch ohne physischen Kontakt mit denselben. ■ Patienten müssen nicht zwingend an Randstunden betreut werden. ■ Keine Desinfektionsmassnahmen
Patienten WC	■ Keine besonderen Massnahmen
Untersuchungsraum	■ Entfernen von Material aus dem Raum nicht nötig ■ Untersuchungsliege abdecken, Unterlage nach Untersuchung entsorgen. Liege anschliessend mit Desinfektionsmittel (z.B. Ethanol 70 % denat.) wischdesinfizieren ■ Keine Bodendesinfektion
Instrumente, Geräte etc.	■ Je nach Instrument, dieses nach Gebrauch direkt in Instrumentenwaschmaschine legen oder in Desinfektionsmittellösung einlegen oder mit Desinfektionsmittel abreiben (z.B. persönliches Stethoskop). ■ Geräte, die während der Untersuchung berührt wurden, z.B. Tastatur, mit Desinfektionsmittel abreiben.
Röntgen	■ Röntgenplatte in Plastikhülle einpacken, nach Gebrauch auspacken und wischdesinfizieren. Bleischürzen und -kragen wischdesinfizieren. ■ CT-Liege mit Plastikfolie schützen, nach Gebrauch mit Desinfektionsmittel abreiben. Alle Berührungspunkte desinfizieren.
Wäsche/Abfall	■ Keine besonderen Massnahmen
Private Begleitpersonen	■ Keine besonderen Massnahmen
Meldung an	■ Bei Zuweisung an andere Ärzte oder Einweisung in ein Spital

Tabelle: Beispiel einer Kontaktisolation bei multiresistenten Bakterien (MRSA).[2]

WICHTIG für den Benützer dieser Tabelle:
Die neueste Version der Kontaktisolation soll jeweils im folgenden WEB-Link verifiziert werden:

www.ifik.unibe.ch/files/uploads/content/merkblat_mrsa_ha.pdf

1 www.ifik.unibe.ch/files/uploads/content/merkblat_mrsa_ha.pdf

MRSA - Methicillin resistenter Staphylococcus aureus[1-3]

Allg:
- MRSA sind Methicillin (Oxacillin)-resistente S. aureus (GRAM-positive Kokken).
- Die Häufigkeit der MRSA variiert stark in den verschiedenen geographischen Regionen und beträgt zwischen < 1 % bis 30 % der isolierten spitalinternen Stämme der *Staphylococcus aureus*.
- Häufige Lokalisationen der MRSA:
  - a) Kolonisation (ohne Infektion)
    - Nasen (Vestibulum nasi)
    - Rachen
    - Hautfalten: Axilla, Inguina, Intimbereich
    - Nicht-intakte Hautstellen (Ulzera, Wunden, Ekzeme)
  - b) Infektion (häufig)
    - Haut, Weichteil
    - Katheterinfekt mit oder ohne Bakteriämie
- Die Resistenz der MRSA beruht auf einer Modifikation Penicillin-bindenden Proteine, sodass alle üblichen Betalaktame (Penicilline, Cephalosporine, Carbapeneme u.a.) unwirksam sind.

> **Für die PRAXIS: Übertragungsmöglichkeiten von MRSA**
> ☛ **Hände des betreutenden Personals/Ärzte** (mehr als Vektor denn als Reservoir)! **Die Handhygiene ist somit ESSENZIELL!!!**
> ☛ **Kolonisierte oder infizierte Patienten (Reservoir)**
> ☛ **Das PERSONAL MUSS BEI internen oder externen Verlegungen von MRSA-Patienten benachrichtigt werden!**

Klas: **I. Nosokomial erworbene MRSA** (im Spital erworben)

Allg:
- Nosokomial erworbene MRSA-Stämme sind häufig multiresistent (dies im Gegensatz zu den «Community-acquired MRSA», s. 798)!
- 25 % der MRSA-Träger entwickeln im Verlauf eines Akutaufenthaltes im Spital eine MRSA-Infektion!
- **Risikofaktoren eine nosokomiale MRSA-Infektion zu erwerben**
  - Kontakt mit MRSA-kolonisierten oder infizierten Patienten
  - Bekannte MRSA-Kolonisation
  - Hospitalisierung innerhalb der vergangenen 12 Monate
    Lange Hospitalisierungsdauer (> 14 d)
  - AB-Einnahme in den vergangenen 3 Monaten (v.a. Chinolone)
  - Transferpatienten:
    - Aus Gebieten mit hoher MRSA-Prävalenz
  - Hospitalisierung in einer Intensivstation oder einer Station für Verbrennungen
  - Bewohner von Altersheimen oder Institutionen für Langzeitbehandlung
  - **IV**-Drogenabusus

Klin:
- Typische klinische Manifestationen:
  - Haut-Weichteilinfekt
  - Osteomyelitis
  - Sepsis
  - Endokarditis
  - Arthritis, Bursitis

Th: **A. Dekolonisierung**

Allg:
- MRSA kolonisieren vor allem folgende Körperregionen (= potentielle Eintrittspforte und Lokalisation einer möglichen Übertragung):

Ind:
- Indikation wird von der hausinternen Spitalhygiene bestimmt.

Vorg:
- Die Dekolonisierung besteht aus:
  1. Topischem AB auf die Nasenschleimhaut (keine topischen AB auf Haut oder Wunden, da erhöhte Resistenzbildung)
  2. Desinfektion von Haut und Mundschleimhaut

Bsp:
- Kontaktisolation gemäss internen Richtlinien. Siehe auch Tabelle s. 796
  ☛ www.ifik.unibe.ch/de/index/infektiologie/spitalhygiene.php

B. Infektion mit MRSA

Vorg:
- Infektio-Konsilium
- Wenn eine empirische AB-Therapie erfordert ist:
  - Vancomycin 1 g **IV** alle 12 h (Dosisanpassung bei Niereninsuff.)

INFEKT

1 Zimmerli W. Schweiz Med Forum 2005 ;5 :1285-7. 2 Harbarth S et al. Emerg Infect Dis 2005 ;11 :962-5. 3 Daum RS. N Engl J Med 2007 ;357 :380-90.

II. Community-acquired MRSA (CA-MRSA)

Allg:
- Genotypisch sind CA-MRSA gekennzeichnet durch das Vorhandensein von spezifischen Staphylokokken Chromosom-Kassetten (SSCmec Typ IV) und Produktion des Panton-Valentin-Leukocidin-Toxin (**PVL-Toxin**; wird von ca. 70 % der CA-MRSA-Stämme produziert).
- Das PVL-Toxin kann mittels spezifischer PCR bestimmt werden.
- Die CA-MRSA sind in der Schweiz noch selten (aber Trenz ansteigend). Eine Genferstudie zeigte eine Kolonisationsprävalenz von 3 % unter 14'253 Spitaleintritten.[2]
- CA-MRSA sind häufig nicht multiresistent (im Gegensatz zu den nosokomial erworbenen MRSA-Stämmen).
- CA-MRSA sind häufig sensibel auf:
  - TMP/SMX, Clindamycin, Rifampicin, Doxycyclin, Gentamicin. Aber ein Antibiogramm ist immer notwendig!
- **Risikosituationen für eine CA-MRSA-Übertragung/Risikogruppen:**
  - Enge Kontakte mit Patienten mit bewiesener CA-MRSA-Infektion
  - Geschlechtsverkehr zwischen Männern
  - Kinder
  - Kampfsportarten
  - Personen mit Vorgeschichte einer CA-MRSA-Infektion
  - **IV**-Drogenabusus

Klin:
- Das PVL-Toxin ist für folgende klinischen Manifestationen verantwortlich:
  a) Haut- und Weichteilbefall
  - Hautnekrosen
  - Furunkel (oft rezidivierend oder persistierend)
  - Follikulitis, Impetigo, Abszessbildung
  - Nekrotisierende Fasziitis, s. 1088

> **Für die PRAXIS**
> Bei rezidivierenden oder therapieresistenten Furunkeln soll an ein CA-MRSA gedacht werden und eine infektiologische Untersuchung verlangt!

  b) Lungenbefall
  - Schwere nekrotisierende Pneumonien

Th:

A. Dekolonisierung

Ind:
- Die Indikation wird von der hausinternen Spitalhygiene bestimmt.

Vorg:
- Siehe nosokomialer MRSA, s. 797

B. Infektion mit CA-MRSA

Allg:
- Bei Infektionen mit CA-MRSA benötigen ein Infektio-Konsilium.

Vorg: A. Nicht hospitalisierte Patienten
- Bei **Abszess** inzidieren (± Drainage)
- Lokale Massnahmen (spülen mit Desinfektionsmittel) können bei wenig ausgedehnten Befunden genügend sein.
- Eine AB-Therapie wird je nach Klinik eingeleitet:. Beispiel einer systemischen, AB-Therapie (falls vom Infektiologen vorgeschlagen und durch ein Antibiogramm geprüft):
  - Clindamycin ....3x 300-600 mg/d PO
  - TMP/SMX..............2x 1-2 Tabl FORTE (160 mg/800 mg)/d PO
  - Doxycyclin ....2x 100 mg/d PO

B. Hospitalisierte Patienten
- Bei **Abszess** IMMER inzidieren (± Drainage)
- Systemische AB-Therapie

  a) 1. Wahl
  - Vancomycin .....2x 1 g **IV**/d (Infusionsdauer > 1 h)

> **Für die PRAXIS:**
> - Dosisanpassung bei Niereninsuffizienz!
> - Langsame Infusion wegen Hypersensibilitätsreaktionen in Form von Anaphylaxie oder dem *Red-man-Syndrom* (unter anderem infolge Histaminausschüttung) → Infusionsgeschwindigkeit reduzieren!!

  b) Alternative AB bei CA-MRSA (je nach Antibiogramm)
  - Clindamycin ......3x 300-600 mg/d **IV**
  - TMP/SMX ....2x 1-2 Tabl FORTE (160 mg/800 mg)/d PO

2 Harbarth S et al. Emerg Infect Dis 2005 ;11 :962-5.

Bem: **Kontrolle der Übertragungsherde und Übertragungs-Prävention**

- Kontaktisolierung/Massnahmen gegen Kontakt der neu kolonisierten, infizierten oder verdächtigen Personen, z.B. (Rücksprache mit hausinterner Spitalhygiene)
- Kontaktisolation gemäss internen Richtlinien. Siehe auch Tabelle S. 796

✓ Hausinterne GUIDELINES

Diphtherie [A36.9]

Allg:
- Erreger: ***Corynebacterium diphtheriae***. GRAM-positives, aerobes Stäbchen.
- Das ausgeschiedene Toxin (nicht jeder Diphtheriestamm bildet Toxine) ist kardio-, neuro-, hepato- und nephrotoxisch.
- Übertragung: Tröpfcheninfektion (betrifft die Rachendiphtherie)
- Inkubationszeit 1-7 Tage

Klin:
- Klinische Manifestationen:
  1. Lokalinfektion: Rachendiphtherie
     - Angina mit haftenden, weisslichen Belägen, welche beim Abstreifen bluten (= Pseudomembranen)
     - Blutiger Schnupfen
  2. Kutane Diphtherie
     - Lokale Hautulzera ohne Systemtoxizität
  3. Systemische Infektion (Beginn 4-5 Tage nach der Lokalinfektion)
     - Myokardtoxizität: Myokarditis (Klinik: Herzinsuffizienz, AV-Block)
     - Neurogene Toxizität: Paralysen, Hyposensibilität

Kpl:
- Sepsis
- Myokarditis
- Neuritis
- Niereninsuffizienz

Dg:
1. Anamnese und Klinik
2. Kultur und Toxinnachweis aus Wundenabstrichen (das Mikrobiologielabor muss vorher informiert werden!)

Vorg:
- Bei Vd. auf Diphtherie:
  - **Isolierung des Patienten** (Tröpfchenisolation)
  - Nasen- und Rachenabstrich
  - Dann SOFORTIGER Therapiebeginn!

Th:

1. **Diphtherie-Antitoxin**

   Allg:
   - Das Diphtherie-Antitoxin wird vom Pferd gewonnen. Vor der Verabeichung ist die Verträglichkeit durch Befragung und evtl. Hautteste abzuklären.

   Dos:
   - A. Lokalisierter Diphtherie und kurze Krankheitsdauer (≤ 48 h):
     → 10'000-40'000 IE **IM**
   - B. Extensive Membranen, toxische Dyphtherie oder Krankheitsdauer ≥ 72 h:
     → 40'000-120'000 IE **IM**
   - C. Toxigene Diphtherie (die Anwendung des Antitoxins ist umstritten; Expertenmeinung):
     → 20'000-40'000 IE **IM**

   Bsp:
   - Diphtherie-Adsorbat-Impfstoff Behring® (Verfügbarkeit mit Firma abklären)

2. **AB-Therapie** (in allen Fällen)

   Vorg:
   - AB der Wahl: Penicillin
     - Initial **IV**: Penicillin G (= parenterale Form)
       - Benzylpenicillin 50'000 IE/kg/d **IV** aufgeteilt in 4-6 h-Intervallen
     - Sobald der Patient gut schlucken kann wird auf PO umgestellt (Gesamttherapie 14 d):
       - Phenoxymethylpenicillin: 50 mg/kg/d PO aufgeteilt in 6 h-Intervallen

   Alternativtherapie:
   - Makrolid
     - Erythromycin 2x 20-25 mg/kg/d **IV** während 7-14 d
     - Umstellung auf PO bei günstigem Verlauf.

3. **Isolationsmassnahmen - Umgebungsabklärung - Prophylaxe**

   Vorg:
   - Infketiologisches/Spitalhygienisches Konsilium

4. **Grundimmunisierung** gemäss Impfscheman (siehe BAG: www.bag.admin.ch)

   Bem:
   - Die Erkrankung erzeugt keine Immunität.

Tetanus (Wundstarrkrampf)[1] [R29.0]

Allg:
- Erreger: *Clostridium tetani.* GRAM-positives, anaerobes Stäbchen. Das ausgeschiedene Toxin hat eine neuronale Ausbreitungsgeschwindigkeit von 7.5-25 cm/d und blockiert irreversiebel die präsynaptische Neurotransmitterausschüttung.
- Die Heilung hängt von der Neubildung axonaler Nervenenden ab.
- Der Tetanus ist dank der Impfung eine seltene Infektion geworden und betrifft in unseren Breitengraden v.a. ältere Patienten (> 65 Jahre, wovon weniger als 50 % geimpft sind)
- Frauen > Männer (wegen Militärdienstimmunisierung)

Klin:
- Initiale Phase:
  - Progressive Steifigkeit des Nackens und Rückens
  - Trismus
  - Dysphagie
- Spätzeichen:
  - Opisthotonus
  - Autonome Dysfunktion
  - Atemwegsobstruktion
  - Koma
- Fataler Verlauf in 10-60 % der Fälle!

Dg:
- Es handelt sich vorwiegend um eine klinische Diagnose.
- Unterstützend können folgende Untersuchungsmethoden angewendet werden:
  - Elektromyographie
  - Bestimmung der Tetanus-Antikörper. ***CAVE***: Das Vorhandensein von Anti-Tetanus Antikörpern schliesst aber einen Tetanus nicht aus!

Th: **A. Tetanusprophylaxe**

Impfzustand	▪ Saubere, unkomplizierte Wunden ▪ Ulzera ▪ Chirurgische Interventionen		▪ Wunden mit hohem Infektionsrisiko*f*	
	dT‡	**IgG§**	**dT‡**	**IgG§**
• < 3 Dosen • Unbekannter Impfzustand	**JA** + Impfung komplettieren¶	**NEIN**	**JA** + Impfung komplettieren¶	**JA**
• ≥ 3 Dosen (vollständige Impfung)				
- Letzte Dosis ≤ 5 J	**NEIN**	**NEIN**	**NEIN**	**NEIN**
- Letzte Dosis > 5 bis ≤ 10 J	**NEIN**	**NEIN**	**JA** (1 Dosis)	**NEIN**
- Letzte Dosis > 10 J	**JA** (1 Dosis)	**NEIN**	**JA** (1 Dosis)	**NEIN**

Tabelle 1: Tetanusprophylaxe.

‡ dT: Auffrischimpfung mit einem Kombinationsimpfstoff

Allg:
- Eine Auffrischimpfung beinhaltet 1 Dosis mit 2 Einheiten diphterischem Toxoid und 20 Einheiten tetanischem Toxoid.

Ind:
- Die Auffrischimpfung wird i.d.R. **alle 10 Jahre** empfohlen.
  - Bei Wunden mit hohem Infektionsrisiko*f* wird die Auffrischimpfung schon nach 5 Jahren empfohlen.

Bsp:
- Td-pur® Amp 0.5 mL (**IM**-Gabe, bei antikoagulierten Patienten **SC**)

Dos:
- 1 Amp zu 0.5 mL **IM** (M. deltoideus oder M. glutaeus).
  - Impfschema, siehe unter «Aktivimpfung» S. 803.

f **Wunden mit hohem Infektionsrisiko:**
- Tiefe und verschmutzte Wunden mit Staub, Erde, Speichel
- Mit Stuhl kontaminerte Wunden
- Verletzungen mit gewebszertrümmerung und reduzierter Sauerstoffversorgung (z.B. Quetsch-, Riss-, Stich-, Schusswunden)
- Wunden mit Fremdkörper
- Schwere Verbrennungen oder Erfrierungen
- Septischer Abortus
- Gewebsnekrosen

§, ¶, siehe Seitenbeginn von S. 803

§ IgG-Passivimpfung

Bsp: • TETAGAM® P (= Tetanus-Immunglobuline)

Dos: 1. «Übliche» Dosierung: 250 IE/1 mL **IM** (z.B. M. deltoideus; aber <u>nicht</u> an der gleichen Stelle wie die Aktivimpfung)

2. Erhöhte Dosis (500 IE/1 mL **IM**) wird in folgenden Situationen verabreicht:
- Chirurgisch nicht einwandfreie Wunden
- Infizierte Wunden
- Vernachlässigte Wunden (Zeitspanne bis zur Impfung > 24 h)
- Tiefe und/oder verschmutzte Wunden
- Bei reduzierter O_2-Versorgung (z.B. bei Arteriopathie)
- Verletzung mit Gewebszertrümmerungen
- Fremdkörpereindringung
- Schwere Verbrennungen oder Erfrierungen
- Septischer Abortus
- Gewebsnekrosen
- Übergewichtige Personen

Ind: • Siehe Tabelle 1, S. 802

¶ Aktivimpfung (inkl. Erstimpfung)

Allg: • Bei unvollständiger Impfung ist anschliessend der Impfschutz zu vervollständigen, <u>un</u>abhängig davon, ob Immunglobuline verabreicht wurden oder nicht.

Bsp: • Td-pur®, REVAXIS® (inkl. Polioviren)
- Amp 0.5 mL (**IM**-Gabe; bei antikoagulierten Patienten **SC**)

Dos: • <u>Impfschema</u> (auch gültig für HIV-Patienten und während der SS):

a) FALL 1: Erstimpfung notwendig:
- t0 (anlässlich der Wundversorgung), wiederholen nach 2 und 8 Mt.

b) FALL 2: Patient hat in der Vergangenheit schon 1 Dosis erhalten:
- t0 (anlässlich der Wundversorgung), wiederholen nach 6 Mt.

c) FALL 3: Patient hat in der Vergangenheit schon 2 Dosen erhalten (vor > 6 Mt.):
- t0 (anlässlich der Wundversorgung), im BAG wird keine weitere Impfung nach 6 Mt. empfohlen.

B. Therapie des manifesten Tetanus

1. Kontrolle der Atmung (eine maschinelle Beatmung ist oft unumgänglich, siehe S. 64)
2. Sedation und Spasmolyse

Vorg: • Diazepam ....5-10 mg-weise **IV**
oder: Lorazepam ......2 mg-weise **IV**
• ± Muskelrelaxantium (ad. Anästhesist); z.B. Vecuroniumbromid
- Initialdosis: ....0.1mg/kg **IV**

3. Kontrolle der Hämodynamik und der autonomen Dysfunktion

Allg: • Bei instabiler Hämodynamik: ad. Vasopressoren, S. 25, 1214
• Bei sympathischer Hyperkativität: ad. Betablocker (z.B. Metoprolol)
• Kontrolle der Diurese

4. Antitetanische Immunglobuline

Bsp: • TETAGAM® P: 500 IE **IM** (M. deltoideus oder M. glutaeus; <u>nicht</u> an gleicher Stelle wie Aktivimpfung!)
• Je nach infektiologischem Konsilium soll die Injektion wiederholt werden* und eine intrathekale Immunglobulin-Gabe in Betracht gezogen werden (Benefit ist kontrovers, kann gefährlich sein!)

5. Tetanus Impfung

Allg: • Die Tetanus-Krankheit garantiert keine Immunisierung!

Bsp: • Impfschema beim Säugling, siehe unten; Auffrischimpfung S. 802

6. AB-Therapie

Bsp: a) 1. Wahl: Metronidazol 4x 500 mg/d **IV** während 7-10 d
oder:
b) Penicillin G 4x 6 Mio IE/d **IV** während 7-10 d (***CAVE***: Penicillin kann die Krampfschwelle herabsetzen!)

Bem: <u>**Impfschema beim Säugling**</u>
- Eine kombinierte Impfung wird empfohlen.
- Impfungen nach 2, 4 und 6 Mt.
- Auffrischimpfungen:
  - Zwischen dem 15. und 24. Mt. und zwischen dem 4. und 7. Lebensjahr um die Impfung abzuschliessen
  - Danach alle 10 Jahre (siehe Tabelle 1, S. 802).

* Gewisse Experten empfehlen höhere Dosisierungen (3'000-6'000 IE/kg/d); der Nutzen ist aber umstritten.

Tier- und Menschenbisse[1-3]

Allg:
- Tier- und Menschenbisse umfassen bis zu 1 % der notfallmässigen Konsultationen.
- Über 80 % der Tierbisse sind Hundebisse.
- Ca. 85 % der Bisswunden enthalten pathogene Bakterien (meist polymikrobiell):
  - *Pasteurella spp.* (Katzen > Hunde)
  - Streptokokken (S. viridans 100 % bei Menschen)
  - *Staphylococcus aureus*
  - *Staphylococcus epidermidis* (Mensch)
  - Corynebakterien (Mensch)
  - *Eikenella corrodens* (Mensch)
  - Anaerobier (in 77 % bei Abszessen)
- Infektionsrate:
  - Katzenbisse..........80 %
  - Hundebisse ......5-20 %
- Menschenbisse haben eine höhere Komplikationsrate, evtl. wegen verspäteter Konsultation.
- «Closed fist»-Verletzung = Faustverletzung durch Schlag auf die Zähne mit möglicher Knochenverletzung → Inokulation mit der Mundflora
- Spezialfälle von Tierbisswunden
  - Hundebiss: *Capnocytophaga canimorsus*-Infekt mit evtl. Hautnekrose, fulminanter Sepsis und DIC bei Immundefizienten (bei Splenektomie, Alkoholiker).
  - Rattenbiss: Rattenbissfieber durch *Spirillum minus* oder *Streptobacillus moniliformis*

Kpl:
- Systemischer Infekt, Sepsis
- ZNS-Infekt (*Pasteurella* u.a.)
- Endokarditis (*Eikenella*)
- Zellulitis
- Septische Arthritis
- Osteomyelitis
- Bei Menschenbissen zusätzliches Risiko viraler Ansteckung: Hepatitis B, Hepatits C, HIV

Th:
1. **Allgemeinmassnahmen**

   Vorg:
   - Abstrich/Aspiration für GRAM-Färbung und Kultur (aerob und anaerob)
   - Bei Verletzung einer Extremität:
     - Ruhig stellen und hoch lagern
   - IMMER klinische Kontrolle nach 24-48 Stunden!
   - Ausgangs-Röntgenbild bei möglicher Knochenbeteiligung
2. **Wundversorgung**

   Vorg:
   - Grosszügiges Spülen der Wunde mit hohen Druck (18-20 G Nadel)
   - Débridement von nekrotischem Gewebe, Entfernung von Fremdkörpern
   - Chirurgische Exploration tiefer Wunden (v.a. bei Katzenbissen an Händen und Füssen) mit Vd. auf Knochen-/ Gelenkbeteiligung
   - Knochenbiopsie für bakterielle Kultur bei möglicher Osteomyelitis
   - Wundverschluss (kontroverse Datenlage). In folgenden Situationen wird der Wundverschluss NICHT durchgeführt:
     - Handverletzungen
     - Latenz > 6-12 h bei Extremitätenverletzungen
     - Latenz > 24 h bei Gesichtsverletzungen
3. **Prophylaktische AB-Therapie für 5 Tage**

   Ind:
   - Bisse an Hand (NNT = 4 zur Verhinderung eines Infektes, gegenüber keine AB)
   - Bisse an: Fuss, Gesicht, Genitale
   - Menschenbisse
   - Evtl. Katzenbisse (umstritten)
   - Bei lokalen Risikofaktoren:
     - Grosser Gewebedefekt
     - Ödem
     - Nähe zu Knochen und Gelenken
     - Benachbarte Gelenkprothese
   - Bei Immunsupprimierten:
     - Diabetes mellitus
     - Splenektomie
     - Immunsuppressive Grunderkrankung/Therapie

   Th:
   1. **AB der Wahl**
      - Amoxicillin/Clavulansäure 3x 1 g/d PO (evtl 1. Dosis 1.2-2.2 g **IV**) für 5 d
   2. **Bei Penicillinallergie**
      I. Tierbisse
      - Doxycyclin 2x 100 mg/d PO für 5 d

      II. Menschenbisse
      - Clindamycin 3x 300 mg/d PO + Ciprofloxacin 2x 500 mg/d PO für 5 d

1 Medeiros I, et al. Cochrane Database Syst Rev 2001 ; 2 :CD001738. 2 Talan DA, et al. N Engl J Med 1999 ;340 :85-92. 3 BAG - Schweizerisches Bundesamt für Gesundheitswesen 01.07.2004

4. Antibiotherapie

Ind:
- Lokale oder systemische Infektzeichen
- Tiefe Katzenbisse mit Verdacht auf Knochen-/Gelenkbefall

Allg:
- Therapiedauer:
  - Weichteilinfekt......................10-14 d
  - Arthritis/ Osteomyelitis ....4-6 Wo

Th:

1. Therapie der Wahl

I. Bei Weichteilinfekt
- Amoxicillin/Clavulansäure 3x 1 g/d PO oder 3x 1.2 g/d **IV**

II. Bei Arthritis oder Osteomyelitis
- Amoxicillin/Clavulansäure 4x 2.2 g/d **IV**

2. Nicht Typ 1-Penicillinallergie (allergische Spätreaktion, s. 30)

I. Bei Weichteilinfekt
- Cefuroxim 3x 750 mg/d PO + Metronidazol 3x 500 mg/d PO
- Ceftriaxon 1x 1 g/d **IV** + Metronidazol 3x 500 mg/d PO

II. Bei Arthritis oder Osteomyelitis
- Cefuroxim 3x 1500 mg/d **IV** + Metronidazol 3x 500 mg/d PO
- Ceftriaxon 1x 2 g/d **IV** + Metronidazol 3x 500 mg/d PO

3. Typ 1-Penicillinallergie (allergische Sofortreaktion, s. 30)

I. Bei Weichteilinfekt (orale Therapie)
- Clindamycin 3x 300mg/d PO + Ciprofloxacin 2x 500 mg/d
  <u>oder</u>:
- Clindamycin 3x 300mg/d PO + TMP/SMX 2x 1 Tabl FORTE (160 mg/800 mg)/d PO

II. Bei Arthritis oder Osteomyelitis (orale Therapie)
- Clindamycin 3x 600 mg/d PO + Ciprofloxacin 2x 500 mg/d PO
  <u>oder</u>:
- Clindamycin 3x 600mg/d PO + TMP/SMX 4x 1 Tabl FORTE (160 mg/800 mg)/d PO
  <u>oder</u>:
- Doxycyclin 2x 100 mg/d PO (aber evtl. ungenügend gegen Anaerobier)

5. Tetanusimpfung

Ind:
- Siehe s. 802, 803

6. Postexpositionsprophylaxe: Hepatitis B, C, HIV

Ind:
- Siehe s. 467, 666

7. Tollwutimpfung: aktiv/passiv

Allg:
- Ein Ansteckungsrisiko für Tollwut besteht bei Exposition mit Blut oder Speichel von nicht sicher rabiesfreien Tieren (heimische Fledermäuse, evtl. aus Endemiegebiet stammende Tiere).
- Jedes Jahr sterben weltweit > 50'000 Personen an Tollwut.
- Die Schweiz ist frei von terrestrischer Tollwut.
- Angaben zu Epidemiologie und Management: «Schweizerische Tollwutzentrale/Bundesamt für Gesundheitswesen»: 031/631.23.78

7.1. <u>Präexpositionsprophylaxe</u>

Vorg:
- Aktivimpfung (inaktiviertes Rabiesvirus HCD):
  - 3 Injektionen (**IM**): Tag 0, 7 und 28
  - Erste Auffrischimpfung 1 Jahr später, dann alle 5 Jahre.

Bsp:
- RABIPUR® oder TOLLWUT-IMPFSTOFF HDC®
  - 1 Dosis = 2.5 IE/1 mL: 1 Dosis **IM** (M. deltoideus)

7.2. <u>Postexpositionsprophylaxe</u>

Ind:
- Falls die Gesundheit des Tieres nicht für 10 Tage nach Exposition beobachtet werden kann, ist eine Immunisierung indiziert.

Allg:
- Sorgfältige Wundversorgung

Vorg:

A. Präexpositionell vollständig geimpfte Personen

▶ Aktivimpfung (siehe Pt. 7.1.): Tage 0, 3. Titerkontrolle am Tag 14.

B. Nicht oder unvollständig geimpfte Personen

▶ Aktivimpfung (siehe Punkt 7.1.):
- Tage 0, 3, 7, 14, 30. Titerkontrolle am Tag 21.

<u>und</u>:

▶ Passivimpfung mit humanen antirabies Immunglobulinen, z.B.:
- BERIRAB® 150 IE/mL (Fl. 2 mL, 5 mL):
  - -- 20 IE/kg **IM** als Einmaldosis, möglichst viel rund um die Wunde infiltrieren und die restliche Menge im kontralateralen M. deltoideus oder anterolateralen Oberschenkel verabreichen.

Harnwegsinfekt (HWI)[1-3] [N39.0]

Def: • Die hier angegebenen Bakterienkonzentrationen beziehen sich auf den Mittelstrahlurin:
- **Bakteriurie** ......> 1 Mikroorganismus/Feld (400x); das entspricht ≥ 10^5 Bakterien/mL
- **Pyurie** ....> 1 neutrophiler Leukozyt/Feld (1000x) und entsprechende Klinik

Allg: • Eine Konzentration von 10^2-10^4 Bakterien/mL ist aber bei einer Patientin mit entsprechender Symptomatik mit einem HWI vereinbar.

• **Indikationen für einen Urikult vor Beginn der AB-Therapie**
- Therapieversagen (empirisch/gezielt)
- Akutes Urethralsyndrom mit negativem *Screening* (Leukozyten, Nitrit)
- Persistierende Bakteriurie mit rezidivierendem HWI
- Akute Pyelonephritis
- Schwangerschaft
- Immunsuppression
- Nach urologischem Eingriff
- Komplizierter HWI
- Anatomische oder funktionelle Anomalien der Harnwege

Harnwegsinfekt bei Patienten mit Blasenkatheter

Allg:
- WICHTIG: ASEPTISCHE Einlage eines Blasenkatheters!!
- Das Risiko, bei vorhandenem Blasenkatheter eine Bakteriurie zu entwickeln, liegt bei ca. 5 %/Tag.
- Eine Einmalkatheterisierung («hin und zurück») ist mit einem Infektionsrisiko von 1-5 % verbunden.
- JEDER Blasenkatheter ist nach 30 Tagen kolonisiert (Biofilm).

Klin: I. Oft a- oder oligosymptomatisch (bei > 90 % der HWI-Patienten mit Blasenkatheter)

II. Symptomatisch:
- Suprapubische oder Flankenschmerzen
- Erhöhte Infektparameter
  - Leukozytose
  - CRP ↑
- Fieber ohne andere Ursache
- AZ Verschlechterung ohne andere Ursache (v.a. bei älteren Patienten)

Vorg:
- Eine Urinkultur vor Beginn der AB-Therapie für einen HWI wird empfohlen.
- Eine Urinkontrolle nach erfolgter Therapie ist angezeigt, falls HWI-Symptome persistieren oder rezidivieren.

Für die PRAXIS:
- Die **asymptomatische Bakteriurie** beim Blasenkatheterträger wir nicht antibiotisch behandelt, AUSSER in folgenden Situationen:
  1. Schwangerschaft
  2. Vor uro-genitalen Eingriffen
- **Wechsel eines Blasenkatheters** bei HWI wird NICHT routinemässig durchgeführt!
- Bei akuter Prostatitis mit Obstruktion soll ein suprapubischer Blasenkatheter eingelegt werden.

Th: **A. Asymptomatische Bakteriurie**

Ind: Siehe S. 809

B. Leichter/mittelschwerer HWI

Ind: Siehe «Leichte/mittelschwere Pyelonephritis», S. 810

C. Schwerer HWI oder schwere Urosepsis

Ind: Siehe «B. Komplizierte Pyelonephritis - Urosepsis», S. 811

1 Nicolle LE, et al. Clin Infect Dis 2005;40 :643-54. 2 Naber KG, et al. European Association of Urology 2006. 3 Stamm WE, et al. N Engl J Med 1993 ;329 :1328-34.

Akute Dysurie bei der Frau [N30.0]

Dg:

Dysurie Ursache	Mögliche Keime	Klinik - Therapie
Akute, unkomplizierte Zystitis	• *E. coli* (> 80 %) • *Staphylococcus spp* (5-15 %) • *Klebsiella* • *Proteus* u.a.	Klin: • **Abrupter Beginn:** - Dysurie - Pollakisurie, Harndrang - Suprapubische Schmerzen - Pyurie (oft vorhanden) - Hämaturie (manchmal) Th: • Siehe unten
Akute Urethritis	• *Chlamydia trachomatis* • *Neisseria gonorrhoeae* • *Herpes simplex*	Klin: • **Zögernder Beginn:** - Vaginaler Ausfluss oder Blutungen (bei Zervizitis) - Tiefe Abdominalschmerzen - Pyurie oft vorhanden - Hämaturie (selten) Th: • Kausaltherapie, infekt. Konsilium
Vaginitis	• *Candida* • *Trichomonas vaginalis*	Klin: • Schlecht riechender vaginaler Ausfluss • Vaginalpruritus, Dyspareunie • Selten: Pyurie, Hämaturie • Keine Pollakisurie • Kein Harndrang Th: • Siehe S. 815 ± infekt. Konsilium

Tabelle: Verschiedene Formen der akuten Dysurie bei der Frau.

Th: **1. AB-Therapie der akuten Zystitis**

Allg:
- AB der Wahl: TMP/SMX oder Chinolon
- AB-Therapiedauer:
  a) Nicht-Risikopatientinnen (siehe Definition der Risikopatienten S. 808):
  → **3 Tage**
  → Einzeldosis ist möglich, weist aber eine höhere Rezidivrate auf.
  b) Risikopatientinnen (siehe Definition der Risikopatienten S. 80):
  → **≥ 7 Tage**
- **Urinkontrolle nach AB-Therapie ist in folgenden Situationen indiziert:**
  - Persistenz der HWI-Symptome nach erfolgter AB-Therapie.
  - Schwangerschaft
  - Pyelonephritis

Bsp: Beispiel der Antibiose — Dosierung (PO)

1. Wahl

TMP/SMX .... 2x 1 Tabl FORTE (160 mg/800 mg)

Chinolon
- Ciprofloxacin .... 2x 250 mg/d
- Norfloxacin .... 2x 400 mg/d
- Ofloxacin .... 2x 200 mg/d

2. Wahl

Betalaktam
- Amoxicillin .... 3x 750 mg/d
- Amoxicillin/Clavulansäure .... 2x 625-1000 mg/d
- Cefuroxim[f] .... 2x 125 mg/d

Während der Schwangerschaft

Ohne Penicillinallergie: Betalaktam
- Amoxicillin .... 3x 750 mg/d
- Amoxicillin/Clavulansäure .... 2x 625-1000 mg/d
- Cefpodoxim .... 2x 100 mg/d

Bei milder Penicillinallergie (nicht Typ 1-Penicillinallergie, Spätreaktion S. 30)
- Cefpodoxim .... 2x 100 mg/d
- Fosfomycin .... 3 g als Einzeldosis

Bei schwerer Penicillinallergie (allergische Typ 1 Sofortreaktion, S. 30)
- TMP/SMX .... 2x 1 Tabl FORTE/d (nicht im 3. Trimenon)
- Nitrofurantoin .... 2x 100 mg/d (Vorsicht letzte 4 Wo vor errechnetem Geburtstermin); + Folsäure-Substitution: 5-10 mg/d PO
- Fosfomycin .... 3 g als Einzeldosis

f Andere orale Cephalosporine sind ebenfalls wirksam, siehe S. 1200

Rezidivierender Harnwegsinfekt bei der Frau [N30.9]

Allg:
- Ca. 20 % der Frauen die an einem HWI leiden rezidivieren.
- Die Ursache der Rezidive ist meist eine exogene Infektion und nicht ein persistierender infektiöser Herd.

Vorg:

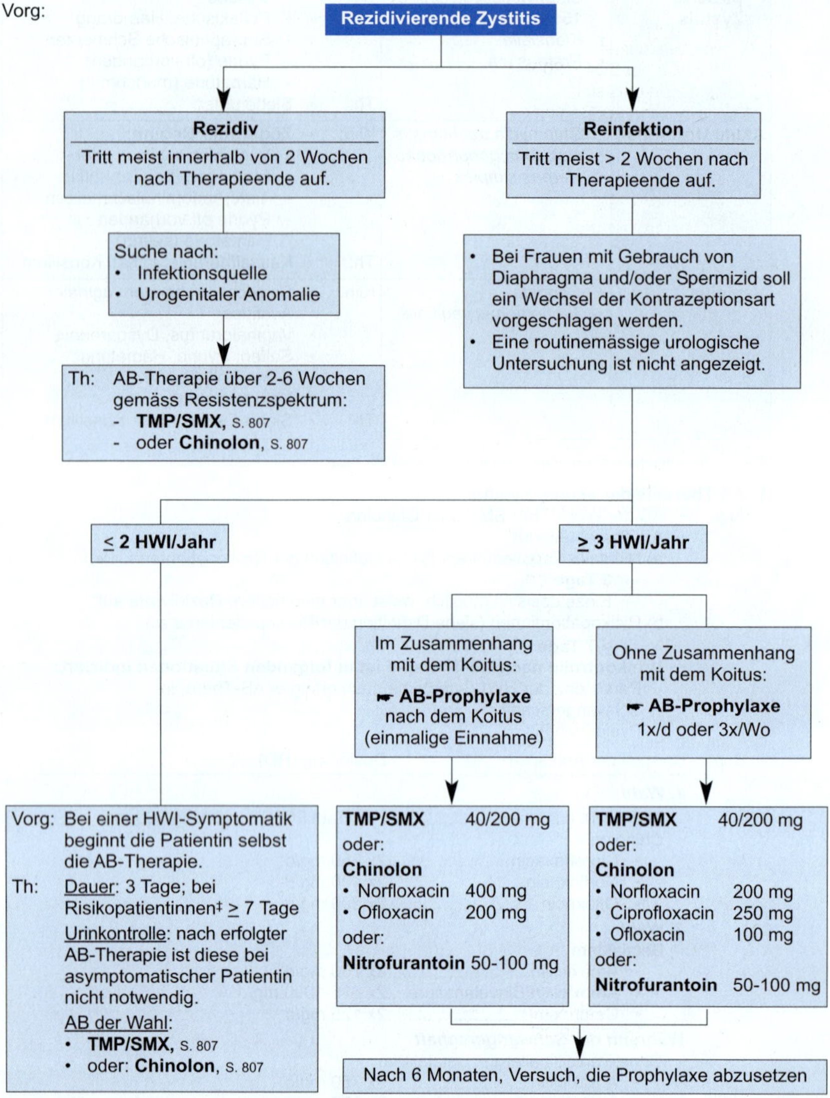

Algorithmus: Vorgehen bei rezidivierender Zystitis.[1]

‡ **Risikopatientinnen bzw. Risikosituationen**
- Diabetes mellitus
- Alter > 65 Jahre
- Dauer der HWI-Symptome > 7 Tage
- Obstruktion (funktionell/anatomisch) der ableitenden Harnwege
- Blasenkatheter
- Immunsuppression
- Schwangerschaft

1 Angepasst nach: Stamm WE, et al. N Engl J Med 1993 ;329 :1328-34.

Unkomplizierter Harnwegsinfekt beim Mann [N39.0]

Def: • Mann < 50 Jahren mit akutem Dysuriesyndrom und ohne komplizierende Faktoren (z.B. funktionelle/anatomisch Anomalie der Harnwege u.a.)

Allg: • Ein unkomplizierter HWI beim Mann ist selten.
• Meist verursacht durch *E. coli*.
• Risikofaktoren:
  - Homosexualität
  - HIV (v.a. bei CD4 < 200/mm^3)
  - Keine Zirkumzision

Vorg: • Eine Urinkultur vor Beginn und nach Abschluss der AB-Therapie wird empfohlen.
• Urologische Abklärungen sind bei der 1. Episode nicht notwendig.

Th: 1. TMP/SMX ....2x 1 Tabl FORTE (160 mg/800 mg) PO, 7-14 d
2. Chinolon
  - Ciprofloxacin ......2x 500 mg PO, 7-14 d
  - Norfloxacin ....2x 400 mg PO, 7-14 d

Asymptomatische Bakteriurie bei Patienten ohne Blasenkatheter[1,2]

Def: • Zwei Urinkulturen (vorzugsweise aufeinander folgende) mit $\geq 10^5$ Bakterien/mL ohne klinischen Symptome.

Allg: **Für die PRAXIS:**

Das ***Screening*** einer asymptomatischen Bakteriurie ist in folgenden Situationen indiziert:
1. **Schwangerschaft** [A-I]
2. **Vor transurethraler Prostataresektion** (TURP) [A-I]
3. **Andere traumatisierende urologische Eingriffe** (ausser TURP) [A-III]

Die **Therapie** einer asymptomatischen Bakteriurie ist nur in folgenden Situationen indiziert:[1]
1. **Vor einer urogenitalen Operation**
2. **Während der Schwangerschaft**

• Bis zu 40 % der älteren Bevölkerung (v.a. in den Altersheimen) haben eine asymptomatische Bakteriurie. Da diese Infektionen nur selten symptomatisch werden (inkl. Pyelonephritis), ist weder ein *Screening*, noch eine AB-Therapie gerechtfertigt!

Th: **1. Vor einer urogenitalen Operation**
Th: • TMP/SMX, s. 807
oder Chinolon, s. 807
oder Betalaktam, s. 807

2. Während der Schwangerschaft
Vorg: • Bei positivem *Sceening* wird eine AB-Therapie über (3)-7-(10) d durchgeführt:
Th: ▪ Ohne Penicillinallergie
  - Betalaktam (Amoxicillin, Cephalosporin), siehe «Akute Dysurie» s. 807
▪ Bei milder Penicillinallergie (nicht Typ-1, s. 30): ad. Cephalosporin
  - Cefpodoxim ....2x 100 mg/d PO
▪ Bei schwerer Penicillinallergie (Sofortreaktion, s. 30)
  - TMP/SMX.........2x 1 Tabl FORTE/d PO (aber nicht im 3. Trimenon)
  - Nitrofurantoin ..2x 100 mg/d PO (Vorsicht letzte 4 Wo vor errechnetem Geburtstermin)
    + Folsäure-Substitution: 5-10 mg/d PO

Bem: • KEIN Chinolon während der ganzen SS
• KEIN TMP/SMX im 3. Trimenon (Kernikterus)!

1 Nicolle LE, et al. Clin Infect Dis 2005;40 :643-54. 2 Naber KG, et al. European Association of Urology 2006.

Pyelonephritis [akut: N10; chronisch: N11.1]

Allg:
- Ca. 80 % der akuten, unkomplizierten Pyelonephritiden bei jungen Frauen sind durch *E. coli* verursacht.
- Auch bei der komplizierten Pyelonephritis ist *E. coli* der häufigste Erreger. Der Anteil anderer Keime (GRAM-negative Stäbchen wie *Proteus spp.* und Klebsiellen spp. u.a., und Enterokokken) nimmt zu.

Klin:
- Abrupter Beginn mit folgenden Symptomen:
  - Fieber
  - Flankenschmerz
  - Suprapubische Schmerzen
  - Dysurie
  - Pollakisurie
  - Harndrang
- Befunde:
  - Pyurie (sehr häufig), S. 806
  - Evtl. Hämaturie
- Pathogenese:
  - Häufig: aszendierende Infektionen (Risikosituationen: Harnreflux aus der Harnblase ins Nierenbecken, Harnaufstau bei Abflussobstruktion)
  - Selten: lymphogen, hämatogen, bei Sepsis

Kpl:
- Peri- oder intrarenaler Abszess
- Papillennekrose, z.B. bei:
  - Harnwegsobstruktion
  - Diabetes mellitus
  - Analgetikaabusus u.a.

Hosp:
1. Schwere Pyelonephritis oder Vd. auf Urosepsis
2. Patienten mit Komorbiditäten
   - Herz-, Nieren-, Leber- und/oder Ateminsuffizienz
   - Immunsuppression u.a.
3. Ältere Patienten
4. Schwangere
5. Schlechte Kompliance
6. Nausea, Erbrechen

Lab:
- Urin
  - Bakteriurie
  - Pyurie
  - Hämaturie (manchmal)
- Blut
  - Leukozytose
  - CRP ↑
  - Das Serumkreatinin bleibt i.d.R. im Normbereich.

Vorg:
- Urinkultur (ambulante und hospitalisierte Patienten)
- Blutkulturen bei hospitalisierten Patienten (in 15-20 % der Fälle positiv)
- Bildgebendes Verfahren (Nierensonographie, CT) sind in folgenden Fallen indiziert:
  - Kein promptes Ansprechen innert 48-72 h (Stauung suchen!)
  - Rezidivierende Pyelonephritis
  - Atypische Klinik:
    - -- Persistierende Hämaturie
    - -- Kolikartige Schmerzen u.a.
- Eine Urinkontrolle (Urinkultur) ist 2 Wochen nach dem Ende der AB-Therapie empfohlen.

Dg: **A. Leichte/mittelschwere, unkomplizierte Pyelonephritis**

Allg: Patienten mit milder Klinik ohne Risikofaktoren (S. 808), ohne Nausea/Erbrechen mit guter Kompliance.

Th: Initial: empirische AB-Therapie im Verlauf dem Kulturresultat anpassen

1. Chinolon
   - Ciprofloxacin........................2x 500 mg/d PO, 7-14 d

Aufgrund der zunehmenden Antibiotikaresistenz muss für die folgenden Alternativen für die empirische Therapie die lokale Resistenzepidemiologie berücksichtigt werden.

2. Betalaktam
   - Amoxicillin/Clavulansäure....3x 1 g/d PO, 14 d

oder:

3. TMP/SMX ....2x 1 Tabl FORTE/d (160 mg/800 mg) PO, 14 d

B. Schwere Pyelonephritis und Urosepsis

Allg: • Die Urosepsis ist eine lebensbedrohliche Komplikation einer Infektion der harnableitenden Wege. Eine gleichzeitig bestehende Obstruktion/Stauung der ableitenden Harnwege muss rasch entlastet werden.

Vorg: • Hospitalisierung
• Bei nosokomialer Pyelonephritis: ad. Infektio-Konsilium.

Th: 1. Allgemeinmassnahmen, siehe Kapitel «Sepsis», S. 36
2. Empirische AB-Therapie
   • Ceftriaxon ....1x 2 g **IV**/d
     ± Gentamicin.........................1x 5 mg/kg/d **IV**

   oder (v.a. bei Verdacht auf Enterokokken-Infektion):
   • Amoxicillin/Clavulansäure....3x 2.2 g/d **IV**
     + Gentamicin ....1x 5 mg/kg/d **IV**

   oder:
   • Ciprofloxacin........................2x 200 mg/d **IV**
     ± Gentamicin.........................1x 5 mg/kg/d **IV**
• Dauer der Therapie:
  - 14 Tage
  - Wenn der Patient während 24-48 h afebril ist, kann die Antibiose oral weitergeführt werden (siehe leichte/mittelschwere Pyelonephritis).

Vorg: • **Enterokokken** sind im Gegensatz zu *E. coli* sowie andere Enterobakterien nicht sehr virulent. Deshalb muss die empirische AB-Therapie die Enterokokken nicht abdecken. Dies gilt auch bei der Urosepsis, da es sich dort wahrscheinlich nicht um Enterokokken handelt.
Sobald das Kulturresultat vorliegt, wird die AB-Therapie angepasst.
• Wenn man weiss, dass der Patient kurz vor der akutellen Episode einen Enterokokken im Urin hatte, ist folgende Kombinationstherapie adäquat:
  - Amocixillin/Clavulansäure (3x 2.2 g/d **IV**) + Gentamicin (1x 5 mg/kg/d **IV**).

INFEKT

Prostatitis[1,2] [akut: N41.0; chronisch: N41.1]

Allg: • Die Prostatitis kommt durch eine aszendierende Infektion zustande.

> **Für die PRAXIS:**
> Die Prostatitis ist der häufigste Grund für rezidivierende Harnwegsinfekte beim Mann.

• Beim Prostatitisrezidiv handelt es sich typischerweise um denselben Keim.

DD: • *Chronic Pelvic Pain Syndrome* (CPPS) = Entzündliches, nicht infektiöses Schmerzsyndrom

Klas: 1. **Akute Prostatitis**

Klin:
- HWI-Symptome: Dysurie, Pollakisurie
- Obstruktion der Harnwege und Harnverhalt durch Schwellung der Prostata
- Hohes Fieber
- Schmerzen: Prostata/Perineum > Skrotum/Testis > Penis/Harnblase > LWS
- Klinische Untersuchung
  - Die Prostata ist palpatorisch meist sehr schmerzhaft und gespannt.
  - Fluktuationen sprechen für eine Abszedierung.
  - Eine **Massage** ist bei der akuten Prostatitis **kontraindiziert**, da:
    a) Der Keim im Urin meist nachweisbar ist (und demzufolge die Massage nicht notwendig ist)
    b) Die Prostatamassage eine Bakteriämie auslösen kann.

Vorg: • Urinstatus und Urinkultur

Th: **I. Patienten < 35 Jahre und sexuell aktiv oder homosexuell**

Allg: • Typische Keime:
- *Neisseria gonorrhoeae*
- *Chlamydia trachomatis*

Th: • Erste Wahl:
- Ofloxacin.............1x 400 mg/d PO über 10 d
  + Ceftriaxon ....250 mg **IM** (Einzeldosis)

• Alternative Therapie:
- Ceftriaxon ....250 mg **IM** (Einzeldosis)
  + Doxycyclin ....2x 100 mg/d PO über 10 d

II. Patienten ≥ 35 Jahre, sowie Homosexuelle

Allg: • Typische Keime:
- *E. coli*
- Andere Enterobakterien

Th:
- Ciprofloxacin ....2x 500 mg/d PO über 10-14 d§
  oder zu Beginn **IV**: ..2x 400 mg **IV**/d
- Ofloxacin ....2x 300 mg/d PO über 10-14 d§
- Levofloxacin ....1x 750 mg/d **IV** oder PO über 10-14 d§
- TMP/SMX ....2x 1 Tabl FORTE/d über 10-14 d§

Bem: • Die Therapiedauer beträgt, je nach klinischem Ansprechen, 2-4 Wo. Bei gutem klinischen Ansprechen und milder Klinik können Chinolone (Ofloxacin, Ciprofloxacin oder Levofloxacin) während 10 Tagen ausreichend sein.

2. **Chronische Prostatitis**

Klin:
- Rezidivierende HWI (im Intervall oft asymptomatisch)
- Dauer der Beschwerden > 3 Monate
- Klinische Untersuchung
  - Die Prostata ist palpatorisch meist normal.

Vorg:
- Bei Verdacht auf eine chronische Prostatitis ist die **4 Gläserprobe** indiziert zum Nachweis des Keimes oder zur Differenzierung von einem *Chronic Pelvic Pain Syndrome*.
- Bei Verdacht auf eine sexuell übertragbare Krankheit: Suche nach *N. gonorrhoeae* und *C. trachomatis* im Urin (mittels *Ligase Chain Reaction Assay*; LCR).

Th:
- Initial: AB-Therapie während 2 Wo
- Die weitere Therapie richtet sich nach dem Resistenzspektrum.
- Gesamte Therapiedauer: 4-6 Wo
- Kulturnegative Fälle:
  - Die AB-Therapie soll nur bei klinischem Ansprechen während der ersten 2 Wochen weitergefahren werden.

3. **Rezidivierende Prostatitis**

Allg: • Trotz adäquat durchgeführter AB-Therapie, sind Rezidive bei infizierten Prostatasteinen häufig.

Vorg: • Infektiologisches und urologisches Konsilium

§ Unterschiedliche Daten bezügl. Therapiedauer. akute Prostatitis: bis zu 4 Wo; chronische Prostatitis: 6-12 Wo .[1]

1 Nicolle LE, et al. Clin Infect Dis 2005;40 :643-54. 2 Naber KG, et al. European Association of Urology 2006.

Epididymitis [N45.9]

Allg: • Bei Männern > 35 Jahre ist die Epididymitis meist **sexuell erworben:**
- Häufig: ***Chlamydia trachomatis* >> *Neisseria gonorrhoeae***
- Weniger häufig (Uropathogene, wie beim HWI: *E. coli* u.a. Enterobakterien)

Urs:
- Prostatitis
- Blasenentleerungsstörungen
- Missbildungen der harnableitenden Wege
- Nach Einlage eines Blasenkatheters (innerhalb weniger Wochen, selten Monate)
- Nach diagnostischen oder therapeutischen Eingriffen an den Harnwegen

DD: • Selten:
- Mumps
- Tbc
- BCG-Instillation
- Syphilis
- Brucellose
- Cryptococcose

Dg: • Die Diagnose wird klinisch gestellt:
- Gerötetes, geschwollenes und sehr schmerzhaftes Skrotum (v.a. bei Palpation)
- Die Infektion beginnt am Schwanz des Nebenhodens und kann sich gegen dessen Kopf hin ausbreiten.

• Das Vorhandensein einer Urethritis kann für eine Chlamydien- oder Gonokokkeninfektion sprechen.

Vorg:
1. Urinstatus und -kultur
2. Bei sexuell aktiven Männern: Suche nach *N. gonorrhoeae* und *C. trachomatis* im Urin (mittels *Ligase Chain Reaction Assay*)

Th:
1. Ruhe, hochlagern des Scrotums
2. Analgetika: Paracetamol, NSAR S. 1266
3. Empirische AB-Therapie aufgrund von Alter und Sexualanamnese

3.1. Sexuell aktiv oder < 35 Jahre meist sexuell erworben

Allg: • Typische Keime:
- *Chlamydia trachomatis* >> *Neisseria gonorrhoeae*

Th: A. *Chlamydia trachomatis*

Erste AB-Wahl:
- Levofloxacin ....1x 500 mg/d PO über 10-14 d (deckt gleichzeitig auch GRAM-negative Uropathogene ab). ***CAVE***: lokale Chinolonresistenzrate beachten!

Zweite AB-Wahl:
- Doxycyclin ....2x 100 mg PO für 10-14 d

B. *Neisseria gonorrhoeae*
- Ceftriaxon.............250 mg **IM** (Einzeldosis)

3.2. Alter > 35 Jahren, vorhandene Risikofaktoren oder nach Eingriff an den Harnwegen

Allg: • Risikofaktoren bzw. Ursachen:
- Prostatitis
- Blasenentleerungsstörungen
- Missbildungen der harnableitenden Wege
- Nach Einlage eines Blasenkatheters (innerhalb weniger Wochen, selten Monate)

• Typische Keime: *E. coli* und andere Enterobakterien
• ***CAVE***: Antibiogramm beachten, v.a. nach Eingriffen an den Harnwegen, da es sich um nosokomiale Infekte mit multiresistenten Keimen handeln kann!
• Nach diagnostischen oder therapeutischen Eingriffen an den Harnwegen

Th: • Erste AB-Wahl
- Ciprofloxacin ....2x 500 mg/d PO für 10-14 d
- Levofloxacin ....1x 500 mg/d PO für 10-14 d

• Zweite AB-Wahl
- Amoxicillin/Clavulansäure 3x 625 mg/d PO für 10-14 d
- TMP/SMX 2x 1 Tabl FORTE/d PO für 10 d (falls Keime empfindlich)

Bem: **Für die PRAXIS:**
Bei Chlamydien oder Gonokokken muss eine gleichzeitige **Partnerbehandlung** erfolgen.
Das Vorhandensein von anderen sexuell übertragbaren Krankheiten soll evaluiert werden (Syphilis, HIV, Hepatitis B).
Eine entsprechende Beratung hat zu erfolgen.

Pilzinfektionen

Allg: Einige Beispiele menschenpathogener Pilze:
- Obligat pathologisch:
  - *Cryptococcus, Histoplasma, Coccidiodes, Paracoccidiodes, Blastomyces*
- Fakultativ pathologisch:
  - *Candida, Aspergillus*

Candidiasis [B37.6]

Allg:
- Die wichtigsten humanpathogenen Candidastämme sind (% Anteil an Candidämien in der Schweiz):
  - *C. albicans* (64 %)
  - *C. glabrata* (18 %)
  - *C. tropicalis* (7 %)
  - *C. parapsilosis* (5 %)
  - *C. krusei* (3 %)
- Verschiedene weitere nicht-albicans Candida Stämme verursachen 8 % der Candidämien.
- *C. krusei* ist resistent auf Fluconazol (= häufigst verwendetes Pilzmedikament).
- Weniger als die Hälfte der *C. glabrata*-Isolate sind resistent auf Fluconazol.
- *C. albicans* gilt als universell Fluconazol sensibel (Schweiz: 95 % der Candida-Isolate aus dem Blut sind Fluconazol sensibel).
- **Kolonisation**
  - Candida gehört zur normalen Flora von Schleimhäuten des GI-Trakts und der Vagina.
- **Infektion**
  - Candida können Krankheiten verursachen, wenn die Abwehrmechanismen des Wirts gestört sind, wie z.B. bei:
    - Antibiotikatherapie (diese hemmen die normale Bakterienflora und ermöglichen eine Candida-Überwucherung)
    - Venenkatheter
    - Immunsuppression bei HIV-Infektion
    - Diabetes mellitus
    - Hautverletzungen
  - Das Spektrum der Candidainfektionen ist sehr breit:
    - Banale, lokale Schleimhautinfektionen
    - Schwere, disseminierten Candidiasis mit septischem Schock

Klin: 1. **Schleimhautinfektionen**

▸ **Mundsoor**
- Weisse Auflagerungen auf der Mundschleimhaut oder der Zunge
- Abwischbar
- Die Auflagefläche ist schmerzhaft und gelegentlich blutend
- Risikopatienten:
  - HIV-Infizierte
  - Krebspatienten
  - Patienten die Kortikoide inhalieren (z.B. Asthmatiker, COPD-Patienten)

▸ **Candida-Ösophagitis**
- Tritt mit oder ohne begleitenden Mundsoor auf.
- Hauptsymptome:
  - Dysphagie
  - Retrosternalschmerzen beim Schlucken
  - Gefühl, Nahrung könne nicht weiter als bis auf Sternumhöhe transportiert werden.
  - Risikofaktoren:
    - HIV-Infektion
    - Chemotherapie (oft bei malignen Hämopathien: Leukämie, Lymphom)
  - Diagnose: wird endoskopisch gesichert (abstreifbare weisse Pseudomembranen auf blutigem Grund enthalten nekrotische Epithelzellen und Candida in Form von Sporen, Pseudohyphen und Hyphen)

▸ **Candida Vaginitis**
- Intensiver Juckreiz und Ödem der Vulva
- Dicker weisser oder nur geringer Ausfluss
- Risikofaktoren:
  - Antibiotikatherapie
  - Diabetes mellitus
  - Schwangerschaft

2. **Tiefe Candida Infektionen**

- **Candidämie**
  - Fieber in 75 % der Fälle (ist oft das einzige Symptom)
  - Verlauf:
    - > 50 % mit Sepsis
      - Wovon ca. 20 % mit Übergang in einen septischen Schock
      - Mortalität 35 %
  - Risikosituationen bzw. häufige Eintrittspforten:
    - Intravaskulärer Katheter
    - Wiederholte Darmoperationen, Herz-Gefäss-Eingriffe
    - Antibiotikatherapie
    - Ausgedehnte Verbrennungen
    - Chemotherapie bei Leukämie, Neutropenie
  - Diagnose: positive Blutkulturen
- **Disseminierte Candidiasis**
  - Der Nachweis von Candida aus dem Urin von Patienten mit Harnwegskathetern oder unter AB ist kein zwingender Hinweis auf eine Candida-Infektion und braucht fast nie eine Behandlung.
  - Lokalisation der disseminierten Candidiasis:
    - Nieren, Hirn, Myokard, Leber, Milz
    - Auge: Candidaretinitis
      - Kann Ausdruck einer durchgemachten Candidämie sein und muss, da initial oft asymptomatisch, bei jeder Candidämie gesucht werden.
      - Ist der Glaskörper infiltriert, muss eine Vitrektomie vorgenommen werden.
    - Wirbelsäule (Spondylodiszitis; vorwiegend bei **IV**-Drogenkonsum)
    - Endokarditis
    - Urogenitaltrakt (selten). Voraussetzung: Vorhandensein von Fremdkörpern (Blasensteine, Konkremente im Nierenbecken)
  - Diagnose
    - Nur 15-40 % der Fälle von disseminierter Candidiasis werden vor dem Tod des Patienten diagnostiziert!
    - Blutkulturen sind oft negativ.
    - Die Diagnose muss, wenn vermutet, mit Organbiopsien bestätigt werden.

Dg:
1. Kultur (= wichtigste Abklärung)
   - Die Kultur darf nicht von Abstrichen der Mund- oder Vaginalschleimhaut sein!
2. Direktuntersuchung: Rachenabstrich, Vaginalabstrich
3. Serologie (Suche nach spezifischen Antikörpern und/oder Antigenen): in Erforschung

Vorg: **Für die PRAXIS:**
- Die, bei einer Candidämie vorhandenen Katheter, müssen ausgewechselt werden (Verminderung der Mortalität).[1]
- Beim Nachweis von Candida auf Katheterspitzen wird auch bei asymptomatischen Patienten eine 14-tägige Therapie mit Fluconazol empfohlen (Expertenmeinung).
- Jede positive Blutkultur für *Candida* verlangt eine antimykotische Therapie!

Th:

Candida Infektion	Therapie	Dosierung
Soorstomatitis	Fluconazol	• 200 mg 1x-Dosis PO (HIV-Patient 200 mg/d für 3 d) • oder: 100 mg/d PO während 5-14 d
	Itraconazol	• 2x 200 mg/d orale Suspension* nüchtern einnehmen, als Eintagestherapie. HIV-Patient: 2x 200 mg für 3 d
Ösophagitis	Fluconazol	• 200-400 mg/d PO während 3-7 d
Vaginitis	Fluconazol	• 150 mg PO 1x-Dosis
	Itraconazol	• 400 mg PO 1x-Dosis
Candidämie Ohne Neutropenie ± Katheter-assoziiert	Fluconazol	Dosierung • 1 Tag: 1x 800 mg **IV** • Ab 2 .Tag: 1x 400 mg/d **IV** Nach klinischer Stabilisierung: • 1x 400 mg/d PO Therapiedauer • 14 d nach der letzten positiven Blutkultur (länger bei tiefgelegenem Infektionsherd oder Dissemination)

* Die orale Susp. ca. 20 sek im Munde hin und her bewegen, dann schlucken (lokale + systemische Wirkung).

1 Nguyen MH, et al. Arch Intern Med 1995 ;155 :2429-35 (427 Patienten. Die Mortalität in der Gruppe, wo der Katheter nicht entfernt wurde, ist signifikant höher: 41 % versus 21 %).

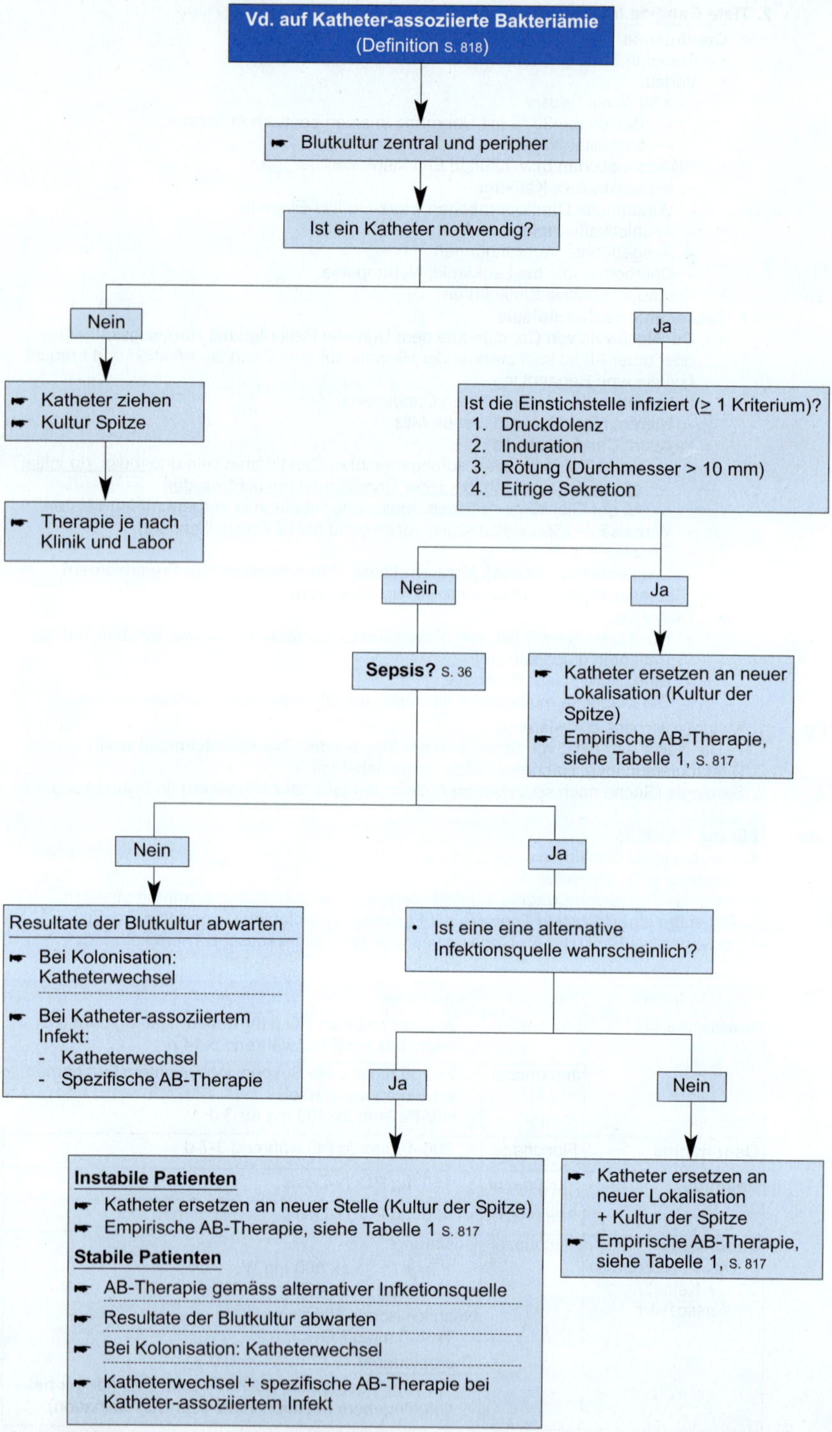

Algorithmus: Verdacht auf Katheter-assoziierte Bakteriämie.[1,2]

1 Angepasst nach: O'Grady et al. Centers for Disease Control and Prevention. MMWR Recomm Rep 2002 ;51(RR-10) :1-29. 2 Mermel LA, et al. Clin Infect Dis 2001 ;32 :1249-72.

Tabelle 1

Empirische AB-Therapie für Katheter-assoziierten Infekt

- Amoxicillin/Clavulansäure..........3x 2.2 g/d **IV**
  Bei Sepsis zusätzlich:
  - Gentamicin ....1x 5 mg/kg/d **IV**
- Bei Penicillinallergie oder MRSA-Träger (gesichert oder vermutet):
  - Vancomycin ....2x 1 g/d **IV**
  Bei Sepsis zusätzlich:
  - Gentamicin ....1x 5 mg/kg/d **IV**

Zentraler Venenkatheter-Infekt

Allg:
- Das Bakteriämie-Risiko ......≤ 2/1'000 Kathetertage
- Mortalität ....12-25 %
- Kosten (USA) ....25'000 $/Episode
- Häufigste Erreger:
  - Koagulase-negative Staphylokokken (v.a. *Staphylococcus epidermidis*)
  - *Staphyloccocus aureus*
  - Enterokokken
  - GRAM-negative Enterobakterien
  - *Candida spp.*

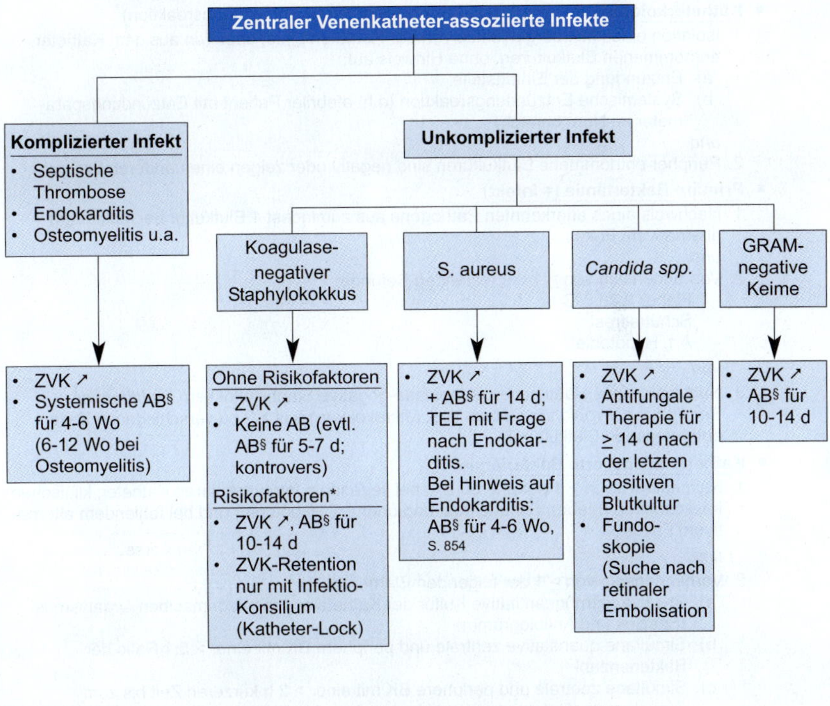

Algorithmus: Zentraler Venenkatheter, der entfernt werden kann und assoziierter Infekt.[1]

* Risikofaktoren: Immundefizienz, Herzklappenvitien, implantiertes Fremdmaterial

§ AB-Therapie: siehe Tabelle 1 oben

SVK ↗ = Zentravenenkatheter enfernen. TEE = Transösophageale Echokardiographie

1 Angepasst nach: O'Grady et al. Centers for Disease Control and Prevention. MMWR Recomm Rep 2002 ;51(RR-10) :1-29. 2 Mermel LA, et al. Clin Infect Dis 2001 ;32 :1249-72.

Blutkulturen[1-3]

Allg:
- Jede «positive» Blutkultur (BK) muss vorsichtig interpretiert werden, da Infekt, Kolonisation oder Kontamination vorliegen kann, insb. bei klassischen Hautkemien, wie:
  - Koagulase-negative Staphylokokken (z.B. *S. epidermidis*)
  - Corynebakterien
  - Propionibakterien

Für die PRAXIS:
Bei Nachweis von anerkannten Pathogenen, wie z.B.:
- *Staphylococcus aureus*
- Pneumokokken
- Meningokokken
- GRAM-negative Enterobakterien
- Candida spp.

ist, bis zum Beweis des Gegenteils, von einem Infekt auszugehen.

Vorg:
- Abnahme von 2 Blutkulturpaaren im Abstand von 15-30 min. Bei Verdacht auf Endokarditis oder Fieber in Aplasie $\geq$ 3 Paare BK vor Beginn der AB-Therapie (Sensitivität für Endokarditis bis 99 %)
- Zumindest 1 BK muss einer peripheren Vene oder einem frisch gelegten vaskulären Zugang entnommen sein. Pro Blutkultur braucht es:
  - 10 mL Blut für die aerobe Kultur und 10 mL Blut für die anaerobe Kultur.
- Zur Kultur von Mycobakterien muss Citratblut abgenommen werden!
- Das Mikrobiologielabor muss über Verdachtsdiagnosen, die spezifische Kulturmodalitäten (Temperaturreduktion für Mycobakterien, verlängerte Bebrütung für HACEK, spezifische Medien u.a.) nötig machen, informiert werden.

Def:[1]

- **Kontamination**
  = Probenverunreinigung bei Entnahme und Verarbeitung
- **Katheterkolonisation** (mikrobielle Besiedelung ohne Entzündungsreaktion)
  1. Isolation eines Mikroorganismus von der Katheterspitze, oder von aus dem Katheter entnommenen Blutkulturen, ohne Hinweis auf:
     a) Entzündung der Eintrittstelle
     b) Systemische Entzündungsreaktion (d.h. afebriler Patient mit Entzündungsparameter im Normbereich)

     und:
  2. Peripher entnommene Blutkulturen sind negativ oder zeigen einen anderen Erreger.
- **Primäre Bakteriämie (= Infekt)**
  1. Nachweis eines anerkannten Pathogens aus zumindest 1 Blutkultur bei fehlendem alternativem Fokus

     und:
  2. Vorhandensein von $\geq$ 1 der folgenden Befunde:
     - Fieber > 38.0°C
     - Schüttelfrost
     - Art. Hypotonie

     und:
  3. Nachweis eines Hautkeimes (koagulase-negative Staphylokokken, *Diphtheroide, Bacillus spp, Propionibacterium spp*, Mikrokokken) aus $\geq$ 2 zu verschiedenen Zeiten entnommenen Blutkulturen.
- **Katheter-assoziierte Bakteriämie**
  1. Keimnachweis in $\geq$ 1 peripheren BK, bei liegendem intravaskulären Katheter, klinischen Infektzeichen (Fieber, Schüttelfrost und/oder art. Hypotonie) und bei fehlendem alternativem Fokus

     und:
  2. Vorhandensein von $\geq$ 1 der folgenden Elemente:
     a) Positive (semi)quantitative Kultur der Katheterspitze mit demselben Organismus (Spezies und Antibiogramm)
     b) Simultane quantitative zentrale und periphere BK mit einer > 5:1 Ratio der Bakterienzahl
     c) Simultane zentrale und periphere BK mit einer > 2 h kürzeren Zeit bis zum Erreichen der Detektionsgrenze in der zentralen BK.

1 Angepasst nach: Centers for Disease Control and Prevention: http://cdc.gov/. 2 Bates DW, et al. Ann Intern Med 1990 ;113 :495-500. 3 Bates DW, et al. JAMA 1992 ;267 :1962-6.

Milzbrand (Anthrax)[1-5] [A22.9]

Allg:
- Zoonose, verursacht durch den *Bacillus Anthracis*, GRAM-positives, aerobes Stäbchen mit Sporenbildung. In dieser resistenten Sporenform kann Anthrax mehrere Jahre überleben.
- Übertragung: Der Mensch kann sich durch Kontakt mit einem angesteckten Tier (Kuh, Schaf, Ziege u.a.) oder mit deren Produkten infizieren.
- **Eine Mensch-zu-Mensch-Übertragung ist nicht bekannt**.
- *Bacillus Anthracis* kann als biologische Waffe eingesetzt werden.
- Die Anthrax-Virulenz entsteht durch das Kapsel-Polypeptid und das Anthrax-Exotoxin.
- Die Mortalität des systemischen Milzbrandes beträgt nahezu 100 %.

Klin:

■ **Hautmilzbrand** [A22.0]
- Häufigste Anthrax-Form (95 % der Fälle in den USA; 224 Fälle zw. 1944 und 1994)
- Sporen treten durch offene Hautstellen ein.
- 1-12 d nach Exposition: lokales Ödem mit zentraler Nekrose oder Bullae, pruriginös
- Narbenlose Abheilung nach 2-3 Wochen
- Die frühzeitige AB-Therapie reduziert das Risiko einer systemischen Ausbreitung der Krankheit (Mortalität ohne Antibiotika: ca. 20 %; mit Antibiotika: rar). Die Hautläsionen werden aber durch die AB-Therapie kaum beeinflusst.
- Standardhygienemassnahmen mit Handschuhen

■ **Lungenmilzbrand** [A22.1]
- Inhalation von Anthrax-Sporen, welche im Lungenparenchym via Makrophagen in die Mediastinallymphknoten abtransportiert werden → hämorrhagische Mediastinitis! Das Lungenparenchym zeigt selten infektiöse Veränderungen (keine Pneumonie).
- Inkubationszeit ca. 1-7 d (aber bis zu 6 Wo nach exposition möglich)
- Initiale Symptome dauern ca. 4 d: Myalgien, Müdigkeit, trockener Husten, Fieber. Dann Evtl. kurze Erholungsphase, dann **innert 1-10 Tagen** hämorrhagische Mediastinitis mit akuter Ateminsuffizienz.
- Septischer Schock, Tod in nahezu allen Fällen.

■ **Darmmilzbrand** [A22.2]
- Innert 5 d nach Einnahme von kontaminiertem und zu wenig gekochtem Fleisch, Auftreten von pharyngealen bzw. gastrointestinalen Ulzera (Hämatemesis, Hämatochezie), Diarrhoe, hämorrhagische mesenterische Adenitis, Aszites, Bakteriämie. Tod in nahezu allen Fällen!

Kpl:
- **Meningealer Milzbrand**: meist infolge kutaner Eintrittspforte mit sekundärer Streuung (aber auch nach Lungen- oder Darmmilzbrand möglich).

Dg:
- In der Initialphase gibt es keine zuverlässige Diagnosekriterien.
  1. GRAM-Färbung und Kultur:
     - Inhalt der Hautläsionen (Bullae) NICHT ausdrücken: Disseminationsgefahr!
     - Sputum (die GRAM-Färbung ist selten positiv)
     - Blut (Wachstum nach 6-24 h), Aszites, Pleuraerguss, Liquor u.a.
  3. PCR aus verdächtigen Hautläsionen (nicht im Blut)
- Infektio-Konsilium (Referenz-Zentrum in der CH: Veterinärinstitut Bern):

Th:

1. **Milder Anthrax**

	Dosierung (PO), Dauer der Monotherapie	
• Ciprofloxacin	2x 500 mg/d	a) «Natürliche» Infektion: 7-10 d
• Amoxicillin	3x 750 mg/d	b) Bei Bioterrorismus: 60 d
• Doxycyclin	2x 100 mg/d	

2. **Inhalierungs-/gastrointestinal oder oropharyngealer Anthrax** (empirisch)
   - Ciprofloxacin (400 mg **IV** alle 12 h) oder Levofloxacin (1x 500 mg/d **IV**) oder Doxycyclin (100 mg alle 12 h **IV**)
     und:
   - Clindamycin (900 mg **IV** alle 8 h)
     und:
   - Rifampicin 300 mg **IV** alle 12 h
     Sobald möglich auf orale Therapie umstellen: Ciprofloxacin (2x 500 mg/d PO) + Clindamycin (3x 450 mg/d PO) + Rifampicin (2x 300 mg/d PO). Therapiedauer: 60 d!
   - INFO: Penicillin oder Amoxicillin NUR bei bewiesener Sensitivität (β-Laktamase!)

3. **Postexpositions-Prophylaxe**[4,6]
   Ind: • Asymptomatische Personen mit Verdacht auf eine Anthrax-Exposition
   Th: • AB-Prophylaxe bis Exposition ausgeschlossen, bei Beteiligung mind. 40-60 d:
   - Ciprofloxacin (2x 500 mg/d PO)
   - oder Doxycyclin (2x 100 mg/d PO)
   - oder, falls bewiesene Sensitivität (!!): Amoxicillin (3x 500 mg/d PO)

4. **Impfung**
   Allg: • Der Impfstoff ist in Europa weder erhältlich noch zugelassen. Die Impfung bleibt bis heute der amerikanischen Armee vorbehalten (seit 1998, gute Toleranz).

1 Dixom TC, et al. N Engl J Med 1999 ;341 :815-26. 2 Inglesby TV, et al. JAMA 1999 ;283 :1735-45. 3 Morb Mortal Wkly Rep 1999 ;48 :69-74. 4 Swartz MN. N Engl J Med 2001 ;345 :1621-6. 5 www.bt.cdc.gov 6 BAG 2001; 44 :821

Legionellose [A48.1]

Allg:
- Die Legionellose wurde anlässlich eines Kriegveteranentreffens in Philadelphia im Jahr 1976 entdeckt. Über 200 Teilnehmer waren von einer foudroyanten Pneumonie befallen.
- Es sind ca. 50 Legionella-Spezies bekannt, ca. 20 sind human-pathogen.
- Die *Legionella pneumophila* (v.a. die Serotypen 1 und 6) umfassen 70-90 % der Legionellosen. Andere Legionellen (*L. jordanis, L. bozemani*) sind viel seltener.
- Es handelt sich um ein GRAM-negatives, obligat aerobes, intrazelluläres Bakterium.
- Bei Temperaturen < 20°C vermehren sich die Legionellen nicht mehr und bei > 60°C werden sie zerstört. Spezialmedien müssen für Kulturen angelegt werden.
- Übertragung:
  - Mikroaspiration von infiziertem Wasser und infizierte Wasserhähne
  - Infizierte klimatisierte Luft (Aerosolisation von Legionellen)
- **Eine Mensch-zu-Mensch-Übertragung ist nicht möglich.**

Klin:
- Es werden folgende Krankheitsbilder beobachtet:

1. Pontiac fever
- Selbstlimitierende, febrile Erkrankung mit Myalgie, Kopfschmerzen, Erschöpfung
- Die Lungen sind nicht betroffen (keine Pneumonie!)
- Spontane Erholung nach 3-5 d

2. Legionellen-Pneumonie («Legionärskrankheit»)
- 2-9 % der ambulant erworbenen Pneumonien. In der CH ca. 200 Fälle/Jahr!
- Inkubationszeit 2-10 d (selten 1-28 d)
- Symptome
  - Fieber (> 38.8°C bei 80-90 % der Patienten), Schüttelfrost
  - Husten (40-90 %), Thoraxschmerzen (13-35 %)
  - Dyspnoe (25-62 %)
  - Kopfschmerzen (40-48 %)
  - Myalgien/Arthralgien (20-40 %)
  - Diarrhoe (21-50 %)
  - Nausea, Erbrechen
  - Neurologische Störungen (4-53 %)
  - Hyponatriämie (in einigen Studien häufiger verglichen mit anderen Pneumonien; aber keinesfalles pathognomonisch!)
- Komplikationen:
  - Ateminsuffizienz, DIC, Schock

3. Extrapulmonale Formen (sehr selten)
- Meist metastatische Komplikationen einer Legionellen-Pneumonie:
  - Myo-Perikarditis
  - Peritonitis, Pankreatitis, Sinusitis, Pyelonephritis, Zellulitis u.a.

Dg:[1]
- Diagnostische Tests der Legionellose:

Test	Material	Sensitivität	Spezifität	Bemerkungen
Kultur	• Sputum • Bronchialsekret • Blut	• 20-95 %	• 100 %	• Kann auch noch Tage nach Therapiebeginn positiv sein • Benötigt Spezialmedien
Antigenurie	• Urin	• 60-95 %	• > 99 %	• Detektieren nur Serogruppe 1 • ***CAVE***: ca. 10 % der Legionärskrankheit werden von anderen Serogruppen verursacht!
Immunfluoreszenz Mikroskopie	• Sputum • Bronchialsekret • Blut	• 20-50 %	• 99 %	
Antikörper	• Serum (am besten longitudinal im Parallelansatz)	• 20-70 %	• 95-99 %	• Je nach Test können weitere (nicht 1)-Serogruppen detektiert werden • Kann bei Erkrankungsbeginn negativ sein!
PCR	• Sputum	• 20-75 %	• 90-95 %	• Noch nicht standardisiert für klinischen Gebrauch

1 Mandel GL et al. In: Principles and Practice of Infectious Diseases e-dition, 6th Edition, 2005.

Th: **1. Antibiotikatherapie**

Allg:
- Therapiedauer
  - I.d.R. 10-14 Tage
  - Bei schweren Verläufen oder bei immunsupprimierten Patienten bis 3 Wo.

Klin: A. Milde bis mittelschwere Fälle
- Clarithromycin 2x 500 mg/d initial **IV**
  - Nach klinischer Besserung, Umstellung auf PO: 2x 500 mg/d
- Levofloxacin 1 (-2)x 500 mg/d initial **IV**
  - Nach klinischer Besserung Umstellung auf PO: 1x 500 mg/d
- Alternativ als 2. Wahl:
  - Doxycyclin 2x 100 mg/d PO

B. Schwere Fälle
- Infektio-Konsilium: evtl. kombinieren mit Rifampicin

2. Symptomatische Therapie (bei Pontiac Fieber)

Bsp:
- Fiebertherapie, S. 773
- Analgetika

3. Prävention

Allg:
- Kontrolle Wassertemperatur (> 60°C)
- Sanierung defekter Wasserleitungen

INFEKT

§ 6 Meldepflichtige Krankheiten

Allg: • Namentlich, **innerhalb von 24 h** an das Gesundheitsamt, ist zu melden.

- **Verdacht, Erkrankung, Tod an:**
  - Botulismus
  - Cholera
  - Diphtherie
  - Humaner spongiformer Enzephalopathie, ausser familiär-hereditärer Formen
  - Akuter Virushepatitis
  - Enteropathischem hämolytisch-urämischem Syndrom (HUS)
  - Virusbedingtem hämorrhagischen Fieber
  - Masern
  - Meningokokken-Meningitis oder -Sepsis
  - Milzbrand (Anthrax)
  - Poliomyelitis:
    - Als Verdacht gilt jede akute schlaffe Lähmung, ausser wenn traumatisch bedingt.
  - Pest
  - Tollwut
  - Typhus abdominalis/Paratyphus
  - Behandlungsbedürftige Tuberkulose (auch ohne bakteriologischen Nachweis!)

- **Verdacht auf mikrobiell bedingte Lebensmittelvergiftung oder akute infektiöse Gastroenteritis, wenn:**
  - Eine Person betroffen ist, die eine Tätigkeit im Sinne des § 42 Abs. 1 ausübt («Küche»)
  - Zwei oder mehr gleichartige Erkrankungen auftreten, bei denen ein epidemischer Zusammenhang wahrscheinlich ist oder vermutet wird.

- **Verdacht auf eine über das übliche Ausmass einer Impfreaktion hinausgehenden gesundheitlichen Schädigung**

- **Verletzung eines Menschen durch ein tollwutkrankes, -verdächtiges oder -ansteckungsverdächtiges Tier sowie die Berührung eines solchen Tieres oder Tierkörpers**

- **Wenn Personen mit behandlungsbedürftiger Lungentuberkulose eine Behandlung verweigern oder abbrechen.**

Bem: • **www.gesetze-im-internet.de/bundesrecht/ifsg/gesamt.pdf**:
Kompletter Gesetzestext u.a. mit Hinweisen auf die Meldepflicht des Nachweises von Krankheitserregern. Folgende Paragraphen sind darin enthalten:
§6 ......Siehe oben (unter «Allg:»)
§7 ......Welche Krankheitserreger?
§8 ......Wer hat Meldepflicht?
§9 ......Namentliche Meldung
§10 ....Nichtnamentliche Meldung

Meldeformular via Internet:

☛ www.aerztekammer-bw.de/ueberuns/aerzteschaften/oehringen/meldepflicht/Meldeformular.pdf

Salmonellose[1] [A02.9]

Allg:
- Die Salmonellosen werden durch GRAM-negative, aerobe, fakultativ anaerobe Bakterien verursacht.
- Fäko-orale Übertragung
- Meldepflicht:
  - Die Salmonellose ist meldepflichtig (das Labor muss innerhalb 1 Woche den kantonsärztlichen Dienst im Wohnkanton des Patienten und das Bundesamt für Gesundheit BAG benachrichtigen).
  - Ärzte informieren den Kantonsarzt über ein gehäuftes (≥ 2 Fälle) Auftreten von Salmonellen (Meldeformulare: www.bag.admin.ch)

Klas:
- Die wichtigsten Salmonellosen des Menschen gehören zur Spezies «***Salmonella enterica***». Über 2500 Salmonellen Serotypen (auch «Serovare» genannt) sind bekannt. Die weitere Einteilung erfolgt nach Oberflächenantigen.
- Klinisch ist es sinnvoll, zwischen typhösen und nichttyphösen Salmonellen zu unterscheiden, da sie unterschiedliche Krankheitsbilder verursachen. V.a. bei immundefizienten Patienten kann jeder Typ invasiv sein.
  1. **Typhöse Salmonellen** (Salmonella Serovare typhi und Serovare paratyphi A, B oder C)
     Allg:
     - Reservoir: Mensch
     - Die Infektion erfolgt durch Kontakt mit:
       - Erkrankter Person
       - Chronischem Träger
       - Kontaminierten Lebensmitteln
  2. **Nichttyphöse Salmonellen**
     Bsp:
     - Salmonella Serovare typhimurium
     - Salmonella Serovare enteritidis und viele andere!

     Allg:
     - Reservoir: Tiere und landwirtschaftliche Produkte (Eier, Hühner, Fleisch, Milch, Fruchtsäfte)

Dg:
- Bakterielle Untersuchung von Stuhl, Blut und intraoperativen Materialien:
  1. Blutkulturen indiziert bei:
     - Febriler Gastroenteritis
     - Verdacht auf invasive Salmonellose
     - Verdacht auf eine typhöse Salmonellose (*S. typhi*, *S. paratyphi*)
  2. Stuhlkultur. Indikationen:
     - Hohes Fieber u/o Blut im Stuhl u/o Tenesmen (schmerzhafter Stuhldrang)
  3. Salmonellen-Serologie (Suche nach O- und H-Antigenen):
     - Die Serologie soll frühestens nach 7-10 Tagen durchgeführt werden.
     - Eine negative Serologie im Akutstadium schliesst eine Salmonellose nicht aus!

Bem:
- **Impfstoffe** garantieren nur einen Schutz von 60-80 % gegen *S. typhi* (Dauer des Impfschutzes: 1.5 Jahre).
  1. VIVOTIF®
     Allg:
     - Attenuierter Lebendimpfstoff gegen *Salmonella typhi*

     Vorg:
     - Impfschema: 14 Tage vor der Reise in ein Endemiegebiet je 1 Kapsel an den Tagen 1, 3, 5

     KI:
     - Angeborene oder erworbene Immundefizienz (inkl. Immunsuppressiva)
     - Gleichzeitige Einname von Antibiotika (hier ist der Impfstoff nicht wirksam!)

     Bem:
     - Zwischen der letzten VIVOTIF®-Dosis und dem Beginn der Malaria-Prophylaxe muss ein Intervall von mindestens 3 Tagen eingehalten werden.
  2. TYPHIM®
     Allg:
     - Parenteraler Totimpfstoff (kann via Internationale Apotheke bestellt werden)

     Vorg:
     - Einmalige Impfung 14 Tage vor der Reise in ein Endemiegebiet

Klin:

1. Salmonellen Gastroenteritis

Allg:
- Nichttyphöse Salmonellen (z.B. Salmonella Serovare typhimurium oder Serovare enteritidis) können klinisch nicht von einer ursächlich anderen Gastroenteritis unterschieden werden.
- Mortalität: 0.5 %
- Weniger als 5 % der immunkompetenten Patienten haben eine positive Blutkultur.
- Nach dem Sistieren der Diarrhoe werden die Salmonellen noch während 4-5 Wo im Stuhl ausgeschieden (je nach Serovar und Alter des Patienten bis 20 Wo).

Klin:
- **Symptome 6-48 h** nach Kontakt mit dem kontaminierten Nahrungsmittel:
  - Akute Bauchkoliken, Nausea, Erbrechen
  - Wässrige Diarrhoe (⅓ der Fälle mit Blutbeimengung), i.d.R. selbstlimitierend
  - Pseudoappendizitis (DD: *Yersinia enterocolitica*)
  - Fieber (38°-39°C). Seltener: Kopfschmerzen, Myalgien

1 Oerli I et al. Schweiz Med Forum 2005 ;5 :1000-7.

- Dauer der Symptome: 2-5 Tage. Wenn die Diarrhoe über 10 Tage anhält, muss eine andere Ursache gesucht werden!
- Normalerweise Spontanheilung

Dg:
- Blutkultur
- Blut im Stuhl. Leukozyten im Stuhl (oft stark polymorphkernig)

Th: A. Patient ohne Risikofaktoren¶:

Vorg:
- Symptomatische Therapie (keine AB-Therapie):
  - Flüssigkeits- und Elektrolytenersatz
- Die AB-Therapie kann die Anzahl chronischer Träger erhöhen!

B. Patient mit Risikofaktoren¶ und/oder mit schwerem Verlauf (hohes Fieber, Blut im Stuhl und/oder Tenesmen)

Vorg:
- Ad. AB-Therapie!

Ciprofloxacin	2x 500 mg PO	3-7 d (14 d bei positiven BK oder Immundefizienz)
Ofloxacin	2x 200 mg PO	3-7 d (14 d bei positiven BK oder Immundefizienz)
Ceftriaxon	1x 2 g **IV, IM**	5 d (14 d bei positiven BK oder Immundefizienz)
Azithromycin	1. Tag: 1x 1 g PO dann 500 mg/d PO	3-7 d

Bem:
- Zunahme der AB-Resistenz (v.a. Chinolone und Ceftriaxon in Südostasien)

2. Enterisches Fieber - Typhus abdominalis

Allg:
- Das enterische Fieber ist ein globales Gesundheitsproblem, v.a. in Südostasien, Indien, Afrika, Südamerika. Es wird durch **typhöse Salmonellen** (d.h. Salmonella Serovare typhi und Serovare paratyphi) verursacht.

Klin:
- Inkubation: 5-21 Tage
- Typischer 3-Phasenverlauf (wobei die AB-Therapie den Verlauf beeinflusst!):
  - 1. Woche: Stufenweise ansteigendes Fieber und Bakteriämie
  - 2. Woche: Bauchschmerzen und typischer Hautausschlag mit stammbetonten, lachsfarbenen Maculae
  - 3. Woche: Hepatosplenomegalie, GI-Blutung, Darmperforation im Rahmen einer iliozökalen lymphatischen Hyperplasie der PEYER'schen Plaques; ± sekundäre Bakteriämie und Peritonitis.
- Weitere Symptome und Befunde:
  - Obstipation oder Diarrhoe

> **Für die PRAXIS:**
> Das Fehlen einer Diarrhoe schliesst typhöse Salmonellen nicht aus!

  - Neuropsychiatrische Symptome (*typhos* = Nebel)
  - Prolongiertes Fieber, Myalgien, Kopfschmerzen
  - Fieber mit relativer Bradykardie
  - Ablagerungen von Immunkomplexen
- Spätkomplikationen (v.a. bei unbehandelten Patienten):
  - Viszerale Abszesse
  - Mykotisches Aneurysma* (10 % bei Patienten > 50 Jahren)
  - Septische Arthritis
  - Osteomyelitis
  - Septischer Schock
  - Viszerale Abzesse

Prog:
- Mortalität: unbehandelt 15 %; behandelt 1.5 %
- Rezidive bei 10 % der unbehandelten Fälle
- Chronische Träger bei 14 % nach 5 d Ceftriaxon (die Bakterien verweilen zum Teil intrazellulär, was die Eradikation erschwert)

¶ **Risikofaktoren, welche eine AB-Therapie erfordern:**
- Neugeborene (< 3 Monate)
- Alter > 50 Jahre (d.h. erhöhtes Risiko von: Arteriosklerose, Aneurysma)
- Immunkompromittierte Patienten (z.B. hämatologische Neoplasien, Immunsuppressiva, transplantierte Patienten, HIV-Patienten)
- Patient mit Kunstgelenken oder endovaskulären Prothesen (künstliche Herzklappen, vaskuläre Prothesen u.a.)
- Asplenie (inkl. funktionelle Asplenie), siehe S. 888

* Der Ausdruck «mykotisches Aneurysma» ist etwas unglücklich, denn das Aneurysma kommt durch irgendwelche septische Streuung zustande (nicht primär durch Pilze).

Th: **1. Empirische AB-Therapie (Infektio-Konsilium)**

a) Erste Wahl

- Ciprofloxacin 2x 500 mg/d PO 10 d; bei metastatischen Foci ≥ 14 d

b) Vd. auf Ciprofloxacin-resistente Salmonellen (z.B. Asien-/Indienaufenthalt):

- Ceftriaxon 1x 2 g/d **IV**. Therapiedauer 14 d; bei metastatischen Foci ≥ 14 d
- Azithromycin 1x 1g PO (erster Tag), dann 500 mg/d PO während 6 d

c) Bei Rezidiv (5 %): AB gemäss Antibiogramm

3. Chronische Salmonellenträger

Def:
- Nachweis typhöser oder nichttyphöser Salmonellen im Stuhl oder Urin während > 12 Monaten.

Allg:
- Inzidenz der chronischen Salmonellenausscheider (= chronische Träger):
  - Salmonella typhy: ....1-4 %
  - Nichttyphöse Salmonellen: ....0.2-0.6 % (oft S. Serovare typhymurium)
- Lokalisation der Keime: Gallenwege, ableitende Harnwege
- Risikogruppen/Risikosituationen:
  - Ältere Personen
  - Frauen
  - Gallensteinerkrankungen. Die Gallenblase kann als Reservoir der Salmonellen dienen. Die Zahl der chronischen Träger kann durch die Cholezystektomie vermindert werden.

Klin:
- Asymptomatisch
- Die Stuhlkulturen sind nur intermittierend positiv (je nach Menge der ausgeschiedenen Salmonellen).

Vorg:
- Träger mit Diarrhoe sollen so lange von der Arbeit befreit werden, wie Symptome bestehen.
- Asymptomatische Dauerträger können gemäss BAG[1] ihre Tätigkeit an jeder Stelle bei konsequenter Händehygiene, inkl. der Lebensmittelproduktion und -verarbeitung, behalten (Rücksprache mit dem Kantonsarzt; strenge Auflagen je nach Kanton).

> **Für die PRAXIS:**
> **Eine adäquate Händehygiene erlaubt es, die fäkal-orale Übertragung zu verhindern!**

1 BAG 1999; www.bag.admin.ch

Symptomatische Salmonellose mit:

- Mit positiver Stuhlkultur
- und/oder positiver Blutkultur
- und/oder klinischem Verdacht

Nichttyphöse Salmonellen

Beispiele:

- Salmonella Serovare typhymurium
- Salmonella Serovare enteritidis
- und viele andere nichttyphöse Salmonellen

- **Schwerer Krankheitsverlauf**, d.h.:
  - Hohes Fieber
  - u/o Blut im Stuhl
  - u/oTenesmen

oder:

- **Risikofaktor**
  - Neugeborene (< 3 Monate)
  - Alter > 50 Jahre (d.h. erhöhtes Risiko von: Arteriosklerose, Aneurysma)
  - Immunkompromittierte Patienten (z.B. hämotologische Neoplasien, Immunsuppressiva, transplantierte Patienten, HIV-Patienten)
  - Patient mit Kunstgelenken oder endovaskulären Prothesen (künstliche Herzklappen, vaskuläre Prothesen u.a.)
  - Asplenie (inkl. funktionelle Asplenie), siehe S. 888

ja:

AB-Therapie

- Ciprofloxacin
- Ofloxacin, S. 825
- Cefriaxon, S. 825

nein:

Symptom. Therapie

- Ad. Flüssigkeits- und Elektrolytenersatz
- Keine AB notwendig

Typhöse Salmonellen

Die typhösen Salmonellen umfassen:

- Salmonella Serovare typhi und:
- Salmonella Serovare paratyphi A, B, C

Aufenthalt in: **Südostasien/Indien**?*

ja:

Therapie

Initial:

- Ceftriaxon* **IV**, S. 825 oder:
- Azithromycin* PO, S. 825

Im Verlauf:

- Gemäss Antibiogramm

nein:

AB-Therapie

Oral:

- Ciprofloxacin
- Ofloxacin, S. 825

Parenteral:

- Ceftriaxon **IV**

Algorithmus: Vorgehen bei symptomatischer Salmonelleninfektion mit positiven Stuhl- und/oder Blutkulturen und oder bei klinischem Verdacht.[1]

* Wegen hohem Anteil an Cipro-resistenten Stämmen ins Südostasien/Indien, darf Ciprofloxacin bzw. Ofloxacin nur bei bestätigter Empfindlichkeit eingesetzt werden.

1 Angepasst nach: Oerli I et al. Schweiz Med Forum 2005 ;5 :1007.

Listeria - Listeriose [A32.8]

Allg:
- Die Listeriose wird durch das GRAM-positive, aerobe Stäbchen ***Listeria monocytogenes*** verursacht.
- Übertragung:
  - Kontaminierte Nahrungsmittel:
    - -- Rohes Gemüse
    - -- Milchprodukte
    - -- Fisch
    - -- Rohes Fleisch
  - Enger Tierkontakt
    - -- Rind, Schaf, Ziege, Schwein
- Die Infektion des Foetus/Neugeborenen geschieht transplazentar/perinatal und kommt am häufigsten während des 3. SS-Trimenons zustande.
- Inkubationszeit: 3-90 Tage

Klin: A. Asymptomatisch oder Gastroenteritis

Klin:
- Fieber
- Nausea und Diarrhoe (v.a. bei immunkompetenten Erwachsenen)

B. Symptomatisch

Allg:
- Risikogruppen:
  - HIV-Patienten
  - Immunsuppressiva
  - Organtransplantierte Patienten
  - Alkoholiker
  - Chronische Erkrankungen
  - Alter > 60 Jahre
  - Schwangerschaft

Klin:
- Fieber
- Pharyngitis
- Myalgie
- Febrile Gastroenteritis (oft selbstlimitierend)
  - Nausea
  - Diarrhoe u.a.
- Sepsis mit unklarem Fokus
- Invasive Formen sind selten und treten v.a. bei immunkompromittierten Patienten auf.

> **Für die PRAXIS:**
> Patienten mit Listeria-Meningitis oder -Bakteriämie können Prodromi wie Fieber, Nausea und Diarrhoe aufweisen.

Kpl:
- **Meningitis**; evtl. Meningoenzephalitis, Rhomboenzephalitis, Hirnabszess
  - Fokale neurologische Ausfälle
  - Ataxie
  - Tremor
  - Hemiplegie
  - Konvulsionen
  - Koma
- Sepsis, manchmal mit foudroyantem Verlauf!
- Selten:
  - Endokarditis
  - Infekt an Inokulationsstelle (→ Hautlisteriose; → Konjunktivitis)

C. Neonatale Listeriose

I. Frühinfekt (Symptombeginn ab der 1. Lebenswoche)
- Sepsis
- Hautläsionen (Granulomatosis infantiseptica)

II. Tardiver Infekt (Symptombeginn nach der 1. Lebenswoche)

Dg: 1. Klinik
- Die klinische Diagnostik ist schwierig. Die mikrobiologischen Abklärungen (Punkt 2. S. 829) sind deshalb zwingend.
- Bei unklarem Fieber ist bei folgenden Risikogruppen eine Listeriose in Erwägung zu ziehen:
  - Immunsuppression
  - Alkoholabusus
  - Alter > 65 Jahre
  - Schwangerschaft

2. Kultur (das Resultat steht erst innerhalb von 48-72 h zur Verfügung)
   - Blut (Rücksprache mit dem mikrobiologischen Labor)
   - Sekrete
   - Zervixabstrich
   - Gewebe (inkl. Plazentakultur!)
   - Liquor
3. Radiologie (Schädel-CT oder -MR)
4. Liquor (siehe S. 574)
   - Keimnachweis im Direktpräparat (wenig sensitiv; d.h. falsch negative Resultate sind nicht selten!)
   - Monozytäre Pleozytose (nicht zwingend)
   - Glukose kann normal oder erniedrigt sein.

Th: **1. Antibiotherapie**

1.1. Patienten ohne Penicillinallergie
- Initiale, empirische AB-Therapie
  - Ampicillin 2 g **IV** alle 4 h

  Bei immunkompromittierten Patienten und/oder bei ZNS-Befall, zusätzlich:
  - Gentamicin 1.7 mg/kg **IV** alle 8 h (= 5.1 mg/kg/d); Infusion über 30 min-2 h.

1.2. Patienten mit Penicillinallergie
- Infektio-Konsilium
- Initial:
  - TMP/SMX 15-20 mg TMP/kg/d, aufgeteilt in 4 Tagesdosen
  - Gentamicin (Dosierung wie unter Punkt 1.1.)

1.3. Therapiedauer (gemäss MR-Befunden)
- Ampicillin

  a) Immunkompetenter Patient mit Bakteriämie:
  - OHNE Meningitis: 2 Wo
  - MIT Meningitis: 2-4 Wo

  b) Immunsupprimierter Patient: $\geq$ 3 Wo (Infektio-Konsilium)

  c) Abszess, Rhombenzephalitis: $\geq$ 6 Wo (Infektio-Konsilium)
- Gentamicin soll verabreicht werden, bis sich der Patient deutlich verbessert hat, aber mindestens 5-7 d.

Clostridium difficile und assoziierte Kolitis[1] [A04.7]

Allg:
- *Clostridium difficile:*
  - Ist ein pathogenes GRAM-positives, anaerobes Stäbchen, welches oft nosokomial vorkommt. Es gibt aber auch asymptomatische, gesunde Träger.
  - Scheidet 2 Toxine aus (A und B); beide sind beim Menschen pathogen.
  - Ist oft (aber nicht immer!) mit der Einnahme von Antibiotika assoziiert. Hier beginnt die Diarrhoe in den meisten Fällen **1-9 Tage nach Beginn der AB-Therapie**. Bei ca. 20 % der Patienten tritt die Diarrhoe bis 6 Wochen nach Sistieren des Antibiotikums auf.
  - Verursacht 15-25 % aller AB-assoziierten Diarrhoen.
- Risikofaktoren
  - Prolongierte AB-Therapie
  - Breitspektrum-AB
- Seit dem Jahr 2000 zirkuliert ein **Clostridium-Klon** mit erhöhter Virulenz, welche nosokomiale Epidemien und schwerste Verläufen, auch bei Patienten ohne Begleiterkrankungen verursacht (Mortalität 7 %)!
  - Ursprung der Epidemie: USA/Canada
  - In Europa (2008): Vorkommen zur Zeit nur in den Niederlanden und England
  - Dieser Klon synthetisiert höhere Toxinkonzentrationen (A und B).

Klin:
- Asymptomatisch oder wenig symptomatisch
- Symptomatisch (individuell sehr verschieden)
  - Chronische oder blutige Diarrhoe
  - Akute, schwere Kolitis
  - **Fulminante Kolitis** (selten, aber hohe Mortalität). Daran denken bei:
    - -- Leukozytose > 20 G/L
    - -- Paralytischer Ileus (ohne Diarrhoe!)
    - \- Kolondilatation > 7 cm
    - -- Sepsis, S. 36

Für die PRAXIS:
Bei unklarem Fieber und/oder Durchfall bei hospitalisierten Patienten soll immer an eine *Clostirdium difficile* Infektion gedacht werden, insb. im Zusammenhang mit einer antibiotischen Therapie (aktuell oder bis ca. 6 Wochen nach der AB-Therapie).

Kpl:
- Pseudomembranöse Kolitis
- Toxischer Megakolon
- Perforation des Kolons
- Peritonitis

Lab:
- Blut
  - Leukozytose, CRP ↑, je nach Klinik Procalcitonin (S. 1426)
- Stuhl
  - Blut (50 % der Fälle)
  - Leukozyten (50 % der Fälle)
  - Suche nach *Clostridium difficile*-Toxin (A und B)

Dg:
1. Toxinnachweis (A <u>und</u> B) im Stuhl (Analyse sofort durchführen)
   Es gibt 2 verschiedene Tests (soll bei negativem Resultat max. 3x durchgeführt werden):
   a) Zytotoxizitäts-Test
      - Gute Sensitivität > 95 %. Spezifität 100 %

   b) ELISA
      - Sensitivität (bei Bestimmung von Toxin A und B): ca. 90 %. Spezifität 100 %
      - Falls der Test nur ein Toxin bestimmt, kann die Sensitivität geringer sein da es Stämme gibt, die nur eine von den 2 Toxinen produzieren (Rücksprache mit mikrobiologie Labor, um die Sensitivität der lokalen Methode zu kennen).
2. Endoskopie (pathognomonisches makroskopisches und histologisches Bild)
   - Die Endoskopie ist i.d.R. nicht notwendig.

Th:
1. Allgemeine Massnahmen

1.1. Empirische AB-Therapie
- Die AB-Therapie kann, je nach Schweregrad, auch empirisch eingeleitet werden. Bei 3x negativer Toxinsuche, soll die Therapie abgesetzt werden.

1.2. Toxin-Nachweis nach AB-Therapie
- Ein routinemässiger Toxin-Nachweis nach einer klinisch erfolgreichen Therapie ist bei asymptomatischen Patienten <u>nicht</u> indiziert (selbst wenn er bei diesen Patienten positiv ausfallen würde, wäre eine AB-Therapie nicht notwendig).

1.3. Isolierung - Spitalhygienische Massnahmen
- Die Notwendigkeit einer Kontakisolation soll in Absprache mit der hausinternen Spitalhygiene geschehen.

[1] Kelly CP, et al. N Engl J Med 1994 ;330 :257-62.

- Immer Standardhygienemassnahmen bei Kontakt mit Stuhl:
  - Handschuhe
  - Hände Desinfektion
  - Überschürze (nicht steril)

2. Milder bis mitteschwerer Clostridienbefall

2.1. Erste Episode
- Metronidazol ....3x 500 mg/d PO während 10-14 d

2.2. Zweite Episode (Rezidivrate 10-20 %)
- Metronidazol ....3x 500 mg/d PO während 14 d

2.3. Erfolglos nach 2 Therapieversuchen
- Infektio-Konsilium
- Bei wenig symptomatischem Rezidiv ist eine AB-Therapie nicht immer notwendig. Es werden oft Spontanheilungen beobachtet.

3. Schwergradiger Clostridienbefall und/oder Verdacht auf megatoxischen Kolon
- Es handelt sich um einen medizinischen Notfall (ad. GI- und Infektio-Konsilium)
  - Metronidazol 3x 500 mg/d **IV** oder PO (Wirksamkeit vergleichbar PO vs. **IV**)

Bem: **Metronidazol oder Vancomycin?**
- Metronidazol und Vancomycin haben eine vergleichbare Wirksamkeit.
- **Metronidazol ist aus folgenden Gründen das AB der Wahl (PO und IV)**:

— Metronidazol:
- Wesentlich kostengünstiger als Vancomycin
- Niedrigere Resistenzbildung als Vancomycin
- Sowohl die orale als auch die parenterale Form sind wirksam:
  - Wenn eine orale Therapie nicht möglich ist, soll Metronidazol intravenös verabreicht werden (3x 500 mg/d **IV**).
  - Orales Metronidazol wird intestinal absorbiert und weist systemische NW auf:
    - Nausea
    - Metallischer Geschmack im Mund
    - «Disulfiram-like effect» nach Einnahme von Alkohol, S. 1315

— Vancomycin:
- Höhere Resistenzbildung als Metronidazol
- Die **IV**-Gabe ist nutzlos, denn die intestinale Vancomycinsekretion ist ungenügend.
- Orales Vancomycin hat i.d.R. keine systemische NW, da intestinal vernachlässigbar absorbiert.
- Bevor Vancomycin oral verabreicht wird, soll ein Infektio-Konsilium gefragt werden.
- Vancomycin ist kostenintensiv.

Syphilis (Lues) [G93.4]

Allg:
- Geschlechtskrankheit infolge *Treponema pallidum* (Familie der Spirochäten)
- Die Syphilis ist meldepflichtig und löst beim Kantonsarzt eine Ergänzungsmeldung aus.

Klin:

Stadium	Krankheitsbeginn	Klinik
I	1-6 Wochen nach der Exposition	**Primäre Syphilis** • Am Ort der Infektion: «harter Schanker» = Primärläsion - Induriertes, gerötetes, schmerzloses, hoch infektiöses Ulkus • Lokale Lymphadenopathie • Verlauf: Spontanheilung nach 2-6 Wochen
II	2-4 Monate nach der Exposition	**Sekundäre Syphilis** • Transitorische Exantheme (Roseolen) • Gefolgt von einer papulo-squamösen Eruption: - am Stamm - an den Extremitäten, Handflächen - an Schleimhäuten • Generalisierte Lymphadenopathie • Haarausfall • Selten: Nephritis, Hepatitis • Verlauf: Ohne Therapie kann die sekundäre Syphilis mehrere Monate andauern, bevor sie in das latente Stadium eintritt, welches nur durch eine positive Serologie diagnostiziert wird.
III	Monate bis Jahre nach der Exposition	**Tertiäre Syphilis** • Das tertiäre Stadium ist kein obligates Stadium der Krankheit. • Ohne Behandlung zeigen ca. 1/3 der Patienten folgende Spätmanifestationen: *Kutan:* - Harte, dunkelrote, dermo-hypodermale Knoten *Kardiovaskulär:* - Syphilitische Aortitis mit Dissektionsgefahr! *Neurologisch:* - Progrediente Parese - Tabes dorsalis: Ausstrahlende Schmerzen (z.B. in die Beine, ins Epigastrium), Hyporeflexie, Ataxie, Sensibilitätsstörungen - Dementielles Syndrom

Tabelle 1: Die 3 Stadien der Syphilis.

Lab:
- **Such und *Screening*-Test: VDRL/TPPA oder EIA**
  - In Europa hat man sich darauf geeinigt, die spezifischen Tests: TPHA, TPPA, EIA als Such- und *Screening*tests zu verwenden.
  - Im Gegensatz zu den unspezifischen Tests: VDRL und RPR hat man mit diesen deutlich weniger Probleme mit falsch positiven und falsch negativen Resultaten.
  - Der VDRL wird zur Beurteilung der Krankheitsaktivität und des Therapieansprechens verwendet

Screening Test	TPHA oder TPPA
	EIA
Bestätigungs Test	FTA-ABS (IgM, IgG)
	EIA
Beurteilung des Therapieansprechens	VDRL Oder alternativ FTA-ABS (IgM)

Tabelle 2: *Screening*- und Bestätigungstests

TPHA Treponema pallidum haemagglutination assay
TPPA Treponema pallidum particle agglutination assay
EIA Enzyme immunoassay
FTA-ABS Fluorescent treponemal antibody absorbed
VDRL Venereal Diseases Research Laboratory

Th: **1. Stadien I und II** (falls Krankheitsdauer < 1 Jahr)

1.1. Therapie der Wahl (ohne Penicillinallergie)
- Benzathinpenicillin ....1x 2.4 Mio IE **IM** (Einzeldosis)

1.2. Bei Penicillinallergie
- Doxycyclin ....2x 100 mg/d PO für 2 Wo

1.3. Alternative Therapie
- Ceftriaxon........................1x 250-500 mg/d **IM** oder **IV** für 10 d

2. Syphilis, die seit > 1 Jahr andauert oder bei unbekannter Dauer

2.1. Therapie der Wahl (ohne Penicillinallergie)
- Benzathinpenicillin ....2.4 Mio IE **IM** 1x/Wo für 3 Wo (Neurosyphilis, siehe Punkt 3.)

2.2. Bei Penicillinallergie
- Doxycyclin ....2x 100 mg/d PO für 4 Wo

2.3. Alternative Therapie
- Ceftriaxon........................1x 1 g/d **IV** für 14 d

3. Neurosyphilis

3.1. Therapie der Wahl (ohne Penicillinallergie)
- Penicillin G ....12-16 Mio IE/d **IV** verteilt auf 4 Dosen/d für 10-14 d
- Ceftriaxon........................1x 2 g/d **IV** für 14 d

3.2. Bei Penicillinallergie
- Ad. Infektio-Konsilium (Desensibilisierung evozieren)

Für die PRAXIS:
Bei sekundärer, Neuro- und vaskulärer Syphilis ist bei der Therapie eine JARISCH-HERXHEIMER-Reaktion¶ zu erwarten. Diese kann wie folgt präventiv behandelt werden:
- 1 Tag vor Beginn der AB-Therapie: Prednison 3x 10-20 mg PO für insgesamt 3 Tage.

Bem:
- **Verlaufskontrollen und Bemerkungen bezgl. des VDRL**
  - Laborkontrollen nach 3, 6 und 12 Monaten nach Ende der Therapie.
  - Normaler VDRL-Verlauf:
    - Primäre oder sekundäre Syphilis
      - 4-facher VDRL-Abfall nach 6 Monaten
      - 8-facher VDRL-Abfall nach 12 Monaten
    - Frühe latente Syphilis
      - 4-facher VDRL-Abfall innerhalb von 12 Monaten
    - Späte Syphilis
      - Ein 8-facher VDRL-Abfall wird über Jahre gefordert.
  - Bei persistierendem VDRL empfiehlt sich ein Infektio-Konsilium.
  - Ein Wiederanstieg des VDRL spricht für eine erneute Infektion.
- **Partnertherapie**
  - Bei früher Syphilis sind die Partner der **letzten 3 Mt.** zu informieren und zu behandeln.
  - Bei einer sekundären Syphilis sind die Partner der **letzten 24 Mt.** zu informieren und zu behandeln.

¶ Bei der JARISCH-HERXHEIMER-Reaktion kann nach der Erstgabe von Antibiotika (v.a. Penicillin), gehäuft bei Spirochäten, ein Zellzerfall mit Toxinfreisetzung beobachtet werden. Klinische Symptome:
- Rigor
- Fieber
- Tachykardie
- Art. Hypotonie

Tuberkulose (Tbc)[1] [A16.9]

Def: **Tuberkulose**

Die Tuberkulose ist eine symptomatische Erkrankung mit aktiver Vermehrung von Mycobakterien und aktivierter Immunantwort des Wirts.

Bestätigter Fall

Positive Kultur (biologisches Material) eines Bakteriums aus dem *Mycobacterium tuberculosis* Komplex, welcher folgende Spezies und Subspezies einschliesst:

- *Mycobacterium: tuberculosis, bovis, africanum, canettii, microti, pinnipedii* und *caprae*

Wahrscheinliche Tuberkulose (ohne bakteriologische Bestätigung)

- Identifikation von *M. tuberculosis* mit nukleären Amplifikationsverfahren (z.B. PCR) in biologischem Material **und** klinischen sowie radiologischen Befunden, vereinbar mit einer Tuberkulose.
- Identifikation von Mycobakterien im Direktnachweis in biologischem Material **und** klinischen sowie radiologischen Befunden, vereinbar mit einer Tuberkulose.
- Wenn klinische und radiologische Befunde mit einer Miliartuberkulose und/oder tuberkulösen Meningitis vereinbar sind, muss mit einer antituberkulösen Therapie begonnen werden, auch wenn der Direktnachweis und die Kultur noch ausstehen.

Latente Tuberkulose, s. 840

- Asymptomatische Infektion mit Mycobakterien (in Granulomen eingeschlossen), die vom Immunsystem kontrolliert werden, einen minimalen Metabolismus aufweisen, aber bei einer Schwächung des Immunsystems sich wieder aktiv vermehren können.
  Es gibt keinen absoluten diagnostischen Beweis einer latenten Tuberkulose.
  Das Vorhandensein folgender Elemente erlauben es, die Wahrscheinlichkeit einer latenten Tuberkulose zu bestimmen:
  - Asymptomatisch (per Definition!)
  - Positiver Tuberkulintest (s. 838) ohne klinische oder paraklinische Befunde einer Tbc:
    a) > 10 mm
    b) Positive Bluttests: IGRA (*Interferon-gamma release assay*):
      - Freisetzung von γ-Interferon durch sensibilisierte Lymphozyten
  - Mit abgelaufener Tuberkulose vereinbarem Röntgenthoraxbild, s. 836
- Die präventive Chemotherapie hat das Ziel zu verhindern, dass die latente Tuberkulose in eine aktive Tuberkulose übergeht, siehe auch Schema s. 837

Exposition mit dem Tuberkuloseerreger

- Exposition bedeutet: Kontakt mit einem Patienten mit ansteckender Tuberkulose.

Verschiedene, weitere Definitionen

Primäre oder initiale Resistenz gegenüber einem tuberkulostatischen Medikament	Wenn der Keim von einem Patienten stammt, der vorher noch nie eine tuberkulostatische Therapie erhalten hat.
Multiresistenz	Wenn der Errger mindestens auf Rifampicin und Isoniazid resistent ist (in der Schweiz: 1.3 %)
Ein neuer Fall	Patient, der noch nie eine tuberkulostatische Therapie erhalten hat.
Rezidiv	Wenn ein Patient nach einer vollständigen tuberkulostatischen Therapie geheilt ist, danach aber erneut ein positives mikrobiologisches Resultat aufweist.
Therapiemisserfolg	Patient, bei dem nach 4 Mt. Therapie noch *Mycobacterium tuberculosis* kultiviert werden kann oder bei dem die Kulturen wieder positiv werden.
Therapieunterbruch	Fall, wo die Therapie vor Therapieende während > 2 Mt. unterbrochen wird, oder wo die Standardtherapie von 6 Mt. nicht vollständig innerhalb von 9 sich folgenden Mt. durchgeführt werden konnte.
Chronische Tuberkulose	Persistenz von Mycobakterien nach einer wiederholten, gut überwachten Therapie.
Heilung	Patient, der 2x einen negativen Direktnachweis und 2x eine negative Kultur aufweist, und dies vor Therapieende.

1 Angepast nach: BAG, Lungenliga. Handbuch der Tuberkulose, Mai 2007. www.tbinfo.ch

Allg:
- Tuberkuloseinzidenz (2006)........................7.4/100'000 Bewohner/Jahr
  - bei Schweizern (2004)............................3.6/100'000 Bewohner/Jahr
  - bei Ausländern in der Schweiz lebend....14.4/100'000 Bewohner/Jahr
- Prävalenz bei Asylbewerbern (2004) ....330/100'000 Erwachsene Asylbewerber
- **Inkubation** 4-12 Wochen
- **Übertragung**
  - Die Übertragung erfolgt von Mensch zu Mensch über Aerosole.
  - In Flüssigkeitströpfchen eingebettete Mycobakterien werden beim Husten, Sprechen und Niesen gestreut und nach Verdunstung des Flüssigkeitfilms als Tröpfchenkerne (< 5 µm) von nahen Personen eingeatmet.
  - Damit eine Übertragung stattfinden kann, ist jedoch ein Aufenthalt von mehreren Stunden in einem ungenügend gelüfteten Raum notwendig (in Ausnahmefällen und bei immunkomprimierten Patienten kann eine kurze Aufenthaltszeit genügen).
  - Die orale Übertragung mit kontaminierten Milchprodukten kommt seit der Ausrottung der bovinen Tuberkulose nicht mehr vor.
- **Ansteckungsgefahr**
  - Unbehandelte Tuberkulosepatienten in deren Sputum säurefeste Stäbchen nachweisbar sind gelten als infektiös.
  - 14 Tage nach Beginn einer wirksamen Therapie werden auch Personen mit weiterhin positivem mikroskopischem Keimnachweis und positiven Sputumkulturen als nicht mehr ansteckend betrachtet.
  - Hinweise auf erhöhte Ansteckungsgefahr:
    - -- Vorhandensein von vielen Mycobakterien im Direktuntersuch des Auswurfes
    - -- Starker Husten
    - -- Lungenkavernen
    - -- Befall des Larynx
- Die Tbc ist meldepflichtig (für Ärzte und das mikrobiologische Labor).
- In der Schweiz wird die Umgebungsuntersuchung (Kontrolle potentieller Risikopersonen) vom Kantonsarzt organisiert.

Klas: Die Tuberkuloseerkrankung kann sich wie folgt manifestieren (siehe auch Schema s. 837):

1. Primoinfektion, siehe auch Schema s. 837

Def: Symptome/Befunde, die der Initialphase der Tbc-Infektion entsprechen (siehe Abschnitt «Klin», s. 836)

Allg: 4-8 Wo nach dem Erregerkontakt kommt es zu einer lymphohämatogenen Dissemination und Replikation von Mycobakterien (Lymphknoten, Nieren, Epiphysen der langen Röhrenknochen, Wirbelkörper, Hirnhäute).
In der Lunge am bedeutendsten, sind die apikalen, posterioren Anteile der Lunge (= Prädilektionsstellen für eine allfällige spätere Reaktivierung der Tuberkulose).
Nach der lymphohämatogenen Dissemination setzt die zellgebundene Immunreaktion und die Gewebehypersensitivität ein.
Fast immer kontrolliert die Immunreaktion die bakterielle Vermehrung. Der einzige Hinweis auf eine durchgemachte asymptomatische Primoinfektion und nunmehr latente Tuberkulose bleibt ein positiver MANTOUX- oder IGRA-Test (s. 839).

Bem: Die «**Primoinfektion**» soll nicht mit der «**Primären Tbc**» verwechselt werden. Die primäre Tbc entspricht der sich direkt aus der Primoinfektion entwickelnden Tuberkulose (bei Kindern und bei immunsupprimierten Patienten).

Th: Indikation einer präventiven Chemotherapie (Therapie der latenten Tuberkulose), siehe Schema 1 s. 837

2. Tuberkulose, siehe Schema 1 s. 837

Def: Von einer (aktiven) Tuberkulose spricht man, wenn ein Tuberkulosefall bestätigt oder wahrscheinlich ist (siehe Definition s. 834).

Klas: **a) Isolierte Lungentuberkulose**
- Lungentuberkulose (ca. 60 % Fälle bei immunkompetenten Patienten)

b) Extrapulmonale Tuberkulose (Häufigkeit in der Schweiz/2001)
- Lymphknotentuberkulose (extrathorakal, hilär und mediastinal) ....17 %
- Pleura-Tbc (mit fast immer bilateralen Pleuraergüssen) ....8 %
- Urogenitale Tbc ....4 %
- Peritoneal-Tbc ....3 %
- Disseminierte Tbc (Miliaris) ....2 %
- Vertebrale Tbc (oft in der thorakalen Region) ....2 %
- Knochen Tbc (ohne Wirbelsäule)...2 %
- Tbc-Meningitis, Tbc-Enzephalitis ....1 %
- Perikard-Tbc ....< 1 %
- Darm-Tbc ....< 1 %

c) Gemischte Formen (12 %)
- Kombination von rulmonaler und extrapulmonaler Tuberkulose.

Klin: A. Allgemeinsymptome und Befunde
- Müdigkeit, Asthenie, Gewichtsverlust, Nachtschweiss, Fieber (selten sehr hohes Fieber)

B. Symptome/Befunde bei der Primoinfektion
- Asymptomatisch (häufig)
- Symptomatisch: Müdigkeit, Unwohlsein, Gewichtsverlust, Fieber

C. Symptome/Befunde bei Lungen-Tbc
- Husten (produktiv oder nicht), der nicht auf die symptomatische Therapie anspricht.
- Hämoptyse. Selten: Dyspnoe, Thoraxschmerzen

D. Symptome/Befunde bei extrapulmonaler Tbc
- Die Klinik wird durch den Befall des entsprechenden Organs beeinflusst:
  - Störungen der Nierenfunktion bei renaler Tbc
  - Nebenhodenbeschwerden bei genitaler Tbc
  - Sterilität bei genitaler Tbc der Frau
  - Lymphadenopathie bei Lymphknoten-Tbc
  - Lumbalschmerzen/Arthralgien bei ossärer Tbc
  - Dyspnoe/Thoraxschmerzen bei perikardialer Tbc
  - Bewusstseinsstörung und Hyponatriämie bei meningealer Tbc

Dg: **1. Direktuntersuchung des Sputums**
- Färbung: ZIEHL-NEELSEN (oft vorausgehend Auraminfärbung)
- Die Mycobakterien (säurefeste Stäbchen) färben sich rot auf blauem Grund.

2. Kultur + AB-Gramm (Dauer: 3-8 Wochen)

2.1. Zu untersuchendes Material bei pulmonaler Tbc:
- 3 Sputa (an 3 aufeinander folgenden Morgen)
- Bei Personen, die keinen Auswurf zustande bringen oder bei welchen die Analyse des Auswurfes negativ ausfällt und die einen hohen radiologischen Verdacht aufweisen, stehen folgende 2 Abklärungsverfahren zur Auswahl:
  - Induziertes Sputum mit hypertonem NaCl 3 %- Aerosol oder Bronchoskopie
- Die Untersuchung des Magensaftes bei nüchternen Patienten mittels Gastroskopie ist nicht sehr sensitiv und deshalb nur selten indiziert (wird manchmal bei Kindern und bettlägrigen Patienten durchgeführt).

2.2. Zu untersuchendes Material bei extrapulmonaler Tbc (je nach Klinik):
- Urin (die Urinanalyse soll an 3 aufeinander folgenden Tagen durchgeführt werden)
- Pleuraerguss (thorakoskopische Pleurabiopsie notwendig, die Kultur des Pleuraergusses hat ungenügende Sensitivität)
- Perikarderguss (nur in ca. 50 % positive Kultur)
- Aszites
- Liquor (mindestens 2 mL abnehmen)
- Feinnadelpunktion von Lymphknoten
- Knochenmarkspunktion, Knochenbiopsie

3. Amplifikation von Nukleinsäuren (z.B. PCR, Testresultat inner 1-2 Tagen verfügbar)
- Sensitivität 60-90 %; Spezifität: 99 %
- Diese Methode erlaubt es, Erreger aus dem M. tuberculosis Komplex von den nicht-tuberkulösen Mycobakterien zu unterscheiden. Das ist klinisch wichtig, denn die nicht-tuberkulösen Mycobakterien präsentieren sich klinisch unterschiedlich und benötigen eine andere Therapie. Eine Resistenztestung der Mycobakterien ist aber durch die Amplifikation der Nukleinsäuren nicht möglich!
- Indikationen für eine PCR-Untersuchung:
  - Positiver Direktnachweis einer Tbc (ZIEHL-NEELSEN bzw. vorher Auraminfärbung)
  - Negativer Direktnachweis, aber klinisch hohe Wahrscheinlichkeit einer Tbc

4. Biopsie mit Kultur und histologischer Untersuchung
- Lymphknoten, Pleura, Knochen, Leber, Haut u.a. Organe

5. Radiologische Untersuchungen
- Oft wird ein typisches Thoraxröntgenbild beobachtet. Atypische Aspekte sind häufig.
- Typisch sind fleckige oder noduläre Infiltrate evtl. mit Kavernenbildung unilateral im apikalen oder subapikalen posterioren Anteil des Oberlappens oder im Apex des Unterlappens.

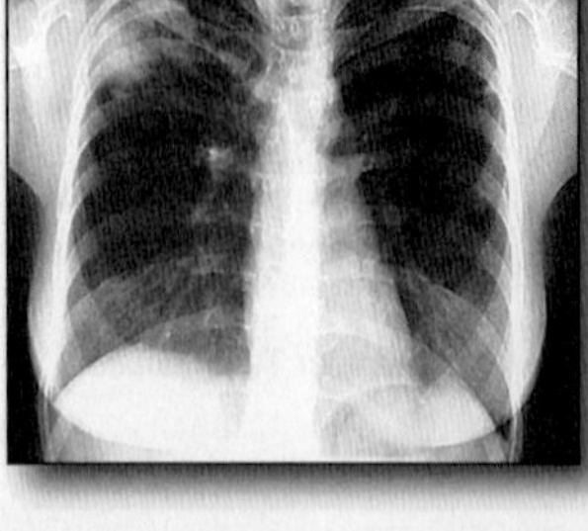

Röntgenthorax bei Lungen-Tuberkulose: Apikale Transparenzminderung mit Verdacht auf Kavernenbildung.

Kontakt mit einem Patienten mit aktiver Tuberkulose

Ansteckung

Keine Ansteckung
(ca. 50 %, je nach
Expositionsintensität)

Primoinfektion

Klin: • ALLE angesteckten Patienten haben eine Primoinfektion:
- Asymptomatisch (häufig)
- Sehr selten symptomatisch, siehe S. 836

Dg: 1. Positive Tuberkulinreaktion (nach 4-8 Wo). ***CAVE***: Eine positive Tuberkulinreaktion ist kein Beweis für einen Kontakt mit dem Tuberkulosebacillus; es ist nur ein Indiz.
2. Positiver Bluttest (IGRA; z.B. QUANTIFERON-TB Gold®, S. 839)

Rx: • Das Röntgenbild ist i.d.R. normal.
• Selten ist ein «Primärkomplex» sichtbar: Verkalkung des initialen Lungenherdes (subpleural in den basalen Segmenten des Oberlappens oder im apikalen Anteil des Unter- und Mittellappens) und der drainierende hiläre Lymphknoten.

Th: • Therapie der latenten Tuberkulose (siehe Indikationen, S. 840)

90 %

Keine Tuberkulosekrankheit:
ad. Verlaufskontrollen

Hauptwirkungsort der Therapie der latenten Tuberkulose, S. 840

10 %

Tuberkulose (= Postprimäre Tuberkulose)

Allg: • Nur ca. 10 % der Infizierten werden je an einer Tuberkulose erkranken!
• <u>Verlauf</u>: i.d.R. wird die **Primoinfektion** in Granulomen kontrolliert, die lebendige aber metabolisch kaum aktive Mycobakterien enthalten können. Es besteht somit eine **«Latente Tuberkulose»**.
Bei ca. 5 % der Infizierten tritt die Tbc innerhalb der ersten 1-2 Jahre nach der Primoinfektion auf. Bei den anderen 5 % tritt sie Jahre bis Jahrzehnte nach der Infektion auf; man spricht dann von einer **«Reaktivierungstuberkulose»**.
• Eine Reaktivierungstuberkulose manifestiert sich wie folgt:
- 63 % Reine Lungentuberkulose
- 12 % Lungentuberkulose mit extrapulmonalen Herden
- 25 % Extrapulmonale Tuberkulose, S. 835
• Die Reaktivierung einer latenten Tbc zu einer aktiven Erkrankung wird begünstigt durch:
- HIV-Infektion (Reaktivierungsrate ca. 10 %/Jahr!)
- Immunsuppressive Behandlungen (v.a. TNF α-Inhibitoren)
- Chronische Niereninsuffizienz
- Alkoholismus, Mangelernährung

Klin: 1. Pulmonale Tbc
- Chronischer, persistierender Husten
- Müdigkeit, Unwohlsein
- Gewichtsverlust, Fieber, Nachtschweiss

2. Extrapulmonale Tbc (die Klinik wird durch das betroffene Organ bestimmt, siehe S. 835)

Dg: • Siehe S. 836

Rx: • Beispiel eines Thoraxröntgenbildes, siehe S. 836:
- Infiltrat im subapikalen, posterioren Anteil eines <u>Oberlappens</u> ± Kavernen
- Manchmal: hiläre Lymphadenopathien, Pleuraerguss
• Verlauf: Bildung fibröser Läsionen, Kalzifikationen. Narbenbildung ohne Aktivitätszeichen.

Th: • Therapie der Tuberkulose, siehe S. 840-844

Schema 1: Verlauf nach dem Kontakt mit dem Tuberkulosebacillus.[1]

1 Angepasst nach: BAG, Lungenliga. Handbuch der Tuberkulose, Mai 2007. www.tbinfo.ch

Tuberkulintest (MANTOUX Test oder Intradermoreaktion)[1]

Allg:
- Das Ziel des Tuberkulintests nach der intradermalen Methode nach MANTOUX ist es, Personen zu erfassen, die mit dem Tuberkuloseerreger infiziert sind.
- Der Tuberkulintest wird mit dem sterilen Extrakt aus Kulturen von M. tuberculosis (Tuberkulin PPD : *Purified Protein Derivative*) durchgeführt.
- Eine positive Tuberkulinreaktion ist ein indirekter Hinweis auf eine Infektion mit *M. tuberculosis*, **kann aber nicht zwischen einer latenten und einer aktiven Tuberkulose unterscheiden**.
- Die Infektion kann vor mehreren Jahren oder vor wenigen Wochen stattgefunden haben. Infektionen mit Umweltmycobakterien (*Mycobacteria other than tuberculosis* MOTT) oder eine BCG-Impfung können zu falsch positiven MANTOUX Testresultaten führen.
- Die Sensitivität des Tests liegt > 90 % (d.h. viel «falsch negative Testresultate»)
- Wenn der Kontakt mit einer Person mit ansteckender Tuberkulose erst vor kurzem stattgefunden hat (vor 3-8 Wo), kann der Tuberkulintest noch negativ ausfallen.

Ind:
1. Nachweis einer Tbc-Infektion bei Personen, die mit einer Person mit ansteckender Tuberkulose Kontakt gehabt haben.
2. Bestimmung des Ausgangswerts bei Personen, welche zukünftig der Tbc ausgesetzt sein könnte (Gesundheitspersonal, Reisende in endemische Gebiete).
3. Identifikation von mit *M. tuberculosis* infizierten Personen mit einem erhöhten Risiko für eine Reaktivierung:
   - HIV-Infektion, Therapie mit Immunsuppressiva (insb. mit TNF α-Inhibitoren)

KI:
- Überempfindlichkeitsreaktionen nach einem früheren Hauttest mit Tuberkulin PPD.
- Personen, die mit Sicherheit eine Tuberkulose durchgemacht haben oder diejenigen, die eine schwere Tuberkulinreaktion gezeigt haben, sollen keinen MANTOUX Test erhalten.

Bem:
- Während der SS oder post-partal ist der Tuberkulintest nicht kontraindiziert.

Vorg:
- **Technik (nach MANTOUX)**
  - Einstichstelle: Innenseite des Vorderarms
  - Strikte **intradermale** Injektion von **2 E** (0.1 mL) TUBERKULIN PPD RT 23 SSI®. Wenn die Injektion richtig durchgeführt wird, erscheint sofort eine intradermale Papel
- **Ablesen des Tuberkulintests**
  - **Die Ablesung soll nach 48-72 Stunden** durchgeführt werden (frühestens nach 48 h). Sie kann auch noch nach 7 d vorgenommen werden.
  - Das Testresultat wird in «mm» bezügl. des grössten Durchmessers der gut abgrenzbaren und klar palpierbaren Induration angegeben (ca. 1 mm Dicke).
  - Eine kaum spürbare Induration soll als «zweifelhaft» interpretiert werden!
  - **Das Ausmass des Erythems hat keine Signifikanz!**
  - Eine starke vesikuläre Reaktion (Phlyktänenbildung) hat keine spezielle Signifikanz.
- **Interpretation der Tuberkulinreaktion**
  - Bei klinischem Verdacht auf eine aktive Tuberkulose ist der Tuberkulintest nicht indiziert (20-50 % falsch negative Testresultate).
- **Falsch positives Tuberkulintestresultat**
  - Infektion mit Umgebungsmycobakterien (MOTT)
  - Nach BCG-Impfung
- **Falsch negatives Tuberkulintestresultat**
  - Schlechte Injektionstechnik (nicht intradermal)
  - Durchführen des Tests im Verlauf einer Erkrankung oder eines Zustandes, der eine Anergie gegenüber dem Tuberkulin auslösen kann:
    - HIV-Infekt
    - Immunsuppression (inkl. Immunsuppressiva, Langzeittherapie mit Kortikoiden, Chemotherapie)
    - Malnutrition
  - Hohes Alter (die Tuberkulinreaktion schwächt im Alter ab):
    - 30-40 % Personen > 70 Jahre manifestieren falsch negative Tuberkulinreaktionen.

echte Grössen

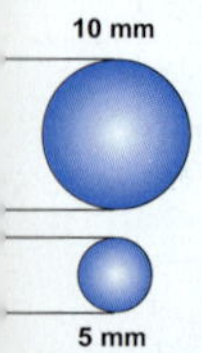

	Cut-off der Tuberkulinreaktion	Vorgehen
HIV-negative Patienten	**≥ 10 mm**	Therapie der latenten Tuberkulose, falls indiziert, siehe S. 840
HIV-positive Patienten	**≥ 5 mm**	

Tabelle 1: Interpretation der Tuberkulinreaktion: Positives Testresultat (Erwachsene und Kinder > 12 J).

1 BAG, Lungenliga. Handbuch der Tuberkulose, Mai 2007. www.tbinfo.ch

γ-Interferon-Tests (IGRA: *Interferon gamma release assay*)

Allg:
- Die γ-Interferon-Tests (IGRA) basieren auf der in vitro gemessenen Produktion von γ-Interferon durch T-Lymphozyten, die mit Antigenen stimuliert wurden, welche für ***Mycobacterium tuberculosis* spezifisch** sind und bei *Mycobacterium bovis* BCG fehlen.
- Die In vitro-IGRA haben bei immunkompetenten Personen eine dem Tuberkulintest vergleichbare Sensitivität, aber bei BCG-geimpften Personen eine höhere Spezifität.
- Bei gesunden BCG-Geimpften sind die IGRA negativ.
- Bei Immunsupprimierten ist die Wertigkeit der IGRA noch ungenügend dokumentiert.
- **Die IGRA sind in folgenden Situationen positiv**
  - Latente Tuberkulose
  - Aktive Tuberkulose
- **Vorteile der IGRA**
  - Keine Beeinflussung durch die BCG-Impfung und die meisten Umwelt-Mycobakterien (MOTT)
  - Keine falsch positiven Testresultate
- **Nachteile der IGRA**
  - Venöse Blutabnahme
  - Fehlen von Standardserumspiegeln
  - Noch ungeklärt, inwiefern ein positiver Test mit dem Risiko der Entwicklung einer Tuberkulose korreliert.
  - Höhere Rate von nicht auswertbaren Testresultaten bei Immunsupprimierten
- **Falsch negative IGRA Resultate**
  - Angeborene, virusinduzierte oder medikamentöse Immunsuppression
  - Probe ohne lebende oder stimulierbare Lymphozyten:
    - Technische Fehler
    - Transportproblem
    - Schwergradige Lymphopenie (z.B. bei HIV-Patienten mit niedrigen CD4-Werten)

Bsp:
- Zur Zeit zugelassene IGRA:
  - T-SPOT. TB® (seit 2004)
  - QUANTIFERON®-TB Gold (seit 2005)

Ind:
1. Bestätigung eines positiven Tuberkulintests (DD: Latente oder aktive Tuberkulose versus St. nach BCG-Impfung)
2. Kontrolle von Tbc-exponierten Personen (im Gesundheitswesen sind heute noch > 80 % mit BCG geimpft, weshalb der MANTOUX-Test in dieser Population wenig aussagekräftig ist).

Situation	Tuberkulintest (MANTOUX-Test)	IGRA (γ-Interferon-Tests)
Personen mit Kontakt zu Patienten mit ansteckender Tuberkulose (= Umgebungsuntersuchung)	**Ja**, unter Berücksichtigung des Alters bzw. der Zeitspanne zw. Kontakt und Test	Ausschluss von falsch-positiven Tuberkulintests
Personen mit positivem Tuberkulintest ohne bekannten Zeitpunkt der Tuberkulin-Konversion	**Nein**	Ausschluss von falsch-positiven Tuberkulintests
Immunsupprimierte Personen	Noch unklar	Noch unklar
Einstellungsuntersuch von Personal, das aus beruflichen Gründen mit Tuberkulosekranken in Kontakt ist	**Ja**	**Ja**

Tabelle 2: Indikationen für Tuberkulintests und IGRA (γ-Interferon-Tests).[1]

1 Angepast nach: BAG, Lungenliga. Handbuch der Tuberkulose, Mai 2007. www.tbinfo.ch

Therapie der Tuberkulose[1,2]

Allg:
- Diese Empfehlungen betreffen die pulmonalen und extrapulmonalen Infektionen, hervorgerufen durch die Erreger aus dem M. tuberculosis Komplex (*M. tuberculosis, bovis, africanum, canettii* u.a.).
- Siehe Schema (s. 837). Eine aktive Tuberkulose muss ausgeschlossen oder nachgewiesen werden.
- Indikationen für eine Therapie der latenten Tuberkulose, siehe Punkt A.
- Indikationen für einer Therapie bei (aktiver) Tuberkulose, siehe Punkt B, s. 841

A. Therapie der latenten Tuberkulose

Allg:[2]
- Ziel (siehe auch Schema, s. 837): Elimination aller lebenden Mycobakterien, welche im Organismus nach einer Infektion persistieren könnten, deren Vorhandensein aber unsichtbar und potentiell gefährlich ist, da ihre Reaktivierung zu einer (aktiven) Tuberkulose führen kann.
- **Eine gut durchgeführte Therapie der latenten Tuberkulose kann das Auftreten einer Tuberkulose bis zu 90 % verhindern!**
- Es ist unmöglich vorauszusagen, ob eine kürzlich infizierte Person eine Tuberkulosekrankheit entwickeln wird oder nicht. Ein potentielles Risiko von 10 % bleibt bestehen, die Hälfte davon in den ersten 2 Jahren.

Lab:
- Die Laboruntersuchungen werden dem NW-Profil der antituberkulösen Therapie angepasst:
  - Grundanalysen: Hämatologie und Chemie (insb. ALAT, ASAT, Kreatinin, Harnsäure)
- HIV-Serologie

Rx:
- Röntgenthorax

Ind:
- Eine Therapie der latenten Tuberkulose darf erst nach Ausschluss einer aktiven Tuberkulose verschrieben werden. Dazu notwendig sind biologische und radiologische Grunduntersuchungen (siehe Diagnosekriterien s. 834, 836)!

Therapie-Indikationen einer latenten Tuberkulose

1. Kürzlich infizierte Personen
- Diese Patienten werden behandelt, da das Reaktivierungsrisiko im Verlauf der ersten 2 Jahre nach der Infektion ist relativ hoch ist.

2. Personen mit erhöhten Risiko für die Entwicklung einer Tuberkulose

2.1. HIV positive Patienten
- Nach bewiesenem Kontakt mit dem Tuberkuloseerreger, unabhängig vom Resultat des Tuberkulintests, Grad der Immunschwäche und vom Impfstatus
- Tuberkulinreaktion **≥ 5 mm**

2.2. Personen mit Kontakt zu Patient mit ansteckender Tuberkulose
- Tuberkulinreaktion **> 10 mm** (Erwachsene und Kinder >12 Jahre), sofern die vorhergegangene Tuberkulinreaktion unbekannt ist.
- Bemerkung: Wenn die vorhergegangene Tuberkulinreaktion bekannt ist und diese sich nach dem Kontakt nicht verändert hat, ist i.d.R. keine Therapie einer latenten Tuberkulose indiziert.

2.3. Personen mit Risikofaktoren für eine Tuberkulose-Reaktivierung
- Tuberkulinreaktion (s. 838) **> 10 mm** bei Risikopatienten
- Tuberkulinreaktion **>** 5 mm:
  - Die Therapie ist bei immunsupprimierten Patienten (z.B. Transplantierte, Patienten unter TNF α-Inhibitoren) mit dem Spezialisten zu besprechen.

Th:

1. Antituberkulöse Therapie der latenten Tuberkulose

1.1. Empfohlenes Schema: Monotherapie mit Isoniazid

Dos:
- Isoniazid 5 mg/kg (max. 300 mg/d) PO in 1x täglich während 9 Mt, unabhängig vom HIV-Status.

KI:
- Aktive Hepatopathie
- Periphere Neuropathie
- Blutungstendenz (z.B. Hämaturie)
- Isoniazid Hypersensitivitätsreaktion

1.2. Alternative AB-Therapie

Dos:
- Monotherapie mit Rifampicin: 10 mg/kg/d (max. 600 mg/d) PO während 4 Mt.

2. Vitamin B6, siehe Empfehlungen s. 843

1 Manuel de la tuberculose. Zellweger J-P. Ligue pulmonaire Suisse 2003 et Forum Med Suisse 2003 ;3 :485-558. 2 Pai M et al. Lancet Infect Dis 2004 ;4 :761-76.

3. Verlaufskontrollen

Allg: • 1x/Monat klinische Kontrollen + Anamnese (Therapieintoleranz, Nausea, Erbrechen u.a.)

Lab: • Laborkontrollen nur notwendig bei Hinweisen auf Nebenwirkungen.
- Bei Verdacht auf Hepatitis werden die Transaminasen (ALAT, ASAT) bestimmt: Transaminasenerhöhungen bis 5x N werden nicht selten beobachtet und sind kein Grund für einen Therapieunter-bruch oder -abbruch. Laborkontrollen sollen engmaschiger durchgeführt werden (siehe auch s. 843).

B. Therapie der bestätigten oder wahrscheinlichen Tuberkulose

Ind: • Bestätigte oder wahrscheinliche Tuberkulose (siehe Definition, s. 834, 836).

Vorg: **1. Allgemeinmassnahmen**

1.1. Isolierung von hospitalisierten Patienten mit Lungentuberkulose insbesondere bei positivem Direktnachweis von säurefesten Stäbchen im Sputum

- Der Patient soll eine chirurgische Maske tragen (Verhinderung der Freisetzung von Tröpfchen).
- Die Raumluft soll im isolierten Zimmer ≥ 6x/h erneuert werden.
- Das isolierte Zimmer soll gegenüber den Nachbarlokalitäten einen Unterdruck aufweisen.
- Die evakuierte Luft soll direkt ins Freie abgehen oder über einen speziellen Filter gereinigt werden.
- Ein Vorzimmer soll installiert werden.

1.2. Pflegepersonal

- Obligat: filtrierende Spezialmaske (Verhinderung der Inhalation von Aerosol).
- Nicht notwendig: Tragen einer Schürze, Tragen von Handschuhen

1.3. Kriterien, die es erlauben, die Isolation aufzuheben (alle Kriterien müssen erfüllt sein):

- Regelrecht durchgeführte und gut vertragene antituberkulöse Therapie während ≥ 14 Tagen.
- Gewährleiteste Patienten-kompliance: kontrollierte Antibiotikagabe, allenfalls Isoniazid-Nachweis im Urin.
- Guter klinischer Verlauf. Kein Husten oder nur seltene Hustenepisoden.
- Anamnestisch keine Hinweise auf ein erhöhtes Risiko für resistente Keime (z.B. Herkunft aus Hochrisikoland, frühere Tuberkulosebehand-lung)

2. Paraklinische Abklärungen

2.1. Grundanalysen

- Hämatologie, Chemie (inkl. ALAT, ASAT, Kreatinin, Harnsäure, HIV-Serol.)

2.2. Röntgenthorax

3. Antituberkulöse Therapie (3 mögliche antituberkulöse Therapiemodalitäten)

3.1. Standardschema PO (Erwachsene)

1x-tägliche Einnahme aller Medikamente gemeinsam, nüchtern (½ -1 h vor oder 2 h nach einer Mahlzeit)

a) Vierertherapie während 2 Monaten:

Isoniazid	(H)	5 mg/kg/d, max. 300 mg/d
Rifampicin	(R)	10 mg/kg/d, max. 600 mg/d
Pyrazinamid	(Z)	25-30 mg/kg/d, max. 2 g/d
Ethambutol	(E)	15 mg/kg/d

gefolgt von:

b) Zweiertherapie während 4 Monaten:

Isoniazid	(H)	5 mg/kg/d, max. 300 mg/d
Rifampicin	(R)	10 mg/kg/d, max. 600 mg/d

Ist der Keim auf alle diese Medikamente empfindlich, kann Ethambutol weggelassen werden und die Therapie bis zum Ende des 2. Behandlungsmonats nur mit Isoniazid, Rifampicin und Pyrazinamid durchgeführt werden.

3.2. DOT (directly observed therapy) — Direkt beobachtete Therapie

Def: • Der Patient nimmt die Tabletten unter den Augen des speziell ausgebildeten Therapiemonitors ein.

Ind. • Schwierige oder unmögliche Kommunikation (Imigrant, ältere Personen, psychisch kranke Personen)
- Sozial instabile Patienten (ohne fixes Domizil, Flüchtling)
- Schwierige Situationen: Persönlichkeitsstörungen, Alkoholismus, Drogenabusus u.a.

3.3. **Intermittierendes Schema: 3x/Woche nach einer Therapiephase mit täglicher Einnahme während 2 Wochen**
- Isoniazid (H) 10 mg/kg, max. 900 mg (pro Einnahme)
- Rifampicin (R) 10 mg/kg, max. 600 mg (pro Einnahme)
- Pyrazinamid (Z) 35 mg/kg, max. 2 g (pro Einnahme)
- Ethambutol (E) 30 mg/kg, max. 2 g (pro Einnahme)

4. Chronische, resistente oder multiresistente Tuberkulose
- Ad. Infektio-Konsilium

Anti-Tbc AB	**Beispiel**	**Adm.**	**NW** (nicht vollständige Liste)
Isoniazid H	ISOZID® Tabl 50, 200 mg	PO‡, **IM, IV**	• Polyneuropathie • Hepatotoxizität • Urtikaria • Anämie • Neutropenie • Konvulsionen
Rifampicin R	RIFA® Kaps 150, 300 mg	PO¶, **IV**	• Die Körperflüssigkeiten färben sich orange • Hepatotoxizität • Nausea • Inappetenz • Thrombozytopenie • Purpura • Medikamentöse Wechselwirkungen, S. 844
Pyrazinamid Z	PYRAZINAMID® Tabl 500 mg Kombinationspräparat: RIFATER® Tabl 50 mg Isoniazid + 300 mg Pyrazinamid + 120 mg Rifampicin	PO§	• Hepatotoxizität • Arthralgien • Nausea und Erbrechen • Hyperurikämie (Gichtrisiko) • Photosensibilität • Hautexanthem
Ethambutol E	MYAMBUTOL® Filmtabl 400 mg	PO#	• Sehstörungen (Optikusneuritis) • Arthralgie • Polyneuropathie
Streptomycin S	In D nicht erhältlich	**IM**	• Oto- und Nephrotoxizität • Bauchschmerzen

Tabelle 3: Antituberkulöse Therapie und einige ihrer Nebenwirkungen.

‡ Isoniazid
¶ Rifampicin
§ Pyrazinamid
\# Ethambutol

C. Monitoring und Verlaufskontrollen der Tuberkulose

1. **Sputum (Direktuntersuchung + Kultur)**
   Ind: • Lungentuberkulose
   Vorg: • **Empfehlung**
   → Direktpräparat nach 2 und 5 Monaten Therapie
2. **Röntgenthorax**
   Ind: • Pulmonale oder intrathorakale Tbc
   Vorg: • **Empfehlung**
   → Allenfalls Thoraxröntgen am Ende des 2. Therapiemonates und am Therapieende
3. **ALAT**
   Allg: • Isoniazid, Rifampicin und v.a. Pyrazinamid sind hepatotoxisch! Die Dosierungen, v.a. von Pyrazinamid, sind strikte einzuhalten. Dies verminderte das Risiko einer fulminanten Hepatitis!
   Vorg: • **Empfehlung** (betrifft alle Patienten)
   → Fakultative ALAT-Bestimmung: initial 1x alle 2 Wochen, dann 1x/Monat
   → Systematische ALAT-Bestimmung falls/bei:
   - Intestinale Symptome
   - Positiver HIV-Status
   - Alkoholismus, Malnutrition
   - Diabetes mellitus
   - Chronische Lebererkrankung

   Bem: • Eine Transaminase-Erhöhung > 6-10x den Normwert verlangt das sofortige Sistieren der Tuberkulostatika und Rücksprache mit einem Spezialisten.
4. **Vitamin B6** (Pyridoxin) — **Periphere Neuropathie**
   Allg: • Vitamin B6 dient zur Prävention der durch Isoniazid verursachten peripheren Neuropathie.
   Ind: • Risikopatienten/-Situationen für die Entwicklung einer Neuropathie (bei alle andern Patienten ist die Einnahme von Vitamin B6 nicht notwendig):
   → Schwangerschaft
   → Malnutrition, Alkoholismus
   → Positiver HIV-Status
   → Diabetes mellitus
   → Chronische Lebererkrankung

   Dos: • VITAMIN B6: 40 mg/d PO während der ganzen Therapiedauer
5. **Ophthalmologische Kontrollen: Farbsehen**
   Ind: • **Empfehlung** (gültig nur wenn Ethambutol als Tuberkulostatikum benutzt wird und die Therapiedauer länger als 2 Monate dauert, oder eine Dosis > 20 mg/kg/d angewendet wird:
   → Elektroretinogramm oder evozierte visuelle Potentiale 1x/Monat ab dem 2. Therapiemonat mit Ethambutol
6. **Audiogramm**
   Ind: • **Empfehlung** (betrifft alle Patienten, bei denen die tuberkulostatische Therapie ein Aminoglykosid enthält, wie z.B. das Streptomycin):
   → Audiogramm 1x/Monat
7. **Harnsäure — Arthralgie, Gicht**
   Allg: • Pyrazinamid induziert typischerweise eine Hyperurikämie infolge verminderter renaler Ausscheidung. Dies kann zu Arthralgien und seltener zu Gichtschüben führen.
   • Die Arthralgien und die Gichtschübe reagieren gut auf die übliche analgetische Therapie (Paracetamol, NSAR). Eine urikosurische Therapie ist nur bei etablierter Gicht indiziert (siehe s. 1002 ff).
   • Wenn die Reduktion der Pyrazinamid Dosierung ein Gichtrezidiv nicht verhindert, soll das Medikament abgesetzt werden.

D. Verschiedene therapeutische Empfehlungen

1. Spondylodiszitis

Vorg: • **Empfehlung:**
→ Eine chirurgische Therapie ist nur bei kompressionsbedingten neurologischen Befunden indiziert.
→ Je nach Therapieerfolg, kann eine Verlängerung der Therapie auf bis zu 12 Monaten erwogen werden.

2. Tbc und chronische Hepatopathie

Allg: • Pyrazinamid soll in diesem Fall nicht verschrieben werden.

Vorg: • **Empfehlung** (betrifft die tuberkulostatische Therapie)
→ 9 Monate Isoniazid + Rifampicin + 1 oder 2 nicht-hepatotoxische Tuberkulostatika, wie Streptomycin oder Ethambutol.

3. Tbc und Niereninsuffizienz

Allg: • Streptomycin und Ethambutol werden renal ausgeschieden.
• Entsprechend muss ihre Dosierung der Nierenfunktion angepasst werden.

Vorg: • Möglich ist auch folgendes Vorgehen:
→ 2 Monate Isoniazid + Rifampicin + Pyrazinamid, dann 6 Monate Isoniazid + Rifampicin

4. Kortikoide

Ind: • Zerebrale oder meningeale Tbc mit Zeichen einer intrakraniellen Hypertonie (S. 572). Die Kortikoide sollen zu Beginn der Therapie verabreicht werden.
• Stenosierende bronchiale Tbc
• Pericarditis tuberculosa

Bsp: • Orale Therapie (z.B. bei Pericarditis tuberculosa):
- **Prednison** 60-80 mg/d PO während 4 Wo, 30 mg/d während 4 Wo, 15 mg/d während 2 Wo, dann 5 mg/d während 1 Wo (total: 11 Wo) oder Prednisolon (Dosisreduktion um 1/4, um dieselbe entzündungshemmende Wirkung zu erhalten).

• Intravenöse Therapie (z.B. bei menigealer oder zerebraler Tbc):
- **Dexamethason** 0.4 mg/kg/d **IV** während 1 Wo, dann wöchentliche Dosisreduktion um 0.1 mg/kg/d. Nach 4 Wo Umstellung auf orale Therapie mit initial 4 mg/d und wöchentliche Dosisreduktion um 1 mg/d.

E. Einige medikamentöse Wechselwirkungen

Parameter / Medikament	Spiegel der Tuberkulostatika erhöht durch:	Spiegel der Tuberkulostatika erniedrigt durch:	Tuberkulostatika vermindern die Serumspiegel von:	Tuberkulostatika erhöhen die Serumspiegel von:
Isoniazid	• Prednisolon • Ethionamid	—	• Phenytoin • Carbamazepin • Coumarine • Diazepam • Probenecid	• Enfluran • Azole
Pyrazinamid	—	—	• Probenecid	—
Ethambutol	—	• Hydralumin	—	—
Rifampicin	—	• Ketoconazol	• Coumarine • Sulfonylharnstoff • Orale Ovulationshemmer • Kortikoide • Phenytoin • Diazepam • Digoxin • Methadon • Proteasen-inhibitoren* • Ciclosporin	

Tabelle 4: Medikamentöse Interaktionen (nicht vollständige Liste!)

* Proteaseinhibitoren: (Fos)Amprenavir, Atazanavir, Darunavir, Indinavir, Ritonavir, Saquinavir, Tipranavir

BCG-Impfung

Allg:
- Der CALMETTE-GUEREIN (BCG) Bacille ist ein Lebendimpfstoff aus einem abgeschwächten Stamm von *Mycobacterium bovis*.
- Die BCG-Impfung ist nur begrenzt wirksam gegen die Tuberkulose. Sie vermindert signifikant die Häufigkeit einer disseminierten Tuberkulose (z.B. Miliar-Tbc Tbc-Meningitis), was die Tbc-assoziierte Mortalität vermindert.
- Die BCG-Impfung verhindert weder eine Tbc-Infektion (welche meist latent ist) noch beeinflusst sie den Verlauf einer allfälligen Lungentuberkulose
- Die schützende Wirkung der Impfung liegt bei ca. 50 % im Schulkindesalter und vermindert sich mit den Jahren. Die Dauer der Schutzwirkung ist begrenzt und hängt von der entsprechenden Tuberkuloseform ab.
- Die Impfung hat keinen Einfluss auf die Epidemiologie der Tuberkulose. Der Impfstopp hat in den meisten europäischen Ländern nicht zu einem Wiederanstieg der Tuberkulose unter den schulpflichtigen Kindern geführt.
- Die BCG-Impfung kann schwere lokale und auch systemische Komplikationen haben.
- Die systematische Impfung ist in Ländern mit niedriger Tuberkulosehäufigkeit (d.h. < 10 neue Fälle/100'000 Einwohner/J), nicht mehr indiziert. Die CH gehört zu diesen Ländern.

Vorg:

Empfehlungen der BCG-Impfung in der Schweiz

BCG-Impfung beim Kind

- Die BCG-Impfung ist für Schweizer Kinder und für ausländische Kinder, deren Eltern in der Schweiz wohnen, nicht indiziert.
- Die Impfung bleibt bei Neugeborenen und Kindern < 12 Monate empfohlen, deren Eltern aus Ländern mit hoher Tbc-Endemierate stammen (Afrika, Asien, Osteuropa, Lateinamerika, Portugal) und die dorthin zurückkehren möchten.

BCG-Impfung beim Erwachsenen

- Die BCG-Impfung ist nicht indiziert. Dies gilt auch für Erwachsene, die beruflich mit Tuberkulose exponiert sind und auch für diejenigen, die in Länder mit hoher Tuberkulosehäufigkeit reisen.[2]

KI:
- Zelluläres Immundefizit
- HIV-Infektion

Bem:

Für die PRAXIS:
Der Tuberkulintest ist nach erfolgter BCG-Impfung NICHT sinnvoll, denn das Fehlen der Korrelation zwischen der schützenden Wirkung der BCG-Impfung und dem Tuberkulintestresultat nach erfolgter Impfung macht die Interpretation unzuverlässlich.

2 Rieder HL. Clin Infect Dis 2001 ;33 :1393-6.

Borreliose - LYME-Borreliose[1-3] [A69.2]

Allg:
- Die LYME-Borreliose ist die häufigste von Zecken («Holzbock») übertragene **bakterielle** Krankheit. Die Erkrankung wird bis zu einer Höhe von 1500 m ü.d.M. übertragen.
- Der Erreger ist *Borrelia burgdorferi* (nach W. BURGDORFER 1982), eine GRAM-negative Spirochäte, welche eng mit *Treponema pallidum* verwandt ist.
- Die Borrelien können sich nach einer Infektion über den Blutkreislauf im gesamten Organismus ausbreiten. Vorzugsweise werden dabei die Weichteile, die Gelenke, das zentrale und periphere Nervensystem und selten das Herz befallen.
- Die Erkrankung kommt beim Menschen, allen Säugetieren, sowie Vögeln vor.
- In Europa gibt es 6 verschiedene Spezies der *Borrelia burgdorferi:*
  - *B. burgdorferi sensu stricto*
  - *B. garinii*
  - *B. afzelii*
  - *B.valaisiana*
  - *B. lusitaniae*
  - *B. spielmani (A14S)*
- In den USA kommt im Wesentlichen nur die Spezies *B. burgdorferi sensu stricto* vor.
- In der Schweiz sind 3-55 % der Zecken mit *B. burgdorferi* infiziert. Diese Zahl variiert je nach Entwicklungsgrad der Zecke (Larve, Nymphe oder Adult) und ist regionenabhängig.
- Infektionsrisiko: **April bis November**
- Übertragung:
  - Durch Stich einer infizierten Zecke (Larven sind selten, Nymphe und Adultformen sind häufiger infiziert)
  - Findet selten während der ersten **12-24 h** statt, welche die Zecke am Wirt haftet (das Übertragungsrisiko beträgt 5-10 %, wenn die Zecke infiziert ist).
- Bevorzugte Hautstellen, wo die Zecken «aktiv» sind:
  - Kniekehlen, Inguina, Axillarfalten, bei Kindern am Kopf
- Zecken übertragen verschiedene Krankheiten:
  - Bakterien:
    - -- *Borrelia burgdorferi* (→ LYME)
    - -- *Anaplasma phagocytophilum* (→ Ehrlichiosen)
    - -- Rickettsien (→ Boutonneuse-Fieber), s. 786
  - Virus:
    - -- FSME (→ Frühsommer-Meningoenzephalitis), s. 762
  - Protozoen:
    - -- *Babesia microti* (→ Babesiose)
- Die Inzidenz in der Schweiz variiert stark: 1/1'000 (Neuenburg); 1/10'000 (Wallis)
- Approximative Seroprävalenzen für IgG:
  - 4-6 % der Schweizerbevölkerung
  - 10 % der Blutspender
  - 35 % der Waldarbeiter

Dg:[1-3]
- Detaillierte Diagnosekriterien, siehe Tabelle s. 848:
  - ■ **Stadium I**: Die Diagnosestellung stützt sich auf die Klinik.
  - ■ **Ab Stadium II**: Die Diagnosestellung stützt sich auf die Klinik + Serologie:
    - -- Bei frühen Formen kann die Serologie noch negativ sein.
    - -- Bei früher Neuroborreliose kann die Serologie vorerst nur im Liquor positiv sein.
    - -- Alle Stadien III weisen zwingendermassen eine positive Serologie auf.
- Allgemeine Informationen:
  - Die Erinnerung an einen Zeckenstich ist zur Diagnosestellung nicht nötig (nur 50-70 % der LYME-Patienten erinnern sich daran, von einer Zecke gestochen worden zu sein).
  - Serologische Abklärungen sind nur bei passender Klinik indiziert (siehe Tabelle, s. 848)!
  - Bevor eine LYME-Borreliose diagnostiziert wird, muss eine vollständige DD durchgeführt werden!

> **Für die PRAXIS:**
> **Eine positive Serologie, ohne entsprechendes klinisches Korrelat, genügt nicht, um von einer LYME-Borreliose zu sprechen!**

Lab:
- Im Stadium I ist die Serologie nur in 40-60 % der Fälle positiv.
- **IgM**:
  - Treten nach 2-6 Wochen auf, können ohne klinische Signifikanz erhöht bleiben.
  - Persistierende IgM erlauben keine Aussage über die Aktivität der Infektionen.
- **IgG**:
  - Treten nach 4-6 Wochen auf und können sehr lange persistieren.
- Verschiedene Borrelien Spezies sind mit bestimmten Organmanifestationen assoziiert:
  - Acrodermatitis chronica atrophicans ....in > 90 % der Fälle mit *B. afzelii* assoziiert.
  - Neuroborreliose ....> 60 % dieser Patienten zeigen eine stärkere Reaktion gegen *B. garinii*.
  - Chronische LYME-Arthritis ....> 60 % dieser Patienten zeigen eine stärkere Reaktion gegen *B. burgdorferi sensu stricto*.

1 Stanek G, et al. Wien Klin Wochenschr 1996 ;108 :741-7. 2 CDC and Prevention. MMWR Recomm Rep 1997 ;46 :1-55. 3 Evison J, et al. Rev Med Suisse 2006 ;2 :919-24 und 925.34 und 935-40.

- **PCR**
  - Eignet sich v.a. für die Diagnose einer <u>Arthritis</u> und zu deren Verlaufskontrolle nach einer AB-Therapie bei persistierenden Beschwerden. Eine erneute Punktion ist frühestens 3 Mt. nach der Therapie sinnvoll.
  - Sensitivitäten:
    - -- Neuroborreliose ....30 %
    - -- Erythema migrans ....60-90 %
    - -- Acrodermatitis chronica atrophicans ....70-80 %
- **Serologische Kontrolle**
  - Nach erfolgter Therapie wird die serologische Kontrolle nicht empfohlen.
  - Bei unklaren klinischen Manifestationen mit noch negativer Serologie kann diese aber im Verlauf wiederholt werden.
- **Antigen im Urin**
  - Der Antigentest im Urin ist in der Schweiz nicht erhältlich.
  - In den USA gibt es einen Urintest, der ausschliesslich die B. burgdorferi sensu stricto erfasst. Der Test ist aber schwach sensitiv und wenig spezifisch. Er wird auch in den USA nicht mehr empfohlen.

A. <u>Eine LYME-Serologie ist in folgenden Situationen indiziert</u>

1. Lymphozytom (Klinik, siehe S. 848)
2. Acrodermatitis chronica atrophicans (siehe Klinik S. 849)
3. Periphere Fazialisparese
4. Akute oder chronische lymphozytäre Meningitis
5. Lymphozytäre Meningoradikulitis mit/ohne Mononeuritis multiplex
6. Myelomeningoradikulitis
7. Chronisch progrediente Enzephalomyelitis
8. Akute oder chronische Monarthritis
9. Transitorischer AV-Block 2.° oder 3.°

B. <u>Eine Serologie ist in folgenden Situationen NICHT indiziert</u>

1. Erythema migrans
2. Chronische Müdigkeit
3. Unspezifische Beschwerden
4. Neurologische Störungen, die nicht für eine Borreliose sprechen.

C. <u>Falsch positive LYME-Serologien</u>

1. Infektionen:
   - Syphilis u.a. Spirochäten (z.B. Leptospiren)
   - Endokarditis
2. Polyklonale Stimulierung der Antikörper:
   - Mononukleose
   - CMV
   - HIV
   - Ehrlichiose
   - Rickettsiose
3. Autoimmunerkrankungen
   - SLE
   - Juvenile rheumatoide Arthritis
   - Sklerodermie
4. Tumoren

D. <u>Falsch negative LYME-Serologie</u>

1. Nach erfolgter antibiotischer Therapie
2. Zu schwache Sensitivität des Labortests (bei der 1. Generation der Serologietests)
3. Zirkulierende Immunkomplexe

Vorg: **Was soll bei einem Zeckenstich getan werden?**

Vorg: 1. Das Rostrum der Zecke soll mit Hilfe einer Pinzette oder einem speziell entwickelten Plastikhacken entfernt werden. Es soll KEIN Öl, Äther oder anderes Mittel verwendet werden (diese können den Speichelfluss der Zecke stimulieren).
2. Optionell: Blutentnahme und das Serum gefrieren (= Nullserum in Reserve)

<u>Ist eine medikamentöse Prophylaxe indiziert?</u>

Vorg: • Siehe Tabelle, S. 848 ff

Bem: • Eine AB-Prävention wird, bei einem kleinen Übertragungsrisiko einer Borreliose nach einem Zeckenstich und der hohen Nebenwirkungsrate, nicht empfohlen.

<u>Gibt es eine Impfung gegen die Borreliose in der Schweiz?</u>

Allg: • Studien sind im Gang, einen Impfstoff für mehrere Borreliaspezies zu entwickeln. Der Impfstoff, welcher dafür in den USA angewendet wurde, ist wegen ungenügendem Kosten-Nutzen-Verhältnis und schlechter Akzeptanz vom Markt zurückgezogen worden.

Diagnosekriterein der LYME-Borreliose			
Stadium und Diagnose	**Klinik**	**Intervall: Zeckenstich ↔ Klinik**	**Labordiagnostik - Indikation der Serologie**
Stadium I	*Kutan lokalisierte Frühinfektion (Tage - Monate)*		
Erythema migrans (EM)	Im Bereich der Infektionsstelle rötlich livide, makulopapulöse, rundliche Effloreszenz mit flächenhaft zentrifugal ausbreitendem Erythem (über Tage bis Wochen), das später zentral abblasst. Der Rand der Läsion ist i.d.R. klar begrenzt und leicht erhaben. Ein Erythem, das innerhalb von 24 h nach dem Zeckenstich auftritt, entspricht einer Hypersensitivitätsreaktion und soll nicht mit einem EM verwechselt werden. Begleitsymptome können auftreten: Fieber, Müdigkeit, Kopfschmerzen, Nackensteife, Arthralgien, Myalgien.	Das EM tritt 3-32 Tage nach dem Zeckenstich auf (im Durchschnitt nach 7-10 Tagen). Verlauf: Dauer des unbehandelten EM: ca. 1 Mt. Unter Therapie sollte es innerhalb von Tagen zu einer Regression der Läsion kommen.	• Die **Serologie** ist **nicht** indiziert: - Bei **40-60 % negativ** Eine Serumprobe kann als Nullserum eingefroren werden zwecks Nachweis einer Serokonversion mittels einer späteren Probe nach 4- 6 Wo. • Bei frühzeitiger AB-Therapie kann die Serokonversion ausbleiben oder die Antikörper wieder verschwinden.
Stadium II	*Frühzeitig disseminierte Infektion (Tage - Monate)*		
Benignes Lymphozytom	Seltenes Krankheitsbild beim Erwachsenen (häufiger beim Kind): rötlich livide, indolente Hautknoten, v.a. an Ohrläppchen, Mamillen und am Skrotum (nicht am Infektionsort).	I.d.R. 2 Monate nach dem Zeckenstich. Kann aber bis zu 10 Monaten nach dem Zeckenstich auftreten.	• Die **Serologie** ist indiziert: - Bei **80 % positiv** • Hautbiopsie bei unklaren Befunden oder Therapieresistenz (DD: Lymphom der Haut!)
Rheumatologische Beschwerden	4-6 Mt. (2 Wo - 2 J) nach Übertragung: kurzdauernde wandernde Schmerzen der Gelenke (initial v.a. kleine Gelenke), Bursae, Sehnen und Knochen. Verlauf: schubweise Mono- oder asymmetrische Oligoarthritis (oft Kniegelenk, aber auch Ellenbogen- oder Sprunggelenk). Dauer der Arthritisschübe: ohne Therapie Tage bis Wo. Diese Schübe können im Verlaufe von 1-5 Jahren spontan verschwinden. Ca. 10 % der Patienten ohne AB-Therapie zeigen einen Übergang in eine chronische Arthritis. Gelenkzerstörungen sind sehr selten. Die AB-Therapie erzielt eine Heilungsrate von 80 %.	2 Wo bis 2 Jahre nach dem Zeckenstich (im Durchschnitt nach 4-6 Monaten)	• Die **Serologie** ist indiziert: - Bei **80 % positiv** • Das Vorhandensein von anderen klinischen Manifestationen einer LYME-Borreliose stützt die Diagnose einer Borrelien-Infektion. • Eine PCR in der Synovialflüssigkeit oder in der Synovia-Biopsie sind in 80 % der Fälle positiv. I.d.R. handelt es sich um die *Borrelia burdorferi sensu stricto*. • Anzahl Zellen im Gelenkspunktat: 500-100'000/mm^3 (v.a. neutrophile Granulozyten)
Karditis	AV-Block 2.° oder 3.° Typisch sind schnell wechselnde Brady- und Tachykardien. Grundsätzlich ist ein Befall aller Schichten des Myokardes möglich, jedoch sehr selten.	Ca. 20 Tage (4 Tage bis 7 Monate) nach dem Zeckenstich.	• Die **Serologie** ist indiziert: - Bei **80 % positiv**

Fortsetzung der Diagnosekriterien der LYME-Borreliose

Stadium und Diagnose	Klinik	Intervall: Zeckenstich ↔ Klinik	Labordiagnostik - Indikation der Serologie
Stadium II	*Frühzeitig disseminierte Infektion (Tage - Monate)*		
Eine **frühe Neuroborreliose** kann folgende Manifestationen aufweisen: - Meningitis - Radikulitis - Hirnnervenlähmung Die Kombination dieser 3 Manifestationen wird GARIN-BUJADOUX-BANNWARTH Syndrom genannt (bei 15 % der Patienten).	- **Meningitis** Fluktuierende, teilweise über Wochen persistierende Kopfschmerzen. Selten: Fieber, Meningismus, Nausea - **Radikulitis** Tritt 1-12 Wochen nach dem Zeckenstich auf. Radikuläre Schmerzen sind dominant. 1-4 Wochen später können neurologische Ausfälle auftreten: typischerweise mit asymmetrischen motorischen Ausfällen (± sensorisches Defizit). Spontanheilung nach 5-6 Monaten. - **Hirnnervenlähmung** Ausser dem N. olfactorius können alle Hirnnerven betroffen werden. Die periphere Fazialisparese wird am häufigsten beobachtet und heilt i.d.R. nach 1-2 Monaten ab (5-20 % persistierende Symptome).	Wochen bis Monate nach dem Zeckenstich	• Die **Serologie** ist indiziert: - Bei **80 % positiv** Es gibt aber Fälle mit negativer Serologie im Blut und einer bereits im Liquor nachweisbaren Antikörperproduktion (30 % der Fälle). • **Liquor**: - Lymphozytäre Pleozytose (erhöhte Zellzahl), aber i.d.R. < 1000/µL, Proteine ↑, Glukose N/↓ - **PCR** der Borrelien: in < 50 % der Fälle positiv. • Bei Fazialisparese spricht eine Pleozytose im Liquor für eine Borrelien-Fazialisparese und nicht für eine idiopathische Fazialisparese.
Stadium III	*Persistierende Spätinfektion (Monate - Jahre)*		
Acrodermatitis chronica atrophicans	Persistierende, rote bis violette Hautläsionen, welche typischerweise an den Extensorenseiten der Extremitäten lokalisiert sind. Die Läsion kann mit einer teigigen Schwellung beginnen. Ohne Therapie atrophieren diese Läsionen.	6 Monate bis ca. 14 Jahre nach dem Zeckenstich	• Die **Serologie** ist indiziert: - Bei **99 % positiv** • Eine PCR der Hautbiopsie ist bei 70-80 % positiv (i.d.R. *Borrelia afzelii*).
Chronische Arthritis	In Europa ist die chronische LYME-Arthritis selten (ca. 10 % der Patienten mit migrierender Arthritis).	Monate bis Jahre nach dem Zeckenstich	• Die **Serologie** ist indiziert: - Bei **90 % positiv** • Eine PCR in der Synovialflüssigkeit, und/oder der Synovia-Biopsie, kann sowohl diagnostisch, als auch zur Verlaufskontrolle verwendet werden.

Tabelle: Diagnosekriterien der LYME-Borreliose (Fortsetzung, siehe S. 850).

Fortsetzung der Diagnosekriterien der LYME-Borreliose

Stadium und Diagnose	Klinik	Intervall: Zeckenstich ↔ Klinik	Labordiagnostik
Stadium III	*Persistierende Spätinfektion (Monate - Jahre)*		
Chronische Neuroborreliose	Im Vergleich zur frühzeitigen Neuroborreliose zeigt die chronische Form keinen Spontanrückgang. Der Erfolg der AB-Therapie kann verzögert auftreten. Eine Re-Evaluation mittels Liquorpunktion ist daher erst 6 Monate nach Therapieabschluss sinnvoll. Einige klinische Bilder der chronischen Neuroborreliose: - **Persistierende Enzephalitis** - **Enzephalomyelitis** (spastische Paraparese, Ataxie, kognitive Störungen, Hirnnervenlähmung) - **Meningoenzephalitis** - **Radikuloneuritis**	6 Monate bis ca. 14 Jahre (oft 2-3 J) nach dem Zeckenstich	• **Liquor**: - Eine lymphozytäre Pleozytose kann fehlen, Proteine ↑, Glukose N/↓, Borrelien Ak müssen vorhanden sein!! - **PCR** der Borrelien: in < 30 % der Fälle positiv. - Die Liquoranalyse dient zur Diagnosestellung und Aktivitätsbestimmung im Liquor. • Schädel-MR oder -PET: unspezifische diffuse Läsionen der weissen Substanz.
Post-LYME-Borreliose Syndrom	Alle folgenden Kriterien müssen erfüllt sein, um von einer Post-LYME-Borreliose sprechen zu können: 1. Klinisch und labormässig bestätigte LYME-Borreliose in der Vorgeschichte 2. Dem Stadium angepasste und dokumentiert durchgeführte AB-Therapie 3. Kein Hinweis auf eine aktive Infektion 4. Invalidierende und persistierende Symptome, die die tägliche Aktivität des Patienten während mehr als 6 Mt. nach beendeter AB-Therapie beeinflussen. Folgende Symptome können beobachtet werden. ≥ 1 Kriterium muss vorhanden sein: - Müdigkeit - Arthralgie - Myalgie - Objektivierte kognitive Störungen - Radikuläre Zeichen 5. Der Beginn der Symptome ist mit dem Borrelien-Beginn vereinbar, d.h. die Symptome manifestieren sich während der akuten Borrelien-Infektion oder unmittelbar danach (< 6 Mt.). 6. Objektivierte Defizite (Allgemein-, Neurostatus) sind zur Diagnosestellung nicht notwendig. 7. Ausschluss anderer neurologischer, rheumatologischer, psychiatrischer oder anderer Krankheiten, die die Symptome erklären können. 8. Ausschluss von psychiatrischen und Suchterkrankungen.		

Tabelle: Diagnosekriterien der LYME-Borreliose.

Therapie der Borreliose[2,3]

Klinik	AB-Therapie*	Bemerkungen
Erythema migrans (ohne neurologische oder kardiologische Symptome)	***Erste Wahl*** • Doxycyclin 2x 100 mg PO für 10 d* • Amoxicillin 3x 500 mg PO für 14-21 d ***Zweite Wahl*** *(nur bei Allergie oder Kontraindikation)* • Cefuroxim axetil 2x 500 mg PO für 14-21 d • Azithromycin 1x 500 mg PO für 7-10 d • Clarithromycin 2x 500 mg PO für 14-21 d	• KI von Doxycyclin: - SS und Laktation - Kinder ≤ 8 Jahre • Eine parenterale Therapie ist nicht notwendig (kein Vorteil versus peroraler Therapie). • Die Makrolide sind wesentlich weniger wirksam, als Doxycyclin oder Amoxicillin.
Erythema migrans mit neurologischen oder kardiologischen Symptomen	Siehe unter «Neuroborreliose» bzw. «Karditis»	
Acrodermatitis chronica atrophicans	***Erste Wahl*** • Doxycyclin 2x 100 mg PO für 21-28 d • Amoxicillin 3x 500 mg PO für 21-28 d ***Zweite Wahl*** *(nur bei Allergie oder Kontraindikation)* • Cefuroxim axetil 2x 500 mg PO für 21-28 d • Azithromycin 1x 500 mg PO für 21 d • Clarithromycin 2x 500 mg PO für 21-28 d	
Arthritis	• Doxycyclin 2x 100 mg PO für 30-60 d • Amoxicillin 3x 500 mg PO für 30-60 d	
Persistierende Arthritis nach adäquater AB-Therapie	• Doxycyclin 2x 100 mg PO für 30-60 d • Amoxicillin 3x 500 mg PO für 30-60 d	• Mehr als 2 AB-Therapie-Zyklen sind nicht indiziert.
Karditis ohne AV-Block 3.°	***Erste Wahl*** • Doxycyclin 2x 100 mg PO für 14-21 d • Amoxicillin 3x 500 mg PO für 14-21 d ***Zweite Wahl*** *(nur bei Allergie oder KI)* • Ceftriaxon 1x 2 g **IV** für 14-21 d	• Bei gleichzeitigem Befall des ZNS wird Ceftriaxon als erste Wahl eingesetzt. • Eine Hospitalisierung mit Telemetrie ist in folgenden Situationen indiziert: - PR-Intervall > 300 ms - AV-Block 2.° - Manifeste Herzinsuffizienz
Karditis mit AV-Block 3.°	• Ceftriaxon 1x 2 g **IV** für 28 d	
Isolierte Fazialisparese	Therapie der peripheren Fazialisparese (inkl. Kortikoide), siehe s. 587 • Doxycyclin 2x 100 mg PO für 14-21 d • Ceftriaxon 1x 2 g **IV** für 14-21 d	
Neuroborreliose (inkl. periphere Polyneuropathie)	• Ceftriaxon 1x 2 g **IV** für 28 d • Penicillin G 6x 3-4 Mio IE **IV** für 28 d	• Klinische Verlaufskontrollen sind notwendig. • Bei persistierenden neurologischen Störungen soll die LP wiederholt werden. • Die Serologie ist zur Verlaufskontrolle des Fortschreitens der Krankheit weder im Serum noch im Liquor indiziert. • Eine Desensibilisierung bei Penicillinallergie ist indiziert.

Tabelle: Therapie der LYME-Borreliose.

* Die Therapie (PO und pro Tag) richtet sich jeweils nach dem fortgeschrittensten Stadium der Borreliose.

2 CDC and Prevention. MMWR Recomm Rep 1997 ;46 :1-55. 3 Evison J, et al. Rev Med Suisse 2006 ;2 :919-24 und 925.34 und 935-40. 4 Wormser GP et al. Ann Intern Med 2003 ;138 :679-704.

Infektiöse Endokarditis[1-3] [I33.0]

Semiologie der Endokarditis

- **Fieber**
- **Arthralgie**
- **Petechien** (typischerweise konjunktivale Petechien)
- **Splinter Blutungen**
  — Funkenartige Finger- und/oder Zehennagelblutungen
- **ROTH Spots**
  — Unspezifische, indolente, oberflächliche Netzhautblutungen mit weissem Zentrum. DD: Lymphoide Hämopathien, Anämie, Sepsis
- **OSLER Knoten**
  — Rote, schmerzhafte Knötchen an Fusssohlen, Handflächen Finger- und Zehenkuppen. Diese Effloreszenzen werden bei leichtem Druck auf den Nagel, oder bei Illumination des Nagels von unten (palmar bzw. plantar) besser sichtbar. Die Pathogenese der OSLER Knoten ist unklar (Mikroembolien? Immunkomplexe? andere Ursachen?).
- **JANEWAY Läsionen**
  — Rote, schmerzlose Makulae in der Handinnenfläche oder an der Fusssohle.
- **Valvulopathie**: Die Klinik und die Herzauskultation werden durch den entsprechenden Herzklappenbefall bestimmt.
  Beispiel bei **Aorteninsuffizienz (AI)**
  — Der grosse systolisch-diastolische BD-Unterschied (z.B. 180/50 mmHg) widerspiegelt sich in zahlreichen klinischen Befunden:
    - **HILL-Zeichen**: Der SBD wird am Arm und in der Poplitea-Region gemessen (hier braucht es eine Manschette, welche für Armumfänge von > 34-36 cm gebraucht wird). Wenn der Unterschied zw. diesen 2 gemessenen SBD-Werten > 60 mmHg beträgt, spricht man von einem positiven HILL-Zeichen.
    - **HUMAIR-Zeichen** (Auskultation der A. radialis): Der Untersucher legt sein Stethoskop auf eine A. radialis und hebt dann diesen Arm des Patienten über das Niveau der Herzbasis. Bei bestehender Aorteninsuffizienz ist der Radialispuls hörbar. Bei langsamen senken des Arms, vermindert sich die Intensität des Pulsgeräusches. Je länger dieser Radialispuls hörbar ist, umso schwergradiger ist die AI.
    - **QUINCKE-Zeichen (Kapillarpuls)**: Infolge eines Pulsus celer und altus entsteht ein Kapillarpuls (= pulssynchrones Verschieben der «vaskulären Linie», die beim Hinunterdrücken des Fingernagelendes entsteht).
    - **MUSSET-Zeichen**: pulssynchrones Nicken des Kopfes.
    - **DUROZIER-Zeichen**: Die A. femoralis wird komprimiert, dann wird sie auskultiert: Distal der Kompression wird ein systolisches Geräusch und proximal der Kompression ein diastolisches Geräusch auskultiert.
    - **Vibrierender Puls**: Der Untersuchende umfasst und drückt mit seiner Hand das Handgelenk des Patienten: Der Herzschlag des Patienten kann vom Untersucher als Vibration gespürt werden.
- **Clubbing**, S. 1077
- **Splenomegalie**
  — Die Milz ist bei subakuten Endokarditiden meist palpierbar.

> **Für die PRAXIS**:
> Die Milz wird am einfachsten im rechts-lateralen Decubitus palpiert, indem man den Patienten auffordert, tief einzuatmen. Eine vergrösserte Milz kommt durch die kaudale Diaphragmabewegung in Kontakt mit der palpierenden Hand des Untersuchers. Eine normalgrosse Milz kann i.d.R. nicht palpiert werden.

- **Neurologische Manifestationen** (infolge septischer, thrombotischer oder oft gemischter Embolien)
  — Schlaganfall, TIA
  — Amaurosis fugax

1 Moreillon P, et al. Schweiz Med Wochenschr 2000;130:1013-26. 2 Dajani AS, et al. JAMA 1997 ;227:1794-1801. 3 Mylonakis E, et al. N Engl J Med 2001 ;345 :1318-30.

Allg: • Bei der infektiösen Endokarditis (IE) können eine oder mehrere Herzklappen betroffen bis zerstört sein.

Klas: **I. Akute infektiöse Endokarditis**

Allg: • Häufige Keime:
- *Staphylococcus aureus* S. 854
- GRAM-negative Bakterien

Klin: • Semiologie, siehe S. 852
• Embolien (septisch, thrombotisch und gemischt):
- Hirnembolien (Hirnschlag)
- Netzhautembolien (Sehstörungen)
- Nierenembolien
- Milzembolien
- OSLER Knoten, S. 852

Vorg: • Vorgehen und Therapie, siehe S. 854
• In jedem Fall: Urinanalyse (Status, Sediment, ± Kultur)

II. Subakute infektiöse Endokarditis (= Endokarditis lenta)

Allg: • Häufiger Keim:
- *Streptococcus viridans*

• Seltener isolierte Keime:
- β-hämolytischer Streptokokkus der Gruppe A
- Pneumokokken
- *Streptococcus bovis* u.a.
- Enterokokken
- *Staphylococcus aureus*

Klin: • Semiologie, siehe S. 852
• Allgemeine Zeichen:
- Asthenie, Müdigkeit
- Gewichtsverlust
- Diaphorese
- Subfebrile Temperaturen
- Dyspnoe
- Myalgie

• Herzauskultation:
- Neu aufgetretenes oder verändertes Herzgeräusch

• Splenomegalie
• Septische Embolien: siehe «Akute Endokarditis», oben
• Assoziiert mit Immunkomplexen:
- Nephritis (hier: Proteinurie, Hämaturie)
- Arthralgien

Vorg: • Vorgehen und Therapie, siehe S. 855
• In jedem Fall: Urinanalyse (Status, Sediment, ± Kultur)

Dg: **A. Sichere infektiöse Endokarditis**

I. Histopathologische Kriterien
• Bewiesener Mikroorganismus (Kultur oder Histologie):
- in einer Vegetation
- oder in einer Vegetation, die embolisiert hat
- oder in einem intrakardialen Abszess

oder:
• Histolo-pathologisch bewiesene Läsionen:
- an Vegetationen
- oder in intrakardialen Abszessen

II. Direktuntersuch (DUKE-Kriterien, siehe S. 854)
• 2 DUKE-Hauptkriterien

oder:
- 1 DUKE-Hauptkriterien und 3 DUKE-Nebenkriterien

oder:
- 5 DUKE-Nebenkriterien

B. Mögliche infektiöse Endokarditis
• 1 DUKE-Hauptkriterium und 1 DUKE-Nebenkriterium

oder:
- 3 DUKE-Nebenkriterien

C. Ausgeschlossene infektiöse Endokarditis
• Sichere alternative Diagnose

oder:
- Heilung nach ≤ 4 Tagen AB-Therapie

oder:
- Autoptischer Ausschluss einer IE nach ≤ 4 Tagen AB-Therapie

DUKE-Kriterien[3] (modifiziert)

Hauptkriterien

1. Positive, persistierende (≥ 12 h) Blutkulturen:
   - Mindestens 2/2 positive Blutkulturen bei typischen Keimen‡
   - Oder: 3/3 positive Blutkulturen
   - Wenn ≥ 4 Blutkulturen gemacht werden, müssen 70 % davon positiv sein.
2. Endokarderkrankung:
   - Neu aufgetretenes Rückströmungsgeräusch oder echokardiographische Evidenz einer IE.†

Nebenkriterien

1. Prädisposition einer Kardiopathie* oder **IV**-Drogenmissbrauch
2. Fieber
3. Vaskuläre Phänomene
   - Septische Embolien
   - Petechien
   - Mykotisches Aneurysma
   - JANEWAY Läsionen, s. 852
4. Immunologische u.a. Phänomene
   - Nephritis
   - Arthralgien
   - OSLER Knoten (Ursache unklar, s. 852)
   - ROTH Spots, s. 852
5. Echokardiographie vereinbar mit einer IE, ohne Erfüllung der Hauptkriterien
6. Positive Blutkulturen ohne Erfüllen der Hauptkriterien
7. Serologie veineinbar mit Endokarditis

Th: **1. Allgemeine Informationen**

Allg:
- Eine Infektio-Konsilium ist immer empfohlen.
- Nie eine Endokarditistherapie einleiten, bevor mindestens 3 Paare Blutkulturen entnommen wurden.
- Den Kardiochirurgen frühzeitig orientieren (notfallmässiger Klappeneingriff).

2. Akute infektiöse Endokarditis bei Nativ-Klappe

Allg:
- Die am Häufigsten inkrimierten Keime müssen durch die AB abgedeckt werden:
  - ***Staphylococcus aureus***
  - **GRAM-negative Bakterien**

Th:
1. Empirische AB-Bitherapie: Betalaktam + Aminoglykosid (z.B. Gentamicin):
   - Amoxicillin/Clavulansäure 6x 2.2 g **IV**#; Dauer je nach Keim (ad. Konsilium)
     + Gentamicin¶ 1 mg/kg **IV** alle 8 h für 3-5 d
2. Bestätigte MSSA-Endokarditis
   - Umstellung auf Flucloxacillin 6x 2 g **IV**
     + Gentamicin¶ 1 mg/kg **IV** alle 8 h für total 3-5 d
3. Verdacht auf MRSA -Endokarditis (im Verlauf dem Antibiogramm anpassen!)
   - Amoxicillin/Clavulansäure 6x 2.2 g **IV;** Dauer je nach Keim (ad. Konsulium)
     + Vancomycin 15 mg/kg **IV** alle 12 h (max 1 g 2x/d); Dauer je nach Keim
     + Gentamicin¶ 1 mg/kg **IV** alle 8 h für 3-5 d

Bem:
- Amoxicillin/Clavulansäure hat den Vorteil, folgende Keime abzudecken:
  - MSSA (s. 794)
  - Enterokokken
  - Typische Keime der subakuten Endokarditis, siehe s. 855

‡ Typische Keime der IE (bei fehlender lokaler Infektionsquelle):
- *Streptococcus viridans, Streptococcus bovis*
- *Staphylococcus aureus*
- *Enterococcus*
- GRAM-negative Bakterien der HACEK-Gruppe, siehe s. 856

† Echokardiographie, welche mit einer IE vereinbar ist:
- Bewegliche pathologische Strukturen
- Abszess
- Neu aufgetretene Dehiszenz einer künstlichen Herzklappe.

* Kongenitale oder erworbene Valvulopathie, künstliche Klappen (ausser Herzschrittmacher)

Bei vorhandenen MRSA oder bei dokumentierter Betalaktamallergie:
- Betalaktam ersetzen durch: Vancomycin 15 mg/kg **IV** alle 12 h während 4-6 Wo
- oder: Immuntherapie (= Desensibilisierung).

¶ CAVE: Regelmässige Serumspiegel bestimmen (Toxizität!), siehe auch Fussnote ** s. 855!

3 Mylonakis E, et al. N Engl J Med 2001 ;345 :1318-30.

3. <u>Subaktue infektiöse Endokarditis bei Nativ-Klappe</u>

Allg: • Häufig inkrimierter Keim: *Streptococcus viridans*

Vorg: • Die Wahl des AB hängt vom Antibiogramm ab.
- Bei Streptokokken-Endokarditis soll immer eine Resistenzprüfung mit MHK (= Minimale Hemmungskonzentration) bestimmt werden (mit Mikrobiologie absprechen).
- Der klinische Schweregrad der Endokarditis und die Sensitivität des Keims (MHK) beeinflusst die Therapiedauer und die Notwendigkeit einer Bitherapie:
  a) Betalaktam#
  b) ± Aminoglykosid: Gentamicin**
- Die Bitherapie (Penicillin + Gentamicin) kann in gewissen Fällen die Therapiedauer verkürzen.
- Bei Patienten mit Niereninsuffizienz und bei Patienten > 65 Jahre ist die Monotherapie mit Betalaktam (ohne Aminoglykosid) zu bevorzugen.

Th: **1. Bei absoluter Indikation zur empirischen AB-Therapie** (AB-Therapie erst nach Blutkulturen beginnen und dann dem Antibiogramm anpassen):
- Amoxicillin/Clavulansäure# 6x 2.2 g **IV**
  <u>und zusätzlich</u>:
- Gentamicin** 1x 3 mg/kg/d **IV**

2. Streptococcus viridans-Endokarditis

a) Erste Wahl:
- Penicillin G# 3-4 Mio IE **IV** alle 4 h für 4 Wo

Alternative:
- Ceftriaxon# 2 g/d **IV** oder **IM** für 4 Wo

<u>Bemerkung</u>:
- Die Kombinationstherapie (Penicillin oder Ceftriaxon) + Aminoglykosid (z.B. Gentamicin) erlaubt es, je nach Empfindlichkeit des Bakteriums (MHK), die Therapiedauer auf 2 Wo zu reduzieren.
- KI von Aminoglykosid: Niereinsuffizienz; Alter > 65 Jahre

b) Zusätzlich evtl. (ad. Infektio-Konsilium):
- Gentamicin** 1x 3 mg/kg/d **IV** oder **IM** für 3-5 d

3. Verdacht auf MRSA-Endokarditis
- Vancomycin 15 mg/kg **IV** alle 12 h während 4-6 Wo

4. Enterokokken-Endokarditis (ad. Infektio-Konsilium)
- Ampicillin# 2 g **IV** alle 4 h für (4)-6 Wo
  <u>und</u>, falls Synergismus vorhanden, immer in Kombinationstherapie:
- Gentamicin 3x 1 mg/kg 6 Wo**

5. Nicht-Streptococcus viridans-Endokarditis oder andere Keime oder Pilze
- Infektio-Konsilium

6. Spezialfälle

6.1. **IV**-Drogenabusus und Endokarditis (häufige Keime: *S. aureus, Candida*)

Allg: • Rechtherzendokarditis
- Thoraxröntgen: septische Lungenembolien suchen!

• Septische Thrombose bei infizierter Einstichstelle suchen!

Vorg: • Bei schwerer Sepsis mit Verdacht auf Endokarditis:
- Empirisch: Amoxicillin/Clavulansäure 6x 2.2 g **IV**#
  + Gentamicin 1x 3 mg/kg **IV****
  Bei klinischem Verdacht auf Pilzendokarditis, zusätzlich:
  + Fluconazol 2x 400 mg **IV** (Tag 1), dann 1x 400 mg/d **IV**
- Nach 72 h muss die Therapie neu evaluiert werden.

** **Für die PRAXIS**: Aminoglykoside - Praktische Informationen
- Initialdosis: bei allen Patienten wird die volle Initialdosis in einer Kurzinfusion über 30 min verabreicht.
- Eine Dosisanpassung der Folgedosen ist bei Niereninsuffizienz indiziert (Konsilium).
- Eine 1x-Hoch-Dosierung darf nicht vorgenommen werden, wenn die Kreatinin-Clearance < 45 mL/min beträgt.
- Nach der 4. Dosis soll in jedem Fall ein Talspiegel bestimmt werden (Talspiegel = AB-Serumkonzentration vor Gabe des AB). Danach Talspiegel je nach Verlauf und Nierenfunktion.

Bei vorhandenen MRSA oder bei dokumentierter Betalaktamallergie:
- Vancomycin 15 mg/kg **IV** alle 12 h während 4-6 Wo oder ad. Immuntherapie (= Desensibilisierung).

6.2. Kultur-negative Endokarditis

Allg: • Zu vermutende Keime bei klinisch und echokardiographischer Endokarditis mit negativen Blutkulturen (Rücksprache mit Mikrobiologie: Blutkulturen länger bebrüten):

a) Schlecht kultivierbare Keime:
- HACEK-Gruppe (= langsam wachsende, GRAM-negative Bakterien):
  -- ***H**aemophilus spp.*
  -- ***A**ctinobacillus actinomycetecomitans*
  -- ***C**ardiobacterium hominis*
  -- ***E**ikenella corrodens*
  -- ***K**ingella kingae*
- *Brucella*, S. 787

b) Nicht kultivierbare Keime. Hier soll, je nach epidemiologischem Risiko, eine Serologie bestimmt werden:
- *Coxiella burnetii* (Q-fever), S. 786
- *Bartonella*
- *Legionella*
- *Mycoplasma*
- *Tropheryma whippelii*

Bem: • Die häufigere Ursache eine kultur-negativen Endokarditis ist wahrscheinlich eine antibiotische Vorbehandlung!

6.3. Kunstklappen Endokarditis

Allg: • Kardio- und Infektio-Konsilium sind immer notwendig.

Vorg: • Die Therapie bei Nativ-Klappen-Endokarditis unterscheidet sich von derjenigen der Kunstklappen-Endokarditis wie folgt:
- Längere Therapiedauer
- Häufiger chirurgischer Klappenersätze notwendig
- Bei Staphylokokken-Endokarditis, zusätzlich (aber nur falls Rifampicin-sensibel):
  -- Rifampicin 300 mg PO alle 12 h (oder 1x 600 mg/d). Rifampicin ist aktiv gegen Bakterien, die auf dem Biofilm der Kunstklappe haften.
- Bei anderen Keimen ist der Benefit der Kombinationstherapie mit Rifampicin nicht bewiesen.
- Keine Monotherapie mit Rifampicin (siehe auch MSSA S. 794).

Th: • Empirische Therapie bei akuter Kunstklappenendokarditis:

- Vancomycin	2x 1 g/d **IV**
+ Gentamicin**	1x 3 mg/kg/d **IV**
+ Rifampicin	2x 300 mg/d oder 1x 600 mg (PO oder **IV**)

Bem: • **Endokarditis und Antikoagulation**

Allg: • 15-30 % der IE lösen periphere Embolien aus (septisch, thrombotisch, gemischt)
• Risikofaktoren von Embolien:
- Grösse der Klappenvegetationen > 1 mm
- Echokardiographisch visualisierte Mobilität der Vegetationen
- Mitral gelegene Vegetationen
- Vorhandenes Antiphospholipid Antikörper Syndrom, S. 932
• Die AB-Therapie ist die beste Therapie um den embolischen Komplikationen vorzubeugen.

Vorg: • Die Antikoagulationsindikation wird mit Kardiolog und Infektiolog diskutiert.

1. Endokarditis bei Nativ-Klappe
• Eine Antikoagulation ist i.d.R. nicht notwendig.

2. Endokarditis bei künstlichen Klappen
• Zur Zeit keinen Konsens. Ad. Konsilium!

3. Endokarditis und Vorhofflimmern

a) Initialphase (10-15 d); betrifft die nativen und künstlichen Klappen
- KEINE Antikoagulation während der akuten Phase (10-15 d), denn das Blutungsrisiko liegt höher als das Embolierisiko.

b) Subakute Phase (> 10-15 d)
- Ad. Konsilium

Endokarditis-Prophylaxe für Erwachsene[1-3]

Herzfehler, die eine antibiotische Prophylaxe benötigen

1. Patienten mit Klappenersatz (mechanische und biologische Prothesen)
2. Patienten nach durchgemachter Endokarditis
3. Patienten mit angeborenen Vitien
   a) Unkorrigierte zyanotische Vitien, sowie palliativer aortopulmonaler Shunt oder Conduit
   b) Vollständig korrigierte Vitien mit implantiertem Fremdmaterial während der ersten 6 Monate nach chirurgischer oder perkutaner Implantation
   c) Korrigierte Vitien mit Residualdefekten an oder nahe bei prothetischen Patches oder Prothesen (Verhinderung der Endothelialisierung)
   d) Unkorrigierte nicht zyanotische Vitien mit turbulentem Fluss (ausser Vorhofseptumdefekt vom Sekundumtyp)
4. Patienten nach Herztransplantation mit einer neu aufgetretenen Valvulopathie

A. Eingriff: Zähne, Kiefer ⬅ Endokarditisprophylaxe

Allg: **Für die PRAXIS:**
Eine gute Mundhygiene ist der wichtigste Faktor, um eine bakterielle Endokarditis zu verhindern!

Ind:
- **Manipulationen am gingivalen Sulcus oder der periapikalen Region der Zähne oder bei Perforation der oralen Schleimhaut:**
  - Extraktionen
  - Intraligamentäre Anästhesie
  - Parodontale Therapie
  - Zahnsteinentfernung
  - Manipulation am gingivalen Sulcus (einschliesslich Platzierung kieferorthopädischer Bänder)
  - Biopsien

Vorg:
- Siehe Tabelle 1, unten

B. Eingriff: Respirationstrakt ⬅ Endokarditisprophylaxe

Ind:
- **Eine antibiotische Prophylaxe ist empfohlen bei:**
  - Tonsillektomie oder Adenektomie
  - Inzision der Mucosa oder Biopsieentnahme

Bem:
- Bei Drainage von Abszessen oder Pleuraempyemen soll die Therapie ein Antibiotikum mit Wirksamkeit gegen die wahrscheinlichsten Erreger (Streptokokken der Viridans-Gruppe, S. aureus) enthalten.

Vorg:

Empfohlene AB-Prophylaxe (für Eingriffe «A.» und «B.»)		
Orale Gabe		**Einzeldosis, 1 h vor der Intervention**
Amoxicillin		2 g PO
PA-Spät:	Cefuroxim-Axetil	1 g PO
PA-Sofort:	Clindamycin	600 mg PO
Parenterale Gabe		**Einzeldosis, 30-60 min vor der Intervention**
Amoxicillin		2 g **IV**
PA-Spät:	Cefazolin oder: Ceftriaxon	1 g **IV** 2 g **IV**
PA-Sofort:	Clindamycin oder alternativ: Vancomycin	600 mg **IV** 1 g **IV**

Tabelle 1: Endokarditisprophylaxe bei Eingriffen an Zähnen, Kiefer und Respirationstrakt.

PA-Spät = Penicillinallergie vom Spättyp (Exanthem)
PA-Sofort = Penicillinallergie vom Soforttyp (Urtikaria, Angioödem, Bronchospasmus, Anaphylaxie)

1 Ausarbeitung durch die Schweizerische Gesellschaft für Kardiologie, pädiatrische Kardiologie und Infektiologie (www.swissheart.ch). 2 Naber C et al. In: Der Kardiologe 2007, Springer. 3. Wilson W et al. Circulation 200 7 ;115 :1656-8.

C. Eingriff: Gastrointestinaltrakt ⇐ Endokarditisprophylaxe

Ind: ▪ **Operationen oder endoskopische Eingriffe bei vorliegender Infektion** (anschliessend ist eine antibiotische Therapie mit Aktivität gegen Enterokokken erforderlich).

Vorg:

Empfohlene AB-Prophylaxe	Dosierung
Amoxicillin/Clavulansäure	3-4x 2.2 g/d **IV**
Piperacillin/Tazobactam	3-4x 4.5 g/d **IV**
PA-Sofort oder PA-Spät: • Vancomycin In Kombination mit einem Antibiotikum gegen GRAM-negative Keime und Anaerobier	 1 g **IV**

▪ **Elektive chirurgische Abdominaleingriffe**
- Cholezystektomie, Sigmaresektion, Appendektomie u.a.

Empfohlene AB-Prophylaxe	Dosierung
Amoxicillin/Clavulansäure	3-4x 2.2 g **IV**, Einzeldosis, 30 min vor dem Schnitt
PA-Sofort oder PA-Spät: • Vancomycin und: • Metronidazol	 1 g **IV** 500 mg **IV**

Tabellen 2 und 3: Endokarditisprophylaxe bei Eingriffen am Gastrointestinaltrakt.

PA-Spät = Penicillinallergie vom Spättyp (Exanthem)
PA-Sofort = Penicillinallergie vom Soforttyp (Urtikaria, Angioödem, Bronchospasmus, Anaphylaxie)

D. Eingriff: Urogenitaltrakt/gynäkol. Interv. ⇐ Endokarditisprophylaxe

Allg: **Für die PRAXIS:**
Wenn immer möglich, Urogenitaleingriffe nur bei sterilem Urin durchführen.

Ind: ▪ **Operationen bei vorliegender Infektion** (anschliessend ist eine antibiotische Therapie mit Aktivität gegen Enterokokken erforderlich).

Empfohlene AB-Prophylaxe	Dosierung
Amoxicillin/Clavulansäure	3-4x 2.2 g **IV**, Einzeldosis, 30 min vor Interv.
PA-Sofort oder PA-Spät: • Vancomycin Und evtl. AB gegen GRAM-negative Keime. Bei gynäkologischen Eingriffen zusätzlich AB gegen Anaerobier	 1 g **IV**

Tabelle: 4 Endokarditisprophylaxe bei Eingriffen am Urogenitaltrakt und gynäkol. Interventionen.

PA-Spät = Penicillinallergie vom Spättyp (Exanthem)
PA-Sofort = Penicillinallergie vom Soforttyp (Urtikaria, Angioödem, Bronchospasmus, Anaphylaxie)

D. Eingriff: Haut und diverse Interventionen ← Endokarditisprophylaxe

Ind: ▪ **Eingriffe an infizierten Gewebeteilen** (z.B. Abszess). Anschliessend ist eine AB-Therapie erforderlich, welche gegen S. aureus (MSSA) und Streptokokken wirksam sein muss.

Vorg:

Orale Gabe		**Einzeldosis, 1 h vor der Intervention**
Amoxicillin/Clavulansäure		2 g PO
***PA-Spät*:**	Cefuroxim-Axetil	1 g PO
PA-Sofort:	Clindamycin	600 mg PO
Parenterale Gabe		**Einzeldosis, 30 min vor der Intervention**
Amoxicillin/Clavulansäure		2.2 g **IV**
PA-Spät:	Cefazolin	1 g **IV**
PA-Sofort:	Clindamycin oder alternativ: Vancomycin	600 mg **IV** 1 g **IV**

Tabelle 5: Endokarditisprophylaxe bei Haut- und diversen Interventionen.

PA-Spät = Penicillinallergie vom Spättyp (Exanthem)
PA-Sofort = Penicillinallergie vom Soforttyp (Urtikaria, Angioödem, Bronchospasmus, Anaphylaxie)

Katzenkratzkrankheit *(Cat scratch disease)* [A28.1]

Allg:
- Kausales Bakterium: ***Bartonella henselae***.
- Übertragung:
  - In den meisten Fällen via Katzenbiss oder -kratz
  - Bei einigen Patienten fehlt jeglicher Zwischenfall mit einer Katze.
- Inkubation 3-30 Tage (im Durchschnitt 10 Tage)
- **Eine Mensch-zu-Mensch-Übertragung ist nicht bekannt.**

Klin: **I. Immunkompetente Patienten**

A. «Typische» Manifestation (ca. 90 % der Patienten)
- Initial: Auftreten einer kleinen rötlichen Papel/Pustel an der betroffenen Hautstelle. Diese Läsion ist schmerzlos, persistiert während einiger Tage oder Wochen und wird oft fälschlicherweise als «Insektenstich» interpretiert.
- 1-4 Wo später tritt eine ipsilaterale **Lymphadenopathie** (isoliert oder multipel) auf.
- Nach 1 Monat ist der Verlauf individuell verschieden:
  a) Asymptomatisch mit Spontanheilung (ca. 50 % der Patienten)
  b) Symptomatisch
    - Subfebrile Temperaturen/Fieber (38°-41°C)
    - Nausea, Erbrechen, Appetitlosigkeit
    - Kopfschmerzen
    - Purulente Lymphadenopathie (ca. 15 % der Patienten mit spontaner Eiterentleerung)
    - Makulo-papulöses Exanthem

B. «Atypische» Manifestation (max. 10 % der Patienten)
- Bei 50 % der Patienten mit atypischem Manifestaionen:
  - Augenbefall (= Okuloglanduläres PARINAUD-Syndrom: konjunktivales Granulom, periaurikulare Lymphadenopathie, nicht-suppurative Konjunktivitis)
- Fazialisparese
- Meningoenzephalitis, Meningitis, Radikulitis
- Neuroretinitis (Opticusneuritis mit transitorischer Blindheit!)
- Endokarditis
- Hepatitis (mit Lebergranulomen)
- Milzabszess
- Lungenbefall (z.B. Pneumonie, Lungenrundherde)
- Osteomyelitis

II. Immunkompromittierte Patienten
- «Bacillary angiomatosis»:
  - Neovaskuläre Proliferation auf der Haut/Lymphknoten meistens bei HIV-Patienten.
  - DD: KAPOSI-Sarkom
  - Diagnose: Histologie + PCR
- Peliosis Hepatis:
  - Vaskuläre Proliferation von Lebersinusoiden (blutgefüllte Zysten)
  - Befall der Leber (± Milz, Lymphknoten)
  - Diagnose: Histologie + PCR

Dg:
- Klinik:
  - Anamnese von Katzenbiss oder -kratz mit Lymphadenopathie (typischerweise isoliert)
  - ± Hepato-Splenomegalie
- Serologie
  - Anti-*Bartonella henselae* Ak (IgG); diese Ak sind in > 85 % der Fälle positiv.
- PCR (auf Punktionsmaterial einer Lymphadenopathie, Liquor)
- Histologie (mit Spezialfärbung WARTHIN-STARRY)
  - Biopsie und/oder Aspiration von lymphatischem Gewebe (Lymphadenopathie)
- Kultur: wird sehr selten durchgeführt und benötigt einen speziellen Agar.
  - Kulturrestultat: > 21 Tage.

Th: **I. Immunkompetente Patienten**

A. Milde Formen
- Symptomatische Therapie. Die betroffene Extremität soll ruhig gestellt werden.
- Keine Antibiotika. Keine Kortikoide.

B. Mittelschwere und schwergradige Formen
- AB-Therapie diskutieren (die Wirksamkeit bei nicht generalisierten Formen ist umstritten):
  - Azithromycin 1. Tag: 1x 500 mg PO, dann 1x 250 mg/d PO während 4 d
  - Clarithromycin 2x 250 mg/d PO während 7-10 d

II. Immundefiziente Patienten und bei generalisierten Infekten
- Ad. Infektio-Konsilium

Bem:
- Impfungen bei Katzenbiss/-kratz nicht vergessen: Tetanus (s. 803), Tollwut (s. 805)

Prog:
- Immunkomptente Patienten: Spontanheilung bei ca. 90 % in 2-4 Wo ohne Therapie

HIV / AIDS *(Acquired Immune-Deficiency-Syndrome)* [AIDS: B24]

Allg: • Im Jahr 2007 weltweit ca. 33 Millionen Infizierte (davon ca. 65 % in Afrika).

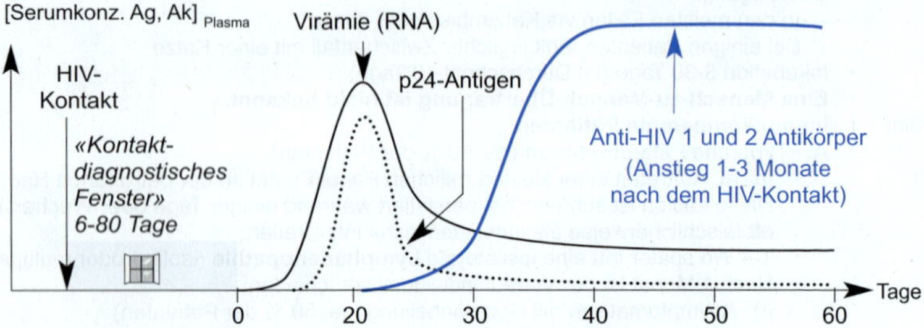

Dg:
- Die Diagnose der HIV-Infektion ist serologisch: positive Anti-HIV Antikörper 1 und 2.
  - Die heutigen Laborscreeningtests weisen meist HIV-Antikörper und p24-Antigen nach.
  - Die Schnelltests hingegen beruhen nur auf HIV-Antikörper.
- Bei der Primoinfektion können die Anti-HIV Ak negativ sein, das p24 Antigen hingegen positiv.
- Die PCR ist als diagnostischer Test nicht empfohlen (falsch positive Resultate)!

Vorg: **Wie vorgehen bei positiven HIV Laborresultaten?**
- HIV-Serologie wiederholen:
  - Bestätigungstest, inkl. Westernblot zur Unterscheidung von HIV-1 und HIV-2
- Blut:
  - Grosses Blutbild
  - ALAT, ASAT, Kreatinin, Blutzucker, Cholesterin, Triglyzeride
  - CD4-Lymphozyten
  - Virämie: RNA-HIV mittels PCR, HIV-Resistenztestung
- Serologie-*Screening*:
  - Toxoplasmose (IgG)
  - Hepatitis B (HBs Ag, Anti-HBc Ak)
  - Hepatitis C (Anti-HCV Ak)
  - CMV (IgG), VDRL oder direkt spezifischer Syphilis-Test (z.B. TPHA), siehe S. 832
- Urinsediment
- Tuberkulintest, allenfalls γ-Interferontest (IGRA), S. 839
- Augenhintergrund, falls CD4 < 200/mm^3 (CMV Retinitis)
- Systematische Impfungen (bei sehr tiefen CD4-Werten ist die Immunantwort nicht mehr vorhanden, was diese Impfungen hinfällig macht):
  - Pneumokokkenimpfung, S. 334
  - Hepatitis B-Impfung (bei **IV**-Drogenabhängigen und sexuell aktiven Personen), S. 473
- Impfungen (siehe Empfehlungen gemäss BAG): Hepatitis A, Grippe

Vorg: **CDC Klassifizierung der HIV-Infektion**

Kategorie / Anzahl CD4 [/mm^3]	**Klinische Kategorien**		
	A (asymptomatisch)	**B**	**C** (AIDS)
	• Akute Infektion • Periphere generalisierte Lymphadenopathie	• Nicht «A» und nicht «C» Patienten	• Definierte AIDS-Krankheit
1. ≥ 500	**A1**	**B1**	**C1**
2. 200 - 499	**A2**	**B2**	**C2**
3. < 200	**A3**	**B3**	**C3**

Verlaufskontrollen eines HIV-Patienten unter antiretroviraler Therapie
- Alle 3-4 Monate: HIV-Virämie, CD4
- Augenhintergrund bei CD4 < 100/mm^3
- Alle 3 Monate (initial 2 und 6 Wo nach Behandlungsbeginn):
  - Grosser Blutstatus
  - ALAT, alkalische Phosphatase
  - Kreatinin, Harnstoff, Blutzucker
  - Cholesterin, Triglyzeride
  - Pankreasamylase

Opportunistische Krankheiten

- Opportunistische Krankheiten treten mit zunehmender Immunschwäche auf. Diese korreliert mit dem Abfall der Anzahl CD4 Lymphozyten.[2]

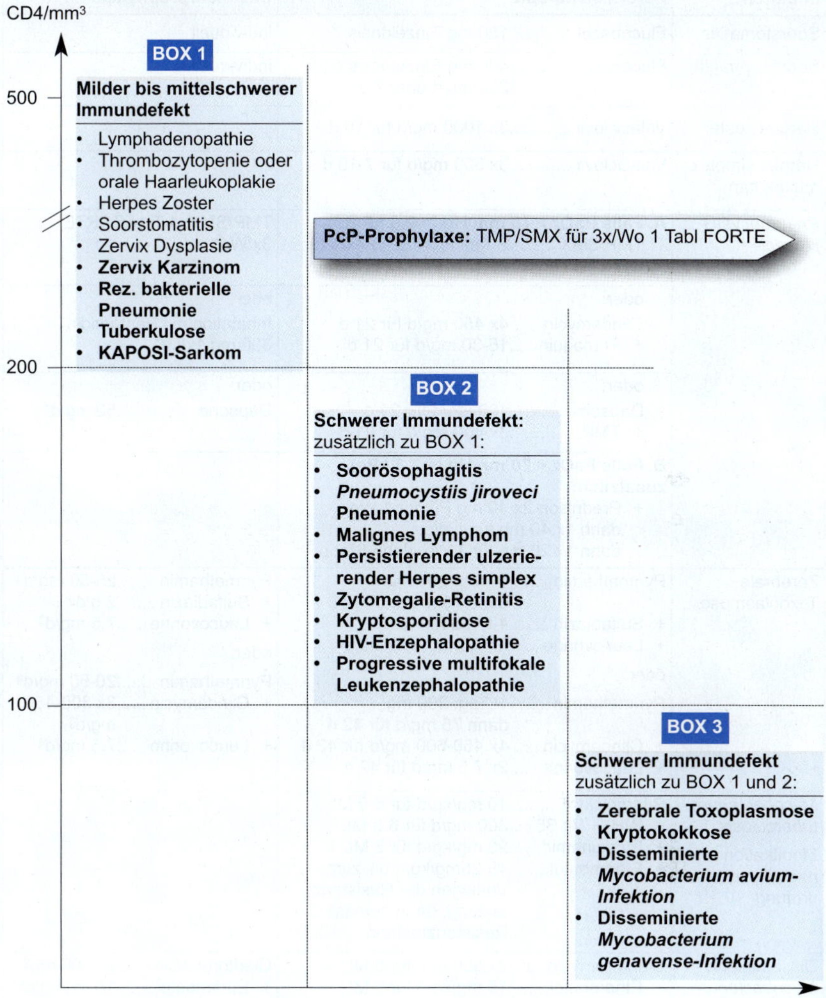

Abbildung: Opportunistische Krankheiten im Verlauf der HIV-Infektion (AIDS-definierende Krankheiten sind fett gedruckt).

PcP = Pneumocystic jiroveci Pneumonie

2 Furrer H. Schweiz Med Forum. 2001;1:605-12.

Therapie und Sekundärprophylaxe der häufigsten ambulant behandelbaren HIV-assoziierten Infektionen

Infektion	Perorale Therapie	Sekundärprophylaxe
Soorstomatitis	Fluconazol ....150 mg Einzeldosis	individuell
Soorösophagitis	Fluconazol ....400 mg Einzeldosis oder 200 mg/d über 7 d	individuell
Herpes zoster	Valaciclovir ....3x 1000 mg/d für 10 d	
Herpes simplex mukokutan	Valaciclovir ....3x 500 mg/d für 7-10 d	
Pneumocystis jiroveci-Pneumonie	**A. Falls PaO_2 > 70 mm Hg (> 7.3 kPa):** TMP/SMX ....2 Tabl FORTE 3-4x/d für 21 d	TMP/SMX: 1 Tabl FORTE 3x/Wo*
	oder: Clindamycin ......4x 450 mg/d für 21 d + Primaquin ....15-30 mg/d für 21 d	oder: Inhalation mit Pentamidin 300 mg 1x/Mt*
	oder: Dapsone ....100 mg/d für 21 d + TMP..............3x 400 mg/d für 21 d	oder: Dapsone................50 mg/d*
	B. Falls PaO_2 < 70 mmHg (< 7.3 kPa), zusätzlich: + Prednison 2x 40 mg PO für 1 Wo, dann 1x 40 mg für 1 Wo, dann 1x 20 mg für 1 Wo, dann Stopp	
Zerebrale Toxoplasmose	Pyrimethamin ....1. Tag: 200 mg, dann 75 mg/d für 42 d + Sulfadiazin ....4-6 g/d für 42 d + Leukovorine ......2x 7.5 mg/d für 42 d oder: Pyrimethamin ....1. Tag: 200 mg, dann 75 mg/d für 42 d + Clindamycin ......4x 450-600 mg/d für 42 d + Leucovorine ......2x 7.5 mg/d für 42 d	Pyrimethamin ....25-50 mg/d§ + Sulfadiazin ....2 g/d§ + Leucovorine ......7.5 mg/d§ oder: Pyrimethamin ....20-50 mg/d§ + Clindamycin ......3x 300-450 mg/d§ + Leucovorine ......7.5 mg/d§
Mycobacterium tuberculosis Modifkation je nach Resistenz-prüfung	Rifampicin ....10 mg/kg/d für 6-9 Mt. + INH (+ Vit B6)....300 mg/d für 6-9 Mt. + Pyrazinamid ......20 mg/kg/d für 2 Mt. + Ethambutol........15-25mg/kg/d bis zum Vorliegen der Resistenz-testung, dann gemäss Resistenztestung	
Disseminierte *Mycobacterium avium*-Infektion	Clarithromycin ......2x 500 mg für 9 Mt. + Ethambutol........15 mg/kg/d für 9 Mt. (+ Rifabutin) ....300 mg/d für 9 Mt.	Clarithromycin ......2x 500 mg¶ + Ethambutol........15 mg/kg/d¶
CMV-Retinitis, maligne Lymphome, KAPOSI-Sarkom, Kryptokokkose u.a.	Rücksprache mit Experten	Rücksprache mit Experten

* Absetzen falls: CD4 > 200 und > 14 % der Gesamtlymphotzytenzahl für > 3 Mt.

§ Absetzen falls: CD4 > 200 und > 14 % für > 3 Mt. und keine aktiven Läsionen in der Bildgebung

¶ Absetzen falls: CD4 > 100 für > 3 Mt. und > 12 Mt .Therapie

INH = Isoniazid; TMP/SMX = Trimethoprim/Sulfamethoxazol; TMP = Trimethoprim

Antiretrovirale Therapie (ART)[4]

Allg:
- Der Beginn einer ART ist nie eine Notfallentscheidung. Eine ART soll nur verschrieben werden, wenn der informierte Patient dies will und die Therapieadhärenz gegeben ist. Eine begonnene ART sollte weder unterbrochen noch abgesetzt werden.
- ***CAVE***: medikamentöse Wechselwirkungen unter der ART (Cytochrom P450, siehe S. 1452)

Ind:

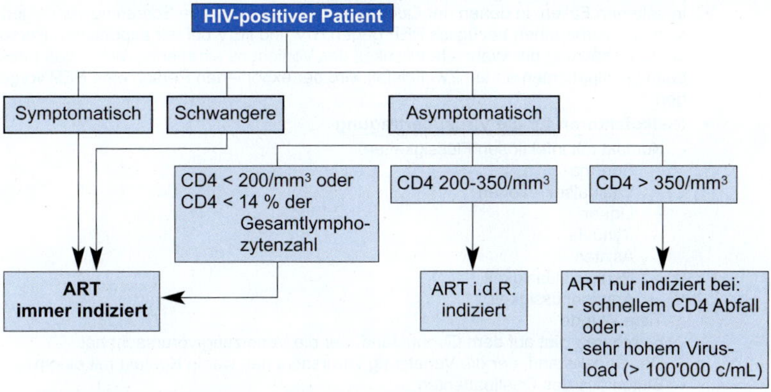

Vorg:
- **Initiale ART bei Patienten mit HIV ohne Resistenzmutation:**
  I. Zwei nukleosidische Hemmer der Reversen Transkriptase (NRTI):
  a) Tenofovir, Abacavir oder Zidovudin <u>und</u> b) Lamivudin oder Emtricitabin

  und:

  II. Ein Ritonavir geboosteter Proteaseinhibitor (PI):
  - Lopinavir, Atazanavir, Fosamprenavir, Saquinavir

  oder ein nichtnukleosidischer Hemmer der Reversen Transkriptase (NNRTI):
  - Efavirenz oder Nevirapin

Primärprophylaxe opportunistischer Infektionen

- Gegen die häufigsten opportunistischen Infektionen wird bei manifester Abwehrschwäche eine Primärprophylaxe verabreicht.
- Nach der Behandlung von opportunistischen Krankheiten ist meist eine Erhaltungstherapie (= Sekundärprophylaxe) indiziert, welche bei Erholung des Abwehrsystems unter antiviraler Therapie wieder gestoppt werden kann.[3]

Vorgehen / Diagnose	Indikation bei HIV-Patienten	Therapie	Ende der Primärprophylaxe	Bemerkungen
• ***Pneumocystis jiroveci*-Pneumonie** und/oder: • **Zerebrale Toxoplasmose**	• CD4 < 200/mm³ <u>oder</u>: • < 14 % CD4 <u>oder</u>: • Rezidivierende Soorstomatitis	• TMP/SMX FORTE (160/800) 3 Tabl/Wo <u>oder</u>: • TMP/SMX einfach (80/400) 1 Tabl/d	• CD4 > 200/mm³ <u>und</u>: • > 14 % CD4 über > 3 Mt.	• Kutane Unverträglichkeit auf TMP/SMX • Desensibilisierung häufig erfolgreich
• ***Mycobacterium avium***	• CD4 < 50/mm³	• Azithromycin Sachet 400 mg: 3 Sachets 1x/Wo	• CD4 > 100 /mm³ für > 3 Mt.	
• ***Mycobacterium tuberculosis***	• Tuberkulintest > 5 mm, S. 838 <u>oder</u>: • IGRA positiv, S. 839 <u>oder</u>: • Kontakt mit offener Tbc oder spezifische Spitzenherde im Thoraxröntgen	• Isoniazid 300 mg/d • + Vitamin B6 25-40 mg/d für 9 Mt.		

3 Benson CA, et al MMWR Recomm Rep 2004 ;53 :1-112. 4 Hammer SM, et al. JAMA 2006 ;296 :827-43.

Postexpositionsprophylaxe (PEP): HIV — Hepatitis B — Hepatitis C[1]

Vorg:
- Lokale Sofortbehandlung:
  - Die verletzte Stelle mit Seife und Wasser reinigen und desinfizieren.
  - Exponierte Schleimhäute unter laufendem Wasser ohne Druck während 5 min spülen.
- Ein Hepatitis B Impfungstatus ist effizient bei Anti-HBs Ak > 10 IE/L*, bzw. > 100 IE/L*
- In seltenen Fällen, in denen der Quellpatient das serologische Screening verweigert, stützt sich das Vorhegehen bezüglich PEP gegen HIV und HBV bei der exponierten Person auf die Einschätzung der Wahrscheinlichkeit des Vorliegens einer entsprechenden Infektion beim Quellpatienten ab. Im Zweifelsfall wird der exponierten Person eine PEP vorgeschlagen.
- **Risikofaktoren für die Virusübertragung**
  - Kontakt mit infektiösen Flüssigkeiten:
    -- Sperma
    -- Vaginalsekretionen
    -- Liquor
    -- Synovia
    - Aszites
    -- Perikardflüssigkeit
    -- Amnionflüssigkeit
  - Tiefe Wunde
  - Sichtbares Blut auf dem Gegenstand, der die Verletzung verursacht hat.
  - Der Gegenstand, der die Verletzung verursacht hat, war in Kontakt mit einem Blutgefäss des Quellpatienten.
  - Der Indexpatient ist im Endstadium der AIDS-Krankheit.
  - Quellpatient positiv für: HBs-Antigen, Anti-HC Antikörper, Anti-HIV Antikörper
  - Hohe Virämie, Primoinfektion

Für die PRAXIS (siehe hausinterne Richtlinien):
Bei einem akzidentellen Kontakt sollen folgende Serologien notfallmässig veranlasst werden:

I. Beim Quellpatienten (Indexpatient)

- **HIV** (Resultat innnerhalb von 24 h)
  - HIV Antikörper 1 und 2
  - p24-Antigen
- **Hepatitis B**
  - HBs-Antigen
  - Anti HBc-Antikörper

    Wenn der Quellpatient gegen die Hepatitis B geimpft ist und seine Immunantwort dokumentiert effizient ist*, ist das Screening der Hepatitis B nicht notwendig.
- **Hepatitis C**
  - HCV-Antikörper

    Falls positiv oder bei Verdacht auf frische HCV Infektion zusätzlich:
  - HCV-RNA im Plasma

II. Bei der exponierten Person («Opfer»)

Je nach Instition wird empfohlen, Ausgangsserologien zu bestimmen, oder nur ein Nullserum abzunehmen. Dies sollte mit der exponierten Person abgesprochen werden:

- **HIV** (Resultat innnerhalb von 24 h)
  - Antikörper HIV 1 und 2
- **Hepatitis B**
  - HBs-Antigen
  - Anti-HBc Antikörper
- **Hepatitis C**
  - HCV Antikörper
  - ALAT

siehe: www.bag.admin.ch/hiv_aids/00827/01701

* Der Cut-off der Anti-HBs Antikörper-Konzentration variiert zwischen den Empfehlungsrichtlinien der WHO (> 100 IE/L) und der «Public Health Guidelines MMWR» (> 10 IE/L).

1 BAG, Bulletin 31; 30 Juli 2007, 543-55. (www.bag.admin.ch/hiv_aids/00827/01701/)

1. HIV und Postexpositionsprophylaxe

Allg: • **HIV-Übertragungsrisiko bei akzidentellem Viruskontaken** (ist virämieabhängig)
1. Perkutaner Kontakt..0.3 %
2. Schleimhautkontakt ....0.09 %
3. Kontakt mit nicht-intakter Haut ....ca. < 0.09 %

- Die Serokonversion wird durch die positiven Antikörper HIV 1 und 2 bestätigt.
- Das p24-Antigen und die HIV-Virämie werden zur Diagnose der HIV-Erkrankung nicht routinemässig eingesetzt (falsch positive Resultate).

Vorg: **1. Bestimmung der verschiedenen Antikörper,** siehe S. 866 **«Für die PRAXIS»**

2. Beginn der PEP
- Die PEP, wenn indiziert muss so schnell wie möglich gestartet werden. Sie ist wahrscheinlich wesentlich weniger effizient, wenn sie erst nach **24-72 h** eingesetzt wird. Aber das Intervall, nach dem die PEP keine Wirksamkeit mehr zeigt, ist unbekannt. Ein PEP-Beginn mehr als 72 h nach Exposition wird nicht empfohlen.
- Verlaufskontrolle der exponierten Person nach 72 h
- Wenn die Quellperson HIV-negativ ist, wird die PEP gestoppt.

3. PEP (siehe auch Tabelle unten)
- Variante 1: 1 Proteaseinhibitor (Lopinavir/Ritonavir) + 2 NRTI**
- Variante 2: Efavirenz + 2 NRTI**
- Variante 3: 3 NRTI***

4. Verlaufskontrollen der PEP
- Kontrolle nach 2 Wo Therapie:
  - Blutstatus
  - ALAT, ASAT
  - Kreatinin
  - Blutzucker
- HIV-Serologien nach: 0, 3, 6 und evtl. nach 9 Mt.
- Bei folgenden Symptomen/Befunden sollen das p24-Ag und die HIV-Virämie bestimmt werden:
  - Fieber (oder grippeähnliche Symptome)
  - Hautausschlag
  - Lymphadenopathie

PEP-Substanzen	Dosierung	Einnahme	Bemerkungen
Lopinavir/Rintonavir KALETRA®	2x 400 mg/d	2-0-2	**Therapie der 1. Wahl** *CAVE*: CYP 450 Hemmung
Efavirenz SUSTIVA®	1x 600 mg/d	0-0-1	NW: Teratogen, Hautausschlag, neuropsychologische NW
Zidovudin (AZT) RETROVIR®	2x 300 mg/d	1-0-1	NW: Nausea, Müdigkeit
Tenofovir (TDF) VIREAD®	1x 300 mg/d	0-0-1	Mit dem Essen
Lamivudin (3TC) EPIVIR®, ZEFFIX®	2x 150 mg/d oder: 1x 300 mg/d	1-0-1 0-0-1	
Emtricitabin (FTC) EMTRIVA®	1x 200 mg/d	0-0-1	
AZT + 3TC COMBIVIR®	2x 1 Tabl/d	1-0-1	NW: Nausea, Müdigkeit
TDF + FTC TRUVADA®	1x 1 Tabl/d	0-0-1	Mit dem Essen

Tabelle: Orale PEP bezüglich HIV-Exposition.[1]

** 2 NRTI: (Tenofovir + Emtricitabin) oder (Zidovudin + Lamivudin) oder (Tenofovir + Lamivudin)
*** 3 NRTI: Zidovudin + Lamivudin + Tenofovir

1 BAG, Bulletin 31; 30 Juli 2007, 543-55. (www.bag.admin.ch/hiv_aids/00827/01701/)

2. Hepatitis B Virus und Postexpositionsprophylaxe

Allg:
- Das Übertragungsrisiko der Hepatitis B bei akzidenteller Exposition hängt von der Art des Kontaktes und dem serologischen Status ab.
- Beispiel des Übertragungsrisikos in Abhängigkeit der vorhandenen Antigene:
  - Bei positivem HBe- und HBs-Antigen ....30 %
  - Bei positivem HBs-Antigen und negativem HBe-Ag ....1-6 %

Vorg:
1. **Verschiedene Laborbestimmungen** (siehe S. 866 **«Für die PRAXIS»**)
2. **Beginn der PEP**: so schnell wie möglich einleiten.

Exponierte Person		**Vorgehen** (abhängig vom Quellpatienten)	
Impfstatus Anti-HBs-Titer[1]	Serologie	Quellpatient ist: • HBs-Ag positiv	Quellpatient ist: • HBs-Ag negativ oder nicht definierbar
■ Geimpft ≥ 3 Dosen			
> 100 IE/L[2]		—	—
10-100 IE/L[2]		• 1 Dosis **IM**[3]	• 1 Dosis **IM**[3]
< 10 IE/L[2]		• 1 Dosis **IM**[3] + HB-Ig[4,5]	—[6,7]
Titer unbekannt	**Anti-HBs (< 24-48 h)**		
	≥ 10 IE/L	—	—
	< 10 IE/L	• 1 Dosis **IM**[3] + HB-Ig[4,5]	• 1 Dosis **IM**[3,6]
■ Unvollständige Impfung			
1 oder 2 Dosen		• 1 Dosis **IM**[3]	• 1 Dosis **IM**[3,6] • Impfung vervollständigen
	Anti-HBs (< 24-48 h)		• Nicht notwendig
	≥ 10 IE/L	• Impfung vervollständigen	
	< 10 IE/L	• HB-Ig[4,5] • Impfung vervollständigen	
■ Nicht geimpft			
		• 1 Dosis **IM**[4] + HB-Ig[4,5] • Impfung vervollständigen	• 1 Dosis **IM**[3,6] • Impfung vervollständigen

Tabelle: Vorgehen bei akzidenteller Exposition bezügl. Hepatitis B - PEP (BAG, Bulletin 31; 30 Juli 2007, 543-55).

1 Die Impfantwort (Anti-HBS-Titer im Prinzip 1-2 Monate nach der letzten Impfdosis)

2 Die Abklärung des Quellpatienten bezgl. Vorliegen einer HBV-Infektion ist nicht notwendig.

3 1 Dosis **IM** bedeutet: 1 Dosis der Impfung gegen HBV verabreichen.

4 HB-Ig: spezifische Immunglobuline gegen HBV, ohne Verzug zu verabreichen, bis max. 7 Tage nach der Exposition (800 IE oder 12 IE/kg intraglutäal).

5 Serum in Serothek oder HBV-Serologie (HBs-Ag, Anti-HBc) zum Zeitpunkt 0, danach serologische Nachkontrollen nach 3 und 6 Mt. (inkl. nach 6 Mt. Überprüfung der Impfantwort, gemessen durch den Titer der Anti-HBs Antikörper).

6 Hepatitis B Immunglobuline (HB-Ig) nur in Erwägung ziehen, falls die Exposition mit einem erhöhten Risiko assoziiert ist (z.B. Patient mit entsprechender Risikoexposition im Laufe der vorhergehenden 2 Mt., Station mit HBV infizierten Patienten und gleichzeitig hoher Wahrscheinlichkeit, dass der verletzende Gegenstand mit Blut dieses Patienten kontaminiert war).

7 Bei Non-Respondern nach Basisimmunisierung zusätzliche Dosen

3. Hepatitis C Virus und Postexpositionsprophylaxe

Allg:
- Das Übertragungsrisiko der Hepatitis C bei akzidenteller Exposition ist gering.
- Alle positiven Resultate müssen bestätigt werden, z.B. durch einen rekombinierten Immunblottest.

Vorg:
1. **Verschiedene Laborbestimmungen** (siehe S. 866 **«Für die PRAXIS»)**
2. **Weiteres Vorgehen bei akzidenteller Exposition**, siehe folgende Tabelle:

Anti-HCV-Antikörperstatus des Quellpatienten	Vorgehen bei der exponierten Person
▪ **Positiver HCV-Status (hier HCV-RNA bestimmen)** ▪ **Grenzwertiger HCV-Status** ▪ **Nicht durchgeführt**	1. Serum in Reserve behalten oder Bestimmung der Anti-HCV Antikörper 2. ALAT nach 0, 1, 3 und evtl. 6 Mt. 3. Anti-HCV-Antikörper nach (0), 3 und 6 Mt. 4. Falls ALAT erhöht, ad. Virus-load Bestimmung (HCV-PCR) 5. Antivirale Therapie erwägen, falls 12 Wo nach Exposition der Virus-load (HCV-PCR) noch positiv ist.
▪ **Negativer HCV-Status mit Risikofaktoren in den letzten 6 Mt vor der Exposition**§ oder: ▪ **Keine Anamnese des Quellpatienten vorhanden**	• Idem «Patienten mit positivem Anti-HCV-Status»
▪ **Negativer HCV-Status** und: ▪ **Keine Risikofaktoren**	• Keine Nachkontrollen notwendig

Tabelle: Vorgehen bei akzidenteller Exposition im Zusammenhang mit der Hepatitis C.

§ Wichtigste Risikofaktoren:
- Positive Anamnese für **IV**-(oder inhalativen) Drogenkonsum
- Transfusion oder medizinischer Eingriff in einem Land mit hoher Epidemizität oder ungenügender Spitalhygiene
- Dialyse
- HCV-positiver Partner, insbesondere homosexuelle Kontakte
- Piercing
- Tätowierung
- Hämophilie mit Transfusion vor Einführung des HCV-*Screenings* (ca. 1992)

Herpes Virus

Erkrankung	Herpes simplex Virus Typ 1	Herpes simplex Virus Typ 2	Varicella-Zoster Virus	EPSTEIN-BARR Virus (EBV)	Cytomegalie-virus (CMV)
Stomatitis	☑	☑			
Genitale Läsion	☑	☑	☑		
Vesikulärer Ausschlag	☑	☑	☑		
Keratokonjunktivitis	☑	☑	☑		
Ösophagitis	☑	☑	☑	☑	☑
Pneumonie	☑	☑	☑	☑	☑
Hepatitis	☑	☑	☑	☑	☑
Karditis			☑	☑	☑
Meningitis		☑	☑		
Enzephalitis	☑	☑	☑	☑	☑
Myelitis	☑	☑	☑	☑	☑
Erythema multiforme	☑	☑	☑		
Rash				☑	☑
Arthritis			☑		☑
Hämolytische Anämie			☑	☑	☑
Leukopenie			☑	☑	☑
Thrombozytopenie			☑	☑	☑
Mononukleose				☑	☑
Retinitis			☑		☑

Tabelle: Pathologien, welche in Verbindung mit den verschiedenen Herpes-Stämmen vorkommen.

☑ = beobachtete Pathologien

Humane Herpes Viren (HHV)

Humane Herpes Viren		Typische Primoinfektionen	Typische Sekundärinfektionen	Übertragungsmodus	Mit Neoplasie assoziiert	Latenzort	Seroprävalenz gesunde Erwachsene
Herpes simplex Virus HSV-1	HHV 1*	- Gingivostomatitis - Keratokonjunktivitis# - Vesikulärer Ausschlag - Herpes genitalis - Herpes neonatalis‡	- Herpes labialis (Fieberbläschen) - Keratokonjunktivitis# - Vesikulärer Ausschlag - Akute Enzephalitis¶	- Perinatal - Direktkontakt (intim oder nicht intim)	Nein	- Sensorische Spinalganglien	ca. 70 %
Herpes simplex Virus HSV-2	HHV 2*	- Herpes genitalis - Vesikulärer Ausschlag - Gingivostomatitis - Benigne Meningitis - Herpes neonatalis‡	- Herpes genitalis - Vesikulärer Ausschlag (in der Sakralregion suchen) - MOLLARET-Meningitis (gutartige, rezidivierende aseptische Meningitis)	- Kongenital/perinatal - Direktkontakt (intim oder nicht intim)	Nein	- Sensorische Spinalganglien	ca. 20 %
Varizella-Zoster (Zoster)	HHV 3*	- Windpocken	- Herpes Zoster	- Kongenital - Aerosol	Nein	- Sensorische Spinalganglien	> 95 %
EPSTEIN-BARR Virus (EBV)	HHV 4	- Mononukleose (mit positiven heterophilen Antikörpern) - Hepatitis - Enzephalitis	- Chronischer Infekt (selten)	- Intimkontakt - Organtransplantation - Blutprodukte†	- Lymphome (v.a. bei HIV- und transplantierten Patienten) - Nasopharyngeal-Karzinom	- B-Lymphozyten - Speicheldrüsen	60 - 90 %
Cytomegalievirus (CMV)	HHV 5	- Mononukleose (mit negativen heterophilen Antikörpern) - Hepatitis - Herpes kongenitalis	- Hepatitis - Retinitis - Pneumonie - Kolitis - Enzephalitis/Myelitis§	- Intimkontakt - Kongenital/perinatal - Organtransplantation - Blutprodukte†	Nein	Unbekannt: - Lymphozyten? - Monozyten?	40 - 70 %
Humanes Herpes Virus 6	HHV 6	- Exanthema subitum (Kind) - Akutes Fieber (Kind)	- Grippezustand («*Mononucleose-like*») - Pneumonie - Fulminante Hepatitis	- Kongenital/perinatal - Andere (wenig klar)	Nein	Unbekannt	60 - 100 %
Humanes Herpes Virus 8	HHV 8	- KAPOSI-Sarkom - Lymphome («*Body cavity lymphoma*», CASTELMANN) - Interstitielle Pneumonie		- Intimkontakt - Mutter-Kind; Speichel - Parenteral (schwach)	- KAPOSI-Sarkom - Lymphome	Unbekannt	25 %

* Bei immunsupprimierten Patienten besteht die Gefahr, dass eine Primär- oder Sekundärinfektion kutan oder viszeral disseminiert (Pneumonie, Hepatitis, Meningoenzephalitis u.a.).

\# Herpes ophthalmicus (v.a. HSV 1). Klin: meist unilaterale, schmerzhafte Rötung des Auges, Photophobie und heftiger Tränenfluss. Vorg: notfallmässiges Konsilium. CAVE: KEINE Kortikoide (Risiko einer Korneaperforation).

¶ Akute Enzephalitis. Klin: hämorrhagische Nekrose v.a. fronto-temporal mit Hirnödem. Schlechte Prognose, tödlich in ca. 70 % der Fälle; die Überlebenden haben häufig neuropsychiatrische Spätfolgen. Dg: durch PCR des Liquors. Th: bei Vd. auf eine Herpesenzephalitis MUSS sofort eine antivirale Therapie eingesetzt werden.

‡ Herpes neonatalis: selten, aber dramatisch. Etwa 2/3 der Fälle sind hervorgerufen durch HSV 2 und ca. 1/3 durch HSV 1. Meist infiziert sich das Kind während der Geburt.

§ Enzephalitis/Myelitis: kann im Rahmen einer Primoinfektion oder als Folge einer Reaktivierung stattfinden.

† Die Virusübertragung durch Blutprodukte ist dank der Leukozytendepletierung sehr selten geworden.

Herpes simplex Virus (HSV-1, HSV-2)[1] [B00.9]

Allg:
- Prävalenz in der Schweiz:
  - Herpes-simplex-Virus Typ 1 (HSV-1): ca. 70 % der Erwachsenen
  - Herpes-simplex-Virus Typ 2 (HSV-2): ca. 20 % der Erwachsenen
    - 4 % leiden an rezidivierenden HSV-2-Infektionen
    - 4 % haben eine diagnostizierte asymptomatische HSV-2-Infektion
    - 12 % haben eine nicht-diagnostizierte HSV-2-Infektion
- Eine vorgängige HSV-1-Infektion vermindert das Risiko einer symptomatischen HSV-2-Infektion
- Die Übertragung geschieht durch direkten (Schleim-) Hautkontakt.
  - Das Übertragungsrisiko von Mann auf Frau ist 5x höher als umgekehrt!
  - Durch Präservative oder eine suppressive Therapie mit Valaciclovir kann das Infektionsrisiko mit HSV-2 signifikant vermindert werden.[2]
- **Herpes genitalis perinatales Risiko**:
  - Das perinatale Übertragungsrisiko bei Virusnachweis zum Zeitpunkt der Geburt liegt zwischen 30 % bei Primoinfektion und <1% bei rezidivierendem Herpes
  - Das Übertragungsrisiko ist für HSV-1 grösser, als für HSV-2 und wird durch die Sectio caesarea reduziert.
- Inkubationszeit der HSV-1 und HSV-2: 2-12 Tage
- Diese Viren verbleiben latent in den sensorischen Sakralganglien, wo es zur Reaktivierung (symptomatisch oder nicht) kommen kann.
- Rezidivraten:
  - Individuell sehr verschieden, nimmt im Alter tendenziell ab
  - Im Genitalbereich reaktiviert der HSV-2 häufiger als der HSV-1
  - HSV-2: bis zu 90 % (bei Patienten mit symptomatischer HSV-2-Erstinfektion)

Klin:

I. Asymptomatisch (> 50 %)

II. Symptomatisch (HSV-1 und -2 können ein identisches klinisches Bild zeigen)
- Prodromi:
  - Brennen
  - Lokaler Pruritus
  - Neuralgiforme Schmerzen
- Gruppierte, schmerzhafte Bläschen mit Übergang in Ulzerationen, dann Krustenbildung mit vollständigem Abheilen nach 3 Wo
- HSV-Lokalisationen:
  a) Typisch: Lippen, Genitalregion
  b) Atypisch: Gesäss, Analregion, Oberschenkel
- Herpes genitalis: multiple Ulzera mit schmerzhafter Lymphadenopathie
- Allgemeinsymptome in > 50 % der Fälle:
  - Dysurie (bis 20 % der Patienten)
  - Aseptische Meningitis (bei Frauen häufiger; bis zu 30 %!)

Dg:
- Grundsätzlich gibt es 2 Möglichkeiten, die Diagnose eines HSV zu stellen:

1. Virusnachweis

1.1. Zellkultur
- Dauer: 2-7 Tage
- Entnahmeort:
  - Haut/Schleimhaut, z.B. Bläschengrund (Sensitivität > 90%; Spezifität > 95%)
  - Konjunktivalabstrich

1.2. Virusantigennachweis
- Dauer: < 4 Stunden
- Entnahmeort: Abstriche von Läsionen, Bläschengrund
- Sensitivität (Bläscheninhalt mit Bläschengrund) 40-80 %; Spezifität > 95 %

1.3. Amplifikation von Sequenzen des Virusgenoms (z.B. PCR)
- Dauer: 1 Tag
- Entnahmeort:
  - Liquor (Sensitivität 98 %; Spezifität > 95 %)
  - Hautläsionen, Bläscheninhalt oder Schleimhaut ohne Läsionen (bessere Sensitivität, verglichen mit der Zellkultur; Spezifität > 99 %)

2. Antikörpernachweis (mittels ELISA oder Immunfluoreszenz)
- Die Serokonversion dauert im Durchschnitt 8 Wo (die antivirale Therapie kann die Serokonversion verzögern).
- Typspezifische IgG können ohne Reexposition/Reaktivierung verschwinden.

1 Swiss Herpes Management. Schweiz Ärztezeitung 2005 ;86 :780-92. 2 Wald A et al. JAMA 2001 ;285 :3100-6

Th: • Der frühzeitige Beginn (< 24 h) der systemischen virostatischen Therapie erhöht deren Wirksamkeit!
• Die topische Therapie mit antiviralen Medikamenten hat keinen bewiesenen Benefit.

Gingivostomatitis oder primärer Herpes genitalis

Allg: • Die Dosierungen betreffen Erwachsene mit normaler Nierenfunktion. Bei Niereninsuffizienz (nicht bei Leberinsuffizienz) ist eine Dosisanpassung erforderlich.

Th: **1. Immunkompetenter Patient**

Episodische Therapie - Registrierungen in der Schweiz

Aciclovir	PO	5x 200 mg/d für 5-10 d [A]
	IV	3x 5 mg/kg/d **IV** über 1 h für 5 d [A]
Valaciclovir	PO	2x 500 mg/d für 5-10 d [A]
Famciclovir	PO	3x 250 mg/d für 5-10 d [C]

Andere validierte Registrierungen

Aciclovir	PO	3x 400 mg/d für 7-10 d [A]
Valaciclovir	PO	2x 1000 mg/d für 7-10 d [A]

2. Immunsupprimierter Patient (HIV, transplantierter Patient u.a.)

Ad. Infektio-Konsilium

3. Schwangerschaft

Episodische Therapie

Aciclovir	PO	5x 200 mg/d für 10 d
Valaciclovir	PO	2x 500 mg/d für 10 d

Suppresssive Therapie (ab 36 SSW bis zur Entbindung)

Aciclovir	PO	3x 400 mg/d
Valaciclovir	PO	2x 250 mg/d

Bem: • Die Behandlungsdauer bei protrahiertem Verlauf (insb. bei Immundefizienz) soll ≥ 14 Tage dauern.

Rezidivierender Herpes genitalis (≤ 6 Rezidive/Jahr)

Th: **1. Immunkompetenter Patient**

Episodische Therapie - Registrierungen in der Schweiz

Aciclovir	PO	5x 200 mg/d für 5 d [A]
Valaciclovir	PO	2x 500 mg/d für 3-5 d [A]
Famciclovir	PO	2x 125 mg/d für 5 d [A]

Andere validierte Registrierungen

Aciclovir	PO	3x 800 mg/d für 2 d [A]
Aciclovir	PO	3x 400 mg/d für 5 d [C]

2. Immunsupprimierter Patient (HIV, transplantierter Patient u.a.)

Aciclovir	PO	5x 400 mg/d für 10 d [A]
	IV	3x 5 mg/kg/d **IV** über 1 h für 5 d [A]
Valaciclovir	PO	2x 1000 mg/d für 10 d [C]
Famciclovir	PO	2x 500 mg/d für 10 d [A für AIDS-Patienten]

Herpes genitalis: suppressive Therapie (> 6 Rezidive/Jahr)

Allg: • Wirkung der suppressiven Therapie:
- Reduktion der Rezidivhäufigkeit um 70-80 %
- Rezidivfreiheit in 25-30 % der Fälle
- Verminderung der HSV-2-Übertragung um 50 %
- Verminderung der symptomatischen Episoden um 75 %

• Im Verlauf nimmt die Rezidivhäufigkeit ab, sodass nach 6-12 Mt. die suppressive Therapie probatorisch gestoppt werden soll. Es sollen zumindest 2 Rezidive abgewartet werden, bevor die suppressive Therapie wieder installiert wird.

Th: **1. Immunkompetenter Patient**

Aciclovir	PO	2x 400 mg/d [A]
Valaciclovir	PO	bei < 10 Rezidiven/Jahr: 1x 500 mg/d [A]
		bei ≥ 10 Rezidiven/Jahr: 2x 250 mg/d [A]
Famciclovir	PO	2x 250 mg/d [A]

2. Immunsupprimierter Patient (HIV, transplantierter Patient u.a.)

Aciclovir	PO	2-3x 400-800 mg/d [A]
Valaciclovir	PO	2x 500 mg/d [A]
Famciclovir	PO	2x 500 mg/d [A]

Herpes labialis

Allg: • Generell wird keine antivirale Therapie empfohlen, da lediglich die Zeit bis zum Krustenverlust um ca. 1 Tag verkürzt wird.

Th: • Allenfalls Penciclovir Crème FAMVIR® Crème 1 % 8x/d für 4 d

Keratokonjunktivitis

Klin: • Photophobie
- Tränenfluss
- Palpebral- und Konjunktivaödem (= Chemosis)

Th: • Acyclovir 3 % Augensalbe: 5x/d bis 3 Tage nach Abheilung oder (in de CH nicht erhältich; aber z.B. in D und F):

Idiopathische periphere Fazialisparese (BELL'sche Lähmung)

Allg: • Siehe Kapitel «Fazialisparese»: Kortikoide ± Aciclovir, S. 587

Enzephalitis

Allg: • Die Herpesenzephalitis wird am häufigsten durch HSV-1 hervorgerufen.
- **Die virostatische Therapie soll so schnell wie möglich beginnen!**

Klin: • Unwohlsein
- Persönlichkeitsstörungen (neu oder verstärkt)
- Kopfschmerzen
- Meningismus, S. 544
- Hirnnervenbefall, S. 570
- Krampfanfall
- Bewusstseinstörungen, Koma, S. 54

Dg: • Die Diagnose wird durch eine PCR im Liquor bestätigt, kann aber während der ersten Tage negativ ausfallen.

Prog: • Mortalität bei unbehandelten Patienten: 70 %
- Mortalität bei behandelten Patienten: ca. 20 %

Th:

Für die PRAXIS:
Wenn klinisch der Verdacht auf eine Herpesenzephalitis besteht, soll wie folgt vorgegangen werden:

1. **So schnell wie möglich mit der virostatischen Therapie beginnen**
   - **Aciclovir** 3x 10 mg/kg/d **IV** über 1 h während 14-21 d (gilt für immunkompetente und -supprimierte Patienten)
2. **Schädel-CT mit KM oder -MR mit Frage nach:**
   - Enzephalitis-Zeichen
   - Ausschluss von Kontraindikationen einer LP (Tumor, Hirndruck)
3. **Lumbalpunktion**, S. 574
   - Standardanalysen
   - Herpes-PCR

Varizella-Zoster-Virus[1] [Varizellen: B01.9; Zoster: B02.9]

Allg: • Das Varizella-Zoster-Virus (VZV) zeigt **2** verschiedene Krankheitsbilder:

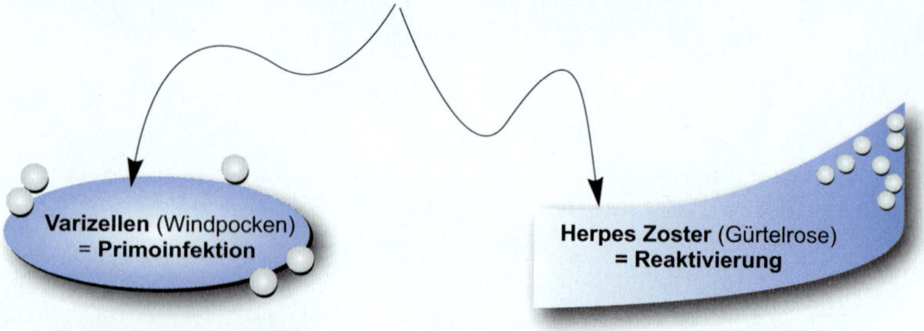

Für die PRAXIS:
- Ansteckungsgefahr (Varizellen und Herpes Zoster):
  - 2 Tage vor Vesikelbildung bis 5 Tage nach Verkrustung der letzten Bläschen!
- Immunität für die Varizellen:
  - lebenslang

- Die postive Anamnese gilt als verlässlich für eine durchgemachte Infektion, aber asymptomatische Infekte kommen vor:
  - Seropositivität von 91 % bei negativer Anamnese!
- Seroprävalenzen:
  - Tropen: ca. 50 %
  - Schweiz: 96 %

Varizellen (Windpocken) [B01.9]

Urs: • Hochansteckende Erkrankung durch das Varizella-Zoster-Virus.

Klin:
- Fieber
- Adynamie
- Polymorphes Exanthem mit Papulae
- Vesiculae und Krusten
- Die Läsionen sind stark pruiginös.

Dg:
1. Klinisch
2. Laborbestätigungstests
   a) Serologie
      - Positive IgM = Varizelleninfekt
      - Positive IgG = Voraussetzung für einen Herpes Zoster

   b) Virusnachweis
      - Immunfluoreszenz (Resultat innert Stunden verfügbar)
      - Viruskultur (Resultat innerhalb von 2-7 Tagen verfügbar)
      - Amplifikation von viralen Nukleinsäuren (z.B. mittels PCR): Resultat nach 1 Tag

Kpl: • Komplikationen sind häufig (12 % der Pat. haben $\geq$ 1 der folgenden Komplikationen):[2]
- (Meningo-)Enzephalitis (0.1-0.2 % der Erwachsenen)
- Zerebellitis (1/4'000 Fälle)
- Myelitis
- Pneumonie (1/400 Erwachsene; ***CAVE***: sekundär bakterieller Infekt!)
- Otitis media
- Myokarditis
- Arthritis
- Glomerulonephritis
- Während der Schwangerschaft:
  - Embryopathie bei Varizella vor der 20. SSW (Risiko ca. 2 %)
  - Pneumonie für die Mutter im 3. Trimenon (Mortalität ca. 40 %!)
  - Neonatale Varizellen bei Infekt 5 Tage vor bis 2 Tage nach Geburt (hämorrhagisches Exanthem; Mortalität bis zu 30 %!)

1 Meylan P et al. Forum Med Suisse 2007 ;7 :895-905. 2 Galil K, et al. Arch Intern Med 1997 ;157 :1209-13.

Th: **1. Varizellen bei Kindern**

1.1. Symptomatische Therapie

Allg:
- Pruritus (Kratzspuren hinterlassen lebenslang Narben!)
  - Fingernägel schneiden
  - H1-Antihistaminika, S. 1236
- Keine Gabe von Acetylsalicylsäure (Risiko eines REYE-Syndroms, S. 440)

1.2. Antivirale Therapie

Ind:
- Indiziert bei Kindern mit erhöhtem Komplikationsrisiko:
  - Kinder mit chronischer Pneumopathie
  - Kinder mit Hauterkrankungen
  - Immunsupprimierte Kinder (30-50 % Risiko für viszeralen Befall; Mortalität bis 15 %!)

Allg:
- Das Virostatikum soll **< 24 h** ab Beginn des Hautexanthems begonnen werden!

Th:
- Kinder < 2 Jahren: Aciclovir in ½-Erwachsenendosis (siehe dort)
- Kinder 2-12 Jahren: Aciclovir in Erwachsenendosis (siehe dort)

2. Erwachsene und Kinder > 12 Jahre

Allg:
- Das Virostatikum soll **< 24 h** ab Beginn des Hautexanthems begonnen werden!

Th:
- Valaciclovir 3x 1000 mg/d PO für 5 d
- Aciclovir 5 x 800 mg/d PO für 5-7 d

3. Spezialfälle

3.1. Schwangerschaft (3. Trimenon)

Th:
- Aciclovir: 5x 800 mg/d PO oder 3x 10 mg/kg **IV** über 1 h für 5-7 d

3.2. Immunsupprimierte Patienten

Th:
- Aciclovir: 3x 10 mg/kg/d **IV** über 1 h während 7 d

4. Prävention - Impfung

4.1. Aktivimpfung (= lebendimpfstoff; deshalb kontraindiziert beim Immundeprimierten)

Ind:
- Nicht immune Jugendliche und Erwachsene (d.h. negative Anamnese und IgG).

Vorg:
- Die Impfung wird zwischen dem 11. und 15. Lebensjahr empfohlen:
  - 2 Dosen im Minimalabstand von 1 Monat

4.2. Passivimmunisierung

Ind:
- Anamnese und Sero-negative exponierte Risikogruppen:
  - Schwangere
  - HIV-Patienten
  - Immunsupprimierte Patienten

Vorg:
- Schnellstmögliche Verabreichung (< 96 h) der Immunglobuline.

Bsp:
- Varizella Zoser Immunglobulin VARITECT®
  - 125 IE/10 kg **IM** (mindestens 125 IE und maximal 625 IE)

4.3. Spitalhygiene

Allg:
- Nicht-immunes exponiertes Personal muss jeden Patientenkontakt vom 8. bis am 21. Tag (28. Tag nach Immunglobulingabe) nach der Ansteckung vermeiden!

Herpes Zoster [B02.9]

Allg: • Es handelt sich um die Zweiterkrankung durch das Varizella-Zoster-Virus, bedingt durch Reaktivierung des Virus in folgenden anatomischen Strukturen:
- Spinalganglien
- Hirnnerven
- Viszeralen Ganglien (= viszeraler Herpes Zoster)

• Der Herpes Zoster ist bei immunkomprimierten Patienten häufiger und ausgedehnter. Er betrifft ca. 10 % der HIV-Patienten.

Klin: **A. Kutaner Herpes Zoster**
- **Neuralgie**
  - Dermatomspezifische neurogene Schmerzen, typischerweise in Form von Brennen
  - Die Neuralgie kann auch ohne Exanthem auftreten (= Zoster sine herpete).
- **Vesikuläres Exanthem**
  - Tritt einige Stunden bis 10 Tage nach Beginn der Neuropathie auf.
  - Verschwindet nach ca. 10 Tagen.

B. Extrakutaner Herpes Zoster
- Tritt häufiger bei immunkomprimierten und transplantierten Patienten auf:
  - Enzephalitis
  - Pneumonie
  - Hepatitis

C. Generalisierter Herpes Zoster
- Definition (≥ 1 Kriterium):
  1. Befall von ≥ 3 Dermatomen (siehe Schema S. 569)
  2. Dermatombefall auf beiden Körperseiten
  3. Befall von nicht angrenzenden Dermatomen der gleichen Körperseite

D. Zoster ophthalmicus (inkl. Uveitis, Keratitis)
- Der Zoster ophthalmicus verlangt ein notfallmässiges ophthalmologisches Konsilium, denn er kann eine irreversible Hornhautläsion verursachen!

E. Zoster oticus
- Es handelt sich um eine Reaktivierung des VZV im Ganglion geniculi des N. facialis:
  - Vesikuläres Exanthem von Ohrmuschel ± Trommelfell
  - Bei VZV-bedingter peripherer Fazialisparese ohne vesikulärem Exanthem (bis 8 % der sogenannten «idiopathischen Fazialisparesen») spricht man vom «**Zoster sine herpete**».
  - Periphere Fazialisparese, S. 586

F. RAMSAY-HUNT-Syndrom
- Variante des Zoster oticus mit zusätzlich (> 1 Kriterium):
  1. Tinnitus, Hyperakusis, Hörverlust
  2. Schwindel, Gleichgewichtsstörungen
  3. Dysgeusie
  4. Hirnnervenbefall (Befall der N. V, IX, X = **Zoster cephalicus**)

Vorg: • Siehe Algorithmus S. 880

Kpl: • **Postherpetische Neuralgie**
- Schmerzsyndrom, welches über 30 d nach dem Krankheitsbeginn persistiert, S. 879
- Häufigkeit (variabel): 25-50 % der Patienten > 50 Jahre
- Risikofaktoren:
  -- Alter
  -- Starke initiale Schmerzen
  -- Ausgedehnter Befall

Th: **1. Allgemeinmassnahmen**

1.1. Die frühzeitige antivirale Therapie, d.h. ≤ **48 h* bis maximal 72 h** nach Beginn des Exanthems vermindert die Krankheitsdauer und die Intensität der postherpetischen Neuralgie.

1.2. Kontaktisolation
- Indiziert bei lokalisiertem Zoster (die Bläschenflüssigkeit ist ansteckend!)

1.3. Aerosolisolation
- Indiziert bei generalisiertem Zoster (das Rachensekret ist hier ansteckend)

* Kent RG [NEJM 1996 ;335 :32-42] zeigt, dass ein Zeitintervall zwischen der antiviralen Therapie und dem Exanthem von maximal 72 h bestehen soll.

2. Virostatika (siehe auch Algorithmus S. 880)

2.1. Kutaner Befall

• Valaciclovir	3x 1000 mg/d	PO	für 7 d
• Famciclovir	1x 750 mg/d	PO	für 7 d
	oder: 2x 500 mg/d	PO	für 7 d
	oder: 3x 250 mg/d	PO	für 7 d
• Aciclovir	5x 800 mg/d	PO	für 7-10 d
• Brivudin**	1x 125 mg/d	PO	für 7 d (siehe auch Fussnote**!)

2.2. Schwergradiger Befall

- Betrifft:
  - Immundeprimierte Patienten mit disseminertem Herpes Zoster
  - Herpes Zoster mit extrakutanem Befall
  - Befall des N. trigeminus
- Therapie:
  - Aciclovir 3x 10 mg/kg/d **IV** für 7-14 d

2.3. Zoster ophthalmicus

- Ein Herpes Zoster ophthalmicus benötigt eine Konsultation beim Ophthalmologen!
- KEINE lokalen oder systemischen Kortikoide anwenden!
- Therapie:
  - I. Mit Augenbefall
    - Aciclovir 3x 10 mg/kg **IV** über 1 h perfundieren, für 10 d
  - II. Ohne Augenbefall
    - Valaciclovir 3x 1000 mg/d PO für 7 d
  - III. Bei Läsion des Augenlids
    - Zusätzlich: Aciclovir Augensalbe 5x/d

3. Kortikoide (Ind: Starke Schmerzen; bei Alter ≥ 50 J in Erwägung ziehen), siehe S. 880

3.1. Beispiel

• Prednison	PO	Initial: 2x 30 mg/d für 7 d, dann 2x 15 mg/d für 7 d, dann 2x 7.5 mg/d für 7 d, dann stopp

4. Analgetische Therapie (zur Therapie der postherpetischen Neuralgie)

4.1. Antidepressiva		
• Amitriptylin	PO	12.5-25 mg am Abend, dann graduell ↑ bis max. 100 mg/d
• Nortriptylin	PO	2-3x 25 mg mg am Abend, dann ↑ bis max. 225 mg/d
• Doxepin	PO	10 mg am Abend, dann graduell ↑ bis 50 mg/d
• Maprotilin	PO	10 mg am Abend, dann je nach Klinik, bis ca. 75 mg/d in 1-3 Einnahmen/d
4.2. Antiepileptika		
• Gabapentin	PO	3x 100 mg/d, dann ↑ ad. 600-2400 mg/d in 3x/d
• Carbamazepin	PO	150 mg/d (in 1-3x/d), je nach Klinik graduell erhöhen
• Pregabalin	PO	Initial: 150 mg in 2-3x/d, nach 7 d evtl. bis 300 mg/d erhöhen; max. 600 mg/d
4.3. Opioide		
• Oxycodon	PO	50 mg alle 6 h (evtl. bis 80 mg/d oder höher)
• Tramadol		Siehe S. 1163

4.4. Topische Lokalanästhetika

• Lidocain 5 %	Creme EMLA® (in dicker Schicht auf die Haut auftragen und mit einem Okklusiv-Verband abdecken. Eine Dosis von ca. 1.5 g/10 cm² wird empfohlen)
• Lidocain 5 %	Patch VERSATIS® max. 3 Patch gleichzeitig (max. 12 h), auf intakte Haut kleben!
• Capsaicin	CAPSICUM® Crème 3-4 Appl./d; auf intakte Haut applizieren!

INFEKT

** Brivudin ist absolut KI bei gleichzeitigem Gebrauch von Fluouracil (5-FU) oder verwandten Substanzen (z.B. Capecitalbin); unter dieser Kombinationstherapie werden Todesfälle beschrieben!

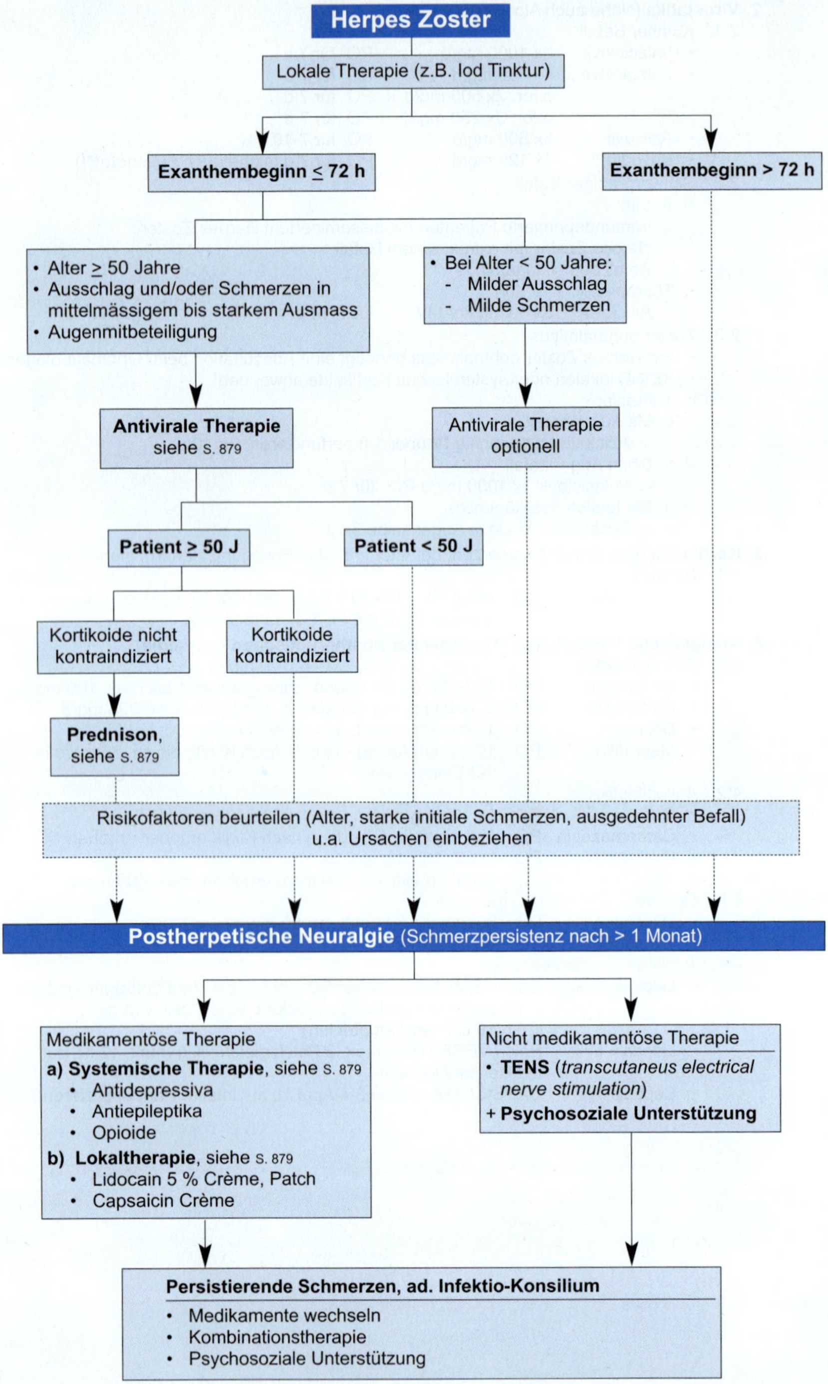

Algorithmus: Therapie des Herpes Zoster und der postherpetischen Neuralgie.[1,2]

1 Angepasst nach: Kost RG et al. N Engl J Med 1996 ;335 :32-42 2 Gnann JW, et al. N Engl J Med 2002 ;347 :340-6.

EPSTEIN-BARR-Virus (EBV)-Infektion: Mononukleose [B27.0]

Syn: • PFEIFFERSCHES Drüsenfieber, *Kissing disease*

Allg: • Das EPSTEIN-BARR-Virus (Familie der Herpesviren) verursacht die **«Mononukleose»**, charakterisiert durch das Vorhandensein atypischer Lymphozyten (mononukleäre Zellen) im Blutausstrich.
• 20 % der klinischen Mononukleosen werden durch andere Viren (CMV, HIV) verursacht.
• Inkubationszeit 4-7 Wochen

Klin: • **Häufige Symptome/Befunde**
- Allgemeinsymptome
  — Fieber (ca. 75 %)
  — Ausgeprägte und lang andauernde Müdigkeit
  — Appetitsverlust
  — Kopfschmerzen u.a.
- Lymphadenopathie (90-100 %)
- Pharyngitis (ca. 85 %)
- Splenomegalie (50-70 %) ***CAVE***: selten Milzruptur
- Hepatitis (10-20 %)

• **Seltenere Befunde**
- Ikterus (5 %)
- Makulöses Exanthem (ist bei gleichzeitiger Therapie mit Aminopenicillinen praktisch immer vorhanden)
- Pneumonie
- (Peri-)Myokarditis
- Meningitis
- Periphere Fazialisparese
- Orale Haarleukoplakie (bei HIV-Patienten)

Lab: • Blutabstrich: atypische Lymphozyten (= mononukleäre Lymphozyten)
• Falls Hepatitis: ASAT ↑, ALAT ↑, alkalische Phosphatase ↑

Dg: **1. Serologie**

Serologie	**akut** (primär)	**chron. EBV**	**Bemerkungen**
Anti-VCA-IgM Ak	+	-	**IgM** (hohe Sensitivität und Spezifität): - Akutphase: immer positiv - Negativieren sich nach 1-6 Mt.
Anti-VCA-IgG Ak	+	+	**IgG**: - Werden meist vor Beginn der Symptome positiv - Bleiben lebenslang positiv
Anti-early Antigen	+	-	- Werden nur in ca. 70 % der Fälle beobachtet - Steigen nach den VCA-Ak an - Negativieren sich in der Heilungsphase
Anti-EBNA Ak	-	+	- Hohe Sensitivität und Spezifität - Steigen erst 3-4 Wochen nach Beginn der Symptome an - Bleiben lebenslang positiv

Tabelle: Serologie bei einer EPSTEIN-BARR Infektion.
VCA = Viral Capsid Antigen; EBNA = EPSTEIN-BARR Nuclear Antigen

2. Monotest (heterophile Antikörper; Agglutinationstest, wird v.a. in Praxen durchgeführt):
• Falsch negative Resultate: 10-15 % (oft bei Kindern)
• Falsch positive Resultate: selten bei anderen viralen Erkrankungen, Lymphom

Th: **1. Immunkompetente Patienten**
• Eine Isolation des Patienten ist <u>nicht</u> notwendig.
• Eine antivirale Therapie ist nicht indiziert.
• Symptomatische Therapie
• Keine Aminopenicilline einsetzen (provoziert makulöses Exanthem).
• Kortikoide können in folgenden Situationen eingesetzt werden:
  - Luftwegobstruktion
  - Neurologische Komplikationen (z.B. Fazialisparese, s. 586)
  - Hämolytische Anämie, Thrombozytopenie

2. Immunsupprimierte Patienten
• Ad. Infektio-Konsilium

Cytomegalievirus (CMV)-Infektion [B25.9]

Allg:
- In Entwicklungsländern liegt die Seroprävalenz bei ca. 90 %; in Europa bei 50-70 %.
- Die Inkubationzeit ist unklar (3-6 Wochen?)

Klin:
- Die Klinik ist polymorph, da verschiedene Organe betroffen sind.

I. Neugeborene (konnatale Infektion)
- Die kongenitale Infektion ist häufig: 0.5-1 % der Neugeb. sind mit CMV infiziert.
- Symptomatische Form: meist tödlich
- Asymptomatische Form: Spätschäden (selten). Psychomotorische Retardierung, Hörschaden (wichtigste Ursache für die kindliche Gehörlosigkeit), Sehstörungen
- Träger

II. Immunkompetente Kinder und Erwachsene (postnatale Infektion)
- In < 10 % symptomatisch, mit Klinik einer Mononukleose (S. 881).
- Im Gegensatz zur EBV Mononukleose, sind bei CMV die exsudative Pharyngitis und die zervikale Lymphadenopathie selten.

III. Immunsupprimierte Patienten
- HIV-Patienten:
  - Retinitis (Augenhintergrund zeigt *Cotton-Wool*-Exsudate und Blutungen, v.a. bei CD4 < 50/µL)
  - Ösophagitis, Enterokolitis
  - Selten: Enzephalitis, Polyradikuloneuritis, Pneumonie
- Transplantierte Patienten:
  - Fieber, Arthralgien, Myalgien, Pneumonie, Hepatitis, Sinusitis, Entero-Kolitis, Abstossungsreaktion. Leukopenie, Thrombozytopenie.
  - Symptomatische CMV-Infektionen nach Organtransplantation sind häufig, v.a. bei Hochrisiko-Konstellation (Spender CMV-positiv, Empfänger CMV-negativ), aber auch durch Reaktivierung beim Empfänger.

Dg:
I. Direktmethoden
- Urin: Schnellkultur (das Resultat ist innerhalb von 24-48 h erhältlich)
- Blut: Quantitative Bestimmung von CMV-Antigen mittels Immunfluoreszenz (pp65) oder DNA (mittels PCR)
- Liquor: PCR

II. Indirekte Methode (nur bei der Primoinfektion indiziert)
- Serologie (IgG, IgM)

Th:
A. Immunkompetente Patienen mit Mononukleose-Symptomen
- Keine antivirale Therapie notwendig.

B. Immunkomprimierte Patienten: ad. Induktionstherapie

B.1. Valganciclovir (Filmtabl 450 mg)
- Dos: • 900 mg PO alle 12 h zur Mahlzeit für 14-21 d (gerinste NW!)
- Bem: • Variante bei Retinitis:
  - Intraokuläre Ganciclovir-Implantation mit <u>systemischer</u> Erhaltungsdosis:
    - -- Ganciclovir oder Valganciclovir (nicht nur lokale Therapie, da 50 % Risiko einer kontralateralen Retinitis und 30 % Risiko eines viszeralen Befalls innert 6 Mt.).
- NW: • Myelotoxizität!

<u>oder</u>:

B.2. Ganciclovir (Amp 500 mg)
- Dos: • 1x 5 mg/kg **IV** alle 12 h
  - • oder: 1x 6 mg/kg **IV** an 5 von 7 d
- Vorg: • Therapiedauer:
  - Radikulitis, Retinitis ....2-3 Wo
  - Pneumonie ....3 Wo
  - Kolitis, Ösophagitis ......3-6 Wo
- NW: • Myelotoxizität!

<u>oder</u>:

B.3. Foscarnet (Fl 6 g/250 mL)
- Dos: • 90 mg/kg **IV** alle 12 h während 2-3 Wo
  oder: 1x 120 mg/kg/d **IV** an 5 von 7 d
- NW: • Nephrotoxizität

<u>oder</u>:

B.4. Cidofovir (Amp 375 mg/5 mL) **IV** über 1 h + Probenezid
- Die Indikation einer Cidofovir/Probenecid-Therapie wird vom Spezialisten gestellt.

C. AIDS-Patienten
- Die anti-retrovirale Therapie reduziert die:
  - CMV-Virämie
  - Mortalität bei CMV-Infekt um ca. 80 %

D. Erhaltungstherapie

Ind:
- Inkompletter Heilung
- Schwerer Immunsuppression:
  - Beim HIV-Patient, Erhaltungstherapie weiterfahren bis CD4 > 100/µL und einer Mindestdauer der antiretroviralen Therapie von 6 Mt.

Bsp:
- Valganciclovir (Filmtabl 450 mg): 1x 900 mg/d PO
  <u>oder</u>:
- Ganciclovir (Amp 500 mg)
  - 1x 5 mg/kg/d **IV**
  - oder: 1x 6 mg/kg an 5 von 7 d
  <u>oder</u>:
- Foscarnet (Fl 6 g/250 mL)
  - 1x 120 mg/kg/d **IV** an 5 von 7 d

Humanes Herpes Virus 6 (HHV 6) [B00.9]

Allg:
- Übertragungsmodus:
  - Kongenital/perinatal
  - Evtl. auch via: Aerosol, Blutprodukte, Organtransplantation, Intimkontakt

Klin:

1. Primoinfektion beim Kleinkind

1.1. Exanthema subitum
- Klin: Fieber (3-5 Tage), makulopapulöses Exanthem
- Kpl: Selten neurologische Komplikationen: Meningitis, Enzephalitis, Epilepsie

1.2. Akutes Fieber
- Klin: Fieber ohne Exanthem, meist benigne

2. Reaktivierung (betrifft v.a. immunsupprimierte Patienten)

Klin: Die Klinik ist sehr variabel:
a) Leichter grippaler Zustand (mononukleoseähnlich) mit gutem Verlauf.
b) Schwerwiegender Verlauf mit Pneumonie oder fulminanter Hepatitis.

3. Transplantierte Patienten (Primoinfektion oder Reaktivierung)

Klin: Fieber mit Exanthem, Hepatitis, neurologische Störungen, Knochenmarksuppression.

Dg:
- Die Diagnose wird serologisch gestellt:
  - Primoinfektion: Positive IgM und Erhöhung der IgG ($\geq$ 4x)
  - Reaktivierung: Erhöhung der IgG und Wiederauftreten der IgM

Th:

1. Immunkompetente Patienten
- Symptomatische Therapie
- Bei schwergradigen Fällen: Antivirale Therapie mit: (Val-)Ganciclovir oder Foscarnet

2. Immunsupprimierte Patienten
- Infektio-Konsilium
- Eine antivirale Therapie mit (Val-)Ganciclovir oder Foscarnet kann diskutiert werden (keine Evidenz).

Humanes Herpes Virus 8 (HHV 8) [B00.9]

Allg:
- Übertragungsmodus:
  - Hauptsächlich durch Intimkontakt
  - Nicht-sexuelle, parenterale Übertragung ist selten.
- Hochrisikopatienten: HIV-positive Patienten

Klin:

1. KAPOSI-Sarkom

Allg:
- HHV 8 ist im Tumorgewebe des KAPOSI-Sarkoms zu finden. Die Zeitspanne zwischen dem Erstnachweis (Serologie oder PCR) und der klinischen Manifestation beträgt 6-75 Monate.

Klin:
- Polychrome (rot-braune) Plaques und Knoten auf Haut und Schleimhaut
- Ein viszeraler Befall ist selten: Lunge, Magen-Darm-Trakt

Th:
1. Umschriebene Hautläsionen
   - Radiotherapie, Exzision mit LASER, intraläsionelle Chemotherapie
2. Ausgedehnter Befall: Chemotherapie (z.B. liposomales Doxorubicin)
3. HIV-Patienten: Die retrovirale Therapie ist immer indiziert.

2. Lymphom

Bsp:
- *Primary effusion lymphoma (Body cavity lymphoma)*
- Morbus CASTELMANN

Th:
- Chemotherapie (z.B. liposomales Doxorubicin CAELYX®)

3. Interstitielle Pneumonie (mögliche HHV8-Assoziation)

Allg:
- Betroffen sind immunsupprimierte Patienten.

Dg:
- Serologie
- Kulturen von Nasensekret und Speichel sind möglich.

Th:
- Ad. Infektio-Konsilium

Gripppe[1] [J11.1]

Allg:
- Relativ unspezifisches Syndrom, durch Infektion mit dem Influenza Virus A oder B.
- Inkubationszeit 1-2 Tage
- Dieses Virus enthält 2 Glykoproteine:
  - Hämagglutinin (H)
  - Neuraminidase (N)
- In der Grippesaison 2006/07 zirkulierten in der Schweiz:
  - 80 % Influenza Virus-B (mehrheitlich Subtyp Malaysia 2506/2004)
  - 20 % Influenza Virus-A (mehrheitlich Subtypen H1N1 und H3N3)
- **Grippesaison 2009/10**: Das pandemische A(H1N1)v-Influenza-Virus tritt zusätzlich zu den saisonalen Influenzastämmen auf. Die alleinige Grippeimpfung ist deshalb nur beschränkt sinnvoll. Sie soll v.a. für Risikogruppen mit einer pandemischen Influenza-Impfung kombiniert werden.
  - Der pandemische A(H1N1)v-Impfstoff ist sicher (Totimpfstoff!). Er kann gleichzeitig (oder kurz danach) zu der saisonalen Grippeimpfung verabreicht werden.
  - Kinder > 6 Mt. können geimpft werden.
  - Für die pandemische Impfung wird bei Immunkompromittierten Personen ein ***Booster* nach > 3 Wo** empfohlen; bei gesunden Erwachsenen genügt wahrscheinlich 1 Dosis.
- **Für die PRAXIS**
  Der saisonale Influenza-Impfstoff schützt nicht (oder evtl. nur marginal) vor dem pandemischen A(H1N1)v-Influenza Stamm und ersetzt die pandemische Impfung nicht!

Klin:
- Fieber (38°-41°C während 1-5 d), Müdigkeit
- Husten, Rhinorrhoe
- Kopfschmerzen
- Myalgien, Arthralgien

Lab:
- Bei unkompliziertem Verlauf, evtl. leichte Erhöhung der Entzündungsparameter:
  - Leukozytose, CRP (↑)

Dg:
1. Während einer Grippesaison genügt die Klinik um die Diagnose der Grippe zu stellen.
2. Influenza-Virus Nachweis (selten durchgeführt)
   - Viruskultur (Rachen- oder Nasenabstrich)
   - Schnelltest im nasopharyngealen Sekret; z.B. Antigennachweis (insensitiv!), PCR
3. Serologie (selten durchgeführt):
   - Benötigt den Nachweis einer Titerdynamik in 2 Serumproben im Abstand von ca. 2 Wo.

Th:
1. Symptomatische, unspezifische Therapie

Bsp:
- Fiebersenkende Massnahmen (s. 773), NSAR, Antitussiva
- H1-Antihistaminika u.a. symptomatische Behandlungen

2. Neuraminidase-Hemmer

Allg:
- Wirkung der Neuraminidasen-Hemmer:
  - Verkürzung der Krankheitsdauer um 1-2 d (> 3 d, falls innerhalb der ersten 12 h verabreicht)
  - Senkung der Komplikationsraten um ca. 30 % (z.B. Pneumonie, Bronchitis, Sinusitis)
- Die prophylaktische Gabe von Neuraminidase-Hemmern wird wegen der Resistenzgefahr nicht empfohlen (Schutzwirkung 70-90 %)!

Für die PRAXIS:
- **Neuraminidase-Hemmer ersetzen die Impfung gegen Influenza NICHT!**
- **Beachten der Indikationen zur Therapie mit Neuraminidase-Hemmern!**

Ind:
- Therapie von akuten Infektionen mit **Symptombeginn vor < 2 Tagen bei Patienten mit hohem Komplikationsrisiko**, bei denen eine Impfung nicht durchgeführt werden konnte oder bei denen die Impfung eine sehr niedrige Schutzwirkung hat (z.B. Lungentransplantierte).
- Nicht kassenpflichtige Indikation: Einsatz innerhalb von 12 h nach Fieberanstieg bei gesunden Erwachsenen (Dauer der Bettlägrigkeit ↓)

Bsp:
- Zanamivir RELENZA®
  - 2 Einheitsdosen zu je 5 mg 2x/d mittels Mundinhalation während 5 d
- Oseltamivir TAMIFLU®
  - 2x 75 mg/d PO während 5 d (zu den Mahlzeiten). Die Dosis muss bei Niereninsuffizienz angepasst werden:
    -- Clearance 10-30 mL/min: 75 mg/d während 5 d
    -- Clearance < 10 mL/min: keine Studien vorhanden

NW:
- GI-Unverträglichkeit:
  - Nausea 15-20 %
  - Erbrechen 10-50 %

1 Bundesamt für Gesundheit (BAG): www.bag.admin.ch/

Grippeschutzimpfung

Wann soll gegen die Grippe geimpft werden?

JAN	FEB	MÄRZ	ARPIL	MAI	JUNI	JULI	AUG	SEPT	**OKT**	**NOV**	DEZ

1x pro Jahr: Mitte Oktober bis Mitte November

Allg:
- Die Grippeimpfung ist eine Aktivimpfung (inaktivierte virale Oberflächenantigene).
- Für die Grippesaison 2009/2010 sind 2 Impfungen indiziert:

■ Saisonale Grippeimpfung (aktiver Impfstoff)

Bsp:
- FLUAD® 2008/2009, INFLUVAC®§, MUTAGRIP®§
- INFLEXAL® V‡

Vorg:
- 1 Amp (0.5 mL) **IM** (M. deltoideus); **SC**-Gabe mögl., z.B. bei Koagulopathie.
  - Keine Auffrischimpfung notwendig

NW:
- In 1-10 % (während 1-2 d)
  - Lokal: Schmerzen, Rötung, Schwellung, Verhärtung
  - Systemisch: grippale Symptome (evtl. Paracetamol in Reserve)

und:

■ Pandemische Impfung mit dem A(H1N1)v-Totimpfstoff

Bsp:
- PANDEMRIX®, CELTURA®, FOCETRIA® (nicht in D)

Vorg:
- 1 Amp (0.5 mL) **IM** (M. deltoideus)
  - **Auffrischimpfung** 0.5 mL **IM** (*Booster*) nach mind. 3 Wo wird empfohlen (bei gesunden Erwachsenen ist der *Booster* wahrscheinl. nicht notwendig).

Bem:
- Wenn beide Impfstoffe (saisonal + pandemisch) gleichzeitig verabreicht werden, kann diese jeweils in den linken bzw. rechten M. deltoideus stattfinden.

- Generell ist die Grippeschutzimpfung bei folgenden Personengruppen empfohlen:
  - ■ Personen mit erhöhtem Komplikationsrisiko nach einer Influenza Erkrankung
  - ■ Personen mit nahem Kontakt zu Risikopatienten
  - ■ Personen mit erhöhtem beruflichem Risiko
  - ■ Alle Personen, die sich durch eine Impfung vor der Grippe schützen wollen.

Ind:[1]
- <u>**Risikopatienten**</u>
  - **Alter > 65 Jahre** (unabhängig von Komorbiditäten)
  - Personen, welche infolge schwerwiegender klinischer Symptome hospitalisert werden
  - **Kinder (> 6 Mt.) und Erwachsene bis 64 Jahre mit**:
    - -- chronischen Herz- und Lungenkrankheiten (insb. kongenitale Herzfehler, Herzinsuffizienz, Asthma, zystische Fibrose)
    - -- Chronischen Stoffwechselkrankheiten (z.B. Diabetes mellitus)
    - -- Niereninsuffizienz
    - -- Erkrankungen des Blutes
    - -- Erkrankung des Nervensystems (inkl. neuromuskulären Erkrankungen)
    - -- Immunsuppression
  - Bewohner von Alters- und Pflegeheimen oder in Häusern für chronisch kranke Leute
  - Personen < 19 J, welche unter Dauertherapie mit Acetylsalicylsäure stehen*
  - **Personen mit Gesundheitsberufen mit direktem Kontakt mit Patienten/Klienten**
  - Personen, welche Säuglinge < 6 Mt. betreuen
  - Schwangere (vorzugsweise ab 2. Trimenon) oder Frauen nach erfolgter der Geburt
  - Personen, die in nahem Kontakt stehen zu Risikopersonen oder mit ihnen im gleichen Haushalt leben
- Grippeschutzimpfung in Betracht für Personen, die das Gripperisiko einschränken oder eine längere Abwesenheit am Arbeitsplatz verhindern möchten.

§ FLUARIX®, INFLUVAC® und MUTAGRIP®:......Aktive Impfstoffe mit inaktiviertem Virus
‡ INFLEXAL®V, INFLUVAC®Plus: ....Aktive Impfstoffe mit fragmentierten Virionen
* Bei Langzeittherapie mit ASS besteht das Risiko des REYE-Syndroms (akute schwere Enzephalopathie und Hepatopathie; Mortalität 20-40 %, oft bei Influenza B Virus).

1 Angepasst nach: BAG 2006, Bulletin 38, 18 September 756-9.

Pneumokokkenimpfung[1]

Allg:
- Impfstoff PNEUMOVAX®-23: nicht konjugiert, bestehend aus 23 Kapselpolysacchariden von *Streptococcus pneumoniae*.
- Es handelt sich um eine aktive Immunisierung.
- Der Impfschutz tritt etwa 2 Wochen nach der Impfung ein.
  - Schutzwirkung gegen invasiven Pneumokokkeninfekt bei Patienten > 65 J: ca. 75 %
- Die gleichzeitige Gabe der Grippeschutzimpfung ist möglich, soll aber an einer anderen anatomischen Lokalisation durchgeführt werden.
- **Pneumokokkenimpfung und elektive Splenektomie**
  - Die Pneumokokkenimpfung soll mindestens 2 Wo vor einer elektiven Splenektomie verabreicht werden.
  - Wenn die Impfung vor der Splenektomie nicht möglich ist, soll diese nach der Splenektomie (vor der Spitalentlassung) geschehen.
- **Pneumokokkenimpfung und Chemo-/Radiotherapie, bzw. Immunsuppressiva[#]**
  - Die Pneumokokkenimpfung soll mindestens 2 Wo vor Beginn einer immunsuppressiven Therapie verabreicht werden.
  - Die Impfung ist während einer immunsuppressiven Therapie nicht wirksam.
  - Nach Beendigung einer Therapie, sollte bis zur Impfung ein Intervall von 3 Mt. (nach Chemo-/Radiotherapie) bzw. 1 Mt. (nach Kortikotherapie) eingehalten werden.

Ind:

Immunstatus	**Klinische Indikationen der Pneumokokkenimpfung**		
1. Alle Personen	• Cochlea-Implantat • Missbildung der Schädelbasis und/oder Liquorfistel • Nephrotisches Syndrom, s. 652 • Niereninsuffizienz		
		Wirksamkeit	**Ist eine Auffrischimpfung indiziert?** [C]
2. Immunkompetente Personen[§]			
≥ 65 J [A]	• Alle Personen	75 %	**JA**, wenn die Erstimpfung vor ≥ 5 Jahren und vor dem 65. Lebensjahr stattgefunden hat.
< 65 J [A]	• Chron. Kardiopathie* • Chron. Pneumopathie‡ • Diabetes mellitus	65-84 %	**NEIN**
	• Splenektomie¶ [A] • Asplenie¶¶ [A]	77 %	**JA**, wenn die Erstimpfung vor ≥ 5 Jahren stattgefunden hat**
	• Chron. Hepatopathie*f* [B] • Chron. Alkoholismus [B] • Liquorfistel [B]		**NEIN**
3. Immundeprimierte Personen[§] [C]			
	• HIV-Infektion • Maligne Hämopathie: Leukämie, Lymphom, Morbus HODGKIN, multiples Myelom u.a. • Metastasierende Neoplasie • Organtransplantation • Immunsuppressiva • Kortikotherapie (> 2 Wo, > 20 mg Prednison/d) • Chron. Niereninsuffizienz • Nephrotisches Syndrom	sehr variabel (Konfidenzintervall 0-64 %)	**JA**, wenn die Erstimpfung vor > 5 Jahren stattgefunden hat.**

Tabelle: Indikationen der Pneumokokkenimpfung.[1]

§, *, ‡, ¶, ¶¶, *f*, **, # siehe s. 887

1 Bundesamt für Gesundheitswesen: www..bag.admin.ch (Bulletin 4.12.2006)

Bsp: • PNEUMOVAX® 23 Amp 0.5 mL (betrifft Erwachsene)

Vorg: • **Erstimpfung**

Ind: • Siehe Tabelle S. 886

Vorg: • 1 Amp/0.5 mL **IM** (M. deltoideus) oder **SC** (bei Gerinnungsstörungen oder bei antikoagulierten Patienten)

• **Auffrischimpfungen**

Ind: • Siehe Tabelle S. 886

INFEKT

§ Falls der Impfstatus unbekannt ist, soll eine vollständige Impfung nach Impfschema geschehen.

* Die Kardiopathien umfassen auch die kongestiven Herzinsuffizienzen und die dilatativen Kardiomyopathien.

‡ Die Pneumopathien umfassen die COPD und das Lungenemphysem.

¶ Splenektomie, siehe Text «Allg:» S. 888

¶¶ Der Ausdruck «Asplenie» umfasst die anatomischen und funktionellen Asplenien, siehe S. 888

f Die Hepatopathien umfassen global alle Leberzirrhosen

** Mehr als 1 Auffrischimpfung unter Kontrolle der Antikörpertiter soll erwogen werden bei:

- Asplenie + Immunsuppression
- Asplenie oder Immunsuppression und invasiver Pneumokokkeninfektion trotz Impfung

\# Immunsuppressiva: z.B. Kortikotherapie (Prednison > 20 mg/d PO während > 2 Wo.)

Splenektomie[1,2] [D73.9]

Allg:
- Die Milz ist ein wichtiges Organ für die Immunabwehr insbesondere gegen bekapselte Mikroorganismen (z.B. Pneumokokken, Haemophilus u.a.).
- Bei Asplenie besteht ein relevantes Risiko, an einer schwer verlaufenden Infektion zu erkranken, wie z.B. an dem sogenannten:
  - **OPSI** (*overwhelming postsplenectomy infection*).
- Das Infektionsrisiko ist v.a. während der ersten Jahre nach Splenektomie erhöht, persistiert aber während des ganzen Lebens (lebenslanges Risiko 5 %).
- Oft isolierte Keime bei Asplenie (es handelt sich v.a. um <u>bekapselte Keime</u>):
  - Pneumokokken
  - *Haemophilus influenzae Typ b* (selten geworden, seit der Einführung der Impfung)
  - *Neisseria meningitidis*
  - β-hämolytische Streptokokken
  - *Escherichia coli*
  - *Capnocytophaga canimorsus* (nach Bissverletzungen)

Klas:
A. Posttraumatisch
B. Splenektomie im Rahmen einer Grundkrankheit (letztere kann das Infektionsrisiko zusätzlich erhöhen!)
  - Idiopathische thrombozytopenische Purpura (ITP)
  - Hämoglobinopathie: Thalassämie major
  - Sichelzellanämie
  - Maligne Hämopathien
C. Kongenitale Asplenie

Lab:
- Blutausstrich:
  - HOWELL-JOLLY Körperchen (= residuelle Kernfragmente der Erythrozyten)

Kpl:
- Milzvenenthrombose (Th: therapeutische Antikoagulation «full dose»)
- Portalvenenthrombose
- Kaudale Pankreatitis
- Hämatom
- Pleuraerguss (links)

Bem:
- **Für die PRAXIS: Merkblatt für Patienten nach Splenektomie**

Merkblatt fur Patienten nach Milzentfernung

Ihnen wurde durch eine Operation die Milz entfernt. Auch ohne Milz können Sie ein ganz normales Leben führen. Das Fehlen der Milz erhöht aber lebenslang das Risiko, an einer Infektion durch bestimmte Infektionserreger (z.B. Pneumokokken) schwer zu erkranken.
Es ist deshalb wichtig, dass Sie folgende Verhaltensregeln beachten:

1. Informieren Sie Ihren Arzt bei einer Behandlung darüber, dass bei Ihnen die Milz entfernt wurde.
2. Lassen Sie sich von Ihrem Arzt ein Antibiotikum als Notfalltherapie verschreiben. Dieses Antibiotikum sollten Sie immer verfügbar haben und wie unter Punkt 3. beschrieben verwenden.
3. Suchen Sie bei Auftreten von Fieber, Fiebergefühl, oder wenn Sie von einem Tier gebissen wurden, so rasch wie moglich einen Arzt auf. Sollte innerhalb einer Stunde keinen Arzt erreichbar sein, beginnen Sie mit der Antibiotikatherapie. Suchen Sie trotzdem so rasch wie möglich einen Arzt auf.
4. Versichern Sie sich, dass Sie die empfohlenen Impfungen gegen Pneumokokken und Meningokokken erhalten haben (Eintrag im Impfausweis). Zusätzlich sollten Sie jeden Herbst eine Grippeimpfung erhalten, weil die Grippe eine schwere Infektion durch Bakterien wie Pneumokokken begünstigen kann.
5. Melden Sie sich vor einer Tropenreise bei Ihrem Arzt oder bei einer reisemedizinischen Beratungsstelle.

1 Bundesamt für Gesundheitswesen: www..bag.admin.ch (Bulletin 49/2006)

Th: **1. Notfall-Antibiotikatherapie bei Asplenie** (Erwachsene)

- Therapie der Wahl bei Patienten ohne Penicillinallergie
  - Amoxicillin/Clavulansäure ......3x 1 g/d PO
- Alternative bei Penicillinallergie
  - Clarithromycin ....2x 500 mg/d PO
  - Doxycyclin ....2x 100 mg/d PO
  - Moxifloxacin............................1x 400 mg/d PO

2. Impfempfehlungen nach Splenektomie

■ **Pneumokokkenimpfung** (siehe auch S. 886)

Allg: • Der Impfstoff soll ≥ **14 d** vor der elektiven Splenektomie verabreicht werden.

Ind: • Alle splenektomierten Patienten (noch vor Spitalentlassung impfen).

Vorg: • Die 2. Dosis nach 5 Jahren. Weitere Dosen, siehe S. 886

■ **Grippeschutzimpfung** (siehe auch S. 885)

Ind: • Alle splenektomierten Patienten

Vorg: • Impfintervall: 1x/Jahr (Mitte Oktober bis Mitte November)

■ **Meningokokkenimpfung** (siehe auch S. 759)

Ind: • Alle splenektomierten Patienten

Vorg: • Der Impfstoff soll ≥ 14 d vor der elektiven Splenektomie verabreicht werden, falls nicht möglich, dann vor Spitalentlassung (analog der Pneumokokkenimpfung).

• Impfintervall, siehe S. 759

Lymphadenopathie[1,2] [J11.1]

Def: • Jegliche Erkrankung von Lymphknoten

Klin: • Eine Lymphadenopathie hat 4 Charakteristika:
- Grösse
- Konsistenz
- Schmerzempfindlichkeit
- Mobilität

Beispiele von Adenopathien	Klinische Charakteristika		
Infektiös/entzündlich	weich,	schmerzhaft,	± verschiebbar
Sarkoidose	mittelhart,	schmerzhaft,	± verschiebbar
Tuberkulose	mittelhart,	schmerzlos,	± verschiebbar
Lymphoide Hämopathie	mittelhart,	schmerzlos,	oft gut verschiebbar
Metastasen	hart,	schmerzlos,	oft gut verschiebbar

Für die PRAXIS:
- **Eine Lymphadenopathie soll in folgenden Situationen abgeklärt werden** (Zytopunktion ± Biopsie; die Biopsie ist aussagekräftiger bei Lymphomen):
  1. Dauer > 3-4 Wochen ohne auffindbare Erkrankung im entsprechenden Abflussgebiet eines Lymphknotens > 1x1 cm
  2. Volumenzunahme des Lymphknotens
  3. Generalisierte Lymphadenopathie
- Bei Lymphknotenvolumen < 1 cm^3 werden i.d.R. keine maligne Erkrankung gefunden.[1]

DD: • **Infektiös**
- Bakterien
  -- Streptokokken (z.B. Erysipel/Zellulitis)
  -- Staphylokokken
  -- Salmonellen
  -- *Brucella*
  -- *Listeria monocytogenes*
  -- *Pasteurella* (z.B. bei Bisswunden)
  -- *Bartonella henselae* (z.B. bei Katzenkratzkrankheit, S. 861)
  -- Mycobakterien (Tuberkulose, Lepra)
- Viren
  -- Hepatitis
  -- Herpes:
    --- EBV, CMV (beide Viren können das Bild einer Mononukleose zeigen‡)
    --- Varizella
    --- Herpes zoster
  -- HIV
  -- Röteln
- Pilze
  -- Coccidioidmykose
  -- Histoplasmose u.a.
- Parasiten
  -- Toxoplasmose‡
  -- Trypanosomiase u.a.
- Sonstige Keime:
  -- *Chlamydia* (Lymphogranuloma venerum, Trachom)
  -- Treponema (Syphilis) u.a.

• **Neoplastisch**
- Primär
  -- Leukämien
  -- Lymphoide Hämopathie
  -- Maligne Histiozytose
  -- Hämoblastosen (akute Erkrankungen des retikulo-endothelialen Systems)

‡ **Infektiöse Mononukleose (infolge Infekt bei/mit: EBV, CMV, Toxoplasmose)**

Allg: Die Mononukleose zeigt typischerweise Lymphadenopathien, welche mehrere Lymphknotenstationen betreffen (HNO, axillär, inguinal u.a.), im Gegensatz zu den viralen/bakteriellen Pharyngitiden, welche meist HNO-begrenzte Lymphadenopathien aufweisen.

1 Nüesch R. Primary Care 2008 ;8 :110-1. 2 Fessas Ph, et al. Harwood Academic Publishers 1993 ;31-45.

- Sekundär (Metastasen)
  - -- HNO
  - -- Lunge
  - -- Mamma
  - -- Prostata
  - -- Niere
  - -- Magen-Darm
  - -- Melanom
  - -- Neuroblastom, KAPOSI Sarkom
  - -- Seminom u.a.

- **Systemisch, immunologisch oder rheumatologisch**
  - Rheumatoide Arthritis
  - SLE
  - Dermatomyositis
  - Serumkrankheit§
  - Sarkoidose
  - Amyloidose
- **Medikamentös**
  - Allopurinol
  - Dihydralazin
  - Hydralazin
  - Phenytoin u.a.
- **Degenerativ, psychogen, kongenital, sonstige Ursachen**
  - Hyperthyreose
  - Lymphknotenhyperplasie (follikulär)
  - Lymphomatöse Granulomatose
  - Eosinophile multifokale Granulomatose (mit LANGERHANS Zellen)

§ Serumkrankheit

Def:
- Die Serumkrankheit widerspiegelt, ähnlich wie die Allergie, eine verspätete Immunreaktion (Hypersensitivitätsreaktion vom Typ III nach GELL & COOMBS). Das Immunsystem identifiziert ein Serumprotein irrtümlich als Antigen und entwickelt deshalb die genannte Hypersensitivitätsreaktion vom Typ III.
- Die Serumkrankheit kann durch verschiedene Substanzen ausgelöst werden:
  - Gewisse Medikamente (z.B. Antibiotika)
  - Antisera
  - Infusion von Blutprodukten

Klin:
- Die Symptome treten 7-21 Tage nach der Gabe des Antiserums auf (oder schon nach 1-3 Tagen, wenn das Serum schon in einem früheren Zeitpunkt verabreicht wurde):
  - Hautausschlag
  - Pruritus, Urtikaria
  - Gelenkschmerzen
  - Fieber
- Befunde
  - Lymphadenopathie (kann palpatorisch schmerzhaft sein)
  - Hämaturie
  - Proteinurie
  - Vorhandensein von Autoantikörpern (manchmal)

HÄMATOLOGIE

Anämie [D64.9]

Allg:

- **Anamnese und Symptome**
  - Dauer der Anämie-Symptome
  - Allgemeinsymptome der Anämie
    - Müdigkeit, Adynamie
    - Anstrengungsdyspnoe
    - Verminderte Konzentrationsfähigkeit
    - Verminderte körperliche Belastung (trotz guter Trainings)
    - Tachykardie, Palpitationen
    - Angina pectoris
    - Gesteigerte psychische Irritabilität
    - Unwohlsein
    - Schwindelgefühl, Orthostase
    - Pruritus
  - Knochenschmerzen (DD: Sichelzellanämie)
  - Vorhandensein eines Blutverlustes?
    - Meläna
    - Monatsblutung
    - Blutspende
    - Makroskopische Hämaturie
  - Familienanamnese
    - Bekannte Hämoglobinopathien (Sichelzellanämie, Thalassämie, Hb C, Hb E u.a.)
    - Ethnie (z.B. Thalassämie aus dem Mittelmeerraum, HbE aus Süd-Ost Asien)
  - Persönliche Anamnese
    - Chirurgische Eingriffe
    - Gastrektomie
    - Morbus CROHN, Colitis ulcerosa
    - Hinweise auf Zöliakie, siehe s. 492
  - Medikamente
    - NSAR
    - Zytostatika, Myelosuppressoren
    - Penicillin (hämolytische Anämie bei Penicillinallergie)
    - Chloramphenicol
    - Antidiabetika
    - Goldpräparate
- **Klinische Untersuchung**
  - Glossitis
    - DD: Vitamin B12-Mangel
  - Stomatitis, rezidivierende Aphthen
    - DD: Eisenmangel
  - Koilonychie (= dünne und brüchige Löffelnägel mit Einbuchtungen)
    - DD: Eisenmangel, autosomal-dominant vererbte Nagelform
  - Trockene Haut ± Kratzspuren
  - Blässe mit Ikterus (die Blässe der Haut ist weniger zuverlässig, als diejenige der Schleimhäute)
    - DD: Hämolytische Anämie, Anämie bei Lebererkrankungen
  - Telangiektasien
  - Haarausfall
  - Neurologische Störungen (Vibrationssinn ↓, Demenz u.a.)
    - DD: Vitamin B12 Mangel, perniziöse Anämie
  - Lymphadenopathien
    - DD: Myeloproliferative Syndrome
  - Splenomegalie
    - DD: Hämolyse, myeloproliferative Syndrome
  - Orthostatische Hypotonie
  - Systolisches Herzgeräusch (da hyperdynamische Hämodynamik)
- **Labor**
  - Komplettes Blutbild
  - Retikulozyten (siehe auch Algortihmus s. 897)
  - Morphologische Beurteilung der Erythrozyten, siehe Tabelle 1 s. 895

Morphologische EC-Anomalien	Mögliche Diagnosen
Relevante morphologische Anomalien	
Fragmentozyten	• Mikroangiopathische hämolytische Anämie (MAHA): - Thrombozytopenische thrombotische Purpura (TTP) - Hämolytisch-urämisches Syndrom (HUS) • Disseminierte intravasale Gerinnung
Dakrozyten (Tränentropfenzellen)	• Myelofibrose • Metastatische Knochenmarkinfiltration
(Mikro-) Sphärozyten	• Hämolyse: - Autoimmunhämolytische Anämie vom Wärmetyp - Transfusionsreaktion • Sphärozytose
«Bite cells»	• G6PD-Mangel • Oxydative Hämolyse
«Rouleaux»	• Paraproteinämien • Chronische Entzündungen
HOWELL-JOLY bodies (= intraerythrozytäre Kernresten)	• Splenektomie (inkl. funktionelle Splenektomie)
Hilfreiche morphologische Anomalien	
Stomatozyten	• Stomatozytose • Alkohol induziert
Elliptozyten	• Elliptozytose
Sichel-Zellen	• Sichelzellanämie, S. 904
Target-Zellen	• Thalassämie • Eisenmangel • Lebererkrankungen
Polychromatische Erythrozyten	• Blutung • Hämolyse • Knochenmarkinfiltration
Basophile Punktierungen	• Megaloblastische Anämien • Blei-Intoxikation • Hämoglobinopathien - Sichelzellanämie - Thalassämie - Hb C, Hb E u.a. • Myelodysplastische Syndrome (MDS)

Tabelle 1: Morphologische Anomalien der Erythrozyten.

DD:

Anämie-Einteilung	Retikulozyten	Mögliche Diagnosen
Mikrozytär - hypochrom (siehe auch Tabelle 3, unten)	↑	• Hämolyse, S. 1378 • Hämoglobinopathien**
	**N oder ↓**	• Ferritin ↓: - Eisenmangel (gastrointestinal, pulmonal, gynäkologisch, Phlebotomie u.a.) - Malabsorption - Chronische intravasale Hämolyse • Ferritin ↑: - Begleitanämie[ƒ] - Hämoglobinopathien** - Sideroblastische Anämie[¶] - Hyperthyreose
Makrozytär - hyperchrom	↑	• Hämolyse, S. 1378 • Myelodysplastische Syndrome (MDS)
	**N oder ↓**	• Megaloblastäre Anämie • Myelodysplastische Syndrome (MDS) • Aplastische Anämie • Paroxysmale nächtliche Hämoglobinurie • Hypothyreose • Lebererkrankung • Medikamentös/toxisch: - Alkohol, Barbiturate, Azathioprin, Zidovudin, Colchicin, 5-Fluorouracil, Pyrimethamin, Trimetoprim, Ovulationshemmer u.a.
Normozytär - normochrom	↑	• Hämolyse, S. 1378 • Blutung
	**N oder ↓**	• Begleitanämie[ƒ] • Renale Anämie, S. 631 • Hypothyreose • Kombinierter Eisen- und Vitamin B12/Folsäure-Mangel • Knochenmarkerkrankung: - Aplastische Anämie - Paroxysmale nächtliche Hämoglobinurie (PNH) - Myelodysplastische Syndrome u.a.

Tabelle 2: Differentialdiagnose der Anämien aufgrund von EC-Indizes und Retikulozyten.

Mikrozytär-hypochrome Anämie	Serumeisen S. 1378	Ferritin S. 1374	Transferrin S. 1432	TEBK S. 1448	Transferrin-sättigung
Eisenmangelanämie	↓*	↓*	↑	↑	↓
Begleitanämie[ƒ]	↓*	N/↑*	↓	↓	↓/N
Sideroblastische Anämie[¶]	↑/N	↑	↓/N	↓/N	↑/N

Tabelle 3: Mikrozytär-hypochrome Anämie im Zusammenhang mit dem Eisenstatus.

TEBK = totale Eisenbindungskapazität

ƒ Die **Begleitanämie** (*anemia of chronic disease*) wird in folgenden Situationen beobachtet:
- Infekt
- Tumor («Tumoranämie»)
- Entzündungsrheumatismus (BECHTEREW, psoriasisassoziierte Arthritis, reaktive Arthritis, intestinale Arthropathien u.a.)

* Bei Lebererkrankungen können das Serumeisen und das Ferritin erhöht sein; Transferrin hingegen kann vermindert sein.

** Beispiele von Hämoglobinopathien: Sichelzellanämie, Thalassämie, Hb C, Hb E

¶ Formen von sideroblastischen Anämien:
a) Kongenital
b) Erworben:
- MDS
- Assoziiert mit malignen Knochenmarktumoren
- Medikamentös/toxisch (z.B. Isoniazid, Alkohol, Blei)
- Sekundär (rheumatoide Arthritis, hämolytische Anämie, Karzinome u.a.)

Anämie - Abklärungen

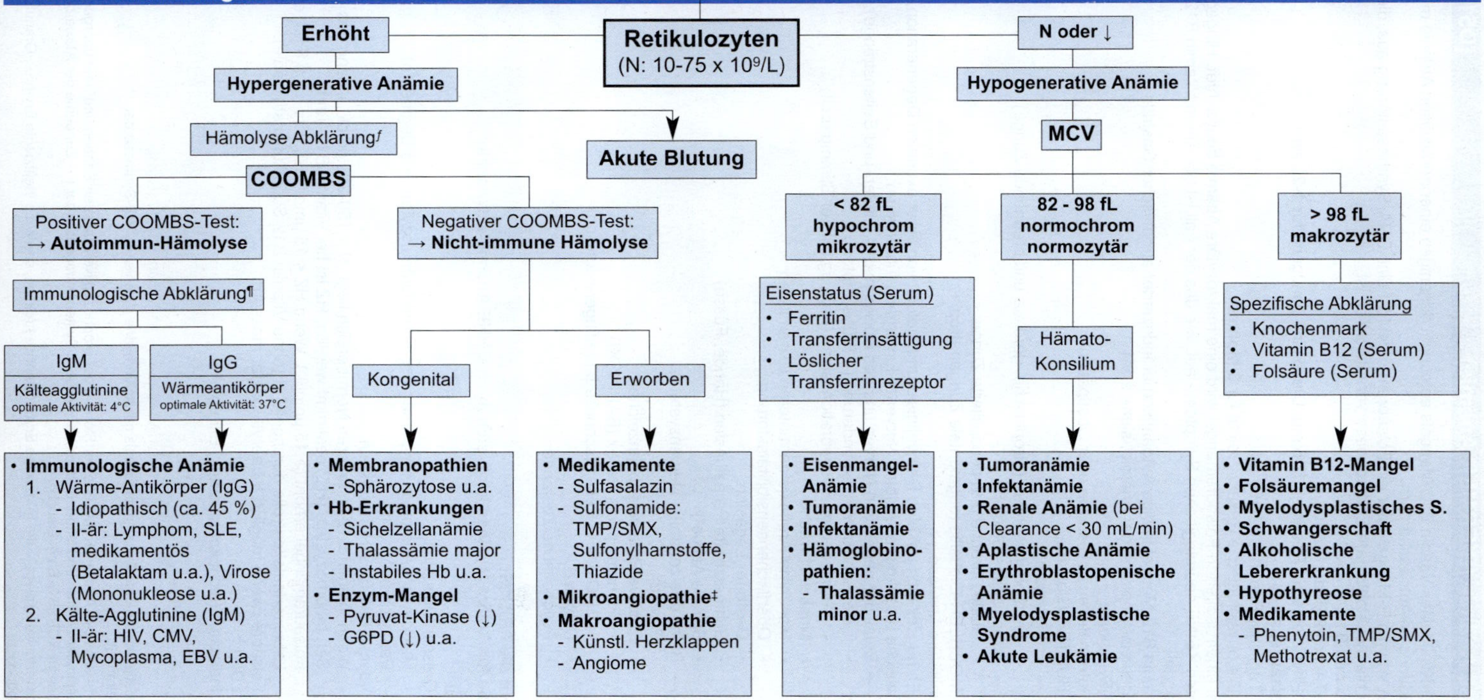

ƒ Hämolyse Abklärung: Bilirubin (konjugiert ↑, nicht konjugiert ↑↑), LDH ↑, freies Hb ↑, HBDH ↑, Haptoglobin ↓, COOMBS-Test (positiv oder negativ), Hämosiderin im Morgenurin

¶ Immunologische Abklärung: Kälte-Agglutinine (IgM), Wärme-Antikörper (IgG), Kryoglobuline, Komplement C3d ↓. Knochenmark (Biopsie + Aspiration, Phänotypisierung)

‡ Die Mikroangiopathie umfasst folgende Erkrankungen: DIC, hämolytisch-urämisches Syndrom, thrombotische thrombozytopenische Purpura, HELLP-Syndrom u.a.

Perniziöse Anämie (BIERMER Anämie) [D51.0]

Allg:
- Die Klinik eines Vitanin B12-Mangels entspricht derjenigen einer perniziösen Anämie mit Bildung von Autoantikörpern.
- Ein Vitamin B-Mangel oder ein Folsäuremangel löst eine DNA-Synthesestörung aus, die für die megaloblastäre Erythropoese verantwortlich ist.
- **Vitamin B12,** S. 1444
  - Täglicher Bedarf: 2-10 µg
  - Physiologische Reserven: 2-5 mg. Diese sind genügend für **1-2 Jahre!**
- **Folsäure,** S. 1374
  - Täglicher Bedarf: 100-150 µg
  - Die physiologische Reserve reicht für **3 Monate!**
- Bei einem isolierten Folsäuremangel wird eine makrozytäre Anämie beobachtet. Hingegen treten KEINE neurologischen Symptome auf, wie das der Fall ist bei einem Vitamin B12-Mangel.

Urs:
- Vitamin B12-Mangel infolge Autoantikörper induzierter atrophischer Gastritis

Klin:
1. Allgemeinsymptome der Anämie, siehe S. 894
2. GI-Symptome
   - Intermittierende Diarrhoe oder Obstipation‡
   - HUNTER-Glossitis
     → Frühstadium:
       - Entzündungsphase (atrophische, gerötete und brennende Zunge)
     → Atrophisches Stadium:
       - Glatte, atrophe und depapillierte Zunge
   - MOEHLER-Glossitis (segmentale Zungenatrophie)
3. Funikuläre Myelose
   - Es handelt sich um eine Demyelinisierung, gefolgt von einer axonalen Degeneration, welche bis zum irreversiblen Nervenzelluntergang führen kann:
     → Befall der peripheren Nerven und des Rückenmarks (Hinter- und Seitenstränge):
       - Tiefensensibilitätsverminderung (= Frühsymptom)
         - Verminderung des Vibrationssinns (Prüfung mit der Stimmgabel!)
       - Muskelschwäche
       - Manchmal Areflexie der unteren Extremitäten
       - Oberflächensensibilitätsstörung
       - Gestörter Lagesinn
       - Schmerzhafte Parästhesien (Hände, Füsse)
       - Spinale Ataxie**
     → Befall des zentralen Nervensystems:
       - Paresen
       - Positive Pyramidenbahnzeichen:
         - Plantaris pedis Reflex (BABINSKI)
         - TRÖMNER Reflex (schnelle Mittelfingerextension)
       - Demenz
       - Psychotische Zustände

Für die PRAXIS:
Die funikuläre Myelose kann sich auch OHNE Anämie entwickeln!

Lab:
1. Blut
   - Grosser Blutstatus:¶
     - Makrozytäre Anämie mit hypersegmentierten Granulozyten (≥ 5 Segmente)
     - Panzytopenie, S. 1424
   - Vitamin B12 (↓) ± Homozystein:
     - Wenn Vitamin B12 im unteren Normbereich liegt (N = 150-260 pmol/L), kann das Serumhomozystein (HZ) bestimmt werden. HZ ist bei Vitamin B12- und Folsäuremangel erhöht (> 15 µmol/L). Wenn HZ < 15 µmol/L ist, wird nach 6 Mt. eine Laborverlaufskontrolle durchgeführt (ohne Vitamin B12-Substitutionstherapie).
   - Folsäure (wenn möglich intraerythrozytär messen)
   - LDH¶ ↑
   - Indirektes (nicht konjugiertes) Bilirubin¶ ↑

‡ Diarrhoe/Obstipation: Infolge Autoimmungastritis mit Achlorhydrie (= fehlende HCl-Synthese der Magenschleimhaut)

** Die spinale (= sensible) Ataxie beruht auf einer Störung der propriozeptiven spinalen Bahnen und/oder übergeordneter supraspinaler Zentren und ist daher durch das visuelle System kompensierbar (→ Zunahme der Ataxie bei Augenschluss im ROBERG-Stehversuch).

¶ Diese Laborwerte widerspiegeln die frühzeitige Erythrozytendestruktion, sowie die ineffiziente Erythro-, Granulo- und Thrombopoese.

- **Autoantikörper**
  - **Anti-Parietalzellen Autoantikörper** (die Parietalzellen befinden sich im Fundus und Corpus des Magens); die Ak sind bei ca. 90 % der Patienten positiv.
  - **Anti-intrinsic-factor Autoantikörper** (bei ca. 70 % der Patienten positiv)

2. Gastroskopie (+ Biopsie)
   - Die Gastroskopie erlaubt es, folgende Pathologien zu diagnostizieren:
     - Atrophie der Magenschleimhaut. Bei fehlender Atrophie müssen andere Ursachen gesucht werden (z.B. Morbus CROHN).
     - Intestinale Metaplasie oder Dysplasie (= Präkanzerosen)! Hier werden Verlaufskontrollen zwingend, ad. Gastro-Konsilium.
3. Weitere Untersuchungen von Fall zu Fall entscheiden
   - Knochenbiopsie, um ein myelodysplasisches Syndrom (MDS) auszuschliessen.
   - SCHILLING-Test (wobei dieser Test die Therapie nicht beeinflusst), siehe S. 491

Th: • **Substitution von Vitamin B12 ± Folsäure**

Allg:
- Nach 4 Tagen Vitamin B12-Substitution beginnt die Retikulozytenkrise.
- Das Hb steigt innerhalb von 6-8 Wo nach Beginn der Vitaminsubstitution an.
- Die parenterale Gabe von Vitamin B12 kann schon innerhalb weniger Tage eine spektakuläre Wirkung zeigen!

Vorg:
1. Vitamin B12 (Cyanocobalamin)
   - Akutphase
     - 1'000 µg/Wo **SC** oder **IM** während 1 Monat, dann 1 mg 1x/Monat während 6 Monaten, dann 4-12x 1 mg/Jahr **IM** (je nach Vitamin B12 Serumspiegel)
   - Chronische Phase (parenterale oder enterale Gabe möglich)
     - **IM**-Gabe: 100 µg **IM** 1x/Monat oder 1'000 µg **IM** alle 3 Monate
     - PO-Gabe: 2x 15-30 µg/d PO
2. Folsäure 1 mg/d PO; bei Malabsorption 5 mg/d PO

Bem:
- Die Vitaminsubstitution kann eine Hypokaliämie zur Folge haben. Diese muss ebenfalls substituiert werden.
- Ca. ⅓ der Patienten zeigen zusätzlich einen Eisenmangelzustand, welcher der Grund eines Therapieversagens sein kann. Es wird daher empfohlen, einen Eisenmangel zu suchen (siehe typische Laborkonstellation des Eisenmangels S. 901) und diesen zu substituieren, siehe S. 900

Für die PRAXIS:
Eine empirische Therapie einer makrozytären Anämie mit Folsäure allein, wird NICHT empfohlen, denn die nicht erkannte Vitamin B12-Mangelanämie kann teilweise auf Folsäure ansprechen, aber die neurologische Symptomatik kann sich verschlimmern!

Methämoglobinämie [D74.9]

Allg:
- Das Eisen im Hämoglobin ist normalerweise in Form von Fe^{2+} anzutreffen.
- Physiologischerweise wird weniger als 1.5 % dieses Fe^{2+} in Fe^{3+} oxidiert, welches nicht mehr fähig ist, den Sauerstoff zu transportieren.

Urs:
- Medikamentös/toxisch
  - Nitrate, Sulfonamide (TMP/SMX, Sulfonylharnstoffe u.a.), Antimalariamittel, Phenacetin, Lidocain, Arsen u.a.
- Kongenital (selten)

Klin:
- Methämoglobinämie > 15 %
  - Zyanose (schieferblau, -grau)
  - Müdigkeit, Schwindel, Schwäche, Kopfschmerzen, Tachykardie
- Methämoglobinämie > 45 %
  - Dyspnoe, Bradykardie, Arrhythmien, Epilepsie, Koma
- Methämoglobinämie > 70 %
  - Tod

Hosp:
- In folgenden Situationen soll der Patient auf der IPS hospitalisiert werden:
  I. Symptomatisch
  und/oder:
  II. Methämoglobinämie > 20 % des gesamten Hb

Th:
1. Allgemeinmassnahmen zur intestinalen Dekontamination
2. Sauerstofftherapie mit 100 %
3. Bei Methämoglobinämie > 30 %:
   - Methylenblau-Lösung zu 1 % (1-2 mg/kg) über 5 min **IV**
   - Je nach Bedarf nach 1 h (und evtl. nach 4 h) wiederholen; Maximaldosis: 7 mg/kg
4. Von Fall zu Fall entscheiden: Bluttransfusion (Ziel-Hb: ca. 150 g/L)

Eisen

N: ⦿ Frau: 11-29 µmol/L — 60-160 µg/dL
⦿ Mann: 14-32 µmol/L — 80-180 µg/dL

Allg:
- Die intestinale Eisenabsorption beträgt 1-2 mg/d (bei Hämochromatose bis 5 mg/d)
- Bioverfügbarkeit des Nahrungseisens (findet im obereren Dünndarm statt): 10-25 %
- Totales Körpereisen: 2-4 g (davon sind 50 % in den Erythrozyten lokalisiert)
- 500 mL Blut (1 Blutspende) enthalten ca. 250 mg Eisen.
- Der Verlust an Eisen während einer Menstruationsblutung beträgt 10-40 mg.
- **Anämie = Endstadium des Eisenmangels!**
- Das **Serumeisen** kann täglichen Schwankungen von bis zu 30 % unterliegen. Es steigt am Morgen an und erfährt einen Höchstwert um ca. 14.00 Uhr.

For: **Eisendefizit** [mg] = Körpergewicht [kg] x (Ziel-Hb [g/L] – Hb_{gem} [g/L]) x 0.24

Bsp: Proband, 75 kg, Ziel-Hb 130 g/L, Hb gemessen 70 g/L.
Eisendefizit = 75 x (130 - 70) x 0.24 = 1080 mg

Delta-Hb	45 kg	50 kg	55 kg	60 kg	65 kg	70 kg	75 kg	80 kg	90 kg
10 g/L	600	600	600	600	650	700	700	700	750
15 g/L	650	650	650	700	700	800	800	800	850
20 g/L	700	700	750	750	800	850	900	900	950
30 g/L	800	850	850	900	950	1050	1050	1100	1150
40 g/L	900	950	1000	1050	1100	1200	1250	1300	1400
50 g/L	1000	1100	1150	1200	1250	1350	1400	1500	1600
60 g/L	1100	1200	1250	1350	1400	1550	1600	1700	1800

Tabelle: Anzahl mg Eisen (gerundete Werte) in Abhängigkeit vom Körpergewicht und dem Delta-Hb.

▪ Parenterale Eisensubstitution

Allg: **Für die PRAXIS:**
- Paravenöse Gabe von Eisen induzieren massive Phlebitiden!
- Bei zu schneller **IV**-Gabe von Eisen besteht die Gefahr einer anaphylaktoiden Reaktion!

NW:
- Vorübergehende Geschmacksstörung
- Art. Hypotonie
- Fieber, Schüttelfrost, Erythem, Pruritus, Gelenkschwellung
- Dyspnoe, Bronchospasmus, Urtikaria, Angioödem, anaphylaktischer Schock

Vorg:
- Dosis je nach Eisendefizit (siehe Formel). Grundsätzlich gilt:
  - Körpergewicht < 50 kg: 100 mg 2-3x/Wo
  - Körpergewicht > 50 kg: 200 mg 2-3x/Wo

▪ FERINJECT® (Stechamp 100 mg/2 mL, 500 mg/10 mL)
- Einmalige Maximaldosis: 1 g **IV**
- Dosierungen > 200 mg müssen immer mit einer Infusion verabreicht werden!

FERINJECT®	Verdünnung	Verabreichungsmodus
100 mg	• 50 mL NaCl 0.9 % • Unverdünnt	• Unverdünnt: 1-2 min • Verdünnt: 1-5 min
200-400 mg	• 100 mL NaCl 0.9 %	• Infusion über 6 min
500-1000 mg	• 250 mL NaCl 0.9 %	• Infusion über 15 min

▪ VENOFER® (Injektions-/Infusionslösung 100 mg/5 mL)
- Dosis je nach Eisendefizit (siehe Formel oben)
- Maximaldosis: 7 mg/kg aber maximal 500 mg pro Woche

Injektion	unverdünnt: 100-200 mg (= 5-10 mL) in 10 min **IV**
Infusion (WICHTIG: maximale Verdünnung respektieren!!)	
100 mg	mind. über 15 min verabreichen
200 mg	in ≥ 30 min verabreichen (2 Amp in **maximal 200 mL**)
300 mg	in ≥ 1½ h verabreichen (3 Amp in **maximal 300 mL**)
400 mg	in ≥ 2½ h verabreichen (4 Amp in **maximal 400 mL**)
500 mg	in ≥ 3½ h verabreichen (5 Amp in **maximal 500 mL**)

▪ Orale Eisensubstitution

Allg:
- Die orale Eiseneinnahme muss am Morgen nüchtern geschehen. Am besten mit frisch gepresstem Orangensaft, denn der ist reich an Vitamin C, was die intestinale Absorption des Eisens verbessert.
- Die tägliche Eisenabsorption beträgt bei Gabe von 100 mg ca. 15 mg. Dementsprechend kann die Eisensubstitutionsdauer berechnet werden (siehe Beispiel unten).
- Bei schlechter intestinaler Verträglichkeit kann der Patient das Eisen auch während der Mahlzeit einnehmen (die Absorption ist dadurch um ca. 20 % vermindert).
- «Laborkinetik bei Eisensubstitution», siehe unten
- Dauer der Therapie: variabel, mindestens aber **3-6 Monate**
- Ziel der Eisen-Substitutionstherapie: **Hb-Anstieg um ca. 10 g/L/Woche**

Bsp:
- TARDYFERON® Depot-Drag 80 mg
- PLASTUFER® Mite 50 mg Eisen
- KENDURAL® Depottabl 325 mg Eisen + 500 mg Vitamin C

Vorg.
- Je nach Verträglichkeit und Eisendefizit: 1-3x 300 mg/d PO

> **Für die PRAXIS:**
> - Eisenpräparate sollen am Morgen nüchtern eingenommen werden.
> - Erwarteter Hb-Anstieg: 1 g/L (bzw. ca. 20 g/L nach 3 Wo)
> - Bei ungenügendem Hb-Anstieg, immer an folgende Elemente denken:
>   - Schlechte Kompliance (wegen NW!)
>   - Verminderte intestinale Absorption bei gleichzeitiger Einnahme von verschiedenen Substanzen: Tetrazykline, Colestyramin, Kaffee, Tee u.a.
> - Das Serumferritin korrigiert sich erst nach der Hb-Korrektur!

NW:
- Bauchschmerzen, Obstipation, Diarrhoe, Nausea
- Dunkler, übelriechender und klebender Stuhl

Intox:
- Orale Dosen von > 2 g können schwere Intoxikationen hervorrufen, siehe Kapitel «Intoxikationen», S. 106
- Therapie: Deferoxamin, S. 106

Bem:
- Präparate mit Fe^{2+} oder Fe^{3+} zeigen klinisch eine vergleichbare Wirksamkeit, wobei Fe^{3+} intestinal etwas schlechter absorbiert wird. Die gleichzeitige Vitamin C-Einnahme erhöht die intestinale Absorption des Eisens um ca. 20 %.

▪ Laborkinetik des isolierten Eisenmangels

1. **Serum Ferritin** ↓ (d.h. es werden zuerst die Eisenreserven verbraucht)
   dann:
2. **Serumeisen** ↓
   dann:
3. **Hb** und **Hk** ↓ → **Anämie**

Unter adäquater Eisensubstitution wird dann folgende Laborkinetik beobachtet:

➡ **Serumeisen ↑, dann Retikulozytose**
dann
➡ **Graduelle Korrektur der Anämie** (Normalisierung des Hb, Hk)
dann
➡ **Serum Ferritin ↑**

▪ Funktioneller Eisenmangel

Allg:
- Es handelt sich um die Situation, bei welcher das endogene Eisen ungenügend vorhanden ist, um einer beschleunigten Erythropoese standzuhalten.
- Dies kommt z.B. **nach einer Stimulation durch Erythropoetin** (EPO) zustande, ohne dass ein echter Eisenmangel besteht.

Lab:
- Folgende Parameter können einen funktionellen Eisenmangel vermuten lassen:
1. Transferrinsättigung < 20 % (N: ≥ 16-20 %), S. 1432
2. Serumferritin < 100 mg/L
3. > 10 % der totalen Erythrozytenpopulation ist hypochrom (MCHC < 280 g/L)

Th:
1. EPO (Nephro-Konsilium)
2. Während der ganzen Dauer der EPO-Therapie soll gleichzeitig Eisen verabreicht werden, wodurch das EPO optimal wirken kann:
   - Orale Substitution: 2x 300 mg PO
   - Eine parenterale Eisengabe ist selten notwendig (100 mg 1-2x/Wo)

Thalassämien [D56.9]

Allg:
- Die Thalassämien umfassen eine heterogene Gruppe von **Erbkrankheiten**. Davon betroffen sind die Gene, welche für die α- und β-Ketten des Globins kodieren und sich klinisch wie folgt auswirken :
  - Verminderte Globinproduktion → mikrozytäre Anämie
  - Bildung von instabilen Tetrameren, die eine Hämolyse verursachen können:
    - -- Bildung von β4 Hämoglobin H bei den α-Thalassämien
    - -- Bildung von α4 bei den β-Thalassämien
- Die Thalassämien sind innerhalb von Europa häufiger im Mittelmeerraum zu beobachten (v.a. die β-Thalassämie), aber auch in Afrika und Asien.
- Das normale Hämoglobin des Erwachsenen ist wie folgt zusammengesetzt:
  - β-, γ-, δ- Ketten (über das Chromosom 11 kodiert)
  - α-Ketten (über das Chromosom 16 kodiert)
    - Hb A1 (αα/ββ) ....ca. 97 %
    - Hb A2 (αα/δδ) ....ca. 2.5 %
    - Hb F (αα/γγ)..............< 0.5 %

Klas: **1. α-Thalassämien** (seltene Erkrankung!) [D56.0]

Allg: • Bei der α-Thalassämie ist die Synthese der α-Ketten vermindert oder fehlend.

Klin:

Stadium	Fehlende Gene	Klinik
I	1Ein Gen fehlt [-α/αα]	• Asymptomatischer Träger
II	2 Gene fehlen: [-α/-α] oder [--/αα]	• Mittelschwere mikrozytäre Anämie
III	3 Gene fehlen [--/-α]. Daraus folgt das pathologische Hämoglobin H (Tetramer β4)	• Mikrozytäre Anämie mit hämolytischer Komponente (Hb: 70 - 110 g/L) • Splenomegalie
IV	4 Gene fehlen [--/--]	• BART-Hämoglobin (Tetramer γ4) • Tod in utero (Foetoplazentare Anasarka)

Dg:
- DNA Analyse
- Die Hämoglobin-Elektrophorese ist zur Diagnosestellung der α-Thalassämie nutzlos!

Th:
1. Erythrozytentransfusionen bei schwerer oder symptomatischer Anämie
2. Eisenchelator (z.B. Deferoxamin DESFERAL®) zur prophylaktischen Therapie der post-transfusionellen Hämosiderose
3. Folsäuresubstitution bei bestehender Hämolyse

2. β-Thalassämien [D56.1]

Allg: • Bei der β-Thalassämie ist die Synthese der β-Ketten vermindert oder fehlend.

Klas:
I. β-Thalassämie major = homozygote Form (Syn: COOLEY-Anämie)
II. β-Thalassämie minor = heterozygote Form

Klin: **I. β-Thalassämie major = COOLEY-Anämie**

Klin:
- Schwere Anämie ab dem 3.-6. Monat nach der Geburt
- Ikterus
- Splenomegalie (immer vorhanden), Hepatomegalie
- Wachstumsstörungen
- Mongoloide Facies
- Turmschädel infolge medulärer Hyperplasie

Lab:
- Hämogramm
  - Schwere Anämie:
    - -- Hb < 70 g/L
    - -- mikrozytär: MCV 60-65 fL
    - -- hypochrom
    - -- wenig regenerativ
  - Erythrozyten: *target cells*, basophile grobe Punktierungen
  - Erythroblastose
  - Nicht-konjugiertes Bilirubin ↑ (infolge Hämolyse)
  - Hämoglobin Elektrophorese:
    - -- Hb A1: stark vermindert oder fehlend
    - -- Hb F: stark erhöht (um 30-80 %)
    - -- Hb A2: erhöht (um 5-10 %)

Th: 1. Bluttransfusionen
- Die zusätzliche orale Gabe eines Eisenchelators (z.B. Deferoxamin DESFERAL®) vermindert das Risiko einer post-transfusionellen Hämochromatose.

2. Kausaltherapie: Allogene Knochenmarkstransplantation

II. β-Thalassämie minor (heterozygote Form)

Allg: • Die β-Thalassämie minor ist eine heterozygote Erbkrankheit.

Klin: • Asymptomatisch
- Manchmal kann eine diskrete Splenomegalie auftreten.

Lab: • Hämogramm
- Mikrozytäre Anämie mit mittelmässiger Hypochromie
- Erythrozyten: *Target cells*, basophile grobe Punktierungen
- Mikropolyglobulie (auch Pseudopolyglobulie genannt, denn das isotopische globuläre Volumen ist normal)
- Serumeisen normal/↑ (DD: Eisenmangelanämie; hier ist das Serumeisen vermindert)

• Hämoglobin Elektrophorese:
- Hb A2: erhöht
- Hb F: leicht erhöht (in 50 % der Fälle)

Th: • Eine Therapie ist nicht notwendig, denn die Anämie wird i.d.R. gut toleriert.

> **Für die PRAXIS:**
> Die genetische Aufklärung der Patienten ist sehr WICHTIG!
> Um eine homozygote Konstellation der Thalassämie bei der Progenitur zu verhindern, soll beim Partner ein Hämogramm und, je nach Resultat, eine Hämoglobin Elektrophorese veranlasst werden.

Morbus FANCONI oder FANCONI-Anämie

Allg: • Der Morbus FANCONI ist ein Erbleiden, charakterisiert durch eine medulläre Aplasie.
- Häufigkeit: 1/70'000 Geburten

Lab: • Panzytopenie

Klin: • Die Patienten sind oft kleinwüchsig.
- Die Hautpigmentation ist oft modifiziert.
- Oligophrenie, Mikrozephalie
- Hypoplasie des Urogenitalsystems
- Kardiale Malformationen
- Knochenanomalien

Kpl: • Spontane chromosomale Rupturen mit Prädisposition für **Leukämie** u.a. **Tumoren!**

Bem: • Der Morbus FANCONI soll nicht mit dem FANCONI-Syndrom verwechselt werden.

FANCONI-Syndrom

Allg: • Proximale tubuläre Dysfunktion mit renalen Verlusten von Substanzen, welche normalerweise reabsorbiert werden (Glukose, Aminosäuren und Phosphate).
- Betrifft selten die Erwachsenen, ist aber oft beim multiplen Myelom zu beobachten (die Leichtketten sind tubulotoxisch).

Klas: I. Infantiler Typ (primäres, idiopathisches, FANCONI-Syndrom)

Urs: • Meist Spontanmutation, selten autosomal-rezessiv vererbt.

Klin: • Erstmanifestation im 2.-3. LJ: Rachitis, Minderwuchs
- Polyurie, Polydipsie, Osteomalazie/Knochenschmerzen, Niereninsuff.

II. Adulter Typ

Urs: • Meist Spontanmutation, aber auch autosomal-rezessiv, autosomal-dominant, sehr selten X-chromosomal.
- Sekundäres FANCONI-Syndrom: bei Zystinose, multiplem Myelom (Leichtketten sind tubulotoxisch), Morbus WILSON, Galaktosämie, Fruktoseintoleranz, Amyloidose, Pankreaskarzinom, SJÖGREN-Syndrom, «Über-Datum» Medikamente (Tetrazykline, Gentamicin)

Klin: • Milderer Verlauf, als beim infantilen Typ. Normale Lebenserwartung.

Lab: • Hypophosphatämie (mit Risiko einer Osteomalazie)
- Glukosurie
- Hypourikämie
- Aminoazidurie, tubuläre Azidose vom Typ 2 wegen renalem Bicarbonatverlust

Sichelzellanämie = Anämie falciformis [D68.8]

Allg:
- Die Sichelzellanämie ist eine autosomal dominante Erbkrankheit.
- Es handelt sich weltweit um die **häufigste Hämoglobinopathie**.
- Die Sichelzellanämie kommt durch ein anormales Hämoglobin zustande (**HbS**), wobei die Glutaminsäure in Position 6 der β-Ketten durch Valin ersetzt ist → Polimerisation des intraerythrozytären Hb → Bildung von breiten, langen Fibern, welche die Erythrozyten sichelförmig verformen (im peripheren Blutbild sichtbar).
  Folgende 2 Elemente werden deswegen beobachtet:
  → Verlust der Erythrozytenelastizität
  → Obstruktion der Mikrozirkulation mit Risiko von vaso-oklusiven Krisen

Klas: A. Heterozygote Patienten (ca. 30 % HbS)

Klin: • Die heterozygoten Patienten sind i.d.R. asymptomatisch!

Bem: • Risikosituationen bei Sichelzellanämiepatienten:
a) Während Narkosen (Hypoxämierisiko)
b) Apnoe-Tauchen. Tiefseetaucher benötigen ein Spezialisten-Konsilium.

B. Homozygote Patienten (≥ 90 % HbS und < 10 % HbF)

Allg: • Homozygote Patienten können innerhalb von 6-18 Lebensmonaten symptomatisch werden.

Klin: **I. Vaso-oklusive Krisen mit plurisystemischen Ereignissen**

- Faktoren, welche eine vaso-oklusive Krise auslösen können:
  - Hypoxie
  - Brüsker Temperaturwechsel
  - Fieber
  - Azidämie
  - Dehydratation
- Folgende Organe können von einer vaso-oklusiven Krise betroffen sein:
  - ■ Knochen (Hüfte, Schulter, Wirbelkörper, Rippen, Metaphysen der Extremitäten)
    - Ungleiche Knochensegmente
    - Aseptische Nekrosen
  - ■ Abdominale und hepato-biliäre Symptome
    - Milzinfarkt
    - Mesenterialinfarkt
    - Leberinfarkt
  - ■ Kardiopulmonale Erkrankungen
    - Myokardischämie mit Infarktrisiko, verminderte LVEF
    - Thromboembolische Ereignisse
    - Art. pulmonale Hypertonie
  - ■ Erhöhtes Infektionsrisiko (infolge funktioneller Asplenie nach multiplen Milzinfarkten)
    - Pneumonien (*Streptococcus pneumoniae*, *Haemophilus influenzae*, *Mycoplasma*)
    - Osteomyelitis
    - Bakterielle Meningitis
    - Sepsis
  - ■ Nierenbefall
    - Tubuläre Nephropathie (Unfähigkeit, den Urin zu konzentrieren)
    - Hämaturie
  - ■ Neurologische und auditive Störungen
    - Ischämischer Hirnschlag
    - Zentrales auditives Defizit
  - ■ Hautbefall (Beinulzera)
  - ■ Augenbefall (vaso-oklusive Retinopathie)
  - ■ Priapismus (schmerzhafte Erektion)

II. Schwere, normozytäre Anämie (mit normalem MCH)

1. Normozytäre Anämie infolge akuter splenischer Sequestration mit oft irreversiblem hypovolämischem Schock (bei Kindern unter 5 Jahren)
2. Transitorische Erythroblastopenie mit dem *Parvovirus B19*
3. Hämolytische Anämie (i.d.R. mittelschwer) mit Risiko einer Cholelithiase (50 % im Alter von 30 Jahren)
   Bei einer ausgeprägten Hämolyse sollen andere, gleichzeitig bestehende Krankheiten in Betracht gezogen werden, wie z.B.:
   - Mycoplasmenpneumonie (Suche nach Kälteagglutininen)
   - Malaria
4. Sekundäre Siderose (nach Bluttransfusionen im Rahmen einer chronisch hämolytischen Anämie)

Dg: 1. Blutausstrich
a) Homozygote Patienten: Drepanozyten sind sichtbar (= sichelzellförmige Erythrozyten)
b) Heterozygote Patienten: Der EMMEL-Test soll durchgeführt werden. Es handelt sich hier um einen in vitro Test mit einer reduzierenden Substanz (Natrium-Metasulfit), welche bei heterozygoten Sichelzellpatienten eine sichelzellartige Verformung der Erythrozyten induzieren kann.
2. Hämoglobin Elektrophorese
3. Molekularbiologische Diagnosetechniken

Th: **Präventive Therapie**

1. Vermeiden folgender Situationen:
   - Dehydratation mit resultierender Azidose
   - Hypoxie (z.B. Höhen > 2500 m.ü.M.; nicht druckangepasste Flugzeuge)
   - Einnahme von eiskalten oder alkoholhaltigen Getränken
   - Einnahme von Narkoleptika (Atemdepression)
2. Folsäure: 1 mg/d PO (im Rahmen einer chronischen Hämolyse)
3. In Betracht zu ziehende Impfungen
   - Pneumokokken im Alter von 2 Jahren, mit Auffrischimpfung im 5. Lebensjahr
   - Hepatitis B (nur bei negativen Anti-HBs Ak)
   - Grippe
   - Haemophilus im Alter zwischen 3-5 Monaten
4. Orale (oder parenterale), kontinuierliche Penicillintherapie zw. 3 Mt. und 7 Jahren
5. Malaria- und Amibiaseprophylaxe
6. Jährliche ophthalmologische Kontrolle ab dem 15. Lebensjahr. Die Sichelzellanämie kann eine proliferative Retinopathie auslösen: Glaskörperblutung, Netzhautablösung. Eine Photokoagulotherapie ist dann indiziert.
7. Austauschtransfusion
   - Bei homozygoten Patienten, bei welchen ein chirurgischer Eingriff geplant ist (mit Narkose). Das Ziel ist es, transitorisch ein HbS von ca. 30 % zu erreichen.

Symptomatische Therapie

1. Hämato-Konsilium
2. Folgende Punkte sollen evaluiert werden:
   - Allogene Transplantation
   - Stammzellentransplantation

2. Klinisch orientierte, symptomatische Therapie

Klinik	Therapeutisches Vorgehen
Schwere Hypoxämie	• Sauerstofftherapie
Schwere Anämie	• Bluttransfusionen
Vaso-okklusive Krisen	• Hydratation (3-4 L/24 h) • Analgetische Therapie: - NSAR - Opioide (je nach Klinik PO oder parenteral): -- Hydromorphon, S.1150 -- Morphin 0.1-0.15 mg/kg **IV** alle 3-4 h oder 0.3-0.6 mg/kg PO alle 4 h - Hydroxyurea LITALIR® 10-25 mg/kg/d PO (Hydroxyurea erhöht das foetale Hb und vermindert die Häufigkeit der schmerzhaften vaso-okklusiven Krisen bei ca. 50 % der Erwachsenen mit Sichelzellanämie[1]) • Die Bluttransfusionen haben keine analgetische Wirkung!
Akutes Thoraxsyndrom	• Sauerstofftherapie • Analgesie (siehe oben: NSAR, Opioide) • Empirische AB-Therapie • Bluttransfusionen je nach Klinik und Labor
Splenische Sequestrationskrise	• Hämodynamische Unterstützung • Bluttransfusionen
Priapismus	• Hydratation, Analgetika

Tabelle: Therapie der Sichelzellanämie.

1 Carache S, et al. N Engl J Med 1995 ;332 :1317-22.

Siderosen (Hämosiderosen) [J63.4]

Allg:
- Siderosen gehören zu den Eisenspeicherkrankheiten.
- Männer >> Frauen (10/1)

Klas: **I. Primäre (hereditäre) Siderose = Hämochromatose** [E83.1]
- Perinatale Form (selten): immer letal verlaufend als Folge der Leberzirrhose!
- Erwachsene Form der Siderose
  -- Häufigste, autosomal rezessive Erbkrankheit: C282A; 90 % homozygot, Mutation des Chromosoms 6
  -- Heterozygote Träger sind meist klinisch stumm.
  -- Dieser Gendefekt führt zur 2-4-fachen Eisenresorption der Darmschleimhaut.

II. Sekundäre Siderosen
- Nach Bluttransfusionen (z.B. bei chronischen hämolytischen Anämien)
- Eisenablagerungen bei Alkoholikern (es kann sich um heterozygote Träger handeln)

Klin:
- Klinische Trias
  1. Hepatomegalie
  2. Diabetes mellitus (auch «Bronzediabetes» genannt, wegen der Hautpigmentation)
  3. Vestärkte Hautpigmentation
- Befunde und Krankheiten als Folge der Siderose
  - Leberzirrhose, S. 419
  - Splenomegalie
  - Sekundäre Kardiomyopathie
  - Schmerzhafte Arthropathie

Kpl:
- **Leberzellkarzinom**

Dg:
- Anamnese, Klinik und Labor
- Leberbiopsie
- Genotypisierung mit PCR der homozygoten Konstellation (C282Y-Mutation des HFE-Gens)

Lab:
- Serumeisen ↑
- Ferritin ↑ (> 500 µg/L); die I-äre Form erreicht i.d.R. höhere Werte, als die II-äre Form.
- Transferrinsättigung ↑ (verdächtig ab > 45 %, wahrscheinlich ab > 60 %, siehe S. 1511)
- Suche der C282Y-Mutation des HFE Gens bei der homozygoten Form

Th:
1. Eisenarme Diät (Schwarztee vermindert die intestinale Eisenresorption)
2. Kein Alkohol
3. Aderlässe
   - Ein Aderlass (500 mL Blut) enfernt 250 mg Eisen.
   - Initiales Ziel: Serumferritin < 20 µg/L. Danach 1x/Wo bis 3x/Jahr
   - Richtwerte: Hb 110-120 g/L, Ferritin < 50 µg/L
4. Deferoxamin (DESFERAL®, Chelatbildner; **IV** oder **IM**-Gabe)
   - Deferoxamin wird bei transfusionsbedingten, sekundären Siderosen eingesetzt.
   - Deferoxamin ist weniger wirksam als Aderlässe.

Thrombozytentransfusionen

Allg:
- Es gibt keinen Konsens bezüglich der Indikation einer Thrombozytentransfusion. Diese hängt ab von:
  - der Klinik: petechiale Blutungen der Haut/Schleimhaut, Epistaxis, Retinalblutungen, Hämaturie, GI-Blutungen, Hämoptyse u.a.
  - der Ursache der Thrombozytopenie und deren voraussichtlichem Verlauf
  - Begleiterkrankungen und Begleittherapie (Vitamin K-Antagonisten, Heparin, NMH u.a.)
  - Patientenwunsch u.a.
- Bei Thrombozytenwerten < 20 G/L nimmt die Gefahr einer Spontanblutung exponentiell zu
- Orientierender Thrombozytengrenzwert, unter welchem eine Thrombozytentransfusion verabreicht werden kann: < 10-20 G/L (mit oder ohne Blutung).
- Normale Tagesproduktion von Thrombozyten: **3.5x 10^{10}/kg Körpergewicht**

Ind: **A. Therapeutisch, bei signifikanter Blutung**
- Bei Thrombozytopenie **< 20 G/L**

B. Prophylaktisch bei signifikantem Blutungsrisiko (keine Blutungszeichen, keine zusätzlichen Blutungsrisiken*), bei erhöhtem Verbrauch (z.B. Fieber > 38°C, Infektion, medikamentös), Alloimmunisierung:
- Bei Thrombozytopenie **< 10 G/L**
- Bei iatrogenen, speziell nach neurochirurgischen Eingriffen, muss der Spezialist beigezogen werden (Zielwert oft 50-80 G/L!)

Vorg:
- Um die Wirksamkeit der Thrombozytengabe zu ermessen, werden die Thrombozyten nach 1 h gemessen.

Bem:
- Ein Plättchenkonzentrat enthält mind. 2.4x 10^{11} Thrombozyten.
- Ganz approximativ steigen die Thrombozyten nach Transfusion eines Plättchenkonzentrates um ca. 25-30 G/L an (variabel und stark situationsabhängig).

* Zusätzliche Blutungsrisiken: Gerinnungsstörungen, Retinalblutungen, zerebrale Beteiligung bei Leukämie, Lymphom, Leukämie mit hoher Blastenzahl, Beginn einer Chemotherapie

Bluttransfusion[1-3]

Allg:
- Bluttransfusionen dürfen nur vom Arzt angeordnet werden. Der Patient muss über mögliche Gefahren aufgeklärt werden und mit dem Eingriff einverstanden sein.
- Die Gabe von Vollblut stellt heute eine Ausnahmeerscheinung dar.
- Empfänger- und Spenderblut müssen blutgruppen- und rhesusfaktorverträglich sein.
- Patienten mit positivem Rhesusfaktor dürfen Blut mit negativem Rhesusfaktor erhalten.
- Man spricht von Massivtransfusionen bei Transfusionsgeschwindigkeiten > 50 mL/min.

Für die PRAXIS:
In absoluter Notfallsituation (komatöser, hämodynamisch instabiler Patient infolge massiver Blutung) dürfen Universalblutkonserven unabhängig von der Blutgruppe des Patienten transfundiert werden.

Universalblutkonserven = Blutgruppe 0 Rhesus negativ

- Erwarteter Hb- bzw. Hk-Anstieg nach Gabe eines Erythrozytenkonzentrates:
  - Hb ↑ 8-12 g/L
  - Hk ↑ 3-4 %

Klas:
1. Fremdblutspende
2. Eigenblutspende (bei geplanten Operationen mit absehbar grösserem Blutverlust)

Ind: **Wann ist eine Bluttransfusion indiziert?**

Patientengut	Hb-Transfusions Grenzwerte
Intensivstation-Patienten (ausser bei KHK, Myokardischämie)	Hb 70-90 g/L
Patienten mit aktiver KHK	Hb 90 g/L, Ht ≤ 30 % (≤ 0.3)[2]
Andere Patienten (je nach Situation)	Hb < 80 g/L

Kpl: **Häufigste Risiken und Komplikationen bei/nach Bluttransfusionen**

1. Übertragung von bakteriellen Infekten, speziell bei Thrombozytentransfusionen
2. Transfusionvermittelte akute Lungenerkrankung (TRALI - *Transfusion related lung injury*):[3]
   - Allg: • Das TRALI-Syndrom ist eine schwere Transfusionskomplikation (15 % der tödlichen immunologischen Transfusionsreaktionen). Diese akute Pneumopathie tritt während oder innerhalb von 6 h nach Gabe von Blutspenderkomponenten (FFP, Erythrozytenkonzentrate u.a.) ein.
   - Urs: • Unklar: Übertragung von neutrophilen Antikörpern in den Blutspenderkomponenten (selten im Blut des Patienten); Zytokine u.a. Bestandteile in den Blutkomponenten
   - Klin: • Fieber, Schüttelfrost, husten. Permeabilitätslungenödem (nicht kardiogenes Lungenödem). Manchmal ARDS
   - Dg: • Zeitlicher Zusammenhang mit plasmahaltiger Blutkonserven-Gabe und Ausschluss einer kardialen Ursache des Lungenödems
3. ABO-Laborfehler
   - Bsp: • Akute hämolytische Reaktion
4. Übertragen von viralen Infekten
   - Allg: • Das Risiko, eine virale Kontamination zu induzieren, ist seit der Einführung der Labortests des HIV und der Hepatitis C sehr gering geworden.
   - Bsp: • Hepatitis A, B, C, HIV, Parvovirus B19 u.a
5. Herzinsuffizienz oder akutes Lungenödem durch zu schnelle Transfusion mit einer zu grossen Menge EC-Konzentrat.
6. Sekundäre Siderose: vermehrte Eisenablagerung im Organismus aufgrund einer erhöhten Zufuhr von Erythrozyten.
7. Hämolytische Krisen bei Sichelzellanämie. Hier handelt es sich oft um eine verspätete hämolytische Reaktion (denn der Empfänger besitzt Antikörper, die vom Labor nicht routinemässig erfasst werden).

1 Goodnough LT, et al. N Engl J Med 1999 ;340 :438-47. 2 Wu WC, et al. N Engl J Med 2001 ;345 :230-6 (78 974 Patienten, > 65 J). 3 Toy P et al. Crit Care 2005 ;.33 :721-6.

Essentielle Thrombozythämie (ET)[1,2] [D47.3]

Allg:
- Frauen sind leicht häufiger betroffen als Männer (2:1).
- Die Krankheit tritt in jedem Alter auf.
- Im Gegensatz zur Polycythaemia vera ist bei der essentiellen Thrombozythämie (ET) eine **Knochenmarksuntersuchung zur Diagnosestellung nötig!**
- Die Lebenserwartung ist unter adäquater Therapie i.d.R. nicht eingeschränkt.
- Die ET hat die beste Prognose unter den myeloproliferativen Syndromen.
- Ca. 50 % der Patienten haben eine JAK2 V617F-Mutation. Es gibt Hinweise, wonach dies mit einem höheren Thromboembolierisiko einhergeht.

Klin:
- Die meisten Patienten sind bei der Erstdiagnose asymptomatisch.
- Arterielle (häufiger!) und venöse Thrombosen
- Blutungen, v.a. bei:
  - Thrombozytenzahlen > 1000 G/L (N: 130-400 G/L)
  - und/oder erworbenem Morbus von WILLEBRAND, S. 929
- Erythromelalgie (siehe «Kpl:»)
- Splenomegalie (in bis zu 50 % der Fälle)

DD:
- Siehe DD der Thrombozytose S. 1432

Kpl:

1. **Arterielle oder venöse thromboembolische Ereignisse**

   Allg:
   - Risikofaktoren:
     - Alter > 60 Jahre
     - Schon stattgefundene Thrombose
     - Thrombozytenzahl > 1000 G/L

   Bsp:
   - Mikrothromben (häufigste Komplikation vor der Diagnosestellung einer ET)
     - Erythromelalgie:
       - Klin: Rote, geschwollene und brennende oder kribbelnde, schmerzhafte Extremitäten, v.a. Finger und Zehen.
       - Kpl: Akrozyanose, Grangrän
       - DD: Rheumatoide Arthritis, Gicht, SLE, Arteriosklerose, Vaskulitis u.a.
       - Th:
         - Kausaltherapie
         - Rasches Ansprechen auf ASS (aber Vorsicht bei hohen Thrombozytenzahen, S. 909)
     - Kopfschmerzen
     - Muskelparesen
     - Schwindel
     - Sehstörungen: Skotome, Diplopie, Amaurosis fugax, Hemianopsie u.a.
   - Arterielle Thromboembolien (6x häufiger als venöse Ereignisse)
     - CVI, TIA, akuter Myokardinfarkt
     - Periphere arterielle Thrombose mit Risiko einer Gangrän
     - Plazentainfarkte
     - Spontanaborte, intrauteriner Tod des Foetus
   - Venöse Thromboembolien
     - Lungenembolie, oberflächliche/tiefe Venenthrombosen
     - Mesenteriale Venenthrombose
     - Zerebrale Venenthrombose
     - Portalvenenthrombose

2. **Blutungen**

   Bsp:
   - Hauthämatome
   - Zahnfleischblutungen, Epistaxis
   - Hirnblutungen
   - GI-Blutung, urogenitale Blutungen

Dg:[2]

Diagnostische Kriterien

Zur Diagnosestellung sind **alle** Kriterien erforderlich:

A1 Anhaltende Erhöhung der Thrombozytenzahl **> 450 G/L**

A2 Vermehrung von grossen und reifen Megakaryozyten im Knochenmark bei fehlender oder nur geringer Vermehrung der Erythro- und Myelopoese

A3 Die WHO-Kriterien für das Vorliegen einer CML, Polycythaemia vera, Osteomyelofibrose, MDS oder einer anderen Knochenmarksneoplasie sind nicht erfüllt.

A4 Nachweis der JAK2 V617F-Mutation
oder:
eines anderen klonalen Markers
oder
fehlende Anhaltspunkte für eine reaktive Thrombozytose

1 Angepasst nach: Harrison C, et al. Br J Haematol 2005 ;130 :153-65. 2 Tefferi A, et al. The 2008 WHO criteria and point-of-care diagnostic algorithms. Leukemia 2008 ; 22 :14-22.

Th: **1. Therapie nach Risikostratifizierung** (Hämato-Konsilium)

1.1. Hochrisikopatienten
- Def:
  - Alter > 60 Jahre
  - Thrombozyten > 1000 G/L
  - Thromboembolische Ereignisse in der Anamnese
- Th:
  - Hydroxyurea LITALIR® Tabl 500 mg (Ziel-Thrombozytenzahl < 400 G/L)
  - ASS sobald Thrombozyten < 1000 G/L

1.2. Intermediäre Risikopatienten
- Def:
  - Weder Hoch- noch Niederrisiko-Patienten
- Th:
  - Individuell (Hämato-Konsilium)

1.3. Niedrigrisikopatienten
- Def:
  - Alter < 40 Jahre
  - Thrombozyten < 1000 G/L und keine thromboembolischen Ereignisse in der Anamnese
- Th:
  - I.d.R. expekatives Verhalten; evtl. ASS 100 mg/d PO, siehe unten

Für die PRAXIS:
- ASS 100 mg/d kann, in Analogie zur Polycythaemia vera, bei den meisten Patienten mit ET und Thrombozytenzahlen < 1'000 G/L verabreicht werden, sofern keine Kontraindikationen bestehen.
- Jüngere Patienten sollten eher mit Interferon α oder Anagrelid (XAGRID® Kaps 0.5 mg) als mit Hydroxyurea (LITALIR®) behandelt werden.
- Minimierung kardiovaskulärer Risikofaktoren
- **Reaktive Thrombozytosen** gehen i.d.R. nicht mit einem erhöhten Thromboserisiko einher.
- Die essentielle Thrombozythämie kann in folgende andere Krankheiten übergehen:
  - Osteomyelofibrose ....in bis zu 25 %
  - Akute Leukämie............in bis zu 5 %

4 Harrison CN et al. N Engl J Med 2005 ;353 :33-45

Polycythaemia vera[1] [D45]

Allg:
- Die Polycythaemia vera ist eine Erkrankung der hämatopoetischen Stammzelle, die zu einer EPO-unabhängigen Erhöhung der Erythrozytenproduktion führt. Im Verlauf werden auch die Granulopoese und die Megakaryopoese gesteigert.
- Durch die Zunahme des Hk wird die Blutviskosität erhöht und es kommt zu:
  - Symptomatischen Störungen der Mikrozirkulation
  - Thromboembolischen Komplikationen
- Bei guter Einstellung im Allgemeinen nur leicht verminderte Lebenserwartung
- Prädilektionsalter um 60 Jahre

Für die PRAXIS:
Die Polycythaemia vera kann in folgende andere Erkrankungen übergehen:
- Osteomyelofibrose (bis zu 30 %)
- Akute Leukämie (bis zu 15 %)

Klin:
- Symptome, Befunde
  - Kopfschmerzen
  - Sehstörungen
  - Vertigo, Tinnitus
  - Aquagener Pruritus (durch Histaminfreisetzung, typischerweise nach Kontakt mit warmem Wasser)
  - Erythromelalgie, s. 908
  - Blutungsneigung (durch erworbenen Morbus von WILLEBRAND oder sonstige Störung der Thrombozytenaggregation, v.a. bei Thrombozytenwerten > 1000 G/L)
  - Unbehandelt (im Allgemeinen bei **Hk > 55-60 %**) können zudem auftreten:
    - Arterielle und venöse Thrombosen jeglicher Lokalisation
    - Akutes Koronarsyndrom
    - Synkopen
    - Splanchnische Thrombosen
    - BUDD-CHIARI-Syndrom, s. 422
    - Claudicatio intermittens,
    - Hyperviskositätssyndrom, s. 913
  - Faziale Erythrozyanose (Plethora, rotblaues Gesicht)
  - Splenomegalie (bei 75 % der Patienten)
  - Art. Hypertonie (systolisch)

Dg:[1]

Diagnostische Kriterien

Zur Diagnosestellung ist erforderlich:
A1 + A2 + ein B-Kriterium
oder:
A1 + zwei B-Kriterien

Hauptkriterien

A1 Hb > 185 g/L (Männer), bzw. > 165 g/L (Frauen)
oder:
Hb oder Hk über der 99. Perzentile in Bezug auf Alter, Geschlecht oder Grösse
oder:
Hb > 170 g/L (Männer), bzw. > 150 g/L (Frauen), wenn verbunden mit einer anhaltenden Erhöhung ≥ 20 g/L, ohne dass ein Eisenmangel korrigiert worden wäre
oder:
Erhöhung des Erythrozytenvolumens > 25% des berechneten Bereichs

A2 Nachweis der JAK2 V617F oder vergleichbaren Mutation (z.B. JAK2 Exon 12)

Nebenkriterien

B1 Gesteigerte Hämatopoese aller drei Zellreihen im Knochenmark

B2 Erniedrigter EPO-Spiegel

B3 Spontanwachstum der Erythrozytenkulturen ohne Stimulation durch EPO

1 Tefferi A, et al. The 2008 WHO criteria and point-of-care diagnostic algorithms. Leukemia 2008 ; 22 :14-22.

DD:[3] **1. Unechte Polyglobulien**

- Exsikkose, Dehydratation
- Mikropolyglobulie bei Thalassämien
- GAISBÖCK-Syndrom (vermindertes Plasmavolumen)

2. Echte Polyglobulien

- Primär
  - Polycythaemia vera
- Sekundär
  - Kongenital
    - -- Hochaffines Hämoglobin (in der ABGA Linksverschiebung der O_2-Sättigungskurve, verminderter p50-Wert)
    - -- 2,3-Biphosphoglyceratmutase-Defizienz (Linksverschiebung der O_2-Sättigungskurve)
    - -- Erythropoetin-Rezeptor-Mutation (EPO-Spiegel tief)
    - -- CHUVASH-Erythrozytose (Mutation im von HIPPEL-LINDAU-Gen/VHL, EPO-Spiegel i.d.R. erhöht)
  - Erworben
    - -- Hypoxievermittelt (systemisch, via EPO-Erhöhung)
      - Chronische Lungenerkrankungen
      - Rechts-Links-Shunts
      - CO-Vergiftung
      - Raucher
      - Höhenaufenthalt
      - Schlaf-Apnoe-Syndrom
    - -- Hypoxievermittelt (lokal, via EPO-Erhöhung)
      - Nierenarterienstenose
      - Fortgeschrittene Niereninsuffizienz
      - Hydronephrose
      - Polyzystische Nierenerkrankung
    - -- Pathologische EPO-Produktion
      - Leberzellkarzinom
      - Hypernephrom
      - Zerebelläres Hämangioblastom
      - Nebenschilddrüsenmalignom
      - Uterusleiomyom
      - Phäochromozytom
      - Meningeom
    - -- Exogene EPO-Zufuhr
      - Doping
    - -- Androgentherapie
    - -- Status nach Nierentransplantation
    - -- Idiopathische Erythrozytose

Lab:

Parameter		Bemerkungen
Hb	↑	180-220 g/L
Hk	↑	0.55-0.65; Werte > 0.60 werden oft symptomatisch (siehe Klin.)
BSG	↓	1-2 mm/h
Leukozyten	↑	Bei 80 % der Patienten; ± myeloische Vorstufen, ± Basophilie, Eosinophilie
Thrombozyten	↑	Bei > 50 % der Patienten erhöht
EPO	↓	EPO ist bei den sekundären, erworbenen Formen erhöht
Alkal. Phosphatase	↑	Bei 75 % der Patienten erhöht
Sauerstoffsättigung		Eine O_2-Sättigung < 92 % = Hinweis für sekundäre Polyzythämie
JAK2 V617F-Mutation (im Exon 14)		Diese, in den klonalen Zellen der Hämatopoese auftretende Mutation, führt zu einer erhöhten Tyrosinkinaseaktivität der Januskinase 2 (Signaltransduktor) und findet sich bei ≥ 97 % der Patienten mit Polycythaemia vera.Ist sie vorhanden, ist die Diagnose eines myeloproliferativen Syndroms gesichert.
Exon12-Mutationen (z.B. JAK2 K539L)		Können bei knapp der Hälfte der JAK2 V617F-Mutation-negativen Patienten mit Polycythaemia vera gefunden werden.
Von WILLEBRAND-Faktor (Ristocetin-Cofaktor und Antigen)		Kann, als Ausdruck einer Verminderung der hochmolekularen Multimere, auf einen erworbenen Morbus von WILLEBRAND hindeuten. ***CAVE***: ASS und Anagrelid!

3 Angepasst nach: McMullin M et al. British Journal of Haematology 2005 ;130 :174-195.

Th:[3-5] **1. Aderlässe** (= Therapie der 1.Wahl)

Allg:
- Ziel-Hk von < 45 % anstreben (bei Männern und Frauen)
- Das Aderlassvolumen beträt üblicherweise 450 mL, wird aber der Grösse und dem Allgemeinzstand des Patienten angepasst.

Vorg:
- Initial 1-2x/Wo, dann dem Hb-Verlauf anpassen

Bem:
- Der durch die Aderlässe induzierte Eisenmangel darf nicht substituiert werden, da Eisen die Erythropoese anheizt!

2. Zytoreduktive Therapie: Hydroxyurea LITALIR®

Ind:
- V.a. bei Patienten mit konkomittierender:
  - Thrombozytose (> 600 G/L)
  - oder Leukozytose (> 25 G/L)
  - oder KHK
  - oder Splenomegalie
  - oder symptomatischem Eisenmangel

Vorg:
- Hydroxyurea LITALIR® Kaps 500 mg
  - Initialdosis: 40-50 mg/kg/d
  - Erhaltungsdosis: 10-20 mg/kg/d
- Hydroxyurea muss pausiert werden bei:
  - Leukozyten < 2.5 G/L und/oder Thrombozyten < 100 G/L

NW:
- Makrozytose, Ulzerationen, Miktionsbeschwerden

Für die PRAXIS:
- Wahrscheinlich ist eine Leukozytose > 15 G/L bei Polycythaemia vera ein unabhängiger Prädiktor für die Entwicklung von venösen Thromboembolien oder einer Leukämie.
- Möglicherweise besteht unter Hydroxyurea ein geringes leukämogenes Risiko, weshalb es bei jungen Patienten zurückhaltend eingesetzt werden soll!

3. Intravenöse Radiophosphortherapie (^{32}P)

Ind:
- Nur bei Patienten > 75 Jahre, wenn Aderlässe nicht möglich sind.

Allg:
- Die Wirksamkeit der ^{32}P-Therapie, ist auf 1-2 Jahre beschränkt.

NW:
- Leukämogenes Risiko!

4. Thrombozytenaggregationshemmung

Ind:
- I.d.R. bei allen Patienten mit Polycythaemia vera (ausser kontraindiziert)

Bsp:
- ASS 100 mg/d PO
  - Bei Thrombozytenzahlen > 1000 G/L soll <u>kein ASS</u> verabreicht werden (da erhöhtes Blutungsrisiko)!

Bem:
- ASS ist prophylaktisch wirksam gegen:
  - Thromboembolische Komplikationen
  - Erythromelalgie, S. 908

5. Supportivmassnahmen

Bsp:
- Hyperurikämie:
  - Allopurinol 1x 300 mg/d PO (bei Niereninsuffizienz anpassen, siehe S. 1309)
- Pruritus (siehe auch Kapitel «Pruritus» S. 1098):
  - H1-Antihistaminika, S. 1236
  - Antidepressiva (SSRI), S. 1222
  - Bei therapiersistenten Fällen: Interferon-alpha
- Minimierung der kardiovaskulären Risikofaktoren

6. Anagrelid XAGRID®

Allg:
- Anagrelid vermindert die Thrombozytenzahl und deren Aggregationsfähigkeit.
- Hat keinen Einfluss auf Hk, Leukozytenzahl und Milzgrösse.
- Im Vergleich zu Hydroxyurea/ASS scheinen unter Anagrelid/ASS <u>mehr</u> arterielle Thrombosen, mehr schwere Blutungen und mehr Transformationen in eine Osteomyelofibrose aufzutreten, hingegen sind venöse Thrombosen seltener.

NW:
- Kopfschmerzen
- Diarrhoe
- Herzklopfen
- Ödeme

3 Angepasst nach: McMullin M et al. British Journal of Haematology 2005 ;130 :174-195. 4 Landolfi R, et al. N Engl J Med 2004 ;350 :114-24 (ECLAP-Studie). 5 Harrison C et al. N Engl J Med 2005; 353:33-45.

Hyperviskositätssyndrom [R70.1]

Allg:
- Das Hyperviskositätssyndrom kann auftreten durch eine zu hohe Zahl an:
  1. Zellulären Bestandteilen im peripheren Blut:
     - Erythrozyten → Polycythaemia vera
     - Leukozyten → Leukämie (Leukostase)

     oder:
  2. Plasmatischen Bestandteilen im peripheren Blut (= eigentliches Hyperviskositätssyndrom):
     - Immunglobuline → Makroglobulinämie WALDENSTRÖM
- Die Symptome sind von der Konzentration der Immunglobuline abhängig (IgM > 40 g/L, IgG > 50 g/L, IgA > 70 g/L) und treten im Allgemeinen bei einer Viskosität von 4-8 cp auf. b)

Klin:
- Befall des Nervensystems:
  - Kopfschmerzen, Schwindel
  - Somnolenz
  - Konvulsionen
  - Koma
  - Sehstörungen:
    - Unscharfes Sehen
    - Diplopie
    - Skotome
    - Visusverminderung (Retinalblutungen und Granulierungen im Augenfundus)
  - Parästhesien der Extremitäten
- Ohrensausen, Taubheit
- Dyspnoe
- Synkope
- Akutes Koronarsyndrom
- Schleimhautblutungen im Rahmen einer DIC, s. 920

Dg:
- Serumviskosität > 4 cp (N: < 1.8 cp)

Urs:
- Makroglobulinämie WALDENSTRÖM (bei ca. ⅓ der Patienten)
- Multiples Myelom (bei 2-5 % der Patienten)

Th:
- **Kausaltherapie und Hämato-Konsilium**
  - Evtl. Aderlass (bei Polycythaemia vera)
  - Leukapherese/Chemotherapie (bei Leukämie)
  - Plasmapherese/Chemotherapie (bei Makroglobulinämie WALDENSTRÖM)

Purpura

Def:

- **Purpura**
  - Haut- oder Schleimhautblutung, die durch Glasspateldruck nicht weggedrückt werden kann (beim Erythem hingegen bleibt das Blut intravasal und ist deshalb wegdrück- bar).
- **Petechien**
  - Stecknadelkopfgrosse, purpurrote Makulae
  - Ø 2-3 mm
  - Nicht palpabel, nicht wegdrückbar
- **Ekchymosen**
  - Blauviolette Makulae in variabler Grösse

DD:

1. Petechiale Purpura (stecknadelgrosse Makulae, Ø 2-3 mm)

I. Thrombozytopenische Purpura [D69.3]

A. Nach viralen Infekten
B. Thrombozytopenien bei Panzytopenie, S. 1424
C. Isolierte Thrombozytopenien (ITP, TTP), S. 916
D. Posttransfusionspurpura

II. Vaskuläre Purpura

A. **Nicht entzündlich**
- Senile Purpura
- Hyperkortisolismus (inkl. Therapie mit Kortikoiden), S. 716
- Vitaminmangel (v.a. Vitamin C)
- EHLERS-DANLOS-Syndrom
- Morbus OSLER-RENDU-WEBER (Teleangiectasia hereditaria), S. 934

B. **Entzündlich = Vaskulitis**
- Infektion: viral (z.B. HIV, Hepatitis B, C), bakteriell
- Autoimmunerkrankungen
- Konnektivitiden
- Verschiedene Ursachen
  - Mikroskopische Panarteriitis
  - Kryoglobulinämie, S. 1074
  - SCHÖNLEIN-HENOCH-Purpura, S. 1057
  - Paraproteinämie
- Idiopathisch

III. Thrombozytopathische Purpura

A. **Erworben**
- Medikamentös
  - Acetylsalicylsäure
  - Clopidogrel
- Urämisches Syndrom, S. 634
- Monoklonale Gammopathien (Bsp: Multiples Myelom)
- Myeloproliferative Syndrome (MPS), inbs. essentielle Thrombozythämie

B. **Kongenital**
- BERNARD-SOULIER-Syndrom (Riesenthrombozyten, Mangel an Glykoprotein Ib/IX in der Thrombozytenmembran)
- Thrombasthenie GLANZMANN (morphologisch normale Thrombozyten, Mangel an Glykoprotein IIb/IIIa in der Thrombozytenmembran)
- *Grey-Platelet-Syndrom*
- *Storage-Pool*-Defekt
- ASPIRIN®-*like disease*

2. Ekchymosen (blauviolette Makulae, variable Grösse)

I. Mangel an Gerinnungsfaktoren

A. Erworben

- Leberinsuffizienz
- Vitamin K-Mangel
- Malabsorption
- Disseminierte intravasale Gerinnung (DIC), S. 920
- Überdosierung von oralen Antikoagulantien

B. Kongenital

- Hämophilie A (Mangel an Gerinnungsfaktor VIII), S. 926
- Hämophilie B (Mangel an Gerinnungsfaktor IX), S. 926
- Morbus von WILLEBRAND (mit assoziierter Thrombozytopathie)

II. Sonstite Purpura

- Siehe «DD:» der petechialen Purpura, S. 914
- Traumatisch

Thrombotisch thrombozytopenische Purpura (TTP) [D69.3]

Syn: • **MOSCHCOWITZ-Syndrom**

Allg: • Oft liegt der Grund dieser peripheren thrombozytopenischen Purpura in einem Mangel an der Metalloprotease ADAMTS13, deren Aufgabe es ist, die hochmolekularen von WILLEBRAND-Faktor-Multimere (ULVWFM) zu spalten und so die spontane Bildung von thrombozytenreichen Thromben in der Mikrozirkulation zu verhindern.
- Frauen > Männer

Urs: • Idiopathisch
- Infektiös (HIV u.a.)
- Tumor-assoziiert
- Medikamentös
  - Chinin
  - Clopidogrel, Ticlopidin
  - Mitomycin, Gemcitabin, Bleomycin
  - Tacrolimus, Ciclosporin A
- Schwangerschaft, östrogenhaltige Kontrazeption
- Konnektivitiden
- Antiphospholipid Antikörper Syndrom, s. 932
- Nach allogener Stammzelltransplantation

Klin: • Fieber
- Niereninsuffizienz
- Neurologische Defizite

DD: • Hämolytisch-urämisches Syndrom (GASSER-Syndrom)
  - Oft keine klare Abgrenzung zur TTP möglich; Mischformen sind häufig.
  - Keine neurologischen Defizite, normale ADAMTS13
    - A. Sporadische Form (10 % der kindlichen Fälle): z.B. durch Pneumokokken, siehe oben (Ursachen der TTP)
    - B. Typische Form (90 % der kindlichen Fälle): Diarrhoe-assoziiert; meist ausgelöst durch ein Shigatoxin des enterohämorrhagischen *E. coli* (EHEC O157:H7)

Lab: • Hämolytische Anämie:
  - Mikroangiopathisch
  - Fragmentozyten im Ausstrich
  - Erhöhte Hämolyseparameter, s. 1378
- Thrombopenie (der Gerinnungsstatus ist aber meistens normal!)

Th: • Hämato-Konsilium
- Plasmapherese (zur Überbrückung auch FFP)
- Immunsuppression (Kortikoide)

Immunthrombozytopenische Purpura (ITP) - Morbus WERLHOF [D69.3]

Allg: • Die Ursache der Thrombozytopenie liegt in einem vermehrten Thrombozytenabbau aufgrund von Autoantikörpern (i.d.R. vom Typ IgG), die gegen Plättchenmembranantigene (z.B. GP IIb/IIIa) gerichtet sind. Der Abbau der Thrombozyten erfolgt vornehmlich durch Makrophagen in der Milz oder im retikulo-endothelialen System.

Klas: I. Akute Form (betrifft v.a. Kinder)
  - In 60 % der Fälle nach Infektionen oder Impfungen. I.d.R. Spontanheilung.

II. Chronische Form (beftrifft v.a. Erwachsene)

Dg: • Die ITP ist eine Ausschlussdiagnose!

Vorg: • Ziel: Ausschluss einer thrombozytopenie-assoziierten Erkrankung
  - Virusserologien: EBV, CMV, HIV, Hepatitis B und C, Parvovirus. Andere Virusinfekte wie Varizellen, Mumps, Röteln können auch mit einer Thrombozytopenie einhergehen; doch ist dort i.d.R. eine klare Klinik vorhanden, so dass sich serologische «*Screening*-Untersuchungen» erübrigen.
  - Lupus Antikoagulans
  - Antikardiolipin Ak
  - Rheumafaktor
  - ANA
- Die Bestimmung der anti-thrombozytären Ak ist <u>nicht</u> notwendig (da verfügbare Tests ungenügend sensitiv und spezifisch sind).
- Knochenmarkspunktion, nur indiziert bei (1 Kriterium genügt):
  1. Diagnostischen Unsicherheiten
  2. Fehlendem Therapieansprechen
  3. Alter > 60 Jahre
  4. Geplanter Splenektomie

Lab: • Thrombozytopenie mit typischerweise normalem Gerinnungsstatus!

DD:
- Medikamentös-toxisch oder infektiös bedingt
- Heparin-induzierte Thrombozytopenie, S. 1220
- EDTA-Phänomen (Pseudo-Thrombozytopenie bei Plättchenaggregation im EDTA-Blut)
- DIC, S. 920
- Hypersplenismus
- Posttransfusionspurpura
- MAY-HEGGLIN-Anomalie
- BERNARD-SOULIER-Syndrom
- Vitamin B12-, bzw. Folsäuremangel
- Myelodysplastische Syndrome
- Knochenmarkinfiltration (Tumor)
- HELLP-Syndrom
- Schwangerschaftsthrombopenie (v.a 3.Trimenon)

Klin: • Die Klinik ist sehr variabel:
- Mukokutane Blutungen, oft spontan oder nach Bagatelltraumata
- Petechien
- Epistaxis, Gingivablutungen
- Menorrhagien

Für die PRAXIS:
- Eine isolierte Thrombozytopenie mit sonst normalem Gerinnungsstatus soll an eine ITP denken lassen.
- Eine Splenomegalie spricht gegen die Verdachtsdiagnose ITP!

Th: **1. Die Therapieindikation richtet sich nach der Klinik und der Thrombozytenzahl:**

Thrombozyten	Klinik	Therapieindikation
< 10 G/L	• Unabhängig	Ja
> 30 G/L	• Asymptomatisch	Nein
30-50 G/L	• Je nach Risiko für schwere Blutungen: - Hypertonie, GI-Ulzera, Risikosportarten u.a.	Individueller Entscheid
> 50 G/L	• Asymptomatisch	Nein
	• Symptomatisch (10-30 %)	Individueller Entscheid

2. Therapieoptionen

2.1. Kortikoide (= Erstlinientherapie)

Bsp:
- Prednison 1 mg/kg/d PO für 2-4 Wo (bzw. bis Thrombozyten > 100 G/L), dann langsam über 4-6 Mt. ausschleichen.
  oder:
- Dexamethason 40 mg/d PO über 4 d, insgesamt 4 Zyklen zu 28 d.[1]

2.2. Immunglobuline

Ind:
- Notfalltherapie bei schweren Blutungen
- Präoperativ

Bem: • Die Indikation der Immunglobuline ist sehr restriktiv, da das Rezidiv der ITP nach wenigen Wochen die Regel ist.

Bsp: • OCTAGAM®, INTRATECT®: 0.4 g/kg/d **IV** über 2-5 d

2.3. Splenektomie

Ind: • Zweitlinientheraie in schweren Fällen.

Ind: • Ad. Hämato-Konsillium

2.4. Drittlinientherapien

Bsp: • Rituximab, Danazol, Dapsone, Azathioprin, Cyclophosphamid

3. Empfohlene Impfungen bei geplanter Splenektomie

3.1. Pneumokokkenimpfung

3.2. Meningokokkenimpfung

3.3. Grippeschutzimpfung

4. Zukunft (in Erprobung): evtl. Thrombopoetinagonisten (Eltrombopag, Romiplostim)

Bem: • Thrombozytentransfusionen sind i.d.R. nicht indiziert, denn zugeführte Plättchen werden aufgrund der zirkulierenden Antikörper meist innert Stunden wieder abgebaut und unterhalten den autoimmunisierenden Prozess.
Sie können aber bei bedrohlichen Blutungen (mit unmittelbar vorangehender **IV**-Immunglobulin-Verabreichung) sinnvoll sein.

1 Cheng Y, et al. N Engl J Med 2003 ;349 :831-6.

WHO-Klassifikation der hämatopoetischen und lymphatischen Tumoren[1]

Chronische myeloproliferative Erkrankungen	**ICD-10**
Chronische myeloische Leukämie (CML)	9875/3
Chronische Neutrophilenleukämie (CNL)	9963/3
Chronische Eosinophilenleukämie / Hypereosinophiles Syndrom (CEL / HES)	9964/3
Polycythaemia vera (PCV)	9950/3
Chronische idiopathische Myelofibrose (CIMF)	9961/3
Essentielle Thrombozythämie (ET)	9962/3
Unklassierbare chronische myeloproliferative Erkrankung	9975/3
Myelodysplastische / myeloproliferative Mischformen	
Chronische myelomonozytäre Leukämie (CMML; Subtypen 1+2)	9945/3
Atypische chronische myeloische Leukämie	9876/3
Juvenile myelomonozytäre Leukämie	9946/3
Unklassierbare myelodysplastische/myeloproliferative Erkrankungen	9975/3
Myelodysplastische Syndrome	
Refraktäre Anämie (RA)	9980/3
Refraktäre Anämie mit Ringsideroblasten (RARS)	9982/3
Refraktäre Zytopenie mit multilineärer Dysplasie (RCMD)	9985/3
Refraktäre Anämie mit Blastenexzess (RAEB; Subtypen 1+2)	9983/3
Myelodysplastisches Syndrom mit isolierter del(5q), 5q-Syndrom	9986/3
Unklassierbare myelodysplastische Syndrome (MDS-U)	9989/3
Akute myeloische Leukämien	
• Akute myeloische Leukämien mit spezifischen zytogenetischen Abnormitäten	
AML mit Translokation t(8;21)(q22;q22), (AML1/ETO)	9896/3
AML mit Inversion inv(16)(p13q22) oder t(16;16)(p13;q22), (CBFβ/MYH11)	9871/3
Akute Promyelozytenleukämie (AML mit Translokation t(15;17)(q22;q12), (PML/RARα) und Varianten)	9866/3
AML mit 11q23 (MLL) – Anomalien	9897/3
• Akute myeloische Leukämie mit multilineärer Dysplasie	9895/3
Mit vorausgegangenem MDS	
Ohne vorausgegangenes MDS	
• Therapie-induzierte akute myeloische Leukämie und MDS	9920/3
Nach Alkylantien	
Nach Topoisomerase II – Inhibitoren	
• Akute myeloische Leukämie, nicht anderweitig kategorisiert	
Minimal differentierte AML (AML M0 nach FAB)	9872/3
AML ohne Ausreifung (AML M1 nach FAB)	9873/3
AML mit Ausreifung (AML M2 nach FAB)	9874/3
Akute myelomonozytäre Leukämie (AML M4 nach FAB)	9867/3
Akute Monoblasten-, bzw. Monozytenleukämie (AML M5a, bzw. M5b nach FAB)	9891/3
Akute Erythroleukämie (AML M6 nach FAB)	9840/3
Akute Megakaryoblastenleukämie (AML M7 nach FAB)	9910/3
Akute Basophilenleukämie	9870/3
Akute Panmyelose mit Myelofibrose	9931/3
Myeloisches Sarkom	9930/3
• Biphänotypische akute Leukämie	9805/3
B-Zell-Neoplasien	
• Precursor B-Zell-Neoplasien	
Lymphoblastische Leukämie vom Precursor-Typ (B-ALL)	9835/3
Lymphoblastisches Lymphom	9728/3
• Reife B-Zell-Neoplasien	
Chronische lymphatische Leukämie (CLL)	9823/3
Kleinzelliges lymphozytisches Lymphom (SLL)	9670/3
Prolymphozytenleukämie (B-PLL)	9833/3
Lymphoplasmozytäres Lymphom (Makroglobulinämie WALDENSTRÖM)	9671/3
Splenisches Marginalzonenlymphom (SMZL)	9689/3
Haarzelleukämie (HCL)	9940/3
Plasmazellmyelom (MM)	9732/3
Solitäres Plasmozytom des Knochens	9731/3
Extraossäres Plasmozytom	9734/3
Ablagerungserkrankungen monoklonaler Immunglobuline (MIDD)	
Leicht- und/oder Schwerkettenablagerungserkrankung (LCDD, bzw. LHCDD und HCDD)	
Primäre Amyloidose (AL-Typ)	9769/1c

1 Jaffe ES, et al (ed.). WHO classification of tumors. Pathology and genetics. IARC Press, 2001: 1-351.

  - Osteosklerotisches Myelom ... 9762/3
  - Schwerkettenerkrankung ... 9762/3
- Extranodales Marginalzonenlymphom des mucosa-assoziierten lymphatischen Gewebes (MALT-Lymphom) ... 9699/3
- Nodales Marginalzonenlymphom (NMZL) ... 9699/3
- Follikuläres Lymphom (FL) ... 9690/3
- Mantelzellymphom (MZL) ... 9673/3
- Diffus-grosszelliges Lymphom (DLBCL) ... 9680/3
- Mediastinales (thymisches) grosszelliges Lymphom ... 9679/3
- Intravaskuläres grosszelliges Lymphom ... 9680/3
- Primäres Effusionslymphom (PEL) ... 9678/3
- BURKITT-Lymphom ... 9687/3
- BURKITT-Leukämie ... 9826/3

• B-Zell-Proliferationen unbestimmter Dignität
- Lymphomatoide Granulomatose ... 9766/1
- Polymorphe, post-transplantäre lymphoproliferative Erkrankung ... 9970/1

■ T- und NK-Zell-Neoplasien

• Precursor T-Zell-Neoplasien
- Lymphoblastische Leukämie vom Precursor-Typ (T-ALL) ... 9837/3
- Lymphoblastisches Lymphom vom Precursor-Typ ... 9729/3
- Blastäres NK-Zell-Lymphom ... 9727/3

• Reife T- und NK-Zell-Neoplasien
- Prolymphozytenleukämie (T-PLL) ... 9834/3
- T-LGL (large granular lymphocyte) – Leukämie ... 9831/3
- Aggressive NK-Zell-Leukämie ... 9948/3
- Adulte T-Zell-Leukämie / Lymphom (ATLL) ... 9827/3
- Extranodales NK/T-Zell-Lymphom vom nasalen Typ ... 9719/3
- Enteropathisches T-Zell-Lymphom ... 9717/3
- Hepatosplenisches T-Zell-Lymphom ... 9716/3
- Subkutanes pannikulitisches T-Zell-Lymphom ... 9708/3
- Mycosis fungoides ... 9700/3
- SÉZARY-Syndrom ... 9701/3
- Primäres kutanes anaplastisches grosszelliges Lymphom (C-ALCL) ... 9718/3
- Nicht-spezifiziertes peripheres T-Zell-Lymphom ... 9702/3
- Angioimmunoblastisches T-Zell-Lymphom (AILT) ... 9705/3
- Anaplastisches grosszelliges Lymphom (ALCL) ... 9714/3

• T-Zell-Proliferation unbestimmter Dignität
- Lymphomatoide Papulose ... 9718/1

■ HODGKIN-Lymphom

- Noduläres HODGKIN-Lymphom mit vorherrschenden Lymphozyten ... 9659/3
- Klassisches HODGKIN-Lymphom ... 9650/3
- Klassisches nodulär-sklerosierendes HODGKIN-Lymphom ... 9663/3
- Klassisches lymphozytenreiches HODGKIN-Lymphom ... 9651/3
- Klassisches gemischtzelliges HODGKIN-Lymphom ... 9652/3
- Klassisches lymphozytenarmes HODGKIN-Lymphom ... 9653/3

■ Histiozytische und dendritische Neoplasien

• Histiozytäre (Makrophagen-) Neoplasien
- Histiozytisches Sarkom ... 9755/3

• Dendritische Neoplasien
- Langerhanszell-Histiozytose ... 9751/1
- Langerhanszell-Sarkom ... 9756/3
- Sarkom der dendritischen Zellen (interdigitating) ... 9757/3
- Tumor der dendritischen Zellen (interdigitating) ... 9757/1
- Follikuläres dendritisches Sarkom ... 9758/3
- Follikulärer dendritischer Tumor ... 9758/1
- Dendritisches Sarkom, nicht anderweitig spezifiziert ... 9757/3

■ Mastozytose

• Kutane Mastozytose (CM)
- Indolente systemische Mastozytose (ISM) ... 9741/1
- Systemische Mastozytose mit assoziierter, klonaler, hämatologischer (nicht-Mastzell-) Erkrankung (SM-AHNMD) ... 9741/3
- Aggressive systemische Mastozytose (ASM) ... 9741/3
- Mastzelleukämie (MCL) ... 9742/3
- Mastzellsarkom (MCS) ... 9740/3
- Extrakutanes Mastozytom ... 9740/1

Disseminierte intravasale Gerinnung (DIC)[1] [D65]

Allg: • Die DIC ist das Ergebnis einer kontinuierlichen Aktivierung des Gerinnungssystems mit:
- Überschiessender, diffusen, in vivo Thrombin-Bildung und Fibrin-Ablagerungen
- Verbrauch von:
  -- Thrombozyten
  -- Fibrinogen u.a. Gerinnungsfaktoren
  -- Gerinnungsinhibitoren

Dg: • Die Diagnose beruht auf suggestiven Laborresultaten (S. 921) und Vorhandensein einer möglichen, ursächlichen Erkrankung oder Situation.
Normale Laborwerte schliessen eine DIC nicht aus.

Klas: **I. Akute DIC**

Allg: • Massive Aktivierung der Gerinnung und/oder der Fibrinolyse und erhöhter Verbrauch von Gerinnungsfaktoren und -inhibitoren.

Klin: • Im Vordergrund: **Blutungen!**
- Haut:
  -- Petechien
  -- Spontanhämatome, Blutungen an Gefässpunktionsstellen
- Spontanblutungen:
  -- Gastrointestinal
  -- Pulmonal
  -- Zerebral
  -- Urogenital u.a.

II. Chronische, kompensierte DIC

Allg: • Langsamer Verbrauch von Gerinnungsfaktoren und -inhibitoren

Klin: • **Asymptomatisch oder Klinik von Thrombosenkomplikationen**
- Niere: Akutes Nierenversagen (akute Tubulusnekrose)
- Hirn: Koma
- Leber: Leberinsuffizienz
- Lunge: Ateminsuffizienz
- Haut: Hautnekrosen
- Venen: Venenthrombosen

Urs:
- Infektion
  - Bakterien
  - Viren
  - Pilze
  - Parasiten
- Neoplasien
  - Leukämien
  - Pankreas, Magen
  - Prostata
  - Ovarien, Mamma
  - Lunge
  - Kolon
- Lebererkrankungen
- Kardiovaskulär
  - Akuter Myokardinfarkt
  - Aneurysma
  - Valvulopathie
- Trauma
- Chirurgische Eingriffe
- Medikamentös, toxisch
- SLE
- Rheumatoide Arthritis
- Morbus WEGENER
- RENDU-OSLER-Syndrom, S. 934
- Geburtshilfliche Komplikationen
  - Placenta praevia
  - Präeklampsie
  - Fetaler Tod
- Abstossungsreaktion
- Nicht kompatible Bluttransfusionen (AB0)

1 Angepasst nach : Levi M, et al. N Engl J Med 1999 ; 341 : 586-92.

Lab: • Es gibt keine pathognomonischen Laborwerte!
• Normale Laborwerte schliessen eine DIC nicht aus.
• Die Labordiagnose einer DIC kann mit folgenden Parametern gestellt werden:[2]

Laborparameter	Akute DIC	Chronische DIC
Fibrinogen	↓	↑, N/ wenig ↓
Fibrin-Spaltprodukte (D-Dimere)	↑ (bei > 85 %)	↑
Prothrombinzeit (Quick)	↓ (bei 70 %)	N oder ↑
aPTT	↑ (bei 50 %)	N oder ↓
Thrombozyten (Überlebenszeit der Thrombozyten ↓)	↓	↓

Tabelle 1: Laborparmeter bei akuter und chronischer DIC.

• Das Monitoring und die Verlaufskontrollen der DIC werden mit denselben Laborparametern (Tabelle 1) durchgeführt.

Th: **1. Kausaltherapie**
2. Supportive Therapie
Vorg: • Volumenersatz mit Ziel Euvolämie
- Vorsicht mit der Volumengabe bei Herz-, Nieren- oder Leberinsuffizienz
• Antibiotika, falls Indikation gegeben

3. Ersatztherapie
Ind: • Blutung
• Vorbereitung für chirurgische Eingriffe
Vorg: 1. Thrombozytentransfusion
Ind: • Thrombozytopenie < 20-50 G/L
Vorg: • Siehe S. 906
2. *Fresh frozen plasma (FFP)*
Allg: • FFP enthält Gerinnungsfaktoren und -inhibitoren.
Ind: • Fibrinogen < 0.8-1.0 g/L (siehe hausinterne Guidelines)
Dos: • 15 mL/kg **IV**
3. Einzel-Faktoren oder Inhibitoren (Substitution je nach Mangel)
Bsp: • Fibrinogen, Antithrombin III, Protein C
Ind: • Im Einzelfall. Hämato-Konsilium indiziert.

4. Heparin (kein Konsens!)
Ind: • Hämato-Konsilium:
- Die Indikation der Antikoagulation wird individuell gestellt und ist sinnvoll, wenn thrombotische Manifestationen im Vordergrund stehen.
Dos: • Niedrige Heparin-Dosen am Perfusor, z.B. 100 IE/kg/24 h **IV**.

2 Taylor FB Jr, et al. Thromb Haemost 2001 ; 86 :1327-30.

Antikoagulantien	Wirkungsort	Mechanismus, Bemerkungen
Vitamin K-Antagonisten (VKA)	• Hemmung der Faktoren: - II, VII, IX, X	• Hemmung der Vitamin K-abhängigen hepatischen post-translationalen γ-Carboxylierung - Folge: verminderte Oberflächenbindung der Gerinnungsfaktoren und somit verminderte Aktivität.
Heparin	• Hemmung der Faktoren: - IIa (Thrombin) - Xa und zusätzlich: - IXa, XIa, XIIa	• Die Hemmung geschieht via Antithrombin, dessen Bindungaffinität für den Gerinnungsfaktoren durch Heparin um ca. das 1'000-fache erhöht wird.
Niedermolekulare Heparine (NMH) ▪ Dalteparin ▪ Enoxaparin ▪ Nadroparin ▪ Tinzaparin	• Hemmung der Fakoren: - IIa (Thrombin) - Xa	• Hemmung via Antithrombin • Risiko einer HIT (aber weniger stark als unter Heparin)
Faktor Xa-Hemmer		
▪ Danaparoid (nicht synthetisch)	• Hemmung des Faktors: - Xa	• Heparin-ähnliches Glycosaminoglykan (aus tierischer Mukosa gewonnen) • Danaparoid wird zur alternativen Substitutionstherapie bei der HIT angewendet, s. 1220
▪ Fondaparinux (synthetisch)	• Hemmung des Faktors: - Xa	• Synthetisch hergestelltes Pentasacharid, welches die aktive Sequenz der Heparinketten darstellt. • Wirkung unabhängig von Antithrombin • Fondaparinux kann evtl. zur alternativen Substitutionstherapie bei der HIT angewendet werden (zur Zeit noch keine offizielle Zulassung), ad. Hämato-Konsilium.
Direkte Thrombinhemmer		
▪ Lepirudin ▪ Bivalirudin ▪ Argatroban	• Hemmung des Faktors: - IIa (Thrombin)	• Wirkung unabhängig von Antithrombin • Werden zur alternativen Substitutionstherapie bei der HIT angewendet, s. 1220
Fibrinolytika ▪ Streptokinase ▪ Urokinase ▪ Alteplase (rt-PA) ▪ Reteplase (r-PA) ▪ Tenecteplase (TNK-tPA)	• Plasminogen-Aktivierung	

Tabelle: Antikoagulantien und Wirkungsorte.

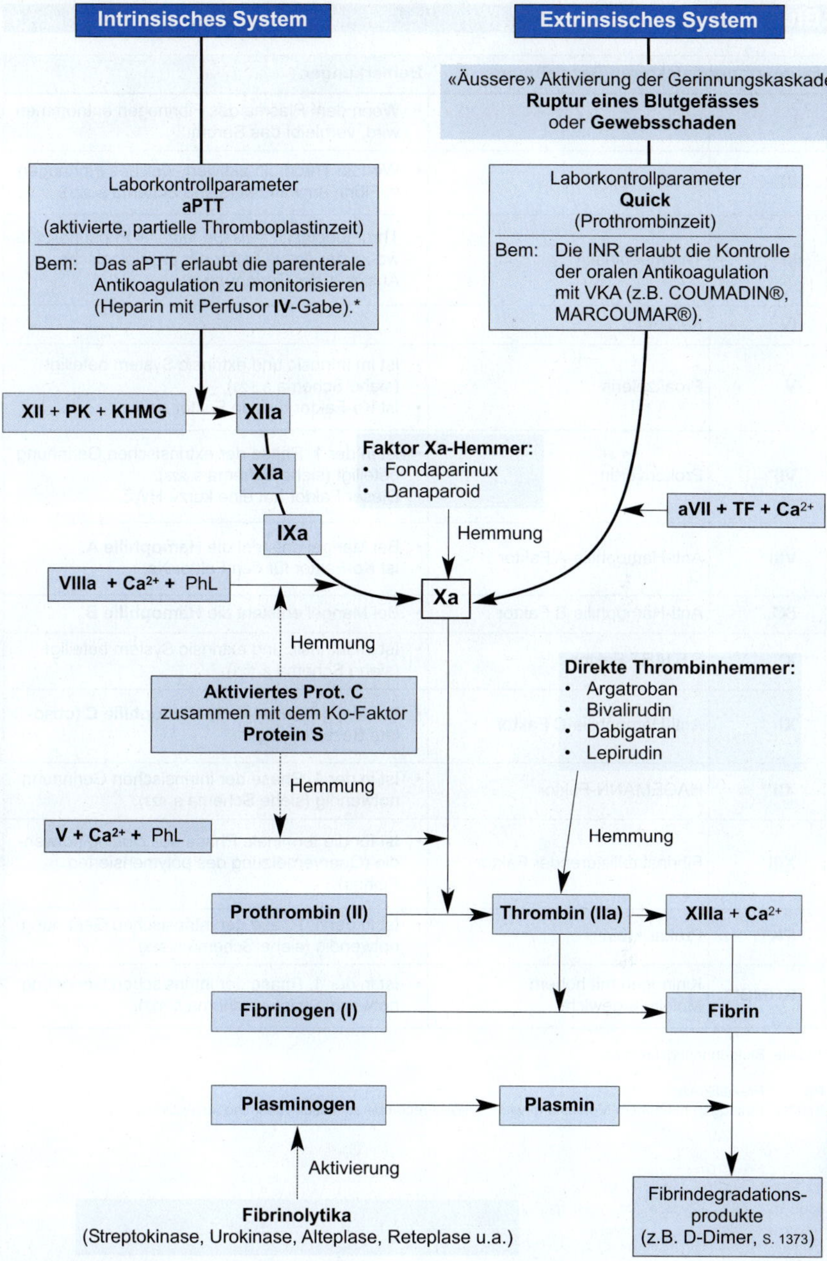

Schema: Blutgerinnung.

VKA	Vitamin K-Antagonisten
AT	Antithrombin III
Ca^{2+}	Ionisiertes Kalzium
PhL	Phospholipide
TF	Tissue factor
PK	Prekallikrein
KHMG	Kininogen mit hohem Molekulargewicht; r-tPA = recombinant tissue-Plasminogen Activator

* Das aPTT unterliegt zahlreichen Einflüssen. Zum genauen Monitoring der Antikoagulation kann die Thrombinzeit verwendet werden.

HÄMATO

Blutgerinnungsfaktoren

Blutgerinnungsfaktoren/Bezeichnung		Bemerkungen
I	Fibrinogen	• Wenn dem Plasma das Fibrinogen entnommen wird, verbleibt das Serum.
II*	Prothrombin	• Wird zu Thrombin aktiviert, welches Fibrinogen in Fibrin umwandelt (siehe Schema S. 923).
III	Thromboplastin	• Thromboplastin = *tissue factor* + Phospholipide, wobei der *tissue factor* der physiologische Auslöser der Gerinnung ist.
IV	Kalzium	
V	Proakzelerin	• Ist im intrinsic und extrinsic System beteiligt (siehe Schema S. 923). • Ist Ko-Faktor für den Faktor Xa
VII*	Prokonvertin	• Ist in der 1. Phase der extrinsischen Gerinnung beteiligt (siehe Schema S. 923). • Dieser Faktor hat eine kurze HWZ.
VIII	Anti-Hämophilie-A Faktor	• Bei Mangel entsteht die **Hämophilie A**. • Ist Ko-Faktor für den Faktor Xa
IX*	Anti-Hämophilie-B Faktor	• Bei Mangel entsteht die **Hämophilie B**.
X*	STUART-Faktor	• Ist im intrinsic und extrinsic System beteiligt (siehe Schema S. 923).
XI	Anti-Hämophilie-C Faktor	• Bei Mangel entsteht die **Hämophilie C** (obsolete Bezeichnung).
XII**	HAGEMANN-Faktor	• Ist in der 1. Phase der intrinsischen Gerinnung notwendig (siehe Schema S. 923).
XIII	Fibrinstabilisierender Faktor	• Ist für die terminale Phase des *clotting* notwendig (Quervernetzung des polymerisierten Fibrins).
PK**	Prekallikrein	• Ist in der 1. Phase der intrinsischen Gerinnung notwendig (siehe Schema S. 923).
KHMG**	Kininogen mit hohem Molekulargewicht	• Ist in der 1. Phase der intrinsischen Gerinnung notwendig (siehe Schema S. 923).

Tabelle: Blutgerinnungsfaktoren.

PK Prekallikrein
KHMG Kininogen mit hohem Molekulargewicht; r-tPA = recombinant tissue-Plasminogen Activator

* Die hepatische posttranslationale γ-Carboxylierung dieser Gerinnungsfaktoren ist Vitamin K-abhängig und wird durch die Vitamin K-Antagonisten gehemmt.

** Hämostaseologisch nicht relevant: Ein Mangel verursacht eine Verlängerung der aPTT; klinisch besteht aber keine Blutungsneigung!

Störungen der Hämostase - Einige Beispiele

aPTT	Quick	Differentialdiagnose
↑	N	▪ Folgende Gerinnungsfaktoren sind betroffen: VIII, IX, XI, XII, PK, KHMG • Hämophilie A (Faktor VIII) • Hämophilie B (Faktor IX) • Morbus von WILLEBRAND: die aPTT kann normal oder verlängert sein. • Therapie mit Standard Heparin • Vorhandensein von zirkulierenden Antikoagulantien, z.B.: - Lupus Anticoagulans Ak - Hemmkörper-Hämophilie
↑	↓	▪ Thrombinzeit und Fibrinogen normal • Vitamin K-Mangel - Orale Antikoagulation mit Vitamin K-Antagonisten (z.B. Acenocoumarol, Phenprocoumon) - Andere Medikamente, die zu einem Vitamin K-Mangelzustand führen: -- Betalaktam-Antibiotika (infolge Zerstörung der Darmflora) - Malabsorption, inkl. Cholestase - Nutritiv • Milde bis mittelschwere Leberinsuffizienz ▪ Thrombinzeit ungerinnbar und Fibrinogen normal • Exzessive Antikoagulation mit unfraktioniertem Heparin - Blutentnahme aus, mit Heparin perfundierten, Leitungen (je nach Reagenz wird bei der Quick-Bestimmung Heparin bis Konzentrationen von 2 E/mL gehemmt) ▪ Thrombinzeit verlängert und Fibrinogen vermindert • Schwere Leberinsuffizienz • Disseminierte intravasale Gerinnung (DIC) • Dysfibrinogenämien
N	N	• Thrombozytopenie • Leichtgradige Hämophilie • Thrombozytendysfunktion • Morbus von WILLEBRAND: die aPTT kann normal oder verlängert sein • Mangel an Faktor XIII (Fibrinstabilisationsfaktor) • Mangel an α2-Antiplasmin (Fibrinolyse-Hemmer)
N	↓	▪ Isolierter Faktor VII-Mangel • Heriditärer Faktor VII-Mangel • Beginnender Vitamin K-Mangel - Orale Antikoagulation mit Vitamin K-Antagonisten (z.B. Acenocoumarol, Phenprocoumon) - Andere Medikamente, die zu einem Vitamin K-Mangelzustand führen: -- Betalaktam-Antibiotika (infolge Zerstörung der Darmflora) - Malabsorption, inkl. Cholestase - Nutritiv

Tabelle: Hämostasestörungen.

aPTT aktivierte, partielle Thromboplastinzeit
PK Prekallikrein
KHMG Kininogen mit hohem Molekulargewicht; r-tPA = recombinant tissue-Plasminogen Activator

Hämophilie [A: D66; B: D67]

Allg:
- Erbkrankheit (X-chromosomal rezessiv)
- Häufigkeit: 1/5'000-10'000 der männlichen Neugeborenen

Klas:
- **Hämophilie A**
  - Mangel an Gerinnungsfaktor VIII (ca. 5x häufiger als die Hämophilie B)
  - HWZ des Faktors VIII: 8-12 h
- **Hämophilie B**
  - Mangel an Gerinnungsfaktor IX
  - HWZ des Faktors IX: 12-24 h

Klin:
- Blutungen
  - Schleimhautblutung (z.B. Epistaxis)
  - Gelenkblutungen mit Gefahr von Sekundärarthrosen und Invalidisierung
  - Muskelhämatome: im M. psoas (DD: Appendizitis!)
  - Hämaturie
  - Hirnblutung
  - Intraabdominale Blutungen
- Bei Verletzungen und Operationen können Patienten mit leichter und mittelschwerer Hämophilie genau so stark bluten, wie solche mit schwerer Hämophilie!

Aktivität der Faktoren VIII/IX	Klinik (gilt für die Hämophilie A und B)
< 1 %	• Schwergradige Hämophilie • Hohes Spontanblutungsrisiko
1-5 %	• Mittelschwere Hämophilie • Mittelschweres Spontanblutungsrisiko
5-30 %	• Leichtgradige Hämophilie
> 30 %	• Subklinische Hämophilie

Tabelle: Klinik bei Hämophilie A und B in Bezug auf die residuelle Gerinnungsfaktoraktivität.

Urs:
- Kongenital
  - Morbus von WILLEBRAND (s. 929) u.a.
- Erworben
  - Hemmkörperhämophilie (Autoimmunhämophilie mit Anti-Faktor VIII oder -IX Ak)

Lab:

Parameter (Hämophilie A und B)	Laborresultat
aPTT	↑ ***CAVE***: kann in milden Fällen normal sein!
Faktor VIII C-Aktivität («*coagulant activity*»)[A]	↓
Faktor IX C-Aktivität («*coagulant activity*»)[B]	↓
Quick	N
Thrombinzeit	N
Blutungszeit	N
Thrombozytenzahl	N
von WILLEBRAND-Faktor	N, selten ↓

Tabelle: Laborparameter bei Hämophilie A und B.

A Betrifft die Hämophilie A
B Betrifft die Hämophilie B

Vorg: **1. Allgemeine Informationen und Empfehlungen im Umgang mit hämophilen Patienten**

Allg: **Für die PRAXIS:**

- **In klinisch unklaren Situationen (keine klare Blutungsquelle vorhanden) MUSS die Substitution IMMER vor der Sicherung der Diagnose, bzw. vor dem Transport ins Zentrum, beginnen!**
- KEINE Thrombozytenaggregationshemmer verschreiben:
  - KEIN ASS
  - KEIN NSAR (inkl. COX 2-Hemmer)
- Bei Hämophilen ohne Substitutionstherapie sollen intramuskuläre Injektionen vermieden werden (Impfungen werden **SC** appliziert).
- Hämophile Patienten sollen keine gelenkbelastenden oder risikoreichen Berufe, Sportarten und sonstige gefährliche Aktivitäten ausüben.
- **Impfungen**
  - Hepatitis B: empfohlen, s. 473
  - Ein *Screening* für Hepatitis C ist indiziert: Virämie, Genotyp und anti-HCV-Ak
- Genetische Untersuchungen (evtl. pränatal) sind angezeigt.
- Das *Screening* nach Trägerinnen wird empfohlen.

2. Substitutionstherapie des fehlenden Gerinnungsfaktors

Allg: • Die medikamentöse Therapie der Hämophilie, wenn notwendig, besteht aus folgenden 2 Elementen:
- Substitution des fehlenden Gerinnungsfaktors
- ± Antifibrinolytika (Tranexamsäure)

Vorg: **I. Schwergradige Hämophilie A oder B**

■ **Schwergradige Hämophilie A**

Th: • Substitution mit dem Gerinnungsfaktor VIII

Bsp: • HAEMATE®HS, ADVATE®

Dos: • Vor dem Transport ins nächstliegende Spital: 3000-4000 IE **IV**

> Die Gabe von 1 IE/kg KG Faktor VIII induziert einen:
> → Anstieg der Faktor VIII-Plasmakonzentration von ca. 2 IE/dL (2 %)

• Der Faktor VIII wird alle 12 h verabreicht.

■ **Schwergradige Hämophilie B**

Th: • Substitution mit dem Gerinnungsfaktor IX

Bsp: • IMMUNINE® STIM plus, BERININ®HS, BENEFIX®

Dos: • Vor dem Transport ins nächstliegende Spital: 3000-4000 IE **IV**

> Die Gabe von 1 IE/kg KG Faktor IX induziert einen:
> → Anstieg der Faktor VIII-Plasmakonzentration von ca. 1 IE/dL (1 %)

• Der Faktor IX wird alle 24 h verabreicht.

II. Leichtgradige Hämophilie (Schleimhautblutungen)

■ Tranexamsäure CYKLOKAPRON®

Allg: • Tranexamsäure ist eine antifibrinolytische Substanz.

Ind: • Schleimhautblutungen, Hypermenorrhoe

Bem: • Bei anderen Blutungstypen ist die Tranexamsäure unwirksam oder kontraindiziert.

KI:
- Hämaturie der oberen Harnwege bzw. glomeruläre Hämaturie (hier besteht das Risiko einer Nierenkolik infolge «Clot»-Bildung)
- Verbrauchskoagulopathie (DIC). Hyperkoagulabilität
- Subarachnoidalblutung

Dos:
- PO 15-25 mg/kg PO alle 6-8 h (= ca. 3-4x 1-1.5 g/d)
- **IV** 10-15 mg/kg **IV** alle 6-8 h (= ca. 3-4x 0.7-1 g **IV**, die **IV**-Gabe wird selten durchgeführt)
- Dosisreduktion bei Niereninsuffizienz!

NW:
- Thromboembolie, Nausea, Erbrechen, Diarrhoe
- Blutdruckabfall, Sehstörungen

■ Desmopressin MINIRIN®

Ind: • Je nach Klinik wird zusätzlich Desmopressin als Vasokonstriktor verabreicht.

Dos:
- **IV** ....0.3 µg/kg **IV** in 50 mL NaCl 0.9 % über 30 min
- **SC** ....0.3 µg/kg = notfallmässige Automedikation
- Nasenspray....300 µg (= 2 Push zu 150 µg/Push) = notfallmässige Automedikation

Schweregrad der Blutung	Erwünschter Plasmaspiegel des entsprechenden Gerinnungsfaktors	Therapie-dauer
Kleinere Blutungen: • Oberflächliche Blutungen • Gelenk- oder Muskelblutungen im 1. Stadium • Epistaxis, Zahnblutung	20-30 %	1-2 Tage
Mittelschwere Blutungen: • Gelenk- oder Muskelblutung mit Schwellung, v.a. des M. psoas, der Wade und des Vorderarms	30-60 %	7-14 Tage
Schwere Blutungen: • Schlag auf den Kopf • Sturz auf den Kopf • Mund- oder Zungenblutung • Halsblutung • Innere Blutung • Nerven- oder Gefässkompression	50-100 %	14-21 Tage

Tabelle: Erwünschte Plasmaspiegel der fehlenden Gerinnungsfaktoren, abhängig von der Blutungsintensität.

III. Patienten mit Autoantikörpern

Allg:
- Die Gabe von Gerinnungsfaktoren kann die Bildung von Autoantikörpern (oder Allo-Antikörpern) induzieren. Diese Autoantikörper werden bei ca. 15-20 % der Patienten beobachtet, welche mit dem **Faktor VIII** substituiert werden. Bei Patienten, welche mit dem Faktor IX substituiert werden, kommt diese Auto-Antikörper-Bildung sehr selten vor.

Vorg:
- Die Substitutionstherapie ist bei Patienten mit diesen Autoantikörpern erschwert. Eine spezifische Therapie, basierend auf koagulierenden anti-inhibitorischen Komplexen (Immuntoleranzinduktion), wird in Hämophiliezentren durchgeführt.

Bsp:
- FEIBA® S-TIM 4, NOVOSEVEN®

3. Analgesie

Th:
I. Leichte Schmerzen
- Paracetamol und/oder Codein

II. Mittelmässige/starke Schmerzen
- Je nach Schmerzintensität werden schwache Opioide (z.B. Tramadol) oder starke Opioide (z.B. Morphin) eingesetzt, siehe Kapitel «Schmerzen» S. 1150

Morbus von WILLEBRAND [D68.0]

Allg:
- Autosomal dominante oder rezessive Erbkrankheit
- Männer und Frauen können diese Krankheit manifestieren.
- Rolle des von WILLEBRAND-Faktors (vWF):
  a) Induktion der Thrombozytenadhäsion auf das Subendothel bei Gefässverletzung
  b) Stabilisierung des Gerinnungsfaktors VIII

Von WILLEBRAND Typen	Bemerkungen
■ **Typ 1** (ca. 80 %)	• Partieller quantitativer Mangel des vWF
■ **Typ 2** (ca. 20 %)	• Qualitativer Defekt: - Von WILLEBRAND Krankheit 2A = Verlust der vWF-Multimeren mit höchsten Molekulargewichten (HMW) - Von WILLEBRAND Krankheit 2B = Erhöhte Bindungsaffinität zwischen vWF und Thrombozyten mit konsekutiver Thrombozytopenie und Verlust der HMW - Von WILLEBRAND Krankheit 2M (Multimere, mit nachweisbaren HMW) • Von WILLEBRAND Krankheit 2N (Normandy) = Defekte der vWF-Bindungsstelle für den Gerinnungsfaktor VIII. Phänotyp ähnlich mit Hämophilie A (DD durch Stammbau: autosomal rezessiv, auch Frauen sind betroffen)
■ **Typ 3** (selten)	• Völliges (oder beinahe) Fehlen des vWF

Klin:
- Schleimhautblutungen
- Gynäkologisch-geburtshilfliche Blutungen (z.B. Hypermenorrhoe)
- Weichteilblutungen

DD:
- Erworbener Mangel des von WILLEBRAND-Faktors (vWF):
  - Lympho- und myeloproliferatives Syndrom, s. 918
  - SLE, s. 1038
  - Medikamentös (z.B. Valproat, Ciprofloxacin)

Lab:

Parameter (Hämophilie A und B)	Laborresultat
aPTT	oft ↑
Blutungszeit	oft ↑
Von WILLEBRAND Faktor Ristocetin-Ko-Faktor	↓
Von WILLEBRAND Faktor Antigen	↓
Faktor VIII C-Aktivität *(coagulant activity)*	oft ↓
Quick	N
Thrombozytenzahl	N

Th:
1. **Substitutionstherapie**
   - Gabe eines von WILLEBRAND Faktor-haltigen Präparates, z.B. HAEMATE®HS
2. Der Typ 1 mit leichtem vWF-Mangel kann wie folgt therapiert werden:
   - Tranexamsäure; siehe Text unter «Leichtgradige Hämophilie», s. 927
   - ± Desmopressin; siehe Text unter «Leichtgradige Hämophilie», s. 927
3. Bei Hypermenorrhoe
   - Tranexamsäure, s. 927

Thrombophilie [I82.9]

Allg:
- Die Thrombophilie beschreibt eine Gruppe von Krankheiten, welche ein erhöhtes Risiko venöser und/oder arterieller Thrombosen aufweist.
- Die **venöse thromboembolische Krankheit** (VTEK) umfasst folgende 3 Entitäten:
  1. Oberflächliche venöse Thrombose
  2. Tiefe Venenthrombose, S. 292
  3. Lungenembolie, S. 298
- **Risikofaktoren für eine venöse thromboembolische Krankheit**
  - Chirurgischer Eingriff
  - Trauma, Immobilisation, Parese
  - Krebsleiden
  - Therapie gegen Krebsleiden (hormonale Therapie, Chemo- oder Radiotherapie)
  - Vorgeschichte einer VTEK
  - Alter
  - Schwangerschaft und Postpartum
  - Orale Ovulationshemmer oder hormonale Substitution mit Östrogenen
  - Akute medizinische Situation (im Allgemeinen)
  - Herzinsuffizienz
  - Ateminsuffizienz
  - Entzündliche Magen-Darm Erkrankungen (Colitis ulcerosa, Morbus CROHN)
  - Nephrotisches Syndrom
  - Paroxysmale nächtliche Hämoglobinurie
  - Adipositas
  - Varizen
  - Zentrale Venenkatheter
  - Heparin-induzierte Thrombozytopenie, S. 1220
  - Angeborene oder erworbene Thrombophilie

Indikationen zur Thrombophilieabklärung bei VTEK

Allg:
- Eine extensive Neoplasie-Abklärung ist bei einer idiopathischen VTEK nicht indiziert. Hingegen muss die Anamnese und die klinische Untersuchung sehr exakt durchgeführt werden. Dies umfasst u.a.:
  - Rektaluntersuchung
  - Gynäkologische Kontrolle
  - Hämatologische Grundbilanz: grosser Blutstatus und weitere Laborparameter, je nach Klinik
  - Röntgenthorax
- Eine VTEK kann die Erstmanifestation einer Neoplasie sein. Deshalb ist bei gewissen Patienten eine Thrombophilieabklärung indiziert.
- Die Indikation der Thrombophilieabklärung soll in Zusammenhang mit der globalen Situation und dem Vorhandensein oder nicht der VTEK-Risikofaktoren gestellt werden.

Für die PRAXIS:
Die Thrombophilieabklärung soll nur dann eingeleitet werden, wenn die Therapie dadurch beeinflusst wird!

Ind:
- **Hauptsächliche Indikationen für eine Thrombophilieabklärung**
  - Bilaterale Beinvenenthrombosen
  - Thromboserezidiv unter gut geführter Antikoagulation
  - Idiopathische VTEK bei Patienten < 50 Jahre
  - Rezidivierende VTEK
  - Ungewöhnliche Venenthrombose (mesenterial, zerebral, renal u.a.)
  - Assoziation einer arteriellen mit einer venösen Thrombose
  - Foetaler Tod (mit oder ohne Thrombosen)
  - Familienanamnese einer VTEK bei Verwandten 1. Grades

Urs:
- Aktivierte Protein C-Resistenz (APC-R; Mutation des Faktors V Leiden), S. 931
- Prothrombinmutation G20210A
- Mangel an gerinnungshemmenden Proteinen: Antithrombin, Protein C und Protein S
- Vorhandensein von Anti-Phospholipid Ak, siehe S. 932
- Hyperhomozysteinämie, S. 1403
- Myeloproliferative Syndrome
- Seltener:
  - Erhöhte Konzentrationen des Gerinnungsfaktors VIII
  - Paroxysmale nächtliche Hämoglobinurie (PNH)

Vorg:

Parameter	Allgemeine Informationen	Analysezeitpunkt
Aktivierte Protein C-Resistenz (APC-R)	• Das APC mit ihrem Ko-Faktor, (Protein S), hemmt die Gerinnungsfaktoren Va und VIIIa (siehe Schema S. 923). • Häufigste Ursache: - **Mutation des Gerinnungsfaktors V** (dadurch kann das aktivierte Protein C seine koagulo-protektive Wirkung nicht mehr ausüben). Diese Mutation wird auch als **Faktor V Leiden** bezeichnet (Leiden ist die älteste Universitätsstadt Hollands). - Diese Mutation ist häufig: ca. 5 % der weisshäutigen Bevölkerung. - Je nach genetischer Penetranz und klinischer Situation, steigt das Thromboserisiko bei den Patienten mit APC-R verschieden stark an. - Beispiele von Thromboembolierisiken bei Patienten mit Faktor V Leiden: ▶ Heterozygote Form ....5x ▶ Homozygote Form ....30x ▶ Faktor V Leiden, verbunden mit der Einnahme von östrogenhaltigen oralen Ovulationshemmern: - heterozygot ....30x - homozygot 100x	Die **APC-R** und die **Prothrombinmutation G20210A** sind Analysen, welche in jedem Zeitpunkt durchführbar sind. Beide Abklärungen werden durch eine gleichzeitige Antikoagulation nicht beeinflusst, da es sich um molekularbiologische Untersuchungen handelt.
Prothrombinmutation G20210A	• Zweithäufigste Mutation unter der weisshäutigen Bevölkerung (2 %). • Patientengruppe ....Thromboserisikoerhöhung ▪ Heterozygote Patienten ....↑ ▪ Homozygote Patienten ....↑(↑) ▪ Zusätzliche Gerinnungsstörung oder weiterer Thromboserisikofaktor ....↑(↑↑)	
Antithrombin Protein C Protein S	• Seltene Formen der Thrombophilie. • Alle diese Anomalien sind i.d.R. vererblich.	4 Wo nach Absetzen der Antikoagulation
Homozystein	• Hyperhomozysteinämie?, S. 1403	
Antiphospholipid Antikörper (APL)	• Suche eines APLS, S. 932 • Ad. Hämato-Konsilium	
Gerinnungsfaktoren bestimmen	• Erhöhte Konzentration von Gerinnungsfaktoren kann eine Thrombophilie manifestieren (z.B. VIII). • Ad. Hämato-Konsilium	
MDS und PNH	• Ad. Hämato-Konsilium	

Tabelle: Thrombophilieabklärungen.

MDS = Myelodysplastische Syndrome. PNH = Paroxysmale nächtliche Hämoglobinuire
APLS = Antiphospholipid Antikörper Syndrom

Th:

1. Hämato-Konsilium

2. Antikoagulation

- Akutphase:
  - NMH (S. 295), dann Vitamin K-Antagonisten (S. 295) mit Ziel-INR von 2.0 - 3.0
- Dauer der Antikoagulation, siehe Kapitel VTEK, S. 296
- Die Dauer der Antikoagulation kann/soll in folgenden Situationen verlängert werden:
  - Persistenz der Thromboserisikofaktoren
  - Thromboserezidiv

Antiphospholipid Antikörper Syndrom (APLS)[1-4] [D68.8]

Allg : • Das Antiphospholipid Ak Syndrom (APLS) ist eine autoimmune Erkrankung, welche manchmal sehr gravierend sein kann und sich wie folgt charakterisiert:
- Arterielle und/oder venöse Thrombosen oder geburtshilfliche Komplikationen und:
- Vorhandensein von Antiphospholipid Ak (APL).

• Pathogenese (Hypothese):
- Die APL Antikörper haben eine Wechselwirkung mit gewissen Gerinnungsproteinen und auch mit den Thrombozyten bzw. den endothelialen Zellen.

• Häufigkeit: unbekannt

• Die höchste Prävalenz des APLS wird bei Frauen zw. 20-50 Jahren beobachtet.

Dg:[4] Die Diagnose des APLS wird bei ≥ 1 klinischem Kriterium und ≥ 1 Laborkriterium gestellt:

Klinische Kriterien

1. Vaskuläre Thrombosen (venös, arteriell oder Thrombose der kleinen Gefässe) in irgendeinem Gewebe oder Organ
2. Geburtshilfliche Morbidität
   - ≥ 1 foetaler Tod, welcher nicht erklärt werden kann (normale Morphologie) in der 10 SSW oder danach
   - oder: ≥ 1 Frühgeburt in der 34 SSW oder danach, ausgelöst durch eine Präeklampsie, Eklampsie oder plazentäre Insuffizienz
   - oder: ≥ 3 konsekutive Frühgeburtsaborte < 10. SSW

Laborkriterien

1. Vorhandensein von Antikardiolipin Ak (IgG und/oder IgM) mit mittelmässig bis stark erhöhten Titern. Diese Ak müssen in mind. 12-wöchigem Intervall 2x vorhanden sein.
2. Vorhandensein des Lupus Antikoagulans Ak (LA). Diese Ak müssen in mind. 12-wöchigem Intervall 2x vorhanden sein. Die Bestimmung des LA muss den Internationalen Guidelines der *International Society of Thrombosis and Hemostasis* entsprechen.

Klin: • Arterielle Thrombosen. Diese können sich wie folgt manifestieren:
- Hirnschlag
- TIA
- Amaurosis fugax
- Akutes Koronarsyndrom
- Livedo reticularis u.a.

• Venenthrombosen
- Oberflächliche Venenthrombose
- TVT
- Lungenembolie

• Geburtshilfliche Komplikationen:
- Rezidivierende Aborte < 10. SSW
- Unerklärbarer Foetustod > 10. SSW
- Schwergradige Präeklampsie
- Intrauterine Wachstumsstörung
- Plazentaablösung

• 50 % der Patienten mit einem APLS weisen eine Begleiterkrankung auf. Oft handelt es sich um eine Autoimmunkrankheit (z.B. SLE).

Vorg: **Situationen, welche die Suche nach Antiphospholipid Ak (APL) indizieren**

- Unklare venöse thromboembolische Krankheit
- Unklare arterielle Thrombosen
- Geburtshilfliche Komplikationen (siehe unter «Klin:»)
- Livedo oder Thrombozytopenie, verbunden mit einer Thrombose und/oder einer geburtshilflichen Komplikation
- SLE
- Falsch positiver VDRL

1 Crowther MA, et al. N Engl J Med 2003 ;349 :1133-8. 2 Levine JS et al. N Engl J Med 2002 ;346 :752-63. 3 Wilson WA, et al. Arthritis Rheum 1999 ;42 :1309-11. 4 Brandt JT. Thromb Haemost 1995 ;74 :1185-90.

Lab: • **Antiphospholipid Ak (APL)** in einem spezialisierten Labor bestimmen lassen.

Klas: • Man unterscheidet 3 Typen von APL Antikörpern:

1. Lupus Antikoagulans Antikörper (LA)

Allg:
- Die LA sind unspezifische Autoantikörper (IgG oder IgM) und können durch verschiedene Labormethoden bestimmt werden.
- Die LA (auch Lupus Antikörper genannt) weisen auf eine Gerinnungsstörung hin, welche durch die Antiphospholipid Ak zustande kommt.
- Die LA sind mit dem APLS assoziiert

2. Antikardiolipin Antikörper

Allg:
- Die Antikardiolipin Ak (IgM oder IgG) beweisen das Vorhandensein von Antiphospholipid Ak, welche mittels ELISA-Methode (immunoenzymatische Laboranalyse) bestimmt werden.

3. Antikörper Anti-β2GP1

Allg:
- Die Anti-β2GP1 Ak weisen auf das Vorhandensein von Antiphospholipid Ak mittels ELISA-Methode hin.

DD:
- Idiopathisch
- Sekundär
  - SLE (in ca. 10 % der Fälle)
  - Rheumatoide Arthritis
  - Medikamentös induziert: Procainamid, Antibiotika, Phenytoin, Chlorpromazin
  - Infekte (bakteriell, viral, parasitär)
  - Lymphoide Hämatopathien u.a.

- Suche nach einer Thrombozytopenie

Th: **1. Antikoagulation**
- Akutphase:
  - NMH, dann Vitamin-K Antagonisten (Acenocoumarol, Phenprocoumon), s. 295
  - Ziel-INR von 2.0 - 3.0
- Dauer der Antikoagulation: ad Hämato-Konsilium
  - Eine langandauernde Antikoagulation ist indiziert, solange die Antikörper persistieren. Jährliche Verlaufskontrollen sind notwendig.
- Schwangerschaft und APLS (Hämato-Konsilium)
  - Acetylsalicylsäure (100 mg/d) + NMH

Morbus RENDU-OSLER-WEBER [I78.0]

Syn: • Hämorrhagische, hereditäre Telangiektasie, Morbus OSLER

Allg: • Autosomal dominante Erbkrankheit (mit ≥ 98 % Penetration)
• Männer : Frauen = 1 : 1

Klin: • Spontane und rezidivierende Epistaxis seit der Kindheit (bei 75 % vor dem 20. LJ)
• Bildung von multiplen Angiektasien:
  - Gesicht.............Wangen, Lippen (v.a. Unterlippen)
  - Schleimhäute....Epistaxis, Zunge, Gaumenbögen
  - Extremitäten......Fingerkuppen

Kpl: • Digestiv ....GI-Blutung
• Pulmonal ....Hämoptoe
• Hepatisch ....Arterio-venöse Malformationen
• Neurologisch ....Arterio-venöse Malformationen (Risiko von: Schlaganfall, Hirnblutung)

Dg: • Bei ≥ 3 der folgenden 4 Kriterien wird ein Morbus RENDU-OSLER-WEBER diagnostiziert:
  1. Epistaxis (spontanes, sich wiederholendes Nasenbluten)
  2. Telangiektasien
     - Multiple Gefässmissbildungen, sogenannte «OSLER-Knötchen», welche an folgenden Stellen zu suchen sind:
       -- Lippen
       -- Mundhöhle
       -- Fingern
       -- In der Nase
  3. Viszerale Manifestationen
     - Gefässmissbildungen innerer Organe:
       -- Magen
       -- Lunge
       -- Leber
       -- Hirn u.a.
  4. Positive Familienanamnese bei Verwandten 1. Grades

Vorg: • Klinische und paraklinische Verlaufskontrollen
  - Anämie?
  - Bildgebung: Sonographie, CT, MR, Angiographie
• Genetische Beratung
  - Eine pränatale Diagnose ist zur Zeit nicht möglich.

Th: • Therapeutische Optionen:
  - Topische Anwendung von Östrogenen (z.B. bei Nasenbluten)
  - Tranexamsäure CYKLOKAPRON®
  - Chirurgische Blutstillung

ONKOLOGIE

Alle Stadieneinteilungen können
on-line
mit folgendem Link eingesehen werden:

www.cancer.gov/cancertopics

ONKO

Obere Einflussstauung (Vena-cava-superior-Syndrom) [I87.1]

Allg:
- Obere Einflussstauung = Vena-cava-superior-Syndrom (VCSS)
- Kommt durch eine Einflussbehinderung in der Vena cava superior zustande.

Urs:
- Maligne Tumoren (ca. 85 %)
  - Bronchialkarzinom, v.a. Kleinzeller (65 %)
  - Lymphome, v.a. mit hohem Malignitätsgrad (10 %) u.a.
- Metastasen (10 %)
  - v.a. Mammakarzinom
  - Seminom
  - Sarkom
- Benigne Raumforderungen (12 %)
  - Tuberkulose
  - Aspergillose
  - Nokardiose
- Venenthrombose (2 %)
- Mediastinale Fibrose (1 %)

Klin:
- Kurze Anamnese (bis zu 6 Wo)
- Gesichts-, Hals- und Armödem mit vermehrter Venenzeichnung
- Dyspnoe, Tachypnoe
- Zyanose
- Kopfschmerzen
- ZNS-Störungen
- Evtl. HORNER-Syndrom, S. 560

Vorg:
- Sorgfältige klinische Untersuchung:
  - Alle Lymphknotenstationen palpieren
  - Intensive Hautinspektion u.a.
- ***Staging***
  - CT mit Kontrastmittel
  - Biopsie (CT-gesteuert, bronchoskopisch oder mediastinoskopisch) für Histologie

Th: **A. Indikationen für sofortige Therapieeinleitung**

A.1. Zerebrale Symptomatik

A.2. Akute zirkulatorische Insuffizienz (S. 22) mit diastolischer Füllungsstörung, Abnahme der Auswurffraktion

A.3. Atemwegsobstruktion → HNO-Kons (notfallmässig)

B. Therapie im engeren Sinn

B.1. Sauerstoff (z.B. mittels Sauerstoffbrille, je nach Bedarf 2-8 L/min)

B.2. Lagerung des Patienten
- Hochlagerung des Oberkörpers (Aspirationsgefahr)
- Stenteinlage bei:
  - -- Lebensbedrohlichen Symptome
  - -- Rezidiv nach Bestrahlung
  - -- Chemotherapieresistenten Tumoren

B.3. Medikamentöse Therapie
- Kortikoide (parenteral). Kortikoide sind v.a. bei Lymphomen wirksam, falls möglich erst nach Biopsie einsetzen

B.4. Radiotherapie bei strahlensensiblen Tumoren (z.B. nicht-kleinzelliges Bronchuskarzinom, S. 914)

B.5. Chemotherapie (z.B. Lymphome und kleinzelliges Bronchuskarzinom)

Hirndruckerhöhung (Hirndrucksteigerung) [G93.2]

Allg:
- Siehe auch Kapitel «Hirndruck», S. 572
- Die häufigste neurologische Komplikation bei Tumorpatienten ist die intrakranielle Drucksteigerung durch Hirnmetastasen.
- 10-25 % der Tumorpatienten leiden an Hirndruckerhöhung, davon sind 2/3 symptomatisch.
- Die Inzidenz der Hirnmetastasen ist tendenziell steigend. Neue onkologische Medikamente verlängern das Überleben, sind aber meist nicht ZNS-gängig.

Urs:
- Hirnmetastasen, z.B. bei:
  - Bronchuskarzinom
  - Mammakarzinom
  - Nierenzellkarzinom
  - Malignem Melanom u.a.
- Diffuse Infiltration der Meningen durch:
  - Leukämiezellen
  - Lymphomzellen
- Selten mit Hirndruckerhöhung einhergehend:
  - Primäre Hirntumoren
  - Einblutung in Hirnmetastasen:
    - -- Hellzelliges Nierenzellkarzinom
    - -- Chorionkarzinom

Klin:
- Kopfschmerzen (50 % als Erstmanifestation des Tumors!)
- Nausea, Erbrechen (typisch: Nüchternerbrechen ohne vorausgehende Nausea)
- Bewusstseinsstörung
- Epileptische Anfälle
- Fokale neurologische Ausfälle
- Psychische Veränderungen
- Selten Hirnstammsymptomatik (S. 570):
  - Bradykardie
  - Hypertonie u.a.

Vorg:
- Präzise klinische Untersuchung (inkl. Augenfundus: evtl. Stauungspapillen)
- ***Staging***
  - CT/MR: Schädel und Thorax-Abdomen

Th:

A. Allgemeinmassnahmen

1. Siehe Kapitel «Hirndruck», S. 572
2. Oberkörper hochlagern
3. Flüssigkeitsbilanz, siehe S. 572

B. Medikamentöse Therapie

1. Dexamethason 8-24 mg/d **IV** oder PO
2. In Abhängigkeit von der Prognose der zugrunde liegenden Erkrankung:
   - Intensivmedizinische Massnahmen (z.B. Mannitol, Hyperventilation), siehe S. 572
3. Antikonvulsive Prophylaxe nicht indiziert (nur in 10-20 % epileptische Anfälle)
4. Therapie der Grunderkrankung
   - Operation
   - und/oder Radiotherapie
   - und/oder Chemotherapie

Rückenmarkkompression [G95.2]

Allg:
- Die Rückenmarkkompression kommt durch die Kompression des Spinalkanals zustande und weist das **Risiko eines Querschnittssyndroms** auf!
- Eine Rückenmarkkompression tritt bei 5 % der Tumorpatienten im Verlauf ihrer Erkrankung auf.
- Pathophysiologie:
  - Bei 90 % der Patienten durch metastatischen Befall der Wirbelkörper (Prostata-, Bronchus- und Mammakarzinom)
  - Bei 10 % der Patienten infolge paraspinaler Masse mit Zugang zum epiduralen Raum via Neuraforamina (Lymphome)

Urs:
- Prostatakarzinom (20 %), S. 958
- Mammakarzinom (20 %), S. 940
- Bronchuskarzinom (20 %), S. 947
- Nierenzellkarzinom (10 %)
- Lymphome (10 %), S. 961
- Multiples Myelom (10 %), S. 972
- Seltene Ursachen der Rückenmarkkompression:
  - Kolonkarzinom, S. 954
  - Sarkome, S. 968
  - Malignes Melanom, S. 970

Klin:
- Lokalisation:
  - Zervikal (10 %)
  - Thorakal (70 %)
  - Lumbosakral (20 %)
  - Multifokal (25 %)
- Unspezifische Wirbelsäulen- oder Rückenschmerzen (meist mehrere Wochen vor neurologischen Ausfällen)
- Radikuläre Symptomatik (sensibel oder motorisch) typisch, aber nicht obligat

Vorg:
- ***Staging***
  - MR (CT meist nicht geeignet)
  - Lumbalpunktion (S. 574) bei Verdacht auf meningealen Befall

Th:
A. Medikamentöse Therapie
1. Analgesie
2. Kortikoide: Dexamethason 8-24 mg/d **IV**

B. Radiotherapie in hohen Einzeldosen

C. Neurochirurgie (dekompressive Resektionen)

D. Chemotherapie
- Die Chemotherapie ist in Monotherapie selten geeignet. Sie soll bei folgenden Tumoren in Betracht gezogen werden:
  -- Lymphomen
  -- Neuroblastom
  -- Keimzelltumoren

Tumorlysesyndrom

Allg: • Das Tumorlysesyndrom kommt durch metabolische Veränderungen des Tumorzellzerfalls zustande. Intrazelluläre Bestandteile (v.a. Phosphat, Kalium und Harnsäure) werden dabei freigesetzt.

Urs: • Bei Behandlung folgender Tumoren:
- Leukämien und Lymphome (10 % der neu behandelten Patienten)
- Selten:
  - Kleinzelliges Bronchuskarzinom
  - Keimzelltumoren
  - Mammakarzinom
  - Sarkom
  - Ovarialkarzinom

• Risikofaktoren für das Auftreten eines Tumorlysesyndroms
- Hochgradig chemosensible Tumoren
- Tumor mit hoher Zellzahl und hoher Proliferationsrate
- Niereninsuffizienz
- Hypovolämie
- LDH- Anstieg nach Therapiebeginn
- Hyperurikämie

Klin: • Akutes Auftreten nach Chemotherapiebeginn (meist innert 12-24 h):
- Nausea, Erbrechen
- Hyperkaliämie, siehe S. 1386
- Hyperurikämie
- Oligo-anurische Niereninsuffizienz

Dg: • Niereninsuffizienz ± Hyperkaliämie mit typischen EKG-Veränderungen (S. 1386 ff)
• Hyperphosphatämie (> 1.6 mmol/L)
• Hyperurikämie (> 500 µmol/L)

Th: **A. Prophylaxe des Tumorlysesyndroms**
- Risikofaktoren behandeln
- Flüssigkeitszufuhr (Ziel-Urinvolumen: > 2.5 L/d). Vorsicht bei älteren Patienten und bei Herzinsuffizienz!
- Allopurinol (Dosis nierenfunktionsadaptiert): Beginn wenn möglich 2 Tage vor der Chemotherapie
- Bei Hochrisikopatienten, ad: Rasburicase (FASTURTEC®). Diese Therapie katalysiert den Harnsäureabbau.

B. Allgemeinmassnahmen
- Monitoring (EKG)
- Sauerstoff, bei Bedarf
- Forcierte Hydratation (z.B. NaCl 0.9 % 2-3 L/d)

C. Klinik orientierte Therapie

C.1. Je nach Klinik, ad. Schleifendiuretika, S. 1250

C.2. Bei Hyperurikämie: Rasburicase FASTURTEC®

C.3. Bei Hyperkaliämie, siehe S. 1388

C.4. Bei Hypokalzämie (< 2 mmol/L): Kalziumglukonat, siehe S. 1391

C.5. Dialyse: Die Indikation zur Dialyse muss rechtzeitig gestellt werden (siehe S. 625):
- Volumenüberlastung
- Hyperurikämie > 590 µmol/L
- Rasch ansteigendes Phosphat
- Unkontrollierbare Hyperkaliämie, S. 1388

Mammakarzinom [C50.9]

Allg:
- Das Mammakarzinom ist der häufigste maligne Tumor der Frauen (dann Zervix, dann Ovar)
- Inzidenz (altersstandardisiert in wohlhabenden Ländern): ca. 68/100'000 Einwohner/Jahr:
  - In der Schweiz: ca. 4'900 Neuerkrankte/Jahr
  - In Deutschland: 49'000 Neuerkrankte/Jahr
- Mortalität ca. 18/100'000/Jahr
- Etwa 1 % der Mammakarzinome entstehen bei Männern.
- Das kumulative Erkrankungsrisiko bis zum Alter von 80 J liegt bei ca. 10 %.
- Seit Mitte der 1980er Jahre ist die Mortalität infolge Mammakarzinom (aber nicht die Inzidenz) in den meisten Industrieländern am Sinken.

Urs:
- Unbekannt
- **Risikofaktoren**
  - Alter
  - Frühe Menarche, späte Menopause
  - Adipositas (in der Postmenopause)
  - Familiäre Belastung
  - Vorgeschichte eines Carcinoma in situ

Klin:
- Resistenz in der Brust
- Einziehung der Haut
- Orangenhaut (= Lymphödem der Haut)
- Ekzemähnliche Hautläsion (Morbus PAGET oder PAGET-Karzinom: seltene Krebsform der Brustwarze)
- Entzündete Haut (inflammatorisches Mammakarzinom)
- Axilläre, konsistenzvermehrte Lymphadenopathie

Kpl:
- Skelett: Frakturen, Hyperkalzämie
- Lunge: Dyspnoe
- Leber: Cholestase, Leberversagen
- Gehirn: Neurologische fokale Ausfälle, Epilepsie

Stad: **Stadieneinteilung nach TNM (Tumor, Nodi, Metastasen), siehe auch WEB-Link** S. 935

Vereinfachte Stadieneinteilung

pT - Primärtumor

- pTX Primärtumor kann nicht beurteilt werden
- pT0 Kein Anhalt für einen Primärtumor
- pTis Carcinoma in situ
- pT1 Tumor ≤ 2 cm in grösster Ausdehnung
  - pT1mic ....Mikroinvasion von ≤ 0.1 cm in grösster Ausdehnung
  - pT1a ....> 0.1 cm, aber ≤ 0.5 cm in grösster Ausdehnung
  - pT1b ....> 0.5 cm, aber ≤ 1 cm in grösster Ausdehnung
  - pT1c ....> 1 cm, aber ≤ 2 cm in grösster Ausdehnung
- pT2 Tumor > 2 cm, aber ≤ 5 cm in grösster Ausdehnung
- pT3 Tumor > 5 cm in grösster Ausdehnung
- pT4 Tumor jeder Grösse mit direkter Ausdehnung auf Brustwand oder Haut
  Anmerkung: Die Brustwand schliesst die Rippen, die interkostalen Muskeln und den vorderen Serratusmuskel mit ein, nicht aber die Pektoralis-Muskulatur.
  - pT4a ....Mit Ausdehnung auf die Brustwand
  - pT4b ....Mit Ödem (einschliesslich Orangenhaut), Ulzeration der Brusthaut oder Satellitenmetastasen der Haut der gleichen Brust
  - pT4c ....Kriterien 4a und 4b gemeinsam
  - pT4d ....Entzündliches Karzinom

pN - Regionäre Lymphknoten

- pNX Regionäre Lymphknoten können nicht beurteilt werden (zur Untersuchung nicht entnommen oder früher entfernt)
- pN0 Keine regionalen Lymphknotenmetastasen
- pN1mi Mikrometastase (> 0.2 mm aber ≤ 2 mm in maximaler Ausdehnung)
- pN1 Metastase(n) in 1-3 ipsilateralen axillaren Lymphknoten
  - pN1a ....Metastase(n) in 1-3 ipsilateralen axillaren Lymphknoten
  - pN1b ....Lymphknoten entlang der A. mammaria interna mit mikroskopischer(en) Metastase(n), die bei der Sentinellymphknoten-Dissektion entdeckt wurden, aber nicht klinisch erkennbar waren

- pN1c ....Metastasen in 1-3 ipsilateralen axillaren Lymphknoten und ipsilaterale Lymphknoten entlang der A. mammaria interna

pN2 Metastase(n) in 4-9 ipsilateralen axillaren Lymphknoten
- oder in klinisch erkennbaren ipsilateralen Lymphknoten entlang der A. mammaria interna ohne axillare Lymphknotenmetastasen.

pN3 Metastasen in mindestens 10 ipsilateralen axillaren Lymphknoten;
- oder in ipsilateralen infraklavikularen Lymphknoten;
- oder in Lymphknoten entlang der A. mammaria interna mit ≥ 1 axillaren Lymphknotenmetastase; oder > 3 axillare Lymphknotenmetastasen mit klinisch nicht erkennbarer(en), mikroskopisch nachweisbarer(en) Metastase(n) in Lymphknoten entlang der A. mammaria interna;
- oder Metastase(n) in ipsilateralen supraklavikularen Lymphknoten.

M - Fernmetastasen

MX Vorliegen von Fernmetastasen kann nicht beurteilt werden.
M0 Keine Fernmetastasen
M1 Fernmetastasen

Vorg:
1. Mammographie
2. Mamma-Sonographie + präoperative Biopsie
3. Prä- oder postoperative Suche nach Fernmetastasen
   - Ind:
     - Befallene Lymphknoten
     - Grosser Primärtumor
     - Hinweis auf vaskuläre Invasion
   - Vorg:
     - Thoraxröntgen + Abdomensonographie + Knochenszintigraphie

Th: **A. Carcinoma in situ**

Vorg: • Duktales Carcinoma in situ (DCIS): ad. Resektion mit freien Rändern + Radiatio

Bem: • Die lobuläre Neoplasie weist auf ein erhöhtes Risiko eines invasiven Mammakarzinoms hin.

B. Operables Mammakarzinom

B.1. Operation
1. Brusterhaltende Resektion (gefolgt von adjuvanter Radiotherapie)
   oder:
   Mastektomie
2. Axilläre Lymphadenektomie bei befallenem Sentinel-Lymphknoten
3. Neoadjuvante, präoperative Therapie: bei grossen Primärtumoren, mit dem Ziel der Ermöglichung einer brusterhaltenden Resektion.

B.2. Postoperative Therapie (Therapiedauer 3-6 Monate)
1. Adjuvante Chemotherapie
   - Ind:
     - Fehlende oder fragliche Empfindlichkeit gegen Antiöstrogentherapien (z.B. schwache oder fehlende Expression eines oder beider Hormonrezeptoren (Östrogen- und Progesteronrezeptor)
     - Hohes Rezidivrisiko
   - Allg:
     - Eine Anthrazyklin haltige Chemotherapie vermindert die relative Mortalität bei:
       - Patientinnen < 50 Jahre: um 30-40 %
       - Patientinnen > 50 Jahre: um 20 %
     - Der Nutzen einer Chemotherapie ist grösser bei Tumoren, welche Östrogenrezeptoren exprimieren.
2. Adjuvante Hormontherapie
   - Ind:
     - Tumoren, die Östrogen- oder Progesteronrezeptor exprimieren:
       I. Vor der Menopause:
         - Tamoxifen + LHRH-Agonist (z.B. Goserelin)
       II. Nach der Menopause:
         - Tamoxifen, dann Aromatase-Hemmer in Monotherapie (z.B. Exemestan, Anastrol, Letrozol)
   - Allg:
     - Eine Therapiedauer von mindestens 5 Jahren vermindert die Mortalität um ca. 35 %.
3. Adjuvante Immuntherapie mit Trastuzumab für 1 Jahr
   - Ind:
     - Tumor mit Überexpression von HER-2 Protein (Immunhistochemie HercepTest 3+)
       oder:
     - Tumor mit Amplifikation des HER-2-Gens (FISH-Verhältnis HER-2:Zentromer 17 > 2.2:1)
   - Allg:
     - Die adjuvante Therapie mit Trastuzumab hat folgende Wirkung:
       - Verminderung das Rezidivrisiko um ca. 50 %
       - Signifikante Mortalistätssenkung

4. Adjuvante Radiotherapie der Brust nach brusterhaltender Resektion, bzw. der Thoraxwand nach Ablatio

   Ind: • Hohes lokales Rezidivrisiko (T3 und höher, N2 und höher)

   Allg: • Die Radiotherapie vermindert das relative Risiko eines Lokalrezidivs um etwa 75 %.

C. Inoperables Mammakarzinom (lokal fortgeschritten, Fernmetastasen)

C.1. Hormontherapie

Ind: • Patientinnen mit Östrogenrezeptor-positivem Mammakarzinom, wenn ein langsamer Wirkungseintritt tolerabel ist.

Vorg: • Vor der Menopause: ....LHRH-Analog + Tamoxifen
• Nach der Menopause: ....Aromatasehemmer (siehe S. 941)

C.2. Palliative Chemotherapie

Allg: • In der Regel als Monotherapie.
• Bei schwerwiegenden Symptomen kann eine Kombinationstherapie eingeleitet werden, was eine höhere Ansprechwahrscheinlichkeit, aber gleiches Überleben wie bei sequentieller Monotherapie zur Folge hat.

C.3. Adjuvante Immuntherapie

Ind: • HER-2-positives Mammakarzinom ist der Einsatz von Trastuzumab indiziert, unter Berücksichtigung der Vorbelastung mit Anthrazyklinen und der kardialen Anamnese.

C.4. Palliative Radiotherapie

Ind: • Lokalisierte Symptomen (z.B. schmerzhafte Skelettmetastasen)

ONKO

Endometriumkarzinom [C54.1]

Allg:
- 6 % aller bösartigen Tumoren der Frauen sind Endometriumkarzinome.
- Lebenslanges Risiko in der Normalbevölkerung: 2.6 %
- In 80-85 % der Fälle ist das Endometriumkarzinom Östrogen abhängig.
- Histologie: meistens gut bis mässig differenzierter endometrioider Typ, assoziiert mit atypischer Hyperplasie

Urs:
- Mögliche Ursache:
  - Prolongierte Exposition mit Östrogen (Substitution in der Postmenopause) oder Tamoxifen
- Risikofaktoren:
  - Genetisch (LYNCH-Syndrom)
  - Adipositas

Klin:
- Menometrorrhagien
- Postmenopausale Blutungen
- Endometriale Dicke (postmenopausal) > 5 mm, in Ultraschall gemessen

Vorg:
- Endometriumbiopsie mit der «Pipelle de Cornier®»
- ***Staging***
  - Thorax (PA/seitlich)
  - Abdomen/Becken-CT, Abdomensonographie
  - Hysteroskopie/Curettage

Stad: **Stadieneinteilung nach FIGO, WEB-Link, siehe** S. 935

Kpl:
- Passage-Störungen
- Blutungen
- Harninkontinenz
- Fistelbildung

Th:

A. Operable Stadien

Vorg:
- Abdominale totale Hysterektomie, Adnexektomie, pelvine und retroperitoneale Lymphadenektomie, peritoneale Lavage

B. Inoperable lokalisierte Stadien und internistisch inoperable Patientinnen

Vorg:
- Radiotherapie in kurativer Absicht

C. Adjuvante perkutane Radiotherapie

Allg:
- Patientinnen mit hohem Risiko für Befall pelviner Lymphknoten (neuere randomisierte Studien stellen den Wert der perkutanen Radiotherapie in Frage).

D. Brachytherapie

Ind:
- Nach lokalen Richtlinien

E. Adjuvante Chemotherapie

Th:
- Cisplatin + Doxorubicin oder Carboplatin + Paclitaxel +/- Doxorubicin

Ind:
- Wahrscheinlich sinnvoll bei Patientinnen mit vollständig resezierten Tumoren der Stadien IC (G2 und G3) bis IIIA

F. Palliative Pharmakotherapie

Vorg:
1. Positive Östrogen- oder Progesteronrezeptoren → Gestagene
2. Negative Östrogen- oder Progesteronrezeptoren → Palliative Chemotherapie

G. Adjuvante Hormontherapie: nicht indiziert

Ovarialkarzinom [C56]

Allg:
- Das Ovarialkarzinom ist nach dem Mamma- und dem Zervixkarzinon das dritthäufigste gynäkologische Malignom (weltweit: Mamma > Zervix > Ovar > Endometrium).
- Häufigste Todesursache bei Frauen mit gynäkologischen Malignomen.
- Inzidenz: 15/10'000 Frauen/Jahr, stabil seit 20 Jahren
- Prävalenz (lebenslang): 1.4 %
- Altersgipfel bei Diagnosestellung: 50.-60. Altersjahr
- Histologie der Ovarialtumoren:
  - 90 %: epitheliale Karzinome
  - 10 %: Keimstrang-Tumoren (*sex cord stromal tumors*), Keimzelltumoren oder Metastasen von anderen primären Malignomen (Magen, Mamma)

Urs:
- Unbekannt
- Risikofaktoren des Ovarialkarzinoms:
  - Wiederholte Ovulationen. Diese führen zu mehrmaligen kleinen Traumata des ovarialen Epithels, die zu maligner Entartung prädisponieren.
  - Genetische Faktoren (z.B. Mutationen in BRCA1/2), aber auch in anderen Genen
- Wahrscheinlich «schützende» Faktoren des Ovarialkarzinoms:
  - Multiple Schwangerschaften
  - Einnahme von oralen Kontrazeptiva

Klin:
I. Asymptomatische oder unspezifische Unterbauchbeschwerden (betrifft v.a. die Frühstadien)
   - Bis zu 70 % der Fälle werden erst in fortgeschrittenen Stadien diagnostiziert!

II. Symptomatisch - Symptome und Befunde
   - Diffuse Bauchschmerzen
   - Störung der intestinalen Passage
   - Aszites
   - Palpable Masse im Becken

Vorg:
- Internistische und gynäkologische Untersuchung
- ***Staging***
  - Thorax (PA/seitlich)
  - Abdomen/Becken-CT

Lab:
- CA 125

Stad: Stadieneinteilung nach FIGO, WEB-Link, siehe S. 935

- Das *Staging* beruht auf den intraoperativen und histopathologischen Befunden.
- Die Untersuchung retroperitonealer Lymphknoten ist für das *Staging* essentiell, wenn nicht makroskopisch eine Peritonealkarzinose besteht.

Th:

A. Chirurgische Intervention
- Mediane Laparotomie, ad *Staging*:
  - Hysterektomie, bilaterale Adnexektomie, Omentektomie
  - Peritoneale Biopsien
  - Lavage
  - Pelvine und retroperitoneale Lymphadenektomie
  - Optimales *Debulking* auf Tumorresiduen < 1 cm max. Durchmesser

B. Chemotherapie
- Carboplatin +/- Taxane für 6 Zyklen (18 Wo)
- Fertilitätserhaltende Resektion und verkürzte Chemotherapien sind im Einzelfall zu diskutieren.
- Bei Rezidiv werden auch andere Zystostatika eingesetzt (liposomales Doxorubicin, Topotecan, Gemcitabin)

Kpl:
- Intestinale Passagestörungen
- Ileus/Subileus
- Karzinomatöser Aszites, S. 427
- Postrenale Niereninsuffizienz infolge Harnabflusskompression

ONKO

Zervixkarzinom [C53.9]

Allg:
- Das Zervixkarzinom ist nach dem Mamma- das zweithäufigste gynäkologische Malignom (weltweit: Mamma > Zervix > Ovar > Endometrium).
- Zweithäufigste krebsbedingte Todesursache von Frauen in Entwicklungsländern
- In westlichen Ländern hat die Inzidenz dank Zervixzytologie-Screening-Programmen deutlich abgenommen.

Urs:
- Infektion mit onkogenen Subtypen des **Humanen Papillomavirus** (HPV)

Klin:
I. Asymptomatisch
II. Symptomatisch
   - Vaginale Blutungen und Ausfluss
   - In fortgeschrittenen Stadien:
     -- Postrenale Niereninsuffizienz
     -- Hämaturie
     -- Urininkontinenz
     -- Tenesmen

Kpl:
- Fistelbildung (rekto-vaginal, zysto-rektal)
- Ureterobstruktion

Vorg:
- Genaue klinische und gynäkologische Untersuchung
- ***Staging***
  - Thorax (PA/seitlich)
  - Abdomen/Becken-CT
  - Becken-MR

Stad: Stadieneinteilung nach FIGO, WEB-Link, siehe S. 935
- Die Stadieneinteilung erfolgt klinisch auf Grund der gynäkologischen Untersuchung unter Allgemeinanästhesie.

Th: Die Therapie ist interdisziplinär:
- **Stadium FIGO IA1**
  - Konisation oder einfache Hysterektomie
- **Bis Stadium IIA**
  - WERTHEIM-Operation
  - Alternativtherapie: Radiotherapie (gleiche Heilungsaussichten, aber höhere Langzeitmorbidität!)
- **Inoperables Stadium FIGO IB2 und ab Stadium IIB bis IVA**
  - Kurative intendierte Radio-Chemotherapie
- **Fernmetastasen und inoperablem, nicht bestrahlbarem Rezidiv**
  - Palliative Chemotherapie mit Platin-Derivaten und Topotecan (oder Taxanen oder Vinorelbine)

Lungenkarzinom: SCLC (Kleinzeller) [C34.9]

Allg:
- Das SCLC entspricht 3-4 % aller malignen Tumoren.
- 15-25 % aller Bronchialkarzinome sind SCLC.
- Inzidenz generell abnehmend.
- Inzidenz: 15/100'000 Einwohner/Jahr
- Männer/Frauen: ca. 5:1, wobei der Anteil der Frauen als Folge des gesteigerten Nikotinabusus zunimmt.
- **Risikofaktoren**
  - Zigarettenrauchen (ca. 30x höheres Risiko als Nichtraucher)
  - Passivrauchen
  - Radonexposition
  - Berufliche Noxen:
    - Asbest, Arsen, Chrom, Nickel und polyzyklische aromatische Kohlenwasserstoffe

Klin:
- Infolge raschen Tumorwachstums werden Patienten mit SCLC oft schnell symptomatisch:
  - Gewichtsabnahme
  - Husten
  - Hämoptoe
  - Dyspnoe
  - Thoraxschmerzen
  - Fieber
  - Heiserkeit infolge Befalls des N. laryngeus recurrens (rechts um die A. subclavia; links um den Aortenbogen ziehender Vagusast)
- Häufig paraneoplastische Syndrome (10 %), siehe auch S. 1019
  - Hypertrophe pulmonale Osteoarthropathie
  - SIADH, S. 1402
  - CUSHING-Syndrom
  - Neurologische Paraneoplasien (Polyneuropathien, Enzephalopathien, LAMBERT-EATON-Syndrom, S. 1019)
  - Hyperkalzämie durch PTH-rP *(parathyroid-hormone-related peptide)*

Dg:
- Histologie mittels Bronchoskopie (zytologische Diagnose nur, falls die histologische Sicherung unmöglich ist).
- ***Staging***
  - Thorax-, Abdomen/Becken-CT
  - Knochenszintigraphie +/- gezielte MR-Untersuchungen
  - Schädel CT
  - Evtl. Knochenmarkbiopsie
  - PET-CT zur Zeit nur in kleineren Studien untersucht; gute Sensitivität

Stad: Stadieneinteilung, WEB-Link, siehe S. 935

1. Limited disease:
   - Begrenzt auf einen Hemithorax (= ein Strahlenfeld)
   - Entspricht in der TNM Klassifikation dem Stadium I - IIIB, siehe WEB-Link S. 935
2. Extensive disease:
   - Vorhandensein einer Metastase ausserhalb des ipsilateralen Hemithorax

Th:

A. Ohne Metastasen
- Kombinierte Radio-Chemotherapie

B. Metastatisches SCLC
- Palliative Chemotherapie mit Cisplatin und Etopophos

C. Prophylaktische Ganzhirnbestrahlung
- Kann unabhängig vom Stadium einen Vorteil zeigen.

Prog:
- Häufig wird durch die initiale Therapie eine Remission erreicht.
- Im Stadium *extensive disease* kommt es meist nach kurzer Zeit zum Rezidiv.
- Das Therapieansprechen ist beim Rezidiv gering.
- Mittleres Überleben:
  - Ohne Therapie ....3-5 Monate
  - Mit Metastasen (mit Therapie)......8-12 Monate
  - Ohne Metastasen ....14-18 Monate; nach 5 Jahren: 5-15 %

ONKO

Lungenkarzinom: NSCLC (Nichtkleinzeller) [C34.9]

Allg:
- Das NSCLC ist die häufigste Tumorerkrankung in den westlichen Industrienationen.
- Steigende Inzidenz bei Männern von 1940-1980 von 10 auf 70/100'000, seither Plateau.
- Bei Frauen seit 1995 permanent steigende Inzidenz auf 30/100'000.
- Ca. 90 % der Patienten sterben am NSCLC.
- Das Bronchialkarzinom ist die:
  - häufigste tumorbedingte Todesursache beim Mann
  - zweithäufigste tumorbedingte Todesursache (nach dem Mamma-Karzinom) bei der Frau.
- Altersgipfel: 60 Jahre
- Langsam steigende Tendenz ab dem 25. Lebensjahr
- 70 % der Tumoren werden erst im Stadium IV diagnostiziert!
- Histologie
  - Plattenepithelkarzinome
  - Adenokarzinome
  - Grosszellige Karzinome
- **Risikofaktoren**
  - Externe Karzinogene
    - Rauchen. Auf das Rauchen zurückzuführen sind:
      - 80 % der Lungentumoren beim Mann
      - 70 % der Lungentumoren bei der Frau
    - Asbest (nachgewiesener Synergismus zum Rauchen)
    - Radon
    - Polizyklische aromatische Kohlenwasserstoffe
    - Chrom, Nickel, Beryllium und Arsen
  - Genetische Faktoren
  - Erhöhte Zytochrom B450-Aktivität
  - Verminderte Glutathion Transferase-Aktivität
  - Verminderte Aktivität von DNS-Reparaturenzymen

Klin:
- Kardinalsymptome
  - **Husten**
  - **Hämoptoe**
- Symptome, bei lokal fortgeschrittener Erkrankung:
  - Dyspnoe
  - Thoraxschmerzen
  - Heiserkeit
  - Dysphagie
  - Stridor
  - Obere Einflussstauung, S. 936
  - Knochenschmerzen
  - Oberbauchschmerzen
- Symptome bei Metastasierung:
  - Hirndrucksymptomatik (S. 572): Kopfschmerzen mit Nausea u.a.

Vorg:
- Histologische Sicherung der Diagnose durch:
  - Bronchoskopie
  - oder: Transthorakale Biopsie des Primärtumors
  - oder: Biopsie einer Metastase
- ***Staging***

  Prinzip: Radiologische Untersuchungen, bis ein metastasierendes Stadium dokumentiert ist. Es ist unnötig, sämtliche asymtomatischen Metastasen zu suchen:
  - Thorax/Abdomen/Becken-CT
  - Konchenszintigramm
  - Schädel-CT
  - PET-CT (steht als Staginguntersuchung bei histologisch nachgewiesenem NSCLC im Vordergrund und ersetzt das CT und die Knochenszintigraphie)
  - Falls keine Fernmetastasen gefunden werden und der Patient operabel ist:
    - Mediastinoskopie mit Biopsie der ipsilateralen (N2) und kontralateralen (N3) Lymphknoten
- **Präoperative Abklärungen: indiziert bei den Stadien I-IIIA** (Konsilium)
  - Lungenfunktionsprüfung
  - Echokardiographie u.a.

Stad: **Stadieneinteilung nach TNM (Tumor, Nodi, Metastasen), WEB-Link, siehe** S. 935

Th:
- **Stadium I**
  - Operation
- **Stadium IIA, IIB, IIIA (operabel)**
  - Operation
  - Gefolgt von 4 Zyklen adjuvanter Chemotherapie (Stadium IIIA evtl. neoadjuvant)
- **Stadium IIIA (inoperabel) und Stadium IIIB**
  - Kombinierte Radio-Chemotherapie
- **Stadium IV**
  - Palliative Therapie:
    - -- Cisplatin-haltige Kombinations-Chemotherapie (z.B. + Navelbine, Gemcitabine oder Taxan)
    - -- Zweit- und Drittlinien Therapie mit Tyrosinkinaseinhibitor Erlotinib (TARCEVA®) oder Zytostatika Monotherapie (Pemetrexed, Docetaxel)

Prog:
- 5 Jahres-Ueberlebensrate:
  - Stadium I ....55-80 %
  - Stadium II ....35-60 %
  - Stadium IIIA ......15-35 %
  - Stadium IIIB ....5 %
  - Stadium IV ....<1 %

ONKO

Ösophaguskarzinom [C15.9]

Allg:
- Inzidenz: Europa 6.6/100'000
  - Hohe Inzidenz in China und Iran
  - Niedrige Inzidenz in Afrika und Zentralamerika
  - Schwarze > Weisse in den USA
  - Männer (3x häufiger) als Frauen
- Es wird eine hohe Inzidenz-Zunahme des Adenokarzinoms im unteren Drittel beobachtet.
- Bei Diagnosestellung befinden sich 60-75 % der Patienten bereits in fortgeschrittenen Stadien.
- Es wird eine frühzeitige lymphogene und hämatogene Metastasierung beobachtet.
- Risikofaktoren/Risikosituationen
  1. Für das Plattenepithel-CA
     - Alkohol und Nikotin, Fehlernährung
     - Nitrosamine
     - Niedriger Sozialstatus
     - Genetische Prädisposition: Tylosis (seltene, autosomal dominante vererbte Hyperkeratose der Hände und Füsse)
     - PLUMMER-VINSON-Syndrom (Schleimhautatrophie und Anämie)
     - Assoziation zwischen humanem Papillomavirus (HPV) und Plattenepithel-CA
  2. Für das Adenokarzinom im unteren Teil des Ösophagus
     - BARRETT-Ösophagus
     - Adipositas, Nikotin, Alkohol
     - Männliches Geschlecht
     - Assoziation zwischen *Helicobacter pylori* und Adeno-CA im unteren Ösphagus

Klin:
- Dysphagie (95 %)
- Gewichtsverlust, Kachexie (50 %)
- Husten, Regurgitation, Heiserkeit
- Blutung (Hämatemesis oder Meläna)
- Obstruktion
- Fisteln
- Aspirationspneumonie
- Schmerzen (lokal oder infolge Metastatisierung)

Lab:
- Tumormarker: CEA (aber nicht als *Screening* einsetzen), S. 1437

Dg:
- Ösophago-Gastroskopie mit Biopsie
- Bildgebungen und Endoskopie
  - CT Thorax/Oberbauch
  - Ein MR ist nicht nötig.
  - Endosonographie (T und N-Stadium)
  - Der Stellenwert des PET ist noch in Evaluation (schlecht für das T-Stadium, besser für das N-Stadium und gut für Metastasen).
- Knochenszintigraphie, indiziert bei (falls kein PET vorgesehen):
  - Knochenschmerzen
  - Erhöhter alkalischer Phosphatase
- Laparoskopie, indiziert bei lokal fortgeschrittenen Tumoren im unteren Ösophagusdrittel:
  - Aszitesanalyse
  - Peritonealbefall

Stad: Stadieneinteilung nach TNM (Tumor, Nodi, Metastasen), WEB-Link, siehe S. 935

Th: **A. Falls Laryngektomie notwendig** (d.h. der Tumor sitzt ganz im oberen Ösophagusteil)
- Primäre Therapie: Radio-Chemotherapie allein
- Die Chirurgie wird nur in ausgewählten Einzelfällen eingesetzt.
- Bei Nicht-Responders (ca. 50 %) evtl. «*Salvage*-Chirurgie»

Th: **A. Tumorlokalisation im oberen Ösophagus**
1. Initial: Radio-Chemotherapie allein
2. Bei Nicht-Responders (ca. 50 %) evtl. «Salvage-Chirurgie». Die Chirurgie wird nur in ausgewählten Einzelfällen eingesetzt

B. Im Stadium T1
- Nur Chirurgie (Ausnahme: falls eine Laryngektomie notwendig ist)

C. Im Stadium T2-4 oder N+
- Präoperative Radio-Chemotherapie
- Spezialfälle:
  1. Plattenepithelkarzinom: Rolle der Chirurgie kontrovers
  2. Falls Adenokarzinom im unteren Ösophagusdrittel:
     - Präoperative Chemotherapie, gefolgt von Operation und postoperativer Chemotherapie (*Magic-Approach*)

Magenkarzinom [C16.0]

Allg:
- Die Inzidenz und Mortalität des Magenkarzinoms sind generell abnehmend:
  - 16/100'000 Einwohner/Jahr
  - Männer (2x häufiger) als Frauen
- Tumoren des gastroösophagealen Übergangs und Kardiakarzinome werden zunehmend in westlichen Ländern beobachtet. Mögliche Gründe: Adipositas, Nikotin, Alkohol u.a.
- Risikofaktoren
  - Ernährung:
    -- Hoher Salz- und Nitratkonsum
    -- Wenig Vitamin A und C Einnahme
    -- Geräucherte Lebensmittel
    -- Schlechte Wasserqualität
    -- Keine Kühlmöglichkeiten für Lebensmittel
  - Nikotin
  - Status nach Radiotherapie
  - Infekt: *Helicobacter pylori*, EBV u.a.
  - Perniziöse Anämie/chronische atrophische Gastritis
  - Blutgruppe A
  - Familienanamnese für Magen-CA, HNPCC (*hereditary nonpolyposis colon cancer*)
  - LI-FRAUMENI-Syndrom (autosomal-dominantes Erbleiden, mit multiplen Tumoren: Weichteilsarkome, Brustkrebs, Knochensarkom, Leukämie, Astrozytom, NNR-Karzinom, Plexuskarzinom)

Klin:
- Blutung mit Hämatemesis
- Anämie
- Bauchschmerzen
- Anorexie
- Dyspepsie, Dysphagie
- Aszites
- Metastasierungsmuster:
  - Kardiakarzinome weisen eine frühe hämato- und lymphogene Metastasierung auf:
    -- Lymphadenopathie (VIRCHOW Lymphknoten über der linken Klavikula)
    -- Leber-, Peritonealmetastasen
    -- selten: Hirn, Lunge, Knochen, Weichteile

Lab:
- Tumormarker: CEA (aber nicht als *Screening* einsetzen), S. 1437

Vorg:
- ***Staging***
  - Endoskopie und Biopsie (auch der Ulzera!)
  - Bildgebungen:
    -- Thorax/Abdomen-CT (das *Staging* des Magen-CA ist oft ungenügend)
    -- Präoperative Laparoskopie indiziert, wenn das CT weder Peritoneal-, noch andere Fernmetastasen zeigt (zum Ausschluss von Peritonealmetastasen).
  - Endoskopischer Ultraschall (v.a. für T-Stadium)
  - PET nicht empfohlen

Stad: Stadieneinteilung nach TNM (Tumor, Nodi, Metastasen), WEB-Link, siehe S. 935

- Es sollten mind. 15 Lymphknoten reseziert werden – mindestens D1-Resektion.
- Histologie: Adenokarzinome (90 %)
- Tumorklassifikation nach LAUREN:
  - Intestinal versus diffus
  - Non-HODGKIN Lymphome oder Leiomyosarkome/gastrointestinale Stromatumoren

Th:
- Gilt für Adenokarzinome:
  - **Stadium I (< T1N2,T2N1,T3N0)**
    - Operation
  - **Stadium II-III**
    - Operation und adjuvante Radiochemotherapie
    - Oder: perioperative Chemotherapie z.B. mit ECF (3 Zyklen vor und 3 Zyklen nach der Operation)
  - **Stadium IV**
    - Palliative Gastrektomie (kein Überlebensvorteil, aber weniger Symptome)
    - Palliative Chemotherapie (mögliche Substanzen Epirubicin, Cisplatin, 5-Fu, Docetaxel)
    - Bei lokalen Problemen: Möglichkeit einer palliativen Radiotherapie

ONKO

Pankreaskarzinom [C25.9]

Allg:
- Inzidenz:
  - Männer: 11/100'000 Einwohner/Jahr
  - Frauen: 8/100'000 Einwohner/Jahr
- Nur 15-20 % der Patienten sind bei Diagnosestellung noch operabel (zu späte Diagnosestellung).
- Risikofaktoren
  - Umweltfaktoren
  - Erworbene Genmutationen (fast immer Mutation von K-RAS, p53 und p16) durch/bei:
    -- Rauchen
    -- Alkohol
    -- Chronische Pankreatitis
    -- Langjährigem Diabetes mellitus
    -- Toxika: DDT, organische Lösungsmittel u.a.
  - Hereditäre Gendefekte:
    -- HNPCC, BRCA 1 und 2
    -- Ataxia telangectasia
    -- PEUTZ-JEGHERS (siehe Fussnote S. 953)

Prog:
- 5-Jahresüberleben (vor adjuvanter Chemotherapie):
  - 25-30 % ....ohne lokoregionären LK-Befall (N0)
  - 10 % ....mit lokoregionärem LK-Befall (N1)
- Dank der adjuvanten Chemotherapie hat sich die Prognose verbessert

Klin:
- Asymptomatisch oder paucisymptomatisch (initial sehr oft)
- Schmerzen
  - Lokal bei Befall des Pankreascorpus, -schwanzes
- Gewichtsverlust infolge:
  - Appetitmangel
  - Schnellem Völlegefühl
  - Diarrhoe, Steatorrhoe (Befall des Pankreaskopfes, -corpus, oder -schwanzes)

Kpl:
1. Ikterus (global in ca. 50 % der Fälle schmerzhaft)
   - Bei Befall des Pankreaskopfes (der Befall des Pankreascorpus, bzw. -schwanzes induzieren keinen Ikterus)
2. Diabetes mellitus (Erstmanifestation)
3. Sekundäre Thrombophlebitis

Lab:
- Tumormarker (aber nicht als *Screening* einsetzen): **CA 19-9**, S. 1437
  - Sensitivität und Spezifität 80-90 %
  - Tumorgrössenabhängig
  - Als Verlaufsparameter in der fortgeschrittenen Situation einsetzen
  - DD (siehe auch S. 1437):
    -- Benigne Veränderungen des Pankreas und Gallensystems
    -- Andere Karzinome, v.a. Adenokarzinome

Vorg:
- ***Staging***
  - Abdomen/Becken-CT
    -- Sensitivität und Spezifität 85-95 %
    -- Ausschluss von Fernmetastasen
    -- Ausschluss inoperabler lokaler Situation: Einwachsen in vitale Gefässstrukturen wie A./V. mesenterica superior, Truncus coeliacus, A. hepatica, V. porta
  - Endoskopische retrograde Cholangiopankreatikographie (ERCP)
    -- Sensitivität und Spezifität 90-95 %
    -- *Double Duct Sign*
  - MR-Cholangiopankreatikographie
    -- Niedrigere Morbidität im Vgl. zur ERCP
    -- Unabhängig von veränderter Anatomie, z.B. nach Magenoperation
  - Biopsie zur Diagnosesicherung: Histologie/Zytologie
    -- Perkutan (Gefahr der Tumordisseminierung/Stichkanalmetastasen!)
    -- Alternativen: endoskopisch, laparoskopisch
    -- I.d.R. handelt es sich um Adeno-CA, selten um neuroendokrine Karzinome (diese sind häufiger im Schwanzbereich vorzufinden und weniger im Pankreaskopf).

Stad: **Stadieneinteilung nach TNM (Tumor, Nodi, Metastasen), WEB-Link, siehe** S. 935

Th: **A. Allgemeine therapeutische Bemerkungen**

Allg: • Keine Tumorbehandlung ohne histologische/zytologische Sicherung
• Kuratives Konzept, selbst mit Lebermetastasen

B. Palliative Chemotherapie

Allg: • Signifikante Verbesserung des 1-Jahresüberleben
• Verbesserte Lebensqualität

Bsp: • Gemcitabine (= Nukleosidanalog)
- Wöchentliche Kurzinfusion
- NW: Hämatotoxizität, kaum Haarausfall

C. Adjuvante Chemotherapie

Ind: • v.a. bei Hochrisikopatienten (lokoregionärer Lymphknotenbefall)

Bsp: • Gemcitabine für 6 Monate

D. Symptomatische Therapie des Ikterus

Allg: • Ziel: Erhaltung des Gallenabflusses
- Chirurgische Therapie
- STENT-Einlage: perkutan oder endoskopisch

Vorg: • Bei duodenaler Obstruktion
- Chirurgische Therapie
- STENT-Einlage
• Bei verzögerter Magenentleerung
- Metoclopramid (3x 10 mg PO)

E. Schmerztherapie

F. Antidepressive Therapie

G. Enzymsubstitution

Bsp: • KREON® (Amylase/Lipase/Protease), S. 475

* PEUTZ-JEGHERS-Syndrom

Syn: HUTCHINSON-WEBER-PEUTZ-, oder PEUTZ-JEGHERS Hamartose

Allg: Seltene, autosomal-dominante Erbkrankheit.
Multiple benigne Magen-Darm-Trakt-Polypen (Hamartome). Es handelt sich um eine fakultative Präkanzerose mit einem Darmkrebsrisiko von 2-3 %. Neben dem erhöhten Risiko für Dickdarmkrebs besteht auch ein erhöhtes Risiko für Magen-, Brust-, Gebärmutter- und Pankreas-CA.

Urs: Mutation einer Serin-Threonin-Kinase (STK11). Diese befindet sich auf Chromosom 19p13.3

Klin: Bei Invagination des Dünndarms: kolikartige Schmerzen, Ileus.
Auftreten von melanotischen Pigmentflecken des Gesichts, der Lippen und Wangenschleimhaut. Diese treten i.d.R. in der Kindheit auf und können im Erwachsenenalter wieder verblassen.

Vorg: Koloskopische Verlaufskontrollen 1x/Jahr (wegen malignem Entartungsrisiko).

Kolorektales Karzinom (KRK) - Rektumkarzinom [C19]

Allg:
- Inzidenz:
  - Männer: 50/100'000 Einwohner/Jahr; Mortalitätsinzidenz: 20/100'000 Einwohner/J
  - Frauen: 30/100'000 Einwohner/Jahr; Mortalitätsinzidenz: 12/100'000 Einwohner/J
- < 10 % der Patienten werden vor dem 50. Lebensjahr diagnostiziert.
- *Screening*
  - Fäkaler Blutnachweis (vermindert die Mortalität!)
  - Koloskopie (konklusive Survival-Studien fehlen noch)

Urs:
- Mehrstufiger Entstehungsprozess über mehrere Jahre (Adenom-Karzinom-Sequenz)
  - Familiäre Syndrome (< 10 % aller KRK)
    - -- Familiäre adenomatöse Polypose (FAP)
      - APC Mutationen
      - Autosomal dominant, < 1 % aller KRK
    - -- Hereditäre non-Polyposis KRK HNPCC
      - 2-6 % aller KRK
      - Autosomal dominant

Stad: Stadieneinteilung nach TNM (Tumor, Nodi, Metastasen)

T1-2,N0,M0	Infiltriert Submukosa/Muscularis propria (23 %)
T3,N0,M0	Durch Muskularis propria (31 %)
Tx,N1-2,M0	Lymphknoten beteiligt (26 %)
Tx,Nx,M1	Fernmetastasen (20 %)

Klin:
- Bauchschmerzen (40-50 %) oder asymptomatisch (v.a. initial)
- Wechselnde Stuhlgewohnheiten (40 %)
- Hämatochezia oder Meläna (40 %, diese Fälle sind prognostisch besser, denn die Diagnose wird i.d.R. früher gestellt)
- Asthenie (20 %)
- Anämie (10 %)
  - Oft asymptomatisch
  - Der Blutverlust ist bei rechtsseitigen Karzinomen grösser als bei linksseitigen Tumoren
- Gewichtsverlust (5 %)

Kpl:
- Obstruktion (Ileus)
- Darmperforation mit Peritonismus
- Infekt
  - Bakteriämie mit *Streptococcus bovis*
  - *Clostridium septicum*-Sepsis

Lab:
- Tumormarker: **CEA**, S. 1437

  Allg:
  - Korreliert mit Tumorload, daher für *Screening* nicht geeignet
  - Sollte sich nach erfolgreicher Tumoroperation normalisieren.
  - Steigt bei Tumorrezidiv in 60-90 % der Fälle an. Dort geeignet zur Verlaufskontrolle der Therapie des fortgeschrittenen KRK.

  DD:
  - Erhöhtes CEA:
    - Gastritis
    - Ulkuskrankheit
    - Divertikulitis
    - Lebererkrankungen
    - COPD
    - Diabetes mellitus
    - Entzündungen, siehe auch S. 1437

Vorg:
- ***Staging***
  1. Koloskopie
     - 3-5 % synchrone Tumoren
     - 1-3 % metachrone Tumoren innert 5 Jahren
  2. Abdomen/Becken-CT
     - 20 % der Patienten haben synchrone Metastasen (bei Erstdiagnose schon vorhanden).
  3. Thoraxröntgen

Th: **A. Adjuvante Chemotherapie**

Ind:
- Patienten mit «vernünftiger» Lebenserwartung
- Alle Patienten mit befallenen lokoregionären Lymphknoten (N+)
- Evtl. Stadien T3-4,N0 mit Hochrisikofaktoren:
  - Stadium T4
  - Darmperforation
  - G3 (wenig differenzierte Histologie)
  - Ungenügendes Lymphknoten-Sampling (< 12 LK) bei Primärtumoroperation

Bsp: Verschiedene Therapieoptionen stehen zur Verfügung:
- Fluorouracil (FU) + Leucovorin (LV). LV moduliert die Wirkung von FU.
  - Fluorouracil-Bolus täglich während 5 Tagen, alle 28 Tage
- Kontinuierlich verabreichtes FU ± LV
  - Die kontinuierliche Gabe verbessert die Verträglichkeit.
- Capecitabin XELODA® (orales Prodrug von Fluorouracil)
  - Mortalitätsrisiko um 20-30 % gesenkt
  - Wirkt wie FU + LV, weist aber eine bessere Verträglichkeit auf.
- Oxaliplatin ELOXATIN® in Kombination mit FU + LV
  - Senkung Mortalitätsrisiko um weitere 20-25 %
  - Relativ hohe Toxizität

Bem: Besonderheiten bezüglich Rektumkarzinom:
- Der Lokalsitus ist technisch anspruchsvoller, als das Kolonkarzinom.
- Die Gefahr des Lokalrisikos ist höher, im Vergleich zum Kolonkarzinom.
- Ad. neoadjuvante Chemo-Radiotherapie

B. Palliative Chemotherapie
- Ziel der palliativen Chemotherapie:
  - Verlängerung des Überlebens
  - Verbesserung der Lebensqualität
  - Erhöhung der Operabilitätsrate (= neoadjuvantes Therapieziel)
- Mittlere Überlebenszeit:
  - Ohne Therapie: 5-6 Monate
  - Mit palliativer Chemotherapie:
    - -- Fluorouracil (FU)+ Leucovorin (LV): 12 Monate
    - -- Irinotecan CAMPTO® + FU + LV: 17-20 Monate (NW von Irinotecan: hämatologische Toxizität, Diarrhoe, Alopezie u.a.)
    - -- Oxaliplatin ELOXATIN® + FU + LV: 16-20 Monate (NW von Oxaliplatin: kumulative Neurotoxizität, Kälteempfindlichkeit, Hämatologische/GI Toxizität)
- Molekularer Medikamente verstärken die Wirkung der Standardchemotherapien. Die optimale Sequenz dieser Optionen wird erforscht. Beispiele:
  - Bevacizumab AVASTIN®
    - -- Humanisierter Ak gegen den VEGF (*vascular endothelial growth factor*)
    - -- NW: Art. Hypertonie, Blutungs-/Perforationsgefahr, Proteinurie, art. Embolien
  - Cetuximab ERBITUX®
    - -- Chimärer AK gegen EGFR (*epidermal growth factor*)

- **<u>Nachkontrollen</u>**

Nachkontrollen sind bei Patienten mit einer Lebenserwartung von > 5-10 Jahre indiziert:
1. CEA-Kontrolle ....alle 3-6 Monate
2. Abdomen/Thorax-CT 1x/Jahr
3. Koloskopie ....nach 1 und 4 Jahren. Falls normal, alle 5-10 Jahre

ONKO

Hodenkarzinom [C62.9]

Allg:
- Inzidenz (CH): 9/100'000 Einwohner/Jahr = 300 neue Fälle/Jahr
- Das Hodenkarzinom widerspiegelt 1 % aller malignen Tumoren der Männer, darunter:
  - 40 % ....Seminome
  - 60 % ....Nicht-Seminome (umfasst verschiedene Histologien)
- Das Hodenkarzinom ist das häufigste Malignom bei Männern zwischen 20-35 Jahren.
- Hodenkarziniome, die nach dem 50. Lebensjahr auftreten, sind i.d.R. Seminome.
- Risikosituationen
  - Non-/Maldeszensus (40x erhöhtes Risiko)
  - Kryptorchismus (beidseitige Tumoren)
  - Positive Familienanamnese (6-10x erhöhtes Risiko)
  - Kontralateraler Hodentumor (1-2 % pro Jahr)
  - Östrogen-Exposition *in utero*
  - Orchitis
  - Hodentrauma
  - Strahlenexposition
  - HIV (gilt nur für Seminome)
  - Mikrolithiasis
  - Verschiedene Syndrome: DOWN, KLINEFELTER, PEUTZ-JEGHERS (s. 953), CARNEY

Klin:
- Lokale Symptome (90 %):
  - Schmerzlose (2/3) oder schmerzhafte (1/3) Hodenschwellung
  - Infertilität
- Metastatische Beschwerden (10 %):
  - Schwellung am Hals
  - Husten/Atemnot
  - Hämoptoe
  - Knochen-, Rückenschmerzen
  - ZNS-Symptome
  - Extremitätenschwellung
  - Paraneoplastische Symptome (selten, siehe auch s. 1019):
    - -- Gynäkomastie
    - -- Enzephalitis (anti-Ma2/Ta-Antikörper)
    - -- Hyperthyreose (bei hohem β-HCG-Spiegel)

Vorg:
- Anamnese, klinische Untersuchung (typisch schmerzhafte Hodenschwellung)
- Labor inkl. alkalische Phosphatase und Tumormarker (β-HCG, α-FP, LDH)
- ***Staging***:
  - Hodensonographie
  - Thorax-, Abdomen/Becken-CT
  - Schädel-MR nur bei fortgeschrittener Erkrankung oder neurologischen Symptomen

Stad: **Stadieneinteilung nach TNM (Tumor, Nodi, Metastasen), WEB-Link, siehe** s. 935

- Im Falle von Metastasen (Lymphknoten oder Fernmetastasen) zusätzlich Einteilung in «gute», «intermediäre» und «schlechte» mit Hilfe der Tumormarker (β-HCG, α-FP und LDH) und des Metastasierungsmusters (siehe EGCCCG-Guidelines).

Th: **A. Allgemeine Information**
- Prinzipiell ist auch bei fortgeschrittenem Stadium eine Heilung möglich, darum immer kuratives Therapiekonzept.
- Primär immer zuerst Operation (hohe Semicastratio) ausser wenn durch Metastasierung Komplikationen drohen (z.B. Arrosion eines grossen Gefässes).

B. Seminom
- Stadium I ....Radiotherapie oder Chemotherapie (1 Zyklus Carboplatin) oder Surveillance
- Stadium IIA ....Radiotherapie
- Ab Stadium IIB ....Chemotherapie (3 Zyklen BEP)

C. Nicht-Seminom
- Stadium I.............Falls vaskuläre Invasion in der Histologie: Chemotherapie (2 Zyklen BEP) oder Surveillance
- Ab Stadium II ......3-4 Zyklen BEP

BEP = Bleomycin / Etopophos / Platinol

Urothelkarzinom [C68.9]

Allg:
- Inzidenz in Europa: 23/100'000 Einwohner/Jahr
- Mortalität 10/100'000 Einwohner
- 80 % der Patienten sind > 60 Jahre alt
- Männer (3-4x häufiger) > Frauen
- Die oberflächlichen Urothelkarzinome sind häufiger als die invasiv wachsenden (5:1).

Urs:
- Pathogenese und ursächliche Faktoren
  - Umweltfaktoren (wichtig): höhere Inzidenz in städtischer als in ländlicher Umgebung.
  - Chemikalien (z.B. aromatische Amine die z.B. in Farbstoffen enthalten sein können)
  - Dieselöl
  - Chlor (Trinkwasserdesinfektion)
  - Nikotin
  - Medikamente (z.B. Phenacetin)
  - Infektionen: chronische, infektiöse Zystitis, Schistosomiasis u.a.
  - Iatrogen: Bestrahlung, Cyclophosphamid

Klin:
- Hämaturie (80 % der Patienten); bis zum Beweis des Gegenteils tumorverdächtig!
- Irritative Miktionsbeschwerden, oft intermittierend
- Schmerzen
  - selten Flankenschmerzen, selten Schmerzen der Blasenregion
  - selten Skelettschmerzen (bei Knochenmetastasen)

DD:
- HWI, Nierensteine, Prostatitis

Vorg:
- Anamnese (Risikofaktoren) und klinische Untersuchung
- Urinstatus
- Primär: Zystoskopie mit Spülzytologie (Sensitivität für Carcinoma in situ ca. 98 %, *low grade* Tumoren niedriger Sensitivität).
  - Falls positive Blasenbiopsie, ad. Quadrantenbiopsien (bei Verdacht auf Carcinoma in situ) und evtl. bimanuelle Palpation (in Anästhesie)
  - Bei *low grade* Tumoren: Intravenöse Pyelographie zur Abklärung des oberen Harntraktes, evtl. forcierte Diurese und/oder retrograde Abklärung mit selektiver Ureterzytologie
  - Bei muskel-invasivem Wachstum in der Biopsie: Abdomen-Becken-CT oder -MR, Knochenszintigraphie.

Stad: **Stadieneinteilung nach TNM (Tumor, Nodi, Metastasen), WEB-Link, siehe** S. 935

- Das Grading (G1-3) ist nur für oberflächliche Tumoren von Bedeutung, da invasive Urothelkarzinome immer ein höhergradiges Metastasierungsmuster aufweisen (regionale oder entfernte Lymphknoten, Knochen, Lunge, Leber, Haut, selten Hirn)

Th:

1. **Transurethrale Resektion der Blase** (TURB)
   - Ind: • **Oberflächliche Blasentumoren**
   - Vorg: • Bei G3 Tumoren muss nachreseziert werden.
     • Bei Nachweis von Carcinoma in situ oder T1G3 mit negativer Nachresektion:
       - BCG-Instillation in die Harnblase 1x/Wo für 6 Wo
2. **Chirurgie**
   - Vorg: • Radikale Zystektomie und bilaterale Lymphadenektomie, Anlage einer kontinenten Harnableitung oder Stoma
   - Ind: • Invasive Tumoren ab T2 (Muscularis propria infiltrierend)
     • Therapieresistente *low grade* und oberflächliche Tumore
     • *High grade* T1 mit Carcinoma in situ
3. **Neoadjuvante Chemotherapie**
   - Ind: • Feinnadelbioptisch nachgewiesene retroperitoneale Lymphknoten vor chirurgischer Therapie in kurativer Absicht.
4. **Adjuvante Chemotherapie**
   - Allg: • Datenlage schlechter, als bei neoadjuvanter Therapie (wird aber trotzdem häufig durchgeführt):
       - Meist 4-6 Zyklen (meist Cisplatin/Gemcitabin) blasenerhaltende Therapie
     • In Einzelfällen (Patient verweigert die Zystektomie oder ist inoperabel, signifikante Komorbiditäten): TURB und Radiochemotherapie
5. **Palliative Chemotherapie**
   - Ind: • Fernmetastasen
   - Vorg: • 1. Wahl: Cisplatin/Gemzar. Toxischere Alternative:M-VAC (Methotrexat, Vinblastin, Doxorubicin und Cisplatin)
     • 2. Wahl (selten sinnvoll):
       - Oxaliplatin/5-FU oder Carboplatin/Metothrexat/Vinblastin

Prostatakarzinom [C61]

Allg:
- Inzidenz in Europa 79/100'000 Einwohner/Jahr
- Inzidenz/Mortalität = 8:1 (d.h. niedrige Tumor-Todesfallrate von 10 %)
- > 70 % der Männer > 80 Jahre haben Tumorzellen in der Prostata.
- Das **Prostatakarzinom ist das häufigste Karzinom des Mannes**, ist aber selten tödlich.

Klin:
I. Frühstadium
- Meist asymptomatisch
- Evtl. Abflussbehinderung

II. Fortgeschrittenes Stadium
- Lokale Schmerzen
- Blutung
- Harnabflussstörung infolge Ureterkompression
- Lymphödem der unteren Extremitäten infolge regionalem Lymphknotenbefall
- Knochenschmerzen, -frakturen
- Nervenkompression mit/ohne neurologischen Ausfällen

Vorg:

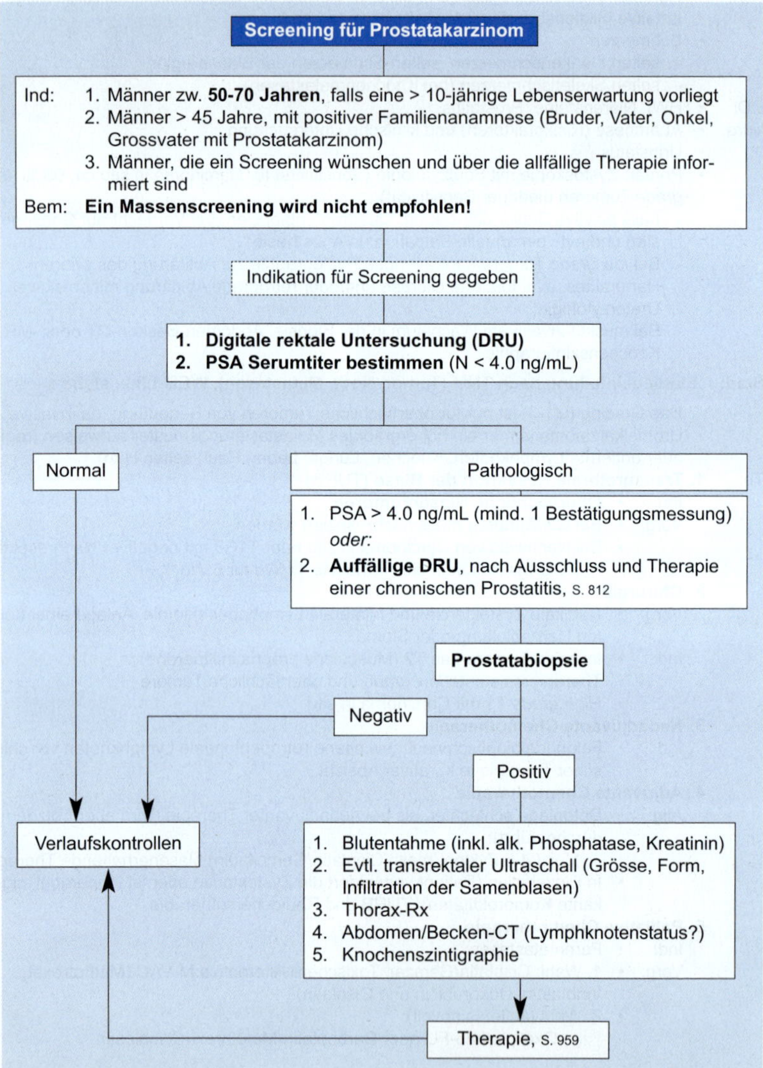

Algorithmus: Screening für Prostatakarzinom.

Urs:
- Die Inzidenz des Adenoms der Prostata und des Prostatakarzinoms ist so hoch. Diese sog. «Adenom-Karzinom-Sequenz» bleibt noch zu beweisen:
  - Genetisch 5-10 %
  - Hoher Fettkonsum (erhöht die Testosteronspiegel)
  - Übergewicht
- Günstig beeinflussende Faktoren:
  - Das Prostatakarzinom Risiko wird durch Phyto-Östrogene vermindert.
  - Möglicherweise auch durch:
    - -- 5-α-Reduktase-Inhibitoren, S. 1493
    - -- Retinoide (Lycopene)
    - -- Selen
    - -- Omega-3-Fettsäuren (z.B. im Fisch vorhanden)

Stad: **Stadieneinteilung nach TNM (Tumor, Nodi, Metastasen), WEB-Link, siehe auch** S. 935

Stadium		TNM-Klassifikation
I	Zufällig gefundenes Prostatakarzinom	T1a, N0, M0, GIa
II	Lokal begrenztes Prostatakarzinom	T1a-2, N0, M0, GIb-GIIIb
III	Lokal fortgeschrittenes Prostatakarzinom	T3, N0, M0, GIa-GIIIb
IV	Metastasiertes Prostatakarzinom	T4, N0, M0, GIa-GIIIb oder: T1-4, N1, M0, GIa-GIIIb oder: T1-4, N0-1, M1, GIa-GIIIb

Tabelle: Vereinfachte Stadieneinteilung des Prostatakarzinoms.

Th: **A. Lokalisierte Tumoren (T1-4NxM0)**

- Es stehen 3 therapeutische Optionen zur Verfügung (A.1. bis A.3.), je nach:
  - Stadium
  - Alter
  - Komorbiditäten
  - GLEASON-Score: Bewertung des Entdifferenzierungsgrades der häufigsten und der zweithäufigsten Zellpopulation des Tumors. Dabei werden jeweils Werte von 1 bis 5 vergeben.
    - -- Grad 1 = am besten differenzierte Tumoren
    - -- Grad 5 = am schlechtesten differenzierte Tumoren

A.1. *Watchful waiting* (Konsilium)

Ind:
- V.a. Stadium T1-2N0M0
- Bei Lebenserwartung unter 10 Jahren
- GLEASON-Score* 2-5
- Asymptomatische (GLEASON-Score* immer ≤ 6) oder paucisymptomatische Patienten

A.2. Radikale Prostatektomie + pelvine Lymphadenektomie

Ind:
- V.a. im Stadium T1b-2N0M0
- Patienten mit mittelmässigem Risiko

A.3. Radiotherapie: Perkutan oder Brachytherapie oder Kombinationstherapie

Vorg:
a) Perkutan bei: T1b-4, GLEASON-Score* 2-10
c) Brachytherapie bei: T1b-2N0M0, Lebenserwartung > 10 Jahre, GLEASON-Score ≤ 6, PSA < 15 ng/mL)
c) Kombinationstherapie «Perkutan + Brachytherapie» bei > T2, Hochrisikopatient

Bem:
- Die Radiotherapie hat dieselben NW wie die Chirurgie; sie treten aber später ein.

* Das GLEASON-Score bewertet den Entdifferenzierungsgrad der häufigsten und der zweithäufigsten Zellpopulation des Tumors. Dabei werden jeweils Werte von 1 bis 5 vergeben.
- Grad 1 = am besten differenzierte Tumoren
- Grad 5 = am schlechtesten differenzierte Tumoren

B. Metastasiertes Prostatakarzinom

B.1. Kortikoide bei allen Patienten (zur Palliation): Prednison 5-10 mg/d PO

B.2. Hormontherapie

Ind: 1. PSA > 50 ng/mL oder PSA Verdoppelungszeit < 12 Monate
2. Symptomatischer Patient

Vorg: 1. Chirurgische Hormontherapie
Vorg: • Orchiektomie
NW: • Erektionsstörung, postoperative Inkontinenz (bei ca. 5 %)

oder:

2. Medikamentöse Hormontherapie

Allg:
- Die medikamentöse Hormontherapie besteht i.d.R. aus einem Antiandrogen und einem LHRH-Agonisten.
- Antiandrogene werden nur in Ausnahmefällen in Monotherapie (ohne LHRH-Agonisten) eingesetzt.
- Die totale Androgen-Blockade (LHRH-Agonist + Antiandrogen) bringt keinen eindeutigen Vorteil und ist nicht evidenzbasiert.

Vorg: I. Antiandrogen

Allg: Initial (während 2 Wo) wird der LHRH-Agonist + Antiandrogen kombiniert verabreicht, um den sog. *Flare-Up* zu vermeiden (= Stimulation des Tumorwachstums, denn der LHRH-Agonist induziert initial einen transitorischen Testosteronanstieg). Dieser *Flare-Up* Effekt kann sich in kritischen Situationen gefährlich auswirken (z.B. bei Rückenmarkkompression).

Bsp: Bicalutamid 1x 50 mg/d PO, Flutamid 3x 250 mg/d PO

Vorg: Therapiedauer: 4 Wo (siehe Schema unten)

Bem: Das nichtsteroidale Antiandrogen bindet sich kompetitiv an Androgenrezeptoren und verhindert so die Androgenwirkung → Regression des Prostatatumors.

II. LHRH-Agonist

Allg: LHRH-Analoga führen zu niedrigen Testosteronspiegeln im Kastrationsbereich.

Bsp: Goserelin, Leuprorelin, Buserelin

Vorg: Therapiedauer: unklar (Konsilium)

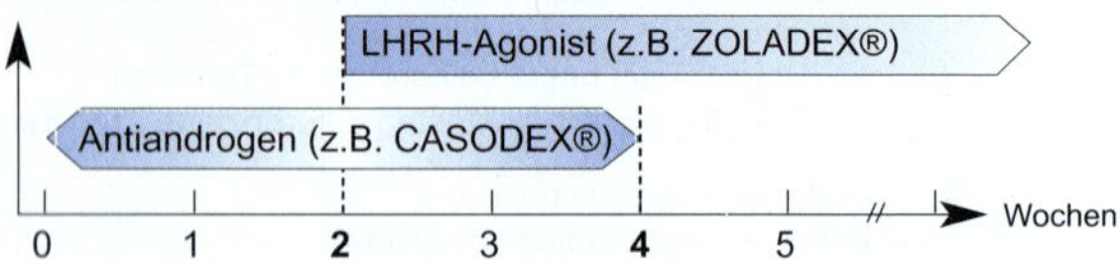

B.3. Chemotherapie

Ind: 1. Bei symptomatischem Fortschreiten nach Absetzen der Antiandrogene (Antiandrogen-Entzug).
2. Patienten mit rasch ansteigendem PSA (PSA Verdoppelungszeit < 6 Wo); hier wird der LHRH-Agonist fortgeführt.

Bem: • Studien haben bei symptomatischen und asymptomatischen Patienten einen Überlebensvorteil von ca. 2-3 Monaten aufgezeigt.[1,2]

Bsp: • Docetaxel, Estramustin, Mitoxantron

B.4. Chemotherapieresistente Fälle oder lokale Problematik

Allg: • Wichtig: In einer palliativen Situation stehen die **Lebensqualität** und eine **adäquate Schmerztherapie** im Vordergrund:
- Siehe WHO-Stufenschema, s. 1150 und «Knochenschmerzen», s. 1164
- Kortikosteroide können effizient sein (evtl. niedrig dosierte Langzeittherapie; z.B. Prednison 2x 10 mg/d PO).

Vorg: I. Bei lokalen Problemen (Knochenschmerzen, Tumorbulk):
- Palliative Radiotherapie + Schmerztherapie (s. 1150 ff)

II. Bei ausgeprägter ossärer Metastasierung:
- Palliative Radiotherapie + Bisphosphonat (s. 1151 ff), siehe auch Kapitel «Knochenschmerzen», s. 1164

1 Tannock IF, et al. N Engl J Med 2004 ;351 :1502-12. 2 Petrylak DP. N Engl J Med 2004 ;351 :1513-20.

HODGKIN Lymphom [C81.9]

Allg:
- Inzidenz (westliches Europa, altersstandardisiert): 2.5/100'000 Einwohner/Jahr
  - Ca. 190 Neuerkrankte/Jahr in der Schweiz und 1900/Jahr in Deutschland
- Inzidenz/Mortalität = 4/1 (d.h. Tumor-Todesfallrate = ca. 25 %)
- Männer > Frauen (1.4/1)
- Es werden 2 Altersgipfel beobachtet:
  - 20-30 Jahre
  - > 50 Jahre
- Pathognomonische Histologie: REED-STERNBERG-Zelle (CD15+, CD30+). Es handelt sich um einen B-Zell-Ursprung.
- Risikofaktoren in frühen Stadien I/II
  - Befall von > 3 Lymphknotenarealen
  - Alter ca. 50 Jahre
  - BSG > 50 mm/h, bzw. > 30 mm/h bei Vorliegen von B-Symptomen
  - Ratio «Mediastinum/Thorax»: > 1/3
  - Extranodalbefall

Urs:
- EBV-Infektion
  - Epidemiologische Assoziation
  - Klonale EBV-DNA sind in den REED-STERNBERG-Zellen bei 20-70 % der Patienten je nach histologischem Subtyp nachzuweisen.
- Hoher sozio-ökonomischer Status in der Kindheit
  - Erhöhtes Risiko für den nodulär-sklerosierenden Subtyp des HODKIN Lymphoms

Klin:
- Lymphadenopathie (80 %, supradiaphragmal)
- **B-Symptome** (30 %): Fieber, Nachtschweiss und/oder Gewichtsverlust (> 10 %/6 Mt.)
- Pruritus, S. 1098
- Obere Einflussstauung
- Alkoholschmerz (selten)

Dg:
- siehe NHL, S. 962

Stad:
- siehe NHL, S. 962

Vorg:
- siehe NHL, S. 962
- Der Stellenwert des PET ist noch unklar.

Th:
- Die Therapie wird im Rahmen der Protokolle der «Deutschen HODGKIN-Studiengruppe» durchgeführt. Ziel dieser Protokolle: Senkung der Komplikationsrate.

1. HD 13: Stadien I-IIB ohne Risikofaktoren

Th: • 2 ABVD versus 2 AVD, involved field-Radiatio (30 Gy)

2. HD 14: Stadien I-IIB mit Risikofaktoren

Th: • 4 ABVD versus 2 BEACOPP eskaliert
+ 2 ABVD, involved-field Radiatio (30 Gy)

3. HD 15: Stadium IIB mit Mediastinaltumor oder Extranodalbefall, Stadium III-IV

Th: • 6 versus 8 BEACOPP eskaliert versus 8 BEACOPP 14-tägig

Prog:
- Insgesamt auch in fortgeschrittenen Stadien sehr gute Prognose
- Der histologische Subtyp ist prognostisch wenig aussagekräftig.

Kpl:
- Therapieinduzierte Komplikationen:
  - Zweitmalignome
    - AML
    - Bronchus-Karzinom
    - Mamma-Karzinom
    - NHL
    - Sarkom
  - Fulminante Sepsis nach Splenektomie
  - Lungenfibrose
  - Kardiopathie (Koronare Herzkrankheit, Arrhythmien, Perikarditis, Myokarditis)
  - Infertilität
  - Opportunistische Infektionen
  - Hypothyroidismus

A = Adriamycin
B = Bleomycin
V = Vinblastin
D = Dacarbazin
E = Etoposid
C = Cyclophosphamid
P = Procarbazin und Prednison

Non HODGKIN Lymphom (NHL) [C85.9]

Allg:
- Inzidenz: ca. 20/100'000 Einwohner/Jahr
- 4 % aller Krebsdiagnosen
- Mittleres Alter > 50 Jahre
- Pathophysiologie:
  - Chromosomale Translokationen (B-Lymphozyten: breakpoints in den IgH-Genloci, T-Lymphozyten: breakpoints in den TCR-g/d-Genloci, Fusion mit Onkogenen wie bcl-1, bcl-2, bcl-3, c-myc)
  - Rolle onkogener Viren (EBV, HTLV-1, HHV-8) bei gewissen Lymphomen gesichert
  - Rolle von Immundefekten:
    - -- Status nach Organtransplantation
    - -- HIV
    - -- Autoimmunerkrankungen: Zöliakie, Morbus CROHN, SLE, rheumatoide Arthritis
  - Es wird somit eine klonale B- oder T-Zell-Expansion beobachtet.

Klas: WHO-Klassifikation 2001
- Vorläuferzell-Neoplasien:
  - B- und T-lymphoblastische Lymphome/akute lymphatische Leukämie (1 %)
- Reifzellige Neoplasien (häufigste Beispiele):

	Aggressive Lymphome	Indolente Lymphome
B	• Diffus grosszelliges B-NHL (31 %) • BURKITT-Lymphom (2 %)	• Follikuläres Lymphom (22 %) • Mantelzelllymphom (6%) • CLL (6 %) • Multiples Myelom • Haarzellleukämie • Marginalzonen-, MALT-Lymphome (8 %)
T	• Grosszelliges anaplastisches T-NHL (2 %) • Periphere T-Zell-Lymphome (7 %)	• Mycosis fungoides/SEZARY-Syndrom • Extranodales NK-/T-Zell-Lymphom

- Sonderfälle mit z.T. eigener Stadieneinteilung:
  - Primäre ZNS-Lymphome
  - Gastrointestinale MALT-Lymphome
  - Kutane Lymphome

Klin:
- **B-Symptome**: Fieber, Nachtschweiss und/oder Gewichtsverlust (> 10 %/6 Monaten)
- Panzytopenie
- Indolente Lymphome
  - Lymphadenopathie
  - Splenomegalie
- Aggressive Lymphome
  - Rasch auftretende Einflussstauung
  - B-Symptome
  - Extranodaler Befall (GI-Trakt, meningeal, Haut)

Dg:
- Histologie/Zytologie, Immunphänotypisierung, Zyto-/Molekulargenetik aus:
  - Lymphknotenbiopsie, Knochenmark, peripherem Blut

Vorg:
1. Bildgebung
   - Thorax/Abdomen/Becken-CT
   - PET nur bei speziellen Fragestellungen
2. Labor
   - Differentialblutbild
   - Paraproteine
   - LDH
   - Leber-/Nierenwerte
   - Serologien: HIV, Hepatitis B und C

Stad: **Stadieneinteilung nach Ann Arbor**

I	**Eine Lymphknoten-Region**
II	**2 Lymphknoten-Regionen auf einer Seite des Zwerchfells**
III	**Lymphknoten-Regionen beidseits des Zwerchfells**
IV	**Diffuser Befall**
A	**Ohne B-Symtomatik**
B	**Mit B-Symtomatik**
E	**Extranodaler Befall**
S	**Milzbefall**

Prog: • Ungünstige prognostische Faktoren für aggressive Lymphome.
International Prognostic Index (IPI):
- Alter > 60 Jahre
- ANN ARBOR-Stadium III oder IV
- LDH erhöht
- Extranodaler Befall an > 2 Lokalisationen
- Performance Status ≥ 2

• 5-Jahresüberleben bezüglich der genannten Faktoren:
- 0-1 Faktoren ....73 %
- 2 Faktoren ....51 %
- 3 Faktoren ....43 %
- 4-5 Faktoren ....26 %

Th: **1. Allgemeine Therapieindikationen bei NHL**

Ind:
- Aggressives NHL (hier in kurativer Absicht!)
- Symptomatisch progredientes, indolentes NHL (hier in palliativer Absicht)

2. Spezifische NHL-Formen

2.1. Follikuläres NHL
- Stadium I-II: Radiotherapie
- Stadium III-IV
  - A. Beobachtung
    oder:
  - B. Wenn Beobachtung nicht indiziert, ad. Therapie:
    1. Chemotherapie +/- Anthrazyklin
    2. oder Chemotherapie + Rituximab (anti-CD20-Ak)
    3. oder Rituximab MABTHERA® in Monotherapie
    4. Radioimmuntherapie (mit Isotopen konjugierte Ak)
    5. oder Stammzelltransplantation im Rezidiv

2.2. Chronische lymphatische Leukämie (CLL), siehe auch S. 964
- Therapie nur in fortgeschrittenen Stadien mit Chlorambucil, Cyclophosphamid, Fludarabin, Alemtuzumab (anti-CD52-Ak)

2.3. Splenische Marginalzonenlymphome
- Ad. Splenektomie

2.4. MALT-Lymphome
- In frühen Stadien, ad *Helicobacter pylori*-Eradikation, S. 411

2.5. Diffus grosszelliges NHL
- Stadium I-II........3-4 Zyklen Anthrazyklin- und Rituximab haltiger Chemotherapie (CHOP) + involved field-Radiatio
- Stadium III-IV ....6-8 Zyklen R-CHOP

2.6. Mantelzelllymphom
- Häufig frühe Rezidive, daher Intensivierung der Chemotherapie (z.B. Hochdosistherapie mit autologer Stammzellrückgabe) schon in erster Remission

2.7. BURKITT-Lymphom
- Eskalierte Chemotherapie mit hochdosiertem Methotrexat

2.7. ALL/lymphoblastisches Lymphom, siehe auch S. 965
- Analog zu pädiatrischen Protokollen:
  - Myeloablative Induktions-Chemotherapie
  - Intrathekale Chemotherapie
  - Konsolidations- und Erhaltungstherapie
  - Allenfalls allogene Stammzelltransplantation

2.8. Haarzellleukämie
- Einmalig Cladribin
- Hohe Remissionsraten

2.9. Kutane NHL
- Frühe Stadien: Topische Wirkstoffe + Radiatio
- Fortgeschrittene Stadien: systemische Chemotherapie

2.10. HIV-assoziierte Lymphome
- Konsequente HAART/virale Suppression als Voraussetzung für eine erfolgreiche Chemotherapie

2.11. ZNS-Lymphome
- Hochdosierte Substanzen, die die Blut-Hirn-Schranke penetrieren:
  - Methotrexat, Cytarabin, Procarbazin
- +/- Radiatio
- Häufige Komplikation: Leukenzephalopathie

CHOP
Cyclophosphamid
Adriamycin
Vincristin
Prednison

ONKO

Leukämie: Chronische lymphatische Leukämie (CLL) [C91.1]

Def:
- Niedrig-malignes, leukämisch verlaufendes Lymphom mit klonaler Proliferation und Akkumulation reif erscheinender, aber immun-inkompetenter B- (> 95 %) oder T- (< 5 %) -Lymphozyten.

Allg:
- Inzidenz 5/100'000 Einwohner/Jahr
- **Die CLL ist die häufigste Leukämieform** (30 % aller Leukämien).
- Altersgipfel: 60 Jahre
- Nur 10 % der Patienten sind bei Diagnosestellung jünger als 55 Jahre.

Urs:
- Unbekannt
- Wahrscheinlich nicht auslösend: Viren, Chemikalien, Strahlung
- Das CLL-Risiko bei eineiigen Zwillingen ist nicht erhöht.
- Die Lymphozyten-Vermehrung ist bedingt durch defiziente Apoptose.
- Das Bcl-2 ist in > 90 % hoch exprimiert.

Klin:
- Schmerzlose Lymphadenopahtie
- Müdigkeit, Leistungsknick
- B-Symptome (Fieber, Nachtschweiss und/oder Gewichtsverlust (> 10 %/6 Monaten)
- Infektneigung
- Blutungsneigung
- Spleno-Hepatomegalie
- Anämie, Thrombopenie, Neutropenie
- Hautmanifestationen: *Leucaemia cutis* (indurierte Haut infolge Infiltration)

Dg:
- Anamnese und Klinik
- Labor
  - Differenziertes Blutbild + Retikulozyten
  - Elektrolyte
  - ASAT, ALAT, alkalische Phosphatase, LDH, Bilirubin
  - Haptoglobin
  - CRP
  - Immunglobuline quantitativ
  - Immunelektrophorese
  - COOMBS-Test
- Oberflächenmarker-Analyse (FACS) mit Leitmarker CD5, CD19, CD20, CD23, Immunglobulin-Leichtketten
- Evtl. Lymphknoten-Histologie
- Die Knochenmarkbiopsie ist für die Diagnose der CLL nicht zwingend.

Stad:

	Stadieneinteilung nach RAI	**Überlebensrate**
0	Lymphozyten > 5'000 G/L; Knochenmark > 30 % infiltriert	> 12 J
1	(Stadium 0) und zusätzlich: Lymphadenopathie	8.5 J
2	(Stadium 1) und zusätzlich: Spleno- oder Hepatomegalie	6 J
3	(Stadium 2) und zusätzlich: Anämie (Hb < 110 g/L)	1.5 J
4	(Stadium 4) und zusätzlich: Thrombozytopenie	1.5 J

	Stadien nach BINET	**Übrlebensrate**
A	< 3 Lymphadenopathie; Hb > 10 g/L, Thrombozyten ≥ 100 G/L	> 10 J
B	≥ 3 Lymphadenopathie; Hb > 10 g/L; Thrombozyten ≥ 100 G/L	5 J
C	Unabhängige Anzahl von Lymphomen; Hb < 10 g/L; TZ < 100 G/L	2 J

Th:

A. Allgemeine Bemerkungen
- Die konventionelle Chemotherapie der CLL ist nicht kurativ.
- Zuwarten in den frühen Stadien RAI 0-2 oder BINET A / B.

B. Therapie-Indikationen
- Fortgeschrittene Stadien: RAI 3-4 oder BINET C
- Symptomatische Splenomegalie oder Lymphadenopathie
- Autoimmunhämolytische Anämie
- Autoimmunhämolytische Thrombozytopenie
- Rezidivierende Infekte
- Rasche Krankheits-Progression
- Transformation in aggressives Lymphom
- Ausgeprägte B-Symptomatik

C. Welche Substanzen werden eingesetzt?
- Konventionelle Chemotherapie:
  -- Alkylanzien mit/ohne Kortikoide
  -- Purinanaloga
  -- Anthrazykline und Antikörper (gegen CD20 oder CD52)

Leukämie: Akute lymphatische Leukämie (ALL) [C91.0]

Def:
- Hämatologische Neoplasie der lymphatischen Zellreihe mit Transformation einer lymphatischen Vorläuferzelle, Ausreifungsstörung und klonaler Expansion mit Ausschwemmung leukämischer Zellen ins Blut.

Allg:
- Inzidenz: 1/100'000 Einwohner/Jahr
- Die ALL entspricht:
  - 80 % aller Leukämien bei Kindern
  - 20 % aller Leukämien bei Erwachsenen

Urs:
- Unbekannt
- Risikofaktoren
  - Noxen: ionisierende Strahlen, Zytostatika, Benzol, Pestizide, Immunsuppression
  - Genetische Faktoren:
    - Trisomie 21
    - Neurofibromatose
    - FANCONI-Anämie, S. 903
    - Zwillings-Konkordanz
  - Molekulargenetik:
    - Chromosomale Translokation t(9;22) in 25 %
    - myc-Dysregulation in 4 %; t(12;21) v.a. bei Kindern
    - Hyperdiploidie oder Hypoploidie

Klin:
- Unspezifische Symptome
  - Leistungsminderung, Müdigkeit
  - B-Symptome: Fieber, Nachtschweiss und/oder Gewichtsverlust (> 10 %/6 Monaten)
  - Knochenschmerzen
  - Infektneigung
  - Blutungsneigung
- Befunde
  - Anämie
  - Hepato-/Splenomegalie
  - Lymphadenopathie
  - ZNS-Befall

Dg:
- Anamnese und Klinik (siehe dort)
- Geschwister-Typisierung
- Labor:
  - Grosses Blutbild
  - Gerinnungsparameter
  - LDH
  - Nieren- und Leberwerte
- Knochenmark:
  - Zytogenetik
  - Molekulare Diagnostik
  - Immunphänotypisierung
- Von Fall zu Fall: Liquoranalyse

Klas: **Stadieneinteilung (nach Immunphänotyp)**

- Pro-B-ALL (pos. für CD79a; CD22, CD19)
- Common-B-ALL (pos. für CD79a, CD22; CD19; CD10)
- Prä-B-ALL (pos. für c-IgM; CD79a, CD22, CD19, CD10)
- Pro-T-ALL (pos. für CD3, CD7)
- Prä-T-ALL (pos. für CD3; CD7; CD2; CD5; CD6)

Th:
- Entsprechend dem Subtyp und dem Risikoprofil
  - Systemische Polychemotherapie mit intrathekaler Chemotherapie
  - Prophylaktische ZNS-Bestrahlung
  - Allogene Transplantation je nach Spenderverfügbarkeit
- Imatinib GLIVEC® bei t(9;22) ALL wird ab Diagnose parallel zur Chemotherapie gegeben und hat die Prognose dieses Subtyps massiv verbessert.
- Induktionsphase (Prednison, Vincristin, Antrazyklin, Asperginase, Cyclophosphamid, Cytarabin und 6-Mercaptopurin)
- Konsolidierung:
  - Hochdosis-Methotrexat; Asparaginase, Cytarabin
    oder:
  - Allogene Transplantation
- Erhaltungstherapie: mit Methotrexat, 6-Mercaptopurin und Prednison über 2 Jahre

Leukämie: Akute myeloische Leukämie (AML) [C92.0]

Def: • Klonale Erkrankung mit Transformation einer frühen myeloischen Vorläuferzelle, mit typischem Reifungsstopp.

Allg: • Inzidenz: 4/100'000 Einwohner/Jahr
- Mit höherem Alter zunehmend
- Die AML entspricht 3 % aller Tumorerkrankungen.
- Die AML ist die häufigste tödlich verlaufende Neoplasie zw. dem 30. und 40. Lebensjahr.

Urs: • Unbekannt
- Risikofaktoren
  - Noxen: ionisierende Strahlen, alkylierende Substanzen, Benzol, Topoisomerase-Inhibitoren
  - Prädisonierende hämatologische Erkrankung: MDS, MPS, aplastische Anämie
  - Genetische Faktoren:
    -- Trisomie 21, FANCONI-Anämie, LI-FRAUMENI-Syndrom, S. 951
    -- Molekulare Pathomechanismen:
    Häufige chromosomale Translokationen:
      - t(8;21); t(15;17); inv(16): gutes Risiko; Überlebensrate > 60 % nach 5 J
      - t(11q23;); t(9;22); t(6;9); t(3;3): schlechtes Risiko; Überlebensrate um 10 % nach 5 J
    -- Deletion von Chromosomen (-5; -5q; -7; -7q); Trisomien (+8;+13;+21)
    -- Mutationen in Transkriptionsfaktoren (CEBPA; MLL) oder Tyrosin-Kinasen (FLT3; RAS)

Klin: • Unspezifische Symptome
  - Leistungsknick, Müdigkeit
  - B-Symptome: Fieber, Nachtschweiss und/oder Gewichtsverlust (> 10 %/6 Monaten)
  - Infektneigung, Blutungsneigung
- Befunde
  - Anämie
  - Disseminierte intravasale Gerinnung
  - Gingiva-Hyperplasie
  - Hepatosplenomegalie
  - Lymphome
  - Chlorome
  - ZNS-Befall

Dg: • Anamnese und Klinik
- Labor:
  - Grosses Blutbild
  - Gerinnungsparameter
  - LDH
  - Nieren- und Leberwerte
  - HLA-Typisierung des Patienten und der Geschwister
- Oberflächenmarkeranalyse (wenn möglich aus dem Knochenmark)
- Knochenmark:
  - Zytogenetik
  - Molekulare Diagnostik
  - Immunphänotypisierung

Stad: **Stadieneinteilung nach der FAB-Klassifikation**

M0	Undifferenzierte AML	5 %
M1	Unreife Myeloblasten-Leukämie	20 %
M2	Myeloblasten-Leukämie mit Ausreifung	25 %
M3	Promyelozyten-Leukämie	10 %
M4	Myelomonozytäre Leukämie	25 %
M5	Monoblasten-Leukämie	10 %
M6	Erythroleukämie	2 %
M7	Megakaryoblasten-Leukämie	2 %

Th: **1. Induktionsphase mit einer Chemotherapie (1-2 Zyklen)**
  - Mit: Cytarabin und einem Antrazyklin (Idarubicin, Daunorubicin oder Mitoxantron)

2. Konsolidationstherapie
  A. Chemotherapie (Etopophos und Mitoxantron; oder hochdosiertes Cytarabin) oder:
  B. Busulfan/Endoxan und autologe Stammzell-Transplantation oder:
  C. Allogene Transplantation, je nach Risiko-Stratifizierung und Spender-Verfügbarkeit

Leukämie: Chronisch myeloische Leukämie (CML) [C92.1]

Def:
- Klonale maligne Erkrankung einer pluripotenten hämatopoetischen Stammzelle mit unkontrollierter Proliferation myeloischer Zellen bei noch erhaltener Differenzierungsfähigkeit.

Allg:
- Inzidenz: 1/100'000 Einwohner/Jahr
- Die CML entspricht ca. 20 % aller Leukämien bei Erwachsenen.
- Alle Altersgruppen sind betroffen:
  - Aber selten unter dem 20. Lebensjahr
  - Altersgipfel: 40- 60 Jahre

Urs:
- Strahlenexposition und chemische Agenzien:
  - Benzol
  - Immunsuppressiva
  - Chemotherapie
- Molekularbiologie: in > 90 % der Fälle liegt eine Translokation t(9;22) vor. Varianten sind selten.
- Durch die Translokation entsteht das BCR/ABL Fusionsprotein mit erhöhter Tyrosinkinaseaktivität.

Klin:
I Asymptomatisch
  - Es handelt sich oft um eine Zufallsdiagnose

II. Symptomatisch: Symptome und Befunde
  - Müdigkeit, Leistungsknick
  - B-Symptome: Fieber, Nachtschweiss und/oder Gewichtsverlust (> 10 %/6 Monaten)
  - Splenomegalie (Druckgefühl im linken Oberbauch)
  - Verdrängungsbeschwerden bei Chloromen*
  - Lymphome

Dg:
- Anamnese und Klinik
- Bildgebung:
  - Thorax-, Abdomen/Becken-CT mit Suche nach Splenomegalie und Chloromen*
- Labor
  - Hämatologie und Chemie
  - Speziell: LDH, Harnsäure, Vitamin B12, alkalische Leukozytenphosphatase
  - Zytogenetik und molekulare Diagnostik
- **Diagnose wird aus peripherem Blut gestellt.**
  - Die Knochenmarkbiopsie ist nicht zwingend.

Stad: Stadieneinteilung, WEB-Link, siehe S. 935

A. Chronische Phase
- Die initiale Phase dauert mehrere Jahre und ist klinisch stabil.
- Normale Hämatopoese
- Blasten in Knochenmark und Blut < 10 %
- Leukozytose
- Splenomegalie

B. Akzeleration
- Verdrängung der normalen Hämatopoese
- Anämie und Thrombozytopenie
- Progrediente Leukozytose
- Zunehmende Splenomegalie/Chlorome*
- > 10 % Blasten

C. Blastenkrise
- > 30 % Blasten im Blut oder Knochenmark
- Je nach Oberflächenmarker lymphatische (25 %), myeloische (65 %) oder gemischte/andere (10 %) Blastenkrise

Th: **1. Kausaltherapie**

Allg:
- Die orale Therapie mit **Tyrosinkinase-Inhibitoren** als Kausaltherapie der CML unterbricht deren pathogenetischen Mechanismus!
- Das Ziel der Tyrosinkinase-Inhibitoren Therapie ist es, eine molekulare komplette Remission zu erreichen.
- Imatinib-Versagen ist meist durch Auftreten neuer Mutationen im ABL Gen bedingt.

Bsp:
- Imatinib GLIVEC® 400-600 (-800) mg/d PO

* Chloromen sind seltene, oft sehr bösartige Tumoren bei Systemhyperplasie der blutbildenden Parenchyme. Die Chlorome bestehen aus Myeloblasten oder Lymphoblasten.

ONKO

Sarkom **[C49.9]**

Allg: • Die Sarkome sind eine sehr heterogene Gruppe von Malignomen.

Klas: • Es werden grundsätzlich 2 Haupttypen von Sarkomen unterschieden:

1. Maligne primäre Knochentumoren (seltene Affektion)
   - Osteosarkome (befallen häufig Jugendliche und junge Erwachsene)
   - Chondrosarkome (seltener als Osteosarkome, betreffen Patienten > 40 Jahre)
   - EWING-Sarkom**
   - Peripherer neuroektodermaler Tumor (PNET): extraossäre Variante des EWING-Sarkoms; betrifft Kinder und junge Erwachsene.
2. Weichteilsarkome
   - Betrifft oft Erwachsene und ältere Personen
   - Es handelt sich um eine sehr heterogene Histologiegruppe.
   - Fibrosarkome > Liposarkome > Leiomyosarkome als häufigste Subtypen
   - KAPOSI-Sarkome bei HIV-Patienten

Urs:
- Meist unbekannt
- Sehr selten postaktinische Sarkome (in ehemaligem Strahlenbereich)
- Immunsuppression durch HIV-Infekt (KAPOSI-Sarkom)

Klin: **1. Knochensarkome**
- Schmerzen
- Lokale Entzündungszeichen
- Pathologische Fraktur in fortgeschrittenem Lokalstadium

2. Weichteilsarkome
- Oft asymptomatisch (Zufallsbefund)
- Falls symptomatisch:
  -- Schmerzlose Raumforderung
  -- Je nach Lokalisation lokale Beschwerden durch lokale Expansion und/oder Organkompression (z.B. Harnwegsstauung, intestinale Obstruktion)

Dg:
- Die Biopsie ist bei allen Sarkomen essentiell:
  - I.d.R. genügend: Inzisionsbiopsie, Feinnadelpunktion
  - ***CAVE***: Kontamination des Kompartiments mit Tumorzellen
  - Bei Knochentumoren mit radiologischen Befunden (Zweitmeinung in Referenzzentrum)
- Zusatzuntersuchungen:
  - Zytogenetik und Molekulargenetik (zur genauen klinisch relevanten Typisierung)

Vorg: • ***Staging***

A. Bei Knochentumoren: konventionelle Röntgenbilder + MR, Thorax-CT (Lungenmetastasen)
B. Bei Weichteiltumoren: MR oder CT, Thorax-CT (Lungenmetastasen)
C. Labor (Hämatologie und Chemie)
   - Es gibt keine Tumormarker

Stad: **Stadieneinteilung nach UICC/AJCC, siehe auch WEB-Link** S. 935

Berücksichtigt: Lokalstadium (T), Fernmetastasen (M) und histologisches *Grading* (G). Lymphknoten-Status im Gegensatz zu Karzinomen, wenig relevant.

Th: **A. Lokalisierte Knochensarkome**

A.1. Osteosarkom
- Neoadjuvante Chemotherapie
- Radikale Resektion (wenn möglich Extremitäten erhaltend, z.B. mit Tumorendoprothesen)
- Anschliessend adjuvante Chemotherapie (Dauer abhängig vom histologischen Regressionsgrad)
- Wirksamste Substanzen: Anthrazykline (Doxorubicin), Alkylanzien (Ifosfamid), Cisplatin, Methotrexat

A.2. EWING-Sarkom**
- Neoadjuvante Chemotherapie
- Radikale Resektion (siehe unter A.1.)
- ± Prä- oder postoperative Radiotherapie im Bereich des Primärtumors
- Adjuvante, i.d.R. mehrmonatige Chemotherapie
- Wirksamste Substanzen: Actinomycin D, Vincristin, Anthrazykline, Alkylanzien

** Das EWING-Sarkom ist der zweithäufigste Knochenkrebs und betrifft i.d.R. Kinder und Jugendliche. Befallene Knochen: Rippe, Becken-, Arm- oder Beinknochen (v.a. Oberschenkelknochen).

B. Weichteilsarkome
- Präoperative Chemo- und/oder Radiotherapie in ausgewählten Fällen
- Lokale radikale Resektion (R0)
- Die postoperative adjuvante Chemotherapie ist umstritten.

C. Inoperable Sarkome
- Palliative Chemotherapien werden oft eingeleitet:
  - Anthrazykline (Doxorubicin) und Alkylantien (Ifosfamid)
- Geringe kurative Chance bei metastasiertem EWING-Sarkom

D. Spezialfall: Gastro-intestinaler Stromatumor (GIST) exprimiert c-kit
- Imatinib GLIVEC® (Tyrosinkinase-Hemmer) als molekulare Therapie

E. Lungenmetastasen bei Osteosarkomen oder Weichteilsarkomen
- Chirurgische Metastasektomie, falls keine anderen Organsysteme betroffen sind.

Kpl:
1. Knochensarkome
   - Pathologische Frakturen
2. EWING-Sarkom
   - Knochenmarkinsuffizienz durch ausgedehnten Befall
3. Weichteilsarkome
   - Organkompression (Nierenstauung bei retroperitonealem Sarkom; untere Einflussstauung bei Beckensarkomen)
   - Ulzeration von Haut-/Unterhauttumoren mit Superinfektion
4. Komplikationen intensiver Chemotherapien mit Fieber/Infekten bei schwerer Neutropenie, Anämie
5. Folgen ausgedehnter Chirurgie (z.B. Amputation)

Melanom [C43.9]

Allg:
- Inzidenz:
  - Stetig zunehmende Inzidenz seit den 50er Jahren bei gleich bleibender Mortalität
  - Weltweit/Jahr: 1/100'000 (Asiaten) bis 80/100'000 (ausgewanderte Nordeuropäer in Australien)
  - EU: Männer: 4/100'000 Einwohner/Jahr; Frauen 6/100'000 Einwohner/Jahr
- Risikofaktoren
  - Sonnenexposition
  - Sonnenbrand (≥ 5 schmerzhafte Sonnenbrände vor 15-jährig)
  - Solarium
  - Helle, empfindliche, nävuszellnävusreiche Haut
  - Selten genetische Prädisposition:
    - -- Familiäre Häufung
    - -- Rotes Haar
    - -- Blaue Augen
    - -- Sommersprossen
- Prävention
  - Vermeiden von Sonnenbränden und unnötiger Sonnenexposition
  - Lichtschutzfaktor 15 oder höher
- Histologie
  - Superfiziell spreitendes Melanom ....60 %
  - Noduläres Melanom ....20 %
  - Lentigo maligna Melanom ....10 %
  - Akrolentiginöses Melanom ....5 %
  - Weitere seltene Formen ....< 5 %
  - Aderhautmelanom ....selten (Inzidenz: 6/1'000'000/Einwohner/Jahr)

Klin:
- **ABCDE-Regel**
  - **A** Asymmetrie
  - **B** Begrenzung unregelmässig
  - **C** Colorit innerhalb der Läsion variierend
  - **D** Durchmesser > 5 mm
  - **E** Elevation/Stufenbildung randwärts
- Vorläufer-Läsionen (Präkanzerosen)
  - Atypische Nävi
  - Lentigo maligna

Dg:
- Labor: Hämatologie und Chemie (inkl. LDH, alkalische Phosphatase)
- ***Staging***
  - Thorax-Röntgen (PA/seitlich)
  - Abdomensonographie
  - Je nach Risiko und spezifischer Situation:
    - -- Thorax-, Abdomen/Becken-CT
    - -- Schädel-MR
    - -- PET/CT
  - Sicherheitsabstand bei Primärtumoroperation nach BRESLOW (immer ≥ 1 cm!)
    - -- Bei einer Läsion bis 2 mm ....1 cm Sicherheitsabstand
    - -- Bei einer Läsion 2-4 mm .... 2 cm Sicherheitsabstand
    - -- Bei einer Läsion > 4 mm ....2-3 cm Sicherheitsabstand
  - Wächterlymphknotenexzision (*sentinel node*, SN): Identifikation des ersten drainierenden Lymphknotens. Falls dieser befallen ist, kann eine diagnostische Lymphknotendissektion durchgeführt werden. Die Wertigkeit der Lymphknotendissektion ist bezüglich Überlebensvorteil umstritten. Unumstritten ist, dass eine prognostische Aussage aufgrund des histologischen Lymphknotenstaging gemacht werden kann.

Stad: **Stadieneinteilung und Prognose (nach TNM), WEB-Link, siehe** S. 935

- Eindringtiefe nach CLARK:
  - Level I bis V, je nach Hautschichttiefe
  - Dickenmessung nach BRESLOW: tiefste Stelle in mm
- Prognose nach BRESLOW (10-Jahresüberleben):
  - 0.75 mm ....97 %
  - 0.76-1.5 mm ......90 %
  - 1.4-4 mm ....65 %
  - > 4 mm ....ca. 50 %

Th: **A. Chirurgie: Primärtumor und Lymphknotendissektion**

Ind: 1. Kurative Chirurgie bei:
- Solitärem Melanome
- Operablem Lokalrezidiv
- Satelliten-, In-transit- und Fern-Metastasen

2. Palliative Chirurgie bei:
- Pflegerischen Schwierigkeiten
- Schmerzen

B. Radiotherapie

Ind:
- Symptomatische Hirnmetastasen
- Palliative Bestrahlung zur lokalen Symptomlinderung
- Evtl. individuell zur Konsolidierung nach operativer Intervention

C. Systemische Therapie

C.1. Adjuvante Therapie (kein Konsensus)
- Am meisten angewendete Substanz:
  - Interferon α in unterschiedlichen Dosen und Applikationsarten über ca. 1 Jahr

C.2. Palliative Therapie
- Dacarbacin **IV** alle 3-4 Wo über 4-6 Mt, je nach Ansprechen
- Alternativ: Temozolomid TEMODAL® (orales Präparat; zurzeit nicht krankenkassenpflichtig): Ansprechrate 5-30 %
- Andere wirksame Substanzen: Cisplatin (und Carboplatin), Vindesin und Taxane

D. Regionale Chemotherapie

Ind:
- Lokale und In-transit-Metastasen der Extremitäten, falls keine Chirurgie durchgeführt werden kann.

Bsp:
- Melphalan (Ansprechrate 80 %)
- Weitere angewendete Substanzen: TNFα, IFNγ

Vorg:
- Extremitätenperfusion in Hyperthermie in spezialisierten Zentren
- Palliative intraarterielle Infusionstechniken, z.B. bei inoperablen solitären Lebermetastasen beim Aderhautmelanom (Choroidea-Melanom)

ONKO

Multiples Myelom (MM)[1,2] [C90.0]

Def: Maligne Proliferation der Plasmazellen, vom Knochenmark ausgehend (selten extraossär), die verantwortlich ist für:
1. Infiltration des Knochenmarks durch monoklonale Plasmazellen (> 10 %)
2. Monoklonale Immunglobulin-Sekretion durch Plasmazellen, im Serum oder im Urin nachweisbar
3. Knochendestruktionen

Allg:
- Inzidenz: 3-5/100'000 Einwohner/Jahr
- Altersgipfel: 65 Jahre, tritt selten < 40 Jahren auf
- Das multiple Myelom (MM) entspricht ca. 1 % aller Krebserkrankungen.
- Häufigkeit der monoklonalen Immunglobuline (= Paraprotein):
  I. Sezernierendes MM (ca. 99 % aller Myelome)
    IgG ....50-60 %
    IgA ....20 %
    IgD ....2 %
    IgE und IgM ....selten
    Leichtketten ......10-20 %
  II. Nicht sezernierendes MM (1 % aller Myelome)
- Pathophysiologie:
  - Klonale (κ oder λ-Leichtketten-restringierte) Expansion reifer Plasmazellen, meist mit Produktion eines monoklonalen Paraproteins
  - Myelomzellen induzieren Stroma zur Bildung osteoklastenaktivierender Faktoren (IL-6, TNF, RANKL), was zu Knochendestruktionen führt.
  - Das MM kann zur Nephropathie und AL-Amyloidose führen.
- Sonderfälle des MM:
  - Solitäres Plasmozytom (kein disseminierter Befall)
  - Asekretorisches Myelom (keine Paraproteinämie oder -urie)
  - Plasmazellleukämie (Ausschwemmung monoklonaler Plasmazellen ins periphere Blut)

Dg: Diagnosekriterien der International Myeloma Working Group 2002:[1]

Diagnose / Parameter	MGUS, S. 975	*Smoldering Myeloma*	Multiples Myelom
Serum-Paraprotein	< 30 g/L	≥ 30 g/L	• Kein Grenzwert
	und	*und / oder*	*und / oder*
Plasmazellen im KM	< 10 %	≥ 10 %	• Kein Grenzwert
Symptome, Klinik	• Keine Endorganschäden* • Oft Zufallsbefund im Alter • Jähliche Progression zum Myelom von ca. 1 %	• Keine Endorganschäden*	• Paraprotein im Serum oder Urin, KM- oder extramedullärer Befall, • Endorganschäden*

Klin:
- Anämie (80 %), meist normozytär, normochrom
  - Müdigkeit, Lethargie
  - Unklare AZ-Minderung (verstärkt durch die Hyperkalzämie)
- Knochenschmerzen (70 %)
  - Pathologische Frakturen
  - Schmerzhafte Osteolysen
- Niereninsuffizienz (25-30 %) infolge:
  - Toxischem Effekt der Leichtketten in den Nierentubuli
  - Hyperkalzämie (infolge aktivierenden Osteoklasten Faktor, OAF), Hyperurikämie
  - Amyloidose
  - HWI
- Infektneigung infolge Immunglobulinmangel
  - Gehäuft bakterielle Infekte: *Streptocuccus pneumoniae, Staphylococcus aureus, Haemophilus influenzae*
  - Pneumonien, Pyelonephritis u.a.
- Neurologische Ausfälle infolge medullärer/spinaler Kompression
- Hyperviskositätssyndrom (2-5 %) mit neurologischen Ausfällen, S. 913
- Blutungszeichen

* Serumkalzium > 2.75 mmol/L, Serumkreatinin > 173 µmol/L, Hb < 100 g/L, Osteolysen, symptomatische Hyperviskosität, Amyloidose, > 2 bakterielle Infekte/Jahr

1 The International Myeloma Working Group. Br J Haematol 2003 ;121 :749-57.

Prog: • Prognostische Faktoren:
- β2-Mikroglobulin
- Albumin
- Alter
- Zytogenetik (del 13)

• **Internationales Staging System (ISS) Stadieneinteilung 2005:**[3]

Stadium	Labor	Mittlere Überlebenszeit
I	β2-Mikroglobulin < 3.5 mg/L + Albumin > 35 g/L	62 Monate
II	Weder Stadium I noch II	44 Monate
III	β2-Mikroglobulin > 5.5 mg/L	29 Monate

• Die bisherige Stadieneinteilung nach DURIE und SALMON 1975 beschrieb folgende prognostisch ungünstige Faktoren:
- Hb < 85 g/L
- Serumkalzium > 2.85 mmol/L
- Osteolysen
- Hohe Paraproteinspiegel
- Niereninsuffizienz

DD: 1. Maligne monoklonale Gammopathien
1.1. Multiples Myelom
1.2. B-lymphozytisches Lymphom (WALDENSTRÖM-Makroglobulinämie)
- IgM
1.3. Schwerketten Gammopathien (selten)
2. Sonstige Gammopathien
2.1. MGUS (*Monoclonale gammopathy of undetermined significance*), S. 975
2.2. Transitorische monoklonale Gammopathie bei:
- Infektionen
- Transplantierten Patienten (hämatopoetische Stammzellen, solide Organe)

Vorg: • Knochenmarkaspiration und -biopsie:
- Infiltrationsgrad
- Amyloidablagerung
- Zytogenetik/FISH (del13)

• **Blutanalysen**
- Blutbild:
  -- Ausschwemmende Plasmazellen?
  -- Thrombozytopenie?
  - Anämie?
- BSG: ist bei 90 % der Patienten erhöht (oft > 100 mm/h)
- Kreatinin, Harnstoff
- Korrigiertes Kalzium (Formel, siehe S. 1502)
- Phosphat, LDH
- Alkalische Phosphatase (ist beim MM oft normal, im Gegensatz zu Knochenmetastasen, welche erhöhte AP-Werte aufweisen, siehe. S. 1344)
- Harnsäure
- Quantifizierung der Immunglobuline (IgG, A, M, D, E)
- Blutviskosität (indiziert bei Hyperviskositätssyndrom und bei Indikationsstellung zur Plasmapherese)
- Hyperviskositätssyndroms, S. 913
- β2-Mikroglobulin (prognostischer Faktor, siehe ISS-Staging oben)
- Eiweisselektrophorese mit Immunfixation (Nachweis und Quantifizierung des monoklonalen Paraproteins)

• **Urinanalysen**
- Eiweisselektrophorese mit Immunfixation aus dem 24 h-Urin
- Leichtketten (= BENCE-JONES-Proteinurie)?
- Urinstatus und -sediment (Suche nach HWI)

Für die PRAXIS:
Die Leichketten sind mit Urin-Teststreifen NICHT erfassbar (S. 1366, 1438).

ONKO

3 Greipp PhR, et al. J of Clin Oncology 2005 ;3 :3412-20.

Rx: • Radiologische Läsionen können bei 80 % der Patienten anlässlich der Erstuntersuchung gefunden werden, typischerweise:
- Landkartenartige Knochenveränderungen
- Multiple, ausgestanzte, rundliche osteolytische Knochenläsionen
- Variable Grösse (einige mm bis cm)
- Keine periläsionelle Kondensationszeichen

• Typische Lokalisationen der Knochenläsionen:
- Schädel («Schrotschussschädel», siehe Bild)
- Sternum
- Wirbelsäule (Wirbelkörpereinbrüche)
- Femora, Humera, Clavicula
- Becken, Rippen

• Alternativ zum konventionellen Röntgen:
- MR das Achsenskelettes (sensitiv, um eine Knocheninfiltration zu evaluieren)

Bem: • Die Knochenszintigraphie ist nicht indiziert (meist falsch negativ).

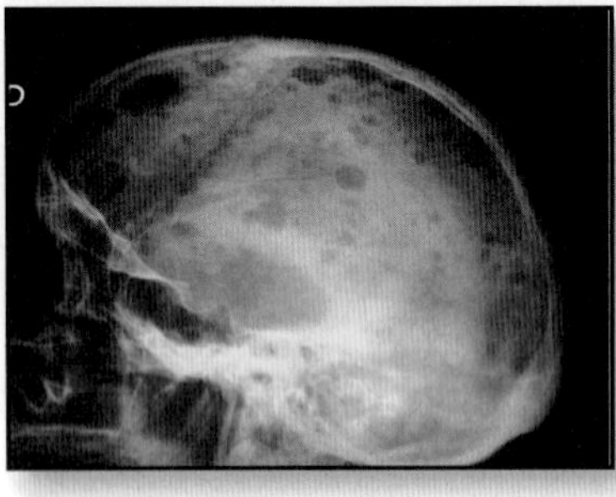

Standard-Rx des Schädels: scharf begrenzte, osteolytische ossäre Zonen («Schrotschussschädel»).

Th: **1. Allgemeine Information**

• Asymptomatische Patienten mit MM müssen nicht therapiert werden.
• Eine Therapieindikation liegt im allgemeinen vor, wenn mindestens 1 der folgenden Kriterien erfüllt ist:
- CRAB-Kriterien: Hyperkazämie > 2.75 mmol/L (korrigiert), Niereninsuffizienz (Kreatinin > 175 μmol/L), Anämie (Hb < 100 g/L), Osteolysen
- Andere Kriterien: Hyperviskosität, Amyloidablagerung, rezidiv. bakterielle Infekte

2. Therapie in Abhängigkeit der Patientengruppe

2.1. Alle Patienten

1. Knochenschutztherapie
   • Bisphosphonat-Gabe (Pamidronsäure, Zoledronsäure), Dosierung siehe S. 1302
2. Konsequente Rehabilitation!

2.2. Patienten < 70 Jahre

1. Induktionschemotherapie ohne Alkylanzien:
   - z.B. mit Vincristin, Adriamycin, und Dexamethason oder Thalidomid
   Dann periphere Stammzellapherese nach Mobilisation:
   - z.B. mit Vinorelbine und G-CSF
2. Konsolidation mit Hochdosis-Melphalan + autologer Stammzellrückgabe

2.3. Patienten > 70 Jahre und/oder multimorbide Patienten

1. Niedrig dosiertes Melphalan, Dexamethason, Thalidomid

2.4. Rezidiv nach Hochdosistherapie

I. «Junge» Patienten (habe meist bereits Hochdosis-Melphalan + autologe Stammzellrückgabe erhalten)
   - Im Rezidiv ist eine allogene Stammzelltransplantation nach reduzierter Konditionierung möglich (sogenannte «Mini-Konzepte», jedoch noch hohe Letalität durch Abstossungsreaktion und Infekte)
   und/oder:
   - Neuere Therapien: Bortezomib (Proteasomeninhibition) oder Thalidomid, Lenalidomid (antiproliferative, immunmodulierende und antiangiogenetische Effekte).

II. Ältere Patienten: primär Einsatz neuer Substanzen (Bortezomib, Lenalidomid)

2.5. Pathologische Frakturen

• Ad. operative Stabilisierung + Radiatio

2.6. Umschriebene schmerzhafte Osteolysen

• Analgetische Radiatio

Monoklonale Gammopathie unbekannter Signifikanz - MGUS[4] [D47.2]

Syn: • MGUS — *Monoclonale gammopathy of undetermined significance*

Def: • Siehe Tabelle 1, S. 972

Allg: • Prävalenz:
- > 50 Jahren ....2 %
- >70 Jahren ......3 % (häufiger als das multiple Myelom)

• Pathophysiologie. Vorhandensein von Serum-Paraproteinen:

I. Monoklonale Immunglobuline:
- IgG ....70 %
- IgA ....12 %
- IgM ....15 %

II. Leichtketten im Urin (31%)

• Die MGUS bleibt i.d.R. «benigne», kann aber im Verlauf in folgende assoziierte Erkrankungen übergehen:
- Multiples Myelom (Progressionsrate ca. 1 %/Jahr)
- Amyloidose, S. 1072
- B-lymphozytisches Lymphom (WALDENSTRÖM-Makroglobulinämie)

Klin: • Oft Zufallsbefund
• Die Patienten sind meistens asymptomatisch.

Lab: • BSG
• Die alkalische Phosphatase ist normal (was die «ruhende» osteoblastische Aktivität zeigt)
• Elektrophorese der Serum- und Urinproteine:
- Monoklonale IgG- oder IgA-Peaks oder Leichtketten (abnormale kappa/lambda-Ratio)

Bem: • Eine abnorme Leichtketten «kappa/lambda-Ratio» ist ein unabhängiger Risikofaktor für eine Transformation in ein MM!

Th: **1. Konsilium**
- Bei Erstdiagnose einer monoklonalen Gammopathie muss immer ein multiples Myelom ausgeschlossen werden, siehe S. 972!
- Normalerweise ist keine Therapie notwendig.

2. Verlaufskontrollen
- Regelmässige klinische Verlaufskontrollen
- Elektrophorese (→ Paraproteinverlauf) alle 3-12 Monate

4 Kyle RA, et al. N Engl J Med 2002 ;346 :564-9.

Maligne Gliome [C71.9]

Allg: • Inzidenz der Gliome: 2-5/100'000 Einwohner/Jahr

Bsp: • Altersgipfel

Altersgipfel	Hirntumor
10.-20. Lebensjahr	Infratentorielle Astrozytome Medulloblastome Ependymome Kraniopharyngeome
Um 40 Jahre	Supratentorielle Astrozytome Oligodendrogliome
Um 55 Jahre	Glioblastome

Urs: • Meist unbekannt
- Seltene familiäre Tumorerkrankungen:
  - Von HIPPEL-LINDAU-Syndrom
  - Morbus RECKLINGHAUSEN
  - Familiäre Astrozytome

Klin: • Frühsymptome sind Kopfschmerzen (70 %)
- Psychointellektuelle und affektive Veränderungen
- Epilepsieanfall (besonders häufiges Erstsymptom bei *low grade*-Gliomen)
- Histologie (4 Malignitätsgrade nach WHO):
  - Pilozytisches Astrozytom .... **Grad I**
  - Astrozytom .... **Grad II - III**
  - Pleomorphes Xantoastrozytom .. **Grad II - III**
  - Glioblastom .... **Grad IV**
  - Oligoastrozytom .... **Grad II - III**
  - Oligodendrogliom .... **Grad II - III**
- *Low grade*-Gliome können durch weitere genetische Veränderungen in höhergradige Gliome und schliesslich in sekundäre Glioblastome übergehen.

Vorg: • Schädel-MR/Angio-MR
- Stereotaktische Biopsie zur histologischen Sicherung mit Malignitätsgrad-Festlegung.
- Der PET-Scan ist nicht indiziert.

Stad: • Es gibt keine Stadieneinteilung bei Gliomen

Th: **1. Symptomatische Therapie des Hirndrucks**, siehe Kapitel «Hirndruck», S. 572

2. Therapie nach WHO-Einteilung

■ **WHO Grad I**

Th: • Kurative Operation

■ **WHO Grad II**

Th: • Operation

Bem: • Bei Rezidiv, je nach Befund, ad. Reoperation, Radiotherapie oder Chemotherapie mit Temozolomid (TEMODAL®).
- In inoperablen Situationen steht beim Oligodendrogliom die Chemotherapie im Vordergrund, bei Astrozytomen die Radiotherapie.

■ **WHO Grad III**

Th: • Operation, gefolgt von postoperativer Radiotherapie
- Chemotherapie im Rezidiv

■ **WHO Grad IV**

Th: • Primär multimodale Behandlungen mit:
  - Operation
  - Kombinierter Radio-/Chemotherapie
  - Und adjuvanter Chemotherapie mit Temozolomid TEMODAL®
- Therapiemöglichkeiten für Grad III-IV-Rezidive nach Versagen von Temozolomid:
  - BCNU + Irinotecan CAMPTO®, Irinotecan + Bevacizumab AVASTIN®

Prog: • WHO Grad I: Bei guter Operabilität keine Beeinträchtigung der Lebenserwartung.
- WHO Grad II: 5 Jahres-Überlebensrate von 50-80 %.
- WHO Grad III: Mediane Überlebenszeit um 2 Jahre. Reine anaplastische Oligodendrogliome mit besserer Prognose.
- WHO Grad IV: In der Mehrzahl der Fälle Überlebenszeiten unter einem Jahr. 5-Jahres-Überlebensrate um 5 %.

RHEUMATOLOGIE

Arthritis [M13.9]

Klas:
- Monarthritis: 1 Gelenk ist betroffen
- Oligoarthritis: 2-4 Gelenke sind betroffen
- Polyarthritis: ≥ 5 Gelenke sind betroffen

Klin:
- Erwärmtes, manchmal gerötetes Gelenk
- Schmerzhafte Palpation; der Schmerz ist im Gelenkspalt am intensivsten.
- Gelenkerguss ± periartikulärem Ödem

Dg:
- Die Diagnose der Arthritis wird v.a. klinisch gestellt.

Urs:

Organbefall der Arthritis	Mögliche Diagnosen
Augen	
Uveitis	• Ankylosierende Spondylitis • Sarkoidose • Morbus BEHÇET
Skleritis	• Rheumatoide Arthritis • Sarkoidose • WEGENER Granulomatose
Konjunktivitis	• Morbus REITER
Magen-Darm-Trakt	
Diarrhoe	Infektiöse Diarrhoe mit/bei: • *Salmonella* • *Shigella* • *Yersinia* • *Campylobacter*
Kolopathie	• Enteropathische Arthritis
Dysphagie	• Systemsklerose • Polymyositis • Dermatomyositis
Urogenital Trakt	
Urethritis	• Morbus REITER
Sexuell übertragbare Krankheiten	• HIV • *Chlamydia* • Gonokokken (kutane Pusteln suchen)
Sonstige Situationen	
Zeckenstich, Erythema migrans	• LYME-Borreliose
Familienanamnese für entzündlichen Rheumatismus	• Ankylosierende Spondylitis • Rheumatoide Arthritis
RAYNAUD Phänomen	• RAYNAUD-Phänomen oder -Krankheit
Hautläsionen	• SLE • Dermatomyositis • Morbus REITER • Morbus BEHÇET
Anamnese von Gicht oder Psoriasis	• Gicht • Psoriasisassoziierte Arthritis
Impfungen, Infekte, Tierbisse oder -verletzungen	• Septische Arthritis
IV-Drogenabusus	• Septische Arthritis mit atypischen Lokalisationen

Lokalisation der Arthritis	Mögliche Diagnosen
Peripher	• Rheumatoide Arthritis • SLE
Schulter, Hüften	• Polymyalgia rheumatica • Rheumatoide Arthritis bei älteren Personen • Calcium-Pyrophosphat-Dihydrate (CPPD; = Pseudogicht oder Chondrocalcinose)
Symmetrisch	• Rheumatoide Arthritis • SLE,
Asymmetrisch	• Seronegative Spondylarthropathie • Infektiöse Arthritis • Reaktive Arthritis • Mikrokristalline Arthropathie (Gicht, CPPD, Hydroxylapatit-Rheumatismus)
Untere Extremitäten	• Seronegative Spondylarthropathie • Sarkoidose

Monarthritis

Def: • Entzündung eines einzigen Gelenkes

Urs: • Infektiös (die infektiöse Ursache ist wesentlich häufiger bei einer Monarthritis, als bei einer Oligoarthritis)
- Bakteriell (z.B. *Staphylococcus aureus*)
- Tuberkulose (***CAVE***: oft wenig Entzündungszeichen, was die Diagnose verzögert!)
- *Borrelia*
- Pilze u.a.

• Kristall-Arthropathie: Gicht, CPPD, Apatit-Rheumatismus

• Entzündlicher Rheumatismus
- Rheumatoide Arthritis
- Seronegative Spondylarthropathien, S. 1008
- Sarkoidose (betrifft v.a. die unteren Extremitäten)
- Konnektivitis (S. 1036):
  -- SLE
  -- Sklerodermie
  -- Sicca-Syndrom (SJÖGREN)
  -- MCTD u.a.

• Arthrose
• Trauma
• Synovitis bei Fremdkörper (selten)
• Pigmentierte villo-noduläre Synovitis
• Hämarthros

Vorg: • Gelenkpunktion, S. 994

• Blut:
- BSG
- CRP
- Blutstatus
- Blutkulturen

Th: • Kausaltherapie
• Rheuma-Konsilium

Oligoarthritis

Def: • Entzündung von **2-4 Gelenken**

Urs: • Anamnestische und klinische Elemente weisen auf die mögliche Diagnose hin:
- Reaktive Arthritis, S. 1015
- Kristall-Arthropathie: Gicht, CPPD, Apatit-Rheumatismus, S. 1002-1007
- Entzündlicher Rheumatismus:
  - Rheumatoide Arthritis, S. 992
  - Seronegative Spondylarthropathien, S. 1008
  - Sarkoidose (betrifft v.a. die unteren Extremitäten)
  - Morbus BEHÇET, S. 1060
  - Konnektivitis (S. 1036): SLE, Sklerodermie, SJÖGREN-Syndrom, MCTD u.a.
- Infektiös
  - Gonokokken, Meningokokken, Borrelien
  - Infektiöse Endokarditis

Für die PRAXIS:
Die infektiöse Ursache ist wesentlich häufiger bei Monarthritis, als bei Oligoarthritis!

- Arthrose
- Trauma

Vorg: • Gelenkpunktion (S. 994), wenn immer möglich
• Blut
- Blutbild, BSG, CRP
- ALAT, ASAT, γGT, alkalische Phosphatase
- Je nach Klinik:
  - evtl. HLA-B27
  - ANA, Rheumafaktor
  - Anticitrullin Antikörper (Anti-CCP Ak)
  - Nukleinsäurenanalyse (z.B. mit PCR): *Chlamydia*, *Borrelia* u.a.

• Thoraxröntgen: Suche nach mediastinaler Adenopathie (Suche nach einer Sarkoidose)

Th: • Kausaltherapie, Rheuma-Konsilium

Polyarthritis - Polyarthralgien

Def: • Entzündliche Arthropathie von $\geq$ **5 Gelenken**

Urs: • Entzündlicher Rheumatismus
- Rheumatoide Arthritis, S. 992
- Konnektivitis (S. 1036): SLE, Sklerodermie, SJÖGREN-Syndrom, MCTD u.a.
- Seronegative Spondylarthropathien (SpA), S. 1008
- Sarkoidose (betrifft v.a. die unteren Extremitäten)
- Morbus BEHÇET, S. 1060

Für die PRAXIS:
Bei jeder neu diagnostizierten Polyarthritis muss eine kutane Psoriasis gesucht werden, denn diese Diagnose wird oft verpasst!

• Infektiös
- Viral und reaktiv (sehr viele Viren können eine Polyarthritis auslösen!):
  - *Parvovirus B19,* Röteln
  - Hepatitis A und B
  - EBV, CMV
  - HIV
- Bakteriell (selten, Suche nach systemischer Eintrittspforte: Endokarditis, Abszess)

Für die PRAXIS:
Besonders wichtig ist die Anamnese mit Frage nach einer:
- Ansteckung
- Impfung

• Kristall-Arthropathie: Gicht, CPPD, Apatit-Rheumatismus
• Paraneoplastischer Rheumatismus
- Daran denken bei atypischer Klinik oder ungenügendem Ansprechen auf die Therapie.
- Die Suche nach einer Neoplasie ist nur dann indiziert, wenn die Anamnese dafür spricht und die Problematik nicht einer typischen, rheumatischen Erkrankung zugeordnet werden kann.

• Polyarthrose (die Polyarthrose kann sich wie eine rheumatoide Arthritis verhalten)
• Hyperlaxität

Th: • Kausaltherapie, Rheuma-Konsilium

Septische Arthritis [M00.9]

Allg:
- Infektionswege der Gelenkkontamination:
  - Hämatogen, ausgehend von einer systemischen Infektion (80-90% der Fälle)
  - Osteomyelitis (Durchbruch ins Gelenk)
  - Subkutane Infektion (lymphogene Streuung ins Gelenk)
  - Direktinokulation (iatrogen nach Gelenkpunktion, Arthroskopie, Arthrotomie)
- Häufig isolierte Keime:
  - GRAM-positive Bakterien: ***Staphylococcus aureus*** (> 80 %), *Streptococcus sp.*
  - Gonokokken (typischerweise handelt es sich um migrierende Polyarthritiden und Tenosynovitiden)
  - Meningokokken
  - Pilze (sehr selten)
  - Tuberkulose (selten; gehäuft bei immunsupprimierten Patienten; ist oft wenig schmerzhaft und lange nicht diagnostiziert)
- Spezielle Keime je nach klinischem Zusammenhang:
  - Nach Arthroskopie: Koagulase-negative Staphylokokken (z.B. Staph. epidermidis)
  - Bei **IV**-Drogenabusus: GRAM-negative Keime (hier werden axiale Gelenke, wie z.B. das Sternoklavikular- oder Sterno-manubriumgelenk betroffen)
  - Bei Sichelzellanämie: Salmonellen

Klin:
- In ca. 80 % der Fälle handelt es sich um eine Monarthritis.
- Patienten mit einer rheumatoiden Arthritis oder mit einer Systemkrankheit (Konnektivitis) können eine septische Oligo- oder Polyarthritis aufweisen.
- Sehr schmerzhaftes, gerötetes und überwärmtes Gelenk.
- Algisch bedingte Mobilitätseinschränkung
- Häufig betroffene Gelenke:
  - Knie (> 50 % der Fälle)
  - Hand-, Sprung- und Hüftgelenk
- Fieber ± Schüttelfrost

Dg:
- Gelenkpunktion (allenfalls US- oder CT-gesteuert), s. 994:
  - → Leukozyten (Interpretation, siehe s. 988):
    - Je höher die Leukozytenzahlen (> 50'000-150'000/mm^3) desto wahrscheinlicher ist die Diagnose einer septischen Arthritis.
  - → GRAM-Färbung im Direktuntersuch:
    - Sensitivität 30-50 %; d.h. es gibt 50-70 % falsch negative Resultate.
  - → Kultur:
    - Die Kultur ist in den meisten Nicht-Gonokkenarthritis positiv, kann aber bei Streptokokken oder Mykoplasmen auch negativ ausfallen.
  - → Kristallsuche

Vorg:
- Gelenkpunktion, s. 994
- Blutanalyse
  - Blutstatus mit Differentialblutbild, CRP, BSG
  - Blutkulturen (in ca. 50 % der Fälle positiv)
  - Je nach Klinik: Harnsäure, HIV-Serologie, PCR für *Chlamydia*, *Borrelia burgdorferi* u.a.

DD:
- Gicht
- CPPD-Arthritis
- Reaktive Arthritis
- Rheumatoide Arthritis
- LYME-Arthritis

Th:

1. Antibiotika

Allg:
- Die AB-Therapie ist initial empirisch bis das AB-gramm zur Verfügung steht. Liegt klinisch oder im GRAM-Präparat kein Hinweis für den Erreger vor, soll ein Antibiotikum mit guter Wirksamkeit gegen Staphylokokken und Streptokokken verabreicht werden, siehe Tabelle 1 s. 983.
- Dauer der AB-Therapie: 14-42 d, je nach Erreger

Vorg:
- Siehe Tabelle 1 s. 983

2. Wiederholte Gelenkpunktionen, Gelenkdrainage

Allg:
- Es gibt keinen Konsens bezüglich der Notwendigkeit von wiederholten Gelenkpunktionen und/oder Gelenkdrainagen.
- Es stehen folgende Therapiemodalitäten zur Verfügung:
  - Nadelaspiration (1 oder mehrere Male; manchmal sind tägliche Aspirationen notwendig)
  - Arthroskopische Drainagen
  - Arthrotomie (offene chirurgische Drainage)

3. Gewichtsentlastung bei Gelenken der unteren Extremität

4. Physiotherapie

Vorg:
- Die passive Mobilisation ist schon ab dem 1. Tag indiziert.

Situation	Beispiele von AB-Therapie
▶ **Kein Erreger in der GRAM-Färbung**	Immunkompetente Patienten • C3G (s. 1209): Ceftriaxon 1x 2 g **IV**/d Cephalosporin-allergische Patienten • Ciprofloxacin 400 mg **IV** alle 12 h oder 2x 500-750 mg PO Immunsupprimierte Patienten • C3G (s. 1209): Ceftriaxon 1x 2 g **IV**/d + Vancomycin **IV** (2x 15 mg/kg/d; z.B. 2x 1 g) Posttraumatische septische Arthritis • C3G (s. 1209): Ceftriaxon 1x 2 g **IV**/d + Vancomycin **IV** (2x 15 mg/kg/d; z.B. 2x 1 g) Nach einer Arthroskopie • Vancomycin **IV** (2x 15 mg/kg/d; z.B. 2x 1 g)
▶ **Nachweis von: GRAM-positiven Kokken**	Alle Patienten • Vancomycin **IV** (2x 15 mg/kg/d; z.B. 2x 1 g). ***CAVE***: Nierenparameter engmaschig kontrollieren!!!
▶ **GRAM-negative Kokken in der GRAM-Färbung (inkl. Gonokokken-arthritis)**	Alle Patienten • C3G (s. 1209): Ceftriaxon 1x 2 g **IV**/d
▶ **Infiziertes Kunstgelenk**	Ad. Rheuma-Konsilium • Keine empirische AB-Therapie. Das AB-gramm muss immer abgewartet werden! • Débridement + Prothesenablation

Tabelle 1: AB-Therapie bei septischer Arthritis.[1]

C3G Cephalosporine 3. Generation

Für die PRAXIS:
Im Zweifelsfalle muss jede Arthritis als infektiös betrachtet werden.
Ausser bei künstlichen Gelenken, ist die sofortige Verabreichung einer empirischen AB-Therapie bis zum Erhalt des Resultats der Gelenkflüssigkeit indiziert (ca. 72 h).

1 Angepasst nach: UpToDate. Septic arthritis 2007/08.

Arthrose [M19.9]

Allg:
- Altersassoziierte Degeneration von hyalinem Knorpel von Gelenken:
  - Finger (DIP- und PIP- und Daumensattelgelenke = sogenannte Fingerpolyarthrose)
  - Hüft- und Kniegelenke
  - Grosszehengrundgelenke (MTP1-Gelenk)
  - Achsenskelett (Facettengelenke)
- Frauen > Männer
- Inzidenz
  - Coxarthrose ....60/100'000 Einwohner/Jahr
  - Gonarthrose ....200/100'000 Einwohner/Jahr
- Symptomatische Arthrose:
  - Gesamtbevölkerung ....2-3 % Erwachsene
  - > 65 Jahre ....11 % Kniearthrose
5 % Hüftarthrose
- Radiologische Arthrose bei 50-80 % der > 65-jährigen

> **Für die Praxis:**
> Bei der Arthrose herrscht eine schlechte Korrelation zwischen Bildgebung und Klinik!

Urs: I. Kongenital
- Genetisch (v.a. DIP-Arthrose). Selten autosomal dominante Mutation (Typ 2 Prokollagen)
- Frauen > 50 Jahre sind häufiger betroffen.

II. Erworben
- Übergewicht (v.a. Kniearthrose)
- Biomechanik bei Hüftarthrose (Impingementproblematik)
- Trauma: Unfälle, iatrogen (Meniskektomie am Knie)
- Fehlstellungen (Varus-, Valgusfehlstellung)
- Berufliche Überlastungen (v.a. Knie und Rücken)
- Gelenkinfektionen, Gelenkentzündung
- Hämarthros
- Neoplasie (pigmentierte villonoduläre Synovitis)
- Ischämie (Hüftkopfnekrose)

Klas:
- Einteilung der Arthrose nach Gelenkzahl:
  - Monartikulär (1 Gelenk)
  - Oligoartikulär (bis 4 Gelenke)
  - Polyartikulär ($\geq$ 5)
- Primäre Arthrose
  - Altersarthrose
  - Genetische Faktoren
  - Umgebungsfaktoren
- Sekundäre Arthrose
  - Metabolisch:
    - Akromegalie
    - Ochronose (braun-schwarze Pigmentierung durch Ablagerung von Homogentisinsäurepolymeren in der Haut, im Bindegewebe und im Knorpel)
    - Hämochromatose
    - CPPD, S. 1006
    - Morbus GAUCHER
    - Hyperparathyreoidismus
    - Diabetes mellitus
  - Anatomisch
    - Epiphysiolyse
    - Morbus PERTHES (orthopädische Kinderkrankheit infolge Ischämie und Nekrose von Knochengewebe im Hüftkopf)
    - Kongenitale Hüftdysplasie
    - Hypermotilität
    - Kollagenkrankheiten: MARFAN, EHLERS-DANLOS-Syndrom
    - Impingement
  - Traumatisch
  - Entzündlich, postinfektiös
  - Autoimmunerkrankung (z.B. Rheumatoide Arthritis)

Klin:
- Anlaufschmerz von < 15 min
- Belastungsschmerz
- Krepitation beim Bewegen des Gelenkes
- Gelenksinstabilität
- Einschränkung der Gelenkbeweglichkeit
- Muskelatrophie bis Immobilisation
- Sekundäre periartikuläre Tendinosen

- Sogenannt «reaktivierte Arthrose»:
  - Zusätzlich Schwellung und Überwärmung
  - Gelenkerguss (Knie)
  - Gelegentlich Rötung (Finger)

Lab:
- Keine Entzündungszeichen
- Bei sekundären Arthroseformen sind krankheitsspezifische Laborbefunde zu suchen.
- <u>Gelenkpunktion und Analyse der Synovia (S. 988):</u>
  - Zellzahl < 2000/mm³
  - Normale Viskosität (Faden zieht einige cm)
  - Gelbe, makroskopisch klare Flüssigkeit

Rx:
- Gelenkspaltverschmälerung
- Subchondrale Sklerosierung und Zysten
- Exzentrische, oft asymmetrische osteophytäre Anbauten als Abstützreaktion

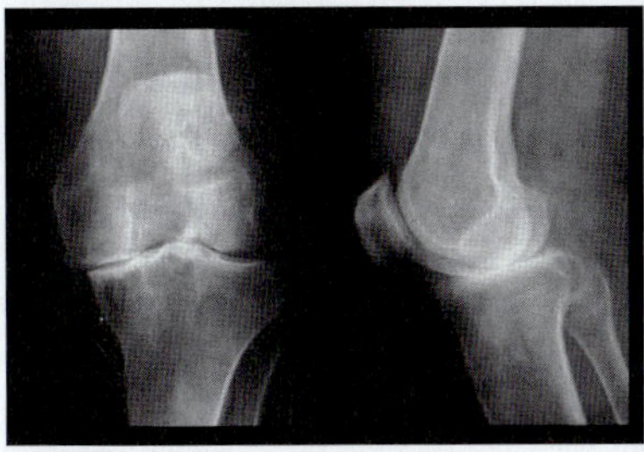

Kniegelenksarthrose

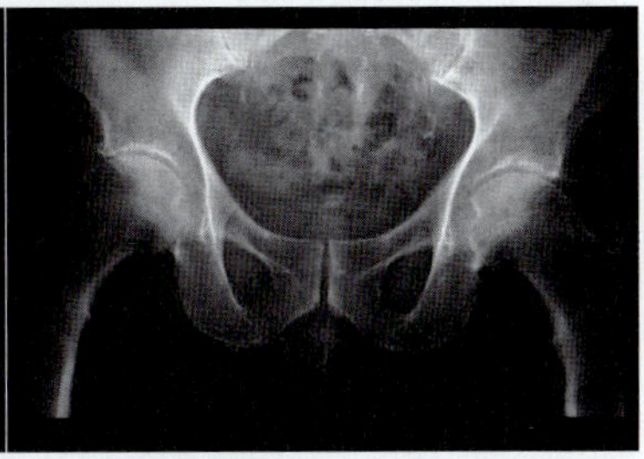

Hüftgelenksarthrose

Th:

1. Allgemeine Massnahmen
- Körpergewichtabnahme, falls inidiziert
- Belastungsreduktion
- Ergonomie (z.B. Rücken, Rhizarthrose)
- Muskelbalance (z.B. Knie)
- Muskelkräftigung und aerobes Training
- Evtl. Wassertherapie

2. Lokale Massnahmen
- Schienenversorgung (z.B. Rhizarthrose, dekompensierte Gonarthrose)
- Einlagenversorgung (z.B. Grosszehengrundgelenk)
- Topische Medikamente (NSAR-Gel, S. 1266 ff)
- Viskosupplementation (etabliert für Kniearthrose, weniger für die Hüftarthrose) mittels intraartikulärer Hyaluronsäure-Injektion, z.B.:
  - HYALURON HEXAL® ....1x/Wo, insgesamt 3-5x
  - ORTHOVISC® ....1x/Wo, insgesamt 3-5x
  - GO-ON® ....1x/Wo, insgesamt 5x

3. Analgetische Therapie
- Paracetamol, S. 1328
- NSAR/COX 2-Hemmer vorübergehend (reaktivierte Arthrose)
- Umstritten sind Chondroitinsulfat und Glucosaminsulfat:

  a) Chondroitinsulfat (in Deutschland nicht erhältlich)

  — CONDROSULF® (Mahlzeit unabhängig, unzerkaut einnehmen)
  - Initial (2 Wo): 2x 2 Beutel/Tabl/Kaps zu 400 mg/d
    oder 2x 1 Beutel/Tabl zu 800 mg/d
  - Erhaltung (2-3 Mt.): 1x 2 Beutel/Tabl/Kaps zu 400 mg/d
    oder 1x 1 Beutel/Tabl zu 800 mg/d

  — STRUCTUM® 500
  - Initial (3 Wo): 3x 1 Kaps/d
  - Erhaltung (3 Mt.): 2x 1 Kaps/d

  b) Glucosaminsulfat (in der CH nicht im Handel)

4. Chirurgischer Gelenksersatz
- Prothese (z.B. Knie, Hüfte)
- Arthrodese (z.B. DIP-Gelenke)

Gelenkpunktion

Allg:
- Die normale Synovialflüssigkeit ist klar, sehr viskös und wenig voluminös.

Für die PRAXIS:
Bei normaler oder «mechanischer» Synovialflüssigkeit kann man die Eichung noch durch ein mit Gelenkflüssigkeit gefülltes Röhrchen hindurch lesen.

Ind:
1. Diagnostische Punktion, z.B. bei:
   - Septischer Arthritis
   - Mikrokristalliner Arthropathie: Gicht, CPPD, Hydroxylapatit
   - Monarthritis, Oligoarthritis unbekannter Ursache
2. Schmerzlindernde Punktion bei ergiebigem Gelenkerguss, z.B. bei:
   - Arthrose-Schub
   - Arthritis-Schub

KI:
- **Es gibt keine absoluten Kontraindikationen bei Verdacht auf eine septische Arthritis!**
  - Selbst bei antikoagulierten Patienten kann und muss eine diagnostische Gelenkpunktion durchgeführt werden!
  - Bei einer Punktion nahe der Wirbelsäule sollen folgende Elemente erfüllt sein:
    -- INR < 2.0 (Quick > 50 %)
    -- Thrombozyten > 100 G/L
    -- Absetzen von fraktioniertem Heparin (inkl. NMH) > 12 h vor der Punktion
    -- Absetzen von kontinuierlich verabreichtem Heparin: 2 h vor der Punktion
  - Thrombozytenaggregationshemmer (ASS, Clopidogrel u.a.) stellen keine Kontraindikation einer Gelenkpunktion dar.
- Relative KI (ad. Rheuma-Konsilium!):
  - Gerinnungsstörungen (Fehlen eines Konsens bezügl. höchst toleriertem INR-Wert)
  - Anatomisch nicht erreichbar
  - Bestehende Hautläsionen (Zellulitis, Psoriasis)
  - Gelenkprothese

Kpl:
- Infektionen (Risiko < 1:35'000)
- Blutung (Hämarthros)
- Vasovagale Synkope
- Lokale Schmerzen
- Knorpeltrauma

Vorg:
- Die Technik mit den entsprechenden Orientierungspunkten muss sehr gut bekannt sein. Ist dies nicht der Fall, darf dieser Eingriff NICHT durchgeführt werden!
- Die Punktion kann ultraschallgesteuert durchgeführt werden.
- Bei einer «Punctio sicca», soll versucht werden, das Gelenk mit NaCl 0.9 % zu spülen (siehe praktischer Hinweis S. 990). Die Nadel soll nicht entsorgt werden, denn sie kann für eine Kultur verwendet werden (weniger als 1 Tropfen kann genügend sein).
- Für die Leukozytenzahl und die Kristallanalyse kann die Gelenkflüssigkeit bei 4° C während 24-48 h aufbewahrt werden. In diesem Fall ist anzumerken, dass deren Anzahl abnimmt und Artefakt-Kristalle beobachtet werden können.
- **Technik (Beispiel einer Punktion des rechten Knies mit** supero-externem Zugang)
  - ▸ **Den Patienten über den Eingriff und die evtl. Komplikationen gut aufklären:**
    - Infekt, Blutung, Verletzung von Strukturen im Bereich des Stichkanals
    - Bei Injektion von Kortikoiden:
      -- Lokale Hautatrophie
      -- Entzündungsreaktion durch Kristalle (= *flare*)
      -- Hitzegefühl (= *flush*)
      -- Blutzuckerwerte können bei Diabetes vorübergehend höher liegen.
  - ▸ **Gesichtsmaske** tragen (± Schutzbrille; die Gelenkflüssigkeit ist potentiell infektiös)
  - ▸ **Handschuhe**: Es gibt keine Evidenz, dass das Tragen von sterilen Handschuhen notwendig ist. Als Selbstschutz sollen nicht-sterile Handschuhe getragen werden.
  - ▸ Die Haut muss vor der Punktion inspiziert werden (auf Läsionen achten!). Es darf nicht durch psoriatische Herde, Ekzeme oder sonst entzündete Stellen gestochen werden!
  - ▸ **Rasieren**: wegen Verletzungsgefahr soll die Injektionsstelle nicht rasiert werden!
  - ▸ Die Punktion muss in einem sauberen Raum stattfinden.
  - ▸ Kniegelenkpunktion bei supero-externem Zugang (siehe Illustration S. 987):
    - Der Patient liegt auf dem Bett mit gestrecktem Bein.
    - Durch Verschieben der Kniescheibe von median nach aussen, kann der Gelenkspalt geöffnet werden. Beim Übergang des mittleren/oberen Drittels der Kniescheibe wird die Nadel zwischen die Kniescheibe und den Femur eingeführt (siehe Foto).
    - Ein klassischer Fehler besteht darin, dass die Nadel zu oberflächlich eingeführt wird.
    - ***No-touch*-Injektionstechnik** anwenden: Nach der Desinfektion wird die Haut an der Injektionsstelle nicht mehr berührt. Die Punktionsstelle bleibt visuell markiert.

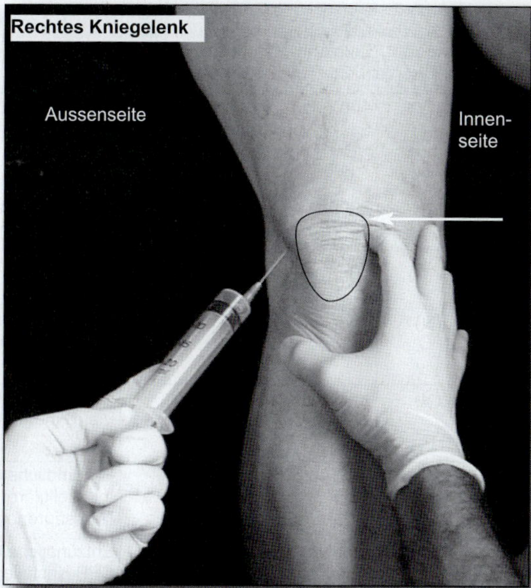

Illustration einer Gelenkpuntion des rechten Knies:
Die Kniescheibe wird nach aussen gedrückt (weisser Pfeil), um den Gelenkspalt zu öffnen. CAVE: Nicht zu tangentiell (oberflächlich) stechen.

- **Sinnvolle Analysen der Synovialflüssigkeit**

  Folgende 3 Röhrchen abnehmen:
  1. EDTA Röhrchen (rot) → Zellen (Leukozytenzahl + Differentialbild)
  2. Trockenes Röhrchen† → Kristalle (Urat, Pyrophosphat)
  3. Steriles Röhrchen → Kultur und Direktnachweis (GRAM-Färbung)

- **Nicht notwendige Analysen der Synovialflüssigkeit**
  - Glukose
  - Proteine
  - Viskosität
  - Rheumafaktor
  - Mucintest

† Evtl. falsch positive Resultate bei der Verwendung von Röhrchen mit Plastikkügelchen, Glas- oder EDTA-Röhrchen

Interpretation der Synovia[1,2]					
Klinik	**Farbe, Aspekt**	**Viskosität (*)**	**Zellzahl** (Leukozy./mm³)	**Granulozytenanteil**	**Bemerkungen**
Normal	**Strohgelb, klar**	**↗↗↗**	**100**	**10 %**	
Arthrose	Strohgelb, klar	↗	< 2000	10-20 %	Mechanische Ursache
Posttrauma	Rot/blutig, klar-trüb	↗	2000	20 %	Erythrozyten sichtbar
Rheumatoide Arthritis, S. 992	Gelbgrün, trüb-flockig	↘	5'000 -50'000 (aktivitätsabh.)	50-75 %	Viele Rhagozyten§
SLE, S. 1038	Gelb, trüb	(↘)	< 10'000	25 %	Entzündliche Ursache. Viele Rhagozyten§
Seronegative Spondylarthritis S. 1008	Gelb, klar oder leicht trüb	(↘)	> 2000	50 %	Entzündliche Ursache. Viele Rhagozyten§
Gicht, S. 1002	Milchig, trüb	↘	oft > 10'000	90 %	Entzündliche Ursache. Intrazelluläre Harnsäurenadeln
CPPD-Arthritis (Pseudogicht), S. 1006	Gelb-milchig, trüb	↘	oft > 20'000	90 %	Entzündliche Ursache. CPP-Kristalle sichtbar
Tuberkulose	Graugelb trüb, flockig	↘	20'000 - 50'000	50 %	Direktnachweis von Tuberkelbazillen
Eitrige Arthritis	Purulent, flockig, sehr trüb, gelbgrün	↘↘↘	≥ 50'000	95 %	I.d.R. Bakterien, selten Pilze

Tabelle: Interpretation der Synovia.

CPP-Kristalle = Calcium-Pyrophosphat-Kristalle
CPPD = Calcium-Pyrophosphat-Dihydrat
SLE = Systemischer Lupus erythematodes

Kristallanalyse in der Synovia

Allg:
- 1-2 Tropfen der Synovia werden auf Objektträger gebracht und dann unter dem Mikroskop analysiert (wenn möglich mit polarisiertem Licht; in 40x Vergrösserung). Die Kristalle befinden sich im Zellinnern der Leukozyten.
- Das Vorfinden der Kristalle intra- oder extrazelluär hat dieselbe diagnostische Aussagekraft; aber bei extrazellulären Kristallen besteht das Risiko, dass es sich um Artefakte handelt, was bei intrazellulären Kristallen nicht der Fall ist.

Für die PRAXIS:
Das Vorhandensein von Kristallen darf nicht gleichgesetzt werden mit einer isolierten Kristall-Arthritis. Eine bakterielle Arthritis kann gleichzeitig bestehen!

DD:

Mikrokristalline Arthropathie	Kristallanalyse
Gicht, S. 1002	• Uratkristalle (Aspekt: «Nadelhaufen») • Negativ doppelbrechende spitze Nadeln in gelber Farbe
CPPD-Arthritis, S. 1006	• Kalzium-Pyrophosphat Kristalle • Schwach positive doppelbrechende Kristalle in blauer Farbe
Apatit-Rheumatismus, S. 1007	• Hydroxylapatit-Kristalle, nicht doppelbrechend mit Alizarin-Rotfärbung sichtbar gemacht (diese Färbung färbt Kalzium)

§ Rhagozyten sind neutrophile Zellen mit zytoplasmatischen Einschlüssen (Komplement und Immunkomplexe)
* Beim Abtropftest zieht die Synovia einen Faden von > 5 cm

1 Angepasst nach: Theiler R. Schweiz Med Form 2002 :23: 555-61 und 2 Villiger PM, et al. In: Rheumatologie in Kürze 2006 ; S. 57-73, Thieme Verlag.

DD: **Nicht entzündliche, mechanische Ursache der Synovia**

➩ Synovia: klar, strohgelb, viskos

➩ Leukozyten < 2'000/mm^3, wovon 10-20% neutrophile Leukozyten

Differentialdiagnose:
- Arthrose, Trauma
- Aseptische Nekrose, S. 1022
- Osteochondritis dissecans
- Hypothyreose

Entzündliche Synovialflüssigkeit

➩ Synovia: gelb, trüb, wässrig

➩ Leukozyten 2'000-50'000/mm^3, wovon 50-75 % neutrophile Leukozyten

Differentialdiagnose:
- Bakterielle Arthritis, auch an die tuberkulöse Arthritis denken!
- Entzündlicher Rheumatismus:
  - Rheumatoide Arthritis, S. 922
  - Spondylarthropathien u.a
  - Kristall-Arthropathie‡ während eines Schubes
  - Konnektivitiden (SLE, Sklerodermie u.a.), Vaskulitiden
- Palindrom Rheumatismus*

Eitrige Synovialflüssigkeit

➩ Synovia: eitrig, sehr trüb, gelb-grün, wenig viskos

➩ Leukozyten $\geq$ 50'000/mm^3

Differentialdiagnose:
- Bakterielle Arthritis, bis zum Beweis des Gegenteils!
- Arthritis tuberculosa (die Gelenkflüssigkeit ist oft vom entzündlichen Typ)
- Rheumatoide Arthritis
- Arthritis bei Pilzinfektion (sehr selten)
- Kristall-Arthropathie‡ während eines Schubes

Hämorrhagische Synovialflüssigkeit

➩ Synovia: blutig

Differentialdiagnose:

a) Chirurgische Ursachen
- Posttraumatisch oder postoperativ, v.a. bei:
  - Meniskus- und Bändereingriffen
  - Nach Frakturen

b) Medizinische Ursachen
- Patient < 50 Jahre
  - Hämopathien: Hämophilie u.a.
  - Villo-noduläre Synovitis
  - Synovialtumoren
- Patient > 50 Jahre
  - Chondrokalzinose
  - Pigmentierte villo-noduläre Synovitis
  - Myeloproliferatives Syndrom, S. 918
  - Maligne Epiphysentumoren
  - Alle Gelenkpathologien im Zusammenhang mit einer Gerinnungsstörung

‡ Die Kristall-Arthropathie umfasst folgende Krankheitsbilder: Gicht, CPPD, Apatit-Rheumatismus

* Der Palindrom Rheumatismus ist ein intermittierender Rheumatismus

Klin.
- Stunden- bis monatelang dauernde Arthritis-Symptome (ohne Fieber, ohne Leukozytose).
- Oft Übergang in eine rheumatoide Arthritis.

Monarthralgie und Oligoarthralgie (≤ 4 Gelenke): Praktisches Vorgehen [Arthritis Rheum 1996 ;39 :1-8]

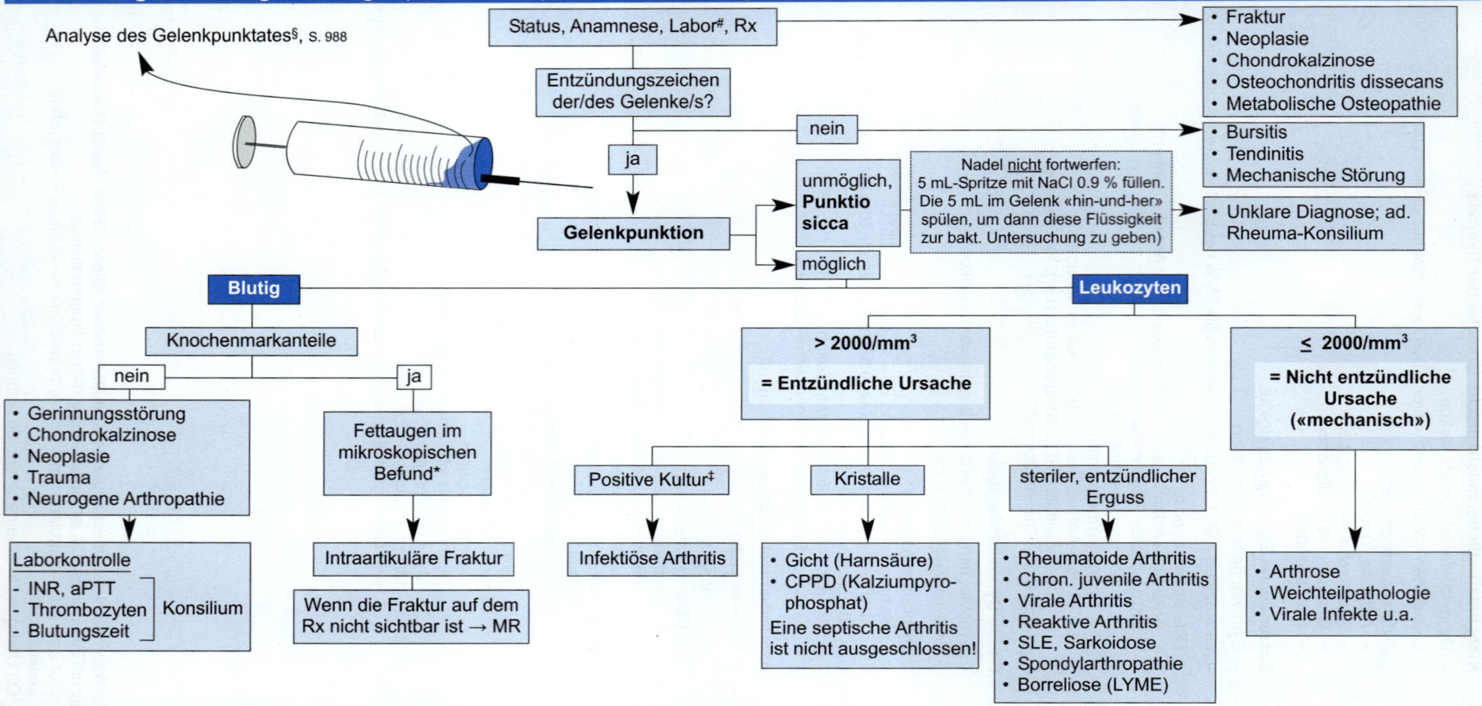

\# Labor: Blutbild, CRP, BSG, ANA, RF. Von Fall zu Fall: HLA B27; Serologien: Chlamydia, Salmonella, Shigella, Yersinia, Borrelia

§ Gelenkpunktat: Die Sensitivität der GRAM-Färbung liegt zwischen 50-75 %.

‡ Kultur der Synovialflüssigkeit: Sensitivität 90 % für eine Nicht-Gonokokkenarthritis. Bei Verdacht auf Chlamydia und/oder Gonokokken sollen folgende Untersuchungen zusätzlich durchgeführt werden:
- Urethral-, Zervikal-, Rachenabstrich ± PCR

* Eine kleine Menge des Punktats kann im Kühlschrank aufbewahrt werden. Das Fett wird sich am nächsten Tag als Überstand darstellen.

Bursitis [M70.9]

Allg: • Im menschlichen Körper gibt es über 2 x 75 Bursae.
Klin: • Typische Lokalisationen von Bursitiden sind:
- Bursitis olecrani
- Bursitis praepatellaris
- Bursitis subacromialis
- Bursitis trochanterica

• Die unterliegende Gelenkmobilität bleibt bestehen.
• Die Bursa bei der septischen Bursitis manifestiert sich wie folgt:
- schmerzhaft, gerötet und erwärmt

Bem: • Die präpatelläre Bursitis kann eine Berufserkrankung oder ein Berufsunfall sein und dadurch versicherungstechnisch als entschädigungspflichtig eingestuft werden!

Urs: • Wiederholte Mikrotraumata
• Septische Bursitis (90 % Staphylokokken)
• Mikrokristalline Bursitis
- Harnsäure
- Hydroxylapatit
- Pyrophosphat

• Entzündlicher Rheumatismus
- Rheumatische Arthritis
- Spondylarthropathien u.a.

Th: **1. Allgemeinmassnahmen**
• Sterile Punktion der Bursa:
- Direktuntersuch (GRAM-Färbung)
- Kultur
- Suche nach Kristallen (s. 988)

• Blutanalyse (nur bei Vd. auf Infektion):
- Blutstatus
- CRP, BSG
- evtl. Blutkulturen

• Schutz vor weiteren Verletzungen
• Ruhigstellung der entsprechenden Körperregion

2. Spezifische Therapie je nach Art der Bursitis

◗ Septische Bursitis

Klin: • Oberflächlich fluktuierende, geschwollene Bursa mit typischerweise relativ schmerzarmen Gelenkbewegungen (siehe DD!)

Urs: • > 80 % *Staphylococcus aureus*!
• Streptokokken, selten GRAM-negative Keime, *M. tuberculosis*, Pilze u.a.

DD: • **Infektiöse Arthritis** (s. 982). Die Mobilisierung des entsprechenden Gelenks ist sehr schmerzhaft; bei der infektiösen Bursitis ist dies nicht der Fall!

Th: 1. Hospitalisierung
2. Die Flüssigkeit der infizierten Bursa jeden Tag aspirieren.
- Eine chirurgische Bursektomie ist selten notwendig.

3. Empirische AB-Therapie

Allg: • Es müssen v.a. die GRAM-positiven Kokken abgedeckt werden.
• Therapiedauer 2-3 Wochen

Th: • Amoxicillin/Clavulansäure 3x 2.2 g **IV**/d
Bei hohem MRSA-Risiko, zusätzlich:
- Vancomycin 1g **IV** alle 12 h

Bsp: • Falls ein *Staphylococcus aureus* vorgefunden wird, kann gezielt antibiotisch therapiert werden:
- Flucloxacillin 2 g **IV** alle 4-6 h
- Oder: Cefazolin 2 g **IV** alle 8 h

Je nach Verlauf, auf PO umstellen (immer AB-gramm abwarten!):
- Ciprofloxacin 2x 750 mg PO + Rifampicin 2x 300 mg PO

◗ Chronische, nicht septische Bursitis

Th: • Eine Infiltration eines kristallinen Depot-Kortikoides kann appliziert werden:
- Evtl. Lokalanästhesie (falls im Kortikoid-Präparat nicht schon enthalten)
- Bursa leeren (Nadel ≤ 20 G, aspirieren), die Kanüle bleibt stecken, die Spritze wird gewechselt und anschliessend werden:
-- 10 mg Triamcinolon (VOLON® A, DELPHICORT®) in die Bursa injiziert.

◗ Rezidivierende Bursitis

Vorg: • Chirurgische Bursektomie

Rheumatoide Arthritis (RA)[1-4] [M05.9]

Syn: • Chronische Polyarthritis (CP), primär chronische Polyarthritis (PCP)

Def: • RA = **systemische Autoimmunerkrankung mit symmetrischem Befall von Gelenken, Sehnenscheiden und Bursae**. Vorhandensein von typischen Rheumaknoten, sowie positiven Autoantikörpern.
- Im Verlauf der Erkrankung können extraartikuläre Organe betroffen werden: Speicheldrüsen, Pleura, Lungenparenchym, Augen und Gefässe (siehe unten).

Allg: • Diese Autoimmunerkrankung **befällt die Synovialmembran, mit der Gefahr einer Zerstörung der umliegenden Strukturen** (Knorpel, Knochen).
- Verschiedene Entzündungsmediatoren sind im Übermass vorhanden:
  - TNF-α, Interleukine: IL-1, IL-6 u.a.
- Häufigkeit: 1 % der Bevölkerung
- Altersgipfel 30-60 Jahre; kann aber in jedem Alter auftreten.
- Frauen > Männer (2/1)
- Ohne Basistherapie (s. 996) treten innerhalb von Monaten Gelenkschäden auf, die in die sog. Sekundärarthrose übergehen können.
  Klinisch werden dann:
  a) entzündliche Gelenkschmerzen und
  b) mechanische Gelenkschmerzen (infolge Arthrose) rapportiert!

Urs: • Unbekannt
- Beeinflussende Faktoren:
  - Familiäre Häufung:
    - -- Homozygote Zwillinge: Konkordanzrate von 15 %
    - -- Dizygote Zwillinge: Konkordanzrate von 4 %
  - Träger des HLADRß1-Moleküls (bis 30x erhöhtes Erkrankungsrisiko)
  - Nikotinkonsum
  - Citrullination von Peptiden
  - Stillperiode (während der SS werden Spontanremissionen beschrieben)

Klin: Typische Klinik
- **Prodomalstadium**
  - Langjährige, schleichend beginnende, symmetrische Polyarthralgien und klinisch fassbare Gelenkschwellungen (v.a. nachts und am Morgen)
  - Morgensteifigkeit, die über 1 h andauert (manchmal 2-3 h). Diese Steifigkeit wird durch körperliche Aktivitäten vermindert.
  - Myalgien
  - Müdigkeit, Inappetenz, Gewichtsverlust
- **Im Stadium der akuten Arthritis**
  - Schmerzhafte Gelenkschwellungen, Morgensteifigkeit, Abnahme der Muskelkraft
  - Inspektion:
    - -- Spindelförmige Schwellung der MCP (siehe s. 993)
    - -- Erwärmte und geschwollene Gelenke
    - -- Bräunliche Verfärbung der gelenknahen Haut
    - -- Manchmal Amyotrophie (z.B. Interossaeus Atrophie)
    - -- Gelenkdeformierung (wenn die Entzündung ungenügend behandelt ist):
      - — Ulnardeviation der Finger und volare Subluxation der MCP
      - — Schwanenhalsdeformität: Flexionskontraktur der MCP und DIP mit einer Hyperextension der PIP
      - — Knopflochdeformität: Flexionskontraktur der IPP mit einer Hyperextension der DIP. Die DIP sind nur selten mitbetroffen.
      - — Z-Deformität des Daumens
      - — Bajonettfehlstellung des Handgelenks
      - — Caput-Ulnae Syndrom (Subluxation des Ulnakopfes nach dorsal)
      - — Knicksenkfuss
  - Palpation:
    - -- Druckdolenz mit positivem GÄNSLEN-Handgriff (Schmerzen in den MCP, ausgelöst durch bds. lateralen Druck als Zeichen einer Entzündung)
    - -- Weiche Kapselverdickung und Erwärmung des Gelenkes
    - -- Ergussbildung in grossen Gelenken

Atypische Klinik
- Plötzlicher Beginn mit Fieber und Asthenie
- Schmerzen im Schultergürtel und in der Hüfte (DD: Polymyalgia rheumatica)

Für die PRAXIS:
Die Rötung des Gelenks ist für eine RA atypisch! Eine septische Arthritis, sowie eine Kristallarthropathie (s. 1002-1007), müssen ausgeschlossen werden!

1 ACR. Arthritis Rheum 2002 ;46 :328-46. 2 Tremblay JL, Morin F. Le Rhumatologue 2002 ;3 :1-8. 3 Arnett FC, et al. Arthritis Rheum 1988 ;31 :315-24. 4 Villiger PM, et al. In: Rheumatologie in Kürze 2006 ; S. 57-73, Thieme Verlag.

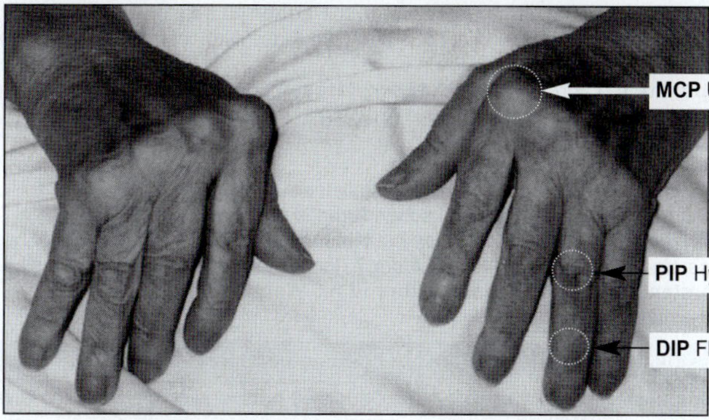

Foto: RA mit Ulnardeviation, Schwanenhals-- und Knopfloch-Deformitäten.
MCP Metacarpophalangealgelenk
PIP Proximales Interphalangealgelenk
DIP Distales Interphalangealgelenk

Extraartikulärer Befall der rheumatoiden Arthritis

- **Haut - Weichteile**
  - Tendovaginitiden ....An Fingerextensoren und -flexoren
  - Bursitis..........................An Ellbogen und Füssen
  - Rheumaknoten ....Derbe, schmerzlose, i.d.R. subkutan gelegene Knoten unterschiedlicher Grösse. Lokalisationen: Olekranon, Finger, Füsse, Pleura, Perikard
  - Kutane Vaskulitis ....Punktförmige, blutige Hautnekroseherde (***CAVE***: Infekt!)
  - Sicca-Syndrom, s. 1050 ..Infolge Entzündung der Tränen- und Speicheldrüsen: Xerophthalmie, Xerostomie.
- **Augen**
  - Keratokonjunktivitis
  - Episkleritis
  - Skleritis ....***CAVE***: Kann perforieren (Scleromalacia perforans)
- **Lunge**
  - Pleuritis ....Pleuraerguss (oft wenig Erguss)
  - Lungenparenchym........Isolierte oder multiple Rheumaknoten, Lungenfibrose, BOOP
- **Herz**
  - Perikarditis....................Rheumatoide Knötchen auf dem Perikard
  - AV-Block ....Seltene Erkrankung bei der RA
  - Klappenbefall...............Seltene Erkrankung bei der RA
- **Nervensystem**
  - Peripher........................
    - Karpaltunnelsyndrom (Kompression des N. medianus), s. 1032
    - Tarsaltunnelsyndrom (Kompression des N. tibialis posterior)
    - Muskelatrophie
    - **Mononeuritis multiplex**: Vaskulitis der Vasa nervorum verschiedener Nervenäste = **Medizinischer Notfall (ad. Immunsuppressiva: Kortikoide, Cyclophosphamid)**
  - Zentral ....
    - Zervikale Myelopathie:
      - Es handelt sich um eine Kompressionssymtomatik von C1-C2 infolge sekundärer Myopathie, die durch eine atlanto-okzipitale Subluxation zustande kommt.
      - Spastik, Gangataxie, Parästhesie der Füsse (die Muskelei-genreflexe sollen als Verlaufsparameter gelten, s. 606). Eine Tetraparese kann sich schnell installieren!
- **Bluterkrankungen und sonstige Pathologien**
  - Entzündungsanämie ....→ s. 896
  - Thrombozytose ....→ s. 1432
  - Neutropenie.................→ s. 1416
  - Thrombozytopenie........→ s. 1431
  - II-äre Amyloidose.........→ s. 1072
  - FELTY-Syndrom ....Das FELTY-Syndrom ist eine Variante der RA mit:
    - Hepato-Splenomegalie
    - Leukopenie, Lymphadenopathie
    - Hautpigmentation und therapieresistenten Hautulzera

Dg:[3] 1. Die Diagnose beruht auf: **Anamnese + Klinik + Labor** («Lab:»,siehe s. 994).
2. Sowohl die Standard-Röntgenbilder, als auch die Klassifikationskriterien erlauben es nicht, eine frühzeitige Diagnose zu stellen.
3. **Gelenkpunktion** (kann zur Ausschlussdiagnose hilfreich sein, ist aber nicht zwingend, ausser bei Verdacht auf eine septische Arthritis):
   - Leukozyten: 2000 - 50'000/mm^3
   - Als Ausschlusskriterien:
     → Kristalle: Ausschluss einer mikrokristallinen Arthritis (s. 1002-1007)
     → Kultur: Ausschluss einer septischen Arthritis (v.a. bei Monarthritis)!
4. Die *American rheumatism Association* hat **Klassifikationskriterien** erarbeitet, welche die Diagnose einer RA erhärten, wenn ≥ 4 der 7 genannten Kriterien vorhanden sind.
   - **Die ersten 4 Kriterien müssen während ≥ 6 Wochen erfüllt sein** (Sensitivität und Spezifität ca. 90 %).

Klassifikationskriterien	Definitionen und Bemerkungen
1. Morgensteifigkeit während ≥ 6 Wochen	• Dauer ≥ 1 h bevor sich die Symptome verbessern
2. Synovitis von ≥ 3 Gelenkregionen	• Durch den Arzt beobachtet, ≥ 3/14 Regionen: - PIP re/li - MCP re/li - Handgelenk re/li - Knie re/li - Sprunggelenk re/li - MTP re/li - Ellbogen re/li] Gleichzeitiger Befall von ≥ 3/14 angegebenen Gelenkregionen (7 Regionen rechts und 7 Regi-onen links) über ≥ 6 Wochen • Beispiel: - MCP-Befall bds. + 1 Handgelenkbefall
3. Synovitis von Fingergelenken (PIP, MCP) und des Handgelenkes	• Dauer der Synovitis ≥ 6 Wochen
4. Symmetrische Synovitis	• Gleichzeitiger und symmetrischer Gelenkbefall der unter Punkt 2 erwähnten Regionen über ≥ 6 Wochen (der beidseitige Befall der PIP, MCP oder MTP erfordert nicht zwingend eine absolute Symmetrie)
5. Rheumaknoten	• Subkutane Knoten über druckexponierten knöchernen Erhebungen im Extensorenbereich
6. Rheumafaktor (RF)	• Erhöhter Serumtiter des RF
7. Radiologische Veränderungen	• Typische Veränderungen: Osteopeniezeichen, gelenknahe Knochenerosionen

Klassifikationskriterien der RA (American College of Rheumatology 1987).[3]

Rx: • Die Bilgebung können zur Diagnosestellung hilfreich sein
  - Rx der Hände und Füsse (ist aber wenig sensitiv)
  - Im Zweifelsfal ad. MR und/oder der Ultraschall

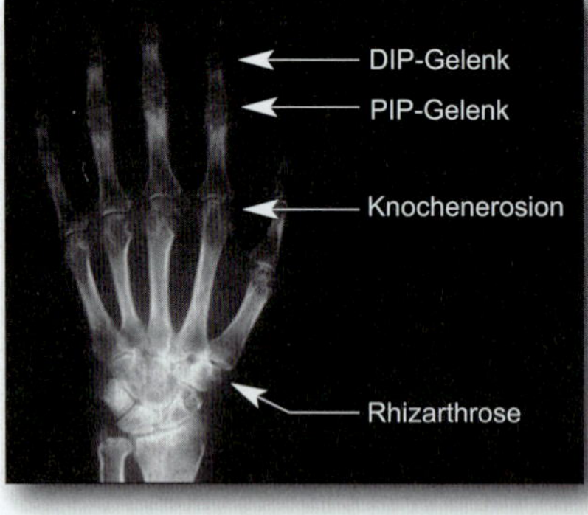

Typische Rx-Befunde bei RA:
- Weichteilödem
- Zeichen von gelenknaher Osteopenie
- Knochenerosionen nahe der Kapselinsertion (oft irreversibel, Prognose schlecht)
- Gelenkspaltverschmälerung (immer irreversibel)
- Gelenkdeformitäten
- Handgelenkknochenfusion
- Fehlstellungen und Subluxationen
- Knöcherne Reaktionen (z.B. randständige Osteophytose)

 3 Angepasst nach: Arnett FC, et al. Arthritis Rheum 1988 ;31 :315-24.

Lab:
- Es gibt keine pathognomonische Laborparameter.
- Normale Entzündungsparameter schliessen eine aktive Arthritis NICHT aus!
  - BSG ↑ (N) CRP ↑ (N)
  - Thrombozytose
  - ± Entzündungsanämie
- Grundbilanz (diese muss bei einer RA normal ausfallen!):
  - Serumkreatinin, ALAT, ASAT, alkalische Phosphatase
  - Urinanalyse
  - Antikörper (negative Anti-CCP und ein negativer RF schliessen eine RA nicht aus!)
- <u>**Antikörper**</u>
  - **Anti-CCP Ak** (Ak gegen zyklisches citrulliniertes Peptid) - ***spezifisch für RA!***
    - Frühzeitiger diagnostischer Marker der RA
    - Spezifität > 95 %
    - Sensitivität in der Frühphase 40-60 % und ca. 70 % im Verlauf der Erkrankung
    - Gibt keine Auskunft über die Krankheitsaktivität.
    - Dient zur Diagnosestellung und wird im Verlauf als prognostischer Marker benutzt, da er mit der Entwicklung einer erosiven RA korreliert!
  - **Rheumafaktor (RF)** - ***nicht spezifisch für RA, aber prognostisch aussagekräftig!***
    - Wenn der RF positiv ist, wird von einer <u>seropositiven RA</u> gesprochen!
    - Wenn der RF einmal positiv ist, muss er im Verlauf nicht nochmals bestimmt werden, denn er gibt keine Hinweise auf den Aktivitätsgrad der Krankheit (nur anti-native-dsDNA Ak und ANCA können individuell mit Krankheitsaktivität korrellieren, alle anderen Auto-AK korrelieren nicht).
    - Der RF ist ein «Spätmarker» der RA (fehlend bei 50 % der Patienten im 1. Jahr). Bei frischer RA und negativem Rheumafaktor soll er deswegen nach 1 Jahr erneut bestimmt werden.
    - Der RF ist bei ca. 85 % der RA-Patienten 5 Jahre nach Diagnosestellung positiv; aber auch bei 10-20 % der Allgemeinbevölkerung im Alter über 70 Jahre.
    - Ist oft positiv bei einer RA mit extra-artikulären Manifestationen.
    - Hohe Serumtiter sind prognostisch ungünstig. Die seropositiven RA zeigen oft eine aggressivere Entwicklung, als die seronegativen Formen!
  - **Anti-nukleärer Ak** (= ANA; antinukleärer Faktor)
    - Die ANA sollen bei extra-artikulären Symptomen, oder bei Verdacht auf eine Konnektivitis, bestimmt werden! Sie sind bei der RA in ca. 20 % positiv.

Th: **1. Symptomatische Therapie**

Allg:
- In der Schweiz werden die RA-Patienten im Rahmen des SCQM-Programmes *(Swiss Clinical Quality Management)* überwacht: www.scqm.ch
- Die medikamentöse Therapie hat 2 Hautpziele:
  - Suppression der Krankheitsaktivität (*disease activty*)
  - Vermeidung von Gelenkschäden (*disease damage*)
- Die Indikation der Basistherapie ist bei jeder aktiven RA gegeben!

Th: **A. NSAR**

Allg:
- Die NSAR haben nur eine symptomatische Wirkung und beeinflussen den Krankheitsverlauf (d.h. Entwicklung von Spätschäden) nicht!
- Die Retard-Präparate können am Abend eingenommen werden, wodurch eine gute analgetische und entzündungshemmende Wirkung in den Morgenstunden erreicht werden kann.

Bsp:
- Diclofenac Initial: 1-3x 50 mg oder 1x 75 mg retard; max: 150 mg/d
- Etodolac Initial: 2-3x 300 mg; max: 1200 mg/d
- Ibuprofen Initial: 4x 400 mg; max: 2400 mg/d
  oder Retardtabl 2x 800 mg; max. 2.4 g/d
- Piroxicam Initial: 1x 20 mg/d; max: 20 mg/d
- Celecoxib Initial: 2x 100-200 mg; max: 400 mg/d

B. Kortikoide

Ind:
- Als Übergangstherapie, bevor die Basistherapie wirksam ist.
- Frühphase. Die Kortikoide verbessern wahrscheinlich das *Outcome* langfristig, auch wenn diese nach 3 Mt. gestoppt werden.
- Ungenügende Wirkung der NSAR
- Eine niedrige Kortikoiddosis (z.B. ≤ 7.5 mg Prednison) kann auch in Kombination mit der Basistherapie verabreicht werden (siehe Punkt 2. S. 996), wenn diese in Monotherapie ungenügend wirksam ist.

Bsp:
- PO: Prednison 1x 5-20 mg/d oder 1x 1 mg/kg/d (nur für einige d)
- PO: Triamcinolon 4-16 mg in 3-4 Einnahmen/d
- **I-A**: Triamcinolon (Acetat) 10-40 mg (1 Gelenk nicht mehr als 1x/3 Mt.)

C. Präventive Osteoporosetherapie, siehe S. 726

2. Basistherapie: Remissionsagentien

Allg:
- Zur Basistherapie werden die DMARD eingesetzt (*Disease modyfying anti-rheumatic drugs*), siehe Tabelle S. 998
- Je früher mit der adäquaten Basistherapie begonnen wird, desto besser ist die Prognose. Unter einer Basistherapie ist eine Vollremission möglich.
- Die Basistherapie soll jährlich von einem Rheumatologen überprüft werden.
- Ein Rheuma-Konsilium ist notwendig, siehe auch:
  - www.rheuma-net.ch
  - «*Suisse Clinical Quality Program*»
- Die DMARD verlangsamen die Progredienz der RA und können Gelenkdeformitäten vorbeugen! Die Wirkung kann i.d.R. nach 1-6 Mt. Therapie beobachtet werden.
- Die Wahl der DMARD wird durch die Progredienz der RA und die Verträglichkeit beim Patienten beeinflusst.

Ind:
- Jede aktive RA!

Bei ungenügender Wirkung unter Monotherapie mit DMARD:

3. Kombinationstherapie

Allg:
- Das simultane Einsetzen von mehreren DMARD erlaubt in gewissen Fällen eine bessere Kontrolle der Entzündungsaktivtiät der RA.
- Eine Kombinationstherapie soll dann eingesetzt werden, wenn die Monotherapie mit einem DMARD eine ungenügende Wirkung zeigt. Es gibt aber zur Zeit keine Kriterien, die es erlauben, sich für eine Mono- oder Kombinationstherapie zu entscheiden.
- Beispiele von Kombinationstherapien:
  - MTX + Hydroxychloroquin oder MTX + Ciclosporin
  - MTX + Hydroxychloroquin + Sulfasalazin

4. Sonstige therapeutische Optionen (ad. Rheuma-Konsilium)

Bsp:
- Radioisotopische Synovektomie: intraartikuläre Injektion eines Radioisotops (Yttrium^{90}, Rhenium^{186} oder Ebrium^{169}). Diese Therapie zerstört die oberflächlchen Zellschichten und wird bei therapierefraktären Synovitiden eingesetzt.
- Chirurgische Therapie: Karpaltunnel, Synovektomie, Resektion von Caput metatarsae, Arthroplastie, Arthrodese

Prog:
- 10 %: Vollständige Remission
- 80 %: Evolutive RA mit Schüben und Remissionen
- 10 %: Chronisch progrediente RA mit starkem Handicap

<u>Faktoren mit schlechter Prognose</u>

1. Junge Patienten
2. Grosse Anzahl (> 20) geschwollene und druckdolente Gelenke
3. Frühes Auftreten von Gelenkschäden
4. Starke funktionelle Behinderung
5. Extraartikulärer Befall, S. 993
6. Hohe humorale Entzündungsaktivität: BSG ↑, CRP ↑
7. Vorhandensein von Anti-CCP Antikörpern, S. 995
8. Hohe Serumtiter des Rheumafaktors (RF), S. 995
9. Frauen
10. Zigarettenraucher
11. Auftreten eines Gelenkbefalls oder von Knochenerosionen innerhalb von 2 J Entwicklung
12. Sichtbare Erosionen bei der MR- oder US-Untersuchung

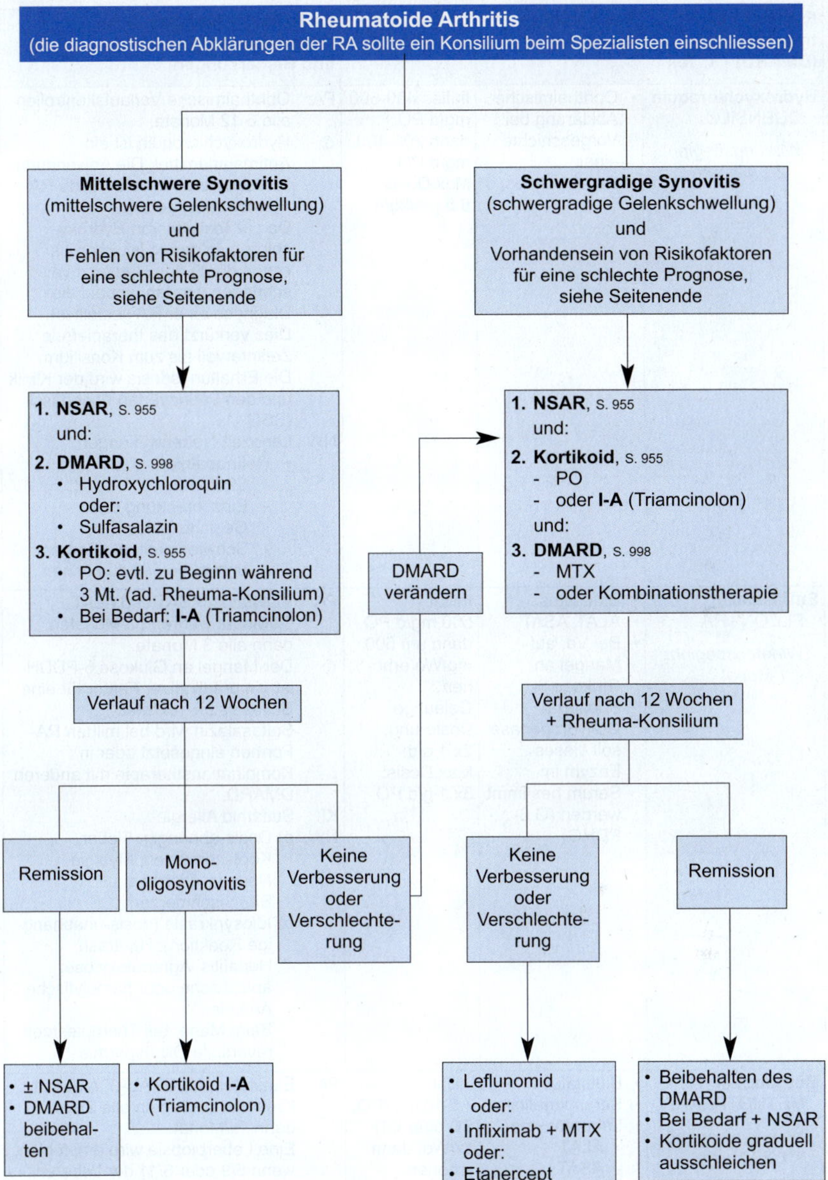

Algorithmus: Therapeutisches Vorgehen bei einer RA.[1,2]

DMARS = Disease modifying anti-rheumatic drugs

1 Angepasst nach: American College of Rheumatology. Arthritis Rheum 2002 ;46 :328-46 und 2 Tremblay JL, Morin F. Le Rhumatologue 2002 ;3 :1-8.

Remissions-therapie (DMARD) - 1. Teil	Basisanalyse	Dosierung	Periodische Analysen (PA), Informationen (ⓘ) und Bemerkungen
Hydroxychloroquin QUENSIL® *Wirkungsbeginn: 2-6 Monate*	• Ophthalmische Abklärung bei Vorgeschichte einer Retinopathie	Initial: 400-600 mg/d PO; dann 200-400 mg/d PO. Max.Dosis: 6.5 mg/kg/d	PA: Ophthalmische Verlaufskontrollen alle 6-12 Monate. ⓘ Hydroxychloroquin ist ein Antimalariamittel. Die Anwendung in Monotherapie ist für milde RA-Formen reserviert. Da die Toxizität von Hydroxy-chloroquin gering ist, kann es schon durch den Hausarzt ver-schrieben werden, sobald die Diagnose einer RA gestellt ist. Dies verkürzt das therapiefreie Zeitintervall bis zum Konsilium. Die Erhaltungsdosis wird der Klinik und den Laborwerten angepasst (BSG ↓). NW: Langzeit-Nebenwirkungen: • Retinopathie: - Skotome - Einschränkung des Gesichtsfeldes - Schwierigkeit, die Farben unterscheiden zu können
Sulfasalazin PLEON®RA *Wirkungsbeginn: 1 Monat*	• Blutstatus • ALAT, ASAT • Bei Vd. auf Mangel an Glukose 6-Phosphat Dehydrogenase soll dieses Enzym im Serum bestimmt werden (G 6-PDHG)	Initial: 500 mg/d PO, dann um 500 mg/Wo erhö-hen. Geläufige Dosierung: 2x 1 g/d. Max.Dosis: 3x 1 g/d PO	PA: Blutstatus, ASAT und ALAT 1x/Monat während 3 Monaten, dann alle 3 Monate. ⓘ Der Mangel an Glukose 6-PDDH ist ein prädikativer Faktor für eine Sulfasalazin-Toxizität. Sulfasalazin wird bei milden RA-Formen eingesetzt oder in Kombinationstherapie mit anderen DMARD. KI: Sulfamid Allergie NW: a) Dosis-abhängig: Fieber, Kopfschmerzen, Myalgie, Nausea, Diarrhoe, Bauchschmerzen b) Idiosynkrasie (dosis-unabhäng-ige Reaktion): Hautrash, Hepatitis, Agranulozytose, aplastische oder hämolytische Anämie. Beim Mann: bei Therapiestopp reversible Oligospermie
Methotrexat (MTX) METHOTREXAT® *Wirkungsbeginn: 1-2 Monate*	• Blutstatus • Serumkreatinin • Leberenzyme: - ALAT - ASAT - γ-GT • Hepatitis B und C Serologie • Röntgenthorax • Leberbiopsie bei bestehender Lebererkran-kung	Initial: 7.5-10 mg (PO, **SC** oder **IM**) 1x/Wo, dann erhöhen. Zieldosis: 20-25 mg 1x/Wo	PA: Blutstatus, ASAT, ALAT, Albumin, Kreatinin zu Beginn alle 2 Wo, dann 1x/Monat. Eine Leberbiopsie wird empfohlen, wenn 5/9 oder 6/11 der Leberen-zymwerte pathologisch ausfallen. ⓘ Unter den DMARD wird MTX am häufigsten eingesetzt, denn es weist eine gute Wirkung/Toxizität-Ratio auf. Eine Komedikation mit Folsäure (1-5 mg/j PO) wird zur Verminderung der NW von MTX eingesetzt. KI: S. 1324 NW: S. 1324

Tabelle 1: Therapie der rheumatoiden Arthritis (RA). Siehe aktualisierte Richtlinien unter **www.rheuma-net.ch**

DMARD = Disease modifying anti-rheumatic drugs; PA = Periodische Analysen

Remissions-therapie (DMARD) - 2. Teil	Basisanalyse	Dosierung	Periodische Analysen (PA), Informationen (ⓘ) und Bemerkungen
Goldsalze (z.B. Na-Aurothiomalat)			ⓘ Goldsalze werden nur noch als «Ausweichspräparat» eingesetzt. Mögliche Indikation: Hepatopathie, welche das MTX kontraindiziert.
Leflunomid ARAVA® *Wirkungsbeginn: 1-3 Monate*	• Blutstatus • Serumkreatinin • ALAT, ASAT • Albumin • Hepatitis B und C Serologie	Ladedosis: 100 mg/d PO für 3 d. Erhaltungs-dosis: 10-20 mg/d PO	PA: Blutstatus alle 2 Wo während 6 Monaten, dann alle 4 Wo. ASAT, ALAT alle 4 Wo ⓘ Leflunomid ist ein Immunmodulator und wird v.a. bei ungenügender Wirkung von MTX eingesetzt. Die Wirksamkeit beider Medikamente ist vergleichbar. HWZ: 14 d Bei Toxizität soll Colestyramin verschrieben werden, was die Ausscheidung von Leflunomid beschleunigt. NW: Alopezie, art. Hypertonie, Hautrash, Stomatitis, Diarrhoe, Zytopenie, Leberenzymerhöhung
Infliximab** REMICADE® *Wirkungsbeginn: Tage bis 2 Monate*	• Blutstatus • Serumkreatinin • Leberenzyme: - ALAT - ASAT - γ-GT • Hepatitis B und C Serologie • IGRA Test, S. 839 • Röntgenthorax	3 mg/kg über 2 h **IV**. Dieselbe Dosierung wird nach 2 und 6 Wo wiederholt, dann alle 8 Wo.	PA: Blutstatus, ASAT, ALAT, Albumin, Kreatinin zu Beginn alle 2 Wo, dann 1x/Monat. Klinische Verlaufskontrollen: • Infektion (inkl. Tbc)? • Neurologische Störungen? • Auftreten einer Neoplasie? ⓘ Infliximab ist ein TNF α-Hemmer. Er muss in **Kombinationstherapie mit MTX** eingesetzt werden. NW: Anaphylaxie (!), Infekt (inkl. Tbc), neurologische Störungen
Etanercept** ENBREL® *Wirkungsbeginn: Tage bis 2 Monate*	• Blutstatus • IGRA Test, S. 839 • Röntgenthorax	25 mg **SC** 2x/Wo (d.h. alle 3-4 Tage)	PA: Blutstatus alle 3 Monate. Klinische Verlaufskontrollen: • Infektion (inkl. Tbc)? • Neurologische Störungen? • Auftreten einer Neoplasie? ⓘ Etanercept ist ein kompetitiver TNF α- Hemmer. Im Gegensatz zum Infliximab kann er in **Monotherapie** (oder mit MTX) eingesetzt werden. NW: Anaphylaxie (!), Infekt (inkl. Tbc), neurologische Störungen
Adalimumab** HUMIRA® *Wirkungsbeginn: Tage bis 2 Monate*	• Blutstatus • IGRA Test, S. 839 • Röntgenthorax	40 mg **SC** alle 2 Wo	PA: Blutstatus alle 3 Monate. Klinische Verlaufskontrollen: • Infektion (inkl. Tbc)? • Neurologische Störungen? • Auftreten einer Neoplasie? ⓘ Adalimumab ist ein TNF-α Hemmer und kann in **Monotherapie** (oder mit MTX) eingesetzt werden. NW: Neoplasie, Anämie u.a.

Tabelle 1: Therapie der rheumatoiden Arthritis.

DMARD = Disease modyfying anti-rheumatic drugs; IGRA Test = Interferon-gamma release assay

PA = Periodische Analysen

** Einige Informationen bezügl. TNFα-Hemmern:
- Werden bei ungenügender Wirkung der anderen DMARD eingesetzt. Idealerweise mit MTX kombiniert.
- Rasches Ansprechen. Die Allgemeinsymptome verschwinden oft schlagartig. Sehr gute antierosive Wirkung.
- Gute Verträglichkeit. Erhöhtes Infektionsrisiko! Hohe Kosten.

DD:
- Arthrose (i.d.R. asymmetrischer Befall, siehe Schema)
- Konnektivitiden:
  - SLE, Dermatomyositis, Polymyositis, Systemsklerose, SJÖGREN-Syndrom u.a.
- Reaktive Arthritis: Hepatitis (B oder C), HIV, Röteln, Parvovirus B19 u.a.
- Seronegative Spondylarthropathien
- Psoriasisassoziierte Arthritis
- Bakterielle Arthritis: LYME-Borreliose, Morbus WHIPPLE, septische Arthritis
- Mikrokristalline Arthropathie
- Polymyalgia rheumatica, Riesenzellarteriitis
- Overlap-Syndrome (z.B. RA + SLE)
- ANCA-assoziierte Vaskulitis
- Paraneoplastische Arthritis

Rheumatoide Arthritis (schwarz ausgefüllte Gelenke sind betroffen)

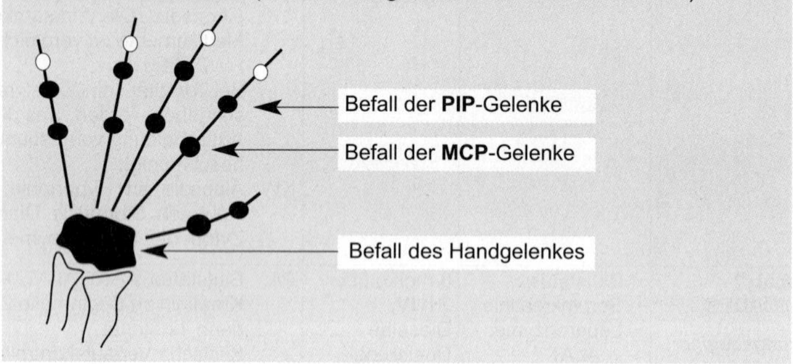

Psoriasisassoziierte Arthritis (schwarz ausgefüllte Gelenke sind betroffen)

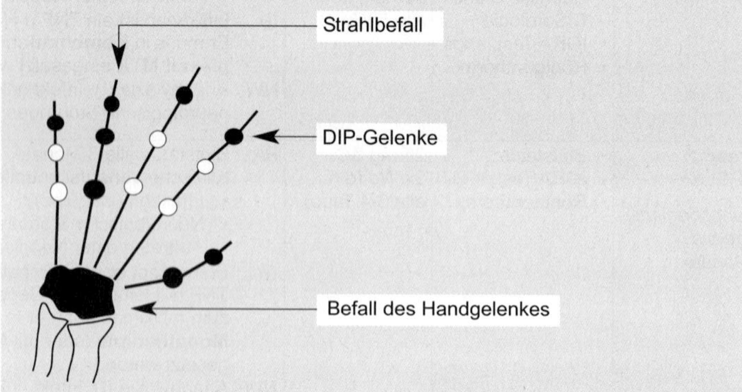

Polyarthrose der Finger (schwarz ausgefüllte Gelenke sind betroffen)

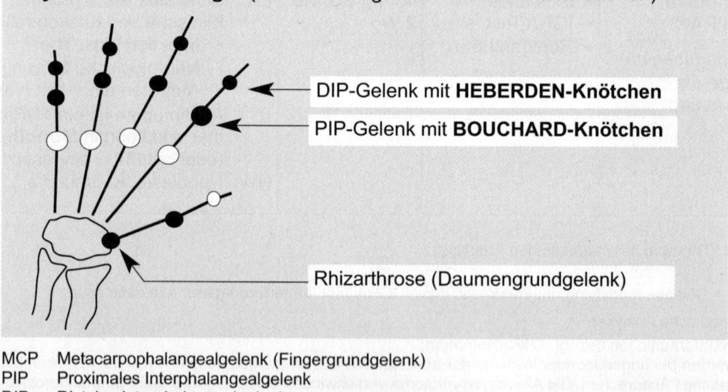

MCP Metacarpophalangealgelenk (Fingergrundgelenk)
PIP Proximales Interphalangealgelenk
DIP Distales Interphalangealgelenk

Gicht[1,2] [M10.9]

Allg:
- Die Gicht gehört zu den mikrokristallinen Arthropathien.
- Der Purinmetabolismus ist gestört, was zu Uratkristallablagerungen in verschiedenen Geweben führt, z.B:
  - In Gelenken (am häufigsten)
  - Haut
  - Niere und in anderen Organen.
- Männer > Frauen (ca. 9/1)

> **Für die PRAXIS:**
> - Differentialdiagnostisch ist wichtig, dass:
>   - **Männer die Gicht erst nach der Pubertät und die**
>   - **Frauen erst nach der Menopause manifestieren!**
> - Bis zu 30 % der Patienten mit akuter Gicht haben **normale Harnsäure-Serumspiegel** (schlechte Korrelation zw. Harnsäure-Serumspiegel und Arthritisrisiko)!

- Bei Harnsäurespiegeln > 540 µmol/L beträgt die kumulative Gicht-Inzidenz nach 5 Jahren ca. 25 %.

Klas:

I. Primäre, idiopathische Hyperurikämie (häufig)
- Störung der renalen tubulären Harnsäuresekretion. Diese multifaktorielle Stoffwechselstörung manifestiert sich v.a. bei purinreicher Ernährung.

II. Sekundäre Hyperurikämie

a) Vermehrte Harnsäurebildung infolge erhöhtem Nukleinsäuren-*Turnover*:
- Leukämie
- Tumoren unter Zytostatika- oder Radiotherapie
- Polyzythämie
- Hämolytische Anämie

b) Verminderte Renale Harnsäureausscheidung :
- Diuretika (Schleifendiuretika und Thiazide; nicht aber kaliumsparende Diuretika, wie z.B. Spironolacton!)
- Acetylsalicylsäure (falls < 2 g/d); aber > 3 g/d erhöhen die Harnsäureausscheidung.
- Nephropathien
- Laktatazidose
- Ketoazidose (diabetisch, alkohol-induziert, durch Fasten induziert)

III. Kongenitale Hyperurikämie (Enzymanomalien, sehr selten)
- LESCH-NYHAN-Syndrom (X-chromosomal rezessiv vererbt) u.a.

Klin:
1. Asymptomatische Hyperurikämie (ist KEINE Krankheit, sondern eine Labordiagnose!)
2. Akute Gichtarthritis (akute Arthritis urica; Kristall-Arthropathie)
   - Sehr intensive, stechende Gelenkschmerzen, welche oft während der Nacht beginnen
   - Typische Lokalisationen
     - Grosszehengrundgelenk (= **Podagra**), der Patient erträgt die Bettdecke nicht mehr!
     - Seltener: Fuss- und Zehengelenke, Knie
3. Chronische Gicht mit oder ohne Tophi
4. Renale Manifestationen:
   - Uratnephropathie mit oder ohne Urolithiasis

Dg:
- **Gicht**: Nachweis von Uratkristallen in Gewebe bzw. Gewebsflüssigkeit
- **Akute Arthritis urica**: Nachweis von phagozytierten Kristallen

Lab:
- Harnsäure Serumspiegel:
  - Während dem Gichtanfall: normal oder vermindert
  - Chronisch: erhöht (aber bis zu 30 % der Patienten haben normale Harnsäurewerte)
- CRP, BSG: N oder ↑-↑↑↑
  - Beim Gichtanfall können diese Parameter massiv ansteigen!
- Synovialflüssigkeit:
  - Nachweis von negativ doppelbrechenden, nadelartigen Kristallen

> **Für die PRAXIS:**
> **Das Vorhandensein von Kristallen schliesst eine gleichzeitige Infektion NICHT aus!**

1 Wallace SL, et al. Arthritis Rheum 1977 ;20 :895-900. 2 Emmerson BT. N Engl J Med 1996 ;334 :445-51.

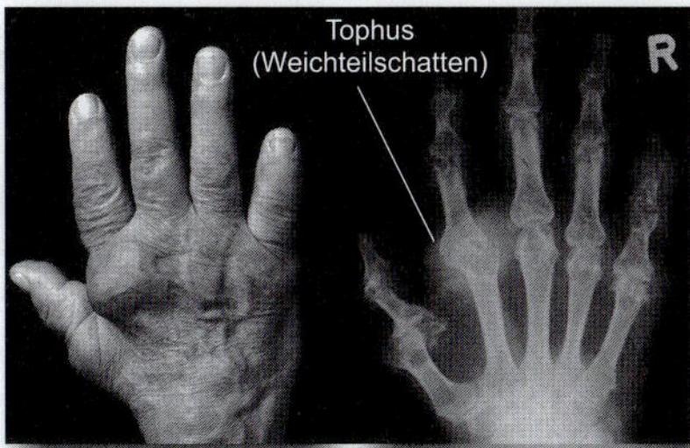

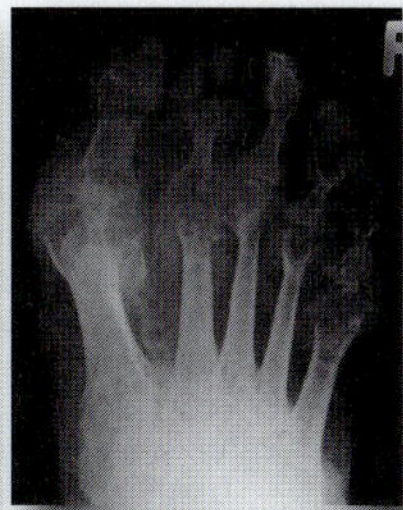

- Hand/Photo: Zahlreiche Knoten (= Tophi = Uratablagerungen). **Tophi** sind radiolucente Knoten (erscheinen aber als Weichteilschatten) die sich in den Knochen und Weichteilen lokalisieren. Dort üben sie einen Masseneffekt auf das umliegende Gewebe aus, was zu gut begrenzten, juxtaartikulären Erosionen führen kann (beginnen oft am lateralen Gelenkrand). Später: Gelenkpaltverschmälerung und Gelenkdestruktion.
- Rx/Hand: Multiple Zysten teils mit deutlicher Randsklerosierung.
- Rx/Füsse: Multiple Zysten und Gelenkdestruktion in fast allen Gelenkregionen.

Th: **Therapie bei akutem Gichtschub**

1. Allgemeinmassnahmen
- **Ruhe.** Kälteapplikation kann zur Präzipitation der Harnsäure führen und ist somit nicht empfohlen.

2. Medikamentöse Therapie

Für die PRAXIS:
- Während des akuten Gichtschubs soll der Harnsäurespiegel NICHT modifiziert werden!
- Merdikamente wie:
  - Allopurinol (Urikostatikum, Synthesehemmer der Harnsäure)
  - Probenecid (Urikosirika)

  dürfen während der akuten Gichtschubs, und auch während der 3-4 ersten Wochen nach dem akuten Ereignis, weder eingeführt noch modifiziert werden!

2.1. NSAR (Monotherapie der Wahl): Wirkungseintritt nach 2-4 h.

Bsp:				
	• Diclofenac	3x 50 mg/d	PO	während einiger Tage, dann Stopp
	• Ibuprofen	3x 600-800 mg/d	PO	
	• Indometacin	3-4x 50 mg/d	PO	

2.2. Colchicin (entweder in Monotherapie oder kombiniert mit Kortikoiden)

Allg:
- Colchicin ist wenig wirksam, wenn es nicht rasch nach Beginn des Schubes eingesetzt wird. Colchicin hat ein schlechtes «Wirksamkeit/NW-Profil».
- Colchicin hat eine entzündungshemmende Wirkung durch:
  - Haftung auf den zellulären Mikrotubuli
  - Blockierung der Zellteilung während der Pro- und der Metaphase, was die Bildung von fusiformen Fibern, sowie die Trennung des Chromosoms, verhindert.
  - Blockierung der Phagozytose und Hemmung des Chemotaktismus der neutrophilen Leukozyten.

Ind:
1. Patienten mit NSAR-Intoleranz
2. Patienten unter Kortikoid-Therapie (wegen der Gicht). Colchicin kann das «Rebound-Phänomen», welches beim Absetzen des Kortikoids eintreten kann, vermindern.

Dos:
- ▪ **Standard-Schema**:
  - 1 mg PO (Ladedosis), dann 0.5 mg PO alle 2 h (oder 1mg alle 4 h) bis:
    - -- die Schmerzen nachlassen
    - -- NW auftreten (Diarrhoe, Erbrechen) oder
    - -- eine Totaldosis von 4-8 mg erreicht ist.
  - Folgende 3 Tage: ca. 2 mg/d in 3 Einzeldosen

  oder:
- ▪ **«Praktisches Therapieschema»**:
  - 3 Dosen zu 1 mg alle 12 h (= totale Dosis: 3 mg)
  - dann Erhaltungsdosis: 0.5-1 mg/d in 1-2 Einnahmen/d

Bem:
- Bei Niereninsuffizienz muss die Dosierung reduziert werden!
- Die Dialyse beeinflusst den Colchicinspiegel nicht.

NW:
- Diarrhoe, Erbrechen! ***CAVE***: Dehydratation v.a. bei älteren Personen!

2.3. Kortikoide

Allg: • Kortikoide können PO, **IM** oder bei Monarthritis intraartikulär verabreicht werden.

Ind: • Therapieresistente Gicht
• Patienten mit NSAR-Kontraindikation

Kpl: • Rebound-Phänomen bei Absetzen des Kortikoids. Die gleichzeitige Gabe von Colchicin (Dosierung, siehe unter 2.2.) vermindert dieses Phänomen.
• Sekundärer Hyperkortisolismus (bei wiederholter Gabe)

Bsp: • Orale Therapie
- Prednison 15-30 mg/d PO, dann reduzieren über 7 d
• Parenterale Therapie (intra-artikulär bei Monarthritis)
- Triamcinolon (Acetat) 10-40 mg intra-artikulär

Asymptomatische Hyperurikämie (ohne vorgängigen Gichtschub)

Vorg: 1. **Eine asymptomatische Hyperurikämie benötigt primär keine medikamentöse Therapie** *Es ist besser, wenn man Patienten und nicht Laborblätter behandelt...*

2. **Prophylaktische Massnahmen**

Ind: • Hyperurikämie > 600 µmol/L. Zielwert: ≤ 400 µmol/L

Vorg: 1. Adipositas behandeln, wenn vorhanden
2. Nahrungshygiene (erlaubt einen Harnsäureabfall von ca. 60 µmol/L)
- Alkoholkarenz ....Alkohol generell, insbesondere Bier, erhöht die Zufuhr von Harnsäure und vermindert deren renale Ausscheidung.
- Purinzufuhr ↓ ....Purine sind v.a. in rotem Fleisch, Innereien, kleinen Fischen und Krustentieren vorhanden.
- Kalorien ↓................Wenig Kohlenhydrate einnehmen. Grosszügige Einnahme von einfach-ungesättigten Fettsäuren, v.a. bei Patienten mit Übergewicht.
- Milchprodukte ↑ ......Genügend Milchprodukte einnehmen
3. Eine Dehydratation muss verhindert werden
4. Konstante Diurese von ca. 1.5 L/24 h anstreben
5. Falls ein Diuretikum erforderlich ist, soll ein harnsäure-neutrales Molekül verwendet werden (z.B. Spironolacton). KEINE Thiazide oder Schleifendiuretika einsetzen, denn diese erhöhen den Harnsäurespiegel.

Bem: Wenn ein Patient mit Hyperurikämie eine Therapie mit einem Sartan haben sollte (z.B. als Hypertoniebehandlung), soll Losartan gewählt werden, denn Losartan erhöht die renale Ausscheidung von Harnsäure (was bei den anderen Sartanen nicht der Fall ist): Losartan 1x 50 mg/d PO[3]

Chronische oder rezidivierende Gicht

Allg: • Die medikamentöse Behandlung soll erst <u>3-4 Wochen nach der akuten Phase</u> begonnen werden, nämlich dann, wenn die Entzündungszeichen verschwunden sind.
• Zielwert des Serum-Harnsäurespiegels:
- ≤ 400 µmol/L
- ≤ 300 µmol/L (wenn eine Resorption von Tophi angestrebt wird)

Ind: • Rezidivierende Gichtanfälle (> 3 akute Schübe/Jahr)
• Nachweis von Tophi (s. 1003) oder Knochenerosionen
• Niereninsuffizienz als Folge einer Uratnephropathie mit oder ohne Urolithiasis

Th: 1. **Allgemeinmassnahmen**
• siehe «Asymptomatische Hyperurikämie», oben

2. **Medikamentöse Therapie**

A. **<u>Prophylaxe der akuten Rezidivschübe</u>**

Bsp: • Colchicin (1.0-1.2 mg/d; bei Niereninsuffizienz 0.5-0.6 mg/d) oder:
• NSAR (die NSAR haben mehr NW als niedrig dosiertes Colchicin). Dauer der Therapie: bis dass der Patient einen normalen Harnsäurespiegel aufweist und während 6 Mt. keine Gichtschübe mehr hat.
• In Betracht ziehen: Losartan 1x 50 mg/d PO[3]

 3 Takahashi S. et al. Ann Rheum Dis 2003 ;62 :572-5.

B. Chronische Gicht

Vorg: Der Harnsäurespiegel kann wie folgt medikamentös vermindert werden:

I. Synthesehemmer der Harnsäure (Urikostatikum)

Allg: Wirkungsmechanismus: Synthesehemmung der Harnsäure

Ind:
- Überproduktion von Harnsäure
- Verminderte Harnsäureausscheidung (< 800 µg/24 h Urin)

Bsp:
- **Allopurinol** 1x 300 mg/d PO (bei Niereninsuffizienz muss die Dosierung vermindert werden), dann Dosissteigerung um ca. 100 mg/Monat, um folgende Werte zu erreichen:
  - Harnsäure Plasmaspiegel ≤ 300-400 µmol/L oder:
  - Eine Dosis von 600-800 mg/d (geringer bei Niereninsuffizienz)
- Dosierungen > 300 mg sollen fraktioniert eingenommen werden (2-3x/d).

NW:
- Makulo-papulöses Exanthem (→ Stopp Allopurinol; eine niedrige Dosierung mit 50 mg/d kann allenfalls verabreicht werden)
- Knochenmarkstoxizität u.a.

II. Harnsäure-Ausscheider (Urikosurika)

Allg:
- Die Urikosurika werden seltener angewendet als das Urikostatikum.
- Wirkungsmechanismus: Erhöhung der renalen Ausscheidung von Harnsäure

Ind:
- Verminderte Harnsäure Ausscheidung (< 800 µg/24 h Urin)

Bsp:
- **Probenecid** 2x 250 mg/d PO während 1 Woche, dann 2-3x 500 mg/d (Probenecid wird nicht in allen Ländern von den Krankenversicherungen übernommen; eine Spezialanfrage kann erforderlich sein).
- In Betracht ziehen: Losartan 1x 50 mg/d PO[3]

KI:
- Niereninsuffizienz (Clearance < 30 mL/min)
- Urolithiasis
- Patienten mit hoher Urikosurie (≥ 800 µg/24 h Urin)

Bem: Nicht vergessen:
- Beibehalten einer «guten», adäquaten Diurese
- Urin alkalinisieren mit Na-Bicarbonat:
  - NEPHROTRANS® Kaps 500 mg: 1.5-3 g/d PO in 3x/d. Diese Therapie kann unbegrenzt lange weitergeführt werden.

C. Schwierig therapierbare Gicht

Allg:
- Eine Kombinationstherapie ist indiziert:
  - Synthesehemmer der Harnsäure (Allopurinol)
  + Harnsäure-Ausscheider (Probenecid)

D. Therapieresistente Gicht

Th:
- Parenterale Urikase (= experimentelle Behandlung)
  CAVE: Allergische Reaktionen sind möglich!

E. Prophylaxe von evtl. residuellen Schüben trotz harnsäuresenkender Therapie

Bsp:
- Colchicin 0.5-1 mg/d

  Bei Misserfolg mit Colchicin:
- NSAR oder Kortikoide (siehe akuter Gichtschub, S. 1003), OHNE die Dosierung des Colchicins zu verändern!
- Diese prophylaktische Therapie soll mit folgenden Zielen beibehalten werden:
  - Serum-Harnsäurespiegel ≤ 400 µmol/L und:
  - Fehlen von Gichtschüben während mindestens 6 Mt.!

3 Takahashi S. et al. Ann Rheum Dis 2003 ;62 :572-5.

CPPD (Calcium-Pyrophosphat-Dihydrat) - Chondrokalzinose [M11.2]

Allg:
- Die CPPD ist eine mikrokristalline Arthropathie, welche durch das Ausfällen von Kalzium Pyrophosphatkristallen in den Geweben und den Gelenken (Knorpel, Synovia) charakterisiert ist.
- Dieser Prozess ist sehr altersabhängig: Prävalenz ca. 10 % > 70 Jahre.
- Bei Auftreten vor dem 50. Lebensjahr müssen metabolische Ursachen gesucht werden!
- Lokalisation: v.a. grössere Gelenke: Knie, Schulter, Hüfte, Handgelenk

Klin:

1. **Asymptomatische CPPD**
   - Die Mehrheit der CPPD sind asymptomatisch. Es handelt sich um einen radiologischen Zufallsbefund!
2. **Pseudogicht**
   - Die Pseudogicht entspricht einem akuten Synovitisschub, hervorgerufen durch die Phagozytose von CPPD-Kristallen.
   - Die Pseudogicht kann klinisch von einem Gichtschub nicht unterschieden werden. Aber im Vergleich zur Gicht, sind bei der Pseudogicht v.a. das Knie- und das Handgelenk betroffen (siehe Schema, unten)
3. **Subakute, polyartikuläre CPPD**
   - Abgeschwächte Entzündungszeichen, welche verschiedene Gelenke gleichzeitig betreffen.
   - DD: Rheumatoide Arthritis
4. **Pseudo-Arthrose** (oder sekundäre Arthrose)
5. **Destruktive CPPD**
6. **Pseudomeningitische CPPD**
   - Hoch zervikale Arthritis bei Kalzifikation des Lig. transversum

Urs:
- Idiopathisch
  - V.a. im Alter auftretend (Rx-Befunde treten bei ca. 30 % der Patienten > 80 Jahre auf)
- Sekundäre Formen (müssen bei jungen Patienten gesucht werden):
  - Hämochromatose
  - Hyperparathyreoidismus
  - Magnesiummangel
  - Morbus WILSON
  - Hypothyreose
  - Phosphatasemangel

Dg:
- Nachweis von CPPD-Kristallen in der Synovialflüssigkeit: rhomboidale Kristalle mit einer positiven Doppelbrechung (siehe Gelenkpunktion, s. 994).

Für die PRAXIS:
Ein Patient mit einer CPPD kann gleichzeitig auch eine andere Arthritis aufweisen. Diese kann durchaus auch septischer Natur sein!

Rx:
- Kalzifikationen (sichtbar im Standardröntgenbild oder mittels Ultraschall):
  - I.d.R. lineäre Kalzifikationen, welche v.a. den fibrösen und den hyalinen Teil des Gelenkknorpels betreffen. Seltener sind die Sehnen und noch seltener die Synovia betroffen (des MCP) oder die Bursae.
  - Häufige Lokalisationen: Knie (siehe Rx unten), Handgelenk (Kalzifikation des Lig. triangulare), Symphyse

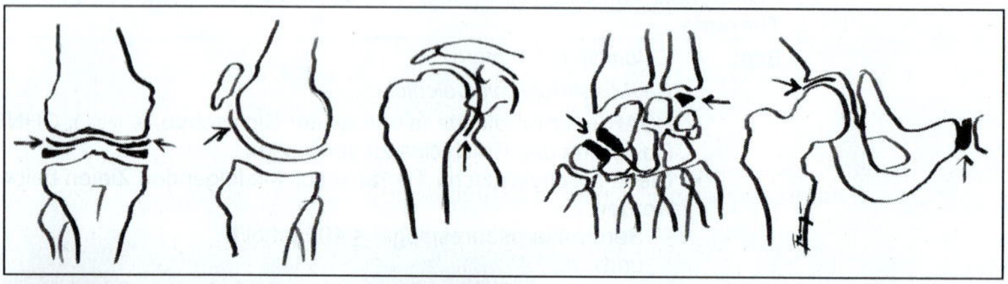

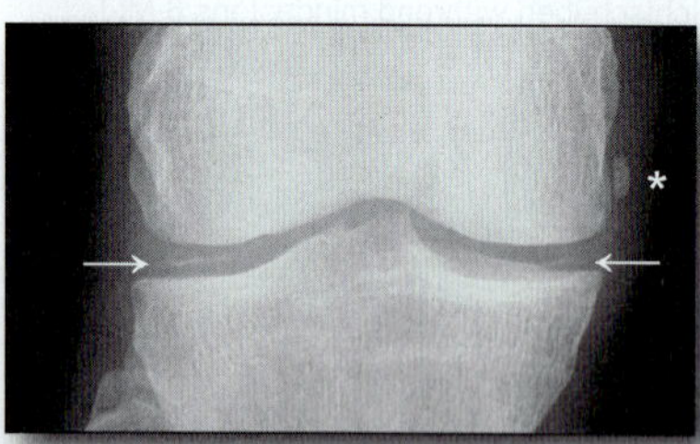

Rx Knie rechts bei einer CPPD
- Bilaterale, bandförmige Transparenzerhöhung (= CPPD Einlagerung) im Gelenkspalt des rechten Knies.
- Zusätzliche Pathologie (*):
  Der «Rundherd» (Asterix an der distalen medialen Femurseite) entspricht einer Kalzifikation des Lig. collaterale mediale auf Höhe seiner distalen Femurinsertion. Diese Pathologie wird PELLEGRINI-Schatten genannt und wird oft durch repetitive Traumata hervorgerufen.

Th: **1. Asymptomatische CPPD**
- Eine ursächliche Erkrankung soll behandelt werden (siehe «Sekundäre Formen, S. 1006)
- Eine Basistherapie ist nicht notwendig.

2. CPPD-Arthritis
- Analgetika:
  - NSAR
  - Colchicin (Colchicin ist aber weniger wirksam bei der CPPD, als bei Gicht)
- Kortikoide (ad. Rheuma-Konsilium)
  - Intraartikuläre Verabreichung: sehr wirksam, man muss aber vorher IMMER eine septische Arthritis ausschliessen!
  - Orale Kortikoide (niedrig dosiert!)
- Magnesiumsubstitution (bei bewiesenem Magnesiummangel)
- Wenn die CPPD die Folge eines Hyperparathyreoidismus ist, hat selbst eine chirurgische Sanktion (Adenomektomie) relativ wenig Einfluss auf den Verlauf der CPPD-Arthritis. Dasselbe git für die Eisendepletion bei Hämochromatose.

Apatit-Rheumatismus

Syn:
- Apatitose

Allg:
- Das Ausfällen von **Hydroxyapatit Kristallen** kann, wenn es in einem Gelenk stattfindet, eine mikrokristalline Arthropathie auslösen. Diese Kristalle können sich aber auch in den Weichteilen akkumulieren.
- Es handelt sich um eine Erkrankung mit **multiplen Sehnenkalzifikationen**.
- Frauen zwischen 30 und 50 Jahren sind am häufigsten betroffen.
- I.d.R. bestehen keine metabolischen Anomalien. Trotzdem können manchmal folgende Assoziationen auftreten:
  - **Hyperphosphatämie**
  - **Hyperkalzämie**
- Risikofaktoren
  - Niereninsuffizienz
  - Dialysepatienten

Klin:
- Schulter
  - Tendinitis (akute, sehr schmerzhafte Schübe oder auch als chronisches Schmerzsyndrom auftretend) insbesondere der Supraspinatus-Sehne
  - «Senil-hämorrhagische Schulter»: Knochendestruktion mit peri-artikulärer Ausbreitung
- Hüfte
  - Kalzifizierende Tenobursitis der trochanternahen M. glutaeus medii
- Ellbogen
  - Epikondylitis
- Hände
  - Periartikuläre Kalzifikationen

Dg:
- Nachweis von Hydroxyapatit Kristallen in der Synovialflüssikeit (mit der roten Alizarin-Färbung)

Rx:
- Gut begrenzte Kalzifikationen (= Apatit) am Ort der Schmerzes
- Während eines akuten Schmerzschubes könnnen die Kalzifikationen einen geflockten Aspekt haben. Apatit kann sich aber auch auflösen und ist dann nicht mehr zu visualisieren.

Th: **1. Kausaltherapie**

2. Symptomatische Therapie beim akuten Schub
- NSAR
- Bei resistenten Fällen (und erfolgtem Ausschluss eines Infektes): Kortikoide

Spondyloarthritis (SpA)[1-3]

Allg:
- Die Spondyloarthritiden (SpA) sind chronisch entzündlich-rheumatische Systemerkrankungen, welche mit typischen Begleiterkrankungen einhergehen können.
- Der früher verwendete Ausdruck «seronegative» Spondyloarthritis bezog sich auf den negativen Rheumafaktor (in Analogie zur «seropositiven» RA, S. 992). Auch andere Autoantikörper sind definitionsgemäss negativ.
- Junge Männer sind etwas häufiger betroffen als Frauen.
- Unterschiedlich gehäuftes Vorkommen des genetischen Markers HLA-B27
- Die SpA befällt typischerweise folgende anatomische Strukturen:
  - Entzündung von Sehnen- und Bandansatzstellen → **Enthesitiden.**
    - Die **Enthesitis ist die grundlegende Läsion aller SpA!**
  - Entzündlicher Befall der Wirbelsäule → **Spondylitis**
  - Entzündlicher Befall der → ISG (**Sakroiliakalarthritis**)
  - Intervertebralgelenke → **Spondylarthritis**
  - Asymmetrische Arthritiden der peripheren Gelenke
  - Gehäuftes Auftreten von extraartikulären Manifestationen:
    - Augenentzündungen (insbesondere anteriore Uveitis)
    - Entzündliche Darmerkrankungen
    - Entzündungen des Urogenitaltraktes
    - Hautmanifestationen

Klin:
1. **Ankylosierende Spondylitis - M. BECHTEREW** (= klassische Form der SpA), S. 1010
2. **Psoriasisassoziierte Arthritis (PsA)**, S. 1013
3. **Reaktive Arthritis** (wobei der M. REITER die komplette Form darstellt), S. 1015
   - Bei/durch urogenitale Infektionen
   - Bei/durch gastrointestinale Infektionen
4. **Enteropathische Arthritis**, S. 1017
5. **Juvenile Spondyloarthritis**
6. **Undifferenzierte SpA-Formen** (selten!) S. 1018

   6.1. SAPHO:
   - Synovitis
   - Akne
   - Palmoplantare Pulstulose
   - Hyperostose
   - Osteitis

   6.2. CRMO (chronisch-rekurrierende multifokale Osteomyelitis)

Urs:
- Unbekannt
- Genetische Veranlagung im Zusammenhang mit dem HLA-B27 Antigen:
  - Über 50 % der Patienten haben eine positive Familienanamese bzgl. SpA, einer entzündlichen Darmerkrankung oder einer Psoriasis.
- Veränderte Immunreaktion gegenüber gewissen Keimen mit verlängerter Persistenz
- Gastrointestinale oder urogenitale Keime (Kreuzreaktivität von Fremd- und Autoantigen)

Lab:
- Die SpA zeigen oft folgende Laborkonstellation:
  - Negativer Rheumafaktor
  - Positives HLA-B27 Antigen (30-90 % der Fälle)

Klin:
- Sakroiliitis (oft Erstsymptom!) mit sog. entzündlichem Kreuz-Schmerz-Syndrom
- Wirbelsäulenbefall:
  - Spondylitis
  - Spondylarthritis
  - Syndesmophyten
- Entzündliche Enthesiopathien:
  - Insertionstendinopathie
  - Entzündete Bänder
- Asymmetrische Oligoarthritis (oft sind Knie-, Sprung- oder Zehengrundgelenke betroffen)
- Extraartikuläre Manifestationen:
  - Augen (Iritis, Uveitis bei ca. 25 % der Patienten)
  - Urethritis
  - Haut (Psoriasis, Pustulose)
- Daktylitis

1 Dougados M, et al. ESSG. Arthritis Rheum 1991 ;34 :1218-27. 2 Amor B, et al. Ann Med Intern (Paris) 1991 ;142 :85-9. 3 Gordman JD, et al. N Engl J Med 2002 ;346 :1349-57.

Dg: Zur Diagnose der SpA können die ESSG-Kriterien angewendet werden (*European Spondylarthropathy Study Group*).
Sensitivität der ESSG-Kriterien: 87 %; Spezifität 96 %

ESSG Kriterien[1]

Das Vorhandensein eines Hauptkriteriums + ≥ 1 Nebenkriterien bestätigen die Diagnose der SpA.

Hauptkriterien

1. Entzündliche Lumbalgien
   - Aktuelle Anamnese oder Symptome von Lumbalgien mit 4 der folgenden Kriterien:
     - Beginn < 45 J .... ❑
     - Schleichender Beginn .... ❑
     - Besserung durch Bewegung .... ❑
     - Morgendliche Rückensteifigkeit .... ❑
     - Dauer ≥ 3 Monate .... ❑
2. Synovitis
   - Asymmetrische Arthritis (anamnestisch oder aktuell) grosser Gelenke der unteren Extremitäten

Nebenkriterien

1. Positive Familienanamnese von Verwandten 1. oder 2. Grades, mit ≥ 1 folgender Elemente:
   - Ankylosierende Spondylitis
   - Psoriasis
   - Reaktive Arthritis
   - Akute Uveitis
   - Enteropathische Arthritis (z.B. Morbus CROHN, Colitis ulcerosa)
2. Psoriasis
   - Aktuelle Symptome oder Vorgeschichte einer Psoriasis (durch Arzt diagnostiziert)
3. Enterokolopathie
   - Aktuelle Symptome oder Vorgeschichte eines, durch einen Arzt diagnostizierten und bestätigten, Morbus CROHN oder einer Colitis ulcerosa (d.h. entsprechende radiologische oder endoskopische Abklärungen)
4. Schmerzen in der Gesässregion bei Kipp- und Schwenkbewegungen
   - Aktuelle Symptome oder Vorgeschichte von rechts-links alternierenden Gesässschmerzen
5. Enthesitis
   - Aktuelle Symptome oder Vorgeschichte von Schmerzen an den Ansätzen der Achillessehne oder der Plantaraponeurose
6. Akute Diarrhoe
   - Diarrhoe innerhalb von 4 Wochen vor dem Auftreten einer Arthritis
7. Urethritis (Entzündung der Urethra-Schleimhaut)
   - Nicht-Gonokokken-Urethritis oder -Zervizitis, innerhalb von 4 Wochen vor dem Auftreten einer Arthritis
8. Sakroiliitis
   - Bilateraler Befall im radiologischen Stadium II-IV oder:
   - Unilateraler Befall im radiologischen Stadium III-IV

   Konventionell radiologische Stadien der Sakroiliitis

0	=	Normal
I	=	Mögliche Sakroiliitis
II	=	Bestätigte Sakroiliitis
III	=	Fortgeschrittene Sakroiliitis
IV	=	Ankylose (knöcherne Gelenksfusion, Verschwinden des Gelenkspaltes)

ESSG-Kriterien zur Diagnose der Spondyloarthropathien.

Th: Siehe unter «Th:» der entsprechenden SpA-Erkrankung, S. 1010-1018

1 Dougados M, et al. ESSG. Arthritis Rheum 1991 ;34 :1218-27.

Bsp: **1. Ankylosierende Spondylitis (AS)** [M45.9]

Syn: • Morbus BECHTEREW, Spondylitis ankylopoetica

Allg: • Die ankylosierende Spondylitis ist die klassische Form der SpA und ist gekennzeichnet durch:
  - Chronische Entzündung mit osteoproliferativen Manifestationen im Bereich des Achsenskeletts (Sakroiliakalgelenke, Wirbelsäule), wodurch es zu einer weitgehenden Einsteifung kommen kann.
  - Mögliche Beteiligung peripherer Gelenke (v.a. Schulter- und Hüftgelenke)
  - Enthesitiden (Entzündung der knöchernen Insertionen von Sehnen und Bändern)
- Prävalenz in Europa und Nordamerika: 0.5-1.0 %
- Männer > Frauen (ca. 2 :1); bei Frauen oft weniger ausgeprägte Rx-Befunde
- Altersgipfel: 20-40 Jahre
- **Frühzeichen**
  - Meist schubweise Lumbalgien mit einseitiger oder alternierender beidseitiger Aussstrahlung in die Gesässregion und den dorsalen Oberschenkel
  - Typisch: Nachtschmerz!
  - Akute Uveitis anterior
  - Daktylitis (wurstförmige Schwellung/Entzündung eines Fingers oder einer Zehe)
  - Akute Arthritis (typischerweise einseitige Kox-, Gon- oder Sprunggelenkarthritis)
  - Protrahierte Enthesitis der vorderen Brustwand oder der Ferse

Urs: • Unbekannt
- Genetische Prädisposition (HLA-B27 Antigen), siehe Abschnitt «Lab:», S. 1011

Klin: **A. Befall des Beckens und der Wirbelsäule**
- Tieflumbale **Rückenschmerzen vom entzündlichen Typ** (nicht mechanischer Ursache), als Ausdruck einer ein- oder beidseitigen Sakroiliitis.
  Kriterien, die für eine Dorsalgie entzündlichen Charakters:[4]

  Vorhandensein von ≥ 2 der folgenden 4 Kriterien bei Patienten < 45 Jahre und einer Rückenschmerzdauer von über 3 Monaten:
  1. Morgensteifigkeit > 30 Minuten
  2. Verbesserung der Symptome bei körperlicher Anstrengung
  3. Schmerzbedingtes Erwachen in der 2. Nachthälfte
  4. Wechselnde Gesässschmerzen

- Ansprechen auf NSAR
- Klinische Zeichen einer ISG-Arthritis
  - MENELL-Zeichen:
    Schmerzauslösung bei gezieltem Palpationsdruck auf das Os sacrum mit gleichzeitig ruckartigem Anheben des Beines der zu untersuchenden Seite (DD: Hüftaffektion bei isolierter Funktionsprüfung des Hüftgelenkes).
  - PATRICK-Test:
    Patient in Rückenlage. Ein Bein ist gebeugt und liegt mit dem Aussenknöchel auf Kniehöhe des anderen gestreckten Beines. Das Knie des gebeugten Beines wird Richtung Liege gedrückt. Dies sollte schmerzfrei, beidseits symmetrisch und mit federndem weichen Widerstand möglich sein. Ansonsten muss von einer ISG-Problematik ausgegangen werden.
- Zeichen für eine fortschreitende Ankylose der Wirbelsäule sind:
  - Wirbelsäulenfehlform mit Hyperkyphose der BWS und unbeweglichem Brustkorb
  - Prothrahierte Kopfstellung
  - Abflachung der LWS
- Messungsmöglichkeiten der Ankylose
  1. Verminderung der Thoraxexpansion:
     - Der Brustumfang wird am Ende des Expiriums und am Ende einer tiefen Inspiration auf Höhe des 4. Interkostalraumes gemessen.
     - Interpretation: normale Atembreite > 5 cm (N: 7-8 cm).
  2. Modifizierter lumbaler SCHOBER (nach MACRAE-WRIGHT):
     - Der Patient ist in stehender Position.
     - Erste Markierung (M1): 10 cm oberhalb des lumbosakralen Übergangs (Verbindungslinie der Venusgrübchen)
     - Zweite Markierung (M2): 5 cm unterhalb des lumbosakralen Übergangs
     - Der Patient soll sich so weit wie möglich vornüber beugen.
     - Die Distanz zwischen den beiden markierten Punkten wird vor und nach der Oberkörperinklination gemessen
     - Interpretation: Eine Differenz M1-M2 ≥ 4 cm ist normal.

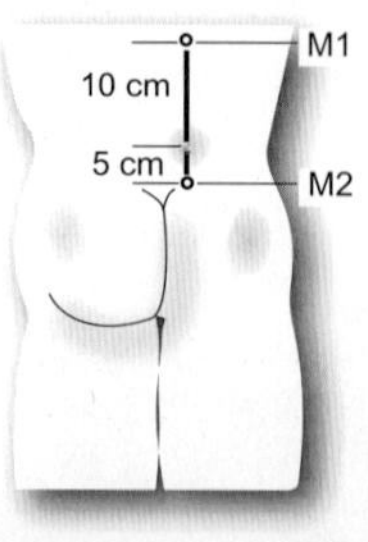

[4] Rudwaleit M, et al. Arthritis Rheum 2006 ;54 :569-78

3. Laterale Finger-Boden-Distanz:
   - Der Patient steht mit dem Rücken gegen eine Wand.
   - Es wird die kleinste Distanz zwischen dem Mittelfinger des seitlich am Körper angelegten Arms und dem Boden gemessen, zuerst in aufrechter Stellung, danach jeweils in maximaler Seitenneigung nach links und rechts
   - Interpretation: Die Delta-Distanz soll > 10 cm messen.
4. Distanz zwischen dem Okziput und der Mauer (Patient stehend)
   - Interpretation: Die Distanz Okziput-Wand beträgt normalerweise 0 cm.
5. Maximale intermalleoläre Distanz (zur Beurteilung der Hüftmobilität):
   - Der Patient ist in liegender Position und spreizt die Beine maximal.
   - Interpretation: Die intermalleoläre Distanz misst normalerweise > 100 cm.

B. Peripherer Gelenkbefall

- Typischerweise befallene Gelenke: Hüfte, Knie, Schultern
- Typischerweise Fersenschmerz (Talalgie) hervorgerufen durch die Enthesitis der Achillessehne oder der Plantarfaszie (Fasciitis plantaris). Aber jede Sehnen- und Bandansatzstelle kann betroffen sein.

C. Extraartikulärer Befall - Komplikationen

- Häufig:
  - Akute vordere Uveitis (25-40 % der Patienten) = Notfallsituation, welche am selben Tag von einem Ophthalmologen abgeklärt werden soll!
  - I.d.R. einseitig, schmerzhaftes Auge
  - Photophobie
- Selten:
  - Aorteninsuffizienz
  - Herzreizleitungsstörungen
  - IgA Nephropathie
  - Apikale Lungenfibrose
  - Amyloidose
  - GI-Befall mit fliessendem Übergang zu M. CROHN (subklinische Manifestationen sind häufig!)

D. Verlauf

- Faktoren, die für einen ungünstigen Verlauf sprechen:
  - Stark erhöhte Enzündungsparameter
  - Befall der HWS und der Hüften
  - Extraartikuläre Manifestationen (v.a. Uveitis)
- Der Verlauf ist schubweise und individuell sehr unterschiedlich:
  - Milde Formen mit befriedigender Funktionalität mit Erhalt der Arbeitsfähigkeit bis:
  - Vollständig invalidisierende Ankylose des Achsenskelettes

Kpl: • Knochenfrakturen wegen axialer Osteoporose und fehlender Elastizität der WS!

> **Für die PRAXIS:**
> Besonders gefährlich sind transdiskale Frakturen durch den Syndesmophytenring und durch die kleinen Wirbelgelenke hindurch, oft nach Bagatelltraumata wie z.B. Fehltritten → **Gefahr der Tetra- / Paraplegie je nach Frakturhöhe!**

- Sterile Spondylodiszitiden

Lab: • HLA-B27 Antigen
  - Positiv in ca. 90 % der Fälle; aber auch bei 8 % der Allgemeinbevölkerung.
  - Ca. 10 % der HLA-B27-Träger in Europa und Nordamerika erkranken an einer ankylosierenden Spondylitis
- BSG ↑/N, CRP ↑/N
- Evtl. Entzündungsanämie, S. 896

Dg: • Die Diagnose der ankylosierenden Spondylitis wird klinisch und mit Hilfe der konventionellen Radiologie gestellt.

> Oft werden die modifizierten **New-York Klassifikationskriterien** zur Diagnosestellung benutzt, mit dem grossen Nachteil, dass die Frühfälle nicht erfasst werden.
> Vorhandensein einer:
> A. Bilateralen Sakroiliitis (radiologisch Stadium ≥ II) oder:
> B. Unilateralen Sakroiliitis im radiologischen Stadium III oder IV, sowie ≥ 1 der folgenden klinischen Kriterien:
>   1. Tief lokalisierte Kreuzschmerzen und Kreuzsteife während > 3 Mt., welche nicht durch Ruhe, sondern durch Bewegung vermindert werden.
>   2. Verminderte Beweglichkeit der LWS (sagitale und frontale Ebene)
>   3. Verminderte Atembreite, bezogen auf Alter und Geschlecht

Rx: **A. Konventionelle Röntgenbilder** (in der Frühphase ungenügend sensitiv)

A.1. Iliosakralgelenke (Beckenübersicht oder ISG-Aufnahme nach BARSONY)

- Initial ein-, dann beidseitig symmetrisches, «buntes» Bild der ISG-Arthritis:
  - Gleichzeitiges Auftreten von unscharfen, verwaschenen Gelenkkonturen des Gelenkspaltes
  - Girlandenförmige Pseudoerweiterung des Gelenkspaltes (Perlschnurbild)
  - Erosionen
  - Randständige Sklerosen
- Nach vollständiger Ankylose sind diese Zeichen nicht mehr nachweisbar und der Gelenkspalt kann allenfalls als Transparenzminderung imponieren.

Für die PRAXIS:
Die Ankylose der Iliosakralgelenke wird auf den konventionellen Röntgenbildern oft übersehen oder fehlinterpretiert!

A.2. LWS

- Auftreten von Syndesmophyten (Verknöcherung der äusseren Lamellen des Annulos fibrosus der Bandscheiben), welche über mehrere Etagen die Wirbelkörper verschmelzen und in Kombination mit der Ossifikation des Lig. supraspinale dorsalis zum Phänomen des «Bambusstabes» führen kann.
- Kastenwirbel (Begradigung der WK-Vorderkante) als Ausdruck von Periostreaktionen
- Tonnenwirbel (konvexe Vorderkontur) als Ausdruck von Periostreaktionen
- Romanusläsion (Spondylitis anterior, kleiner Konturdefekt der vorderen WK-Randleiste) → sog. «shining corner» (glänzende Ecken) im MR

B. MR = Bildgebung der Wahl

- Das MR wird obligat mit STIR-Sequenzen oder Kontrastmittel durchgeführt.
- Indikation für ein MR:
  - Frühdiagnostik
  - Beurteilung des Arthritisschubes
  - Entzündungsnachweis im Bereich der ISG oder der Wirbelsäule
- Das MR zeigt folgende Anomalien:
  - Sogenanntes Knochenmarködem, Hyperämie
  - Ergussbildung, Erosionen

C. CT des Sakroiliakalgelenkes (***CAVE***: hohe Strahlenexposition für die Gonaden!)

- Indikation
  - Zweifelsfälle in der Spätphase
- Das CT zeigt folgende Anomalien:
  - Gelenksklerosierung
  - Knochenerosionen und -brücken

Th: **1. Funktionelle Therapie**

- Bewegungstherapie (SEHR wichtig)!
- Sport (Ausdauersportarten): Schwimmen, Jogging (bei noch mobiler WS), Radfahren
- Ergonomische Beratung am Arbeitsplatz; auf Sitzposition achten!

2. Medikamentöse Therapie (ad. Rheuma-Konsilium)

A. Bei peripherem Gelenkbefall

- <u>Symptomatische Therapie</u>: NSAR
- <u>Basistherapie bei therapieresistenten Fällen</u>
  a) Sulfasalazin, Methotrexat
  b) Anti TNF-α Hemmer (siehe unten)

B. Bei axialem Befall

- <u>Symptomatische Therapie</u>: NSAR
- <u>Basistherapie bei therapieresistenten Fällen</u>
  a) Sulfasalazin, Methotrexat
  b) Anti TNF α-Hemmer:

• Infliximab	REMICADE®	**IV**-Gabe Erhaltungsphase alle 6-8 Wo
• Etanercept	ENBREL®	**SC**-Gabe 1x/Wo
• Adalimumab	HUMIRA®	**SC**-Gabe alle 2 Wo

Für die PRAXIS:
Mit TNF α-Hemmern lässt sich bei ca. 60 % der Behandelten eine gute Unterdrückung der entzündlichen Krankheitsaktivität erreichen.
Ob damit auch die Syndesmophytenbildung/Ankylose beeinflusst werden kann, ist derzeit nicht gesichert.

2. Psoriasisassoziierte Arthritis (PsA) [L40.5 + M07.3]

Allg:
- Die Psoriasis der Haut ist eine häufige Erkrankung (1-3 % der Allgemeinbe-völkerung). 4-10 % dieser Patienten entwickeln eine PsA.
- Zeitlicher Ablauf zw. Haut- bezw. Gelenkbefall: *Ladies first....die Haut ist ja weiblich!*
  - In 60-70 % der Fälle ....Hautbefall VOR Gelenkbefall
  - In 15 % der Fälle ....Hautbefall NACH Gelenkbefall
  - In ca. 20 % der Fälle ......Haut- und Gelenkbefall gleichzeitig

Für die PRAXIS:
Jede neu auftretende Oligo- oder Polyarthritis muss die Suche einer Psoriasis veranlassen!

Klin: I. Der Gelenkbefall der PsA kann 5 verschiedene klinische Bilder aufweisen

1. Asymmetrische oligoartikuläre Form (> 50%, häufigste Form)
   - Asymmetrische Mon- oder Oligoarthritis der peripheren Gelenke.
   - Jedes Gelenk kann betroffen sein.
   - Gehäuft «Strahlenbefall» der Finger oder Zehen (siehe Schema S. 10000)
   - Gehäuft Daktylitis («Wurstfinger» bzw. «Wurstzehen»)
2. Prädominant symmetrischer Befall der DIP
   - Gehäuft mit Nagelbefall
3. Symmetrische polyartikuläre Form (zweithäufigste Form)
   - Diese Form gleicht der rheumatoiden Arthritis
   - Symmetrischer Befall der MCP- und PIP-Gelenke
   - Negativer Rheumafaktor (d.h. «seronegativ»)
   - Absolutes Fehlen von Rheumaknoten
4. Prädominant Spondylitis psoriatica
   - Ähnlicher Befall wie bei der ankylosierenden Spondylitis, allerdings häufiger mit asymmetrischem ISG-Befall, mit oft grossvolumigen (Para)syndesmophyten
   - Assoziation mit HLA B27 Antigen
5. Arthritis mutilans (5 % aller Fälle)
   - Schwere Destruktion der betroffenen peripheren Gelenke

II. Hautbefall bei der PsA

1. Lokalisation der Psoriasis vulgaris:
   - Gesässspalt
   - Retroaurikulär
   - Haar
   - Bauchnabelregion
   - Streckseiten von Ellbogen und/oder Knien
   - Skrotum, Vulva
2. Nagelbefall:
   - Tüpfelnägel
   - Ölfleck
   - Onycholyse
3. Psoriasisformen
   - Psoriasis inversa
   - Psoriasis palmoplantaris
   - Psoriasis pustulosa

Dg:[4] ▪ **CASPAR-Kriterien**

Vorhandensein von:
1. Schmerz, Schwellung und/oder Steifigkeit in $\geq$ 1 Gelenken
2. Entzündliche Veränderungen im Bereich von Gelenken, Wirbelsäule oder Sehnen bzw. Sehnenansätzen

Zusätzlich $\geq$ 3 der folgenden Kriterien:
1. Psoriasis der Haut
2. Positive Familienanamnese für Haut-Psoriasis (bei einem oder mehreren Verwandten 1.° oder 2.°)
3. Psoriatische Nagelveränderungen (Tüpfelnägel, Ölfleck, Onycholyse)
4. Negativer Rheumafaktor
5. Daktylitis mit Schwellung des gesamten Fingers («Wurstfinger»)
6. Daktylitis in der Vergangenheit (von einem Rheumatologen diagnostiziert)
7. Radiologischer Nachweis von typischen gelenknahen osteoproliferativen Veränderungen (Knochenneubildungen) im Bereich von Händen oder Füssen

4 Taylor W et al., CASPAR-group. Arthritis Rheum 2006 ;54 :2665-73.

Lab:
- BSG ↑/N, CRP ↑/N
- Rheumafaktor und ANA sind typischerweise negativ.
- HLA-B27 ist bei axialem Befall gehäuft positiv (nicht aber beim peripheren Befall)
- HLA-DR4 ist häufig positiv beim symmetrischen Typ

Rx:
- Fingergelenke (oft betroffen): Nebeneinander von Osteodestruktion und Osteoproliferation
  - Erosionen
  - Gelenkspaltverschmälerungen (DD: RA; hier wird eine gelenknahe Osteopenie beobachtet)
  - Im Verlauf: allenfalls Osteolyse
  - Osteophytäre Ausziehungen
  - Manchmal regellose Fehlstellung der Gelenke und/oder das *Pencil in cup*-Phänomen (= Psoriasis mutilans).
- WS- und ISG-Veränderungen:
  - Ähnlich der ankylosierenden Spondylitis
  - Syndesmophyten und Parasyndesmophyten

Th:

1. **Allgemein**

   Allg:
   - Kutane und artikuläre Symptome sollen gleichzeitig behandelt werden.

2. **Symptomatische medikamentöse Therapie**

   Bsp:
   - NSAR
   - Lokale Kortikoide (intraartikulär)
     - Triamcinolon 10-40 mg intraartikulär:
       - -- VOLON® A
       - -- DELPHICORT®
   - Systemische Kortikoide
     - Wenn PsA-Patienten aus einem anderen Grund unter systemischen Kortikoiden stehen, besteht die Gefahr eines schweren Schubes der Haut-Psoriasis beim Absetzen der systemischen Kortikoidtherapie!

3. **Basismedikation (ad. Rheuma-Konsilium!)**

   Bsp:
   - Milde Fälle:
     - Sulfasalazin
   - Mittelgradige bis schwergradige Fälle
     - Methotrexat oder Leflunomid
   - Therapieresistente Fälle
     - Anti TNF α-Hemmer (Etanercept, Infliximab oder Adalimumab)

Prog:
- 60 % entwickeln erosive Veränderungen der Gelenke:
  - 20 % davon mit hoher Funktionseinschränkung
  - 5 % davon mit schwerer, mutilierender Entwicklung (Gelenkdestruktion, welche selbst chirurgisch schwierig zu behandeln ist, da Gelenkdislokation).
- Ungünstige prognostische Faktoren
  - Auftreten der Erkrankung in jungen Jahren
  - Vorhandensein des HLA-B27 Antigens
  - Befall von > 5 Gelenken
  - Therapieversagen mit NSAR
  - Ausgebaute Basismedikation

3. Reaktive Arthritis [M02.9] und REITER-Syndrom[5] [M02.3]

Def:
- Postinfektiöse, immunologisch vermittelte, sterile Arthritis, welche nach einigen Tagen bis 4 Wochen nach einer primären, gelenkfernen Infektion stattfindet.

Allg:
- Die vollständige Form der reaktiven Arthritis wird REITER-Syndrom genannt (in angelsächsischen Ländern wird dieser Term nicht mehr verwendet).
- I.d.R. geht der Arthritis eine Enteritis oder Urethritis voraus:
  - Der Keim wird während der «arthritischen» Phase selten im Stuhl isoliert, denn die gastrointestinale Phase ist in den meisten Fällen zum Zeitpunkt der arthritischen Manifestation bereits abgeklungen.
  - Der Urethraabstrich ist umstritten, siehe unter «Dg:»
- Verschiedene Keime können persistierende Infektionen hervorrufen (z.B. *Yersinia*, *Chlamydia*) und, bei genetischer Prädisposition, eine reaktive Arthritis auslösen. Diese Arthritis ist per Definition **aseptisch** (d.h. die Direktuntersuchung und die GRAM-Färbung der Synovia weisen keine Keime auf). In gewissen Fällen kann in Frühstadien nicht replizierende Erreger-DNA in der Synovia nachgewiesen werden. Die Kultur dieser meist intrazellulären Erreger ergibt kein Keimwachstum.
- **Differentialdiagnostisch muss eine septische Arthritis immer ausgeschlossen werden**, denn das Ausmass der reaktiven Arthritis kann ein infektiöses Geschehen vortäuschen!

Urs:
I. Reaktive (postinfektiöse) Arthritis
- Klassische Erreger:
  - Verschiedene Subtypen von *Salmonellen*, *Shigellen* und *Yersinien*
  - Assoziation mit: *Campylobacter jejuni, Clostridium difficile, Chlamydia trachomatis* und Brucellen
- Diskutiert werden:
  - β-hämolysierende Streptokokken
  - *Chlamydia pneumoniae*
  - *Ureaplasma urealyticum*
  - *Neisseria gonnorhoe*

II. Genetisch

Dg:
- Die Diagnose wird durch die typische Klinik (siehe dort) und aufgrund von Zusatzbefunden gestellt:
  - Gelenkpunktat (S. 988, 990): oft > 10'000 Zellen v.a. Granulozyten und Monozyten mit phagozytierten Granulozytenkernen (diese Monozyten nennen sich auch REITER-Zellen).
- <u>Chlamydien-Antigen</u>: Das Chlamydien-Antigen mittels DNA-Nachweis (PCR-Untersuchung) sollte im 1. Morgenurin gesucht werden. Davon hängt auch eine eventuelle Behandlung des Partners ab! Alternative der Urinuntersuchung:
  - Direktnachweis durch Urethraabstrich (aufwendiger und schmerzhaft!)
- <u>Stuhlkulturen</u> sind in beschwerdefreiem Zustand nicht notwendig. Im Einzelfall kann eine Untersuchung dennoch wichtig sein (Salmonellenausscheider im Lebensmittelbereich).
- <u>Serologie</u>: häufig schwierig zu interpretieren und sollen nicht routinemässig durchgeführt werden.
- HLA-B27 Antigen

Klin:
- <u>Situationen, welche eine reaktive Arthritis vermuten lassen</u>
  - Auftreten von asymmetrischen Mono-Oligoarthralgien typischerweise der Sprung-, Knie- oder Hüftgelenke und zwar einige Tage bis 4 Wochen nach einer Enteritis (z.B. Diarrhoe Episode) oder einem urogenitalen Infekt (Urethritis).
  - Spondylitis mit unilateraler ISG-Arthritis (bei 40 % der Patienten)
  - Extraartikuläre Manifestationen
    - Augenbeteiligung (geht der Arthritis ca. 10 Tage voraus): Uveitis anterior, sterile Konjuntivitis
    - Hautbefall mit hyperkeratotischen Läsionen an Fusssohlen oder Handflächen (= Keratoderma blenorhagicum)
    - Nicht infizierte Balanitis circinata
    - Sterile Urethritis und Ileitis/Colitis
    - Schmerzlose orale Ulzera
    - Selten: kardiale, neurologische und renale Manifestationen
- <u>Verlauf/Prognose</u>
  - Spontanheilung in ca. 80 % der Fälle innerhalb von Wochen bis Monaten
  - Rezidivrisiko möglich, wenn der Patient erneut dem zu Grunde liegenden Keim ausgesetzt ist.
  - In 5-20 % der Fälle bestehen Symptome noch 1 Jahr nach Krankheitsausbruch.
  - Das HLA-B27 Antigen hat keinen prognostischen Wert.

5 Angepasst nach: Villiger PM, et al. In: Rheumatologie in Kürze 2006 ; S. 57-73, Thieme Verlag.

REITER-Syndrom

Allg: • Das REITER-Syndrom ist die vollständige und schwerste Form der reaktiven Arthritis und betrifft ca. 30 % der Patienten mit einer reaktiven Arthritis.

Dg: • REITER Trias:

1. Asymmetrische Oligoarthritis ± Arthritis migrans (Knie, Sprunggelenk) und/oder Daktylitis
2. Sterile Urethritis
3. Konjunktivitis

fakultativ:

4. REITER-Dermatose:
Psoriasisforme Hautläsionen (z.B. Genitalschleimhaut, beim Mann «Balanitis circinata»), Mundaphthen, palmo-plantare erythemato-squamöse Läsionen

Lab: • Die Suche nach Trägern des HLA-B27 Antigens (positiv bei < 50 % der Patienten) hat einen fraglichen Wert.
• Entzündungsparameter (BSG, CRP) sind bei florider Arthritis i.d.R. massiv erhöht.
• Serologischer Erregernachweis

Th: **1. Rheuma-Konsilium**

- Ein manifester infektiöser gastrointestinaler oder urogenitaler Herd muss abgeklärt werden.
- Die AB-Therapie einer noch aktiven gastrointestinalen Infektion entspricht den üblichen Richtlinien bei der Diarrhoehehandlung. Die AB-Therapie eines solchen Herdes beeinflusst den Verlauf der Arthritis aber nicht.
- Patienten mit einer Chlamydia-Infektion und ihre Partner sollen antibiotisch behandelt werden, z.B. Azithromycin 1x 1 g PO.

2. Rheumatologische Therapie

a) Symptomatische Therapie
- NSAR
- Kortikoide intraartikulär (z.B. Triamcinolon, S. 995)

b) Basistherapie in therapierefraktären Fällen (ad. Rheuma-Konsilium)
- Sulfasalazin oder andere Basistherapeutika

3. Augenbefall (Uveitis anterior, schwergradige Iridozyklitis)

- Es handelt sich hier um einem **Notfall**, welcher gleichentags ein ophthalmologisches Konsilium verlangt (ad. topische oder systemische Kortikoide).

4. Enteropathische Arthritis

Syn: • Intestinale Arthropathie, enteropathische Spondyloarthritis

Allg: • Die enteropathische Arthritis kommt gehäuft bei folgenden Darmerkrankungen vor:
- Morbus CROHN
- Colitis ulcerosa
- Morbus WHIPPLE
- Zöliakie
- Mikroskopische Kolitis und Kollagenkolitis§

Klin: • Folgende Manifestationsformen können beobachtet werden:

1. Peripherer Befall
   - Typ I: Mon- oder Oligoarthritis insbesondere der unteren Extremitäten
   - Typ II: Polyartikulärer Befall, teilweise mit Synovitiden der MCP, zum Teil migratorisch.
   - Keine Assoziation mit dem HLA B27
2. Axialer Befall
   - Spondylitis-ankylosans-ähnlicher Befall der Wirbelsäule (Assoziation mit dem HLA B27)
   - Und/oder bilaterale, teilweise asymptomatische Sakroiliitis und Spondylitis

• Gelenkdestruktionen sind selten.
• Die Arthritis-Schübe verlaufen oft synchron zum Darmentzündungsschub.
• Die Spondylitis-Schübe verlaufen oft asynchron zum Darmentzündungsschub.

Dg: • In den meisten Fällen (80-90 %) gehen die digestiven Symptome den artikulären voraus, was die Diagnosestellung der enteropathischen Arthritis vereinfacht. Die Diagnose wird oft erst spät gestellt, wenn die artikulären Beschwerden vor den intestinalen autreten oder wenn sie im Vordergrund stehen.

Th: **1. Symptomatische Therapie**
- Sulfasalazin (und evtl. auch 5-Aminosalicylate) sind auch auf die periphere Gelenksymptomatik wirksam.
- Methotrexat und Azathioprin sind ebenfalls wirksam auf die peripheren Gelenke.
- Anti TNF α-Hemmer haben einen bewiesenen guten Effekt auf die intestinalen, peripheren wie axialen artikulären Manifestationen.
- NSAR sind zurückhaltend einzusetzen, da sie einen intestinalen Schub auslösen können!
- Kortikoide intraaktikulär bei pesistierender Arthritis

§ Mikroskopische Kolitis

Allg: • Mikroskopische Entzündung der Kolonschleimhaut. Der Kolon ist makroskopisch normal.

Klas: I. Kollagenkolitis. Histologie: Verdickung der subepithelialen Kollagenschicht
II. Lymphozytäre Kolitis. Histologie: lymphozytäre Infiltration der Kolonschleimhaut

Urs: • Unbekannt: Autoimmun?
• Hypothesen:
- Genetisch
- Umgebung
- Infektiös (Yersinia enterocolitica, Clostridium difficile)
- Medikamentös (Acarbose, Ranitidin, Ascorbinsäure u.a.)

Dg: • Wässrige Diarrhoe mit einer makroskopischen normalen Kolonoskopie
• Histologie: siehe oben

Th: • Konsilium. Kortikoide (Budesonid 3x 3 mg/d PO) zeigen gute Resultate.

Prog: • Die Prognose ist oft gut.

5. Andere Formen der Spondyloarthropathien

Bsp: **1. SAPHO-Syndrom**

Allg:
- SAPHO steht für:
  - **S**ynovitis, **A**kne, palmoplantare **P**ustulose, **H**yperostose, **O**steitis

Klin:
- Das SAPHO-Syndrom vereinigt folgende Klinik:
  - a) Hautmanifestationen
    - Palmo-plantare Pustulose
    - Schwergradige Akne
    - Hidradenitis suppurativa

    mit:
  - b) Osteoartikulärem Befall
    - Sternoclaviculare Hyperostose (Befall der anterioren Thoraxwand)
    - Aseptische Osteitis (DD: infektiöse Osteomyelitis)
    - Sakroiliitis (selten)
- In Knochenbiopsien können in gewissen Fällen Erreger mit schwacher Virulenz isoliert werden, wie z.B. Corynebakterien, welche auch bei der Akne involviert sind.

Lab:
- Die SAPHO-Patienten sind i.d.R. HLA-B27 Antigen negativ. Manchmal haben sie aber eine positive SpA-Familienanamnese.

Th:
- Symptomatische Therapie: NSAR
- Basistherapie, ad. Rheuma-Konsilium!

2. CRMO (chronisch-rekurrierende multifokale Osteomyelitis)

Allg:
- Die CRMO ist eine erworbene, nicht-infektiöse, entzündliche Skeletterkrankung unbekannter Genese, die bevorzugt im Kindes- und Jugendlichenalter auftritt.

Klin:
- Guter Allgemeinzustand
- Schmerzen und/oder Schwellung der betroffenen Areale:
  - Cleido-spondylo-metaphysärer Befall

Lab:
- Unspezifische Entzündungszeichen (BSG ↑, CRP ↑)
- Ein kultureller Keimnachweis gelingt nur selten.

Rx:
- Bildgebung (MR) ist vereinbar mit einer subakuten/chronischen Osteomyelitis.

Th:
- Symptomatische Therapie mit NSAR
- Klinische Verlaufskontrollen
- Allenfalls Wiederholung der MR-Untersuchung und/oder einer Biopsie

‡ LAMBERT-EATON-Syndrom [ICD: C80]

Allg:
- Pathogenese: IgG-Antikörper hemmen präsynaptische Kalziumkanäle, was zu einer verminderten Freisetzung von Acetylcholinquanten führt. Signifikante Assoziation mit HLA-B8 und HLA-DR3.

Klin:
- Schwäche der proximalen Extremitätsmuskulatur (vom Typ «Myasthenie»). Schwierigkeiten, beim Treppensteigen.
- Die Muskelschwäche nimmt zu Beginn der Bewegungen zu, verbessert sich aber im Verlauf von kontinuierlicher Tätigkeit, was differentialdiagnostisch zur Abgrenzung der Myasthenia gravis wichtig ist (siehe dort S. 1021)!
- Manchmal Myalgien
- Ptosis, Doppelbilder
- Blasenstörungen, Impotenz
- Mangelnde Schweiss- und Speichelsekretion, Orthostase

Lab:
- Antikörper gegen VGCC (= Voltage-Gated Calcium Channels)/Synaptotagmin

Dg:
- Elektromyographie: hochgradige Amplitudenverminderung des motorischen MAP (maximal aerobic power) und Zunahme um 200-1200 % nach 20-30 sek maximaler Willkürkontraktion.
- TENSILON-Test (S. 1021): negativ oder schwach positiv

Th:
- Konsilium:
  - Tumorentfernung (führt oft zu einer deutlichen Rückbildung der Symptome)
  - Plasmapherese, Immunglobuline, Prednison, Azathioprin
  - Diaminopyridin (erhöht die Kalziumkonzentration in den Kanälen)

Paraneoplastisches Syndrom [G13.0]

Allg:
- Es handelt sich um eine Komplikation einer Neoplasie, welche nicht durch den Tumor selbst verursacht wird, aber durch folgende Elemente zustande kommen kann:
  - Substanzen, die vom Tumor synthetisiert werden
  - Bildung von Autoantikörpern
- Ein paraneoplastisches Syndrom kann eine Metastase vortäuschen und zum Trugschluss einer Inoperabilität führen!

Klin:
- Allgemeinsymptome
  - Fieber
  - Nachtschweiss, Gewichtsverlust
  - Pruritus
- Hypertrophe Osteoarthropathie
  - Digitaler Hipokratismus (Trommelschlägelfinger mit Uhrglasnägeln; auch *clubbing* genannt), S. 1077
- Hämatologische Störungen
  - Anämie
  - Hämolyse
  - Leukozytose
  - Thrombozytose, Thrombopenie
  - Paraproteinämie
- Elektrolytstörungen
  - Hyperkalzämie (häufig),
  - Hyponatriämie (SIADH, S.1402)
  - Hypoglykämie
- Neurologische Störungen
  - SNC: Enzephalitis, Enzephalomyelitis, Myelitis, nekrotisierende Myelopathie
  - Peripheres Nervensystem
    - -- Chronische sensitivo-motorische Neuropathie mit/ohne Paraproteinämie
    - -- GUILLAIN-BARRÉ-Syndrom, S. 592
    - -- Autonome Neuropathie
  - Pathologien der neuromuskulären Synapse und Myopathien
    - -- Myasthenia gravis, S. 1021
    - -- Dermatomyositis, Polymyositis, S. 1048
    - -- LAMBERT-EATON-Syndrom‡
- Sonstige Klinik
  - TROUSSEAU- Syndrom*, allenfals mit thromboembolischen Geschehen (TVT, LE, CVI)
  - Niereninsuffizienz glomerulärer Ursache

Paraneoplastische Endokrinopathien (unvollständige Liste)

Substanzen	Labor	Assoziierte Tumoren (%†)
• ACTH	Hypokaliämie	- Bronchuskarzinom (50 %) - Thymuskarzinom (10 %) - Pankreaskarzinom (10 %) - Tumor des sympathischen Nervensystems
• Vasopressin (ADH)	Hyponatriämie	- Bronchuskarzinom
• Parathormon (iPTH)	Hyperkalzämie	- Bronchuskarzinom (35 %) - Nierentumoren (24 %) - Ovarialkarzinom (8 %)
• Erythropetin (EPO)	Polyglobulie	- Nieren Karzinom (46 %) - Kleinhirnhämangioblastom (21 %)
• Glukagon	Hyperglykämie	- Glukagonom§, MEN 1, S. 711
• *Insulin-Groth-Factor*-II	Hypoglykämie	- Mesenchymale Tumoren (z.B. Sarkom)

* TROUSSEAU-Syndrom (≠ TROUSSEAU-Zeichen, welches bei Hypokalzämie vorkommen kann)

§ Glukagonom [ICD: D13.7]

Allg:
- Sehr seltener, meist maligner pankreatischer Inselzelltumor
- Das Glukagonom kann im Rahmen eines MEN 1 auftreten, siehe S. 711

Klin:
- Nekrotisierendes Erythema migrans
- Anorexie, Glossitis, Anämie, Diarrhoe, Venenthrombosen
- Depression

Dg:
- Nüchterntiter von Glukagon > 1000 ng/L (N: 50-100 ng/L). Bildgebung: Abdomen-CT.

Th:
- Konsilium

† Prozentanteil der Tumoren, die die entsprechende Substanz synthetisieren.

‡, siehe S. 1018

Morbus STILL des Erwachsenen[1,2] [M06.1]

Allg: Der Morbus STILL ist eine seltene entzündliche Systemerkrankung, welche eine wichtige DD zur rheumatoiden Arthritis (S. 992) und zu den Spondylarthropathien (S. 1008) darstellt.

Urs: Unbekannt. Es handelt sich um eine chronische Entzündungskrankheit ohne Hinweise auf eine Autoimmunkrankheit (keine Autoantikörper und keine autoreaktiven Zellen).

Klin: Kardinalzeichen: **Fieber + Gelenkschmerzen + Hautausschlag + Leukozytose**

Symptome

- Verminderter Allgemeinzustand, Gewichtsverlust
- Fieber ± Schüttelfrost, manchmal mit vorgängigen Pharynxschmerzen
- Sinustachykardie, welche vom Fieber dissoziiert ist
- Arthralgien, Myalgien

Befunde

- Plötzliche Fieberschübe > 39°C, v.a. abends. Das Fieber zeigt ein charakteristisches tageszeitliches Muster, dauert meist nur einige Stunden pro Tag und wiederholt sich oft an mehreren Tagen (> 7 d hintereinander) ± Schüttelfrost.
- Akute oder subakute Polyarthritis (ohne Mitbeteiligung der Finger/Zehen). Der Gelenkbefall kann chronisch werden und eine Gelenkdestruktion hervorrufen.
- Flüchtiger Hautausschlag während der Fieberzacken
  - Flüchtige lachsfarbene Maculae mit hellerem Zentrum. Durchmesser: einige mm bis cm
  - Urtikarielle, teils pruriginöse, purpurafarbige Papeln
  - Betrifft v.a. den proximalen Teil der Extremitäten, sowie den Stamm
- Gleichzeitig bestehende Pharyngitis (im Gegensatz zum rheumatischen Fieber, wo die Gelenksymptome 2-4 Wo nach der Pharyngitis-Episode auftreten)
- Lymphadenopathie, Hepatomegalie, Splenomegalie
- Hepatopathie (ca. 40 % der Fälle): Zytolyse. Fulminante Hepatitisfälle sind beschrieben!
- Serositis
  - Perikarditis (20-30 % der Fälle); selten Myokarditis (ca. 3 %). Pleuraerguss (ca. 25 %)
- Digestive Manifestationen: Bauchschmerzen, akute Pankreatitis, Aszites

Verlauf

- Einmalige Episode: Heilung unter adäquater Therapie
- Rezidivierende Formen (innerhalb einiger Wochen oder Monate)

Kpl: • Schwere Komplikation: Makrophagenaktivierungssyndrom (MAS)

Klas:[1] Die Diagnose eines M. STILL des Erwachsenen soll bei Erfüllen von a) 4 Hauptkriterien oder b) 3 Hauptkriterien + 2 Nebenkriterien in Betracht gezogen werden (nicht validierte Kriterien).

Hauptkriterien

1. Intermittierende, meist zirkadiane, hohe Fieberschübe (≥ 39°C)
2. Arthralgien
3. Typisches, flüchtiges Erythem
4. Pharyngitis
5. Neutrophile Leukozyten ≥ 80 %
6. Glykosiliertes Ferritin ≤ 20 % (falls nicht bestimmbar, Suche nach Hyperferritinämie)

Nebenkriterien

1. Unspezifischer makulo-papulöser Rash
2. Leukozytose > 10 G/L

Klassifikation nach FAUTREL (Sensitivität 81.6 %, Spezifität 98.5 %)

Lab:
- Leukozytose, CRP ↑, BSG ↑. Entzündungsanämie, S. 896
- Ferritin ↑↑↑
- ALAT und ASAT ↑ (bei 2/3 der Fälle)
- Erregerkulturen: negativ
- Keine Hinweise für ein Autoimmungeschehen, einen Infekt oder eine Hämopathie

Th:
1. **Symptomatische Therapie** (ad. Konsilium; es gibt keine randomisierten Studien)
   - NSAR sind oft analgetisch ungenügend wirksam
   - Kortikoide. Der Therapieerfolg kann innerhalb weniger Stunden spektakulär sein:
     - Prednison 1 mg/kg/d PO während 1 Monat, dann stufenweise Dosisreduktion
2. **Kortikoid-refraktäre Formen** bzw. Kontraindikation für Kortikoide
   - Methotrexat: 7.5 - 25 mg/Wo PO
3. **Weitere therapeutische Optionen** (ad. Konsilium)
   - Andere Immunsuppressiva: Azathioprin, Ciclosporin
   - Intravenöse Gabe von Immunglobulinen
   - TNF α-Hemmer: Etanercept, Infliximab, Adalimumab
   - Interleukin 1-Rezeptor Antagonisten (z.B. Anakinra KINERET®)

Prog:
- ⅓ der Fälle weisen eine einzige Krise auf, dann Heilung
- ⅓ der Fälle: chronische Polyarthritis
- ⅓ der Fälle werden rezidivieren. Zwischen den Krisen sind die Patienten asymptomatisch. Die 2. Krise kann auch noch tardiv auftreten (nach 20 Jahren).

1 Fautrel B, et al. Medicine 2002 ;81 :194-200. 2 Yamaguchi M et al. J Rhumatol 1992 :19 :424-30.

Myasthenia gravis (MG) [G70.0]

Allg: • Die Myasthenia gravis (MG) ist eine T-Zell vermittelte Autoimmunerkrankung, deren Antikörper auf der motorischen Endplatte gegen post-synaptische Proteine gerichtet sind. Diese Proteine entsprechen entweder den Acetylcholin-Rezeptoren oder den rezeptor-assoziierten Proteinen.
• Inzidenz: 2-5/1 Mio Einwohner/Jahr. Prävalenz: ca. 1/10'000
• Jedes Alter ist betroffen (Frauen 20.-30. LJ; Männer 50.-60. LJ)
• Frauen > Männer (3/2)

Klas: I. Seropositive MG (80-85 % der Fälle)
II. Seronegative MG (15-20 % der Fälle, siehe unter «Dg:» Abschnitt B.1.)

Klin: A. Okulobulbäre Form: Diplopie, Ptose, Dysarthrie
B. Myopathische Form: Dyspnoe (Schwächung der Atemmuskulatur), proximale Muskelschwäche
C. Assoziierte Erkrankungen
C.1. **Thymomerkrankungen** (bei 75 % der MG-Patienten!)
Bsp: • Thymushyperplasie (bei ca. 50 % aller MG-Patienten)
• Primäres Thymom (bei ca. 10 % der MG-Patienten); i.d.R. nicht invasiv
C.2. Nicht-Kleinzeller Bronchuskarzinom
C.3. Morbus HODGKIN
C.4. Systemerkrankungen (3-8 % der Pat.): SLE (s. 1038), rheumatoide Arthritis u.a.

Dg: A. Klinische Diagnose
A.1. Anamnese und Klinik
A.2. Oraler Pyridostigmin-Test (v.a. bei älteren Personen; ambulant)
Ind: • Vd. auf MG
Dg: • Orale Einnahme von 30-60 mg Mestinon oder Pyridostigminbromid (KALYMIN® 60 N). Der Test ist positiv, wenn eine eindeutige Besserung innerhalb von 45-60 min eintritt (Foto- oder Videodokument erstellen).
A.3. TENSILON®-Test (Edrophorium-Chlorid ist ein Acetylcholinesterase-Hemmer. Wirkungsbeginn nach 30-45 min, Wirkungsdauer 5-10 min)
Ind: • Vd. auf MG bei Patienten mit ausgeprägter Ptose oder Ophthalmoparese (da kann die Wirkung von TENSILON® gut beobachtet werden).
KI: • Relative KI: Herzinsuffizienz, Asthma bronchiale, hohes Alter
Adot: • Atropin (0.5 mg **IV**)
Dos: • 10 mg TENSILON® (1 mL) in einer 1 mL-Spritze («Tuberkulin-Spritze») aufziehen: 2 mg-weise **IV** verabreichen (in 60 sek Intervallen), bis dass der erwünschte Effekt erreicht ist (d.h. Aufhebung der Ptose oder der Ophthalmoparese) oder die Totaldosis von 10 mg verabreicht wurde.
A.4. Eis-Test
Ind: • Vd. auf MG bei Patienten mit Ptose, v.a. wenn der TENSILON®-Test nicht durchgeführt werden kann.
Vorg: • Auflegen von «Eis-packs» (oder Eis in chir. Handschuhen) während 60 sek, dann sofort beobachten, ob die Ptose weniger ausgeprägt ist.
B. Konfirmationstest
B.1. Serologien
Bsp: ■ Acetylcholin-Rezeptoren Antikörper
- Positiv bei 85 % der generalisierten MG-Patienten
- Positiv bei «100 %» MG-Patienten, die gleichzeitig an einem Thymom leiden
- Falsch positive Serologie bei:
-- LAMBERT-EATON Syndrom, s. 1018, Polymyositis, ALS (s. 610), primär biliärer Zirrhose (s. 445), SLE (s. 1038), Thymom ohne MG
■ Anti-spezifischer Muskelrezeptor Tyrosin-Kinase Antikörper (MuSK)
- Positiv bei 40-50 % der seronegativen MG-Patienten
■ Anti-quergestreifte Muskel Antikörper
- Positiv bei 30 % der MG-Patienten
- Positiv bei 80 % der MG-Patienten mit Thymom (besonders interessanter Marker bei Patienten zw. 20-50 Jahren)
■ Andere Antikörper: Titin-Antikörper, Ryanodin-Antikörper
B.2. Elektromyogramm (EMG) oder *Single fiber electromyography* (SFE)
B.3. Nach der Diagnosestellung wird die Suche nach einem Thymom veranlasst (MRI oder CT)

DD: • Thyroid-Ophthalmopathie, Hirnstamm- oder motorische ZNS-Pathologie
• Generalisierte Müdigkeit
• ALS, s. 610
• Penicillamin-induzierte Myasthenie, Botulismus *(Clostridium botulinum)*
• LAMBERT-EATON Syndrom, s. 1018

Th: • Neuro- (Rheuma)-Konsilium

Aseptische Osteonekrose [M87.9]

Syn:
- Aseptische Nekrose
- Avaskuläre Nekrose
- Osteochondritis dissecans

Allg:
- Die Pathogenese der aseptischen Osteonekrose ist multifaktoriell und nicht vollständig klar.
  Man unterscheidet 2 pathophysiologische Genesen:
  1. Intraluminale Obliteration der terminalen Gefässe (z.B. durch/bei: Cholesterol-Emboli, Sichelzellanämie, Stickstoff-Bullae bei einer Dekompressions-Krankheit)
  2. Extraluminale Obliteration der terminalen Gefässe (z.B. durch Druckerhöhung im Knochenmark: Proliferation der GAUCHER-Zellen, Fettvermehrung im Knochenmark)
- Die aseptische Nekrose entspricht einem umschriebenen **Knocheninfarkt** primärer oder sekundärer Ursache.
- Eine hereditäre Form der aseptischen Osteonekrose des Femurkopfes wurde beschrieben.[1]
- Ca. 5 % der Hüft-Totalprothesen werden infolge aseptischer Osteonekrose gesetzt.
- Altersgipfel: 30-60 Jahre
- Häufigste Lokalisationen:
  - **Femurkopf** (weitaus die häufigste Lokalisation)
  - Femurkondyle
  - Proximaler Anteil der Tibia
  - Talus
  - Knie
  - Scaphoid, Naviculare
  - Humeruskopf
- In 30-70 % der Fälle ist die aseptische Osteonekrose bilateral.
- Männer > Frauen (4-5x häufiger bei Männern)
- Nicht behandelt führt die aseptische Osteonekrose zur Gelenkzerstörung innerhalb von 3-5 Jahren.

Klas:
1. Idiopathische aseptische Osteonekrose (= primäre Form)
   - Die aseptische Osteonekrose des Femurkopfes ist definiert als Krankheit, welche eine ischämische Osteonekrose induziert, wobei eine Sepsis und/oder jegliches Trauma ausgeschlossen sind.
2. Sekundäre aseptische Osteonekrose
   - ▸ *Anerkannte ursächliche Faktoren*
     - Traumatisch
       - Femurhals Fraktur
       - Hüft-Dislokation oder -Dislokations-Fraktur
     - Nicht traumatisch
       - Kortikoide (Kortikotherapie, CUSHING)
       - Alkoholismus
       - Dekompressions-Krankheit, S. 84
       - Morbus GAUCHER (homozygot)
       - Sichelzellanämie
       - Lokale Radiotherapie
   - ▸ *Wahrscheinliche ursächliche Faktoren*
     - Traumatisch
       - Mikrotraumatismen des Handgelenkknochens (Semi-lunatum, Scaphoid)
     - Nicht traumatisch
       - Konnektivitis (z.B. SLE)
       - Transplantation (Nieren-, andere)
       - Dyslipidämie
       - Pankreatitis, S. 474
       - Schwangerschaft
       - IV-Gabe von Bisphosphonaten (Osteonekrose des Kiefers)
       - HIV
   - ▸ *Mögliche ursächliche Faktoren*
     - Diabetes mellitus
     - Hyperurikämie, Gicht
     - Osteomalazie
     - Tumoren
     - Atherosklerose und vaso-okklusive Krankheiten
     - Thrombophlebitis
3. Autosomal dominante, hereditäre aseptische Osteonekrose; auch «Typ Kollagen II Variante» genannt (betrifft nur den Femurkopf!)[1]

1 Yu-Fen L, et al. New Engl J Med 2005 ;352 :2294-301.

Klin:
- Asymptomatisch (Initialstadium)
- Symptomatisch
  - Akute, sehr intensive Gelenkschmerzen vom mechanischen Typ, welche bei Bewegung und bei Belastung auftreten (der Patient erinnert sich oft daran, an welchem Tag und um welche Zeit der Schmerz begann). Dieser Schmerz widerspiegelt wahrscheinlich die initiale Gefässobliteration vor dem Knocheninfarkt.
  - Die Schmerzen sind in Ruhe und während der Nacht abgeschwächt oder fehlend, ausser die Knochennekrose sei schon fortgeschritten.
  - Bei der Femurkopfnekrose können die Schmerzen in den antero-medianen Teil des Oberschenkels ausstrahlen.
  - Wenn die aseptische Osteonekrose infolge einer Fraktur auftritt, verstärken sich die Schmerzen typischerweise ca. 1 h nach dem Ereignis.

Rx:
- MR (= Bildgebung der Wahl zur Frühdiagnose; hohe Sensitivität und Spezifität)

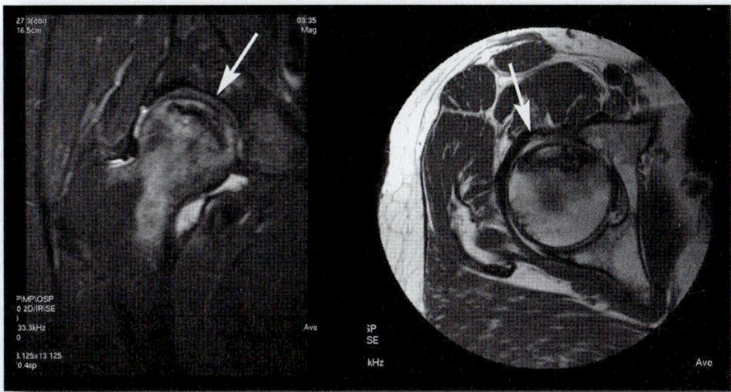

MR des Femurkopfes: Antero-superiore Nekrose des rechten Femurkopfes (Pfeil: Belastungszone)

- Szintigraphie (bleibt eine diagnostische, aussagekräftige Untersuchung, speziell bei multiplen, asymptomatischen Nekrosen, welche oft beobachtet werden, wenn die Krankheit im Rahmen einer Kortikotherapie oder bei HIV-positiven Patienten auftritt):
  - Initial: Supero-mediane Hypokaptation (= kalte Zone), welche um die Belastungszone herum lokalisiert ist. Diese kalte Zone entspricht der lokalen Ischämie. DD: Metastasen, Myelom, Infekt
  - Im Verlauf: Auftreten von Zonen mit Hyperkaptation (= warme Zonen), welche eine Revaskularisation und die Knochenreparaturen darstellen.
- Standard Rx
  - Kann während mehrerer Monate nach Beginn der Symptome normal ausfallen!
  - Sub-chondrale Zone mit inhomogener Knochenstruktur. Auftreten von lakunären Zonen
  - Knochensklerose und -zysten
  - Knochendeformation und -kollaps

Th:

1. Allgemein

Allg:
- Das Therapieziel ist es, das natürliche Gelenk zu erhalten. Aber in den meisten Fällen muss schliesslich doch eine Gelenkprothese eingesetzt werden.

2. Konservative Therapie

Vorg:
- Ruhe und Entlastung des entsprechenden Gelenks
- Keine schweren Lasten tragen, aber trotzdem körperlich aktiv bleiben!!
- Je nach Patient: NSAR oder andere Analgetika, S. 1003, 1150

3. Gelenkprothese in Betracht ziehen

Ind:
- Bei anatomisch günstiger Lage
- Ältere Patienten
- Therapierefraktäre Schmerzen
- Ausgedehnte und/oder fortgeschrittene Erkrankung

4. Minimal invasives chirurgisches Vorgehen

Allg:
- Folgende Techniken sollen, je nach Ausdehung und Lokalisation der Nekrose, dem Alter und der Motivation des Patienten entsprechend, evaluiert werden:
  - Bohrlöcher ± Knochentransplantation (vaskularisiert oder nicht), Zementoplastie und Halboberflächenbehandlung: kurz- bis mittelfristig gute Resultate, v.a. bei wenig ausgedehnten Nekrosen; aber zur Zeit keine Evidenz (v.a. keine Langzeiterfahrung).
  - Vaskularisierte Transplantationen: gute Resultate kurz- bis mittelfristig, aber vermehrt Komplikationen und mehr Schwierigkeiten bei späterer Implantation einer Prothese.

Algodystrophie - SUDECK (*Reflex sympathetic dystrophy*) [M89.09]

Syn:
- *Complex Regional Pain Syndrome* (**CRPS**) Typ I
- *Reflex-sympathetic-dystrophy-syndrome*
- Algoneurodystrophie, Morbus SUDECK
- Akute Knochenatrophie
- Varianten der Algoneurodystrophie:
  - Schulter-Hand-Syndrom
  - Transitorische Osteoporose

Allg:
- Hypothese der Pathogenese
  - Es handelt sich wahrscheinlich um einen, durch den Cortex beeinflussten Sympathikusreflexbogen, was eine periphere vaskuläre Störungen sowie eine Knochendemineralisation zur Folge hat.
- Einige auslösende Faktoren:
  - Trauma. Typischer Fall: Radiusfraktur *loco classico*
  - Chirurgischer Eingriff
  - Herzinfarkt
  - Schlaganfall
  - Schulter-Hand-Syndrom (kann 2-3 Mt. nach einem Schlaganfall auftreten)
  - Hemiplegie
  - Dialyse
  - Medikamente (z.B. Ciclosporin)
  - Evtl. genetische Häufung

Urs:
- Unbekannt

Klin:
- Auffallend ist die **Diskrepanz zwischen den ausgeprägten klinischen Entzündungszeichen und den fehlenden zellulären und humoralen Entzündungsparametern** (BSG und CRP im Normbereich).
- Lokalisationsmässig sind v.a. die Extremitäten betroffen (z.B. distaler Radius nach *loco classico* Fraktur)
- Sensorische und motorische Störungen:
  - Massive regionale Schmerzen und Überempfindlichkeit (Allodynie)
  - Schwellung, Ödembildung
  - Bewegungseinschränkung
  - Atrophie (als chronische Manifestation)
- Autonome Dysregulation
  - Störung der Thermoregulation
  - Störung der Schweissregulation
- Es gibt kein typisches «psychologisches Profil», welches mit einer Algodystrophie zusammenhängen würde.
- Bei Befall verschiedener Lokalisationen muss an ein **paraneoplastisches Syndrom** gedacht werden!

Klas:
- Es werden 3 klinische Stadien unterschieden (werden immer weniger angewendet):

Stadium	Klinik
I	• Dauer: 1-4 Monate: - Weichteilödem, Rötung, örtliche Temperaturerhöhung - Bewegungseinschränkung - Verstärkte Sensibilität bezügl. Berührung und gegenüber der Kälte. • 3-Phasen Szintigraphie (vaskulär-tissulär-ossär): - Die Szintigraphie ist der Standard-Rx überlegen (Sensitivität 97 % vs. 73 % und Spezifität 86 % vs. 57 %[1]) • Rx: normal oder lokalisierte Demineralisation (oft subchondral)
II	• Dauer: 3-6 Monate - In ca. 20 % der Fälle kommt das Stadium I klinisch nicht zum Tragen; das Stadium II wird hier als Erstmanifestation beobachtet. - Zyanose, kalte Haut, Störung der Schweissregulation - Haut: Verdickung und Braunfärbung - Amyotrophie
III	• Haut: - Glänzend, dünn («Perlhaut») - Bleich, mit subkutaner Atrophie • Bewegungseinschränkung • Rx: schwere Demineralisation im Zusammenhang mit einer Osteoporose

1 Todorovic-Timanic M, et, al. Eur J Nucl Med 1995 ;22 :1187-93.

RHEUMA

Dg:[2,3]
1. Vorhandensein eines initialen, schädlichen Auslösers oder einer Immobilisation
2. Andauernder Schmerz, Überempfindlichkeit (Allodynie) oder dysproportionale Hyperalgesie bei einem stimulierenden Auslöser.
3. Vorhandensein von folgenden Elementen (am Ort der Läsion und in jedem Moment der Erkrankung):
   - Hautödem
   - Farb- oder Temperaturwechsel der Haut
   - Störung der Schweissregulation
4. Ausschluss anderer Erkrankungen, welche die Diagnosekriterien 1 und 2 erklären könnten.

DD:
- PANCOAST-Syndrom, S. 560
- Rheumatoide Arthritis, S. 992
- Septische Arthritis, S. 982
- Periphere Neuropathie
  - Diabetes mellitus, S. 662
  - Perniziöse Anämie, S. 898
  - Morbus PARKINSON, S. 601
  - Alkoholismus
  - Postaktinische Läsion
- Venenthrombose
- AV-Fistel
- Systemsklerose, S. 1044
- Diffuse Atrophie
- Angioödem, S. 31
- Paraneoplastisches Syndrom, S. 1019

Lab:
- Keine erhöhte Entzündungsparameter!
  → **Bei Leukozytose oder CRP ↑ muss eine andere Ursache gesucht werden!**

Rx:
- Standardröntgen (schwacher negativer prädikativer Wert im Stadium I: ca. 30 %[3])
- Szintigraphie (1. Wahl der Bildgebung im Stadium I)
- Das MR kann zur Ausschlussdiagnose anderer Erkrankungen hilfreich sein.

Th: **A. Prophylaktische Therapie**
- Bei vorhandenen auslösenden Faktoren (S. 1024) soll eine frühzeitige Mobilisation einsetzen.

B. Symptomatische Therapie (je früher die Therapie beginnt, umso effizienter ist sie)
1. Physiotherapie:
   - Passive Bewegungen je nach Schmerzen
   - TENS
   - *Whirlpool*
2. Lymphdrainage
3. Ergotherapie
4. Medikamentöse Therapie (in Monotherapie oder kombiniert)
   - Analgetika: Paracetamol, NSAR oder Opioide (siehe «Schmerztherapie» S. 1150)
   - Calcitonin 1-3x 100 IE/d **SC** oder intranasal während 2-3 Wo
   - Trizyklische Antidepressiva, S. 1151, 1222
   - Kortikoide (es fehlen noch evidence-based Studien; aber v.a. bei Frühstadien wirksam): Prednison 30 mg/d PO während 2 Wo, dann ausschleichen.
   - Bisphosphonat (Pamidronat, Alendronat), S. 1302
5. Bei Therapiemisserfolg oder bei fortgeschrittenen Erkrankungen, ad. Rheuma-Konsilium mit Schmerztherapeut

Bem:
- Sowohl die lokalen Ganglenblockaden als auch die Sympathectomie sind unwirksam!

Prog:
- I.d.R. Besserung über Monate. Rezidive sind möglich.

2 Stanton-Hicks M, et al. Pain 1995 ;63 :127-33. 3 Merskey H, et al. Seattle: IASP Press 1994 ;40-3.

Fibromyalgie[1] [M79.0]

Allg:
- Häufigstes chronisches, diffuses Schmerzsyndrom des ganzen Bewegungsapparates mit charakteristischen Druckschmerzpunkten (*tender points,* siehe Schema).
- Vegetative Symptomatik mit funktionellen Beschwerden
- Die Fibromyalgie widerspiegelt über 5 % der Konsultationen eines Generalisten.
- Frauen > Männer (3/1)
- Altersgipfel zwischen 25 und 50 Jahren
- Häufigkeit: ca. 0.5 % der erwachsenen Allgemeinbevölkerung
- Verschiedene entzündlich-rheumatische und Systemerkrankungen (RA, PsA, SLE, Mischkonnektivitiden u.a.) können im Verlauf mit einem Fibromyalgie-Syndrom einhergehen.

Urs:
- Unbekannt
- Pathogenese - Risikofaktoren - Hypothesen
  - Genetische Prädisposition
  - Erhöhte Empfindlichkeit auf autonome, psychische und endokrine Stressfaktoren
  - Tiefe Schmerzschwelle infolge zentraler Sensitisierung
  - Mangeldurchblutung zentraler Schmerzareale
  - Gestörte neurohumorale Mechanismen

Klin:
- Generalisierte Schmerzen
- Assoziierte Störungen:
  - Müdigkeit und rasche Erschöpfung, Leistungsknick, Schlafstörungen
  - Depression
  - Funktionellen Störungen:
    - -- Palpitationen
    - -- Verdauungs- und Stuhlgangsprobleme, Reizblase
    - -- Angst- oder Panikzustände, Tremor
    - -- Thoraxschmerzen, Nausea
    - -- Kopfschmerzen, Schwindelgefühl, Schweissausbrüche, kalte Finger und Zehen
    - -- Temporomandibuläres myofasziales Syndrom (umfassender Term für Kiefergelenkstörungen: Gelenkgeräusche, Palpationsschmerzen, strukturelle Deformierungen, funktionelle muskuläre Bewegungseinschränkungen u.a.)
    - -- Menstruationsstörungen

Lab:
- Die Fibromyalgie per se weist definitionsgemäss keine Laboranomalien auf.

Dg:[1] Die Diagnose einer Fibromyalgie wird bei Erfüllen folgender 2 Diagnosekriterien gestellt:

1. Anamnese von muskuloskeletalen Schmerzen während ≥ 3 Monaten in ≥ 3 der folgenden Körperregionen:
   - Rechte und linke Körperhälfte
   - Region oberhalb und unterhalb des Zwerchfells
   - Beteiligung des Achsenskeletts (HWS, BWS, LWS oder vorderer Brustkorb)

   und:
2. Elektive Schmerzen bei digitaler Palpation an **≥ 11 von 18 Druckschmerzpunkten** (siehe Schema, s. 1027).
   Die digitale Palpation wird mit einem Gewicht von 4 kg ausgeübt (vorgängig mit einer Waage abschätzen). Diese Palpation muss als schmerzhaft bezeichnet werden und nicht nur als sensibel oder unangenehm.

DD:
- Konnektivitiden, s. 1036
  - SLE
  - Polymyositis, Dermatomyositis u.a.
- Hyperparathyreoidismus
- Rheumatoide Arthritis, s. 992
- Polymyalgia rheumatica, s. 1064
- Hypothyreose, s. 744
- Somatisches Schmerzsyndrom
- Tendopathien
- Entzündliche und degenerative Wirbelsäulen- und Gelenkleiden
- Protrahierte Virosen
- Psychosen, psychosomatische Erkrankungen

Vorg:
- Grundbilanz (zum Ausschluss von allefalls begleitenden entzündlich-rheumatischen Systemerkrankungen):
  - Blutbild, BSG, CRP
  - TSH, iPTH
  - CK
  - ANA, s. 1352
  - Urinsediment, s. 1440

1 Angepasst nach (ACR-Kriterien, 1990) : Wolfe F, et al. Arthritis and Rhumatism 1990 ; 33 :160-172.

Th: **1. Allgemeininformationen**
- Es gibt z.Z. keine kurative Behandlung!
- Die folgenden Therapieformen werden angewendet, ohne dass ihre Wirksamkeit bewiesen ist. Sie haben aber einen günstigen Effekt auf die Schmerzempfindung und somit auf die Lebensqualität.

2. Allgemeinmassnahmen
- Dem Patienten zuhören und ihn über folgende Elemente aufklären:
  - Häufige und gutartige Krankheit
  - Nicht psychiatrische, nicht deformierende und nicht letale Krankheit
  - Die Therapiemodalitäten können die Schmerzempfindung vermindern und die Lebensqualität verbessern. Die Schmerzintensität kann aber unverändert bleiben.
- Physikalische Therapie: Wärme, Kälte, Bindegewebsmassagen, TENS u.a.

3. «Hygiene»-Programm
- Gymnastik, Marschieren, Velofahren, Schwimmen u.a. Aktivitäten
- Fibromyalgie Gruppentherapieprogramm

4. Medikamentöse Therapien
- Antidepressiva (inkl. analgetischer Wirkung)
  - Amitriptylin 25 mg PO vor dem Schlafen
  - Doxepin 10-20 mg/d PO. Maximaldosis 75 mg/d am Abend
  - Nortriptylin 2-3x 10-25 mg/d PO. Maximaldosis 75-100 mg/d
- Evtl. in Kombinationstherapie mit:
  - Paracetamol, NSAR

5. Infiltration
- Infiltrationen sollen sehr zurückhaltend eingesetzt werden!
- Bei fokalem Schmerzpunkt, der für die Symptome verantwortlich ist, kann eine lokale Infiltration mit einem Depot-Kortikoid + Lidocain verabreicht werden (Beispiele, siehe unter «Chronische Bursitis», S. 991).

6. Sonstige Therapiemöglichkeiten (empirisch)
- Akupunktur, elektrische Stimulation, Reflexologie, Relaxation, Hypnose u.a.

Prog:
- Gewisse Patienten weisen eine Spontanheilung auf.
- Abnahme der Beschwerden nach dem 60 Lebensjahr.

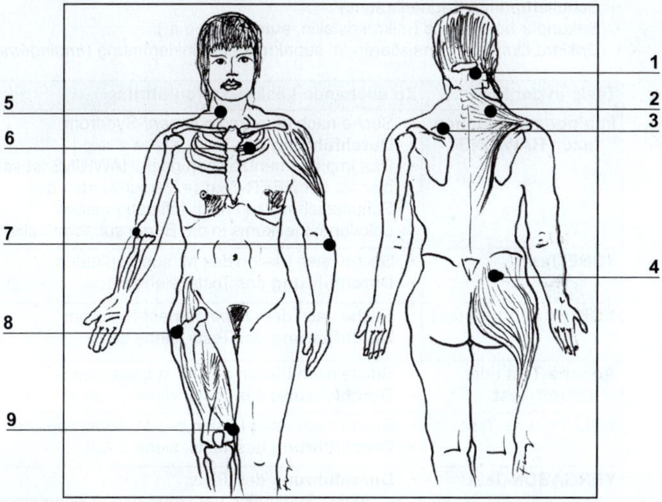

Schema

Zur Diagnose einer Fibromyalgie werden **> 11/18 Druckschmerzpunkte** (*tender points*) gefordert. Die Zeichnung zeigt 9 dieser Druckschmerzpunkte, die anderen 9 sind symetrisch.

1. Hinterkopf: subkapitale Region
2. Mitte des Oberrandes des M. trapezius
3. Ansatz des M. supraspinatus über der Spina am medialen Scapularand
4. Supero-externer Quadrant der Glutäalregion
5. Processus transversus C5-7 (unter der pars claviculares des M. sternocleidomastoideus)
6. Lateral des 2. kostosternal Gelenkes
7. Zwei cm distal des Epicondylus lateralis
8. Trochanter major, unterhalb der Trochanterprominenz
9. Innenseite des distalen Femurendes (am medialen Fettpolster proximal des Gelenkspalts)

Schulterweichteilschmerz - Periarthropathie der Schulter[1-3] [M77.9]

Syn: • Alte Terminologie: Periarthropathia humeroscapularis (PHS)

Allg: • Es handelt sich um eine teilweise sehr schmerzhafte Erkrankung der periartikulären Weichteile der Schulter.

- Die Schulter wird aus 4 Gelenken gebildet:
  - Glenohumeralgelenk (= beweglichstes Kugelgelenk des menschlichen Körpers)
  - Akromioklavikulargelenk
  - Sternoklavikulargelenk
  - Skapulothorakalgelenk
- Die Bewegung der Schulter wird durch die Muskelgruppe gebildet, welche als **Rotatorenmanschette** bezeichnet wird (siehe Schema S. 1029):
  1. M. supraspinatus; 2. M. subscapularis; 3. M. infraspinatus; 4. M. teres minor
  Alle 4 Muskeln haben den Ansatz an der Skapula und die Insertion am prox. Humeruskopf. Bei asymptomatischen Personen älter als 60 Jahre, werden bis zu 54 % Rotatorenmanschettenrupturen beobachtet.[2]
- Die **Bursa subacromialis** (siehe Illustration S. 1029) im subakromialen Raum hat eine besondere Stellung, denn sie enthält besonders viele Schmerzrezeptoren und kann bei verschiedenen Krankheiten v.a. sekundär schmerzhaft sein.
- Besonders gefährdet ist der humerale Ansatz der Sehne des M. supraspinatus, siehe Illustration, S. 1029.

Für die PRAXIS:
Bei Schulterschmerzen müssen **Wirbelsäulenerkrankungen** ausgeschlossen werden!!

Klas: **A. Rotatorenmanschettenläsion** (ca. 2/3 der Fälle)
B. Einklemmungssyndrom (= *Impingement*)
C. Adhäsive (retraktile) Kapsulitis *(= Frozen sholder)*

Klin: **A. Rotatorenmanschettenläsion**

Urs:
- Degenerative Läsionen
- Schultertrauma, Bagatelltrauma
- Sekundär bei Arthritis (mikrokristallin, autoimmun u.a.)
- Unklare Ursache: Persistierende, subakromiale Einklemmung (*Impingement)*

Klin:

Tests in der PRAXIS	Zu suchende Läsion, Durchführung
Impingementzeichen nach HAWKINS[3]	• Suche nach dem *Impingement*-Syndrom • **Durchführung** des Tests, siehe S. 1030 • Das Impingementzeichen nach HAWKINS ist sensibler als der **NEER-Test** (= Verschwinden der Schulterschmerzen nach Infiltration eines Lokalanästhetikums in die Bursa subacromialis)
JOBE-Test	• Suche nach Läsion des M. supraspinatus • **Durchführung** des Tests, siehe S. 1030
YOKUM Ellbogentest	• Suche nach dem *Impingement*-Syndrom • **Durchführung** des Tests, siehe S. 1331
Abhebe-Test oder **Lift-off-Test**	• Suche nach Läsion des M. subscapularis • **Durchführung** des Tests, siehe S. 1031
BELLY-press-Test	• Suche nach einer Läsion des M. subscapularis • **Durchführung** des Tests, siehe S. 1031
YERGASON-Test	• **Durchführung** des Tests: - Aktive Supination der Hand gegen Widerstand. - Interpretation: Das Auftreten von Schmerzen weist auf eine Bicepstendinopathie hin.
Cross-body-Test	• **Durchführung** des Tests: - Der Arm wird in 90°-Elevation horizontal adduziert - Interpretation: Das Auftreten von Schmerzen im Akromioklavikulargelenk weist auf eine Arthropathie des Akromioklavikulargelenks hin.

1 Angepasst nach: Würgler CC, et al. Schweiz Med Forum 2007 ;7 :81-6. 2 Sher JS, et al. J Bone Joint Surg Am 1995 ;77 :10-5. 3 Hawkins RJ et al. Am J Sports Med 1980 ;8 :151-8.

- Symptome
  - Schmerzen bei der Armabduktion zw. 70° und 120° *(painful arc)*
  - Das Liegen auf der betroffenen Schulter ist aus Schmerzgründen unmöglich.
  - Ruheschmerz mit Ausstrahlung in den Oberarm bei Bursitis
  - Pseudoparalyse nach akuter, kalkinduzierter Läsion
- Befunde
  - Schwäche der Aussen- und Innenrotation, Elevationsschwäche
  - Positive Einklemmungstests (Impingementzeichen nach HAWKINS, S. 1030)

Rx:
- Standard-Rx (AP, Normalrotation):
  - Akromiohumerale Distanz ≤ 7 mm (N: 10.5 mm)
- Die MR der Schulter ist die Bildgebung der Wahl.

Th:
1. **Konservative Therapie**: Physiotherapie (Ziel: Erhaltung der Schultermobilität)
2. **Medikamentöse Therapie**: NSAR, Paracetamol
3. **Infiltration mit Kortikoiden**
   - Kortikoide zurückhaltend einsetzen (v.a. wenn eine chirurgische Sanierung in Betracht gezogen wird), denn sie beeinträchtigen die Sehnenheilung!
4. **Chirurgische Therapie (ad. Konsilium)**
   - Arthroskopisches Débridement (z.B. bei irreparablen Rupturen)
   - Refixation der Rotatorenmanschette (offen oder arthroskopisch)
   - Muskeltransfer Operationen (z.B. bei Funktionsstörungen)
   - Inverse Schulterprothese

B. Einklemmungssyndrom (Impingement)

Allg:
- Die Kalkablagerungen werden radiologisch typischerweise in der Sehne des M. supraspinatus beobachtet.

Klin:
- Nachtschmerz, belastungsabhängige Schmerzen
- In den meisten Fällen wird eine Spontanheilung beobachtet.

Th:
1. **Medikamentöse Therapie**
   - NSAR. Bei Schmerzexazerbation allenfalls Kortikoidinfiltration
2. **Chirurgische Therapie** bei ungenügender Wirkung der konservativen Therapie
   - Arthroskopische Kalkentfernung

C. Adhäsive Kapsulitis (= *Frozen sholder)*

Allg:
- Die mittlere Krankheitsdauer der adhäsiven PHS beträgt 1.5 Jahre!

Urs:
- Unklar. Risikofaktoren: Diabetes mellitus, Hypothyreose, Schulterimmobilisation, Thoraxtrauma u.a.

Th:
1. **Medikamentöse Therapie**
   - NSAR, Paracetamol
   - Calcitonin
2. **Chirurgische Therapie** bei ungenügender Wirkung der konservativen Therapie
   - Schultermobilisation unter Narkose
   - Gezielte arthroskopische Kapsulotomie

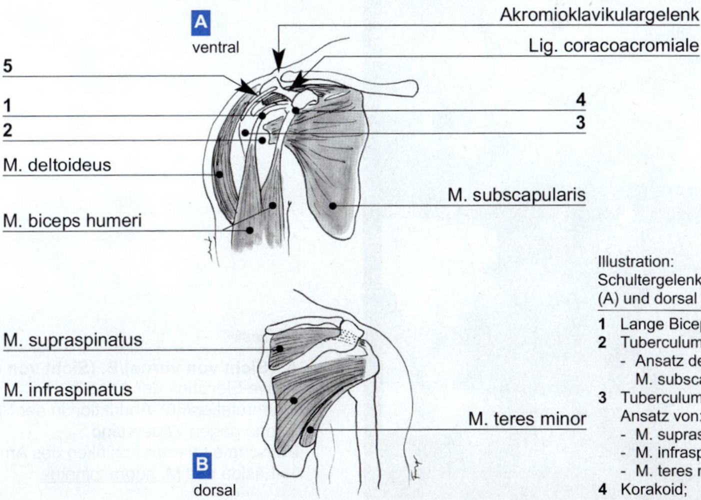

Illustration:
Schultergelenk ventral (A) und dorsal (B)

1 Lange Bicepssehne
2 Tuberculum minus;
- Ansatz des M. subscapularis

3 Tuberculum majus;
Ansatz von:
- M. supraspinatus
- M. infraspinatus
- M. teres minor

4 Korakoid;
- M. biceps brachii

5 Bursa subacromialis

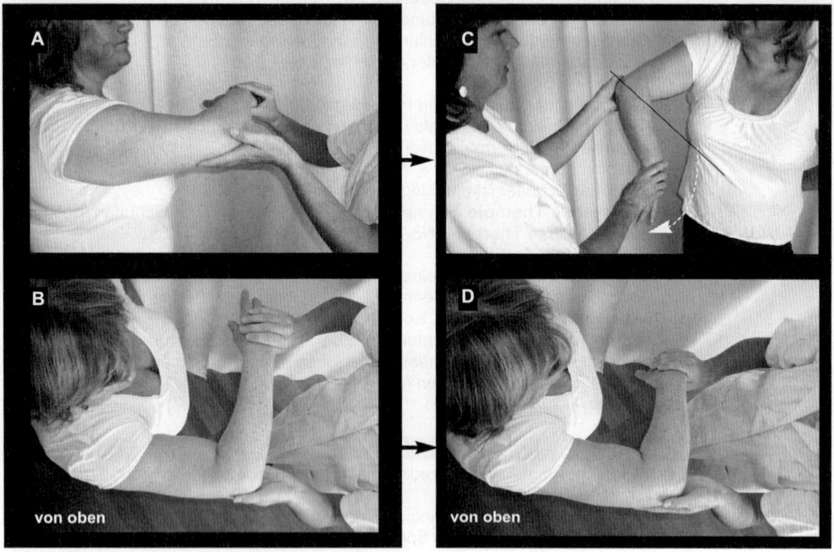

Impingementzeichen nach HAWKINS

- **A. (Sicht von vorne)/B. (Sicht von oben):** Der Patient steht vor dem Untersucher und hält den Arm um 90° vom Körper nach vorne abgehoben. Der Ellbogen ist auch mit 90° flektiert.
- **C. (Sicht von vorne)/D. (Sicht von oben):** Der Untersucher führt nun eine passive Innenrotation des flektierten Armes durch, was beim positiven Impingementzeichen heftige Schmerzen in der Schulter auslöst → Impingement-Syndrom.

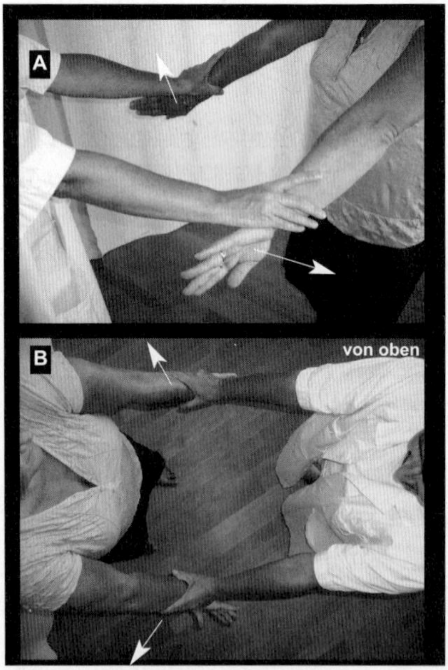

JOBE-Test

- **A. (Sicht von vorne)/B. (Sicht von oben):** Aktive Elevation der Arme in Innenrotation/60°-Abduktion in der Skapula Ebene gegen Widerstand. Bei schmerzfreiem Absinken des Armes → Läsion des M. supraspinatus

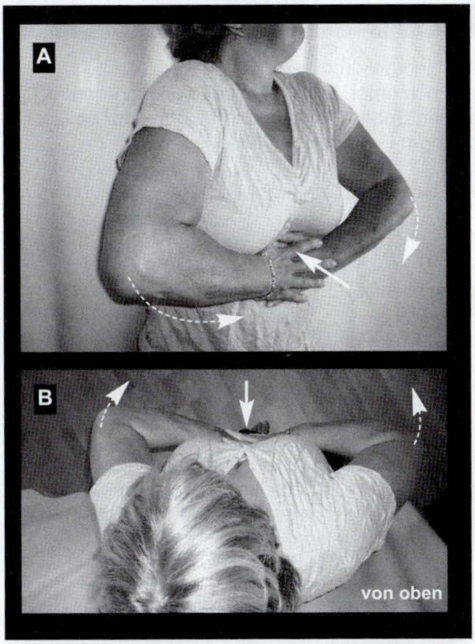

BELLY-press-Test

- **A. (Sicht von vorne)/B. (Sicht von oben):** Der Patient legt die Hände gekreuzt auf die Bauchdecke. Die Ellbogen werden nach vorne gedrückt (Innenrotation der Schulter). Gleichzeitig werden die Hände aktiv gegen den eigenen Bauch gepresst.
  Bei Zurückspringen des Ellbogens → Läsion des M. subscapularis

Alternative des BELLY-press-Tests

- Handrücken hinter den Rücken (Lumbalregion) legen. Bei Unmöglichkeit (oder Schmerzen) dieses Manöver durchzuführen → Läsion des M. subscapularis

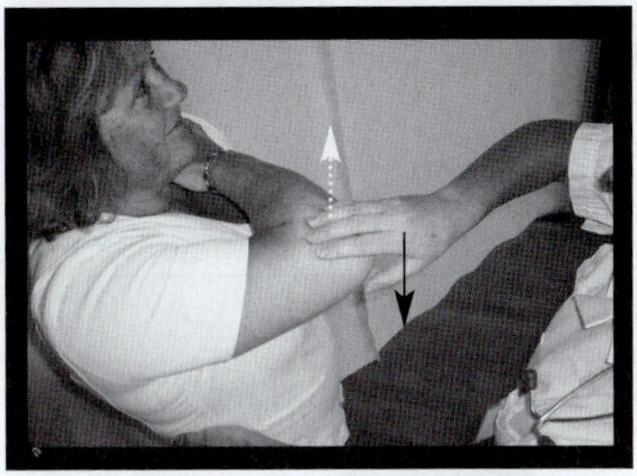

YOKUM Ellbogentest

- Der Patient hebt den Arm der betroffenen Schulter horizontal und umfasst die gegenüberliegende Schulter. Der Untersucher drückt den vorgestreckten Ellbogen vertikal gegen den Boden.
  Das Auftreten von Schulterschmerzen weist auf ein Impingementzeichen hin → Impingement-Syndrom.
  (schwarzer Pfeil: Stossrichtung des Untersuchers; weisser Pfeil: Stossrichtung des Patienten)

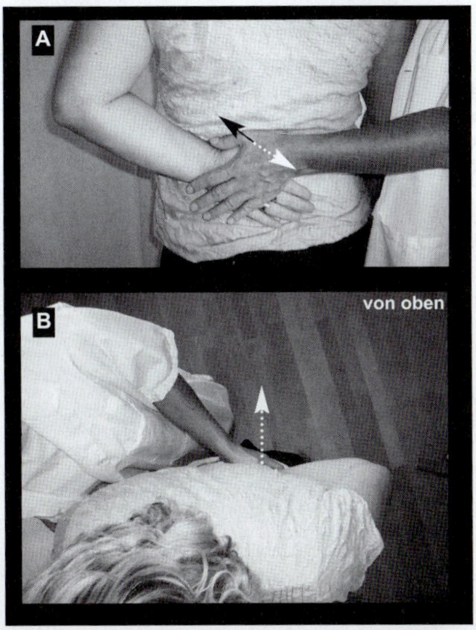

Abhebe-Test (Lift-off-Test)

- **A. (Sicht von vorne)/B. (Sicht von oben):** Der Patient steht mit dem Rücken zum Untersucher und hält den Arm in Innenrotation hinter dem Rücken (= aktive Innenrotation). Der Untersucher presst die Hand des Patienten gegen den Rücken. Bei Unfähigkeit, den Arm vom Rücken abheben zu können → Läsion des M. subscapularis.
  (schwarzer Pfeil: Stossrichtung des Untersuchers; weisser Pfeil: Stossrichtung des Patienten)

Karpaltunnelsyndrom (KTS) [G.56.0]

Allg:
- Es handelt sich um das häufigste periphere Nervenkompressionssyndrom.
- Das KTS betrifft den **N. medianus**, welcher sich unter dem Retinaculum flexorum (Lig. carpi transversum) befindet, der gemeinsamen Sehnenscheide des M. abductor pollicis longus und M. extensor pollicis brevis, über dem Processus styloideus radii.

Urs:
- Prädisponierende Faktoren oder Krankheiten:
  - Nach Handgelenkfraktur, allgemeine berufliche Überlastung
  - Hypothyreose
  - Schwangerschaft, Stillzeit
  - Akromegalie
  - Sehnenscheidenentzündung mit Tendovaginitis DE-QUERVAIN, s. 1034
  - Rheumatoide Arthritis, s. 992

Dg:
- Die Diagnose stützt sich auf die typische Anamnese und Klinik. Folgende Zusatzuntersuchungen können durchgeführt werden (zur Diagnose aber nicht zwingend):
  - Neurographie: zeigt eine distale motorische/sensible Latenz des N. ulnaris von > 5 ms
  - EMG
- Ein Ultraschall oder MR ist i.d.R. zur Diagnose nicht notwendig.

Klin:
- Nacht- oder Frühmorgenschmerz mit Parästhesien (Brachialgia paraestetica nocturna)
- Sensibilitätsstörungen (oft nadelstichartige Schmerzen im Mittelfinger, dann im Zeigefinger und Daumen) in speziellen Situationen: Telefonieren, Radfahren, Zeitunglesen
- Motorische Ausfälle (= Spätzeichen; funktionell wenig relevant)
- **Tests für die PRAXIS**

■ **Flexions-Kompressions-Test**
- Das Ellbogengelenk ist gestreckt und der Unterarm in Supinationsstellung. Auf das um 60° flektierte Handgelenk wird ein Druck mit dem Daumen auf den N. medianus im Karpaltunnelbereich ausgeübt.
- Bei 75 % der Patienten wird eine KTS-Symptomatik ausgelöst oder verstärkt.

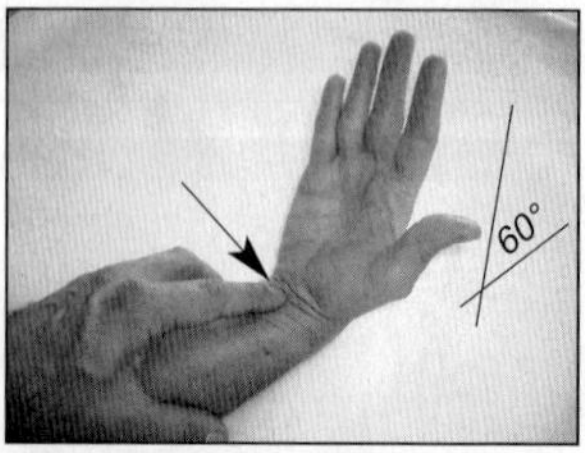

■ **HOFFMANN-TINEL-Zeichen**
- Bei neutraler Handgelenksposition wird durch Beklopfen des N. medianus über dem palmaren Handgelenk eine verstärkte sensible Sensation ausgelöst.
- Bei 75 % der Patienten auslösbar.

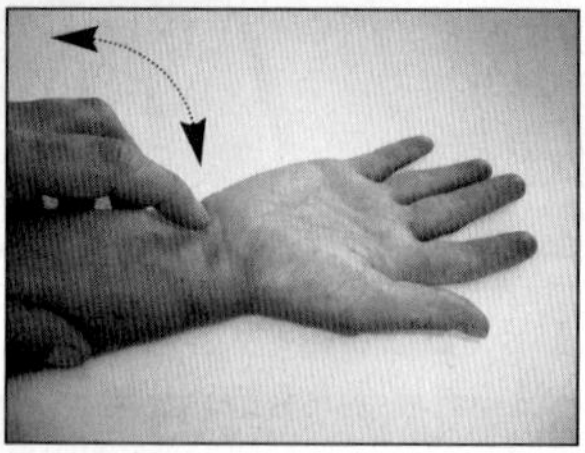

■ **PHALEN-Test**
- Bei aufgestütztem Ellbogen und senkrechtem Unterarm werden die Hände nach palmar in Flexion fallen gelassen. Innerhalb von 60 sek treten stärkere Parästhesien auf.
- Bei 60-70 % der Patienten auslösbar.

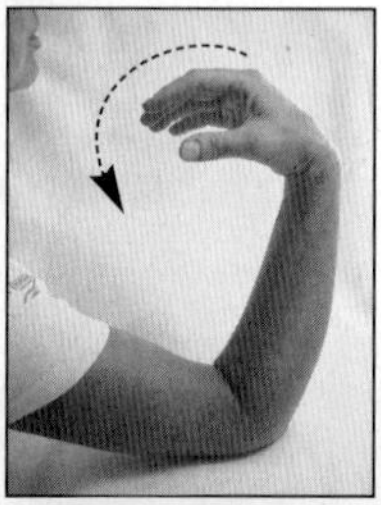

■ **Karpal-Kompressions-Test**
- Bei neutraler Handgelenkposition wird durch einen Druck auf den N. medianus, in Höhe des Karpaltunnels eine KTS-Symptomatik ausgelöst oder verstärkt.
- Bei 75 % der Patienten auslösbar.

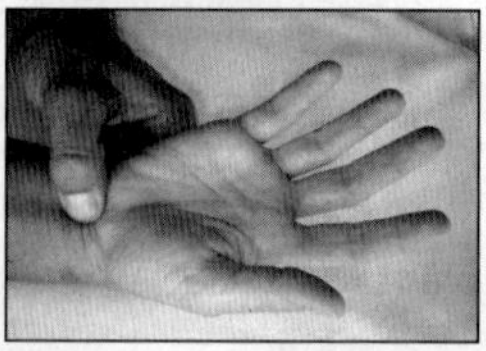

- Stadieneinteilung
  - **I** Schmerzen und Missempfindungen ohne neurographische Auffälligkeiten
  - **II** Leichte, motorische oder sensorische Leitungsverzögerungen im Karpaltunnelabschnitt
  - **III** Auftreten von Taubheit und einer Thenarschwäche bei beginnender axonaler Schädigung
  - **IV** Thenaratrophie und permanentes Taubheitsgefühl im Versorgungsgebiet der Nerven, ohne Reizerscheinungen oder Schmerzen

- **Erfolgsrate bei konservativer Behandlung**[1]

Klinik	Ja	Nein
■ Dauer der Symptome > 10 Monate		
■ Gleichzeitige Sehnenscheidenentzündung		
■ Positives PHALEN-Zeichen (siehe S. 1032) nach weniger als 30 sek		
■ Älter als 50 Jahre		
■ Permanente Parästhesien		

Jede Antwort mit «Ja» wird als **ein Punkt** gezählt.
Die Erfolgsrate bei konservativer Behandlung wird in Prozenten angegeben:
0 Punkte ....65 %
1 Punkt ....41.4 %
2 Punkte ....16.7 %
3 Punkte ....6.8 %
4 oder 5 Punkte ....0 %

DD:
- Periphere Neuropathie
- Posttraumatische Läsion
- HWS-Pathologien: Diskushernie, Tumor, Infekt u.a.
- Multiple Sklerose
- Rheumatoide Arthritis
- Schulter-Hand-Syndrom
- Algodystrophie, S. 1024
- Kostoklavikuläres Syndrom *(= TOS, Thoracic outlet syndrome)*
- Schlaganfall
- Akutes Koronarsyndrom
- Hyperventilation

Th:
1. **Allgemeinmassnahmen - Physikalische Therapie**
   - Milde, transitorische Formen des KTS benötigen keine Therapie.
   - Bei bestehender Schmerzsymtomatik ist die nächtliche Ruhigstellung mittels einer Unterarmschiene (in Mittelstellung) wirksam.
   - Physiotherapie und Ergotherapie mit Heimübungsprogramm
2. **Medikamentöse Therapie**
   - NSAR (topisch oder systemisch)
   - Bei ungenügender Wirksamkeit der genannten Therapieoptionen, ad. Infiltration mit Kortikoiden. Von der systemischen Kortikotherapie ist abzusehen.
3. **Chirurgische Therapie**
   - Eingriff: Durchtrennung des Retinaculum flexorum
   - Indikation:
     - Therapieresistentes, fortgeschrittenes KTS mit distaler motorisch/sensorische Latenz des N. ulnaris > 6 ms
   - Komplikationen des Eingriffes (sehr selten):
     - Gefäss-, Nerven- und Sehnenverletzungen
     - Algodystrophie, S. 1024
   - Nach einer KTS-Operation haben weder die Schienenversorgung noch die postoperative Ergo- und Physiotherapie einen signifikanten Einfluss auf die Schmerzen.
   - Die postoperative Ergo- und Physiotherapie beschleunigt:
     - Die Erholung der Feinmotorik, der Handfunktion
     - Die Rückkehr in den Arbeitsprozess
   - 2-3 Wo nach der Operation ist die Hand für die meisten Aktivitäten funktionstüchtig.
   - Das Autofahren ist i.d.R. nach wenigen Tagen möglich.
   - KTS-Rezidive sind nicht üblich.

1 Kaplan SJ et al. J Hand Surg 1990 ;15 :108.

Tendinovaginitis DE-QUERVAIN [M65.4]

Syn: • Tendovaginitis stenosans, DE-QUERVAIN-Krankheit, «schnellender Finger»
Allg: • Es handelt sich um die Entzündung der gemeinsamen Sehnenscheide vom M. abductor pollicis longus und dem M. extensor pollicis brevis über dem Processus styloideus radii.
Urs: • Überlastung
• Wiederholende Bewegungen z.B. beim:
  - Klettern, Geräteturnen
  - Rudern
  - Tischtennis spielen
  - Hanteltraining
  - Klavier spielen, Violine spielen
Klin: • Schmerzhafte Palpation der entsprechenden Sehnenscheide
• Durch passive Bewegung können Krepitationen der Sehnenscheide, als Zeichen der starken Entzündung, palpiert werden.
Th: • Akutes Stadium
  - Kälteapplikation
  - Ruhigstellung mit einer Handgelenk-Daumen-Schiene
  - NSAR (topisch oder systemisch), S. 1266
  - Bei ungenügender Wirksamkeit der genannten Therapieoptionen, ad. Infiltration mit Kortikoiden
  - Eine chirurgische Therapie ist selten notwendig.

Tendinopathie der Achillessehne [Entzündung M76.6; Ruptur S.86.0]

Urs: • Überlastung
• Myxoide Degeneration infolge sich wiederholender Mikrotraumata
• Hyperlipidämie
• Medikamentös
  - Chinolone, S. 1213
  - Kortikoide
Klin: • Sehr starker Schmerz bei Elongation der Achillessehne
• Anlaufschmerz und Belastungsschmerz
• Druckdolente, knotige Achillessehne mit olivenförmigen Auftreibungen im Sehnenkörper
• Durch passive Bewegung können Krepitationen der Sehnenscheide, als Zeichen der starken Entzündung, palpiert werden.
• Oft Vorhandensein einer Peritendinitis (= Entzündung der Weichteile um die Sehne herum)
Bem: • Die Achillessehne besitzt keine Sehnenscheide.
Th: A. Akute Tendinopathie ohne Ruptur
  • KEINE Kortikoidinfiltration (Sehnenrupturrisiko)!!
  • Lokale Massagen (z.B. mit der Zahnbürste)
  • Physikalische Therapie und Ruhigstellung:
    - Ultraschall
    - Kryotherapie
    - Anhebung des Absatzes mit kompensierender Sohle (aus Silikon)
    - Ruhigstellung in einer Schiene (VACO®ped)
    - ± Extrakorporale Stosswellen (ESWT)
  • NSAR (topisch oder systemisch)
B. Akute Achillessehnenruptur
  • Kein Konsens (von Fall zu Fall entscheiden)
    - Bei einem Sportler wird i.d.R. ein operatives Vorgehen empfohlen.
    - Bei Nichtsportlern ist eine konservative Therapie gerechtfertigt. Die Ruhigstellung in einer speziellen Schiene (VACO®ped) ist aber notwendig.
  • Bei vollständiger Ruptur sind die Resultate der konservativen Therapie mit derjenigen der chirurgischen Sanierung vergleichbar.

Konnektivitiden und Vaskulitiden

Syn:
- Kollagenosen
- Generalisierte Autoimmunerkrankungen
- *Connective tissue disease*

Bem:
- Wenn die verschiedenen Symptome eines Patienten nicht mehr unter einem.... Platz finden, soll an eine Systemerkrankung gedacht werden.... v.a. wenn es sich um eine junge Frau handelt.

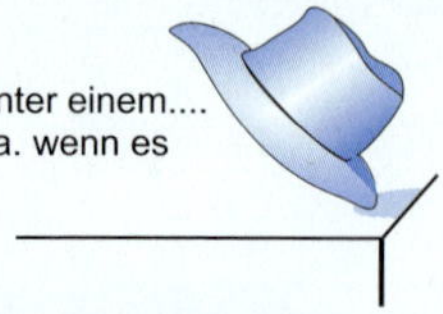

Klas:

Konnektivitiden (Kollagenosen)

- Systemischer Lupus erythematodes (SLE), S. 1038
- Systemsklerose, S. 1044
- Antiphospholipid Antikörper Syndrom, S. 932
- Polymyositis, S. 1048
- Dermatomyositis, S. 1048
- Mischkonnektivitis (MCTD Mixed connective tissue disease, SHARP-Syndrom), S. 1053
  - Overlapsyndrome (> 2 definierte Konnektivitiden)
  - Undifferenzierte Konnektivitiden (eine definierte Zuteilung ist nicht möglich)
- SJÖGREN-Syndrom, S. 1050
  - Primär
  - Sekundär

Vaskulitiden

I. Vaskulitiden der grossen Arterien
- Riesenzellarteriitis, S. 1062
- TAKAYASU Arteriitis, S. 1058
- Isolierte Arteriitis des ZNS

II. Vaskulitiden der mittelgrossen und kleinen Arterien
- Panarteriitis nodosa (PAN), S. 1068
- Morbus KAWASAKI
- Primäre Vaskulitis des ZNS
- Thrombangiitis obliterans (Morbus BUERGER), S. 1065

III. Vaskulitiden der kleinen Gefässe (Arteriolen/Kapillaren/Venolen)

ANCA positive Vaskulitis
- WEGENER Granulomatose, S.1066
- Mikroskopische Polyangiitis, S. 1065
- CHURG-STRAUSS-Vaskulitis, S. 1059

ANCA negative Vaskulitis
- Leukozytoklastische Vaskulitis, S. 1058
- Purpura SCHÖNLEIN-HENOCH, S. 1057
- Morbus BEHÇET, S. 1060
- Kryoglobulinämie (essentiell)
- Hypersensitivitätsvaskulitis

Klassifikationen der Konnektivitiden und der Vaskulitiden (Chapel-Hill Konsensus).

Allg:
- Typische Symptome und Befunde, welche an eine Konnektivitis denken lassen:
  - Haarausfall
  - Aphthen der Mundschleimhaut
  - Sicca-Syndrom, S. 1050
  - Photosensitivität
  - Gesichtsrash
  - Pleurale oder perikardiale Thoraxschmerzen
  - Polyarthralgien (v.a. bei symmetrischem Befall)
  - Myalgien
  - Refluxsymptomatik (z.B. bei der Systemsklerose)
  - RAYNAUD-Phänomen (bei allen Konnektivitiden beobachtet)

1 Angepasst nach: Jennette JC, et al. N Engl J Med 1997 ;337 :1512-23. 2 Hoffman GS. Clin Exp Rheumatol 1998 ;16 :111-5. 3 Villiger PM, et al. In: Rheumatologie in Kürze 2006 ; S. 74-115, Thieme Verlag.

Vorg:

Für die PRAXIS:
Analog wie bei den Tumormarkern (mit Ausnahme des PSA), sollen immunolgische Abklärungen **NICHT blind** als *Screening* durchgeführt werden! Sie sollen nach sorgfältiger Anamnese und klinischer Untersuchung gezielt bestimmt werden.
Wenn die Anamnese und die klinische Untersuchung einen Befall von mehreren Systemen oder einen multilokalisierten Befall eines einzigen Systems aufweist, sind weitere Abklärungen indiziert.

Abklärungen bei anamnestischem und klinischem Verdacht auf eine Konnektivitis

I. Blutanalysen
- BSG: stark erhöht ↑↑
- CRP: normal oder ↑ (kann bei Serositis und bei exsudativer Polyarthritis deutlich erhöht sein)
- Antikörper
  - Anti-La/SS-B Ak
  - Anti-RNP Ak (= Anti-Ribonukleoprotein)
  - Anti-Sm Ak (= anti SMITH)
  - Anti-Histon Ak (bei Verdacht auf Medikament induziertem SLE, S. 1043)
- Elektrophorese der Serumproteine (bei vorhandener Konnektivitis kann eine unspezifische polyklonale Hypergammaglobulinämie beobachtet werden)
- Direkter COOMBS-Test
- Zirkulierende Immunkomplexe
- Komplement C3, C4, C19
  - Beim SLE ist das C3 in 75-90 % der Fälle vemindert, denn aktive immunkomplexassoziierte Entzündungsreaktionen führen zu einem Komplementverbrauch

II. Urinanalysen
- Proteinurie
- Hämaturie

III. Lungenfunktionsprüfung, S. 310
- Restriktives Syndrom (z.B. bei Systemsklerose mit Lungenfibrose)
- DLCO (CO-Diffusionskapazität; z.B. bei Systemsklerose mit Lungenfibrose)

Systemischer Lupus erythematodes (SLE)[1-4] [M32.1+]

Allg:
- Der SLE ist der Prototyp der chronischen entzündlichen systemischen Konnektivitis im Rahmen einer Autoimmunkrankheit, welche folgende Organe/Systeme angreift, z.B.:
  - Haut
  - Gelenke
  - Nieren
  - Lungen
  - Nervensystem
  - Serosa (Pleura pulmonalis, Perikard)
- Charakteristisch ist der schubweise Verlauf dieser Systemkrankheit mit akuter und chronischer Entzündung des Gefässbindegewebes.
- Der SLE weist verschiedene immunologische Anomalien auf, darunter auch die Produktion von gewissen antinukleären Antikörpern (ANA), siehe Abschnitt «Lab:», S. 1040
- Frauen > Männer
- Altersgipfel: 15.-45. Lebensjahr
- Prävalenz je nach Region: 20-50 Fälle/100'000 Bewohner (wesentlich häufiger bei Leuten aus den Antillen, Afroamerikanern und Hispanoamerikanern)
- Inzidenz: 1-10/10'000 Bewohner/Jahr
- Die Entzündungskaskade wird durch Immunkomplexe ausgelöst (via Komplement).

Urs:
- Unbekannt
- Hypothesen und prädisponierende Faktoren:
  - Autoimmune Genese
  - Viral
  - Medikamentös (siehe unter «Medikament induzierter SLE», S. 1043)
  - Genetische Faktoren (4-8 Gene sind beim SLE wahrscheinlich impliziert, bei Weisshäutigen z.B. HLA-DR3 und HLA-DQW2 mit Anti-Ra/SS-A bzw. Anti-La/SS-B)
  - Hormonal (Östrogene ↑, Androgene ↓). Dies erklärt die hohe Inzidenz der prämenopausalen Frauen, sowie die mögliche Induktion/Exazerbation des SLE unter Östrogenen.
  - Mangelzustände von Komplementfaktoren (C4, C1q)

Klas:

1. **Systemischer Lupus erythematodes (SLE)**
   - 1.1. SLE mit sekundärem Antiphospholipid Antikörper Syndrom, S. 932
   - 1.2. Medikament induzierter SLE, S. 1043
2. **Chronisch-diskoider Lupus erythematodes (CDLE)**
3. **Subakut kutaner Lupus erythematodes (SCLE)**
4. **Neonatales Lupus-Syndrom**

Dg:
- Es gibt keine klinisch validierte Diagnosekriterien des SLE. Für Studienzwecke, und auch für Kliniker, werden die ACS-Klassifikationskriterien (1982)[1] mit Update (1997)[2] auch diagnostisch benutzt, siehe Tabelle 1 S. 1041
- Biopsie (Haut, Niere, Adenopathie u.a. Organbiopsien)

Klin:
- Die ACR-Klassifikationskriterien (siehe Tabelle 1, S. 1041) werden nicht selten erst Jahre nach Krankheitsbeginn und Diagnosestellung erfüllt.
- Der ***klassische Patient*** präsentiert sich wie folgt:
  - Weibliche Person mit vermindertem Allgemeinzustand
  - Photosensitivität (Erythem nach Exposition mit UVB- oder UVA-Licht, bei 60 % der Patienten, v.a. bei positiven Ro/SS-A-Autoantikörpern). Psoralenhaltige Nahrungsmittel (Zitronen, Limonen, Sellerie) können eine Photosensitivität auslösen.
  - Muskuloartikuläre Beschwerden (Gelenkschmerzen, Myalgien)
  - Hämatologische Anomalien
  - Vorhandensein von Autoantikörpern (siehe «Lab:» S. 1040)
- **Allgemeinsymptome** (bei ca. 95 % der Fälle)
  - Fieber
  - Chronische Müdigkeit, Inappetenz, Gewichtsverlust
- **Gelenk- und Muskelsymptome** (bei 50 % der Patienten als Erstmanifestation auftretend)
  - Anerosive Arthralgien (Gelenkverteilungsmuster wie bei der RA, S. 992)
  - Myalgien sind häufig (die Muskelenzyme bleiben im Normbereich).
  - Fibromyalgie-ähnliche Symptome
  - Begleitmyositiden (selten)
- **Haut- und Schleimhautbefall** (bei 25 % der Patienten als Erstmanifestation auftretend)
  Klin:
  - ■ Photosensitivität: Erythem nach Exposition mit UV-B- oder UV-A-Licht.
    - Die Photosensitivität tritt v.a. bei Patienten mit positiven Ro/SS-A Ak auf.
  - ■ Schmetterlingserythem
    - Erythematöse, teils erhabene Hautläsion, v.a. durch Sonnenlicht ausgelöst.
    - Lokalisation: Mittelgesicht mit Aussparung der Nasolabialfalte
    - Ist mit positiven Anti-native dsDNA Antikörpern assoziiert.
    - Weist ein erhöhtes Risiko für einen renalen Befall auf.

1 Angepasst nach: Tan EM, et al. Arthritis Rheum 1982 ;25 :1271. 2 Hochberg M. Arthritis Rheum 1997 ;40 :1725-34. 3 Hess E. N Engl J Med 1988 ;318 :1460-2. 4 Villiger PM, et.al. In: Rheumatologie in Kürze 2006 ; S. 74-115, Thieme.

- Schleimhautulzera (in ca. 30 % der Fälle)
  - Ulzera (schmerzhaft oder nicht) im Mund, in der Nase und/oder in der Vagina
  - Diskoide Läsionen v.a. über dem harten Gaumen
- RAYNAUD-Phänomen, S. 1069
- Alopezie (nicht vernarbend)
- Leukozytoklastische Vaskulitis, S. 1058
- Livedo reticularis (auch Livedo racemosa genannt): hier sollen Gerinnungsstörungen gesucht werden (z.B. beim Antiphospholipid Antikörper Syndrom, S. 932).

Klas: Lokalisierte Formen des kutanen Lupus:

I. Subakut kutaner Lupus erythematodes (SCLE)
   - Ringförmige, schuppende, papuläre Läsionen mit narbenloser Abheilung (teilweise Hypo- oder Hyperpigmentation)
   - I.d.R. mit Photosensitivität
   - Lokalisation: Stamm, Extremitäten
   - 60-70 % der Patienten weisen positive Anti-Ro/SS-A Ak auf.
   - 50-60 % der Patienten weisen einen Übergang in einen SLE auf.

II. Chronisch-diskoider Lupus erythematodes (CDLE)
   - Erythematöse (oder livide), schuppende erhabene Hautläsionen
   - Follikuläre Hyperkeratose
   - Vernarbung möglich
   - Wenige Patienten (5-10 %) zeigen einen Übergang in einen SLE.

- **Nierenbefall**

Allg: Folgende Nierenerkrankungen können beim SLE auftreten:

1. Glomerulonephritis (proliferative Lupus-Glomerulonephritis)
   - Ist häufiger bei Patienten mit positiven Anti-nativen dsDNA Ak vorzufinden.
   - Suche nach:
     - Proteinurie (= prognostisch ungünstiger Befund). Die Proteinurie ist das erste Zeichen einer Lupus-Glomerulonephritis!
     - Urinsediment: glomeruläre Erythrozyten, Erythrozten-Zylinder
     - Sekundärer art. Hypertonie
2. Vaskulopathie (thrombotische Mikroangiopathie)
   - Suche nach:
     - Sekundärer art. Hypertonie
     - Antiphospholipid Antikörper Syndrom, S. 932

- **Befall des Nervensystems**
  - Hemisyndrom
  - Konvulsionen
  - Migräne
  - Einseitige Optikusneuritis (kann über Wochen fortschreiten, mit Gefahr des Erblindens!)
  - Psychiatrische Erkrankungen:
    - -- Depression
    - -- Psychose

Für die PRAXIS:
Beim SLE kann der Beffall des Nervensystems eine **transverse Myelitis** hervorrufen, was ein **medizinischer NOTFALL darstellt!**
Nicht therapiert kann ein irreversibles Querschnittsyndrom auftreten!

- **Befall des Kreislaufsystems**
  - Perikarditis
  - Endokarditis
  - Thromboembolische Krankheit:
    - -- Lungenembolie
    - -- Venenthrombose
  - Entwicklung einer Vaskulitis (selten)
- **Hämatologische Anomalien**
  - Hämolytische Autoimmunanämie
  - Entzündungsanämie, S. 896
  - Leukopenie mit Granulozytopenie oder isolierter Lymphopenie
  - Thrombozytopenie
- **Lunge- und Pleurabefall**
  - Pleuritis (oft rezidivierend)
  - Interstitielle Pneumopathien
  - Pulmonale Hypertonie (selten)
- **Lymphatischer Befall**
  - Lymphadenopathie
  - Splenomegalie

Lab: **Für die PRAXIS:**

Bei SLE findet sich typischerweise eine **Divergenz zwischen der BSG und dem CRP**:
- **BSG: stark erhöht ↑↑↑**
- **CRP: normal oder nur leicht erhöht**

- Hämatologische Anomalien
  - Hämolytische Anämie (direkter COOMBS-Test positiv)
  - Leukopenie, Lymphopenie, Thrombozytopenie
  - Polyklonale Hypergammaglobulinämie
  - Komplemente C3 und C4 (↓): aktive immunkomplexassoziierte Entzündungsreaktionen führen zu Komplementverbrauch.
- Urinanalyse (inkl. 24-h Urin) mit Suche nach: Proteinurie, Zylinder, S. 622
- **Antikörper (betrifft den SLE, nicht aber den medikamentösen SLE!)**
  - Geeigneter *Screening*-Test:
    - ANA (bei > 95 % positiv, aber gering spezifisch; die Immunfluoreszenz gibt typische Muster: homogen, fleckig)
  - Diagnostische Antikörper

Anti-native dsDNA Ak	• Bei 40-70 % positiv, aber hoch spezifisch. • Korrelieren mit der SLE-Aktivität. • Gehäuft bei Patienten mit Lupus-Glomerulonephritis. • Sind auch beim idiopathischen SLE oft positiv.
Anti-Sm Ak	• Bei 30 % positiv, aber hoch spezifisch. • V.a. bei Lupus-Nephritis vorhanden.
Anti-Ro/SS-A Ak	• Bei 30-60 % positiv (v.a. bei Photosensitivität, subakuten kutanen Lupus). • Überlappung mit SJÖGREN-Syndrom
Anti-La/SS-B Ak	• Bei 15 % positiv • Überlappung mit SJÖGREN-Syndrom
Anti-Histon Ak	• Bei medikamenteninduziertem SLE in > 95 % positiv • Positiv beim idiopathischen SLE (≤ 70 % der Fälle).
Antiphospholipid Ak	• Bei 20-50 % positiv

Rx:
- Röntgenthorax: Pleuraerguss? Perikarderguss?
- Je nach Klinik: Standardaufnahmen von betroffenen Gelenken

Klinische Kriterien	Beschreibung	Sens./Spez.
1. Schmetterlings-erythem im Gesicht	• Fixes Erythem, teils erhaben, in der Kieferregion lokalisiert (mit Aussparung der Nasolabialfalten)	57% / 96%
2. Diskoider Rash	• Erhabene, erythematöse, runde, squamöse Hautareale, manchmal narbig verändert	19% / 99%
3. Photosensitivität	• Übertriebene Reaktion der Haut bei Sonnenexposition (anamnestisch oder durch den Arzt beobachtet)	43% / 96%
4. Mundulzera	• Orale und/oder nasopharyngeale Ulzera, häufig multipel und indolent auftretend (durch Arzt beobachtet)	27% / 96%
5. Arthritis	• Nicht-erosive Arthritis mit Befall von ≥ 2 peripheren Gelenken, charakterisiert durch: - Arthralgie - Gelenkschwellung oder Gelenkerguss	86% / 37%
6. Serositis	a) Pleuritis (≥ 1 Kriterium) - Anamnestisch wahrscheinliche Pleuraschmerzen - Vorhandensein eines Pleurareibens - Vorhandensein eines Pleuraergusses oder: b) Perikarditis (≥ 1 Kriterium): - Vorhandensein eines passenden EKG - Vorhandensein eines Perikardreibens - Vorhandensein eines Perikardgusses	56% / 86%
7. Nierenbefall	a) Persistierende Proteinurie - quantitative Analyse: > 0.5 g/24 h Urin - qualitative Analyse: mehr als «+++» im Stix oder: b) Vorhandensein von Zylindern (Erythrozyten, Hämoglobin, granulös, tubulär oder gemischt), s. 622	51% / 94%
8. Neurologischer Befall	• Konvulsion oder Psychose ⓘ Bedingung: Ausschluss möglicher ursächlicher Medikamente (s. 1043) oder metabolischer Störungen, wie z.B. Urämie, Ketoazidose, Dyselektrolytämie.	20% / 98%
9. Hämatologische Anomalien	a) Hämolytische Anämie mit Retikulozytose oder: b) Leukopenie < 4 G/L, mindestens 2x bestätigt oder: c) Lymphopenie < 1.5 G/L, mindestens 2x bestätigt oder: d) Thrombozytopenie (< 100 G/L) nach Ausschluss möglicher ursächlicher Medikamente (siehe s. 1043)	59% / 89%
10. Immunologische Anomalien	a) Titer der Anti-nativen dsDNA Antikörper abnorm erhöht oder: b) Positive Anti-Sm Antikörper Titer oder: c) Vorhandensein von Anti-Phospholipid Ak, basiert auf: - Antikardiolipin Ak (IgG oder IgM) mit signifikantem Titer - Vorhandensein des Lupus Antikoagulans oder: - Bekannter, falsch positiver VDRL (s. 832) seit ≥ 6 Mt., bestätigt durch FTA (s. 832) oder TPPA (s. 832)	85% / 93%
11. Antinukleäre Antikörper (ANA)	• Positive ANA mit Immunofluoreszenzmethode (oder äquivalenter Methode) nach Ausschluss möglicher ursächlicher Medikamente (siehe Beispiele s. 1043)	96% / 96%

Tabelle 1 (ACR-Kriterien 1982 und Update 1997):[1,2]

Dg: **Bei > 4/11 Kriterien**, simultan oder nicht, wird angenommen, dass es sich um einen SLE handelt (globale Sensibilität 96 %, Spezifität 96 %).

1 Angepasst nach: Tan EM, et al. Arthritis Rheum 1982 ;25 :1271. 2 Hochberg M. Arthritis Rheum 1997 ;40 :1725-34.

Th:[4] **1. Allgemeines therapeutisches Vorgehen beim SLE**

- Rheuma-Konsilium
- Die Therapie richtet sich nach dem Organbefall und der Aktivität des SLE.
- Bei Photosensitivität:
  - Sonnenexposition und *Photosensitizer* vermeiden!
  - Lichtschutzsalbe
  - Retinoide, topische Kortikoide, siehe unten
- Bei Medikament induziertem Lupus soll die inkriminierte Substanz abgesetzt werden.

2. Medikamentöse Therapie

Medikament/Klasse	Indikationen, Bemerkungen
Analgetika: Paracetamol, NSAR	• Arthralgien, Myalgien, Serositis
Glukokortikoide	• Topisch Ind: • Bei subakutem und chronischem Hautbefall • Systemisch Ind: • Schwergradiger Organbefall (Ziel: Induktion einer Remission) - Glomerulonephritis - Transverse Myelitis - Optikusneuropathie - Fortgeschrittene Vaskulitis - Schwere Hämopathie Bsp: • Prednison (oral) • Methylprednisolon: Pulstherapie 1 g **IV** während 3-5 d
Chloroquinderivate (z.B. Hydroxychloroquin PLAQUENIL®)	• Basismedikation 1. Wahl bei: - Hautbefall - Muskuloskelettal Befall
Cyclophosphamid ENDOXAN®	• ZNS-Befall, Optikusneuropathie • Glomerulonephritis • Fortgeschrittene Hautvaskulitis • Fortgeschrittene pulmonale Vaskulitis
Mycophenolat-Mofetil CellCept®	• Glomerulonephritis (zur Remissionserhaltung) Die immunsuppressive Wirkung von Mycophenolat-Mofetil ist der des Azathioprins stark überlegen.
Methotrexat METHOTREXAT®	• Polyarthritis bei insuffizienter Wirkung von Chloroquinderivaten • Polyserositis
Azathioprin IMUREK®	• Zur Remissionserhaltung von: - Glomerulonephritis - Hämatologischen Anomalien - Myositis - Serositis

Prog:
- Der SLE hat nach Absetzen der remissionserhaltenden Therapie eine **starke Tendenz zur Rezidivneigung**. Während einer stabilen Phase kann auf Azathioprin oder Chloroquinderivate umgestiegen werden.
- Die Prognose hängt ab von:
  - Organbefall (schlechtere Prognose bei ZNS und/oder Nierenbefall)
  - Frühzeitigem Einsetzen einer adäquaten Therapie
- Mortalitätsursachen:
  - Niereninsuffizienz
  - ZNS Befall
  - Magen-Darm-Perforationen
  - Zusätzliche Vaskulitis
  - Infektionen

 4 Angepasst nach: Villiger PM, et al. In: Rheumatologie in Kürze 2006 ; S. 74-115, Thieme Verlag.

Medikament induzierter SLE[3] [M32.0]

RHEUMA

Allg:
- Der Medikament induzierte SLE ist eine Sonderform des SLE.
- Im Vergleich zum nicht-medikamentös ausgelösten SLE verläuft diese Erkrankung oft milder und meist sind nur Haut und Gelenke betroffen.
- Nach Absetzen der Medikamente verschwinden die Beschwerden.

Klin:
- Folgende Symptome/Befunde werden v.a. beim medikamentösen SLE beobachtet:
  - Polyarthritis
  - Pleuritis
  - Perikarditis
  - Selten: Nierenbefall (reversibel nach Absetzen des auslösenden Medikamentes) und ZNS-Befall

Lab:
- Die **ANA** und die **anti-Histon Ak** sind bei > 95 % der Fälle positiv.
- Die **Anti-nativen dsDNA Ak sind i.d.R. negativ!**
- Das Komplement weist selten tiefe Werte auf (ca. 5 % der Fälle).

Urs:
- Einige Medikamente, welche einen SLE auslösen oder verschlimmern können:

Captopril	Ibuprofen	Naproxen	Chinidin
Carbamazepin	Isoniazid	Penicillin	Sulfasalazin
Cephalosporin	Indapamid	Phenytoin	Sulfonamide (TMP
Chlorpromazin	L-Dopa	Procainamid	/SMX u.a.)
Dexibuprofen	Mesalazin	Propranolol	Thiazid
Doxycyclin	Methotrexat	Propylthiouracil	

- Psoralenhaltige Nahrungsmittel können eine Photosensitivität auslösen:
  - Zitrone, Sellerie

Th:
- Absetzen der auslösenden Medikamente (i.d.R. vollständig regredienter Verlauf)
- Rheuma-Konsilium

3 Hess E. N Engl J Med 1988 ;318 :1460-2.

Systemsklerose (Sklerodermie)[1] [M34.0]

Allg:
- Die Systemsklerose ist eine Gruppe von entzündlichen und fibrosierenden Konnektivitiden, die eine verdickte, sklerosierte Haut aufweist.
- Lokalisation der verschiedene befallenen Organe (siehe auch «Klin:»)
  - Haut, Magen-Darm-Trakt, Lunge, Herz, Niere, Gelenke
  - Gefässe (mit Lumeneinschränkung infolge Intimaproliferation)

Für die PRAXIS:
Die **lokalisierten Hautsklerosen** (z.B. Morphea, *coup de sabre*) gehören NICHT zur systemischen Sklerose.
Ein Übergang der lokalisierten Sklerose in die Systemsklerose ist höchst selten.

- Die Systemsklerose ist eine seltene Krankheit:
  - Inzidenz: 1 neuer Fall/100'000 Bewohner pro Jahr. Prävalenz: 1/10'000 Bewohner
- Frauen > Männer (3:1). Auftreten zwischen 20-65 Jahren

Urs:
- Unbekannt

Klas:

I. Diffuse Systemsklerose

Dg:
- Diagnosekriterien siehe S. 1046

Klin:
- **Hautbefall**
  - Es werden 3 Stadien des Hautbefalles beschrieben:
    - I Hand- und Fingerödem, RAYNAUD-Phänomen
    - II Progrediente Hautinduration
    - III Ischämische Zirkulationsstörungen mit Nekrosen an den Fingerspitzen, Mikrostomie, Telangiektasien
- **Magen-Darm Befall**
  - Sklerose der Stimmbänder
  - Dysphagie (infolge Hypomotilität des Ösophagus)
  - Gastro-ösophagialer Reflux (GÖR)
  - Dünn- und Dickdarmbefall (→ Malabsorptionssyndrom)
- **Lungenbefall**
  - Dyspnoe infolge Alveolitis und Lungenfibrose, Pleuritis
- **Herzbefall**
  - Cor pulmonale, Herzinsuffizienz, Perikarditis
- **Nierenbefall** — Renale Systemsklerose
  - Ca. 50 % der Patienten weisen eine schwache Proteinurie, eine mittelschwerer Serumkreatininerhöhung und/oder eine art. Hypertonie auf.
  - Eine schwere Niereninsuffizienz (= renale Krise) entwickelt sich bei ca. 10 % der Patienten mit einer diffusen Systemsklerose.
- **Gelenkbefall**
  - Nicht-erosive, symmetrische Polyarthritis (v.a. Befall der kleinen Gelenke)

Lab:
- BSG N/↑, CRP N/↑, Anämie (vom Entzündungstyp, S. 896)
- Kreatininerhöhung und Proteinurie bei Niereninsuffizienz (betrifft ausschliesslich die diffuse Systemsklerose)
- Antikörper:
  - Antinukleärer Faktor (ANA), in ca. 70-90 % positiv
  - Anti-Topoisomerase-1 Ak (Anti-Scl-70 Ak); bei interstitieller Pneumopathie
  - Anti-RNA Polymerase III Ak (bei renalem Befall)
  - Anti-Zentromer Ak (in ca. 30 % der Fälle positiv)

Prog:
- Überleben nach 7 Jahren Behandlung ca. 70 %
- Die Langzeitmortalität ist abhängig vom Nierenbefall (und vom Lungenbefall).

II. Limitierte Systemsklerose (früher: CREST-Syndrom genannt)

Def:
- Lokalisierte sklerodermalen Hautveränderungen an folgenden Stellen:
  - Distal der Ellbogen
  - Gesichts- und Mundregion (gleich wie bei der diffusen Form)

Klin:
- Fehlende Allgemeinsymptome (im Gegensatz zur diffusen Form)
- Stark ausgeprägtes RAYNAUD-Phänomen
- Pathognomonische Nagelfalzkapillarenveränderung (Riesenkapillaren und avaskuläre Felder)
- Verlauf: schleichend (im Gegensatz zur diffusen Form!)
- Eine pulmonal-arterielle Hypertonie kann aber auch bei der «limitierten» Form beobachtet werden, und dies nach jahrelanger Krankheit.

Lab:
- BSG N/↑, CRP N/↑, Anämie (vom Entzündungstyp, S. 896)
- Antikörper:
  - Antinukleärer Faktor (ANA), in ca. 70-90 % positiv
  - Anti-Zentromer Ak (in ca. 70-80 % der Fälle positiv)

1 Villiger PM, et al. In: Rheumatologie in Kürze 2006 ; S. 74-115, Thieme Verlag.

Th: **1. Rheuma-Konsilium**

- Die Indikation der Basistherapie hängt von der Art und Aktivität des Organbefalles ab.

2. Organorientierte Therapie

2.1. Hautbefall

1. Allgemeinmassnahmen
   - Physiotherapie zur Erhaltung der Gelenkmobilität
   - Lymphdrainage, Bindegewebsmassage
   - Paraffin-Bäder
2. Spezifische Therapie (ad. Rheuma-Konsilium)
   - Diffuse Form: Immunsuppresiva in Betracht ziehen
   - Kortikoide sollen so wenig wie möglich einsetzten (***CAVE***: Gefahr der renalen Krise!)
   - Bei pulmonaler Hypertonie, S. 364
   - Bei RAYNAUD-Phänomen, S. 1069 ff

2.2. Gastrointestinaler Befall

- Bei GÖR: ad. PPI, siehe S. 405
- Bei geblähtem Bauch: ad. prokinetische Therapie (z.B. Metoclopramid, ist aber nur im oberen GI-Trakt wirksam)

2.3. Nierenbefall

- Der art. BD muss regelmässig kontrolliert werden
- Prävention der renalen Krise:
  - Therapie der Wahl: ACE-Hemmer, S. 1258
  - Zielwert des DBD: < 90 mmHg
- Die ACE-Hemmer vermindern signifikant die Mortalität und können das Auftreten einer Urämie verlangsamen, v.a. bei Patienten mit Serumkreatinin < 265 µmol/L.[1]

DD:
1. Lokalisierte Hautsklerosen (Morphea, *coup de sabre*).
   Allg: • Es handelt sich um umschriebene Hautsklerosen ohne inneren Organbefall.
2. *Overlap*-Syndrome (Kombination definierter Autoimmunerkrankungen):
   Bsp:
   - SLE
   - Polymyositis, Dermatomyositis
   - Mischkonnektivitis (MCTD)
   - Primäres SJÖGREN-Syndrom
   - Rheumathoide Arthritis
   - Systemerkrankungen
3. Eosinophile Fasciitis (SHULMAN-Syndrom)
   Klin:
   - Hautnekrosen (cutis-fascia), Ödem der Extremitäten
   - Eosinophilie
   - Hypergammaglobulinämie
4. Medikamentöse Pseudosklerodermie:
   Bsp:
   - Bleomycin
   - Pentazosin
   - L-Tryptophan u.a.
5. RAYNAUD-Syndrom
6. Acrodermatitis chronica atrophicans (LYME)

1 Steen VD, et al. Ann Intern Med 1990 ;113 :352-7.

Diagnosekriterien der diffusen Systemsklerose[2]

Die Diagnose wird bei Vorhandensein des Hauptkriteriums oder 2 Nebenkriterien gestellt

(Sensitivität 97 %, Spezifität 98 %)

Hauptkriterium

1. Proximale Systemsklerose:	Die Haut ist symmetrisch verdickt, gespannt, verhärtet, ohne Dellenbildung bei Fingerpressen. Folgende Hautlokalisationen sind betroffen: • Haut um die Finger herum • Proximal des Metakarpophalangeal- (MCP) oder des Metatarsophalangealgelenkes (MTP) Folgende Lokalisationen sind betroffen: • Extremitäten (proximal/distal) • Stamm (Thorax und Abdomen)

oder ≥2 Nebenkriterien:

Nebenkriterien

1. Sklerodaktylie:	Hautläsionen, so wie unter «Hauptkriterium» beschrieben, aber nur beschränkt auf die Finger.
2. Narben:	Eingesunkene Narbe oder Ulzeration an einer Fingerspitze, sogenannte «Rattenbiss-Läsionen», welche durch ischämiebedingten Schwund zustande kommen.
3. Lungenfibrose:	In beiden Basalabschnitten visualisiert (mit Standard-Rx), bei Fehlen einer anderen Lungenerkrankung.

Box 1: Diagnosekriterien der diffusen Systemsklerose (1980).[2]

Diagnosekriterien der limitierten Systemsklerose (früher CREST-Syndrom)[3]

1. RAYNAUD-Phänomen (objektiv dokumentiert!)

   und:

2. Abnormale Kapillaroskopie des Fingerbettes (Kapillardilatation und/oder avaskuläre Zonen)

   oder:

   Positive selektive Antikörper:
   - Anti-Zentromer Ak
   - Anti-Topoisomerase-1 Ak (= Anti-Scl 70 Ak)
   - Antifibillin Ak
   - Anti Pm-Scl Ak
   - Anti-RNA Polymerase I oder III Ak mit Titer > 1/100

Wenn das RAYNAUD-Phänomen rein **subjektiv ist**, sind die Kriterien 1. und 2. zur Diagnose der limitierten Systemsklerose zwingend.

Die limiterte Systemsklerose kann mit anderen Erkrankungen überlappend sein.

Box 2: Diagnosekriterien der limitierten Systemsklerose (2001).[3]

 2 Subcommittee for scleroderma criteria of ARA. Arthritis Rheum 1980 ;23 :581-90. 3 Angepasst nach: LeRoy EC, et al. J Rheumatol 2001 ;28 :1573-6.

Polymyositis [M33.3] — Dermatomyositis [M33.1]

Def:
- **Polymyositis** = Entzündliche Myopathie unbekannter Ursache
- **Dermatomyositis** = Polymyositis + Hauterythem

Allg:
- Seltene Grupper der Konnektivitiden mit autoimmunen Haut- (bei der Dermatomyositis) und Muskelerkrankungen und sehr unterschiedlicher Prognose.
  - Inzidenz: 1 neuer Fall/100'000 Bewohner/Jahr
  - Prävalenz: 6-7 Fälle/100'000 Bewohner
- Frauen > Männer (2/1)
- Altersgipfel: 40-60 Jahre
- Die Polymyositis verläuft langsamer, als die Dermatomyositis.

Urs:
- Unbekannt. Man beobachtet vermehrt die HLA-Loci HLA-B8 und HLA-DR3.

Klin:
- Befall der Skelettmuskulatur
  - Oft progrediente Muskelschwäche und/oder Muskelschmerzen i.d.R. symmetrisch
  - Betrifft betont die proximale Muskulatur (Schultergürtel, Hüftregion)
  - Folgende Aktivitäten können Schwierigkeiten bereiten:
    - Aufstehen von einem Stuhl oder aus dem Bett, Treppensteigen
    - Den Arm > 90° anheben
  - Gefühl von «Muskelkater»
- Befall der Nicht-Skelettmuskulatur
  - Ösophagus: Dysphagie, GÖR
  - Diaphragma: Dyspnoe
  - Herz: Myokarditis, Arrhythmien
- Hautbefall (betrifft die Dermatomyositis)
  - Lilafarbiges Erythem im Gesicht, betont um die Oberlider lokalisiert, oft leicht squamös und schlecht begrenzt
  - Kalzinose v.a. bei Kindern
  - V-Zeichen: Erythem in Form eines «V» über der Brust und dem Schulterblatt
  - Verschiebeschmerz des Nagelhäutchens
- Sonstige Klinik
  - Arthralgien (anerosive, chronische, symmetrische Polyarthritis der kleinen Gelenke)
  - Interstitielle Pneumopathie
  - Perikarditis

Dg:
- Siehe Diagnosekriterien S. 1049
- Das MR hilft zur Diagnosestellung (und zum Ausschluss anderer Erkrankungen)
- Weitere Abklärungen: Biopsie (Muskel, Haut), Elektromyogramm

> **Für die PRAXIS:**
> - Die Diagnosestellung kann stark verspätet sein, denn die zunehmende Muskelschwäche kann langsam progredient und mit minimem Leidensdruck einhergehen.
> - Die Poly- bzw. Dermatomyositis haben ein **erhöhtes Neoplasierisiko,** wobei jede Neoplasie ist möglich (Lunge, Ovar, Mamma, Magen, Lymphom u.a.)
>   - Bei der Polymyositis um einen Faktor 1.4 erhöht.
>   - Bei der Dermatomyositis um einen Faktor 3 erhöht.
>
> Die Neoplaise kann vor der Myopahtie auftreten und einen *Trigger*-Effekt ausüben!

Klas:
1. Idiopathische Polymyositis
2. Idiopathische Dermatomyositis
3. Dermato-Polymyositis mit folgenden Erkrankungen assoziiert:
   - Neoplasie
   - Andere Systemerkrankungen (= *Overlap-syndrome*):
     - RA, Konnektivitiden (SLE, primäres SJÖGREN-Syndrom, MCTD, Systemsklerose)
4. Dermato-Polymyositis beim Kind

Lab:
- BSG ↑/N; CRP ↑/N
- Bei Myositis, oft Muskelenzyme ↑: CK, Aldolase, LDH, ASAT, LDH
- Bei Herzmuskelbefall: positives Troponin, CK ↑ (1'000-10'000 E/L)
- Autoantikörper:
  - ANA (bei 70-90 % der Patienten)
  - Anti-Jo 1 (bei 10-50 % der Patienten)
  - Anti *signal-recognition particle* (SRP) Ak
  - Anti mitochondriales Antigen-2 Ak (Anti Mi-2)

Th:
1. Rheuma-Konsilium:
   - Hochdosierte Kortikoide
   - Methotrexat, Azathioprin, Cyclosporin, Immunglobuline (**IV**-Gabe)
2. Suche nach anderen Begleiterkrankungen (Neoplasie, andere Systemerkrankungen)

Prog:
- Nach 5 Jahren Behandlung (Spontanremissionen sind selten):
  - 50 % Remission, 30 % partielle Remission, 20 % Progession
  - Beim Anti-SRP-Syndrom liegt die 5-J Überlebensrate nur gerade bei 30 %.

DD:
- Kongenitale Myopathien (z.B. DUCHENN/BECKER Muskeldystrophie)
- Medikamentös/toxisch: Zidovudin, Penicillamin, Statine, Gemfibrozil, Hydroxychloroquin, Colchizin, Alkohol, Kokain u.a.
- Infektionen: HIV, Parasiten (Trichinen, Toxoplasmen u.a.), Borrelien, Coxsackie u.a.
- Endokrinologisch-metabolische Störungen:
  - Hypothyreose, Hyperthyreose, Hyperparathyreoidismus, Hyperkortisolismus
  - Hyponatriämie, Hypokaliämie, Hyperkalzämie, Glykogenspeicherkrankheiten
- Polymyalgia rheumatica, Fibromyalgie
- Amyotrophe Lateralsklerose, Myasthenia gravis, LAMBERT-EATON
- Rhabdomyolyse
- Sarkoidose

Diagnosekriterien der Polymyositis[1]

Die Diagnose wird gestellt, wenn ≥ 4 Kriterien vorhanden sind

(Sensitivität 99 %, Spezifität 95 %)

1. Proximale Muskelschwäche (Arme, Beine, Stamm)
2. Erhöhung der Muskelenzyme: CK und/oder Aldolase
3. Myalgie
4. Elektromyographie, welche folgende Elemente aufweisen:
   - Kurze, polyphasische motorische Einheiten mit spontanen Fibrillationspotentialen
5. Vorhandensein des Anti-Jo1 Antikörpers
6. Nicht destruktive Arthritis oder Arthralgie
7. Systemische Entzündungszeichen
   - Axilläre Temperatur > 37.0° C
   - BSG > 20 mm/h
8. Hinweise auf eine entzündliche Myositis
   - Entzündliche Infiltration des Skelettmuskels mit Nekrose der Muskelfibern (aktive Phagozytose, zentrale Nuclei oder Zeichen aktiver Regeneration)

Diagnosekriterien der Dermatomyositis[1]

Die Diagnose wird gestellt, wenn ≥ 1/3 Hauptkriterien (beziehen sich auf die Hautläsionen)

und

≥ 4/8 Polymyositiskriterien vorhanden sind

(Sensitivität 94 %, Spezifität 90 %)

Hauptkriterien

1. Heliotroper *Rash*: rotblaues Erythem des Oberlides (das Wort «heliotrop» ist abgeleitet von der charakteristischen Farbe der Baldrianpflanze: rotblau)
2. GOTTRON-Zeichen (oder GOTTRON-Papeln)
   - Atrophes rotblaues Erythem oder rotblaue Makulae, keratinisiert, über den Extensorensehnen der Fingergelenke lokalisiert
3. Erythem an den Extensorenoberflächen der Extremitätsgelenke
   - Rotblaues Erythem, leicht erhaben, an den Ellbogen und den Knien

Kriterien der Polymyositis

1. Proximale Muskelschwäche (Arme, Beine, Stamm)
2. Erhöhung der Muskelenzyme: CK und/oder Aldolase
3. Myalgie
4. Elektromyographie, welche folgende Elemente aufweist:
   - Kurze, polyphasische motorische Einheiten mit spontanen Fibrillationspotentialen
5. Vorhandensein des Anti-Jo1 Antikörpers
6. Nicht destruktive Arthritis oder Arthralgie
7. Systemische Entzündungszeichen
   - Axilläre Temperatur > 37.0° C
   - BSG > 20 mm/h
8. Hinweise auf eine entzündliche Myositis
   - Entzündliche Infiltration des Skelettmuskels mit Nekrose der Muskelfibern (aktive Phagozytose, zentrale Nuclei oder Zeichen aktiver Regeneration)

1 Tanimoto K, et al. K Rheumatol 1995 ;22 :668-74.

SJÖGREN-Syndrom[1,2] [M35.0]

Allg:
- Das primäre SJÖGREN-Syndrom gehört zu den Konnektivitiden und ist die zweithäufigste Autoimmunkrankheit (nach der rheumatoiden Arthritis) mit entzündlichem Befall der exokrinen Drüsen (v.a. Speichel- und/oder Tränendrüsen).
- **Die typische Konstellation:**
  - Trockener Mund
  - Trockenes Auge
  - Positive Autoantikörper Anti-Ro/SS-A und Anti-La/SS-B («SS» steht für SJÖGREN-Syndrom)
- Prävalenz: 1 % der Bevölkerung! Frauen > Männer (9/1)

> **Für die PRAXIS:**
> Das primäre SJÖGREN-Syndrom weist ein 40-faches Risiko zur Entwicklung eines Malignoms (z.B. Lymphom) auf, im Vergleich zur Allgemeinbevölkerung!

Dg:
- Siehe Diagnosekriterien, s. 1052
- **SCHIRMER-Test** (zur Abklärung einer Xerophthalmie):
  → Ohne Hornhaut-Lokalanästhesie wird ein spezieller Papierstreifen (Lakmuspapierstreifen) im unteren Lidsack platziert. Bei einer verminderten Tränensekretion misst die benetzte Zone dieses Papierstreifens < 5 mm/5 min.
- **Färbung mit Bengalrot** (zur Abklärung einer Keratokonjunktivitis sicca):
  → Die Keratokonjunktivitis sicca kann durch Färbung der Hornhaut mit Bengalrosa diagnostiziert werden.
- **SAXON-Test** (zur Abklärung eines Speichelmangels):
  → Eine Speichelproduktion < 2.75 g/2 min ist pathologisch.
- MR der Speicheldrüsen (zur Ausschlussdiagnostik sekundärer Formen!)
- Lippenbiopsie (Suche nach entzündlichen Veränderungen in den kleinen Speicheldrüsen)

Klas:
I. Primäres SJÖGREN-Syndrom

II. Sekundäres SJÖGREN-Syndrom (Sicca-Syndrom)
- Das sekundäre SJÖGREN-Syndrom kommt im Zusammenhang mit verschiedenen Systemerkrankungen vor (siehe unter «Klin:») und ist klinisch durch eine Sicca-Symptomatik charakterisiert. Deswegen sollte man eher von einer Sicca-Symptomatik als vom sekundären SJÖGREN-Syndrom sprechen.

Klin:
I. Primäres SJÖGREN-Syndrom

- ▸ Glanduläre/exokrine Symptome und Befunde
  - Sicca-Syndrom (infolge Speichel- und/oder Tränendrüsenunterfunktion)
    - Xerostomie: erschwertes Kauen und Schlucken, vermehrte Kariesbildung, Paradontitis, Glossitis, Candida-Infekte
    - Uni- oder bilaterale Speicheldrüsenschwellung (v.a. bei der primären Form)
    - Xerophthalmie (Gefühl von Sand in den Augen)
    - Trockene Keratokonjunktivitis
    - Trockene Haut, trockene Genitalschleimhäute
    - Trockene Tracheobronchitis
  - Interstitielle Pneumonitis
  - Gastrointestinale Symptome
    - Dysphagie, Obstipation
    - Exokrine Pankreasinsuffizienz (selten)
  - Dyspareunie wegen vaginaler Trockenheit
  - Interstitielle Nephritis (distal tubuläre, hyperchlorämische Azidose; oft milde Formen)
- ▸ Extraglanduläre Symptome und Befunde
  - Allgemeinsymptome: Müdigkgeit, Fieber
  - Polyarthralgien, nicht-erosive Arthritis
  - Myalgien
  - RAYNAUD-Phänomen
  - Hypothyreose
  - Leukozytoklastische Vaskulitis, s. 1058
  - Serositiden
  - Polyneuropathie
  - Hämopathien: MGUS, Anämie, Leukopenie, Thrombozytopenie

II. Sekundäres SJÖGREN-Syndrom (Sicca-Syndrom)

- Sicca-Symptomatik mit verschiedenen Systemerkrankungen assoziiert:
  - SLE, s. 1038
  - Rheumatoide Arthritis, s. 992
  - Polymyositis, Dermatomyositis, s. 1048
  - Systemsklerose, s. 1044
- Hepatitis C, s. 468

1 Vitali C, et al. Ann Rheum Dis 1996 ; 55 :116-21. 2 Villiger PM, et al. In: Rheumatologie in Kürze 2006 ; S. 74-115, Thieme Verlag.

Lab: • Diskrepanz zwischen BSG und CRP: BSG ↑↑↑ CRP N/(↑)
• Anämie, Leukopenie, manchmal Thrombozytopenie
• Antikörper
  - Rheumafaktor (oft hohe Titer)
  - ANA (bei ca. 90 % der Patienten positiv)
  - Anti-Ro/SS-A (bei 70-95 % der Patienten positiv)
  - Anti-La/SS-B (bei 60-90 % der Patienten positiv)
• Polyklonale Hypergammaglobulinämie (als Ausdruck der chronischen B-Zellstimulation)
• Kryoglobuline

Dg: • Siehe Diagnosekriterien, S. 1052

DD: **1. Schwellung der Parotis**
  • Parotistumor (z.B. Lymphom)
  • Virale Sialadenitis (Mumps, CMV, Hepatits C, HIV u.a.)
  • Sialolithiasis
  • Sialadenose bei chronischem Alkoholabusus
  • Tuberkulose u.a.

2. Speichelmangel/Xerostomie
  • Medikamentös (siehe unter Abschnitt «Th:», Punkt 1.3.)
  • Postaktinisch
  • Hohes Alter
  • Stress u.a.

3. Xerophthalmie
  • Medikamentös (siehe unter Abschnitt «Th:», Punkt 1.3.)
  • Blepharitis
  • Diabetes mellitus
  • Hypogonadismus

Th: **1. Primäres SJÖGREN-Syndrom**
  1.1. Allgemeinmassnahmen
    • Ausreichende Hydratation (> 2 L Flüssigkeit/d, wenn toleriert)
    • Balaststoffhaltige Kost
    • Ausreichende Luftbefeuchtung
  1.2. Lokale symptomatische Therapie
    • Bei Xerophthalmie: künstliche Augentropfen (so oft als notwendig):
      - VISCO-VISION®, LACOPHTAL®
      - Bei schweren Fällen: CELLUVISC®
    • Bei Xerostomie:
      - Kaugummi ohne Zucker
      - Trockenfrüchte (Apfelsäure stimuliert den Speichelfluss)
      - Künstlichen Speichelspray
      - Medikamentöse Speichelförderung:
        -- Bromhexin BISOLVON© (Tabl 8 mg: 3x 2 Tabl/d PO)
        -- Pilocarpin SALAGEN© (Tabl 5 mg: 3x 5 mg/d PO)
    • Zahnärztliche Kontrollen (wegen hohem Kariesrisiko) und frühzeitige Behandlung von Mundhöhleninfekten.
  1.3. Medikamente, die vermieden werden sollen:
    • Schleimhautabschwellende Medikamente
    • Diuretika
    • Anticholinergika:
      - Trizyklika
      - Ipratropiumbromid
      - Atropin
      - Scopolamin
      - Antiparkinson Medikamente: Benztropin, Biperiden, Procyclidin
    • Antihistaminika
    • Sedative Neuroleptika
  1.4. Systemische immunsuppressive Therapie (Rheuma-Konsilium)
    • I.d.R. nicht notwendig
    • Bei Arthritis, Serositis, Vaskulitis oder pulmonalem Befall kann eine Therapie mit Kortikoiden und/oder mit anderen Immunsuppressiva in Betracht gezogen werden.

2. Sekundäres SJÖGREN-Syndrom (Sicca-Syndrom)
  2.1. Kausaltherapie
  2.2. Symptomatische Therapie (siehe unter Punkt 1.2.)

3. Verlaufskontrolle: Auftreten einer Neoplasie (z.B. Lymphom) nicht verpassen!

Prog: • I.d.R. gute Prognose (ausser bei Malignomentwicklung)

Dg:[1] **Diagnosekriterien des SJÖGREN-Syndroms**

Primäres SJÖGREN-Syndrom

Bei Patienten ohne jegliche Begleiterkrankung kann das primäre SJÖGREN-Syndrom wie folgt definiert werden:

a) Vorhandensein von 4/6 der untenstehenden Kriterien, unter der Bedingung, dass das Kriterium 4 (Histopathologie) und das Kriterium 6 (Serologie) positiv sind.
oder:
b) Vorhandensein von 3 Kriterien der Kriterien 3 bis 6

Sekundäres SJÖGREN-Syndrom (Sicca-Syndrom)

Bei Patienten mit einer potentiell assoziierten Begleiterkrankung (d.h. einer anderen, gut definierten Mischkonnektivitis), kann die Diagnose eines sekundären SJÖGREN-Syndroms wie folgt definiert werden:

a) Vorhandensein des Kriteriums 1 oder 2
und:
b) Vorhandensein von 2 Kriterien der Kriterien 3, 4 und 5

(Sensitivität 97.3 %, Spezifität ca. 92 %)[2]

1. Augensymptome
- Mindestens 3 Monate lang täglich trockene Augen
oder:
- Fremdkörpergefühl
oder:
- Gebrauch von künstlichem Tränenersatz > 3x pro Tag

2. Orale Symptome
- Mindestens 3 Monate lang täglich trockener Mund
oder:
- Parotisschwellung
oder:
- Notwendigkeit, zum Essen häufig trinken zu müssen, um die solide Nahrung besser schlucken zu können.

3. Augenbefunde
- SCHIRMER-Test (< 5 mm in 5 min), siehe S. 1050
oder:
- Bengalrosa-Score oder ein anderes Augenscore mit Färbung (≥ 4, nach VAN BIJSTERVELD)

4. Histopathologie (Lippenbiopsie; Entnahmestelle durch eine «normale» Mukosa)
- ≥ 1 Fokus mit ≥ 50 Lymphozyten/4 mm^2 Drüsengewebe (nach GREENSPAN-Scale).

5. Speicheldrüsenbefall
- Pathologisches Szintigramm/Sialographie
oder:
- Unstimulierter Speichelfluss < 1.5 mL innerhalb von 15 min

6. Autoantikörper im Serum
- Vorhandensein von mindestens einem der folgenden Antikörper:
  - Anti-Ro/SS-A
  und/oder:
  - Anti-La/SS-B

AUSSCHLUSSKRITERIEN
- Vorgeschichte einer Radiotherapie des Schädels oder der Zervikalregion
- Hepatitis C
- Präexistentes Non-HODGKIN Lymphom
- AIDS
- Sarkoidose
- *Graft-versus-host-disease,* nach allogener Knochenmarktransplantation
- Sialadenose
- Einnahme von speichelreduzierenden Medikamenten (es gibt > 300!):
  - Antidepressiva, Antihypertensiva, Neuroleptika, Parasympatholytika u.a.

Bemerkung
- Bei Patienten > 60 Jahre können diese Tests unspezifisch positiv ausfallen und sollten daher nicht berücksichtigt werden bzw. sind ohne diagnostischen Wert.

 1 Vitali C, et al. Ann Rheum Dis 2002 ;61 :554-8. 2 Vitali C, et al. Ann Rheum Dis 1996 ; 55 :116-21.

Mischkonnektivitis - *Mixed connective tissue disease* (MCTD) [2,3] [M35.1]

RHEUMA

Syn: • SHARP-Syndrom (früher benutzte Terminologie)
Allg: • Frauen sind häufiger als Männer betroffen (4/1)
• Altersgipfel: 30-60 Jahre
Def: • Autoimmune Konnektivitis, assoziiert mit hochtitrigen Antikörpern gegen ribonukleäre Proteine (Anti U1-RNP).
Klin: • Typische Befunde:
- RAYNAUD-Phänomen. Dieses kann den anderen Manifestationen um mehrere Jahre vorangehen.
- Diffuse Fingerödeme (typischerweise «Wurstfinger»)
- Sklerodaktylie, Madonnenfinger
- Polyarthralgie oder Polyarthritis
- Systemskleroseähnliche Läsionen mit Fingerkuppennekrosen und -ulzerationen (selten)
- Diffuse, nicht vernarbende Alopezie
- Telangiektasen (Hände, Gesicht)
- Proximale Myositis:
-- EMG: vereinbar mit einer entzündlichen Myopathie
-- Muskelbiopsie: Degenerierte Muskelfibern mit lymphozytärem Infiltrat
• Ösophagushypomotilität
• Pleuro-pulmonaler Befall:
- Dyspnoe
- Pleuraerguss
- Interstitielle Infiltrate
• Nierenbefall
- I.d.R wenig ausgeprägt, kann aber eine schwere Niereninsuffizienz entwickeln
Dg: • Siehe Diagnosekriterien unten
DD: • SLE
• Systemsklerose
• Polymyositis, Dermatomyositis
• Rheumathoide Arthritis
Lab: • **Antikörper**
- Anti U1-RNP Ak (bei > 95 % der Fälle), oft hochtitrig (> 1: 1'000)
- ANA (bei > 95 % der Fälle)
• BSG oft ↑
• Diffuse Hypergammaglobulinämie bei ca. 75 % der Patienten
• Komplement (↓) bei ca. 25 % der Patienten
• CK (bei aktiver Myositis erhöht)
• Anämie und Leukopenie (bei 30-40 % der Patienten)
• Selten:
- Hämolytische Anämie mit positivem COOMBS-Test
- Thrombozytopenie
• Bei Glomerulonephritis können folgende Befunde im Urin beobachtet werden:
- Hämaturie
- Zylinder
- Proteinurie
Th: 1. Rheuma-Konsilium!
2. Analgetika bei Bedarf: NSAR
3. Immunsuppressoren
- Kortikoide bei symptomatischen Patienten indiziert
- Andere Immunsuppressiva bei Befall vitaler Organe, der Muskulatur und Gelenke

Diagnosekriterien der Mischkonnektivitis

Die Diagnose verlangt das serologische Kriterium, sowie ≥ 3/5 der klinischen Kriterien.

(Sensitivität 63 %, Spezifität 86 %)[2, 3]

Serologisches Kriterium

1. Hoher Serumtiter der Anti-RNP Antikörper (Anti U1-RNP Ak)

Klinische Kriterien

1. Geschwollene Hände
2. Synovitis
3. Myositis (biologisch oder histologisch gesichert)
4. RAYNAUD-Phänomen
5. Akrosklerose

2 Angepasst nach: Alarcon-Segovia D, et al. Amsterdam, Elsevier 1987 : 33-40 3 Amigues JM, et al. J Rheumatol 1996 ;23 :2055-62.

Systemische Vaskulitiden[1]

Allg:
- Die systemischen Vaskulitiden verkörpern eine heterogene Krankheitsgruppe mit dem gemeinsamen Merkmal einer **Entzündung der Blutgefässe** (Arterien/Kapillaren/Venen), was folgende Auswirkungen hat:
  - **Gefässobstruktion**
  - **Ischämie des entsprechenden Organs.**
- Da die therapieassoziierte Morbidität der Vaskulitiden hoch liegt, ist es unerlässlich, die Diagnose histologisch zu beweisen.

Klas:
- Einteilung der systemischen Vaskulitiden nach dem Chapel-Hill Konsensus.[2]

I. Vaskulitiden der grossen Arterien
- Riesenzellarteriitis, S. 1062 (häufig)
- TAKAYASU Arteriitis, S. 1058 (selten)
- Isolierte Arteriitis des ZNS

II. Vaskulitiden der mittelgrossen und kleinen Arterien
- Panarteriitis nodosa (PAN), S. 1068
- Morbus KAWASAKI
- Primäre Vaskulitis des ZNS
- Thrombangiitis obliterans (Morbus BUERGER), S. 1056

III. Vaskulitiden der kleinen Gefässe (Arteriolen/Kapillaren/Venolen)

ANCA positive Vaskulitis
- WEGENER Granulomatose, S. 1066
- Mikroskopische Polyangiitis, S. 1065
- CHURG-STRAUSS-Vaskulitis, S. 1059

ANCA negative Vaskulitis
- Leukozytoklastische Vaskulitis, S. 1058
- Purpura SCHÖNLEIN-HENOCH, S. 1057
- Morbus BEHÇET, S. 1060
- Kryoglobulinämie (essentiell)
- Hypersensitivitätsvaskulitis

IV. Sekundäre Vaskulitiden
- Assoziiert bei Infektionen
- Assoziiert bei Neoplasien:
  - Maligne Hämopathien
  - Karzinome
- Assoziiert bei Konnektivitiden,
- Hypersensibilitätsreaktion
  - Serumkrankheit, S. 891
  - Medikamentös (leukozytoklastische Vaskulitis), S. 1058
- Assoziiert mit einer Kryoglobulinämie, S. 1074
- Urtikarielle hypokomplementäre Vaskulitis
- Pseudovaskulitische Syndrome
  - Cholesterin Embolus
  - Myxom
  - Thrombotische thrombozytopenische Purpura, S. 916

1 Angepasst nach: Jennette JC, et al. N Engl J Med 1997 ;337 :1512-23. 2 Hoffman GS. Clin Exp Rheumatol 1998 ;16 :111-5.

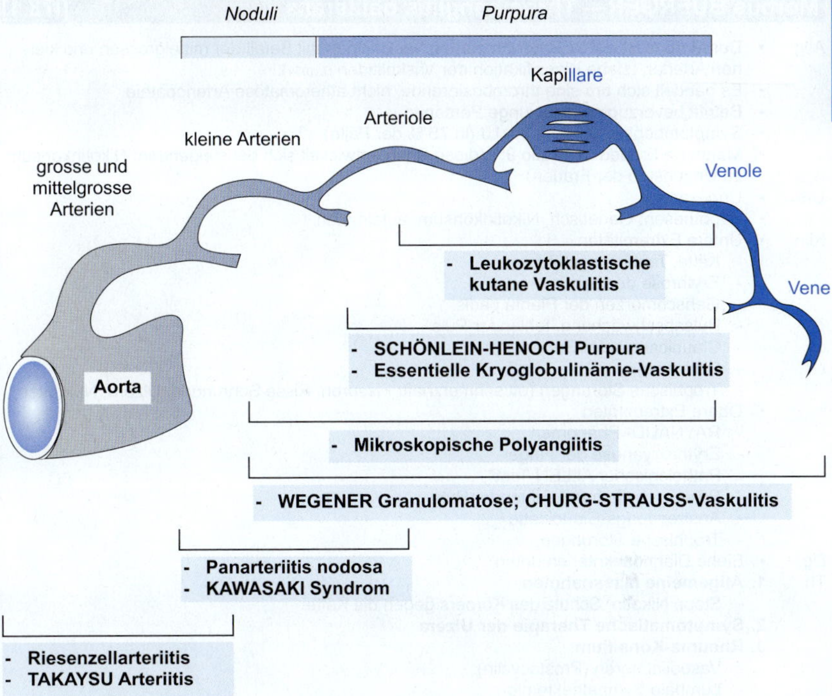

Schema: Systemische Vaskulitiden, eingeteilt nach Gefässgrösse.[1,2]

1 Angepasst nach: Jennette JC, et al. N Engl J Med 1997 ;337 :1512-23. 2 Hoffman GS. Clin Exp Rheumatol 1998 ;16 :111-5.

Morbus BUERGER— Thrombangiitis obliterans [I73.1]

Allg:
- Der Morbus BUERGER gehört zu den Vaskulitiden mit Befall der mittelgrossen und kleinen Arterien (siehe Klassifikation der Vaskulitiden S. 1054).
- Es handelt sich um eine thrombosierende, nicht atheromatöse Arteriopathie.
- Betrifft bevorzugterweise junge Personen.
- Symptombeginn vor dem 30. LJ (in 75 % der Fälle)
- Männer > Frauen mit Ratio 9:1 (diese Ratio entwickelt sich bei steigendem Nikotinkonsum zu Ungunsten der Frauen)

Urs:
- Unbekannt
- Hypothesen: Genetisch, Nikotinkonsum, autoimmun

Klin:
- Untere Extremitäten
  - Kälte, Taubheitsgefühl
  - Erythrose der Zehen
  - Gehschmerzen der Planta pedis
  - Pulsabschwächung, fehlender Puls
  - Claudicatio beim Gehen
  - Parästhesien
  - Trophische Störungen (oft schmerzhaft: Fissuren, Risse Schrunden, Ulzera, Nekrosen)
- Obere Extremitäten
  - RAYNAUD- Phänomen
  - Erythrozyanose der Finger
  - Pathologischer ALLEN-Test*
  - Pulsabschwächung, fehlender Puls
  - Anstrengungs-Claudicatio
  - Trophische Störungen

Dg:
- Siehe Diagnosekriterien unten

Th:
1. **Allgemeine Massnahmen**
   - Stopp Nikotin, Schutz des Körpers gegen die Kälte
2. **Symptomatische Therapie der Ulzera**
3. **Rheuma-Konsilium**
   - Vasodilatatoren (Prostacyclin)
   - Lumbale Sympathektomie
   - Amputation

Diagnosekriterien des Morbus BUERGER[6]

Morbus BUERGER per definitionem:
- 3 Hauptkriterien oder 2 Haupt- + 2 Nebenkriterien

Morbus BUERGER möglich
- 2 Hauptkriterien oder 1 Haupt + 2 Nebenkriterien

Verdacht auf Morbus BUERGER
- 1 Hauptkriterium oder 2 Nebenkriterien

(Sensitivität und Spezifität nicht validiert)

Zwingendes Kriterium

Distale Ischämie einer Extremität bei einer Person < 40 Jahre

Hauptkriterien

1. Nikotinabusus > 5 pack/years
2. Wandernde oder rezidivierende oberflächliche Thrombosen
3. Angiographisch fehlende, atheromatöse Läsionen

Nebenkriterien

a. Männliches Geschlecht
b. RAYNAUD-Phänomen
c. Fehlen von: Dyslipidämie, Diabetes mellitus, art. Hypertonie
d. Fehlen emboligener Krankheiten, keine Konnektivitis und keine Hämopathie

* ALLEN-Test

Vorg:
- Der Untersucher schnürt am Handgelenk des Patienten die Arteria radialis und die Arteria ulnaris mit festem Druck ab und unterbricht damit die Blutzufuhr zur Hand. Der Patient wird aufgefordert, die Hand rasch zu öffnen und zu schliessen, bis dass die Handfläche weiß wird. Der Untersucher beendet die Unterbrechung der Blutzufuhr durch Loslassen von einer der beiden Arterien und prüft, ob die Hand wieder normal durchblutet wird. Der Test wird mit der anderen Arterie wiederholt.
- <u>Interpretation</u>: Die arterielle Versorgung der Hand ist durch die Kollateralversorgung so angelegt, dass normalerweise eine der beiden Arterien ausreicht, um die Durchblutung sicherzustellen.
  - Normalantwort: Nach dem Loslassen einer Arterie wird die Hand innerhalb von 5-7 sek wieder normal durchblutet, was sich durch eine rosafarbene Haut ankündigt.
  - Pathologischer ALLEN-Test: Revaskularisierungszeit > 7 sek (DD: Gefässanomalie, Arteriosklerotische Gefässveränderungen, Morbus BUERGER u.a.).

6 Angepasst nach: Mozes M, et al. J Cardiovasc Surg 1970 ;11 :52-7.

SCHÖNLEIN-HENOCH Purpura [D69.0]

Syn: • Anaphylaktoide Purpura

Allg: • Die SCHÖNLEIN-HENOCH Purpura gehört zu den **ANCA-negativen Vaskulitiden** mit Befall der kleinen Gefässe (siehe Klassifikation der Vaskulitiden s. 1054).
- Es handelt sich um eine, v.a. im Kindesalter auftretende, Ig-A-Immunkomplex-assoziierte Vaskulitis.
- Altersgipfel: 4-15 J; 90 % erkranken vor dem 10. LJ mit Häufung im Herbst und Frühling
- Inzidenz: 1 neuer Fall/10'000/Jahr
- Knaben > Mädchen (1.5/1)
- Familiär gehäuftes auftreten mit einer IgA-Nephropathie (s. 656).

Urs: • Unbekannt
- Folgende Assoziationen sind beschrieben:
  - Luftweginfektion: Streptokokken, *Mycoplasmen*
  - Kälteexposition
  - Insektenstich
  - Medikamentöse Allergie

Klin: • Klinische Trias:
  - **Palpable Purpura der unteren Extremitäten bei <u>ALLEN</u> der Patienten!**
  - **Bauchschmerzen, Koliken, Erbrechen**
  - **Arthritis**
- Weitere Klinik bzw. Komplikationen:
  - Hepato-Splenomegalie
  - Cholezystitis
  - Pankreatitis
  - Darminfarkt
  - Pseudomembranöse Kolitis
  - Invagination
  - GI-Blutung
  - Arthralgie (bei ca. 75 % der Patienten)
  - Nierenbefall: Glomerulonephritis, nephrotisches Syndrom, Niereninsuffizienz
  - Myokardinfarkt
  - Pleuraerguss
  - Neuropathie:
    -- Kopfschmerzen
    -- Konvulsionen
    -- Mononeuropathien u.a.

Dg: • Siehe Diagnosekriterien unten

Lab: • BSG N/↑, Leukozytose, evtl. Eosinophilie
- Erhöhtes IgA im Serum
- Normale Thrombozytenwerte (Anzahl und Funktion)
- Blutungszeit allenfalls verlängert
- Komplement oft ↑
- Urin: Suche nach Hämaturie und Proteinurie (auch initial milde Proteinurie schliessen eine spätere chronische Niereninsuffizienz nicht aus)!

Th: 1. **Symptomatische Therapie** (Rheuma-Konsilium)
  - Ein infektiöser Herd muss, wenn vorhanden, behandelt werden (z.B. *Streptococcus*)
  - Analgetika bei Bedarf
  - Kortikoide bei Bedarf

2. **Chirurgische Therapie bei Invagination**

Prog: • Der Verlauf ist in den meisten Fällen spontan gut innerhalb von 6 Wochen.
- Persistierende Nephropathie bei > 1 %; aber < 1 % terminale Niereninsuffizienz.
- Rezidive sind möglich.

Diagnosekriterien der HENOCH-SCHÖNLEIN-Purpura[3]

Die Diagnose wird bei Vorhandensein von 2/4 Kriterien gestellt.

(Sensitivität 87 %, Spezifität 88 %)

1. Palpable Purpura
   - Leicht erhabene hämorrhagische Hautläsionen
2. Alter bei Erstmanifestation der Krankheit < 20 Jahre
3. Angina abdominalis
   - Bauchschmerzen, welche nach den Mahlzeiten zunehmen oder Diagnose einer intestinalen Ischämie, welche oft mit blutigen Diarrhoen einhergehen.
4. Vaskuläre Histologie
   - Granulozytäre Infiltration einer biopsierten Arteriole oder Venole

3 Angepasst nach: Mills JA, et al. Arthritis Rheum 1990 ;33 :1114-21.

Leukozytoklastische Vaskulitis [M31.0]

Syn: • Leukozytoklastische Angiitis

Allg: • Die leukozytoklastische Vaskulitis gehört zu den **ANCA-positiven Vaskulitiden** mit Befall der kleinen Gefässe (siehe Klassifikation der Vaskulitiden s. 1054).
- Es handelt sich um eine häufige Form der Vaskulitiden (ca. 10 % aller Vaskulitiden).
- Sie ist meist durch die Immunkomplexablagerung in der Gefässwand bedingt.
- Wenn sie im Erwachsenenalter auftritt, sind schwere Komplikationen häufiger.
- In manchen Fällen ist die leukozytoklastische Vaskulitis Ausdruck einer **Bakteriämie**.
- Die leukozytoklastische Vaskulitis tritt bei folgenden autoimmunen Krankheitsbildern auf:
  - Konnektivitiden (SLE, SJÖGREN-Syndrom, MCTD u.a.) und bei rheumatoider Arthritis

Klin: • Die Hautläsionen treten 7-21 d nach der Einnahme der inkriminierten Substanz auf:
  - Allopurinol, Interferon α, Penicillin, Retinoide, Zidovudin
  - Impfungen

Vorg: **1. Rheuma-Konsilium**

2. Medikamentöse Therapie in Betracht ziehen
  - Bei Nekrosen und Ulzerationen: Kortikoide
  - Bei chronisch rezidivierender Vaskulitis: Dapson, Colchicin
  - Bei schwerer systemischer Vaskulitis: Immunsuppressiva

Dg:

Diagnosekriterien der leukozytoklastischen Vaskulitis[4]

Die Diagnose wird bei Vorhandensein von 3/5 Kriterien gestellt.

(Sensitivität 71 %, Spezifität 84 %)

1. Alter bei Erstmanifestation der Krankheit > 16 Jahre
2. Einnahme eines Medikamentes (bekannt für das mögliche Induzieren einer leukozytoklastischen Vaskulitis) bei Erstmanifestation der Krankheit
3. Palpable Purpura
   - Leicht erhabene purpuraähnliche Hautläsion, welche eine oder mehrere Hautzonen betrifft. Diese Läsionen können durch die Vitropression nicht zum Verschwinden gebracht werden.
4. Makulo-papulärer *Rash*
   - Erhabene oder nicht erhabene Hautläsion, variabler Grösse, welche eine oder mehrere Hautzonen betrifft. Diese Läsionen können durch die Vitropression nicht zum Verschwinden gebracht werden.
5. Histologie der Hautbiopsie (Arteriolen oder Venulen)
   - Peri- oder extravaskuläre granulozytäre Infiltration

TAKAYASU-Arteriitis [M31.4]

Allg: • Sehr seltene Grossgefässvaskulitis, welche Frauen ≤ 40 Jahren betrifft und in Asien deutlich häufiger als in Europa ist.
- Es handelt sich um eine **granulomatöse Entzündung der Aorta und ihrer Hauptäste**.

Klin: • Kardinalbefunde:
  - Seitendifferenz des art. BD
  - Aorteninsuffizienz

Vorg: • Rheuma-Konsilium

Dg:

Diagnosekriterien der TAKAYASU-Arteritiis[2]

Die Diagnose wird bei Vorhandensein von ≥ 3/6 Kriterien gestellt

(Sensitivität 90 %, Spezifität 97 %)

1. Patient ≤ 40 Jahre bei der Erstmanifestation der Krankheit
2. Claudicatio der Extremitäten
   - Auftreten und Verstärkung einer Müdigkeit und eines muskulären Diskomforts an einer oder mehreren Extremitäten während körperlicher Belastung
3. Abgeschwächter Puls der A. brachialis (ein- oder beidseitig)
4. Unterschied des SBD zwischen beiden Armen von > 10 mmHg
5. Auskultierbares Strömungsgeräusch über der A. subclavia (ein- oder beidseitig) oder über der Aorta abdominalis
6. Typische arteriographische Veränderungen der grossen Gefässe der oberen oder unteren Extremitäten, ohne kausalen Zusammenhang mit einer Arteriosklerose, fibro-muskulärer Dysplasie oder einer anderen Ursache

2 Angepasst nach: Arend WP, et al. Arthritis Rheum 1990 ;33 :1129-34. 4 Angepasst nach: Calabrese LH, et al. Arthritis Rheum 1990 ;33 :1108-13.

CHURG-STRAUSS-Vaskulitis [M30.1]

RHEUMA

Syn: • Allergische granulomatöse Angiitis, Periarteriitis mit Lungenbefall

Allg: • Die CHURG-STRAUSS-Vaskulitis gehört zu den **ANCA-positiven Vaskulitiden** mit Befall der kleinen Gefässe (siehe Klassifikation der Vaskulitiden S. 1054).

Klin: • Klinische Trias:

1. **Allergische Diathese**
   - Asthma bronchiale
   - Allergische Rhinitis
   - Rezidivierende Sinusitiden
   - Polyposis nasi
2. **Asthma**
3. **Eosinophilie**
   - Im Blut (> 10 %)
   - Im Gewebe:
     -- Eosinophile Enteritis
     -- Eosinophile Pneumonie

• Vaskulitis
  - Purpura
  - Mononeuritis multiplex (kann schnell zur Invalidisierung führen!)
  - Myokardbefall bei Koronariitis!
  - Nierenbefall (sehr selten)

Lab: • Im vaskulitischen Stadium:
  - ANCA gegen die Myeloperoxidase (MPO, S. 1350): ca. in 60 % der Fälle positiv
  - ANCA gegen die Proteinase-3 (PR3, S. 1350): ca. in 10 % der Fälle positiv

Urs: • Idiopathisch
• Eine medikamentöse Assoziation mit Leukotrienen werden beschrieben (Montelukast, Zafirlukast).

Dg: • siehe Diagnosekriterien unten
• **Bei Asthma und vaskulitischen Symptomen/Befunden soll eine Biopsie zur Diagnosesicherung stattfinden.**

Lab: • Eosinophilie (bis 70 %), BSG ↑, ANCA positiv in 70-90 % der Fälle

Vorg: • Sorgfältige Anamnese + klinische Untersuchung (v.a. detaillierter Neurostatus!)
• Blutentnahme
  - Blutstatus, ANCA (MPO, PR3)
  - Eosinophiles kationisches Protein (ECP)
• Bildgebung
  - Thoraxröntgen
  - CT der Nasenhöhlen
• Lungenfunktionsprüfung mit DLCO
• Echokardiographie (allenfalls Stress-Echo)
• Biopsie des betroffenen Gewebes

Th: 1. **Rheuma-Konsultation**
2. **Organ- und symptomorientierte medikamentöse Therapie**
  - Kortikoide: zur Therapie der asthmatischen Symptome und der eosinophilen Gewebsinfiltrationen
  - Bei kortikoidresistentem Asthma: Interferon α
  - Bei Mononeuritis und Karditis: Cyclophosphamid
  - Zur Remissionserhaltung: Immunsuppressiva: Azathioprin, Methotrexat

Diagnosekriterien der CHURG-STRAUSS-Vaskulitis[4]

Die Diagnose wird bei Vorhandensein von 4/6 Kriterien gestellt.

(Sensitivität 95 %, Spezifität 99 %)

1. Asthma bronchiale (*wheezing*, exspiratorische grobe Rasselgeräusche)
2. Eosinophilie (im peripheren Blut > 10 %)
3. Paranasale Sinusitis
4. Nicht fixe Lungeninfiltrate
   • Migrierende oder transitorische Infiltrate, welche einer systemischen Vaskulitis untergeordnet werden können.
5. Anomalien der paranasalen Sinus (maxillaris, frontalis, sphenoidalis, ethmoidalis)
   • Anamnese von Schmerzen eines Sinus paranasalis
   • Oder: Transparenzminderung (Verschattung) eines paranasalen Sinus
6. Histologie (Arterie, Arteriole oder Venule):
   • Vaskulitis mit extravaskulärer Eosionphilie

4 Angepasst nach: Calabrese LH, et al. Arthritis Rheum 1990 ;33 :1108-13.

Morbus BEHÇET[5,6] [M31.0]

Allg:
- Der Morbus BEHÇET gehört zu den **ANCA-negativen Vaskulitiden** mit Befall der kleinen Gefässe (siehe Klassifikation der Vaskulitiden S. 1054).
- Es handelt sich um eine chronische, rezidivierende Vaskulitis.
- Häufigkeit:
  - Gehäuftes Auftreten (1-8/10'000) in Japan, im mittleren Osten, Mittelmeerraum (entlang der mittelalterlichen Seidenstrasse)
  - Selten in Westeuropa (UK 1/100'000)
- Der Phänotyp HLA-B5 ist häufig.

Urs:
- Unbekannt
- Autoimmunerkrankung?

Dg:
- Siehe Diagnosekriterien unten

Klin:
- Bipolare Aphthose (Mund- und Genitalaphthose); Augenbefall bei 60-75 % der Patienten (z.B. nicht granulomatöse Panuveitis mit Erblindungsrisiko!)
- Andere befallene Organe/Systeme:
  - Gelenke: Nicht deformierende Arthritis
  - Lunge: Pulmonale Angiitis: Hämoptyse (bei jungen Männern)
  - Magen/Darm Perforation/Blutung
  - Haut: Erythema nodosum, akneiforme Knötchen, Pseudofollikulitis

DD:
- Herpes simplex Infekt
- Tuberkulose, Sarkoidose
- Rheumatoide Arthritis
- SLE
- Morbus REITER
- Multiple Sklerose
- Morbus CROHN, Colitis ulcerosa
- STEVENS-JOHNSON-Syndrom

Th:
1. **Symptomatische Therapie**
   a) Mukosabefall
   - Lokale Kortikoide: Mundspülung oder Mundgel
   - Colchizin

   b) Uveitis oder ZNS-Befall
   - Kortikoide (z.B. Prednison 1 mg/kg/d PO)
   - + Immunosuppressive Therapie: Azathioprin oder Ciclosporin

   c) Arthritis
   - Analgetika/NSAR
   - Oft Basismedikation: Methotrexat, TNFα-Hemmer

Diagnosekriterien des Morbus BEHÇET[5]

Hauptkriterium

1. Rezidivierende orale Aphthen ≥ 3x/Jahr (mehr oder weniger ausgeprägt oder herpetiform), durch den Arzt oder den Patienten beobachtet

Und ≥ 2 der folgenden Kriterien

1. Rezidivierende, genitale Aphthen (durch den Arzt oder den Patienten beobachtet)
2. Augenbefall (durch den Ophthalmologen diagnostiziert)
   - Anteriore oder posteriore Uveitis oder bestätigte retinale Vaskulitis
3. Hautläsion
   - Erythema nodosum (durch den Arzt oder den Patienten beobachtet)
   - Oder (durch den Arzt diagnostiziert): Pseudofollikulitis
   - Oder akneiforme Knötchen (beobachtet durch Arzt in der Postadoleszenz und ohne Kortikoidtherapie).
4. Positiver Pathergietest (= kutane Hyperreaktivität). Wird nach 24-48 h durch einen Arzt interpretiert: Entwicklung von sterilem Eiter an der Stelle des Hauttestings

Nebensymptome (zur Diagnosestellung aber nicht zwingend)

- Arthritis oder Arthralgien ....50 %
- Vaskulitis, rezidivierende Thrombophlebitiden, tiefe Venenthrombose ....25 %
- Epididymitis ....5 %
- Arterielle Okklusion und/oder Aneurysma
- Neurologische Symptome (z.B. Kopfschmerzen, Ataxie)............................5-10 %
- Familiäre Vorgeschichte eines Morbus BEHÇET ....2-12 %
- Gastrointestinaler Befall (v.a. im Fernen Osten) ....1-30 %

5 Angepasst nach: Kontogiannis V et al. Postgrad Med J 2000 ;76 :629-37. 6 James DG. Br J Clin Pract 1990 ;44 :364-8.

Riesenzellarteriitis (RZA)[6-8] [M31.6]

Syn: • Arteriitis temporalis HORTON, Arteriitis cranialis

Allg: • Die Riesenzellarteriitis (RZA) gehört zu den **Vaskulitiden mit Befall der grossen Arterien** (siehe Klassifikation der Vaskulitiden s. 1054).
- Es handelt sich um eine Panarteriitis der grossen extrakraniellen Arterien und des Aortenbogens.
- Die RZA tritt etwa ab dem 50 LJ auf. Frauen > Männer
- Prävalenz: a) < 50 Jahre: 200/100'000 Einwohner; b) > 85 Jahre: 1'100/100'000.[8]
- Inzidenz (> 50 Jahre): ca. 20/100'000 (Frauen); 8/100'000 (Männer).[8]
- Die «klassische» RZA betrifft die Arteria temporalis.

Für die PRAXIS:
- Es besteht das Risiko der brüsken Erblindung, wenn die RZA nicht frühzeitig erkannt und mit Kortikoiden behandelt wird!
- Bei einer Amaurosis fugax muss IMMER an eine Riesenzellarteriitis gedacht werden!
- Bei einer RZA ist das Risiko eines thorakalen Aortenaneurysmas um den Faktor 15 erhöht!

Urs: • Unbekannt

Klin: • Allgemeinsymptome
  - Asthenie
  - Ausgeprägtes Kraftlosigkeitsgefühl
  - Fieber
  - Morgensteifigkeit
  - Myalgien
  - Temporale Kopfschmerzen
  - Nachtschweiss
  - Pathognomonisch: Claudicatio der Kau-, Schlund- und Zungenmuskulatur (20-50 % der Patienten) = Vorzeichen eines Sehverlustes!!
  - Hyperästhesie der Kopfhaut (schmerzhaftes Kämmen oder Haare waschen)
- Entwicklung einer Polymyalgia rheumatica (s. 1064) bei 50 % der Patienten:
  - Symmetrische Muskelschmerzen im Bereich des Schulter- und Beckengürtels
  - Nachtschmerz u.a. Symptome, siehe s. 1064
- Sehstörungen
  - **Erblindung**

    Allg:
    - Prävalenz: bis zu 20 % der Patienten (ein- oder beidseitig).
    - Es handelt sich oft um die Erstmanifestation.
    - Bei nicht behandeltem, einseitigem Augenbefall wird das 2. Auge 1-2 Wo später ebenfalls betroffen.

    Klin:
    - Folgende, typische Augenfundusmodifikationen werden i.d.R. erst NACH dem Visusverlust sichtbar:
      - Abblassung des N. opticus infolge Ischämie
      - *Cotton-wool patches*
      - Kleine Herde mit Netzhautblutungen
  - Diplopie (durch Verschluss der A. ophthalmica und Aa. ciliares posteriores)
  - Amaurosis fugax mit Erblindung!
- Aneurysma der Aorta thoracica (Risiko ca. 15x erhöht)
- **Lokale Zeichen der Arterie temporalis superficialis (ca. 50 % der Patienten):**
  - Schmerzhafte Schwellung und Rötung der Temporalisregion
  - Der Puls der A. temporalis kann abgeschwächt oder fehlend sein.

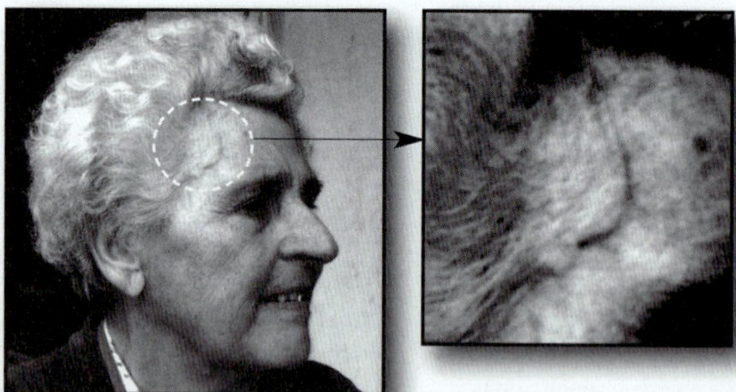

Foto: Riesenzellarteriitis (bioptisch gesichert).

6 Hunder GG, et al. Arthritis Rheum 1990 ;33 :1122-8. 7 Salvarani C, et al. N Engl J Med 2002 ;347 ;261-71. 8 Smetana GW, et al. JAMA 2002 ;287: 92-101.

Dg:

Diagnosekriterien der Riesenzellarteriitis[6]

Die Diagnose wird bei Vorhandensein von ≥ 3/5 Kriterien gestellt.

(Sensitivität 94 %, Spezifität 91 %)

1. Alter bei Beginn der Symptome ≥ 50 Jahre
2. Kopfschmerzen neu oder neuartig auftretend
3. Arterie temporalis superficialis
   - Bei Palpation druckdolent
   - Oder: Abschwächung des Pulses
4. BSG ≥ 50 mm/h
5. Typische Histologie der Arterie temporalis superficialis (5 cm langes Stück)
   - Vaskulitis mit betonter, mononukleärem oder granulomatösem Entzündungsinfiltrat, typischerweise mit Riesenzellen

Lab:
- BSG ↑↑ (> 50 mm/h), aber es gibt Patienten mit normaler BSG!
  - Die BSG normalisiert sich nach 4 Wochen Therapie.
- Das CRP gibt Auskunft über die:
  - Entzündliche Aktivität
  - Wirksamkeit der Therapie.
- Anämie (bei 55-85 % der Patienten)
- ALAT (leichte Erhöhung bei ca. 25 % der Patienten)
- Thrombozytose (bei 30-70 % der Patienten)
- Die immunologischen Parameter (z.B. ANA, RF) sind normal!

Vorg: **Abklärungen bei Verdacht auf eine Riesenzellarteriitis**

1. Biopsie der A. temporalis superficialis

Allg: • Die Biopsie kann bis zu 2 Wo nach Beginn einer Kortikoidtherapie noch durchgeführt werden, ohne dass die Resultate durch die entzündungshemmende Therapie zu stark beeinflusst werden.

Vorg: • Die Biopsie soll ca. 5 cm lang sein, um falsch negative Histologieresultate zu vermeiden (bei möglichen *skip-lesions* bei 20-30 % der Patienten).

Ind: • I.d.R. bei allen Patienten mit Verdacht auf eine RZA.

2. Sonographie der extrakraniellen Gefässe (inkl. Aa. temporales)

Allg: • Die Sonographie zeigt folgende Befunde:
- Pathologisches Strömungsmuster
- Gefässwandverdickung
- Periarterieller entzündlicher Hof, sogenannter «Halo». Dieser Befund ist beinahe 100 % spezifisch, wird aber in der Praxis eher selten durchgeführt.

Th: **A. Riesenzellarteriitis ohne Augenbefall**

1. Kortikoide (Dauer > 6-12 Mt., je nach Klinik)

Bsp: Prednison 60 mg/d (oder 1 mg/kg) PO (am Morgen) während 1 Mt. (oder bis dass die BSG normalisiert und die Beschwerdefreiheit erreicht ist), dann ausschleichen:
- Monate 2-5: Dosisreduktion um 10 mg jeden Monat um 20 mg/d zu erreichen
- Monate 6-9: Dosisreduktion um 2.5 mg jeden Monat um 10 mg/d zu erreichen
- Monate 10-12: Dosiserhaltung von 10 mg/d für 2 Monate, dann jeweils um 1 mg pro Monat reduzieren, bis zum vollständigen Absetzen.

Bem: Therapiedauer:
- Es gibt keinen Konsens bezüglich Ausschleichen der Kortikoidtherapie.
- 50 % der Patienten brauchen eine Kortikoidtherapie während > 2 Jahren.
- Entscheidend für das Absetzen der Kortikoidtherapie ist die KLINIK (mehr als die Laborresultate).

2. Prävention der Kortikoid-Osteoporose, siehe s. 709

B. Riesenzellarteriitis mit Augenbefall (Visusverlust oder Visusverlust in Gefahr)

Allg: **Für die PRAXIS:**

Der Augenbefall bei RZA ist ein medizinischer NOTFALL!!

1. SOFORT:
   - Methylprednisolon 1000 mg/d **IV während** 3 d,
   - dann oral mit Prednison weitergefahren (siehe unter Punkt A.1.).
2. Prävention der Kortikoid-Osteoporose, s. 709

Bem: • Radiologische Verlaufskontrollen, um die Entwickung eines evtl. thorakoabdominalen Aneurysmas zu entdecken, werden empfohlen (jährlich?).

Prog: • Rezidive können sich in Form einer RZA oder einer PMR manifestieren!

6 Hunder GG, et al. Arthritis Rheum 1990 ;33 :1122-8.

Polymyalgia rheumatica (PMR)[1-4] [M31.5]

Allg:
- Es handelt sich um eine **chronisch entzündliche Erkankung unbekannter Ursache**.
- Einige Autoren gehen davon aus, dass die PMR und die Riesenzellarteriitis (RZA) dieselbe Erkankung sei, aber in verschiedenen Stadien. Die RZA ist aber eine gut definierte Vaskulitis und es gibt keine Evidenz, dass jede PMR einer Vaskulitis unterzuordnen ist.
- Die Prävalenz der PMR ist altersabhängig:
  - > 50 Jahre......ca. 0.5 %
  - > 80 Jahre......bis 5 % der Bevölkerung!
- Frauen > Männer (2/1)
- Die PMR ist 2-4x häufiger als die RZA.
- 40 % der PMR-Patienten haben eine Histologie, die mit einer RZA vereinbar ist, aber nur gerade 2-4 % der PMR-Patienten leiden unter Symptomen einer RZA.

Urs:
- Unbekannt

Klin:
- Symptombeginn typischerweise ab 50 Jahren
  - Allgemeiner Erschöpfungszustand
  - Morgensteifigkeit
  - Depression
  - Symmetrische Muskelschmerzen, welche v.a. über Nacht auftreten und folgende Körperregionen befallen:
    - -- Schultergürtel
    - -- Beckengürtel
    - -- Entlang der Wirbelsäule
    - -- Proximale Arm- und Oberschenkelregionen

Lab:
- BSG ↑↑ (> 50 mm/h bei 80 % der Fälle; die BSR kann aber auch < 30 mm/h betragen)
- CRP ↑
- Hyporegenerative Entzündungsanämie (d.h. normo- oder mikrozytär, normochrom)
- Die immunologischen Marker sind i.d.R. nicht erhöht (allenfalls leicht ↑): ANA, RF.

Dg:

Diagnosekriterien der Polymyalgia rheumatica

Es werden 2 diagnostische Kriterien unterschieden:

- Nach CHUANG (ohne Berücksichtigung des therapeutischen Ansprechens)
- Nach HEALEY (berücksichtigt das therapeutische Ansprechen)

CHUANG-Kriterien (4/4 Kriterien müssen erfüllt sein)[3]

1. Alter ≥ 50 Jahre
2. Bilaterale Schmerzen und Steifigkeit während ≥ 1 Monat, welche ≥ 2 der folgenden Lokalisation betreffen:
   - Zervikalregion oder Stamm
   - Schultern oder proximale Region der Arme
   - Hüfte oder proximale Oberschenkelregion
3. BSG > 40 mm/h
4. Ausschluss jeglicher Erkrankung, ausser einer Riesenzellarteriitis

HEALEY-Kriterien (6/6 Kriterien müssen erfüllt sein)[4]

1. Alter > 50 Jahre
2. Schmerzen während ≥ 1 Monat, welche ≥ 2 der folgenden Lokalisationen oder Regionen betreffen:
   - Hals
   - Schultern
   - Hüftgürtel
3. BSG > 40 mm/h
4. Ausschluss anderer Erkrankungen, welche für die muskulo-skelettalen Schmerzen verantwortlich sein könnten.
5. Morgensteifigkeit, die > 1 Stunde andauert.
6. Rasches therapeutisches Ansprechen nach Prednison-Gabe (≤ 20 mg/d)
   - Bereits niedrige Dosen von Prednison (10-15 mg/d) lindern sehr signifikant und schnell (< 24 h) die Symptome der PMR.

1 Delecoeuillerie G. Ann Rheum Dis 1988 ;47 :733-9. 2 Salvarani C, et al. N Engl J Med 2002 ;347 :261-71. 3 Chuang TY, et al. Ann Intern Med 1982 ;97 :672-80. 4 Healey LA. Semin Arthritis Rheum 1984 ;13 :322-8.

Vorg: **Biopsie der Arterie temporalis superficialis** (Entnahmestück von 5 cm)
Allg: • Die Arterienbiopsie ist bei einer typischen PMR, welche gut auf die Kortikoide anspricht (≤ 10 mg Prednison/d PO), NICHT notwendig.
Ind: 1. Atypische PMR
2. Nichtansprechen auf die Therapie (unten)
3. Symptome, die auf eine Riesenzellarteriitis hinweisen

Th: **1. Entzündungshemmende Therapie: Kortikoide**
Bsp: Prednison 10-20 mg/d PO.
- Wenn die symptomatische und paraklinische (BSG) Wirkung nach 1 Monat Therapie vollständig ist, kann die Dosis reduziert werden:
  -- Prednison alle 2-4 Wo um 2.5 mg vermindern, bis eine Tagesdosis von 10 mg/d erreicht wird.
  -- Dann Tagesdosis nur noch um 1 mg alle 2-4 Wo vermindern, um eine Erhaltungsdosis von 5-7.5 mg/d zu erreichen.
- Therapiedauer: ist klinikabhängig; oft ca. 2 Jahre

Für die PRAXIS:
Bereits 10-15 mg Prednison PO haben eine stark signifikante Verminderung der PMR-Symptome zur Folge, was eine diagnostische Hilfe sein kann, die PMR aber nicht beweist!

2. Prävention der Kortikoid-Osteoporose, S. 709
3. Verlaufskontrollen
Vorg: • Regelmässige klinische Kontrollen und Laborverlaufskontrollen sind indiziert:
- BSG, CRP, ± Blutzucker
- Blutdruck

Bem: • Rezidive nach Absetzen der Kortikoide sind häufig (25-50 %).
• Rezidive können sich wie folgt manifestieren:
- PMR
- RZA
- Rheumatoide Arthritis

Mikroskopische Polyangiitis5 [M30.8]

Syn: • Mikroskopische Polyarteriitis
Allg: • Die mikroskopische Polyangiitis gehört zu den **ANCA-positiven Vaskulitiden** mit Befall der kleinen Gefässe (siehe Klassifikation der Vaskulitiden S. 4054).
• Prävalenz: ca. 0.2-1/100'000 Einwohner
• Frauen = Männer (beide Geschlechter sind gleich häufig betroffen)
Klin: • Fieber
• Arthralgien
• Purpura
• Nekrotisierende Glomerulonephritis
• Mono-, Polyneuritis
• Alveoläre Blutung (fibrosierende Alveolitis bei ca. 10 % der Fälle)
• Keine Granulome (im Gegensatz zur WEGENER-Granulomatose)
• Keine Mikroaneurysmen renaler oder mesenterialer Gefässe (im Gegensatz zur PAN)
Lab: • ANCA (bei ca. 90 % der Patienten positiv)
- gegen die Myeloperoxidase gerichtet (= MPO-ANCA) bei 50 % positiv
- gegen die Proteinase-3 gerichtet (= PR3-ANCA) bei 40 % positiv
Dg: • Wie bei der WEGENER Granulomatose diskutiert, S. 1066
Th: • Wie bei der WEGENER Granulomatose diskutiert, S. 1066

5 Villiger PM, et al. In: Rheumatologie in Kürze 2006 ; S. 74-115, Thieme Verlag.

WEGENER Granulomatose[1-3] [M31.3]

Syn: • Morbus WEGENER

Allg: • Die WEGENER Granulomatose gehört zu den **ANCA-positiven Vaskulitiden** mit Befall der kleinen Gefässe mit Nekrosebildung (siehe Klassifikation der Vaskulitiden s. 1054).
- Altersgipfel: 40-50 Jahre
- Symptombeginn ab dem 20. Lebensjahr
- Männer und Frauen sind gleich häufig betroffen.
- Geschätzte Inzidenz: 1-5/100'000 Einwohner/Jahr
- Der Verlauf ist zweiteilig:
  1. Lokoregionärer WEGENER = granulomatöse Initialphase
     - Befall der oberen, dann der unteren Luftwege, dann Lungengranulombildung
     - Befall der Orbita
  2. Vaskulitische Generalisationsphase
     - Immune, systemische Kleingefässvaskulitis

Klin:[3]

Für die PRAXIS:
Bei chronischen, rezidivierenden oder therapierefraktären Sinusitiden oder Otitiden MUSS immer an eine WEGENER Granulomatose gedacht werden!

Betroffenes System/Organ	Klinik, Bemerkungen
Granulomatöse Initialphase	
Obere Luftwege - *bei 70 % der Patienten*	• Sinusitis, Rhinitis mit harten Krusten • Epistaxis • Sattelnase (infolge entzündlicher Destruktion des Nasenknorpels) • Seröse und eitrige Otitiden, Mastoiditis, Gehörverlust • Gingivahyperplasie (in der Gingivabiopsie können Granulome beobachtet werden). • Nasenseptumperforation • Retroorbitales Granulom: Proptose (= fixe Ptose und/oder Doppelbilder: IMMER Augenmotilität prüfen!)
Untere Luftwege	• Subglottische- und/oder Bronchialstenosen • Pulmonale Granulome
Urogenital	• Prostatitis, Penisulzeration
Generalisationsphase	
Allgemeinsymptome	• B-Symptomatik: - Fieber, Nachtschweiss, Gewichtsverlust
Gelenke und Muskeln - *bei 65 % der Patienten*	• Arthralgien, nichterosive Arthritis • Myalgien
Lungen - *bei 45 % der Patienten*	• Husten • Hämoptyse (infolge alveolärer Blutung) • Pleuritis • Thoraxröntgen: Lungen Rundherde
Nervensystem - *bei 20-50 % der Patienten*	• Peripher - Mononeuritis multiplex, Polyneuropathie • Zentral - Subarachnoidalblutung - CVI, Hirnnervenkernbefall
Augenbefall - *bei 15 % der Patienten*	• Proptose (= Fixe Ptose) • Episkleritis, Skleritis mit Skleromalazie, Randkeratitis • Zentralvenenthrombose
Nierenbefall - *bei 20 % der Patienten*	• Hämaturie • Glomerulonephritis (fokal segment.) mit Niereninsuff.
Hautbefall - *bei 15 % der Patienten*	• Palpable Purpura (Granulome) • Livedo reticularis, akrale Nekrosen • Leukozytoklastische Vaskulitis, s. 1058
Herzbefall	• Pankarditis (Peri-, Myo- oder Endokarditis), Koronariitis
Magen-Darm-Trakt Befall	• Kolitis

1 Leavitt RY et al. Arthritis Rheum 1990 ;33 :1101-7. 2 Weir A, et al. N Engl J Med 1996 ;335 :1769-70. 3 Villiger PM, et al. In: Rheumatologie in Kürze 2006 ; S. 74-115, Thieme Verlag.

Dg: • Die Diagnose der WEGENER Granulomatose stützt sich auf die Klinik, Histologie und das Vorhandensein von spezifischen Antikörpern.

Diagnosekriterien der WEGENER Granulomatose[2]

Die Diagnose wird bei Vorhandensein von $\geq$ 2/4 Kriterien gestellt.

(Sensitivität 88 %, Spezifität 92 %)

1. Nasale oder orale Entzündung
   - Bildung von Mundulzera (schmerzhaft oder nicht) oder:
   - Purulenter oder blutiger Ausfluss
2. Pathologisches Thoraxröntgenbild
   - Rundherde oder:
   - Fixe Infiltrate oder:
   - Kavernen
3. Urinsediment
   - Mikrohämaturie (> 5 Erythrozyten/Gesichtsfeld; 400x) oder:
   - Erythrozytenzylinder
4. Histologie
   - Granulomatöse Entzündung der Gefässwände oder im peri- oder extravaskulären Gewebe (der Arterien oder Arteriolen)

Lab: • Bei aktiver WEGENER Granulomatose:
- BSG ↑, CRP ↑
- Leukozytose, Neutrophilie
- Entzündungsanämie (s. 896) bei 70 % der Patienten
- Thrombozytose
- KEIN Komplementverbrauch (daher ist das Komplement C3 und C4 nicht vermindert)!

• **ANCA**
- Die ANCA bleiben bei ca. 40 % der Patienten in Remission positiv.
- Es gibt eine gute Korrelation zwischen den Serumtitern der ANCA und der Krankheitsaktivität.
  - c-ANCA:
    - Mit Spezifität gegen die Proteinase-3 (= PR3-ANCA):
      - In der granulomatösen Initialphase bei 40-50 % positiv
      - In der vaskulitischen Generalisationsphase bei > 95 % positiv
  - p-ANCA:
    - Mit Spezifität gegen die Myeloperoxidase (= MPO-ANCA): bei 20 % positiv

Th: **A. Granulomatöse Initialphase** (Rheuma-Konsilium)

I. Milde Form
- TMP/SMX (2x 1 Tabl «FORTE»/d PO)[2] + Prednison (5-10 mg/d PO)

II. Mittelgradige bis schwergradige Form (drohende Sattelnase, Gehörverlust u.a.)
- Methotrexat (0.2-0.3 mg/kg) + vorübergehend Prednison (0.5-1.0 mg/kg/d PO)
- Bei subglottischen Stenosen:
  - ad. Ballondilatation/LASER + intraläsionelle Injektion eines Kortikoids.
- INFO: TMP/SMX + Methotrexat haben eine starke myelosuppressive Wirkung!

B. Vaskulitische Generalisationsphase (Rheuma-Konsilium)
- Kortikoid (je nach Klinik: oral oder Pulstherapie) + Cyclophosphamid (2-3 mg/kg/d PO)
- Remissionserhaltung: Methotrexat oder Azathioprin

Bem: • Bei Diagnosestellung und beim Übergang der Initialphase in die Generalisationsphase, ist ein multidisziplinäres Vorgehen die Regel (Internist, HNO, Kardiologe, Radiologe u.a.).

Prog: • Unbehandelt hat die WEGENER Granulomatose eine hohe Letalität (essentiell bedingt durch die rapid progressive Glomerulonephritis)
• Ein nicht behandelter Patient hat eine mittlere Überlebenszeit von weniger als 1 Jahr!

2 Weir A, et al. N Engl J Med 1996 ;335 :1769-70.

Panarteriitis nodosa (PAN)[1,2] [M30.0]

Syn: • Periarteriitis nodosa, Polyarteriitis nodosa

Allg: • Die PAN gehört zu den **Vaskulitiden mit Befall der mittelgrossen Gefässe** (siehe Klassifikation der Vaskulitiden S. 1054).
• Die PAN ist eine sehr seltene Krankheit.
• Männer > Frauen

Urs: • Unklar
• Bis zu 30 % der Fälle ist die PAN mit einer Hepatitis B assoziiert!

Klin: • Allgemeinsymptome
  - Fieber, Nachtschweiss, Gewichtsverlust
• Hautläsionen
  - Palpable Knoten, Ulzera, Livedo reticularis, periunguale Infarkte
• Nieren
  - Sekundäre art. Hypertonie
  - Hämaturie
  - Niereninfarkt, akute Niereninsuffizienz
• Nervensystem
  - Parästhesien, motorische Defizite
  - Kopfschmerzen (infolge art. Hypertonie)
• Arthralgien, nichterosive Arthritis, Myalgien
• Akutes Koronarsyndrom, Myokarditis
• Hodenschmerzen (sehr typisch)
• Bauchkoliken (Darmischämie/-nekrose)

Dg: • Siehe Diagnosekriterien unten
• Histologie: segmentale, transmurale Wandinfarkte mit Aneurysmabildung
• MR-Angiographie (ist eine gut sensitive Bildgebung)

Lab: • Starke Entzündungszeichen: BSG ↑↑↑, CRP ↑↑↑, Leukozytose
• Die ANCA sind typischerweise negativ.
• Suche nach Hepatitis (*Screening*: HBs Antigen und Anti-HBc Antikörper)
• Komplement C3, C4 (vermindert ?)
• Kreatinin-Clearance, S. 1441
• Urin: Proteinurie, Hämaturie

Th: I. **Idiopathische PAN**, ad. Rheuma-Konsilium!
  • Milde Fälle/Remissionstherapie: Kortikoide + Azathioprin oder MTX
  • Schwergradige Fälle (Organbedrohung): Kortikoide + Cyclophosphamid
II. **Hepatitis-B assoziierte PAN**, ad. Rheuma-Konsilium!

Prog: • Sehr variabel. Prognostisch ungünstig bei myokardialem, intestinalem oder renalem Befall
• 5-Jahresüberleben ca. 70-80 %

Diagnosekriterien der Panarteriitis nodosa (PAN)[1]

Die Diagnose wird bei Vorhandensein von ≥ 3/10 Kriterien gestellt.

(Sensitivität 82 %, Spezifität 87 %)

1. Gewichtsverlust ≥ 4 kg (seit Beginn der Erkrankung und ohne andere Erklärung)
2. Livedo reticularis (marmorierte Haut der Extremitäten und des Stammes)
3. Schmerzen oder Schwellung der Hoden (ohne Trauma, Infektion oder anderen Ursachen)
4. Myalgien, Muskelschwächen
   • Diffuse Myalgie (Ausnahmen: Schultergürtel, Beckengürtel) oder:
   • Muskelschwäche oder muskuläres Unwohlsein der Beinmuskulatur
5. Mononeuropathie simplex oder multiplex oder Polyneuropathie
6. Diastolische Hypertonie (DBD > 90 mmHg)
7. Erhöhung des Serumkreatinins oder -harnstoffes
   • Kreatinin > 132 µmol/L
   • Harnstoff > 14.2 mmol/L
8. Vorhandensein einer Hepatitis B
   • Positives HBs Antigen oder positive Anti-HBs Antikörper
9. Arteriographische Anomalien
   • Aneurysmata oder Verschlüsse von Viszeralarterien, welche nicht durch eine Arteriosklerose, eine fibromuskuläre Dysplasie oder andere nicht entzündliche Ursachen erklärt werden können.
10. Typische histologische Veränderungen der Arterienwände

1 Lightfoot RW, et al. Arthritis Rheum 1990 ;33 :1088-93. 2 Villiger PM, et al. In: Rheumatologie in Kürze 2006 ; S. 74-115, Thieme Verlag.

RAYNAUD-Phänomen[1-3] [I73.0]

Allg:
- Das RAYNAUD-Phänomen kommt durch einen reversiblen Vasospasmus zustande und widerspiegelt in über 90 % der Fälle eine übertriebene Reaktion bei Kälteexposition und Stress.
- Prävalenz: 3-5 % (davon > 90 % primäres RAYNAUD-Phänomen)
- Frauen > Männer (80 % Frauen)
- Altersgipfel < 30-35 Jahre

> **Für die PRAXIS**:
> Die Anamnese soll gezielt auf sekundäres RAYNAUD-Phänomen hin geführt werden, denn sowohl die Therapie als auch die Prognose sind verschieden!

- Auslösende Faktoren: Kälte, Stresssituationen u.a.
- Klinisch unterscheidet man 3 sich folgende Stadien (betrifft v.a. die Hände und Füsse):
  1. Weiss ......Spasmus. Dauer dieser Phase: 5-60 min
  2. Blau..........Zyanose. Hb Desaturierung. Dauer dieser Phase: 5-30 min
  3. Rot ....Revaskularisierung mit reaktioneller Hyperämie

Dg: RAYNAUD-Phänomen (beide Kriterien müssen erfüllt sein):
1. Erhöhte Kältesensitivität
2. Farbwechsel der Fingerkuppen (weiss/blau) bei Kälteexposition

Klas: **I. Primäres RAYNAUD-Phänomen** (> 90 % der Fälle) **= Morbus RAYNAUD**

Allg:
- Die Diagnose des primären RAYNAUD-Phänomens kann erst gestellt werden, wenn auch nach längerem Verlauf eine sekundäre Form ausgeschlossen ist.
- Wenn nach 2 Jahren keine klinischen Hinweise auf eine zu Grunde liegende Erkrankung auftritt, handelt es sich bei ca. 95 % der Patienten um ein primäres RAYNAUD-Phänomen.
  Andere Autoren schlagen vor, dass von einem primären RAYNAUD-Phänomen geprochen werden kann, wenn zu Beginn der Untersuchungen keine klinischen Hinweise auf eine assoziierte Grunderkrankung vorliegen und die ANA negativ ausfallen.

Urs:
- Wahrscheinliche pathophysiologische Mechanismen:
  - Erhöhte sympathische Aktivität
  - Verstärkte Sensitivität gegenüber adrenergen Stimuli
  - Erhöhte Anzahl von Alpha-Rezeptoren in den Gefässwänden

Klin:
- Durch Kälte oder emotionellen Stress ausgelöste vasospastische Ereignisse
- Symmetrischer Befall beider Hände
- Fehlen von Gewebsnekrosen oder Gangrän
- Keine Hinweise auf ein sekundäres RAYNAUD-Phänomen
- Normaler Aspekt der Kapillaren des Fingernagelbettes

Lab:
- BSG: normal
- Negative Serologie von: ANA, RF und anderen Antikörpern

DD:
- Sekundäres RAYNAUD-Phänomen!
- Akrozyanose (= permanente Zyanose, durch die Kälte verstärkt)
- Idiopathischer Livedo reticularis (= marmorierte Haut)

II. Sekundäres RAYNAUD-Phänomen (< 10 % der Fälle) **= RAYNAUD-Syndrom**

Allg:
- Hinweise für ein sekundäres RAYNAUD-Phänomen:
  - Alter > 40 Jahre
  - Intensive, schmerzvolle, asymmetrische Ereignisse
  - Ischämische Läsionen
  - Anamnese oder Klinik, welche für eine Konnektivitis spricht, s. 1036
  - Positive Serologie:
    - ANA
    - Rheumafaktor u.a. Antikörper, s. 1071, 1350 ff
- Kapillaroskopie: Hinweise auf eine mikrovaskuläre Erkrankung

Urs:
- Arteriopathie oder arterieller Verschluss:
  - Atherosklerose (= physiologischer Intimabefall; im Gegensatz zur Arteriosklerose, wo die Media der Gefässwand betroffen ist)
  - Morbus BUERGER, s. 1056
  - Thromboembolie
- Konnektivitis:
  - SLE, s. 1038
  - Systemsklerose, s. 1044
  - Mischkonnektivitis, s. 1053
  - Dermato-, Polymyositis, s. 1048
  - SJÖGREN-Syndrom, s. 1050
- Rheumatoide Arthritis, s. 992

1 Wigley FM. N Engl J Med 2002 ;347 :1001-8. 2 Block JA, et al. Lancet 2001 ;357 :2042-48. 3 Roussin A. Le Clinicien Nov 2001 ;85-95.

- Hämopathien:
  - Kryoglobulinämie
  - Kälteagglutinine
  - Paraproteinämie (z.B. WALDENSTRÖM)
- Medikamentös/toxisch
  - Nikotin
  - Betablocker
  - Ergotaminderivate
  - Sympathomimetika (Clonidin, Ergotamin, Bleomycin, Cisplatin, Interferon, Katecholamine, Salbutamol u.a.)
- Chronische Niereninsuffizienz
- Neoplasien
- Hypothyreose
- Poliomyelitis
- Durch Vibration ausgelöst (z.B. Presslufthammer)
- Frostschaden

Lab:

RAYNAUD-Phänomen und assoziierte Pathologien	Prozentanteil von RAYNAUD	RAYNAUD als Erstmanifestation	Bestätigungstest (Autoantikörpersuche)
Diffuse Systemsklerose	70 %	60 %	• Anti-Topoisomerase§
Limierte Systemsklerose	90-100 %	80 %	• Anti-Zentromere
Mischkollagenosen	80-90 %	70-90 %	• Anti-RNP
SLE	20-40 %	10 %	• Anti native-dsDNA • Anti-Sm
Dermato-, Polymyositis	20-30 %	20 %	• Anti-Jo 1
SJÖGREN-Syndrom	20-30 %	selten	• Anti-Ro/SS-A • Anti-La/SS-B
Rheumatoide Arthritis	5-10 %	selten	• RF

Tabelle 1: RAYNAUD-Phänomen assoziierte Krankheitsbilder.

Th:

1. **Kausaltherapie** beim sekundären RAYNAUD-Phänomen
2. **Symptomatische Therapie** (betrifft primäres und sekundäres RAYNAUD-Phänomen):
   - 2.1. Stopp Nikotinkonsumation
   - 2.2. Kälteexposition vermindern. Der ganze Körper muss in der Wärme sein, nicht nur die Extremitäten. Eine Instruktion durch eine Ergotherapeutin wird empfohlen.
   - 2.3. Medikamentöse Therapie (in Mono- oder Kombinationstherapie)
     - Kalziumantagonist
       - Nifedipin 30-120 mg/d PO (nur Retardformen verschreiben)
       - Amlodipin 5-20 mg/d PO
     - Sartan, s. 1260
       - Losartan 25-100 mg/d PO
     - SSRI, s. 1222
       - Fluoxetin 20-40 mg/d PO
3. **Therapie bei digitalen Ulzera**
   - 3.1. Acetylsalicylsäure 160 mg/d PO
     - \+ Nifedipin 10-30 mg PO (schnell wirkende galenische Formen)
     - ± Prostaglandine:
       - Iloprost 0.5-2 ng/kg/min **IV** während 6-24 h über 2-5 d
       - Epoprostenol 0.5-0.6 ng/kg/min **IV** während 6-24 h über 2-5 d
       - Alprostadil 0.1-0.4 ng/kg/min **IV** während 6-24 h über 2-5 d
   - 3.2. Bei Embolien und okklusiver Ischämie
     - Heparin **IV** *full-dose* s. 295
     - ± Lokale digitale Sympathektomie

§ Die «Anti-Topoisomerase Ak» werden auch «Anti-Scl 70 Ak» genannt.

* Serologie (keinen Konsens): Bei Patienten < 20 Jahre, welche die Kriterien eines primären RAYNAUD-Phänomens erfüllen, können verschiedene Vorgehen akzeptabel sein:
1. Ausschliesslich medizinische Verlaufskontrollen ohne serologische Abklärungen
2. Bestimmen der ANA (mit dem Vorteil, dass die ANA einen prognostischen Marker darstellen)

** Sympathomimetika: Clonidin, Ergotamin, Bleomycin, Cisplatin, Interferon, Katecholamine, Salbutamol u.a.

Bestätigtes RAYNAUD-Phänomen

Dg: Übertriebene Reaktion mit Farbwechsel der Fingerkuppen (weiss und blau) bei Kälteexposition

↓

Suche nach Trigger- oder auslösenden Faktoren eines RAYNAUD-Phänomens

↔

- Karpaltunnelsyndrom, S. 1032
- Medikamentös/toxisch:
  - Sympathomimetika**
  - Ciclosporin, Kokain, Polyvinyl
  - Betablocker
  - Nikotin u.a.
- Sonstige Triggerelemente:
  - Erfrierung
  - Arm-Hand-Vibrationssyndrom
  - Mangel an Östrogenen

- Befall eines einzigen Fingers oder asymmetrischer Befall?
- Fehlen des arteriellen Pulses?
- Klinisch schwergradige Ischämie?

Ja →

Abklärungen

- Plethysmographie
- Oder: arterieller Doppler
- Oder: Angiographie

↓

Differentialdiagnose

- Arterieller Verschluss:
  - Atherosklerose
  - Morbus BUERGER
  - Thromboembolie
- Konnektivitis
- Vaskulitis
- Vaskuläre Kompression:
  - Thorax Defilee:
    - -- Halsrippe
    - -- Skalenus-Syndrom (Kompression der A. subclavia)

Nein ↓

Hinweise auf ein sekundäres RAYNAUD-Phänomen?

- Alter > 40 Jahre
- Sehr intensive, schmerzhafte, asymmetrische Ereignisse
- Vorhandensein von ischämischen Läsionen
- Anamnestischer/klinischer Verdacht auf eine Systemerkrankung, S. 1036
- Positive Serologie*:
  - ANA, RF, C3, C4
  - ± andere spezifische Antikörper (S. 1350)
- Kapillaroskopische Hinweise auf eine mikrovaskuläre Erkankung

Nein →

Primäres **RAYNAUD-Phänomen** in Betracht ziehen

Ja →

Zusätzliche Abklärungen

- Weitere Antikörper (Klinik orientiert), S. 1352
- TSH, FT4
- Serumprotein Elektrophorese
- Kryoglobuline u.a.
- Urinanalyse

Negativ → Primäres RAYNAUD-Phänomen in Betracht ziehen

Positiv →

Differentialdiagnose

- Systemsklerose, S. 1044
- SLE, S. 1038
- Mischkonnektivitis, S. 1053
- Dermatomyositis, S. 1048
- Polymyositis, S. 1048
- Rheumatoide Arthritis, S. 992
- SJÖGREN-Syndrom, S. 1050
- Hypothyreose, S. 711
- Kryoglobulinämie, S. 1074
- Neoplasie

Algorithmus: RAYNAUD-Phänomen.[1,2]

*, ** siehe S. 1070

1 Angepasst nach: Wigley FM. N Engl J Med 2002 ;347 :1001-8. 2 Block JA, et al. Lancet 2001 ;357 :2042-48.

Amyloidose[1] [E85.9]

Allg:
- Die Amyloidose widerspiegelt eine Gruppe von Krankheiten, die durch extrazelluläre Ablagerungen von pathologischen Proteinen charakterisiert ist.
- Diese Proteinablagerungen bestehen aus **Fibrillen** und können diffus im ganzen Körper, oder auch lokalisiert, vorkommen:
  - Herz
  - Nervensystem
- Es gibt sehr viele Amyloidoseformen. Die häufigsten werden hier beschrieben.

Klas:

Amyloidosen Typ	Klinik	Diagnostisches Labor
Primäre Amyloidose (= Typ **AL**): Plasmazelluläre Dyskrasie - ähnlich dem Multiplen Myelom. *Zusammensetzung: AL-Fibrille, monoklonale Leichtketten Immunglobuline (λ oder κ)*	• Kardiomyopathie • Hepatomegalie • Proteinurie • Makroglossie, Orthostase • Neuropathie (autonom und peripher) • Ekchymosen	• Suche nach den Leichtketten λ oder κ: - Elektrophorese und Immunfixation (Immunsubstraktion) der Serum- und Urinproteine - Knochenmarkbiopsie mit immunhistologischer Abklärung
Familiäre Amyloidose (= Typ **ATTR**) *Zusammensetzung: ATTR-Fibrille (Mutation eines Proteins mit dem Namen Transthyretin)*	• Neuropathie (autonom und peripher) • Kardiomyopathie • Glaskörpertrübung	• Suche nach einer Mutation des Transthyretins (es sind über 50 Mutationen bekannt): - Isoelektrophorese des Serums - DNA Analyse
Sekundäre Amyloidose (= Typ **AA**) *Zusammensetzung: AA-Fibrille (Amyloid A-Protein)*	• Assoziierte Erkrankungen: - Rheumatoide Arthritis - Chronische Infekte (z.B. Osteomyelitis, chronische Hautulzera) - Ankylosierende Spondylitis - Psoriasisassoziierte Arthritis - Morbus CROHN - Colitis ulcerosa - Neoplasien (z.B. Nierentumor, HODGKIN) • Proteinurie • Hepato-splenomegalie • Niereninsuffizienz • Orthostase	• Bestimmung des Amyloid A-Proteins: - Im Serum - In Gewebsbiopsien: -- Abdominalem Subkutanfettgewebe -- Knochenmark -- Rektum -- In anderen Schleimhäuten und Geweben

Tabelle 1: Amyloidose.

Klin:
- Die Krankheitsanzeichen der Amyloidablagerungen sind abhängig von den jeweils betroffenen Organen:
  - Nieren
    - Schwergradige Proteinurie
    - Nephrotisches Syndrom
  - Herz
    - Ödeme
    - Kongestive Herzinsuffizienz
    - Restriktive Kardiopathie
    - Kardiomegalie
    - Arrhythmien
  - Nervensystem
    - Autonome Dysfunktion (Orthostse u.a.)
    - Peripheres Nervensystem: Polyneuropathie

1 Angepasst nach: Falk RH, et al. N Engl J Med 1997 ;337 :898-909.

- Gastrointestinal
  - Verdauungsstörungen
  - Makroglossie
  - Diarrhoe, Obstipation
  - Hepatosplenomegalie
- Auge
  - Sehstörungen
  - Glaskörpertrübung
  - Hornhautbeschädigungen
- Sonstige Symptome/Befunde
  - Karpaltunnelsyndrom, s. 1032
  - Alopezie
  - Nageldystrophie
  - Blutungstendenz
  - Blasenentleerungsstörungen

Th: **1. Kausaltherapie**

2. Symptomatische Therapie (organorientiert)

Bsp: • Kardiomyopathie
- Bei Hypervolämie, ad. Diuretika
- NICHT indiziert:
  -- Kalziumantagonisten
- Kontraindiziert (kardiotoxisch, selbst bei therapeutischem Titer!):
  -- Betablocker
  -- Digoxin

• Neuropathie und GI-Symptome
- Symptomatische Therapie

3. Spezifische Therapie je nach Amyloidose-Typ

Bsp: 1. Primäre Amyloidose (AL)
→ Die Ähnlichkeit zwischen dem multiplen Myelom und der Amyloidose vom Typ AL unterstützt das therapeutische Vorgehen durch Chemotherapie (Melphalan + Prednison: 18 % *responder*).

2. Familiäre Amyloidose (ATTR)
→ Die Lebertransplantation wird als definitive Therapie angesehen. Die Mutation des Transthyretins im Serum verschwindet und die Neuropathie verbessert sich.
→ Eine Lebertransplantation soll bei symptomatischer Typ AL-Amyloidose in Betracht gezogen werden.
→ Eine prophylaktische Lebertransplantation ist nicht indiziert.

3. Sekundäre Amyloidose (AA)
→ Kausal- und organorientierte symptomatische Therapie ist indiziert:
- Dialyse
- Herzschrittmacher u.a.

Prog:
- Typ AL: Schlechte Prognose (ohne Behandlung: Überlebenszeit ca. 2 Jahre)
- Typ ATTR: Bis ca. 15 Jahre Überlebenszeit
- Typ AA: Abhängig von den betroffenen Organen:
  - Symptomatische Kardiomyopathie: Überleben ca. 6 Mt.
  - Nephropathie: ca. 2 Jahre

Kryoglobulinämie (essentiell) [D89.1]

Syn: • Kryoglobulinämische Vaskulitis

Allg: • Die essentielle Kryoglobulinämie gehört zu den **ANCA-negativen Vaskulitiden** mit Befall der kleinen Gefässe (siehe Klassifikation der Vaskulitiden S. 1054).
• Bei dieser Immunkomplexvaskulitis lassen sich Kryoglobuline nachweisen.
• Kryoglobuline (= Kälteagglutinine) sind Serumproteine, die in der Kälte (bei 4° C) reversibel präzipitieren.
• Klassifikation der Kryoglobuline:

Kryoglobulin	Zusammensetzung	Ursachen der II-ären Kryoglobulinämie
I	• Monoklonales IgM oder IgG	• Maligne Hämopathien
II	• Monoklonales IgM oder IgG mit: - Rheumafaktor Aktivität - Polyklonales IgG	• Hepatitis C (70-100 %) • Hepatitis B (selten; < 5 %) • SJÖGREN-Syndrom • Maligne Hämopathien • Essentielle Kryoglobulinämie
III	• Polyklonales IgM oder IgG	• Konnektivitiden, S. 1036

Klas: I. Primäre Kryoglobulinämie, idiopathisch (essentielle Form)
II. Sekundäre Kryoglobulinämie
• > 50 % der Patienten leiden an einer Grunderkrankung (Hepatitis C, oder seltener an einer immunproliferativen oder autoimmunen Krankheit).

Klin: • Hautbefall (bei ca. 80 % der Patienten) infolge Immunkomplexablagerungen
- RAYNAUD-Phänomen
- Palpable Purpura, Petechien
- Hautnekrosen, Ulzera
- Livedo reticularis
• Gelenkbefall
- Arthralgie
- Nichterosive Arthritis
• Nierenbefall
- Glomerulonephritis
- Niereninsuffizienz
• Befall des Nervensystems
- Neuropathie: Mononeuritis multiplex, Polyneuropathie
• GI-Befall
- Erhöhte Leberenzyme
• Infolge Hyperviskosität
- Kopfschmerzen
- Lethargie
- Sehstörungen (Unschärfe)
- Thromboembolien

Dg: • Kryoglobulinnachweis im Blut (mit Labor absprechen wegen Abnahmemodalitäten)
- Allenfalls Nachweis von Hepatitis-C RNA in den Kryoglobulinen
• Hepatitis-C Serologie:
- Anti-HCV Ak
- Falls Anti-HCV Ak positiv, ad. Virämie (PCR der Hepatitis-C RNA)

Für die PRAXIS:
Die Diagnose «Essentielle Kryoglobulinämie» kann erst nach Ausschluss einer Konnektivitis und einer malignen Hämopathie gestellt werden.

Th: **I. Sekundäre Kryoglobulinämie**: Kausaltherapie (Rheuma-Konsilium)
II. Primäre Kryoglobulinämie (Rheuma-Konsilium)
II.a. Milde Fälle/Remissionserhaltung: Prednison + Methotrexat oder Azathioprin
• Bei Therapieresistenz: Rituximab
II.b. Bei Organbedrohung ohne gleichzeitige Hepatitis B oder C:
• Kortikoid + Cyclophosphamid
• Allenfalls Plasmapherese zur Remissionsinduktion
II.c. Bei Organbedrohung mit Hepatitis B oder C:
• Rheuma-Konsilium: Kortikoid + pegyliertes Interferon-alpha und Ribavirin
II.d. Bei Hyperviskositätssyndrom:
• Rheuma-Konsilium; Plasmapherese, S. 1425

DERMATOLOGIE

Semiologie der Haut

- **Makula**
  - Nicherhabene, einige Millimeter messende Hautläsion, die eine andere Farbe hat, als die gesunde Haut.
- **Papula, Plaque**
  - Einige Millimeter grosse, erhabene Hautläsion. Die Oberfläche ist glatt oder runzelig (wird dann « keratotisch » genannt). Das Zusammenfliessen von verschiedenen Papeln konstituieren die Plaque.
- **Vesikel, Pustel**
  - Umschriebenes erhabenes Hautareal in der Grösse von einem Stecknadelkopf bis einige Millimeter Durchmesser, mit flüssigem Inhalt (serös oder sero-hämatös). Beim Abfall des Vesikeldaches entsteht eine kraterförmige, ulzeröse Hautläsion. Superinfizierte Vesikel werden **Pusteln** genannt. Eine Pustel kann primär, oder als Komplikation eines Vesikels auftreten. Die Pustel ist manchmal steril.
- **Bulla**
  - Erhabenes Hautareal (Durchmesser > 1 cm). Oft gespannte, durchsichtige Blase mit serösem sero-hämatösem Inhalt, welche im Verlauf zu Erosionen oder Hautulzera führt.
- **NIKOLSKI-Zeichen**
  - Abheben der Haut infolge intra-epidermischem Abspalten, welche durch einen Druck von Aussen (z.B. durch Kratzen der erkrankten Haut) ausgelöst werden kann.
  - Vorkommen bei:
    - LYELL-Syndrom, S. 1094
    - Pemphigus, S. 1097
    - u.a. Blasenerkrankungen
- **Telangiektasen (Spyder naevi sind eine Form von Telangiektase)**
  - Sehr häufige Effloreszenz. Permanente Dilatation kleiner Haut- oder Schleimhautgefässe. Hier einige Auslöser bzw. Krankheitsbilder:
    - Durch Emotion ausgelöst
    - Anregende Substanzen (Kaffee, Tabak, Alkohol)
    - Leberinsuffizienz (im Rahmen des Umgehungskreislaufes)
    - Alkoholismus
    - Schwangerschaft
    - Radiotherapie
    - Medikamentös: Kortikoide, Donepezil ARICEPT®
    - Systemsklerose
- **Nekrose**
  - Graue oder schwarze tote Haut- oder Gewebezone. Die Nekrosezone ist schmerzlos.
- **Knoten - Noduli**
  - Oberflächliche oder subkutan gelegene, prallelastische oder manchmal harte Knötchen. Sie sind gut verschieblich, können aber auch mit dem darunterliegenden Gewebe verwachsen sein. Durchmesser > 1 cm.
- **Erythem**
  - Lokalisierte oder diffuse, rosarote oder dunkelrote Hautzone. Das Erythem kommt durch eine wärmeinduzierte Vasodilatation der Haut zustande. Das Erythem kann sich in gewissen Fällen stark ausdehnen (z.B. Erysipel mit Lymphangitis). Das Erythem verschwindet bei Vitropression, was differentialdiagnostisch zur Purpura essentiell ist!
- **Purpura**, S. 914

Semiologie der Haut (Fortsetzung)

- **Livedo reticularis**
  - — Marmorierte Haut, welche in folgenden Situationen beobachtet wird:
    - Arterielle Pathologien (Vaskulitiden)
    - Minderperfusionszustände (alle Schockarten)
    - Akute Pankreatitis (Livedo parietalis abdominalis)
    - SNEDDON-Syndrom (1965): Bei diesem seltenen Krankheitsbild ist der Livedo reticularis mit neurologischen Befunden verbunden (multiple CVI, Epilepsie, Schwindel). Vorhandensein von Antiphospholipid-Ak bei ca. 40 % der Patienten (wobei ihre Verbindung mit dem SNEDDON-Syndrom in Frage gestellt wird).
- **Clubbing**
  - — Schmerzlose Finger- und Zehenkuppen Deformierungen im Sinne von Trommelschlägelfingern und -zehen
  - — Häufigste DD (siehe auch «Urs:», unten):
    - Zystische Fibrose
    - Leberzirrhose
  - — Ursache: unbekannt. Hypothesen:
    - Dilatation der peripheren Gefässe
    - Stimulation des Wachstums des Bindegewebes
  - — Klinisch soll das SCHAMROTH-Zeichen gesucht werden:

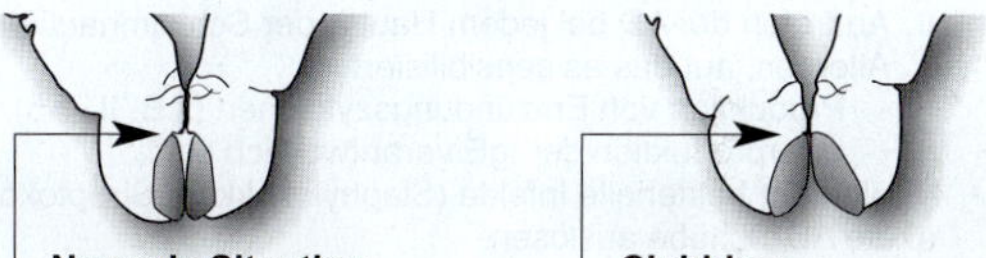

Normale Situation (rhomboidförmiges Loch zw. den Nägeln.)

Clubbing SCHAMROTH-Zeichen (kein Loch zw. den Nägeln)

  - — Klassifikation des Clubbing
    - I. Kongenital
    - II. Erworben
      - ▸ Pneumopathien (die Patienten sind oft zyanotisch)
        - Bronchiektasen, S. 380
        - Chronisch interstitielle Pneumopathie
        - Chronischer Lungeninfekt
        - Lungenabszess
        - Bronchuskarzinom
        - Zystische Fibrose
        - Sarkoidose u.a.
      - ▸ Kardiovaskuläre Erkrankungen
        - Zyanogene Herzvizien
        - Kongestive Herzinsuffizienz
        - Infektiöse Endokarditis
      - ▸ Verschiedene Erkrankungen
        - Leberzirrhose u.a. Hepatopathien
        - Morbus CROHN
        - Colitis ulcerosa
        - Malabsorptionssyndrom
        - Obstruktion oder Aneurysma der A. axillaris
        - Arterio-venöse Malformation der Armgefässe

Atopische Dermatitis (AD)[1-3] [L20.9]

Syn
- Atopisches Ekzem

Def:
- Die atopische Dermatitis (AD) ist eine **entzündliche, pruriginöse Hauterkrankung** im Zusammenhang mit **genetischen** und **Umweltfaktoren**.

Allg:
- Prävalenz (weltweit): 5-20 % aller Kinder (stetig zunehmend)
- 8-25 % der Atopiker (Asthma + allergische Rhinitis) leiden an AD:
  - Asthma bei ca. 30 % der Kinder mit AD
  - Allergische Rhinitis bei ca. 35 % der Kinder mit AD
- Bei > 2/3 der Patienten beginnt die Krankheit im 1. Lebensjahr
- Ca. 40 % der AD sind im Erwachsenenalter geheilt.
- Prognostisch ungünstige Faktoren:
  - Ausgeprägtes Erscheinungsbild im frühen Kleinkindesalter
  - Auftreten im Zusammenhang mit einer Inhalationsallergie (Asthma, allergische Rhinitis)
  - Hohe Serum IgE-Titer gegenüber Nahrungsmittel- und Inhalationsantigenen bei Kindern < 2 Jahren.[3]
- <u>Pathogenese</u> (es werden 2 Modelle postuliert):
  1. Barrierestörung der Haut infolge struktureller und funktioneller Hautveränderung
  2. Immune Hypersensibilitätsreaktion infolge Kontakt mit Umweltallergenen und daraus resultierender Entzündungsreaktion.
- Der Verlauf ist durch 2 Phasen charakterisiert:
  - I. Sensibilisierungsphase (asymptomatisch)
    - Bildung von T-spezifischen Zellen in der Haut
    - Diese Phase kommt nur bei genetisch prädisponierten Kindern vor.
  - II. Auftreten der AD bei jedem Haut- oder Schleimhautkontakt des Kindes mit dem Allergen, auf das es sensibilisiert ist.
    - Produktion von Entzündungszytokinen (z.B. IL 4-5), welche wahrscheinlich für die Überproduktion der IgE verantwortlich sind.
- Virale oder bakterielle Infekte (Staphylokokken, Streptokokken, Herpesviren u.a.) können akute AD-Schübe auslösen.

Klin:
- Akutstadium
  - Pruriginöse, erythematöse und ödematöse Hautveränderungen mit Vesikelbildung
- Chronisches Stadium
  - Lokale Hautverdickungen (= Lichenifizierung) an typischen Lokalisationen:
    -- Händen und Füssen
    -- Nackenregion
    -- Flexionsfalten (Ellenbeugen, Kniekehlen)
    -- Gesicht, Vorderarmen, Handgelenk
  - Atypische Lokalisationen (müssen an eine andere Diagnose denken lassen, siehe DD):
    -- Axillabefall
    -- Gesässregion

Dg:[1,2] Diagnosekriterien des atopischen Ekzems:

1. **Dermatose mit Pruritus** <u>oder</u> **Anamnestisches Kratzen**

   Und ≥ 3 der folgenden Kriterien:
2. Persönliche Anamnese mit Dermatitis der Flexionsfalten (Ellenbeugen, Kniekehlen, Innenseite der Fussgelenke, Nackenregion, periorbital)
3. Persönliche Anamnese mit Asthma oder Heuschnupfen (bei Kindern < 4 J: positive Anamnese bezüglich Atopie in der Verwandtschaft 1.°)
4. Anamnese einer generalisierten trockenen Haut im vergangenen Jahr.
5. Sichtbares Ekzem der grossen Falten. Bei Kindern < 4 J gilt ebenfalls folgender Hautbefall: Ekzem der Wangen, Stirne und Streckseite der Extremitäten.
6. Beginn der Symptome vor dem 2. Lebensjahr (dieses Kriterium darf erst nach dem 4. Lebensjahr verwendet werden)

- Die Hautbiopsie hat einen geringen diagnostischen Wert (wird i.d.R. nicht durchgeführt).

DD:
- Irritierende Kontaktdermatitis (Seifen, Lösungsmittel)
- Allergische Kontaktdermatitis (z.B. Nickel)
- Lichenoide Dermatitis
- Seborrhoische Dermatitis
- Medikamenteninduzierte Dermatitis
- Diskoides Ekzem
- Scabies, S. 1101
- Insektenstich
- Onchozerkose (Parasitenwurm: *Onchocerca volvulus*, auch *river-blindness* genannt)

Lab:
- Bestimmung der Gesamt Serum-IgE Konzentration
- Spezifische Lebensmittel-Rasts

1 Williams HC. N Engl J Med 2005 ;352 :2314-24. 2 Williams HC et al. Br J Dermatol 1994; 131: 381-96 3. Illi S et al. J Allery Clin Immunol 2004 ;113 :925-31.

Th: **1. Allgemeines Vorgehen**

1.1. Patienten müssen über folgende Elemente orientiert werden:
- Die AD ist eine chronische Krankheit.
- Die Rückfettung ist ein zentrales therapeutisches Element bei AD.
- Die topischen Kortikoide sollen nicht unterdosiert werden.

1.2. Muttermilchernährung
- Aussschliessliche Muttermilchernährung während der ersten 3 Lebensmonate vermindert die Inzidenz der AD.

1.3. Rückfettende Hautpflege = bester Schutz!

Allg:
- Erweichende Mittel verbessern die Hautfeuchtigkeit und vermindern den Pruritus. Es gibt aber keine Evidenz, dass diese Therapie eine direkte Wirksamkeit bezüglich der AD aufweist.
- Eine Studie konnte zeigen, dass der Gebrauch von topischen Kortikoiden bis zu 50 % vermindert werden kann.[4]

Ind:
- Therapie der Wahl bei milder AD (in Mono- oder Kombinationstherapie mit anderen topischen Produkten)

Vorg:
- Hautpflege mit seifenfreier Syndet (= neutrale Waschlotionen; pH 5.0-6.0) oder Ölen (keine aggressiven Seifen verwenden)
- Mehrmals täglich rückfettende Lotionen und Cremen einsetzen, z.B.:
  - a) Rückfettende Bäder
    - -- Paraffin- + Mandelöl: BALMANDOL®, ANTIDRY®Mandelöl-Bad
  - b) Rückfettende Lotionen
    - -- ANTIDRY®Mandelöl-Lotio, Excipial U Lipolotio®
    - -- Cold Cream
    - -- Paraffin: CREMOL-RITTER LOTION® mehrmals/d
  - c) Körper nach dem Bad mit rückfettender Crème eincremen
    - -- Magistralpräparat*: HYDROPHILE ANIONISCHE CREME*
    - -- Paraffin + Vaseline: ESSEX Crème Salbe® mehrmals/d

1.4. Ernährung
- Eine abwechslungsreiche Nahrung soll bei Säuglingen nicht zu früh eingesetzt werden!
- Ohne bewiesene Wirkung: Supplement mit Zink, Pyridoxin (Vit B6), Vitamin E, Rapontikawurzel, essentielle Fettsäuren, Probiotika (z.B. Laktobazilli) u.a.

2. Kortikoide

2.1. Topische Kortikoide

Ind:
- Alle Patienten mit mittelschwerer bis schwerer AD (= Therapie der Wahl!)

Bsp:
- Mometason, Prednicarbat, Fluticason-17-Propionat, siehe S. 1280

Dos:
- Initial 1x/d (wahrscheinlich gleich wirksam wie 2x/d), bis ein befriedigendes Resultat erzielt ist, dann intermittierend (z.B. 1-3x/Wo), dann absetzen.
- Im Gesichtsbereich, nur Kortikoide der Klasse I anwenden (siehe S. 1280)

Bem:
- Eine kontinuierliche Applikation ist nicht indiziert (Hautverdünnung).

2.2. Systemische Kortikotherapie

Allg:
- Eine systemische Kortikotherapie sollte nicht durchgeführt werden.

3. Teer-Derivat

Allg:
- Teer-Derivate wirken entzündungshemmend, antipruriginös und vermindern die Lichenifikation (Hautverdickung).

Bsp:
- Ammoniumbituminosulfonat ICHTHOLAN® 10 % (Salbe)
  - Anwendung: dick auf die betroffene Haut auftragen und mit einem Verband abdecken. Verbandwechsel täglich oder jeden zweiten Tag.

NW:
- Teer-Geruch. Verfärbung der Kleidungsstücke bei Salbenkontakt

4. Topische Immunsuppressoren - Calcineurin-Hemmer

Ind:
- Patienten mit mittelschwerer bis schwerer AD, die nicht auf topische Kortikoide ansprechen oder topische Kortikoide nicht vertragen.

Bsp:
- Tacrolimus PROTOPIC® Salbe 0.03 % (Kinder > 2 J), 0.1 % (Patienten > 16 J)
- Pimecrolimus ELIDEL® Crème 1 % (Patienten > 2 J)

Bem:
- Tacrolimus 0.1 % hat eine vergleichbare Wirkung, wie die topischen Kortikoide; Pimecrolimus ist gegenüber Tacrolimus etwas schwächer wirksam.[5]

NW:
- Brennen an der Applikationsstelle, aber keine Verdünnung der Haut (im Gegensatz zu den topischen Kortikoiden). Die Langzeit-*Safety* ist unbekannt.

* Magistralpräparat (im Kühlschrank: 6-8 Wo haltbar; kassenzulässig)
- Dill 10 %
- Glyzerol 80 % (6 Volumen-% in der Crème)
- Isopropyl Myristat 4 %
- Vaseline 10 %
- Distilliertes Wasser 70 %

4 Lucky AW, et al. Pediatr Dermatol 1997 ;14 :321-4. 5 Luger TA , et al. J Dermatol Treat 2004 ;15 :169-78.

5. **Immunsuppresiva** (Derma-Konsilium)
Ind: • Schwere, therapieresistente AD (nicht als Langzeittherapie)
Bsp: • Ciclosporin, Azathioprin, Mycophenolat, γ-Interferon
Bem: • Das starke NW-Profil limitiert die Gabe dieser Medikamentengruppe.

6. **Phototherapie: UVA- und UVB** (Derma-Konsilium)
Ind: • Nichtansprechen auf die konventionelle Therapie (Punkte 1. bis 5.)
NW: • Verbrennung, Pruritus
Bem: • Die Langzeit-Karzinogenität ist unklar.

7. **Antibiotika/Antiseptika**
7.1. Topische antiseptische Tinkturen und Bäder (z.B. Kaliumpermanganat) können je nach Fall appliziert werden.
7.2. Topische Antibiotika (Fusidinsäure, Mupirocin BACTROBAN®Crème)
- Indikation:
  - Grössere, offene Hautläsionen
  - Anzeichen einer Superinfektion
- FUCIDIN® Creme

7.3. Orale Antibiotika
- Indikation:
  - Stark entzündliche Schübe bei Versagen oder Unmöglichkeit der topischen Behandlung.
- Obwohl die Kombinationstherapie AB + topisches Kortikoid oft verschrieben wird, fehlt eine gute Evidenz, den synergistischen Effekt zu beweisen.

8. **Pruritus**
8.1. Topische Kortikoide
8.2. Orale H1-Antihistaminika, S. 1236
- Tagsüber nicht-sedierende H1-Antihistaminika
- Nachts kann der Effekt durch sedierende H1-Antihistaminika erhöht werden.

8.3. Topisches Polidocanol (z.B. OPTIDERM® Creme)
- Indikation:
  - Patienten > 12 Jahre als symptomatische Zusatztherapie
- Dosierung: 3-4x/d eine dünne Schicht auftragen

Tipps zur Lebensführung eines Atopikers

- Helle Baumwollkleidung
- Weite und nicht zu warme Kleider
- Kühle Zimmertemperatur
- Keine Einschränkung beim Sport. Nach dem Sport duschen und eincremen.
- Bei trockenem und kaltem Wetter häufiger eincremen.
- Impfungen in gesunden Hautarealen applizieren
- Nahrung der Kleinkinder
  - Keine verfrühte Festnahrung
  - Weder Eier noch Fische während des 1. Altersjahrs
- Niedrige Luftfeuchtigkeit vermeiden und Räume grosszügig lüften
- Luftallergene der Innenräume vermeiden
  - Kein Zigarettenrauch
  - Teppiche und Spannteppiche vermeiden
  - Stofftiere waschen und nicht ins Bett legen
  - Kissen und Decken aus nicht-allergenem Material
  - Keine Haustiere

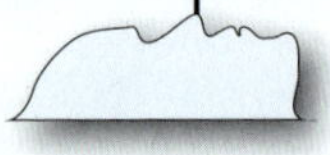

Ödeme [R60.9]

Def: • Pathologische Ansammlung von Flüssigkeit im Interstitium

Urs:
- **Physiologische Ödeme**
  - Nach langem Stehen oder Sitzen, prämenstruelle Ödeme
- **Erhöhter hydrostatischer Druck**
  - Phlebödem (siehe auch «DD»): Venenthrombose, post-thrombotisches Ödem
  - Rechtsherzinsuffizienz, Niereninsuffizienz
- **Verminderter onkotischer Druck (Plasma)**
  - Hypalbuminämie, S. 1341
- **Erhöhte Kapillarpermeabilität**
  - Akute Glomerulonephritis
  - Angioödem, S. 31
  - Posttraumatisches Ödem, entzündliches Ödem
- **Lymphödem** (im Frühstadium weich, im Verlauf fibrosierend → Elephantiasis)
  - I. Primär
    - Kongenital: lymphatische Malformation bei Geburt (NONNE-MILROY-Syndrom)
    - «Precox» (Beginn im Jugendalter): MEIGE-Syndrom
    - Tarda (Beginn i.d.R. nach dem 35. LJ)
  - II. Sekundär
    - Malignome/Metastasen: Tumor im kleinen Becken, Lymphadenopathie, Lymphangiosarkom (z.B. als Komplikation nach Mastektomie = STEWART-TREVES-Syndrom) u.a.
    - Entzündlich/infektiös: Zellulitis/Erysipel, Acrodermatitis (Borreliose), Filariose
    - Sonstige sekundär Ursachen: Verbrennung, post-aktinisch, post-traumatisch, post-operativ (orthopädische Eingriffe, Lymphknotenresektion), Systemerkrankung

Für die PRAXIS:
- Bei Auftreten eines Lymphödems nach dem 20. Lebensjahr soll eine sekundäre Genese (inkl. Tumor!) evoziert werden.
- In folgenden Situationen ist eine Lymphdrainage kontraindiziert:
  - Aktive Entzündung (z.B. Zellulitis/Erysipel)
  - Aktive Neoplasie
  - Akute TVT
  - Kongestive Herzinsuffizienz
  - Lokale Massage über bestrahlten Weichteilen

- Speziell bei Frauen an folgende Ursachen denken:
  - Zyklische Ödeme (prämenstruell oder seltener auch periovulatorisch)
  - **Diuretika-induzierte Ödeme** (betrifft v.a. Frauen, die mit dem medizinschen Beruf eine Verbindung haben und die mittels Diuretika Gewicht verlieren wollen)
  - Psychopathologisches Abschnüren einer Extremität (hier auf Abschnürfurchen achten)

DD:
- Myxödem (Hypothyreose)
- Lipödem

Klin:

Parameter	Phlebödem (venös bedingt)	Lymphödem	Lipödem
Farbe	• Im Stehen livide	• Blass	• Blass
Konsistenz	• Weich - derb	• Derb	• Weich
Dellenbildung	• Auslösbar	• Auslösbar	• Nicht auslösbar
Druckdolenz	• Mild und lokalisiert	• Nein	• Diffus schmerzhaft
Verteilung	• Unterschenkel und perimalleolär • Fussrücken und Zehen frei	• Fussrücken und Zehen mitbetroffen	• Fussrücken und Zehen nicht betroffen
Trophische Störung	• Hyperpigmentation • Stadium II: Dermite ocre, • Stadium III: Ulzera	• Hyperkeratose • Warzenbildung	• Keine trophische Störungen • Zellulitische palpierbare Noduli
Diagnosestellung	• Duplex-US, Plethysmographie • ± Phlebographie	• Mikrolymphographie • ± MR-Lymphangiographie	• Mikrolymphographie • ± MR-Lymphangiographie

Die Haut: Anatomie

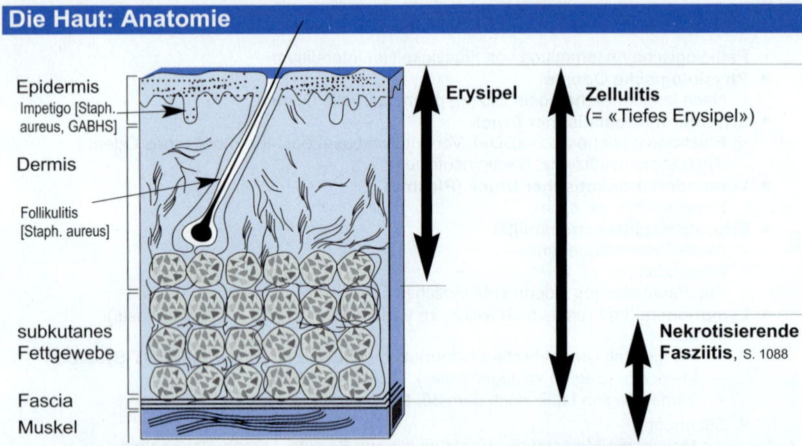

Erysipel und Zellulitis[1] [A26.9]

Def:
- **Erysipel**: Akute oberflächliche Hautinfektion (auf Epidermis und Dermis beschränkt) mit Beteiligung der Lymphgefässe.
- **Zellulitis**: Akute, eitrige Infektion der Epidermis, Dermis und des subkutanen Gewebes.

Allg:
- Die klinische Unterscheidung zwischen Erysipel und Zellulitis ist oft schwierig.
- Das Erysipel rezidiviert in ca. 30 % der Fälle, siehe S 1086.
- Nomenklaturwirrwarr....
  - Im deutschen Sprachgebrauch wird Zellulitis oft mit Erysipel gleichgesetzt, obwohl es sich um 2 verschiedene Entitäten handelt.
  - «Zellulitis» und «Erysipel» werden auch in der Literatur z.T. unterschiedlich gebraucht: z.B. «Oberflächliche Zellulitis» (= Erysipel); «tiefes Erysipel» (= Zellulitis).
- <u>**Risikofaktoren, um an einem Erysipel oder einer Zellulitis zu erkranken**</u>
  - a) Vorhandene Eintrittspforte
    - Interdigitale Mykose
    - Ulcus cruris
    - Chirurgische oder traumatische Wunde
    - Parenteraler Drogenkonsum
    - Schlechte Hautverhältnisse (z.B. bei Adipositas)
  - b) Vorliegen eines Ödems
    - Vorgeschichte eines Erysipels am gleichen Ort (da Ödembildung infolge destruktion lokaler Lymphdrainage)
    - Orthopädische Operationen: Totalprothese (Hüfte, Knie), Osteosynthese u.a.
    - Kongenitales/erworbenes Lymphödem (Mastektomie, Lymphknotenausräumung, Radiotherapie)
    - Chronische Veneninsuffizienz, Venen-*Stripping*
    - Post-thrombotisches Syndrom
- Der Verlauf nach adäquater AB-Therapie ist gut. Nach einigen Wochen sieht die Haut wieder normal aus (variable Zeitspanne, je nach Schweregrad der Läsion).

Urs:
I. Erysipel
- β-hämolysierende Streptokokken der Gruppe A (aber auch der Gruppe B, C und G)
- Selten: *Staphylococcus aureus*

II. Zellulitis
- *Staphylococcus aureus* und β-hämolysierende Streptokokken der Gruppe A (aber auch der Gruppe B, C und G)
- In besonderen Situationen vorkommend:
  - — Bei Bisswunden durch Hunde, Katzen:
    - Aerobe und anaerobe Mischflora, *Pasteurella spp.*, *Capnocytophaga canimorsus*
  - — Bei Bisswunden durch Menschen:
    - Aerobe und anaerobe Mischflora, *Eikenella corrodens, Haemophilus spp.*
  - — Bei Immunosuppression:
    - GRAM-negative Erreger (*Enterobacteriaceae, Pseudomonas aerugionosa*)
  - — Bei Wunden mit Wasserexposition in Thermalbädern/Badewanne:
    - *Pseudomonas aeruginosa*

1 Angepasst nach: Bassetti St et al. Schweiz Med Forum 2003 ;35 :819-7.

Klin: **I. Erysipel**

- Schmerzhaftes, überwärmtes, <u>scharf begrenztes, flammend rotes Erythem</u>
- Fieber, systemische Infektzeichen
- Reduzierter Allgemeinzustand
- Lymphangitis mit schmerzhaften regionalen Lymphknoten
- Lokalisation:
  - Untere Extremitäten (70-80 %)
  - Gesicht (5-20 %)

II. Zellulitis

- Schmerzhafte, überwärmte Rötung mit Ödem
- Die Ränder einer Zellulitis sind <u>nicht scharf begrenzt</u> (im Gegensatz zum Erysipel)
- Fieber, erhöhte Entzündungszeichen
- Bei schweren Verläufen:
  - Blasen
  - Hautnekrosen
  - Petechien

Kpl:

- Nekrotisierende Fasziitis, S. 1088
- Toxisches Schock-Syndrom, S. 42
- Logensyndrom
- Bakteriämie (bei < 5 % der Patienten) mit anders lokalisierter Abszessbildung (selten):
  - Endokarditis (bei Herzklappenbefall)
  - Abszess
  - Meningitis
  - Osteomyelitis
  - Septische Arthritis
- Thrombose im Sinus cavernosus
- Glomerulonephritis

Dg:

- Die Diagnose stützt sich auf: Klinik + Labor + Mikrobiologie (Kulturen):
  - Leukozytose mit Linksverschiebung, CRP ↑
  - Blutzucker (Diabetes mellitus?), andere Laboruntersuchungen je nach Klinik
  - Serologie (i.d.R. nicht empfohlen, in der Praxis selten durchgeführt; evtl. nützlich bei hospitalisierten Patienten).
    - -- ASLO: In der Akutsituation nicht sinnvoll. Diese Antikörper können aber bestimmt werden, um einen vorgängigen GABHS-Kontakt zu eruieren.
- Wenig sinnvolle Abklärungen (in der Praxis selten durchgeführt)
  - Blutkulturen (in < 5 % der Fälle positiv!)
  - Bakteriologische Abstriche von offenen Hautläsionen (z.B. Ulcus), die als Eintrittspforten identifiziert wurden, können bis in ca. 30 % der Fälle den möglichen Erreger identifizieren. Die Abstrichresultate müssen vorsichtig interpretiert werden, weil auf der Oberfläche der Hautläsion andere Bakterien, als in der Tiefe vorkommen können!
  - Aspiration von Flüssigkeit für die bakteriologische Kultur aus dem fortschreitenden Rand der Hautrötung: positiv in 5-30 % der Fälle.
    <u>Technik</u>: 18-22 G Nadel mit 5 mL Spritze. Wenn keine Flüssigkeit aspiriert werden kann, werden 0.5 - 1 mL steriler NaCl 0.9 %-Lösung injiziert und wieder aspiriert. Spritze sofort ins Bakteriologielabor bringen.
  - Kultur einer Hautbiopsie: positiv in 20-30 % der Fälle

DD:

- Herpes Zoster (v.a. im Gesichtsbereich: Befall des N. trigeminus)
- Kontaktekzem
- Urtikaria
- Erythema migrans
- Insektenstich mit inflammatorischer Reaktion
- Strahlendermatitis
- Pyoderma gangraenosum
- Sweet-Syndrom (akute febrile neutrophile Dermatose)
- Dermatomyositis
- Eosinophile Fasziitis
- **Untere Extremitäten:**
  - Tiefe Beinvenenthrombose
  - Stauungsdermatitis
  - Gicht, S. 1002
  - Rupturierte Baker Zyste
- **Obere Extremitäten und Thorax:**
  - Erysipeloid
  - Katzenkratzkrankheit, S. 861
  - Inflammatorisches Mamma-Karzinom

Vorg: • Eine komplette klinische Untersuchung ist die Regel!

Für die PRAXIS sehr WICHTIG:
- **Die Grenzen der Hautrötung müssen unbedingt markiert werden, damit der Verlauf beurteilt werden kann!**
- **Es muss immer eine Eintrittspforte gesucht werden**:
  — Interdigitale Fussmykose (*Tinea pedis*, S. 1086)
  — Ulcus cruris (siehe auch Ulkus bei diabetischem Fuss S. 666)
  — Hautwunden: Fissuren, um Narben herum, Erosionen, Verbrennungen
  — Schleimhautläsionen, Hautulzera
  — Sinusitis, Dentalfistel

Erysipel oder Zellulitis

↓

Grenzen der Hautrötung markieren!

↓

Hospitalisierungsindikationen[2]

- Vorbestehende Erkrankungen:
  - Niereninsuffizienz, Diabetes mellitus, dekompensierte Herzinsuffizienz, PAVK, Radiotherapie in der Nähe der Zellulitis, Immunsuppression, Splenektomie, Alkoholismus, Neutropenie
- Ausgedehnte oder rasch progrediente Zellulitis
- Anwesenheit von Blasen, Nekrosen oder Muskelbeteiligung
- Hohes Fieber, Schüttelfrost
- Hypotension (mit oder ohne generalisiertem Exanthem)
- Auftreten einer Niereninsuffizienz
- Eitrige Wunden oder Bisswunden (besonders im Gesicht oder an den Händen), die chirurgisch saniert werden müssen
- Zellulitis bei Bisswunden (Tier oder Mensch)
- Zellulitis bei Wunde mit Exposition an Meerwasser oder Süsswasser aus Flüssen oder Seen
- Kein Ansprechen auf eine adäquate Antibiotika-Therapie
- Positive Blutkulturen

↓

■ **Offene Hautläsionen**
  → Abstrich + Kultur

■ **Palpierbare Fluktuationen**
  → Aspiration + Kultur (evtl. nach Injektion von steriler NaCl 0.9 %-Lösung)

■ **Fieber oder Schüttelfrost**
  → 2x 2 Blutkulturen

■ **Immunsuppression** (inkl. Langzeitkortikoidtherapie)
  → 2x 2 Blutkulturen
  → Palpierbare Fluktuationen: Aspiration + Kultur (evtl. nach Injektion von steriler NaCl 0.9 %-Lösung)
  → Hautbiopsie für Histologie und Kultur (Bakterien, inkl. Mycobakterien, Pilze)

■ **Verdacht auf ungewöhnlichen Erreger** (Tropenreise, kein Ansprechen auf AB)
  → Aspiration + Kultur (evtl. nach Injektion von steriler NaCl 0.9 %-Lösung)
  → Hautbiopsie für Histologie und Kultur (Bakterien, inkl. Mycobakterien, Pilze)

↓

AB-Therapie, S. 1085, 1086
(keine weiteren Abklärungen notwendig)

Algorithmus: Vorgehen bei Erysipel/Zellulitis.[1, 2]

1 Angepasst nach: Bassetti St et al. Schweiz Med Forum 2003 ;35 :819-7. 2 Gottlieb T et al. Med J Aust 2002 ;176 :609-15.

Th: **1. Symptomatische Therapie des Erysipels oder der Zellulitis**
- Ruhigstellung und Hochlagerung der befallenen Extremität.
  - Bei Erysipel/Zellulitis im Gesicht: in sitzender Position schlafen
- Kühlende Umschläge (z.B. Alkohol-Wickel)
- Behandlung der Interdigitalmykose (falls vorhanden)

2. Prophylaktische Antikoagulation (z.B. mittels NMH):
- Dalteparin 1x 5000 IE **SC**/d
- Enoxaparin 1x 40 mg **SC**/d

3. Empirische AB-Therapie

Dauer der AB-Therapie: (5) - 10 d; 3 d nach Abklingen der akuten Entzündungszeichen

3.1. «Klassisches» Erysipel (Infektion durch Streptokokken)

a) Milde bis mittelschwere Fälle (ambulante Therapie)
- I. Ohne Penicillinallergie
  - Amoxicillin ....3x 500 mg/d PO
- II. Mit Penicillinallergie, siehe Punkt 3.2 und 3.3

b) Schwere Fälle (hospitalisierte Patienten)
- I. Ohne Penicillinallergie
  - Penicillin G ....4x 2.5 - 5 Mio. IE/d **IV**
- II. Mit Penicillinallergie, siehe Punkt 3.2 und 3.3

3.2. Milde bis mittelschwere Fälle (ambulante Therapie)

I. Ohne Penicillinallergie
- Amoxicillin/Clavulansäure ....3x 625 mg/d PO

II. Milde bis mittelschwere Penicillinallergie (nur Exanthem, keine Anaphylaxie)
- Cefuroxim ....2x 500 mg/d PO

III. Schwere Penicillinallergie (mit Anaphylaxie)
- Clindamycin................................3x 600 mg/d PO

3.3. Schwere Fälle (stationäre Therapie)

I. Ohne Penicillinallergie
- Amoxicillin/Clavulansäure ....3x 1.2-2.2 g/d **IV**

II. Milde bis mittelschwere Penicillinallergie (nur Exanthem, keine Anaphylaxie)
- Cefazolin ....3x 1-2 g/d **IV**

III. Schwere Penicillinallergie (mit Anaphylaxie)
- Clindamycin................................3x 600 mg/d **IV**

3.4. Spezialfälle

■ **Zellulitis, infolge GRAM-negativer Bakterien**

Klin:
- «Diabetischer Fuss» mit Zellulitis, welche auf die Behandlung mit Amoxicillin/Clavulansäure nicht anspricht
- Zellulitis bei neutropenischen Patienten

Th:
- Piperacillin/Tazobactam ....3x 4.5 g/d **IV**
- Imipenem/Cilastatin ....4x 0.5 g/d **IV**
- Meropenem ....3x 1 g/d **IV**

■ **Infektion durch nosokomiale MRSA**

Th: a) Milde bis mittelschwere Fälle (ambulante Therapie)
- Linezolid ....2x 600 mg/d PO (***CAVE***: Myelosuppression, ad. Blutbildkontrolle mindestens 1x/Wo!)

b) Schwere Fälle (stationäre Therapie)
- Vancomycin ....2x 1 g/d **IV**

■ **Erysipel des Gesichts**

Allg:
- Eine intravenöse AB-Therapie wird i.d.R empfohlen.
- Bei milder Klinik kann eine orale Antibiose akzeptabel sein.
- Verlaufskontrollen: initial täglich, bei zögerndem Verlauf muss das AB sofort in parenteraler Form verabreicht werden!

Th: a) Intravenöse AB-Therapie (i.d.R. empfohlen)
- Amoxicillin/Clavulansäure..........3x 1.2-2.2 g/d **IV**

b) Sehr milde, wenig ausgedehnte Formen: ad. orale AB-Therapie
- Amoxicillin/Clavulansäure..........3x 625 mg/d PO

c) Bei Penicillinallergie: siehe Punkt 3.2.

■ **Zellulitis, infolge ambulant erworbener MRSA (CA-MRSA)**

Syn: • *Community-acquired* MRSA oder CA-MRSA, siehe auch S. 797

Allg: • **CA-MRSA-Infektionen** (d.h. bei Patienten ohne vorgängigem Kontakt mit einer Institution des Gesundheitswesens) werden immer häufiger.
• Die CA-MRSA unterscheiden sich von nosokomialen MRSA u.a. dadurch, dass sie auf Antibiotika, wie **TMP/SMX**, **Clindamycin** und **Tetrazykline** (Doxycyclin), noch sensibel sind.
• CA-MRSA werden oft innerhalb von Personengruppen mit engem Kontakt übertragen (Familie, Kinderkrippe, Schulklasse, Sportverein), so dass «Clusters» oder Epidemien auftreten.

Klin: • Ca. 70 % CA-MRSA-Stämme produzieren ein Exotoxin (Panton-Valentine-Leukocidin), das mit folgenden klinischen Manifestationen einhergeht:
- Hautnekrosen
- Furunkel (oft rezidivierend oder persistierend)
- Follikulitis, Impetigo
- Abszessbildungen
- Schwere nekrotisierende Pneumonien

Vorg: • Bei Verdacht auf eine CA-MRSA Infektion (epidemiologische Lage, bei einer Infektion, die nicht auf β-Laktam-Antibiotika anspricht):
1. Bakteriologische Diagnostik: Abstrich, Aspirat u.a.
2. Empirische AB-Therapie
   a) Schwergradige CA-MRSA-Zellulitis
      • Vancomycin ....2x 1 g/d **IV**
   b) Milde CA-MRSA-Zellulitis (AB-Anpassung nach Antibiogramm)
      • Clindamycin........3x 600 mg/d PO
      • TMP/SMX ....2x 1 Forte-Tbl./d PO
      • Minocyclin ....2x 100 mg/d PO (KI: < 9 J, SS, Stillzeit)

■ **Erysipel bei Tinea pedis**

Allg: • Die *Tinea pedis* wird auch **Athletenfuss** genannt.
• Es handelt sich um eine benigne, sehr häufige Pilzerkrankung, welche sich interdigital (Zehen) und auf der Fusssohle befindet.
• Männer > Frauen
• Oft inkriminierte Keime: *Trichophyton rubrum* und andere Trichophyten, *Microsporum*, *Epidermophyton*

Dg: • Es handelt sich um eine klinische Diagnose, die durch einen Abstrich (mit einer KOH-Lösung) oder einer Kultur bestätigt werden kann.

Vorg: • Präventivmassnahme: Füsse «trocken» halten (gut belüftete Schuhe tragen)
• Eine fungizide Therapie der *Tinea pedis* ist notwendig, da das Rezidivrisiko eines Erysipels bei vorhandener *Tinea pedis* stark erhöht ist!

Th: • Terbinafin LAMISIL® Creme 1-2 Appl./d während 1 Woche

4. Rezidivierendes Erysipel

Allg: • Eine Rezidivrate des Erysipels wird in 30 % der Fälle beobachtet.
• Jedes Erysipel zerstört lokal die Lymphdrainage, was zur hohen Rezidivrate beiträgt.

Vorg: • **Grundmassnahmen**
- Sanierung der Eintrittspforten:
  -- Behandlung einer *Tinea pedis*
  -- Behandlung von Hautläsionen
  -- Gute Hautpflege
- Behandlung von prädisponierenden Erkrankungen/Risikofaktoren (S. 1082):
  -- Chronisches Lymphödem (Kompressionsstrümpfe, Lymphdrainagen)
  -- Diabetes mellitus u.a.

• **Bei erneuten Rezidiven**
- Sofortiger Beginn einer AB-Therapie beim Auftreten der ersten Symptome. Der Patient soll die AB zu Hause in Reserve haben. Er muss instruiert werden, damit er selber die AB-Therapie sofort beginnen darf und soll.

• **Antibiotische Langzeitprophylaxe**
- Widersprüchliche Resultate; ad. Infektio-Konsilium

Nekrotisierende Fasziitis

Def: • Tiefe Infektion des subkutanen Gewebes mit fortschreitender Nekrose des Fettgewebes und der Faszie. Die darüberliegende Haut kann ausgespart bleiben.

Allg: • Fasziitis = **Infektiöser Notfall** der Weichteile, wobei der Verlauf schnell und fatal sein kann.
• Der ursächliche Keim hängt von der lokalen Flora und der betroffenen Körperregion ab.

Klas: **I. Nekrotisierende Fasziitis Typ 1**

Allg: • Es handelt sich um eine polymikrobielle Infektion durch:
- Anaerobe:
  -- *Bacteroides*, *Peptostreptococcus spp.* u.a.
- Fakultativ anaerobe Bakterien:
  -- Streptokokken und Enterobacteriaceae (z.B. *E. coli, Enterobacter, Klebsiella, Proteus*).

• Prädisponierende Faktoren:
- Chirurgische Eingriffe
- Diabetes mellitus
- PAVK, s. 302
- Kortikoid-Therapie

• Spezialfall: «FOURNIER-Gangrän»
- Die nekrotisierende Fasziitis ist im Genital- und Perineumbereich lokalisiert.

II. Nekrotisierende Fasziitis Typ 2 (Streptokokkengangrän)

Allg: • Dieser Typ von Fasziitis wird durch β-hämolysierende Streptokokken der Gruppe A (*Streptococcus pyogenes*) verursacht; manchmal in Kombination mit anderen Bakterien (z.B. *Staphylococcus aureus*).

• Prädisponierende Faktoren:
- Penetrierende Verletzungen
- Chirurgische Eingriffe
- Varizella
- Kleine Hautverletzungen
- Verbrennungen

Klin: • Allgemeine Symptome/Befunde/Verlauf
- Typisch ist die **rasche Progression der Symptome** mit schweren systemischen Zeichen
- Verminderter Allgemeinzustand, Fieber, Schüttelfrost
- Art. Hypotonie
- Tachykardie
- Bei schlechtem Verlauf: septischer Schock

• Lokale Symptome
- Lokale Schmerzen (disproportioniert im Vergleich zum Hautbefall)
- Oberflächlicher Sensibilitätsverlust

• Lokale Befunde
- Ödem (oft ausgeprägtes Ödem bei sonst verhältnismässig geringen sichtbaren Hautveränderungen)
- Rasche Ausbreitung der Rötung, welche fleckförmig-inhomogen wird und sich dunkelrot bis bläulich-livid verfärbt.
- Blasen und, später im Verlauf, Hautnekrosen

Für die PRAXIS:
Das wichtigste klinische Zeichen, das auf eine nekrotisierende Fasziitis hinweist, sind starke Schmerzen, die «unverhältnismässig» stark erscheinen, in Anbetracht von nur geringen oder sogar fehlenden Hautveränderungen.

Dg. • Die Diagnose wird klinisch («toxischer» Patient, Prä-Schock) und paraklinisch gestellt:
- Leukozytose mit Linksverschiebung
- CRP ↑
- CK ↑

Vorg: **A. Hoher Verdacht auf eine Fasziitis**
1. Notfallmässige Hospitalisierung (die Prognose hängt vom raschen Débridement ab!!!)
2. **KEINE ZEIT VERLIEREN**! Sofortige chirurgische Exploration/Débridement (es darf keine Zeit für bildgebende Untersuchungen verschwendet werden):
   → Tiefe Hautbiopsie: GRAM-Präparat und Bakterien-Kultur
   → Blutkulturen

B. Unklarer Fall bei stabilen Patienten
1. MR = Untersuchung der Wahl zur Unterscheidung zwischen nekrotisierender Fasziitis und anderen Pathologien.

SEHR WICHTIG für die PRAXIS

- **Eine nekrotisierende Fasziitis ist immer lebensbedrohlich!!**
- **ALLE Patienten müssen IMMER so schnell wie möglich OPERIERT werden!!**
- **Selbst bei sogenannt «milden» Formen darf mit dem chirurgischen Eingriff NICHT zugewartet werden, denn die Patienten müssen eben operiert werden, wenn sie noch operabel sind!!!**
- Die Schwierigkeit ist, sich selber und die Chirurgen zu überzeugen, dass man operieren muss (v.a. wenn man die Krankheit nie gesehen hat). Die Verzögerungen, die dadurch entstehen, haben aber gravierende/tödliche Folgen!

Th:

1. **Nekrotisierende Fasziitis → Notfallmässiger chirurgischer Eingriff**
   - Sofortiges Débridement mit:
     - Fasziotomie
     - Vollständigem Entfernen des nekrotischen Gewebes
     - Vollständigem Entfernen der nekrotischen Faszie
   - Nach 24 h: Zweite Operation (Vervollständigung des initialen Débridement)
2. Volumensubstitution und intensiv-medizinische Überwachung.
3. Empirische Antibiotika-Therapie
   - Imipenem/Cilastatin ....4x 500 mg/d **IV** + Clindamycin 3x 900 mg/d **IV**
   - Piperacillin/Tazobactam ....3x 4.5 g/d **IV** + Clindamycin 3x 900 mg/d **IV**
4. Immunglobuline (OCTAGAM®, ENDOBULIN® S/D)
   - Derma/Infektio-Konsilium: Indikation der Immunglobuline evaluieren
   - Die Wirksamkeit dieser therapeutischen Massnahme ist nicht definitiv bewiesen.
   - Dosierung:
     - Tag 1 ....1 g/Kg **IV**
     - Tag 2 und 3 ......0.5 g/Kg **IV**

Psoriasis[1] [L40.9]

Allg:
- Psoriasis = entzündliche, sterile Dermo-Epidermitis
- Häufigkeit: 1-3 % der Bevölkerung
- Männer sind gleich häufig betroffen wie Frauen.
- Verschiedene Situationen können eine Psoriasis auslösen oder verschlimmern:
  - Stress
  - Nikotin
  - Einnahme von Alkohol
  - Medikamente: NSAR, Betablocker u.a.
  - Gleichzeitige Infektionen: HIV, Streptokokken u.a.

Urs:
- Multifaktoriell:
  - Immunologisch, umgebungsgebunden, hormonal
  - Genetische Faktoren (bei ca. 85 % der Patienten mit beginnender Psoriasis werden positive HLA-Cw6 beobachtet)

Klin:
- Lokalisation (je nach Psoriasistyp):
  - Extensionsstellen des Rumpfes
  - Nägel
  - Kopfhaut
- Typischerweise sind die Schleimhäute nicht mitbetroffen.
- Gut begrenzte erythrosquamöse Plaques mit Hyperkeratose
- Pruritus (selten)
- KOEBNER-Phänomen: Bildung neuer Läsionen an mechanisch gereizten Zonen und an post-traumatischen Stellen (inkl. nach hautchirurgischen Eingriffen).
- Der Schweregrad ist variabel und abhängig von:
  - der betroffenen Oberfläche
  - der Anwesenheit von Pusteln
  - dem gleichzeitigen Bestehen einer Psoriasis-Arthritis (bei 5-10 % der Psoriasis-Patienten). Diese Patienten zeigen häufig einen Befall der Nägel.

Th: Es gibt zur Zeit **keine kurative Therapie der Psoriasis**. Alle untenstehenden Behandlungsmodalitäten sind als symptomatisch zu betrachten.

Grad	Therapie	Beispiele
Leichtgradige Psoriasis	Topisch	1. Mineralöle und hydrierende Substanzen (Paraffin) 2. Topische Kortikoide 3. Topische Vitamin D3 Analoga 4. Keratolytikum (Salicylsäure) 5. Topisches Retinoid (Tazaroten)
Mittelgradige Psoriasis	Photo-Chemotherapie	6. Phototherapie: UV-B 7. Photo-Chemotherapie: PUVA (= Psoralen + UV-A) 8. Re-PUVA (Retinoid + PUVA)
Schwergradige Psoriasis	Systemische Therapie	9. Acitretin (wird oft vor der Phototherapie eingesetzt) 10. Ciclosporin 11. Methotrexat 12. Biologika (TNF-Hemmer)

Schema: Therapie der Psoriasis.

1. Mineralöle und hydrierende Substanzen

Allg:
- Die Mineralöle und die hydrierenden Substanzen (Lotion, Creme) haben eine synergistische Wirkung, in Kombination mit einem topischen Kortikoid.

Ind:
- Milde Psoriasisformen

Bsp:
- Mandelöl ANTIDRY® (siehe MED-Index, S. 1515 ff) bis 4 Appl./d
- Paraffin LOCOBASE® Fettcreme: 1-4 Appl./d

2. Topische Kortikoide

Ind:
- Mehrheitlich für alle Formen von Psoriasis, insbesondere bei:
  - Schlechtem Ansprechen auf andere topische Behandlungen
  - Lokalisationen im Gesicht, auf der Kopfhaut und an Flexionsstellen

Bem:
- Die 1x tägl. Anwendung ist ebenso effizient wie 2x täglich.

NW:
- Hautatrophie, Striae, Telangiektasien, periorale Dermatitis, Hypopigmentierung u.a.

1 Angepasst nach: Ashcroft DM, et al. J Clin Pharm Ther. 2000 ;25 :1-10.

Bsp: • Je nach Schweregrad der Läsionen wird die adäquate antiinflammatorische Aktivitätsklasse ausgewählt (II-IV), siehe Liste der Kortikoide, S. 1280

Klasse II (mittelstarke Aktivität)

- EMOVATE® Clobetason
- LOCACORTEN® Flumetason
- LOCASALEN® Flumetason + Salicylsäure

Klasse III oder IV (starke und sehr starke Aktivität)

- DIPROLEN® Betamethason
- ELOCOM® Mometason
- CUTIVATE® Fluticason
- PREDNITOP® Prednicarbat
- DIPROSALIC® Betamethason + Salicylsäure

3. Topische Vitamin D3-Analoga

Ind: • Leicht- bis mittelgradige Psoriasis bei ≤ 40 % Hautoberflächenbeteiligung

Bsp: • Calcipotriol DAIVONEX®
- Lösung: 1-2 Appl./d, Maximaldosis 60 mL/Wo
- Creme und Salbe: 1-2 Appl./d, Maximaldosis 100 g/Wo

• Calcitriol SILKIS®
- Salbe: 2 Appl./d; Maximaldosis. 100 g/Wo!

• Tacalcitol CURATODERM®
- Salbe 1 Appl. am Abend; Maximaldosis 5 g/d

NW: • **Hyperkalzämie** bei Überschreitung der Maximaldosierungen

> **Für die PRAXIS:**
> Die Anwendung der topischen Vitamin D3-Analoga darf eine **Körperoberfläche von maximal 40 %** nicht überschreiten!

4. Keratolytikum (Salicylat)

Ind: • Psoriasis mit verdickter Epidermis (Fusssohle, Handinnenseite, Kopfhaut)

Bem: • Die keratolytischen Substanzen werden in Monotherapie oder in Kombination mit topischen Kortikoiden angewendet.

Bsp: • *Salicylsäure*
- KERASAL® 1-2 Appl./d (auch auf der Kopfhaut anwendbar)
- Lotio decapans Widmer® (für Kopfhaut) 2-3x/Wo

• *Acetylsalicylsäure ± topisches Kortikoid: 1-2 Appl./d*
- DEXASALYL® (+ Dexamethason)
- DIPROSALIC® (+ Betamethason)
- KENACORT® A Tinktur (+ Triamcinolon)

5. Topisches Retinoid (Tazaroten)

Ind: • Leicht- bis mittelgradige Psoriasis mit bis zu 10 % Hautoberflächenbeteiligung

Bsp: • Tazaroten ZORAC® Gel: 1 Appl./d
• Therapiedauer bis zu 12 Wo

NW: • Häufig:
- Pruritus, brennendes Gefühl
- Erythem und lokale Reizungen
- Desquamation
- Hautausschläge, Kontaktdermatitis

• Gelegentlich (1-3 %):
- Stechen
- Entzündete und trockene Haut

> **Für die PRAXIS:**
> Die Anwendung eines topischen Retinoids darf eine **Körperoberfläche von maximal 10 %** nicht überschreiten!

6./7. Photo-Chemotherapie: PUVA (= Psoralen + UV-A)

Ind: • Dermato-Konsilium

Bsp: • 8-Methoxypsoralen MELADININE® Tabl 10 mg:
- 20-70 mg (je nach Körpergewicht). Die Substanz soll 2 h vor der Strahlenaussetzung eingenommen werden.

8. Re-PUVA (Retinoid + PUVA)

Ind: • Dermato-Konsilium

9. Acitretin

Allg: • Acitretin ist ein Analog der Retinoinsäure und wird therapeutisch oft vor der Phototherapie angewendet (siehe Schema S. 1090).

Ind: • Psoriasis mit **Hautoberflächenbefall > 25 %** (Acitretin wird mit der PUVA kombiniert).

Bsp: • NEOTIGASON®: 20-30 mg/d PO während 2-4 Wo, dann je nach Klinik. Maximaldosis 75 mg/d

10. Ciclosporin

Ind: • Therapieresistente Psoriasis

Bem: • Die Serumspiegel von Ciclosporin sollen regelmässig kontrolliert werden!

Bsp: • SANDIMMUN NEORAL®: 2 mg/kg/d PO in 2 Einnahmen/d

11. Methotrexat (MTX)

Allg: • WICHTIG: Basisinformationen und NW, siehe S. 1324

Ind: • Dermato-Konsilium

Bsp: • METHOTREXAT FARMOS®, METHOTREXATE WYETH®

Dos: • 10-25 mg PO 1x/Wo (+ Folsäure 1x 5 mg/d)

12. Biologika (z.B. TNF-Hemmer)

Allg: • Biologika sind gegen krankheitsassoziierte Moleküle gerichtet (Zytokine, Chemokine, Adhäsionsmoleküle u.a.)

Bsp: • Adalimumab HUMIRA®
• Etanercept ENBREL®

Psoriasis der Kopfhaut (Lokaltherapie)

Bsp:
• Calcipotriol — DAIVONEX® — Scalp Solution — 1-2x/d, max. 60 mL/Wo
und/oder:
• Betamethason — DIPROLENE® — Scalp Appl. — 1-2x/d, für max. 4 Wo

Je nach Klinik zusätzlich:
• Ketoconazol — NIZORAL® — Shampoo 2 % — 2x/Wo für 2-3 Wo (während 5 min schütteln)

Vitiligo [L80]

Allg:
- Es handelt sich um umschriebene, fleckige, selten generalisierte Depigmentationen, welche zusammen mit verschiedenen Begleiterkrankungen auftreten, im Speziellen mit Autoimmunerkrankungen oder Neoplasien.
- Zu Beginn der Erkrankung findet eine Melanozytendestruktion statt, dessen Ursache unklar ist.
- Der Vitiligo kann aus esthetischen Gründen schwere psycholgische Probleme aufweisen.
- Erstmanifestation oft vor dem 20. Lebensjahr
- Prävalenz:
  - Normalbevölkerung: 1 %
  - Patienten mit Autoimmunerkrankung: 10-20 %
- Ca. 30 % der Personen mit Vitiligo haben eine familiäre Vorgeschichte.
- Mögliche auslösende Faktoren oder mögliche Risikopatienten:
  - Verletzungen, Schnittwunden
  - Ausgedehnter Sonnenbrand
  - Kontakt mit chemischen Produkten (z.B. Phenole, welche in der Fotographie oder in den Haarfärbemittel angewendet werden)
  - Emotionaler Schock, Stress

Urs:
- Unbekannt. Eine autoimmune Ursache wird diskutiert.

Klin:
- Depigementierte Hautareale, welche v.a. an folgenden Stellen vorkommen:
  - Gesicht, Füsse, Hände, periartikulär
- Verlauf und Komplikationen
  - In seltenen Fällen verschwinden die Läsionen spontan.
  - Erhöhte Inzidenz folgender Erkrankungen:
    -- Hauttumoren (denn die depigmentierten Zonen erfüllen ihre Schutzfunktion gegenüber den Sonnenstrahlen nicht mehr)
    -- Autoimmunerkrankungen

Klas:
I Lokalisierter segmentärer Vitiligo
  - Einseitig auf einer Gesichtszone, im oberen Körperteil, an den Beinen oder Armen. I.d.R. zeigen diese Läsionen keine Ausdehung.

II. Generalisierter Vitiligo
  - Oft beidseitige depigmentierte Flecken, mehr oder weniger symmetrisch an den Druck- oder Friktionsstellen. Diese Läsionen haben Tendenz, sich im Verlauf der auszubreiten.

DD:
- Schilddrüsenbefall (bis 30 % der Vitiligo-Patienten)
  - Hypothyreose
  - Hyperthyreose
  - Autoimmune HASHIMOTO-Thyreoiditis
- Morbus ADDISON
- Diabetes mellitus
- Hypoparathyreoidismus
- Perniziöse Anämie (BIERMER)
- Autoimmunhämolytische Anämie
- Chronische Thrombozytopenie
- Systemsklerose
- Rheumatoide Arthritis
- Myasthenia gravis
- Neoplasien: lymphoproliferative Erkrankungen, malignes Melanom, Magenkarzinom

Vorg:
1. Suche und Therapie einer Begleiterkrankung (siehe «DD:»)
2. Therapie. Das Ziel der Therapie ist es, die Grösse und Anzahl der Läsionen zu limitieren.

2.1. Kosmetik
Es können spezielle kosmetische Produkte (oder auch selbstbräunende Salben) auf die depigmentierten Zonen aufgetragen werden. Die selbstbräunenden Salben benötigen keine Melanozyten, um der Haut ein braunes Ansehen zu geben. Diese Produkte werden v.a. bei Befall der Gesichtsregion verwendet, da dort die topischen Kortikoide und die UV-Strahlentherapie nicht indiziert sind.

2.2. Therapie der Repigmentation
Das Ziel dieser Therapie ist es, die verbleibenden Melanozyten zu stimulieren. Es gibt 2 Arten der Repigmentation (je nach klinischem Ausmass):
- Photochemotherapie mittels PUVA oder UVB (benötigt 100-300 Sitzungen)
- Topische Immunmodulatortherapie (z.B. Tacrolimus)[1]
- ± Topische Analoga von Vitamin D3 (Calcitriol, Calcipotriol), β-Caroten

2.3. Definitive Depigmentation der gesamten Haut
Diese Therapie soll bei fortgeschrittenem Vitiligo diskutiert werden.

2.4. Chirurgische Therapie
Diese Therapie wird bei sehr ausgedehntem Vitiligo evoziert (z.B. Mitbefall der Haare): ad. Hauttransplantationen, Transplantation von Melanozyten.

1 Kostovic K, et al Drugs 2005 ; 65 :447-59.

Schwere Toxidermien [L51.2]

Allg:
- Unter den seltenen, aber potentiell letalen, medikamentösen NW beobachtet man folgende 2 Syndrome, sowie eine intermediäre Form (siehe «Klas:»):
  1. STEVENS-JOHNSON-Syndrom (SJS)
  2. Toxische epidermische Nekrolyse (TEN), auch **LYELL-Syndrom** genannt.
- Häufigkeit und Mortalität
  - SJS: 1.2-6 pro Million Menschen. Mortalität: ~ 5 % (siehe SCORTEN, S. 1095)
  - TEN: 0.4-1.2 pro Million Menschen. Mortalität: 30-35 % (siehe SCORTEN, S. 1095)
- Frauen > Männer (1.5 :1). Die Häufigkeit steigt mit dem Alter.
- Patientengruppen mit besonders hohem Risiko:
  - Langsame Azetylatoren
  - Immundeprimierte Patienten:
    -- HIV (hier ist das TEN-Risiko ca. 1000x erhöht)
    -- Lymphom
    -- Kortikotherapie u.a.
  - Patienten unter Rx-Therapie + Antiepileptika im Rahmen eines Hirntumors

Klas:
- Die Klassifikation des SJS und des TEN basiert auf dem Ausmass der Hautablösung, dem Verlauf und den klinischen Befunden. Verschiedene Experten sind der Meinung, dass sowohl das SJS, als auch die intermediäre Form, «Minderformen» des TEN sind.
  I. SJS ....**< 10 %** der abgelösten Hautoberfläche
  II. SJS-TEN ....**10-30 %** der abgelösten Hautoberfläche
  III. TEN ....**> 30 %** der abgelösten Hautoberfläche

Urs:
- Medikamentös (> 95 % der Fälle!!)
  - NSAR
  - Antibiotika
  - Antiepileptika

Dg.
- Klinik + Histologie (pathognomonisch!)

DD:
- Die nachstehenden Erkrankungen sind nach absteigender Häufigkeit aufgelistet:
  - Akute Staphylokokken-Epidermolyse (durch Staphylokokken-Toxine verursachte, subkorneale Hautablösungen, die aber im Vgl. zum SJS-TEN oberflächlicher gelegen sind)
  - Polymorphes, ausgedehntes Erythem (dessen Ursache infektiös ist)
  - Akute, generalisierte exanthematöse Pustulose
  - Autoimmune bullöse Dermatosen
  - Makulo-palulöses Exanthem (nur im Initialstadium des SJS-TEN)
  - Andere akute medikamentöse allergische Reaktionen (nur im Initialstadium des SJS-TEN)
  - Urtikaria (nur im Initialstadium des SJS-TEN)

Klin: **Typische Trias des SJS-TEN**
- **Erythem**
- **Hautschmerzen**
- **Hautablösung** (muko-kutan)

Symptome
- Prodrome: grippeartiges Befinden, Fieber, Augenbrennen, Odynophagie, Müdigkeit
- Schmerzen und/oder Brennen der Haut

Befund

a) Lokal
  - **Schleimhautbefall** (90 % der Fälle): Konjunktivitis, dann Keratitis mit Ulzerationen, Lippen-, Mund-, Nasen- und Genitalerosionen.
  - **Haut**: Erythematöse, dunkle (oft gräulich), konfluierende, makulo-papulöse Läsionen, welche oft im Bereich des Gesichts und des Thorax beginnen, um sich dann innert 1-5 Tagen auszudehnen. Ein Reiben an der Haut induziert eine Hautablösung (= positives NIKOLSKI-Zeichen, S. 1076), was die «nackte» Dermis rot, dunkel und nässend zum Vorschein bringt! Häufig werden Bullae beobachtet (v.a. an den Handinnenflächen und Fusssohlen).

b) Systemisch
  - Fieber
  - Verschlechterung des Allgemeinzustandes

Kpl:
- Wasser-Elektrolythaushaltstörungen
  - Hypovolämie
  - Hypernatriämie, Hypokaliämie
- Befall anderer Organe oder Systeme
  - Hämatologisch ......Leukopenie, Thrombozytopenie, Anämie
  - Pulmonal ....Lungenödem, Superinfekt, ARDS
  - Hepatisch ....Zytolyse
  - G-I (selten)...........G-I-Blutung, Diarrhoe
  - Augen....................Konjunktivale Synechien, Ektropion
  - Haut ....Haut- und Nagelpigmentierung (Dystrophie)

Für die PRAXIS:
Klinische Kriterien, welche es erlauben, eine leichtgradige Toxidermie zu erkennen, die potentiell in eine schwere Toxidermieform übergehen kann:

- Schleimhautbefall (z.B. Konjunktiven)
- Dunkle Grauverfärbung der Hautläsionen
- Hautschmerzen, Hautbrennen
- Positives NIKOLSKI-Zeichen, S. 1076

Prog: Prädikatives Score nach SCORTEN (*score for toxic epidermal necrolysis*)[1]

1. Alter > 40 Jahre	1 Punkt
2. Vorgeschichte einer Neoplasie	1 Punkt
3. Herzfrequenz > 120/min	1 Punkt
4. Initiale Hautablösung > 10 % der Körperoberfläche	1 Punkt
5. Serumharnstoff > 10 mmol/L	1 Punkt
6. Blutzucker > 250 md/dL (> 14 mmol/L)	1 Punkt
7. Bicarbonat (Plasma) < 20 mmol/L	1 Punkt
Summe	Punkte

Anzahl Punkte	Mortalität
0-1 Punkt	3.2 %
2 Punkte	12.1 %
3 Punkte	35.3 %
4 Punkte	58.3 %
≥ 5 Punkte	90 %

Th:

1. Notfallmässige Hospitalisierung

Ind:
- Verdacht auf eine schwergradige Toxidermie (Kriterien siehe oben «Für die PRAXIS»)
- Zeichen von muko-kutaner Hautablösung

2. Allgemeinmassnahmen

Allg:
- Den Patienten so wenig wie möglich umlagern, um die Hautablösung zu minimieren.
- Patienten auf die IPS oder «Verbrennungsstation» mit Warmluftbetten verlegen.
- Peripher venösen Zugang sichern. Ein ZVK sollte vermieden werden (da potentielle Infektionsquelle).
- Sofortiger Stopp aller möglicherweise involvierten Medikamente.
- **Hydratation**
  - Ziel: Euvolämie
  - Die Hypervolämie soll vermieden werden (Risiko eines akuten Lungenödems, trotz voluminösen transkutanen Wasserverlusten)!
  - Ziel-Diurese: 40-60 mL/h
- **Hautbiopsie ist obligat** (+ histologischer Schnellschnitt):
  - Pathognomonische Histologie, welche der Klinik einige Stunden vorausgeht.
- Ernährung: so schnell wie möglich einleiten (evtl. durch Magensonde).

3. Lokale Therapie

Vorg:
- Kein Débridement
- Tägliche Lokaltherapie unter dermatologischer und ophthalmologischer Kontrolle.

4. Medikamentöse Therapie

Vorg:
1. Hochdosierte Immunglobuline so schnell wie möglich verabreichen:
   - Dos:
     - 1 g/kg/d **IV** während 3 sich folgenden Tagen.
   - Bsp:
     - OCTAGAM® (10 g/200 mL) oder ENDOBULIN® S/D (10 g/200 mL):
       - Patient (70 kg): 7 Flaschen zu 200 mL **IV** (1.4 L/d)
   - Bem:
     - Studien zeigen eine Verminderung der TEN-Mortalität um 83 %.[2]
2. AB-Therapie
   - Allg:
     - Die prophylaktische Antibiose hat keinen Benefit gezeigt, hingegen können resistente Keime selektioniert werden!
     - Eine gezielte topische und/oder systemische Antibiose werden bei klinischer und bakteriologischer Evidenz einer Infektion installiert.
3. Analgesie - Anxiolytika/Hypnotika
   - Vorg:
     - Bei Bedarf: Opioide, siehe S. 1156
     - Anxiolytika/Hypnotika, siehe S. 1238

1 Bastuji-Garin S, et al. SCORTEN: a severity-of-illness score for toxic epidermal necrolysis. J Invest Dermatol 2000 ;115 :149-53. 2 Prins C, al. Arch Dermatol 2003 ;139 :26-32.

Erythema nodosum [L52]

Allg: • Das Erythema nodosum ist eine akute noduläre Hypodermitis (Panniculitis) ohne Vaskulitis. Frauen > Männer.

Für die PRAXIS:
- Das Erythema nodosum ist oft idiopathisch (ca. 50 %) und betrifft häufiger die Frauen.
- Bei Erythema nodosum immer an folgende Ursachen denken:
  - **Infekt (v.a. der Luftwege)**
  - **Tuberkulose, Sarkoidose**
  - **Lymphom**
  - **Entzündliche Darmerkrankungen (v.a. Colitis ulcerosa)**
  - **Medikamente** (Sulfonamide, Östrogene u.a.)

Klin:
- Dauer der Symptome: 3-6 Wo, danach Spontanheilung
- Bildung von subkutanen Knoten (Durchmesser ≥ 2-10 cm)
  - Spontan leicht schmerzhaft und druckdolent
  - Rosarot, violett oder rot
  - Lokalisationen:
    - Untere Extremitäten (typischerweise Vorderseite der Tibia)
    - Vorderarme (selten)
- Keine Ulzerabildung
- Manchmal Status febrilis
- Arthralgien (v.a. bei infektiöser oder entzündlicher Genese)
- Bauchschmerzen
- Diarrhoe

Urs:
- **Idiopathisch** (ca. 50 % der Fälle)
- **Infektiös**
  - Streptokokken (oft in den oberen Luftwegen)
  - *Yersinia enterocolitica*
  - Tuberkulose
  - Chlamydien, Mycoplasma
  - Parasitosen (z.B. Malaria) u.a.
  - Pilze
- **Entzündlich**
  - Akute Form der Sarkoidose (LÖFGREN-Syndrom: bihiläre Lymphadenopathien, Arthritis, negativer oder schwach positiver Tuberkulintest)
  - Colitis ulcerosa (meist bei Kolitisschub)
  - Morbus CROHN (seltener als Colitis ulcerosa)
- **Medikamentös**
  - Sulfonamide
  - Penicilline
  - Östro-Gestagene (nicht bewiesene Ursache des Erythema nodosum)
- **Neoplastisch**
  - Lymphom
  - Myelodysplastisches Syndrom
  - Myeloproliferatives Syndrom

Lab:
- CRP ↑, Leukozytose
- Je nach Klinik:
  - Streptokokken-Antigenschnelltest (β-hämolysierende Streptokokken, S. 788)
  - Serologien
    - ASLO (Anti-Streptolysin-O Antikörper)
    - *Yersinia, Chlamydia, Mycoplasma* u.a.

Vorg:
1. Exakte klinische Untersuchung!
   - Hautläsionen?
   - Pharyngitis?, Otitis?
   - Lymphadenopathie?
2. Thoraxröntgenbild
   - Sarkoidose?
   - Tuberkulose?
   - Lymphom?
3. Eine Tuberkulose soll gesucht und ausgeschlossen werden, siehe S. 834

Th:
1. Kausaltherapie + Erholung!
2. Symptomatische Therapie
- NSAR (z.B. Acetylsalicylsäure, Indometacin), S. 1266 ff

Bem: • Kortikoide sind weder indiziert noch wirksam.

Prog:
- Normalfall: Spontanheilung innerhalb von 3-6 Wo. Manchmal persistierendes Ödem.
- Rezidive sind selten (häufiger bei idiopathischen und Fällen, die nicht mit Streptokokken assoziiert sind).

Bullöses Pemphigoid (BP)[1] [L12.0]

Allg:
- Häufigste bullöse Dermatose (Europa: ca. 6/1'000'000 Personen/Jahr)
- Altersgipfel: ca. 65 Jahre (40-70)
- Mann und Frau sind gleich häufig betroffen.
- Unter den chronischen Dermatopathien sollen folgende 2 Krankheitsbilder nicht verwechselt werden, nämlich das **bullöse Pemphigoid** mit dem **Pemphigus vulgaris**.

Dg:
- Klinik + Histologie

Urs:
- Unbekannt. Eine Autoimmunkrankheit ist wahrscheinlich (siehe Labor).
- Auslösende Faktoren:
  - Strahlen (UV, Röntgen)
  - Medikamente:
    - Furosemid, Captopril, NSAR
    - Sulfonamide (z.B. TMP/SMX, Sulfonylharnstoffe) u.a.

Klin:
- Bildung von subepidermalen Blasen (Ø 2-5 cm) mit klarem Inhalt (später auch hämorrhagisch), die nach ihrem Einreissen Erosionen oder Vernarbungen hinterlassen.
- Typische Hautlokalisationen: lichtexponierte Hautareale (Extremitäten, Stamm)
- Die Läsionen können pruriginös sein.

DD:

Parameter	**Bullöses Pemphigoid** (BP)	**Pemphigus vulgaris**
Klinik	• Gespannte Bullae (Ø 2-5 cm) • Lokalisation: Extremitäten, Stamm • Die Läsionen sind in der Basalmembran lokalisiert. • Intensiver Pruritus! • Die **Schleimhaut** ist **nicht** mitbetroffen (seltene Untertypen können die Schleimhaut mitbefallen).	• Epidermale Bullae in der Mundschleimhaut, am Stamm und/oder am Rücken. • Die Bullae platzen oft und bilden Erosionen, dann Krustenbildung. • Die **Schleimhaut ist betroffen**. • NIKOLSKI-Zeichen: positiv, S. 1076
Häufigkeit	• Europa: - ca. 6/1'000'000 Personen/Jahr • BP = häufigste bullöse Dermatose	• Europa: - 1-5/1'000'000 Personen/Jahr
Ursache	• Unklar. Autoimmun?	• Unklar. Autoimmun?
Antikörper	• Antibasalmembran Ak	• Ak gegen transmembranöse Adhäsionsmoleküle (Desmoglein 1 und Desmoglein 3)
Histologie	• Subepidermale Blasen (IgG, in linearer Anordnung) • Keine Schleimhautbeteiligung (Ausnahmen sind selten)	• Suprabasale, akantholytische Bullae. • Die basalen Keratinozyten bleiben intakt. Die Dermis ist mit Leukozyten infiltriert. • Im Lumen der Blasen befinden sich Pemphigus-Zellen.
Therapie	• Siehe Text	• Kortikoide + Immuntherapie (Azathioprin, Cyclophosphamid, Methotrexat, Ciclosporin), monoklonale Antikörper (z.B. Rituximab)
Prognose	• Oft Spontanheilung innerhalb von 1.5-5 Jahren mit oder ohne Therapie	• Schlecht, oft letal ausgehend

Lab:
- Manchmal: erhöhte Entzündungsparameter (BSG, CRP)
- Hypoproteinämie
- Anti-Basalmembran Ak (IgG)

Th:
1. **Derma-Konsilium**
2. **Kortikoidtherapie** (je nach Klinik, systemisch oder topisch)
   - 2.1. Systemische Kortikotherapie
     - Prednison 0.5-1.0 mg/kg/d PO für 15 d, dann, alle 3 Wo Dosisreduktion um 15 %.
     - Therapiedauer: jahrelange Erhaltungstherapie notwendig.
   - 2.2. Topische Kortikotherapie
     - Clobetasol 17-Propionat DERMOVATE® Creme 1x/d auftragen
     - Therapiedauer: jahrelange Erhaltungstherapie notwendig.

Prog:
- In den meisten Fällen wird eine Spontanheilung innerhalb von 1.5-5 Jahren mit oder ohne Therapie beobachtet (im Gegensatz zum Pemphigus, siehe «DD:»).

1 Joly P, et al. N Engl J Med 2002 ;346 :321-7.

Pruritus[1] [L29.9]

Def: • Chronischer Pruritus: **Dauer > 2 Wochen**

Allg: • Mehrere Substanzen können als Mediatoren einen Pruritus induzieren:
- Prostaglandine (PGE2, PGH2)
- Serotonin, Histamin, Substanz P, B-Endorphin
- Metenzephalin, Leuenzephalin u.a.

> **Für die PRAXIS:**
> - **Ein generalisierter Pruritus kann die Erstmanifestation einer Systemerkrankung darstellen**.
> - Der Pruritus kann nachtsüber, infolge höherer Ausscheidung der genannten Mediatoren, verstärkt sein.

• Anamnese bei Pruritus:
- Dauer
- Eigenschaften des Pruritus:
  -- paroxysmal, brennend, im Zusammenhang mit gewissen Substanzen u.a.
- Lokalisation
- Variation der Intensität (z.B. nachtsüber intensiver)
- Auslösende Elemente: Kälte, Wärme, Feuchtigkeit, Trockenheit, Wasser, körperliche Aktivität, Vibration
- Medikamente (siehe unter «Urs:»)
- Allergien (Atopiker, Pollinose, allergische Rhinitis), Tierhaare, Hausmilben u.a.

Urs: • Infektiös
- HIV
- Lambliasis/*Giardia lamblia* (→ Stuhlanalyse)
- Ascaris (→ Stuhlanalyse)
- Läuse (S. 1102), Krätzmilbe (S. 1101), Wanzen (S. 1100), Flöhe (S. 1100)
- Hirnabszess
- Chronische Hepatitis (v.a. Hepatitis C)
- CREUTZFELDT-JAKOB Krankheit

• Neoplastisch
- Lymphoide Hämopathien: HODGKIN Lymphom, Leukämie u.a.
- Karzinoid, S. 722
- Solide Tumoren (siehe auch «Paraneoplasie S. 1019), Hirntumoren
- Polycythaemia vera

• Vaskulär
- St. nach Hirninfarkt (CVI u.a.)

• Endokrinologisch, metabolisch
- Diabetes mellitus
- Hyperthyreose
- Hypothyreose (Pruritus infolge trockener Haut!)
- Hyperparathyreoidismus
- Urämisches Syndrom, S. 643
- Pruritus infolge Cholestase
  -- Leberinsuffizienz: Bilirubin ↑, alkalische Phosphatase ↑, γ-GT ↑
  -- Primär sklerosierende Cholangitis, S. 446
  -- Autoimmune Hepatitis, S. 448
  -- Primär biliäre Zirrhose, S. 445

• Systemisch, immunologisch oder rheumatologisch
- Multiple Sklerose
- Dermatomyositis
- SJÖGREN Syndrom

• Medikamentös
- Acetylsalicylsäure, Allopurinol
- Opioide
- Antimalariamittel, Hydroxyethylstärke (z.B. HAES)
- Gestagene, Östrogene u.a.

• Sonstige Ursachen
- Trockene Haut!
- Seniler Pruritus (bei 25 % der Personen > 80 Jahre)
- Eisenmangelanämie
- Cholestase (der Pruritus ist multifaktorieller Genese)
- Chronische Pankreatitis mit Gallenwegsobstruktion
- Psoriasis
- Schwangerschaft
- Angstzustände, inkl. Parasitophobie

1 Angepasst nach : Yosipovitch G, et al. Int J Dermatol 1999; 38 :881-7.

Vorg: **Allgemeine Abklärung der Patienten mit generalisiertem Pruritus**[2]

Abklärungen	Vorgehen	Mögliche Diagnose
Blutentnahme	• Blutstatus	• Eosinophilie • Anämie • Polycythaemia vera
	• Blutzucker	• Diabetes mellitus
	• Kreatinin, Harnstoff	• Urämisches Syndrom
	• Alkalische Phosphatase • Bilirubin, ALAT, ASAT, Albumin, INR	• Cholestase • Leberinsuffizienz
	• TSH, FT4	• Hyper-, Hypothyreose
	• HIV-Serologie (von Fall zu Fall)	• HIV - AIDS
Stuhlanalyse	• Suche nach Parasiten • Alter > 40 J: okultes Blut im Stuhl	• Parasitose
Röntgen	• Röntgenthorax	• Tumor
Biopsie	• «Blinde» Hautbiopsie nur bei negativer Erstabklärung	• Lymphom

Bem: Die Wirksamkeit einer antipruriginösen Therapie ist bei einer Plazebowirkung von ca. 50 % schwierig zu evaluieren!

Th: **1. Kausaltherapie**
2. Symptomatische Therapie

2.1. Generalisierter Pruritus - Idiopathischer Pruritus

Vorg:
- Die Haut soll hydriert und gefettet werden (Salbe, Vaseline)
- Keine irritierenden Kleider tragen (z.B. Wolle)
- Die Vasodilatation soll vermieden werden:
  - Alkoholkonsum einschränken
  - Pfefferkonsum einschränken
  - Warme Luft und warmes Wasser vermeiden
- Alkalische Seifen sollen gemieden werden (diese sind hautirritierend).

Th:
- **Therapie des generalisierten idiopathischen Pruritus**

Lokale Therapie
- Polidocanol OPTIDERM® F Creme
- Kortikoide der Klassen I, II oder III, 1280

Physische Therapie (Derma-Konsilium)
- Phototherapie: UV-B, PUVA (Psoralen + UV-A)
- TENS *(transcutaneous electronic nerve stimulation)*

Systemische Therapie (Derma-Konsilium)
- H1-Antihistaminika, s. 1236
  - Tagsüber: Nicht sedatives H1-Antihistaminikum
  - ± Abends: Sedierendes H1-Antihistaminikum (z.B. ATARAX®)
- Serotonin H1 Antagonist: Ondansetron ZOFRAN® 1-2x 4 mg/d

2.2. Cholestatischer Pruritus

Th:
- Colestyramin QUANTALAN® 1-3x 4 g/d PO
- Refraktärer Pruritus (zur Zeit gibt es für diese Therapien wenig Evidenz)
  - Ondansetron ZOFRAN® 1-2x 4 mg/d PO
  - Colestipol COLESTID® Beutel zu 5 g: 1-6x/d
  - Rifampicin RIFAMPICIN Labatec®
  - Testosteron ANDRIOL® 2x 40 mg/d PO
  - H1-Antihistaminika, s. 1280
  - Extrakorporelle Dialyse mit Albumin (bei primärer biliärer Zirrhose)[3]

2.3. Analer Pruritus

Th: **1. Allgemeinmassnahmen**
- Ausschluss einer behandelbaren Ursache (z.B. Parasiten)
- Lokale sanfte Reinigung. Wiederholte Reinigungen vermieden.
- Vermeiden von rauem oder farbigem Toilettenpapier (das Färbemittel per se kann irritierend wirken). Es kann Olivenöl oder hydrophile Baumwolle verwendet werden.

2. Lokale Therapie
- Topische Kortikoide der Klassen I, II oder III, s. 1280

2 Angepasst nach: Kantor GR, et al. Semin Dermatol 1995 ;14 :290-6. 3 Pare A, et al. Am J Gastroenterol 2004 ;99 :1105-10

Floh [T14.0]

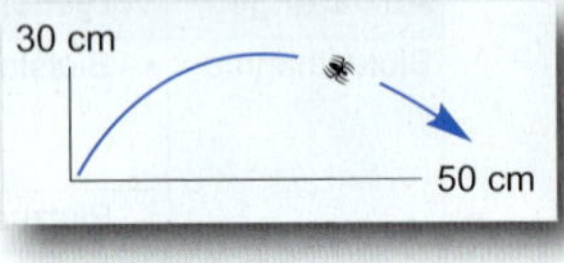

Syn: • *Pulex irritans*

Allg:
- Flöhe sind beweglich und stechen während der Nacht.
- Grösse: ca. 1.5-5 mm, flügellos
- Flöhe können Sprünge bis zu 30 cm hoch und 50 cm weit machen.
- Menschenflöhe können aber auch bei Hund und Katze «zu Gast» sein.
- Der **Menschenfloh** ist in Mitteleuropa selten geworden:
  - Lebt in der Holztäfelung, in der Bettwäsche, im Staub und in den Abfällen
- Viel häufiger werden Menschen von Tierflöhen befallen:
  - **Hundefloh** (*Ctenocephalides canis*)
  - **Katzenfloh** (*Ctenocephalides felis*)
  - Andere Floharten: Rattenfloh, Hühnerfloh u.a.
- Normalerweise nimmt der Floh pro Tag eine Blutmahlzeit zu sich:
  - Dabei nimmt er wenn möglich oft das 20-fache seines Eigengewichtes auf.
  - Er kann bis zu 1 Jahr ohne Mahlzeit überleben.
- Ein einziger Floh kann, meist nachtsüber und in kurzer Zeit, den ganzen Körper mit Stichen übersäen.

Klin:
- Der Flohstich induziert kleine rosarote Papeln, meist hart, in variabler Grösse.
- Die Flohstiche treten gruppiert in Haufen oder in Linienformation auf.
- Pruritus. Durch Aufkratzen dieser Papeln kann es zu Sekundärinfektionen kommen.

Th:
- Die Therapie gilt für den Menschen- und Tierfloh:
  1. **Symptomatische Therapie**
     - Lokale und systemische antipruriginöse Therapie, siehe unter «Krätzmilbe», S. 1101.
  2. **Umgebung**
     - Die Umgebung muss desinfiziert werden!

Wanze

Syn: • *Cimex lectularis*

Allg:
- Die Wanzen befinden sich in den Wandspalten und in der Bettwäsche.
- Wanzen stechen nachtsüber.
- Grösse ca. 5 mm

Klin:
- Man findet ähnliche Hautveränderungen wie bei den Flöhen.
- Starker Pruritus, Kratzspuren (± Sekundärinfektionen!)
- <u>Lokalisationen der Wanzen</u>
  - Gesicht
  - Nacken, Rücken
  - Gesäss
  - Gelenke

Th:
1. **Symptomatische Therapie**
   - Lokale bzw. systemische antipruriginöse Therapie, siehe unter «Krätzmilbe», S. 1101
2. **Umgebung**
   - Die Umgebung muss desinfiziert werden!

Krätzmilbe [B88.9]

Syn: • *Sarcoptes scabiei*. Scabies

Allg: • Suche nach geraden oder gekrümmten kleinen Hautfurchen (3-10 mm lang). Diese entsprechen den von den Weibchen geschaffenen Tunnels. Dort werden die Eier gelegt.
- Grösse: ca. 3 mm
- Lokalisation der Krätzmilben
  - Zwischen den Fingern
  - An den Brüsten
  - Am Penis
  - Um das Fuss- und Handgelenk herum
- Übertragung
  - Von Mensch zu Mensch durch direkten Hautkontakt.

Klin: • Sichtbare Hautfurchen (Tunnel) an den entsprechenden Lokalisationen.
- Starker Pruritus (kann selbst bis 2 Wo nach Elimination der Milben bestehen)!
- Kratzspuren (± Sekundärinfektionen!)

Th: **1. Allgemeinmassnahmen**
- Fingernägel schneiden
- Waschen mit heissem Wasser: alle Kleider, Bettwäsche und Kontaktobjekte (z.B. Spielzeuge)
- Gegenstände, welche nicht gewaschen werden können, müssen isoliert und dürfen während mindest. 3 Tagen nicht benützt werden.

2. Medikamentöse Therapie
- Lindanum JACUTIN®:
  Dos: • 1x am Abend auf der ganzen Körperoberfläche (Kopf ausgenommen) einreiben und am nächsten Morgen abduschen.
  • Diese Therapie wird an 3 aufeinander folgenden Tagen durchgeführt.
  KI: • Alter ≤ 3 Jahre, SS, Stillzeit

oder:
- Ivermectin (über eine internationale Apotheke erhältlich):
  Dos: • Initial: ....1 Dosis zu 200 µg/kg KG PO
  • Nach 14 d: ....gleiche Dosis wiederholen (1x 200 µg/kg KG PO)

3. Bei Pruritus

A. Topische antipruriginöse Therapie
- Crotamiton Creme EURAX® (1 Appl./d für 3-5 d)

oder:
- Topische Kortikoide der Klassen I, II oder III
  Allg: • Bei Anwendung im Gesicht, NUR Klasse I Präparate benutzen!
  Bsp: • LOCACORTEN® • LOCAPRED® • DIPROSONE® — 1 Appl./d; weitere topische Kortikoide, S. 1280

B. Systemische, antipruriginöse Therapie
- H1-Antihistaminika
  - Tagsüber: Nicht sedatives H1-Antihistaminikum, S. 1236
  - ± Abends: Sedierendes H1-Antihistaminikum (z.B. ATARAX®)

Für die PRAXIS:
Personen mit engem Kontakt zu Patienten müssen auch behandelt werden:
- Lindanum JACUTIN®, Applikation, siehe oben (Punkt 2.)

Laus [B85.2]

Allg:
- **Menschenläuse** sind, wie auch alle andern **Tierläuse**, blutsaugende Parasiten.
- Ihre Stiche erfolgen mit dem langen Stechrüssel und erzeugen juckende Quaddeln.
- Die Entwicklungszeit vom Ei bis zur Geschlechtsreife dauert ca. 25 Tage, die Adulten leben etwa 30 Tage.

Klas: **1. Kopflaus**

Syn:
- *Pediculus humanus var capitis*

Allg:
- Kopfläuse können weder springen noch fliegen. Sie überleben ohne Menschenkontakt ca. 1 Tag (max. 2-3 d).
- Grösse: ca. 3 mm
- Übertragung der Kopflaus
  - Direkter Haarkontakt (ein kurzer Kontakt genügt)
  - Durch Gegenstände, in denen sich die Kopfläuse aufhalten:
    -- Bürsten, Kämme
    -- Seltener: Hüte, Kissen, Kopfstützen, Kindersitz, Fahrradhelm, u.a.
  - Schnelle Ausbreitung, typischerweise in Schulen, Kindergärten

Für die PRAXIS:
Kopfläuse verbreiten sich rasch über direkten Haarkontakt, können aber in Gegenständen (Bürsten, Kämme) rund 1 Tag überleben und sich auch so weiterverbreiten!

Klin:
- Krustige, impetiginisierte Zonen
- Lymphadenopathie
- Sehr starker Pruritus, Kratzspuren (± Sekundärinfektionen!)

Dg:
- Nachweis von lebenden Läusen auf der Kopfhaut. Der alleinige Nachweis von Eiern (Nissen) erlaubt noch keine definitive Diagnose einer aktiven Erkrankung.

Th:
1. **Allgemeinmassnahmen**
   - Die Gegenstände, die mit der Kopfhaut in Kontakt gekommen sind, müssen sterilisiert werden (Hut, Kamm, Haarbürste, Kopfkissen u.a.).
   - Die behandelten Eier (Nissen) müssen nicht entfernt werden.
2. **Medikamentöse Therapie**
   - 1. Wahl: Malathion oder Permethrin
   - 2. Wahl: Lindanum (weil Neurotoxizität und zunehmende Resistenz!)

   ▶ Malathion PRIODERM®
   - Haare anfeuchten, Malathion applizieren und 10 min wirken lassen.
   - Applikation nach 7 und 14 d wiederholen.

   oder:

   ▶ Permethrin 1 % LOXAZOL®
   - Haare waschen und mit einem Tuch trocknen. Anschliessend Permethrin applizieren und 10 min wirken lassen.
   - Applikation 1x nach 7 d wiederholen

2. Körperlaus

Syn:
- *Pediculus humanus var corporis*

Allg:
- Siehe Kopflaus, S. 1102
- Körperläuse befinden sich in Kleidern (v.a. in den Nähten)
- Bei mangelnder Körperhygiene wird eine Ausbreitung deutlich verstärkt.
- Die Kleiderlaus, im Gegensatz zur Kopflaus, ist ein **Zeichen für mangelnde Sauberkeit**!
- Lokalisation der Körperlaus
  - Ganzer Körper; selten auf dem Kopf
- Übertragung der Körperläuse
  - Direktübertragung durch Kleider oder Bettwäsche (ein sehr kurzer Kontakt genügt!)

Dg:
- Suche nach den Eiern (Nissen) in den Kleidernähten

Th:
1. **Allgemeinmassnahmen**
   - Die Behandlung der befallenen Kleider und Gegenstände ist obligat:
     - Waschen bei hohen Temperaturen
     - Bügeln v.a. der Nähte
2. **Medikamentöse Therapie**
   - Eine Therapie ist nicht indiziert!

3. Pubislaus «Filzlaus»

Syn:
- *Phthirus pubis* oder in der vulgären Umgangssprache «Liebeskäfer», «Sackratten», «Oberschenkelantilopen», «Mastmatrosen» u.a. genannt.

Allg:
- Grösse: 1-1.5 mm lang, kurz und breite Gestalt, grauer Körper
- An den Beinenden befinden sich Halteklauen, mit denen sie sich an den Haaren des Menschen festhält. An den Haaren befestigt sie auch ihre Eier (= Nissen).
- Die Filzlaus stirbt spätestens nach 24 h, wenn sie vom Körper entfernt wird.

Klin:
- Die Lauseier (Nissen) können entlang der Haare vorgefunden werden.
- Auftreten von blau-grauen Flecken auf dem Bauch und den Oberschenkeln
- Sehr starker Pruritus
- Lokalisation der Pubislaus
  - Schambehaarung
  - Augenbrauen, Augenwimpern
  - Seltener: Achselhöhlen, Barthaare, Kopfhaare
- Übertragung
  - Direkter, enger körperlicher Kontakt

Th:
1. **Allgemeinmassnahmen**
   - Die Personen, die einen engen Kontakt mit dem Patienten gehabt haben, müssen untersucht ± behandelt werden.
   - Die Gegenstände, die mit dem Pubis in Kontakt gekommen sind, müssen gewaschen werden:
     - Slip
     - Kleider, Bettwäsche, Badetücher u.s.w.
2. ***Screening* für andere Geschlechtskrankheiten ist indiziert**
   - HIV, S. 862
   - Chlamydia, S. 813, 1015
   - Syphilis, S. 832
3. **Medikamentöse Therapie**
   - Gleiche Therapie wie für die «Kopflaus»:
     - Permethrin oder Malathion
   - Behandlung der Augenlider
     - Petrolatum (Vaseline) 2x/d für 10 d

HNO

Epistaxis [R04.0]

Allg:
- Die Epistaxis ist ein häufiges Symptom:
  - Im Kindesalter von 10 Jahren: bei ca. 50 % (mind. 1x Epistaxis)
  - Im Erwachsenenalter: bei ca. 100% der Erwachsenen (mind. 1x Epistaxis)
- Verlauf:
  - I.d.R. harmlos und spontan sistierend
  - Selten schwere bis lebensbedrohliche Blutungen (hier kann die Therapie sehr schwierig sein).
- Anatomie:
  - Blutversorgung des Naseninneren: Äste der A. carotis interna + externa, oberflächlicher arterieller Gefässplexus im Bereich des anterioren Septums (= Locus KIESSELBACHI).
  - Ca. 90 % der Blutungen sind am anterioren Septum lokalisiert.

Urs: **A. Lokale Ursachen**

- Idiopathisch (konstitutionell)
  → Schwache, rezidivierende Blutung, häufig bei Kindern
- Mikrotrauma (z.B. durch Fingernagel, oft schnäuzen) Blutung am Locus KIESSELBACHI
  → I.d.R. schwache, kurzdauernde Blutung
- Makrotrauma evtl. Fraktur von Septum, Os nasale, Mittelgesicht, Schädelbasis
  → Starke traumatische Blutung

> **Für die PRAXIS:**
> Selten kommt es zur Verletzung der A. carotis interna. Dabei kann es sofort, oder nach freiem Intervall, zur lebensbedrohlichen Blutung kommen.

- Lokale Schleimhautschädigung bei:
  - Rhinitis sicca anterior
  - Ulcus septi perforans
  - Rhinitis atrophicans
  - Thermischer oder chemischer Schleimhautschädigung
  → Rezidivierende schwache Blutungen, Trockenheitsgefühl, Krustenbildung
- Granulomatosen (z.B. WEGENER, S. 1066)
- Fremdkörper und Rhinolithen (mit Kalk überzogene Fremdkörper in den Nasenhöhlen)
  → Einseitige schwache Blutung
  → Evtl. Foetor und eitrige Sekretion
- Schleimhautpolypen
- Benigne und maligne Tumoren in der Nase und/oder in Nebenhöhlen
  → Meist blutiges Sekret
- Tumoren des Epipharynx (v.a. juveniles Nasenrachenfibrom)

B. Systemische Ursachen

- Art. Hypertonie (oft bei Epistaxis vorhanden, ohne unbedingt die Ursache zu sein!)
- Arteriosklerose (rezidivierende pulsierende, spritzende Epistaxis nach 40-50 Jahren)
- Vasopathien:
  -- MÖLLER-BARLOW Krankheit (früher Scorbut genannt; = Vitamin C Mangel)
  -- SCHÖNLEIN-HENOCH Purpura, S. 1057
- Thrombopathien:
  -- Thrombotisch thrombozytopenische Purpura (MOSCHCOWITZ-Syndrom), S. 916
  -- Immune thrombozytopenische Purpura (Morbus WERLHOF), S. 916
  -- Thrombasthenie GLANZMANN, S. 914
  -- Morbus Von WILLEBRAND, S. 929
  -- Polycythaemia vera, S. 910
  -- Thrombozytopenie bei: Leukämie, Chemotherapie, medikamenteninduziert
- Koagulopathien:
  -- Hämophilie, S. 926
  -- Morbus WALDENSTRÖM, S. 913
  -- Vitamin K Mangel
  -- Medikamentös (Antikoagulantien)
  -- Leberinsuffizienz
  -- Urämie, S. 634
- Epistaxis anstelle ausgebliebener Monatsblutung (Menstruatio vicaria)
- Schwangerschaftsepistaxis
- Morbus OSLER (S. 934): rezidivierende, multilokuläre, teils starke Blutungen aus typischen Angiektasien
- Infekte: Masern, Grippe, Typhus u.a.

Klin:
- Die Blutungsintensität kann sehr variabel sein:
  - Blutig tingiertes Sekret (mit Rückfluss in den Pharynx)
  - Hämorrhagischer Schock
- Nausea (ausgelöst durch das verschluckte Blut)
- Bei Trauma:
  - Oberflächliche oder tiefe Weichteilläsionen
  - Formabweichungen und Krepitation bei Frakturen
  - Neurologische Ausfälle
  - Weitere Verletzungen suchen:
    -- Orbitafraktur
    -- Schädigung des Nervus opticus
- Bei Morbus OSLER: Angiektasien suchen (auch an Haut und oraler Schleimhaut sichtbar)

Vorg:
- Lagerung, siehe unter «Th:», unten
- Anamnese:
  - Einschätzung des Blutverlustes
  - Bekannte Blutungsursachen (Medikamente, Blutungsleiden u.a.)
  - Frage nach Allergie auf Lokalanästhetika
- Klinische Untersuchung + Vitalparameter bestimmen:
  - Beurteilung der Hämodynamik
  - Blutdruck, Puls, allenfalls SpO_2
- Von Fall zu Fall, ad. radiologische Untersuchungen (Rx, CT, Angio-MR, Angiographie)
- Je nach Klinik: venösen Zugang schaffen

Lab:
- Blutstatus
- INR, aPTT, evtl. Blutgruppenbestimmung/Kreuzblut
- Bei Massivblutung: Blutprodukte zur Transfusion anfordern
- ***CAVE***: Das Hb kann bei akuter Blutung noch normal sein!

Th:

1. Allgemeine und physikalische Massnahmen

1.1. Lagerung
- Sitzende Positition mit vorgeneigtem Oberkörper
- Das Blut kann so nach aussen fliessen, ohne dass es in den Pharynx zurück fliesst (Nauseaprophylaxe).

1.2. Kälteapplikation zur reflektorischen Vasokonstriktion
- *Cold-pack* oder kalte Tücher/Kompressen sollen im Nacken und auf dem Nasenrücken angebracht werden

1.3. Kräftige Kompression beider Nasenflügel während ca. 15 min
- Effizienzt nur bei anterior gelegener Blutungsquelle (ca. 90 % der Epistaxis)

2. Hämodynamische Stabilität

2.1. Bei hämodynamischer Instabilität, ad. Flüssigkeitsreanimation, siehe S. 21

2.2. Bei art. Hypertonie (behandeln falls schwergradige Hpertonie und unstillbarer Epistaxis, siehe S. 244, 21)

3. Lokale Therapie (falls allgemeine Massnahmen ungenügend effizient)

3.1. Anteriore Tamponade
- Bei grossflächigen, nicht erreichbaren oder nicht lokalisierbaren Blutungen
- Die anteriore Tamponade kann mit Schaumstoff oder fortlaufender Tamponade mit Salbenstreifen konfektioniert werden.
- Falls therapieresistent: ad. hintere Tamponade (nach BELLOCQ oder mittels Ballonkatheter) kombiniert mit anteriorer Tamponade
- AB-Prophylaxe bei Risikopatienten (inkl. älteren Patienten)
  Immer der Nierenfunktion anpassen!
  a) Ohne Penicillin-Allergie, z.B. Amoxicillin/Clavulansäure (3x 625 mg/d PO)
  b) Mit Penicillin-Allergie, z.B. Clindamycin (SOBELIN® 3-4x 300 mg/d PO)

3.2. Medikamentöse Hämostase in Betracht ziehen (von Fall zu Fall entscheiden)
- Bei ungewollt erhöhtem INR:
  - Vitamin K KONAKION® 2-5 mg PO, siehe auch VKA-Überdosierung, S. 98
- Bei langanhaltenden oder rezidivierenden Blutungen → HNO-Kons. (Tranexamsäure CYKLOKAPRON®: 3x 1000 mg PO während 7 d in Betracht ziehen)

3.3. Absaugen beider Nasenhöhlen
- Abschwellende Naseneinlage beidseitig (z.B. mit Xylometazolin /Lokalanästhetikum), bei Bedarf nach einigen Minuten wiederholen.
- Nach Abschwellen/Lokalanästhesie: schonendes Absaugen unter Sicht
- Identifizierung der Blutungsquelle

3.4. Chemische Verätzung bei begrenzten Schleimhautläsionen und Gefässarrosionen
- Verätzungsmittel: z.B. Silbernitrat, Kaliumpermanganat, Trichloressigsäure

3.5. Applikation von Fibrin- und Thrombinprodukten («Fibrinkleber»)
- Beispiel (zur lokalen Anwendung: wird mit einer Knopfkanüle auf die Schleimhautläsion gebracht): BERIPLAST® P Combi-Set

3.6. Elektrokoagulation
- Bipolar: bei anterior gelegener arterieller Blutung
- Monopolar (mit Sauger): bei dorsal gelegener arterieller Blutung

4. **Chirurgische Therapie**
   - Folgende chirugische Eingriffe können bei therapieresistenter Blutung durchgeführt werden:
     - Septumplastik (zum Erreichen der hinteren Nasenabschnitte)
     - Unterbindung/Clippung der Aa. ethmoidalis anterior/posterior
     - Clipping der A. sphenopalatina über transnasalen Zugang
     - Unterbindung der A. maxillaris über transmaxillären Zugang
     - Ligatur der A. carotis externa
     - Laserung bei Morbus OSLER
     - Angiographische Gefässembolisation (bei Blutung aus Abgängen der A. carotis interna besteht ein hohes CVI-Risiko)
5. **Substitutionstherapie bei Blutungskrankheiten**
   - Thrombozytenkonzentrat
   - Erythrozytenkonzentrat
   - Gerinnungsfaktoren substituieren (von Fall zu Fall entscheiden)
6. **Kausaltherapie**

Kpl:
- Septumperforation, häufig bei beidseitiger Verätzung/Koagulation am Septum
- Vernarbungen am Naseneingang durch Druck von Tamponadematerial, Ballonkatheter und Haltefäden (polstern!)
- Infekt im Bereich von Tamponadematerial und Nasennebenhöhlen (siehe Pt. 3.1. S. 1107)
- Aspirationspneumonie
- Vagale Reflexe infolge nasaler Manipulation (inkl. Anbringung der Tamponade):
  - Bradykardie
  - Vasovagale Synkope
- Ein vorbestehendes obstruktives Schlafapnoe Syndrom kann durch die Tamponade verstärkt werden. Diese Patienten sollen zur SpO_2-Überwachung allenfalls hospitalisiert werden.

Cholesteatom [H60.4]

Allg:
- Es handelt sich um einen benignen Hauttumor (keratinisierendes MALPIGHI Epithelium).
- Das Cholesteatom ist i.d.R. gut begrenzt und imponiert zystenförmig mit einer epidermalen Tasche.
- Das Cholesteatom kann randständig perforieren (in seltenen Fällen auch bei intaktem Trommelfell) und sich somit diffus über Jahre/Jahrzehnte hinweg ausbreiten. Je nach Lokalisation, kann es die Wände des Mittelohrs zerstören und **schwerwiegende Komplikationen** hervorrufen.
- Das Cholesteatom enthält grosse Mengen an Cholesterin und ist entsprechend gelblich gefärbt.
- Die Symptome und Befunde treten i.d.R. langsam auf. Deshalb kann das Cholesteatom über Jahre hinweg nicht diagnostiziert sein und erst durch seine Komplikationen bekannt werden!

Urs:
I. Sekundär (häufig)
- Infolge Invagination des Epitheliums der Pars flaccida des Trommelfells
- Bei chronischer Trommelfellperforation

II. Kongenital (sehr selten)

Klin:
- Asymptomatisch
- Symptomatisch:
  - Stinkige (fötide) und manchmal blutige Ohrsekretion
  - Diskrete, progrediente Hypoakusie
  - Fazialisparese
  - Hörverlust
  - Schwindel
  - Manchmal tiefsitzende Kopfschmerzen
- Klinische Untersuchung:
  - Die otoskopische Untersuchung zeigt typischerweise eine **Trommelfellperforation** (ist aber nicht zwingend).
  - HENNEBERT-Zeichen bzw. -Fistelsymptom: Besteht eine Fistel im Bereich des horizontalen Bogenganges, oder an einer anderen Stelle der Labyrinthkapsel, hervorgerufen durch einen entzündlichen osteolytischen Prozess (z.B. Cholesteatom), so wird eine plötzliche Druckerhöhung (z.B. durch Politzerballon) subjektiv Schwindel und objektiv Nystagmus, sowie Lateropulsion hervorrufen. Dieses Zeichen kann bei folgenden Erkrankungen ausgelöst werden:
    -- Kongenitale Syphilis (wurde da das 1. Mal entdeckt)
    -- Morbus MÉNIÈRE
    -- Cholesteatom

Kpl: **Die endokraniellen Komplikationen sind am gefährlichsten, denn sie können letal ausgehen!**
- Otogene Meningitis (häufigste Komplikation!)
- Zerstörung des Felsenbeins mit Einbezug der darin enthaltenen Strukturen:
  - Fazialisparese
  - Labyrinthzerstörung
- Abszesse: Temporallappen
- Extra- oder subdurales Empyem
- Thrombose des Sinus lateralis
- Taubheit (zuerst Leitungs-, dann Empfindungstaubheit)
- Akutes kochleo-vestibuläres Defizit

Rx:
- Das CT erlaubt direkte und indirekte Befunde darzustellen:
  - Verschwinden der Mastoidpneumatisierung
  - Lytische Knochenherde
  - Abszesse
  - Zerstörung des Labyrinths

Th: **1. Notfallmässige HNO-Konsilium**
- Ein bestehender Ohrinfekt wird IMMER chirurgisch ausgeräumt (notfallmässig oder nach der Therapie einer zerebro-meningealen Komplikation).
- Jedes Cholesteatom, auch wenn behandelt, muss regelmässig und langfristig beim Spezialisten kontrolliert werden.

Schwindel[1] [peripher: H81.3; zentral H81.4]

Allg: • Der Schwindel ist ein **Symptom** und keine Diagnose:
- Der vestibuläre Teil des Innenohrs gibt dem Gehirn Auskunft über die Lage und die Bewegungen des Kopfes (zirkuläre und/oder lineäre Beschleunigungen).
- Die vestibuläre Information wird von visuellen und sensorischen Informationen integriert (Lagesinn, Position des Kopfes und des Körpers).
- Die Bewegung des Kopfes in eine Richtung aktiviert das Vestibulum auf derselben Seite.

Bsp 1: Bei **Rotation des Kopfes nach rechts** wird das rechte Vestibulum aktiviert
→ Langsame Augenbewegungen nach links und schnelle Augenbewegungen nach rechts (was die Nystagmusrichtung definiert).
Der axiale Muskeltonus der linken Halbseite verstärkt sich, um das Schwerpunktzentrum auszugleichen.

Bsp 2: Bei **linksseitiger Vestibulumläsion** wird das rechte Vestibulum relativ aktiviert:
→ Langsame Augenbewegungen nach links
→ Der Nystagmus schlägt auf die rechte Seite.
→ Verstärkung des axialen Muskeltonus der linken Halbseite
→ Falltendenz nach links.

Urs: • Siehe S. 1112

Klas: **1. «Echter» Schwindel = Objektiver Schwindel, Schwindel des Objektes**

Allg: • Der «echte» Schwindel ist ein objektiver Drehschwindel.
• Der Patient sieht/spürt ein Drehen von fixen Objekten, welche ihn umgeben.

Urs: ▪ **Zentraler vestibulärer Schwindel**, S. 1111

Allg: • Der zentrale vestibuläre Schwindel = potentieller NOTFALL, S. 1116
Klin: • Siehe, S. 1111
Urs: • Kleinhirn- und Hirnstammläsion:
- Tumor (primär oder Hirnmetastasen)
- Blutung
- Hirnschlag (hämorrhagisch oder ischämisch)
- Malformation

• Subarachnoidalblutung
• WALLENBERG-Syndrom
• Infekt mit neurotropen Erreger: HIV, Borrelia, Herpes
• Migränöser Schwindel
• Multiple Skerose
• ARNOLD-CHIARI-Syndrom (kongenitale Malformationen, welche das Kleinhirn, den Hirnstamm und das zervikale Rückenmark betreffen)

Vorg: • Siehe Algorithmus S. 1113

▪ **Peripherer vestibulärer Schwindel**, S. 1111

Allg: • Der periphere Schwindel ist, ausser bei Exsikkose infolge anhaltendem Erbrechen, keine Notfallsituation.
Klin: • Siehe, S. 1111
Urs: • Benigner paroxysmaler Lagerungsschwindel
• Akutes kochleo-vestibuläres Defizit
• Morbus MÉNIÈRE
• Akute Otitis media
• Akustikusneurinom
• Cholesteatom
• Herpes Zoster oticus (RAMSAY HUNT-Syndrom)
• Perilymphatische Fistel
• Syndrom der Dehiszenz des oberen Bogenganges (MINOR-Syndrom)
• COGAN-Syndrom (seltene entzündliche Erkrankung mit kochleo-vestibulärem Syndrom + nicht luetische interstitielle Keratitis)
• Medikamentös (z.B. Aminoglykoside)

Vorg: • Siehe Algorithmus S. 1113

DD: • Zentraler versus peripherer Schwindel, siehe S. 1111, 1112

2. Pseudo-Schwindel

Allg: • Beim Pseudo-Schwindel spürt der Patient, dass er sich um sich selbst dreht.
• Dies evoziert einen zentralen Schwindel bis zum Beweis des Gegenteils!
Urs: • Die Ursache liegt ausserhalb des vestibulären Systems und dessen Verbindungen.
Dg: • Pseudo-Schwindel = **Ausschlussdiagnose!!**
DD: • «Echter» Schwindel (zentral oder peripher)
• Physiologischer Schwindel
• Psychogener Schwindel

1 Baloh RW. N Engl J Med 2003 ;348 :1027-32.

Klin: • Typische Elemente bei physiologischen oder psychogenen Schwindel:
  - Auslösende Situationen (visuell, auditiv u.a.):
    -- Lift fahren, Restaurant, Brücke, Flug in einem Flugzeug, grosse weite Räume, psychologischer Stress u.a.
  - Assoziierte Symptome: Angst, Panik, schwitzen
• Hysteriforme Persönlichkeit

Bsp: • Hysterie, psychogener Schwindel

3. Physiologischer Schwindel

Allg: • Es handelt sich um einen *mismatch* zwischen den vestibulären, visuellen und sensorischen Afferenzen.

Bsp: • Reisekrankheit
• Schwindel im Gebirge u.a.

HNO

Klinik	**Peripherer vestibulärer Schwindel**	**Zentraler vestibulärer Schwindel**
Klinische Untersuchungen, Neurostatus	• **Keine neurologischen Befunde assoziiert!** • «Harmonischer» Nystagmus, S. 1116 • **Echter Drehschwindel:** - die umgebenden Objekte bewegen sich um den Patienten herum! • Keine schweren Gehstörungen, trotz einer Lateropulsion zur kranken Seite • Ausgeprägte vegetative Begleitsymptome: - Nausea - Erbrechen • Hypoakusie und/oder Tinnitus auf der kranken Seite • Verstopfungsgefühl im Ohr • ROMBERG‡: - Falltendenz zur kranken Seite	• **Assoziierte neurologische Befunde:** - Ausgeprägte Geh- und Gleichgewichtsstörungen - Kopfschmerzen - «Nicht-harmonischer» Nystagmus, S. 1116 - Befall der untersten Hirnnerven: -- VI: Diplopie -- VII-XII: siehe S. 1113 - Kleinhirnzeichen, S. 598 - Sensorische/motorische Ausfälle - HORNER-Syndrom, S. 560 - Benommenheit • Mnemotechnisch: Suche nach den «**6 D**», S. 1117
Spontannystagmus 	**Harmonischer Nystagmus** • Siehe S. 1116	**Nicht harmonischer Nystagmus** • Siehe S. 1116
Schweregrad des Schwindels	• Der Schwindel kann sehr stark ausgeprägt sein, aber der Patient stürzt nicht. • Falltendenz zur kranken Seite.	• Ausgeprägter Schwindel • Oft unmöglich die stehende Position beizubehalten
Untersuchung bei der visuellen Fixation	• Praktisches Vorgehen: - Ein Finger wird in einer Distanz von ≥ 50 cm vor den Augen des Patienten fixiert. Der Verlauf des Nystagmus wird nun beobachtet: → Verminderter oder abgeschwächter Nystagmus (denn die vestibulo-zerebelläre Kontrolle ist intakt und erlaubt eine teilweise oder vollständige Unterdrückung des Nystagmus; die Pathologie liegt im Innenohr).	• Verstärkter oder unveränderter (aber nicht verminderter) Nystagmus (denn die vestibulozerebelläre Kontrolle ist lädiert)
Vestibulo-okulärer Reflex, S. 1115	• Der perrotatorische Nystagmus ist auf der kranken Seite vermindert oder fehlend.	• Kann bei zentraler Läsion normal ausfallen.

Tabelle 1: Vestibulärer Schwindel mit zentraler oder peripherer Ursache.

‡ ROMBERG Stehversuch: Der Patient bleibt mit geschlossenen Augen und Beinen stehen.
** Ein provozierter Nystagmus (z.B. durch das HALLPIKE-Manöver ausgelöst S. 1120) kann einen isoliert transitorischen rotatorischen oder horizontalen Nystagmus auslösen.

Urs: **A. Zentraler Schwindel**

- **Neurologische und sonstige Erkrankungen**
  - Akustikusneurinom (VIII: N. vestibularis + N. cochlearis)
  - WALLENBERG-Syndrom, S. 560
  - Kleinhirn und pontine Läsionen: Tumor, Ischämie, Blutung (SAB), Malformationen
  - Multiple Sklerose
- **Infektiös** (unvollständige Liste)
  - Enzephalitis, Meningo-Enzephalitis
  - Abszess
  - Neurotrope Erreger: HIV, Syphilis, Borrelia, Herpes u.a.
  - Toxoplasmose
- **Medikamentös/toxisch**
  - Alkohol!
  - Trizyklische Antidepressiva
  - Opioide
- **Kardiovaskulär**
  - Synkope (jede Präsynkope kann sich in Form eines Schwindels manifestieren)
  - Orthostatse

B. Peripherer Schwindel

- **HNO-Erkrankungen**
  - Akutes kochleo-vestibuläres Defizit (= Labyrinthitis), S. 1125
  - Morbus MÉNIÈRE, S. 1124
  - Benigner paroxysmaler Lagerungsschwindel, S. 1120
  - Akuter periphere Vestibularisausfall (= Neuritis vestibularis), S. 1128
  - Cholesteatom, S. 1109
- **Medikamentös/toxisch**
  - Diuretika, Betablocker, ACE-Hemmer, Sartane, Kalziumantagonisten
  - Antiarrhythmika (Digoxin, Propafenon, Procainamid)
  - NSAR (inkl. ASS),
  - Aminoglykoside, Zytostatika
- **Metabolische und sonstige Ursachen**
  - Migräne-assoziierter Schwindel (z.B. Migräne basilaris)
  - GUILLAIN-BARRÉ-Syndrom
  - SHT (z.B. Felsenbeinfraktur)
  - Hypoglykämie, Hyperglykämie

DD: **1. Schwindel mit Hörverlust**

- Akutes kochleo-vestibuläres Defizit (= Labyrinthitis), S. 1125
- Akute oder chronische Otitis
- Morbus MÉNIÈRE, S. 1124
- Cholesteatom, S. 1109
- Felsenbeinfraktur
- Akustikusneurinom (VIII: N. vestibularis + N. cochlearis)
- WALLENBERG-Syndrom, S. 560
- Multiple Sklerose, S. 616
- AIDS, Borreliose (LYME)
- TULLIO- Syndrom (Gleichgewichtsstörungen bei sonorem Phänomen: Lärm u.a.)
- Syndrom der Dehiszenz des oberen Bogengänges (MINOR-Syndrom)

2. Schwindel ohne Hörverlust

- Benigner paroxysmaler Lagerungsschwindel, S. 1120
- Brüskes peripheres vestibuläres Defizit (= Neuritis vestibularis)
- Kleinhirn und pontine Läsionen: Tumor, Ischämie, Blutung (SAB), Malformationen
- Hirnschlag, TIA
- Schädel-Hirn-Trauma
- Medikamentös (siehe «Zentraler und peripherer Schwindel»)
- Multiple Sklerose, S. 616
- Neurotrope Erreger: HIV, Syphilis, Borrelia, Herpes u.a.
- Migräne-assoziierter Schwindel (z.B. Migräne basilaris)

3. Brüsker Schwindel

- Benigner paroxysmaler Lagerungsschwindel, S. 1120
- Brüskes peripheres vestibuläres Defizit (= Neuritis vestibularis)
- Morbus MÉNIÈRE, S. 1124
- Kleinhirn-CVI

4. Langsam entstehender Schwindel

- Bilaterale Vestibulumerkrankung
- Leukoenzephalopathie
- Medikamentös/toxisch

Schwindel

Ausschluss von:
- Pseudo-Schwindel, S. 1110
- Physiologischem Schwindel, S. 1111

Klinische Untersuchungen
- **ROMBERG-Stehversuch** (mit geschlossenen Beinen und Augen stehen bleiben):
  → Unsicherheit, Falltendenz?
- **Gehprüfung** (der Patient soll vor dem Arzt hin und her gehen):
  → Ataxie?
- **Augenmotilitätskontrolle in alle Richtungen** (siehe Schema unten)
  → Nystagmus? Augenmuskelbefall?
- **Gesichtsfeldprüfung** (jedes Auge muss separat getestet werden)
  → Hemianopsie? Anopsie?
- **Untersuchung der untersten Hirnnerven** (VI-XII), siehe S. 570
  → Hirnnervenbefall?
- **Motorische und/oder sensorische Ausfälle** (inkl. Schmerz- und Temperaturempfindung)
- **Kalorik** (vom Spezialisten durchgeführt)
  → DD: Zentrale versus periphere Genese!

«Echter» Schwindel

Zentraler Schwindel S. 1112

Notfallmässige Abklärungen!
- HNO-Konsilium
- Bildgebung (MR)
- DD, siehe S. 1112

Peripherer Schwindel S. 1112

I.d.R. keine Notfallsituation
- Ausnahme: Exsikkose (z.B. bei anhaltendem Erbrechen)
- DD, siehe S. 1112
- Bei Bedarf: HNO-Konsilium

Algorithmus: Vorgehen bei Schwindel.

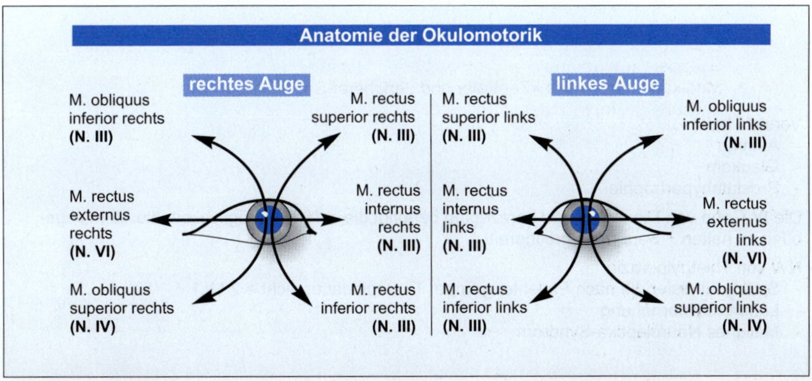

Th: **1. Kausaltherapie des Schwindels**
2. Symptomatische Therapie bei Schwindel

Medikamente	Adm.	Initialdosis	Tägliche Dosierung, Infos
Leichte Wirkung gegen den Schwindel			
Meclozin§	PO	25 mg	• 12.5-50 mg alle 4-8 h • Maximaldosis: 150 mg
Diazepam	**IM, IV¶**, PO, IR	5 mg	• 2-20 mg alle 4-8 h • Maximaldosis: 60 mg
Lorazepam	**IM, IV¶**, PO	1 mg	• 0.5-2 mg alle 4-8 h • Maximaldosis: 6 mg
Mittelmässige bis starke Wirkung gegen den Schwindel			
Betahistin	PO	16 mg	• 24-48 mg in 2-3x/d • Maximaldosis: 48 mg
Cinnarizin	PO	25-50 mg	• 25-50 mg 3x/d
Dimenhydrinat§	PO (Tabl 50 mg)	50 mg	• 50 mg alle 4-6 h PO • Maximaldosis: 200 mg
	Kaugummi (10, 20 mg)		• 10-20 mg während 3-10 min kauen (Wirkungseintritt nach 2-3 min) • Der Kaugummi soll nicht geschluckt werden. • Wirkungsdauer: 1-3 h
Scopolamin§	**IM, IV, SC**	0.3 mg	• 0.3-0.6 mg alle 8 h
	Pflaster	1.5 mg (1 Pflaster)	• 1.5 mg/3 d (= Maximaldosis)
Droperidol§	**IM, IV**	2.5 mg	• 2.5-10 mg alle 3-4 h • Maximaldosis: 30 mg
Thiethylperazin*	**IM**, **IV** (langsam)	6.5 mg	• 1-3x 6.5 mg/d **IV** oder **IM**
	PO, IR	6.5 mg	• 1-3x 6.5 mg/d PO oder IR

Tabelle: Symptomatische Therapie bei Schwindel.[1]

3. Vestibuläre Physiotherapie (HNO-Konsilium)
- Die Physiotherapie soll begonnen werden, sobald die Nausea verschwunden ist (mindestens 2x/d! während mehrerer Minuten).

§ Vorsicht bei:
- Asthma
- Glaukom
- Prostatahypertrophie

¶ Die **IV**-Gabe von Diazepam und Lorazepam benötigt die sofortige Möglichkeit, die Atemwege offen zu halten + Sauerstoff greifbereit!

* NW von Thiethylperazin:
- Spätdyskinesien (je nach Patientengruppe, Therapiedauer nicht > 2 Mt.)
- Leberenzymerhöhung
- Malignes Neuroleptika-Syndrom

1 Angepasst nach: Baloh RW. N Engl J Med 2003 ;348 :1027-32.

Vestibulo-okulärer Reflex

Allg: • Dieser Reflex entspricht einer Kompensationsbewegung der Augen mit dem Ziel, ein fixes Bild auf die Netzhaut zu projizieren und dies bei allen Kopflagen (Rotation, Translation).

Vorg: • Durchführung des horizontalen vestibulo-okulären Reflexes am Krankenbett?

① Der Untersucher hält den Kopf des Patienten zwischen seinen Händen.
Die Augen des Patienten, welche die Nase des Untersuchers fixieren, sind, im Vergleich zur Sagitalebene, um ca. 10° verschoben (siehe Schema).

② Der Kopf des Patienten wird nun brüsk in die Sagitalebene des Untersuchers gedreht (d.h. ca. um 10°).
Die Augenbewegungen sollen jetzt interpretiert werden.

③ Dasselbe Manöver wird auf der Gegenseite wiederholt (10°-Kopfdrehung auf die andere Seite; in der Zeichnung nicht illustriert).

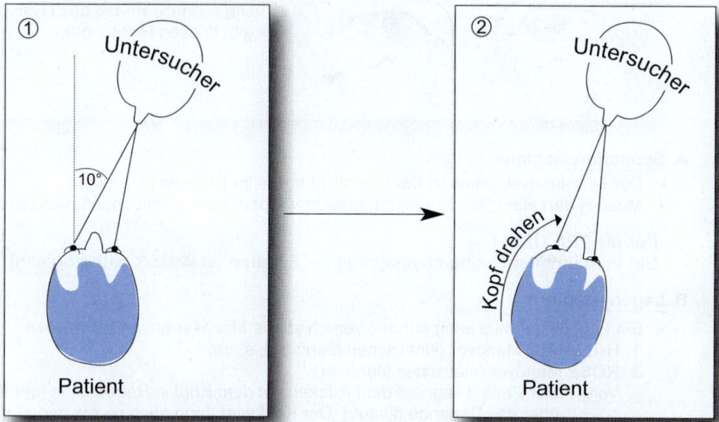

Schema: Praktisches Vorgehen bei der Untersuchung des horizontalen vestibulo-okulären Reflexes.

Nystagmus [H55]

Def: • Sakkadierte, unwillkürliche Augenbewegungen, bestehend aus 2 Phasen:
1. Schnelle Phase (definitionsgemäss gibt die schnelle Phase die Nystagmusrichtung an)
2. Langsame Phase

Allg: • Methoden zur Auslösung eines Nystagmus (wenn nicht spontan vorhanden):
- FRENZEL Brille (= Vergrösserung um 20 Dioptrien). Diese Brille verhindert die visuelle Fixation, welche einen Nystagmus unterdrücken könnte.
- Durch HNO-Spezialisten vorzunehmen:
  -- Palpation der geschlossenen Augen-Globi
  -- Augenfundus mit Ophthalmoskop (der Patient kann die Lichtquelle nicht fixieren)
  -- Videonystagmoskopie, Elektronystagmographie

Klas: **A. Spontannystagmus**
- Der Spontannystagmus ist bei Tageslicht sowie im Dunkeln vorhanden.
- Muss in den allen Sehrichtungen gesucht werden: zentral/re/li/oben/unten (siehe S. 1113)!

Für die PRAXIS:
Ein vorhandener Spontannystagmus bei Fixation ist IMMER pathologisch!

B. Lagenystagmus
- Ein Lagenystagmus kann durch 2 verschiedene Manöver ausgelöst werden:
  1. HALLPIKE Manöver (kinetisches Manöver), S. 1120
  2. ROSE Manöver (statisches Manöver)
  Vorg: Der Patient liegt auf dem Rücken mit dem Kopf in Retroflexion (der Kopf ragt über das Bettende hinaus). Der Kopf wird dann nach rechts gedreht, was einen geotropen Nystagmus auslösen kann (= horizontal rotatorischer Nystagmus, wobei die schnelle Phase gegen den Boden schlägt). Das Manöver wird dann mit der Kopfrotation zur anderen Seite wiederholt.
  Urs: Hat der Nystagmus eine zentrale oder periphere Ursache?

DD:

Zentraler Nystagmus = NOTFALL! Bsp: • Kleinhirn- und pontine Läsion: - Tumor, Hirnschlag, Blutung - SAB • Akustikusneurinom • WALLENBERG-Syndrom, S. 560 • Infekt (HIV, Borreliose u.a.) nicht harmonischer Nystagmus	■ **Medizinischer Notfall!** ■ **Eigenschaften des zentralen Nystagmus:** • Typ: «**Nicht harmonisch»:** – Uni- oder multidirektionell (alle Richtungen sind möglich): → horizontal → rotatorisch → vertikal (nach oben/unten) • Kann seine Richtung je nach Augenstellung oder Kopflage ändern.
Peripherer Nystagmus Bsp: • BPLS, S. 1120 • Akutes kochleo-vestibuläres Defizit, S. 1125 • Morbus MÉNIÈRE, S. 1124 • Akute Otitis media • Cholesteatom, S. 1109 harmonischer Nystagmus	■ **I.d.R. keine Notfallsituation** (Ausnahme: Exsikkose infolge anhaltendem Erbrechen) ■ **Eigenschaften des peripheren Nystagmus:** • Typ: «**Harmonisch**»: – Schlägt immer in dieselbe Richtung, unabhängig von der Augenstellung. – Unidirektioneller, horizontal rotatorischer Nystagmus zur gesunden Seite (definiert durch die schnelle Phase) – Der Spontannystagmus** ist: - **NIE isoliert horizontal,** - **NIE isoliert rotatorisch und** - **NIE isoliert vertikal!** – Verstärkt beim Blick zur gesunden Seite (= Gesetz von ALEXANDER)

** Ein provozierter Nystagmus (z.B. durch das HALLPIKE-Manöver, S. 1120) kann einen isoliert rotativen oder isoliert transitorischen horizontalen Nystagmus auslösen.

Zentraler vestibulärer Schwindel/Zentrales vestibuläres Syndrom [H81.4]

Allg:
- Das zentrale vestibuläre Syndrom kommt durch eine Läsion der vestibulären Kerne oder deren zentralen Verbindungen zum Hirnstamm und zum Kleinhirn zu Stande.

Klin:
- Schwere Gehstörungen
- Störung von: Koordination, Gleichgewicht, Körperhaltungsstabilität
- Somnolenz, Benommenheit, Kopfschmerzen
- Motorische und sensorische Ausfälle
- Klinisch werden folgende 2 Syndrome unterschieden:
  I. Statisches zerebelläres Syndrom
  Klinik:
  - Positiver ROMBERG-Stehversuch

  II. Dynamisches zerebelläres Syndrom
  Klinik:
  - Dysmetrie, Asynergie, Dyschronometrie, Dysdiadochokinese
  - Zerebelläre Dysarthrie (wie in betrunkenem Zustand)
  - Okuläre Dysmetrie (nystagmusartige, sakkadierte Augenbewegungen)
  - Zerebellärer Tremor (unordentliche Handschrift, unterschiedlich grosse Buchstaben)
- Hirnnervenausfälle (praktische Untersuchungen, siehe S. 570)
- HORNER-Syndrom, S. 560

Für die PRAXIS:
- Bei Schwindel soll immer die Kleinhirnzeichen-Trias gesucht werden:
  1. **Ataxie**
  2. **Muskuläre Hypotonie**
  3. **Intentionstremor**
- Suche nach den «**6 D**» (mnemotechnische Eselsleiter):
  1. **D**iplopie?
  2. **D**ysmetrie?
  3. **D**ysphagie?
  4. **D**ysarthrie?
  5. **D**ysästhesie?
  6. **D**ysdiadochokinese?
- **Suche nach dem nicht harmonischen Spontannystagmus** (oder Lagenystagmus):
  - Multi- oder unidirektionell (horizontal, vertikal oder rotatorisch)
  - Ändert die Richtung bei Augenrichtungswechsel.
  - Persistiert und/oder verstärkt sich bei visueller Fixation (ein Finger soll in einer Distanz von ≥ 50 cm fixiert werden). Der Grund dafür liegt in einer vestibulo-zerebellären Läsion, welche die Augenstellungskontrolle nicht mehr gewährleisten kann.

DD: Differentialdiagnostische Parameter bei zentralem verus peripherem Lagerungsschwindel:

Lagerungsschwindel	**Zentral** (Beispiel): ▶ **Paroxysmaler zentraler Lagerungsschwindel**	**Peripher** (Beispiel): ▶ **Benigner paroxysmaler Lagerungsschwindel**
Schwindel	Typisch	Typisch
Latenz	Keine Latenz	Sekunden
Nystagmus	Atypisch	Typisch
Erholungsphase	Wochen?	Tage
Neurologische Befunde	Vorhanden	Fehlend
Erschöpfung	Keine	Schnell

Urs:
- Vaskulär
  - CVI, TIA (ischämisch oder hämorrhagisch)
  - WALLENBERG-Syndrom, S. 560
- Infektiös: HIV (AIDS), Borreliose (LYME), Syphilis u.a.
- Traumatisch: SHT, Contusio cerebri
- Neoplastisch (im Hirnstamm oder Kleinhirn, im ponto-zerebellären Winkel)
  - Primär oder Metastasen
- Medikamentös/toxisch: Aminoglykoside, Zytostatika, Toxika
- Multiple Sklerose u.a. systemische Erkrankungen
- Epilepsie

Th:
1. **Zentraler Schwindel = Medizinischer Notfall!**
2. **HNO-Konsilium + Kausaltherapie**
3. **Symptomatische Therapie**, siehe S. 1114

Subjektive Hörmessung (Akumetrie) mit dem WEBER-Versuch

Allg: • Der WEBER-Versuch gibt Auskunft über die **Knochenleitung**.

Vorg: ① Die vibrierende Stimmgabel (512 Hz) wird senkrecht auf den Vertex gestellt.
• Normalantwort: Der Ton oder die Vibration wird NICHT lateralisiert.

Bsp: • **Ein Patient klagt über einen Hörabfall im linken Ohr.**

Erste mögliche akumetrische Situation:

- WEBER ....Wird **links lateralisiert** (auf die kranke Seite).
- RINNÉ: ......Negativ auf der linken (kranken) Seite.

■ **Interpretation:**
→ Es handelt sich um eine Knochenleitungsstörung links.
→ **Diagnose: Befall des linken Mittelohrs**

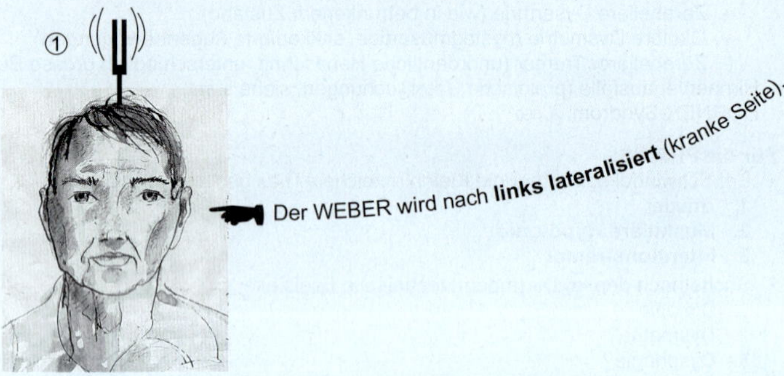

Zweite mögliche akumetrische Situation:

- WEBER ....Wird nach **rechts** lateralisiert (auf die gesunde Seite).
- RINNÉ ......Beidseits positiv oder indifferent auf der linken (kranken) Seite

■ **Interpretation:**
→ Es handelt sich um einen Hörabfall infolge Empfindungsstörung des linken Ohrs.
→ **Diagnose: Befall des linken Innenohrs**

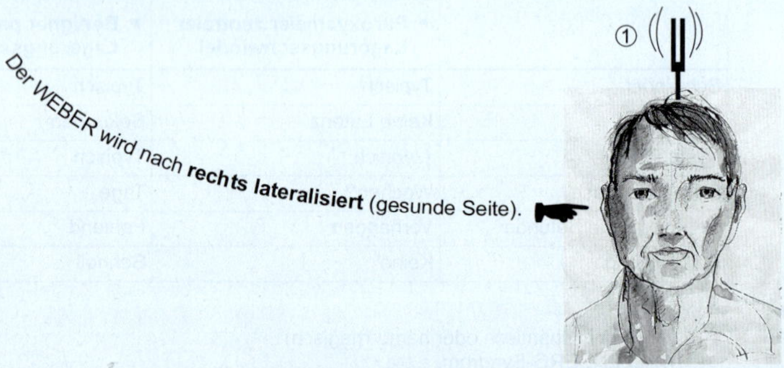

Subjektive Hörmessung (Akumetrie) mit dem RINNÉ-Versuch

Allg:
- Der RINNÉ-Versuch prüft das **Mittelohr**.
- Die Funktion der Mittelohrknöchelchen ist es, die luftübertragenen Wellen zu verstärken, um eine gute Transmission zwischen den 2 Elementen Luft/Flüssigkeit zu erlauben.

Vorg:
① Die vibrierende Stimmgabel (512 Hz) wird vor das zu prüfende Ohr gehalten.
② Dann wird die Stimmgabel auf den Processus mastoideus des ipsilateralen Ohrs gelegt.
③ Dann wir dem Patienten die Frage gestellt, wo er den Ton (bzw. die Vibration) besser hört.

Bsp:
- **Ein Patient klagt über einen Hörabfall im linken Ohr.**

Erste mögliche akumetrische Situation:

- **RINNÉ-Versuch positiv (d.h. der Patient hört den Ton oder die Vibration besser vor dem Ohr) oder gleichwertig.**

▪ **Interpretation:**
→ Gute Mittelohrknöchelchenfunktion; d.h. gute Knochenleitung.
→ Das Mittelohr ist intakt.
→ **Diagnose: Befall des linken Innenohrs** (= Empfindungsstörung)

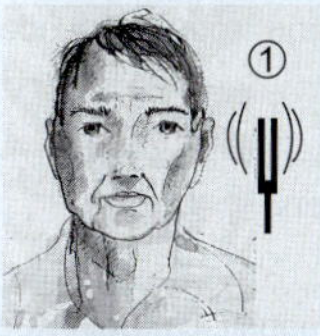

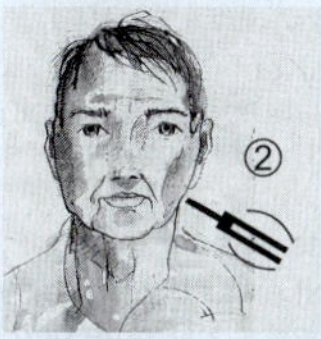

③ **Der Ton oder die Vibration wird besser vor dem Ohr empfunden.**

Zweite mögliche akumetrische Situation:

- **RINNÉ-Versuch negativ (d.h. der Patient hört den Ton oder die Vibration nicht mehr vor dem Ohr).**

▪ **Interpretation:**
→ Die Mittelohrknöchelchenfunktion ist gestört.
→ Die Luftleitung ist somit gestört.
→ **Diagnose: Befall des linken Mittelohrs:**
DD: Otosklerose, chron. Otitis, akute Otitis media, sero-muköse Otitis u.a.

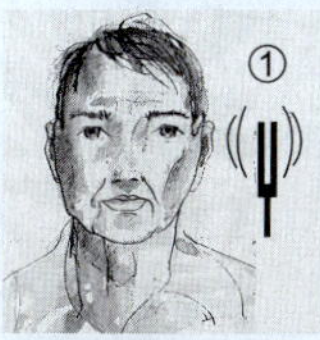

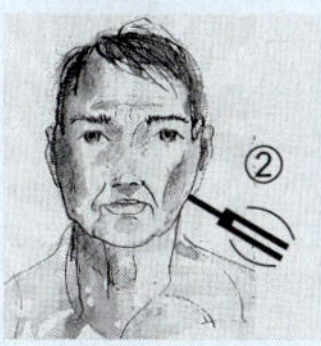

③ **Der Ton oder die Vibration wird besser hinter dem Ohr empfunden (Mastoidregion).**

Benigner paroxysmaler Lagerungsschwindel (BPLS) [H81.1]

Syn: • Kanalolithiasis, Kupulolithiasis

Allg: • Häufiges Krankheitsbild (20-30 % der Konsultationen der Otoneurologie)
- Kommt in jedem Alter vor. Spontanheilung in 70 % der Fälle.
- Mechanismus: Otolithische Dysfunktion (Verschiebung der Otolithen in den semizirkulären Gängen) und/oder Ablagerung der Otolithen auf der Cupula des betroffenen Ganges.
- Therapeutische Manöver: EPLEY (S. 1122), SEMONT (S. 1121) und BRAND-DAROFF (S. 1123)

Urs: • Kupulolithiasis, post-traumatisch (SHT, Schädelfraktur, *Whiplash injury*)
- Folgen eines akuten peripheren Vestibularisausfalles (= Neuritis vestibularis)
- Störungen des Kalziumhaushaltes: Osteoporose, Osteopenie u.a.
- Bei älteren Personen oder idiopathisch

Klin: Symptome
- **Akute, vorübergehende Schwindelattacken**, welche bei Kopf- oder Körperbewegungen auftreten, typischerweise bei stereotypen Bewegungen (beim Abliegen und Aufstehen)
- **Dauer des Schwindels < 1 min**, auch wenn die auslösende Körperlage beibehalten wird
- **Nausea**, manchmal erbrechen

Klinische Untersuchung
- Nystagmus bei Provokationsmanöver (HALLPIKE, unten) mit einer Latenz von 5-15 sek.
- Nystagmusrichtung (je nach erkranktem Kanal): vorübergehend* rotatorisch oder horizontal
- Dauer des Nystagmus < 1 min, danach spontanes Abklingen
- Rebound-Nystagmus auf die Gegenseite, wenn sich der Patient wieder hinsetzt.
- Der Nystagmus erschöpft sich bei Wiederholung des Manövers.

HALLPIKE-Manöver

Vorg: ① Der Patient sitzt mit gestreckten Beinen auf dem Untersuchungstisch. Sein Kopf ist um 45° zur Seite gedreht (in der folgenden Zeichnung, nach links).

② Schnelles Kippen des Patienten auf den Rücken, wobei der Kopf über den Untersuchungstisch hinausragen soll. Diese Position wird während 30 sek beibehalten. Der Arzt überprüft, ob ein Nystagmus auftritt! Dann kann sich der Patient erneut in die Sitzposition aufrichten.

③ Dieses Manöver wird, mit der Kopfdrehung zur anderen Seite, wiederholt.

Interpretation: Beim BPLS löst das HALLPIKE-Manöver, mit einer Latenzzeit von 5-10 Sekunden, einen rotatorischen Nystagmus* aus. Dieser dauert < 1 Minute und ist von Schwindel und manchmal von Nausea begleitet.

Das Manöver ist auf der kranken Seite positiv. Wenn der Test wiederholt wird, kann die klinische Antwort weniger ausgeprägt ausfallen (= Ermüdungszeichen).
Dieses Manöver ist spezifisch, aber nicht sehr sensitiv (d.h. falsch negatives Testresultat).

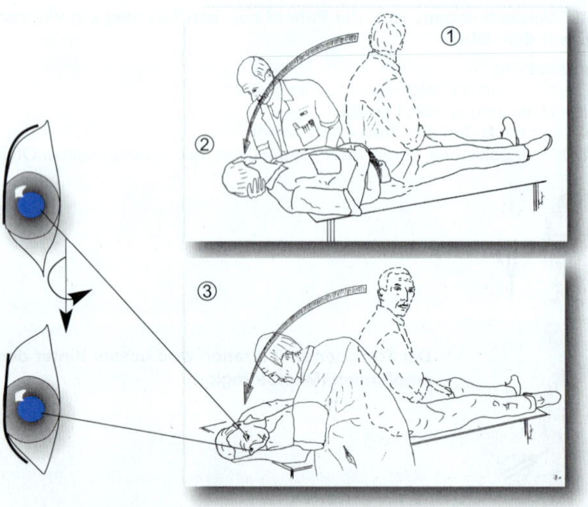

Schema: HALLPIKE-Manöver.

* Der Spontannystagmus peripherer Genese, d.h. hervorgerufen durch eine Erkrankung des Innenohrs, ist NIE isoliert rotatorisch und NIE isoliert vertikal. Dies gilt aber nicht für den provozierten Nystagmus (wie z.B. beim HALLPIKE-Manöver)!

Th: Es gibt mehrere therapeutische Manöver zur Behandlung des BPLS:

I. <u>Durch den Arzt ausgeführt</u>
   1. SEMONT-Manöver
   2. EPLEY-Manöver, S. 1122

II. <u>Durch den Patienten ausgeführt</u>
   1. BRANDT-DAROFF-Manöver, S. 1123

SEMONT-Manöver (durch den Arzt ausgeführt)

① Der Patient sitzt mit hängenden Beinen am Rand der Untersuchungsliege.

② Der Patient wird während einiger Sekunden auf die Seite gekippt, was den Schwindel auslöst.

③ Dann wird er schnell auf die Gegenseite um 180° umgeschwenkt. Diese Position soll während einiger Minuten gehalten werden (Dauer ca. 5 Minuten).

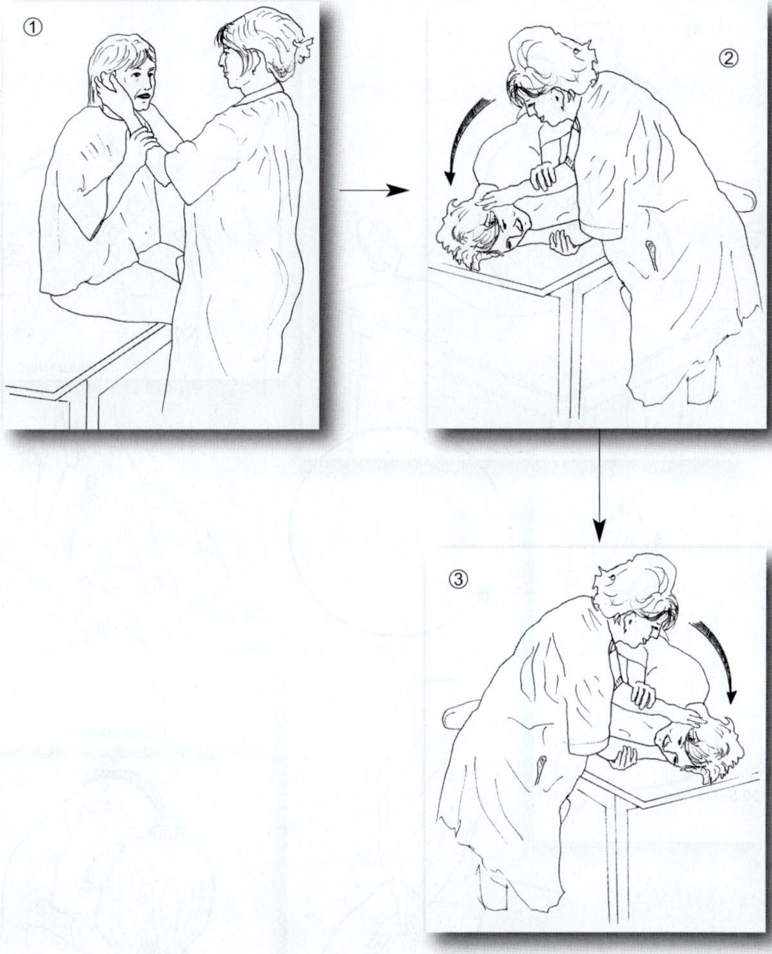

Schema: SEMONT-Manöver (wird therapeutisch durch den Arzt ausgeführt).

EPLEY-Manöver (durch den Arzt ausgeführt)

① Zuerst wird das HALLPIKE-Manöver ausgeführt:
   a) Der Patient sitzt, den Kopf um 45° zur Seite gedreht (in der Zeichnung, nach links).
   b) Schnelles Kippen des Patienten auf den Rücken mit gedrehtem Kopf (45° nach links). Diese Position wird während 30 sek beibehalten.

② Der Patient bleibt in der Hyperextension liegen. Der Kopf wird nun auf die Gegenseite (nach rechts) gedreht. In dieser Position verharrt der Patient während weiteren 30 sek.

③ Der Körper des Patienten (nicht nur der Kopf) wird nun um 90° nach rechts gedreht. Der Patient hat nun Blick auf den Boden. Diese Position während 30 sek. beibehalten.

④ Unter Beibehalten des nach rechts, über die Schulter gedrehten Kopfes, wird der Patient in die sitzende Position gebracht. Diese Position wieder während 30 sek. beibehalten.

⑤ Der Patient dreht den Kopf in die Sagitalebene um 45° nach unten abgewinkelt (das Kinn in Richtung Sternum). Diese Position wird während 30 sek beibehalten.

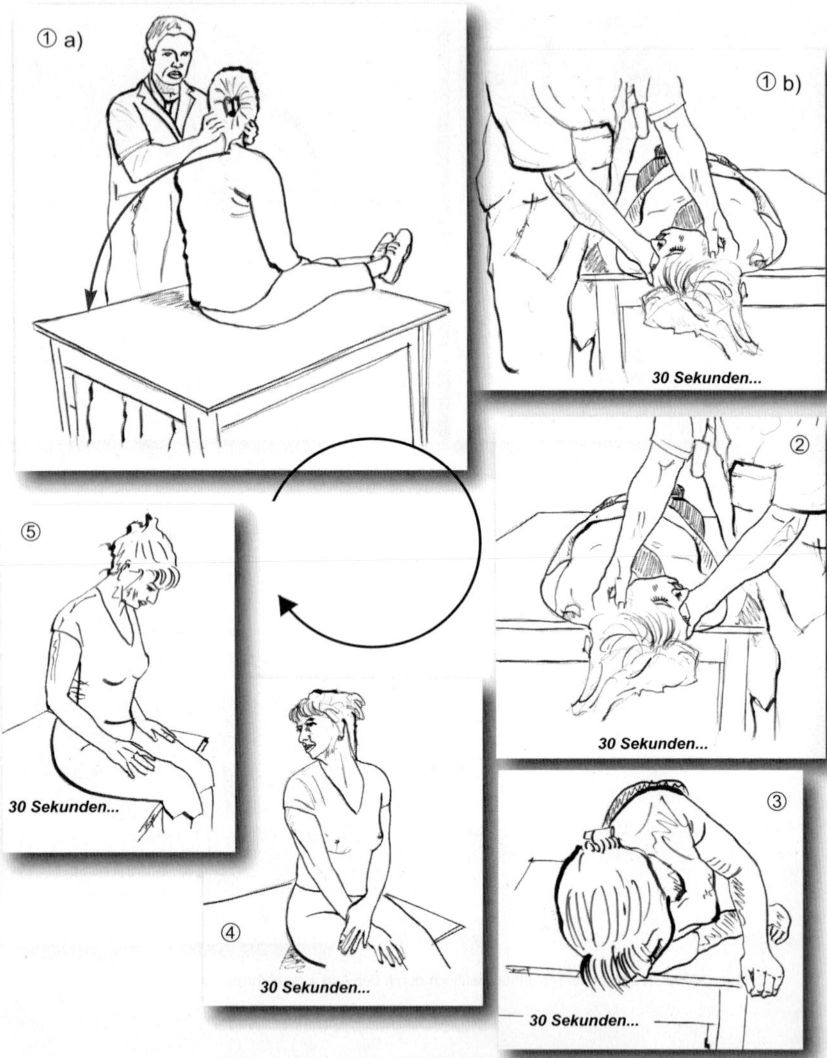

Schema: EPLEY-Manöver (wird therapeutisch durch den Arzt ausgeführt).

BRANDT-DAROFF Manöver (wird durch den Patienten selbst ausgeführt)

Allg:
- Der Patient führt alleine Pendelbewegungen mit dem Oberkörper durch.
- **Jede Körperposition wird während 30 Sekunden eingehalten.**
- Häufigkeit der Übungen: 10x am Morgen und 10x am Abend.

Vorg:
① Der Patient sitzt auf dem Bettrand oder einer Liege und schaut gerade aus.

② Der Patient kippt nun den Oberkörper um 90° auf die Seite, welche den Schwindel auslöst (im abgebildeten Beispiel nach links). Der Kopf des Patienten soll in dieser liegenden Lage mit einem ca. 45°-Winkel gegen oben gerichtet sein. In dieser Position verweilt der Patient ca. während 30 Sekunden.

③ Dann sitzt er wieder auf. Wenn der Schwindel nicht verschwunden ist, wird das Manöver 30 Sekunden später auf die andere Seite wiederholt.

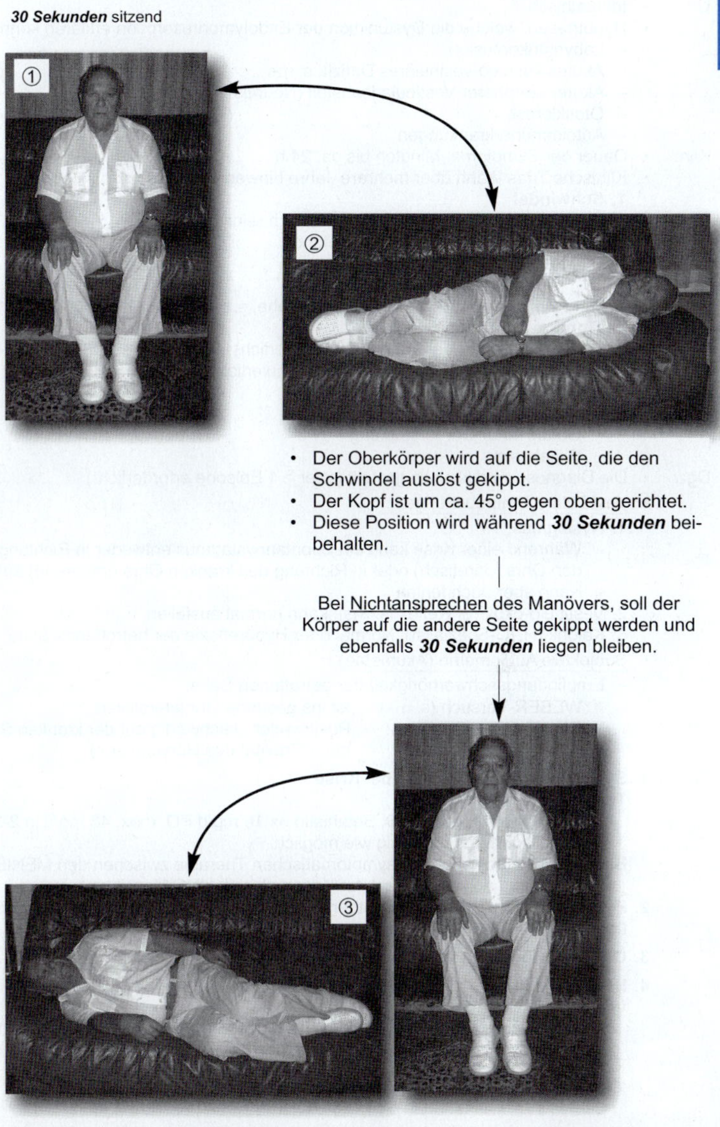

Schema: BRANDT-DAROFF-Manöver (wird therapeutisch vom Patienten selbst ausgeführt).

Morbus MÉNIÈRE [H81.0]

Allg:
- Der Morbus MÉNIÈRE ist eine ätiologisch unklare Innenohrerkrankung.

> **Für die PRAXIS:**
> Bei **Schwindel, Tinnitus und Fluktuation des Hörvermögens** immer an einen Morbus MÉNIÈRE denken!

- Altersgipfel zwischen 20 und 50 Jahren
- In 15-30 % der Fälle wird eine bilaterale Klinik beobachtet.
- Pathophysiologie (Hypothese)
  - Bildung eines endolymphatischen Hydrops (Dilatation des endolymphatischen Raumes des membranösen Labyrinths), welcher durch eine Dysfunktion der Endolymphresorption im Bereich des endolymphatischen Sackes stattfindet.

Urs:
- Idiopathisch
- Hypothesen, welche die Dysfunktion der Endolymphresorption erklären können:
  - Labyrinthkontusion
  - Akutes kochleo-vesibuläres Defizit, s. 1125
  - Akuter peripherer Vestibularisausfall (Neuritis vestibularis), s. 1128
  - Otosklerose
  - Autoimmunerkrankungen

Klin:
- Dauer der Symptome: Minuten bis ca. 24 h
- Klinische Trias (kann über mehrere Jahre hinweg auftreten):
  1. **Schwindel**
     - Häufigkeit: sporadisch oder periodisch (einige Tage)
     - Assoziierte Symptome oder Befunde:
       - Gleichgewichtsstörungen
       - Fehlbewegungen
       - *Drop attack* (5-10 % der Fälle), siehe, s. 559
  2. **Tinnitus (Ohrensausen)**
     - Pfeifen (intermittierend oder kontinuierlich)
     - Brummen (intermittierend oder kontinuierlich)
  3. **Fluktuation des Hörvermögens**
     - Schwerhörigkeit
     - Gefühl einer Ohrverstopfung
     - Diplakusie

Dg:
- Die Diagnose wird klinisch gestellt (aber > 1 Episode erforderlich!)
- Vestibuläre Untersuchungen
  1. Nystagmus:
     - Während einer Krise kann ein Spontannystagmus entweder in Richtung des gesunden Ohrs (paretisch) oder in Richtung des kranken Ohrs (irritierend) auftreten.
     - Kann aber auch fehlen
  2. Vestibulo-okulärer Reflex (s. 1115): kann normal ausfallen.
  3. Kalorik (HNO-Spezialist): Normal oder Hyporeflexie der betroffenen Seite.
- Subjektive Audiometrie (Akumetrie)
  - Empfindungsschwerhörigkeit der betroffenen Seite:
    - WEBER-Versuch (s. 1118): Ist ins gesunde Ohr lateralisiert.
    - RINNÉ-Versuch (s. 1119): Positiv oder gleichwertig auf der kranken Seite (je nach Gravität des Hörverlustes)

Th:
1. **Symptomatische Therapie bei Krise**
   Th:
   - Antiemetika, s. 1234
   - Antivertiginosa (z.B. Betahistin 3x 16 mg/d PO; max. 48 mg/d in 2-3x/d) bei Bedarf und so wenig wie möglich.

   Bem:
   - Die Indikation der symptomatischen Therapie zwischen den MÉNIÈRE-Krisen hängt von der Anzahl der Krisen ab (ad. HNO-Konsilium).
2. **Präventivtherapie** (als Reservetherapie und ausschliesslich während der Krisenperiode)
   Bsp:
   - Siehe auch Tabelle s. 1114
3. **Oto-neurologische Verlaufskontrollen**
4. **HNO-Konsilium: Chirurgische Therapie**
   Vorg:
   - Paukenröhrchen
   - Lokale Gentamycin-Therapie des Ohres (NW: möglicher Hörverlust!)
   - Vestibularisneurektomie

Akutes kochleo-vestibuläres Defizit (= Labyrinthitis) [H83.0]

Syn: • Labyrinthitis

Allg: • Gleichzeitige Störung des Hörvermögens und des Gleichgewichtes mit akutem Befall der vestibulo-kochleären Funktion eines Ohrs.

Urs: • Infektiös
- Viral
- Bakteriell
  -- Durch Ausbreitung einer akuten Otitis media
  -- Cholesteatom, s. 1109

• Toxisch
- Toxine, welche durch Keime bei akuter Otitis media produziert werden und die durch die Membran des ovalen Fensters eindringen.

• Traumatisch
- Labyrinthkontusion nach einer Explosion
- SHT
- Schädelfraktur
- Längs- und Querfraktur des Felsenbeins

• Autoimmunerkrankung

Klin: • Kardinalsymptome und -befunde
- Akuter Hörabfall
- ± Ohrensausen, das sich innerhalb einiger Minuten/Stunden entwickelt
- Starker Schwindel
- Körperinstabilität und Falltendenz auf die betroffene Seite
- Nausea, Erbrechen

• Klinische Untersuchung

▪ ROMBERG-Stehversuch
Vorg: • Der Patient bleibt mit geschlossenen Augen und Füssen stehen.
→ Abdrehen des Körpers auf die Seite des kranken Ohrs.

▪ UNTERBERGER-Tretversuch
Vorg: • Der Patient tritt während 30-60 sek an Ort und Stelle, indem er die Oberschenkel mindestens bis zur Horizontalebene anhebt.
→ Abdrehen des Körpers auf die Seite des kranken Ohrs.

• Vestibuläre Untersuchungen
1. Nystagmus
   - Horizontaler Spontannystagmus mit schneller Phase in Richtung des gesunden Ohrs
   - Beispiel:
     -- Ein Nystagmus mit schneller Phase nach links indiziert eine Pathologie des rechten Ohrs.
2. Vestibulo-okulärer Reflex (s. 1115): positiv
3. Kalorik (HNO-Spezialist): Hypo- oder Areflexie auf der Seite des kranken Ohrs.

• Subjektive Hörmessung (Akumetrie)

▪ WEBER-Versuch (s. 1118): Auf die gesunde Seite lateralisiert

▪ RINNÉ-Versuch (s. 1119): Beidseitig positiv. Wenn das Defizit jedoch > 30-40 dB beträgt, wird der RINNÉ-Versuch negativ (im Falle einer akuten Otitis media zeigt die Akumetrie eine Leitungsschwerhörigkeit).

▪ Tonaudiogramm: Einseitige Empfindungsstörung

Th: **1. Kausaltherapie**
• Siehe «Urs:» (z.B. Antibiotika + Kortikoide bei einer akuten Otitis media)

2. Symptomatische Therapie:
• Antiemetika, siehe s. 1234
• Antivertiginosa, siehe Tabelle s. 1114

3. Vestibuläre Physiotherapie

4. Frühzeitige otoneurologische Kontrolle

HNO

Akuter Hörverlust - Akuter Hörsturz [H90.0]

Syn: • Hörsturz, idiopathischer Hörsturz, akuter Hörverlust
Def: • Akute Hörabfall ± Tinnitus (Ohrensausen)
Allg: • Der Hörsturz ist eine häufigst, akute Funktionsstörung des Innenohrs:
- Weltweit: 10/100'000 Einwohner/Jahr (ca. 0.01 % der Bevölkerung)
• Altersgipfel: 20-40 Jahre
Dg: • Der Hörsturz ist eine klinische **Ausschlussdiagnose**!
Lab: • Siehe unter «Th:», Punkt 6., S. 1127
Urs: • Idiopathisch
• Hypothesen
- Viral: Parotiditis (Mumps), Herpes-Viren (EBV, VZV), HIV u.a.
- Borreliose (LYME), Syphilis
- Durchblutungsstörung der kleinen Gefässe des Innenohrs (mikrovaskulär-metabolisch):
-- Diabetes mellitus
-- Art. Hypertonie
-- Anämie
-- Hypothyreose
- Autoimmunerkrankungen
- Physische oder psychische Belastungen
- Erstmanifestation eines Akustikusneurinoms (bei 10 % der Neurinome)
- Ototoxische Medikamente und Substanzen
-- Gentamicin (> 50 mg/kg), Tobramycin (> 75 mg/kg), Streptomycin (> 200 mg/kg)
-- Furosemid (> 6 mg/min, i.d.R. reversibel)
-- Acetylsalicylsäure (> 2-6 g/d)
-- Cisplatin (> 3-4 mg/kg)
-- Cyclophosphamid (> 200 mg/cm^2 Körperoberfläche, i.d.R. reversibel)
-- Schwermetalle: Blei, Quecksibler
-- Lösungsmittel (Aminobenzole, Nitrobenzole)
-- Alkohol, Nikotin
-- Heroin u.a.

Klin: • Akuter, einseitiger, schmerzloser Hörverlust (> 30 dB innerhalb von < 3 d bei 3 sich folgenden Frequenzen). Die laute Stimme wird vom Patienten nicht gehört.
• Tinnitus
• Manchmal mit Prodromi: Watte- oder Druckgefühl im betroffenen Ohr
• Typischerweise: kein Schwindel, kein neurologisches Defizit, keine Nausea!
• <u>Vestibuläre Untersuchung (Nystagmus, Vestibulo-okulärer Reflex, Kalorik)</u>
- Können alle normal ausfallen.
• <u>Subjektive Hörmessung (Akumetrie)</u>
• Empfindungsstörung der betroffenen Seite
■ WEBER-Versuch (S. 1118): Lateralisiert auf die gesunde Seite
■ RINNE-Versuch (S. 1119): Indifferent auf der betroffenen Seite

Th: **1. Ruhe (Bettruhe)**
2. Kausaltherapie, siehe «Urs:»
3. Idiopathischer Hörsturz und pharmakologische Therapie
Allg: Die Therapie ist kontrovers (keinen Konsens) → HNO-Konsilium! Folgende Substanzen können diskutiert werden:
■ Kortikoide (PO oder **IV**, von Fall zu Fall entscheiden; keine Evidenz!)
Bsp: 1. Prednison
PO: 100 mg/d PO (am Morgen) über 5 d, dann über 1-2 Wo ausschleichen
2. Prednisolon URBASON®
IV: 125-250 mg/d **IV** (nach 1-3 d auf orales Kortikoid umstellen)
■ Vasodilatatoren
Ind: • Vasodilatatoren werden nicht routinemässig verabreicht; ad Konsilium.
Bsp: • Naftidrofuryl (DUSODRIL® Hartkaps, Retard, Forte Filmtabl)
PO: 3x 200 mg/d, morgens und abends während der Mahlzeiten
KI: • Hyperoxalurie, rezidivierende Kalzium-Nierensteine in der Vorgeschichte
■ Substanz zur Verbesserung der rheologischen Eigenschaften des Blutes
Ind: • HNO-Konsilium (diese Substanzen werden nicht routinemässig verabreicht).
Bsp: • Pentoxifyllin TRENTAL® (KI, siehe «*» S. 1127)
PO: 3x 400 mg/d PO, nach Eintritt der Besserung 2x 400 mg/d
IV: 100 mg **IV** (= 1 Amp) über 5 min
• Hydroxyethylstärke
IV: HEMOHES® 6% 500 mL **IV** über 2 h (max. 20 mL/kg/h)

4. **Begleiterkrankungen suchen und therapieren**
   - Art. Hypertonie u.a.
   - Diabetes mellitus
5. **Alternative Therapiemethoden** (ohne Evidenz)
   - Hyperbare Sauerstofftherapie (ad. HNO-Konsilium)
   - Akupunktur, Psychotherapie, Ginkotherapie u.a.
6. **Verlaufskontrollen** (inkl. oto-neurologische Untersuchungen)
   - Abklärungen, falls keine Besserung in den ersten Tagen eintritt (HNO-Konsilium!):
     a) Labor
       - Serologien neurotroper Viren: Varizella-Zoster-Virus, EBV, HIV, u.a.
       - Sonstige Serologien: Borrelia (S. 848), Syphilis (S. 832)
       - ANA, S. 1352
     b) Objektive Audiometrie, MR:
       - Ausschluss eines Hirnstammbefall (DD: Akustikusneurinom)

Prog:
- Die Prognose ist i.d.R. gut.
- Hörvermögen: Die meisten Patienten erlangen ihr Gehör innerhalb von 10-14 d komplett (oder beinahe) zurück. Die frühzeitige Behandlung ist prognostisch günstig.
- Der Schwindel verschwindet häufig bereits nach einigen Tagen.
- Der Tinnitus bleibt jedoch bei vielen Patienten bestehen.

DD:[1] **Differentialdiagnostik des Hörverlustes**

Anatomie	Diagnose	Klinik	Diagnostik
Aussen-ohr	Cerumen obturans	Hörminderung, Druckgefühl	Otoskopie
	Fremdkörper	Schmerz, Druck, Hörminderung	Otoskopie
	Otitis externa	Druckdolente Schwellung im Gehörgang	Inspektion, Palpation, Otoskopie
	Paukenerguss	Wassergefühl im Ohr, Hörminderung	Otoskopie, Hörprüfung
Mittelohr	Akute Otitis media	Starke Schmerzen, Hörminderung	Otoskopie, Hörprüfung
	Barotrauma	Starke Schmerzen, Hörminderung, Schwindel	Anamnese, Hörprüfung, Otoskopie
	Traumatische Trommelfell-perforation	Kurzer, intensiver Schmerz, Blutung, Hörminderung	Anamnese, Hörprüfung
Innen-ohr	Akuter Hörverlust, S. 1126	Watte- oder Druckgefühl im Ohr, Tinnitus, Hörminderung	Otoskopie, Hörprüfung, Vestibularisprüfung
	Akustisches Trauma	Hörminderung, Tinnitus	Anamnese, Hörprü-fung, Otoskopie
	Labyrinthitis, S. 1128	Hörminderung, Schwindel Tinnitus	Otoskopie, Hörprüfung, Vestibularisprüfung
	Toxische Innenohr-schwerhörigkeit	Hörminderung, Tinnitus	Anamnese, Hörprüfung
Retro-kochleär (Hirn-stamm)	Multiple Sklerose	Siehe S. 616	MR, Lumbalpunktion
	Akustikusneurinom	Hörminderung, Schwindel Tinnitus	MR, BERA
	Hirnstamminfarkt	Neurologische Symptome	CT, MR

BERA = Brainstem ElectricResponse Audiometry

* Kontraindikationen von Pentoxifyllin:
- Frische Hirn- oder Netzhautblutung
- Akuter Herzinfarkt (Naftidrofuryl ist BD-senkend)
- <u>Vorsicht bei</u> (denn Naftidrofuryl senkt den BD):
  - Hypertonikern
  - Patienten unter antihypertensiver Therapie,
- Medikamentöse Wechselwirkung (sorgfältige Kontrolle bei Patienten unter Antikoagulantien)
- Erhöhtes Hypoglykämierisiko under OAD oder Insulin.

1 Angepasst nach : Grevers AKG. MMW-Fortschr Med 2002 ;46 :52-5.

Akuter peripherer Vestibularisausfall (= Neuritis vestibularis) [H81.2]

Syn: • Neuronitis vestibularis, Neuritis vestibularis

Allg: • Es handelt sich um einen brüsken Verlust der vestibulären Funktion eines Ohrs.
- Altersgipfel: 30-50 Jahre, tritt aber bei jeder Altersgruppe auf

Urs: • Unbekannt
- Hypothesen:
  - Viral
  - Mikroangiopathien
    - Art. Hypertonie
    - Diabetes mellitus
    - Systemerkrankungen u.a.

Klin: • Akuter, schwerer Drehschwindel, der sich innerhalb einiger Stunden entwickelt.
- Schwankender Gang
- Nausea, Erbrechen
- Progressive Verbesserung der Symptome innerhalb einiger Tage
- Keine auditive Symptome
- Keine neurologischen Symptome
- Einige Wochen vor dem akuten Ereignis kann ein grippaler Infekt aufgetreten sein.
- Klinische Untersuchung
  - ROMBERG-Stehversuch
    Vorg: • Der Patient bleibt mit geschlossenen Augen und Füssen stehen.
    → Abdrehen des Körpers auf die Seite des kranken Ohrs.
  - UNTERBERGER-Tretversuch
    Vorg: • Der Patient tritt während 30-60 sek an Ort und Stelle, indem er die Oberschenkel mindestens bis zur Horizontalebene anhebt.
    → Abdrehen des Körpers auf die Seite des kranken Ohrs.
- Vestibuläre Untersuchungen
  1. Nystagmus
     - Horizontaler Spontannystagmus (schnelle Phase in Richtung des gesunden Ohrs)
     - Beispiel:
       - Ein Nystagmus mit schneller Phase nach links indiziert eine Erkrankung des rechten Ohrs.
  2. Vestibulo-okulärer Reflex (s. 1115): positiv
  3. Kalorik (HNO-Spezialist): Hypo- oder Areflexie auf der Seite des kranken Ohrs.
- Subjektive Hörmessung (Akumetrie)
  - WEBER-Versuch (s. 1118): Normale Antwort
  - RINNÉ-Versuch (s. 1118): Normale Antwort

Th: **1. Symptomatische Behandlung**
- Antiemetika, siehe s. 1234
- Antivertiginosa, siehe Tabelle s. 1114

2. Vestibuläre Physiotherapie
- Die Mobilisation soll so früh wie möglich nach Beginn der Symptomatologie einsetzen.
- Der Patient soll NICHT bettlägerig sein; dies kann die zentrale Vestibulariskompensation beeinträchtigen.

3. Otoneurologische Verlaufskontrolle beim HNO-Spezialisten

RADIOLOGIE

Abdomensonographie — Normwerte

N: Anatomische Lokalisation	Echographische Normwerte
Aorta	
thoracica ascendens	Ø 2-4 cm (Operationsindikation bei Ø > 5.5 cm)[1]
abdominalis proximal	Ø < 2.5 cm
Aneurysma	Ø > 3 cm oder ≥ 150 % der Aorta auf Diaphragmahöhe
Aortenektasie	Ø 2-4 cm
abdominalis bifurcatio	Ø < 2.0 cm
Choledochus (Kanal)	Ø ≤ 7 mm
Post-Cholezystektomie	Ø ≤ 10 mm
Leber	
Medioclaviculär	10.5 ± 1.5 cm
Medianlinie	8.3 ± 1.7 cm
Prostata	3.5 x 4.5 x 3 cm (Höhe/Breite/Tiefe)
Volumen	10-20 mL
Milz	4 x 7 x 11 cm. *Eselsleiter: «Kölnischwasser 4711»*
Niere	12 x 6 x 4 cm. Index Parenchym: Pyelon = 2 : 1
Vena azygos	Ø < 7 mm
Vena porta	Sehr variabel (Ø 10-17 mm, hilär gemessen)
Vena cava inferior	Ø < 2 cm (inspiratorischer Kollaps muss vorhanden sein!)
Gallenblase	4 x 10 cm
Gallenblasenwand	< 4 mm (falls ≥ 4 mm, DD: Wandödem, Cholezystitis, u.a.)
Intrahepatische Gallenwege	Ø ≤ 1 mm

1 Coady MA, et al. J Thorax Cardiovasc Surg 1997 ;1113 :476-91.

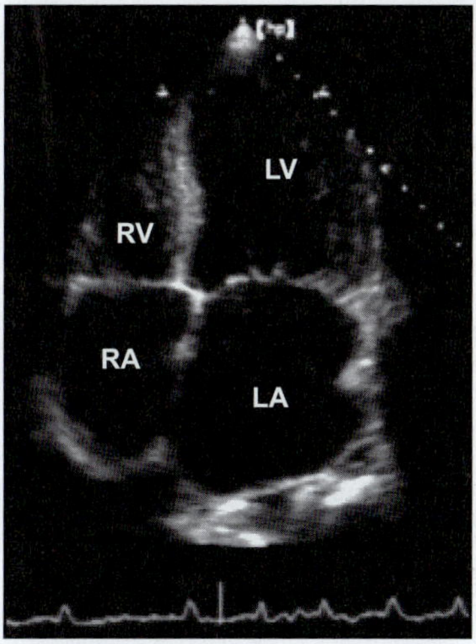

Echokardiographie

Das Bild zeigt eine Vergrösserung des linken Atriums (Patient VHFli. und LSB)

LV = Linker Ventrikel
RV = Rechter Ventrikel
RA/LA = Rechtes/linkes Atrium

Echokardiographische Normen		Schweregrad		
		mild [mm]	mittel [mm]	schwer [mm]
Linkes Atrium	M F	43-49 39-45	50-60 46-54	> 60 > 54
Telediastolischer linker Ventrikel	M F	60-65 56-61	66-75 62-71	> 75 > 71
Telesystolischer linker Ventrikel	M F	42-45 39-42	46-50 43-47	> 50 > 47
Septum interventriculare	M F	12-13 11-12	14-16 13-15	> 16 > 15
LVEF	N	> 50-55 %		

M = Mann
F = Frau
LVEF = Linksventrikuläre Auswurffraktion

Bem:[2] • Bei Vd. auf **Endokarditis** sollen Klappenvegetationen sonographisch gesucht werden:

Echokardiographie	Sensitivität	Spezifität, Bemerkungen
Transthorakal (TTE)	< 60-70 %	• 98 % • Aber bei 20 % der Patienten ist die Echokardiographie erschwert!
Transösophageal (TEE)	95 %	• 85-98 % • Negativer prädikativer Wert 98 %

2 Mylonakis E, et al. N Engl J Med 2001 ;345 :1318-30.

Röntgenthorax: normales PA-Bild

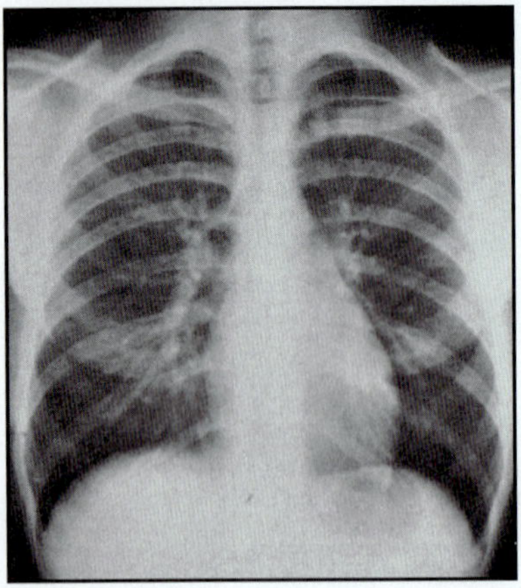

1 Trachea
2 Aortenbogen
3 Truncus pulmonalis
4 Arterie pulmonalis rechts
5 Vena azygos Bogen
6 Kleines Interlobarseptum (kleine horizontale Fissur)
7 Aorto-pulmonales Fenster

Das aorto-pulmonale Fenster MUSS leer sein! Wenn nicht, sind weitere Untersuchungen zwingend, um einen raumfordernden Prozess auszuschliessen.

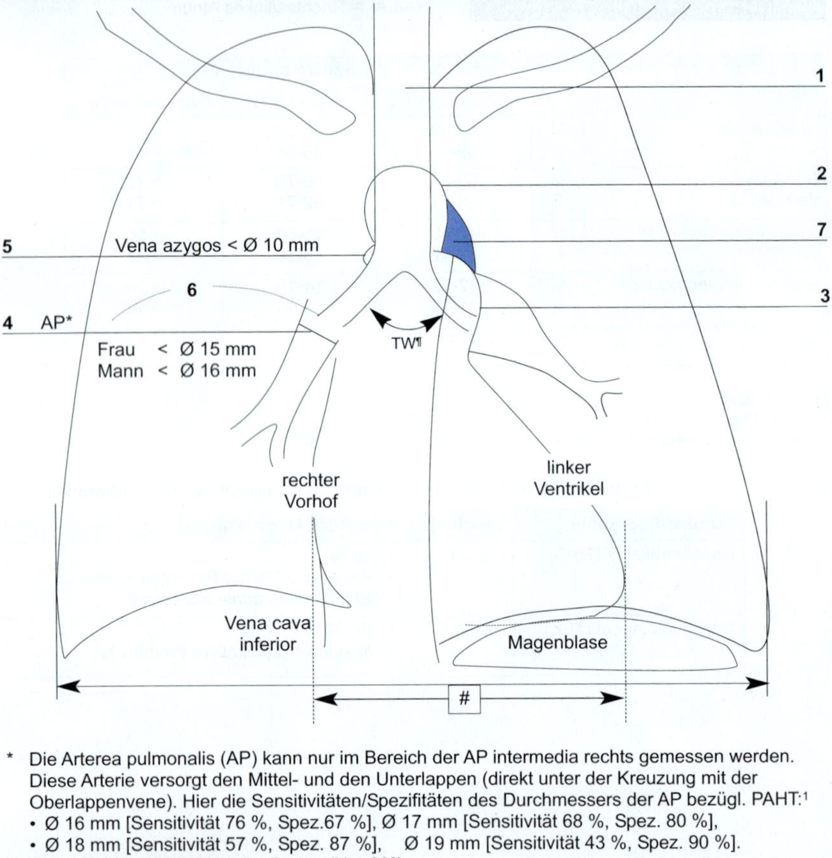

* Die Arterea pulmonalis (AP) kann nur im Bereich der AP intermedia rechts gemessen werden. Diese Arterie versorgt den Mittel- und den Unterlappen (direkt unter der Kreuzung mit der Oberlappenvene). Hier die Sensitivitäten/Spezifitäten des Durchmessers der AP bezügl. PAHT:[1]
- Ø 16 mm [Sensitivität 76 %, Spez.67 %], Ø 17 mm [Sensitivität 68 %, Spez. 80 %],
- Ø 18 mm [Sensitivität 57 %, Spez. 87 %], Ø 19 mm [Sensitivität 43 %, Spez. 90 %].

¶ TW = Trachealwinkel bei der Carina (N < 60°)
- TW 60-80 ° = «Grauzone»
- TW > 80° = pathologisch; wird bei Vergrösserung des li Vorhofs beobachtet (DD: Mitralstenose)

\# Kardio-thorakaler Index (N < 0.5) entspricht dem maximalen Herzdurchmesser/inneren Thoraxdurchmesser

1 Chest 1989 ;96 :263.

Röntgenthorax: normale Profilaufnahme

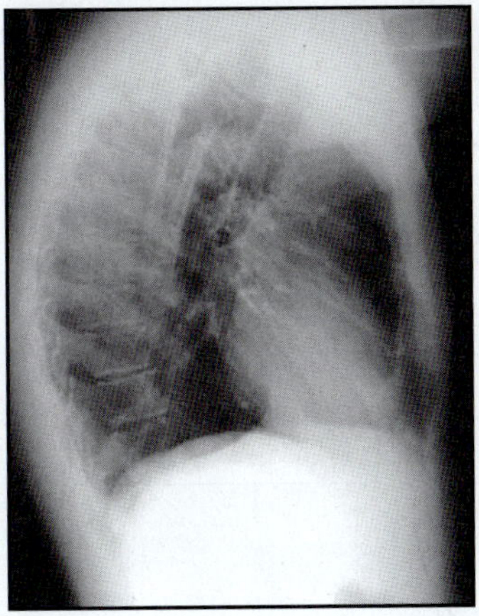

1 Trachea
2 Aortenbogen
3 Arterie pulmonalis links
4 Arterie pulmonalis rechts
5 Oberlappenbronchus superior links
6 Hauptbronchus links
7 Grosses Interlobiumseptum (grosse Fissur)
8 Kleines Interlobiumseptum (kleine Fissur)
9 Linkes Hemidiaphragma

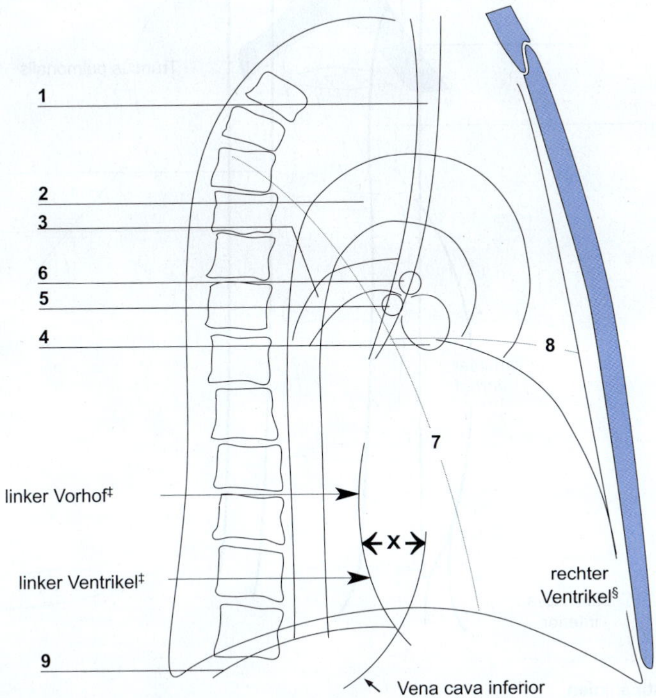

‡ Siehe Text unter «X»

X Der Herzhinterrand wird von 2 anatomischen Strukturen gebildet:
- Oberer Teil: linker Vorhof
- Unterer Teil: linker Ventrikel

Bei Vergrösserung des linken Ventrikels wird diese Linie ausschliesslich vom linken Ventrikel gebildet. In diesem Fall ist die Distanz zwischen der Vena cava inferior und dem Herzhinterrand («x») > 2 cm.

§ Der Anteil der Berührungsfläche des rechten Ventrikels mit dem Sternumhinterrand beträgt < 1/3 der totalen Sternumhöhe. Bei dilatiertem rechtem Ventrikel überschreitet die Berührungsfläche 1/3 der Sternumhöhe.

Mediastinallinien

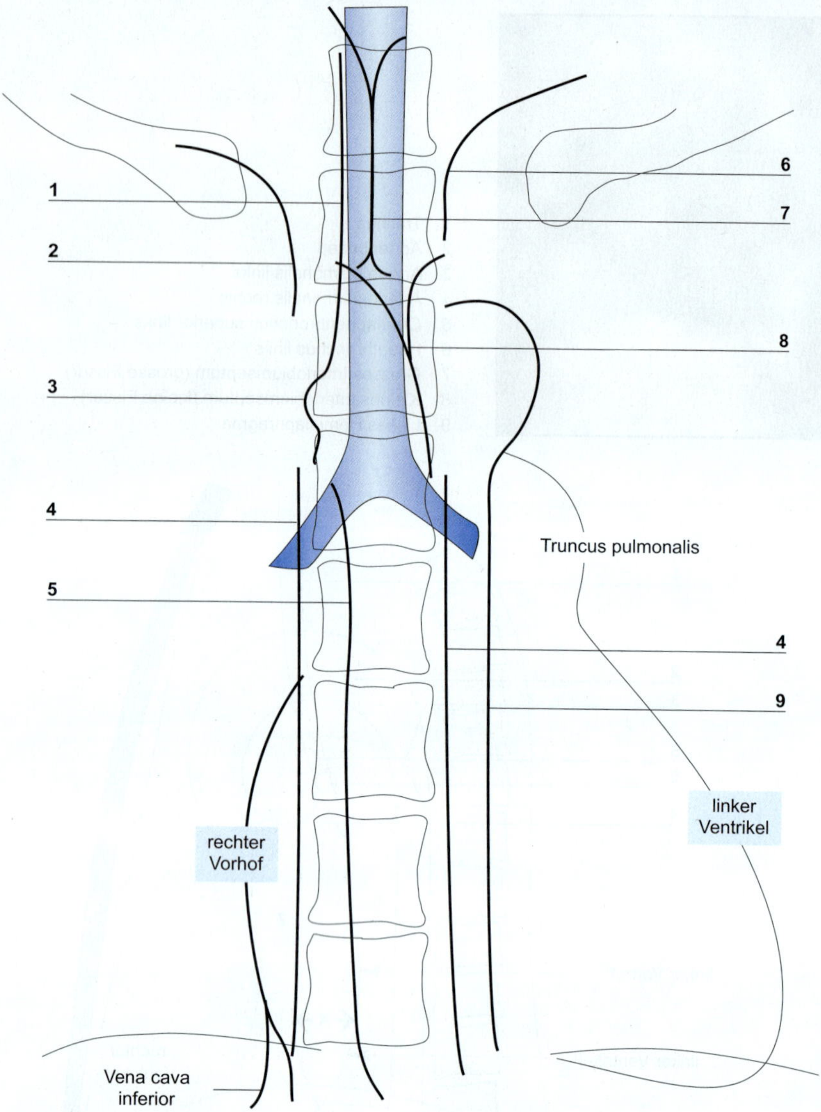

Mediastinallinien

1 Rechte Paratracheallinie (rechter Trachealrand). Wenn diese Linie > 4 mm breit ist, muss eine mediastinale Erkrankung vermutet werden.
2 Rechte obere paravenöse Linie (Truncus brachiocephalicus)
3 Paraazygos-Linie
4 Rechte/linke Paravertebrallinie
5 Azygos-Ösophageallinie
6 Linke para-arteria-subclavia Linie
7 Hintere Mediastinallinie (bzw. hintere Pleuragrenzlinie)
8 Vordere Mediastinallinie (bzw. vordere Pleuragrenzlinie hinter dem Sternum)
9 Paraaortallinie (Aorta descendens)

Fangbilder im Thoraxröntgenbild

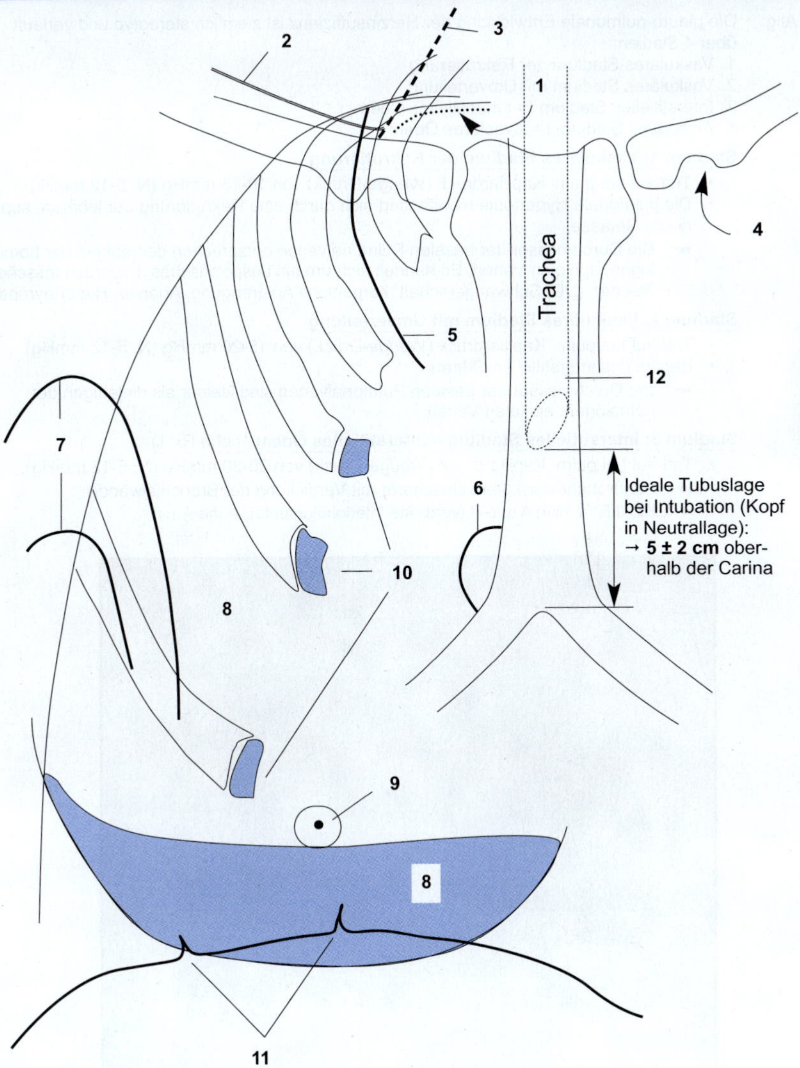

Fangbilder im Thoraxbild

1 Begleittransparenzminderung («Schatten») der 2. Rippe
2 Begleittransparenzminderung («Schatten») der Klavikula
3 Transparenzminderung («Schatten») des M. sterno-cleido-mastoideus
4 Einbuchtung des inferioren Randes der Klavikula (Insertion des Ligamentes costo-clavicularis)
5 Lobus azygos Linie
6 Vena azygos Bogen
7 Weichteile der Axilla
8 Transparenzminderung («Schatten») der rechten Mamma
9 Brustwarze rechts
10 Chondro-costale Verkalkungen
11 Spickelbildung (Verbindung des Ligamentum pulmonale mit dem Zwerchfell)
12 «Fremdkörper»: Tubus

Herzinsuffizienz: chronologischer Ablauf des Thoraxröntgenbildes

Allg: Die pleuro-pulmonale Entwicklung der Herzinsuffizienz ist ziemlich stereotyp und verläuft über 4 Stadien:

1. Vaskuläres Stadium der Rekrutierung
2. Vaskuläres Stadium mit Umverteilung
3. Interstitielles Stadium (= interstitielles Ödem)
4. Alveoläres Stadium (= alveoläres Ödem)

Stadium 1: Vaskuläres Stadium der Rekrutierung

- Tritt auf bei pulm. Kapillardruck (*Wedge*-Druck) von 10-15 mmHg (N: 5-12 mmHg).
- Die pulmonale Hypertonie manifestiert sich durch eine Rekrutierung der lobären, superioren Gefässe.
  - ☛ Die Durchmesser der basalen Pulmonalvenen entsprechen denjenigen der homologen, apikalen Venen. Es handelt sich um ein unspezifisches, hyperdynamisches Zeichen (DD: Schwangerschaft, körperliche Anstrengung, Anämie, Hyperthyreose)

Stadium 2: Vaskuläres Stadium mit Umverteilung

- Tritt auf bei pulm. Kapillardruck (*Wedge*-Druck) von 15-20 mmHg (N: 5-12 mmHg).
- Beginn des interstitiellen Ödems
  - ☛ Die Durchmesser der basalen Pulmonalvenen sind kleiner als diejenigen der homologen, apikalen Venen.

Stadium 3: Interstitielles Stadium = interstitielles Ödem (siehe Rx 1)

- Tritt auf bei pulm. Kapillardruck (*Wedge*-Druck) von 20-30 mmHg (N: 5-12 mmHg).
  - ☛ Peribroncho-vaskuläre Unschärfe mit Verdickung der Bronchialwände
  - ☛ KERLEY-Linien A und B (verdickte Interlobularsepta), siehe S. 1143

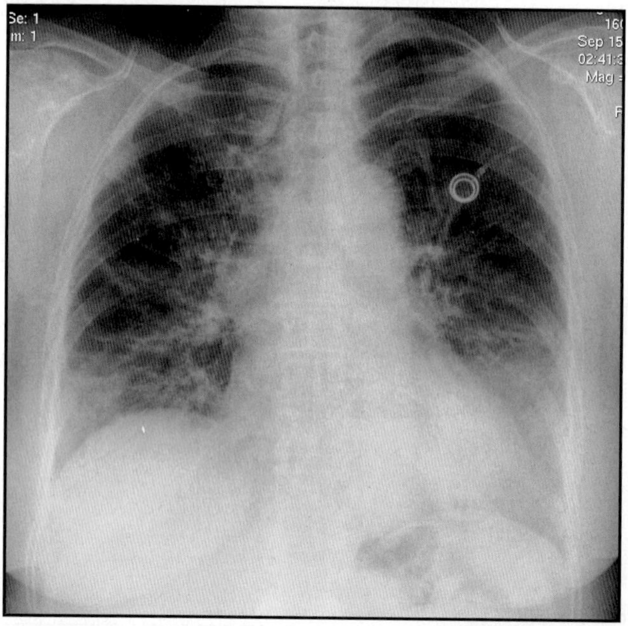

Rx 1: Interstitielles Lungenödem. Die KERLEY A Linien (in den mittleren und oberen Lungenfeldern) und KERLEY B Linien (an der Lungenbasis) sind gut sichtbar (Detailbild siehe S. xxx).
Die costo-diaphragmatischen Sinus sind aufgehoben, was mit bilateralen Pleuraergüssen vereinbar ist.
Diagnose hier: dekompensierte Herzinsuffizienz, im Stadium des Prälungenödems, bei HODGKIN-Lymphom (linker Subklaviakatheter sichtbar).

Stadium 4: Alveoläres Stadium = alveoläres Ödem (siehe Rx 2 und Rx 3)

- Tritt auf bei pulm. Kapillardruck (*Wedge*-Druck) > 30 mmHg (N: 5-12 mmHg).
- Das alveoläre Ödem manifestiert sich häufig in Form eines akuten Lungenödems!
  - ☛ Oft bilaterale (kann aber auch unilateral vorkommen), unscharf begrenzte, alveoläre Transparenzminderung. Die Verteilung des alveolären Ödems ist lageabhängig (im Stehen basal, im Liegen posterior betont).

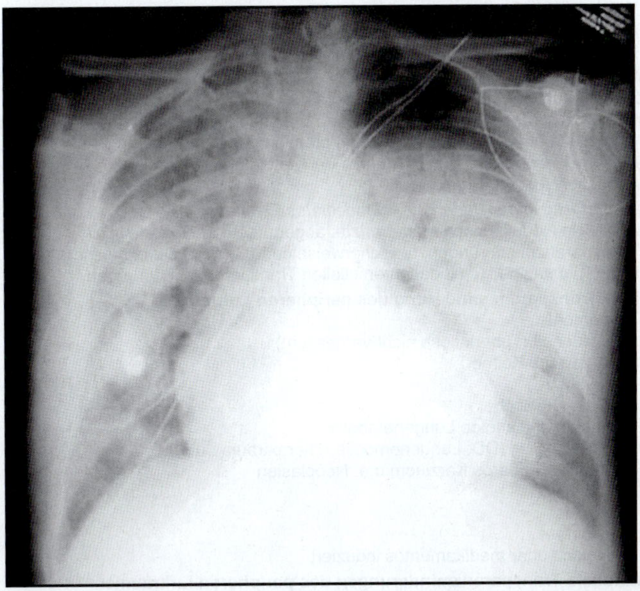

Rx 2: Patientin mit akutem Lungenödem (Spitaleintrit): Schmetterling-förmiges alveoläres Infiltrat.

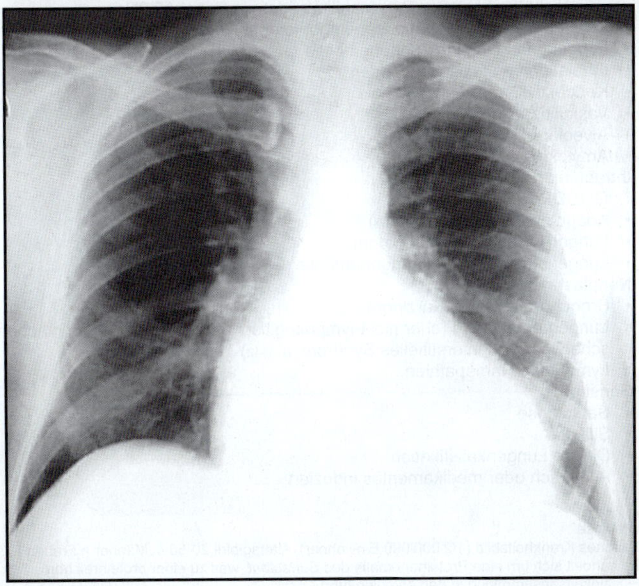

Rx 3: Gleiche Patientin wie Rx 2 bei Spitalaustritt. Es persistiert die Kardiomegalie.

Erkrankung des peripheren Luftraumes (alveoläres Syndrom)

Allg: Betrifft Krankheiten, bei welchen die intra-alveoläre Luft durch Flüssigkeit oder Zellen (benigne oder maligne) ersetzt wird.

Dg: Radiologische Zeichen, die bei peripheren Luftraumerkrankungen gefunden werden können

Generell vorgefundene Kriterien
- Wasserdichte Struktur mit unscharfem Rand
- Konfluenz (Flüssigkeitsdiffusion zwischen verschiedenen Zonen)
- Luftbronchogramm: tubuläre Transparenzerhöhung, die durch normalbelüftete Bronchien zustande kommt.

Ursachenabhängige radiologische Zeichen der peripheren Luftraumerkrankung
- Systematisierte Transparenzminderung (Verschattung): wasserdichte Läsionen, die mit einer Seite an ein Interlobularseptum grenzen.
- Bihiläre Transparenzminderung mit «Schmetterlings-Aspekt»
- Schneller Verlauf (Tage)

Oft nur kurzfristig in der Peripherie beobachtetes Zeichen
- Alveoläre Noduli: unscharf begrenzte, abgerundete und/oder ovale Transparenzminderungen, typischerweise ca. 0.5 cm im Durchmesser
- NICHT verwechseln mit den interstitiellen Transparenzminderungen.

Urs:[1] **1. Lokale Transparenzminderung des peripheren Luftraumes**
- Pneumonie
  - Bakteriell (Tuberkulose nicht vergessen!)
  - Atypische Keime
  - Mykose
  - Post-aktinisch
- Lungeninfarkt infolge Lungenembolie
- Lungenblutung (DD: Lungenembolie, Thoraxtrauma u.a.)
- Broncho-alveoläres Karzinom u.a. Neoplasien
- Konnektivitis
- Vaskulitis
- Amyloidose
- Allergisch oder medikamentös induziert

2. Multifokale Transparenzminderungen des peripheren Luftraumes

a) Exsudat und Transsudat, S. 360
- Lungenödem
  - Kardiogen
  - Nicht kardiogen (= Permeabilitätsödem; z.B. bei ARDS, S. 60)
- Pneumonie (z.B. Aspirationspneumonie oder *Pneumocystis jirovecii*)
- Lungeninfarkt infolge Lungenembolie
- Inhalation von toxischen Gasen
- Konnektivitis
- Vaskulitis
- Alveoläre Proteinose§
- Amyloidose

b) Intrapulmonale Blutung
- GOODPASTURE-Syndrom
- Koagulopathie (inkl. iatrogen)
- Lungenkontusion mit Hämatom
- Lungenblutung infolge Lungenembolie

c) Neoplasie
- Broncho-alveoläres Karzinom
- Lungenmetastasen (aber nicht-lymphangitische Metastasen; diese machen typischerweise ein interstitielles Syndrom, S. 1142)
- Lymphoide Hämopathien

d) Sonstige
- Sarkoidose
- Silikose
- Diffuse Lungenkalzifikation
- Allergisch oder medikamentös induziert

§ Alveoläre Proteinose

Allg:
- Seltenes Krankheitsbild (1/2'000'000 Einwohner). Altersgipfel 20-50 J. Männer > Frauen (3/1).
- Es handelt sich um eine Proteinanomalie des *Surfactant*, was zu einer proteinreichen Flüssigkeitsansammlung in den Alveolen führt.

Klas:
- I. Kongenital (autosomal rezessiv): Mangel an SP-B-Protein des *Surfactant*.
- II. Erworben. Ursache unklar: autoimmun, infektiös (HIV, Mycobakterien, *Pneumocystis jirovecii*), Pneumokoniose, Chemotherapie.

Klin:
- Dyspnoe, Husten, Ateminsuffizienz. Die resultierende Hypoxämie ist i.d.R. mild.

1 Armstrong P, et al. (eds). Imaging of diseases of the chest. Mosby 2000, p. 75-77.

Bsp:

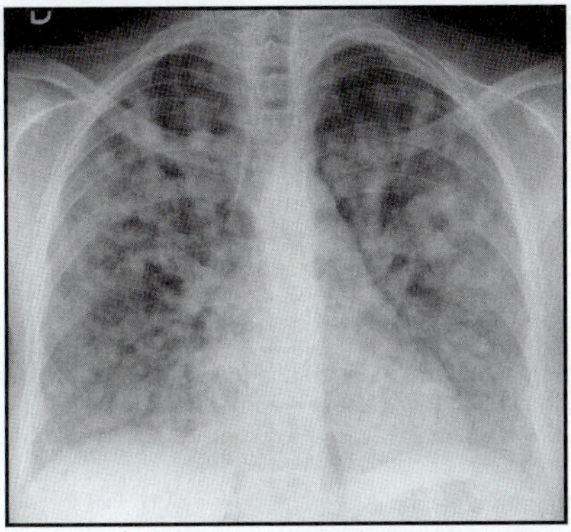

Rx 1: Periphere Luftraumerkrankung bei metastasierendem Bronchuskarzinom.

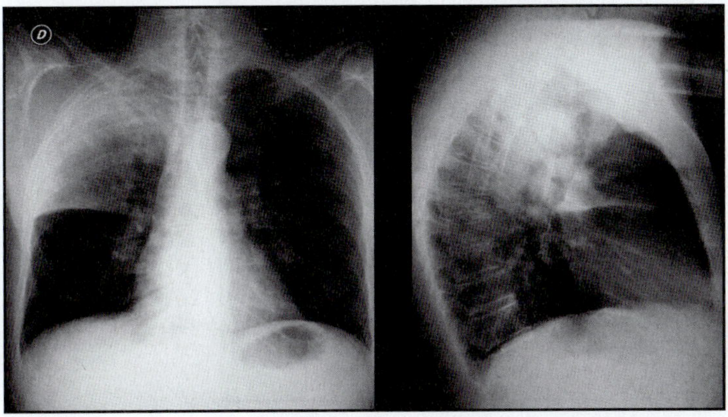

Rx 2: Periphere Luftraumerkrankung bei rechts anteriorer Oberlappenpneumonie (Pneumokokken)

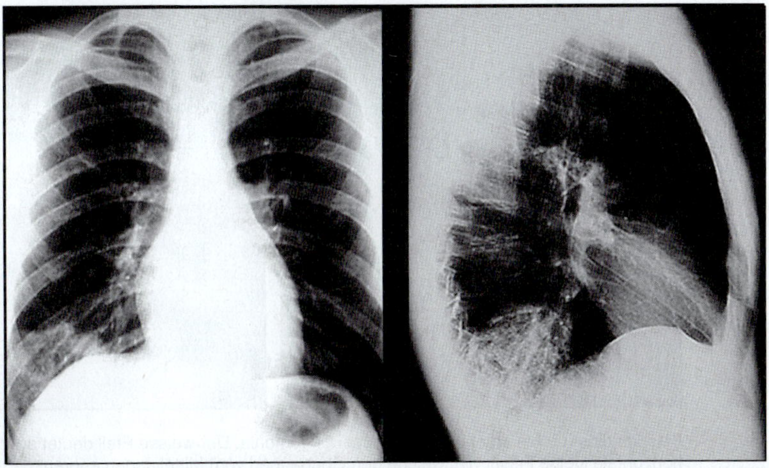

Rx 3: Periphere Luftraumerkrankung bei rechts basaler Pneumonie (Pneumokokken).

Silhouettenzeichen nach FELSON

Allg:
- Eine Transparenzminderung (Verschattung) mit Wasserdichte, die mit dem Rand eines intramediastinalen Organes in Kontakt kommt (z.B. Herz, Lunge), lässt diese Abgrenzung verschwinden (Wasserdichte + Wasserdichte).
  Dieses Phänomen wird «Silhouettenzeichen» genannt. Es wird an folgenden Organtrennflächen vorgefunden:
  - Herz
  - Aorta
  - Zwerchfell

Für die PRAXIS
- Eine Mittellappenpneumonie bringt den rechten Herzschatten zum Verschwinden.
- Eine Lingulapneumonie bringt den linken Herzschatten zum Verschwinden.
- Eine Basalpneumonie kann das angrenzende Zwerchfell zum Verschwinden bringen.

Bsp: 1. Lingulapneumonie (sichtbares Silhouettenzeichen)

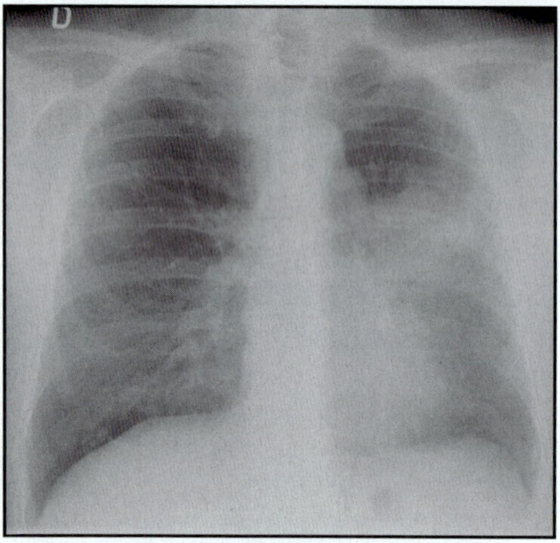

Beispiel des Silhouettenzeichens bei einer Lingula-Pneumonie.

Bsp: 2. Oberlappenpneumonie (fehlendes Silhouettenzeichen)

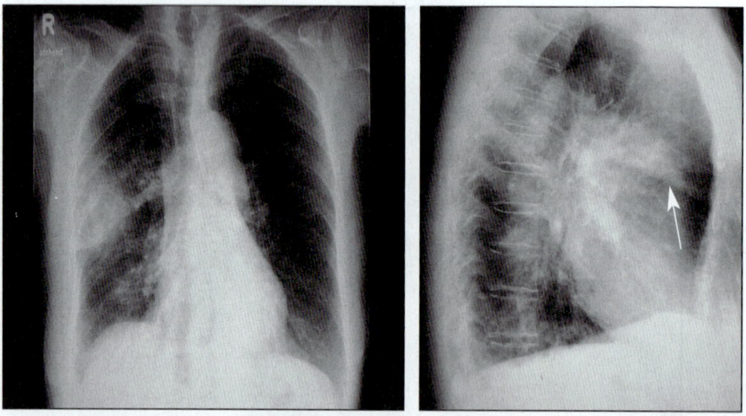

Beispiel einer rechts anteriorer Oberlappenpneumonie. Der weisse Pfeil deutet auf die horizontale kleine Fissur hin, welche den Oberlappen vom Mittellappen abgrenzt.

Das Fehlen des Silhouettenzeichens mit dem rechten Herzschatten erlaubt es, eine Mittellappenpneumonie auszuschliessen.

Lungensegmente

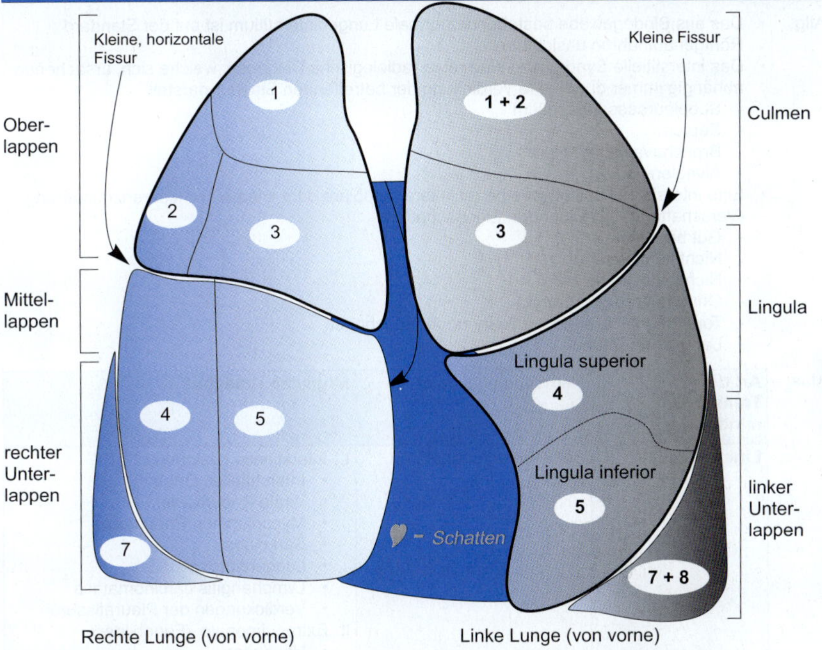

Lungensegmente

Rechter Oberlappen
1. Apikales Segment
2. Posteriores Segment
3. Anteriores Segment

Rechter Mittellappen

4. Laterales Segment
5. Mediales Segment

Rechter Unterlappen

6. Apikales Segment (nicht sichtbar)
7. Mediobasales Segment
8. Anterobasales Segment (nicht sichtbar)
9. Laterobasales Segment (nicht sichtbar)
10. Posterobasales Segment (nicht sichtbar)

Linker Oberlappen

1. **1.** Apikoposteriores Segment
2. **2.** Apikoposteriores Segment
3. **3.** Anteriores Segment

Lingula

4. **4.** Lingula superior Segment
5. **5.** Lingula inferior Segment

Linker Unterlappen

6. **6.** Apikales Segment (nicht sichtbar)
7. **7.** Mediobasales Segment
8. **8.** Anterobasales Segment
9. **9.** Laterobasales Segment (nicht sichtbar)
10. **10.** Posterobasales Segment (nicht sichtbar)

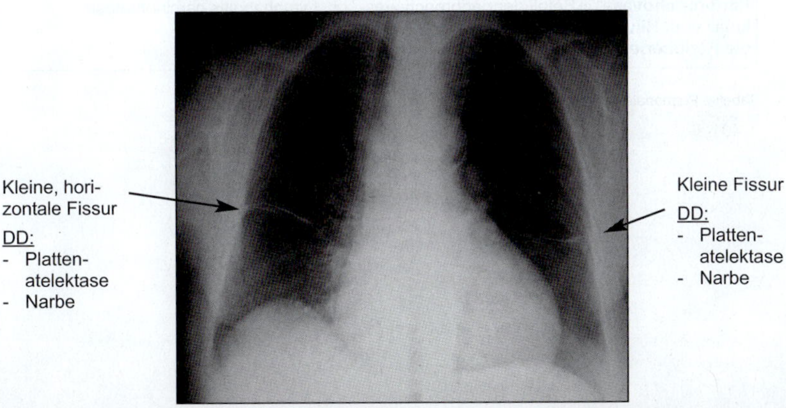

Interstitielles Syndrom

Allg:
- Das aus Bindegewebe bestehende normale Lungeninterstitium ist auf der Standard Röntgenaufnahme unsichtbar.
- Das interstitielle Syndrom ist eine reine radiologische Diagnose, welche sich, ursachenunabhängig immer durch eine Verdickung der betreffenden Struktur darstellt:
  - Subpleurases Interstitium
  - Septen
  - Bronchovaskuläre Hülle
  - Alveolenwände
- Eine interstitielle Läsion ist eine retikuläre, noduläre oder lineare Transparenzminderung (Verschattung) mit folgenden Eigenschaften:
  - Gut begrenzt
  - Nicht konfluierend
  - Nicht systematisiert
  - Ohne Luftbronchogramm
  - Topographisch weder vaskulär noch bronchogen
  - Langsamer Verlauf

Klas:

Art der Transparenzminderung	Klinisches Korrelat	Mögliche Ursachen
Lineär	Befall der interlobulären Septen	I. Interstitielle Läsionen • Interstitielles Ödem • Virale Pneumonie • Mycoplasmen Pneumonie • Sarkoidose • Lungenfibrose • Lymphangitis carcinomatosa • Verdickungen der Pleurafissuren II. Extrapulmonale «Fangbilder» • Hautfalten • Kleider, Fremdkörper u.a.
Mikronodulär (miliär)	Dissemination eines infektiösen, tumoralen oder entzündlichen Prozesses	• Tuberkulose • Virale Pneumonie • Mykose • Histiocytose X, s. 371 • Sarkoidose • Rheumatoide Polyarthritis • Hämosiderose • Pneumokoniose (v.a. Silikose) • Metastasen
Bienenwabenmuster	Irreversible Lungenfibrose	• Idiopathische Lungenfibrose • Pneumokoniose (v.a. Asbestlunge) • Sarkoidose • Konnektivitis (z.B. Sklerodermie) • Rheumatoide Polyarthritis • Extrinsische allergische Alveolitis
Peribronchovaskulär vom Hilus in die Peripherie	Befall der peribronchovaskulären lymphatischen Gefässe	• Lymphangitis carcinomatosa • Lungenödem • Sarkoidose

Tabelle: Pulmonale Transparenzminderungen (Verschattungen).

Bsp: Beispiel eines interstitiellen Syndroms

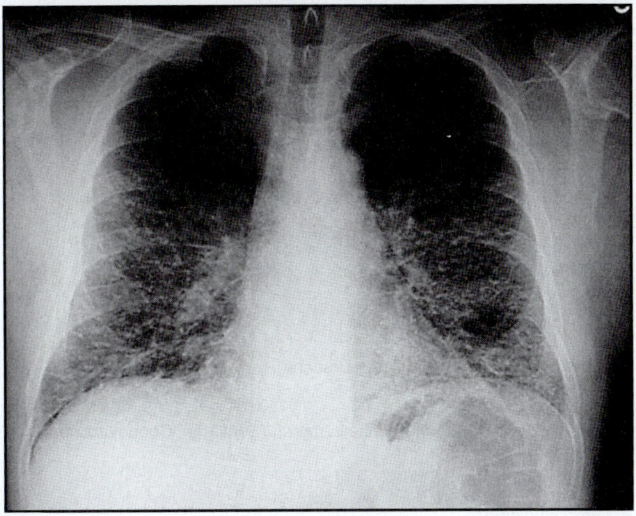

Rx: Interstitielles Syndrom bei Lymphangitis carcinomatosa.

KERLEY-Linien

Allg: Es handelt sich um verdickte Interlobularsepten.

Klas: **KERLEY A** «A» für «apikal». Die KERLEY A-Linien befinden sich im mittleren und oberen Lungenfeld. Dicke 1-2 mm. Länge: 3-5 cm, teilweise geschlängelt verlaufend

KERLEY B «B» für «basal». Dicke: 1-2 mm. Länge: 1-3 cm, waagrecht verlaufend

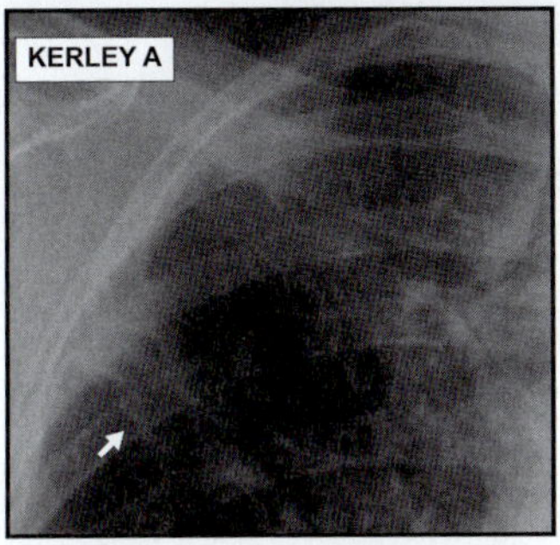

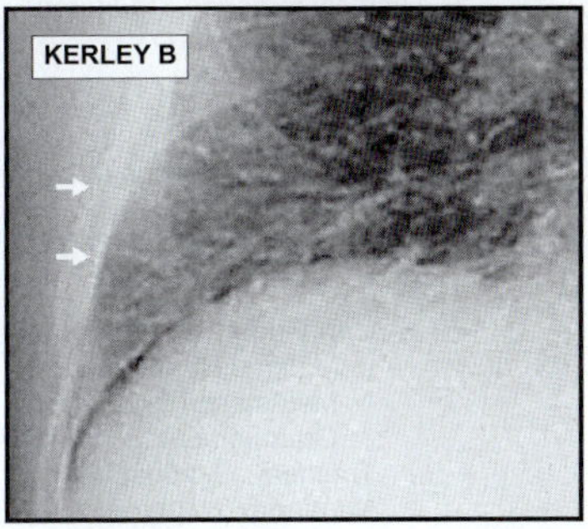

DD:
- Lungenödem
- Lymphangitis carcinomatosa
- Kongenitale Lymphangiektasie
- Atypische Pneumonien (viral, *Mycoplasma*)
- Interstitielle Lungenfibrose
- Pneumokoniose
- Sarkoidose, S. 372
- Hämosiderose (im terminalen Stadium)
- Lymphangiomyomatose

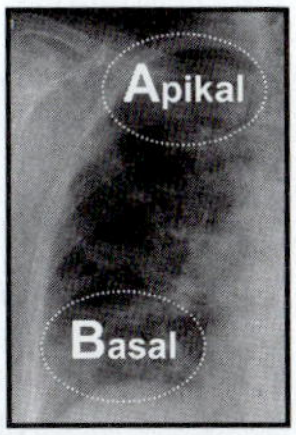

Für die visuellen Leser...

Mediastinumverbreiterung

DD: ■ **Verbreiterung des vorderen Mediastinums**

→ *Umfasst folgende Strukturen:*
- *Thymus*
- *Schilddrüse*
- *Nebenschilddrüse*
- *Lymphknotenpakete*
- *Aorta (Pars anterior der Aorta ascendens)*
- *Perikard*
- *Herz*
- *Vena cava superior und inferior*
- *Arterie pulmonalis*
- *Aa und Vv brachiocephalicae*

- Retrosternaler Kropf (häufigste Ursache)
- Schilddrüsentumoren
- Thymom, s. 1145‡
- Dermoidzyste, Teratom, Keimzelltumoren (Seminom, Choriokarzinom)
- Maligne Hämopathien
- Herz- und Perikardtumoren
- Myxom
- Lymphangiome
- Hämangiome
- Fibrome, Lipom, mediastinale Lipomatose
- Metastasen
- Perikarderguss, -tamponade
- Bronchogene Zysten
- Pleuro-Perikardzysten
- Aortenaneurysma (Pars anterior der Aorta ascendens)
- Dilatierte Vena cava superior (z.B. bei Herzinsuffzienz)
- MORGAGNI-Hernie, s. 1145§

■ **Verbreiterung des mittleren Mediastinums**

→ *Umfasst folgende Strukturen:*
- *Aortenbogen*
- *Trachea*
- *Ösophagus*
- *Lymphknotenpakete (paratracheal und hilär)*
- *Ductus thoracicus*
- *Vena azygos*

- Lymphadenopathie (tumorale Lymphknotenpakete)
  - Maligne Hämopathien
  - Metastasen
  - Granulome (z.B. Sarkoidose im Stadium I, II, s. 372)
- Trachea-, Ösophagustumor
- Neurinom (N. phrenicus, N. vagus)
- Angiome
- Aorta:
  - Aortenelongation
  - Aortenaneurysma
  - Aortendissektion
  - Koarktation
- Dilatierte A. pulmonalis (bei pulmonal arterieller Hypertension)
- Dilatation der Vena azygos
  - DD: Rechtsherzinsuffizienz, konstriktive Perikarditis u.a.
- Retrotracheale linke Arterie pulmonalis
- Dilatation des linken Vorhofs (z.B. bei Mitralstenose)
- Ösophagusdivertikel (z.B. beim ZENKER Divertikel)
- Hiatushernie
- Bronchogene und enterogene Zysten
- Megaösophagus

■ Verbreiterung des hinteren Mediastinums

→ *Umfasst folgende Strukturen:*
  - *Wirbelsäule*
  - *Aorta descendens*
  - *Kostovertebraler Komplex*
  - *Sympathikuskette*
  - *Neuralsack*
  - *Lymphknoten*

- Neurogene Tumoren (Neurofibrome u.a.)
- Wirbelkörpertumoren
  - Primärtumor
  - Metastasen
- Aneurysma der Aorta descendens
- Bronchogene oder neurenterische Zysten
- Ductus thoracicus Zyste
- Paraösophagealhernie (nicht aber die BOCHDALEK-Hernie¶)
- Meningozöle
- Knochendeformierung infolge massiver Expansion des erythropoetischen Systems (z.B. bei Thalassämie)
- Hämangiome
- Lymphadenopathie (selten)

‡ Thymom
Allg: Das Thymom ist ein langsam wachsender, überwiegend schlechtartiger, Tumor des Thymus, der aber selten extrathorakale Metastasen verursacht (Perikard, Mediastinum).
Klin: I. Asymptomatisch
II. Symptomatisch
- Thoraxschmerzen
- Husten
- Vena cava superior Syndrom

Bem: Thymompatienten leiden gehäuft an Mysthenia gravis, siehe S. 1021

§ MORGAGNI-Hernie
Allg: Die MORGAGNI-Hernie ist anterior gelegene, dreieckförmige Zwerchfellöffnung (rechts und links bezüglich der Mittellinie). Bei genügend grosser Hernienöffnung können Bauchorgane in den Thorax gepresst werden.
Klin: I. Asymptomatisch
II. Symptomtisch
- Thoraxschmerzen
- GI-Störungen
- Selten: Hernieninkarzeration

¶ BOCHDALEK-Hernie
Allg: Die BOCHDALEK-Hernie hat mit dem Mediastinum nichts zu tun. Es handelt sich um eine paravertebral, posterior gelegene, dreieckförmige Zwerchfellöffnung. Bei genügend grosser Hernienöffnung können Bauchorgane in den Thorax gepresst werden (Nieren, Milz, Darm, Epiploon).

Magnetresonanztomographie (MR)

Allg:
- Die MR benützt zur Bildgewinnung keine Röntgenstrahlen, sondern **Magnetfelder** und **Hochfrequenzimpulse**.
- Folgende Strukturen werden beim MR, im Vergleich zum CT besser dargestellt:
  - Weichteile
  - Bänder
  - Knorpel
  - Nervensystem
- Die MR nutzt das Prinzip der Wechselwirkungen von Wasserstoffatomen (der Mensch besteht bis zu 90 % aus Wasser) und Magnetfeldern.
- Die Grundlage bildet ein künstliches magnetisches Feld, das im Bereich von 0.2-2.0 Tesla liegt und damit **einige 10'000x stärker ist als das Erdmagnetfeld**.
- Beispiele des Verhaltens verschiedener Gewebe in den T1- bzw. T2-gewichteten Sequenzen:

Gewebe, Element	T1-gewichtete Sequenz	T2-gewichtete Sequenz
Wasser (Liquor, Urin)	Hyposignal	Hypersignal
Wasser + Proteine	Variabel*	Variabel*
Muskel, Parenchym	Intermediär	Intermediär
Fett	Hypersignal	Hyposignal-Hypersignal¶
Luft (Sinus, Lunge)	Hyposignal	Hyposignal
Kalzium (Knochen, Kalzifikationen)	Hyposignal	Hyposignal

Ind:
- ■ <u>**Indikationen einer notfallmässigen MR**</u>

  Klinischer Verdacht auf:
  - Medulläre Kompression
  - Cauda equina Syndrom, s. 578
  - Vertebralisdissektion, s. 558
  - Schlagafall (z.B. als Voruntersuchung zu einer Thrombolyse)
  - Zentralvenenthrombose, s. 559
  - Osteomyelitis beim Kind
- ■ <u>**Indikationen für eine MR** (nicht notfallmässig: diagnostisch oder zur Verlaufskontrolle)</u>
  - Epilepsie
  - Osteomyelitis beim Erwachsenen
  - Spondylodiszitis
  - Abklärung von neurologischen oder vaskulären Erkrankungen:
    - Hirntumoren oder -metastasen
    - Blutungen
    - Diskushernie
  - Multiples Myelom
  - Knochenpathologien (Stressfraktur, Knochentumoren)
  - Knieerkrankungen (Meniskusleiden, Banderkrankung u.a.)

* Die Intensität des Signals hängt von der Proteinkonzentration ab. Bei hoher Proteinkonzentration wird ein Hyposignal in den T1-gewichteten Sequenzen und ein Hypersignal in den T2-gewichteten Sequenzen beobachtet.

¶ Die Auslöschung des Signals ist in den T2-gewichteten Sequenzen nicht komplett (T2 wird gewollt frühzeitig gemessen, mit dem Ziel, das Fett als «Hypersignal» interpretieren zu können).

KI: ■ **Absolute Kontraindikationen für den Patient**

- Fremdkörper:
  - Metallischer, intraokulärer Fremdkörper
- Herzschrittmacher
- Gewisse Innenohrprothesen (Kochleaprothesen)
- INFO:
  - Metallhaltige, intrazerebrale Gefäss-Clips. Die heutzutage benutzten Clips sind nicht-metallisch und stellen KEINE Kontraindikation zur MR-Untersuchung dar.
  - Es besteht kein Konsens bezüglich Gelenkprothesen, Herzklappenersatz, Endoprothesen (mit Radiologen besprechen, teilweise 4-8 Wo Wartezeit).

■ **Relative Kontraindikationen (für den Patienten oder das MR-Gerät)**

- Vaskuläre Agraffen
- Insulinpumpe
- Gehörprothese
- Gelenkprothese in der MR-untersuchten Region
- Metallgitter
- Granatensplitter
- Elektroden
- Spirale in der MR-untersuchten Region
- Implantierte Neurostimulatoren (TENS)
- Intraokuläre Linse
- Naht mit Agraffen

Bem: Intrakoronare STENT's stellen keine Kontraindikation dar.

Bsp:

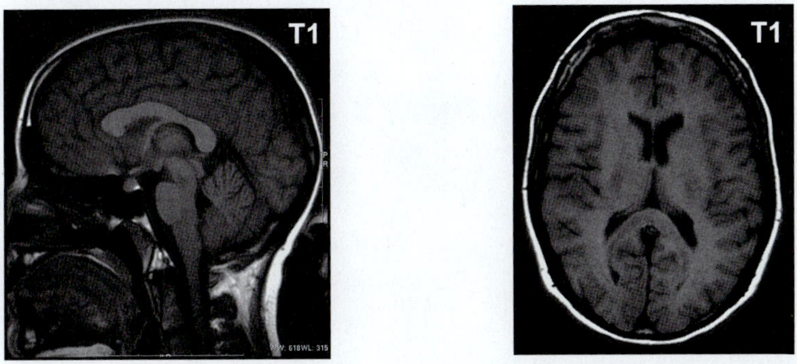

MR: Normaler Schädel in **T1-gerichteter Sequenz** («anatomisches Bild»).

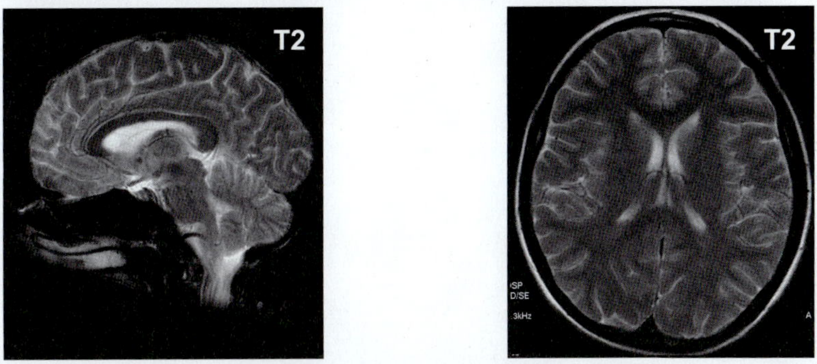

MR: Normaler Schädel in **T2-gerichteter Sequenz**. Die Flüssigkeiten erscheinen als Hypersignal.

SCHMERZEN

Schmerz

Schmerzen[1]

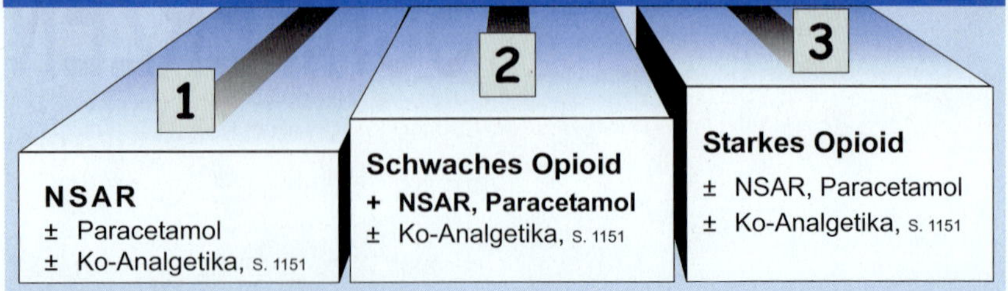

Schema: **3 analgetische Stufen** (WHO).[1]

NSAR / Paracetamol	Beispiele	Adm.	Dosierung	Maximaldosis/d
Paracetamol	BEN-U-RON®	PO	500-1000 mg alle 4-6 h	4000 mg
NSAR				
ASS	ASPIRIN® N	PO	500-1000 mg alle 4-6 h	4000 mg
Ibuprofen	ESPRENIT®	PO	200-400 mg alle 4-6 h	2400 mg
Indometacin	INDO-CT®	PO	25-50 mg alle 8-12 h	200 mg
Mefenaminsäure	(nicht in D)	PO	250-500 mg alle 6-8 h	1500 mg
Diclofenac	VOLTAREN®	PO	25-50 mg alle 8 h	150 mg
	VOLTAREN®	**IM**, **IV**	75 mg alle 12 h	150 mg
Ketorolac	(nicht in D)	PO	10 mg alle 6 h	40 mg
	(nicht in D)	**IV**, **IM**	30 mg alle 8 h	90 mg
Celecoxib	CELEBREX®	PO	100-200 mg alle 12 h	400 mg

Schwache Opioide	Beispiele	Adm.	Dosierung/d
Codein	CODICAPS® Mono	PO	2-3x 30-60 mg
Codein + Paracetamol	NODOLON® P	PO	1-3x 1-2 Tabl
Tramadol	TRAMAL®	PO, IR	50-100 mg; Max. 400 mg/d
	TRAMAL®	**IV**, **IM, SC**	100 mg; Max. 400 mg/d
Tramadol + Paracetamol	ZALDIAR®	PO	1-2 Tabl alle 4-6 h; Max. 8x/d
Dihydrocodein	DHC Mundipharma®	PO	60-90 mg alle 12 h; Max. 2 Tabl/d
	PARACODIN® N	PO	25-35 Trpf alle 8 h (30 Trpf = 10 mg)

Starke Opioide	Beispiele	Adm.	Dosierung/d
Pethidin	DOLANTIN®	PO, **IV**, **SC**, **IM**	siehe s. 1163
	DOLOCONTRAL® Zäpfchen	IR	siehe s. 1163
Morphin	siehe s. 1157		siehe s. 1157
Hydrocodon (= Dihydrocodeinon)	(nicht in D)	PO	5 mg alle 6-12 h; Max. 50 mg/d
Hydromorphon	PALLADON®	PO	Nicht-retard Form: 1.3-2.6 mg alle 4-6 h
	PALLADON® Retard	PO	Retardform: 4 mg alle 12 h
Buprenorphin	TEMGESIC®	SUBL	0.4 mg alle 6-8 h, bzw. bei Bedarf
	TEMGESIC®	**IM**, **IV**	0.3-0.6 mg alle 6-8 h, bzw. bei Bedarf
	TRANSTEC®	Patch	siehe Fussnote «¥»
Oxycodon	OXYGESIC® Retardtabl	PO	5-10 mg alle 12 h, bei Bedarf erhöhen
	OXYGESIC® akut	PO	5 mg alle 4-6 h, bei Bedarf erhöhen
	OXYGESIC® injekt	**IV**	Konsil (1-10 mg/1-2 min **IV**)
Oxycodon/Naloxon	TARGIN® Retardtabl	PO	max. 40/20 mg/d (in 2 Einnahmen/d)
Fentanyl	FENTANYL®	**SC**, **IV**, **IM**	25-50 µg bei Bedarf, siehe s. 1161
	DUROGESIC® SMAT	Patch	siehe s. 1161
	ACTIQ®	PO	siehe s. 1161
Sufentanil	SUFENTA®	**IV**	30-50 µg, siehe s. 1160
		epidural	ad. Anästhesist
Remifentanil	ULTIVA®	**IV**	Initial: 0.1 µg/kg/min (kein **IV**-Bolus!)
Nalbuphin	NALPAIN Stragen®	**SC**, **IM**, **IV**	10-20 mg (0.15-0.30 mg/kg) alle 3-6 h bei Bedarf; Max. 160 mg/d
Alfentanil	RAPIFEN®	**IV**	Kurzanästhesie: 0.05-0.1 mg/kg

¥ Buprenorphin (partieller Agonist/Antagonist). Äquianalgetische Dosierungen, verglichen mit Morphin PO:

- TEMGESIC®	0.2 mg	≅	10 mg	Morphin
- TRANSTEC®	35 µg/h	≅	30-60 mg	Morphin
	52.5 µg/h	≅	90 mg	Morphin
	70 µg/h	≅	120 mg	Morphin

Die Applikationsdauer eines Patchs beträgt 72 h. **WICHTIG**: Die analgetische Wirkung tritt erst im Verlauf der ersten 24 Stunden ein!

[1] Angepasst nach: World Health Organization (WHO). Cancer Pain Relief. Geneva: WHO, 1986.

Ko-Analgetika	Beispiele	Dosierung (PO, ausser speziell erwähnt)
■ Trizyklische Antidepressiva, s. 1222		
Amitriptylin	SAROTEN®Retard	25 mg am Abend; i.d.R. ≤ 100 mg/d
Clomipramin	ANAFRANIL®	10-25 mg, bei Bedarf bis 150 mg/d (in 2-3x/d)
Doxepin	APONAL®	10-20 mg/d, bei Bedarf bis ca. 1x 75 mg/d
Nortriptylin*	NORTRILEN®	2-3x 10-25 mg; Max. 100 mg/d
■ Antiepileptika (v.a. bei neurogenen Schmerzen indiziert, siehe s. 1165)		
Carbamazepin	TEGRETAL®	2-3x 100 mg/d, bei Bedarf 2-4x 200 mg/d
Clonazepam	RIVOTRIL®	1-2x 0.5-2 mg; Max. 4 mg/d
Gabapentin	NEURONTIN®	Tag 1: 1x 300 mg, Tag 2: 2x 300 mg, Tag 3: 3x 300 mg Langsame Dosissteigerung: 1800 mg nach 1 Wo, 2400 mg nach 2 Wo, 3600 mg nach 3 Wo (in 3 Einnahmen/d)
Phenytoin	PHENHYDAN®	3-4x 100 mg/d
Pregabalin**	LYRICA®	150-600 mg/d (in 2-3 Einnahmen/d)**
■ Kortikoide, s. 1165		
Dexamethason	FORTECORTIN®	2-3x 2 mg/d; Max. 4x 8 mg/d während 10 d, dann Dosis reduzieren (1-2x 4-8 mg/d)
Methylprednisolon	URBASON®	1-3x 4-16 mg/d (0.3-1 mg/kg/d)
■ Myorelaxantien, Spasmolytika, diverse Ko-Analgetika		
Baclofen	LIORESAL®	3x 5 mg für 3 Tage, dann 3x 10 mg für 3 Tage, dann 3x 15 mg für 3 Tage, dann 3x 20 mg für 3 Tage. «Übliche» Erhaltungsdosis: 40-80 mg/d
Butylscopolamin	BUSCOPAN®	PO: 2x 10 mg/d; Max. 60 mg/d **IM, SC, IV**: 10-20 mg (**IV**: max. 20 mg/min); Max.: 100 mg/d
Diazepam	VALIUM®	2-4x 2-10 mg/d, siehe auch s. 1238
Tolperison	MYDOCALM®	3-4x 150 mg/d
Tizanidin	SIRDALUD®	3-4x 2-4 mg/d
■ Bisphosphonate, siehe s. 1164, 302		
■ Zentraler α 2-Agonist		
Clonidin	CATAPRESAN®	Peridural-Gabe: - Bolus 0.15-0.3 mg, dann 0.02-0.04 mg/kg/h Intrathekal-Gabe: - Bolus 0.075-0.15 mg, dann 0.01-0.02 mg/kg/h Zur Therapie der Neuropathie: - 0.15-0.3 mg **IV** oder **IM**
■ Calcitonin, siehe s. 1164		
■ Neuroleptika, siehe s. 1165		
■ Lokale Anästhetika, Antiarrhythmika		
Lidocain, Mexiletin		Zentrale und neurogene Schmerzen: - Lidocain 2-4 mg/kg **IV** über 30-60 min *Wenn wirksam, Wechsel zu Mexiletin:* - Mexiletin (in der CH nicht erhältl.): 10 mg/kg/d PO

Äquianalgesie im Vergleich zu Morphin		PO (Bsp.)	Markennamen (Beispiele)
• Morphin	1 (per Definition)	20 mg	SEVREDOL®
• Codein	0.1	200 mg	CODICAPS® Mono, CODI OPT®
• Tramadol	0.1 - 0.2	100-200 mg	TRAMAL®
• Dihydrocodein	0.15	150 mg	DHC Mundipharma®, PARACODIN® N
• Oxycodon	1.5 - 2.0	10 - 15 mg	OXYGESIC® Retard/ Akut
• Hydrocodon	2	10 mg	in Deutschland nicht erhältlich
• Hydromorphon	5	4 mg	PALLADON®

* Nortriptylin ist v.a. dann indiziert, wenn Amitriptylin zu somnolent wirkt.

** Indikationen von Pregabalin: Neuropathische Schmerzen (peripher und/oder zentral): diabetische Neuropathie, postherpetische Neuralgie, Rückenmarksverletzung; Epilepsie; generalisierte Angstsörung

Schmerz

Behandlung der Schmerzen: praktische Ratschläge[1,2]

1. Nicht steroidale Antirheumatika (NSAR)

★ Es sollen **nicht 2 NSAR** gleichzeitig verabreicht werden. Ausser verstärkten NW ist kein additiv analgetischer Effekt zu verzeichnen.

★ Die Kombination von Paracetamol + NSAR ist sinnvoll (Synergismus); Paracetamol wirkt v.a. zentral und die NSAR wirken v.a. peripher.

2. Opioide

★ Bei ca. **10 % der Bevölkerung zeigt Codein keine analgetische Wirkung** (Fehlen der Enzyme, welche Codein zum aktiven Morphin metabolisieren)!

★ Die Wirkungsstärke des Opioids soll der Schmerzintensität entsprechen (Algorithmus S. 1159). Ko-Analgetika sind sehr nützlich (additive oder sogar synergistische Wirkung)!

★ KEINE Retardformen/Langzeitpräparate einsetzen während der Phase der Dosisanpassung.

★ Um ein Opioid gut zu titrieren, wird mit einem Kurzzeit wirksamen Morphin begonnen.
Bsp: Morphin-Lösung (Wirkungsdauer ca. 4 h). Wenn die Schmerzen gut kontrolliert sind, kann allenfalls auf eine Retardform gewechselt werden (gleiche Dosis/24 h wie die Kurzzeit wirkende Form/24 h).

★ Chronische Schmerzen: Die Opioide sollen nach einem regelmässigen Stundenplan mit Intervallen, welche deren Wirkungsdauer entsprechen, verabreicht werden. Es soll also das «**Einnahmeintervall**», und nicht die «Einnahmefrequenz» der Regulärdosen, bestimmt werden.
Bsp : Morphin-Lösung **alle 4 h** (und nicht 6x/d). Bei Nichtansprechen soll zuerst die Dosierung erhöht werden, bevor das Einnahmeintervall verkürzt wird.

★ **«Zwischendosis»**. Wenn die Einnahme der **Regulärdosen** analgetisch ungenügend sind, müssen zusätzliche Opioid Dosen, welche man «Zwischendosen» nennt, verabreicht werden. Diese entsprechen **10 %** der tot. Tages-dosis. Wenn mehr als 3 «Zwischendosen/24 h» nötig sind, soll die Regulärdosis erhöht werden.

Bsp:	Regulärdosis (schnellwirkend):	SEVREDOL® 30 mg alle 4 h
	Zwischendosis (schnellwirkend):	SEVREDOL® 10-20 mg bei Bedarf zw. Regulärdosen
	oder:	
	Regulärdosis (Retardform):	MST Continus® 120 mg alle 12 h
	Zwischendosis (schnellwirkend):	SEVREDOL® 20-30 mg bei Bedarf alle 1-2 h, max. 3 aufeinander folgende Zwischendosen.

★ Der Patient muss immer eine **Reservedosis** (schnellwirkende Form!) zur Verfügung haben, wobei diese ca. 15 % der totalen täglichen Dosis entsprechen soll.

★ Bei persistierenden Schmerzen sollen schwache Opioide (z.B. Codein) nicht unnötig langfristig verabreicht werden!

★ **Die orale und transdermale Gabe soll bevorzugt werden**. Als Alternative können die Opioide **SC** oder **IV** appliziert werden. Die **IV**-Gabe gilt als letzte Variante, da mehr NW!

★ Eine **doppelte Abenddosis** kann ein Aufwachen infolge Nachtschmerz verhindern. Als Alternative kann dem Patienten eine «Nachtdosis» in Reserve (Nachttisch) abgegeben werden.

★ **Obstipation**: Opioide (auch «schwache» Formen) haben praktisch immer eine Obstipation zur Folge (Peristaltik ↓), welche während der Behandlungsdauer persistiert. Deshalb MUSS bei Beginn der Opioidtherapie ein Laxativum verschrieben werden.
Bsp:
- Lactitol IMPORTAL® Lösung (667 mg/mL), Beutel 10 g: 30 mL (oder 20 g) während des Morgen- oder Nachtessens
- Lactulose BIFITERAL® Sirup (7.5-15 mL 1-2x/d) oder Beutel (3-4x/d)

★ **Nausea/Erbrechen**: Häufig (initial bis zu 30 %), aber nach 3-10 Tagen Behandlung beobachtet man eine Verminderung dieser NW und die Antiemetika können abgesetzt werden. Das beste Antiemetikum ist dasjenige, welches die Ursache der Nausea behandelt S. 1168

★ Die Kombination von **2 Opioiden** ist nicht sinnvoll (fehlende additive Wirkung und verstärkte NW)! Beispiel einer ungünstigen Kombination: Fentanyl DUROGESIC® SMAT + Morphin (Ausnahme: Morphin Tropfen; diese sind bei akuten Schmerzen oft schmerzlindernd).

★ Beim **Wechsel eines Opioides** soll die äquianalgetische Dosierung bestimmt werden (S. 1151). Wenn der Patient mit der ursprünglichen Schmerztherapie gut eingestellt ist, sollen initial **50-75 % der berechneten Dosis des neuen Opioides** eingesetzt werden, denn die Verträglichkeit der Opioide ist nicht vollständig gekreuzt).

1Angepasst nach : Hanks GW, et al. BJM, 1996;312:823-26; 2 Levy MH. N Engl J Med 1996;335:1124-32.

3. Kortikoide

Ind: Dexamethason (= Kortikoid der Wahl) wird in folgenden Situationen ko-analgetisch angewendet:

1. Knochenschmerzen (s. 1164), nach Misserfolg mit den NSAR. Bei ungenügender Wirksamkeit werden Kortikoide mit Opioiden kombiniert verabreicht.
2. Hirndruck (infolge Hirnödem, Dosierung, siehe s. 572):
   - a) Gute Evidenz • Neoplasie (primär oder sekundär)
   - b) Akzeptable Evidenz • Subarachnoidalblutung (von Fall zu Fall entscheiden)
   - c) Keine Indikation (!) • SHT • Hirnparenchymblutung • Hepatische Enzephalopathie, s. 440
3. Akutes Abdomen bei Peritonealkarzinose
4. Medulläre Infiltration oder neurogene Schmerzen
5. Dyspnoe bei Lymphangitis carcinomatosa
6. Dyspnoe bei sekundärer Kompression infolge bronchialer Massen

Bem: 80 % der Patienten entwickeln einen Mundsoor unter Kortikoidtherapie. Deshalb wird eine präventive mykostatische Behandlung empfohlen:

- Fluconazol DIFLUCAN® Pulver für orale Suspension 50 mg/5 mL (direkt schlucken; diese Suspension hat keine lokale Wirkung): 1-2x 50 mg/d
  oder:
- Nystatin MYKUNDEX® Suspension 100'000 E/mL (die Lösung im Mund mit der Zunge verteilen, dann schlucken; die Lösung hat ausschliesslich eine lokale Wirkung):
  Dos: • Orale Candidose: 4x 1 mL/d
  • Ösophageale oder intestinale Candidose: 3x 5-10 mL/d

Protokoll für eine Palliativtherapie bei terminalen Patienten

Allg: Voraussetzungen für eine Palliativtherapie

1. Schwerwiegende medizinische Situation, irreversibel oder falls reversibel, mit für den Patienten inakzeptablen Konsequenzen.
2. Der Patient muss über die Palliativtherapie informiert und einverstanden sein. Wenn der Patient nicht mehr dazu in der Lage ist, tritt sein gesetzlicher Vertreter dafür ein.
3. Folgende Personen können bei Bedarf konsultiert werden: Familie, ethisches Komitee.
4. Alle diagnostischen Abklärungen inkl. Blutentnahmen sollen gestoppt werden.
5. Alle «kurativen» Interventionen sollen gestoppt werden, mit Ausnahme von denjenigen, die eine Schmerzlinderung oder eine Verbesserung des Komforts bringen würden und bei Fehlen einer Alternativtherapie.
6. Es gibt keine «Rezepte» bezüglich der Palliativtherapie.
   Das einzige was sicher ist: **DER PATIENT IST KÖNIG...bis am Schluss**!
   Beispiel:

■ **Morphin**	**IV**	Titrieren: 1-1.5 mg/h **IV**; bei Bedarf, alle 30 min um 25 % erhöhen
	SC	Die Dosis hängt von den vorher eingesetzten oralen Morphinderivaten ab: • 0-10 mg PO → Neue Dosierung: 10 mg **SC** • 11-30 mg PO → Neue Dosierung: 15 mg **SC** • > 30 mg PO → Neue Dosierung: 50 % der oralen Dosis; Maximaldosis: 50 mg **SC**
± **Midazolam**	**IV**	0.1 mg/kg/h **IV**, bei Bedarf alle 30 min um 25 % erhöhen
	SC	5-15 mg, dann bei Bedarf erhöhen
± **Propofol**	**IV**	Bei refraktären Schmerzen: 100-150 µg/kg/h (4-12 mg/h **IV** kont)
± **Atropin**	**SC**	Bei Bronchialsekreten: 0.5 mg **SC** alle 6 h

7. Hydratation
   - 1. Wahl: orale Hydratation! Eine parenterale Hydratation ist zu vermeiden (Agonieverlängerung)!
   - Was? Wieviel? → Der Patient bestimmt das Getränk und die Menge selbst!
   - Die Mundhygiene soll gefördert werden (z.B. Glycerin-Stäbchen), welche das Durstgefühl vermindern!
8. Bei intubierten Patienten kann in der Mehrzahl der Fälle eine vollständige Befreiung vom Respirator stattfinden: Verminderung von: FiO_2 zu 0.21, Atemzugvolumen und Atemfrequenz, dann umstellen auf das T-Stück, dann extubieren.

Schmerz

SC-Gabe von Analgetika und anderen Medikamenten via *Butterfly*

Allg:
- Medikamente oder Flüssigkeiten, welche **SC** verabreicht werden, sind zum grossen Teil durch die Lymphgefässe absorbiert und kommen dann in die Blutbahn.
- Das Anbringen eines Butterflys hat folgende Vorteile:
  - Verminderung von wiederholten **IV**-Injektionen
  - Erleichterung bei der ambulanten Therapie
  - Möglichkeit einer kontinuierlichen Infusion
- **Ein Butterfly muss alle 10 Tage ausgewechselt werden (in allen Fällen)**
- Bevorzugte Körperregionen, an welchen ein Butterfly gesetzt werden kann:
  - Infraklavikulär
  - Vordere Thoraxwand
  - Bauch
  - Oberschenkel (antero-extern)
  - Arm
- Körperregionen, welche für einen Butterfly NICHT ideal sind:
  - Mammae, Inguinalregion, ödematöse Hautareale

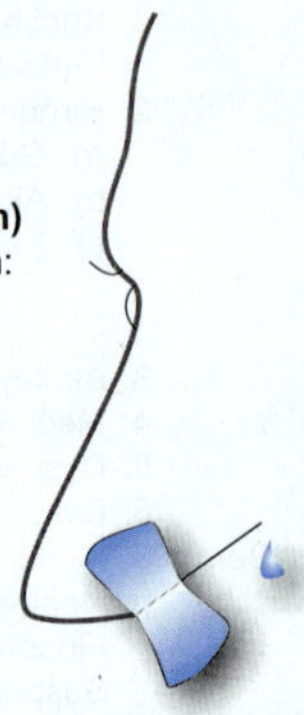

Bedingungen und Methode der SC-Gabe (Medikamente oder Infusionen)
- Der pH der Lösung muss idealerweise zwischen 3.5 und 7.5 liegeb.
- Isotone Lösungen benutzen
- Injiziertes (einmaliges) Volumen < 2 mL (< 1 mL bei kachektischen Personen)
- Wasserlösliche Präparate sind empfehlenswert (Ausnahme: Lorazepam)
- Butterfly-Kaliber: 23, 25 oder 27 (je kleiner das Kaliber, umso besser die Verträglichkeit)

Situationen mit verminderter Absorption bei SC-Gabe
- Hautödem an der Injektionsstelle
- Periphere arterielle Verschlusskrankheit (PAVK)
- Lymphabflussstörungen
- Schockzustand

Faktoren, welche die SC-Gabe limitieren
- Injiziertes Volumen (Bolus) > 2 mL
- Verabreichung von zu sauren (pH < 2) oder zu alkalischen (pH > 11) Lösungen. Diese erhöhen das Risiko der Hautempfindlichkeit und können auch präzipitieren.
- Vorhandene Hautverhärtung bei der Kathetereinstichstelle (Ulzeration, Empfindlichkeit)

Welche Medikamente/Flüssigkeiten kann man SC verabreichen (± Butterfly)?

Medikamente

Chlorpromazin	Lorazepam (nicht Diazepam)	Weitere Beispiele:
Clodronat	Opioide: Fentanyl, Morphin, Pethidin u.a.	
Dexamethason	Metoclopramid	
Droperidol	Midazolam	
Famotidin	Naloxon	
Flumazenil	Octreotid	
Furosemid	Ondansetron	
Haloperidol	Phenobarbital	
Ketamin	Promethazin	
Ketorolac	Ranitidin	
Lidocain	Scopolamin u.a.	

Flüssigkeiten

NaCl 0.9 %, NaCl 0.45 %
Ringer Lactat
Mischinfusion (NaCl 0.9 % + G-5 %)
Vermeiden: Glukose-Lösungen

Wie soll die SC-Gabe appliziert werden?
- Bolusweise (z.B. alle 4-12 h)
- Kurzinfusion (z.B. 500 mL über 1-2 h **SC** kont.)
- Kontinuierliche **SC**-Gabe (Geschwindigkeit: < 2 mL/h bis 10-20 mL/h kont.)

Hypersalivation (Sialorrhoe) — Bronchialsekrete

Def:
- Die Hypersalivation (Sialorrhoe, *waterbrash*) ist eine spontane «Überschwemmung» des Mundes durch eine klare, leicht salzige Flüssigkeit, welche manchmal eine Expektoration benötigt. Diese Flüssigkeit kommt durch einen **cholinergen, vagalen Reflex** zu Stande.
- Afferenzen: proximaler Teil des Magen-Darm-Traktes
- Efferenzen: Speicheldrüsen
- Die normale Speichelproduktion der Glandula submandibularis beträgt 180 mL/24 h.

Urs: **I. Überproduktion von Speichel**
- Gastro-ösophagealer Reflux
- Gastritis
- Stomatitis
- Mundaphten
- Karies der Zähne
- Fremdkörper im Mund u.a.
- Magenulkus
- Magendistension
- Pankreatitis
- Lebererkrankung
- Medikamentös
  - Neuroleptika: Clozapin LEPONEX® u.a.
  - Buprenorphin TEMGESIC®
  - Ketamin KETANEST®
  - Antidepressiva: SSRI und MAO-Hemmer
- Schwangerschaft

II. Verminderte Fähigkeit, den Speichel zu schlucken (ohne Überproduktion)
- Infektiös: Tonsillitis ± Abzess, Epiglottitis, Parotiditis, Aktinomycose u.a.
- Kieferfraktur und/oder -Luxation, Kieferankylose, Makroglossie
- Kiefersarkom
- Neuromuskuläre Pathologien
  - Parkinsonismus
  - CVI
  - Bulbärparalyse
  - Bilaterale Fazialparese
  - Myasthenia gravis
  - Botulismus, Tollwut u.a.
- Terminale Patienten!

Th: **1. Kausaltherapie**

2. Allgemeine Massnahmen/Bemerkungen
- Regelmässige Dentalhygiene (Zähne putzen, Mundspülung); diese trocknet den Mund aus
- Verminderung der Stärkezufuhr (Brot, Reis, Teigwaren u.a.)

3. Medikamentöse Therapie (Anticholinergika)

3.1. Atropin, Butylscopolamin
- NW: • Ataxie, Halluzinationen, Desorientierung, Schwindel, Somnolenz, Fieber
- Dos:
  1. ATROPIN Amp 0.5 mg: 0.4-0.6 mg **SC** alle 6 h
  2. Butylscopolamin BUSCOPAN® 3x 10 mg/d PO

3.2. Scopolamin
- Allg: • Zentrale und periphere Wirkung: Sedativ, amnesierend mit starker Sekretionshemmung (stärker als Glycopyrrolat).
- Ind:
  1. Patienten mit Sialorrhoe und mittelschwerer bis schwerer Atembedrängnis.
  2. Reisekrankheit
- Dos:
  - SCOPODERM® Patch: 1-3 Patch, alle 72 h wechseln
  - SCOPOLAMINE COOPER® (in D nicht erhältlich)
    a) Bei Salivation 0.25 mg **SC** alle 2 h
    b) Bei Atembedrängnis 0.5 mg **SC** alle 4 h

3.3. Glycopyrrolat
- Allg: • V.a. periphere sekretionshemmende Wirkung. Wenig bis nicht sedativ.
- Ind: 1. Patienten mit Sialorrhoe mit leichter bis mittelschwerer Atembedrängnis
- Dos: • ROBINUL®
  - PO: 4x 1 mg/d PO (in D nicht erhältlich)
  - **SC**: a) Salivation 0.2 mg alle 2 h (W'beginn 15-30 min, W'dauer 7 h)
    b) Atembedrängnis 0.4 mg alle 4 h

Opioide

Allg:
- Opioide wirken zentral **analgetisch** und **antitussiv** (auf verschiedene Rezeptoren).
- Die analgetische Wirkung geschieht durch die Interaktion mit verschiedenen zentralen Rezeptoren (μ, κ und δ) als Agonisten oder partiellen Agonisten-Antagonisten.
- Alle Opioide induzieren eine unterschiedlich ausgeprägte Tachyphylaxie und Abhängigkeit.
- Die Kombination «Agonist + partieller Agonist-Antagonist» wird aus folgenden Gründen nicht empfohlen: a) Abnahme der analgetischen Wirkung und b) Entzugsrisiko!

Adot:
- Naloxon, S. 112, 1328

Klassifikation der Opioide nach der Rezeptorenspezifität		Adm.	Wirkungsbeginn [min]	Wirkungsdauer	ÄAD* 10 mg IM
Agonisten					
Starke Agonisten					
Alfentanil	RAPIFEN®	**IV**	sofort	KD	0.4-0.8
Fentanyl	FENTANYL®	**IM**	7-15	1-2 h	0.1-0.2
	FENTANYL®	**IV**		30-60 min	0.1-0.2
	ACTIQ®	PO (+ Mundapplikator)	5	2-4 h	0.1-0.2
	DUROGESIC® SMAT	TTS, S. 1161		72 h	KD
Dihydrocodein§	DHC Mundipharma®	PO	KD	4-6 h^D	20-30
Hydromorphon	PALLADON®/Retard	PO	30/120-180	> 5/12 h	4-6
	PALADON® Injekt	**SC, IM, IV**	15	> 5 h	2
Methadon	METHADDICT®	PO	30-60	24-48 h^E	1.0
Morphin	SEVREDOL®	PO	20-90	4-5 h	20-30^E
	KAPANOL® (retard)	PO	120-180	24 h	30
	MORPHIN®	**SC**	20-90	4-5 h	10
	MORPHIN®	**IM**	20-60	4-5 h	10
	MORPHIN®	**IV**	5-10	4-5 h	10
	MORPHIN®	epidural	15-60	≤ 24 h	10
Oxycodon	OXYGESIC® Retard	PO	120-180	12 h	15
	OXYGESIC® akut	PO (H'kaps)	10-15	3-6 h	15
Pethidin	DOLANTIN®	PO	15	2-4 h	300
	DOLANTIN®	**IM, SC**	10-15	2-4 h	75
	DOLANTIN®	**IV**	1	2-4 h	75
Sufentanil	SUFENTA®	**IV**	1.3- 4	KD	0.01-0.04
	SUFENTA®	epidural	KD		0.01-0.04
Mittelstarke/schwache Agonisten					
Tramadol	TRAMAL®	PO	15	4-6 h	100-200
	TRAMAL®	**IM, SC**	KD	2-4 h	100-200
	TRAMAL®	**IV**	1-2	2-3 h	100-200
Codein	CODCAPS® Mono	PO	15-30	4-6 h	200
	CODEIN®**	**SC**	15-30	4-6 h	120
	CODEIN®**	**IM**	10-30	4-6 h	120
Propoxyphen	DISTALGESIC®	PO	15-60	4-6 h	
Agonist-Antagonisten					
Buprenorphin	TEMGESIC®	SUBL	15-45	6-8 h	
	TEMGESIC®	**IM, SC**	15-30	6-8 h	~ 0.3
	TEMGESIC®	**IV**	10-20	6-8 h	
	TRANSTEC®	TTS, S. 1150	≥ 4-12 h	72 h	
Nalbuphin	NALPAIN Stragen®	**SC, IM**	15-30	3-6 h	10
	NALPAIN Stragen®	**IV**	2-3	3-6 h	10
Oxycodon+ Naloxon	TARGIN®	PO	120-180	12 h	15
Antagonist					
Naloxon	NALOXON®	**IM, SC**	einige min	2-3 h	
	NALOXON®	**IV**	2	2-3 h	

Tabelle 1: Klassifikation der Opioide nach deren Rezeptorenspezifität.

KD = Keine Daten; D = Antitussive Wirkung; E = mit wiederholten Dosen

* ÄAD (äquianalgetische Dosen in mg) im Vgl. zu 10 mg intramuskulärer Gabe von Morphin. Diese Ziffern dienen nicht als Leitfaden beim Wechsel eines Morphin Derivates auf ein anderes und sollen aber jedes Mal vor Verabreichung geprüft werden.

** Die parenterale Form von Codein ist in Deutschland nicht erhältlich.

§ Dihydrocodein = Hydrocodon

Morphin

Allg:
- HWZ: 2-4 h
- Wirkungsdauer: 2-8 h
- Schwache orale Bioverfügbarkeit (25-50 %)
- Metabolismus (v.a. hepatisch) und Elimination:
  - Hepatische Metaboliten (durch Glukurokonjugierung):
    Eine Leberinsuffizienz kann die orale Bioverfügbarkeit von Morphin erhöhen, wobei deren Clearance dabei nicht stark beeinflusst wird. Eine Dosisanpassung (nach unten) ist deshalb nur bei schwergradiger Leberinsuffizienz notwendig.
  - Renale Elimination
    Die Niere eliminiert verschiedene Metaboliten von Morphin, weshalb bei Niereninsuffizienz schon kurzfristig (24-48 h) eine Akkumulation stattfinden kann!
    Hier einige Beispiele von Morphin-Metaboliten und deren Eigenschaften:

-- Morphin-3 Glukuronid	• Verwirrtheitszustand, Agitation, Halluzination • Myoklonie, Konvulsion, Koma • Hyperalgie
-- Morphin-6 Glukuronid	• Sedation, Nausea • Atemdepression, Koma • Analgesie

■ **Eigenschaften und Nebenwirkungen von Morphin**

- **Analgesie**
  - *Mechanismus*: Zentrale Wirkung durch Agonismus auf die μ-, κ- und δ-Rezeptoren
- **Obstipation**
  - *Mechanismus*: Peristaltik ↓
- **Nausea/Erbrechen**
  - *Mechanismus*: Stimulation der Chemorezeptorentrigger Zone (Brechzentrum)
  - Oft wird nach 3-10 d Therapie eine Toleranz beobachtet.
- **Art. Hypotonie**
  - *Mechanismus*: Induktion einer Vasoplegie
- **Atemdepression**
  - *Mechanismus*: Verminderung der Sensitivität der atemstimulierenden Hyperkapnie
- **Cholestase**
  - *Mechanismus*: Erhöhung des ODDI-Sphinktertonus
  - 10 mg Morphin SC erhöhen den ODDI-Sphinktertonus nach 15 min (während 2 h).
  - Andere Opioide (z.B. Fentanyl) oder Agonist-Antagonisten (Buprenorphin, Nalbuphin) sind weniger spasmogen.
- **Wasserretention**
  - *Mechanismus*: ADH ↑
  - Risiko eines SIADH mit Hyponatriämie, S. 1402
- **Harnverhalten**
  - *Mechanismus*: Erhöhung des vesikalen Sphinktertonus
- **Pruritus**
  - *Mechanismus*: Freisetzung von Histamin und Serotonin (wahrscheinlich nicht über die Opioid-Rezeptoren)
  - Therapeutisch soll ein Wechsel des Opioides vorgenommen werden. Die H1-Antihistaminika sind deshalb unwirksam.
  - Der Pruritus ist eine seltene NW (tritt auf, v.a. wenn Morphin oral eingenommen wird).
  - Der Pruritus beschränkt sich oft auf das Gesicht, die Nasenflügel und den Brustkorb.
- **Miosis**
  - *Mechanismus*: Steigerung der Aktivität des N. oculomotorius
- Sonstige NW von Morphin
  - Profuse und nächtliche Schweissausbrüche
  - Aus dem Schlaf aufschrecken
  - Verwirrtheitszustand
  - Halluzinationen, Alpträume (bei hohen Dosierungen, bei älteren Patienten)
  - Myoklonien

Bem:
- Die Retardformen der Opioide sind in folgenden Situationen nicht indiziert:
  a) Zu Beginn einer analgetischen Therapie
  b) Akute Schmerzen
  c) Fluktuierende Schmerzen

Adot:
- Naloxon, S. 112, 1328

Gabe	Vorteile	Nachteile
Oral	• Applikationsart der 1. Wahl • Praktisch, einfach • Kostengünstig	• Vorsicht bei Absorptionsstörungen (Erbrechen, Ileus)
Sublingual	• Praktische und einfache Einnahme • Kein hepatischer *first-pass* -Effekt	• Der Patient soll während 1-2 min nicht schlucken. • Dosisvolumen muss < 0.5 mL sein
Rektal	• Als Zwischenlösung bevor eine **SC/IV**-Gabe möglich ist • Zu bevorzugen bei Nausea	• Inkonstante Absorption • Schon oft benutzte Adminstrationsroute (Antiemetika, Laxant.)
Transdermal (Pflaster)	• Bei relativ stabilen Schmerzen, einfach zu dosieren • Niedrige Infektionsrate • Gleicht einer kont. **IV**-Infusion	• Verzögerter Wirkungsbeginn • Variable Absorption • Schwierige Dosisanpassung • Kann sich von der Haut ablösen • Teuer
Subkutan	• 1. Wahl bei parenteraler Gabe • Mit Butterfly applizierbar S. 1154	• Ödematöse Körperregionen vermeiden; 1 Medikament/Butterfly
Intramuskulär	• Nicht empfohlen	• Schmerzhaft
Intravenös	• Schnelle Wirksamkeit	• Viele Nebenwirkungen, S. 1157

Relative Morphin-Wirkung	Gabe	Äquianalgetische Dosen
1	**PO**	15 mg
1	**IR**	15 mg
1.5	**SUBL**	10 mg
2	**SC**	7.5 mg
3	**IV**	5 mg

Bsp: **Morphin: Oral und schnellwirksam** — Dosierung

W'Beginn: 20-90 min
W'Dauer: 4-5 h

- MORPHIN® — Trinkamp 1 % (Trpf) — 10-30 mg alle 4 h (~ 1 mg/kg/24 h)*
- SEVREDOL® — Tabl 10, 20, 50 mg; Supp 10, 20, 30 mg — 10-30 mg alle 4 h (~ 1 mg/kg/24 h)*

Morphin: Oral mit Langzeitwirkung — Dosierung

- MST Continus® — Retardtabl - 10, 30, 60, 100, 200 mg; Retardsuspension (Beutel) - 20, 30, 60, 100, 200 mg — 1 Tabl alle 12 h (~ 1 mg/kg/24 h)*
  W'Beginn : 2-3 h
  W'Dauer : 12 h
- MORPHIN-HCL Krevel® Retardtabl - 30, 60, 120, 200 mg — 1 Tabl alle 24 h (~ 1 mg/kg/24 h)*
  W'Beginn : 2-3 h
  W'Dauer : 24 h

Morphin: Parenteral (**SC, IM, IV**) — Dosierung

- MORPHIN®Inj. — Amp 1 mL: - 10, 20, 50 mg; Amp 5 mL: - 50 mg; Amp 10 mL: - 100, 200, 400, 500 mg
  ***SC**:* *Beginn: 20-90 min*, *Dauer: 4-5 h*
  ***IM**:* *Beginn: 20-60 min*, *Dauer: 4-5 h*
  ***IV**:* *Beginn: 5-10 min*, *Dauer: 4-5 h*

  SC 5-10 mg alle 4 h (bei Bedarf)
  IM 5-10 mg alle 4 h (bei Bedarf)
  IV 2.5 mg alle 5-10 min bis der Schmerz kontrolliert ist.
  IV kont.: Ladedosis 5-15 mg/30 min, dann 2.5-5.0 mg/h **IV** kont.

* Dos: **Praktisches Vorgehen bei der Dosierung von Morphin**

- Bei älteren Patienten oder bei Niereninsuffizienz soll Buprenorphin oder Fentanyl vorgezogen werden. Ansonsten: Dosisreduktion um 50 %: d.h. 20-30 mg/24 h!
- Bei ungenügender Wirkung wird die Dosierung um 25-50 % pro Einnahme erhöht.
- Die Dosierung soll alle 24-48 h evaluiert und titriert werden. Die «optimale» Dosierung kann sehr variabel sein (20 mg bis 1 g/24 h; im Durchschnitt 120 mg/d).

Opioidtherapie: Algorithmus in 5 Etappen[1]

Etappe 1

- 1. Wahl = **Orales Morphin**, zu Beginn mit Schnellwirkung:
  oder:
- **Transdermales Opioid**-Pflaster

Morphin Tropfen	Dosierung siehe S. 1158
Morphin Tabl SEVREDOL®	Dosierung siehe S. 1158
Fentanyl oder Buprenorphin Pflaster	Dosiskonversion siehe S. 1161, 1150

Bei Nausea/Erbrechen, Dysphagie oder sehr hohen oralen Dosen:
☛ **Wechsel auf:**
↓

Etappe 2

- Morphin **SUBL**
  oder:
- **Transdermales Opioid**-Pflaster (falls nicht bereits benutzt)
  oder:
- Morphin **intrarektal**

Opioid	**Dosierung**
Morphin SUBL	SUBL-Dosis = ⅔ der oralen Dosis
Fentanyl oder Buprenorphin Pflaster	Dosiskonversion siehe S. 1161, 1150
Morphin intrarektal	IR-Dosis = orale Dosis

Bei zu hohen Dosierungen (z.B. SUBL-Volumen > 0.5 mL), rektalen Pathologien nicht kooperativen Patienten (Verwirrtheitszustand u.a.)
☛ **Wechsel auf:**
↓

Etappe 3

- Morphin intermittierede **SC**

Opioid	**Dosierung**
Morphin **SC**	**SC**-Dosis = ½ der oralen Dosis

Bei schlechter Verträglichkeit (infolge Bolus-Effekt).
☛ **Wechsel auf:**
↓

Etappe 4

- Morphin kontinuierlich **SC**

Opioid	**Dosierung**
Morphin **SC** kontinuierlich	• **SC**-Dose = ½ der oralen Dosis • Praktisches Beispiel zur Verdünnung (2 mg/1 mL): - Perfusorspritze (50 mL): 100 mg Morphin (= 10 Amp zu 10 mg = 10 mL) + 40 mL G-5 %

Bei Koagulopathie, Kachexie, Dermotoxizität, Malabsorption
☛ **Wechsel auf:**
↓

Etappe 5

- Morphin **IV-Infusion** (**IV**-Dosis = ⅓ der oralen Dosis)

Opioid	**Dosierung**
Morphin **IV** kontinuierlich	**IV**-Dosis = ⅓ der oralen Dosis

1 Angepasst nach: A.P.E.S. Guide pratique de soins palliatifs. 2002, Montréal.

Codein

Allg: Eigenschaften

1. Analgesie
   - Codein wird zu 10 % in Morphin metabolisiert, was die analgetische Wirkung erklärt.
   - 10 % der Bevölkerung verfügen aber nicht über das Enzym, welches Codein in Morphin umwandelt (hier hat Codein keine analgetische Wirkung) .
   - Die analgetische Wirkung steigt bei Dosierungen > 90-120 mg alle 4 h nicht weiter an («Plateau-Effekt»).
   - Codein hat eine 10x schwächere Wirkung als Morphin.
2. Antitussive Wirkung
   - Die antitussive Wirkung des Codeins kommt infolge Agonisierung zentraler Rezeptoren zustande (andere als μ, κ oder δ).

Bsp:

• **Codein PO**		
CODICAPS® Mono	Weichkaps 30 mg	2-3x 30-60 mg/d
CODI OPT®	Tabl 56 mg	2-3x 1 Tabl/d
• **Dihydrocodein**		
DHC Mundipharma®	Tabl ret 60, 90, 120 mg	60-120 mg 1-2x/d
PARACODIN®	Trpf	3x 25-35 Trpf/d
• **Codein + Paracetamol**	Codein/Paracetamol	
NODOLON® P	30 mg/500 mg	1-3x 1-2 Tabl/d (oder Brstabl)

Adot: • Naloxon, S. 112, 1328

Sufentanil SUFENTA®

Allg:
- Hochpotentes narkotisches Analgetikum:
  - ca. 1000x potenter als Morphin
  - 5-10x potenter als Fentanyl
- Medikamentöse Wechselwirkung CYP 450, S. 1452

Ind:
1. Epiduralanästhesie (post-operative Analgesie)
2. Post-operative Analgesie
3. Basisanalgesie (bei Allgemeinanästhesie): Induktion und Erhaltung

KI:
- Hypersensibilität
- Ausgedehnte Blutung
- Schock
- Sepsis
- Infektion am vorgesehenen Injektionsort
- Blutdyskrasie und/oder Therapie mit Antikoagulantien oder anderen Medikamenten oder Problemen, die eine epidurale Medikamentengabe kontraindizieren.

☆ Schwangerschaft: Klasse C

Adot: • Naloxon, S. 112, 1328

Dos: • Durch Anästhesisten ausgeführt

Heroin

Allg:
- Halb-synthetisches, fettlösliches Opioid (entsteht aus Deacetylierung des Morphins).
- Metabolismus: hepatische Umwandlung in 6-Acetyl-Morphin
- Plasma-HWZ: 1-1.5 h
- Wirkungsdauer: 4-5 h
- **Sehr hohes Abhängigkeitsrisiko!**
- Seine analgetische Wirkung ist ca. 2-3x stärker, als diejenige von Morphin.
- Bei Heroinabhängigkeit kann eine **Substitutionstherapie** mit Methadon eingeleitet werden, siehe S. 1162

Adot: • Naloxon, S. 112, 1328

Fentanyl

Allg:
- Zentral wirkendes narkotisches/analgetisches Opioid (Agonist der zentralen µ-Rezeptoren)
- Plasma-HWZ: 3-4 h
- Eigenschaften:
  - Siehe Morphin (S. 1157),
  - Fentanyl ist aber **100x potenter als Morphin!**
  - Fentanyl weist weniger NW als Morphin auf (weniger kardiovaskuläre und GI NW)
- Bei Niereninsuffizienz ist keine Dosisanpassung notwendig.
- Bei Leberinsuffizienz muss die Dosis reduziert werden!
- Fentanyl darf NICHT verabreicht werden, wenn keine Möglichkeit besteht, eine respiratorische Assistenz durchzuführen. Ausnahme: transdermales Fentanyl.

Ind:
1. Analgesie bei sehr starken Schmerzen
- Oral (+ Mundapplikator): Initial 200 µg; Max. 3x 1600 µg/24 h (Akutschmerztherapie)
- Parenteral (**IV, SC, IM**): 25-50 µg (Akutschmerztherapie)
- Transdermal: von Fall zu Fall (nicht bei Akutschmerz, da Retardwirkung)

2. Analgesie zur Anästhesieinduktion
3. Basisanästhesie (Allgemeinanästhesie)
4. Eingriff bei künstlicher Beatmung

Bsp:

Fentanyl-Gabe	Beispiele	W'beginn	W'maximum	W'dauer
IV (Bolus)	FENTANYL®	3-5 min	15 min	30-60 min
SC oder **IM**	FENTANYL®	7-15 min	30-45 min	1-2 h
Transdermal	DUROGESIC® SMAT	12-24 h		72 h
PO	ACTIQ®	5 min	1 h	2-4 h

NW:
- Atemdepression, Apnoe
- Nausea, Erbrechen
- Euphorie
- Myoklonie
- Miosis
- Bradykardie
- Art. Hypotonie
- Freisetzung von Histamin
- Allergische Reaktionen

Adot:
- Naloxon, S. 112, 1328

Bem: **Für die PRAXIS:**

Allg:
- Die analgetische Wirkung dieser Matrix beginnt erst innerhalb der ersten 24 h.
- Die transdermale Form von Fentanyl ist bei Akutschmerzen nicht indiziert!
- Applikationsdauer einer Matrix: 72 h (manchmal 48 h)

Bsp:
- DUROGESIC® SMAT

Dos:
- Empfohlene Dosis, bezogen auf eine orale Morphintherapie über 24 h:

Morphin PO/24 h	Empfohlene Fentanyldosis	Fentanyldosis/Pflaster
< 135 mg	12 µg/h	2.1 mg Fentanyl
oder:	25 µg/h	4.2 mg Fentanyl
135-224 mg	50 µg/h	8.4 mg Fentanyl
225-314 mg	75 µg/h	12.6 mg Fentanyl
315-404 mg	100 µg/h	16.8 mg Fentanyl
405-494 mg	125 µg/h	mehrere Pflaster aufkleben
675-764 mg	200 µg/h	mehrere Pflaster aufkleben
1035-1124 mg	300 µg/h	mehrere Pflaster aufkleben

Schmerz

Methadon METHADDICT®, L-POLAMIDON®

Allg:
- Methadon ist ein synthetisches Morphinderivat.
- Wirkmechanismus:
  - Vor allem durch Agonisierung der zentralen μ-Rezeptoren.
- Eigenschaften:
  - Siehe Morphin (S. 1157)
  - Methadon ist 3-4x stärker wirksam als Morphin, ist aber weniger lipophil (d.h. weniger euphorisierend, weniger sedativ) und weniger toxisch bei Langzeittherapie als Morphin.
  - Beginn der analgetischen Wirkung: 10-20 min (parenterale Gabe); 30-60 min (PO)
  - Wirkungsdauer: 22-48 h (PO); 4-6 h (**SC, IM**)
- Pharmakokinetik:
  - Gute orale Bioverfügbarkeit 80 % (ad. memorandum Morphin: 25-50 %)
  - Plasmaproteinbindung ca. 90 %.
  - Bei oraler Applikation von 15 mg Methadon werden 25 % innerhalb der ersten 24 h und weitere 25 % innerhalb der nächsten 3 Tage renal ausgeschieden.
  - 2 % des Methadon zirkuliert frei im Plasma (der Rest befindet sich v.a. der Leber).
  - Plasma-HWZ: 25 h (13-47 h)
  - Elimination: 80 % hepatisch, 20 % renal

Ind:
- Mittelstarke bis starke Schmerzen, bzw. bei ungenügender Wirksamkeit mit nicht opiodider Analgetika und/oder schwacher Opioide
- Adjuvans bei Heroin-Entzug

KI:
- Respiratorische Insuffizienz
- Pankreatitis
- Akutes Abdomen (vor Diagnosestellung)
- Schwere Leber-, Niereninsuffizienz
- Intrakranielle Hypertension
- Akute Alkohol Intoxikation

NW:
- Methadon hat mit Morphin ein vergleichbares NW-Profil (S. 1157).
- Torsade de pointes
- Medikamentöse Wechselwirkung (CYP 450 2D6, 3A4 u.a. S. 1452)!
- Sekundärer Hypogonadismus

Dos:

1. **Orales Methadon als Substitution/Entzug von Heroin**

   Allg:
   - Substitution bedeutet: **Umwandeln einer illegalen in eine legale Drogenabhängigkeit**, was eine psycho-soziale Therapie erlaubt.

   Vorg:
   - Bestimmung des therapeutischen Serumspiegels (direkt vor der Einnahme):
     - 1.16-2.32 mmol/L (400-800 ng/mL).
   - Die Dosierung ist individuell sehr unterschiedlich! Bei Patienten mit starker enzymatischer Aktivität (CYP 450) ist die Dosierung höher! Weiterhin hängt die Dosierung auch von den Zielen des Patienten ab, z.B.:
     - Methadon, als Hilfe «zum Überleben»: 10-60 mg/d Methadon (niedrige Dosis)
     - Methadon, zum Besseren Umgang mit dem Drogenkonsum: 30-100 mg/d Methadon (mittlere Dosis)
     - Abstinenz: über 100-500 mg/d Methadon (hohe Dosis)

   Bsp:
   - Beispiel einer Heroinsubstitutionstherapie mit Methadon:
     - Am 1. Morgen **30-40 mg**, 4-5h danach (Kontrolle obligatorisch), ± zusätzl. **10-20 mg**, dann wird die Dosierung um 5-10 mg/Wo erhöht mit Zieldosis (Plateau) von 100 mg ± 20 mg.
     - Abstinenzdosis (= Erhaltungsdosis) bedeutet: Dosis um die μ-Rezeptoren zu sättigen.

2. Methadonentzug

   Allg:
   - Um den Methadonentzug zu erleichtern, kann während ca. 28 d, bei Patienten mit niedrig dosiertem Methadon (≤ 30 mg/d), anstelle von Methadon ein Opioid Agonist-Antagonist verabreicht werden (z.B. Buprenorphin TEMGESIC®).

   Vorg:
   - Beispiel eines Methadonentzugs mit Buprenorphin:
     - Stopp Methadon und Beginn mit Buprenorphin (zu Beginn der Entzugssymptome): T1: 8 mg (morgens und bei Bedarf 8 mg nachmittags) T2: 12-16 mg; T3/4: 16 mg; T5: 14 mg, T6: 12 mg; T7: 10 mg; T8/9: 8 mg; T10/11: 6 mg; T12/13: 5 mg; T14-16: 4 mg; T17-19: 3 mg; T20-22: 2 mg; T23-25: 1 mg; T26/27: 0.4 mg; T28: 0.20 mg dann Stopp.

Adot:
- Naloxon, S. 112, 1328

Pethidin

Allg:
- Zentral wirkendes Analgetikum
- Wirkmechanismus: v.a. durch Agonismus der zentralen μ-Rezeptoren
- Wirkungsdauer: 2-4 h. Wirkungsbeginn, siehe unter («Bsp:»)
- Plasma-HWZ 3-5 h
- Eigenschaften: siehe Morphin, S. 1157
- Äquianalgetische Dosierung im Vergleich mit oralem Morphin, siehe S. 1157
- Pethidin ist weniger spasmogen (weniger Cholestase), als Morphin.
- Bei Niereninsuffizienz kann ein **neurotoxischer Metabolit** (Normeperidin mit langer HWZ) akkumulieren, was folgende Klinik zur Folge hat:
  - Verwirrtheitszustand, Agitation
  - Tremor, Konvulsion, multifokale Myoklonien
- ***CAVE***: Die parenterale Gabe von Pethidin hat eine sehr **hohes Suchtpotential!**

Adot:
- Naloxon, S. 112, 1328

Bsp:

Pethidin	Adm	Dosierung	Wirkungsbeginn	Wirkungsdauer
DOLANTIN®	PO	50-150 mg alle 3-4 h	15 min	2-4 h
DOLANTIN®	**SC, IM**	50-150 mg alle 3-4 h	10-15 min	2-4 h
DOLANTIN®	**IV**	25-50 mg alle 3-4 h	1 min	2-4 h

Tramadol TRAMAL®

Allg:
- Eigenschaften
  - Zentralwirkendes Analgetikum, natürliches Opioid. Sein Hauptmetabolit (O-Desmethyl-Tramadol) ist ein nicht-selektiver, reiner μ-, γ- und κ-Rezeptoren-Agonist mit grosser Affinität zu den μ-Rezeptoren.
  - Hemmung der neuronalen Wiederaufnahme von Noradrenalin
  - Verstärkung der Serotonin-Freisetzung
- Orale Bioverfügbarkeit: ca. 70 %
- Wirkungsbeginn und Wirkungsdauer, siehe Tabelle S. 1156
- Eliminations-HWZ: 6 h (8 h für den Metaboliten O-Desmethyl-Tramadol)
- Tramadol ist ca. 5-10x weniger potent als Morphin (50 mg Tramadol ≅ 5-10 mg Morphin).

NW:
- Siehe Morphin (S. 1157). Tramadol ist aber besser verträglich als Morphin:
  - Tramadol zeigt keine atemdepressive Wirkung unter Standard-Dosierungen
  - Tramadol besitzt nur geringe kardiovaskuläre NW

Bsp:

Orale Formen (siehe auch MED-Index, S. 1515)			Dosierung
• TRAMAL®	Kaps 50 mg		50-100 mg alle 4-6 h
• TRAMAL®	Tabl ret. 100, 150, 200 mg		2x 100 mg; Max. 2x 200 mg/d
Orales Kombinationsprodukt: Tramadol/Paracetamol			
• ZALDIAR®	37.5 mg/325 mg		1-2 Tabl (oder Brstabl)/d alle 4-6 h
Parenterale Formen			
• TRAMAL®	Amp 100 mg/2 mL	**IV**	50-100 mg (in 2-3 min), bei Bedarf alle 10-20 min wiederholen; Max. 250 mg während der ersten Stunde und 600 mg/24 h
		IM, SC	100 mg alle 4-6 h

Adot:
- Naloxon, S. 112, 1328

Dextropropoxyphen (in Deutschland nicht erhältlich)

Allg:
- Synthetisches Methadon-Derivat
- Unter den Analgetika ist Dextropropoxyphen der «Stufe **2**» untergeordnet, siehe S. 1150
- 100 mg Dextropropoxyphen = ~ 50 mg Codein
- Wirkungsbeginn (PO): 1-2 h
- Wirkungsdauer: 4 h (wobei die HWZ bei 8-10 h liegt)

NW:
- Nausea, Erbrechen
- Obstipation (selten)
- Asthenie, Bauchschmerzen, Euphorie
- Somnolenz
- Hypoglykämie (selten, aber manchmal sehr gravierend!!)
- Transaminitis (ALAT, ASAT)
- Abhängigkeit!

Bsp:
- Dextropropoxyphen (30 mg) + Paracetamol (400 mg): 1 Tabl PO alle 6-8 h

Adot:
- Naloxon, siehe Opioid-Intoxikation, S. 112, 1328

Schmerz

Schmerztyp	Therapie[1]
Knochen-schmerzen v.a. bei Metastasen: • Mamma • Bronchus • Prostata	**Erste Wahl** ▸ **NSAR** (PO oder **IV**) + **Opioid**, siehe S. 1152, 1266 **Alternative** ▸ **Kortikoid**: Dexamethason 1-2x 4-8 mg/d PO während 1 Wo anstelle des NSAR, dann NSAR oder: ▸ **NSAR + Kortikoid**: Dexamethason 1-2x 4-8 mg/d PO während 10 d, dann Stopp, oder falls refraktär, Dosis so tief wie möglich. Zusätzlich: Magenschutz! **Refraktäre Knochenschmerzen (in Kombination mit Erstwahltherapie)** ▸ **Calcitonin** KARIL® (Ampullen, Nasenspray) - **SC**: 1x 100 IE/d **SC**, bei Bedarf 2x 100 IE/d **SC** - Intranasal: 1 Spraystoss zu 200 (-400) IE/d und/oder: ▸ **Bisphosphonat** - Zoledronat 4 mg **IV** über 15 min, alle 3-4 Wo wiederholen - Pamidronat 90 mg **IV** über 2-4 h, alle 3 Wo wiederholen und/oder: ▸ **Kortikoid IV**: Dexamethason 60-100 mg (bis 200 mg) **IV** über 60 min, bei Bedarf nach 5-14 d wiederholen. und/oder: ▸ **Ketamin** (darf nur von erfahrenen Ärzten eingesetzt werden) Allg: Wirkungsbeginn nach ca. 15 min (kann spektakulär sein)! Die orale Gabe von Ketamin zeigt in einigen Studien *(case reports)* eine vergleichbare Wirksamkeit mit der **SC**-Gabe (bei gleicher Gesamttages-Dosis wie **SC**, aufgeteilt in 3x/d); Ketamin soll oral mit Orangensaft eingenommen werden (bitterer Geschmack!) Dos: SC: Testdosis: 10 mg **SC**. Bei guter Wirkung: 4-10 mg/h **SC** kont. oder **SC**-Boli (3-4x 20-40 mg); manchmal bis 4.8 g/d. IV: 10-15 mg **IV** (0.2 mg/kg), bei Bedarf wiederholen (~ 3x/d) PO: 3x 30-80 mg/d (bis 3x 1.6 g/d) KI: Absolute KI: Hirndruck, Konvulsion, neurologische Störungen. Bem: **Ein Benzodiazepin** wird oft wegen der NW von Ketamin (Alpträume, Halluzinationen, Insomnie u.a) prophylaktisch verabreicht, z.B.: - Lorazepam 2x 1 mg/d - Midazolam 1x 20 mg/d Bei gleichzeitiger Gabe von **Opioiden** kann deren Dosis um 50 % reduziert werden (ko-analgetische Wirkung der Bisphosphonate, Kortikoide oder des Ketamins). ▸ **Metabolische systemische Radiotherapie** (Bsp: Strontium-99) Allg: Schmerzlindernde Wirkung nach > 1 Wo. Wirkungsdauer: 4-6 Wo. Voraussetzungen: multiple osteoblastische Knochenmetastasen, keine extensive Chemo- oder Radiotherapie in den vergangenen 4-6 Wo, Lebenserwartung > 2 Mt., Thrombozyten ≥ 100 G/L und Leukozyten ≥ 4.0 G/L. KI: Bestehen eines medullären Kompressionsrisikos. Die Radiotherapie kann alle 12 Wo wiederholt werden (je nach Knochenmarkserholung). Ansprechrate: 75 %. NW: Thrombozytopenie (Nadir: 6 Wo), Schmerzen können während der ersten 48 h verstärkt sein (bei ~ 20 % der Patienten). **Nicht medikamentöse Therapie** • Radiotherapie (lokal) • Fixation bei vorhandener Fraktur, Schiene, Korsett u.a. ▸ **Indikation eines Magenschutzes unter NSAR**, siehe S. 407

[1] Angepasst nach: A.P.E.S. Guide pratique de soins palliatif 2002, Montréal, S. 86-96.

Schmerztyp	Therapie[1]

Neurogene Schmerzen

Syn: Neuralgie, Phantomschmerzen, Neuropathie.

Allg: Diese Schmerztherapie wurden v.a. bei Diabetikern und bei Herpes Zoster untersucht.

Urs: Kompression, Inflitration, Zerstörung, chem. Verbrennungen

Erste Wahl

- **Antiepileptika** (PO): v.a. bei stechenden Schmerzen.
  - Gabapentin NEURONTIN®: 1. Wo: 3x 100 mg; 2. Wo 3x 200 mg; 3. Wo 3x 300 mg. Maximaldosis: 3600 mg/d, Dosissteigerung jeweils alle 5-7 d
  - Carbamazepin TEGRETAL® 2-3x 100 mg/d, bei Bedarf 2-4x200 mg/d
  - Clonazepam RIVOTRIL® 1-4x 0.5-2 mg, max. 4x 2 mg/d
  - Pregabalin LYRICA® 150-600 mg/d (in 2-3x/d), siehe S. 1151

  Alternative (2.Wahl, orale Therapie)
  - Lamotrigin LAMICTAL® 1x 25 mg/d über 2 Wo, dann 1x 50 mg über 2 Wo, dann alle 1-2 Wo um max. 50 mg erhöhen, bis klinische Wirkung erreicht ist; oft 100-200 mg/d
  - Topiramat TOPAMAX® 1x 25-50 mg am Abend über 1 Wo, dann wöchentlich um 25-50 mg erhöhen (in 2x/d), bis klinische Wirkung erreicht ist (400-800 mg/d)
  - Phenytoin PHENHYDAN® 3-4x 100 mg/d

und/oder:

- **Antidepressiva** (Trizyklika oder Venlafaxine)
  Wirksam v.a. bei Dysästhesien (z.B. brennende Schmerzen). Wenn eines der Antidepressiva nicht wirksam ist, soll ein anderes versucht werden.
  - Amitriptylin SAROTEN®Ret 10-100 mg PO am Abend
  - Clomipramin ANAFRANIL® 10-150 mg (in 2-3x/d)
  - Doxepin APONAL® 10-75 mg PO am Abend
  - Nortriptylin NORTRILEN® 2-3x 10-25 mg; Max. 75-100 mg/d
  - Venlafaxine TREVILOR® 75-150 mg (je nach Galenik 1-2x/d)
  - Duloxetin CYMBALTA® 1x 60 mg/d PO

Refraktäre neurogene Schmerzen

- **Opioide** (S. 1156)
- **Kortikoide** (können eine erhöhte Wirksamkeit der Opioide erzielen)
  - Dexamethason 12-32 mg/d PO in 1-2x/d während 7-10 d. Bei Erreichen der therapeutischen Wirkung, ad. Dosisreduktion (titrieren); Ziel: minimal wirksame Dosis.
    Dexamethason bei Kompressionsymptomatik:[2]
    - 10-20 mg **IV** alle 6 h (oder Ladedosis 40-100 mg **IV**)
    - oder 40-100 mg alle 6 h, dann graduell reduzieren
- **Beruhigungsmittel/Neuroleptika** (eher selten gebraucht)
  - Haloperidol HALDOL® 2-3x 0.5-1.0 (bis 5 mg/d) mg/d PO
  - Levomepromazin NEUROCIL® 2-5 mg/d bis 4x 25 mg/d oder 1x 100 mg abends (30-50 % der analgetischen Wirkung im Vgl. zu den Opioiden)
  - Pipamperon DIPIPERON® 3-4x 40 mg/d PO

Weitere therapeutische Optionen bei neurogenen Schmerzen

- **Kombinationstherapie**: Antiepileptika + Neuroleptikum + Kortikoid
- **Ketamin**: siehe «Refraktäre Knochenschmerzen», S. 1164
- **Lidocain**: - Kurzinfusion: 2-4 mg **IV** über 30-60 min
  - Kontinuierliche **SC**-Infusion: 100-150 mg/h
- Mexiletin MEXITIL® 10 mg/kg/d PO
- Flecainid TAMBOCOR®: 50-400 mg in 2x/d, dann graduelle Dosissteigerung von 50 mg. KI: Kardiopathie!

Lokaltherapie bei Allodynie (Allodynie = pathologische Schmerzempfindung)

- Lidocain: VERSATIS® Pflaster: max. 3 Pflaster/d mit max. Klebedauer 12 h/d; auf intakte Haut kleben!

Nicht medikamentöse Therapie

- Radiotherapie
- Chirurgische Dekompression; Nervenblockaden
- TENS *(transcutaneous electrical nerve stimulation)*

1 Angepasst nach: A.P.E.S. Guide pratique de soins palliatif 2002, Montréal, S. 86-96. 2 Levy MH. N Engl J Med 1996;335:1124-32.

Schmerztyp	Medikamentöse Therapie[1]		
Akute Schmerzen bei <u>stationären</u> Patienten (z.B. bei Mobilisation)	**Bei stationären Patienten** ± PCA-Pumpe (*patient controlled analgesia*)		
	◗ **Morphin**		**SC- oder IV-Gabe** Dosierung, siehe S. 1158
	◗ **Morphin + Ketamin**		Ist nicht effizienter als Morphin in Monotherapie. Kann bei therapierefraktären Schmerzen allenfalls appliziert werden alle 10-15 min (4-6x/h) - Morphin 1.5 mg **IV** + Ketamin (durch erfahrene Ärzte) 1.5 mg **IV**, Refraktärzeit zwischen 2 Dosen: 8 min
	◗ **Fentanyl**	PO	ACTIQ® Initial: 200 µg PO (mit Applikator, während 15 min gegen die Innenseite der Wangen reiben); Maximaldosis: 3x 1600 µg/24 h
		IV	FENTANYL® 15-20 µg **IV** alle 10-15 min (4-5x/h). (bei Niereninsuffizienz ist Fentanyl dem Morphin vorzuziehen).
Paroxysmale Schmerzen bei <u>ambulanten</u> Patienten	◗ **Clonazepam**	RIVOTRIL®	Initial: 1-4x 0.5-2 mg PO Maximaldosis: 4x 2 mg/d PO
	◗ **Carbamazepin**	TEGRETAL®	Initial: 2-3x 200 mg PO Dauertherapie (wenn notwendig): 2-4x 200 mg/d
	◗ **Phenytoin**	PHENHYDAN®	3-4x 100 mg/d PO
	◗ **Fentanyl**	ACTIQ®	Initial: 200 µg PO (mit Applikator, während 15 min gegen die Innenseite der Wangen reiben); Maximaldosis: 3x 1600 µg/24 h

Octreotid SANDOSTATIN® (Amp 50 µg/1 mL)

- Kann zur Symptombehandlung (Nausea, Schmerzen, Diarrhoe u.a.) bei gastrointestinalen Tumoren (metastatisierendes Karzinoid, VIPom u.a.) bei ungenügender Wirksamkeit der üblichen Therapie eingesetzt werden.
- Der Injektionsort muss mindestens alle 3 Tage gewechselt werden.
- Octreotid vermindert u.a. Sekretion des Magen-Darm-Traktes, welche eine bestehende Darmobstruktion oder einen Darmverschluss verschlimmern würde.

1 Angepasst nach: A.P.E.S. Guide pratique de soins palliatif 2002, Montréal, S. 86-96.

Schmerztyp	Medikamentöse Therapie		
Koliken/Krämpfe oder akute Spasmen	**Parenterale Formen**		
	◗ Butylscopolamin	BUSCOPAN®	**IM, SC, IV**: 10-20 mg (**IV** max. 20 mg/min); Max.Dosis: 100 mg/d
	◗ Metamizol	NOVALGIN®	**IM** 0.5-1 g (- 2.5 g); ≤ 5 g/d **IV** 0.5-1 g (- 2.5 g); max. Geschw. 500 mg/min **IV**; ≤ 5 g/d
	◗ NSAR (aber umstrittene Wirksamkeit)		
	◗ Octreotid[#]	SANDOSTATIN®	**SC** 3x 50-100 µg/d
	Orale oder intrarektale Formen		
	◗ Butylscopolamin	BUSCOPAN®	2x 10 mg/d; Max. 60 mg/d
	◗ Metamizol	NOVALGIN®	PO: 0.5-1 g mg alle 6-8 h (≤ 4 g/d) IR 0.5-1 g mg alle 6-8 h
	◗ NSAR (aber umstrittene Wirksamkeit)		
	◗ Loperamid	IMODIUM®	3-4x 1-2 mg/d
	◗ Mebeverin	DUSPATAL®	Kaps 200 mg: 2x 1 Kaps/d (1-0-1)
Muskelkrämpfe (orale Therapie)	◗ **Baclofen**	LIORESAL®	3x 5 mg für 3 Tage, dann 3x 10 mg für 3 Tage, dann 3x 15 mg für 3 Tage, dann 3x 20 mg für 3 Tage. «Übliche» Erhaltungsdosis: - 40-80 mg/d
	◗ **Diazepam**	VALIUM®	2-4x 2-10 mg/d
	◗ **Tolperison**	MYDOCALM®	3-4x 150 mg/d
	◗ **Tizanidin**	SIRDALUD®	3-4x 2-4 mg/d
Pleuraschmerz	◗ **NSAR** (inkl. **ASS** und COX-2 Hemmer), s. 1266 ff		
	◗ **Opioide**, s. 1150		

Chronische Schmerzen

Allg:
- Siehe neurogene Schmerzen (s. 1165) und Knochenschmerzen (s. 1164).
- Bevorzugen von Retardformen (insb. transdermale Patch).

Bem:
- Zu diskutieren: Memantin EBIXA®: 5 mg/d PO; nach 48 h 2x 5 mg/d (morgens/abends)

Schmerz

Nausea / Erbrechen: DD

DD:
- **Infektiös**
  - Meningitis
  - Meningo-Enzephalitis
  - Gastroenteritis (viral, bakteriell, parasitär u.a.)
  - Ösophagitis
  - Hepatitis
  - Cholezystitis
  - Pankreatitis
  - Appendizitis
  - Peritonitis
  - Helicobacter pylori
- **Neoplastisch**
  - Alle Tumoren/Metastasen, speziell: Magenkarzinom, Hirntumor, Peritonealkarzinose
- **Vaskulär**
  - Magen-Darm Ulkus
  - Akutes Koronarsyndrom
  - Fortgeschrittene Herzinsuffizienz (NYHA III-IV)
  - Hypertensive Gefahrensituation
- **Endokrinologisch, metabolisch**
  - Hyperkalzämie
  - NNR-Insuffizienz
  - Thyreotoxikose
  - Urämisches Syndrom
  - Diabetische Dekompensation (Ketoazidose, hyperosmolarer Zustand)
  - Leberinsuffizienz
- **Traumatisch**
  - Bauchtrauma
  - SHT
- **Intoxikation**
  - Nahrungsmittel-Intoxikation (Bakterien, Pilze u.a.)
  - Alkohol
  - Nikotin
  - Lösungsmittel, Terpentinöl, Arsen, Insektizide u.a.
  - Kohlenmonoxyd (CO)
- **Medikamentös** (einige Beispiele... unter hunderten...)
  - Opioide
  - Digoxin
  - Colchicin
  - Zytostatika
  - Antibiotika
  - Metformin
  - Östrogene
  - Levodopa
  - Kaliumhaltige Präparate
- **Sonstige Ursachen**
  - Fieber
  - Erosive und peptische Gastritis
  - Gastro-ösophagealer Reflux
  - Ösophagus Divertikel (Bsp: ZENKER)
  - Subileus/Ileus
  - Hämatemesis
  - Steinleiden (Galle, Niere) und Bauchschmerzen verschiedener Genese
  - Ikterus verschiedener Ätiologien (Cholestase)
  - Migräne
  - Hirndruck
  - Radiotherapie im Kopfbereich
  - Amenorrhoe (Schwangerschaft!)
  - Reisekrankheit
  - Angstzustand, Depression, Anorexia nervosa, Bulimie
  - Schwindel

Nausea / Erbrechen: Therapie

Die Wahl des Antiemetikums hängt von folgenden 2 Elementen ab:

- Ursache der Nausea
- Anatomischer Ursprung der Nausea

Nausea

Brechzentrum (Chemorezeptorentriggerzone)	**Kortex**	**Magen-Darm Trakt Nervus vagus (X)**	**Vestibulum**
• Medikamentös • Metabolisch • Hirndruck	• Hirndruck • Psychisch	• G-I Nausea • Chemische Nausea • Toxische Nausea	• Vestibuläre Nausea

Nausea Ursache	Medikamentöse Therapie		
Hirndruck • Hirntumor • Hirnmetastasen Ursprung ☛ ***Kortex + evtl. andere Zentren***	◗ **Kortikoide**	Dexamethason	FORTECORTIN® 10-20 mg **IV** SOFORT, dann 40 mg alle 6 h **IM** oder **SC**, dann 1-2x 4-8 mg/d
Medikamentös • Opioide • Digoxin • NSAR, ASS • Eisen • Kalium • Carbamazepin • und viele andere! Ursprung ☛ ***Brechzentrum-Medulla oblongata***	Das verantwortliche Medikament soll gestoppt, reduziert oder in einer anderen Applikationsform verabreicht werden.		
	◗ **Neuroleptika**	Haloperidol	HALDOL® 0.5-5 mg alle 6-8 h PO, **SC, IM, IV**
		Chlorpromazin	CHLORAZIN® (nicht in Deutschland) 10-50 mg alle 4-6 h PO, **SC, IM, IV**
		Droperidol¶	XOMOLIX® 0.5-2 mg alle 4 h **IM, IV, (SC)**
	◗ **Prokinetika**	Metoclopramid	GASTROSIL®, PASPERTIN® (durchbricht die Blut- hirnschranke und ist bei zentralen Prozessen Domperidon vorzuziehen) PO 3-4x 5-20 mg/d **IM** 10 mg alle 4-6 h **IV** 10 mg alle 4-6 h
		Domperidon	MOTILIUM® PO 3-4x 10-20 mg/d
	± Magenschutz	Als Begleittherapie bei Therapie mit NSAR und/oder Kortikoiden, siehe Indikationen, S. 407	
	± Antihistaminika	Indiziert bei Nausea, die bei Bewegungen auftritt. Siehe Beispiele unten (vestibuläre Nausea).	
Vestibuläre Nausea, Schwindel Ursprung ☛ ***Vestibulum***	◗ **Antihistaminika**	Hydroxyzin*	ATARAX® PO 25-50 mg alle 6-8 h
		Cinnarizin + Dimenhydrinat	ARLEVERT® PO 3x 1 Tabl (max. 5x/d)
		Meclozin + C#	ITINEROL® B6 (nicht in D) PO 3-4x 12.5 mg/d IR 1-2 Supp/d
		Dimenhydrinat	SUPERPEP® - Reise Kaugummi Dragee 20 mg - Tabl 50 mg PO 20-50 mg alle 4-6 h oder: VOMEX A® Dragees N 50 mg PO 25-50 mg alle 4-6 h

¶ Droperidol (= Dihydrobenzperidol, DHBP): CAVE: QTc-Verlängerung!

* Hydroxyzin hat sowohl antihistaminische, wie auch anticholinerge Eigenschaften.

ITINEROL® B6 enthält (Supp/Drag/Kaps): Meclozin 50/20/25 mg + Vit B6 50/30/25 mg + Koffein 20/20/25 mg

Nausea Ursache	Medikamentöse Therapie	
Metabolisch • Niereninsuffizienz, urämisches Syndrom • Leberinsuffizienz • Hyponatriämie • Hyperkalzämie • Hypokaliämie, ... Ursprung ☛ ***Brechzentrum/ Medulla oblongata***	◗ **Neuroleptika**	Siehe medikamentös induzierte Nausea, S. 1169 • Haloperidol • Chlorpromazin • Droperidol
	± **Kortikoide**	• Dexamethason FORTECORTIN® 10-20 mg **IV** SOFORT, dann 40 mg alle 6 h **IM** oder **SC**, dann 1-2x 4-8 mg/d
Gastrointestinal • Magen-Darm Blähung • Gastroparese: - Diabetes - Parkinson u.a. • Kompression, Tumor • Rx-Therapie, (chemisch-toxische Nausea) Ursprung ☛ ***Magen-Darm Trakt***	◗ **Prokinetika**	Siehe medikamentös induzierte Nausea, S. 1169 • Metoclopramid • Domperidon u.a.
	◗ **Spasmolytika**	Siehe S. 1151
	◗ **Octreotid**#	SANDOSTATIN® 2-3x 50-100 µg/d **SC**
Psychogen • Angstzustände • Panik • Emotionen... Ursprung ☛ ***Cortex, autonomes Nervensystem***	◗ **Benzodiazepine**	Lorazepam: TAVOR® PO, SUBL: 0.5-2 mg alle 4-6 h Oxazepam: ADUMBRAN®, PRAXITEN® PO: 15 mg alle 6-8 h Bromazepam: LEXOTANIL® PO: 1.5-3 mg alle 6-8 h Midazolam: DORMICUM® PO: 0.5-4 mg alle 2-6 h Alprazolam: CASSADAN®, TAFIL® PO: Bei Panik: 0.25-2 mg oder kurzzeitige Therapie: 0.5-4 mg/d (in 2-3 x/d)

#, siehe S. 1166

Nausea Ursache	Medikamentöse Therapie
Chemisch/toxisch • Chemotherapie[1] • Radiotherapie • Nach chirurgischem Eingriff Ursprung ☛ ***Magen-Darm Trakt (wahrscheinlich)***	

▸ **5-HT-3 Antagonist**

— **Granisetron** KEVATRIL®

Dos:
- Antiemetikaprävention bei Chemotherapie
  PO 2 mg (einmalig oder in 2x/d)
  IV 1 mg (oder 0.01 mg/kg) **IV**-Bolus über 30 sek oder Kurzinfusion über 5 min
- Postchemotherapeutische oder postoperative Nausea
  PO 2x 100 mg/d (bei Chemotherapie: für 2-3 d)

— **Ondansetron** ZOFRAN®

Ind:
- Antiemetikaprävention bei Chemotherapie
  IV 8 mg (oder 0.15 mg/kg) **IV**
  PO
  - Stark emetogene Zytostatika (Cisplatin):
    - 24 mg
  - Mittelmässig emetogene Zytostatika (Carboplatin, Doxorubicin, Cyclophosphamid)
    - 2x 8 mg
- Postchemotherapeutische oder postoperative Nausea
  PO 2x 8 mg/d (bei Chemotherapie: für 2-3 d)

— **Dolasetron** ANEMET®

Ind:
- Antiemetikaprävention bei Chemotherapie (vor jeder Anwendung: EKG, da Arrhythmierisiko, QT-Verlängerung!)
  PO 100 mg (1x) 1 h vor Therapiebeginn
  IV 100 mg (oder 1.8 mg/kg) Bolus (30 sek) oder über 15 min, dies 30 min vor Therapiebeginn
- Postchemotherapeutische, oder postoperative Nausea
  PO 100 mg/d PO (bei Chemotherapie: für 2-3 d)

— **Tropisetron** NAVOBAN®

Ind:
- Antiemetikaprävention bei Chemotherapie
  IV: 1. Tag der Chemotherapie: 5 mg über 3 min **IV**.
  PO 5 mg
- Postchemotherapeutische oder postoperative Nausea
  PO 5 mg/d (bei Chemotherapie: für 2-3 d)

— **Palonosetron** ALOXI®

Ind:
- Antiemetikaprävention bei Chemotherapie
  IV: 0.25 mg **IV**-Bolus (über 30 sek) 30 min vor Beginn der Chemotherapie. Zwischen 2 Palonosetron-Gaben soll ein Intervall von 1 Wo eingehalten werden.

▸ **Dexamethason**

Mit Aprepitant/Fosaprepitant:
- Vor der Chemotherapie: 12 mg **IV** oder 12 mg PO
- Nach der Chemotherapie: 8 mg/d während 2-4 d

Ohne Aprepitant/Fosaprepitant:
- Vor der Chemotherapie:
  - Stark emetogene Zytostatika (Cisplatin): 20 mg **IV** oder PO
  - Mittelmässig emetogene Zytostatika (Carboplatin, Doxorubicin, Cyclophosphamid): 8 mg **IV** oder PO
- Nach der Chemotherapie: 8 mg/d während 2-4 d

▸ **Aprepitant** (orale Form) EMEND®

Ind:
- In Kombinationstherapie (mit 5-HT3-Antagonisten + Dexamethason) zur Emetikaprävention:
  - 1. Tag (1 h vor der Chemotherapie): 115 mg PO
  - Tag 2 und 3: 80 mg PO 1x/d am morgen

▸ **Fosaprepitant** (parenterale Form) IVEMEND®

Ind:
- In Kombinationstherapie (mit 5-HT3-Antagonisten + Dexamethason) zur Emetikaprävention:
  - 1. Tag (30 min vor der Chemotherapie): 115 mg **IV** (über 15 min)
  - Tag 2 und 3: 80 mg PO 1x/d am morgen

1 Hesketh PJ. N Engl J Med 2008 ;358 :2487

GERIATRIE PSYCHIATRIE

GERIA PSY

Delir = Akuter Verwirrtheitszustand[1,2] [F05.8]

Def:[1] Eine sich in Stunden bis Tagen entwickelnde, transiente, fluktuierende Funktionsstörung des Gehirns, die im Zusammenhang mit einer organischen Erkrankung, Intoxikation, einem Alkohol- bzw. Drogenentzug oder einer unerwünschten Arzneimittelwirkung auftritt.

Definition nach dem DSM IV

A. Eine Bewusstseinsstörung (d. h. eine reduzierte Klarheit der Umgebungswahrnehmung) mit einer eingeschränkten Fähigkeit die Aufmerksamkeit zu richten, aufrecht zu erhalten oder zu verlagern.
B. Veränderung des kognitiven Verhaltens (z.B. Gedächtnisstörung, Desorientierung, Sprachstörung) oder Auftreten einer Wahrnehmungsstörung, welche durch eine vorbestehende Demenz nicht erklärt werden kann.
C. Die Störung entwickelt sich in kurzer Zeit (Stunden, Tage) und fluktuiert i.d.R. über den ganzen Tag.
D. Es gibt Hinweise aus der Anamnese, der körperlichen Untersuchung oder den Laborbefunden, dass das Störungsbild durch die direkten körperlichen Folgeerscheinungen eines medizinischen Krankheitsfaktors verursacht ist.

Allg: **Für die PRAXIS:**
- **Das Delir dauert normalerweise weniger als 1 Monat** (selten mehrere Monate).
- **Das Delir ist keine Demenz. Siehe Tabelle** S. 1176

- Pathophysiologie: Unklar. Metabolische oder toxisch bedingte Hirnfunktionsstörung. Hypothese: Reduktion der Acetylcholinkonzentration im Gehirn, z.B. in folgenden Situationen:
  - Aktivierung von Zytokinen postoperativ oder bei akuter Erkrankung
  - Anticholinerg wirkende Arzneimittel
  - Erhöhte Vulnerabilität im Alter wegen physiologisch reduzierten Acetylcholinreserven
  - Besonders erhöhte Vulnerabilität bei vorbestehender Demenz (irreversible deutliche Verminderung der Acetylcholinreserven)
- Prävalenz:
  - Wird besonders im höheren Alter oft unterdiagnostiziert.
  - Über 10 % der älteren Patienten haben bei Spitaleintritt ein Delir.
  - Zusätzlich entwickeln ca. 10 % der älteren Patienten im Verlauf einer Hospitalisierung neu ein Delir.
  - Ca. 10 % der älteren Patienten haben bei Spitalaustritt ein persistierendes Delir.
- Um ein Delir diagnostizieren zu können, muss der basale Status des Patienten bekannt sein. Die Fremdanamnese ist hier essentiell.
- Die Delirpatienten haben generell ein erhöhtes Morbiditäts- und Mortalitätsrisiko:
  - 10x erhöhtes Mortalitätsrisiko im Spital
  - 3-5x erhöhtes Risiko für nosokomiale Komplikationen und verlängerten Spitalaufenthalt

Dg: Es gibt verschiedene Evaluationstests des Delirs:

1. **Delir *Screening* mittels Confusion Assessment Method** (siehe Details, S. 1175)
   - Sensitivität 94-100 %, Spezifität 90-95 %
   - Eignet sich zur Aufdeckung des Delirs bei Spitaleintritt und zum Monitoring im Verlauf.

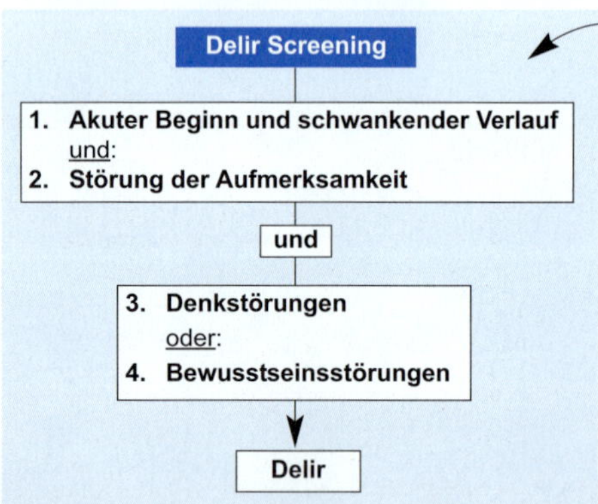

Siehe Erklärungen zu den Punkten 1.-4. Tabelle 1, S. 1175

Algorithmus: Delir-Screening mittels «Confusion Assessment Method» (CAM).

1 DSM IV-R. APA Press, Washington DC, 1994. 2 nouye S et al. Confusion Assessment Method. Annals of Intern Med 1990 ;113 :941-8.

Delir-Screening (CAM - Confusion Assessment Method)		
4 Merkmale des CAM	**Erklärungen**	**Antwort**
1. Akuter Beginn und schwankender Verlauf	1.a. Ist der geistige Zustand des Patienten plötzlich anders als vor der Erkrankung? *und:* 1.b. Fluktuiert das abnormale Verhalten im Verlauf des Tages (Symptome treten neu auf und verschwinden, oder Schweregrad ↑ und ↓)?	Ja / Nein
2. Störung der Aufmerksamkeit	• Hat der Patient Mühe sich zu konzentrieren? • Ist er leicht ablenkbar?	Ja / Nein
3. Denkstörungen	• Unorganisiertes, inadäquates, sprunghaftes Denken? Unlogischer Ideenfluss?	Ja / Nein
4. Bewusstseinsstörungen	• Wird als «ja» bewertet, wenn der Patient keinen normalen Wachheitszustand hat; d.h. er ist entweder hyperalert oder hypoalert (somnolent, stuporös, komatös).	Ja / Nein

Tabelle 1: Confusion Assessment Method (CAM) - Aufwand ca. 5 min.

Interpretation der CAM:

- Delir vorhanden falls Punkt 1 und 2, sowie mindestens einer der beiden Punkte 3 oder 4 erfüllt sind.

2. **Prüfung der geistigen Funktion** (bezieht sich auf den Punkt 1 des CAM):
   - Mini-mental state (MMS), S. 1193
     oder:
   - Orientierungssubscore des MMS (die ersten 10 Fragen des MMS, braucht ca. 2 min). Interpretation: Die geistige Funktion ist eingeschränkt falls < 8 Punkte.
3. **Prüfung Aufmerksamkeit** (bezieht sich auf den Punkt 2 des CAM)
   - MMS (Substraktionsaufgabe: 100 minus 7....; entsprechend den Fragen 14-18; S. 1193)
   - «*Digit Span*»: der Patient soll mehrere Zahlen nachsprechen (Normal ist, wenn 5 Zahlen vorwärts und 4 Zahlen rückwärts richtig wiederholt werden).
   - Wochentage oder Monate rückwärts aufzählen

Erfassen der Sedierung: RICHMOND-Agitation and Sedation Scale (RASS)[3]

Eignet sich für engmaschig monitorisierte Patienten auf Überwachungsstationen.

RASS	Klinik	Beschreibung
+ 4	aggressife Agitation	• Gewalttätig, unmittelbare Gefahr für die Umgebung
+ 3	sehr agitiert	• Aggressiv. Entfernt Drainagen und Katheter
+ 2	agitiert	• Ungezielte Bewegungen • Kämpft gegen die Beatmungsmaschine
+ 1	unruhig	• Ängstlich, Bewegungen (aber weder aggressiv noch heftig)
0	aufmerksam, ruhig	
-1	schläfrig	• Erweckbar auf Ansprache (Augenöffnen mit Augenkontakt ≥ 10 sek)
-2	leicht sediert	• Kurzes Erwachen, Augenkontakt auf Ansprache < 10 sek
-3	mässig sediert	• Bewegung oder Augenöffnen auf Ansprache • Kein Augenkontakt
-4	tief sediert	• Keine Reaktion auf Ansprache • Bei Berührung: Bewegung oder Augenöffnen
-5	nicht erweckbar	• Reaktionslos (bei Ansprache oder Berührung)

Tabelle 2: RICHMOND-Agitation and Sedation Scale (RASS).

Vorgehen in Bezug auf die RASS:

- RASS -4 oder -5 ....Stopp Sedativa, Score später wiederholen
- RASS über -4 (d.h. von -3 bis +4) ......Übergang zum Delir-Screening (CAM, S. 1175)

3 Ely EW et al. Richmond Agitation-Sedation Scale (RASS). JAMA 2003 ;289 :2983-91.

DD:
- Demenz, S. 1186
- Depresssion, S. 1185
- Schizophrene Psychosen, Altersparanoid
- Aphasie, amnestisches Syndrom

Parameter	Delir	Demenz	Depression
▪ Beginn	Stunden/Tage, oft nachts	Schleichend, langsam	Monate, Jahre
▪ Dauer	Stunden bis Wochen	Monate bis Jahre	Variabel
▪ Verlauf	Fluktuationen über 24 h	Kontinuierlich	Kontinuierlich
▪ Aufmerksamkeit	Reduziert	Oft klar (ausser bei fortgeschrittener Krankheit)	Klar
▪ Vigilanz	Überlebendig oder lethargisch	Normal	Normal
▪ Orientierung	Meist gestört	Gestört	Meist normal
▪ Sprache	Inkohärent, zögernd	Variabel, Wortfindungsstörung	Normal
▪ Halluzinationen	Häufig	Selten	Selten
▪ Psychomotorik	Verändert	Meist normal	Oft verändert
▪ Fortschreiten	Kein Fortschreiten	Langsam (Monate/Jahre)	

Für die PRAXIS:
- Kombinationen von Delir, Depression und/oder Demenz sind häufig.
- Nicht selten findet sich nach Abklingen eines Delirs eine Demenz.

Klin:
- Der Beginn der Symptome erfolgt oft akut und nachts:
  - Störung der Vigilanz (ablenkbar, verliert den Faden im Gespräch)
  - Störung der Wahrnehmung:
    - Illusionen, visuelle Halluzinationen
    - Gestörte Wortbedeutung
  - Verfolgungswahn
  - Veränderte psychomotorische Aktivität:
    - Hypoaktiv (häufig; auch «stilles Delir» genannt, wird oft unterdiagnostiziert)
    - Hyperaktiv (bei ca. 25 % der Patienten)
  - Gestörter Schlaf-Wach-Rhythmus
- Verlauf des Delirs:
  - Transient, kann jedoch für Wochen bis Monate anhalten.
  - Sehr unterschiedlicher Verlauf mit grosser Varianz von Symptomen
- Risikofaktoren für eine lange Persistenz des Delirs:
  - Hohes Alter
  - Vorbestehende geistige Beeinträchtigung
  - Persistenz der Ursache

Prog:
- Das schwere Delir hat eine schlechtere Prognose als ein mildes Delir.
- Hyperaktive und hypoaktive Delirien haben dieselbe Prognose.

Urs:
- **Infektiöse Ursachen des Delirs (JEDER Infekt kann ein Delir auslösen!)**
  - Pneumonie
  - Harnwegsinfekt
  - Infizierte Hautulzerationen
  - Sepsis (z.B. Urosepsis)
  - Enzephalitis
  - Meningitis
  - Divertikulitis
  - Endokarditis
  - Malaria, HIV, Syphilis
  - LYME-Borreliose, u.a.
- **Neoplastisch**
  - Hirntumor, Hirnmetastasen
  - Paraneoplastisches Syndrom

- **Vaskulär**
  - Dekompensierte Herzinsuffizienz
  - Akutes Koronarsyndrom
  - Schlaganfall, intrakranielle Blutung
  - Intrakranielles Hämatom, Subduralhämatom
  - Mesenterialinfarkt
- **Endokrinologisch, metabolisch**
  - Elektrolytstörungen: Hyponatriämie, Hypokaliämie, Hyperkalzämie, Hypoglykämie
  - Urämisches Syndrom
  - Hypovitaminose B12 (perniziöse Anämie, S. 898)
  - Hyperthyreose
  - Hypothyreose
  - NNR-Insuffizienz
  - Respiratorische Alkalose
- **Traumatisch**
  - SHT u.a. Traumata (typischerweise Femurschenkelhalsfraktur)
- **Intoxikation**
  - Alkohol (sowie Alkoholentzug!)
  - Schwermetalle
  - CO
  - Arsen
- **Medikamentös (Reaktion/Intoxikation/Medikamenten-Entzug)**
  - Benzodiazepine
  - Opioide (Morphin, Codein, Tramadol, Dihydrocodein, Pethidin, Hydrocodon, Fentanyl, Methadon, Heroin u.a.)
  - Narkotika bei chirurgischem Eingriff
  - Kortikoide, Lithium, NSAR
  - Anticholinergika§ (unten)
    - -- Trizyklische Antidepressiva, S. 1222
    - -- Ipratropiumbromid
    - -- Atropin, Scopolamin (z.B. BUSCOPAN®)
    - -- Anti-Parkinsonika: Amantadin, Benztropin, Biperiden, Procyclidin u.a.
    - -- Antihistaminika: Cimetidin, Ranitidin, Hydroxyzin, Diphenhydramin
    - -- Sedative Neuroleptika (z.B. Levomepromazin NEUROCIL®)
  - Antiobiotika: Betalaktame (S. 1208), Isoniazid, Chinolone, Sulfonamide
  - Sonstige: Furosemid, Digoxin, Theophillinderivate, Hyosciamin u.a.
- **Sonstige Ursachen**
  - Während/nach einem chirurgischen Eingriff
  - Fieber («Fieberdelir»)!
  - Harnretentionsblase!
  - Koprostase!
  - Delirium tremens, S. 1181
  - KORSAKOW-Syndrom (Vitamin B1-Mangel), S. 561
  - Hirndruck
  - Hypoxie
  - Anämie
  - Epilepsie (postiktale Phase)
  - Psychose, starke Emotionen (z.B. Naturkatastrophen, Krieg)

§ Anticholinergische Wirkungen/Nebenwirkungen

I. Zentrale anticholinerge Effekte
- Halluzinationen, Verwirrtheitszustand
- Psychose, Euphorie, Pseudodemenz
- Sturz
- Auftreten und/oder Verstärkung von Spätdyskinesien, Konvulsion
- **Zentrales Anticholinergika-Syndrom**
  - Verwirrtheitszustand
  - Kutaner Rash
  - Mydriase
  - Hyperthermie (zentraler und peripherer Effekt)
  - Tachykardie

II. Periphere anticholinerge Effekte
- Trockene Schleimhäute, insbesondere trockener Mund (Hyposialie mit Karies)
- Akkommodationsstörungen. Mydriasis (Risiko eines Engwinkelglaukoms)
- Obstipation, Harnverhaltung
- Hyperthermie (zentraler und peripherer Effekt)

Vorg: Grundbilanz

- Blut: Blutstatus (Anämie?)
  CRP, BSG (Infekt? Vaskulitis?)
  Na^+ (↑/↓)
  K^+ (↑/↓)
  Ca^{2+} (↑/↓)
  Phosphat, Albumin (Malnutrition?)
  Blutzucker (↑/↓)
  Kreatinin, Harnstoff (Dehydratation?)
  ALAT, ASAT, LDH, alkalische Phosphatase, Bilirubin (Leberinsuffizienz?)
  TSH, FT4 (Hypo-/Hyperthyreose?), FT3 (T3-Hyperthyreose? u.a.)
  ABGA
- Urin: Status, Sediment ± Kultur
- EKG Myokardinfarkt? Lungenembolie?
- Thoraxröntgen (Infiltrat? Raumforderung?)
- Visuskontrolle binokulär ggf. mit Korrektur (mittels Nahvisuskarte oder Zeitung; entspricht bei guter Beleuchtung einem Visus binokulär besser/schlechter als 0.3)
- Mini-mental state, s. 1193

Zusätzliche Untersuchungen (Indikation von Fall zu Fall entscheiden)

- EEG (→ «klassisches» Delir-EEG)
- Serum: Folsäure, Vitamin B12, Homozystein
- Serologien: VDRL, Borrelia, HIV u.a.
- Drogenscreening
- Bei Verdacht auf Intoxikation: Digoxin, Lithium, Antikonvulsiva
- Serumalkoholspiegel
- Schädel-CT oder -MR (AV-Malformationen? Tumor? Subduralhämatom, Schlaganfall?)
- Lumbalpunktion (Meningoenzephalitis? Vaskulitis?)
- Blutkulturen
- Suche nach Schwermetallen im Serum

Th: **1. Kausaltherapie**

- In jedem Fall soll nach möglichen Ursachen/Risikofaktoren für das Delir gesucht werden (z.B. Infekt, Elektrolytstörung, Retentionsblase). Diese Faktoren sollen sofort einer korrekten Behandlung zugeführt werden.

2. Grundmassnahmen

- Schmerztherapie, s. 1150
- O_2-Gabe bei $SpO_2 \leq 90$ % (z.B. 2-4 L/min mittels Sauerstoffbrille)
- Vitaminsubstitution (z.B. Vitamin B1, siehe s. 561)
- Euvolämie anstreben und Ernährung optimal einstellen.
- Kognitive Einschränkung
  - Orientierungshilfen:
    -- Namensschild
    -- Zimmer anschreiben
    -- Zugang zu Uhr und Kalender
    -- Angehörige einbeziehen
    -- Bekannte Objekte, Fotos, Bilder, Gerüche, Fernseher, Radio u.a.
- Sehbehinderung
  - Sehhilfen organisieren (Brille, Lupe, Beleuchtung, Telephon mit grossen Tasten)
- Schlafstörungen
  - Förderung des Tag- Nacht- Rhythmus:
    -- Aktivität tagsüber
    -- Warmes Getränk für das Einschlafen u.a.
  - Hypnotika
    -- Bisherige Schlafmittel niedrig dosiert weiterführen und nicht abrupt sistieren (Risiko des Entzugs).
    -- Keine neuen Hypnotika verordnen (Baldrian oder Clomethiazol, falls erforderlich)
- Immobilität
  - Mobilisierende Massnahmen (Bettruhe nur, falls wirklich indiziert, Verordnung von Bewegungsübungen im Bett, geeignetes Gehhilfsmittel)
- Hörbehinderung
  - Vorhandenes Hörgerät richtig einsetzen (Hörgerät für Anamnese einsetzen, Batterien überprüfen). Kommunikation mit deutlicher (nicht lauter) Stimme von vorne (damit Lippen ablesen möglich ist). Nach Stabilisierung: evtl. Ceruminalpfropfen entfernen.

3. Medikamentöse Therapie

3.1. Neuroleptika (= Basistherapie beim Delir)

- Haloperidol HALDOL® Amp 5 mg = Neuroleptika 1. Wahl!

Allg:
- Haloperidol ist ein Neuroleptikum mit starker antipsychotischer und extrapyramidaler Aktivität.
  - Dosierungen < 3-6 mg/d: Antidelirant und halluzinationshemmend
  - Dosierungen > 6-10 mg: zusätzlich sedative Wirkung

Dos:
1. Nicht geriatrischer Patient
   - Initialdosis: 2-5 mg (je nach Klinik PO, **SC**, **IM** oder **IV**‡)
   - Dann titrieren: Wenn die Initialdosis ungenügend wirksam ist, soll die doppelte Dosis nach 45 min wiederholt werden. Wenn immer noch ungenügend wirksam, soll ein 2. Mal die Dosis verdoppelt und nach weiteren 45 min verabreicht werden. So soll weitergefahren werden, bis zum Erreichen der therapeutischen Zielwirkung.
   - Maximaldosis 20-40 mg/d (bei therapieresistenten Fällen bis 100 mg)
2. Geriatrischer Patient
   - Initialdosis (je nach Klinik PO, **SC**, **IM** oder **IV**‡):
     - Milde Agitation ....0.25-0.5 mg
     - Mittelstarke Agitation ....1 mg
     - Starke Agitation ....2 mg

     (max. 5 mg/d)

   Dann Dosis titrieren (siehe «Nicht geriatrischer Patient», oben). Je nach Bedarf alle 4-8 h wiederholen.

NW:
- Dyskinesien (z.B. extrapyramidales Syndrom)
- Parkinsonismus¶
- Malignes Neuroleptikasyndrom, S. 78
- Medikamentöse Wechselwirkungen, S. 1452 ff

- Neuroleptika der 2. Wahl (orale Verabreichung)

Neuroleptika	Dosierung, NW, Bemerkungen
Quetiapin SEROQUEL®	• 2x 25-50 mg/d PO • NW: - Tachykardie, Orthostase, Schwindelgefühl - QT-Intervall ↑, Herzinsuffizienz u.a. - Leuko-, Neutropenie, Eosinophilie - Gewichtszunahme - Rhinitis, Rash - Diabetes mellitus (selten)
Clozapin¶ LEPONEX®	• 1-2x 12.5 mg/d PO, dann ↑ • NW, S. 1294!
Levomepromazin NEUROCIL®	• 4x 12.5-25 mg/d PO (bei Patienten im hohen Alter i.d.R. nicht verabreichen). Levomepromazin ist <u>sedatif</u>. • NW: - Agranulozytose, Leukopenie - Anticholinerge Symptome, S. 1177 - Gynäkomastie - Gewichtszunahme - Somnolenz - Extrapyramidale Störungen, frühe und späte Dyskinesien. - QT-Intervall ↑; sehr selten Torsade de pointes - Nekrotisierende Enterokolitis (sehr selten) u.a.
Risperidon RISPERDAL®	• 0.25-1.0 mg PO, bei Bedarf alle 4 h. Tagesdosis: 0.25-2.0 mg (ab 1 mg sind extrapyramidale NW häufig!) • NW, S. 1294!

¶ Bei PARKINSON-Patienten im Delir oder mit psychotischer Entgleisung, soll ein Neuroleptikum gewählt werden, das so wenig wie möglich extrapyramidale NW aufweist, wie z.B. Quetiapin oder Clozapin. Haloperidol ist eine schlechte Wahl bei PARKINSON-Patienten!

‡ Die IV-Gabe von Haloperidol ist möglich, verlangt aber ein kardiales Monitoring (Arrhythmierisiko)!

3.2. Benzodiazepine

Ind:
- Akuter Verwirrtheitszustand bei Epilepsie («postiktale Phase»)
- Alkoholentzugssyndrom
- In Kombinationstherapie, wenn Haloperidol schlecht vertragen wird.

Bem:
- Die BDZ dürfen nie brüsk abgesetzt werden, denn das Absetzen *per se* kann ein Delir auslösen!

Bsp:

Parenteral		
Clorazepat	TRANXILIUM®	• **IM**, **IV** langsam: 20-200 mg/d • Peak nach 30 min
Oral		
Lorazepam	TAVOR®	• Initial: 3-9 mg, in 1x-Gabe (max. 12 mg/d) • Geriatrie: 0.5 - 1.0 mg
Clobazam	FRISIUM®	• 5-40 mg/d • Bei hospitalisierten Patienten max. 120 mg/d
Clorazepat	TRANXILIUM®	• 10-50 mg/d (in 1-3x/d) • Bei hospitalisierten Patienten max. 200 mg/d
Oxazepam	PRAXITEN®	• 30-45 mg/d (max. 150 mg/d)

3.3. Eserin (= Physostigmin)

Allg:
- Eserin ist ein anticholinergisches Antidot.

Ind:
- Beim zentralen Anticholinergika-Syndrom in Betracht ziehen (s. 1177).

NW:
- Arrhythmie
- Epilepsie
- Bronchospasmus (verlangt eine IPS-Überwachung)

Alkoholentzugssyndrom - Delirium tremens [F10.4]

Allg:
- Das Delirium tremens ist das schwerwiegendste neurologische Krankheitsbild des Alkoholentzugsssyndroms.
- Mortalität des Delirium tremens: ca. 15 %!

Für die PRAXIS:
- **Das Delirium tremens beginnt typischerweise 2-4 Tage nach Alkoholabstinenz und heilt nach 3-5 Tagen ab.**
- **Schon das Stadium I des Alkoholentzugssyndroms kann lebensbedrohlich sein!**

Klin:
- **Unkompliziertes Alkoholentzugssyndrom**
  - Tremor, Schwitzen
  - Ängstlichkeit
  - Nausea
  - Schlaflosigkeit
- **Delirium tremens**
  - Verwirrtheitszustand!
  - Fieber, Dehydratation
  - Tachykardie
  - Agitation
  - Halluzinationen
  - Epilepsie
  - Koma

4 Stadien des Alkoholentzugssyndroms - Delirium tremens

I	Isolierter Tremor (= «Prä-Delirium tremens»)
II	Generalisierter Tremor
III	Verwirrtheitszustand (= «Delirium tremens» i.e.S.)
IV	Epilepsie

Th: **1. WICHTIG: Hydrierung!!**

- Die Patienten mit einem Delirium tremens sind oft dehydriert (Schwitzen, Erbrechen).
- Eine adäquate und grosszügige Hydrierung ist sehr wichtig. Bei älteren Patienten oder Patienten mit Herz-, Leber- oder Niereninsuffizienz ist Vorsicht geboten.

2. Kontrolle des metabolischen Gleichgewichtes

- Hypomagnesiämie, S. 1405
- Hypoglykämie, S. 678
- Hypokaliämie, S. 1384
- Hypophosphatämie, S. 1407

3. Therapie der psychomotorischen Hyperaktivität

- Therapie der Wahl: Benzodiazepin ± Neuroleptika
- Parenterale Sedativa verlangen eine engmaschige Überwachung (i.d.R. auf der IPS).

Beispiele (BDZ ± Neuroleptikum)		**Adm.**	**Dosierung**
Benzodiazepin (Beispiele)			
1. Wahl			
• Oxazepam	PRAXITEN®	PO	• 4x 15-30 (50) mg/d • Max. 150 mg/d
• Lorazepam	TAVOR®	PO	• PO: 1-4 mg 3x/d; max. 12 mg/d • **IV**: 2-3x 0.5-2 mg/d
2. Wahl			
• Clobazam	FRISIUM®	PO	• 5-40 mg/d • Max. 120 mg bei hosp. Patienten
• Clorazepat	TRANXILIUM®	**IM, IV**	• 20-200 mg **IM** oder **IV** (Peak nach 30 min)
• Diazepam	VALIUM®	**IV**	• 5 mg **IV** langsam; bei Bedarf alle 5-10 min wiederholen (bis Sedation)
Neuroleptikum			
• Haloperidol	HALDOL®	**IV, SC** PO	• Siehe S. 415
Atypisches Hypnotikum (sedierend, antikonvulsiv, antidelirant, vegetativ-dämpfend)			
• Clomethia-zol	DISTRANEURIN®	PO	• 3x 1-2 Kaps zu 300 mg oder Mixtur 3x 10 mL/d (= 3x 500 mg). • Die Mixtur hat bitteren Geschmack! • Die Clomethiazol-Kaps können auch rektal verabreicht werden (im Vgl. zu PO, verzögerter Wirkungsbeginn) • NW: - Bronchiale Hypersekretion (***CAVE*** bei COPD-Patienten!) - Pruritus in der Nase, Rhinitis, Konjunktivitis - Parästhesien, Kopfschmerzen

4. Therapie der noradrenergen Hyperaktivität: art. Hypertonie, Tachykardie

- Die Gabe von Clonidin, oder eines Betablockers, verlangt eine engmaschige Verlaufskontrolle, i.d.R auf der IPS.

• Clonidin	CATAPRESAN®	• PO: 3-4x 75-150 µg/d • **IV** kont.: 0.2-0.5 µg/kg/min **IV** kont.
• Atenolol	TENORMIN®	• 1x 50-100 mg/d PO • Maximaldosen: - Normale Nierenfunktion: 200 mg/d PO - Clearance 15-35 mL/min: 50 mg/d PO

5. Vitamine

- Vitamin B1: 100-1000 mg/d **IV** (oder **IM**)
- Multivitamine (Vitamin B Komplexe u.a. Vitamine): BECOTAL® 1-2 Amp/d **IV**
- Nicotinamid u.a.

Sturz im Alter

Def: • Wenn sich eine Person unbeabsichtigt auf dem Boden oder auf einer niedrigeren Ebene wieder findet, muss von einem vorangegangenen Sturz ausgegangen werden, sofern et nicht die Folge einer plötzlichen Lähmung oder einer aussergewöhnlichen, äusseren Kraft ist.

Allg: • Die Häufikeit von Sturzereignissen nimmt im Alter zu:
- Im eigenen Haushalt lebende Personen $\geq$ 65 Jahre: 20-30 %/Jahr
- Sturzrezidivrisiko: 60 %/Jahr

• Der Sturz bedroht den funktionellen Status und die Unabhängigkeit der älteren Person.

• Ca. 5 % der Stürze verursachen Frakturen.

• Das Phänomen «Sturz» ist oft versteckt hinter den bei Notfallkonsultationen im Vordergrund stehenden Sturzfolgen. Der Patient, seine Angehörigen und auch der Erstbehandelnde (!) neigen dazu, die Sturzproblematik zu ignorieren und lediglich Sturzfolgen zu behandeln!

• Stürze bei alten Menschen sind typischerweise multifaktoriell bedingt.

• **Risikofaktoren für Stürze**
- Alter > 80 Jahre
- Sturz in der Anamnese
- Kognitive Einschränkung, Depression
- Einnahme von Psychopharmaka, Alkohol
- Einnahme von mehr als 4 Arzneimitteln
- Muskuläre Schwäche an den unteren Extremitäten
- Orthopädische Leiden der unteren Extremitäten (Arthrose, Arthritis u.a.), Fussprobleme
- Defizite in den Aktivitäten des täglichen Lebens (ADL)
- Schwindel, orthostatische Hypotonie
- Ataxie, Gleichgewichtsstörung, Benützung von Gehhilfen
- Status nach Schlaganfall
- Anämie
- PARKINSON-Erkrankung
- Sehstörung
- Faktoren der Wohn- und Lebensumgebung wie: Licht, Geländer, Teppiche, freilaufende Kabel
- Verhaltensfaktoren: risikoreiches, den körperlichen Ressourcen nicht-adäquates Verhalten

Für die PRAXIS:
Häufig tritt der Sturz in der Krankengeschichte nicht in Erscheinung, denn:
- Die Anamnese ist mangelhaft (inkl. Fremdanamnese) → Es muss IMMER nach einem Sturzereignis gefragt werden!
- Patienten nehmen an, dass Stürze zum natürlichen Alterungsprozess gehören.

Urs: • I.d.R. multifaktoriell:
- Infekt, Fieber
- Arrhythmie
- Neues Medikament
- Ungewohnter Fussboden
- Dysfunktionen von: Gleichgewicht, Gang, Balance, Sensorik, kardiovaskulären Funktionen (z.B. Abnahme der Baroreflexsensitivität bei hypotensivem Stimulus)
- Synkope (selten)

Klin: • Bei mehrfach gestürzten alten Menschen soll das «Postfall-Syndrom» gesucht werden:
- Gehstörung
- Angst und Unsicherheit bei Mobilisation
- Depression
- Einschränkung des Aktionsradius

Lab: • Blut
- Blutbild (Anämie?)
- Elektrolyte
- Kreatinin, Harnstoff
- Blutzucker (Hypoglykämie?)
- CRP (Infekt?)
- CK (Rhabdomyolyse?)

• Urinstatus (HWI?)

DD:
- Kardiovaskuläre Synkopen (***CAVE***: die Anamnese ist oft inkonklusiv wegen Amnesie während des Bewusstseinsverlustes)
  - DD der Synkopen, siehe S. 234
- Epilepsie
- Schlaganfall, TIA
- Hypoglykämie
- Betagtenmisshandlung (insb. bei Patienten mit eingeschränkter Hirnleistung)

Rx:
- Die Indikation einer Bildgebung ist von Fall zu Fall zu entscheiden, z.B.:
  - Thorax-Rx (Pneumonie?, Rippenfrakturen?, Pneumothorax?)
  - Schädel-CT bei Kopftrauma oder anamnestisch zerebraler Verschlechterung (Subduralhämatom?)

Vorg:

1. Primärmassnamen nach dem Sturz
- Behandlung der vorliegenden Sturzfolgen
  - Hämatome suchen, darunter liegende Frakturen vermuten
  - Wundbehandlung
- Klärung des Sturzablaufs (Anamnese und Fremdinformationen):
  - Hinweise für eine Synkope?
  - Hinweise für Gang- und/oder Gleichgewichtstörungen?
  - Hinweise auf mögliche modifizierbare Risikofaktoren oder Ursachen
- Labor (siehe dort)
- EKG (12-Ableitungen): Arrhytmie, Blockbilder, Myokardinfarkt?
- Nicht routinemässig: Echokardiographie, 24-h-EKG

2. Anamnese nach Sturzereignis (inkl. Fremdanamnese)
- Aktivität zum Zeitpunkt des Sturzes
- Prodromi (Gleichgewichtsstörungen, Benommenheit, Schwindel, Atemstörung)
- Ort und Zeitpunkt des Sturzes
- Liegedauer nach dem Sturz
- Selbständiges Aufstehen nach Sturz möglich?
- Umgebungsaspekte erfragen (Fussboden, Lichtverhältnisse, Schuhwerk)
- Informationen zu zurückliegenden Stürzen
- Gehhilfen
- Alkoholanamnese
- Medikamente:
  - Hypotensiva (Vasodilatatoren, Diuretika u.a.)
  - Sedativa u.a.

3. Klinische Notfalluntersuchung
- Vitalzeichen: BD, Puls, Körpertemperatur (Fieber, Hypothermie?), Hydratationszustand
- Verletzungen, Wunden, Frakturen: Kopf, Wirbelsäule, Becken, Rippen, Hüfte
- Zeichen des langen Liegens (***CAVE***: Rhabdomyolyse): Decubiti, Unterkühlung
- Neurostatus:
  - Veränderter Mentalstatus (MMS, S. 1193)
  - Fokale Defizite, Lateralisierungszeichen
  - Periphere Neuropathie
  - Muskelschwäche
  - Rigidität
  - Tremor
- Visuskontrolle
- Karotisgeräusche
- Schwindel bei Kopfdrehung
- Nystagmus
- Kardiovaskulär:
  - Arrhythmien
  - Herzgeräusche
- Gelenkstatus der unteren Extremitäten:
  - Fussdeformitäten
  - Gelenksbeweglichkeit
- Orthostase-Test, S. 238
- **Timed *Get-Up-and-Go-Test*:**[1] Patienten werden beobachtet, wie sie in normalem Tempo von einem Stuhl mit Seitenlehnen aufstehen, 3 m gehen, sich umdrehen, zurück zum Stuhl gehen und absitzen. Bewertung qualitativ durch Beobachtung, quantitativ durch Zeitmessung vom Beginn des Aufstehens bis zum Absitzen.
  Interpretation: Eine benötigte Zeit > 20 sek ist ein Hinweis auf Mobilitätsstörung.
- Visuskontrolle

1 Podsiadlo et al. J Am Geriatr Soc 1991; 39:142-8.

4. Prävention von Stürzen und dessen Komplikationen

4.1. Spezifische Prävention

- Herzschrittmacher bei kardioinhibitorischer Karotis-Sinus Hypersensitivität
- Osteoporoseabklärung ± Therapie, S. 724, 726
  - Die Osteoporosetherapie vermindert aber die Sturzrate nicht!
  - Eine Vitamin **D-Supplementation** (800 IE Vitamin D3/d) senkt das Sturzrisiko bei älteren Menschen in stabilem Gesundheitszustand.
- Dosisminderung oder Absetzen von:
  - Benzodiazepinen
  - Antidepressiva
  - Antiepileptika
  - Vasodilatatoren
- Ophthalmologisches Konsilium bei nachgewiesener Sehschwäche ist indiziert.

4.2. Allgemeine Prävention

- Die multifaktorielle Präventionstherapie erlaubt eine Sturzreduktion um 18 %:[2]
  - Programme zur Muskelkräftigung und Balanceförderung
  - Tai-Chi C'uan (traditionelles chinesisches Gleichgewichtstraining)
  - Anpassung der häuslichen Umgebung (Haltegriffe und Geländer prüfen)
  - Absetzen/Dosisreduktion psychotroper Medikamente
- Orthostase Reevaluierung der antihypertensiven Therapie
- Hüftprotektoren bei guter Kompliance
- Gehhilfen mit Beratung und Training fur richtigen Gebrauch
- Telealarm
- Bei Spitalentlassung sicherstellen, dass die Alltagsfunktionalität ausreichend oder Unterstützung vorhanden ist.
- Schuhwerk verbessern
- Verminderung von häuslichen Stolperfallen
- Bettgitter haben sich nicht bewährt (erhöhte Verletzungsgefahr und Todesfälle)!

5. Antikoagulation und Stürze[3,4]

- Antikoagulierte Patienten (bei/mit: Vorhofflimmern, -flattern, Herzklappenprothese u.a.):
  - -- Es gibt keinen Konsens bezügl. der Antikoagulation.
  - -- Das Sturzrisiko ist kein Hauptkriterium, das die Indikation der oralen Antikoagulation beeinflussen soll; ein Subduralhämatom kommt durchschnittlich nach ca. 295 Stürzen zustande.[3]

 2 Chang JT et a. BMJ 2004 ;328 :680. 3 Man-Son-Hing M, et al. Arch Intern Med. 1999;159:677-85. 4 Man-Son-Hing M, et al. Arch Intern Med 2003 ;163 :1580-86.

Klas: **I Depression Episode**

Def:
- Dauer ≥ 2 Wochen
- ≥ 5 der folgenden Kriterien, wovon mindestens 1 der zwei erst erwähnten:
  1. **Im Verlauf der Krankheit nahezu konstant depressive Stimmung**
  2. **Ausgeprägte Verminderung des Interesses oder der Freude an allen oder fast allen Aktivitäten**
  3. Körpergewichtsveränderung (≥ 5 %, ↑/↓) begleitet von einer Appetitstörung
  4. Schlafstörung:
     - Schlaflosigkeit
     - Hypersomnie (oft bei atypischer oder jahreszeitlicher Depression)
  5. Psychomotorische Verlangsamung oder Erregung
  6. Müdigkeit oder Energieverlust
  7. Unwürdigkeits- oder Schuldgefühl
  8. Verminderung der Konzentrations- oder Entscheidungsfähigkeit
  9. Suizidgedanken

II Rezidivierende Depression

III Dysthymie

IV Nicht spezifische depressive Störung

Hosp:
- Suizidgedanken
- Psychosozialer Kontext u.a.

Vorg:
1. Psychiatrisches Konsilium
2. Hospitalisierung bei:
   - Suizidgedanken oder anderen Umständen, welche das Leben des Patienten oder dasjenige anderer Personen gefährden könnten. Siehe Kapitel «Suizid», S. 1195
   - Psychosozial prekären Bedingungen
3. Adjuvante Antidepressiva-Therapie, S. 1222
4. Psychotherapie

GERIA PSY

[1] DSM IV-R. APA Press, Washington DC, 1994.

Demenz[1,2] [F03]

Def:
- Bei der Demenz handelt es sich um eine **organische Hirnläsion**, wobei v.a. die kognitiven Funktionen beeinträchtig sind. Die Wachheitsgrad hingegen bleibt erhalten.
- 60-80 % der Patienten mit Demenz sind vom ALZHEIMER-Typ.

Allg:
- Häufigkeit der Demenz:
  - > 65 Jahre........8 %
  - > 80 Jahre ......30 %
- Inzidenz: ca. 22'000 neue Fälle/Jahr. 2/3 der Demenzen sind vom ALZHEIMER-Typ, s. 1190
- Bei den häufigsten Demenzformen gibt es zur Zeit weder eine veritable Primärprävention, noch eine Heilung. Alle Demenzen können aber behandelt werden!
- **Risikofaktoren**
  - Hohes Alter
  - Positive Familienanamnese
  - Genotyp «Apolipoprotein E Epsilon 4»
  - Diabetes mellitus
  - Hypercholesterinämie, Hyperhomozysteinämie
  - Trauma mit Bewusstseinsverlust
  - Gehstörungen (= Risikofaktor einer Demenz vom Nicht-ALZHEIMER Typ)
  - Art. Hypertonie
- **Spezifische *Screening*-Tests der Demenz**
  1. Kognitive Tests
     - Mini-mental state, s. 1193
     - Uhrentest (Clock-test), s. 1194

     Bemerkung: Auch wenn diese *Screening*-Tests normal ausfallen, sind weitere Demenzabklärungen sinnvoll, sofern die Anamnese trotzdem eine Demenz vermuten lässt!
  2. Kognitiv/funktioneller Test
     - *Informant Questionnaire on cognitive Decline in the Elderly* (IQCODE)

Dg:[2]

A. Auftreten von multiplen kognitiven Störungen, die sich wie folgt manifestieren:
- A.1. Gedächtnisstörungen (verminderte Lernfähigkeit, Gedächtnisschwund) und:
- A.2. Mindestens 1 der folgenden Kriterien:
  1. Aphasie (Sprachstörung)
  2. Apraxie (Störung der Fähigkeit, eine motorische Aktivität auszuüben, trotz intakter motorischer Funktion)
  3. Agnosie (Unfähigkeit, Gegenstände wieder zu erkennen oder zu identifizieren, trotz intakter sensorischer Funktionen)
  4. Störung der ausführenden Funktion (z.B. Projekte machen, organisieren, zeitplanmässiges Handeln, abstraktes Denken)

B. Die Störungen, unter A. beschrieben, beeinflussen signifikant die sozialen oder beruflichen Aktivitäten und widerspiegeln einen signifikanten Rückschritt, im Vergleich zum früheren funktionellen Niveau.

C. Die Defizite sind nicht durch eine andere Störung (Depression, Schizophrenie) besser erklärbar.

D. Die Störung dauert $\geq$ 3-6 Mt. (tritt nicht ausschliesslich während einer Delirepisode auf).

Klin:
- **Alarmsymptome und -situationen (i.d.R. von Angehörigen berichtet):**
  - Gedächtnisstörungen
  - Verminderung des Interesses, der Lebensfreude
  - Verhaltensänderungen (sich zurückziehen, gereizt sein)
  - Der Patient vergisst seine Arzttermine, hat Schwierigkeiten, sich klar auszudrücken
  - Der Patient antwortet weniger präzis auf gestellte Fragen, wiederholt sich öfter
  - Verminderte Körperhygiene (v.a. bei allein lebenden Personen)!
- Die Demenzen können in 3 funktionelle Stadien eingeteilt werden:
  1. Milde Demenz
     - Trotz signifikant veminderter sozialer und beruflicher Kapazität, ist der Patient unabhängig und verfügt über eine adäquate Körperhygiene und intakte Urteilsfähigkeit
  2. Mittelschwere Demenz
     - Der Patient ist noch knapp autonom (benötigt aber eine gewisse Überwachung).
  3. Schwere Demenz
     - Eine permanente Überwachung ist notwendig, denn die täglichen Aktivitäten sind zu stark beeinträchtigt.

1 Monsch AU, et al. Forum Med Suisse 2008 ;8 :144-9. 2 DSM IV-R. APA Press, Washington DC, 1994.

Klas: **1. Morbus ALZHEIMER** (60-80 % der Demenzen), S. 1190

2. Vaskuläre Demenz (10-20 % der Demenzen)

Dg: A. Auftreten von multiplen kognitiven Störungen (siehe A.1. und A.2., S. 1186)

B. Die Störungen (unter A.1. und A.2. beschrieben S. 1186) beeinflussen signifikant die sozialen und beruflichen Aktivitäten und widerspiegeln einen signifikanten Rückschritt, im Vergleich zum früheren funktionellen Niveau.

C. Fokale neurologische Symptome und Befunde, wie:
- Zu lebhafte monosynaptische Reflexe, positives BABINSKI-Zeichen
- Bulbärparalyse, siehe Fussnote S. 1189
- Pathologisches Gangbild, Schwäche einer Extremität

Oder Zusatzabklärungen, vereinbar mit einer zerebrovaskulären Krankheit:
- Multiple Infarkte, die den Kortex und die darunter liegende weisse Substanz betreffen, die ursächlich für die Störung verantwortlich gemacht werden kann.

D. Die Störung dauert ≥ 3-6 Mt. (tritt nicht ausschliesslich während einer Delirepisode auf).

3. Demenz im Zusammenhang mit dem Morbus PARKINSON (5 % der Demenzen)

Klas: **1. LEWY-Körperchen Demenz** (im Hirnstamm und im Kortex)
- Häufigste Demenzform, die mit dem M. PARKINSON assoziiert ist.
- Hauptsymptome:
  a) Progredient verlaufende Demenz
  b) Fluktuation der kognitiven Funktionen
  c) Persistierende, wellenförmige visuelle Halluzinationen
  d) Motorisches PARKINSON-Bewegungsmuster
- Weitere Symptome: rezidivierende Stürze, Synkopen, hohe Neuroleptika-Sensitivität, Verhaltensstörungen, Depression.

2. Demenz und Morbus PARKINSON
- PARKINSON Patienten haben ein stark erhöhtes Demenzrisiko (bis 6x ↑).

3. Progrediente, supranukleäre Paralyse (STEEL-RICHARDSON-OLSZEWSKI), S. 606

Bem: • Bei der LEWY-Körperchen Demenz sind Neuroleptika kontradindiziert!

4. Frontotemporale Demenz (FTD)

Allg: • Die FTD ist ein heterogenes Krankheitsbild, welches eine Atrophie der Frontal- und Temporallappen aufweist und welches keine Hinweise auf eine ALZHEIMER-Demenz zeigt.

Klin: • Graduell fortschreitende Verhaltensstörungen und Sprachstörungen

Bsp: • Morbus PICK (ca. 1 % der Demenzen): Vorhandensein von PICK-Körperchen (intrazytoplasmatische Körperchen im Neokortex und Hippocampus).

Bem: • Acetylcholinesterasehemmer (S. 1191) sind wirkungslos!

5. Reversible Demenzen

Bsp:
- Metabolische Störungen
  - Dysthyreosen
  - Vitamin B12-Mangel
  - Hyponatriämie, Hyperkalzämie
  - Leberinsuffizienz, Niereninsuffizienz
- Medikamentös
  - Analgetika, Anticholinergika, Neuroleptika, Sedativa, Kortikoide u.a.
- Alkohol und/oder Drogen-assoziiert (Intoxikation, Entzug)
- Depression (= Pseudodemenz)
- Hirntumor (Reversibilität je nach Histologie)
- Dehydratation, Hyperhydratation, Hypoxämie
- Chronisches Subduralhämatom
- Schädel-Hirn-Trauma
- Normaldruck Hydrocephalus, S. 614

6. Demenzen in Verbindung mit anderen Erkrankungen

Bsp:
- Morbus CREUTZFELDT-JAKOB
  - Seltene, neurodegenerative Krankheit, welche durch Prione (= spezifische Proteine; d.h. es handelt sich NICHT um eine Infektion) verursacht wird.
  - Lange Inkubationsperiode, aber typischerweise rasch progrediente Demenz mit fatalaler Prognose (Überlebensrate ca. 1 Jahr ab Symptombeginn!)
  - Die Diagnose kann bei folgender Klinik vermutet werden:
    -- Rasch progrediente kognitive Störungen
    -- Motorisches Defizit, ± Krampfanfälle
  - Es gibt zur Zeit keine Therapie, aber die Diagnosestellung ist wichtig, denn die Krankheit ist potentiell übertragbar
- Gewisse Infektionskrankheiten können mit Demenzen verbunden sein:
  - Tertiäre Syphilis, HIV

DD:
- Reversible Demenzen, siehe S. 1187
- Neoplastisch:
  - Hirntumor (primär, Metastasen)
  - Paraneoplastisches Syndrom, S. 1021
- Meningo-Enzephalitis
- Subkortikale Leuko-Enzephalopathie (BINSWANGER), siehe Fussnote, S. 1189
- Leukodystrophie
- Morbus PARKINSON (ohne Demenz)
- Multiple Sklerose

Lab:
- Initiales «Routinelabor» (Hämatologie, Chemie)
- Zusatzuntersuchungen zur Entlarvung von potentiell reversiblen Demenz-Formen:
  - Vitamin B12, Folsäure, ± Homozystein
  - TSH
  - Serologien: HIV, Syphilis-Serologie (TPHA)

Rx:
- Ein Schädel-MR (oder -CT) ist bei allen Patienten mit Verdacht auf Demenz indiziert (Ausschluss sekundärer Formen der Demenz).
- Die Indikation für ein SPECT oder einen PET wird vom Geriater, Neurologe oder Psychiater gestellt.

Vorg: **1. Diagnostik**
- I.d.R. stellt der Hausarzt die Diagnose:
  - Risikofaktoren und Alarmsymptome
  - *Screening*-Tests (MMS, Uhrentest), S. 1194
  - DSM IV-Kriterien, S. 1186
  - Bestimmung des Schweregrades der Demenz

aber:
Ein spezialisiertes Konsilium (Geriater, Neurologe oder Alterspsychiater) ist notwendig um die Ursache der Demenz zu bestimmen, denn diese hat u.a. therapeutische Konsequenzen!

Für die PRAXIS:
- Die Fremdanamnese spielt bei der Diagnosestellung der Demenz eine zentrale Rolle. Diese muss im Einverständnis mit dem Patienten geschehen.
- Bei Verdacht auf Demenz muss vorher immer ein Delir ausgeschlossen werden, siehe S. 1174!

2. Neuropsychologisches Konsilium
- Das neuropsychologiesche Konsilium ist von grosser Bedeutung:
  - Frage nach genauer Analyse der kognitiven Störungen
  - Frage nach allfälligen Verhaltensstörungen
  - Frage nach therapeutischem Vorgehen
- Bei Diagnosestellung einer «Milden kognitiven Störung» (*mild cognitive impairment*) soll die neuropsychologische Ablärung nach 6-12 Monaten wiederholt werden.

3. Lumbalpunktion (siehe S. 574)
- Die LP ist zum Ausschluss von infektiösen und/oder entzündlichen Ursachen zwingend.

4. EEG
- Ad. Neuro-Konsilium: Das EEG kann differentialdiagnostisch hilfreich sein:
  - Metabolische Enzephalopathie,
  - Intoxikationen u.a.

5. Genetische Abklärung
- Bei präsenilen Demenzen (z.B. Chorea HUNTINGTON; Mutationen auf den Chromosomen 1, 14 oder 21) kann eine gezielte genetische Abklärung sinnvoll sein.

6. Fahrzeug lenken
- Bei jeder neuen Diagnose «Demenz» (unabhängig vom Schweregrad!), muss die Fahrtauglichkeit evaluiert werden:
  - Bei klarer Unfähigkeit muss die Fahrtauglichkeit abgelehnt werden!
  - Bei zweifelhaften Fällen sollen Abklärungen bezüglich Fahrtauglichkeit eingeleitet werden (entweder beim Spezialarzt oder Strassenverkehrsamt.
  - In keinem Fall soll der Hausarzt bei Diagnose einer leichten Demenz die Fahrtauglichkeit befürworten!!

Th: **1. Kausaltherapie**

2. Medikamentöse Therapie bei Morbus ALZHEIMER, siehe s. 1191

3. Demenz und Depression

Th: 1. Nicht medikamentöse Therapie
- Supportive Psychotherapeutische Gespräche
- Gedächtnistraining

2. Medikamentöse Therapie

Erste Wahl:
- SSRI, s. 1122 z.B. Sertralin, Citalopram. Gute Verträglichkeit und wenig anticholinerge NW
- Venlafaxine Siehe, s. 1122

Zweite Wahl:
- Trazodon THOMBRAN®
- Mirtazapin REMEGIL®

Dritte Wahl:
- Mianserin TOLVIN®

4. Demenz und Halluzination/delirante Symptome

Allg:
- Diese Symptome treten v.a. in tardiven Demenzen besonders gehäuft auf.
- Zahlreiche Substanzen wurden getestet (BDZ, Lithium, Antidepressiva u.a.), aber ohne Evidenz.

Bsp:
- Risperidon 0.5-2 mg/d PO
- Quetiapin 25-150 mg/d PO (graduelle Dosissteigerung)
- Haloperidol 0.5-2 mg/d PO

5. Demenz und Schlafstörungen

Allg:
- Nicht medikamentöse Massnahmen sind besonders wichtig:
  - Strukturierte und ausgefüllte Tagesabläufe
  - Tägliche körperliche Aktivität
  - Genügende Sonnenexposition (z.B. jeden Tag draussen spazieren gehen)
- Zur Zeit gibt es keine pharmakologische Evidenz zur Therapie der Schlafstörungen bei Demenz.

Bsp:
- Benzodiazepine:
  - Lorazepam, Temazepam, Oxazepam, Lormetazepam
- Antidepressiva, siehe oben
- Neuroleptika:
  1. Wahl: Risperidon (s. 1294), Quetiapin (s. 1293)
  2. Wahl: Pipamperon (s. 1293; ***CAVE***: anticholinerge und extrapyramdale NW, Orthostase, Kumulation bei langer HWZ)
- Acetylcholinesterasehemmer (s. 1191) sind bei MMS (s. 1193) ≥ 10 Punkte

§ Bulbärparalyse

Allg:
- Die Bulbärparalyse ist die Folge einer Läsion, der im Hirnstamm gelegenen motorischen Hirnnervenkerne. Diese Läsion ist typischerweise bilateral.

Klin:
- Dysarthrie, Dysphagie, verarmte Gesichtsmimik. Extremitätenparese

Urs:
- CVI (ischämisch, hämorrhagisch), Hirntumor, -ödem, GUILLAIN-BARRÉ, myatrophe Lateralsklerose

¶ BINSWANGER Enzephalopathie

Syn:
- *Encephalopathia chronica progressiva subcorticalis*

Allg:
- Beginn einer Demenz im Alter von 60-70 Jahren mit einer Prävalenz von 3-12 % (in dieser Altersgruppe).

Dg:[1]
- Alle folgenden 3 Kriterien müssen vorhanden sein:
  1. Demenz klinisch bestätigt
  2. Vorhandensein von > 2 der folgenden Kriterien:
     a) Art. Hypertonie oder bekannte Systemerkrankung (Bsp: KHK, PAVK)
     b) Evidenz, welche für eine zerebrovaskuläre Krankheit spricht (CVI, TIA u.a.)
     c) Subkortikale zerebrale Dysfunktion (Ataxie, Steifigkeit, areflektische nicht kontraktile Blase, Detrusorhyperaktivität)
  3. Bilaterale, kortikale Leukariose (dies ist ein unspezifischer Term für eine Rarefikation bzw. «Knappwerden» der weissen Substanz, die mittels CT oder MR beobachtet wird).

  Diese 3 diagnostischen Kriterien sind nicht gültig bei Vorhandensein von:

  a) Multiplen kortikalen Läsionen (CT, MR)

  b) Oder: Mini-mental state < 10, s. 1193

1 J Neurosurg Psychiatry 1991 ;54 :1122-3

Morbus ALZHEIMER[1-4] [G30.0]

Allg:
- Ungefähr ⅔ der Demenzen sind vom ALZHEIMER-Typ.
- Der Morbus ALZHEIMER ist eine degenerative Demenz und betrifft approximativ:
  - 0.5 % der 65-jährigen Bevölkerung und
  - 8 % der 85-jährigen Bevölkerung
- Es handelt sich um eine neuronale Degeneration, die v.a. im limbischen System und dem assoziativen Neokortex beobachtet wird.
- Histologie:
  - Amyloiddepot
  - Neurofibrilläre Läsionen
  - Neuronenverluste
- Tiefe Serumwerte von Vitamin B6, Vitamin B12 oder Folsäure sind mit erhöhten Homozysteinwerten assoziiert.
  - Eine Erhöhung der Serum-Homozysteinämie von 5 mmol/L erhöht das Risiko, an einem Morbus ALZHEIMER zu leiden um 40 %.[4]

Rx:
- MR: diffuse kortikale Atrophie temporo-parietal betont

Klin:
- Die Klinik ist sehr heterogen:
  - Störung des episodischen Gedächtnisses
  - Örtliche und zeitliche Desorientierung
  - Störungen der visuo-konstruktiven Funktionen
  - Sprachstörungen
  - Ausführungsstörungen

Klas:
- I. Frühbeginnender M. ALZHEIMER: Beginn ≤ 65 Jahre
- II. Spätbeginnender M. ALZHEIMER: Beginn > 65 Jahre

Dg:[1]
- A. Auftreten von multiplen kognitiven Störungen, die sich wie folgt manifestieren:
  - A.1. Gedächtnisstörungen (verminderte Lernfähigkeit, Gedächtnisschwund) und:
  - A.2. Mindestens 1 der folgenden Kriterien:
    - a) Aphasie (Sprachstörung)
    - b) Apraxie (Störung der Fähigkeit, eine motorische Aktivität auszuüben, trotz intakter motorischer Funktion)
    - c) Agnosie (Unfähigkeit, Gegenstände wieder zu erkennen oder zu identifizieren, trotz intakter sensorischer Funktionen)
    - d) Störung der ausführenden Funktion (z.B. Projekte machen, organisieren, zeitplanmässiges Handeln, abstraktes Denken)
- B. Die Störungen unter A.1. und A.2. beeinflussen signifikant die sozialen und beruflichen Aktivitäten und widerspiegeln einen signifikanten Rückschritt, im Vergleich zum früheren funktionellen Niveau.
- C. Der Verlauf ist durch einen langsamen Beginn charakterisiert, gefolgt von einem graduellen kognitiven Zerfall.
- D. Die unter A.1. und A.2. beschriebenen kognitiven Störungen sind nicht die Folge von:
  - D.1. Anderen ZNS-Erkrankungen, die kognitive Defizite oder Gedächtnisstörungen hervorrufen können:
    - Zerebrovaskuläre Erkrankungen
    - Morbus PARKINSON
    - Morbus HUNTINGTON
    - Subduralhämatom
    - Normaldruck-Hydrocephalus, S. 614
    - Hirntumor
  - D.2. Systemerkrankungen, die zur Demenz führen können:
    - Hypothyreose
    - Vitamin B12-Mangel
    - Folsäure-Mangel, Niacin-Mangel
    - Hyperkalzämie
    - Neurosyphilis
    - HIV
  - D.3. Zustand, der durch Substanzen induziert wird.
- E. Die Störung tritt nicht ausschliesslich während einer Delirepisode auf.
- F. Fehlen anderer Krankheiten, die für die Störung verantwortlich sein könnten, wie z.B.:
  - Depression
  - Schizophrenie

1 DSM IV-R. APA Press, Washington DC, 1994. 2 Mayeux R, et al. N Engl J Med 1999 ;341 :1670-9. 3 McKhann G, et al. Neurology 1984 ;34 :939-44. 4 Seshadri S, et al. N Engl J Med 2002 ;346 :476-83.

Th: **Medikamentöse Therapie des Morbus ALZHEIMER**

Allg: • Zur Zeit gibt es 2 Klassen von Medikamenten, die bei M. ALZHEIMER eingesetzt werden können (ad. geriatrisches Konsilium).

- *Bei MMS ≥ 10 Punkten:*
  → Acetylcholinesterasehemmer
- *Bei MMS 3-19 Punkten:*
  → NMDA-Antagonist (= Agonist der Glutamatrezeptoren vom Typ NMDA; N-Methyl-D-Aspartat)

Bem: • NMDA-Antagonisten und Acetylcholinesterasehemmer werden i.d.R. nicht kombiniert. Da der Nutzen einer solchen Kombination fraglich ist, wird eine Kombination von der Krankenkasse, gemäss aktueller *Limitatio,* nicht übernommen.

Bsp: 1. **Acetylcholinesterasehemmer**

Ind: • Milder bis mittelschwerer M. ALZHEIMER, d.h. MMS (S. 1193) **≥ 10 Punkte**

Bsp: • **Donepezil** ARICEPT® (HWZ 70-80 h)
- Dos: Initial: 5 mg abends während mind. 1 Mt. Wenn gut vertragen und wirksam, ad. Dosissteigerung auf 10 mg abends.
- Bem: Medikamentöse Wechselwirkung mit dem CYP 450, S. 1452

• **Rivastigmin** EXELON® (HWZ 5 h)
- Dos: Initial: 3 mg/d in 2 Einnahmen (während des Essens) während mind. 2 Wo. Wenn gut vertragen, ad. 6 mg/d. Zielerhaltungsdosis 6-12 mg/d.
- Bem: Keine medikamentöse Wechselwirkung mit dem CYP 450

• **Galantamin** REMINYL® (HWZ 7-11 h)
- Dos: Initial: 1x 8 mg/d während 1 Monat. Dann 1x 16 mg/d während 1 Monat. Maximaldosis: 1x 24 mg/d.
- Bem: Medikamentöse Wechselwirkung mit dem CYP 450, S. 1452

NW:
- Nausea, Erbrechen
- Diarrhoe
- Bauchschmerzen
- Appetitlosigkeit
- Bradykardie

Bem:
- Vor einem **chirurgischen Eingriff** ist es notwendig, die Behandlung mit den Acetylcholinesterasehemmern zu stoppen (mögliche medikamentöse Wechselwirkung mit den Anästhetika).
- Wenig Evidenz für Hyperhomozystein bzw. Folsäuretherapie.

2. **Antagonist der Glutamatrezeptoren vom Typ NMDA** (N-Methyl-D-Aspartat)

Ind: • M. ALZHEIMER (mittelschwere bis schwere Formen; MMS: 3-19 Punkte)

Bsp: • **Memantin** AXURA®, EBIXA® (HWZ 60-100 h)
- Dos: 1. Woche: 5 mg/d am Morgen
  2. Woche: 2x 5 mg/d (je morgens und abends)
  3. Woche: 1x 10 mg morgens und 5 mg abends;
  ab der 4. Woche: 2x 10 mg/d (1-0-1) oder 20 mg 1x/d.
  Bei Niereninsuffizienz (Clearance 40-60 mL/min): Maximaldosis = 10 mg/d.

NW:
- Zentrale Stimulierung (Halluzinationen, Verwirrtheitszustand)
- Schwindelgefühl, Kopfschmerzen, Müdigkeit
- Muskulärer Hypertonus
- Erbrechen
- Verstärkte Libido

Therapie anderer Morbus ALZHEIMER-assoziierter Krankheitsbilder

Allg: • Demenz und Halluzination oder Schlafstörungen, siehe Kapitel «Demenz» S. 1186

GERIA PSY

Mini-mental state (MMS) — FOLSTEIN

Allg:
- Durchführung des MMS, siehe S. 1193
- **Notwendiges Material zur Durchführung des MMS:**
  - Mini-Mental Status Blatt
  - Armbanduhr, Bleistift oder Kugelschreiber, leeres Blatt Papier
  - Vorlage mit der schriftlichen Aufforderung „Schliessen Sie Ihre Augen!"
  - Vorlage mit zwei sich überlappenden Fünfecks
- **Allgemeine Informationen:**
  - In kurzem Gespräch sicherstellen, dass der Patient einfache Anweisungen verstehen kann (ggf. Hörhilfe oder Sehhilfe verwenden, evtl. Übersetzer).
  - Gibt der Patient keine Antwort auf eine Frage, wird diese maximal 3x wiederholt.
  - Gibt der Patient bereits beim 1. Mal eine falsche Antwort, werden direkt 0 Punkte notiert
  - Stellt der Patient Fragen, wie zum Beispiel «Was haben Sie gesagt?», wird die Frage einfach wiederholt, ohne eine Konversation zu beginnen.
- **Praktische Zusatzinformationen zur korrekten Durchführung des MMS**
  - Betrifft Abschnitt **«A. Orientierung»** (Fragen 1 bis 10, S. 1193)
    - Falls der Patient nicht antwortet, soll man ihn raten lassen.
  - Betrifft Abschnitt **«B. Merkfähigkeit»:** 3 Wörter nachsprechen lassen
    - Gut verständliche Instruktion geben: «Ich möchte nun Ihr Gedächtnis testen. Ich werde Ihnen 3 Wörter nennen. Hören Sie zuerst zu und wiederholen Sie die 3 Wörter, sobald ich fertig bin!»
    - Pro richtig wiederholtem Wort gibt es 1 Punkt. Es wird nur die 1. Antwort bewertet!
    - Werden nicht alle 3 Wörter im ersten Versuch richtig nachgesprochen, werden die 3 Wörter bis zu 6x wiederholt, bis alle Wörter gelernt sind.
  - Betrifft Abschnitt **«C. Konzentration»** (Fragen 14 bis 18, S. 1193)
    - Der Patient soll selbständig rechnen und von der Zahl 100 fortlaufend 7 subtrahieren (der Arzt sagt jeweils «weiter» und nach 5 Schritten wird abgebrochen).
    - Falsche Zwischenresultate werden nicht korrigiert und ergeben keinen Punkt (wird von einem falschen Zwischenresultat korrekt 7 abgezogen, wird dies mit einem Punkt bewertet).
  - Betrifft Abschnitt **«Kurzzeitgedächtnis»** (Fragen 19 bis 21, S. 1193)
    - Die Reihenfolge der Wörter spielt keine Rolle.
  - Betrifft Abschnitt **«Benennen»** (Frage 23, S. 1193)
    - Wird die eigene Armbanduhr verwendet, soll diese vom Handgelenk entfernt werden, ohne dass es der Patient sehen kann und dann vorgezeigt werden.
  - Betrifft Abschnitt **«3-Punkte-Befehl»** (Fragen 25 bis 27, S. 1193)
    - Sicherstellen, dass der Patient alle 3 Anweisungen erhalten hat. Erst dann soll er diese ausführen.
    - Jede korrekt ausgeführte Handlung gibt 1 Punkt.
  - Betrifft Abschnitt «Schriftliche Aufforderung» (Frage 28, S. 1193)
    - Dieser Abschnitt setzt eine ausreichende Sehfähigkeit voraus!
    - Gilt als richtig, wenn der Patient die Augen schliesst.
  - Betrifft Abschnitt **«Schreiben»** (Frage 29, S. 1193)
    - Lassen Sie den Patienten irgendeinen sinnvollen Satz schreiben (nicht vorsagen).
    - Der Satz gilt als richtig, wenn er mindestens aus einem Haupt- und einem Tätigkeitswort besteht.
  - Betrifft Abschnitt **«Figur abzeichnen»** (Frage 30, S. 1193)
    - Für Bewertung richtig/falsch gilt:
      -- Es müssen alle Ecken/Winkel vorhanden sein
      -- 2 Ecken müssen sich überschneiden
      -- Zittrige Linien oder Rotation der Figuren gelten nicht als Fehler.

Interpretation des MMS	
< 20 Punkte	Kognitive Beeinträchtigung hoch wahrscheinlich
20-26 Punkte	Kognitive Beeinträchtigung wahrscheinlich
>26 Punkte	Kognitive Beeinträchtigung wenig wahrscheinlich

Mini-mental state Test — FOLSTEIN[1]

Vorg: **A. Orientierung** (zeitlich und örtlich)* ***1 Punkt pro richtige Antwort***

1. Jahr? ☐
2. Saison? ☐
3. Monat? ☐
4. Tag des Monats? ☐
5. Wochentag? ☐
6. Land? ☐
7. Kanton bzw. Bundesland? ☐
8. Gemeinde? ☐
9. Krankenanstalt, Einrichtung? ☐
10. Stockwerk? ☐ Untertotal: __/ 10

B. Merkfähigkeit: 3 Wörter vorsprechen und vom Probanden* nachsprechen lassen, bis er sich die Gegenstände merken kann.

11. Zitrone ☐
12. Schlüssel ☐
13. Ball ☐ Untertotal: __/ 3

C. Konzentration: Rechnung 100 - 7.

14. Richtige Antwort: 93 ☐
15. Richtige Antwort: 86 ☐
16. Richtige Antwort: 79 ☐
17. Richtige Antwort: 72 ☐
18. Richtige Antwort: 65 ☐ Untertotal: __/ 5

D. Kurzzeitgedächtnis: wiederholen der unter «B» gemerkten Wörter.*

19. Zitrone ☐
20. Schlüssel ☐
21. Ball ☐ Untertotal: __/ 3

E. Sprache

Benennen*

22. Ein Bleistift oder Kugelschreiber wird gezeigt. Name? ☐
23. Eine Uhr wird gezeigt. Name? ☐

Nachsprechen lassen

24. Zu wiederholende Wörter: «**Bitte keine wenn und aber**» ☐
(1 Punkt wenn der Satz beim ersten Versuch korrekt wiederholt wird)

Verständnis (3-Punkte Befehl)*

25. «Nehmen Sie das Papier in die linke Hand» ☐
26. «Falten Sie es in der Mitte» ☐
27. «Legen Sie es auf den Boden» ☐

Schriftliche Aufforderung*

28. Dem Patienten diesen Text zeigen: ☐
(1 Punkt wenn der Patient die Augen schliesst)

Schliessen Sie die Augen

Schreiben*

29. Der Proband soll einen vollständigen Satz schreiben.
(1 Punkt wenn der Satz ein Subjekt und ein Verb hat, sowie einen Sinn ergibt) ☐ Untertotal: __/ 8

F. Figur abzeichnen (konstruktive Praxie)

30. Der Proband zeichnet die Figur von 2 Pentagonen.
(die Figuren müssen 5 Ecken haben und müssen sich überschneiden)

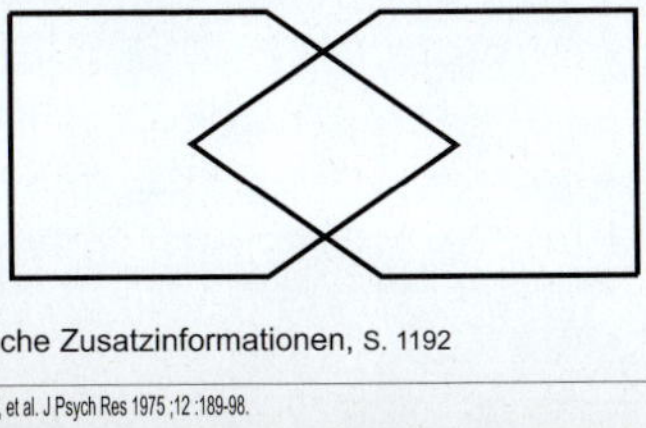

TOTAL (siehe Interpretation S. 1192)

* Siehe praktische Zusatzinformationen, S. 1192

1 Angepasst nach: Folstein MF, et al. J Psych Res 1975 ;12 :189-98.

Uhrentest = Clock-Test[1]

Vorg: • Praktisches Vorgehen beim Uhrentest:

1. Das Blatt mit der Aufschrift **«Bitte zeichnen Sie eine Uhr»** und dem vorgegebenen Kreis wird dem Patienten vorgelegt.
2. Der Patient wird wie folgt instruiert: **«Bitte zeichnen Sie eine Uhr mit allen Zahlen und Zeigern die nötig sind und sagen Sie mir, wenn Sie fertig sind.»**
   - Bei Unklarheiten werden die Testinstruktionen unter Verwendung von Synonymen, wie z.B. «Zifferblatt» statt «Uhr» oder «Ziffern» statt «Zahlen», wiederholt.
3. Der Patient soll jetzt die aktuelle Uhrzeit auf dem Blatt einzeichnen: **«Bitte schreiben Sie nun die Uhrzeit der gezeichneten Uhr in den unteren Kasten».**
   - Beginnt der Patient nicht mit der Ausführung oder hat er die Aufgabe nicht verstanden, wird die Anleitung maximal 3x wiederholt.

Uhrentest	**Ja**	**Nein**	**Total**
Sind 12 Zahlen vorhanden?	1	0	
Ist die Zahl «12» oben?	2	0	
Sind zwei unterscheidbare Zeiger vorhanden (Dicke oder Länge)?	2	0	
Stimmt die gezeichnete Zeit mit der Zeit im «Fahrplanformat» überein?	2	0	
Total Uhrentest (max. 7 Punkte)			

Interpretation:
Punktzahl ≤ **5 Punkt**e: kognitive Einschränkung möglich.

Einschränkende Faktoren des MMS und des Uhrentests

- Falsch tiefer Wert z.B. bei:
  - Schwerhörigkeit
  - Ungenügendes Bildungsniveau
  - Fremdsprachigkeit
- Falsch hoher Wert, z.B. bei:
  - Hohes Bildungsniveau
  - Störung vorwiegend der räumlichen, visuellen bzw. der exekutiven Fähigkeiten
  - Unkorreter Durchführung

1 Cahn DA, et al. Arch Clin Neuropsychol 1996 ;11 :529-39.

Indikationen zur Akuthospitalisierung in psychiatrischer Abteilung

Ind: **Für die PRAXIS:**

Indikationen zur notfallmässigen, psychiatrischen Hospitalisierung:

1. Melancholischer Zustand
2. Delirante Ideen
3. Akute Exazerbation einer schizophrenen Psychose
4. Schwere Depression, S. 1185
5. Gut etabliertes und geplantes Suizidprojekt
6. Verweigerung aller Art von ambulanter Therapie (inkl. Anosognosie)

Faktoren, welche eine notfallmässige Hospitalisierung unterstützen:

1. Sehr dramatisierende, schwerfällige familiäre Stimmung
2. Stark isolierte und ältere isolierte Personen (Niveau Familie und affektiv)
3. Kürzlich aufgetretene, sehr traumatisierende Ereignisse

Tentamen - Suizidversuch - Suizidgedanken [X60-X85]

Def:

- **Suizid**
  Akt, durch welchen eine Person sich absichtlich das Leben nimmt.
- **Suizidversuch** (SV)
  Erfolgloses Verhalten, sich zu supprimieren. Der Suizidversuch ist eine menschliche Haltung und Erfahrung, aber keine Krankheit.
- **Suizidgedanken**
  An die Möglichkeit denken, sich zu supprimieren. Imaginäre Konstruktion eines Szenarios, ohne zum Akt zu schreiten.
- **Suizidales Verhalten**
  Bewusstes Verhalten, welches zur Selbsttötung führen soll. Dieses Verhalten muss vom risikoreichen Verhalten unterschieden werden, wo die Person ein unbewusstes und ungewolltes Risiko auf sich nimmt, um zu sterben.

GERIA PSY

Einige wichtige Bemerkungen im Zusammenhang mit dem Suizid

ⓘ Jeder Suizidversuch muss seriös behandelt werden, auch wenn (und vor allem!) frühere Suizidversuche «banal» waren!

ⓘ Eine erfolglose oder fehlende Therapie führt oft zum Suizidrezidiv mit verstärkter Autoaggression.

ⓘ 15 % der Patienten leiden an einer schweren Depression mit hohem Risiko, einen Selbstmord zu realisieren.

ⓘ Haltung gegenüber jedem Suizidversuch (auch wenn scheinbar banal):
- Vermeiden zu banalisieren und/oder die Geste zu devalorisieren. Der Suizidversuch darf unter keinen Umständen unterschätzt werden («die Ruhe vor dem Sturm»).
- Das Wort «Erpressung» sollte nicht benutzt werden.
- Den Patienten nicht unter Druck setzen.
- Den «Hilferuf» hinter jedem Suizidversuch suchen und erkennen!

ⓘ Man soll keine Angst haben, das Wort «Selbstmord» zu benutzen. Den Patienten über seine genauen Suizidideen befragen.

ⓘ Es gibt keine Medikamente, die den Suizid behandeln würden. Hingegen gibt es Medikamente, um die zu Grunde liegende psychiatrische oder somatische Erkrankung zu behandeln.

ⓘ Im Rahmen einer notfallmässigen Intervention bei einem deprimierten Patienten, ist das Verschreiben eines Antidepressivums nicht gerechtfertigt (späte Wirkung).

ⓘ Ein Suizidversuch sollte nicht dramatisiert werden. Nicht jeder Patient muss in eine psychiatrische Abteilung eingeliefert werden.

ⓘ Dafür sorgen, dass keine somatische Problematik unentdeckt bleibt (kardiale Toxizität von Trizyklika, Medikamentenabusus + Alkohol)

Allg:
- Ein Allgemeinpraktiker sieht ca. 6 Suizidversuche (SV)/Jahr und 1 Suizid alle 2 Jahre.
- 60 % der Patienten, die einen SV unternehmen, haben ihren Hausarzt im letzten Monat konsultiert und 36 % in der Vorwoche des Suizidversuches.
- Inzidenz (CH): **10'000-12'000 Suizidversuche/Jahr**
- Im Jahr 2002, gab es in der Schweiz rund 1500 Todesfälle infolge Suizid.
- SV: Frauen > Männer (3/1), aber die Männer haben eine höhere Todesrate.
- Rezidive von SV in 10 Jahren: 20-30 %
- 50 % der Personen zw. 15-19 Jahren haben einmal Suizidigedanken gehabt.
- Bei Jugendlichen ist der Suizid der zweite Mortalitätsgrund (nach dem Unfall).
- Personen, die an einer psychischen Krankheit leiden, haben ein 5-10x höheres Risiko, einen Suizidversuch durchzuführen, im Vergleich zu Personen ohne psychiatrische Erkrankung.
- **Psychiatrische Störungen im Zusammenhang mit Suizidgedanken**
  - Schwere Depression mit:
    - Psychomotorischer Verlangsamung
    - Konzentrationsstörung
    - Mangel an Lebensfreude
    - Schlafstörungen
    - Todesgedanken
  - Delir-Melancholie mit:
    - Schuldgefühlen
    - Unwürdegefühlen
    - Idee, eine «Ruine» zu sein
    - Verfolgungswahn
  - Psychotische Zustände mit deliranten Ideen
  - Alkoholismus
  - Drogensucht (Heroin, Kokain, *Crack*, Ecstasy, Amphetamine, LSD u.a.)
    - Die Einnahme von Ecstasy oder Kokain in Form von *Crack* (= freie Base des Kokains) kann, während der Abgangsphase, paranoide, delirante Störungen auslösen, was zu auto- und heteroaggressivem Verhalten führen kann.
  - Persönlichkeitsstörungen vom Typ *Borderline*
  - Mehrere Suizide in der Vorgeschichte (persönliche oder Familienanamnese)
  - Fortgeschrittene, chronische und invalidisierende medizinische Grunderkrankung
  - Männliches Geschlecht
  - Verlust des Lebenspartners bei älteren Personen
  - Demenz
  - Berufliche Isolierung und Einsamkeit, Arbeitslosigkeit
  - Notsituationen (Festtage, Ferienperioden u.a.)
  - Medizinalberuf
- **Letalität der Suizid-Methode**
  - Schiesswaffe > Aufhängen > Gas > Eisenbahn > Ertrinken > Defenestrierung > medikamentöse Intoxikation
- **Suizidgedanken mit schlechter Prognose**
  - Der Patient kann sich von den Suizidgedanken nicht lösen; er verbleibt mit der Idee, dass der Tod die einzige Lösung ist.
  - Der Patient erfährt die Suizidgedanken als imposante und impulsive Gedanken.
  - Der Patient hat klare Suizidgedanken und -pläne.
  - Der Patient hat den Suizidversuch bereits vorbereitet.
  - Der Patient ist nicht kooperativ oder ist oppositionell.
  - Der Patient ist sich seines Zustandes nicht bewusst.
  - Der Patient banalisiert seinen Zustand.
  - Der Patient verweigert die ambulante Therapie.
- **Zu treffende Entscheidung aufgrund der klinischen Beurteilung**
  - Es gibt keine stereotype Therapie des Suizidversuches. Am wichtigsten ist die psychotherapeutische Verbindung bzw. die Beziehung zw. dem Therapeuten und dem Patienten.
  - Gewisse Ärzte können sich, bis dass der Psychiater oder die Ambulanz zur Stelle ist, devalorisiert vorkommen («Rolle des einfachen Sanitäters spielen und einige beruhigende Wörter sprechen»). Aber diese Rolle ist fundamental, denn sie ist ein Grundstein für die Qualität der weiteren Beziehung mit dem Patienten.

KLINISCHE PHARMAKOLOGIE

Die medikamentösen Wechselwirkungen werden oft vernachlässigt!
Die Liste der CYTOCHROME P450 (S. 1452) **hilft dabei, diese zu beurteilen.**

Betalaktame I	**Penicilline**						**Carbapeneme**			**Monobaktam**
	P1G		**P2G**	**P3G**		**P4G**				
	IV	PO	PO, **IV**	PO, **IV**	PO, **IV**	**IV**	**IV**	**IV**	**IV**	**IV**
Aktivitätsspektren einiger Antibiotika (Tabelle 1) <u>WICHTIG</u>: Mit mikrobiologischem Labor Kontakt aufnehmen, wegen lokalen Resistenzen!	Penicillin G PENICILLIN® G	Penicillin V PENICILLIN® V	Flucloxacillin STAPHYLEX®	Amoxicillin	Amoxicillin/Clavulansäure AUGMENTAN®	Piperacillin/Tazobactam TAZOBAC®	Imipenem/Cilastatin ZIENAM®	Meropenem MERONEM®	Ertapenem INVANZ®	Aztreonam AZACTAM®
GRAM-positive Keime										
Streptococcus A, B, C, G	+	+	+	+	+	+	+	+	+	0
Streptococcus pneumoniae	+	+	+	+	+	+	+	+	+	0
Streptococcus viridans	±	±	±	±	±	±	+	+	+	0
Enterococcus faecalis	+	+	0	+	+	+	+	±	±	0
Staph. aureus MSSA	0	0	+	0	+	+	+	+	+	0
Staph. aureus **MRSA**	0	0	0	0	0	0	0	0	0	0
Staph. aureus **CA-MRSA**	0	0	0	0	0	0	0	0	0	0
Staph. epidermidis	0	0	±	±	+	+	+	+	+	0
Listeria monocytogenes	+	0	0	+	+		+	+	±	0
GRAM-negative Keime										
Neisseria gonorrhoeae	0	0	0	0	±	+	+	+	+	+
Neisseria meningitidis	+	0	0	+	+	+	+	+	+	+
Moraxella catharralis	0	0	0	0	+	+	+	+	+	+
Haemophilus influenzae	0	0	0	±	+	+	+	+	+	+
Escherichia coli	0	0	0	±	+	+	+	+	+	+
Klebsiella sp.	0	0	0	0	+	+	+	+	+	+
Enterobacter sp.	0	0	0	0	0	+	+	+	+	+
Serratia sp.	0	0	0	0	0	+	+	+	+	+
Salmonella sp.	0	0	0	±	+		+	+	+	-
Shigella sp.	0	0	0	±	+		+	+	+	+
Proteus mirabilis		0	0	+	+	+	+	+	+	+
Proteus vulgaris		0	0	0	+	+	+	+	+	+
Citrobacter sp.	0	0	0	0	0	+	+	+	+	+
Morganella sp.	0	0	0	0	±	+	+	+	+	+
Pseudomonas aeruginosa	0	0	0	0	0	+	+	+	+	+
Stenotrophomonas maltophilia	0	0	0	0	0	±	0	0	0	0
Yersinia enterocolitica	0	0	0	0	±		+			+
Legionella sp.	0	0	0	0	0	0	0	0	0	0
Atypische Keime										
Chlamydia sp.	0	0	0	0	0	0	0	0	0	0
Mycoplasma pneumoniae	0	0	0	0	0	0	0	0	0	0
Anaerobier										
Actinomyces	+	±	0	+	+		+			0
Bacteroides fragilis	0	±	0	0	+	+	+	+	+	0
Clostridium difficile	+A	0	0		0		+A	+A	+A	0
Clostridium non difficile	+	+		+	+	+	+	+	+	0

Notizen

+ = Klinisch aktiv oder erwartete Wirksamkeit > 60 %
0 = Keine Aktivität oder erwartete Wirksamkeit < 30 %
± = Keine Studien oder erwartete Wirksamkeit von 30-60 %
leer = Keine Evidenz

A **<u>Clostridium difficile</u>:**
Es gibt keine Evidenz, dass Penicilline oder Chinolone wirksam sind bei Clostridium difficile Enterokolitis. Sie können aber diesen Keim bei intraabdominaler oder pelviner Infektion im Rahmen einer Mischinfektion decken.

PHARMA

Betalaktame II	**Cephalosporine**										
	C1G	**C2G**				**C3G**					**C4G**
	IV	**IV**	PO	**IV**	PO	**IM, IV**	**IV**	PO	PO	**IM, IV**	**IV**
Aktivitätsspektren einiger Antibiotika (Tabelle 2) <u>WICHTIG</u>: Mit mikrobiologischem Labor Kontakt aufnehmen, wegen lokalen Resistenzen!	Cefazolin BASOCEF®	Cefuroxim Natrii ZINACEF®	Cefuroxim axetil ZINNAT®	Cefoxitin MEFOXITIN®	Cefprozil (nicht in D)	Ceftriaxon ROCEPHIN®	Cefotaxim CLAFORAN®	Cefixim CEPHORAL®	Ceftibuten KEIMAX®	Ceftazidim FORTUM®	Cefepim MAXIPIME®
GRAM-positive Keime											
Streptococcus A, B, C, G	+	+	+	+	+	+	+	+	+	+	+
Streptococcus pneumoniae	+	+	+	+	+	+	+	+	±	+C	+
Streptococcus viridans	+	+	+	+	0	+	+	+	0	±C	+
Enterococcus faecalis	0	0	0	0	0	0	0	0	0	0	0
Staph. aureus MSSA	+	+	+	+	+	+	+	0	0	±	+
Staph. aureus **MRSA**	**0**	**0**	**0**	**0**	**0**	**0**	**0**	**0**	**0**	**0**	**0**
Staph. aureus **CA-MRSA**	**0**	**0**	**0**	**0**	**0**	**0**	**0**	**0**	**0**	**0**	**0**
Staph. epidermidis	±	±	±	±	±	±	±	0	0	±	±
Listeria monocytogenes	0	0	0	0	0	0	0	0	0	0	0
GRAM-negative Keime											
Neisseria gonorrhoeae	+	±	±	±	±	+	±	+	±	±	+
Neisseria meningitidis	0	+	±	±	±	+	+	±	±	±	+
Moraxella catharralis	±	+	+	+	+	+	+	+	+	+	+
Haemophilus influenzae	+	+	+	+	+	+	+	+	+	+	+
Escherichia coli	+	+	+	+	+	+	+	+	+	+	+
Klebsiella sp.	+	+	+	+	+	+	+	+	+	+	+
Enterobacter sp.	0	±	0	0	0	+	+	0	±	+	+
Serratia sp.	0	0	0	0	0	+	+	±	±	+	+
Salmonella sp.						+	+			+	+
Shigella sp.						+	+			+	+
Proteus mirabilis	+	+	+	+	+	+	+	+	+	+	+
Proteus vulgaris	0	+	0	+	0	+	+	+	+	+	+
Citrobacter sp.	0	±	±	±	0	+	+	+	+	+	+
Morganella sp.	0	±	±	+	0	+	+	0	0	+	+
Pseudomonas aeruginosa	**0**	**0**	**0**	**0**	**0**	**±**	**±**	**0**	**0**	**+**	**+**
Stenotrophomonas maltophilia	0	0	0	0	0	0	0	0	0	±	0
Yersinia enterocolitica	0	±		±		+	+	+	+	±	+
Legionella sp.	0	0	0	0	0	0	0	0	0	+	0
Atypische Keime											
Chlamydia sp.											
Mycoplasma pneumoniae											
Anaerobier											
Actinomyces						+					
Bacteroides fragilis	0	0	0	0	0	0	0	0	0	0	0
Clostridium difficile		0	0			0	0				0
Clostridium non difficile		+	+	+	+	+	+	0		+	+

Notizen

+	=	Klinisch aktiv oder erwartete Wirksamkeit > 60 %
0	=	Keine Aktivität oder erwartete Wirksamkeit < 30 %
±	=	Keine Studien oder erwartete Wirksamkeit von 30-60 %
leer	=	Keine Evidenz

C Ceftazidim ist ca. 10x weniger aktiv als Cefotaxim oder Ceftriaxon; Ceftazidim ist nur gegen penicillinsensible Stämme aktiv.

Chinolone	Chinolone						
	Alte Generation			Neue Generation			
	PO, **IV**	PO	PO, **IV**	PO, **IV**	PO	PO	**IV**
Aktivitätsspektren einiger Antibiotika (Tabelle 3) <u>WICHTIG</u>: Mit mikrobiologischem Labor Kontakt aufnehmen, wegen lokalen Resistenzen!	Ciprofloxacin CIPROBAY®	Norfloxacin BACTRACID®	Ofloxacin TARIVID®	Levofloxacin TAVANIC®	Moxifloxacin AVALOX®	Lomefloxacin (nicht in D)	Gatifloxacin (nicht in D)
GRAM-positive Keime							
Streptococcus A, B, C, G	±	0	±	+	+	0	+
Streptococcus pneumoniae	±	0	±	+	+	0	+
Streptococcus viridans	0	0	0	+	+		+
Enterococcus faecalis	B	0	B	+	+		+
Staph. aureus MSSA	+	±	+	+	+	+	+
Staph. aureus **MRSA**	**0**	**0**	**0**	**0**	**±**	**0**	**±**
Staph. aureus **CA-MRSA**	±			±	±		±
Staph. epidermidis	+	±	+	+	+	+	+
Listeria monocytogenes	+						
GRAM-negative Keime							
Neisseria gonorrhoeae	+	+	+	+	+	+	+
Neisseria meningitidis	+		+	+	+		+
Moraxella catharralis	+	+	+	+	+	+	+
Haemophilus influenzae	+	+	+	+	+	+	+
Escherichia coli	+	+	+	+	+	+	+
Klebsiella sp.	+	+	+	+	+	+	+
Enterobacter sp.	+	+	+	+	+	+	+
Serratia sp.	+	+	+	+	+	+	+
Salmonella sp.	+	+	+	+	+		+
Shigella sp.	+	+	+	+	+		+
Proteus mirabilis	+	+	+	+	+	+	+
Proteus vulgaris	+	+	+	+	+	+	+
Citrobacter sp.	+	+	+	+	+	+	+
Morganella sp.	+	+	+	+	+	+	+
Pseudomonas aeruginosa	**+**	**±**	**+**	**±**	**±**	**±**	**±**
Stenotrophomonas maltophilia	0	0	0	±	±	0	±
Yersinia enterocolitica	+	+	+	+	+	+	+
Legionella sp.	+		+	+	+		+
Atypische Keime							
Chlamydia sp.	+	0	+	+	+	+	+
Mycoplasma pneumoniae	+	0	+	+	+		+
Anaerobier							
Actinomyces	0	0	±	0	+		+
Bacteroides fragilis	0	0	0	0	±	0	±
Clostridium difficile	±			+	±A	0	±A
Clostridium non difficile	±		±		+	0	+

Notizen

+ = Klinisch aktiv oder erwartete Wirksamkeit > 60 %
0 = Keine Aktivität oder erwartete Wirksamkeit < 30 %
± = Keine Studien oder erwartete Wirksamkeit von 30-60 %
leer = Keine Evidenz

A **Clostridium difficile:**
Es gibt keine Evidenz, dass Penicilline oder Chinolone wirksam sind bei Clostridium difficile Enterokolitis. Sie können aber diesen Keim bei intraabdominaler oder pelviner Infektion im Rahmen einer Mischinfektion decken.

B Die meisten Stämme des Enterococcus faecalis sind ± sensibel. Ciprofloxacin und Ofloxacin können bei HWI verabreicht werden, nicht aber bei einer systemischen Infektion.

PHARMA

Diverse Antibiotika I	**Amino-glykosid**		**Linko-samin**	**Makrolide**			**Glyko-peptide**	
	IV, IM	**IV, IM**	**IV**, PO	PO	**IV**, PO	PO	**IV**, PO	**IV**
Aktivitätsspektren einiger Antibiotika (Tabelle 4) WICHTIG: Mit mikrobiologischem Labor Kontakt aufnehmen, wegen lokalen Resistenzen!	Amikacin REFOBACIN®	Gentamicin REFOBACIN®	Clindamycin SOBELIN®	Azithromycin ZITHROMAX®	Clarithromycin KLACID®	Thelithromycin KETEK®	Vancomycin	Teicoplanin TARGOCID®
GRAM-positive Keime								
Streptococcus A, B, C, G	0	0	+	+	+	+	+	+
Streptococcus pneumoniae	0	0	+	+	+	+	+	+
Streptococcus viridans	S	S	0	0	0	±	+	+
Enterococcus faecalis	S	S	0	0	0	0	±	±
Staph. aureus MSSA	+	+	+	+	+	+	+	+
Staph. aureus **MRSA**	**0**	**0**	**0**	**0**	**0**	**0**	**+**	**+**
Staph. aureus **CA-MRSA**			±	±	±	±	+	+
Staph. epidermidis	±	±	0	0	0	0	+	±
Listeria monocytogenes	S	S		+	+	+	+	+
GRAM-negative Keime								
Neisseria gonorrhoeae	0	0	0	±	±	±	0	
Neisseria meningitidis	**0**	**0**	**0**	**+**			**0**	**0**
Moraxella catharralis	+	+	0	+	+	+		
Haemophilus influenzae	+	+	0	+	+	+		
Escherichia coli	+	+	0	0	0	0	0	0
Klebsiella sp.	+	+	0	0	0	0	0	0
Enterobacter sp.	+	+	0	0	0	0	0	0
Salmonella sp.			0	±	0	0	0	0
Shigella sp.	+	+	0	±	0	0	0	0
Serratia marcensens	+	+	0	0	0	0	0	0
Proteus vulgaris	+	+	0	0	0	0	0	0
Acinetobacter	0	0	0	0	0	0	0	0
Pseudomonas aeruginosa	**+**	**+**	**0**	**0**	**0**	**0**	**0**	**0**
Stenotrophomonas maltophilia	0	0	0	0	0	0	0	0
Yersinia enterocolitica	+	+	0	0	0	0		
Brucella sp.	+	+	0	0	0	0	0	0
Legionella sp.				+	+	+		
Atypische Keime								
Chlamydophilia sp	0	0	±	+	+	+		
Mycoplasma pneumoniae	0	0	0	+	+	+		
Rickettsia sp.	0	0				+	0	0
Mycobacterium avium				+	+			
Anaerobier								
Actinomyces	0	0	+	+	+		+	
Bacteroides fragilis	0	0	+	0	0		0	
Clostridium difficile	0	0					+	+
Clostridium non difficile			+	+	+		+	+
Peptostreptococcus sp.	0	0		+	±	+	+	+

Notizen

+	=	Klinisch aktiv oder erwartete Wirksamkeit > 60 %
0	=	Keine Aktivität oder erwartete Wirksamkeit < 30 %
±	=	Keine Studien oder erwartete Wirksamkeit von 30-60 %
leer	=	Keine Evidenz

S Synergistische Wirkung bei Kombination von: Penicillin, Amoxicillin, Vancomycin oder Teicoplanin

PHARMA

Diverse Antibiotika II	**Sonstige Antibiotika**					
	IV, PO	**IV**, PO	**IV**, PO	PO	**IV**	**IV**, PO
Aktivitätsspektren einiger Antibiotika (Tabelle 5) <u>WICHTIG</u>: Mit mikrobiologischem Labor Kontakt aufnehmen, wegen lokalen Resistenzen!	Co-Trimoxazol COTRIM®	Doxycyclin	Metronidazol	Rifampicin RIFA®	Quinupristin/Dalfopristin*	Linezolid ZYVOXID®
GRAM-positive Keime						
Streptococcus A, B, C, G	+	±	0	+	+	+
Streptococcus pneumoniae	+	+	0	+	+	+
Streptococcus viridans	+	0	0	±	0	+
Enterococcus faecalis	0	0	0	0	+	+
Staph. aureus MSSA	+	±	0	+	+	+
Staph. aureus **MRSA**	**+**	±	**0**	**+**	**+**	**+**
Staph. aureus **CA-MRSA**	+	+	0	+	+	+
Staph. epidermidis	±	0	0	+	+	+
Listeria monocytogenes	+	+	0	+	+	+
GRAM-negative Keime						
Neisseria gonorrhoeae	±	±	0	+	+	
Neisseria meningitidis	**+**	**+**	**0**	**+**	**0**	**0**
Moraxella catharralis	+	+	0	+	+	±
Haemophilus influenzae	±	+	0	+	±	±
Escherichia coli	+	+	0	0	0	0
Klebsiella sp.	+	±	0	0	0	0
Enterobacter sp.		0	0	0	0	0
Salmonella sp.	±	±	0	0	0	0
Shigella sp.	±	±	0	0	0	0
Serratia marcensens	±	0	0	0		0
Proteus vulgaris	0	0	0	0		0
Acinetobacter	0	0	0	0		0
Pseudomonas aeruginosa	**0**	**0**	**0**	**0**	**0**	**0**
Stenotrophomonas maltophilia	+	0	0			0
Yersinia enterocolitica	+	0	0			0
Brucella sp.	+	+	0	+		0
Legionella sp.	+	+	0			
Atypische Keime						
Chlamydophilia sp	0	+	0	+	+	+
Mycoplasma pneumoniae	0	+	0		+	0
Rickettsia sp.		+	0			
Mycobacterium avium			0		0	0
Anaerobier						
Actinomyces		+	0			
Bacteroides fragilis	0	±	+			±
Clostridium difficile	0		+	±		±
Clostridium non difficile	0	+	+	+		+
Peptostreptococcus sp.	0	+	+			+

Notizen

+	=	Klinisch aktiv oder erwartete Wirksamkeit > 60 %
0	=	Keine Aktivität oder erwartete Wirksamkeit < 30 %
±	=	Keine Studien oder erwartete Wirksamkeit von 30-60 %
leer	=	Keine Evidenz

S Synergistische Wirkung bei Kombination von: Penicillin, Amoxicillin, Vancomycin oder Teicoplanin

* Quinupristin/Dalfopristin (SYNERCID®) wird in 60 min **IV** verabreicht (Phlebitisrisiko).

PHARMA

Antibiotika: Wirkungsort

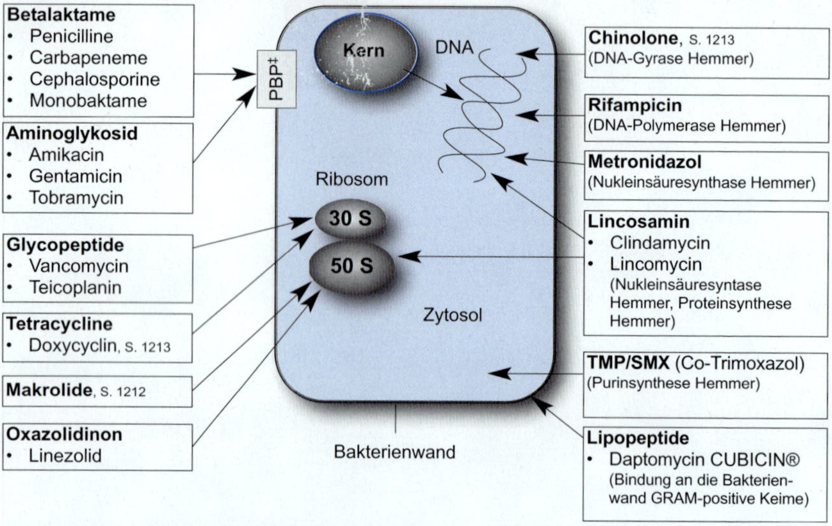

Betalaktame

Allg: Betalaktame sind bakterizide AB mit direkter Wirkung an der Bakterienwand.

Klas: **Betalaktame**

Penicilline

P1G

Wirkungsspektrum

Aktiv gegen:
- Mehrere Streptokokken
- Einige Anaerobier

Nicht aktiv gegen:
- Staphylokokken (MSSA und MRSA)
- *Pseudomonas*

Beispiele	Adm.
Penicilline der Gruppe G (500'000 IE ≅ 300 mg)	
• Natrium Benzylpenicillin*	
- PENICILLIN® Grünenthal	**IM, IV**
• Procain Benzylpenicillin	
- PROCAIN-PENICILLIN® (in D nicht erhältlich)	**IM**
• Benzathinpenicillin (Retard; HWZ ca. 3 Wo)	**IM**

P2G

Wirkungsspektrum

Aktiv gegen:
- Mehrere Streptokokken
- *Staphylococcus aureus MSSA*

Nicht aktiv gegen:
- MRSA
- *Pseudomonas*

Beispiele	Adm.
Orale Penicilline der Gruppe V (500'000 IE ≅ 312 mg)	
• Phenoxymethylpenicillin	
- MEGACILLIN®	PO
- ISOCILLIN®	PO
- PENBETA® Mega	PO
- INFECTOCILLIN®	PO

‡ PBP (Penicillin binding protein): Dieses Protein ist der Wirkungsort aller Betalaktame.
* Die galenische Form «Natrium-Benzylpenicillin» hat eine kurze HWZ von ca. 45 min und wird IM oder IV alle 6-8 h verabreicht. 1 Million Einheiten = 600 mg Natrium-Benzylpenicillin.

P3G

Wirkungsspektrum

Aktiv gegen:
- Mehrere Streptokokken
- Viele GRAM-negative Bakterien

Nicht aktiv gegen:
- MRSA
- *Pseudomonas*

Beispiele	Adm.
Penicillinase-resistente Penicilline	
• Flucloxacillin	
- STAPHYLEX®	**IV, IM**, PO
Aminopenicilline (Betalaktamase resistent)	
• Amoxicillin	
- CLAMOXYL®	PO, **IM, IV**
• Amoxicillin/Clavulansäure	
- AUGMENTAN®	PO, **IV**

P4G

Wirkungsspektrum

Aktiv gegen:
- Gleiches Spektrum wie die P3G mit dem Unterschied, dass auch der *Pseudomonas* abgedeckt wird!

Beispiel	Adm.
• Piperacillin/Tazobactam	
- TAZOBAC®	**IV**

Carbapeneme

Wirkungsspektrum

Aktiv gegen:
- Viele Streptokokken
- MSSA
- GRAM-negative Bakterien, inkl. *Pseudomonas*
- Anaerobier

Beispiele	Adm.
• Meropenem	
- MERONEM®	**IV**
• Ertapenem	**IV**
- INVANZ®	

Monobaktam

Wirkungsspektrum

Aktiv gegen:
- GRAM-negative Aerobier

Nicht aktiv gegen:
- GRAM-positive Bakterien
- Anaerobier

Beispiel	Adm.
• Aztreonam	
- AZACTAM®	**IV**

Cephalosporine

C1G

Wirkungsspektrum

Aktiv gegen:
- GRAM-negative Bakterien, wobei der *Pseudomonas* nicht abgedeckt ist!

Beispiele	Adm.
• Cefaclor	
- CEC®	PO
• Cefazolin	
- CEFAZOLIN®	**IV**
- BAKTOZIL®	**IV**

C2G	**Wirkungsspektrum** Aktiv gegen: • GRAM-negative Bakterien • *Staphylococcus aureus,* Pneumokokken • Einige atypische Keime		
	Beispiele	Adm.	
	Per os • Cefuroxim axetil - ZINNAT®, CEFUROXIM-AL®	PO	
	Parenteral • Cefuroxim Natrii - CEFUROXIM®	**IV**	
	• Cefuroxim Natrii - ZINACEF®	**IV, IM**	
	• Cefoxitin - MEFOXITIN®	**IV**	
C3G	**Wirkungsspektrum** Aktiv gegen: • GRAM-negative Bakterien; der *Pseudomonas* wird nicht abgedeckt • Aktiv gegen die Pneumokokken • Gewisse atypische Keime (das Spektrum ist aber im Vergleich zur C2G breiter) • Einige Anaerobier		
	Beispiele	Adm.	
	Per os • Cefixim - CEPHORAL®	PO	
	• Ceftibuten - KAIMAX®	PO	
	• Cefpodoxim - ORELOX®	PO	
	Parenteral • Cefotaxim Natrii - CLAFORAN®	**IV**	
	• Ceftriaxon - ROCEPHIN®	**IV, IM**	
	• Ceftazidim - FORTUM®	**IV, IM**	
C4G	**Wirkungsspektrum** Aktiv gegen: • GRAM-negative Bakterien; der *Pseudomonas* wird abgedeckt. • Der Pneumokokke ist abgedeckt. • Gewisse atypische Keime (das Spektrum ist aber im Vergleich zur C3G breiter) • Einige Anaerobier		
	Beispiel	Adm.	
	• Cefepim - MAXIPIME®	**IV**	

NW: Nebenwirkungen der Betalaktame (häufiger bei parenteraler als bei oraler Gabe)
- Diarrhoe (CAVE: pseudomembranöse Colitis)
- Nausea (selten)
- Urtikaria, Larynxödem
- Rash (mobiliformer Rash)
- Erythema nodosum, Erythema multiforme
- Allergische Rhinitis, Exanthem
- Pruritus
- Gelenkschmerzen
- Stomatitis, Glossitis
- Hepatozellulärer oder cholestatischer Leberschaden
- Hämatologische Störungen
  - Eosinophilie
  - Leukopenie, Neutropenie
  - Agranulozytose (sehr selten)
  - Thrombozytopenie
  - Hämolytische Anämie
  - Direkter Coombs-Test positiv
- Interstitielle Nephritis

Penicillinallergie

Allg:
- Bei der Penicillinallergie können alle 4 Allergietypen beobachtet werden (s. 30). Weiter im Text werden die 2 häufigsten allergischen Reaktionstypen beschrieben.
- Die sog. «Penicillinallergie» umfasst die gande Gruppe der Betalaktame (Penicilline, Carbapeneme, Cephalosporine, Monobaktame), wobei die Penicilline der 1. Generation die intensivsten Reaktionen auslösen.
- Penicilline vermindern die Thrombozytenaggregation, wodurch das hämorrhagische Risiko erhöht ist.

Klin: **1. Allergische Sofortreaktion: Typ I, IgE-vermittelt (Urtikaria, Asthma, Schock)**

- Dieser Allergietyp kann im Verlauf des Lebens verschwinden.
- Es ist wichtig, die Anamnese einer Penicillinallergie nachzuprüfen, denn viele Patienten glauben, dass sie allergisch sind, vertragen aber diese Medikamente nur schlecht (z.B. gastrointestinale Unverträglichkeit).
- Die Penicillinallergie kann durch Hautteste spezifisch bestimmt werden:
  - Ca. 16 % der Patienten mit positiver Penicillinallergie-Anamnese, aber negativen Hauttests, entwickeln bei Anwendung von Penicillinen trotzdem eine Allergie. Es ist deshalb bei genauer, anamnestisch schwergradiger Penicillinallergiereaktion empfohlen, dieses AB wenn möglich nicht zu verabreichen. Die Hauttests sollen direkt vor der Gabe von Penicillinen wiederholt werden.
- Bei Patienten mit einer Penicillinallergie-Anamnese (auch wenn wenig zuverlässig), müssen vor Penicillin-Gabe Hauttests durchgeführt werden. Wenn diese Tests positiv sind, die AB-Gabe aber unumgänglich ist, wird eine Desensibilisierung durchgeführt.
- Bei Patienten mit positiver Familienanamnese für eine Penicillinallergie, ist ein Hauttesting, bevor Penicillin verabreicht wird, nicht indiziert.
- Bei Patienten mit wenig zuverlässiger Anamnese auf eine Penicillinallergie, welche eine Behandlung mit Cephalosporinen benötigen, sollen Cephalosporine der 3. Generation verabreicht werden, denn Kreuzreaktionen mit Penicillinen sind selten (< 5 %).
- Patienten mit einer IgE-vermittelten Cephalosporinallergie, welche eine Behandlung mit Penicillinen benötigen, ist die Durchführung eines Hauttestings empfohlen. Wenn dieses negativ ist, können Penicilline verabreicht werden.
- Unmittelbar nach einer anaphylaktischen Reaktion (bis ca. 2 Wochen danach) ist ein Hauttesting unzuverlässig.

2. Morbiliformer Rash des «10. Tages» (verspätete Hypersensibilität)

- Kommt bei 5-13 % der Patienten unter Amoxicillin vor.
- Zeitpunkt des Auftretens: zwischen dem 3. und 58. Behandlungstag
- Dauer des Rashes: 3 Tage bis 3 Wochen
- Ein Hauttesting ist in der Regel nicht indiziert, ausser wenn der Rash einen urtikariellen Charakter annimmt oder der Patient die Anamnese einer vorhergegangenen, anaphylaktischen Reaktion meldet,
- Bei Vorhandensein eines Herpes Virus (EBV, CMV) oder RSV beobachtet man bei ca. 70 % eine Rash-Reaktion!

Vorg:
- Konsilium

Makrolide — Oxyzolidinon

Allg:
- Wirkungsmechanismus der Makrolide: bakteriostatisch oder bakterizid (je nach Konzentration und Empfindlichkeit der Erreger) mit Angriffspunkt an der Untereinheit 50S der Ribosomen, siehe auch Schema S. 1208
- Wirkungsspektrum, siehe Tabelle S. 1198 ff
- Die Makrolide sind i.d.R. gut verträgliche AB.

Bsp:

Makrolide	Beispiele	Adm.
Alte Generation		
Erythromycin	ERYTHRO-CT®	PO
	ERYTHROCIN® i.v.	**IV**
Neue Generation		
Azithromycin	ZITHROMAX®	PO
Clarithromycin	KLACID®/ Pulver für i.v.	PO, **IV**
Spiramycin	ROVAMYCINE®	PO
Roxithromycin	RULID®	PO
Josamycin (nicht in D)	JOSACINE®	PO
Midecamycin (nicht in D)	MOSIL®	PO
Dirithromycin (nicht in D)	DYNABAC®	PO
Telithromycin	KETEK®	PO
Makrolid verwandtes AB: **Oxazolodinon**		
Linezolid	ZYVOXID®	**IV**

NW:
- Nausea, Erbrechen (v.a. Erythromycin)
- Diarrhoe
- Hepatozellulärer oder cholestatischer Leberschaden
- Störungen des Geruchsinnes
- Hörstörungen, partieller Hörverlust
- Hautrash
- Kopfschmerzen
- Insomnie, Verwirrtheitszustand, Halluzinationen
- QT-Verlängerung
- Leukopenie, Thrombozytopenie
- Medikamentöse Wechselwirkungen:
  - Mit Ausnahme von Azithromycin sind die Makrolide potente CYP 3A4 Inhibitoren und erhöhen somit die Plasmakonzentrationen von zahlreichen Medikamenten: Statine, Cyclosporin u.a.
  - Siehe Tabelle der CYP 450, S. 1452 ff

Tetrazykline: Doxycylin

Allg:
- Doxycylin (als Vertreter der Tetrazykline) ist ein bakteriostatisches AB.
- Wirkungsort: intrazellulär auf dem Ribosom (30S), s. 1208
- HWZ: 15-20 h

Ind:
- Infekt, der eine AB-Therapie erfordert und dessen Erreger Doxycyclin sensibel ist (siehe Tabellen s. 1198)

KI:
- Bekannte Überempfindlichkeit gegenüber Doxycyclin oder einem der Hilfsstoffe
- ☆ Schwangerschaft (Klasse D)

Dos:
- PO (Doxyclin soll ≥ 1 h vor den Mahlzeiten und ≥ 1 h vor dem Zubettgehen mit ausreichend Flüssigkeit im Sitzen oder Stehen eingenommen werden; Sollten bei der empfohlenen Art der Einnahme erhebliche Magenbeschwerden auftreten, wird empfohlen, Doxyclin zusammen mit Nahrung oder einem Glas Milch einzunehmen, wodurch allerdings die Resorption geringfügig verringert wird).
  - «Übliche Dosierung» von Doxyclin:
    - 1. Tag 1x 200 mg PO (in einer Einzeldosis)
    - Dann: 1x 100 mg/d. Bei schwereren Infektionen (v.a. chron. Infektionen der Harnwege) sollten während der ganzen Behandlungsdauer 2x 100 mg/d
  - Nicht-Gonokokken-Urethritis verursacht durch *Chlamydia trachomatis* oder *Ureaplasma urealyticum*:
    - 2x 100 mg PO während ≥ 7 d.
  - Vermutete Begleitinfektion durch *Chlamydia trachomatis* bei Gonokokken-Infektionen (Gonokokken-Infektion muss mit z.B. Cephalosporin oder Fluorchinolon behandelt werden. Dosierungsanweisungen hierfür siehe jeweilige Fachinformationen dieser Präparate):
    - 2x 100 mg/d während 7 d
- **IV-Gabe**: Gleiche Dosierungen wie PO. Infusionsgeschwindigkeit 100 mg/min.

NW:
- Hypersensibilität: Urtikaria, Purpura, Photosensitivität(makulopalpulöses Erythem)
- Stomatitis, Ösophagitis ± Ulzera
- Gelb-grau-braune Verfärbung der Zähne bei Anwendung von Doxycyclin während der Zahnentwicklungsphase (> 2. Hälfte der SS)
- Perikarditis, Serumkrankheit, Verschlimmerung eines SLE, Aplastische Anämie u.a.

Bsp:
- **Doxycyclin**
  - Orale Formen
  - Parenterale Form (**IV**): DOXYHEXAL®

PHARMA

Chinolone

Allg:
- Wirkungsmechanismus der Chinolone: Verhinderung der Biosynthese der bakteriellen DNA durch Hemmung der DNA-Gyrase (siehe Schema s. 1208)
- Wirkungsspektrum, siehe Tabellen s. 1198
- Die Chinolone sind i.d.R. gut verträgliche AB.
- Chinolone, in Monotherapie, erhöhen die MRSA-Resistenz!

NW:
- Nausea, Erbrechen
- Diarrhoe, Hautrash, Petechien
- Erythema nodosum
- Schwindelgefühl, Kopfschmerzen, Migräne, Parästhesien
- Krampfanfall, Hirndruck
- Depression, Halluzinationen
- Hepatozellulärer oder cholestatischer Leberschaden
- Eosinophilie, Agranulozytose
- Medikamentöse Wechselwirkungen, siehe Tabelle der CYP 450, s. 1452 ff
  - Ciprofloxacin ist ein potenter CYP 1A2 Inhibitor und erhöhen somit die Plasmakonzentrationen von zahlreichen Medikamenten: Tizanidin, Theophillin u.a.
  - Siehe Tabellen der CYP 450, s. 1452 ff

Bsp:
- Erste Generation
  - Ciprofloxacin, Norfloxacin, Ofloxacin†
- Zweite Generation
  - Levofloxacin§ (PO, **IV**)
  - Lomefloxacin (PO)
  - Moxifloxacin (PO)

† Ofloxacin ist mehr oder weniger aktiv gegen den Pseudomonas aeruginosa.
§ Levofloxacin ist gegen den Pseudomonas aeruginosa aktiv und 2-4x stärker wirsam als Ofloxacin.

Katecholamine I	Indikationen	Klinische Wirkungen	Rezeptoren§ Agonismus	Nebenwirkungen
Epinephrin ADRENALIN®	• Herz-Kreislaufstillstand • Anaphylaktische AZI • Schweres Asthma	• Herzminutenvolumen ↑ • Art. Blutdruck ↑ • Bronchodilatation	**β 1**, β 2 **β 1**, **α 1** **β 2**	• Ischämie • Rhythmusstörungen¶
Norepinephrin (Noradrenalin) ARTERENOL®	• Schwere AZI (SBD < 70 mmHg): - septisch - kardiogen • Lungenembolie mit art. Hypotonie	• Art. Blutdruck ↑ • Herzminutenvolumen ↑	**α 1** **β 1**, β 2	• Bradykardie infolge barorezeptor-induzierter Vagusstimulation (X) • Hautnekrosen (Vasokonstriktion) • Niereninsuffizienz
Isoprenalin (nicht in D)	• Torsade de pointes • AV-Block 3° in der Wartezeit auf einen Herzschrittmacher	• Herzfrequenz ↑ • Bronchodilatation	**β 1** β 2	• Ischämie • Rhythmusstörungen¶
Dopamin DOPAMIN®	• Kardiogene AZI mit mittelgradiger art. Hypotonie; wobei Noradrenalin i.d.R. das Katecholamin der Wahl ist; siehe kardiogener Schock, S. 24	Dopamin niedrig dosiert (0.5-3 µg/kg/min) • Diurese und Natriurese ↑, renale Vasodilatation Dopamin mittelmässig dosiert (3-10 µg/kg/min) • Herzminutenvolumen ↑ • Lungenkapillardruck (*Wedge*) ↓ Dopamin hoch dosiert (> 10 µg/kg/min) • Art. Blutdruck ↑ • Pulmonal arterieller Druck ↑	 DA 1, DA 2 **β 1**, β 2 β 1 α 1 α 1	• Tachyarrhythmien (ausgeprägter als unter Dobutamin!)
Dobutamin DOBUTAMIN®	Verminderte Inotropie: • Kardiogene AZI mit leichtgradiger Hypotonie (SBD ca. 90 mmHg) • Lungenembolie mit normalem BD • Herzinsuffizienz nach Herzchirurgie	• Herzminutenvolumen ↑ • Vorlast ↓ • Nachlast ↓ • Pulmonal arterieller Druck ↓ • Lungenkapillardruck (*Wedge*) ↓ • Diastolischer koronarer Blutfluss ↑	**β 1**, β 2 **β 2** **β 1** **α 2** **α 2** **α 2, β 2**	• Tachyarrhythmien • Tachyphylaxie (nach > 72 Stunden) • Blutdruckabfall
Dopexamin DOPACARD®	• Herzinsuffizienz mit normalem BD • Prävention einer Niereninsuffizienz	• Diurese ↑ • Herzminutenvolumen ↑ • Art. Blutdruck ↓	**DA 1** **β 1**, β 2 **β 2**, α **2**	• Tachyarrhythmien Dopexamin besitzt die Eigenschaften von Dopamin und Dobutamin.

§ Die verschiedenen Funktionen dieser Rezeptoren sind auf Seite 399 beschrieben. ¶ Es handelt sich um ventrikuläre und supraventrikuläre Arrhythmien. DA 1, DA 2 : Dopaminrezeptoren.
AZI = Akute zirkulatorische Insuffizienz, S. 20 ff

Katecholamine II	Herz (β1 > β2)		Gefässe		Hämodynamische Wirkung			Dosierung IV [µg/kg/min]	Bemerkungen
	Chronotropie	Inotropie	α1 Vasokonstriktion	α2 Vasodilatation	Herzminuten-volumen	peripherer Widerstand	systemischer BD		
Epinephrin ADRENALIN®	**+++**	**+++**	**+ bis +++**	**0 bis +**	↑↑↑	↑↑	↑↑	**0.01 - 1.0‡**	<u>Dosierung:</u> Die Dosis hängt vom therapeutischen Ansprechen ab (niedrig dosiert beginnen). <u>Ziel</u>: **Id.R. art. Mitteldruck > 60 mmHg** (aber abhängig von verschiedenen anderen Parametern: Diurese, Laktat u.a.)
Norepinephrin ARTERENOL®	**0**	**++**	**+++**	**0**	↑	↑↑↑	↑↑↑	**0.01 - 1.0‡**	
Isoprenalin (nicht in D)	**+++**	**++**	**0**	β1¶	↑↑	↓	↓	**2-20 µg/min** (evtl. Bolus 20-60 µg IV)	
Phenylephrin (nicht in D)	**0**	**0**	**+++**	**0**	**0 bis ↓**	↑↑↑	↑↑↑	**0.05 - 1.0‡**	
Dopamin DOPAMIN®	**(+)**	**(+)**	**0**	**0**	(↑)	**0**	**0**	**0.5 - 3 ...‡**	Renale Vasodilatation durch Stimulierung der Dopaminrezeptoren DA 1.
	+	**+**	**(+)**	**0**	↑	(↑)	(↑)	**3 - 10**	Beginn des Effektes der β Rezeptoren.
	++	**++**	**++**	**0**	↑↑	↑↑	↑↑	**10 - 20**	Beginn des Effektes der α 1 Rezeptoren. (Vasokonstriktion, Inotropie)
Dobutamin DOBUTAMIN®	**+**	**+++**	**0**	**++**	↑↑↑	**0 bis ↓**	↑/↓	**2 - 20**	Tachykardie, Blutdruckabfall
Dopexamin DOPACARD®	**+**	**+**	**0**	**++**	↑↑	↓	**0 bis ↓**	**0.5 - 4 ...‡**	Renale Vasodilatation durch Stimulierung der Dopaminrezeptoren DA 1.

\+ = Stimulierung, 0 = kein Effekt, ‡ Die Dosierungen sollen stufenweise erhöht werden bis ein art. Mitteldruck > 60 mmHg erreicht wird. ¶ Die vasodilatierende Wirkung von Isoprenalin ist β1-abhängig

<u>Wirkung der verschiedenen Rezeptoren:</u>

α1 : **Glatte Muskulatur der Gefässe:** Kontraktion. **Herz**: leicht positiv inotrop.
α2 : **Nervensystem**: Hemmung der sympathischen Aktivität, Freisetzung von Norepinephrin (durch die sympathischen Nervenendigungen)
β1 : **Herz**: positiv inotrop, positiv chronotrop und positiv dromotrop (Beschleunigung der Überleitung). **Metabolismus**: Reninsekretion ↑, Lipolyse ↑.
β2 : **Herz**: positiv inotrop, positiv chronotrop und positiv dromotrop (Beschleunigung der Überleitung). **Blutgefässe**: Vasodilatation; **Lunge**: Bronchodilatation; **ZNS**: Tremor. **Metabolismus**: Insulinsekretion ↑, Lipolyse ↑, Glykogenolyse, Hypokaliämie.

PHARMA

Orale Antikoagulation (OAK)

Allg:
- Die Bioverfügbarkeit der oralen Antikoagulantien (Vitamin K Antagonisten) liegt bei 90 %.
- Das Blutungsrisiko einer OAK liegt bei 0.5-1.5 %/Jahr (aber viel höher, falls INR > 5)!
- Die OAK antagonisiert das Vitamin K, was folgende Auswirkungen hat (Schema s. 923):
  - Hemmung der Gerinnungsfaktoren **II, VII, IX, X**
  - Hemmung des **Proteins C**

Vitamin K Antagonisten	Beispiel	Eliminations -HWZ	Anfangsdosis
Warfarin	COUMADIN®	36-42 h	4-5 mg/d während 3 d → INR
Phenprocoumon	MARCOUMAR®	160 h	J1/2/3: 6/6/6 mg → INR oder 9/6/3 mg → INR

Tabelle: Beispiele von Vitamin K Antgonisten zur oralen Antikoagulation.

Ind:

Basisleiden	Empfohlener INR	INR Intervall
• Venöse thromboembolische Krankheit (s. 295)	2.5	(2.0-3.0)
• Vorhofflimmern	2.5	(2.0-3.0)
• Künstliche Klappen (abhängig vom Typ der Klappe)	2.5-3.0	(2.5-3.5)
• Bioprothese (nur während der ersten 3 Monate)	2.5	(2.0-3.0)
• Thrombophilie	3.0	(2.5-3.5)
• Nach/bei Myokardinfarkt, siehe s. 202, 203		
• Bei Herzinsuffizienz, siehe s. 222		

KI: Betrifft die orale und parenterale Antikoagulation:

Absolut
- Aktive Blutung
- Schwere hämorrhagische Diathese
- Thrombozytopenie ≤ 20 G/L
- Aortales oder zerebrales Aneurysma
- Perikarderguss
- Neurochirurgischer Eingriff während der letzten 10 Tage
- Ophthalmologischer Eingriff während der letzten 10 Tage
- Intrakranielle Blutung während der letzten 10 Tage

Relativ
- Leichtgradige/mittelgradige Diathese
- Thrombozytopenie (aber > 20 G/L)
- Hirnmetastasen
- Kürzliches, schwergradiges Trauma
- Schwerer abdominaler Baucheingriff während der letzten 2 Tage
- Punktionen: Perikardpunktion, Lumbalpunktion, Leberpunktion, Nierenpunktion u.a.
- Infektiöse Endokarditis (ad. Konsilium, denn es gibt Ausnahmen)
  - z.B. bei Vorhofflimmern: Das hämorrhagische Risiko ist während der Initialphase (10-15 d) erhöht. Nach dieser Zeitspanne kann die Antikoagulation vorsichtig eingeschlichen werden (betrifft native, sowie künstliche Klappen); Indikationen siehe auch $CHADS_2$-Score s. 157
- G-I-Blutung (während der letzten 14 Tage):
  - Aktives Magenulkus, Duodenalulkus
  - Colitis ulcerosa
- Gynäkologische Blutung während der letzten 14 Tage
- Schwere art. Hypertonie (SBD > 200 mmHg und/oder DBD > 120 mmHg)

Vorg:
- Die OAK soll immer niedrig dosiert begonnen werden, denn während der ersten 24 h nach Beginn der OAK besteht ein hyperkoagulabler Zustand, welcher durch die Hemmung des Proteins C (endogenes Protein mit physiologischer Gerinnungsregulation) zustande kommt. Diese transitorische Hyperkoagulation kann durch die gleichzeitige Gabe von niedermolekularen Heparinen vermindert werden (von Fall zu Fall entscheiden).

Kpl:
1. Blutung, v.a. wenn der INR > 5 beträgt!
2. Hautnekrosen (infolge thromboembolischen Verschlüssen): v.a. während der ersten 3-8 Tage nach Beginn der OAK. Das Risiko der Hautnekrosen ist v.a. bei Patienten mit einem Protein C-Mangel erhöht.

NW:
- Siehe s. 1329

Intox:
- Siehe s. 98

Heparin

Allg:
- Wirkungsmechanismus (siehe auch Schema, S. 923). Heparin bildet mit Antithrombin III Komplexe, welche folgende Gerinnungsfaktoren inaktivieren und somit antikoagulierend wirksam ist:
  - **IXa, Xa, XIa, XIIa**
  - **Thrombin**
- HWZ: Mittelwert 2 h, dosisabhängig (z.B. 100 IE/kg → HWZ ca.1 h)
- Heparin weist eine hohe Proteinbindung auf.
- Heparin bildet einen antigenen Komplex mit dem Plättchenfaktor 4 (PF4), was die Heparinaktivität vermindert und bei der heparininduzierten Thrombozytopenie (HIT, S.1 220) eine Rolle spielt.

Ind:
- Siehe OAK, S. 1216

KI:
- Es gelten dieselben KI wie bei der OAK, siehe S. 1216

Dos:
1. Bolus ca. **5000 IE** (75 IE/kg) **IV**, gefolgt von **400-600 IE/kg/24 h IV** (18 IE/kg/h) ≅ 1000 IE/h
2. Die weitere Adaptation des aPTT kann wie folgt angepasst werden:

aPTT (sek) nach 6 h	Heparin Anpassung	aPTT-Kontrolle
▪ **aPTT < 35 sek** (< 1.2x Kontrollwert)	→ Erneuter Bolus von 80 IE/kg und Heparininfusion um 4 IE/kg/h erhöhen	6 h später
▪ **aPTT** 35-45 sek (1.2-1.5x Kontrollwert)	→ Erneuter Bolus von 40 IE/kg und Heparininfusion um 2 IE/kg/h erhöhen	6 h später
▪ **aPTT** 46-70 sek (1.5-2.3x Kontrollwert)	→ Keine Änderung der Heparininfusion	alle 6 h/24 h, dann 1x/d
▪ **aPTT** 71-90 sek (2.3-3x Kontrollwert)	→ Heparininfusion um 2 IE/kg/h senken	6 h später
▪ **aPTT** > 90 sek (> 3x Kontrollwert)	→ Stopp Heparin während 60 min und Heparininfusion um 3 IE/kg/h senken	6 h später

Lab:
- Verlaufslaborkontrollen der Heparintherapie:
  - aPTT (aktivierte partielle Thromboplastinzeit):
    - -- Kontrolle nach 6 h ab Beginn der nicht-fraktionierten Heparintherapie
    - -- Zielwert: 60-70 sek (≅ 1.5 - 2x N)
- Kontrolle der Thrombozytenzahl:
  a) Patienten, die noch nie Heparin erhalten haben:
  → 1x/Woche bei einer Heparintherapie, die > 7 Tage dauert.
  b) Patienten, die schon einmal Heparin erhalten haben:
  → 1x/Woche bei einer Heparintherapie, die > 5 Tage dauert.

KI:
- Es gelten dieselben KI wie bei der OAK, siehe S. 1216

NW:
- Blutungen
- Thrombozytopenie
- Allergische Reaktionen (Erythem, Bronchospasmus, Fieber, Anaphylaxie u.a.)
- ALAT ↑, ASAT ↑
- Hyperkaliämie
- Priapismus
- Reversibler Haarausfall u.a.

Kpl:
- <u>**Heparinresistenz**</u>
  Def: • Überschreiten von > 40'000 IE/24 h nicht-fraktioniertem Heparin **IV**, um einen therapeutischen aPTT-Wert zu erreichen.
  Allg: • Der Mechanismus dieser Resistenz ist nicht klar.
- Heparininduzierte Thrombozytopenie (HIT, S. 1220)

Intox:
- Siehe S. 98

Niedermolekulare Heparine1,2 (NMH)

Allg:
- Wirkungsmechanismus: Antikoagulierende Wirkung durch die Hemmung der Gerinnungsfaktoren IIa und Xa.
- HWZ: 30-120 min. Eliminations-HWZ: ca. 4 h. Hepatischer Metabolismus
- Maximaler Plasmaspiegel: 3-4 h nach der **SC**-Injektion
- *In vitro* zeigen die NMH verschiedene Wirkungsaktivitäten gegenüber dem Faktor Xa (siehe auch unter «Bsp:» unten). *In vivo* gibt es keine kontrollierte Studie, welche relevante Unterschiede der antikoagulierenden Wirksamkeit der verschiedenen NMH zeigen.

Parameter	**Standard-Heparin**	**NMH**
Molekulargewicht (Daltons)	12'000-15'000	400-6'000
Ratio: anti-Faktor Xa/anti-Faktor IIa	1 : 1	2 : 1 bis 4 : 1*
Inaktivierung des Gerinnungsfaktors Xa	Schwach	Stark
Elimination	Hepatisch & renal	Renal
Plasmaproteinbindung	Stark	Schwach
Laborkontrollen		
aPTT	Zwingend	Nutzlols
Anti-Faktor Xa	Nutzlols	Möglich
Thrombozyten§	Nach 7 d Therapie	I.d.R. nach > 7 d Therapie (kein Konsensus)
Haftung an das Endothel	Ja	Nein
Plättchenaggregationshemmung	++++	++
Gefässpermeabilität	Erhöht	Unverändert
Mikrovaskuläres Blutungsrisiko	++++	++
Risiko einer HIT, siehe auch Tabelle S. 1221	1-5 %	< 1 %
Antidot	Protamin	Siehe Antidot, S. 100

Ind:

NMH (**SC**-Gabe)	**Prophylaxe der thromboembolischen venösen Krankheit**		**TVT oder LE†** (therapeutisch)	**AP, non Q-wave AMI**
Dalteparin	• Niederrisiko	1x 2500 IE/d	**TVT** • 1x 200 IE/kg/d **LE** • Nicht zugelassen	2x 120 IE/kg/d#
	• Hohes Risiko	1x 5000 IE/d		
Enoxaparin	• Niederrisiko	1x 40 mg/d	**TVT** • 2x 1 mg/kg/d oder: 1x 1.5 mg/kg/d **LE** • CH: nicht zugelassen • USA: 1x 200 IE/kg/d	2x 1 mg/kg/d#
	• Hohes Risiko	2x 30 mg/d		
Nadroparin	• «Standard»	1x 2850 IE/d	**TVT** • 1x 171 IE/kg/d **LE** • Nicht zugelassen	2x 86 IE/kg/d#
	• KG > 95 kg	1x 38 IE/kg/d		
Tinzaparin	• Allgemeinchir.	1x 3500 IE/d	**TVT und LE (USA)** • 1x 175 IE/kg/d	—
	• Chirurgie Knie/Hüfte	1x 50-75 IE/kg/d		

Tabelle 1: Indikationen und Dosierung der verschiedenen NMH.

Bsp:

NMH		Ratio: Anti-Faktor Xa/IIa[1]	Maximale Tagesdosis **SC**
Dalteparin	FRAGMIN®	2.7	1x 18'000 IE oder 2x 10'000 IE
Enoxaparin	CLEXANE®	3.8	100 mg
Nadroparin	FRAXIPARIN®	3.6	17'000 IE
Tinzaparin	INNOHEP®	2	18'000 IE

§, *, †, #, siehe S. 1219

1 Weitz JI. N Engl J Med 1997 ;337 :688-98. 2 Hirsh J, et al. Blood 1992 ;79 :1-17.

Kpl: **1. Thrombozytopenie**

- Das Risiko einer NMH-induzierten Thrombozytopenie besteht i.d.R. erst ab einer Behandlungsdauer von > 7 Tagen.
- Eine Kontrolle der Thrombozytenzahl empfiehlt sich daher bei einer Therapiedauer über 7 Tagen!

2. Blutung

Adot: • Es gibt kein spezifisches Antidot für die NMH; aber Protamin PROTAMIN® reduziert die Aktivität des Faktors Xa um ca. 60 %.

KI: • Es gelten dieselben KI wie unter einer OAK (siehe S. 1216)
• NMH-Hypersensibilität

§ Risiko, eine heparininduzierte Thrombozytopenie zu entwickeln (HIT)

* Ratio Xa/IIa, siehe Tabelle 1

† Die OAK soll noch während der ersten 2 h begonnen werden; siehe auch Kapitel VTEK (S. 295)

Die NMH werden mit Acetylsalicylsäure (100-325 mg/d PO) kombiniert verabreicht.

PHARMA

Heparininduzierte Thrombozytopenie (HIT)1-4 [D69.5]

Def:
- Status nach Heparin-Kontakt und:
  - Assoziierte Thrombozytopenie (< 150 G/L)
  - oder: Thrombozytenabfall > 50 % im Vgl. zum höchsten Thrombozytenwert vor der Heparintherapie

Dg:
- Die HIT ist eine Ausschlussdiagnose.

Klas:

HIT I = «Benigne Form»

Allg:
- Die HIT I («benigne Form» ist häufiger als die HIT II («maligne Form»).
- Die Thrombozytopenie tritt innerhalb von **12-48 h** nach Beginn der Heparintherapie auf (d.h. frühzeitiger als die HIT II).
- Auch bei weiterfahren der Heparintherapie ist die Thrombozytopenie reversibel.
- Pathogenese: **Nicht-immunologisch,** wahrscheinlich durch direkte Aggregation von Heparin mit den Thrombozyten. Heparin induziert somit bei der HIT I keine Antikörperbildung!
- Die Thrombozytenzahlen fallen selten unter 100 G/L.

Klin:
- Oft asymptomatisch

Vorg:
- Klinische Verlaufskontrollen und Laborkontrollen sind notwendig.
- Das Absetzen von Heparin ist nicht zwingend.

HIT II = «Maligne Form»

Allg:
- Die HIT II stellt eine seltene Form der Thrombozytopenie dar, ist aber wesentlich gravierender als die HIT I.
- Die HIT II weist eine hohe Morbidität und Mortalität auf und ist abhängig von der Dosierung und Therapiedauer des Heparins.
- Pathogenese: Die HIT II kommt durch ein **Autoimmungeschehen** zustande, welches Antikörper gegen die Thrombozyten bildet. Diese Antikörper (meist IgG) verbinden sich mit dem Komplex, welchen das Heparin pathologischerweise mit dem **Plättchenfaktor 4** bildet (→ PF4/Heparin-Komplex).
  - Diese Antikörper können bei fast allen HIT II-Patienten gefunden werden.
  - Patienten mit Anti PF4/Heparin-Ak müssen aber nicht unbedingt eine symptomatische HIT manifestieren (existieren von nicht pathogenen Antikörpern).
- Die Inzidenz der HIT unter nicht-fraktioniertem Heparin beträgt 1-5 %.
- Die HIT ist selten bei: Kindern, Schwangeren und Dialysepatienten.

Klin:
- Typische Latenzzeit zwischen Heparingabe und Beginn der Thrombozytopenie:
  - Patienten ohne vorherigem Heparin-Kontakt: 5-10 Tage
  - Patienten mit Heparin-Kontakt vor > 100 Tagen: 5-10 Tage
  - Patienten mit Heparin-Kontakt vor < 100 Tagen und messbaren Anti PF4/Heparin-Ak: Thrombozytenabfall innerhalb von Stunden!
- **Paradoxe arterielle und venöse Thromboseneigung**

Für die PRAXS:
- Das **Thromboserisiko** ist bei der HIT II 30x höher als bei der Allgemeinbevölkerung! Es bleibt während Tagen bis Monaten nach Absetzen des Heparins erhöht, auch wenn sich die Throbozytenzahl normalisiert hat.
- Hohe Mortalität: 8-20 %!
- Es wird vom ***White clot syndrome*** (der Thrombus ist makroskopisch weiss) gesprochen, welches klinisch fatal sein kann!

- Folgende Patienten haben ein hohes Thromboserisiko unter Heparintherapie:
  - Hohe Antikörper-Titer (Anti PF4/Heparin Ak)
  - Starker Thrombozytenabfall (> 70 %)
- Seltene klinische Manifestationen:
  - Heparininduzierte Hautnekrosen
  - Venöse Gangrän der Extremitäten
  - Anaphylaktoide Reaktionen nach Gabe eines Heparinbolus **IV**
- Blutungen sind selten bei der HIT.

Lab:
- Thrombozytopenie < 150 G/L
- Betrifft HIT II: **Anti PF4/Heparin-Ak** (PF4 = Plättchenfaktor 4)
  - Diese Ak sind sensitiv und sehr spezifisch (negativ prädikativer Wert > 95 %).
  - Patienten unter Heparin können auch nicht-pathogene Antikörper aufweisen.
  - Die Antikörper können durchschnittlich nach 85 Tagen im Serum nicht mehr nachgewiesen werden.

Vorg:
- **STOPP Heparin (inkl. offen halten von venösen Zugängen)**
- Heparin nicht durch ein NMH ersetzen (Kreuzreaktionen in ca. 10 % der Fälle)!
- Vitamin K-Antagonisten sind kontraindizert (Hautnekrosen, venöse Gangrän).
- ASS (± Vena cava Filter) ist zur Antikoagulation NICHT genügend wirksam!

1 Arepally GM et al. N Engl J Med 2006 ;355 :809-17. 2 Walenga JL, et al. Semin Haematol 1999 ;36 (Suppl.1) :22-8. 3 Warkentin TE, et al. N Engl J Med 1995 ;332 :1330-5. 4 Raible MD. Semin Haematol 1999 ;25(Suppl.1) :17-21.

Th: • Ziel der Therapie bei der HIT II: Verminderung des Thromboserisikos!
• Therapieindikationen: 1.Thrombopenie bei HIT; 2. HIT und Thrombose
• **Alternative Substitutionsantikoagulation (mit Spezialist absprechen!)**

Bsp: 1. Direkte Thrombininhibitor
- Argatroban (in der CH nicht erhältlich, S. 922, 923)
- Lepirudin (darf nur 1x verwendet werden, denn bei mehrmaliger Anwendung besteht das Risiko eines fatalen anaphylaktischen Schockes wegen hoher Inzidenz der Antikörperbildung gegen Lepirudin).
- Bivalirudin

oder:

2. Faktor Xa-Hemmer
- Danaparoid ORGARAN®, S. 296
- Fondaparinux ARIXTRA®, S. 295

Vorg: **1. Isolierte HIT ohne Thrombose**
- Die Substitutionstherapie wird solange weitergeführt, bis stabile, normalisierte Thrombozytenwerte > 150 G/L erreicht werden, oder alternativ 1 Monat (bei hohem, persistierendem Thromboserisiko).
- Bei hohem Thromboserisiko, kann auch alternativ während 1 Monat eine OAK durchgeführt werden.

2. HIT mit Thrombose
- Die Substitutionstherapie wird solange weitergeführt, bis stabile, normalisierte Thrombozytenwerte > 150 G/L erreicht werden. Dann Beginn mit einer niedrig dosierten OAK (über ca. 5 Tage überschleidend, bis INR 2.0-3.0 während mindestens 48 h überlappend mit der Substitutionstherapie).
- Initial engmaschige Laborkontrollen, insbesondere nach Absetzen der alternativen Substitutionsantikoagulation)

Prog: • Spontanheilung i.d.R. innerhalb von 4-14 Tagen nach Absetzen des Heparins.

Heparinart	**Patienten**	**Positive PF4/Heparin Ak**	**HIT Häufigkeit**	**Monitoring der Thrombozyten**
Heparin (erstmalig oder nach > 100 Tage Exposition)	• Orthopädische Patienten	14 %	3-5 %	• Zu Beginn • Ab 4. Tag alle 2 Tage bis und mit 14. Tag Heparintherapie oder bis Heparin-Stopp
	• Herzchirurgie-Patienten	25-50 %	1-2 %	
	• Medizinische Patienten • Neuro-Patienten • PTI bei ACS • Akuthämodialyse	8-20 %	1-3 %	
	• Kinder • Schwangere • Chronische Hämodialyse	< 2 %	$\leq$ 0.1	• Nicht notwendig
NMH (erstmalig oder nach > 100 Tagen Exposition)	• Medizinische Patienten • Neuro-Patienten • Chirurgische Patienten	2-8 %	0-1 %	• Zu Beginn • Alle 2 Tage ab dem 4.-14. Tag Heparintherapie oder bis NMH-Stopp
Heparin oder NMH innerhalb von 100 Tagen nach einer Erstexposition	• Alle Patienten	unbekannt	unbekannt	• Zu Beginn • Innerhalb der ersten 24 h • Alle 2 Tage ab dem 4.-14. Tag Heparin- oder NMH-Therapie oder bis Heparin/NMH-Stopp

Tabelle: Häufigkeit der HIT und Verlaufskontrollen der Thrombozytenzahl.[1]

PTI = Perkutane transluminale Intervention; ACS = Akutes Koronarsyndrom

1 Arepally GM et al. N Engl J Med 2006 ;355 :809-17.

Antidepressiva

Klasse	Initilale Dosierung (PO)		Maximaldosis/d		Sedativ
SSRI — Selektive Serotonin Wiederaufnahmehemmer					
Citalopram [a]	20 mg (morgens oder abends)	CIPRAMIL®	60 mg	(1x/d)	±
Escitalopram	10 mg (1x/d)	CIPRALEX®	20 mg	(1x/d)	±
Fluoxetin [X]	20 mg am Morgen	FLUCTIN®	80 mg	(1x/d)	±
Fluvoxamin	50 mg am Abend	FEVARIN®	300 mg	(2x/d)	±
Paroxetin [a]	20 mg am Morgen	PAROXAT®	50 mg	(1x/d)	±
Sertralin	50 mg am Morgen	ZOLOFT®	200 mg	(1x/d)	+
Trizyklische Antidepressiva					
Amitriptylin	3x 25 mg/d	SAROTEN®Retard	300 mg	(3x/d)	+++
Clomipramin [b]	1x 25 mg/d	ANAFRANIL®	300 mg	(3x/d)	±
Doxepin	1x 50 mg/d	APONAL®	300 mg	(3x/d)	+++
Imipramin	3x 25 mg/d	TOFRANIL®	150-200 mg	(3x/d)	±
Nortriptylin	1x 25 mg/d	NORTRILEN®	150 mg	(3-4x/d)	++
Trimipramin	25-50 mg abends	STANGYL®	300 mg	(2-3x/d)	+++
Opipramol	1x 50 mg/d	INSIDON®	300 mg	(3x/d)	++
IMAO - Selektive Hemmer der Monoaminooxidase					
Moclobemid	2x 150 mg/d	AURORIX®	600 mg	(2x/d)	—
Sonstige Antidepressiva					
Maprotilin [c]	75 mg/d in 2-3x/d	LUDIOMIL®	225 mg		+
Mianserin [a, d]	1x 30 mg/d	MIANEURIN®	90 mg	(1-3x/d)	+
Mirtazapin [e]	15 mg am Abend	MIRTAZAPIN®	45 mg	(1x/d)	++
Reboxetin [n]	2x 4 mg/d	EDRONAX®	2x 4 mg/d		±
Trazodon [g]	100 mg am Abend	THOMBRAN®	200-400 mg		+
Venlafaxin [a, h]	75 mg/d	TREVILOR® Ret	225-375 mg		—

Tabelle: Antidepressiva.

+ bis +++ = mittelmässige bis starke Reaktion
± = schwache Reaktion
— = nicht signifikante Reaktion

CAVE:
CYP 450 Wechselwirkungen, S. 1452 ff

a Vorsicht bei Patienten mit Kardiopathie: Risiko einer art. Hypotonie!
b Clomipramin: Existiert auch in parenteraler Form. Dosierung siehe S. 1223
c Maprotilin: Es handelt sich um ein tetrazyklisches Antidepressiva: Hemmung der Wiederaufnahme von Noradrenalin, schwacher post-synaptischer Serotonininhibitor. Es ist mit den sedativen Trizyklika (Amitriptylin) vergleichbar.
d Mianserin: Noradrenerge Stimulation (präsynaptischer Block der α1 und α2 Rezeptoren); Blockierung der serotoninergen Rezeptoren (5HT2, 5HT3).
e Mirtazapin: Noradrenerge Stimulation (präsynaptischer Block der α2 Rezeptoren); indirekte serotoninerge Stimulation (präsynaptischer Block der α2 Rezeptoren und der 5HT2- bzw. 5HT3-Rezeptoren).
g Trazodon: Phenylepiperazin Derivat. Der Wirkmechanismus ist wenig bekannt. Beim Tier hemmt Trazodon präsynaptisch die Serotoninwiederaufnahme.
h Venlafaxin: Spezifische Hemmung der Wiederaufnahme von Serotonin und Noradrenalin.
n Reboxetin: Selektiver Hemmer der Wiederaufnahme von Noradrenalin
X Fluoxetin: Bei der Indikation «Bulimie» liegt die Dosierung bei 60 mg/d

Trizyklische Antidepressiva

Allg:
- Wirkmechanismus: Hemmung der präsynaptischen Wiederaufnahme von Noradrenalin und Serotonin.
- Die antidepressive Wirkung beginnt 2-4 Wo nach Therapiebeginn.
- Maximale Wirkung nach 8-12 Wo Therapie
- Die orale und parenterale Wirkung der Trizyklika ist vergleichbar.

Ind:
- Depression (generell, wenn die SSRI nicht vertragen werden oder wenn sie den erwünschten Effekt nicht bringen)
- Koanalgesie, siehe «Schmerzkapitel» S. 1151

Dos:
- Siehe Tabelle S. 1222
- Clomipramin
  - **IM**: 1-2 Amp, dann, je nach Klinik, um 1 Amp/d erhöhen (max. 4-6 Amp/d)
  - **IV**: 2-3 Amp/d (50-75 mg) in 250-500 mL NaCl 0.9 % oder G-5 % über 1.5-3 h **IV**

NW:
- **Anticholinergische Reaktionen** (siehe S. 1177), und speziell:
  - Halluzinationen, Konfusion, Xerostomie, Obstipation, Tachykardie
  - Harnretention (Dekompensation eines Prostatismus)
  - Sehstörungen (Akkommodationsstörungen, Mydriase mit Risiko eines Glaukoms)
- Arrhythmie, art. Hypotonie, Somnolenz, Gewichtzunahme, manischer Zustand
- Tremor, Nausea, Kopfschmerzen

Bsp:
- Siehe Tabelle S. 1222

SSRI: Selektive Serotonin Wiederaufnahmehemmer

Allg:
- Diese Gruppe der Antidepressiva zeigt eine gute Verträglichkeit.
- Verglichen mit den Trizyklika, manifestieren die SSRI weniger NW (v.a. weniger anticholonerge NW, weil die Affinität zu den cholinergen Rezeptoren wesentlich schwächer ist).

Ind:
- **Depresssion**, S. 1189
- Panikattacken
- **Bulimie** (nur für Fluoxetin zugelassen: Dosierung 60 mg/d)
- Gewisse kompulsive obsessionelle Störungen

NW:
- Somnolenz, Kopfschmerzen, Nervosität, Tremor, Verwirrtheitszustand
- Nausea, Xerostomie, Gewichtsverlust (v.a. unter Fluoxetin und Fluvoxamin)
- Labiler Blutdruck (art. Hypo- oder Hypertonie bei prädisponierten Patienten)
- Libidostörungen, Ejakulationsstörungen
- Erhöhte Suizidalgefahr (v.a. bei jungen Patienten)
- Extrapyramidale Störungen (selten)
- Medikamentöse Wechselwirkungen: Paroxetin und Fuoxetin sind potente CYP 2D6-Inhibitoren und steigern die Plasmakonzentrationen anderer 2D6 Substrate, siehe S. 1452 ff

• Serotoninerges Syndrom

Allg:
- Das serotoninerge Syndrom kann einige Tage nach Einführen des SSRI oder bei Überdosierung auftreten, v.a. in Assoziation mit anderen serotoninergen Medikamenten.
- Pathogenese: Hyperstimulation der serotonergen 5-HT1A Rezeptoren

DD:
- Malignes Neuroleptikasyndrom (S. 78), Ectasy-Intoxikation

Dg:
1. **Anamnese**
   - Das Auftreten dieses Syndroms tritt mit der Einführung oder einer Dosismodifikation einer pro-serotoninergen Substanz auf.

   Und ≥ 3 der folgenden Befunde:
2. **Befunde**

1. Verwirrtheitszustand	7. Schüttelfrost
2. Hypomanie	8. Fieber
3. Agitation	9. Tremor
4. Myoklonien	10. Diarrhoe
5. Hyperreflexie	11. Koordinationsstörungen
6. Starkes Schwitzen	

Bem:
- Die SSRI dürfen mit folgenden Antidepressiva NICHT kombiniert werden:
  - IMAO (z.B. Moclobemid AURORIX®)
  - Serotoninerge Antidepressiva (z.B. Trizyklika). Das Risiko eines serotoninergen Syndroms ist zu hoch!

Für die PRAXIS:
Ein freies Intervall von 14 Tagen zwischen dem Absetzen eines IMAO oder eines Trizyklikas und dem Beginn eines SSRI muss respektiert werden. Im Gegensatz dazu ist es notwendig, mind. 5 Wo abzuwarten, wenn man einen IMAO nach einer SSRI-Therapie beginnen möchte.

Bsp:
- Siehe Tabelle S. 1222
- Citalopram ist der einzige SSRI, der **IV** verabreicht werden kann.

Orale Antidiabetika (OAD)[1,2]

Klas:

Gruppe der OAD	Wirkungsmechanismen	Senkung der BZ-Werte	Bemerkungen, Haupt-NW
Sulfonylharnstoffe, S. 1226	1. Pankreatische Wirkung: - Insulinsekretion ↑ (durch die Betazellen des Pankreas) - Glukagonsekretion ↓ 2. Extrapankreatische Wirkung: - Erhöhte Insulinsensibilisierung der Gewebe - Hemmung der hepatischen Glukosefreisetzung	Prandiale BZ ■ HbA1c Senkung: 1-2 %	• Hypoglykämierisiko (v.a. falls lange HWZ); selten unter Glipizid
Biguanide, S. 1228	1. Pankreatische Wirkung: - Keine! 2. Extrapankreatische Wirkung: - Verminderung der hepatischen Glukoseproduktion (d.h. Glukogenolyse ↓) - Erhöhung des intrazellulären Glukoseverbrauchs → Verminderung Insulinresistenz - Verminderung der hepatischen Glukoneogenese (d.h. Neubildung von Glukose) - Verminderung der intestinalen Glukoseabsorption	Nüchtern-BZ ■ HbA1c Senkung: 1-2 %	• Laktatazidose (selten; Risikopatienten siehe S. 1228) • Metallischer Geschmack • Kein Hypoglykämierisiko (in Monotherapie!)
α-Glukosidasehemmer, S. 1229	1. Pankreatische Wirkung: - Keine! 2. Extrapankreatische Wirkung: - Verlangsamung der intestinalen Glukoseabsorption - Verminderung der postprandialen BZ-Schwankungen	Postprandiale BZ ■ HbA1c Senkung: 0.5-1 %	• Blähungen • Flatulenzen
Glitazone (= *Insulinsensitizer*), S. 1230	1. Pankreatische Wirkung: - Keine 2. Extrapankreatische Wirkung: - Verminderung der Insulinresistenz der Körperzellen, auch ***Insulinsensitizer*** genannt	Nüchtern-BZ und postprandiale BZ ■ HbA1c Senkung: 1-1.5 %	• KI bei Herzinsuffizienz (NYHA III und IV) • Möglich bis Clearance ≥ 5 mL/min
Glinide, S. 1231	1. Pankreatische Wirkung: - Insulinsekretion ↑ (durch die Betazellen des Pankreas) infolge Bindung an die Sulfonylharnstoffrezeptoren	Postprandiale BZ ■ HbA1c Senkung: 1-2 %	• *No food - no Glinid*
Inkretin-Mimetikum, S. 1232	1. Pankreatische Wirkung: - Glukoseabhängige Steigerung der Insulin-Synthese und Insulin-Sekretion aus den pankreatischen Betazellen. 2. Extrapankreatische Wirkung: - Hemmung der Glukagonfreisetzung	Nüchtern-BZ und postprandiale BZ	• **SC**-Gabe (Agonist der GLP-1 Rezeptoren) • Kein Hypoglykämierisiko
DPP-4 Hemmer, S. 1233	1. Pankreatische Wirkung: - Glukoseabhängige Steigerung der Insulin-Synthese und Insulin-Sekretion aus den pankreatischen Betazellen. 2. Extrapankreatische Wirkung: - Keine Wirkung	Nüchtern-BZ und postprandiale BZ ■ HbA1c Senkung: 1.0 %	• Kein Hypoglykämierisiko

Tabelle 1: Orale Antidiabetika.

Klas: **❶ Sulfonylharnstoffe**

Allg:
- Die verschiedenen Sulfonylharnstoffe unterscheiden sich wie folgt:
  - Metabolismus
  - Bildung aktiver Metaboliten oder nicht
  - HWZ (siehe Tabelle S. 1227)
  - Wirkungsdauer
- Wirkungsmechanismen, siehe Tabelle 1, S. 1225
- Voraussetzung einer Therapie mit Sulfonylharnstoffen ist die residuelle endogene Insulinproduktion der pankreatischen Betazelle.
- Die Sulfonylharnstoffe senken primär die prandialen BZ-Werte. Die Nüchternblutzuckerwerte werden weniger beeinflusst.
- Das HbA1c kann um 1.0-2.0 % gesenkt werden.
- Anwendungsmöglchkeiten der Sulfonylharnstoffe:
  1. In Monotherapie
  2. In Kombinationstherapie mit:
     - Allen anderen OAD, ausgenommen mit Gliniden!
     - mit Insulin (falls täglicher Gebrauch < 40 E)

Für die PRAXIS:
- Sulfonylharnstoffe und KHK:[1]
  - Zur Zeit gibt es keine evidenzbasierte Richtlinien bezgl. Verwendung der Sulfonylharnstoffe bei KHK.
  - Bei KHK-Patienten soll allenfalls Gliclazid bevorzugt werden, denn Gliclazid hat keinen Einfluss auf die Myokardzellen.
  - Eine Umstellung auf eine frühzeitige Insulitherapie soll in Betracht gezogen werden.
- Die Kombination eines Sulfonylharnstoffes mit einem Glinid macht keinen Sinn und ist nicht indiziert!

- Einfluss verschiedener Substanzen/Medikamente auf die Wirkung der Sulfonylharnstoffe:
  - ■ Verstärkte BZ-senkende Wirkung unter:
    - Alkohol
    - Fluconazol, Ketoconazol
    - Fibraten
    - NSAR
    - Sulfonamiden (TMP/SMX u.a.)
    - Salicylaten
    - Kumarinderivaten (orale Antikoagulantien)
  - ■ Verminderte BZ-senkende Wirkung unter:
    - Diuretika

Ind:
- DM 2, S. 628

Vorg:
- Einnahme unmittelbar vor den Mahlzeiten (Morgen-/Nachtessen)
- Eine Dosisanpassung soll alle 2-3 Wo erfolgen.

NW:
- Hypoglykämie (je länger die HWZ des Sulfonamids, umso höher das Risiko von Hypoglykämien)!
- Nausea, Erbrechen
- Photosensitivität
- Lebernezymerhöhung
- Gewichtzunahme

KI:
- Niereninsuffizienz (Clearance < 20-30 mL/min, siehe S. 1441)
- Leberinsuffizienz (Transaminasen > 3x N)
- Schwangerschaft
- Stillzeit

1 Schwab S et al. Schweiz Med Forum 2005 ;5 :993-9.

Sulfonylharnstoffe	HWZ	Aktive Metaboliten	Maximaldosis/d	Einnahmen/d
Glimepirid‡	5-8 h	Ja; HWZ 3-6 h	6-8 mg	1x/d
AMARYL®				
GLIMEDOC®				
GLIMEGAMMA®				
GLIMEPIRID Sandoz®				
GLIMEPIRID BETA®				
GLIMEPIRID DURA®				
Glibenclamid¥ (= Glyburid)	10-12 h	Irrelevant	10.5 mg	1-3x/d
EUGLUCON® N				
GLIBEN KSK®				
GLIBENCLAMID Sandoz®				
GLIBENCLAMID TAD®				
GLIBENCLAMID STADA®				
MANINIL®				
Gliclazid¶	12 h	Nein	320 mg	1-2x/d
DIAMICRON®/ -UNO				
Glipizid (nicht in D)	2-4 h	Nein	40 m	2x/d
GLIBENESE®				
Glibornurid (nicht in D)	8 h	Irrelevant	75 mg	2x/d
GLUTRIL®				

Tabelle: Sulfonylharnstoffe.

‡ Glimepirid
- Hat eine schnellere Wirkung, als die anderen Sulfonylharnstoffe. Es soll niedrig dosiert (1 mg/d) begonnen werden.

¥ Glibenclamid (Glyburid)
- Die Eliminationszeit kann bis zu 48 h verzögert sein.
- CAVE: Hypoglykämiegefahr, v.a. bei älteren Patienten.

¶ Gliclazid
- Kann auch beim adipösen Patienten eingesetzt werden. Gliclazid hat keine aktiven Metaboliten.

❷ Biguanide

Allg:
- Biguanide senken die Nüchternblutzuckerwerte (um 40-80 mg/dL) und parallel dazu die Insulinspiegel, wodurch auch die Insulinresistenz vermindert wird.
- Wirkungsmechanismen, siehe Tabelle 1, S. 1225
- Die Biguanide vermindern die Hyperinsulinämie. Somit ist diese Gruppe von OAD nur dann wirksam, wenn noch eine residuelle endogene Insulinproduktion der Betazellen vorhanden ist!
- Biguanide und Lipide:
  - Triglyzeride ↓
  - Cholesterin: kein signifikanter Einfluss
- Das HbA1c kann um 1.0-2.0 % gesenkt werden.
- Bei adipösen Diabetikern sind Biguanide besonders geeignet (weist eine Senkung der Makrovaskulären Ereignisse auf). Aber auch bei nicht-adipösen Patienten wirken die Biguanide.
- Im Gegensatz zu den Sulfonylharnstoffen, haben die Biguanide KEINEN Einfluss auf die β-Zellen!
- Metformin als Diabetes-Prävention:
  - Bei Patienten mit Glukoseintoleranz (S. 662), welche Metformin durchschnittlich über 2.8 Jahre einnehmen, vermindert sich das Auftreten eines Diabetes mellitus um 31 %.[4]
- Biguanide können in Monotherapie oder in Kombinationstherapie mit allen anderen OAD und auch mit Insulin (falls Gebrauch < 40 E/d) angewendet werden.

Ind:
- DM 2
- In Betracht ziehen: Glukoseintoleranz (ggf. Endokrino-Konsilium)

Dos:
- Metformin soll niedrig dosiert begonnen werden, um die gastrointestinalen NW zu vermindern:
  - 500 mg/d während oder am Ende der Mahlzeit, z.B. am Abend. Dann Dosissteigerung nach 2-3 Tagen
  - Maximaldosis: 2x 1 g/d (bei sehr adipösen Patienten allenfalls bis 3 g/d)

NW:
- Gastrointestinale Symptome:
  - Diarrhoe
  - Bauchschmerzen
  - Blähungen
  - Appetitlosigkeit u.a.
- Makrozytäre Anämie (Vitamin B12- und/oder Folsäuremangel)
- **Laktatazidose** (manchmal gravierend!): Metformin führt zu einem leichten Laktatanstieg, der wahrscheinlich durch einen gesteigerten Abbau von Glukose in Laktat in der Darmschleimhaut bedingt ist. Dieser Laktatüberschuss wird in der Leber zur Glukoneogenese verwendet (Glukoneogenese = Neubildung von Glukose aus «Nicht-Glukose Molekülen»).

Für die PRAXIS:
Risikopatienten oder Risikofaktoren für eine Laktatazidose unter Metformin:
- Niereninsuffizienz (Clearance < 30 mL/min)
- Herzinsuffizienz oder respiratorische Insuffizienz mit Gewebshypoxie
- Schwere Infektion mit Gewebshypoxie
- Sepsis
- Leberinsuffizienz mit Transaminasenanstieg > 3x N
- Alhoholkrankheit (inkl. akute Gelegenheitstrinker; *binge drinking*)
- Kontrastmittelgabe. Nach KM-Gabe sollen während mind. 2 Tage kein Biguanid verabreicht werden, bis zur Normalisierung der Kreatininwerte.
- Perioperativ (Biguanide erst nach Kreislaufstabilität verabreichen)
- Schwangerschaft
- Stillen

Bem:
- Metformin in Monotherapie führt nie zu einer Hypoglykämie!

KI:
- Niereninsuffizienz (Clearance < 20-30 mL/min). Metformin wird zu 100 % renal ausgeschieden.
- Leberinsuffizienz
- Alkoholismus
- Schwere Herzinsuffizienz (hypoxämisierend)
- Schwere respiratorische Insuffizienz (hypoxämisierend)

4 Knowler WC, et al. N Engl J Med 2002 ;346 :393-403.

Biguanide (oder Kombinationspräparate)	Maximaldosis/d	Einnahmen/d
Metformin (500, 850, 1000 mg)		
DIABESIN®, GLUCOPHAGE®, METFORMIN Hexal®, METFORMIN Sandoz®, METFOR-Teva®	2550 mg	2-3x/d
Metformin (500 mg)/**Chlorpropramid** (125 mg)		
DIABIFORMIN® (in D nicht erhältlich)	4 Tabletten/d (= 500 mg Chlorpropramid + 2000 mg Metformin)	2-3x/d
Metformin/Glibenclamid (500 mg/2.5mg; 250 mg/1.25 mg)		
GLUCOVANCE®/mite (in D nicht erhältlich)	10 mg Glibenclamid/ 2000 mg Metformin	2-3x/d
Metformin (850 mg)/**Pioglitazon** (15 mg)		
COMPETACT®	3 Tabletten/d: (= 45 mg Pioglitazon + 2550 mg Metformin)	2-3x/d
Metformin/Rosiglitazon (500 mg/2 mg; 500 mg/4 mg; 1000 mg/2 mg; 1000 mg/4 mg)		
AVANDAMET®	Max. 8 mg Rosiglitazon	
Metformin (500/850/1000 mg)/**Sitagliptin** (50/50/50 mg)		
JANUMET®, VELMETIA®	Max. 100 mg Sitagliptin	2x/d

Tabelle: Biguanide und Kombinationsprodukte.

❸ α-Glukosidasehemmer

Allg:
- Diese Gruppe von OAD hemmen die α-Glukosidase, welche die Kohlenhydrate in Monosaccharide spaltet und dies vom Duodenum bis ins Ileum. Dadurch verzögert sich die Resorption der Kohlenhydrate.
- Wirkungsmechanismen, siehe Tabelle 1, S. 1225
- Die Wirkung der α-Glukosidasehemmer beschränkt sich v.a. auf die postprandialen BZ-Werte.
- Das HbA1c kann um 0.5-1.0 % gesenkt werden.
- <u>α-Glukosidasehemmer und Lipide</u>:
  - HDL ↑, LDL ↓
- <u>α-Glukosidasehemmer als Diabetes-Prävention</u>:
  - Patienten mit Glukoseintoleranz unter α-Glukosidasehemmern vermindern das Auftreten eines DM um 25 %.[6]
- Ein α-Glukosidasehemmer kann in Monotherapie oder in Kombinationstherapie mit allen anderen OAD und auch mit Insulin (falls täglicher Gebrauch < 40 E) angewendet werden.

KI:
- Niereninsuffizienz (Clearance < 25 mL/min)
- Schwangerschaft, Stillzeit
- Chronische Darmerkrankungen

Ind:
- DM 2
- DM 1
- In Betracht ziehen: Glukoseintoleranz (als Präventivtherapie, ad. Konsilium)

Vorg:
- Einnahme unmittelbar vor den Mahlzeiten (Morgen-/Nachtessen)
- Niedrig dosiert beginnen: 25 mg knapp vor den Mahlzeiten 1-3x/d, dann je nach Toleranz auf 3x 50-100 mg/d erhöhen. Eine langsame Dosissteigerung alle 4-6 Wo kann die gastrointestinale Verträglichkeit verbessern.
- Maximaldosis: 3x 200 mg/d

NW:
- Darmgase, Blähungen
- Diarrhoe
- ASAT ↑, ALAT ↑ (Laborkontrollen 1-2x/Jahr)
- In Monotherapie gibt es unter α-Glukosidasehemmern <u>keine</u> Hypoglykämien.

Bsp:

α-Glukosidasehemmer	Beispiele	HWZ	Max. Dosis/d	Einnahmen/d
Acarbose	GLUCOBAY®	4 h	600 mg	3x/d
Miglitol	DIASTABOL®	2-3 h	600 mg	3x/d

6 Chiasson JL et al. Lancet 2002 ;359 :2072-7.

❹ Glitazone - *Insulinsensitizer*

Syn: • Thiazolidinedione

Allg: • Glitazone sind sogenannte *Insulinsensitizer*. Sie reduzieren die periphere Insulinresistenz.

- Der genaue Wirkungsmechanismus ist zur Zeit noch nicht bekannt.
- Das HbA1c kann um 1.0-1.5 % gesenkt werden.
- Glitazone und Lipide:
  - Unter Pioglitazon: HDL ↑ (10 %); LDL ±; Triglyzeride ↓↓
  - Unter Rosiglitazon: HDL ↑ (10 %); LDL ↑; Triglyzeride ↓
- Glitazone können in Monotherapie oder in Kombinationstherapie mit allen anderen OAD und auch mit Insulin (falls Gebrauch < 40 E/d) angewendet werden.

Für die PRAXIS:
- Glitazone (Rosiglitazon und Pioglitazon) weisen eine erhöhte Inzidenz von Herzinsuffizienz auf!
- Rosiglitazon erhöht das Risiko eines Herzinfarktes
- Pioglitazon vermindert das Herzinfarktrisiko.

Ind: • DM 2, auch bei schwerer Niereninsuffizienz (aber Clearance ≥ 5 mL/min)

Dos: • Einnahme am Morgen, unabhängig von den Mahlzeiten

1. Pioglitazon ACTOS®
   - Initial: 30 mg am Morgen, bei Bedarf nach 4 Wo bis zu 45 mg/d erhöhen.
2. Rosiglitazon AVANDIA®
   - Initial: 4 mg am Morgen, bei Bedarf nach 6-8 Wo bis zu 8 mg/d erhöhen.
   - Vorsicht bei Dyslipidämien (eher Pioglitazon wählen)

NW: • Gewichtszunahme (durch Vermehrung des subkutanen und nicht viszeralen Fettgewebes und durch Auftreten von Ödemen infolge Natrium- oder Wasserretention).

- Flüssigkeitsretention bei ca. 5 % der Patienten auf:
  - Periphere Ödeme
  - Herzinsuffizienz
  - Lungenödem

  Diese Flüssigkeitsretention spricht schlecht auf Diuretika an, verschwindet jedoch nach Absetzen des Glitazons.
- Anämie durch Erhöhung des Plasmavolumens
- Medikamentöse Wechselwirkung:
  - CYP 2C8 Substrat, die gleichzeitige Gabe von CYP 2C8 Inhibitoren wie Gemfibrozil oder TMP/SMX erhöhen die Plasmakonzentration und verstärken so die Glitazonwirkung.
  - Siehe auch Tabelle der CYP 450, S. 1452 ff
- Hepatotoxizität (einzelne Fälle)
- Glitazone in Monotherapie weisen kein Hypoglykämierisiko auf.

KI: • Mittlere bis schwere Leberinsuffizienz (ASAT und/oder ALAT > 100 IE/L)

- DM 1
- Herzinsuffizienz (NYHA III und IV)
- Die Niereninsuffizienz (bis Clearance ≥ 5 mL/min) ist keine Kontraindikation.
- Schwangerschaft, Stillzeit

Bsp:

Glitazone	Beispiel	HWZ	Max. Dosis/d	Einnahmen/d
Pioglitazon	ACTOS®	16-23 h	1x 45 mg	1x/d
Rosiglitazon	AVANDIA®	4 h	2x 4 mg	1-2x/d
Rosiglitazon + Metformin	AVANDAMET®		8 mg/800 mg	2-3x/d
Pioglitazon + Metformin	COMPETACT®		15 mg/850 mg	2-3x/d

❺ Glinide

Allg:
- Wirkungsmechanismen, siehe Tabelle 1, S. 1225
- Glinide führen, wie Sulfonylharnstoffe, durch die Bindung an die Sulfonylharnstoffrezeptoren zu einer erhöhten Insulinfreisetzung. Die Insulinsekretion erfolgt, im Vgl. zu den Sulfonylharnstoffen, rascher und hält weniger lang an.
- Die Wirkung der Glinide beschränken sich v.a. auf die postprandialen BZ-Werte.
- Das HbA1c kann um 1.0-2.0 % gesenkt werden. Nateglinid ist wahrscheinlich etwas weniger effizient als Repaglinid.[7]

Ind:
- DM 2

Vorg:
- Einnahme zu den Mahlzeiten
- ***No food - No Glinid;*** d.h. dass das Glinid nur dann eingenommen wird, wenn eine Mahlzeit folgt. Wenn eine Mahlzeit ausgelassen wird, soll kein Glinid eingenommen werden!
- Glinide können in Monotherapie oder in Kombinationstherapie mit allen anderen OAD, ausgenommen mit Sulfonylharnstoffen, sowie auch mit Insulin (falls täglicher Gebrauch < 40 E) angewendet werden.
- **Für die PRAXIS:**
  Wenn ein Patient schon mit Sulfonylharnstoffen behandelt ist, aber ungenügend darauf anspricht, bringt die Kombinationstherapie mit Gliniden keinen zusätzlichen Benefit (kein Synergismus bei ähnlichem Wirkungsmechanismus!)

NW:
- Hypoglykämierisiko (relativ gering, wenn das Glinid mit der Mahlzeit eingenommen wird)
- Medikamentöse Wechselwirkungen
  - CYP 3A4 und CYP2C8/9 Substrate. Die gleichzeitige Gabe eines Inhibitors bzw. eines Induktors dieser Cytochrome verstärkt bzw. vermindert die Glinidwirkung.
  - Siehe CYP 450, S. 1452 ff

KI:
- Niereninsuffizienz bei Clearance < 20-30 mL/min.

Bsp:

Glinide	Beispiel	HWZ	Max. Dosis/d	Einnahmen/d
Repaglinid	NOVONORM®	1 h	3x 4 mg	3x/d
Nateglinid	STARLIX®	1 h	3x 4 mg	3x/d

7 Horton ES et al. Diabetes Care 2000 ;23 :1660-5.

⑥ Inkretin-Mimetikum

Allg: • Wirkungsmechanismen, siehe Tabelle 1, S. 1225
• **Inkretine**
- Sind humane Darmhormone, welche nach einer Nahrungsaufnahme von der Darmschleimhaut synthetisiert und freigesetzt werden. Sie steigern glukoseabhängig die Insulinproduktion und haben somit eine Kohlenhydrat regulatorische Wirkung.
- Beispiele von wichtigen Inkretinen:
  - **GIP** (*Glucose-dependent-insulinotropic peptide*)
    -- GIP besteht aus 42 Aminosäuren und wird in den sog. K-Zellen der Duodenal- und Jejunumschleimhaut gebildet.
  - **GLP-1** (*Glukagon-like Peptid-1*)
    -- GLP-1 besteht aus ca. 30 Aminosäuren und wird in den sog. L-Zellen der Ileum- und Kolonschleimhaut gebildet.
- Im Nüchternzustand sind die Serumspiegel von GIP bzw. GLP-1 niedrig und steigen nach einer Mahlzeit rapid an.
- GIP und GLP-1 werden nach einer kurzen HWZ (ca. 2-5 min) von einem Enzym, welches **DPP-4** (Dipeptidyl-Peptidase 4) genannt wird, metabolisiert und renal ausgeschieden.

Ind: • DM Typ 2, in Kombination mit:
- Metformin oder Sulfonylharnstoff bei ungenügender BZ-Kontrolle trotz maximaler Dosis der Monotherapie
- Metformin und Sulfonylharnstoff oder Metformin und Thiazolidindion bei ungenügender BZ-Kontrolle trotz Therapie mit 2 oralen Antidiabetika.

Bsp: ■ **Exenatide** BYETTA®
Allg: • Als Inkretin-Mimetikum, aktiviert das antihyperglykämisch wirkende GLP-1 und steigert somit glukoseabhängig die Insulinsynthese und -sekretion aus den pankreatischen Betazellen.
Dos: • 2x 5 µg **SC** (Oberschenkel, Bauchdecke, Oberarm) während 1 Mt., dann je nach Bedarf erhöhen (→ 2x 10 µg **SC**).
- Gabe innerhalb von 60 min <u>vor</u> dem Frühstück und Abendessen (oder 2 anderen Hauptmahlzeiten des Tages, die ≥ 6 h auseinander liegen müssen).
- Wird eine Injektion versäumt, ist die Behandlung mit der nächsten geplanten Dosis fortzusetzen.

■ **Liraglutide** VICTOZA® (in D nicht erhältlich)
Allg: • Liraglutide ist ein Analogon des humanen GLP-1.
Dos. • 1x/d zu beliebigem Zeitpunkt unabhängig von den Mahlzeiten angewendet:
- Initialdosis: 0.6 mg **SC**; nach 1 Wo, falls notwendig auf 1.2 mg erhöhen (und nach 1 weiteren Wo, falls Klinik → 1.8 mg/d)

NW: • Appetitmangel
• Kopfschmerzen
• Schwindelgefühl
• Nausea, Erbrechen
• Diarrhoe
• Bauchschmerzen
• Gastroösophagealer Reflux (GÖR)

Bem: • Hypoglykämien treten in Monotherapie i.d.R. nicht auf.

KI: • Überempfindlichkeit gegenüber dem Wirkstoff oder einem der Hilfsstoffe
• Schwere Niereninsuffizienz (Clearance < 30 mL/min)
• Die gleichzeitige Anwendung von Insulin, Gliniden oder α-Glukosidasehemmer wurde nicht untersucht und wird z.Z. nicht empfohlen.

Bsp:

Inkretin-Mimetikum	Beispiel	HWZ	Max. Dosis/d	Anzahl Injekt./d
Exenatide	BYETTA®	2.4 h	2x 10 µg **SC**	2x/d **SC**-Gabe
Liraglutide*	VICTOZA®	13 h	1x 1.8 mg **SC**	1x/d **SC**-Gabe

* Liraglutide ist in D nicht erhältlich.

❼ DPP-4 Hemmer - Inkretinverstärker

Abk:
- DPP-4 = Dipeptidyl-Peptidase 4

Allg:
- Wirkungsmechanismen, siehe Tabelle 1, s. 1225
- Das Enzym DPP-4 metabolisiert die Inkretine (z.B. GIP, GLP-1) und vermindert somit deren positive Wirkung auf die Insulinproduktion.
- Die DPP-4 Hemmer verstärken die blutzuckersenkende Wirkung der Inkretin-Mimetika (siehe s. 1234)
- Das HbA1c kann um ca. 1.0 % gesenkt werden.
- Einnahme mit oder ohne Mahlzeit
- Bei Niereninsuffizienz wird die Dosis der Kreatinin-Clearance (falls ≥ 50 mL/min) angepasst.
  - Bei Hämodialysepatienten kann Sitagliptin ohne Berücksichtigung des Zeitpunktes der Hämodialyse eingenommen werden.
- Leberinsuffizienz
  - Bei leichter oder mittelschwerer Leberinsuffizienz muss die Dosis nicht angepasst werden.
  - Zur Zeit gibt es keine Daten bezügl. schwerer Leberinsuffizienz.

Ind:
- DM 2
  - In Monotherapie
  - In Kombinationstherapie mit Metformin bei Patienten, bei denen mit Metformin oder einem anderen OAD keine genügenden BZ-Werte erreicht werden.

NW:
- Nausea, Erbrechen
- Bauchschmerzen
- Diarrhoe
- Erhöhung der Harnsäure

KI:
- Überempfindlichkeit gegenüber dem Wirkstoff oder einem der Hilfstoffe
- DM 1

Bsp:

DPP-4 Hemmer	Beispiel	HWZ	Max. Dosis/d	Einnahmen/d
Saxagliptin**	ONGLYZA®	2.5 h	1x 5 mg/d	1x/d
Sitagliptin	JANUVIA®	12 h	1x 100 mg/d	1x/d
	XELEVIA®	12 h	1x 100 mg/d	1x/d
Vildagliptin	GALVUS®	3 h	1-2x 50 mg/d	2x 50 mg/d

** Saxagliptin ist in D nicht erhältlich.

Antiemetika

1. Nausea/Erbrechen verschiedener Ursache

Th: • **Empfohlene Medikamentengruppe:** Antagonisten der dopaminergen Rezeptoren (Wirkung auf die Chemorezeptorentrigger Zone des Bulbus = Brechzentrum).

NW: • Akute Dyskinesie (Dystonie, s. 538) u.a. extrapyramidalen NW.

Bsp: •

Dopaminrezeptor-Antagonisten	Beispiele	Adm.
Domperidon	MOTILIUM®	PO, IR
Droperidol (= DHBP)	XOMOLIX®	**IM, IV**
Haloperidol	HALDOL®	PO, **IM, IV**
Metoclopramid	PASPERTIN®	PO, **IV, IM**
Thiethylperazin (nicht in D)	TORECAN®	PO, IR, **IM, IV**

Dos: • Siehe s. 1168

2. Nausea/Erbrechen bei Beginn mit Opioiden bzw. nach Dossisteigerung

Th: • **Empfohlene Medikamentengruppe zur Therapie der opioid-induzierten Nausea:**
- Dopaminrezeptoren-Antagonist (Haloperidol, Droperidol; siehe Pt. 1. oben)
- Prokinetikum (Metoclopramid, siehe oben): Bei retardiertem Erbrechen (Magenstauung)

3. Nausea/Erbrechen infolge Gastroparese (DM, Vagotomie, Parkinsonismus u.a.)

Th: • **Empfohlene Medikamentengruppe**: Intestinales Prokinetikum (Parasympathomimetika)

Bsp: •

Prokinetikum	Beispiele	Adm.
Metoclopramid	MCP RATIOPHARM®	PO, IR, **IV, IM**
Metoclopramid	PASPERTIN®	PO, **IV, IM**

Dos: • Siehe s. 1170

4. Nausea/Erbrechen bei Chemo- oder Rx-Therapie oder nach chir. Eingriffen

Allg: • Dieser Typ von Nausea kommt wahrscheinlich durch eine Serotonin-Freisetzung der Magen-Darm-Schleimhaut zustande.

Th: • **Empfohlene Medikamentengruppe**: Serotonin-Antagonist (Antagonist der 5-HT3-Rezeptoren, d.h. von Hydroxytryptamin).
• Man beobachtet eine synergistische Wirkung bei der Kombination von 5-HT3-Antagonisten mit Kortikoiden.

Bsp: •

5-HT3-Antagonist	Beispiele	Adm.
Dolasetron	ANEMET®	PO, **IV**
Granisetron	KEVATRIL®	PO, **IV**
Ondansetron	ZOFRAN®	PO, **IV**
Palonosetron	ALOXI®	**IV**
Tropisetron	NAVOBAN®	PO, **IV**

Dos: • Siehe s. 1171

5. Nausea/Erbrechen bei Pathologien des Labyrinthsystems - Schwindel

Th: •

Antiemetika	Beispiele	Adm.	Wirkungsmechanismen
Betahistin	BETAVERT®	PO	Partieller Histaminagonist
Cinnarizin + Dimenhydrinat	ARLEVERT®	PO	Vasodilatation (Kalziumantagonist), H1 antihistaminerge Wirkung
Flunarizin	NATIL®	PO	Vasodilatation (Kalziumantagonist)

6. Reisekrankheit

Th: • Antiemetika

Antiemetika	Beispiele	Adm.	Wirkungsmechanismus	Präv. / Kur
Dimenhydrinat¶	VOMEX A®	PO	H1-Antihistaminikum	Präv. + Kur
oder:	SUPERPEP® Kaugummi	PO	H1-Antihistaminikum	Präv. + Kur
oder:	REISETABLETTEN CT®	PO	H1-Antihistaminikum	nur Kur
Diphenhydramin¥	EMESAN®	PO	H1-Antihistaminikum	Präv. + Kur
Meclozin#	(in D nicht erhältlich)	PO, IR	Siehe Text#	Präv. + Kur
Scopolamin§	SCOPODERM TTS®	TTS	Anticholinerg	Präv. + Kur

Präv. = Präventiv; Kur = Kurativ

7. Nausea während der Schwangerschaft

Th: • Antiemetika

Antiemetika	Beispiele	Adm.	Wirkungsmechanismus	SS-Klasse
Metoclopramid	PASPERTIN®	PO, **IV, IM**	Dopaminrez.-Antagonist	[B]
Domperidon	MOTILIUM®	PO	Dopaminrez.-Antagonist	[B]
Doxylamin	GITTALUN®	PO	Anti-H1	[B]
Meclozin#	(in D nicht erhältl.)	PO, IR	Antihistaminikum, siehe Text#	[C]

Dos: • Siehe S. 1168 ff

\# Meclozin ist ein Kombinationsprodukt: Meclozin + Vitamin B6 + Koffein

Allg:
- H1-Antihistaminikum der Klasse der Piperazine mit antiemetischer Wirkung auf das Brechzentrum.
- Eigenschaften von Meclozin:
  - Antiemetisch
  - Antihistaminisch
  - Zentral dämpfend, anticholinerg
  - Spasmolytisch
  - Verminderung der Exzitabilität des Labyrinthsystems

Vorg:
- Gegen die Reisekrankheit soll die orale Form von Meclozin <u>1 Stunde vor Reisebeginn</u> eingenommen werden.

¶ Dimenhydrinat

Vorg:
- Einnahme <u>1-2 Stunden vor Reisebeginn</u>: 50-100 mg alle 4 h, Maximaldosis 400 mg/24h

¥ Diphenhydramin

Vorg:
- Einnahme <u>1-2 Stunden vor Reisebeginn</u>: 90-120 mg, bei Bedarf alle 6-8 h wiederholen

§ Scopolamin (Pfalster; in der Schweiz zur Zeit nicht mehr erhältlich)

Dos:
- Das Pfaster soll <u>5-6 Stunden vor Reisebeginn</u> hinter das Ohr geklebt werden.
- Wirkungsdauer: 72 h

NW:
- Anticholinerge Wirkung:
  - Müdigkeit
  - Trockener Mund, Obstipation
  - Tachykardie
  - Sehstörungen (Akkommodationsstörungen, Mydriasis)
  - Harnretention
  - Verwirrtheitszustand
  - Halluzinationen

PHARMA

H1-Antihistaminika

1. Präparationen zur Therapie der allergischen Rhinitis

Beispiele (topisch oder PO)		Dosierung
Azelastin	ALLERGODIL® Spray	Akut: - 2 Stösse (zu 140 µg)/Nasenloch 1x/d Chronisch: - 1 Stoss/Nasenloch 2x/d (Gesamtdosis: 560 µg/d)
Levocabastin	LIVOCAB®-Nasenspray	2 Stösse (zu 120-160 µg)/Nasenloch 2x/d
Levocetirizin	XUSAL®	PO: - 1 Tabl zu 5 mg/d - 20 Trpf 1x/d (20 Trpf = 5 mg)

2. Augentropfen zur Therapie der allergischen Konjunktivitis

Beispiele		Dosierung
Azelastin	ALLERGODIL® Augentr.	1 Trfp in jedes Auge, 2x/d
Cromoglycat	(in D nicht erhältlich)	1-2 Trpf (zu 0.8 mg) in jedes Auge 4x/d
Emedastin	EMADINE®	1 Trpf/betroffenes Auge 2-4x/d
Levocabastin	LIVOCAB®Augentropfen	1 Trpf (15 µg) in beide Augen 2-4x/d
Ketotifen	ZADITEN® ophtha	1 Trpf/betroffenes Auge alle 8-12 h
Nedocromil	IRTAN® Augentropfen	1-2 Trpf in beide Augen 2x/d

3. Orale H1-Antihistaminika

Beispiele		Dosierung
Wenig sedativ		
Cetirizin	ZYRTEC®	10 mg/d (in 1-2 Einahmen/d)
Fexofenadin	TELFAST®	2x 60 mg/d
Levocetirizin	XUSAL®	1x 5 mg/d
Loratadin	LISINO®	1x 10 mg/d
Desloratadin	AERIUS®	1x 5 mg/d
Mizolastin	MIZOLLEN®	1x 10 mg/d
Sedativ		
Clemastin	TAVEGIL®	1 mg morgens und abends (max. 6 mg/d)
Dexchlorpheniramin	POLARONIL®	3-4x 2 mg/d; Retardform: 2(-3)x 6 mg/d
Diphenhydramin	ARBID®	50 mg am Abend
Dimetinden	FENISTIL®	3x 1-2 mg/d, Retardform: 4 mg 1x/d
Hydroxyzin	ATARAX®	25-50 mg am Abend

4. Parenterale H1-Antihistaminika

Beispiele		Dosierung
Sedativ		
Clemastin	TAVEGIL®	1-2 Amp (zu 2 mg) **IM** oder langsam **IV**
Dimetinden	FENISTIL® Amp	1-2 Amp (zu 4 mg) **IV** über 30 sek

Sekretionshemmer: H2-Antihistaminika und PPI

Allg: **Indikationen zur sekretionshemmenden Therapie bei Patienten unter NSAR-Therapie** (kein Konsens; 1 Element genügt)

- Alter > 65 Jahre
- Vorgeschichte von Magen-Darm-Ulkus oder von gastrointestinalen Komplikationen
- Hohe Dosen von NSAR oder in Kombination mit mehreren NSAR (inkl. ASS)
- NSAR + systeemische Kortikoide oder NSAR + Antikoagulantien
- Gerinnungsstörung (inkl. antikoagulierte Patienten)
- Schwergradige Komorbidität (z.B. Kardiopathie, Hepatopathie)

Bem: **Für die PRAXIS:**
Patienten mit Vorgeschichte von kardiovaskulären Ereignissen (z.B. Hirnschlag, TIA, akutes Koronarsyndrom, Lungenembolie) dürfen keine COX-2 Hemmer (Celecoxib, Etoricoxib) verabreicht werden!

1. H2-Antihistaminika*

Beispiele	Adm.	Dosierung
Cimetidin	PO	800 mg/d am Abend
	IM, IV	800-1600 mg/d (Maximaldosis 2 g/d)
Ranitidin	PO	300 mg/d am Abend
	IV	50 mg langsam **IV** ($\geq$ 2 min) oder in Kurzinfusion über 2 h; bei Bedarf alle 6-8 h wiederholen; oder **IV** kont. 0.125-0.25 mg/kg/h

2. Protonenpumpen Inhibitor (PPI)*

Beispiele	Adm.	Dosierung
Esomeprazol	PO	PO: 40 mg/d
	IV	40 mg in 30 min; 20 mg in 10-30 min
Lansoprazol	PO	30 mg/d
Omeprazol	PO	20-40 mg/d
	IV	40 mg/d über 5 min **IV**
Pantoprazol	PO	40 mg/d
	IV	40 mg/d in 2-3 min oder Inf. **IV** in 15 min
Rabeprazol	PO	20 mg/d

3. Prostaglandin PGE1-Analog*

Beispiel	Adm.	Dosierung
Misoprostol	PO	a) Magen-Darm Ulkus: 4x 200 µg/d b) Präventive Therapie: 4x 100 µg/d

PHARMA

* Es handelt sich um «Standarddosierungen» bei GÖR oder nicht-komplizierter Ösophagitis. Spezielle Dosierungen sollen mit dem Spezialisten abgesprochen werden (z.B. zur Therapie des ZOLLINGER-ELLISON-Syndroms).

Anxiolytika — Hypnotika — Benzodiazepine (BDZ)

Anxiolytika		Adm.	HWZ [h]#	Dosierung, Bemerkungen
Kurz-, mittellangwirksame BDZ				
Oxazepam	ADUMBRAN®	PO	5-20	3-4x 10-30 mg
	DURAZEPAM®	PO	5-20	3-4x 10-30 mg
Temazepam	PLANUM®	PO	10-40	15-30 mg abends
Lorazepam	TAVOR®	PO, **IV**	10-20	PO: 2-4x 0.5-2 mg **IV**: 0.02-0.04 mg/kg **IV** (= 0.5-3 mg)
	LORAZEPAM Dura®	PO		2-4x 0.5-2 mg
	TOLID®	PO		2-4x 0.5-2 mg
	SOMNIUM® (= Lorazepam 1 mg + Diphenhydramin 25 mg)	PO		1 Tabl abends (in D nicht erhältlich)
Alprazolam	ALPRAZOLAM AbZ®, TAFIL®	PO	12-15	3x 0.25-0.5 mg
Bromazepam	LEXOTANIL®	PO	8-20	1-3x 1.5-3.0 mg
Langwirksame BDZ				
Diazepam	VALIUM®	PO	20-120	2-4x 2-10 mg
	DIAZEP-CT®	**IV, IM**		**IM, IV**: 2-20 mg bei Bedarf alle 3-4 h, siehe S. 564
	STESOLID®	IR		Intrarektale Lösung: 0.2 mg/kg bei Bedarf alle 3-4 h
	Diazepam Desitin®	IR		Intrarektale Lösung: 0.2 mg/kg, bei Bedarf alle 3-4 h
Clobazam	FRISIUM®	PO	20-50	5-40 mg (max. 120 mg/d)
Clonazepam	RIVOTRIL®	PO, **IM, IV**	18-50	Siehe S. 564
Prazepam	DEMETRIN®	PO	34-96	10-30 mg (max. 60 mg/d)
Flurazepam	DALMADORM®	PO	40-100	15-30 mg abends
Clorazepat	TRANXILIUM®	PO, **IV**	50-100	PO, **IV**: 10-50 mg (max. 200 mg)
Nicht-BDZ Anxiolytika				
Buspiron	BUSP®	PO	2-11	15-20 mg (in 3x), max. 60 mg/d
Hydroxyzin	ATARAX®	PO	3-4	50-100 mg (max. 300 mg/d)

Die angegebene HWZ entspricht der HWZ der Grundsubstanz bzw. des aktiven Metabolits (falls vorhanden).

§ Zaleplon und Zolpidem sind selektive Agonisten der Omega Rezeptoren.

‡ Zopiclon wirkt auf die GABA-A Rezeptoren (unterschiedliche Wirkung im Vgl. zu den BDZ).

f Doxylamin ist ein sedierendes H1-Antihistaminikum.
- Eigenschaften: Sedativ, histamin-hemmend, antiallergisch, anticholinergisch, antiemetisch

¶ Chloralhydrat ist ein Alkohol mit schwacher und variabler Bioverfügbarkeit. Chloralhydrat wirkt v.a. im Kortex. Wirkungsmechanismus nicht klar: ↓ der Synthese und Aktivität von Acetylcholin?

Hypnotika: BDZ oder Nicht-BDZ		Adm.	HWZ [h][#]	Dosierung, Bemerkungen
Kurz-, mittellangwirksame BDZ				
Triazolam	HALCION®	PO	2-3	0.125 mg abends
Midazolam	DORMICUM®	PO	2-5	7.5-15 mg abends
		IR		7.5-15 mg abends od. bei Bedarf
		IM, IV		Zur Sedation: - 2.0-5.0 mg **IV** oder **IM**
Temazepam	PLANUM®	PO	8-10	10 mg abends (Max. 20 mg)
Lormetazepam	LORAMETACEPAM ACIS®	PO		0.5-1 mg abends (max. 2 mg)
	NOCTAMID®	PO		0.5-1 mg abends (max. 2 mg)
Langwirksame BDZ				
Flunitrazepam	ROHYPNOL®	PO	15-35	0.5-1 mg abends (CAVE: Koma bei hohen Dosen!)
Nitrazepam	MOGADAN®	**PO**	20-40	2.5-5 mg abends (max. 10 mg)
Clonazepam	RIVOTRIL®	PO, **IM, IV**	18-50	Siehe S. 564
Nicht-BDZ Hypnotika				
Zolpidem[§]	STILNOX®	PO	2-3	5-10 mg abends
	BIKALM®			
	ZOLPIDEM-CT®			
	ZOLPIDEM-Puren®			
	ZOLPI-Q®			
	ZOLPIDEM Ratiopharm®			
	ZOLPI-Lich®			
	ZOLPINOX®			
Zopiclon[‡]	OPTIDORM®, ZOP®	PO	5-6	3.75-7.5 mg abends
Zaleplon[§]	SONATA®	PO	1	5-10 mg abends
Doxylamin[ƒ]	SEDAPLUS®	PO	24	20-50 mg 30-60 min vor dem Schlafengehen
Chloralhydrat[¶]	CHLORALDURAT®	PO	8	Rot (schnellwirksam): - 0.25-1 g abends
Clomethiazol	DISTRANEURIN®	PO	unbek.	Siehe S. 1181
Hormon (natürliches Epiphysenhormon)				
Melatonin[*]	CIRCADIN®	PO	3.5-4	1-3 mg vor dem Zubettgehen
Phytotherapeutische Hypnotika				
Baldrian	SEDONIUM®	PO		2 Drag 1 h abends
Baldrian + Hopfen	ALLUNA® Nacht zum Einschlafen	PO		2-3 Drag 1/2-1 h abends

* Melatonin: CAVE bei Kindern (bei sekretierenden Pinealomen wurde beobachtet, dass Melatonin potentiell eine antigonadotrope Wirkung hat)!

#, §, ‡, ƒ, ¶, S. 1238

Schwangerschaft und Medikamente[1-3]

Klasse A: Kontrollierte Studien beim Menschen haben keine fetalen Risiken gezeigt.

Klasse B: Keine fetalen Risiken bei Tieren. Keine Studien bei der schwangeren Frau vorhanden, oder Vorhandensein eines gewissen Toxizitätsgrades bei Tieren. Kontrollierte Studien beim Menschen zeigen keine Risiken.

Klasse C: Fetales Risiko bei Tieren und keine Studien bei der schwangeren Frau vorhanden.

Klasse D: Positive Risikoevidenz beim menschlichen Fetus. Die Anwendung dieser Medikamente kann bei schwangeren Frauen in einigen Situationen akzeptabel sein (Hochrisikosituationen und/oder keine Alternativbehandlung zur Verfügung stehend).

Klasse X: Bewiesene fetale Anomalien beim Tier oder beim Menschen, wobei die Risiken weitaus grösser sind, als die möglichen Nutzen.

Während der Schwangerschaft NICHT erlaubte Medikamente

Medikamentengruppe	
Antibiotika	• Aminoglykoside [C,D] • Tetrazycline (Bsp: Doxycyclin) [D]
Antikoagulantien	• ALLE oralen Kumarine: - Acenocoumarol [X] - Nicoumalon [X] - Phenprocoumon [X] - Warfarin [X]
Antidiabetika	• Biguanid (Metformin) [D] • Sulfonylharnstoffe [D]
Antiepileptika	• Valproat [D] • Phenytoin [D]
Kardiologische Medikamente	• Amiodaron [C] • Diuretika [C, D] • ACE-Hemmer [D] • Diltiazem [X]
Sonstige Medikamente	• Aciclovir [C] • Misoprostol [X]

1 Delaloye J-F, et al. Medicaments, grossesse et lactation. M&H, Genève, 2006. 2 Koren G, et al. N Engl J Med 1998 ;338 :1128-37. 3 Briggs GG, et al.Drugs in pregnancy and lactation. Williams & Wilkins 1994.

Während der Schwangerschaft erlaubte Medikamente (ausser bezeichnet mit [a, b, c])

Medikamentengruppe	
Analgetika	• Acetylsalicylsäure [C,D][c] • **Nur im 1. und 2. Trimenon erlaubt**: NSAR [B]. Im 3. Trimenon sind die NSAR aber **kontraindiziert** [D][c] (Risiko einer nekrotisierenden Enterokolitis, Verschluss des Ductus arteriosus, foetale Niereninsuffizienz) • Codein [C], Morphin [B] • Metamizol [D][a+c] • Paracetamol [B]
Antiarrhythmika	• Betablocker [C], Verapamil [C] • Digoxin [C] • Lidocain [C]
Antibiotika	• Penicilline [B]: Amoxicillin ± Clavulansäure, Flucloxacillin • Cephalosporine [B]: Cefepim, Cefuroxim, Ceftazidim, Ceftriaxon • Sonstige: Erythromycin [B], Isoniazid [C][a], Vancomycin [C][b+c]
Antikoagulantien	• Heparin [C] • Streptokinase [C] • NMH: Enoxaparin [B], Nadroparin [B]
Antidepressiva	• SSRI: Citalopram [B], Fluoxetin [B], Fluvoxamin [B] • Evtl. Trizyklische Antidepressiva (Amitriptylin [D], Clomipramin [C]) • Sonstige: Mianserin [B]
Antiemetika	• Meclocin/Vitamin B6 [B] • Doxylamin [B] • Domperidon [B] • Flunarizin [B], Metoclopramid [B]
Antiepileptika	• Gabapentin [B], Lamotrigin [B, Folsäuregabe empfohlen] • Carbamazepin [D] (Risiko eines Nichtverschlusses des Neuralrohrs) • BDZ: Clonazepam [C], Diazepam [D], Lorazepam [D]
Antihypertensiva	• Prazozin [B], Methyldopa [B], Clonidin [C] • Atenolol [C], Labetalol [C], Metoprolol [C], Propranolol [C] • Nifedipin [C], Verapamil [C], (Di-)Hydralazin [C]
Benzodiazepine	• Alprazolam [D], Bromazepam [D], Clonazepam [C], Clorazepat [D], Diazepam [D], Lorazepam [D], Midazolam [D], Oxazepam [D]
Diagnosen	
Asthma	• Salbutamol [C], Terbutalin [B], Theophyllin [C]
Diabetes mellitus	• Insulin [A]
Diarrhoe	• Loperamid [B]
Husten	• Codein [C], Dextromethorphan [C]
Hyperthyreose	• Propylthiouracil [D], Betablocker [C]
Kopfschmerzen	• **Nur im 1. und 2. Trimenon**: NSAR (Ibuprofen) [B], Paracetamol [B]
Malaria	• Chloroquin [C]
Migräne	• Codein [C], Paracetamol [B]
Obstipation	• Laktulose [B], Magnesium [C]
Pruritus	• Euceta, Zinkpaste, topische und systemische Kortikoide [C,D]
Rhinitis (allergisch)	• Topische Kortikoide: Budenosid [C], Fluticason [C]
Ulkus (peptisch)	• Aluminium-Hydroxyd [C], Lansoprazol [B], Nizatidin [C], Omeprazol [B], Sucralfat [B], Ranitidin [B]
Sonstige	• Allopurinol [C], Bromocriptin [C] • Kortikoide (Dexamethason [C], Prednison [B]), Nystatin [B], Zidovudin [C][a]

a Im 1. Trimenon kontraindiziert
b Im 2. Trimenon kontraindiziert
c Im 3. Trimenon kontraindiziert

Medikamente und Substanzen während der Stillzeit

Kontraindiziert während der Stillzeit (falls die Mutter diese Medikamente zwingenderweise einnehmen muss, soll die Stillung abgesetzt werden)	
▶ **Antibiotika** ▶ **Fungizide** ▶ **Virostatika**	• Metamizol (bis zu 48 h nach Verabreichung von Metamizol darf nicht gestillt werden) • Metronidazol • Erythromycin • Chloramphenicol • Sulfonamide (TMP/SMX u.a.) • Tetrazycline (z.B. Doxycyclin)
▶ **Sonstige Medikamente**	• Amantadin • Amiodaron • Barbiturate • Cimetidin • Codein • Kokain • Lithium • Salicylate (hochdosiert) • Sulfonylharnstoffe (z.B. orale Antidiabetika) • Phenytoin, Valproinsäure • Senna
Mit Vorsicht einsetzen (potentiell gefährliche Medikamente während der Stillzeit, aber nicht generell kontraindiziert, bei Neugeborenen vermeiden)	
▶ **Antibiotika** ▶ **Fungizide** ▶ **Virostatika** ▶ **Antiparasiten-präparate**	• Azathioprin • Chinolon (vorzugsweise: Norfloxacin). ***CAVE***: Knorpelveränderungen • Clindamycin • Fluconazol • Nitrofurantoin • Tuberkulostatika
▶ **Kardiovaskulär**	• Antihypertensiva: - Diuretika (niedrig dosiert, long-acting) - ACE-Hemmer - Clonidin • Acetylsalicylsäure (falls hochdosiert und/oder Langzeittherapie) • Sotalol • Spironolacton • Verapamil
▶ **Analgetika**	• Buprenorphin TEMGESIC®, TRANSTEC®, SUBUTEX® • NSAR (vorzugsweise: Ibuprofen) • Pethidin
▶ **Sonstige Medikamente**	• Anticholinergika, siehe S. 1177 • Antikonvulsiva (ausser: Ethosuximid) • Benzodiazepine (vorzugsweise: Lorazepam oder Oxazepam) • Fluoxetin • H2-Antihistaminika (z.B. Ranitidin) • Haloperidol • Narkotika (innerhalb der ersten 10 Tagen postpartum) • Ovulationshemmer (mit Östrogen) • Pipamperon • Propylthiouracil • Trizyklische Antidepressiva (vorzugsweise: Nortriptylin, Desipramin); aber kein Doxepin verabreichen!
▶ **Sonstige Substanzen**	• Alkohol (grosse Mengen) • Nikotin

Erlaubte Medikamente in therapeutischer Dosierung	
▶ **Antibiotika** ▶ **Fungizide**	• Aminoglykoside: Gentamicin, Tobramycin • Betalaktame: - Penicilline, Cephalosporine, Carbapeneme, Monobaktame • Vancomycin • Clotrimazol • Ketoconazol • Miconazol • Nitrofurantoin
▶ **Antikoagulation Aggregations-hemmung**	• OAK: - Acenocoumarol, Warfarin, Fluindion, Phenprocoumon • Acetylsalicylsäure (ASPIRIN®, in geringer und kurzzeitiger Dosierung) • Heparin
▶ **Analgetika**	• Paracetamol (= Acetaminophen) • NSAR: Ibuprofen, Diclofenac, Flurbiprofen u.a.
▶ **Kardiovaskulär**	• Antihypertensiva, Diuretika • Alpha-Methyldopa • Betablocker (Metoprolol, Propranolol u.a.) • Digoxin • Labetalol • Lidocain • Magnesiumsulfat • Methyldopa
▶ **Lanxantien, Antazida**	• Quell- und Fasermittel: - AGIOLAX® Granulat, METAMUCIL® • Gleitmittel: - Docusat-Natrium NORGALAX® • Antacida: - MAALOXAN® (Kautabl; Liquid Suspension, Softtabs) - ULCOGANT® (Granulat, IC, Suspension in Beuteln, Tabl) - Paraffinöl
▶ **Sonstige Medikamente**	• Bromhexin BISOLVON® • Carbamazepin • Clemastin TAVEGIL® • Kortikoide (inkl. topische Anwendung) • Nasale Vasokonstriktoren (topisch) • Dihydroergatamin • Beta 2-Agonisten (Salbutamol u.a.) • Insulin • Pyridostigminbromid MESTINON® • Theophyllinderivate: - BRONCHOPARAT®, UNIPHYLLIN®, SOLOSIN® Retard) • Levothyroxin • Cetirizin - XUSAL® (akut Tropfen, Tropfen Saft, Tabl) - ZYRTEC® (Filmtabl, Trpf)
▶ **Sonstige Substanzen**	• Alkohol (in geringen Mengen) • Koffein • Impfungen

Rezeptoren: α, β, Dopaminrezeptoren — Eigenschaften bei Stimulation

α 1	
Glatte Gefässmuskulatur	Vasokonstriktion (BD ↑)
Herz ♥	Positiv inotrop (schwach)
α 2	
Zentrales Nervensystem	Hemmung der sympathischen Aktivität, Somnolenz
Sympathische Nervenendigungen	Freisetzung von Norepinephrin (BD ↑)
β 1	
Herz ♥	Positiv inotrop (HMV ↑) Positiv chronotrop (Herzfrequenz ↑) Positiv dromotrop (Überleitungsgeschwindigkeit ↑)
Metabolismus	Reninsekretion ↑ Lipolyse ↑
β 2	
Herz ♥ (Vorhöfe)	Positiv inotrop (HMV ↑) Positiv chronotrop (Herzfrequenz ↑) Positiv dromotrop (Überleitungsgeschwindigkeit ↑)
Blutgefässe	Vasodilatation (splanchnisch + peripher)
Lungen	Bronchodilatation
Metabolismus	Reninsekretion ↑ Lipolyse ↑ Glukogenolyse Hypokaliämie Tremor (Ursache: zentral + peripher)
Dopamin (DA) 1	
Blutgefässe	Vasodilatation (renal, zerebral, splanchnisch) Koronardilatation, Venendilatation
Niere	Diurese ↑, Natriurese ↑, Reninsekretion ↑
Nebenniere	Aldosteronsekretion ↓
Dopamin (DA) 2	
Blutgefässe	Vasodilatation (Noradrenalinfreisetzung ↓) der splanchnischen Gefässe Art. Hypotonie
Niere	Unklar
Nebenniere	Aldosteronsekretion ↓
Nervensystem	Psychomotrische Stimulation (Tremor, Dyskinesie, Agitation) Nausea, Erbrechen

Tabelle: Eigenschaften verschiedener Zellrezeptoren.

§ **Indapamid** (nicht thiazidisches Sulfonamidderivat mit einem Indolkern)

Allg: • Eigenschaften:
- a) Direkte vasodilatierende Wirkung: Reduktion des peripheren Gefässwiderstandes, Verminderung der Noradrenalin Sensibilität
- b) Diuretische Wirkung (schwach): Indapamid ist ein Sulfonamidderivat, dessen diuretische Wirkung erst ab Dosen > 10 mg/d eintritt. Die Diurese kommt durch die Hemmung der Natriumresorption der distalen Nierentubuli zustande, ähnlich wie bei den Thiaziden.

Ind: • Art. Hypertonie (insbesondere auch bei Diabetes mellitus geeignet)

Dos: • 1.25 mg/d PO, dann, je nach Bedarf, nach 4-8 Wo erhöhen. Max. 2.5 mg/d (am Morgen)

Lab:
- Blut ↑: Ca^{2+}, Harnstoff — Urin ↑: Na^{+}, K^{+}, Cl^{-}, Mg^{2+}
- Blut ↓: Na^{+}, K^{+}, Mg^{2+} — Urin ↓: Ca^{2+}, Harnstoff

NW: Hypokaliämie, Hyperurikämie (***CAVE***: Gicht!), Asthenie, art. Hypotonie

Antihypertensiva

Klas:
1. Alpha-Blocker
2. Zentrale Alpha 2-Agonisten
3. Alpha- und Betablocker
4. Direkte Vasodilatatoren
5. Betablocker, S. 1246
6. Diuretika, S. 1249
7. ACE-Hemmer, S. 1258
8. Sartan (= Angiotensin-II-Rezeptor-Antagonist, Typ AT1), S. 1260
9. Reninin-Hemmer, S. 1261
10. Kalziumantagonisten, S. 1262

Galenische Formen, siehe MED-Index, S. 1452 ff

1. Alpha-Blocker (indirekte Vasodilatatoren)

Bsp:

Phentolamin	nicht in D	α1- und α 2-Blocker (nicht in D)	PO, **IM, IV**
Urapidil	EBRANTIL® 50	α1-Blocker und ↓ Sympathikotonus	**IV**
Doxazosin	CARDULAR®	α1-Blocker	PO
	DOXACOR®	α1-Blocker	PO

2. Zentrale Alpha 2-Agonisten

Bsp:

Clonidin	CATAPRESAN®	PO, **IM, IV**
Methyldopa	PRESINOL®	PO
Moxonidin	PHYSIOTENS®	PO

3. Alpha- und Betablocker

Bsp:

Carvedilol	DILATREND®, CARVEDILOL AAA®, CARVEDILOL Sandoz®, CARVEDILOL STADA®, CARVEDILOL-HEXAL®, CARVEDILOL-Teva®	PO
Labetalol	TRANDATE® (in Deutschland nicht erhältlich)	PO, **IV**

4. Direkte Vasodilatatoren

Bsp:

Urapidil	EBRANTIL® 50 (= α1-Blocker und Sympathikotonus ↓)	**IV**
Minoxidil	LONOLOX®	PO
Diazoxid	PROGLICEM®	PO
Indapamid, S. 1244	INDAPAMID AL®	PO
	NATRILIX®/NATRILIX®SR	PO
	INDA-PUREN®	PO
Nitratderivate, S. 1296		
Synthetisches Prostazyclin *(zur Therapie der art. pulmonalen Hypertonie)*, S. 367		
Epoprostenol	FLOLAN® (in Deutschland nicht erhältlich)	**IV**
Endothelin Antagonist *(zur Therapie der art. pulmonalen Hypertonie)*, S. 367		
Bosentan	TRACLEER®	PO

5. Betablocker (BB)

Allg:
- Wirkmechanismus: kompetitiver Katecholamin-Antagonismus der betaadrenergen Rezeptoren vorwiegend in folgenden Organen: Herz, Gefässe, Lungen u.a.:
  - Herzfrequenzverminderung (infolge Depression des Automatismus im Sinusknoten)
  - Verlangsamung der Reizleitung im AV-Knoten
  - Negativ inotrop
  - Wirkungen, die v.a. β2-Rezeptor abhängig sind:
    - -- Vasokonstriktion
    - -- Bronchokonstriktion
    - -- Hypoglykämie
- **Kardioselektivität** β1 (Beispiele, siehe S. 1247)
  - Wenn ein BB als «β1-kardioselektiv» bezeichnet wird, «sollten» die unangenehmen NW, die durch die Blockade der β2-Rezeptoren zustande kommen (splanchnische und periphere Vasokonstriktion, Bronchospasmus, Hypoglykämie) nicht vorkommen. Klinisch bezieht sich diese Kardioselektivität nur auf niedrig dosierte BB. Bei höher dosierten «β1-kardioselektiven» BB werden die β2-assoziierten NW trotzdem beobachtet (S. 1247). Hier einige β2/β1 Verhältnisse:
    - -- Atenolol ......1/40 -- Metoprolol 1:70
    - -- Bisoprolol ..1:120 -- Nebivolol 1:260
    - -- Carvedilol (therapeutische Dosis) 1:1
- **ISA** (intrinsische sympathomimetische Aktivität oder «partielle agonistische Aktivität»)
  - Gewisse BB fixieren sich auf den Betarezeptoren, indem sie diese leicht stimulieren. Die Katecholaminblockade ist somit partiell durch ein gewisses Beibehalten der basalen Aktivität kompensiert. Die daraus resultierende Bradykardie ist weniger ausgesprochen, als unter den BB ohne ISA. Manchmal beobachtet man sogar eine Tachykardie.
  - Die gesuchten therapeutischen Effekte sind somit weniger ausgeprägt:
    - -- Antianginöse Wirkung
    - -- Wirkung bei: Postinfarktprävention, kongestiver Herzinsuffizienz
  - Betablocker der Wahl bei Patienten mit einem **RAYNAUD-Phänomen**:
    - -- α-β-Blocker (z.B. Carvedilol)
    - -- Allenfalls: selektiver β-1 BB oder BB mit ISA (Bopindolol, Labetalol)

Klas: **I. Klassifikation bezüglich Fettlöslichkeit**

I.A. Fettlösliche Betablocker
- Bsp: • Metoprolol, Propranolol, Labetalol
- Bem: • Die fettlöslichen BB penetrieren die biologischen Membranen → zentrale Wirkung, transplazentäre Passage, Vorfinden in der Muttermilch.
  - • Die Elimination ist v.a. hepatisch. Je lipophiler ein BB ist, desto besser ist er wirksam auf den Tremor, die Angstzustände und die Migräne.

I.B. Wasserlösliche Betablocker
- Bsp: • Atenolol, Celiprolol, Esmolol, Nadolol, Sotalol
- Bem: • Die wasserlöslichen BB weisen eine schwache Penetration durch die biologischen Membranen auf → keine zentralen Wirkungen. Dies kann in folgenden Situationen von Nutzen sei: Depression, Schlafstörungen u.a.
  - • Die Elimination ist v.a. renal.

I.C. Gemischte Betablocker

II. Klassifikation bezüglich Kardioselektivität

II.A. Kardioselektive Betablocker
- Bsp: • Ohne ISA: Atenolol, Metoprolol, Nebivolol, Esmolol
  - • Mit ISA: Celiprolol

II.B. Nicht-kardioselektive Betablocker
- Bsp: • Ohne ISA: Nadolol, Propranolol u.a.
  - • Mit ISA: Bopindolol, Labetalol, Pindolol

Ind:
- Art. Hypertonie
- Supraventrikuläre Arrhythmien: Vorhofflimmern, Vorhofflattern, Extrasystolen
- Angina pectoris
- Sekundärprävention nach Myokardinfarkt
- Angst (hier sind nur die fettlöslichen BB wirksam), Tachykardie
- Hyperthyreose (nur als Adjuvans)
- Essentieller Tremor (hier nur fettlösliche BB einsetzen, z.B. Propranolol)

Bem:
- **Bei ventrikulärer Tachykardie sind die Betablocker nicht wirksam!!**
- Die BB induzieren eine Vermehrung der Anzahl Membranrezeptoren (= *up-regulation*)

KI:
1. Asthma
2. Bradykardie < 60/min
3. AV-Block 1.°, AV-Block höheren Grades
4. Siehe KI der BB beim akuten Koronarsyndrom S. 199

NW:
- Müdigkeit (z.B. «schlappe» Beine)
- Bradykardie (weniger ausgeprägt unter BB mit ISA), AV-Block
- Verschlimmerung einer akuten Herzinsuffizienz
- Bronchospasmus (aber auch ein β1-kardioselektiver BB kann eine Asthmakrise auslösen!)
- Periphere Vasokonstriktion (kalte Extremitäten, RAYNAUD, Claudicatio intermittens)
- Nausea, Diarrhoe
- Obstipation, Bauchschmerzen, Xerostomie
- **Rebond-Wirkung** beim Absetzen des BB: Reflextachykardie, Angina pectoris
- Die **BB maskieren die Hypoglykämiesymptome** (Tremor, Palpitationen, Stresszustand, BD-Schwankungen; aber keinen Einfluss auf das Schwitzen) und induzieren selten:
  a) Hypoglykämien
    - Mechanismen: Hemmung der Glukogenolyse und der Glucagonsekretion
    - Auslösende Faktoren/Situationen: Anstrengung, Hämodialyse
  b) Hyperglykämien
    - Mechanismen: Verminderung der Insulinsekretion und Verminderung der Insulinrezeptorensensibilität
    - Auslösende Faktoren/Situationen: hoch dosierte Betablocker
- Depression
- Parästhesien, Schwindelgefühl, Epilepsie
- Dyskrasie (selten): Agranulozytose, Leukopenie, Thrombozytopenie
- **Medikamentöse Wechselwirkungen** mit dem CYP 450:
  - Viele BB sind 2D6 Substrate, siehe S. 1452 ff

Intox:
- Siehe S. 104

EKG:
- PR ↑
- Keinen Einfluss auf: QRS, QT, akzessorische Bahnen, S. 129

Bsp:

Kardioselektive BB	Beispiele	Adm.
Kardioselektive β1-Blocker ohne ISA		
Atenolol	ATENOLOL Sandoz®	PO
	ATENOLOL AAA®	PO
	ATENOLOL Heumann®	PO
	ATENOLOL AL®	PO
	DURATENOL®	PO
	JENATENOL®	PO
	TERNORMIN® /mite/submite	PO
Betaxolol	BETOPTIMA®	Augentrpf (Th des Glaukoms)
Bisoprolol	BISOBETA®	PO
	CONCOR®	PO
Esmolol	BREVBLOC®	**IV**
	ESMOCARD® Stragen	**IV**
Metoprolol	BELOC-ZOK®	PO (nur Retardformen)
	BELOC® i.v.	**IV**
	LOPRESOR®	PO, **IV**
	METOPROLOL® Retard	PO (nur Retardformen)
	METOBETA®	PO
	METODOC®	PO
Nebivolol	NEBILET®	PO
Kardioselektive β1-Blocker mit ISA		
Celiprolol	SELECTOL®	

Tabelle: Betablocker

ISA = Intrinsische sympathomimetische Aktivität; Erklärung, siehe S. 1246

Bsp:

Nicht kardioselektive BB	Beispiele	Adm.
Ohne ISA		
Carvedilol	DILATREND® CARVEDILOL Gamma® CARVEDILOL Sandoz® CARVEDILOL STADA® CARVEDILOL-ISIS® CARVEDILOL-TEVA®	PO
Propranolol	DOCITON®	**PO, IV**
	PROPRANOLOL AL®	PO
Mit ISA		
Bopindolol (nicht in D)	SANDONORM®	PO
Labetalol‡ (nicht in D)	TRANDATE®	PO, **IV**
Oxprenolol	TRASICOR®/- Retard®	PO
Pindolol	DURAPINDOL®	PO
	VISKEN®	PO

Kombinierte BB	Beispiele	Wirkstoffe	
▸ **Betablocker + Diuretikum**	Siehe S. 1251	Siehe S. 1251	
▸ **Betablocker + Kalziumantagonist**	BRESBEN®/Ret.	Atenolol 25/50 mg	Nifedipin 10/20 mg
	NIF-TEN®	Atenolol 25/50 mg	Nifedipin 10/20 mg
	MOBLOC® Ret.	Metoprolol 47.5 mg	Felodipin 5 mg

Tabelle (Fortsetzung): Betablocker

‡ Labetalol: leichte ISA. Die Wirkung von Labetalol ist überwiegend eine betablockende Wirkung; die Alphablockade ist wenig ausgeprägt.

6. Diuretika

- ❶ Schleifendiuretikum
- ❷ Thiazide
- ❸ K^+-sparende Diuretika
- ❹ Osmotische Diuretika: Mannitol
- ❺ «Wässrige Diuretika (prox. Nierentubili): Acetazolamid (Carboanhydrasehemmer; Urin: HCO_3^-, $Na^+ \uparrow$, $K^+ \uparrow$, $Cl^- \downarrow$)

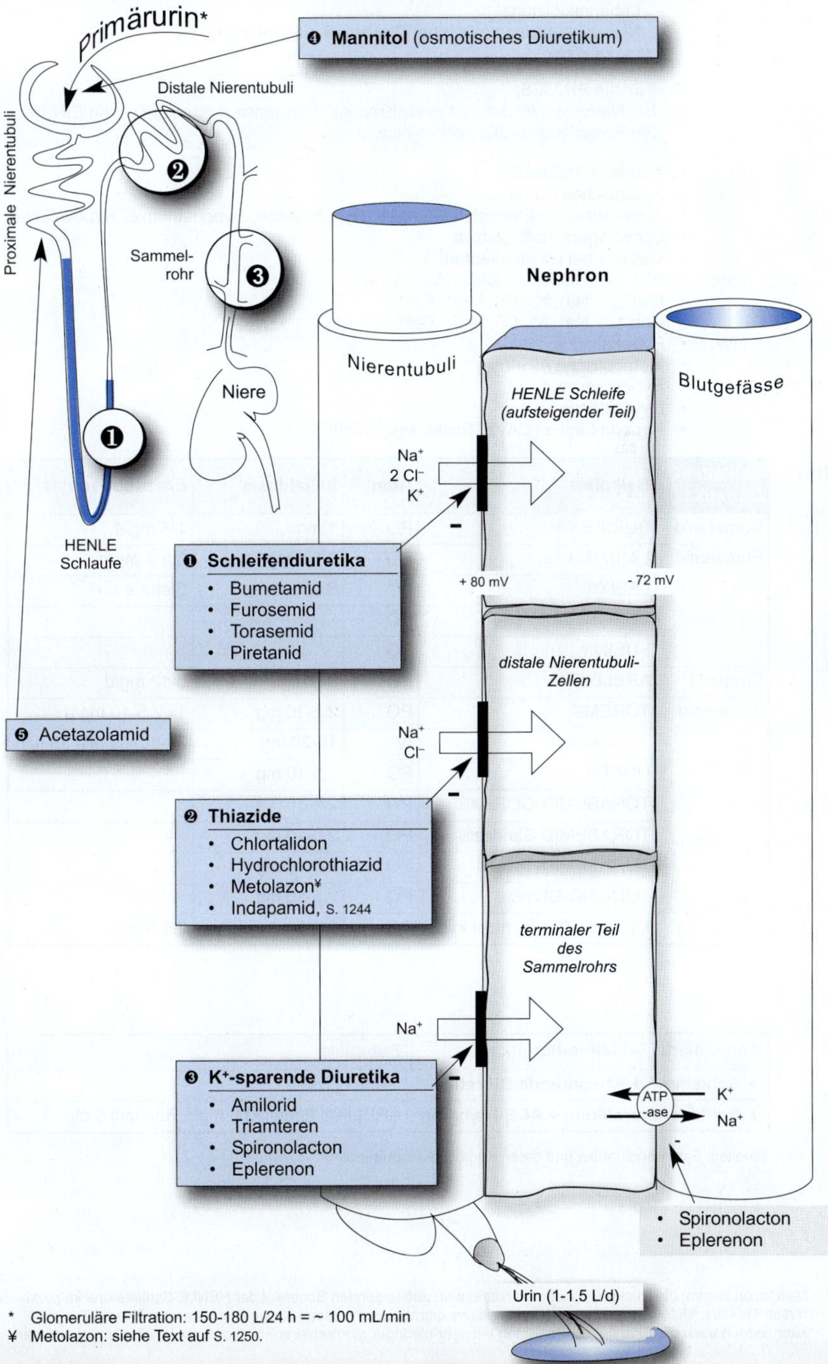

* Glomeruläre Filtration: 150-180 L/24 h = ~ 100 mL/min

¥ Metolazon: siehe Text auf S. 1250.

Klas: ❶ **Schleifendiuretika**

Allg:
- Es handelt sich um die potenteste Diuretikagruppe, ausser bei einem Hyperaldosteronismus (siehe unter ❸, S. 1254).

Ind:
- Art. Hypertonie
- Ödeme bei/mit:
  - Herzinsuffizienz, Lungenödem
  - Leberinsuffizienz
  - Niereninsuffizienz (auch bei Clearance < 30 mL/min)
- Hyperkalzämie

> **Für die PRAXIS:**
> Bei Niereninsuffizienz mit einer Kreatinin-Clearance < 30 mL/min sind EINZIG die Schleifendiuretika noch wirksam!

KI:
- Anurie (< 100 mL/24 h)
- Hepatisches Koma
- Schwergradige Elektrolytstörungen: Hypokaliämie, Hyponatriämie, Hypovolämie
- Schwangerschaft, Stillzeit
- Vorsicht bei Gichtpatienten!

Lab:
- Blut ↑: Glukose, Lipide, Harnsäure
- Blut ↓: Na^+, K^+, Cl^-, Mg^{2+}, Ca^{2+}
- Urin ↑: Na^+, K^+, Cl^-, Mg^{2+}, Ca^{2+}

NW:
- Hypokaliämie
- Metabolische Alkalose
- Hyperglykämie
- Dyslipidämie
- Hyperurikämie (***CAVE***: Risiko einer Gicht!)

Bsp:

Schleifen-Diuretika	Beispiele	Adm.	Initialdosis	Erhaltungsdosis
Bumetanid	BURINEX®	PO	1 mg	1-4 mg/d
Furosemid	LASIX®/-long	PO	0.5-1 mg/kg	0.5-4 mg/d
	LASIX®	**IV**	Siehe S. 624	Siehe S. 624
	FUROBETA®	PO		
	FUSID®	PO		
Piretanid	ARELIX®	PO	3-6 mg	6-12 mg/d
Torasemid	TOREM®	PO	2.5-10 mg	1x 2.5-10 mg/d
	TOREM®	**IV**	10-20 mg	20-30 mg alle 30 min
	UNAT®	PO	2.5-10 mg	
	TORASEMID-CORAX®	PO	2.5-10 mg	
	TORASEMID Sandoz®	PO	2.5-10 mg	
	TORASEMID-Teva®	PO	2.5-10 mg	
	TORASID-GRY®	PO	2.5-10 mg	
Metolazon*	METOLAZON® (nicht in D)	PO	2.5-5 mg	2.5-5 mg/d

Kombinierte Schleifendiuretika	Beispiele
▸ **Schleifen- + K^+-sparende Diuretika**	Siehe S. 1253
▸ **Schleifendiuretikum + ACE-Hemmer**	ARELIX® Piretanid 6 mg + Ramipril 5 mg

Tabellen: Schleifendiuretika und deren Kombinationspräparate.

* Metolazon hemmt die Rückresorption von Natrium im aufsteigenden Schenkel der HENLE-Schleife und im proximalen Tubulus. Metolazon hat ungefähr die gleiche diuretische Wirksamkeit wie Diuretika vom Thiazid-Typ; es kann jedoch auch die Diurese von Patienten mit sehr niedriger glomerulärer Filtrationsrate (< 20 mL/min) anregen.

❷ Thiazide

Allg: • **Thiazide sind bei schwerer Niereninsuffizienz mit Clairance < 30 mL/min nicht mehr wirksam.**

Ind: • Art. Hypertonie
• Ödeme bei/mit:
  - Herzinsuffizienz, Lungenödem
  - Leberinsuffizienz
  - Niereninsuffizienz bei einer Kreatinin-Clearance > 30 mL/min
• Hyperkalziurie

KI: • Oligo- Anurie
• Hepatisches Koma
• Hyperkalzämie, Hyponatriämie, Hypokaliämie
• Hypovolämie
• Gicht
• Schwangerschaft, Stillzeit

Lab: • Blut ↑: Ca^{2+}, Harnsäure, Glukose, Lipide
• Blut ↓: Na^{+}, K^{+}, Cl^{-}, Mg^{2+}
• Urin ↑: Na^{+}, K^{+}, Cl^{-}, Mg^{2+}
Urin ↓: Ca^{2+}

NW: • Hypokaliämie, metabolische Alkalose (u.a. infolge renalem Chlorverlust)
• Hyperurikämie (***CAVE***: Gicht!)
• Hyperglykämie
• Dyslipidämie
• Hyponatriämie (multifaktorieller Genese: ADH ↑, renaler Na^{+}-Verlust)

Bsp:

Thiazide		Adm.	Dauer	Dosierung	MRN
Hydrochlorothiazid	ESIDRIX®	PO	6-12 h	25-75 mg/d (in 1-2x/d)	1.8
Indapamid	NATRILIX® SR	PO	24-36 h	1.5 mg/d	1
	INDA-PUREN®	PO	24-36 h	2.5 mg/d	1
	INDAPAMID AL®	PO	24-36 h	1.25-2.5 mg/d	1
Metolazon¥	(nicht in D)	PO	12-24 h	2.5-10 mg (in 1-2x/d)	1
Chlortalidon	HYGROTON®	PO	24-72 h	12.5-50 mg/d	2.3

▸ Thiazid + Betablocker	Wirkstoffe	
ATENO COMP-ISIS®	Chlortalidon 12.5/50 mg	Atenolol 50/100 mg
ATE LICH® COMP	Chlortalidon 12.5/25 mg	Atenolol 50/100 mg
CONCOR PLUS®	HCT 12.5/25 mg	Bisoprolol 5/10 mg
ATEHEXAL® COMP	Chlortalidon 12.5/25 mg	Atenolol 50/100 mg
BISOBETA® COMP	HCT 12.5/25 mg	Bisoprolol 5/10 mg
PRELIS® comp Retardtab	Chlortalidon 25 mg	Metoprolol 200 mg
TENERETIC®	Chlortalidon 12.5/25 mg	Atenolol 50/100 mg
VISKALDIX®	Clopamid 5 mg	Pindolol 10 mg
▸ Thiazid + BB + K^{+}-sparendes Diuretikum	**Wirkstoffe**	
MODUCRIN®	HCT 25 mg	Timolol 10 mg + Amilorid 2.5 mg

Tabellen: Thiaziddiuretika.

MRN = Maximale relative Natriurese
HCT = Hydrochlorothiazid

¥ Metolazon: siehe Text S. 1250

PHARMA

Bsp:

▸ Thiazid + ACE-Hemmer	Wirkstoffe	
ACCUZIDE®	HCT 12.5/12.5 mg	Quinapril 10/20 mg
CAPOZIDE®	HCT 25 mg	Captopril 50 mg
ADOCOMP®	HCT 25/25 mg	Captopril 25/50 mg
CIBRADREX®	HCT 12.5/25 mg	Benazepril 10/20 mg
ENADIGAL® HCT	HCT 25 mg	Enalapril 10 mg
CORVO HCT®	HCT 25 mg	Enalapril 10 mg
ENAHEXAL® COMP	HCT 6/12.5/25 mg	Enalapril 20/20/10 mg
LISINOPRIL HCT Sandoz	HCT 12.5/12.5 mg	Lisinopril 10/20 mg
ENALAGAMMA® HCT	HCT 12.5/25 mg	Enalapril 20/10 mg
ENALAPRIL COMP KSK	HCT 10 mg	Enalapril 20 mg
ENALAPRIL HCT AWD®	HCT 10 mg	Enalapril 20 mg
FOSINORM® Comp	HCT 12.5 mg	Fosinopril 20 mg
DYNORM® Plus	HCT 12.5 mg	Cilazapril 20 mg
LISINOPRIL HCT AWD®	HCT 12.5 mg	Lisinopril 5 mg
LISIDIGAL® HCT	HCT 12.5/12.5 mg	Lisinopril 10/20 mg
LISILICH® COMP	HCT 12.5/12.5 mg	Lisinopril 10/20 mg
LISINOPRIL-TEVA®	HCT 12.5/12.5 mg	Lisinopril 10/20 mg
LISODURA® Plus	HCT 12.5/12.5 mg	Lisinopril 10/20 mg
LISI-PUREN® comp.	HCT 12.5/12.5 mg	Lisinopril 10/20 mg
QUINAPRIL BETA® comp.	HCT 12.5/12.5/25 mg	Quinapril 10/20/20 mg
RENACOR®	HCT 25 mg	Enalapril 10 mg
TENSOBON® comp.	HCT 12.5/25/25 mg	Captopril 25/25/50 mg
DELIX® PLUS	HCT 12.5/25 mg	Ramipril 2.5/5 mg
ACERCOMP®	HCT 12.5/12.5 mg	Lisinopril 10/20 mg
▸ Indapamid + ACE-Hemmer	**Wirkstoffe**	
BIPRETERAX®	Indapamid 1.25 mg	Perindopril 5 mg
PRETERAX® N	Indapamid 0.625 mg	Perindopril 2.5 mg
▸ Thiazid + Sartan	**Wirkstoffe**	
ATACAND® Plus	HCT 12.5/12.5 mg	Candesartan 8/16 mg
BLOPRESS® Plus	HCT 12.5/12.5 mg	Candesartan 8/16 mg
COAPROVEL®	HCT 12.5/12.5/25 mg	Irbesartan 150/300/300 mg
CODIOVAN®	HCT 12.5/12.5/25 mg	Valsartan 80/160/160 mg
LORZAAR Plus®	HCT 12.5/12.5	Losartan 50/100 mg
EMESTAR® Plus	HCT 12.5 mg	Eprosartan 600 mg
MICARDISPLUS®	HCT 12.5 mg	Telmisartan 80 mg
KINZALCOMB®	HCT 12.5/12.5/25 mg	Telmisartan 40/80/80 mg
TEVENTEN® Plus	HCT 12.5 mg	Eprosartan 600 mg
▸ Sartan + Kalziumantagonist	**Wirkstoffe**	
EXFORGE®	Amlodipin 5/5/10 mg	Valsartan 80/160/160 mg

Tabelle: Thiaziddiuretika und deren Kombinationspräparate.

HCT = Hydrochlorothiazid

Bsp:

▸ **Schleifendiuretikum + K^+-sparendes Diuretikum**	**Wirkstoffe**	
+ Spironolactone		
FURORESE® comp	Furosemid 20/20 mg	Spironolacton 50/100 mg
OSYROL® Lasix	Furosemid 20/20 mg	Spironolacton 50/100 mg
SPIRO-D-TABLINEN®	Furosemid 20/20 mg	Spironolacton 50/100 mg
▸ **Thiazid + K^+-sparendes Diuretikum**		
+ Amilorid		
AMILOCOMP® BETA	HCT 50 mg	Amilorid 5 mg
DIURSAN®	HCT 50 mg	Amilorid 5 mg
AMILORETIK®/mite	HCT 25/50 mg	Amilorid 2.5/5 mg
AMILORID COMP-CT®	HCT 50 mg	Amilorid 5 mg
MODURETIK®/mite	HCT 25/50 mg	Amilorid 2.5/5 mg
RHEFLUIN®/mite/forte	HCT 25/50 mg	Amilorid 2.5/5 mg
+ Triamterene		
DIURETIKUM VERLA	HCT 25 mg	Triamteren 50 mg
DIUCOMB®/ - mild	Bemetizid 25/10 mg	Triamteren 50/20 mg
+ Amilorid / HCT / Atenolol		
KALTEN® (nicht in D)	HCT 25 mg	Amilorid 2.5 mg + Atenolol 50 mg

Tabelle: Thiazid bzw. Schleifendiuretika und deren Kombinationspräparate.

HCT = Hydrochlorothiazid

❸ K⁺-sparende Diuretika

Allg: • Diese Gruppe hat eine geringe diuretische Wirksamkeit, wobei die Aldosteronantagnoisten eine Ausnahme machen:

> **Für die PRAXIS:**
> Bei **Hyperaldosteronismus** (z.B. Leberzirrhose, Herz- oder Niereninsuffizienz mit Ödemen) sind **Spironolacton** bzw. **Eplerenon** die zielgerichtetsten Diuretika!

• **Bei Gicht können K^+-sparende Diuretika verabreicht werden!**

KI: • Anurie, akute Niereninsuffizienz
• Hyperkaliämie

Lab: • Blut: Hyperkaliämie, Hyponatriämie
• Urin: $Na^+ \uparrow$, $Cl^- \uparrow$

K^+-sparende Diuretika		**Adm.**	**Dosierung**
Aldosteronantagonisten			
Kaliumcanreonat	ALDACTONE® Amp	**IV**	Dosierung, siehe Text. Maximaldosis: 800 mg/24 h
Spironolacton	ALDACTONE®	PO	Siehe Text
Eplerenon	INSPRA®	PO	Siehe Text
Kalium Resorptionshemmer			
Amilorid	Nur in Kombinationspräparaten erhältlich	PO	
Triamteren		PO	

Kombinierte K^+-sparende Diuretika	**Beispiele**
▸ Amilorid + Thiazid	Siehe S. 1253
▸ Amilorid + Thiazid + Betablocker	Siehe S. 1253
▸ Triamteren + Thiazid	Siehe S. 1253

Tabelle: Kombinationspräparate mit K+-sparenden Diuretika.

Klas: **I. Kompetitive Aldosteronantagonisten**

I.A. Spironolacton (oder seine parenterale Form: Kaliumcanreonat)

Allg: • Wirkungsbeginn von oralem Spironolacton: **2-4 Tage!**
• Bei bestehendem Hyperaldosteronismus ist Spironolacton potent und v.a. zielgerichtet wirksam.

Gal: • Orale Form: ALDACTONE®
Dos: Siehe weiter im Text
• Parenterale Form: ALDACTONE® Amp
Dos: Maximaldosis: 800 mg/24 h **IV**:
- Boli über ≥ 3 min
- Dauerinfusion

Ind: 1. Art. Hypertonie (essentiell und bei Hyperaldosteronismus)
Dos: 50-100 mg/d (Einzeldosis oder in 2x/d). Bei Bedarf alle 2 Wo bis auf 200 mg/d erhöhen. Der Behandlungserfolg sollte frühestens nach 2 Wo beurteilt werden.

2. Begleittherapie bei Hypertonie und erhöhter Aldosteronsekretion, Hypokaliämie und metabolischer Alkalose
Dos: 100 mg/d. Bei Bedarf Dosis innerhalb 2 Wo auf 200 mg/d erhöhen.

3. Sekundärer Hyperaldosteronismus
3.1. Ödeme bei Herzinsuffizienz:
- 100 mg/d. Bei Bedarf bis auf 200 mg/d erhöhen. Übliche Erhaltungsdosis 25-100 mg/d.

3.2. Aszites bei Leberzirrhose
- Bei Na^+/K^+-Verhältnis im Urin > 1: ....100 mg/d
- Bei Na^+/K^+-Verhältnis < 1: ....200-400 mg/d

3.3. Nephrotisches Syndrom
- 100-200 mg/d

4. Primärer Hyperaldosteronismus (Diagnose und Therapie)
    4.1. Kurzzeittest
        - 400 mg Spironolacton/d während 4 Tagen. Wenn Serumkalium unter Spironolacton erhöht ist und nach Absetzen von Spironolacton abfällt, sollte die Diagnose eines primären Hyperaldosteronismus in Erwägung gezogen werden.
    4.2. Langzeittest
        - 400 mg Spironolacton/d während 3-4 Wochen. Eine Korrektur der Hypokaliämie und der Hypertonie weist auf einen möglichen I-ären Hyperaldosteronismus hin.
    4.3. Dosierung nach Diagnose eines Hyperaldosteronismus
        - 100-400 mg/d
5. Idiopathische Ödeme
        - 100 mg/d
6. Hypokaliämie (z.B. Diuretika induziert)
        - 25-100 mg/d

NW:
- Häufig:
    - Hyperkaliämie
    - Meist reversible Gynäkomastie bis zu 10 % der Fäll, abhängig von der Dosierung und Therapiedauer
- Selten/gelegentlich:
    - Benigner Mamma-Tumor
    - Leukopenie (inkl. Agranulozytose), Thrombozytopenie, Eosinophilie bei Patienten mit Leberzirrhose
    - Azidose (hyperchlorämische metabolische Azidose)
    - Nierenfunktionsstörungen (Kreatinin-, Harnstoffanstieg)
    - Hyponatriämie
    - Diarrhoe, Nausea, Erbrechen, Ikterus, Hepatitis
    - Urtikaria, Alopecia, Hypertrichosis, Hirsutismus, Lupus erythematodes
    - Kopfschmerzen
    - Akutes Nierenversagen
    - Potenzstörungen, Impotenz, bei Frauen unregelmässige Menstruation oder Amenorrhoe
    - Zum Teil irreversible Stimmveränderungen, z.B. in Form von Heiserkeit, bei Frauen auch Vertiefung der Stimmlage

I.B. Eplerenon INSPRA®

Allg:
- Der *Steady state* von Eplerenon ist nach ca. Tagen erreicht.

Ind:
1. Symptomatische Herzinsuffizienz nach Myokardinfarkt mit einer LVEF $\leq$ 40 %. Therapiebeginn innerhalb von 3-14 d nach akutem Myokardinfarkt.

Dos:
- Vor Beginn der Therapie
    - Bei Patienten mit einem Serumkaliumwert > 5.0 mmol/L darf Eplerenon nicht eingesetzt werden.
    - Serumkaliumwerte müssen vor Beginn der Therapie mit Eplerenon bestimmt werden.
- Therapiebeginn
    - 1x 25 mg/d (tageszeitunabhängig); Dosissteigerung innerhalb 1 Mt., um die Zieldosis von 1x 50 mg/d zu erreichen.
    - Kontrolle des Serumkaliums: innerhalb der 1. Therapiewoche, 1 Mt. nach Therapiebeginn und nach Dosiswechsel
- Erhaltungsdosis
    - 1x 50 mg/d

NW:
- Häufig (1-10 %):
    - Hyperkaliämie
    - Schwindel, Art. Hypotonie
    - Diarrhoe, Nausea
    - Nierenfunktionsstörungen
- Gelegentlich (< 1 %):
    - Pyelonephritis, Eosinophilie, Dyslipidämie, Hyponatriämie
- Medikamentöse Wechselwirkungen, siehe auch Tabelle S. 1452 ff
    - Eplerenon ist ein CYP 3A4 Substrat und darf nicht mit starken CYP 3A4 Hemmern (z.B. Azol-Antimykotika, Makrolide, Proteasehemmern) kombiniert werden.
    - CYP 3A4 Induktoren können die Eplerenonwirkung vermindern
- KEINE Gynäkomastie

Parameter	Spironolacton	Eplerenon
Bioverfügbarkeit	• 50-90 %	• > 90 %
Affinität zum Mineralkortikoid-Rezeptor	• 15-20x höher als Eplerenon	• 15-20x tiefer als Spironolacton
Affinität zum Glukokortikoid-Rezeptor	500x höher als Eplerenon	• 500x tiefer als Spironolacton
HWZ	• 10-20 h	• 3.5-5 h
Elimination, Metabolismus	• Hepatisch • CYP 450 • Aktive Metaboliten (Canreonate, Canrenone). • Ausscheidung: - Urin 53 %, Stuhl 20 %	• Hepatisch • CYP 450 3A4 • Inaktive Metaboliten • Ausscheidung: - Urin 66 % - Stuhl 33 %
Einfluss auf den SBD (je nach Dosierung)	• 2x 50 mg/d → + 0.3 mmHg	• 50 mg/d → - 6.2 mmHg • 100 mg/d → - 9.6 mmHg • 400 mg/d → - 13.7 mmHg
Einfluss auf den DBD (je nach Dosierung)	• 2x 50 mg/d → - 8.7 mmHg	• 50 mg/d → - 5.1 mmHg • 100 mg/d → - 5.6 mmHg • 400 mg/d → - 7.7 mmHg
Serumkalium	• 2x 50 mg/d → + 0.3 mmol/L	• 50 mg/d → + 0.11 mmol/L • 400 mg/d → + 0.36 mmol/L

Tabelle: Eplerenon versus Spironolacton (Schweiz Med Forum 2007;7:352)

II. K^+-Resorptionshemmer

Allg:
- Dauer bis die Wirkung beginnt: innerhalb von Stunden nach Einnahme
- Amilorid ist <u>nicht</u> die Therapie der Wahl bei Hyperaldosteronismus!

Bsp:
- **Triamteren** (nur in Kombinationspräparaten erhältlich, siehe S. 1253)
- **Amilorid**

Ind:
- Art. Hypertonie
- Kardial bedingte Ödeme, Aszites infolge Leberzirrhose

KI:
- Siehe S. 1254

Renin-Angiotensin-Aldosteron System (RAA) — Bradykinin — Natriuretisches Peptid

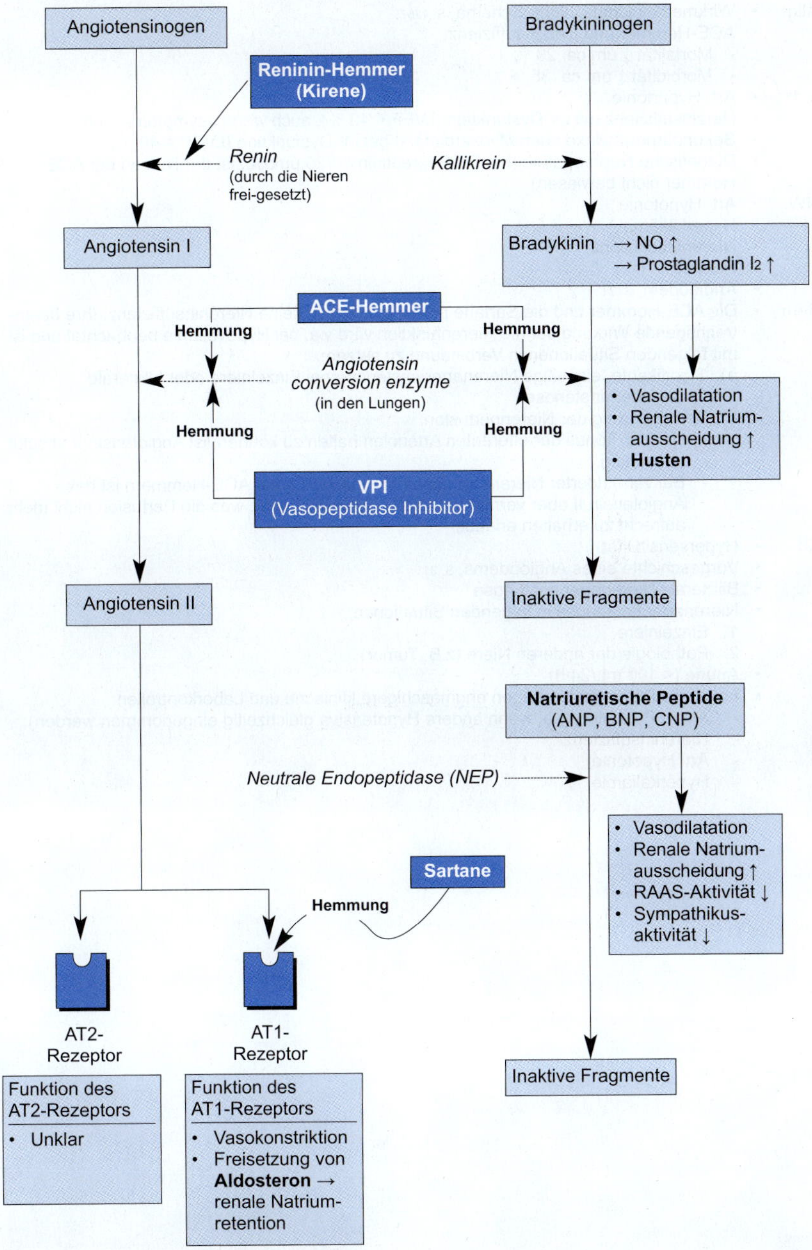

Schema: Renin-Angiotensin-Aldosteron System.

ANP = *Atrial Natriuretic Peptide*
BNP = *Brain Natriuretic Peptide*
CNP = *C-type Natriuretic Peptide*
RAAS = *Renine-Angiotensine-Aldosterone-System*

7. ACE-Hemmer

Allg:
- Wirkmechanismus, siehe Schema, S. 1257
- ACE-Hemmer und Herzinsuffizienz:
  - Mortalität ↓ um ca. 20 %
  - Morbidität ↓ um ca. 35 %

Ind:
- Art. Hypertonie
- Herzinsuffizienz mit LV-Dysfunktion (LVEF < 40 %), auch wenn asymptomatisch
- Sekundärprophylaxe nach Myokardinfarkt bei LV-Dysfunktion (LVEF < 40 %)
- Diabetische Nephropathie (bei Serumkreatinin > 220 µmol/L, ist der Nutzen der ACE-Hemmer nicht bewiesen).

NW:
- Art. Hypotonie
- Hyperkaliämie
- Niereninsuffizienz
- Husten
- Angioödem, S. 31

Bem:
- Die ACE-Hemmer und die Sartane per se induzieren keine Niereninsuffizienz. Ihre beeinträchtigende Wirkung auf die Nierenfunktion wird v.a. bei Hypovolämie beobachtet und ist mit folgenden Situationen in Verbindung zu setzen:
  a) Signifikante, einseitige Nierenarterienstenose bei Einzelniere oder bilaterale Nierenarterienstenose
  b) Verminderung der Nierenperfusion.
    - Um den Tonus der efferenten Arteriolen halten zu können, ist Angiotensin II absolut notwendig.
    - Bei verminderter Nierenperfusion bei Patienten unter ACE-Hemmern ist das Angiotensin II aber vermindert (siehe Schema S. 1257), was die Perfusion nicht mehr aufrecht zu erhalten erlaubt.

KI:
- Hypersensibilität
- Vorgeschichte eines Angioödems, S. 31
- Bilaterale Nierenarterienstenose
- Nierenarterienstenose in folgenden Situationen:
  1. Einzelniere
  2. Pathologie der anderen Niere (z.B. Tumor)
- Anurie (< 100 mL/24 h)
- Folgende Patienten benötigen engmaschigere klinische und Laborkontrollen:
  - Ältere Patienten (v.a. wenn andere Hypotensiva gleichzeitig eingenommen werden)
  - Niereninsuffizienz
  - Art. Hypotonie
  - Hyperkaliämie

Bsp:

ACE	Beispiele	Initialdosis	Max.Dosis/d	Dauer	HWZ
Kurze HWZ					
Captopril	LOPIRIN®	6.25-25 mg	150 mg	6-12 h	2 h
	CAPTO-PUREN®				
	CAPTODOC®				
Cilazapril	DYNORM®	0.5-2.5 mg	10 mg	24 h	1-2 h
Quinapril	ACCUPRO®	2.5-10 mg	40 mg	24 h	3 h
	QUINAPRIL HEXAL®	2.5-10 mg	40 mg	24 h	3 h
Mittlere und lange HWZ					
Zofenopril	ZOFENIL®	15-30 mg	60 mg	≥ 24 h	5.5 h
Benazepril	CIBACEN®	5-10 mg	40 mg	24 h	10 h
Enalapril	BENALAPRIL®	1.25-5 mg	40 mg	12-24 h	11 h
	CORVO®				
	ENALAPRIL 1A PHARMA				
	ENALAPRIL HEUMANN®				
	ENALAPRIL-TEVA®				
	ENALAPRIL BETA®				
	ENA LICH®				
	XANEF®				
Fosinopril	DYNACIL®	5-10 mg	40 mg	24 h	12 h
Lisinopril	ACERBON®	2.5-10 mg	80 mg	8-12 h	12 h
	LISINOPRIL Sandoz®				
	LISINOPRIL Twc®				
	LISIBETA®				
	LISINOPRIL HEUMANN®				
	LISODURA®				
Perindopril	COVERSUM®	2-4 mg	8 mg	≥ 24 h	1 h /25 h*
Ramipril	DELIX®	1.25-5 mg	20 mg	24 h	13 h
	RAMIPRIL Sandoz®				
	RAMICARD®				
Trandolapril	UDRIK®	1-2 mg	8 mg	≥ 24 h	16-24 h

Kombinierte Diuretika	Wirkstoffe	
▸ **ACE + Kalziumantagonist**		
TARKA®	Trandolapril 2 mg	Verapamil 180 mg
▸ **ACE + Diuretika**	Siehe S. 1252	

Tabelle: ACE-Hemmer und Kombinationspräparate.

* Die beiden Zahlen entsprechen den HWZ der aktiven Metaboliten.

8. Sartane (Angiotensin-II Rezeptor Antagonisten vom Typ AT1)

Allg: • Wirkmechanismus, siehe Schema, S. 1257

Ind:
1. Art. Hypertonie
2. Art. Hypertonie + diabetische Nephropathie (DM 2)**
3. Herzinsuffizienz**

Bem:
- Losartan (nicht aber die anderen Sartane) zeigt eine urikosurische Wirkung und kann in diesem Zusammenhang als Zusatztherapie bei Gicht eingesetzt werden.
- Es gelten dieselben Sicherheitsmassnahmen wie für die ACE-Hemmer, siehe S. 1258

KI:
- Hypersensibilität
- Angioödem in der Anamnese, S. 31
- Schwere Leberinsuffizienz
- Beidseitige Nierenarterienstenose

NW:
- Sehr gute Verträglichkeit. Im Vgl. zu den ACE-Hemmern gibt es i.d.R. keinen Husten unter den Sartanen.
- Selten:
  - Art. Hypotonie (2-3 %)
  - Hepatozellulärer oder cholestatischer Leberschaden

Bsp:

Sartane	Beispiele	Initialdosis	Max. Dosis/d	HWZ
Candesartan	ATACAND®	8 mg	16 mg	9 h
	BLOPRESS®			
Eprosartan	TEVETEN®	600 mg	800 mg	5-9 h
	EPROSARTAN-CT®			
Irbesartan	APROVEL®	150 mg	300 mg	11-15 h
Losartan	LORZAAR®	25-50 mg	100 mg	1.5 h/6-9 h*
Olmesartan	OLMETEC®	10 mg	40 mg	10-15 h
	VOTUM®	10 mg	40 mg	10-15 h
Telmisartan	MICARDIS®	80 mg	80 mg	24 h
	KINZALMONO®	80 mg	80 mg	24 h
Valsartan	DIOVAN®	80 mg	160 mg	6 h

Kombinierte Diuretika	Wirkstoffe
▸ Sartan + Diuretika	Siehe S. 1252

Tabelle: Sartane und Kombinationspräparate.

* Die beiden Zahlen entsprechen den HWZ der aktiven Metaboliten.

** Nicht alle Sartane haben alle 3 genannten Indikationen; siehe auch «Rote Liste».

9. Renin-Hemmer

Allg:
- Wirkmechanismus, siehe Schema, S. 1257
- Diese Gruppe von Antihypertensiva senken folgende Serumspiegel:
  - Reninaktivität
  - Angiotensin I
  - Angiotensin II
- Absolute Bioverfügbarkeit 2.6 %
- Der *Steady-state* wird nach 5-7 Tagen erreicht.
- Über 90 % der Grundsubstanz wird im Stuhl ausgeschieden.
- Die Metabolisierung läuft über das CYP 450 3A4, S. 1452
- Eliminations-HWZ 34-41 h

Ind:
- Art. Hypertonie

KI:
- Hypersensibiliät
- Schwangerschaft, Stillzeit

Dos:
- Siehe Tabelle unten
  - Bei älteren Personen muss die Dosierung nicht angepasst werden
  - Niereninsuffizienz:
    - -- Leichte bis mittelschwere Niereninsuffizienz......Keine Anpassung notwendig
    - -- Schwerer Niereninsuffizienz ....Mit Vorsicht anwenden
    - -- Dialysepatienten ....Zur Zeit keine Daten bei
  - Leberinsuffizienz: Keine Anpassung notwendig (milde bis schwere Leberinsuffizienz)

NW:
- Diarrhoe (häufigste NW)
- Allergische Reaktionen:
  - Exanthem
  - Atem-, Schluckbeschwerden
  - Schwellung im Gesicht, der Augen, Lippen, Zunge
  - Angiödem
- Art. Hypotonie (v.a. bei hypovolämen Patienten!)
- Anämie
- Hyperkaliämie
- Die Inzidenz von Husten liegt mit 0.9 % approximativ gleich hoch, wie bei der Plazebogruppe (0.6 %).

Bsp:

Renin-Hemmer	Beispiel	Initialdosis	Max. Dosis/d	HWZ
Aliskiren	RASILEZ®	1x 150 mg	1x 300 mg	40 h

PHARMA

10. Kalziumantagonisten

Allg:
- Wirkmechanismus: Blockierung des Kalziumeinstromes in die Zelle.
- Die verschiedenen Klassen unterscheiden sich durch ihre verschiedenartige Bindungsaktivität zu den Kalziumkanälen.
- Je nach Wirkungsort (Herz oder Blutgefässe) ist ihre Wirkung unterschiedlich. Es werden grundsätzlich 3 verschiedene Kalziumantagonistengruppen unterschieden:
  1. **Dihydropyridine,** mit dem Hauptvertreter ....Nifedipin
  2. **Phenylalkylamine,** mit dem Hauptvertreter ......Verapamil
  3. **Benzothiazepine,** mit dem Hauptvertreter ....Diltiazem

NW:
- Bradykardie (für Phenylalkylamine und Benzothiazepine)
- Art. Hypotonie
- Herzinsuffizienz
- Obstipation
- Ödeme der Extremitäten
- Kopfschmerzen
- Seltene NW:
  - Extrapyramidale Störungen
  - Allergische Reaktionen
  - Myalgien
  - Arthralgien
  - Gynäkomastie

Klas:

	Die 3 Gruppen der Kalziumantagonisten		
Hauptgruppen	Dihydropyridin	Benzothiazepin	Phenylalkylamin
Hauptvertreter - Beispiel eines Markennamens	**Nifedipin** ADALAT®	**Diltiazem** DILZEM®	**Verapamil** ISOPTIN®
Wirkung auf das Herz ♥			
Negativ inotrop: HMV ↓, BD ↓	+	++	++++
Negativ chronotrop: Herzfrequenz ↓			
- Hemmung im Sinoaurikularknoten	+*f*	+++++	+++++
- Hemmung im AV-Knoten	0	++++	+++++
Wirkung auf die Blutgefässe			
Koronare Vasodilatation	+++++	+++	++++
Periphere Vasodilatation → BD ↓	++++++	++	++++

Tabelle: Kardiovaskuläres Profil der 3 Kalziumantagonistengruppen.

f Die Dihydropyridine wirken fast ausschliesslich auf die Mastozyten der Blutgefässe. Als Folge der Vasodilatation kann eine Reflextachykardie beobachtet werden.

Gruppe	Beispiele	Adm	HWZ	Indikationen
1. Dihydropyridin				
Amlodipin	NORVASC®	PO	34 h	• Art. Hypertonie • Stabile AP • PRINZMETAL-Angina
	AMLODIPIN-Stada®	PO		
	AMLODIPINE-Winthrop®	PO		
	AMLODIPIN AAA®	PO		
	AMLODIPIN Sandoz®	PO		
	AMLODIPIN AWD®	PO		
	AMLO-Teva®	PO		
	AMLODIPIN-CORAX®	PO		
	AMLOLICH®	PO		
	AMLOCLAIR®			
	AMLO-Q-besilat®	PO		
Felodipin	FELOCOR®	PO	10-36 h	• Art. Hypertonie • Hypertensive Gefahrensituation, S. 245 • Stabile AP
	FELODIPIN AL®	PO		
	FELO-PUREN®	PO		
	MUNOBAL®	PO		
Isradipin	VASCAL® uno/ uno mite	PO	3-8 h	• Art. Hypertonie
Lacidipin	in D nicht erhältlich	PO	13-19 h	• Art. Hypertonie
Lercanidipin	CARMEN®	PO	8-10 h	• Art. Hypertonie
Nitrendipin	BAYOTENSIN®	PO	8-12 h	• Art. Hypertonie
Nifedipin	ADALAT®/CR	PO	2-5 h	• Art. Hypertonie • Stabile AP • PRINZMETAL-Angina • Hypertensive Gefahrensituation, S. 245 • RAYNAUD-Phänomen
	APRICAL®	PO		
	CORINFAR®	PO		
	DURANIFIN®	PO		
	NIFECLAIR®	PO		
	NIFEDIPIN acis®	PO		
	NIFE-CT®	PO		
	NIFEDIPIN Stada®	PO		
	NIFEHEXAL®	PO		
	ADALAT® pro infusione	**IV**		• Koronarspasmen

Gruppen	Beispiele	Adm	HWZ	Indikationen
2. Phenylalkylamine				
Verapamil	ISOPTIN®/RR ret 240	PO	3-7 h	Indikationen: • Stabile AP • PRINZMETAL-Angina • Hypertrophe Kardiomyopathie (als Alternative gegenüber den BB, v.a. bei Asthma) • Art. Hypertonie (Retardformen) • Supraventrikuläre Tachykardie: - Vorhofflimmern-, flattern Kontraindikation: • **Präexzitationssyndrom** mit breiten QRS!
	FALICARD®	PO		
	VERAMEX®	PO		
	ISOPTIN® Ampullen	**IV**		Indikationen: • Paroxysmale supraventrikuläre Tachykardie: - Vorhofflimmern-, flattern Kontraindikation: • **Präexzitationssyndrom** mit breiten QRS! • Koronarspasmen
3. Benzothiazepine				
Diltiazem	DILZEM®/240 Uno/RR	PO	4-7 h	Indikationen: • Art. Hypertonie • Stabile AP, PRINZMETAL
	DILSAL®	PO		
	DILTIAZEM-AbZ®	PO		
	DILTAHEXAL®	PO		
	DILZEM® parenteral	**IV**		Indikationen: • Paroxysmale supraventrikuläre Tachykardie: - Vorhofflimmern-, flattern Kontraindikation: • **Präexzitationssyndrom** mit breiten QRS! • Prävention von Koronarspasmen während der Koronarographie oder einem AC-Bypasss

Tabelle: Kalziumantagonisten und ihre Indikationen.

Kombinierte Kalziumantagonisten	Wirkstoffe
▸ **Kalziumantagonist + BB/ACE/Sartan**	Siehe S. 1248 / 1259 /1252

Kalziumantagonist + Lipidsenker	Wirkstoffe	
CADUET® (in D nicht erhältlich)	Amlodipin 5/10 mg	Atorvastatin 5/5 mg

Tabelle: Kalziumantagonisten und Kombinationspräparate.

PHARMA

Nicht steroidale Antirheumatika (NSAR)[1]

Allg:

Eigenschaften der NSAR	Wirkmechanismen
Thrombozytenaggregationshemmung	• Die NSAR hemmen die Thrombozytenaggregation reversibel. Sie dauert ca. 4x die entsprechende HWZ des NSAR. • ASS hingegen hemmt die Thrombozyten irreversibel und wirkt daher bis die Thrombozyten ersetzt werden (Wirkdauer ca. 1 Woche).
Antipyretikum + Analgetikum	• Die NSAR hemmen die COX-1 ± COX-2, was zu einer verminderten Synthese der Prostaglandine PG E2 führt.
Entzündungshemmung	• Synthesehemmung der Prostaglandine E1, F2α

Klas: 1. Nicht-selektive Cyclooxygenasehemmer COX-1 und COX-2, siehe Tabelle S. 1268
2. Selektive Cyclooxygenase-Hemmer COX-2, siehe S. 1271

NW:
- **Magendarmschleimhaut**
  - Allg:
    - Die Magenschleimhaut verliert einen Teil ihrer Schutzfunktion infolge verminderter zytoprotektiver Wirkung der Prostaglandine im gesamten GI-Trakt. Magenschleimhautläsionen sind unter hochselektiven COX-2 Hemmern wesentlich schwächer ausgeprägt, als unter unspezifischen COX-Hemmern. Unselektive COX-2 Hemmer haben das gleiche Risiko wie traditionelle NSAR.
  - Klin:
    - Ulzera oder Perforationen bei 0.3-2.5 %/Jahr je nach Risikofaktoren:
      - Alter
      - Vorgeschichte von GI-Blutungen
      - Gleichzeitige systemische Kortikoide
  - Vorg:
    - Siehe Kapitel «Gastroenterologie», S. 407
- **Niere**
  - Allg:
    - Die Niere exprimiert COX-1 und COX-2. Deshalb sind die renalen NW bei allen NSAR vorhanden.
    - Die Verschlechterung der Nierenfunktion hängt v.a. von Dauer und Dosis der NSAR ab. Ausnahme: akute interstitielle Nephritis (→ Nierenbiopsie!), die unvermittelt auftreten kann.
    - Risikofaktoren für eine Verschlechterung der Nierenfunktion:
      - Vorbestehende Nierenerkrankung
      - Begleittherapie: Diuretika, Antihypertensiva u.a.
      - Begleiterkrankung mit renaler Gefährdung (z.B. Gicht, Diabetes mellitus)
      - Alter > 65 Jahre
      - Niedriger Volumenstatus, Exsikkose
      - Längerer Therapiebedarf
    - Riskoerhöhung für ein akutes Nierenversagen nach Substanz:
      - Indometacin > Piroxicam > Diclofenac > Ibuprofen > Naproxen
  - Klin:
    1. Akute Niereninsuffizienz
       - Pathogenese:
         - Die Prostaglandine (PG) sind potente Vasodilatatoren der Nierenarterien.
         - Die Verminderung der PG-Spiegel infolge NSAR hat eine Reduktion der glomerulären Filtrationsrate zur Folge, welche zur akuten Niereninsuffizienz führen kann. ***CAVE*** bei älteren und/oder hypovolämen Personen.
    2. Art. Hypertonie
    3. Ödeme und Herzinsuffizienz (NSAR verstärken die Salz- und Wasserretention)
- **Kardiovaskulär**
  - Allg:
    - Substanzspezifische Risikoerhöhung für kardiovaskuläre NW:
      - Erhöhtes Risiko ....Diclofenac, Indometacin
      - «Normales» Risiko......Celecoxib, Meloxicam, Naproxen, Ibuprofen
      - Risikoreduktion (!) ......ASS
    - Risikofaktoren für erhöhte kardiovaskuläre NW:
      - Status nach Myokardinfarkt
      - Ischämische Herzerkankungen
      - Andere kardiale Risikofaktoren (generalisierte Atherosklerose, Diabetes mellitus, Hypercholesterinämie u.a.)

[1] Everts E. et al. Clin Rheumatol 2000 ;19 :331-43.

- **Sonstige NSAR Nebenwirkungen**
  - Leberschäden und Leberenzymerhöhung (bei ca. 15 %; bei ca. 1 % ≥ 8x N)
  - Thrombozytopenie, Leukopenie, Agranulozytose, Anämie (hämolytisch, aplastisch)
  - Anaphylaktische Reaktionen, allergische Exantheme
  - Asthma, Urtikaria (ASS-Intoleranz, gilt für alle NSAR!)
  - Oberbauchschmerzen
  - Dyspepsie (korreliert nicht mit schweren GI-Komplikationen)
  - Diarrhoe
  - Kopfschmerzen
  - Schwindel, Albträume
  - Krampfanfälle
  - Kolitis u.a.

Für die PRAXIS:
Auch NSAR-Pflaster, -Crèmen oder -Salben haben eine systemische Wirkung und damit auch systemische Nebenwirkungen!!
Grundsätzlich gilt für alle NSAR: so kurz wie möglich und so wenig wie nötig.

Cyclooxygenasen

Klas:

- **COX-1 (Cyclooxygenase-1)**
  - Enzym, das physiologischerweise beinahe in allen Geweben vorhanden ist.
  - Die Hemmung von COX-1 hat eine Verminderung der Prostaglandinsynthese zur Folge. die Gruppe der Prostaglandine umfassen:
    - Prostaglandine → Zytoprotektive Wirkung der Magenschleimhaut
    - Prostacyclin → Vasodilatation und Thrombozytenaggregationshemmung
    - Thromboxan A2 → Vasokonstriktion und Förderung der Thrombozytenaggregation
  - NSAR hemmen die Cyclooxygenasen COX-1 und COX-2.
  - Paracetamol hemmt die COX-1 und COX-2 nur schwach.
  - **ASS in kardiovaskulärer Dosierung** (80-325 mg/d):
    - ASS niedrig dosiert wirkt vor allem auf Thrombozyten und hat einen sehr hohen *First-pass* Effekt. Vereinfacht ausgedrückt, findet die irreversible Thrombozytenhemmung der ASS nur gerade während «einem Durchlauf im portalem Kreislauf» statt. Danach wird ASS in der Leber zu Salicylsäure (aktiver Metabolit mit HWZ von 2-3 h) metabolisiert.
  - **ASS in analgetischer Dosierung** (≥ 2 g/d) wirkt auf COX-1 und COX-2.

- **COX-2 (Cyclooxygenase-2)**
  - Enzym, welches ohne Entzündungszustand beinahe nicht messbar ist.
  - Die COX-2 kommt nur in gewissen Geweben vor (Prostata, Niere, Uterus, Knochenmark, Kolon, Blase, Krebszellen).
  - Bei Entzündung oder bei einem Tumorgeschehen steigen die Konzentrationen des COX-2 an. Diese Freisetzung wird durch Mediatoren (Zytokine, Interleukin-1 u.a.) am Entzündungsort aktiviert.
  - Die Hemmung des COX-2 hat eine Verminderug der Entzündungsphänomene zur Folge.
  - Im Gegensatz zur Hemmung des COX-1, hat diejenige des COX-2 KEINE Thrombozytenaggregationshemmung zur Folge, induziert sogar einen **hyperkoagulablen Zustand mit dem Risiko eines embolischen Ereignisses!**

- **COX-3 (Cyclooxygenase-3)**
  - Dieses Enzym ist noch nicht sehr gut erforscht. Es wird postuliert, dass die COX-3 eine «*splice*-Variante» der COX-1 ist (zu seiner Bildung benutzt es einen modifizierten RNA-messager des COX-1).
  - Das COX-3 weist eine Aktivität im Gehirn und im Herz aus.
  - Die NSAR hemmen die COX-3.
  - Paracetamol wirkt im ZNS und hemmt dort die Prostaglandinsynthese
  - In üblicher Dosierung hat Paracetamol eine vernachlässigbare Wirkung auf Thrombozyten und Entzündungsprozesse.

A. Nicht-selektive COX-Hemmer	Beispiele	Adm.	Dosierung
Anthranilinsäurederivate			
Mefenaminsäure (in D nicht erhältl.)	PONSTAN®	PO, IR	PO: 250-500 mg alle 6-8 h IR: 3x 500 mg
Phenylessigsäurederivate			
Diclofenac Natrium	VOLTAREN®	PO, IR	PO: 20-50 mg alle 8 h IR: 1 Suppo zu 100 mg/d
	VOLTAREN® Ampullen	**IM**	**IM**: 1 Amp (75 mg)/d während max. 2 d, dann PO oder IR
	VOLTAREN® Dolo	PO	Siehe VOLTAREN®
	VOLTAREN® Emulgel®	Transdermal*	3-4x 2-4 g dünn auftragen
	VOLTAREN® Ophta	Augentropfen	1 Trpf 5x/d
	DICLABETA® Schmerz	Transdermal*	3-4x 2-4 g dünn auftragen
	DICLOFENAC® Sandoz	PO, **IM**	Siehe VOLTAREN®
	ARTHREX® Gel	Transdermal*	Siehe VOLTAREN® Emulgel
	DICLOFENAC® Ratiopharm	PO, transdermal*, **IM, IV**	Siehe VOLTAREN®
	EFFECTON®	PO, IR, **IM**	Siehe VOLTAREN®
	FLECTOR®	Transdermal*	Siehe VOLTAREN®
	ARTHOTEC® /forte**	PO	50/0.2 mg: 2-3x 1 Tabl/d; 75/0.2 mg: 2x 1 Tabl/d
Diclofenac Epolamin	FLECTOR® Schmerzpflaster	Transdermal*	1 Pflaster 2x/d
Diclofenac Kalium	DICLOFENAC KALIUM Stada®	PO	3x 1-2 Tabl zu 12.5 mg/d

* Die transdermalen Applikationsformen haben, wie die oralen und parenteralen galenischen Formen, systemische Wirkung und auch deren Nebenwirkungen!

** ARTHROTEC® enthält: Diclofenac (70 mg/75 mg) + Misoprostol (0.2 mg als Magenschutz)

Indometacin	INDO-CT®	PO, IR	PO: 50-200 mg/d IR: 50-200 mg/d
	INDOMET-Ratiopharm®	PO, IR	PO: Tabl 25 mg: bis 4x2 Tabl/d Depotcaps 75 mg: 2x1/d
	INDOTOP-Ratiopharm® Spray INDOTOP-Ratiopharm®Gel	Transdermal*	Spray: 3-5x/d Emulsion: 5-10 cm/1-2 g; max. 10 g
	INDOMETACIN AL®	PO	50-200 mg/d
	INDOCOLIR®	Augentropfen	1 Trpf 4-6x/d
Etodolac§	LODINE®/Retard (in D nicht erhältlich)	PO	200-600 mg (in 2-3x/d) Retardtabl: 1x 400 mg/d
Acemetacin	RANTUDIL®	PO	1-3x 60-90 mg; max: 600 mg/d
Oxicame			
Meloxicam§	MOBEC®	PO	1-2x 7.5 mg
Piroxicam	PIROXICAM HEXAL®	PO, IR, **IM**	PO: 2x 20 mg, max. 40 mg/d IR: max. 2 Supp. zu 20 mg **IM:** 1-2x 20 mg/d während 2-3 d, dann PO
	PIROFLAM®	PO	Siehe PIROXICAM-HEXAL®
	PIROXICAM-ratiopharm®	PO, **IM**	Siehe PIROXICAM-HEXAL®
	PIROXICAM STADA®	PO, IR	Siehe PIROXICAM-HEXAL®
Tenoxicam	TILCOTIL® (nicht in D)	PO	1x 20 mg; max. 1x 40 mg während 2 d, dann Dosis reduzieren
Lornoxicam	XEFO® (nicht in D)	PO	8-16 mg (in 2-3x/d)
Propionsäure			
Ibuprofen	DOLORMIN®	PO	3-4x 400 mg/d (max. 2.4 g/d)
	AKTREN® forte	PO	3-4x 400 mg/d (max. 2.4 g/d)
	DOLOBENE® Gel	Transdermal*	3-4 Appl./d (dünn auftragen)
	DISMENOL® N	PO	3-4x 400 mg/d (max. 2.4 g/d)
	SPALT®/ forte	PO	3-4x 400 mg/d (max. 2.4 g/d)
	FIBRAFLEX®	PO	3-4x 400 mg/d (max. 2.4 g/d)
	ESPRENIT®	PO	3-4x 400 mg/d (max. 2.4 g/d)
	IBUPROFEN Stada®	PO	3-4x 400 mg/d (max. 2.4 g/d)
	IBUPROFEN-CT®	PO	3-4x 400 mg/d (max. 2.4 g/d)
	IBUTAD®	PO	3-4x 400 mg/d (max. 2.4 g/d)
	NUROFEN®	PO	3-4x 400 mg/d (max. 2.4 g/d)

Tabelle (1. Teil): NSAR - Nicht-selektive COX-Hemmer.

§ Etodolac und Meloxicam hemmen vorzugsweise die COX-2.
* Die transdermalen Applikationsformen haben, wie die oralen und parenteralen galenischen Formen, systemische Wirkung und auch deren Nebenwirkungen!

Nicht-selektive COX-Hemmer (Fortsetzung)		Adm.	Dosierung
Ibuprofen	ADVEL® gegen Schmerzen	PO	3-4x 400 mg/d (max. 2.4 g/d)
	AKTREN® Forte	PO	3-4x 400 mg/d (max. 2.4 g/d)
	IBUTOP® Creme/Gel	Transdermal	3-4 Appl./d (dünn auftragen)
Ibuprofenlysinat	IBU-Ratiopharm® Lysinat	PO	2-4x 500 mg/d; max. 2000 mg/d
	DOLORMIN® extra Filmtab	PO	2-5x 400 mg/d; max. 2000 mg/d
Dexketoprofen	SYMPAL®	PO	25 mg alle 8 h
Dexibuprofen	DELATRAN®	PO	600-900 mg, max. 1200 mg/d
Ketoprofen	EFFEKTON® Gel	Transdermal*	2 Appl./d (langsam und sanft massieren)
Naproxen-Natrium	ALEVE®	PO	1-3x 200 mg/d. Max 600 mg (= 660 mg Naproxen-Natrium)
	NAPROXEN-CT® 200 Filmtabl	PO IR	PO: 1-6x 200 mg; max. 600 mg/d IR: 1-2x 500 mg
Naproxen	NAPROXEN-CT® 250 Filmtabl	PO	500-1250 mg/d (in 1-3x/d; max. Einzeldosis: 1000 mg)
	PROXEN®	PO	500-1250 mg/d
Pyrazolonderivate			
Phenylbutazon	AMBENE®	PO **IM**	PO: 1-3x 200 mg; max: 600 mg/d **IM**: 400 mg/d (1 Amp) während max. 3 d, dann PO
Salicylate			
ASS, s. 1272	ASPIRIN®	PO	PO: 500 mg -1 g alle 4-6 h; **max. 6 g/d**
	ASPIRIN® I.V.	**IV**	1-3 x 500 mg/d, max. 5 g/d
Sulfasalazin	AZULFIDINE®	PO	3-4 g/d (in 3x/d)
Sonstige NSAR			
Nabumeton	RELIFEX®	PO	1-2x 1 g/d, max: 2 g/d
Nimesulid (nicht in D)	AULIN® (nicht in D)	PO	2x 100 mg; max: 400 mg/d
	NISULID® /Gel (nicht in D)	PO, Transdermal (Td)*	PO: 2x 100 mg; max: 400 mg/d Td: 2-3x 6-7 cm länge/d

Tabelle (Fortsetzung): NSAR - Nicht-selektive COX-Hemmer. Td = Transdermal

* Die transdermalen Applikationsformen haben, wie die oralen und parenteralen galenischen Formen, systemische Wirkung und auch deren Nebenwirkungen!

B. Selektive COX-2 Hemmer[2]

Allg:
- Die COX-2 Hemmung ist 100-1000x stärker als die COX-1 Hemmung.
- Hoch selektive COX-2 Hemmer (z.B. Refecoxib, nicht mehr auf dem Markt) weisen keine oder nur eine geringe Risikoerhöhung für GI-Komplikationen auf. Sie haben eine deutlich erhöhte kardiovaskuläre Nebenswirkungsrate (Myokardinfarkt, Herzinsuffizienz, Palpitationen). Niedrig selektive COX-2 Hemmer (Celecoxib) sind davon weniger betroffen.
- Eigenschaften der COX-2 Hemmer:
  1. Periphere Analgesie (Nervenendigungen)
  2. Entzündungshemmung
  3. Wirkung auf die Niere (als Folge der Prostaglandinsynthesehemmung):
     - Gefahr einer akuten Niereninsuffizienz
     - Wasserretention
     - Art. Hypertonie
  4. Die COX-2 Hemmer induzieren KEINE Thrombozytenaggregationshemmung (diese ist COX-1 abhängig).
  5. Wesentlich schwächere gastrointestinale NW im Vgl. zu den traditionellen NSAR, bei denen die COX-1-Hemmung im Vordergrund steht.

Bsp:
- Celecoxib CELEBREX®
  - Orale Bioverfügbarkeit: 30 %. Eliminations-HWZ: 11 h; plasm. Spitzenkonzentration: 2-4 h. Wechselwirkung mit Antihypertensiva → BD ↑
- Etoricoxib ARCOXIA®
  - Orale Bioverfügbarkeit: ~ 100 %; Akkumulations-HWZ ~ 22 h: 11 h; plasm. Spitzenkonzentration: 1 h. Wechselwirkung mit Antihypertensiva → BD ↑

Für die PRAXIS:
- Patienten mit kardiovaskulären Risikofaktoren oder PAVK sollten nur nach sorgfältiger Nutzen-Risiko-Abwägung mit einem COX-2 Hemmer behandelt werden, denn das kardiovaskuläre Risiko ist unter COX-2 Hemmern erhöht!
- Celecoxib ist nicht indiziert bei:
  - Primärer Dysmenorrhoe
  - Akuten Schmerzen
- Celecoxib kann unabhängig von den Mahlzeiten eingenommen werden.

PHARMA

Ind:
- Symptomatische Behandlung von Entzündungen und Schmerzen bei:
  1. Osteoarthrose: 200 mg/d (1x/d oder in 2 Dosen aufgeteilt); max. 2x 200 mg/d
  2. Rheumatoide Arthritis: 2x 100-200 mg/d PO
  3. Ankylosierende Spondylitis: 200 (max. 400) mg/d (in 1x- oder 2x-Gabe/d)

KI:
- Überempfindlichkeit gegenüber Sulfonamiden (Celecoxib enthält einen Sulfonamidanteil)
- Allergische Erkrankungen nach Einnahme von NSAR (inkl. ASS):
  - Bronchospasmus, akute Rhinitis, Nasenschleimhautpolypen, Urtikaria u.a.

Für die PRAXIS:
Unverträglichkeiten und NW betreffen meist die gesamte Stoffklasse, Allergien meist nur die Einzelsubstanz, seltener die Stoffklasse!

- Aktive Magen- und/oder Duodenalulzera
- Aktive GI-Blutung
- Entzündliche Darmerkrankungen: Morbus CROHN, Colitis ulcerosa
- Klinisch gesicherte KHK und/oder zerebrovaskuläre Erkrankungen
- Herzinsuffizienz (NYHA II-IV, s. 216)
- Schwere Leberinsuffizienz (CHILD C, s. 443)
- Niereninsuffizienz (Clearance < 30 mL/min, s. 1441)
- SS im 1. Trimenon (= ABSOLUTE KI: NSAR behindern die Organogenese im 1. Trimenon; gilt auch für niedrig selektive, da diese auch beide COX hemmen!)
- Stillzeit
- Art. Hypertonie (= relative KI)

NW:
- Dyspepsie, Bauchschmerzen, Erbrechen, Zahnschmerzen, GÖR, Stomatitis
- Allergische Reaktion: Urtikaria, Photosensibilität, Pruritus, Allergie
- Grippeähnliche Symptome
- Erhöhter Muskeltonus, Beinkrämpfe, Hypästhesie, Neuralgie
- Erhöhter Appetit
- Kardiovaskulär:
  - BD-Anstieg, Palpitation, akutes Koronarsyndrom, Herzinsuffizienz
- Anämie
- Fulminante Hepatitis

2 FitzGerald GA, et al. N Engl J Med 2001 ;345 : 433-42.

Acetylsalicylsäure (ASS) — ASPIRIN®

Allg:

Eigenschaften der ASS	Dosis	Wirkmechanismen
Thrombozytenaggregationshemmung	> 50 mg	• Hemmung von Thromboxan A2. Dauer: ca. 1 Woche (d.h. bis dass die Thrombozyten ersetzt wurden).
Antipyretikum + Analgetikum	> ca. 2 g	• COX-1 und COX-2 Hemmung, was zu einer Verminderung von Prostaglandin E2 führt
Entzündungshemmung	> 3 - 5 g	• Prostaglandinsynthesehemmung (E1, F2α)

- ASS wurde im Jahr 1853 entdeckt.
- Plasma-HWZ:
  - ASS ....15 min
  - Aktiver Metabolit der ASS (Salicylsäure) ....2-3 h
- Die maximale Wirkung der ASS tritt nach 20 min ein.
- Einfluss der ASS auf die renale Harnsäureausscheidung:
  - ASS < 2 g/d: renale Harnsäureausscheidung ↓. ***CAVE***: Gicht
  - ASS > 3 g/d: renale Harnsäureausscheidung ↑
- ASS in kardiovaskulärer Dosierung (80-325 mg/d):
  - ASS niedrig dosiert wirkt vor allem auf Thrombozyten und hat einen sehr hohen *First-pass* Effekt. Vereinfacht ausgedrückt, findet die irreversible Thrombozytenhemmung der ASS nur gerade während «einem Durchlauf im portalem Kreislauf» statt. Danach wird ASS in der Leber zu Salicylsäure (aktiver Metabolit mit HWZ von 2-3 h) metabolisiert.
- ASS in analgetischer Dosierung (≥ 2 g/d) wirkt auf COX-1 und COX-2.
- **ASS und kolorektales Adenomrisiko**
  - 325 mg ASS/d vermindern das Risiko des kolorektalen Adenoms um 40-50 % bei Patienten mit Vorgeschichte eines Kolorektalkarzinoms.[1]
- **ASS und KHK-Risiko**
  - ASS vermindert global das KHK-Risiko um 28 %.[2]
  - ASS vermindert das Erstmyokardinfarktrisiko bei männlichen Ärzten > 50 J.[3]
  - ASS vermindert global die Häufigkeit aller Myokardinfarkte (letal/nicht letal) um 36 %.[4]
  - 100 mg ASS, jeden 2. Tag bei gesunden Frauen als Primärprävention, vermindert die Anzahl kardiovaskulärer Ereignisse über 10 Jahre nicht signifikant. Eine positive Risikoreduktion konnte nur bei der Anzahl CVI beobachtet werden.[5]
- **ASS und Hirnschlag/TIA**
  - ASS vermindert signifikant die Anzahl der TIA.[6]
- **ASS und Diabetes mellitus**, siehe S. 669, 1275

NW:
- GI-Blutungen
  - Massive Blutungen bei 2-4 % pro 1000 Patienten im mittleren Alter und therapiert mit ASS während 5 Jahren.[7]
- Weitere NW siehe NSAR, S. 1266
- ASS erhöht das Netzhautblutungsrisiko bei Diabetikern NICHT.
- Metaanalyse von 1000 Patienten mit stabiler kardiovaskulärer Krankheit, welche mit low-dose ASS durchschnittlich 33 Montate behandelt wurden, zeigen folgende Resultate:[8]
  - 33 kardiovaskuläre Ereignisse ↓ (davon 12 nicht fatale Myokardinfarkte)
  - 25 nicht fatale CVI ersparen
  - 14 Todesfälle ersparen
  - aber 9 signifikante Blutungen hervorrufen.

1 NEJM 2003; 348: 891-9.
2 Ann Intern Med 2002;136:157-60.
3 NEJM 1989;321:129-35.
4 Lancet 1989;351:1755-62.
5 NEJM 2005 ;352 :1293-1304.
6 BMJ 1988 ;296 :313-6.
7 NEJM 2003 ;348 :891-9.
8 Am J Med 2008 ;121:43-9.

Bem: • «**ASPIRIN®-Resistenz»**
- Der Ausdruck «ASPIRIN®-Resistenz» ist empirisch und wird mit «in vitro-Aggregationstests» evaluiert.
- Häufigkeit: 5-10 %
- Clopidogrel, als selektiver Hemmer des ADP-Plättchenrezeptors, könnte bei gewissen Patienten mit ASPIRIN-Resistenz wirksamer sein, aber zur Zeit fehlen klinische, evidenzbasierende Studien.
  Die CAPRIE -Studie[9] hat gezeigt, dass Clopidogrel wirksamer ist als ASS. Trotzdem können ökonomische Studien das routinemässige Ersetzen von ASS durch Clopidogrel nicht unterstützen. Clopidogrel soll zur Zeit nur in folgenden Situationen der ASS vorgezogen werden:
  - Hohes ischämisches Risiko
  - In Fällen wo ASS kontraindiziert ist.

9 CAPRIE, Lancet 1996 ;348 :1329-39.

Acetylsalicylsäure-Intoleranz

Allg:
- Es handelt sich hier um eine **Intoleranz und nicht um eine Allergie**.
  Im Gegensatz zur Allergie, ist die Reaktion bei der Intoleranz nicht IgE-vermittelt.
  Aber es gibt «echte» Allergien (d.h. IgE-vermittelte) gegenüber anderen NSAR!
- Durch die Hemmung der COX (Cyclooxygenase) werden potente Entzündungsmediatoren (Leukotriene) freigesetzt.
- 5-10 % der Patienten mit ASS-Intoleranz können gleichzeitig eine Paracetamol-Intoleranz aufweisen.
- Die ASS-Intoleranz kann im Rahmen eines Morbus WIDAL (s. 389) auftreten, mit folgender Triade:
  1. ASS-Intoleranz
  2. Asthma
  3. Nasale Polypose

Klin:
- Reaktionsbeginn: innerhalb von 24 Stunden nach der ASS-Einnahme
- Reaktionsdauer: sehr unterschiedlich
- Es werden 2 klinische Krankheitsbilder unterschieden:
  - Rhinorrhoe und/oder Bronchialasthma
  - Urtikaria, Angioödem

Vorg:
1. **Vermeiden von Einnahmen aller galenischen Formen von ASS und anderen NSAR, denn** die Kreuzreaktionen mit anderen NSAR der Normalfall (Ausnahme: schwache Prostaglandinehemmer, siehe «Medic Alert©-Karte»)!
2. **Mögliche Therapieoption: Spezifische Immuntherapie** (= Desensibilisierung)
   - Diese Therapie wird im Spital (ambulant) durchgeführt.
3. **Jeder Patient muss über eine «Allergiker-Karte» verfügen** (Medic Alert©).

Medic Alert© - Karte (Beispiel)

Erlaubte Analgetika bei ASS-Intoleranz

✭ Schwache/mittelstarke Schmerzen → Ad. schwache PG-Synthesehemmer* u.a. Analgetika
- Paracetamol, s. 1328
- Paracetamol + Codein: Gelonida® Schmerztabletten, Paracetamol AL comp

✭ Mittelstarke bis starke Schmerzen → Ad. milde/mittelstarke Opioide
- Codein: Codeinum phosphoricum Compren®, Codicompren® 50mg retard
- Tramadol, s. 1163

✭ Sehr starke Schmerzen → Ad. starke Opioide
- Morphin, s. 1157
- Oxycodon: OXYGESIC®, OXYCODON-HCL beta®
- Dihydrocodein: PARACODIN®
- Hydrocodon/Dihydrocodeinon (in Deutschland nicht erhältlich)
  - In der Schweiz: HYDROCODEINON Streuli®, DIHYDROCODEINON Streuli®
- Buprenorphin: TEMGESIC®, TRANSTEC®
- Fentanyl:
  - DUROGESIC® SMAT, FENTADERM®, FENTADOLON®, MATRIFEN®

Erlaubter Plättchenaggregationshemmer bei ASS-Intoleranz
- Clopidogrel PLAVIX®

NICHT ERLAUBTE Medikamente bei ASS-Intoleranz
- **Produkte, die ASS enthalten, z.B.:**
  - AGGRENOX® (Dipyridamol, ASS)
  - DOLOMO® TN (ASS + Paracetamol + Coffein + Codeinphosphat)
  - BOXONAL® (ASS + Coffein + Paracetamol)
- **NSAR**, siehe Tabelle 1 s. 1268
  - DOLORMIN®
  - BREXIDOL®
  - INDO-CT®
  - VOLTAREN® und VIELE andere NSAR, siehe s. 1268

* Schwache Prostaglandinsynthese-Hemmer werden in kleinen Dosen von ASS-intoleranten Patienten i.d.R. gut vertragen. Dennoch sollte die erste Verabreichung unter ärztlicher Überwachung vorgenommen werden.

Primärprävention und Acetylsalicylsäure (ASS)

Allg:

- ASS vermindert global das KHK-Risiko um 28 %.[3]
- **ASS (100 mg/d) als Primärprävention vermindert folgende Risiken:**
  - **CVI bei Frauen ≥ 65 Jahren**
  - **Myokardinfarkt bei Männern**
  - 100 mg ASS, jeden 2. Tag bei gesunden Frauen als Primärprävention, vermindert die Anzahl kardiovaskulärer Ereignisse über 10 Jahre nicht signifikant. Eine positive Risikoreduktion konnte nur bei der Anzahl CVI beobachtet werden.[4]
- Bei der KHK ist ASS als Primärprävention indiziert, wenn das kardiovaskuläre Risiko pro Jahr ≥ 1.5 % beträgt (bezogen auf das FRAMINGHAM-Score, s. 694)
- ASS und Diabetes mellitus, siehe s. 669

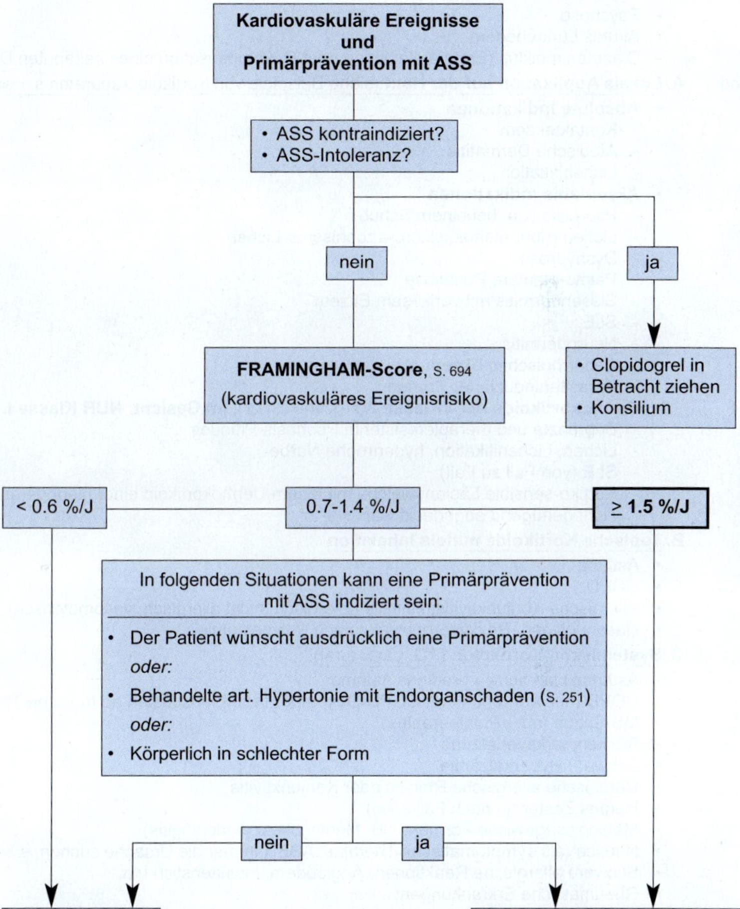

Schema: ASS und Primärprävention bezügl. kardiovaskulärem Risiko.[5]

3 Berg AO, et al. Ann Intern Med 2002 ;136 :157-60. 4 Riedker PM et al. N Engl J Med 2005 ;352 :1293-1304. 5 Angepasst nach: Lauer M. NEJM 2002;346:1468-74.

Kortikoide

Syn: • Kortikosteroide, Steroide

Allg: • **Eigenschaften der Kortikoide** (siehe auch s. 1278):
1. Mineralokortikoide Wirkung → renale Natriumretention (+ Wasserresorption)
2. Glukokortikoide Wirkung → potente entzündungshemmende Wirkung

• Wirkungsbeginn:
- **IV**-Gabe ....ca. nach 2-4 h
- Orale Einnahme ....ca. nach 3-6 h

• Wirkungsdauer: ca. 8 h

NW: • Siehe s. 1278

• Bei hoch dosierter Kortikotherapie («Pulstherapie»; z.B. 0.5-1 g Methylprednisolon **IV**) können folgende akute NW beobachtet werden:
- Hypertensive Notfallsituation
- Psychose
- Akutes Lungenödem
- Diabetes mellitus (Erstmanifestation oder Dekompensation eines bekannten Diabetes)

Ind: **A. Lokale Applikation auf der Haut** (siehe Beispiele von Kortikoidpräparaten s. 1280)

- **Absolute Indikationen**
  - Kontaktekzem
  - Atopische Dermatitis
  - Lichenifikation
- **Akzeptable Indikationen**
  - Psoriasis (v.a. bei einem Schub)
  - Lichen ruber planus, sklero-atrophischer Lichen
  - Dyshydrose
  - Palmo-plantare Pustulose
  - Stasendermitis mit varikösem Ekzem
  - SLE
  - Neurodermitis
  - Seborrhoisches Ekzem
  - Parasiteninduzierter Prurigo
- **Dermokortikoide der «Klasse IV»** (siehe s. 1280). **Im Gesicht: NUR Klasse I.**
  - Begrenzte und therapieresistente Psoriasis-Plaques
  - Lichen, Lichenifikation, hypertrophe Narbe
  - SLE (von Fall zu Fall)
  - Kortiko-sensible Läsion, welche mit einem Dermokortikoid einer niedrigeren Klasse nicht genügend abgedeckt war.

B. Topische Kortikoide mittels Inhalation

- Asthma
- COPD
- Allergische Konjunktivitis, Rhinitis (allergisch, nicht allergisch, vasomotorisch)
- Nasenpolypen, Rezidivprophylaxe nach Polypektomie

C. Systemische Kortikoide (PO, parenteral)

- Asthmakrise, schwergradiges Asthma
- COPD (nur während einer COPD-Dekompensation; ansonsten ad topische Therapie!)
- MS-Schub (ad. «Pulstherapie»)
- Rückenmarksverletzung
- Schwere Hyperkalzämie
- Chronische allergische Rhinitis oder Konjunktivitis
- Herpes Zoster (je nach Fall s. 880)
- Meningitis (gewisse Formen; z.B. Meningokokkenmeningitis)
- Nausea (als symptomatische Therapie; ABER immer die Ursache suchen, s. 1168)
- Schwere allergische Reaktionen: Angioödem, Insektenstich u.a.
- Rheumatische Erkrankungen:
  - Gicht
  - Rheumatoide Arthritis
  - Ankylosierende Spondylitis
  - Polymyalgia rheumatica
  - Riesenzellarteriitis
  - SLE
  - Dermatomyositis, Polymyositis
  - WEGENER Granulomatose
- Dermatopathien:
  - Schwere Psoriasis
  - Bullöse Dermatitiden, Mycosis fungoides, Schübe von Pemphigus vulgaris
  - Schwere atopische Dermatitis

- NNR-Insuffizienz (Therapie der Wahl: Hydrokortison)
- Schwergradiger Morbus BASEDOW
- Optikusneuritis
- Schub einer entzündlichen Darmerkrankung: Colitis ulcerosa, Morbus CROHN
- Schwergradige Hepatitis
- Glomerulonephritis, nephrotisches Syndrom
- Als adjuvante Therapie bei Tumorleiden (inkl. unter Chemotherapie)
- Sarkoidose (je nach Stadium, S. 372)
- Lungenfibrose
- Idiopathische Thrombozytopenie
- Autoimmun-hämolytische Anämie
- Transplantat-Abstossungsreaktionen bzw. -krisen
- Epiglottitis (je nach Fall, S. 791)
- ARDS (je nach Fall, S. 61)

Bsp: **1. Kortison und Prednison**

- Kortison und Prednison sind synthetisierte, inaktive *Prodrugs*, welche hauptsächlich in der Leber zu aktiven Drugs metabolisiert werden, was deren beschränkte Wirkung bei fortgeschrittener Leberinsuffizienz erklärt:
  - Kortison (inaktiv) → aktives Kortisol
  - Prednison (inaktiv) → aktives Prednisolon

Für die PRAXIS:
Bei fortgeschrittener Leberinsuffizienz sind inaktive Kortikoide (Kortison, Prednison) nicht wirksam. Hier sollen aktive Kortikoide eingesetzt werden, wie z.B. Prednisolon, Methylprednisolon, Betamethason oder Dexamethason.

2. Kortisol (Syn: Hydrokortison)

- Kortisol wird physiologisch in der Zona fasciculata der NNR synthetisiert (10-15 mg/d).
- Kortisol ist ein aktives Molekül und wird auch als Arznei eingesetzt.
- Kortisol wird in der Niere mittels der 11-β Hydroxysteroid-Dehydrogenase-2 in der Niere in **Kortison** (= inaktiv) umgewandelt.
- Weitere aktive Kortikoide:
  -- Betamethason
  -- Dexamethason
  -- Methylprednisolon
  -- Prednisolon
  -- Triamcinolon

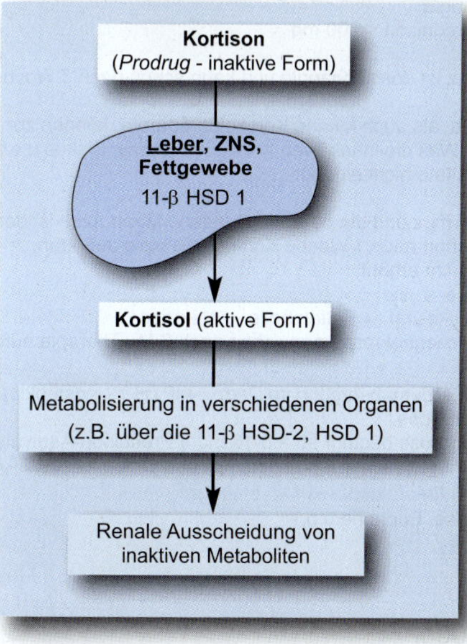

Schema (vereinfacht): Metabolismus von Kortison.
HSD = Hydroxysteroid-Dehydrogenase

Klin: • **Eigenschaften und Nebenwirkungen von Kortison**

1. **Entzündungshemmende Wirkung**
   Allg: • Die entzündungshemmende Wirkung der Kortikoide kommt durch deren potente glukokortikoide Kompenente zustande.
   Lab: • Patienten unter Kortikoiden können folgende Laboranomalien manifestieren:
   - ↓: Eosinophile Leukozyten, Lymphozyten
   - ↑: Neutrophile und basophile Leukozyten, Monozyten, Thrombozyten, Erythrozyten
2. **Wirkungen an der Haut**
   Klin: • Dünne Haut (Pergamenthaut), Facies lunaris
   • Büffelnacken, Akne, Striae cutis, Ekchymosen, Hirsutismus
   • Stammbetonte Adipositas
3. **Katarakt** (posterior subkapsulär)
   Allg: • Das Auftreten einer Katarakt ist abhängig von der Kortikoiddosis.
4. **Dysphonie**
   Urs: • Unbekannt (laryngeale Myopathie?)
   Bem: • Gute Prognose, i.d.R. reversibel
5. **Hyperglykämie**
   Allg: • Pathogenese:
   1. Die Kortikoide verstärken die Glukoneogenese in der Leber und der NNR. Diese «Neubildung» von Glukose kommt nicht durch den Fettabbau, sondern durch den Abbau von Aminosäuren, Laktat und Glycerol zustande!
   2. Kortikoide vermindern die periphere Insulinsensibilität (2-4-faches Risiko, einen Diabetes mellitus zu entwickeln)

   Bem: • Da Insulin die nächtliche Glukoneogenese hemmt, ist bei kortikoid-induziertem DM eine abendliche Insulingabe eine gute Therapieoption.
6. **Lebersteatose** (infolge vermehrter Glykogenreserven in der Leber)
7. **Magenulkus**
   Allg: • Das Ulkusrisiko ist bei folgenden Patienten erhöht:
   - Vorgeschichte von Ulzera
   - Gleichzeitige Einnahme von NSAR oder Antikoagulantien
8. **Hypokaliämie** (infolge mineralokortikoider Wirkung → renaler Kaliumverlust)
9. **BD-Anstieg - Art. Hypertonie**
   Allg: • Der BD-Anstieg kommt durch die mineralokortikoide Wirkung zustande (Erhöhung der renalen Natriumreabsorption).
10. **Immunsuppression**
    Allg: • Das Infektionsrisiko ist dosisabhängig. Das Risiko ist gering, falls:
    - Prednison < 10 mg/d
    - Totaldosis von Prednison < 700 mg
11. **NNR-Insuffizienz**
    Allg: • Die NNR-Insuffizienz ist dosisabhängig und kann schon nach 3 Wochen Therapie auftreten.
    • Sowohl systemische, als auch kutane Kortikoidpräparate, können zur NNR-Insuffizienz führen. Was die inhalativen Kortikoide (Spray, Diskus u.a.) anbelangt, sind die Resultate nicht eindeutig.
12. **Myopathie**
    Allg: • Der Proteinkatabolismus und die damit verbundene Myatrophie ist dosisabhängig. Sie kann schon nach 1 Woche Kortikoidtherapie auftreten.
    Lab: • Die CK sind i.d.R. nicht erhöht.
13. **Aseptische Knochennekrose**, S. 1022
    Urs: • Kortison → Hyperviskosität → Fettembolie → Nekrose
    • Die aseptische Knochennekrose kann schon nach 6 Mt. Therapie auftreten.
14. **Osteoporose**
    Urs: • Verminderung der Kalziumabsorption im Darm → iPTH ↑ → osteoklastische Aktivität ↑ → Osteoporose.
    • Die Kortison-Osteoporose beginnt ab > 5-10 mg/d Prednison-Äquivalent.
    • Unter niedrigdosierten topischen Kortikoiden ist das Osteoporoserisiko klein.
    Th: • Siehe Algorithmus S. 709
15. **Störungen des ZNS** (Psychose, Euphorie u.a.)
16. **Steroidentzug-Syndrom**, S. 711

Bem: **Budesonid** BUDENOFALK®, ENTOCORT®
- Ist ein Kortikoid, das nur zur Therapie eines M. CROHN-Schubes indiziert ist, S. 507.
- Seine Wirksamkeit und Verträglichkeit sind mit den anderen Kortikoiden vergleichbar (z.B. Prednisolon zu 40 mg/d).
- Die systemische Wirkung von Budesonid ist gering (hoher *First-Pass* Effekt).

Systemische Kortikoide	Administration	Glukokortikoide Wirkung ☛ **Entzündungshemmung**	Mineralokortikoide Wirkung ☛ **Natrium Retention**
Kortison (inaktives *Prodrug*)		**0.8**	**0.8**
CORTISON® (nicht in D)	PO		
Kortisol = Hydrokortison (aktiv)		**1**	**1**
HYDROCORTISON Jenapharm®	PO		
HYDROCORTISON Hoechst®	PO, **IV, IM (Notfall)**		
HYDROCORTISON Pharmacia®	**IV**		
Prednison (inaktives *Prodrug*)		**4**	**0.3**
DECORTIN®	PO		
PREDNISON ACIS®	PO		
Prednisolon (aktiv)		**4**	**0.3**
DECORTIN® H	PO		
PREDNISOLON GALEN®	PO		
PREDNIGALEN® Injektionssuspension	intraartikulär, intrafokal (nicht **IV** und nicht **IM**)		
PREDNIHEXAL®	PO		
SOLU-DECORTIN® H	**IV, IM**		
Methylprednisolon (aktiv)		**5**	**0.3**
DEPO-MEDROL® (nicht in D)	**IM**, IR (bei Colitis ulcerosa)§, lokal‡		
URBASON®	PO, **IV, IM** (falls **IV** nicht möglich)		
Fludrokortison (aktiv)		**15***	**100**
ASTONIN®	PO		
Dexamethason (aktiv)		**25-30**	**~ 0**
LIPOTALON®	intraartikulär, lokal‡		
FORTECORTIN®	PO, **IV, IM**, intraartikulär		
DEXA-CT®	**IV, IM, SC**, intraartikulär, lokal‡		
DEXAMETHASON-Ratiopharm®	PO		
DEXA-Ratiopharm®	**IV, IM, SC**, intraartikulär, lokal‡		
Betamethason (aktiv)		**25-30**	**~ 0**
BETNESOL®	IR		
DIPROSONE®	**IM**, (nicht **IV**), intraartikulär, lokal‡		
CELESTAMINE® Tabletten	PO		
CELESTAN® DEPOT	intraartikulär		
Aldosteron (aktiv)		**0**	**3000**
Triamcinolon (aktiv)		**5**	**~ 0**
DELPHICORT®	PO		
VOLON® A Solubile®	**IV, IM** (als 2. Wahl)		
VOLON® A 10/A 40	**IM** (nicht **IV**), intraartikulär, lokal‡		

Tabelle: Gluko- und mineralokortikoide Wirkung verschiedener Kortikoide.

‡ Lokale Applikation = in eine Bursa, intrasynovial, periartikulär, Weichteile
* Fludrokortison: Die glukokortikoide Wirkung (= entzündungshemmend) ist klinisch nicht signifikant.
§ DEPO-MEDROL® (nicht erhältlich iin Deutschland) kann zusätzlich intrarektal angewendet werden (40-120 mg in 30-300 mL Wasser).

Dermokortikoide (Haut- und Kopfapplikation)		
Klasse I	**Milde entzündungshemmende Wirkung**	
Hydrokortison Acetat 0.25 %	SOVENTOL® HYDROCORT	Creme, Fettcreme
Prednisolon	PREDNISOLON®	Creme, Schaum
Hydrokortison Acetat 0.25 %	EBENOL®	Creme
Klasse II	**Mittelmässige entzündungshemmende Wirkung**	
Dexamethason	DEXALOSCON® MONO	Scalp Applikation
Clobetason 17-Butyrat 0.05 %	EMOVATE®	Creme, Salbe
Flumetason (Pivalat)	LOCACORTEN®	Creme, Salbe
Hydrokortison 17-Butyrat 0.1 %	ALFASON®	Lipocreme, Creme, Scalp Lotio, Emulsion
Klasse III	**Starke entzündungshemmende Wirkung**	
Methylprednisolon (Aceponat)	ADVANTAN®	Creme, Salbe, Fettsalbe, Lösung
Betamethason Valerat 0.1 %	CELESTAN®-V	Creme, Salbe
Fluticason 17-Propionat	FLUTIVATE®	Creme, Salbe
Flupredniden 21-Acetat 0.1 %	DECODERM® Creme	Creme
Betamethason Dipropionat 0.05 %	DIPROSONE®	Creme, Salbe, Lösung
Mometason 17-Fluoras 0.1 %	ECURAL®	Creme, Salbe, Lösung, Fettcr.
Prednicarbat 0.25 %	DERMATOP®	Creme, Fettsalbe, Salbe, Lösung
Fluocinonol Acetonid 0.025 %	FLUCINAR®	Creme, Salbe
Desoximetason 0.25 %	TOPISOLON®	Salbe, Fettsalbe
Fluocinonid 0.05 %	TOPSYM®	Creme, Salbe
Klasse IV	**Sehr starke entzündungshemmende Wirkung**	
Clobetasol 17-Propionat 0.05 %	CLOBETASOL ACIS®	Creme, Salbe, Scalpapplikation

Tabelle: Dermokortikoide.

Im Gesicht, nur die Klasse I Dermokortikoide anwenden!

Topisch: Kortikoid + Antibiotikum		
LOCACORTEN® -Vioform	Flumetason + Clioquinol	Creme, Salbe
CORTIDEXASON® comp	Dexamethason + Neomycin	Creme, Salbe, Lotion
PULPOMYXINE® Paste	Dexamethason + Framycetin	Creme
DIPROGENTA®	Betamethason + Gentamicin	Creme, Salbe
FUCICORT®	Betamethason + Fusidinsäure	Creme
FUCIDIN H®	Hydrokortison + Fusidinsäure	Creme
JELLIN®NEOMYCIN	Fluocinolon + Neomycin	Creme, Salbe
Topisch: Kortikoid + Fungizid		
VOBADERM®	Flupredniden + Miconazol	Creme
DECODERM® tri Creme	Flupredniden + Miconazol	Creme
EPIPEVISONE®	Triamcinolon + Econazol	Creme
TRAVOCORT®	Diflucortolon + Isoconazol	Creme
Topisch: Kortikoid + Keratolytikum (Salicylsäure = SS)		
DIPROSALIC®	Betamethason + SS	Salbe, Lotio
VOLON® A Tinktur N	Triamcinolon Acetonid + SS	Tinktur
LOCASALEN®	Flumetason + SS	Salbe
Topisch: Kortikoid + Fungizid + Antiseptikum		
IMAZOL® comp.	Prednisolon + Clotrimazol + Hexamidin	Creme
NYSTALOCAL®	Dexamethason + Nystatin + Chlorhexidin	Salbe
Topisch: Kortikoid zur Therapie des Bronchospasmus		
ATEMUR®	Fluticason 17-Propionat	Dosier-Aerosol, Disk, Multidosen-Pulverinhalator
FLUTIDE®	Fluticason 17-Propionat	Suspension zur Inhalation
AEROBEC®	Beclometason	Mehrdosenbehälter
MIFLONIDE®	Budesonid	Pulver-Kapseln
PULMICORT®	Budesonid	Turbuhaler, Respules-Turbohaler

Tabelle: Topische Kortikoide in Kombinationspräparaten.

Approximative äquivalente Tagesdosen von Kortikoiden			
Kortikoid	**Niedrige Dosen** [µg]	**Mittlere Dosen** [µg]	**Hohe Dosen** [µg]
Beclometason-CFC	200-500	500-1000	> 1000
Beclometason-HFA	100-250	250-500	> 500
Budesonid	200-600	600-1000	> 1000
Flunisolid	500-1000	1000-2000	> 2000
Fluticason	100-250	250-500	> 500
Mometason	200-400	400-800	> 800
Triamcinolon	400-1000	1000-2000	> 2000

Topisch: Kortikoide zur Therapie von Munderkrankungen		
VOLON® A Haftsalbe	Triamcinolon	Haftsalbe
Topisch: Kortikoide zur Therapie von Nasenerkrankungen		
BECLOMETASON-CT®	Beclometason	Nasenspray
BECONASE®	Beclometason	Spray/Inhalation Mikrodoseur
RHINIVICT®nasal	Beclometason	Dosierspray
BUDAPP®nasal	Budesonid	Pumpspray
FLUTIDE®nasal	Fluticason	Mikrodoseur
FLUTIDE®Nasetten	Fluticason	Nasentropfen
NASACORT®	Triamcinolon	Nasenspray
NASONEX®	Mometason	Nasenspray
BUDECORT®	Budesonid	Pumpspray, Turbuhaler
Topisch: Kortikoide zur Therapie von Ohrenerkrankungen		
VOLON® A Tinktur N	Triamcinolonacetonid + Salicylsäure	Tinktur
Topisch: Kortikoide zur Therapie von Augenerkrankungen		
EFFLUMIDEX® LIQUIFILM	Fluorometholon	Augentropfen
FICORTIL®	Hydrokortison	Augensalbe
DEXA EDO®	Dexamethason	Augentropfen
INFLANEFRAN FORTE®	Prednisolon	Augentropfen
SPERSADEX®	Dexamethason	Augentropfen
ULTRACORTENOL®	Prednisolon	Augencreme
VEXOL®	Rimexolon	Augentropfen
Kombiniert mit einem Antibiotikum		
BLEPHAMIDE®	Prednisolon + Sulfacetamid	Augensalbe
CIBAFLAM®	Fluorometholon + Gentamicin	Augentropfen und -salbe
ISOPTO-MAX®	Dexamethason + Neomycin + Polymyxin	Augentropfen und -salbe
AQUAPRED® -N	Prednisolon + Chloramphenicol	Augentropfen
TOBRADEX®	Dexamethason + Tobramycin	Augensuspension
Kombiniert mit einem Vasokonstriktor (Sympathomimetika)		
EFEMOLIN®	Fluorometholon + Tetryzolin	Augentropfen

Tabelle: Topische Kortikoide im Zusammenhang mit Organbefall.

Lipidsenker

Lipidsenker	Wirkung auf die Lipidwerte		
	LDL [%]	HDL [%]	TG [%]
1. Fibrat	↓ 5-20	↑ 10-20	↓ 20-50
2. Statin	↓ 18-55	↑ 5-15	↓ 7-30
3. Ionenaustauscherharz	↓ 15-30	↑ 3-5	Ø oder ↑
4. Nikotinsäure (Vitamin B3)	↓ 5-25	↑ 15-35	↓ 20-50
5. Spezifischer intestinaler Cholesterinresorptionshemmer	↓ 20	Neutral	↓ NS*

Tabelle: Wirkung der Lipidsenker auf die verschiedenen Lipidfraktionen.

1. Fibrate

Allg:
- Wirkmechanismus:
  - Stimulation der Lipoproteinlipase → verstärkter Katabolismus der VLDL.

Ind:
1. Essentielle Hypercholesterinämie (Typ IIa)
2. Gemischte Hyperlipidämie mit isolierter und/oder dominierender Hypertriglyzeridämie

KI:
- Absolut
  - Schwere Hepatopathie
  - Schwere Nephropathie
- Relativ
  - Cholezystopathie mit/ohne Steinleiden

Bem:
- **Die Fibrate werden während oder am Ende der Mahlzeiten eingenommen** (bessere Verträglichkeit).

NW:
- GI-Symptome
- Erhöhung der Transaminasen
- Myopathie
- Cholelithiasis (selten)
- Gemfibrozil hemmt CYP 2C8 und den hepatischen Arzneimitteltransporter OATP1B1 und erhöht so z.B. die Plasmakonzentrationen von Statinen und Repaglinid.

Bsp:

Fibrate	Beispiele	Dosierung
Bezafibrat	CEDUR® Retard	1x 400 mg/d während der Mahlzeit
Fenofibrat	FENOFIBRAT-CT® 100 mg	Standardform: - 3x 100 mg/d während der Mahlzeit - Max. 400 mg/d
	Normalip® pro 200 mg	Mikronisierte Form (200 mg mikronisiert = 300 mg standard Fenofibrat): - 1x 200 mg/d zur Hauptmahlzeit
Gemfibrozil	LIPOX® GEMFI	2x 450 mg während der Mahlzeit
	GEVILON® 600	2x 450 mg während der Mahlzeit
	GEVILON® 900	1x 900 mg mit dem Nachtessen

* Ezetimibe vermindert die TG nicht signifikant (NS) um 7.9 % vs. Placebo (- 5.2 %).[1]

1 Sudhop T, et al. Circulation 2002 ;106 :1943-8.

2. Statin: HMG-CoA-Reduktase-Hemmer

Allg:
- Wirkmechanismus: Statine sind HMG-CoA-Reduktase-Hemmer. Dieses intrazelluläre Enzym ist für die Cholesterinsynthese verantwortlich.
- Statine senken:
  - Mortalität infolge Koronarereignis
  - Rezidivrate des Myokardinfarktes
  - Hirnschlag, siehe S. 530

> **Für die PRAXIS:**
> Ausser Atorvastatin, müssen alle Statine am späten Abend eingenommen werden, denn die Cholesterinserumspiegel sind während der Nacht am höchsten.

Ind:
1. Essentielle Hypercholesterinämie (Typ IIa), gemischte Hyperlipidämie
2. Art. Hypertonie mit ≥ 3 Risikofaktoren (siehe S. 250) ± Hyperlipidämie
3. Sekundärprophylaxe nach Myokardinfarkt oder ACS (auch ohne Hypercholesterinämie!)

KI:
- Chronische oder aktive Lebererkrankung
- Erhöhung der Transaminasen > 3x N (persistierend und unbekannter Ursache)
- Cholestase
- Myopathie
- Schwangerschaft, Stillzeit
- Neuropathie (Parästhesien, Areflexie)

Bem:
- Statine haben eine tiefe Bioverfügbarkeit (6-30 % je nach Wirkstoff) und sind daher interaktionsanfällig. Simvastatin und Atorvastatin sind CYP 3A4 Substrate. Die gleichzeitige Gabe eines CYP 3A4 Hemmers wie z.B. azol-Antimykotika, Makrolide oder Cyclosporin steigern die Plasmakonzentrationen dieser Statine und damit das NW-Risiko deutlich. Daneben kann auch eine Hemmung von hepatischen Arzneimitteltransportern wie OATP1B1 durch z.B. Cyclosporin, Gemfibrozil die Konzentrationen und das NW-Risiko steigern. Pravastatin ist vom CYP nicht betroffen.

NW:
- Erhöhung der Transaminasen (oft reversibel); Leberschaden
- Myalgien (CK-Anstieg nicht zwingend!)
- Myopathie (i.d.R. reversibel): bei CK-Plasmakonzentrationen > **5-10x N** ad. Dosisreduktion oder Wechsel der Lipidsenkerfamilie und Verlaufskontrollen.
- Parästhesien
- Periphere Neuropathie (< 1 %)

Bsp:

Statine	Beispiele	Dosis/d	Therapeutisches Vorgehen
Atorvastatin	SORTIS®	10-80 mg	• 10 mg/d (Mahlzeit unabhängig) während 4 Wo. Bei Bedarf alle 4 Wo um 10 mg erhöhen. • Maximaldosis: **80 mg/d**
Fluvastatin	LOCOL®	20-80 mg	• 20 mg am Abend während 4-6 Wo. Bei Bedarf alle 4 Wo um 20 mg erhöhen. • Maximaldosis: **80 mg/d** (in 2x/d)
Pravastatin	SELIPRAN® PRAVA BASICS® MEVALOTIN® PRAVALICH® PRAVASIN® PRAVASTIN AbZ® PRAVA-TEVA® PRAVASTATIN-ISIS® PRAVASTATIN®	10-40 mg	• 10 mg am Abend während 4-6 Wo. Bei Bedarf alle 4 Wo um 10 mg erhöhen. • Maximaldosis: **40 mg/d**
Rosuvastatin	CRESTOR®	5-20 (40) mg	• 5 mg/d (Mahlzeit unabhängig) während 4 Wo. Bei Bedarf alle 4 Wo um 5 mg erhöhen. • Maximaldosis: **40 mg/d**
Simvastatin	ZOCOR® SIMVACOR® SIMVA BASICS® SIMVABETA® SIMVACARD® SIMVAHEXAL® SIMVASTIN AAA® SIMVA TAD®	10-80 mg	• 5-10 mg am Abend während 4-6 Wo. Bei Bedarf alle 4 Wo um 5 mg erhöhen. • Maximaldosis: **40 mg/d**, ausnahmsweise **80 mg/d** (in 2x/d)

Kombinationsprodukte	Beispiel	Dosierung
▶ **Statin + SICRH**		
Simvastatin + Ezetimibe	INEGY®	• 10 mg Simvastatin/10 mg Ezetimibe • Dosisanpassung nach 2-4 Wo • Maximaldosierung: - 80 mg Simvastatin/10 mg Ezetimibe
▶ **Statin + Kalziumantagonist**		
Atorvastatin + Amlodipin	CADUET® (nicht in D)	• 5 mg Artovastatin/10 mg Amlodipin • Maximaldosierung: - Atorvastatin 10 mg/ Amlodipin 10 mg

Tabelle: Kombinationspräparate mit Statinen.

SICRH = Spezifischer intestinaler Cholesterinabsorptionshemmer

3. Ionenaustauscherharze

Allg: Wirkmechanismus: Hemmung der Absorption der Gallensäuren im Darm.

Ind: **A. Colestyramin**

- Primäre Hypercholesterinämie
- Pruritus bei partiellem Verschluss der Gallenwege
- Biliäre Diarrhoe (s. 1369). Wenn Colestyramin nach 3 Tagen wirkungslos ist, soll eine andere Behandlungsart gewählt werden!
- Übermässige Wirkung von Phenprocoumon (als adjuvante Therapie)

B. Colestipol

- Primäre Hypercholesterinämie

C. Divistyramin

- Primäre Hypercholesterinämie
- Pruritus bei partiellem Verschluss der Gallenwege
- Biliäre Diarrhoe (s. 1369). Wenn Divistyramin nach 3 Tagen wirkungslos ist, soll eine andere Behandlungsart gewählt werden!

KI:
- Absolut:
  - Dysbetalipoproteinämie
  - TG > 900 mg/dL (> 10 mmol/L)
- Relativ:
  - TG > 450 mg/dL (> 5 mmol/L)

Bem: **Für die PRAXIS:**
Wie kann eine optimale Wirksamkeit der Ionenaustauscherharze erreicht werden?
1. Korrekte Zubereitung und Einnahme, siehe Text der entsprechenden Medikamente
2. Bei bestehender Kombinationstherapie mit Fibraten wird empfohlen, ein freies Intervall von 2 h zwischen der Einnahme der beiden Medikamente einzuhalten.
3. Falls nach 3 Mt. Therapie die Ziel-Serumlipidwerte nicht erreicht wurden, müssen zusätzliche therapeutische Massnahmen in Betracht gezogen werden.

- Viele Medikamente, wenn gleichzeitig mit Ionenaustauscherharzen eingenommen, werden vermindert intestinal absorbiert. Hier einige Beispiele:
  - Digoxin, Diuretika, orale Antikoagulantien, Propranolol, Penicillin G, Doxycyclin u.a.

NW:
- Obstipation, Nausea
- Flatulenzen

Bsp:

Harze	Beispiele	Dosierung (sehr langsame Dosissteigerung!)
Colestyramin	QUANTALAN® zuckerfrei	1. Hypercholesterinämie - 2x 1 Sachet (zu 4 g Pulver) morgens und abends, zu den Mahlzeiten. Nach 1-2 Wo Dosis auf 2x 2 Sachets erhöhen (Dosissplitting bis 6x täglich ist möglich). - Einnahme: 1 h vor dem Essen mit 1-2 dL lauwarmer Flüssigkeit oder halbflüssiger Speise vermischen bis eine homogene Suspensionslösung entsteht (Klumpenbildung verhindern). - Im Falle einer zusätzlichen Gabe von anderen Medikamenten kann Colestyramin auch zu einem beliebigen Zeitpunkt eingenommen werden. - Maximaldosis: **6 Sachets/d (= 24 g)**. 2. Pruritus - 1-2 Sachets/d (zu 4 g Pulver/Sachet) 3. Biliäre Diarrhoe - 3x 1 Sachet/d. Dann je nach Klinik. 4. Übermässige Wirkung von Phenprocoumon - 3 Sachets/d über den Tag verteilt. Dosisanpassung.
Colestipol	COLESTID® (nicht in D)	1. Hypercholesterinämie - Beutel (5 g): 5-30 g/d (in 1-6x/d) - Einnahmemodus, gleich wie Colestyramin
Divistyramin	IPOCOL® sine saccharo (nicht in D)	1. Hypercholesterinämie - 6-12 g/d (= 1-2 Doppelbeutel), verteilt auf 1-2x/d 2. Pruritus und biliäre Diarrhoe - 6 g/d (= 1 Doppelbeutel), verteilt auf 1-2x/d

4. Nikotinsäure (Vitamin B3)

Allg:
- Nikotinsäure = Vitamin B3
- Wirkungsmechanismus:
  - Verlangsamung der Synthesegeschwindigkeit der VLDL und der LDL.
- Eigenschaften der Nikotinsäure:
  - Cholesterinsenkung (i.d.R. ab Dosen > 3 g/d)
  - Vitaminerge Wirkung (Antipellagra-Wirkung)
- Täglicher Bedarf: 15-20 mg/d
- Übliche Tagesdosierung in therapeutischer Absicht:
  - PO (oder **SC, IM, IV**): 50-200 mg/d
- HWZ: 45 min
- Renale Elimination

Ind:
1. Hypercholesterinämie
2. Hypertriglyzeridämie
3. Pellagra
   - Es handelt sich um eine Mangelabsorption von Niacin (Vitamin B3).
   - Klinisch werden die «3 D» beobachtet: **D**ermatitis — **D**iarrhoe — **D**emenz

KI:
- Absolut:
  - Aktive Lebererkrankung oder schwere Leberinsuffizienz
  - Schwergradige Gicht
  - Hirndruck
  - Schwere Leberinsuffizienz
  - Schwangerschaft
- Relativ:
  - Diabetes mellitus
  - Hyperurikämie
  - Ulkuskrankheit

NW:
- Ausgeprägte Hautrötungen infolge kutaner Vasodilatation, *Flush* (betrifft v.a. das Gesicht, den Hals und die obere Thoraxhälfte)
- Braune Pigmentation (lokalisiert oder generalisiert)
- Nausea, Erbrechen, Diarrhoe
- Epigastrische Schmerzen
- Orthostatische Hypotonie
- Pruritus
- Urtikaria (sehr selten)
- Xerostomie, Alopezie
- Gicht
- Kopfschmerzen, Schwindelgefühl
- Laboranomalien:
  - Erhöhung der Transaminasen (mittelgradig erhöht und i.d.R. transitorisch)
  - Erhöhung der alkalischen Phosphatase (mittelgradig erhöht und i.d.R. transitorisch)
  - Hyperbilirubinämie/Ikterus (sehr selten)
  - Hyperurikämie (Erhöhung um ca. 10 %)
  - Hyperglykämie

Bsp:

Nikotinsäure	Beispiel	Dosierung
Niacin	NIASPAN®	1.5-6.0 g/d PO in 2-4 Einnahmen/d

5. Spezifischer intestinaler Cholesterinresorptionshemmer (SICRH)

Allg:
- Wirkmechanismus: Die SICRH vermindern die Cholesterinresorption im Darm.
- Als Beispiel: Ezetimibe
  - Metabolismus hauptsächlich hepatisch mit biliärer Elimination
  - HWZ (Ezetimibe + Metabolit): 22 h
- Kombinationstherapien*:
  a) Bitherapie:
    - SICRH + Colestyramin ..Mögliche Kombination. Die Einnahme von Ezetimibe sollte ≥ 2 h vor oder 4 h nach der Einnahme von Colestyramin geschehen.
    - SICRH + Fibrat ....Nicht empfohlene Kombination. Ausnahme: Ezetimibe kann mit Fenofibrat kombiniert verabreicht werden.
    - SICRH + Statin ....Mögliche Kombination
  b) Tritherapie:
    - SICRH + Statin + Fibrat: Nicht empfohlen

Ind:
1. Essentielle Hypercholesterinämie (Typ IIa)
2. Homozygote, familiäre Hypercholesterinämie
3. Homozygote Sitosterinämie (Phytosterinämie)

KI:
- Aktive Lebererkrankung oder unerklärte Transaminasenerhöhung
- Bei gleichzeitiger Anwendung von Ezetimibe mit einem Statin oder Fenofibrat ist die entsprechenden Arzneimittelinformation zu beachten.

NW:
- Kopfschmerzen
- Bauchschmerzen
- Diarrhoe
- Bei Kombinationstherapie Ezetimibe + Statin:
  - Erhöhung der Transaminasen
  - Myopathie
- Bei Kombinationstherapie Ezetimibe + Fenofibrat:
  - Bauchschmerzen
- Keine medikamentösen Wechselwirkungen mit dem CYP 450

Bsp:

SICRH	Beispiel	Dosierung

Ezetimibe	EZETROL®	• Generell: 10 mg/d (unabhängig von der Mahlzeit)
		• Ältere Patienten: keine Dosisadaptation notwendig
		• Leberinsuffizienz (Klassifikation nach CHILD, s. 443)
		  - CHILD A: keine Dosisanpassung notwendig
		  - CHILD B oder C: Ezetimibe ist nicht empfohlen.
		• Niereninsuffizienz: keine Dosisanpassung notwendig

PHARMA

6. Omega-3-Fettsäuren

Allg:
- Omega-3-Fettsäuren stammen aus Fischöl und enthalten einen hohen Anteil vielfach ungesättigter Fettsäuren.
- Omega-3-Fettsäuren sind v.a. bei der Therapie von Hypertriglyzeridämien wirksam.

Ind:
- Hyperlipidämie mit endogener oder prädominanter Hypertriglyzeridämie

NW:
- Nausea
- Aufstossen (kann durch Einnahme unmittelbar vor dem Essen mit etwas Flüssigkeit minimiert werden)

Bsp:

Omega-3-Fettsäuren	Dosierung
BURGERSTEIN EPA®	3x 1 Kaps/d (nicht kauen)
EPACAPS®	2-3x 1 Kaps/d
omega3-loges® Kaps	2x 1 Kaps/d
EICOSAN®	Einnahme unmittelbar vor den Haupmahlzeiten: • <u>500 mg</u>: 10-20 Kaps/d (bei Hypertriglyzeridämie) Bei Omega-3-Fettsäuremangel: 1-2 Kaps/d. • <u>750 mg</u>: 10-14 Kaps/d (bei Hypertriglyzeridämie). Bei Omega-3-Fettsäuremangel: 1-2 Kaps/d.

* Zur Zeit gibt es keine evidenz-basierten Empfehlungen mit dem End-point «Mortalität», welche eine routinemässige Gabe einer lipidsenkenden Therapie erlauben würde.

Neuroleptika (Antipsychotika)

Allg:
- Alle Neuroleptika sind zentralwirkende Dopaminantagonisten.
- Die Wahl des Neuroleptikums hängt vom Typ der dominanten psychotischen Symptome ab:

  A. Positive (oder produktive) Symptome
  - Halluzinationen
  - Delirium, Agitation
  - Angstzustände

  B. Negative (oder defizitäre) Symptome
  - Affektives Abkapseln
  - Apragmatismus (unfähig, eine Handlung zu realisieren)
  - Autismus (sich von der Aussenwelt zurückziehen und diese vorwiegend durch ein Innenweltleben ersetzen)
- Jedes Neuroleptikum besitzt folgende 2 synergetischen Eigenschaften in unterschiedlichem Ausmass:
  1. **Antiproduktive Aktivität** (d.h. antihalluzinatorisch und inzisiv)
  2. **Sedierende Aktivität**

Vorg: **Für die PRAXIS: Praktische Informationen beim Verschreiben von Neuroleptika**
- Die anticholinergen Korrektoren (AKINETON®) sind bei Therapiebeginn mit Neuroleptika nicht indiziert, ausser bei Risikopatienten (ältere Patienten, PARKINSON).
- Es sollen nicht 2 anticholinerge Korrektoren verschrieben werden, siehe NW s. 1177
- Es sollen nicht 2 Neuroleptika zur Erhaltungstherapie einer Psychose verabreicht werden, auch nicht wenn diese ein unterschiedliches Polaritätsprofil aufweisen, ausser wenn deren Verschreiben argumentiert werden kann und regelmässig reevaluiert wird.
- Das Absetzen eines Neuroleptikums wird mit dem Patienten besprochen. Die Dosierung wird graduell vermindert (z.B. alle 8 Wo). Falls ein anticholinerger Korrektor verschrieben wurde, soll mit diesem noch während ca. 2 Wo nach Absetzen des Neuroleptikums weitergefahren werden.
- Das Neuroleptikum soll, sobald Prodrome eines Psychoserezidivs auftreten, wieder aufgenommen werden.

Klas: A. «Chemische Klassifikation», s. 1292
B. «Therapeutische Klassifikation», s. 1295

Ind:
- Akute und chronische Psychosen
- Akuter Verwirrtheitszustand, Angstzustand, Verhaltensstörungen
- Nausea/Erbrechen (z.B. Haloperidol, s. 1169)
- Chorea, GILLES de la TOURETTE-Syndrom (= Krankheit der «Ticks»)

NW:
1. Neurologische NW
   - Akute Dystonie, s. 538
     - Die akuten Dystonien werden häufiger durch antiproduktive Neuroleptika (z.B. Haloperidol) als durch sedative (z.B. Levomepromazin NEUROCIL®) ausgelöst!
   - Akathisie (Unruhegefühl, Bewegungsdrang, insbesondere zum Positionswechsel)
   - Tardive Dyskinesien (= Tardivsyndrom, s. 539)
2. Kardiovaskuläre und neurovegetative NW
   - Art. Hypotonie, Tachykardie
   - QT-Verlängerung, Torsade de pointes
   - Anticholinerge Wirkung, s. 1177
   - Erhöhtes Thromboserisiko
3. Unerwünschte psychische NW
   - Syndrom der affektiven Indifferenz und der Passivität (zu hohe Dosierungen!)
   - Verwirrtheitszustand (v.a. bei älteren Personen)
4. Malignes Neuroleptikasyndrom (selten), s. 78
5. **Agranulozytose** (z.B. Clozapin, s. 1294)
6. Sonstige NW
   - **Gewichtzunahme** (bis 7 kg) = einer der Hauptgründe des Absetzens der Neuroleptika.
   - Glukoseintoleranz, Diabetes mellitus
   - Erektyle Dysfunktion, Frigidität
   - Amenorrhoe, Galaktorrhoe
   - Hypersensibilität, Allergie
   - Epilepsie (selten, ausser unter Clozapin)
   - Cholestatischer Leberschaden (z.B. Chlorpromazin)
   - Medikamentöse Wechselwirkung mit dem CYP: viele der typischen Neuroleptika (z.B. Haloperidol, Zuclopenthixol, Chlorpormazin) werden v.a. über CYP 2D6 metabolisiert und hemmen CYP 2D6, siehe entsprechende Substanzen s. 1452

Intox:
- Es gibt kein Antidota der Neuroleptika; ad. symptomatische Therapie, s. 90

A. Neuroleptika: «Chemische Klassifikation»				
		HWZ [h]	**Adm.**	**Dosierung/d**
A.1. Phenothiazine				
Chlorpromazin	CHLORAZIN® (nicht in D)	40	PO	• 25-300 mg (max. 600 mg/d; 3-4x)
			IM	• 1-4x 25-50 mg/d
			IV	• Initial: 12.5 mg **IV**; max. 200 mg
Fluphenazin Decanoat	DAPOTUM® D	130-200	**IM**	• 12.5-100 mg alle 2-4 Wo
Levomepromazin§	NEUROCIL®	15-30	PO	• Angst, psycho-somatische Störung, Erbrechen: 6-12 mg/d • Agitation, psychotische Störung: 25-250 mg (max. 600 mg/d) in 2-3x/d
	LEVOMEPROMA-ZIN-Neuraxpharm®		**IM**	• 2-4x 25-50 mg/d; max. 250 mg/d
Promazin	(nicht in D)	4-29	PO	• 25-200 mg alle 4-6 h (max. 1 g/d)
Perphenazin	DECENTAN®	8-12	PO	• 3x 2-4 mg
A.2. Thioxanthene				
Flupentixol‡	FLUANXOL®	30	PO	• Akute Psychose: 20-80 mg; (max. 400 mg/d) in 1-2x/d mit progredienten Dosen • Chron. Psychose: 3-15 mg in 2-3x/d, bei Bedarf Dosis steigern auf 40 mg/d
	FLUANXOL®Depot		**IM**	• 20-40 mg alle 2-4 Wo
Zuclopenthixol	CIATYL-Z®	12-28	PO	• Ambulant: 5-50 mg • Hospitalisiert: 20-100 mg (max. 200 mg/d), langsam progrediente Dosissteigerung
	CIATYL-Z®Acuphase	12-28	**IM**	• 100-150 mg in 2-3 d Intervallen
	CIATYL-Z®Depot	12-28	**IM**	• 200-400 mg alle 2-4 Wo
Chlorprothixen	TRUXAL®	15	PO	• Schizophrenie, andere Psychose: 50-100 mg/d; (max. 1200 mg/d); übliche Erhaltungsdosis: 100-200 mg/d • Angst, Agitation, Aggressivität bei Alkoholikern und Drogenabhängigen: 500 mg (fraktioniert über den Tag einnehmen) • Verhaltensstörungen bei Oligophrenie: 3x 15 mg/d; max. 150mg • Chronische Schmerzen: 3x 10 mg/d, max. 300 mg/d • In der Geriatrie: 15-90 mg/d
A.3. Butyrophenone				
Haloperidol	HALDOL®	12-38	PO	• Angstzustände: 1-3 mg/d • Chronische Schmerzen (S. 1150 ff) • Erbrechen, siehe S. 1169 ff • Alkoholisches Entzugssyndrom: 3x 2 mg/d
	HALDOL® Inj. Lös	13-36 (**IM**)	**IM, SC, IV**	• Akute Psychose: 2-5 mg **IV** oder **IM**; bei Bedarf wiederholen, siehe «Delir», S. 1179
	HALDOL® decanoat	480	**IM**	50-300 mg 1x/Monat

‡ Siehe S. 1294

§ Nebenwirkungen, siehe Kapitel «Delir», S. 1179

(Fortsetzung: A.3. Butyrophenone)		HWZ [h]	Adm.	Dosierung/d
Pipamperon	DIPIPERON®	17	PO	• Seniler, aggressiver Patient: - 10-40 mg • Chron. Schizophrenie: - 40-120 mg (max. 360 mg/d) in 2-3x/d
Droperidol	XOMOLIX® Injektionslösung	2	**IM**	• Akuter Verwirrtheitszustand: - 5 mg, bei Bedarf nach 15 min wiederholen, dann alle 4-6 h
			IV	• Präventiv bei Nausea/Erbrechen: 0.625-1.25 mg (max. 2.5 mg)
A.4. Diphenylbutylpiperidin				
Penfluridol	(nicht in D)	10-240	PO	• 20-60 mg 1x/Wo
A.5. Dibenzodiazepin				
Clozapin†	LEPONEX®, CLOZAPIN dura®	16	PO	• 100-400 mg in 1-3x/d (max. 900 mg/d)
	LEPONEX® (nicht in D)		**IM**	• 1-2x 12.5 mg, bei Bedarf bis 150 mg/d in 2-3x/d erhöhen; max. 300 mg/d
A.6. Thienobenzothiazepine				
Olanzapin¶	ZYPREXA®	8	PO	• 10 mg, dann je nach Bedarf 5-20 mg/d
	ZYPREXA®		**IM**	• 5-10 mg/d (max. 20 mg/d)
A.7. Dibenzothiazepine				
Quetiapin	SEROQUEL®	2.5-7	PO	• 1. Tag: 2x 25 mg • 2. Tag: 2x 50 mg • 3. Tag: 2x 100 mg • 4. Tag: 400 mg (100 mg morgens, 200 mg abends), dann Erhaltungsdosis: 300-450 mg; max. 750 mg/d
Clotiapin	ENTUMIN® (nicht in D)	Unbekannt	PO	• Akute Psychose: - 3-5x 40 mg; max. 360 mg/d (neurologische Überwachung) • Langzeittherapie: - 20-160 mg in 1-3x/d • Schlafstörungen: - 10-40 mg abends
A.8. Indolderivat				
Sertindol	SERDOLECT®	2.5-7	PO	• Initial: 4 mg/d; bei Bedarf alle 4-5 d um 4 mg erhöhen; max. 24 mg/d
A.9. Benzamide				
Amisulprid	SOLIAN®	3-15	PO	• Verschlimmerung einer Psychose: - 400-800 mg/d (Dosen > 300 mg müssen 2x/d eingenommen werden)
Sulpirid	DOGMATIL®	8-10	PO	• Psychosen: - 800-1600 mg/d in 2-3x/d • Neurosen: - 400-800 mg/d in 2-3x/d

Tabelle «Neuroleptika: Chemische Klassifikation».

†, ¶ siehe S. 1294

(Fortsetzung der Tabelle «Neuroleptika: Chemische Klassifikation»)

		HWZ [h]	Adm.	Dosierung/d
A.10. Benzisoxazol				
Risperidon¥	RISPERDAL®	3-24	PO	• Schizophrenie u.a. psychotische Störungen: - 1. Tag: 2 mg - 2. Tag: 4 mg - 3. Tag: 6 mg, dann 3-8 mg (≤ 10 mg/d) in 1-2x/d. • Demenz und Verhaltensstörungen: - 2x 0.25 mg/d, dann graduelle Dosissteigerung um jeweils 0.25 mg alle 2 d, max: 2x 1 mg
	RISPERDAL® CONSTA®		**IM**	• 25 mg alle 2 Wo; max. 50 mg/2 Wo
A.11. Sonstige Neuroleptika				
Aripiprazol	ABILIFY®	100	**PO**	• 15 mg/d, max. 30 mg/d

‡ **Flupentixol** FLUANXOL®

Allg: • Weist ein dosisabhängiges Wirkungsprofil auf:
a) < 3 mg/d: Antidelirante Wirkung (= antiproduktiv)
b) > 3 mg/d: Sedative Wirkung

† **Clozapin** LEPONEX®, CLOZAPIN dura®

Allg: • Zu Beginn der Therapie wird eine sedative Wirkung beobachtet. Ca. 10 Tage danach tritt eine antidelirante Wirkung ein. Clozapin hat keine extrapyramidalen NW und kann somit auch bei Parkinsonismus angewendet werden.

Dos: • PO:
- 1. Tag: 1-2x 12.5 mg
- 2. Tag: 1-2x 25 mg
- Bei guter Verträglichkeit, Dosiserhöhung um 25 mg/d; somit werden 300 mg/d in ca. 2-3 Wo erreicht.
- Dann, bei Bedarf, Dosiserhöhung um 50-100 mg/Wo.
- Übliche Erhaltungsdosis: 300-450 mg/d (in 2-4x/d).
- Maximaldosis: 900 mg/d (in 2-4x/d)

• **IM**:
- 1. Tag: 1-2x 12.5 mg. Dann bei Bedarf Dosiserhöhung bis 150 mg/d in 2-3x
- Maximaldosis: 300 mg

NW: • Neutropenie: Laborkontrollen sind zwingend. Blutstatus 1x/Wo während 18 Wo, dann 1x/Mt. während der ganzen Therapiedauer!
• Dosisabhängige bronchiale Hypersekretion (Vorsicht bei COPD-Patienten).
• Clozapin ist ein CYP1A2 Substrat. Eine CYP1A2 Induktion durch Rauchen kann die Plasmakonzentration klinisch relevant beeinflussen, so dass z.B. nach einem Rauchstopp plötzlich NW auftreten. Eine gleichzeitige Einname von CYP1A2 Hemmer wie Fluvoxamin oder Chinolonen, kann die Clozapinkonzentration ansteigen lassen und das NW-Risiko erhöhen!
• Epilepsie u.a.

¶ **Olanzapin** ZYPREXA®

Allg: • Besitzt keine extrapyramidalen NW und kann somit auch bei Parkinsonismus angewendet werden.

Dos: • Initial: 10 mg/d, dann je nach Klinik zw. 5-20 mg/d

NW: • Olanzapin ist ein CYP1A2 Substrat. Eine CYP1A2 Induktion durch Rauchen kann die Plasmakonzentration klinisch relevant beeinflussen, so dass z.B. nach einem Rauchstopp plötzlich NW auftreten. Eine gleichzeitige Einname von CYP1A2 Hemmer wie Fluvoxamin oder Chinolonen, kann die Olanzapinkonzentration ansteigen lassen und das NW-Risiko erhöhen!

¥ **Risperidon** RISPERDAL®, RISPERDAL Consta®

Ind: • Schizophrenie u.a. psychotische Störungen
• Pharmakotherapeutische Unterstützung (zeitlimitiert und bei gezielten Interventionen) bei Patienten mit Demenz und nicht-kognitiven Symptomen, wie Halluzinationen oder verbaler oder körperlicher Aggressivität.

NW: • Schlaflosigkeit, extrapyramidal Symptome, CYP-Wechselwirkungen (s. 1452 ff) u.a.

B. Neuroleptika: «Therapeutische Klassifikation»*

B.1. Sedative Neuroleptika

Diese Neuroleptikagruppe vermindert v.a. die Angstgefühle und die psychomotorische Agitation. Ihre Wirkung ist hauptsächlich «neurovegetativ»:
- Somnolenz
- Asthenie
- Art. Hypotonie
- Tachykardie

Beispiele		**Administration**
Chlorpromazin	(nicht in D)	PO, **IM**, **IV**
Levomepromazin	NEUROCIL®	PO, **IM**

B.2. Antiproduktive Neuroleptika (antihalluzinatorisch, antidelirant, inzisiv)

Diese Neuroleptikagruppe vermindert die produktiven psychotischen Symptome, wie z.B.:
- Halluzinationen
- Delirium
- Paranoide Symptome

Sie haben extrapyramidale NW: akute Dyskinesie, Parkinsonismus u.a.

Beispiele		**Administration**
Haloperidol	HALDOL®	PO, **IM**, **IV**, **SC**
Fluphenazin Decanoat	DAPOTUM® D	**IM**

B.3. Antidefizitäre Neuroleptika (deinhibitorisch)

Diese Neuroleptikagruppe erlaubt eine Wiederaufnahme der Kommunikation und der Pulsionen, wie z.B. bei:
- Hebephrenischer Schizophrenie, v.a. mit Autismus und affektivem Abkapseln bzw. vorwiegendem das Innenweltleben leben.

Beispiele		**Administration**
Sulpirid	DOGMATIL®	PO
Amisulprid	SOLIAN®	PO

B.4. «Atypische Neuroleptika» ☺

Diese Neuroleptikagruppe hat eine Wirkung auf die positiven, negativen und die affektiven Symptome der Schizophrenie.

Beispiele		**Administration**
Clozapin[†]	LEPONEX® CLOZAPIN dura®	PO
Olanzapin[¶]	ZYPREXA®	PO, **IM**
Risperidon[¥]	RISPERDAL®	PO
	RISPERDAL Consta®	**IM**

†, ¶, ¥, S. 1294

☺ Neuroleptika mit weniger NW als die anderen Gruppen von Neuroleptika!

* Trotz der Polyvalenz gewisser Neuroleptika (z.B. Haloperidol, Chlorpromazin, Zuclopenthixol) und der dosisabhängigen Variabilität der klinischen Wirkungen, ist es legitim, sich auf eine Klassifikation zu berufen, welche sich auf die Hauptwirkungen stützt.

PHARMA

Nitrate: Koronarvasodilatatoren

Allg: • Eigenschaften der Nitratderivate
- Nitrate induzieren vorwiegend eine **venöse Vasodilatation** durch Bildung von Nitratoxyd (NO) → Vorlastsenkung → Abnahme des myokardialen O_2-Bedarfs.
- Spezialfall: Na^+-Nitroprussid NIPRUSS® weist zusätzlich eine starke arterielle Vasodilatation auf und wird deswegen als Antihypertensivum eingesetzt, s. 244.
- Verminderung des Tonus der Bronchialmuskulatur → Bronchodilatation
- Alle Nitratderivate unterliegen einer **Tachyphylaxie** (= Erschöpfung der therapeutischen Wirksamkeit nach ununterbrochener Anwendung), weshalb sich eine Applikation mit freien Intervallen von 12 h/24 h empfiehlt. Die Tachyphylaxie kommt dadurch zustande, dass die Nitratderivate intrazellulär enzymatisch durch das zyklische Guanosin-Monophosphat (cGMP) aktiviert werden. Dieses Enzym ist aber nach einigen Tagen aufgebraucht und die Nitratderivate können nicht mehr aktiviert werden.

Für die PRAXIS:
Die **Kombination von Nitraten mit Phosphodiesterase 5-Hemmern** (z.B. Sildenafil, Tadalafil, Vardenafil) **ist kontraindiziert**! Die Phosphodiesterase-Hemmer vom Typ 5 (DPE5) hemmen den Abbau von cGMP, was die BD-senkende Wirkung der Nitrate (inkl. perkutaner Nitrate!) potentialisiert. **Dies kann zu schweren, therapieresistenten art. Hypotonien** (inkl. ACS!) führen und ist deshalb kontraindiziert.

Ind: I. Orale und perkutane *(Patch)* Nitrate
- Therapie und Prophylaxe von AP-Anfällen
- Chronische Herzinsuffizienz
- Hochdruck im Lungenkreislauf

II. Parenterale Nitrate
- Akutes Koronarsyndrom, s. 196, 198
- Akute Linksherzinsuffizienz mit/ohne Myokardinfarkt
- Hypertensive Notfallsituation, s. 244
- Akutes Lungenödem und Prälungenödem, s. 232
- Kontrollierte art. Hypotonie (z.B. bei akuter Mitralinsuffizienz)

KI: I. Orale und perkutane Nitrate
- Akutes Koronarsyndrom mit niedrigen Füllungsdrücken
- Schockzustand
- Art. Hypotonie
- Gleichzeitige Gabe von PDE5-Hemmer (Sildenafil, Tadalafil, Vardenafil)

II. Parenterale Nitrate
- Akutes Kreislaufversagen: kardiogener Schock, Gefässkollaps
- Art. Hypotonie: SBD < 100 mm Hg, DBD < 60 mm Hg
- Toxisches Lungenödem
- Konstriktive Perikarditis
- Hirndruck
- Gleichzeitige Gabe von PDE5-Hemmer (Sildenafil, Tadalafil, Vardenafil)

NW:
- Kopfschmerzen (verschwindet i.d.R. nach einigen Tagen Anwendung)
- Art. Hypotonie
- Transitorische Gesichtsrötung (*flush*)

Intox:
- Die Metabolite sind toxisch (Zyanat und Thiozyanat), siehe s. 118

‡ **Isosorbid Dinitrat** (ISDN)
- Ist eine inaktive Substanz (= *Prodrug*).
- Aus der hepatischen Biotransformation resultieren 2 metabolisch aktive Metaboliten:
  - 15-20 %: Isosorbid 2-Nitrat (HWZ 2-3 h)
  - 50-70 %: Isosorbid 5-Nitrat (HWZ 4-5 h)
- Bioverfügbarkeit:
  - PO: 20-30 %
  - SUBL ca. 60 %
- Renale Elimination

** **Nitroglycerin**
- Die klinische Wirkung ist dosisabhängig:
  - Alle 3-10 min titrieren: um jeweils 5 µg/min erhöhen, bis die gewünschte Wirkung eintritt.
  - Wenn bei 20 µg/min die Wirkung immer noch nicht eingetreten ist, kann stufenweise um 10-20 µg/min erhöht werden.
- Übliche Dosierungen: 20-40 µg/min
- Wirkungsdauer nach absetzen der Nitro-Infusion: 2-5 min.

¶ **Isosorbid Mononitrat** (ISMN)
- Ist eine aktive Substanz (im Gegensatz zu ISDN)
- Bioverfügbarkeit: ca. 85 %
- HWZ: 4-5 h

Nitrat	
Parenterale Nitrate - Beispiele	
Wirkungsbeginn: 1 - 2 min *Wirkungsdauer: 3 - 5 min*	
▸ **Isosorbid Dinitrat‡**	**Dosierung**
ISOKET® Infusionskonzentrat	• Dauerinfusion: 2-15 mg/h **IV**
▸ **Glyceroltrinitrat (Nitroglycerin)****	
NITROLINGUAL® Infus PERLINGANIT® TRINITROSAN®	• Dauerinfusion: 20-50 µg/min **IV**
Perlinguale Nitrate (SUBL oder Mundspray)	
Wirkungsbeginn: 1 - 3 min *Wirkungsdauer: 10 - 30 min*	
▸ **Nitroglycerin**	
NITROLINGUAL®	Mund-Pumpspray (0.4 mg/Dosis): • 1-2 Sprühstoss SUBL bei AP-Krise • Nach 1-2 min wiederholen, wenn die Krise persistiert. Kapsel zum Kauen 0.8 mg: • 1 Kaps bei AP-Krise • Nach 1-3 min wiederholen, wenn die Krise persistiert.
NITRANGIN ISISi®	Kapsel zum Kauen 0.8 mg: • 1 Kaps bei AP-Krise • Nach 1-3 min wiederholen, wenn die Krise persistiert.
▸ **Isosorbid Dinitrat‡**	
ISOKETSpray®	Mund-Pumpspray (1.25 mg/Dosis): • 1-2 Sprühstoss SUBL bei AP-Krise • Nach 1-2 min wiederholen, wenn die Krise persistiert.
ISOKET® Sublingualtbl.	Sublingualtabl. 5 mg: • 1 Kaps bei AP-Krise. Der Inhalt der Kapsel soll im Mund behalten werden, bis dass die Gelatinekapsel leer ist. Dann kann sie geschluckt oder ausgespukt werden.
▸ **Isosorbid Mononitrat (ISMN)¶**	
Wirkungsbeginn: 30 - 60 min *Wirkungsdauer: 12 - 18 h*	
CORANGIN®	Teilbare Tabl mit verlängerter Wirkstofffreigabe 40, 60 mg: • AP-Krise: **NICHT** indiziert! • Prophylaxe: 40 mg/d. Der Einnahmemoment soll den Symptomen angepasst werden. Bei vorwiegend nächtlicher Symptomatik soll die Tabl am Abend eingenommen werden.

‡, ¶,** siehe S. 1296

(Fortsetzung der Tabelle «Nitrate»)

Orale Formen mit verlängerter Wirkung - Beispiele	
▸ **Isosorbid Dinitrat (ISDN)**‡	
Wirkungsbeginn: 20 - 40 min *Wirkungsdauer: 4 - 12 h*	
ISOKET®/retard	Tabl 5 mg: • AP-Krise: 1 Tabl auf der Zunge zergehen lassen • Prophylaxe: je nach Bedarf 3-4x/d Tabl 10 mg: • AP-Krise: ½ Tabl auf der Zunge zergehen lassen • Prophylaxe: je nach Bedarf 3-4x/d Tabl 20 mg: • AP-Krise: ½ Tabl auf der Zunge zergehen lassen • Prophylaxe: je nach Bedarf 3-4x/d Retardtabl 20, 40, 60, 80, 120 mg: • AP-Krise: **NICHT** indiziert! • Prophylaxe: 20-120 mg/d. Der Einnahmemoment soll den Symptomen angepasst werden. Bei vorwiegend nächtlicher Symptomatik soll die Tabl am Abend eingenommen werden.
NITROSORBON® Retard	Retardkaps 20, 40, 60, 120 mg: • AP-Krise: **NICHT** indiziert! • Prophylaxe: 20-120 mg/d. Der Einnahmemoment soll den Symptomen angepasst werden. Bei vorwiegend nächtlicher Symptomatik soll die Tabl am Abend eingenommen werden.

Perkutane Nitratformen mit prolongierter Wirkung *(Patch)* - Beispiele	
▸ **Nitroglycerin**	
Wirkungsbeginn: > 60 min *Wirkungsdauer: 12 - 14 h*	
DEPONIT® 5 / 10	TTS 5: 5 mg/24 h; 18.7 mg Nitroglycerin TTS 10: 10 mg/24 h; 37.4 mg Nitroglycerin
MINITRAN® 5 / 10 / 20	TTS 5: 4.8 mg/24 h; 18 mg Nitroglycerin TTS 10: 9.6 mg/24 h; 36 mg Nitroglycerin TTS 20: 14.4 mg/24 h; 54 mg Nitroglycerin
NITRODERM®TTS 5 / 10	TTS 5: 5 mg/24 h; 25 mg Nitroglycerin TTS 10: 10 mg/24 h; 50 mg Nitroglycerin

Tabelle: Nitratderivate.

Für die PRAXIS - Wie soll ein Nitro-Patch angewendet werden!
- Wechseln des Aufklebungsortes bei jeder neuen Applikation. Es soll eine Körperstelle ohne Haarwuchs ausgwählt werden (z.B. der Stamm).
- Mit niedrigen Dosierungen beginnen, dann Dosis titrieren.
- Den Patch nach 12-14 h entfernen.

‡, ** siehe S. 1296

Molsidomin

Allg:
- Wirkungsmechanismus: Molsidomin gehört zur Familie der Sydnonimine. Seine antianginöse Wirkung ist ähnlich derjenigen der Nitrate, aber ohne signifikante Tachyphylaxieentwicklung!
- Molsidomin wird hepatisch zur aktiven Substanz SIN-1A (N-nitroso-N-morpholinoaminoacetonitril) mit freier vasoaktiver NO-Gruppe metabolisiert, was die venöse Vasodilatation und somit die Verminderung der Vorlast gewährleistet.
- Vorwiegend renale Elimination (90 %)
- Eliminations-HWZ:
  - Schnellwirkende Formen: ..1.6 h
  - Retardformen: ....3.4 h
- Wirkungsprofil von Molsidomin:
  a) Schnellwirkende Formen
    - Wirkungsbeginn ....30-60 min
    - Wirkungsdauer ....4-6 h

  b) Retardformen
    - Wirkungsbeginn ....ca. 2 h
    - Wirkungsdauer ....8-10 h

Ind:
I. Schnellwirkende Formen
  - AP-Anfallprophylaxe bei KHK
  - Chronische AP

II. Retardformen
  - AP-Anfallprophylaxe bei KHK
  - Chronische AP (Revaskularisation mit Kardiologe besprechen)

> **Für die PRAXIS:**
> Molsidomin ist beim akuten Koronarsyndrom NICHT INDIIZIERT (Wirkungsbeginn erst nach 30 min)!

KI:
- Akute Angina pectoris
- Art. Hypotonie (SBD < 100 mmHg)
- In Kombination mit einem Phosphodiesterase 5-Hemmer (z.B. Sildenafil, Tadalafil, Vardenafil)

NW:
- Kopfschmerzen (aber ein Patient, der unter Nitratderivaten Kopfschmerzen entwickelt, kann Molsidomin symptomlos ertragen)
- Art. Hypotonie
- Transitorische Gesichtsrötung (*flush*)

Intox:
- Im Gegensatz zu den Nitraten, gibt es unter Molsidomin-Intoxikation keine zyanattoxischen Metaboliten.
- Die Therapie bei Intoxikation ist rein symptomatisch (Stabilisierung der Hämodynamik, Therapie eventueller Arrhythmien u.a.)
- Bei Dosen bis zu 60 mg Molsidomin, kann folgende Klinik beobachtet werden:
  - Art. Hypotonie
  - AV-Blöcke

Bsp:

Molsidomin	**Galenik**	**Dosierung**
Schnell wirkende Formen		
CORVATON®	2 mg	2-3x 2 mg/d
CORVATON® Forte	4 mg	2-4x 4 mg/d
Retardformen (bei akuter AP-Krise NICHT INDIZIERT!)		
CORVATON® retard	8 mg	2x 4 mg (½ Tabl), bei Bedarf bis 3x 8 mg/d

Antitussiva und Expektorantien

Allg: • Zur Zeit konnte noch kein Antitussivum eine evidenzbasierte Wirkung aufweisen.

Klas: **A. Antitussiva (einige Beispiele)**

Mit Dextromethorphan
DEXTRO-BOLDER®
HUSTENSTILLER Ratiopharm®
NEOTUSSAN®

Mit Noscapin
CAPVAL®

Mit Codein oder anderen Morphinderivaten
BRONCHICUM® Mono Codein Tropfen
DHC MUNDIPHARMA® Retardtabl.
TIAMON®
MAKATUSSIN®
PARACODIN®

B. Expectorantien/Mucolytika

Acetylcystein
ACC®
ACEMUC®
ACETYLCYSTEIN-Siga®
ACETYLCYSTEIN-Temmler®
ACETABS®
FLUIMUCIL® Granulat/Brstabl/Sirup
FLUIMUCIL® 10 % (parenterale Form und Inhalation)
FLUIMUCIL® Hustenlöser akut
MYXOFAT® Brause 200/600; Lösung
NAC 1 A PHARMA®
NAC Lindopharm 600 mg Brausetabletten®
SIGAMUCIL®
TAMUC®
NAC Ratiopharm®

- NAC-ratiopharm® 400 mg Sachet, Pulver 400 mg Acetylcystein
- NAC-ratiopharm® 600 mg Brausetabletten 600 mg Acetylcystein
- NAC-ratiopharm® 600 mg Sachet, Pulver 600 mg Acetylcystein
- NAC-ratiopharm® 600 mg Trinktabletten 600 mg Acetylcystein
- NAC-ratiopharm® akut 200 mg Hustenlöser Trinktabletten 200 mg
- NAC-ratiopharm® akut 200 mg Hustenlöser, Brausetabletten 200 mg
- NAC-ratiopharm® akut 600 mg Hustenlöser, Brausetabletten

Carbocistein
TRANSBRONCHIN®

Ambroxol
AMBROXOL Stada®
MUCOSOLVAN®/ 75 mg Retard

Bromhexin
BISOLVON®

Guaifenesin
FAGUSAN®
WICK HUSTENLÖSER®

Auf pflanzlicher Basis
PROSPAN®

Sonstige Antitussiva
PULMOZYME®

Bisphosphonate

Allg: Eigenschaften der Bisphosphonate (= stabile Pyrophosphat-Analoga)

- Verlangsamung des Knochenmetabolismus durch **Hemmung der osteoklastischen Aktivität**.
- Die Bisphosphonate **fixieren sich auf den Wirkungsort der Osteoklasten an der Knochenoberfläche**.
- Die Bisphosphonate erhöhen die Knochendichte. Es handelt sich aber nicht um eine «Neoformation» von Knochen.
- Zunahmedauer der Knochendichte: ca. 7 Jahre
- Die Langzeit-Safety ist unklar (Osteonekrose, Tumor, Knochen-Remodelage?).
- **Analgetische Wirkung bei refraktären Knochenschmerzen**, S. 1164

Für die PRAXIS: Wie sollen die Bisphosphonate oral verabreicht werden?

- Orale Bisphosphonate werden nüchtern mit einem grossen Glas Wasser (Leitungswasser) eingenommen.
- Die Bisphosponate dürfen NICHT mit folgenden Substanzen eingenommen werden:
  - Nahrungsmitteln oder anderen Medikamenten
  - Kalzium bzw. kalziumhaltigen Produkten (Ca^{2+}-Komplexbildung!)
  - Divalenten Kationen oder jeglichen Flüssigkeiten (Ausnahme gewöhnliches Leitungswasser).
- Nach oraler Einnahme soll 30 Minuten eine aufrechte Haltung eingenommen werden.

Bisphosphonat	**Osteoporose-Indikation**		**Weitere Indikationen**
	I-äre Osteoporose	**II-äre Osteoporose**	
Alendronat PO	Nur bei kortikoidinduzierter Osteoporose	**Ja**	• Osteoporose beim Mann
Clodronat PO, **IV**	Nein	Nein	• Maligne Osteolyse (Multiples Myelom, Mammakarzinom) • Maligne Hyperkalzämie
Etidronat PO	Nein	Nein	• Morbus PAGET • Ossifikation nach Rückenmarkverletzung und Hüftgelenk-TP
Ibandronat PO, **IV**	Nein	Nein	• Maligne Hyperkalzämie • Knochenmetastasen bei Mammakarzinom
Pamidronat **IV**	Nein	Nein	• Maligne Osteolyse (MM, Mammakarzinom) • Maligne Hyperkalzämie
Risedronat PO	**Ja** (inkl. kortikoidinduzierte Osteoporose)	**Ja**	• Morbus PAGET, S. 729
Zoledronat **IV**	Nein	Nein	• Maligne Osteolyse (MM, Mammakarzinom) • Maligne Hyperkalzämie

Tabelle: Indikationen von Bisphosphonaten.

1. Alendronat

Allg: • Orale Einnahme, siehe allgemeine Hinweise «Für die PRAXIS», S. 1302

Bsp: ▪ FOSAMAX® Tabl 10 mg, Wochentabl (Mononatrium) 70 mg

Empfehlungen für die ideale Einnahmeart

- Die Patienten müssen das Alendronat in aufrechter Körperhaltung mit einem Glas Wasser ($\geq$ 2 dL) einnehmen, um den Transport in den Magen zu erleichtern.
- Wenn die Einnahme am Morgen nicht möglich ist, kann Alendronat zw. den Mahlzeiten oder am Abend, stets zur selben Tageszeit, eingenommen werden:
  - Zwischen den Mahlzeiten: $\geq$ 2 h vor und $\geq$ 2 h nach Aufnahme von Nahrung, anderen Arzneimitteln oder Getränken (ausser Wasser).
  - Am Abend: $\geq$ 2 h nach dem letzten Essen, anderen Arzneimitteln oder Getränken (ausser Wasser), spätestens 30 min vor dem Zubettgehen.
- Nach Einnahme der Tablette soll man sich ca. 30 min nicht hinlegen.

Ind:
1. Therapie der post-menopausalen Osteoporose (Sekundärprävention):
   Dos: • 1 Wochentabl zu 70 mg/Wo (ausserhalb der Essenszeiten)
   • oder: 10 mg/d
2. Osteoporose beim Mann
   Dos: • 10 mg/d
3. Therapie und Prophylaxe der kortikoidinduzierten Osteoporose (Frauen, Männer)
   Dos: • 10 mg/d oder 1x 70 mg/Wo (Wochentablette). In den USA 5 mg/d.

KI:
- Unvermögen, 30 min lang eine aufrechte Haltung einzunehmen (sitzen, stehen oder gehen)
- Magenentleerungsstörungen (Achalasie, Strikturen)
- Niereninsuffizienz (Clearance < 30 mL/min)
- Hypokalzämie
- Schwangerschaft, Stillzeit

2. Clodronat

Allg: • Orale Einnahme, siehe allgemeine Hinweise «Für die PRAXIS», S. 1302

Bsp: ▪ BONEFOS® (**IV** und PO)
▪ OSTAC® 520 (PO)

Empfehlungen für die ideale Einnahmeart

- Bei 1x täglicher Dosiseinnahme:
  - nüchtern morgens mit Leitungswasser
  - Während 1 h weder Nahrung noch andere Flüssigkeiten ausser Wasser einnehmen
- Bei mehreren Einnahmen/d:
  - Einnahme $\geq$ 2 h nach und $\geq$ 1 h vor dem nächsten Essen oder Trinken von anderen Flüssigkeiten als Wasser
  - Kapseln dürfen nie mit Milch, Nahrungsmitteln oder anderen Arzneimitteln, die Kalzium oder andere Kationen, eingenommen werden, da diese die Absorption von Clodronat vermindern.

Ind:
1. Osteolyse (± Hyperkalzämie) infolge:
   - Knochenmetastasen solider Tumoren (z.B. Mamma-, Prostata- oder Schilddrüsen-Karzinom)
   oder:
   - Maligner Hämopathien (z.B. multiples Myelom)
2. Maligne Hyperkalzämie (Knochenmetastasen, maligne Tumoren mit Knochenzerstörung ohne Knochenmetastasen)

Dos:
- **IV**-Gabe:
  - BONEFOS®: 300 mg/d **IV** über $\geq$ 2 h (NaCl 0.9 oder G-5 %)
- PO:
  - OSTAC® 520: 2-4 Tabl zu 520 mg in 1-2x/d ausserhalb der Mahlzeit
  - BONEFOS®: 2x 2 Kaps zu 400 mg, bis 8 Kaps/d in fraktionierten Dosen

KI:
- Schwere Niereninsuffizienz (Clearance < 30 mL/min)
- Schwere Darmentzündung
- Während der Therapie mit Clodronat dürfen keine anderen Bisphosphonate verabreicht werden.

3. Etidronat

Allg: • Orale Einnahme, siehe allgemeine Hinweise «Für die PRAXIS», S. 1302

Bsp: ■ DIDRONEL® Tabl 200 mg

Empfehlungen für die ideale Einnahmeart

- 1x tägliche Dosiseinnahme, mit Fruchtsaft oder Leitungswasser
- Etidronat darf nicht kurz vor dem Schlafengehen eingenommen werden.
- 2 h vor und 2 h nach der Einnahme von Etidronat sollen keine Speisen oder Getränke eingenommen werden.
- Etidronat darf nicht mit Milch eingenommen werden.
- Die Gegenwart von kalziumreichen Nahrungsmitteln im Verdauungstrakt vermindert die Resorption von Etidronat.
- Nach Einnahme der Tablette soll man sich ca. 30 min nicht hinlegen.

Ind:

1. Morbus PAGET (S. 729)
   Dos: • 1x 5 mg/kg/d, höchstens über 6 Mt. (dann mind.3 Mt. Unterbruch)
2. Heterotopische Ossifikation nach Rückenmarksverletzungen
   Dos: • 1x 20 mg/kg/d während 2 Wo, dann 1x 10 mg/kg/d während 10 Wo.
3. Heterotopische Ossifikation nach Hüftgelenk-Totalprothese
   Dos: • 1x 20 mg/kg/d während 4 Wo vor der Operation und 12 Wo lang nach der Operation

KI:

- Klinisch manifeste Osteomalazie
- Schwere Niereninsuffizienz (Clearance < 30 mL/min)
- Schwere und akute Entzündungen des GI-Traktes
- Manifeste Osteomalazie
- Schwangerschaft, Stillzeit

4. Ibandronat

Allg: • Orale Einnahme, siehe Hinweis «Für die PRAXIS», S. 1302

Bsp: ■ BONDRONAT® **IV**: Amp 2 mg/2 mL und 6 mg/6 mL; PO Tabl 50 mg

Ind:

1. Maligne Hyperkalzämie mit/ohne Knochenmetastasen:
   Dos:
   - Bei normaler Nierenfunktion (Clearance ≥ 30 mL/min)
     - Kalzämie ≥ 3 mmol/L: 4 mg über 2 h **IV** (Intervall siehe «Bem:»)
     - Kalzämie < 3 mmol/L: 2 mg über 2 h **IV** (Intervall siehe «Bem:»)
   - Bei schwerer Niereninsuffizienz (Clearance < 30 mL/min)
     - PO: 1x 50 mg/Wo
     - **IV**: 2 mg alle 3-4 Wo

   Bem:
   - In den meisten Fällen kann die Hyperkalzämie durch eine 1x-ige Ibandronat-Infusion innerhalb von 7 Tagen normalisiert werden.
   - Mittlere Rezidivdauer (Kalzämie > 3 mmol/L): ca. 3-4 Wo.
   - Bei Hyperkalzämierezidiv kann die genannte Behandlung wiederholt werden, wobei eine parenterale Gesamtdosis von 6 mg Ibandronat pro hyperkalzämische Episode nicht überschritten werden soll.
2. Therapie von Knochenmetastasen bei Mammakarzinom
   Dos: • Siehe oben

5. Pamidronat

Bsp: • AREDIA® Amp 15 mg, 30 mg, 60 mg, 90 mg

Ind:

1. Maligne Hyperkalzämie
   Dos: • Die Pamidronat-Infusionen werden 1x/Mt. (mit NaCl 0.9 % oder G-5 % verdünnt) langsam **IV** verabreicht (1 mg/min).
   Die Dosis richtet sich nach dem Kalziumserumspiegel:
   - < 3.0 — 15-30 mg — über 15-30 min **IV**
   - 3.0-3.5 — 30-60 mg — über 30-60 min **IV**
   - 3.6-4.0 — 60-90 mg — über 30-60 min **IV**
   - > 4.0 — 90 mg — über 90 min **IV**
2. Osteolytische Knochenmetastasen bei Mammakarzinom
   Dos: • 90 mg über 90 min **IV** alle 4 Wo (oder alle 3 Wo, falls Chemotherapie alle 3 Wo stattfindet)
3. Osteolyse bei multiplem Myelom
   Dos: • Siehe Knochenmetastasen bei Mammakarzinom

KI:

- Schwangerschaft, Stillzeit
- Relative KI:
  - Kreatinin-Clearance < 30 mL/min; wobei in Fällen mit lebensbedrohlicher tumorinduzierter Hyperkalzämie die Nutzen-Risiko-Ratio analysiert werden soll.

6. Risedronat

Allg: • Orale Einnahme, siehe allgemeine Hinweise «Für die PRAXIS», S. 1302

Bsp: ▪ ACTONEL® Tabl 5 mg, 30 mg, Wochentabl 35 mg

Empfehlungen für die ideale Einnahmeart

- Die Patienten müssen das Risedronat in aufrechter Körperhaltung mit einem Glas Wasser (≥ 2 dL) einnehmen, um den Transport in den Magen zu erleichtern.
- Wenn die Einnahme am Morgen nicht möglich ist, kann Risedronat zw. den Mahlzeiten oder am Abend, stets zur selben Tageszeit, eingenommen werden:
  - Zwischen den Mahlzeiten: ≥ 2 h vor und ≥ 2 h nach Aufnahme von Nahrung, anderen Arzneimitteln oder Getränken (ausser Wasser).
  - Am Abend: ≥ 2 h nach dem letzten Essen, anderen Arzneimitteln oder Getränken (ausser Wasser) spätestens 30 min vor dem Zubettgehen.
- Nach Einnahme der Tablette soll man sich ca. 30 min nicht hinlegen.

Ind:

1. Primärprophylaxe der post-menopausalen Osteoporose (betrifft nur Risikopatientinnen mit niedriger Knochendichte, niedrigem BMI, frühzeitiger Menopause oder positiver Familienanamnese von Osteoporose)
   Dos: • 5 mg/d oder 1 Wochentabl zu 35 mg
2. Therapie der post-menopausalen Osteoporose (Sekundärprophylaxe)
   Dos: • 1 Wochentabl zu 35 mg 1x/Wo oder Tabl 5 mg 1x/d
3. Therapie und Prophylaxe der kortikoidinduzierten Osteoporose (Frauen, Männer)
   Dos: • 5 mg/d PO
4. Morbus PAGET (S. 729):
   Dos: • Erstbehandlung:
   - Tabl 30 mg 1x/d (ausserhalb der Mahlzeiten) während 2 Mt.

   Dann Behandlungsfreies Intervall von mindestens 6 Mt.

   • Weitere Behandlungszyklen:
   - Dosierung und Dauer der Therapie sind gleich wie bei der Erstbehandlung.

Bem: • Keine Dosisanpassung bei:
- Älteren Personen
- Kreatinin-Clearance > 30 mL/min

KI:
- Hypokalzämie
- Schwere Niereninsuffizienz (Clearance < 30 mL/min)

7. Zoledronat

Bsp: ▪ ZOMETA® 4 mg/5 mL Stechampulle Infusionskonzentat **IV**

Ind:
1. Prävention von Komplikationen infolge Knochenmetastasen solider Tumoren und bei multiplem Myelom (z.B. Pathologische Frakturen, Knochenmarkkompression)
2. Maligne Hyperkalzämie

Dos: • 4 mg über 15 min **IV**. Alle 3-4 Wo wiederholen

KI:
- Schwangerschaft, Stillzeit
- Schwere Niereninsuffizienz (Clearance < 30 mL/min)

▪ ACLASTA® 5 mg/100 mL Infusionslösung **IV**

Ind:
1. Postmenopausale Osteoporose
   - 5 mg als Einzeldosis 1x/Jahr
2. Morbus PAGET
   - 5 mg (Einmaldosis)

KI:
- Hypokalzämie
- Schwangerschaft und Stillzeit

Thrombolytische Substanzen

Alteplase (rt-PA)‡
ACTILYSE®
HWZ: 5-40 min

Akuter Myokardinfarkt - STEMI

Ind: Thrombolysekriterien siehe S. 204

Dos: **1. Beginn der Symptome ≤ 6 h** (Kurzprotokoll über 90 min)
- 15 mg Bolus **IV** in 1-2 min und 50 mg **IV** während der ersten 30 min, gefolgt von einer Infusion mit 35 mg über 60 min (d.h. Gesamtdosis: 100 mg innert 90 min).

+ Heparintherapie§ oder NMH* während 48 h

2. Beginn der Symptome > 6 h (Protokoll über 3 h):
- 10 mg **IV** Bolus in 1-2 min und 50 mg **IV** während der ersten 60 min, gefolgt von einer Infusion mit 10 mg **IV** jeweils über 30 min (d.h. Gesamtdosis: 100 mg innert 3 h).

+ Heparintherapie§ oder NMH*

Lab: • Laborkontrollen, siehe Fussnote§

Lungenembolie

Ind: • Thrombolysekriterien einer massiven LE siehe S. 300

Dos: • 10 mg Bolus **IV** in 1-2 min, dann 90 mg in 2 h **IV** kont.

+ Heparintherapie§ oder NMH*

Ischämischer Hirnschlag, S. 526

Dos: • 0.9 mg/kg **IV** (max. 90 mg), davon werden 10 % (max. 9 mg) in 1 min verabreicht.
- Die restlichen 90 % (max. 81 mg) werden über 1 h **IV** kont. gegeben.

Bem: • Während der ersten 24 h werden weder Thrombozytenaggregationshemmer (ASS, Clopidogrel) noch Antikoagulantien (Heparin, NMH) verabreicht. Konsilium.

Reteplase‡
RAPILYSIN®
HWZ: ca. 15 min

Akuter Myokardinfarkt

Dos: • Erster Bolus: ....10 E **IV** in 2 min
• 30 min später zweiter Bolus ....10 E **IV** in 2 min

+ Heparintherapie§ oder NMH*

Bem: • Die gleichzeitige Gabe von Reteplase und Heparin verlangt 2 getrennte venöse Zugänge!

Tenecteplase‡
METALYSE®
HWZ: 20-24 min

Akuter Myokardinfarkt

Dos: • Die Dosierung ist Körpergewicht abhängig:

- < 60 kg KG	30 mg	**IV**-Bolus über 5 Sekunden
- 60-69 kg KG	35 mg	
- 70-79 kg KG	40 mg	
- 80-89 kg KG	45 mg	
- ≥ 90 kg KG	50 mg	

+ Heparintherapie§ oder NMH*

Bem: • Die gleichzeitige Gabe von Heparin und Tenecteplase verlangt 2 getrennte venöse Zugänge!

§ **Heparintherapie**
Vorg: • Bolus von 60 IE/kg **IV** (4'000-5'000 IE) bei Beginn der Thrombolyse, gefolgt von einer Dauerinfusion 12 IE/kg/h (max. 1'000 IE/h) während 48 h.
Lab: • Zielwerte:
a) aPTT: 1.5-2x Normwert (laborspezifisch), d.h. ca. 50-70 sek
oder:
b) Thrombinzeit I: ungerinnbar, Thrombinzeit II: ca. 8-12 sek (laborspezifisch)

* **Niedermolekulares Heparin (NMH)**[1]
Allg: • Die **SC**-Bioverfügbarkeit der NMH ist sehr gut, weshalb sie in der Schweiz i.d.R. **SC** verabreicht werden (Dosierung siehe TVT S. 295).

‡ Alteplase, Reteplase und Tenecteplase haben wenig antigene Wirkung. Ihre Anwendung ist deshalb auch nach erfolgter Gabe von Streptokinase oder Urokinase möglich. Streptokinase, verglichen mit Alteplase, Reteplase oder Tenecteplase, hat keine «Fibrin-Spezifität».

1 The assessment of the safety and efficacy of a new thrombolytic regimen (ASSENT)-3 investigators. Lancet 2001 ;358 :605-13.

BREVIER

- Alle Dosierungen betreffen Erwachsene mit normaler Nieren- und Leberfunktion.
- Die KI «Hypersensibilität» betrifft jede Substanz und ist deshalb nicht immer im Text erwähnt.

(A) Betäubungsmittel

(B) Einmalige Abgabe auf ärztliche Verschreibung

(C) Abgabe auf ärztliche Verschreibung

(D) Abgabe nach Fachberatung durch Medizinalpersonen

[CE] Medizinprodukt

In diesem Kapitel aufgeführte Produkte (willkürlich ausgewählt)

Acenocoumarol SINTROM® (in Deutschland nicht erhältlich, siehe S. 1338)

Allg:
- Wirkungsmechanismus: als oraler **Vitamin-K Antagonist** hemmt Acenocoumarol die Gerinnungsfaktoren II, VII, IX, X und das Protein C → Antikoagulation.
- Approximative Eliminations-HWZ der oralen Antikoagulantien:
  In Deutschland:
  - Warfarin COUMADIN® **40 h**
  - Phenprocoumon MARCOUMAR® **160 h**

  In Frankreich:
  - Fluindione PREVISCAN® **30 h**

  In der Schweiz:
  - Acenocoumarol SINTROM® **10 h**
- Vitamin K-reiche Kost (grüner Salat, Kohl, Spinat u.a.) kann die antikoagulierende Wirkung vermindern.
- Die gleichzeitige Einnahme von Acenocoumarol mit folgenden Substanzen kann eine verstärkte Blutungsneigung hervorrufen, OHNE die Antikoagulation zu beeinflussen:
  - Plättchenaggregationshemmer: Acetylsalicylsäure, Clopidogrel, Dipyridamol + Derivate
  - NSAR
  - Hoch dosierte Penicilline und Cephalosporine hemmen die Thrombozytenaggregation.
- ☆ Schwangerschaft: kontraindiziert (Klasse, S. 1240)
- Einige medikamentöse Wechselwirkungen (siehe auch CYP 450, S. 1452):
  - ▸ Verstärkte Antikoagulationswirkung bei gleichzeitiger Einnahme von:
    - NSAR, Allopurinol, Amiodaron
    - Cephalosporine
    - Kortikoide
    - Cimetidin, Ranitidin
    - Omeprazol
    - Disulfiram, Heparin
    - Metronidazol
    - Paracetamol
    - Phenylbutazon, Phenytoin, Propafenon
    - Sulfonylharnstoffe (z.B. orale Antidiabetika), Sulfonamide (z.B. TMP/SMX)
    - Tamoxifen
  - ▸ Abgeschwächte Antikoagulationswirkung bei gleichzeitiger Einnahme von:
    - Alkohol (chronischer Abusus)
    - Antihistaminika
    - Barbiturate
    - Carbamazepin
    - Colestyramin
    - Orale Ovulationshemmer
    - Kortikoide
    - Griseofulvin
    - Haloperidol
    - Phenobarbital
    - Sucralfat
    - Vitamin C
    - Vitamin K-reiche Kost!

Ind:
1. Tiefe Venenthrombose
2. Lungenembolie
3. Periphere arterielle Embolie
4. Vorhofflimmern
5. Künstliche Herzklappen (Bioprothesen müssen nicht antikoaguliert werden)
6. Myokardinfarkt bei Risikopatienten für thromboembolische Ereignisse

KI:
- Siehe Kapitel «Orale Antikoagulation», S. 1216

Dos:
- 2-3 mg/d PO während 3 d
- Eine hohe Initialdosis ist wegen initial hyperkoagulärem Zustand zu vermeiden.

Lab:
- Laborverlaufskontrollen
  - INR nach 3 d, dann ca. 3x/Wo bis dass der Ziel-INR erreicht ist, danach 1-2x/Wo.
  - Bei Patienten mit sehr stabilem INR kann dieser 1x/Mt bestimmt werden.
- Vorsicht bei Patienten, welche die Ernährung abrupt wechseln (z.B. länger dauernde Expeditionen ohne Gemüsekost; hier kann der INR-Wert und die damit verbundene Blutungsgefahr stark ansteigen).
- Kontrolle der Thrombozytenzahl nach 3-5 Tagen Therapie

NW:
- Siehe Kapitel «Phenprocoumon», S. 1329

Intox:
- Siehe S. 98

Adenosin

Allg:
- <u>Wirkungsmechanismus</u>: Adenosin verursacht einen transitorischen Block im AV-Knoten. Dieser Block ist sehr kurzdauernd, da die HWZ von Adenosin nur 10 sek beträgt.
- Adenosin wird IMMER unter kardialer Rhythmuskontrolle verabreicht (Arrhythmierisiko)!
- Adenosin kann weder ein Vorhofflimmern noch -flattern konvertieren, denn der Ursprung dieser beiden Arrhythmien liegt nicht im AV-Knoten! Hingegen kann es hier pro-arrhythmogen wirken, indem es die refraktäre Phase des Vorhofs verkürzt.
- Durch die bradykardisierende Wirkung von Adenosin kann die Vorhofsaktivität auf dem EKG besser beurteilt werden. Die Vorhof- oder Flatterwellen können sichtbar werden.

Für die PRAXIS:
- Wenn Adenosin bei einem Patienten mit **akzessorischem Bündel** verabreicht wird, kann dieses Bündel, durch Verlangsamung oder einen Block der Reizleitung, durch den AV-Knoten bevorzugt werden, was zu malignen Arrhythmien führen kann!
- Während einer Kardioversion können verschiedene Arrhythmien auftreten: Herzstillstand, Sinusbradykardie-, tachykardie, AV-Block, Vorhofflimmern, SVES, VES, Sinusstillstand.
- Der **Patient muss informiert werden**, dass Adenosin ein **transitorisches Wärmegefühl oder ein Unwohlsein während ca. 1 min verursachen kann.**
- Die kurze HWZ von Adenosin erlaubt dessen Applikation, mit Vorsicht, auch bei Breitkomplextachykardien.

☆ Schwangerschaft: Klasse C, S. 1240

Ind:
1. Reentry Tachykardien
2. Adenosin kann diagnostisch bei Schmal- und Breitkomplextachykardien eingesetzt werden. Bei ventrikulärer Tachykardie hat Adenosin keinen Effekt, ausser dass es die Vorhöfe von den Ventrikeln dissoziiert.

KI:
- AV-Block 2. und 3. Grades
- Sick sinus Syndrom, S. 238
- Asthma (Bronchospasmus!)

Dos:
- **6 mg IV Bolus,** dann grosszügig mit NaCl 0.9 % nachspülen! Bei Nichtkonversion kann ca. 1-2 min später die doppelte Dosis verabreicht werden (12 mg **IV** Bolus).

Allopurinol

Allg:
- <u>Wirkungsmechanismus</u>: Verminderung der Bildung von Harnsäure infolge Hemmung der Xanthin-Oxydase.

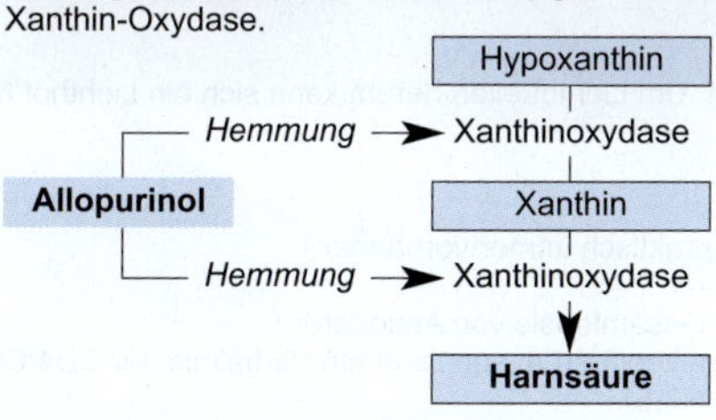

- HWZ: Muttersubstanz: 1-3 h; Metabolit (Oxypurinol): 18-30 h
- Allopurinol beginnt mit der Wirkung auf den Harnsäurespiegel nach 1-2 d. Maximale Wirkung nach 1-2 Wo.

☆ Schwangerschaft: Klasse C, S. 1240

Ind:
1. Idiopathische Gicht (die Therapie soll ca. 1 Mt. nach dem Gichtschub eingeleitet werden).
2. Nephrolithiase (nur wenn bei einer Hyperurikosurie der Stein aus Harnsäure oder Kalziumoxalat besteht)
3. Neoplasien und myeloproliferatives Syndrom mit Zelluntergang (spontane oder post-chemotherapeutische Freisetzung von Harnsäure)
4. Überproduktion von Harnsäure infolge enzymatischen Defizits (LESCH-NYHAN-Syndrom)

Dos:
- 100-300 mg jeweils nach den Mahlzeiten. Dosierungen > 300 mg/d sollen fraktioniert eingenommen werden (in 2-3x/d).
- Maximale Dosen:
  - Normale Nierenfunktion: 800 mg/d
  - Clearance 10-20 mL/min: 200 mg/d
  - Clearance < 10 mL/min: 100 mg/d

NW:
- Makulo-papulöses Erythem (5-10 % oder häufiger bei Patienten unter Amoxicillin)
- Selten:
  - Nausea, Transaminasenerhöhung
  - Panzytopenie, Fieber, Kopfschmerzen

Amiodaron CORDAREX®

Allg:
- Antiarrhythmikum der Klasse III nach VAUGHAM-WILLIAMS, hat aber die elektrophysiologischen Eigenschaften aller 4 Klassen der Antiarrhythmika.
- **Eliminationszeit: 20-100 Tage**
- Orale Bioverfügbarkeit: 30-80 %
- Die therapeutische Wirkung ist durch den Amiodaron-Spiegel (sog. *Steady State*, d.h. ca. 1-1.5 µg/mL) bestimmt und nicht durch den max. Plasmaspiegel (3-7 h nach oraler Einnahme). Dieser *Steady state* wird nach 7-14 Tagen erreicht.
- Wirkungsbeginn:
  - **IV**: Sofortige Wirkung nach der Verteilung der Substanz im Körper. Die vollständige Wirkung, d.h. bei *Steady State*, kommt nach 7-14 Tage zum Tragen.
  - PO: Wirkung nach 7-14 Tagen, dann ist der *Steady State* erreicht.
- Bei einer Kombinationstherapie mit Digoxin muss die Digoxindosis um ca. 50 % reduziert werden, da die Digoxin-Clearance vermindert ist!

EKG:
- PR ↑
- QT(u) ↑ (bei praktisch allen Patienten)
- Verlangsamung der akzessorischen Bündel
- Die QRS -Komplexe bleiben unverändert

Ind:
1. Supraventrikuläre Tachyarrhythmien, inkl. Vorhofflimmern
2. Hämodynamisch stabile ventrikuläre Tachykardie (VT)
3. Reanimation: Herzstillstand, Kammerflimmern, pulslose ventrikuläre Tachykardie

KI:
- AV-Block 2. und 3. Grades (ausser bei implantiertem Schrittmacher)
- Art. Hypotonie (SBD < 90 mmHg)
- Signifikante Sinusbradykardie (< 50/min)
- Vorsicht bei:
  - Sicherer akuter Hepatitis
  - Dysthyreose
  - Interstitieller Pneumopathie

☆ Schwangerschaft: Klasse C, s. 1240

Dos:
- **<u>REANIMATION: Herzstillstand, pulslose ventrikuläre Tachykardie</u>**

  IV: 300 mg **IV** Bolus verdünnt in 20 mL Glukose 5 %.
  Je nach Bedarf 150 mg **IV** Bolus wiederholen.
- **<u>Hämodynamisch stabile ventrikuläre Tachykardie oder Schmalkomplextachykardie</u>**

  IV: 150 mg/10 min **IV** (2-5 mg/kg), nach 10-15 min wiederholen, dann 4x 300 mg/24 h
- **<u>Vorhofflimmern,</u>** siehe s. 154

NW:[1]
- Augen
  - Korneaablagerungen (100 %). Um Lichtquellen herum kann sich ein Lichthof bilden.
  - Opticusneuritis (< 1 %)
- Herz
  - Bradykardie (5 %)
  - Verlängertes QT(u)-Intervall (praktisch immer vorhanden)
  - Torsade de pointes (< 0.5 %)
- Lunge (< 3 %; abhängig vor der Gesamtdosis von Amiodaron)
  - Fibrose (< 3 %): Die broncho-alveoläre Lavage zeigt ein Verhältnis der CD4/CD8 von < 0.5. DD: Sarkoidose (Ratio > 3.5).
- Schilddrüse
  - Hyperthyreose (3 %): durch die Zufuhr von Iod, welches im Amiodaron enthalten ist.
  - Hypothyreose (20 %): die Umwandlung von T4 in T3 wird von Amiodaron gehemmt.
- Leber (15 %; auch bei niedrig dosiertem Amiodaron; → ALAT- und ASAT-Kontrolle zu Beginn alle 6 Monate; die Transaminasen sind i.d.R. < 3 Normwert)
  - NASH (wenn Amiodaron nicht sistiert wird, kann sich eine Zirrhose entwickeln)
- Nervensystem (3-30 %)
  - Muskelschwäche, Polyneuropathie
- Haut (25-75 %):
  - Photosensitivität
  - Grau-blaue Hautfarbe (bei Patienten unter Langzeittherapie und hoch dosiertes Amiodaron)
  - Alpecie (selten)
- Medikamentöse Wechselwirkung: CYP 450, s. 1452

1 Zimetbaus P. N Engl J Med 2007 ;356 :935-41

Bicarbonat

Gal: Natriumbicarbonat ($NaHCO_3$)

		Na^+ [mmol]	HCO_3^- [mmol]
• 4.2 %	10 mL (0.5 mEq/mL*)	5	5
• 7.5 %	50 mL (0.9 mEq/mL*)	45	45
• 8.4 %	50 mL (1 mEq/mL*)	50	50

* 1 mEq = 1 mmol

Allg:
- Wirkungsmechanismus:
  - Neutralisierung der Wasserstoffionen (H^+)
  - $PaCO_2$ ↑. Blut- und Urin-pH ↑
- Formel nach HENDERSON-HASSELBACH: $HCO_3^- + H^+ \leftrightarrow H_2CO_3 \leftrightarrow H_2O + CO_2$
- Wirkungsbeginn: sofort. Wirkungsdauer (**IV**-Gabe): 1-2 h
- Bei einer Azidose ist der wichtigste Schritt die Kausaltherapie. Wenn nun Bicarbonat bolusweise verabreicht wird, wandelt es sich in CO_2 (+ H_2O) um. Dieses CO_2 migriert dann in die Zelle, wo es die intrazelluläre Azidose verschlimmern kann. Bei guter alveolärer Ventilation kann dieses CO_2 ausgeatmet werden, was die paradoxe Azidose verhindern kann. Bei ungenügender Ventilation wird aber die Azidose verschlimmert.

Ind: **A. Intravenöses Bicarbonat**
1. Hyperkaliämie
2. Intoxikation:
   - Trizyklischen Antidepressiva (Bicarbonat ist hier das Antidot, 96)
   - Schwere Vergiftungen mit Salicylaten (inkl. ASS) oder Phenobarbital (Bicarbonat dient hier zur Alkalinisierung des Urins)
3. Kein Konsens: Metabolische Azidose (bei pH < 7.1 u/o Bicarbonatämie < 15 mmol/L)
4. Schwere Diarrhoe mit signifikantem Bicarbonatverlust

B. Orales Bicarbonat
1. Nierenstein infolge Harnsäure- oder Cystin-Steinen, S. 645
2. Gewisse Nephropathien (Konsilium)

KI:
- Hypernatriämie, Alkalose, Hypokalzämie

Dos: 1. Bicarbonat: **IV**
- a) Metabolische Azidose (pH < 7.1-7.2 und/oder Bicarbonatämie < 15 mmol/L):
  - -- Bicarbonat 8.4 %: 50 mmol **IV** in 5 min, dann je nach Verlauf
- b) Alkalische Diurese, siehe S. 91

2. Bicarbonat: PO
- a) Nierensteine (Harnsäure- oder Cystin-Steine, siehe S. 645)
- b) Gewisse Nephropathien (ad. Konsilium)

NW:
- Hypokaliämie (durch intrazellulären Shift)
- Massive Alkalose bei intubierten, hyperventilierten Patienten
- Extrazelluläre Hypervolämie (da im Bicarbonat Natrium enthalten ist: Na-HCO_3)

Clonidin CATAPRESAN®

Allg:
- Clonidin ist ein zentraler α-2 Agonist.
- Eigenschaften
  - Art. Hypotensor (infolge Vasodilatation)
  - Sedation (kann auch therapeutisch bei intubierten Patienten verabreicht werden)
  - Analgesie (kann auch therapeutisch bei intubierten Patienten verabreicht werden)
- Wirkungsbeginn (PO): 30-60 min. Maximale Wirkung: 2-4 h
- Wirkungsdauer: 6-10 h

Ind: I. Clonidin PO
- Art. Hypertonie: 2-4x 0.1 mg/d PO (0.2-0.9 mg/d)

II. Parenterales Clonidin (**IV, IM** oder **SC**)
- Maligne art. Hypertonie, hypertensiver Notfall, hypertensive Enzephalopathie
- Aortendissektion
- Linksventrikuläre Herzdekompensation mit akutem Lungenödem
- Präeklampsie (gewisse Formen)

Bem:
- Clonidin wird auch bei Opiat- oder Sedativa-Entzug (z.B. BDP auf der IPS) eingesetzt :
  - 0.3-0.9 mg/d PO (diese Indikation ist aber in der Schweiz nicht als solche registriert).

Vorg:
- Absetzen des Clonidins: eine stufenweise Dosisreduktion ist die Regel, denn bei brüskem Therapiestopp kann die adrenerge Stimulation zu einer BD-Erhöhung führen.

KI:
- Bradyarrhythmie (z.B. Syndrom des kranken Sinusknotens)
- AV-Block 2. und 3. Grades u.a.

NW:
- **Somnolenz** (Clonidin muss sehr vorsichtig bei Neuropatienten angewendet werden)
- Art. Hypotonie, Schwindel
- Mundtrockenheit
- Müdigkeit

Clopidogrel PLAVIX®

Allg:
- Wirkungsmechanismus: Hemmung der Plättchenaggregation durch selektive und irreversible Hemmung der Bindung von Adenosin Diphosphat (ADP) mit seinem Plättchenrezeptoren. Dies verhindert die Aktivierung des GPIIb/IIIa-Komplexes (hauptsächlicher Thrombozytenmembranrezeptor des Fibrinogens). Durch die Hemmung der Fixation des Fibrinogens auf den Thrombozyten, verhindert Clopidogrel die Bildung von Blutgerinnseln.
- HWZ: 8 h
- Maximale Wirkung: nach 3-7 Tagen
- Clopidogrel = inaktive Substanz *(Prodrug)*.
  - Einer der Metaboliten wird durch hepatische Oxydation freigesetzt (es handelt sich um ein aktives Thioderivat), welcher sich nun irreversibel auf die entsprechenden Plättchenrezeptoren fixiert und somit die Thrombozytenaggreation hemmt.

☆ Schwangerschaft: Klasse B, siehe S. 1240

Ind:
1. **Sekundärprävention** von ischämischen, atherothrombotischen Ereignissen bei:
   - Einige Tage bis ca. 5 Wo zurückliegendem akutem Koronarsyndrom
   - Kürzlich zurückliegendem Hirnschlag (7 Tage bis ca. 6 Mt.)
   - Symptomatischer PAVK
   - In Kombinationstherapie mit ASS bei:
     - -- Akutem NSTEMI
     - - Akuter AP
     - -- Akutem STEMI nach Thrombolyse
2. **Prävention thrombotischer Ereignisse** nach Koronarstentimplantation (mit ASS)

KI:
- Überempfindlichkeit gegen Clopidogrel oder Bestandteilen des Arzneimittels
- Frühere allergische Reaktion auf Ticlopidin
- Aktive Blutung: GI-Blutung, hämorrhagischer Hirnschlag u.a.
- Hämorrhagische Diathesen
- Vorsicht in folgenden Situationen:
  - Akute Phase eines ischämischen Hirnschlags (< 7 d)
  - Ungenügend kontrollierte art. Hypertonie
  - Patienten mit hohem Blutungsrisiko
  - Kombination mit NSAR

Vorg:
- Clopidogrel wird 1x/d PO während oder zwischen den Mahlzeiten eingenommen.
- Ziel der Clopidogrel-Therapie: So früh als möglich verabreichen und nur so lange als notwendig (siehe unter «Dauer der Clopidogrel-Therapie»).

Dos:
1. **Prävention ischämischer atherothrombotischer Ereignisse**
   - 1x 75 mg/d PO
2. **Akutes Koronarsyndrom und bei STENT-Einlage**
   - Initialdosis: 1x 300 mg PO [IA]
     Viele Zentren in der Schweiz verabreichen eine Ladedosis von **1x 600 mg PO; 8 Tabl zu 75 mg.** [IIa-B]
   - Erhaltungsdosis: 1x 75 mg/d PO (in Kombination mit 75-325 mg ASS/d PO)
3. **STEMI nach Thrombolyse**
   - 1x 75 mg/d PO (eine Ladedosis ist fakultativ)
4. **Spezielle Patientengruppen**
   - Nieren- oder Leberinsuffizienz: Es liegen wenig evidenzbasierte Daten vor, weshalb Clopidrgel hier mit Vorsicht anzuwenden ist.
   - Ältere Patienten: keine Dosisanpassung notwendig.

Dauer der Clopidogrel-Therapie

1. Alle Patienten mit instabiler AP, STEMI oder NSTEMI: 12 Monate
2. Stabile AP: hier gibt es noch keine Daten

- Status nach PCI:
  - Einfache Dilatation (ohne STENT): 2-4 Wochen
  - Nach Einlage eines unbeschichteten STENT *(bare metal stent)*: 6 Wochen
  - Nach Einlage eines beschichteten STENT*(drug eluting stent)*: 12 Monate

NW:
- Blutungen
- Neutropenie
- Thrombozytopenie (seltene Fälle von thrombotischer thrombozytopenischer Purpura)
- Medikamentöse Interaktionen, S. 1452
- Pruritus
- Hautausschlag
- Dyspepsie
- Bauchschmerzen
- Diarrhoe u.a.

Für die PRAXIS:
- Clopidogrel muss mind. 7 Tage vor einer chirurgischen Intervention gestoppt werden.
- **Die Kombinationstherapie «Clopidogrel + ASS»** ist beim akuten Koronarsyndrom und zur Prävention thrombotischer Ereignisse nach Koronarstentimplantation routinemässig indiziert.
  - Bei CVI oder TIA ist diese Kombination NICHT INDIZIERT (erhöhte Blutungsneigung und kein klinischer Nutzen). Ausnahmefall bei Patienten mit Karotisstenose und instabiler Plaque mit kürzlicher CVI-Symptomatik (vor 3-6 Mt.) zur Überbrückung bis zur chirurgischen Intervention oder STENT-Einlage.

Co-Trimoxazol (Trimethoprim + Sulfamethoxazol)

Allg:
- Co-Trimoxazol (TMP/SMX) ist ein bakterizides AB, bestehend aus 2 AB:
  - Trimethoprim (TMP) + Sulfamethoxazol (SMX)
- Wirkungsspektrum, siehe Tabellen S. 1198
- Wirkungsort, siehe Illustration S. 1208
- <u>Wirkungsmechanismus</u>: TMP und SMX entwickeln eine synergistische Aktivität, welche aufeinanderfolgende Reaktionen in der Biosynthese der Nukleinsäuren katalysieren:
  - TMP hemmt die Reduktase der Dihydrofolsäure
  - SMX wirkt kompetitiv mit der Paraaminobenzoesäure
- HWZ:
  - SMX: 9 h
  - TMP: 6-17 h
- **TMP/SMX soll bei einer β-Streptokokken-Angina NICHT eingesetzt werden!**

Ind:
- Infektionen mit TMP/SMX-empfindlichen Keimen (siehe auch Tabelle S. 1198 ff):
  - Infektionen der oberen und unteren Luftwege
  - Sinusitis, Otitis media
  - Akute COPD-Exazerbationen
  - Pneumonie, insb. *Pneumocystis jiroveci* Pneumonie
  - Infektionen des Urogenitalsystems:
    - Akute/chronische Zystitis
    - Pyelonephritis
    - Urethritis, Prostatitis
  - Infektionen des Magen-Darm-Traktes, inkl. Typhus und Paratyphus, Cholera
  - Brucellose, Nokardiose
  - Myzetom (ausser, wenn durch echte Pilze verursacht)
  - Südamerikanische Blastomykose (Paracoccidioides brasiliensis)
  - MRSA (teilweise empfindlich)

KI:
- Leberinsuffizienz
- Schwere Niereninsuffizienz (Clearance < 15 mL/min)
- Makrozytäre Anämie bei Folsäuremangel
- ☆ Schwangerschaft: kontraindiziert

Dos:

A. <u>Übliche Dosierungen bei normaler Nierenfunktion</u>
- PO: 2x 160 mg (TMP)/800 mg (SMX)/d
- **IV**: 160-240 mg/800-1200 mg alle 6-12 h (verdünnen mit: Ringer Laktat, NaCl 0.9 %, oder G-5 % und über 30-60 min infundieren)

B. <u>Dosierungen bei Niereninsuffizienz</u>
- Clearance > 25 mL/min → Keine Dosisanpassung notwendig
- Clearance 15-25 mL/min → Die Hälfte der üblichen Dosis
- Clearance < 15 mL/min → TMP/SMX nicht indiziert

NW:
- Hypersensibilitätsreaktion, Erythem, Photosensibilität, STEVENS-JOHNSON Syndrom
- Neuropathie
- Abakterielle Meningitis
- Tremor, Ohrgeräusche
- Epilepsie
- Nausea, Erbrechen
- Hepatitis (inkl. fulminante Form), cholestatischer Ikterus
- Niereninsuffizienz
- Hyponatriämie, Hypoglykämie, Hyperkaliämie
- Anämie (makrozytär, hämolytisch, aplastisch), Agranulozytose, Thrombozytopenie
- Methämoglobinämie
- Arthralgie, Myalgie
- Medikamentöse Wechselwirkung, Beispiele:
  - aPTT-Verlängerung unter oralen Antikoagulantien (Blutungsrisiko!)
  - Serumspiegelerhöhung von: Phenytoin, Digoxin, Methotrexat

BRE-
VIER

Digoxin

Allg:
- Wirkungsmechanismus: Digoxin hemmt die Na^+-K^+-ATPase, was zu einer Anreicherung des intrazellulären Natriums und Kalziums führt.
- Digoxin ist das EINZIGE positiv inotrope, bradykardisierende Antiarrhythmikum!
- Eliminations-HWZ: 30-50 h, bei Anurie bis 110 h
- Wirkungsbeginn:
  - PO 30 min bis 2 h
  - **IV** 5-30 min
- Maximale Wirkung:
  - PO 2-6 h
  - **IV** 1-4 h
- Administrationsmodi: PO, **IM** oder **IV**

☆ Schwangerschaft: Klasse C; S. 1240

EKG:
- PR ↑, QRS-Komplex unverändert, QT ↓

Ind:
1. **Tachy- oder normokardes VHFli. bei systolischer Herzinsuffizienz** und/oder:
2. **Patient im Sinusrhythmus bei systolischer Herzinsuffizienz (NYHA II, III)**, der:
   - optimal eingestellt ist: ACE-Hemmer + Diuretika + Betablocker oder, der:
   - auskultatorisch einen diastolischen Galopp (S3) hat ≅ systol. Herzinsuffizienz

KI:
- Kammerflimmern, ventrikuläre Tachykardie (VT)
- AV-Block 2. oder 3. Grades ohne Schrittmacher in situ, Syndrom des kranken SK
- Vorhofflimmern bei WPW
- KHK ohne Herzinsuffizienz
- Hypertrophe obstruktive Kardiomyopathie, subvalvuläre Aortenstenose
- Chronische konstriktive Perikarditis
- Aortenaneurysma
- Vorsicht bei Hypokaliämie, Hypomagnesiämie, vor elektrischer Kardioversion

Dos:

A. Aufsättigungsdosen

PO: 0.5-0.75 mg, dann 0.125-0.375 mg alle 6-8 h bis das erwünschte Resulat erreicht ist.

IV: Initial: 0.25 - 0.5 mg **IV**-Bolus
nach 8-12 h ....0.125 - 0.25 mg **IV**-Bolus
nach weiteren 8-12 h ......0.125 - 0.25 mg **IV**-Bolus
Maximaldosis am 1. Tag ..1-1.5 mg **IV**

B. Erhaltungsdosen (der Ventrikelfrequenz und Nierenfunktion anpassen)

PO: 0.125-0.25 mg/d (oder 3 bis 5 Tage auf 7 Tage)

IV: 0.125-0.25 mg/d

C. Die Digoxindosis muss in folgenden Situationen reduziert werden:
- Niereninsuffizienz
- Gleichzeitige Behandlung mit Amiodaron (Amiodaron vermindert die Digoxin-Clearance). Die Digoxindosis soll deswegen um 50 % reduziert werden.
- Hypokaliämie (Digoxin und Kalium besetzen denselben Zellrezeptoren)
- Älterer Patient

NW:
- Überdosierungssymptome treten typischerweise bei **Plasmaspiegel > 2 ng/mL** auf. Sie können sich aber auch schon früher manifestieren, z.B. bei Hypothyreose, Hypokaliämie, Hypomagnesiämie u.a:
  - Magen-Darm-Störungen
    - Appetitlosigkeit, Nausea, Erbrechen, Diarrhoe
  - Arrhythmien
    - Supraventrikuläre und ventrikuläre ES, AV-Überleitungsstörungen
    - Bradykardie, supraventrikuläre Tachykardie, Bigeminismus u.a.
  - Neurotoxische Störungen
    - Asthenie, Kopfschmerzen
    - Sehstörungen (Skotome, verschwommen sehen, gestörtes Farbsehen)
  - Allergische Reaktionen, makulöse Exantheme
  - Thrombozytopenie
  - Pruritus
  - Atypische Vaginalblutungen, Gynäkomastie

Für die PRAXIS

Bei **Frauen** mit Herzinsuffizienz bei linksventrikulärer Dysfunktion, welche mit **Digoxin** therapiert wurden, konnte in einer retrospektiven Studie eine **erhöhte globale Mortalität nachgewiesen** werden. Männer waren von diesem Phänomen nicht betroffen. [NEJM 2002 ;347:1403-7]

Intox:
- Siehe S. 105

Disulfiram ANTABUS®

Allg:
- Wirkungsmechanismus: Disulfiram hemmt die hepatische Acetaldehyd-Dehydrogenase.
- Bei gleichzeitiger Alkoholeinnahme steigt die Acetaldehydkonzentration nach 5-10 min an und bleibt während mehrerer Stunden erhöht. Dies induziert folgende Symptome/Befunde:
  - ***Flush*** (Rötung und Hitze) vorerst im Gesicht, dann auf dem ganzen Körper
  - Herzklopfen
  - Nausea
  - Art. Hypotonie, Kreislaufkollaps

Für die PRAXIS
Diese ANTABUS®-Reaktion kann bis zu 2 Wo nach Therapieende mit Disulfiram eintreten! Disulfiram kann psychotische Störungen als NW aufweisen, v.a. bei gleichzeitiger Einnahme von Metronidazol.

Vorg:
- Disulfiram **soll erst nach ca. 3 Tagen Alkoholabstinenz** eingeführt werden!
- Alkoholhaltige Produkte sollen nicht eingenommen werden (topische Substanzen, Sirup, Antitussiva u.a.)

Lab:
I. Vor Therapiebeginn müssen die Leberenzyme bestimmt werden (Disulfiram kann eine Hepatitis auslösen).
  - ALAT, ASAT, γ-GT, alkalische Phosphatase (AP). Disulfiram ist kontraindiziert, wenn die Transaminasen oder die AP > 3x den Normwert betragen!

II. Laborverlaufskontrollen
  - ASAT, ALAT alle 2 Wo während der ersten 3 Mt. der Therapie, dann alle 3-6 Mt.
  - Steigen die Transaminasen > 3x über den Normwert an, muss Disulfiram sofort abgesetzt werden.
  - Der Patient ist bis zur Normalisierung dieser Parameter nachzukontrollieren.

III. Trinkversuch (in Europa i.d.R. obsolet)
  - Vorg: Durchführung auf der IPS. Orale Gabe von 0.2 g Ethylalkohol 96 %/kg KG z.B. mit Orangensaft.
  - Bem: Der Trinkversuch sollte aus psychologischen und Kostengründen nicht mehr durchgeführt werden.

Ind:
1. Chronischer Alkoholismus (als Unterstützungstherapie)
2. Rezidivierender Alkoholismus

KI:
- Kardiopathien (ischämisch, hypotensiv u.a.)
- Epilepsie, neurologische Pathologien, manifeste Psychose
- Disulfiramintoleranz (allergische Reaktionen, Leberenzymerhöhung > 3x N u.a.)
- Hepatitis
- ☆ Schwangerschaft: soll nicht angewendet werden (Klasse C, S. 1240)

Dos:
- **Initial** (eine Alkohol-Karenz von ca. 3 Tagen muss dem Therapiebeginn vorausgehen!)
  - 2x 400 mg/d (= 2x 1 Dispergette) während 3 d
  - Einnahme: Dispergette in einem Glas Wasser auflösen. Es entsteht eine milchige, feine Dispersion, welche geschmacksneutral ist. Es ist meist ratsam, diese vor den Augen des Therapie-Begleiters zu trinken. Die Dispersion darf nicht stehengelassen werden.
- **Erhaltungsdosis**
  - 200 mg/d (= ½ Dispergette) oder 1 Dispergette jeden 2. Tag

NW:
- Kopfschmerzen, Müdigkeit
- Metallischer Geschmack im Mund
- Epigastralgien, Diarrhoe
- Cholestatische Hepatitis (ebenfalls Risiko einer fulminanten Hepatitis)
- Libidostörungen
- Periphere Neuropathien, Optikusneuritis
- Medikamentöse Wechselwirkungen, siehe auch S. 1452
  - Disulfiram verstärkt die Wirkung der Antikoagulantien, sowie diejenige von Phenytoin.
  - Die Kombinationstherapie mit Metronidazol kann psychiatrische Störungen verursachen

Intox:
1. **Symptomatische Therapie**
   - Grosszügige Hydratation mit NaCl 0.9 % oder G-5 % (± Vitamin B1 **IV**-Gabe)
   - Ascorbinsäure (= Vitamin C): 1 g **IV**
   - Frühzeitige Magenspülung NUR bei Absorptionszeit < 1 h mit Mengen, welche die vitale Prognose beeinflussen können.
   - Aktivkohle (via Magensonde oder PO): 50 g alle 4 h
2. **Bei Konvulsionen**: Therapie der Wahl BDZ, S. 1238
3. **Therapie bei symptomatischer Sinustachykardie**
   - Therapie der Wahl: Betablocker (siehe Kontraindikationen der BB S. 1246, 199)
     - Metoprolol 2.5-5 mg **IV** in 1-5 min, bei Bedarf nach 5-10 min wiederholen (max: 15 mg)
     - Propranolol 1-12 mg **IV** in 5-12 min

BRE-VIER

Ephedrin (in Deutschland nicht erhältlich)

Allg:
- Ephedrin ist:
  - Ein sympathomimetischer Alpha- und Beta-adrenerger Agonist, welcher an den sympathischen Neuronen Norepinephrin (ADRENALIN®) freisetzt.
  - Kein Katecholamin
  - Weniger potent als Norepinephrin (ADRENALIN®)
- Gute orale und parenterale Absorption (**IV, SC** und **IM**)
- Wirkungsbeginn (**IV**): sofort
- Wirkungsdauer (**IV**): ca. 1 h
- HWZ 3-6 h (je nach Urin-pH)
- Renale Elimination
- Klinische Eigenschaften:
  - Steigerung der Herzfrequenz und des HMV
  - Variable Erhöhung des peripheren Widerstandes → **Erhöhung des BD**
  - Bronchodilatation
  - Nasale Dekongestion
  - Harnretention (Stimulation der α-Rezeptoren der glatten Blasenmuskulatur)
  - Potente Stimulation des ZNS

Ind:
1. Hypotonie (prophylaktisch oder therapeutisch) während einer Anästhesie
2. Art. Hypotonie während einer Allgemeinanästhesie
3. Therapierefrakärer Bronchospasmus

Dos:

1. Art. Hypotonie (z.B. während einer Anästhesie)

Intravenös
- Ephedrin 50 mg/mL (1 Amp): 10-25 mg **IV** Bolus. Bei Bedarf alle 5-10 min wiederholen
- Maximaldosis: 150 mg/24 h

SC- oder **IM**-Gabe
- 25-50 mg (10-50 mg) **SC** oder **IM**
- Bei Bedarf 50 mg **IM** oder 25 mg **IV**

2. Bronchospasmus
- Initialdosis: 12.5-25 mg **IV** (oder **SC, IM**), dann je nach Klinik

KI:
- Hypovoläme Zustände (Ephedrin nicht als Monotherapie). Nur in absoluten Notfällen darf Ephedrin parallel mit der primären Volumengabe oder zur Aufrechterhaltung der koronaren und zerebralen Perfusion bei Volumendepletion gegeben werden.
- Hyperthyreose, Thyreotoxikose
- Schwere kardiovaskuläre Erkrankungen
  - Schwere KHK
  - Angina pectoris
  - Arrhythmien
  - Schwere Arteriosklerose
  - Art. Hypertonie
- Engwinkelglaukom
- Anästhesie mit Cyclopropan oder Halothan
- ☆ Schwangerschaft: nicht indiziert (Klasse C, S. 1240)
- Vorsicht bei:
  - Prostatahypertrophie
  - Diabetes mellitus
  - Stabiler KHK

NW:
- Stimulation des ZNS:
  - Nervosität, Tremor
  - Paranoider Angstzustand
  - Delir
  - Schwindelgefühl
  - Schlaflosigkeit
- Dyspnoe
- Angina pectoris
- Herzklopfen
- Arrhythmien
- Art. Hypertonie
- Harnretention

Esmolol BREVIBLOC®

Allg:
- Parenteraler Betablocker (β1-adrenerg, ohne intrinsische sympathomimetische Aktivität)
- HWZ: ca. 9 min
- Maximale Serumkonzentration nach 2-3 min
- ☆ Schwangerschaft: Klasse C, siehe s. 1240

Ind:
- Schmalkomplextachykardien
  - Sinustachykardie (es muss aber immer deren Ursache gesucht werden)
  - Vorhofflimmern, Vorhofflattern, Vorhoftachykardie
  - Reentry Tachykardien
- Hypertensive Notfallsituation

KI:
- Signifikante Sinusbradykardie < 50/min
- Art. Hypotonie (SBD < 90 mmHg)
- AV-Block 1. Grades mit PR > 0.24 sek
- AV-Block 2. und 3. Grades (ausser bei implantiertem Schrittmacher)
- Schwere LV Dysfunktion mit Zeichen einer Herzinsuffizienz
- Asthma (akut oder anamnestisch)

NW:
- Siehe Kapitel «Betablocker», s. 1247

EKG:
- PR ↑
- Keinen Einfluss auf: QRS, QT, akzessorische Bündel

Dos:
- Die Dosierung wird anhand eines Patienten mit 70 kg illustriert:

  Bolus: 0.25-0.5 mg/kg in 1 min **IV**
  - 30 mg in 1 min **IV**

  Erhaltungsdosis: 0.05 mg/kg/min **IV** während 4 min
  - 3.5 mg/min **IV** während 4 min

  Bei Nichtansprechen:
  - Erneuter Bolus von 30 mg in 1 min **IV** und Erhaltungsdosis verdoppeln: 7 mg/min während 4 min
  - Dann alle 5 min titrieren (je nach Klinik):
    -- Bolus 30 mg in 1 min **IV** wiederholen
    -- Erhaltungsdosis um jeweils 0.05 mg/kg/min erhöhen bis die therapeutische Wirkung eintritt: 10.5 mg/min während 4 min
    -- Anschliessende Steigerungsrate: 0.025 mg/kg/min (ohne Bolus) alle 5-10 min
    -- «Übliche Erhaltungsdosis»: 0.1 mg/kg/min

  Maximaldosis:
  - Dosierungen > 15 mg/min haben keinen zusätzlichen Nutzen.

Flumazenil ANEXATE® Amp 0.5 mg (5 mL)

Allg:
- Flumazenil ist das Antidota der Benzodiazepine (BDZ), s. 103
- Wirkungsmechanismus: kompetitive Hemmung der GABA-A Rezeptoren.
- Wirkungsbeginn 30-60 sek
- Eliminations-HWZ: 50-60 min
- ☆ Schwangerschaft: nicht kontraindiziert (Klasse B, s. 1240)

Ind:
1. **Diagnose oder Therapie von BDZ-Intoxikationen**
2. **Beendigung der durch Benzodiazepine eingeleiteten und aufrechterhaltenen Narkose bei stationären Patienten**

Dos:
- Siehe s. 103

KI:
- Siehe s. 103

Fluindione PREVISCAN® Tabl 20 mg (in Frankreich erhältlich)

Allg:
- Wirkungsmechanismus: als oraler **Vitamin-K Antagonist** hemmt Phenprocoumon die Gerinnungsfaktoren II, VII, IX, X und das Protein C → Antikoagulation.
- Eliminations-HWZ: ca. **31 h**
- Starke Serumproteinbindung (97 %). Nur die freie Fraktion ist biologisch aktiv.
- Vitamin-K-reiche Kost (Salat, Kohl, Spinat u.a.) kann die antikoagulierende Wirkung vermindern.
- ☆ Schwangerschaft: alle OAK sind kontraindiziert (Klasse C, s. 1240).

Ind:
- Siehe Acenocoumarol, s. 1308

KI:
- Siehe Kapitel «Orale Antikoagulation», s. 1216

Dos:
- Initialdosis = Erhaltungsdosis: 1x 20 mg/d. In folgenden Situationen soll mit 10-15 mg/d begonnen werden: a) Hohes Alter, b) < 50 kg, c) Leberinsuffizienz.
- INR-Kontrolle nach 3 d, dann, je nach INR, alle 3 Wo
- Kontrolle der Thrombozytenzahlen nach 3-5 d.

Plasma: Frisch gefroren *(Fresh frozen plasma)* - *FFP*

Allg:
- Das frisch gefrorene Plasma ist Humanplasma, hergestellt aus leukozytendepletierten Vollblutspenden und gesichert durch Quarantänelagerung (FGPq).
- Inhalt:
  - Proteine (Gerinnungsfaktoren, Komplemente)
  - Kalzium 2.5 mmol/L
  - Citrat
- Das Auftauen und Erwärmen auf ca. 37°C dauert 20 min. Wenn das Produkt aufgetaut ist, muss es sofort benutzt werden.
- Es dürfen keine anderen kalziumhaltigen Substanzen oder Glukose durch denselben venösen Zugang appliziert werden.

Ind:
- Kritische Mangelzustände an Gerinnungsfaktoren, wie bei:
  - Gerinnungsstörungen
  - Disseminierter intravasaler Gerinnung (DIC)
  - Mangel an Gerinnungsfaktoren bei Lebererkrankungen
  - Mangel an C1-Esterase Inhibitor (siehe Angioödem, S. 31) u.a.

Dos:
- 10-15 mL/kg **IV** (ca. 1 L)

NW:
- Anaphylaktische Reaktion
- Hypokalzämie (Citrat bindet Komplexe mit dem Kalzium)

> **Für die PRAXIS:**
> Die Hypokalzämie ist nach mehreren PPF nicht selten. **Daran denken!**

Furosemid

Allg:
- <u>Wirkungsmechanismus</u>: Potentes Diuretikum mit Wirkung am aufsteigenden Teil der HENLE-Schleife (infolge Hemmung des Ko-Transportes von Na^{+} - $2Cl^{-}$ - K^{+}).
- Applikationsmodi: PO, **IV** oder **IM** (**SC** ist prinzipiell auch möglich)
- Schleifendiuretika sind die wirksamsten Diuretika, ausser im Falle eines Hyperaldosteronismus, wo Aldosteronantagonisten zielgerichteter sind.

Bem:
- <u>Furosemid und Niereninsuffizienz</u>
  - Bei einer Clearance **< 30 mL/min** (und bis ca. 5 mL/min) sind Schleifendiuretika die einzig wirksame Diuretikagruppe.
    Trotzdem kann eine Kombinationsdiuretikatherapie mit einem Thiazid oder mit Metolazon, welches ca. 30 min vor dem Schleifendiuretikum verabreicht wird, einen diuretischen Synergismus aufweisen!
  - Manchmal sind hohe Dosen notwendig, um einen «echten» hypervolämen Zustand zu therapieren, aber NICHT um eine Diurese zu «lancieren»!
  - Abgesehen von seltenen Fällen von mikrokristallinen Tubulopathien, wo eine Wasserausschwemmung notwendig sein kann, muss immer daran gedacht werden, dass mit hohen Diuretikadosen das Risiko einer prärenalen Niereninsuffizienz verstärkt wird, denn das Mehr an Diurese ist weitgehend tubulären Ursprungs.
  - **Furosemid erhöht NIE die glomeruläre Filtrationsrate. Es kann diese aber vermindern!**
- Medikamentöse Wechselwirkung mit Furosemid:
  - Furosemid vermindert die Wirksamkeit der:
    - Oralen Antidiabetika
    - Katecholamine
  - Furosemid erhöht die:
    - Digoxinämie
    - Lithiämie (verminderte renale Ausscheidung)
    - Theophyllinämie
- Unter Schleifendiuretika beobachtet man weniger Hyponatriämien, als unter Thiaziden!

Ind:
- Ödeme, bei sekundärem Hyperaldosteronismus:
  - Herzinsuffizienz, Leberinsuffizienz, Niereninsuffizienz (inkl. nephrotisches Syndrom)
- Art. Hypertonie
- Akutes Lungenödem
- Hyperkalzämie

Dos: **A. Allgemeine Informationen**
- Für eine optimale Wirksamkeit wird generell eine Dauerinfusion, anstelle wiederholter Bolusinjektionen, bevorzugt (die Wirksamkeit ist aber von Patient zu Patient verschieden).
- Die Dosierung soll so niedrig wie möglich gehalten werden (vermindert das NW-Profil).
- Nach initialer **IV**-Therapie wird empfohlen, so bald als möglich auf orale Therapie umzustellen.
- Generell liegt die Maximaldosis von Furosemid bei ca. 1500 mg/d (**IV** oder PO), kann aber in gewissen Situationen höher sein.

B. Parenterale Furosemid-Gabe (IM, IV)

B.1. Anfangsdosis bei Patienten mit normaler Nierenfunktion

- 20-40 mg Furosemid **IV** oder **IM**. Bei ungenügender Wirkung alle 2 h um 20 mg erhöhen, bis die gewünschte Wirkung eintritt. Die so ermittelte Einzeldosis kann 1-2x/d verabreicht werden.

B.2. Akutes Lungenödem - Akute Leberinsuffizienz - Akute Niereninsuffizienz

- Initial: 40 mg **IV**. Bei Bedarf nach 20 min 20-40 mg wiederholen.
- Tagesmaximaldosis: PO oder **IV** 1000 mg/d
- Infusionsgeschwindigkeit: < 4-6 mg/min **IV** (***CAVE***: Hörverlust)
- Erhaltungsdosis (bolusweise oder **IV** kont.):
  a) **IV**-Boli:
    - 20-125 mg **IV** (0.5-1 mg/kg), bei Bedarf nach 60-90 min wiederholen
    - Geschwindigkeit < 4-6 mg/min
  b) Am Perfusor **IV**:
    - 1-20 mg/h **IV**
    - Höchst beschriebene Dosierungen:
      -- bei kongestiver Herzinsuffizienz: bis 4-8 g/24 h
      -- bei Niereninsuffizienz: bis 3 g/24 h

C. Orale Furosemid-Gabe

C.1. Dosierung bei Patienten mit normaler Nierenfunktion

- Initial ....20-80 mg (= ½ -2 Tabl zu 40 mg)
- Erhaltungsdosis..20-40 mg
- Maximaldosis ....250-500 mg/d (selten bis 1000 mg/d)

C.2. Dosierung bei Patienten mit chronischer Niereninsuffizienz - Dialysepatienten

- Tagesdosis: 250 mg (½ Tabl) bis zu 2000 mg (4 Tabl)
- Bei Dialyse-Patienten richtet sich die Dosis nach der Restdiurese und dem KG. Übliche Dosierung: 250-1500 mg/d

C.3. Nephrotisches Syndrom

- Tagesdosis 250-500 mg

KI:
- Niereninsuffizienz mit Anurie (< 100 mL Urin/24 h)
- Hepatisches Koma
- Schwere Hypokaliämie
- Schwere Hyponatriämie
- Schwere Hypovolämie

☆ Schwangerschaft und Lakatation: nicht indiziert (Klasse C, S. 1240)

Lab:
- Urin ↑: Na^+, K^+, Cl^-, Mg^{2+}, Ca^{2+}
- Blut: Harnsäure ↑, metabolische Alkalose

NW:
- Hypokaliämie
- Hyponatriämie
- Hypokalzämie (***CAVE***: Osteoporose)
- Hypomagnesiämie (Muskelkrämpfe)
- Hyperurikämie (***CAVE***: Gicht!)
- Metabolische Alkalose
- Hörverlust (i.d.R. reversibel) nach zu schneller **IV**-Gabe (> 4-6 mg/min)

BRE-
VIER

Haloperidol HALDOL®

Allg:
- Haloperidol ist ein sehr wirksames Neuroleptika, welches v.a. die sog. «positiven» Symptome vermindert.
- Plasmatische HWZ: 20 h
- Haloperidol-Gabe Konzentrationsmaximum

Haloperidol-Gabe	Konzentrationsmaximum
- PO:	nach 2-6 h
- **IM**:	nach 20 min (betrifft die Form «Decanoas»)
- **IV**:	keine Angaben

☆ Schwangerschaft: Klasse C, S. 1240 (kann bei absoluter Indikation verabreicht werden).

Ind:
1. Psychotische Symptome
   - Akute und chronische Schizophrenie
   - Paranoid-halluzinatorische Syndrome
   - Manien und maniforme Zustände
   - Psychomotorische Erregungszustände
   - Zerebralsklerotisch bedingte Unruhe
   - Erregungszustände beim Alkoholentzugssyndrom
2. Hyperkinesien
   - Schwere, nervöse Ticks
   - CHOREA HUNTINGTON, CHOREA SYDENHAM
   - GILLES DE LA TOURETTE-Syndrom
3. Nausea und Erbrechen verschiedener Ursache (z.B. postoperativ, Zytostatika)
4. Chronische Schmerzzustände (als synerge Begleitmedikation zu Analgetika) bei:
   - Neuralgien, Neuro- und Polyneuropathien
   - Phantomschmerzen
   - Traumatischen Schmerzen
   - Rheumatischen Schmerzen
   - Tumorschmerzen

KI:
- Koma
- Bewusstseinsstörungen, inkl. ZNS-Depression durch Alkohol oder zentraldämpfende Medikamente
- Parkinsonimus
- Läsion der Basalganglien

Dos:
- Siehe «Akuter Verwirrtheitszustand» S. 1179

NW:
- Extrapyramydale Symptome (akut und chronisch; bis zu 25 % der Fälle):
  - Akute Dystonie
  - Tardive Dyskinesien
- Malignes Neuroleptikasyndrom
- Sedation
- Agitation, Schlaflosigkeit
- Kopfschmerzen, Verwirrtheit
- Angstzustände
- Epilepsie
- Hyperprolaktinämie mit: Gynäkomastie, Galaktorrhoe, Oligo- oder Amenorrhoe
- Hypoglykämie
- Hyponatriämie bei SIADH
- Kardiovaskuläre Wirkungen:
  - Tachykardie
  - Art. Hypotonie
  - QT-Verlängerungen und/oder ventrikuläre Arrhythmien (Torsades de pointes) v.a. bei hochdosiertem bzw. **IV**-verabreichtem Haloperidol
- Leukopenie, Agranulozytose, Thrombozytopenie
- Hepatitis (meist cholestatisch)
- Photosensibilität, Hautausschläge, Urtikaria und Anaphylaxie
- Priapismus, Erektionsstörungen
- Rhabdomyolyse
- Medikamentöse Wechselwirkung, S. 1452 ff

Intox:
- Es gibt kein Antidota gegen die Neuroleptika. Es gelten die Allgemeinmassnahmen bei Intoxikationen, S. 90, 91
- Akute Dystonie

Für die PRAXIS
ADRENALIN® **soll nicht nicht mit Haloperidol gleichzeitig verabreicht werden**! Es besteht das Risiko, dass Haloperidol die vasokonstringierende Wirkung von ADRENALIN® hemmt und somit ein schwerer BD-Abfall eintritt!

Kolloide - Kristalloide

Allg: Effizienz des intravasalen Auffüllungsvermögens: Kolloide > Kristalloide > Glukoseperfusion

Kolloide

Allg:
- Optimales intravasales Auffüllungsvermögen, da die Kolloide ein hohes Molekulargewicht haben und deshalb die Kapillarmembranen somit nur langsam durchdringen.
- **Die Kolloide haben eine onkotische Wirkung**. Nach **IV**-Gabe von Kolloiden bleibt, bei normaler Endothelfunktion, der grösste Teil intravasal (siehe S. 1481).
- **Humanalbumin**
  Allg: • Albumin ist das potenteste Kolloid bezüglich intravaskulärer Volumengabe.
  Ind: • Schwergradige Hypalbuminämie:
    - Exsudative Enteropathie
    - Nephrotisches Syndrom
    - Schwergradige Leberinsuffizienz
    - Hypalbuminämien anderer Ursachen, S. 1341
  • Blutungen, welche zahlreiche Bluttransfusionen benötigen.

Ind:
- Hypovolämie
  - Postoperativ
  - Septischer Schock
  - Hämorrhagischer Schock
- Pseudohypovolämie
  - Leberzirrhose u.a.

NW:
- Thrombogene Wirkung infolge:
  - Verdünnung der Gerinnungsfaktoren
  - Hemmung der Plättchenaggregation
- Anaphylaxie
- Hyperamylasämie
- Albumin verursacht eine Verminderung des ionisierten Kalziums.

Bsp:

Humanalbumin		Albumin	Na^+ [mmol/L]	Cl^- [mmol/L]	Osmolalität	Max. Dosis
Albumin 5 %		5 g/100 mL	142-157	-	?	20-80 g/d
Albumin 20 %		20 g/100 mL	142-157	-	?	20-80 g/d
Hydroxyethylstärke		Stärke	Na^+ [mmol]	Cl^- [mmol]	Osmolalität	Max. Dosis
HAES-steril®	6%	60 g/L	154	154	308	33 mL/kg/d
	10%	100 g/L	154	154	308	20 mL/kg/d
HEMOHES®	6%	60 g/L	154	154	310	33 mL/kg/d
	10%	100 g/L	154	154	310	20 mL/kg/d
VENOFUNDIN®		60 g/L	154	154	309	50 mL/kg/d
VOLUVEN®		60 g/L	154	154	308	50 mL/kg/d
Gelatinelösung		Gelatine	Na^+ [mmol/L]	Cl^- [mmol/L]	Osmolalität	Max. Dosis
GELAFUNDIN®		40 g/L	154	120	274	10-15 L/d

Kristalloide

Allg:
- Die Kristalloide besitzen <u>keine</u> onkotische Wirkung.
- Bei **IV**-Gabe erfolgt eine rasche Diffusion im ganzen extrazellulären Raum. Nach **1000 mL NaCl 0.9 % IV** verbleiben **200-300 mL intravasal**, siehe Schema S. 1481

Ind:
- Hypovolämie (Dehydratation)
- Anaphylaktischer Schock, S. 33
- Verbrennungen

Bsp:
- NaCl 0.9 %
- Ringer Laktat

Inhalt der Kristalloide	**NaCl 0.9 %** (1 L)	**Ringer Laktat** (1 L)
Na^+ (mmol/L)	154	130.9
Cl^- (mmol/L)	154	112
K^+ (mmol/L)	—	5.4
Osmolalität (mmol/kg H_2O)	308	279
Ca^{2+}	—	1.84
Laktat§	—	28

§ Laktat wird in der Leber zu Bicarbonat umgewandelt und hat somit eine Pufferwirkung.

BRE-VIER

Labetalol (in Deutschland nicht erhältlich)

Allg:
- Labetalol ist vorwiegend ein Betablocker mit milder Alpha-Blocker Aktivität (Verminderung des peripheren Widerstandes).
- PO:
  - HWZ: 6-8 h
  - Wirkungsbeginn: 20 min bis 2 h
  - Wirkungsdauer: 8-24 h
- **IV**:
  - HWZ: 5.5 h
  - Wirkungsbeginn: 2-5 min
  - Maximale Wirkung: nach 5-10 min
  - Wirkungsdauer: 2-4 h

☆ Schwangerschaft: möglich, falls unerlässlich (Klasse C, S. 1240)

Ind:

A. Oral
- Art. Hypertonie (alle Formen und Schweregrade)

B. **IV**-Gabe
- Situationen, in welchen eine rasche BD-Senkung erwünscht ist, wie z.B.:
  - Hypertensive Notfallsituation, S. 244
  - Aortendissektion, S. 15
  - Pheochromozytomkrise, S. 641
  - Akute Phase eines Myokardinfarktes
  - Intraoperative BD-Senkung

Bem:
- Selten wird eine paradoxe art. Hypertonie unter Labetalol beobacht, welche sich durch die dominante Betablockade erklären lässt.

KI:
- Asthma
- COPD
- AV-Block 2. und 3. Grades (Ausnahme: Schrittmacher in situ)
- Kardiogener Schock und andere Zustände mit Gewebshypoperfusion
- Art. Hypotonie (SBD < 90 mmHg)
- Signifikante Sinusbradykardie (< 50/min)
- Vorsicht bei:
  - Schwerer linksventrikulärer Dysfunktion mit nicht kontrollierbarer Herzinsuffizienz
  - Gleichzeitigem Einsatz von Antiarrhythmika der Klasse I (z.B. Lidocain) oder der Klasse IV (Kalziumantagonisten) → Potentialisierung der kardioprotektiven Wirkung.

NW:
- Orthostatische Hypotonie, Bradykardie, Ödeme
- Bronchospasmus
- Kopfschmerzen, Müdigkeit, Obnubilation
- Nausea, Erbrechen, Ikterus
- Hautreaktionen, Angiödem
- RAYNAUD-Syndrom
- Akute Harnretention, Libidostörung
- Lupoides Syndrom (mit positiven ANA)
- Hepatitis (fulminante Form ist möglich)
- Paradoxe art. Hypertonie bei Patienten mit Phäochromozytom!

Bem:
- Medikamentöse Wechselwirkungen:
  - Cimetidin kann die Bioverfügbarkeit von Labetalol erhöhen.
  - Die NSAR können den antihypertensiven Effekt von Labetalol vermindern.
  - Muskeltremor in Assoziation mit trizyklischen Antidepressiva

Dos:

I. Orale Gabe
- Initial: 2x 100 mg/d PO, je nach Bedarf alle 3-7 d erhöhen
- Erhaltung: 2x 200-400 mg/d PO. Maximaldosis: 2400 mg/d

II. **IV**-Gabe
- Bolus: 0.25 mg/kg in 2 min **IV** (= 20 mg für einen Patienten, der 80 kg schwer ist). Je nach Klinik, ad. 40 mg-Boli (in 4 min **IV**) bis:
  a) Ziel-BD erreicht ist
  b) Oder: eine Gesamtmenge von 300 mg verabreicht wurde.
- Erhaltung: 2 mg/min (0.5-3 mg/min) **IV** kont.

Lidocain XYLOCAIN®

Allg:
- Wirkungsmechanismus: Blockierung der Natriumkanäle in den kardialen Zellmembranen und Verminderung der Geschwindigkeit des Aktionspotentialanstiegs. Dies vermindert die Reizleitungsgeschwindigkeit v.a. im HIS-PURKINJE-Fasersystem, in der Muskulatur der Vorhöfe und in den Ventrikeln. Verkürzung der Dauer des Aktionspotentials und der effektiven Refraktärperiode. Kein Einfluss auf den Sinus- und den AV-Knoten.
- Antiarrhythmikum der Klasse Ib (nach VAUGHAM-WILLIAMS)
- Lidocain hat keinen Einfluss auf das EKG.
- Wirkungsbeginn: 1-2 min

- HWZ:
  - Gesunder Proband: 1-2 h
  - Patienten mit kompliziertem AMI: > 10-20 h
- ☆ Schwangerschaft: Klasse C, S. 1240

Ind:
- Ventrikuläre Arrhythmien, speziell nach AMI

Bem:
- Lidocain ist bei der Torsade de pointes nicht indiziert!

KI
- AV-Block 2. oder 3. Grades
- Sino-atrialer oder intraventrikulärer Block

Dos:
1. **Tachykardie ohne Puls**, **Herzstillstand**
   - Bolus: 1-1.5 mg/kg in 1-2 min **IV** (≅ 75-100 mg). Bei Bedarf 0.5 mg/kg **IV** alle 5-10 min wiederholen. Maximaldosis: 4 mg/kg
   - Erhaltung: 20-50 µg/kg/min **IV** kont. (= 1.5-5 g/24 h). Maximale Infusionsgeschwindigkeit: 200-300 mg in 1 h!
2. **Hämodynamisch stabile ventrikuläre Tachykardien**
   - Bolus: 0.5-0.75 mg/kg **IV** (≅ 50 mg). Dann synchrone elektrische Kardioversion
     - Nicht biphasisch: 100-200 J
     - Biphasisch: je nach Apparat

NW:
- Nausea, Verwirrtheit
- Tremor, Doppeltsehen, Exzitation, Hemmung des ZNS
- Bradykardie
- Medikamentöse Wechselwirkungen (CYP 450), S. 1452 ff
- Muskelkrämpfe, «*Restless legs*»

Lorazepam TAVOR®

Allg:
- Wirkungsmechanismus: Agonist der zentralen GABA-A Rezeptoren. Bei diesen Rezeptoren wird die Öffnungsfrequenz erhöht (im Gegensatz zu den Barbituraten, wo deren Öffnungszeiten verlängert werden).
- Intestinale Absorption: 30 min - 4 h
- Metabolismus:
  - Lorazepam wird zu > 90 % durch Kopplung an die Glucuronsäure inaktiviert. Diese Metaboliten sind pharmakologisch inaktiv.
  - Lorazepam wird nur in einem geringen Ausmass hydroxyliert, was diese Substanz auch bei milder/mittelschwerer Leberinsuffizienz einzusetzen erlaubt (wie Temazepam, Bromazepam, Oxazepam). Hingegen sollen BDZ, welche hepatisch hydroxyliert oder oxydiert werden, zurückhaltend eingesetzt werden.
  - Elimination: Lorazepamglucuronid wird zu > 85 % renal eliminiert.
- Plasmatische HWZ: 12-16 h
- Maximale Serumhöchstwerte von Lorazepam, je nach Einnahmeart:
  - PO: 2 h (1-6 h)
  - **IV**: einige min
  - **IM**: 60-90 min
  - SUBL: 60 min
- ☆ Schwangerschaft: der Einsatz von Lorazepam ist möglich (Klasse D, S. 1240)

KI:
- Myasthenia gravis
- Schwere respiratorische Insuffizienz
- Schlafapnoesyndrom
- Schwere Leber- oder Niereninsuffizienz
- Schock, Koma, Kollapszustände
- Medikamenten-, Alkohol- und Drogenabhängigkeit
- Akute Vergiftung mit Alkohol, Hypnotika, Schmerzmitteln und Psychopharmaka

Ind:
1. Angst (präoperativ, Neurose, Stress, vor elektr. Kardioversion, vor MR-Untersuchung)
2. Epilepsie, siehe S. 564

Dos:

I. PO oder SUBL
- «Übliche» Dosierung: 2-3x 1-2 mg (stufenweise pro 0.5 mg anpassen)
- Ältere Personen: 0.5 mg. Bei Bedarf stufenweise pro 0.5 mg/d erhöhen
- Angstzustand: 0.5 mg/kg (max 4 mg) SUBL 1-2 h vor der Intervention

II. **IV** oder **IM**
- Vor der Intervention:
  - **IV**: 0.02-0.044 mg/kg **IV** (0.5-3.0 mg), max. 2 mg **IV** in 15-20 min vor der Intervention
  - **IM**: 0.5 mg/kg (max 4 mg) **IM** 2-3 h vor der Intervention
- Epilepsie:
  - **IV:** 0.1 mg/kg. Maximaldosis 2 mg/min. Bei Bedarf nach 15 min wiederholen

Bem: • Eine intraarterielle Injektion, sowie eine Extravasation, muss unter allen Umständen verhindert werden (Risiko von: Vasospasmen, Gangrän)!

NW: • Schwindelgefühl, Nausea, Erbrechen
- Kurzzeitige, anterograde Amnesie, Sehstörungen, Agitation paradoxe Konvulsionen
- Art. Hypertonie oder Hypotonie
- Erythem, Urtikaria, Hepatitis, Ikterus, Thrombozytopenie, Agranulozytose

Intox: • Antidota: Flumazenil
- Lorazepam ist schlecht dialysierbar.

Methotrexat (MTX)

Allg: • MTX als Folsäureantagonist ist ein Zytostatikum und Immunosuppressivum.
- MTX ist sowohl in der akuten, als auch in der chronischen Phase wirksam.
- Grundsätzlich verlangsamt MTX den Krankheitsverlauf und die Knochendestruktion.
- Die **SC**-Gabe wird in gewissen Fällen besser vertragen, als die orale Gabe.
- In speziellen Fällen ist eine Leberbiopsie notwendig, bevor eine Langzeittherapie mit MTX begonnen wird (ad. Konsilium).

Ind: • Maligne Hämopathien (ALL, AML, Non-HODKIN Lymphom)
- Mammakarzinom, Bronchialkarzinom, maligne Kopf- und Halstumoren, Osteosarkom, Chorionkarzinom und andere trophoblastische Tumoren, Blasenkarzinom
- Rheumatoide Arthritis
- Therapieresistente Fälle von Psoriasis

Dos: • Konsilium:
  - Standarddosis:
    -- PO: 10-20 mg/m² 2x/Wo oder 30-50 mg/m² 1x/Wo
    -- **IV**: 30-50 mg/m² 1x/Wo als Bolus oder während 5 d: 15 mg/m² **IV** alle 2-3 Wo
    -- **IM**: Während 5 d: 15 mg/m² **IM** alle 2-3 Wo
  - Hochdosis:
    -- **IV**: 1 - 2 g **IV** als Infusion über 1-24 h alle 1-3 Wo (+ Calciumfolinat LEUCOVORIN®)

NW: • Leukopenie, Thrombozytopenie, Anämie, medulläre Aplasie
- Photosensibilität, Pruritus, anaphylaktische Reaktion
- Fieber, Schüttelfrost, Schwindelgefühl
- Schleimhautentzündungen bei ca. 30 % der Patienten (Stomatitis, Pharyngitis, Darmulzerationen)
- Nausea, Erbrechen, Diarrhoe
- Malabsorption
- Megakolon
- **Lebertoxizität** (Leberzellnekrose):
  - Erhöhung der Leberzellenzymie, Leberdystrophie, Periportalfibrose, Zirrhose
- Peritonealfibrose
- Niereninsuffizienz (bei hohen Dosierungen)
- Interstitielle Pneumonie (akut und chronisch) bei/mit:
  - *Pneumocystis jiroveci, Cryptococcus, Nocardia, Herpes zoster* u.a.
- Kopfschmerzen, kognitive Störungen, Aphasie, Hemiplegie, Leukoenzephalopathie (bei hohen Dosierungen)

KI: • Überempfindlichkeit auf MTX oder auf einen der sonstigen Bestandteile des Arzneimittels
- Schwangerschaft, Stillzeit
- Schwere Nieren- oder Leberinsuffizienz
- Schwere Myelodepression oder Blutbildungsstörungen
- Schwere Mukositis
- Alkoholismus, alkoholische Hepatopathie oder andere chronische Lebererkrankungen
- Immunschwächesyndrom
- Warnhinweise und Vorsichtsmassnahmen, siehe DOCUMED.

Für die PRAXIS:
- Die Assoziation: MTX + TMP/SMX soll verhindert werden (Agranulozytoserisiko ↑).
- <u>Alkoholeinnahme</u>: während der MTX-Therapie sollte kein Alkohol eingenommen werden.
- MTX soll 12 Wochen vor Kindererzeugung abgesetzt werden (Mann und Frau).

Lab: • Zu Beginn alle 2 Wo, dann 1x/Mt.: Blutstatus, ALAT, ASAT, γ-GT, Serumkreatinin

Adot: • Aktives Folsäurederivat: Calciumfolinat (PO, **IV**, **IM**) LEUCOVORIN®
Ziel-Serumspiegel von MTX: < 5x 10^{-8} mol/L
  - Die Dosierung von Calciumfolinat hängt vom MTX-Intoxikationsgrad ab. Folgendes Schema wird oft angewendet: 6-12 mg **IV** oder **IM**, dann mindestens 4x dieselbe Dosis alle 3-6 h; siehe auch DOCUMED.

Metoprolol LOPRESOR®, BELOC-ZOK®

Allg:
- Metoprolol ist ein selektiver Betablocker ($\beta 1$) ohne intrinsische sympathomimetische Aktivität (ISA).
- ☆ Schwangerschaft: Metoprolol kann eingesetzt werden (Klasse B, S. 1240)
- Eliminations-HWZ: 3.5 h (1-9 h)
- PO:
  - Ausgeprägter hepatischer First-pass-Effekt (nur gerade 50 % der oral eingenommenen Dosis gelangen in die systemische Zirkulation)
  - Der bradykardisierende Betablocker-Effekt tritt während der 1. Stunde nach der oralen Einnahme ein.
  - Die Wirkungsdauer ist proportional zur eingenommenen Menge.
  - Maximale Konzentrationen:
    - Schnellwirkende Galenik: 1.5-2 h
    - Galenik mit langsamer Wirkstofffreigabe: 4-5 h
- **IV**: - Plasmatische HWZ: 5-15 min

EKG:
- PR ↑. Kein Einfluss auf QRS, QT, akzessorische Bündel.

Ind:
1. Art. Hypertonie
2. Angina pectoris; Langzeitprophylaxe nach AMI
3. Supraventrikuläre Tachykardien
   - **Metoprolol und alle anderen BB sind bei Präexzitationssyndromen mit breiten QRS-Komplexen NICHT indiziert** (z.B. WPW)
4. Hypertrophe Kardiomyopathie
5. Migräneprophylaxe
6. Hyperthyreose (als Adjuvans)
7. Thyreotoxikose

KI:

I. **Allgemeine BB-Kontraindikationen**

Orale BB
- Sinusbradykardie, Sinusdysfunktion
- AV-Block 2. und 3. Grades
- Rechtsherzdysfunktion als Folge einer pulmonalen Hypertension
- Kongestive Herzinsuffizienz, kardiogener Schock
- Schwere PAVK

*Zusätzliche Kontraindikationen bei BB **IV**-Gabe*
- Asthma
- COPD

II. **BB-Kontraindikationen bei akutem Koronarsyndrom**
- Herzfrequenz < 60/min
- SBD < 100 mmHg
- Aktives Asthma oder reaktive Atemwegserkrankung
- PR > 240 ms, alle AV-Blöcke 2° und 3° (ausser SM implantiert)
- Mittelschwere bis schwere linksventrikuläre Dysfunktion
- Befunde peripherer Hypoperfusion, S. 300
- Schock, S. 20
- Präexzitationssyndrom mit breiten QRS (z.B. WPW)
- Schwere periphere arterielle Verschlusskrankheit

Dos:

I. Orale Gabe
- Art. Hypertonie: 100-400 mg/d
- Akutes Koronarsyndrom: 4x 50 mg/d; je nach Klinik Dosissteigerung
- Herzinsuffizienz: Initial: 2x 12.5-25 mg/d. Erhaltungsdosis: 1x 200 mg/d
- Migräne: 30-200 mg/d

II. **IV**-Gabe
- Initial: 2.5-5 mg **IV** in 1-2 min. Bei Bedarf max. 2x alle 15 min wiederholen (Maximaldosis 15 mg **IV**) oder direkt **IV** kont.: 1-4 mg/h **IV** kont.
- Erhaltungsdosis: 25-200 mg/d **IV**

NW:
- Siehe Kapitel «Betablocker», S. 1247
- Medikamentöse Wechselwirkungen mit dem CYP 450, S. 1452 ff

BRE-VIER

Midazolam DORMICUM®

Allg:
- <u>Wirkungsmechanismus</u>: Agonist der zentralen GABA-A Rezeptoren. Bei diesen Rezeptoren wird die Öffnungsfrequenz erhöht (im Gegenteil zu den Barbituraten, wo deren Öffnungszeiten verlängert wird).
- Intestinale Absorption: 30 min - 4 h
- Eliminations-HWZ: ca. 2 h
- Wirkungsbeginn:
  - PO: 30-60 min
  - **IV**: 2-6 min
  - **IM**: 15 min
- ☆ Schwangerschaft: der Einsatz von Midazolam ist möglich (Klasse D, S. 1240).
- <u>Metabolismus</u>:
  - Midazolam wird durch das CYP P450 3A4 hydroxyliert.
  - Der aktive Hauptmetabolit ist α-Hydroxymidazolam. Dieser wird dann glukuronisiert und renal ausgeschieden. α-Hydroxymidazolam trägt nur minimal (ca. 10 %) zur Wirkung von **IV**-verabreichtem Midazolam bei.
  - Der hepatische First-Pass-Effekt wird auf 30-60% geschätzt.
- Bei Niereninsuffizienz oder bei intravenöser Langzeittherapie kann das BDZ akkumulieren und in gewissen Fällen eine Extubation massiv verzögern!
- Die Dosierung von Midazolam muss der Nierenfunktion angepasst werden!
- Notwendige Sicherheitsmassnahmen vor Verabreichung von intravenösem Midazolam:
  1. Sauerstoff
  2. Erforderliche Medikamente (z.B. Katecholamine, Flumazenil)
  3. Bereitschaft zur Reanimation

  Die kontinuierliche Überwachung der Patienten ist obligat (Hypoventilation, Herzstillstand):
  1. Überwachung der Vitalzeichen während der Erholungsphase
  2. Monitoring der Sauerstoffsättigung im Blut und Sauerstoff griffbereit

Ind:

Indikationen	Adm.	Dosierungen, Bemerkungen
1. Schlafstörungen	PO	• 7.5-15 mg vor dem Schlafengehen
2. Sedierung zur Prämedikation (vor operativen/diagnostischen Eingriffen (z.B. Knochenmarksbiopsie)	IV	• <u>30 min vor dem Eingriff</u>: - 0.07-0.1 mg/kg (= 2-5 mg) - Ältere Patienten: 0.025-0.05 mg/kg (2-4 mg) • «Übliche Dosis»: **2.0-5.0 mg IV** in 10 sek
	IM	• <u>30 min vor dem Eingriff</u>: - 0.07-0.1 mg/kg je nach Alter des Patienten • «Übliche Dosis»: **5 mg IM**
	IR	• <u>20-30 min vor dem Eingriff</u>: - Kinder: **0.35-0.45 mg/kg** (wird mittels eines auf eine Spritze aufgestecken Plastikapplikators eingeführt)
3. Basissedierung bei diagnostischen/ chirurgischen Eingriffen unter Lokalanästhesie	IV	• <u>Initialdosis</u>: - **2.5 mg IV** (in 10 sek). - Dosen von 1 mg können wiederholt angewendet werden (max. 5 mg; bei älteren Personen 3.5 mg)
4. Intravenöse Sedierung auf der IPS	IV	• <u>Initialdosis</u>: - 0.03-0.3 mg/kg (2-20 mg) - Beispiel: **2.5 mg IV** in 10 sek • <u>Erhaltungsdosis</u>: - 0.03-0.2 mg/kg/h (2.0-15.0 mg/h **IV** kont.). Manchmal sind Dosen > 30 mg/h **IV** kont. notwendig
5. Induktion bzw. Aufrechterhaltung einer Anästhesie	IV	• <u>Induktion</u>: - 10-15 mg **IV**, der Schlaf setzt nach 2-3 min ein • Erhaltungsdosis: variabel, je nach Ko-Therapie

NW:
- Art. Hypotonie
- Tachykardie
- Atemdepression, Apnoe
- Herzstillstand
- Sehstörungen
- Kurzzeitige anterograde Amnesie
- Paradoxe Agitation, Hyperaktivität
- Konvulsion
- Erythem, Urtikaria
- Medikamentöse Wechselwirkungen, S. 1452 ff

Intox:
- Flumazenil

Milrinon COROTROP®

Allg:
- Wirkungsmechanismus: Milrinon ist ein Phosphodiesterasehemmer, der die Degradation des intrazellulären zyklischen AMP vermindert und dadurch die intrazelluläre Kalziumkonzentration erhöht. Dies führt zu einer verstärkten zellulären Kontraktilität, was die Inotropie steigert:
  → Systemische Vasodilatation (durch periphere Phosphodiesterasehemmung)
  → Positiv inotrop (Erhöhung des HZM)
  → Verminderung des Lungenkapillaren-Verschlussdruckes (*Wedge-Druck*)
- Wenig Einfluss auf die Herzfrequenz
- Plasmatische Maximalkonzentration (bei **IV**-Gabe): nach 2 min **IV**-Gabe
- Hämodynamisch stärkste Wirksamkeit: nach 90 min
- Eliminations-HWZ (verlängert sich, je ausgeprägter die kardiale Dysfunktion): 1.7-2.7 h
- **Milrinon gleicht dem Dobutamin mit folgenden Unterschieden**:
  - Weniger Arrhythmien unter Milrinon
  - Verminderter Sauerstoffgebrauch unter Milrinon
  - Stärkerer Abfall des peripheren Widerstandes unter Milrinon
  - Milrinon ist wesentlich kostenintensiver

Ind:
- Schwere kongestive kardiale Dysfunktion (NYHA III und IV)

KI:
- Bekannte Hypersensibilität
- ☆ Schwangerschaft: Klasse C, S. 1240

Dos:
- Ladedosis: 50 µg/kg **IV** in 10 min
- Erhaltungsdosis
  a) Normale Nierenfunktion: 0.375-0.75 µg/kg/min
  b) Bei Niereninsuffizienz, je nach Clearance:
  -- 41-50 mL/min: 0.43 µg/kg/min
  -- 31-40 mL/min: 0.38 µg/kg/min
  -- 21-30 mL/min: 0.33 µg/kg/min
  -- 11-20 mL/min: 0.28 µg/kg/min
  -- 6-10 mL/min: 0.23 µg/kg/min
  -- ≤ 5 mL/min: 0.20 µg/kg/min

NW:
- Ventrikuläre und supraventrikuläre Arrhythmien
- Art. Hypotonie
- Kopfschmerzen
- Hypokaliämie
- Thrombozytopenie
- Tremor

Rem:
- Orales Milrinon zeigt eine erhöhte Mortalität (30 % vs. Placebo 24 %) nach 6 Mt. Therapie bei Patienten mit Herzinsuffizienz NYHA III-IV. [Packer M et al, NEJM 1991;325:1468-75]

BRE-VIER

Naloxon NALOXON® Amp 0.4 mg (1 mL)

Allg:
- Wirkungsmechanismus: Naloxon ist ein reiner Antagonist der Morphinrezeptoren μ, κ, δ.
- Verabreichungsmodi: **IV, IM, SC**, SUBL
- Plasma-HWZ: ca. 1 h
- Metabolismus: hepatisch
- Wirkungsbeginn (**IV**): < 2 min. Die **SC**- oder **IM**-Gaben verzögern den Wirkungsbeginn nicht wesentlich.
- Wirkungsdauer: je nach verabreichter Dosis zw. 1-4 h
- ☆ Schwangerschaft: Einsatz möglich (Klasse B, s. 1240)

Ind:
1. Opioid- Intoxikation, s. 112
2. Koma, s. 54

KI:
- VORSICHT
  - Bei Personen mit bekannter oder vermuteter körperlicher Opioid-Abhängigkeit muss Naloxon mit Vorsicht verabreicht werden! Die schnelle Neutralisierung der Opiate kann zu einem akuten Entzugssyndrom führen!
  - Bei vorhandener Atemdepression soll Naloxon in niedrigen Dosen verwendet werden, um die therapeutische Wirkung graduell zu erreichen! Eine sehr engmaschige Kontrolle ist die Regel, v.a. auch darum, weil die HWZ von Naloxon kürzer ist als diejenige gewisser Opiate. Methadon hat eine HWZ von ca. 25 h. Heroin hingegen hat eine mit Naloxon vergleichbare HWZ.

Dos:
1. **Opioid-Überdosierung**, siehe Kapitel «Intoxikation», s. 112
2. **Postoperative Atemdepression**
   - Beatmung mit 100 % Sauerstoff
   - Naloxon: 0.1-0.2 mg **IV** alle 2-3 min um den erwünschten Wachheitsgrad zu erreichen, unter Berücksichtigung des Verlustes der analgetischen Wirkung.

NW:
- Siehe Kapitel «Intoxikation», s. 112

Paracetamol = Acetaminophen

Allg:
- Der Wirkungsmechanismus ist nicht vollständig klar:
  - **Analgetische Wirkung** (zentral >> peripher): durch Hemmung der Prostaglandinsynthese (PGE2)
  - **Fiebersenkende Wirkung**: durch Hemmung der thalamischen Thermoregulation
  - Keine klinisch signifikante entzündungshemmende Wirkung!
- Paracetamol wird im Darm innerhalb von 1-2 h absorbiert.
- HWZ: 1-3 h
- ☆ Schwangerschaft: Der Einsatz von Paracetamol ist möglich (Klasse B, s. 1240)

Ind:
1. Symptomatische Therapie von milden bis mittelschweren Schmerzzuständen
2. Symptomatische Therapie bei Fieber

KI:
- Hypersensibiltät
- Hämolytische Anämie
- Akute Hepatitis
- Schwere Leberinsuffizienz
- Schwere Niereninsuffizienz

Dos:
- Erwachsene > 40 kg (ausser Risikopatient für Hepatopathie, s. 114): 0.5-1 g alle 4-6 h.

Für die PRAXIS:
Maximaldosis von Paracetamol bei Patienten ohne Risikofaktoren (s. 114)**: 4 g/d**

NW:
- Allergische Hautreaktionen (Erythem, Urtikaria u.a.)
- Selten:
  - Allergisch bedingte Thrombozytopenie, Leukopenie, Agranulozytose, Panzytopenie, Neutropenie, hämolytische Anämie
  - Allergische Reaktionen (inkl. Angioödem, Bronchospasmus)
  - Kreuzreaktionen: 5-10 % der Patienten mit ASS-Intoleranz weisen nach Einnahme von Paracetamol dieselben Symptome auf (Hautläsionen, Dyspnoe, Asthma, Anaphylaxie u.a.).
- Hepatitis (die Hepatotoxizität wird durch Alkohol und Barbiturate verstärkt)
- Medikamentöse Wechselwirkungen, s. 1452 ff

Intox:
- Siehe s. 116

Phenprocoumon MARCOUMAR® Tabl 3 mg

Allg:
- Wirkungsmechanismus: als oraler **Vitamin-K Antagonist** hemmt Phenprocoumon die Gerinnungsfaktoren II, VII, IX, X und das Protein C → Antikoagulation.
- Eliminations-HWZ: ca. **160 h**
- Starke Serumproteinbindung (97 %). Nur die freie Fraktion ist biologisch aktiv.
- Vitamin-K-reiche Kost (Salat, Kohl, Spinat u.a.) kann die antikoagulierende Wirkung vermindern.
- ☆ Schwangerschaft: alle OAK sind kontraindiziert (Klasse C, S. 1240).
- Medikamentöse Wechselwirkung siehe «Acenocoumarol», S. 1308

Ind:
- Siehe Acenocoumarol, S. 1308

KI:
- Siehe Kapitel «Orale Antikoagulation», S. 1216

Dos:
- Es gibt verschiedene Schemata (siehe eigene Institution). Hier 2 Beispiele:
  - 1. Tag **6 mg**, 2. Tag **6 mg**, 3. Tag **6 mg**, dann INR bestimmen
  - 1. Tag **9 mg**, 2. Tag **6 mg**, 3. Tag **3 mg**, dann INR bestimmen
- Eine hohe Initialdosis ist wegen initial hyperkoagulärem Zustand zu vermeiden.

Lab:
- INR-Kontrolle:
  - Initial nach 3-4 Tagen
  - Dann ca. 3x/Wo bis der gewünschte INR-Wert erreicht ist (Zielwert S. 1216), dann 1-2x/Wo
  - Wenn der INR-Zielwert stabil ist, kann die INR 1x/Monat bestimmt werden.
  - Vorsicht bei Patienten, welche die Ernährung abrupt wechseln (z.B. längerdauernde Expeditionen ohne Gemüsekost; hier kann der INR-Wert und die damit verbundene Blutungsgefahr massiv ansteigen).
- Kontrolle der Thrombozytenzahl nach 3-5 Tagen Therapie.

NW:
- Blutungen
  - G-I Trakt (inkl. Meläna)
  - Hirnblutung
  - Urogenitaltrakt (Hämaturie)
  - Metro-/Menorrhagie
  - Hepato-biliär (→ Hämobilie)
- Selten
  - Appetitverlust, Nausea, Erbrechen
  - Urtikaria
  - Reversibler Haarausfall
- Sehr selten:
  - Leberschaden
  - Hämorrhagische Hautnekrose (meist bei Mangel an Protein C oder S)
  - Vaskulitis

Bem:
- Dank der langen Eliminations-HWZ von Phenprocoumon ist die Antikoagulation kleineren Schwankungen unterworfen, als unter Acenocoumarol (Eliminations-HWZ ca. 10 h) oder Warfarin (Eliminations-HWZ ca. 40 h). Hingegen muss die Trägheit zwischen einer Dosierungsmodifikation und dem Einfluss auf den INR-Wert berücksichtigt werden!

Phenytoin PHENYTOIT®, PHENHYDAN®

Allg:
- Eigenschaften:
  - Antikonvulsivum
  - Membranstabilisation der zentralen und peripheren Nerven
  - Verstärkung der hemmenden Impulsionen im Kleinhirn
- Wirkungsbeginn (**IV**): 30-60 min. HWZ: 24 h
- *Steady-state* Konzentrationen sind nach 5-10 Tagen Therapie erreicht.

Ind:
1. Partiell komplexe Epilepsie
2. Partielle Epilepsie, sekundär generalisiert (= «Grand mal»)
3. Primäre toniko-klonische Epilepsie (= «Grand mal»)

KI:
- AV-Block 2. und 3. Grades, Syndrom des kranken Sinusknotens
- Myokardinfarkt innerhalb der letzten 3 Mt.
- Schwere linksventrikuläre Dysfunktion
- ☆ Schwangerschaft: Phenytoin ist kontraindiziert (Klasse D, s. 1240)!

Dos:

A. Parenterale Gabe (**IV, IM** ist möglich, aber die Absorptionsrate ist nicht vorhersehbar)
- Initial: 18 mg/kg (bei 70 kg: 1250 mg/25 min) **IV** oder **IM**; dann 250 mg/20 min 3-4x/d
- Infusionsgeschwindigkeit (mit NaCl 0.9 %; NICHT mit G-5 % verdünnen, denn das Phenytoin kann mit der Glukoselösung ausfällen) < 50 mg/min!
- Erhaltungsdosis (wenn die Therapie wirksam ist): 200-300 mg/d **IV** oder PO
- Therapeutische Serumspiegel:
  - Gesamt-Phenytoinämie (= üblich dosierter Parameter): 40-80 µmol/L (10-20 µg/mL). Letales Risiko ab > 100 µg/mL!
  - Freie Phenytoinämie (= aktives Phenytoin!): 4-8 µmol/L (1-2 µg/mL)
- Die Phenytoinämie soll 2-4 Tage nach der Ladedosis bestimmt werden.
- Korrigierte Phenytoinämie unter Berücksichtigung der Albuminämie

$$\frac{\text{Gesamt-Phenytoinämie [µmol/L]}}{\left[\frac{\text{Albuminämie [g/L]}}{38} \times 0.9\right] + 0.1}$$

- Wie soll ein Patient, der schon unter Phenytoin ist, aufgesättigt werden?

$$\left[\frac{40 - \text{Gesamt-Phenytoinämie gemessen [µmol/L]}}{4}\right] \times 0.7 \times \text{Körpergewicht [kg]}$$

B. Orale Gabe (PHENHYTOIN AWD®, PHENHYTOIN HYKMA®)
- 3x 100 mg/d PO. Dann je nach Bedarf anpassen.
- Übliche Dosis: 300-400 mg/d, allenfalls 600 mg/d

NW:
- Häufig (> 5 %):
  - Magenschmerzen, Nausea, Erbrechen
  - Diplopie, Nystagmus, Ataxie, Vertigo, Nervosität, Ruhetremor, Dyskinesien, Dysarthrie
  - Verminderte intellektuelle Leistungsfähigkeit
  - Artikulationsstörungen und mentale Veränderungen
  - Akutes zerebelläres Syndrom (Appetitlosigkeit, Erbrechen, Gewichtsverlust, Apathie, Wahrnehmungs- und Bewusstseinsstörungen, Koma). Diese neurologischen Störungen können in folgenden Situationen auftreten:
    - wenn die Gesamt-Phenytoinämie erhöht ist
    - wenn die Gesamt-Phenytoinämie vermindert ist, aber der Serumspiegel der freien Phenytoinfraktion (= aktive Form!) erhöht ist.
- Gingivahyperplasie (0.1-5 %)
- Selten (< 0.1 %):
  - Arrhythmien: Asystolie, Überleitungsstörungen
  - Exantheme, STEVENS-JOHNSONS-Syndrom, LYELL-Syndrom
  - Leukopenie
- Sehr selten:
  - Fieber, Adenopathie, Pseudolymphom (Adenopathie mit systemischen Symptomen)
  - Knochenmarkaplasie
  - Nephritis, Hepatitis
  - Polyneuropathie, Kleinhirnatrophie

Lab:
- In den ersten 3 Mt. der Therapie sollten 1x/Mt., dann 2x/Jahr, folgende Kontrollen durchgeführt werden:
  - Phenytoin-Plasmakonzentration
  - Blutstatus (eine stabile Leukopenie kann toleriert werden)
  - ALAT, ASAT, γ-GT, alkalische Phosphatase (als Hinweis auf eine Osteoporose)
  - Bei antikoagulierten Patienten, ist eine regelmässige INR-Kontrolle notwendig.

Bem:
- Ein brüskes Absetzen von Phenytoin kann eine epileptische Krise verursachen!
- Medikamentöse Wechselwirkungen, siehe s. 1452 ff!

GELAFUNDIN® - Gelatinepolysuccinat Infusions-Lösung

Gal: • GELAFUNDIN 4 % Ecobag Infusionslösung® 500 mL:
- Na^+ 77 mmol, Cl^- 60 mmol, pH 7.1-7.7, Osmolalität 274 mmol/kg H_2O

Allg: • Kolloidaler Volumenexpander (isoonkotische Gelatinelösung) aus Rinderknochen
• Wirkungsdauer: 3-4 h
• Bei Anwendung eines Kolloids (s. 1321), bleibt, bei intakter Endothelfunktion, der Grossteil des infundierten Volumens intravasal (im Vgl. zu den Kristalloiden, wie NaCl 0.9 % oder Ringer-Laktat, wo nur ca. 1/4 des infundierten Volumens intravasal bleibt, s. 1481)

Ind: • Hypovolämie (Prophylaxe oder Therapie)
• Prophylaxe einer art. Hypotonie (z.B. Anästhesieinduktion)
• Hämodilution

KI: • Schwere Herzinsuffizienz
• Frischer Herzinfarkt
• Schweren Blutgerinnungsstörungen
• Schwere Niereninsuffizienz

Dos: • <u>Notfallsituation</u>:
- 500 mL/5-10 min **IV** (mit BD-Manschette)
- **Maximales** GELAFUNDIN®-**Infusionsvolumen: 10-15 L/24 h**
• Isovoläme Hämodilution:
- Das Volumen von GELAFUNDIN® sollte dem entnommenen Blutvolumen entsprechen (meist maximal 20 mL/kg).

Bem: • Ein bereitgestelltes GELAFUNDIN® muss innerhalb von 4 h gebraucht werden, danach soll es entsorgt werden.

NW: • Anaphylaktische Reaktionen

«Pille danach» LEVOGYNON®, UNOFEM®

Gal : • LEVOGYNON® Tabl 0.75 mg
• UNOFEM® Tabl 1.5 mg

Ind: • **Notfallkontrazeption innerhalb von 72 h** nach ungeschütztem Geschlechtsverkehr, einem erkennbaren Versagen mechanischer Methoden oder bei anderen Umständen,wie z.B. Vergewaltigung.

KI: • Schwangerschaft
• Schwere Leberinsuffizienz

Vorg: • Vor Einnahme dieses Medikamentes soll eine gründliche allgemeine und gynäkologische Untersuchung (Anamnese, Status, einschliesslich der Mammae) stattfinden!
• 0.75 mg Levonorgestrel sind so bald wie möglich nach dem Koitus einzunehmen, spätestens aber innerhalb von 72 h. Weitere 0.75 mg werden 12 h später eingenommen (Gesamtdosis: 1.5 mg).
• Im Falle von Erbrechen innerhalb von 2 h nach Einnahme des Medikamentes, muss diese wiederholt werden!

Bem: • Die nächste Monatsblutung findet meist am üblichen Termin statt.
• Bis zur nächsten Monatsblutung müssen alle sexuellen Kontakte geschützt erfolgen (mechanisch und/oder chemisch: Präservative, Diaphragma, Spermizide, u.a.).
• Die Einnahme von Levonorgestrel ersetzt nicht die notwendigen Schutzmassnahmen gegen sexuell übertragbare Krankheiten (HIV u.a.).

NW: • Brustspannung
• Selten: Nausea, Erbrechen

Propafenon RYTMONORM®

Allg:
- Antiarrhythmikum der Klasse Ic (nach VAUGHAM-WILLIAMS)
- Starker hepatischer First-pass Effekt mit dosisabhängiger Bioverfügbarkeit von 3-40 %.
- Starke Plasmaproteinbindung (97 %)
- Plasmatische Spitzenkonzentrationen nach 3 h (oral eingenommenes Propafenon)

EKG:
- PR ↑
- QRS ↑
- Verlangsamung der akzessorischen Bündel
- Keinen Einfluss auf das Q-Intervall

Ind:
1. Ventrikuläre Tachykardie. Bei der hämodynamisch stabilen VT kann Propafenon als Alternativtherapie eingesetzt werden, ist aber nicht die Therapie der Wahl.
2. Supraventrikuläre Tachykardie, Vorhofflimmern
3. WPW
4. Ventrikuläre Extrasystolen

KI:
- Schwere Herzinsuffizienz
- Kardiogener Schock, art. Hypotonie
- Syndrom des kranken Sinusknotens
- Bradykardie < 50/min (ausser Schrittmacher in situ)
- Bronchospasmus
- ☆ Schwangerschaft: Klasse C, S. 1240

Dos:

I. Orale Gabe
- 3x 150-300 mg/d. Dosiserhöhung alle 3-4 d. Maximaldosis: 900 mg/d (3x 300 mg/d)
- Bei milder/mittelschwerer Leberinsuffizienz: Initialdosis 150 mg/d
- Bei Niereninsuffizienz stehen keine Daten zur Verfügung.

II. **IV**-Gabe
- Initialdosis:
  - 70 mg (oder 0.5-1 mg/kg) in 3-5 min **IV**
  - Bei Bedarf nach 90-120 min wiederholen. Maximaldosis: 2 mg/kg/2 h
- Erhaltungsdosis:
  - 3x 70 mg/d **IV** (max. Infusionsgeschwindigkeit: 0.5-1 mg/min)

NW:
- Arrhythmien:
  - Vorhofflimmern
  - Ventrikuläre Tachykardie
  - Torsade de pointes
  - Supraventrikuläre Tachykardie
  - Bradykardie
- Hautreaktionen, Pruritus
- Hepatitis, Cholestase
- Blutdyskrasie (Anämie, Leukopenie, Thrombozytopenie)
- Kopfschmerzen
- SIADH
- Medikamentöse Wechselwirkungen, S. 1452 ff

Propofol DISOPRIVAN®

Allg:
- Propofol ist ein kurzwirksames Allgemeinanästhetikum.
- Propofol ist analgetisch wenig wirksam.
- Die HWZ ist sehr variabel, je nach pharmakologischer Phase:
  - HWZ α: 2-3 min
  - HWZ β (= Eliminations-HWZ): 30-60 min
  - HWZ γ (= HWZ bei Langzeittherapie): 200-400 min
- Wirkungsbeginn nach 30 sek
- Wirkungsdauer: 30-60 min
- Kann beim Asthmatiker angewendet werden.
- Die Gabe von Propofol wird ausschliesslich von qualifiziertem Personal verabreicht (Anästhesie, Intensivmedizin) und erfordert eine ständige Kontrolle der Vitalparameter. Die unmittelbare Möglichkeit einer maschinellen Beatmung muss vorhanden sein.
- Nach **IV**-Gabe von Propofol müssen folgende Parameter überwacht werden:
  - BD-Abfall: → TRENDELENBURG Position, Volumengabe in Form von Kristalloiden (± Kolloide) ± Katecholamine
  - Bradykardie: → Atropin (0.5-1 mg **IV Bolus**)
- Die Apnoe setzt bei der Induktion ein und dauert ca. 60 sek.

Ind:

1. **Allgemeinanästhesie:** Induktion und Beibehaltung der Narkose
   - Dos:
     - Induktion bei Intubation: 1.0-2.5 mg/kg **IV** Bolus (Hypotonie, v.a. bei Bolusgabe)
     - Beibehalten der Narkose: 4-12 mg/kg/h **IV** kont.
   - Bem:
     - NICHT > 5 mg/kg/h während > 48 h verabreichen, denn es bestehen folgende Risiken:
       - Kardiovaskulärer Kollaps
       - Schwere metabolische Azidose
       - Rhabdomyolyse
2. **Sedierung** für diagnostische oder therapeutische Interventionen
   - Bsp:
     - Chirurgische Eingriffe, elektrische Kardioversion
   - Allg:
     - Obligatorisches kontinuierliches Monitoring:
       - Vitalparameter (inkl. während der Aufwachperiode)
       - Blut-Oxymetrie; Sauerstoff muss bereit stehen!
   - Dos:
     - 0.5-1.0 mg/kg **IV** in 3-5 min (= Induktion), gefolgt von 1.5-4.5 mg/kg/h als Erhaltungsdosis
3. **Induktion/Beibehalten einer Sedierung bei intubierten/beatmeten Patienten**
   - Dos:
     - 0.3-3.0 mg/kg/h **IV** kont. Wenn notwendig, ad 25-50 mg **IV** Boli (langsam)

KI:
- ☆ Schwangerschaft: Propofol ist nicht indiziert (Klasse B, S. 1240)
- Vorsicht bei:
  - Art. Hypotonie
  - Hypovolämie
  - Schockzustand
  - Epilepsie u.a.

NW:
- Bradykardie
- Art. Hypotonie (die kont. **IV**-Gabe verursacht viel weniger BD-Abfälle als **IV**-Boli)
- Epilepsie
- Hypertriglyzeridämie
- Grüne Harnverfärbung

BRE-
VIER

Propranolol DOCITON®

Allg:
- Propranolol ist ein nicht-selektiver Betablocker ohne SIA (siehe S. 1246)
- ☆ Schwangerschaft: kann bei absoluter Indikation eingesetzt werden (Klasse C, S. 1240)

EKG:
- PR ↑
- Kein Einfluss auf: QRS, QT oder akzessorische Bündel

Ind:
1. Art. Hypertonie
2. Angina pectoris
3. Langzeitprophylaxe nach Myokardinfarkt
4. Supraventrikuläre Tachykardie, Vorhofflimmern
5. Hypertrophe Kardiomyopathie
6. Angstbedingte akute somatische Beschwerden (Tachykardien, Tremor u.a.)
7. Migräneprophylaxe
8. Essentieller Tremor (gilt v.a. für lipophile Betablocker wie Propranolol)
9. Hyperthyreose (als Adjuvans)

NW:
- Nebenwirkungen der Betablocker im Allgemeinen
  - Müdigkeit, depressive Verstimmung, Parästhesien, Schwindel, Epilepsie
  - Bradykardie, AV-Block
  - Verschlechterung einer akuten Herzinsuffizienz
  - Bronchospasmus
  - Kalte Extremitäten (ev. RAYNAUD-Phänomen), Claudicatio intermittens
  - Hyperglykämie
  - Hemmung der Kompensationsmechanismen bei Hypoglykämie (z.B. Tachykardie)
  - Gastrointestinale NW:
    - Nausea
    - Diarrhoe, Obstipation
    - Bauchschmerzen
    - Mundtrockenheit
  - Selten:
    - Agranulozytose, Leukopenie
    - Thrombozytopenie
- Medikamentöse Wechselwirkungen, siehe CYP 450 S. 1452 ff

KI:
- Bronchospasmus, Asthma
- Allergische Rhinitis während der Pollensaison
- Signifikante Bradykardie < 50/min
- AV-Block 2. und 3. Grades (ausser Schrittmacher in situ)
- Rechtsherzdysfunktion infolge pulmonaler Hypertension
- Kardiogener Schock
- Präexzitationssyndrom mit breiten QRS-Komplexen (z.B. WPW)
- VORSICHT bei:
  - Schwerer Herzinsuffizienz
  - Schwergradiger PAVK
  - Art. Hypotonie (SBD < 90 mmHg)

Dos:

I. PO Gabe (sehr variable Dosierungen: 10-640 mg/d)
  - Art. Hypertonie .... 2x 80 mg/d, dann je nach Klinik Dosis anpassen
  - Hypertrophe Kardiomyopathie .... > 400 mg/d; max. 640 mg/d
  - Akutes Koronarsyndrom .... 3-4x 40-80 mg/d
  - Migräne .... 40-320 mg/d

II. **IV**-Gabe
  - Bolus:
    - 0.15 mg/kg in 10 min **IV**, oder jeweils mit 1 mg **IV** in 1 min titrieren; alle Minuten kann 1 mg wiederholt werden.
  - Erhaltungsdosis:
    - 2-5 mg 3-4x/d **IV** langsam, oder Dauerinfusion 2-5 mg/h **IV**

NW:
- Siehe Kapitel «Betablocker», S. 1246

Salbutamol

Allg: • Eigenschaften:
- Bronchodilatation via Stimulation der β2-Rezeptoren
- Tachykardie (Stimulation der β1-Rezeptoren)
- Uteriner Muskeltonus ↓

• Wirkungsbeginn: 2-4 min. Wirkungsdauer: 4-6 h

☆ Schwangerschaft: falls absolute Indikation, kann Salbutamol verabreicht werden.

Ind:
1. Akuter Asthmaanfall
2. Prävention des Anstrengungsasthmas
3. Prävention und Behandlung des Bronchospasmus, Asthmas und des COPD
4. Erhaltungstherapie bei: chronischem Asthma, COPD

KI: • Tachyarrhythmien

NW:
• Supraventrikuläre Tachykardie, Vorhofflimmern, Extrasystolen
• Hypokaliämie durch intrazellulären Kalium-Shift
• Metabolische Azidose
• Muskelkrämpfe
• Parodoxer Bronchospasmus
• Tremor, Agitation

Dos:
• Inhalation 2.5-5 mg ....alle 4-8 h je nach Klinik
• **SC, IM** 0.5 mg (1 Amp)....alle 4-6 h je nach Klinik
• **IV** (wird selten angewendet) ....0.25-0.5 mg/5 min **IV** oder 3-20 µg/min **IV** kont.

Für die PRAXIS:
Wenn beim Asthma die β2-Mimetika (z.B. Salbutamol) > 3x/Wo appliziert werden, müssen zusätzlich entzündungshemmende Medikamente (z.B. topische Kortikoide) verabreicht werden. Ausnahme: Präventive Therapie des Anstrengungsasthmas.

Sotalol SOTALEX®

Allg:
• Sotalol gehört zu den Antiarrhythmika der Klasse III (nach VAUGHAM-WILLIAMS).
• Sotalol verlängert die Plateauphase des Aktionspotentials der Myozytenmembran.
• Orale Bioverfügbarkeit (90-100 %)
• Sotalol wird zu 80-90 % im Urin unverändert ausgeschieden.
• Bei Niereninsuffizienz wird Sotalol angereichert (Dosisanpassung bei Niereninsuffizienz).
• Maximale Plasmakonzentrationen: 2.5-4 h
• Der plasmatische *Steady State* ist nach 2-3 Tagen erreicht.
• Eliminations-HWZ: 10-20 h

☆ Schwangerschaft: bei absoluter Indikation kann Sotalol diskutiert werden (Klasse B, s. 1240)

EKG:
• PQ ↑, QT ↑. Kein Einfluss auf QRS.
• Verlangsamung der akzessorischen Bündel

BRE-VIER

Ind:
1. Sinustachykardie
2. Supraventrikuläre Tachykardien, Tachyarrhythmie nach Digoxin-Intoxikation
3. Ventrikuläre Tachykardie
4. Sekundärprophylaxe nach Myokardinfarkt
5. Art. Hypertonie

KI:
• AV-Block 2. und 3. Grades (ausser Schrittmacher in situ)
• Schwere Dysfunktion des Sinusknotens
• Schwere Dysfunktion des LV mit Herzinsuffizienzzeichen
• Asthma, COPD, allergische Rhinitis
• Art. Hypotonie (SBD < 90 mmHg)
• Signifikante Sinusbradykardie (< 50/min)
• Langes QT, Torsade de pointes
• Präexzitationssyndrome mit breiten QRS-Komplexen (z.B. WPW)
• Hypokaliämie
• Niereninsuffizienz

Bem: • Das gegebene Risiko der Torsade de pointes verlangt, dass Elektrolytstörungen vor Beginn der Therapie mit Sotalol gesucht und ausgeschlossen werden, speziell:
- Hypokaliämie, Hypomagnesiämie

Dos: I. PO
- 2x 80 mg/d, dann bei Bedarf bis auf 240-320 mg/d in 2-3x/d erhöhen.

II. **IV**-Gabe
- 20 mg/5 min **IV**, je nach Klinik, können bei Bedarf nach 20 min nochmals 20 mg/20 min **IV** verabreicht werden. Maximaldosis: 1.5 mg/kg **IV** (in 4 Appl./d)

NW:
• QT-Verlängerung mit dem Risiko einer Torsade de pointes.
• Betablocker-assoziierte NW, siehe s. 1247

Vasopressin PRESSYN® (in Deutschland nicht erhältlich)

Syn: • ADH (antidiuretisches Hormon), 8-Arginin Vasopressin

Allg: • Vasopressin ist ein Polypeptid, das im Hypothalamus synthetisiert wird (nucleus supraopticus und paraventricularis).

- Beim distributiven Schock (z.B. septischer Schock) ist der Serumspiegel des endogenen Vasopressins niedrig, wahrscheinlich infolge Störung des Baroreflexes, welcher die hypothalamische Vasopressinsekretion beeinflusst.
- Eigenschaften
  - Vasopressin kann verschiedene Rezeptoren aktivieren, z.B. V1, V2, welche folgende Eigenschaften haben:
    - V1: Vasokonstriktion und Erhöhung der Prostaglandine
    - V2: Renale Wasserretention
  - Vasopressin ist bei Azidose wirksamer als ADRENALIN® und kann deshalb in folgenden Situationen angewendet werden:
    - Schock
    - Asystolie
    - Ventrikuläres Flimmern
    - Septischer Schock
- Wirkungsmechanismus:
  - Erhöhung der zyklischen AMP → erhöhte Wasserpermeabilität in den Nierentubuli → Verminderung des Harnvolumens mit erhöhter Harnosmolalität.
  - Stimulierung der Magen-Darm-Motilität
- Wirkungsbeginn (bei intranasaler Appl.): 1 h
- Eliminations-HWZ (bei Appl.: intranasal, **IM, SC**): 10-20 min
- Wirkungsdauer:
  - Intranasal: 3-8 h
  - **IM**, **SC**: 2-8 h
- VORSICHT bei folgenden Patienten oder in folgenden Situationen:
  - Polyvaskuläre Pathologie
  - Migräne
  - Asthma
  - Ältere Personen
  - Herzinsuffizienz
  - Niereninsuffizienz

Ind:

1. **Ventrikuläres Flimmern und ventrikuläre Tachykardie ohne Puls**
   - 40 E **IV** Bolus in einmaliger Gabe, siehe Algorithmus S. 5
2. **Asystolie**
3. **Distributiver Schock** (z.B. septischer Schock)
   - **IV**-Perfusor: 0.01-0.04 E/min **IV**

NW:

- Art. Hypertonie (mit Risiko eines akuten Koronarsyndroms)
- Arrhythmie
- Fieber
- Schwindelgefühl
- Bauchkrämpfe
- Nausea, Erbrechen
- Tremor
- Bronchospasmus

Verapamil ISOPTIN®

Allg: • Wirkungsmechanismus:
- Verapamil ist ein Kalziumantagonist der Gruppe der Phenylalkylamine (s. 1262), der den transmembranösen Einstrom von Kalzium in die Herz- und Gefässmuskelzelle hemmt.

• Verapamil ist stark inotrop negativ und stark chronotrop negativ (bradykardisierend), siehe Tabelle, s. 1262

☆ Schwangerschaft: Verampamil kann bei absoluter Indikation verabreicht werden (Klasse C, s. 1240).

Ind: **1. Schmalkomplextachykardien**

Bsp:
- Sinustachykardie (es muss aber immer deren Ursache gesucht werden)
- Vorhofflimmern, Vorhofflattern, Vorhoftachykardie
- Reentry Tachykardien

Dos:
- Bolus: 5-10 mg in 10 min **IV** (0.075-0.15 mg/kg), evtl. nach 30 min wiederholen
- Erhaltungsdosis: 0.005 mg/kg/min **IV** kont.

2. Stabile Angina pectoris, PRINZMETAL-Angina

Allg:
- Die Kalziumantagonisten sind in der Akutphase des Koronarsyndroms NICHT indiziert.

Dos:
- 3-4x 80 mg/d PO. Bei Bedarf Dosis steigern. Maximaldosis: 480 mg/d PO

3. Art. Hypertonie

Dos:
- 3x 80 mg/d. Bei Bedarf Dosis steigern (3x 160 mg/d). Maximaldosis 480 mg/d

4. Hypertrophe Kardiomyopathie

Dos:
- 3-4x 80-120 mg/d. Bei Bedarf Dosis steigern. Maximaldosis 600-720 mg/d

EKG:
- PR ↑↑
- Kein Einfluss auf: QRS-Komplexe, QT, akzessorische Bündel

KI:
- Akutes Koronarsyndrom
- Breitkomplex Tachykardie
- Schwere kardiale Dysfunktion (Verapamil ist stark inotrop negativ)
- Art. Hypotonie

Dos: I. PO
- Je nach Indikation, siehe «Ind:»

II. **IV**-Gabe
- Bolus: 5-10 mg über 10 min **IV** (0.075-0.15 mg/kg), bei Bedarf nach 30 min wiederholen
- Erhaltung: 0.005 mg/kg/min **IV** kont.

NW:
- BD-Abfall
- Bradykardie
- AV-Block
- Herzinsuffizienz (negative Inotropie), Ödeme
- Verapamil erhöht den Serumspiegel von Digoxin
- Obstipation
- Kopfschmerzen
- Gesichtsröte, Erythromelalgie
- Parästhesien
- Medikamentöse Wechselwirkungen, siehe s. 1452 ff

Adot:
- **Atropin 1 mg IV Bolus**

Warfarin COUMADIN®

Gal: • Warfarin ist in der Schweiz nicht erhältlich.

Allg: • Wirkungsmechanismus: siehe Acenocoumarol, S. 1308

- Eliminations-HWZ: **36-42 h**
- Vitamin-K-reiche Kost (Beispiele mit absteigendem Kaliumgehalt):
  - Avocados
  - Orangen- oder Grapefruitsaft
  - Getrocknete Aprikosen
  - Bananen
  - Spinat
  - Broccoli
  - Salat
  - Kohl
- Eine Vitamin-K-reiche Koste kann die antikoagulierende Wirkung von Warfarin vermindern!
- Medikamentöse Wechselwirkung, siehe Acenocoumarol, S. 1308

☆ Schwangerschaft: Warfarin, wie alle anderen OAK, sind kontraindiziert (Klasse C, S. 1240)

Ind: • Siehe Acenocoumarol, S. 1308

Dos: • 4-5 mg/d (= mittlere Erhaltungsdosis) während 3 Tagen

- Eine hohe Aufsättigungsdosis ist infolge initialem hyperkoagulärem Zustand zu vermeiden.

Lab: • INR Verlaufskontrollen:

  - INR nach 3 Tagen Warfarintherapie, danach ca. 3x/Wo bis der gewünschte INR-Wert erreicht ist, dann 1-2x/Woche
  - Wenn der INR stabil bleibt, kann dessen Bestimmung auf 1x/Mt. reduziert werden.
- Thrombozytenkontrolle nach 3-5 Tagen Therapie

NW: • Siehe Phenprocoumon, S. 1329

KI: • Siehe Acenocoumarol, S. 1308

LABOR-DIFFERENTIALDIAGNOSE

Albumin

N: ⦿ Albuminämie: 32.5-45.5 g/L
⦿ Normwerte der Immunglobuline, siehe Kapitel «Normwerte», S. 1446 ff

Allg:
- 1 µmol/L = 0.069 g/L
- Albumin ist ein Anion (d.h. negativ gelandenes Protein).
- Albumin ist das potenteste Kolloid und somit die effizienteste Volumenersatzflüssigkeit.
- Ödeme werden bei Serumalbuminwerten von < 23.5 g/L beobachtet.
- Die Hypalbuminämie beeinträchtigt die Narbenheilung.

DD:

Hypalbuminämie

- Siehe Hypoproteinämie, S. 1427. Anzufügen ist:
  - Kongenitale Hypalbuminämie (hereditäre Analbuminämie)

Hyperalbuminämie

- Dehydratationszustände
- Nach Albumininfusionen

Elektrophorese der Plasmaproteine

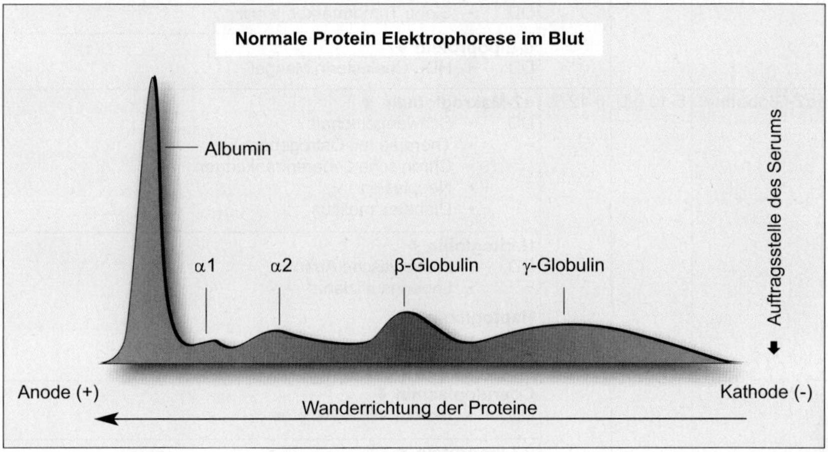

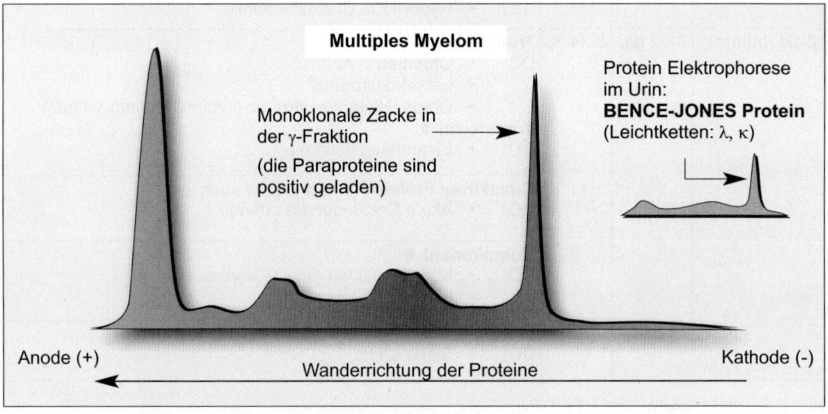

Elektrophorese der Serumproteine: Differentialdiagnose

Protein	Konzentration g/L	Konzentration %	Spezifische Proteine - DD und Bemerkungen
Albumin	40 g/L	60 %	**Albumin ⬇** DD: • Leberinsuffizienz*, Malnutrition • Akute/chronische Entzündungszustände • Eiweissverlust durch den Darm • Nephrotisches Syndrom Klin: • Ödeme bei Hypalbuminämie < 23.5 g/L Bem: • Bisalbuminämie (zweigipfliger Albuminpeak, keine klinische Bedeutung)
α1-Globuline	1-4 g/L	3-8 %	**α1-Antitrypsin ⬇** DD: • Leberinsuffizienz* • Lungenemphysem
			α1-Glykoprotein ⬆ DD: • Entzündungszustände • Neoplasien • Schwangerschaft
			α-Foetoprotein DD: • Siehe Tumormarker, S. 1437
			α-Lipoprotein ⬇ DD: • HDL-Cholesterin Mangel
α2-Globuline	5-10 g/L	6-12 %	**α2-Makroglobulin ⬆** DD: • Schwangerschaft • Therapie mit Östrogenen • Chronische Lebererkrankungen • Neoplasien • Diabetes mellitus
			Haptoglobin ⬇ DD: • Hämolytische Anämie • Leberinsuffizienz* **Haptoglobin ⬆** DD: • Neoplasien • Chronische Erkrankungen
			Coeruloplasmin ⬇ DD: • Morbus WILSON, S. 597
			β-Lipoprotein ⬆ Bem: • Hyper-HDL Cholesterinämie
β-Globuline	6-12 g/L	8-14 %	**Transferrin ⬇** DD: • Chronische Anämie • Leberinsuffizienz* • Chron. Niereninsuffizienz (infolge renalem Verlust) **Transferrin ⬆** DD: • Eisenmangelanämie
			C-reaktives Protein (CRP) ⬆, siehe auch S. 1372 DD: • Akute Entzündungszustände
			Komplement ⬇ DD: • Konnektivitiden (infolge Verbrauchs) • Leberinsuffizienz*
			Fibrinogen ⬇ DD: • Siehe S. 1375

* Die Leberinsuffizienz verursacht eine Verminderung der hepatischen Proteinsynthese.

Protein	Konzentration		Spezifische Proteine - DD und Bemerkungen
	g/L	%	
γ-Globuline	6-15 g/L	12-18 %	**Immunglobuline ⬆** DD: • Monoklonal - Paraproteine — Multiples Myelom — MGUS *(Monoclonal gammopathy of undetermined significance)* — Makroglobulinämie WALDENSTRÖM — AL-Amyloidose — Lymphoproliferatives Syndrom • Polyklonal: - Hepatopathien — Zirrhose — Hepatitis - Chronische Entzündungen - Autoimmunerkrankungen - Konnektivitiden - AIDS - Neoplasien
			Immunglobuline ⬇ DD: • Angeboren • Erworben - Chronisch lymphatische Leukämie - Nephrotisches Syndrom
Nachweis freier Leichtketten			**Freie Leichtketten** Bem: • Der Nachweis freier Leichtketten detektiert auch geringe Mengen unterhalb der Nachweisschwelle der Immunfixation. • Die Ratio «kappa / lambda» ist ein Marker für die Klonalität und nützlich bei: - Nicht-sekretorischem Myelom (Diagnostik, Verifizierung und Monitoring) - Leichtkettenmyelom (Diagnostik und Monitoring) - Primärer Amyloidose - MM mit intakten Ig (Monitoring) - MGUS (Transformationsrisiko in MM)

Tabelle: DD der Serumproteine

LABOR

Alkalische Phosphatase (AP)

N: ⊙ 30-120 E/L

Allg:
- Kinder haben eine starke osteoblastische Aktivität. Deshalb sind die AP-Werte dementsprechend hoch (bis 3x den Normwert beim Erwachsenen).
- Die AP und die Leucin-Aminopeptidase (LAP) können bei Cholestase stark erhöht sein und auch noch während mehrerer Monate nach Abklingen des Ikterus erhöht bleiben.
- AP-Serumwerte sind erhöht, wenn folgende Strukturen pathologisch verändert sind:
  - **Knochen**
  - **Leber**
  - Magen-Darm-Trakt
  - Nierentubuli
  - Gallenwegsepithel/Cholestase
  - Plazenta
  - Leukozyten

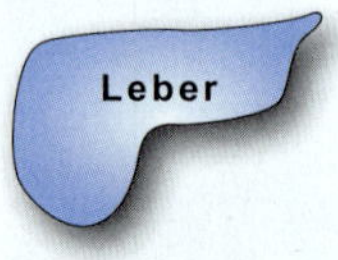

Erhöhung der AP: Sind die Knochen oder die Leber betroffen?

Erkranktes Organ	AP	γ-GT	5-NT	LAP
- **Knochen**	↑	N	N	N
- **Leber**	↑	↑	↑	↑

AP = Alkalische Phosphatase
5-NT = 5 Nukleotidase
LAP = Leucin-Aminopeptidase
γ-GT = γ-Glutamyltransferase

DD: ↗
- Knochenerkrankungen
  - Knochenmetastasen (beim Prostatakarzinom besonders erhöht)
  - Osteoblastische Tumoren (osteogenes Sarkom, metastatische Karzinome)
  - Neoplasien: HODGKIN Lymphom, osteogenes Sarkom u.a.
  - Morbus PAGET (bis 10-20x den Normwert), S. 729
  - Osteomalazie
- Hyperparathyreoidismus
- Hyperthyreose
- Schwangerschaft (3. Trimenon, Normwerte werden nach 3-6 Wochen post-partum erwartet)
- Im Alter steigt die AP an (z.B. 65-jährige Frauen haben ca. 50 % höhere Serumwerte als 30-jährige)
- Lebererkrankungen
  - Intra- oder extrahepatische Gallenwegsobstruktion
    - -- Steine
    - -- Tumor
    - -- Primär biliäre Cholangitis (Antimitochondriale Ak bei 90-95 %)
    - -- Primär sklerosierende Cholangitis (siehe auch ANCA, S. 1054)
  - Leberknoten
    - -- Tumor
    - -- Abszess
    - -- Zyste
    - -- Parasitose
    - -- Tuberkulose
    - -- Sarkoidose u.a.
  - Leberstau z.B. bei Rechstherzinsuffizienz
  - Hepatitis (viral, alkoholtoxisch u.a. Noxen)
  - Amyloidose
  - Leukämie u.a.
  - Medikamentöse Cholestase
    - -- Amitriptylin
    - -- Carbamazepin
    - -- Ceftriaxon
    - -- Dapson
    - -- Erythromycin
    - -- Kortikoide
    - -- Östrogene
    - -- Phenothiazin

↘ • Malnutrition
• Zinkmangel
• Magnesiummangel
• Hypothyreose
• Perniziöse Anämie (bei ca. ⅓ der Patienten)
• Hypophosphatasie (tiefer Serumspiegel der AP); es handelt sich hier um einen fulminanten Morbus WILSON.

N • Multiples Myelom (hier wird eine osteoklastische Aktivität beobachtet, welche mit dem *Osteoclaste activating factor* assoziiert ist).
• Erbliche Cholestasen
  - DUBIN-JOHNSON-Syndrom
  - ROTOR-Syndrom
  - GILBERT-Syndrom
  - CRIGLER-NAJJAR-Syndrom
• Alkoholeinnahme bei gesunden Personen (im Gegensatz zu den γ-GT, welche in diesem Fall erhöht sind)

Cholestase

Klin: **Laborchemische und klinische Auswirkungen der Cholestase**

1. Erhöhung folgender Laborparameter:
   - Alkalische Phosphatase, S. 1344
   - Bilirubin, S. 1369
   - γ-GT, S. 1376
2. Ikterus (wird sichtbar bei Bilirubinwerten > 35-50 µmol/L)
3. Erhöhung der Gallensalze:
   - Pruritus
   - Malabsorption
   - Hypovitaminosen: A, D (Osteomalazie), E, K (Gerinnungsstörungen)
4. Dyslipidämie, evtl. Hypercholesterinämie

Für die PRAXIS:
Eine Cholestase kann auch ohne Bilirubinerhöhung vorliegen.

Amylase (Serum), pankreatische Amylase (p-Amylase)

N: ⊙ 0 - 130 E/L
Allg: • Plasmatische HWZ: 8-12 h, renale Ausscheidung

Für die PRAXIS:
• Die «Total-Serumamylase» umfasst die pankreatischen und Speicheldrüsen-Isoenzyme und ist aus diesem Grund weniger spezifisch für die Diagnose einer Pankreatitis, als die «Pankreas-Amylase» und auch als die Serum-Lipase.
• Akute Pankreatitis und Kinetik der Amylase:
  - Anstieg bis 40x den Normwert
  - Anstiegsbeginn nach 3-6 h
  - Maximalwert nach 20-30 h
  - Bleibt während 2-3 Tagen erhöht, dann Normalisierung
  - Normale Amylasewerte können in folgenden Situationen beobachtet werden:
    -- Alkoholische Pankreatitis
    -- Pankreatitis im Spätverlauf

DD: ↗ • Akute Pankreatitis
• Akute Alkoholeinnahme
• Obstruktion des WIRSUNG-Gangs
  - Lithiasis
  - Opioide (medikamentöser Spasmus des Sphinkter ODDI)
• Niereninsuffizienz (oft ohne Pankreatitis)
• Neoplasien: Lunge, Pankreas, Ovar, Mamma, Kolon
• Perforierendes Ulkus
• Ösophagusruptur
• Nach abdominalen chirurgischen Eingriffen u.a.

ASAT - Aspartataminotransferase (= GOT)

N: ⦿ 0-35 E/L (tägliche Variation < 10 E)

Allg:
- ASAT ist ein intrazelluläres Enzym, welches in allen Organen vorkommt, besonders aber im **Herzmuskel**, in der **Leber** und den **Erythrozyten**.
- Im Gegensatz zu den ALAT ist ASAT auch in den Mitochondrien vorhanden, was bei der alkoholischen Hepatopathie zu den erhöhten ASAT-Werten führt.

Für die PRAXIS:
- Bei alkoholinduzierter Leberenzymerhöhung ist die ASAT typischerweise stärker erhöht als die ALAT und beträgt aber i.d.R. nicht mehr als 500 E/L.
- CK/ASAT < 10: Herzmuskelpathologie
  > 10: Skelettmuskelpathologie
- LDH/ASAT > 12: Erythrozytenpathologie
- γ-GT/ASAT > 6: Alkoholtoxische Hepatitis
  < 1: Akute Virushepatitis

- Gewebe und Enzymgehalt:
  - Leberparenchym LDH > ASAT > ALAT
  - Herzmuskel CK > LDH > ASAT >> ALAT
  - Skelettmuskel CK >> LDH > ASAT >> ALAT
  - Erythrozyten LDH >> ASAT >> ALAT
- Ein schneller Anstieg und schneller Abfall lassen eine extrahepatische biliäre Erkrankung vermuten.

DD: ↗
- **Akute Erhöhung**
  - Sehr hohe ASAT-Werte (20-100x N) sprechen für eine aktive Leberzellzekrose!
    -- Virale Hepatitis (ALAT > ASAT); Werte > 5'000 E/L, aber < 10'000 E/L
  - Akuter Schub einer Leberzirrhose (vergleichbarer Anstieg in ALAT und ASAT)
  - Leberstau
    -- Rechtsherzinsuffizienz (2-5x N)
    -- Gallenwegsobstruktion
    -- Lebertumor
    -- Granulome u.a.
  - Akuter Myokardinfarkt
  - Medikamentös/toxisch (Werte > 10'000 E/L können erreicht werden)
    -- Anabolika
    -- *Angel dust* (Phencyclidin)
    -- Ciprofloxacin
    -- Carbamazepin
    -- Ecstasy (Methoxy-3,4-Methylendioxymethamphetamin)
    -- Fluconazol
    -- Heparin
    -- Statine (HMG-CoA Reduktase-Hemmer): Atorvastatin, Lovastatin, Fluvastatin, Pravastatin, Rosuvastatin, Simvastatin
    -- Isoniazid
    -- Ketoconazol
    -- Kokain
    -- Nitrofurantoin
    -- NSAR (inkl. ASS)
    -- Opioide
    -- Paracetamol (hepatotoxischer Metabolit: N-Acetyl-p-Benzoquinonimim)
    -- Penicillin
    -- Phenytoin
    -- Sulfonylharnstoffe: Glimepirid, Glibenclamid (= Glyburid), Glipizid, Glibornurid
  - Muskuläre Ursache
    -- Intramuskuläre Injektionen
    -- Myoglobinurie
  - Sonstige Ursachen
    -- Akute Pankreatitis
    -- Magen-Darm Operationen
    -- Intestinale Ischämie
    -- Schockleber (akute Ischämie); Werte > 10'000 E/L werden beobachtet
    -- Schlaganfall (in der Folgewoche bei ca. 50 % der Patienten)
    -- Verbrennungen
    -- Hämolytische Anämie

- **Chronische Erhöhung**
  - Hepatische Ursachen
    - Alkoholabusus (Werte < 500 E/L werden beobachtet)
    - Medikamentös (siehe akute Erhöhung)
    - Chronische Hepatitis B und C
    - Autoimmun-Hepatitis
    - Hämochromatose
    - Morbus WILSON (bei Patienten $\geq$ 40 Jahre), S. 597
    - Mangel an α1-Proteinaseinhibitor, S. 457
  - Nicht hepatische Ursachen
    - Zöliakie (Glutenintoleranz)
    - Erworbene Muskelerkrankungen
    - Intensive körperliche Aktivität (Marathon)

N

- Angina pectoris
- Perikarditis
- Linksherzinsuffizienz ohne Leberstauung
- Adipositas (im Gegensatz zu den ALAT, wo eine Erhöhung bis zu 3x N beobachtet wird)

↘

- Urämie
- Chronische Niereninsuffizienz

ASAT/ALAT-Ratio (N: 0.7-1.4)

Ratio ↗

- Medikamentöse Hepatotoxizität (Ratio > 2)
- Hepatozelluläres Karzinom
- Lebermetastasen
  → Ratio > 3; die ASAT können 500 E/L überschreiten
- Herzinsuffizienz
  → Ratio > 3; die ASAT können 500 E/L überschreiten
- Alkoholische Hepatitis
  → Ratio > 2 bei 90 % der chronischen Alkoholiker
- Leberzirrhose
  → Ratio 1.4-2
- Intrahepatische Cholestase
  → Ratio > 1.5
- Chronische Hepatitis
  → Nur leicht erhöht; Ratio ca. 1.3

Ratio ↘

- Akute Hepatitis (viral, medikamentös/toxisch)
  → Eine ASAT/ALAT-Ratio von 0.3-0.6 hat i.d.R. eine gute Prognose.
  → Eine Ratio von 1.2-1.6 hat oft eine schlechtere Prognose.
- Adipositas

ALAT - Alaninaminotransferase (= GPT)

N: ⦿ 0-35 E/L

Allg:
- ALAT ist vorwiegend ein Leberenzym, das im Zytosol vorkommt. Im Gegensatz zu den ASAT, kommt es nicht in den Mitochondrien vor.
- Die Aktivität der ALAT ist in folgenden Organen vorhanden:
  - Nieren
  - Herz
  - Skelettmuskeln u.a.
- Die Serumwerte liegen bei Frauen ca. 25 % tiefer als bei Männern.
- ASAT und ALAT verlaufen meist parallel.

DD:

↗
- Siehe ASAT, S. 1346
- Adipositas (< 3x den Normwert; die ASAT ist hingegen normal bei Adipositas)
- Schwergradige Präeklampsie
- Rasch progrediente akute lymphoblastische Leukämie

↘
- Urogenital Infekt
- Neoplasie

Vorg: **Asymptomatische ASAT- bzw. ALAT-Erhöhung: praktisches Vorgehen**

Abklärungsparameter	Diagnose
Grundbilanz	
• Anti-HCV Ak	• Chronische Hepatitis C
• HBs Ag • Anti-HBs Ak • Anti-HBc Ak	• Chronische Hepatitis B (definiert als Persistenz des HBs Ag > 6 Mt.)
• Serumeisen, TEBK, S. 896, 1511	• Hämochromatose (bei TEBK > 60 %)
• Serumcoeruloplasmin	• Morbus WILSON
• Serum-Protein-Elektrophorese	• Tiefe α1-Globulin-Werte weisen auf einen α1-Proteinaseinhibitor Mangel (S. 457) hin
Spezielle Tests (bei negativer Grundbilanz indiziert)	
• PCR für Hepatitis C	• Hepatitis C
• α1-Antitrypsin: Phänotypisierung	• α1-Proteinaseinhibitor Mangel, S. 457
• Antiendomyosin Antikörper	• Zöliakie (Glutenintoleranz)
• Antitransglutaminase Ak	• Zöliakie (Glutenintoleranz)
• CK • Aldolase	• Hohe Konzentrationen können auf eine Myopathie hinweisen.

Tabelle: Asymptomatische Transaminasenerhöhung [NEJM 2000 ;342 :1266-71].

TEBK = totale Eisenbindungskapazität

LABOR

Autoantikörper und ihre klinische Häufigkeit

▸ **ANA** (Antinukleäre Antikörper)	**positive ANA** [%]*
Autoimmunhepatitis	100
Systemischer Lupus erythematodes (SLE)	> 95
Mischkollagenosen (MCTD)	90
SJÖGREN-Syndrom	75-90
Colitis ulcerosa	75
Mononukleose	70
Systemsklerose (diffuse und limitierte Sklerodermie)	40-90
Hypergammaglobulinämische Purpura	66
Idiopathische Lungenfibrose	55
Dermatomyositis, Polymyositis	40-60
Akute Leukämie	25-50
Myasthenia gravis	35
Silikose	26
Rheumatoide Arthritis	25
Makroglubulinämie WALDENSTRÖM	16
Normalproband:	
20-60 Jahre	0-3
> 60 Jahre	20
Titer 1/80 (alle Altersgruppen)	10-15
Titer 1/160 (alle Altersgruppen)	5
GOODPASTURE-Syndrom	10
Kryoglobulinämie	10
Autoimmunthyroiditis (HASHIMOTO)	7
Extrinsische allergische Alveolitis	2
Ankylosierende Spondylitis (BECHTEREW)	0
Rheumatisches Fieber	0
Psoriasisassoziierte Arthritis	0

▸ **RF** (Rheumafaktor)	**positiver RF** [%]*
SJÖGREN-Syndrom	75-95
Rheumatoide Arthritis (Erwachsener)	50-90
Kryoglobulinämie	40-100
Mischkollagenosen (MCTD)	50-60
Systemischer Lupus erythematodes (SLE)	30-35
Systemsklerose (diffuse und limitierte Sklerodermie)	20-30
Alter > 70 Jahre	10-25
Polymyositis, Dermatomyositis	5-15
Panarteriitis nodosa (PAN)	10
Ankylosierende Spondylitis (BECHTEREW)	< 5

* Es handelt sich um Mittelwerte (starke Variation, je nach Literaturangabe)

▸ RF (Fortsetzung)

	positiver RF [%]*
Infektionen	
Endokarditis	25-50
Virale Infekte	15-65
Syphilis	13
Tuberkulose	8
Pneumopathien	
Lungenfibrose	10-50
Sarkoidose	3-33

▸ ANCA (Antineutrophile zytoplasmatische Antikörper)

Es werden 3 verschiedene ANCA unterschieden:

	positive c-ANCA§ [%]* **positive Anti-PR3**¶ [%]*
WEGENER-Granulomatose	85
Panarteriitis nodosa (PAN)	10-15
Rasch progrediente Glomerulonephritis	15
CHURG-STRAUSS-Syndrom**	5

	p-ANCA#, **positive Anti-MPO**‡ [%]*
CHURG-STRAUSS-Syndrom**	70-90
Rasch progrediente Glomerulonephritis	80
Mikroskopische Polyangiitis	70
Systemischer Lupus erythematodes (SLE)	25
SJÖRGREN-Syndrom	25
Primär sklerosierende Cholangitis	20
Panarteriitis nodosa (PAN)	20

	positive x-ANCA† [%]*
Primär sklerosierende Cholangitis	50
Colitis ulcerosa	50
Autoimmunhepatitis	35
Primär biliäre Zirrhose	30
Morbus CROHN	15

§ c-ANCA = Antikörper vom zytoplasmatischen Typ
¶ Anti-PR3 = Antikörper, welche gegen die Proteinase 3 gerichtet sind
# p-ANCA = Antikörper vom perinukleären Typ
‡ Anti-MPO = Antikörper, welche gegen die Myeloperoxidase gerichtet sind
† x-ANCA = Antikörper vom perinukleären Typ, teilweise zytoplasmatisch
* Es handelt sich um Mittelwerte (starke Variation, je nach Literaturangabe)
** CHURG-STRAUSS Syndrom = Vaskulitis, Asthma und Hypereosinophilie

Zu suchende Antikörper bei Vd. auf Konnektivitis/rheumatische Krankheit

ANA negativ: DD

Klinik	Zu suchende Antikörper†	% der positiven Ak	**Mögliche Diagnosen**
• Hautmanifestationen (Photosensibilität, Schmetterlingserythem) • Gelenkbeschwerden • Schleimhautulzera • Serositis (Pleuritis, Perikarditis) • Schlaganfall, Epilepsie, Psychose	Antiphospholipid Ak, s. 1040	44 %	**Systemischer Lupus erythematosus (SLE)**
• Arterielle Thrombose • Venenthrombose • Rezidivierende Aborte	Antiphospholipid Ak, s. 1040		**Antiphospholipid-Syndrom**

Schema 1: Zu suchende Antikörper bei Vd. auf eine Konnektivitis oder eine andere rheumatische Krankheit bei negativen ANA.

ANA = Antinukleäre Antikörper

† Das Screening dieser Antikörper hat nur dann einen Sinn, wenn die Anamnese und die Klinik die Diagnose einer Konnektivitis oder einer anderen rheumatologischen Krankheit vermuten lassen.

ANA positiv[f]: DD

Klinik	Zu suchende Antikörper[†]	% der positiven Ak	Mögliche Diagnosen (pathologische ANA[f])
• Hautmanifestationen (Photosensibilität, Schmetterlingserythem) • Gelenkbeschwerden • Schleimhautulzera • Serositis (Pleuritis, Perikarditis) • Schlaganfall • Epilepsie, Psychose	Anti-native-dsDNA Anti-Sm Anti-Ro (Anti-SS-A) Anti-Histon	40-70 % 30 % 40-60 % 30 %	> 95 % **Systemischer Lupus erythematosus (SLE)**
• Medikamentöse Exposition (siehe S. 1043)	Anti-Histon Anti-native-dsDNA	> 95 % < 5 %	> 95 % **Medikamentöser Lupus**
• Sicca Syndrom (Mund, Schleimhäute, Augen)	Anti-Ro (Anti-SS-A) Anti-La (Anti-SS-B)	70-95 % 60-90 %	50-80 % **SJÖGREN Syndrom**
• Myositis	Anti-Jo 1	10-50 %	40-60 % **Polymyositis, Dermatomyositis**
• RAYNAUD Phänomen • Sclerodactylie • Myositis • Telangiektasie • Ösophagusbefall • Pneumopathie	Anti-Scl 70	30-70 %	70-90 % **Diffuse Systemsklerose**
	Anti-Zentromere	70-90 %	40-60 % **Limitierte Systemsklerose**
	Anti-RNP	> 95 %	> 95 % **MCTD**
• Hämaturie • Dyspnoe, Hämoptyse	Anti-Basalmembran	60-80 %	10 % **GOODPASTURE Syndrom**
• Arthritis • Rheumaknoten	Rheumafaktor (RF)	85 %	25 % **Rheumatoide Arthritis**
• Arthralgie • Purpura • Neuropathie • Kopfschmerzen • Sehstörungen	Kryoglobuline, S. 1074 Rheumafaktor (RF)	100 % 95 %	10 % **Nephropathie, Kryoglobulinämie**

Schema 2: Zu suchende Antikörper bei Vd. auf eine Konnektivitis oder eine andere rheumatische Krankheit bei pathologischem ANA.

MCTD = Mixed connective tissue disease
RNP = Ribonukleoprotein
Anti-Ro = Anti-SS-A
Anti-La = Anti-SS-B
Anti-Sm = Anti-SMITH Antikörper

ƒ ANA-Titer von 1/80 werden bei 10-15 % der Normalbevölkerung beobachtet und Titer von 1/160 bei 5 %.

† Das Screening dieser Antikörper hat nur dann einen Sinn, wenn die Anamnese und die Klinik die Diagnose einer Konnektivitis oder einer anderen rheumatologischen Krankheit vermuten lassen.

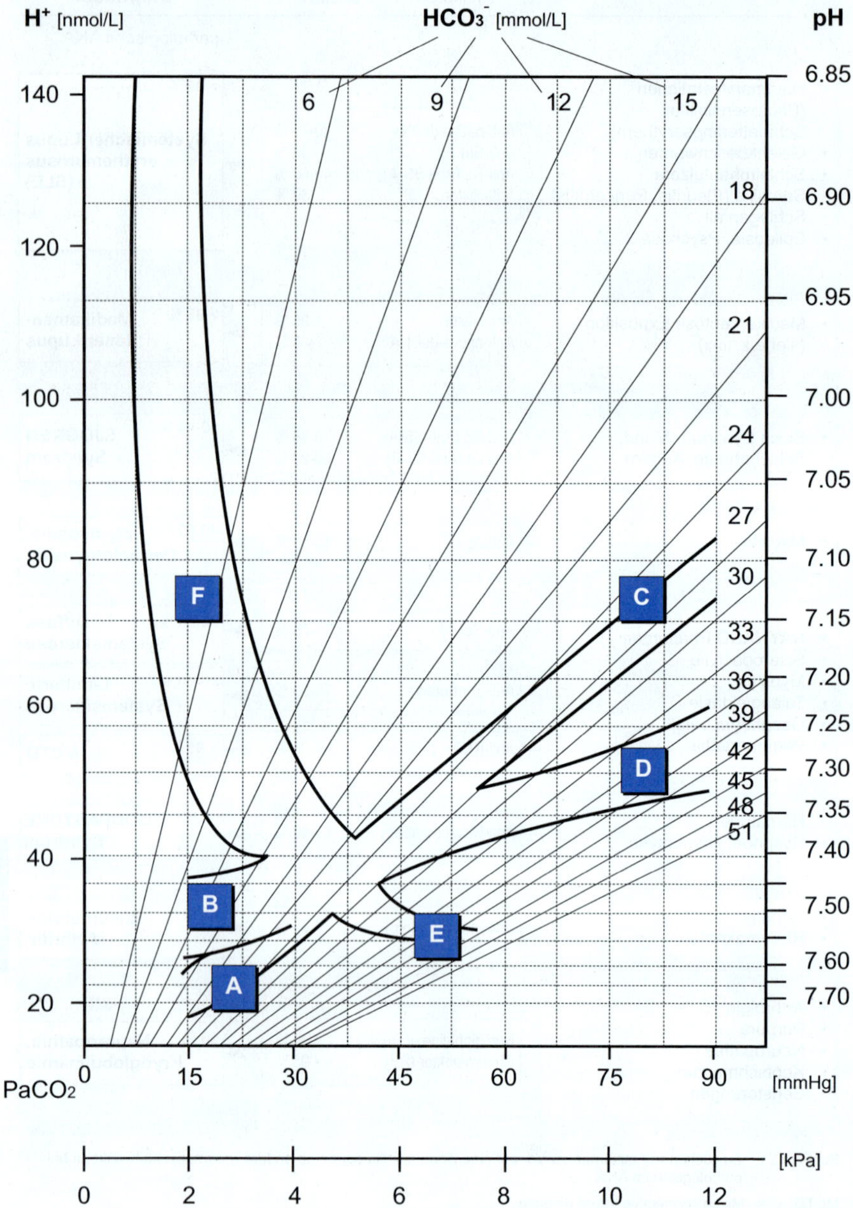

Schema: Säure-Basen-Haushalt. Die Buchstaben A-F werden auf der folgenden Seite interpretiert.

Blutgasanalyse II: ABGA und venöse Blutgasanalyse

Parameter	arteriell oder kapillär**		venös	
	SI-Einheiten	Traditionelle Einh.	SI-Einheiten	Traditionelle Einh.
pH	7.35 - 7.42	7.35 - 7.42	7.35 - 7.37	7.35 - 7.37
PCO_2	4.7 - 6 kPa	38 - 42 mmHg	6 - 6.4 kPa	45 - 48 mmHg
PO_2	10.0 - 13.3 kPa	75 - 100 mmHg**	4.3 - 6.3 kPa	32.2 - 47.2 mmHg
HCO_3^-	22 - 26 mmol/L	22 - 26 mmol/L	26 - 27 mmol/L	26 - 27 mmol/L
Basenüberschuss (BE)	0 (± 2)	0 (± 2)	0 (± 2)	0 (± 2)
O_2 -Sättigung	92 - 96 %	92 - 96 %	68 - 78 %	68 - 78 %

Interpretation der ABGA. Interpretationsreihenfolge: pH, dann HCO_3^- und $PaCO_2$

pH

- **> 7.45 → Alkalämie**
  - HCO_3^- > 30 mmol/L → **Metabolische Alkalose**
  - $PaCO_2$ < 4 kPa (< 30 mmHg) → **Respiratorische Alkalose**
- **< 7.35 → Azidämie**
  - HCO_3^- < 20 mmol/L → **Metabolische Azidose**
  - $PaCO_2$ > 6.6 kPa (> 50 mmHg) → **Respiratorische Azidose**

Säure-Basen-Störungen und deren Kompensationsmechanismus

Allg: • Jede Säure-Basen-Störung löst einen physiologischen Kompensationsmechanismus aus, der das Verhältnis $HCO_3^-/PaCO_2$ ausgleicht, ohne den pH auf 7.40 zu bringen. Wenn eine Säure-Basen-Störung einen pH von 7.40 aufweist, sind wahrscheinlich 2 verschiedene Säure-Basen-Störungen beim gleichen Patienten vorhanden. So kann sich zum Beispiel eine metabolische Azidose auf eine respiratorische Alkalose aufpfropfen.

Bem: • Konversionsfaktoren: mmHg in kPa: x 0.133; kPa in mmHg: x 7.5

	Säure-Basen-Störung Beispiele	Primär-effekt	Kompensations-mechanismus
A*	**Akute respiratorische Alkalose** Bsp: • Akute Hyperventilation	$PaCO_2$ ↓	• ↓ HCO_3^- um 2 mmol/L pro ↓ 10 mmHg $PaCO_2$
B*	**Chron. respiratorische Alkalose** Bsp: • Hyperventilation (Zirrhose, PN)	$PaCO_2$ ↓	• ↓ HCO_3^- um 4 mmol/L pro ↓ 10 mmHg $PaCO_2$
C*	**Akute respiratorische Azidose** Bsp: • Dekompensierte COPD	$PaCO_2$ ↑	• ↑ HCO_3^- um 1 mmol/L pro ↑ 10 mmHg $PaCO_2$
D*	**Chron. respiratorische Azidose** Bsp: • COPD	$PaCO_2$ ↑	• ↑ HCO_3^- um 4 mmol/L pro ↑ 10 mmHg $PaCO_2$
E*	**Akute und chron. metabolische Alkalose** Bsp: • Diuretika, Erbrechen	HCO_3^- ↑	• ↑ $PaCO_2$ um 0.5 mmHg pro ↑ 1 mmol/L HCO_3^-
F*	**Akute und chron. metabolische Azidose** Bsp: • Herzinsuffizienz, • Niereninsuffizienz	HCO_3^- ↓	• ↓ $PaCO_2$ um 1.0 mmHg pro ↓ 1 mmol/L HCO_3^-

Tabelle: Häufige Säure-Basen-Störungen.

** Der kapilläre PO_2-Druck variiert stark und ist deshalb nicht zuverlässig.

* Die Buchstaben A-F beziehen sich auf das Schema der Seite xxxx.

$PaCO2$ = Arterieller CO_2-Druck; PN = Pneumonie

Metabolische Alkalose

Def: • Plasma: pH > 7.45 und HCO_3^- > 30 mmol/L

Allg: • Die Mehrheit der metabolischen Alkalosen zeigen eine niedrige renale Chloridausscheidung (< 10-20 mmol/L) und werden deshalb als «chlorid-abhängig» bezeichnet.
- Im Plasma wird eine Erhöhung der HCO_3^- mit einer mehr oder weniger proportionellen Verminderung des Chlorids beobachtet.

Klin: I. Asymptomatisch (diskrete oder chronische Alkalose)

II. Symptomatisch
- Bewusstseinsstörung
- Koma
- Neurogene Überstimulation: Hyperreflexie, Epilepsie, Tetanie
- Arrhythmien

DD: **A. Chlorid im Urin < 10-20 mmol/L (Kontraktionsalkalose)**

Für die PRAXIS:
Dieser Typ von Alkalose kann durch Gabe von Chlorid und Wasser korrigiert werden. Diese Alkalose wird bei **hypovolämischen Patienten** beobachtet.

- Erbrechen
- Magensaftaspiration
- Villöses Kolonadenom (die Alkalose kommt wahrscheinlich durch einen Kaliumverlust zustande)
- Diuretika*: Thiazide oder Schleifendiuretika (nicht aber Acetazolamid)
- Hypokaliämie
- Chronische Diarrhoe
- Laxantien Abusus
- Kongenitale Diarrhoe (seltene Erkrankung; wird auch chloride Diarrhoe oder Chloridverlust-Syndrom genannt)
- Schnelle Korrektur einer chronischen Hyperkapnie (z.B. Anfangsphase nach Intubation bei COPD-Patienten mit chronischer Hyperkapnie)

B. Chlorid im Urin > 20 mmol/L

Für die PRAXIS:
Dieser Typ von Alkalose kann durch Gabe von Chlorid und Wasser nicht korrigiert werden. Diese Alkalose wird bei **hypervolämen Patienten** beobachtet und wird auch als chlorid-resistente metabolische Alkalose bezeichnet.

- Übermass an Mineralokortikoiden
  - Primärer und sekundärer Hyperaldosteronismus
  - Hyperkortisolismus
  - Lakritzenabusus (induziert einen Pseudohyperaldosteronismus)
- Schwergradige Hypokaliämie
- BARTTER-Syndrom
- GITELMAN-Syndrom

C. Diverse metabolische Alkalosen
- Massive Bicarbonat-Gabe
- Glukoseeinnahme nach einer Nüchternperiode
- Massive Bluttransfusionen (durch Natrium-Zitrat haltige Konservierungslösung)
- Gabe von nicht reabsorbierbaren Anionen (Penicillinate, Carbapenicillin)

Th: 1. Kausaltherapie
2. Substitutionstherapie

Ind: • Die mittelschweren und schweren chloridabhängigen metabolischen Alkalosen (siehe unter «A») benötigen eine Chloridsubstitution.

Bsp: • NaCl 0.9 % (1 L enthält: 154 mmol Na^+ + 154 mmol Cl^-) ± 40 mmol KCl pro Liter Flüssigkeitsgabe

* Die diuretika-induzierte Alkalose ist multifaktorieller Genese:
1. Der vermehrte Chloridverlust führt zu vermehrter Bicarbonatrückresorption.
2. Sekundärer Hyperaldosteronismus → vermehrte H^+-Sekretion im Sammelrohr
3. Hypokaliämie → vermehrte Ammoniurie (NH_3 + $\mathbf{H^+}$ + Cl^-)

Respiratorische Alkalose

Def:
- Blut: pH > 7.45 und $PaCO_2$ < 30 mmol/L (< 4 kPa)

Allg:
- Die respiratorische Alkalose kommt immer durch eine **Hyperventilation** zustande (spontan oder bei übermässiger maschineller Beatmung) → $PaCO_2$ ↓.
- Die Hyperventilation ist aber klinisch nicht immer sichtbar!

Klin:
I. Asymptomatisch (diskrete oder chronische Alkalose)
II. Symptomatisch
- Vasokonstriktion
  - Zerebral (eine akute respiratorische Alkalose kann den zerebralen Blutfluss bis zu 50 % vermindern!)
    -- Gefühl, einen leeren Kopf zu haben
    -- Schwindelgefühl
    -- Verwirrtheitszustand
    -- Epilepsie
    -- Koma
  - Kutan
    -- Kalte Extremitäten
    -- RAYNAUD-Phänomen
- Neurogene Hyperexzitabilität
  - Parästhesien (perioral, Hände, Füsse) bei einer $PaCO_2$ < 20 mmHg, < 2.6 kPa
  - Tetanus

DD:
- Zentrale und kortikale Ursachen
  - Hyperventilationssyndrom (DA COSTA-Syndrom)
  - Angst, Emotionen
  - Schmerzen
  - Absichtliche Hyperventilation
  - Enzephalitis
  - Meningitis
  - Hirntumor
  - Schlaganfall
  - SHT
  - Medikamentöse Intoxikation:
    -- Amphetamine
    -- Salicylate
    -- Orale Ovulationshemmer
    -- Progesteron
  - Fieber
- Hypoxämische Ursache
  - Verminderung des O_2-Alveolardruckes in grosser Höhe > 1200 m
  - Verminderung des O_2-Transportes
    -- Schwergradige Anämie
    -- Methämoglobinämie
    -- CO-Intoxikation
  - Kardiovaskuläre und pulmonale Ursachen
    -- Herzinsuffizienz
    -- Schockzustand
    -- Zyanogene Kardiopathien
    -- Atelektase
    -- Pneumonie
    -- Diffuse interstitielle Pneumopathie
    -- ARDS
    -- Asthma bronchiale
    -- Lungenembolie
- Sonstige Ursachen
  - Bakteriämie
  - Sepsis
  - Leberinsuffizienz
  - Thyreotoxikose
  - Schwangerschaft
  - Maschinelle Beatmung
    -- Therapeutisch (z.B. Hirnödem)
    -- Iatrogen

Für die PRAXIS:
Bei einem Normalprobanden kann eine Hyperventilation mit einer $PaCO_2$ > 20 mmHg (> 2.6 kPa) nie eine zerebrale Ischämie verursachen.

Th: **1. Kausaltherapie**

2. Anpassung der Beatmung

a) Patient in Spontanatmung
- Optimisierung des Patientenkomfortes
- Bei psychogener Hyperventilation soll der Patient in eine Tüte atmen (das Totraumvolumen wird dadurch erhöht).

b) Intubierter Patient
- Wenn der Patient noch spontan atmet, soll er verstärt sediert werden.
- Bei iatrogener Hyperventilation: Verminderung der Respirationsfrequenz und/oder Verminderung des Atemzugvolumens

3. Psychogene Hyperventilation
- Den Patienten beruhigen ± Anxiolytika, S. 1238
- Den Patienten in eine Tüte atmen lassen (somit wird das Totraumvolumen erhöht).

§ Hyperventilationssyndrom (HVS) oder DA COSTA-Syndrom

Allg:
- Typischer Patient:
  - Junger, nervöser Patient mit multiplen Beschwerden
  - Depression (oft vorhanden)
- Die chronische Form des HVS wird durch den Teufelskreis «Hyperventilation-Angst» aufrecht erhalten.

Def:
- Das HVS ist durch das Vorhandensein verschiedener Befunde, welche mehrere Systeme betreffen, gekennzeichnet. Der Grund dafür ist eine inadäquate Hyperventilation, welche durch eine gewollte Hyperventilation reproduziert werden kann.

Dg:
- Es gibt keinen pathognomonischen Test, der es erlaubt, die Diagnose eines HVS zu stellen. Die Diagnose basiert somit auf verschiedenen Elementen:
  - Anamnese
  - ABGA, normales Serumkalzium
  - **NIJMEGEN-Fragebogen** (16 Fragen, wobei 0 = nie, 1 = selten, 2 = manchmal, 3 = oft). Der Test wird als positiv bewertet, wenn > 22 Punkte vorhanden sind (Sensitivität 91 %, Spezifität 95 %; J Psychosomatic Research 1985 ;29 :199-206):

1. Nervöses Spannungsgefühl	9. Thorakales Druckgefühl
2. Unfähigkeit, tief atmen zu können	10. Thoraxschmerzen
3. Schnelle oder verlangsamte Atmung	11. Verschwommen sehen
4. Kurzatmung	12. Ameisenlaufen in den Fingern
5. Herzklopfen	13. Ankylose der Arme und Finger
6. Kalte Extremitäten	14. Verwirrtheitsgefühl
7. Schwindelgefühl	15. Blähegefühl im Bauch
8. Angst	16. Periorale Parästhesien

  - **Stethoskop-Zeichen** (= vereinfachter Provokationstest)

    Vorg: Der Patient wird aufgefordert, ganz tief, fest und schnell mit offenem Mund zu atmen. Dieses Manöver dauert 30 Sekunden. Während dieser Zeit auskultiert der Untersucher die Lunge. Das spontane Auftreten von ähnlichen Symptomen und Befunden, welche der Patient anamnestisch rapportiert hat, erhärten die Diagnose.

KI:
- Hyperkapnische Ateminsuffizienz
- KHK
- Zerebrale Vaskulopathien
- Sichelzellanämie

Metabolische Azidose

Def: • Blut: pH < 7.35 und HCO_3^- < 20 mmol/L

Allg: • Das Bestimmen der Anionenlücke ist essentiell und erlaubt es, die metabolischen Azidosen in 2 Gruppen einzuteilen:

A. Metabolische Azidose mit <u>normaler</u> Anionenlücke

→ Anionenlücke = 12 ± 4 mmol/L
→ Es handelt sich um einen HCO_3^--Verlust.

B. Metabolische Azidose mit <u>vergrösserter</u> Anionenlücke

→ Es handelt sich um Überschuss von H^+-Ionen.

• Die intrazelluläre Verminderung des pH hat folgende Konsequenzen:
  - Intrazelluläre Akkumulation von Na^+ → zelluläres Ödem
  - Anstieg der Kalzium-Konzentration im Zytosol
  - Hemmung der Glykolyse → Verminderung des Energieverbrauchs

  Diese potentiell schädlichen Wirkungen auf die gesunden Zellen, erweisen sich eher als schonend für die hypoxischen Zellen (Verminderung des Energieverbrauchs).
• Die Hyperkaliämie hat v.a. bei metabolischen Azidosen mit nicht organischen Säuren einen klinischen Stellenwert. Hier wird das Bicarbonat verbraucht und nicht renal ausgeschieden (die Niere versucht sogar vermehrt Bicarbonat rückzuresorbieren). Der Bicarbonatverlust findet nie alleine statt, sondern das Anion wird von einem Kation begleitet (Na^+ oder K^+). Dementsprechend führt eine gepufferte (kompensierte) organische Azidose indirekt zu Bicarbonat- und K^+/Na^+-Verlusten.
• Bei diabetischer Ketoazidose spielt die Azidose doch eine gewisse Rolle bei der Entstehung der Hyperkaliämie. Beim hyperosmolarem Koma eben nicht!
• Die Wirksamkeit der Katecholamine bleibt trotz metabolischer Azidose, auch wenn schwergradig, unbeeinflusst!

Klin: • Die Klinik einer metabolischen Azidose manifestiert sich i.d.R. bei pH < 7.20:
  - Art. Hypotonie
  - Herzinsuffizienz, Verminderung des kardialen HMV (die Azidose ist inotrop negativ)
  - Arrhythmien (als Folge der Hyperkaliämie)
  - Polypnoe, KUSSMAUL-Atmung
  - Dyspnoe (die Atemmuskulatur ist schnell erschöpft)
  - Anorexia mentalis
  - Nausea, Erbrechen
  - Koma

Bem: • Eine **verminderte Anionenlücke** (< 8 mmol/L) wird in folgenden Situationen beobachtet:
  - Hypalbuminämie (Denutrition, nephrotisches Syndrom u.a.)
    -- Die Hypalbuminämie ist die häufigste Ursache einer verminderten Anionenlücke, denn das Albumin entspricht der grössten, nicht dosierten Fraktion der Anionen.
    -- Eine Verminderung der Albuminämie von 20 g/L entspricht 5-7 mmol/L nicht-dosierter Anionen.
  - Multiples Myelom (die Paraproteine haben eine positive Ladung, S. 1341)

LABOR

Physiologische Situation: normale Anionenlücke = 12 ± 4 mmol/L

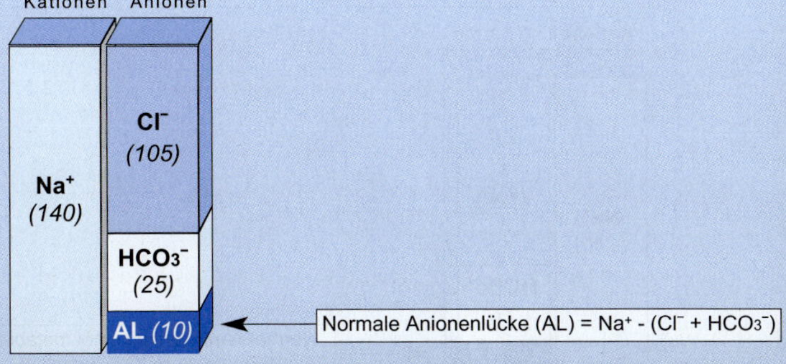

A. Metabolische Azidose infolge Bicarbonatverlust → Normale Anionenlücke

Allg:
- Der Verlust von HCO_3^- induziert eine **hyperchloräme Azidose**, was eine normale Anionenlücke zur Folge hat.
- Das Chlorid als Anion begleitet die H^+-Kationen, welche im Überfluss vorhanden sind.

Klas:

1. **Intestinaler Bicarbonatverlust** (→ Hypokaliämie)
   - Akute Diarrhoe
   - Einnahme von $CaCl_2$- oder $MgCl_2$-haltigen Substanzen
   - Intestinale Fisteln
   - Aspiration von Dünndarmflüssigkeit
   - Ileum-Blase
   - Uretero-Sigmoidostomie
2. **Renaler Bicarbonatverlust** (→ Hypo-, Normo- oder Hyperkaliämie)
   - Acetazolamid (durch verminderte proximal tubuläre Bicarbonatrückresorption)
   - **Typ I** mit Hypokaliämie
     - Allg: Distal tubuläre Azidose durch H^+-Sekretionseinschränkung
     - Klas:
       - Angeboren (häufig)
       - Erworben
         - SJÖGREN-Syndrom
         - Hyperparathyreoidismus
         - Interstitielle Nephritis
         - Chronische Pyelonephritis
         - Obstruktive Uropathie
         - Analgetika-Abusus, Amphotericin-B
   - **Typ II** mit Hypokaliämie
     - Allg: Proximal tubuläre Störung der Bicarbonatrückresorption
     - Klas:
       - Angeboren (FANCONI-Syndrom)
       - Erworben:
         - Multiples Myelom
         - Schwermetalle
         - Aminoglykoside
         - Ifosfamid
   - **Typ III** (Kombination von Typ I und II)
   - **Typ IV** mit Hyperkaliämie
     - Allg: Hyporeninämer Hypoaldosteronismus (gestörte K^+- und H^+-Sekretion)
       - Primärer Hypoaldosteronismus:
         - NNR-Insuffizienz
         - Enzymatische Defekte
       - Sekundärer Hyperaldosteronismus
         - Diabetes mellitus
         - Heparin
         - Betablocker
         - ACE-Hemmer/Sartane
         - NSAR
         - TMP/SMX
         - Spironolacton, Eplerenon

Metabolische Azidose mit normaler Anionenlücke (12 ± 4 mmol/L)

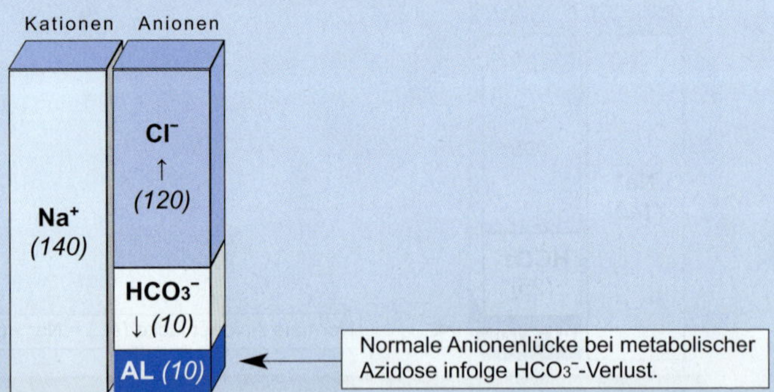

B. Metabolische Azidose infolge Überschuss von H^+-Ionen ➔ Erhöhte Anionenlücke

Allg:
- Die Anionenlücke ist bei der metabolischen Azidose mit Überschuss von H^+-Ionen vergrössert, da die Konzentration der **nicht dosierten Anionen** erhöht ist (z.B. Ketonkörper, Laktat, saure organische/anorganische Substanzen bei Urämie; siehe untenstehende Liste «SLIP MEKUP»).
- Diese hohe Konzentration von sauren Anionen wird durch Bicarbonat gepuffert, was zu einem Abfall der HCO_3^--Konzentration und des pH führt.
- Die Chloridkonzentration ist bei dieser Form von Azidose normal.

Anionenlücke-Azidosen

S L I P - M E K U P

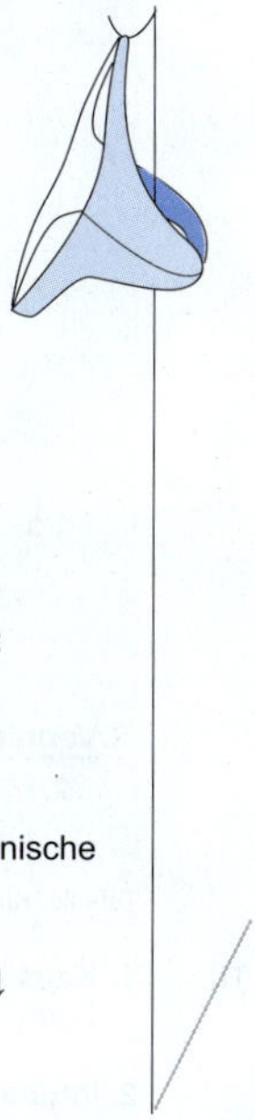

S **Salicylat-Intoxikation**

L **Laktatazidose**
- Siehe Kapitel «Laktat», S. 1412

I **Isoniazid- und Eisenintoxikation**

P **Phenytoinintoxikation** (ist sehr selten)
- Enthält Propylenglycol als Lösungsmittel

M **Methanol**
- Wird in Ameisensäure umgewandelt → pH ↓

E **Ethylenglykol**
- Ethylenglykol ist z.B. im Frostschutzmittel enthalten und wird zu Glyoxalsäure metabolisiert → pH ↓

K **Ketoazidose**
- Infolge erhöhter Ketonkörperkonzentration bei/durch:
  - Diabetes mellitus
  - Alkohol induzierte Ketonkörper
  - Fasten induzierte Ketonkörper

U **Urämie / Niereninsuffizienz**
- Die Niereninsuffizienz ermöglicht es nicht mehr, organische bzw. anorganische Säuren zu elimieren → pH ↓

P **Paraldehydintoxikation**
- Paraldehyd wird in Azetoazetat umgewandelt → pH ↓

Metabolische Azidose mit vergrösserter Anionenlücke (> 16 mmol/L)

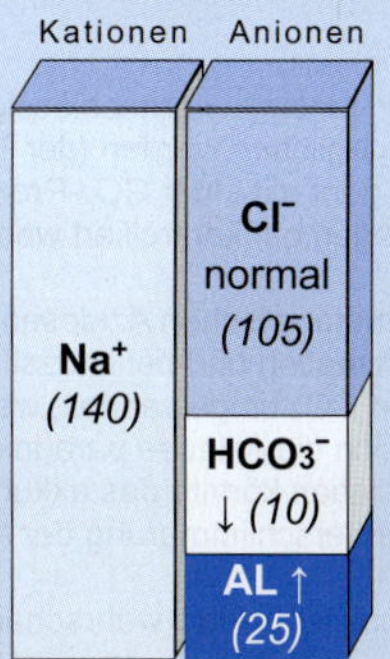

Vergrösserte Anionenlücke bei metabolischer Azidose infolge Überschuss an H^+-Ionen.

Urs: **1. Erhöhte Bildung von Säuren**

1.1. Ketoazidosen (vermehrte Ketonsäuren)
- Diabetische Ketoazidose
- Alkoholische Ketoazidose
- Nüchtern-Ketoazidose

1.2. Laktatazidose

I. Typ A (mit zellulärer Hypoxie, $PaO_2 < 35$ mmHg bzw. < 4.65 kPa)
- Systemisch
  - Akute zirkulatorische Insuffizienz («Schock»), S. 18 ff
  - Generalisierte Konvulsionen
  - Intensive körperliche Aktivität
  - Intoxikationen
    - -- CO
    - -- Zyankali
    - -- Nitroprussid
    - -- Methämoglobin
  - Schwergradige Anämie
- Regional
  - Mesenterial-Ischämie

II. Typ B (ohne Hypoxie)
- Schwere Leberinsuffizienz
- Leukämie
- Lymphom
- BERIBERI Krankheit, S. 561
- Mitochondriopathie (Erkrankungen der Mitochondrien infolge einer Mutation der nuklearen oder mitochondrialen DNA)
- Medikamentös: Metformin, β-Agonist (z.B. Katecholamine) u.a.

1.3. Intoxikation
- Salicylate
- Methanol. ***CAVE***: Risiko einer irreversiblen Blindheit, hervorgerufen durch die Metaboliten des Methanols.
- Ethylenglykol (z.B. in Frostschutzmitteln vorhanden)

2. Verminderte renale Säureausscheidung

2.1. Schwere chronische Niereninsuffizienz (Säureretention, welche aus dem zellulären Metabolismus stammt)

Tabelle: Klassifikation der metabolischen Azidosen.

Th: **1. Kausaltherapie**

Bem:
- Die Prognose der metabolischen Azidose hängt mehr von deren Ursache, als vom pH ab.

2. Intubation und maschinelle Beatmung

Ind:
- Respiratorische Insuffizienz (oder Entwicklung einer solchen)
- Ungenügende respiratorische Kompensation bei assoziierter Pneumopathie
- Ermüdung der Atemmuskulatur

3. Hämodialyse oder kontinuierliche Hämofiltration

Ind:
- Schwergradige Azidose (pH < 7.10) mit Niereninsuffizienz
- Exogene Säurebelastung (Intoxikation)
- Therapieresistente Hyperkaliämie (siehe S. 1388)

Bem:
- Die Menge der elimierten extrarenalen H^+-Ionen ist vernachlässigbar.
- Die Säurebelastung muss via Lunge ausgeglichen werden (der Transfer von Dialysat-Bicarbonat oder -Laktat ins Blut geht mit einer CO_2-Produktion einher). Die Beatmungsparameter müssen deswegen gut kontrolliert werden ($PaCO_2$).

4. Bicarbonat

Bem:
- Bicarbonat ist in den meisten Fällen bei metabolischen Azidosen nutzlos.
- Bicarbonat ist bei kardiopulmonaler Reanimation und bei Herzstillstand nicht indiziert. Bicarbonat wird nach **IV**-Bolus in CO_2 umgewandelt, welches dann in den Intrazellulärraum migriert, wodurch sich die Azidose paradoxerweise verschlimmert. Bei normaler alveolärer Ventilation könnte das akkumulierte CO_2 ausgeatmet werden, was diese paradoxe Verschlimmerung der Azidose vermindern würde.
- Die Indikation von HCO_3^- bei Laktatazidose ist unklar (wahrscheinlich nicht indiziert).

Ind:
1. Metabolische Azidose bei übermässigem Bicarbonat-Verlust
2. Metabolische Azidose mit schwerer, therapieresistenter Hyperkaliämie und einem pH < 7.10 ($HCO_3^- < 6$ mmol/L)
3. Intoxikation mit Trizyklika (hier ist Bicarbonat das Antidot)
4. Hyperchlorämische metabolische Azidose mit respiratorischer Auswirkung

For: **Bicarbonat-Defizit = 0.5 x Körpergewicht** [kg] **x (24 - gemessenes HCO_3^-)**

Vorg: ***Wie soll Bicarbonat verabreicht werden?***

- WICHTIG: Die Bicarbonatämie darf nicht zu schnell korrigiert werden! Es sollen maximal 50 % des Basendefizites (-BE) kompensiert werden. Das Basendefizit entspricht dem negativen Wert des Basenexzesses oder anders gesagt, dem Unterschied zwischen dem «$HCO3^-$-Soll» und dem «$HCO3^-$-Ist».
- Der Grund zur «sparsamen» Bicarbonat-Gabe liegt darin, dass bei zu hohen Mengen von Bicarbonat eine respiratorische Alkalose entstehen kann. Der Mechanismus dazu ist folgender:
  - $NaHCO_3$ führt im Blut sowie Liquor zu einem erhöhten CO_2-Partialdruck (pCO_2 ↑). Der erhöhte pCO_2 im Liquor ist wahrscheinlich die Ursache für den gleichzeitigen pH-Abfall im Liquor und die intrazelluläre Azidose (paradoxe Azidose). Der Liquor bleibt somit sauer und stimuliert kontinuierlich die kompensatorische Hyperventilation, was wiederum eine respiratorische Alkalose zur Folge haben kann.
- Initialer $HCO3^-$-Zielwert im Blut (in 12-24 h): 12-14 mmol/L
- Die notwendige $HCO3^-$-Menge kann wie folgt berechnet werden:

0.5 x Körpergewicht [kg] x (Ziel-HCO_3^- - gemessenes HCO_3^-)

<u>Beispiel für die Praxis</u>

Bsp:
- Patientendaten:
  - 70 kg
  - ABGA: pH 7.00, HCO_3^- 5 mmol/L, BE: -19 mmol/L
  - HCO_3^--Zielwert (innerhalb von 12-24 h): 13 mmol/L
  - Bicarbonat-Defizit = 0.5 x 70 x (24 -5) = 665 mmol
  - Notwendige HCO_3^--Menge (um die gewünschte Blut-Bicarbonatkonzentration zu erreichen): = 0.5 x 70 kg x (13 - 5) = 280 mmol.

Vorg:
1. Ursache der Azidose bestimmen und therapieren
2. Bei intubierten Patienten
   - Beatmungsparameter optimieren, um den pH zu erhöhen (Tendenz zur «Hyperventilation»)
3. Wenn die Azidämie ein klinisches Problem darstellt (z.B. Arrhythmien, Herzinsuffizienz, respiratorische Insuffizienz), kann eine Bicarbonat-Infusion verabreicht werden, v.a. wenn es sich um eine hyperchlorämische Azidose handelt.
4. **Bicarbonat-Infusion über 8-12 h**
   - 3 Amp $NaHCO_3$ (50 mmol/Amp) in 1 L Glukose 5 % oder 1 L sterilem Wasser (0.15 mmol $NaHCO_3$/mL).

Bem: <u>Gefahren der Bicarbonat-Gabe ($NaHCO_3$)</u>

1. **Überwässerung**
   - 50 mL Na^+-Bicarbonat 8.4 % enthalten 50 mmol Bic und 50 mmol Na^+.
2. Schwere **Hypokaliämie** (infolge intrazellulärem Kalium-Shift)
3. Schwere **Hypokalzämie** (korrigiertes Serumkalzium)
   - Die Komplexbildung «Kalzium-Albumin» ist pH-abhängig.
   - Eine pH-Erhöhung erhöht die Bindung «Albumin-Kalzium» was eine Verminderung des ionisierten Serum Serumkalziums zur Folge haben kann.

Respiratorische Azidose

Def: • Blut: pH < 7.35 und $PaCO_2$ > 50 mmol/L (> 6.6 kPa)

Allg: • Die respiratorische Azidose kommt immer durch eine **alveoläre Hypoventilation** zustande, was zu einem Anstieg des $PaCO_2$ führt.
• Die COPD ist die häufigste Ursache der respiratorischen Azidose.

Klin: • Fokale neurologische Defizite
• Asterixis
• Koma
• Zerebrale Vasodilatation (verstärkter zerebraler Blutfluss):
  - Kopfschmerzen
  - Hirndruck
• Verminderung der Kontraktilität des Myokards
• Rechtsverschiebung der Hb-Dissoziationskurve (siehe Schema unten). Der Sauerstoff wird dadurch peripher frühzeitig von den Erythrozyten abgegeben, was die Hypoxämie verschlimmert, aber der Gewebshypoxie entgegen wirkt!

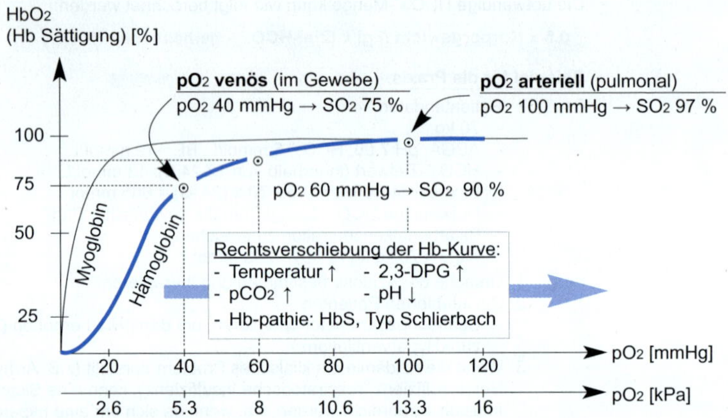

Schema: Hb-Dissoziationskurve.

DD: • **Lungenbefall (nicht effiziente Atmung)**

a) Respiratorische Erschöpfung
  - Dekompensierte COPD
  - Asthma bronchiale (Stadium IV)
  - Lungenödem (kardiogen oder nicht kardiogen im Rahmen eines Permeabilitätslungenödems); inkl. ARDS
  - Schock
  - Myxödematöses Koma (bei Hypothyreose)
  - Massive Pneumonie
  - Ausgedehnte Atelektase
  - Massive Lungenembolie
  - Lungenfibrose (inkl. bei Systemsklerose)

b) Obstruktion der Atemwege
  - Fremdkörper (glottisch oder tracheal)
  - Pharynxödem
  - Larynxspasmus
  - Epiglottitis

• **Medikamentöse Ursache**
  - Benzodiazepine
  - Barbiturate
  - Curare u.a.

- **Neuro-muskuläre Erkrankungen (globale Ateminsuffizienz)**
  - Zerebral (Hirnstammläsion)
    -- Enzephalitis
    -- Hirnblutung
    -- Hirntumor
  - Medulläre Läsionen
    -- Trauma
    -- Abszess, Poliomyelitis
    -- Porphyrie
    -- Myatrophe Lateralsklerose
  - Neurogene und muskuläre Erkrankungen
    -- GUILLAIN-BARRÉ-Syndrom
    -- Amyotrophe Lateralsklerose (ALS)
    -- Myasthenia gravis
    -- Progressive Muskeldystrophie (z.B. DUCHENNE, BECKER, EMERY)
    -- Botulismus
    -- Diphtherie (*Corynebacterium diphtheriae*, GRAM negatives Stäbchen)
    -- Tetanus (*Clostridium tetani*, GRAM negatives Stäbchen)
    -- Tollwut (*Rabiesvirus* der Familie der Lyssaviren; die Schweiz ist seit 1999 tollwutfrei)
- **Mechanische Ursache**
  - Rippenserienfraktur
  - Beidseitiger Pneumothorax
  - Massive Pleuraergüsse
  - Schwergradige Kyphoskoliose
- **Diverse Ursachen**
  - ONDINE-Syndrom (kongenitale, zentrale alveoläre Hypoventilation unbekannter Ursache)
  - Schlafapnoe Syndrom

Th: **1. Kausaltherapie**

2. Symptomatische Therapie

Vorg:
- Atemwege befreien
- Maschinelle oder nicht invasive Beatmung in Erwägung ziehen. Bei fortgeschrittenen COPD-Patienten soll eine zu schnelle Korrektur der Hyperkapnie vermieden werden, denn es besteht das Risiko einer post-hyperkapnischen metabolischen Alkalose.

3. Sauerstoff

Allg:
- Die Hypoxämie ist bezüglich Mortalität oft schädlicher als die Hyperkapnie.

Vorg:
- Patient mit chronischer respiratorischer Azidose und schwerer Hypoxämie (PaO_2 < 7.3 kPa bzw. < 55 mmHg; SaO_2 < 88 %):
  - Vorsichtige Sauerstoffgabe
  - Zielwert der Sauerstoffsättigung: SaO_2 90-96 %

Für die PRAXIS:
Die Sauerstoffgabe kann in gewissen Fällen deletär sein und muss folgenden Elementen angepasst werden:

- **Hyoxämische Stimulation des Atemzentrums**
  Die Atemstimulation kommt bei der Normalperson durch den Anstieg der $PaCO_2$ zustande. COPD-Patienten mit schwerer Globalinsuffizienz verlieren diesen Atemstimulationsmechanismus, der sich im Atemzentrum befindet. In dieser Situation kann es sein, dass nicht mehr der $PaCO_2$-Anstieg, sondern der PaO_2-Abfall atemstimulierend wirkt (hypoxämische Atemstimulation). Wenn diesen Patienten Sauerstoff verabreicht wird, kann es sein, dass die Erhöhung des PaO_2 eine Verminderung der Atemstimulation hervorruft. Der Patient kann dadurch in eine Karbonnarkose übergehen.
- **HALDANE-Effekt** (Verschiebung der Hb-Dissotiationskurve, S. 1364)
  Der Sauerstoff bildet mit dem Hämoglobin den Komplex «O_2-Hb», was eine Erhöhung des $PaCO_2$ verursacht.
  Folgende 2 Mechanismen sind dabei beteiligt:
  1. Freisetzung von CO_2, welches an dasselbe Hb gebunden war.
  2. Freisetzung von H^+, welches sich seinerseits mit dem HCO_3^- verbindet und dann CO_2 + H_2O bildet.

  Die O_2-Gabe induziert somit einen signifikanten CO_2-Anstieg!
- **Mismatch «Ventilation/Perfusion»**
  Die Hyperoxie kann einen sog. «Ventilations/Perfusions-*mismatch*» verursachen, was die Situation eines COPD-Patienten, der bereits Mühe hat, das CO_2 auszuatmen, verschlechtert.

BENCE-JONES Protein

Allg:
- Das BENCE-JONES Protein besteht aus Leichtketten mit niedrigem Molekulargewicht, welche im Urin vorgefunden werden.
- Das BENCE-JONES Protein wird durch Immunfixation in 40-60 mL Urin bestimmt. Bei niedriger Proteinkonzentration (d.h. ca. 50 mg/L) sind 60 mL Urin notwendig.

> **Für die PRAXIS:**
> Das BENCE-JONES Protein <u>kann durch den Urinstix NICHT zuverlässig erfasst werden</u>. Dies erklärt die falsch negativen Resultate!

DD:
- **<u>Das BENCE-JONES Protein ist in folgenden klinischen Situationen positiv</u>**:
  - Multiples Myelom (positiv bei 70 % der Patienten)
  - WALDENSTRÖM Makroglobulinämie (positiv bei 20 %)
  - Amyloidose (positiv bei 50 %)
  - Non-HODGKIN Lymphom (positiv bei 35 %)
  - Selten positiv in folgenden Situationen:
    - -- Neoplasien (Lunge, Darm, Niere, Knochen)
    - -- Benigne monoklonale Gammopathie (MGUS)

CO_2

N: ⦿ Normwerte, siehe Blutgasanalyse, s. 1354

Allg:
- CO_2 ist ein potenter zerebraler und peripherer Vasodilatator.
- CO_2 induziert eine pulmonale Vasokonstriktion.

Klin:
- Eine Hyperkapnie induziert folgende klinischen Veränderungen:
  - → Warme Extremitäten (infolge peripherer und systemischer Vasodilatation des CO_2).

> **Für die PRAXIS:**
> Bei COPD-Patienten mit sehr fortgeschrittener Pneumopathie sind die Akren (Hände und Füsse) typischerweise warm (vasodilatierende Wirkung der erhöhten CO_2-Konzentration). Zusätzlich kann eine zentrale Zyanose beobachtet werden!

  - → Verminderung des Auswurfvolumens (negative Inotropie des CO_2)
  - → Verminderung des art. Blutdruckes (systemische Vasodilatation und negative Inotropie des CO_2)
  - → Erhöhung des intrakraniellen Druckes (zerebrale Vasodilatation des CO_2). Deshalb ist die Hyperventilation eine sehr effiziente therapeutische Massnahme bei Hirndruck (Zielwerte des $PaCO_2$: 30-35 mmHg, 4.0-4.5 kPa). Die daraus resultierende Hypokapnie hat somit eine Verminderung des zerebralen Blutflusses zur Folge.

Blutsenkungsgeschwindigkeit (BSG)

N: ⦿ Es gibt verschiedene Normalwerte der BSG.

1. Nach Bottiger et al [Br Med J 1967;2:85-87]

Geschlecht	< 50 Jahre	≥ 50 Jahre
Männlich	0 - 15 mm/h	0 - 20 mm/h
Weiblich	0 - 20 mm/h	0 - 30 mm/h

2. Nach Miller A. et al [Br Med J 1983;2:266]

$$\textbf{BSG (Männer)} = \frac{\text{Alter [Jahre]}}{2}$$

Bsp: Mann, 60 Jahre alt → Oberer Grenzwert der BSG = 60 ÷ 2 = 30 mm/h

$$\textbf{BSG (Frauen)} = \frac{\text{Alter [Jahre]} + 10}{2}$$

Def:
- Die BSG entspricht der **Sedimentation der Erythrozyten** innerhalb einer bestimmten Zeit (1 Stunde). Die BSG korreliert mit der Tendenz zur Klumpenbildung der Erythrozyten (Erythrozytenzylinder) und mit der Konzentration verschiedener Serumproteine (Globuline und Fibrinogen).
- Die Fähigkeit und die Geschwindigkeit, solche «Erythrozytenpakete» zu bilden, hängt von der Anziehung und der Oberfläche der Erythrozyten ab.

Allg:
- Die BSG **ist weder ein frühzeitiger noch spezifischer Marker bei asymptomatischen Personen!**
- **Wann ist die BSG erhöht?**
  - Wenn die Globulinfraktion der Serumproteine im Vergleich zu den Albuminen erhöht ist
  - Bei hohem Fibrinogenserumspiegel
- **Warum wird die BSG gemessen?**
  - Nachweis von entzündlichen oder infektiösen Geschehen
  - Als unspezifischer Parameter zum *Screening* oder zur Verlaufskontrolle von:
    - -- Gewissen chronischen Krankheiten oder chronischen Entzündungen
    - -- Infektiösen Krankheiten
    - -- Tumoren

DD: ↗
- **BSG sehr stark erhöht (> 100 mm/h)**
  - Multiples Myelom
  - WALDENSTRÖM Makroglobulinämie
  - Rheumatoide Arthritis
  - Polymyalgia rheumatica
  - Konnektivitis
    - -- SLE
    - -- Systemsklerose
  - Vaskulitis
    - -- Riesenzellarteriitis
    - -- PAN
  - Infektiöse Ursachen
    - -- Subakute Endokarditis (Endocarditis lenta)
    - -- Tuberkulose
    - -- Hepatitis
    - -- Osteomyelitis
    - -- Syphilis
  - Neoplasie (v.a. bei bestehenden Metastasen)
  - Schwergradige Anämie

- **Milde bis mässig erhöhte BSG**
  - Anämie
  - Makrozytose
  - Hypalbuminämie
  - Hyperlipidämie
  - Hypergammaglobulinämie
  - Hypothyreose
  - Chronische Niereninsuffizienz
  - Schwangerschaft (ab der 4. SSW; Höchstwerte in der 1. Woche postpartal)
  - Orale Ovulationshemmer
  - Unvollständig gefüllte Zitratröhrchen

↘ • **Verminderte BSG (< 3 mm/h)**
  - Polyzythämie
  - Sichelzellanämie
  - Anisozytose, Sphärozytose, Mikrozytose
  - Extreme Leukozytose (z.B. bei CLL)
  - Kongestive Herzinsuffizienz
  - Schwergradige Cholestase
  - Hypoproteinämie:
    -- Hepatopathie, akute Hepatitis
    -- Nephropathie
  - Hypo-, Agammaglobulinämie
  - Verminderter Serumfibrinogenspiegel, S. 1375
  - Medikamente
    -- Iodhaltige Kontrastmittel
    -- Kortison
    -- NSAR (inkl. Acetylsalicylsäure)
    -- Valproat

Bilirubin

N: ⦿ Bilirubin (gesamt): 2-18 µmol/L — 0.1-1 mg/dL
⦿ Konjugiertes Bilirubin: 0-4 µmol/L — 0.1-1 mg/dL

Allg:
- Umrechnungsfaktor: mg/L in µmol/L: x 17.1; µmol/L in mg/dL: x 0.058
- **Bilirubin**
  - Bilirubin ist ein Degradationsprodukt des Häm.
  - An Albumin gebunden, wird das **nicht konjugierte Bilirubin** (hydrophob und neurotoxisch) in die Hepatozyten transportiert, wo es durch die Glukuronyl-Transferase in **konjugiertes Bilirubin** umgewandelt und dadurch wasserlöslich wird.
  - Um das intestinale Lumen bei der Papilla duodeni (VATERI) zu erreichen, durchwandert das konjugierte Bilirubin das Gallensystem (Canaliculi biliares, Ductus choledochus). Im Duodenum angelangt, wird es durch bakterielle Enzyme dekonjugiert**. Daraus resultieren:
    - ■ **Urobilinogen** (farblos; das Urobilin aber ist bräunlich)
      - 80 % werden über den Stuhl in Form von Urobilin ausgeschieden → brauner Stuhl
      - 20 % werden im Jejunum reabsorbiert → entero-hepatischer Zyklus. Dies erklärt die kleinen Urobilinogenmengen im Blut und im Urin.
    - ■ **Sterkobilinogen** (farblos; das Sterkobilin aber ist bräunlich)
      - Wird teilweise in Form von Sterkobilin durch den Stuhl ausgeschieden → brauner Stuhl.
      - Teilweise im Rektum reabsorbiert → Herzkreislaufsystem und Ausscheidung kleiner Mengen im Urin.
- Selbst bei ausgedehnter Hämolyse überschreitet der Bilirubinserumspiegel 80 µmol/L i.d.R. nicht, vorausgesetzt die hepato-biliäre Funktion ist erhalten.

Klin:
- Ikterus (sichtbar ab einem Gesamtbilirubin > 35-50 µmol/L)
- Pruritus (durch Gallensalze verursacht)
- Diarrhoe (die Galle im Stuhl hat eine laxative Wirkung)**
- Bradykardie (Bilirubin hat eine ähnliche Wirkung wie Digoxin)

DD:

Ikterigene Erkrankungen		Bilirubinkonzentrationen	
Nicht-konjugierte Hyperbilirubinämie			
• Morbus GILBERT, s. 454		< 80 µmol/L	(< 4.6 mg/dL)
• Hämolyse, s. 1378		30-80 µmol/L	(1.7 - 4.6 mg/dL)
• Medikamentös		30-100 µmol/L	(1.7 - 5.8 mg/dL)
• Neugeborenenikterus		< 280 µmol/L	(< 16 mg/dL)
• CRIGLER-NAJJAR	Typ 1, s. 455	300-850 µmol/L	(17.4 - 50 mg/dL)
• CRIGLER-NAJJAR	Typ 2, s. 455	< 350 µmol/L	(< 20.3 mg/dL)
Konjugierte Hyperbilirubinämie			
• DUBIN-JOHNSON-Syndrom, s. 454		< 80 µmol/L	(< 4.6 mg/dL)
• ROTOR-Syndrom, s. 454		< 80 µmol/L	(< 4.6 mg/dL)
• Erworbene Hepatopathien		bis 1000 µmol/L	(bis 580 mg/dL)

Tabelle 1: Zu erwartende Bilirubinwerte je nach Krankheitsbild.

Bilirubin konj./nicht-konjugiert	Differentialdiagnose
< 5 %	Hämolyse, Morbus GILBERT
< 20 %	Bilirubin erythrozytären Ursprungs
20-40 %	Bilirubin hepatischen Ursprungs
40-60 %	Bilirubin hepatischen und post-hepatischen Ursprungs
> 50-60 %	Bilirubin post-hepatischen Ursprungs (Gallenstein, Pankreastumor, Gallenwegstumor)

Tabelle 2: Ratio «konjugiertes Bilirubin/nicht-konjugiertes Bilirubin» bei Hyperbilirubinämie.

** **Bakterielle Enzyme**: Ein Übermass an intestinalen Bakterien hat zur Folge, dass das Bilirubin, welches durch deren Enzyme dekonjugiert wird, im Jejunum nicht mehr absorbiert wird und deswegen nicht mehr am entero-hepatischen Zyklus teilnehmen kann. Daraus resultiert:
1. Zu viel Galle im Stuhl. Die Galle hat eine laxative Wirkung → **Biliäre Diarrhoe**
2. Verlust von Gallensalzen im Stuhl → **Maldigestionssyndrom**

CK (CPK): Creatininphosphokinase

N: ⊙ 0-2.17 µkat/L — 0-130 E/L

Allg:
- Die CK-Erhöhung weist auf eine Muskelerkrankung hin. Betroffen davon sind:
  - Herzmuskel
  - Quergestreifter Muskel
- Beim akuten Koronarsyndrom entspricht eine CK-Erhöhung immer einer Myokardnekrose (= Myokardinfarkt), auch wenn eine solche nicht identifiziert werden kann (EKG, Echokardiographie u.a.)!

DD: ↗
- Akute Nekrose oder Atrophie des Myokards, siehe auch Schema, s. 1435
  - Akuter Myokardinfarkt
  - Schwergradige Myokarditis
- Akute Nekrose oder Atrophie eines Skelettmuskels
- Epilepsie
- Status epilepticus (= nicht sistierende epileptische Krise > 5-10 min)
- Muskuläre Spasmen
- Rhabdomyolyse (CK bis 10x N; im Urin Myoglobin bestimmen!)
  - Posttraumatisch
  - «Klassiker»: ältere Person, die nach einem Schlaganfall am Boden liegen bleibt
  - Nach Alkoholabusus oder Drogenkonsum
- Monophasische Elektrokonversion (bei 50 % der Patienten erhöht)
  - Maximale Serumspiegel nach 24 h
- Intensive körperliche Aktivität
  - CK-Erhöhung ca. 3 h nach Beginn der Aktivität
  - Maximaler Serumspiegel nach 8-16 h
  - Normalisierung nach 48 h
- Maligne Hyperthermie, nach thermischer oder elektrischer Verbrennung
- Hypothermie
- Endokrine Myopathie
  - Hypothyreose (CK 4-8x N)
  - Akromegalie (CK bis 2x N)
  - Hypoparathyreoidismus
- Polymyositis (bei 70 % der Patienten im Durchschnitt 20x N)
- Amyotrophe Lateralsklerose (bei > 40 %)
- Progressive Muskeldystrophie (z.B. DUCHENNE, BECKER, EMERY)
- Nach kardio-pulmonalen Eingriffen (ohne AMI)
- Ausgedehnter Hirninfarkt (bei 50 %)
  - Es handelt sich hier um eine Erhöhung der Makro-CK
  - Schlechte Prognose falls > 300 E/L
- Hämolyse
- Intramuskuläre Injektion
- Statine (Atorvastatin, Fluvastatin, Pravastatin, Rosuvastatin, Simvastatin)
- Schwangerschaft (v.a. während der letzten SS-Wochen)
- Kokainabusus (infolge Rhabdomyolyse oder AMI)
- Chemische Substanzen mit muskeltoxischer Wirkung

N
- Perikarditis
- Angina pectoris (per Definition besteht hier KEINE Myokardnekrose)
- Lungeninfarkt, Niereninfarkt
- Leberinsuffizienz
- Neurogene Muskelatrophie
- Thyreotoxikose
- Kortikoid-induzierte Myopathie
- Perniziöse Anämie
- Gallengangobstruktion
- Belastungstest zwecks Abklärung einer KHK
- Kortikoide (oder CK ↓)
- Herzkatheter/Koronarangiographie (ausser bei Verletzung des Myokards)

↘
- Hyperthyreose (ungenügend behandelt)
- Rheumatoide Arthritis
- Schwangerschaft zwischen der 8. und 12. SSW
- Spärliche Muskelmasse
- Medikamentös/toxisch
  - Prednison
  - Phenothiazin
  - Ethanol, Insektizide u.a.

CK-MB

N: ⦿ < 5 % der totalen CK-Fraktion

Allg:
- Die CK-MB werden zur Diagnostik des akuten Myokardinfarktes als Herzmarker der 2. Wahl eingesetzt (nach Troponin bzw. Myoglobin).
- Die CK-MB können auf 2 verschiedene Arten bestimmt werden:
  a) Immunologische Bestimmung der CK-MB (auch CK-MB-Masse genannt)
    - Es handelt sich um ein spezifisches Isoenzym des Myokards der Kreatinin-Kinase.

  b) Immuninhibitorische Bestimmung der CK-MM Aktivität (CK der Skelettmuskeln).
    - Es handelt sich um die Summe folgender CK: CK-MB + CK-BB (Brain) + Makro-CK.
- **CK-MB Kinetik bei AMI**, siehe Schema S. 1435
  - Sensitivität und Spezifität: > 97 % in den ersten 48 h nach dem ischämischen Ereignis
  - Bei ca. 5 % der Patienten (v.a. bei älteren Patienten) mit akutem Myokardinfarkt ist nur gerade die CK-MB Fraktion erhöht (bei normalen CK-Werten).

Ratio: CK-MB/gesamt-CK	Klinische Interpretation der CK-MB Fraktion
6-25 %	Myokardnekrose möglich
< 6 %	Skelettmuskelschaden

Lab:
- ■ **CK-MB erhöht**
  a) Myokardnekrose
    - Akuter Myokardinfarkt (AMI)
    - Peri-Myokarditis
    - Monophasische Elektrokardioversion (> 400 J)
    - Herzkontusion
    - Chirurgischer Herzeingriff
    - Anhaltende supraventrikuläre Tachykardie (Dauer > 30 sek)
    - Kongestive Herzinsuffizienz
    - Systemerkrankungen bei kardialer Mitbeteiligung

  b) Nicht kardiale Ursachen
    - Trauma der Skelettmuskeln
    - Extensive Rhabdomyolyse
    - Verbrennungen (elektrisch oder thermisch)
    - Maligne Hyperthermie
    - Konnektivitis mit Herzmitbeteiligung
      - SLE
      - Dermatomyositis
      - Polymyositis
    - Muskeldystrophien
    - Kokainabusus ohne AMI (infolge Rhabdomyolyse)
    - Septischer Schock
    - Akute Cholezystitis
    - Hyperthyreose
    - Hypothyreose
    - Medikamentös/toxisch
      - Acetylsalicylsäure
      - Alkoholabusus u.a.
- ■ **CK-MB <u>nicht</u> erhöht**
  - Lungenembolie
  - Intramuskuläre Injektion
  - Epilepsie
  - Stabile oder instabile Angina pectoris (definitionsgemäss OHNE Myokardnekrose)
- ■ **CK-MB > CK** oder Ratio: CK-MB/gesamt CK > 20-25 % (nur falls die CK mit der immuninhibitorischen Methode bestimmt wurde, siehe unter «Allg:»):
  a) CK-BB ↑:
    - Metastasierende Neoplasien
    - Erkrankungen des ZNS (Anoxie, Schlaganfall u.a.)

  b) Makro-CK (= «verklumpte» CK)
    - Typ I: «Benigne» Form: bei Frauen > 50 Jahre
    - Typ II: «Maligne» Form: im Endstadium bei Krebspatienten

LABOR

CRP = C-Reaktives Protein

N: ⦿ CRP ≤ 5 mg/L

Allg:
- Nicht spezifisches Protein (in der β-Globulin-Fraktion, s. 1341), welches den Schweregrad einer akuten Entzündung anzeigt.
- Der Serumspiegel des CRP kann bis 1000x um seinen Normalwert ansteigen.
  - Leichte Entzündung: ....< 10 mg/L
  - Mittelschwere Entzündung: ....10-50 mg/L
  - Schwere Entzündung: ....> 50 mg/L
- Das CRP wird hauptsächlich in der Leber synthetisiert.
- Das CRP präzipitiert mit einem Polysacharid, welches aus der Kapsel der Pneumokokken extrahiert wird.
- Bei einem akuten Entzündungszustand (z.B. Gewebsnekrose inkl. akutem Myokardinfarkt) steigt das CRP, im Vgl. zur BSG, nach 4-6 h verstärkt an und normalisiert sich nach 7-14 Tagen. Je höher der CRP-Serumspiegel, desto ausgedehnter die Gewebsentzündung. Insofern können die hochsensitiven Messungen des CRP **zur kardiovaskulären Risiko-Stratifikation** benutzt werden, sogar bei Werten, welche noch als «normal» angesehen werden.
- HWZ: 6-12 h. Das CRP erreicht seinen Normalwert rascher als die BSG.
- Im Alter steigt das CRP physiologischerweise an.

Für die PRAXIS:
- Das CRP erhöht sich bei bakteriellen Infekten und bleibt bei Virosen i.d.R. im Normalbereich!
- 24 -48 Stunden nach Beginn einer effizienten Antibiose muss der Serumspiegel des CRP rückläufig sein. Wenn dies nicht der Fall ist, müssen die Diagnose und/oder die Therapie in Frage gestellt werden!

Lab:
- Eine Erhöhung des CRP erlaubt folgende Aussagen zu machen:
  - **Nachweis eines Entzündungszustandes** (z.B. Konnektivitis, Vaskulitis)
  - Evaluierung des Aktivitätsgrades einer Krankheit (z.B. M. CROHN). Sein Serumspiegel korreliert mit dem Aktivitätsgrad der entsprechenden Krankheiten, was eine Verlaufskontrolle erlaubt.
  - Bei **chronischen Erkrankungen** ist das CRP nicht ein idealer Parameter (schlechter als die BSG). Falls das CRP erhöht ist, muss ein Superinfekt gesucht werden.
  - Frühzeitige Diagnose von infektiösen Komplikationen in der postoperativen Phase.
  - Verlaufskontrolle der Wirksamkeit einer AB-Therapie bei bakteriellen Infekten.
  - Das CRP durchdringt die Plazenta nicht. Es ist deswegen möglich, zw. einer Entzündung der Mutter und derjenigen des Foetus zu unterscheiden.

Bem: Folgende 2 paraklinischen Konstellationen können klinische Hinweise geben:

I. CRP normal und BSG ↑↑
- Viraler Infekt ohne bakteriellen Superinfekt
- Konnektivitis (SLE, Systemsklerose, Polyomyositis) ohne bakteriellen Infekt
- Vaskulitis (Riesenzellarteriitis) ohne bakteriellen Infekt
- Chronischer Entzündungszustand

Für die PRAXIS:
Bei hoher BSG und normalem CRP immer an eine Konnektivitis oder eine Vaskulitis denken!

II. BSG ↓ bei normalem CRP
- Kortikotherapie
  Bem: Folgendes Beispiel illustriert die Wichtigkeit, das CRP und die BSG separat zu interpretieren: Die Kortikotherapie bei Riesenzellarteriitis hat wohl eine Verminderung der BSG zur Folge - das CRP jedoch bleibt unbeeinflusst. D.h. wenn das CRP weiterhin erhöht bleibt, soll die Kortikotherapie nicht reduziert werden, auch wenn sich die BSG vermindert!
- Hochdosierte NSAR

D-Dimer

N: ⦿ D-Dimer ≤ 500 µg/L (aber variabel je nach Bestimmungsmethode)

Allg:
- Die D-Dimere entstehen durch den Abbau von Fibrin, welcher durch das proteolytisch aktive Enzym Plasmin stattfindet.
- **D-Dimere ≤ 500 µg/L schliessen ein thromboembolisches Geschehen bei Patienten mit einer schwachen bis intermediären Wahrscheinlichkeit einer venösen thromboembolischen Krankeit (VTEK) aus!** Bei diesen Patienten ist eine Bildgebung (Duplex-Sonographie der Extremitäten, Spiral-CT) nicht notwendig.[1-3]
- Hingegen sind die D-Dimere bei hohem Verdacht auf VTEK nicht empfohlen, siehe Algorithmus, S. 294
- WICHTIG bezgl. der Ausschlussdiagnose einer VTEK:
  - Das D-Dimer kann nur dann zur Ausschlussdiagnose einer VTEK benutzt werden, wenn es mit der ELISA-Methode bestimmt wird (negativ prädikativer Wert > 99 %)!
  - Das D-Dimer ist nicht spezifisch (30-40 %), was die hohen falsch positiven Resultate erklärt (siehe «DD:»).

Für die PRAXIS:
In folgenden Situationen ist die Bestimmung des D-Dimers nicht indiziert (falsch positiv):
- Nach einer chirurgischen Intervention
- Während der Schwangerschaft
- Bei hospitalisierten Patienten

Ind:
1. **Ausschlussdiagnostik einer VTEK**
2. **Akute disseminierte intravasale Gerinnung** (DIC). Hier können folgende Laborwerte vorgefunden werden:
   - Positive D-Dimere
   - Thrombozytopenie
   - INR ↑
   - aPTT ↑
   - Fibrinogen ↓, S. 1375
   - Gerinnungsfaktoren V und VIII ↓

DD: ↗
- Thromboembolische Ereignisse
  - Beinvenenthrombose (oberflächliche oder tiefe Venen)
  - Lungenembolie
  - Myokardinfarkt
  - Hirnschlag
  - TIA
- Fibrinolytische Behandlungen (Thrombolyse)
- Aortendissektion (D-Dimere < 400 µg/L schliessen eine Aortendissektion mit einer Sensitivität von 99 % aus; Spezifität: 96 %).[4]
- Disseminierte intravasale Gerinnung (DIC)
- Nekrose
- Entzündungszustand
- Infekt
- Alter (> 70 Jahre)
- Stress
- Intensive körperliche Aktivität
- Leberinsuffizienz
- Niereninsuffizienz
- Neoplasie
- Chirurgischer Eingriff (D-Dimere bis > 100'000 µg/L)
- Schwangerschaft

↘
- Anti-Vitamin K Präparate (orale Antikoagulantien)
  - Acenocoumarol
  - Fluindion (in Frankreich erhältlich)
  - Phenprocoumon
  - Warfarin
- Statine (kontrovers; falls erniedrigt, nur geringwertig und klinisch nicht signifikant)

LABOR

1 Righini M, et al. J Thromb Haemost 2008;6 :1059-71). 2 Kelly J, et al. Chest 2003; 124: 1116-9. 3 Stein PD, et al. Am J Med 2006; 119: 1048-55. 4 Ohlmann P et al. Crit Care Med 2006 ;34 :1358-64.

Ferritin

N: ⦿ 20-300 µg/L — 20-300 ng/mL
⦿ Mittelwerte: Frauen 60 µg/L; Männer 100 µg/L.
- Das Ferritin erhöht sich im Alter. Der Mittelwert bei Frauen liegt, wegen der Menstruationsblutungen, um ca. 40 µg/L tiefer als beim Mann.

Allg:
- Das Serumferritin widerspiegelt **die Eisenreserven**.
- Der Abfall des Ferritins im Serum ist ein frühzeitiger Marker eines Eisenmangels. Er ist sensitiver als das MCV (↓) oder das Hb (↓).
- Das Serumferritin ist im Verlaufe des Tages nur kleinen Schwankungen unterworfen (im Gegensatz zum Serumeisen).
- Nach adäquat geführter Eisensubstitutionstherapie steigt das Serumferritin nach einigen Wochen bis Monaten an, vorausgesetzt es besteht kein persistierender Blutverlust.
- Laborkinetik bei Eisenmangel bzw. bei Eisensubstitution, siehe S. 901

Lab: ↘ ▪ **Serumferritin < 15 µg/L = Eisenmangel (pathognomonisch!)**

N ▪ **Serumferritin 20-60 µg/L**
Hier gibt es 2 Interpretationsmöglichkeiten:
1. Normalwert
2. Eisenmangel (symptomatisch oder nicht), wobei das Serumferritin infolge eines Entzündungszustandes «falsch» erhöht gemessen wird. Diese Diagnose kann aber nur durch eine KM-Punktion mit Eisenfärbung bestätigt werden.

▪ **Serumferritin 200-300 µg/L**
- Ein Eisenmangel ist ausgeschlossen!

↗ ▪ **Serumferritin > 300 µg/L = unspezifischer Entzündungszustand**
- Chronische Hepatopathie (alkoholische Leberzirrhose)
- Chronische Entzündungsanämie
- Hämolytische Anämie
- Sideroblastische Anämie (myelodysplastisches Syndrom)
- Hyperthyreose
- Hämochromatose
- Neoplasie
  -- HODGKIN Lymphom
  -- Leukämie u.a.
- Morbus STILL des Erwachsenen, S. 1020

Folsäure

N: ⦿ 4-22 nmol/L — 2-10 ng/mL

Allg:
- Täglicher Bedarf: 400 µg
- Physiologische Reserven: 3 Monate
- Die Serumkonzentration der Folsäure wird von der kurzfristigen Nahrungsaufnahme beeinflusst, was für die intraerythrozytäre Folsäurenkonzentration nicht der Fall ist.

Folsäuremangel

Klin:
I. Asymptomatisch
II. Symptomatisch: es wird dieselbe Klinik, wie bei der perniziösen Anämie beobachtet (S. 898), aber **OHNE neurologische Symptome**.

Für die PRAXIS:
Bei gleichzeitigem Vitamin B12-Mangel kann die Gabe von Folsäure (ohne Vitamin B12-Substitiution) neurologische Symptome auslösen oder verstärken!

Th:
- Die orale Folsäuresubstitution (Acidum folicum Tabl 1 mg: 1-5 mg/d PO) ist indiziert, wenn der Folsäuremangel für eine makrozytäre Anämie verantwortlich ist, wie z.B. bei/mit:
  - Ernährungsproblem
  - Malabsorption
  - Schwangerschaft
  - Laktation
  - Antikonvulsiva: Barbiturate, Phenytoin, Primidon

Fibrinogen (Serum)

N: ⊙ 2-4 g/L — 200-400 mg/dL

Allg:
- Das immunologisch gemessene Serumfibrinogen entspricht nicht unbedingt dem physiologisch aktiven Fibrinogen.
- Das Fibrinogen ist ein Protein, welches folgende Parameter beeinflusst:
  - Blutsenkungsgeschwindigkeit (↑↑)
  - die Plättchenaggregation (↑)
  - die Blutviskosität (↑)
  - die terminale Phase der Bildung der Blutkoagula (clot-Bildung).
- Hohe Fibrinogenserumspiegel sind signifikant mit erhöhtem kardiovaskulärem Risiko assoziiert.
- Folgende 2 Parameter vermindern die Aussagekraft des Fibrinogens:
  - Grosse intra-individuelle Variabilität der Serumtiter
  - Fehlen eines standardisierten Labortests

Bem:
- Die **GPIIb/IIIa Rezeptorinhibitoren** (Abciximab, Eptifibatid, Tirofiban) sind Antikoagulantien, welche das Fibrinogen daran hindern, sich an ihren Plättchenrezeptoren zu fixieren.
  - In physiologischem Zustand ändern diese Rezeptoren ihre Konfiguration, indem sie aktiviert werden. Sie erhöhen die Fixationsaffinität für das Fibrinogen und damit auch die Plättchenaggregation, wodurch die Thrombusbildung gefördert wird.

DD: ↗
- Alter
- Adipositas
- Nikotinabusus
- Entzündung
- Konnektivitis (z.B. SLE)
- Diabetes mellitus
- Nach Strahlenbehandlung
- Verbrennungen
- Trauma
- Paraneoplastisches Syndrom, z.B. bei:
  - Bronchuskarzinom
  - Nierenzellkarzinom
  - Ovarialkarzinom
  - Pankreaskarzinom
  - HODGKIN Lymphom
  - GUILLAIN-BARRÉ-Syndrom

↘
- Leberinsuffizienz
- Kachexie
- Malabsorption
- Hämolytische Anämie
- Polycythaemia vera
- Myelozytäre Leukämie (die lymphozytäre Leukämie zeigt manchmal eine Erhöhung des Fibrinogens)
- Knochenmetastasen
- Erhöhter Fibrinogenverbrauch
  - Disseminierte intravasale Gerinnung (DIC)
  - Fibrinolyse (Thrombolyse)
- Körperliche Aktivität

γ-GT (Gamma-Glutamyltransferase)

N: ⦿ 0-30 E/L

Allg:
- Die γ-GT, als sehr sensitives Enzym («steigt früh an»), wird in folgenden Zellen vorgefunden:
  - **Hepatozyten**
  - **Gallenepithelzellen**.
- Die γ-GT verläuft parallel zur akalischen Phosphatase, S. 1344
- Bei hohen AP-Werten ist die Bestimmung der γ-GT hilfreich zur Differenzierung einer Knochen- bzw. Lebererkrankung.

Für die PRAXIS:
- Bei Knochenerkrankungen ist die γ-GT nicht erhöht, bei Lebererkrankungen hingegen sind die γ-GT und die alkalische Phosphatase erhöht.
- Die γ-GT soll nicht als Screening für die Alkoholkrankheit eingesetzt werden (weder sensitiv noch spezifisch)!
- Einziger «sinnvoller Marker» der Alkoholkrankheit: CDT *(Carbohydrate-Deficient-Transferrin)*; Alkohol erhöht das CDT.

DD: ↗
- Lebererkrankungen
  - Akute Hepatitis (die γ-GT steigt weniger hoch an im Vgl. zu den Transaminasen, bleibt aber länger erhöht und ist daher für die Verlaufskontrollen gut geeignet)
  - Zirrhose
  - Primär biliäre Zirrhose (hier sind die antimitochondrialen Antikörper vom Typ Anti-M2 in 90-95 % positiv)
  - Steatose (γ-GT-Verlauf parallel zu den Transaminasen)
  - Cholestase
  - Lebermetastasen (der γ-GT-Anstieg geht dem CT-Befund voraus!)
- Pankreatitis
  - Akut: γ-GT ist immer erhöht
  - Chronisch: γ-GT ist erhöht, wenn die Gallenwege mitbetroffen sind.
- Akuter Myokardinfarkt
  - Die γ-GT sind bei ca. 50 % der Patienten mit AMI erhöht
  - γ-GT-Anstieg nach 4-5 d
  - Maximalwert nach 8-12 d
- Alkoholeinnahme (auch moderat oder einmaliger Alkoholkonsum)
- Medikamentös (sehr viele Medikamente können die γ-GT erhöhen)
  - Paracetamol
  - Phenytoin
  - Barbiturate
  - Trizyklische Antidepressiva und viele andere...!
- Neoplasien (auch ohne Lebermetastasen)
  - Melanom
  - Bronchuskarzinom
  - Mammakarzinom
- Adipositas (leichte γ-GT-Erhöhung)

N
- Knochenerkrankungen
- Schwangerschaft
- Niereninsuffizienz
- Intensive körperliche Aktivität

Glykosyliertes Hämoglobin (HbA1c) und Fruktosamin

HbA1c

Allg: ⦿ Normwert: 4.4-6.4 % Hb
- Zielwert beim Diabetiker: **HbA1c ≤ 6.5 %**
- Widerspiegelt einen kleinen Anteil des Hämoglobins, welcher bei erhöhten BZ-Werten ansteigt.
- Das HbA1c resultiert aus der irreversiblen Bindung zwischen der Glukose und den Aminosäuren des Hämoglobins (Valin und Lysin).
- Approximative BZ-Werte bezüglich des HbA1c:

For: **Blutzucker (mg/dL) = [(HbA1c x 33.3) - 86]**

Bsp: Patient mit HbA1c von 8.2 %
→ Approximativer Blutzucker = [(8.2 x 33.3) – 86] = 190 mg/dL. Dieser Diabetiker muss besser therapiert werden (HbA1c < 7 %).

HbA1c	**Mittlere BZ-Werte** (über 2-3 Mt.)
6 %	→ 135 mg/dL
7 %	→ 170 mg/dL
8 %	→ 210 mg/dL
9 %	→ 245 mg/dL
10 %	→ 280 mg/dL
11 %	→ 320 mg/dL
12 %	→ 350 mg/dL

- Das HbA1c ist der beste metabolische Verlaufslaborparameter beim Diabetiker.
- Das HbA1c ist NICHT für das *Screening* des Diabetes mellitus geeignet.
- Gibt Auskunft über den **Blutzuckerwert der letzten 2-3 Monate** und erlaubt es, das Mikroangiopathierisiko (Nephro-, Retino- und Neuropathie) zu evaluieren.
- Ein Absinken des HbA1c um 1 % hat eine relative Reduktion des Mikroangiopathierisikos von 30 % zur Folge.

Für die PRAXIS:
- Bei Patienten mit Anämie (speziell bei transitorischer Anämie, wie z.B. bei der hämolytischen Anämie) ist das HbA1c fälschlicherweise tief (grosser *Turnover* der Erythrozyten). In dieser Situation und bei hohen BZ-Werten soll auch das Fruktosamin bestimmt werden.
- Ein normales HbA1c schliesst eine Glukoseintoleranz nicht aus, siehe S. 662
- Hb-Varianten (Sichelzellanämie, Thalassämie u.a.) induzieren ein falsch niedriges HbA1c.

LABOR

Fruktosamin

Allg: ⦿ Normalwert: 200-290 µmol/L
- Das Fruktosamin ist Ausdruck der Glykation der Serumalbumine.
- Ersetzt <u>nicht</u> das HbA1c für die Verlaufskontrolle des Diabetes mellitus!
- Fruktosamin gibt Auskunft über den mittleren **Blutzuckerwert der letzten 2-3 Wochen.**
- Der Wert des Fruktosamins ist aber bei bestehender Hypoproteinämie nicht interpretierbar, siehe Kapitel «Hypoproteinämie», S. 1427
- Die Bestimmung von Fruktosamin hat bei relevanter Anämie einen Vorteil gegenüber dem HbA1c, denn bei Anämie ist das HbA1c fälschlicherweise tief.
- Bei kürzlicher diabetischer Dekompensation kann Fruktosamin einen gewissen diagnostischen Wert haben.

Hämolyse

Klin:
- Klinisch wird ein **Ikterus** bei einer Gesamtbilirubinämie **> 35-50 µmol/L** (> 2.0-3.0 mg/L) beobachtet.
- Typische Lokalisationen des Ikterus (wird oft durch Drittpersonen und nicht vom Patienten selbst bemerkt!):
  a) Frühphase
    - An den Konjunktiven
    - Unter der Zunge
    - Am harten Gaumen

  b) Spätphase
    - Generelles gelbes Hautkolorit

Lab: Parameter, welche durch die Hämolyse beeinflusst werden

▪ Blut

- Hb: Anämie (i.d.R. normochrom, normozytär, regenerativ). Wenn die Hämolyse kompensiert ist, beobachtet man keine Anämie!
- Retikulozyten (↑)
- Polychromasie. Es können Erythroblasten im peripheren Blut gefunden werden.
- Bilirubin, v.a. indirektes Bilirubin (↑)
- LDH (↑), S. 1413
- Haptoglobin (↓ - ↓↓↓)
- Freies Hb > 50 mg/L (***CAVE***: falsch erhöhtes freies Hb bei *in vitro* Hämolyse!)
- Serumeisen
  - entweder (↑): In der Frühphase
    oder (↓): Bei chronischer, intravasaler Hämolyse mit Hämoglobinurie und resultierendem Eisenmangel
- COOMBS-Test positiv bei immunhämolytischer Anämie, siehe auch S. 897
- Bemerkung: Urobilin und Urobilinogen sind erhöht, werden aber im Blut nicht bestimmt.

▪ Urin

- Urobilinogen (↑, als Folge erhöhter Bilirubinpassage ins Darmlumen)
- Eisen (↑) bei intravasaler Hämolyse (Hämoglobinurie)
- Hämoglobinurie bei intravasaler Hämolyse
- Bilirubin (↑/↓). Das indirekte Bilirubin ist fettlöslich und kann deshalb nicht renal ausgeschieden werden.
- Urinfarbe:
  a) Bei extravasaler Hämolyse → **Normale Urinfarbe** (denn Urobilinogen ist farblos)
  b) Bei intravasaler Hämolyse (Bsp: hämolytische Krise bei Mangel an Glukose-6-Phosphat-Dehydrogenase) → **dunkelgelber Urin**.

▪ Stuhl

- Fäkales Sterkobilinogen (↑)
- Stuhlfarbe:
  - **Dunkelbraun,** hervorgerufen durch die Gallensalze (Sterkobilin, Urobilin)

Harnstoff - BUN (blood urea nitrogen)

N: ⦿ Harnstoff: 3.0-6.5 mmol/L — 8-18 mg/dL

Allg:
- Für die Diagnose der Niereninsuffizienz ist das Serumkreatinin (S. 1411) sensitiver und spezifischer als der Serumharnstoffspiegel.
- Die Klinik des urämischen Syndroms (S. 634) korreliert besser mit dem Serumspiegel des Harnstoffes, als mit dem des Kreatinins.Der Serumharnstoff kan deswegen, bei bestehender Niereninsuffizienz, eine differentialdiagnostische Hilfe darstellen:
  - **Serumharnstoff** ↓ (und Niereninsuffizienz)
    DD:
    - Hyperhydratation
    - Proteinmangelernährung
  - **Serumharnstoff** ↑↑↑ (und Niereninsuffizienz)
    DD:
    - Schwere glomeruläre Funktionsstörung
    - Katabolismus
    - GI-Blutung

DD: ↗
- Niereninsuffizienz (prä-, intra- oder postrenal)
- Erhöhter Proteinkatabolismus (das Serumkreatinin bleibt hier normal)
  - GI-Blutung (infolge Absorption des Blutes)
  - Akuter Myokardinfarkt
  - Stress
  - Medikamentös
    -- Cephalosporine, TMP/SMX, Diuretika, Doxycyclin, Kortikoide, Zytostatika

↘
- Schwere Leberinsuffizienz
- Eiweissarme Kost
- Langzeitbehandlung mit elektrolytarmen Lösungen
- Physiologisch tiefe Harnstoffwerte bei Kindern und Schwangeren

Harnstoff/Kreatinin-Ratio im Blut [mmol/L] / [μmol/L]

Allg:
- Approximativer Normwert (Normalproband bei normaler Ernährung): **5-15 %** (bzw. 5-15 bei den traditionellen Einheiten [mg/dL] / [mg/dL])

DD:

↗ **Harnstoff/Kreatinin-Ratio > 15 % bei normalem Serumkreatinin**

☛ *Bsp: Harnstoff 18 mmol/L; Kreatinin 80 μmol/L → Ratio (H'stoff/Kr.): 22 %*

- Prärenale Niereninsuffizienz
  - Herzinsuffizienz
  - Dehydratation
  - Blutung
  - Salzverlust, Salzmangel
- Katabole Stoffwechsellage (infolge Gewebezerstörung)
- GI-Blutung
- Niereninsuffizienz bei/mit:
  - Hohem Fieber
  - Infektion, Verbrennungen
  - Hyperkortisolismus
  - Patient mit schwacher Muskelmasse, Kachexie
  - Thyreotoxikose
- Erhöhte Proteinzufuhr
- Medikamentös: Kortikoide, Doxycyclin

↗ **Harnstoff/Kreatinin-Ratio > 15 % mit erhöhtem Serumkreatinin**

☛ *Bsp: Harnstoff 50 mmol/L; Kreatinin 250 μmol/L → Ratio (H'stoff/Kr.): 20 %*

- Postrenale Niereninsuffizienz (der Harnstoff ist im Vgl. zum Serumkreatinin disproportional erhöht)
- Prärenale Niereninsuffizienz bei bestehender Nephropathie

↘ **Harnstoff/Kreatinin-Ratio < 5 % mit vermindertem Serumharnstoff**

☛ *Bsp: Harnstoff 2 mmol/L; Kreatinin 150 μmol/L → Ratio (H'stoff/Kr.): 1.3 %*

- Akute Tubulusnekrose (akutes Nierenversagen)
- Verminderung der Harnstoffproduktion
  - Verminderte Proteinzufuhr
  - Junger Patient
  - Leberinsuffizienz
- SIADH (durch erhöhte tubuläre Harnstoffsekretion)
- Schwangerschaft

↘ **Harnstoff/Kreatinin-Ratio < 5 % mit erhöhtem Serumharnstoff**

☛ *Bsp: Harnstoff 10 mmol/L; Kreatinin 300 μmol/L → Ratio (H'stoff/Kr.): 3 %*

- Rhabdomyolyse (durch Freisetzung von muskulärem Kreatinin)
- Muskulöse Patienten, welche eine Niereninsuffizienz entwickeln.

Harnsäure

N: ⦿ Serumharnsäure: 120-420 µmol/L — 2.0-7.0 mg/dL

Allg:
- Die Harnsäure ist ein Stoffwechsel-Endprodukt, das beim **Zellkern-Abbau** (**Purinen**) entsteht und zu 80 % über die Nieren ausgeschieden wird.
- Purinreiche Kost: Innereien, Fleisch, Sardinen, Sardellen, Wild u.a.
- Die Serum-Harnsäurespiegel unterliegen grossen Tagesschwankungen.

Ind:
1. Monitoring bei Gicht
2. Monitoring bei Chemo- und/oder Radiotherapie mit dem Ziel, die Bildung von Uratkristallen in der Niere mit möglicher, konsekutiver Niereninsuffizienz, zu vermindern.
3. Nierensteine

Klin:
I. Asymptomatisch
II. Symptomatisch:
- Gicht
- Uratnephropathie mit/ohne Niereninsuffizienz

DD:

↗
- Niereninsuffizienz (wobei keine gute Korrelation mit deren Schweregrad)
- Gicht
- Hungerkuren
  - «Nulldiät»: Harnsäurespiegel nach 7 Tage ca. 600 µmol/L
  - Abmagerungskuren mit hohem Anteil an Proteinen
  - Nukleoproteinreiche Kost (z.B. Leber, Bries) erhöht den Harnsäurespiegel um max. 60 µmol/L
- Stress, Übergewicht
- Zellkernuntergang (Freisetzung von Purinen)
  - Leukämie
  - Multiples Myelom
  - Polycythaemia
  - Lymphome, speziell nach Radiotherapie
  - Disseminierte Neoplasien
  - Chemotherapie (inkl. akutes Tumorlyse-Syndrom)
  - Hämolytische Anämie
  - Sichelzellanämie
  - Psoriasis (ca. 30 % der Patienten)
- Medikamente
  - Alle Diuretika <u>ausser</u> kaliumsparende Diuretika (z.B. Spironolacton):
    -- Furosemid, Torasemid, Bumetanid, Piretanid
    -- Hydrochlorothiazid
  - Acetylsalicylsäure (< 4 g/d)
  - Propranolol
  - Nikotinsäure
  - Levodopa
  - Pyrazinamid u.a.
- Intoxikation
  - Blei, Cadmium, Barbiturate, Methanol, CO, Ammoniak
- Alkohol (Hemmung der Harnsäureausscheidung infolge Hyperlaktatämie)
- Metabolische Azidose
- DOWN-Syndrom, LESCH-NYHAN-Syndrom
- Polyzystische Nierenerkrankung
- Hypoparathyreoidismus
- Primärer Hyperparathyreoidismus
- Hypothyreose
- Sarkoidose

N
- Hämolyse
- Kolchizin-Einnahme

↘
- Urikosurika (harnsäureausscheidende Medikamente)
  - Acetylsalicylsäure (> 3 g/d)
  - Kortikoide
  - Allopurinol
  - Probenecid
- Kontrastmittel
- Östrogene
- Morbus WILSON
- FANCONI-Syndrom
- Akromegalie
- Zöliakie (Glutenintoleranz)
- Bei hospitalisierten Patienten mit/bei:
  - Diabetes mellitus
  - Nach chirurgischem Eingriff
  - SIADH bei Hyponatriämie

Hyperglykämie

Urs:
- **Diabetes mellitus**
  - Typ 1
  - Typ 2
  - Genetischer Defekt der Funktion der B-Zellen (auch MODY genannt)
  - Schwangerschaftsdiabetes
- **Stress**
  - Polytrauma
  - Verbrennungen
  - Sepsis
  - Chirugische Eingriffe
  - Hypoxie u.a.
- **Hyperglykämie zentraler Ursache**
  - Enzephalitis
  - Schlaganfall
  - Tumor
  - Schädel-Hirn-Trauma
  - Hirnblutung
- **Hepatogene Hyperglykämie**
  - Hepatitis (akut und chronisch)
  - Leberzirrhose
- **Pankreoprive Hyperglykämie**
  - Pankreatitis (akut und chronisch)
  - Pankreastumor
  - Pankreasektomie
  - Zystische Fibrose u.a
- **Enteropankreatische Tumoren**
  - Glukagonom
  - VIPom
  - Somatostatinom
- **Endokrinopathie**
  - Hyperkortisolismus
  - Primärer Hyperaldosteronismus
  - Hyperthyreose
  - Akromegalie
  - Phäochromozytom
  - Polyzystisches Ovarialsyndrom
  - Hämochromatose
- **Insulinresistenz**
-

Medikamente	Mechanismen der Hyperglykämie, Bemerkungen
Kortikoide	• Hepatische Glukoneogenese ↑ • Verminderung der peripheren Insulin-Rezeptor-Sensitivität • Die Hyperglykämie beginnt 12-24 h nach Beginn der Kortikoidtherapie.
Diuretika	• Insulinsekretion ↓ • Verminderung der peripheren Insulin-Rezeptor-Sensitivität • Hypokaliämie
Betablocker	• Insulinsekretion ↓ • Verminderung der peripheren Insulin-Rezeptor-Sensitivität (unter Betablocker werden selten Hypoglykämien infolge Hemmung der Glykogenolyse und der Glukagonsekretion beobachtet) • Hemmung der Kompensationsmechanismen der Hypoglykämie (Bsp: Tachykardie); das Schwitzen wird aber nicht verhindert!
β2-Agonisten*	• Hepatische Glukoneogenese ↑

* Beispiele von β2-Agonisten: Salbutamol, Terbutalin, Adrenalin

Hypokaliämie **[E87.6]**

Def: • Serumkalium < 3.6 mmol/L (Kinder < 3.2 mmol/L)

N: ⦿ Normale Kaliämie: 3.5-5.0 mmol/L; 1 mmol K^+ = 39 mg

Allg:
- Täglicher Kaliumbedarf: ca. 1 mmol/kg (50-100 mmol/24 h PO oder **IV**)
- Der Gesamtkaliumgehalt des menschlichen Körpers beträgt ca. 55 mmol/kg (Proband mit 70 kg → 3850 mmol bzw. 150 g Kalium).
- Eine asymptomatische Hypokaliämie sollte bei Werten < 3.5 mmol/L substituiert werden.
- Magnesium ist ein wichtiger Faktor bei der tubulären Kaliumrückresorption (im aufsteigenden Teil der HENLE-Schleife und im distalen Tubulus) und dient zur Aufrechterhaltung des intrazellulären Kaliumspiegels.

> **Für die PRAXIS:**
> - Bei gleichzeitiger Hypokaliämie und Hypomagnesiämie wird ein «kalium-refraktärer» Zustand beobachtet, bei dem die Hypokaliämie nur bei gleichzeitiger Substitution mit Magnesium behoben werden kann.
> - Eine Magnesiumsubstitution ist bei Vd. auf Hypomagnesiämie immer indiziert (Risikopatienten: schlecht ernährte Patienten, Alkoholiker). Diese Magnesiumsubstitution ist initial empirisch... aber sicher nicht schädlich!

- Bei einer Hypokaliämie ist die Toxizität von Digoxin verstärkt, denn sowohl Kalium, als auch Digoxin, besetzen dieselbe α-Einheit der Protonenpumpe «Na/K-ATPase».

For: • **Kaliumdefizit** [mmol]: Normales Serum-K^+ (4 mmol/L) - gem. Serum-K^+[mmol/L] **x 370**

Bsp: Patient mit Hypokaliämie von 1.5 mmol/L (N: ca. 4.0 mmol/L).
→ Kaliumdefizit = (4.0 mmol/L - 1.5 mmol/L) x 370 = 925 mmol.

Klin: • Symptome/Befunde (i.d.R. bei Serumkaliumwerten **< 3 mmol/L**)
- Muskulär
  - Schwäche
  - Atrophie
  - Rhabdomyolyse
  - Hypoventilation
  - Atemstillstand!
- Neurologisch
  - Muskelschwäche, Paralyse
  - Psychische Störungen
  - Tetanie
  - Eine hepatische Enzephalopathie wird bei Hypokaliämie verstärkt (erhöhte Ammoniakbildung)
- Kardiologisch
  - Verminderte Perfusion (Herzminutenvolumen ↓)
  - Arrhythmien (Extrasystolen, maligne Arrhythmie)
  - EKG-Veränderungen (siehe unten)
  - Verstärkte Digoxinwirkung
  - Orthostatische Hypotonie
- Nephrologisch/metabolisch
  - Polyurie
  - Polydipsie
  - Metabolische Alkalose
  - Glukoseintoleranz
- Gastroenterologisch
  - Obstipation
  - Paralytischer Ileus (bei schwerer Hypokaliämie)

EKG: 58 Jahre. K^+ 1.8 mmol/L mit Lakritzenabusus (→ Pseudohyperaldosteronismus, S. 721)

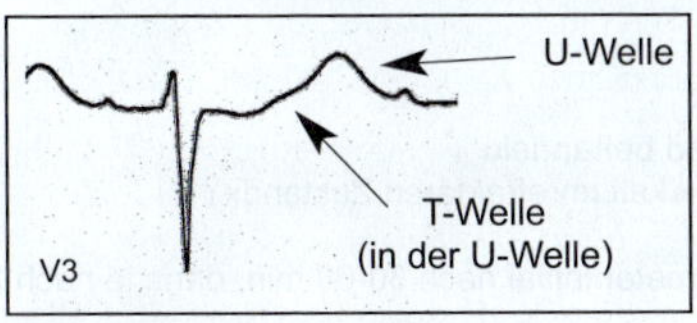

Hypokaliämie 1.8 mmol/L
- Senkung der ST-Strecke
- Abgeflachte T-Welle
- Grosse U-Welle, langes QT-Intervall

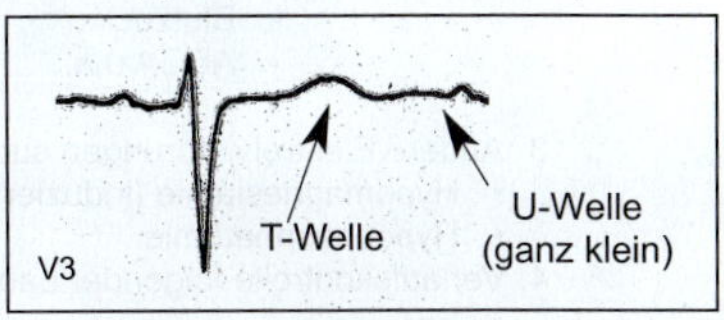

Hypokaliämie 3.5 mmol/L
- Isoelektrische ST-Strecke
- Die U-Welle ist fast verschwunden.

Urs: ■ **Renaler Kaliumverlust** (Kaliurie > 20-40 mmol/L)
- Osmotische Diurese:
  - Hyperglykämie (z.B. bei unkontrolliertem Diabetes mellitus)
- Hyperaldosteronismus
  - Primärer Hyperaldosteronismus (= CONN-Syndrom)
  - Sekundärer Hyperaldosteronismus
  - Pseudohyperaldosteronismus, s. 721
- Hyperkortisolismus (CUSHING-Syndrom)
- Hypomagnesiämie
- Tubuläre Azidose (proximal oder distal)
- BARTTER-Syndrom, s. 712
- GITELMAN-Syndrom, s. 712
- Medikamentös
  - Diuretika (ausser kaliumsparende Diuretika)
  - Mineralokortikoid
  - Penicillin (hochdosiert)
  - Aminoglykoside
  - Amphotericin B
  - Cisplatin u.a.

■ **Transzellulärer Shift** (K^+ geht von extrazellulär nach intrazellulär)
- Alkalose
- Medikamentös
  - Beta-Agonisten: Adrenalin, Formoterol, Salbutamol, Salmeterol
  - Verapamil-Intoxikation
  - Überdosiertes Insulin
  - Vitamin B12 (nur akut bei substituiertem Vit .B12-Mangel, «zelluläres *Refeeding*-Syndrom»)
  - Koffein
  - Theophyllin
- Muskuläre Arbeit

■ **Extrarenaler Kaliumverlust** (Kaliurie < 10-20 mmol/L)
- Diarrhoe
- Erbrechen
- Magensaftaspiration
- Verbrennungen
- Neoplasien, die VIP synthetisieren:
  - Villöses Adenom
  - Pankreastumor u.a.

■ **Sonstige Ursachen**
- Ungenügende K^+-Zufuhr (z.B. Anorexia mentalis)
- Periodische hypokaliämische Plegie (autosomal dominante Erbkrankheit; die plegischen Anfälle dauern 24-48 h)

Th: I. **Akute symptomatische Hypokaliämie**
1. Kausaltherapie
2. Parenterale Kaliumsubstitution

   Dos: • Die Dosierung ist abhängig vom Kaliumspiegel, EKG und von der Klinik!

> **Für die PRAXIS:**
> - **Die Kalium-Gabe in Form von Boli ist strikte verboten (maligne Arrhythmien)**
> - Parenterale Maximaldosierungen:
>   - Periphere Kaliumgabe............**max. 40-60 mmol/24 h!**
>   - Zentralvenöse Kaliumgabe ....**max. 20-40 mmol/h (Perfusor)!**
> - Engmaschige Laborkontrollen bei hohen Kaliumgaben (alle 1-2 h):
>   - Kalium
>   - Blutzucker
>   - ABGA u.a.

3. Andere Elektrolytstörungen suchen und behandeln
   - Hypomagnesiämie (induziert einen «kaliumrefraktären Zustand»)
   - Hypophosphatämie
4. Verlaufskontrolle folgender Laborparameter initial nach 30-60 min, dann je nach Klinik:
   - EKG
   - Blutzucker
   - Serumkalium
   - ABGA

II. Wenig symptomatische, chronische Hypokaliämie

A. Hypokaliämie bei Patienten OHNE bestehende Diuretikatherapie

Für die PRAXIS:

- Patienten, die unter Diuretika eine Hypokaliämie entwickeln, müssen mit chloridhaltigen Kaliumpräparaten substituiert werden, wie z.B. KCl-retard Hausmann® oder KCl-retard Zyma®. Das Kalium, das in den Brausetabletten enthalten ist, ist Kalium-Citrat (z.B. Kalium Hausmann®) und sind bei diuretikainduzierten Hypokaliämien nicht indiziert, da das Kalium durch die Diuretika renal eliminiert wird!
- Die Kalium-Citrat-Brausetabletten (Kalium Hausmann®) sind in folgenden Situationen indiziert:
  - Nicht-diuretika induzierte Hypokaliämie
  - Tubuläre Azidose

Th: 1. Kaliumreiche Kost (Beispiele mit absteigendem Kaliumgehalt):
- Avocados
- Orangen- oder Grapefruitsaft
- Getrocknete Aprikosen
- Bananen
- Spinat
- Broccoli

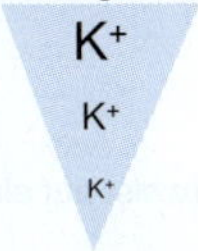

2. Orale Kaliumsubstitution: 20-80 mmol/d:

a) KCl Präparate

- KCl-retard Hausmann®	Drag	10 mmol
- KCl-retard Zyma®	Drag	8 mmol
- KCl Ampullen	Amp¢	20 mmol (10 mL), PO oder **IV**¢

b) Kalium-Citrat Präparat

- Kalium Hausmann®	Brstabl	30 mmol (nicht indiziert bei Patienten unter Diuretikatherapie, siehe Kommentar unter «Für die PRAXIS», oben)

3. Zusätzliche Gabe eines kaliumsparenden Diuretikums:

a) Oral

- Spironolacton	25-50 mg/d PO
- Eplerenon	25-50 mg/d PO
- Amilorid	

b) Parenteral

- Kaliumcanrenoat	200 mg/d **IV**

B. Hypokaliämie bei Patienten unter Thiazid- oder Schleifendiuretika

Th: 1. Dosisreduktion/Absetzen des Diuretikums (wenn möglich)

2. Orale Kalium-Substitution:
- Je nach Kaliumdefizit: 20-80 mmol/d
- Beispiele von Kaliumpräparaten:
  - -- KCl-retard Hausmann®, KCl-retard Zyma®, siehe Punkt A.2.a)

3. Kombinationstherapie mit kaliumsparendem Diuretikum. Beispiele:
- Spironolacton 25-50 mg/d
- Eplerenon 25-50 mg/d
- Amilorid

¢ Die KCl-Ampullen, welche zur **IV**-Gabe verwendet werden, können auch oral verabreicht werden. Wegen des salzigen Geschmacks sollen die Inhalte der Ampullen mit Orangensaft oder Wasser verdünnt werden.

Hyperkaliämie [E87.5]

Def: • Serumkalium > 5 mmol/L (Kinder > 5.4 mmol/L)

N: ⦿ Normale Kaliämie: 3.5-5.0 mmol/L

Allg: • Die Hypokalzämie verstärkt die proarrhythmogene Wirkung der Hyperkaliämie! Deswegen ist die Kalziumgabe der erste therapeutische Ansatz bei schwerer Hyperkaliämie.

Für die PRAXIS:
Nebst dem absoluten Wert soll auch der **Verlauf der Hyperkaliämie** beachtet werden. Ein Hämodialyse-Patient toleriert problemlos eine Hyperkaliämie von 6.5 mmol/L (hier keine Panik: Eine notfallmässige Senkung von Kalium ist nicht immer indiziert! Der gleiche Wert bei sonst normokaliämischen Patienten ist hingengen sehr gefährlich.

Klin:
- **Symptome** (ähnlich wie bei der Hypokaliämie)
  - Muskulär
    - Müdigkeit
    - Adynamie
  - Neurologisch
    - Parästhesien
    - Schlaffe Parese (weist auf eine schwere Hyperkaliämie hin!)
  - Kardiologisch
    - Palpitationen, Thoraxschmerzen, Synkope (infolge Arrhythmien)
  - Metabolisch
    - Azidose
    - Hypoglykämie
  - Gastroenterologisch
    - Nausea
    - Erbrechen
    - Bauchschmerzen (infolge intestinaler Obstruktion, Ileus)
- **Klinik und paraklinische Parameter**
  - Neurologisch
    - Abgeschwächte monosynaptische Reflexe (ASR, PSR, M. biceps u.a.)
    - Faszikulationen
    - Paresen
  - Kardiologisch
    - Arrhythmien:
      - -- Bradykardie
      - -- AV-Überleitungsstörungen
      - -- Ventrikuläre Tachykardie
      - -- Kammerflimmern
      - -- Asystolie
      - -- Herzstillstand

EKG:

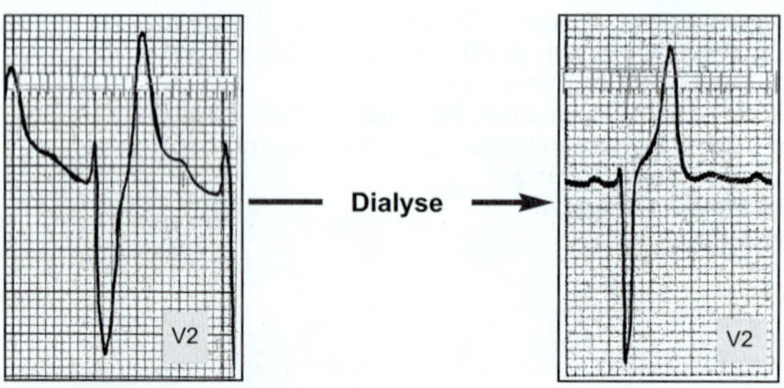

Hyperkaliämie 9.1 mmol/L
- Erstes Zeichen: spitze, überhöhte T-Wellen
- Breite QRS (bei Kaliämie > 7.5 mmol/L!)
- Kurzes QT-Intervall (< 0.32 sek)
- Verlängertes PR-Intervall

Post-Dialyse: **Hyperkaliämie 6.6 mmol/L**
- T-Welle bleibt spitz und hoch
- Die QRS-Komplexe sind schmal geworden.
- Normales PR-Intervall

Urs: ▪ **Kalium Retention**
- Niereninsuffizienz

> **Für die PRAXIS:**
> Eine <u>schwere</u> Niereninsuffizienz (GFR ≤ 15 mL/min) kann per se die Hyperkaliämie erklären. Wenn die GFR aber > 15 mL/min liegt, muss eine zusätzliche Ursache gesucht werden, um die Hyperkaliämie zu erklären, wie z.B.:
> - Medikamentös
> - Renal-Tubuläre Azidose Typ IV

- NNR-Insuffizienz (verminderte Aktivität oder Synthese von Kortikoiden oder Aldosteron)
- Medikamentös induziert (infolge Hemmung der tubulären K^+-Sekretion)
  - ACE-Hemmer, Sartane
  - Betablocker (infolge Hemmung von Renin)
  - Spironolacton, Eplerenon
  - Amilorid, Triamteren
  - NSAR
  - Ciclosporin
  - Tacrolimus (FK 506)
  - Heparin
  - Trimetoprim
  - TMP/SMX

▪ **Kaliumshift** (Kalium tritt aus den Zellen aus und geht in die Blutgefässe)
- Akute respiratorische Azidose (v.a. bei nicht organischen Säuren)
- Akute metabolische Azidose
- Medikamentös
  - Betablocker (durch Hemmung des Kalium-Eintritts in die Zelle)
  - Succinylcholin
  - Digoxin-Intoxikation
- Intravasale Hämolyse
  - Hämolytische Anämie
  - Transfusionszwischenfall
- Rhabdomyolyse
- *Crush-Syndrom*

▪ **Pseudohyperkaliämie**
- Hämolyse (Staumanschette oder starkes Händedrücken während einer Blutentnahme)
- Thrombozytose > 1'000 G/L
- Leukozytose > 100 G/L

▪ **Zu hohe Kaliumzufuhr** (**IV** oder PO)
- Hohe orale Kaliumzufuhr führt nur bei vorbestehender chronischer Niereninsuffizienz zur Hyperkaliämie (bei Nierengesunden führt die orale Kalium-Zufuhr nicht zu einer Hyperkaliämie)

Th: • Siehe S. 1388

LABOR

Th: **1. Kausaltherapie**
2. Symptomatische Therapie

A. Hyperkaliämie ≥ 7.0 mmol/L
und/oder:
EKG-Veränderungen: breite QRS, PR ↑, Bradykardie < 45/min

A.1. Kalziumglubionat

Allg: • Kalziumglubionat wirkt sofort und verhütet die Kardiotoxizität des Kaliums während 30-60 min; die Kaliämie wird aber dabei NICHT vermindert!

Bsp: • CALCIUM-SANDOZ® Amp 10 mL (90 mg oder 2.25 mmol Kalzium)

Dos: • Initialdosis ....10 mL in 2-3 min **IV**, bei Bedarf alle 5-10 min wiederholen bis im EKG die QRS wieder schmal werden.
• Erhaltungsdosis......1-4 mg Kalzium/kg/h **IV** (in 500 mL G-5 % verdünnt verabreichen).
• Laborkontrollen ......Initial alle 6 h

A.2. Insulin (in Glukoseperfusor)

Dos: • G-10 % 500 mL + 10-20 E schnellwirkendes Insulin (ACTRAPID®, HUMALOG®, NovoRapid®) zu 150-200 mL/h.

Bem: • Normale BZ-Werte anstreben
• Dauer der kaliumsenkenden Wirkung: 2-4 h (Mechanismus: zellulärer K^+-Shift)

A.3. Blutzucker

Allg: • Ziel: Normoglykämie.
• Die Hyperglykämie begünstigt die Hyperkaliämie durch Austreten des Kaliums aus dem intrazellulären Raum.

A.4. Na^+-Bicarbonat ($NaHCO_3$)

Ind: • In Erwägung ziehen bei:
- pH < 7.1
  und/oder:
- HCO_3^- (Blut) < 15 mmol/L

Dos: • 50 mmol in 5 min **IV**

Bem: • $NaHCO_3$ kann auch bei normalem pH nützlich sein.
• $NaHCO_3$ hat bei schwerer Niereninsuffizienz keine bewiesene Wirksamkeit.

A.5. Kationenaustauscherharz

Bsp: • Polystyrolsulfonat RESONIUM® A (Austauscherharz von $K^+ \leftrightarrow Na^+$)
a) Orale Gabe
   Dos: 2-4x 15 g/d PO (mit einem Glas Wasser ± Sirup verabreichen, aber nicht mit kaliumhaltigen Flüssigkeiten, wie z.B. Orangensaft)!
b) Intrarektale Gabe
   Dos: 30-60 g in 200 mL Wasser oder G-10 %

NW: • Hypernaträmie!

Bem: • Die Wirkung von Polystiren Sulfonat RESONIUM® A ist unmittelbar, aber nicht sehr ausgeprägt.

Folgende Therapien sollen von Fall zu Fall diskutiert werden:

A.6. Beta 2-Agonist

Allg: • Wirkungsmechanismus: Die Kaliämie vermindert sich durch Translokation von Kalium vom extrazellulären ins intrazelluläre Milieu.

Bsp: • Salbutamol: Aerosol (40 Trpf = 2 mL/10 mg) über 15 min, nach Bedarf alle 3-4 h wiederholen.

A.7. Hämodialyse (Nephro-Konsilium)

Ind: • Nichtansprechen auf die genannte Therapie (Punkte A.1-A.6)

B. Kaliämie 6.5 - 6.9 mmol/L mit schmalen QRS (< 0.12 sek)

Die Therapie entspricht derjenigen der Kaliämie ≥ 7.0 mmol/L (Punkt A., s. 1388), aber da das EKG keine breiten QRS-Komplexe zeigt, ist die Kalzium-Gabe nicht notwendig:

1. Insulin + Glukose, siehe Punkt A.2, s. 1388
2. Na^+-Bicarbonat (Indikationen, siehe Punkt A.4., s. 1388)
3. Kationenaustauscherharz, siehe Punkt A.5., s. 1388
4. Zu diskutieren: Beta 2-Agonist, siehe Punkt A.6., s. 1388

C. Kaliämie 6.0 - 6.4 mmol/L

1. Kationenaustauscherharz, siehe Punkt A.5., s. 1388
2. ± Beta 2-Agonist, siehe Punkt A.6., s. 1388
3. Zu diskutieren:
   - Na^+-Bicarbonat, siehe Punkt A.4., s. 1388
     oder:
   - Insulin, siehe Punkt A.2., s. 1388

LABOR

Hypokalzämie [E83.5]

Def:
- Serumkalzium < 2.2 mmol/L
- Ionisiertes Kalzium (= aktive Form) < 1.1 mmol/L

N: ⦿ Normale Kalzämie: 2.2-2.5 mmol/L — 8.8-10 mg/dL

For:
- Korrigierte Kalzämie in Abhängigkeit des Serumalbumins:

Kalzämie korrigiert [mmol/L] **= gemessene Kalzämie - [0.025 x (Albuminämie** [g/L] **- 40)]**

Bsp: Patient mit Leberzirrhose hat folgende Laborwerte: Serumkalzium 1.8 mmol/L, Serumalbumin 25 g/L.
→ Korrigierte Kalzämie: 1.8 - [0.025 x (25 - 40)] = 2.17 mmol/L. Der Patient hat eine normale Kalzämie!

Klin:
I. Asymptomatisch (häufig)
II. Symptomatisch
1. Art. Hypotonie (Herzkontraktilitätsverminderung, periphere Vasodilatation)
2. **Gesteigerte neuromuskuläre Erregbarkeit (bei schwerer Hypokalzämie)**

2.1. Hyperreflexie

Klin:
- **CHVOSTEK-Zeichen**
  - Allg: • Dieses Zeichen ist in 70 % der Fälle positiv.
  - Vorg: • Beklopfen des N. facialis im Bereich der Wange löst ein Zucken der Mundwinkel aus (Übererregbarkeit des N. facialis).
- **TROUSSEAU-Zeichen**
  - Allg: • Dieses Zeichen ist in 66 % der Fälle positiv, Spezifität 96 %
  - Vorg: • Eine Blutdruckmanschette wird am Oberarm aufgeblasen, wobei der Manschettendruck während 3-4 Minuten über dem SBD gehalten wird.
    - a) Normalantwort: keine Bewegung des Arms
    - b) Positives (pathologisches) TROUSSEAU-Zeichen: Flexion des Ellbogens und des Handgelenks, Extension der Finger.
  - DD: • Hysterie
  - Bem: • Das TROUSSEAU-Zeichen ist nicht mit dem **TROUSSEAU-Syndrom** zu verwechseln. Dieses Syndrom manifestiert sich mit oberflächlichen und tiefen Venenthrombosen als Begleiterscheinungen bei Neoplasien (typischerweise beim Pankreaskarzinom).

2.2. Tetanie

Klin: • Die Tetanie manifestiert sich typischerweise mit einem Trismus (Kieferklemme).

Lab: • Das Gesamt-Serumkalzium ist normal, das ionisierte Kalzium ist aber vermindert!

Bem: • Wenn eine normokalzämische Tetanie nicht auf **IV**-Gabe von Kalzium anspricht, müssen folgende Situationen ausgeschlossen werden:
- Alkalose (respiratorisch oder metabolisch)
- Hypomagnesiämie

2.3. Epilepsie, S. 564

EKG: • Langes QT-Intervall; selten mit Torsade de pointes

Urs:
- ▪ **Falsche Hypokalzämie oder Interferenzen**
  - Hypoproteinämie
  - Hypalbuminämie
  - Rhabdomyolyse (infolge Hyperphosphatämie)
- ▪ **Erkrankungen der Nebenschilddrüse**
  - Hypoparathyreoidismus
    - Primär (iPTH ↓, Serumphosphat ↑)
    - Sekundär
      - -- Strumektomie
      - -- Amyloidose
      - -- Sarkoidose
      - -- Hämochromatose
  - Hypomagnesiämie (Hemmung des PTH)
  - Pseudohypoparathyreoidismus (iPTH normal)
- ▪ **Renaler Kalziumverlust**
  - Schleifendiuretika
  - Cisplatin

- **Mangel an Vitamin D**
  - Verminderte Vitamin D-Zufuhr
  - Malabsorption
  - Alkoholismus
  - Leberinsuffizienz (Synthese von 25-OH-D ↓)
  - Niereninsuffizienz (Synthese von 1,25-OH-D ↓)
  - CYP 450 induzierenden Antiepileptika
    - Phenytoin, Primidon, Phenobarbital, Carbamazepin
- **Kalziumverlust im Extrazellulärraum**
  - Kalziumdepot
    - Osteoblastische Metastasen (Mamma, Bronchus, Prostata)
  - Akute Hyperphosphatämie
  - Intravasale Kalziumbindung
    - Citrat (massive Bluttransfusionen)
    - Foscarnet
    - EDTA
- **Medulläres Schilddrüsenkarzinom** (infolge Calcitonin Erhöhung)
- **Medikamentös**
  - Aminoglykoside
  - Bisphosphonate
  - Calcitonin
  - Cisplatin
  - Colchicin
  - Colestiramin
  - Foscarnet
  - Heparin
  - Kortikoide
  - Laxantien
  - Pentamidin
  - Phenobarbital
  - Phenytoin u.a.

Th: **A. Asymptomatische Hypokalzämie**

Vorg: 1. Kausaltherapie
2. Orale Kalzium- und Vitamin D-Substitution:
   - Kalzium (2-4 g/d)
   - Vitamin D (400 IE/d oder 1000 IE 3x/Woche)

B. Symptomatische Hypokalzämie oder ionisiertes Kalzium < 0.65 mmol/L

Vorg: 1. Parenterale Kalziumsubstitution (**IV** oder **IM**)

Bsp: Kalziumglubionat CALCIUM SANDOZ® (1 Amp/10 mL = 90 mg oder 2.25 mmol Kalzium)

Dos: <u>Initialdosis</u> ....100-300 mg Ca^{2+} (1-3 Amp) **IV** in 10 min (oder **IM**), dann 1-2x/d je nach Kalzämie.
<u>Erhaltungsdosis</u> ......1-2 mg Kalzium/kg/h **IV** kont. (ca. ½ Amp/h)
<u>Kalzämiekontrolle</u>. ..Initial alle 6-8 h.

Für die PRAXIS:
Bei Patienten, welche unter Digoxintherapie stehen, darf aus folgenden Gründen NIE Kalzium IV verabreicht werden:
- Verschlimmerung einer diastolischen Herzinsuffizienz
- Arrhythmogene Wirkung (Kalzium verstärkt das Risiko maligner Arrhythmien durch verstärkte Digoxinwirkung)

2. Kausaltherapie und orale Kalzium- und Vitamin D-Substitution
   - Kalzium 2-4 g/d PO
   - Vitamin D (400-800 IE/d)

Hyperkalzämie [E83.5]

Def:
- Schwere Hyperkalzämie = Serumkalzium > 3.5 mmol/L

N:
- ◉ Normale Kalzämie: 2.2-2.5 mmol/L — 8.8-10 mg/dL

Klin:
- Stark variabel
- Symptome manifestieren sich oft erst ab Serumkalziumwerten > 3 mmol/L:
  - Müdigkeit, Adynamie, Inappetenz, Depression
  - Nausea, Verwirrtheitszustand
  - Polyurie
  - Art. Hypertonie
  - Arrhythmien (oft erst bei Hyperkalzämie > 3.5 mmol/L)

EKG:
- Kurzes QT-Intervall (< 320 ms)

Urs:
- **Hyperparathyreoidismus (primär, tertiär)**
- **Neoplasie**
  - Knochenmetastasen
  - Multiples Myelom
  - Paraneoplastisches Syndrom, z.B. bei:
    - Hypernephrom
    - Bronchuskarzinom, Ovarialkarzinom, Pankreaskarzinom u.a.
    - Glukagonom (Pankreastumor)
    - HODGKIN Lymphom
    - GUILLAIN-BARRÉ-Syndrom
- **Granulomatose** (infolge erhöhter Synthese von Vitamin 1,25-OH-D)
  - Sarkoidose, Tuberkulose u.a.
- **Endokrinopathie**
  - NNR-Insuffizienz
  - Hyperthyreose, Phäochromozytom, VIPom
- **Medikamentös**
  - Vitamin D-Intoxikation (mindestens 50'000 IE/d), Vitamin A-Intoxikation
  - Thiaziddiuretika (z.B. Hydrochlorothiazid, Chlorthalidon)

  Für die PRAXIS:
  Die Schleifendiuretika hingegen (Furosemid, Torasemid) vermindern die Kalzämie, aber die Thiazide erhöhen die Kalzämie!

  - Östrogene, Tamoxifen, Lithium u.a.
- **Sonstige**
  - Chronische Niereninsuffizienz (persistierender Hyperparathyreoidismus)
  - Immobilisation
  - Falsche Hyperkalzämie
    - Hämolyse, «Staueffekt» (Erhöhung der Kalzämie um ca. 5 %)

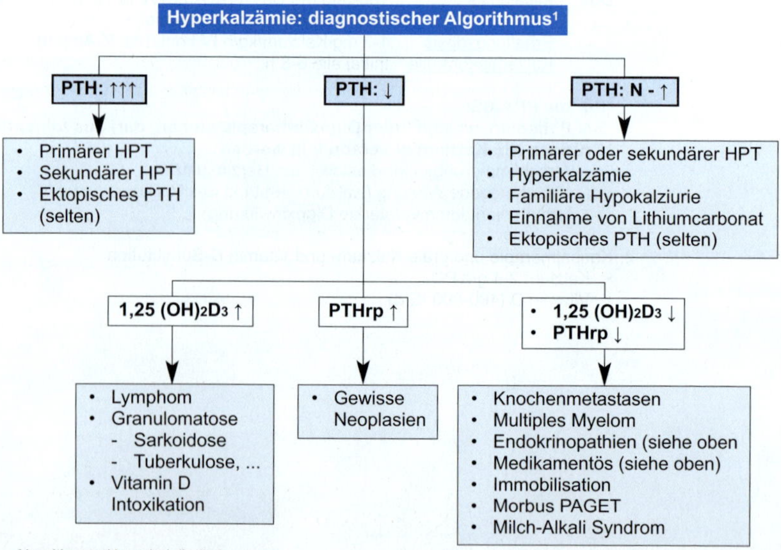

Algorithmus: Hyperkalzämie.[1]

PTHrp = Parathormone related peptide; HPT = Hyperparathyreose; PTH = Parathormon

1 Mit Genehmigung: Lanthier Luc, Guide pratique de médecine interne; Formed 2008 ; p. (7)-12.

Hyperkalzämie: Therapie

Kausaltherapie

Symptomatische Therapie

Indikationen zur symptomatischen Therapie:
1. Kalzämie > 3.0 -3.5 mmol/L
2. Symptomatischer Patient

1. Hydratation (Wirkung: Verdünnung und Erhöhung der Kalziurie)

Vorg:
- Initial: NaCl 0.9 % 200-300 mL/h **IV** (3-6 L/24 h)
- Im Verlauf: Anpassung der Hydratation je nach Diurese (Ziel: 100-150 mL/h)

± **2. Schleifendiuretikum** (Wirkung: Kalziurie ↑)

Bem:
- Die Schleifendiuretika werden nicht routinemässig bei Hyperkalzämie eingesetzt (denn sie vermindern potentiell die Wirkung der Medikamente, welche die Knochenresorption hemmen). [2C]
- Es sollen KEINE Thiazide eingesetzt werden (diese erhöhen die Kalzämie!)

Ind:
- Hyperkalzämie mit Niereninsuffizienz
- Hyperkalzämie mit Herzinsuffizienz

Bsp:
- Furosemid 40-80 mg **IV** (Infusionsgeschwindigkeit < 6 mg/min **IV**)

\+ **3. Calcitonin**

Allg:
- Calcitonin vermindert die Kalzämie durch Erhöhung der Kalziurie.
- Die Wirkung von Calcitonin tritt schnell ein (Verminderung der Kalzämie um 0.3-0.5 mmol/L nach 4-6 h), aber die Wirkung hält nicht an (Tachyphylaxie nach 48 h)!

Dos:
- **Calcitonin** 4-6 IE/kg **SC** oder **IM**; die Kalzämie wird nach 4-6 h gemessen. Bei guter Wirkung → 4-8 IE alle 6-12 h wiederholen (**SC** oder **IM**).

\+ **4. Bisphosphonat (IV-Gabe)**

Allg:
- Die Bisphosphonate haften sich auf die Knochenoberfläche, was die Knochenresorption verhindert, die durch die Osteoklasten übermittelt wird.
- Bisphosphonate haben keine Sofortwirkung (maximale Wirkung erst nach 2-4 d)! Sie werden somit v.a. bei maligner Hyperkalzämie eingesetzt.

Bsp:
a) **Zoledronsäure** (1. Wahl; wirkungsvoller als Pamidronsäure)
  - 4 mg über 4 min **IV**; bei ungenügendem Resultat → 8 mg über 15 min **IV**, aber frühestens nach 7-10 d.

b) **Pamidronsäure** (= Bisphosphonat der 2. Wahl)
  - 60-90 mg über 2-4 h **IV**, verdünnt (NaCl 0.9 % oder G-5 % oder Dextrose 5 %); maximale Infusionsgeschwindigkeit: 22.5 mg/h, bei Bedarf nach 2-3 d wiederholen.

NW:
- Osteonekrose des Kiefers (bis 6 % der Fälle)!

± **5. Andere therapeutische Optionen je nach Ursache der Hyperkalzämie**

5.1. Kortikoide (antitumorale Wirkung, verminderte intestinale Kalziumabsorption)

Ind:
- Lymphom (gewisse Formen)
- Erhöhte Calcitriol-Bildung:
  - Sarkoidose u.a. chronische Granulomatosen
- Überschuss an Vitamin D-Einnahme

Dos:
- Methylprednisolon 125 mg **IV**

5.2. Galliumnitrat (in den USA eingesetzt)

Allg:
- Wirkung: Verhinderung der Osteoklasten Aktivität

Dos:
- 200 mg/m²/d **IV**. Therapiedauer: 5 Tage

5.3. Dialyse

Ind:
- Kalzämie > 4.5-5.0 mmol/L und/oder neurologische Symptome
- Hypophosphatämie bei Hyperparathyreose

Algorithmus: Therapie der Hyperkalzämie.[2]

2 Angepasst nach: Zalmann SA et al. UpTodate 2008.

Hypernatriämie [E87.0]

Def: • Serumnatrium > 145 mmol/L

N: ⦿ Normale Natriämie: 135-145 mmol/L

Allg: • Die Hypernatriämie hat eine Verminderung des Intrazellulärraumes zur Folge. Die daraus resultierende Hirnzellvolumenreduktion erklärt die dominierende **neurologische Klinik** und das erhöhte Risiko einer intrazerebralen oder subarachnoidalen **Hirnblutung**!

• Die metabolische Enzephalopathie tritt ab folgenden Serumnatriumwerten auf:
a) ≥ 150 mmol/L im Falle einer akuten Hypernatriämie (seit < 48 h)
b) ≥ 160-170 mmol/L im Falle einer chronischen Hypernatriämie (> 48 h)

Klin: • Durst (typischerweise Lust auf eiskaltes Wasser)
• Polyurie
• Schwächegefühl
• **Metabolische Enzephalopathie** (identisch für Hyper- und Hyponatriämie)

Hyponatriämie [mmol/L]	**Metabolische Enzephalopathie**	**Hyper**natriämie [mmol/L]
< 125-130	Reizbarkeit, Nausea, Erbrechen, Verwirrtheit	> 145-150
< 120-125	Kopfschmerzen, Somnolenz	> 150-155
< 115-120	Gesteigerte Reflexe, Epilepsie, Koma, Tod	> 155-160

Urs: **A. Wasserverlust**

Renaler Wasserverlust

- Renaler Verlust (im engeren Sinn); ADH ist primär nicht involviert; Urinosmol. variabel
  - Schleifendiuretika (Furosemid, Torasemid u.a.)
  - Osmotische Diurese: Glukose, Dextrose, Mannitol, Harnstoff
  - Post-obstruktive Diurese
  - Polyurische Phase bei akuter Niereninsuffizienz
- Diabetes insipidus (UOsm < 300 mOsm/kg H_2O, 300-800 mOsm/kg H_2O falls partiell)
  a) Zentral
  -- Post-traumatisch
  -- Tumoral
  -- Tuberkulose, Sarkoidose
  -- Meningitis, Enzephalitis
  -- GUILLAIN-BARRÉ-Syndrom
  -- Alkohol (transitorische Wirkung infolge ADH-Hemmung)
  -- Kongenital autosomal dominant und autosomal rezessiv
  -- Idiopathisch
  b) Renal
  ■ Erworben
  -- Nephropathien (Zystennieren, Analgetika-Nephropathie, Sichelzellanämie, Multiples Myelom, Amyloidose)
  -- Hyperkalzamie
  -- Hypokaliamie
  -- Medikamentös: Lithium (häufig), Foscarnet, Amphotericin B, u.a.
  ■ Renal kongenital (X-linked, autosomal rezessiv)

Extrarenaler Wasserverlust (UOsm > 800 mOsm/kg H_2O)

- Gastrointestinal
  - Erbrechen
  - Magensaftaspiration
  - Diarrhoe (inkl. Verwendung von osmotisch wirksamen Substanzen, z.B. Laktulose)
  - Enterokutane Fisteln
- Transkutan, respiratorisch
  - Starkes Schwitzen
  - Respiratorischer Wasserverlust
  - Verbrennungen

B. Hypertoner Salzgewinn

- Bicarbonat-Infusionen (z.B. 50 mL 8.4 % $NaHCO_3$ enthalten 50 mmol Na^+)
- Hypertone Ernährung
- Erhöhte Aufnahme von NaCl (z.B. hypertone NaCl-Infusionen, NaCl-Tabletten)
- Hypertone Einläufe

C. Hypodipsie (v.a bei älteren Patienten)

Th: **1. Kausaltherapie**

2. Flüssigkeitssubstitution falls Hypernatriämie infolge Wasserverlustes

- Das Wasserdefizit kann mittels folgender Formel berechnet werden:

Freies Wasserdefizit [L] = TBW x { (Natriämie gemessen ÷ 140) – 1}

TBW = *Total body water* = 0.6 x Körpergewicht in kg

Bsp: Patient 60 kg, gemessene Natriämie 150 mmol/L.

→ 0.6 x 60 x { (150 ÷ 140) – 1} = 2.5 L. Das freie Wasserdefizit beträgt 2.5 L, welches z.B. mit Glukose 5 %-Lösung ersetzt werden kann (siehe S. 1513).

Für die PRAXIS:
Falls zusätzlich eine Hypovolämie besteht, vorzugsweise als Glukosalin substituieren. Darunter braucht man etwa das doppelte Volumen, um die gleiche Natriämie zu erreichen.

Vorg:

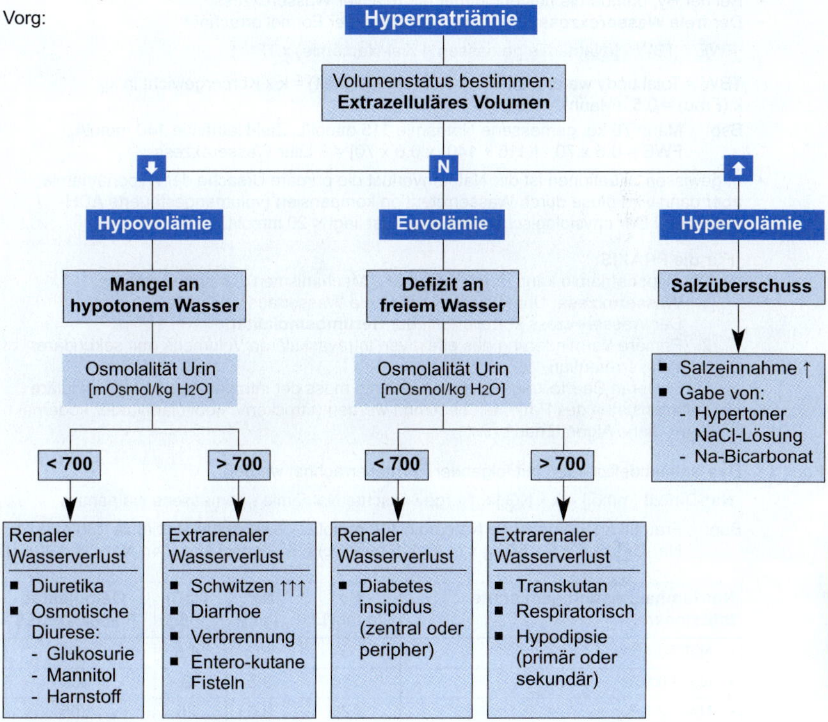

Algorithmus: Diagnostisches Vorgehen bei Hypernatriämie.

TBW = Total body water (d.h. Extrazellulärvolumen)
HCT = Hydrochlorothiazid

Hyponatriämie [E87.1]

Def:
- Milde Hyponatriämie ....125-134 mmol/L
- Mittelschwere Hyponatriämie..............115-124 mmol/L
- Schwere Hyponatriämie..........................< 115 mmol/L

N: ⦿ Normalwert der Natriämie: 135-147 mmol/L

Allg:
- 1 mmol Na^+ = 23 mg, 1 g Na^+ = 43.5 mmol. 1 g NaCl enthält ca. 0.4 g Na^+ (17 mmol Na^+)
- Natriumgehalt verschiedener Nahrungsmittel und Getränke:
  - Brot: 1 kg ≅ 10 g NaCl (ca. 4 g Na^+ oder 170 mmol Na^+)
  - Milch: 2 Liter ≅ 1 g NaCl (ca. 0.4 g Na^+ oder 17 mmol Na^+)
  - Natriumarme Mineralwässer (< 0.5 mmol/L):
    -- Aproz®, Arkina®, Evian®, Henniez®, Valser®, Vitel®
  - Natriumreiche Mineralwässer (> 0.5 mmol/L):
    -- Badoit®, San Pellegrino®, Vichy® (> 50 mmol/L!)
- Der Körper kann seine Natriummenge unabhängig von der Osmolalität regulieren. Daraus ergibt sich, dass primäre Störungen des Natriumbestandes bei intakter Osmoregulation zu isolierten Veränderungen des extrazellulären Volumens führen.
- Bei der Hyponatriämie besteht immer ein relativer Wasserexzess.
- Der **freie Wasserexzess** (FWE) wird mit folgender Formel errechnet:

  FWE = TBW - [(Natriämie gemessen ÷ Ziel-Natriämie) x TBW]

  TBW = Total body water (Anteil der Körperflüssigkeit) = k x Körpergewicht in kg
  k (Frau) = 0.5, (Mann) = 0.6

  Bsp: Mann 70 kg, gemessene Natriämie 115 mmol/L, Ziel-Natriämie 140 mmol/L.
  FWE = 0.6 x 70 - [(115 ÷ 140) x 0.6 x 70] = 8 Liter Wasserexzess.
- In gewissen Situationen ist der Natriumverlust die primäre Ursache der Hyponatriämie, aber dann wird diese durch Wasserretention kompensiert (volumengesteuerte ADH-Sekretion)! Der physiologische Natriumverlust liegt < 20 mmol/L

Für die PRAXIS:
- Die Hyponatriämie kann durch folgende 2 Mechanismen zustande kommen:
  1. **Wasserexzess**: Unmöglichkeit, das freie Wasser auszuscheiden. Der Wasserexzess korreliert mit der **Serumosmolalität.**
  2. Primäre Verminderung des effektiven intravaskulären Volumens (mit sekundärer Wasserretention)
- Zur weiteren Beurteilung der Hyponatriämie muss der intravasale und extrazelluläre Volumenstatus des Patienten bestimmt werden («trocken», «euvoläm» oder «ödematös»), siehe Algorithmus S. 1400

For:
- Das Natriumdefizit kann mit folgender Formel errechnet werden:

  Na^+-Defizit [mmol] = k x KG [kg] x (gewünschte Natriämie - gemessene Natriämie)

  Bsp: Frau 60 kg, gemessene Natriämie 110 mmol/L; gewünschte Natriämie 130 mmol/L.
  Na^+-Defizit = 0.5 x 60 kg x (130-110 mmol/L) = 600 mmol Na^+ (14g Na^+; 35 g NaCl)

Natriumhaltige und gemischte Infusionen	Na^+ [mmol/L]	Na^+ [g/L]	NaCl [g/L]	Osmolalität [mmol/kg H_2O]
• NaCl 0.45 %	77	1.75	4.5	154
• NaCl 0.9 %	154	3.5	9	308
• NaCl 2.5 %	428	9.6	25	855
• NaCl 3 %	513	11.6	30	1026
• Ringer Laktat	130	2.95	7.6	274
• Na^+-Bicarbonat 8.4 %	1000	23	60	2000
• Glucosalin 1:1 (100 kcal/L): - ½ G5 % + ½ NaCl 0.9 %	77	1.75	4.5	393 (isoosmolar)
• Glucosalin 2:1 (133 kcal/L): - ⅔ G5 % + ⅓ NaCl 0.9 %	51	1.2	3	287 (isoosmolar)
• Glucosalin 4:1 (160 kcal/L): - 4/5 G5 % + 1/5 NaCl 0.9 %	31	0.2	1.8	284 (isoosmolar)
• Glucosalin 3:1.5 (200 kcal/L): - Glukose 50 g/L + NaCl 0.9 % 4.5 g	77	1.75	4.5	432 (hyperosmolar)

Tabelle: Beispiele von natriumhaltigen Infusionen.

Bem
- Eine G5 %-Lösung ist isoosmolar (287 mmol/kg H_2O).

Klas: • Hyponatriämie Typ — Plasma Osmolalität [mmol/kg/H_2O]

- **Hypoosmotische Hyponatriämie** (= echte Hyponatriämie) ....< 275
- Hyperosmotische Hyponatriämie ....> 290
- Isoosmotische Hyponatriämie.. 275-290

Urs: • Siehe «DD:», S. 1399

Klin: I. Asymptomatisch

- Je schneller sich eine Hyponatriämie installiert und je schwergradiger sie ist, desto ausgeprägter ist die Klinik! Eine sich langsam installierende, mittelschwere Hyponatriämie kann asymptomatisch sein!

II. Symptomatisch

- Eine Hyponatriämie von 125 mmol/L verursacht nur ein Hirnödem, wenn sie akut auftritt. Bei chronischer Hyponatriämie treten «nur» diskrete Symptome auf (kognitiv, Gangstörungen, Müdigkeit).
- Die **metabolische Enzephalopathie** (infolge Hirnödem) tritt oft bei akuten Hyponatriämien < 125 mmol/L auf:
  - < 125-130 mmol/L: Reizbarkeit, Nausea, Erbrechen, Verwirrtheit
  - < 120-125 mmol/L: Kopfschmerzen, Somnolenz
  - < 115-120 mmol/L: Gesteigerte Reflexe, Epilepsie, Koma, Tod

Vorg: **1. Diagnose sichern und Ursache der Hyponatriämie suchen**

1.1. Diagnose sichern

- Eine echte Hyponatriämie besteht, wenn die plasmatische Osmolalität < 275 mmol/kg/H_2O beträgt.

1.2. Klinische Bestimmung des Volumenstatus und der Gesamtnatriummenge

- Die klinische Bestimmung des Volumenstatus ist essentiell bei der Differentialdiagnose der Hyponatriämie (siehe auch Algorithmus, S. 1400):
  - Hypovolämer Patient → Verminderte Gesamtnatriummenge im Körper
  - Euvolämer Patient → Normale Gesamtnatriummenge im Körper
  - Hypervolämer Patient → Erhöhte Gesamtnatriummenge im Körper

1.3. Laboranalysen (nebst dem Grundlabor)

- Blut: Na^+, K^+, Cl^-, Osmolalität, Kreatinin, Harnstoff, Blutzucker, ± ABGA
- Urin-Spot: Na^+, K^+, Cl^-, Osmolalität

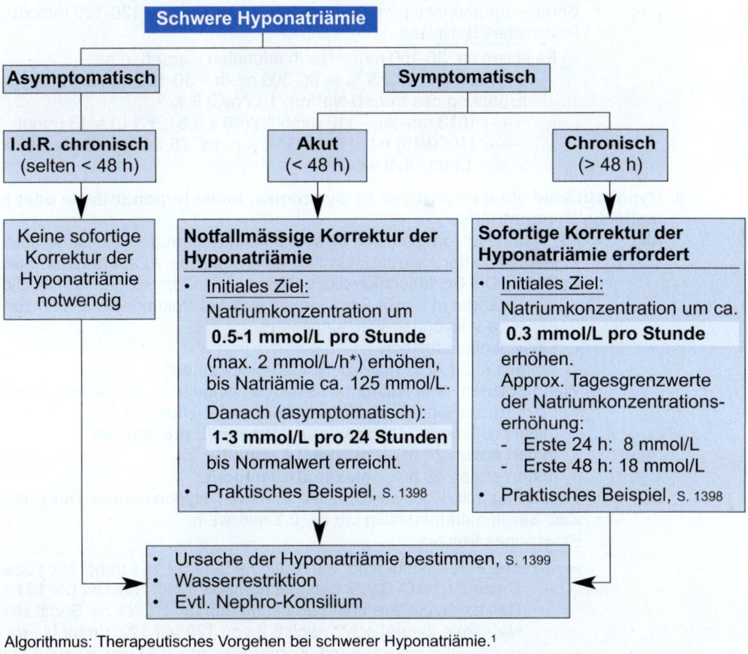

Algorithmus: Therapeutisches Vorgehen bei schwerer Hyponatriämie.[1]

Für die PRAXIS:
Wenn die Dauer der vorbestehenden Hyponatriämie nicht bekannt ist, soll diese immer als chronisch betrachtet und als solche behandelt werden.

* Bei stark symptomatischer, akute Hyponatriämie, ist eine Natriumkorrekturgeschw. bis 2 mmol/L/h akzeptabel.

1 Angepasst nach: Kumar S, et al. Atlas of Diseases of the Kidney, Volumen 1, chapter 1.

Für die PRAXIS:

- Je schneller sich eine Hyponatriämie installiert, desto schneller kann diese auch substituiert werden. **ABER die maximale Substitutionsgeschwindigkeit muss respektiert werden!**
- Wenn die Hyponatriämie zu schnell substituiert wird, besteht das Risiko einer **pontinen Myelose**
  Dg: • Klinik + radiologische Bestätigung (MR)
  Klin: • Typischerweise 2-6 d nach der Na^+-Substitution (oft nur partiell reversibel!):
  - Schlaffe Para- oder Quadriparese
  - Dysarthrie, Dysphagie
  - Lethargie, Krampfanfälle, Koma

Th: **Therapie der Hyponatriämie nach klinischem Schweregrad**

I. Schwere, akute Hyponatriäme mit metabolischer Enzephalopathie

Vorg: • Maximale Natriumsubstitution: 0.5-1.0 mmol/L/h* über die ersten 3-4 h. Laborkontrollen (Urin- und Plasmaelektrolyten) alle 1-3 h!
Praktisches Beispiel:

☛ Hypertone Flüssigkeitsgabe (aber nur während der ersten Stunden)

NaCl-Perfusor	**Approximative Dosierung** (engmaschige Kontrolle!)
NaCl 3 %§	1-5 mL/kg/h **IV** (0.5-5 mmol Na^+/kg/h)
NaCl 2 %§	500 mL/2 h **IV**
oder:	
Bolusweise IV	
NaCl 2 %	**IV**-Boli zu 20-50 mL (wobei 20 mL ≅ 6.8 mmol Na^+)
NaCl 5 %	**IV**-Boli zu 10-20 mL (wobei 10 mL ≅ 8.5 mmol Na^+)
NaCl 10 %	**IV**-Boli zu 5-10 mL (wobei 5 mL ≅ 8.5 mmol Na^+)

Bsp: • Frau 60 kg, oligurisch, stark somnolent. Hyponatriämie 110 mmol/L.
Ziel: • Serumnatriumanstieg um ca. 1 mmol/L/h mit Zielwert 120-125 mmol/L:
Praktisches Beispiel:

- Es sollen ca. 30-150 mmol Na^+/h infundiert werden; d.h.:
  → 1-5 mL/kg/h NaCl 3 % (= 60-300 mL/h = 30-150 mmol Na^+/h).
  Erhöhung des Serum-Na^+ pro 1 L NaCl 3 %:¶
  →→ (513 mmol/L - 110 mmol/L)/(60 x 0.5 L + 1 L) = 13 mmol
  →→ (1000/13) mL/h NaCl 3 %, d.h. ca. 75 mL/h wird die Natriämie um 1 mmol/L/h erhöhen.

II. Hyponatriämie ohne neurologische Symptome, milde Hyponatriämie oder asymptomatische Hyponatriämie

Allg: • Die Natriämie korrigiert sich oft selbst nach Beginn der Kausaltherapie, wie z.B.:
- Reduktion der saluretischen Therapie (Thiazide, ACE-Hemmer, Sartane)
  Bem: Die Schleifendiuretika verursachen keine Hyponatriämie. Sie werden sogar in dieser Situation mit isotoner Volumenexpansion zur Therapie der Hyponaträmie eingesetzt.
- Flüssigkeitsrestriktion
- Absetzen der ADH-potenzierenden Medikamente

• Wenn trotzdem eine Natrium-Substitution eingeleitet wird, muss die maximale Korrekturgeschwindigkeit der Natriämie eingehalten werden:
- Initial pro Stunde: ....**maximal 0.3 mmol/L pro Stunde**
- In den ersten 24 h: ......**maximal 8 mmol/L**
- In den ersten 48 h: ......**maximal 18 mmol/L**

Bsp: • Frau 60 kg, mit oligosymptomatischer, chron. Hyponatriämie von 120 mmol/L.
• Ziel: Serumnatriumanstieg um ca. 0.3 mmol/L/h.
Praktisches Beispiel:

☛ Isotone Flüssigkeitsgabe: 2 L NaCl 0.9 % (= 2x 154 mmol Na^+) über 6 h.
- Diese 2 L NaCl 0.9 % entsprechen 308 mmol Natrium (2x 154 mmol/L). Das extrazelluläre Volumen nimmt nun um 2 Liter zu. Somit steigt die Natriämie theoretisch** nach 6 h von 120 auf 122.1 mmol/L, da das Extrazellulärvolumen (ca. Körpergewicht x 0.5) von 30 auf 32 Liter und die Natriumkonzentration von 3600 mmol/L (d.h. 60 kg x 0.5 x 120 mmol/L) auf 3908 mmol/L ansteigen.
- Laborkontrolle nach 4-8 h.

**, *, §, ¶, siehe S. 1399

DD:

Hypo

Hypovolämischer Patient	
Urinanalyse	**Differentialdiagnose**
■ **Na^+ ....< 10 mmol/L** ■ **Osmolalität........Urin > Plasma** (INFO: Die Urin-Osmolalität beträgt i.d.R. nicht > 600 mmol/kg H_2O, auch nicht bei sehr hohen ADH-Werten).	**Extrarenaler Natriumverlust** • Gastrointestinal - Diarrhoe - Erbrechen - Magensaftaspiration - Fistel • Dritter Raum - Aszites - Pleuraerguss • Transdermal - Schwitzen - Verbrennungen • Pulmonal - Atmung - Bronchialsekrete u.a.
■ **Na^+ ....> 10-20 mmol/L** ■ **Osmolalität........Urin = Plasma**	**Renaler Natriumverlust** • Primär - Diuretika - Osmotische Diurese (Glukosurie, Mannitol) - Nephropathien -- Interstitielle Nephropathie -- Polyzystische Nephropathie -- Proximale tubuläre Azidose -- Nach akutem Nierenversagen • Sekundär - NNR-Insuffizienz (Hypokortisolismus)

Eu

Euvolämer Patient	
Urinanalyse	**Differentialdiagnose**
■ **Na^+ ....> 20-40 mmol/L** ■ **Osmolalität**, siehe Text rechte Kolonne	Urin Osmol **> 100 mmol/kg/H_2O** (ADH ist aktiv) • SIADH, siehe S. 1402 Urin Osmol < 100 mmol/kg/H_2O (ADH nicht aktiv) • Wasserintoxikation • Potomanie

Hyper

Hypervolämer Patient	
Urinanalyse	**Differentialdiagnose**
■ **Na^+ ....> 20 mmol/L** ■ **Osmolalität........Urin = Plasma**	• Akute und chronische Niereninsuffizienz
■ **Na^+ ....< 20 mmol/L** ■ **Osmolalität........Urin > Plasma**	• Leberinsuffizienz (ex: Leberzirrhose) • Herzinsuffizienz • Nephrotisches Syndrom, S. 652

** Die Volumenexpansion per se beeinflusst den Verlauf der Natriämie. Es werden 2 Situationen unterschieden:
1. Patienten mit SIADH:
   Die Volumenexpansion führt zur Verminderung der Volumen gesteuerten ADH-Sekretion → Clearance vom freien Wasser nimmt zu und die Hyponatriämie korrigiert sich noch schneller.
2. Patienten ohne SIADH:
   Hier besteht eine Euvolämie und das Na^+-Handling ist nicht gestört. Die zugeführte Natriummenge wird rasch eliminiert (Saliurese). Demgegenüber wird ein Teil des zugeführten freien Wassers wegen der gestörten Clearance vom freien Wasser zurückbehalten → paradoxe Senkung der Natriämie!

* Weltweit ist eine Natriumkorrekturgeschwindigkeit von 1.0-2.0 mmol/L/h akzeptiert [NEJM 2000 ;342:1581-9]

§ NaCl 3 %: 500 mL enthalten 256 mmol Na^+. NaCl 2 %: 500 mL enthalten 170 mmol Na^+.

¶ Infusion [Na^+] - Plasma [Na^+])/(TBW + 1)

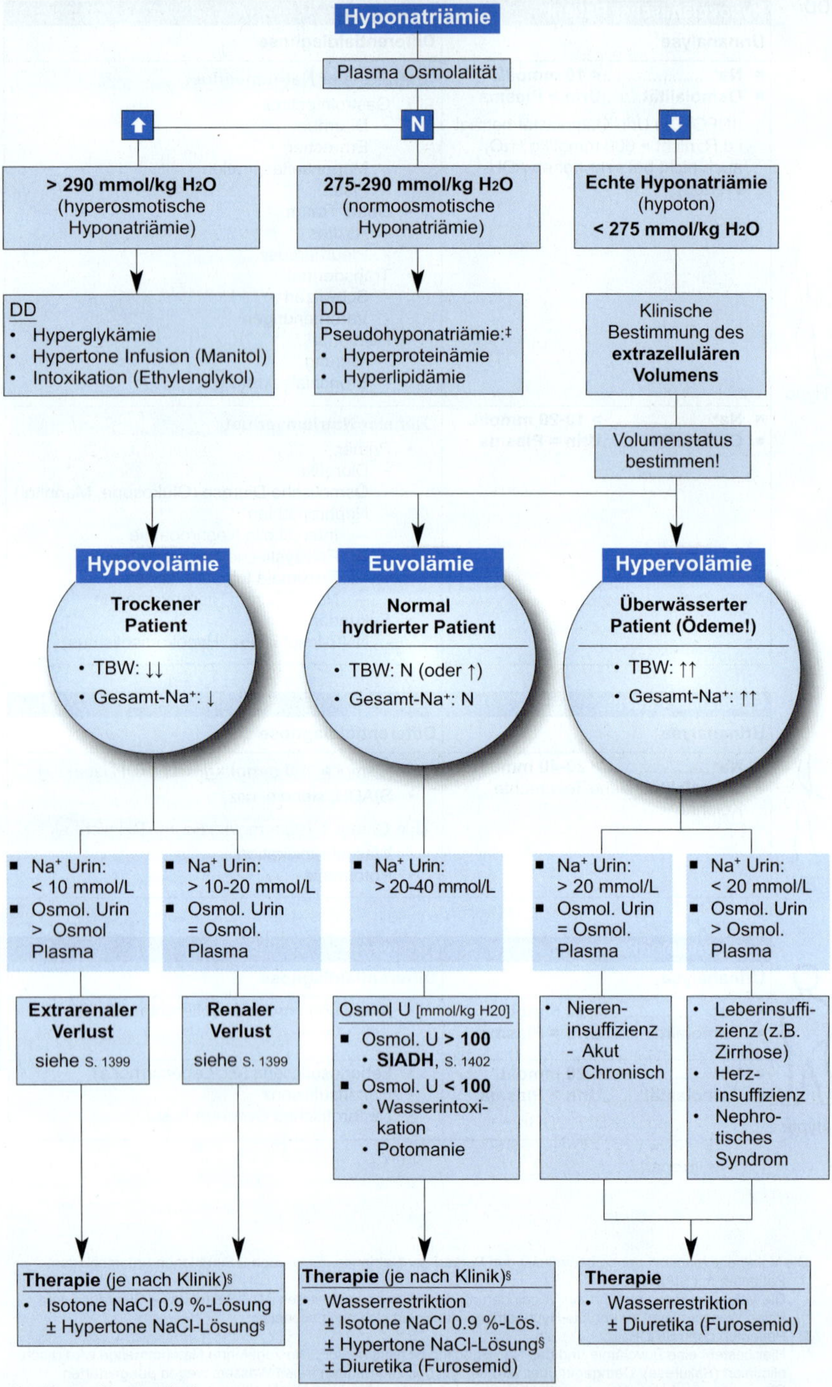

Algorithmus: Hyponatriämie.

‡ Pseudohyponatriämie: betrifft nur die Messung der Natriumkonzentration mittels indirekter Potentiometrie.

§ Bei schwerer Klinik (metabol. Enzephalopathie) kann eine hypertone NaCl-Lösung verabreicht werden, S. 1398

TBW = Total body water (d.h. Extrazellulärvolumen)

SIADH (Syndrom der inappropriaten ADH-Sekretion)[1] [E22.2]

Def:
- Das SIADH ist ein Syndrom mit **relativ erhöhter ADH-Sekretion** (Antidiuretisches Hormon), welches mit folgenden Auswirkungen einhergeht:
  - Hyposomolare Hyponatriämie (Osmolalität < 275 mmol/kg/H_2O)
  - Verminderte Ausscheidung von freiem Wasser.

Allg:
- Eine zentrale Frage bei der Diagnose eines SIADH ist: Handelt es sich um eine «inappropriate» oder eine «appropriate» SIADH-Ausschüttung? Denn eine erhöhte Sympathikusaktivität (z.B. Hypovolämie, Stress, Schmerz, Angst) führt physiologischerweise ebenfalls zu einer erhöhten ADH-Sekretion.
  Gewisse Autoren reservieren die Diagnose «SIADH» nur für Tumoren, welche ADH sezernieren und den Rückkoppelungsmechanismen entgeht.
- Das SIADH ist immer eine Ausschlussdiagnose.
- Die häufigste Ursache für ein SIADH ist ein kleinzelliges Bronchialkarzinom.

> **Für die PRAXIS:**
> Folgende Trias soll ein SIADH vermuten lassen:
> - Klinisch EUVOLÄME Hyponatriämie mit:
>   - Tiefer Blut-Osmolalität ......< 275 mmol/kg/H_2O
>   - Urin-Osmolalität ....> 100 mmol/kg/H_2O

Klin:
- Siehe Hyponatriämie, S. 1397

Dg:[1]

Hauptkriterien

1. Blut-Osmolalität < 275 mmol/kg/H_2O
2. Urin-Osmolalität > 100 mmol/kg/H_2O während der hypotonen Phase
3. Klinische Euvolämie
   - Keine Hinweise auf extrazellulären Volumenverlust, d.h.:
     - Keine: Orthostase, Tachykardie, verminderter Hautturgor, trockene Schleimhäute
   - Keine Hinweise auf extrazellulären Volumenüberschuss, d.h.:
     - Keine Hypervolämiezeichen (kein Aszites und keine Ödeme)
4. Natrium im Urin > 40 mmol/L, bei normaler Salzeinnahme
5. Normale Schilddrüsen- und NNR-Funktion
6. Keine kürzliche Diuretikaeinnahme

Lab:
- Serum-Osmalalität < 275 mmol/kg/H_2O
- Urin-Osmolalität > 100 mmol/kg/H_2O
- Hyponatriämie

Urs:
- **Neoplasie**
  - Karzinom
    Lunge - Oropharynx
    -- Kleinzell-Lungenkarzinom (SCLC)
    -- Mesotheliom
    -- Oropharynx
    GI-Trakt
    -- Magen, Duodenum, Pankreas
    Urogenital-Trakt
    -- Ureter, Blase
    -- Prostata
    -- Endometrium
    Thymus
    -- Endokrines Thymom
  - Lymphome (z.B. HODGKIN)
  - Sarkome (z.B. EWING Sarkom)
- **Pneumopathie**
  - Infektiös
    -- Pneumonie (viral, bakteriell, atypische Keime u.a. Pneumonien)
    -- Lungenabszess
    -- Tuberkulose
    -- Aspergillose
  - Asthma
  - Zystische Fibrose
  - Ateminsuffizienz infolge positiver Beatmungsmanöver

1 Ellison DH et al. N Engl J Med 2007 ;356 :2064-72

- **ZNS** (zentrale Stimulation der ADH-Sekretion)
  - Infektiös
    - -- Enzephalitis, Meningitis
    - -- Hirnabszess
    - -- AIDS
    - -- *Rocky Mountain spotted fever* (Felsengebirgsfleckfieber, *Rickettsia rickettsi*)
  - Vaskulär und traumatisch
    - -- Subduralhämatom
    - -- Subarachnoidalblutung
    - -- Hirnschlag
    - -- Sinus cavernosus Thrombose
    - -- SHT
  - Sonstige ZNS Ursachen
    - -- Hirntumor
    - -- Multiple Sklerose
    - -- GUILLAIN-BARRÉ-Syndrom
    - -- SHY-DRAGER-Syndrom
    - -- Polyradikuloneuritis
    - -- Akute intermittierende Porphyrie
    - -- Delirium tremens
- **Medikamentös-toxisch** (infolge erhöhter ADH-Sekretion oder verstärkter ADH-Wirkung)
  - Morphin
  - Antidepressiva
    - -- Selektive Serotonin Wiederaufnahmehemmer (SSRI)
    - -- Trizyklische Antidepressiva
  - Antipsychotika
  - Carbamazepin
  - Vincristin, Ifosfamid, Cyclophosphamid
  - Narkotika
  - NSAR
  - Clofibrat
  - Nikotin
  - Ecstasy
  - Arginin-Vasopressin Analoga
    - -- Desmopressin
    - -- Oxytocin
    - -- Vasopressin
- **Sonstige Ursachen**
  - Nach chirurgischem Eingriff
  - Kongenitales SIADH (Mutation des Vasopressin 2-Rezeptors)
  - Transitorisches SIADH
    - -- Ausdauersport
    - -- Allgemeinanästesie
    - -- Nausea
    - -- Schmerz
    - -- Stress
- **Idiopathisches SIADH**

Th: **1. Kausaltherapie + Nephro-Konsilium**
2. Vasopressin-Rezeptor Antagonisten
- Tolvaptan 15-60 mg/d PO
- Satavaptan 12.5-50 mg/d PO
- Lixivaptan 100-200 mg/d PO

Medikament-assoziierte Hyponatriämien

Bsp:
- ADH-Analoga:
  - DDAVP (Deamino-D-Arginin Vasopressin), Oxytocin
- Medikamente und Substanzen die die ADH-Sektretion steigern:
  - Chlorpropramid, Clofibrat, Carbamazepin, Vincristin, Nicotin, Narkotika, Antipsychotika, Antidepressiva, Ifosphamid
- Medikamente, die die ADH-Wirkung potentialisieren:
  - Chlorpropramid
  - Cyclophosphamid
  - NSAR, Paracetamol
- Sonstige Mechanismen der Hyponatriämie:
  - Haloperidol, Fluphenacin
  - Amitriptylin, Thioridazin, Fluoxetin

Hyperhomozysteinämie

N: ⊙ < 15 µmol/L, kein Konsens aber generell akzeptiert

Allg:
- Tiefe Serumwerte von Vitamin B6, B12 oder Folsäure sind mit erhöhten Homozysteinwerten assoziiert.
- Die Hyperhomozysteinämie ist **ein Risikofaktor** folgender Krankheitsbilder, welche sich ab dem 30. Lebensjahr manifestieren können:
  1. Kardiovaskuläre Ereignisse (Atherosklerose, Hirnschlag, KHK):
     - Eine Homozysteinämie > 15 µmol/L erhöht das ATS-Risiko um 1.5-2x.
  2. Wenig Evidenz bei Demenz

Klas:
- Leichte Form ....15-30 µmol/L (5-7 % der Bevölkerung)
- Intermediäre Form ......30-100 µmol/L
- Schwere Form ....> 100 µmol/L (selten)

Urs:
I. Kongenital
- Mangel an Cystathionin β-Synthase (homozygot oder heterozygot)
- Mangel an Methylen-Tetrahydrofolatreduktase

II. Erworben
- Vitaminmangel (B6, B12, Folsäure)
- Niereninsuffizienz
- Perniziöse Anämie
- Akute lymphatische Leukämie
- Hypothyreose
- Karzinome (Brust, Pankreas, Ovar u.a.)
- Fortgeschrittene Psoriasis
- Medikamentös
  - Methotrexat
  - Phenytoin
  - Theophyllin
  - Carbamazepin
  - Orale Ovulationshemmer u.a.
- Sonstige Ursachen/Risikofaktoren
  - Nikotin
  - Hohes Alter
  - Menopause
  - Männliches Geschlecht u.a.

Th:
- Folsäure (Acidum folicum) Tabl 1 mg: 1-5 mg/d
- ± Vitamin B6 ± Vitamin B12

Bem:
- Die Therapie mit Folsäure (1 mg/d PO) vermindert die Homozysteinämie um ca. 4 µmol/L.

Hypomagnesiämie [E83.4]

Def: • Magnesiumserumspiegel < 0.65 mmol/L

N: ⦿ Normaler Magnesiumserumspiegel: 0.8-1.2 mmol/L — 1.8-3.0 mg/dL

Allg: • Magnesiumgehalt des Körpers: ca. 12.4 mmol/kg (bei 70 kg: ca. 20 g Mg^{2+})
- 1 mmol Mg^{2+} = 24.31 mg
- Ähnlich wie Kalium und Phosphat, ist Magnesium auch ein vorwiegend intrazelluläres Ion:
  - Knochen ....50-60 %
  - Muskeln ....25-30 %
  - Weichteile ....20 %
  - Erythrozyten ....0.5 %
  - Serum ....0.3 %
- Klinische Symptome der Mg-Störungen hängen v.a. von der Gewebskonzentration ab. Weshalb sind die Serumkonzentrationen nur beschränkt diagnostisch aussagekräftig!
- Täglicher Bedarf an Magnesium: 6-10 mg/kg (= 0.2-0.4 mmol/kg)
  - Ein 70 kg schwerer Mensch braucht ca. 500 mg oder 20 mmol Magnesium pro Tag.
  - Ein Patient auf der IPS benötigt eine intravenöse Magnesiumzufuhr von ca. 4 mmol/d.
- Magnesium ist ein physiologischer Kalziumantagonist mit bronchodilatierender Wirkung.
- Der Magnesiummangel ist oft mit anderen Elektrolytmängeln (K^+, Na^+, Ca^{2+}, Phosphat) verbunden. Deswegen ist die Klinik nicht sehr «magnesiumspezifisch».

> **Für die PRAXIS:**
> Magnesium ist ein wichtiger Faktor bei der tubulären Kaliumrückresorption (im aufsteigenden Teil der HENLE-Schleife und im distalen Tubulus) und dient zur Aufrechterhaltung des intrazellulären Kaliumspiegels.
> Bei gleichzeitiger Hypokaliämie und Hypomagnesiämie wird ein «kalium-refraktärer» Zustand beobachtet, bei dem die Hypokaliämie nur bei gleichzeitiger Magnesiumsubstitution behoben werden kann.

Urs:
- **Primäre Hypomagnesiämie** (seltene autosomal rezessive Erkrankung)
- **Sekundäre (erworbene) Hypomagnesiämie**
  - Diuretika (Schleifendiuretika und Thiazide)
  - Malabsorption
  - Antibiotika: Aminoglykoside, Amphotericin, Ticarcillin
  - Alkoholismus (multifaktorielle Ursache der Hypomagnesiämie: renaler Mg-Verlust, verminderte Magnesiumzufuhr, u.a.)
  - Gastrointestinale Verluste
    Bem: Die oberen GI-Sekrete enthalten 10-14 mmol/L Mg^{2+}, die unteren GI-Sekrete enthalten 1-2 mmol/L Mg^{2+}.
  - Laxantienabusus
  - Ungenügende Zufuhr (selten, selbst nach 2 Monaten magnesiumfreier Diät zeigen nur 20 % der Probanden ein globales Magnesiumdefizit)
  - Akute Pankreatitis
  - Erhöhter Magnesiumbedarf
    - Schwangerschaft
    - Sport
    - Hospitalisierung auf einer Intensivstation

Klin:

I. Mittelschwere Hypomagnesiämie
- Anorexia mentalis
- Schwäche, Lethargie
- Nausea
- Erbrechen

II. Schwere Hypomagnesiämie
- Parästhesien
- Muskelkrämpfe
- Gesteigerte neuromuskuläre Erregbarkeit
  - Faszikulationen
  - CHVOSTEK-Zeichen, s. 1390
  - TROUSSEAU-Zeichen, s. 1390
- Verwirrtheitszustand
- Arrhythmien
  - Extrasystolen
  - Polymorphe ventrikuläre Tachykardien (Torsade de pointes), s. 126

EKG: • EKG-Modifikationen werden bei Magnesiumwerten < 0.6 mmol/L beobachtet:
- Senkung der ST-Strecke
- T-Wellen Abflachung
- Langes QT-Intervall; Torsade de pointes sind aber selten.

Vorg: • **Indikationen für eine Magnesiumtherapie**

1. Bekannte Hypomagnesiämie
2. Torsade de pointes
3. Eklampsie, Präeklampsie
4. Erhöhter Magnesiumbedarf (Sport, Schwangerschaft, IPS-Aufenthalt u.a.)
5. Muskelkrämpfe

Th: **1. Kausaltherapie**

2. Leichte bis mittelschwere Hypomagnesiämie

Vorg: Orale Magnesiumsubstitution

Dos: 4.5-9.0 mg (0.185-0.37 mmol) Magnesium/kg/d (in 1-2x/d) über mindestens 4 Wo.

3. Schwere Hypomagnesiämie

Vorg: Parenterale Magnesiumsubstitution

Bem: Maximale Infusionsgeschwindigkeit von Mg^{2+}: 150 mg/min **IV**

Dos: a) Ohne Arrhythmie

- 6 g (24 mmol) über 3 h **IV**
  - dann 5 g (20 mmol) über 6 h,
  - dann 5 g alle 12 h während 3-5 Tagen.

b) Mit Arrhythmie (belegt bei «Torsade de pointes»):

- 2 g (8 mmol) **IV** über 1-2 min,
  - dann 5 g (20 mmol) über 6 h,
  - dann 5 g über 12 h **IV** kont. während 5 Tagen

Hypermagnesiämie [E83.4]

Def: • Magnesiumserumspiegel (gesamt) > 1.2 mmol/L

N: ⦿ Normaler Magnesiumserumspiegel: 0.8-1.2 mmol/L — 1.8-3.0 mg/dL

Allg: • Die Hypermagnesiämie tritt selten isoliert auf. Folgende metabolischen Störungen können gleichzeitig beobachtet und sollen aktiv gesucht werden:

- Hypokalzämie
- Hyperkaliämie
- Urämie

Klin: I. Asymptomatisch (häufig)

II. Symptomatisch (die Korrelation zwischen der Hypermagnesiämie und der Klinik ist sehr variabel):

- Hypermagnesiämie von 2.0-4.0 mmol/L:
  -- Asymptomatisch
  -- Nausea
  -- Parästhesien im Gesicht
- Hypermagnesiämie > 4.0-7.5 mmol/L:
  -- Sedation
  -- Hypoventilation
  -- Art. Hypotonie, Bradykardie
  -- Areflexie
  -- Koma

Urs: ▪ **Niereninsuffizienz im Endstadium**

▪ **Zu hohe Magnesiumzufuhr** (PO, **IV**)

- Magnesiumhaltige Antazida (ALUCOL®, DROFARON®, RENNIE® u.a.)

▪ **Rhabdomyolyse**

▪ **NNR-Insuffizienz**

Th: **I. Asymptomatische Hypermagnesiämie**

1. Sistieren allfälliger Magnesiumzufuhr
2. Kausaltherapie

II. Symptomatische, schwere Hypermagnesiämie

1. Sistieren allfälliger Magnesiumzufuhr
2. Die Nierenfunktion ist bestimmend für die weitere Therapie:
   i) Patient mit normaler Nierenfunktion
   - Kalziumglubionat CALCIUM-SANDOZ® (1 Amp/10 mL = 90 mg oder 2.25 mmol Kalzium = 1.375 g Kalziumglubionat):
     - Initial: 10-20 mL **IV** in 10 min
     - Dann: 2 g Kalziumglubionat pro 1000 mL NaCl 0.9% mit einer Infusionsgeschwindigkeit von 150-200 mL/h **IV**.

   ii) Patient mit Niereninsuffizienz: ad. Dialyse
3. Spezifische symptomatische Therapie je nach Klinik
   i) Maschinelle Beatmung
   ii) Herzschrittmacher bei Bradykardie
   iii) Dialyse

LABOR

Hypophosphatämie [E83.3]

Def: • Schwere Hypophosphatämie < 0.32 mmol/L

N: ⦿ Normale Phosphatämie: 0.8-1.6 mmol/L — 2.5-5.0 mg/dL

Klin: • Die Hypophosphatämie ist bei hospitalisierten Patienten selten.
• Symptome treten i.d.R. bei Serumwerten < 0.6 mmol/L auf.

I. Akute Hypophosphatämie

- Muskelschwäche (durch Störung der ATP Erzeugung)
  -- Alveoläre Hypoventilation
  -- Ateminsuffizienz
  -- Risiko eines Atemstillstandes
- Kardialer Befall
  -- Verminderte Perfusion (infolge Verminderung der Inotropie)
  -- Kardiomyopathie
- Neurologische Störungen
  -- Tremor
  -- Parästhesien
  -- Ataxie
  -- Verwirrtheitszustand
  -- Koma
  -- Epilepsie
- Hämatologische Störungen
  -- Erhöhte Blutungstendenz (gestörte Plättchenfunktion und verminderte Überlebenszeit der Thrombozyten)
  -- Hämolyse
- O_2-Freisetzung im Gewebe ↓ (durch ↓ von 2,3-DPG), siehe S. 1364
- Rhabdomyolyse bei schweren Hypophosphatämien (< 0.32 mmol/L)

II. Chronische Hypophosphatämie

- Osteomalazie

Urs: ■ **Ungenügende Phosphat Zufuhr**
• Malnutrition, v.a. beim Alkoholiker†
• Parenterale Ernährung (*Refeeding*-Syndrom, S. 1409)

■ **Verminderung der Phosphat Absorption**
• Malabsorption, aluminium- oder magnesiumhaltige Antazida

■ **Renaler Phosphatverlust** (bei Phosphaturie > 1.28 mmol/L bzw. > 4 mg/dL)
• Primärer Hyperparathyroeoidismus
• Sekundärer Hyperparathyroeoidismus bei normaler Nierenfunktion
  - Vitamin D-Mangel (Malabsorption)
  - Chronische metabolische Azidose
• Störung der tubulären Reabsorption von Phosphat
  - FANCONI-Syndrom, S. 903
  - Vitamin-D Resistenz
• Osmotische Diurese
  - Glukosurie (bei BZ-Werten > 180 mg/dL; > 10 mmol/L), Mannitol
  - Harnstoff
• Diuretika
• Acetazolamid
• Akute Volumenexpansion (z.B. Flüssigkeitsreanimation mit NaCl 0.9 %)
• Hypokaliämie
• Hypomagnesiämie

■ **Zellulärer Shift** (das intrazelluläre Phosphat ist ein Ko-Faktor für den Glukose-Metabolismus)
• Gabe von:
  - Glukose oder Dextrose
  - Insulin, Katecholamine, Bicarbonat
• Akute schwergradige respiratorische Alkalose (z.B. Hyperventilation)
• Sepsis (Ursache unklar; evtl. wegen erhöhtem Phosphat-Bedarf im Rahmen eines Hypermetabolismus)
• Hyperalimentation (*Refeeding*-Syndrom)
• Erholungsphase nach einer Hypothermie

† Die Ursache der Hypophosphatämie beim Alkoholiker ist multifaktoriell:
• Malnutrition
• Chronische Diarrhoe
• Sekundärer Hyperparathyreoidismus bei:
  - Mangel an Vitamin D-Zufuhr, Mangel an Kalzium-Zufuhr
  - Malabsorption

Th: **1. Kausaltherapie**

2. Prophylaktische Phosphat-Gabe

Ind: • Zu Beginn einer parenteralen Ernährung bei Risikopatienten, welche ein *Refeeding*-Syndrom entwickeln könnten, wie z.B. bei schlecht ernährten Patienten, Alkoholikern, anorektischen Personen.

> **Für die PRAXIS:**
> Eine Hypophosphatämie kann sich verschlimmern und symptomatisch werden, sobald Insulin, Glukose, Katecholamine oder Bicarbonat verabreicht werden!

3. Phosphat-Substitution

3.1. Mittelschwere Hypophosphatämie (0.32-0.8 mmol/L)

Klin: • Die mittelschwere Hypophosphatämie ist oft asymptomatisch.

Th: 1. Kausaltherapie

Bem: • Eine Kausaltherapie genügt i.d.R. und damit wird eine Substitutionstherapie oft hinfällig.

2. Orale Phosphat-Substitution

Ind: • Persistierende Hypophosphatämie (Tubulopathie)

Dos: • 2-3x 0.5-1.0 g orales Phosphat (= 70-110 mmol/d)

• Laborkontrollen: Kalzämie, Phosphatämie alle 24 h während der Anpassung der Phosphat-Substitution.

Bsp: • REDUCTO® Tabl (613 mg Phosphat; = ca. 20 mmol)

3.2. Schwere Hypophosphatämie (< 0.32 mmol/L)

Allg: • Die Phosphat-Substitution ist auch bei asymptomatischen Patienten indiziert!

KI: • Hyperkalzämie (ausser wenn das Phosphat zur Therapie einer resistenten Hyperkalzämie verwendet wird)

• Bestehende Risikositationen einer Hyperphosphatämie:
- Oligurie
- Tubulusnekrose

Dos: • 0.1-0.2 mmol/kg **IV** (2.5-5.0 mg elementäres Phosphor) in 250 mL NaCl 0.9 % (oder in 500 mL NaCl 0.45 %) in 6 h **IV**.

• Dosisreduktion bei Niereninsuffizienz!

• ***CAVE***: NW der Substitutionstherapie mit Phosphat:
- Diarrhoe, Nausea
- Niereninsuffizienz
- Maligne Arrhythmien
- Überladung an K^+ oder Na^+

4. Vitamin D Substitution

Ind: • Vitamin D-Mangel

Dos: • Vitamin D3: 400-800 IE/d

LABOR

Hyperphosphatämie [E83.3]

Def: • Schwere Hyperphosphatämie > 3 mmol/L

N: ⦿ Normale Phosphatämie: 0.8-1.6 mmol/L — 2.5-5.0 mg/dL

Allg: • In den biologischen Systemen kommt das Phosphor [P] in Form von Phosphat [PO_4^{3-}] vor:
- ca. 85 % des Phosphates kommen frei vor in Form von HPO_4^{2-} und $H_2PO_4^-$.
- ca. 15 % des Phosphates sind an Proteine gebunden.

• Konversionen:
- 1 mmol Phosphat [PO_4] = 31 mg elementares Phosphor [P]
- 1 mg/dL Phosphor = 0.32 mmol/L Phosphat

• 99 % des Phosphors befinden sich intrazellulär, wovon ca. 80 % im Knochen.

• Die intestinale Phosphorabsorption ist nahrungsabhängig (800-1500 mg/d):
- ca. 80 % des Phosphors werden im Dünndarm absorbiert
- ca. 20 % des Phosphors werden im Stuhl ausgeschieden

• Täglicher Bedarf: 600-1200 mg Phosphor (= 20-40 mmol Phosphat)

• Die Phosphatämie soll am Morgen (nüchtern) gemessen werden:
- Die tiefsten Werte des Phosphates werden jeweils am Morgen gemessen und die höchsten nachts zwischen 02.00 und 06.00 Uhr.
- Die tägliche Streubreite beträgt 0.3-0.6 mmol/L.

Klin: • Phosphat bildet Komplexe mit Kalzium, welche sich in den Weichteilen ablagern (Haut, Hornhaut, Nieren, Blutgefässen, periartikulär). Es resultiert daraus eine Hypokalzämie.

I. Akute Hyperphosphatämie
- Neuromuskuläre Erregbarkeit: Hyperreflexie, Tetanie, Epilepsie
- Art. Hypotonie
- Herzstillstand

II. Chronische Hyperphosphatämie
- Renale Osteodystrophie (durch ↑ Knochenresorption und ↑ intestinale Absorption von Kalzium)
- Kalzifikationen (in den Koronararterien und in anderen Gefässen, ektopisch)

Urs: ■ **Exogene Zufuhr von Phosphat, v.a. bei bestehender Niereninsuffizienz**
- Phosphathaltige Laxantien oder Klysmen
- Parenterale Phosphat-Gabe
- Exzessive Vitamin D Einnahme

■ **Endogene Freisetzung von Phosphat (zellulärer Shift)**
- Neoplasie (z.B. Myeloide Leukämie)
- Gewebszerstörung
  - Akute Azidose
  - Hämolyse
  - Rhabdomyolyse
  - Akute Pankreatitis
  - Tumorlyse-Syndrom nach zytostatischer Therapie bei Lymphom, Leukämien u.a. Tumoren

■ **Verminderung der Phosphatausscheidung**
- Niereninsuffizienz (akut und chronisch), falls die Clearance < 20-30 mL/min beträgt.

> **Für die PRAXIS:**
> Die Niereninsuffizienz ist die häufigste Ursache der Hyperphosphatämie, wobei maximale Phosphatspiegel von ca. 3 mmol/L erreicht werden.
> Bei Serumwerten > 3-10 mmol/L müssen andere Ursachen gesucht werden, wie z.B.:
> - Rhabdomyolyse (hier soll die damit verbundene Myoglobinurie gesucht werden)
> - Massive Phosphatzufuhr

■ **Erhöhte tubuläre Phosphat Reabsorption**
- Hypoparathyreoidismus (iPTH ↓)
- Pseudohyperphosphatämie (multiples Myelom: Paraproteine binden sich an Phosphat)
- Akromegalie
- Thyreotoxikose
- Sichelzellanämie

■ **Diverse Ursachen**
- Hämolysierte Blutentnahme (d.h. Artefakt)
- Sarkoidose
- Hypomagnesiämie

Th: **1. Akute Hyperphosphatämie**

1.1 Mittelschwere Hyperphosphatämie

Allg: • Die mittelschwere Hyperphosphatämie ist oft asymptomatisch und benötigt, bei normaler Nierenfunktion, keine Therapie.

Th: • Kausaltherapie

1.2. Schwere Hyperphosphatämie (> 3 mmol/L)

Vorg: • NaCl 0.9 % Infusion (hat verdünnenden Effekt) ± Acetazolamid 15 mg/kg **IV** über 3-4 h (erhöht die renale Phosphat Ausscheidung)

• Hämodialyse (da sich Phosphat nahezu vollständig intrazellulär befindet, hat die Hämodialyse nur eine beschränkte Wirksamkeit und muss, wenn angewendet, über eine lange Zeit durchgeführt werden).

2. Chronische Hyperphosphatämie

2.1. Kausaltherapie

2.2. Phosphatarme Diät

Bsp: Vermeiden von phosphatreichen Nahrungsmitteln:

- Innereien .... 200-340 mg Phosphat/100 g
- Fleisch .... 100-200 mg Phosphat/100 g
- Weizenkleie ....1250 mg Phosphat/100 g
- Schmelzkäse ....1000 mg Phosphat/100 g
- Vollreis, Haferflocken, Soja.................350 mg Phosphat/100 g
- Geflügel .... 160 mg Phosphat/100 g

Bem: Fertigprodukte haben i.d.R. einen hohen Phosphatgehalt.

2.3. Phosphatbinder

Bsp: • Kalziumkarbonat 2-3x 500-1500 mg mit dem Essen

• Kalziumazetat 2-3x 500-1500 mg mit dem Essen

2.4. Hämodialyse (von Fall zu Fall entscheiden)

Bem: • Da sich Phosphat nahezu vollständig intrazellulär befindet, hat die Hämodialyse nur eine beschränkte Wirksamkeit und muss, wenn angewendet, über eine lange Zeit durchgeführt werden.

Refeeding-Syndrom

Def: • Elektrolytstörungen (P, Mg^{2+}, K^{+}), die zu Beginn des Ernährungsaufbaus bei schlecht ernährten/anorektischen Patienten auftreten.

Allg: • Pathogenese des *Refeeding*-Syndroms:

- Die orale oder parenterale Gabe von Glukose oder Dextrose löst eine starke Insulin-Freisetzung aus, welche durch transzellulären Shift eine schnelle Verminderung der Serumspiegel von **Phosphat, Magnesium und Kalium** induziert.

Lab: • Hypophosphatämie (manchmal lebensbedrohlich!)

• Hypomagnesiämie

• Hypokaliämie!

Vorg: 1. Vorbeugen gegen das *Refeeding*-Syndrom bei Risikopatienten (schlecht ernährte Personen, Alkoholiker u.a.)

2. Elektrolytsubstitution

Kortisol

N: ⦿ Kortisol (Serum, 08.00 Uhr): 110-520 nmol/L — 4-19 μg/dL
⦿ Freies Kortisol im Urin: 30-300 nmol/L — 10-110 μg/dL
⦿ Speichel Kortisol: < 3.6 nmol/L schliesst einen Hyperkortisolismus ist mit grosser Wahrscheinlichkeit aus.

Allg: • Kortisol (= aktives Kortikoid) wird in der Zona fasciculata der NNR synthetisiert (10-15 mg/d) und wird dann in der Niere zu Kortison inaktiviert.

Bem: • Die Bestimmung des Serumkortisols um Mitternacht (ohne Dexamethason-Hemmtest, s. 718) ist nicht genügend sensitiv, um die Diagnose des CUSHING-Syndroms stellen zu können!

- **Kortisol im Serum**
  - Das im Serum bestimmte Kortisol erfasst die totale Kortisolkonzentration, inkl. diejenige, welche an das CBG (*corticosteroid-binding globulin*) gebunden ist. Je höher die CBG-Konzentration, desto höher das Serumkortisol (siehe unter «DD:»)
- **Kortisol im Urin**
  - Die Bestimmung der Kortisolurie betrifft nur das freie Kortisol und ist deswegen unabhängig von den Faktoren, die das CBG beeinflussen.
- **Speichel Kortisol**
  - Siehe Kapitel «Hyperkortisolismus», s. 718

Klin: • Siehe Hyperkortisolismus, s. 716

DD: **Kortisolämie**

↗
- Exogenes/endogenes CUSHING-Syndrom
- Adipositas
- Diabetes mellitus
- Polyzystisches Ovarialsyndrom
- Erhöhung des CBG *(corticosteroid-binding globulin)*
  - Östrogene (inkl. orale Kontrazeption; die transdermal applizierten Östrogene haben keinen oder nur sehr marginalen Einfluss auf das CBG)
  - Schwangerschaft
  - Hyperthyreose
- Pseudo-CUSHING*
  - Chronischer Alkoholabusus oder Alkoholentzug
  - Psychogen: Depression, chronische Angst, manischer Zustand
  - Induktion durch CYP P450, s. 1452 ff
  - Medikamente, welche den Metabolismus von Dexamethason erhöhen
    -- Phenytoin
    -- Methaqualon
    -- Carbamazepin
    -- Phenobarbital
    -- Meprobamat
    -- Primidon
    -- Rifampicin u.a.
- Körperlicher Stress
  - Chirurgischer Eingriff
  - Trauma
  - Körperliche Aktivität
  - Malnutrition
  - Schwere bakterielle Infektion
- Psychischer Stress (Bsp: Hospitalisierung)

↘
- NNR-Insuffizienz
- Leberinsuffizienz (Verminderung der Clearance oder des Metabolismus von Dexamethason)

DD: **Kortisolurie**

↗
- Endogenes CUSHING-Syndrom
- Pseudo-CUSHING* (Alkohol, Depression, chronischer Angstzustand)
- Generell: Schwerwiegende Erkrankungen
- Diurese > 4 Liter/24 h
- Polyzystisches Ovarialsyndrom
- Adipositas

N
- Östrogene (inkl. orale Kontrazeption; ein erhöhtes, totales Serumkortisol wird beim CUSHING-Syndrom häufig beobachtet, aber das freie Kortisol im Speichel oder im Urin ist nicht erhöht).

* Der Term «Pseudo-CUSHING» beschreibt das Vorhandensein eines Kortisol-Überschusses, welcher ein CUSHING-Syndrom vortäuscht. Ein organisches Leiden wird aber nicht gefunden.

Ketonkörper

Allg: • Ketonkörper sind hepatische Abbauprodukte des Fettes und werden bei ungenügender Kalorienzufuhr als Energiequelle benutzt.

Bsp: • Beispiele einiger Ketonkörper:

Azetoazetat	Kann durch den Urinstix (s. 1438) erfasst werden.
Azeton	Kann durch den Urinstix erfasst werden. Azeton ist ein Abbauprodukt von Azetoazetat (bei Freisetzung von CO_2).
Beta-Hydroxybutyrat	Kann durch den Urinstix NICHT erfasst werden.

• Beta-Hydroxybutyrat wird in den Spitälern selten bestimmt (oft nicht verfügbar), obwohl es ein sehr guter Marker der Ketoazidose wäre!

Klin: **1. Diabetische Ketoazidose**
- Beta-Hydroxybutyrat ↑↑↑
- Die Konversion von Beta-Hydroxybutyrat in Acetoacetat, welche durch die Therapie der Azidose zustande kommt, kann fälschlicherweise als Verschlimmerung des Krankheitszustandes interpretiert werden. Der Urinstix, der zu Beginn der Therapie der Azidose keine Ketonkörper anzeigt, wird im Verlauf positiv.

2. Ethylische Ketoazidose
- Blutzucker oft < 150 mg/dL (< 8.3 mmol/L und selten > 300 mg/dL (> 16.6 mmol/L)
- Beta-Hydroxybutyrat ↑↑
- Urinstix: falsch negatives Resultat (es werden keine Ketonkörper nachgewiesen)

Urs:
- Fasten
- Hypoglykämie
- Insulinmangel (Insulin hemmt den Fettsäureabbau)
- Intensive körperliche Aktivität (Marathonlauf u.a.)
- 2-Propanol (Isopropanol) Intoxikation

Kreatinin

N: ◉ 0.6-1.2 mg/dL — 50-110 µmol/L

Allg:
- Das Kreatinin stammt aus dem Muskelgewebe durch Umwandlung von Kreatin und Kreatinphosphat.
  - Muskulöse, im Vergleich zu muskelschwachen Personen, haben physiologischerweise höhere Kreatininwerte.
  - Pro 24 h werden ca. 2 % des Körperkreatins in Kreatinin umgewandelt.
- Für die Diagnose der Niereninsuffizienz ist das Serumkreatinin sensitiver und spezifischer als der Serumharnstoff.
- Glomeruläre Filtrationsrate, siehe s. 1440
- Differentialdiagnostisch sind der Harnstoff, das Kreatinin und auch deren Ratio (s. 1379) hilfreich.

Für die PRAXIS:
- Das Serumkreatinin steigt erst dann an, wenn > 50 % der Nephrone nicht mehr funktionell sind! D.h. die Nierenfunktion wird «zu lange» als «normal» taxiert!
- Bei Anurie wird ein Anstieg des Serumkreatinins von 90-180 µmol/L/24 h beobachtet. Oberhalb dieses Wertes soll eine extrarenale Ursache des Kreatininanstieges gesucht werden (z.B. bei Rhabdomyolyse; hier soll die Myoglobinurie, die durch die Rhabdomyolyse zustande kommt, gesucht werden).

DD: ↗
- Niereninsuffizienz (bei Verlust von > 50 % der Nephronen)
- Erhöhte Protein-Aufnahme (z.B. in Form von gebratenem Fleisch)
- Akromegalie
- Gigantismus

↘
- Schwangerschaft
- Muskelatrophie (das Kreatinin kommt vom Muskelgewebe)

Laktat — Hyperlaktatämie

N: ⦿ 0.7-2.1 mmol/L — 63-190 mg/L

Allg:
- Die Laktatsynthese findet in folgenden Organen statt:
  - Leber
  - Muskeln
  - Nieren
- HWZ von Laktat: 1-2 h
- Laktatsäure und Laktat sind Endprodukte der anaeroben Glykolyse, deren energetische Substrate die Glukose und das Glykogen sind. Laktat und Laktatsäure werden oft verwechselt, aber Laktat entspricht der Laktatsäure, welche ein H^+-Ion verloren hat (diese Reaktion geschieht sehr rasch). Laktatsäure kann sich ihrerseits in Pyruvat umwandeln, um so als Energiequelle genutzt werden zu können.
- Die Leber und die Nieren sind die Hauptorgane, welche Laktat wieder in Glukose umwandeln können.

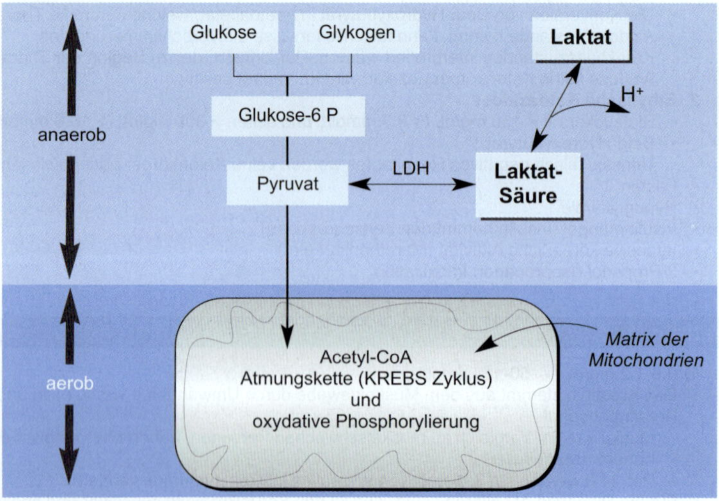

Schema: Glykolyse und energetischer Metabolismus (vereinfacht).

DD: **Hyperlaktatämie**

- Evidente, akute Gewebshypoxie
  - Myokardinfarkt
  - Epilepsie
  - Blutung
  - Schwere Anämie
  - Schock
  - Körperliche Aktivität (z.B. Marathon)
- Nicht evidente Gewebshypoxie
  - Diabetische Dekompensation
  - Urämie
  - Leberinsuffizienz
- Entzündungszustände
- Laktatgabe (1 Liter Ringer-Lactat enthält 28 mmol Laktat)
- Toxika
  - Ethanol
  - Methanol
  - Ethylenglykol
  - Salicylate u.a.

Bem:
- Die Hyperlaktatämie hemmt die Ausscheidung von Harnsäure (→ Hyperurikämie, S. 1380).

LDH (Laktat-Dehydrogenase)

N: ⊙ 50-150 E/L — 0.82-2.66 µkat/L

Allg:
- LDH katalysiert folgende Reaktion (Glykolyse):
  - Pyruvat + NADH + H^+ → Laktat + NAD^+.
- LDH ist ein unspezifisches Enzym, welches in allen Geweben vorhanden ist und v.a. in der Onkologie eingesetzt wird.
- Hohe LDH-Konzentrationen finden sich in:
  - Leber
  - Muskeln
  - Erythrozyten
  - Nieren

DD:

↘
- **Status nach Radiotherapie**

↗
- **Hepatopathien und Erkrankungen des Verdauungstraktes**
  - Zirrhose
  - Obstruktiver Ikterus
  - Akute virale Hepatitis
  - Akute/subakute Lebernekrose
  - Lebermetastasen
  - Akute Pankreatitis
  - Intestinale Obstruktion
- **Muskelerkrankungen**
  - Post-Anoxie
  - Nach chirurgischen Eingriffen u.a.
- **Hämopathien**
  - Perniziöse Anämie
  - Anämie bei Folsäuremangel
  - Hämolytische Anämie
  - Lymphome
  - Akute Leukämie (in 90 % der Fälle ist die LDH-Erhöhung nicht mit der Leukozytenerhöhung korreliert)
- **Kardiopathien und Vaskulopathien**
  - Myokardinfarkt (siehe auch Verlaufskurven der Herzmarker, S. 1435)
    -- Erhöhung nach 6-12 h
    -- Maximalwerte (bis ca. 3x N) nach 2-3 Tagen
    -- Normalisierung nach ca. 7-15 Tagen
  - Kongestive Herzinsuffizienz
  - Kardiovaskuläre Eingriffe
  - Lungenembolie
  - Lungeninfarkt
  - Hirnblutung
  - Zentralvenenthrombose
- **Nephropathie**
  - Kortikale Nekrose
  - Nephrotisches Syndrom (leichte LDH-Erhöhung)
- **Endokrinopathien, Systemerkrankungen und sonstige Leiden**
  - Solide, fortgeschrittene Karzinome (bei ca. 50 % der Patienten)
  - Sarkoidose
  - Hypothyreose
  - Subakute Thyroiditis
  - Konnektivitis
    -- SLE
    -- Systemsklerose
    -- Dermatomyositis
    -- Polymyositis
    -- MCTD

Leukopenie [R72]

N: ⦿ Normale Leukozytenwerte: 3.2-9.8 G/L — 3200-9800/mm³ — 3.2-9.8x 10⁹/L

Def: Definitionen einiger Leukopenieformen (betrifft das periphere Blutbild)

Leukopenie	Leukozyten		< 1.8 G/L	(< 1.8x 10^9/L; < 1800/mm^3)
Neutropenie	-	Grad 1:	1.5-1.8 G/L	(1.5-1.8x 10^9/L; 1500-1800/mm^3)
	-	Grad 2:	1.0-1.4 G/L	(1.0-1.4x 10^9/L; 1000-1400/mm^3)
	-	Grad 3:	0.5-0.9 G/L	(0.5-0.9x 10^9/L; 500-900/mm^3)
	-	Grad 4:	< 0.5 G/L	(< 0.5x 10^9/L; < 500/mm^3) = Agranulozytose
Agranulozytose	-	Keine neutrophilen Leukozyten		
	-	oder: brutale und unvorhergesehene Neutropenie < 0.5 G/L		

Allg:

Leukozyten Klassifikation	Relative Werte [%]*	Absolute Werte [G/L]*
1. Neutrophile	50-70 %	1.8 - 7.0
- segmentiert (45-55 %)		1.35 - 1.65
- nicht segmentiert (5-15 %)		0.15 - 0.45
2. Eosinophile	< 4 %	< 0.7
3. Basophile	< 2 %	< 0.06
4. Monozyten	6-8 %	< 1.0
5. Lymphozyten	20-40 %	1.5 - 3.5

Neutropenie

N: ⦿ Normale Neutrophilenzahl: 50-70 % der Leukozyten oder 1.8-7.0 G/L

Allg:
- Bei der Neutropenie ist die absolute Anzahl der neutrophilen Leukozyten massgebend (d.h. ohne unreife Formen, Myelozyten und Metamyelozyten).
- Wie kann die absolute Anzahl der neutrophilen Leukozyten berechnet werden? Absolute Anzahl der neutrophilen Leukozyten = Leukozyten x (% der segmentierten Neutrophilen + % der nicht segmentierten Neutrophilen) ÷ 100.

  Bsp: Leukozyten 3.8 G/L, segmentierte neutrophile Leukozyten 30 %, nicht segmentierte neutrophile Leukozyten 5 %.
  Berechnung: 3.8 G/L x (30 + 5) ÷ 100 = 1.33 G/L.
  Es handelt sich um eine Neutropenie des 2. Grades (siehe oben, unter «Def:»).

Für die PRAXIS:
Gewisse Patienten, v.a. wenn nüchtern, können eine **Pseudoneutropenie** aufweisen. Die neutrophilen Leukozyten häufen sich entlang der Gefässwände an. Diese Erscheinung nennt sich «**Marginationsphänomen**».
Bevor unnötige Untersuchungen durchgeführt werden, soll das Differenzierungsbild post-prandial wiederholt werden!

* Diese Werte variieren zwischen den Institutionen. Bitte hausinterne Normwerte beachten.

Neutrophilenzahl	Infektionsrisiko, Bemerkungen	
I. **> 1.5 G/L** (> 1500/mm^3)	Kein erhöhtes Infektionsrisiko	
II. **1.0 - 1.5 G/L** (1000-1500/mm^3)	**Schwaches Risiko**	• Ein Status febrilis soll ambulant behandelt werden.
III. **< 0.5 G/L** (< 500/mm^3)	**Hohes Risiko**	• Ein Status febrilis soll im Spital behandelt werden, vorausgesetzt der Patient kann isoliert werden (→ AB-Therapie **IV**).
IV. **< 0.2 G/L** (< 200/mm^3)	**Sehr hohes Risiko**	• Ein Status febrilis soll im Spital behandelt werden, vorausgesetzt der Patient kann isoliert werden (→ AB-Therapie **IV**).

Tabelle: Infektiöses Risiko in verschiedenen Stadien der Neutropenie.

DD:
- **Infektionen**
  - Viral
    - Röteln, Masern
    - Grippe
    - Herpes: Varicella-Zoster-Virus, EBV, CMV u.a.
    - Virale Pneumonie
    - Virale Hepatitis
    - HIV u.a.
  - Bakteriell
    - Salmonellose
    - Typhus, Paratyphus
    - Diphtherie
    - Brucellose
    - Gelbfieber
    - Miliaris Tuberkulose
    - Chronischer eitriger Herd
    - Sepsis, v.a. bei GRAM negativen Keimen
  - Parasitär
    - Malaria
    - Toxoplasmose
    - *Pneumocystis jiroveci* u.a.
- **Hämatologische Erkrankungen**
  - Perniziöse Anämie
  - Panzytopenie
  - Agranulozytose
  - Maligne Hämopathien
- **Medikamentös**
  - NSAR (z.B. ASS, Piroxicam)
  - Sulfamide (auch Sulfonamide genannt)
    - TMP/SMX
    - Sulfonylharnstoffe (orale Antidiabetika)
    - Diuretika: Hydrochlorothiazid, Chlorthalidon, Furosemid, Bumetanid, Torasemid
    - Sulfasalazin
  - Betalaktame
  - Chloramphenicol
  - Clarithromycin
  - Zytostatika
  - Metronidazol
  - Procainamid
  - Doxycylin u.a.

- **Endokrinologische Erkrankungen**
  - Myxödem (Hypothyreose)
  - Thyreotoxikose
  - Hypopituitarismus
- **Systemerkrankungen**
  - Konnektivitis
    - SLE
    - MCTD
    - SJÖGREN-Syndrom
    - FELTY-Syndrom (rheumatoide Arthritis + Splenomegalie + Neutropenie)
- **Sonstige**
  - Leberzirrhose
  - Anorexia mentalis
  - Post-Radiotherapie (nach initialer Leukozytenerhöhung während einiger Stunden nach Radiotherapie)
  - Chronisch idiopathisch
  - Ethnisch
  - Zyklisch

Lymphopenie

N: ⦿ Normale Lymphozytenzahl: 20-40 % der Leukozyten oder 1.5-3.5 G/L

DD:
- **Erhöhte Lymphozyten Zerstörung**
  - Chemotherapie
  - Radiotherapie
  - Kortikoide
    - Stress (der Stress erhöht die Kortisol-Ausschüttung)
    - Therapie mit Kortikoiden
    - Hyperkortisolismus
- **Erhöhter gastrointestinaler Verlust**
  - Intestinale Lymphektasie
  - Drainage des Ductus thoracicus
  - Obstruktion der Lymphdrainage
    - Tumor
    - Morbus WHIPPLE
  - Exsudative Enteropathie
  - Kongestive Herzinsuffizienz
- **Verminderte lymphozytäre Synthese**
  - Aplastische Anämie
  - Neoplasie (speziell: HODGKIN-Lymphom)
  - Infektionen (Bsp: HIV)
  - Antilymphozytäres Serum
- **Sonstige**
  - Niereninsuffizienz
  - SLE
  - Miliaris Tuberkulose
  - Myasthenia gravis

Eosinopenie

N: ⦿ Normale Eosinophilenzahl: < 4 % der Leukozyten oder < 0.7 G/L

DD:
- Kortikoide

Monozytopenie

N: ⦿ Normale Monozytenzahl: 6-8 % der Leukozyten oder < 1.0 G/L

DD:
- Tricholeukozyten Leukämie (nur die klassische Form)

Leukozytose [R72]

N: ⊙ Normale Leukozytenwerte: 3.2-9.8 G/L — 3200-9800/mm³ — 3.2-9.8x 10^9/L

Def: Einige Definitionen bezüglich der Leukozytose (betrifft das periphere Blutbild)

Leukozytose	Leukozyten > 10 G/L (> 10x 10^9/L; > 10'000/mm³)	
Neutrophilie	Neutrophile Granulozyten > 7 G/L (> 7x 10^9/L; > 7000/mm³) Linksverschiebung* (= Erhöhung nicht segmentierter, stabkerniger Leukozyten). Diese kann auf 2 verschiedene Arten definiert werden: - > 1 G/L, bei Leukozytenzahl > 4 G/L (> 4x 10^9/L) - > 25 %, bei Leukozytenzahl < 4 G/L (< 4x 10^9/L)	
Lymphozytose	Lymphozyten	> 4.0 G/L (> 4x 10^9/L)
Eosinophilie	Eosinophile	> 0.5 G/L (> 0.5x 10^9/L)
Monozytose	Monozyten	> 0.7 G/L (> 0.7x 10^9/L)

Neutrophilie

N: ⊙ Normale Neutrophilenzahl: 50-70 % der Leukozyten oder 1.8-7.0 G/L (1800-7000/mm³)

Def: • Neutrophile Leukozyten > 7.0 G/L (> 7000/mm³)

DD:
- Physiologisch (Neugeborene, körperliche Aktivität, Menstruation, Schwangerschaft)
- Bakterielle Infekte
- Entzündliche Erkrankungen
  - Neoplasien
  - Entzündliche rheumatische Erkrankungen
  - Vaskulitis
- Myeloproliferative Syndrome
- Gewebsnekrosen
  - Pankreatitis
  - Myokardinfarkt
- Metabolische Störungen
  - Metabolische Azidose
  - Urämie
  - Eklampsie
  - Gicht
- Akute Blutungen (regenerative Phase)
- Hämolytische Anämien (regenerative Phase)
- Medikamente
  - ADRENALIN®
  - Kortikoide
  - Lithium
  - G-CSF
  - GM-CSF u.a.
- Stress
- Nikotin

* **Linksverschiebung**
- Die Linksverschiebung bedeutet eine Erhöhung der nicht segmentierten (stabkernigen) Leukozyten. Die Differenzierung zwischen den segmentierten und den nicht segmentierten neutrophilen Leukozyten wird mikroskopisch gemacht (die hämatologischen Automaten sind nicht fähig, diese 2 Zellen quantitativ zu erfassen). Aber sehr oft ist es schwierig, einen segmentierten von einem nicht segmentierten Leukozyten zu unterscheiden, was die Qualität des Resultates negativ beeinflusst.
- Bei Frühgeborenen ist die Linksverschiebung ein **Frühzeichen der Infektion**. Bei den Erwachsenen hingegen ist dies weniger ausgeprägt. Die Linksverschiebung sollte deshalb eine qualitative Aussage des Abstriches geben, welcher zusammen mit den folgenden Infektzeichen interpretiert werden soll:
  - Grobe Granulationen
  - Basophilie
  - Vakuolen
  - Diskrete Myelämie

Lymphozytose

N: ◉ Normale Lymphozytenzahl: 20-40 % der Leukozyten oder 1.5-3.5 G/L
Def: • Lymphozyten > 4 G/L
DD: • Infektionen
  - Viral
  - Bakteriell (Pertussis, Brucellose); Tuberkulose nicht vergessen!
- Thyreotoxikose
- Hyposplenismus
- Lymphoide, maligne Hämopathien
- Eosinophilie

Monozytose

N: ◉ Normale Monozytenzahl: 6-8 % der Leukozyten oder < 1.0 G/L
Def: • Monozyten > 0.7 G/L
DD: • Chronische bakterielle Infekte
  - Tuberkulose
  - Brucellose
  - Salmonellose
  - Bakterielle Endokarditis
- Abheilungsphase einer bakteriellen Infektion
- Status nach Agranulozytose (Wiederaufnahme der Knochenmarksfunktion)
- Ethylische Hepatopathie
- Medikamente
  - G-CSF
  - GM-CSF
- Maligne Hämopathien
  - Chronische myeloide monozytäre Leukämie
  - Akute myeloide monozytäre Leukämie

Eosinophilie

N: ◉ Normale Eosinophilenzahl: < 4 % der Leukozyten oder < 0.7 G/L
Def: • Eosinophilenzahl > 0.5 G/L
DD: • **Infektiös**
  - Parasitosen (einige Beispiele)
    -- Oxyrose
    -- Ascardiose
    -- Trichinose
    -- Echinokokkose
    -- Schistosomiase u.a.
  - Nicht parasitär
    -- Chlamydien-Pneumonie (v.a. bei Kindern)
    -- Scharlach (*Streptococcus β-haemolyticus* der Gruppe A) u.a.
- **Allergien**
  - Asthma bronchiale
    -- Inkl. Patienten mit Morbus WIDAL (= Asthma, ASPIRIN®-Intoleranz und bilaterale Nasenpolypen)
  - Allergische Rhinitis
  - Urtikaria
  - Angioöden
- **Hautkrankheiten**
  - Atopische Dermatitis
  - Polymorphes Erythem
  - Pemphigus u.a.

- **Neoplasie**
  - HODGKIN Lymphom
  - Myeloproliferative Syndrome
    - -- Hypereosinophilie Syndrom

      Dg: 1. Persistierende Eosinophilie > 1.5 G/L während > 6 Monaten
      2. Keine Hinweise auf eine Erkrankung, die eine sekundäre Eosinophilie hervorrufen würde.
      3. Befall multipler Organe

      Allg: Befallen sind v.a. Männer über 50 Jahre.

      Klin: Folgende Organe können betroffen sein:
      - Herz: Endokarditis (mit Emboliegefahr), Herzinsuffizienz, Valvulopathie
      - Lunge
      - Hautbefall: Dermatitis
      - Niere: Niereninsuffizienz
      - Nervensystem: Verwirrtheitszustand, Koma

      Th: Konsilium: Prednison, Hydroxiurea, Leukapherese

      Prog: - Ohne Therapie: Mortalität > 80 % innert 2 Jahren
      - Mit Therapie: > 80 % der Patienten überleben
  - Gynäkologische Neoplasien
    - -- Uterus
    - -- Ovar
- **Systemerkrankungen**
  - Rheumatoide Arthritis
  - Konnektivitis
    - -- SLE
    - -- Systemsklerose
    - -- Dermatomyositis
    - -- Polymyositis
  - Vaskulitis
    - -- Panarteriitis nodosa
    - -- CHURG-STRAUSS-Syndrom (= nekrosierende Vaskulitis + Asthma + Eosinophilie)
    - -- WEGENER Granulomatose
- **Gastrointestinale Erkrankungen**
  - Colitis ulcerosa
  - Morbus CROHN
  - Eosinophile Gastroenteritis
- **Medikamentös**
  - Acetylsalicylsäure
  - Betalaktame: Penicilline, Cephalosporine, Carbapeneme, Monobactame
- **Sonstige**
  - Sarkoidose
  - NNR-Insuffizienz (z.B. Morbus ADDISON)

LABOR

Lipase

N: ⦿ 0-160 E/L — 0-2.66 µkat/L

DD: ↗
- Akute Pankreatitis
  - Lipaseanstieg ab 3-6 h nach dem Ereignis, Maximalwert nach 24 h und Normalisierung nach 4-14 Tagen.
- Perforiertes oder penetrierendes Magenulkus
- Obstruktion des WIRSUNG-Kanals:
  - Lithiase
  - Medikamentöser Spasmus des Sphinkter ODDI (Opioide, Chlorothiazid)
- Chronische Pankreatitis
- Akute oder chronische Niereninsuffizienz
- Diabetische Ketoazidose
- Akute Cholezystitis
- Dünndarmobstruktion
- Mesenterialinfarkt
- Status nach ERCP u.a.

Lipoproteine: LDL, HDL, VLDL

LDL-Cholesterin - *Low density lipoprotein*

N: ⦿ Normwerte bzw. Ziel-LDL, siehe Richtlinien der Lipidtherapie, S. 690

Allg:
- Das LDL-Cholesterin transportiert Cholesterin in die Leber (> 90 %).
- Rund ⅔ des, im Nüchternplasma zirkulierenden Cholesterins sind LDL-Cholesterin.
- Das LDL wird auch als «**schlechtes Cholesterin**» bezeichnet, da es wesentlich zur Bildung der atherosklerotischen Plaque beiträgt.
- Das LDL -Cholesterin weist bei asymptomatischen Personen, neben dem Alter, die stärkste Assoziation zur Koronarmortalität auf!

Ind:
- Risikostratifikation der KHK
- Verlaufskontrolle unter Lipidsenker

HDL-Cholesterin - *High density lipoprotein*

N: ⦿ Normwerte bzw. Ziel-HDL, siehe Richtlinien der Lipidtherapie, S. 690

Allg:
- HDL transportieren überschüssiges Cholesterin aus den peripheren Geweben (z.B. Arterienwand) zurück zur Leber, wo es über die Galle ausgeschieden wird.
- HDL hat eine kardioprotektive Wirkung und wird somit als «**gutes Cholesterin**» betitelt.

Ind:
- Risikostratifikation der KHK

VLDL-Cholesterin

Allg:
- Die VLDL werden in der Leber synthetisiert und dienen dem Transport von Triglyzeriden, Cholesterin und Phospholipiden von der Leber zu den Geweben.
  Auf seinem Weg wandelt VLDL sich durch Abgabe der Triglyzeride und Aufnahme von Cholesterin in LDL um.
- Der Lipidanteil der VLDL beträgt 85-90 %.

Myoglobin

N: ⦿ Serum < 70-110 µg/L
⦿ Urin < 17 µg/g Kreatinin

Allg:
- Myoglobin entspricht ca. 2 % der Gesamtproteinmenge der Muskulatur und kommt in folgenden Geweben vor:
  - Herzmuskel
  - Skelettmuskel
  - Glatte Muskulatur
- Das im Urin vorgefundene Myoglobin stammt i.d.R. aus der Skelettmuskulatur (wofür ein recht grosser Muskelzelluntergang stattfinden muss).
- HWZ: 10-20 min (im Vergleich zu den CK: ca. 15 h und den CK-MB ca. 12 h)

Ind:
- Frühdiagnostik bei Verdacht auf Myokardinfarkt (Anstieg 2-4 h nach Zellnekrose, siehe auch Schema S. 1435)
- Verlaufsbeurteilung nach Skelettmuskelerkrankungen (siehe «DD:»)
- Leistungsbeurteilung in der Sportmedizin (bei gut trainierten Probanden ist das Serummyoglobin niedriger als beim schlecht trainierten und dies bei identischer Belastung)
- Myoglobinclearance zur Abschätzung des Risikos einer Niereninsuffizienz (z.B. nach Rhabdomyolyse)

DD: ↗
- **Herzmuskel**
  - Akuter Myokardinfarkt
- **Skelettmuskel**
  - Muskuläre Überanstrengung (z.B. Marathon)
  - *Crush*-Syndrom
  - Lange Immobilisation (z.B. medikamentöse Intoxikation ± Koma, langes Liegenbleiben nach Sturz oder Hirnschlag)
  - Erfrierung
  - Verbrennung
  - Metabolische Störungen
    - Hypothyreose
    - Diabetisches Koma
    - Primärer Hyperaldosteronismus (CONN-Syndrom)
    - Hyperkaliämie
    - Hypophosphatämie
    - Hypernatriämie
  - Medikamentös-toxisch
    - Statine, Fibrate
    - Amphotericin B
    - Succinylcholin
    - Halothan
    - Neuroleptika
    - Appetitzügler
    - Heroin, Amphetamin
    - Phencyclidin
    - Kohlenmonoxid
    - Schlangengifte
    - Insektengifte
    - Alkoholintoxikation
  - Infekte mit Fieber
    - Influenza
    - Coxsackie
    - Herpes simplex
    - Toxisches Schock-Syndrom u.a.

Natriuretische Peptide: ANP und BNP

Allg:
- Es gibt verschiedene natriuretische Peptide:
  - **ANP** (Atrial natriuretisches Peptid, 28 Aminosäuren)
  - ProBNP mit den 2 Abbauprodukten:
    - **BNP** (natriuretisches Peptid vom B-Typ, 32 Aminosäuren)
    - **NT-proBNP** (= N-terminal, inaktiv)
- ANP und BNP sind Hormone, welche folgende Systeme kontrollieren:
  - Art. Blutdruck (BD ↓)
  - Elektrolytgleichgewicht (Natriurese ↑)
  - Wasserhaushalt (Diurese ↑)

BNP / NT-proBNP

Allg:
- Das **BNP** und das **NT-proBNP** (inaktiv) sind Abbauprodukte des ProBNP.
- Diese Hormone werden durch das Myokard freigesetzt, sobald die Ventrikel einer **erhöhten Wandspannung (erhöhte intrakardiale Drücke und/oder Volumen)** ausgesetzt sind.
- Die Serumkonzentration des BNP korreliert invers mit der LVEF.
- Ein hohes BNP weist auf eine verminderte LVEF hin:
  - **< 100** pg/mL ....Keine kongestive Herzinsuffizienz
  - **100-300** pg/mL ....Kongestive Herzinsuffizienz vorhanden
  - **> 300** pg/mL ....Milde kongestive Herzinsuffizienz
  - **> 600** pg/mL ....Mittelschwere kongestive Herzinsuffizienz
  - **> 900** pg/mL ....Schwere kongestive Herzinsuffizienz
- Siehe Algorithmus bei Herzinsuffizienz, S. 217

Ind:
- Akute Dyspnoe unklarer Ursache (hat diagnostische und prognostische Aussagekraft!)

> **Für die PRAXIS:**
> Das BNP bzw. NT-proBNP erlaubt es, zwischen einer kardiogenen und nicht kardiogenen Ursache bei Patienten mit Dyspnoe zu unterscheiden.

DD:[1,2]
- Der Cut-off ist verschieden für BNP bzw. NT-proBNP.

BNP < 100 pg/mL oder **NT-proBNP < 300 pg/mL bei akuter Dyspnoe**
- Eine Herzinsuffizienz ist unwahrscheinlich (negativer prädikativer Wert bei Patienten mit Dyspnoe: 98 %) → DD neu evaluieren!

BNP > 100 pg/mL bei akuter Dyspnoe

oder

NT-proBNP (altersabhängig)
- NT-proBNP 300-450 ng/L (< 50 Jahre)
  300-900 ng/L (50-75 Jahre)
  300-1800 ng/L (> 75 Jahre)

Siehe Algorithmus bei Herzinsuffizienz, S. 217

Erhöhte BNP bzw. NT-proBNP-Werte ohne chronische Herzinsuffizienz
- Akutes Koronarsyndrom
  - NSTEMI
  - STEMI
  - Instabile Angina pectoris
- Linksventrikuläre Dysfunktion
- Hypertrophie des linken und/oder rechten Ventrikels
- Vorgeschichte einer kürzlichen Herzinsuffizienz
- Hohes Alter
- Lungenerkrankungen
  - ARDS
  - Lungenerkrankung mit Rechtsherzinsuffizienz (z.B. Cor pulmonale, pulmonale Hypertonie)
  - Schlafapnoe Syndrom
  - Kongenitale Herzerkrankungen
- Lungenembolie mit Rechtsherzbelastung
- Infiltrative Kardiopathien (z.B. Amyloidose)
- Akute Kardiomyopathie, z.B. Tako-Tsubo Kardiomyopathie *(apical ballooning syndrome)*
- Myokarditis
- Zytostatika-induzierte Kardiopathie
- Niereninsuffizienz

1 Angepasst nach: Daniels LB, et al. J Am Coll Cardiol 2007 ;50 :2357-68. 2 Bagish van Kimmenade RR, et al. Am J Cardiol 2008 ;101 (Suppl) :43A-48A.

- Zustände mit hohem Output:
  - Sepsis
  - Verbrennung
  - Hyperthyreose
  - Leberzirrhose
  - Anämie
- Klappenerkrankungen
  - Aortenstenose, Aorteninsuffizienz
  - Mitralinsuffizienz (die akute Form kann tiefe BNP/NT-proBNP-Werte aufweisen)
- Arrhythmie: Vorhofflimmern u.a.
- Hirnschlag

■ **Tiefer als erwartete BNP bzw. NT-proBNP-Werte**
- Adipositas
- Hyperakutes Lungenödem *(flash pulmonary edema)*
- Herzinsuffizienz die den linken Ventrikel nicht direkt beeinflussen *(upstream from LV)*
  - Akute Mitralinsuffizienz
  - Mitralstenose
- Tamponade
- Konstriktive Perikarderkrankung

MCH, MCV, MCHC, Hämatokrit

Allg: ■ **MCH** *(Mean corpuscular hemoglobine)*

Def: • Hb ÷ Erythrozyten
N: ⦿ 28-33 pg
DD: • Siehe Algorithmus S. 897

■ **MCV** *(Mean corpuscular volume)*

Def: • Hk ÷ Erythrozyten
N: ⦿ 80-95 fL
Allg:
- Ein falsch erhöhtes MCV wird bei einer Retikulozytose beobachtet!
- Normale MCH- und MCV-Werte sind beim kombinierten Eisen-, Vitamin B12- bzw. Folsäuremangel zu sehen.
- Beim Alkoholiker braucht es 1-12 Monate Abstinenz, bis sich ein ursprünglich erhöhtes MCV normalisiert.

DD: • Siehe Algorithmus S. 897

■ **MCHC** *(Mean corpuscular hemoglobine concentration)*

Def: • Hb ÷ Ht x 100
N: ⦿ 330-370 g/L
Lab:
- Vermindertes MCHC:
  - Eisenmangel
  - Pyridoxinmangel
  - Thalassämie major
- Erhöhtes MCHC:
  - Kongenitale Sphärozytose
  - Vorhandensein von Kälte-Agglutininen (= Kryoglobuline)

■ **Hämatokrit**

Allg:
- Das Hämatokrit ist mit folgenden Parametern korreliert:
  - Blutungszeit
  - Blutviskosität
  - Nicht-chirurgischer Blutverlust

Für die PRAXIS:
Das Hämatokrit ist ein Mass für die Erythrozytenkonzentration und nicht für das Erythrozyten-, Plasma- oder totale Blutvolumen.
Deswegen kann das Hämatokrit nicht zur Bestimmung der Volämie eines Patienten benutzt werden. **Ein erhöhtes Hämatokrit ist deswegen nicht gleichzusetzen mit einem «trockenen» Patienten!**

Panzytopenie

DD: **A. Aplastische Anämien**

- Idiopathisch
- Kongenital (z.B. FANCONI-Syndrom, S. 903)
- Sekundäre Formen
  - Chemische/physikalische Agentien
    - -- Dosis-abhängig:
      - --- Benzen
      - --- Strahlen
      - --- Alkylantien
      - --- Folsäure
      - --- Zytostatika
      - --- Anthrazykline
      - --- Anorganisches Arsen
    - -- Dosis-unabhängig (Idiosynkrasie, angeborene Überempfindlichkeit gegenüber bestimmten Stoffen und/oder Reizen):
      - --- TMP/SMX
      - --- Chloramphenicol
      - --- Goldsalze
      - --- Insektizide
      - --- Organisches Arsen
      - --- Phenylbutazon
  - Viral
    - -- Hepatitis (non-A, non-B, non-C, non-G)
    - -- EBV
    - -- Parvovirus
    - -- HIV u.a.
  - Transfusion induzierte Abstossungsreaktion
  - Schwangerschaft
  - Thymom
  - Diffuse eosinophile Fasziitis

B. Panzytopenie mit normaler oder vermehrter Zellularität des Knochenmarks

- Myelodysplastisches Syndrom (das Knochenmark ist manchmal hypoplastisch)
- Sekundäre, nicht klonale Myelodysplasien
  - Mangel an Vitamin B12
  - Mangel an Folsäure
  - G-CSF
  - Arsen
  - Parvovirus
  - HIV
- Hypersplenismus

C. Infiltriertes Knochenmark

- Maligne Hämopathien
- Knochenmetastasen
- Osteopetrose

D. Knochenmarkfibrose

E. Sonstige

- Paroxysmale nächtliche Hämoglobinurie (selten)
- Osteopetrose

Plasmapherese und Plasmaaustausch

Plasmapherese

Allg: • Der Ausdruck «Plasmapherese» beschreibt die Entnahme von Plasma, z.B. beim Blutspenden.

Vorg: 1. Die Entnahme findet peripher und veno-venös statt.
2. Die Plasmapherese dauert 30-45 min (max. Entnahme: 600-650 mL) und kann alle 2 Wochen durchgeführt werden (max. 15 L/Jahr).
3. Mögliche Substitutions-Lösungen (werden gleichzeitig verabreicht):
   - Frisches Plasma* (ersetzt die Proteine und die Gerinnungsfaktoren)
   - Synthetisches Plasma:
     -- HAES-steril®
     -- HEMOHES®
     -- VENOFUNDIN® u.a.

Ind: • Die Plasmapherese kann bei gewissen Autoimmunerkrankungen indiziert sein, wenn das Plasma Autoantikörper oder zirkulierende Immunkomplexe enthält, deren Pathogenizität bewiesen ist:
- Hyperviskosität-Syndrom beim multiplen Myelom
- WALDENSTRÖM Makroglobulinämie
- GUILLAIN-BARRÉ-Syndrom
- Schub einer multiplen Sklerose
- GOODPASTURE-Syndrom
- Myasthenia gravis
- Hämophilie mit Resistenzbildung auf die Gabe von Faktor VIII
- Post-transfusionelle Purpura
- Thrombotisch thrombozytopenische Purpura (MOSCHCOWITZ-Syndrom)
- Autoimmunhämolytische Anämie
- Rasch progrediente Nephritis bei Vaskulitis (z.B. PAN)
- Schwere, refraktäre Hypercholesterinämie

Plasmaaustausch

Allg: • Bei einem Plasmaaustausch wird eine relativ grosse Plasmamenge entnommen und durch 3-4 Liter frisches Plasma* (ca. 12 Beutel zu 250-300 mL) ersetzt.
• Dauer: 3-5 Stunden; kann alle 2-3 Tage, je nach Klinik, wiederholt werden.

For: • **Plasmavolumen = 40 mL x kg des Idealgewichtes**

Ind: • Thrombotische thrombozytopenische Purpura (MOSCHCOWITZ-Syndrom)
• GOODPASTURE-Syndrom
• Myasthenia gravis
• Immunkomplex Vaskulitis
• Kryoglobulinämie

* **Nachteile/Risiken des frischen Plasmas (FFP)**
1. Muss AB0-kompatibel sein (Testblut erforderlich!)
2. Transfusionsbedingte Lungenerkrankung (= TRALI *transfusion-related lung injury*)
   Allg: • Das TRALI-Syndrom ist eine schwere Transfusionskomplikation (15 % der tödlichen immunologischen Transfusionreaktionen). Diese akute Pneumopathie tritt während oder innerhalb von 6 h nach Gabe von Blutspenderkomponenten (FFP, Erythrozytenkonzentrate u.a.) ein.
   Urs: • Unklar: Übertragung von Neutrophilenantikörpern in den Blutspenderkomponenten (selten im Blut des Patienten); Zytokine u.a. Bestandteile in den Blutkomponenten
   Klin: • Fieber, Schüttelfrost, husten
   • Permeabilitätslungenödem; evtl. ARDS
   Dg: • Zeitlicher Zusammenhang mit plasmahaltiger Blutkonserven-Gabe und Ausschluss einer kardialen Ursache des Lungenödems.
3. Mögliche allergische Transfusionszwischenfälle
4. Risiko einer Citrat-Toxizität (Säure-Basen Störung, Hypokalzämie)
5. Relativ kostenintensiv

Procalcitonin[1]

N: ⦿ Procalcitonin < 0.05 ng/mL (nicht messbar)

Für die PRAXIS:
Der Procalcitoninspiegel ist in folgenden Situationen NICHT erhöht:
- Viraler Infekt
- Lokalisierter Infekt
- Allergische Reaktion
- Autoimmunerkrankung
- Abstossungsreaktion
- Pilzerkrankungen (kann auch erhöhte Werte zeigen)

Allg:
- Procalcitonin wird weltweit als biologischer Marker eingesetzt, um eine Sepsis differentialdiagnostisch von **einer anderen, nicht infektiösen systemischen Entzündungsreaktion zu unterscheiden.**
- Procalcitonin ist ein Prohormon des Calcitonins, welches im «Normalzustand» (d.h. ohne Infektzustand) ausschliesslich von den C-Zellen der Schilddrüse synthetisiert wird. Hingegen wird das Procalcitonin von vielen anderen Zellen synthetisiert, wenn ein proinflammatorischer Zustand (v.a. bakterieller Ursache) herrscht und dies proportional zur Ausdehunung des Infektes.
- HWZ:
  - Gesunder Proband: 30 h
  - Bei schwerer Niereninsuffizienz: 30-45 h
- Laborkinetik
  - Anstieg nach 3 h ab Beginn der Infektion
  - Peak innerhalb von 6-12 h nach Beginn der Infektion
  - Schnelles abflachen (ca. 50 %/d während mehrerer Tage)

Ind:
- **Wann soll das Procalcitonin bestimmt werden?**
  - Differentialdiagnostisch: infektiöser (v.a. Sepsis) versus inflammatorischer Prozess
  - Als prognostischer Marker bei einer bakteriellen Infektion
  - Unklare Schocksymptomatik (Hypotonie, kalte Peripherie, marmorierte Haut u.a.)
  - Monitoring der AB-Therapie (Anpassung/Beendigung), z.B. bei Infekt unterer Luftwege:

Vorgehen bei Infekt der unteren Luftwege	
Serumkonz. [ng/mL]	**Therapeutisches Vorgehen: Ist eine AB-Therapie empfohlen oder nicht?**
< 0.1	Eine AB-Therapie ist nicht empfohlen.
0.1 - 0.25	Ein bakterieller Infekt ist wenig wahrscheinlich (AB je nach Klinik).
0.25 - 0.5	AB-Therapie wird empfohlen (ein bakterieller Infekt ist möglich).
> 0.5	AB-Therapie wird empfohlen (bakterieller Infekt ist wahrscheinlich).

Lab:
- **Interpretationen einiger Serumprocalcitonin-Spiegel:**

Wert (ng/mL)	**Interpretation, Bemerkungen**
< 0.05	• Normalwert (d.h. das Procalcitonin wird nicht erfasst)
< 0.5	• Keine bakterielle Infektion oder: Lokalisierte bakterielle Infektion oder: Frühstadium einer bakteriellen Infektion • Je nach Klinik erneute Bestimmung des Procalcitonins.
0.5 - 2.0	• Systemische Infektion/Sepsis (immer der Klinik gegenüberstellen)
2 - 10	• Schwere systemische Entzündungsreaktion • Schwere Sepsis • Falsch hohe Procalcitoninwerte: - Polytrauma, Verbrennung - Grosser chirurgischer Eingriff - Schwerer, nicht septischer Schockzustand (z.B. kardiogen) - Malaria - Systemische Pilzerkrankung (kann auch normale Werte aufweisen) - Schilddrüsen Karzinom - Bronchuskarzinom (Kleinzeller) - Neugeborene < 48 h Leben
> 10	• Schwere Sepsis • Septischer Schock

1 Tang B et al. Lancet Infect Dis 2007; 7:210–17.

Protein — Hyperproteinämie — Hypoproteinämie

N: ⊙ Proteinämie (gesamt): 60-80 g/L — 6-8 g/dL

Allg:
- 1 g Protein = 4.1 kcal = 17.2 kJ
- Täglicher Bedarf an Proteinen: ca. 1 g/kg Körpergewicht
- 55-65 % der Plasmaproteine sind an Albumin gebunden.
- Serumelektrophorese der Plasmaproteine siehe, S. 1341
- Ödeme treten i.d.R. est bei Hypalbuminämien < 340 µmol/L (< 25 g/L) auf.
- Die Hypoproteinämie und die Hypalbuminämie gehören zu den Diagnosekriterien des nephrotischen Syndroms, siehe S. 653

Hyperproteinämie

DD:
- Hypergammaglobulinämie (mono-, polyklonal)
- Hypervoläme Zustände (konzentrierter intravasaler Raum)

Hypoproteinämie

DD:
- Mangelernährung
  - Malabsorption
  - Marasmus
  - Bei Alhoholikern
  - Anorexia mentalis
- Proteinsynthesestörung
  - Leberinsuffizienz
  - Chronischer Infekt
  - Agammaglobulinämie
- Proteinverlust
  - Renal
    - Nephrotisches Syndrom
  - Gastrointestinal
    - Exsudative Enteropathie
    - Chirurgische Darmresektion
  - Transkutan
    - Verbrennungen
    - Pemphigus
    - Bullöses Pemphigoid
    - Ekzem
  - 3. Raum
    - Aszites
    - Pleuraerguss
  - Blutverlust
- Erhöhter Katabolismus
  - Fieber
  - Entzündungszustand
  - Hyperthyreose
  - Chronische Erkrankungen
  - Neoplasien
  - Schwangerschaft
- Verdünnungseffekt
  - Intravenöse Flüssigkeitszufuhr
  - SIADH
  - Akute Wasserintoxikation
  - Potomanie

LABOR

Prostatic specific antigen — PSA

N: ⦿ PSA < 4 ng/mL

Allg:
- Das PSA ist ein Glykoprotein (237 Aminosäuren), spezifisch synthetisiert von den Prostataepithelzellen.
- Es handelt sich um eine Protease, welche die Proteine der Seminalflüssigkeit lysiert und dadurch die Mobilität der Spermien steigert. Eine heterotope PSA-Synthese (Periurethraldrüsen, Brustdrüse) bleibt klinisch anekdotisch.
- Der PSA-Serumspiegel hat bei der Diagnose des Prostatakarzinoms einen hohen prädikativen Wert.
- Ein Prostatakarzinom kann in der Endphase so undifferenziert sein, dass kein PSA mehr synthetisiert wird (falsch negative Werte).
- Eine Knochenszintigraphie ist indiziert bei einem PSA-Wert > 10-20 ng/mL.
- **Serum-PSA und approximatives Prostatakarzinomrisiko** (altersabhängig):
  - 4-10 ng/mL → 25-35 %
  - 10.1-20 ng/mL → 50-55 %
  - > 20 ng/mL → 75-80 %
- **PSA und Indikation für eine Prostatabiopsie:**
  1. PSA 2.6-4 ng/mL mit einer Ratio «freies PSA/totales PSA» ≤ 15 %, bei 40-60-jährigen Männern
  2. PSA > 4-10 ng/mL
  3. PSA-Erhöhung von ≥ 0.75 ng/mL/Jahr über eine Zeitspanne von 18 Monaten

Ind:
- In folgenden Situation ist die PSA-Bestimmung indiziert:

Alter	Guidelines bez. PSA-Bestimmung[1]
▪ **Männer > 50 Jahre** bzw. ▪ **Männer > 45 Jahre mit** positiver Familienanamnese (Bruder, Vater, Onkel, Grossvater mit Prostata-CA)	• PSA alle 2 Jahre bei: - Normaler digitaler Rektaluntersuchung und: - PSA < 2 ng/mL
▪ **Männer < 70 Jahre**	• Ein PSA ≥ 4 ng/mL erfordert i.d.R. imperativ die Suche nach einem Prostatakarzinom! • Uro-Konsilium
▪ **Männer > 70-75 Jahre**	• Ein PSA-*Screening* ist nicht gerechtfertigt!

Lab:
- **Totales PSA**
  - Das totale PSA dient sowohl zum *Screening*, als auch zur Verlaufskontrolle des Prostatakarzinoms.
- **Freies PSA** (N: 10-20 % des totalen PSA)
  - Beim Prostatakarzinom ist die freie PSA-Fraktion vermindert (wenn sie ≤ 15 % beträgt, ist das Karzinomrisiko erhöht). Der Grund für diese Verminderung ist unklar.
  - Das freie PSA verbessert die Spezifität des PSA (Verminderung der Anzahl der falsch positiven Resultate).

Für die PRAXIS:
- Das totale PSA wird zum *Screening* UND zur Verlaufskontrolle des Prostatakarzinoms verwendet!
- Das freie PSA:
  - Soll nur bestimmt werden, wenn das totale Serum-PSA 4-20 ng/mL beträgt.
  - Ist für das *Screening* eines Prostatakarzinoms geeignet, NICHT aber als dessen Verlaufsparameter!

Klin:
- **Einfluss auf den totalen Serum-PSA-Spiegel**

Parameter/Trigger	Einfluss auf die PSA-Serumwerte
Digitale Rektaluntersuchung	• I.d.R. kein Einfluss (eine kräftige Prostata-massage kann den PSA-Serumspiegel erhöhen)
Spezifische α1-Blocker: • Alfuzosin, Tamsulosin, Terazosin	• Kein Einfluss auf den PSA-Serumspiegel
5α-Reduktasehemmer: • Finasterid, Dutasterid	• Verminderung des PSA-Serumspiegels

1 Carter HB, et al. Urology 1999 ; 54 :780-6.

Triglyzeride — Hypertriglyzeridämie

N: ⦿ Normale Triglyzeridämie: < 1.8 mmol/L — < 160 mg/dL

Klin: ■ **Leichte bis mittelschwere Hypertriglyzeridämie (< 500 mg/dL; < 5.5 mmol/L)**

Allg: • Die leichte bis mittelschwere Hypertriglyzeridämie ist ein Marker:
- Einer atherogenen Dyslipidämie
- Des metabolischen Syndroms

Urs: • Übergewicht, Körperliche Inaktivität, Nikotin, übermässiger Alkoholkonsum
• Erhöhte Glukosezufuhr (> 60 % der totalen Kalorienzufuhr)
• Sekundäre Ursachen
- Diabetes mellitus
- CUSHING-Syndrom
- Chronische Niereninsuffizienz
- Nephrotisches Syndrom
- Schwangerschaft
- Medikamentös:
-- Kortikoide, Betablocker, Retinoide, Tamoxifen, Proteaseinhibitoren, orale Östrogene (transkutane Östrogene haben keinen Einfluss auf die Triglyzeride)
• Genetische Ursachen
- Familiäre, kombinierte Hyperlipidämie
- Familiäre Hypertriglyzeridämie
- Familiäre Dysbetalipoproteinämie u.a.

■ **Schwere Hypertriglyzeridämie (≥ 500 mg/dL, 5.5 mmol/L)**

Allg: • Ist oft mit folgenden Krankheitsbildern assoziiert:
- Metabolisches Syndrom, Diabetes mellitus Typ 2
- Syndrom der Chylomikronämie* (> 1800 mg/dL; > 20 mmol/L)
- Erhöhtes kardiovaskuläres Risiko
- Erhöhtes Pankreatitis Risiko (lineares Risiko ab 900 mg/dL; 10 mmol/L)

Urs: • Familiärer Mangel an Lipoproteinlipase. Familiärer Mangel an Apoprotein C-II
• Kombinierte Ursachen (siehe mittelschwere Hypertriglyzeridämie)

* Syndrom der Chylomikronämie

Allg: • Es handelt sich um eine Erbkrankheit mit Mangel an Lipoproteinlipase.

Urs: • Fehlen oder Mangel an Lipoproteinlipase. Hereditärer Mangel an Apoprotein C-II

Klin: • Die Symptome können schon während der Kindheit auftreten.
• Akute Pankreatitis
• Kutane Xanthome (= subkutane Fettablagerungen, z.B. bei den Augenlidern) oder in der Retina (= retinale Lipämie)
• Hepato-splenomegalie, Lebersteatose. Psychische Veränderungen

Th: • Fettarme Diät (die Symptome können unter strenger Diät rückläufig sein)

Kpl: • Rezidivierende Pankreatitis. Kardiopathie infolge Atherosklerose

Thrombozytopenie [D69.6]

Def: • < 130 G/L (< 130'000/mm^3)

N: ⦿ Thrombozytenzahl: 130-400 G/L

Allg: • Bevor eine Thrombozytopenie abgeklärt wird, muss zur Kontrolle ein peripherer Blutabstrich vorgenommen werden. Das Vorhandensein einer Plättchenagglomeration spricht für folgende 2 Hypothesen:
- Artefakt
- Pseudothrombozytopenie, hervorgerufen durch das EDTA (ohne klinische Relevanz!)

Klas:

A. Isolierte Thrombozytopenien

A.1. Thrombozytopenien zentraler Ursache

- Thiazide
- Alkohol

A.2. Thrombozytopenien peripherer Ursache

A.2.1. Nicht immunologisch bedingt

- Alkohol
- Disseminierte intravasale Gerinnung (DIC)
- Extrakorporelle Zirkulation
- Plasmapherese
- Thrombotische thrombozytopenische Purpura (MOSCHCOWITZ-Syndrom)
- Urämisch hämolytisches Syndrom
- Künstliche Herzklappen
- HELLP-Syndrom
- Nierenabstossungsreaktion

A.2.2. Immunologisch bedingt

- Immune thrombozytopenische Purpura (Morbus WERLHOF)
- Sekundär
  - Medikamentös
    - Chinin, Chinidin
    - Cimetidin
    - Furosemid
    - Heparin
    - NSAR (Indometacin u.a.)
    - Paracetamol
    - Rifampicin
    - Thiazide
    - Sulfonylharnstoffe (Bsp: orale Antidiabetika)
  - Virale und bakterielle Infekte
  - Autoimmunkrankheiten (SLE u.a.)
  - Lymphoide Hämopathien
  - Alloimmunerkrankung
    - Neonatal
    - Nach Bluttransfusionen

B. Thrombozytopenien mit Panzytopenie

B.1. Thrombozytopenien zentraler Ursache

B.1.1. Medulläre Aplasie, verminderte Thrombopoese

- Erworben
  - Idiopathisch
  - Sekundär
    - Ionisierende Strahlen
    - Medikamentös
      - a) Dosis-abhängige, obligate Toxizität:
        - -- Benzene
        - -- Alkylierende Substanzen (Chlorambucil)
        - -- Methotrexat
        - -- Vincristin
        - -- Daunorubicin
      - b) Dosis-unabhängige Toxizität (Idiosynkrasie; d.h. erhöhte individuelle Sensibilität):
        - -- Chloramphenicol
        - -- Phenylbutazon
        - -- Goldsalze
        - -- TMP/SMX
        - -- Arsenderivate
        - -- Quecksilberderivate
        - -- Thyreostatika
        - -- Insektizide
    - Virale Infekte
      - -- EBV
      - -- CMV
      - -- Hepatitis
      - -- Parvovirus B19
      - -- HIV
    - Autoimmunerkrankungen
    - Schwangerschaft
- Hereditär
  - Morbus FANCONI, S. 903

B.1.2. Medulläre Infiltration

- Akute Leukämien
- Maligne lymphoide Hämopathien
- Osteomedulläre Metastasen

B.1.3. Medulläre Dysplasie

- Refraktäre Dysplasien
  - Myelodysplastisches Syndrom (MDS)
- Reversible Dysplasien
  - Mangel an Vitamin B12, S. 1444
  - Mangel an Folsäure, S. 1374

B.1.4. Medulläre Fibrosen

- Idiopathische, chronische Myelofibrose

B.2. Thrombozytopenien peripherer Ursache

B.2.1. Hypersplenismus

Mechanismus: Anreicherung der Thrombozyten in der Milz. Manchmal Auftreten mit einer Bi- oder Panzytopenie.

- Leberzirrhose mit portaler Hypertension und Splenomegalie

B.2.2. Autoimmunität

Antithrombozytäre Antikörper; evtl.Bi- oder Panzytopenie, bei gleichzeitigem Vorhandensein von Antikörpern, die gegen Erythrozyten und/oder neutrophile Granulozyten gerichtet sind.

Thrombozytose [D75.9]

Def: • > 400 G/L (> 400'000/mm³)

N: ⦿ Thrombozytenzahl: 130-400 G/L

Klas: **A. Reaktive Thrombozytosen**

- Entzündliche Syndrome
  - Akute oder chronische Infektionen
  - Neoplasien (malignes HODGKIN-Lymphom u.a.)
  - Morbus CROHN
  - Colitis ulcerosa
  - Rheumatoide Arthritis u.a.
- Regenerative Anämien
  - Akute Blutung
  - Hämolytische Anämie
- Eisenmangel
- Asplenie
  - Anatomisch (Splenektomie)
  - Funktionell (z.B. Sichelzellanämie)
- Post-traumatisch
- Nach chirurgischen Eingriffen
- Medikamentös
  - Vincristin
  - Lithium
  - ADRENALIN®
- Rebound-Phänomen nach Thrombozytopenie zentraler oder peripherer Ursache
  - Medikamentös (Zytostatika)
  - Infektiös
  - St. nach Alkoholabusus

B. Thrombozytosen bei maligner Hämopathie

- Myeloproliferatives Syndrom (MPS)
- Myelodysplastisches Syndrom (MDS) mit isolierter 5q- Anomalie (= 5q- Syndrom)
- Nicht klassifizierbares MPS/MDS
  - Refraktäre sideroblastische Anämie mit Thrombozytose

Transferrinsättigung

N: ⦿ Transferrinsättigung ....0.16 - 0.20 (oder 16 - 20 %)
⦿ Transferrin ....1.7 - 3.7 g/L
⦿ TEBK ....45-82 µmol/L

For:

$$\textbf{Transferrinsättigung} = \frac{\text{Serumeisen [µmol/L]}}{\text{TEBK [µmol/L]}}$$

TEBK (Totale Eisenbindungskapazität) = Transferrin [g/L] x 17.9*

Bsp: Patient mit:
- Serumeisen 4.1 µmol/L
- Totaler Eisenbindungskapazität 78 µmol/L
- Hb 98 g/L

→ Transferrinsättigung = 4.1 ÷ 78 = 0.05 (oder 5 %).
Es handelt sich um eine Eisenmangelanämie.

Allg:
- Bei bestehender Hepatopathie kann das Serumeisen und das Ferritin fälschlicherweise erhöht sein.
- Die Transferrinsättigung kann dadurch falsch hohe Werte zeigen.

Ind: • Verdacht auf Hämochromatose

Lab: **A. Hohe Transferrinsättigungswerte**

- Siderosen (z.B. Hämochromatose)
- Thalassämie

B. Tiefe Transferrinsättigungswerte

- Eisenmangelanämie (meist < 0.10)
- Begleitanämien vom entzündlichen Typ oder von gemischten Ursachen (chronische Niereninsuffizienz, Neoplasie)

* Dieser Faktor entspricht der Berechnung der TEBK in g/L (< 1.25), sowie der Konversion von g/L in µmol/L (x 14.32)

Troponin[1,2]

Allg:

- Die Troponine sind Komplexe von Regulations-Proteinen der quergestreiften Muskulatur.
- Es gibt verschiedene Troponine, wobei folgende 2 Formen für die Myokardnekrosen-Diagnostik benutzt werden. Beide haben eine vergleichbare prognostische Aussagekraft:
  - **Troponin T** (induziert die Verbindung des Komplexes mit dem Tropomyosin)
  - **Troponin I** (Untereinheit, welche den Troponinkomplex hemmt)
- Bei einer Myokardläsion wird folgende Troponin-Kinetik beobachtet:
  - Anstieg des Serumspiegels **4-6 h nach dem Ereignis** (bei grossen Infarkten schon ggf. schon nach 2 h)
  - Maximale Plasmakonzentrationen: 10-24 h nach dem Ereignis
  - Die Troponinspiegel bleiben positiv während **5-15 Tagen.**

Für die PRAXIS:

- Das Troponin ist der Herzmarker der Wahl um eine Myokardläsion zu diagnostizieren.
- Ein positives Troponin bedeutet i.d.R. Vorhandensein einer Myokardnekrose.
- Troponine dienen zur **Risikostratifikation** beim akuten Koronarsyndrom:
  - Troponine ↑↑ und CK-MB ↑↑ ....Schlechte Prognose
  - Troponine ↑(↑) und CK-MB normal ....Mittelmässige Prognose
  - Troponine und CK-MB normal ....Gute Prognose
- Wegen der kürzeren HWZ der CK-MB gegenüber dem Troponin, eignen sich die CK-MB besser zur Erkennung eines Re-Infarktes (z.B. nach PCI).
- Die Troponine sind bei Angina pectoris definitionsgemäss negativ!

DD:[1]

- **Positives Troponin**
  - Akuter Myokardinfarkt (NSTEMI oder STEMI)
  - Myokardischämie
    - Koronarspasmus
    - Einnahme von Sympathomimetika (Kokain, Amphetamin u.a.)
    - Hirnblutung oder Schlaganfall (Mechanismus: Dysbalance des autonomen Nervensystems)
  - Direkte Myokardläsion
    - Myokardkontusion
    - Elektrische Kardioversion
    - Amyloidose u.a. infiltrierende Myokarderkrankungen (Mechanismus: Kompression der Myozyten)
    - Chemotherapie
    - Perikarditis
    - Myokarditis
    - Herztransplantation
  - Myokarddistension *(myocardial wall stretch)*
    - Herzinsuffizienz
    - Lungenembolie
    - Pulmonale Hypertension
    - Extremsport (Marathon u.a.)
  - Relative Myokardischämie ohne signifikante Koronaropathie *(demand ischemia)*
    - Sepsis, SIRS (Mechanismus: erhöhter myokardialer Sauerstoffverbrauch)
    - Art. Hypotonie (Mechanismus: Verminderung der Koronarperfusion)
    - Hypovolämie (Mechanismus: verminderter kardialer Füllungsdruck)
    - Supraventrikuläre Tachykardie, Vorhofflimmern (Mechanismus: erhöhter myokardialer Sauerstoffverbrauch)
    - Linksventrikuläre Hypertrophie (Mechanismus: subendokardiale Ischämie)
  - Chronische Niereninsuffizienz (selten)
- **Negatives Troponin**
  - Instabile Angina pectoris
  - Stabile Angina pectoris
  - Muskuläres Trauma (ausser bei Mitbeteiligung des Herzmuskels, z.B. bei Herzkontusion)
  - Nach chirurgischem Eingriff (ausser bei Myokardeingriffen)
  - Läsion des Zwerchfells (z.B. Hyperventilation)
  - Lungenembolie (ohne sekundäre Myokardnekrose)
  - Isolierte Perikardläsion (ohne Myokardbefall)

1 Jeremias A et al. Ann Intern Med 2005 ;142 :786-91. 2 Ng SM et al. Am J Cardiol 2001 ;87 :994-9.

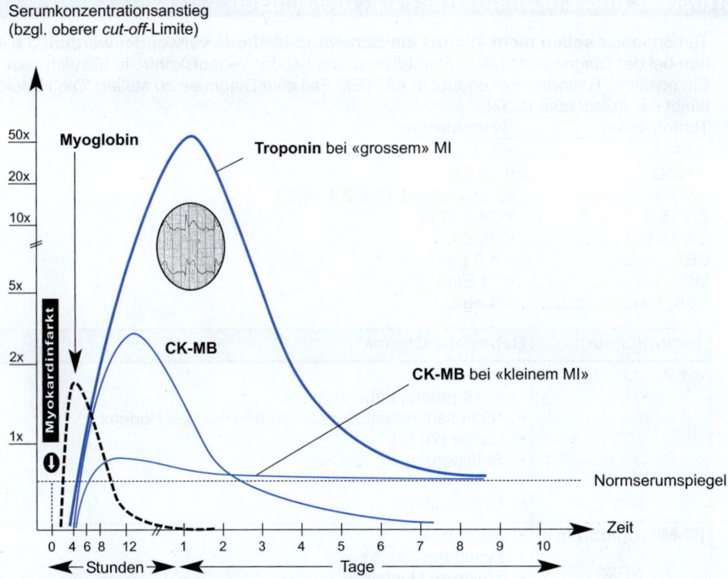

Schema: Zeitlicher Verlauf der wichtigsten Herzmarker nach akutem Myokardinfarkt (MI).

Myoglobin

- Anstieg nach 2-4 h
- Maximalwert (1-2x N): 9-12 h
- Normalisierung: 24-36 h

Troponin T oder I

- Anstieg nach 4-6 h (ggf. schon nach 2 h)
- Maximalwert: 10-24 h (bis ca. 50x N)
- Normalisierung: 5-15 d

CK-MB (oder **CK**)

- Anstieg nach 4-8 h
- Maximalwert (bis ca. 5x N): 24-36 h
- Normalisierung: CK-MB 2-3 d; CK 3-6 d

LABOR

Tumormarker und Lokalisationen von Metastasen

Allg:
- Tumormarker **sollen nicht «blind» als *Screening*-Methode verwendet werden**! Sie können bei der Diagnosestellung unterstützend und bei der Verlaufskontrolle hilfreich sein.
- Ein positiver Tumormarker erlaubt in KEINEM Fall eine Diagnose zu stellen. Die Histologie bleibt der «*Gold standard*»!

Lab:
- Tumormarker — Normalwerte

α-FP .... < 6.3 E/L
β-HCG .... 0 - 5 E/L
β2-Mikroglobulin .... 62-204 nmol/L (0.8-2.4 mg/L)
CA 15-3 .... < 34.3 E/mL
CA 19-9 .... < 35 E/L
CEA .... < 4.6 µg/L
MCA .... < 11 E/mL
PSA, S. 1428** .... < 4 ng/L

Tumormarker	Betroffene Organe*
α-FP	• Leber: - Hepatom, Leberzirrhose • Nicht seminomatöser Germinaltumor des Hodens • Lunge (70 %) • Schilddrüse • Ovar • Collum uteri
β2-Mikroglobulin	• Leukämie • Lymphom (30 %) • Multiples Myelom • Niere
CA 15-3	• Mamma (70 % wenn metastasierend) • Ovar (45 %) • Lunge (25 %) • Leber (30 %)
CA 19-9	• Pankreas (70 %), kann auch bei Pankreatitis erhöht sein. • Gastrointestinale Erkrankungen (20-50 %)
CA 125	• Ovar (85 %; Frühstadium: 25 %) • Endometrium (20-60 %)
Calcitonin	• Schilddrüse (medulläres Karzinom 90 %)
CEA	• Kolorektal (bis 80 %) • Magen (50 %) • Pankreas (50 %) • Mamma (50 %)
β-HCG	• Hoden: - seminomatös (70 %) - nicht seminomatös (20 %) • Plazenta • Chorion
MCA	• Mamma (v.a. bei Metastasen erhöht)
NSE	• Lunge (Kleinzeller: 40-90 %) • Neuroblastom (70 %)
PSA, S. 1428**	• Prostata
SCC	• Lunge • Collum uteri • Kopf und Hals • Ösophagus

** PSA: Das freie PSA solll nur bestimmt werden, wenn das Gesamt-PSA zwischen 4-20 ng/mL liegt. Beim Prostatakarzinom ist die Fraktion des freien PSA vermindert (≤ 15 % des Gesamt-PSA).

* Die Prozentanteile in den Klammern sind gerundete Werte und entsprechen den Anteilen an Patienten, welche eine Erhöhung des betreffenden Tumormarkers im Serum zeigen.

Primärtumororgan	Tumormarker	Metastasenlokalisation			
		Lunge	Leber	Skelett	Hirn
Kolon, Rektum, S. 954	CEA, CA 19-9	+	++	+	(+)
Endometrium, S. 944	CA 125, CEA	+	+	+	
Magen, S. 951	CA 19-9, CEA	+	++	(+)	+
Ovar, S. 945	CA 125, CEA	+		+	
Pankreas, S. 952	CA 19-9, CEA	+	++		
Lunge: Kleinzeller, S. 947 Nichtkleinzeller, S. 948	 NSE SCC, CEA	+	+	++	++
Prostata, S. 958	PSA (freies PSA**)	+		++	
Mamma, S. 940	CA 15-3, CEA, MCA‡	++	++	++	++
Hoden, S. 956	α-FP, β-HCG, LDH	++	+	+	+

Tabelle: Tumormarker und Lokalisation der Metastasen, bezogen auf den Primärtumor.

α-FP = α-Foetoprotein
CEA = Carcinoembryonic antigen
β-HCG = β-Hormon chorionic gonadotrop
LDH = Laktat-Dehydrogenase
MCA = Mucin-like carcinoma associated antigen
NSE = Neuron specific enolase
PSA = Prostatic specific antigen
SCC = Squamous cell carcinoma

** PSA: Das freie PSA soll nur bestimmt werden, wenn das Gesamt-PSA zwischen 4-20 ng/mL liegt. Beim Prostatakarzinom ist die Fraktion des freien PSA vermindert (≤ 15 % des Gesamt-PSA)

‡ Das MCA ist v.a. beim metastasierenden Mammakarzinom erhöht.

LABOR

Urin - Analyse (Status, Sediment)

N: • **Parameter Normalwerte**

Parameter	Normalwerte
Dichte (spezifisches Gewicht)	1.003 - 1.030
pH	4.6-8.0 (Mittelwert 6.0), nahrungsabhängig
Osmolalität	50-1400 mmol/kg H_2O (= mOsm/kg H_2O)
Volumen	600-2400 mL/24 h
- Oligurie	< 400 mL/24 h
- Anurie	< 100 mL/24 h
- Polyurie	> 100 mL/h
Kreatinin	Mann: 170-230 µmol/kg/24 h (19-26 mg/kg/24h) Frau: 120-185 µmol/kg/24 h (14-21 mg/kg/24h)
Erythrozyten	< 1-5/Feld (400x)
Leukozyten	< 5/Feld (400x)
Hyaline Zylinder, s. 622	0-1/Feld (400x)
Feine granulierte Zylinder	0-1/Feld (400x)
Maximale Harnausscheidung	1 L/h, mit Osmolalität von 50-75 mmol/kg H_2O

Def:[1]

- Physiologische Albuminurie .... < 30 mg/24 h
- Physiologische Proteinurie .... < 150 mg/24 h
- Mikroalbuminurie .... 30-299 mg/24 h oder 20-200 µg/min
- Makroalbuminurie .... ≥ 300 mg/24 h
- Nephrotisches Syndrom .... > 3500 mg/24 h/1.73 m²

A. Urinstatus (Stix oder Streifentest)

Proteine

Allg: • Der Urinstix (Standardstix):
- Reagiert v.a. auf Albumin (Anzeigeschwelle von 200-300 mg/L)
- Ist nicht genügend sensitiv für das *Screening* einer Mikroalbuminurie.
- Das BENCE-JONES Protein kann durch den Urinstix NICHT zuverlässig erfasst werden. Dies erklärt die falsch negativen Resultate!

DD:

Falsch positiv	• Urin pH > 7.5-8.0 • Physiologische Proteinurie (bei sehr konzentriertem Urin)
Falsch negativ	• Vorhandensein von γ-Globulinen oder Leichtketten (λ, κ). • Beim multiplen Myelom kann die Reaktion schwach positiv oder negativ sein!

Blut - Hämaturie

Allg: • Der Urinstix zeigt folgende Substanzen an:
1. Myoglobin (Normalwert der Myoglobinurie = 0-2 mg/mL)
2. Erythrozyten
3. Freies Hämoglobin

DD:

Falsch positiv	• Myoglobin (z.B. bei Rhabdomyolyse) • Sehr konzentrierter Urin (erhöht «künstlich» die Konzentration der Erythrozyturie) • Kontamination (z.B. Menstruation) • Intensivsport
Falsch negativ	• Technische Fehler (Sensitivität < 100 %)

Leukozyten

DD:

Falsch positiv	• Zelluläre Lyse bei: - pH > 6.5 und/oder - Urinosmolalität < 400 mmol/kg H_2O
Falsch negativ	• Es gibt keine falsch negativen Resultate.

1 Standards of Medical Care in Diabetes - 2007. Diabetes Care 2007 ;30 Suppl 1 : S4-41.

Nitrit

Allg:
- Die Interpretation des Nitritnachweises ist von verschiedenen Bedingungen abhängig. Dies erklärt die hohe Anzahl falsch negativer Resultate (wenig sensitiver Test):
- Genügende Nahrungsaufnahme von Nitraten (während einer Nüchternperiode wird der Test negativ ausfallen).
- Der Urin muss während 4-6 Stunden in der Blase verbleiben, um den Bakterien Zeit zu lassen, Nitrate in Nitrite umzuwandeln. **Deshalb ist die Sensitivität beim Morgenurin am höchsten** (ca. 90 % bei einer Bakteriurie von < 10^7/mL).
- Die Mehrheit der koliformen Bakterien sind fähig, Nitrate in Nitrite umzuwandeln.

DD:

Falsch positiv	• Keine (Spezifität ± 100 %)
Falsch negativ	• Nüchternperiode • Pollakisurie • Infektion mit Bakterien, welche unfähig sind, Nitrate in Nitrite umzuwandeln (z.B. *Flavimonas, Acinetobacter, Bordetella avium* u.a.)

Urindichte

Allg:
- Normalwert: 1.003-1.030

DD:

Tiefe Urindichte	• Niereninsuffizienz (Verlust der renalen Konzentrationsfähigkeit = Isosthenurie) • Diabetes insipidus
Falsch hohe Werte	• Proteinurie • Glukosurie • Kontrastmittel

Urin-pH

Allg:
- Normalwert: 4.6-8.0; Mittelwert 6.0
- Der Urin-pH ist nahrungsabhängig:
  - Tiefer Urin-pH bei überwiegend fleischlicher Nahrung, bei Fasten, in der Nacht
  - Hoher Urin-pH bei überwiegend pflanzlicher Ernährung
- Eine normale Niere hat die Fähigkeit, den Urin anzusäuern.
- Ein Urin-pH > 6.5 erhöht die Ausscheidung verschiedener Substanzen:
  - Salicylate
  - Phenobarbital
  - Trizyklische Antidepressiva (Amitriptylin, Clomipramin, Imipramin u.a.)
  - Myoglobin (deshalb wird bei Rhabdomyolyse ein alkalischer Urin angestrebt)

DD:

> 7.0 (alkalisch)	• Normaler Urin • Harnwegsinfekt bei: - *Klebsiella pneumoniae*¶ - *Proteus*¶ u.a. • Tubuläre Azidose • Ein pH > 7.5-8.0 kann im Urinstix eine falsch positive Proteinreaktion anzeigen. **Für die PRAXIS:** Manche Salze/Kristalle können in alkalischem Urin entstehen (z.B. Kalziumphosphat)
< 7.0 (sauer)	• Normaler Urin • Harnwegsinfekt bei: - *E. coli* - *Staphylococcus spp., Staphylococcus aureus* u.a. Keime **Für die PRAXIS:** Manche Salze/Kristalle können in saurem Urin entstehen: - Urate, Oxalate, Harnsäure (CAVE: Gicht!!)

¶ Keime mit Ureaseaktivität

B. Urinsediment

Allg: • Das Urin-Sediment eignet sich als *Screening* für renale Erkrankungen.

Morphologische Befunde*	Interpretation, Bemerkungen
Erythrozytenzylinder	• Glomeruläre oder interstitielle Erkrankung • Niereninfarkt
Leukozytenzylinder	• Interstitielle Erkrankung (entzündlich oder nicht) • Kann bei einer Glomerulopathie vorkommen
Zylinder	
Granulierte, feine und hyaline Zylinder	• Fieber, Dehydratation, körperliche Aktivität
Granulierte, grobe Zylinder	• Unspezifisch, selten bei akutem Nierenversagen
Kristalle	• Uratsteine, Kalziumsteine, Cystinurie
Renale tubuläre Zellen	• Interstitielle Entzündung (akute Tubulusnekrose) • Akute Abstossungsreaktion (Nierentransplantation)
Keime	• Bei Vorhandensein von ≥ 1 Keim/Feld* muss eine bakterielle Infektion vermutet werden.

C. Hämodynamik der Niere: Renale und glomeruläre Clearance

Allg:

Totaler Plasmafluss	• ca. 5 Liter/min
Renaler Plasmafluss§	• 500-800 mL/min, d.h. 10-15 % des totalen Plasmaflusses
Glomeruläre Filtrationsrate*f*	• 100-120 mL/min (150-180 Liter/24 h) → 1.5 L Urin • Die glomeruläre Filtrationsrate vermindert sich ab dem 40. Lebensjahr um ca. 1 mL/min/Jahr. • Beispiel: Patient, 80 J. hat eine «physiologische» glomeruläre Filtrationsrate von ca. 60 mL/min. ABER bei Kontrastmittelgabe und bei Medikamentendosierung gelten die üblichen Regeln!

D. Mikroalbuminurie

Def: • **30-300 mg Albumin/24 h** in einem sterilen, azetonfreien Urin.

Vorg: • Es gibt verschiedene Möglichkeiten, die Mikroalbuminurie zu bestimmen:

1. **Albuminbestimmung im 24 h-Urin** («Goldstandard»-Methode):
   - 30-300 mg/24 h
     oder:
   - 20-200 µg/min
2. **Urinspot** = Urinanalyse (10 mL, vorzugsweise nachmittags, dann hat diese Methode eine vergleichbare Aussagekraft mit dem 24 h-Urin):
   - 20-200 mg/L
     oder:
   - Ratio: Albumin [µg/L] ÷ Kreatinin [µmol/L] > 3 (d.h. > 3.5 bei ♀; > 2.5 bei ♂)

* Bei 400x Vergrösserung

§ Der renale Plasmafluss wird klinisch mit der p-Aminohippursäure (PAH) bestimmt. PAH wird in einer einzigen Nierenpassage durch Filtration und/oder tubuläre Sekretion aus dem Blut entfernt. Normwert des renalen Plasmaflusses: 478-814 mL/min/1.73 m^2.

f Die «echte» glomeruläre Filtrationsrate wurde mit einem aufwändigen intravenösen Inulin-Protokoll gemessen, denn Inulin ist eine Substanz, die frei glomerulär filtriert und tubulär weder rückresorbiert, noch sezerniert wird. Heutzutage ist das Inulin-Protokoll einfachheitshalber durch den Schätzwert der glomerulären Filtrationsrate mittels Kreatinin-Clearance und dem MDRD - *modification of diet in renal disease* [→ http://mdrd.com/] weitgehend ersetzt worden.

Kreatinin-Clearance

N: ⦿ 100-120 mL/min (vermindert sich aber um ca. 1 mL/Jahr ab dem 40. LJ)

Allg:
- Kreatinin entsteht durch die Umwandlung von Kreatin und Kreatinphosphat in den Muskelzellen. Pro 24 h werden ca. 2 % des Körperkreatins in Kreatinin umgewandelt.
- **Kreatininurie (µmol/24 h)**
  - Mann: 140 - Alter [Jahre] x KG [kg] x 1.78
  - Frau: 140 - Alter [Jahre] x KG [kg] x 1.5
- Bei schwergradiger Niereninsuffizienz ist die tubuläre Kreatinin-Sekretion verstärkt. Die Kreatininurie ist somit erhöht, was «falsch» hohe Kreatinin-Clearance-Werte ergibt. Klinisch wird also der Schweregrad einer Niereninsuffizienz unterschätzt, bzw. die glomeruläre Filtrationsrate überschätzt.
- Die Kreatinin-Clearance:
  - Entspricht dem «virtuellen» Plasmavolumen, das in einer Zeiteinheit vollständig von Kreatinin «gereinigt» oder «befreit» wird.
  - Gibt Auskunft über den funktionellen Nierenzustand.
  - Vermindert sich physiologischerweise ab dem 40. LJ um ca. 1 mL/Jahr.
  - **«Magischer» Grenzwert = 30 mL/min**. Darunter handelt es sich um eine mittelschwere bis schwere Niereninsuffizienz. Unter den Diuretika sind ausschliesslich noch die Schleifendiuretika wirksam (bis ca. 5 mL/min)!

Interpretation der Kreatinin-Clearance

- 80-120 mL/min........Normale Nierenfunktion
- 60-80 mL/min..........Leichte Niereninsuffizienz
- 30-60 mL/min..........Mittelschwere Niereninsuffizienz
- 10-30 mL/min..........Schwere Niereninsuffizienz
- < 10 mL/min............Terminale Niereninsuffizienz

For: Es gibt 2 Möglichkeiten die Clearance zu bestimmen:

1. Geschätzte Kreatinin-Clearance (nach COCKROFT & GAULT)

Mann

$$\text{Clearance [mL/min]} = 1.23 \times \frac{\text{Körpergewicht [kg]} \times (140 - \text{Alter [Jahre]})}{\text{Kreatinin}_{\text{Plasma}}\ [\mu\text{mol/L}]}$$

Frau

$$\text{Clearance [mL/min]} = 1.03 \times \frac{\text{Körpergewicht [kg]} \times (140 - \text{Alter [Jahre]})}{\text{Kreatinin}_{\text{Plasma}}\ [\mu\text{mol/L}]}$$

Bsp: Mann 80 jährig, 72 kg, Serumkreatinin 110 µmol/L.
D.h.: 1.23 x [72 x (140 – 80)] ÷ 110 = 48 mL/min.
Dies entspricht einer verminderten Nierenfunktion, denn dieser Mann sollte eine Clearance von ca. 60 mL/min haben (entsprechend einer Clearanceverminderung von ca. 1 mL/min/J ab dem 40. Lebensjahr).

2. Berechnete Kreatinin-Clearance (= Referenzmethode)

$$\text{Clearance [mL/min]} = \frac{\text{Kreatinin}_{\text{Urin}}\ [\mu\text{mol/L}] \times \text{Harnvolumen [mL]}}{\text{Kreatinin}_{\text{Plasma}}\ [\mu\text{mol/L}] \times \text{Sammeldauer des Urins [min]}}$$

Bsp: Kreatinin im Urin 1500 µmol (Totalmenge im gesammelten Urin).
Urinvolumen 400 mL, Serumkreatinin 120 µmol/L.
Sammeldauer des Urins 6 h (360 min).
D.h.: (1500 x 400) ÷ (120 x 360) = 14 mL/min.
Es handelt sich um eine schwergradige Niereninsuffizienz!

3. Berechnete GFR (glomeruläre Filtrationsrate)

Allg: Berechnung der GFR mittels MDRD *(modification of diet in renal disease)*
Der MDRD wird anhand folgender Parameter bestimmt:
- Serumkreatinin
- Alter
- Rasse und Geschlecht

und kann über folgende WEB-Adresse berechnet werden ☛ http://mdrd.com

Urinspot: Na^+, K^+, Cl^-

Allg:
- Maximale Harnausscheidung: ca. 1 L/h mit einer Osmolalität von 50-75 mmol/kg H_2O.
- **Urinspot**
  - Die Analyse des Urinspots benötigt 10 mL Urin.
  - Gute Aussagekraft bei Analyse des 2. Morgenurins oder des Abendurins.
- **Urinstatus** (S. 1438) **und Sediment** (S. 1440)
  - Gute Aussagekraft bei Analyse des 2. Morgenurins

Natrium

N: ⦿ Die normale renale Natriumausscheidung beträgt i.d.R. < 20 mmol/L, kann aber, je nach Natriumgehalt der Nahrung, bis > 150 mmol/L ansteigen.

Allg:
- In der polyurischen Phase der akuten Niereninsuffizienz werden bis zu 50-150 mmol/L Natrium ausgeschieden.
- Bei einem sekundären Hyperaldosteronismus (z.B. Leberzirrhose, schwergradige Niereninsuffizienz) kann die Niere das filtrierte Natrium vollständig rückresorbieren. Ein Spoturin mit 0 mmol/L Natrium ist in diesen Fällen nicht selten zu beobachten.

DD:

Natrium im Urin	
Na^+ < 10 - 20 mmol/L	**Na^+ > 20 - 40 mmol/L**
■ **Bei Patienten mit einer Hyp<u>o</u>natriämie**	
Extrarenaler Na^+-Verlust: • Erbrechen • Diarrhoe • Magensaftaspiration • 3. Raum‡ • Herzinsuffizienz • Leberinsuffizienz • Niereninsuffizienz	*Renaler Na^+-Verlust:* • Diuretika • Osmotische Diurese¶ • Akute/chron. Niereninsuffizienz • NNR-Insuffizienz • SIADH • Hypothyreose • GITELMAN-Syndrom
■ **Bei Patienten mit einer Hyp<u>er</u>natriämie**	

• Diarrhoe
• Exzessives Schwitzen
	• Osmotische Diurese¶
	• Erhöhte Natriumzufuhr
	• Hyperaldosteronismus
	• Mineralokortikoide:
	  - CUSHING-Syndrom
	  - Exogene Kortikoide

Chlorid

DD:

Chlorid im Urin	
Cl^- < 10 - 20 mmol/L	**Cl^- > 20 - 40 mmol/L**
■ Während einer ***chlorid-sensiblen*** metabolischen Alkalose	■ Während einer ***chlorid-resistenten*** metabolischen Alkalose
• Erbrechen • Diuretika • Magensaftaspiration • Chronische Diarrhoe • Villöse Adenome	• Hohe Lakritzeneinnahme • I-ärer Hyperaldosteronismus • II-ärer Hyperaldosteronismus • Hyperkortisolismus • BARTTER-Syndrom • GITELMAN-Syndrom • Schwergradige Hypokaliämie

‡ 3. Raum: Aszites, Pleuraergüsse, Pankreatitis, Verbrennungen u.a.
¶ Osmotische Diurese ausgelöst durch: Mannitol, Glukose, Harnstoff, proteinreiche Kost

Kalium

N: ⊙ Die normale renale Kaliumausscheidung beträgt 25-100 mmol/L.

DD:

Kalium im Urin	
K⁺ < 10 - 20 mmol/L	**K⁺ > 20 - 40 mmol/L**
■ **Bei Patienten mit einer Hypokaliämie**	
Extrarenaler K⁺-Verlust: • Diarrhoe • Erbrechen • Intestinalfistel • Villöse Adenome • 3. Raum‡ • Ungenügende K⁺-Zufuhr	*Renaler K⁺-Verlust:* • Mineralokortikoid-Überschuss - I-ärer Hyperaldosteronismus - II-ärer Hyperaldosteronismus - Lakritzeneinnahme - BARTTER-Syndrom - Hyperkortisolismus • Medikamente - Diuretika - Penicilline - Aminoglykoside - Amphotericin B u.a.

Akutes Nierenversagen

Abdomensonographie / Blasenkatheter
zum Ausschluss einer postrenalen Niereninsuffizienz

- 30-60 % **Prärenal**
  - Diarrhoe, Erbrechen
  - Blutung, 3. Raum‡
  - Herzinsuffizienz
  - Sepsis
  - ACE-Hemmer/Sartane (nur bei verminderter Nierenperfusion)
  - NNR-Insuffizienz
- 20-40 % **Intrarenal**
  - 10 % Interstitielle Nephritis
    - Glomerulonephritis
    - Pyelonephritis
    - Penicillin, Sulfamide, Allopurinol u.a.
    - Systemerkrankung:
      - SLE, PAN, WEGENER u.a.
    - DIC
    - Cholesterin-Emboli
    - Mal. art. Hypertonie
  - 85 % Akute Tubulusnekrose
    - Ischämisch
      - Hypotonie
      - Schock
    - Toxisch
      - Iod
      - Aminoglykosid
      - Cisplatin u.a.
    - Pigmente
      - Hämoglobinurie
      - Myoglobinurie
  - 5 % Glomerulonephritis
    - I-äre GN/II-äre GN
      - Postinfektiös: HIV, Hepatitis B, C u.a.
      - Konnektivitis
      - NSAR u.a.
    - II-äre Glomerulopathien
      - Diabetes
      - Amyloidose
- 1-10 % **Postrenal**
  - Prostatahyperplasie, -karzinom
  - Urethrastenose
  - Intratubuläre Obstruktion:
    - Kristalldepot (Harnsäure, Oxalat u.a.)
    - Leichtketten
    - Blutkoagula

Algorithmus: Akutes Nierenversagen.

‡ 3. Raum: Aszites, Pleuraergüsse, Pankreatitis, Verbrennungen u.a.

Vitamin B12

N: ⦿ 150-750 pmol/L — 200-1000 pg/mL

Allg:
- Täglicher Bedarf: 2-10 µg
- Physiologische Reserven: 2-5 mg, ausreichend für 1-2 Jahre!

Hypervitaminose B12

DD:
- Myeloproliferatives Syndrom
- Leukozytose
- Neoplasien v.a. mit Lebermetastasen
- Leberzirrhose
- Akute und chronische Hepatitis
- Urämie
- Hohe Zufuhr von:
  - Vitamin A
  - Östrogenen

Vitamin B12-Mangel

DD:
- Malabsorption (einige Beispiele)
  - Verlust der Magenschleimhaut (z.B. Gastrektomie)
  - Morbus CROHN
  - Systemsklerose
  - Lymphom
  - Zöliakie (Glutenintoleranz)
  - Ileumresektion
  - Chronische Pankreasinsuffizienz
  - Syndrom der blinden Schlinge
  - Hypothyreose
  - Parasitose *(Diphyllobothrium latum)*
- Medikamentös/toxisch
  - Orale Ovulationshemmer
  - Colchicin
  - Acetylsalicylsäure
  - Alkohol
- Sonstige Ursachen
  - Multiples Myelom
  - Einnahme grosser Mengen von Vitamin C
  - Folsäuremangel
  - Vegetarische Diät
  - Eisenmangel
  - Schwangerschaft
  - Hämodialyse
  - Nikotin

NORMWERTE

NORM

Laborparameter: NORMWETE Hämatologie	B = Blut P = Plasma S = Serum	Normalwert traditionelle Einheiten		Umrechnungsfaktor trad. Einheit → SI	Umrechnungsfaktor SI → trad. Einheit	Normalwert SI Einheiten	
Hämatologie							
Blutsenkungsgeschwindigkeit (BSG, S.1367)	B						
Frau		0 - 30	mm/h	1	1	0 - 30	mm/h
Mann		0 - 20	mm/h	1	1	0 - 20	mm/h
Erythrozyten	B						
Frau		3.5 - 5.0	$10^6/mm^3$	1	1	3.5 - 5.0	$10^{12}/L$
Mann		4.3 - 5.9	$10^6/mm^3$	1	1	4.3 - 5.9	$10^{12}/L$
Hämatokrit	B						
Frau		33 - 43	%	0.01	100	0.33 - 0.43	1
Mann		39 - 49	%	0.01	100	0.39 - 0.49	1
Hämoglobin	B						
Frau		12.0 - 15.0	g/dL	10	0.1	120 - 150	g/L
Mann		13.6 - 17.2	g/dL	10	0.1	136 - 172	g/L
Leukozyten	B	3200 - 9800	mm^{-3}	0.001	1000	3.2 - 9.8	$10^9/L$ (G/L)
Neutrophile Leukozyten							
- Nicht segmentiert ....(5-15 %)							
- Segmentiert.............................(45-55 %)							
Eosinophile Leukozyten ....(< 4 %)							
Basophile Leukozyten ....(< 2 %)							
Monozyten ....(6-8 %)							
Lymphozyten ....(20-40 %)							
- atypische Lymphozyten ....(0 %)							
Plasmozyten..................................(< 2 %)							
Myelozyten ....(0 %)							
Metamyelozyten ....(0 %)							
Blasten ....(0 %)							
MCH	B	27 - 33	pg	1	1	27 - 33	pg
MCHC	B	33 - 37	g/dL	10	0.1	330 - 370	g/L
MCV	B	76 - 100	μm^3	1	1	76 - 100	fL
Thrombozyten	B	130 - 400	$10^3/mm^3$	1	1	130 - 400	$10^9/L$ (G/L)
Retikulozyten (reife)	B	10 000 - 75 000	mm^{-3}	0.001	1000	10 - 75	$10^9/L$ (G/L)
Retikulozyten (Fraktion)	B	1 - 24	‰	0.001	1000	0.001 - 0.024	1

■ Chemie A → E

Chemie	B = Blut P = Plasma S = Serum	Normalwert traditionelle Einheiten		Umrechnungsfaktor trad. Einheit → SI	Umrechnungsfaktor SI → trad. Einheit	Normalwert SI Einheiten	
Ascorbinsäure (Vitamin C)	P	0.6 - 2.0	mg/dL	56.78	0.018	30 - 110	µmol/L
δ-Aminolevulinsäure	Urin	1.0 - 7.0	mg/24 h	7.626	0.131	8 - 53	µmol/d
ACTH	P	20 - 100	pg/mL	0.220	4.54	4 - 22	pmol/L
Adrenalin®, siehe Epinephrin, S. 1448							
ALAT (GPT)	S	0 - 35	E/L	0.017	58.82	0 - 0.58	µkat/L
Albumin	S	4.0 - 6.0	g/dL	10.0	0.1	40 - 60	g/L
Aldolase	S	0 - 6	E/L	16.67	0.059	0 - 100	nkat/L
Aldosteron normale Salzaufnahme	S	8.1 - 15.5	ng/dL	27.74	0.036	220 - 430	pmol/L
salzarme Diät	S	20.8 - 44.4	ng/dL	27.74	0.036	580 - 1240	pmol/L
Alkalische Phosphatase (AP)	S	30 - 120	E/L	0.017	58.82	0.5 - 2.0	µkat/L
Alkalische Leukozytenphosphatase	S	10 - 100	E	1	1	10 - 100	E
Alpha-Foetoprotein						< 6.3	E/L
Alpha 2-Makroglobulin	S	145 - 410	mg/dL	0.01	100	1.5 - 4.1	g/L
Ammonium NH_3	P venös	10 - 80	µg/dL	0.587	1.703	5 - 50	µmol/L
NH_4^+	P venös	10 - 85	µg/dL	0.554	1.805	5 - 50	µmol/L
Amylase	S	0 - 130	E/L	0.017	58.82	0 - 2.17	µkat/L
ASAT (GOT)	S	0 - 35	E/L	0.017	58.82	0 - 0.58	µkat/L
β2-Mikroglobulin < 50 Jahre	S	0.8 - 2.4	mg/L	84.75	0.012	68 - 204	nmol/L
	Urin	< 140	µg/24 h	0.08475	11.799	< 12	nmol/d
Bilirubin (total)	S	0.1 - 1.0	mg/dL	17.10	0.058	2 - 18	µmol/L
Bilirubin konjugiert (direkt)	S	0 - 0.2	mg/dL	17.10	0.058	0 - 4	µmol/L
Blutgasanalyse (BGA), S. 1355							
Blutzucker (nüchtern)	P	70 - 100	mg/dL	0.055	18.18	3.9 - 5.6	mmol/L
Calcitonin	S	< 100	pg/mL	1	1	< 100	ng/L
Carbondioxid (Bicarbonat + CO_2)	B, P, S	22 - 28	mEq/L	1	1	22 - 28	mmol/L
Carbonmonoxid (COHb)	B	< 15	%	0.01	100	< 0.15	1
Chlorid	S	95 - 105	mEq/L	1	1	95 - 105	mmol /L
Cholesterin (HDL, LDL, siehe Lipoprotein)	P	< 200	mg/dL	0.025	40	< 5.2	mmol/L
Digoxin therapeutisch	P	0.5 - 2.2	ng/mL	1.281	0.78	0.6 - 2.8	nmol/L
toxisch	P	> 2.5	ng/mL	1.281	0.78	> 3.2	nmol/L
Eisen Frau	P	60 - 160	µg/dL	0.179	5.586	11 - 29	µmol/L
Mann	P	80 - 180	µg/dL	0.179	5.586	14 - 32	µmol/L

■ Chemie E → K	B = Blut P = Plasma S = Serum	Normalwert traditionelle Einheiten		Umrechnungsfaktor trad. Einheit → SI	Umrechnungsfaktor SI → trad. Einheit	Normalwert SI Einheiten	
Eisenbindungskapazität (total)	S	250 - 460	µg/dL	0.179	5.586	45 - 82	µmol/L
Albumin	S	3.6 - 5.2	g/dL	10	0.1	36 - 52	g/L
α1-Globulin	S	0.1 - 0.4	g/dL	10	0.1	1 - 4	g/L
α2-Globulin	S	0.4 - 1.0	g/dL	10	0.1	4 - 10	g/L
β-Globulin	S	0.5 - 1.2	g/dL	10	0.1	5 - 12	g/L
γ-Globulin	S	0.6 - 1.6	g/dL	10	0.1	6 - 16	g/L
Epinephrin = Adrenalin (in Ruhe während 15 min)	P	31 - 95	pg/mL	5.45	0.183	170 - 520	pmol/L
	Urin	< 10	µg/24 h	5.45	0.183	< 55	nmol/d
Ethylenglykol toxisch	P	> 30	mg/dL	0.161	6.211	> 5	mmol/L
Ferritin	S	20 - 300	ng/mL	1	1	20 - 300	µg/L
Fibrinogen	P	200 - 400	mg/dL	0.01	100	2 - 4	g/L
Folsäure	S	2 - 10	ng/mL	2.266	0.441	4 - 22	nmol/L
Gamma-GT	S	0 - 30	E/L	0.017	58.82	0 - 0.5	µkat/L
Gastrin	S	0 - 180	pg/mL	1	1	0 - 180	ng/L
Glukagon	S	50 - 100	pg/mL	1	1	50 - 100	ng/L
GOT (ASAT)	S	0 - 35	E/L	0.017	58.82	0 - 0.58	µkat/L
GPT (ALAT)	S	0 - 35	E/L	0.017	58.82	0 - 0.58	µkat/L
Haptoglobin	S	50 - 220	mg/dL	0.01	100	0.5 - 2.2	g/L
Harnsäure (Urat)	S	2.0 - 7.0	mg/dL	59.48	0.017	120 - 420	µmol/L
Harnstoff	S	8 - 18	mg/dL	0.357	2.8	3 - 6.5	mmol/L
	Urin	12 - 20	g/24 h	35.7	0.028	450 - 700	mmol/d
5-HIAA (5-Hydroxyindol Essigsäure)	Urin	2 - 8	mg/24 h	5.23	0.191	10 - 40	µmol/d
Immunglobuline	S						
IgG	S	500 - 1200	mg/dL	0.01	100	5 - 12	g/L
IgA	S	50 - 350	mg/dL	0.01	100	0.5 - 3.5	g/L
IgM	S	30 - 230	mg/dL	0.01	100	0.3 - 2.3	g/L
IgD	S	< 6	mg/dL	10	0.1	< 60	mg/L
IgE (Erwachsener: 20-70 Jahre)	S	20 - 1000	mg/mL	1	1	20 - 1000	µg/L
Insulin	P, S	5 - 20	µE/mL	7.175	0.139	35 - 145	pmol/L
Kalium	S	3.5 - 5	mEq/L	1	1	3.5 - 5	mmol/L
- diätabhängig	Urin	25 - 100	mEq/24 h	1	1	25 - 100	mmol/d
Kalzium	S	8.8 - 10	mg/dL	0.249	4.016	2.2 - 2.5	mmol/L
- ionisiert	S	4 - 4.6	mg/dL	0.249	4.016	1 - 1.15	mmol/L
- Normalernährung	Urin	< 250	mg/24 h	0.024	41.6	< 6.2	mmol/d

■ Chemie K → P

Chemie K → P	B = Blut, P = Plasma, S = Serum	Normalwert traditionelle Einheiten		Umrechnungsfaktor trad. Einheit → SI	SI → trad. Einheit	Normalwert SI Einheiten	
Katecholamine (total)	Urin	< 120	µg/24 h	5.91	0.169	< 675	nmol/d
Komplement C3	S	70 - 160	mg/dL	0.01	100	0.7 - 1.6	g/L
Komplement C4	S	20 - 40	mg/dL	0.01	100	0.2 - 0.4	g/L
Kortisol (08.00 h)	S	4 - 19	µg/dL	27.59	0.036	110 - 520	nmol/L
Kortisol (frei)	Urin	10 - 110	µg/24 h	2.759	0.362	30 - 300	nmol/d
Kreatin Frau	S	0.35 - 0.93	mg/dL	76.25	0.013	30 - 70	µmol/L
Mann	S	0.17 - 0.50	mg/dL	76.25	0.013	10 - 40	µmol/L
Kreatin-(Phospho)-Kinase (CK)	S	0 - 130	E/L	0.017	58.82	0 - 2.16	µkat/L
Fraktion der CK-MB bei AMI	S	> 5	%	0.01	100	> 0.05	1
Kreatinin	S	0.6 - 1.2	mg/dL	88.4	0.011	50 - 110	µmol/L
	Urin	variabel	g/24 h	8.84	0.11	variabel	mmol/L
Laktat	P	5 - 20	mg/dL	0.111	9.009	0.5 - 2.0	mmol/L
LDH (Laktat Dehydrogenase)	S	50 - 150	E/L	0.017	58.82	0.82 - 2.66	µkat/L
Lipase	S	0 - 160	E/L	0.017	58.82	0 - 2.66	µkat/L
Lipoproteine							
LDL-Cholesterin	P	160 (optimal < 100)	mg/dL	0.025	40	3.9 (optimal < 2.5)	mmol/L
HDL-Cholesterin	P	30 - 70	mg/dL	0.025	40	0.8 - 1.8	mmol/L
Magnesium	S	1.8 - 3	mg/dL	0.411	2.433	0.8 - 1.2	mmol/L
Magnesium (intraerythrozytär)	S	4.5 - 6	mg/dL	0.411	2.433	1.85 - 2.5	mmol/L
Metanephrin	Urin	< 0.24	mg/24 h	5.07	0.2	< 1.2	µmol/d
β2-Mikroglobulin < 50 Jahre	S	0.8 - 2.4	mg/L	84.75	0.012	68 - 204	nmol/L
	Urin	< 140	µg/24 h	0.08475	11.799	< 12	nmol/d
Natrium	S	135 - 147	mEq/L	1	1	135 - 147	mmol/L
Norepinephrin (in Ruhe während 15 min)	P	15 - 475	pg/mL	0.0059	169.49	1.27 - 2.81	nmol/L
Norepinephrin = Noradrenalin	Urin	< 100	µg/24 h	5.91	0.17	< 590	nmol/d
Normethanephrin	Urin	< 0.6	mg/24 h	5.46	0.18	< 3.3	µmol/d
Osmolalität	P	280 - 290	mOsm/kg	1	1	280 - 290	mmol/kg
Osmolalität	Urin	50 - 1200	mOsm/kg	1	1	50 - 1200	mmol/kg
Phosphat (elementares, anorgan. Phosphat)	S	2.5 - 5	mg/dL	0.322	3.105	0.8 - 1.6	mmol/L
Porphyrin							
Koproporphyrin	Urin	45 - 180	µg/24 h	1.527	0.654	68 - 276	nmol/d
Protoporphyrin	erythrozytär	15 - 50	µg/dL	0.017	58.82	0.28 - 0.9	µmol/L
Uroporphyrin	Urin	5 - 20	µg/24 h	1.204	0.83	6 - 24	nmol/d
Uroporphyrinogensynthetase	erythrozytär	22 -42	mmol/mL/h	0.277	3.61	6 - 11.8	mmol/L x sek

NORM

■ Chemie P → V	B = Blut P = Plasma S = Serum	Normalwert traditionelle Einheiten		Umrechnungsfaktor trad. Einheit → SI	SI → trad. Einheit	Normalwert SI Einheiten	
Prolaktin	P	< 20	ng/mL	1	1	< 20	µg/L
Protein (total)	S	6 - 8	g/dL	10	0.1	60 - 80	g/L
	Urin	< 150	mg/24h	0.001	1000	< 0.15	g/d
PSA (freies PSA: 10-20 % des gesamten PSA)						< 4	ng/mL
Renin							
Normalernährung	P	1.1 - 4.1	ng/mL/h	0.277	3.61	0.3 - 1.14	ng/L x s
salzarme Ernährung	P	6.2 - 12.4	ng/mL/h	0.277	3.61	1.72 - 3.44	ng/L x s
Testosteron Frau	P	< 0.6	ng/mL	3.467	0.288	< 2	nmol/L
Mann	P	4.6 - 8	ng/mL	3.467	0.288	14 - 28	nmol/L
Thyroidea							
TSH	S	0.3-5.0	µE/mL	1	1	0.3-5.0	mE/L
Thyroxin (T4)	S	4 - 11	µg/dL	12.87	0.077	51 -142	nmol/L
Freies Thyroxin (FT4)	S	0.8 - 2.8	ng/dL	12.87	0.077	10 - 36	pmol/L
Thyroxin binding globulin (TBG)	S	12 - 28	µg/dL	12.87	0.077	150 - 360	nmol/L
Trijodothyronin (T3)	S	75 - 220	ng/dL	0.015	66.66	1.2 - 3.4	nmol/L
Feies Trijodothyronin (FT3)	S	3.5 - 8.0	ng/dL	1.5	0.6	5.4 - 12.3	pmol/L
T3 uptake	S	25 - 35	%	0.01	100	0.25 - 0.35	1
Transferrin	S	170 - 370	mg/dL	0.01	100	1.7 - 3.7	g/L
Tumormarker, S. 1436							
Triglyzeride	P	< 160	mg/dL	0.011	90.909	< 1.8	mmol/L
Urat (Harnsäure)	S	2.0 - 7.0	mg/dL	59.48	0.017	120 - 420	µmol/L
Urobilinogen	Urin	0 - 4	mg/24h	1.693	0.59	0 - 6.8	µmol/d
Vanillinmandelsäure (VMA)	Urin	< 6.8	mg/24h	5.046	0.198	< 35	µmol/d
Vitamin A (Retinol)	P, S	10 - 50	µg/dL	0.034	29.41	0.35 - 1.75	µmol/L
Vitamin B1 (Thiamin)	S	5 - 15	µg/L	3.77	0.265	15 - 45	nmol/L
	Urin	60 - 500	µg/24h	0.00296	337.838	0.18 - 1.48	µmol/d
Vitamin B2 (Riboflavin)	S	2.6 - 3.7	µg/dL	26.57	0.038	70 - 100	nmol/L
Vitamin B6 (Pyridoxin)	B	20 - 90	ng/mL	5.982	0.167	120 - 540	nmol/L
Vitamin B12 (Cyanobobalamin)	P, S	200 - 1000	pg/mL	0.7378	1.355	150 - 750	pmol/L
Vitamin C (Ascorbinsäure)	P	0.6 - 2.0	mg/dL	56.78	0.018	30 - 110	µmol/L
Vitamin D3 (Cholecalciferol)	P	24 - 40	ng/mL	2.599	0.384	60 - 105	nmol/L
Vitamin E (α-Tocopherol)	P, S	0.78 - 1.25	mg/dL	23.22	0.043	18 -29	µmol/L

CYTOCHROM P450

CYP 450

Cytochrom P450 (CYP 450)

Allg:
- Über 90 % der Medikamente werden durch folgende 6 Isoenzyme des Zytochroms P450 oxydativ metabolisiert (hauptsächlich in der Leber):
  ✂........ **1 A 2**
  ✂........ **2 C 9**
  ✂........ **2 C 19**
  ✂........ **2 D 6**
  ✂........ **2 E 1**
  ✂........ **3 A 4**
- Die klinische Signifikanz der daraus resultierenden medikamentösen Wechselwirkungen ist nicht klar.
- Die nachfolgende Tabelle (S.1453-1476) widerspiegelt verschiedene Informationsquellen, welche manchmal verschiedene oder gegensätzliche Daten zeigen.Im Zweifelsfalle wurden einige Daten nicht angeführt.

INHIBITOR - *Was bedeutet dieser Term?*

Def:
- Ein Medikament (A), das ein spezifisches Enzym (CYP) hemmt, kann den Metabolismus eines anderen Medikamentes (B), welches Substrat desselben Enzyms ist, blockieren. Wenn keine andere Ausscheidungsmöglichkeit besteht als über dieses Enzym, kann das Medikament (B) akkumulieren und schwerwiegende NW zeigen (Torsade de pointes).

Bsp:
- Ein Patient ist unter folgender Therapie: Clarithromycin + Propafenon.
  - Clarithromycin ist ein Inhibitor des CYP 3A4.
  - Propafenon ist ein Substrat des CYP 3A4.

Für die PRAXIS:
Die Serumkonzentration von Propafenon kann, infolge Hemmung seines hepatischen Metabolismus, erhöht sein. Die QT-Verlängerung, welche durch Propafenon zustande kommt, kann verstärkt werden und ev. maligne Arrhythmien auslösen (typischerweise: polymorphe ventrikuläre Tachykardien (z.B. Torsade de pointes)!

INDUKTOR - *Was bedeutet dieser Term?*

Def:
- Ein Medikament (A), das ein spezifisches Enzym (CYP) induziert, kann den Metabolismus eines anderen Medikamentes (B), welches Substrat desselben Enzyms ist, aktivieren. Dies kann zu einer verminderten Serumkonzentration bezw. Wirksamkeit des Medikamentes (B) führen.

SUBSTRAT - *Was bedeutet dieser Term?*

Def:
- Ein Medikament wird «Substrat» genannt, wenn es durch das entsprechende CYP metabolisiert wird.

Legende bezüglich der folgenden Tabelle Seiten 1453-1476

SUB = Das betreffende Medikament ist SUBSTRAT des entsprechenden CYP
IND = Das betreffende Medikament ist INDUKTOR des entsprechenden CYP
INH = Das betreffende Medikament ist INHIBITOR des entsprechenden CYP
min. = Schwacher Induktor oder Inhibitor oder schwaches Substrat; klinisch wenig relevant!
***** = Metaboliten
1 «FDA preferred» Substrate
2 «FDA acceptable» Substrate
A Starker Inhibitor: ≥ 5x Erhöhung der Werte der AUC (area under-curve) oder Verminderung der Clearance um > 80 %.
B Mittelstarker Inhibitor: ≥ 2x Erhöhung der Werte der AUC (area under-curve) oder Verminderung der Clearance um 50-80 %.
C Schwacher Inhibitor: > 1.25x aber < 2x Erhöhung der Werte der AUC (area under-curve) oder Verminderung der Clearance um 20-50 %.
D Nicht klassifizierte Inhibitoren
§ Nicht 3A5

Medikament	1A2	2C9	2C19	2D6	2E1	3A4, 5, 7	2B6	2C8
A								
Aceclofenac		SUB						
Acenocoumarol		SUB						
Acetaminophen	SUB				SUB	SUB		
Acetanilid	SUB							
Aceton					SUB			
ADT (tertiär)	INH							
Albendazol	SUB - INDU					SUB		
Alfentanil						SUB		
Aliskiren						SUB		
Alosetron	SUB	SUB				SUB		
Alprazolam						SUB		
Alprenolol				SUB				
Aminoglutethimid						INDU		
Aminophyllin	SUB							
Amiodaron	INH[C]	INH[B]		INH[C]		SUB - INH[D]		
Amitriptylin	(SUB)	(SUB)	<u>SUB</u>	<u>SUB</u> - INH		(SUB)		
- Nortriptylin*	SUB			SUB				
Amlodipin						SUB		
Amodiaquin								SUB[2]
Amoxapin		SUB	SUB	SUB		SUB		
Amphetamin				SUB				

Medikament	1A2	2C9	2C19	2D6	2E1	3A4, 5, 7	2B6	2C8
Amprenavir						SUB - INH - INDU		
Anastrozol	INH	INH				SUB - INH		
Androsteron						SUB		
Anilin					SUB[2]			
Antipyrin	SUB					SUB		
Apomorphin	SUB		SUB			SUB		
Aprepitant						SUB - INH[B]		
Argatroban						SUB		
Aripiprazol				SUB		SUB		
Astemizol				SUB		SUB		
Atomoxetin				SUB				
Atorvastatin						SUB		
Azapropazon		INH						
Azithromycin								
B								
Barbiturate						INDU		
Benzen					SUB			
Benzphetamin						SUB		

<u>Legende</u>: siehe S. 1452
SUB = Substrat
INH = Inhibitor
INDU = Induktor

falls in Klammer = Nebenwirkung
falls unterstrichen = Hauptwirkung

Weitere Substanzen mit medikamentösen Wechselwirkungen:

Medikament	1A2	2C9	2C19	2D6	2E1	3A4, 5, 7	2B6	2C8
Bepridil						SUB		
Betaxolol	SUB			SUB				
Bexaroten						SUB		
Bisoprolol				SUBmin				
Broccoli	INDU							
Brofaromid				SUB				
Bromazepam						SUB		
Bromocriptin						SUB		
Budesonid						SUB		
Bufuralol[1]				SUB				
Buprenorphin						SUB		
Bupropion				INH^{D}		SUB	SUB[1]	
Buspiron						SUB		
Busulfan						SUB		
C								
Cafergot						SUB		
Candesartan		SUB						
Cannabinoide						SUB - INH		
Captopril				SUB				
Carbamazepin	INDU	INDU	INDU	INDU		SUB - INDU		
Carisoprodol			SUB					

CYP 450

Medikament	1A2	2C9	2C19	2D6	2E1	3A4, 5, 7	2B6	2C8
Cavedilol		(SUB)		<u>SUB</u>				
Carmustin						SUB		
Carvedilol		(SUB)		SUB				
Celecoxib		SUB		INH^{D}				
Cerivastatin						SUB		SUB
Cevimelin				SUB		SUB		
Chinidin				$INH^{1, A}$		$SUB^{§}$		
Chloralhydrat					SUB			
Chloramphenicol		INH	SUB - INH^{D}			INH^{D}		
Chlordiazepoxid	SUB					SUB		
Chloroquin				INH		INH		
Chlorpheniramin			SUB	SUB - INH^{D}		SUB		
Chlorpromazin	SUB			SUB - INH^{D}		SUB		
Chlorzoxazon					SUB^{1}			
Cilostazol		SUB				SUB		
Cimetidin	INH^{C}	INH	INH^{D}	INH^{C}		SUB - INH^{C}		
Cinnarizin				SUB				
Ciprofloxacin	INH^{D}					INH		
Citalopram			<u>SUB</u> - INH	SUB - INH^{D}		<u>SUB</u>		

<u>Legende</u>: siehe S. 1452
SUB = Substrat
INH = Inhibitor
INDU = Induktor
] falls in Klammer = Nebenwirkung
falls unterstrichen = Hauptwirkung

Weitere Substanzen mit medikamentösen Wechselwirkungen:

Medikament	1A2	2C9	2C19	2D6	2E1	3A4, 5, 7	2B6	2C8
Clarithromycin	INH[D]					SUB - INH[A]		
Clemastin				INH[D]				
Clindamycin						SUB		
Clofibrat						SUB		
Clomipramin	SUB		SUB - INH	(SUB) - (INH[D])		SUB - (INH)		
Clonazepam						SUB		
Clopidogrel		INH				SUB		
Clorazepat						SUB		
Clotrimazol						INH		
Clozapin	SUB			SUB	SUB	SUB		
Codein				SUB - INH		SUB		
- Morphin*				SUB				
Colchicin						SUB		
Co-Trimoxazol		INH[D]						
Cruciferes (Gemüse)	INDU							
Cyclobenzaprin	SUB			SUB		SUB		
Cyclophosphamid		SUB	SUB	SUB		SUB - (INDU)	SUB	
Cyclosporin						SUB - INH		
D								
Danazol						INH		
Dapson		SUB			SUB	SUB		

CYP 450

Medikament	1A2	2C9	2C19	2D6	2E1	3A4, 5, 7	2B6	2C8
Debrisoquin				SUB[2]				
Dehydroepiandrostendion						SUB		
Delavirdin		SUB - INH	INH	SUB - INH		SUB - INH[D]		
Desipramin				SUB				
Desogestrel		SUB				SUB		
Dexamethason				(INDU)		SUB - INDU - INH		
Dexfenfluramin				SUB				
Dexmedetomidin								
Dextromethorphan				SUB[1]	SUB	SUB[2]		
Dextropropoxyphen				INH				
Diazepam	SUB	SUB	SUB			SUB		
- Desmethyldiazepam*			SUB			SUB		
Diclofenac		SUB[1] - INH						
Digitoxin						SUB		
Dihydralazin	INH					INH		
Dihydrocodein				SUB				
Dihydroergotamin						SUB		
Diltiazem	INH					SUB - INH[B/C]		
Dimethyl Sulfoxyd					INH			

Legende: siehe S. 1452
SUB = Substrat
INH = Inhibitor
INDU = Induktor

falls in Klammer = Nebenwirkung
falls unterstrichen = Hauptwirkung

Weitere Substanzen mit medikamentösen Wechselwirkungen:

Medikament	1A2	2C9	2C19	2D6	2E1	3A4, 5, 7	2B6	2C8
Diphenhydramin				SUB - INH[D]				
Dirithromycin						INH		
Disopyramid						SUB		
Disulfiram					INH[D]			
- Diäthyldithiocarbamat*	INH				INH[2, D]	INH[D]		
Divalproex			SUB					
Docetaxel						SUB		
Dofetilide						SUB		
Dolasetron				SUB		SUB		
Domperidon						SUB		
Donepezil				SUB		SUB		
Doxepin				SUB - INH[D]				
Doxorubicin				INH[D]		SUB		
Doxycyclin						SUB		
Dronabinol		SUB				SUB		
Duloxetin				SUB - INH[B]				
E								
Efavirenz		INH	INH	SUB		SUB - INDU - INH	SUB[1] - INH	
Eletriptan	SUB					SUB		
Enalapril						SUB		
Encainid				SUB				

CYP 450

Medikament	1A2	2C9	2C19	2D6	2E1	3A4, 5, 7	2B6	2C8
Enfluran					SUB			
Enoxacin	INH							
Entacapone		INH						
Eplerenon						SUB		
Ergotamin						SUB		
Erythromycin	INH[D]					SUB[2§] - INH[B]		
Escitalopram			SUB	SUB - INH[D]		SUB		
Esomeprazol			INH					
Estradiol	SUB					SUB		
Ethanol akut					SUB - INH			
- chronisch					SUB - INDU			
Ethinylestradiol	INH					SUB - INH		
Ethosuximid						SUB - INDU		
Ethylmorphin				SUB				
Etoposid						SUB - INH		
Exemestan						SUB		
F								
Felbamat			INH[D]					

Legende: siehe S. 1452
SUB = Substrat
INH = Inhibitor
INDU = Induktor
falls in Klammer = Nebenwirkung
falls unterstrichen = Hauptwirkung

Weitere Substanzen mit medikamentösen Wechselwirkungen:

Medikament	1A2	2C9	2C19	2D6	2E1	3A4, 5, 7	2B6	2C8
Felodipin						SUB		
Fenfluramin				SUB				
Fenofibrat		INH^{D}						
Fentanyl						SUB		
Fexofenadin						SUB		
Finasterid						SUB		
Flecainid				SUB - INH				
Fluconazol		INH^{2,A} - INDU	INH			INH^{B}		
Flunitrazepam			SUB			SUB		
Fluoxetin	INH	SUB - INH	(SUB) - (INH^{D})	SUB - INH^{A}		(SUB) - (INH)		
- Norfluoxetin*				INH		INH		
Fluphenazin				SUB - INH				
Flurbiprofen		SUB - INH						
Flutamid						SUB		
Fluticason						SUB		
Fluvastatin		SUB - INH^{D}	INH					
Fluvoxamin	SUB^{A} - INH	INH$^{2, D}$	INH^{D}	SUB - INH		INH^{D}		
- Norfluvoxamin*				INH				
Furafyllin	INH^{D,1}							
G								
Gemfibrozil						SUB		INH^{2,A}

CYP 450

Medikament	1A2	2C9	2C19	2D6	2E1	3A4, 5, 7	2B6	2C8
Glibenclamid/Glyburid		SUB						
Glimepirid		SUB				SUB		
Glipizid		SUB						
Glukokortikoide						INDU		
Glyburid/Glibenclamid		SUB				SUB		
Granisetron						SUB		
Grapefruits	INH					INH[B]		
Griseofulvin						INDU		
H								
Halofantrin				SUB - INH[D]		SUB		
Haloperidol	SUB			SUB - INH[D]		SUB - INH		
Halothan					SUB			
Hexobarbital		SUB	SUB					
Hydrocarbon	INDU							
Hydrocodon				SUB				
- Hydromorphon*								
Hydrokortison				SUB		SUB		
Hydroxyamphetamin				SUB				

<u>Legende</u>: siehe S. 1452
SUB = Substrat
INH = Inhibitor
INDU = Induktor
falls in Klammer = Nebenwirkung
falls unterstrichen = Hauptwirkung

Weitere Substanzen mit medikamentösen Wechselwirkungen:

Medikament	1A2	2C9	2C19	2D6	2E1	3A4, 5, 7	2B6	2C8
Hydroxyarginin						SUB		
Hydroxyzin				INH^{D}				
I/J								
Ibuprofen		SUB						
Ifosfamid						SUB	SUB	
Imatinib		INH	INH	INH		SUB - INH^{D}		
Imipramin	<u>SUB</u>		(SUB) - INH	<u>SUB</u>		<u>SUB</u>		
- Desipramin*	SUB			SUB - INH		SUB		
Indinavir						SUB - INH^{A}		
Indometacin		SUB	SUB - INH^{D}					
Insulin	INDU							
Interferon	INH^{D}							
Irbesartan		SUB						
Irinotecan						SUB		
Isofluran					SUB			
Isoniazid	INH	INH^{D}	INH		SUB - INDU	INH		
Isotretinoin	SUB							
Isradipin						SUB		
Itraconazol						SUB - $INH^{1,A}$		
Johanniskraut						INDU		
Josamycin						INH		

Medikament	1A2	2C9	2C19	2D6	2E1	3A4, 5, 7	2B6	2C8
K								
Ketoconazol		INH	INH[D]			SUB - INH[1, A]		
Ketoprofen		INH						
Koffein	SUB[2]				SUB	SUB		
Kokain				INH[D]		SUB		
Kortikosteroide						SUB - INDU		
Kortisol						SUB		
Kortison						SUB		
L								
Labetalol				SUB				
Lansoprazol			SUB - INH[A]			SUB		
Leflunomid		INH						
Letrozol			INH			SUB		
Lercanidipin						SUB		
Levobupivacain	SUB					SUB		
Levofloxacin	INH[D]							
Levomepromazin	SUB			INH[D]				
Lidocain				SUB		SUB		

Legende: siehe S. 1452
SUB = Substrat
INH = Inhibitor
INDU = Induktor
(SUB, INH, INDU:) falls in Klammer = Nebenwirkung; falls unterstrichen = Hauptwirkung

Weitere Substanzen mit medikamentösen Wechselwirkungen:

Medikament	1A2	2C9	2C19	2D6	2E1	3A4, 5, 7	2B6	2C8
Lomustin				INH				
Lopinavir						SUB - INH		
Loratadin				SUB		SUB		
Lornoxicam		SUB						
Losartan		SUB				SUB		
Lovastatin		INH[D]				SUB		
M								
Maprotilin	SUB			SUB				
m-Chlorophenylpiperazin				SUB				
Medroxyprogesteron						SUB		
Mefenaminsäure		SUB						
Mefloquin						SUB		
Meloxicam		SUB						
Meperidin (Pethidin)				SUB				
Mephenytoin			SUB[2]					
Mephobarbital			SUB					
Meprobamat						SUB - INDU		
Methadon	SUB		SUB	SUB - INH[D]		SUB - INH	SUB	
Methamphetamin				SUB				
Methotrimeprazin	SUB							
Methoxsalen	INH[D]							

CYP 450

Medikament	1A2	2C9	2C19	2D6	2E1	3A4, 5, 7	2B6	2C8
Methoxyfluran					SUB			
Methylprednisolon						SUB - INH		
Metoclopramid	SUB			SUB - INH^D				
Metoprolol				SUB				
Metoxiamphetamin				SUB				
Metronidazol		SUB - INH				INH		
Mexiletin	SUB - INH			SUB				
Mianserin	SUB			SUB				
Mibefradil	INH^D			INH^D		INH^D		
Miconazol		INH				SUB - INH		
Midazolam						SUB		
Midodrin				INH^D				
Mifepriston						SUB - INH^D		
Minaprin				SUB				
Mirtazapin	SUB	SUB		SUB		SUB		
Mitoxantron					INDU			
Moclobemid			SUB	SUB - INH^D				
Modafinil	INDU		INH^D			SUB - INH - (INDU)	(INDU)	
Molindon				SUB				

Legende: siehe S. 1452
SUB = Substrat
INH = Inhibitor
INDU = Induktor

falls in Klammer = Nebenwirkung
falls unterstrichen = Hauptwirkung

Weitere Substanzen mit medikamentösen Wechselwirkungen:

Medikament	1A2	2C9	2C19	2D6	2E1	3A4, 5, 7	2B6	2C8
Montelukast		SUB				SUB		INH[1, D]
Morphin				SUB				
N								
Nafcillin	INDU					INDU		
Nalidixic (Säure)	INH							
Naproxen	SUB	SUB						
Nateglinid		SUB - INH				SUB		
Navelbin						SUB		
Nebivolol				SUB				
Nefazodon				INHmin		SUB - INH[A]		
Nelfinavir		SUB	SUB	SUB		SUB-INDU-INH[A]		
Nevirapin						SUB - INDU - INH		
Nicardipin						SUB - INH		
Nifedipin	SUB					SUB[2] - INH		
Nikotin	INDU							
Niludipin						SUB		
Nilutamid			SUB					
Nimodipin						SUB		
Nisoldipin						SUB		
Nitrendipin						SUB		
Nitrosamin					SUB			

Medikament	1A2	2C9	2C19	2D6	2E1	3A4, 5, 7	2B6	2C8
Norethindron			INDU					
Norethisteron						SUB		
Norfloxacin	INH[D]					INH[D]		
Norfluoxetin						INH[D]		
Nortriptylin	SUB			SUB				
O								
Oestrogene (Ovul.hem.)						SUB		
Olanzapin	SUB - INH		SUB	SUB - INH		INH		
Omeprazol	INDU	SUB - INH	SUB[2] - INH[2, A]			SUB - INH		
Ondansetron	SUB			SUB	SUB	SUB		
Orphenadrin				SUB		SUB		
Oxcarbamazepin						INDU		
Oxcarbazepin		INDU	INH[D]			INDU		
Oxiconazol						INH		
Oxycodon				SUB				
P								
Paclitaxel						SUB - INH		SUB
Pantoprazol			SUB, INH[A]			SUB		

Legende: siehe S. 1452
SUB = Substrat
INH = Inhibitor
INDU = Induktor
falls in Klammer = Nebenwirkung
falls unterstrichen = Hauptwirkung

Weitere Substanzen mit medikamentösen Wechselwirkungen:

Medikament	1A2	2C9	2C19	2D6	2E1	3A4, 5, 7	2B6	2C8
Papaverin				SUB				
Paracetamol	SUB				SUB	SUB		
Paroxetin	INH			SUB - INH[A]		INH		
Penbutolol				SUB				
Pentamidin			SUB					
Pentazocin				SUB				
Perhexilin				SUB				
Perphenazin				SUB - INH[D]				
Pethidin (Meperidin)				SUB				
Phenacetin	SUB			SUB				
Phenformin				SUB				
Phenobarbital	INDU	INDU	INDU	INDU		INDU[2]		
Phenol					SUB			
Phenothiazin	SUB							
Phenylbutazon		INH[D]				INDU		
Phenytoin	INDU	SUB - INDU -INH	(SUB) - INDU	INDU - INH		INDU[2]		
Pimozid	SUB			SUB		SUB - INH		
Pindolol				SUB				
Pioglitazon						SUB - INDU		INH[D]
Piroxicam		SUB						
Pramipexol				INH				
Pravastatin								

Medikament	1A2	2C9	2C19	2D6	2E1	3A4, 5, 7	2B6	2C8
Prednisolon						SUB		
Prednison			INDU			SUB - INDU		
Primaquin				INH				
Primidon	INDU		SUB			INDU		
Probenicid		INH[D]	INH[D]					
Progesteron			SUB			SUB - INDU		
Proguanil			SUB - INH			SUB		
Promethazin				SUB				
Propafenon	SUB			SUB - INH		SUB		
Propoxyphen				SUB		INH		
Propranolol	SUB		SUB - INH	SUB - INH		SUB - INH		
Q								
Quercetin						SUB		INH[1, D]
Quetiapin		SUB		SUB		SUB		
Quinacrin				INH				
Quinupristin-Dalfopristin						INH		
R								
Rabeprazol			SUB - INH[A]					

Legende: siehe S. 1452

SUB = Substrat
INH = Inhibitor
INDU = Induktor

falls in Klammer = Nebenwirkung
falls unterstrichen = Hauptwirkung

Weitere Substanzen mit medikamentösen Wechselwirkungen:

Medikament	1A2	2C9	2C19	2D6	2E1	3A4, 5, 7	2B6	2C8
Ranitidin				INH[D]		INHmin		
Reboxetin						SUB		
Remoxiprid				SUB				
Repaglinid						SUB		SUB
Retinoinsäure						SUB		
Rifabutin						SUB - INDU		
Rifampicin/Rifampin	INDU	INDU	INDU[1]	INDU		SUB - INDU[1]		INDU[D]
Riluzol	SUB							
Rimonabant	SUB							
Risperidon				SUB - INH		SUB		
Ritonavir	SUB-INDU-INH	SUB-INDU-INH	SUB-INDU-INH	SUB-INH[D]	SUB-INH	SUB-INH[A]-INDU		
Rizatriptan				INH				
Rofecoxib	INH					INDUmin		
Ropinirol	SUB							
Ropivacain	SUB			SUB		SUBmin		
Rosiglitazon		SUB						INH[D]
Roxithromycin	INH[D]					SUB - INH		
S								
Salmeterol						SUB		
Saquinavir						SUB - INH[A]		
Secobarbital		INDU						

CYP 450

Medikament	1A2	2C9	2C19	2D6	2E1	3A4, 5, 7	2B6	2C8
Selegilin				SUB				
Sertindol				SUB - INH		SUB - INH		
Sertralin	INH	INH[D]	INH	SUB - INH[C]		SUB - INH		
Sevofluran					SUB			
Sibutramin						SUB		
Sildenafil	INH	SUB-INH	INH	INH	INH	SUB - INH		
Simvastatin						SUB		
Sirolimus						SUB		
SMX - TMP		INH[D]						
Spartein				SUB				
St. John's Wort						INDU		
Styren					SUB			
Sufentanil						SUB		
Sulfadiazin		INH						
Sulfadimidin						INDU		
Sulfamethoxazol		INH						
Sulfamid		INH						
Sulfaphenazol		INH[D, 1]						
Sulfinpyrazon	INDU	INH				INDU		

Legende: siehe S. 1452
SUB = Substrat
INH = Inhibitor
INDU = Induktor

falls in Klammer = Nebenwirkung
falls unterstrichen = Hauptwirkung

Weitere Substanzen mit medikamentösen Wechselwirkungen:

Medikament	1A2	2C9	2C19	2D6	2E1	3A4, 5, 7	2B6	2C8
Sulindac		INH						
Suprofen		SUB						
T								
Tabak	INDU					INDU		
Tacrine	SUB - INH							
Tacrolimus	INH					SUB - INH		
Tamoxifen	SUB	SUB		SUB	SUB	SUB		
Tamsulosin						SUB		
Tegaserod				SUB				
Telitromycin						SUB - INH[A]		
Telmisartan			INH					
Temazepam						SUB		
Teniposid		(INH[D])	SUB					
Tenoxicam		SUB						
Terbinafin	SUB	SUB	SUB	INH[B]		SUB		
Terfenadin						SUB		
Testosteron	SUB					SUB[1]		
Tetrahydrocannabinol		SUB				SUB		
Theophyllin	SUB				SUB	SUB		
Thioridazin	SUB			SUB - INH				
Thiotepa							INH[D]	

Medikament	1A2	2C9	2C19	2D6	2E1	3A4, 5, 7	2B6	2C8
Thiothixen	SUB							
Tiagabin				SUB		SUB		
Ticlopidin	INH		INH[2, D]	INH[D]			INH[D]	
Timolol				SUB				
Tizanidin	SUB							
TMP - SMX		INH						
Tolbutamid		SUB[1]	SUB - INH					
Tolcapon						SUB		
Tolterodin				SUB		SUB		
Topiramat			SUB - INH[D]			INDU		
Torasemid/Torsemid		SUB						SUB
Toremifen						SUB		
Tramadol				SUB		SUB		
Tranylcypromin			INH					
Trazodon				SUB		SUB		
Tretinon						SUB		
Triazolam						SUB		
Trifluoperazin	SUB							
Trimethoprim		INH						INH[2, B]

Legende: siehe S. 1452
SUB = Substrat
INH = Inhibitor
INDU = Induktor
falls in Klammer = Nebenwirkung
falls unterstrichen = Hauptwirkung

Weitere Substanzen mit medikamentösen Wechselwirkungen:

Medikament	1A2	2C9	2C19	2D6	2E1	3A4, 5, 7	2B6	2C8
Trimipramin			SUB	SUB		SUB		
Tripelenamin				INH[D]				
Troglitazon		INH	INH			SUB - INDU[1] - INH		
Troleandomycin						SUB - INH		
Tropisetron				SUB				
V								
Valdecoxib		INH	INH					
Valproat (Valproinsäure)		INH	SUB	SUB - INH		INH		
Venlafaxine				SUB - INH	SUB	SUB		
Verapamil	SUB	SUB	SUB			SUB - INH[2, B]		
Vinblastin				INH		SUB		
Vincristin				INH		SUB		
Vindesin						SUB		
Vinorelbin				INH		SUB		
Voriconazol		INH[D]				INH[D]		
W								
Warfarin-R	SUB		SUB - INH			SUB		
Warfarin-S		SUB[1]						
Y								
Yohimbin				SUB - INH		SUB		

Medikament	1A2	2C9	2C19	2D6	2E1	3A4, 5, 7	2B6	2C8
Z								
Zafirlukast		SUB - INH[D]				INH		
Zaleplon						SUB		
Zalosetron						SUB		
Zileuton	SUB - INH	SUB				SUB - INH		
Zilovudin						SUB		
Ziprasidon	SUB					SUB		
Zolmitriptan	SUB							
Zolpidem						SUB		
Zonisamid						SUB		
Zopiclon	SUB					SUB		
Zuclopenthixol				SUB				

<u>Legende</u>: siehe S. 1452
SUB = Substrat
INH = Inhibitor
INDU = Induktor
falls in Klammer = Nebenwirkung
falls unterstrichen = Hauptwirkung

Weitere Substanzen mit medikamentösen Wechselwirkungen:

MIX – Diverse Kapitel

GYNÄKOLOGIE

OPHTHALMOLOGIE

UROLOGIE

MIX

Präeklampsie [O14.0]

Def:
- **Schwangerschaftshypertonie (SS-Hypertonie)**, siehe S. 1480
- **Präeklampsie**
  = SS-Hypertonie + Proteinurie > 300 mg/24 h oder ≥ 2 «++» auf dem Urinstix.
  In einigen Fällen kann die Proteinurie initial fehlen.
  Trotzdem soll eine Präeklampsie bei einer neu aufgetretenen art. Hypertonie, welche mit ≥ 1 der folgenden Befunde auftritt, vermutet werden:
  - Plötzlich auftretende oder rasch progrediente Ödeme
  - Harnsäure Anstieg > 350 µmol/L
  - ASAT über dem Normbereich
  - Thrombozyten < 150 G/L
  - Intrauterine Wachstumsstörung
- **Schwergradige Präeklampsie**
  Es gibt 2 mögliche Definitionen für dieses Krankheitsbild:
  1. Schwergradige SS-Hypertonie (SBD ≥ 160 mmHg und/oder DBD ≥ 110 mmHg) oder:
  2. «Klassische» SS-Hypertonie (Definition, siehe S. 1480) mit ≥ 1 folgender Kriterien:
     - Epigastrische Schmerzen, Nausea, Erbrechen
     - Neurologische Störungen (Kopfschmerzen, Skotome oder andere Sehstörungen, Hyperreflexie)
     - Proteinurie > 5 g/24 h oder ≥ 3 «+++» auf dem Urinstix
     - Serumkreatinin > 100 µmol/L
     - Oligurie mit einer Diurese < 20 mL/h
     - Hämolyse
     - ASAT > 3x N
     - Thrombozytopenie < 100 G/L

Allg:
- Risikofaktoren einer Präeklampsie
  - Erstgeburt
  - Adipositas
  - Diabetes mellitus
  - Alter > 35 Jahre bei der 1. Schwangerschaft
  - Konnektivitis
  - Thrombophilie
  - Thromboembolie in der Vorgeschichte
  - Persistierende art. Hypertonie
  - Vaskuläre/parenchymatöse Nephropathie
  - Hydatiforme Mole
  - Hydrops
  - Positive persönliche oder Familienanamnese von Präeklampsie
  - Dunkelhäutige Rasse

Kpl:
- **Mutter**
  - HELLP-Syndrom
  - Eklampsie
  - Akute Niereninsuffizienz
  - Hirnblutung
  - Subkapsuläres Leberhämatom infolge Leberruptur
  - Retroplazentäres Hämatom
- **Foetus**
  - Intrauterine Wachstumsstörung
  - Intrauteriner Foetustod

Lab:
- Blutanalysen:
  - Blutbild
  - ASAT, ALAT
  - LDH
  - Fibrinogen
  - Harnsäure
  - Kreatinin, Harnstoff

Th:
1. **Präventive Therapie**
   Vorg: • Acetylsalicylsäure (≤ 80 mg/d PO) kann bei Frauen mit Risikofaktoren nach der 12. SS-Woche als Präventivtherapie verabreicht werden.
2. **Leichtgradige Präeklampsie**
   Vorg: • Eine ambulante Therapie ist i.d.R. indiziert.
   • Vor der 35. SS-Woche soll die Mutter und das Kind überwacht werden (Zielwert: DBD < 90-100 mmHg)

3. Schwergradige Präeklampsie

Vorg: • Eine Hospitalisierung ist IMMER indiziert!
• BD Zielwert: DBD 90-100 mmHg

Th: • Magnesiumsulfat (Dosierung, siehe unter HELLP-Syndrom)
• Geburt einleiten!

4. Lungenreife

Allg: • Zwischen der 24. und 35. SS-Woche soll Betamethason verabreicht werden:
- CELESTAN® solubile 4 mg: 2x 12 mg **IM** im Abstand von 12 h; die Wirkung hält 7d an; je nach Klinik, nach 7 d wiederholen.

5. Eklampsie

Klin: • Epileptischer Anfall (dies zusätzlich zur Klinik der Präeklampsie).

Th: 1. Magnesiumsulfat (Dosierung, siehe unter HELLP-Syndrom)
2. Benzodiazepine

Diazepam	VALIUM®	10-30 mg **IV** (je nach Literatur bis 50 mg **IV**) oder
Clonazepam	RIVOTRIL®	1 mg **IV** langsam oder 0.5 mg/h **IV** kont. Eine **IM**-Gabe ist möglich.

HELLP-Syndrom

Def: • HELLP = *Hemolysis Elevated Liver enzymes Low Platelet count*

Dg: • Alle 6 Kriterien müssen zur Diagnose des HELLP-Syndroms erfüllt sein:

- **Hämolytische Anämie**
  1. Schistozyten (= Fragmente von Erythrozyten) im peripheren Blutabstrich
  2. Bilirubin (gesamt) > 20.5 mmol/L (> 1.2 mg/dL)
  3. LDH > 600 IE/L
- **Erhöhte Leberenzyme**
  4. ASAT (GOT) > 70 IE/L
  5. LDH > 600 IE/L
- **Thrombozytopenie**
  6. Thrombozyten < 100 G/L

Klin: • Nausea
• Erbrechen
• Rechte Oberbauchschmerzen

Kpl: • Disseminierte intravasale Gerinnung (DIC)
• Akutes Lungenödem
• Leberinsuffizienz
• Akute Niereninsuffizienz
• Subkapsuläres Leberhämatom infolge Ruptur

Th: **1. Geburt einleiten!**

2. Kortikotherapie
• Betamethason:
- CELESTAN® solubile 4 mg (Dosierung mit Spezialist besprechen).
• Dexamethason:
- FORTECORTIN® Inject 8 mg: 2x 8 mg **IV** (1. Tag), dann 2x 4 mg/d

3. Magnesiumsulfat (Magnesium hat antikonvulsive Wirkung)
• Aufsättigungsdosis: 5 g (20 mmol) langsam **IV**
• Erhaltungsdosis: Je nach Magnesiämie und Klinik:
- Ziel: Fehlen der monosynaptischen Eigenreflexe (z.B. ASR)
- 1 g/h (4-5 Amp zu 10 %/10 mL in 1000 mL Ringer-Lactat Lösung/24 h)

MIX

Schwangerschaft und arterielle Hypertonie

Def: **Schwangerschaftshypertonie**

1. **Art. Hypertonie: SBD ≥ 140 mmHg und/oder DBD ≥ 90 mmHg,** isoliert, ohne Proteinurie, welche ab der 20. SS-Woche-Amenorrhoe auftritt und ohne bekannte art. Hypertonie oder Proteinurie in der Vorgeschichte

   oder:

2. Erhöhung des SBD um ≥ 30 mmHg oder des DBD um ≥ 15 mmHg, verglichen mit den BD-Werten vor der 20. SS-Woche.

Allg:
- Die art. Hypertonie ist die häufigste Komplikation während der SS (10-15 % der Erstgebährenden).
- Die SS-Hypertonie tritt nach der 20. SS-Woche auf und verschwindet oft vor der 42. Woche post-partum.
- Rezidivrisiko einer SS-Hypertonie bei vorherigen Schwangerschaften: 20-50 %.

Vorg:
- BD-Messung (sitzend, nach 10 min Ruhe) und mittels einer adäquaten Manschette, S. 248
- Auskultation: Herz, Gefässe (Femoralarterien, Nierenarterien)
- Bimanuelle Palpation der Nierenlogen
- Palpation der Schilddrüse
- Augenhintergrund

Lab:
- Ausschluss einer sekundären art. Hypertonie (siehe auch S. 258):
  - Blut: Blutbild, Na^+, K^+, Kreatinin, Harnstoff, Protein, TSH
  - Urin: Protein, Kreatinin-Clearance (24 h-Urin: Na^+, K^+, Kreatinin)
  - Spezifische Untersuchungen (von Fall zu Fall entscheiden):
    - -- Nierendoppler-Sonographie
    - -- Suche eines Phäochromozytoms

Th:

I. Chronische art. Hypertonie während der Schwangerschaft

Ind: Therapiebeginn, falls SBD ≥ 140 mmHg und/oder DBD ≥ 90 mmHg (< 28. SS-Wo)

Bsp:

Antihypertensiva	Adm.	Dosierung	Klasse#
Kalziumantagonist			
- Nifedipin	PO	20-80 mg/d in 1-2 Einnahmen	C
Alpha-Beta-Blocker			
- Labetalol	PO	200-1200 mg/d in 2-3 Einnahmen	C
Betablocker (alle BB möglich)			
- Atenolol	PO	50-100 mg/d	C
- Pindolol	PO	2x 5-10 mg/d	C

II. Akute art. Hypertonie während der Schwangerschaft

Ind: Therapiebeginn, falls SBD ≥ 170 mmHg und/oder DBD ≥ 110 mmHg

Bsp:

Antihypertensiva	Adm.	Dosierung	Klasse#
Alpha-Beta-Blocker			
- Labetalol	**IV**	10-20 mg **IV**, bei Bedarf nach 10-20 min wiederholen. Maximaldosis: 300 mg oder: Perfusor: 0.5-3.0 mg/h **IV**	C
Nitrat			
- Nitroprussid	**IV**	Perfusor: 0.25-10 µg/min **IV**	C
Kalziumantagonist			
- Nicardipin*	**IV**	Perfusor: 2 mg/h **IV**, max. 15 mg/h	C
Benzothiadiazin			
- Dihydralazin*	**IV**	5 mg **IV**, bei Bedarf 5-10 mg alle 20-30 min wiederholen, oder: Perfusor: 0.5-10.0 mg/min **IV**	C
- Diazoxid*	**IV**	30-50 mg alle 5-15 min (bis total 150-300 mg)	C

\# Schwangerschaftsklassen, siehe S. 1240

* In der Schweiz nicht erhältlich.

Wasserverteilung und -gleichgewicht

Wie verteilt sich eine Flüssigkeit in den verschiedenen Kompartimenten des Körpers?

Bsp: **A. Kolloid**, S. 1321

Allg:
- **IV**-infundierte Kolloide bleiben grösstenteils im **intravasalen Kompartiment** (= plasmatisches Wasser). Dies trifft zu, wenn die endotheliale Funktion intakt ist. Zum Beispiel bei einer Sepsis ist die endotheliale Permeabilität massiv erhöht, was zu generalisierten Ödemen führt.

Bsp:
- Humanalbumin 5 %, 20 %
- Gelatine
  - PHYSIOGEL®
- Hydroxyethylstärke
  - HAES-steril® 6 %,10 %
  - HEMOHES® 6 %, 10 %
  - VENOFUNDIN®
  - VOLUVEN®

B. Kristalloid, S. 1321

Allg:
- **IV**-infundierte Kristalloide verteilen sich im **extrazellulären Kompartiment**. So bleiben z.B. nach 1000 mL infundierter NaCl 0.9 %-Lösung noch 200-300 mL im intravasalen Kompartiment (d.h. im plasmatischen Wasser); der Rest verteilt sich im Interstitium und im transzellulären Wasser.
- Eine NaCl 0.9%-Lösung hat keine freie Wasserkapazität (siehe S. 1513).

Bsp:
- NaCl 0.9 %
- Ringer Lactat

C. Glukose-5 %, Dextrose

Allg:
- **IV**-perfundierte G-5 % (oder Dextrose) verteilt sich im **extrazellulären und intrazellulären Kompartiment**.
- Es bleibt nur wenig Flüssigkeit im intravasalen Kompartiment!
- Glukose 5 % oder Dextrose haben eine 100 %-ige freie Wasserkapazität (S. 1513).
- <u>WICHTIG</u>: Die Gabe von glukosehaltigen Flüssigkeiten ist in folgenden Situationen NICHT INDIZIERT:
  - Patienten mit Hirnödemrisiko (ausser, eine Hypoglykämie ist bewiesen).
  - Bei Flüssigkeitsreanimation (Glukose hat eine zu geringe Kapazität, intravasal zu bleiben)!

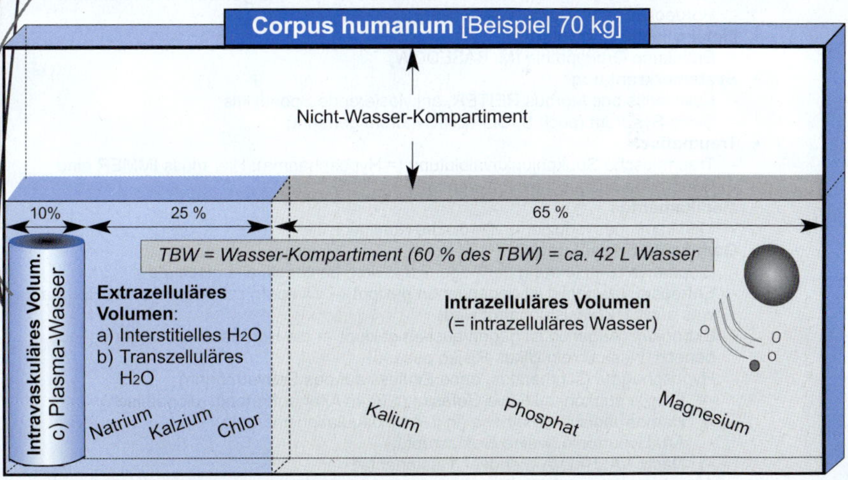

Schema: Wasserverteilung im menschlichen Körper. TBW = total body water

Bem:
- Das extrazelluläre Volumen entspricht ca. 1/3 des Wasser-Kompartimentes und enthält: a) Interstitielles Wasser + b) transzelluläres Wasser + c) plasmatisches Wasser.
- Das plasmatische Wasservolumen entspricht ca. 10 % des Wasser-Kompartimentes
- Die Volumina: interstitielles + transzelluläres H_2O = ca. 25 % des Wasser-Kompartimentes.
- Das intrazelluläre Volumen entspricht ca. 2/3 % des Wasser-Kompartimentes.

Rotes Auge

Allg: In den folgenden Situationen ist ein notfallmässiges Ophthalmo-Konsilium unerlässlich:

1. **Rotes Auge bei Patienten mit Nausea, Erbrechen und Unwohlsein (Glaukom?** S. 1486**)**
2. **Rotes Auge mit Augenschmerz oder Sehschwäche**
3. **Hypopyon** (akute Uveitis anterior) mit Hornhautinfiltraten, S. 1483

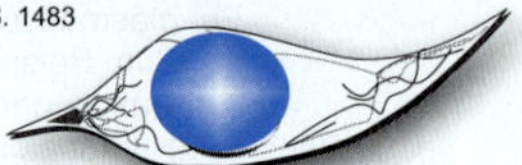

DD:
- Häufige Diagnosen beim «Roten Auge»:
  - Konjunktivitis:
    -- Allergisch
    -- Bakteriell, *Chlamydia trachomatis*, viral (z.B. Adenovirus)
  - Infektiöse Keratitis (z.B. herpetische Keratitis bei *Herpes simplex I*-Infekt)
  - Oberflächlicher Fremdkörper, Hornhautabrasion
  - Blepharitis (Entzündung der Augenlider: viral, bakteriell, allergisch), Blepharokonjunktivitis
  - Entropium, Ektropium
  - Hordeolum (= Furunkel, Gerstenkorn), S. 1483

■ Absoluter Notfall

- **Infektiös**
  - Infektiöse Keratitis (herpetische Keratitis)
- **Entzündlich - Systemerkrankungen**
  - Akute Uveitis anterior (Synonym: Iritis, Iridozyklitis) mit Hypopion bei:
    -- Ankylosierende Spondylitis (Morbus BECHTEREW), Morbus REITER
    -- Sarkoidose
    -- Morbus CROHN, Colitis ulcerosa
    -- Rheumatoide Arthritis
  - Riesenzellarteriitis
- **Diverse Ursachen**
  - Engwinkelglaukom, S. 1486
  - Oberflächlicher Fremdkörper
  - Hornhautabrasion

■ Nicht absoluter Notfall

- **Infektiös**
  - Hyperakute Konjunktivitis
    -- Bakteriell (*Gonococcus* u.a.)
    -- *Chlamydia trachomatis*
  - Konjunktivitis (Dilatation der oberflächlichen Konjunktivalgefässe): viral, bakteriell
  - Hordeolum (= Furunkel, Gerstenkorn)
- **Metabolische Erkrankung**
  - Endokrine Orbitopathie (M. BASEDOW)
- **Systemerkrankung**
  - Episkleritis bei: Morbus REITER, ankylosierende Spondylitis
  - Sicca-Syndrom (auch SJÖGREN-Syndrom genannt)
- **Traumatisch**
  - Traumatische Subkonjunktivalblutung (= Hyposphagma): Hier muss IMMER eine Perforation ausgeschlossen werden!
- **Medikamentös**
  - Medikamentös induzierte allergische Konjunktivitis
- **Gemischte Erkrankungen**
  - Blepharitis (Entzündung der Augenlider: viral, bakteriell, allergisch u.a.)
  - Entropium (Augenlid ist gegen innen gekippt → Wimpern scheuern auf der Hornhaut, was auch Trichiasis genannt wird)
  - Ektropium (Augenlid ist gegen aussen gekippt → die Hornhaut wird ungenügend benetzt, weshalb ein Ulkus-Risiko besteht)
  - Hyposphagma (schmerzlos, ohne Einfluss auf das Sehvermögen)
    -- Fragile subkonjunktivale Gefässe (z.B. im Alter auftretend, idiopathisch)
    -- Hämorrhagische Diathese (inkl. Antikoagulationstherapie)
    -- Art. Hypertonie (kleine Gefässruptur)
    -- Nach: VALSALVA-Manöver, Hustenanfall
  - Allergische Konjuktivitis (Erweiterung der oberflächlichen konjunktivalen Gefässe)
    -- Saisonbedingt (IgE-vermittelt): «Heuschnupfen», Pollinose
    -- Perennial (kontinuierlicher Antigenkontakt: Milben, Tierhaare)
    -- Medikamentös (oft mit Pruritus, Tränenfluss, Nasenverstopfung)
  - Pterygium, S. 1484
  - Oberflächliche Keratitis (Fremdkörper, Hornhautabrasion)
  - Chalazion (Hagelkorn)
  - Lokale Reizung (Bsp: Kontaktlinsen, Schminke u.a.)

Akute Uveitis anterior — Hypopion [H20]

Syn: • Iritis, Iridozyklitis

Klin: • Schmerzhaftes Auge mit Photophobie, unscharfem Sehen.
- • Kein Fremdkörpergefühl.
- • Befund
  - Ziliare Injektion (Röte am Übergang der Hornhaut zur Sklera), Miosis
  - Ansammlung von Proteinen und Entzündungszellen in der vorderen Augenkammer. Diese können ein sichtbares Flüssigkeitsniveau bilden, welches **Hypopyon** genannt wird (selten, aber gravierend).

Urs: • Eine Uveitis anterior kann im Rahmen von Systemerkrankungen auftreten. Diese sollen bei Rezidiven auf jeden Fall ausgeschlossen werden:
  - Ankylosierende Spondylarthritis
  - Morbus CROHN
  - Colitis ulcerosa
  - Morbus REITER
  - Sarkoidose
- • Idiopathisch (50 %)

Vorg: • Ein infektiöser Herd in der HNO- und Zahnregion soll ausgeschlossen werden (→ Orthopantomogramm).

Th: • Augentropfen + notfallmässiges Ophthalmo-Konsilium
  - Kortikoid (z.B. INFLANEFRAN® FORTE, Dexa EDO®, SPERSADEX®) + Atropin 1 %

Virale Konjunktivitis (Bsp: Adenovirus) [H10.9]

Allg: • Meist sind die Konjunktiven beider Seiten betroffen.
- • Typischerweise Fehlen von mukopurulentem Sekret (dies im Gegensatz zur bakteriellen Konjunktivitis).
- • Eine Begleitkeratitis ist nicht selten → Reversible Sehbeeinträchtigung oft über viele Jahre hinweg!

Vorg: • An eine herpetische Genese muss gedacht werden:
  - Anamnestisch: Fieberblasen (Vesikel am Lidrand)
  - Klinisch: einseitige, bäumchenförmige verzweigte Keratitis (seltener geographische Form)

Th: • Eine lokale AB-Therapie (z.B. NEOSPORIN® Augentropfen 1-2 Trpf 4x/d) wird oft verschrieben, um einer bakteriellen Superinfektion vorzubeugen.
- • Bei ausbleibender Besserung innerhalb von 7-10 d und bei Verschlechterung muss der Patient zum Ausschluss einer Keratitis einem Spezialisten überwiesen werden!

Hordeolum (Furunkel) [H00.0]

Syn: • Furunkel, Gerstenkorn

Allg: • Infektiöser Befall einer Lidranddrüse (meist MEIBOM)
- • In 90-95 % der Fälle ist die Ursache eine *Staphylococcus aureus* Infektion.
- • Risikofaktoren:
  - Diabetes mellitus
  - Seborrhoe
  - Hyperlipidämie

Klin: • Schmerzhaftes Knötchen am oberen oder unteren Augenlid

Th:
1. Nicht invasiv (Ziel: Spontanperforation)
   - Warme, feuchte Kompressen (z.B. Kamille) während 10 min (3-4 x/d)
   - Wärmeapplikation mit Rotlicht
2. Medikamentöse Therapie (bei Fortschreiten des Krankheitsbildes)
   - Salbe: Kortikoid + AB 2x/d (Beispiele siehe oben, unter «Chalazion»)
     und:
   - Augentropfen: Kortikoid + AB 2x/d (Beispiele siehe unter «Chalazion», S. 1484)
3. Inzision
   - Eine kleine Inzision kann ausgeführt werden.
   - Oft bestehen aber mehrere Kammern, sodass eine einzelne Inzision nicht zum definitiven Erfolg führt.

Episkleritis [H15.1]

Allg: • Die Episklera befindet sich zwischen der Konjunktiva und der Sklera.

Klin: • Rote punktförmige Läsion oder sektorielle Veränderungen auf der Sklera mit stechenden Schmerzen.
- Es besteht kein Sehverlust.
- Die Episkleritis kann rezidivieren und manchmal im Rahmen einer Autoimmunerkrankung auftreten.

Th: • Topische Kortikoide können nützlich sein.

Pterygium [H11]

Allg: • Das Pterygium ist eine benigne, degenerative Konjunktivalveränderung.

Klin: • Die Veränderung ist leicht überhöht, gelblich bis rötlich und meist asymptomatisch.
- Intermittierende, benigne, entzündliche Episoden können auftreten.
- Typische Lokalisation des Pterygiums:
  - Nasalseite der Konjunktiva, bilateral ± symmetrisch
- Das Pterygium ist oft bei Personen zu beobachten, welche der «rauhen Natur» ausgesetzt sind (Landwirt, Fischer, Inuit).
- Das Sehvermögen ist nicht beeinträchtigt, es sei denn, das Pterygium dehnt sich auf das Hornhautzentrum aus (sehr selten) oder die Hornhaut wird deformiert (→ Astigmatismus).

Urs: • Häufig: Tränenfilmmangel (Sicca-Syndrom, S. 1050)

Vorg: • Ein Ophthalmo-Konsilium ist v.a. bei schneller Ausdehnung des Pterygiums indiziert.
- Ausschluss eines spinozellulären Karzinoms und eines Basalioms.

Th: • Die Anwendung von künstlichen Tränen (z.B. LACOPHTAL®) kann das Fortschreiten verlangsamen.
- Chirurgische Exzision ist in folgenden Fällen indiziert:
  1. Grosse betroffene Oberfläche
  2. Schnelle Ausbreitung
  3. Sehstörungen

Chalazion (Hagelkorn) [H00.1]

Allg: • Chronische granulomatöse Entzündung aufgrund eines Sekretstaus der MEIBOM-Drüsen (schlauchförmig in den Lidknorpel eingelagerte Talgdrüsen). Diese Sekretstauung kommt in folgenden Situationen oft vor:
  - Abusus von kosmetischen Mitteln
  - Medikamentös (Östrogene, Gestagene)
  - Neuropathien (z.B. Morbus PARKINSON)
- Ein Chalazion ist primär nicht infiziert, kann sich aber sekundär infizieren und ein Hordeolum (= Furunkel) bilden. Danach wird es sich abkapseln (Zyste) und ist einer AB-Therapie nicht mehr zugänglich.
- Wenn ein Chalazion klein ist, ist die Heilung oft durch Sekretentleerung innerhalb einiger Wochen bis Monate zu beobachten.

Klin: • Schmerzloses Granulom am oberen oder unteren Augenlid

Th:
1. Nicht invasive Therapie (Ziel: Spontanentleerung)
   - Warme feuchte Kompressen (z.B. Kamille) während 10 min (3-4 x/d)
   - Das Granulom kann massiert werden, um es zu entleeren.
2. Medikamentöse Therapie (falls Therapie unter Punkt 1. erfolglos)
   - Salbe (Kortikoid + AB) 2x/d ins Auge streichen
     Bsp: - BLEPHAMIDE®
     - ISOPTO MAX®, TOBRADEX®
   - + evtl. Augentropfen (Kortikoid + AB) 2x/d
     Bsp: - SPERSADEX®comp
     - TOBRADEX®, ISOPTO MAX®
3. Chirurgische Exzision (bei Chalazion im Zystenstadium)

Bakterielle Konjunktivitis [H10.8]

Allg:
- Oft sind die Konjunktivitiden bilateral betroffen. Die Entzündung beeinträchtigt das Sehvermögen aber nicht.
- Die hyperakute Form bildet innerhalb von 48 h ein mukopurulentes Sekret, welches die Augenlider v.a. am Morgen zusammenklebt.

Urs:
- Neugeborene
  - Gonokokken u.a. Erreger
- Erwachsene
  - Alle «banalen Keime», überwiegend aber GRAM-positive Keime
- Entwicklungsländer:
  - *Chlamydia trachomatis,* u.a. Keime

    Bem:
    - Die ***Chlamydia trachomatis*** ist eine Geschlechtskrankheit, durch infizierte genitale Sekrete übertragen, wobei die Genitalinfektion asymptomatisch bleibt oder sich in Form einer Urethritis beim Mann und einer chronischen Vaginitis bei der Frau äussert.
    - Die *Chlamydia trachomatis* kann 2 Formen von Konjunktivitiden verursachen:
      1. Trachom (in den Entwicklungsländern): Befall der tarsalen Bindehaut des Oberlides und der Hornhaut. Hier besteht das **Risiko der Erblindung!!**
      2. Einschlusskörperchenkonjunktivitis (in entwickelten Ländern). Hier besteht <u>kein</u> Erblindungsrisiko!

Th:

A. Hyperakute bakterielle Konjunktivitis

1. Notfallmässiges Ophthalmo-Konsilium!
2. Symptomatische Therapie
   - Auswaschen des Augensekretes mit physiologischen Flüssigkeiten
3. Antibiotikatherapie (erregerausgerichtet)
   - Gonokokken:
     - Topische AB-Therapie (Ofloxacin, Ciprofloxacin, siehe «B»)
   - *Chlamydia trachomatis* (**auch den Partner behandeln!**):
     - Doxycyclin 2x 100 mg PO für 14 d
       oder:
     - Erythromycin 4x 250 mg/d PO

B. Nicht hyperakute bakterielle Konjunktivitis

1. Symptomatische Therapie
   - Augensekretspülung mit physiologischem Serum
2. Lokale AB-Therapie
   - Aminoglykoside oder Chinolone (bei resistenten Keimen) für 7-10 d:
     a) Aminoglykosid:
       - Gentamicin 0.3 % Augentropfen ....1-2 Trpf 4-6x/d

     Bei resistenten Keimen:

     b) Chinolon
       - Ofloxacin Augentropfen 0.3 % FLOXAL®..................1 Trpf 4x/d
       - Ciprofloxacin CILOXAN® ....1 Trpf 4x/d
3. Ophthalmo-Konsilium bei ausbleibender Besserung innerhalb von 1 Woche!

MIX

Akutes Engwinkelglaukom [H40.2]

Allg:
- Normaler intraokularer Druck (IOD): < 20 mmHg. Bei einem akuten Glaukomanfall kann dieser Druck sehr schnell bis auf 50-60 mmHg ansteigen.
- Risikofaktoren eines akuten Engwinkelglaukoms:
  - Weibliches Geschlecht
  - Fortgeschrittenes Alter
  - Hypermetropie (Brillengläser mit dünnen Rändern und dickem Zentrum)

> **Für die PRAXIS:**
> Das Hauptrisiko des akuten Engwinkelglaukoms ist die Optikusatrophie und Blindheit infolge Anstieg des intraokulären Drucks!

Urs:
- Alle Umstände, welche eine Mydriasis induzieren können:
  - Halbschatten
  - Stress, Emotionen
  - Medikamente:
    - -- Adrenalin
    - -- Medikamente mit anticholinerger Wirkung:
      - — Atropin (inkl. pupillendilatierende Augentropfen)
      - — Scopolamin
      - — Antidepressiva (v.a. trizyklische, aber auch SSRI)
      - — Paroxetin
      - — Biperiden
      - — Procyclidin
      - — Ipratropiumbromid
      - — Oxybutynin
      - — Tolterodin u.a.
    - -- Neuroleptika
- Idiopathisch

Klin:
- <u>Symptome</u>
  - Einschränkung des Sehvermögens
  - Verschwommenes Sehen
  - Farbringe um Lichtquellen
  - Oft intensiver Augenschmerz (im Gebiet des Trigeminus, s. 569)
  - Kopfschmerzen
  - Nausea (manchmal sehr stark), Erbrechen
- <u>Befunde</u>
  - Ziliare Injektion (= stark gerötetes Auge rund um die Hornhaut herum)
  - Bidigitale Palpation: sehr hartes Auge («**Holzkugel**»!)
  - Matte Hornhaut

Th:

1. Notfall-Hospitalisierung in einer Abteilung für Ophthalmologie!

2. Spezialisierte Therapie

2.1. Während der Krise: medikamentöse Therapie
- Acetazolamid 250-500 mg **IV**, dann 4x 250 mg PO
  - \+ Mannitol: 1-2 g/kg KG **IV**
  - \+ Augentropfen mit Miosiswirkung:
    - Pilocarpin SPERSACARPINE® 2 %: 2 Trpf alle 15 min während 1 h, dann 4x/d

2.2. Nach der Krise
- LASER-Iridotomie
- Alternativ zur LASER-Ididotomie kann eine chirurgische Iridektomie stattfinden (wird jedoch selten durchgeführt).

3. Prophylaktische Therapie des 2. Auges

Ind:
- Das zweite Auge benötigt <u>immer</u> eine prophylaktische Therapie, denn es ist ebenfalls zur Glaukombildung prädisponiert.

Vorg:
- Augentropfen mit Miosiswirkung: Pilocarpin (siehe oben)
  und:
- Prophylaktische LASER-Iridotomie!

Bem:
- Nach erfolgter Iridotomie sind die oben genannten ursächlichen Medikamente (unter «Urs:») i.d.R. nicht mehr kontraindiziert.

Netzhautablösung [H33.4]

Allg:
- Es handelt sich um einen relativen chirurgischen Notfall.
- Die Netzhautablösung ist zwischen folgenden anatomischen Strukturen lokalisiert:
  - Retinales Pigmentepithel und
  - Neurosensorische Retina, gebildet durch die Photorezeptoren (Stäbchen und Zapfen) und Neuronen (bipolar und ganglionär)
- Wenn die Netzhautablösung mehrere Tage andauert, degenerieren die Photorezeptoren, wodurch irreversible Funktionsschäden entstehen (Visusverminderung).
- Risikofaktoren für eine Netzhautablösung
  - Fortgeschrittenes Alter
  - Myopie (bei 50 %)
  - Trauma
    - -- Kontusion oder
    - -- Perforation (± Fremdkörper); Risiko einer Netzhautablösung ca. 20 %!
  - Nach Katarakt-Operation (Risiko einer Netzhautablösung ca. 3 %/10 Jahre)
  - Gewalt gegen Kinder (*battered child*) ***CAVE***: daran denken!!
  - Netzhautablösung auf dem Partnerauge
  - Positive Familienanamnese

Klas:
I. Netzhautablösung infolge Kontraktion des Glaskörpers (> 95 %), infolge:
  - Lochbildung (oft bei vorbestehendem Retinaschaden)
  - Traktion mit Einreissen der Netzhaut (oft bei vorbestehendem Retinaschaden)
  - Netzhautausriss (bei Trauma)

II. Sekundäre Netzhautablösungen (selten)
  - Choroidaltumor (Melanom, Metastasen, v.a. bei Mamma Carcinom)
  - Diabetische Retinopathie im Terminalstadium (schlechte Prognose)

Klin:
- **Die Netzhautablösung ist schmerzlos!**
- Der intraokulare Druck kann vermindert sein (< 10 mmHg; Normwert < 20 mmHg).
- Typische Symptome bei Netzhautablösung:

Symptome	Erklärungen, Bemerkungen
Dysopsien	• «Russflocken» oder «fliegende Mücken», die wie folgt zustande kommen: - Mikroblutungen infolge der Netzhautläsion - Kontraktionen des Glaskörpers
Skotome	• Schwarzer Vorhang auf der Gegenseite der Netzhautablösung (soll vom Patienten beschrieben werden!)
Phosphene	• Lichtblitze (oft bläulich): - Fix - Gut lokalisierbar - Bei Augenschluss oder im Dunkeln persistierend!
Visus-verminderung	• Die Visusverminderung ist ein **Spätsymptom**! • Tritt auf, wenn die Netzhautablösung die Makula erreicht hat. • ***CAVE***: Eine Netzhautablösung, welche die Makula nicht anhebt, kann noch einen vollen Visus von 10/10 ermöglichen!

Dg:
1. Anamnese (siehe «Klin:»)
2. Augenhintergrund
   - Das Ophthalmoskop genügt, um im Notfall die Diagnose zu stellen, wenn die Netzhautablösung bis an das Zentrum reicht.
   - Die Ablösung der Netzhaut erscheint als verschleierte, grünliche und mobile Zone.

Vorg:
- Notfallmässige Zuweisung an den Augenarzt

Th:
1. **Präventive Therapie**
   - Photokoagulation (Argon-LASER unter Lokalanästhesie) der Netzhautläsionen mit Risikopotential, bevor eine Netzhautablösung vorliegt.
   - Dauer der Photokoagulation: 10-20 min, wenig schmerzhaft
2. **Kurative Therapie**
   - Es gibt nur eine kurative Therapiemöglichkeit: chirurgischer Eingriff (oft unter Allgemeinanästhesie).
   - Die post-operative Heilung dauert ca. 3 Wochen.

Prog:
- Nicht operiert: Verlust des Sehvermögens und des Gesichtsfeldes!
- Operiert: i.d.R. gute Prognose
  - Über 90 % der Netzthäute können wieder angelegt werden, wofür allerdings manchmal mehrere Eingriffe erforderlich sind.

Bem:
- Da immer ein Rezidivrisiko besteht, wird langfristig eine ophthalmologische Kontrolle 1x/Jahr empfohlen.

Singultus [R06.6]

Def: • Chronischer Singultus: Dauer > 48 h

DD: **Transitorischer Singultus**

- Magenüberdehnung
- Meteorismus
- Aerophagie
- Nach Alkoholeinnahme
- Kohlensäurehaltige Getränke
- Psychogen: Aufregung, Hysterie u.a.

Chronischer Singultus (> 48 Stunden)

- **Infektiös**
  - Pharyngitis, Laryngitis
  - Bronchitis (infolge vagaler Reizung)
  - Pneumonie, Pleuritis
  - Mediastinitis
  - Perikarditis (infolge vagaler Reizung)
  - Ösophagitis
  - Pankreatitis (infolge vagaler Reizung)
  - Leberabszess (infolge vagaler Reizung)
  - Peritonitis (infolge vagaler Reizung)
  - Enzephalitis, Meningitis
  - Hirnabszess
  - HIV
  - Sepsis
- **Neoplastisch**
  - Hirntumor
  - Ösophagustumor (infolge vagaler Reizung)
  - Hirndruck
- **Vaskulär**
  - CVI
  - Aortenaneurysma (infolge vagaler Reizung)
  - WALLENBERG-Syndrom, S. 560
- **Endokrinologisch, metabolisch**
  - Hyponatriämie
  - Hypokalzämie
  - Urämisches Syndrom
  - Hypokapnie
  - Diabetes mellitus
  - Gicht
  - Struma (infolge vagaler Reizung)
- **Systemisch, immunologisch oder rheumatologisch**
  - Multiple Sklerose
  - Riesenzellarteriitis
- **Traumatisch**
  - SHT
- **Medikamentös**
  - Alkohol
  - Barbiturate
  - Benzodiazepine
  - Kortikoide
- **Sonstige Ursachen**
  - Fieber
  - Hydrocephalus
  - Arterio-venöse Malformation
  - Epilepsie
  - Gastro-ösophagealer Reflux
  - Hiatushernie
  - Ileus
  - Sämtliche Magen-Darm- oder Pankreaserkrankungen
  - Aszites (infolge vagaler Reizung)
  - Asthma bronchiale
  - Schwangerschaft
  - Abusus von Heroin, Nikotin u.a. Noxen
  - Psychogen: Trauer, Hysterie, Anorexia nervosa

Th: **1. Allgemeine Massnahmen**

- Vagale Manöver (s. 165):
  - VALSALVA
  - Karotissinusknotenmassage
  - Mit Eiswasser gurgeln
  - Husten u.a.
- Die Zunge herausziehen
- Saft einer grünen Zitrone trinken
- Essig trinken
- Hyperventilieren
- Erbrechen u.a.

2. Medikamentöse Therapie

Wirkung auf das ZNS		Adm.	Dosierung
Dopamin-assoziiert			
Amitriptylin	SAROTEN®	PO	25-75 mg/d in 1-3 x/d
Chlorpromazin	(in D nicht)	PO	3-4x 25-50 mg/d
		IR	3-4x 25-50 mg
		IV	12.5-50 mg **IV** (mit 20 mL NaCl 0.9 %)
		IM	25-50 mg (für die Pädiatrie)
Haloperidol	HALDOL®	PO	3x 1 mg/d, dann erhöhen. Max. 10 mg/d
		IM	2.5-5 mg
		IV	2.5-5 mg **IV** (mit 20 mL NaCl 0.9 %)
		IM, IV	10 mg 1-4x/d
Metoclopramid	PASPERTIN®	PO	10-40 mg/d
		IM, IV	10 mg 1-4x/d
		IR	10-40 mg/d
GABA-assoziiert			
Baclofen	LIORESAL®	PO	3x 5 mg/d während 3 d, dann 3x 10 mg/d während 3 d, dann 3x 15 mg/d während 3 d, dann 3x 20 mg/d während 3 d
Gabapentin	NEURONTIN®	PO	Tag 1: 3x 100 mg/d Tag 2: 3x 200 mg/d

MIX

Benigne Prostatahyperplasie (BPH) [N40]

Allg:
- Normales Prostatavolumen: ca. 25 mL. Prostatagrösse [cm]: 3.5 x 4 x 3

Klin:
- **Irritative Symptome und Befunde**
  - Pollakisurie (evaluiert durch: Anzahl Aufstehen/Nacht, Miktionsintervall)
  - Harndrang (*Urge*-Symptomatik)
- **Obstruktive Symptome und Befunde**
  - Dysurie (Anstrengungs- oder Wartedysurie)
  - Unvollständige Miktion (bestätigt durch postmiktionelles Harnvolumen > 50 mL)
  - Verminderung der Flussraten
- **Digitale Rektaluntersuchung (DRU)**
  - Vergrösserung beider Prostatalappen (grösser als eine Kastanie)
  - Weiche, glatte und homogene, schmerzlose Prostata

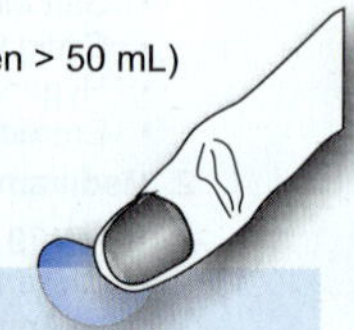

Für die PRAXIS:
Die DRU muss bei jedem Mann im Alter > 50 Jahren durchgeführt werden!!

Dg:
- Die Diagnose der BPH besteht aus der Klinik verbunden mit dem Ausschluss eines Prostata-CA's (S. 958) mittels PSA-Bestimmung (S. 1428)
- Die folgende Autoevaluation erlaubt es, die Symptomatik zu klassifizieren.

Autoevaluation mit dem internationalen Prostata Symptomscore (IPSS):

1. Wie oft während des letzten Monats hatten Sie das Gefühl, dass Ihre Blase nach dem Wasserlassen nicht ganz entleert war?
2. Wie oft während des letzten Monats mussten Sie in weniger als 2 Stunden ein zweites Mal Wasser lassen?
3. Wie oft während des letzten Monats mussten Sie beim Wasserlassen mehrmals aufhören und neu beginnen?
4. Wie oft während des letzten Monats hatten Sie Schwierigkeiten, das Wasserlassen hinauszuzögern?
5. Wie oft während des letzten Monats hatten Sie einen schwachen Strahl beim Wasserlassen?
6. Wie oft während des letzten Monats mussten Sie pressen oder sich anstrengen, um mit dem Wasserlassen zu beginnen?
7. Wie oft sind Sie während des letzten Monats im Durchschnitt nachts aufgestanden, um Wasser zu lassen? Maßgebend ist der Zeitraum zwischen dem Zubettgehen und dem Aufstehen am Morgen.

Punkte (betrifft die Fragen 1-6):

Nie	=	0 Punkte
ca. **1 x auf 5**	=	1 Punkt
ca. **1 x auf 3**	=	2 Punkte
ca. **1 x auf 2**	=	3 Punkte
ca. **2 x auf 3**	=	4 Punkte
fast immer	=	5 Punkte

Score speziell bezüglich der Frage N° 7:

Nie	= 0 Punkte
1x	= 1 Punkt
2x	= 2 Punkte
3x	= 3 Punkte
4x	= 4 Punkte
5x und mehr	= 5 Punkte

Interpretation des IPSS:

0-7:	wenig symptomatisch
8-19:	mittelmässig symptomatisch
20-35:	hochsymptomatisch

Vorg: • Ausschluss einer chronischen Prostatitis (S. 812) als Ursache der irritativen Komponente durch eine 3-Gläserprobe; falls positiv, AB-Therapie (Doxycyclin 2x 100 mg PO für 4 Wo)

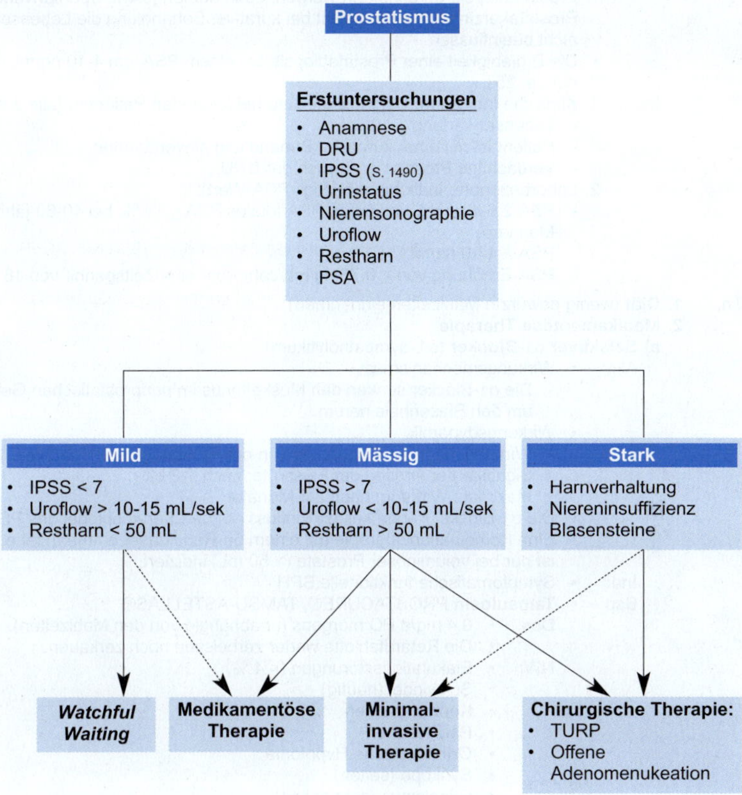

Algorithmus: Vorgehen bei Prostatismus.
DRU = Digitale Rektaluntersuchung; IPSS = Internationales Prostata Symptomscore

■ Medikamentöse Therapie

Bsp: • S. 1492

■ Minimal-invasive Therapien

Bsp: • Mikrowellentherapie
• Transurethrale Nadelablation der Prostata.

Bem: • Die initialen Resultate waren ermutigend. Langzeitresultate zeigen häufige Zweitbehandlungen.

■ Transurethrale Resektion der Prostata (TURP)

Allg: • Die TURP kann konventionell mono- und bipolar und mit dem LASER durchgeführt werden. Es gibt aber unterschiedliche LASER und die Resultate mit einem System sind nicht auf andere übertragbar.
• Die TURP mit dem HOLMIUM-LASER ist problemlos und weist gute, mit der konventionellen TURP (Goldstandard) vergleichbare Resultate auf und kann auch bei Patienten mit oraler Antikoagulation oder unter Thrombozytenaggregationshemmung durchgeführt werden.
• Die mittelfristigen Resultate mit dem neuen «Greenlight-LASER» sind ermutigend.

■ Offene Adenomenukleation

Ind: • Grosse Prostata (> 100 g)

- **Prostatabiopsie**[2,3]

Allg:
- Siehe auch Algorithmus des Prostata-CA.
- Bei einer Lebenserwartung von < 10 Jahre und normaler DRU, soll keine Prostatabiopsie durchgeführt werden, denn der langsame Spontanverlauf des Prostatakarzinoms würde selbst bei kurativer Behandlung die Lebenserwartung nicht beeinflussen.
- Die Ergiebigkeit einer Prostatabiopsie bei einem PSA von 4-10 ng/mL beträgt nur ca. 25%.

Ind:
1. Klinische Indikation: Diagnosestellung bei folgenden Patienten (alle 3 Kriterien):
   - Lebenserwartung ≥ 10 Jahre
   - Patient ist mit einer kurativen Behandlung einverstanden
   - Verdächtige Prostata anlässlich der DRU.
2. Laborbezogene Indikation (bezügl. PSA-Wert):
   - PSA 2.6-4 ng/mL und freies PSA/totales PSA ≤ 15 %, bei 40-60-jährigen Männern
   - PSA > 4-10 ng/mL
   - PSA-Erhöhung von ≥ 0.75 ng/mL/Jahr über eine Zeitspanne von 18 Monaten

Th:
1. **Diät** (wenig gewürzte Mahlzeiten einnehmen)
2. **Medikamentöse Therapie**

a) Selektiver α1-Blocker (α1-Sympatholytikum)

Allg:
- Wirkungsmechanismus:
  - Die α1-Blocker senken den Muskeltonus im periprostatischen Gebiet und um den Blasenhals herum.
- Wirkungsdynamik:
  - Wirkungsbeginn (unabhängig von der Prostatagrösse): nach ca. 2 Wo
  - Signifikanter Anstieg der Flussrate: nach 1-2 Mt.
  - Maximale Wirkung: nach 2-3 Monaten
- Die α1-Blocker haben keinen Einfluss auf den Serumspiegel des PSA, s. 1428.
- Eine Kombinationstherapie mit einem 5α-Reduktasehemmer (siehe unter 2.b) ist nur bei voluminöser Prostata (> 50 mL) indiziert.

Ind:
- Symptomatische funktionelle BPH

Bsp:
- **Tamsulosin** PROSTACURE®, TAMSU-ASTELLAS®
  - Dos:
    - 0.4 mg/d PO morgens (unabhängig von den Mahlzeiten).
    - Die Retardtablette weder zerbeissen noch zerkauen.
  - NW:
    - Ejakulationsstörungen (< 4 %)
    - Schwindel (häufig)
    - Kopfschmerzen
    - Palpitationen
    - Orthostatische Hypotonie
    - Synkope (selten)
    - Priapismus (sehr selten)
- **Terazosin** HEITRIN®, FLOTRIN®
  - Dos:
    - Initial:
      - 1. Woche (7 d): 1 mg PO unmittelbar vor dem Zubettgehen
      - 2. Woche (7 d): 2 mg PO abends vor dem Zubettgehen
    - Erhaltungsdosis:
      - 1x 5-10 mg/d PO (am Morgen, wenn möglich immer zur gleichen Zeit einnehmen)
      - Maximaldosis: 20 mg/d
  - NW:
    - Art. Hypotonie (< 5 %)
    - Orthostase
    - Benommenheit
    - Kopfschmerzen
    - Schläfrigkeit u.a.
- **Alfuzosin** XATRAL®/-Uno
  - Bem:
    - Bei Patienten mit kardiovaskulären Risikofaktoren (s. 251) muss die Dosierung reduziert werden!
  - Dos:
    - Tabl 2.5 mg PO (1. Dosis abends, weitere Dosen nach dem Essen)
      - Patient ohne CVRF: 3x 2.5 mg/d
      - Patient mit CVRF: 2x 2.5 mg/d (1-0-1)
      - Patient > 75 Jahre: 2x 2.5 mg/d (1-0-1)
      - Niereninsuffizienz: 2x 2.5 mg/d, bei Bedarf 3x 2.5 mg/d
      - Leberinsuffizienz: 1x 2.5 mg/d, bei Bedarf 2x 2.5 mg/d
    - Tabl Uno 10 mg (1. Dosis abends, weitere Dosen nach dem Essen):
      - Patient ohne CVRF: 1x 10 mg/d

2 Carter HB, et al (eds.). WB Saunders 1998 ;3 :2519. 3 Barry MJ. N Engl J Med 2001 ;344 :1373-7.

b) 5α-Reduktasehemmer

Allg:
- Wirkungsmechanismus:
  - Die 5α-Reduktasehemmer hemmen die Metabolisierung von Testosteron in Dihydrotestosteron, was eine **Prostatavolumenreduktion von ca. 25 %** bewirkt.
- Wirkung:
  - Wirkungsbeginn: nach 1-3 Monaten
  - Maximale Wirkung: nach > 6-12 Monaten
  - Die volumenreduzierende Wirkung ist bei fortgesetzter Therapie bis zu 5 Jahren anhaltend.
- Die 5α-Reduktasehemmer sind weniger effizient, als die α1-Blocker.
- Die 5α-Reduktasehemmer vermindern den PSA-Serumspiegel um ca. 50 % und dies nach ca. 6 Monaten Therapie.

Ind:
- NUR für die BPH mit voluminöser Prostata indiziert (> 50 mL, bzw. 50 g)!
- Eine Kombinationstherapie mit α1-Blocker ist möglich, wenn ein sofortiger klinischer Effekt erwünscht ist (d.h. innerhalb von ca. 2 Wo).

NW:
- Impotenz bei ca. 10 % der Patienten (signifikant höher als unter α1-Blockern)
- Ejakulationsstörungen
- Gynäkomastie

Bsp:
- Finasterid PROSCAR®, PROPECIA®
  Dos: 5 mg/d PO (unabhängig von der Mahlzeit)
- Dutasterid AVODART®
  Dos: 1 Weichkaps 0.5 mg/d PO

Bem:
- Bei Niereninsuffizienz (aber mit Clearance > 10 mL/min), ist eine Dosisreduktion nicht notwendig.

3. Phytotherapie

Allg:
- Wirkungsmechanismen:
  - Antiödematös
  - Entzündungshemmend
  - Antiandrogen
  - Hemmung des Prostata Wachstumsfaktors u.a.
- Die meisten Studien, welche mit Phytotherapeutika durchgeführt werden, sind «*in vitro*-Studien» mit Zellkulturen und nicht *evidence-based*.

Ind:
- Leichte bis mittelschwere BPH

Bsp:
- PERMIXON® Kaps 160 mg (amerikanische Zwergpalme)
  - 2 Kaps/d (1-0-1) während der Mahlzeit
- PROSTAFLOR® Kaps 189 mg (Pollenextrakt)
  - 2 Kaps/d während 1 Wo, dann 1 Kaps/d
- VALVERDE®Prostata Kaps 300 mg (Brennessel)
  - 2x 2 Kaps/d, dann 1x 2 Kaps/d (nach dem Essen)
- SabCaps® Kaps 320 mg (Spissum-Extrakt aus Sägepalmenfrüchten)
  - 1 Kaps/d mit viel Flüssigkeit, wenn möglich, zur selben Zeit einnehmen

Blasenhyperaktivität - Detrusorhyperaktivität[1] [N31.8]

Def: • Die Blasenhyperaktivität ist bestätigt bei vorhandener Symptomen-Trias:
1. **Harndrang ± Harninkontinenz**
2. **Pollakiurie (≥ 8x/24 h)**
3. **Nykturie (≥ 2x/Nacht)**

Allg: • Die Blasenhyperaktivität entsteht durch eine Detrusorhyperaktivität.
• Häufigkeit:
- Frauen: 9 % (zw. 40-44 J) und 31 % ≥ 75 J
- Männer: 3 % (zw. 40-44 J) und 42 % ≥ 75 J
• **Bei einem Mann mit isolierter Detrusorhyperaktivität, MUSS IMPERATIV eine Prostataobstruktion ausgeschlossen werden** (Prostata-CA, Hypertrophie)**!**

Bem: • Der Term «**Neurogene Blase**» ist trügerisch und sollte verlassen werden. Er umfasst folgende 3 Krankheitsbilder:
1. Harndrang:
   - Pollakisurie
   - Zwangsinkontinenz (*Urge-incontinence*)
2. Nicht kontraktile, areflexische Blase
3. Detrusorhyperaktivität

Urs: Faktoren, die zur Blasenhyperaktivität beitragen können

Untere harnableitende Wege	
• Frauen und Männer:	• HWI • Harnwegsobstruktion • Störung der Blasenkontraktion • Verminderte Blasenkapazität bei/mit: Blasentumor, Carcinoma in situ, Blasensteine, interstitielle Zystitis
• Frauen:	• Öestrogen Mangel • Sphinkterschwäche
• Männer:	• Obstruktive Prostata (eine grosse Prostata kann per se eine Detrusorhyperaktivität induzieren)
Neurogene Ursachen	
• Gehirn:	• Hirnschlag • Morbus ALZHEIMER • Demenz • Morbus PARKINSON • Multiple Sklerose
• Rückenmark:	• Multiple Sklerose • Enger Zervikalkanal, enger Lumbalkanal • Zervikale oder lumbale Diskushernie • Rückenmarktrauma
• Peripher	• Diabetische Neuropathie, andere periphere Neuropathien
Systemische Ursachen	• Herzinsuffizienz, venöse Insuffizienz (die Hypervolämie kann eine Polyurie und eine Nykturie induzieren) • Diabetes mellitus (osmotische Diurese, Polyurie)
Funktionelle Ursachen	• Übermässige Alkohol- oder Koffeineinnahme • Polydipsie • Obstipation (die Stuhlpakete können urologische Beschwerden auslösen) • Chronische Ängstlichkeit
Medikamentöse Ursachen	• Diuretika (schnelle Blasenfüllung) • Medikamente: - Anticholinergika, s. 1177 - Narkotika - Kalziumantagonisten (vermindern die Blasenkontraktilität und die funktionelle Blasenkapazität)

Tabelle: Risikofaktoren zur Entwicklung einer symptomatischen Blasenhyperaktivität.

1 Ouslander JG. N Engl N Med 2005 ;350 :786-99.

Vorg: • Abklärungen (+ Uro-Konsilium):
- Urinstatus (Mikrohämaturie, HWI), 3-Gläserprobe beim Mann
- Neurologische Untersuchung
- Evtl. Zystoskopie, Blasenspülzytologie
- Evtl. intravenöses Urogramm
- Evtl. Abdomen-Becken CT
- Urodynamische Abklärung

Th: **1. Kausaltherapie**

2. Nicht-pharmakologische Therapie
- «Blasen-Training»
  - Fixer Zeitplan bezügl. Blasenentleerung
  - Suppressionstechnik der Dranginkontinenz
  - Beckenbodenmuskeltraining
- Verminderte Einnahme von Koffein und Alkohol
- Regelmässiges Stuhlen (vermeiden der Obstipation)

3. Medikamentöse Therapie, je nach Patientenprofil

3.1. Generell bei allen Patienten

a) Anticholinergika, siehe Punkt 3.1.b)

Falls ungenügend wirksam oder nicht verträglich, ad.:

b) Uro-Konsilium. Weitere therapeutische Optionen siehe Punkt 4. und 5., s. 1496

3.2. Therapie beim Mann

a) Selektiver α1-Blocker (= Therapie der Wahl)

Allg: • Vor Anwendung eines selektiven α1-Blockers müssen folgende Erkrankungen gesucht und therapiert werden:
- Prostata-CA, s. 958
- Behandlungsbedürftige Prostatahypertrophie (Uro-Konsilium)

Bsp: • Tamsulosin, Terazosin, Alfuzosin, s. 1492

Falls ungenügend wirksam oder nicht verträglich, ad.:

b) Anticholinergikum

Bsp:

Oxybutynin	
DRIDASE®	• Initial: 3x 2.5 mg/d; bei Bedarf 3x 7.5-15 mg/d. • Maximaldosis 20 mg/d (in 3x)
LYRINEL® Oros®	• Initial 1x 5 mg/d • Bei Bedarf um 5 mg/Wo erhöhen • Maximaldosis 20 mg/d
KENTERA®	• 1 Pflaster (36 mg; 3,9 mg/24 h): 2x/Wo (neues Pflaster muss alle 3-4 d an einem anderen Ort aufgeklebt werden)
Tolterodin	
DETRUSITOL® SR	• Kaps SR (2 mg, 4 mg): 1x 4 mg/d
Fésotérodine	
TOVIAZ®	• Retardkaps 4, 8 mg: - Initial 1x 4 mg (morgends od. abends) - Dann je nach Klinik ↑ 1x 8 mg/d
Trospiumchlorid	
SPASMO-Urgenin® Neo	• 2x 20 mg/d
Darifenacin	
EMSELEX® Retardtabl	• 7.5-15 mg/d
Solifenacin	
VESIKUR®	• Initial: 1x 5 mg/d • Maximaldosis 1x 10 mg/d

KI: • Organische Harnretention mit Restharn:
- Prostatahypertrophie, Herzinsuffizienz u.a.
- Tachykardie
- Schwere Leberinsuffizienz
- Unbehandeltes Glaukom
- Dialysepatienten
- Schwere Colitis ulcerosa, Toxisches Megakolon
- Myasthenia gravis

NW: • Siehe s. 1177

Falls ungenügend wirksam oder nicht verträglich, ad.:

c) Uro-Konsilium. Weitere therapeutische Optionen siehe Punkt 4. und 5.

MIX

3.3. Therapie bei der postmenopausalen Frau

- Therapie der Wahl: vaginale Östrogenpräparate, wie z.B.:
  - ORTHO-GYNEST® Creme Estriol:
    - -- 1 Appl./0.5 g abends während 2 Wo, dann 2x/Wo
  - ESTRING® (Estradiolring):
    - -- Anbringen eines Ringes; alle 3 Monate auswechseln

4. Sonstige Therapieoptionen

- Vaginale oder rektale Elektrostimulation
- Implantation eine Stimulators in der Sakralregion, was zu einer Neuromodulation führt.
- Magnetstimulation
- Botulinum-Toxin Injektionen in den M. Detrusor

5. Chirurgische Therapie (motoneuronale Ablation, Zystoplastie)

FORMELN

Formeln

Alkohol Serumspiegel

Allg:
- Ethanol: 1 g = 1.26 mL = 7 kcal = 29.4 kJ = 22 mOsmol
- 1 ‰ Ethanol = 22 mmol/L = 100 mg/dL = 1 g/L, siehe auch S. 438

1 *Standard Drink*: 10-12 g Alkohol (70-80 kcal)
= **1 Glas Wein** (1.25 dL)
= 1 kleine Flasche Bier (3-4 dL)

- **1 Flasche Wein** (7.5 dL) ≅ 75 g Ethanol (530 kcal)
- 1 Flasche Bier (3.3 dL) ≅ 10-13 g Ethanol (90 kcal)
- Grenzwert zum Führen von Fahrzeugen in der Schweiz: ≤ **0.5 ‰**

For: **Alkoholspiegel** [g/L] (theoretisch) =

$$\text{Alkoholspiegel [g/L]} = \frac{\text{Eingenommene Menge [mL]} \times \text{Alkoholvolumen [\%]} \times 0.8}{60^{\ddagger} \times \text{Körpergewicht [kg]}}$$

‡ Beim Kind beträgt der Koeffizient 70.

Bsp: Ein Proband mit 70 kg trinkt eine Flasche Rotwein (750 mL).
Berechnung: (750 mL x 12 % x 0.8) ÷ (60 x 70 kg) = 1.7 g/L (= 1.7 ‰)

For: WIDMARK Formel:
Alkohol-Spitzenkonzentration [g/L] = **Eingenommene Menge Alkohol** [g]/**KG** [kg]/**0.7**

Bsp: Proband 80 kg, nach 1 Flasche Wein (0.75 L = 75 g Alkohol).
Berechnung : (75 g/80 kg) ÷ 0.7 = 1.3 g/L (= 1.3 ‰)

For: **Approximative Alkoholverminderung/h = 3 mmol/L (oder 0.13 g/L oder 0.13 ‰)**

Alveolo-arterielle Sauerstoffdifferenz = Alveolo-arterieller Gradient

Allg:
- Der alveolo-arterielle Sauerstoffgradient ist ein unspezifischer Parameter, der bei vorhandenen arterio-venösen Shunts erhöht ist.
- Im Alter nimmt die Sauerstoffdifferenz zu.
- Der alveolo-arterielle Gradient ist erhöht, wenn eine **hypoxämische Hyperkapnie Krankheit** besteht, wie zum Beispiel bei:
  - Lungenembolie
  - Fortgeschrittenem COPD
  - Schwerem Asthma
  - Schwerer Pneumonie
  - ARDS
- Hingegen wird ein Patient mit Narkotika-Intoxikation einen stark erhöhten $PaCO_2$- und niedrigen PaO_2-Druck aufweisen. Der alveolo-arterielle Gradient wird aber normal sein, weil keine hypoxämisierende Erkrankung zu Grunde liegt.

N: ⦿ 0.6 - 2.6 kPa. Wenn der Gradient **> 3-4 kPa** ist, bestehen arterio-venöse Shunts.
⦿ 4.5 - 20 mmHg. Wenn der Gradient **> 22.5-30 mmHg** ist, bestehen arterio-venöse Shunts.

For: **In kPa:** **19 kPa§ - [PaO_2 + ($PaCO_2$ ÷ 0.8)]**

Bsp: Patient mit: PaO_2 8 kPa, $PaCO_2$ 7 kPa
Berechnung:
Alveolo-arterieller Sauerstoffgradient = 19 – [8 + (7 ÷ 0.8)] = 2.25 kPa .
Es existieren keine arterio-venösen Shunts!

In mmHg: **150 mmHg§ - [PaO_2 + ($PaCO_2$ ÷ 0.8)]**

Bsp: Patient mit: PaO_2 60 mmHg, $PaCO_2$ 55 mmHg.
Berechnung:
Alveolo-arterieller Sauerstoffgradient = 150 – [60 + (55 ÷ 0.8)] = 21 mmHg
Es existieren keine arterio-venösen Shunts!

§ Es handelt sich hier um den inspiratorischen Sauerstoffdruck (PiO_2), wobei:

PiO_2	=	FiO_2 (P_B - P_{H2O})
FiO_2	=	inspirierte Sauerstofffraktion = 0.21 (bei Raumtemperatur)
P_B	=	barometrischer (atmosphärischer) Druck; ≅ 760 mmHg oder 101 kPa
P_{H2O}	=	Wasserdampfdruck; ≅ 47 mmHg oder 6.25 kPa
PaO_2	=	arterieller O_2-Druck
$PaCO_2$	=	arterieller CO_2-Druck

Arterio-venöse Sauerstoffdifferenz

Allg:
- Die arterio-venöse Sauerstoffdifferenz (Da-vO_2) ist in folgenden Situationen erhöht:
  - Schockzustand
  - Herzinsuffizienz
  - Körperliche Belastung u.a.

N: ⦿ ca. 5 mL O_2/dL

For:
- Die Formel der arterio-venösen Sauerstoffdifferenz wird mit folgendem Beispiel erläutert:
  - Hb ....15 g/dL (150 g/L)
  - Art Sauerstoffsättigung ......96 %
  - Ven. Sauerstoffsättigung ....75 %
  - PaO_2 ....96 mmHg oder 12.6 kPa
  - PvO_2 ....40 mmHg oder 5.3 kPa
  - K (Konstante) ....in mmHg: 0.0031; in kPa: 0.023

Da-vO_2 = CaO_2 - CvO_2 N: ca. 5 mL O_2/dL

Arterieller Sauerstoffanteil (N: ca. 20 mL O_2/dL)

Hb [g/dL] x 1.34 x art. Sauerstoffsättigung + (PaO_2 [mmHg† oder kPa††] x K)

† Bsp: 15 g/dL x 1.34 x 0.96 + (96 mmHg x 0.0031) = 19.6 mL O_2/dL
†† Bsp: 15 g/dL x 1.34 x 0.96 + (12.6 kPa x 0.023) = 19.6 mL O_2/dL

Venöser Sauerstoffanteil (N: ca. 15 mL O_2/dL)

Hb [g/dL] x 1.34 x ven. Sauerstoffsättigung + (PaO_2 [mmHg* oder kPa**] x K)

* Bsp: 15 g/dL x 1.34 x 0.75 + (40 mmHg x 0.0031) = 15.2 mL O_2/dL
** Bsp: 15 g/dL x 1.34 x 0.75 + (5.3 kPa x 0.023) = 15.2 mL O_2/dL

Arterieller Sauerstoffdruck

Allg:
- Die inspirierte Sauerstofffraktion (FiO_2) kann pneumotoxisch werden, wenn sie in einer Konzentration von 1.0 (= 100 %) während > 48 h appliziert wird, obwohl diese Toxizität schwierig zu evaluieren ist.
- Die Sauerstoffgabe ist bei einer **$FiO_2 \leq 0.60$** gering pneumotoxisch.

For: Normalwerte der arteriellen Sauerstoffdrücke in stehender bzw. liegender Position:

Patient in stehender Position

PaO_2 [mmHg] stehend: 104.2 mmHg - (0.27 x Alter [Jahre])

Bsp: 80-jähriger Patient, stehend: 104. 2 mmHg - (0.27 x 80) = 82.6 mmHg

PaO_2 [kPa] stehend: 13.86 kPa - (0.035 x Alter [Jahre])

Bsp: 80-jähriger Patient, stehend: 13.86 kPa - (0.035 x 80) = 11 kPa

Patient in liegender Position

PaO_2 [mmHg] liegend: 104.2 mmHg - (0.42 x Alter [Jahre])

Bsp: 80-jähriger Patient, liegend: 104. 2 mmHg - (0.42 x 80) = 70.6 mmHg

PaO_2 [kPa] liegend: 13.86 kPa - (0.055 x Alter [Jahre])

Bsp: 80-jähriger Patient, liegend: 13.86 kPa - (0.055 x 80) = 9.46 kPa

Arterieller Mitteldruck

For: **Art. Mitteldruck** [mmHg] = $\frac{\text{SBD} + (2\text{x DBD})}{3}$

oder: **Art. Mitteldruck** [mmHg] = DBD + $\frac{\text{SBD - DBD}}{3}$

Bsp: BD = 100/60 mmHg
Berechnung: Art. Mitteldruck = 100 + { (2 x 60) } ÷ 3 = 73 mmHg.
Dieser Mitteldruck erlaubt eine genügende zerebrale Perfusion, siehe Schema S. 573

Body mass index (BMI)

For: **BMI** = $\frac{\text{Körpergewicht [kg]}}{\text{Körperlänge [m]}^2}$

Bsp: Patient mit 80 kg, 1.70 m
Berechnung:
BMI = 80 ÷ $(1.70)^2$ = 27.7
Dieser Patient ist übergewichtig.

BMI	Klinische Diagnose	
< 18.5	Mager	
18.5- 24.9	Normalgewicht	
25 - 29.9	Übergewicht	
30 - 34.9	Mittelmässige Adipositas	(Klasse I)
35 - 39.9	Schwergradige Adipositas	(Klasse II)
≥ 40	Morbide Adipositas	(Klasse III)

Chlorid

Allg: • 1 mmol = 35.5 mg; ist v.a. ein extrazelluläres Ion, siehe Schema S. 1481
N: ⦿ Serumchlorid: 98-109 mmol/L
For: • Die folgende Formel dient zur Berechnung des Chloriddefizites, v.a. bei bestehender metabolischer Alkalose mit vermindertem extrazellulärem Volumen:

Chloriddefizit [mmol]: 0.27 x Körpergewicht [kg] x (100 – $\text{Serumchlorid}_{\text{gem}}$ [mmol/L])

Bsp: Patient 60 kg, gemessenes Serumchlorid 75 mmol/L
Berechnung:
Chloriddefizit = 0.27 x 60 x (100 – 75) = 405 mmol/L.
Ad. memorandum: 1 L NaCl 0.9 % = 154 mmol Cl^-

Digoxin

Allg: Folgende Formel erlaubt es, die Menge Digoxin zu berechnen, die sich im Körper eines Patienten unter Digoxintherapie befindet.

For: **Q [mg] = 5.6 x Digoxinserumspiegel [ng/mL§] x Körpergewicht [kg] x 0.001**

Q = Im Körper vorhandene Menge von Digoxin in Abhängigkeit des Plasmaspiegels

Bsp: Patient 70 kg, Digoxinserumspiegel 8 ng/mL (= 10.2 nmol/L).
Berechnung:
Q = 5.6 x 8 ng/mL x 70 kg x 0.001 = 3 mg Digoxin im Körper.

Intox: siehe S. 105
Bem: Siehe auch Kapitel «Digoxin», S. 1314

§ Umrechnungsfaktor von Digoxin: nmol/L in ng/mL: x 0.78

Eisendefizit

Allg: Die folgende Formel erlaubt es, die notwendige Eisenmenge zu berechnen, um eine Eisenmangelanämie zu korrigieren.

For: **Eisendefizit** [mg] = Körpergewicht [kg] x (Ziel-Hb [g/L] – Hb_{gem} [g/L]) x 0.24

Bsp: Proband, 75 kg, Ziel-Hb 130 g/L, Hb gemessen 70 g/L.
Berechnung:
Eisendefizit = 75 x (130 - 70) x 0.24 = 1080 mg
Bei einem Eisendefizit von 1080 mg dauert die Substitutionstherapie bei einer Dosierung von ca. 100 mg Eisen/d 2-3 Monate; wobei sich die Anämie nach ca. 1 Mt. korrigiert. Das Serumferritin normaliert sich erst nach ca. 3 Mt.

Gradient: Albumin Serum-Aszites

Allg: Eine portale Hypertonie ist wahrscheinlich, wenn:
- Albumin Serum-Aszites-Gradient ≥ 11 g/L oder > 150 µmol/L beträgt.

For: **Albumin Serum-Aszites Gradient** = Albumin‡ (Plasma) – Albumin‡ (Aszites)

‡ Albumin in g/L oder µmol/L, Konversionsfaktor von g/L in µmol/L = 14.5; von µmol/L in g/L = 0.069

Bsp: Patient mit einer Albuminämie von 50 g/L, Albumin im Aszites 35 g/L
Berechnung:
Gradient = 15 g/L. Das Vorhandensein einer portalen Hypertonie ist wahrscheinlich.

Hämoglobin: Korrektur eines Hämoglobindefizites

For: **Blutvolumen# (mL) = 3x Körpergewicht [kg] x 0.1 x (Ziel-Hb [g/L] – Hb_{gem} [g/L])**

Blutvolumen in Form von EC-Konzentraten in mL (1 EC-Konzentrat entspricht ca. 250-300 mL)

Bsp: Patient, 70 kg, Hb 70 g/L, Ziel-Hb nach der Bluttransfusion 100 g/L
Berechnung:
Zu substituierendes Blutvolumen = 3 x 70 x 0.1 x (100 – 70) = 630 mL
Um diese Anämie zu korrigieren, müssen 2 EC-Konzentrate transfundiert werden, vorausgesetzt, die Blutung schreitet nicht fort.

Idealgewicht (BROCA-Index)

For: **Mann:** **(Körpergrösse** [cm] **- 100) - {0.1 x (Körpergrösse** [cm] **- 100)}**

Bsp: Mann 1.80 m. Idealgewicht = (180 - 100) - {0.1 x (180 - 80) } = 72 kg

Frau: **(Körpergrösse** [cm] **- 100) - {0.15 x (Körpergrösse** [cm] **- 100)}**

Bsp: Frau 1.65 m. Idealgewicht = (165 - 100) - {0.15 x (165 - 100) } = 55.2 kg

Bem: Body mass index, siehe S. 681

Kaliumdefizit

Allg: Der menschliche Körper enthält ca. 55 mmol/kg Kalium (70 kg: ~ 3850 mmol = 150 g K^+)

For: **Kaliumdefizit** [mmol] = Kaliämie $_{Normwert}$ - Kaliämie $_{gemessen}$ [mmol] **x 370**

Bsp: Patient hat eine Hypokaliämie von 1.5 mmol/L (N: ca. 4.0 mmol/L).
Berechnung:
Kaliumdefizit = 4 - 1.5 x 370 = 925 mmol

Kalzium: korrigierte Kalzämie

Allg: • 1 mmol Ca^{2+} = 40 mg

N: ⦿ Kalzämie (gesamt): 2.1 - 2.5 mmol/L oder 8.5 -10.2 mg/dL
⦿ Ionisierte Kalzämie (Gesamtkalzium - gebundenes Kalzium): 1.13 - 1.30 mmol/L (pH 7.40)
⦿ Gebundenes Kalzium [mmol/L] = Gesamtkalzämie [mmol/L] x gebundenes Kalzium (%)

For: **Korrigierte Kalzämie in Abhängigkeit der Proteinkonzentration im Blut**

$$\textbf{Korrigiere Kalzämie}\ [\text{mmol/L}] = \frac{\text{Kalzämie}_{\text{gemessen}}}{0.55 + \dfrac{\text{Proteinämie [g/L]}}{160}}$$

Bsp: Patient mit gemessenem Serumkalzium von 1.98 mmol/L, Serumprotein 50 g/L (N: 60-80 g/L)
Berechnung:
Korrigiertes Serumkalzium = 1.98 ÷ {0.55 + (50 ÷ 160)} = 2.3 mmol/L
Es handelt sich um eine «falsche» Hypokalzämie bei bestehender Hypoproteinämie.

For: **Korrigierte Kalzämie in Abhängigkeit von der Albuminämie**

$$\textbf{Korrigierte Kalzämie}\ [\text{mmol/L}] = \text{Kalzämie}_{\text{gemessen}} - 0.025 \times (\text{Albuminämie [g/L]}^{*} - 40)$$

* Konversionsfaktor µmol/L in g/L: x 0.069; g/L in mmol/L: x 14.5

Bsp: Proband mit:
- Serumkalzium gemessen 1.8 mmol/L
- Serumalbumin 30 g/L (N: 40-60 g/L)

Berechnung:
Korrigiertes Serumkalzium = 1.8 – 0.025 x (30 – 40) = 2.05 mmol/L.
Es handelt sich um eine «echte» Hypokalzämie.

LDL-Cholesterin: FRIEDEWALD Formel (Clinical Chemistry 1972 ;18 :499-502)

Allg: Die FRIEDEWALD-Formel ist bei Triglyzeridwerten (TG) < 800 mg/dL validiert.

For: In mmol/L: **LDL-Cholesterin** = Totalcholesterin - HDL - (0.45 x Triglyzeride)
In mg/dL: **LDL-Cholesterin** = Totalcholesterin - HDL - (0.2 x Triglyzeride)

Bsp: Patientendaten:
- Gesamtcholesterin 260 mg/dL (6.5 mmol/L)
- HDL-Cholesterin 32 mg/dL (0.8 mmol/L)
- Triglyzeride 270 mg/dL (3 mmol/L)

Berechnung:
LDL-Cholesterin = 260 - 32 - (0.2 x 270) = 174 mg/dL

Lipidfraktion	SI- Normwerte → x 40 →	Traditionelle Normwerte
• LDL-Cholesterin	1.3-4.9 mmol/L	50-190 mg/dL
• HDL-Cholesterin	0.8-1.8 mmol/L	30-70 mg/dL
• Cholesterin (gesamt)	< 5.2 mmol/L	< 200 mg/dL
• Triglyzeride	< 1.8 mmol/L	< 160 mg/dL

Natrium

■ Natriumdefizit

Allg:
- Der Verteilungsraum des Natriums beschränkt sich v.a. auf den Extrazellulärraum (EZR). Nur ca. 5-10 mmol/L befinden sich im Intrazellularraum (IZR, siehe Schema S. 1481).
- Totales Körpernatrium = ca. 40 mmol Na^+/kg KG (bei 70 kg KG → 2800 mmol Na^+ = 65 g)

For: **Natriumdefizit** [mmol] = k x KG [kg] x (gewünschte Natriämie - gemessene Natriämie)

k (Frau) = 0.5
k (Mann) = 0.6

Bsp: Patientendaten:
- Frau, 60 kg
- Gemessene Natriämie 110 mmol/L
- Ziel-Natriämie 135 mmol/L

<u>Berechnung</u>:
Natriumdefizit = 0.5 x 60 x (135 – 110) = 750 mmol

■ Verlauf des Serumnatriums unter Natriumsubstitution

Allg:
- Diese Formel erlaubt es, bei bestehender Hyponatriämie, deren Verlauf bei Na^+-Infusionen zu bestimmen.
- Diese Berechnung ist hypothetisch, denn die Diurese, welche durch die Rehydratation induziert wird, ist dabei nicht berücksichtigt.

For: **Verlauf der Natriämie**

$$\text{Verlauf der Natriämie} = \frac{\text{Infundiertes } Na^+ [\text{mmol/L}] - \text{Natriämie}_{\text{gemessen}}}{0.5^{¥} \times \text{Körpergewicht [kg]} + 1}$$

Bsp: Frau 60 kg, mit akuter Hyponatriämie 110 mmol/L. Es wird 1 Liter NaCl 0.9 % **IV** (154 mmol/L Na^+) verabreicht.

A. ***Wie hoch wird die Natriämie nach einer Infusion von 1 Liter NaCl 0.9 % sein?***

→ Serumnatriumänderung = (154 - 110) ÷ [(0.5 x 60)+ 1] = + 1.4 mmol/L
Die Natriämie wird also auf 111.4 mmol/L ansteigen.
Korrekturgeschwindigkeit des Serumnatriumspiegels, siehe S. 1398

B. ***Wie schnell soll in diesem Beispiel eine NaCl 0.9 % Infusion verabreicht werden, um die Hyponatriämie um 1 mmol/h zu erhöhen?***

→ 1 L NaCl 0.9 % in 1 h 25 min (denn 1 L NaCl 0.9 % erhöht die Natriämie um ca. 1.4 mmol/L).

■ Serumnatriumänderung unter kaliumhaltiger Natriumsubstitution

Allg:
- Diese Formel erlaubt es, bei bestehender Hyponatriämie, deren Verlauf zu bestimmen, welcher durch eine Na-Infusion mit Kaliumzusatz beeinflusst wird.
Diese Berechnung ist hypothetisch, denn die Diurese, welche durch die Rehydratation induziert wird, ist dabei nicht berücksichtigt.

For: **Verlauf der Natriämie**

$$\text{Verlauf der Natriämie} = \frac{\text{Infundiertes } Na^+ [\text{mmol/L}] + K^+ [\text{mmol/L}] - \text{Natriämie}_{\text{gemessen}}}{0.5^{¥} \times \text{Körpergewicht [kg]} + 1}$$

¥ Die geschätzte totale Wassermenge ist alters- und geschlechtsabhängig. Einfachheitshalber wird 0.5 als Mittelwert angenommen; siehe auch Schema S. 1481.

Korrigierte Natriämie

For: **Natriämie bei bestehender Hyperglykämie**

In mmol/L:

$Na^+_{korr.} = Na^+_{gem.} + 0.3 \times (Blutzucker_{gem.} - 5\ mmol/L)$

Bsp: Blutzucker 30 mmol/L, Na^+ gemessen 124 mmol/L
Berechnung: Na^+ korr. = 124 + 0.3 (30 – 5) = 132 mmol/L

oder:

$Na^+_{korr.} = Na^+_{gem.}$ + (2.5 mmol pro 5 mmol Glukose > 10 mmol/L)

Bsp: Blutzucker 30 mmol/L, Na^+ gemessen 124 mmol/L
Berechnung: Na^+ korr. = 124 + (4 x 2.5) = 134 mmol/L

In mg/dL:

$Na^+_{korr.} = Na^+_{gem.} + 0.016 \times (Blutzucker_{gem.} - 100\ mg/dL)$

For: **Natriämie bei bestehender Hypertriglyzeridämie**

In mmol/L:

$Na^+_{korr.} = Na^+_{gem.} + (Na^+_{gem.} \times K \times 0.01)$

K = (TG [mmol/L] x 0.18) - 0.6

Bsp: Serum-TG 20 mmol/L, Na^+ gemessen 124 mmol/L
Berechnung: Na^+ korr. = 124 + (124 x {(20 x 0.18) - 0.6} x 0.01) = 127.7 mmol/L

oder:

$Na^+_{korr.} = Na^+_{gem.}$ + (1 mmol pro 5.2 mmol TG-Erhöhung ab TG-Werten über 2 mmol/L)

Bsp: Serum-TG 15 mmol/L, Na^+ gemessen 124 mmol/L
Berechnung: Na^+ korr. = 124 + (ca. 2.5) = 126.5 mmol/L

In mg/dL:

$Na^+_{korr.} = Na^+_{gem.} + (Na^+_{gem.} \times K \times 0.01)$

oder:

$Na^+_{korr.} = Na^+_{gem.}$ + (1 mmol pro 460 mg/dL TG-Erhöhung ab TG-Werten > 160 mg/dL)

For: **Natriämie bei bestehender Hyperproteinämie (bei Serumproteinen > 80 g/L)**

$Na^+_{korr.} = Na^+_{gem.}$ + (Proteinämie x 0.025)

Bsp: Serumproteine 88 g/L; gemessene Natriämie 124 mmol/L
Berechnung: Na^+ korr. = 124 + (88 x 0.025) = 126.2 mmol/L

Extraktionsfraktion von Natrium (EF)

N: ⊙ 1.0 - 2.0 %

Allg: • Es handelt sich um den im Endurin vorgefundenen %-Anteil des Natriums, welcher durch die Nierenglomeruli filtriert wurde.

Klin: • Bei akuter, oligurischer Niereninsuffizienz kann die EF wie folgt interpretiert werden:
- EF < 1 % ≅ **Natriumretention**
  → Klinische Bedeutung: Es handelt sich um eine Niereninsuffizienz vom «prärenalen» Typ, oft Folge einer Hypovolämie (diuretikaunabhängig).
- EF > 1 % ≅ **Renaler Natriumverlust**
  → Klinische Bedeutung: Es handelt sich um eine Niereninsuffizienz vom «intrarenalen» Typ.

Bem: • Die gleichzeitige Einnahme von Diuretika erhöht fälschlicherweise die EF von Na^+. Die Unterscheidung von «prärenal» und «intrarenal» ist in diesem Fall nicht mehr zuverlässig.

For:
$$\textbf{EF Na}^+ = \frac{Na^+_{Urin}\ [mmol/L] \times Kreatinin_{Plasma}\ [\mu mol/L]}{Na^+_{Plasma}\ [mmol/L] \times Kreatinin_{Urin}\ [\mu mol/L]} \times 100$$

Bsp: Na^+Urin 5 mmol/L; Kreatinin Urin 14'206 µmol/L
Na^+Plasma 124 mmol/L; Kreatinin Plasma 89 µmol/L
Berechnung:
EF Na^+ = [(5 x 89) ÷ (124 x 14'206)] x 100 = 0.02.
Hier handelt es sich um eine intensive renale Natriumretention bei einem Zirrhotiker, welcher im Verlauf eine prärenale Niereninsuffizienz und dann ein hepatorenales Syndrom entwickelt.

***Number needed to treat** (NNT)*

Allg: • Bei der Gegenüberstellung zweier Therapiearten gibt der statistische Wert «NNT» diejenige Anzahl Patienten an, welche therapiert werden müssten, um ein einziges Ereignis zu verhindern.
• Wenn der **NNT < 40** beträgt, kann die getestete Therapieoption als «akzeptabel» angesehen werden (kein Konsens).

For:
$$\textbf{NNT} = \frac{1}{\text{\%-Anteil}^*} \times 100$$

* Es handelt sich um den prozentualen Unterschied von 2 Endpoints (z.B. Mortalität oder Morbidität) bezüglich 2 Therapieoptionen.

Allg: End-point: 5-Jahres CVI-Risiko einer symptomatischen Karotisstenose von 50-69 %:
Es werden nun 2 Therapieoptionen verglichen:
1. Medikamentöse Therapie → Hirnschlag bei 22 %
2. Endarteriektomie → Hirnschlag bei 15 %.

Berechnung:
NNT = 1 ÷ (22 % - 15 %) x 100 = 14.3
Es müssen ca. 15 Patienten endarteriektomisiert werden, um 1 CVI innerhalb von 5 Jahren zu verhindern.

Osmolalität (Blut)

N: ⦿ 288-290 mmol/kg Wasser

Allg:
- Die Osmolalität des Blutes wird in Anzahl mmol/kg (traditionelle Einheiten: mOsm/kg) plasmatischen Wassers angegeben.
- Klinisch werden Osmolalitäten > 340 mmol/kg oder < 250 mmol/kg relevant.
- Die Plasmaosmolalität spielt bei der DD der Hyponatriämie eine essentielle Rolle, S. 1399!

For: **A. Osmolalität in SI-Einheiten [mmol/kg]**

Osmolalität = 2 x Na^+ [mmol/L] + Blutzucker [mmol/L] + Harnstoff [mmol/L]

Bsp: Patientendaten:
- Natriämie gemessen 128 mmol/L
- Blutzucker 5 mmol/L
- Harnstoff 4 mmol/L

Berechnung:
Blutosmolalität = 2x 128 + 5 + 4 = 265 mmol/kg Wasser
Es handelt sich um eine hypoosmolare Hyponatriämie, siehe Algorithums S. 1400

B. Osmolalität in traditionellen Einheiten [mOsm/kg]

$$\textbf{Osmolalität [mOsm/kg]} = 2 \times Na^+ \text{ [mEq/L]} + \frac{\text{Blutzucker [mg/dL]}}{18} + \frac{\text{Harnstoff [mg/dL]}}{2.8}$$

Bsp: Patientendaten:
- Natriämie gemessen 128 mmol/L
- Blutzucker 90 mg/dL
- Harnstoff 4 mmol/L

Berechnung:
Blutosmolalität = 2x 128 + (90 ÷ 18) + 4 = 265 mmol/kg Wasser
Es handelt sich um eine hypoosmolare Hyponatriämie, siehe Algorithums S. 1400

Osmolarität

Allg: Osmolarität = Anzahl Osmole pro Liter Lösung.
Die osmolare Plasmakonzentration gibt Auskunft über den **osmotischen Druck.**
Der osmotische Druck, welcher durch die Proteine entsteht, heisst **onkotischer Druck**.

Osmotisches Loch (OL)

Allg:
- Das osmotische Loch entspricht den elektrisch neutralen Molekülen, welche am osmotischen Geschehen des Plasmas teilnehmen.
- Beim Vorhandensein nachfolgender Substanzen ist das OL vergrössert, da sie die plasmatische Osmolalität erhöhen:
  - Mannitol (580 mmol/kg, Molekulargewicht 182.17 mg/mmol)
  - Ethanol (21.7 mmol/kg, Molekulargewicht 46.07 mg/mmol)
  - Ethylenglycol (16.13 mmol/kg, Molekulargewicht 62 mg/mmol)
  - Methanol (31.25 mmol/kg, Molekulargewicht 32 mg/mmol)
- **Schätzung des Einflusses von Alkohol auf die Serumosmolalität**:*

SI-Einheiten:	Alkoholspiegel [mmol/L] **x 1.25**
Traditionelle Einheiten:	Alkoholspiegel [mg/dL] **÷ 3.7**

Bsp: Patient mit Alkoholserumspiegel von 44 mmol/L (= 2 ‰ oder 200 mg/dL).
Der Alkohol (bzw. Ethanol) ist verantwortlich für folgende Osmolalität:
44 x 1.25 = 55 mmol/kg.
Dieses Resultat soll dem berechneten OL gegenübergestellt werden.

N: ⦿ < 10 mmol/kg Wasser (traditionelle Einheiten: mOsm/L)

For: **OL** [mmol/L] = $\text{Osmolalität}_{\text{gemessen}} - \text{Osmolalität}_{\text{berechnet}}$

Bsp: Person mit Alkoholintoxikation:
- Alkoholserumspiegel 20 mmol/L + evtl. andere toxische Substanzen
- Serumnatrium 140 mmol/L
- Harnstoff 5 mmol/L
- Blutzucker 110 mg/dL
- <u>Gemessene Osmolalität</u>‡
  = 356 mmol/L
- <u>Berechnete Osmolalität</u>
  = 2 x Na^+ [mmol/L] + (Blutzucker [mg/dL] x 0.055) + Harnstoff [mmol/L]
  oder vereinfacht: 2x (Na^+ + K^+)

  Berechnung der Osmolalität: 2x 140 + (110 x 0.055) + 5 = 291 mmol/kg.

<u>Berechnung des osmotischen Loches</u>:

OL = 356 – 291 = 65 mmol/L.

Kommentar: Der Alkoholspiegel von 20 mmol/L erlaubt es, das OL von 65 auf 45 mmol/L zu reduzieren, er erklärt es aber nicht.
Die Bestimmung von Ethylenglycol im Blut (1 mmol = 62 mg) gibt uns die Lösung des «Rätsels», denn sie beträgt 2.8 g (= 45 mmol/L).

* Man beobachtet, dass sich das residuelle OL durch höheren Serumspiegel des Alkohols vergrössert. Mit dem Faktor 1.25 (SI-Einheiten) kann dieses Phänomen korrigiert werden.

‡ Gemessene Osmolalität = Messung durch Kryoskopie: der Gefrierpunkt des Plasmas sinkt mit dem Absinken der Osmolalität (1 Osmol/kg Wasser senkt den Gefrierpunkt um 1.86°C). Bsp: Ein Absinken des Gefrierpunktes um 0.8°C entspricht einer Osmolalität von 1000 x 0.5/1.86 = 268 mmol/L.

Retikulozytenindex

Allg: • Der Retikulozytenindex dient zur Objektivierung der therapeutischen Wirksamkeit der Eisen-, Folsäure- oder Vitamin B12-Substitution.

DD: • **Retikulozyten ↑:**
- Blutverlust oder St. nach Erythrozytenzerstörung (3- bis 6-facher Retikulozytenanstieg)
- Nach Eisensubstitutionstherapie bei Eisenmangelanämie
- Nach Behandlung megaloblastischer Anämien (z.B. Vitamin B12 ± Folsäure)

• **Retikulozyten ↓:**
- Ineffiziente Erythropoese verschiedener Ursachen
- Alkoholismus
- Hypothyreose

N : ⦿ SI-Einheiten: 10-75 x 10^9/L oder retikukozytäre Fraktion: 0.001-0.024
⦿ Traditionelle Einheiten: 10'000-75'000/mm^3 oder retikulozytäre Fraktion: 1-24 ‰

For: $$\textbf{Retikulozytenindex} = \text{Retikulozyten [\%]} \times \frac{Ht_{gem.}}{0.45^{¶}} \times \frac{1}{1.85^{‡}}$$

‡ 1.85 entspricht der Reifezeit eines Retikulozyten bis zum Erythroyzyten.
¶ 0.45 = normales Hämatokrit

Interpretation des Retikulozytenindex
- < 2 % weist auf eine hypogenerative Komponente der Anämie hin.
- > 2-3% weist auf eine Erythrozytensynthesesteigerung hin (generative Anämie)

Bsp: Patient mit 6 % (60 ‰) Retikulozyten, gemessenem Hkt 0.25
Berechnung:
Retikulozytenindex = 6 x (0.25 ÷ 0.45) x 0.54 = 1.8 %.
Es handelt sich um eine hypogenerative Anämie.

Shunt: intrapulmonal (Qs/Qt)

N:
- Spontanatmung: physiologisches Shuntvolumen = 5-10 % des aortalen Auswurfvolumens
- Intubierter, beatmeter Patient ohne Lungenerkrankung = 10-15 %

Allg:
- Der intrapulmonale Shunt ist in folgenden Situationen erhöht:
  - Schwergradige Pneumopathien (schwere Pneumonien, ARDS u.a.)
  - Lungenembolie, Herzinsuffizienz
  - Starke körperliche Belastung
  - Maschinelle Beatmung mit positivem Druck
- Die untenstehende Formel ist nur gültig bei einer FiO_2 von 1.0!

Bsp:
- Beispiel eines intubierten Patienten mit folgenden Laborparametern:
  - Hb 15 g/dL (150 g/L)
  - $PaCO_2$ 5.3 kPa (40 mmHg)
  - Arterielle O_2-Sättigung 0.96
  - PaO_2 12.6 kPa (96 mmHg)
  - Venöse O_2-Sättigung 0.75
  - Kapillare O_2-Sättigung 1.0 (FiO_2 1.0)

  Berechung:

  Qs ÷ Qt = {(21 - 19.6) ÷ (21 - 15.2)} x 100 = 24 %

  Dieser intubierte Patient weist, mit 24 %, ein hohes Shuntvolumen auf.

For:

$$\frac{Q_s}{Q_t}\ [\%] = \frac{CcO_2 - CaO_2}{CcO_2 - CvO_2} \times 100 \quad [N: 5\text{-}10\ \%]$$

Kapillarer Sauerstoffanteil

Hb [g/dL] x 1.34 x kapillare Sauerstoffsättigung + ($Pc'O_2$ x K)

Bsp [mmHg]: 15 g/dL x 1.34 x 1.0 + (568 mmHg x 0.0031) = 21 mL O_2/dL
Bsp [kPa]: 15 g/dL x 1.34 x 1.0 + (75.5 kPa x 0.023) = 21 mL O_2/dL

Arterieller Sauerstoffanteil (N: ca. 20 mL O_2/dL)

Hb [g/dL] x 1.34 x arterielle Sauerstoffsättigung + (PaO_2 x K)

Ex [mmHg]: 15 g/dL x 1.34 x 0.96 + (96 mmHg x 0.0031) = 19.6 mL O_2/dL
Ex [kPa]: 15 g/dL x 1.34 x 0.96 + (12.6 kPa x 0.023) = 19.6 mL O_2/dL

Venöser Sauerstoffanteil (N: ca. 15 mL O_2/dL)

Hb [g/dL] x 1.34 x venöse Sauerstoffsättigung + (PaO_2 x K)

Bsp [mmHg]: 15 g/dL x 1.34 x 0.75 + (40 mmHg x 0.0031) = 15.2 mL O_2/dL
Bsp [kPa]: 15 g/dL x 1.34 x 0.75 + (5.3 kPa x 0.023) = 15.2 mL O_2/dL

Kapillarer Sauerstoffanteil

Hb [g/dL] x 1.34 x kapillare Sauerstoffsättigung + ($Pc'O_2$ x K)

Bsp [mmHg]: 15 g/dL x 1.34 x 1.0 + (568 mmHg x 0.0031) = 21 mL O_2/dL
Bsp [kPa]: 15 g/dL x 1.34 x 1.0 + (75.5 kPa x 0.023) = 21 mL O_2/dL

Interpretation der Ratio: Qs/Qt

< 10 %	Normal
10-20 %	Mittelmässiges Shuntvolumen. Der Patient kann i.d.R. noch spontan oxygenieren.
20-30 %	Schwergradiger Shunt. Verlangt oft hohe FiO_2. Bei hypoxie-intoleranten Patienten (z.B. Herzinsuffizienz) kann ein solches Shuntvolumen lebesbedrohlich werden.
> 30 %	Sehr schwerwiegender Shunt (Ursachen dieser Shunts, siehe oben)

Qs	=	totales Auswurfvolumen
Qt	=	intrapulmonales Shuntvolumen
CcO_2	=	kapillarer Sauerstoffanteil
CaO_2	=	arterieller Sauerstoffanteil
CvO_2	=	venöser Sauerstoffanteil
$Pc'O_2$	=	pulmonal kapillarer Sauerstoffdruck = FiO_2 (PB- PH_2O) - $PaCO_2$ ÷ 0.8 - PaO_2 - in mmHg: 1.0 (760 mmHg - 47 mmHg) - 40 mmHg ÷ 0.8 - 95 mmHg = 568 mmHg - in kPa: 1.0 (101 kPa - 6.25 kPa) - 5.3 kPa/0.8 - 12.6 kPa = 75.5 kPa
PiO_2	=	Sauerstoffdruck der Einatmungsluft = FiO_2 (PB - PH_2O)
FiO_2	=	inspirierte Sauerstofffraktion; bei Raumtemperatur = 0.21
PB	=	barometrischer (atmosphärischer) Druck; ≅ 760 mmHg oder 101 kPa
PH_2O	=	Wasserdampfdruck; ≅ 47 mmHg oder 6.25 kPa
PaO_2	=	arterieller Sauerstoffdruck
$PaCO_2$	=	arterieller CO_2 Druck
1.34	=	Oxygenationsvermögen des Hämoglobins
K	=	Konstante: für mmHg = 0.0031; für kPa = 0.023

Stickstoffbilanz (Formel nach LEE & HARTLEY)

Allg:
- In einem gesundem Organismus besteht ein Gleichgewicht zwischen der Zufuhr und der Aussscheidung des Stickstoffes.
- Zielwert der Stickstoffbilanz: + 4-6 g
- 1 g Stickstoff (N) = 2 g Urinharnstoff ≅ 6.25 g Protein ≅ 20-30 g Muskelgewebe
- 1 mmol Stickstoff = 14 mg (Konversion von g/L in mmol/L: x 70)

DD:
- **Positive Stickstoffbilanz** (= Anabolismus)
  - Schwangerschaft
  - Während der Wachstumsphase
  - Akromegalie
- **Negative Stickstoffbilanz** (= Katabolismus)
  - Ungenügende Proteinzufuhr
  - Malabsorption
  - Kortikoide
  - Schwere Infektionen
  - Verbrennungen, Polytrauma

For: **Stickstoffbilanz = Zufuhr - Ausscheidung***

Stickstoffzufuhr

a) Bei enteraler Ernährung:

Stickstoffzufuhr [g/24 h] = Proteinzufuhr [g/24 h] / 6.25

b) Bei parenteraler Ernährung:

Stickstoffkonzentration [g/L] der parenteralen Ernährung x verabreichte Flüssigkeit [L]/24h

Stickstoffausscheidung*

Stickstoffausscheidung [g/24h] = 1.2 x Urinharnstoff* [g/24 h] + 2 g**

Konversionsfaktor von Stickstoff im Urin: g/24h in mmol/24 h: 35.7; mmol/24 h in g/24 h: 0.028

Bsp: Patient mit enteraler Proteinzufuhr von 50 g/24 h, Urinharnstoff/24 h 12 g (ca. 430 mmol/24 h).

Berechnung:
- Stickstoffzufuhr: 50 g/6.25 = 8 g/24 h
- Stickstoffausscheidung: 1.2 x 12 g + 2 g** = 16.4 g/24 h

Stickstoffbilanz: 8 g (Zufuhr) – 16.4 g (Ausscheidung) = - 8.4 g

Es handelt sich also um eine negative Stickstoffbilanz (Katabolismus).

Bem: Bei extrarenalem Stickstoffverlust ist die Formel von LEE & HARTLEY nicht anwendbar, z.B.:
- Exsudative Enteropathie
- Dermatose, akute Hautläsionen
- Urämie

* Die Stickstoffausscheidung wird mit der renalen Harnstoffausscheidungsrate gemessen, da die Stickstoffsynthese vorwiegend in Form von Harnstoff stattfindet. Bei einer Ausscheidung von > 30 g Harnstoff/24 h, sollen 4-6 g addiert werden (anstatt 2 g).

** Diese 2 g (für andere Autoren 4 g) entsprechen einer zusätzlichen Ausscheidung von Stickstoff (extrarenal, in Form von Ammonium, Kreatinin u.a.)

Temperatur

For: °Celsius = (°F - 32) ÷ 1.8 °Fahrenheit = (°C x 1.8) + 32

Bsp: 37.8°C = 100°F

Transferrinsättigung

N:
- ◉ Transferrinsättigung...................... ≥ 0.16 - 0.20 (oder ≥ 16 - 20 %)
- ◉ Transferrin .... 1.7 - 3.7 g/L
- ◉ Totale Eisenbindungskapazität .... 45-82 µmol/L

For: $$\textbf{Transferrinsättigung} = \frac{\text{Serumeisen [µmol/L]}}{\text{TEBK [µmol/L]}}$$

TEBK (Totale Eisenbindungskapazität) = Transferrin [g/L] x 17.9*
* Konversionsfaktor

Bsp: Patientendaten:
- Serumeisen 4.1 µmol/L
- Totale Eisenbindungskapazität 78 µmol/L
- Anämie mit Hb 98 g/L

<u>Berechung</u>:
Transferrinsättigung = 4.1 ÷ 78 = 0.05 (5 %).
Es handelt sich um eine Eisenmangelanämie.

Allg:
- Bei bestehender Hepatopathie kann das Serumeisen (wie auch Ferritin) fälschlicherweise erhöht sein. Die Transferrinsättigung kann somit ebenfalls falsch hoch gemessen werden.

DD:
- Siehe Kapitel Labor, S. 1432

Bem:
- **Hämochromatose**
  - Verdächtige Hämochromatose bei einer Transferrinsättigung > 0.45 (> 45 %).
  - Wahrscheinliche Hämochromatose bei einer Transferrinsättigung > 0.60 (> 60 %).

Geschätzte totale Wassermenge im menschlichen Körper

Allg:
- Die **totale Wassermenge** ist eine Fraktion des Körpergewichtes in kg.

Mann:	• jung:	0.6 x Körpergewicht	siehe Schema, s. 1481
	• alt:	0.5 x Körpergewicht	
Frau:	• jung:	0.5 x Körpergewicht	
	• alt:	0.45 x Körpergewicht	

Bsp: 80-jähriger Mann, 70 kg schwer.
Berechnung:
0.5 x 70 kg = 35 L. Dieser Mann hat eine totale Wassermenge von 35 Liter.

Flüssigkeitszufuhr- und ausscheidung

Allg:
- Normaler **Flüssigkeitszufuhr**: ca. 1600 mL Flüssigkeit/Tag:
  - 500 mL Direkte orale Flüssigkeitseinnahme
  - 850 mL Flüssigkeitseinnahme mittels Nahrung
  - 350 mL Oxydationsflüssigkeitseinnahme
- Normaler **Flüssigkeitsausscheidung**: ca. 1600 mL Flüssigkeit/Tag:
  - 500 mL Harn
  - 500 mL Haut
  - 400 mL Atemsystem
  - 200 mL Stuhl

Flüssigkeitsbedarf

Allg:
- **Flüssigkeitsbedarf** zur Beibehaltung der Flüssigkeitshomöostase
  - 1500 mL + 20 mL/kg für Körpergewicht > 20 kg. Maximaler Wasserbedarf: 2400 mL/d.
  - Vereinfacht: 30-40 mL/kg Körpergewicht (Kind: ca. 100 mL/kg Körpergewicht)
- Bei **Fieber** beträgt der Flüssigkeitsverlust zusätzlich 100-150 mL pro °C > 37°C.

Bsp: Proband 60 kg, afebril.
Berechnung:
1500 mL + 40 x 20 mL = 2300 mL (= 96 mL/h)
Dieser Proband hat einen durchschnittlichen Wasserbedarf von 2.3 Liter/24 h.

Freies Wasserdefizit und Flüssigkeitssubstitution

Allg: Das Wasserdefizit kann bei Patienten mit Hypernatriämie wie folgt bestimmt werden:

For: **Freies Wasserdefizit** [L] = K x Körpergewicht [kg] x { (Natriämie$_{gem}$ /140) – 1}

K = Wasseranteil bezügl. des Körpergewichtes bei Wasserdepletierten Patienten:
- Männer: 50 % → K = 0.5
- Frauen: 40 % → K = 0.4

Bsp: Junge Frau 60 kg, Natriämie 164 mmol/L, Kaliämie 3.5 mmol/L
Diurese: 100 mL/h mit Na^{+}_{Urin} 60 mmol/L und K^{+}_{Urin} 25 mmol/L
Berechnung:
0.4 x 60 x { (164 ÷ 140) – 1} = 4.0 L.
Die Patientin hat ein freies Wasserdefizit von 4 Liter (4 L G-5% oder 8 L NaCl 0.45%). Das Ersetzten dieses Flüssigkeitsmenge erlaubt es, eine Natriämie von 140 mmol/L zu erreichen.
Infusionsgeschwindigkeit:
Der Anstieg der Na^{+}-Konzentration von 24 mmol/L soll arbiträr in ca. 48 h geschehen (= ca. 80 mL/h **IV**).
Infusionsgeschwindigkeit < 0.5 mmol/L/h bzw. < 12 mmol/L/24 h!
Welche Flüssigkeit soll perfundiert werden?
Die Menge der zu substituierenden Flüssigkeit hängt von dessen Elektrolytkonzentration ab. Je höher die Elektrolytkonzentration, desto niedriger der Anteil des freien Wassers (siehe Tabelle s. 1513).
Zusätzlich müssen aber folgende Flüssigkeitsverluste ersetzt werden (total 90 mL/h):
1. *Perspiratio insensibilis* (Haut und Atemsystem, s. 1513): **+ 30-40 mL/h**
2. Urinvolumen. In unserem Beispiel kann dieser Teil wie folgt ausgerechnet werden:
   - Die Summe von Na^{+}_{Urin} + K^{+}_{Urin} ergibt ca. die Hälfte derjenigen deren Serumkonzentration.
     → Der freie Wasserverlust beträgt die Hälfte der effektiven Diurese.
     → Es sollen also ca. **+ 50 mL/h** freies Wasser zusätzlich verabreicht werden.
3. GI-Verluste (ca. 200 mL Wasser im 24 h-Stuhl)
   - Zusätzlich soll **+ 8 mL/h** verabreicht werden.

CAVE: Jegliche zusätzliche Gabe von KCl oder HCO_3^- vemindert den Gehalt an freiem Wasser in der gleichen Proportion wie die NaCl-Zugabe!

Bem: Bei vermindertem EZV (z.B. Hypernatriämie bei Diabetes insipidus) wird das Wasserdefizit mit dieser Formel unterschätzt. Der Faktor «0.6» der Formel, welcher dem intrazellulären Flüssigkeitsanteil entspricht, sollte höher sein, siehe Schema S. 1481

Für die PRAXIS:

- Infusionsgeschwindigkeit: < 0.5 mmol/L/h oder < 12 mmol/L/24 h
- Bei zu schneller Salzgabe besteht das Risiko eines Hirnödems!

Freies Wasser

Allg:

Substitutionsflüssigkeit	Gehalt an freiem Wasser	Beispiel bei Infusion von 1 L
▪ **Glukose 5 %**	100 % freies Wasser	= **1000 mL** freies Wasser
▪ **NaCl 0.45 %**	50 % freies Wasser	= **500 mL** freies Wasser
▪ **NaCl 0.9 %**	0 % freies Wasser	= **0 mL** freies Wasser

Bsp: Ein Patient hat ein freies Wasserdefizit von 3 Liter.
Das fehlende freie Wasser kann wie folgt zugeführt werden:
- 6 Liter NaCL 0.45 % Lösung **IV**
- 3 Liter Glukose 5 % **IV**

CAVE: Aber IMMER die Infusiongeschwindigketi respektieren.

Clearance des freien Wassers

Allg: Die freie Wasser-Clearance (CH_2O) erlaubt es, die renale Konzentrations- und Dilutionsfähigkeit des Urins zu quantifizieren.

CH_2O	klinische Interpretation	Beispiele
Null	Normalurin	
positiv	verdünnter Urin	Diabetes insipidus
negativ	konzentrierter Urin	Dehydratation, Wasserrestriktion, SIADH

For: **CH_2O** (mL/min) = Diurese/24 h [mL/min] x {1 - (Osm_{Urin}/Osm_{Plasma})}

Osm_{Plasma} = Plasmaosmolalität in mmol/kg (bzw. mOsm/kg)
= 2 x Na^+ [mmol/L] + (Glukose [mg/dL] x 0.055)+ Harnstoff [mmol/L]

Osm_{Urin} = Urinosmolalität in mmol/kg (bzw. mOsm/kg)

Bsp: Patient mit folgenden Daten:
- Diurese 2 L/24 h (d.h. 1.4 mL/min)
- Urinosmolalität 600 mmol/kg
- Plasmaosmolalität 280 mmol/kg

Berechnung:
1.4 x { 1 – (600 ÷ 280) } = - 1.6 mL/min
Es handelt es sich hier um einen Patienten mit konzentriertem Urin (DD: Hirntumor mit SIADH).

Perspiratio insensibilis

For: **A. Ohne Status febrilis**

Perspiration insensibilis/Tag [mL] = 10 % des KG [Kg] x 100

Bsp: Mann 70 Kg
Berechnung:
7 x 100 mL = 700 mL/d

B. Mit Status febrilis

Perspiration insensibilis/Tag [mL] = K + (0.1x K für jedes Grad C° > 38°C)

K = 0.1 x KG [kg]

Bsp: Mann 70 Kg mit Status febrilis 40.0°C
Berechnung:
700 mL + (2 x 0.1 x 700 mL) = 700 + 140 = 840 mL/d

MED-INDEX A

Wirkstoff – Handelsname

Wirkstoffe	Handelsname D	Galenische Formen Deutschland
A		
Abacavir	Ziagen®	Filmtabl teilbar 300 mg Trinklösung 20 mg/mL, Fl 240 mL mit Dosierspritze
Abacavir + Lamivudin	Kivexa®	Filmtabl: (600 mg Abacavir + 300 mg Lamivudin)
Abacavir + Lamivudin + Zidovudin	Trizivir®	Filmtabl: (300 mg Abacavir + 150 mg Lamivudin + 300 mg Zidovudin)
Abciximab	ReoPro®	Inj Lös (IV) Amp 10 mg (5 mL)
Acarbose	Glucobay®	Tabl 50, 100 mg
Acemetacin	Rantudil®	Kaps: 30, 60, 90 mg
Acetazolamid	Diamox®	Injektionspräparat (IV) Trockenamp 500 mg; Tabl 250 mg
Acetazolamid	Glaupax®	Tabl 250 mg
Acetylcystein (N-)	ACC®	Pulver in Beuteln 100, 200, 600 mg Brstabl 100, 200, 600 mg Inj Lös (IV) 300 mg (3ml)
Acetylcystein (N-)	NAC-STADA®	Tabl 100, 200, 600 mg; Brstabl 100, 200, 600 mg Granulat in Beuteln 100, 200, 600 mg Inj Lös 100ml/ml
Acetylcystein (N-)	Fluimucil®	Filmtabl 600 mg; Brstabl 200, 600 mg Granulat in Beuteln 100, 200, 600 mg Sirup 100 mg/5 mL, Fl 100, 150 mL
Acetylcystein (N-)	Fluimucil® 10%	Inj Lös (IV, IM, Instillationen: intraaurikulär, intranasal, endotrachial) Amp 300 mg (3 mL)
Acetylcystein (N-)	Fluimucil® 20%	Inf Lös (IV) Amp 5 g (25 mL)
Acetylcystein (N-)	Fluimucil® Erkältungshusten	Lingualtabl 200 mg; Brstabl 200, 600 mg Granulat in Beuteln 200, 600 mg
Acetylsalicylsäure	Alka Seltzer®	Brstabl 324 mg
Acetylsalicylsäure	Aspirin®	Trockensubstanz f Inj (IV) Stechamp 100 mg
Acetylsalicylsäure	Herz-ASS-ratiopharm®	Tabl 50, 100 mg
Acetylsalicylsäure	Aspirin®	Tabl 0.1, 0.5 g; Kautabl 0.5 g
Acetylsalicylsäure	Aspirin® 500	Instant-Tabl 500 mg
Acetylsalicylsäure	Asprin protect®	Filmtabl 100, 300 mg (mit magensaftresistentem Überzug)
Acetylsalicylsäure + Ascorbinsäure	Aspirin® plus C	Brstabl: (400 mg Acetylsalicylsäure + 240 mg Ascorbinsäure)
Acetylsalicylsäure + Dipyridamol	Aggrenox® 200/25	Retardkaps: (25 mg Acetylsalicylsäure + 200 mg Dipyridamol)
Acetylsalicylsäure + Koffein	Aspirin forte®	Tabl: (500 mg Acetylsalicylsäure + 50 mg Koffein)
Acetylsalicylsäure + Paracetamol + Ascorbinsäure	Grippal + C ratiopharm®	Brstabl: (300 mg Acetylsalicylsäure + 200 mg Paracetamol + 300 mg Ascorbinsäure)
Acetylsalicylsäure + Paracetamol + Koffein + Codein	dolomo® TN	Tag-Tabl weiß (250 mg Acetylsalicylsäure + 250 mg Paracetamol + 50 mg Koffein) Nacht-Tabl blau (250 mg Acetylsalicylsäure + 250 mg Paracetamol + 30 mg Codein)
Aciclovir	Aciclovir Creme 1A Pharma®	Creme 50 mg/g, Tuben 2 g
Aciclovir	Zovirax®	Filmtabl 200, 400, 800 mg Susp 40 mg/ mL, Fl 62,5, 125 ml
Aciclovir	Zovirax® i.v.	Trockensubstanz f Inj (IV) Amp 250 mg
Aciclovir	Zovirax Lip® Creme	Creme 50 mg/g, Tuben 2 g, Dosierspender 2 g
Aciclovir	Zovirax® Augensalbe/Creme	Augensalbe 30 mg/g, Tuben 4.5 g Creme 50 mg/g, Tuben 5, 10 g
Acitretin	Neotigason®	Kaps 10, 25 mg
Adalimumab	Humira®	Inj Lös (SC) Fertigspritzen 40 mg (0.8 mL)
Adefovir	Hepsera®	Filmtabl 10 mg
Adenosin	Adenosin Item®	Inj Lös (IV) Amp 5 mg (2 ml)
Adrenalin	siehe Epinephrin	
Agalsidase alfa	Replagal®	Inf Konz (IV) Durchstechfl 3.5 mg (3.5 mL)
Albendazol	Eskazole®	Tabl 400 mg
Albumin	Humanalbumin Octalbin 20%	Inf Lös 20% (IV) Fl 10 g Humanalbumin (50 mL), Fl 20 g Humanalbumin (100 mL)
Albumin	Humanalbumin Octalbin 5%	Inf Lös 5% (IV) Fl 5 g Humanalbumin (100 mL), Fl 12.5 g Humanalbumin (250 mL)

Albumin	Human Albumin 200 g/L Baxter	Hyperonkotische Inf Lös 20% (IV) Proteine mit Humanalbumin-Anteil von mind. 95% und einem Proteingehalt von 19 g/100 mL, sowie Natriumcaprylat 16 mmol/L, Fl 200 g (100 mL)
Albumin	Human Albumin 50 g/L Baxter	Hyperonkotische Inf Lös 5% (IV) Proteine mit Humanalbumin-Anteil von mind. 95% und einem Proteingehalt von 4.75 g/100 mL, sowie Natriumcaprylat 4 mmol/L, Fl 12.5 g (250 mL), Fl 25 g (500 mL)
Alcaloid der Herbstzeitlosen	Colchicum-Dispert®	Tabl 0.5 mg
Alendronat	Alendronsäure STADA®	Tabl 10, 70 mg
Alendronat	Alendron Sandoz® 70	Wochentabl 70 mg
Alendronat	Tevanate®	Tabl 10, 70 mg
Alendronat	Fosamax®	Tabl 10 mg; Wochentabl 70 mg
Alendronat + Vitamin D	Fosavance®	Wochentabl: (70 mg Alendronat + 2800 IE Vitamin D)
Alfentanil	Rapifen®	Inj Lös (IV) Amp 1 mg (2 mL), 5 mg (10 mL)
Alfuzosin	Alfuzosin dura	Retardtabl 10 mg
Alfuzosin	Alfuzosin-Sandoz®	Retardtabl 10 mg
Alfuzosin	Alfuzosin-CT	Retardtabl 10 mg
Alfuzosin	Alfuzosin Winthrop®	Retardtabl 5, 10 mg
Alfuzosin	UroXatral®	Filmtabl 2.5 mg
Alfuzosin	UroXatral®	Retardtabl dreischichtig 10 mg
Aliskiren	Rasilez®	Filmtabl 150, 300 mg
Allopurinol	Allobeta®	Tabl 100, 300 mg
Allopurinol	Allopurinol 1A Pharma	Tabl 100, 300 mg
Allopurinol	Cellidrin®	Tabl 100, 300 mg
Allopurinol	Bleminol®	Tabl 100, 300 mg
Allopurinol	Uribenz®	Tabl 100, 300 mg
Allopurinol	Zyloric®	Tabl 100, 300 mg
Alprazolam	Tafil®	Tabl 0.5 mg, 1 mg
Alprazolam	Alprazolam ratiopharm®	Tabl 0.25, 0.5, 1 mg
Alprostadil	Caverject®	Steriles Pulver f Herst Inj Lös (IV) Amp 10, 20 µg + Solvensspritze 1 mL Aqua ad inject
Alprostadil	Caverject® DC	Zweikammerspritze f Inj Lös (IV) 10, 20 µg + 0.5 mL Lösungsmittel
Alprostadil	Muse®	Urethrastab 125, 250, 500, 1000 µg
Alteplase	Actilyse®	Inj (IV) Fl mit Lyophilisat 10 mg (5.8 Mio IE), 20 mg (11.6 Mio IE), 50 mg (29 Mio IE)
Aluminiumhydroxid	Antiphosphat	Kaps 600 mg
Amantadin	PK-Merz®	Filmtabl 100 mg; Inf Lös (IV) Fl 200 mg (500 mL)
Amantadin	tregor®	Kaps 100, 200 mg
Ambroxol	Lysopain® dol Ambroxol	Tabl 20 mg
Ambroxol	Ambrohexal®	Tabl 30, 75 mg Saft 30 mg/10 mL, Fl 100, 200 mL Inhal Lös 7.5 mg/mL, Fl 100 mL
Ambroxol	Mucosolvan®	Hustensirup 15 mg/5 mL, Fl 100 mL; Tabl 30 mg Retardkaps 75 mg
Amikacin	Amikacin Fresenius	Inj Lös (IM, IV) Amp 250, 500 mg (je 2 mL)
Amilorid + HCT	Amiloretik® mite	Tabl: (5 mg Amilorid + 50 mg HCT); Tabl mite: (2.5 mg Amilorid + 25 mg HCT)
Amilorid + HCT	Amilocomp® beta	Tabl: (5 mg Amilorid + 50 mg HCT)
Amilorid + HCT	Amilorid/HCT AL	Tabl: (5 mg Amilorid + 50 mg HCT)
Amiodaron	Amiodaron ratiopharm®	Tabl 200 mg; Tabl mite 100 mg Inj Lös (IV) Amp 150 mg (3mL)
Amiodaron	Amiodaron CT	Tabl 200 mg
Amiodaron	Cordarex®	Inj Lös (IV) Amp 150 mg (3 mL)
Amiodaron	Cordarex®	Tabl 200 mg
Amiodaron	Cornaron®	Tabl 200 mg
Amisulprid	Solian®	Tabl (teilbar) 100, 200; Filmtabl (teilbar) 400 mg Trinklös 100 mg/mL, Fl 60 mL
Amitriptylin	Saroten® Retard	Kaps 25, 50 mg
Amitriptylin	Amineurin	Tabl 10, 25, 50, 100 mg
Amlodipin	Amlodipin TAD Besilat	Tabl 5, 10 mg
Amlodipin	Amlodipin 1 A Pharma	Tabl 5, 10 mg
Amlodipin	Amlobesilat-Sandoz	Tabl 5, 10 mg
Amlodipin	Amlodipin AWD®	Tabl 5, 10 mg
Amlodipin	Amlo-Teva®	Tabl 5, 10 mg
Amlodipin	Norvasc®	Tabl 5 mg
Amlodipin + Olmesartan	Sevikar®	Olmesartan/Amlodipin Filmtabl: 20/5 mg, 40/5 mg, 40/10 mg
Amlodipin + Valsartan	Exforge®	Valsartan/Amlodipin Filmtabl 80/5 mg, 160/5 mg, 160/10 mg
Ammoniumbituminosulfonat	Ichtholan® 10%, 20%, 50%	Salbe 10% (100 mg/g), 20% (200 mg/g), 50% (500 mg/g), Tuben 40 g
Amoxicillin	Amoxypen	Tabl 500, 750, 1000 mg Susp 250 mg/5 mL, 500 mg/5mL

Amoxicillin	Amoxi-Sandoz®	Tabl 500, 750, 1000 mg Pulver f Susp 250 mg/5 mL, 500 mg/5mL
Amoxicillin	Amoxicillin Sandoz® dispergierbare Filmtabletten	Filmtabl (dispergierbar) 750 mg
Amoxicillin	Amoxicillin STADA®	Tabl 1000 mg Susp 200 mg/4 mL, 250 mg/5 mL
Amoxicillin + Clavulansäure	Amoclav®	Filmtabl 500 mg: (500 mg Amoxicillin + 125 mg Clavulansäure); Filmtabl 875 mg (875 mg/125 mg) Saft: 125 (125 mg Amoxicillin + 31,25 mg Clavulansäure), 250 (250 mg Amoxicillin + 62,5 mg Clavulansäure), 400 (400 mg Amoxicillin + 57 mg Clavulansäure)
Amoxicillin + Clavulansäure	Amoclav-Sandoz®	Filmtabl 500 mg: (500 mg Amoxicillin + 125 mg Clavulansäure); Filmtabl 875 mg (875 mg/125 mg) Saft: 125 (125 mg Amoxicillin + 31,25 mg Clavulansäure), 250 (250 mg Amoxicillin + 62,5 mg Clavulansäure), 400 (400 mg Amoxicillin + 57 mg Clavulansäure)
Amoxicillin + Clavulansäure	AmoxiClav HEXAL® i.v.	Inj (IV) 500/100: (500 mg Amoxicillin + 100 mg Clavulansäure); 1000/200: (1000 mg Amoxicillin + 200 mg Clavulansäure), 2000/200: (2000 mg Amoxicillin + 200 mg Clavulansäure)
Amphotericin B	Ampho-Moronal®	Tabl 100 mg; Lutschtabl 10 mg Susp 10% (gebrauchsfertig) 100 mg/mL, Fl 24 mL
Amphotericin B liposomal	AmBisome®	Trockensubst f Inf Lös (IV) Amp 50 mg (liposomale Form)
Ampicillin	Ampicillin-ratiopharm®	Filtabl 1000 mg Inj Lös 0.5, 1.0, 2.0, 5.0 mg
Amylase + Lipase + Protease	Kreon®	10'000: Kaps 150 mg (= 8'000 E Amylase + 10'000 E Lipase + 600 E Protease); 25'000; 40'000
Amylase + Lipase + Protease	Panzytrat® 25 000	Kaps mit magensaftresistenten Mikrofilmtabl: (22'500 E Amylase + 25'000 E Lipase + 1'250 E Protease); pro Mikrofilmtabl: (360 E Amylase + 400 E Lipase + 20 E Protease)
Anagrelid	Xagrid®	Kaps 0.5 mg
Anakinra	Kineret®	Fertigspritze 100 mg
Anastrozol	Arimidex®	Filmtabl 1 mg
Antithrombin III	Atenativ®	Trockensubst f Inj Lös (IV) Fl 500 IE, 1000 IE
Antithrombin III	Kybernin® P	Trockensubst f Inj Lös (IV) Fl 500 IE, 1000 IE
Aprepitant	Emend®	Kaps 80, 125 mg
Aripiprazol	Abilify®	Tabl 5, 10, 15, 30 mg; Schmelztabl 10, 15 mg
Aripiprazol	Abilify® Injektionslösung	Inj Lös (IM) Amp 9.75 mg (1.3 mL)
Artemether + Lumefantrin	Riamet®	Tabl: (20 mg Artemether + 120 mg Lumefantrin)
Ascorbinsäure	Forum C retard	Tabl 500 mg
Ascorbinsäure	Cebion®	Tabl 500; BrsTabl 1000 mg
Ascorbinsäure	Cetebe®	Retardkaps 500 mg
Ascorbinsäure + Paracetamol + Acetylsalicylsäure	Grippal + C ratiopharm®	Brstabl: (250 mg Paracetamol + 250 mg Acetylsalicylsäure + 125 mg Ascorbinsäure)
Ascorbinsäure + Acetylsalicylsäure	Aspirin® C	Brstabl: (400 mg Acetylsalicylsäure + 240 mg Ascorbinsäure)
Atazanavir	Reyataz®	Hartgelatinekaps 150, 200, 300 mg
Atenolol	Atelich®	Tabl 25, 50, 100 mg
Atenolol	Atenolol STADA®	Tabl 25, 50, 100 mg
Atenolol	Tenormin®/-mite/-submite	Tabl 25, 50, 100 mg
Atenolol + Chlortalidon	Atelich® comp	Filmtabl: (100 mg Atenolol + 25 mg Chlortalidon); (50 mg Atenolol + 12.5 mg Chlortalidon)
Atenolol + Chlortalidon	Atenololcomp CT	Tabl (100 mg Atenolol + 25 mg Chlortalidon); (50 mg Atenolol + 12.5 mg Chlortalidon)
Atenolol + Chlortalidon	Tenoretic®/- mite	Tabl: (25 mg Chlortalidon + 100 mg Atenolol); (12.5 mg Chlortalidon + 50 mg Atenolol)
Atenolol + Nifedipin	AteNif beta® retard	Retardkaps: (50 mg Atenolol + 20 mg Nifedipin)
Atenolol + Nifedipin	Bresben®	50/20: (50 mg Atenolol + 20 mg Nifedipin); 25/10: (25 mg Atenolol + 10 mg Nifedipin)
Atorvastatin	Sortis®	Filmtabl 10, 20, 40, 80 mg
Atovaquon	Wellvone®	Susp 750 mg/5 mL, Fl 210 mL mit Messlöffel
Atovaquon + Proguanil	Malarone®/- Junior	Filmtabl: (250 mg Atovaquon + 100 mg Proguanil); (62.5 mg Atovaquon + 25 mg Proguanil)
Atracuriumbesilat	Tracrium®	Inj Lös (IV) Amp 25, 50 mg
Atropin	Atropin POS 0,5%/1%	Augentrpf in Einzeldosen 5 mg/mL, 10 mg/mL
Atropin	Atropon EDO®	Trpf Lös 0.5 mg/1 mL
Azathioprin	Azaimun®	Filmtabl 25, 50 mg
Azathioprin	Imurek®	Filmtabl 25, 50 mg, Trockenamp f Inj Lös (IV) 50 mg
Azelastin	Allergodil®/- saisonal Augentropfen	Augentropfen: 0.05%-ige Lös 0.5 mg/mL, Fl 4, 6 mL
Azelastin	Allergodil®/- saisonal Nasenspray	10 mL (0.14 mL/Stoss); 5 mL (0.14 mL/Stoss)

Azelastin	Vividrin® akut	Nasenspray 5 mL (0.14 mL/Sprühstoss)
Azithromycin	Anzithromycin Sandoz®	Filmtabl 250, 500 mg
Azithromycin	Zithromax®	Filmtabl 250 mg Pulver f Susp 200 mg/5 mL Granulat in Beuteln 100, 200, 300, 400, 500 mg
Aztreonam	Azactam®	Trockensubst für Inj Lös (IV, IM) Fl 1, 2 g
B		
Benzylpenicillin	Penicillin «Grünenthal»	1/5/10 Mega Trockensubst
Betahistin	Betavert® N 16 mg	Tabl: 16 mg Betahistin-2HCl (10,42 mg Betahistin)
Betahistin	Vasomotal®	Tabl: 16, 24 mg
Betahistin	Betavert® N 8 mg	Tabl: 8 mg
Betahistin	Vasomotal® Tropfen	8 mg/ml
Betamethason	Bemon® 0,1%	Creme; Salbe 1mg Betamethason)
Betamethason	Betagalen®	Lotion: 1,22 mg Betamethasonvalerat (Ph.Eur.)
Betamethason	Betacreme KSK	Creme: 1 mg/g
Betamethason	Celestan® solubile	Inj Susp (IM, IV, intraartikulär 4mg/mL
Betamethason	CELESTAMINE®N	Tabl: 0,5 mg Betamethason
Betamethason	Diprosone®	Creme; Salbe: 0,64 mg Betamethasondipropionat
Betamethason	Diprosone® Depot	1 ml Ampulle; 1 ml Fertigspritze; 2 ml Fertigspritze; 6,43 mg/ml Betamethason
Betamethason	Diprosone®	Creme 0.5 mg/g; Salbe 0.5 mg/g Lösung 0.5 mg/g
Betamethason + Calcipotriol	Daivobet® Salbe	Salbe: Calcipotriol 50µg, Betamethason 0,5mg
Betamethason + Calcipotriol	Xamiol® Gel	Gel: 50 µg Calcipotriol, 0,64 mg Betamethasondipropionat
Betamethason + Fusidinsäure	Fucicort® Creme	Creme: 20,5 mg Fusidinsäure 0,5H2O (20 mg Fusidinsäure), 1,22 mg Betamethasonvalerat
Betamethason + Gentamicin	Diprogenta®	Creme: 0,5 mg Betamethason, 1 mg Gentamicin Salbe: 0,5 mg Betamethason, 1 mg Gentamicin
Betamethason + Gentamicin	Betagentam® Augentropfen	1 mg/ml Betamethasondihydrogenphosphat-Dinatrium, 5 mg/ml Gentamicinsulfat
Betamethason + Salicylsäure	Diprosalic®	Salbe: 0,64 mg Betamethasondipropionat, 30 mg Salicylsäure Lösung: 0,64 mg/ml Betamethasondipropionat, 20 mg/ml Salicylsäure
Betaxolol	Betoptima® Augentropfen	
Bevacizumab	Avastin®	25mg/ml Konzentrat zur Herstellung einer Infusionslösung (100/400mg), 25 mg/ml Bevacizumab
Bezafibrat	Cedur® retard	Retardtabl: 400 mg Bezafibrat
Bicalutamid	Bicalutamid Actavis	Filmtabl 50, 150 mg
Bicalutamid	Bicadex®	Filmtabl 50 mg Bicalutamid
Bicalutamid	Bicalutamid Sandoz®	Filmtabl 50 mg
Bicalutamid	Androcal®	Filmtabl 50, 150 mg Bicalutamid
Bicalutamid	Casodex®	Filmtabl 50, 150 mg
Biperiden	Akineton® /-retard	Tabl 2, 4 mg Biperiden-HCl (1.8, 3.6 mg Biperiden) Amp 5 mg/ml Biperidenlactat (3.9 mg/ml Biperiden)
Bisacodyl	Bekunis Dragees	Drag: 5 mg Bisacodyl, magensaftresistent
Bisacodyl	Bisco Zitron Drg.	5 mg Bisacodyl
Bisacodyl	Dulcolax®	Drag: 5 mg Bisacodyl Suppo: 10 mg Bisacodyl
Bisacodyl	Laxoberal® Bisa	5 mg Bisacodyl
Bisacodyl	Tempolax® forte Drg	Drag 7,5 mg
Bisacodyl	Bisacodyl Lichtenstein	Drag 5 mg Supp. 10 mg Bisacodyl
Bisacodyl	Hemolax 5mg Drg	5 mg Bisacodyl
Bisoprolol	BisoHEXAL®	5, 10 mg Bisoprololfumarat
Bisoprolol	Concor® COR	Filmtabl: 2,5 + 5 + 10 mg Bisoprololfumarat (2:1)
Bisoprolol + HCT	Bisobeta®	Filmtabl: 10 mg Bisoprololfumarat (2:1), 25 mg Hydrochlorothiazid; 5 mg Bisoprololfumarat (2:1), 12,5 mg Hydrochlorothiazid
Bisoprolol + HCT	Concor® 5 plus/-10 plus	Filmtabl: 5 mg Bisoprololfumarat (2:1), 12,5 mg Hydrochlorothiazid 10 mg Bisoprololfumarat (2:1), 25 mg Hydrochlorothiazid
Bisoprolol + HCT	BisoHEXAL®	Filmtabl: 10 mg Bisoprololfumarat (2:1), 25 mg Hydrochlorothiazid 5 mg Bisoprololfumarat (2:1), 12,5 mg Hydrochlorothiazid
Bivalirudin	Angiox®	50 mg/ml Bivalirudin
Bortezomib	Velcade®	3,5mg Pulver zur Herstellung einer Injektionslösung, 1 mg/ml Bortezomib
Bosentan	Tracleer®	Filmtabl: 62,5 + 125 mg Bosentan
Brennesselwurzeln	Valverde Prostata 600mg	Filmtabl: 600,1 mg Brennesselwurzel-Trockenextr.
Brivudin	Zostex®	Tabl: 125 mg Brivudin

Bromazepam	Lexotanil®	Tabl: 6 mg Bromazepam
Bromhexin	Bisolvon®	Hustentabl: 8 mg Bromhexin-HCl Hustensaft: 1,6 mg/ml Bromhexin-HCl Hustentropfen: 2 mg/ml Bromhexin-HCl
Bromocriptin	Bromocriptin AbZ	Tabl 2,5 mg
Bromocriptin	Bromocriptin HEXAL®	Kaps: 5, 10 mg
Budesonid	Budenofalk®	Hartkaps: 3mg magensaftresistent
Budesonid	Aquacort®	Nasenspray: 50 µg
Budesonid	Entocort®	Kaps: 3 mg Rektal Kombi-Pack.: 1 Tbl. enth.: 2,3mg Budesonid, 1 Klysma mit 115ml Lösungsmittel
Budesonid	Budenofalk®	Retardkaps 3 mg Rektalschaum
Budesonid	Miflonide®	Hartkaps: 200 + 400 µg Budesonid
Budesonid	Pulmicort® Turbuhaler®	Turbohaler: 200 + 400 µg Budesonid Susp: 0,5mg/2ml Susp. z. Inhalation + 1,0mg/2ml
Budesonid	Budes® Easyhaler®	Pulver zur Inhalation: 100 µg
Budesonid	Budes® 64	Nasenspray, Suspension: 64 µg
Budesonid + Formoterol	Symbicort® Turbuhaler®	160 µg Budesonid, 4,5 µg Formoterolhemifumarat 1H2O; 320 µg Budesonid, 9 µg Formoterolhemifumarat 1H2O; 80 µg Budesonid, 4,5 µg Formoterolhemifumarat 1H2O
Budesonid + Formoterol	Symbicort® Turbohaler®	80 µg Budesonid, 4,5 µg Formoterolhemifumarat 160 µg Budesonid, 4,5 µg Formoterolhemifumarat
Buflomedil	Buflomedil-ratiopharm®	Filmtabl: 300 mg Buflomedil-HCl; Retardtabl: 600 mg Buflomedil-HCl
Bumetanid	Burinex®	Tabl: 1+2+5 mg Bumetanid
Bupivacain	Bucain®	Inj Lös: 0,25% 5+20+50 ml Inj.-Lsg. (2,5 mg/ml) Inj Lös: 0,5% 5+10+20+50 ml Inj.-Lsg (5 mg/ml)
Bupivacain	Bupivacaine Bioren	Inj Lös 0.125% Stechamp 62.5, 125, 312.5, 1250 mg; (50, 100, 250, 1000 mL); Inj Lös 0.25% Stechamp 12.5, 50 mg; (5, 20 mL); Inf Lös 0.25% PP-Beutel 625, 1250 mg; (250, 500 mL) Inj Lös 0.5% Stechamp 25,100 mg (5, 20 mL)
Bupivacain	Carbostesin®	Inj.-Lsg: 0,25% 5ml+20ml (2,5 mg/ml Bupivacain) Inj.-Lsg: 0,5% 5ml+20ml (5 mg/ml Bupivacain)
Bupivacain	Carbostesin 0.5% Hyperbar Amp	Hyperbar Amp: 0.5% (5 mg/ml Bupivacain-HCl (4,4375 mg/ml Bupivacain)
Bupivacain	Duracain® 0.125%	Inf Lös 0.125% Stechamp 62.5 mg (50 mL), Beutel 312.5 mg (250 mL)
Buprenorphin	Subutex®	Sublingualtabl: 0.4, 2, 8 mg
Buprenorphin	Temgesic®	Ampullen: 0,32 mg/ml Buprenorphin-HCl (0,3 mg/ml Buprenorphin) Sublingualtabl (forte sublingual): 0,43 mg Buprenorphin-HCl (0,4 mg Buprenorphin) Sublingualtabl: 0,22 mg Buprenorphin-HCl (0,2 mg Buprenorphin)
Buprenorphin	Transtec PRO® Pflaster	35 Mikrogramm/h/52,5 Mikrogramm/h/70 Mikrogramm/h: enthält 20mg/30mg/40mg
Bupropion	Elontril®	Tabl: 150mg/300mg Bupropionhydrochlorid
Bupropion	Zyban®	Retardtabl 150 mg
Buspiron	Anxut®	Tabl: 5mg/10mg Buspiron-HCl
Butamirat	DemoTussol®	Tabl 22.5 mg Sirup 22.5 mg/15 mL, Fl 200, 400 mL Trpf 22.5 mg/mL (= ca. 30 Trpf), Fl 30 mL
Butamirat	NeoCitran® Hustenstiller	Sirup 15 mg/10 mL, Fl 200 mL
Butamirat	Sinecod®	Depottabl 50 mg Kindertropfen 5 mg/mL, Fl 20 mL Sirup 15 mg/10 mL, Fl 200 mL
Butamirat + Guaifenesin + Dextromethorphan	Hicoseen®	Sirup: (3.67 mg Dextromethorphan + 1.75 mg Butamirat + 15 mg Guaifenesin)/5 mL, Fl 200 mL
Butizid + Spironolacton	Aldozone®	Filmtabl: (2.5 mg Butizid + 25 mg Spironolacton); (5 mg Butizid + 50 mg Spironolacton); (10 mg Butizid + 100 mg Spironolacton)
Butylscopolamin	Buscopan®	Drag: 10 mg Supp: 10 mg Inj Lös 20mg/mL
C		
C1-Esterase-Inhibitor aus Humanplasma	Berinert® P	Trockensubst + Lös Mittel zur Herst einer Lös (IV) zur Inf oder Inj, Fl 500 E (10 mL)
Cabergolin	Cabaser®	Tabl 1, 2, 4 mg
Cabergolin	Dostinex®	Tabl 0.5 mg
Calcipotriol	Daivonex®	Creme 50 µg/g, Salbe 50 µg/g, Tuben 30, 100 g Scalp Sol 50 µg/mL, Fl 30, 60, 120 mL
Calcipotriol + Betamethason	Daivobet®	Salbe: (0.05 mg Calcipotriol + 0.5 mg Betamethason)/g, Tuben 30, 60 g
Calcipotriol + Betamethason	Xamiol®	Gel: (0.05 mg Calcipotriol + 0.5 mg Betamethason)/g, Tuben 30, 60 g

Calcitonin	Miacalcic® Ampullen	Inj Lös (SC, IM) Amp 1 mL = 200 IE (1 IE = ca 0.2 µg reines Peptid)
Calcitonin	Miacalcic® Nasalspray	Nasalspray 200: 14 Dosen zu 200 IE pro Fl; Nasalspray mite 100: 14 Dosen zu 100 IE pro Fl
Calcitriol	Calcitriol GRY	Kaps 0.25, 0.5 µg
Calcitriol	Rocaltrol®	Kaps 0.25, 0.5 µg; Lösung 1 µg/mL (= 0.02 µg/Trpf), Fl 10 mL mit Messpipette
Calcitriol	Silkis®	Salbe 3 µg/g, Tuben 30, 100 g
Calcium	Calcium-Sandoz®	Inj Lös (IV, in Ausnahmefällen IM) Amp 10 mL (10%-ige Calciumglukonat-Lös): 1.375 g Calziumglubionat: = 90 mg bzw. 2.25 mmol Calcium
Calcium	Calcium-Sandoz® f/ff	Brstabl 500, 1000 mg (12.5, 25 mmol), Instantpulver (citron, nature) 500, 1000 mg
Calcium	Calcium Verla®	Filmtabl 600 mg
Calcium + Cholecaciferol (Vitamin D3)	Calcium-Sandoz® D Osteo	Brausetbl: Calciumcarbonat 600 mg, 10µg Colecalciferol; Kautbl. 500mg Calcium, 4,0 mg Colecalciferol
Calcium + Cholecalciferol (Vitamin D3)	Calcimagon®-D3	Kautabl: (500 mg Calcium + 400 IE Cholecalciferol); (2500 mg Calcium + 800 IE Cholecalciferol)
Calcium + Cholecalciferol (Vitamin D3)	Calcivit®	Tabl: 100 mg + 250 IE Cholecalciferol (Vit D3)
Calcium + Cholecalciferol (Vitamin D3)	CalciCare®-D3 600 mg/400 I.E. Kautabletten	1 Kautbl. enth. 600mg Calcium, 4mg Colecalciferol-Trockenkonzentrat entspr. 400 I.E. Vitamin D3.
Calcium + Cholecalciferol (Vitamin D3)	Calcium-dura® Vit D3 Pulver z. Herst. einer Susp.	1 Btl. m. 4,1g Pulver z. Herst. einer Susp. enth.:1,2g Calcium, 800 I.E. Vitamin D3
Calciumacetat	Calciumacetat-Nefro	Filmtabl 500, 700, 950 mg
Calciumacetat	Calciumacetat	Filmtabl 475 mg
Calciumcarbonat	CC-Nefro	Filmtabl 500 mg
Calciumcarbonat	Calciumcarbonat	1 Tbl. enth.: Calciumcarbonat 500mg
Calciumcarbonat	Calcium STADA	Brausetabl 500, 1000 mg ionisiertes Calcium
Calciumcarbonat + Magnesium	Rennie®	Lutschtabl: (680 mg Calciumcarbonat + 80 mg Magnesiumcarbonat)
Calciumcarbonat + Magnesium	Solugastril® Gel	1 Btl.: 10g Gel
Calciumfolinat	Calciumfolinat 100 mg HEXAL®, Inj.-Lsg	Amp./Durchstechfl. mit 3/10/20/30/40/50/80/100ml Inj.-Lsg. enth.: 38,1/127,1/254,1/381,2/508,3/635,5/1016,5/1271mg Calciumfolinat 5H2O
Calciumfolinat	Calciumfolinat HEXAL® Kapseln	Kaps. 15mg Folinsäure.
Calciumfolinat	CALCIUMFOLINAT-biosyn liquid 1000mg	Injektionsflasche 10, 20, 40,100 mL mit 100, 200, 400, 1000 mg Folinsäure
Calciumfolinat	Leucovorin	Tabl 15 mg Inj Lös (IM, IV) Amp 6, 30 mg (2, 10 mL)
Clavulansäure + Amoxicillin	AmoxiClav - 1 A Pharma®	Amoxicillin mg/Clavulansäure mg Filmtabl 500/125, 875/125 Susp 125/31.25 TS, 250/62.5 TS, 400/57 TS
Clavulansäure + Amoxicillin	Amoclav®	Amoxicillin mg/Clavulansäure mg Filmtabl 500 Plus (500/125) Trockensaft 25/50; 6,25/12,5 mg Clavulansäure, 400/57mg
Candesartan	Blopress®	Tabl 4, 8, 16, 32 mg
Candesartan + HCT	Blopress® Plus	Tabl: (8 mg Candesartan + 12.5 mg HCT); Tabl: (16 mg Candesartan + 12.5 mg HCT)
Candesartan cilexetil	Atacand®	Tabl 4, 8, 16, 32 mg
Candesartan cilexetil + HCT	Atacand® plus	Tabl: (8 mg Candesartan + 12.5 mg HCT); Tabl: (16 mg Candesartan + 12.5 mg HCT)
Capecitabin	Xeloda®	Filmtabl 150, 500 mg
Capsaicin	Thermo® Bürger Creme	100g Creme enth. 40 mg Capsaicin
Captopril	ACE-Hemmer-ratiopharm®	Tabl (mit Bruchrille) 12.5, 25, 50 mg
Captopril	Captoflux®	Tabl (mit Bruchrille) 12.5, 25, 50 mg
Captopril	Lopirin®	Tabl (mit Bruchrille) 12.5, 25, 50 mg
Captopril + HCT	Capozide®	Tabl 50 mg Captopril u 25 mg Hydrochlorothiazid.
Captopril + HCT	CaptoHEXAL® comp	Captopril mg/Hydrochlorothiazid mg Tabl 25/12.5, 25/25, 50/25
Carbamazepin	Carbagamma®	Tabl (Bruchrille) 200, 400 mg
Carbamazepin	Carbabeta® 300 retard	Tabl 200, 300, 400, 600 mg
Carbamazepin	Tegretol®	Tabl 200, 400 mg;
Carbamazepin	Timonil®/ -retard	Tabl (teilbar) 200, 300, 400, 600 mg Sirup 100 mg/5 mL (= 1 ML), Fl 250 mL
Carbidopa + Entacapon + Levodopa	Stalevo®	Filmtabl: (200 mg Entacapon + 50 mg Levodopa + 12.5 Carbidopa); Filmtabl: (200 mg Entacapon + 100 mg Levodopa + 25 mg Carbidopa); Filmtabl: (200 mg Entacapon + 150 mg Levodopa + 37.5 mg Carbidopa)
Carbidopa + Levodopa	Carbidopa/Levodopa Sandoz® CR	Retardtabl: (25 mg Carbidopa + 100 mg Levodopa); Retardtabl: (50 mg Carbidopa + 200 mg Levodopa)

Carbidopa + Levodopa	Duodopa Gel Solvay	intest. Anwendung pro ml: 20 mg Levodopa und 5 mg Carbidopa-Monohydrat, 100 ml Gel 2000 mg Levodopa und 500 mg Carbidopa-Monohydrat
Carbidopa + Levodopa	Sinemet®/- CR	Tabl: (100 mg Levodopa + 25 mg Carbidopa), (250 mg Levodopa + 25 mg Carbidopa); CR Tabl: (200 mg Levodopa + 50 mg Carbidopa); Tabl: (100 mg Levodopa + 25 mg Carbidopa)
Carbimazol	Car®	1 Tabl. enth. 5/10mg Carbimazol
Carbocistein	Transbronchin® Kaps.	1 Hartkapsel enthält: 375 mg Carbocistein
Carbomer	Lacrigel® C sine Augengel	Augengel: 1g enth.: Carbomer; Augengel sine: 1g enth.: Carbomer
Carbomer	Thilo-Tears® SE Augengel	1g Augengel enth.: Carbomer 3mg.
Carbomer	Thilo-Tears® Gel	1g enth.: Carbomer 3mg
Carbomer	Liposic® Augengel	Augengel 2 mg/g, Tuben 10 g
Carbomer	Siccafluid® / - UD	Siccafluid®: Augengel 2.5 mg/g, Tuben 10 g
Carbomer	Visc-Ophtal® Augengel	V1g enth.: Carbomer (Viskosität 40.000-60.000 mPa·s) 2,0mg
Carboplatin	Carboplatin HEXAL®	Durchstechfl. m. 5/15/45/60/100 ml Inf.lsg. enth. 50/150/450/600/1000 mg Carboplatin
Carboxymethylcellulose	Celluvisc®	Augentropfen: 1ml Lsg.
Carvedilol	CarLich®	Filmtbl. enth.: 6,25mg/12,5mg/25mg
Carvedilol	Carvedilol Sandoz	Tabl (teilbar) 6.25, 12.5, 25, 50 mg
Carvedilol	Carve TAD®	Tabl 3.125, 6.25, 12.5, 25 mg
Carvedilol	Carvedigamma®	Tabl 3.125; Tabl (mit Bruchrille) 6.25, 12.5, 25 mg
Carvedilol	Carvedilol-Teva	Tabl (mit Bruchrille) 6.25, 12.5, 25 mg
Carvedilol	Dilatrend®	Tabl (mit Bruchrille) 6.25, 12.5, 25 mg
Caspofungin	Cancidas®	Pulver f.Lös (IV), Durchstechfl 50, 70 mg
Cayenne-Pfeffer (Flüssig-extrakt)	Finalgon® Caspicum	Creme
Cefaclor	Cec®	Susp 125 mg/5 mL, 250 mg/5 mL
Cefaclor	Cec®	Filmtabl 250, 500 mg; Brstabl 250, 500 mg
Cefazolin	Cefazolin HEXAL®	Pulver z. Herst. einer Inj.- od. Inf.lsg. 2 g Cefazolin
Cefepim	Maxipime	Pulv. Inj- oder Inf Lös 0.5, 1.0, 2.0 g
Cefixim	Cephoral®	Trockensubst zur Herstellung Susp 100 mg/5 mL, Fl 60, 100 mL Dispersionstabl (teilbar) 400 mg
Cefotaxim	Claforan i.v.®	Pulver für Inj Lös (IV) Stechamp 1 g (4 mL), Stechamp 2 g (10 mL)
Cefpodoxim	Cefpodoxim Sandoz®	Filmtabl 100, 200 mg
Cefpodoxim	Orelox®	Filmtabl 100, 200 mg junior Saft: 40mg/5mL
Cefpodoxim	Podomexef®	Filmtabl 100, 200 mg Saft: 40mg/5mL
Ceftazidim	Fortum®	Trockensubstanz für Inj/Inf Lös Stechamp (IV, IM) 500 mg,1 g, (IV) 2 g
Ceftibuten	Cedax	Kaps 400 mg Susp (gebrauchsfertig) Fl 1080 mg (30 mL), 2150 mg (60 mL)
Ceftriaxon	Ceftriaxon Sandoz®	Trockensubst + Lös Mi für Inj Lös (IV) Durchstech-fl 500 mg (2 mL); Trockensubst für Inj Lös (IM, IV) 1 g; Trockensubst für Inf Lös (IV) 2 g Tabl 250 mg, 500 mg
Ceftriaxon	Rocephin®	Trockensubst Inj Lös (IV) Amp 500 mg, 1 g, 2 g; Trockensubst für Inj Lös (IM) Amp 1 g
Cefuroxim Natrium	Cefuroxim Sandoz i.v.	Trockensubst f Inf Lös (IV) Amp 750 mg, 1.5 g
Cefuroxim Natrium	Zinacef®	Trockensubstanz für Inf/Inj (IM oder IV): Amp und Monovial 750, 1500 mg, 250mg
Cefuroxim-Axetil	cefudura®	Filmtabl 250, 500 mg
Cefuroxim-Axetil	Cefuroxim Sandoz®	Filmtabl 125, 250, 500 mg 125mg/5ml Pulv. z. Herstell. einer Susp. z. Einnehmen parenteral 1500mg Plv. z. Herst. e. Inj.-od. Inf.-Lsg parenteral 750mg Plv
Cefuroxim-Axetil	Zinnat®	125, 250, 500 mg Trockensaft 5 ml (= 1 Messlöffel) der zubereiteten Suspensionenthalten 150,36 mg Cefuroximaxetil, entsprechend 125 mg Cefuroxim
Celecoxib	Celebrex®	Kaps 100, 200 mg
Celiprolol	Selectol®	Filmtabl 200 mg
Certoparin Natrium	Sandoparin®	(SC) Fertigspritzen 32 mg = 3000 IE (0.3 mL)
Cetirizin	Cetirizin Sandoz®	Filmtbl. 10 mg Sirup: 1 ml Sirup enth.: Cetirizin 2HCl 1 mg Tropfen: 20 Tr. (1 ml) 10 mg
Cetirizin	Reactine®	Filmtabl (teilbar) 10 mg
Cetirizin	Cetalerg®	Filmtablette Cetalerg enthält 10 mg Cetirizindihy-drochlorid
Cetirizin	CETI-PUREN®	Filmtabl teilbar 10 mg
Cetirizin	Cetirizin-Teva®	Filmtabl (teilbar) 10 mg Trpf z. Einnehmen 10 mg/mL (= 20 Trpf), Fl 20 mL

Cetirizin	Cetirizin STADA®	Filmtabl (teilbar) 10 mg
Cetirizin	Cetirizin-ratiopharm®	1 Filmtbl (teilbar) 10 mg Saft: 1 ml Lösung enth 1 mg
Cetirizin	Zyrtec®/- Zaptabs	Filmtabl (teilbar) 10 mg Trpf z. Einnehmen 10 mg/mL (= 20 Trpf), Fl 20 mL
Cetuximab	Erbitux®	Inf Lös (IV) Durchstechfl 100 mg (50 mL)
Chloralhydrat	Chloraldurat® blau	Weichkaps.: 250, 500 mg; Weichkaps magensaft-resist. blau 250 mg
Chloralhydrat	Chloralhydrat-Rectiole®	1 Miniklistier (Rectiole) mit 3 g Rektallösung enthält 600 mg Chloralhydrat
Chlorambucil	Leukeran®	Filmtabl 2 mg
Chloramphenicol	Posifenicol®	Augensalbe 10 mg/g
Chloramphenicol + Prednisolon	Aquapred® N Augentropfen	Augentropfen: (1 mg Prednisolon + 1 mg Chloramphenicol)/mL
Chlordiazepoxid	Librium®	Filmtabl 25 mg
Chlorhexidin	Chlorhexamed®	Lös 0.1% 1 mg/mL, Fl 200 mL; Lös 0.2% 2 mg/mL, Fl 300 mL Gel 1% 10 mg/g, Tuben 50 g
Chlorhexidin	Chlorhexidindigluconat Fertiglösung 0,2%	100ml Lösung enth.: 0,2g
Chlorhexidin	HEXAL®-Lösung	100 g (97,2 ml) Lsg. zur Anwend. in der Mundhöhle enth. 0,1 g Chlorhexidinbis(D-gluconat)
Chlorhexidin	Lemocin® CX Gurgellösung	100 ml Lemocin® CX Gurgellösung enthalten als Wirkstoff 102 mg Chlorhexidin-bis(D-gluconat)
Chlorhexidin + Dexamethason + Nystatin	Nystalocal®	Creme: (1 mg Dexamethason + 100'000 IE Nystatin + 11.5 mg Chlorhexidin)/g, Tuben 20 g
Chloroquin	Chlorochin	Lacktabl 250 mg (= 150 mg Chloroquin-Base)
Chloroquin	Resochin®	Filmtabl (mit Bruchrille) 250 mg Chloroquinphosphat (155 mg Chloroquin); 81 mg Chloroquinphosphat (50 mg Chloroquin) Amp mit 5 ml Injektionslösung enthält 250 mg Chloroquinphosphat
Chlorprothixen	Truxal®	Truxal®: Filmtabl 15, 50 mg Saft 20mg/ml, Susp. z. Einnehmen Drg. 15mg, überzogene Tabl
Chlortalidon	Hygroton®	Tabl (mit Bruchrille) 25, 50 mg
Chlortalidon + Atenolol	Ate Lich® comp mite	Filmtbl./- mite Filmtbl.: 1 Filmtbl. enth.: Atenolol 100mg/50mg
Chlortalidon + Atenolol	Atenolol comp.-ratiopharm®	Filmtbl. enth.: 50mg/100mg Atenolol, 12,5mg/25mg Chlortalidon
Chlortalidon + Atenolol	Diu-Atenolol Verla® mite	Filmtbl. enth.: 100mg/50mg Atenolol, 25mg/12,5mg Chlortalidon
Chlortalidon + Atenolol	Tenoretic®/- mite	Tabl: (25 mg Chlortalidon + 100 mg Atenolol), (12.5 mg Chlortalidon + 50 mg Atenolol)
Chlortalidon + Metoprolol	Logroton Retard®	Divitabs teilbar: (200 mg Metoprolol tartras + 25 mg Chlortalidon)
Chlortalidon + Oxprenolol	Trasitensin® retard Drg	Dragée 160 mg Oxprenololhydrochlorid + 20 mg Chlortalidon
Cholecalciferol	s. Colecalciferol	
Ciclosporin	Immunosporin®	Weichkaps: 25mg, 50mg, 100mg
Ciclosporin	Sandimmun Neoral®	Kaps 10, 25, 50, 100 mg Trinklösung 100 mg/mL, Fl 50 mL
Ciclosporin	Sandimmun®	(IV) Amp 50 mg (1 mL), Amp 250 mg (5 mL)
Cidofovir	Vistide®	Inf Lös (IV) Amp 375 mg (5 mL)
Cilastatin + Imipenem	ZIENAM®	IV, 500mg Imipenem und 500 mg Cilastin in Pulv. für Inf Lös 100ml oder 20ml
Cilazapril	Dynorm®	Filmtabl (teilbar) 0.5, 1.0, 2.5, 5 mg
Cilazapril + HCT	Dynorm® Plus	Filmtabl mit Bruchrille Cilazapril 5,0mg, 12,5mg Hydrochlorothiazid.
Cimetidin	Cimetidin STADA®	Tabl. 200, 400, 800 mg
Cinacalcet	Mimpara®	Filmtabl 30, 60, 90 mg
Cinnarizin	Cerepar®	Suscaps 75 mg
Cinnarizin	Cinnarizin Siegfried®	Kaps 75 mg
Ciprofloxacin	Ciprofloxacin STADA®	Filmtabl teilbar 250mg, 500mg, 750mg
Ciprofloxacin	Ciprofloxacin Sandoz® eco	Filmtabl 250, 500, 750 mg
Ciprofloxacin	CiproHEXAL®	Durchstechfl. enth. 100/200/400 mg Ciprofloxacin
Ciprofloxacin	Ciloxan®	Augentrpf 3.5 mg/mL (= 3.0 mg Base), Fl 5 mL Ohrentrpf 1ml Lsg. enth 3mg
Ciprofloxacin	INFECTOCIPRO®	Saft: 250, 500 mg
Cisatracurium	Nimbex®	(IV) Amp 5 mg (2.5 mL), Amp 10 mg (5 mL)
Cisplatin	Cis-GRY®	Inf.-Lsg: Durchstechfl. 10 mg (10 ml), 25 mg (25 ml), 50 mg (50 ml), 100 mg (100 ml)
Cisplatin	Cisplatin-GRY®	Inf.-Lsg 10, 25, 50 mg (20, 50, 100 mL)
Cisplatin	Platiblastin®	(IV) Stechamp 10 mg (20 mL), 50 mg (100 mL)
Cisplatin	Platinol®	(IV) Stechamp 10 mg (20 mL), 50 mg (100 mL)
Citalopram	Cipralex®	Filmtbl (teilbar).: 10, 20mg 10mg/ml Tropfen: 1 Tropf.: 0,5mg Escitalopram, 20mg/ml Tropfen: 1 Tropf.: 1mg Escitalopram

Citalopram	Cipramil®	Filmtabl (teilbar) 20, 40 mg 20mg Inf.-Lsg.-Konz.: 1 Amp. mit 0.5ml
Citalopram	Citalopram-CT	Filmtabl (mit Bruchrille) 20, 40 mg
Citalopram	Citalopram HEXAL®	1 Filmtabl. enth. 10/20/30/40/60 mg
Clarithromycin	Clarilind®	1 Filmtabl. enth.: enth. 250/500mg Clarithromycin
Clarithromycin	Clarithromycin - 1 A Pharma®	Susp 125 mg/5 ml: 25mg/mL, 250mg/5 ml: 50mg/mL
Clarithromycin	Clarithromycin HEXAL®	5 ml Suspension enth. 125/250 mg
Clarithromycin	Clarithromycin Sandoz®	Filmtabl. 250 mg, 500 mg Suspension: 5 ml enth.: 125 mg/250 mg
Clarithromycin	Klacid®	Filmtabl 250, 500 mg
Clarithromycin	Klacid® i.v.	Pulver zur Herst Inf Lös (IV) Amp 500 mg
Clarithromycin	Klacid® Uno	Retardtabl 500 mg
Clarithromycin	Klacid Saft® FORTE	Granulat z. Herst. v. Susp.: 5ml der zub. Susp. enth.: Clarithromycin 125mg bzw. 250mg
Clemastin	Tavegil®	Tabl (teilbar) 1 mg Inj Lös (IV, IM) Amp 2 mg (2 mL)
Clemastin	Tavegil® Gel	Gel 0.3 mg/g, Tuben 20 g
Clindamycin	Sobelin® Granulat	75 mg / 150 mg / 300 mg Hartkaps Granulat: (5 ml) enth.: 75 mg
Clindamycin	Clinda-saar®	Filmtbl 150, 300, 600 mg Inj Lös: 600, 900 mg (4, 6 mL) Amp 600, 900 mg (4, 6 mL)
Clindamycin	Clindamycin-ratiopharm®	Filmtabl. 600 mg, Hartkps. 150, 300 mg Inj Lös: 300, 600, 900 mg (2, 4, 6 mL)
Clindamycin	Sobelin® Vaginalcreme	1 g enth.: Clindamycin-2-dihydrogenphosphat 23,76 mg
Clioquinol + Betamethason	Betnovate®-C	Creme: (1 mg Betamethason + 30 mg Clioquinol)/g, Salbe: (1 mg Betamethason + 30 mg Clioquinol)/g, Tuben 30 g Lotion: 1 g enthält 1,22 mg Bethamethasonvalerat
Clobazam	Frisium®	Tbl. 10mg, Tabs 20mg
Clobetasol	Clobex® Shampoo	Shampoo 0.5 mg/g, Fl 60, 125 mL
Clobetasol-17-Propionat	Clobegalen®	Salbe: 0.5mg/g, Creme: 0.5mg/g, Lotion: 0.5mg/g, Emuls. 0.5mg/g
Clobetason-17-Butyrat	Emovate®	Creme 0.5 mg/g, Salbe 0.5 mg/g, Tuben 25, 100 g
Clodronat	Bonefos®	Kaps 400 mg, 800 mg (IV über mind. 2 h) Amp 300 mg (5 mL)
Clomethiazol	Distraneurin®	Kaps 300 mg Mixtur (mit Messbecher) 50 mg/mL, Fl 300 mL
Clomipramin	Anafranil®	Drag 10, 25 mg Divitabs Retardtabl 75 mg Inj Lös (IM, IV) Amp 25 mg (2 mL)
Clonazepam	Rivotril®	Tabl (mit Kreuzbruchrille) 0.5, 2 mg Trpf 2.5 mg/mL (= 25 Trpf), Fl 10 mL Inj Konz (IV, IM) Amp 1 mg (1 mL)
Clonidin	Catapresan®	Tabl 150 µg (SC, IM, sehr langsam IV) Amp 150 µg (1 mL)
Clopamid + Pindolol	Viskaldix®	Tabl teilbar: (5 mg Clopamid + 10 mg Pindolol)
Clopamid + Reserpin	Briserin® N	Drag: (0.1 mg Reserpin + 5 mg Clopamid)
Clopidogrel	Clopidogrel HEXAL® 75	Filmtabl. enth. 75 mg Clopidogrel
Clopidogrel	Clopidogrel-ratiopharm® 75	Filmtabl 75 mg
Clopidogrel	Plavix®	Filmtabl 75, 300 mg
Clotrimazol	Antifungol® HEXAL®	1 Creme: 1g Creme enth.: 100mg Clotrimazol; 3 Creme: 1g Creme enth. 0,01g Clotrimazol 3 Vaginaltbl.: 1 Vaginaltabl. enth. 0,2g Clotrimazol
Clotrimazol	Canesten®	Creme 10 mg/g, Tuben 20, 50 g; Spray 10 mg/mL, Dosen 40 mL
Clotrimazol	Canesten Servopharma Creme	
Clotrimazol	Apocanda®	Spray: 1ml Lösung enth.: 10mg Clotrimazol Lösung: 1ml Lösung enth.: 10mg Clotrimazol Creme: 1g Creme enth.: 10mg Clotrimazol
Clotrimazol	Fungizid-ratiopharm®	1 Vaginaltbl. enth. 200 mg Clotrimazol 1 g Creme enth. 10 mg Clotrimazol Pumpspray: 1 ml Lsg. enth. 10 mg Clotrimazol
Clotrimazol	Imazol®	
Clotrimazol	Gyno-Canesten®	Vaginaltabl 100 mg
Clotrimazol	Gyno-Canesten® 1	Vaginaltabl 500 mg (mit Applikator)
Clotrimazol	Gyno-Canesten® 3	Vaginaltabl 200 mg; DUO-Pack: Creme 1% 10 mg/g, mit Applikator + 3 Vaginaltabl 200 mg
Clotrimazol + Prednisolonazetat + Hexamidin	Imazol® comp. Creme	1g Creme enth.: Clotrimazol 10mg, Prednisolonacetat 5mg, Hexamidindiisetionat 2,5mg.
Clozapin	Leponex®	Tabl (teilbar) 25, 50, 100 mg Amp. Inj.-Lsg.
Codein	codi OPT®	Tabl 56,59 mg Codeinbase

Codein	Makatussin® neue Formel	Trpf 10.6 mg/g (= ca. 20 Trpf), Fl 30 g Balsam mit Menthol
Codein + Guaifenesin	Longtussin® duplex	Kaps: gelbe Tagkaps.: Guaifenesin 90 mg; graue Nachtkaps.: wasserfreies Codein 35 mg
Colecalciferol (Vitamin D3)	Ospur® D3 Tbl	Tabl: 0,025 mg Colecalciferol, entspr 1000 I. E.Vitamin D3
Colecalciferol (Vitamin D3)	D3-Vicotrat® Amp	Amp.: 1 Amp. (1ml) enth.: 100.000 I.E. Vitamin D3
Colecalciferol (Vitamin D3)	Vigantol® Oel	1 ml (ca. 40 Tropf.) enth.: Colecalciferol 0,5 mg (entspr. 20.000 I.E. Vit. D).
Colecalciferol (Vitamin D3) + Calcium	Calcium-Sandoz® D3 f/- D3 ff/ - D3 600/400	Instant-Pulver: 500, 1000 mg Calcium + 440, 880 IE Cholecalciferol)/Sachet Kautabl: 500 mg Calcium + 440 IE Cholecalciferol Brstabl: 600, 1200 mg Calcium + 400, 800 IE Cholecalciferol
Colecalciferol (Vitamin D3) + Calcium	Calcivit D®	Brausetbl. 600 mg Ca, u. 4 mg Colecalciferol-Trockenkonz.(= 10 µg Colecalciferol), entspr. 400 I.E. Vitamin D3; Kautabl. enth. 4 mg Colecalciferol-Trockenkonz. (= 10 µg Colecalciferol), entspr. 400 I.E. Vit. D3, u. 600 mg Ca
Colecalciferol (Vitamin D3) + Calcium	CalciCare®-D3	Kautbl. enth. 600mg Calcium, 4mg Colecalciferol-Trockenkonz entspr. 10µg (400 I.E.) Vitamin D3
Colecalciferol (Vitamin D3) + Calcium	CalciAPS D3®	Brausetbl 1000mg Calcium u. 22µg Colecalciferol (880 I.E. Vitamin D3)
Colecalciferol (Vitamin D3) + Calcium	Calcium-dura®	Pulver z. Herst. einer Susp 1,2g Calcium) u. 20µg Colecalciferol (entspr. 800 I.E. Vitamin D3).
Colecalciferol (Vitamin D3) + Calcium	Calcium D3 STADA®	Kautbl. 600mg Ca-Ion u. 4mg Colecalciferol-Trockenkonz. m. 100.000 I.E./g entspr. 400 I.E Vit. D3
Colestipol	Colestid®	Granulat Beutel 5 g
Colestyramin	Quantalan® zuckerfrei	Pulver in Beuteln 4 g
Colistimethat-Natrium	Colistin® zur Inhalation	Trockensubst + Lös Mittel zur Herst einer Lös Amp 3 mL (= 1 Mio IE)
Corticocorelin	Cortirel	CRF (vom Menschen)
Co-Trimoxazol	Cotrim®	Tabl teilbar: (800 mg SMX + 160 mg TMP) Sirup: (200 mg SMX + 40 mg TMP)/5 mL
Co-Trimoxazol	Cotrimox-Wolff® forte	Tbl. enth.: Trimethoprim 160mg, Sulfamethoxazol 800mg
Co-Trimoxazol	Cotrim E-ratiopharm®	Tabl 480 mg (80mg Trimethoprim + 400 mg Sulfamethoxazol), 960 mg (160 mg Trimethoprim + 800 mg Sulfamethoxazol) Saft f. Erw. 480 mg: 5ml (80 mg Trimethoprim + 400 mg Sulfamethoxazol); Saft f. Kdr. 240mg: (40 mg Trimethoprim + 200 mg Sulfamethoxazol) Amp. 480 mg SF: 5ml Inj.-Lsg. 80 mg Trimethoprim + 400 mg Sulfamethoxazol
Co-Trimoxazol	Cotrim-Diolan® Susp.	Susp z Einnehmen 240 mg Cotrimoxazol, entspr. 200 mg Sulfamethoxazol und 40 mg Trimethoprim
Co-Trimoxazol	Eusaprim® forte	Tabl enthält 800 mg Sulfamethoxazol und 160 mg Trimethoprim. Susp f Kdr 5 ml enthalten 200 mg Sulfamethoxazol und 40 mg Trimethoprim.
Cromoglicinsäure	Allergo-COMOD®	Augentropfen (ohne Konservm.) 20mg/mL Nasenspray (ohne Konservm. 20mg/mL
Cromoglicinsäure	Cromoglicin Heumann	Augentropfen - 1 ml Lösung enth. 20 mg Nasenspray - 1 Sprühstoß zu 0,14 ml Lösung enth. 2,8 mg Natriumcromoglicat
Cromoglicinsäure	Lindomucin®	Inhalationslösung 10 mg/mL
Cromoglicinsäure	Tifenil®	Inhalationslösung 10 mg/mL
Cromoglicinsäure	Allergocrom® Nasenspray	Dosier-Nasenspray
Cromoglicinsäure	Vividrin®	Augentropfen 20 mg/mL, Fl 10 mL
Crotamiton	Crotamitex®	Gel 50mg/g (5%), Lotio: 100mg/mL(10%), Salbe: 100mg/g (10%)
Cyanocobalamin (Vit B12)	B12 Ankermann®	Inj.-Lsg.: 100µg/mL, 1000µg/mL Drg: 1000µg Cyanocobalamin Tropfen: 50µg /mL (= 26 Tropf.)
Cyanocobalamin (Vit B12)	Vitamin B12-ratiopharm®	Filmtbl 10 µg Cyanocobalamin Amp. 100 µg/ml Injektionslösung
Cyanocobalamin (Vit B12)	Vitamin B12 forte Hevert®	1 Amp. à 2ml enth.: Cyanocobalamin 3mg
Cyanocobalamin + Thiaminhydrochlorid + Pyridoxinhydrochlorid	Summavit® Plus	Tabl: (2.4 mg Thiaminmonohydrat + 2.1 mg Pyridoxinhydrochlorid + 0.0056 mg Cynocobalamin)
Cyanocobalamin + Thiaminmonohydrat + Pyridoxinhydrochlorid	vaso-loges® diabet	Tabl: (10 mg Thiaminmonohydrat + 8 mg Pyridoxinhydrochlorid + 0.1 mg Cynocobalamin)
Cyclophosphamid	Endoxan®	Drag 50 mg Trockensubstanz (IV) Fl 200, 500, 1000 mg
Cyproteronazetat	Androcur®	Tabl 50 mg
Cyproteronazetat	Androcur® Depot	Inj Lös ölig (IM) Amp 300 mg (3 mL)

Cyproteronazetat	Androcur®-10	Tabl 10 mg
Cyproteronazetat + Ethinyl-estradiol	Clevia®	1 Filmtbl. enth.: 0,035mg Ethinylestradiol u. 2mg Cyproteronacetat
Cyproteronazetat + Ethinyl-estradiol	Diane®-35	Drag: (2 mg Cyproteronazetat + 0.035 mg Ethinylestradiol)
Cyproteronazetat + Ethinyl-estradiol	morea®	überzogene Tbl.(2 mg Cyproteronazetat + 0.035 mg Ethinylestradiol)
Cyproteronazetat + Ethinyl-estradiol	Climen®	überzogene Tbl. (2 mg Cyproteronazetat + 0.035 mg Ethinylestradiol)
Cyproteronazetat + Ethinyl-estradiol	Attempta-ratiopharm®	überzogene Tbl (2 mg Cyproteronazetat + 0.035 mg Ethinylestradiol)
Cytomegalie Virus	Cytotect CP	Durchstechfl. 10ml , 20ml, 50ml
D		
Dalteparin	Fragmin®	Inj Lös (SC) Amp 10'000 IE (1 mL), Amp 10'000 IE (4 mL) Mehrfach-Amp 100'000 IE (4 mL) Fertigspritzen 2'500, 5'000, 7'500, 10'000, 12'500, 15'000, 18'000 IE (0.2, 0.3, 0.4, 0.5, 0.6, 0.72 mL)
Danaparoid	Orgaran®	Inj Lös (SC, IV) Amp 750 E Antifaktor Xa (0.6 mL)
Dantrolen	Dantamacrin®	Kaps 25, 50 mg
Dantrolen	Dantrolen i.v. „P&G"	Trockensubst für Inj Lös (IV) Durchstechfl 20 mg
Dapson	Dapson-Fatol	Tabl 50 mg (in der CH nicht erhältlich)
Daptomycin	Cubicin®	Inf/Inj Lös (IV) 350 mg (7 mL), 500 mg (10 mL)
Darbepoetin alfa	Aranesp®	Inj Lös (SC, IV) 15, 25, 40, 60 µg/Fl in Fertigspritzen 10, 15, 20, 30, 40, 50, 60, 80, 100, 150, 300, 500 µg/Spritze Pen (SureClick): 10, 15, 20, 30, 40, 50, 60, 80, 100, 150, 300, 500 µg
Darifenacin	Emselex®	Retardtabl 7.5, 15 mg
Darunavir	Prezista®	Filmtabl 300, 400, 600 mg
Deferasirox	Exjade®	Dispergierbare Tabl 125, 250, 500 mg
Deferoxamin	Desferal®	Inf Lös (SC, IV, notfalls IM), Fl 500 mg
Deflazacort	Calcort®	Tabl 6 mg
Dequaliniumchlorid	Gurgellösung-ratiopharm®	Gurgellös 10 mg/100 mL, Fl 200 mL
Dequaliniumchlorid + Lyso-zym + Phenylephrin	Arbid-top®	(3.75 mg Phenylephrin + 0.1 mg Dequaliniumchlo-rid + 0.5 mg Lysozym)/mL: Nasentropfen: 1 mL = 19 Trpf, Fl 15 mL Dosierspray: 1 Sprühstoss = 0,07 mL, Fl 15 mL
Desloratadin	Aerius®	Filmtabl 5 mg Sirup 0.5 mg/mL, Fl 60, 120 mL Schmelztabl 2,5mg/5mg
Desmopressin	Minirin®/- Melt	Minirin®: Tabl 0.1, 0.2 mg Inj Lös (IV, IM) Amp 0.4 mg (1 mL) Nasenspray 10 µg/0.1 mL = 1 Sprühstoss, Dose 6 mL = 60 Sprühstösse Nasentrpf 10 µg/0.1 mL, Fl 2.5 mL
Desmopressin	Nocutil®	Tabl 0.1, 0.2 mg Nasenspray 0.1 mg/mL (1 Sprühstoss = 10 µg), Spraydosen 5 mL
Desmopressin	Octostim®	Nasalspray 1.5 mg/mL (150 µg/Sprühstoss), Fl 2.5 mL
Desogestrel	Cerazette®	Filmtabl 0.075 mg
Desogestrel + Ethinyl-estradiol	Marvelon®	Tabl: (0.03 mg Ethinylestradiol + 0.15 mg Desogestrel)
Dexamethason	Cortidexason®	Tabl 1,5 mg
Dexamethason	Axidexa	Inj Lös (IV, IM) Amp 4 mg (1 mL)
Dexamethason	Dexa EDO®	Augentrpf 1.3 mg/mL, Fl 0.5 mL
Dexamethason	Dexamethason Creme LAW	Creme: 0.05g/100g Creme, Salbe: 0.05g/100g
Dexamethason	Fortecortin® Inject	(IV, IM, SC) Amp 4 mg (1 mL); Amp 8 mg (2 mL) Fertigspritzen 40 mg (5 mL), 100 mg (10 mL)
Dexamethason	Fortecortin® Tabletten	Tabl 4 mg
Dexamethason	Spersadex® Augentropfen	Augentropfen 1 mg/mL, Fl 5 mL
Dexamethason	Spersadex® 0.1%	Augentropfen 1.0 mg/mL, Fl 5 mL
Dexamethason + Chloram-phenicol	Spersadex® comp.	Augentropfen: (1 mg Dexamethason + 5 mg Chloramphenicol)/mL, Fl 5 mL
Dexamethason + Nystatin + Chlorhexidin	Nystalocal®	Creme: (1 mg Dexamethason + 100'000 IE Ny-statin + 11.5 mg Chlorhexidin)/g, Tuben 20 g
Dexamethason + Salicyl-säure	Dexasalyl®	Salbe: (1.2 mg Dexamethason + 30 mg Salicylsäure)/g,Tuben 20 g Scalp Applikation: (1.2 mg Dexamethason + 20 mg Salicylsäure)/g, Fl 30 mL
Dexamethason + Tobra-mycin	Tobradex®	Augentropfen: (1 mg Dexamethason + 3 mg Tobramycin)/mL, Fl 5 mL
Dexchlorpheniramin	Polaronil® Tabl	Tabl (mit Bruchrille) 2 mg
Dexibuprofen	Deltaran®	Filmtabl 200, 300, 400 mg
Dexibuprofen	Dolomagon®	Filmtabl 400 mg
Dexketoprofen	Sympal® injekt 50mg Injek-tionslösung	Inj Lös (IV, IM) Amp 50 mg (2 mL)

MED-Index A

D

Dexketoprofen	Sympal® Filmtabletten	Filmtabl (mit Bruchrille) 25 mg
Dexpanthenol	Pnathenol Heumann Crème®	Crème 50 mg/g, Tuben 20, 50, 100 g
Dexpanthenol	Bepanthen® Lösung	Lösung 50 mg/mL
Dexpanthenol	Bepanthen® Augen- u. Nasensalbe	Salbe 50 mg/g, Tuben 5, 10 g
Dexpanthenol	Bepanthen Salbe	Salbe 50 mg/g,
Dexpanthenol + Xylometazolinel	Nasic® Nasenspray, Lsg.	Nasenspray Lös: (0.1 mg Xylometazolin + 5.0 mg Dexpanthenol)/Sprühstoss, Dose 10 mL
Dextromethorphan	Wick Husten-Sirup	Sirup 20 mg/15 mL, Fl 120, 180 mL
Dextromethorphan	Detro Bolder	Pastillen 10.5 mg
Dextromethorphan	Wick Husten-Pastillen	Hustenpastillen 7.33 mg
Dextromethorphan + Doxylamin + Ephedrin + Paracetamol	Wick MediNait Erkältungssirup für die Nacht	Sirup: (15 mg Dextromethorphan + 7.5 mg Doxylamin + 8 mg Ephedrin + 600 mg Paracetamol)/30 mL, Fl 180 mL
Diazepam	Diazepam Desitin®	Rectal Tubes 5, 10 mg
Diazepam	Diazepam-ratiopharm® Tabletten	Tabl 2, 5, 10 mg
Diazepam	Diazepam-ratiopharm® Lösung	Tropfen 2, 5, 10 mg
Diazepam	Stesolid®	Emulsion z. Inj. Amp. 10 mg (2 mL) Rectal Tubes 5, 10 mg
Diazepam	Valium® Roche	Tabl (mit Bruchrille) 5, 10 mg
Diazoxid	Proglicem®	Kaps 25, 100 mg
Diclofenac (Kalium)	Voltaren® K Migräne	Filmtabl 50 mg
Diclofenac (Na)	Diclabeta® Schermzgel	Gel 10 mg/g
Diclofenac (Na)	Diclac®	Filmtabl magensaftresistent 25, 50 mg Zäpfchen 50, 100 mg
Diclofenac (Na)	Diclofenac Adico	Filmtabl 25, 50 mg; Retardtabl 75 mg Retardkaps 100 mg
Diclofenac (Na)	Diclo-CT	Filmtabl magensaftresistent 25, 50 mg Supp. 50, 100 mg Inj Lös (IM) Amp 75 mg (2 mL)
Diclofenac (Na)	Diclofenac Sandoz®	Filmtabl magensaftresistent 25, 50 mg; Retardtabl. 100 mg; SL Retardkaps 75, 100 mg Inj Lös (IM) Amp 75 mg (3 mL) Zäpfchen 50, 100 mg
Diclofenac (Na)	Diclo-Puren®	Kaps 25, 50 mg; retard Retardkaps. 100 mg
Diclofenac (Na)	Difen-Stulln® UD	Augentrpf 1 mg/mL Einzeldosis 0.4 mL
Diclofenac (Na)	Diclofenac AL	Tabl. magenresist. 25, 50 mg; retard 100 mg Supp. 50, 100 mg pro Zäpfchen Inj/Inf Lös (IM, IV) Amp 75 mg (3 mL)
Diclofenac (Na)	Allvoran®	Tabl magensaftresistent 50 mg; Retard 100 mg S, Zäpfchen 50, 100 mg SF, Inj Lös (IM) Amp 75 mg (3 mL)
Diclofenac (Na)	arthrex® Schmerzgel	Gel 10 mg/g, Tuben 50, 100, 150 g
Diclofenac (Na)	Monoflam®	Tabl. magensaftresist. 25, 50 mg; retard. 100 mg Supp. 1 Zäpfchen enthält 50, 100 mg
Diclofenac (Na)	Diclofenac-ratiopharm®	Gel 10 mg/g, Tuben 50, 100 g
Diclofenac (Na)	Olfen®-75 duo release	Kaps 25 mg in magensaftresistenter Form + 50 mg in retardierter Form
Diclofenac (Na)	Diclo KD®	Tabl magensaftresist. 50 mg; retard 100 mg Zäpfchen 50, 100 mg
Diclofenac (Na)	Diclofenac Actavis Gel	Gel 10 mg/g
Diclofenac (Na)	Voltaren® Injekt	Inj Lös (IM) Amp 75 mg (3 mL)
Diclofenac (Na)	Voltaren® Dispers	Dispersierbare Tabl 50 mg
Diclofenac (Na)	Voltaren® Ophta	Augentropfen 1 mg/mL, Fl 5 mL
Diclofenac (Na)	Voltaren®	magensaftresis Drag 25, 50 mg; retard 100 mg Zäpfchen 25, 50, 100 mg
Diclofenac + Misoprostol	Arthotec®	Manteltabl. (50 mg Diclofenac + 200 µg Misoprostol), (75 mg Diclofenac + 200 µg Misoprostol)
Diclofenac Kalium	Diclofenac-Kalium STADA®	Filmtabl 12.5 mg
Diclofenac Kalium	Diclo AL akut	Filmtabl 12.5 mg
Diclofenac Kalium	Voltaren® K Migräne	Tabl. 50 mg
Didanosin	Videx®	magensaftresist. Hartkaps. 125, 200, 250, 400 mg
Diflucortolon + Isoconazol	Travocort® 1% + 0,1% Creme	Creme: (1 mg Diflucortolon + 10 mg Isoconazol)/g, Tuben 15, 30 g
Digoxin	Lenoxin®	Tabl 0.25mg; mite 0.125 mg Liquidium 1 ml Lösung 0.05 mg
Dihydrocodein	DHC Mundipharma®	Retardtabl. 60, 90, 120 mg
Dihydrocodein	Paracodin®	N-Tropen 10 mg/mL, 1g Lsg= 20 Tropfen N-Sirup 2,42 mg/ml Tabl. 10 mg
Dihydroergocriptin	Cripar®	Tabl mit Bruchrille 20 mg; Kaps 5 mg; 40 mg
Dihydroergotamin	Angionorm®	Tabl 2.5, 5 mg
Dihydroergotamin	DET MS® Tropflösung	Tropflösung 2 mg/mL
Dihydroergotamin (DHE) + Etilefrin	Dihydergot® plus Lösung zum Einnehmen	Trpf: (10 mg Etilefrin + 2 mg DHE)/mL (= 20 Trpf), Fl 25, 50, 100 mL

Dihydroergotamin (DHE) + Etilefrin	Effortil® plus	Trpf: (10 mg Etilefrin + 2 mg DHE)/mL (= 30 Trpf), Fl 50 mL
Dihydrotachysterol	A.T. 10®	Lösung: 1 mg/mL (= 26 Trpf), Fl 90 mL Perlen: 1 Kaps. enthält 0,5 mg
Dikaliumclorazepat	Tranxilium®	Kaps 5, 10, 20 mg Filmtabl 20, 50 mg
Dikaliumclorazepat	Tranxilium® Injizierbar	Injektionspräparat (IM, IV) Amp 50 mg (2.5 mL)
Diltiazem	Diltaretard® T 90	Retardtabl 90 mg
Diltiazem	Dilzem® uno	Retardkaps 180, 240 mg
Diltiazem	Dilzem retard	Dilzem 90, 120, 180 mg retard
Dimenhydrinat	Dimen 50 Heumann®	Tabl (teilbar) 50 mg
Dimenhydrinat	Superpep Reise Kaugummi	Kaugummi Dragee 20 mg
Dimenhydrinat	Hemovert 50	Tabl 50 mg
Dimetinden	Fenistil®	(IV) Amp 4 mg (4 mL) Drag 1 mg Trpf 1 mg/mL (= 20 Trpf), Fl 20, 50 mL Gel 1 mg/g, Tuben 20, 50, 100 g 24-Stunden Retardkaps 4 mg Sirup 0,12 mg/ml
Dimetinden + Phenylephrin	Vibrocil®	Nasentropfen (15 mL), Nasenspray (10 mL), Microdoseur (15 mL): (2.5 mg Phenylephrin + 0.25 mg Dimetiden)/mL Nasengel: (2.5 mg Phenylephrin + 0.25 mg Dimetiden)/g, Tuben 12 g
Diphenhydramin	Dorm Tabl.	Tabl 50 mg
Diphenhydramin	Dormocaps Schlaftabletten	Tabl 50 mg
Diphterie + Tetanus (Impfstoff)	Revaxis®	Impfdosis Susp in Fertigspritzen (IM) 0.5 mL: (mind. 20 IE adsorbiertes Tetanus-Toxoid + mind. 2 IE adsorbiertes Diphtherie-Toxoid + 40 D-Antigen-Einh inaktivierte Poliomyelitis-Viren Typ 1 + 8 vom Typ 2 + 32 vom Typ 3)
Diphterie + Tetanus (Impfstoff)	Td-pur® Fertigspritze	Impfdosis Susp in Fertigspritzen (IM) 0.5 mL mit und ohne Nadeln: (mind. 20 IE adsorbiertes Tetanus-Toxoid + mind. 2 IE adsorbiertes Diphtherie-Toxoid)
Diphterie + Tetanus + Poliomyelitis (Impfstoff)	Td-Virelon® Fertigspritze	Impfdosis Susp in Fertigspritzen (IM) 0.5 mL: (mind. 20 IE adsorbiertes Tetanus-Toxoid + mind. 2 IE adsorbiertes Diphtherie-Toxoid + 40 D-Antigen-Einh inaktivierte Poliomyelitis-Viren Typ 1 + 8 vom Typ 2 + 32 vom Typ 3)
Diphtherie + Tetanus + Pertussis (Impfstoff)	Boostrix® Suspension	Impfdosis (tief IM) Susp in Fertigspritzen 0.5 mL: (mind. 2 IE Diphtherie-Toxoid + mind. 20 IE Tetanus-Toxoid + 8 µg Pertussis-Toxoid + 8 µg filamentöses Hämagglutinin + 2.5 µg Pertactin)
Dipyridamol + Acetylsalicylsäure	Aggrenox®	Retardkaps (200 mg Dipyridamol + 25 mg Acetylsalicylsäure)
Disulfiram	Antabus®	Dispergetten 100, 500 mg
Dobutamin	Dobutamin Liquid Fresenius®	Inf Lös (IV) Amp 250 mg (50 mL)
Dobutamin	Dobutamin Carino	Inf Lös (IV) Amp 250 mg (50 mL)
Docetaxel	Taxotere® (Docetaxel)	IV; Inf Präp 20, 40, 80 mg
Docusat-Natrium	Norgalax® Rektalgel	Mikroklistier 10 g (= 0.12 g Ducosat pro Einheit)
Dolasetron	Anemet®	Filmtabl 50, 200 mg (IV) Amp 12.5 mg (0.625 mL), Amp 100 mg (5 mL)
Domperidon	Motilium®	Tabletten: 10 mg Filmtabl. Tropfen: 10 mg Suspension
Domperidon	Domidon®	Filmtabl. 10 mg
Donepezil	Aricept®	Filmtabl 5, 10 mg
Donepezil	Aricept® Evess	Schmelztabl 5, 10 mg
Dopamin	Dopamin Fresenius	Inf Lös (IV) Injektionsfl 250 mg (50 mL)
Dopamin	Dopamin-ratiopharm®	(IV) Amp 50 mg (5 mL), Amp 250 mg (10 mL)
Dorzolamid	Trusopt®	Augentropfen 20 mg/mL, Fl 5 mL
Dorzolamid + Timolol	Cosopt/ -S®	Augentropfen: 20 mg Dorzolamid + 5 mg Timolol/mL, Einzeldosen-Pipetten 0,2 mL
Doxazosin	Doxacor	Tabl 1, 2, 4, 8 mg
Doxazosin	Cardular® PP 4 mg Retardtabl	Retardtabl 4 mg
Doxepin	Doneurin® Hartkaps	Hartkaps 10, 25, 50, 75 mg
Doxorubicin	Adriblastin® Lösung	10/20/50/150 mg mit 5/10/25/75 ml Inj.lösung
Doxorubicin	Caelyx®	(IV) Durchstechfl 20 mg (10 mL), 50 mg (25 mL)
Doxorubicin	AdriaCept®	Inj Lös (IV) Amp 10 mg (5 mL), 50 mg (25 mL)
Doxorubicin	Myocet®	Lyophilisat (IV langsam) Durchstechfl 50 mg
Doxycyclin	Doxy - 1 A Pharma Tabl.	Tabl. (teilbar) 100, 200 mg
Doxycyclin	Doxam mono	Tabl 100, 200 mg
Doxy-M-ratiopharm	Doxy-M-ratiopharm®	Tabl (mit Bruchrille) 100, 200 mg
Doxycyclin	Doxy HEXAL®	Tabs 100 mg, 200 mg
Doxycyclin	Doxyderma	Tabl 52 mg
Doxycyclin	Doxakne®	Tabs 52 mg

Doxycyclin	Doxy-CT Tabletten	Tabl (teilbar) 100 mg; Tabl 200 mg
Doxylamin + Dextromethorphan + Ephedrin + Paracetamol	Wick MediNait®	Sirup: (50 mg Dextromethorphan + 25 mg Doxylamin + 26,7 mg Ephedrin + 2000 mg Paracetamol)/100 mL
Droperidol	xomolix	Inj Lös. 2,5 mg/ml
Drotrecogin alfa aktiviert	Xigris®	Pulver Inf Lös (IV) Durchstechfl 5, 20 mg
Duloxetin	Cymbalta®	Hartkaps. magensaftresist. 30, 60 mg
Dutasterid	Avodart®	Weichkaps 0.5 mg
Dimenhydrinat + Koffein + Pyridoxin	Antemin® compositum	Supp für Kinder: (20 mg Dimenhydrinat + 10 mg Koffein + 20 mg Pyridoxin) Supp für Erwachsene: (50 mg Dimenhydrinat + 30 mg Koffein + 50 mg Pyridoxin)
Dimeticon + Aluminium + Magnesium	Drofaron®	Lutschtabl: (180 mg Magnesium + 180 mg Aluminium + 50 mg Dimeticon)
Dimetinden	Fenistil®	(IV) Amp 4 mg (4 mL); Drag 1 mg; Trpf 1 mg/mL (= 20 Trpf), Fl 20, 50 mL; Gel 1 mg/g; Retardkaps 4 mg; Emulsion "Roll-on" 1 mg/g, Fl 8 mL
Dimetinden + Phenylephrin	Vibrocil®	Nasentropfen (15 mL), Nasenspray (10 mL), Microdoseur (15 mL): (2.5 mg Phenylephrin + 0.25 mg Dimetiden)/mL; Nasengel: (2.5 mg Phenylephrin + 0.25 mg Dimetiden)/g, Tuben 12 g
Diphenhydramin	Benocten®	Tabl 50 mg; Trpf 60 mg/mL (= 30 Trpf), Fl 20 mL
Diphenhydramin	Nardyl® Schlaf	Tabl 50 mg
Diphenhydramin + Codein	Benylin® mit Codein N	Sirup: (5.7 mg Codein + 14 mg Diphenhydramin)/5 mL, Fl 125 mL mit Messgefäss
Diphenhydramin + Dihydrocodein	Makatussin® Comp.	Sirup: (10 mg Dihydrocodein + 15 mg Diphenhydramin)/5 mL, Fl 80 mL
Diphenhydramin + Lorazepam	Somnium®	Tabl: (1 mg Lorazepam + 25 mg Diphenhydramin)
Diphterie + Tetanus (Impfstoff)	Diphtherie-Tetanus-Adsorbatimpfstoff (für Kinder)	Susp für IM-Inj: Amp 0.5 mL: (30 IE Diphtherietoxoid + 40 IE Tetanustoxoid)
Diphterie + Tetanus (Impfstoff)	Revaxis®	Impfdosis Susp in Fertigspritzen (IM) 0.5 mL: (mind. 20 IE adsorbiertes Tetanus-Toxoid + mind. 2 IE adsorbiertes Diphtherie-Toxoid + 40 D-Antigen-Einh inaktivierte Poliomyelitis-Viren Typ 1 + 8 vom Typ 2 + 32 vom Typ 3)
Diphterie + Tetanus (Impfstoff)	Td-pur®	Impfdosis Susp in Fertigspritzen (IM) 0.5 mL mit und ohne Nadeln: (mind. 20 IE adsorbiertes Tetanus-Toxoid + mind. 2 IE adsorbiertes Diphtherie-Toxoid)
Diphterie + Tetanus + Poliomyelitis (Impfstoff)	Td-Virelon®	Impfdosis Susp in Fertigspritzen (IM) 0.5 mL: (mind. 20 IE adsorbiertes Tetanus-Toxoid + mind. 2 IE adsorbiertes Diphtherie-Toxoid + 40 D-Antigen-Einh inaktivierte Poliomyelitis-Viren Typ 1 + 8 vom Typ 2 + 32 vom Typ 3)
Diphtherie + Tetanus + Pertussis (Impfstoff)	Boostrix®	Impfdosis (tief IM) Susp in Fertigspritzen 0.5 mL: (mind. 2 IE Diphtherie-Toxoid + mind. 20 IE Tetanus-Toxoid + 8 µg Pertussis-Toxoid + 8 µg filamentöses Hämagglutinin + 2.5 µg Pertactin)
Diphtherie + Tetanus + Pertussis (Impfstoff)	Infanrix® DTPa-IPV	Impfdosis (tief IM) Susp in Fertigspritzen 0.5 mL: (mind. 30 IE Diphtherie-Toxoid + mind. 40 IE Tetanus-Toxoid + 25 µg Pertussis-Toxoid + 25 µg filamentöses Hämagglutinin + 8 µg Pertactin + 40 D-Antigeneinheiten inaktiviertes Poliovirus Typ 1 + 8 Antigen-E vom Typ 2 + 32 Antigen-E vom Typ 3)
Dipyridamol + Acetylsalicylsäure	Asasantin® 200/25 retard	Retardkaps (200 mg Dipyridamol + 25 mg ASS
Disulfiram	Antabus®	Dispergetten 400 mg
Divistyramin	Ipocol® sine saccharo	Beutel zu 4 g (enthält 3 g Divistyramin Lagap)
Dobutamin	Dobutamin Liquid Fresenius®	Inf Lös (IV) Amp 250 mg (50 mL)
Dobutamin	Dobutrex®	Inf Lös (IV) Amp 250 mg (50 mL)
Docetaxel	Taxotere®	Inf Lös 20, 80 mg
Docusat-Natrium	Norgalax®	Mikroklistier 10 g (= 0.12 g Ducosat pro Einheit)
Dolasetron	Anzemet®	Tabl 200 mg; Inj Lös (IV) Amp 12.5 mg (0.625 mL), Amp 100 mg (5 mL)
Domperidon	Motilium lingual Gastrosan®	Schmelztabl 10 mg
Domperidon	Motilium®/- lingual	Filmtabl 10 mg; Susp 1 mg/mL, Fl 200 mL; lingual: Tabl 10 mg Suppo 10, 30, 60 mg Brausegranulat in Beuteln 10 mg
Donepezil	Aricept®	Filmtabl 5, 10 mg
Donepezil	Aricept® Evess	Schmelztabl 5, 10 mg
Dopamin	Dopamin Fresenius	Inf Lös (IV) Glasfl 250 mg (50 mL)
Dopamin	Dopamin Sintetica	(IV) Amp 50 mg (5 mL), Amp 250 mg (10 mL)
Dorzolamid	Trusopt®	Augentropfen 20 mg/mL, Fl 5 mL

Dorzolamid + Timolol	Cosopt® / -S Augentropfen	(20 mg Dorzolamid + 5 mg Timolol)/mL, Fl 5 mL; Monodosis: (20 mg Dorzolamid + 5 mg Timolol)/mL, Pipetten 2.5 mL
Doxazosin	Cardura® CR	Tabl mit modifizierter Wirkstofffreigabe 4, 8 mg
Doxazosin	Doxazosin-CIMEX	Retardtabl 4, 8 mg
Doxepin	Sinquan®	Kaps 10, 25, 50 mg
Doxorubicin	Adriblastin® RD/- Solution	Lyophilisat (IV), Amp 10, 50, 150 mg mit Solvens 5 mL (für 10 mg Dosierung); (IV) Amp 10 mg (5 mL), 20 mg (10 mL), 50 mg (25 mL)
Doxorubicin	Caelyx®	(IV) Durchstechfl 20 mg (10 mL), 50 mg (25 mL)
Doxorubicin	Doxorubicin «Ebewe»	Inj Lös (IV) Amp 10 mg (5 mL), 50 mg (25 mL), 100 mg (50 mL), 200 mg (100 mL)
Doxorubicin	Doxorubicin Actavis RD	Lyophilisat (IV langsam) Durchstechfl 10, 50 mg
Doxorubicin	Doxorubicin APP	Lyophilisat (IV) Amp 10, 20, 50 mg
Doxycyclin	Doxyclin®/- forte	Tabl (teilbar) 100, 200 mg
Doxycyclin	Doxycyclin-CIMEX	Tabl 100 mg
Doxycyclin	Doxylag®	Kaps 100 mg
Doxycyclin	Doxysol®	Tabl (mit Bruchrille) 100, 200 mg
Doxycyclin	Rudocyclin®	Lacktabl 100 mg
Doxycyclin	Supracyclin®	Tabs 100 mg; Tabs forte 200 mg
Doxycyclin	Tasmacyclin Akne®	Tabl 50 mg
Doxycyclin	Vibramycin® Akne Tabs	Tabs 50 mg
Doxycyclin	Vibramycin® Tabs	Tabl (teilbar) 100 mg; Tabl 200 mg
Doxycyclin	Vibravenös®	Lös für Inj und Inf (IV) Amp 100 mg (5 mL)
Doxycyclin	Zadorin®	Suscaps 100 mg
Doxylamin	Sanalepsi® N	Tropflös 10 mg/1 mL (= 25 Trpf), Fl 20, 50 mL
Doxylamin + Dextromethorphan + Ephedrin + Paracetamol	Vicks MediNait®	Sirup: (15 mg Dextromethorphan + 7.5 mg Doxylamin + 8 mg Ephedrin + 600 mg Paracetamol)/30 mL, Fl 180 mL
Droperidol	Droperidol Sintetica 1 mg	Inj Lös (IV) Amp 1 mg (2 mL)
Drotrecogin alfa aktiviert	Xigris®	Pulver (IV) Durchstechfl 5, 20 mg
Duloxetin	Cymbalta®	Kaps 30, 60 mg
Dutasterid	Avodart®	Weichgelatinekaps 0.5 mg
E		
Econazol	Gyno-Pevaryl®	Vaginalovula 50, 150 mg Vaginalcrème 10 mg/g
Econazol	Gyno-Pevaryl® Depot	Ovulum 150 mg
Econazol	Epi-Pevaryl®	Creme: 8,58mg Econazol, Lotio: 8,58mg Econazol, 10g Lsg. (1 Btl.): 100mg Econazol
Econazol + Triamcinolon	Epipevisone® Creme	Crème: 10 mg Econazolnitrat, 1 mg Triamcinolonacetonid
Efavirenz	Sustiva®	Kaps: Efavirenz 50mg/200mg Filmtabl: Efavirenz 600 mg Lösung z. Einn.: 1ml enth.: Efavirenz 30mg
Efeublätter-Trockenextrakt	Prospan®	Brausetabl: 65 mg Hustenaft: 100ml Lsg.: 0,7g Trockenextrakt Hustenliquid: 5ml Flüssigk. 35mg Trockenextrakt Hustentrpf: 100ml Flüssigk. 2g Trockenextrakt
Eisen II	Ferro sanol® duodenal	Hartkaps 50 + 100 mg
Eisen II	Tardyferon®	Retardtabl: 256,3 mg Eisen(II)-sulfat 1,5H2O (80 mg Eisen(II)-Ion)
Eisen II + DL-Serin	Aktiferrin®N Filmtbl.	Filmtabl: 154,7 mg (MW) Eisen(II)-sulfat 1H2O (50 mg Eisen(II)-Ion)
Eisen II + DL-Serin + Folsäure	Aktiferrin®-F	Suscaps: (34 mg Eisen II-Sulfat + 129 mg DL-Serin + 500 µg Folsäure)
Eisen II + Folsäure	Tardyferon®-Fol, Depot-Eisen(II)sulfat mit Folsäure	Drg: 256,3 mg Eisen(II)-sulfat 1,5H2O (80 mg Eisen(II)-Ion), 0,35 mg Folsäure
Eisen II + Vitamin C	Kendural® C Depottbl.	Depottabl: (325 mg Ferro II-Sulfat = 105 mg elementares Eisen + 500 mg Vitamin C)
Eisen III	Ferrum Hausmann®	Lösg: 178,6 mg/ml Eisen(III)-hydroxid-Polymaltose-Komplex (50 mg/ml Eisen) Retardkaps: 304 mg Eisen(II)-fumarat (100 mg Eisen) Sirup: 37,25 mg (MW)/ml Eisen(III)-hydroxid-Polymaltose-Komplex (10 mg/ml Eisen)
Eisen III	Venofer®	Inj. Lösg: 1 ml/ml Eisen(III)-hydroxid-Saccharose-Komplex (20 mg/ml Eisen)
Eisencarboxymaltose	Ferinject®	Inj Lös: 50mg Eisen/ml Inj.-/Inf.-Fl. 2ml/10ml
Eletriptan	Relpax®	Filmtbl: Eletriptan 20 mg / 40 mg
Emedastin	Emadine®	Augentrpf: 1ml Lsg. 0,05% (0,5mg/ml)
Emtricitabin	Emtriva®	Hartkaps: 200 mg Emtricitabin 1 ml Lsg. z. Einn.: 10 mg Emtricitabin
Emtricitabin + Tenofovir	Truvada®	Filmtabl: Emtricitabin 200mg, Tenofovirdisoproxil 245mg (als Fumarat)
Enalapril	Benalapril BC 10mg Tbl.	Tabl: 5, 10, 20 mg
Enalapril	Corvo®	Tabl (mit Bruchrille) 5mg/10mg/20mg
Enalapril	Enabeta®	Tabl (mit Bruchrille) 2,5 mg/5 mg/10 mg/20 mg

Enalapril	Enalapril-Teva®	Tabl (mit Bruchrille) 10, 20 mg
Enalapril	Enalapril AAA®	5mg/ -10mg/ -20mg
Enalapril	XANEF®	Tabl: 2,5/5/10/20mg
Enalapril + HCT	Corvo HCT®	Tabl 10 mg Enalapril u. 25 mg Hydrochlorothiazid
Enalapril + HCT	Enadigal®	10 mg Enalapril und 25 mg Hydrochlorothiazid
Enalapril + HCT	Enalagamma®	Enalaprilmaleat 10mg, Hydrochlorothiazid 25mg, Enalaprilmaleat 20mg, Hydrochlorothiazid 12,5mg
Enalapril + HCT	Enalapril/HCT-Teva®	Tabl mit Bruchrille: (12,5 mg HCT + 20 mg)
Enalapril + HCT	enadura®	Tabl mit Bruchrille: 10mg Enalaprilmaleat, 25mg Hydrochlorothiazid
Enalapril + HCT	EnaHEXAL®	Tabl 10mg Enalapril, 25mg Hydrochlorothiazid, 20mg Enalapril, 12,5mg Hydrochlorothiazid.
Enoxaparin	Clexane® /-multi	Fertigspritzen 20mg/-40mg/-60mg/-80mg/-100mg multidose 100mg/ml
Entacapon	Comtess®	Filmtabl: 200 mg Entacapon
Entacapon + Levodopa + Carbidopa	Stalevo®	Filmtabl: Levodopa 50mg/100mg/150mg/200mg, Carbidopa 12,5mg/25mg/37,5mg/50mg, Entacapon 200mg
Ephedrin + Doxylamin + Dextromethorphan + Paracetamol	WICK MediNait Erkältungssirup für die Nacht	Sirup: 100ml enth.Doxylaminsuccinat 0,025g, (-)-Ephedrinhemisulfat 0,0267g, Dextromethorphanhydrobromid 0,05g, Paracetamol 2,0g
Epinephrin	InfectoKrupp® Inhal	10ml enth.: 72,8mg L-Epinephrinhydrogentartrat (entspr. 40mg L-Epinephrin).
Epinephrin	Suprarenin® Ampullen	Inj.-Lsg 1mg/mL (1:1000) in isotonischer Lösung.
Epinephrin + Lidocain	Xylocain® Adrenalin 1%	1 ml Injektionslösung 10 mg Lidocainhydrochlorid
Eplerenon	Inspra®	Filmtabl 25, 50 mg
Epoetin beta	NeoRecormon®	(SC, IV) in Fertigspritzen 0.3 mL: 1000 IE (8.3 µg), 2000 IE (16.6 µg), 3000 IE (24.9 µg), 4000 (33.2 µg), 5000 IE (41.5 µg), 6000 (49.8 µg); Fertigspritzen 0.6 mL: 10'000 IE (83 µg), 30'000 IE (249 µg); Reco-Pen Zweikammerpatrone f Herst Inj Lös 20'000 IE (166 µg); Multidose Durchstechfl Pulver f Herst Inj Lös 50'000 IE (415 µg), 100'000 IE (830 µg)
Epoetin Beta (Methoxy-Polyethyleneglycol)	Mircera®	(IV oder SC) Fertigspritzen 30 µg (3 mL), 50 µg (3 mL), 75 µg (3 mL), 100 µg (3 mL), 120 µg (3 mL), 150 µg (3 mL), 250 µg (3 mL), 360 µg (6 mL)
Eprosartan	Eprosartan-ratiopharm®	Filmtbl: 600 mg Eprosartan als Eprosartanmesilat
Eprosartan	Teveten®	Filmtabl 600 mg
Eprosartan + HCT	Eprosartan-ratiopharm® comp.	Filmtbl: 600 mg Eprosartan als Eprosartanmesilat und 12,5 mg Hydrochlorothiazid
Eprosartan + HCT	Teveten® plus	Filmtabl: (600 mg Eposartan + 12.5 mg HCT)
Eptifibatid	Integrilin®	(IV) Amp 20 mg, 10 mL; Inf Lös 75 mg, 100 mL
Erlotinib	Tarceva®	Filmtabl 25, 100, 150 mg
Ertapenem	Invanz®	Trockensubst Inf Lös (IV) Durchstechfl 1 g
Erythromycin	Akne-mycin®/ -2000	Lös 20 mg/g, Fl 25 mL; Emulsion: (10 mg Erythromycin + 10 mg Ichthammol)/g, Tuben 25 g; Akne-mycin® 2000: Salbe 20 mg/g, Tuben 25 mg;
Erythromycin	Aknederm® Ery Gel	Gel: 2%/4% (20/40 mg Erythromycin)
Erythromycin	Ery 500 - 1 A Pharma, Filmtbl	Filmtabl: 694 mg Erythromycinstearat, entspr. 500 mg Erythromycin
Erythromycin	Eryaknen® 2/4	Gel 20 mg/g, Gel 40 mg/g, Tuben 30 g
Erythromycin	Erydermec®	Gel: 2%/4%: 1g Gel: 20mg/40mg Erythromycin
Erythromycin	Erythrocin® i.v.	Trockensubst zur Herst Inf Lös (IV) Amp 1 g
Erythromycin	Erythrocin®/- ES	Btl 500, 1000 mg; Filmtabl 500 mg
Erythropoetin alfa (Epoetin alfa)	Eprex®	(IV oder SC) Stechamp 40'000 IE (1 mL); Protecs: (IV oder SC): Fertigspritzen 1'000 IE (8.4 µg/0.5 mL)., 2'000 IE (16.8 µg/0.5 mL)., 3'000 IE (25.2 µg/0.3 mL)., 4'000 IE (33.6 µg/0.4 mL)., 5'000 IE (42.0 µg/0.5 mL), 6'000 IE (50.4 µg/0.6 mL), 8'000 IE (67.2 µg/0.8 mL), 10'000 IE (84 µg/1 ml), 20'000 IE (168 µg/0.5 mL), 30'000 IE (252 µg/0.75 mL), 40'000 IE (336 µg/1 mL)
Escitalopram	Cipralex®	Filmtabl (teilbar) 5, 10, 15, 20 mg Tropfen 10 mg/mL (= 20 Trpf), Fl 15, 28 mL
Esmolol	Esmocard Stragen	100mg/10ml Inj.-Lsg.: 10 mg/ml 2500mg/10ml Konz. Inf.-Lsg.: 0,25 g/ml
Esmolol	Brevibloc®	Inf Lös Konz (IV) Amp 2.5 g (10 mL), 100 mg (10 mL), (IV) Beutel 2.5 g (250 mL)
Esomeprazol	Nexium®	Tabl magensaftresistent 20, 40 mg Granulat magensaftresistent Sachet 10 mg
Esomeprazol	Nexium® i.v.	Pulver Inj/Inf Lös (IV) Durchstechfl 40 mg
Estradiol	Cutanum® 50/100 µg Pflaster	50: 0.05 mg/24h; 3,9mg Estradiol; 100: 0,1 mg/24h; 7,8mg Estradiol
Estradiol	GynPolar®	Gel: 0,5mg/1,0mg Estradiol ½H2O
Estradiol	Estracomb TTS®	Pflaster 4 mg/10 cm2 (50 µg/24 h)

Estradiol	Estradot® Pflaster	25: Pflaster 0.39 mg/2.5 cm2 (25 µg/24 h); Pflaster 0.585 mg/3.75 cm2 (37.5 µg/24 h); Pflaster 0.78 mg/5 cm2 (50 µg/24 h); 75: Pflaster 1.17 mg/7.5 cm2 (75 µg/24 h); 100: Pflaster 1.56 mg/10 cm2 (100 µg/24 h)
Estradiol	Estramon® Pflaster	25:Pflaster 2 mg/10 cm2 (25 µg/24 h); 50: Pflaster 4 mg/20 cm2 (50 µg/24 h); 100: Pflaster 8 mg/40 cm2 (100 µg/24 h)
Estradiol	Estring®	Vaginalring mit Depotöstrogen 2 mg (7,5 µg/24 h)
Estradiol	Estrifam®	Filmtabl: 1 mg/2 mg Estradiol
Estradiol	Progynova®	Drag 2 mg; Progynova® mite: Drag 1 mg
Estradiol	Sandrena®	Gel 1% Einzeldosen 0.5, 1 g
Estradiol	Dermestril®-Septem Pflaster	25 Mikrogramm (2,5mg Estradiol), 50 Mikrogramm (5mg Estradiol), 75 Mikrogramm (7,5mg Estradiol)
Estradiol	Vagifem®	Vaginaltabl 25 µg
Estradiol	Estradiol fem JENAPHARM	Tabl: 2 mg Estradiol
Estramustin	Estracyt®	Kaps 140 mg
Estriol	Oestro-Gynaedron® Neu	Creme 0.5 mg/g, Tuben mit Applikator 50 g
Estriol	Ortho-Gynest®	Viginalcrème 0.01% 0.1 mg/g; Vag.ovula 0.5 mg
Estriol	Ortho-Gynest® D	Vaginalovula 3.5 mg
Estriol	Ovestin®	Tabl 1 mg; Ovula 0.5 mg; Crème 1 mg/g, Tuben 15 g mit Applikator
Etanercept	Enbrel®	Pulver und Lös Mittel Inj Lös (SC), Durchstechfl 25, 50 mg + Fertigspritze zu 1 mL Wasser; Fertigspritzen 25 mg (0.5 mL), 50 mg (1 mL)
Ethambutol	Myambutol®	Filmtabl 100 mg; Filmtabl (teilbar) 400 mg
Ethanol + Nifedipin + Macrogol	Adalat® pro infusione	Inf Lös (IV): (5 mg Nifedipin + 7.5 g Ethanol + 7.5 g Macrogol)/50 mL, Flasche 50 mL
Ethinylestradiol + Cyproteronazetat	Attempta-ratiopharm® 35	Drag: 2 mg Cyproteronacetat, 35 µg Ethinylestradiol
Ethinylestradiol + Cyproteronazetat	Bella HEXAL 35®	Drag: 2 mg Cyproteronacetat, 35 µg Ethinylestradiol
Ethinylestradiol + Cyproteronazetat	Diane®-35	Drag: 2 mg Cyproteronazetat + 0.035 mg Ethinylestradiol
Ethinylestradiol + Cyproteronazetat	Cyproderm Tbl.	Tabl: 2 mg Cyproteronacetat, 35 µg Ethinylestradiol
Ethinylestradiol + Cyproteronazetat	Ergalea	Filmtabl: 2 mg Cyproteronacetat, 35 µg Ethinylestradiol
Ethinylestradiol + Cyproteronazetat	Juliette	Tabl: 2 mg Cyproteronacetat, 35 µg Ethinylestradiol
Ethinylestradiol + Desogestrel	LAMUNA®	20 Filmtbl./-30 Filmtbl.: 1 Filmtbl. enth.: 0,15mg Desogestrel, 0,02mg/0,03mg Ethinylestradiol
Ethinylestradiol + Desogestrel	Gracial®	Tabl blau: (0.04 mg Ethinylestradiol + 0.025 mg Desogestrel); Tabl weiss: (0.03 mg Ethinylestradiol + 0.125 mg Desogestrel)
Ethinylestradiol + Desogestrel	Marvelon®	Tabl: (0.03 mg Ethinylestradiol + 0.15 mg Desogestrel)
Ethinylestradiol + Desogestrel	Mercilon®	Tabl: (0.02 mg Ethinylestradiol + 0.15 mg Desogestrel)
Ethinylestradiol + Levonorgestrel	Microgynon® 30/50	Drag: (0.15 mg Levonorgestrel + 0.03 mg Ethinylestradiol); Drag: (0.125 mg Levonorgestrel + 0.05 mg Ethinylestradiol)
Ethinylestradiol + Levonorgestrel	Miranova®	Drag: (0.10 mg Levonorgestrel + 0.02 mg Ethinylestradiol)
Ethinylestradiol + Levonorgestrel	Femigyne-ratiopharm®	Tabl: 0,15 mg Levonorgestrel, 0,03 mg Ethinylestradiol
Etidronat	Didronel®	Tabl 200 mg
Etilefrin	Effortil®	Trpf 7.5 mg/g (ca. 15 Trpf), Fl 15, 50 g
Etilefrin + Dihydroergotamin (DHE)	Dihydergot® plus	Trpf: (10 mg Etilefrin + 2 mg DHE)/mL (= 20 Trpf) Filmtabl: (20 mg Etilefrin + 2 mg DHE)
Etilefrin + DHE	Effortil® plus	Trpf: (10 mg Etilefrin + 2 mg DHE)/mL (=30 Trpf)
Etomidat	Etomidat®-Lipuro	(IV langsam) Glasamp 20 mg (10 mL)
Etoricoxib	Arcoxia®	Filmtabl 30, 60 mg
Exemestan	Aromasin®	Drag 25 mg
Exenatide	Byetta®	(SC) Einzeldosis 5 µg (20 µL); 10 µg (40 µL)
Ezetimib	Ezetrol®	Tabl 10 mg
Ezetimib + Simvastatin	Inegy®	Ezetimibe/Simvastatin Tabl: 10/10mg, 10/20mg, 10/40 mg, 10/80mg
F		
Faktor IX Gerinnungs-Antigen	BeneFIX®	Lyophilisat und Lösungsmittel zur Injektion (IV) Durchstechfl 250 IE, 500 IE, 1000 IE, 2000 IE
Faktor IX Gerinnungs-Antigen	Berinin® HS	Humaner Koagulationsfaktor IX: Trockensubst + Lös Mittel (IV) Fl 600 IE (5 mL), 1200 IE (10 mL)
Faktor IX Gerinnungs-Antigen	Immunine	Humaner Koagulationsfaktor IX: Trockensubst + Lös Mittel für Inj Lös (IV) Fl 600 IE (5 mL), 1200 IE (10 mL)

Faktor IX Gerinnungs-Antigen	Octanine F 500/ 1000	Humaner Koagulationsfaktor IX: Trockensubst + Lös Mittel für Inj Lös (IV) Stechamp 500 IE (5 mL), 1000 IE (10 mL)
Faktor VII Gerinnungs-Antigen	Faktor VII NF Baxter	Lyophilisat + Lös Mittel f Inj (IV) Durchstechfl 600 IE
Faktor VIII Gerinnungs-Antigen	Beriate® P	Humanes Plasmaprotein mit Faktor VIII-Aktivität Trockens + Lös.mittel (IV) 250 IE, 500 IE, 1000 IE
Faktor VIII Gerinnungs-Antigen	Feiba NF	Anti-Inhibitor-Faktorenkomplex Trockensubst + Lösungsmittel (IV) Durchstechfl 500 E, 1000 E
Faktor VIII Gerinnungs-Antigen	Haemate® P	Trockensubs, mit Blutgerinnungsf VIII und von-Willebrand-Faktor vom Menschen zur (IV) Amp 250 IE (5 mL), 500 IE (10 mL), 1000 IE (15 mL)
Faktor VIII Gerinnungs-Antigen	Helixate® NexGen	Rekombinanter humaner Blutgerinnungsfaktor VIII Trockensubstanz + Lösungsmittel für Inj Lös (IV) Durchstechfl 250 IE (2.5 mL), 500 IE (5 mL), 1000 IE (10 mL)
Faktor VIII Gerinnungs-Antigen	IMMUNATE STIM plus	Trockensubstanz, mit Blutgerinnungsfaktor VIII und von-Willebrand-Faktor angereicherte Human-plasmafraktion (IV) Amp 250 IE (5 mL), 500 IE (10 mL), 1000 IE (15 mL)
Faktor VIII Gerinnungs-Antigen	Octanate 250/500/1000	Humanes Plasmaprotein mit Faktor VIII-Aktivität (IV) Durchstichfl 250 IE (5 mL), 500 IE (10 mL), 1000 IE (15 mL)
Faktor VIII Gerinnungs-Antigen	ReFacto®	Lyophilisierte Trockensubst zur Herst einer Inj Lös (IV) 250 IE, 500 IE, 1000 IE, 2000 IE
Faktor XIII Gerinnungs-Antigen	Beriplast® P Combi-Set	Pulver + Lös Mittel für einen Firbrinkleber: humaner Koagulationsfaktor XIII 60 E + Aprotinin 1000 KIE, Combi-Set II: Humanes Thrombin 500 IE
Famciclovir	Famvir®	Filmtabl 125, 250 mg; Filmtabl Zoster 250 mg
Felodipin	Felodipin retard Heumann	Retardtabl 2.5, 5, 10 mg
Felodipin	Felodipin Sandoz®	Retardtabl 2,5, 5, 10 mg
Felodipin	Felodipin-Mepha®	Depotabs 2.5, 5, 10 mg
Felodipin	Felobeta®	Retardtabl 5, 10 mg
Felodipin + Metoprolol	Mobloc® Retardtabl.	Retardtabl: (5 mg Felodipin + 50 mg Metoprolol succinas)
Felodipin + Ramipril	Unimax®	Retardtabl: (2.5 mg Felodipin + 2.5 mg Ramipril); Retardtabl: (5mg Felodipin + 5 mg Ramipril)
Fenofibrat	Lipanthyl® 200M/267M/100	Kaps 100 mg; Lipanthyl® 200M: Kaps 200 mg (mikronisiert) Lipanthyl® 267M: 267 mg mikronisiert
Fenoterol	Berotec® N	Dosier-Aerosol zu 200 Dosen 100 µg/Stoss
Fenoterol + Ipratropium-bromid	Berodual® N Dosier-Aerosol	Dosier-Aerosol zu 200 Dosen: (50 µg Fenoterol + 20 µg Ipratropiumbromid)/Stoss, Aerosol 10 mL
Fentanyl	Actiq®	Lutschtabl (mit integriertem Applikator zur Anwendung in der Mundhöhle) 200, 400, 600, 800, 1200, 1600 µg, Maximaldosis 3 x 1600 µg
Fentanyl	Durogesic® SMAT	SMAT, transdermales Pflaster: 12 µg/h (2.1 mg/5.25 cm2), 25 µg/h (4.2 mg/10.5 cm2), 50 µg/h (8.4 mg/21.0 cm2), 75 µg/h (12.6 mg/31.5 cm2), 100 µg/h (16.8 mg/42 cm2)
Fentanyl	Fentanyl Sandoz® MAT	Pflaster 12 µg/h (2.1 mg/5.25 cm2), 25 µg/h (4.2 mg/10.5 cm2), 50 µg/h (8.4 mg/21.0 cm2), 75 µg/h (12.6 mg/31.5 cm2), 100 µg/h (16.8 mg/42 cm2)
Fentanyl	Fentanyl-CIMEX TTS	Pflaster 25 µg/h (4.125 mg Fentanyl auf 7.5 cm²), Pflaster 50 µg/h (8.25 mg Fentanyl auf 15 cm²), Pflaster 75 µg/h (12.375 mg Fentanyl auf 22.5 cm²), Pflaster 100 µg/h (16.5 mg Fentanyl auf 30 cm²)
Fentanyl	Durogesic® SMAT	Matrix-Pflaster 12µg/h (2.1 mg/5.25 cm²), 25 µg/h (4.2 mg/10.5 cm²), 50 µg/h (8.25mg/21 cm²), 75 µg/h (12.6 mg/31.5 cm²), 100 µg/h (16.8 mg/42 cm²)
Fentanyl	Fentanyl HEXAL®	(IV) Amp 0.10 mg (2 mL), Amp 0.5 mg (10 mL)
Fentanyl	Fentanyl®-Janssen	(IV) Amp 0.10 mg (2 mL), Amp 0.5 mg (10 mL)
Fentanyl	Fentanyl-ratiopharm®	(IV) Amp 0.10 mg (2 mL), Amp 0.5 mg (10 mL)
Fesoterodin	Toviaz®	Retardtabl 4, 8 mg
Fexofenadin	Telfast®	Filmtabl 30, 120, 180 mg
Finasterid	Finural®	Filmtabl 5 mg
Finasterid	Finascar®	Filmtabl 5 mg
Finasterid	Finasterid-Actavis	Filmtabl 5 mg
Finasterid	Finasterid acis®	Filmtabl 5 mg
Finasterid	Finasterid Sandoz®	Filmtabl 5 mg
Finasterid	Finasterid-TEVA®	Filmtabl 5 mg
Finasterid	Finasterid-Streuli®	Filmtabl 1, 5 mg
Finasterid	Propecia®	Filmtabl 1 mg
Finasterid	Proscar®	Filmtabl 5 mg
Flavoxat	Spasuret®	Filmtabl. 200 mg

Flecainid	Tambocor®	Tabl 100 mg Inj Lös (IV) Amp 150 mg (15 mL)
Flucloxacillin	Staphylex®	Kaps 250, 500 mg Inj.-Lsg. 250, 500, 1000, 2000 mg
Fluconazol	Flucoderm	Kaps 50, 100, 150, 200 mg
Fluconazol	Flucobeta®	Kaps 50, 100, 150, 200 mg
Fluconazol	Fluconazol Aristo®	Kaps 50, 150, 200 mg
Fluconazol	Fluconazol Redibag	Inf Lös (IV) Sachet 100 mg (50 mL), 200 mg (100 mL), 400 mg (200 mL)
Fluconazol	Diflucan®	Kaps 50, 100, 200 mg Pulver zur Herstellung Susp 50 mg/5 mL Inf Lös (IV) Stechamp 100 mg (50 mL), 200 mg (100 mL), 400 mg (200 mL)
Fluconazol	Flunazul®	Kaps 50, 100, 200 mg
Fluconazol	Fluconazol-ratiopharm®	Kaps 100, 150, 200 mg
Fluconazol	Fluconazol Sandoz®	Kaps 100, 150, 200 mg
Fluconazol	Fluconazol-CT	Kaps 50, 100, 150, 200 mg
Fluconazol	Fluconazol i.v. Deltaselect	Inf Lös (IV) 100 mg (50 mL), 200 mg (100 mL), 400 mg (200 mL)
Fluconazol	Fluconazol-HEXAL®	Kaps 50, 100, 150, 200 mg Inf Lös (IV) Stechamp 100 mg (50 mL), 200 mg (100 mL)
Fluconazol	Fluconazol Q-Generics	Kaps 50, 100, 150, 200 mg
Flucytosin	Ancotil	(IV) Amp 2500 mg 5-FC (250 mL)
Fludrocortison	Astonin® H Tabl	Tabl 0.1 mg
Flumazenil	Anexate®	(nur IV) Amp 0.5 mg (5 mL), 1,0 mg (10 mL)
Flumetason	Locacorten®	Crème 0.2 mg/g, Tuben 30 g Salbe 0.2 mg/g, Tuben 30 g
Flumetason + Salicylsäure	Locasalen®	Salbe: (0.2 mg Flumetason + 30 mg Acetylsalicylsäure)/g, Tuben 15, 60 g
Flunarizin	Flunarizin acis®	5mg Kaps.: 1 Kaps. enth.: 5,9mg Flunarizin-2HCl entspr. 5mg Flunarizin. 10mg Kaps.: 1 Kaps. enth.: 11,8mg Flunarizin-2HCl entspr. 10mg Flunarizin.
Flunitrazepam	Rohypnol®	Filmtabl 1 mg
Fluocinolon + Neomycin	Jellin®-Neomycin	Creme: (0.25 mg Fluocinolon + 3.5 mg Neomycin)/g, Tuben15 g Salbe: (0.25 mg Fluocinolon + 3.5 mg Neomycin)/g, Tuben 15 g
Fluocinolonacetonid	Flucinar® Creme/Salbe 0,025%	Creme 0.25 mg/g, Salbe 0.25 mg/g, Tuben 15 g
Fluocinonid	Topsym®	Creme 0.5 mg/g, Tuben 15, 30 g; Salbe und F-Salbe 0.5 mg/g, Tuben 15 g
Fluorometholon	Efflumidex® Liquifilm	Augentropfen 1 mg/mL, Fl 5 mL
Fluorometholon + Gentamicin	Infectoflam®	Augentrpf: (1 mg Fluorometholon + 3 mg Gentamicin)/mL, Fl 5mL Augensalbe: (1 mg Fluorometholon + 3 mg Gentamicin)/g, Tuben 4 g
Fluorometholon + Neomycin	FML-Neo® Liquifilm	Augentrpf: (1 mg Fluorometholon + 3.5 mg Neomycin)/mL, Fl 5mL
Fluorometholon + Tetryzolin	Efemolin®	Augentrpf als Susp: (1 mg Fluorometholon + 0.25 mg Tetryzolin)/mL, Fl 5 mL
Fluoxetin	Fluoxetin-ratiopharm®	Tabl (teilbar) 20 mg, Hartkaps 20 mg Lösung 20 mg/5 mL, Fl 70 mL
Fluoxetin	Fluoxetin AL	Tabl (teilbar) 20 mg
Fluoxetin	Fluoxetin-biomo®	Kaps 20 mg Tabl 20 mg
Fluoxetin	Fluoxetin STADA®	Tabl teilbar 20 mg
Fluoxetin	Fluxet®	Hartkaps 20 mg
Fluoxetin	Fluoxetin Sandoz®	Kaps 20 mg Tabl (teilbar) 10, 20, 40 mg
Fluoxetin	Fluoxetin-neuraxpharm®	Tabl 20 mg Hartkaps 20 mg
Fluoxetin	Fluoxetin-TEVA®	Kaps 20 mg Tabl (teilbar) 20 mg
Fluoxetin	Fluoxetin-CT	Hartkaps 20 mg
Flupentixol	Fluanxol® Depot	Depot: Inj Lös 2% (IM) Amp 20 mg (1 mL) Inj Lös 10% (IM) Amp 100 mg (1 mL)
Flupentixol	Fluanxol® Dragees	Drag 0.5, 2, 5 mg
Fluphenazin	Dapotum® D 25/50/100	Inj Lös (IM) Amp 25 mg (1 mL), (IM) 50 mg (0.5 mL), (IM) 100 mg (1 mL)
Flupredniden + Miconazol	Decoderm® Creme	Creme: (1 mg Flupredniden + 20 mg Miconazol)/g, Tuben 20, 50 g
Flurazepam	Dalmadorm® Lacktabl	Filmtabl (mit Bruchrille) 30 mg
Flutamid	Flumid®	Tabl 250 mg
Fluticason	Avamys™	Nasenspray 27.5 µg/Sprühstoss, 1 Spray
Fluticason	Flutide®	Dosier-Aerosol 50, 125, 250 µg/Stoss, Disk 100, 250, 500 µg pro Einzeldosis (4 Einzeldosen/Disk)

Fluticason	Flutide®	Isotonische Susp Inhal 0.5 mg/2 mL, 2 mg/2 mL
Fluticason	Flutivate® Creme/Salbe	Creme 500 µg/g, Tuben 25, 100 g Salbe 50 µg/g, Tuben 25, 100 g
Fluticason	Flutide® Nasetten	Suspension zur nasalen Spülung 400 µg/ Einzeldosis
Fluticason + Salmeterol	atmadisc®	Multidosen-Pulverinhalator: (50 µg Salmeterol + 100 µg, 250 µg oder 500 µg Fluticason)/Dosis, Dosier-Aerosol: (25 µg Salmeterol + 50, 125, 250 mg Fluticason)/Dosis, 120 Dosen
Fluvastatin	Fluvastatin Sandoz®	Hartkaps 20 mg, 40 mg
Fluvastatin	Fluvastatin - 1 A Pharma	Hartkaps 20, 40 mg, Retardtabl 80 mg
Fluvoxamin	Fevarin®	Filmtabl (mit Bruchrille) 50, 100 mg
Fluvoxamin	Fluvoxamin-TEVA	Filmtabl (mit Bruchrille) 50, 100 mg
Folinsäure	Leucovorin®	Tabl 15 mg Inj Lös (IV) Amp 10, 30, 50 mg
Folsäure	DreisaFol®	Tabl 5 mg
Folsäure	Folcur®	Tabl 5 mg
Folsäure	Folsan®	Tabl 0.4, 5 mg
Folsäure	Folverlan®	Tabl 5 mg
Folsäure + Eisen II	ferro sanol® gyn	Hartkaps: (80 mg Eisen + 1 mg Folsäure)
Folsäure + Eisen II + Vitamin C	Kendural®-Fol-500	Depottabl: (329.7 mg Ferro II-Sulfat ~ 105 mg elementares Eisen + 350 µg Folsäure + 500 mg Vitamin C)
Fondaparinux	Arixtra®	Inj Lös (SC) Fertigspritzen 1.5 mg (0.3 mL), 2.5 mg (0.5 mL), 5 mg (0.4 mL), 7.5 mg (0.6 mL), 10 mg (0.8 mL)
Formoterol	Foradil®	Dosieraerosol 12 µg/Sprühstoss, Behälter zu 10.3 g = 100 Stösse
Formoterol	Foradil® P Pulver	Kaps mit Pulver zur Inhalation zu 12 µg, 60 Dosen
Formoterol	Oxis® Turbuhaler® 6/12	Pulverinhalator 6, 12 µg/Inhalation
Formoterol + Budesonid	Symbicort® Turbuhaler®	80/4.5: (80 µg Budesonid + 4.5 µg Formoterol) 160/4.5: (160 µg Budesonid + 4.5 µg Formoterol) 320/9: (320 µg Budesonid + 9 µg Formoterol)
Fosamprenavir	Telzir®	Filmtabl 700 mg Susp zum Einnehmen 50 mg/mL, Fl 225 mL
Fosaprepitant	Ivemend®	Trockensubst f Inf Lös (IV) Stechamp 115 mg
Foscarnet	Foscavir®	(IV langsam!) 24 mg/mL (= 80 µmol/mL)
Fosfomycin	Monuril® 3000 Gran	Granulat zur Herst einer Solution, Beutel 3 g
Fosinopril	dynacil® 5/10/20 mg Tbl	Tabl (mit Kreuzbruchrille) 5, 10, 20 mg
Fosinopril + HCT	dynacil® comp	Tabl: (20 mg Fosinopril + 12.5 mg HCT)
FSME-Virus Stamm K23 (Impfstoff)	Encepur® N	Impfstoff (IM, SC) f Erwachsene: 1 Dosis 0.5 mL enthält 1.5 µg inaktiviertes FSME-Virus Impfstoff f Kinder (IM, SC): 1 Dosis 0.25 mL enthält 0.75 µg inaktiviertes FSME-Virus
Fulvestrant	Faslodex®	Inj Lös (IM) Fertigspritzen 250 mg (5 mL)
Furosemid	Diurapid®	Tabl 40, 500 mg
Furosemid	Furanthril®	Tabl (teilbar) 40, 500 mg
Furosemid	Furorese®	Tabl (mit Bruchrille) 40 mg Inj Lös (IV, IM) Amp 20 mg (2 mL)
Furosemid	Lasix®	Tabl 40 mg; Tabs 500 mg Inj Lös (IV, IM) Amp 20 mg (2 mL), Amp 40 mg (4 mL); Inf Lös (IV) langsam Amp 250 mg (25 mL)
Furosemid	Lasix® long	Retardkaps 30 mg
Furosemid + Spironolacton	Osyrol® 50-Lasix®	Kaps: (50 mg Spironolacton + 20 mg Furosemid)
Furosemid + Spironolacton	Spiro comp.-ratiopharm®	Filmtabl: (50 mg Spironolacton + 20 mg Furosemid)
Furosemid + Spironolacton	Spiro comp. forte-ratiopharm®	Filmtabl: (100 mg Spironolacton + 20 mg Furosemid)
Fusidinsäure + Betamethason	Fucicort®	Creme: (1 mg Betamethason + 20 mg Fusidinsäure)/g, Tuben 5, 15, 30, 60 g
Fusidinsäure + Hydrocortison	Fucidine® H	Creme: (10 mg Hydrocortison + 20 mg Fusidinsäure)/g, Tuben 15, 30 mg
G		
Gabapentin	Gabagamma®	Hartkaps 100, 300, 400 mg, Filmtabl 600, 800 mg
Gabapentin	Gabapentin Sandoz®	Hartkaps 100, 300, 400 mg, Filmtabl (teilbar) 600, 800 mg
Gabapentin	Gabapentin TAD®	Hartkaps 100, 300, 400 mg, Filmtabl 600, 800 mg
Gabapentin	Neurontin®	Filmtabl 600, 800 mg, Hartkaps 100, 300, 400 mg
Galantamin	Reminyl®	Kaps 8, 16, 24 mg
Ganciclovir	Cymeven®	Trockensubst Inf Lös (IV) Durchstechfl 500 mg
Gelatine succinyliert (modifiziert flüssige Gelatine)	Gelafundin®	Isoonkotisch wirkende Gelatinelös (IV) 40 g/1000 mL, Ecobag 500, 1000 mL (7.01 g Natriumchlorid + 1.36 g Natriumhydroxid), Natrium 154 mmol/L, Chlorid 120 mmol/L, theoretische Osmolarität 274 mosm/L, Maximaldosis: 10-15 Liter/24 h
Gemcitabin	Gemzar®	Lyophilisat Inf Lös (IV), Amp 200, 1000 mg
Gemfibrozil	Gevilon® 600/900	Filmtabl 600, 900 mg

Gentamicin	Gentamycin	Creme 0,1%: 1 mg/g, Tuben 15, 50, 100 g Salbe 0,1 %: 1 mg/g, Tuben 15, 50, 100 g Augentropfen 0,3%: 3 mg/mL, Fl 5 mL
Gentamicin	Gentamicin HEXAL	(IV, IM oder subkonjunktival) Amp 40, 60, 80 mg
Gentamicin	Gentamicin-POS®	Augentrpf 3 mg/mL, Fl 5 mL Augensalbe 3 mg/g, Tuben 2,5 g
Gentamicin	Septopal® 10er Minikette	Ovaler Körper (ca 3 x 5 mm) 1.7 mg, Miniketten zu 10 ovalen Körpern
Gentamicin	Septopal®-Ketten	Kugel (Ø 7 mm) 4.5 mg, Ketten mit 10, 30, 60 Kugeln
Gentamicin + Betamethason	Diprogenta®	Creme: (0.5 mg Betamethason + 1 mg Gentamicin)/g, Tuben 20, 50 g Salbe: (0.5 mg Betamethason + 1 mg Gentamicin)/g, Tuben 20, 50 g
Gentamicin + Fluorometholon	Cibaflam®	Augentropfensuspension: (1 mg Fluorometholon + 3 mg Gentamicin)/mL, Fl 5mL Augensalbe: (1 mg Fluorometholon + 3 mg Gentamicin)/g, Tuben 4 g
Glatirameracetat	Copaxone®	Inj Lös in Fertigspritzen (SC) 20 mg (1 mL)
Glibenclamid	Maninil®	Tabl 1.0, 1.75, 3.5, 5 mg
Glibenclamid	Semi-Daonil®	Semi-Daonil®: Tabl (mit Bruchrille) 2.5 mg
Glibenclamid	Glibenclamid Sandoz®	Tabl 1,75, 3.5 mg
Gliclazid	Diamicron Uno®	Tabl mit modifizierter Wirkstofffreisetzung 30 mg
Glimepirid	Amaryl®	Tabl (teilbar) 1, 2, 3, 4, 6 mg
Glimepirid	Glimepirid Sandoz®	Tabl (teilbar) 1, 2, 3, 4 mg
Glimepirid	Glimedoc®	Tabl (teilbar) 1, 2, 3, 4 mg
Glimepirid	Glimegamma®	Tabl (teilbar) 1, 2, 3, 4, 6 mg
Glimepirid	Glimepirid dura®	Tabl teilbar 1, 2, 3, 4, 6 mg
Glimepirid	Glimepirid Winthrop®	Tabl (mit Bruchrille) 1, 2, 3, 4, 6 mg
Glucagon	GlucaGen®	Trockensubst (SC, IM, IV) Amp 1 mg (1 mL)
Goserelinacetat	Zoladex®	10,8mg Fertigspr. mit Implantat 3,6mg Fertigspr. Implantat
Gramicidin + Neomycin + Polymyxin	Polyspectran®	Augentropfen: (3500 IE Neomycin + 7500 IE Polymyxin + 20 µg Gramicidin)/mL
Granisetron	Granisetron HEXAL®	Filmtabl 1, 2 mg Infus.-lösg. 1 mg/ml, 3ml
Grippenvirus (Impfung)	Fluad® 2008/2009	Fertigspr. mit und ohne Kan. z. i.m. Inj. 0,5 mL
Grippenvirus (Impfung)	Inflexal V 2008/2009	Inj.-Susp. in Fertigspritzen 0.5 mL
Grippenvirus (Impfung)	Influvac® 2008/2009	Fertigspritze mit Kanüle 0.5 mL
Grippenvirus (Impfung)	Mutagrip® Grippeimpfstoff	Injektionssuspension in Fertigspritzen 0.5 mL
Guaifenesin	Wick Husten-Löser Sirup	Sirup 200 mg/15 mL (=1 Dosis), Fl 120 mL
H		
Halometason + Triclosan	Sicorten® Plus Creme	Creme: (0.5 mg Halometason + 10 mg Triclosan)/g, Tuben 25, 50 g
Haloperidol	Haldol®-Janssen	Tabl 2,5, 10 mg
Haloperidol	Haloperidol HEXAL®	Trpf 2 mg/mL (20 Trpf), Fl 30, 50, 100 mL; Trpf 10 mg/mL (20 Trpf), Fl 30, 50, 100 mL
Haloperidol-Dekanoat	Haloperidol-neuraxpharm®	(IM) Amp 50 mg (1 mL), Amp 100 mg (1 mL)
Hämin	Normosang Orphan Amp	Häm-Arginat-Inf Konz Amp 250 mg (10 mL) enthält: Hämin 250 mg, L-Arginin 267 mg. Max Tagesdosis 250 mg
Harnstoff + Polidocanol	Optiderm® Creme	Creme: (30 mg Polidocanol + 50 mg Harnstoff)/g, Tuben 50, 100, 200, 500 g
HCT + Amilorid	Amilocomp® beta	Tabl: (5 mg Amilorid + 50 mg HCT)
HCT + Amilorid	Amilorektik® /-mite	Tabl: (5 mg Amilorid + 50 mg HCT); Tabl mite: (2.5 mg Amilorid + 25 mg HCT)
HCT + Amilorid	Diursan®	Tabl: (5 mg Amilorid + 50 mg HCT)
HCT + Benazepril	Cibadrex®	Filmtabl: (6.25 mg HCT + 5 mg Benazepril); (12.5 mg HCT + 10 mg Benazepril); (25 mg HCT + 20 mg Benazepril)
HCT + Bisoprolol	BisoLich® comp.	Filmtabl Rille: (5 mg Bisoprolol + 12.5 mg HCT) Filmtabl Rille: (10 mg Bisoprolol + 25 mg HCT)
HCT + Bisoprolol	Concor® 5 plus/- 10 plus	Filmtabl teilbar: (5 mg Bisoprolol + 12.5 mg HCT) Filmtabl teilbar: (10 mg Bisoprolol + 25 mg HCT)
HCT + Candesartan	Blopress	Tabl: (8 mg Candesartan + 12.5 mg HCT); Tabl: (16 mg Candesartan + 12.5 mg HCT)
HCT + Candesartan cilexetil	Atacand® Plus	Tabl: (8 mg Candesartan + 12.5 mg HCT); Tabl: (16 mg Candesartan + 12.5 mg HCT)
HCT + Captopril	Capozide® 50 Tbl.	Tabl: (25 mg HCT + 50 mg Captopril)
HCT + Captopril	ACE-Hemmer-ratiopharm® comp.	Tabl 25: (25 mg Captopril + 25 mg HCT); Tabl 50: (50 mg Captopril + 25 mg HCT)
HCT + Cilazapril	Dynorm® Plus Filmtbl	Filmtabl mit Rille: (5 mg Cilazapril + 12.5 mg HCT)
HCT + Enalapril	EnaHexal® comp	Tabl teilbar: (20 mg Enalapril + 12,5 mg HCT)
HCT + Enalapril	EnaHexal® comp	Tabl: (20 mg Enalapril + 6 mg HCT)
HCT + Enalapril	Enalapril/HCT-Teva®	Tabl mit Rille: (12,5 mg HCT + 20 mg Enalapril)
HCT + Enalapril	Enalgamma® HCT	Tabl nicht teilbar (20 mg Enalapril + 12.5 mg HCT)
HCT + Enalapril	Enalapril HCT Sandoz®	Tabl teilbar: (20 mg Enalapril + 12,5 mg HCT)
HCT + Enalapril	Enalapril plus - 1 A Pharma	Tabl mit Rille: (12,5 mg HCT + 20 mg Enalapril)

HCT + Enalapril	Enalplus AL	Tabl: (6 mg HCT + 20 mg Enalapril Maleat)
HCT + Eprosartan	Teveten® Plus	Filmtabl: (600 mg Eposartan + 12.5 mg HCT)
HCT + Fosinopril	Fosino-TEVA®	comp Tabl: (20 mg Fosinopril + 12.5 mg HCT)
HCT + Irbesartan	CoAprovel	Tabl: (12.5 mg HCT + 150 mg Irbesartan); (12.5 mg HCT + 300 mg Irbesartan), (25 mg HCT + 300 mg Irbesartan)
HCT + Lisinopril	Lisi TAD HCT®	Tabl: (12,5 mg HCT + 10 mg Lisinopril); Tabl: (12,5 mg HCT + 20 mg Lisinopril)
HCT + Lisinopril	Lisbeta comp	Tabl mit Rille: (10 mg Lisinopril + 12.5 mg HCT) Tabl mit Rille: (20 mg Lisinopril + 12.5 mg HCT)
HCT + Lisinopril	Lisidigal®	Tabl teilbar: (10 mg Lisinopril + 12.5 mg HCT); Tabl teilbar: (20 mg Lisinopril + 12.5 mg HCT)
HCT + Lisinopril	Lisinopril-Teva®	comp Tabl teilbar: (12,5 mg HCT + 10 mg Lisinopril), (12,5 mg HCT + 20 mg Lisinopril)
HCT + Lisinopril	LisiHEXAL® comp.	Tabl 10 teilbar: (10 mg Lisinopril + 12.5 mg HCT); Tabl 20 teilbar: (20 mg Lisinopril + 12.5 mg HCT)
HCT + Lisinopril	Lisinopril-ratiopharm® comp	Tabl mit Rille: (12.5 mg HCT + 20 mg Lisinopril)
HCT + Lisinopril	Lisiplus STADA®	Tabl: (12.5 mg HCT + 20 mg Lisinopril); Tabl: (12.5 mg HCT + 10 mg Lisinopril)
HCT + Losartan	LORZAAR® PLUS	Filmtabl: (12.5 mg HCT + 50 mg Losartan); Tabl: (12.5 mg HCT + 100 mg Losartan)
HCT + Olmesartan	Olmetec® Plus	Filmtabl: (20 mg Olmesartan + 12.5 mg HCT); Filmtabl: (20 mg Olmesartan + 25 mg HCT)
HCT + Olmesartan	Votum® plus	Filmtabl: (12.5 mg HCT + 20 mg Olmesartan); Filmtabl: (25 mg HCT + 20 mg Olmesartan)
HCT + Quinapril	Accuzide®	Filmtabl mit Rille: (12.5 mg HCT + 10 mg Quinapril) Filmtabl mit Bruchrille: (12.5 mg HCT + 20 mg Quinapril)
HCT + Quinapril	Quinaplus STADA®	Filmtabl teilbar: (10 mg Quinapril + 12.5 mg HCT); Filmtabl teilbar: (20 mg Quinapril + 12.5 mg HCT)
HCT + Ramipril	Ramipril HCT Sandoz®	Tabl teilbar: (25 mg HCT + 5 mg Ramipril); Tabl teilbar: (12.5 mg HCT + 2.5 mg Ramipril)
HCT + Ramipril	Ramicard® plus	Tabl: (12.5 mg HCT + 2.5 mg Ramipril);Tabl: (25mg HCT + 5 mg Ramipril)
HCT + Ramipril	Ramiclair® comp.	Plus Tabl teilbar: (25 mg HCT + 5 mg Ramipril); Plus Tabl teilbar: (12.5 mg HCT + 2.5 mg Ramipril)
HCT + Telmisartan	Kinzalkomb®	Tabl: (80 mg Telmisartan + 12.5 mg HCT); Tabl: (40 mg Telmisartan + 12.5 mg HCT) Tabl: (80 mg Telmisartan + 25 mg HCT)
HCT + Telmisartan	MicardisPlus®	Tabl: (12.5 mg HCT + 80 mg Telmisartan); Tabl: (25 mg HCT + 80 mg Telmisartan)
HCT + Valsartan	CoDiovan®	Filmtabl: (12.5 mg HCT + 80 mg Valsartan); (12.5 mg HCT + 160 mg Valsartan), (25 mg HCT + 320 mg Valsartan)
Hefepilz + Laktose	Perenterol®	Pulver in Beuteln: 250 mg Hefepilz Kaps: 50, 250 mg Hefepilz
Heparin	Hepan-Calcium-ratiopharm®	Inj Lös (IV, SC) Fertigspritzen 12'500 IE (0.5 mL), 7´500 IE (0,3 mL), 5'000 IE (0.2 mL)
Heparin	Thrombareduct® Sandoz®	Gel 400 IE/g, Tuben 40, 100 g
Heparin	Heparin-Natrium-25.000-ratiopharm®	Inj Lös (IV, SC) Durchstechfl. 25'000 IE (5 mL)
Heparin	Heparin Natrium Braun	Inj Lös (IV, SC) Amp 25'000 IE (5 mL)
Heparin	Heparin-ratiopharm® Sport-Gel	Sport-Gel 600 IE/g, Tuben 50, 100, 150 g
Heparin-Na + Dimethylsulfoxid + Dexpanthenol	Dolobene®	Gel: (500 IE Heparin-Na + 150 mg Dimethylsulfoxid + 25 mg Dexpanthenol)/g, Tuben 50 g
Hepatitis A + B Impfstoff	Twinrix™ Erwachsene	Impfdosis: Inakt. Hepatitis-A-Virus 720 E + rekombinantes Hepatitis-B-Oberflächenantigen (HBsAg) 20 µg, Fertigspritzen 1 mL
Hepatitis A Impfstoff	Havrix® 1440	Inj Susp (IM in den Deltoideus) in Fertigspritzen 1 mL (1440 Antigen-Einheiten Hepatitis-A-Virus)
Hepatitis A Impfstoff	Havrix® 720 Kinder	Inj Susp (IM in den Deltoideus) in Fertigspritzen 0.5 mL (720 Antigen-Einheiten Hepatitis-A-Virus)
Hepatitis B (Humanes Immunglobulin)	Hepatect CP Durchstechfl.	Inf Lös (IV langsam) Durchstichfl 100 IE (2 mL), Durchstichfl 500 IE (10 mL), Durchstichfl 2000 IE (40 mL) (Plasmaprotein vom Menschen 50 mg/mL, davon Immunglobulin G ≥95%)
Hepatitis B (Humanes Immunglobulin)	Hepatitis B-Immunglobulin Behring	Inj Lös (IM) 100-170 mg Humanproteine (= mind. 200 IE Ak), Proteinkonzentration der Lösung beträgt 15% (m/V), wovon 95% IgG, Fertigspritzen 1, 5 mL
Hepatitis B Impfstoff	Engerix®-B Kinder	Impfdosis (für Neugeborene, Kinder und Jugendliche) in Fertigspritzen (IM) 10 µg (0.5 mL) Hepatitis-B-Oberflächenantigen
Hepatitis B Impfstoff	Engerix®-B Erwachsene	Impfdosis (für Erwachsene ab 18 Jahren) in Fertigspritzen (IM) 20 µg (1 mL) Hepatitis-B-Oberflächenantigen

Hepatitis B Impfstoff	HBVAXPRO®	Inj Lös in Fertigspritzen 10 µg (1 mL) Hepatitis-B-Oberflächenantigen; Amp 0.5 mL (5 µg), Amp 10 µg (1 mL), 40 µg (1 mL) Hepatitis-B-Oberflächenantigen
Hexamidin + Prednisolon + Clotrimazol	Imazol® comp. Creme	Creme: (5 mg Prednisolon + 10 mg Clotrimazol + 2.5 mg Hexamidin)/g, Tuben 20 mg
Hyaluronsäure (Na-Salz)	HYALART®	Inj Lös (intra-artikulär) Fertigspritzen 20 mg (2 mL)
Hyaluronsäure (Na-Salz)	Ostenil®	Inj Lös (intra-artikulär) Fertigspritzen 20 mg (2 mL)
Hyaluronsäure (Na-Salz)	Suplasyn®	Inj Lös (intra-artikulär) Fertigspritzen 20 mg (2 mL)
Hydralazin	Nepresol®	Tabl 25, 50 mg IV 25 mg Amp
Hydrochlorothiazid (HCT)	Esidrix®	Tabl mit Bruchrille 25 mg
Hydrocodon (= Dihydrocodeinon)	Paracodin®	Tabl 10 mg -N-Tropfen 1g Lsg. (=20 Tropf.) 10 mg/g
Hydrocortison	Hydrocortison GALEN®	Tabl teilbar 10 mg
Hydrocortison	Hydrocortison Streuli® 1‰/2‰ Crème	Hydrocortison Streuli 1‰: Creme 1 mg/g Hydrocortison Streuli 2‰: Creme 2 mg/g
Hydrocortison	Hydrocortison acis®	Tabl 10 mg
Hydrocortison	Alfason®	Crelo: Emulsion 1 mg/g, 100 g; Cresa: Creme 1 mg/g; Creme: 1 mg/g, Tuben 20, 50, 100 g; Crinale: Lotion 1 mg/mL, Fl 30, 100 mL
Hydrocortison	Ebenol® stark 0,5% Creme	Hydrocreme 5 mg/g, Tuben 30 g
Hydrocortison + Fusidinsäure	Fucidine® H	Creme: (10 mg Hydrocortison + 20 mg Fusidinsäure)/g, Tuben 15, 30 mg
Hydrocortisonacetat	Soventol® HC Creme	Creme 2,5 mg/g, Tuben 20, 50 g
Hydromorphon	Palladon®/- Retard	Hartkaps 1.3, 2.6 mg; retard.: 4, 8, 16, 24 mg
Hydromorphonchlorid	Jurnista®	Retardtabl 4, 8, 16, 32, 64 mg
Hydroxycarbamid	Litalir®	Kaps 500 mg
Hydroxychloroquin	Quensyl® Filmtabl.	Filmtabl 200 mg
Hydroxyethylstärke	HAES-steril® 3%6%/10%	HAES-steril® 6%: (60 g Stärke + 154 mmol Na + 154 mmol Cl)/L, Osmolarität 308 mosml/L, Maximaldosis: 33 mL/kg/24 h HAES-steril® 10%: (100 g Stärke + 154 mmol Na + 154 mmol Cl)/L, Osmolarität 308 mosm/L, Maximaldosis: 20 mL/kg/24 h
Hydroxyethylstärke	Hemohes® 6%/10%	Hemohes® 6%: (60 g Stärke + 154 mmol Na + 154 mmol Cl)/L, Osmolarität 308 mosm/L, Maximaldosis: 33 mL/kg/24 h; Hemohes® 10%: (100 g Stärke + 154 mmol Na + 154 mmol Cl)/L, Osmo. 308 mosm/L, Maximaldosis: 20 mL/kg/24 h
Hydroxyethylstärke	HyperHAES®	(IV) freeflex-Beutel: (60 g Stärke + 1232 mmol Na + 1232 mmol Cl)/L, Osmolarität 2464 mosm/L
Hydroxyethylstärke	Venofundin 6% Inf-Lsg	Venofundin®: 6%: (60 g Stärke + 154 mmol Na + 154 mmol Cl)/L, Osmolarität 308 mosm/L, Maximaldosis 50 mL/kg/24 h
Hydroxyethylstärke	Voluven®	Inf Lös (IV) PE-Beutel: (60 g Stärke + 154 mmol Na + 154 mmol Cl)/L, Osmolarität 308 mosm/L, Maximaldosis: 50 mL/kg/24 h, Beutel 500 mL
Hydroxyzin	Atarax® Tbl./liquidium	Filmtabl 25 mg Liquidum 2 mg/mL, Fl 200 mL
Hylan G-F 20	Synvisc® Spritzampullen	(intra-artikulär)1 mL enthält: (8 mg Hylan + 8,5 mg Natriumchlorid + 0.16 mg Dinatriumhydrogenphosphat + 0.04 mg Natriumdihydrogenphosphat)
I		
Ibandronat	Bondronat®	Inf Lös Konz (IV über 2 h) Amp 2 mg (2 mL), Amp 6 mg (6 mL) Filmtabl 50 mg
Ibandronat	Bonviva Filmtabl. 150 mg	Filmtabl 150 mg
Ibandronat	Bonviva 3 mg	Inj Lös (IV) Fertigspritzen 3 mg (3 mL)
Ibuprofen	Dolormin® für Kinder	Susp 100 mg/5 mL, Fl 100 mL
Ibuprofen	Esprenit®	Filmtabl 400, 600 mg; Retard Retardtabl 800 mg
Ibuprofen	Dismenol® N	Filmtabl 200 mg
Ibuprofen	Ausbuettels Ibuprofen	Filmtabl 200 mg
Ibuprofen	Dolomagon®	Filmtabl 400 mg
Ibuprofen	Aktren®	Drg. 200 mg
Ibuprofen	AXEA Ibuprofen	Filmtabl 200, 400 mg
Ibuprofen	Dolgit®	Creme 50 mg Mikrogel 50 mg
Ibuprofen	DOLO-PUREN®	Granulat 400, 600 mg
Ibuprofen	Nurofen®	Schmelztabl. Lemon/Mint 200 mg
Ifosfamid	Holoxan®	Trockensubst für Inf Lös (IV) Durchstechfl 500 mg, 1 g, 2 g
Iloprost	Ilomedin®	Inf Lös Konzentrat (IV) Amp 20 µg (1 mL)
Iloprost	Ventavis®	Lös f Vernebler Amp 10 µg/mL
Imatinib	Glivec®	Filmtabl (teilbar) 100; Filmtabl (nicht teilbar) 400 mg
Imipenem + Cilastatin	ZIENAM®	Trockensubst f Herst Inf Lös (IV) Amp: (500 mg Imipenem + 500 mg Cilastatin)

Imipramin	Tofranil®	25 Drg: 25 mg; mite Drg: 10 mg
Immunglobulin (human) Hepatitis A	Beriglobin®	Inj Lös (IM) Amp 320 mg (2 mL) Humanproteine (= mind. 200 IE Ak) Amp 800 mg (5 mL) Humanproteine (= mind. 500 IE Ak)
Immunglobulin (human) Hepatitis B	Hepatect CP	Plasmaprotein vom Menschen 50 mg/mL, davon ≥95% Immunglobulin G: Inf Lös (IV langsam) Durchstichfl 100 IE (2 mL), Durchstichfl 500 IE (10 mL), Durchstichfl 2000 IE (40 mL)
Immunglobulin (human) Hepatitis B	Hepatitis B-Immunglobulin Behring	Inj Lös (IM) 100-170 mg Humanproteine (= mind. 200 IE Ak), Proteinkonzentration der Lösung beträgt 15% (m/V), wovon 95% IgG, Fertigspritzen 1, 5 mL
Immunglobulin (Tetanus) vom Menschen	Tetagam® P RSP	Tetanus Immunglobulin Inj Lös (IM) 100-170 mg Protein mit Antikörpern gegen Tetanus-Toxin mind. 250 IE, Fertigspritzen (1 mL):
Immunglobulin IgG Cytomegalie (human)	Cytotect CP	Inf Lös (IV) humanes Plasmaprotein gegen Cytomegalie-Virus, davon > 95% IgG, Amp 500 E (10 mL), 1000 E (20 mL); Durchstechamp 2500 E (50 mL)
Immunglobulin IgG nicht spezifiziert (human)	Intratect®	Inf Lös (IV) 50 mg Proteine pro mL, wovon > 95% IgG (Verteilung IgG-Subklassen ca. 57% IgG1, 37% IgG2, 3% IgG3, 3% IgG4) Durchstechfl 1 g (20 mL), 2.5 g (50 mL), 5 g (100 mL), 10 g (200 mL)
Immunglobulin IgG nicht spezifiziert (human)	KIOVIG	Inf Lös (IV) 100 mg/mL humanes Protein mit IgG-Gehalt von mind 98% (10%-ige Lösung), Durchstechfl 1 g (10 mL), 2.5 g (25 mL), 5 g (50 mL), 10 g (100 mL), 20 g (200 mL)
Immunglobulin IgG nicht spezifiziert (human)	OCTAGAM	Inf Lös (IV) Glasfl 1 g Proteine wovon 95% IgG (20 mL), 2.5 g (50 mL), 5 g (100 mL), 10 g (200 mL)
Immunglobulin IgG nicht spezifiziert (human)	Privigen®	Inf Lös (IV) 100 mg/mL, wovon > 98% humanes Immunglobulin, Stechamp 2'500 mg (25 mL), 5'000 mg (50mL), 10'000 mg (100 mL), 20'000 mg (200 mL)
Immunglobulin IgG nicht spezifiziert (human)	Vivaglobin®	Inj Lös (SC) 160 mg/mL humanes Immunglobulin, wovon mind 95% IgG Amp 800 mg (5 mL) Durchstechfl 1.6 g (10 mL)
Immunglobulin IgG Windpocken (human)	Varitect® CP	Inf Lös (IV) 1 mL enthält 50 mg Immunglobulin vom Menschen, davon IgG ≥95% Antikörper gegen Varizella-Zoster-Viren: Amp 25 IE/mL
Impfstoff (Diphtherie-Tetanus)	Revaxis®	Injektionssupsension in einer Fertigspritzen (IM) 0.5 mL: (mind. 20 IE adsorbiertes Tetanus-Toxoid + mind. 2 IE adsorbiertes Diphtherie-Toxoid + 40 D-Antigen-Einh inaktivierte Poliomyelitis-Viren Typ 1 + 8 vom Typ 2 + 32 vom Typ 3)
Impfstoff (Diphtherie-Tetanus)	Td-pur®	Fertigspritze z. i.m. Inj. 0.5 mL mit und ohne Nadeln: (mind. 20 IE adsorbiertes Tetanus-Toxoid + mind. 2 IE adsorbiertes Diphtherie-Toxoid)
Impfstoff (Grippenvirus)	Mutagrip® Grippeimfstoff	Inj Susp (IM, tief SC) in Fertigspritzen 0.5 mL
Impfstoff (Grippenvirus)	Fluad® 2008/2009	Inj Susp (IM) in Fertigspritzen 0.5 mL
Impfstoff (Grippenvirus)	Inflexal V 2008/2009	Inj Susp (IM, tief SC) in Fertigspritzen 0.5 mL
Impfstoff (Grippenvirus)	Influvac® 2008/2009	Inj Susp (IM) in Fertigspritzen 0.5 mL
Impfstoff (Meningitis der Serogruppen A, C, W135, Y)	Mencevax® ACWY	Trockensubstanz für Inj Lös (SC) Amp für 1 Dosis 0.5 mL enthält je 50 µg Polysaccharide von Neisseria meningitidis der Serogruppen A, C, W135 und Y.
Impfstoff (Meningitis, Serotyp C)	Meningitec®	Inj Susp für 1 Impfdosis (IM): 10 µg Oligosaccharide der Serogruppe C + ca. 15 µg des CRM197-Trägerproteins, Amp 0.5 mL
Impfstoff (Meningitis, Serotyp C)	Menjugate®	Tockensubstanz für 1 Impfdosis (IM) Fl 0.5 mL: 10 µg Oligosaccharide der Neisseria meningitides der Serogruppe C (Stamm C11) konjugiert mit dem Trägerprotein Corynebacterium diphtheriae CRM 197
Impfstoff (Meningitis, Serotyp C)	NeisVac-C™	Impfdosis Susp (IM) 0.5 mL: 10 µg Neisseria Meningitidis Serogruppe C (Stamm C11) konjugiert mit 10–20 µg Tetanustoxoid, Fertigspritzen 0.5 mL
Impfstoff (Pneumokokken)	Pneumovax® 23	Inj Lös (IM oder SC) Amp 25 µg (0.5 mL)
Impfstoff (Pneumokokken)	Prevenar®	Inj Lös (IM) Fertigspritzen 2 µg (0.5 mL)
Impfstoff Di-Te-Per	Boostrix®	Impfdosis (tief IM) Susp in Fertigspritzen 0.5 mL: (mind. 2 IE Diphtherie-Toxoid + mind. 20 IE Tetanus-Toxoid + 8 µg Pertussis-Toxoid + 8 µg filamentöses Hämagglutinin + 2.5 µg Pertactin)

Impfstoff Di-Te-Per	Infanrix® Fertigspr.	Impfdosis (tief IM) Susp in Fertigspritzen 0.5 mL: (mind. 30 IE Diphtherie-Toxoid + mind. 40 IE Tetanus-Toxoid + 25 µg Pertussis-Toxoid + 25 µg filamentöses Hämagglutinin + 8 µg Pertactin + 40 D-Antigeneinheiten inaktiviertes Poliovirus Typ 1 + 8 Antigen-E vom Typ 2 + 32 Antigen-E vom Typ 3)
Impfstoff FSME-Virus	FSME-IMMUN Erwachsene	Inj Susp (IM) 0.5 mL: 2.4 µg FSME-Virus-Antigen, Fertigspritzen 0.5 mL
Impfstoff FSME-Virus Stamm K23	Encepur® Erwachsene/ Kinder	Impfstoff (IM, SC) f Erwachsene: 1 Dosis 0.5 mL enthält 1.5 µg inaktiviertes FSME-Virus Impfstoff f Kinder (IM, SC): 1 Dosis 0.25 mL enthält 0.75 µg inaktiviertes FSME-Virus
Impfstoff Thyphus	Typhim Vi®	Inj Lös (IM oder tief SC) Fertigspritze 0.5 mL
Impfstoff: Tollwut (Rabies)	Berirab®	Inj Lös gegen Tollwut-Viren (IM) Amp 300 IE (2 mL), Amp 750 IE (5 mL)
Impfstoff: Tollwut (Rabies)	Rabipur®	Impfdosis (inaktivierte Tollwutviren; Trockensubstanz + 1 mL Lösungsmittel): mind. 2.5 IE Tollwutantigen (IM)
Impofstoff: Diphterie + Tetanus + Poliomylitis	Td-Virelon®	Impfdosis Susp in Fertigspritzen (IM) 0.5 mL: (mind. 20 IE adsorbiertes Tetanus-Toxoid + mind. 2 IE adsorbiertes Diphtherie-Toxoid + 40 D-Antigen-Einh inaktivierte Poliomyelitis-Viren Typ 1 + 8 vom Typ 2 + 32 vom Typ 3)
Indapamid	Natrilix®	Filmtabl 2.5 mg
Indapamid	Indapamid Heumann	Retardtabl 1.5 mg
Indapamid	INDA-PUREN®	Kaps 2.5 mg
Indapamid + Perindopril	BiPreterax®	Filmtabl 5mg Perindopril, 1.25 mg Indapamid
Indapamid + Perindopril	Preterax®	Filmtabl 2.5 mg Perindopril, 0.625 Indapamid
Indinavir	Crixivan®	Hartkaps 200, 400 mg
Indometacin	Indomet-ratiopharm®	Zäpfchen 50, 100 mg Hartkaps 25, 50 mg; Retardkaps 75 mg
Indometacin	Mobilat® Schmerzspray	Spray 1%-ige Lösung 8 mg/mL (= 0.8 g), Spray 50, 100 mL
Indometacin	Indo-CT	Supp 50, 100 mg Hartkaps 25. 50 mg; Retardlaps 75 mg
Indometacin	Indomet-ratiopharm®	Hartkaps 25, 50 mg; Retardkaps 75 mg
Infliximab	REMICADE®	Pulverkonzentrat für Inf Lös (IV) Amp 100 mg
Insulin (Glargine)	Lantus®	Inj Lös (SC) Kartuschen 10.92 mg = 300 IE (3 mL), OptiPen 10.92 mg = 300 IE (3 mL)
Insulin (human)	Huminsulin Basal®	Inj Lös (SC, IM) Patr f Penholder 300 IE (3 mL), Fertigspritzen 300 IE (3 mL)
Insulin (human)	Insuman® Basal	Insulin-Lös für Inj (SC) Patronen 10.5 mL = 300 IE (3 mL), OptiPen 10.5 mL = 300 IE (3 mL)
Insulin (human)	Insuman® Comb 25	Insulin-Lös für Inj (SC) Patronen 10.5 mL = 300 IE (3 mL), OptiPen 10.5 mL = 300 IE (3 mL)
Insulin (human)	Insuman® Infusat	Inj Lös (SC, IV) Patronen f Insulinpumpe 11.02 mg = 315 IE (3.15 mL)
Insulin (human)	Insuman® Rapid	Insulin-Lös für Inj (SC) Patronen 10.5 mg = 300 IE (3 mL), Fertigpen 10.5 mg = 300 IE (3 mL)
Insulin Aspart	Novomix®	Inj Susp (SC) Patronen f Penfill 300 E (3 mL), Fertigpen f FlexPen (vorgefüllte Injektoren) 300 E (3 mL)
Insulin Aspart	NovoRapid®	Inj Lös (SC) Amp 1000 E (10 mL), Penfill Patronen 300 E (3 mL), Flex Pen (vorgefüllte Injektoren) 300 E (3 mL). Eine Einheit = 6 nmol (0.035 mg) salzfreies, wasserfreies Insulin Aspart.
Insulin Detemir	Levemir®	Inj Lös (SC) Penfill Zylinderamp 300 E (3 mL), FlexPen Fertigspritzen 300 E (3 mL)
Insulin Lispro	Humalog®	Humalog® Inj Lös (SC, notfalls IM) Amp1000 IE (10 mL), Amp für Pen 300 IE (3 mL), Fertigspritzen 300 IE (3 mL) Humalog® Mix 25 Inj Lös (SC): Amp für Pen 300 IE (3 mL), Fertigspritzen 300 IE (3 mL) Humalog® Mix 50 Inj Lös (SC) Amp 300 IE (3 mL), Fertigsp
Insulin-Analogon	Apidra®	Inj Lös (farblos, wässerig) Patronen f OptiPen resp OptiClik 300 U 3 mL); vorgefüllte Injektoren 300 U (3 mL); Stechamp 1000 U (10 mL)
Interferon alfa 2a	Roferon®-A	(SC) Fertigspritzen 3 Mio IE (0.5 mL), 4.5 Mio IE (0.5 mL), 6 Mio IE (0.5 mL); Patronen 18 Mio IE
Interferon alfa 2b	IntronA®	(IV, SC, IL) Amp 10 Mio IE; 3 Mio IE (0.5 mL), 5 Mio (0.5 mL), 10 Mio IE (1 mL), 18 Mio IE (2 mL), 25 Mio (2.5 mL); Fertigspritzen (IV, SC, IL) 18 Mio, 30 Mio, 60 Mio IE (1.2 mL)
Interferon beta 1a	Avonex®	Trockensubstanz für Inj Lös (IM) in Fertigspritzen 30 µg = 6 Mio IE (0.5 mL)

Interferon beta 1a	Rebif®	Inj Lös (SC) Fertigspritzen 8.8 µg = 2.4 Mio IE (0.2 mL), 22 µg = 6 Mio IE (0.5 mL), 44 µg = 12 Mio IE (0.5 mL)
Interferon beta 1b	Betaferon®	Trockensubs Inj Lös (SC) Durchstechfl 300 µg = 9.6 Mio IE + Lösungsmittel in Fertigspritze 1.2 mL
Interferon-PEG alfa 2a	siehe Peginterferon alfa 2b	
Interferon-PEG alfa 2b	siehe Peginterferon alfa 2a	
Ipratropiumbromid	Atrovent®/- N	Inhalationslösung 0.025% (0.25 mg/mL = ca. 20 Trpf), Fl 20, 200 mL; Inhalationslösung gebrauchsfertige Einzeldosis 250 µg/2 mL Dosier-Aerosol 20 µg/Stoss, für 200 Stösse
Ipratropiumbromid + Fenoterol	Berodual® N	Dosier-Aerosol zu 200 Dosen: (50 µg Fenoterol + 20 µg Ipratropiumbromid)/Stoss, Aerosol 10 mL
Ipratropiumbromid + Salbutamol	Ipramol TEVA	Inhalationslösung Amp 2.5 mL: (2.5 mg Salbutamol + 0.5 mg Ipratropiumbromid)
Irbesartan	Aprovel	Aprovel Filmtabl 75, 150, 300 mg
Irbesartan + HCT	CoAprovel	Tabl: (12.5 mg HCT + 150 mg Irbesartan), (12.5 mg HCT + 300 mg Irbesartan), (25 mg HCT + 300 mg Irbesartan)
Irinotecanhydrochlorid	Campto®	Inf Konz (IV) Einzeldosis-Amp 40 mg (2 mL), 100 mg (5 mL), 300 mg (15 mL)
Isoconazol + Diflucortolon	Travocort®	Creme: (1 mg Diflucortolon + 10 mg Isoconazol)/g, Tuben 15, 30 g
Isoniazid	ISOZID®	Tabl 50, 100, 200 mg
Isoniazid + Pyrazinamid + Rifampicin	RIFATER® Drg.	Drag: (50 mg Isoniazid + 300 mg Pyrazinamid + 120 mg Rifampicin)
Isoniazid + Rifampicin	Rifinah® Drg	Drag: (100 mg Isoniazid + 150 mg Rifampicin)
Isoniazid + Rifampicin	Rimactazid® 150/75	Filmtabl: (Isoniazid 100 mg + 150 mg Rifampicin)
Isosorbiddinitrat	Isoket®	Tabl (teilbar) 5 mg; Retardtabl 20, 40, 60, 80 mg; Retardkaps 120 mg Inf Konz (IV) Amp 10 mg (10 mL) Salbe 100 mg/g, Plastikfl 50 g Spray 1.25 mg/0.05 mL = 1 Sprühstoss, Fl 15 mL
Isosorbiddinitrat	ISDN HEXAL®	retard Hartkaps retardiert 20, 40, 60, 80 mg
Isosorbidmononitrat	Corangin®	Divitabs (teilbare Tabl) 40, 60 mg
Isotretinoin	Aknefug® ISO	Weichkaps 10, 20 mg
Isotretinoin	ISOTREX®	Creme: 0,05%/-0,1%, 1 g Creme enthält 0,5 mg/1,0 mg, Gel: 1g Gel enthält 0,5 mg
Isotretinoin	Isoderm®	Weichkaps 10, 20 mg
Isotretinoin	Isotret-HEXAL®	Kaps 10, 20 mg
Isradipin	vascal® uno	Retardkaps 5 mg; Retardkaps mite 2.5 mg
Itraconazol	Itraconazol Sandoz®	Kaps 100 mg
Itraconazol	Itraderm®	Kaps 100 mg
Itraconazol	Sempra®	10 mg/mL Konz. U. Lsg.mittel z. einer Inf.lsg.
J		
Johanniskraut	Esbericum®	Filmtabl 250 mg
Johanniskraut	Hyperforat®	Filmtabl 250 mg
Johanniskraut	Neuroplant® AKTIV	Filmtabl 600 mg
Johanniskraut	Kira®	Drg 300 mg
Johanniskraut	Jarsin®	überzog. Tbl 300, 450, 750 mg
Johanniskraut	Remotiv® MADAUS	Filmtabl 250 mg
Johanniskraut	Sanalum®	Kaps 425 mg Filmtabl 650 mg
Johanniskraut	Tonizin®	Hartkaps 425 mg
K		
Kalium	Kalinor®-Brausetabletten	Brstabl 2170 mg Kaliumcitrat (= 40 mmol Kalium)
Kalium	Kaliumchlorid Fresenius	IV 7.46%: 1000 mL (1 mL: 1 mmol Kalium + 1 mmol Chlorid)
Kalium	KCl-retard Zyma®	Drag 600 mg (8 mmol Kalium)
Kaliumcanrenoat	Aldactone®	Amp 200 mg (10 mL)
Kaliumiodid	Kaliumiodid Lannacher	Tabl 65 mg
Ketamin	Ketamin-ratiopharm®	50 mg O.K. Injektionslösung Amp (2 mL); 100 mg O.K. Injektionslösung Amp (5 mL) 500 mg O.K. Injektionslösung Amp (10 mL)
Ketoconazol	Nizoral®	Creme (2%) 20 mg/g, Tuben 15, 30 g
Ketoconazol	Terzolin®	2 % Creme: 20 mg/mL, Tube 15 g 2 % Lösung: 20 mg/mL
Ketoprofen	Effekton®	Gel 25 mg/g, Tuben 50, 100, 150 g
Ketorolac	Acular®	Augentrpf 5 mg/mL, Fl 5 mL
Ketotifen	Zaditen®	ophta: 0,25 mg/mL Augentropfen; ophta sine: 0,25 mg/mL Augentropfen in Einzeldosisbehältnissen Sirup: 1 mg/% mL
L		
Lactitol	Importal® Pulv.	Pulver in Beuteln 10 g
Laktose + Hefepilz	Perenterol®	Pulver in Beuteln: (250 mg Hefepilz + 32.5 mg Laktose); Kaps: (250 mg Hefepilz + 32.5 mg Laktose)
Laktulose	Laktulade Granulat	Granulat in Beuteln 10 g

Lamivudin	Epivir®	Filmtabl 150, 300 mg; Trinklösung 10 mg/mL, Fl 240 mL
Lamivudin	Zeffix®	Filmtabl 100 mg; Trinklösung 5 mg/mL, Fl 240 mL
Lamivudin + Abacavir	Kivexa®	Filmtabl: (600 mg Abacavir + 300 mg Lamivudin)
Lamivudin + Abacavir + Zidovudin	Trizivir®	Filmtabl: (300 mg Abacavir + 150 mg Lamivudin + 300 mg Zidovudin)
Lamivudin + Zidovudin	Combivir®	Filmtabl: (150 mg Lamivudin + 300 mg Zidovudin)
Lamotrigin	Lamictal®	Tabl (suspendierbar, kaubar) 2, 5, 25, 50, 100, 200 mg
Lamotrigin	Lamotrigin Desitin®	Tabl teilbar 25, 50, 200 mg; Tabl mit Rille 100 mg
Lamotrigin	Lamotrigin Heumann	Tabl (teilbar), 25, 50, 100, 200 mg
Lamotrigin	Lamotrigin Sandoz®	Tabl (suspendierbar, kaubar) 5 (teilbar), 25, 50, 100, 200 mg
Lamotrigin	Lamotrigin real	Tabl (susp.bar, kaubar) 5, 25, 50, 100, 200 mg
Lansoprazol	Agopton®	Kaps 15, 30 mg
Lansoprazol	Lansoprazol Actavis®	Kaps mit magensaftres Hartkaps 15, 30 mg
Lansoprazol	Lansoprazol HEXAL®	Kaps mit magensaftres Hartkaps 15, 30 mg
Lansoprazol	Lansoprazol Sandoz®	Kaps mit magensaftres Hartkaps 15, 30 mg
Lansoprazol	Lansoprazol STADA®	Kaps mit magensaftres Hartkaps 15, 30 mg
Latanoprost	Xalatan®	Augentrpf 50 µg Latanoprost/mL (1 Trpf = ca. 1.5 µg), Fl 2.5 mL
Latanoprost + Timolol	Xalacom®	Augentrpf: (50 µg Latanoprost + 5 mg Timolol)/ mL, Fl 2.5 mL
Leflunomid	Arava®	Filmtabl 10, 20, 100 mg
Lenalidomid	Revlimid®	Hartkaps 5, 10, 15, 25 mg
Lepirudin	Refludan®	Trockensubstanz für Inj und Inf Lös (IV) 50 mg
Lercanidipin	Carmen®	Filmtabl (mit Bruchrille) 10, 20 mg
Letrozol	Femara®	Filmtabl 2.5 mg
Leuprorelin	Eligard® Depot	Inj Lös (SC) 7.5, 22.5, 45 mg als Depot für ein, drei, sechs Monate
Leuprorelin	Leuprone®HEXAL® Depot	Susp (SC, IM) in PDS-Zweikammerspritze 3.6, 5.0 mg, für ein, drei Monate
Levocabastin	Livocab™ direkt Augen-tropfen	Trpf 0.5 mg/mL, Fl 4 mL
Levocabastin	Livocab™ direkt Nasenspray	Nasenspray 0.5 mg/mL; Dosierspray 10 mL
Levocetirizin	Xusal®	Filmtabl 5 mg akut Tropfen 5 mg/mL (= 20 Trpf), Fl 10 mL
Levodopa + Benserazid	Madopar®	Kaps 62,5 (50 mg Levodopa + 12.5 mg Benserazid); 125 (100 mg Levodopa + 25 mg Benserazid); Tabl mit Kreuzbruchrille: 125 (100 mg Levodopa + 25 mg Benserazid); 250 (200 mg Levodopa + 50 mg Benserazid) Tabl, wasserlösl., teilbar: 62,5 (50 mg Levodopa + 12.5 mg Benserazid); 125 (100 mg Levodopa + 25 mg Benserazid); 250 Tabl mit verzögerter Wirkung, teilbar: (200 mg Levodopa + 50 mg Benserazid)
Levodopa + Carbidopa	dopadura C®	retard, Retardtabl: (25 mg Carbidopa + 100 mg Levodopa), (50 mg Carbidopa + 200 mg Levodopa)
Levodopa + Carbidopa	Duodopa Gel Solvay	Gel PVC-Beutel 100 mL: (2000 mg Levodopa + 500 mg Carbidopa)
Levodopa + Carbidopa	dopadura®	C 100/25 mg Tabl: (100 mg Levodopa + 25 mg Carbidopa), C 200/50 mg Tabl
Levodopa + Carbidopa + Entacapon	Stalevo®	Filmtabl: (200 mg Entacapon + 50 mg Levodopa + 12.5 Carbidopa), (200 mg Entacapon + 100 mg Levodopa + 25 mg Carbidopa), (200 mg Entacapon + 150 mg Levodopa + 37.5 mg Carbidopa)
Levofloxacin	Tavanic®	Filmtabl (mit Bruchrille) 250, 500 mg; (IV) Amp 250 mg (50 mL), 500 mg (100 mL)
Levomepromazin	Levomepromazin-neurax-pharm®	Tabl (teilbar) 10, 25, 50, 100 mg Lsg 40 mg/m (1 mL= 20 Trpf), Fl 30, 100 mL Inj Lös (IM) Amp 25 mg (1 mL)
Levonorgestrel	Mirena®	IUS (Gestagen abgebendes Intrauterinsystem) 52 mg (20 µg/24 h)
Levonorgestrel	Levogynon®	Tabl 0.75 mg, Notfallkontrazeptivum (< 72 h nach ungeschütztem Geschlechtsverkehr oder bei Versagen einer Verhütungsmethode)
Levonorgestrel	unofern®	Tabl 1.5 mg Notfallkontrazeptivum (< 72 h nach ungeschütztem Geschlechtsverkehr oder bei Versagen einer Verhütungsmethode)
Levonorgestrel + Ethinyl-estradiol	Microgynon® 30/50	Drag: (0.15 mg Levonorgestrel + 0.03 mg Ethinyl-estradiol); Drag: (0.125 mg Levonorgestrel + 0.05 mg Ethinylestradiol)
Levonorgestrel + Ethinyl-estradiol	Miranova®	überzogene Tabl. (0.10 mg Levonorgestrel + 0.02 mg Ethinylestradiol)
Levothyroxin	Berlthyrox®	Tabl (mit Bruchrille) 0.05 mg, 0.1 mg

Levothyroxin	Euthyrox®	Tabl (mit Kreuzbruchrille) 25, 50, 75, 100, 125, 150, 175, 200 µg
Levothyroxin + Liothyronin	Novothyral®	Tabl teilbar: (100 µg Levothyroxin + 20 µg Liothyronin)
Lidocain	Lidocain-WELK® 1%	Inj Lös 1% 10 mg/mL; Inj Lös 2% 20 mg/mL
Lidocain	Lidoject® sine 2%	Inj Lös 2% 20 mg/mL
Lidocain	Versatis® 5%	Selbsthaftendes Gel-Pflaster 700 mg/Pflaster
Lidocain	Xylocain®	Gel 2% 20 mg/g; Spray 10% 10 mg/Dosis Lösung viskös 2% 20 mg/mL, Fl 100 mL; Inj Lös 1% (IV) Amp 500 mg (50 mL); Inj Lös 2% (IV) Amp 100 mg (5 mL), Amp 1 g (50 mL)
Lidocain	Lidocard Braun 2%	Inj Lös (IV) 2% Amp 100 mg (5 mL)
Lidocain	Xyloneural®	Inj Lös (SC, IV, intracutan, submukös, periartikulär, perineural, perivasal) Amp 50 mg (5 mL), Stechamp 500 mg (50 mL)
Lidocain + Epinephrin	Lidocain-Epinephrin Streuli®	Inj Lös 1%: (10 mg Lidocain + 10 µg Epinephrin)/mL, Amp 2, 5 mL, Inj-Fl 50 mL; 2%: (20 mg Lidocain + 12.5 µg Epinephrin)/mL, Amp 2, 5 mL
Lidocain + Prilocain	Emla®	Creme 5%: (25 mg Lidocain + 25 mg Prilocain)/g
Lindanum	Jacutin® Pedicul Fluid	Fluid 3 mg/g, Fl 100, 200 mL
Linezolid	ZYVOXYD®	Inf Lös (IV) Beutel 600 mg (300 mL) Filmtabl 600 mg; Granulat Susp 20 mg/mL
Lipase + Amylase + Protease	Kreon® 10'000 Kapseln	10'000: Kaps 150 mg (= 8'000 E Amylase + 10'000 E Lipase + 600 E Protease)
Lisinopril	Acerbon®	Tabl teilbar 5, 10, 20 mg
Lisinopril	Lisinopril-Teva®	Tabl teilbar 5, 10, 20 mg
Lisinopril	Lisinopril 30- 1 A Pharma	Tabl (mit Bruchrille) 5, 10, 20, (drittelbar) 30 mg
Lisinopril	Lisibeta®	Lisinopril 5 mg/10 mg/20 mg
Lisinopril	Lisidoc®	Tabl 2.5, 5, 10, 20 mg
Lisinopril + HCT	Lisibeta comp	Tabl mit Bruchrille: (10 mg Lisinopril + 12.5 mg HCT), (20 mg Lisinopril + 12.5 mg HCT)
Lisinopril + HCT	Lisinopril comp	Tbl. 10mg/20mg Lisinopril, u. 12,5mg/12,5mg Hydrochlorothiazid
Lisinopril + HCT	Lisidigal® HCT	Tabl: 10 mg Lisinopril und 12,5 mg Hydrochlorothiazid, 20 mg/12,5 mg
Lisinopril + HCT	LisiHEXAL® comp .	Tabl: 10/-20 mg Lisinopril (als Dihydrat) u.12,5 mg Hydrochlorothiazid
Lisinopril + HCT	Lisinopril-ratiopharm® comp	Tabl 10mg/20mg Lisinopril, u. 12,5mg/12,5mg Hydrochlorothiazid.
Lisinopril + HCT	Lisiplus STADA®	Tabl: (12.5 mg HCT + 20 mg Lisinopril); Tabl: (12.5 mg HCT + 10 mg Lisinopril)
Lithium	Lithiofor Vifor	Retardtabl 660 mg Li-sulfat (= 12 mmol Lithium)
Lithium	Hypnorex® retard Retardtbl.	Rettabl 400 mg Lithiumcarb (= 10.8 mmol Lithium)
Lithium	Quilonum® retard, Retardtbl	Tabl 536 mg Lithiumazetat (= 8.1 mmol Lithium); retard: 450 mg Lithiumcarbonat (= 12.2 mmol Lithium)
Lomefloxacin	Okacin®	Augentropfen 3 mg/mL, Fl 5 mL
Loperamid	Imodium® lingual	Schmelztabl 2 mg
Loperamid	Loperamid-Teva	Kaps 2 mg
Loperamid	Binaldan®	Kaps 2 mg
Loperamid	Imodium®/- lingual	Kaps 2 mg; Sirup 0.2/mL, Fl 100 mL; lingual: Schmelztabl 2 mg
Loperamid	Lopalind®	1 Tbl. enth.: Loperamid-HCl 2mg
Loperamid	Lopedium®	Hartkaps: 2mg, Tabl: 2mg Lösung: 1ml Lösung (30 Tropfen) enthält: 2mg ISO: 1 Brausetbl. enth.: 2mg Loperamid-HCl.
Loperamid + Simethicon	Imodium akut Complex Tbl.	Tabl: (2 mg Loperamid + 125 mg Simethicon)
Lopinavir + Ritonavir	Kaletra®	Filmtabl: (200 mg Lopinavir + 50 mg Ritonavir); Filmtabl: (100 mg Lopinavir + 25 mg Ritonavir) Sirup: (80 mg Lopinavir + 20 mg Ritonavir)/mL
Loratadin	Loratadin STADA®	10mg/-allerg 10mg: 1 Tbl. enth.: 10mg Loratadin.
Loratadin	Lora ADGC®	1 Tbl. enth.: 10mg Loratadin
Loratadin	Loraderm Tbl.	Tabl teilbar 10 mg
Lorazepam	Lorazepam-ratiopharm®	Tabl 1, 2.5 mg
Lorazepam	Tavor®	Tabl 0.5, 1.0, 2.0, 2.5 mg
Lorazepam	Tavor® pro injectione	IV, IM nach Verdünnung: 1 Amp. (1ml) enth. 2mg
Lormetazepam	Lormetazepam-ratiopharm®	Tabl 0.5, 1.0, 2.0 mg
Lormetazepam	Noctamid®	Tabl 1, 2 mg
Losartan	LORZAAR®	Filmtabl 12.5, 50, 100 mg
Losartan + HCT	LORZAAR® PLUS forte	Filmtabl 100 mg Losartan-Kalium u. 12,5 mg HCT
Lumefantrin + Artemether	Riamet®	Tabl: (120 mg Lumefantrin + 20 mg Artemether)
M		
Macrogol + diverse	Colo-Sol®	Pulver Beutel 55 g (in 1 L Wasser: 5 mmol Kalium, 65 mmol Natrium, 53 mmol Chlorid, 17 mmol Hydrogencarbonat, 105 g Macrogol 3350)
Macrogol + Na-Chlorid + Na-Sulfat + K-Chlorid + Na-Hydrogencarbonat	Isomol®, Pulv. z. Herstellung einer Lösung zum Einnehmen	1 Btl. (13,81g Pulver): Macrogol 3350 13,125g, Natriumchlorid 0,351g, Natriumhydrogencarbonat 0,179g, Kaliumchlorid 0,047g

Macrogol + Na-Chlorid + Na-Sulfat + K-Chlorid + Na-Hydrogencarbonat	Macrogol dura®, Pulver	1 Btl. (13,81 g Pulver): 13,121 g Macrogol (PEG) 3350; 0,350 g Natriumchlorid; 0,179 g Natriumhydrogencarbonat; 0,046 g Kaliumchlorid
Magnesium	magnerot® CLASSIC Tbl.	Tabl: 500 mg Magnesiumorotat (32,8 mg Magnesium-Ion)
Magnesium	Magnaspart® 10/20 Pulver	Pulver 10: 10 mmol Magnesium-Ion Pulver 20: 20 mmol Magnesium-Ion
Magnesium	Magium®	Kautabl: (5mmol bzw. 10mval) Magnesium Brausetabl (5 Brause): (5mmol bzw. 10mval Mg); Brstabl (10 Brause): (=10mmol bzw. 20mval Mg)
Magnesium	Magnesiocard®	Tabl (Magnesiumgehalt: 2,5mmol/5mval/60,8mg); Brausetabl (7,5mmol, Magnesiumgehalt: 7,5mmol/15mval/182,3mg); Beutel (5mmol, Magnesiumgehalt: 5mmol/10mval/121,5mg); Beutel (forte 10mmol, 4g, Magnesiumgehalt: 10mmol/20mval/243,0mg) Amp (5ml, Magnesiumgehalt: 2,5mmol/5mval/60,8mg); (10ml, Magnesiumgehalt: 3mmol/6mval/72,9mg)
Magnesium	Magnesium-Diasporal®	Brstabl 250 mg Magnesium; Lutschtabl 98,6 mg Magnesium; Granulat (300) 295,7 mg Magnesium Kaps: 250 mg Magnesiumoxid (150,8 mg Magnesium) Inj.-Lsg (2mmol):98,6 mg/ml Magnesiumsulfat 7H2O (9,72 mg/ml Magnesium) Inj.-Lsg (4mmol): 493 mg/ml Magnesiumsulfat 7H2O (48,6 mg/ml Magnesium)
Magnesium	Biolectra®	Brstabl (Magnesium 240 forte): 403 mg Magnesiumoxid (243 mg Magnesium-Ion)
Magnesium	Magnesium-Sandoz®	Brstabl: 1623 mg Magnesium-L-hydrogenaspartat 2H2O (5 mg Magnesium-Ion)
Magnesium + Calciumcarbonat	Rennie®	Lutschtabl: (680 mg Calciumcarbonat + 80 mg Magnesiumcarbonat)
Magnesiumcitrat	Magnesium Diasporal® 100	Lutschtabl (teilbar) 98.6 mg Mg^{2+} (4.00 mmol = 8.0 mval);
Magnesiumcitrat	Magnesium Diasporal® 300	Beutel (Trinkgranulat) 301 mg (12 mmol = 24 mval)
Mandelöl	Excipial® Mandelölsalbe	Creme; Fettcreme, U Hydrolotio, U Lipolotio
Mandelöl + Paraffinöl	Antidry® Mandelöl-Bad	Badeöl: (200 mg Mandelöl + 729.8 mg Paraffinöl)/g, Fl 250 mL
Mandelöl + Paraffinöl	Balmandol®	Badeöl: (300 mg Mandelöl + 693 mg Paraffinöl)/g
Mannitol	Mannit Serag	Inf Lös (IV) 15%, 20%
Mannitol	Osmosteril 20% Fresenius	Inf Lös (IV) 1000 mL
Mantoux (Tuberkulintest)	Tuberkulin PPD RT 23 SSI	Amp (intradermal) 1.5 mL: 2 TE/0.1 mL; Amp (intradermal) 1.5 mL: 10 TE/0.1 mL
Maprotilin	Ludiomil®	Tabl 25, 50, 75mg Injektionslösung 2 ml
Mebeverin	Duspatal®	Tabl 135mg, Retardkaps. 200 mg
Meersalz + Dexpanthenol	Siozwo®	SAN Nasenspray mit Dexpanthenol und Meersalz
Meerwasser gereinigt + Wasser	Rhinomer®	Steriles, isotonisches, an natürlichen Mineralien und Spurenelementen reiches Meerwasser, Nasenspray 60 mL, Jet-Spülung mit 2 Sprühköpfen, Fl 135, 215 mL
Meerwasser gereinigt + Wasser	Triomer® Monodosen/Spray	Lösung 0.3 mL/mL steriles, an natürlichen Mineralien und Spurenelementen reiches Meerwasser, verdünnt mit gereinigtem Wasser, Monodosen 5 mL, Spray 125, 245 mL
Mefloquin	Lariam®	Tabl (mit Kreuzbruchrille) 250 mg
Mefloquin	Lariam®	Lactab (mit Kreuzrille) 250 mg
Megestrol	Megestat®	Tabl 160 mg
Melatonin	Circadin®	Retardtabl 2 mg
Meloxicam	Meloxicam HEXAL®	Tbl. enth. 7,5 mg/15 mg Meloxicam
Melphalan	Alkeran®	Filmtabl 2 mg Lyophilisat Inf/Inj Lös (IV) Amp 50 mg
Memantin	Axura®	Tabl (teilbar) 10 mg Tropflösung 10 mg/g (= 20 Trpf), Fl 50, 100 g
Memantin	Ebixa®	Tabl (mit Bruchrille) 10 mg Tropflösung 10 mg/g (= 20 Trpf), Fl 50, 100 g
Meningokokken Impfstoff	Menjugate®	Tockensubstanz für 1 Impfdosis (IM) Fl 0.5 mL: 10 µg Oligosaccharide der Neisseria meningitides der Serogruppe C (Stamm C11) konjugiert mit dem Trägerprotein Corynebacterium diphtheriae CRM 197
Meningokokken Impfstoff	NeisVac-C™	0,5ml (1 Dosis) enth.: Neisseria Meningitidis Serogruppe C (Stamm C 11) Polysaccharid (de-O-acetyliert) 10µg gebunden an Tetanustoxoid 10-20µg, adsorbiert an Aluminiumhydroxid 0,5mg Al^{3+}.

Meningokokken Impfstoff (Meningitis der Serogruppen A, C, W135, Y)	Mencevax® ACWY	Trockensubstanz für Inj Lös (SC) Amp für 1 Dosis 0.5 mL enthält je 50 µg Polysaccharide von Neisseria meningitidis der Serogruppen A, C, W135 und Y.
Meningokokken Impfstoff (Meningitis, Serotyp C)	Meningitec®	1 Dosis (0,5ml) enth.: 10µg Neisseria meningitidis (Stamm C11) Serogruppe C Oligosaccharid, konjugiert an etwa 15µg des Corynebacterium diphtheriae CRM197-Trägerproteins, adsorbiert an 0,125mg Aluminiumphosphat
Mercaptopurin	Puri-Nethol®	Tabl 50 mg
Meropenem	Meronem® i.v.	Trockensubstanz für Inj Lös (IV) Vials 500 mg, 1 g
Mesalazin	Mezavant®	Retardtbl 1200 mg Mesalazin
Mesalazin	Asacol®	Filmtabl 400, 800 mg; Suppo 500 mg
Mesalazin	Asazine®	Filmtabl (magensaftresistent) 400, 800 mg Suppo 500 mg
Mesalazin	Pentasa®	Depot-Tabl (teilbar) 500 mg; Depot-Granulat
Mesalazin	Salofalk®	Filmtabl (dünndarmlöslich) 250, 500 mg; Suppo 250, 500 mg
Mesalazin	Salofalk® Klysmen	Klysma 30g Susp mit 2g Mesalazin; 60g Susp. mit 4g Mesalazin Supp: 250, 500 mg Tabl: 250, 500 mg Granu-Stix® 500, 1000, 1500 mg Rektalschaum: 1 Sprühstoß : 1g Mesalazin
Metamizol	Minalgin®	Tabl 500 mg; Tropflösung 500 mg/mL (= 20 Trpf), Fl 20, 100 mL Suppo 500 mg; Inj Lös (IM, IV) Amp 1000 mg (2 mL)
Metamizol	Novalgin®	Filmtabl 500 mg; Trpf 500 mg/mL (= 20 Trpf), Fl 10 mL Suppo 1000 mg (IM, IV) Amp 1000 mg (2 mL), 2500 mg (5 mL)
Metformin	Glucophage®	Filmtabl 500, 850 mg; Filmtabl teilbar 1000 mg
Metformin	Diabesin®	Filmtbl. 500mg/-850mg/-1000mg
Metformin	glucobon biomo	500 Filmtbl. /-850 Filmtbl./-1000mg Filmtbl
Metformin	Glucophage®	500mg/-850mg/-1000mg Filmtbl
Metformin + Pioglitazon	Competact®	Filmtabl: (15 mg Pioglitazon + 850 mg Metformin)
Metformin + Rosiglitazon	Avandamet®	Filmtabl: (2 mg Rosiglitazon + 500 mg Metformin), (4 mg Rosiglitazon + 500 mg Metformin); (2 mg Rosiglitazon + 1000 mg Metformin) Filmtabl: (4 mg Rosiglitazon + 1000 mg Metform.)
Metformin + Sitagliptin	Janumet®	Filmtabl: (50 mg Sitagliptin + 500 mg Metformin); (50 mg Sitagliptin + 850 mg Metformin); (50 mg Sitagliptin + 1000 mg Metformin)
Methadon	L-Polamodon	(SC, IM, IV) 2.5, 5 mg. kann auch oral, verdünnt mit Wasser, Orangensaft oder anderen sauren Fruchtsäften, eingenommen werden
Methadon	Methaddict®	1 Tbl. enth. 5 mg/10 mg/40 mg Methadon-HCl
Methotrexat (MTX)	metex®	Tabl 2.5/7.5/10 mg Injektionslösung 7,5mg/ml Durchstechfl. Inj Lsg 7.5/10/15/20/ 25mg Fertigspritze: 50mg/mL FS 7.5/10/15/20/25 mg
Methotrexat (MTX)	Methotrexat-Gry®	IV, Durchstechflasche 500, 1000, 5000 mg
Methotrexat (MTX)	MTX HEXAL®	Tabl. 2.5, 10 mg Methotrexat
Methotrexat (MTX)	Lantarel®	2,5mg Tbl./-7,5mg Tbl./-10mg Tbl FS 7,5mg/-10mg/-15mg/-20mg/-25mg: 1 Fertigspritze enth: 8.22/10.96/16.44/21.92/27.41mg
Methoxsalen	Meladinine®	Tabl 10 mg
Methoxsalen	Uvadex®	Lösung zur extrakorporalen Anwendung: Durchstechfl 200 µg/10 mL Nur in Verbindung mit dem UVAT XTS Photopherese-System verwendet werden.
Methyldopa	Presinol®	Filmtabl 125, 250, 500 mg
Methylprednisolon	Advantan®	Creme: 1mg/g, Salbe: 1mg/1g, Fettsalbe: 1mg/1g, Milch: 1mg/1g
Methylprednisolon	Urbason®	Amp 16, 32 mg
Methylprednisolon	Predni M Tablinen®	4mg/8mg/16mg Methylprednisolon
Methylprednisolon	Urbason® solubile forte	250 mg 1 Ampulle mit Pulver enthält 331,48 mg 1000 mg 1 Durchstechfl Pulv enthält 1325,92 mg
Metoclopramid	Paspertin®	Tabl 10 mg; Trpf 4 mg/mL (= 12 Trpf), Fl 100 mL; Inj Lös (IM, IV) Amp 10 mg (2 mL)
Metoclopramid	Paspertin® Tropf.	Tropf 4mg/mL Filmtabl 10mg Inj Lös 5mg/1ml (2mL, 10 mL)
Metoclopramid	Gastrosil®	Tabl 10 mg; Hartkaps 15, 30 mg Tropfen 6mg/mL

Metoprolol + Chlortalidon	Prelis® comp. Retardtbl	Retardtbl.: Metoprololtartrat 200mg, Chlortalidon 25mg teilbar
Metoprolol + Felodipin	Mobloc® Retardtbl	Retardtbl: Felodipin 5,0mg, Metoprololsuccinat 47,5mg
Metoprolol succinas	Beloc-Zok® forte Retardtbl.	Retardtbl./ -mite Retardtbl./ -forte Retardtbl./ -Herz Retardtbl
Metoprolol tartras	Beloc® i.v.	Inj Lös (IV) Amp 5 mg (5 mL)
Metoprolol tartras	Lopresor®/- Retard	Filmtabl 50, 100 mg; Inj Lös (IV) Amp 5 mg (5 mL) Retard: Divitabs (teilbar) 200 mg
Metoprolol tartras	Jutabloc®	Tbl. 50mg/100mg: 1 Tbl. enth.: Metoprololtartrat 50mg/100mg Retardtbl. 200mg: 1 Retardtbl. enth.: Metoprololtartrat 200mg.
Metronidazol	Arilin®	Filmtabl 250, 500 mg. Vaginalzäpfchen: 100, 1000 mg
Metronidazol	Flagyl®	1 Filmtablette enthält 400 mg Metronidazol
Metronidazol	Metronidazol-ratiopharm®	Tabletten: 1 Tbl. enth. 400 mg Metronidazol Infusionslsg.: 1 Durchstechfl. mit 100 ml Infusionslösung enth. 500 mg Metronidazol.
Metronidazol	Vagimid®	Tbl. enth.: 250mg Metronidazol; Drg.: 1 Tbl. enth.: 250mg Metronidazol. 500 Filmtbl.: 1 Filmtbl. enth.: 500mg Metronidazol.
Metronidazol	Metronidazol Serag	Inf Lös (IV) Btl 500 mg (100 mL)
Metronidazol	Metrocreme® Creme	1g Creme enth.: Metronidazol 7,5mg.
Metronidazol	Metrosa®	Gel 7.5 mg/g, Tuben 30 g
Mianserin	Mianserin-neuraxpharm®	Filmtbl 10mg/30mg/60mg
Mianserin	Tolvin®	Filmtabl 10mg, 30mg oder 60 mg
Miconazol	Daktar®	Creme 1g zur Anw. auf der Haut enth.: 17,4mg Gel zur Anw. in der Mundhöhle enth.: 20mg
Miconazol	Gyno-Daktar®	1g Vag.-Creme enth.: Miconazolnitrat 20mg
Miconazol + Flupredniden	Decoderm®	Creme: 1mg/g, Salbe: 0.5mg/g, Paste 1mg/g
Midazolam	Dormicum®	Filmtabl (mit Bruchrille) 7.5, 15 mg Inj Lös (IV, IM, IR) Amp 5 mg (1 mL), 5 mg (5 mL), 15 mg (3 mL), 50 mg (10 mL)
Midodrin	Gutron®	Tabl 2.5 mg Tropflösung 10 mg/mL (= 30 Trpf), Fl 10, 20 mL
Miglitol	Diastabol®	Tabl 50, 100 mg
Milrinon	Corotrop®	Inj Lös (IV) Amp 10 mg (10 mL)
Minocyclin	Minoclir®	Kaps 50 mg
Minocyclin	Minocyclin beta®	Filmtabl 50 mg
Minoxidil	Lonolox®	2,5 mg Tbl. / -10 mg Tbl.: 1 Tbl. enth.: 2,5 mg / 10 mg Minoxidil
Mirtazapin	Mirta TAD®	1 Filmtbl. enth. 15 mg/30 mg/45 mg Mirtazapin; 1 Schmelztbl. enth. 15 mg/30 mg/45 mg Mirtazapin
Misoprostol	Cytotec®	CP Durchstechfl. 10ml, 50ml
Misoprostol + Diclofenac	Arthotec®	1 Manteltbl. enth.: Diclofenac-Natrium 50 / 75mg, Misoprostol 0,2 mg.
Mitoxantron	Mitoxantron 10 mg HEXAL®	1 Durchstechfl. mit 5/10ml Konz. z. Herst. e. Inj. lsg. 10/20mg Mitoxantron
Mitoxantron	Novantron®	Inj Lös (IV) Amp 10 mg (5 mL), 20 mg (10 mL)
Mivacuriumchlorid	Mivacron®	Inj Lös (IV) Amp 10 mg (2 mL), 20 mg (10 mL)
Mizolastin	Mizollen®	Filmtabl 10 mg
Moclobemid	Aurorix®	Filmtabl (mit Bruchrille) 150, 300 mg
Mofetil Mycophenolat	CellCept®/- i.v.	Kaps 250 mg; Tabl 500 mg Inf Lös Pulv. 500mg Susp zur Einn. 1g/5ml
Molsidomin	Corvaton®	Tabl 2 mg; Tabl 4 mg (forte); Retardtabl 8 mg
Mometason	Asmanex® Twisthaler®	Pulverinhalator 200 µg/Dosis, Twisthaler 30, 60 Dosen; Pulverinhalator 400 µg/Dosis, Twisthaler 30, 60 Dosen
Mometason	ECURAL®	Fettcreme: 1g Fettcreme enth.: 1mg Mometasonfuroat. Salbe: 1g Salbe enth.: 1mg Mometasonfuroat. Lösung: 1g Lösung enth.: 1mg Mometasonfuroat.
Mometason	Nasonex®	Dosier-Nasenspray 50 µg/Dosis, Spray 140 Dosen
Montelukast	Singulair®	Beutel 4 mg (orales Granulat); Kautabl 4, 5 mg; Filmtabl 10 mg
Morphin	Morphin Merck	Amp 10, 20, 100 mg Tropf 0.5% (5mg/mL), 2,0% (20mg/mL)
Morphin	Kapanol®	Retardkaps 20, 50, 100 mg
Morphin	Morphin-HCl Krewel®	1 Retardtbl. enth.: 10mg/30mg/60mg/100mg/200mg Morphin-HCl 3H2O
Morphinsulfat	MST Continus®	Retardtabl 10, 30, 60, 100, 200 mg Granulat für Susp retard Beutel 20, 30, 60, 100, 200 mg
Morphinsulfat	Sevredol®	Tabl (teilbar) 10, 20 mg; Suppo 10, 20, 30 mg

M

Morphinsulfat	Morph® Sandoz®	Retardtabl 10, 30,60, 100 mg
Moxifloxacin	Avalox®	Filmtabl 400 mg
Moxifloxacin	Vigamox®	Augentrpf 5 mg/mL, Fl 5 mL
Moxonidin	Physiotens®	Physiotens®: Filmtabl 0.3 mg; Physiotens® mite: Filmtabl 0.2 mg; Physiotens® forte: Filmtabl 0.4 mg
Mupirocin	Infectopyoderm®	Salbe 20 mg
Mupirocin	Turixin® Salbe	Salbe 21.5 mg
Mupirocin	Infectopyoderm®	1g Salbe enth.: Mupirocin 20mg.
N		
Nabumeton	Relifex®	1 Filmtabl. enth. 500mg Nabumeton
N-Acetylcystein	siehe: Acetylcystein (N-)	
Nadroparin	Fraxodi®	1,0 ml (19.000 I.E.), 0,8 ml (15.200 I.E.), 0,6 ml (11.400 I.E.)
Nadroparin	Fraxiparin®	0.2ml (1900 I.E.), 0.3ml (2850 I.E.), 0.4ml (3800 I.E), 0.6ml (5700 I.E.), 0,8ml (7600 I.E.), 1,0ml (9500 I.E.)
..		Durchstechfl. 5, 15ml: 47500 I.E.; 142500 I.E.
Naftidrofuryl	Dusodril®	Kaps 100 mg, Dragee 100 mg, Filmtabl 200 mg
Naftidrofuryl	Nafti-ratiopharm®	Retardkps 100, 200 mg
Nalbuphin	Nalpain Stragen	Inj Lös (IV, IM, SC) Amp 20 mg (2 mL)
Naloxon	Naloxon B. Braun	1 Ampulle mit 1 ml Injektionslösung enthält 0,4 mg Naloxonhydrochlorid
Naloxon + Oxycodon	Targin®	Retardtabl 10/5: (10 mg Oxycodon + 5 mg Naloxon); Retardtabl 20/10: (20 mg Oxycodon + 10 mg Naloxon)
Naltrexonhydrochlorid	Nemexin®	Filmtabl 50 mg
Naproxen	Aleve®	Tabl 220 mg (200 mg Naproxen + 20 mg Natrium)
Naproxen	Naproxen 500 mg HEXAL®	Tabl (mit Bruchrille) 1 Tbl. enth.: 250 mg/500 mg Naproxen
Naproxen	Naproxen STADA®	250mg / -500mg Tbl.: 1 Tbl. enth.: 250mg/500mg Naproxen. 750mg: 1 Filmtbl. enth.: 750mg Naproxen.
Naproxen	Proxen®	1 Tablette Proxen S 250 enthält 250 mg Naproxen; 1 Tablette Proxen S 500 enthält 500 mg Naproxen; magensaftresistente Tbl
Naratriptan	Naramig®	Tabl 2.5 mg
Natalizumab	Tysabri	Konz zur Herst Inf Lös (IV) Durchstechfl 300 mg (15 mL)
Nateglinid	Starlix®	60mg Filmtbl./-120mg Filmtbl.: 1 Filmtbl. enth.: 60mg/120mg Nateglinid.
Natriumaurothiomalat (Goldgehalt 45.3%)	Tauredon®	(SC tief intraglutäal) 10 mg Natriumaurothiomalat (= 4.53 mg Gold in 0.5 mL); Amp (SC tief intraglutäal) 20 mg Natriumaurothiomalat (= 9.06 mg Gold in 0.5 mL); Amp (SC tief intraglutäal) 50 mg Natriumaurothiomalat (= 22.65 mg Gold in 0.5 mL)
Natriumchlorid	Movicol®	Pulver in Beuteln: (13.125 g Macrogol + 350.7 mg Natriumchlorid + 46.6 mg Kaliumchlorid + 178.5 mg Natriumhydrogenkarbonat)
Natriumchlorid	Isotone Kochsalz-Lösung 0,9%	1000 ml Inf Lösung 9,0 g
Natriumhydrogencarbonat	bicaNorm®	magensaftresist. Tbl.:
Natriumhydrogencarbonat	Kohlensäurebad Bastian Bad	Balneotherapeutikum 1 Kohlensäurebad Bastian enthält Natriumhydrogencarbonat 450 g (Kohlensäureträger; Beutel 1), Aluminiumsulfat x H2O 600 g (Kohlensäureentwickler; Beutel 2)
Natriumhydrogencarbonat	Natrium Hydrogencarbonat 8,4%	1000 ml Infusionslösung enthalten: -arzneilich wirksamer Bestandteil Natriumhydrogencarbonat 84,0 g (Natriumbicarbonat)
Natriumhydrogencarbonat	Nephrotrans®	Weichkaps 500 mg 1 magensaftresistente Weichkapsel enthält:Natriumhydrogencarbonat 0,5 g
Nebivolol	Nebilet®	Tabl (mit Kreuzbruchrille) 5 mg
Nedocromil	Irtan®	Augentropfen 20 mg/mL, Fl 5 mL
Neomycin + Bacitracin + Polymyxin B	Polyspectran®	Salbe: 1g enth.: Polymyxin-B-sulfat 7500 I.E., Bacitracin 300 I.E., Neomycinsulfat 3500 I.E. Tropfen: 1ml enth.: Polymyxin-B-sulfat 7500 I.E., Neomycinsulfat 3500 I.E., Gramicidin 0,02mg.
Neomycin + Fluocinolon	Jellin®	Creme: 1g enth.: Fluocinolonacetonid 0,25mg, Neomycinsulfat 4,52mg, entspr. 3,5mg Neomycin (entspr. 3500 I.E.); Salbe: 1g enth.: Fluocinolonacetonid 0,25mg, Neomycinsulfat 4,52mg, entspr. 3,5mg Neomycin (entspr. 3500 I.E.).

Neomycin + Polymyxin + Dexamethason	Isopto-Max®	Augentropfensusp: 1ml enth.: Dexamethason 1mg, Neomycinsulfat 3500 I..E., Polymyxin-B-sulfat 6000 I.E. Augensalbe: 1g enth.: Dexamethason 1mg, Neomycinsulfat 3500 I..E., Polymyxin-B-sulfat 6000 I.E.
Neomycin + Polymyxin + Gramicidin	Polyspectran®	Salbe: 1g enth.: Polymyxin-B-sulfat 7500 I.E., Bacitracin 300 I.E., Neomycinsulfat 3500 I.E. Tropfen: Zus: 1ml: Polymyxin-B-sulfat 7500 I.E., Neomycinsulfat 3500 I.E., Gramicidin 0,02mg.
Nevirapin	Viramune®	Jeder Milliliter der Suspension zum Einnehmen enthält 10 mg Nevirapin (als Hemihydrat). Jede Flasche enthält 2,4 g Nevirapin. Eine Tablette enthält 200 mg Nevirapin
Nifedipin	Adalat®	Weichkaps 5, 10 mg SL 20mg, veränd. Wirkstofffreisetzung: 20 mg retard, Retardtbl.: 20mg. 5mg/50ml pro infusione: 50ml Infusionslsg. enth.: Nifedipin 5mg.
Nifedipin	Cisday®	Wirkstoff: 1 Retardtablette enthält 40 mg Nifedipin
Nifedipin	Corinfar®	Retardtbl.: 10mg/20mg uno 40, Retardtbl.: 40mg. Tropflösung: 1ml Lsg. (= 20 Tr.) 20mg.
Nifedipin	Nifeclair®	5mg Kaps.: 1 Kaps. enth.: 5mg Nifedipin; 10mg Kaps.: 1 Kaps. enth.: 10mg Nifedipin. 20mg retard Retardtbl.: 1 Retardtbl. enth.: 20mg Nifedipin
Nifedipin	Nifecor® retard	1 Retardtbl. enth.: 20mg Nifedipin
Nifedipin	Nifedipin Sandoz®	Kaps 5 mg/-10 mg Retardkaps.: 20, 40 mg
Nifedipin + Atenolol	AteNif beta®	Ret.-Kaps: 50mg Atenolol u. 20mg Nifedipin.
Nifedipin + Atenolol	Nif-Ten®	25 Retardkaps.: Atenolol 25mg, Nifedipin 10mg, retardiert. 50 Retardkaps.: 1 Retardkaps. enth.: Atenolol 50mg, Nifedipin 20mg, retardiert.
Nifedipin + Ethanol + Macrogol	Adalat® pro infusione	(IV): (5 mg Nifedipin + 7.5 g Ethanol + 7.5 g Macrogol)/50 mL, Flasche 50 mL
Nikotin	Nicorette®	Kaudepot 2, 4 mg (je mit Original-, Mint-, Citrus, Freshmint- Freshfruitaroma)
Nikotin	Nicorette® Pflaster	8,3 mg mit 10 cm2 Adsorptionsfläche enthält: 8,3 mg Nicotin (0,83 mg/cm2): 5 mg/16h 16,6 mg mit 20 cm2 Adsorptionsfläche enthält: 16,6 mg Nicotin (0,83 mg/cm2): 10 mg/16h 24,9 mg mit 30 cm2 Adsorptionsfläche enthält: 24,9 mg Nicotin (0,83 mg/cm2): 15 mg/16h
Nikotin	Nicorette® Inhaler	Inhalerpatrone 10 mg (15 µg/Inhalation)
Nikotin	Nicorette® Microtab	Sublingualtabl 2 mg
Nikotin	Nicotinell®	Lutschtabl 1, 2 mg
Nikotin	Nicotinell® Kaugummi	Kaugummi 2, 4 mg (Classic, Mint, Fruit)
Nikotin	Nicotinell® Pflaster	Pflaster 1: 21 mg/24 h; Pflaster 2: 14 mg/24 h; Pflaster 3: 7 mg/24 h
Nikotinsäure	Niaspan®	Retardtabl 375 mg/500 mg/750 mg/1000 mg
Nilotinib	Tasigna®	Kaps 200 mg
Nimodipin	Nimotop®	Lacktabl 30 mg; Inf Lös (IV) Amp 10 mg (50 mL)
Nitrazepam	Mogadan®	Tabl (mit Bruchrille) 5 mg
Nitrendipin	Nitren Lich®	Filmtbl 10mg/20mg
Nitrofurantoin	Furadantin® retard	Kaps retard 100 mg
Nitrofurantoin	Uro-Tablinen®	Tbl 50 mg in mikrokristalliner Form
Nitrofurantoin	Nitrofurantoin-ratiopharm®	1 Hartkps. 100 mg in makrokristalliner Form
Nitroglycerin	Deponit® 5/10	Pflaster 5: 18.7 mg (5 mg/24 h); Pflaster 10: 37.4 mg (10 mg/24 h)
Nitroglycerin	Minitran®	TTS Minitran 5: 18 mg/6.7 cm2 (0.2 mg/h); TTS Minitran 10: 36 mg/13.2 cm2 (0.4 mg/h); TTS Minitran 20: 54 mg/20 cm2 (0.6 mg/h)
Nitroglycerin	Nitroderm® TTS	TTS 5: 25 mg/10 cm2 (5 mg/24 h); TTS 10: 50 mg/20 cm2 (10 mg/24 h)
Nitroglycerin	deponit® NT	TTS 5: 18,7 mg/9 cm2 (5 mg/ 24h); TTS 10: 37,4 mg/18 cm2 (10 mg/ 24h)
Nitroglycerin	Nitrolingual® infus	IV 5ml Amp: 1 Amp 5mg, 25ml Amp: 1 Amp 25mg, 50ml Stechamp: 1 Stechamp: 50mg
Nitroglycerin	Nitrangin Isis®	Kaukaps 0.8 mg
Nitroglycerin	Nitrolingual®/- Pumpspray	Nitrolingual®: Kaps 0.8 mg; Nitrolingual® Pump-spray: 0.4 mg/Stoss (total 200 Stösse)
Nitroglycerin	Perlinganit®	Inf Lös (IV) Amp 10 mg (10 mL), Stechkappenfl 50 mg (50 mL)
Nitroprussid	Nipruss®	Trockensubst f Inf Lös (IV) Amp 60 mg (in der CH nicht erhältlich)
Norepinephrin	Artenerol	Inf Lös (IV) Amp 1 mg (1 mL)

Noradrenalin	siehe Norepinephrin	
Norfloxacin	Norfloxacin STADA®	1 Filmtbl. enth.: 400mg Norfloxacin.
Norfloxacin	Chibroxin®	1 ml Augentropfen enthält: Norfloxacin 3,0 mg 1 Tropfen enthält ungefähr: Norfloxacin 126 µg
Norfloxacin	Bactracid®	1 Filmtbl. enth.: 400mg Norfloxacin
Nortriptylin	Nortrilen®	Filmdrag 10, 25 mg
Noscapin	Capval®	Dragee 25mg, Saft: 25mg, Tropfen: 25mg
Novaminsulfon	siehe Metamizol	
Nystatin	Multilind®	1g enth.: 100000 I.E. Nystatin, 200mg Zinkoxid
Nystatin	Adiclair® Mundgel	1g enth.: Nystatin 100.000 I.E.
Nystatin	Adiclair®	Filmtbl:500000 I.E. Weit. Susp: 1ml enth. 100000 I.E.
Nystatin	Biofanal® Kombipackung Salbe + Vaginaltabletten	Salbe: 1g enth. 100000 I.E. Vaginaltabl: 1 Vag.-Tbl. enth. 100000 I.E.
Nystatin + Dexamethason + Chlorhexidin	Nystalocal®	Creme: (1 mg Dexamethason + 100'000 IE Nystatin + 11.5 mg Chlorhexidin)/g, Tuben 20 g
O		
Octocog alfa	Advate®	Humaner Blutgerinnungsfaktor VIII: (IV) Durchstechfl 250 IE, 500 IE, 1000 IE, 3000 IE, 1500 IE
Octocog alfa	Helixate® NexGen	Rekombinanter humaner Blutgerinnungsfaktor VIII Trockensubstanz + Lösungsmittel für Inj Lös (IV) Durchstechfl 250 IE (2.5 mL), 500 IE (5 mL), 1000 IE (10 mL)
Octocog alfa	Kogenate® SF	Trockensubst + 2.5 mL Lös Mittel f Inj (IV) Fl 250, 500, 1000, 2000 IE
Octreotid	Sandostatin®	Inj Lös (SC) Amp 0.05 mg (1 mL); Inj Lös (SC) Amp 0.1 mg (1 mL); Inj Lös (SC) Amp 0.5 mg (1 mL); Inj Lös (SC) Amp 1 mg (5 mL)
Octreotid	Sandostatin® LAR®	Trockensubst f Depot-Inj (IM) Amp 10, 20, 30 mg + Fertigspritzen mit Lös Mittel 2.5 mL
Ofloxacin	Floxal®/- UD	Augentropfen 3 mg/mL, Fl 5 mL; Augensalbe 3 mg/g, Tuben 3 g; Augentropfen 3 mg/mL Unidosis 0.5 mL
Ofloxacin	Tarivid®	Filmtabl (mit Bruchrille) 200 mg, 400mg; Inf Lös (IV) Fl 200 mg (100 mL)
Olanzapin	Zyprexa®	Pulver f Inj Lös (IV) Glasfl 10 mg
Olanzapin	Zyprexa®/- Velotab	Filmtabl 2.5, 5, 10, 15 mg; Velotab: Schmelztabl (orodispersibel) 5, 10, 15, 20 mg
Olmesartan	Olmetec®	Filmtabl 10, 20, 40 mg
Olmesartan	Votum®	Filmtabl 10, 20, 40 mg
Olmesartan + Amlodipin	Sevikar®	Filmtabl: (20 mg Olmesartan + 5 mg Amlodipin); Filmtabl: (40 mg Olmesartan + 5 mg Amlodipin); Filmtabl: (40 mg Olmesartan + 10 mg Amlodipin)
Olmesartan + Amlodipin	Vocado®	Filmtabl. enth.: 20 mg / 40 mg / 40 mg Olmesartanmedoxomil und 5 mg / 5 mg / 10 mg Amlodipin
Olmesartan + HCT	Olmetec® Plus	Tabl (20 mg Olmesartan + 12.5 mg HCT); Tabl (20 mg Olmesartan + 25 mg HCT)
Olmesartan + HCT	Votum® plus	Tabl: (12.5 mg HCT + 20 mg Olmesartan); Tabl: (25 mg HCT + 20 mg Olmesartan)
Olsalazin	Dipentum®	Kaps 250 mg; Tabl 500 mg
Omalizumab	Xolair®	Pulver + Lös Mittel f Herst Inj Lös (SC) Amp 75 mg (2 mL), 150 mg (2 mL)
Omega-3-Fettsäuren	Eicosan® 500 Omega-3-Konzentrat, Kapseln	Kaps 500 mg
Omega-3-Fettsäuren	Eicosapen®	Kaps 750 mg
Omega-3-Fettsäuren	Zodin®	1 Weichkaps. enth.: 1000mg Omega-3-Säurenethylester 90
Omeprazol	Nexium®	Trockensubst f Herst Inf Lös (IV) Amp 40 mg
Omeprazol	Omeprazol-ratiopharm®	1 magensaftresist. Hartkps. enth. 10 mg/20 mg/40 mg Omeprazol 1 Durchstechfl. mit 44,19 mg Pulv. zur Herstell. einer Infusionslösung enth. 42,6 mg Omeprazol-Natrium (entspr. 40 mg Omeprazol).
Omeprazol	Antra® pro infusione	1 Durchstechflasche mit 45,3 mg Pulver enthält 40 mg Omeprazol (als Omeprazol-Natrium).
Omeprazol	Antra MUPS®	Tabl 10, 20 mg
Omeprazol	OMEP®	Filmtabl (magensaftresistent) 10, 20, 40 mg
Omeprazol	Omeprazol-TEVA®	1 magensaftresist. Hartkaps. enth.: 10mg/20mg/40mg Omeprazol
Omeprazol	OME-nerton®	1 magensaftresist. Hartkaps. enth.: Omeprazol 20mg/40mg
Omeprazol	Omeprazol AL	AL 10/20/40: 1 magensaftresist. Hartkps. enth. 10mg/20mg/40mg Omeprazol. AL T 40: 1 magensaftresist. Tabl. enth.: 40mg Omeprazol.
Ondansetron	Ondansetron-ratiopharm®	Filmtabl 4, 8 mg, Schmelztabl 4, 8 mg Inj Lös 2 mg; Amp zu 4mg/2ml, 8mg/4ml

Ondansetron	Ondansetron Lindopharm	Filmtabl 4, 8 mg, Schmelztabl 4, 8 mg Inj Lös 2 mg; Amp zu 4mg/2ml, 8mg/4ml
Ondansetron	Zofran®	Filmtabl 4, 8 mg, Schmelztabl 4, 8 mg Inj Lös 2 mg; Amp zu 4mg/2ml, 8mg/4ml Schmelztabl 4, 8 mg
Opipramol	Insidon®	50mg Drg, 100mg Filmtbl Tropfen: 100mg/mL
Orlistat	Xenical®	Kaps 120 mg
Oseltamivir	Tamiflu®	Hartkaps. 30, 45, 75 mg Pulv. z. Herst. e. Susp. z. Einn. 12mg/ml
Oxaliplatin	Eloxatin®	1 Durchstechfl. 50 mg in 10ml Konzentrat/100 mg in 20ml Konzentrat/200 mg in 40ml Konzentrat
Oxazepam	Oxazepam-neuraxpharm®	Tabl 10, 50mg
Oxazepam	durazepam®	10mg Tbl./50mg forte Tbl.: 1 Tbl. enth.: Oxazepam 10mg/50mg.
Oxcarbazepin	Trileptal®	Filmtabl (mit Bruchkerben) 150, 300, 600 mg; Orale Susp 60 mg/mL, Fl 100, 250 mL (mit Dosierspritze)
Oxprenolol	Trasicor®	Filmtabl 40, 80, 160 mg
Oxybutynin	Kentera®	Transderm Pflaster 36 mg/39 cm² (3.9 mg/24 h)
Oxybutynin	Oxybutynin HEXAL®	1 Tbl. enth. 2,5 mg/5 mg
Oxybutynin	Oxybutynin-ratiopharm®	1 Tbl. enth.: 2,5mg/5mg Oxybutynin-HCl.
Oxycodon	Oxycodon-HCl HEXAL®	Retardtabl 5, 10, 20, 40, 80 mg
Oxycodon	OXYGESIC®	Retardtabl 5, 10, 20, 40, 80 mg, Kaps 5, 20 mg Inj Lös 10mg/mL (Amp zu 1, 2 mL)
Oxycodon + Naloxon	Targin®	Retardtabl 10/5: (10 mg Oxycodon + 5 mg Naloxon), 20/10: (20 mg Oxycodon + 10 mg Naloxon)
Oxymetazolin	Nasivin®	Dosier-Spray 0.05% 22 µg/Sprühstoss, Fl 10 mL Nasentrpf 0.01% (f Säuglinge) 0.1 mg/mL, Fl 5 mL; Nasentrpf (f Kleinkinder) 0.025 mg/mL, Fl 10 mL Nasentrpf 0.05% 0.5 mg/mL, Fl 10 mL
Oxymetazolin	Nasivin® pur®	Dosierspray 0.05% 22 µg/Stoss, Dose 225 Stösse; Dosiertropfer 0.01% (f Säuglinge) 0.1 mg/mL, Doseur 5 mL; Dosierspray (f Kleinkinder) 11 µg/Sprühstoss, Fl 10 mL (=230 Stösse); Dosierspray 22 µg/Sprühstoss, Fl 10 mL (=230 Stösse)
Oxymetazolin	WICK Sinex	Schnupfenspray 0.5 mg/mL, Dose 15 mL
P		
Paclitaxel	Paclitaxel GRY	6 mg Paclitaxel pro ml, 30, 100, 300 mg
Paclitaxel	Paclitaxel HEXAL®	6 mg Paclitaxel pro ml, 30, 100, 300 mg
Paclitaxel	Paclitaxel ORCA	6 mg Paclitaxel pro ml, 30, 100, 300 mg
Paclitaxel	Taxol®	6 mg Paclitaxel pro ml, 30, 100, 300 mg
Palonosetron	Aloxi®	1 ml Lsg. enth.: 50µg Palonosetron
Pamidronsäure	Aredia®	(IV) 15, 30, 60, 90 mg + Amp mit sterilem H2O
Pamidronsäure	Pamidron HEXAL®	Pulv. Inf Lös. 15, 30, 60, 90 mg
Pamidronsäure	Ribodronat	Pulv. Inf Lös. 15, 30, 60, 90 mg
Pancuroniumbromid	Pancuronium-ratiopharm®	2 ml Injektionslösung enthält 4 mg
Pantoprazol	Pantozol®	Tabl 20, 40 mg 1 Durchstechflasche enthält 40 mg Pantoprazol
Pantoprazol	Pantoprazol NYC	Tabl 20 mg
Paracetamol	Captin®	Zäpf. 125, 250, 500 mg
Paracetamol	Contac Erkaeltungs-Trunk Pulv	1 Beutel mit 6 g Pulver enthält 600 mg Paracetamol
Paracetamol	Ben-u-ron®	Supp 75, 125, 250, 500, 1000 mg Saft: 5 ml enth. 200mg Hartkaps 500 mg, Tabl 500, 1000 mg
Paracetamol	Enelfa Dr. Henk®	Zäpfchen 125, 250, 500 mg
Paracetamol	GRIPPEX®	Brausetbl. 500 mg
Paracetamol	Grippostad®	1 Btl. mit 5g Plv. enth.: 600mg Paracetamol.
Paracetamol	Paracetamol 1000 mg Heumann	Tabl 500 mg Zäpfchen 125, 250, 500, 1000 mg
Paracetamol	Paracetamol 1000 mg HEXAL®	1 Zäpf. enth. 125 mg/250 mg/500 mg/1000 mg Paracetamol
Paracetamol	ParaCetaMol	Saft: 100ml Lös. enth.: 4g Paracetamol. 5ml Lös. enth.: 200mg Paracetamol. Tabl 500 mg Supp 125, 250, 500, 1000 mg
Paracetamol	Paracetamol 500 - 1 A Pharma®	Tabl 500 mg Paracetamol. Saft: 5 ml Lsg. enth. 200 mg, Supp 125/250/500/1000 mg
Paracetamol	Paracetamol beta®	Zäpf. 250mg teilbare Tbl. 500mg
Paracetamol	Paracetamol Sandoz®	Tabl 500mg Zäpfch:125, 250, 500, 1000 mg
Paracetamol	Paracetamol STADA®	Zäpf: 125, 250, 500, 1000mg Tabl.: 500mg Paracetamol Saft: 1 Messl. (5ml) Lsg. enth.: 200mg

Paracetamol	Paracetamol-ratiopharm®	Brausetbl 500 mg Lösung: 1 ml Lösung enth. 40 mg Paracetamol. Zäpfchen 125, 250, 500, 1000 mg Tabl 500 mg
Paracetamol	Parapaed® Kindersaft	5ml Lsg. enth.: 200mg Paracetamol
Paracetamol	Perfalgan®	Inf Lös (IV) Amp 1 g (100 mL); Inf Lös für Kinder (IV) Amp 500 mg (50 mL)
Paracetamol	RubieMol®	1 Supp. enth.: 125mg/250mg/500mg Paracetamol
Paracetamol	Vivimed N	1 Tablette enthält Paracetamol 500 mg
Paracetamol + Acetylsalicylsäure + Ascorbinsäure	Thomapyrin® C Brausetabletten	Brstabl enthält Acetylsalicylsäure 300 mg, Paracetamol 200 mg, Ascorbinsäure 300 mg
Paracetamol + Acetylsalicylsäure + Ascorbinsäure	Grippal + C ratiopharm®	Brstabl: (300 mg Acetylsalicylsäure + 200 mg Paracetamol + 300 mg Ascorbinsäure)
Paracetamol + Acetylsalicylsäure + Koffein + Codein	dolomo® TN	Tag-Tabl weiß (250 mg Acetylsalicylsäure + 250 mg Paracetamol + 50 mg Koffein) Nacht-Tabl blau (250 mg Acetylsalicylsäure + 250 mg Paracetamol + 30 mg Codein)
Paracetamol + Codein	Gelonida®	Tabl: 500 mg Paracetamol, 30 mg Codeinphosphat·½ H2O
Paracetamol + Codein	Optipyrin®	Zäpfchen enth.: 1000mg Paracetamol u. 60mg Codeinphosphat-Hemihydrat
Paracetamol + Codein	talvosilen® forte	Kaps: 500mg Paracetamol, 30mg Codeinphosphat·½ H2O, Tabl: 500mg Paracetamol, 30mg Codeinphosphat·½ H2O. Supp.: f. Erw. u. Jugendl. ab 12J.:1000mg Paracetamol, 60mg Codeinphosphat·½ H2O.
Paracetamol + Ephedrin + Doxylamin + Dextromethorphan	WICK MediNait Erkältungssirup	30 ml:Paracetamol 600 mg, Dextromethorphanhydrobromid 15 mg, Doxylaminsuccinat 7,5 mg
Paracetamol + Ephedrin + Doxylamin + Dextromethorphan	WICK MediNait Erkältungssirup für die Nacht	100ml enth.: Doxylaminsuccinat 0,025g, (-)-Ephedrinhemisulfat 0,0267g, Dextromethorphanhydrobromid 0,05g, Paracetamol 2,0g.
Paracetamol + Koffein	Azur®	1 Tbl. enth.: 450mg Paracetamol u. 50mg Coffein
Paracetamol + Koffein	COPYRKAL®	Tabl 400 mg Paracetamol und 50 mg Coffein
Paracetamol + Koffein	Octadon®	Tabl: 350 mg Paracetamol u. 50 mg Coffein.
Paracetamol + Koffein	Prontopyrin® plus Tbl	Tabl: Paracetamol 400 mg, Coffein 50 mg
Paracetamol + Tramadol	Zaldiar®	Filmtbl: Tramadolhydrochlorid 37,5mg, Paracetamol 325mg.
Paraffin	Cremol-Ritter® Baby-Badeöl	Badeöl 670 mg/g, Fl 150, 300 mg
Paraffin	Cremol-Ritter® Lotion	Dünnflüssiges Paraffin, Fl 150, 300, 800 mL; mit Dispenser 300, 800 mL
Paraffin	Paragol® N	Emulsion 1.9 g/5 mL, Fl 200, 500 1000 mL
Paraffin + Erdnussöl	Balneum Hermal®F	Medizinisches Ölbad: (464.5 mg Erdnussöl + 470 mg Paraffin dünnflüssig)
Paraffin + Vaselin	CoLiquifilm®	Augensalbe: (425 mg Paraffin + 573 mg Vaselin)/g, Tuben 3.5 g
Paraffin + Vaselin	Essex Creme/Salbe	Essex Creme: (60 mg Paraffin + 150 mg Vaselin)/g, Essex Salbe: (50 mg Paraffin + 950 mg Vaselin)/g, Tuben 50 g
Paraffinöl (flüssig)	Lansoyl®	Oralgel 78.23 g/100 g, Tuben 225 g
Paraffinöl + Mandelöl	Neuroderm Mandelölbad	1 g flüssiger Badezusatz enth.: Mandelöl 300 mg; Paraffin, dünnflüssig 693 mg
Paraffinöl + Mandelöl	Balmandol®	Badeöl: (300 mg Mandelöl + 693 mg Paraffinöl)/g, Fl 225 mL
Paromomycin	Humatin®	Kaps 250 mg Pulvis: 1000 mg
Paroxetin	Seroxat®	Susp 2mg/mL Filmtabl 20 mg
Paroxetin	Paroxetin Sandoz®	Filmtabl 10, 20, 30, 40 mg
Paroxetin	Paroxetin-neuraxpharm®	Tabl 10mg/-30mg/-40mg Filmtabl 20 mg
Paroxetin	Tagonis®	Jede Filmtablette enthält 20 mg Paroxetin
Paroxetin	Paroxetin-Teva®	Filmtabl 20, 30 mg
Paroxetin	paroxedura®	Filmtabl 20 mg/ -30 mg
Peginterferon alfa-2a	Pegasys®	Fertigspritzen 135 μg (0.5 mL), 180 μg (0.5 mL)
Peginterferon alfa-2b	PegIntron®/Pen	Trockensubs für Inj Lös (SC) 50, 80, 100, 120, 150 μg; PegIntron®Pen: 50, 80, 100, 120, 150 μg
Penciclovir	Fenistil® Pencivir	1 g Creme enthält: 10 mg Penciclovir
Penicillamin	Metalcaptase®	Filmtabl 150, 300 mg
Penicillin G	siehe Benzylpenicillin	
Penicillin V	s. Phenoxymethylpenicillin	
Pentamidin	Pentacarinat®	(vorzugsweise IV, IM) Amp 300 mg
Pentoxifyllin	Claudicat® 400mg retard	Retardtabl 400 mg
Pentoxifyllin	Trental®	Inf.-Lsg. 100mg 5ml: 1 Amp. zu 5ml enth.: Pentoxifyllin 100mg; 300mg 15ml: 1 Infusionsamp. zu 15ml enth.: Pentoxifyllin 300mg. Retardtbl 400, 600 mg
Pergolid	Parkotil®	Tabl 0.05, 0.25, 1.0 mg

Perindopril	Coversum®	Tabl (mit Bruchrille) 4 mg;
Perindopril + Indapamid	Preterax®	Tabl teilbar: (2 mg Perindopril + 0.625 mg Indapamid)
Perindopril + Indapamid	BiPreterax®	Filmtabl: Perindopril 5mg, Indapamid 1,25mg
Perindopril Arginin	Coversum®	Tbl: Perindopril-Erbumin 4mg entspr. 3,338mg Perindopril
Permethrin	Infectopedicul®	Lsg.: 1 ml enth.: Permethrin 4,4mg
Perphenazin	Decentan®	Tabl 4, 8 mg Decentan Tropfen: 1 ml enthält 4 mg
Pethidin	Dolantin®	Tropfen: 1ml (ca. 21 Tropf.) 50mg. Inj.-Lsg.: 1, 2 ml enth.: 50, 100 mg
Pethidin	Dolcontral® Zäpfchen	1 Zäpfchen enthält: Pethidinhydrochlorid 100 mg
Pflanzliches Arzneimittel Wirkstoff: Sterculia	Colosan®	Granulat 850 mg/g, Mint/Citron/Mocca, je Btl 200, 500, 1000 g; Colosan® plus: (850 mg Sterculia + 2 mg Glucofrangulin)/g, Btl 200, 500 g; Colosan® travel: Granulat 850 mg/g, Btl 5 g
Phenazon + Procain	Otalgan® Ohrentrpf	(50 mg Phenazon + 10 mg Procain)/g,Fl 12 g
Phenobarbital	Luminal®	Tabl 100mg Phenobarbital. Inj.-Lsg: 1 ml Lsg. enth.200 mg
Phenobarbital	Phenobarbital-neuraxpharm	1 Tbl. enth.: 15mg/100mg Phenobarbital
Phenoxymethylpenicillin (Penicillin V)	PenHEXAL®	Filmtabl 1 Mega, 1.5 Mega I.E. Saft: 4ml Saft 320.000 I.E.
Phenoxymethylpenicillin (Penicillin V)	Arcasin®	Filmtabl 1.000.000 I.E/1.500.000 I.E. Saft Susp 5ml 300.000 I.E. TS 0,3 Mio/5ml Pulver: 5ml entspr. 300.000 I.E.
Phenoxymethylpenicillin (Penicillin V)	InfectoBicillin®	Saft 750: 5ml (1 Meßl.) enth.: 750.000 I.E. (594,3mg) Phenoxymethylpenicillin-Benzathin.
Phenoxymethylpenicillin (Penicillin V)	Penicillin Sandoz®	Filmtabl 1 Mega, 1.5 Mega I.E. Granulat 0,4 Mega I.E./5 ml
Phenprocoumon	Marcoumar®	Tabl (mit Kreuzbruchrille) 3 mg
Phenylephrin	Neosynephrin-POS® Augentropfen	50mg/mL, 100mg/1mL
Phenylephrin	Visadron® Augentropfen	1 ml enth.: Phenylephrin-HCl 1,25mg.
Phenytoin	Phenhydan®	Tbl.: 1 Tbl. enth.: Phenytoin 100mg. Inj.-Lsg.: 1 Amp. (5ml, 250mg Phenytoin), Inf.-Konz.: 1 Amp. (50ml, 750mg Phenytoin)
Phenytoin	Zentropil®	1 Tbl (Kreuzbruch). enth.: Phenytoin 100 mg.
Phytomenadion	Konakion® MM	MM 2mg Ampulle: 1 Amp. (0,2ml) enth.: Phytomenadion (Vit. K1) 2mg. MM 10mg Inj.-Lösung.: 1 Amp. (1ml) enth.: Phytomenadion (Vit. K1) 10mg.
Phytomenadion	KA-VIT®	1ml Emuls. (20 Tropfen) enth. (Vit. K1) 20mg
Pilocarpin	Salagen®	Filmtabl 5 mg
Pilocarpin	Spersacarpin®	Augentropf 0,5%: 5mg/mL; 1%: 10mg/mL; 2%: 20mg/mL; 2% Augensalbe: 20mg/g
Pimecrolimus	Elidel® 1%	Creme 10 mg/g, Tuben 30, 60 g
Pindolol	Visken®	Tabl 2.5, 5 mg Lösung zum Einnehmen 1 ml Lösung (= 20 Tropfen) enthält: 5 mg Pindolol Injektionslösung 1 Ampulle mit 2 ml Injektionslösung enthält: 0,4 mg Pindolol
Pindolol + Clopamid	Viskaldix®	Tabl teilbar: (5 mg Clopamid + 10 mg Pindolol)
Pioglitazon	Actos®	Tabl 15, 30, 45 mg
Pioglitazon + Metformin	Competact™	1 Tbl. enth.: Pioglitazon (als Hydrochlorid) 15mg, Metforminhydrochlorid 850mg
Pipamperon	Dipiperon®	Tabl: 40mg Sirup: 1ml enth. 4mg
Piperacillin + Tazobactam	Piperacillin plus Tazobactam-ratiopharm®	4 g Piperacillin u. 0.5 g Tazobactam
Piperacillin + Tazobactam	Tazobac®	Trock.subs Inf (IV) Amp: (2 g Piperacillin + 0.25 g Tazobactam); (4 g Piperacillin + 0.5 g Tazobactam)
Piracetam	Nootrop®	Filmtabl 800, 1200 mg Trinklsg.: 333mg/ml Trinkamp.: 1200mg/3,6ml Amp. 5ml (15ml) enth. 1g (3g), Inf Lsg: 60ml enth. 12g, 2,4g Granulat: 1 Btl. enth.: Piracetam 2400mg.
Piracetam	Normabraïn®	Filmtbl: 800mg/1200mg Trinkamp. zu 3,6ml enth. 1200mg Inf.-Fl. zu 60ml enth.12g.
Piretanid	Arelix®	Tbl. 6mg/3mg RR 6mg Retardkapseln: 6mg
Piretanid + Ramipril	Betarelix®	Filmtabl 40/6 mg enthält 40 mg Penbutololsulfat und 6 mg Piretanid, mite 20/3 mg enthält 20 mg Penbutololsulfat und 3 mg Piretanid
Piroxicam	Piroxicam HEXAL®	Tabl 10, 20 mg, Brstabl 20 mg Zäpf.20 mg Amp. m. 1 ml Inj.-lsg. enth. 20 mg

Piroxicam	Piroxicam AL Gel	1g Gel enth.: 5mg Piroxicam
Piroxicam	Piroxicam Sandoz®	1 Amp. zu 1ml enth.: 20mg Piroxicam
Piroxicam	Piroxicam-ratiopharm®	Tabl 10/20 mg Inj.-lsg 20 mg Zäpfchen 20 mg
Piroxicam	Piroxicam STADA®	Hartkaps 10, 20 mg; Tabl 10, 20 mg Brausetbl 20mg Injekt.lsg.: 1 Amp. m. 1ml Injekt.lsg. enth.: 20mg
Piroxicam	Piroflam®	Tabl 10mg/20mg
Plantaginis ovatae Samenschalen	Metamucil®	in 100g 56,18g Indische Flohsamenschalen-Pulv
Pneumokokken-Impfstoff	Pneumovax®-23	Inj Lös (IM oder SC) Amp 25 µg (0.5 mL)
Pneumokokken-Impfstoff	Prevenar®	(0,5ml) Inj.-Susp.: Pneumokokkenpolysaccharid, Serotypen 4, 9V, 14, 19F, 23F: je 2µg; Serotyp 6B: 4µg; Pneumokokkenoligosaccharid Serotyp 18C 2µg; jeweils konjugiert an CRM197-Trägerprotein und adsorbiert an Aluminiumphosphat.
Polidocanol + Harnstoff	Optiderm® F Creme	Creme: (30 mg Polidocanol + 50 mg Harnstoff)/g
Polidocanol + Harnstoff	Optiderm® Lotion	Lotion: (30 mg Polidocanol + 50 mg Harnstoff)/g
Pollen	Prostaflor®	Kaps 180 mg wasserlöslicher Pollenextrakt
Polymyxin + Dexamethason + Neomycin	Isopto-Max®	Augentropfensusp: 1ml: Dexamethason 1mg, Neomycinsulfat 3500 I..E., Polymyxin-B-sulfat 6000 I.E. Augensalbe: 1g enth.: Dexamethason 1mg, Neomycinsulfat 3500 I..E., Polymyxin-B-sulfat 6000 I.E.
Polymyxin + Neomycin + Garamycin	Polyspectran®	Salbe: 1g: Polymyxin-B-sulfat 7500 I.E., Bacitracin 300 I.E., Neomycinsulfat 3500 I.E. Tropfen: 1ml: Polymyxin-B-sulfat 7500 I.E., Neomycinsulfat 3500 I.E., Gramicidin 0,02mg.
Polymyxin B + Neomycin + Bacitracin	Polyspectran® HC Salbe	1g enth.: Polymyxin-B-sulfat 7500 I.E., Bacitracin 300 I.E., Hydrocortison acetat 10mg
Polystyrolsulfonat	Resonium® A	Natrium-beladener Kunstharz-Kationenaustauscher: Pulver 450 g (100 mg Na/g)
Polystyrolsulfonat	Sorbisterit®	Kationen-Austauscher in Calcium-Phase in Pulverform: 10 g Pulver (= 18 mmol Calcium), Beutel 500 g
Povidon	Lacri-Stulln® UD	Augentropfen: 1ml enth.: Povidon 20,0mg
Povidon	Oculac® /- SDU	Augentrpf 50 mg/mL, Fl 10 mL, Oculac® SDU: Augentrpf 50 mg/mL, Einzeldosen 0.4 mL
Povidon	Protagent® / -SE	Augentrpf 20 mg/mL, Fl 10 mL; SE: Augentrpf 20 mg/mL, Einzeldosen 0.4 mL
Pramipexol	Sifrol®	Tabl 0.125, 0.25, 0.5, 1 mg
Pravastatin	Pravagamma®	Tabl: 10mg/20mg/40mg
Pravastatin	Mevalotin® protect	Tabl: 10mg/20mg/40mg
Pravastatin	Pravalip®	Tabl: 10mg/20mg/40mg
Pravastatin	Prava-Q®	Tabl: 10mg/20mg/40mg
Pravastatin	Pravastatin HEXAL®	Tabl: 10mg/20mg/30mg/40mg
Pravastatin	PRAVA-TEVA®	Tabl: 10mg/20mg/40mg
Pravastatin	Pravabeta	Tabl: 10mg/20mg/40mg
Pravastatin	PravaLich®	Tabl: 10mg/20mg/40mg
Prazepam	Demetrin®	Tabl 10, 20 mg
Prazosin	Adversuten®	Tabl 1, 5 mg
Prednicarbat	Prednitop® 0.25%	Fettsalbe 0.25% 2.5 mg/g, Salbe 0.25% 2.5 mg/g, Tuben 30 g; Creme 0.25% 2.5 mg/g, Tuben 30 g; Lösung 0.25% 2.5 mg/g, Flasche 50 mL
Prednisolon	Decortin®	Tabl 5, 10, 20, 50 mg
Prednisolon	Inflanefran® Augentropfen	1ml enth.: Prednisolon-21-acetat 10,0mg
Prednisolon	hefasolon®	Amp 40 mg
Prednisolon	Prednisolut®	IV, IM, IA 10, 25, 50, 100, 250, 500, 1000 mg
Prednisolon	Prednisolon dura®	1 Tbl. enth.: 10 mg / 20 mg / 50 mg Prednisolon
Prednisolon	Prednisolon Rotexmedica	Kristallsusp 25, 250 mg
Prednisolon + Clotrimazol + Hexamidin	Imazol®	1g Creme enth.: Clotrimazol 10mg, Prednisolonacetat (Ph. Eur.) 5mg, Hexamidindiisetionat 2,5mg
Prednisolon + Sulfacetamid	Blephamide®	Augensalbe: (2 mg Prednisolon + 105 mg Sulfacetamid)/g, Tuben 3.5 g
Prednisolonacetat	PREDNI H INJEKT®	Amp zu 1ml mit 10, 25, 50 mg
Prednison	Cutason®	Tabl 5, 20, 50 mg
Prednison	Decortin®	Tabl 1, 5, 20 mg
Pregabalin	Lyrica®	Kaps 25, 50, 75, 100, 150, 200, 300 mg
Prilocain + Lidocain	Emla®	Creme: 1g: Lidocain 25mg, Prilocain 25mg. Pflaster: 1g Emul: Lidocain 25mg, Prilocain 25mg.
Primidon	Liskantin®	Tbl.: 1 Tbl. enth.: Primidon 250mg. Saft: 5ml (1 Meßl.) enth.: Primidon 125mg.
Probenecid	Probenecid 500	Tabl 500 mg
Procain + Phenazon	Otalgan® Ohrentrpf	(50 mg Phenazon + 10 mg Procain)/g,Fl 12 g
Procain + Phenazon	Otalgan® Ohrentrpflös	(10 mg Procain + 50 mg Phenazon)/mL
Procyclidin	Osnervan®	Tabl 5 mg

Progesteron	Progesteron-Depot JEN-APHARM®	Inj.-Lsg.: 1ml ölige Lsg. enth.: Hydroxyprogesteroncaproat 250mg.
Progesteron	Utrogest®	1 Weichkaps. enth.: 100mg Progesteron
Proguanil + Atovaquon	Malarone®/- Junior	Filmtabl: (250 mg Atovaquon + 100 mg Proguanil); (62.5 mg Atovaquon + 25 mg Proguanil)
Promazin	Neurocil®	Drag 25, 100 mg
Propafenon	Rytmonorm®	Filmtabl 150, 300 mg; Inj Lös (IV) 3.5 mg/mL
Propofol	Disoprivan® /PFS	1%: Inj/Inf Emulsion (IV) Amp 200 mg (20 mL), Infusionsfl 500 mg (50 mL), 1000 mg (100 mL), Fertigspritzen 500 mg (50 mL) 2%: Inj/Inf Emulsion (IV) Infusionsfl 100 mg (50 mL), Fertigspritzen 1000 mg (50 mL)
Propofol	Propofol® Lipuro	Inj/Inf Emulsion 1% (IV) Amp 200 mg (20 mL), Infusionsfl 500 mg (50 mL), 1000 mg (100 mL); Inj/Inf Emulsion 2% Infusionsfl 1000 mg (50 mL)
Propofol	Propofol® MCT Fresenius	Inj/Inf Emulsion 1% (IV) Amp 200 mg (20 mL), Infusionsfl 500 mg (50 mL), 1000 mg (100 mL); Inj Emulsion 2% (IV) Amp 400 mg (20 mL), Infusionsfl 1000 mg (50 mL), 2000 mg (100 mL)
Propranolol	Propra-ratiopharm®	Filmtabl 10, 40, 80 mg; Kaps retard 160 mg
Propranolol	Dociton®	Tabl (teilbar) 10, 40 mg; Kaps LA 80 mg; Retardkaps 160 mg; Inj Lös (IV) Amp 1 mg (1 mL)
Propylthiouracil	Propycil® 50	Tabl 50 mg
Protamin	Protamin® Valeant	Inj Lös (IV) Amp 5000 IE (5 mL); Inj Lös (IM) Amp 25000 IE (5 mL)
Protease + Amylase + Lipase	Kreon®	10'000: Kaps 150 mg (= 8'000 E Amylase + 10'000 E Lipase + 600 E Protease); 25'000, 40'000
Prothrombin Komplex	Prothromplex® NF 600	Lyophilisat für Inj Lös IV (Gerinnungsfaktoren II, VII, IX, X, Antithrombin III), Amp 600 IE
Psyllium-Samenhüllen	Agiolax® Granulat	Agiolax® mit Senna: Pflanzliches Laxans Granulat Dosen 150, 250, 400, 1000 g
Pyrazinamid	Pyrazinamid Jenapharm®	Tabl 500 mg
Pyrazinamid + Rifampicin + Isoniazid	Rifater®	Drag: (Isoniazid 50 mg + 300 mg Pyrazinamid + 120 mg Rifampicin)
Pyridostigminbromid	Mestinon®	Tabl 10 mg; Drag 60 mg, 180 mg
Pyridoxin	siehe Vitamine B6	
Pyridoxin	Vitamin B6 ratiopharm®	Inj Lös (SC, IV, IM) Amp 100 mg (2 mL) Tabl 40 mg
Pyridoxinchlorhydrat + Thiaminmonohydrat + Cyanocobalamin	Benexol® B12	Filmtabl: (250 mg Thiaminmonohydrat + 250 mg Pyridoxinchlorhydrat + 1 g Cynocobalamin)
Pyridoxinhydrochlorid + Cyanocobalamin + Thiaminhydrochlorid	milgamma® N Amp	Inj Lös (IM) Amp 3 mL: (1000 µg Cyanocobalamin + 100 mg Thiaminhydrochlorid + 100 mg Pyridoxinhydrochlorid)
Pyrimethamin	Daraprim®	Tabl 25 mg
Q		
Quetiapin	Seroquel Prolong®	Ret.-Tabl: 50, 200, 300, 400 mg
Quetiapin	Seroquel®	Filmtabl 25, 100, 200, 300 mg
Quinapril	Accupro®	Tabl (mit Bruchrille): 5, 10, 20 mg
Quinapril	Quinapril HEXAL®	1 Tbl. enth. 5mg/10mg/20mg Quinapril (als Hydrochlorid.)
Quinapril + HCT	Accuzide 20 Filmtbl. Pfizer	Quinapril/HCT: 10 mg/12.5 mg, 20 mg/12.5, 20 mg/25 mg
Quinapril + HCT	QuinaLich® comp.	Tabl teilbar, Quinapril/HCT: 10 mg/12.5 mg, 20 mg/12.5 mg, 20 mg/25 mg Filmtabletten
R		
Rabeprazol	Pariet®	Tabl (magensaftresistent) 10, 20 mg
Rabies, Tollwut (Impfstoff)	Berirab®	Inj Lös gegen Tollwut-Viren (IM) Amp 150 IE
Rabies, Tollwut (Impfstoff)	Rabipur®	Trockensubst (inaktivierte Tollwutviren) + Lös Mittel f Inj Lös (IM) Impfdosis mind. 2.5 IE Tollwutantigen
Rabies, Tollwut (Impfstoff)	Tollwut-Impfstoff (HDC)	Trockensubst (inaktivierte Tollwutviren) + Lös Mittel f Herst Inj Lös (IM) Impfdosis mind. 2.5 IE Tollwutantigen
Raloxifen	Evista®	Filmtabl 60 mg
Ramipril	Ramipril Sandoz®	Tabl (mit Bruchrille) 1.25, 2.5, 5, 7.5, 10 mg
Ramipril	Ramipril HEXAL®	Tabl teilbar 2.5, 5, 7.5, 10 mg
Ramipril	Ramipril-ISIS®	Hartkaps 1.25, 2.5, 5 mg, Tabl teilb 2.5, 5, 10 mg
Ramipril + Felodipin	Unimax®	Filmtabl: (2.5 mg Felodipin + 2.5 mg Ramipril), Filmtabl: (5mg Felodipin + 5 mg Ramipril)
Ramipril + HCT	Delix®	Tabl teilbar: (25 mg HCT + 5 mg Ramipril), Tabl teilbar: (12.5 mg HCT + 2.5 mg Ramipril)
Ramipril + HCT	Ramigamma® HCT	Tabl: (12.5 mg HCT + 2.5 mg Ramipril), Tabl: (25mg HCT + 5 mg Ramipril)
Ramipril + Piretanid	Arelix® ACE	Tabl: (6 mg Piretanid + 5 mg Ramipril)
Ranitidin	RANI-PUREN®	Filmtabl teilbar 150, 300 mg
Ranitidin	Ranitidin-ratiopharm®	150, 300 mg akut Filmtabl.

R

Ranitidin	Ranitidin-ISIS®	Filmtabl. (mit Bruchrille) 150, 300 mg
Ranitidin	Zantic®	75 mg Magentabletten, Filmtabl.
Ranitidin	Zantic®	Tabl 150, 300 mg Brstabl 150, 300 mg Inj Lös (IV) Amp 50 mg (5 mL)
Rasburicase	Fasturtec®	Trockensubstanz für Inf Lös (IV) Durchstechfl 1.5 mg (1 mL), 7.5 mg (5 mL)
Reboxetin	Edronax®	Tabl (mit Bruchrille) 4 mg
Remifentanil	Ultiva®	Trockensubstanz für Inj (IV) Amp 1 mg (1 mL), 2 mg (2 mL), 5 mg (5 mL)
Repaglinid	NovoNorm®	Tabl 0.5, 1, 2 mg
Reserpin + Clopamid	Briserin®N	überzogene Tabl.: (0.1 mg Reserpin + 5 mg Clopamid + 0.5 mg Dihydroergocristin)
Reteplase	Rapilysin 10U	Trockensubstanz f Herst Inj Lös (IV) Durchstechfl 10 E + Lös Mittel in Fertigspritze 10 mL
Retinol	Vitamin A 30.000 IE JEN-APHARM®	Kaps 30'000 IE
Retinol	Vitagel® Augengel	Gel 1'000 IE/g, Tuben 10 g
Retinol	Solan®-M Augentropfen	1mL enthält 0,55 mg Retinolpalmitat
Retinol + Tocopherol	Coldastop®	Nasenöl: (15'000 IE Retinol + 20 mg Tocopherol-α)
Ribavirin	Copegus®	Filmtabl 200, 400 mg
Ribavirin	Rebetol®	Hartkaps 200 mg
Riboflavin	Vitamin B2 JENAPHARM®	Tabl. 10 mg
Rifabutin	Mycobutin®	Kaps 150 mg
Rifampicin	RifampicinHefa®-N	Kaps 150, 300 mg, Filmtabl 300, 450, 600 mg Trockensubst f Inf Lös (IV) Stechamp 600 mg
Rifampicin	Rifa®	Drg. 150, 300, 450, 600 mg
Rifampicin + Isoniazid	ISO-EREMFAT	Filmtabl: (Isoniazid 100 mg + 150 mg Rifampicin), Filmtabl: (Isoniazid 150 mg + 300 mg Rifampicin)
Rifampicin + Isoniazid	Rifinah®	Drag: (100 mg Isoniazid + 150 mg Rifampicin)
Rifampicin + Pyrazinamid + Isoniazid	Rifater®	Drag: (Isoniazid 50 mg + 300 mg Pyrazinamid + 120 mg Rifampicin)
Riluzol	Rilutek®	Filmtabl 50 mg
Rimexolon	Vexol®	Augentropfen 10 mg/mL, Fl 5 mL
Risedronat	Actonel®	Filmtabl 5, 30 mg, Wochentabl 35 mg
Risperidon	Risperdal Consta®	Injektionskit (IM alle 2 Wochen): 25, 37.5, 50 mg
Risperidon	RISPERIDALl®	Filmtabl 0.5, 1, 2, 3, 4 mg Lösung 1 mg/mL, Fl 30, 100 mL
Risperidon	RISPERIDAL®QUICKLET®	Schmelztabl 0.5, 1, 2, 3, 4 mg
Ritonavir	Norvir®	Weichgel.kaps 100 mg; Sirup 80 mg/mL, Fl 90 mL
Ritonavir + Lopinavir	Kaletra®	Filmtabl: (200 mg Lopinavir + 50 mg Ritonavir), Filmtabl: (100 mg Lopinavir + 25 mg Ritonavir) Sirup: (80 mg Lopinavir + 20 mg Ritonavir)/mL, Fl 60 mL
Rituximab	MabThera®	Konz zur Herst Inf Lös (IV) Durchstechfl 100 mg (10 mL), 500 mg (50 mL)
Rivaroxaban	Xarelto®	Filmtabl 10 mg
Rivastigmin	Exelon® transdermales Pflaster	Exelon 5: 9 mg/5 cm2 (4.6 mg/24 h), Exelon 10: 18 mg/10 cm2 (9.5 mg/24 h)
Rivastigmin	Exelon®	Kaps 1.5, 3, 4.5, 6 mg Orale Lösung 2 mg/mL, Flasche 120 mL
Rizatriptan	MAXALT®	Tabl 5, 10 mg
Rizatriptan	MAXALT lingua	Lingualtabl (schnelllöslich) 5, 10 mg
Rocuroniumbromid	Esmeron®	Inj Lös (IV) Amp 50 mg (5 mL), 100 mg (10 mL)
Ropinirol	Adartrel	Filmtabl 0.25, 0.5, 2 mg
Ropinirol	Requip®	Filmtabl 0.25, 0,5, 1, 2, 5 mg
Ropinirol	Requip®-Modutab®	Filmtabl mit verl. Wirkstofffreisetzung 2, 4, 8 mg
Rosiglitazon	Avandia®	Filmtabl 4, 8 mg
Rosiglitazon + Metformin	Avandamet®	Filmtabl: 2 mg Rosiglitazon + 500 mg Metformin; 2 mg Rosiglitazon + 1000 mg Metformin; 4 mg Rosiglitazon + 1000 mg Metformin
Rosuvastatin	Crestor®	Filmtabl 5, 10, 20 mg
Rotigotin	Neupro® transdermales Pflaster	2, 4, 6, 8 mg/24h; 10cm2- /20cm2-/30cm2-/40cm2 Pflaster enth.: 4,5/ 9,0/ 13,5/18,0mg
Roxithromycin	Rulid®	Filmtabl 150, 300 mg
S		
Salbutamol	Bronchospray® novo	Dosier-Aerosol 0.1 mg/Inhalation, Autohaler
Salbutamol	Pädiamol® Inhalationslsg.	Inhalationslösung 0.5% 5 mg/mL (1 g = 20 Trpf), Fl 10, 20, 50, 100 mL
Salbutamol	Salbu HEXAL® Easyhaler®	Pulverinhalation 100 µg/Stoss, 200 Dosen
Salbutamol	Sultanol®	Dosier-Aerosol 70 µg /Stoss Fertiginhalat 0.6, 1.2 mg/mL
Salbutamol	SALBU-Fatol® Inhalation-slösung	Inhalationslösung: 5mg/ml Lsg. (entspr. 20 Tropf.)
Salbutamol + Ipratropium-bromid	Ipramol TEVA	Inhalationslösung Amp 2.5 mL: (2.5 mg Salbutamol + 0.5 mg Ipratropiumbromid)

Salicylsäure + Betamethason	Diprosalic®	Salbe: (0.5 mg Betamethason + 30 mg Salicylsäure)/g, Tuben 20, 50, 100 g Lösung: (0.5 mg Betamethason + 20 mg Salicylsäure)/g, Fl 20, 50, 100 mL
Salicylsäure + Flumetason	Locasalen®	Salbe: (0.2 mg Flumetason + 30 mg Salicylsäure)/g, Tuben 25, 50 g
Salicylsäure + Triamcinolonacetonid	Volon® A Tinktur N	Tinktur: (2 mg Triamcinolonacetonid + 20 mg Salicylsäure)/g, Fl 15, 50 mL
Salmeterol	Serevent®	Dosier Aerosol 25 µg/Dose, 200 Dosen; Disk 50 µg/Dosis, 4 Dosen; Diskus® 50 µg/Dosis, 60 Dosen
Salmonellen - Typhus (Impfstoff)	Typhoral® L	Kaps magensaftresistent: Salmonella typhi , Stamm Ty 21 a Berna, apathogene Lebendkeime mind. 2 Mrd., inaktivierte Keime mind. 5 Mrd.
Saquinavir	Invirase®	Filmtabl 500 mg
Scopolamin	Boro-Scopol® N	Augentropfen 3 mg/mL
Scopolamin	Scopoderm® TTS	Patch 1.5 mg
Scopolaminbutylbromid	Buscopan®	Drag 10 mg Suppo 10 mg Inj Lös (SC, IM, IV) Amp 20 mg (1 mL)
Selegilin	Selegilin-ratiopharm®	Tabl 5, 10 mg
Selegilin	Selegilin HEXAL®	Tabl 5, 10 mg
Selegilin	Selegilin STADA®	Tabl 5, 10 mg
Serenoa repens	serenoa-ratiopharm®	Weichkaps 160, 320 mg
Sertindol	Serdolect®	Filmtabl 4, 12, 16, 20 mg
Sertralin	SERTRA-ISIS®	Filmtabl. (mit Bruchrille) 50, 100 mg
Sertralin	Sertralin AWD®	Filmtabl (mit Bruchrille) 50, 100 mg
Sertralin	Sertralin AL	Filmtabl (mit Bruchrille) 50, 100 mg
Sertralin	Sertralin Sandoz®	Filmtabl (mit Bruchrille) 50, 100 mg
Sertralin	Sertralin-Teva®	Filmtabl (mit Bruchrille) 50, 100 mg
Sertralin	Zoloft®	Filmtabl (mit Bruchrille) 50, 100 mg Lösungskonzentrat 20 mg/mL, Fl 60 mL
Sevelamer	Renagel®	Filmtabl 800 mg
Sibutramin	Reductil®	Hartkaps 10, 15 mg
Sildenafil	Revatio®	Filmtabl 20 mg
Sildenafil	Viagra®	Filmtabl 25, 50, 100 mg
Silibinin	Legalon® SIL	Trockensubs für Herst Inf Lös (IV) Durchstechfl 350 mg (20 mg/kg KG verteilt auf 4 Inf über 2 h)
Simethicon + Loperamid	Imodium akut complex	Tabl: (2 mg Loperamid + 125 mg Simethicon)
Simvastatin	Simvastatin Sandoz®	Filmtabl (mit Rille) 5, 10, 20, 30, 40, 60, 80 mg
Simvastatin	Simvalip®	Filmtabl (teilbar) 10, 20, 40, 80 mg
Simvastatin	Simvastatin Wolff®	Filmtabl (mit Bruchrille) 10, 20, 40 mg
Simvastatin	Simvastatin-Teva®	Filmtabl 5, 10, 20, 40, 80 mg
Simvastatin	Zocor®	Filmtabl 5mg, (mit Rille) 10, 20 mg
Simvastatin + Ezetimibe	Inegy®	Tabl Ezetimibe/Simvastatin 10/10mg, 10/20 mg; 10/40 mg; 10/80 mg
Sitagliptin	Januvia®	Filmtabl 100 mg
Sitagliptin + Metformin	Janumet®	Filmtabl: 50 mg Sitagliptin + 850 mg Metformin; 50 mg Sitagliptin + 1000 mg Metformin
Solifenacin	Vesikur®	Filmtabl 5, 10 mg
Somatostatin	Somatostatin 3 mg HEXAL®	Trockensubst. für Inf Lös (IV) Amp 3 mg
Sotalol	Sotalex®	Tabl (mit Bruchrille) 160 mg, mite Tabl 80 mg
Sotalol	Sotalol 80/160 Heumann	Tabl (mit Bruchkerbe) 80 mg, Tabl (mit Kreuzkerbe) 160 mg
Spiramycin	Rovamycine®	Tabl 1.5 Mio IE
Spironolacton	Aldactone®	überzogene Filmtabl 25, 50 mg, Kaps 100 mg
Spironolacton	Jenaspiron®	Tabl. 50, 100 mg
Spironolacton + Furosemid	Osyrol®	50-Laxis® Kaps (50 mg Spironolacton + 20 mg Furosemid)
Spironolacton + Furosemid	Furorese comp®	Filmtabl: (50 mg Spironolacton + 20 mg Furosemid), (100 mg Spironolacton + 20 mg Furosemid)
Stavudin	Zerit®	Hartkaps 20, 30, 40 mg
Streptokinase	Streptase	Trockensubstanz für Inj Lös (IA, IV) Amp 1'500'000 IE
Strontium ranelat	Protelos®	Granulat 2 g PO
Sucralfat	Ulcogant®	Tabl 1 g Granulat in Beuteln für Susp 1 g Trockensubstanz f Lös 1 g/5 mL, Fl 250 mL
Sufentanil	Sufenta®/- forte	Sufenta® epidura: Inj Lös (IV) Amp 10 µg (2 mL)
Sulfacetamid + Prednisolon	Blephamide®	Augensalbe: (2 mg Prednisolon + 105 mg Sulfacetamid)/g, Tuben 3.5 g
Sulfadiazin	Flammazine®	Creme 10 mg/g, Tuben 25, 50, 80, 500 g
Sulfadiazin	Brandiazin®	Creme 10 mg/g, Tuben 25, 50 g
Sulfadiazin	Sulfadiazin-Heyl®	Tabl teilbar 500 mg
Sulfamethoxazol + Trimethoprim	siehe Co-Trimoxazol	
Sulfasalazin	Sulfasalazin HEXAL®	Filmtabl magensaftresist. 500 mg
Sulfasalazin	Azulfidine®	Filmtabl magensaftresist. 500 mg

Sulpirid	Dogmatil®	forte Tabl 200 mg, Kaps 50 mg Saft 5 mg/mL, Fl 200 mL
Sumatriptan	Imigran®/- T	Filmtabl 50, 100 mg (SC) Patronen für Pen-Gerät 6 mg (0.5 mL) Nasal mite Spray 10 mg/0.1 mL, 2 Dosen; Nasal Spray 20 mg/0.1 mL, 2 Dosen
Sumatriptan	Sumatriptan Sandoz®	Tabl teilbar 50 mg
Sumatriptan	Sumatriptan-HEXAL®	Filmtabl 50, 100 mg Inj Lös(SC) Patronen 6 mg (0.5 mL)
Sumatriptan	Sumatriptan AWD®	Tabl 50 mg
Suxamethoniumchlorid	Lysthenon®	Inj Lös 2% (IV) Brechamp 100 mg (5 mL); Inj Lös 5% (IV) Brechamp 100 mg (2 mL)
T		
Tacalcitol	Curatoderm®	Salbe 4.17 µg/g, Tuben 20, 60 g; Lotion 4.17 µg/g, Fl 20, 50 mL
Tacrolimus	Prograf®	Kaps 0.5, 1, 5 mg; (IV) Amp 5 mg (1 mL)
Tacrolimus	Protopic®	Salbe 0.03% 0.3 mg/g, Salbe 0.1% 1 mg/g
Tadalafil	Cialis®	Filmtabl 5, 10, 20 mg
Tamoxifen	Nolvadex®	Filmtabl 20 mg
Tamoxifen	Tamox 1A Pharma	Filmtabl 10, 20, 30 mg
Tamoxifen	Tamoxifen CT	Tabl 10, 20, 30 mg
Tamsulosin	Omnic Ocas®	Retardtabl 400 µg
Tamsulosin	Tamsunar®	Kaps retard 400 µg
Tamsulosin	Tadin®	Retardtabl 400 µg
Tamsulosin	Tamsolusin AbZ	Retardkaps 0.4 mg
Tamsulosin	Tamsulosin beta	Retardkaps 0.4 mg
Tamsulosin	Tamsulosin Sandoz®	Retardkaps 0.4 mg
Tazobactam + Piperacillin	Piperacillin plus Tazobactam ratiopharm®	Trockensubst für Inf (IV) Amp: 4 g Piperacillin u. 0,5 g Tazobactam
Tazobactam + Piperacillin	Tazobac®	(IV) Amp: 2 g Piperacillin + 0.5 g Tazobactam; 4 g Piperacillin + 0.5 g Tazobactam
Teicoplanin	Targocid®	Pulver f Lös (PO, IM, IV) Amp 100, 200, 400 mg
Telmisartan	Kinzalmono®	Tabl 20, 40, 80 mg
Telmisartan	Micardis®	Tabl 20, 40, 80 mg
Telmisartan + HCT	Kinzalcomp®	Tabl: 40/12,5 mg Telmisartan/Hydrochlorothiazid, 80/12,5mg 80/25 mg
Telmisartan + HCT	MicardisPlus®	Tabl: 40/12,5 mg Telmisartan/Hydrochlorothiazid, 80/12,5mg 80/25 mg
Temazepam	Planum®/- mite	Weichkaps 20 mg, mite: Weichkaps 10 mg
Temozolomid	Temodal®	Hartkaps 5, 20, 100, 140, 180, 250 mg
Tenecteplase	Metalyse®	Pulver f Inj Lös (IV) Inj-Fl 8000 E (40 mg) + Fertigspritze 8 mL Inj-Fl 10000 E (50 mg) + Fertigspritze 10 mL
Tenofovir	Viread®	Filmtabl 245 mg
Tenofovir + Emtricitabin	Truvada®	Filmtabl: (200 mg Emtricitabin + 245 mg Tenofovir)
Terazosin	Heitrin®	Tabl 1, 2, 5 mg
Terbinafin	Fungizid-ratiopharm® Extra	Creme 10 mg/g, Tuben 15, 30 g
Terbinafin	Lamisil® Once	1 % Lös zur Anw auf der Haut. 10mg/g Lösung
Terbinafin	Lamisil® Creme/Spray/ DermGel	Spray 10 mg/g, Fl 15, 30 mL Creme 10 mg/g, DermGel 10 mg/g
Terbinafin	Lamisil®	Tabl (teilbar) 250 mg
Terbinafin	Myconormin®	Tabl (mit Bruchrille) 250 mg
Terbinafin	Terbinafin HEXAL®	Tabl teilbar 125, 250 mg
Terbinafin	Terbinafin STADA®	Tabl teilbar 125, 250 mg
Terbinafin	Terbinafin-CT	Tabl teilbar 250 mg 1% Creme 10 mg/g, Tuben 15, 30 g
Terbinafin	Terbinafinhydrochlorid STADA®	Creme 10 mg/g, Tuben 15, 30 g
Terbutalin	Bricanyl® Amp.	Inj Lös 0.5/mL
Teriparatid	Forsteo®	(SC) vorgefüllter Injektor 750 µg (3 mL), 1 Inj/d während 18 Monaten
Terlipressin	Glycylpressin®	Trockensubst Inj Lös (IV) Amp 1 mg (5 mL)
Terlipressin	Haemopressin®	Trockensubst Inj Lös (IV) Amp 1 mg (5 mL)
Testosteron	Andriol®	Testocaps 40 mg (= 25.2 mg Testosteron)
Testosteron	Nebido®	Inj Lös (IM sehr langsam) Amp 1000 mg (4 mL)
Testosteron	Testogel®	2,5g/5g Gel enthält 25mg/50mg Testosteron
Testosteron	Testoviron® Depot-250	Inj Lös (IM) Amp 250 mg (1 mL)
Tetanus + Diphterie (Impfstoff)	Td-pur®	Impfdosis Susp in Fertigspritzen (IM) 0.5 mL mit und ohne Nadeln: (mind. 20 IE adsorbiertes Tetanus-Toxoid + mind. 2 IE adsorbiertes Diphtherie-Toxoid)
Tetanus + Diphtherie + Pertussis (Impfstoff)	Infanrix® hexa	Impfdosis (tief IM) Susp in Fertigspritzen 0.5 mL: (mind. 30 IE Diphtherie-Toxoid + mind. 40 IE Tetanus-Toxoid + 25 µg Pertussis-Toxoid + 25 µg filamentöses Hämagglutinin + 8 µg Pertactin + 40 D-Antigeneinheiten inaktiviertes Poliovirus Typ 1 + 8 Antigen-E vom Typ 2 + 32 Antigen-E vom Typ 3)

Tetanus Immunglobulin vom Menschen	Tetagam® N	Tetanus Immunglobulin Inj Lös (IM) 100-170 mg Protein mit Antikörpern gegen Tetanus-Toxin mind. 250 IE Ak, Fertigspritzen (1 mL):
Tetrabenazin	Nitoman®	Tabl 25 mg
Tetracosactid	Synacthen Amp.	Inj Lös (IM, IV) Amp 0.25 mg (1 mL)
Tetracosactid	Synacthen Depot	Injektionssuspension (IM) Amp 1 mg (1 mL)
Tetryzolin + Fluorometholon	Efemolin®	Augentrpf als Susp: (1 mg Fluorometholon + 0.25 mg Tetryzolin)/mL, Fl 5 mL
Theophyllin	Theo-CT® retard	Kaps retard 250 mg
Theophyllin	Euphylong®	retard, Hartkaps. 125, 200, 250, 300, 375, 500 mg
Theophyllin	Tromphyllin®	Retardtabl 300, 600 mg
Thiamin (Vitamin B1)	Benerva®	Tabl 100, 300 mg Inj Lös (IV sehr langsam) Amp 100 mg (1 mL)
Thiamin (Vitamin B1)	Vitamin B1-ratiopharm®	Tabl 200 mg Inj Lös (IV) Amp 100 mg (2 mL)
Thiopental	Trapanal®	Trockensubst f Inj Lös (IV) Amp 0.5, 2.5 g
Tigecyclin	Tygacil®	Trockensubst Inf Lös (IV) Stechamp 50 mg (5 mL)
Tilactase	TilactaMed®	Kautabl 2000 FCC-Einheiten
Tilidin	Valoron® N	Tropfen: 20 Tropf. (0,72 ml) enth. 50 mg Tilidinhydrochlorid u. 4 mg Naloxonhydrochlorid
Timolol	Arutimol®	Augentropfen -0,25%: 2.5mg/mL; 0,5%: 5mg/mL
Timolol	NyoGel®	1g Augengel enth.: Timololhydrogenmaleat 1,37mg (entsprechend Timolol 1,0mg)
Timolol	TimoHEXAL®	Augentrpf Fl 5 mL 0.1%: 1 mg/mL, 0.25%: 2.5 mg/mL, 0.5%: 5 mg/mL, Fl 5 mL
Timolol + Dorzolamid	Cosopt® / -S	Dorzolamid/Timolol Augentropfen: 20/5 mg/mL, Monodosis: 20/5 mg/mL, Pipetten 2.5 mL
Timolol + Latanoprost	Xalacom®	Augentrpf: (50 µg Latanoprost + 5 mg Timolol)/mL, Tropffl 2.5 mL
Tiotropium	Spiriva®	Kaps Inhal 18 µg (= 22.5 µg Tiotropiumbromid),
Tipranavir	Aptivus®	Weichkaps 250 mg
Tirofiban	Aggrastat®	Infusionskonzentrat (IV) Durchstechfl 12.5 mg (50 mL); Inf Lös (IV) Fl 12.5 mg (250 mL)
Tizanidin	Sirdalud®	Tabl (teilbar) 2, 4, 6 mg
Tobramycin	Gernebcin®	Inj Lös (IM) Amp 20, 40, 80 mg (2, 1, 2 mL)
Tobramycin	Tobi	Lösung zur Inhalation 300 mg/ 5 mL, Amp 5 mL
Tobramycin	Tobramaxin®	Augentropfen 3 mg/mL, Fl 5 mL, Augensalbe 3 mg/g, Tuben 3.5 g
Tobramycin + Dexamethason	Tobradex®	Augentropfen: (1 mg Dexamethason + 3 mg Tobramycin)/mL, Fl 5 mL
Tocilizumab	RoActemra®	(IV) 80 mg (4 mL), 200 mg (10 mL), 400 mg (20 mL)
Tocopherol + Retinol	Coldastop®	Nasenöl: (15'000 IE Retinol + 20 mg Tocopherol-α)
Tocopherol-alpha	E Vitamin E 400 IE Kaps	Kaps 400 mg (= 400 IE)
Tocopherol-alpha	Vitamin E AL	Kaps 268.4 mg (= 400 IE), 402,6 mg (=600 IE)
Tocopherol-alpha	Vitazell® E600	Weichkaps 402.6 mg (= 600 IE)
Tocopherol-alpha	Evion®	Drag 100 mg (= 100 IE)
Tocopherol-alpha	Optovit® / -forte/ -fortissimum	Kaps 67.1 mg (= 100 IE), forte: Kaps 134.2 mg (= 200 IE), fortissimum: Kaps 335.5 mg (= 500 IE)
Tocopherol-alpha	Eusovit®	Weichkaps 300 mg (= 300 IE), 600 mg (= 600 IE)
Tolcapon	Tasmar®	Filmtabl 100 mg
Tollwut (Impfstoff)	Berirab®	Inj Lös gegen Tollwut-Viren (IM) Amp 300 IE (2 mL), Amp 750 IE (5 mL)
Tollwut (Impfstoff)	Rabipur®	Impfdos (inakt. Tollwutviren; Trockensubs + 1 mL Lösungsmittel): mind. 2.5 IE Tollwutantigen (IM)
Tollwut (Impfstoff)	Tollwut-Impfstoff (HDC)	Impfdosis (inakt. Tollwutviren; Trockensubs + 1 mL Lösungsmittel): mind. 2.5 IE Tollwutantigen (IM)
Tolperison	Mydocalm®	Filmtabl. 50 mg
Tolperison	Tolperison HEXAL®	Filmtabl. 50 mg
Tolterodin	Detrusitol®	Filmtabl. 1, 2 mg, retard. Hartkaps 4 mg
Topiramat	Topamax®	Tabl 25, 50, 100, 200 mg, Kaps 25, 50 mg
Torasemid	Torasemid Sandoz®	Tabl 2.5 mg, Tabl (mit Bruchrille) 5 mg, Tabl (mit Kreuzbruchrille) 10, 20, 200 mg
Torasemid	Torasemid-Teva®	Tabl (teilbar) 5, 10 mg
Torasemid	Torem®	Cor Tabl 5 mg, RR Tabl 2,5 mg, 10 Tabl 10 mg
Torasemid	Torem® 200 Tbl	Tabl (mit Kreuzbruchrillen) 200 mg
Tramadol	Amadol®	Retardtabl 100,150, 200 mg, ret 50, 100, 150 mg
Tramadol	Travex®	Schmelztabl 50 mg, ONE Retardtabl 150, 200, 300, 400 mg
Tramadol	Tramadol Sandoz®	Brstabl 50, 100 mg
Tramadol	Tramabeta® long	Retardtabl. 100, 150, 200 mg
Tramadol	Tramadol STADA®	Kaps 50 mg Trpf Lös 100 mg/mL (= 40 Trpf), Fl 10, 30 mL Inj Lös (IV, IM, SC) Amp 100 mg (2 mL)

Tramadol	Tramal®	Tabl. 50 mg Trpf 100 mg/mL (= 40 Trpf) Fl 10, 20, 50, 100 mL Zäpf. 100 mg Inj Lös (IV, IM, SC) Amp 100 mg (2 mL)
Tramadol	Tramal® retard	Retardtabl 50, 100, 150, 200 mg
Tramadol	Tramundin®	Retardtabl (teilbar) 100, 150, 200 mg Trpf 100 mg/mL (= 40 Trpf oder 8 Hübe)
Tramadol + Paracetamol	Zaldiar®	Filmtabl: (325 mg Paracetamol + 37.5 mg Tramadol)
Trandolapril	Udrik®	Kaps 0.5, 1, 2 mg
Trandolapril + Verapamil	Tarka®	Filmtabl: (2 mg Trandolapril + 180 mg Verapamil)
Tranexamsäure	Cyklokapron®	Filmtabl 500 mg
Trazodon	Trazodon HEXAL®	Tabl 100 mg
Treprostinil	Remodulin®	(IV, SC) Vial 1mg/ml, 2.5mg/ml, 5mg/ml, 10mg/ml
Triamcinolon	Volon® A	Haftsalbe 0.1% 1 mg/g, Tuben 10, 20 g
Triamcinolon	Volon® A Solubile	(IV, falls IV unmöglich IM) Amp 10, 40, 80, 200 mg
Triamcinolon	Volon® A10/ A40	A 10: Kristallsusp Amp 10 mg /1 mL), 50 mg (5 mL); A 40: Kristallsusp Amp 40 mg (1 mL), 200 mg (5 mL)
Triamcinolon	Delphicortt®	Tabl 2, 4 mg
Triamcinolon	Nasacort®	Nasenspray 55 µg/Stoss
Triamcinolon	Lederlon®	Kristallsusp f Inj Amp 5, 20 mg (1,1 mL)
Triamcinolon + Econazol	Epipevisone®	Creme: (1 mg Triamcinolon + 10 mg Econazol)/g
Triamcinolonacetonid + Salicylsäure	Volon® A Tinktur N	Tinktur: (2 mg Triamcinolonacetonid + 20 mg Salicylsäure)/g, Fl 15, 50 mL
Triazolam	Halcion®	Tabl (mit Bruchrille) 0.250 mg
Triclosan + Halometason	Sicorten® plus	Creme: (0.5 mg Halometason + 10 mg Triclosan)/g, Tuben 25, 50 g
Trimipramin	Herphonal®	Tabl (teilbar) 25, 100 mg Tropfen 4% 40 mg/mL (= 40 Trpf), Fl 30 mL
Trimipramin	Trimipramin Sandoz®	Tabl (teilbar) 25, 50, 100 mg
Tropisetron	Navoban®	Kaps 5 mg; (IV) Amp 2 mg (2 mL), 5 mg (5 mL)
Trospiumchlorid	Spasmo-Urgenin® TC	Filmtabl 5 mg
Tuberkulin	Tuberkulin PPD RT 23 SSI	Amp (intradermal) 1.5 mL: 2 TE (0.1 mL); Amp (intradermal) 1.5 mL: 10 TE (0.1 mL)
Typhus Impfstoff	TYPHIM Vi®	Inj Lös (IM oder tief SC) Fertigspritzen 0.5 mL
Tyrothricin + Cetrimonium-bromid + Lidocain	Lemocin®	Lutschtabl: (2 mg Cetrimoniumbromid + 1 mg Lidocain + 4 mg Tyrothricin)
U		
Urapidil	Ebrantil®	Hartkaps 30mg/-60mg/-90mg Inj Lös 25, 50 mg
Urokinase	Urokinase HS medac	IV; Durchstchfl. 10 000 I.E.; 50 000 I.E. ; 100 000 I.E. ; 250000 I.E.; 500000 I.E.; 1000000 I.E.
Ursodeoxycholsäure	Urso 250 Heumann®	1 Filmtbl. enth.: 250mg/400mg Ursodeoxycholsre.
Ursodeoxycholsäure	Ursochol®	Tabl 150, 300 mg
Ursodeoxycholsäure	Ursofalk®	Filmtabl: 500mg; Kaps: 250mg Susp 250mg/5ml
V		
Valaciclovir	Valtrex®	Filmtabl 500 mg
Valganciclovir	Valcyte®	Filmtabl 450 mg
Valproat	siehe Valproinsäure	
Valproinsäure	Convulex®	Kaps (magensaftresistent) 150,300, 500 mg, Retardtabl. 300, 500 mg
Valproinsäure	Ergenyl®	Filmtabl 150, 300, 500 mg, Retardtbl 300, 500mg Lös: 1mL 300 mg IV: Amp 4ml Lsg: 400mg (Valproinsäure 347,1mg)
Valproinsäure	Orfiril®	Retardkaps 150, 300 mg; Retard-Minitabl 500, 1000 mg; magensaftresist. Drg. 150, 300, 600 mg
Valproinsäure	Orfiril®	Inj Lös (IV) Amp 300 mg (3 mL), 1000 mg (10 mL)
Valsartan	Diovan®	Filmtabl (teilbar) 40, 80, 160, 300 mg
Valsartan + Amlodipin	Exforge®	Amlodipin/Valsartan Filmtabl: 5/80 mg; 5/160 mg; 10/160 mg
Valsartan + HCT	CoDiovan®	HCT/Valsartan Filmtabl: 12.5/80 mg; 12.5/160 mg; 12.5/ 320 mg
Vancomycin	Vancomycin® Deltaselect	Trockensubstanz für Inf Lös (IV) Amp 500 mg
Vancomycin	Vancomycin HEXAL®	Trockensubstanz für Inf Lös (IV) Amp 500 mg, 1g
Vancomycin	VANCOMYCIN ENTERO-CAPS®	Hartkaps 125, 250 mg
Vardenafil	Levitra®	Filmtabl 5, 10, 20 mg
Vareniclintartrat	Champix®	Filmtabl 0.5, 1 mg
Varizellen siehe "Immun-globulin" (Windpocken)	Varitect CP Biotest	Inf Lös (IV) 100 mg/mL Immunglobulin vom Menschen, davon IgG ≥95% Antikörper gegen Varizella-Zoster-Viren: Amp 125 IE (5 mL), 500 IE (20 mL), 1250 IE (50 mL)
Vaselin + Paraffin	CoLiquifilm®	Augensalbe: (425 mg Paraffin + 573 mg Vaseline)/g, Tuben 3.5 g
Vaselin + Paraffin	Essex Basiscreme/-salbe	Basiscreme: (60 mg Paraffin + 150 mg Vaselin)/g; Basissalbe: (50 mg Paraffin + 950 mg Vaselin)/g

Vecuroniumbromid	Norcuron	Trockensubst (IV) Amp 4 mg, Stechamp 10 mg
Venlafaxin	Trevilor®	Tabl 37.5 mg; Retardtabl 37.5, 75, 150 mg
Verapamil	Falicard®	Filmtabl 40, 80, 120 mg; retard, Retardtabl. 120 mg; RR Retardtabl 240 mg
Verapamil	Isoptin®	Filmtabl 80, 120 mg
Verapamil	Isoptin® Inj. Lsg.	Inj Lös (IV langsam) Amp 5 mg (2 mL); Inf Lös Konzentrat Fl 50 mg (20 mL)
Verapamil	Isoptin® RR Retardtabl.	Retard-Filmtabl (teilbar) 240 mg
Verapamil + Trandolapril	Tarka®	Filmtabl: (2 mg Trandolapril + 180 mg Verapamil)
Vigabatrin	Sabril®	Filmtabl 500 mg Beutel mit Puder 500 mg
Vildagliptin	Galvus®	Tabl 50 mg
Vinblastin	Vinblastinsulfat-Gry®	Trockensubst zur Herst Inj Lös (IV) Stechamp 10 mg
Vincristin	cellcristin®	Inj Lös (IV) Amp 1 mg (1mL)
Vincristin	Vincristinsulfat HEXAL®	Inj Lös (IV) Amp 1 mg (1 mL), 2 mg (2 mL)
Vincristin	Vincristinsulfat-Gry®	(IV) Stechamp 1 mg/1mL, 2 mg/2 mL; 5 mg/5 mL
Vindesin	Eldisine®	Trockensubst zur Herst Inj Lös (IV) Amp 5 mg
Vinorelbin	Navelbine	Inj/Inf Lös (IV) Amp 10 mg (1 mL), 50 mg (5 mL) Weichkaps 20, 30, 80 mg
Vinorelbin	Vinorelbin HEXAL®	Inj/Inf Lös (IV) Amp 10 mg (1 mL)
Vinorelbin	Vinorelbin Actavis	Inj/Inf Lös (IV) Stechamp 10 mg/ mL; 50 mg/5 mL)
Vitamin B1	siehe Thiamin	
Vitamin B12	siehe Cyanocobalamin	
Vitamin B6	B6-Vicotrat®	überz. Tabl 300 mg
Vitamin B6	Vitamin B6-Hevert Tbl.	Tabl 100 mg
Vitamin C + Eisen II	Kendural®	C Depottabl: (325 mg Ferro II-Sulfat = 105 mg elementares Eisen + 500 mg Vitamin C)
Vitamin D + Alendronat	Fosavance®	Alendroat/Vit D Wochentabl: 70mg/2800 IE; 70 mg/5600 IE
Vitamin D3	Vigantoletten®	Tabl 500 I.E. enth: 12,5 µg Colecalciferol, Tabl 1000 I.E. enth: 25 µg Colecalciferol
Vitamin E	siehe Tocopherol-alpha	
Voriconazol	Vfend®	Filmtabl 50, 200 mg Pulver f Herst Inf Lös (IV) Durchstechfl 200 mg Pulver f Herst orale Susp 40 mg/mL
X		
Xylometazolin	Balkis Dr. Henk®	1 ml Nasenspray, Lösung enthält 1,0 mg Xylometazolinhydrochlorid, 0,2 mg Benzalkoniumchlorid
Xylometazolin	GeloNasal®	Tropfen 0,05%: 1ml Lsg. enth.: 0,5mg Spray 0,10%: 1ml Lsg. enth.: 1,0mg
Xylometazolin	Imidin®N	N Nasenspray: 1 Sprühstoß 0,09mg N Nasentropfen: 1 Tropf. 0,025mg
Xylometazolin	Olynth®	Tropf: 0,006 mg; 0.5mg/mLNasentropfen/-spray
Xylometazolin	schnupfen endrine®	Tropfen 0,1 %: 1 ml : Xylometazolin-HCl 1 mg. Spray 0,1 %: 1 ml enth.: Xylometazolin-HCl 1 mg.
Xylometazolin	Snup®	0,05%: 0.5mg/ml Nasenspray 0,1 %:1mg/1ml Nasenspray
Xylometazolin	Tussamag® Nasenspray für Kinder	1 Sprühstoß (entspr. 0,09 ml Lösung) enthält 0,045 mg Xylometazolinhydrochlorid
Xylometazolin + Dexpanthenol	Nasic® Nasenspray	Lös Nasenspray: (0.1 mg Xylometazolin + 5.0 mg Dexpanthenol)/Sprühstoss, Spraydose 10 mL
Z		
Zaleplon	Sonata®	Kaps 5, 10 mg
Zanamivir	Relenza®	Pulv. Inhalat. (Blisterkammer) 5mg Zanamivir. Freigegeb. Einzeldos. zur Inhalat. enth. 4,0mg
Zidovudin	Retrovir®	Hartkaps 100, 250 mg, Filmtbl 300 mg Inf Lös 100, 200 mg
Zidovudin + Abacavir + Lamivudin	Trizivir®	Filmtabl: (300 mg Abacavir + 150 mg Lamivudin + 300 mg Zidovudin)
Zidovudin + Lamivudin	Combivir®	Filmtabl: (150 mg Lamivudin + 300 mg Zidovudin)
Zoledronsäure	Aclasta®	Inf Lös (IV) Fl 5 mg (100 mL)
Zoledronsäure	Zometa®	Inf Konzentrat (IV) Amp 4 mg (5 mL)
Zolmitriptan	AscoTop®	Filmtbl 2.5mg, 5mg; Schmelztbl 2.5, 5mg Nasal 5mg/Dosis: 50mg/ml Zolmitriptan pH 5
Zolpidem	Bikalm®	Filmtabl 10 mg
Zolpidem	Stilnox®	Filmtbl: 10mg
Zolpidem	Zolpi-Lich®	Filmtabl (teilbar) 10 mg
Zolpidem	Zolpidem-neuraxpharm®	Filmtbl: 5mg/10mg Zolpidemtartrat
Zolpidem	ZOLPIDEM-PUREN®	Filmtabl (mit Bruchrille) 10 mg
Zolpidem	Zolpinox®	Filmtabl (teilbar) 10 mg
Zolpidem	Zolpidem-Teva®	Filmtabl (teilbar) 10 mg
Zopiclon	Zopiclon Sandoz®	1 Filmtbl. enth.: Zopiclon 3,75mg/7,5mg.
Zuclopenthixol	Ciatyl-Z®	Amp: 50mg/mL; Amp: 1, 2 ml; 200mg/mL Filmtabl: 2, 10, 25 mg Tropfen 20mg/ml: 1ml Lsg. (= 20 Tropf.)

MED-INDEX B

Handelsname – Wirkstoff

Handelsname D	Wirkstoffe	Galenische Formen Deutschland
A		
A.T. 10®	Dihydrotachysterol	Lösung: 1 mg/mL (= 26 Trpf), Fl 90 mL Perlen: 1 Kaps. enthält 0,5 mg
Abilify®	Aripiprazol	Tabl 5, 10, 15, 30 mg; Schmelztabl 10, 15 mg
Abilify® Injektionslösung	Aripiprazol	Inj Lös (IM) Amp 9.75 mg (1.3 mL)
ACC®	Acetylcystein (N-)	Pulver in Beuteln 100, 200, 600 mg Brstabl 100, 200, 600 mg Inj Lös (IV) 300 mg (3ml)
Accupro®	Quinapril	Tabl (mit Bruchrille): 5, 10, 20 mg
Accuzide®	HCT + Quinapril	Filmtabl mit Bruchrille: (12.5 mg HCT + 10 mg Quinapril), (12.5 mg HCT + 20 mg Quinapril)
ACE-Hemmer-ratiopharm®	Captopril	Tabl (mit Bruchrille) 12.5, 25, 50 mg
ACE-Hemmer-ratiopharm® comp.	HCT + Captopril	Tabl 25: (25 mg Captopril + 25 mg HCT); Tabl 50: (50 mg Captopril + 25 mg HCT)
Acerbon®	Lisinopril	Tabl teilbar 5, 10, 20 mg
Aciclovir Creme 1A Pharma®	Aciclovir	Creme 50 mg/g, Tuben 2 g
Aclasta®	Zoledronsäure	Inf Lös (IV) Fl 5 mg (100 mL)
Actilyse®	Alteplase	Inj (IV) Fl mit Lyophilisat 10 mg (5.8 Mio IE), 20 mg (11.6 Mio IE), 50 mg (29 Mio IE)
Actiq®	Fentanyl	Lutschtabl (mit integriertem Applikator zur Anwendung in der Mundhöhle) 200, 400, 600, 800, 1200, 1600 µg, Maximaldosis 3 x 1600 µg
Actonel®	Risedronat	Filmtabl 5, 30 mg, Wochentabl 35 mg
Actos®	Pioglitazon	Tabl 15, 30, 45 mg
Acular®	Ketorolac	Augentrpf 5 mg/mL, Fl 5 mL
Adalat®	Nifedipin	Weichkaps 5, 10 mg SL veränd. Wirkstofffreisetzung: 20 mg retard.: 20mg. pro infusione: 50ml Inf.lsg. enth.: Nifedipin 5mg.
Adalat® pro infusione	Nifedipin + Ethanol + Macrogol	Inf Lös (IV): (5 mg Nifedipin + 7.5 g Ethanol + 7.5 g Macrogol)/50 mL, Flasche 50 mL
Adartrel	Ropinirol	Filmtabl 0.25, 0.5, 2 mg
Adenosin Item®	Adenosin	Inj Lös (IV) Amp 5 mg (2 ml)
Adiclair®	Nystatin	Filmtbl.: 1 Filmtbl. enth.: Nystatin 500000 I.E. Susp.: 1ml enth.: Nystatin 100000 I.E.
Adiclair® Mundgel	Nystatin	1g enth.: Nystatin 100.000 I.E.
AdriaCept®	Doxorubicin	Inj Lös (IV) Amp 10 mg (5 mL), 50 mg (25 mL)
Adriblastin® Lösung	Doxorubicin	1 Durchstechflasche Adriblastin Lösung 10/20/50/150 mg mit 5/10/25/75 ml Inj.lösung
Adriblastin® RD/- Solution	Doxorubicin	Lyophilisat zur Herst Inf Lös (IV), Amp 10, 50, 150 mg mit Solvens 5 mL (für 10 mg Dosierung); Adriblastin® Solution: Inj Lös (IV) Amp 10 mg (5 mL), 20 mg (10 mL), 50 mg (25 mL)
Advantan®	Methylprednisolon	Creme: 1mg/g, Salbe: 1mg/1g, Fettsalbe: 1mg/1g, Milch: 1mg/1g
Advate®	Octocog alfa	Humaner Blutgerinnungsfaktor VIII: (IV) Durchstechfl 250 IE, 500 IE, 1000 IE, 3000 IE, 1500 IE
Adversuten®	Prazosin	Tabl 1, 5 mg
Aerius®	Desloratadin	Filmtabl 5 mg, Sirup 0.5 mg/mL, Fl 60, 120 mL Schmelztabl 2,5mg/5mg
Aggrastat®	Tirofiban	Infusionskonzentrat (IV) Durchstechfl 12.5 mg (50 mL); Inf Lös (IV) Fl 12.5 mg (250 mL)
Aggrenox®	Dipyridamol + Acetylsalicylsäure	Retardkaps (200 mg Dipyridamol + 25 mg Acetylsalicylsäure)
Aggrenox® 200/25	Acetylsalicylsäure + Dipyridamol	Retardkaps: (25 mg Acetylsalicylsäure + 200 mg Dipyridamol)
Agiolax® Granulat	Psyllium-Samenhüllen	Agiolax® mit Senna: Pflanzliches Laxans Granulat Dosen 150, 250, 400, 1000 g
Agopton®	Lansoprazol	Kaps 15, 30 mg
Akineton® /-retard	Biperiden	Retardtabl: 4 mg Biperiden-HCl (3,6 mg Biperiden); Tabl: 2 mg Biperiden-HCl (1,8 mg Biperiden), Amp: 5 mg/ml Biperidenlactat (3,9 mg/ml Biperiden)

Aknederm® Ery Gel	Erythromycin	Gel: 2%/4% (20/40 mg Erythromycin)
Aknefug® ISO	Isotretinoin	Weichkaps 10, 20 mg
Akne-mycin®/ -2000	Erythromycin	Lös 20 mg/g, Fl 25 mL; Emulsion: (10 mg Erythromycin + 10 mg Ichthammol)/g, Tuben 25 g; 2000: Salbe 20 mg/g, Tuben 25 mg;
Aktiferrin®-F	Eisen II + DL-Serin + Folsäure	Suscaps: (34 mg Eisen II-Sulfat + 129 mg DL-Serin + 500 µg Folsäure)
Aktiferrin®N Filmtbl.	Eisen II + DL-Serin	Filmtabl: 154,7 mg (MW) Eisen(II)-sulfat 1H2O (50 mg Eisen(II)-Ion)
Aktren®	Ibuprofen	Drg. 200 mg
Aldactone®	Kaliumcanrenoat	Amp 200 mg (10 mL)
Aldactone®	Spironolacton	überzogene Filmtabl 25, 50 mg, Kaps 100 mg
Aldozone®	Butizid + Spironolacton	Filmtabl: (2.5 mg Butizid + 25 mg Spironolacton); forte: (5 mg Butizid + 50 mg Spironolacton); Filmtabl: (10 mg Butizid + 100 mg Spironolacton)
Alendron Sandoz® 70	Alendronat	Wochentabl 70 mg
Alendronsäure STADA®	Alendronat	Tabl 10, 70 mg
Aleve®	Naproxen	Tabl 220 mg (200 mg Naproxen + 20 mg Natrium)
Alfason®	Hydrocortison	Crelo: Emulsion 1 mg/g, Tuben 30, 100 g; Cresa: Creme 1 mg/g, Tuben 30 g; Creme: 1 mg/g, Tuben 20, 50, 100 g; Crinale: Lotion 1 mg/mL
Alfuzosin dura	Alfuzosin	Retardtabl 10 mg
Alfuzosin Winthrop®	Alfuzosin	Retardtabl 5, 10 mg
Alfuzosin-CT	Alfuzosin	Retardtabl 10 mg
Alfuzosin-Sandoz®	Alfuzosin	Retardtabl 10 mg
Alka Seltzer®	Acetylsalicylsäure	Brstabl 324 mg
Alkeran®	Melphalan	Filmtabl 2 mg Lyophilisat f Inf/Inj Lös (IV) Amp 50 mg
Allergo-COMOD®	Cromoglicinsäure	Augentropfen 1 ml Lösung enthält Natriumcromoglicat 20 mg, Nasenspray 1 ml Nasenspray, Lösung enthält 20 mg Natriumcromoglicat
Allergocrom® Nasenspray	Cromoglicinsäure	Dosier-Nasenspray
Allergodil®/- saisonal Augentropfen	Azelastin	Augentropfen: 0.05%-ige Lös 0.5 mg/mL, Fl 6 mL saisonal: 0.05%-ige Lös 0.5 mg/mL, Fl 4 mL
Allergodil®/- saisonal Nasenspray	Azelastin	Nasenspray 10 mL (0.14 mL/Stoss); Nasenspray saisonal 5 mL (0.14 mL/Stoss)
Allobeta®	Allopurinol	Tabl 100, 300 mg
Allopurinol 1A Pharma	Allopurinol	Tabl 100, 300 mg
Allvoran®	Diclofenac (Na)	Tabl magensaftres 50 mg; Retardtabl 100 mg S, Zäpfchen 50, 100 mg SF, Inj Lös (IM) Amp 75 mg (3 mL)
Aloxi®	Palonosetron	1 ml Lsg. enth.: 50µg Palonosetron
Alprazolam ratiopharm®	Alprazolam	Tabl 0.25, 0.5, 1 mg
Amadol®	Tramadol	Retardtabl 100,150, 200 mg
Amaryl®	Glimepirid	Tabl (teilbar) 1, 2, 3, 4, 6 mg
AmBisome®	Amphotericin B liposomal	(IV) Amp 50 mg (liposomale Form)
Ambrohexal®	Ambroxol	Tabl 30, 75 mg, Saft 30 mg/10 mL, Fl 100, 200 mL Inhal Lös 7.5 mg/mL, Fl 100 mL
Amikacin Fresenius	Amikacin	(IM, IV) Amp 250 mg (2 mL), 500 mg (2 mL)
Amilocomp® beta	Amilorid + HCT	Tabl: (5 mg Amilorid + 50 mg HCT)
Amiloretik® mite	Amilorid + HCT	Tabl: (5 mg Amilorid + 50 mg HCT); Tabl mite: (2.5 mg Amilorid + 25 mg HCT)
Amilorid/HCT AL	Amilorid + HCT	Tabl: (5 mg Amilorid + 50 mg HCT)
Amineurin	Amitriptylin	Tabl 10, 25, 50, 100 mg
Amiodaron CT	Amiodaron	Tabl 200 mg
Amiodaron ratiopharm®	Amiodaron	Tabl 200 mg; Tabl mite 100 mg Inj Lös (IV) Amp 150 mg (3mL)
Amlobesilat-Sandoz	Amlodipin	Tabl 5, 10 mg
Amlodipin 1 A Pharma	Amlodipin	Tabl 5, 10 mg
Amlodipin AWD®	Amlodipin	Tabl 5, 10 mg
Amlodipin TAD Besilat	Amlodipin	Tabl 5, 10 mg
Amlo-Teva®	Amlodipin	Tabl 5, 10 mg
Amoclav®	Amoxicillin + Clavulansäure	Filmtabl 500 mg: (500 mg Amoxicillin + 125 mg Clavulansäure); (875 mg/125 mg), Saft: 125 (125 mg Amoxicillin + 31,25 mg Clavulansäure), 250 (250 mg Amoxicillin + 62,5 mg Clavulansäure), 400 (400 mg Amoxicillin + 57 mg Clavulansäure)
Amoclav-Sandoz®	Amoxicillin + Clavulansäure	Filmtabl 500 mg: (500 mg Amoxicillin + 125 mg Clavulansäure); (875 mg/125 mg), Saft: 125 (125 mg Amoxicillin + 31,25 mg Clavulansäure), 250 (250 mg Amoxicillin + 62,5 mg Clavulansäure), 400 (400 mg Amoxicillin + 57 mg Clavulansäure)
Amoxicillin Sandoz®	Amoxicillin	Filmtabl (dispergierbar) 750 mg
Amoxicillin STADA®	Amoxicillin	Tabl 1000 mg Susp 200 mg/4 mL, 250 mg/5 mL
AmoxiClav - 1 A Pharma®	Clavulansäure + Amoxicillin	Amoxicillin mg/Clavulansäure mg Filmtabl 500/125, 875/125 Susp 125/31.25 TS, 250/62.5 TS, 400/57 TS

AmoxiClav HEXAL® i.v.	Amoxicillin + Clavulansäure	Inj (IV) 500/100: (500 mg Amoxicillin + 100 mg Clavulansäure); 1000/200: (1000 mg Amoxicillin + 200 mg Clavulansäure), 2000/200: (2000 mg Amoxicillin + 200 mg Clavulansäure)
Amoxi-Sandoz®	Amoxicillin	Tabl 500, 750, 1000 mg Pulver f Susp 250 mg/5 mL, 500 mg/5mL
Amoxypen	Amoxicillin	Tabl 500, 750, 1000 mg Susp 250 mg/5 mL, 500 mg/5mL
Ampho-Moronal®	Amphotericin B	Tabl 100 mg; Lutschtabl 10 mg Susp 10% (gebrauchsfertig) 100 mg/mL, Fl 24 mL
Ampicillin-ratiopharm®	Ampicillin	Filtabl 1000 mg Inj Lös 0.5, 1.0, 2.0, 5.0 mg
Anafranil®	Clomipramin	Drag 10, 25 mg Divitabs Retardtabl 75 mg Inj Lös (IM, IV) Amp 25 mg (2 mL)
Ancotil	Flucytosin	Isoton. Inf Lös (IV) Amp 2500 mg 5-FC (250 mL)
Andriol®	Testosteron	Testocaps 40 mg (= 25.2 mg Testosteron)
Androcal®	Bicalutamid	Filmtabl 50, 150 mg Bicalutamid
Androcur®	Cyproteronazetat	Tabl 50 mg
Androcur® Depot	Cyproteronazetat	Inj Lös ölig (IM) Amp 300 mg (3 mL)
Androcur®-10	Cyproteronazetat	Tabl 10 mg
Anemet®	Dolasetron	Filmtabl 50, 200 mg (IV) Amp 12.5 mg (0.625 mL), Amp 100 mg (5 mL)
Anexate®	Flumazenil	(nur IV) Amp 0.5 mg (5 mL), 1,0 mg (10 mL)
Angionorm®	Dihydroergotamin	Tabl 2.5, 5 mg
Angiox®	Bivalirudin	50 mg/ml Bivalirudin
Antabus®	Disulfiram	Dispergetten 100, 500 mg
Antabus®	Disulfiram	Dispergetten 400 mg
Antemin® compositum	Dimenhydrinat + Koffein + Pyridoxin	Suppo für Kinder: (20 mg Dimenhydrinat + 10 mg Koffein + 20 mg Pyridoxin) Suppo für Erwachsene: (50 mg Dimenhydrinat + 30 mg Koffein + 50 mg Pyridoxin)
Antidry® Mandelöl-Bad	Mandelöl + Paraffinöl	Badeöl: (200 mg Mandelöl + 729.8 mg Paraffinöl)/g, Fl 250 mL
Antifungol® HEXAL®	Clotrimazol	1 Creme: 1g Creme enth.: 100mg Clotrimazol; 3 Creme: 1g Creme enth. 0,01g Clotrimazol 3 Vaginaltbl.: 1 Vaginaltabl. enth. 0,2g Clotrimazol
Antiphosphat	Aluminiumhydroxid	Kaps 600 mg
Antra MUPS®	Omeprazol	Tabl 10, 20 mg
Antra® pro infusione	Omeprazol	1 Durchstechflasche mit 45,3 mg Pulver enthält 40 mg Omeprazol (als Omeprazol-Natrium).
Anxut®	Buspiron	Tabl: 5mg/10mg Buspiron-HCl
Anzemet®	Dolasetron	Tabl 200 mg; Inj Lös (IV) Amp 12.5 mg (0.625 mL), Amp 100 mg (5 mL)
Anzithromycin Sandoz®	Azithromycin	Filmtabl 250, 500 mg
Apidra®	Insulin-Analogon	Inj Lös (farblos, wässerig) Patronen f OptiPen resp OptiClik 300 U 3 mL); vorgefüllte Injektoren 300 U (3 mL); Stechamp 1000 U (10 mL)
Apocanda®	Clotrimazol	Spray: 1ml Lösung enth.: 10mg Clotrimazol Lösung: 1ml Lösung enth.: 10mg Clotrimazol Creme: 1g Creme enth.: 10mg Clotrimazol
Aprovel	Irbesartan	Aprovel Filmtabl 75, 150, 300 mg
Aptivus®	Tipranavir	Weichkaps 250 mg
Aquacort®	Budesonid	Nasenspray: 50 µg
Aquapred® N Augentropfen	Chloramphenicol + Prednisolon	Augentropfen: (1 mg Prednisolon + 1 mg Chloramphenicol)/mL
Aranesp®	Darbepoetin alfa	(SC, IV) in Durchstechfl 15, 25, 40, 60 µg/Fl in Fertigspritzen 10, 15, 20, 30, 40, 50, 60, 80, 100, 150, 300, 500 µg/Spritze Vorgefüllter Pen (SureClick): 10, 15, 20, 30, 40, 50, 60, 80, 100, 150, 300, 500 µg
Arava®	Leflunomid	Filmtabl 10, 20, 100 mg
Arbid-top®	Dequaliniumchlorid + Lysozym + Phenylephrin	(3.75 mg Phenylephrin + 0.1 mg Dequaliniumchlorid + 0.5 mg Lysozym)/mL: Nasentropfen: 1 mL = 19 Trpf, Fl 15 mL Dosierspray: 1 Sprühstoss = 0,07 mL, Sprayfl
Arcasin®	Phenoxymethylpenicillin (Penicillin V)	Filmtabl 1.000.000 I.E/1.500.000 I.E. Saft Susp 5ml 300.000 I.E. TS 0,3 Mio/5ml Pulver: 5ml entspr. 300.000 I.E.
Arcoxia®	Etoricoxib	Filmtabl 30, 60 mg
Aredia®	Pamidronsäure	Trockenvial für Inf Lös (IV) 15, 30, 60, 90 mg + Amp mit sterilem H2O
Arelix®	Piretanid	6mg Tabletten/mite 3mg Tabletten: 1 Tbl. enth.: 6mg/3mg RR 6mg Retardkapseln: 1 Retardkaps. enth.: 6mg
Arelix® ACE	Ramipril + Piretanid	Tabl: (6 mg Piretanid + 5 mg Ramipril)
Aricept®	Donepezil	Filmtabl 5, 10 mg
Aricept® Evess	Donepezil	Schmelztabl 5, 10 mg

Arilin®	Metronidazol	Filmtabl 250, 500 mg. Vaginalzäpfchen: 100, 1000 mg
Arimidex®	Anastrozol	Filmtabl 1 mg
Arixtra®	Fondaparinux	Inj Lös (SC) Fertigspritzen 1.5 mg (0.3 mL), 2.5 mg (0.5 mL), 5 mg (0.4 mL), 7.5 mg (0.6 mL), 10 mg (0.8 mL)
Aromasin®	Exemestan	Drag 25 mg
Artenerol	Norepinephrin	Inf Lös (IV) Amp 1 mg (1 mL)
Arthotec®	Diclofenac + Misoprostol	Manteltabl. (50 mg Diclofenac + 200 µg Misoprostol) Manteltabl. forte: (75 mg Diclofenac + 200 µg Misoprostol)
arthrex® Schmerzgel	Diclofenac (Na)	Gel 10 mg/g, Tuben 50, 100, 150 g
Arutimol®	Timolol	Augentropfen -0,25%: 2.5mg/mL; 0,5%: 5mg/mL
Asacol®	Mesalazin	Filmtabl 400, 800 mg; Suppo 500 mg
Asasantin® 200/25 retard	Dipyridamol + Acetylsalicylsäure	Retardkaps (200 mg Dipyridamol + 25 mg Acetylsalicylsäure)
Asazine®	Mesalazin	Filmtabl (magensaftresistent) 400, 800 mg Suppo 500 mg
AscoTop®	Zolmitriptan	Filmtbl 2.5mg, 5mg; Schmelztbl 2.5, 5mg Nasal 5mg/Dosis: 50mg/ml Zolmitriptan pH 5
Asmanex® Twisthaler®	Mometason	Pulverinhalator 200 µg/Dosis, Twisthaler 30, 60 Dosen; Pulverinhalator 400 µg/Dosis, Twisthaler 30, 60 Dosen
Aspirin forte®	Acetylsalicylsäure + Koffein	Tabl: (500 mg Acetylsalicylsäure + 50 mg Koffein)
Aspirin®	Acetylsalicylsäure	Trockensubstanz f Inj (IV) Stechamp 100 mg
Aspirin®	Acetylsalicylsäure	Tabl 0.1, 0.5 g; Kautabl 0.5 g
Aspirin® 500	Acetylsalicylsäure	Instant-Tabl 500 mg
Aspirin® plus C	Acetylsalicylsäure + Ascorbinsäure	Brstabl: (400 mg Acetylsalicylsäure + 240 mg Ascorbinsäure)
Asprin protect®	Acetylsalicylsäure	Filmtabl 100, 300 mg (mit magensaftresistentem Überzug)
Astonin® H Tabl	Fludrocortison	Tabl 0.1 mg
Atacand®	Candesartan cilexetil	Tabl 4, 8, 16, 32 mg
Atacand® plus	Candesartan cilexetil + HCT	Tabl: (8 mg Candesartan + 12.5 mg HCT); Tabl: (16 mg Candesartan + 12.5 mg HCT)
Atarax® Tbl./liquidium	Hydroxyzin	Filmtabl 25 mg Liquidum 2 mg/mL, Fl 200 mL
Ate Lich® comp mite	Chlortalidon + Atenolol	Filmtbl./- mite Filmtbl.: 1 Filmtbl. enth.: Atenolol 100mg/50mg
Atelich®	Atenolol	Tabl 25, 50, 100 mg
Atenativ®	Antithrombin III	Trockensubst f Inj Lös (IV) Fl 500 IE, 1000 IE
AteNif beta®	Nifedipin + Atenolol	1 Ret.-Kaps. enth.: 50mg Atenolol u. 20mg Nifedipin.
AteNif beta® retard	Atenolol + Nifedipin	Retardkaps: (50 mg Atenolol + 20 mg Nifedipin)
Atenolol comp.-ratiopharm®	Chlortalidon + Atenolol	1 Filmtbl. enth.: 50mg/100mg Atenolol, 12,5mg/25mg Chlortalidon
Atenolol STADA®	Atenolol	Tabl 25, 50, 100 mg
Atenololcomp CT	Atenolol + Chlortalidon	Tabl 100 plus: (100 mg Atenolol + 25 mg Chlortalidon); Tabl 50 plus: (50 mg Atenolol + 12.5 mg Chlortalidon)
atmadisc®	Fluticason + Salmeterol	Multidosen-Pulverinhalator: (50 µg Salmeterol + 100 µg, 250 µg oder 500 µg Fluticason)/Dosis, 60 Einzeldosen Dosier-Aerosol: (25 µg Salmeterol + 50, 125, 250 mg Fluticason)/Dosis, 120 Dosen
Atropin POS 0,5%/1%	Atropin	Augentrpf in Einzeldosen 5 mg/mL, 10 mg/mL
Atropon EDO®	Atropin	Trpf Lös 0.5 mg/1 mL
Atrovent®/- N	Ipratropiumbromid	Atrovent®: Inhalationslösung 0.025% (0.25 mg/mL = ca. 20 Trpf), Fl 20, 200 mL; Inhalationslösung gebrauchsfertige Einzeldosis 250 µg/2 mL Atrovent® N: Dosier-Aerosol 20 µg/Stoss, Füllung für 200 Stösse
Attempta-ratiopharm®	Cyproteronazetat + Ethinylestradiol	überzogene Tbl (2 mg Cyproteronazetat + 0.035 mg Ethinylestradiol)
Aurorix®	Moclobemid	Filmtabl (mit Bruchrille) 150, 300 mg
Ausbuettels Ibuprofen	Ibuprofen	Filmtabl 200 mg
Avalox®	Moxifloxacin	Filmtabl 400 mg
Avamys™	Fluticason	Nasenspray 27.5 µg/Sprühstoss, 1 Spray 120 Hüben
Avandamet®	Rosiglitazon + Metformin	Filmtabl: 2 mg Rosiglitazon + 500 mg Metformin; 2 mg Rosiglitazon + 1000 mg Metformin; 4 mg Rosiglitazon + 1000 mg Metformin
Avandia®	Rosiglitazon	Filmtabl 4, 8 mg
Avastin®	Bevacizumab	25mg/ml Konzentrat zur Herstellung einer Infusionslösung (100/400mg), 25 mg/ml Bevacizumab
Avodart®	Dutasterid	Weichkaps 0.5 mg

Avonex®	Interferon beta 1a	Trockensubstanz für Inj Lös (IM) in Fertigspritzen 30 µg = 6 Mio IE (0.5 mL)
AXEA Ibuprofen	Ibuprofen	Filmtabl 200, 400 mg
Axidexa	Dexamethason	Inj Lös (IV, IM) Amp 4 mg (1 mL)
Axura®	Memantin	Tabl (teilbar) 10 mg Tropflösung 10 mg/g (= 20 Trpf), Fl 50, 100 g
Azactam®	Aztreonam	Trockensubst für Inj Lös (IV, IM) Fl 1, 2 g
Azaimun®	Azathioprin	Filmtabl 25, 50 mg
Azulfidine®	Sulfasalazin	Filmtabl magensaftresist. 500 mg
Azur®	Paracetamol + Koffein	1 Tbl. enth.: 450mg Paracetamol u. 50mg Coffein
B		
B12 Ankermann®	Cyanocobalamin (Vit B12)	100µg Inj.-Lsg.: 1ml enth.: 100µg, 1000µg Inj.-Lsg.: 1ml enth.: 1000µg, 1000µg Drg.: 1 Drg. enth.: 1000µg Cyanocobalamin, Tropfen: 1ml (= 26 Tropf.) enth.: Cyanocobalamin 50µg
B6-Vicotrat®	Vitamin B6	überz. Tabl 300 mg
Bactracid®	Norfloxacin	1 Filmtbl. enth.: 400mg Norfloxacin
Balkis Dr. Henk®	Xylometazolin	1 ml Nasenspray, Lösung enthält 1,0 mg Xylometazolinhydrochlorid, 0,2 mg Benzalkoniumchlorid.
Balmandol®	Paraffinöl + Mandelöl	Badeöl: (300 mg Mandelöl + 693 mg Paraffinöl)/g, Fl 225 mL
Balneum Hermal®F	Paraffin + Erdnussöl	Medizinisches Ölbad: (464.5 mg Erdnussöl + 470 mg Paraffin dünnflüssig)
Bekunis Dragees	Bisacodyl	Drag: 5 mg Bisacodyl, magensaftresistent
Bella HEXAL 35®	Ethinylestradiol + Cyproteronazetat	Drag: 2 mg Cyproteronacetat, 35 µg Ethinylestradiol
Beloc® i.v.	Metoprolol tartras	Inj Lös (IV) Amp 5 mg (5 mL)
Beloc-Zok® forte Retardtbl.	Metoprolol succinas	Retardtbl./ -mite Retardtbl./ -forte Retardtbl./ -Herz Retardtbl
Bemon® 0,1%	Betamethason	Creme; Salbe: 1,22 mg Betamethasonvalerat (Ph. Eur.) (1 mg Betamethason)
Benalapril BC 10mg Tbl.	Enalapril	Tabl: 5, 10, 20 mg
BeneFIX®	Faktor IX Gerinnungs-Antigen	Lyophilisat und Lösungsmittel zur Injektion (IV) Durchstechfl 250 IE, 500 IE, 1000 IE, 2000 IE
Benerva®	Thiamin (Vitamin B1)	Tabl 100, 300 mg; Inj Lös (IV sehr langsam) Amp 100 mg (1 mL)
Benexol® B12	Pyridoxinchlorhydrat + Thiaminmonohydrat + Cyanocobalamin	Filmtabl: (250 mg Thiaminmonohydrat + 250 mg Pyridoxinchlorhydrat + 1 g Cynocobalamin)
Benocten®	Diphenhydramin	Tabl 50 mg; Trpf 60 mg/mL (= 30 Trpf), Fl 20 mL
Ben-u-ron®	Paracetamol	Supp 75, 125, 250, 500, 1000 mg Saft: 5 ml enth. 200mg Hartkaps 500 mg, Tabl 500, 1000 mg
Benylin® mit Codein N	Diphenhydramin + Codein	Sirup: (5.7 mg Codein + 14 mg Diphenhydramin)/5 mL, Fl 125 mL mit Messgefäss
Bepanthen Salbe	Dexpanthenol	Salbe 50 mg/g,
Bepanthen® Augen- u. Nasensalbe	Dexpanthenol	Salbe 50 mg/g, Tuben 5, 10 g
Bepanthen® Lösung	Dexpanthenol	Lösung 50 mg/mL
Beriate® P	Faktor VIII Gerinnungs-Antigen	Humanes Plasmaprotein mit Faktor VIII-Aktivität als Trockensubstanz + Lösungsmittel (IV) Amp 250 IE, 500 IE, 1000 IE
Beriglobin®	Immunglobulin (human) Hepatitis A	Inj Lös (IM) Amp 320 mg (2 mL) Humanproteine (= mind. 200 IE Ak) Amp 800 mg (5 mL) Humanproteine (= mind. 500 IE Ak)
Berinert® P	C1-Esterase-Inhibitor aus Humanplasma	Trockensubst + Lös Mittel zur Herst einer Lös (IV) zur Inf oder Inj, Fl 500 E (10 mL)
Berinin® HS	Faktor IX Gerinnungs-Antigen	Humaner Koagulationsfaktor IX: Trockensubst + Lös Mittel für Inj Lös (IV) Fl 600 IE (5 mL), 1200 IE (10 mL)
Beriplast® P Combi-Set	Faktor XIII Gerinnungs-Antigen	Pulver + Lös Mittel für einen Firbrinkleber: humaner Koagulationsfaktor XIII 60 E + Aprotinin 1000 KIE, Combi-Set II: Humanes Thrombin 500 IE
Berirab®	Impfstoff: Tollwut (Rabies)	Inj Lös gegen Tollwut-Viren (IM) Amp 300 IE (2 mL), Amp 750 IE (5 mL)
Berirab®	Rabies, Tollwut (Impfstoff)	Inj Lös gegen Tollwut-Viren (IM) Amp 150 IE (1 mL)
Berirab®	Tollwut (Impfstoff)	Inj Lös gegen Tollwut-Viren (IM) Amp 300 IE (2 mL), Amp 750 IE (5 mL)
Berlthyrox®	Levothyroxin	Tabl (mit Bruchrille) 0.05 mg, 0.1 mg
Berodual® N	Ipratropiumbromid + Fenoterol	Dosier-Aerosol zu 200 Dosen: (50 µg Fenoterol + 20 µg Ipratropiumbromid)/Stoss, Aerosol 10 mL mit Mundrohr
Berodual® N Dosier-Aerosol	Fenoterol + Ipratropiumbromid	Dosier-Aerosol zu 200 Dosen: (50 µg Fenoterol + 20 µg Ipratropiumbromid)/Stoss, Aerosol 10 mL mit Mundrohr
Berotec® N	Fenoterol	Dosier-Aerosol zu 200 Dosen 100 µg/Stoss
Betacreme KSK	Betamethason	Creme: 1 mg/g

Betaferon®	Interferon beta 1b	Trockensubstanz für Inj Lös (SC) Durchstechfl 300 µg = 9.6 Mio IE + Lösungsmittel in Fertigspritze 1.2 mL
Betagalen®	Betamethason	Lotion: 1,22 mg Betamethasonvalerat (Ph.Eur.)
Betagentam® Augentropfen	Betamethason + Gentamicin	1 mg/ml Betamethasondihydrogenphosphat-Dinatrium, 5 mg/ml Gentamicinsulfat
Betarelix®	Piretanid + Ramipril	1 Filmtablette Betarelix 40/6 mg enthält 40 mg Penbutololsulfat und 6 mg Piretanid. 1 Filmtablette Betarelix mite 20/3 mg enthält 20 mg Penbutololsulfat und 3 mg Piretanid
Betavert® N 16 mg	Betahistin	Tabl: 16 mg Betahistin-2HCl (10,42 mg Betahistin)
Betavert® N 8 mg	Betahistin	Tabl: 8 mg Betahistin-2HCl (5,21 mg Betahistin)
Betnovate®-C	Clioquinol + Betamethason	Creme: (1 mg Betamethason + 30 mg Clioquinol)/g, Tuben 30 g, Salbe: (1 mg Betamethason + 30 mg Clioquinol)/g, Tuben 30 g, Lotion: 1 g enthält 1,22 mg Bethamethasonvalerat
Betoptima® Augentropfen	Betaxolol	
Bicadex®	Bicalutamid	Filmtabl 50 mg Bicalutamid
Bicalutamid Actavis	Bicalutamid	Filmtabl 50, 150 mg
Bicalutamid Sandoz®	Bicalutamid	Filmtabl 50 mg
bicaNorm®	Natriumhydrogencarbonat	1 magensaftresist. Tbl. enth.: Natriumhydrogencarbonat 1g
Bikalm®	Zolpidem	1 Filmtablette Bikalm enthält 10 mg Zolpidemtartrat (entsprechend 8,03 mg Zolpidem).
Binaldan®	Loperamid	Kaps 2 mg
Biofanal® Kombipackung Salbe + Vaginaltabletten	Nystatin	Salbe: 1g enth.: Nystatin 100000 I.E. Vaginaltabletten: 1 Vag.-Tbl. enth.: Nystatin 100000 I.E.
Biolectra®	Magnesium	Brstabl (Magnesium 240 forte): 403 mg Magnesiumoxid (243 mg Magnesium-Ion)
BiPreterax®	Indapamid + Perindopril	Filmtabl 5mg Perindopril, 1.25 mg Indapamid
BiPreterax®	Perindopril + Indapamid	Filmtabl. enth.: Perindopril-Arginin 5mg, Indapamid 1,25mg
Bisacodyl Lichtenstein	Bisacodyl	Drag 5 mg Supp. 10 mg Bisacodyl
Bisco Zitron Drg.	Bisacodyl	5 mg Bisacodyl
Bisobeta®	Bisoprolol + HCT	Filmtabl: 10 mg Bisoprololfumarat (2:1), 25 mg Hydrochlorothiazid; 5 mg Bisoprololfumarat (2:1), 12,5 mg Hydrochlorothiazid
BisoHEXAL®	Bisoprolol	5, 10 mg Bisoprololfumarat
BisoLich® comp.	HCT + Bisoprolol	Filmtabl mit Bruchrille: (5 mg Bisoprolol + 12.5 mg HCT) Filmtabl mit Bruchrille: (10 mg Bisoprolol + 25 mg HCT)
Bisolvon®	Bromhexin	Hustentabl: 8 mg Bromhexin-HCl Hustensaft: 1,6 mg/ml Bromhexin-HCl Hustentropfen: 2 mg/ml Bromhexin-HCl
Bleminol®	Allopurinol	Tabl 100, 300 mg
Blephamide®	Prednisolon + Sulfacetamid	Augensalbe: (2 mg Prednisolon + 105 mg Sulfacetamid)/g, Tuben 3.5 g
Blopress®	Candesartan	Tabl 4, 8, 16, 32 mg
Blopress® Plus	Candesartan + HCT	Tabl: (8 mg Candesartan + 12.5 mg HCT); Tabl: (16 mg Candesartan + 12.5 mg HCT)
Bondronat®	Ibandronat	Inf Lös Konz (IV über 2 h) Amp 2 mg (2 mL), Amp 6 mg (6 mL) Filmtabl 50 mg
Bonefos®	Clodronat	Kaps 400 mg, 800 mg Inf Lös Konzentrat (IV über mind. 2 h) Amp 300 mg (5 mL)
Bonviva 3 mg Injektionslösung	Ibandronat	Inj Lös (IV) Fertigspritzen 3 mg (3 mL)
Bonviva Filmtabl. 150 mg	Ibandronat	Filmtabl 150 mg
Boostrix®	Diphtherie + Tetanus + Pertussis (Impfstoff)	Impfdosis (tief IM) Susp in Fertigspritzen 0.5 mL: (mind. 2 IE Diphtherie-Toxoid + mind. 20 IE Tetanus-Toxoid + 8 µg Pertussis-Toxoid + 8 µg filamentöses Hämagglutinin + 2.5 µg Pertactin)
Boro-Scopol® N	Scopolamin	Augentropfen 3 mg/mL
Brandiazin®	Sulfadiazin	Creme 10 mg/g, Tuben 25, 50 g
Bresben®	Atenolol + Nifedipin	50/20: (50 mg Atenolol + 20 mg Nifedipin); 25/10: (25 mg Atenolol + 10 mg Nifedipin)
Brevibloc®	Esmolol	Inf Lös Konz (IV) Amp 2.5 g (10 mL), 100 mg (10 mL), (IV) Beutel 2.5 g (250 mL)
Bricanyl® Amp.	Terbutalin	1 ml Injektionslösung enthält: 0,5 mg Terbutalinsulfat (Ph.Eur.)
Briserin®N	Reserpin + Clopamid	überzogene Tabl.: (0.1 mg Reserpin + 5 mg Clopamid + 0.5 mg Dihydroergocristin)
Bromocriptin AbZ 2,5 mg Tabletten	Bromocriptin	Tabl: 2,87 mg Bromocriptinmesilat (2,5 mg Bromocriptin)

B

Bromocriptin HEXAL®	Bromocriptin	Kaps: 5, 10 mg
Bronchospray® novo	Salbutamol	Dosier-Aerosol 0.1 mg/Inhalation, Autohaler
Bucain®	Bupivacain	Inj Lös: 0,25% 5+20+50 ml Inj.-Lsg. (2,5 mg/ml Bupivacain-HCl) Inj Lös: 0,5% 5+10+20+50 ml Inj.-Lsg (5 mg/ml Bupivacain-HCl)
Budenofalk®	Budesonid	Hartkaps: 3mg magensaftresistent
Budenofalk®	Budesonid	Retardkaps 3 mg Rektalschaum
Budes® 64 Mikrogramm/ Sprühstoß	Budesonid	Nasenspray, Suspension: 64 µg
Budes® Easyhaler® 0,1 mg/Dosis	Budesonid	Pulver zur Inhalation: 100 µg
Buflomedil-ratiopharm®	Buflomedil	Filmtabl: 300 mg Buflomedil-HCl; Retardtabl: 600 mg Buflomedil-HCl
Bupivacaine Bioren	Bupivacain	Inj Lös 0.125% Stechamp 62.5 mg (50 mL), Inf Lös0.125% PP-Beutel 125 mg (100 mL), 312.5 mg (250 mL), 1250 mg (1000 mL); Inj Lös 0.25% Stechamp 12.5 mg (5 mL), 50 mg (20 mL); Inf Lös 0.25% PP-Beutel 625 mg (250 mL), 1250 mg (500 mL); Inj Lös 0.5% Stechamp 25 mg (5 mL), 100 mg (20 mL)
Burinex®	Bumetanid	Tabl: 1+2+5 mg Bumetanid
Buscopan®	Butylscopolamin	Drag: 10 mg, Supp: 10 mg, Inj Lös 20mg/mL
Buscopan®	Scopolaminbutylbromid	Drag 10 mg, Suppo 10 mg Inj Lös (SC, IM, IV) Amp 20 mg (1 mL)
Byetta®	Exenatide	Inj Lös (SC) Einzeldosis 5 µg (20 µL); Einzeldosis 10 µg (40 µL)
C		
Cabaser®	Cabergolin	Tabl 1, 2, 4 mg
Caelyx®	Doxorubicin	(IV) Durchstechfl 20 mg (10 mL), 50 mg (25 mL)
Caelyx®	Doxorubicin	(IV) Durchstechfl 20 mg (10 mL), 50 mg (25 mL)
CalciAPS D3®	Colecalciferol (Vitamin D3) + Calcium	Brausetbl. enth.: 2500mg Calciumcarbonat (entspr. 1000mg Calcium als gelöstes Calciumcitrat in d. fert. Lsg.) u. 22µg Colecalciferol (880 I.E. Vitamin D3).
CalciCare®-D3 600 mg/400 I.E. Kautabletten	Calcium + Cholecalciferol (Vitamin D3)	1 Kautbl. enth. 600mg Calcium, 4mg Colecalciferol-Trockenkonzentrat entspr. 400 I.E. Vitamin D3.
Calcimagon®-D3	Calcium + Cholecalciferol (Vitamin D3)	Kautabl: (500 mg Calcium + 400 IE Cholecalciferol), Kautabl forte: (2500 mg Calcium + 800 IE Cholecalciferol)
Calcitriol GRY	Calcitriol	Kaps 0.25, 0.5 µg
Calcium D3 STADA®	Colecalciferol (Vitamin D3) + Calcium	Kautbl 600mg Ca-Ion u. 4mg Colecalciferol-Trockenkonzentr. m. 100.000 I.E./g entspr. 400 I.E Vit. D3
Calcium STADA	Calciumcarbonat	Brausetab 500, 1000 mg
Calcium Verla®	Calcium	Filmtabl 600 mg
Calciumacetat	Calciumacetat	Filmtabl 475 mg
Calciumacetat-Nefro	Calciumacetat	Filmtabl 500, 700, 950 mg
Calciumcarbonat	Calciumcarbonat	1 Tbl. enth.: Calciumcarbonat 500mg
Calcium-dura® Vit D3 Pulver z. Herst. einer Susp.	Calcium + Cholecalciferol (Vitamin D3)	1 Btl. m. 4,1g Pulver z. Herst. einer Susp. enth.:1,2g Calcium, 800 I.E. Vitamin D3
Calciumfolinat 100 mg HEXAL®, Inj.-Lsg	Calciumfolinat	1 Amp./Durchstechfl. mit 3/10/20/30/40/50/80/100ml Inj.-Lsg. enth.: 38,1/127,1/254,1/381,2/508,3/635,5/1016,5/1271mg Calciumfolinat 5H2O
Calciumfolinat HEXAL® Kapseln	Calciumfolinat	1 Kaps. enth.: 19,06mg Calciumfolinat 5H2O, entspr. 15mg Folinsäure.
CALCIUMFOLINAT-biosyn liquid 1000mg	Calciumfolinat	Injektionsflasche mit 10 ml Injektionslösung 100 mg Folinsäure; 20 ml Injektionslösung 200 mg Folinsäure; 40 ml entsprechend 400 mg Folinsäure; 100 ml entsprechend 1000 mg Folinsäure
Calcium-Sandoz®	Calcium	Inj Lös (IV, in Ausnahmefällen IM) Amp 10 mL (10%-ige Calciumglukonat-Lös): 1.375 g Calziumglubionat: = 90 mg bzw. 2.25 mmol Calcium
Calcium-Sandoz® D3 f/- D3 ff/ - D3 600/400	Colecalciferol (Vitamin D3) + Calcium	Instant-Pulver: 500, 1000 mg Calcium + 440, 880 IE Cholecalciferol)/Sachet Kautabl: 500 mg Calcium + 440 IE Cholecalciferol Brstabl: 600, 1200 mg Calcium + 400, 800 IE Cholecalciferol
Calcium-Sandoz® f/ff	Calcium	Brstabl 500, 1000 mg (12.5, 25 mmol), Instantpulver (citron, nature) 500, 1000 mg
Calcivit D®	Colecalciferol (Vitamin D3) + Calcium	Brausetbl. 1500 mg Ca-Carbonat, entspr. 600 mg Ca, u. 4 mg Colecalciferol-Trockenkonzentrat (= 10 µg Colecalciferol), entspr. 400 I.E. Vitamin D3 Kautabl. enth. 4 mg Colecalciferol-Trockenkonz. (= 10 µg Colecalciferol), entspr. 400 I.E. Vit. D3, u. 1500 mg Ca-Carbonat, entspr. 600 mg Ca

Calcivit®	Calcium + Cholecalciferol (Vitamin D3)	Tabl: 100 mg + 250 IE Cholecalciferol (Vitamin D3)
Calcort®	Deflazacort	Tabl 6 mg
Campto®	Irinotecanhydrochlorid	Inf Konz (IV) Einzeldosis-Amp 40 mg (2 mL), 100 mg (5 mL), 300 mg (15 mL)
Cancidas®	Caspofungin	Pulver f Konz zur Herst Inf Lös (IV), Durchstechfl 50, 70 mg
Canesten Servopharma Creme	Clotrimazol	
Canesten®	Clotrimazol	Creme 10 mg/g, Tuben 20, 50 g; Spray 10 mg/mL, Dosen 40 mL
Capozide®	Captopril + HCT	1 Tablette enthält 50 mg Captopril und 25 mg Hydrochlorothiazid.
Captin®	Paracetamol	Zäpf. 125, 250, 500 mg
Captoflux®	Captopril	Tabl (mit Bruchrille) 12.5; Tabl (mit Kreuzbruchrille) 25, 50 mg
CaptoHEXAL® comp	Captopril + HCT	Captopril mg/Hydrochlorothiazid mg Tabl 25/12.5, 25/25, 50/25
Capval®	Noscapin	Dragee 25mg, Saft: 25mg, Tropfen: 25mg
Car®	Carbimazol	1 Tabl. enth. 5/10mg Carbimazol
Carbabeta® 300 retard	Carbamazepin	200 Tabl.: 1 Tabl. enth.: 200mg Carbamazepin. 300 retard/-400 retard/-600 retard Retardtbl.: 1 Retardtbl. enth.: 300/400/600mg Carbamazepin
Carbagamma®	Carbamazepin	200 Tbl./-400 Tbl.: 1 Tbl. m. Bruchrille enth.: 200mg/400mg Carbamazepin
Carbidopa/Levodopa Sandoz® CR	Carbidopa + Levodopa	Retardtabl: (25 mg Carbidopa + 100 mg Levodopa); Retardtabl: (50 mg Carbidopa + 200 mg Levodopa)
Carboplatin HEXAL®	Carboplatin	1 Durchstechfl. m. 5/15/45/60/100 ml Inf.lsg. enth. 50/150/450/600/1000 mg Carboplatin
Carbostesin 0.5% Hyperbar Amp	Bupivacain	Hyperbar Amp: 0.5% (5 mg/ml Bupivacain-HCl (4,4375 mg/ml Bupivacain)
Carbostesin®	Bupivacain	Inj.-Lsg: 0,25% 5ml+20ml (2,5 mg/ml Bupivacain-HCl), Inj.-Lsg: 0,5% 5ml+20ml (5 mg/ml Bupivacain-HCl)
Cardular® PP 4 mg Retardtabl	Doxazosin	Retardtabl 4 mg
Cardura® CR	Doxazosin	Tabl mit modifizierter Wirkstofffreigabe 4, 8 mg
CarLich®	Carvedilol	Filmtabl: 6,25mg/12,5mg/25mg Carvedilol
Carmen®	Lercanidipin	Filmtabl (mit Bruchrille) 10, 20 mg
Carve TAD®	Carvedilol	Tabl 3.125, 6.25, 12.5, 25 mg
Carvedigamma®	Carvedilol	Tabl 3.125; Tabl (mit Bruchrille) 6.25, 12.5, 25 mg
Carvedilol Sandoz	Carvedilol	Tabl (teilbar) 6.25, 12.5, 25, 50 mg
Carvedilol-Teva	Carvedilol	Tabl (mit Bruchrille) 6.25, 12.5, 25 mg
Casodex®	Bicalutamid	Filmtabl 50, 150 mg
Catapresan®	Clonidin	Tabl 150 µg; (SC, IM, sehr langsam IV) Amp 150 µg
Caverject®	Alprostadil	Steriles Pulver f Herst Inj Lös (IV) Amp 10, 20 µg + Solvensspritze 1 mL Aqua ad inject
Caverject® DC	Alprostadil	Zweikammerspritze f Inj Lös (IV) 10, 20 µg + 0.5 mL Lösungsmittel
CC-Nefro	Calciumcarbonat	Filmtabl 500 mg
Cebion®	Ascorbinsäure	Tabl 500; BrsTabl 1000 mg
Cec®	Cefaclor	Susp 125 mg/5 mL, 250 mg/5 mL
Cec®	Cefaclor	Filmtabl 250, 500 mg; Brstabl 250, 500 mg
Cedax	Ceftibuten	Kaps 400 mg Susp (gebrauchsfertig) Fl 1080 mg (30 mL), 2150 mg (60 mL)
Cedur® retard	Bezafibrat	Retardtabl: 400 mg Bezafibrat
Cefazolin HEXAL®	Cefazolin	1 Durchstechfl. m. 2,096 g Pulver z. Herst. einer Inj.- od. Inf.lsg. enth. 2,096 g Cefazolin-Na, entspr. 2 g Cefazolin; Na-Gehalt beträgt 96 mg
Cefpodoxim Sandoz®	Cefpodoxim	Filmtabl 100, 200 mg
Ceftriaxon Sandoz®	Ceftriaxon	Trockensubst + Lös Mi für Inj Lös (IV) Durchstechfl 500 mg (2 mL); Trockensubst für Inj Lös (IM, IV) 1 g; Trockensubst für Inf Lös (IV) 2 g Tabl 250 mg, 500 mg
cefudura®	Cefuroxim-Axetil	Filmtabl 250, 500 mg
Cefuroxim Sandoz i.v.	Cefuroxim Natrium	Trockensubst f Inf Lös (IV) Amp 750 mg, 1.5 g
Cefuroxim Sandoz®	Cefuroxim-Axetil	Filmtabl 125, 250, 500 mg 125mg/5ml Pulv. z. Herstell. einer Susp. z. Einnehmen parenteral 1500mg Plv. z. Herst. e. Inj.-od. Inf.-Lsg 750mg Plv. z. Herst. e. Inj.-Lsg
Celebrex®	Celecoxib	Kaps 100, 200 mg
CELESTAMINE®N	Betamethason	Tabl: 0,5 mg Betamethason
Celestan® solubile	Betamethason	Inj Susp (IM, IV, intraartikulär 4mg/mL
CellCept®/- i.v.	Mofetil Mycophenolat	Kaps 250 mg; Tabl 500 mg; Inf Lös Pulv. 500mg; Susp zur Einn. 1g/5ml

C

cellcristin®	Vincristin	Inj Lös (IV) Amp 1 mg (1mL)
Cellidrin®	Allopurinol	Tabl 100, 300 mg
Celluvisc®	Carboxymethylcellulose	Augentropfen: 1ml Lsg.
Cephoral®	Cefixim	Trockensubst Susp 100 mg/5 mL, Fl 60, 100 mL Dispersionstabl (teilbar) 400 mg
Cerazette®	Desogestrel	Filmtabl 0.075 mg
Cerepar®	Cinnarizin	Suscaps 75 mg
Cetalerg®	Cetirizin	Filmtablette Cetalerg enthält 10 mg Cetirizindihydrochlorid
Cetebe®	Ascorbinsäure	Retardkaps 500 mg
CETI-PUREN®	Cetirizin	Filmtabl teilbar 10 mg
Cetirizin Sandoz®	Cetirizin	Filmtbl. 10 mg Sirup: 1 ml Sirup enth.: Cetirizin 2HCl 1 mg Tropfen: 20 Tr. (1 ml) 10 mg
Cetirizin STADA®	Cetirizin	Filmtabl (teilbar) 10 mg
Cetirizin-ratiopharm® bei Allergien	Cetirizin	1 Filmtbl (teilbar) 10 mg Saft: 1 ml Lösung enth 1 mg Cetirizindihydrochlorid. 10 ml 3,15 g Sorbitol
Cetirizin-Teva®	Cetirizin	Filmtabl (teilbar) 10 mg Trpf zum Einnehmen 10 mg/mL (= 20 Trpf)
Champix®	Vareniclintartrat	Filmtabl 0.5, 1 mg
Chibroxin®	Norfloxacin	1 ml Augentropfen enthält: Norfloxacin 3,0 mg 1 Tropfen enthält ungefähr: Norfloxacin 126 µg
Chloraldurat® blau	Chloralhydrat	Weichkaps.: 250, 500 mg; Weichkaps magensaftresist. blau 250 mg
Chloralhydrat-Rectiole®	Chloralhydrat	1 Miniklistier (Rectiole) mit 3 g Rektallösung enthält 600 mg Chloralhydrat
Chlorhexamed®	Chlorhexidin	Lös 0.1% 1 mg/mL, Fl 200 mL; Lös 0.2% 2 mg/mL, Fl 300 mL Gel 1% 10 mg/g, Tuben 50 g
Chlorhexidindigluconat Fertiglösung 0,2%	Chlorhexidin	100ml Lösung enth.: 0,2g
Chlorochin	Chloroquin	Lacktabl 250 mg (= 150 mg Chloroquin-Base)
Cialis®	Tadalafil	Filmtabl 5, 10, 20 mg
Ciatyl-Z®	Zuclopenthixol	Amp: 50mg/mL; Amp: 1, 2 ml; 200mg/mL Filmtabl: 2, 10, 25 mg Tropfen 20mg/ml: 1ml Lsg. (= 20 Tropf.)
Cibadrex®	HCT + Benazepril	Filmtabl: (6.25 mg HCT + 5 mg Benazepril); Filmtabl teilbar: (12.5 mg HCT + 10 mg Benazepril); Filmtabl teilbar: (25 mg HCT + 20 mg Benazepril)
Cibaflam®	Gentamicin + Fluorometholon	Augentropfensuspension: (1 mg Fluorometholon + 3 mg Gentamicin)/mL, Fl 5mL Augensalbe: (1 mg Fluorometholon + 3 mg Gentamicin)/g, Tuben 4 g
Ciloxan®	Ciprofloxacin	Augentrpf 3.5 mg/mL (= 3.0 mg Ciprofloxacin Base), Fl 5 mL Ohrentrpf 1ml Lsg. enth.: Ciprofloxacin-HCl 1H2O (Ph. Eur.) 3,5mg, entspr. Ciprofloxacin 3mg
Cimetidin STADA®	Cimetidin	Tabl. 200, 400, 800 mg
Cinnarizin Siegfried®	Cinnarizin	Kaps 75 mg
Cipralex®	Escitalopram	Filmtabl (teilbar) 5, 10, 15, 20 mg Tropfen 10 mg/mL (= 20 Trpf), Fl 15, 28 mL
Cipralex®	Citalopram	Filmtbl (teilbar).: 10, 20mg 10mg/ml Tropfen: 1 Tropf.: 0,5mg Escitalopram, 20mg/ml Tropfen: 1 Tropf.: 1mg Escitalopram
Cipramil®	Citalopram	Filmtabl (teilbar) 20, 40 mg 20mg Inf.-Lsg.-Konz.: 1 Amp. mit 0,5ml Infusionslösungskonz
Ciprofloxacin Sandoz® eco	Ciprofloxacin	Filmtabl 250, 500, 750 mg
Ciprofloxacin STADA®	Ciprofloxacin	Filmtabl teilbar 250mg, 500mg, 750mg
CiproHEXAL®	Ciprofloxacin	1 Durchstechfl. enth. 100/200/400 mg Ciprofloxacin (als HCl 1 H2O)
Circadin®	Melatonin	Retardtabl 2 mg
Cisday®	Nifedipin	Wirkstoff: 1 Retardtablette enthält 40 mg Nifedipin
Cis-GRY®	Cisplatin	Inf.-Lsg: Durchstechfl. 10 mg (10 ml), 25 mg (25 ml), 50 mg (50 ml), 100 mg (100 ml)
Cisplatin-GRY®	Cisplatin	Inf.-Lsg Durchstechfl. 10 mg (20 ml), 25 mg (50 ml), 50 mg (100 ml)
Citalopram HEXAL®	Citalopram	1 Filmtabl. enth. 10/20/30/40/60 mg
Citalopram-CT	Citalopram	Filmtabl (mit Bruchrille) 20, 40 mg
Claforan i.v.®	Cefotaxim	Pulver für Inj Lös (IV) Stechamp 1 g (4 mL), Stechamp 2 g (10 mL)
Clarilind®	Clarithromycin	1 Filmtabl. enth.: enth. 250/500mg Clarithromycin
Clarithromycin - 1 A Pharma®	Clarithromycin	Susp 125 mg/5 ml: 25mg/mL, 250mg/5 ml: 50mg/mL
Clarithromycin HEXAL®	Clarithromycin	5 ml zubereitete Suspension zum Einnehmen enth. 125/250 mg
Clarithromycin Sandoz®	Clarithromycin	Filmtabl. 250 mg, 500 mg Suspension: 5 ml enth.: 125 mg/250 mg

Claudicat® 400mg retard	Pentoxifyllin	Retardtabl 400 mg
Clevia®	Cyproteronazetat + Ethinyl-estradiol	1 Filmtbl. enth.: 0,035mg Ethinylestradiol u. 2mg Cyproteronacetat
Clexane® /-multi	Enoxaparin	Inj Lös in Fertigspritzen mit -0,2ml/-0,4ml -0,6ml/-0,8ml/-1,0ml (enth.-20mg/-40mg/-60mg/-80mg/-100mg Enoxaparin-Natrium) multidose 100mg/ml: 1ml enth.: 100mg Enoxaparin-Natrium
Climen®	Cyproteronazetat + Ethinyl-estradiol	überzogene Tbl. (2 mg Cyproteronazetat + 0.035 mg Ethinylestradiol)
Clindamycin-ratiopharm®	Clindamycin	Filmtabl. 600 mg, Hartkps. 150, 300 mg Amp. mit 2 ml Inj.-Lsg. enth. 300 mg Amp. mit 4 ml Inj.-Lsg. enth. 600 mg, 1 Durch-stechfl. mit 6 ml Inj.-Lsg enth. 900 mg
Clinda-saar®	Clindamycin	Filmtbl 150, 300, 600 mg 600 mg Injektions-Lösung: 1 Inj.-Fl. à 4 ml, 900 mg Injektions-Lösung: 1 Inj.-Fl. à 6 ml 600 mg Amp.: 1 Amp. à 4 ml, 900 mg Amp.: 1 Amp. à 6 ml
Clobegalen®	Clobetasol-17-Propionat	Salbe: 1g enth.: 0.5mg, Creme: 1g enth.: 0.5mg, Lotion: 1g Emuls. zur Anw. auf der Haut enth.: 0.5mg Lösung: 1g enth.: 0.5mg
Clobex® Shampoo	Clobetasol	Shampoo 0.5 mg/g, Fl 60, 125 mL
Clopidogrel HEXAL® 75	Clopidogrel	Filmtabl. enth. 75 mg Clopidogrel
Clopidogrel-ratiopharm® 75	Clopidogrel	Filmtabl 75 mg
CoAprovel	HCT + Irbesartan	Tabl: (12.5 mg HCT + 150 mg Irbesartan); Tabl: (12.5 mg HCT + 300 mg Irbesartan) Tabl: (25 mg HCT + 300 mg Irbesartan)
CoAprovel	Irbesartan + HCT	Tabl: (12.5 mg HCT + 150 mg Irbesartan), Tabl: (12.5 mg HCT + 300 mg Irbesartan) Tabl: (25 mg HCT + 300 mg Irbesartan)
codi OPT®	Codein	Tabl 56,59 mg Codeinbase
CoDiovan®	HCT + Valsartan	Filmtabl: (12.5 mg HCT + 80 mg Valsartan); Film-tabl: (12.5 mg HCT + 160 mg Valsartan) Filmtabl: (25 mg HCT + 320 mg Valsartan)
CoDiovan®	Valsartan + HCT	HCT/Valsartan Filmtabl: 12.5/80 mg; 12.5/160 mg; 12.5/ 320 mg
Colchicum-Dispert®	Alcaloid der Herbstzeitlosen	Tabl 0.5 mg
Coldastop®	Tocopherol + Retinol	Nasenöl: (15'000 IE Retinol + 20 mg Tocopherol-α)
Colestid®	Colestipol	Granulat Beutel 5 g
CoLiquifilm®	Paraffin + Vaselin	Augensalbe: (425 mg Paraffin + 573 mg Vaselin)/g, Tuben 3.5 g
Colistin® zur Inhalation	Colistimethat-Natrium	Trockensubst + Lös Mittel zur Herst einer Lös Amp 3 mL (= 1 Mio IE)
Colosan®	Pflanzliches Arzneimittel Wirkstoff: Sterculia	Granulat 850 mg/g, Mint/Citron/Mocca, je Btl 200, 500, 1000 g; Colosan® plus: (850 mg Sterculia + 2 mg Glucofrangulin)/g, Btl 200, 500 g; Colosan® travel: Granulat 850 mg/g, Btl 5 g
Colo-Sol®	Macrogol + diverse	Pulver Beutel 55 g (2 Beutel in 1 Liter Wasser gelöst entsprechen: 5 mmol Kalium, 65 mmol Natrium, 53 mmol Chlorid, 17 mmol Hydrogencar-bonat, 105 g Macrogol 3350)
Combivir®	Zidovudin + Lamivudin	Filmtabl: (150 mg Lamivudin + 300 mg Zidovudin)
Competact®	Metformin + Pioglitazon	Filmtabl: (15 mg Pioglitazon + 850 mg Metformin)
Comtess®	Entacapon	Filmtabl: 200 mg Entacapon
Concor® 5 plus/-10 plus	Bisoprolol + HCT	Filmtabl: 5 mg Bisoprololfumarat (2:1), 12,5 mg Hydrochlorothiazid; 10 mg Bisoprololfumarat (2:1), 25 mg Hydrochlorothiazid
Concor® COR	Bisoprolol	Filmtabl: 2,5 + 5 + 10 mg Bisoprololfumarat (2:1)
Contac Erkaeltungs-Trunk Pulv	Paracetamol	1 Beutel mit 6 g Pulver enthält 600 mg Paracetamol
Convulex®	Valproinsäure	Kaps (magensaftresistent) 150,300, 500 mg, Retardtabl. 300, 500 mg
Copaxone®	Glatirameracetat	Inj Lös in Fertigspritzen (SC) 20 mg (1 mL)
Copegus®	Ribavirin	Filmtabl 200, 400 mg
COPYRKAL®	Paracetamol + Koffein	1 Tablette enthält 400 mg Paracetamol und 50 mg Coffein
Corangin®	Isosorbidmononitrat	Divitabs (teilbare Tabl mit verlängerter Wirkstoff-freigabe) 40, 60 mg
Cordarex®	Amiodaron	Inj Lös (IV) Amp 150 mg (3 mL)
Cordarex®	Amiodaron	Tabl 200 mg
Corinfar®	Nifedipin	Retardtbl.: 1 Retardtbl. enth.: Nifedipin 10mg/20mg, uno 40, Retardtbl.: 1 Retardtbl. enth.: Nifedipin 40mg; Tropflösung: 1ml Lsg. (= 20 Tr.) enth.: Nifedipin 20mg.
Cornaron®	Amiodaron	Tabl 200 mg

Corotrop®	Milrinon	Inj Lös (IV) Amp 10 mg (10 mL)
Cortidexason®	Dexamethason	Tabl 1,5 mg
Cortirel	Corticocorelin	CRF (vom Menschen)
Corvaton®	Molsidomin	Tabl 2 mg; Tabl 4 mg (forte); Retardtabl 8 mg
Corvo HCT®	Enalapril + HCT	1 Tbl. enth.: 10mg Enalaprilmaleat u. 25 mg Hydrochlorothiazid
Corvo®	Enalapril	Tabl (mit Bruchrille) 1 Tbl. enth.: Wirkst.: 5mg/10mg/20mg Enalaprilmaleat
Cosopt/ -S®	Dorzolamid + Timolol	Augentropfen: 20 mg Dorzolamid + 5 mg Timolol/ mL, Einzeldosen-Pipetten 0,2 mL
Cotrim E-ratiopharm®	Co-Trimoxazol	Tabl 480mg (80mg Trimethoprim + 400mg Sulfamethoxazol), 960mg (160mg Trimethoprim + 800mg Sulfamethoxazol); Saft f. Erw. 480mg: 5ml (80mg Trimethoprim + 400mg Sulfamethoxazol); Saft f. Kdr. 240mg: (40mg Trimethoprim + 200mg Sulfamethoxazol); Amp. 480mg SF: 5ml Inj.-Lsg. 80mg Trimethoprim + 400mg Sulfamethoxazol
Cotrim®	Co-Trimoxazol	Tabl teilbar: (800 mg SMX + 160 mg TMP) Sirup: (200 mg SMX + 40 mg TMP)/5 mL (= 1 ML voll), Fl 100 mL
Cotrim-Diolan® Susp.	Co-Trimoxazol	5 ml Cotrim-Diolan® Suspension zum Einnehmen (1 Messlöffel) enthalten 240 mg Cotrimoxazol, entspr. 200 mg Sulfamethoxazol und 40 mg Trimethoprim
Cotrimox-Wolff® forte	Co-Trimoxazol	Tbl Trimethoprim 160mg, Sulfamethoxazol 800mg
Coversum®	Perindopril	Tabl (mit Bruchrille) 4 mg;
Coversum®	Perindopril Arginin	1 Tbl. enth.: Perindopril-Erbumin 4mg entspr. 3,338mg Perindopril
Cremol-Ritter® Baby-Badeöl	Paraffin	Badeöl 670 mg/g, Fl 150, 300 mg
Cremol-Ritter® Lotion	Paraffin	Dünnflüssiges Paraffin, Fl 150, 300, 800 mL; mit Dispenser 300, 800 mL
Crestor®	Rosuvastatin	Filmtabl 5, 10, 20 mg
Cripar®	Dihydroergocriptin	Tabl mit Rille 20 mg; Kaps 5 mg; forte Tabl. 40 mg
Crixivan®	Indinavir	Hartkaps 200, 400 mg
Cromoglicin Heumann	Cromoglicinsäure	Cromoglicin Heumann Augentropfen - 1 ml Lös enth. 20 mg Natriumcromoglicat Cromoglicin Heumann Nasenspray - 1 Sprühstoß zu 0,14 ml Lös enth. 2,8 mg Natriumcromoglicat
Crotamitex®	Crotamiton	Gel: 1g Gel enth.: 50mg (5%) Crotamiton, Lotio: 1g Emulsion enth.: 100mg (10%) Crotamiton, Salbe: 1g Salbe enth.: 100mg (10%) Crotamiton
Cubicin®	Daptomycin	Pulver f Herst Inf/Inj Lös (IV) 350 mg (7 mL), 500 mg (10 mL)
Curatoderm®	Tacalcitol	Salbe 4.17 µg/g, Tuben 20, 60 g; Lotion 4.17 µg/g, Fl 20, 50 mL
Cutanum® 50/100 µg Pflaster	Estradiol	50: 0.05 mg/24h; 3,9mg Estradiol; 100: 0,1 mg/24h; 7,8mg Estradiol
Cutason®	Prednison	Tabl 5, 20, 50 mg
Cyklokapron®	Tranexamsäure	Filmtabl 500 mg
Cymbalta®	Duloxetin	Hartkaps. magensaftresist. 30, 60 mg
Cymbalta®	Duloxetin	Kaps 30, 60 mg
Cymeven®	Ganciclovir	(IV) Durchstechfl 500 mg
Cyproderm Tbl.	Ethinylestradiol + Cyproteronazetat	Tabl: 2 mg Cyproteronacetat, 35 µg Ethinylestradiol
Cytotec®	Misoprostol	CP Durchstechfl. 10ml, 50ml
Cytotect CP	Immunglobulin IgG Cytomegalie (human)	Inf Lös (IV) humanes Plasmaprotein gegen Cytomegalie-Virus, davon > 95% IgG, Amp 500 E (10 mL), 1000 E (20 mL); Durchstechamp 2500 E (50 mL)
Cytotect CP	Cytomegalie Virus	Durchstechfl. 10ml , 20ml, 50ml
D		
D3-Vicotrat® Amp	Colecalciferol (Vitamin D3)	Amp.: 1 Amp. (1ml) enth.: 100.000 I.E. Vitamin D3
Daivobet®	Calcipotriol + Betamethason	Salbe: (0.05 mg Calcipotriol + 0.5 mg Betamethason)/g, Tuben 30, 60 g
Daivobet® 50 Mikrogramm/g + 0,5mg/g Salbe	Betamethason + Calcipotriol	Salbe: Calcipotriol 50µg (als Hydrat), Betamethason 0,5mg
Daivonex®	Calcipotriol	Creme 50 µg/g, Tuben 30, 100 g Salbe 50 µg/g, Tuben 30, 100 g Scalp Sol 50 µg/mL, Fl 30, 60, 120 mL
Daktar®	Miconazol	Creme 1g zur Anw. auf der Haut: 17,4mg Miconazol , 1g Gel zur Anw. in der Mundhöhle: 20mg
Dalmadorm® Lacktabl	Flurazepam	Filmtabl (mit Bruchrille) 30 mg
Dantamacrin®	Dantrolen	Kaps 25, 50 mg
Dantrolen i.v. “P&G”	Dantrolen	Trockensubst für Inj Lös (IV) Durchstechfl 20 mg
Dapotum® D 25/50/100 Inj. Lsg.	Fluphenazin	Inj Lös (IM) Amp 25 mg (1 mL) Inj Lös (IM) 50 mg (0.5 mL) Inj Lös (IM) 100 mg (1 mL)
Dapson-Fatol	Dapson	Tabl 50 mg (in der CH nicht erhältlich)

Daraprim®	Pyrimethamin	Tabl 25 mg
Decentan®	Perphenazin	Tabl 4, 8 mg Tropfen: 1 ml enthält 4 mg
Decoderm®	Miconazol + Flupredniden	Creme: 1mg/g, Salbe: 0.5mg/g, Paste 1mg/g
Decoderm® Creme	Flupredniden + Miconazol	Creme: (1 mg Flupredniden + 20 mg Miconazol)/g, Tuben 20, 50 g
Decortin® H	Prednisolon	Tabl 5, 10, 20, 50 mg
Decortin®	Prednison	Tabl 1, 5, 20 mg
Delix®	Ramipril + HCT	Tabl teilbar: (25 mg HCT + 5 mg Ramipril), Tabl teilbar: (12.5 mg HCT + 2.5 mg Ramipril)
Delphicortt®	Triamcinolon	Tabl 2, 4 mg
Deltaran®	Dexibuprofen	Filmtabl 200, 300, 400 mg
Demetrin®	Prazepam	Tabl 10, 20 mg
DemoTussol®	Butamirat	Tabl 22.5 mg Sirup 22.5 mg/15 mL, Fl 200, 400 mL Trpf 22.5 mg/mL (= ca. 30 Trpf), Fl 30 mL
Deponit® 5/10	Nitroglycerin	Pflaster 5: 18.7 mg (5 mg/24 h); Pflaster 10: 37.4 mg (10 mg/24 h)
Dermestril®-Septem Pflaster	Estradiol	25 Mikrogramm (2,5mg Estradiol), 50 Mikrogramm (5mg Estradiol), 75 Mikrogramm (7,5mg Estradiol)
Desferal®	Deferoxamin	Trockensubstanz für Inf Lös (SC, IV, notfalls IM), Fl 500 mg
DET MS® Tropflösung	Dihydroergotamin	Tropflösung 2 mg/mL
Detro Bolder	Dextromethorphan	Pastillen 10.5 mg
Detrusitol®	Tolterodin	Filmtabl. 1, 2 mg, retard. Hartkaps 4 mg
Dexa EDO®	Dexamethason	Augentrpf 1.3 mg/mL, Fl 0.5 mL
Dexamethason Creme LAW	Dexamethason	Creme: 100g Creme enth.: Wirkst. 0,05 g Salbe: 100g Salbe enth.: Wirkst. 0,05g
Dexasalyl®	Dexamethason + Salicylsäure	Salbe: (1.2 mg Dexamethason + 30 mg Salicylsäure)/g,Tuben 20 g Scalp Applikation: (1.2 mg Dexamethason + 20 mg Salicylsäure)/g, Fl 30 mL
DHC Mundipharma®	Dihydrocodein	Retardtabl. 60, 90, 120 mg
Diabesin®	Metformin	Filmtbl. 500mg/-850mg/-1000mg
Diamicron Uno®	Gliclazid	Tabl mit modifizierter Wirkstofffreisetzung 30 mg
Diamox®	Acetazolamid	(IV) Trockenamp 500 mg; Tabl 250 mg
Diane®-35	Ethinylestradiol + Cyproteronazetat	Drag: 2 mg Cyproteronazetat + 0.035 mg Ethinylestradiol
Diastabol®	Miglitol	Tabl 50, 100 mg
Diazepam Desitin®	Diazepam	Rectal Tubes 5, 10 mg
Diazepam-ratiopharm® Lösung	Diazepam	Tropfen 2, 5, 10 mg
Diazepam-ratiopharm® Tabletten	Diazepam	Tabl 2, 5, 10 mg
Diclabeta® Schermzgel	Diclofenac (Na)	Gel 10 mg/g
Diclac®	Diclofenac (Na)	Filmtabl magensaftresistent 25, 50 mg Zäpfchen 50, 100 mg
Diclo AL akut	Diclofenac Kalium	Filmtabl 12.5 mg
Diclo KD®	Diclofenac (Na)	Tabl magensaftresist. 50 mg; retard Retardtabl. 100 mg Zäpfchen 50, 100 mg
Diclo-CT	Diclofenac (Na)	Filmtabl magensaftresistent 25, 50 mg Supp. 50, 100 mg Inj Lös (IM) Amp 75 mg (2 mL)
Diclofenac Actavis Gel	Diclofenac (Na)	Gel 10 mg/g
Diclofenac Adico	Diclofenac (Na)	Filmtabl 25, 50 mg; Retardtabl 75 mg Retardkaps 100 mg
Diclofenac AL	Diclofenac (Na)	Tabl. magenresist. 25, 50 mg; retard Retardtabl 100 mg Supp. 50, 100 mg pro Zäpfchen Inj/Inf Lös (IM, IV) Amp 75 mg (3 mL)
Diclofenac Sandoz®	Diclofenac (Na)	Filmtabl magensaftresistent 25, 50 mg; Retardtabl. 100 mg; SL Retardkaps 75, 100 mg Inj Lös (IM) Amp 75 mg (3 mL) Zäpfchen 50, 100 mg
Diclofenac-Kalium STADA®	Diclofenac Kalium	Filmtabl 12.5 mg
Diclofenac-ratiopharm®	Diclofenac (Na)	Gel 10 mg/g, Tuben 50, 100 g
Diclo-Puren®	Diclofenac (Na)	Kaps 25, 50 mg; retard Retardkaps. 100 mg
Didronel®	Etidronat	Tabl 200 mg
Difen-Stulln® UD	Diclofenac (Na)	Augentrpf 1 mg/mL Einzeldosis 0.4 mL
Diflucan®	Fluconazol	Kaps 50, 100, 200 mg Pulver zur Herstellung Susp 50 mg/5 mL Inf Lös (IV) Stechamp 100 mg (50 mL), 200 mg (100 mL), 400 mg (200 mL)
Dihydergot® plus	Etilefrin + Dihydroergotamin (DHE)	Trpf: (10 mg Etilefrin + 2 mg DHE)/mL (= 20 Trpf), Fl 50 mL Filmtabl: (20 mg Etilefrin + 2 mg DHE)
Dilatrend®	Carvedilol	Tabl (mit Bruchrille) 6.25, 12.5, 25 mg

D

Diltaretard® T 90	Diltiazem	Retardtabl 90 mg
Dilzem retard	Diltiazem	Dilzem 90, 120, 180 mg retard
Dilzem® uno	Diltiazem	Retardkaps 180, 240 mg
Dimen 50 Heumann®	Dimenhydrinat	Tabl (teilbar) 50 mg
Diovan®	Valsartan	Filmtabl (teilbar) 40, 80, 160, 300 mg
Dipentum®	Olsalazin	Kaps 250 mg; Tabl 500 mg
Diphtherie-Tetanus-Adsorbatimpfstoff (für Kinder)	Diphterie + Tetanus (Impfstoff)	Susp für IM-Inj: Amp 0.5 mL: (30 IE Diphtherietoxoid + 40 IE Tetanustoxoid)
Dipiperon®	Pipamperon	Tbl. 40mg Sirup: 4mg
Diprogenta®	Betamethason + Gentamicin	Creme: 0,5 mg Betamethason, 1 mg Gentamicin Salbe: 0,5 mg Betamethason, 1 mg Gentamicin
Diprosalic®	Betamethason + Salicylsäure	Salbe: 0,64 mg Betamethasondipropionat, 30 mg Salicylsäure Lösung: 0,64 mg/ml Betamethasondipropionat, 20 mg/ml Salicylsäure
Diprosone®	Betamethason	Creme 0.5 mg/g, Salbe 0.5 mg/g, Lösung 0.5 mg/g
DIPROSONE® Depot	Betamethason	Amp; 1 ml Fertigspritze; 2 ml Fertigspritze. 2,63 mg/ml Betamethasondihydrogenphosphat-Dinatrium (Ph.Eur.), 6,43 mg/ml Betamethason
Dismenol® N	Ibuprofen	Filmtabl 200 mg
Disoprivan® /PFS	Propofol	1%: Inj/Inf Emulsion (IV) Amp 200 mg (20 mL), Infusionsfl 500 mg (50 mL), 1000 mg (100 mL), Fertigspritzen 500 mg (50 mL) 2%: Inj/Inf Emulsion (IV) Infusionsfl 100 mg (50 mL), Fertigspritzen 1000 mg (50 mL)
Distraneurin®	Clomethiazol	Kaps 300 mg Mixtur (mit Messbecher) 50 mg/mL, Fl 300 mL
Diu-Atenolol Verla® mite	Chlortalidon + Atenolol	Filmtbl./-mite Filmtbl.: 1 Filmtbl. enth.: 100mg/50mg Atenolol, 25mg/12,5mg Chlortalidon
Diurapid®	Furosemid	Tabl 40, 500 mg
Diursan®	HCT + Amilorid	Tabl: (5 mg Amilorid + 50 mg HCT)
Dobutamin Carino	Dobutamin	Inf Lös (IV) Amp 250 mg (50 mL)
Dobutamin Liquid Fresenius®	Dobutamin	Inf Lös (IV) Amp 250 mg (50 mL)
Dobutrex®	Dobutamin	Inf Lös (IV) Amp 250 mg (50 mL)
Dociton®	Propranolol	Tabl (teilbar) 10, 40 mg; Kaps LA 80 mg; Retardkaps 160 mg; Inj Lös (IV) Amp 1 mg (1 mL)
Dogmatil®	Sulpirid	forte Tabl 200 mg, Kaps 50 mg Saft 5 mg/mL, Fl 200 mL
Dolantin®	Pethidin	Tropfen: 1ml (ca. 21 Tropf.) 50mg; 50 Inj.-Lsg.: 1ml enth.: 50mg; 100 Inj.-Lsg.: 2ml enth.: 100mg.
Dolcontral® Zäpfchen	Pethidin	1 Zäpfchen enthält: Pethidinhydrochlorid 100 mg
Dolgit®	Ibuprofen	Creme 50 mg, Mikrogel 50 mg
Dolobene®	Heparin-Na + Dimethylsulfoxid + Dexpanthenol	Gel: (500 IE Heparin-Na + 150 mg Dimethylsulfoxid + 25 mg Dexpanthenol)/g, Tuben 50 g
Dolomagon®	Ibuprofen	Filmtabl 400 mg
dolomo® TN	Acetylsalicylsäure + Paracetamol + Koffein + Codein	Tag-Tabl weiß (250 mg Acetylsalicylsäure + 250 mg Paracetamol + 50 mg Koffein), Nacht-Tabl blau (250 mg Acetylsalicylsäure + 250 mg Paracetamol + 30 mg Codein)
DOLO-PUREN®	Ibuprofen	Granulat 400, 600 mg
Dolormin® für Kinder	Ibuprofen	Susp 100 mg/5 mL, Fl 100 mL
Domidon®	Domperidon	Filmtabl. 10 mg
Doneurin® Hartkaps	Doxepin	Hartkaps 10, 25, 50, 75 mg
dopadura C®	Levodopa + Carbidopa	retard: (25 mg Carbidopa + 100 mg Levodopa), (50 mg Carbidopa + 200 mg Levodopa)
Dopamin Fresenius	Dopamin	Inf Lös (IV) Glasfl 250 mg (50 mL)
Dopamin Sintetica	Dopamin	Konz f Inf Lös (IV) Amp 50 mg (5 mL), Amp 250 mg (10 mL)
Dopamin-ratiopharm®	Dopamin	(IV) Amp 50 mg (5 mL), Amp 250 mg (10 mL)
Dorm Tabl.	Diphenhydramin	Tabl 50 mg
Dormicum®	Midazolam	Filmtabl (mit Bruchrille) 7.5, 15 mg Inj Lös (IV, IM, IR) Amp 5 mg (1 mL), 5 mg (5 mL), 15 mg (3 mL), 50 mg (10 mL)
Dormocaps Schlaftabletten	Diphenhydramin	Tabl 50 mg
Dostinex®	Cabergolin	Tabl 0.5 mg
Doxacor	Doxazosin	Tabl 1, 2, 4, 8 mg
Doxakne®	Doxycyclin	Tabs 52 mg
Doxam mono	Doxycyclin	Tabl 100, 200 mg
Doxazosin-CIMEX	Doxazosin	Retardtabl 4, 8 mg
Doxorubicin «Ebewe»	Doxorubicin	Inj Lös (IV) Amp 10 mg (5 mL), 50 mg (25 mL), 100 mg (50 mL), 200 mg (100 mL)
Doxorubicin Actavis RD	Doxorubicin	Lyophilisat zur Herst Inj Lös (IV langsam) Durchstechfl 10, 50 mg
Doxorubicin APP	Doxorubicin	Lyophilisat zur Herst Inj Lös (IV) Amp 10, 20, 50 mg

Doxy - 1 A Pharma Tabl.	Doxycyclin	Tabl. (teilbar) 100, 200 mg
Doxy HEXAL®	Doxycyclin	Tabs 100 mg, 200 mg
Doxyclin®/- forte	Doxycyclin	Doxyclin®: Tabl (teilbar) 100 mg; Doxyclin® forte: Tabl (teilbar) 200 mg
Doxy-CT Tabletten	Doxycyclin	Tabl (teilbar) 100 mg; Tabl 200 mg
Doxycyclin-CIMEX	Doxycyclin	Tabl 100 mg
Doxyderma	Doxycyclin	Tabl 52 mg
Doxylag®	Doxycyclin	Kaps 100 mg
Doxy-M-ratiopharm®	Doxy-M-ratiopharm	Tabl (mit Bruchrille) 100, 200 mg
Doxysol®	Doxycyclin	Tabl (mit Bruchrille) 100, 200 mg
DreisaFol®	Folsäure	Tabl 5 mg
Drofaron®	Dimeticon + Aluminium + Magnesium	Lutschtabl: (180 mg Magnesium + 180 mg Aluminium + 50 mg Dimeticon)
Droperidol Sintetica 1 mg	Droperidol	Inj Lös (IV) Amp 1 mg (2 mL)
Dulcolax®	Bisacodyl	Drag: 5 mg Bisacodyl Suppo: 10 mg Bisacodyl
Duodopa Gel Solvay	Levodopa + Carbidopa	Gel PVC-Beutel 100 mL: (2000 mg Levodopa + 500 mg Carbidopa)
Duracain® 0.125%	Bupivacain	Inf Lös 0.125% Stechamp 62.5 mg (50 mL), Beutel 312.5 mg (250 mL)
durazepam®	Oxazepam	10mg Tbl./50mg forte Tbl.: 1 Tbl. enth.: Oxazepam 10mg/50mg.
Durogesic® SMAT	Fentanyl	SMAT, transdermales Pflaster: 12 µg/h (2.1 mg/5.25 cm2), 25 µg/h (4.2 mg/10.5 cm2), 50 µg/h (8.4 mg/21.0 cm2), 75 µg/h (12.6 mg/31.5 cm2), 100 µg/h (16.8 mg/42 cm2)
Dusodril®	Naftidrofuryl	Kaps 100 mg, Dragee 100 mg, Filmtabl 200 mg
Duspatal®	Mebeverin	1 überz. Tbl. enth.: 135mg Mebeverinhydrochlorid 1 Retardkaps. enth.: 200 mg Mebeverinhydrochlorid
dynacil® 5/10/20 mg Tbl	Fosinopril	Tabl (mit Kreuzbruchrille) 5, 10, 20 mg
dynacil® comp	Fosinopril + HCT	Tabl: (20 mg Fosinopril + 12.5 mg HCT)
Dynorm®	Cilazapril	Filmtabl (teilbar) 0.5, 1.0, 2.5, 5 mg
Dynorm® Plus	Cilazapril + HCT	Filmtabl mit Bruchrille.: 1 Filmtbl. enth.: Cilazapril 5,0mg, 12,5mg Hydrochlorothiazid.
E		
E Vitamin E 400 IE Kaps	Tocopherol-alpha	Kaps 400 mg (= 400 IE)
Ebenol® stark 0,5% Creme	Hydrocortison	Hydrocreme 5 mg/g, Tuben 30 g
Ebixa®	Memantin	Tabl (mit Bruchrille) 10 mg Tropflösung 10 mg/g (= 20 Trpf), Fl 50, 100 g
Ebrantil®	Urapidil	Hartkaps 30mg/-60mg/-90mg Inj Lös 25, 50 mg
ECURAL®	Mometason	Fettcreme: 1g Fettcreme.: 1mg Mometasonfuroat; Salbe: 1g Salbe: 1mg Mometasonfuroat; Lösung: 1g Lösung: 1mg Mometasonfuroat.
Edronax®	Reboxetin	Tabl (mit Bruchrille) 4 mg
Efemolin®	Fluorometholon + Tetryzolin	Augentrpf als Susp: (1 mg Fluorometholon + 0.25 mg Tetryzolin)/mL, Fl 5 mL
Effekton®	Ketoprofen	Gel 25 mg/g, Tuben 50, 100, 150 g
Efflumidex® Liquifilm	Fluorometholon	Augentropfen 1 mg/mL, Fl 5 mL
Effortil®	Etilefrin	Trpf 7.5 mg/g (ca. 15 Trpf), Fl 15, 50 g
Effortil® plus	Etilefrin + Dihydroergotamin (DHE)	Trpf: (10 mg Etilefrin + 2 mg DHE)/mL (=30 Trpf), Fl 50 mL
Eicosapen®	Omega-3-Fettsäuren	Kaps 500, 750 mg
Eldisine®	Vindesin	Trockensubst zur Herst Inj Lös (IV) Amp 5 mg
Elidel® 1%	Pimecrolimus	Creme 10 mg/g, Tuben 30, 60 g
Eligard® Depot	Leuprorelin	Pulver z Herst Inj Lös (SC) 7.5, 22.5, 45 mg als Depot für ein, drei, sechs Monate
Elontril®	Bupropion	Tabl: 150mg/300mg Bupropionhydrochlorid
Eloxatin®	Oxaliplatin	1 Durchstechfl. 50 mg in 10ml Konzentrat/100 mg in 20ml Konzentrat/200 mg in 40ml Konzentrat
Emadine®	Emedastin	Augentrpf: 1ml Lsg. Enth. Emedastin 0,05% (0,5mg/ml) als Difumarat
Emend®	Aprepitant	Kaps 80, 125 mg
Emla®	Lidocain + Prilocain	Creme 5%: (25 mg Lidocain + 25 mg Prilocain)/g, Tuben 30 g
Emovate®	Clobetason-17-Butyrat	Creme 0.5 mg/g, Tuben 25, 100 g Salbe 0.5 mg/g, Tuben 25, 100 g
Emselex®	Darifenacin	Retardtabl 7.5, 15 mg
Emtriva®	Emtricitabin	Hartkaps: 200 mg Emtricitabin 1 ml Lsg. z. Einn.: 10 mg Emtricitabin
Enabeta®	Enalapril	Tabl (mit Bruchrille) 1 Tbl. enth.: Enalaprilmaleat 2,5 mg/5 mg/10 mg/20 mg
Enadigal®	Enalapril + HCT	1 Tablette enthält: 10 mg Enalaprilmaleat und 25 mg Hydrochlorothiazid
enadura®	Enalapril + HCT	Tabl mit Bruchrille: 1 Tbl. enth.:10mg Enalaprilmaleat, 25mg Hydrochlorothiazid
EnaHexal® comp	HCT + Enalapril	Tabl: (20 mg Enalapril + 6 mg HCT)

E

Enalagamma®	Enalapril + HCT	Tbl.: Enalaprilmaleat 10/20mg, Hydrochlorothiazid 25/12.5mg
Enalapril AAA®	Enalapril	Tbl. enth.: 5mg/ -10mg/ -20mg Enalaprilmaleat
Enalapril HCT Sandoz®	HCT + Enalapril	Tabl teilbar: (20 mg Enalapril + 12,5 mg HCT)
Enalapril plus - 1 A Pharma	HCT + Enalapril	Tabl mit Rille: (12,5 mg HCT + 20 mg Enalapril)
Enalapril/HCT-Teva®	Enalapril + HCT	Tabl mit Rille: (12,5 mg HCT + 20 mg Enalapril)
Enalapril-Teva®	Enalapril	Tabl (mit Bruchrille) 10, 20 mg
Enalgamma® HCT	HCT + Enalapril	Tabl nicht zum Teilen geeignet: (20 mg Enalapril + 12.5 mg HCT)
Enalplus AL	HCT + Enalapril	Tabl: (6 mg HCT + 20 mg Enalapril Maleat)
Enbrel®	Etanercept	Pulver und Lös Mittel Inj Lös (SC), Durchstechfl 25, 50 mg + Fertigspritze zu 1 mL Wasser; Fertigspritzen 25 mg (0.5 mL), 50 mg (1 mL)
Encepur® Erwachsene/ Kinder	Impfstoff FSME-Virus Stamm K23	Impfstoff (IM, SC) f Erwachsene: 1 Dosis 0.5 mL enthält 1.5 µg inaktiviertes FSME-Virus Impfstoff f Kinder (IM, SC): 1 Dosis 0.25 mL enthält 0.75 µg inaktiviertes FSME-Virus
Endoxan®	Cyclophosphamid	Drag 50 mg Trockensubstanz f Inf Lös (IV) Fl 200, 500, 1000 mg
Enelfa Dr. Henk®	Paracetamol	Zäpfchen 125, 250, 500 mg
Engerix®-B Erwachsene	Hepatitis B Impfstoff	Impfdosis (für Erwachsene ab 18 Jahren) in Fertigspritzen (IM) 20 µg (1 mL) Hepatitis-B-Oberflächenantigen
Engerix®-B Kinder	Hepatitis B Impfstoff	Impfdosis (für Neugeborene, Kinder und Jugendliche) in Fertigspritzen (IM) 10 µg (0.5 mL) Hepatitis-B-Oberflächenantigen
Entocort®	Budesonid	Kaps: 3 mg Rektal Kombi-Pack.: 1 Tbl. enth.: 2,3mg Budesonid, 1 Klysma mit 115ml Lösungsmittel
Epi-Pevaryl®	Econazol	Creme: 8,58mg Econazol, Lotio: 8,58mg Econazol, 10g Lsg. (1 Btl.): 100mg Econazol
Epipevisone® Creme	Econazol + Triamcinolon	Crème: 10 mg Econazolnitrat, 1 mg Triamcinolonacetonid
Epivir®	Lamivudin	Filmtabl 150, 300 mg; Trinklösung 10 mg/mL, Fl 240 mL mit Dosierspritze
Eprex®	Erythropoetin alfa (Epoetin alfa)	(IV oder SC) Stechamp 40'000 IE (1 mL); Protecs: Inj Lösj (IV oder SC): Fertigspritzen 1'000 IE (8.4 µg/0.5 mL)., 2'000 IE (16.8 µg/0.5 mL)., 3'000 IE (25.2 µg/0.3 mL)., 4'000 IE (33.6 µg/0.4 mL)., 5'000 IE (42.0 µg/0.5 mL), 6'000 IE (50.4 µg/0.6 mL), 8'000 IE (67.2 µg/0.8 mL), 10'000 IE (84 µg/1 ml), 20'000 IE (168 µg/0.5 mL), 30'000 IE (252 µg/0.75 mL), 40'000 IE (336 µg/1 mL)
Eprosartan-ratiopharm®	Eprosartan	Filmtbl: 600 mg Eprosartan als Eprosartanmesilat
Eprosartan-ratiopharm® comp.	Eprosartan + HCT	Filmtbl: 600 mg Eprosartan als Eprosartanmesilat und 12,5 mg Hydrochlorothiazid
Erbitux®	Cetuximab	Inf Lös (IV) Durchstechfl 100 mg (50 mL)
Ergalea	Ethinylestradiol + Cyproteronazetat	Filmtabl: 2 mg Cyproteronacetat, 35 µg Ethinylestradiol
Ergenyl®	Valproinsäure	Filmtabl 150, 300, 500 mg, Retardtbl 300, 500mg Lös: 1mL 300 mg IV: 1 Amp 4ml Inj.-Lsg: 400mg (entspr. Valproinsäure 347,1mg), Durchstechfl. m. 400mg Pulv
Ery 500 - 1 A Pharma, Filmtbl	Erythromycin	Filmtabl: 694 mg Erythromycinstearat, entspr. 500 mg Erythromycin
Eryaknen® 2/4	Erythromycin	Gel 20 mg/g; Gel 40 mg/g, Tuben 30 g
Erydermec®	Erythromycin	Gel: 2%/4%: 1g Gel: 20mg/40mg Erythromycin
Erythrocin® i.v.	Erythromycin	Trockensubst zur Herst Inf Lös (IV) Amp 1 g
Erythrocin®/- ES	Erythromycin	Granulat in Beuteln 500, 1000 mg; ES: Filmtabl 500 mg
Esbericum®	Johanniskraut	Filmtabl 250 mg
Esidrix®	Hydrochlorothiazid (HCT)	Tabl mit Bruchrille 25 mg
Eskazole®	Albendazol	Tabl 400 mg
Esmeron®	Rocuroniumbromid	Inj Lös (IV) Amp 50 mg (5 mL), 100 mg (10 mL)
Esmocard Stragen	Esmolol	100mg/10ml Inj.-Lsg.: 10 mg/ml Esmolol-HCl (8,901 mg/ml Esmolol) 2500mg/10ml Konz. z. Herst. e. Inf.-Lsg.: 0,25 g/ml Esmolol-HCl
Esprenit®	Ibuprofen	Filmtabl 400, 600 mg; Retard Retardtabl 800 mg
Essex Basiscreme/Basissalbe	Vaselin + Paraffin	Basiscreme: (60 mg Paraffin + 150 mg Vaselin)/g; Basissalbe: (50 mg Paraffin + 950 mg Vaselin)/g
Estracomb TTS®	Estradiol	Estracomb TTS® 50: Pflaster 4 mg/10 cm2 (50 µg/24 h)
Estracyt®	Estramustin	Kaps 140 mg
Estradiol fem JENAPHARM®	Estradiol	Tabl: 2 mg Estradiol

Estradot®	Estradiol	Estradot® 25: Pflaster 0.39 mg/2.5 cm2 (25 µg/24 h); Estradot® 37.5: Pflaster 0.585 mg/3.75 cm2 (37.5 µg/24 h); Estradot® 50: Pflaster 0.78 mg/5 cm2 (50 µg/24 h); Estradot® 75: Pflaster 1.17 mg/7.5 cm2 (75 µg/24 h); Estradot® 100: Pflaster 1.56 mg/10 cm2 (100 µg/24 h)
Estramon®	Estradiol	Estramon® 25:Pflaster 2 mg/10 cm2 (25 µg/24 h); Estramon® 50: Pflaster 4 mg/20 cm2 (50 µg/24 h); Estramon® 100: Pflaster 8 mg/40 cm2 (100 µg/24 h)
Estrifam®	Estradiol	Filmtabl: 1 mg/2 mg Estradiol
Estring®	Estradiol	Vaginalring mit Depotöstrogen 2 mg (7,5 µg/24 h)
Etomidat®-Lipuro	Etomidat	Emulsion zur Inj (IV langsam) Glasamp 20 mg (10 mL)
Euphylong®	Theophyllin	retard, Hartkaps. 125, 200, 250, 300, 375, 500 mg
Eusaprim® forte	Co-Trimoxazol	Eusaprim forte Tabletten 1 Tablette enthält 800 mg Sulfamethoxazol und 160 mg Trimethoprim. Eusaprim K Suspension für Kinder 5 ml (= 1 Messlöffel) Suspension für Kinder enthalten 200 mg Sulfamethoxazol und 40 mg Trimethoprim.
Eusovit®	Tocopherol-alpha	Weichkaps 300 mg (= 300 IE), Weichkaps 600 mg (= 600 IE)
Euthyrox®	Levothyroxin	Tabl (mit Kreuzbruchrille) 25, 50, 75, 100, 125, 150, 175, 200 µg
Evion®	Tocopherol-alpha	Drag 100 mg (= 100 IE)
Evista®	Raloxifen	Filmtabl 60 mg
Excipial® Mandelölsalbe	Mandelöl	Creme; Fettcreme, U Hydrolotio, U Lipolotio
Exelon®	Rivastigmin	Kaps 1.5, 3, 4.5, 6 mg Orale Lösung 2 mg/mL, Flasche 120 mL (mit Dosierspritze)
Exelon® transdermales Pflaster	Rivastigmin	Exelon 5: 9 mg/5 cm2 (4.6 mg/24 h), Exelon 10: 18 mg/10 cm2 (9.5 mg/24 h)
Exforge®	Valsartan + Amlodipin	Amlodipin/Valsartan Filmtabl: 5/80 mg; 5/160 mg; 10/160 mg
Exjade®	Deferasirox	Dispergierbare Tabl 125, 250, 500 mg
Ezetrol®	Ezetimib	Tabl 10 mg
F		
Faktor VII NF Baxter	Faktor VII Gerinnungs-Antigen	Lyophilisat + Lös Mittel f Inj (IV) Durchstechfl 600 IE
Falicard®	Verapamil	Filmtabl 40, 80, 120 mg; retard, Retardtabl. 120 mg; RR Retardtabl 240 mg
Famvir®	Famciclovir	Filmtabl 125, 250 mg; Filmtabl Zoster 250 mg
Faslodex®	Fulvestrant	Inj Lös (IM) Fertigspritzen 250 mg (5 mL)
Fasturtec®	Rasburicase	Trockensubstanz für Inf Lös (IV) Durchstechfl 1.5 mg (1 mL), 7.5 mg (5 mL)
Feiba NF	Faktor VIII Gerinnungs-Antigen	Anti-Inhibitor-Faktorenkomplex mit standardisierter Trockensubst + Lösungsmittel (IV) Durchstechfl 500 E, 1000 E
Felobeta®	Felodipin	Retardtabl 5, 10 mg
Felodipin retard Heumann	Felodipin	Retardtabl 2.5, 5, 10 mg
Felodipin Sandoz®	Felodipin	Retardtabl 2,5, 5, 10 mg
Felodipin-Mepha®	Felodipin	Depotabs 2.5, 5, 10 mg
Femara®	Letrozol	Filmtabl 2.5 mg
Femigyne-ratiopharm®	Ethinylestradiol + Levonorgestrel	Tabl: 0,15 mg Levonorgestrel, 0,03 mg Ethinylestradiol
Fenistil®	Dimetinden	Inj Lös (IV) Amp 4 mg (4 mL); Drag 1 mg; Trpf 1 mg/mL (= 20 Trpf), Fl 20, 50 mL; Gel 1 mg/g, Tuben 30, 100 g; Retardkaps 4 mg; Emulsion "Roll-on" 1 mg/g, Fl 8 mL
Fenistil® Pencivir bei Lippenherpes	Penciclovir	1 g Creme enthält: 10 mg Penciclovir
Fentanyl HEXAL®	Fentanyl	Inj Lös (IV) Amp 0.10 mg (2 mL), Amp 0.5 mg (10 mL)
Fentanyl Sandoz® MAT	Fentanyl	Pflaster 12 µg/h (2.1 mg/5.25 cm2), 25 µg/h (4.2 mg/10.5 cm2), 50 µg/h (8.4 mg/21.0 cm2), 75 µg/h (12.6 mg/31.5 cm2), 100 µg/h (16.8 mg/42 cm2)
Fentanyl®-Janssen	Fentanyl	Inj Lös (IV) Amp 0.10 mg (2 mL), Amp 0.5 mg (10 mL)
Fentanyl-CIMEX TTS	Fentanyl	Pflaster 25 µg/h (4.125 mg Fentanyl auf 7.5 cm²), Pflaster 50 µg/h (8.25 mg Fentanyl auf 15 cm²), Pflaster 75 µg/h (12.375 mg Fentanyl auf 22.5 cm²), Pflaster 100 µg/h (16.5 mg Fentanyl auf 30 cm²)
Fentanyl-ratiopharm®	Fentanyl	Inj Lös (IV) Amp 0.10 mg (2 mL), Amp 0.5 mg (10 mL)
Ferinject®	Eisencarboxymaltose	Inj Lös: 50mg Eisen/ml Inj.-/Inf.-Fl. 2ml/10ml
Ferro sanol® duodenal	Eisen II	Hartkaps 50 + 100 mg

ferro sanol® gyn	Folsäure + Eisen II	Hartkaps: (80 mg Eisen + 1 mg Folsäure)
Ferrum Hausmann®	Eisen III	Lösg: 178,6 mg/ml Eisen(III)-hydroxid-Polymaltose-Komplex (50 mg/ml Eisen) Retardkaps: 304 mg Eisen(II)-fumarat (100 mg Eisen) Sirup: 37,25 mg (MW)/ml Eisen(III)-hydroxid-Polymaltose-Komplex (10 mg/ml Eisen)
Fevarin®	Fluvoxamin	Filmtabl (mit Bruchrille) 50, 100 mg
Finalgon® Caspicum	Cayenne-Pfeffer (Flüssigextrakt)	Creme
Finascar®	Finasterid	Filmtabl 5 mg
Finasterid acis®	Finasterid	Filmtabl 5 mg
Finasterid Sandoz®	Finasterid	Filmtabl 5 mg
Finasterid-Actavis	Finasterid	Filmtabl 5 mg
Finasterid-TEVA®	Finasterid	Filmtabl 5 mg
Finural®	Finasterid	Filmtabl 5 mg
Flagyl®	Metronidazol	1 Filmtablette enthält 400 mg Metronidazol
Flammazine®	Sulfadiazin	Creme 10 mg/g, Tuben 25, 50, 80, 500 g
Floxal®/- UD	Ofloxacin	Augentropfen 3 mg/mL, Fl 5 mL; Augensalbe 3 mg/g, Tuben 3 g; Augentropfen 3 mg/mL Unidosis 0.5 mL
Fluad® 2008/2009	Impfstoff (Grippenvirus)	Inj Susp (IM) in Fertigspritzen 0.5 mL
Fluanxol® Depot	Flupentixol	Fluanxol® Depot: Inj Lös 2% (IM) Amp 20 mg (1 mL) Inj Lös 10% (IM) Amp 100 mg (1 mL)
Fluanxol® Dragees	Flupentixol	Drag 0.5, 2, 5 mg
Flucinar® Creme/Salbe 0,025%	Fluocinolonacetonid	Creme 0.25 mg/g, Tuben 15 g: Salbe 0.25 mg/g, Tuben 15 g
Flucobeta®	Fluconazol	Kaps 50, 100, 150, 200 mg
Flucoderm	Fluconazol	Kaps 50, 100, 150, 200 mg
Fluconazol Aristo®	Fluconazol	Kaps 50, 150, 200 mg
Fluconazol i.v. Deltaselect	Fluconazol	Inf Lös (IV) 100 mg (50 mL), 200 mg (100 mL), 400 mg (200 mL)
Fluconazol Q-Generics	Fluconazol	Kaps 50, 100, 150, 200 mg
Fluconazol Redibag	Fluconazol	Inf Lös (IV) Sachet 100 mg (50 mL), 200 mg (100 mL), 400 mg (200 mL)
Fluconazol Sandoz®	Fluconazol	Kaps 100, 150, 200 mg
Fluconazol-CT	Fluconazol	Kaps 50, 100, 150, 200 mg
Fluconazol-HEXAL®	Fluconazol	Kaps 50, 100, 150, 200 mg Inf Lös (IV) Stechamp 100 mg (50 mL), 200 mg (100 mL)
Fluconazol-ratiopharm®	Fluconazol	Kaps 100, 150, 200 mg
Fluimucil®	Acetylcystein (N-)	Filmtabl 600 mg; Brstabl 200, 600 mg Granulat in Beuteln 100, 200, 600 mg Sirup 100 mg/5 mL, Fl 100, 150 mL
Fluimucil® 10%	Acetylcystein (N-)	Inj Lös (IV, IM, Instillationen: intraaurikulär, intranasal, endotrachial) Amp 300 mg (3 mL)
Fluimucil® 20%	Acetylcystein (N-)	Inf Lös (IV) Amp 5 g (25 mL)
Fluimucil® Erkältungshusten	Acetylcystein (N-)	Lingualtabl 200 mg; Brstabl 200, 600 mg Granulat in Beuteln 200, 600 mg
Flumid®	Flutamid	Tabl 250 mg
Flunarizin acis®	Flunarizin	5mg Kaps.: 1 Kaps. enth.: 5,9mg Flunarizin-2HCl entspr. 5mg Flunarizin. 10mg Kaps.: 1 Kaps. enth.: 11,8mg Flunarizin-2HCl entspr. 10mg Flunarizin.
Flunazul®	Fluconazol	Kaps 50, 100, 200 mg
Fluoxetin AL	Fluoxetin	Tabl (teilbar) 20 mg
Fluoxetin Sandoz®	Fluoxetin	Kaps 20 mg, Tabl (teilbar) 10, 20, 40 mg
Fluoxetin STADA®	Fluoxetin	Tabl teilbar 20 mg
Fluoxetin-biomo®	Fluoxetin	Kaps 20 mg, Tabl 20 mg
Fluoxetin-CT	Fluoxetin	Hartkaps 20 mg
Fluoxetin-neuraxpharm®	Fluoxetin	Tabl 20 mg, Hartkaps 20 mg
Fluoxetin-ratiopharm®	Fluoxetin	Tabl (teilbar) 20 mg, Hartkaps 20 mg Lösung 20 mg/5 mL, Fl 70 mL
Fluoxetin-TEVA®	Fluoxetin	Kaps 20 mg, Tabl (teilbar) 20 mg
Flutide®	Fluticason	Isotonische Suspension zur Inhalation 0.5 mg/2 mL, 2 mg/2 mL
Flutide®	Fluticason	Dosier-Aerosol 50, 125, 250 µg/Stoss, 120 Dosen; Disk 100, 250, 500 µg pro Einzeldosis (4 Einzeldosen pro Disk)
Flutide® Nasetten	Fluticason	Suspension zur nasalen Spülung 400 µg/ Einzeldosis
Flutivate® Creme/Salbe	Fluticason	Creme 500 µg/g, Salbe 50 µg/g, Tuben 25, 100 g
Fluvastatin - 1 A Pharma	Fluvastatin	Hartkaps 20, 40 mg, Retardtabl 80 mg
Fluvastatin Sandoz®	Fluvastatin	Hartkaps 20 mg, 40 mg
Fluvoxamin-TEVA	Fluvoxamin	Filmtabl (mit Bruchrille) 50, 100 mg
Fluxet®	Fluoxetin	Hartkaps 20 mg
FML-Neo® Liquifilm	Fluorometholon + Neomycin	Augentrpf: (1 mg Fluorometholon + 3.5 mg Neomycin)/mL, Fl 5mL

Folcur®	Folsäure	Tabl 5 mg
Folsan®	Folsäure	Tabl 0.4, 5 mg
Folverlan®	Folsäure	Tabl 5 mg
Foradil®	Formoterol	Dosieraerosol 12 µg/Sprühstoss, Behälter zu 10.3 g = 100 Stösse
Foradil® P Pulver zur Inhalation	Formoterol	Kaps mit Pulver zur Inhalation zu 12 µg, 60 Dosen
Forsteo®	Teriparatid	Inj Lös (SC) vorgefüllter Injektor 750 µg (3 mL), 1 Inj/d während 18 Monaten
Fortecortin® Inject	Dexamethason	Inj Lös (IV, IM, SC) Amp 4 mg (1 mL); Inj Lös (IV) Amp 8 mg (2 mL) Fertigspritzen 40 mg (5 mL), 100 mg (10 mL)
Fortecortin® Tabletten	Dexamethason	Tabl 4 mg
Fortum®	Ceftazidim	Trockensubstanz für Inj/Inf Lös Stechamp (IV, IM) 500 mg,1 g, (IV) 2 g
Forum C retard	Ascorbinsäure	Tabl 500 mg
Fosamax®	Alendronat	Tabl 10 mg; Wochentabl 70 mg
Fosavance®	Alendronat + Vitamin D	Wochentabl: (70 mg Alendronat + 2800 IE Vit D)
Fosavance®	Vitamin D + Alendronat	Alendroat/Vit D Wochentabl: 70mg/2800 IE; 70 mg/5600 IE
Foscavir®	Foscarnet	Inf Lös (IV langsam!) 24 mg/mL (= 80 µmol/mL), Fl 250 mL
Fosino-TEVA®	HCT + Fosinopril	comp Tabl: (20 mg Fosinopril + 12.5 mg HCT)
Fragmin®	Dalteparin	Inj Lös (SC) Amp 10'000 IE (1 mL), Amp 10'000 IE (4 mL) Mehrfach-Amp 100'000 IE (4 mL) Fertigspritzen 2'500 IE (0.2 mL), 5'000 IE (0.2 mL), 7'500 IE (0.3 mL), 10'000 IE (0.4 mL), 12'500 IE (0.5 mL), 15'000 IE (0.6 mL), 18'000 IE (0.72 mL)
Fraxiparin®	Nadroparin	0.2ml (1900 I.E.), 0.3ml (2850 I.E.), 0.4ml (3800 I.E), 0.6ml (5700 I.E.), 0,8ml (7600 I.E.), 1,0ml (9500 I.E.); multi Durchstechfl. 5, 15ml: 47500 I.E.; 142500 I.E.
Fraxodi®	Nadroparin	1,0 ml (19.000 I.E.), 0,8 ml (15.200 I.E.), 0,6 ml (11.400 I.E.)
Frisium®	Clobazam	Tbl. 10mg, Tabs 20mg
FSME-IMMUN Erwachsene	Impfstoff FSME-Virus	Inj Susp (IM) 0.5 mL: 2.4 µg FSME-Virus-Antigen, Fertigspritzen 0.5 mL
Fucicort®	Fusidinsäure + Betamethason	Creme: (1 mg Betamethason + 20 mg Fusidinsäure)/g, Tuben 5, 15, 30, 60 g
Fucidine® H	Fusidinsäure + Hydrocortison	Creme: (10 mg Hydrocortison + 20 mg Fusidinsäure)/g, Tuben 15, 30 mg
Fungizid-ratiopharm®	Clotrimazol	1 Vaginaltbl. enth. 200 mg Clotrimazol 1 g Creme enth. 10 mg Clotrimazol Pumpspray: 1 ml Lsg. enth. 10 mg Clotrimazol
Fungizid-ratiopharm® Extra Creme	Terbinafin	Creme 10 mg/g, Tuben 15, 30 g
Furadantin® retard	Nitrofurantoin	Kaps retard 100 mg
Furanthril®	Furosemid	Tabl (teilbar) 40, 500 mg
Furorese comp®	Spironolacton + Furosemid	Filmtabl: (50 mg Spironolacton + 20 mg Furosemid), (100 mg Spironolacton + 20 mg Furosemid)
Furorese®	Furosemid	Tabl (mit Bruchrille) 40 mg Inj Lös (IV, IM) Amp 20 mg (2 mL)
G		
Gabagamma®	Gabapentin	Hartkaps 100, 300, 400 mg, Filmtabl 600, 800 mg
Gabapentin Sandoz®	Gabapentin	Hartkaps 100, 300, 400 mg, Filmtabl (teilb.) 600, 800 mg
Gabapentin TAD®	Gabapentin	Hartkaps 100, 300, 400 mg, Filmtabl 600, 800 mg
Galvus®	Vildagliptin	Tabl 50 mg
Gastrosil®	Metoclopramid	Tabl 10 mg; Hartkaps 15, 30 mg, Tropfen 6mg/mL
Gelafundin®	Gelatine succinyliert (modifiziert flüssige Gelatine)	Isoonkotisch wirkende Gelatinelös (IV) 40 g/1000 mL, Ecobag 500, 1000 mL (7.01 g Natriumchlorid + 1.36 g Natriumhydroxid), Natrium 154 mmol/L, Chlorid 120 mmol/L, theoretische Osmolarität 274 mosm/L, Maximaldosis: 10-15 Liter/24 h
GeloNasal®	Xylometazolin	Tropfen 0,05%: 1ml Lsg. enth.: 0,5mg Xylometazolin-HCl. Spray 0,10%: 1ml Lsg. enth.: 1,0mg Xylometazolin-HCl.
Gelonida®	Paracetamol + Codein	1 Tbl. enth.: 500 mg Paracetamol, 30 mg Codeinphosphat·½ H2O
Gemzar®	Gemcitabin	Lyophilisat zur Herst Inf Lös (IV), Amp 200, 1000 mg
Gentamicin HEXAL	Gentamicin	Inj Lös (IV oder IM oder subkonjunktival) Amp 40, 60, 80 mg
Gentamicin-POS®	Gentamicin	Augentrpf 3 mg/mL, Fl 5 mL Augensalbe 3 mg/g, Tuben 2,5 g

Gentamycin	Gentamicin	Creme 0,1%: 1 mg/g, Tuben 15, 50, 100 g Salbe 0,1 %: 1 mg/g, Tuben 15, 50, 100 g Augentropfen 0,3%: 3 mg/mL, Fl 5 mL
Gernebcin®	Tobramycin	(IM) Amp 20 mg (2 ml), 40 mg (1 mL), 80 mg (2 mL)
Gevilon® 600/900	Gemfibrozil	Filmtabl 600, 900 mg
Glaupax®	Acetazolamid	Tabl 250 mg
Glibenclamid Sandoz®	Glibenclamid	Tabl 1,75, 3.5 mg
Glimedoc®	Glimepirid	Tabl (teilbar) 1, 2, 3, 4 mg
Glimegamma®	Glimepirid	Tabl (teilbar) 1, 2, 3, 4, 6 mg
Glimepirid dura®	Glimepirid	Tabl teilbar 1, 2, 3, 4, 6 mg
Glimepirid Sandoz®	Glimepirid	Tabl (teilbar) 1, 2, 3, 4 mg
Glimepirid Winthrop®	Glimepirid	Tabl (mit Bruchrille) 1, 2, 3, 4, 6 mg
Glivec®	Imatinib	Filmtabl (teilbar) 100; (nicht teilbar) 400 mg
GlucaGen®	Glucagon	Trockensubst (SC, IM, IV) Amp 1 mg (1 mL)
Glucobay®	Acarbose	Tabl 50, 100 mg
glucobon biomo	Metformin	500 Filmtbl. /-850 Filmtbl./-1000mg Filmtbl
Glucophage®	Metformin	Filmtabl 500, 850 mg; Filmtabl teilbar 1000 mg
Glucophage®	Metformin	500mg/-850mg/-1000mg Filmtbl
Glycylpressin®	Terlipressin	Trockensubst Inj Lös (IV) Amp 1 mg (5 mL)
Gracial®	Ethinylestradiol + Desogestrel	Tabl blau: (0.04 mg Ethinylestradiol + 0.025 mg Desogestrel); Tabl weiss: (0.03 mg Ethinylestradiol + 0.125 mg Desogestrel)
Granisetron HEXAL®	Granisetron	Filmtabl 1, 2 mg, Inj.lösg./Konz. 1 mg/ml, 3ml
Grippal + C ratiopharm®	Acetylsalicylsäure + Paracetamol + Ascorbinsäure	Brstabl: (300 mg Acetylsalicylsäure + 200 mg Paracetamol + 300 mg Ascorbinsäure)
GRIPPEX®	Paracetamol	Brausetbl. 500 mg
Grippostad®	Paracetamol	1 Btl. mit 5g Plv. enth.: 600mg Paracetamol.
Gurgellösung-ratiopharm®	Dequaliniumchlorid	Gurgellös 10 mg/100 mL, Fl 200 mL
Gutron®	Midodrin	Tabl 2.5 mg Tropflösung 10 mg/mL (= 30 Trpf), Fl 10, 20 mL
Gyno-Canesten®	Clotrimazol	Vaginaltabl 100 mg
Gyno-Canesten® 3	Clotrimazol	Vaginaltabl 200 mg; DUO-Pack: Creme 1% 10 mg/g, mit Applikator + 3 Vaginaltabl 200 mg
Gyno-Daktar®	Miconazol	1g Vag.-Creme enth.: Miconazolnitrat 20mg
Gyno-Pevaryl®	Econazol	Vaginalovula 50, 150 mg Vaginalcrème 10 mg/g
Gyno-Pevaryl® Depot	Econazol	Ovulum 150 mg
GynPolar®	Estradiol	Gel: 0,5mg/1,0mg Estradiol ½H2O
H		
Haemate® P	Faktor VIII Gerinnungs-Antigen	Trockensubstanz, mit Blutgerinnungsfaktor VIII und von-Willebrand-Faktor vom Menschen zur Herst Inj Inf Lös (IV) Amp 250 IE (5 mL), 500 IE (10 mL), 1000 IE (15 mL)
Haemopressin®	Terlipressin	Trockensubst Inj Lös (IV) Amp 1 mg (5 mL)
HAES-steril® 3%6%/10%	Hydroxyethylstärke	HAES-steril® 6%: (60 g Stärke + 154 mmol Na + 154 mmol Cl)/L, Osmolarität 308 mosml/L, Maximaldosis: 33 mL/kg/24 h HAES-steril® 10%: (100 g Stärke + 154 mmol Na + 154 mmol Cl)/L, Osmolarität 308 mosm/L, Maximaldosis: 20 mL/kg/24 h
Halcion®	Triazolam	Tabl (mit Bruchrille) 0.250 mg
Haldol®-Janssen	Haloperidol	Tabl 2,5, 10 mg
Haloperidol HEXAL®	Haloperidol	Trpf 2 mg/mL (20 Trpf), Fl 30, 50, 100 mL; Trpf 10 mg/mL (20 Trpf), Fl 30, 50, 100 mL
Haloperidol-neuraxpharm®	Haloperidol-Dekanoat	(IM) Amp 50 mg (1 mL), Amp 100 mg (1 mL)
Havrix® 1440	Hepatitis A Impfstoff	Inj Susp (IM in den Deltoideus) in Fertigspritzen 1 mL (1440 Antigen-Einheiten Hepatitis-A-Virus)
Havrix® 720 Kinder	Hepatitis A Impfstoff	Inj Susp (IM in den Deltoideus) in Fertigspritzen 0.5 mL (720 Antigen-Einheiten Hepatitis-A-Virus)
HBVAXPRO®	Hepatitis B Impfstoff	Inj Lös in Fertigspritzen 10 µg (1 mL) Hepatitis-B-Oberflächenantigen; Amp 0.5 mL (5 µg), Amp 10 µg (1 mL), 40 µg (1 mL) Hepatitis-B-Oberflächenantigen
hefasolon®	Prednisolon	Amp 40 mg
Heitrin®	Terazosin	Tabl 1, 2, 5 mg
Helixate® NexGen	Faktor VIII Gerinnungs-Antigen	Rekombinanter humaner Blutgerinnungsfaktor VIII Trockensubstanz + Lösungsmittel für Inj Lös (IV) Durchstechfl 250 IE (2.5 mL), 500 IE (5 mL), 1000 IE (10 mL)
Hemohes® 6%/10%	Hydroxyethylstärke	Hemohes® 6%: (60 g Stärke + 154 mmol Na + 154 mmol Cl)/L, Osmolarität 308 mosm/L, Maximaldosis: 33 mL/kg/24 h; Hemohes® 10%: (100 g Stärke + 154 mmol Na + 154 mmol Cl)/L, Osmolarität 308 mosm/L, Maximaldosis: 20 mL/kg/24 h

Hemolax 5mg Drg	Bisacodyl	5 mg Bisacodyl
Hemovert 50 mg Tabl.	Dimenhydrinat	Tabl 50 mg
Hepan-Calcium-ratiopharm®	Heparin	Inj Lös (IV, SC) Fertigspritzen 12'500 IE (0.5 mL), 7'500 IE (0,3 mL), 5'000 IE (0.2 mL)
Heparin Natrium Braun	Heparin	Inj Lös (IV, SC) Amp 25'000 IE (5 mL)
Heparin-Natrium-25.000-ratiopharm®	Heparin	Inj Lös (IV, SC) Durchstechfl. 25'000 IE (5 mL)
Heparin-ratiopharm® Sport-Gel	Heparin	Sport-Gel 600 IE/g, Tuben 50, 100, 150 g
Hepatect CP	Immunglobulin (human) Hepatitis B	Plasmaprotein vom Menschen 50 mg/mL, davon ≥95% Immunglobulin G: Inf Lös (IV langsam) Durchstichfl 100 IE (2 mL), Durchstichfl 500 IE (10 mL), Durchstichfl 2000 IE (40 mL)
Hepatitis B-Immunglobulin Behring	Hepatitis B (Humanes Immunglobulin)	Inj Lös (IM) 100-170 mg Humanproteine (= mind. 200 IE Ak), Proteinkonzentration der Lösung beträgt 15% (m/V), wovon 95% IgG, Fertigspritzen 1, 5 mL
Hepsera®	Adefovir	Filmtabl 10 mg
Herphonal®	Trimipramin	Tabl (teilbar) 25, 100 mg Tropfen 4% 40 mg/mL (= 40 Trpf), Fl 30 mL
Herz-ASS-ratiopharm®	Acetylsalicylsäure	Tabl 50, 100 mg
HEXAL®-Lösung	Chlorhexidin	100 g (97,2 ml) Lsg. zur Anwend. in der Mundhöhle enth. 0,1 g Chlorhexidinbis(D-gluconat)
Hicoseen®	Butamirat + Guaifenesin + Dextromethorphan	Sirup: (3.67 mg Dextromethorphan + 1.75 mg Butamirat + 15 mg Guaifenesin)/5 mL, Fl 200 mL
Holoxan®	Ifosfamid	Trockensubst für Inf Lös (IV) Durchstechfl 500 mg, 1 g, 2 g
Humalog®	Insulin Lispro	Humalog® Inj Lös (SC, notfalls IM) Amp1000 IE (10 mL), Amp für Pen 300 IE (3 mL), Fertigspritzen 300 IE (3 mL) Humalog® Mix 25 Inj Lös (SC): Amp für Pen 300 IE (3 mL), Fertigspritzen 300 IE (3 mL) Humalog® Mix 50 Inj Lös (SC) Amp 300 IE (3 mL), Fertigsp
Human Albumin 200 g/L Baxter	Albumin	Hyperonkotische Inf Lös 20% (IV) Proteine mit Humanalbumin-Anteil von mind. 95% und einem Proteingehalt von 19 g/100 mL, sowie Natriumcaprylat 16 mmol/L, Fl 200 g (100 mL)
Human Albumin 50 g/L Baxter	Albumin	Hyperonkotische Inf Lös 5% (IV) Proteine mit Humanalbumin-Anteil von mind. 95% und einem Proteingehalt von 4.75 g/100 mL, sowie Natriumcaprylat 4 mmol/L, Fl 12.5 g (250 mL), Fl 25 g (500 mL)
Humanalbumin Octalbin 20%	Albumin	Inf Lös 20% (IV) Fl 10 g Humanalbumin (50 mL), Fl 20 g Humanalbumin (100 mL)
Humanalbumin Octalbin 5%	Albumin	Inf Lös 5% (IV) Fl 5 g Humanalbumin (100 mL), Fl 12.5 g Humanalbumin (250 mL)
Humatin®	Paromomycin	Kaps 250 mg Paromomycin Pulvis: 1000 mg Paromomycin
Huminsulin Basal®	Insulin (human)	Inj Lös (SC, IM) Patr f Penholder 300 IE (3 mL), Fertigspritzen 300 IE (3 mL)
Humira®	Adalimumab	Inj Lös (SC) Fertigspritzen 40 mg (0.8 mL)
HYALART®	Hyaluronsäure (Na-Salz)	Inj Lös (intra-artikulär) Fertigspritzen 20 mg (2 mL)
Hydrocortison acis®	Hydrocortison	Tabl 10 mg
Hydrocortison GALEN®	Hydrocortison	Tabl teilbar 10 mg
Hygroton®	Chlortalidon	Tabl (mit Bruchrille) 25, 50 mg
Hyperforat®	Johanniskraut	Filmtabl 250 mg
HyperHAES®	Hydroxyethylstärke	Inf Lös (IV) freeflex-Beutel: (60 g Stärke + 1232 mmol Na + 1232 mmol Cl)/L, Osmolarität 2464 mosm/L
Hypnorex® retard Retardtbl.	Lithium	Retardtabl 400 mg Lithiumcarbonat (= 10.8 mmol Lithium)
I		
Ichtholan® 10%, 20%, 50%	Ammoniumbituminosulfonat	Salbe 10% (100 mg/g), 20% (200 mg/g), 50% (500 mg/g), Tuben 40 g
Ilomedin®	Iloprost	Inf Lös Konzentrat (IV) Amp 20 µg (1 mL)
Imazol®	Prednisolon + Clotrimazol + Hexamidin	1g Creme enth.: Clotrimazol 10mg, Prednisolonacetat (Ph. Eur.) 5mg, Hexamidindiisetionat 2,5mg
Imazol® comp. Creme	Clotrimazol + Prednisolonazetat + Hexamidin	1g Creme enth.: Clotrimazol 10mg, Prednisolonacetat 5mg, Hexamidindiisetionat 2,5mg
Imidin®N	Xylometazolin	N Nasenspray: 1 Sprühstoß mit 0,09ml Lsg. enth.: 0,09mg Xylometazolin-HCl. N Nasentropfen: 1 Tropf. mit 0,025ml Lsg. enth.: 0,025mg Xylometazolin-HCl.
Imigran®/- T	Sumatriptan	Filmtabl 50, 100 mg Inj Lös (SC) Patronen für Pen-Gerät 6 mg (0.5 mL), Nasal mite Spray 10 mg/0.1 mL, 2 Dosen; Nasal Spray 20 mg/0.1 mL, 2 Dosen

IMMUNATE STIM plus	Faktor VIII Gerinnungs-Antigen	Trockensubstanz, mit Blutgerinnungsfaktor VIII und von-Willebrand-Faktor angereicherte Humanplasmafraktion (IV) Amp 250 IE (5 mL), 500 IE (10 mL), 1000 IE (15 mL)
Immunine	Faktor IX Gerinnungs-Antigen	Humaner Koagulationsfaktor IX: Trockensubst + Lös Mittel für Inj Lös (IV) Fl 600 IE (5 mL), 1200 IE (10 mL)
Immunosporin®	Ciclosporin	Weichkaps: 25mg, 50mg, 100mg
Imodium akut Complex Tbl.	Loperamid + Simethicon	Tabl: (2 mg Loperamid + 125 mg Simethicon)
Imodium®/- lingual	Loperamid	Imodium®: Kaps 2 mg; Sirup 0.2/mL, Fl 100 mL; Imodium® lingual: Schmelztabl 2 mg
Importal® Pulv.	Lactitol	Pulver in Beuteln 10 g
Imurek®	Azathioprin	Filmtabl 25, 50 mg, Trockenamp f Inj Lös (IV) 50 mg
Indapamid Heumann	Indapamid	Retardtabl 1.5 mg
INDA-PUREN®	Indapamid	Kaps 2.5 mg
Indo-CT	Indometacin	Supp 50, 100 mg Hartkaps 25. 50 mg; Retardlaps 75 mg
Indomet-ratiopharm®	Indometacin	Zäpfchen 50, 100 mg Hartkaps 25, 50 mg; Retardkaps 75 mg
Inegy®	Ezetimib + Simvastatin	Ezetimibe/Simvastatin Tabl: 10/10 mg, 10/20mg, 10/40mg, 10/80 mg
Infanrix® DTPa-IPV	Diphtherie + Tetanus + Pertussis (Impfstoff)	Impfdosis (tief IM) Susp in Fertigspritzen 0.5 mL: (mind. 30 IE Diphtherie-Toxoid + mind. 40 IE Tetanus-Toxoid + 25 µg Pertussis-Toxoid + 25 µg filamentöses Hämagglutinin + 8 µg Pertactin + 40 D-Antigeneinheiten inaktiviertes Poliovirus Typ 1 + 8 Antigen-E vom Typ 2 + 32 Antigen-E vom Typ 3)
Infanrix® hexa	Tetanus + Diphtherie + Pertussis (Impfstoff)	Impfdosis (tief IM) Susp in Fertigspritzen 0.5 mL: (mind. 30 IE Diphtherie-Toxoid + mind. 40 IE Tetanus-Toxoid + 25 µg Pertussis-Toxoid + 25 µg filamentöses Hämagglutinin + 8 µg Pertactin + 40 D-Antigeneinheiten inaktiviertes Poliovirus Typ 1 + 8 Antigen-E vom Typ 2 + 32 Antigen-E vom Typ 3)
InfectoBicillin®	Phenoxymethylpenicillin (Penicillin V)	Saft 750: 5ml (1 Meßl.) enth.: 750.000 I.E. (594,3mg) Phenoxymethylpenicillin-Benzathin.
INFECTOCIPRO®	Ciprofloxacin	Saft: 250, 500 mg
Infectoflam®	Fluorometholon + Gentamicin	Augentrpf: (1 mg Fluorometholon + 3 mg Gentamicin)/mL, Fl 5mL Augensalbe: (1 mg Fluorometholon + 3 mg Gentamicin)/g, Tuben 4 g
InfectoKrupp® Inhal	Epinephrin	10ml enth.: 72,8mg L-Epinephrinhydrogentartrat (entspr. 40mg L-Epinephrin).
Infectopedicul®	Permethrin	Lsg.: 1 ml enth.: Permethrin 4,4mg
Infectopyoderm®	Mupirocin	1g Salbe enth.: Mupirocin 20mg.
Inflanefran® Augentropfen	Prednisolon	1ml enth.: Prednisolon-21-acetat 10,0mg
Inflexal V 2008/2009	Impfstoff (Grippenvirus)	Inj Susp (IM, tief SC) in Fertigspritzen 0.5 mL
Influvac® 2008/2009	Impfstoff (Grippenvirus)	Inj Susp (IM) in Fertigspritzen 0.5 mL
Insidon®	Opipramol	50mg Drg, 100mg Filmtbl Tropfen: 100mg/mL
Inspra®	Eplerenon	Filmtabl 25, 50 mg
Insuman® Basal	Insulin (human)	Insulin-Lös für Inj (SC) Patronen 10.5 mL = 300 IE (3 mL), OptiPen 10.5 mL = 300 IE (3 mL)
Insuman® Comb 25	Insulin (human)	Insulin-Lös für Inj (SC) Patronen 10.5 mL = 300 IE (3 mL), OptiPen 10.5 mL = 300 IE (3 mL)
Insuman® Infusat	Insulin (human)	Inj Lös (SC, IV) Patronen f Insulinpumpe 11.02 mg = 315 IE (3.15 mL)
Insuman® Rapid	Insulin (human)	Insulin-Lös für Inj (SC) Patronen 10.5 mg = 300 IE (3 mL), Fertigpen 10.5 mg = 300 IE (3 mL)
Integrilin®	Eptifibatid	Inj Lös (IV) Amp 20 mg (10 mL); Inf Lös (IV) Fl 75 mg (100 mL)
Intratect®	Immunglobulin IgG nicht spezifiziert (human)	Inf Lös (IV) 50 mg Proteine pro mL, wovon > 95% IgG (Verteilung IgG-Subklassen ca. 57% IgG1, 37% IgG2, 3% IgG3, 3% IgG4) Durchstechfl 1 g (20 mL), 2.5 g (50 mL), 5 g (100 mL), 10 g (200 mL)
IntronA®	Interferon alfa 2b	Pulver + Lös Mittel für Inj Lös (IV, SC, IL) Amp 10 Mio IE; Inj Lös Amp (IV, SC, IL) 3 Mio IE (0.5 mL), 5 Mio (0.5 mL), 10 Mio IE (1 mL), 18 Mio IE (2 mL), 25 Mio (2.5 mL); Fertigspritzen (IV, SC, IL) 18 Mio, 30 Mio, 60 Mio IE (1.2 mL)
Invanz®	Ertapenem	Trockensubst (IV) Durchstechfl 1 g
Invirase®	Saquinavir	Filmtabl 500 mg
Ipocol® sine saccharo	Divistyramin	Beutel zu 4 g (enthält 3 g Divistyramin Lagap)
Ipramol TEVA	Ipratropiumbromid + Salbutamol	Inhalationslösung Amp 2.5 mL: (2.5 mg Salbutamol + 0.5 mg Ipratropiumbromid)
Irtan®	Nedocromil	Augentropfen 20 mg/mL, Fl 5 mL
ISDN HEXAL®	Isosorbiddinitrat	retard Hartkaps retardiert 20, 40, 60, 80 mg

Isoderm®	Isotretinoin	Weichkaps 10, 20 mg
ISO-EREMFAT	Rifampicin + Isoniazid	Filmtabl: (Isoniazid 100 mg + 150 mg Rifampicin), Filmtabl: (Isoniazid 150 mg + 300 mg Rifampicin)
Isoket®	Isosorbiddinitrat	Tabl (teilbar) 5 mg; Retardtabl 20, 40, 60, 80 mg; Retardkaps 120 mg Inf Konz (IV) Amp 10 mg (10 mL) Salbe 100 mg/g, Plastikfl 50 g mit Pumpvorrichtung Spray 1.25 mg/0.05 mL = 1 Sprühstoss, Fl 15 mL (= 300 Stösse)
Isomol®, Pulv. z. Herstellung einer Lösung zum Einnehmen	Macrogol + Na-Chlorid + Na-Sulfat + K-Chlorid + Na-Hydrogencarbonat	1 Btl. (13,81g Pulver): Macrogol 3350 13,125g, Natriumchlorid 0,351g, Natriumhydrogencarbonat 0,179g, Kaliumchlorid 0,047g
Isoptin®	Verapamil	Filmtabl 80, 120 mg
Isoptin® Inj. Lsg.	Verapamil	Inj Lös (IV langsam) Amp 5 mg (2 mL); Inf Lös Konzentrat Fl 50 mg (20 mL)
Isoptin® RR Retardtabl.	Verapamil	Retard-Filmtabl (teilbar) 240 mg
Isopto-Max®	Neomycin + Polymyxin + Dexamethason	Augentropfensuspension: 1ml enth.: Dexamethason 1mg, Neomycinsulfat 3500 I..E., Polymyxin-B-sulfat 6000 I.E.; Augensalbe: 1g enth.: Dexamethason 1mg, Neomycinsulfat 3500 I..E., Polymyxin-B-sulfat 6000 I.E.
Isotone Kochsalz-Lösung 0,9%	Natriumchlorid	1000 ml Infusionslösung enthalten: Natriumchlorid 9,0 g
Isotret-HEXAL®	Isotretinoin	Kaps 10, 20 mg
ISOTREX®	Isotretinoin	Creme: 0,05%/-0,1%, 1 g Creme enthält 0,5 mg/1,0 mg Gel: 1g Gel enthält 0,5 mg
ISOZID®	Isoniazid	Tabl 50, 100, 200 mg
Itraconazol Sandoz®	Itraconazol	Kaps 100 mg
Itraderm®	Itraconazol	Kaps 100 mg
Ivemend®	Fosaprepitant	Trockensubst Inf Lös (IV) Stechamp 115 mg
J		
Jacutin® Pedicul Fluid	Lindanum	Fluid 3 mg/g, Fl 100, 200 mL
Janumet®	Metformin + Sitagliptin	Filmtabl: (50 mg Sitagliptin + 500 mg Metformin); Filmtabl: (50 mg Sitagliptin + 850 mg Metformin); Filmtabl: (50 mg Sitagliptin + 1000 mg Metformin)
Januvia®	Sitagliptin	Filmtabl 100 mg
Jarsin®	Johanniskraut	überzog. Tbl 300, 450, 750 mg
Jellin®	Neomycin + Fluocinolon	Creme: 1g enth.: Fluocinolonacetonid 0,25mg, Neomycinsulfat 4,52mg, entspr. 3,5mg Neomycin (entspr. 3500 I.E.); Salbe: 1g enth.: Fluocinolonacetonid 0,25mg, Neomycinsulfat 4,52mg, entspr. 3,5mg Neomycin (entspr. 3500 I.E.).
Jenaspiron®	Spironolacton	Tabl. 50, 100 mg
Juliette	Ethinylestradiol + Cyproteronazetat	Tabl: 2 mg Cyproteronacetat, 35 µg Ethinylestradiol
Jurnista®	Hydromorphonchlorid	Retardtabl 4, 8, 16, 32, 64 mg
Jutabloc®	Metoprolol tartras	Tbl. 50mg/100mg: 1 Tbl. enth.: Metoprololtartrat 50mg/100mg Retardtbl. 200mg: 1 Retardtbl. enth.: Metoprololtartrat 200mg.
K		
Kaletra®	Lopinavir + Ritonavir	Filmtabl: (200 mg Lopinavir + 50 mg Ritonavir); Filmtabl: (100 mg Lopinavir + 25 mg Ritonavir) Sirup: (80 mg Lopinavir + 20 mg Ritonavir)/mL, Fl 60 mL
Kalinor®-Brausetabletten	Kalium	Brstabl 2170 mg Kaliumcitrat (= 40 mmol Kalium)
Kaliumchlorid Fresenius	Kalium	IV 7.46%: 1000 mL (1 mL: 1 mmol Kalium + 1 mmol Chlorid)
Kaliumiodid Lannacher	Kaliumiodid	Tabl 65 mg
Kapanol®	Morphin	Retardkaps 20, 50, 100 mg
KA-VIT®	Phytomenadion	1ml Emuls. (20 Tropfen) enth.: Phytomenadion (Vit. K1) 20mg
KCl-retard Zyma®	Kalium	Drag 600 mg (8 mmol Kalium)
Kendural® C Depottbl.	Eisen II + Vitamin C	Depottabl: (325 mg Ferro II-Sulfat = 105 mg elementares Eisen + 500 mg Vitamin C)
Kendural®-Fol-500	Folsäure + Eisen II + Vitamin C	Depottabl: (329.7 mg Ferro II-Sulfat ~ 105 mg elementares Eisen + 350 µg Folsäure + 500 mg Vitamin C)
Kentera®	Oxybutynin	Transdermales Pflaster enthält 36 mg/39 cm² (3.9 mg/24 h)
Ketamin-ratiopharm®	Ketamin	50 mg O.K. Injektionslösung Amp (2 mL); 100 mg O.K. Injektionslösung Amp (5 mL) 500 mg O.K. Injektionslösung Amp (10 mL)
Kineret®	Anakinra	Fertigspritze 100 mg
Kinzalcomp®	Telmisartan + HCT	Tabl: 40/12,5 mg Telmisartan/Hydrochlorothiazid, 80/12,5mg 80/25 mg

Kinzalmono®	Telmisartan	Tabl 20, 40, 80 mg
KIOVIG	Immunglobulin IgG nicht spezifiziert (human)	Inf Lös (IV) 100 mg/mL humanes Protein mit IgG-Gehalt von mind 98% (10%-ige Lösung), Durchstechfl 1 g (10 mL), 2.5 g (25 mL), 5 g (50 mL), 10 g (100 mL), 20 g (200 mL)
Kira®	Johanniskraut	Drg 300 mg
Kivexa®	Lamivudin + Abacavir	Filmtabl: (600 mg Abacavir + 300 mg Lamivudin)
Klacid Saft® FORTE	Clarithromycin	Granulat z. Herst. v. Susp.: 5ml der zub. Susp. enth.: Clarithromycin 125mg bzw. 250mg (FORTE).
Klacid®	Clarithromycin	Filmtabl 250, 500 mg
Klacid® i.v.	Clarithromycin	Pulver zur Herst Inf Lös (IV) Amp 500 mg
Klacid® Uno	Clarithromycin	Retardtabl 500 mg
Kogenate® SF	Octocog alfa	Trockensubst + 2.5 mL Lös Mittel f Inj (IV) Fl 250, 500, 1000, 2000 IE
Kohlensäurebad Bastian Bad	Natriumhydrogencarbonat	Balneotherapeutikum 1 Kohlensäurebad Bastian enthält Natriumhydrogencarbonat 450 g (Kohlensäureträger; Beutel 1), Aluminiumsulfat x H2O 600 g (Kohlensäureentwickler; Beutel 2)
Konakion® MM	Phytomenadion	MM 2mg Ampulle: 1 Amp. (0,2ml) enth.: Phytomenadion (Vit. K1) 2mg. MM 10mg Inj.-Lösung.: 1 Amp. (1ml) enth.: Phytomenadion (Vit. K1) 10mg.
Kreon®	Amylase + Lipase + Protease	10'000: Kaps 150 mg (= 8'000 E Amylase + 10'000 E Lipase + 600 E Protease); 25'000; 40'000
Kybernin® P	Antithrombin III	Trockensubst f Inj Lös (IV) Fl 500 IE, 1000 IE
L		
Lacrigel® C sine Augengel	Carbomer	Augengel: 1g enth.: Carbomer; Augengel sine: 1g enth.: Carbomer
Lacri-Stulln® UD	Povidon	Augentropfen: 1ml enth.: Povidon 20,0mg
Laktulade Granulat	Laktulose	Granulat in Beuteln 10 g
Lamictal®	Lamotrigin	Tabl (susp.bar, kaubar) 2, 5, 25, 50, 100, 200 mg
Lamisil®	Terbinafin	Tabl (teilbar) 250 mg
Lamisil® Creme/Spray/ DermGel	Terbinafin	Spray 10 mg/g, Fl 15, 30 mL Creme 10 mg/g, Tuben 15, 30 g, DermGel 10 mg/g, Tuben 15, 30 g
Lamisil® Once	Terbinafin	1 % Lösung zur Anwendung auf der Haut. Jedes Gramm Lösung enthält 10 mg Terbinafin
Lamotrigin Desitin®	Lamotrigin	Tabl teilbar 25, 50, 200 mg; Tabl mit Kreuzbruchrille 100 mg
Lamotrigin Heumann	Lamotrigin	Tabl (teilbar), 25, 50, 100, 200 mg
Lamotrigin real	Lamotrigin	Tabl (suspendierbar, kaubar) 5, 25, 50, 100, 200 mg
Lamotrigin Sandoz®	Lamotrigin	Tabl (suspendierbar, kaubar) 5 (teilbar), 25, 50, 100, 200 mg
LAMUNA®	Ethinylestradiol + Desogestrel	20 Filmtbl./-30 Filmtbl.: 1 Filmtbl. enth.: 0,15mg Desogestrel, 0,02mg/0,03mg Ethinylestradiol
Lansoprazol Actavis®	Lansoprazol	Kaps mit magensaftresistenten Hartkaps 15, 30 mg
Lansoprazol HEXAL®	Lansoprazol	Kaps mit magensaftres Hartkaps 15, 30 mg
Lansoprazol Sandoz®	Lansoprazol	Kaps mit magensaftres Hartkaps 15, 30 mg
Lansoprazol STADA®	Lansoprazol	Kaps mit magensaftres Hartkaps 15, 30 mg
Lansoyl®	Paraffinöl (flüssig)	Oralgel 78.23 g/100 g, Tuben 225 g
Lantarel®	Methotrexat (MTX)	2,5mg Tbl./-7,5mg Tbl./-10mg Tbl FS 7,5mg/-10mg/-15mg/-20mg/-25mg: 1 Fertigspritze enth: 8.22/10.96/16.44/21.92/27.41mg
Lantus®	Insulin (Glargine)	Inj Lös (SC) Kartuschen 10.92 mg = 300 IE (3 mL), OptiPen 10.92 mg = 300 IE (3 mL)
Lariam®	Mefloquin	Lactab (mit Kreuzrille) 250 mg
Lasix®	Furosemid	Tabl 40 mg; Tabs 500 mg Inj Lös (IV, IM) Amp 20 mg (2 mL), Amp 40 mg (4 mL); Inf Lös (IV) langsam Amp 250 mg (25 mL)
Lasix® long	Furosemid	Retardkaps 30 mg
Laxoberal® Bisa	Bisacodyl	5 mg Bisacodyl
Lederlon®	Triamcinolon	Kristallsusp f Inj Amp 5 mg (1 ml), Amp 20 mg (1 ml)
Legalon® SIL	Silibinin	Trockensubstanz für Herst Inf Lös (IV) Durchstechfl 350 mg (20 mg/kg KG verteilt auf 4 Inf über 2 h)
Lemocin®	Tyrothricin + Cetrimoniumbromid + Lidocain	Lutschtabl: (2 mg Cetrimoniumbromid + 1 mg Lidocain + 4 mg Tyrothricin)
Lemocin® CX Gurgellösung	Chlorhexidin	100 ml Lemocin® CX Gurgellösung enthalten als Wirkstoff 102 mg Chlorhexidin-bis(D-gluconat)
Lenoxin®	Digoxin	Tabl 0.25mg; mite 0.125 mg Liquidium 1 ml Lösung 0.05 mg
Leponex®	Clozapin	Tabl (teilbar) 25, 50, 100 mg Amp. Inj.-Lsg.

Leucovorin	Calciumfolinat	Tabl 15 mg Inj Lös (IM, IV) Amp 6 mg (2 mL), Amp 30 mg (10 mL)
Leucovorin®	Folinsäure	Tabl 15 mg Inj Lös (IV) Amp 10, 30, 50 mg
Leukeran®	Chlorambucil	Filmtabl 2 mg
Leuprone®HEXAL® Depot	Leuprorelin	Susp (SC, IM) in PDS-Zweikammerspritze 3.6, 5.0 mg, für ein, drei Monate
Levemir®	Insulin Detemir	Inj Lös (SC) Penfill Zylinderamp 300 E (3 mL), FlexPen Fertigspritzen 300 E (3 mL)
Levitra®	Vardenafil	Filmtabl 5, 10, 20 mg
Levogynon®	Levonorgestrel	Tabl 0.75 mg, Notfallkontrazeptivum (< 72 h nach ungeschütztem Geschlechtsverkehr oder bei Versagen einer Verhütungsmethode)
Levomepromazin-neurax-pharm®	Levomepromazin	Tabl (teilbar) 10, 25, 50, 100 mg Lsg 40 mg/m (1 mL= 20 Trpf), Fl 30, 100 mL Inj Lös (IM) Amp 25 mg (1 mL)
Lexotanil®	Bromazepam	Tabl: 6 mg Bromazepam
Librium®	Chlordiazepoxid	Filmtabl 25 mg
Lidocain-Epinephrin Streuli®	Lidocain + Epinephrin	Inj Lös 1%: (10 mg Lidocain + 10 µg Epinephrin)/mL, Amp 2, 5 mL, Inj-Fl 50 mL; Inj Lös 2%: (20 mg Lidocain + 12.5 µg Epinephrin)/mL, Amp 2, 5 mL, Inj-Fl 50 mL
Lidocain-WELK® 1%	Lidocain	Inj Lös 1% 10 mg/mL; Inj Lös 2% 20 mg/mL
Lidocard Braun 2%	Lidocain	Inj Lös (IV) 2% Amp 100 mg (5 mL)
Lidoject® sine 2%	Lidocain	Inj Lös 2% 20 mg/mL
Lindomucin®	Cromoglicinsäure	Inhalationslösung 10 mg/mL
Lipanthyl® 200M/267M/100	Fenofibrat	Kaps 100 mg; Lipanthyl® 200M: Kaps 200 mg (mikronisiert) Lipanthyl® 267M: 267 mg mikronisiert
Liposic® Augengel	Carbomer	Augengel 2 mg/g, Tuben 10 g
Lisi TAD HCT®	HCT + Lisinopril	Tabl: (12,5 mg HCT + 10 mg Lisinopril); Tabl: (12,5 mg HCT + 20 mg Lisinopril)
Lisibeta comp	Lisinopril + HCT	Tabl mit Bruchrille: (10 mg Lisinopril + 12.5 mg HCT), (20 mg Lisinopril + 12.5 mg HCT)
Lisibeta®	Lisinopril	1 Tbl. enth.: Lisinopril-Dihydrat 5,44mg/10,88 mg/21,77mg, entspr. Lisinopril 5 mg/10 mg/20 mg
Lisidigal®	HCT + Lisinopril	Tabl teilbar: (10 mg Lisinopril + 12.5 mg HCT); Tabl teilbar: (20 mg Lisinopril + 12.5 mg HCT)
Lisidigal® HCT	Lisinopril + HCT	Tabl: 10 mg Lisinopril und 12,5 mg Hydrochlorothiazid, 20 mg/12,5 mg
Lisidoc®	Lisinopril	1 Tablette enthält:Lisidoc 2,5 mg, Lisidoc 5 mg, Lisidoc 10 mg, Lisidoc 20 mg
LisiHEXAL® comp .	Lisinopril + HCT	1 Tabl. enth.: 10/-20 mg Lisinopril (als Dihydrat) u.12,5 mg Hydrochlorothiazid
Lisinopril 30- 1 A Pharma	Lisinopril	Tabl (mit Bruchrille) 5, 10, 20, (drittelbar) 30 mg
Lisinopril comp	Lisinopril + HCT	1 Tbl. enth.: Lisinopril-Dihydrat, entspr. 10mg/20mg Lisinopril, u. 12,5mg/12,5mg Hydrochlorothiazid
Lisinopril-ratiopharm® comp	Lisinopril + HCT	Tbl. enth.: Lisinopril-Dihydrat, entspr. 10mg/20mg Lisinopril, u. 12,5mg/12,5mg Hydrochlorothiazid.
Lisinopril-Teva®	Lisinopril	Tabl teilbar 5, 10, 20 mg
Lisiplus STADA®	Lisinopril + HCT	Tabl: (12.5 mg HCT + 20 mg Lisinopril); Tabl: (12.5 mg HCT + 10 mg Lisinopril)
Liskantin®	Primidon	Tbl.: 1 Tbl. enth.: Primidon 250mg. Saft: 5ml (1 Meßl.) enth.: Primidon 125mg.
Litalir®	Hydroxycarbamid	Kaps 500 mg
Lithiofor Vifor	Lithium	Retardtabl 660 mg Lithiumsulfat (= 12 mmol Lithium)
Livocab™ direkt Augentropfen	Levocabastin	Trpf 0.5 mg/mL, Fl 4 mL
Livocab™ direkt Nasenspray	Levocabastin	Nasenspray 0.5 mg/mL; Dosierspray 10 mL
Locacorten®	Flumetason	Crème 0.2 mg/g, Salbe 0.2 mg/g, Tuben 30 g
Locasalen®	Flumetason + Salicylsäure	Salbe: (0.2 mg Flumetason + 30 mg Acetylsalicylsäure)/g, Tuben 15, 60 g
Logroton Retard®	Chlortalidon + Metoprolol	Divitabs teilbar: (200 mg Metoprolol tartras + 25 mg Chlortalidon)
Longtussin® duplex	Codein + Guaifenesin	gelbe Tagkaps. enth.: Guaifenesin 90 mg; 1 graue Nachtkaps. enth.: wasserfreies Codein 35 mg
Lonolox®	Minoxidil	Tbl. enth.: 2,5 mg / 10 mg Minoxidil
Lopalind®	Loperamid	1 Tbl. enth.: Loperamid-HCl 2mg
Lopedium®	Loperamid	Hartkaps: 2mg, Tabl: 2mg Lösung: 1ml Lösung (30 Tropfen) enthält: 2mg ISO: 1 Brausetbl. enth.: 2mg Loperamid-HCl.
Loperamid-Teva	Loperamid	Kaps 2 mg
Lopirin®	Captopril	Tabl (mit Bruchrille) 12.5, 25, 50 mg
Lopresor®/- Retard	Metoprolol tartras	Filmtabl 50, 100 mg; Inj Lös (IV) Amp 5 mg (5 mL) Retard: Divitabs (teilbar) 200 mg

Lora ADGC®	Loratadin	1 Tbl. enth.: 10mg Loratadin
Loraderm Tbl.	Loratadin	Tabl teilbar 10 mg
Loratadin STADA®	Loratadin	10mg/-allerg 10mg: 1 Tbl. enth.: 10mg Loratadin.
Lorazepam-ratiopharm®	Lorazepam	Tabl 1, 2.5 mg
Lormetazepam-ratiopharm®	Lormetazepam	0,5mg: 1 Tbl. enth.: 0,5mg Lormetazepam; 1,0mg: 1 Tbl. enth.: 1,0mg Lormetazepam. 2,0mg: 1 Tbl. enth.: 2,0mg Lormetazepam.
LORZAAR®	Losartan	12,5mg Start Filmtbl: 12,5mg Losartan-Kalium; Protect 50mg: 1 Filmtbl. (mit Bruchrille) enth. 50mg Losartan-Kalium, Protect 100mg: Filmtbl. enth. 100mg Losartan-Kalium
LORZAAR® PLUS	HCT + Losartan	Filmtabl: (12.5 mg HCT + 50 mg Losartan); Tabl: (12.5 mg HCT + 100 mg Losartan)
LORZAAR® PLUS forte	Losartan + HCT	1 Filmtabl. enth. 100 mg Losartan-Kalium u. 12,5 mg Hydrochlorothiazid
L-Polamodon	Methadon	Inj Lös (SC, IM, IV) 2.5, 5 mg. Der Inhalt derselben Ampulle kann auch oral eingenommen werden (+ 1 dL Flüssigkeit)
Ludiomil®	Maprotilin	Tabl 25, 50, 75mg; Injektionslösung 2 ml
Luminal®	Phenobarbital	Luminal: 1 Tbl. enth.: 100mg Phenobarbital. Luminal Inj.-Lsg.: 1 Amp. mit 1 ml Lsg. enth.: 219 mg Phenobarbital-Na (entspr. 200 mg Phenobarbital).
Lyrica®	Pregabalin	Kaps 25, 50, 75, 100, 150, 200, 300 mg
Lysopain® dol Ambroxol	Ambroxol	Tabl 20 mg
Lysthenon®	Suxamethoniumchlorid	Inj Lös 2% (IV) Brechamp 100 mg (5 mL); Inj Lös 5% (IV) Brechamp 100 mg (2 mL)
M		
MabThera®	Rituximab	Konz zur Herst Inf Lös (IV) Durchstechfl 100 mg (10 mL), 500 mg (50 mL)
Macrogol dura®, Pulver	Macrogol + Na-Chlorid + Na-Sulfat + K-Chlorid + Na-Hydrogencarbonat	1 Btl. (13,81 g Pulver): 13,121 g Macrogol (PEG) 3350; 0,350 g Natriumchlorid; 0,179 g Natriumhydrogencarbonat; 0,046 g Kaliumchlorid
Madopar®	Levodopa + Benserazid	Kaps 62,5 (50 mg Levodopa + 12.5 mg Benserazid); 125 (100 mg Levodopa + 25 mg Benserazid); Tabl mit Kreuzbruchrille: 125 (100 mg Levodopa + 25 mg Benserazid); 250 (200 mg Levodopa + 50 mg Benserazid) Tabl, wasserlösl., teilbar: 62,5 (50 mg Levodopa + 12.5 mg Benserazid); 125 (100 mg Levodopa + 25 mg Benserazid); 250 Tabl mit verzögerter Wirkung, teilbar: (200 mg Levodopa + 50 mg Benserazid)
Magium®	Magnesium	Kautabl: (5mmol bzw. 10mval) Magnesium Brausetabl (5 Brause): (=5mmol bzw. 10mval Mg); Brausetabl (10 Brause): (=10mmol bzw. 20mval Mg)
Magnaspart® 10/20 Pulver	Magnesium	Pulver 10: 3245 mg Magnesium-L-hydrogenaspartat 2H2O (10 mmol Magnesium-Ion) Pulver 20: 6490 mg Magnesium-L-hydrogenaspartat 2H2O (20 mmol Magnesium-Ion)
magnerot® CLASSIC Tbl.	Magnesium	Tabl: 500 mg Magnesiumorotat (32,8 mg Magnesium-Ion)
Magnesiocard®	Magnesium	Tabl (Magnesiumgehalt: 2,5mmol/5mval/60,8mg); Brausetabl (7,5mmol, Magnesiumgehalt: 7,5mmol/15mval/182,3mg); Beutel (5mmol, Magnesiumgehalt: 5mmol/10mval/121,5mg); Beutel (forte 10mmol, 4g, Magnesiumgehalt: 10mmol/20mval/243,0mg); Amp (5ml, Magnesiumgehalt: 2,5mmol/5mval/60,8mg); (10ml, Magnesiumgehalt: 3mmol/6mval/72,9mg)
Magnesium Diasporal® 100	Magnesiumcitrat	Lutschtabl (teilbar) 98.6 mg Mg2+ (4.00 mmol = 8.0 mval);
Magnesium Diasporal® 300	Magnesiumcitrat	Beutel (Trinkgranulat) 301 mg (12 mmol = 24 mval)
Magnesium-Diasporal®	Magnesium	Brstabl 250 mg Magnesium; Lutschtabl 98,6 mg Magnesium; Granulat (300) 295,7 mg Magnesium Kaps: 250 mg Magnesiumoxid (150,8 mg Magnesium) Inj.-Lsg (2mmol):98,6 mg/ml Magnesiumsulfat 7H2O (9,72 mg/ml Magnesium) Inj.-Lsg (4mmol): 493 mg/ml Magnesiumsulfat 7H2O (48,6 mg/ml Magnesium)
Magnesium-Sandoz®	Magnesium	Brstabl: 1623 mg Magnesium-L-hydrogenaspartat 2H2O (5 mg Magnesium-Ion)
Makatussin® Comp.	Diphenhydramin + Dihydrocodein	Sirup: (10 mg Dihydrocodein + 15 mg Diphenhydramin)/5 mL, Fl 80 mL
Makatussin® neue Formel	Codein	Trpf 10.6 mg/g (= ca. 20 Trpf), Fl 30 g

Malarone®/- Junior	Proguanil + Atovaquon	Filmtabl: (250 mg Atovaquon + 100 mg Proguanil); (62.5 mg Atovaquon + 25 mg Proguanil)
Maninil®	Glibenclamid	Tabl 1.0, 1.75, 3.5, 5 mg
Mannit Serag	Mannitol	Inf Lös (IV) 15%, 20%
Marcoumar®	Phenprocoumon	Tabl (mit Kreuzbruchrille) 3 mg
Marvelon®	Ethinylestradiol + Desogestrel	Tabl: (0.03 mg Ethinylestradiol + 0.15 mg Desogestrel)
MAXALT lingua	Rizatriptan	Lingualtabl (schnelllöslich) 5, 10 mg
MAXALT®	Rizatriptan	Tabl 5, 10 mg
Maxipime 2,0g	Cefepim	Pulv. Inj- oder Inf Lös 0.5, 1.0, 2.0 g
Megestat®	Megestrol	Tabl 160 mg
Meladinine®	Methoxsalen	Tabl 10 mg
Meloxicam HEXAL®	Meloxicam	Tbl. enth. 7,5 mg/15 mg Meloxicam
Mencevax® ACWY	Impfstoff (Meningitis der Serogruppen A, C, W135, Y)	Trockensubstanz für Inj Lös (SC) Amp für 1 Dosis 0.5 mL enthält je 50 µg Polysaccharide von Neisseria meningitidis der Serogruppen A, C, W135 und Y.
Meningitec®	Impfstoff (Meningitis, Serotyp C)	Inj Susp für 1 Impfdosis (IM): 10 µg Oligosaccharide der Serogruppe C + ca. 15 µg des CRM197-Trägerproteins, Amp 0.5 mL
Menjugate®	Impfstoff (Meningitis, Serotyp C)	Tockensubstanz für 1 Impfdosis (IM) Fl 0.5 mL: 10 µg Oligosaccharide der Neisseria meningitides der Serogruppe C (Stamm C11) konjugiert mit dem Trägerprotein Corynebacterium diphtheriae CRM 197
Mercilon®	Ethinylestradiol + Desogestrel	Tabl: (0.02 mg Ethinylestradiol + 0.15 mg Desogestrel)
Meronem® i.v.	Meropenem	Trockensubstanz für Inj Lös (IV) Vials 500 mg, 1 g
Mestinon®	Pyridostigminbromid	Tabl 10 mg; Drag 60 mg, 180 mg
Metalcaptase®	Penicillamin	Filmtabl 150, 300 mg
Metalyse®	Tenecteplase	Pulver f Inj Lös (IV) Inj-Fl 8000 E (40 mg) + Fertigspritze 8 mL Inj-Fl 10000 E (50 mg) + Fertigspritze 10 mL
Metamucil®	Plantaginis ovatae Samenschalen	100g Pulv. enth.: 56,18g Indische Flohsamenschalen-Pulver
metex®	Methotrexat (MTX)	Tabl 2.5/7.5/10 mg Injektionslösung 7,5mg/ml Durchstechfl. Inj Lsg 7.5/10/15/20/ 25mg Fertigspritze: 50mg/mL FS 7.5/10/15/20/25 mg
Methaddict®	Methadon	1 Tbl. enth. 5 mg/10 mg/40 mg Methadon-HCl
Methotrexat-Gry®	Methotrexat (MTX)	IV, Durchstechflasche 500, 1000, 5000 mg
Metrocreme® Creme	Metronidazol	1g Creme enth.: Metronidazol 7,5mg.
Metronidazol Serag	Metronidazol	Inf Lös (IV) Btl 500 mg (100 mL)
Metronidazol-ratiopharm®	Metronidazol	Tabletten: 1 Tbl. enth. 400 mg Metronidazol Infusionslsg.: 1 Durchstechfl. mit 100 ml Infusionslösung enth. 500 mg Metronidazol.
Metrosa®	Metronidazol	Gel 7.5 mg/g, Tuben 30 g
Mevalotin® protect	Pravastatin	10mg Tbl./-20mg Tbl./-40mg Tbl.: 1 Tbl. enth.:10mg/20mg/40mg Pravastatin-Na
Mezavant®	Mesalazin	1 Retardtbl. enth. 1200 mg Mesalazin / 1200 mg magensaftresistente Retardtabletten
Miacalcic® Ampullen	Calcitonin	Inj Lös (SC, IM) Amp 1 mL = 200 IE (1 IE = ca 0.2 µg reines Peptid)
Miacalcic® Nasalspray	Calcitonin	Nasalspray 200: 14 Dosen zu 200 IE pro Fl; Nasalspray mite 100: 14 Dosen zu 100 IE pro Fl
Mianserin-neuraxpharm®	Mianserin	10 mg Filmtbl./-30 mg Filmtbl./-60 mg Filmtbl.: 1 Filmtbl. enth.: Mianserin-HCl 10mg/30mg/60mg
Micardis®	Telmisartan	Tabl 20, 40, 80 mg
MicardisPlus®	Telmisartan + HCT	Tabl: 40/12,5 mg Telmisartan/Hydrochlorothiazid, 80/12,5mg 80/25 mg
Microgynon® 30/50	Levonorgestrel + Ethinylestradiol	Drag: (0.15 mg Levonorgestrel + 0.03 mg Ethinylestradiol); Drag: (0.125 mg Levonorgestrel + 0.05 mg Ethinylestradiol)
Miflonide®	Budesonid	Hartkaps: 200 + 400 µg Budesonid
milgamma® N Amp	Pyridoxinhydrochlorid + Cyanocobalamin + Thiaminhydrochlorid	Inj Lös (IM) Amp 3 mL: (1000 µg Cyanocobalamin + 100 mg Thiaminhydrochlorid + 100 mg Pyridoxinhydrochlorid)
Mimpara®	Cinacalcet	Filmtabl 30, 60, 90 mg
Minalgin®	Metamizol	Tabl 500 mg; Tropflösung 500 mg/mL (= 20 Trpf), Fl 20, 100 mL Suppo 500 mg; Inj Lös (IM, IV) Amp 1000 mg (2 mL)
Minirin®/- Melt	Desmopressin	Minirin®: Tabl 0.1, 0.2 mg Inj Lös (IV, IM) Amp 0.4 mg (1 mL) Nasenspray 10 µg/0.1 mL = 1 Sprühstoss, Dose 6 mL = 60 Sprühstösse Nasentrpf 10 µg/0.1 mL, Fl 2.5 mL

Minitran®	Nitroglycerin	TTS Minitran 5: 18 mg/6.7 cm2 (0.2 mg/h); TTS Minitran 10: 36 mg/13.2 cm2 (0.4 mg/h); TTS Minitran 20: 54 mg/20 cm2 (0.6 mg/h)
Minoclir®	Minocyclin	Kaps 50 mg
Minocyclin beta®	Minocyclin	Filmtabl 50 mg
Miranova®	Levonorgestrel + Ethinylestradiol	überzogene Tabl. (0.10 mg Levonorgestrel + 0.02 mg Ethinylestradiol)
Mircera®	Epoetin Beta (Methoxy-Polyethyleneglycol)	Inj Lös (IV oder SC) Fertigspritzen 30 µg (3 mL), 50 µg (3 mL), 75 µg (3 mL), 100 µg (3 mL), 120 µg (3 mL), 150 µg (3 mL), 250 µg (3 mL), 360 µg (6 mL)
Mirena®	Levonorgestrel	IUS (Gestagen abgebendes Intrauterinsystem) 52 mg (20 µg/24 h)
Mirta TAD®	Mirtazapin	1 Filmtbl. enth. 15 mg/30 mg/45 mg Mirtazapin; 1 Schmelztbl. enth. 15 mg/30 mg/45 mg Mirtazapin
Mitoxantron 10 mg HEXAL®	Mitoxantron	1 Durchstechfl. mit 5/10ml Konz. z. Herst. e. Inj. lsg. 10/20mg Mitoxantron
Mivacron®	Mivacuriumchlorid	Inj Lös (IV) Amp 10 mg (2 mL), 20 mg (10 mL)
Mizollen®	Mizolastin	Filmtabl 10 mg
Mobilat® Schmerzspray	Indometacin	Spray 1%-ige Lösung 8 mg/mL (= 0.8 g), Spray 50, 100 mL
Mobloc® Retardtabl.	Felodipin + Metoprolol	Retardtabl: (5 mg Felodipin + 50 mg Metoprolol
Mobloc® Retardtbl	Metoprolol + Felodipin	Retardtbl: Felodipin 5,0mg, Metoprololsuc 47,5mg
Mogadan®	Nitrazepam	Tabl (mit Bruchrille) 5 mg
Monoflam®	Diclofenac (Na)	Tabl. magensaftresist. 25, 50 mg; retard. Hartkaps. 100 mg Supp. 1 Zäpfchen enthält 50, 100 mg
Monuril® 3000 Gran	Fosfomycin	Granulat zur Herst einer Solution, Beutel 3 g
morea®	Cyproteronazetat + Ethinylestradiol	überzogene Tbl.(2 mg Cyproteronazetat + 0.035 mg Ethinylestradiol)
Morph® Sandoz®	Morphinsulfat	Retardtabl 10, 30,60, 100 mg
Morphin Merck	Morphin	Amp 10, 20, 100 mg Tropf 0.5% (5mg/mL), 2,0% (20mg/mL)
Morphin-HCl Krewel®	Morphin	1 Retardtbl. enth.: 10mg/30mg/60mg/100mg/200mg Morphin-HCl 3H2O
Motilium lingual Gastrosan®	Domperidon	Schmelztabl 10 mg
Motilium®	Domperidon	Tabletten: 10 mg Filmtabl. Tropfen: 10 mg Suspension
Motilium®/- lingual	Domperidon	Motilium®: Filmtabl 10 mg; Susp 1 mg/mL, Fl 200 mL; Motilium® lingual: Tabl 10 mg Suppo 10, 30, 60 mg Brausegranulat in Beuteln 10 mg
Movicol®	Natriumchlorid	Pulver in Beuteln: (13.125 g Macrogol + 350.7 mg Natriumchlorid + 46.6 mg Kaliumchlorid + 178.5 mg Natriumhydrogenkarbonat)
MST Continus®	Morphinsulfat	Retardtabl 10, 30, 60, 100, 200 mg Granulat für Susp retard Beutel 20, 30, 60, 100, 200 mg
MTX HEXAL®	Methotrexat (MTX)	1 Tabl. : 2,74/10,96 mg Methotrexat-Dinatrium, entspr. 2,5/10 mg Methotrexat
Mucosolvan®	Ambroxol	Mucosolvon®: Hustensirup 15 mg/5 mL, Fl 100 mL; Tabl 30 mg Mucosolvon® retard: Retardkaps 75 mg
Multilind®	Nystatin	1g enth.: 100000 I.E. Nystatin, 200mg Zinkoxid
Muse®	Alprostadil	Urethrastab 125, 250, 500, 1000 µg
Mutagrip® Grippeimfstoff	Impfstoff (Grippenvirus)	Inj Susp (IM, tief SC) in Fertigspritzen 0.5 mL
Mutagrip® Grippeimpfstoff	Grippenvirus (Impfung)	Injektionssuspension in Fertigspritzen 0.5 mL
Myambutol®	Ethambutol	Filmtabl 100 mg; Filmtabl (teilbar) 400 mg
Mycobutin®	Rifabutin	Kaps 150 mg
Myconormin®	Terbinafin	Tabl (mit Bruchrille) 250 mg
Mydocalm®	Tolperison	Filmtabl. 50 mg
Myocet®	Doxorubicin	Lyophilisat zur Herst Inj Lös (IV langsam) Durchstechfl 50 mg
N		
NAC-STADA®	Acetylcystein (N-)	Tabl 100, 200, 600 mg; Brstabl 100, 200, 600 mg Granulat in Beuteln 100, 200, 600 mg Inj Lös 100ml/ml
Nafti-ratiopharm®	Naftidrofuryl	Retardkps 100, 200 mg
Naloxon B. Braun	Naloxon	1 Ampulle mit 1 ml Injektionslösung enthält 0,4 mg Naloxonhydrochlorid
Nalpain Stragen	Nalbuphin	Inj Lös (IV, IM, SC) Amp 20 mg (2 mL)
Naproxen 500 mg HEXAL®	Naproxen	Tabl (mit Bruchrille) 1 Tbl. enth.: 250 mg/500 mg Naproxen
Naproxen STADA®	Naproxen	250mg / -500mg Tbl.: 1 Tbl. enth.: 250mg/500mg Naproxen. 750mg: 1 Filmtbl. enth.: 750mg Naproxen.
Naramig®	Naratriptan	Tabl 2.5 mg

Nardyl® Schlaf	Diphenhydramin	Tabl 50 mg
Nasacort®	Triamcinolon	Nasenspray 55 µg/Stoss, Spray zu 120 Sprühstössen
Nasic® Nasenspray	Xylometazolin + Dexpanthenol	Lös Nasenspray: (0.1 mg Xylometazolin + 5.0 mg Dexpanthenol)/Sprühstoss, Spraydose 10 mL
Nasic® Nasenspray, Lsg.	Dexpanthenol + Xylometazolinel	Nasenspray Lös: (0.1 mg Xylometazolin + 5.0 mg Dexpanthenol)/Sprühstoss, Dose 10 mL
Nasivin®	Oxymetazolin	Dosier-Spray 0.05% 22 µg/Sprühstoss, Fl 10 mL (= 225 Dosen) Nasentrpf 0.01% (f Säuglinge) 0.1 mg/mL, Fl 5 mL; Nasentrpf (f Kleinkinder) 0.025 mg/mL, Fl 10 mL Nasentrpf 0.05% 0.5 mg/mL, Fl 10 mL
Nasivin® pur®	Oxymetazolin	Dosierspray 0.05% 22 µg/Stoss, Dose 225 Stösse; Dosiertropfer 0.01% (f Säuglinge) 0.1 mg/mL, Doseur 5 mL; Dosierspray (f Kleinkinder) 11 µg/Sprühstoss, Fl 10 mL (=230 Stösse); Dosierspray 22 µg/Sprühstoss, Fl 10 mL (=230 Stösse)
Nasonex®	Mometason	Dosier-Nasenspray 50 µg/Dosis, Spray 140 Dosen
Natrilix®	Indapamid	Filmtabl 2.5 mg
Natrium Hydrogencarbonat 8,4%	Natriumhydrogencarbonat	1000 ml Infusionslösung enthalten: -arzneilich wirksamer Bestandteil Natriumhydrogencarbonat 84,0 g (Natriumbicarbonat)
Navelbine	Vinorelbin	Inj/Inf Lös (IV) Amp 10 mg (1 mL), 50 mg (5 mL) Weichkaps 20, 30, 80 mg
Navoban®	Tropisetron	Kaps 5 mg; Inj Lös (IV) Amp 2 mg (2 mL), 5 mg (5 mL)
Nebido®	Testosteron	Inj Lös (IM sehr langsam) Amp 1000 mg (4 mL)
Nebilet®	Nebivolol	Tabl (mit Kreuzbruchrille) 5 mg
NeisVac-C™	Impfstoff (Meningitis, Serotyp C)	Impfdosis Susp (IM) 0.5 mL: 10 µg Neisseria Meningitidis Serogruppe C (Stamm C11) konjugiert mit 10–20 µg Tetanustoxoid, Fertigspritzen 0.5 mL
Nemexin®	Naltrexonhydrochlorid	Filmtabl 50 mg
NeoCitran® Hustenstiller	Butamirat	Sirup 15 mg/10 mL, Fl 200 mL
NeoRecormon®	Epoetin beta	Inj Lös (SC, IV) in Fertigspritzen 0.3 mL: 1000 IE (8.3 µg), 2000 IE (16.6 µg), 3000 IE (24.9 µg), 4000 (33.2 µg), 5000 IE (41.5 µg), 6000 (49.8 µg); Fertigspritzen 0.6 mL: 10'000 IE (83 µg), 30'000 IE (249 µg); Reco-Pen Zweikammerpatrone f Herst Inj Lös 20'000 IE (166 µg); Multidose Durchstechfl Pulver f Herst Inj Lös 50'000 IE (415 µg), 100'000 IE (830 µg)
Neosynephrin-POS® Augentropfen	Phenylephrin	50mg/mL, 100mg/1mL
Neotigason®	Acitretin	Kaps 10, 25 mg
Nephrotrans®	Natriumhydrogencarbonat	Weichkaps 500 mg 1 magensaftresistente Weichkapsel enthält:Natriumhydrogencarbonat 0,5 g
Nepresol®	Hydralazin	Tabl 25, 50 mg IV 25 mg Amp
Neupro® transdermales Pflaster	Rotigotin	2, 4, 6, 8 mg/24h; 10cm2- /20cm2-/30cm2-/40cm2 Pflaster enth.: 4,5/ 9,0/ 13,5/18,0mg Rotigotin.
Neurocil®	Promazin	Drag 25, 100 mg
Neuroderm Mandelölbad	Paraffinöl + Mandelöl	1 g flüssiger Badezusatz enth.: Mandelöl 300 mg; Paraffin, dünnflüssig 693 mg
Neurontin®	Gabapentin	Filmtabl 600, 800 mg Hartkaps 100, 300, 400 mg
Neuroplant® AKTIV	Johanniskraut	Filmtabl 600 mg
Nexium®	Esomeprazol	Tabl magensaftresistent 20, 40 mg Granulat magensaftresistent Sachet 10 mg
Nexium® i.v.	Esomeprazol	Pulver zur Herst Inj/Inf Lös (IV) Durchstechfl 40 mg
Niaspan®	Nikotinsäure	375/-500/-750/-1000 mg Retardtabl.: 1 Retardtbl. enth.: Nikotinsäure 375 mg/500 mg/750 mg/1000 mg
Nicorette®	Nikotin	Kaudepot 2, 4 mg (je mit Original-, Mint-, Citrus, Freshmint- Freshfruitaroma)
Nicorette® Inhaler	Nikotin	Inhalerpatrone 10 mg (15 µg/Inhalation)
Nicorette® Microtab	Nikotin	Sublingualtabl 2 mg
Nicorette® Pflaster	Nikotin	8,3 mg mit 10 cm2 Adsorptionsfläche enthält: 8,3 mg Nicotin (0,83 mg/cm2): 5 mg/16 Stunden. 16,6 mg mit 20 cm2 Adsorptionsfläche enthält: 16,6 mg Nicotin (0,83 mg/cm2): 10 mg/16 Stunden. 24,9 mg mit 30 cm2 Adsorptionsfläche enthält: 24,9 mg Nicotin (0,83 mg/cm2): 15 mg/16 Stunden

Nicotinell®	Nikotin	Lutschtabl 1, 2 mg
Nicotinell® Kaugummi	Nikotin	Kaugummi 2, 4 mg (Classic, Mint, Fruit)
Nicotinell® Pflaster	Nikotin	Pflaster 1: 21 mg/24 h; Pflaster 2: 14 mg/24 h; Pflaster 3: 7 mg/24 h
Nifeclair®	Nifedipin	5mg Kaps.: 1 Kaps. enth.: 5mg Nifedipin; 10mg Kaps.: 1 Kaps. enth.: 10mg Nifedipin. 20mg retard Retardtbl.: 1 Retardtbl. enth.: 20mg Nifedipin
Nifecor® retard	Nifedipin	1 Retardtbl. enth.: 20mg Nifedipin
Nifedipin Sandoz®	Nifedipin	5 mg/-10 mg Kaps.: 1 Kaps. enth.: Nifedipin 5 mg/-10 mg. 20 mg Retardkaps.: 1 Kaps. enth.: Nifedipin 20 mg. 40 mg Retardtbl.: 1 Retardtbl. enth.: Nifedipin 40 mg.
Nif-Ten®	Nifedipin + Atenolol	25 Retardkaps.: 1 Retardkaps. enth.: Atenolol 25mg, Nifedipin 10mg, retardiert. 50 Retardkaps.: 1 Retardkaps. enth.: Atenolol 50mg, Nifedipin 20mg, retardiert.
Nimbex®	Cisatracurium	Inj Lös (IV) Amp 5 mg (2.5 mL), Amp 10 mg (5 mL)
Nimotop®	Nimodipin	Lacktabl 30 mg; Inf Lös (IV) Amp 10 mg (50 mL)
Nipruss®	Nitroprussid	Trockensubst f Inf Lös (IV) Amp 60 mg (in der CH nicht erhältlich)
Nitoman®	Tetrabenazin	Tabl 25 mg
Nitrangin Isis®	Nitroglycerin	Kaukaps 0.8 mg
Nitren Lich®	Nitrendipin	10mg Filmtbl./-20mg Filmtbl.: 1 Filmtbl. enth.: Nitrendipin 10mg/20mg
Nitroderm® TTS	Nitroglycerin	TTS 5: 25 mg/10 cm2 (5 mg/24 h); TTS 10: 50 mg/20 cm2 (10 mg/24 h)
Nitrofurantoin-ratiopharm®	Nitrofurantoin	1 Hartkps. enth. 100 mg Nitrofurantoin in makrokristalliner Form
Nitrolingual® infus	Nitroglycerin	IV 5ml Amp: 1 Amp 5mg, 25ml Amp: 1 Amp 25mg, 50ml Stechamp: 1 Stechamp: 50mg
Nitrolingual®/- Pumpspray	Nitroglycerin	Nitrolingual®: Kaps 0.8 mg; Nitrolingual® Pumpspray: 0.4 mg/Stoss (total 200 Stösse)
Nizoral®	Ketoconazol	Creme (2%) 20 mg/g, Tuben 15, 30 g
Noctamid®	Lormetazepam	1mg Tbl.: 1 Tbl. enth.: Lormetazepam 1mg; 2mg Tbl.: 1 Tbl. enth.: Lormetazepam 2mg.
Nocutil®	Desmopressin	Tabl 0.1, 0.2 mg Nasenspray 0.1 mg/mL (1 Sprühstoss = 10 µg), Spraydosen 5 mL
Nolvadex®	Tamoxifen	Filmtabl 20 mg
Nootrop®	Piracetam	Filmtabl 800, 1200 mg Trinklsg.: 1ml enth.: Piracetam 333mg, Trinkamp.: 1 Trinkamp. enth.: Piracetam 1200mg/3,6ml. Weit. Amp. 5ml (15ml) enth.: Piracetam 1g (3g), Inf Lsg: 60ml enth.: Piracetam 12g, 2,4g Granulat: 1 Btl. enth.: Piracetam 2400mg.
Norcuron	Vecuroniumbromid	Trockensubst z Herst Inj Lös (IV) Amp 4 mg, Stechamp 10 mg
Norfloxacin STADA®	Norfloxacin	1 Filmtbl. enth.: 400mg Norfloxacin.
Norgalax®	Docusat-Natrium	Mikroklistier in Kanülen-Tuben 10 g (= 0.12 g Ducosat pro Einheit)
Norgalax® Rektalgel	Docusat-Natrium	Mikroklistier in Kanülen-Tuben 10 g (= 0.12 g Ducosat pro Einheit)
Normabraïn®	Piracetam	800mg/-1200mg Filmtbl.: 1 Filmtbl. enth.: 800mg/1200mg Piracetam; 1200 -liquidum: 1 Trinkamp. zu 3,6ml enth. 1200mg Piracetam; 12g zur Inf.: 1 Inf.-Fl. zu 60ml enth.: Piracetam 12g.
Normosang Orphan Amp	Hämin	Häm-Arginat-Inf Konz Amp 250 mg (10 mL) enthält: Hämin 250 mg, L-Arginin 267 mg. Max Tagesdosis 250 mg. Über eine grosse Armvene über 30 Min IV verabreichen; nach der Inf muss die Vene mit 100 mL einer 0.9%-igen NaCl-Lösung gespült werden.
Nortrilen®	Nortriptylin	Filmdrag 10, 25 mg
Norvasc®	Amlodipin	Tabl 5 mg
Norvir®	Ritonavir	Weichgelatinekaps 100 mg; Sirup 80 mg/mL, Fl 90 mL
Novalgin®	Metamizol	Filmtabl 500 mg; Trpf 500 mg/mL (= 20 Trpf), Fl 10 mL; Suppo 1000 mg; Inj Lös (IM, IV) Amp 1000 mg (2 mL), 2500 mg (5 mL)
Novantron®	Mitoxantron	Inj Lös (IV) Amp 10 mg (5 mL), 20 mg (10 mL)
Novomix®	Insulin Aspart	Inj Susp (SC) Patronen f Penfill 300 E (3 mL), Fertigpen f FlexPen (vorgefüllte Injektoren) 300 E (3 mL)
NovoNorm®	Repaglinid	Tabl 0.5, 1, 2 mg

NovoRapid®	Insulin Aspart	Inj Lös (SC) Amp 1000 E (10 mL), Penfill Patronen 300 E (3 mL), Flex Pen (vorgefüllte Injektoren) 300 E (3 mL). Eine Einheit = 6 nmol (0.035 mg) salzfreies, wasserfreies Insulin Aspart.
Novothyral®	Levothyroxin + Liothyronin	Tabl teilbar: (100 µg Levothyroxin + 20 µg Liothyronin)
Nurofen®	Ibuprofen	Schmelztabl. Lemon/Mint 200 mg
NyoGel®	Timolol	1g Augengel enth.: Timololhydrogenmaleat 1,37mg (entsprechend Timolol 1,0mg)
Nystalocal®	Nystatin + Dexamethason + Chlorhexidin	Creme: (1 mg Dexamethason + 100'000 IE Nystatin + 11.5 mg Chlorhexidin)/g, Tuben 20 g
O		
Octadon®	Paracetamol + Koffein	1 Tabl. enth.: 350 mg Paracetamol u. 50 mg Coffein.
OCTAGAM	Immunglobulin IgG nicht spezifiziert (human)	Inf Lös (IV) Glasfl 1 g Proteine wovon 95% IgG (20 mL), 2.5 g (50 mL), 5 g (100 mL), 10 g (200 mL)
Octanate 250/500/1000	Faktor VIII Gerinnungs-Antigen	Humanes Plasmaprotein mit Faktor VIII-Aktivität (IV) Durchstichfl 250 IE (5 mL), 500 IE (10 mL), 1000 IE (15 mL)
Octanine F 500/ 1000	Faktor IX Gerinnungs-Antigen	Humaner Koagulationsfaktor IX: Trockensubst + Lös Mittel für Inj Lös (IV) Stechamp 500 IE (5 mL), 1000 IE (10 mL)
Octostim®	Desmopressin	Nasalspray 1.5 mg/mL (150 µg/Sprühstoss), Fl 2.5 mL
Oculac® /- SDU	Povidon	Oculac®: Augentrpf 50 mg/mL, Fl 10 mL, Oculac® SDU: Augentrpf 50 mg/mL, Einzeldosen 0.4 mL
Oestro-Gynaedron® Neu	Estriol	Creme 0.5 mg/g, Tuben mit Applikator 50 g
Okacin®	Lomefloxacin	Augentropfen 3 mg/mL, Fl 5 mL
Olfen®-75 duo release	Diclofenac (Na)	Kaps 25 mg in magensaftresistenter Form + 50 mg in retardierter Form
Olmetec®	Olmesartan	Filmtabl 10, 20, 40 mg
Olmetec® Plus	Olmesartan + HCT	Tabl (20 mg Olmesartan + 12.5 mg HCT); Tabl (20 mg Olmesartan + 25 mg HCT)
Olynth®	Xylometazolin	1 Tropf. Lsg. enth.: 0,006 mg Xylometazolinhydrochlorid; 1ml Nasentropfen/Nasenspray, Lsg. enth. 0,5mg Xylometazolinhydrochlorid; 1ml Nasenspray enth. 0,5/1mg Xylometazolinhydrochlorid
OME-nerton®	Omeprazol	1 magensaftresist. Hartkaps. enth.: Omeprazol 20mg/40mg
OMEP®	Omeprazol	Filmtabl (magensaftresistent) 10, 20, 40 mg
Omeprazol AL	Omeprazol	AL 10/20/40: 1 magensaftresist. Hartkps. enth. 10mg/20mg/40mg Omeprazol. AL T 40: 1 magensaftresist. Tabl. enth.: 40mg Omeprazol.
Omeprazol-ratiopharm®	Omeprazol	1 magensaftresist. Hartkps. enth. 10 mg/20 mg/40 mg Omeprazol 1 Durchstechfl. mit 44,19 mg Pulv. zur Herstell. einer Infusionslösung enth. 42,6 mg Omeprazol-Natrium (entspr. 40 mg Omeprazol).
Omeprazol-TEVA®	Omeprazol	1 magensaftresist. Hartkaps. enth.: 10mg/20mg/40mg Omeprazol
Omnic Ocas®	Tamsulosin	Retardtabl 400 µg
Ondansetron Lindopharm	Ondansetron	Filmtabl 4, 8 mg, Schmelztabl 4, 8 mg Inj Lös 2 mg; Amp zu 4mg/2ml, 8mg/4ml
Ondansetron-ratiopharm®	Ondansetron	Filmtabl 4, 8 mg, Schmelztabl 4, 8 mg Inj Lös 2 mg; Amp zu 4mg/2ml, 8mg/4ml
Optiderm® F Creme	Polidocanol + Harnstoff	Creme: (30 mg Polidocanol + 50 mg Harnstoff)/g, Tuben 100 g
Optiderm® Lotion	Polidocanol + Harnstoff	Lotion: (30 mg Polidocanol + 50 mg Harnstoff)/g, Fl 200, 500 g
Optipyrin®	Paracetamol + Codein	1 Zäpfchen enth.: 1000mg Paracetamol u. 60mg Codeinphosphat-Hemihydrat
Optovit® / -forte/ -fortissimum	Tocopherol-alpha	Optovit®: Kaps 67.1 mg (= 100 IE), Optovit® forte: Kaps 134.2 mg (= 200 IE), Optovit® fortissimum: Kaps 335.5 mg (= 500 IE)
Orelox®	Cefpodoxim	Filmtabl 100, 200 mg junior Saft: 40mg/5mL
Orfiril®	Valproinsäure	Retardkaps 150, 300 mg; Minipacks mit Retard-Minitabl 500, 1000 mg; magensaftresist. Drg. 150, 300, 600 mg
Orfiril®	Valproinsäure	Inj Lös (IV) Amp 300 mg (3 mL), 1000 mg (10 mL)
Orgaran®	Danaparoid	Inj Lös (SC, IV) Amp 750 E Antifaktor Xa (0.6 mL)
Ortho-Gynest®	Estriol	Viginalcrème 0.01% 0.1 mg/g, Tuben 80 g mit Applikator (5 g pro Füllung); Vaginalovula 0.5 mg
Ortho-Gynest® D	Estriol	Vaginalovula 3.5 mg
Osmosteril 20% Fresenius	Mannitol	Inf Lös (IV) 1000 mL
Osnervan®	Procyclidin	Tabl 5 mg

Ospur® D3 Tbl	Colecalciferol (Vitamin D3)	1 Tablette enthält: 0,025 mg Colecalciferol, entsprechend 1000 I. E.Vitamin D3
Ostenil®	Hyaluronsäure (Na-Salz)	Inj Lös (intra-artikulär) Fertigspritzen 20 mg (2 mL)
Osyrol®	Spironolacton + Furosemid	50-Laxis® Kaps (50 mg Spironolacton + 20 mg Furosemid)
Osyrol® 50-Lasix®	Furosemid + Spironolacton	Kaps: (50 mg Spironolacton + 20 mg Furosemid)
Otalgan®	Phenazon + Procain	Ohrentrpf: (50 mg Phenazon + 10 mg Procain)/ g,Fl 12 g
Ovestin®	Estriol	Tabl 1 mg; Ovula 0.5 mg; Crème 1 mg/g, Tuben 15 g mit Applikator
Oxazepam-neuraxpharm®	Oxazepam	Tabl 10, 50mg
Oxis® Turbuhaler® 6/12 µg Pulv	Formoterol	Pulverinhalator 6, 12 µg/Inhalation
Oxybutynin HEXAL®	Oxybutynin	1 Tbl. enth. 2,5 mg/5 mg
Oxybutynin-ratiopharm®	Oxybutynin	1 Tbl. enth.: 2,5mg/5mg Oxybutynin-HCl.
Oxycodon-HCl HEXAL®	Oxycodon	Retardtabl 5, 10, 20, 40, 80 mg
OXYGESIC®	Oxycodon	Retardtabl 5, 10, 20, 40, 80 mg Kaps 5, 20 mg Inj Lös 10mg/mL (Amp zu 1, 2 mL)
P		
Paclitaxel GRY	Paclitaxel	6 mg Paclitaxel pro ml 30, 100, 300 mg
Paclitaxel HEXAL®	Paclitaxel	6 mg Paclitaxel pro ml 30, 100, 300 mg
Paclitaxel ORCA	Paclitaxel	6 mg Paclitaxel pro ml 30, 100, 300 mg
Pädiamol® Inhalationslsg.	Salbutamol	Inhalationslösung 0.5% 5 mg/mL (1 g = 20 Trpf), Fl 10, 20, 50, 100 mL
Palladon®/- Retard	Hydromorphon	Palladon®: Hartkaps 1.3, 2.6 mg; Palladon® retard. Retardkaps: 4, 8, 16, 24 mg
Pamidron HEXAL®	Pamidronsäure	Pulv. Inf Lös. 15, 30, 60, 90 mg
Pancuronium-ratiopharm® Injektionslösung	Pancuroniumbromid	1 Ampulle zu 2 ml Injektionslösung enthält 4 mg Pancuroniumbromid
Pantoprazol NYC	Pantoprazol	Tabl 20 mg
Pantozol®	Pantoprazol	Tabl 20, 40 mg 1 Durchstechflasche enthält 40 mg Pantoprazol
Panzytrat® 25 000	Amylase + Lipase + Protease	Kaps mit magensaftresistenten Mikrofilmtabl: (22'500 E Amylase + 25'000 E Lipase + 1'250 E Protease); pro Mikrofilmtabl: (360 E Amylase + 400 E Lipase + 20 E Protease)
ParaCetaMol	Paracetamol	Saft: 100ml Lös. enth.: 4g Paracetamol. 5ml Lös. enth.: 200mg Paracetamol. Tabl 500 mg Supp 125, 250, 500, 1000 mg
Paracetamol 1000 mg Heumann	Paracetamol	Tabl 500 mg Zäpfchen 125, 250, 500, 1000 mg
Paracetamol 1000 mg HEXAL®	Paracetamol	1 Zäpf. enth. 125 mg/250 mg/500 mg/1000 mg Paracetamol
Paracetamol 500 - 1 A Pharma®	Paracetamol	Tbl.: 1 Tabl. enth. 500 mg Paracetamol. Saft: 5 ml Lsg. enth. 200 mg Paracetamol, Supp.: 1 Zäpfchen enthält 125/250/500/1000 mg Paracetamol,
Paracetamol beta®	Paracetamol	250 Zäpf.: 1 Zäpf. enth.: Paracetamol 250mg. 500 Tbl.: 1 teilbare Tbl. enth.: Paracetamol 500mg.
Paracetamol Sandoz®	Paracetamol	Tabl 500mg Zäpfch:125, 250, 500, 1000 mg
Paracetamol STADA®	Paracetamol	Zäpf: 125, 250, 500, 1000mg Tabl.: 500mg Paracetamol Saft: 1 Messl. (5ml) Lsg. enth.: 200mg Paracetamol.
Paracetamol-ratiopharm®	Paracetamol	Brausetbl 500 mg Lösung: 1 ml Lösung enth. 40 mg Paracetamol. Zäpfchen 125, 250, 500, 1000 mg Tabl 500 mg
Paracodin®	Hydrocodon (= Dihydrocodeinon)	Tabl 10 mg -N-Tropfen 1g Lsg. (=20 Tropf.) 10 mg/g
Paracodin®	Dihydrocodein	N-Tropen 10 mg/mL, 1g Lsg= 20 Tropfen N-Sirup 2,42 mg/ml Tabl. 10 mg
Paragol® N	Paraffin	Emulsion 1.9 g/5 mL, Fl 200, 500 1000 mL
Parapaed® Kindersaft	Paracetamol	5ml Lsg. enth.: 200mg Paracetamol
Pariet®	Rabeprazol	Tabl (magensaftresistent) 10, 20 mg
Parkotil®	Pergolid	Tabl 0.05, 0.25, 1.0 mg
paroxedura®	Paroxetin	Filmtabl 20 mg/ -30 mg
Paroxetin Sandoz®	Paroxetin	Filmtabl 10, 20, 30, 40 mg
Paroxetin-neuraxpharm®	Paroxetin	Tabl 10mg/-30mg/-40mg Filmtabl 20 mg

Paroxetin-Teva®	Paroxetin	Filmtabl 20, 30 mg
Paspertin®	Metoclopramid	Tabl 10 mg; Trpf 4 mg/mL (= 12 Trpf), Fl 100 mL; Inj Lös (IM, IV) Amp 10 mg (2 mL)
Paspertin® Tropf.	Metoclopramid	Tropf 4mg/mL Filmtabl 10mg Inj Lös 5mg/1ml (2mL, 10 mL)
Pegasys®	Peginterferon alfa-2a	Inj Lös (SC) in Fertigspritzen 135 µg (0.5 mL), 180 µg (0.5 mL)
PegIntron®/Pen	Peginterferon alfa-2b	Trockensubstanz für Inj Lös (SC) 50, 80, 100, 120, 150 µg; PegIntron®Pen: 50, 80, 100, 120, 150 µg
PenHEXAL®	Phenoxymethylpenicillin (Penicillin V)	Filmtabl 1 Mega, 1.5 Mega I.E. Saft: 4ml Saft 320.000 I.E.
Penicillin «Grünenthal» 1/5/10 Mega Trockensubst	Benzylpenicillin	0,6 g Benzylpenicillin-Na 2,881 g Benzylpenicillin-Na, 0,118 g Benzylpenicillin-K (5 Mio E. Benzylpenicillin) 5,762 g Benzylpenicillin-Na, 0,236 g Benzylpenicillin-K
Penicillin Sandoz®	Phenoxymethylpenicillin (Penicillin V)	Filmtabl 1 Mega, 1.5 Mega I.E. Granulat 0,4 Mega I.E./5 ml
Pentacarinat®	Pentamidin	Trockensubstanz für Inf Lös (vorzugsweise IV, IM) Amp 300 mg
Pentasa®	Mesalazin	Depot-Tabl (teilbar) 500 mg; Depot-Granulat Beutel 1, 2 g
Perenterol®	Hefepilz + Laktose	Pulver in Beuteln: 250 mg Hefepilz Kaps: 50, 250 mg Hefepilz
Perfalgan®	Paracetamol	Inf Lös (IV) Amp 1 g (100 mL); Inf Lös für Kinder (IV) Amp 500 mg (50 mL)
Perlinganit®	Nitroglycerin	Inf Lös (IV) Amp 10 mg (10 mL), Stechkappenfl 50 mg (50 mL)
Phenhydan®	Phenytoin	Tbl.: 1 Tbl. enth.: Phenytoin 100mg. Inj.-Lsg.: 1 Amp. (5ml, 250mg Phenytoin), Inf.-Konz.: 1 Amp. (50ml, 750mg Phenytoin)
Phenobarbital-neuraxpharm	Phenobarbital	1 Tbl. enth.: 15mg/100mg Phenobarbital
Physiotens®	Moxonidin	Filmtabl 0.3 mg; Physiotens® mite: Filmtabl 0.2 mg; Physiotens® forte: Filmtabl 0.4 mg
Piperacillin plus Tazobactam ratiopharm®	Tazobactam + Piperacillin	Trockensubst für Inf (IV) Amp: 4 g Piperacillin u. 0,5 g Tazobactam
Piroflam®	Piroxicam	10 mg Tabs./- 20 mg Tabs: 1 Tabs enth.: Piroxicam 10mg/20mg
Piroxicam AL Gel	Piroxicam	1g Gel enth.: 5mg Piroxicam
Piroxicam HEXAL®	Piroxicam	Tabl 10, 20 mg; Brstabl 20 mg Zäpf.20 mg Amp. m. 1 ml Inj.-lsg. enth. 20 mg
Piroxicam Sandoz®	Piroxicam	1 Amp. zu 1ml enth.: 20mg Piroxicam
Piroxicam STADA®	Piroxicam	Hartkaps 10, 20 mg; Tabl 10, 20 mg Brausetbl 20mg Injekt.lsg.: 1 Amp. m. 1ml Injekt.lsg. enth.: 20mg
Piroxicam-ratiopharm®	Piroxicam	10/20 mg Tabs: 1 Tbl. enth. 10/20 mg Piroxicam. 1 Amp. mit 1 ml Inj.-lsg enth. 20 mg Piroxicam. 1 Zäpfchen enth. 20 mg Piroxicam.
PK-Merz®	Amantadin	Filmtabl 100 mg; Inf Lös (IV) Fl 200 mg (500 mL)
Planum®/- mite	Temazepam	Planum®: Weichkaps 20 mg, Planum® mite: Weichkaps 10 mg
Platiblastin®	Cisplatin	(IV) Stechamp 10 mg (20 mL), 50 mg (100 mL)
Platinol®	Cisplatin	Inf Konz (IV) Stechamp 10 mg (20 mL), 50 mg (100 mL)
Plavix®	Clopidogrel	Filmtabl 75, 300 mg
Pnathenol Heumann Crème®	Dexpanthenol	Crème 50 mg/g, Tuben 20, 50, 100 g
Pneumovax® 23	Impfstoff (Pneumokokken)	Inj Lös (IM oder SC) Amp 25 µg (0.5 mL)
Podomexef®	Cefpodoxim	Filmtabl 100, 200 mg Saft: 40mg/5mL
Polaronil® Tabl	Dexchlorpheniramin	Tabl (mit Bruchrille) 2 mg
Polyspectran®	Polymyxin + Neomycin + Garamycin	Salbe: 1g enth.: Polymyxin-B-sulfat 7500 I.E., Bacitracin 300 I.E., Neomycinsulfat 3500 I.E. Tropfen: Zus: 1ml enth.: Polymyxin-B-sulfat 7500 I.E., Neomycinsulfat 3500 I.E., Gramicidin 0,02mg.
Polyspectran® HC Salbe	Polymyxin B + Neomycin + Bacitracin	1g enth.: Polymyxin-B-sulfat 7500 I.E., Bacitracin 300 I.E., Hydrocortison acetat 10mg
Posifenicol®	Chloramphenicol	Augensalbe 10 mg/g
Pravabeta	Pravastatin	10mg/20mg/40mg
Pravagamma®	Pravastatin	10mg/20mg/40mg
PravaLich®	Pravastatin	10mg/20mg/40mg
Pravalip®	Pravastatin	Tabl. enth.: 10/20/40mg
Prava-Q®	Pravastatin	Tbl. 10 mg / 20 mg / 40 mg
Pravastatin HEXAL®	Pravastatin	Tabl. enth.: 10/20/30/40 mg
PRAVA-TEVA®	Pravastatin	Tbl. enth. 10/20/40 mg

PREDNI H INJEKT®	Prednisolonacetat	Amp zu 1ml mit 10, 25, 50 mg
Predni M Tablinen®	Methylprednisolon	Tbl. 4mg/8mg/16mg
Prednisolon dura®	Prednisolon	Tbl. enth.: 10 mg / 20 mg / 50 mg Prednisolon
Prednisolon Rotexmedica	Prednisolon	Kristallsusp 25, 250 mg
Prednisolut®	Prednisolon	IV, IM, IA 10, 25, 50, 100, 250, 500, 1000 mg
Prednitop® 0.25%	Prednicarbat	Fettsalbe 0.25% 2.5 mg/g, Tuben 30 g; Salbe 0.25% 2.5 mg/g, Tuben 30 g; Creme 0.25% 2.5 mg/g, Tuben 30 g; Lösung 0.25% 2.5 mg/g, Flasche 50 mL mit Schaumapplikator
Prelis® comp. Retardtbl	Metoprolol + Chlortalidon	Retardtbl.: Metoprololtartrat 200mg, Chlortalidon 25mg teilbar
Presinol®	Methyldopa	Filmtabl 125, 250, 500 mg
Preterax®	Perindopril + Indapamid	Tabl teilbar: (2 mg Perindopril + 0.625 mg Indapamid)
Prevenar®	Pneumokokken-Impfstoff	1 Dosis (0,5ml) Inj.-Susp. enth.: Pneumokokkenpolysaccharid, Serotypen 4, 9V, 14, 19F, 23F: je 2µg; Serotyp 6B: 4µg; Pneumokokkenoligosaccharid Serotyp 18C 2µg; jeweils konjugiert an CRM197-Trägerprotein und adsorbiert an Aluminiumphosphat.
Prezista®	Darunavir	Filmtabl 300, 400, 600 mg
Privigen®	Immunglobulin IgG nicht spezifiziert (human)	Inf Lös (IV) 100 mg/mL, wovon > 98% humanes Immunglobulin, Stechamp 2'500 mg (25 mL), 5'000 mg (50mL), 10'000 mg (100 mL), 20'000 mg (200 mL)
Probenecid 500	Probenecid	Tabl 500 mg
Progesteron-Depot JEN-APHARM®	Progesteron	Inj.-Lsg.: 1ml ölige Lsg. enth.: Hydroxyprogesteroncaproat 250mg.
Proglicem®	Diazoxid	Kaps 25, 100 mg
Prograf®	Tacrolimus	Kaps 0.5, 1, 5 mg; (IV) Amp 5 mg (1 mL)
Progynova®	Estradiol	Drag 2 mg; mite: Drag 1 mg
Prontopyrin® plus Tbl	Paracetamol + Koffein	Tabl: Paracetamol 400 mg, Coffein 50 mg
Propecia®	Finasterid	Filmtabl 1 mg
Propofol® Lipuro	Propofol	Inj/Inf Emulsion 1% (IV) Amp 200 mg (20 mL), Infusionsfl 500 mg (50 mL), 1000 mg (100 mL); Inj/Inf Emulsion 2% Infusionsfl 1000 mg (50 mL)
Propofol® MCT Fresenius	Propofol	Inj/Inf Emulsion 1% (IV) Amp 200 mg (20 mL), Infusionsfl 500 mg (50 mL), 1000 mg (100 mL); Inj Emulsion 2% (IV) Amp 400 mg (20 mL), Infusionsfl 1000 mg (50 mL), 2000 mg (100 mL)
Propra-ratiopharm®	Propranolol	Filmtabl 10, 40, 80 mg; Kaps retard 160 mg
Propycil® 50	Propylthiouracil	Tabl 50 mg
Proscar®	Finasterid	Filmtabl 5 mg
Prospan®	Efeublätter-Trockenextrakt	Brausetabl: 65 mg Hustenaft: 100ml Lsg.: 0,7g Trockenextrakt aus Efeublättern Hustenliquid: 5ml Flüssigk. (1 Btl.) enth. 35mg Trockenextrakt aus Efeublättern Hustentrpf: 100ml Flüssigk. enth.: 2g Trockenextrakt aus Efeublättern
Prostaflor®	Pollen	Kaps 180 mg wasserlöslicher Pollenextrakt
Protagent® / -SE	Povidon	Augentrpf 20 mg/mL, Fl 10 mL;SE: Augentrpf 20 mg/mL, Einzeldosen 0.4 mL
Protamin® Valeant	Protamin	Inj Lös (IV) Amp 5000 IE (5 mL); Inj Lös (IM) Amp 25000 IE (5 mL)
Protelos®	Strontium ranelat	Granulat 2 g PO
Prothromplex® NF 600	Prothrombin Komplex	Lyophilisat für Inj Lös IV (Gerinnungsfaktoren II, VII, IX, X, Antithrombin III), Amp 600 IE
Protopic®	Tacrolimus	Salbe 0.03% 0.3 mg/g, Tuben 10, 30, 60 g; Salbe 0.1% 1 mg/g, Tuben 10, 30, 60 g
Proxen®	Naproxen	Tabl 250, 500 mg magensaftresistente Tbl
Pulmicort® Turbuhaler®	Budesonid	Turbohaler: 200 + 400 µg Budesonid Susp: 0,5mg/2ml Susp. z. Inhalation + 1,0mg/2ml Susp. z. Inhalation
Puri-Nethol®	Mercaptopurin	Tabl 50 mg
Pyrazinamid Jenapharm®	Pyrazinamid	Tabl 500 mg
Q		
Quantalan® zuckerfrei	Colestyramin	Pulver in Beuteln 4 g
Quensyl® Filmtabl.	Hydroxychloroquin	Filmtabl 200 mg
Quilonum® retard, Retardtbl	Lithium	Tabl 536 mg Lithiumazetat (= 8.1 mmol Lithium); retard: 450 mg Lithiumcarbonat (= 12.2 mmol Lithium)
QuinaLich® comp.	Quinapril + HCT	Tabl teilbar, Quinapril/HCT: 10 mg/12.5 mg, 20 mg/12.5 mg, 20 mg/25 mg Filmtabletten
Quinaplus STADA®	HCT + Quinapril	Filmtabl teilbar: (10 mg Quinapril + 12.5 mg HCT); Filmtabl teilbar: (20 mg Quinapril + 12.5 mg HCT)
Quinapril HEXAL®	Quinapril	1 Tbl. enth. 5mg/10mg/20mg Quinapril (als Hydrochlorid.)

R		
Rabipur®	Impfstoff: Tollwut (Rabies)	Impfdosis (inaktivierte Tollwutviren; Trockensubstanz + 1 mL Lösungsmittel): mind. 2.5 IE Tollwutantigen (IM)
Ramicard® plus	HCT + Ramipril	Tabl: (12.5 mg HCT + 2.5 mg Ramipril);Tabl: (25mg HCT + 5 mg Ramipril)
Ramiclair® comp.	HCT + Ramipril	Plus Tabl teilbar: (25 mg HCT + 5 mg Ramipril); Plus Tabl teilbar: (12.5 mg HCT + 2.5 mg Ramipril)
Ramigamma® HCT	Ramipril + HCT	Tabl: (12.5 mg HCT + 2.5 mg Ramipril), Tabl: (25mg HCT + 5 mg Ramipril)
Ramipril HCT Sandoz®	HCT + Ramipril	Tabl teilbar: (25 mg HCT + 5 mg Ramipril); Tabl teilbar: (12.5 mg HCT + 2.5 mg Ramipril)
Ramipril HEXAL®	Ramipril	Tabl teilbar 2.5, 5, 7.5, 10 mg
Ramipril Sandoz®	Ramipril	Tabl (mit Bruchrille) 1.25, 2.5, 5, 7.5, 10 mg
Ramipril-ISIS®	Ramipril	Hartkaps 1.25, 2.5, 5 mg, Tabl teilb 2.5, 5, 10 mg
RANI-PUREN®	Ranitidin	Filmtabl teilbar 150, 300 mg
Ranitidin-ISIS®	Ranitidin	Filmtabl. (mit Bruchrille) 150, 300 mg
Ranitidin-ratiopharm®	Ranitidin	150, 300 mg akut Filmtabl.
Rantudil®	Acemetacin	Kaps: 30, 60, 90 mg
Rapifen®	Alfentanil	Inj Lös (IV) Amp 1 mg (2 mL), 5 mg (10 mL)
Rapilysin 10U	Reteplase	Trockensubstanz f Herst Inj Lös (IV) Durchstechfl 10 E + Lös Mittel in Fertigspritze 10 mL
Rasilez®	Aliskiren	Filmtabl 150, 300 mg
Reactine®	Cetirizin	Filmtabl (teilbar) 10 mg
Rebetol®	Ribavirin	Hartkaps 200 mg
Rebif®	Interferon beta 1a	Inj Lös (SC) Fertigspritzen 8.8 μg = 2.4 Mio IE (0.2 mL), 22 μg = 6 Mio IE (0.5 mL), 44 μg = 12 Mio IE (0.5 mL)
Reductil®	Sibutramin	Hartkaps 10, 15 mg
ReFacto®	Faktor VIII Gerinnungs-Antigen	Lyophilisierte Trockensubst zur Herst einer Inj Lös (IV) 250 IE, 500 IE, 1000 IE, 2000 IE
Refludan®	Lepirudin	Trockensubstanz für Inj und Inf Lös (IV) 50 mg
Relenza®	Zanamivir	Pulv. zur Inhalat. (Blisterkammer) enth. 5mg Zanamivir. Jede freigegeb. Einzeldos. zur Inhalat. (die Menge an Pulv., die aus dem Mundstück d. Diskhalers freigegeben wird) enth. 4,0mg Zanamivir
Relifex®	Nabumeton	1 Filmtabl. enth. 500mg Nabumeton
Relpax®	Eletriptan	Filmtbl: Eletriptan 20 mg / 40 mg
REMICADE®	Infliximab	Pulverkonzentrat für Inf Lös (IV) Amp 100 mg
Reminyl®	Galantamin	Kaps 8, 16, 24 mg
Remodulin®	Treprostinil	Inf Lös (IV, SC) Vials 1 mg/mL, 2.5 mg/mL, 5 mg/mL, 10 mg/mL
Remotiv® MADAUS	Johanniskraut	Filmtabl 250 mg
Renagel®	Sevelamer	Filmtabl 800 mg
Rennie®	Calciumcarbonat + Magnesium	Lutschtabl: (680 mg Calciumcarbonat + 80 mg Magnesiumcarbonat)
Rennie®	Magnesium + Calciumcarbonat	Lutschtabl: (680 mg Calciumcarbonat + 80 mg Magnesiumcarbonat)
ReoPro®	Abciximab	Inj Lös (IV) Amp 10 mg (5 mL)
Replagal®	Agalsidase alfa	Inf Konz (IV) Durchstechfl 3.5 mg (3.5 mL)
Requip®	Ropinirol	Filmtabl 0.25, 0,5, 1, 2, 5 mg
Requip®-Modutab®	Ropinirol	Filmtabl mit verlängerter Wirkstofffreisetzung 2, 4, 8 mg
Resochin®	Chloroquin	Tabl (mit Bruchrille) 250 mg Chloroquinphosphat (entsprechend 155 mg Chloroquin); junior 81 mg Chloroquinphosphat (entsprechend 50 mg Chloroquin); 1 Ampulle mit 5 ml Injektionslösung enthält 250 mg Chloroquinphosphat
Resonium® A	Polystyrolsulfonat	Natrium-beladener Kunstharz-Kationenaustauscher: Pulver 450 g (100 mg Na/g)
Retrovir®	Zidovudin	Hartkaps 100, 250 mg, Filmtbl 300 mg Inf Lös 100, 200 mg
Revatio®	Sildenafil	Filmtabl 20 mg
Revaxis®	Impfstoff (Diphtherie-Tetanus)	Injektionssupsension in einer Fertigspritzen (IM) 0.5 mL: (mind. 20 IE adsorbiertes Tetanus-Toxoid + mind. 2 IE adsorbiertes Diphtherie-Toxoid + 40 D-Antigen-Einh inaktivierte Poliomyelitis-Viren Typ 1 + 8 vom Typ 2 + 32 vom Typ 3)
Revlimid®	Lenalidomid	Hartkaps 5, 10, 15, 25 mg
Reyataz®	Atazanavir	Hartgelatinekaps 150, 200, 300 mg
Rhinomer®	Meerwasser gereinigt + Wasser	Steriles, isotonisches, an natürlichen Mineralien und Spurenelementen reiches Meerwasser, Nasenspray 60 mL, Jet-Spülung mit 2 Sprühköpfen, Fl 135, 215 mL
Riamet®	Artemether + Lumefantrin	Tabl: (20 mg Artemether + 120 mg Lumefantrin)
Riamet®	Lumefantrin + Artemether	Tabl: (120 mg Lumefantrin + 20 mg Artemether)
Ribodronat	Pamidronsäure	Pulv. Inf Lös. 15, 30, 60, 90 mg

R

Rifa®	Rifampicin	Drg. 150, 300, 450, 600 mg
RifampicinHefa®-N	Rifampicin	Kaps 150, 300 mg, Filmtabl 300, 450, 600 mg Trockensubst f Inf Lös (IV) Stechamp 600 mg
Rifater®	Pyrazinamid + Rifampicin + Isoniazid	Drag: (Isoniazid 50 mg + 300 mg Pyrazinamid + 120 mg Rifampicin)
Rifinah® Drg	Isoniazid + Rifampicin	Drag: (100 mg Isoniazid + 150 mg Rifampicin)
Rilutek®	Riluzol	Filmtabl 50 mg
Rimactazid® 150/75	Isoniazid + Rifampicin	Filmtabl: (Isoniazid 100 mg + 150 mg Rifampicin)
Risperdal Consta®	Risperidon	Injektionskit (IM alle 2 Wochen): 25, 37.5, 50 mg
RISPERIDAL®QUICKLET®	Risperidon	Schmelztabl 0.5, 1, 2, 3, 4 mg
RISPERIDALI®	Risperidon	Filmtabl 0.5, 1, 2, 3, 4 mg Lösung 1 mg/mL, Fl 30, 100 mL
Rivotril®	Clonazepam	Tabl (mit Kreuzbruchrille) 0.5, 2 mg Trpf 2.5 mg/mL (= 25 Trpf), Fl 10 mL Inj Konz (IV, IM) Amp 1 mg (1 mL)
RoActemra®	Tocilizumab	Inf Lös (IV) Fl 80 mg (4 mL), 200 mg (10 mL), 400 mg (20 mL)
Rocaltrol®	Calcitriol	Kaps 0.25, 0.5 µg; Lösung 1 µg/mL (= 0.02 µg/Trpf), Fl 10 mL mit Messpipette
Rocephin®	Ceftriaxon	Trockensubst Inj Lös (IV) Amp 500 mg, 1 g, 2 g; Trockensubst für Inj Lös (IM) Amp 1 g
Roferon®-A	Interferon alfa 2a	Inj Lös (SC) Fertigspritzen 3 Mio IE (0.5 mL), 4.5 Mio IE (0.5 mL), 6 Mio IE (0.5 mL); Patronen 18 Mio IE (0.6 mL)
Rohypnol®	Flunitrazepam	Filmtabl 1 mg
Rovamycine®	Spiramycin	Tabl 1.5 Mio IE
RubieMol®	Paracetamol	1 Supp. enth.: 125mg/250mg/500mg Paracetamol
Rudocyclin®	Doxycyclin	Lacktabl 100 mg
Rulid®	Roxithromycin	Filmtabl 150, 300 mg
Rytmonorm®	Propafenon	Filmtabl 150, 300 mg; Inj Lös (IV) 3.5 mg/mL
S		
Sabril®	Vigabatrin	Filmtabl 500 mg Beutel mit Puder 500 mg
Salagen®	Pilocarpin	Filmtabl 5 mg
Salbu HEXAL® Easyhaler®	Salbutamol	Pulverinhalation 100 µg/Stoss, 200 Dosen
SALBU-Fatol® Inhalationslösung	Salbutamol	Inhalationslösung: 1ml Lsg. (entspr. 20 Tropf.) enth.: 6,0mg Salbutamolsulfat, entspr. 5,0mg Salbutamol
Salofalk®	Mesalazin	Filmtabl (dünndarmlöslich) 250, 500 mg; Suppo 250, 500 mg
Salofalk® Klysmen	Mesalazin	Klysma 30g Susp mit 2g Mesalazin; 60g Susp. mit 4g Mesalazin Supp: 250, 500 mg Tabl: 250, 500 mg Granu-Stix® 500, 1000, 1500 mg Rektalschaum: 1 Sprühstoß : 1g Mesalazin
Sanalepsi® N	Doxylamin	Tropflös 10 mg/1 mL (= 25 Trpf), Fl 20, 50 mL
Sanalum®	Johanniskraut	Kaps 425 mg Filmtabl 650 mg
Sandimmun Neoral®	Ciclosporin	Kaps 10, 25, 50, 100 mg Trinklösung 100 mg/mL, Fl 50 mL
Sandimmun®	Ciclosporin	Infusionskonz (IV) Amp 50 mg (1 mL), Amp 250 mg (5 mL)
Sandoparin®	Certoparin Natrium	Inj Lös (SC) Fertigspritzen 32 mg = 3000 IE (0.3 mL)
Sandostatin®	Octreotid	Inj Lös (SC) Amp 0.05 mg (1 mL); Inj Lös (SC) Amp 0.1 mg (1 mL); Inj Lös (SC) Amp 0.5 mg (1 mL); Inj Lös (SC) Amp 1 mg (5 mL)
Sandostatin® LAR®	Octreotid	Trockensubst f Depot-Inj (IM) Amp 10, 20, 30 mg + Fertigspritzen mit Lös Mittel 2.5 mL
Sandrena®	Estradiol	Gel 1% Einzeldosen 0.5, 1 g
Saroten® Retard	Amitriptylin	Kaps 25, 50 mg
schnupfen endrine®	Xylometazolin	Tropfen 0,1 %: 1 ml enth.: Xylometazolin-HCl 1 mg. Spray 0,1 %: 1 ml enth.: Xylometazolin-HCl 1 mg.
Scopoderm® TTS	Scopolamin	Patch 1.5 mg
Selectol®	Celiprolol	Filmtabl 200 mg
Selegilin HEXAL®	Selegilin	Tabl 5, 10 mg
Selegilin STADA®	Selegilin	Tabl 5, 10 mg
Selegilin-ratiopharm®	Selegilin	Tabl 5, 10 mg
Semi-Daonil®	Glibenclamid	Semi-Daonil®: Tabl (mit Bruchrille) 2.5 mg
Sempra®	Itraconazol	10 mg/mL Konz. U. Lsg.mittel z. Herst. einer Inf. lsg.
Septopal® 10er Minikette	Gentamicin	Ovaler Körper (ca 3 x 5 mm) 1.7 mg, Miniketten zu 10 ovalen Körpern
Septopal®-Ketten	Gentamicin	Kugel (Ø 7 mm) 4.5 mg, Ketten mit 10, 30, 60 Kugeln
Serdolect®	Sertindol	Filmtabl 4, 12, 16, 20 mg

serenoa-ratiopharm®	Serenoa repens	Weichkaps 160, 320 mg
Serevent®	Salmeterol	Dosier Aerosol 25 µg/Dose, 200 Dosen; Disk 50 µg/Dosis, 4 Dosen; Diskus® 50 µg/Dosis, 60 Dosen
Seroquel Prolong®	Quetiapin	Ret.-Tabl: 50, 200, 300, 400 mg
Seroquel®	Quetiapin	Filmtabl 25, 100, 200, 300 mg
Seroxat®	Paroxetin	Susp 2mg/mL Filmtabl 20 mg
SERTRA-ISIS®	Sertralin	Filmtabl. (mit Bruchrille) 50, 100 mg
Sertralin AL	Sertralin	Filmtabl (mit Bruchrille) 50, 100 mg
Sertralin AWD®	Sertralin	Filmtabl (mit Bruchrille) 50, 100 mg
Sertralin Sandoz®	Sertralin	Filmtabl (mit Bruchrille) 50, 100 mg
Sertralin-Teva®	Sertralin	Filmtabl (mit Bruchrille) 50, 100 mg
Sevikar®	Olmesartan + Amlodipin	Filmtabl: (20 mg Olmesartan + 5 mg Amlodipin); Filmtabl: (40 mg Olmesartan + 5 mg Amlodipin); Filmtabl: (40 mg Olmesartan + 10 mg Amlodipin)
Sevredol®	Morphinsulfat	Tabl (teilbar) 10, 20 mg; Suppo 10, 20, 30 mg
Siccafluid® / - UD	Carbomer	Siccafluid®: Augengel 2.5 mg/g, Tuben 10 g
Sicorten® plus	Triclosan + Halometason	Creme: (0.5 mg Halometason + 10 mg Triclosan)/g, Tuben 25, 50 g
Sifrol®	Pramipexol	Tabl 0.125, 0.25, 0.5, 1 mg
Silkis®	Calcitriol	Salbe 3 µg/g, Tuben 30, 100 g
Simvalip®	Simvastatin	Filmtabl (teilbar) 10, 20, 40, 80 mg
Simvastatin Sandoz®	Simvastatin	Filmtabl (Bruchrille) 5, 10, 20, 30, 40, 60, 80 mg
Simvastatin Wolff®	Simvastatin	Filmtabl (mit Bruchrille) 10, 20, 40 mg
Simvastatin-Teva®	Simvastatin	Filmtabl 5, 10, 20, 40, 80 mg
Sinecod®	Butamirat	Depottabl 50 mg Kindertropfen 5 mg/mL, Fl 20 mL Sirup 15 mg/10 mL, Fl 200 mL
Sinemet®/- CR	Carbidopa + Levodopa	Sinemet®: Tabl: (100 mg Levodopa + 25 mg Carbidopa), (250 mg Levodopa + 25 mg Carbidopa); Sinemet® CR: Tabl: (200 mg Levodopa + 50 mg Carbidopa); Tabl: (100 mg Levodopa + 25 mg Carbidopa)
Singulair®	Montelukast	Beutel 4 mg (orales Granulat); Kautabl 4, 5 mg; Filmtabl 10 mg
Sinquan®	Doxepin	Kaps 10, 25, 50 mg
Siozwo®	Meersalz + Dexpanthenol	SAN Nasenspray mit Dexpanthenol und Meersalz (ohne Konservierungsstoffe)
Sirdalud®	Tizanidin	Tabl (teilbar) 2, 4, 6 mg
Snup®	Xylometazolin	0,05%: 0.5mg/ml Nasenspray, 1 Sprühstoß (ca. 0,09 ml Lösung) enthält 0,045 mg 0,1 %:1mg/1ml Nasenspray, 1 Sprühstoß (ca. 0,09 ml Lösung) enthält 0,09 mg
Sobelin® Granulat	Clindamycin	75 mg / 150 mg / 300 mg Hartkaps Granulat: 1 Messl. d. gebrauchsfertigen Lsg. (5 ml) enth.: 75 mg
Sobelin® Vaginalcreme	Clindamycin	1 g enth.: Clindamycin-2-dihydrogenphosphat 23,76 mg 1 Applikatorfüllung
Solan®-M Augentropfen	Retinol	1 mL Augentropfen enthält 0,55 mg Retinolpalmitat
Solian®	Amisulprid	Tabl (teilbar) 100, 200; Filmtabl (teilbar) 400 mg Trinklös 100 mg/mL, Fl 60 mL (mit Dosierungsspritze)
Solugastril® Gel	Calciumcarbonat + Magnesium	1 Btl.: 10g Gel
Somatostatin 3 mg HEXAL®	Somatostatin	Trockensubst. für Inf Lös (IV) Amp 3 mg
Somnium®	Diphenhydramin + Lorazepam	Tabl: (1 mg Lorazepam + 25 mg Diphenhydramin)
Sonata®	Zaleplon	Kaps 5, 10 mg
Sorbisterit®	Polystyrolsulfonat	Kationen-Austauscher in Calcium-Phase in Pulverform: 10 g Pulver (= 18 mmol Calcium), Beutel 500 g
Sortis®	Atorvastatin	Filmtabl 10, 20, 40, 80 mg
Sotalex®	Sotalol	Tabl (mit Bruchrille) 160 mg, mite Tabl 80 mg
Sotalol 80/160 Heumann	Sotalol	Tabl (mit Bruchkerbe) 80 mg, Tabl (mit Kreuzkerbe) 160 mg
Soventol® HC Creme	Hydrocortisonacetat	Creme 2,5 mg/g, Tuben 20, 50 g
Spasmo-Urgenin® TC	Trospiumchlorid	Filmtabl 5 mg
Spasuret®	Flavoxat	Filmtabl. 200 mg
Spersacarpin®	Pilocarpin	Augentropf 0,5%: 5mg/mL; 1%: 10mg/mL; 2%: 20mg/mL; 2% Augensalbe: 20mg/g
Spersadex® 0.1%	Dexamethason	Augentropfen 1.0 mg/mL, Fl 5 mL
Spersadex® Augentropfen	Dexamethason	Augentropfen 1 mg/mL, Fl 5 mL
Spersadex® comp.	Dexamethason + Chloramphenicol	Augentropfen: (1 mg Dexamethason + 5 mg Chloramphenicol)/mL, Fl 5 mL

Spiriva®	Tiotropium	Kaps zur Inhalation 18 µg (= 22.5 µg Tiotropiumbromid),
Spiro comp. forte-ratiopharm®	Furosemid + Spironolacton	Filmtabl: (100 mg Spironolacton + 20 mg Furosemid)
Spiro comp.-ratiopharm®	Furosemid + Spironolacton	Filmtabl: (50 mg Spironolacton + 20 mg Furosemid)
Stalevo®	Levodopa + Carbidopa + Entacapon	Filmtabl: (200 mg Entacapon + 50 mg Levodopa + 12.5 Carbidopa); (200 mg Entacapon + 100 mg Levodopa + 25 mg Carbidopa); (200 mg Entacapon + 150 mg Levodopa + 37.5 mg Carbidopa)
Staphylex®	Flucloxacillin	Kaps 250, 500 mg Inj.-Lsg. 250, 500, 1000, 2000 mg
Starlix®	Nateglinid	60mg Filmtbl./-120mg Filmtbl.: 1 Filmtbl. enth.: 60mg/120mg Nateglinid.
Stesolid®	Diazepam	Emulsion z. Inj. Amp. 10 mg (2 mL) Rectal Tubes 5, 10 mg
Stilnox®	Zolpidem	Filmtbl.: 1 Filmtbl. enth.: 10mg Zolpidemtartrat (entspr. 8,03mg Zolpidem)
Streptase	Streptokinase	Trockensubstanz für Inj Lös (IA, IV) Amp 1'500'000 IE
Subutex®	Buprenorphin	Sublingualtabl: 0,4mg (0,43 mg Buprenorphin-HCl (0,4 mg Buprenorphin)); 2mg (2,16 mg Buprenorphin-HCl (2 mg Buprenorphin)); 8mg (8,64 mg Buprenorphin-HCl (8 mg Buprenorphin))
Sufenta®/- forte	Sufentanil	Sufenta® epidura: Inj Lös (IV) Amp 10 µg (2 mL)
Sulfadiazin-Heyl®	Sulfadiazin	Tabl teilbar 500 mg
Sulfasalazin HEXAL®	Sulfasalazin	Filmtabl magensaftresist. 500 mg
Sultanol®	Salbutamol	Dosier-Aerosol 70 µg /Stoss Fertiginhalat 0.6, 1.2 mg/mL
Sumatriptan AWD®	Sumatriptan	Tabl 50 mg
Sumatriptan Sandoz®	Sumatriptan	Tabl teilbar 50 mg
Sumatriptan-HEXAL®	Sumatriptan	Filmtabl 50, 100 mg Inj Lös(SC) Patronen 6 mg (0.5 mL)
Summavit® Plus	Cyanocobalamin + Thiaminhydrochlorid + Pyridoxinhydrochlorid	Tabl: (2.4 mg Thiaminmonohydrat + 2.1 mg Pyridoxinhydrochlorid + 0.0056 mg Cynocobalamin)
Superpep Reise Kaugummi	Dimenhydrinat	Kaugummi Dragee 20 mg
Suplasyn®	Hyaluronsäure (Na-Salz)	Inj Lös (intra-artikulär) Fertigspritzen 20 mg (2 mL)
Supracyclin®	Doxycyclin	Tabs 100 mg; Tabs forte 200 mg
Suprarenin® Ampullen	Epinephrin	Inj.-Lsg.: 1ml enth.: Epinephrin-HCl 1,2mg (entspr.1mg Epinephrin) in d. Konzentration 0,1% (1:1000) in isotonischer Lösung.
Sustiva®	Efavirenz	Kaps: Efavirenz 50mg/200mg Filmtabl: Efavirenz 600 mg Lösung z. Einn.: 1ml enth.: Efavirenz 30mg
Symbicort® Turbohaler®	Budesonid + Formoterol	Dosis: 80 µg Budesonid, 4,5 µg Formoterolhemifumarat 1H2O; 160 µg Budesonid, 4,5 µg Formoterolhemifumarat 1H2O
Sympal® Filmtabletten	Dexketoprofen	Filmtabl (mit Bruchrille) 25 mg
Sympal® injekt 50mg Injektionslösung	Dexketoprofen	Inj Lös (IV, IM) Amp 50 mg (2 mL)
Synacthen Amp.	Tetracosactid	Inj Lös (IM, IV) Amp 0.25 mg (1 mL)
Synacthen Depot	Tetracosactid	Injektionssuspension (IM) Amp 1 mg (1 mL)
Synvisc® Spritzampullen	Hylan G-F 20	Inj Lös (intra-artikulär)1 mL enthält: (8 mg Hylan + 8,5 mg Natriumchlorid + 0.16 mg Dinatriumhydrogenphosphat + 0.04 mg Natriumdihydrogenphosphat)
T		
Tadin®	Tamsulosin	Retardtabl 400 µg
Tafil®	Alprazolam	Tabl 0.5 mg, 1 mg
Tagonis®	Paroxetin	Jede Filmtablette enthält 20 mg Paroxetin
talvosilen® forte	Paracetamol + Codein	Kaps.: 1 Kaps. enth.: 500mg Paracetamol, 30mg Codeinphosphat·½ H2O. Tbl.: 1 Tbl. enth.: 500mg Paracetamol, 30mg Codeinphosphat·½ H2O. Supp.: f. Erw. u. Jugendl. ab 12J.: 1 Supp. enth.: 1000mg Paracetamol, 60mg Codeinphosphat·½ H2O.
Tambocor®	Flecainid	Tabl 100 mg; Inj Lös (IV) Amp 150 mg (15 mL)
Tamiflu®	Oseltamivir	Hartkaps. 30, 45, 75 mg Pulv. z. Herst. e. Susp. z. Einn. 12mg/ml
Tamox 1A Pharma	Tamoxifen	Filmtabl 10, 20, 30 mg
Tamoxifen CT	Tamoxifen	Tabl 10, 20, 30 mg
Tamsolusin AbZ	Tamsulosin	Retardkaps 0.4 mg
Tamsulosin beta	Tamsulosin	Retardkaps 0.4 mg
Tamsulosin Sandoz®	Tamsulosin	Retardkaps 0.4 mg
Tamsunar®	Tamsulosin	Kaps retard 400 µg

Tarceva®	Erlotinib	Filmtabl 25, 100, 150 mg
Tardyferon®	Eisen II	Retardtabl: 256,3 mg Eisen(II)-sulfat 1,5H2O (80 mg Eisen(II)-Ion)
Tardyferon®-Fol, Depot-Eisen(II)sulfat mit Folsäure	Eisen II + Folsäure	Drg: 256,3 mg Eisen(II)-sulfat 1,5H2O (80 mg Eisen(II)-Ion), 0,35 mg Folsäure
Targin®	Naloxon + Oxycodon	Retardtabl 10/5: (10 mg Oxycodon + 5 mg Naloxon); Retardtabl 20/10: (20 mg Oxycodon + 10 mg Naloxon)
Targocid®	Teicoplanin	Pulver f Herst von Lös (PO, IM, IV) Amp 100, 200, 400 mg
Tarivid®	Ofloxacin	Filmtabl (mit Bruchrille) 200 mg, 400mg; Inf Lös (IV) Fl 200 mg (100 mL)
Tarka®	Trandolapril + Verapamil	Filmtabl: (2 mg Trandolapril + 180 mg Verapamil)
Tasigna®	Nilotinib	Kaps 200 mg
Tasmacyclin Akne®	Doxycyclin	Tabl 50 mg
Tasmar®	Tolcapon	Filmtabl 100 mg
Tauredon®	Natriumaurothiomalat (Goldgehalt 45.3%)	Amp (SC tief intraglutäal) 10 mg Natriumaurothiomalat (= 4.53 mg Gold in 0.5 mL); Amp (SC tief intraglutäal) 20 mg Natriumaurothiomalat (= 9.06 mg Gold in 0.5 mL); Amp (SC tief intraglutäal) 50 mg Natriumaurothiomalat (= 22.65 mg Gold in 0.5 mL)
Tavanic®	Levofloxacin	Filmtabl (Bruchrille) 250, 500 mg; Inf Lös (IV) Amp 250 mg (50 mL), 500 mg (100 mL)
Tavegil®	Clemastin	Tabl (teilbar) 1 mg Inj Lös (IV, IM) Amp 2 mg (2 mL)
Tavegil® Gel	Clemastin	Gel 0.3 mg/g, Tuben 20 g
Tavor®	Lorazepam	0,5 mg Tbl.: 1 Tbl. enth.: Lorazepam 0,5mg.; 1,0 mg Tbl.: 1 Tbl. enth.: Lorazepam 1,0mg. 2,5 mg Tbl.: 1 Tbl. enth.: Lorazepam 2,5mg; Tabs 2,0 mg Tbl.: 1 Tbl. enth.: Lorazepam 2,0mg.
Tavor® pro injectione	Lorazepam	pro injectione 2mg Lsg. zur i.m. Inj. u. i.v. Inj./Inf.: nach Verdünnung: 1 Amp. (1ml) : Lorazepam 2mg
Taxol®	Paclitaxel	6 mg Paclitaxel pro ml; 30, 100, 300 mg
Taxotere®	Docetaxel	Taxotere® 20 mg: Inf Präparat 20 mg + Verdünnungsmittel 1.5 mL; Taxotere® 80 mg: Inf Präparat 80 mg + Verdünnungsmittel 6 mL
Taxotere® (Docetaxel)	Docetaxel	IV; Inf Präp 20, 40, 80 mg
Tazobac®	Tazobactam + Piperacillin	Trockensubst für Inf (IV) Amp: 2 g Piperacillin + 0.5 g Tazobactam; 4 g Piperacillin + 0.5 g Tazobactam
Td-pur®	Impfstoff (Diphtherie-Tetanus)	Fertigspritze z. i.m. Inj. 0.5 mL mit und ohne Nadeln: (mind. 20 IE adsorbiertes Tetanus-Toxoid + mind. 2 IE adsorbiertes Diphtherie-Toxoid)
Td-Virelon®	Impofstoff: Diphterie + Tetanus + Poliomylitis	Impfdosis Susp in Fertigspritzen (IM) 0.5 mL: (mind. 20 IE adsorbiertes Tetanus-Toxoid + mind. 2 IE adsorbiertes Diphtherie-Toxoid + 40 D-Antigen-Einh inaktivierte Poliomyelitis-Viren Typ 1 + 8 vom Typ 2 + 32 vom Typ 3)
Tegretol®	Carbamazepin	Tabl 200, 400 mg;
Telfast®	Fexofenadin	Filmtabl 30, 120, 180 mg
Telzir®	Fosamprenavir	Filmtabl 700 mg Susp zum Einnehmen 50 mg/mL, Fl 225 mL (mit Dosierspritze)
Temgesic®	Buprenorphin	Ampullen: 0,32 mg/ml Buprenorphin-HCl (0,3 mg/ml Buprenorphin) Sublingualtabl (forte sublingual): 0,43 mg Buprenorphin-HCl (0,4 mg Buprenorphin) Sublingualtabl: 0,22 mg Buprenorphin-HCl (0,2 mg Buprenorphin)
Temodal®	Temozolomid	Hartkaps 5, 20, 100, 140, 180, 250 mg
Tempolax® forte Drg	Bisacodyl	Drag 7,5 mg
Tenoretic®/- mite	Atenolol + Chlortalidon	Tabl: (25 mg Chlortalidon + 100 mg Atenolol); Tabl: (12.5 mg Chlortalidon + 50 mg Atenolol)
Tenormin®/-mite/-submite	Atenolol	Tabl 100 mg; mite: 50 mg; submite: 25 mg
Terbinafin HEXAL®	Terbinafin	Tabl teilbar 125, 250 mg
Terbinafin STADA®	Terbinafin	Tabl teilbar 125, 250 mg
Terbinafin-CT	Terbinafin	Tabl teilbar 250 mg 1% Creme 10 mg/g, Tuben 15, 30 g
Terbinafinhydrochlorid STADA®	Terbinafin	Creme 10 mg/g, Tuben 15, 30 g
Terzolin®	Ketoconazol	2 % Creme: 20 mg/mL, Tube 15 g 2 % Lösung: 20 mg/mL
Testogel®	Testosteron	Gel 2,5g/5g Gel enthält 25mg/50mg Testosteron
Testoviron® Depot-250	Testosteron	Inj Lös (IM) Amp 250 mg (1 mL)
Tetagam® N	Tetanus Immunglobulin vom Menschen	Tetanus Immunglobulin Inj Lös (IM) 100-170 mg Protein mit Antikörpern gegen Tetanus-Toxin mind. 250 IE Ak, Fertigspritzen (1 mL):

T

T

Tevanate®	Alendronat	Tabl 10, 70 mg
Teveten®	Eprosartan	Filmtabl 600 mg
Teveten® plus	Eprosartan + HCT	Filmtabl: (600 mg Eposartan + 12.5 mg HCT)
Theo-CT® retard	Theophyllin	Kaps retard 250 mg
Thermo® Bürger Creme	Capsaicin	100g Creme enth.: Dickextr. aus Cayennepfeffer (4-7:1) 0,93-2,00 g, entspr. 40 mg Capsaicinoide, ber. als Capsaicin
Thilo-Tears® SE Augengel	Carbomer	1g Augengel enth.: Carbomer 3mg.
Thomapyrin® C Brause-tabletten	Paracetamol + Acetylsalicyl-säure + Ascorbinsäure	Brstabl Acetylsalicylsäure 300 mg; Paracetamol 200 mg Ascorbinsäure (Vit C) 300 mg
Thrombareduct® Sandoz®	Heparin	Gel 400 IE/g, Tuben 40, 100 g
Tifenil®	Cromoglicinsäure	Inhalationslösung 10 mg/mL
TilactaMed®	Tilactase	Kautabl 2000 FCC-Einheiten
TimoHEXAL®	Timolol	Augentrpf Fl 5 mL 0.1%: 1 mg/mL, 0.25%: 2.5 mg/mL, 0.5%: 5 mg/mL, Fl 5 mL
Timonil®/ -retard	Carbamazepin	Timonil®: Tabl (teilbar) 200 mg; Timonil® retard: Tabl (teilbar) 200, 300, 400, 600 mg Sirup 100 mg/5 mL (= 1 ML), Fl 250 mL
Tobi	Tobramycin	Lösung zur Inhalation mit Vernebler 300 mg/ 5 mL, Amp 5 mL
Tobradex®	Tobramycin + Dexametha-son	Augentropfen: (1 mg Dexamethason + 3 mg Tobramycin)/mL, Fl 5 mL
Tobramaxin®	Tobramycin	Augentropfen 3 mg/mL, Fl 5 mL, Augensalbe 3 mg/g, Tuben 3.5 g
Tofranil®	Imipramin	25 Drg: 25 mg; mite Drg: 10 mg
Tollwut-Impfstoff (HDC)	Rabies, Tollwut (Impfstoff)	Trockensubst (inaktivierte Tollwutviren) + Lös Mittel f Herst Inj Lös (IM) Impfdosis mind. 2.5 IE Tollwutantigen
Tolperison HEXAL®	Tolperison	Filmtabl. 50 mg
Tolvin®	Mianserin	1 Filmtablette enthält 10mg, 30mg oder 60 mg Mianserinhydrochlorid
Tonizin®	Johanniskraut	Hartkaps 425 mg
Topamax®	Topiramat	Tabl 25, 50, 100, 200 mg, Kaps 25, 50 mg
Topsym®	Fluocinonid	Creme 0.5 mg/g, Tuben 15, 30 g; Salbe und F-Salbe 0.5 mg/g, Tuben 15 g
Torasemid Sandoz®	Torasemid	Tabl 2.5 mg, Tabl (mit Bruchrille) 5 mg, Tabl (mit Kreuzbruchrille) 10, 20, 200 mg
Torasemid-Teva®	Torasemid	Tabl (teilbar) 5, 10 mg
Torem®	Torasemid	Cor Tabl 5 mg, RR Tabl 2,5 mg, 10 Tabl 10 mg
Torem® 200 Tbl	Torasemid	Tabl (mit Kreuzbruchrillen) 200 mg
Toviaz®	Fesoterodin	Retardtabl 4, 8 mg
Tracleer®	Bosentan	Filmtabl: 62,5 + 125 mg Bosentan
Tracrium®	Atracuriumbesilat	(IV) Amp 25 mg (2.5 mL); Amp 50 mg (5 mL)
Tramabeta® long	Tramadol	Retardtabl. 100, 150, 200 mg
Tramadol Sandoz®	Tramadol	Brstabl 50, 100 mg
Tramadol STADA®	Tramadol	Kaps 50 mg Trpf Lös 100 mg/mL (= 40 Trpf), Fl 10, 30 mL Inj Lös (IV, IM, SC) Amp 100 mg (2 mL)
Tramal®	Tramadol	Tabl. 50 mg; Trpf 100 mg/mL (= 40 Trpf) Fl 10, 20, 50, 100 mL; Zäpf. 100 mg Inj Lös (IV, IM, SC) Amp 100 mg (2 mL)
Tramal® retard	Tramadol	Retardtabl 50, 100, 150, 200 mg
Tramundin®	Tramadol	Retardtabl (teilbar) 100, 150, 200 mg Trpf 100 mg/mL (= 40 Trpf oder 8 Hübe), Fl 20, Fl mit Dosierpumpe 50, 100 mL
Transbronchin® Kaps.	Carbocistein	1 Hartkapsel enthält: 375 mg Carbocistein
Transtec PRO®	Buprenorphin	Transdermales Pflaster: 35 Mikrogramm/h/52,5 Mikrogramm/h/70 Mikrogramm/h: Ein trans-dermales Pflaster enthält 20mg/30mg/40mg Buprenorphin
Tranxilium®	Dikaliumclorazepat	Kaps 5, 10, 20 mg; Filmtabl 20, 50 mg
Tranxilium® Injizierbar	Dikaliumclorazepat	Injektionspräparat (IM, IV) Amp 50 mg (2.5 mL)
Trapanal®	Thiopental	Trockensubst f Inj Lös (IV) Amp 0.5, 2.5 g
Trasicor®	Oxprenolol	Filmtabl 40, 80, 160 mg
Trasitensin® retard Drg	Chlortalidon + Oxprenolol	1 Dragée enthält: 160 mg Oxprenololhydrochlorid + 20 mg Chlortalidon
Travex®	Tramadol	direkt Schmelztabl 50 mg, ONE Retardtabl 150, 200, 300, 400 mg
Travocort® 1% + 0,1% Creme	Diflucortolon + Isoconazol	Creme: (1 mg Diflucortolon + 10 mg Isoconazol)/g, Tuben 15, 30 g
Trazodon HEXAL®	Trazodon	Tabl 100 mg
tregor®	Amantadin	Kaps 100, 200 mg
Trental®	Pentoxifyllin	Inf.-Lsg. 100mg 5ml: 1 Amp. zu 5ml enth.: Pent-oxifyllin 100mg. Inf.-Lsg. Konz. 300mg 15ml: 1 Infusionsamp. zu 15ml enth.: Pentoxifyllin 300mg. Retardtbl.: 1 Ret.-Tabl. enth.: Pentoxifyllin 400mg; Retardtbl.: 1 Retardtbl. enth.: Pentoxifyllin 600mg

Trevilor®	Venlafaxin	Tabl 37.5 mg; Retardtabl 37.5, 75, 150 mg
Trileptal®	Oxcarbazepin	Filmtabl (mit Bruchkerben) 150, 300, 600 mg; Orale Susp 60 mg/mL, Fl 100, 250 mL (mit Dosierspritze)
Trimipramin Sandoz®	Trimipramin	Tabl (teilbar) 25, 50, 100 mg
Triomer® Monodosen/Spray	Meerwasser gereinigt + Wasser	Lösung 0.3 mL/mL steriles, an natürlichen Mineralien und Spurenelementen reiches Meerwasser, verdünnt mit gereinigtem Wasser, Monodosen 5 mL, Spray 125, 245 mL
Trizivir®	Abacavir + Lamivudin + Zidovudin	Filmtabl: (300 mg Abacavir + 150 mg Lamivudin + 300 mg Zidovudin)
Tromphyllin®	Theophyllin	Retardtabl 300, 600 mg
Trusopt®	Dorzolamid	Augentropfen 20 mg/mL, Fl 5 mL
Truvada®	Emtricitabin + Tenofovir	Filmtabl: Emtricitabin 200mg, Tenofovirdisoproxil 245mg (als Fumarat)
Truxal®	Chlorprothixen	Truxal®: Filmtabl 15, 50 mg Saft 20mg/ml, Susp. z. Einnehmen Drg. 15mg, überzogene Tabl
Tuberkulin PPD RT 23 SSI	Mantoux (Tuberkulintest)	Amp (intradermal) 1.5 mL: 2 TE/0.1 mL; Amp (intradermal) 1.5 mL: 10 TE/0.1 mL
Turixin® Salbe	Mupirocin	Salbe 21.5 mg
Tussamag® Nasenspray für Kinder	Xylometazolin	1 Sprühstoß (entspr. 0,09 ml Lösung) enthält 0,045 mg Xylometazolinhydrochlorid
Twinrix™ Erwachsene	Hepatitis A + B Impfstoff	Impfdosis: Inakt. Hepatitis-A-Virus 720 E + rekombinantes Hepatitis-B-Oberflächenantigen (HBsAg) 20 µg, Fertigspritzen 1 mL
Tygacil®	Tigecyclin	Trockensubst f Herst Inf Lös (IV) Stechamp 50 mg (5 mL)
Typhim Vi®	Impfstoff Thyphus	Inj Lös (IM oder tief SC) Fertigspritze 0.5 mL
TYPHIM Vi®	Typhus Impfstoff	Inj Lös (IM oder tief SC) Fertigspritzen 0.5 mL
Typhoral® L	Salmonellen - Typhus (Impfstoff)	Kaps magensaftresistent: Salmonella typhi , Stamm Ty 21 a Berna, apathogene Lebendkeime mind. 2 Mrd., inaktivierte Keime mind. 5 Mrd.
Tysabri	Natalizumab	Konz zur Herst Inf Lös (IV) Durchstechfl 300 mg (15 mL)
U		
Udrik®	Trandolapril	Kaps 0.5, 1, 2 mg
Ulcogant®	Sucralfat	Tabl 1 g Granulat in Beuteln für Susp 1 g Trockensubstanz f Lös 1 g/5 mL, Fl 250 mL
Ultiva®	Remifentanil	Trockensubstanz für Inj (IV) Amp 1 mg (1 mL), 2 mg (2 mL), 5 mg (5 mL)
Unimax®	Ramipril + Felodipin	Filmtabl: (2.5 mg Felodipin + 2.5 mg Ramipril), Filmtabl: (5mg Felodipin + 5 mg Ramipril)
unofem®	Levonorgestrel	Tabl 1.5 mg Notfallkontrazeptivum (< 72 h nach ungeschütztem Geschlechtsverkehr oder bei Versagen einer Verhütungsmethode)
Urbason®	Methylprednisolon	Amp 16, 32 mg
Urbason® solubile forte	Methylprednisolon	Urbason solubile forte 250 mg 1 Ampulle mit Pulver enthält 331,48 mg Urbason solubile forte 1000 mg 1 Durchstechflasche mit Pulver enthält 1325,92 mg
Uribenz®	Allopurinol	Tabl 100, 300 mg
Urokinase HS medac	Urokinase	IV; Durchstchfl. 10 000 I.E.; 50 000 I.E. ; 100 000 I.E. ; 250000 I.E.; 500000 I.E.; 1000000 I.E.
Uro-Tablinen®	Nitrofurantoin	1 Tbl. enth.: Nitrofurantoin in mikrokristalliner Form 50mg
UroXatral®	Alfuzosin	Retardtabl dreischichtig 10 mg
UroXatral®	Alfuzosin	Filmtabl 2.5 mg
Urso 250 Heumann®	Ursodeoxycholsäure	1 Filmtbl. enth.: 250mg/400mg Ursodeoxycholsäure
Ursochol®	Ursodeoxycholsäure	Tabl 150, 300 mg
Ursofalk®	Ursodeoxycholsäure	Filmtabl: 500mg; Kaps: 250mg Susp 250mg/5ml
Utrogest®	Progesteron	1 Weichkaps. enth.: 100mg Progesteron
Uvadex®	Methoxsalen	Lösung zur extrakorporalen Anwendung: Durchstechfl 200 µg/10 mL Nur in Verbindung mit dem UVAT XTS Photopherese-System verwenden.
V		
Vagifem®	Estradiol	Vaginaltabl 25 µg
Vagimid®	Metronidazol	Tbl. enth.: 250mg Metronidazol; Drg.: 1 Tbl. enth.: 250mg Metronidazol. 500 Filmtbl.: 1 Filmtbl. enth.: 500mg Metronidazol.
Valcyte®	Valganciclovir	Filmtabl 450 mg
Valium® Roche	Diazepam	Tabl (mit Bruchrille) 5, 10 mg
Valoron® N	Tilidin	Tropfen zum Einnehmen, Lösung: 20 Tropf. (0,72 ml) enth. 50 mg Tilidinhydrochlorid u. 4 mg Naloxonhydrochlorid

Valtrex®	Valaciclovir	Filmtabl 500 mg
Valverde Prostata 600mg	Brennesselwurzeln	Filmtabl: 600,1 mg Brennnesselwurzel-Trockenextr.
VANCOMYCIN ENTERO-CAPS®	Vancomycin	Hartkaps 125, 250 mg
Vancomycin HEXAL®	Vancomycin	Trockensubstanz für Inf Lös (IV) Amp 500 mg, 1g
Vancomycin® Deltaselect 500	Vancomycin	Trockensubstanz für Inf Lös (IV) Amp 500 mg
Varitect® CP	Immunglobulin IgG Windpocken (human)	Inf Lös (IV) 1 mL enthält 50 mg Immunglobulin vom Menschen, davon IgG ≥95% Antikörper gegen Varizella-Zoster-Viren: Amp 25 IE/mL
vascal® uno	Isradipin	Retardkaps 5 mg; Retardkaps mite 2.5 mg
vaso-loges® diabet	Cyanocobalamin + Thiaminmonohydrat + Pyridoxinhydrochlorid	Tabl: (10 mg Thiaminmonohydrat + 8 mg Pyridoxinhydrochlorid + 0.1 mg Cynocobalamin)
Vasomotal®	Betahistin	Tabl: 16 + 24 mg 16 mg Betahistin-2HCl (10,42 mg Betahistin) 24 mg Betahistin-2HCl (15,63 mg Betahistin)
Vasomotal® Tropfen	Betahistin	8 mg/ml Betahistin-2HCl (5,21 mg/ml Betahistin)
Velcade®	Bortezomib	3,5mg Pulver zur Herstellung einer Injektionslösung, 1 mg/ml Bortezomib
Venofer®	Eisen III	Inj. Lösg: 1 ml/ml Eisen(III)-hydroxid-Saccharose-Komplex (20 mg/ml Eisen)
Venofundin 6% Inf-Lsg	Hydroxyethylstärke	Venofundin®: 6%: (60 g Stärke + 154 mmol Na + 154 mmol Cl)/L, Osmolarität 308 mosm/L, Maximaldosis 50 mL/kg/24 h, Ecoflag 500 mL, Ecobag 250, 500 mL
Ventavis®	Iloprost	Lös f Vernebler Amp 10 µg/mL
Versatis® 5%	Lidocain	Selbsthaftendes Gel-Pflaster 700 mg/Pflaster
Vesikur®	Solifenacin	Filmtabl 5, 10 mg
Vexol®	Rimexolon	Augentropfen 10 mg/mL, Fl 5 mL
Vfend®	Voriconazol	Filmtabl 50, 200 mg Pulver f Herst Inf Lös (IV) Durchstechfl 200 mg Pulver f Herst orale Susp 40 mg/mL
Viagra®	Sildenafil	Filmtabl 25, 50, 100 mg
Vibramycin® Akne Tabs	Doxycyclin	Tabs 50 mg
Vibramycin® Tabs	Doxycyclin	Tabl (teilbar) 100 mg; Tabl 200 mg
Vibravenös®	Doxycyclin	Lös für Inj und Inf (IV) Amp 100 mg (5 mL)
Vibrocil®	Dimetinden + Phenylephrin	Nasentropfen (15 mL), Nasenspray (10 mL), Microdoseur (15 mL): (2.5 mg Phenylephrin + 0.25 mg Dimetiden)/mL; Nasengel: (2.5 mg Phenylephrin + 0.25 mg Dimetiden)/g, Tuben 12 g
Vicks MediNait®	Doxylamin + Dextromethorphan + Ephedrin + Paracetamol	Sirup: (15 mg Dextromethorphan + 7.5 mg Doxylamin + 8 mg Ephedrin + 600 mg Paracetamol)/30 mL, Fl 180 mL
Videx®	Didanosin	magensaftresist. Hartkaps. 125, 200, 250, 400 mg
Vigamox®	Moxifloxacin	Augentrpf 5 mg/mL, Fl 5 mL
Vigantol® Oel	Colecalciferol (Vitamin D3)	1 ml (ca. 40 Tropf.) enth.: Colecalciferol 0,5 mg (entspr. 20.000 I.E. Vit. D).
Vigantoletten®	Vitamin D3	Tabl 500 I.E. enth: 12,5 µg Colecalciferol, Tabl 1000 I.E. enth: 25 µg Colecalciferol
Vinblastinsulfat-Gry®	Vinblastin	Trockensubst Inj Lös (IV) Stechamp 10 mg
Vincristinsulfat HEXAL®	Vincristin	Inj Lös (IV) Amp 1 mg (1 mL), 2 mg (2 mL)
Vincristinsulfat-Gry®	Vincristin	Inj Lös (IV) Stechamp 1 mg (1mL), 2 mg (2 mL), 5 mg (5 mL)
Vinorelbin Actavis	Vinorelbin	Inj/Inf Lös (IV) Stechamp 10 mg (1 mL), 50 mg (5 mL)
Vinorelbin HEXAL®	Vinorelbin	Inj/Inf Lös (IV) Amp 10 mg (1 mL)
Viramune®	Nevirapin	Jeder Milliliter der Suspension zum Einnehmen enthält 10 mg Nevirapin (als Hemihydrat). Jede Flasche enthält 2,4 g Nevirapin. Eine Tablette enthält 200 mg Nevirapin
Viread®	Tenofovir	Filmtabl 245 mg
Visadron® Augentropfen	Phenylephrin	1 ml enth.: Phenylephrin-HCl 1,25mg.
Visc-Ophtal® Augengel	Carbomer	V1g enth.: Carbomer (Viskosität 40.000-60.000 mPa·s) 2,0mg, Bei Visc-Ophtal® zusätzl.: Cetrimid 0,1mg (Konservierungsmittel)
Viskaldix®	Pindolol + Clopamid	Tabl teilbar: (5 mg Clopamid + 10 mg Pindolol)
Visken®	Pindolol	Tabl 2.5, 5 mg Lösung zum Einnehmen 1 ml Lösung (= 20 Tropfen) enthält: 5 mg Pindolol Injektionslösung 1 Ampulle mit 2 ml Injektionslösung enthält: 0,4 mg Pindolol
Vistide®	Cidofovir	Inf Lös (IV) Amp 375 mg (5 mL)
Vitagel® Augengel	Retinol	Gel 1'000 IE/g, Tuben 10 g
Vitamin A 30.000 IE JENAPHARM®	Retinol	Kaps 30'000 IE

Vitamin B12 forte Hevert®	Cyanocobalamin (Vit B12)	1 Amp. à 2ml enth.: Cyanocobalamin 3mg
Vitamin B12-ratiopharm®	Cyanocobalamin (Vit B12)	1 Filmtbl. enth. 10 µg Cyanocobalamin 1 Amp. mit 1 ml Injektionslösung enth. 100 µg Cyanocobalamin
Vitamin B1-ratiopharm®	Thiamin (Vitamin B1)	Tabl 200 mg Inj Lös (IV) Amp 100 mg (2 mL)
Vitamin B2 10 mg JEN-APHARM®	Riboflavin	Tabl. 10 mg
Vitamin B6 ratiopharm®	Pyridoxin	Inj Lös (SC, IV, IM) Amp 100 mg (2 mL) Tabl 40 mg
Vitamin B6-Hevert Tbl.	Vitamin B6	Tabl 100 mg
Vitamin E AL	Tocopherol-alpha	Kaps 268.4 mg (= 400 IE), Kaps 402,6 mg (=600 IE)
Vitazell® E600	Tocopherol-alpha	Weichkaps 402.6 mg (= 600 IE)
Vivaglobin®	Immunglobulin IgG nicht spezifiziert (human)	Inj Lös (SC) 160 mg/mL humanes Immunglobulin, wovon mind 95% IgG Amp 800 mg (5 mL) Durchstechfl 1.6 g (10 mL)
Vividrin®	Cromoglicinsäure	Augentropfen 20 mg/mL, Fl 10 mL
Vividrin® akut	Azelastin	Nasenspray 5 mL (0.14 mL/Sprühstoss)
Vivimed N	Paracetamol	Tabl enthält Paracetamol 500 mg
Vocado®	Olmesartan + Amlodipin	Filmtabl. enth.: 20 mg / 40 mg / 40 mg Olmesartanmedoxomil und 5 mg / 5 mg / 10 mg Amlodipin
Volon® A	Triamcinolon	Haftsalbe 0.1% 1 mg/g, Tuben 10, 20 g
Volon® A Solubile	Triamcinolon	Inj Lös (IV, falls IV unmöglich IM) Amp 10, 40, 80, 200 mg
Volon® A Tinktur N	Triamcinolonacetonid + Salicylsäure	Tinktur: (2 mg Triamcinolonacetonid + 20 mg Salicylsäure)/g, Fl 15, 50 mL
Volon® A10/ A40	Triamcinolon	A 10: Kristallsusp Amp 10 mg /1 mL), 50 mg (5 mL); A 40: Kristallsusp Amp 40 mg (1 mL), 200 mg (5 mL)
Voltaren®	Diclofenac (Na)	magensaftresistent Drag 25, 50 mg; retard Retarddrag.100 mg Zäpfchen 25, 50, 100 mg
Voltaren® Dispers	Diclofenac (Na)	Dispersierbare Tabl 50 mg
Voltaren® Injekt	Diclofenac (Na)	Inj Lös (IM) Amp 75 mg (3 mL)
Voltaren® K Migräne	Diclofenac (Kalium)	Filmtabl 50 mg
Voltaren® Ophta	Diclofenac (Na)	Augentropfen 1 mg/mL, Fl 5 mL
Voluven®	Hydroxyethylstärke	Inf Lös (IV) PE-Beutel: (60 g Stärke + 154 mmol Na + 154 mmol Cl)/L, Osmolarität 308 mosm/L, Maximaldosis: 50 mL/kg/24 h, Beutel 500 mL
Votum®	Olmesartan	Filmtabl 10, 20, 40 mg
Votum® plus	HCT + Olmesartan	Filmtabl: (12.5 mg HCT + 20 mg Olmesartan); Filmtabl: (25 mg HCT + 20 mg Olmesartan)
W		
Wellvone®	Atovaquon	Susp 750 mg/5 mL, Fl 210 mL mit Messlöffel
Wick Husten-Löser Sirup	Guaifenesin	Sirup 200 mg/15 mL (=1 Dosis), Fl 120 mL
Wick Husten-Pastillen gegen Reizhusten mit Honig	Dextromethorphan	Hustenpastillen 7.33 mg
Wick Husten-Sirup gegen Reizhusten mit Honig	Dextromethorphan	Sirup 20 mg/15 mL, Fl 120, 180 mL
WICK MediNait Erkältungssirup	Paracetamol + Ephedrin + Doxylamin + Dextromethorphan	30 ml: Paracetamol 600 mg, Dextromethorphanhydrobromid 15 mg, Doxylaminsuccinat 7,5 mg
Wick MediNait®	Doxylamin + Dextromethorphan + Ephedrin + Paracetamol	Sirup: (50 mg Dextromethorphan + 25 mg Doxylamin + 26,7 mg Ephedrin + 2000 mg Paracetamol)/100 mL
WICK Sinex	Oxymetazolin	Schnupfenspray 0.5 mg/mL, Dose 15 mL
X		
Xagrid®	Anagrelid	Kaps 0.5 mg
Xalacom®	Latanoprost + Timolol	Augentrpf: (50 µg Latanoprost + 5 mg Timolol)/mL, Fl 2.5 mL
Xalatan®	Latanoprost	Augentrpf 50 µg Latanoprost/mL (1 Trpf = ca. 1.5 µg), Fl 2.5 mL
Xamiol® 50 Mikrogramm/g + 0,5 mg/g Gel	Betamethason + Calcipotriol	Gel: 50 µg Calcipotriol (52,2 µg Calcipotriol 1H2O), 0,64 mg Betamethasondipropionat
XANEF®	Enalapril	2,5mg/5mg/10mg/20mg Tablette enth.: Arzneil. wirks. Bestandt.: 2,5/5/10/20mg Enalaprilmaleat.
Xarelto®	Rivaroxaban	Filmtabl 10 mg
Xeloda®	Capecitabin	Filmtabl 150, 500 mg
Xenical®	Orlistat	Kaps 120 mg
Xigris®	Drotrecogin alfa aktiviert	Pulver zur Herst Inf Lös (IV) Durchstechfl 5, 20 mg
Xolair®	Omalizumab	Pulver + Lös Mittel f Herst Inj Lös (SC) Amp 75 mg (2 mL), 150 mg (2 mL)
xomolix	Droperidol	Inj Lös. 2,5 mg/ml
Xusal®	Levocetirizin	Filmtabl 5 mg akut Tropfen 5 mg/mL (= 20 Trpf), Fl 10 mL

X

Xylocain®	Lidocain	Gel 2% 20 mg/g, Tuben 30 g; Spray 10% 10 mg/Dosis, Spraydose mit Dosierpumpe 50 mL; Lösung viskös 2% 20 mg/mL, Fl 100 mL; Inj Lös 1% (IV) Amp 500 mg (50 mL); Inj Lös 2% (IV) Amp 100 mg (5 mL), Amp 1 g (50 mL)
Xylocain® Adrenalin 1%	Epinephrin + Lidocain	Inj.lösung enthält 10 mg Lidocainhydrochlorid
Xyloneural®	Lidocain	Inj Lös (SC, IV, intracutan, submukös, periartikulär, perineural, perivasal) Amp 50 mg (5 mL), Stechamp 500 mg (50 mL)
Z		
Zaditen®	Ketotifen	ophta: 0,25 mg/mL Augentropfen; ophta sine: 0,25 mg/mL Augentropfen in Einzeldosisbehältnissen Sirup: 1 mg/% mL
Zadorin®	Doxycyclin	Suscaps 100 mg
Zaldiar®	Tramadol + Paracetamol	Filmtabl: (325 mg Paracetamol + 37.5 mg Tramadol)
Zantic®	Ranitidin	75 mg Magentabletten, Filmtabl.
Zantic®	Ranitidin	Tabl 150, 300 mg Brstabl 150, 300 mg Inj Lös (IV) Amp 50 mg (5 mL)
Zeffix®	Lamivudin	Filmtabl 100 mg; Trinklösung 5 mg/mL, Fl 240 mL mit Dosierspritze
Zentropil®	Phenytoin	1 Tbl (Kreuzbruch). enth.: Phenytoin 100 mg.
Zerit®	Stavudin	Hartkaps 20, 30, 40 mg
Ziagen®	Abacavir	Filmtabl teilbar 300 mg Trinklösung 20 mg/mL, Fl 240 mL mit Dosierspritze
ZIENAM®	Imipenem + Cilastatin	Trockensubst f Herst Inf Lös (IV) Amp: (500 mg Imipenem + 500 mg Cilastatin)
Zinacef®	Cefuroxim Natrium	Trockensubstanz für Inf/Inj (IM oder IV): Amp und Monovial 750, 1500 mg, 250mg
Zinnat®	Cefuroxim-Axetil	125, 250, 500 mg Trockensaft 5 ml (= 1 Messlöffel) der zubereiteten Suspensionenthalten 150,36 mg Cefuroximaxetil, entsprechend 125 mg Cefuroxim
Zithromax®	Azithromycin	Filmtabl 250 mg Pulver f Susp 200 mg/5 mL Granulat in Beuteln 100, 200, 300, 400, 500 mg
Zocor®	Simvastatin	Filmtabl (mit Bruchrille) 10, 20 mg Filmtabl 5 mg
Zodin®	Omega-3-Fettsäuren	1 Weichkaps. enth.: 1000mg Omega-3-Säurenethylester 90
Zofran®	Ondansetron	Filmtabl 4, 8 mg, Schmelztabl 4, 8 mg Inj Lös 2 mg; Amp zu 4mg/2ml, 8mg/4ml Schmelztabl 4, 8 mg
Zoladex®	Goserelinacetat	10,8mg Fertigspr. mit Sicherheitssystem mit Implantat; 3,6mg Fertigspr. mit Sicherheitssystem mit Implantat
Zoloft®	Sertralin	Filmtabl (mit Bruchrille) 50, 100 mg Lösungskonzentrat 20 mg/mL, Fl 60 mL
Zolpidem-neuraxpharm®	Zolpidem	5mg/-10mg Filmtbl.: 1 Filmtbl. enth.: 5mg/10mg Zolpidemtartrat
ZOLPIDEM-PUREN®	Zolpidem	Filmtabl (mit Bruchrille) 10 mg
Zolpidem-Teva®	Zolpidem	Filmtabl (teilbar) 10 mg
Zolpi-Lich®	Zolpidem	Filmtabl (teilbar) 10 mg
Zolpinox®	Zolpidem	Filmtabl (teilbar) 10 mg
Zometa®	Zoledronsäure	Inf Konzentrat (IV) Amp 4 mg (5 mL)
Zopiclon Sandoz®	Zopiclon	1 Filmtbl. enth.: Zopiclon 3,75mg/7,5mg.
Zostex®	Brivudin	Tabl: 125 mg Brivudin
Zovirax Lip® Creme	Aciclovir	Creme 50 mg/g, Tuben 2 g, Dosierspender 2 g
Zovirax®	Aciclovir	Filmtabl 200, 400, 800 mg Susp 40 mg/ mL, Fl 62,5, 125 ml
Zovirax® Augensalbe/Creme	Aciclovir	Augensalbe 30 mg/g, Tuben 4.5 g Creme 50 mg/g, Tuben 5, 10 g
Zovirax® i.v.	Aciclovir	Trockensubstanz f Inj (IV) Amp 250 mg
Zyban®	Bupropion	Retardtabl (mit verz. Wirkstofffreisetzung) 150 mg
Zyloric®	Allopurinol	Tabl 100, 300 mg
Zyprexa®	Olanzapin	Pulver f Inj Lös (IV) Glasfl 10 mg
Zyprexa®/- Velotab	Olanzapin	Filmtabl 2.5, 5, 10, 15 mg; Velotab: Schmelztabl (orodispersibel) 5, 10, 15, 20 mg
Zyrtec®/- Zaptabs	Cetirizin	Filmtabl (teilbar) 10 mg Trpf zum Einnehmen 10 mg/mL (= 20 Trpf), Fl 20 mL
ZYVOXYD®	Linezolid	Inf Lös (IV) Beutel 600 mg (300 mL) Filmtabl 600 mg; Granulat für Susp 20 mg/mL, Amp 150 mL

A

B

B

INDEX

C

C

D

E

E

INDEX

F

F

INDEX

G

G

INDEX

H

I

J

K

L

M

N

O

O

INDEX

P

P

INDEX

Q

R

S

S

INDEX

T

T INDEX

U

V

W

X

Y

Z